# Periodic Table of The Elements

| Legend | |
|---|---|
| Metals | (blue) |
| Nonmetals | (orange) |
| Metalloids | (green) |

| | IA<br>1 | IIA<br>2 | IIIB<br>3 | IVB<br>4 | VB<br>5 | VIB<br>6 | VIIB<br>7 | VIIIB<br>8 | VIIIB<br>9 | VIIIB<br>10 | IB<br>11 | IIB<br>12 | IIIA<br>13 | IVA<br>14 | VA<br>15 | VIA<br>16 | VIIA<br>17 | 0<br>18 |
|---|---|---|---|---|---|---|---|---|---|---|---|---|---|---|---|---|---|---|
| 1 | 1<br>**H**<br>1.008 | | | | | | | | | | | | | | | | 1<br>**H**<br>1.008 | 2<br>**He**<br>4.0026 |
| 2 | 3<br>**Li**<br>6.941 | 4<br>**Be**<br>9.0122 | | | | | | | | | | | 5<br>**B**<br>10.81 | 6<br>**C**<br>12.011 | 7<br>**N**<br>14.007 | 8<br>**O**<br>15.999 | 9<br>**F**<br>18.9984 | 10<br>**Ne**<br>20.1797 |
| 3 | 11<br>**Na**<br>22.9898 | 12<br>**Mg**<br>24.3050 | | | | | | | | | | | 13<br>**Al**<br>26.9815 | 14<br>**Si**<br>28.085 | 15<br>**P**<br>30.9738 | 16<br>**S**<br>32.06 | 17<br>**Cl**<br>35.453 | 18<br>**Ar**<br>39.948 |
| 4 | 19<br>**K**<br>39.0983 | 20<br>**Ca**<br>40.078 | 21<br>**Sc**<br>44.9559 | 22<br>**Ti**<br>47.867 | 23<br>**V**<br>50.9415 | 24<br>**Cr**<br>51.9961 | 25<br>**Mn**<br>54.9380 | 26<br>**Fe**<br>55.845 | 27<br>**Co**<br>58.9332 | 28<br>**Ni**<br>58.6934 | 29<br>**Cu**<br>63.546 | 30<br>**Zn**<br>65.38 | 31<br>**Ga**<br>69.723 | 32<br>**Ge**<br>72.63 | 33<br>**As**<br>74.9216 | 34<br>**Se**<br>78.96 | 35<br>**Br**<br>79.904 | 36<br>**Kr**<br>83.798 |
| 5 | 37<br>**Rb**<br>85.4678 | 38<br>**Sr**<br>87.62 | 39<br>**Y**<br>88.9058 | 40<br>**Zr**<br>91.224 | 41<br>**Nb**<br>92.9064 | 42<br>**Mo**<br>95.96 | 43<br>**Tc**<br>(98) | 44<br>**Ru**<br>101.07 | 45<br>**Rh**<br>102.9055 | 46<br>**Pd**<br>106.42 | 47<br>**Ag**<br>107.8682 | 48<br>**Cd**<br>112.411 | 49<br>**In**<br>114.818 | 50<br>**Sn**<br>118.710 | 51<br>**Sb**<br>121.760 | 52<br>**Te**<br>127.60 | 53<br>**I**<br>126.9045 | 54<br>**Xe**<br>131.293 |
| 6 | 55<br>**Cs**<br>132.9055 | 56<br>**Ba**<br>137.327 | 57<br>**La**<br>138.9055 * | 72<br>**Hf**<br>178.49 | 73<br>**Ta**<br>180.9479 | 74<br>**W**<br>183.84 | 75<br>**Re**<br>186.207 | 76<br>**Os**<br>190.23 | 77<br>**Ir**<br>192.217 | 78<br>**Pt**<br>195.084 | 79<br>**Au**<br>196.9666 | 80<br>**Hg**<br>200.59 | 81<br>**Tl**<br>204.38 | 82<br>**Pb**<br>207.2 | 83<br>**Bi**<br>208.9804 | 84<br>**Po**<br>(209) | 85<br>**At**<br>(210) | 86<br>**Rn**<br>(222) |
| 7 | 87<br>**Fr**<br>(223) | 88<br>**Ra**<br>(226) | 89<br>**Ac**<br>(227) ** | 104<br>**Rf**<br>(265) | 105<br>**Db**<br>(268) | 106<br>**Sg**<br>(271) | 107<br>**Bh**<br>(270) | 108<br>**Hs**<br>(277) | 109<br>**Mt**<br>(276) | 110<br>**Ds**<br>(281) | 111<br>**Rg**<br>(280) | 112<br>**Cn**<br>(285) | 113<br>**Uut**<br>(284) | 114<br>**Fl**<br>(289) | 115<br>**Uup**<br>(288) | 116<br>**Lv**<br>(293) | 117<br>**Uus**<br>(294) | 118<br>**Uuo**<br>(294) |

*Lanthanide Series

| 58<br>**Ce**<br>140.116 | 59<br>**Pr**<br>140.9076 | 60<br>**Nd**<br>144.242 | 61<br>**Pm**<br>(145) | 62<br>**Sm**<br>150.36 | 63<br>**Eu**<br>151.964 | 64<br>**Gd**<br>157.25 | 65<br>**Tb**<br>158.9254 | 66<br>**Dy**<br>162.500 | 67<br>**Ho**<br>164.9303 | 68<br>**Er**<br>167.259 | 69<br>**Tm**<br>168.9342 | 70<br>**Yb**<br>173.054 | 71<br>**Lu**<br>174.9668 |
|---|---|---|---|---|---|---|---|---|---|---|---|---|---|

** Actinide Series

| 90<br>**Th**<br>232.0381 | 91<br>**Pa**<br>231.0359 | 92<br>**U**<br>238.0289 | 93<br>**Np**<br>(237) | 94<br>**Pu**<br>(244) | 95<br>**Am**<br>(243) | 96<br>**Cm**<br>(247) | 97<br>**Bk**<br>(247) | 98<br>**Cf**<br>(251) | 99<br>**Es**<br>(252) | 100<br>**Fm**<br>(257) | 101<br>**Md**<br>(258) | 102<br>**No**<br>(259) | 103<br>**Lr**<br>(262) |
|---|---|---|---|---|---|---|---|---|---|---|---|---|---|

Note: Atomic masses are 2009 IUPAC values (up to four decimal places). More accurate values for some elements are given in the table inside the back cover.

# Some Acid/Base Indicatiors and Their Color Changes

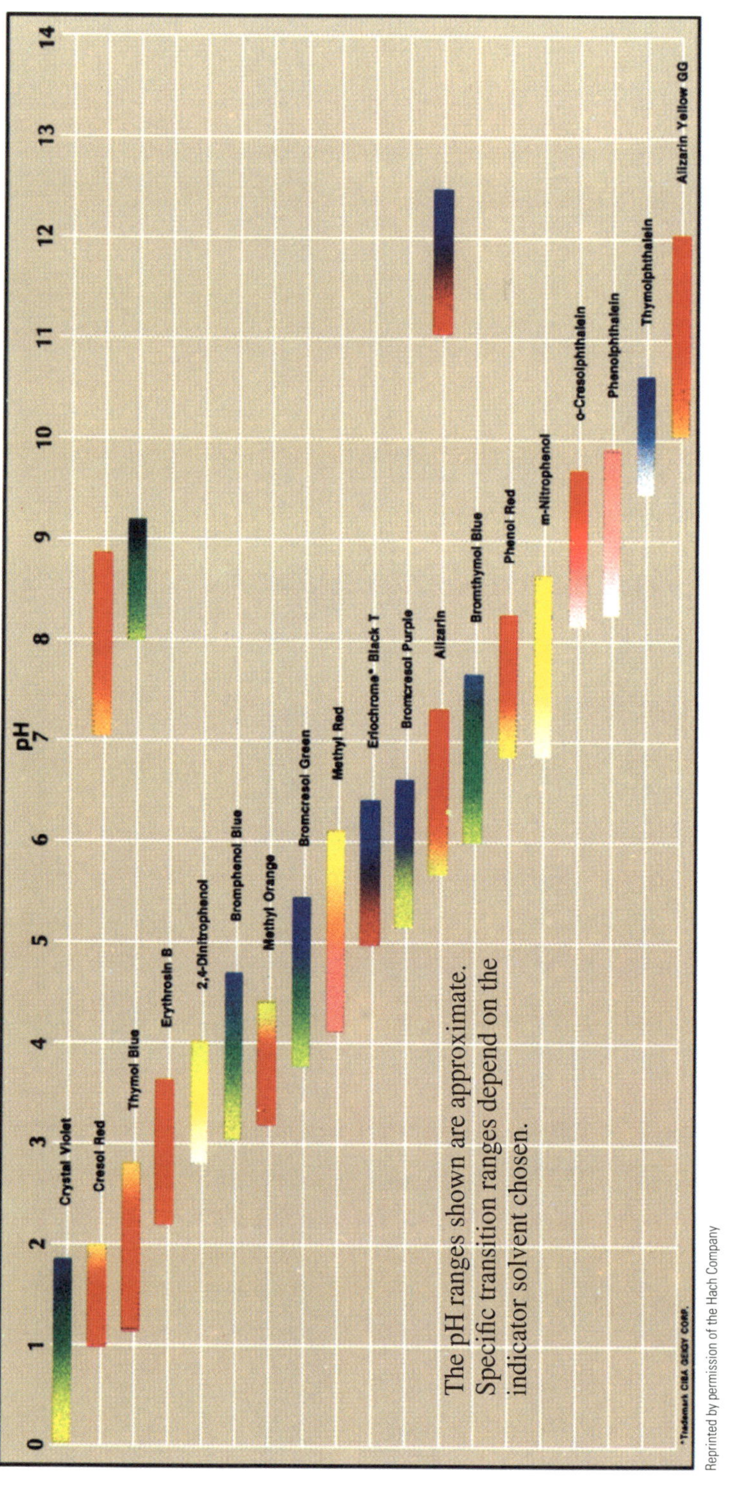

Fundamentals of

Analytical Chemistry

Douglas A. Skoog
Donald M. West
F. James Holler
Stanley R. Crouch

스쿠그의

# 분석화학강의

제9판

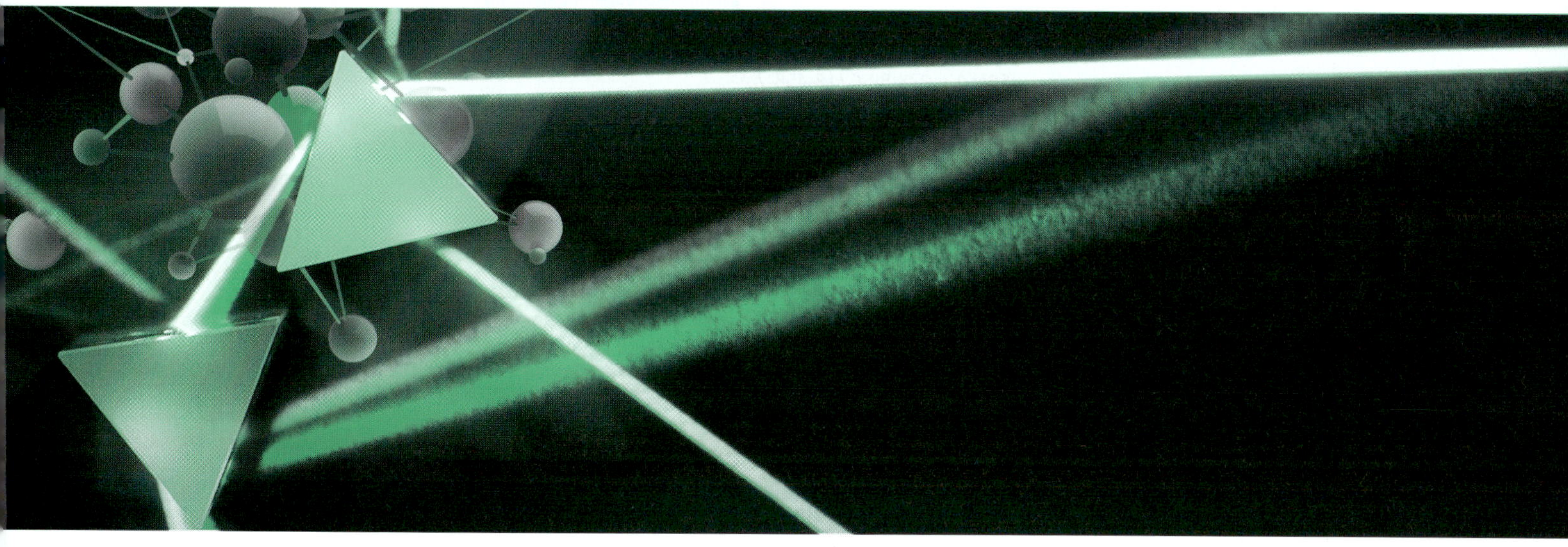

CENGAGE

Andover · Melbourne · Mexico City · Stamford, CT · Toronto · Hong Kong · New Delhi · Seoul · Singapore · Tokyo

***Fundamentals of Analytical Chemistry*, 9th Edition**

**Douglas A. Skoog,**
**Donald M. West,**
**F. James Holler,**
**Stanley R. Crouch**



Original edition © 2014 Brooks Cole, a part of Cengage Learning.
*Fundamentals of Analytical Chemistry, 9th Edition* by Douglas A. Skoog, Donald M. West, F. James Holler, Stanley R. Crouch
ISBN: 9780495558286

This edition is translated by license from Brooks Cole, a part of Cengage Learning, for sale in Korea only.



ISBN-13: 978-89-6218-458-7

**Cengage Learning Korea Ltd.**
14F YTN Newsquare 76 Sangamsan-ro
Mapo-gu Seoul 03926 Korea
Tel: (82) 2 330 7000
Fax: (82) 2 330 7001

Cengage Learning is a leading provider of customized learning solutions with office locations around the globe, including Singapore, the United Kingdom, Australia, Mexico, Brazil, and Japan. Locate your local office at: **www.cengage.com**

Cengage Learning products are represented in Canada by Nelson Education, Ltd.

To learn more about Cengage Learning Solutions, visit **www.cengageasia.com**

Printed in Korea
Print Number: 02 Print Year: 2021

# 옮긴이 머리말

분석 화학은 기초 학문이면서 환경과학, 의약학, 지질학, 식품과학, 고고학, 생화학 등에서의 발전을 선도하고 있는 필수적인 학문이 되었다. 대학에서 학생들에게 분석 화학을 강의하면서 분석 화학의 폭넓은 응용성을 얘기할 때면 학문에 대한 자부심을 느끼면서 또한 큰 책임감을 갖게 된다. 현대 학문들은 경계가 모호해지고 있는 가운데 분석 화학도 여러 학문 분야에서 중요한 버팀목과 방향타가 되고 있다. 분석 화학에 대한 지식이 있으면 그 만큼 다른 학문에서 남다른 발전을 가져올 수 있게 됨을 보게 된다.

이 책은 작고한 Skoog 교수와 West 교수가 저술한 것으로, 두 분 사후에 처음으로 Holler 교수와 Crouch 교수가 개정판을 출판하게 된 역사가 있는 책이다. 옮긴이가 40여 년 전 대학에서 분석 화학을 배울 때에도 이 책을 사용하였기에 한편으로는 자부심과 또 다른 한편으로는 의무감으로 꼼꼼하게 번역하고 교정하고자 하였으나 너무도 부족하고 미숙함을 느낀다. 저술이 아닌 번역이기에 지은이들의 의도하는 표현을 충실하게 나타내는 데 한계가 있었고, 우리말로 사용되는 용어들이 통일되어 있지 않기에 번역에 어려움이 있었다.

아무쪼록 우리의 후학들이 이 책을 통하여 분석 화학의 기본 원리와 응용들을 학습함으로서 더 나은 학문적 발전과 과학 기술에 대한 기여가 있기를 바라는 바이다.

2016년 1월 6일
옮긴이 대표 적음

# 지은이 머리말

스쿠그의 분석 화학 제9판은 화학을 전공하는 학생들을 위한 한 학기 또는 두 학기 과정으로 이루어진 교재이다. 제8판이 출판된 이래, 분석 화학의 영역이 계속해서 넓어져 생물학, 의학, 재료과학, 생태학, 법과학 및 이외의 관련 분야들을 포함하고 있다. 전판에서와 마찬가지로 많은 스프레드시트의 응용, 예제, 연습 문제를 반영하고 있다. 최신의 기기 및 기법을 반영시키기 위해 많은 오래된 방법들은 개정하였다. 많은 독자들과 검토자들의 의견들을 반영하여 화학 교육 과정에서는 가능한 빨리 이 필수적인 주제에 대한 상세한 설명을 제공하기 위해서 질량 분석학에 대한 장을 추가하였다. 지침서인 *Applications of Microsoft® Excel in Analytical Chemistry* 제2판은 학생들에게 스프레드시트를 분석 화학에 적용하는 방법과 많은 스프레드시트의 조작 방법을 소개하고 있다.

분석 화학에서 다루는 강좌의 내용들은 학교에 따라 달라지고, 이용 가능한 시설과 장비, 화학 교과 과정에서 분석 화학에 할당하는 시간, 그리고 담당 교수의 선호도에 따라 달라진다. 따라서 *Fundamentals of Analytical Chemistry* 제9판에서는 담당 교수들이 그들의 요구에 맞도록 수정할 수 있고 학생들은 여러 단계의 자료, 화보, 그림, 삽화 그리고 흥미로운 특집들을 접할 수 있도록 구성하였다.

제8판의 출판 이후로 새 판을 계획하고 집필하기 위한 책임과 의무가 FJH와 SRC에게 주어졌었다. 서문의 나머지 부분을 비롯하여 앞에서 언급된 많은 변화와 개선이 있었지만, 제8판의 기본 철학과 체계를 유지하고 이 책들에서 특성화한 것과 동일한 수준의 높은 기준을 유지하려고 노력하였다.

## 목적

이 책의 주된 목적은 분석 화학에서 특히 중요하다고 생각되는 화학 원리에 대한 탄탄한 기초를 제공해 주는 것이다. 두 번째 목적은 학생들에게 실험 데이터의 정확도와 정밀도를 판단해야 하는 어려운 과제를 수행할 수 있도록 하고 통계학적 방법을 이용하여 이러한 판단들이 어떻게 명쾌하게 이루어지는지를 알도록 하는 것이다. 세 번째 목적은 현대 분석 화학에서 유용한 폭 넓은 기술들을 소개하는 것이다. 네 번째는 이 책의 도움으로 학생들이 정량 분석법에서 필히 부딪히게 되는 문제를 푸는 기법을 개발하고, 적절한 곳에서는 문제를 풀기 위해 강력한 스프레드시트 도구를 사용하고, 계산을 수행하고, 화학 현상의 모사를 창출하는 능력을 배양하는 것이다. 마지막으로 높은 수준의 분석 데이터를 얻기 위한 그들의 능력에 대한 신뢰도를 갖게 하는 이들 실험 능력을 가르치는 것이다.

## *적용 범위와 구성*

이 책에서는 분석 화학의 기본적인 면과 실제적인 면을 다룬다. 각 장들을 관련된 토픽으로 함께 묶어 7부로 나누었다. 제1장에서는 주로 개요를 다루었다.

- **제1부**는 분석 화학의 도구들을 포함하고 있으며 7개의 장으로 구성되어 있다. 제2장은 분석실험실에서 사용되는 화학 물질과 장치에 대하여 설명하고 분석 조작을 위한 많은 사진들을 수록하였다. 제3장은 분석 화학에서 스프레드시트의 사용법에 대해 기본적인 교육이 있다. 제4장은 화학 농도와 화학량론적 관계식을 포함한 분석 화학의 기본적인 계산을 다루고 있다. 제5~7장에서는 통계학에서의 기본 주제와 분석 화학에서 중요한 데이터 분석 그리고 스프레드시트 계산의 폭 넓은 사용에 대하여 다루고 있다. 분산 분석인 ANOVA는 제7장에서 다루고 있으며, 제8장은 시료 취하기, 표준화, 검정에 대해서 자세하게 수록하였다.
- **제2부**에서는 정량 분석에서 다루게 되는 화학 평형계의 원리와 응용을 다룬다. 제9장은 화학 평형의 기초에 대하여 다루고, 제10장에서는 평형계에 미치는 전해질 효과를 다루고 있다. 제11장에서는 복잡한 계에서 부딪히게 되는 평형 문제를 체계적으로 접근하는 방법을 다룬다.
- **제3부**에서는 고전적인 무게 및 부피법 분석 화학을 취급하는 7개의 장을 함께 다룬다. 제12장은 무게법 분석, 그리고 제13~17장까지는 산/염기 적정, 침전 적정 및 착화합물 적정을 포함하는 적정 분석법에 대한 원리 및 실제에 대하여 다루고 있다. 이 장들에서의 장점은 평형에서의 체계적인 접근 방법과 계산에서 스프레드시트의 사용법을 다룬다는 점이다.
- **제4부**는 전기화학적 방법을 다룬다. 제18장에서 전기화학을 소개한 후, 제19장에서는 다양한 전극 전위의 사용방법을 설명한다. 제20장에서는 산화/환원 적정을 제21장에서는 분자와 이온 화학종들의 농도를 측정하기 위한 전위차 적정법의 사용을 다루었다. 제22장에서는 전기 무게법과 전기량법의 벌크 전해법을 다루고, 제23장에서는 선형주사 및 순환 전압전류법을 포함한 전압전류법, 양극 벗김 전압전류법, 폴라로그래피에 대하여 다루고 있다.
- **제5부**는 분광법 분석을 다룬다. 제24장에서는 빛의 성질과 물질과의 상호작용에 대하여 다루고 제25장에서는 분광기기와 그들의 부품에 대하여 설명하고 있다. 제26장에서는 분자 흡수 분광법의 여러 응용에 대하여 다루고, 제28장에서는 플라즈마와 불꽃 방출법과 전기열 및 불꽃 원자 흡수 분광법을 포함한 여러 원자 분광법에 대하여 다룬다. 질량분석법을 다루는 제29장이 새롭게 추가되었으며 이온화원, 질량 분석계, 이온 검출기에 대한 소개를 하고 있으며, 원자와 분자 질량 분석법을 포함하고 있다.
- **제6부**는 반응 속도법 및 분석 분리를 취급하는 5개의 장으로 되어 있다. 반응 속도법 분석은 제30장에서 다룬다. 제31장에서는 이온 교환 크로마토그래피법을 비롯한 여러 크로마토그래피법을 포함하는 분리분석법을 소개한다. 제32장은 기체 크로마토그래피, 제32장에서는 고성능 액체 크로마토그래피를 다룬다. 6부의

마지막 장인 제34장에서는 초임계 유체 크로마토그래피, 모세관 전기이동 및 장-흐름 분획법을 포함한 다양한 분리 방법을 소개한다.

- 마지막 **제7부**는 분석 화학의 실제적인 측면을 취급하는 4개의 장으로 되어 있다. 이 장들은 **www.cengage.com/chemistry/skoog/fac9** 웹사이트에 웹페이지로 출판되어 있다. 제35장에서는 실제 시료에 대하여 생각해 보고 이상적인 시료와 비교한다. 제36장에서는 시료를 준비하는 방법에 대해 다루고, 제37장에서는 시료를 분해하고 용해하는 방법을 다루고 있다. 제38장에서는 앞선 장에서 논의된 많은 원리와 응용들을 다루는 실험을 위한 상세한 실험 과정을 제공하고 있다.

### 유연성

이 책은 부로 나누어져 있기 때문에 사용에 있어서 유연성을 가지고 있어서 각 부를 책의 순서대로 또는 다른 순서로 이용할 수 있다. 예를 들면, 어떤 교수들은 순서를 달리하여 전기화학 방법 이전에 분광법을 강의하거나 분광법 이전에 분리법을 강의할 수도 있다.

### 현저한 특징

이 책은 학생들에게 배울 기회를 늘리고 담당 교수들에게는 융통성 있는 교육 도구를 제공하기 위하여 많은 특집과 방법들을 다루고 있다.

**주요 식**. 매우 중요하다고 생각되는 식은 색상으로 처리하여 쉽게 볼 수 있도록 하였다.

**수학적인 수준**. 이 책에서 다루는 일반적인 화학 분석의 원리는 대학 대수학에 기반을 두고 있다. 단지 몇 가지 개념만이 기본적인 미적분학을 필요로 한다.

**예제**. 많은 예제들이 분석 화학의 개념을 이해하는데 도움을 준다. 이 판에서는 쉽게 인지할 수 있는 예제들을 표제로 하고 있다. 제8판에서와 같이 화학적인 계산에서 단위를 포함하여 그들의 보정을 체크하기 위한 인자-표식법을 사용하는 연습을 하게 된다. 예제는 각 장의 끝에 있는 연습 문제의 풀이를 위한 모델이다. 많은 연습 문제들은 다음에 설명된 스프레드시트 계산을 사용한다. 예제들에 대한 풀이는 쉽게 알 수 있도록 '**풀이**'라고 표시되어 있다.

**스프레드시트 계산**. 이 책에서는 문제 풀기, 그래프 분석 및 많은 다른 응용을 위해 스프레드시트를 소개하고 있다. Microsoft Excel®이 이들 계산을 위한 표준으로 적용되었고 명령어들은 다른 스프레드시트 프로그램에도 쉽게 적용될 수 있다. 많은 다른 예제들은 *Applications of Microsoft® Excel in Analytical Chemistry* 제2판에서 상세히 취급하고 있다. 작업 공식과 항목들이 있는 각 독립된 스프레드시트를 문서화하기도 하였다.

**스프레드시트 요약**. 참고 서적인 *Applications of Microsoft® Excel in Analytical Chemistry* 제2판의 이용에 대해서는 '스프레드시트 요약'으로 설명하고 있다. 이들은 사용자들에게 책의 주제들에 대한 예제, 학습 및 노력함에 대해서 방향을 제시하기 위함이다.

**연습 문제**. 대부분의 각 장 끝에는 많은 연습 문제들이 있다. 연습 문제의 절반 정도는 해답이 있으며, 책의 뒷부분에서 찾아볼 수 있다. 많은 문제들은 스프레드시트를 사용하여 푸는 것이 최선의 방법이다. 해답이 있는 연습 문제는 연습 문제 번호 옆에 스프레드시트 아이콘 으로 표시하였다.

**도전 문제**. 대부분의 각 장들에는 각 장의 연습 문제 마지막 부분에 도전 문제가 있다. 그런 문제들은 일반적인 것보다 더 도전적인 자유 해답식(open-ended)의 연구 형태의 문제이다. 이들 문제는 다단계이고 서로 관련되어 있거나 또는 정보를 얻기 위해서 책들을 참고하거나 인터넷 검색을 할 수도 있다. 도전 문제들은 논의하여 해결하도록 하며 그 장의 주제들을 다른 분야로 확장하도록 유도하고 있다. 담당 교수들에게는 그룹 과제, 질문을 유도하면서 배우는 과제 및 사례 연구 과제와 같은 혁신적인 방법으로 도전 문제들을 사용하도록 권장한다.

**특집**. 이 책 전체를 통해서 박스 안에 나타낸 특집들이 있다. 이 내용들은 흥미를 더하는 현대 분석 화학의 응용, 식의 유도, 난해한 이론적인 사항의 설명 또는 역사적인 기록 등을 포함하고 있다. 예를 들면, W. S. Gosset ('Student')(제7장), 항산화제(제20장) , Fourier 변환 분광기(제25장), LC/MS/MS (제33장) 그리고 DNA서열에 사용되는 모세관 전기이동법(제34장)들이다.

**삽화와 사진**. 사진, 스케치, 화보 및 시각 보조자료 등은 학습 과정에서 큰 도움을 준다. 따라서 이 책에서는 학생들에게 도움을 줄 수 있도록 새로운 시각 자료들과 업데이트한 시각 자료들을 포함하고 있다. 대부분의 그림들은 정보 정보 내용을 드러나게 하기 위하여 다른 색깔로 표시하였고 그림들의 중요한 점을 강조하기 위해서 진하게 나타내었다. 스케치로 설명하기 어려운 개념, 장치 및 과정들에 대해서는 유명한 화학 사진작가인 Charles Winters가 촬영한 사진과 color plate들을 사용하였다.

**확장된 그림 표제**. 그림 제목을 읽기만 해도 많은 개념들이 설명 되도록 그림 제목을 적정한 위치와 함께 상세히 설명하였다. 몇몇의 경우에는 그림들은 Scientific American의 그림 방법으로 나타내었다.

**Web Works**. 거의 모든 장의 마지막에 요약된 Web Works란을 싣고 있다. 이 Web Works에서는 학생들이 웹상에서 정보를 찾고 온라인 검색을 해보면서 장비 제조사의 웹사이트도 방문하고 분석 문제를 풀어보도록 하였다. 게재된 Web Works와 링크는 학생들이 World Wide Web에서 가능한 정보를 조사하는 것에 흥미를 갖도록 하는 데 중점을 두고 있다. 링크들은 센게이지 출판사의 웹사이트인 **www.cengage.com/chemistry/skoog/fac9**에서 정기적으로 갱신될 것이다.

**용어**. 책 말미의 용어 정리에서는 책에서 사용된 가장 중요한 단어, 구문, 기법, 연산 등을 정의하고 있다. 이 어휘들은 학생들이 문장을 통해서 검색할 필요 없이 빠르게 의미를 찾도록 하는데 목적이 있다.

**부록 및 속표지**. 부록에는 분석 화학의 중요한 참고 문헌, 화학 상수의 표, 전극 전위 그리고 표준물질을 만드는데 사용되는 화합물의 목록, 대수와 지수의 사용법, 그리고 노말 농도와 당량(이 책에서는 사용하지 않는 용어), 측정값의 불확정도의 전파에 대한 표현식 유도 등이 있다. 책 앞뒤 표지 안쪽에는 화학 지시약의 차트, 2009 IUPAC 원자 질량 표, 2009 원자 질량에 기초한 분석 화학에서 특별히 관심 있는 화합물의 몰질량 표, 주기율표 등을 제공하고 있다.

### 제9판에서 새로워진 것

제8판을 소지한 독자들은 제9판이 문체와 전체 구성에서 뿐만 아니라 내용면에서 많이 달라졌음을 알 수 있을 것이다.

**내용**. 이 책에서는 다음의 여러 가지 내용 변화를 강화하였다.

- 많은 장들은 스프레드시트 예제, 응용 및 연습 문제가 더 많이 수록됨으로써 강화되었다. 새로운 제3장은 스프레드시트의 구성과 사용에 대한 개인 학습을 제공하고 있다. 많은 다른 개인학습들은 *Applications of Microsoft® Excel in Analytical Chemistry* 제2판에서 제공하고 있고, 이들 중 다수가 수정, 갱신, 증편되었다.
- 제4장에서는 몰농도에 대한 정의가 현행 IUPAC에서 사용되는 것으로 갱신되었으며, 몰농도와 몰 분석농도를 포함한 관련 용어들이 책에 삽입되었다.
- 통계학에 대한 장들(제5~7장)은 현대 통계학의 전문 용어와 일치하도록 하였다. 분산 분석(ANOVA)은 제7장에서 소개하였다. ANOVA는 현대 스프레드시트 프로그램으로 수행하기에 쉽고 분석 문제를 푸는 데 매우 유용하다. 이 장들은 예제, 특집, 요약 등을 통하여 Excel 보충 자료와 밀접하게 연결되어 있다.
- 제8장에서는 외부표준법, 내부표준법, 표준물 첨가법에 대한 설명을 명확하게 더 확장시켜서 자세히 설명하였다. 표준화와 검정에서 최소제곱법의 이용에 대해서 특별히 주의를 기울였다.
- 질량 균형에 대한 개요와 설명이 제11장에 서술되었다.
- 무게 인자에 대한 설명과 간략한 내용이 첨가되었다.
- 제14장에는 마스터 방정식에 대한 새로운 특징이 첨가되었다.
- 제17장에서는 착물 적정과 침전 적정에 대해서 새롭게 기술하였다.
- 전기화학 전지와 전지전위에 대한 제18~21장의 내용이 명확하게 개정되었고 설명을 통일시켰다. 제23장에서는 고전적인 폴라로그래피에 대한 강조를 줄이고 새롭게 순환전압전류법을 포함시켰다.
- 제25장에서는 열 적외선 검출기에 대한 논의가 DTGS 초전기 검출기에서 더 강조되었다.
- 제29장에서는 원자 질량 분석법과 분자 질량 분석법을 소개하면서 이 방법들의 유사성과 차이점을 다루고 있다. 분리 분석과 관련된 장(제31~34장)에서는 질량 분석 검출기가 연결된 크로마토그래피 방법인 결합 기법에서는 질량 분석법에 대해 추가적으로 강조되어 있다.
- 도전 문제들이 갱신되고 강조되었으며 적절한 곳에 재배치되었다.
- 분석 화학 참고 문헌들이 갱신되고 필요에 따라 수정되었다.

- *Digital Object Identifier* (*DOI*)가 대부분의 참고 문헌들에 추가되었다. 이러한 국제적인 표식자를 사용하여 웹사이트 **www.doi.org**에서 참고 문헌에 바로 연결될 수 있도록 문헌을 찾는 방법을 크게 단순화시킨다. DOI는 홈페이지에서 타이핑할 수도 있어서 이 번호를 입력하면 브라우저는 출판사의 웹사이트에서 직접 문헌으로 연결된다. 예를 들어, 10.1351/golsbook.C01222를 입력하면 브라우저는 농도에 관한 IUPAC 문헌으로 연결된다. 다른 방법으로는 DOI를 http://dx.doi.org/10.1351/goldbook.C01222와 같이 웹브라우저의 바탕 URL에 입력할 수도 있다. 학생과 교수들은 관심 있는 출판물에 접속하기 위해 권한을 부여 받아야 한다. 문체와 전체 구성. 책을 보다 더 읽기 쉽고 학생들에게 친근감을 주도록 하기 위해서 문체와 전체 구성을 계속해서 변화시켜 왔다.
- 각 장에서 더 짧은 문장, 보다 더 많은 실제적 언어와 대화체를 사용하려고 노력하였다.
- 학생들이 그림을 이해해야 할 때에 본문과 표제 사이를 번갈아 읽지 않도록 더 많은 서술적인 표제를 사용하였다.
- 대부분의 장들에서 분자 구조의 아름다움에 흥미를 자극하고, 일반 화학과 더 높은 수준의 과정에서 나타내는 구조 개념과 서술적으로 화학을 강화하기 위해서 대체적으로 분자 모델을 사용하였다.
- 과거 책에서 오래된 그림들은 새로운 그림들로 대체하였다.
- 특별히 이 책에서는 사용된 중요한 기술, 장치 및 작동을 설명해야 할 필요성이 있을 때는 언제나 사진들을 적절하게 삽입하였다.
- 최근 논의되고 있는 개념들이나 중요한 정보를 강조하기 위해서는 전체적으로 여백의 메모를 사용하였다.
- 각 페이지 여백에 주요 용어들을 정의하였다.
- 모든 예제에서는 질문과 답 혹은 풀이를 자세히 설명하였다.

## 보충 자료

학생과 교수들을 위한 이 책의 보충 자료들은 **ww.cengage.com/chemistry/skoog/fac9**에 있다.

# 간추린 차례

## 제5부 분광화학법

*Spectrochemical Methods* 665



## 제6부 반응 속도와 분리법

*Kinetics and Separations* 834

# 차례
*Contents*

제 1 장

# 분석 화학의 특성

*The Nature of Analytical Chemistry*

분석 화학은 과학, 공학, 의학을 포함한 모든 분야에서 활용되는 많은 개념과 방법을 이용하는 측정 과학이다. 미국 항공우주국(NASA)의 화성 탐사 프로그램은 분석 화학이 과거에 보여주었고, 현재에도 보여주고 있으며, 미래에도 보여줄 영향력과 중요성을 인식하게 한 사건 중의 하나이다. 1997년 7월 4일, 화성탐사선 Pathfinder호는 탐사 로버(rover) Sojourner를 화성 표면에 착륙시켰다. 탐사 로버의 분석 장비는 암석과 토양의 화학적 정보를 전송하였다. 탐사 결과에 의하면 화성은 과거 한 때 따뜻했으며, 그 표면에는 물이 액체 상태로 존재하였고 대기에는 물이 증기 상태로 존재했다고 밝혔다. 2004년 1월에 화성 탐사 로버 Spirit과 Opportunity가 3개월의 임무를 위하여 화성에 착륙하였다. Spirit의 알파 입자 X선 분광기(alpha particle X-ray spectrometer, APXS)와 뫼스바우어 분광기(Mossbauer spectrometer)를 이용하여 농축된 실리카 퇴적물과 고농도의 탄산염의 관찰이라는 중요한 결과를 얻었다. Spirit은 탐사를 지속하여 2010년까지 결과를 전송하여 기대 이상의 성과를 이루었다. 더욱 놀라운 것은 Opportunity는 화성 표면 탐사를 계속하여, 2012년 3월까지 21 마일 이상을 탐사하여 분화구, 작은 언덕 그리고 다른 지형물을 탐사하고 이미지를 전송하였다.

2011년 후반에 탐사 로버 Curiosity에 탑재된 화성 과학 실험실(Mars Science Laboratory)이 발사되었으며, 2012년 8월 6일에 분석 장비를 탑재한 상태에서 화성에 도착하였다. 화학실험·카메라 복합체(Chemistry and Camera package)는 레이저 유도 파열 분광기(laser induced breakdown spectrometer, LIBS, 28장 참조)와 원격 미세촬영기(remote microimager)를 갖추고 있었다. LIBS 장비는 시료의 처리 과정 없이 다양한 원소를 분석하여 주요 원소, 미량 원소, 극미량 원소의 종류 및 농도를 측정할 수 있었으며, 수분을 함유한 광물을 검출할 수 있

NASA/JPL-Caltech

▲ Curiosity 로보에 탑재된 화성 과학 실험실.

NASA/JPL-Caltech

▲ 2012년 8월 Gale 분화구에서 화성 풍경을 관찰하는 Curiosity.

었다. 시료 분석 장치는 사중극자 질량 분석기(quadrupole mass spectrometer, 29장), 기체 크로마토그래프(gas chromatograph, 32장)와 레이저 분광계(tunable laser spectrometer, 25장)로 구성되었다. 시료 분석 장치의 임무는 탄소 화합물의 근원 찾기, 생명에 필수적인 유기 화합물의 확인, 다양한 원소의 화학적 상태 및 동위 원소 분포의 측정, 화성 대기의 조성 측정 및 불활성 기체와 가벼운 원소의 동위원소 측정이었다.[1]

**정성 분석**은 시료에 함유된 화합물과 원소의 *정체*를 확인하는 것이다.

**정량 분석**은 시료에 함유된 각 물질의 양을 측정하는 것이다.

**분석물**은 시료에 존재하는 측정해야 할 성분이다.

이러한 예들은 분석에 있어서 정성적 정보와 정량적 정보가 모두 필요하다는 것을 보여준다. **정성 분석**(qualitative analysis)은 시료에 존재하는 물질의 화학적 정체를 밝히는 것이다. **정량 분석**(quantitative analysis)은 분석 대상 원소, 즉 **분석물**(analyte)의 상대적 양을 숫자로 나타내는 것이다. 탐사 로버에 탑재된 다양한 측정 장비에서 얻어진 결과는 두 종류의 정보를 모두 가지고 있다. 많은 분석 장비의 경우 그렇듯이 기체 크로마토그래프와 질량 분석기에는 분석 과정의 필수 요소인 분리 과정이 포함된다. APXS와 LIBS 실험에서와 같이 몇몇의 분석 기술에서는 암석에 포함된 다양한 원소의 화학적 분리가 불필요하며, 그 이유는 그 분석 방법들이 원소에 대하여 선택성이 강한 정보 즉 원소에 따른 특이 정보를 제공하기 때문이다. 이러한 관점에서 우리는 분석의 정량적 방법, 분리 기술과 이들의 원리를 공부할 것이다. 정성 분석은 대부분 분리 과정에서 이루어지며, 분석물의 정성 분석은 정량 분석에 필수적으로 수반되는 과정이다.

## 1A 분석 화학의 역할

분석 화학은 공업, 의학 및 모든 과학 분야에서 활용된다. 몇 가지 예를 통하여 살펴보자. 매일 수백만 개의 혈액 시료에 들어 있는 산소와 이산화 탄소의 농도가 측정되며, 그 결과는 질병의 진단과 치료에 이용된다. 자동차 배기 가스에 들어 있는 탄화수소, 질소 산화물, 일산화 탄소의 양을 측정하여 배기 가스 제어 장치의 효율성이 결정된다. 부갑상선 질병의 진단을 위하여 혈청 내 이온화된 칼슘의 농도를 측정한다. 식품 속 질소의 정량적 측정을 통하여 그 식품의 단백질 함량과 영양가를 평가하게 된다. 제철 공정에서 생산된 철을 분석하여, 탄소, 니켈, 크롬과 같은 원소의 농도를 조절하게 되고 목표하는 수준의 강도, 경도, 내부식성, 연성을 갖는 철을 생산한다. 가정용 가스 공급 과정에서 머캅탄(mercaptan)이 함유되어 있는지의 여부를 지속적으로 감시하는 것이 매우 중요한데, 그 이유는 악취를 내는 머캅탄에 의하여 가스의 누출을 바로 알 수 있기 때문이다. 작물과 토양의 정량 분석을 통하여 농부는 작물 성장 과정에 따라 적절한 비료와 물의 공급 계획을 수립할 수 있다.

정량 분석은 화학, 생화학, 생물학, 지질학, 물리학을 비롯한 다른 과학 분야에서도 매우 중요하다. 예를 들면, 생리학자는 동물 체액 내 포타슘, 칼슘, 소듐의 이온 농도를 정량적으로 분석하여 근육의 수축 및 이완뿐만 아니라 신경 신호 전달 과정에서 이들 이온의 역할을 연구한다. 화학자는 반응 속도 연구를 통하여 화학 반응의 메커니즘을 밝혀낸다. 정확한 시간 간격으로 행하여지는 정량 분석을 통하여 화학 반응 과정 중 반응물의 소모 속도 혹은 생성물의 생성 속도의 계산이 가능하다. 한편 반도체 소자 연구에 있어서 $1 \times 10^{-6}$~$1 \times 10^{-9}$% 수준의 불순물이 존재하는 결정성 저마늄과 규소의 정량 분석이 재료 과학자에게는 매우 중요하다. 고고학자는 화산 유리(volcanic glass)인 흑요석(obsidian)에 존재하는 미량 원소의 농도를

[1]화성 과학 실험실 임무와 Curiosity 로보에 관한 자세한 사항은 http://www.nasa.gov를 참고하시오.

측정하여 흑요석의 다양한 원산지를 확인한다. 흑요석은 선사시대 석기의 주요 재료이며, 많은 지역에서 발견된 흑요석 석기의 원산지를 추적하여 선사시대에 있었던 석기의 이동 경로를 알 수 있다.

화학자, 생화학자와 의약 화학자는 그들의 연구 대상에 관한 정량적 정보를 수집하기 위하여 매우 많은 시간을 할애한다. 화학 관련 분야를 포함한 다른 많은 연구에 있어서 분석 화학의 중심적 역할이 **그림 1-1**에 나타나 있다. 화학의 모든 분야에서 분석 화학의 개념과 기술이 필요하다. 그림에 도시된 다른 과학 분야에서도 분석 화학의 역할은 비슷하다. 화학을 *중심 과학*(central science)이라고 부르기도 한다. 화학이 그림의 중앙 상단에, 또 분석 화학이 그림의 중심에 위치하는 이유는 화학이 중심 과학임을 강조하기 위함이다. 이와 같이 다른 과학 분야와 연관성이 깊은 화학적 분석은 지구상의 모든 병원, 산업체, 정부 및 대학의 연구실에서 핵심적 도구라고 할 수 있다.

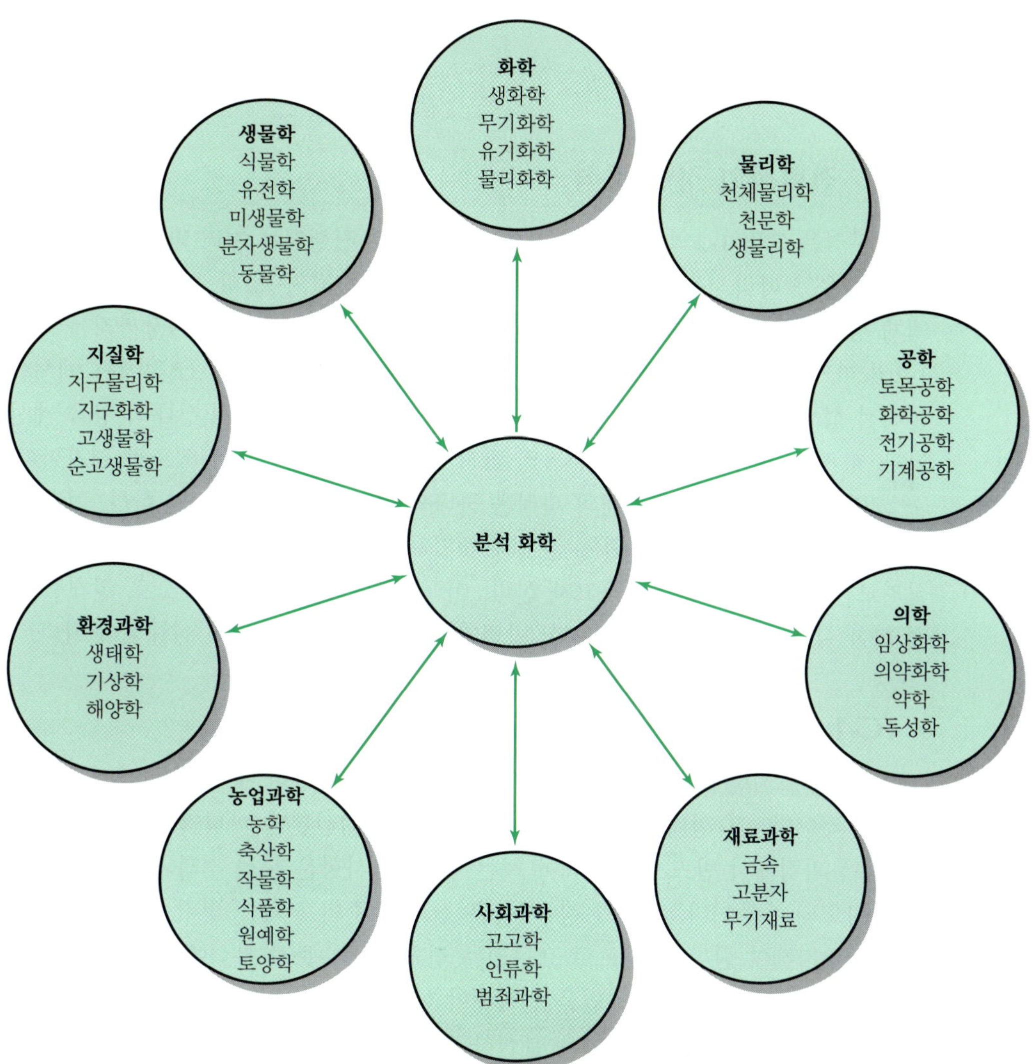


**그림 1-1** 분석 화학과 화학의 다른 분야 그리고 다른 과학과의 관계. 분석 화학의 중요성과 다른 많은 과학과의 폭 넓은 연관성을 강조하기 위하여 분석 화학을 그림의 중앙에 배치하였다.

## 1B 정량 분석법

정량 분석의 최종 결과는 두 종류의 측정 실험으로부터 계산된다. 그 하나는 분석하고자 하는 시료의 질량 혹은 부피를 직접적으로 측정하는 실험이다. 다른 하나는 질량, 부피, 빛의 세기 혹은 전하량과 같이 시료 내 분석물의 양에 비례하는 성질을 간접적으로 측정하는 실험이다. 일반적으로 간접 측정 실험에 의하여 분석 작업은 완료되며, 최종적으로 측정되는 성질에 따라 분석 방법을 분류한다. **무게법**(gravimetric method)에서는 분석물 혹은 분석물과 관련이 있는 화합물의 질량을 측정한다. **부피법**(volumetric analysis)에서는 분석물과 정량적으로 반응하는 반응물 용액의 부피를 측정한다. **전기분석법**(electroanalytical method)에서는 전위, 전류, 저항, 전하량 등의 전기적 성질을 측정한다. **분광법**(spectroscopic method)에서는 분석물과 빛 사이의 상호 작용 또는 분석물이 방출하는 빛의 세기를 측정한다. 이외에도 여러 가지 분석 방법이 있으며, 측정되는 성질로는 질량 분석법(mass spectrometry)에서의 질량 대 전하의 비, 방사능 붕괴 속도, 반응열, 반응 속도, 열전도도, 광학 활성도, 굴절률 등이 있다.

## 1C 전형적인 정량 분석

정량 분석은 **그림 1-2**의 흐름도와 같이 순차적으로 진행되는 여러 과정으로 이루어진다. 경우에 따라서는 여러 과정 중에서 일부는 생략될 수 있다. 예를 들면 시료가 액체 상태라면 시료의 용해 과정이 생략될 수 있다. 1장에서부터 34장까지는 그림 1-2의 마지막 세 과정을 중점적으로 설명한다. 측정 과정에서는 1B절에서 예시한 물리적 성질을 측정한다. 계산 과정에서는 시료에 있는 분석물의 상대적 양을 계산한다. 마지막 과정에서는 계산 결과의 질적 수준과 계산 결과의 신뢰도를 평가한다.

그림 1-2에 나타난 아홉 개의 과정을 하나씩 간단하게 설명하고자 한다. 이후 분석 화학이 실질적으로 적용되는 문제를 해결해 가면서 각각의 과정이 갖는 의미를 살펴보는 사례 연구를 소개하고자 한다. 이 사례 연구를 통하여 앞으로 전개될 분석 화학 학습 과정에서 습득해야 할 방법과 개념이 어떤 모습일지 이해해야 한다.

### ▸ 1C-1 분석법의 선택

그림 1-2에 도시한 바와 같이 모든 정량 분석의 가장 중요한 첫 과정은 분석법을 선택하는 것이다. 그 선택은 때로는 어려운 문제로, 직관뿐만 아니라 경험이 필요하다. 선택 과정에서 반드시 고려해야 하는 첫 번째 사항은 분석 결과가 갖추어야 하는 정확도의 수준이다. 대개의 경우, 높은 신뢰 수준의 결과를 얻기 위해서는 많은 시간을 투자해야 한다. 그러므로 요구되는 정확도의 수준과 분석에 투여할 수 있는 시간과 비용을 절충하여 분석법을 선택해야 한다.

두 번째로 고려해야 할 사항은 분석하고자 하는 시료의 양이다. 만약 시료의 양이 많다면, 분석 장치와 장비의 준비 및 교정, 표준 용액의 제조 등과 같은 예비 실험에 충분한 시간을 투여할 수 있다. 그러나 시료의 양이 충분하지 않다면, 예비 실

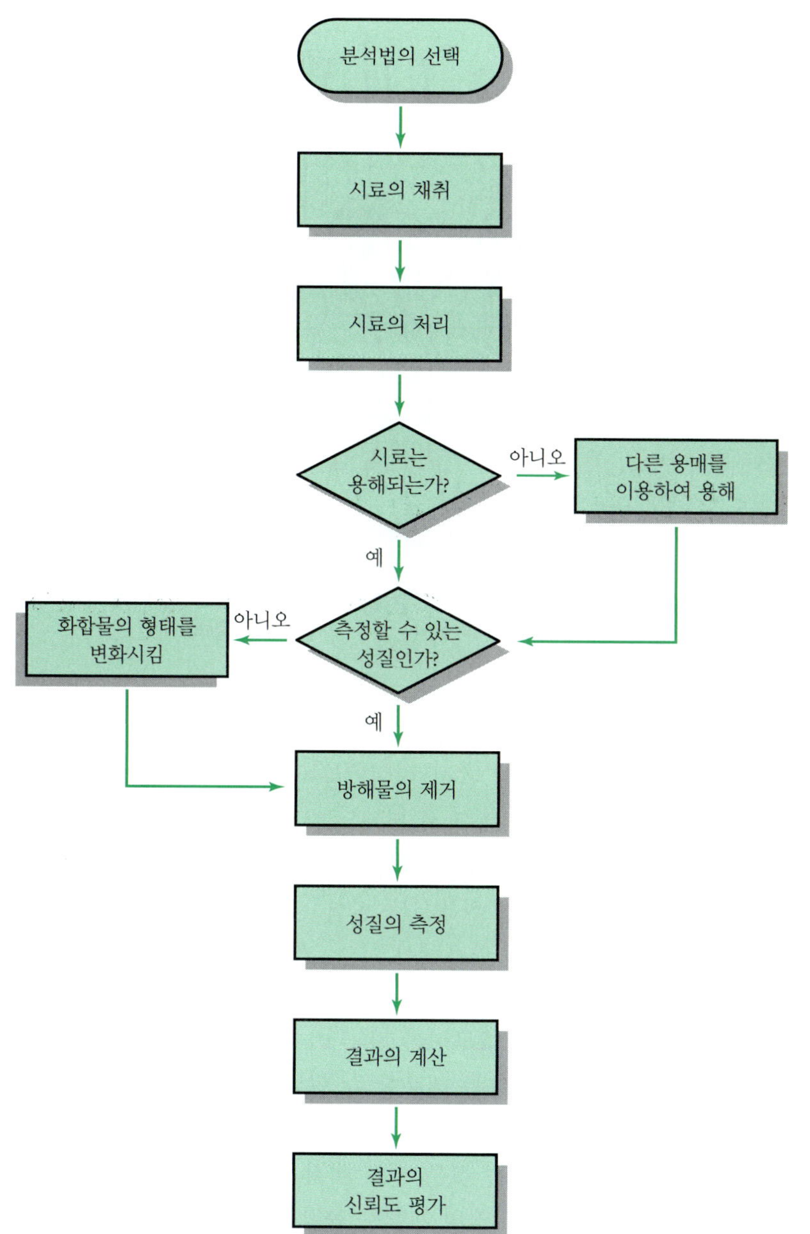


**그림 1-2** 정량 분석의 과정을 도시한 흐름도. 다양한 분석 과정의 경로가 가능하다. 중앙 수직선을 따라 진행하는 과정, 즉 분석법을 선택하고, 시료를 채취하고, 시료를 처리한 후 적절한 용매에 용해시킨 다음 분석물의 성질을 측정하고 결과를 계산하고 신뢰도를 평가하는 과정이 가장 간단하다. 시료의 복잡성과 분석법에 따라 다른 경로가 필요할 수 있다.

험을 피하거나 최소화할 수 있는 방법을 선택해야 한다.

마지막으로 고려해야 할 사항은 시료 구성 성분의 수와 구성 성분들 사이의 상호 간섭이며, 이들을 고려하여 분석법을 선택해야 한다.

## ▸ 1C-2 시료의 채취

그림 1-2에서 나타낸 바와 같이, 정량 분석의 두 번째 과정은 시료의 채취이다. 유의한 분석 결과를 얻기 위해서는 분석 작업을 위한 시료의 성분은 분석 대상 시료 전체의 성분을 대표할 수 있어야 한다. 전체 시료가 많고 **불균일**(heterogenous)하다면, 대표성이 있는 실험 시료를 채취하기 위해서 많은 노력이 필요하다. 예로 화물 열차에 실린 은 광석 25 톤을 생각해 보자. 은 광석을 사는 사람과 파는 사람은 광

어떤 물체를 구성하는 각각의 부분을 육안 또는 현미경으로 구분할 수 있다면 그 물체는 **불균일**하다. 석탄, 동물 섬유조직과 흙은 불균일하다.

"요즘 우리 모두는 '음식에는 무엇이 들어있지?', '물에는 무엇이 들어 있을까?' 또 '공기 중에는?' 하는 질문에 대한 답을 알아야 해. 현대는 진짜 '분석 화학의 황금시대'야."



석이 함유한 은의 함량에 따라 광석의 가격을 결정할 것이다. 화물열차에 실려 있는 광석은 크기와 함량이 다양한 광석 덩어리들이며, 각각의 광석 덩어리가 함유한 은의 함량은 일정하지 않으므로 광석 전체는 본질적으로 불균일하다고 할 수 있다. 실려 있는 광석의 **함량분석**(assay)은 약 1 g 정도의 실험 시료를 이용하여 이루어진다. 함량분석이 의미를 갖기 위해서는 실험 시료가 화물열차에 실려 있는 25톤(대략 22,700,000 g)의 광석을 대표해야 한다. 거의 23,000,000 g에 해당하는 전체 시료의 평균 조성을 정확히 대표할 수 있는 실험 시료 1 g의 채취는 전체 시료를 체계적으로 그리고 세심하게 다루어야 하는 어려운 작업이다. 실험 **시료의 채취**(sampling)는 분석 대상 전체 시료를 대표할 수 있는 적은 양의 실험 시료를 채취하는 과정이다. 실험 시료의 채취는 8장에서 상세히 다룬다.

**함량분석**은 어떤 주어진 이름의 재료가 어떤 특정 시료에 존재하는 양을 결정하는 과정이다. 예를 들면, 어떤 특정 아연 합금을 아연에 대하여 함량분석하며, 함량분석의 결과는 구체적 숫자로 표시된다.

우리는 시료를 *분석하고*(analyze), 우리는 물질을 *정량한다*(determine). 예를 들면 혈액을 분석하여 혈액 속 기체와 혈당과 같은 다양한 물질을 정량한다. 따라서 혈액 속 기체와 혈당의 정량이라고 말하며, 혈액 속 기체와 혈당의 분석이라고 말하지 *않는다*.

생물체로부터 시료를 채취하는 것은 시료 채취 과정의 또 다른 예이다. 혈액 내 기체 성분의 정량을 위한 사람 혈액의 채혈은 복잡한 생체에서 대표성이 있는 실험 시료 채취의 어려움을 보여주는 한 예이다. 혈액 내 산소와 이산화 탄소의 농도는 생리학적 요인과 환경적 요인에 따라 변화한다. 예를 들면, 환자가 출혈 부위에 지혈기를 잘못 사용하거나 손으로 지혈하는 경우 혈중 산소의 농도는 변화한다. 의사는 혈중 기체 분석의 결과를 바탕으로 생사를 가를 수 있는 결정을 하기 때문에, 환자로부터 실험 시료의 채취와 임상실험실로의 전달 과정에 관한 엄격한 표준 절차가 적용된다. 채혈된 혈액이 환자의 혈액을 대표하고 채취된 혈액이 실험실에서 분석될 때까지 그 성분이 유지되는 것이 이 표준 절차에서는 보장되어야 한다.

많은 경우에 있어서 시료 채취와 연관된 문제는 위에서 설명한 두 가지 경우보다는 해결하기 쉽다. 채취 과정의 복잡성과 상관없이 분석 실험 전에 분석자는 실험용 시료의 대표성을 확인해야 한다. 많은 경우 시료 채취 단계가 분석 작업에 있어서 가장 어렵고 큰 오차를 유발하는 단계이다. 분석에서 얻어진 최종 결과의 신뢰도는 시료 채취 과정의 신뢰도에 의하여 결정된다고 해도 과언이 아니다.

## 1C-3 시료의 처리

그림 1-2에서 설명한 바와 같이 분석의 세 번째 과정은 시료 처리 과정이다. 측정 과정에 앞서 시료 처리 과정이 필요하지 않는 경우도 있다. 예를 들면 강, 호수 혹은 바다에서 채취한 시료의 pH는 바로 측정할 수 있다. 그러나 대부분의 경우 시료를 적절한 방법에 의하여 처리해야 한다. 시료 처리 과정의 첫 단계는 시료의 준비이다.

### 시료의 준비

고체 시료의 경우 입자 크기를 줄이기 위하여 시료 덩어리를 분쇄하고, 균일성을 확보하기 위하여 분쇄된 입자를 혼합하며, 분석 작업이 시작되기 전에 장시간 동안 보관한다. 주변의 습도에 따라 각각의 단계에서 고체 시료로 수분이 흡수되기도 하고 고체로부터 수분이 빠져나가기도 한다. 수분의 함량이 변한다면 고체 시료의 화학 성분이 변할 수 있으므로, 분석 작업 직전에 시료를 건조하여 수분의 함량이 일정한 상태로 만드는 것이 바람직하다. 그렇지 않다면 분석 작업을 할 때 다른 방법에 의하여 수분의 함량을 별도로 결정할 수 있다.

액체 시료의 처리 과정은 고체 시료의 경우와는 약간 다르지만 유사한 문제점이 있다. 액체 시료의 용기가 밀봉되지 않아 대기에 노출된다면, 용매가 증발하여 분석물의 농도가 변할 수 있다. 분석물이 액체에 녹아 있는 기체(예: 혈액 내에 녹아 있는 기체)인 경우, 시료 용기는 대부분의 경우 분석의 모든 과정에서 대기에 의한 오염을 방지하기 위하여 제2의 밀폐 용기 내에 보관되어야 한다. 시료의 보존을 위하여 불활성 환경에서의 시료 처리 및 측정과 같은 매우 까다로운 방법이 필요한 경우도 있다.

### 반복 시료의 정의

대부분의 화학 분석 작업에서는 동일한 성분을 갖는 다수의 시료, 즉 다수의 **반복 시료**(replicate sample)에 동일한 분석 방법을 적용하는 실험이 반복적으로 이루어진다. 반복 시료의 질량이나 부피는 정밀한 화학 저울 혹은 부피 측정 장비를 이용하여 정확하게 측정되어야 한다. 반복 실험으로부터 얻어진 결과는 측정 결과의 질을 향상시키고 측정 결과의 신뢰도를 산출할 수 있는 기본 자료이다. 분석의 최종 측정 결과는 일반적으로 반복 실험에서 얻어진 측정 결과들의 평균값이며, 측정 결과들의 다양한 통계 처리를 통하여 측정 결과의 신뢰도를 산출한다.

**반복 시료**는 동일한 시간에 동일한 방법으로 동일한 절차에 따라 분석되는 거의 동일한 양의 시료 다수를 의미한다.

### 실험 용액의 제조: 물리적 변화와 화학적 변화

대부분의 분석 실험에서는 적절한 용매에 시료가 용해된 실험 용액이 이용된다. 이상적으로 용매는 분석물을 포함한 시료 전체를 빠르고 완벽하게 용해해야 한다. 또한 용해 과정에서 분석물의 손실이 발생하지 않아야 한다. 그림 1-2에서와 같이 다양한 용매에 대한 시료의 용해 여부를 판단해야 한다. 그러나 분석하고자 하는 대부분의 물질은 일반적인 용매에 단순하게 용해되지 않는다. 규산염 광물, 분자량이 큰 고분자 물질과 동물 조직이 그 예이다. 이와 같이 용해되지 않는 물질의 경우, 그림 1-2의 오른쪽으로 진행하는 흐름도를 따라 다른 방법을 이용하여 시료를 용해시키는 작업을 해야 한다. 용해되지 않는 물질 속에 있는 분석물을 용해가 가능한 물질로 바꾸는 작업은 분석 과정에서 어렵고 시간이 많이 걸리는 작업인 경우가 많다. 용해되지 않는 시료를 강산, 강염기, 산화제, 환원제 혹은 이들의 혼합 수용액 중에서 가열하는 경우가 있다. 또는 공기 혹은 산소 분위기에서 시료를 강열하거나, 다양한 용융제를 이용하여 높은 온도에서 용융시키는 과정이 필요할 수 있다. 분석물이 용해될 수 있는 상태가 되면, 시료의 성질이 분석물의 농도에 비례하고 측정이 가능한 지 여부를 판단해야 한다. 만약 그렇지 않다면, 그림 1-2에서 설명한 바와 같이 분석물을 측정에 적합하도록 바꾸는 추가적인 화학적 과정이 필요하다. 예를 들면, 철 속에 함유된 망가니즈 원소의 농도를 측정하기 위해서는 원소 상태의 망가니즈를 $MnO_4^-$로 산화시킨 후 용액 내의 $MnO_4^-$의 흡광도를 측정한다(26장 참조). 전체 분석 과정 중, 이 실험 용액의 제조 과정에서 측정 과정으로 바로 갈 수 있다. 그러나 흐름도에서 설명한 바와 같이 측정 과정으로 진행하기 전에 실험 용액에 존재하는 방해 물질을 제거해야 하는 경우가 많다.

### ▸ 1C-4 방해물의 제거

**방해물**은 측정하고자 하는 성질을 증가 혹은 감소시켜 분석의 오차를 유발하는 물질이다.

실험 용액을 제조하고 분석물을 측정하기에 적합한 형태로 만든 후에는 측정을 방해할 수 있는 물질을 제거해야 한다(그림 1-2). 측정하고자 하는 화학적 성질 혹은 물리적 성질이 한 종류의 물질에서만 관찰되는 경우는 거의 없다. 이들 성질은 분석물이 존재하는 화합물의 모든 구성 원소들로부터 공통적으로 관찰될 수 있다. 측정에 영향을 주는 분석물 외의 다른 물질을 **방해물**(interference 혹은 interferent)이라고 한다. 최종 측정 과정을 진행하기 전에 방해물을 분석물로부터 분리하는 과정이 필요하다. 이러한 방해물 제거 과정이 분석 과정 중에서 가장 중요한 과정이라고 할 수 있다. 분리 방법은 31장부터 34장에 걸쳐 상세히 설명되어 있다.

### ▸ 1C-5 검정과 농도의 측정

**매트릭스**(matrix 혹은 sample matrix)는 분석물이 존재하는 시료에서 분석물을 제외한 모든 물질을 의미한다.

어떤 분석법 혹은 반응이 1개의 분석물에만 적용될 때 **특이적**(specific)이라고 한다. 어떤 분석법 혹은 반응이 2~4개의 분석물에 적용될 때는 **선택적**(selective)이라고 한다.

**검정**은 분석물의 농도와 측정하고자 하는 성질 사이의 비례 관계를 결정하는 과정이다.

그림 1-2에서 설명한 바와 같이 분석물이 나타내는 물리적 성질 혹은 화학적 성질의 최종 측정값 $X$에 따라 분석의 결과가 결정된다. 측정되는 성질과 분석물의 농도 $c_A$의 관계는 일정해야 한다. 이상적인 경우 측정된 성질은 농도에 비례한다. 즉

$$c_A = kX$$

여기에서 $k$는 비례상수이다. 약간의 예외가 있기는 하지만, 분석 방법에서 $c_A$를 알고 있는 화학 표준물질로부터 $k$를 실험적으로 결정해야 한다.[2] 그러므로 $k$를 결정하는 과정은 대부분의 분석 작업에서 중요한 과정이다. 이 과정을 **검정**(calibration)이라고 한다. 검정 방법은 8장에 자세히 설명되어 있다.

### ▸ 1C-6 결과의 계산

실험 결과를 이용하여 분석물의 농도를 계산하는 작업은 일반적으로 쉬운 작업으로, 특히 컴퓨터를 사용할 경우 더욱 쉬워진다. 이 과정은 그림 1-2의 흐름도에 끝에서 두 번째 과정이다. 계산 과정은 측정 과정에서 얻어진 실험값, 측정 장비의 특성, 분석에 활용된 반응의 화학량론을 활용한다. 이런 계산의 예는 이 책 전반에서 소개된다.

---

[2] 12장에서 언급할 무게분석법과 22장에서 설명할 전하량법은 예외이다. 이들 방법에서는 물리 상수로부터 $k$를 계산한다.

### ▶ 1C-7 신뢰도 계산을 통한 결과의 평가

그림 1-2의 마지막 과정에서 나타난 바와 같이 계산된 결과의 신뢰도를 평가해야 분석 작업의 모든 과정이 완료된다. 실험 결과가 의미를 갖기 위해서는 실험자는 계산된 결과의 신뢰도를 보고해야 한다. 5, 6, 7장은 분석 과정에서 중요한 마지막 단계에 대하여 자세히 설명한다.

신뢰도가 평가되지 않은 분석 결과는 아무런 가치가 없다.

## 1D 화학 분석의 총제적 역할: 피드백 제어 시스템

일반적으로 분석 화학은 그 자체로 목적이 아니고, 분석의 결과가 활용되는 더 큰 과정의 한 부분이다. 환자의 건강을 유지하기 위해, 물고기에 축적된 수은의 양을 조절하기 위해, 합성의 상태를 알아보기 위해 혹은 화성에 생물체의 존재 여부를 확인하기 위하여 분석 결과는 활용될 수 있다. 분석 결과가 활용되지 않는 경우에는 화학 분석의 역할은 단순한 측정이다. 혈액 내 글루코오스의 농도(혈당)를 측정하고 조절하는 작업에서 분석 화학의 역할을 생각해 보자. **그림 1-3**의 흐름도는 이 과정을 설명한다. 인슐린 의존형 당뇨병으로 고생하는 환자는 고혈당증으로 진행되며, 고혈당증은 혈당의 농도가 65~100 mg/dL의 정상 범위보다 높은 경우를 의미한다. 흐름도의 시작 단계는 혈당을 100 mg/dL 이하로 유지하는 것을 목표로 설정하는 것이다. 많은 당뇨병 환자는 혈당 농도 측정을 위하여 주기적으로 병원에서 채혈하거나 휴대용 혈당 측정기를 이용하여 스스로 측정하여 혈당을 관찰하여야 한다.

관찰 과정의 첫 단계는 환자로부터 채혈하고 혈당을 측정함으로써 현재의 상태를 결정하는 것이다. 측정 결과가 얻어지면 그림 1-3에서와 같이 실제 상태의 값과 목표한 값을 비교한다. 만약 측정된 혈당이 100 mg/dL보다 높으면, 주사 혹은 약을 통하여 환자 체내 인슐린의 양을 증가시킨다. 인슐린이 작동하도록 기다린 후에 혈당을 다시 측정하여 목표한 값에 도달했는지 여부를 확인한다. 만약 측정한 값이

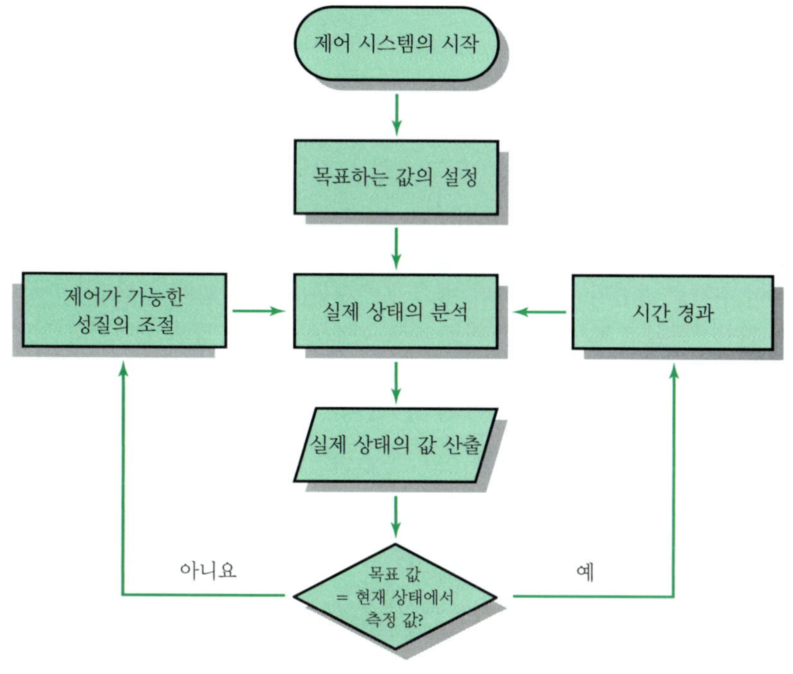


**그림 1-3** 피드백 시스템의 흐름도. 목표하는 값은 설정하는 것이며, 실제 상태의 값은 측정하는 것으로, 두 값을 비교한다. 두 값의 차이는 제어 성질의 조절을 통하여 시스템의 상태 변화를 유발한다. 시스템에 대한 정량 분석을 다시 실행하고 비교는 계속 반복된다. 목표하는 상태와 새로운 실제 상태의 차이는 필요할 경우 다시 시스템의 제어에 활용된다. 이러한 과정은 실재 상태의 지속적 측정과 피드백을 통하여 제어할 수 있는 성질을 조절하여 실제 상태를 적절한 수준으로 유지한다. 본문에서는 혈당의 측정과 제어를 한 예로 피드백 제어 시스템을 설명한다.

목표한 값보다 작으면 인슐린의 양이 적절하였음을 의미하며, 더 이상의 인슐린이 필요하지 않다. 적당한 시간이 경과한 후 혈당을 다시 측정하고 이 과정을 반복한다. 이러한 방식으로 환자의 혈액 내 인슐린의 양을 조절하여, 결국은 혈당이 목표하는 값보다 작거나 비슷한 수준으로 유지되도록 환자의 대사작용을 제어한다.

반복되는 측정과 이에 따른 제어의 과정을 **피드백 시스템**(feedback system)이라고 하며, 측정, 비교, 제어의 순환 과정을 **피드백 회로**(feedback loop)라고 한다. 이 개념은 생물 및 생의학 시스템, 기계 장치와 전기 장치에서 널리 활용된다. 철의 망가니즈 함량 조절에서부터 수영장의 염소 함량 통제에 이르기까지 화학 분석은 많은 시스템에서 핵심적 역할을 한다.

**특집 1-1**

### 사슴의 죽음: 독성학 문제 해결에 기여한 분석 화학의 사례

분석 화학은 환경과 관련된 문제의 해결에 매우 중요한 수단이다. 미국 켄터키주립공원의 야생동물 보호지역에 살고 있는 흰꼬리 사슴의 죽음을 초래한 의문의 물질을 확인하기 위하여 정량 분석이 활용된 사례를 소개하겠다. 흰꼬리 사슴의 죽음과 관련된 의문점을 먼저 제기하고, 그림 1-2에서 기술한 여러 분석 화학의 절차들이 문제의 해결에 적용되는 과정을 예로 설명한다. 또한 그림 1-3에서 설명한 피드백 시스템이라는 통합적 과정에서 화학 분석의 역할을 이해할 수 있을 것이다.

© D. Robert & Lorri Franz/CORBIS

*흰꼬리 사슴은 미국의 많은 지역에서 살고 있었다.*

#### 의문점

사건은 미국 서부 켄터키에 위치한 'Land Between the Lakes National Recreational Area'에 연못 근처에서 공원 관리자가 흰꼬리 사슴의 사체를 발견하면서부터 시작되었다. 공원 관리자는 더 많은 사슴이 죽는 것을 방지하기 위하여 주립동물병원 진단실험실에 근무하는 화학자와 함께 그 원인을 찾으려고 하였다.

공원 관리자와 화학자는 심하게 부패한 사슴의 사체가 발견된 장소를 면밀히 조사하였다. 사체가 심하게 부패하였기 때문에 신선한 장기 조직을 얻을 수 없었다. 조사가 시작된 며칠 후 동일한 장소에서 두 마리의 사슴이 추가로 발견되었다. 조사자들은 사슴의 사체를 동물병원 진단실험실로 보냈으며, 죽음의 단서를 찾기 위하여 주변을 샅샅이 조사하였다.

약 2 에이커(acre) 정도의 연못 주변을 조사하였다. 전봇대 주변의 풀이 시들고 누렇게 변색된 것이 발견되었다. 조사자들은 제초제가 변색된 풀에 뿌려졌을 것으로 추정했다. 제초제의 공통 성분은 비소인데, 비소는 삼산화비소, 아비산소듐, 메테인비산일소듐, 메테인비산이소듐 등 다양한 형태 중의 하나이다. 이 중에서 메테인비산이소듐은 메테인비산($CH_3AsO(OH)_2$)의 염으로 물에 잘 용해되어 많은 제초제의 활성 성분으로 작용한다. 메테인비산이소듐이 시스테인(cystein) 아미노산의 설프하이드릴(sulfhydryl, S—H) 작용기와 잘 반응하여 제초 작용의 효과가 나타난다. 식물 효소에 들어 있는 시스테인이 비소와 반응하면 효소의 작용은 중지되고 식물은 결국 죽게 된다. 불행하게도 비슷한 작용이 동물에서도 일어난다. 조사자들은 사슴의 장기에서 뿐만 아니라 변색된 죽은 풀에서도 시료를 채취하였다. 시료를 분석하여 비소의 존재 여부를 확인해야 했고, 만약 비소가 있다면 시료 속의 비소 농도를 측정해야만 했다.

#### 분석법의 선택

생체 시료에 존재하는 비소의 정량 분석법을 Association of Official Analytical Chemists (AOAC)[3]이 출판하였다. 이 방

[3] *Official Methods of Analysis,* 18th ed., Method 973.78, Washington, DC: Association of Official Analytical Chemists, 2005.

법에서는 비소를 아르신(arsine, $AsH_3$)의 형태로 증류 분리한 후, 비색법(colorimetry)으로 농도를 결정한다.

### 시료의 처리: 대표성이 있는 시료의 채취

실험실에서 사슴의 신장이 적출되었다. 신장을 선택한 이유는 의심되는 질병의 원인, 즉 비소가 비뇨기 계통을 통해 빠르게 체외로 배출되기 때문이었다.

### 시료의 처리: 시료의 준비

신장을 잘게 자른 후, 초고속 믹서를 이용하여 균일하게 만들었다. 이 과정에서 신장 조직의 크기는 줄어들었고, 실험용 시료는 균일하게 되었다.

### 시료의 처리: 반복 시료의 준비

한 마리의 사슴으로부터 적출한 균일한 신장 조직 10 g 시료를 3개의 자제 도가니에 각각 넣었다. 이들 3개의 시료가 분석을 위한 반복 시료이었다.

### 화학적 처리: 시료의 용해

분석 실험을 위한 실험 수용액을 얻기 위해서는 **건식 회화**(dry ashing) 과정을 통하여 유기물을 이산화 탄소와 물로 만들어야 했다. 이 과정에서는 각각의 도가니와 시료를 연기가 발생하지 않을 때까지 조심스럽게 불꽃으로 가열하였다. 그런 후 도가니를 555°C의 전기로에서 두 시간 동안 더 가열하였다. 건식 회화 과정에서 분석물인 비소는 유기물과 유리되었으며 오산화비소로 그 조성이 바뀌었다. 고체 비소 건조물을 묽은 HCl 용액으로 용해하여, $As_2O_5$에서 수용성 $H_3AsO_4$로 조성이 바뀌었다.

### 방해물의 제거

$H_3AsO_3$의 용액을 아연으로 처리하면 독성 기체 아르신($AsH_3$)이 생성되어 비소로부터 분석 과정에서 방해물로 작용할 수 있는 다른 물질을 제거할 수 있었다. 사슴과 풀로부터 얻어진 용액에 $Sn^{2+}$를 첨가한 후 소량의 아이오딘화 이온을 촉매로 넣어 $H_3AsO_4$를 $H_3AsO_3$로 변화하는 아래의 환원반응을 유도하였다.

$$H_3AsO_4 + SnCl_2 + 2HCl \rightarrow H_3AsO_3 + SnCl_4 + H_2O$$

$H_3AsO_3$는 아연 금속을 첨가함으로써 아래와 같이 $AsH_3$로 변화하였다.

$$H_3AsO_3 + 3Zn + 6HCl \rightarrow AsH_3(g) + 3ZnCl_2 + 3H_2O$$

*분석 화학에서 중요한 분자를 모델로 책 전반에서 표시하였다. 아르신($AsH_3$)의 모델은 위와 같다. 아르신은 지독한 바늘 냄새가 나는 독성의 무색 기체이다. 아르신이 생성되는 과정이 포함되는 분석 방법은 환기가 잘 되는 환경에서 조심스럽게 진행되어야 한다.*

**그림 1F-1**에서와 같이 아르신 기체가 흡수 용액에 포집될 수 있도록 마개와 관이 연결된 플라스크에서 전체 반응을 진행하였다. 방해물질은 왼쪽의 플라스크에 남고, 큐벳(cuvette)이라고 하는 특수 투명 용기의 흡수 용액에 아르신만이 포집되었다.

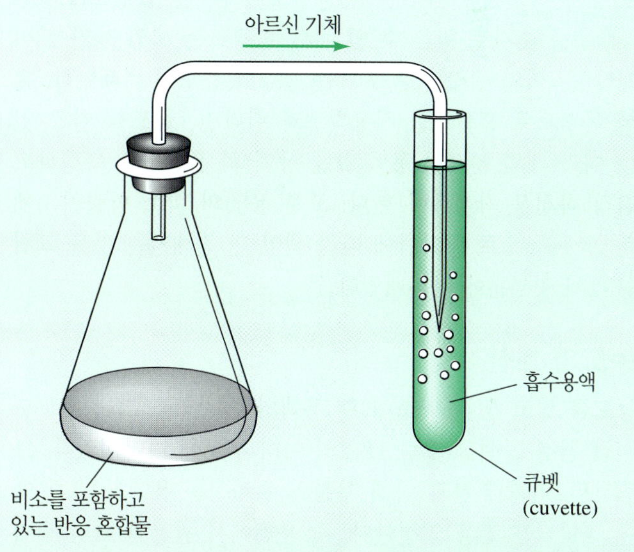


**그림 1F-1** 쉽게 만들 수 있는 아르신($AsH_3$)의 발생 장치.

*(계속)*

*다이에틸다이싸이오카바메이트의 분자 모델. 이 화합물은 비소 정량에 사용된 분석 시약이다.*

아르신이 큐벳에 들어 있는 용액에 기체방울을 만들면서 들어갈 때, 은 다이에틸다이싸이오카바메이트와 다음과 같이 반응하여 색깔을 띤 착화합물을 만든다.

$$AsH_3 + 6Ag^+ + 3\left[(C_2H_5)_2N{-}C(S)S\right]^- \longrightarrow As\left[(C_2H_5)_2N{-}C(S)S\right]_3 + 6Ag + 3H^+$$

## 분석물의 양 측정

각 시료에 있는 비소의 양은 분광광도계라는 장비를 이용하여 큐벳에서 형성된 빨간색의 세기를 측정하여 결정한다. 26장에서 소개하겠지만, 분광광도계에서는 **흡광도**(absorbance)를 숫자로 읽을 수 있는데, 흡광도는 색의 세기에 비례하며, 색의 세기는 색을 내는 물질의 농도에 비례한다. 분석 목적으로 흡광도를 사용하고자 한다면, 농도를 알고 있는 여러 개의 분석물 용액(표준 용액)의 흡광도를 측정하고 검정 곡선을 작성해야 한다. 표준 용액의 비소 함량이 0에서 25 ppm으로 증가함에 따라 색이 더 진해지는 것을 그림 1F-2의 윗부분에 나타내었다.

## 농도의 계산

농도를 알고 있는 비소 표준 용액의 흡광도를 그래프로 도시한 검정 곡선을 그림 1F-2의 아래 부분에 나타내었다. 그림 1F-2의 윗부분과 아래 부분의 수직선은 용액과 그 용액에 해당되는 점을 연결한다. 각 용액에서 관찰된 색의 세기는 흡광도 숫자로 표시되며, 그 흡광도는 교정 곡선의 수직축에 표시한다. 비소의 농도가 0에서 25 ppm으로 증가함에 따라 흡광도는 0에서 0.72로 증가한다. 표준 용액의 비소 농도는 검정 곡선에서 수직 분할선으로 표시하였다. 이 곡선은 오른쪽에 표시한 미지 용액 두 개의 농도 정량에 활용된다. 그래프의 흡광도 축에서 미지 용액의 흡광도를 표시하고 농도 축에서 해당하는 농도를 읽는다. 큐벳으로부터 검정 곡선에 이르는 선은 사슴에서 채취된 시료의 비소 농도가 각각 16 ppm과 22 ppm임을 나타낸다.

동물의 신장에서 비소의 농도가 10 ppm 이상이면 위험하다. 따라서 사슴들은 비소 화합물을 섭취하여 죽었을 가능성이 매우 높다. 또한 실험에 의하면 풀 시료의 비소 함량은 약 600 ppm이었다. 높은 비소 함량은 비소를 함유한 제초제가 풀에 살포되었음을 의미한다. 사슴이 독이 있는 풀을 먹고 죽었을 것이라고 조사자들은 결론을 내렸다.

## 측정한 결과의 신뢰도 평가

이러한 실험의 결과는 5~8장에서 서술하는 통계적 방법을 이용하여 분석되었다. 각각의 비소 표준 용액과 사슴으로부터 채취한 시료에 대하여 3번 측정한 흡광도의 평균을 계산하였다. 3개의 반복 시료의 평균 흡광도로부터 계산한 비소의 농도는 시료 1개의 흡광도를 이용한 농도보다 더 신뢰할 수 있다. 최소제곱법(8D절)을 적용하여 표준 용액으로부터 얻은 결과를 가장 잘 표현하는 직선을 얻은 후, 미지 시료의 농도, 계산된 농도의 통계적 불확정도와 신뢰도를 모두 계산하였다.

## 결론

지금까지 진행된 분석 과정에서 화학 반응을 이용하여 색을 띤 생성물을 만들고, 그 물질을 이용하여 사슴과 풀에 있을 수 있는 비소의 존재 여부를 확인하고, 비소의 농도를 신뢰성을 가지고 측정하였다. 분석 결과를 근거로 조사자들은 사슴과 풀을 섭취할 가능성이 있는 다른 동물을 보호하기 위하여 비소를 함유한 제초제의 살포를 야생동물 보호지역에서는 중지할 것을 권고하였다.

*(계속)*

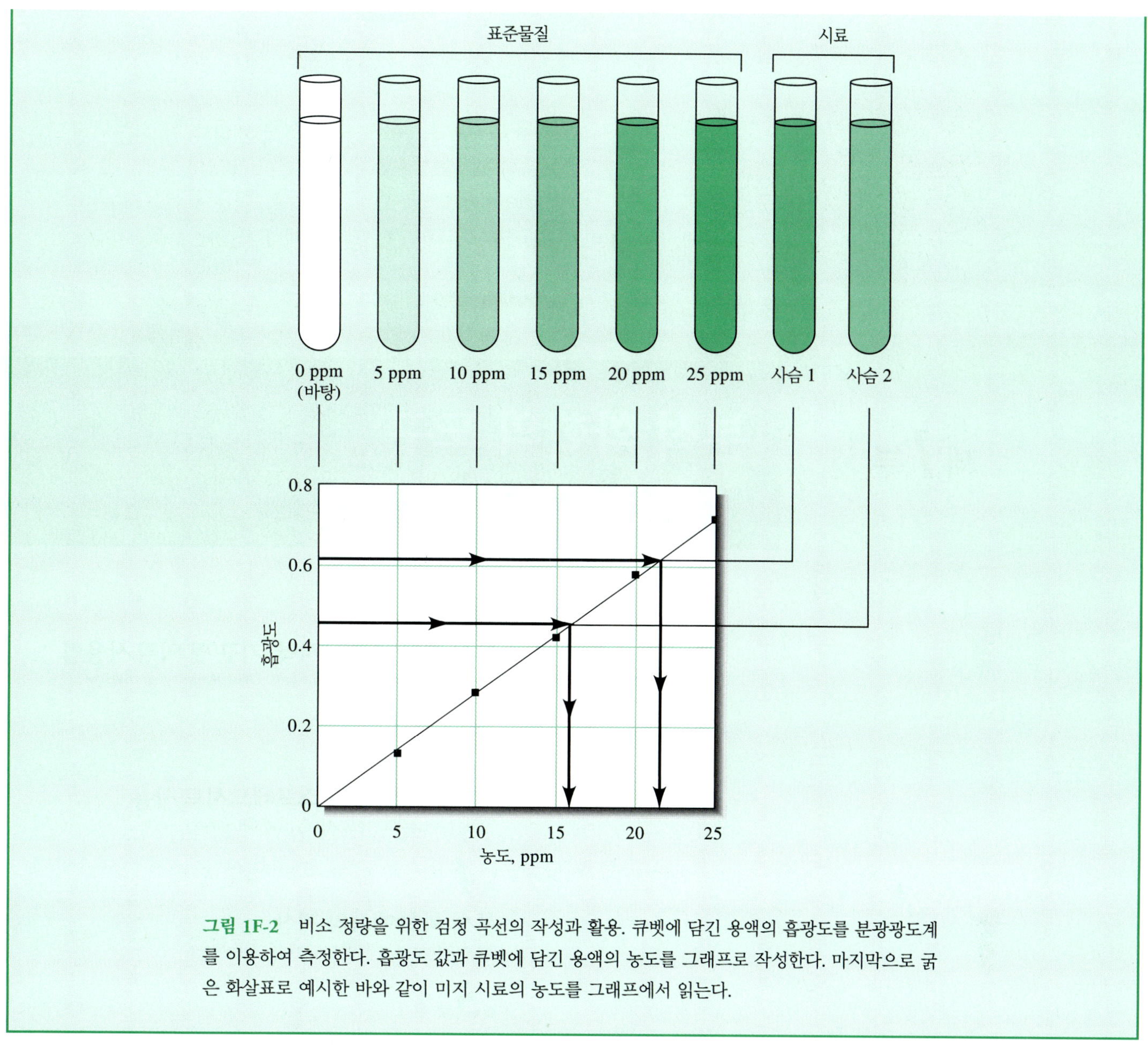


**그림 1F-2** 비소 정량을 위한 검정 곡선의 작성과 활용. 큐벳에 담긴 용액의 흡광도를 분광광도계를 이용하여 측정한다. 흡광도 값과 큐벳에 담긴 용액의 농도를 그래프로 작성한다. 마지막으로 굵은 화살표로 예시한 바와 같이 미지 시료의 농도를 그래프에서 읽는다.

특집 1-1에서 설명한 사례 연구는 환경과 관련된 유해 물질의 확인과 농도 측정에서 화학 분석의 활용을 예시한다. 분석 화학의 많은 방법과 장비를 활용하여 이러한 종류의 환경과 독성학 연구에 필수적인 정보를 얻는다. 그림 1-3에 있는 시스템 흐름도는 앞서 설명한 사례 연구에도 적용된다. 목표하는 값은 독성이 나타나지 않는 비소의 농도이다. 화학 분석은 실제 상황의 값, 즉 주어진 환경에서 측정된 비소의 농도이며, 실제 상황의 값을 목표하는 값과 비교한다. 두 값의 차이를 확인한 후 비소를 함유한 제초제의 사용량 감소와 같은 적절한 행동을 취하여 환경 속에 존재하는 과량의 비소에 의한 독성이 사슴에 나타나지 않도록 한다. 이러한 작업이 피드백 시스템이다. 이 책의 본문과 특집 전반에 걸쳐 다른 예들이 많이 소개될 것이다.

# 제1부 »

# 분석 화학의 도구

*Tools of Analytical Chemistry*

**분석 화학에서의 시약, 기구 및 이의 사용법**

*Chemicals, Apparatus, and Unit Operations of Analytical Chemistry*

**분석 화학에서의 스프레드시트 사용**

*Using Spreadsheets in Analytical Chemistry*

**분석 화학에서의 계산**

*Calculations Used in Analytical Chemistry*

**화학 분석에서의 오차**

*Errors in Chemical Analysis*

**화학 분석에서의 우연 오차**

*Random Errors in Chemical Analysis*

제7장

**통계적인 데이터 처리 및 평가**

*Statistical Analysis Data Treatment and Evaluation*

**시료 채취, 표준화 및 검정**

*Sampling, Standardization, and Calibration*

제 2 장

# 분석 화학에서의 시약, 기구 및 이의 사용법

*Chemicals, Apparatus, and Unit Operations of Analytical Chemistry*

분석 화학의 핵심은 실험을 하는데 필요한 장치와 이의 사용법을 훈련받아 이를 익숙하게 다루고 더 잘 다루게 하기 위한 것이다. 이 사진에서는 한 학생이 유기 시료에 들어 있는 질소를 정량 분석하는 중에 연구 노트에 적정 데이터를 기록하고 있다.

Fuse/Geometrized/JupiterImages

이 장에서는 분석 화학자들이 이용하는 기구, 사용법 및 화학 시약에 대해 알아볼 것이다. 이런 기구의 개발은 200년 전부터 시작하여 현재까지도 계속되고 있다. 전자식 분석용 저울, 자동 적정기 및 컴퓨터로 제어 가능한 기기 등이 발명되면서 분석 화학 기술이 발전되어 왔으며, 이에 따라 분석 방법의 속도, 편리성, 정확도 및 정밀도 또한 전반적으로 향상되어 왔다. 예를 들어, 시료의 질량을 측정하는데 40년 전에는 5~10분 정도 걸렸지만 최근에는 수 초 이내에 측정이 가능하다. 대수표를 이용하여 10~20분 정도 걸리던 계산이 현재는 엑셀 스프레드시트나 전자계산기를 이용하면 즉각적으로 계산이 가능하다. 이러한 놀라운 기술 발전 및 혁신을 통해 연구자들은 때때로 지루하기 그지없는 고전적 분석 화학 기술에 종종 인내심을 잃고 조급해하기도 한다. 그러나 이러한 조급함이 더 좋은 분석법을 개발하는 동력으로 작용하기도 한다. 실제로 기본 분석법들은 정확도 및 정밀도를 잃지 않고 속도와 편리성을 향상시키는 방향으로 발전되어 왔다.

그러나 분석 화학 실험에 이용되는 많은 기구들의 기초적 사용법은 크게 변하지 않았다는 사실을 주지할 필요가 있다. 사용법들은 지난 2세기에 걸쳐 점진적으로 꾸준히 발전하여 왔다. 이 장에서 다루는 내용 중 일부는 다소 훈계적/지시적인 면이 있을 수도 있을 것이다. 설명한 방법대로 기구를 사용하여야 하는 이유를 설명하겠지만, 노력과 시간을 절약하기 위하여 한 과정을 적당히 변형시키거나, 한 단계를 생략하고자 하는 유혹을 받을 수도 있다. 분석 방법 및 분석 과정의 수정은 지도교수나 전문가와 함께 그에 따른 결과를 조심스럽게 고려하지 않는 한 지양되어야 한다. 이러한 분석 방법의 수정은 정확도 및 정밀도의 저하 등을 포함하여 전혀 예상치 못한 결과를 유도할 수 있으며, 최악의 경우 심각한 사고를 일으킬 수도 있다. 오늘날 수산화 소듐 표준 용액을 조심스럽게 만드는데 걸리는 시간은 100년 전과 크게 다르지 않다.

분석 화학의 방법을 잘 이해하면 화학 및 이와 관련된 과학 분야를 잘 할 수 있게 되는데 큰 도움이 될 것이다. 아울러 분석 실험의 표준 방법으로 좋은 실험을 하고, 분석법의 측정 한계에 해당하는 정확도와 정밀도로 분석을 완결함으로써 당신의 노력도 보상받을 수 있을 것이다.

## 2A 시약과 그 밖의 화학 물질의 선택과 취급

어떤 분석에서든지 더 좋은 정확도를 얻는 데는 시약의 순도가 중요하다. 따라서 시약의 질은 사용 목적에 맞도록 선택하는 것이 필수적이다.

### ▸ 2A-1. 화학 약품의 분류

#### » 시약급

시약급(reagent grade) 화학 물질은 미국화학회(ACS)[1]의 시약 및 화학 물질 위원회가 정한 최소한의 표준을 따른 것이며, 가능하다면 분석에 이용할 시약은 시약급 화학 물질을 사용하여야 한다. 일반적으로 화학 물질 공급자들은 ACS 규격에서 허용하는 불순물의 최대 한계에 대한 표 또는 시약 내에 존재하는 여러 불순물의 실제 농도 정보에 관한 제품 라벨 형태로 제공한다.

#### » 일차 표준급

**일차 표준 물질**(primary standard)에 요구되는 품질에 대해서는 13A-2절에서 특급 순도와 함께 설명되어 있다. 일차 표준 물질 시약은 공급자에 의하여 주의 깊게 분석되어 그 분석표가 용기의 라벨에 인쇄되어 있다. 미국국립표준기술연구소(NIST)는 일차 표준급 물질들의 우수한 공급처이며, 철저하게 분석되어진 복잡한 물질인 **기준 표준 물질**(reference standard)들도 공급하고 있다.[2]

NIST (the National Institute of Standards and Technology)는 예전의 NBS (the National Bureau of Standards)의 현재 이름이다.

#### » 특수 목적용 화학 물질

경우에 따라서는 특수 목적을 위한 화학 약품들도 이용 가능하다. 여기에는 분광광도법이나 고성능 액체 크로마토그래피(HPLC)에 사용하는 용매들도 포함되어 있다. 사용하려는 용도에 관한 정보가 이 시약들과 함께 제공되고 있다. 예를 들면, 분광광도법용 용매와 함께 제공되는 데이터에는 선택된 파장에서의 흡광도, 자외선 차단 파장 등이 기록되어 있다.

### ▸ 2A-2. 시약과 용액을 다룰 때의 규칙

화학 분석을 정확히 하기 위해서는 공인된 순도를 갖는 시약과 용액을 사용해야 한다. 보통 개봉 직후의 시약급 화학 물질은 믿고 사용할 수 있으며, 개봉 후 절반 정도를 사용한 경우에는 전적으로 개봉한 후 화학 물질이 취급된 과정에 따라 믿고 사용할 수 있는지의 여부가 결정된다. 시약과 용액이 뜻하지 않게 오염되는 것을

---

[1]Committee on Analytical Reagents, *Reagent Chemicals*, 10th ed. Washington, DC: American Chemical Society, 2005, available on-line or hard-bound.

[2]NIST의 표준기준 물질 프로그램(SRMP)은 수천 개의 기준 물질을 판매하기 위한 것이다. NIST는 NIST 주 웹사이트인 www.nist.gov와 연결된 웹사이트에서 이 물질들에 대한 목록과 가격을 제시해 놓았다. 표준기준 물질은 온라인으로도 구입할 수 있다.

방지하기 위해서는 다음의 규칙을 지켜야 한다.

1. 분석에 사용할 수 있는 시약 중 가장 고급의 것을 택한다. 가능하면 실험에 사용할 시약의 양을 고려하여 가장 작은 병을 선택한다.
2. 모든 용기의 뚜껑은 시약을 덜어낸 즉시 닫는다. 다른 사람이 닫아줄 것이라고 믿지 말아야 한다.
3. 시약병의 마개는 손가락으로 잡고, 절대 작업대 위에 올려놓지 말아야 한다.
4. *특별히 별도의 지시가 없는 한, 남은 시약을 다시 병에 넣지 말아야 한다.* 남은 시약을 병에 다시 넣음으로써 비용을 절약하는 것보다는 병 전체가 오염되는 것을 방지하는 것이 더 낫다.
5. 다른 지시가 없는 한 시약 스푼이나 일반 스푼 또는 칼 등을 고체 시약이 들어 있는 병에 넣지 말아야 한다. 대신 뚜껑을 닫은 채로 병을 격렬히 흔들거나 나무 테이블에 가볍게 두드려서 표면층을 분쇄하여 원하는 양을 쏟아낸다. 이 방법이 효과가 없을 경우에는 깨끗한 자기(porcelain) 스푼을 사용하여야 한다.
6. 시약 보관 선반 및 실험용 저울은 깨끗하게 정돈해 둔다. 엎질러진 화학 물질은 즉시 닦아내어 깨끗하게 한다.
7. 남은 고체 시약과 용액은 규칙을 준수하여 폐기한다.

## 2B 실험실 용기의 씻기와 표시

화학 분석은 두 번 또는 세 번 반복하는 것이 보통이다. 따라서 시료가 들어 있는 모든 용기는 내용물을 명확하게 구별할 수 있도록 표시해 두어야 한다. 플라스크, 비커 및 일부 도가니에는 부식된 작은 부분이 있어서 연필로 반영구적인 표시를 할 수 있다.

자기 그릇의 표면에 표시하기 위해서는 특별한 잉크를 사용하기도 한다. 이 표시는 높은 온도에서 가열하면 유약 속에 영구적으로 새겨지게 된다. 상품화된 제품보다는 만족스럽지 못할 지라도 염화 철(II) 포화 용액을 표시용으로 사용할 수도 있다.

시료를 담을 모든 비커, 플라스크 또는 도가니는 사용하기 전에 철저하게 깨끗이 씻어야 한다. 기구는 뜨거운 세제 용액으로 씻고 난 후 우선 충분한 양의 수돗물로, 그 다음 적은 양의 탈이온수로 여러 번 헹군다.[3] 잘 씻긴 용기는 그 표면이 균일하고 끊어지지 않은 물의 피막으로 덮여진다. *일반적으로 사용하기 전에 유리 용기의 안쪽 표면은 건조시킬 필요는 거의 없다.* 건조 과정은 불필요하고 시간 낭비인 경우가 많고, 실험실 용기를 오염시킬 가능성이 매우 높다.

❮ 별도의 지시가 없는 한 유리 용기나 자제 용기의 안쪽 표면은 건조시키지 마시오.

그리스(고체 형태의 윤활제) 피막을 제거하는 데는 메틸에틸케톤 또는 아세톤과 같은 유기 용매가 효과적일 수 있다. 화학 약품 공급자들은 이러한 피막 제거용 제품들도 시판하고 있다.

---

[3]이 장과 38장에 탈이온수에 대한 내용은 증류수에도 똑같이 적용된다.

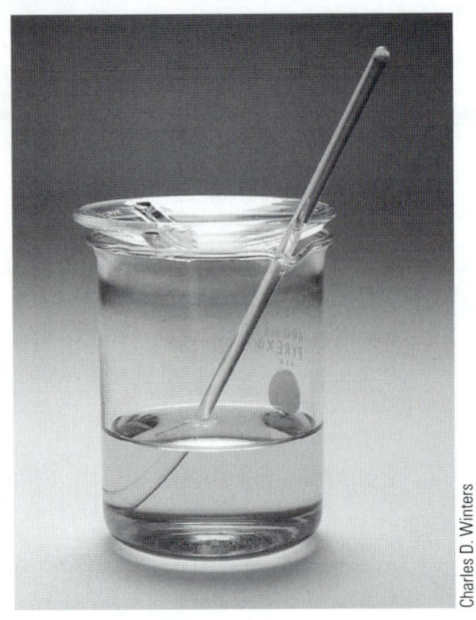


**그림 2-1** 액체를 증발시키기 위한 장치.

**튐** 현상은 갑자기 격렬하게 끓는 현상으로 용액을 용기 밖으로 튀어나가게 한다.

**습식 재 만들기**는 시료 중에 존재하는 유기 성분들을 질산, 황산, 과산화수소, 브롬수 또는 이 시약들의 혼합물과 같은 산화제로 산화시키는 것이다.

## 2C 액체의 증발

종종 비휘발성 용질이 들어 있는 용액의 부피를 줄일 필요가 있을 때도 있다. **그림 2-1**은 이러한 과정이 어떻게 수행되는지를 보여 준다. 가운데가 볼록한 덮개 유리는 증기가 빠져 나아갈 수 있게 하되 남아 있는 용액이 예기치 못하게 오염되는 것을 막아준다.

어떤 용액은 국부적으로 과열되는 경향이 있기 때문에 증발을 조절하는 것이 어려울 때가 종종 있다. 그 결과 일어나는 **튐**(bumping) 현상은 용액을 부분적으로 손실시키기에 충분할 만큼 강하다. 조심스럽게 서서히 가열시키면 이러한 위험을 최소화할 수 있다. 유리구슬을 사용할 수 있다면 유리구슬 역시 튐 현상을 최소화할 수 있다.

원하지 않는 화학종들은 증발시켜 제거할 수도 있다. 예를 들면, 염화물과 질산염은 용액에 황산을 넣고 삼산화 황의 흰색 연기가 많이 날 때까지 증발시키면 제거할 수 있다(이 과정은 후드 안에서 수행되어야 한다). 산성 용액에서 질산 이온과 질소 산화물을 제거하는 데는 요소가 효과적이다. 염화 암모늄은 진한 질산을 넣고 용액을 작은 부피가 될 때까지 증발시키면 잘 제거된다. 암모늄 이온은 가열하면 빠르게 산화된다. 그 다음 용액을 증발 건조한다.

종종 유기 성분들은 황산을 넣고 삼산화 황의 연기가 나타날 때까지 가열하면 용액으로부터 제거될 수 있다(후드에서). 이러한 과정을 **습식 재 만들기**(wet-ashing)라고 한다. 가열이 거의 끝날 때에 질산을 첨가하면 남아 있는 미량의 유기물의 산화가 촉진된다.

## 2D 질량 측정

대부분의 분석에서는 *분석용 저울*(analytical balance)을 사용하여 질량을 매우 정확하게 측정해야 한다. 질량을 측정의 신뢰도가 그리 중요하지 않은 경우에는 덜 정확한 *실험용 저울*(laboratory balance)을 사용할 수도 있다.

### ▸ 2D-1 분석용 저울의 유형

**분석용 저울**은 최대 용량이 1 g에서 수 kg에 까지 이르고 정밀도는 최대 용량에서 적어도 $10^5$분의 1 정도이다.

**보통 저울**은 분석용 저울의 가장 일반적인 형태로서 160~200 g의 최대 용량과 0.1 mg의 정밀도를 갖는다.

**반미량 분석용 저울**은 10~30 g의 최대 용량과 0.01 mg의 정밀도를 갖는다.

**미량 분석용 저울**은 1~3 g의 최대 용량과 0.001 mg의 정밀도를 갖는다.

**분석용 저울**(analytical balance)은 1 g~수 kg의 시료 질량을 최대 용량의 $1/10^5$ 수준의 정밀도로 측정하는 기기이다. 최신 분석용 저울의 정확도와 정밀도는 최대 용량의 $1/10^6$ 이상이다.

가장 일반적으로 사용되는 분석용 저울은 최대 용량이 160~200 g 범위이며 표준 편차가 ±0.1 mg인 **보통 저울**(macrobalance)이다. **반미량 분석용 저울**(semimicroanalytical balance)은 10~30 g의 최대 용량과 ±0.01 mg의 정밀도를 가지며, 전형적인 **미량 분석용 저울**(microanalytical balance)은 1~3 g의 용량과 ±0.001 mg의 정밀도를 갖고 있다.

분석용 저울은 지난 수십 년 동안 크게 발전하였다. 예전의 분석용 저울에는 중심에 위치한 받침날 위에 가벼운 저울대가 놓여 있고, 저울대의 양 끝에는 두 개의 접시가 달려 있었다. 무게를 측정할 물체를 한쪽 접시에 올려놓은 다음, 저울대가 원래의 위치로 돌아올 때까지 표준 질량의 추를 반대쪽 접시에 올려놓음으로써 무게를 측정할 수 있다. 이와 같은 **양팔 저울**(equal-arm balance)로 무게를 측정하는 과정은 오랜 시간이 걸리는 지루한 과정이었다.

**홑접시 분석용 저울**(single-pan analytical balance)은 1946년에 처음으로 시판되었으며 종래의 양팔 저울에 비하여 속도와 편리함에 있어서 매우 우수하였다. 그 결과 대부분의 실험실에서는 종전의 양팔 저울이 이러한 저울로 빠르게 대체되었다. 현재는 홑접시 저울이 저울대와 받침날이 없는 **전자식 분석용 저울**(electronic analytical balance)로 대체되고 있다. 이런 형태의 저울에 대해서는 2D-2절에 설명되어 있다. 기계식 홑접시 저울은 일부 실험실에서 여전히 사용되고 있으나 측정 속도, 내구성, 편리성, 정확성이 우수한 동시에 컴퓨터 제어 및 데이터 처리가 용이한 전자식 저울로 인해 곧 사라지게 될 것이다. 홑접시 저울의 구조와 작동법은 2D-3절에 간단히 설명되어 있다.

## 2D-2 전자식 분석용 저울[4]

**그림 2-2**에 전자식 분석용 저울의 모식도와 사진이 나타나 있다. 접시는 코일로 둘러싸인 속이 빈 금속 실린더 위에 놓여 있으며, 이러한 코일은 원통형 영구자석의 안쪽 막대 위에 꼭 맞춰져 있다. 코일에 흐르는 전류는 자기장을 발생시켜, 실린더, 접시, 눈금 지시팔 및 접시 위의 무게를 받쳐 주게, 즉 **부양시키게**(levitate) 된다. 이 전류는 접시가 비어 있을 때 눈금 지시팔의 높이가 영점 위치에 오도록 조절한다. 물체를 접시 위에 놓으면 접시와 눈금 지시팔이 아래쪽으로 움직이게 되어 영점 검출기의 광전지에 들어오는 빛의 양이 증가된다. 광전지에서 생긴 전류는 증폭된 후 코일에 입력되어 더 큰 자기장을 만들며, 이 자기장은 접시를 영점 위치로 되돌려 놓는다. 이와 같이 작은 전류가 기계 장치를 움직여 영점 위치를 유지하게 하는 장치를 **자동보조장치**(servo system)라고 한다. 접시와 물체가 영점 위치를 유지하는데 필요한 전류는 물체의 질량에 정비례하며, 즉시 측정되어 디지털 신호로 변환되어

**부양시킨다**는 것은 물체가 공기 중에 떠 있게 하는 것을 의미한다.

**자동보조장치**는 작은 전기 신호로 기계 장치를 영점의 위치로 되돌아오게 하는 장치이다.

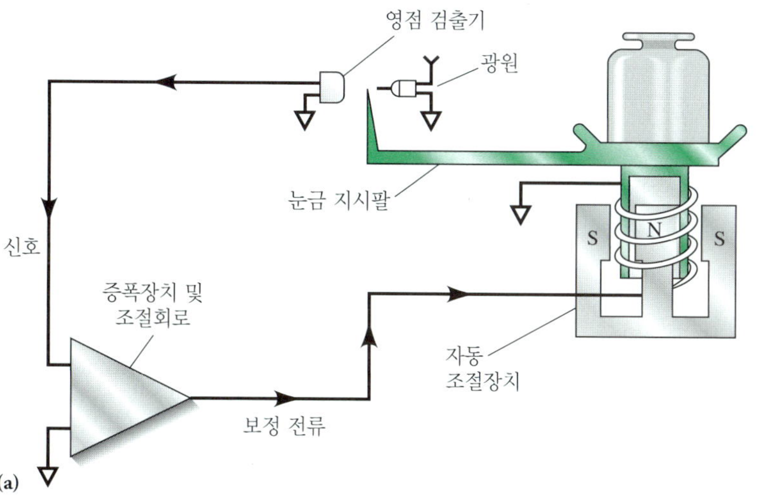


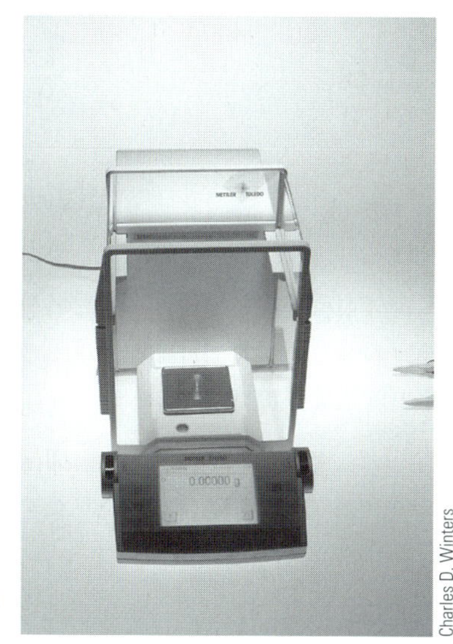


**그림 2-2** 전자식 분석용 저울. (a) 개요도, (b) 전자식 저울 사진. [(a) Reprinted from R. M. Schoonover, *Anal. Chem.* 1982, 54, 973A. Published 1982, American Chemical Society.]

[4]보다 자세한 사항은 다음을 참고하시오. R. M. Schoonover, *Anal. Chem.*, **1982**, *54*, 973A, **DOI**: 10.1021/ac00245a003.

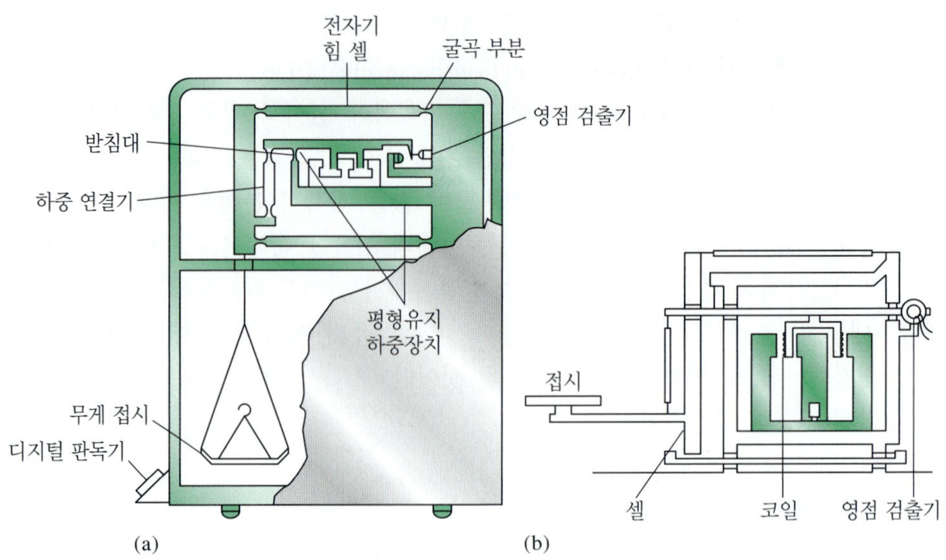


**그림 2-3** 전자식 분석용 저울. (a) 셀 아래 접시가 있는 전형적인 모양, (b) 윗 접시저울 모양. 창이 달린 상자안에 기기장치가 있음에 주목하시오. [(a) Reprinted from R. M. Schoonover, *Anal. Chem.*, 1982, 54, 973A. Published 1982, American Chemical Society, (b) Reprinted from K. M. Lang, *Amer. Lab.*, **1983**, 15(3), 72. Copyright 1983 by International Scientific Communications, Inc.]

표시된다. 전자식 저울의 검정은 표준 질량을 사용하며, 전류를 조절하여 표시판에 표준 질량이 나타나도록 한다.

**그림 2-3**에서는 전자식 분석용 저울의 두 가지 구조를 보여준다. 접시는 **셀**(cell)이라고 하는 제동 시스템에 연결되어 있다. 이 셀은 여러 개의 **굴곡 부분**(flexure)를 가지고 있는데, 이 굴곡들은 (중심에서 벗어난 하중에 의해 생기는) 비트는 힘이 저울장치의 정렬을 방해하지 못하도록 접시의 움직임을 제한한다. 영점에서는 저울대가 중력 지평선에 대해 수평을 유지하며 각 굴곡 부분 축은 무게가 가해지지 않은 상태에 있게 된다.

그림 2-3a에서는 접시가 셀 아래쪽에 위치한 형태의 전자식 저울을 보여주며 이렇게 배열하면 그림 2-3b의 윗접시 배열의 전자식 저울보다 정밀도가 높아진다. 그렇다 하더라도 윗접시 전자식 저울의 정밀도는 가장 우수한 기계식 저울의 정밀도 이상이며, 게다가 분석자가 접시에 쉽게 접근할 수 있다는 장점도 있다.

**빈 용기 무게**는 비어 있는 시료 용기의 질량이다. 용기 무게 상쇄란 저울의 접시에 놓여 있는 빈 용기의 질량을 0으로 읽게 하는 과정이다.

전자식 저울은 일반적으로 접시에 빈 용기(보트 또는 무게 다는 병)를 올려놓았을 때 표시판에 0이 나타나도록 빈 용기의 무게를 자동으로 빼어주는 **용기 무게 상쇄**(taring control) 기능을 가지고 있다. 대부분 저울은 최대 용량의 100%까지 빈 용기의 무게를 상쇄할 수 있다. 어떤 전자식 저울은 최대 용량과 정밀도가 두 가지인 것도 있다. 이러한 저울을 사용하면 보통량 저울의 용량부터 0.01 mg의 정밀도를 가지는 반미량 저울의 용량(30 g)까지 측정할 수 있다. 그러므로 화학자들은 저울 하나로 두 개의 저울을 사용할 수 있는 셈이 된다.

최신 전자식 저울의 사진은 color plate 19와 20을 참고하시오.

최신 전자식 분석용 저울은 사용하기가 전례 없이 빠르고 간편해졌다. 예를 들면, 어떤 모델은 하나의 누름 버튼 위의 눌러지는 위치에 따라 다른 기능을 할 수 있도록 되어 있다. 즉 누름 버튼의 어느 위치는 기기를 켜거나 끄고, 다른 위치는 표준 질량에 대하여 자동적으로 저울을 검정하며, 또 다른 위치는 접시에 물체가 놓여 있거나 비어 있거나 막론하고 표시판에 0을 나타내도록 한다. 교육이나 연습을 거의 받지 않아도 믿을 만한 측정 결과를 얻을 수 있다.

## ▸ 2D-3 홑접시 기계식 분석용 저울

### » 구성 요소

홑접시 저울은 더 이상 생산되고 있지 않지만 현재도 다수의 홑접시 저울이 연구실에서 사용되고 있어, 참고 및 역사 자료로서 홑접시 저울에 대해 설명하고자 한다. **그림 2-4**는 전형적인 홑접시 기계식 저울의 개요도이다. 이러한 기기의 기본 요소는 평면 위에 프리즘 모양의 **받침날**(knife edge)(*A*)로 지탱되는 가벼운 **저울대**(beam)이다. 저울대의 왼쪽에는 무게를 잴 물체를 올려놓은 접시와 걸개에 걸려 있는 추들이 놓여 있다. 이 추들은 저울 상자 밖에 달려 있는 일련의 단추들을 작동시켜 기계적으로 한 번에 하나씩 저울대로부터 들어 올려지게 되어 있다. 저울대 오른쪽 끝에는 저울대 왼쪽에 매달려 있는 추와 접시의 무게를 정확히 균형 잡아줄 반대추(counterweight)가 매달려 있다.

기계식 저울에 있는 두 개의 **받침날**은 프리즘 모양의 마노 또는 사파이어로 만든 장치로서 마찬가지로 마노 또는 사파이어로 만들어진 **U자형 고리**에 있는 두 평면과 함께 마찰을 최소화시키는 베어링 역할을 한다.

저울대의 왼쪽 끝 부분에 위치한 또 다른 받침날(*B*)은 저울대와 접시를 연결하는 **U자형 고리**(stirrup)의 안쪽에 위치한 또 다른 평면을 받쳐 준다. 두 받침날과 평면은 매우 단단한 물체(마노 또는 합성 사파이어)로 만들어졌으며 접시와 저울대가 거의 마찰이 없이 움직일 수 있도록 두 개의 베어링 역할을 한다. 기계식 저울의 성능은 전적으로 이들 두 베어링이 완전한 역할을 하느냐에 달려 있다.

❮ 받침날과 베어링 표면의 손상을 피하기 위해서 기계식 저울의 고정 장치는 실제로 무게를 달 때 외에는 항상 고정시켜 놓아야 한다.

홑접시 저울은 **저울대 고정장치**(beam arrest)와 **접시 고정장치**(pan arrest)도 갖추고 있다. 저울대 고장장치는 중앙의 받침날이 더 이상 베어링 표면에 닿지 않도록 함과 동시에 U자형 고리가 바깥쪽 받침날과 접촉하지 않도록 저울대를 올려주는 기계적인 장치이다. 두 고정장치는 물체를 접시에 올려놓거나 내려놓을 때 저울의 베어링이 손상되는 것을 방지하는 역할을 한다. 접시 고정장치를 사용하면 접시

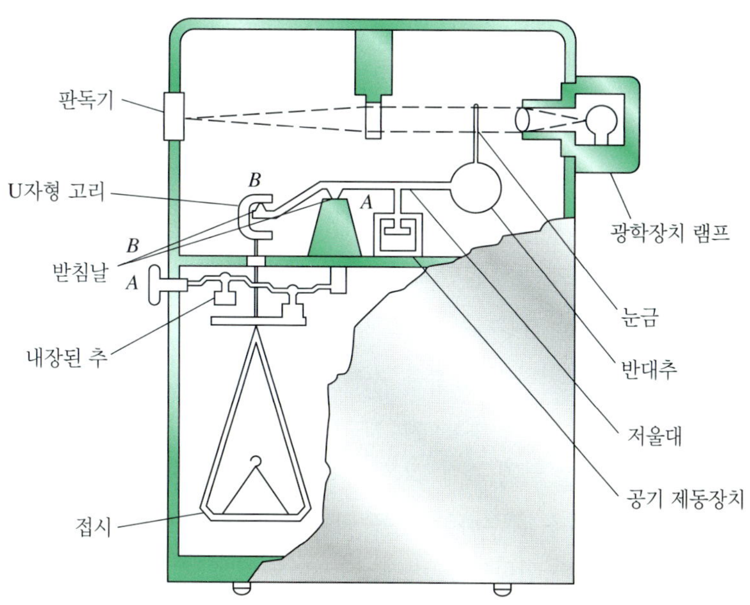


**그림 2-4** 최신 홑접시 기계식 분석용 저울. [Reprinted (adapted) with permission from R. M. Schoonover, *Anal. Chem.*, 1982, 54, 973A. Published 1982, American Chemical Society.]

와 내용물의 대부분의 질량을 지탱해 주기 때문에 진동이 일어나지 않게 된다. 두 고정장치는 저울 상자의 외부에 부착되어 있는 손잡이로 작동되며 저울이 사용되지 않을 때는 언제나 고정시켜 놓아야 한다.

**공기 제동장치**(air damper 또는 **dashpot**로도 알려져 있음)는 접시 반대쪽의 저울대 끝 부근에 설치되어 있다. 이 장치는 저울상자에 부착된 실린더 안에서 움직이는 피스톤으로 되어 있다. 실린더 안에 있는 공기는 저울대가 움직임에 따라 팽창과 수축을 반복하게 되므로 저울대의 움직임에 대한 반작용의 결과로 저울대로 빠르게 정지하게 된다.

분석용 저울은 근소한 질량의 차이(<1 mg)까지 식별하기 위해서 공기의 흐름을 차단할 필요가 있다. 따라서 분석용 저울은 언제나 물체를 넣고 꺼내는데 사용될 문이 있는 상자로 밀봉되어 있다.

### » 홑접시 저울로 무게 달기

적절히 조절된 저울대는 접시에 물체가 놓여 있지 않고 모든 저울추가 제자리에 있을 경우 근본적으로 수평 위치에 있게 된다. 접시 및 저울대 고정장치가 풀리면 저울대는 받침날을 중심으로 자유롭게 움직일 수 있게 된다. 접시에 물체를 올려놓으면 저울대의 왼쪽 끝이 아래쪽으로 움직인다. 그 다음 저울의 불균형이 100 mg 이내로 될 때까지 저울대로부터 추들을 체계적으로 하나씩 제거한다. 이렇게 한 뒤 저울대가 원래의 수평 위치로부터 기울어진 각도는 저울대를 원래의 수평 위치로 되돌리기 위해 더 제거해야 할 질량에 정비례한다. 그림 2-4의 윗부분에 보이는 광학장치는 기울어진 각도를 측정하여 이것을 mg 단위로 환산하여 준다. 저울대에 부착된 작고 투명한 화면의 **눈금판**(reticle)에는 0에서 100 mg까지 읽을 수 있도록 눈금이 표시되어 있다. 빛은 눈금을 지나 확대렌즈를 통과하여 확대된 눈금 중 어느 한 부분이 유리판 위에 나타나게 한다. 이렇게 하면 눈금을 거의 0.1 mg까지 읽을 수 있게 된다.

### » 분석용 저울을 사용할 때 주의할 점

분석용 저울은 조심해서 다루어야 하는 정교한 기기이다. 특별한 모델의 저울을 사용하여 무게를 달 때 상세한 교육이 필요하면 지도교수와 상의해야 한다. 다음은 제조회사나 모델에 관계없이 분석용 저울을 사용할 때 적용되는 일반 규칙이다.

1. 물체는 가능한 한 접시의 중앙에 올려놓는다.
2. 저울이 부식되는 것을 막아야 한다. 접시에 올려놓는 물체는 반응성이 없는 금속, 반응하지 않는 플라스틱, 유리로 된 물질로 제한한다.
3. 액체의 무게를 달 때에는 특별한 주의 사항(2E-6절)을 지킨다.
4. 저울의 보정이 필요한 경우에는 지도교수와 상의한다.
5. 저울과 그 상자는 철저하게 청결을 유지하며, 흘린 물질과 먼지는 낙타털로 된 솔을 사용하여 제거한다.
6. 가열된 물체는 무게를 달기 전에 실온으로 냉각시켜야만 한다.
7. 건조된 물체가 수분을 흡수하는 것을 막기 위하여 집게, 골무, 또는 글라신지(glassine paper)를 사용한다.

**글라신지**(glassine paper, 유산지)는 캘린더링(calendering, 압연)이라고 불리는 과정을 통해 특수 처리된다. 이 과정은 두드림(고해)을 통해 종이펄프 섬유를 작게 쪼개는 과정부터 시작된다. 두드려진 펄프는 주형을 따라 압축한 뒤 시트(sheet) 형태로 건조된다. 건조된 시트는 supercalender로 불리는 고온의 강철 및 섬유 롤러를 통해 교대로 압연된다. 시트 내의 펄프 섬유들을 평평하게 하는 동시에 같은 방향으로 정렬시키는 압연 과정은 여러 차례 반복된다. 이러한 일련의 공정을 거쳐 다수의 윤활유, 공기, 액체에 대해 보호막으로 사용 가능한 매우 부드러운 종이가 생산된다. 글라신지는 책의 제본 시 간지로 사용되는데, 특히 정교한 삽화를 보호하기 위해서 사용되기도 한다. 글라신지는 중성 pH에서 제조되며 액상 누출, 마찰 또는 노광에 의한 손상을 방지할 수 있다. 글라신지는 외식산업에서 고기, 제과, 치즈 등의 물품들 사이에 끼워 넣는 간지로 사용되기도 한다. 글라신지에는 입자들이 잘 달라붙지 않으면서 가볍고 저렴하여 화학에서는 가루나 입자 형태의 시료의 무게 다는 종이(weighing paper)로 사용한다. 가느다란 조각 형태의 글라신지는 저울접시에 놓는 무게병이나 일반적인 실험물품을 손으로 다룰 때 매우 유용하다.

## ▸ 2D-4 무게 달기 오차의 원인[5]

### » 부력 보정

무게를 잴 물체의 밀도가 표준 추의 밀도와 상당히 다르면 무게 측정은 **부력 오차**(buoyance error)에 의해 영향을 받게 된다. 이 오차는 물체와 추에 작용하는 매질(공기)의 부력 차이에 의해서 생긴다. 전자식 저울에서[6] 부력에 대한 보정은 다음 식으로 이루어진다.

**부력 오차**는 무게를 달 물체의 밀도가 추의 밀도와 상당히 다를 때 일어나는 무게 달기 오차이다.

$$W_1 = W_2 + W_2\left(\frac{d_{공기}}{d_{물체}} - \frac{d_{공기}}{d_{추}}\right) \tag{2-1}$$

여기서 $W_1$은 물체의 보정된 질량, $W_2$는 표준 추의 질량, $d_{물체}$는 물체의 밀도, $d_{추}$는 추의 밀도, $d_{공기}$는 공기의 밀도이며 0.0012 g/cm$^3$의 값을 가진다.

식 (2-1)의 결과가 **그림 2-5**에 나타나 있는데, 이 그림은 부력으로 인한 상대 오차를 스테인레스강 추로 공기 속에서 측정한 물체의 밀도에 대하여 도시한 것이다. 이 오차는 밀도가 2 g/cm$^3$ 이상인 물체에서는 0.1% 이하임을 주목하여야 한다. 그러므로 대부분의 고체의 질량에 대해서는 보정할 필요가 거의 없다. 그러나 밀도가 작은 고체나 액체, 또는 기체의 경우에는 그렇지 않다. 이 경우는 부력에 의한 효과가 상당히 크기 때문에 꼭 보정해야 한다.

홑접시 저울(또는 전자식 저울의 검정)에 사용되는 추의 밀도는 제작회사에 따라 7.8~8.4 g/cm$^3$ 정도이다. 대부분의 부력 보정 계산에 추의 밀도를 8 g/cm$^3$라 하여 사용하여도 괜찮다. 더 높은 정확도가 요구되는 경우에는 사용할 저울의 규격표를 참조하면 밀도 데이터를 알 수 있다.

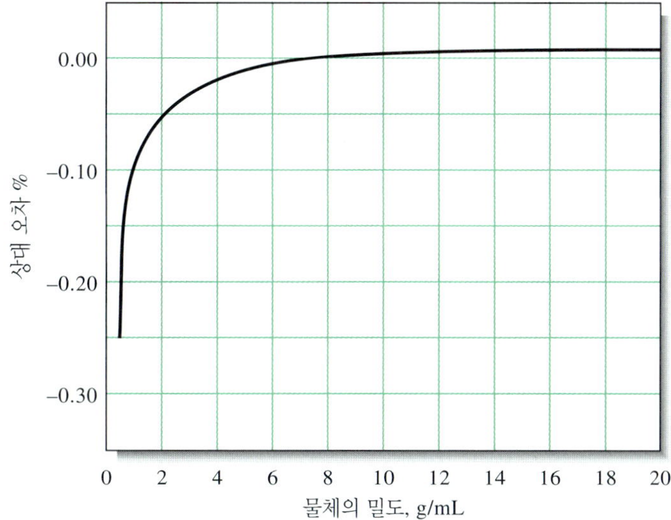


**그림 2-5** 부력이 무게 측정 데이터에 미치는 영향(추의 밀도 8 g/cm$^3$). 물체의 밀도에 대한 상대 오차의 도시.

[5]보다 자세한 사항은 다음을 참고하시오. R. Battino and A. G. Williamson, *J. Chem. Educ.*, **1984**, *64*, 51, DOI: 10.1021/ed061p51.

[6]홑접시 기계식 저울의 공기 부력 보정은 전자식 저울의 것과 약간 다르다. 이 보정에 관한 차이점은 다음 문헌에 더 자세히 설명되어 있다. M. R. Winword et al., *Anal. Chem.*, **1977**, *49*, 2126, **DOI**: 10.1021/ac50021a062.

### 온도 효과

무게를 측정할 물체와 주위의 온도가 상당히 다른 경우에는 심각한 오차가 발생한다. 이러한 문제가 발생하는 가장 일반적인 원인은 가열된 물체가 실온으로 식을 때까지 충분히 기다리지 않는 데 있다. 온도 차이에서 오는 오차의 근원에는 두 가지가 있다. 첫째는 저울 상자 안에서 일어나는 공기 대류가 접시와 물체에 부력 효과를 가져온다는 것이며, 둘째는 밀폐된 용기에 들어 있는 따뜻한 공기는 같은 부피의 찬 공기보다 가볍다. 이 두 가지의 효과는 모두 물체의 질량이 실제 질량보다 적게 측정되게 한다. 보통 자기로 만든 거름 도가니나 무게를 다는 병의 경우 이 오차는 10~15 mg 정도까지 될 수 있다(**그림 2-6**). 그러므로 가열된 물체는 측정 전에 실온으로 식혀야만 한다.

가열된 물체의 무게를 달 때에는 무게를 달기 전에 항상 실온으로 식혀야 한다.

**예제 2-1**

어떤 병이 비어 있을 때의 무게는 7.6500 g이었고, 밀도가 0.92 g/cm$^3$인 유기 액체를 넣은 후의 무게는 9.9700 g이었다. 저울은 스테인레스강 추($d$ = 8.0 g/cm$^3$)로 표준화되어 있다. 시료의 질량을 부력의 효과에 대해 보정하시오.

**풀이**

액체의 겉보기 무게는 9.9700 − 7.6500 = 2.3200 g이다. 무게를 두 번 다는 동안 용기에는 같은 크기의 부력이 작용한다. 그러므로 액체 2.3200 g에 미치는 부력만 고려하면 된다. 식 (2-1)에서 $d_{공기}$에는 0.0012 g/cm$^3$, $d_{물체}$에는 0.92 g/cm$^3$, $d_{추}$에는 8.0 g/cm$^3$를 대입하면 다음과 같은 보정된 질량을 얻게 된다.

$$W_1 = 2.3200 + 2.3200\left(\frac{0.0012}{0.92} - \frac{0.0012}{8.0}\right) = 2.3227 \text{ g}$$

### 오차의 다른 요인들

자기나 유리로 된 물체는 가끔 정전기를 띠어 저울이 잘못 작동되게 한다. 이러한 문제는 상대 습도가 낮을 때 특히 심각하다. 정전기는 잠시 후면 자발적으로 방전

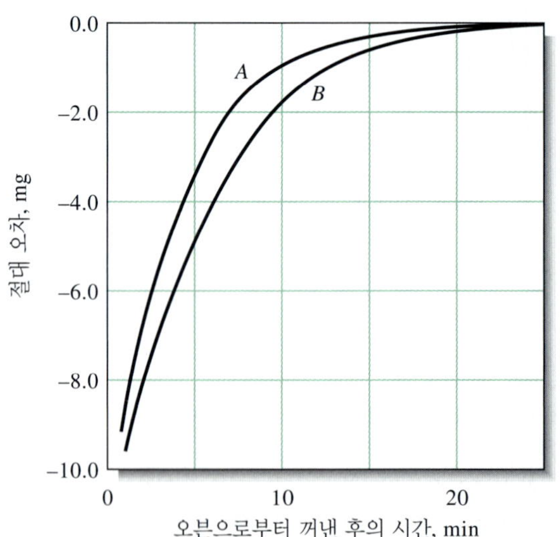


**그림 2-6** 무게 측정 데이터에 미치는 온도 효과. 물체는 100°C 전기오븐에서 꺼낸 후부터의 시간에 따른 무게의 절대 오차. A: 자제로 만든 거름 도가니. B: 약 7.5 g의 KCl이 들어 있는 무게 다는 병.

하는 것이 보통이다. 낮은 세기의 방사능원을 저울 상자 안에 설치하면(사진사가 사용하는 정전기 방지 브러시에 미량의 폴로늄이 포함되어 있는 것과 같이) 이것이 충분한 이온을 공급하여 전하를 제거해 줄 수도 있다. 다른 방법으로는 습기가 약간 있는 세무(chamosis) 가죽으로 물체를 닦아주어도 된다.

홑접시 기계식 저울에서는 광학눈금의 정확도를 특히 전체 눈금범위가 사용되는 무게 조건에서 규칙적으로 검사해야 한다. 100 mg의 표준 추가 이 검사에 사용된다.

### ▸ 2D-5 보조저울

분석 실험에서는 분석용 저울보다 덜 정밀한 저울들도 널리 사용되고 있다. 이 저울들은 신속성, 견고성, 큰 용량과 편리성 등의 장점을 갖고 있다. 높은 감도가 요구되지 않을 때에는 이런 저울을 사용하여도 된다.

윗접시 보조 저울이 특히 편리하다. 감도가 좋은 윗접시 저울은 약 1 mg의 정밀도(보통량 분석용 저울의 감도보다 10배 떨어지는 정밀도)로 150~200 g을 측정할 수 있다. 어떤 윗접시 보조저울들은 ±0.05 g의 정밀도로 25,000 g까지 달 수도 있다. 대부분의 저울은 빈 용기가 접시에 놓인 상태에서 저울의 표시판이 0이 되게 하는 용기 무게 상쇄장치를 갖추고 있다. 어떤 것은 완전 자동이어서 수동으로 다이얼을 조작하거나 추를 취급할 필요가 없으며 질량은 디지털로 나타난다. 최신 윗접시 저울은 전자식이다.

전형적인 윗접시 보조 저울보다 감도가 떨어지는 삼중 저울대(triple-beam) 저울도 또한 사용되고 있다. 이 저울은 일종의 홑접시 저울로서 질량이 10배씩 차이가 있는 추 3개가 각각 보정된 눈금 위를 움직인다. 삼중 저울대 저울의 정밀도는 윗접시 저울의 것보다 10배 또는 100배 정도 나쁘나 많은 경우에 큰 문제없이 사용된다. 이런 형태의 저울은 간단하고 내구성이 있으며 값이 싼 장점이 있다.

❮ 정확도가 크게 요구되지 않을 때에는 보조 저울을 사용한다.

## 2E 무게 달기와 관련된 장치와 취급

많은 고체들은 무게를 달 수 있을 정도로 습기를 흡수하는 경향이 있기 때문에 고체의 질량은 습도에 따라 변한다. 이런 효과는 미세한 가루로 분쇄된 시약이나 시료 등과 같이 표면적이 크게 노출되어 있을 때 특히 두드러진다. 그러므로 전형적인 분석의 첫 단계는 그 결과가 주변 대기 습도에 의해 영향을 받지 않도록 시료를 건조시키는 것이다.

시료, 침전물 또는 용기는 적당한 온도에서의 가열(보통 1시간 이상), 냉각, 무게 측정의 반복 과정을 통해 일정 질량이 되도록 한다. 이 과정은 연속된 측정 결과가 0.2~0.3 mg의 범위 내에서 일치할 때까지 여러 번 반복한다. 일정 질량이 되었다는 것은 가열(또는 강열)하는 동안 일어나는 화학적 또는 물리적 과정이 완결되었다는 확신을 갖게 한다.

**일정 질량**이 될 때까지 **건조** 또는 **강열**하는 것은 고체를 가열, 냉각 및 무게 다는 순환 과정을 통해 그 질량의 0.2~0.3 mg 이내로 일정해 질 때까지 반복하는 과정이다.

### ▸ 2E-1 무게 다는 병

고체 시료는 편의상 **무게 다는 병**(weighing bottle)에서 건조하고 저장되는데, 그림 2-7에서는 보통 사용하는 두 종류를 보여준다. 왼쪽에 있는 모자형 병은 간유리

**그림 2-7** 전형적인 무게 다는 병.

**데시케이터**는 물질이나 물체를 건조시키는 장치이다.

(ground glass) 부분이 외부에 있어서 내용물과 접촉하지 않는다. 이와 같은 종류는 시료의 일부가 간유리 표면에 끼어서 손실될 가능성을 없애준다. 플라스틱 재질의 무게 다는 병은 유리재질의 병에 비해 견고하다는 장점이 있으나 쉽게 마모되고 세척이 어렵다는 단점도 있다.

## ▸ 2E-2 데시케이터와 건조제

고체에서 수분을 제거하는데 가장 일반적으로 사용하는 방법은 오븐 건조법이다. 물론 이 방법은 온도에 민감하여 쉽게 분해되는 물질이나 오븐 작동 온도에서 수분이 제거되는 않는 물질에는 적합하지 않다.

냉각 과정 중의 수분 흡수를 방지하기 위하여 건조된 물질은 **데시케이터**(desiccator)에 보관한다. 전형적인 데시케이터의 구조를 **그림 2-8**에 나타내었다. 용기 바닥에는 무수 염화 칼륨, 황산 칼슘(등록상표 Drierite), 무수 과염소마그네슘산(등록상표 Anhydrone 또는 Dehydrate), 또는 오산화 인과 같은 화학 건조제가 들어 있다. 용기 본체와 뚜껑 사이의 간유리 표면에는 그리스가 얇게 발라져 있어 밀봉이 가능하다.

뚜껑을 열고 닫을 때는 시료가 흐트러지지 않도록 밀어서 열고 닫는다. 공기가 새지 않도록 밀착시키기 위해서는 뚜껑을 닫은 채로 아래로 누르면서 약간 돌려주면 된다.

데시케이터 안에 가열된 물체를 놓으면 밀폐된 공기가 데워짐으로써 압력이 증가하여 몸체와 뚜껑 사이의 밀봉이 깨질 수 있다. 반면, 밀봉이 깨지지 않을 때에는 가열된 물체가 냉각될 때 어느 정도 진공이 생길 수도 있다. 이와 같은 상태에서는 데시케이터 내용물이 물리적으로 손실되거나 오염될 가능성이 있다. 그러므로 데시케이터의 사용 목적에 다소 어긋나더라도 뚜껑을 완전히 닫기 전에 어느 정도 식혀 주어야 한다. 식히는 동안에 지나치게 큰 진공이 걸리는 것을 피하기 위하여 한두 번 밀봉을 풀어 주는 것이 좋다. 마지막으로 데시케이터를 한 장소에서 다른 장소

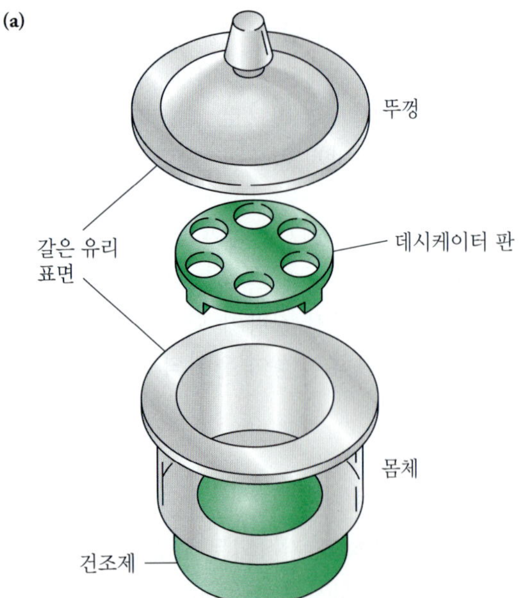

**그림 2-8** (a) 전형적인 데시케이터의 구조. 몸체에는 화학건조제가 들어 있는데, 이는 보통 무게 다는 병이나 도가니를 올려놓기 위한 구멍 뚫린 자제판 또는 철망으로 덮여 있다. (b) 건조된 고체 시료가 들어 있는 무게 다는 병이 들어 있는 데시케이터 사진.

로 옮길 때에는 엄지손가락으로 뚜껑을 고정시키고 옮겨야 한다.

흡습성이 매우 큰 물질은 무게 다는 병처럼 꼭 맞는 뚜껑이 부착된 용기에 보관해야 한다. 데시케이터 속에 놓아둘 때에도 뚜껑을 닫아둔다. 대부분의 다른 고체들은 뚜껑을 열어 놓아도 안전하게 보관할 수 있다.

Charles D. Winters

**그림 2-9** 시료를 건조하기 위한 배치.

## ▸ 2E-3 무게 다는 병 다루기

대부분의 고체의 표면으로부터 수분을 제거할 때에는 105~110°C에서 1시간 동안 가열하면 충분하다. **그림 2-9**는 시료 건조 시 권장하는 방법을 보여준다. 무게 다는 병을 표지된(labelled) 비커에 넣고, 가운데가 볼록한 덮개유리로 덮는다. 이러한 배치는 의도치 않게 시료가 오염되는 것을 막아주고, 공기는 자유롭게 드나들 수 있게 한다. 단순한 건조 과정을 통해 수분 제거가 가능한 침전물이 들어 있는 도가니도 비슷한 방식으로 다루면 된다. 건조할 무게 다는 병이나 도가니를 넣을 비커는 잘 구분될 수 있도록 주의해서 표시해야 한다.

피부로부터 무게를 달 수 있을 정도의 기름이나 수분이 옮겨질 가능성이 있으므로 맨손으로 건조된 물체를 잡는 행동은 삼가야 한다. 집게나 세무 가죽으로 만든 골무, 깨끗한 면장갑, 종이 조각 등을 사용하면 이러한 문제를 피할 수 있다. **그림 2-10**에서는 집게와 종이띠로 무게 다는 병을 다루는 방법을 보여준다.

## ▸ 2E-4 무게 차이를 이용하여 무게 달기

무게 차이를 이용한 무게 달기는 여러 시료의 무게를 연속적으로 측정할 때 사용할 수 있는 간단한 방법이다. 먼저 병과 그 내용물의 무게를 단다. 그 다음 무게를 달 시료를 병에서 용기로 옮긴다. 이 때, 뚜껑을 닫은 채로 병을 가볍게 두드리고 조금 흔들면서 덜어내는 시료의 양을 조절한다. 병과 남아 있는 내용물의 무게를 측정한 뒤, 시료를 덜어내기 전의 무게와 비교한다. 시료의 질량은 두 무게의 차이가 된다. 무게 다는 병에서 덜어낸 모든 고체는 손실 없이 용기에 옮겨지도록 주의해야 한다.

Charles D. Winters

**그림 2-10** 고체 시료를 정량적으로 옮기는 방법. 유리와 피부 사이의 접촉을 피하기 위해 무게 다는 병은 집게를 사용하고 그리고 뚜껑은 종이띠를 사용하여 붙잡고 있음에 주목한다.

## ▸ 2E-5 흡습성 고체 시료의 무게 달기

흡습성 물질은 대기로부터 수분을 빠르게 흡수하므로 주의해서 취급하여야 한다. 무게를 달고자 하는 시료마다 별도의 무게 다는 병이 필요하다. 필요한 시료의 대략적인 양을 개개의 병에 넣고 적당한 시간 동안 가열한다. 가열이 완료되면 재빨리 무게 다는 병의 마개를 닫고 데시케이터에서 식힌다. 무게 다는 병에 진공이 걸려있을 경우는 이를 제거하기 위하여 마개를 순간적으로 열었다 닫은 다음 무게를 단다. 무게 다는 병 속의 내용물을 재빨리 새 용기에 부어 넣고 마개를 즉시 닫아서 그 병(옮겨지지 않은 고체까지 포함하여)의 무게를 다시 단다. 각 시료들에 대해 반복하고 시료의 질량을 무게 차이로부터 결정한다.

## ▸ 2E-6 액체의 무게 달기

액체의 질량은 항상 무게 차이로부터 얻는다. 부식성이 없으며 비교적 비휘발성인 액체는 (무게 다는 병처럼) 마개가 꼭 맞으며 무게를 미리 달아둔 용기에 옮긴다. 액체의 질량은 전체의 질량에서 용기의 질량을 빼서 계산한다.

휘발성이거나 부식성인 액체는 미리 무게를 달아둔 유리 앰플(ampoule)에 넣고 밀봉하여야 한다. 빈 앰플을 가열한 다음 목 부분을 시료에 담근다. 식어감에 따라 액체 시료가 앰플 속으로 빨려 들어간다. 이때 앰플을 뒤집어 목 부분을 작은 불꽃으로 밀봉한다. 밀봉하는 동안 제거된 유리조각과 함께 내용물이 들어 있는 앰플을 실온으로 식히고 그 무게를 단다. 그 다음 앰플을 적당한 그릇에 옮겨 깬다. 앰플을 담을 용기가 부피 플라스크인 경우에는 앰플의 유리에 대한 부피보정을 할 필요가 있다.

## 2F 고체의 거르기와 강열

고체 시료는 적절한 실험 방법을 이용하여 오염 및 오차를 최소화하면서 거르고 강열할 수 있다.

### 2F-1 장치

#### 간단한 도가니

간단한 도가니는 용기로서의 역할만을 한다. 자기, 알루미나, 실리카 및 백금 도가니는 실험 오차의 범위 내에서 일정 질량을 유지하며, 침천물을 무게를 달 적당한 형태로 전환시키는데 주로 사용된다. 도가니를 사용할 때는 우선 고체를 거름종이에 모은 후 무게를 아는 도가니에 거름종이와 내용물을 옮기고 거름종이를 태운다(강열).

니켈, 철, 은, 금 재질의 간단한 도가니는 수용액에 용해되지 않는 시료를 고온에서 용융시킬 때 사용된다. 이 도가니는 대기나 내용물과의 반응으로 인해 질량이 변할 수 있다. 더욱이 이런 반응으로 생기는 화학종들로 시료가 오염될 수도 있다. 따라서 도가니를 사용할 때는 그 생성물이 다음 분석 단계에서 방해하지 않을 도가니를 선택하여야 한다.

#### 거름 도가니

거름 도가니는 용기로서 뿐만 아니라 거르게(filter)로서의 역할도 한다. 거르기를 빨리 하기 위하여 진공을 사용하는데, 이 경우 도가니와 거름 플라스크를 완전히 밀봉시키기 위해 여러 형태의 고무 어답터가 이용된다(**그림 2-11**). 거르는 장치의

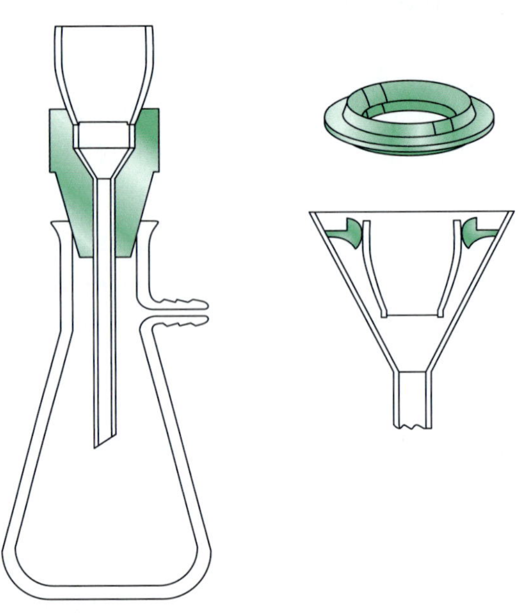

**그림 2-11** 거름 도가니의 어답터.

전체 모습은 그림 2-16에서 나타나있다. 거름 도가니로 침전물을 거르면 종종 거름 종이에 비하여 시간이 적게 소요된다.

**소결유리**(sintered glass 또는 fritted glass) 도가니는 구멍 크기가 미세(fine), 중간(medium), 큰(coarse) (각각 f, m, c로 표시) 형태로 제조된다. 소결유리 도가니가 견딜 수 있는 한계 온도는 보통 200°C 정도이다. 완전히 석영으로만 이루어진 거름 도가니는 훨씬 높은 온도에서도 손상되지 않는다. 유약이 발라지지 않은 자제나 알루미나로 만든 도가니도 이와 같은 성질을 가지나 석영처럼 비싸지는 않다.

**구치 도가니**(Gooch crucible)에는 섬유상 매트를 받쳐주는 구멍 난 바닥이 있다. 한때 석면이 구치 도가니의 거름 매질로 이용되었으나 이 물질에 대한 규제로 현재는 사실상 사용이 중지되어 있다. 요즈음은 작은 원형의 유리매트가 석면을 대체하고 있는데, 거르는 동안 허물어지는 것을 막기 위해 쌍으로 사용된다. 유리 매트는 500°C가 넘는 온도에서도 견디어내며 석면보다 흡습성이 약하다.

### » 거름종이

종이는 중요한 거름 매질이다. 재 없는 거름종이는 금속 분순물과 실리카를 제거하기 위하여 셀룰로스 섬유를 염산과 불산으로 처리한 다음 암모니아로 중화시켜 만든다. 거름종이에 남아 있는 암모늄염은 Kjeldahl법에 의한 질소 분석(38C-11절 참조)에 영향을 줄 수 있을 만큼 많은 양일 수도 있다.

모든 종이는 대기로부터 수분을 흡수하는 경향이 있는데, 재 없는 거름종이도 예외는 아니다. 그러므로 그 위에 모은 침전물의 무게를 달고자 한다면 강열하여 종이를 태워야 한다. 보통 지름이 9 또는 11 cm인 재 없는 거름종이는 0.1 mg 이하의 재가 남는데, 대부분의 경우 이 정도 양은 무시할 수 있다. 시중에서 다양한 구멍 크기의 재 없는 거름종이를 구하여 사용할 수 있다.

수화된 산화 철(III)과 같이 젤라틴형 침전물은 거름 매질의 구멍을 막아 버린다. 이러한 고체를 거르는 데 구멍이 크고 재 없는 거름종이가 가장 효과적이나, 이때에도 막힘이 일어날 수 있다. 이러한 문제는 거르기 전에 침전이 들어 있는 용액에 재 없는 거름종이를 분산시킨 용액(펄프)과 섞어줌으로써 최소화할 수 있다. 거름종이 펄프는 약품업자들이 정제 형태로 공급하고 있다. 만약 필요하다면 펄프는 재 없는 종이 조각을 진한 염산으로 처리하고 잘 씻어 산을 제거하는 방법으로 만들 수 있다.

일반적인 거름 매질의 특성을 **표 2-1**에 요약해 놓았다. 어떠한 것도 모든 요구 조건을 만족시키지는 못한다.

**표 2-1**

**무게법 분석에 사용되는 거름 매질의 비교**

| 특성 | 종이 | 구치 도가니, 유리 매트 | 유리 도가니 | 자기 도가니 | 알루미나 도가니 |
|---|---|---|---|---|---|
| 거르는 속도 | 느림 | 빠름 | 빠름 | 빠름 | 빠름 |
| 제작의 용이성과 편리성 | 까다롭고 불편함 | 편리함 | 편리함 | 편리함 | 편리함 |
| 최대 강열 온도(°C) | 없음 | > 500 | 200~500 | 1100 | 1450 |
| 화학적 반응성 | 탄소가 환원성을 가짐 | 비활성 | 비활성 | 비활성 | 비활성 |
| 구멍 크기 | 종류가 많음 | 여러 종류가 있음 | 여러 종류가 있음 | 여러 종류가 있음 | 여러 종류가 있음 |
| 젤라틴형 침전물에서의 편리성 | 적절 | 거르게가 막히는 경향이 있어서 부적절 | 거르게가 막히는 경향이 있어서 부적절 | 거르게가 막히는 경향이 있어서 부적절 | 거르게가 막히는 경향이 있어서 부적절 |
| 가격 | 저렴 | 저렴 | 고가 | 고가 | 고가 |

### » 가열장치

많은 침전물들은 낮은 온도의 건조 오븐에서 일정 질량이 되게 한 후 직접 무게를 달 수 있다. 이와 같은 건조 오븐은 전기적으로 가열되며 1°C 이내로 일정하게 온도를 유지할 수 있다. 제작 회사와 모델에 따라 얻을 수 있는 최대 온도는 140~260°C의 범위인데, 대부분의 경우 적절한 건조 온도는 110°C이다. 건조 오븐은 공기를 강제 순환시키면 효율이 크게 향상된다. 약한 진공 상태에서 작동하도록 설계된 오븐에 미리 건조된 공기를 통과시키면 성능이 더욱 좋아진다.

마이크로파 실험용 오븐이 현재 널리 사용되고 있는데, 이를 사용하면 건조 시간이 훨씬 단축된다. 예를 들면, 슬러리 형태의 시료를 건조시키기 위해서는 일반 오븐으로 12~16시간이 소요되는 반면에, 마이크로파 오븐에서는 5~6분 이내에 건조된다고 보고되어 있다.[7] 무게법 분석을 하기 위해 염화 은, 옥살산 칼슘, 그리고 황화 바륨 침전물을 건조하는데 걸리는 시간도 역시 상당히 짧아진다.[8]

보통의 가열 램프를 사용하여 재 없는 거름종이에 모아진 침전물을 건조하고 종이를 태울 수도 있다. 이 과정은 편의상 높은 온도의 전기로에서 강열하여 완료시킨다.

버너는 편리하고 센 열원이다. 버너로 얻을 수 있는 최대 온도는 그 구조와 연료의 연소 성질에 따라 다르다. 세 가지의 일반적인 실험용 버너 중에서 가장 높은 온도를 얻을 수 있는 것은 Meker, 다음은 Tirrill, 그리고 Bunsen형이다.

강력한 전기로(muffle furnace)는 1100°C 또는 그 이상으로 온도를 제어 및 유지할 수 있다. 전기로에 물체를 넣거나 꺼낼 때는 손잡이가 긴 집게와 내열 장갑을 사용하여야 한다.

## ▸ 2F-2 침전물의 거르기와 강열

### » 도가니 준비

침전물을 무게 달기에 적당한 형태로 변화시키는데 사용할 도가니는 건조와 강열 과정 중에 실험 오차 한계 내에서 일정 질량을 유지해야 한다. 먼저 도가니를 철저하게 씻고[거름 도가니는 거름 장치에서 역류 씻기(backwashing)를 하면 간편하게 씻을 수 있다] 침전을 처리할 때와 같은 방법으로 가열하고 식힌다. 이 과정은 일정 질량이 얻어질 때까지 다시 말해서 연속적으로 무게를 단 결과의 차이가 0.3 mg 이내로 될 때까지 반복한다.

도가니를 역류 씻기하려면 도가니의 위를 아래로 가도록 접합기(그림 2-11)에 끼운 상태에서 도가니를 통하여 물을 세게 흘려 보내면 된다.

### » 침전물의 거르기와 씻기

분석용 침전물을 거르는 데는 **기울여 따르기**(decantation), **씻기**(washing), **옮기기**(transfer)의 단계가 포함된다. 기울여 따를 때에는 침전된 고체를 가급적 흔들리지 않게 하고, 가능한 한 많은 양의 상층액이 거르개를 통과하게 한다. 이 과정은 거름 매질의 구멍이 침전물에 의해 막히는 시간을 늦추기 때문에 거르기 속도를 빠르게 해 준다. 젓기 막대를 사용하여 상층액의 흐름을 유도한다(**그림 2-12a**).

**기울여 따르기**는 용기의 바닥에 있는 고체가 흐트러지지 않도록 하면서 조심스럽게 액체를 옮기는 과정이다.

흐르는 것이 멈추면 비커 주둥이의 끝에 있는 액체 방울을 젓기 막대로 모아서 비커에 되돌려 보낸다. 그리고 씻는 액을 비커에 가하여 침전물과 잘 섞는다. 고체를 가

[7] E. S. Beary, *Anal. Chem.*, **1988**, *60*, 742, **DOI**: 10.1021/ac00159a003.

[8] R. Q. Thompson and M. Ghadradhi, *J. Chem. Educ.*, **1993**, *70*, 170, **DOI**: 10.1021/ed070p170.

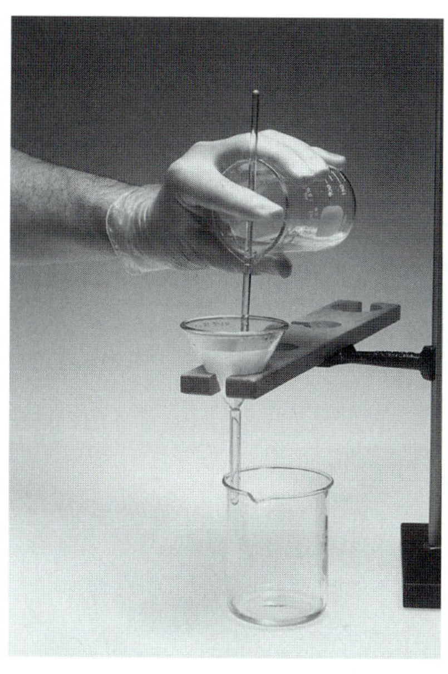
(a)

(b)

Charles D. Winters

**그림 2-12** (a) 씻은 후 기울여 따르기. (b) 침전물 옮기기.

라앉힌 다음 그 액체를 또 거르게 위에 기울여 따른다. 침전물에 따라 이런 과정을 여러 번 반복할 필요가 있다. 대부분의 씻는 작업은 고체 침전물을 옮기기 이전에 이루어져야 하며, 그래야만 침전물을 더 철저하게 씻을 수 있고 더 빠르게 거를 수 있다.

침전물을 옮기는 과정이 **그림 2-12b**에 나타나 있다. 침전물의 대부분은 씻는 액을 적절히 흘려줌으로써 비커에서 거르게로 옮긴다. 기울여 따르기와 씻기 과정에서와 마찬가지로 젓기 막대를 사용하여 물질들이 거름 매질로 흐르도록 방향을 유도한다.

비커 안쪽에 달라붙어 있는 미량의 마지막 침전물은 **고무 폴리스맨 주걱**(rubber policeman)으로 떼어낸다. 폴리스맨 주걱은 한 쪽 끝을 오므린 작은 조각의 고무관으로서 고무관의 열린 쪽 끝은 젓기 막대의 끝에 끼워져 있으며 씻는 액으로 적신 후 사용한다. 폴리스맨 주걱으로 모은 고체를 거르게 위의 침전물에 합친다. 재 없는 거름종이의 작은 조각을 사용하여 비커 벽에 붙어 있는 미량의 수화된 산화물 침전물을 닦아낼 수도 있다. 이 거름종이는 대부분의 침전물이 담겨있는 거름종이에 합쳐서 함께 강열한다.

많은 침전물들은 **기어오름**(creeping), 즉 중력을 거슬러 젖은 표면에 기어올라와 펼쳐지는 성질이 있다. 기어오름으로 인해 침전물이 손실될 가능성이 있기 때문에 거르게는 용량의 3/4 이상 채워서는 안 된다. 상층액이나 씻은 액에 Triton X-100과 같은 비이온성 세제를 적은 양 가하면 기어오름 현상을 최소화할 수 있다.

**기어오름**은 고체가 젖은 용기 또는 거름종이의 표면을 따라 위로 올라가는 과정을 말한다.

젤라틴형 침전물은 건조하면 수축되어 갈라지며, 그 후에는 씻은 액을 더 가해도 단지 갈라진 틈만을 통과할 뿐 씻는 효과가 거의 없으므로 건조하기 전에 완전히 씻어야 한다.

젤라틴 형의 침전물은 완전히 씻기 전까지는 건조시키지 말아야 한다.

## 2F-3 침전물의 거르기와 강열에 대한 지침

### *거름종이의 준비*

**그림 2-13**은 거름종이를 접어서 60° 깔때기에 끼우는 작업의 순서를 보여준다. (a) 종이를 정확하게 반으로 접고, (b) 완전히 주름을 잡은 다음 다시 접는다. (c) 다른 접힌 선과 평행하게 한 모서리에서 삼각형 모양의 조각을 찢어낸다. (d) 종이를 벌

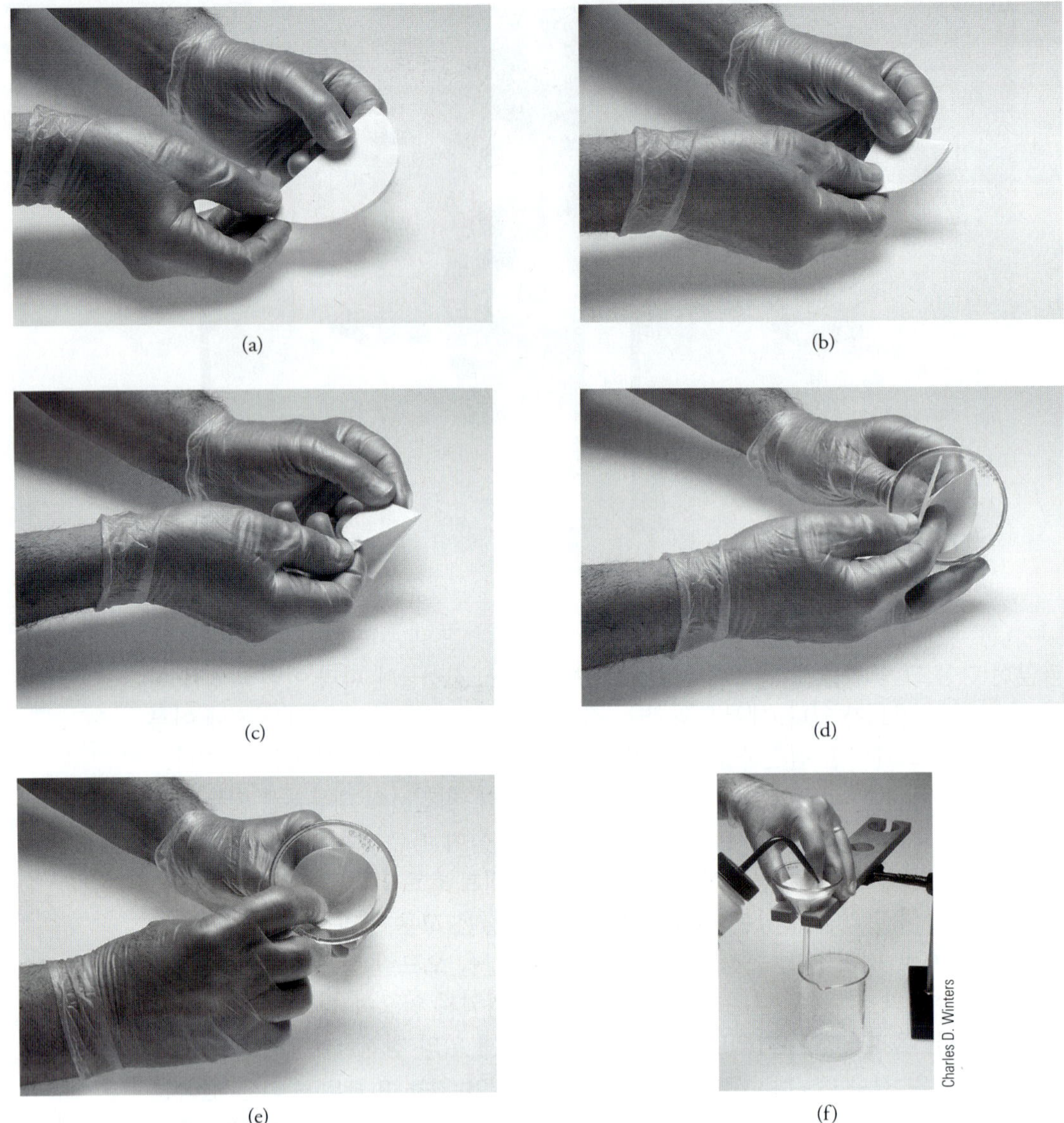


(a) (b) (c) (d) (e) (f)

**그림 2-13** 거름종이 접기와 밀착시키기. (a) 종이를 정확하게 반으로 접고 완전히 주름을 잡는다. (b) 다시 한 번 더 접는다. (c) 다른 접힌 선과 평행한 선을 따라 한 모서리를 찢는다. (d) 종이를 벌려서 찢기고 남은 부분이 원뿔형이 되게 한다. (e) 원뿔형 거름종이를 깔때기에 밀착시킨다. (f) 종이를 약간 적시고 부드럽게 눌러서 완전히 밀착시킨다.

려서 찢기고 남은 부분이 원뿔형이 되게 한다. (e) 이 원뿔을 깔때기 안으로 밀착시키고 이중으로 접힌 곳에 주름을 잡는다. (f) 마지막으로 씻기 병의 물로 원뿔형 거름종이를 적셔서 손가락으로 부드럽게 눌러 밀착시킨다. 거름종이가 잘 끼워지면 깔때기와 종이 사이로 공기가 새지 않으며 또한 깔때기 대롱에 액체가 완전히 채워져서 끊어지지 않고 흘러내린다.

### » 거름종이와 침전물을 도가니로 옮기기

거르기와 씻기가 완료되면 거름종이와 그 내용물을 일정 질량의 도가니로 옮겨야 한다. 재 없는 거름종이는 젖은 상태에서 매우 약하기 때문에 옮길 때는 조심스럽게 다루어야 한다. 깔때기에서 꺼내기 전에 종이를 약간 건조시키면 찢어지는 위험을 상당히 줄일 수 있다.

(a)
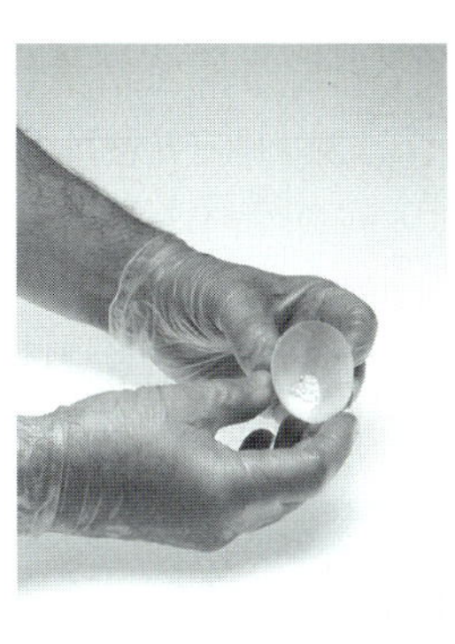
(b)
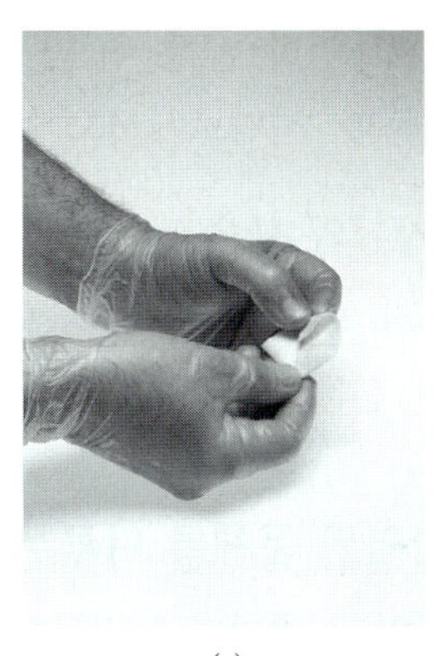
(c)
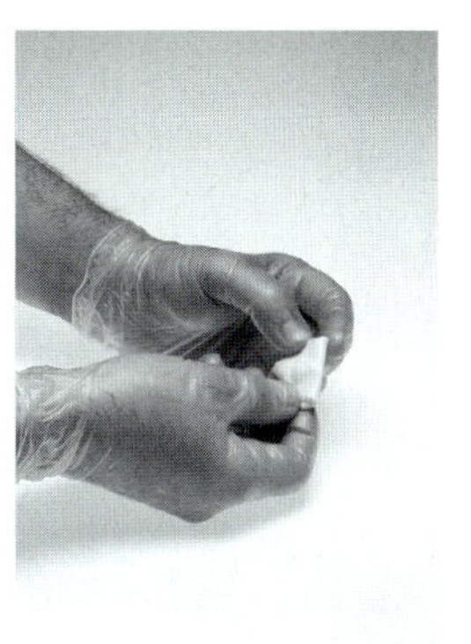
(d)
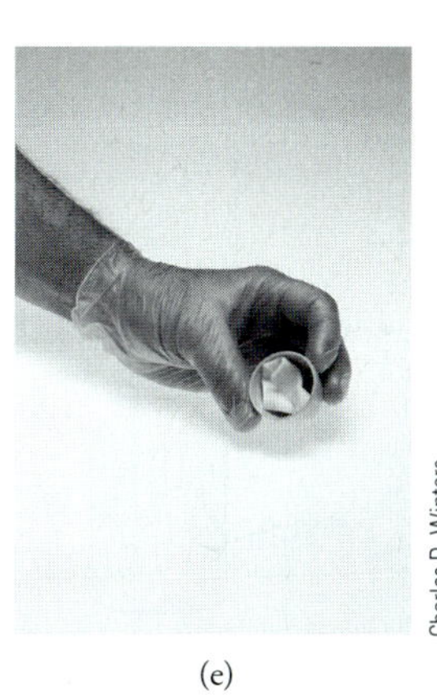
(e)



**그림 2-14** 침전물과 거름종이를 깔때기로부터 도가니로 옮기기. (a) 거름종이가 세 겹으로 겹쳐진 부분을 잡고 깔때기 반대쪽으로 잡아당긴다. (b) 깔때기로부터 거름종이를 꺼내어 원뿔의 윗부분이 평평하게 되도록 편다. (c) 양 모서리를 안쪽으로 향해 접는다. (d) 원뿔형 거름종이의 윗부분을 접어 침전물이 거름종이 속에 놓이도록 한다. (e) 접혀진 거름종이의 내용물을 도가니 안으로 조심스럽게 넣어준다.

**그림 2-14**는 이들을 옮기는 과정을 보여준다. (a) 거름종이가 세 겹으로 접혀진 부분을 잡고 깔때기 밖으로 당겨서 꺼내어, (b) 원뿔의 윗부분이 평평하게 되도록 편다. (c) 양 모서리를 안쪽으로 향해 접는다. (d) 그 다음 위쪽 부분을 겹쳐 접는다. (e) 끝으로 침전물의 대부분이 도가니 바닥에 놓이도록 종이와 내용물을 도가니 안으로 조심해서 밀어 넣는다.

### » *거름종이 태우기*

가열 램프를 사용하려는 경우에는 알루미늄 호일로 덮인 철망과 같이 깨끗하고 반응하지 않는 표면 위에 도가니를 놓는다. 그 다음 램프를 도가니 가장자리의 약 1 cm 정도 위쪽에 놓여 있게 하고 불을 켠다. 이 때 태우기는 더 이상 주의를 하지 않아도 잘 진행된다. 거름종이에 진한 질산암모늄 용액을 한 방울만 적셔도 이 과정은 상당히 빨리 일어난다. 탄소가 남게 되면 다음 단락에서 설명되는 것과 같이 버너를 이용하여 태워서 제거한다.

❮ 각각의 도가니마다 버너를 하나씩 준비해야 한다. 동시에 몇 개의 거름종이를 태워야 할 경우가 있기 때문이다.

버너로 거름종이를 태울 때는 훨씬 더 주의해야 한다. 버너는 가열 램프보다 온도가 더 높다. 따라서 가열 초기에 수분을 너무 빨리 날려 보내거나 거름종이에 불이 붙게 되면 침전물이 손실될 수 있다. 또한 거름종이를 태울 때 생기는 뜨거운 탄소와 침전물이 반응하여 부분적인 환원반응이 일어날 수도 있는데, 이와 같은 환원반응은 재가 만들어진 후에 다시 산화반응이 잘 일어나지 않는 경우에 심각한 문제가 된다. **그림 2-15**와 같이 도가니를 설치하면 이와 같은 문제를 최소화할 수 있다. 도가니를 기울이면 공기의 접근이 쉬워진다. 불꽃이 일어나면 깨끗한 도가니 덮개로 끈다.

가열은 작은 불꽃으로 시작하여야 한다. 수분이 날아감에 따라 온도를 점차적으로 증가시켜 종이를 태우기 시작한다. 허용되는 가열의 세기는 방출되는 연기의 양으로 판단할 수 있다. 가느다란 연기가 정상적이다. 연기의 양이 크게 증가하면 종이가 확 타오르려고 하는 것이므로 가열을 잠시 중단해야 한다. 도가니에서 어떠한 불꽃이라도 일어나면 도가니 덮개로 즉시 꺼야 한다. (이 덮개는 탄소질의 생성물들이 응축하여 변색될 수 있다. 이러한 생성물들은 침전물 입자를 포함하고 있지 않다고 확신할 때까지 강열하여 덮개로부터 제거하여야 한다.) 더 이상의 연기가 나지 않으면 남아 있는 탄소를 제거하기 위해 가열을 증가시키며, 필요에 따라 더 세

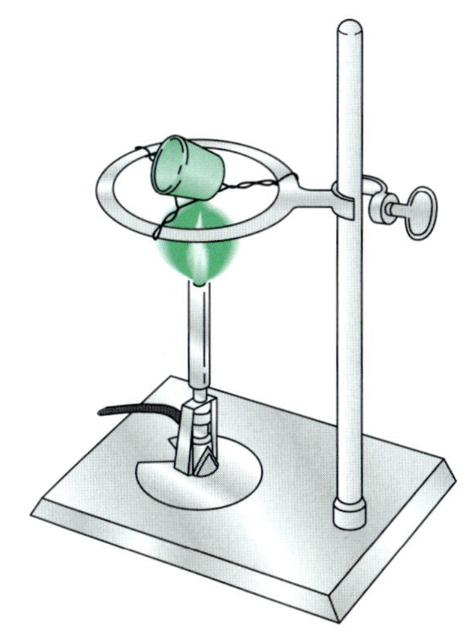

**그림 2-15** 침전물의 강열. 예비 재 만들기 과정에서 도가니의 적당한 위치를 보여준다.

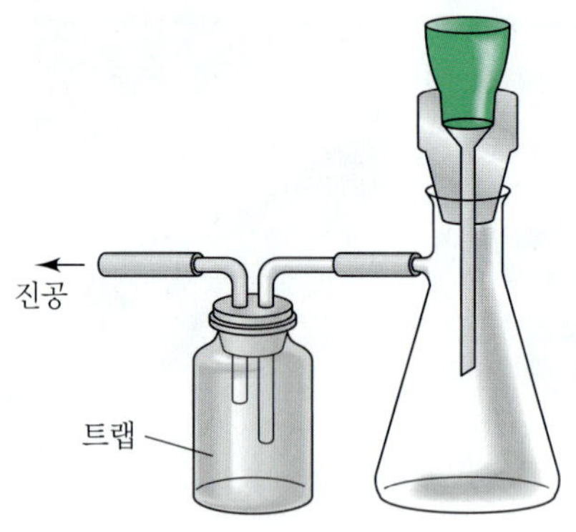


**그림 2-16** 진공 거름장치. 트랩은 거름 플라스크를 진공장치에서 분리시켜 놓는다.

게 가열할 수도 있다. 보통 이 과정은 전기로에서 침전물을 최종적으로 강열하기에 앞서 행해지는데, 전기로에서도 환원성인 대기는 바람직하지 않다.

#### » 거름 도가니의 사용

거름종이 대신 거름 도가니를 사용하는 경우에는 진공 거름장치(**그림 2-16**)을 사용한다. 트랩은 진공 장치와 거름 플라스크를 분리시켜 놓는다.

### ▸ 2F-4 가열된 물체를 다루는 규칙

다음의 규칙을 잘 지키면 침전물이 우발적으로 손실되는 것을 최대한 줄일 수 있다.

1. 작업 시작 전에 익숙하지 않은 조작 방법을 연습해 둔다.
2. 작업대 위에는 가열된 물체를 *절대* 올려놓지 않는다. 대신 쇠그물이나 내열 세라믹 위에 놓는다.
3. 전기로나 버너 불꽃 속에 있던 도가니는 데시케이터에 옮기기 전에 쇠그물이나 세라믹판에서 잠시 식힌다.
4. 가열된 물체를 다루는데 사용할 집게와 핀셋은 철저히 청결을 유지한다. 특히 집게나 핀셋의 끝은 작업대에 닿지 않도록 한다.

## 2G 부피 측정하기

많은 분석 방법에서 부피를 정밀하게 측정하는 것은 질량을 정밀하게 측정하는 것만큼이나 중요하다.

### ▸ 2G-1 부피의 단위

**리터**는 1 $dm^3$이고, 밀리리터는 $10^{-3}$ L이다.

부피의 단위는 **리터**(L)이며, 1 세제곱 데시미터($dm^3$)로 정의된다. **밀리리터**(mL)는 리터의 1/1000이며, 리터가 사용하기에 불편할 정도로 너무 큰 부피 단위일 때 사용한다. 마이크로리터(μL)는 $10^{-6}$ L 즉 $10^{-3}$ mL이다.

### ▸ 2G-2 부피를 측정할 때 온도의 영향

일정 질량의 액체 부피가 온도에 따라 변하는 것처럼 부피 측정을 위해 사용하는 용기의 부피도 온도에 따라 변한다. 그러나 다행히도 대부분의 측정 장치는 유리로 만들어져 있어서 팽창 계수가 작다. 따라서 일반적인 분석 작업에서는 온도에 따른 유리 용기의 부피 변화는 고려하지 않아도 된다.

묽은 수용액의 팽창 계수(약 0.025%/°C)는 보통의 부피 측정의 경우 5°C의 온도 변화가 있으면 측정 값의 신뢰도에 영향을 미칠 정도가 된다.

**예제 2-2**

5°C 수용액에서 시료 40.00 mL를 취했다. 20°C일 때 차지하는 부피는 얼마인가?

$$V_{20°} = V_{5°} + 0.00025(20 - 5)(40.00) = 40.00 + 0.15 = 40.15 \text{ mL}$$

부피 측정은 어떤 표준 온도를 기준으로 해야 하는데 이 기준점은 보통 20°C이다. 대부분의 실험실 내부의 온도는 20°C에 매우 가깝기 때문에 수용액의 부피를 측정할 때 온도 보정을 할 필요가 없게 된다. 반면에 유기 액체의 팽창 계수는 1°C 이하의 온도 변화에도 보정을 해야 할 정도로 크다.

## ▸ 2G-3 정밀한 부피 측정을 위한 기구

**피펫**(pipet), **뷰렛**(buret), **부피 플라스크**(volumetric flask)를 이용하면 부피를 신뢰성 있게 측정할 수 있다.

부피 측정 기구는 제조업자가 검정하는 방식[보통 '옮기는(to deliver)'을 뜻하는 TD 또는 '담아 있는(to contain)'을 뜻하는 TC]과 검정 시의 온도가 표시되어 있다. 피펫과 뷰렛은 보통 일정 부피를 옮겨서 검정하고 부피 플라스크는 담겨 있는 상태로 검정한다.

❮ 유리 용기는 A급과 B급으로 분류된다. A급 유리 용기는 Pyrex, borosilicate 또는 Kimax 유리로 만들었으며, 부피 허용 오차가 작다. B급 유리 용기(값싼 용기)의 허용 오차는 A급 용기의 것이 약 2배 정도 된다.

### » 피펫

피펫은 정확히 알고 있는 부피를 한 용기로부터 다른 용기로 옮기는데 사용된다. **그림 2-17**에서는 피펫의 일반적인 형태를 보여 주며, **표 2-2**에는 이들의 사용에 관한 정보가 실려 있다. **부피**(volumetric) 또는 **옮김**(transfer) 피펫(그림 2-17a)은

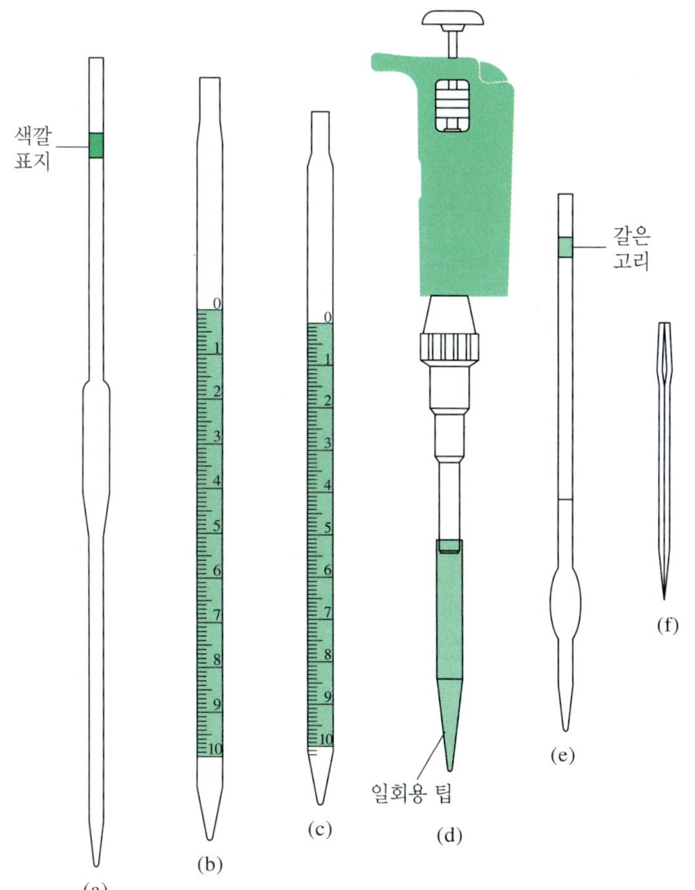


**그림 2-17** 대표적인 피펫들: (a) 부피 피펫, (b) Mohr 피펫, (c) 혈청용 눈금 피펫, (d) Eppendorf-마이크로 피펫, (e) Ostwald-Folin 피펫, (f) Lambda 피펫.

**표 2-2**

**피펫의 특성**

| 종류 | 검정 형태* | 기능 | 용량 범위 | 유출 방법 |
|---|---|---|---|---|
| 부피 | TD | 일정 부피를 옮김 | 1~200 | 자연적인 흐름 |
| Mohr | TD | 원하는 부피를 옮김 | 1~25 | 검정 눈금선까지 |
| 혈청용 | TD | 원하는 부피를 옮김 | 0.1~10 | 마지막 방울 불어내기** |
| 혈청용 | TD | 원하는 부피를 옮김 | 0.1~10 | 검정 눈금선까지 |
| Ostwald-Folin | TD | 일정 부피를 옮김 | 0.5~10 | 마지막 방울 불어내기** |
| Lambda | TC | 일정 부피를 담음 | 0.001~2 | 적당한 용매로 씻음 |
| Lambda | TD | 일정 부피를 옮김 | 0.001~2 | 마지막 방울 불어내기** |
| Eppendorf | TD | 일정 부피 또는 원하는 부피를 옮김 | 0.001~1 | 공기를 불어내어 팁을 비움 |

*TD: to deliver, TC: to contain

**최근에 제작된 피펫의 목 부분에 유리를 갈아서 뿌옇게 만든 고리는 마지막 방울을 불어내라는 표시이다.

**A급 부피 피펫의 허용 오차**

| 용량(mL) | 허용 오차(mL) |
|---|---|
| 0.5 | ±0.006 |
| 1 | ±0.006 |
| 2 | ±0.006 |
| 5 | ±0.01 |
| 10 | ±0.02 |
| 20 | ±0.03 |
| 25 | ±0.03 |
| 50 | ±0.05 |
| 100 | ±0.08 |

**Eppendorf 마이크로 피펫의 부피 범위와 정밀도**

| 부피 범위(μL) | 표준 편차(μL) |
|---|---|
| 1~20 | <0.04 @ 2 μL |
| | <0.06 @ 20 μL |
| 10~100 | <0.10 @ 15 μL |
| | <0.15 @ 100 μL |
| 20~200 | <0.15 @ 25 μL |
| | <0.30 @ 200 μL |
| 100~1000 | <0.6 @ 250 μL |
| | <1.3 @ 1000 μL |
| 500~5000 | <3 @ 1.0 mL |
| | <8 @ 5.0 mL |

0.5~200 mL의 일정한 부피를 옮길 수 있다. 이런 피펫들은 보통 확인하고 분류하기에 편리하도록 부피에 따라 다른 색깔로 표시되어 있다. **눈금피펫**(measuring pipet, 그림 12-17b와 c)은 0.1 mL부터 25 mL에 이르는 최대 용량까지의 어떤 부피든 취할 수 있도록 편리한 단위로 눈금이 매겨져 있다.

먼저 부피 피펫과 눈금 피펫들을 검정 눈금까지 채우는데, 이렇게 채워진 용액을 옮기는 방법은 피펫의 특정 형태에 따라 다르다. 대부분의 액체와 유리 사이에는 인력이 작용하기 때문에 피펫을 비운 후에도 팁에 얼마간의 액체가 남아 있게 된다. 부피 피펫이나 어떤 눈금 피펫에는 이렇게 남은 용액을 불어내면 절대 안 되지만 어떤 다른 형태의 피펫에서는 이렇게 남은 용액을 불어낸다(표 2-2).

소형 Eppendorf 마이크로피펫(그림 2-17d와 **그림 2-18a**)으로는 액체를 μL 수준에서 원하는 부피만큼 옮길 수 있다. 피펫의 한쪽 끝에 있는 누름 단추를 처음 정지하는 지점까지 누르면 이미 알고 있는 원하는 부피의 공기가 일회용 플라스틱 팁으로부터 빠져 나간다. 이 단추는 용수철이 있는 피스톤을 작동시켜 강제로 공기를 피펫 밖으로 빠져나가게 하는 것이다. 빠져나가는 공기의 부피는 장치의 앞부분에 있는 디지털 마이크로미터 잠금 조절기로 조절할 수 있다. 그 다음 플라스틱 팁을 용액 속에 담그고 단추에 걸려있는 압력을 낮추면 용액이 팁 속으로 빨려 들어온다. 그 다음 팁을 받는 용기의 벽에 대고 누름 단추를 첫 번째 정지하는 점까지 다시 눌러 준다. 1초를 기다린 후 누름단추를 두 번째 정지하는 점까지 다시 눌러주면 팁이 완전히 비워진다. 이러한 형태를 가지는 전형적인 피펫들의 정밀도와 부피 범위를 옆 여백에 나타내었다. 자동피펫의 정확도와 정밀도는 사용자의 숙련도와 경험에 따라 다소 달라진다. 따라서 중요한 실험에 이용할 경우 검정을 하여야만 한다.

특정 부피를 반복해서 옮길 필요가 있을 경우에는 *자동* 피펫을 이용한다. 더구나 요즈음은 컴퓨터로 조절되는 전동 마이크로리터 피펫도 이용할 수 있다(**그림 2-18b**). 이 장치는 피펫, 디스펜서, 뷰렛, 시료를 묽히는 기구 등으로서의 기능을 할 수 있도록 프로그램되어 있다. 원하는 부피를 조이스틱과 버튼을 이용하여 입력시키면 LCD 패널에 표시되며 전동 피스톤이 용액을 분배한다. 최대로 사용할 수 있는 부피는 10 uL~20 mL 정도이다.

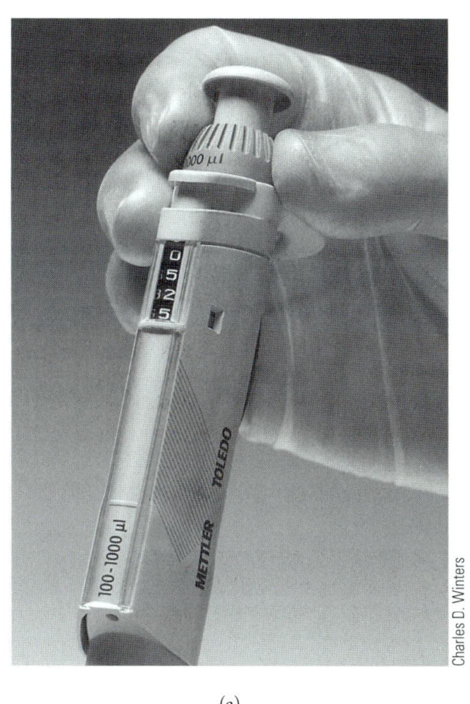


(a)

(b)

**그림 2-18** (a) 원하는 부피(100~1000 μL)를 옮길 수 있는 자동 피펫. 100 μL에서 정확도는 3.0%이고, 정밀도는 0.6%이다. 1000 μL에서 정확도는 0.6%이고, 정밀도는 0.2%이다. 부피는 사진에서 보여주는 것처럼 손잡이 나사를 이용하여 조절한다. 조절된 부피가 525 μL임을 보여준다. (b) 손바닥으로 움켜잡고 전지로 작동하는 전동 피펫.

### » *뷰렛*

눈금 피펫과 마찬가지로 뷰렛을 사용하면 최대 용량까지 분석자가 원하는 어떤 부피든 공급할 수 있다. 뷰렛으로 얻을 수 있는 정밀도는 피펫에 비해 훨씬 더 높다.

뷰렛은 적정 시약을 담는데 사용하는 눈금이 있는 관과 적정 시약의 흐름을 조절하는 밸브장치로 이루어져 있다. 이 밸브의 형태에 따라 뷰렛을 나눌 수 있다. 가장 간단한 핀치꼭지 밸브는 뷰렛과 그 끝단을 잇는 짧은 고무관속에 꼭 끼는 유리구슬이 들어 있다(**그림 2-19a**). 이 경우 고무관을 눌러 변형시킬 때만 액체가 유리구슬을 지나 흐른다.

유리 잠금 꼭지가 밸브 역할을 하는 뷰렛은 유리 잠금 꼭지의 간유리 표면과 잠금 꼭지가 들어가는 부분(barrel) 사이에 윤활제를 발라 액체가 새지 않도록 한다. 어떤 용액들 특히 염기와 오래 접촉시켜 두면 유리 잠금 꼭지가 녹아 붙어 버리므로 사용한 후에는 매번 깨끗이 씻어 주어야 한다. 테프론으로 만든 밸브도 흔히 사용되는데 이런 밸브는 대부분의 시약에 의해 영향을 받지 않으며, 윤활제도 필요없다(**그림 2-19b**).

**A급 뷰렛의 허용 오차**

| 부피(mL) | 허용 오차(mL) |
|---|---|
| 5 | ±0.01 |
| 10 | ±0.02 |
| 25 | ±0.03 |
| 50 | ±0.05 |
| 100 | ±0.20 |

### » *부피 플라스크*

부피 플라스크(**그림 2-20**)는 5 mL~5 L의 용량으로 만들어졌으며, 보통 목 부분에 그어진 선까지 채우면 일정 부피의 용액이 담기도록 검정(TC)되어 있다. 이들은 표준 용액을 만들거나 피펫으로 분취하기에 앞서 시료를 일정 부피로 묽히는데 사용된다. 어떤 부피 플라스크는 TD법으로 검정해 두는데, 이러한 것들은 목에 있는 두 개의 기준선을 보면 쉽게 알 수 있으며, 만일 표시된 부피만큼 옮길 필요가 있으면 플라스크를 윗 눈금까지 채운다.

**A급 부피 플라스크의 허용 오차**

| 용액(mL) | 허용 오차(mL) |
|---|---|
| 5 | ±0.02 |
| 10 | ±0.02 |
| 25 | ±0.03 |
| 50 | ±0.05 |
| 100 | ±0.08 |
| 250 | ±0.12 |
| 500 | ±0.20 |
| 1000 | ±0.30 |
| 2000 | ±0.50 |

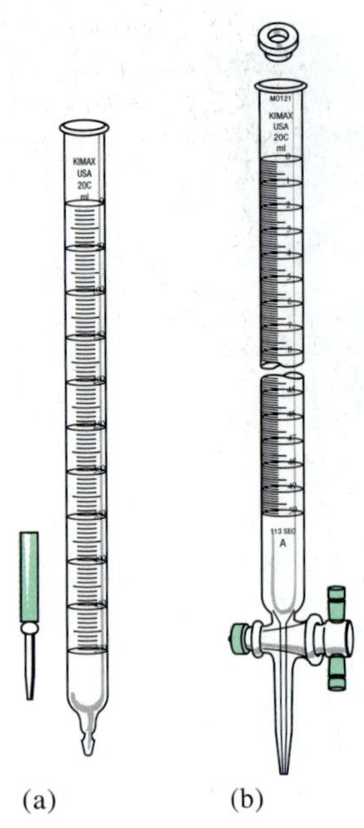


그림 2-19 뷰렛:
(a) 유리구슬 밸브, (b) 테프론 밸브.

그림 2-20 전형적인 부피 플라스크.

## ▸ 2G-4 부피 측정 기구의 사용

제조회사들은 청결한 형태에서 부피 측정 기구를 검정하여 부피 표시를 하므로 이 표시가 표시된 대로의 의미를 지니기 위해서는 실험실에서도 똑같은 정도로 청결하게 사용하여야 한다. 액체는 깨끗한 유리 표면에서만 균일한 피막을 형성한다. 먼지나 기름이 묻어 있으면 이 피막이 끊어지는데 이는 깨끗하지 못하다는 신호가 된다.

### » 세척

물 피막을 끊어지게 하는 그리스나 먼지는 보통 따뜻한 세제 용액에 잠시 담가 놓기만 해도 쉽게 제거된다. 오랜 시간 담가 두는 것은 세제와 공기가 접촉하는 영역에 거친 부분 즉 고리를 만들 수 있으므로 피해야 한다. 이 고리는 쉽게 제거할 수 없으며, 물 피막을 끊어지게 하여 기구의 유용성을 떨어뜨린다.

깨끗하게 닦은 기구는 수돗물로 완전히 헹군 다음 증류수로 3~4회 헹구어야 한다. 부피 측정 기구는 건조시킬 필요가 거의 없다.

### » 시차 피하기

**메니스커스**란 대기와의 경계면에 생기는 곡선 모양의 용액 표면이다.

좁은 관에 들어 있는 액체의 위 표면은 상당한 곡면, 즉 **메니스커스**(meniscus)를 형성한다. 일반적으로 부피 측정 기구를 검정하거나 사용하는 경우에 기준점으로서 메니스커스의 아래 부분을 이용한다. 이 아래 부분은 불투명한 카드나 종이 조각을 눈금 뒤에 대고 보면 더 정확하게 읽을 수 있다.

**시차**는 관찰자가 위치를 바꿈에 따라 용액의 수위 또는 지시침의 위치가 외관상으로 다르게 보이는 현상이다. 이는 물체에 직각이 아닌 각도에서 물체를 볼 때 일어난다.

부피를 읽을 때는 **시차**(parallax) 때문에 발생하는 오차를 피하기 위하여 눈을 액체 표면과 같은 높이로 맞추어야 한다. 시차는 메니스커스보다 위에서 읽으면 부피가 실제 값보다 작게 보이고 아래에서 읽으면 실제 값보다 크게 보이는 현상이다(**그림 2-21**).

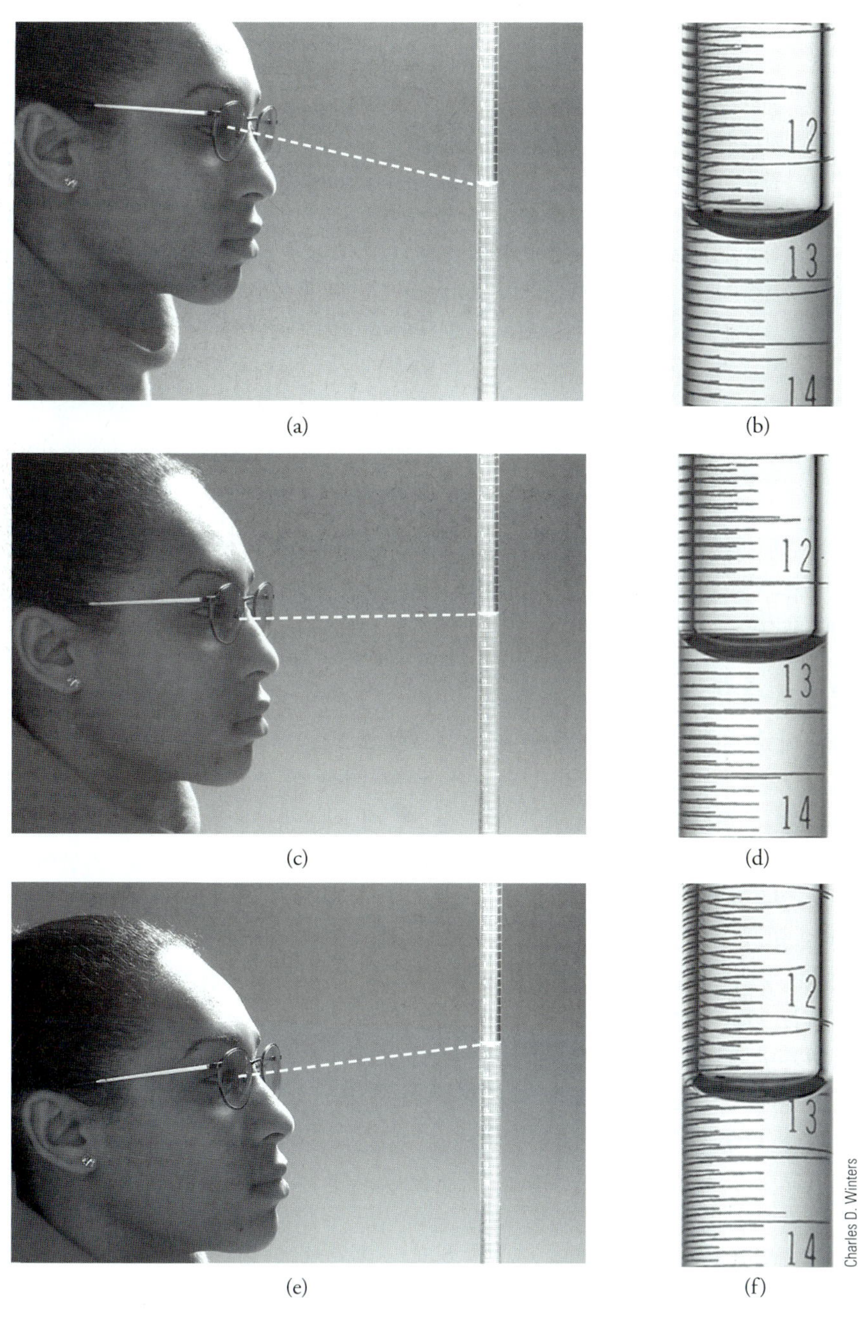


(a) (b) (c) (d) (e) (f)

**그림 2-21** 뷰렛의 눈금 읽기. (a) 학생은 뷰렛에 수직인 선보다 높은 위치에서 뷰렛의 눈금을 읽는데 이때는 (b)의 눈금 12.58 mL을 읽는다. (c) 학생은 뷰렛과 수직인 선의 위치에서 뷰렛의 눈금을 읽는데 이때는 (d)의 눈금 12.62 mL를 읽는다. (e) 학생은 뷰렛에 수직인 선보다 낮은 위치에서 뷰렛의 눈금을 읽는데 이때는 (f)의 눈금 12.67 mL를 읽는다. 시차의 문제를 피하려면 (c)와 (d)에서처럼 뷰렛에 수직인 선과 일치하여 읽어야 한다.

## ▸ 2G-5 피펫의 사용에 관한 지침

다음의 지침들은 특별히 부피 피펫에 적합한 것이지만 다른 형태의 피펫에도 수정하여 적용할 수 있다.

피펫의 내부에 약간의 진공을 만들어서 액체를 빨아들인다. *입으로 용액을 빨아들이면 우발적으로 용액을 삼킬 수 있으므로 절대로 입을 사용해서는 안 된다.* 그 대신 고무 흡입 벌브(bulb)나 진공장치에 연결된 고무관을 사용해야 한다.

### » *세척*

고무 흡입기를 이용하여 피펫의 검정 눈금보다 2~3 cm 위까지 세제 용액을 빨아들인다. 이 세제 용액을 흘러내려 보낸 후 피펫을 수돗물로 여러 번 헹구어 낸다.

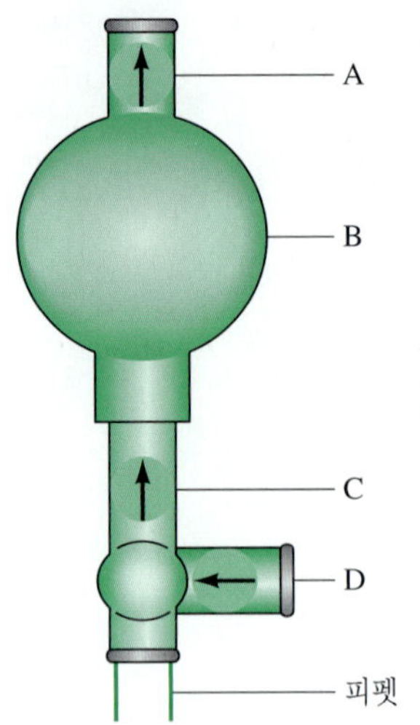


피펫을 액체로 채우거나 비우는 데 사용할 수 있는 다수의 장치들이 시판중이다. 왼쪽 그림과 같은 장치는 쉽게 시장에서 구매할 수 있다. Propipette®라고 하는 이 장치는 매우 유용한 장치로 세 개의 짧은 관과 그에 연결되어 있는 고무 밸브(B)로 구성되어 있다. 각각의 관은 공기가 화살표로 표시된 방향으로 흐르도록 밸브 역할을 하는 화학적으로 비활성인 공을 담고 있다(A, C, D). 엄지와 검지 손가락으로 튜브를 누르면 밸브가 열리게 된다. 이 장치의 아랫부분은 피펫의 윗부분에 꼭 맞도록 만들어져 있다. 밸브 A를 열고, 밸브 B를 압착하면 공기가 벌브로부터 빠져나간다. 다음으로 밸브 A를 닫고, 밸브 C를 열면 액체가 피펫으로 빨려 들어간다. 액체가 원하는 양만큼 채워지면 밸브 C를 닫는다. 액체의 양은 밸브 D를 조심스럽게 열어 조절하고, 마지막으로 밸브 D를 완전히 열면 원하는 부피의 액체를 옮겨 담을 수 있다.

피막 끊임이 일어나는지 검사한다. 필요하면 세제와 물로 씻는 과정을 반복한다. 끝으로 증류수를 피펫 용량의 1/3 정도 채우고 조심스럽게 내부 표면 전체를 적신다. 이렇게 헹구는 과정을 최소한 두 번 이상 반복한다.

### » *분취량 측정*

**분취량**은 액체 시료의 취한 일정 부피 분율이다.

소량의 시료 용액을 피펫으로 빨아들여(**그림 2-22a**), 내부 표면을 완전히 적신다(**그림 2-22b**). 이 용액을 버리고 최소한 두 번 이상 이 과정을 반복한다. 다음으로 피펫의 눈금 표시보다 약간 위까지 조심스럽게 시료를 채운다. 용액 내부에 기포 또는 용액 표면층에 거품이 있는지를 확인한다. 피펫을 수직에서 조금 기울여 외부에 묻어 있는 액체를 닦아낸다(**그림 2-22c**). 유리 용기 벽에 피펫 끝을 대고(분취액을 넣을 용기가 아님) 집게손가락을 약간 느슨하게 하여 용액의 수위가 천천히 낮아지도록 한다. 메니스커스의 아래 부분이 눈금 표시와 정확히 일치하면 흐름을 중지시킨다(**그림 2-22d**). 피펫을 부피 플라스크에서 빼내서 액체가 피펫안쪽으로 살짝 들어가도록 기울인다. 외부에 묻어 있는 액체는 보푸라기가 없는 티슈를 이용하여 닦아낸다(**그림 2-22e**). 받을 용기의 안쪽 벽에 피펫 끝을 대고 액체를 흘려보낸다(**그림 2-22f**). 자연스런 흐름이 멈추면 용기의 내벽에 끝을 댄 채로 10초 동안 기다린다(**그림 2-22g, h**). 최종적으로 피펫을 돌리면서 빼내어 끝에 붙어 있는 액체 방울을 떨어낸다. *부피 피펫의 끝 속에 남아 있는 액체는 받는 용기 속으로 불어내거나 헹궈내면 안 된다*. 피펫을 사용한 후에는 완전히 잘 씻는다.

## ▸ 2G-6 뷰렛의 사용에 관한 지침

뷰렛은 사용하기 전에 철저하게 씻어야 하며, 밸브에서는 액체가 새지 않아야 한다.

### » *세척*

뷰렛의 관은 세제와 긴 솔을 이용하여 철저하게 씻는다. 먼저 수돗물로 다음은 증류수로 철저히 헹군다. 물 피막의 끊임이 생기는지를 확인하고 필요하면 이런 처리를 반복한다.

### » *유리 잠금꼭지의 윤활처리*

유리 잠금꼭지와 잠금꼭지가 들어가는 부분에 묻어 있는 오래된 그리스를 종이수건으로 주의해서 제거한 다음 그 부분을 완전히 건조시킨다. 구멍 근처에는 묻지 않도록 조심하면서 잠금꼭지에 그리스를 살짝 바른다. 잠금꼭지를 잠금꼭지가 들어가는

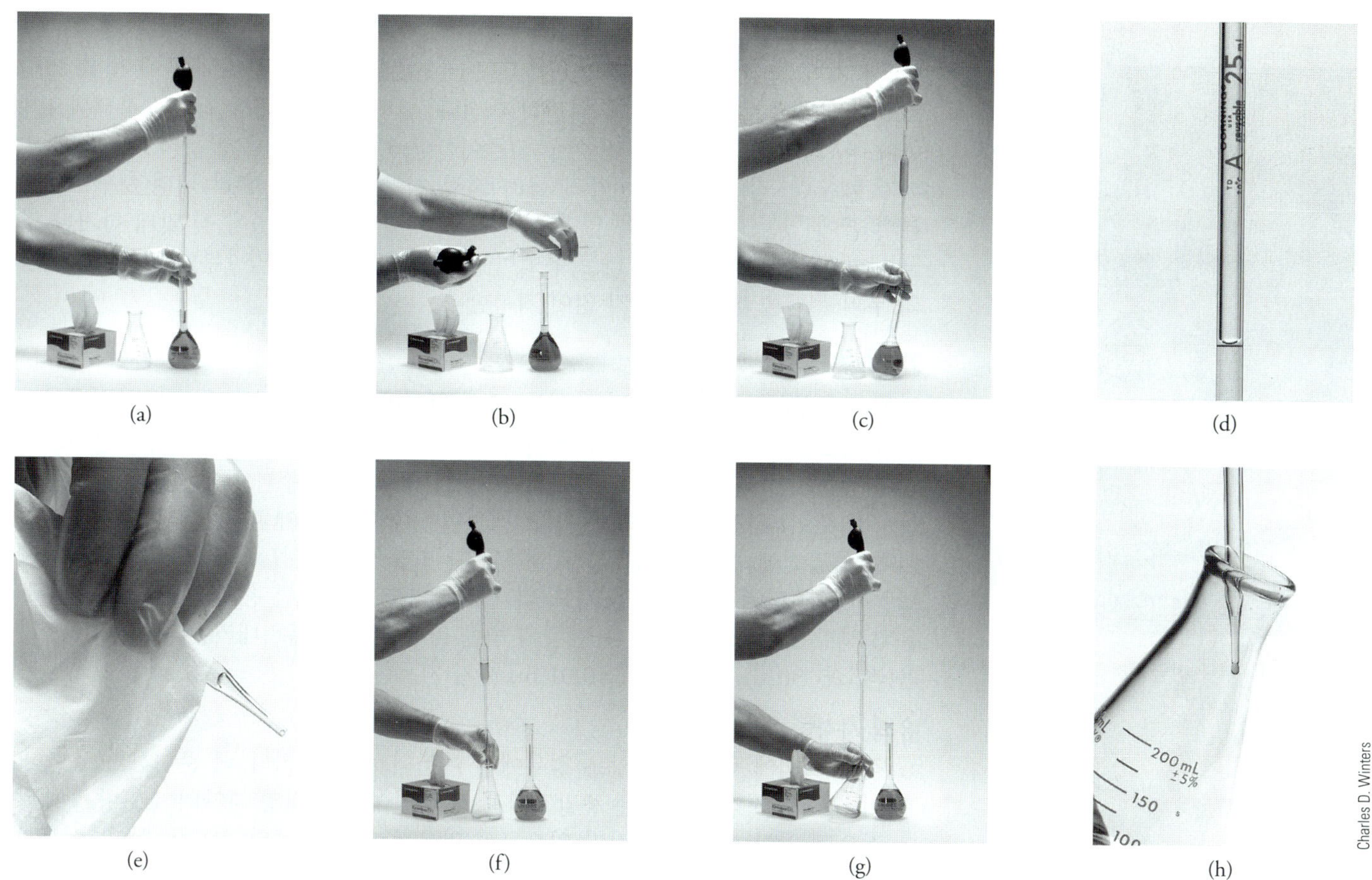


**그림 2-22** 분취량 취하기. (a) 피펫에 적은 양의 액체를 취하고 (b) 피펫을 약간 기울여 돌리면서 피펫의 내부 표면을 적신다. 이 과정을 두 번 이상 반복한다. 그 다음 (c) 액체를 피펫눈금보다 약간 더 많이 취한 후 피펫의 끝을 부피 플라스크 내부 표면에 대고 액체의 높이가 메니스커스의 아래 부분이 피펫의 눈금 부분(d)까지 내려오도록 한다. 피펫을 부피 플라스크에서 꺼내어 피펫을 약간 기울여, (e) 액체가 피펫 속으로 약간 더 올라가도록 하고, (f) 그림에서 보여주는 것처럼 실먼지 없는 화장지로 끝부분을 닦는다. 그 다음 피펫을 수직으로 세운 다음, (g) 작은 양의 액체가 피펫 끝 내부에 그리고 외부에 한 방울이 남아 있을 때까지 받는 플라스크에 액체를 흘려내려 보낸다. 마지막으로 (h)에서 보여주는 것처럼 플라스크를 약간 기울여 피펫 끝이 플라스크 내부 표면에 닿게 한다. 이 과정이 끝나면 적은 양의 액체 시료가 피펫에 남아 있게 된다. 남아 있는 액체를 불어내려고 하지 말아야 한다. 피펫은 액체가 끝에 남아 있을 때 재현성 있게 부피를 취할 수 있도록 검정되어 있다.

부분에 밀어 넣고 안쪽으로 약간 밀면서 힘 있게 돌린다. 적당한 양의 윤활제가 사용되었을 때에는 (1) 잠금꼭지와 잠금꼭지가 들어가는 부분 사이의 접촉 부분이 거의 투명해 보이고, (2) 액체가 새지 않으며, (3) 뷰렛의 끝에 그리스가 들어가지 않는다.

### 유의 사항

1. 세척 용액으로도 씻기지 않는 그리스 피막은 아세톤이나 벤젠과 같은 유기 용매로 깨끗하게 씻을 수도 있다. 유기 용매로 처리를 한 후에는 세제로 완전히 씻어내야 한다. 실리콘 윤활제를 사용하는 것은 바람직하지 못한데 이는 이런 제품으로 오염되면 제거하기가 (불가능하지는 않더라도) 매우 어렵기 때문이다.
2. 액체의 흐름이 방해받지 않는 한 뷰렛 끝이 잠금꼭지가 그리스로 막히는 것은 그리 중요한 문제가 되지 않는다. 그리스는 유기 용매를 이용하면 가장 잘 제거된다. 적정하는 도중에 막혔을 때는 성냥불로 끝을 살짝 데워주면 제거된다.
3. 새로 조립된 뷰렛은 다시 사용하기 전에 새지 않는지를 확인하는 것이 좋다. 간단히 물로 뷰렛을 채운 뒤 시간이 흘러도 물의 부피가 변하지 않는다는 것을 확인하면 된다.

❮ 뷰렛의 눈금은 0.01 mL까지 읽어야 한다.

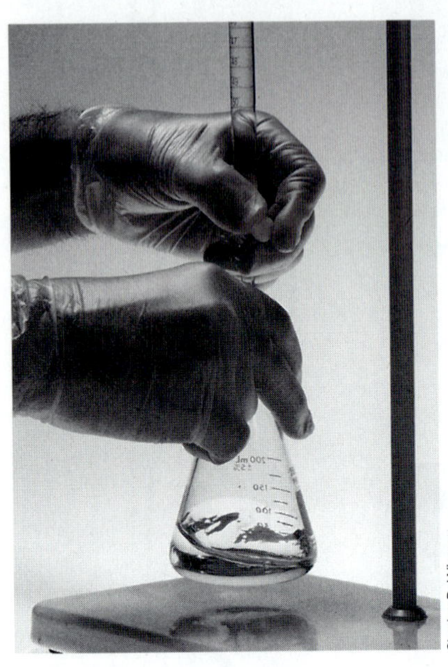
Charles D. Winters

**그림 2-23** 뷰렛 잠금꼭지를 다루는 권장 방법.

### » 용액 채우기

잠금꼭지가 잠겨 있는지를 확인한다. 5~10 mL의 적정 시약을 뷰렛에 넣고 조심스럽게 뷰렛을 돌려서 내부를 완전히 적신다. 뷰렛 끝을 통해서 액체가 흘러나오게 한다. *이 과정을 최소한 두 번 이상 되풀이한다.* 다음에 뷰렛을 0 눈금보다 훨씬 위까지 채운다. 잠금꼭지를 재빨리 돌려 적정 시약을 조금씩 흘려 내려 보냄으로써 뷰렛 끝에 있는 공기 방울을 없앤다. 끝으로 액체의 수위를 0에 꼭 맞게 하거나 조금 낮게 맞춘다. 뷰렛 벽을 타고 용액이 흘러내리도록 조금(약 1분) 기다린 후 처음의 부피 눈금을 0.01 mL까지 읽어 기록한다.

### » 적정

**그림 2-23**은 잠금꼭지를 다루는 방법을 보여주며, 그림에서와 같이 잡으면 잠금꼭지가 옆으로 움직여도 더욱 꼭 끼워지는 방향이 된다. 뷰렛의 끝이 적정 플라스크 안에 있는지를 확인한다. 적정 시약을 대략 1 mL씩 가해준다. 꾸준히 잘 흔들어(또는 저어주어) 완전하게 섞이게 한다. 적정이 진행되어 감에 따라 더해주는 양을 줄이며, 종말점에 가까워지면 적정 시약을 한 방울씩 가한다(유의 사항 2). 종말점에 도달하는데 단지 한 두 방울 정도 더 필요하다고 판단되면 용기의 벽을 씻어낸다(유의 사항 3). 적정을 마친 후 뷰렛의 벽을 따라 용액이 흘러내리는 것을 기다린 다음(최소한 30초) 최종 부피를 0.01 mL까지 기록한다.

**유의 사항**

1. 적정 실험에 익숙하지 않은 경우에는 여분의 시료를 하나 더 준비하기도 한다. 이 시료를 적정하는 것은 종말점의 특성을 알아내고 적정 시약의 소모량을 대략적으로 알아내는 데 목적이 있으므로 많은 주의를 기울일 필요는 없다. 시료가 추가적으로 소모되겠지만 전체적으로 볼 때는 시간이 절약된다.
2. 한 방울보다 더 작은 부피를 적가하고자 할 때는 뷰렛 끝에 작은 부피의 적정 시약 방울이 매달리도록 한 다음 뷰렛 끝에 플라스크의 벽을 가져다 댄다. 그 다음 이 방울을 유의 사항 3에서와 같이 전체 용액에 합친다.
3. 적정이 끝나갈 때 플라스크를 씻어 내리는 대신 플라스크를 기울인 다음 돌려주면서 안쪽 벽에 붙어 있는 모든 방울들이 전체 용액에 합쳐지도록 한다.

## ▸ 2G-7 부피 플라스크의 사용에 관한 지침

부피 플라스크는 사용하기 전에 세제로 씻고 철저히 헹구어야 한다. 대부분의 경우 건조시킬 필요가 없다. 그러나 필요하다면, 플라스크를 거꾸로 해서 클램프를 고정시킨 채 건조하는 것이 가장 좋다. 진공라인에 연결된 유리관을 플라스크 속에 삽입하여 빨아내면 빠르게 건조시킬 수 있다.

### » 직접 무게를 달아서 부피 플라스크 속에 넣기

표준 용액을 직접 만들 때는 부피 플라스크에 이미 알고 있는 질량의 용질을 넣어야 한다. 분말 깔때기를 사용하면 옮기는 과정에서 고체가 손실된 가능성을 최소로 할 수 있다. 깔때기를 철저히 씻어서, 씻은 액을 부피 플라스크에 모아야 한다.

이러한 과정은 용질을 용해시킬 때 열을 가할 필요가 없는 경우에는 부적당하다. 대신에 고체를 비커나 플라스크에 넣어 무게를 달고, 용매를 가하고, 가열하여 용질을 용해시키고, 용액이 실온으로 식을 때까지 기다린다. 이 용액을 다음 절에서 설명된 대로 부피 플라스크에 정량적으로 옮긴다.

### » 용액을 부피 플라스크에 정량적으로 옮기기

눈금까지 묽히기 *전에* 용질은 완전히 용해되어 있어야 한다. ❯

부피 플라스크의 목 속으로 깔때기를 끼운다. 젓기 막대를 이용하여 비커의 액체가 깔때기 속으로 흘러 들어가도록 유도한다. 젓기 막대와 비커의 내부를 증류수로 헹구어 씻은 액을 앞에서와 같이 부피 플라스크에 옮긴다. 이러한 헹굼을 *적어도* 두 번 이상 되풀이한다.

### » 눈금까지 묽히기

용질을 옮긴 후 용매를 플라스크에 반쯤 채우고 세게 흔들어 내용물이 빨리 용해되도록 한다. 용매를 더 가하여 다시 잘 저어준다. 액체의 수위가 눈금 가까이 올 때까지 용매를 채우고 잠시(약 1분) 기다려 벽에 묻은 용액이 흘러내리게 한다. 그 다음 스포이트를 사용하여 눈금까지 용매를 채운다(아래 유의 사항 참고). 플라스크의 마개를 꼭 닫고 거꾸로 뒤집기를 여러 번 반복하여 용액이 철저히 섞이도록 한다. 건조되어 있거나 또는 플라스크에서 취한 용액으로 여러 번 헹군 저장 용기에 내용물을 옮긴다.

**유의 사항**

가끔 발생하는 일이지만 우발적으로 액체 수위가 눈금을 초과하였을 경우 초과된 부피에 대하여 보정하면 용액을 다시 만들지 않아도 된다. 접착 라벨을 사용하여 메니스커스의 위치를 표시해 둔다. 플라스크를 비운 후 제작 시 표시된 원래 눈금까지 물로 다시 채운다. 그리고 뷰렛을 사용하여 접착 라벨의 눈금까지 채우는데 필요한 부피를 측정한다. 용액의 농도를 계산할 때 플라스크에 표시되어 있는 부피에 이 부피를 더해야 한다.

## 2H 부피 측정용 유리 용기의 검정

부피 측정용 유리 용기는 밀도와 온도를 알고 있고 그 용기에 담겨있는(또는 옮겨진) 용액(보통 증류수)의 질량을 측정함으로써 검정된다. 검정을 수행하는 데는 물의 밀도가 추의 밀도와 상당히 다르기 때문에 부력에 대해 보정(2D-4절)을 하여야 한다.

검정에 관련된 계산은 어렵지는 않으나 다소 복잡하다. 먼저 무게를 달아 얻은 처음 데이터를 식 (2-1)을 이용하여 부력에 대해 보정한다. 다음 보정된 질량을 검정 온도(T)에서의 액체의 밀도로 나누어 검정 온도($T$)에서의 용기 부피를 구한다. 끝으로 이 부피는 예제 2-2에서와 같이 표준 온도인 20°C에서의 값으로 보정한다.

**표 2-3**은 부력에 대해 보정한 값을 이용할 수 있도록 한 것이다. 스테인레스강 또는 놋쇠 추에 관한 부력 보정(이 두 물질의 밀도 차이는 무시할 만큼 작다.), 물과 유리 용기의 부피 변화에 대한 보정이 이 데이터들에 반영되어 있다. 표 2-3에서 얻은 적절한 계수를 곱하면 $T$ 온도에서 물의 질량을 (1) 그 온도($T$)에서의 부피 또는 (2) 20°C에서의 부피로 바꿀 수 있다.

**예제 2-3**

25°C에서 25 mL 피펫에 의해 옮겨진 물을 스테인레스강 추로 무게를 달았더니 24.976 g이었다. 표 2-3에 있는 데이터를 사용하여 25°C와 20°C에서 이 피펫에 의해 옮겨지는 부피를 계산하시오.

**풀이**

$$25°\text{C에서:}\quad V = 24.976\ \text{g} \times 1.0040\ \text{mL/g} = 25.08\ \text{mL}$$

$$20°\text{C에서:}\quad V = 24.976\ \text{g} \times 1.0037\ \text{mL/g} = 25.07\ \text{mL}$$

### ▸ 2H-1 검정에 관한 일반 지침

모든 부피 측정 용기는 검정하기 전에 깨끗이 씻어 물의 피막이 끊어지지 않도록

표 2-3

공기 중에서 스테인레스강 추로 측정한 물 1.000 g이 차지하는 부피*

| 온도 $T$(°C) | 부피(mL) 해당 온도에서의 부피 | 20°C로 보정된 부피 |
|---|---|---|
| 10 | 1.0013 | 1.0016 |
| 11 | 1.0014 | 1.0016 |
| 12 | 1.0015 | 1.0017 |
| 13 | 1.0016 | 1.0018 |
| 14 | 1.0018 | 1.0019 |
| 15 | 1.0019 | 1.0020 |
| 16 | 1.0021 | 1.0022 |
| 17 | 1.0022 | 1.0023 |
| 18 | 1.0024 | 1.0025 |
| 19 | 1.0026 | 1.0026 |
| 20 | 1.0028 | 1.0028 |
| 21 | 1.0030 | 1.0030 |
| 22 | 1.0033 | 1.0032 |
| 23 | 1.0035 | 1.0034 |
| 24 | 1.0037 | 1.0036 |
| 25 | 1.0040 | 1.0037 |
| 26 | 1.0043 | 1.0041 |
| 27 | 1.0045 | 1.0043 |
| 28 | 1.0048 | 1.0046 |
| 29 | 1.0051 | 1.0048 |
| 30 | 1.0054 | 1.0052 |

*부력(스테인레스강 추)과 용기의 부피 변화에 대한 보정이 이루어졌음.

해야 한다. 뷰렛과 피펫은 건조시킬 필요가 없으며, 부피 플라스크는 물을 완전히 비우고 실온에서 건조되어야 한다. 검정에 사용되는 물은 그 주위 환경과 온도 평형을 이루어야 한다. 이는 물을 미리 준비하고 온도를 자주 측정하여 온도의 변화가 없을 때까지 놓아두면 된다.

검정에 분석용 저울을 사용할 수도 있지만 아주 적은 부피를 제외하고는 mg까지 무게를 달 수 있는 저울이면 충분하다. 따라서 이 경우 윗접시 저울이 분석용 저울보다 더 간편하게 사용된다. 무게 다는 병이나 꼭 맞는 마개가 있는 작은 삼각 플라스크가 검정용 액체를 담는 용기로 사용된다.

### » *부피 피펫 검정하기*

마개가 있는 빈 용기의 질량을 mg까지 단다. 온도 평형을 이룬 물을 피펫으로 담는 용기에 옮기고, 내용물을 포함한 용기의 무게를 달고(역시 mg까지) 질량의 차이로부터 옮겨진 물의 질량을 계산한다. 표 2-3을 이용하여 옮겨진 부피를 계산한다. 검정을 여러 번 되풀이한다. 옮겨진 부피의 평균과 그 표준 편차를 계산한다.

### » *뷰렛 검정하기*

온도 평형을 이룬 물을 뷰렛에 채우고 뷰렛 끝에 공기방울이 없는지를 확인한다. 뷰렛 벽에 묻은 물이 내려오도록 약 1분 정도 기다린다. 메니스커스의 아래 부분이 0.00 mL 표시까지 오도록 액체의 수위를 낮춘다. 비커 벽에 뷰렛 끝을 대고 뷰렛 끝에 남아 있는 물방울을 제거한다. 10분 정도 기다려 다시 부피를 읽는다. 만일 잠금꼭지가 꼭 맞으면 아무런 변화가 생기지 않았을 것이다. 이 동안에 고무마개를 갖춘 125 mL 삼각 플라스크의 무게를 mg까지 단다.

뷰렛의 잠금꼭지가 새지 않고 꼭 맞으면 약 10 mL의 물을 플라스크에 약 10 mL/분의 속도로 천천히 옮긴다. 플라스크의 벽에 뷰렛의 끝을 댄다. 1분 정도 기다리고 옮긴 겉보기 부피를 기록하고 뷰렛을 다시 채운다. 내용물이 들어 있는 플라스크의 무게를 mg까지 달면 이 질량과 원래 값 사이의 차이가 옮겨진 물의 질량이 된다. 표 2-3을 사용하면 이 질량을 참 부피로 바꿀 수 있다. 참 부피에서 겉보기 부피를 뺀다. 이 차이는 나중에 겉보기 부피로부터 참 부피를 얻을 때 겉보기 부피에 적용하여야 할 보정값이다. ±0.02 mL 이내로 일치할 때까지 검정을 되풀이한다.

눈금 0부터 다시 시작하여 이번에는 약 20 mL 정도를 용기에 옮겨서 검정을 되풀이한다. 전체 부피에 대하여 10 mL 간격으로 뷰렛을 검정한다. 적용할 보정값을 옮겨진 부피의 함수로서 그림으로 도시한다. 이 도시를 이용하면 어떤 부피에서든 적용할 보정값을 결정할 수 있다.

### » 부피 플라스크 검정하기

깨끗이 하여 건조시킨 부피 플라스크의 무게를 mg까지 단다. 온도 평형을 이룬 물로 눈금 표시까지 채우고 다시 무게를 단다. 표 2-3의 도움을 받아 담아있는 부피를 계산한다.

### » 부피 플라스크를 피펫에 연관시켜 검정하기

피펫에 연관시켜 부피 플라스크를 검정하면 시료를 일정한 분취량들로 훌륭하게 분배할 수 있다. 이 지침은 50 mL 피펫과 500 mL 부피 플라스크에 대한 것이지만, 다른 것들로도 마찬가지로 간편하게 할 수 있다.

피펫으로 50 mL 분취량을 10번 취하여 건조시켜 둔 500 mL 부피 플라스크에 조심스럽게 옮긴다. 접착 라벨로 메니스커스의 위치를 표시하고 표시가 오래가도록 니스로 덮는다. 이 라벨 선까지 채우고 바로 그 피펫을 사용할 경우 플라스크에 있는 용액의 정확히 10분의 1을 옮긴 것이 된다. 다른 피펫을 사용한다면 다시 검정을 해야 한다는 것에 유의하시오.

## 2I 실험 노트

분석에 관련된 측정 결과와 관찰을 기록하기 위해서는 실험 노트가 필요하다. 노트는 연속적으로 쪽수가 매겨져 있어야 하고, 단단히 제본되어 있어야 한다(필요하다면 노트에 기록하기 전에 먼저 손으로 쪽수를 매겨야 한다). 대부분의 노트는 여유 있는 면이 있기 때문에 빽빽하게 기록할 필요는 없다.

처음 몇 쪽은 내용의 목차를 더 써넣기 위해 공간으로 남겨 놓아야 한다.

### ▸ 2I-1 실험 노트를 관리하는 규칙

1. *모든 데이터나 관찰은 직접 실험 노트에 잉크로 기록한다.* 깔끔하게 기록하는 것은 바람직하지만 이를 위해 데이터를 종이쪽지에 적었다가 노트에 옮기거나 한 노트에서 다른 노트로 옮겨서 정리하면 안 된다. 이는 중요한 데이터를 잘못 두어 잃어버리거나 또는 잘못 옮김으로 해서 실험을 망칠 수 있기 때문이다.
2. 각각의 기재 사항이나 일련의 기재 사항들에 제목이나 라벨을 붙인다. 예를 들면, 일련의 빈 도가니 무게 데이터는 '빈 도가니 무게'(또는 이와 유사한)라는 제목을 붙이고 각 도가니의 질량은 라벨에 기입된 숫자 또는 문자와 똑같은 것을 사용하여 구별해야 한다.
3. 노트의 각 쪽에 사용한 날짜를 기록해야 한다.

❮ *실험 오차를 범했다고 하는 확실한 인식이 있을 때만* 실험 측정값을 버릴 수 있다는 것을 명심하시오. 그러므로 실험 관찰을 하는 즉시 조심스럽게 실험 노트에 기록해 두어야 한다.

실험 노트에 기록된 것은 결코 지우개로 지워서는 안 된다. 그 대신 대각선을 그어 표시해야 한다.

4. 부정확한 내용을 절대로 지우개로 지우거나 흔적을 없애려고 하지 마시오. 대신에 수평으로 가로질러 한 선을 긋고 가능한 가까운 위치에 올바른 내용을 써넣으시오. 부정확한 수에 겹쳐 쓰지 마시오. 시간이 지나면 정확한 기록과 부정확한 기록을 구별하지 못할 수 있다.
5. 노트에서 어느 한 쪽이라도 절대 찢어내지 마시오. 버려내야 할 쪽은 대각선을 그으시오. 그 쪽을 버려야 하는 이유를 간단히 적으시오.

### 2I-2 실험 노트 형식

실험 노트를 작성하는데 사용할 형식에 대해서는 지도교수와 협의해야 한다.[9] 데이터와 관찰들은 이들을 얻은 순서대로 기록하되 각 쪽을 순차적으로 사용하는 것이 일반적이다. 그 다음 분석이 완료되면 이용할 수 있는 다음 면(즉, 좌우 마주보는 쪽)에 요약한다. **그림 2-24**에서와 같이 이들 양면 중의 첫째 쪽에는 다음의 내용이 포함되어야 한다.

1. 실험 제목("염화물의 무게법 분석").
2. 분석의 기초가 되는 원리의 간단한 설명.
3. 결과 계산에 필요한 무게, 부피, 또는 기기 감응 데이터 등의 완전한 요약.
4. 가장 좋은 실험 측정값과 그 정밀도에 대한 보고서.

둘째 쪽에는 다음 사항이 포함되어야 한다.

1. 분석에서의 주된 반응식.
2. 결과가 계산되는 식.
3. 전체적으로 보아 특정 결과나 분석의 타당성에 관련되어 보이는 관찰의 요약. *이러한 기재 사항들은 어느 것이든지 관찰된 바로 그 시간에 즉시 노트에 기록해야 한다.*

## 2J 실험실에서의 안전

화학 실험실에서의 작업은 어느 정도의 위험성을 내포하고 있다. 사고가 일어날 수 있으며, 실제로 일어나고 있다. 다음 규칙들을 엄격하게 지키면 사고를 예방하거나 또는 그 영향을 최소화할 수 있다.

1. 실험을 시작할 때에 가장 가까운 곳에 있는 눈을 씻을 수돗물, 불을 끌 담요, 샤워시설 및 소화기의 위치를 알아 놓는다. 각각의 올바른 사용법을 배워 두고 필요할 때는 이 장비들을 사용함에 있어 주저하지 마시오.
2. **언제나 보호 안경을 착용하시오.** 심각하고 영구적인 눈의 상해가 발생할 위험성이 있을 때에는 학생, 지도교수, 방문자에게 보호 안경을 쓰도록 한다. 보호 안경은 실험실에 들어가기 전부터 실험실을 나올 때까지 언제나 착용하여야 한다. 심각한 눈의 상해는 실험 노트를 작성하고 계산하는 사람에게도 일어날 수 있는데, 이러한 사고는 다른 사람이 실험을 잘못함으로 인해 생긴다. 보통의 안경은 Office of Satefy and Health Administration (OSHA)에서 인정하는 보호 안경의 역할을 하기에는 부적당하다. 콘택트렌즈는 실험실 증기와 반응해서 눈에 해로운 영향을 줄 수 있기 때문에 실험실에서 사용해서는 절대로 안 된다.
3. 실험실에 있는 화학 약품들은 대부분 유독한데, 그 중 어떤 것은 매우 유독하며,

[9] 다음도 참고하시오. Howard M. Kanare, *Writing the Laboratory Notebook*, Washington, DC. 20036: The American Chemical Society, 1985.

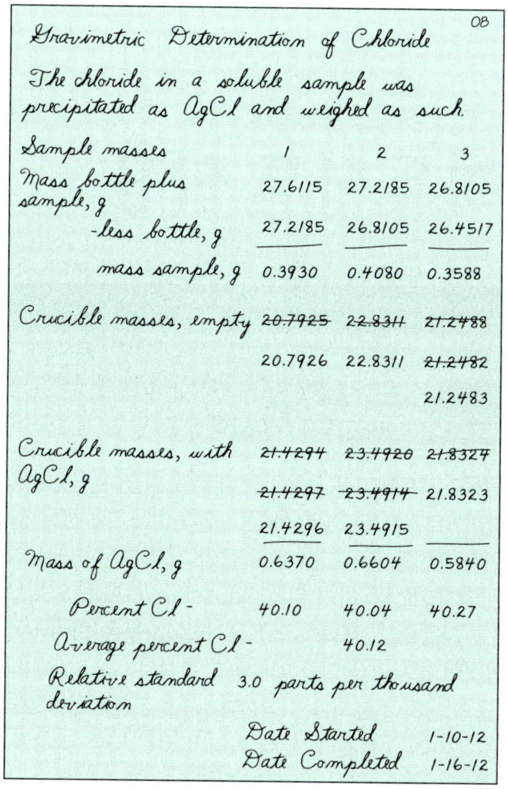

08

Gravimetric Determination of Chloride

The chloride in a soluble sample was precipitated as AgCl and weighed as such.

| Sample masses | 1 | 2 | 3 |
|---|---|---|---|
| Mass bottle plus sample, g | 27.6115 | 27.2185 | 26.8105 |
| -less bottle, g | 27.2185 | 26.8105 | 26.4517 |
| mass sample, g | 0.3930 | 0.4080 | 0.3588 |
| Crucible masses, empty | ~~20.7925~~ | ~~22.8311~~ | ~~21.2488~~ |
| | 20.7926 | 22.8311 | ~~21.2482~~ |
| | | | 21.2483 |
| Crucible masses, with AgCl, g | ~~21.4294~~ | ~~23.4920~~ | ~~21.8324~~ |
| | ~~21.4297~~ | ~~23.4914~~ | 21.8323 |
| | 21.4296 | 23.4915 | |
| Mass of AgCl, g | 0.6370 | 0.6604 | 0.5840 |
| Percent Cl- | 40.10 | 40.04 | 40.27 |
| Average percent Cl- | | 40.12 | |

Relative standard deviation 3.0 parts per thousand

Date Started 1-10-12
Date Completed 1-16-12

**그림 2-24** 실험 노트에 기록된 데이터.

산과 염기의 진한 용액 같은 것은 부식성도 크다. 이 액체들이 피부에 닿지 않도록 해야 한다. 만일 피부에 닿으면 즉시 많은 양의 물로 그 부위를 씻어낸다. 부식성 용액을 옷에 쏟았을 경우에는 그 곳을 즉시 벗도록 한다. 시간이 문제이지 체면이 문제되는 것은 아니다.

4. 공인되지 않은 실험을 절대로 해서는 *안 된다*. 이런 활동은 많은 연구소에서 자격 박탈의 근거가 된다.
5. 혼자서 실험하지 마시오. 반드시 목소리가 들리는 곳에 누군가가 있어야 한다.
6. 실험실에 음식이나 음료수를 가져와서는 *안 된다*. 실험실 유리 용기로 마시지 말고 실험실에서는 흡연하지 *마시오*.
7. 피펫으로 액체를 빨아올릴 경우에는 언제나 흡입구를 사용하시오. 결코 입을 사용해서는 *안 된다*.
8. 발을 덮는 적절한 신발을 신어야 한다(샌들 착용 불가). 긴 머리는 망으로 묶는다. 실험복이나 앞치마도 어느 정도 보호할 수 있으므로 착용할 필요가 있다.
9. 가열된 것을 만질 때에는 특히 조심하시오. 뜨거운 유리도 차가운 유리와 똑같이 보인다.
10. 자른 유리관은 항상 불-담금질을 한다. 마개의 구멍에 강제로 유리관을 끼우려 하지 *마시오*. 대신에 유리관과 마개 구멍 양쪽에 비눗물을 묻히고 안전하게 끼우시오. 구멍에 유리관을 끼울 때는 손을 여러 장의 수건으로 싸서 보호한다.
11. 유독하거나 유해한 기체가 발생하기 쉬울 때는 언제나 후드를 사용하시오. 냄새를 맡을 때는 손바람을 이용하여 용기 위의 증기가 코를 향하게 한다.
12. 부상을 입으면 즉시 지도교수에게 알린다.
13. 용액이나 화학 약품은 지시대로 처리하시오. 중금속 이온과 유기 액체가 들어 있는 용액을 아무 곳에나 버리는 것은 불법이다. 이러한 액체를 처리하기 위해서는 적절한 설비가 요구된다.

제3장

# 분석 화학에서의 스프레드시트 사용

*Using Spreadsheets in Analytical Chemistry*

Stephen Ausmus/US Department of Agriculture

Quicken과 같은 응용소프트웨어를 사용하여 재무를 취급하는 것으로부터 Mozilla Thunderbird와 마이크로소프트 Outlook을 사용하여 친구, 친척 및 동료들과 통신 방법에 이르기까지 개인용 컴퓨터는 우리 삶의 거의 모든 면에서 혁명을 가져왔다. 물리화학자들은 양자 계산을 하기 위해 Gaussian, GAMESS, MPQCC와 같은 응용소프트웨어를 사용한다. 생화학자와 유기화학자들은 Spartan 같은 분자역학 프로그램을 사용하여 분자의 성질을 예측하고 조사하는데 사용한다. 무기화학자들은 ChemDraw를 이용하여 분자를 구상한다. 어떤 소프트웨어 프로그램은 전공을 초월하여 폭넓은 분야에 사용된다. 분석 화학과 많은 다른 과학의 영역에서, 스프레드시트 프로그램은 수치와 문장의 데이터를 저장하고 분석하고, 구성하는 수단을 제공한다. 마이크로소프트 Excel은 이런 유형의 프로그램 중 하나의 예이다.

개인용 컴퓨터 혁명은 학생, 화학자, 생물학자 및 다른 과학자, 엔지니어에게 많은 유용한 도구를 만들어 내었다. 스프레드시트는 아주 다양하고 강력하며, 사용하기에 편리하다. 스프레드시트는 기록의 보관, 수학적 계산, 통계 분석, 곡선의 추적, 데이터 그리기, 재무 분석, 자료 관리, 그리고 사용자의 상상력으로만 제한된 다른 다양한 일들에 사용된다. 최근의 스프레드시트 프로그램은 많은 내장된 기능을 갖고 있어서, 분석 화학에서 계산 작업을 하는데 도움을 준다. 이 책을 통하여 몇 가지의 이런 작업들과 그것을 수행하기 위한 실제적인 스프레드시트를 예를 들어 설명하겠다. 이러한 예시와 연습 문제를 위해 유명하고 널리 보급되어 사용하기 용이한 Microsoft Excel® 2010 또는 2007을 사용했다. 특별한 언급이 없는 이상 이 Excel 프로그램 제작자가 설정해 놓은 기본값을 사용했다. 참고서적인 *Application of Microsoft® Excel in Analytical Chemistry* 2판에서 더 많은 예, 더 세밀한 스프레드시트 방법론의 설명, 그리고 몇 가지 분석 화학 이론을 폭넓게 다룰 수 있다는 것을 알 수 있을 것이다.[1]

이 장에서는 문자와 숫자를 기입하는 방법, cell을 구성하는 방법, 몇 가지 유용한 계산들을 포함한 기본적인 스프레드 사용 방법을 설명하고자 한다. 또한, 이후 장에서는 엑셀의 내장된 문자와 숫자, 통계 및 그리기 기능을 사용하여 많은 양의 데이터를 취급하고 나타내는 방법을 다루어 볼 것이다.

## 3A 기록의 보관과 계산

어떤 작업을 수행할 때 읽어서 배우기보다 직접 해봄으로써 잘 배운다는 것을 우

[1]화학에서 스프레드시트의 사용에 대한 더 자세한 정보는 다음을 참고하시오. S. R. Crouch and F. J. Holler *Applications of Microsoft® Excel in Analytical Chemistry*, 2nd ed., Belmont, CA: Brooks/Cole, 2014.

리는 알고 있다. 비록 소프트웨어 제작자가 이 제품의 사용설명서를 통해 대부분을 설명하였지만, 프로그램 사용설명서를 효과적으로 읽어서 충분히 알 때 사용설명서가 더 이상 필요 없다는 것은 누구나 알 것이다. 이러한 점을 염두에 두고, 분석 화학과 관련된 일련의 스프레드시트 예제를 마련하였다. 특별한 작업이 필요할 때만 구문이나 명령어를 사용하므로 보다 자세한 내용은 엑셀의 도움말 화면이나 프로그램 설명서를 참고하시오. 도움말은 엑셀 창 오른쪽 상단에 위치한 도움말 아이콘을 클릭하거나, **F1**키를 사용하여 불러낼 수 있다. 어느 경우에 있어서도 의문점을 입력하고 도움말을 얻을 수 있는 새 창이 뜰 것이다.

## ▸ 3A-1 처음 시작

이 책에서는 여러분이 *윈도우*(Windows™)와 친숙하다고 가정할 것이다. 윈도우에 대한 도움이 필요하면 윈도우의 사용설명서를 참고하거나, 윈도우에서 사용 가능한 온라인 도움말을 이용하시오. 엑셀을 시작하기 위하여 오른쪽 있는 것과 같은 엑셀 아이콘을 더블클릭하거나, 혹은 **시작** 버튼을 사용하여 **[시작] → [모든 프로그램] → [마이크로소프트 오피스] → [마이크로소프트 오피스 엑셀 2010]**(소유한 버전이 2007일 수도 있음)을 차례로 클릭하면 된다. 클릭 후 컴퓨터 스크린에 **그림 3-1**과 같은 윈도우가 나타난다.

엑셀 2007 이전 버전에서는 [파일], [편집], [보기], [삽입], [서식], [도구] 등의 메뉴들을 포함하고 있다. 엑셀 2007과 2010부터는 메뉴와 툴바가 완전히 제거되고 *리본 메뉴*, 이차원 아이콘과 단어들로 대체되었다. [홈], [삽입], [페이지 레이아웃],

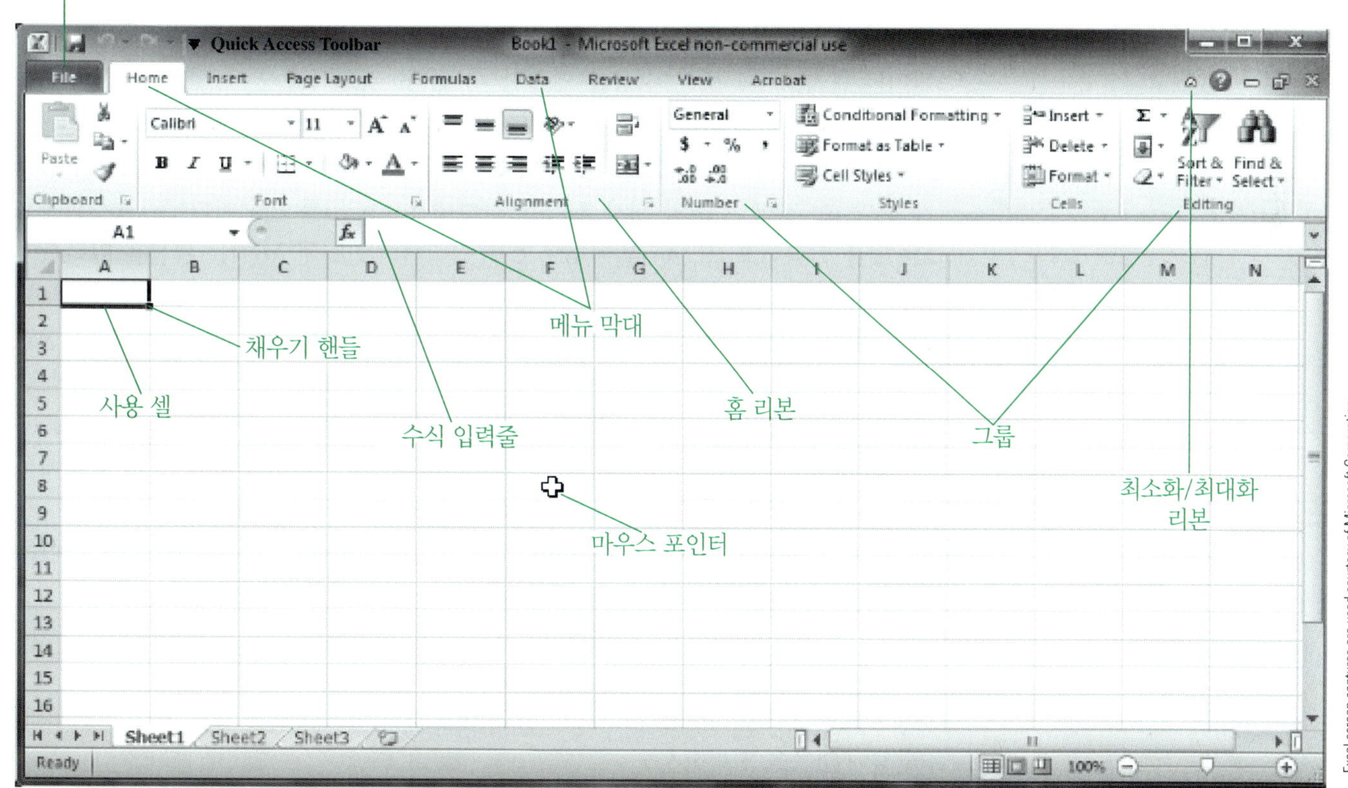




**그림 3-1** Microsoft 엑셀의 창. [파일] 버튼, [빠른 실행 도구] 모음, 사용셀 및 마우스 포인터의 위치를 주목하시오.

[수식], [데이터], [검토], [보기]와 같은 각각의 탭은 각자의 아이콘을 나타내는 다른 리본 메뉴를 불러온다. 비록 리본 메뉴가 공간을 차지하지만, 소형 리본화살표를 클릭하거나, **Ctrl+F1**을 누르거나, 혹은 리본 메뉴를 오른쪽 클릭해서 나타나는 리스트에서 [리본 메뉴 최소화(N)]를 선택함으로써 최소화할 수 있다. 작업 공간을 최대화하기 위해 메뉴의 최소화를 추천한다. 엑셀 2007은 [파일] 버튼이 없다. [저장(S)], [인쇄(P)], [열기(O)], [닫기(C)], [보내기(D)]와 같은 명령을 대신해서 홈 탭 왼쪽에 Office 버튼이 있다.

그림 3-1 하단의 리본은 *워크시트*(work sheet)를 포함하고 있으며, 워크시트는 행과 열로 배열된 *셀*(cell)로 구성된다. 행은 1, 2, 3, ... 등의 번호가 붙여져 있고, 열은 A, B, C, ... 등으로 표시하였다. 각 셀은 주소가 지정하는 고유한 위치를 차지한다. 예를 들어, 그림 3-1에서 테두리가 검게 나타난 *사용셀*(active cell)은 A1 주소를 갖는다. 사용셀의 주소는 *수식 입력줄*(formula bar) 안에 현재 워크시트의 첫째 열 바로 위 상자에 나타난다. 워크시트 중에 여러 가지 셀을 클릭하면 사용셀이 나타나는 것을 증명해 보일 수 있다. 워크북은 워크시트의 모음이며 Sheet1, Sheet2와 같은 이름을 가진 아래에 위치한 탭을 클릭함으로써 사용할 수 있는 다양한 워크시트로 구성될 수 있다. '스프레드시트'라는 용어는 포괄적인 용어이고 보통 워크시트를 말한다.

## ▸ 3A-2 분자 질량 계산하기

황산의 분자량을 계산하기 위하여 워크시트를 구성하는 것을 시작해 보자. 여기에서 어떻게 문자와 수를 입력하고, 어떻게 문자와 데이터를 구성하는지, 공식을 어떻게 입력하는지, 어떻게 워크시트를 기록하는지에 대해 배울 것이다.

### » *스프레드시트 안에 문자 넣기*

셀에는 문자, 수치 또는 수식을 입력할 수 있다. 워크시트 안에 몇 문자를 입력하면서 시작한다. 셀 A1을 클릭하여, **황산의 분자량**이라고 입력하고 엔터 키 [↵]를 누르시오. 이것이 스프레드시트의 제목이다. 제목을 입력하고 나면 사용셀은 A2가 된다. 이 셀에 수소의 원자 질량을 나타내는 **AM H**를 입력한다[↵]. A3 셀에는 **AM S를** 입력하고[↵], A4 셀에 **AM O**를 입력한다[↵]. 셀 A6에는 **황산**을 입력한다[↵]. **AM H** 셀의 오른쪽인 B2 셀에 수소의 원자 질량 1.00794를 입력한다. B3 셀에도 마찬가지로 황의 원자 질량 32.066을 입력하고 B4 셀에 산소의 원자 질량인 15.9994를 입력한다. 입력한 데이터가 수식 입력줄에 나타난다. 만일 실수를 할 경우에는 수식 입력줄에 마우스를 클릭하고 수정한다. 본문으로부터 쉽게 구별할 수 있도록 워크시트의 제목을 굵은 글씨체로 변경하시오. 이 과정은 A1 셀을 선택해서 수정할 수 있다. 수식 입력줄에서 **황산의 분자량** 단어 전체를 드래그해서 선택하시오. 제목 선택이 되었으면, [홈] 탭에 있는 [글꼴] 그룹에서 굵은 글꼴 효과 아이콘을 클릭하시오(왼쪽 여백 참고). 제목이 굵은 글씨로 수정될 것이다.

가

### » *수식 입력하기*

B6 셀에 황산의 분자량을 계산하기 위해 사용되어지는 엑셀 공식을 입력할 것이다. B6 셀에 다음을 입력하시오.

**=2*B2+B3+4*B4 [↵]**

이 표현은 *공식*(formula)이라고 불린다. 엑셀에서 공식은 등호[=]로 시작하고 수치 표현이 뒤를 따른다. 이 공식은 수소의 원자 질량(셀 B2)을 두 번 더하고 황의 원자 질량(셀 B3), 산소의 원자 질량(셀 B4)을 네 번 더함으로써 $H_2SO_4$의 분자질량을 계산할 수 있다. 이 결과는 **그림 3-2**에 나타나있다.

엑셀 수식은 항상 등호[=]로 시작한다.

그림 3-2를 주목하시오. 엑셀은 황산의 분자량을 소수점 아래 다섯 자리까지 나타낸다. 6장에서 우리는 유효 숫자 규칙을 배울 것이며, 분자량은 황의 원자량이 소수점 아래 세 자리까지만 유효하기 때문에 같은 소수점 아래 숫자를 가져야만 한다. 그러므로 $H_2SO_4$ 분자량의 좀 더 적절한 결과는 98.079가 된다. 수치의 숫자를 바꾸기 위해 홈 리본 메뉴를 클릭하고 셀 B6을 클릭한다. [셀] 그룹에서 [서식] 명령을 선택하고 풀다운 메뉴에서 [셀 서식(E)]을 선택한다. [셀 서식] 창이 화면에 나타날 것이며, **그림 3-3**과 같다.

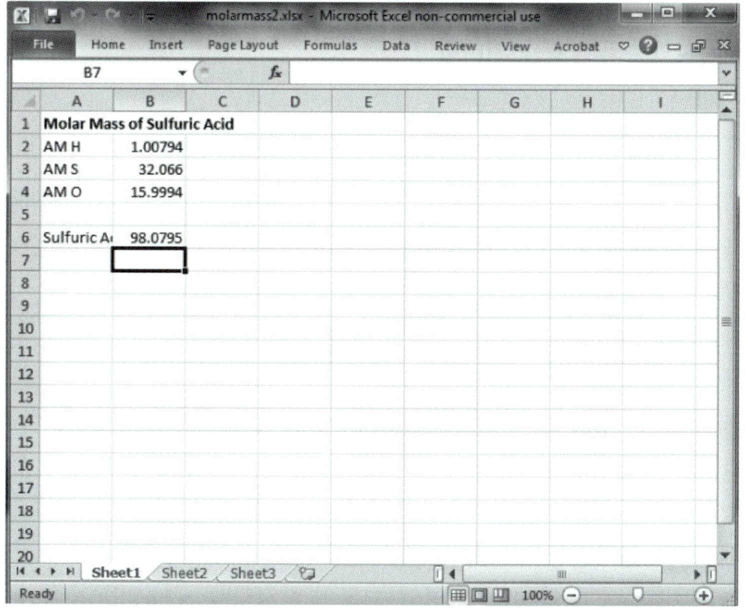


**그림 3-2** 황산의 몰질량을 계산하기 위한 엑셀 스프레드시트.

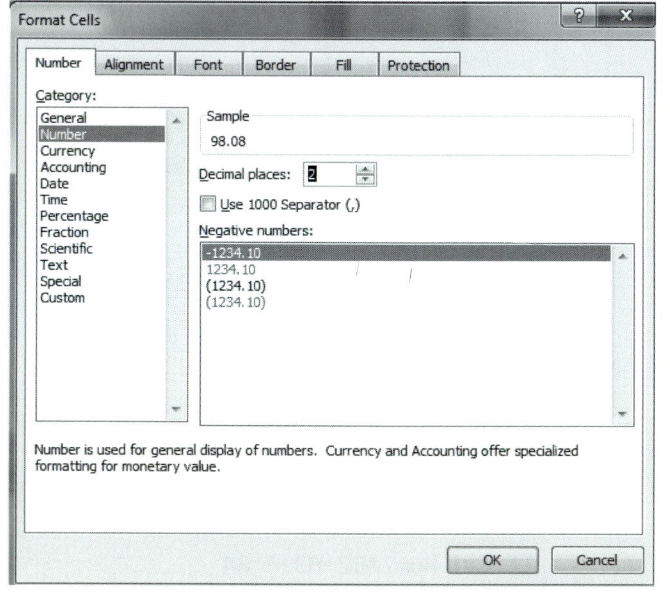


**그림 3-3** 셀 서식 창.

[표시 형식] 탭을 선택한 후, 리스트로부터 [숫자]를 선택한다. '소수 자릿수(D)' 박스에서 3을 선택하거나 3을 직접 입력한 후, [확인] 버튼을 클릭한다. 셀 B6는 이제 98.079로 표시된다. [셀 서식]에서 소수점 자리의 변화를 '보기' 박스를 통해 미리 확인할 수 있다. 홈 리본 메뉴의 [자릿수 늘림] 또는 [자릿수 줄임] 아이콘을 클릭함으로써 소수점 자리를 증가시키거나 감소시킬 수 있다(여백 참조).

### » 워크시트 문서화

스프레드시트의 결과는 일반적으로 입력한 수식을 포함하지 않거나 데이터를 포함하고 있는 셀을 표시하지 않고 있기 때문에 문서에 무엇을 했는지가 중요하다. 문서화하기 위한 몇 가지의 방법들이 있지만, 여기서는 간단한 방법을 소개하겠다. 셀 A9을 사용셀로 만들고 **문서**라고 입력한다[↵]. 이 셀을 굵은 글자체로 만든다. 셀 B2부터 B4까지 사용자 지정 값을 포함하고, A10 셀에 **셀 B2:B4=사용자 지정**을 입력한다[↵]. B2와 B4 사이에 있는 콜론(:)은 범위를 나타낸다. 그러므로 B2:B4는 셀 B2부터 B4까지의 범위를 의미한다.

셀 A11에

**셀 B6=2*B2+B3+4*B4 [↵]**

를 입력한다. 그러면 스프레드시트는 **그림 3-4**와 같이 될 것이다. 이 문서는 사용자에 의해 입력된 데이터를 나타내고 황산의 분자 질량을 계산하기 위한 수식이 입력된 셀 B6를 보여준다. 많은 경우에 사용자가 입력한 데이터를 포함하는 셀을 보여준다. 그러므로 종종 문서 부분은 오직 수식만 포함할 것이다.

워크시트 내의 모든 수식은 키보드의 컨트롤(Ctrl)키를 누른 상태에서 숫자 1키 왼쪽에 위치한 ` 키를 누르고 떼면 볼 수 있다. 이전으로 돌아가기 위해서는 Ctrl + ` 를 반복하시오.

만약 원한다면, [파일] 버튼을 클릭해서(2007 버전) 사용자의 파일을 하드 디스크에 저장할 수 있으며, [**다른 이름으로 저장(A)**]을 선택하여 저장할 수 있다. Excel 통합 문서 형식으로 저장할 수도 있고, 엑셀 97~2003과 호환할 수 있는 또 다른 다양한 형식으로 저장할 수도 있다. [**Excel 통합 문서**]를 선택하고 저장 위치를 선택한 후, **분자질량**과 같은 파일 이름을 입력한다. 엑셀은 자동으로 파일 이름에 확장자 **.xlsx**를 첨부하여, 파일 이름이 **분자질량.xlsx**와 같이 된다. 엑셀 97~2003과 호환이 가능한 형식으로 저장하면 확장자 **.xls**가 붙는다.

| | A | B | C |
|---|---|---|---|
| 1 | **Molar Mass of Sulfuric Acid** | | |
| 2 | AM H | 1.00794 | |
| 3 | AM S | 32.066 | |
| 4 | AM O | 15.9994 | |
| 5 | | | |
| 6 | Sulfuric A | 98.079 | |
| 7 | | | |
| 8 | | | |
| 9 | **Documentation** | | |
| 10 | Cells B2:B4=user entries | | |
| 11 | Cell B6=2*B2+B3+4*B4 | | |

**그림 3-4** 문서 섹션을 포함하는 황산의 몰질량 계산을 위한 최종 스프레드시트. 그림을 명확하게 나타내기 위해 엑셀 리본 메뉴 및 수식 입력줄을 생략하였다.

## 3B 복잡한 예시

엑셀은 수치, 통계, 도식 기능을 포함하는 조금 더 복잡한 연산을 수행할 수 있다. 이 장에서 이러한 몇 가지 연산들을 예를 들어 설명할 것이다.

### ▸ 3B-1 실험 노트 예시

다음 예시에서는 염화물의 무게 측정에 대한 그림 2-24 실험 노트의 몇 가지 기능을 수행하기 위해서 엑셀을 사용할 것이다. 이 예시로 어떻게 열 너비를 조정하고 채우기 핸들로 셀을 채우는 방법, 좀 더 복잡한 계산을 하는 방법에 대해서 배울 것이다.

#### » *워크시트에 문자 입력하기*

셀 A1을 클릭하고, 워크시트의 제목으로 **염화물의 중량 결정**을 입력하고 엔터키[↵]를 누른다. A열의 셀에 다음과 같이 계속 입력한다.

**용기의 무게 + 시료 질량, g [↵]**
**용기의 무게 − 시료 질량, g [↵]**
**시료의 질량, g [↵]**
**[↵]**
**AgCl과 도가니의 질량, g [↵]**
**비어 있는 도가니의 질량, g [↵]**
**AgCl의 질량, g [↵]**
**[↵]**
**염화물% [↵]**

문자의 입력이 다 끝나면, 워크시트는 **그림 3-5**와 같이 나타난다.

#### » *세로 폭의 변경*

열 A 안에 입력한 문장이 칸보다 더 넓은 것을 주목하시오. **그림 3-6a**처럼 열 A와 열 B 사이의 경계에 마우스 포인터를 놓고, **그림 3-6b**처럼 문장의 모두가 칸 안에 나타나도록 오른쪽으로 경계를 드래그하여 열의 너비를 변경할 수 있다.

| | A | B | C | D |
|---|---|---|---|---|
| 1 | Gravimetric Determination of Chloride | | | |
| 2 | Samples | | | |
| 3 | Mass of bottle plus sample, g | | | |
| 4 | Mass of bottle less sample, g | | | |
| 5 | Mass of sample, g | | | |
| 6 | | | | |
| 7 | Crucible masses, with AgCl, g | | | |
| 8 | Crucible masses, empty, g | | | |
| 9 | Mass of AgCl, g | | | |
| 10 | | | | |
| 11 | %Chloride | | | |

**그림 3-5** 문장을 입력한 후 워크시트의 모양.

| | A | B | C | D |
|---|---|---|---|---|
| 1 | Gravimetric Determination of Chloride | | | |
| 2 | Samples | | | |
| 3 | Mass of bottle plus sample, g | | | |
| 4 | Mass of bottle less sample, g | | | |
| 5 | Mass of sample, g | | | |
| 6 | | | | |
| 7 | Crucible masses, with AgCl, g | | | |
| 8 | Crucible masses, empty, g | | | |
| 9 | Mass of AgCl, g | | | |
| 10 | | | | |
| 11 | %Chloride | | | |
| 12 | | | | |

| | A | B | C |
|---|---|---|---|
| 1 | Gravimetric Determination of Chloride | | |
| 2 | Samples | | |
| 3 | Mass of bottle plus sample, g | | |
| 4 | Mass of bottle less sample, g | | |
| 5 | Mass of sample, g | | |
| 6 | | | |
| 7 | Crucible masses, with AgCl, g | | |
| 8 | Crucible masses, empty, g | | |
| 9 | Mass of AgCl, g | | |
| 10 | | | |
| 11 | %Chloride | | |
| 12 | | | |

**그림 3-6** 열 너비 변경. 왼쪽: 열 A와 열 B 사이 경계에 마우스 포인터를 놓고, 오른쪽 그림에 표시된 위치로 오른쪽으로 드래그하시오.

### » 스프레드시트에 수치 입력

이제 스프레드시트 안에 수치 데이터를 입력해 보자. 셀 B2를 클릭하고 다음과 같이 입력하시오.

```
1[↵]
27.6115[↵]
27.2185[↵]
```

수식에서 셀을 나타낼 때 소문자나 대문자를 구별하지 않는다. 엑셀은 모두 대문자로 취급한다.

셀 B5에 시료의 질량을 찾기 위해서 셀 B3와 셀 B4 값의 차이를 계산해야 하므로,

```
=b3-b4[↵]
```

를 입력한다. 워크시트가 **그림 3-7**에 나와 있는 것처럼 보이도록 시료 2와 3의 자료도 계속 입력하자.

| | A | B | C | D |
|---|---|---|---|---|
| 1 | Gravimetric Determination of Chloride | | | |
| 2 | Samples | 1 | 2 | 3 |
| 3 | Mass of bottle plus sample, g | 27.6115 | 27.2185 | 26.8105 |
| 4 | Mass of bottle less sample, g | 27.2185 | 26.8105 | 26.4517 |
| 5 | Mass of sample, g | 0.393 | | |
| 6 | | | | |
| 7 | Crucible masses, with AgCl, g | | | |
| 8 | Crucible masses, empty, g | | | |
| 9 | Mass of AgCl, g | | | |
| 10 | | | | |
| 11 | %Chloride | | | |

**그림 3-7** 염화물의 중량 결정을 위한 샘플 데이터 입력.

### » 채우기 핸들을 사용하여 셀 채우기

셀 C5와 셀 D5의 수식은 데이터에 대한 참조 셀이 다른 것을 제외하고는 셀 B5의 수식과 같다. 셀 C5에 셀 C3와 C4의 값 사이의 차이를 계산하고, 셀 D5에 D3와 D4 사이의 차이를 계산하고자 한다. 셀 B5에서 했던 것과 같이 셀 C5와 D5에 수식을 입력할 수도 있으나, 엑셀은 식을 복사하는 쉬운 방법을 제공하여 자동적으로 셀 참조(reference)를 변화시켜 적당한 값으로 만들어 준다. 셀 안에 현재의 수식으로 복사하려면 수식을 포함하는 셀을 단순히 클릭(지금의 예에서는 B5)하고, 채우기 핸들을 클릭하여(그림 3-1 참조), 복사를 원하는 수식이 셀을 모두 포함하도록 사각형의 모서리를 오른쪽으로 드래그한다. 이제 실행해 보자. 셀 B5를 클릭한 후, 채우기 핸들을 클릭하여 셀 C5와 D5을 채우기 위해 오른쪽으로 드래그한다. 마우스 버튼을 놓으면, 스프레드시트는 **그림 3-8**과 같이 될 것이다. 이제 셀 B5를 클릭하고, 수식 입력줄의 수식을 보시오. 변화된 셀 참조를 **상대 참조**(relative reference)라고 부른다.

❮ 수식을 다른 셀로 복사할 때 상대 참조(relative cell reference)는 바뀐다. 기본적으로 엑셀은 지시가 없으면 상대 참조로 취급한다.

이제 **그림 3-9**에 보이는 것과 같이 7행과 8행에 데이터를 입력하시오. 그 다음, 셀 B9을 클릭하고 다음의 수식을 입력하시오:

```
=b7−b8 [↵]
```

❮ 채우기 핸들은 셀의 내용을 다른 셀의 수평이나 수직으로 복사할 수 있도록 해주지만, 수평 수직을 함께 복사하는 것은 불가능하다. 처음 셀을 복사하려면 채우기 핸들을 클릭하여 현재 셀에서 마지막 셀로 드래그하시오.

| | A | B | C | D |
|---|---|---|---|---|
| 1 | **Gravimetric Determination of Chloride** | | | |
| 2 | Samples | 1 | 2 | 3 |
| 3 | Mass of bottle plus sample, g | 27.6115 | 27.2185 | 26.8105 |
| 4 | Mass of bottle less sample, g | 27.2185 | 26.8105 | 26.4517 |
| 5 | Mass of sample, g | 0.393 | 0.408 | 0.3588 |

**그림 3-8** 채우기 핸들을 사용하여 수식을 스프레드시트의 인접한 셀로 복사. 이 예에서 셀 B5를 클릭한 후 채우기 핸들을 클릭하고, 오른쪽으로 사각형을 드래그하면 셀 C5와 D5가 채워진다. 셀 B5, C5, D5의 수식은 같으나, 수식 안의 참조 셀은 각각 열 B, C, D의 데이터에 해당한다.

| | A | B | C | D |
|---|---|---|---|---|
| 1 | **Gravimetric Determination of Chloride** | | | |
| 2 | Samples | 1 | 2 | 3 |
| 3 | Mass of bottle plus sample, g | 27.6115 | 27.2185 | 26.8105 |
| 4 | Mass of bottle less sample, g | 27.2185 | 26.8105 | 26.4517 |
| 5 | Mass of sample, g | 0.393 | 0.408 | 0.3588 |
| 6 | | | | |
| 7 | Crucible masses, with AgCl, g | 21.4296 | 23.4915 | 21.8323 |
| 8 | Crucible masses, empty, g | 20.7926 | 22.8311 | 21.2483 |
| 9 | Mass of AgCl, g | | | |
| 10 | | | | |
| 11 | %Chloride | | | |

**그림 3-9** 도가니 속에 건조된 염화은 질량을 계산하기 위해 만든 스프레드시트에 데이터 입력하기.

다시 셀 B9을 클릭하고, 채우기 핸들을 클릭하여 셀 C9과 D9으로 수식을 복사하기 위해서 C열과 D열을 통하여 드래그하시오. 이제는 모든 3개의 도가니에 대하여 염화은의 질량이 계산되어야 한다.

### » 엑셀로 복잡한 계산하기

12장에서 배우겠지만 각 시료의 %Cl을 계산하는 식을 다음과 같다.

$$\%\text{chloride} = \frac{\dfrac{\text{AgCl의 질량}}{\text{AgCl의 몰질량}} \times \text{Cl의 몰질량}}{\text{시료의 질량}} \times 100\%$$

$$= \frac{\dfrac{\text{AgCl의 질량}}{143.321\ \text{g/mol}} \times 35.4527\ \text{g/mol}}{\text{시료의 질량}} \times 100\%$$

이제는 이 식을 엑셀 수식으로 바꾸어서 셀 B11에 다음과 같이 입력하는 것이다.

```
=B9*35.4527*100/143.321/B5[↵]
```

한번 수식을 입력하고, 셀 B11을 클릭하고 채우기 핸들을 드래그하여 셀 C11과 D11로 수식을 복사한다. 이제 **그림 3-10**과 같이 시료 2와 3에 대한 %Cl도 스프레드시트에 나타나게 된다.

### » 워크시트 문서화

이제 계산이 완결되었기 때문에 스프레드시트를 문서화할 수 있다. 셀 A13에, **문서**를 입력한다[↵]. 셀 B2부터 D5까지 그리고 셀 B7부터 D9까지는 사용자가 입력한 값을 포함하고 있다. 셀 A14에 **셀 B2:D5, B7:D9=데이터입력**을 기입한다.

이제 셀 B5:D5, B9:D9, B11:D11에서 되어진 계산을 문서화하고자 한다. 이 셀들에 수식을 다시 입력하는 것 대신에 분자 질량 예시에서 했던 것처럼, 이들 셀로 쉽게 복사하는 쉬운 방법이 있다. 이 간단한 방법은 수식을 입력할 때 입력 오류를

| | A | B | C | D |
|---|---|---|---|---|
| 1 | **Gravimetric Determination of Chloride** | | | |
| 2 | Samples | 1 | 2 | 3 |
| 3 | Mass of bottle plus sample, g | 27.6115 | 27.2185 | 26.8105 |
| 4 | Mass of bottle less sample, g | 27.2185 | 26.8105 | 26.4517 |
| 5 | Mass of sample, g | 0.393 | 0.408 | 0.3588 |
| 6 | | | | |
| 7 | Crucible masses, with AgCl, g | 21.4296 | 23.4915 | 21.8323 |
| 8 | Crucible masses, empty, g | 20.7926 | 22.8311 | 21.2483 |
| 9 | Mass of AgCl, g | 0.637 | 0.6604 | 0.584 |
| 10 | | | | |
| 11 | %Chloride | 40.09464 | 40.03929 | 40.26242 |

**그림 3-10** %Cl 계산의 완성. 셀 B11에 수식을 입력하고, 채우기 핸들을 클릭하여 셀 D11까지 오른쪽으로 드래그한다.

| | A | B | C | D |
|---|---|---|---|---|
| 1 | **Gravimetric Determination of Chloride** | | | |
| 2 | Samples | 1 | 2 | 3 |
| 3 | Mass of bottle plus sample, g | 27.6115 | 27.2185 | 26.8105 |
| 4 | Mass of bottle less sample, g | 27.2185 | 26.8105 | 26.4517 |
| 5 | Mass of sample, g | 0.393 | 0.408 | 0.3588 |
| 6 | | | | |
| 7 | Crucible masses, with AgCl, g | 21.4296 | 23.4915 | 21.8323 |
| 8 | Crucible masses, empty, g | 20.7926 | 22.8311 | 21.2483 |
| 9 | Mass of AgCl, g | 0.637 | 0.6604 | 0.584 |
| 10 | | | | |
| 11 | %Chloride | 40.09464 | 40.03929 | 40.26242 |
| 12 | | | | |
| 13 | **Documentation** | | | |
| 14 | Cells B2:D4 and B7:D8=Data entries | | | |
| 15 | Cell B5=B3-B4 | | | |
| 16 | Cell B9=B7-B8 | | | |
| 17 | Cell B11=B9*35.4527*100/143.321/B5 | | | |

**그림 3-11** 완성된 워크시트의 문서화.

방지한다. 이를 설명하기 위해서 셀 A15를 선택하고, **셀 B5**를 입력하시오[↵]. 이제 셀 B5를 선택하고, 수식 입력줄에 표시된 수식을 강조한다. 여백에서 보이는 것과 같이 [홈] 탭의 [클립보드] 그룹에서 [복사] 아이콘을 클릭한다. 수식이 복사되고 참조 셀이 바뀌는 것을 막기 위해 키보드에서 Esc 키를 누른다. 그러나 복사된 문자는 여전히 윈도우 클립보드에 남아 있다. 이제 셀 A15를 선택하고, 커서를 B5의 수식 입력줄 뒤에 위치시킨다. 여백에 보이는 것과 같은 [붙여넣기] 아이콘을 클릭하시오. 이 작업은 셀 A15로 시료의 질량에 대한 수식을 복사할 것이다. 채우기 핸들을 사용했을 때 바뀐 C열과 D열의 상대 참조를 제외한 같은 수식이 사용되었다. 같은 수식이 사용되었기 때문에 문서는 이러한 셀들을 포함할 필요가 없다. 셀 A16에 **셀 B9**을 입력하시오[↵]. 앞서 한 것처럼 셀 B9으로부터 식을 복사하시오. 셀 A17에서 **셀 B11**을 입력하고[↵] 이 셀로부터 수식을 복사하시오. 이것을 마쳤을 때, 워크시트는 **그림 3-11**과 같이 나타난다.

복사 ▾

붙여넣기

## ▸ 3B-2 무게 분석의 또 다른 예시

이제 무게 분석의 문제를 해결하기 위해 배운 기본 원리들을 이용해 보자. 이 문제에서는 철이 포함된 두 시료에서 Fe와 $Fe_3O_4$의 %를 계산하고자 한다. 이 시료들은 $Fe_2O_3 \cdot xH_2O$로 침전되고 잔여물은 연소되어서 순수한 $Fe_2O_3$만 남는다.

### » 셀 서식 만들기

먼저, 셀 A1을 선택하고 **질량 분석의 예시**라고 제목을 굵은체로 입력한다. 이전에 입력했던 것처럼 일반적인 폰트로 제목을 입력했다가 여백에 나와 있는 것과 같은 [굵게] 아이콘을 클릭하거나 입력하기 전에 아이콘을 클릭해서 모든 셀에 입력한 것들이 굵은체로 나오도록 할 수 있다. 그 다음, 셀 A2에 **시료**를 입력하고 셀 B2와 C2에 시

**B**

료 번호를 입력한다. 셀 A3에는 **mppt**를 입력한다. 이제는 $\mathbf{m_{ppt}}$에서 보이는 아래첨자 **ppt**와 같이 나타내는 방법을 배워보자. 우선 셀 A3를 선택하시오. 수식 입력줄에서 마우스로 **mppt**에서 **ppt**를 선택하시오. 강조된 **ppt**에서 오른쪽 마우스를 클릭하고 목록에서 [**셀 서식(F)**]을 선택하시오. [셀 서식] 창이 **그림 3-12**과 같이 나타난다.

A3에는 오직 문자만이 있기 때문에 [**글꼴**] 탭이 자동적으로 윈도우에 나타난다. 분자 질량 예시에서 셀에 숫자가 있거나 전체 셀이 선택되었을 때를 상기하시오. 셀 서식 창은 **표시 형식**, **맞춤**, **글꼴**, **테두리**, **채우기**, **보호** 탭을 포함한다. 보이는 것처럼 대조 부호가 나타날 수 있도록 **효과** 상자에서 **아래첨자(B)**를 선택한다. 확인 버튼을 누르고, 셀 A2가 침전물의 질량에 대한 표시로써 $\mathbf{m_{ppt}}$를 포함하는 것을 확인하시오. 같은 방법으로 셀 A4, A5, A6에 시료의 질량, 철의 원자 질량, 산소의 원자 질량에 대한 표식 $\mathbf{m_{samp}}$, $\mathbf{M_{Fe}}$, $\mathbf{M_{O}}$를 입력하시오.

### » 데이터 입력하기

분석했던 첫 번째 시료는 1.1324 g이었고 0.5394 g이 침전되었다. 셀 B3에 시료의 질량 1.1324를 입력하시오. 셀 B5와 B6에 철의 원자 질량 55.847과 산소의 원자 질량 15.9994를 입력하시오. 이제 스프레드시트는 **그림 3-13**과 같이 보일 것이다.

### » 분자 질량 계산하기

원하는 %를 얻기 위해서 $Fe_2O_3$의 분자량과 $Fe_3O_4$의 분자량과 철, 산소의 원자량이 필요하다. 이러한 분자량을 엑셀을 이용해서 계산할 수 있다. 셀 A8에 $\mathbf{M_{Fe2O3}}$을 입력하시오. 엑셀은 아래아래첨자를 만들 수 없으므로, $Fe_2O_3$가 아래첨자로 사용될 것이다. 셀 A9에도 마찬가지로 $\mathbf{M_{Fe3O4}}$를 입력하시오. 우리는 셀 B8에 $Fe_2O_3$의 분자량을, 셀 B9에 $Fe_3O_4$의 분자량을 계산해서 입력할 것이다. 셀 B8에

**=2*B5+3*B6 [↵]**

를 입력하고, 셀 B9에

**=3*B5+4*B6 [↵]**

를 입력한다.

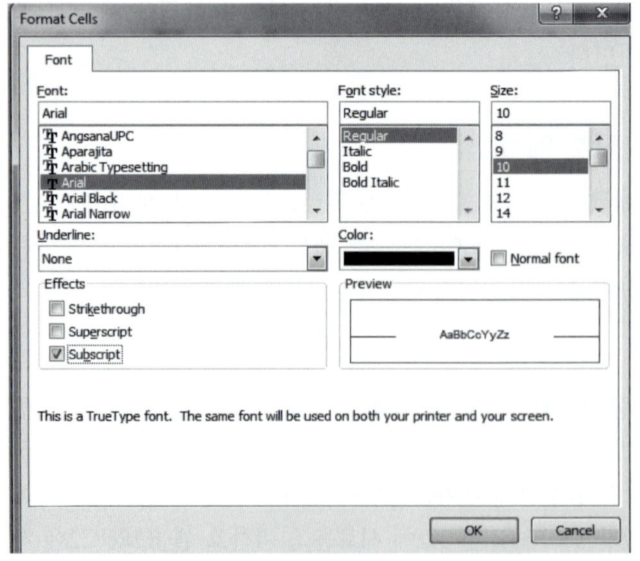


**그림 3-12** 첨자 서식을 위한 셀 서식 창.

| | A | B | C |
|---|---|---|---|
| 1 | **Gravimetric Analysis Example** | | |
| 2 | Sample | 1 | 2 |
| 3 | $m_{ppt}$ | 0.5394 | 0.6893 |
| 4 | $m_{samp}$ | 1.1324 | 1.4578 |
| 5 | $M_{Fe}$ | 55.847 | |
| 6 | $M_O$ | 15.9994 | |
| 7 | | | |

**그림 3-13** 무게 분석 예인 시료 1에 대한 데이터 입력.

$Fe_2O_3$의 분자량 159.692와 $Fe_3O_4$의 분자량 231.539는 셀 B8과 B9에 나타난다. 만약 소수점 아래 세 자리 보다 많으면, 세 자리까지만 보이도록 숫자 형식을 바꾸어라.

### » % 계산하기

다음 작업은 원하는 %를 계산하기 위해서 시료의 질량, 침전물의 질량, 분자량, 화학량론적 정보를 이용하는 것이다. 셀 A11과 A12에 **%Fe**와 **%Fe$_3$O$_4$**를 입력하시오. Fe에 대해서 다음의 식으로 %를 계산할 수 있다.

$$\% \text{ Fe} = \frac{\dfrac{m_{ppt}}{\mathcal{M}_{Fe_2O_3}} \times 2\ \mathcal{M}_{Fe}}{m_{samp}} \times 100\%$$

셀 B11에 다음 수식을 입력하시오.

```
=B3/B8*2*B5/B4*100[↵]
```

이 계산의 결과는 %Fe 33.32로 나와야 한다. 너무 많은 소수가 있으면 유효 숫자를 다시 조정하시오.

$Fe_3O_4$에 대한 % 계산식은 다음과 같다.

$$\% \text{ Fe}_3\text{O}_4 = \frac{\dfrac{m_{ppt}}{\mathcal{M}_{Fe_2O_3}} \times \dfrac{2}{3} \times \mathcal{M}_{Fe_3O_4}}{m_{samp}} \times 100\%$$

셀 B12에 다음 수식을 입력하시오.

```
=B3/B8*2/3*B9/B4*100[↵]
```

이 작업으로 % $Fe_3O_4$의 결과는 46.04가 되어야 한다. 이 계산에서는 오직 곱셈과 나눗셈만 포함하고 있기 때문에 이 계산을 위해 반드시 엑셀을 사용할 필요는 없다. 이 *작업의 단계*는 곱셈이나 나눗셈과 덧셈이나 뺄셈의 조합이 있을 때에만 필요하다.

### » 시료 2의 % 찾기: 절대 참조를 사용하기

시료 2에서는 시료의 무게 1.4578 g 중에서 0.6893 g이 침전되었다. 셀 C3와 C4에 이들 값을 입력하시오. %를 계산하기 위해서 셀 B5에 Fe의 원자량, 셀 B8과 B9에 각각 $Fe_2O_3$, $Fe_3O_4$의 분자량을 입력한다. 그러므로 셀 C11과 C12에 공식을 복사할 때, 셀 B8과 B9를 상대 참조(relative reference)하지 않는다. 열 문자 앞과 행 숫

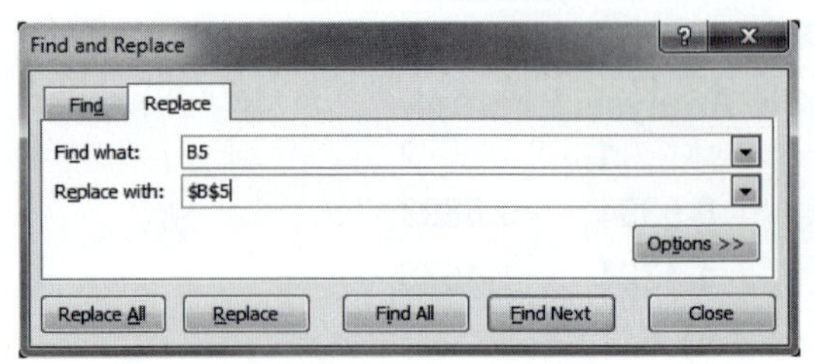


**그림 3-14** 절대 값과 상대 값의 위치와 대체.

자 앞에 $ 표시를 넣음으로써 *절대 참조*(absolute reference)로 나타낼 수 있다. 이런 참조를 바꾸기 위해서 엑셀의 [**찾기 및 바꾸기**]기능을 이용한다. 커서를 셀 A1 위에 놓고, 홈 리본 메뉴에서 [**찾기 및 선택**]을 클릭하시오. 드롭 다운 메뉴에서 [**바꾸기(R)**]를 선택하시오. **그림 3-14**에 나와 있는 것처럼 **찾을 내용(N)** 상자에 B5를 입력하고 **바꿀 내용(E)** 상자에 $B$5를 입력하시오. B8과 B9에 대한 참조 역시 이와 같이 반복하시오. 그 결과, 셀들은 다음과 같이 된다.

(B11) = **B3/$B$8*2*$B$5/B4*100**

(B12) = **B3/$B$8*2/3*$B$9/B4*100**

우리는 시료 2에 대한 %를 계산하기 위해서 C11과 C12에 이 결과를 복사하면 된다. 복사한 후 셀 C11을 클릭하고, $ 표시가 없는 상대 참조인 C 값들만이 변화된 것을 주목하시오. 문서를 첨부한 뒤 마지막 워크시트는 **그림 3-15**과 같이 나타난다. **grav_analysis.xls**라는 파일명으로 워크시트를 저장하시오.

이 장에서는 분석 화학에서 사용되는 스프레드시트의 사용법을 알아보았다. 데이터 목록, 데이터 가져오기, 문자열 취급, 기본 계산을 포함하여 스프레드시트의 많은 기본 작업을 시험해 보았다. 이 책의 다른 스프레드시트와 *Applications of Microsoft® Excel in Analytical Chemistry*[2] 책으로부터 분석 화학과 관련 분야에서 유용할 것으로 예상되는 엑셀에 관해 더 많은 것을 얻고 배울 수 있다.

| | A | B | C | D |
|---|---|---|---|---|
| 1 | **Gravimetric Analysis Example** | | | |
| 2 | Sample | 1 | 2 | |
| 3 | $m_{ppt}$ | 0.5394 | 0.6893 | |
| 4 | $m_{samp}$ | 1.1324 | 1.4578 | |
| 5 | $M_{Fe}$ | 55.847 | | |
| 6 | $M_O$ | 15.9994 | | |
| 7 | | | | |
| 8 | $M_{Fe2O3}$ | 159.6922 | | |
| 9 | $M_{Fe3O4}$ | 231.5386 | | |
| 10 | | | | |
| 11 | %Fe | 33.32 | 33.07 | |
| 12 | %$Fe_3O_4$ | 46.04 | 45.70 | |
| 13 | | | | |
| 14 | **Documentation** | | | |
| 15 | Cell B8=2*B5+3*B6 | | | |
| 16 | Cell B9=3*B5+4*B6 | | | |
| 17 | Cell B11=B3/$B$8*2*$B$5/B4*100 | | | |
| 18 | Cell B12=B3/$B$8*2/3*$B$9/B4*100 | | | |

**그림 3-15** 무게 분석 예에 대한 완성된 워크시트.

[2] S. R. Crouch and F. J. Holler, *Applications of Microsoft® Excel in Analytical Chemistry*, 2nd ed., Belmont, CA: Brooks/Cole, 2014.

검색엔진을 이용하여 엑셀 2010에서 지원되는 파일 형식을 찾아보자. 파일 확장자 **.csv**, **.dbf**, **.ods**에 대해 설명하시오. 이 파일 확장자들은 엑셀에서 열기와 저장이 가능한가? 엑셀 2010에서 지원되지 않는 파일 확장자를 찾아 보자. 확장자 **.wks**는 무엇인가? 확장자 **.xlc**는 무엇인가? 로터스 1-2-3 파일을 엑셀 호환 파일로 변환 가능한 변환기가 있는가?

## 연습 문제

***3-1.** 엑셀의 도움말 기능으로 다음의 엑셀 함수를 읽은 후에 이들의 사용법을 설명하시오.
(a) SQRT
(b) AVERAGE
(c) PI
(d) FACT
(e) EXP
(f) LOG

**3-2.** 엑셀의 도움말 기능을 사용하여 COUNT 함수의 사용법을 조사하시오. 함수를 사용하여 그림 3-10의 워크시트에서 각 열에 데이터 수를 구하시오. 계산 함수는 주어진 영역의 스프레드시트에 들어가는 데이터의 수를 구하는데 아주 유용하다.

| | A | B | C |
|---|---|---|---|
| 1 | | | |
| 2 | | 45 | |
| 3 | | 22 | |
| 4 | | 36 | |
| 5 | | 27 | |
| 6 | | 61 | |
| 7 | | 23 | |
| 8 | | 33 | |
| 9 | | 48 | |
| 10 | | 35 | |
| 11 | | 55 | |
| 12 | | 31 | |

**3-3.** 워크시트 항목 및 계산을 문서화하는 여러 가지 방법이 있다. 이러한 방법의 몇가지 예를 찾기 위해 검색엔진을 사용하고, 워크시트 예를 사용하여 자세하게 설명하시오.

**3-4.** 엑셀의 **찾기 및 바꾸기** 기능을 사용하여 그림 3-10의 워크시트에 27을 포함하는 모든 값을 26으로 바꾸시오.

**3-5.** 첨부된 워크시트에 주어진 값들을 비어 있는 워크시트에 입력하시오. 엑셀의 도움말 기능을 이용하여 엑셀의 **정렬 및 필터** 기능에 대해 배운다. 엑셀로 작은 숫자로부터 큰 숫자로 정렬하시오.

**3-6.** 연습 문제 3-5의 워크시트의 B열에 있는 숫자들을 더할 것이다. 엑셀에는 이 작업을 수행하는 여러 가지 방법이 있다. B열 밑의 셀에 `=SUM(B2:B12)`를 입력하면 SUM 함수를 사용할 수 있다. 이 작업의 값은 416이어야 한다. 또한 [홈] 탭 안의 [편집] 그룹에 포함된 [**Σ 자동 합계**] 버튼을 클릭하면 자동 합계 기능을 사용할 수 있다. 마우스를 이용하여 더할 값을 선택한 뒤 이 방법을 이용하면 같은 결과를 얻을 수 있다. 수식 입력줄의 자동 합계 작업이 수동으로 입력한 수식과 정확히 일치하는 지를 확인하시오.

* 표식이 있는 문제는 책의 뒷부분에 해답을 제공하고 있다.

제 4 장

# 분석 화학에서의 계산

*Calculations Used in Analytical Chemistry*

CSIRO Australia

아보가드로수는 모든 물리적 상수 중에서 가장 중요한 것 중의 하나이며 화학을 공부할 때도 중요하다. 이 중요한 수를 1억분의 1까지 구하기 위한 많은 노력이 이루어지고 있다. 사진에서 보는 것과 같은 몇 개의 구를 특별히 제작하였고, 그것들을 세상에서 가장 완벽한 구라고 주장하였다. 10 cm 구의 직경은 40 nm 이내에서 균일하다. 규소의 직경, 질량, 몰질량 및 규소 원자들 사이의 간격을 측정하여 아보가드로수를 계산하는 것이 가능하다. 일단 값을 구하면, 이 수를 새로운 표준 질량인 규소 kg을 제공하는데 사용될 수 있다. 보다 자세한 사항은 연습 문제 4-41과 Web Works를 참고하시오.

이 장에서 정량 분석의 결과를 계산하는 몇 가지 방법을 설명한다. SI 단위계와 질량과 무게의 차이를 설명하는 것으로 시작한다. 그리고 화학적 물질의 양의 척도인 몰을 논의한다. 다음으로 용액의 농도를 나타내는 여러 가지 방법을 생각한다. 마지막으로 화학량론을 다룬다. 이 장에서 나오는 대부분의 물질들은 일반 화학 과정에서 공부한 것들이다.

## 4A 몇 가지 중요한 측정 단위

### ▸ 4A-1 SI 단위

SI는 프랑스어로서 'Système International d'Unités'의 약어이다.

전 세계적으로 과학자들은 **국제단위계**(SI)로서 알려진 표준 단위계를 채택하였다. 이 계는 **표 4-1**에 나타낸 7가지의 기본 단위에 기초하고 있다. 볼트, 헤르츠, 쿨롱, 주울같은 다른 수많은 단위들은 이들 기본 단위로부터 유도되었다.

작거나 큰 측정 양을 몇 개의 간단한 숫자로 나타내기 위하여 접두사를 이들 기본 단위와 유도 단위와 함께 사용한다. **표 4-2**에 나타낸 것처럼 이들 접두사들은 10의 거듭제곱으로 단위에 곱한다. 예를 들어, 불꽃광도계로 소듐을 측정할 때 사용하는 노란색 복사선의 파장은 약 $5.9 \times 10^{-7}$ m인데, 590 nm (나노미터)로 더 간결하게 나타낼 수 있다. 또한 크로마토그래피 컬럼에 주입된 액체의 부피는 대략 $50 \times 10^{-6}$ L인데, 50 μL (마이크로리터)로 나타낸다. 한편 어떤 컴퓨터 하드디스크의 기억용량은 약 $20 \times 10^{9}$ byte (바이트)인데, 20 Gb (기가바이트)로 나타낸다.

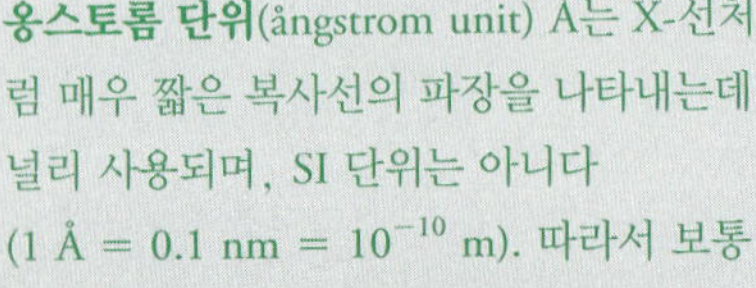

**옹스트롬 단위**(ångstrom unit) Å는 X-선처럼 매우 짧은 복사선의 파장을 나타내는데 널리 사용되며, SI 단위는 아니다 ($1\ \text{Å} = 0.1\ \text{nm} = 10^{-10}$ m). 따라서 보통 X-선은 0.1~10 Å 범위에 있다.

**표 4-1**

| SI 기본 단위 | | |
|---|---|---|
| **물리량** | **단위명** | **약자** |
| 질량 | 킬로그램 | kg |
| 길이 | 미터 | m |
| 시간 | 초 | s |
| 온도 | 켈빈 | K |
| 물질의 양 | 몰 | mol |
| 전류 | 암페어 | A |
| 광도 | 칸델라 | cd |

1세기 이상 동안 킬로그램은 프랑스 Sèvres의 연구소에 보관된 하나의 백금-이리듐 표준 질량으로 정의되었다. 불행하게도 이 표준은 빛이 1/299792458초 동안 이동한 거리로 정의된 미터와 같은 다른 표준과 비교하여 아주 부정확하다. 세계계측협회는 아보가드로수를 1억분의 1까지 측정하려는 작업을 하고 있고, 이 숫자로 표준 킬로그램을 아보가드로수의 1000/12의 탄소 원자로 정의하는데 사용될 수도 있다. 이런 계획에 관한 더 자세한 사항은, 이 장의 첫 페이지 사진과 연습 문제 4-41을 참고하시오.

분석 화학에서 흔히 질량 측정을 하여 화학종의 양을 구한다. 그런 측정에서는 미터법의 단위인 킬로그램(kg), 그램(g), 밀리그램(mg) 또는 마이크로그램(μg)을 사용한다. 액체의 부피는 리터(L), 밀리리터(mL) 및 마이크로리터(μL)로 측정한다. 부피의 SI 단위인 리터는 정확하게 $10^{-3}$ $m^3$으로 정의한다. 밀리리터는 $10^{-6}$ $m^3$ 또는 1 $cm^3$으로 정의한다.

### 4A-2 질량과 무게의 차이

질량과 무게의 차이를 이해하는 것은 중요하다. **질량**(mass)는 한 물체가 갖는 변하지 않는 물질의 양에 대한 척도이다. **무게**(weight)는 물체와 그것의 주위인 지구와 작용하는 인력이다. 중력은 고도에 따라 변하므로 물체의 무게는 무게를 재는 지질학적 위치에 의존한다. 예를 들어 도가니는 애틀란타보다 덴버(두 도시의 위도는 거의 같음)에서 더 *가벼운데*, 왜냐하면 더 높은 고도의 덴버가 도가니와 지구 사

**질량 $m$**은 물질의 양에 대한 불변의 척도이다. 무게 $w$는 물체와 지구 사이에 중력이다.

**표 4-2**

| 단위의 접두사 | | |
|---|---|---|
| **접두사** | **약자** | **거듭제곱** |
| yotta- | Y | $10^{24}$ |
| zetta- | Z | $10^{21}$ |
| exa- | E | $10^{18}$ |
| peta- | P | $10^{15}$ |
| tera- | T | $10^{12}$ |
| giga- | G | $10^{9}$ |
| mega- | M | $10^{6}$ |
| kilo- | k | $10^{3}$ |
| hecto- | h | $10^{2}$ |
| deca- | da | $10^{1}$ |
| deci- | d | $10^{-1}$ |
| centi- | c | $10^{-2}$ |
| milli- | m | $10^{-3}$ |
| micro- | μ | $10^{-6}$ |
| nano- | n | $10^{-9}$ |
| pico- | p | $10^{-12}$ |
| femto- | f | $10^{-15}$ |
| atto- | a | $10^{-18}$ |
| zepto- | z | $10^{-21}$ |
| yocto- | y | $10^{-24}$ |

1969년 7월 Neil Amstrong이 찍은 Edwin 'Buzz' Aldrin의 사진. Amstrong의 반사된 모습이 Aldrin의 창에 보인다. 1969년 아폴로 11호 달 탐사 과정 동안 Amstrong과 Aldrin이 입었던 우주복은 무거웠을 것으로 생각된다. 그러나 달의 질량은 지구의 1/81이므로 중력가속도는 지구의 1/6이며, 달에서 우주복의 무게는 지구에서의 1/6 정도이다. 그러나 우주복의 질량은 두 곳에서 같다.

이의 인력이 더 적기 때문이다. 마찬가지로 도가니는 파나마보다 시애틀(두 도시의 같은 해수면에 있음)에서 더 *무거운데*, 지구는 극쪽이 약간 편평하고 인력은 위도에 따라 분명하게 증가되기 때문이다. 그러나 도가니의 *질량*은 측정하는 곳과 무관하게 항상 일정하다.

무게와 질량은 잘 알려진 다음의 식으로 표현한다.

$$w = mg$$

여기서 $w$는 물체의 무게이고, $m$는 질량이며, $g$는 중력가속도이다.

화학 분석은 결과가 위치에 따라 다르지 않도록 항상 질량에 기초한다. 저울은 물체의 질량을 한 개 이상의 표준 질량과 비교하는 데 사용된다. $g$는 질량을 모르는 것이나 아는 것이나 똑같이 영향을 받으므로 물체의 질량은 비교하는 표준 질량과 같다.

질량과 무게는 보통 구분하지 않고 사용되나 질량을 비교하는 과정을 보통 *무게달기*(weighing)라고 부른다. 또한, 무게를 잰 결과뿐만 아니라 질량을 아는 물체를 *중량*(weight)이라고 부른다. 그러나 분석의 결과는 무게보다는 질량에 기초하고 있음을 항상 명심하시오. 그러므로 이 책을 통해서 물질이나 물체의 양을 말할 때는 무게보다는 질량을 사용할 것이다. 한편 물체의 질량을 측정하는 행동을 그냥 '무게달기'로 말할 것이다. 또한 무게달기에서 사용되는 표준 질량을 흔히 '추'라고 말할 것이다.

## 4A-3 몰

**몰**(mol)은 화학종의 양을 나타내는 SI 단위이다. 몰은 항상 원자, 분자, 이온, 전자, 다른 입자, 또는 화학식으로 나타낸 특정 그룹의 입자들과 같이 미시적인 것들과 관련이 있다. 몰은 $^{12}C$의 정확히 12 g 속에 들어 있는 탄소 원자의 개수와 같은 수를 포함하는 특정 물질의 양이다. 이 중요한 수가 바로 아보가드로수 $N_A = 6.022 \times 10^{23}$이다. 물질의 **몰질량**(molar mass, $\mathcal{M}$)은 그 물질 1 mol의 g 질량을 말한다. 몰질량은 화학식에 나타난 모든 원자의 원자량을 합하여 계산한다. 예를 들어 폼알데하이드, $CH_2O$의 몰질량은 다음과 같다.

$$\mathcal{M}_{CH_2O} = \frac{1\ \cancel{mol\ C}}{mol\ CH_2O} \times \frac{12.0\ g}{\cancel{mol\ C}} + \frac{2\ \cancel{mol\ H}}{mol\ CH_2O} \times \frac{1.0\ g}{\cancel{mol\ H}} + \frac{1\ \cancel{mol\ O}}{mol\ CH_2O} \times \frac{16.0\ g}{\cancel{mol\ O}} = 30.0\ g/mol\ CH_2O$$

또한 글루코오스, $C_6H_{12}O_6$는 다음과 같다.

$$\mathcal{M}_{C_6H_{12}O_6} = \frac{6\ \cancel{mol\ C}}{mol\ C_6H_{12}O_6} \times \frac{12.0\ g}{\cancel{mol\ C}} + \frac{12\ \cancel{mol\ H}}{mol\ C_6H_{12}O_6} \times \frac{1.0\ g}{\cancel{mol\ H}} + \frac{6\ \cancel{mol\ O}}{mol\ C_6H_{12}O_6} \times \frac{16.0\ g}{\cancel{mol\ O}} = 180.0\ g/mol\ C_6H_{12}O_6$$

따라서 1 mol의 폼알데하이드는 30.0 g의 질량을 갖고, 1 mol의 글루코오스는 180.0 g의 질량을 갖는다.

화학종 1 **몰**은 $6.022 \times 10^{23}$ 원자, 분자, 이온, 전자, 이온쌍, 또는 아원자 입자들이다.

**특집 4-1**

### 원자량 단위와 몰

이 책의 뒷표지 안쪽에 있는 원소들의 질량은 *통합 원자 질량 단위*(u) 또는 *달톤*(Da)으로 나타낸 *상대적인 질량*이다. 통합 원자 질량 단위(간단하게 원자량)는 기준이 $^{12}C$ 탄소 동위원소를 사용하여 상대적으로 정하였으며, 1개의 $^{12}C$ 탄소 동위원소는 정확히 12 u의 질량으로 *정하였다*. 따라서 1 u는 정의에 의해서 중성인 $^{12}C$ 원자 질량의 1/12이다. 그러면 $^{12}C$의 *몰질량* $\mathcal{M}$는 탄소-12 동위원소 $6.022 \times 10^{23}$ 개 원자들의 g 질량인 정확히 12 g으로 정의한다. 마찬가지로 다른 원소의 몰질량은 그 원소 $6.022 \times 10^{23}$ 원자들의 g 질량이고, 숫자적으로는 u 단위로 나타낸 원소의 원자량과 같다. 따라서 자연에서 만나는 산소의 원자량은 15.999 u이며, 몰질량은 15.999 g이다.

Charles D. Winters

몇 가지 다른 원소들의 대략 1 몰. 위 왼쪽으로부터 시계 방향으로 64 g의 구리 구슬, 27 g의 구겨진 알루미늄 호일, 207 g의 납 탄알, 24 g의 마그네슘 칩, 52 g의 크롬 조각, 32 g의 황 가루. 그림에서 비커의 부피는 50 mL이다.

도전: 다음의 흥미롭고 유용한 관계가 옳다는 것을 보이시오. 1 mol의 통합 원자 질량 단위 $= 6.022 \times 10^{23}$ u $= 1$ g.

몰질량이 $\mathcal{M}_X$인 화학종 X의 몰수 $n_X$는 다음과 같이 주어진다.

$$\text{X의 양} = n_X = \frac{m_X}{\mathcal{M}_X}$$

단위 변환은 다음과 같다.

$$\text{mol X} = \frac{\text{g X}}{\text{g X/mol X}} = \text{g X} \times \frac{\text{mol X}}{\text{g X}}$$

밀리몰수는 다음과 같이 주어진다.

$$\text{mmol X} = \frac{\text{g X}}{\text{g X/mmol X}} = \text{g X} \times \frac{\text{mmol X}}{\text{g X}}$$

이런 종류의 계산을 할 때, 이 장에서 하는 것처럼 모든 단위를 포함시켜야 한다. 이런 훈련을 하여도 가끔 식을 세우는데 실수를 한다.

## ▸ 4A-4 밀리몰

종종 몰(mol)보다 밀리몰(mmol)로 계산하는 것이 더 편리하다. 밀리몰은 1 몰의 1/1000이다. 밀리몰의 g 질량인 밀리몰질량($m\mathcal{M}$)은 몰질량의 1/1000이다.

1 mmol $= 10^{-3}$ mol
$10^3$ mmol $= 1$ mol

## ▸ 4A-5 물질의 양을 몰이나 밀리몰로 계산

다음의 두 예제는 g 질량이나 화학적으로 관련된 화학종의 질량으로부터 화학종의 몰수나 밀리몰수를 구하는 법을 설명하고 있다.

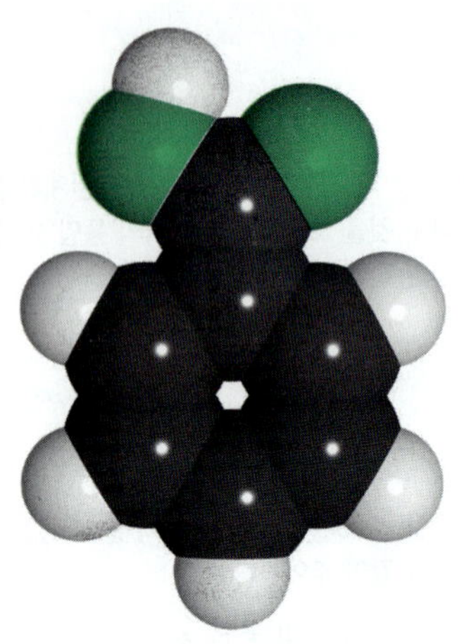

벤조산 $C_6H_5COOH$의 분자 모델. 벤조산은 자연에서 특히 산딸기에서 자주 접할 수 있다. 음식, 지방, 과일 주스의 방부제로 폭넓게 사용된다. 또한 섬유염색의 착색제로 사용되며, 열 계량법과 산/염기 분석에서 표준 물질로도 사용된다.

### 예제 4-1

2.00 g의 순수한 벤조산에 들어 있는 벤조산의 몰수와 밀리몰수를 구하시오($M$ = 122.1 g/mol).

**풀이**

벤조산을 HBz로 나타내면 1 mol의 HBz는 122.1 g으로 쓸 수 있다. 따라서,

$$\text{HBz의 양} = n_{\text{HBz}} = 2.00\ \cancel{\text{g HBz}} \times \frac{1\ \text{mol HBz}}{122.1\ \cancel{\text{g HBz}}} \qquad (4\text{-}1)$$
$$= 0.0164\ \text{mol HBz}$$

밀리몰수를 얻기 위해서 밀리몰질량(0.1221 g/mmol)으로 나누면 다음과 같다.

$$\text{HBz의 양} = 2.00\ \cancel{\text{g HBz}} \times \frac{1\ \text{mmol HBz}}{0.1221\ \cancel{\text{g HBz}}} = 16.4\ \text{mmol HBz}$$

### 예제 4-2

25.0 g의 $Na_2SO_4$(142.0 g/mol)에 들어 있는 $Na^+$(22.99 g/mol)의 g 질량은 얼마인가?

**풀이**

1 mol의 $Na_2SO_4$는 2 mol의 $Na^+$를 포함한다. 따라서,

$$\text{Na}^+\text{의 양} = n_{\text{Na}^+} = \cancel{\text{mol Na}_2\text{SO}_4} \times \frac{2\ \text{mol Na}^+}{\cancel{\text{mol Na}_2\text{SO}_4}}$$

$Na_2SO_4$의 몰수를 구하기 위해서 예제 4-1처럼 푼다.

$$\text{Na}_2\text{SO}_4\text{의 양} = n_{\text{Na}_2\text{SO}_4} = 25.0\ \cancel{\text{g Na}_2\text{SO}_4} \times \frac{1\ \text{mol Na}_2\text{SO}_4}{142.0\ \cancel{\text{g Na}_2\text{SO}_4}}$$

이 식들을 결합하면 다음과 같이 된다.

$$\text{Na}^+\text{의 양} = n_{\text{Na}^+} = 25.0\ \cancel{\text{g Na}_2\text{SO}_4} \times \frac{1\ \cancel{\text{mol Na}_2\text{SO}_4}}{142.0\ \cancel{\text{g Na}_2\text{SO}_4}} \times \frac{2\ \text{mol Na}^+}{\cancel{\text{mol Na}_2\text{SO}_4}}$$

25.0 g의 $Na_2SO_4$에 들어 있는 소듐의 질량을 구하기 위하여 $Na^+$의 몰수를 $Na^+$의 몰질량인 22.99 g과 곱해 준다.

$$\text{Na}^+\text{의 질량} = \cancel{\text{mol Na}^+} \times \frac{22.99\ \text{g Na}^+}{\cancel{\text{mol Na}^+}}$$

이전의 식을 대입하면, 다음과 같이 $Na^+$의 g 질량을 얻는다.

$$\text{Na}^+\text{의 질량} = 25.0\ \cancel{\text{g Na}_2\text{SO}_4} \times \frac{1\ \cancel{\text{mol Na}_2\text{SO}_4}}{142.0\ \cancel{\text{g Na}_2\text{SO}_4}} \times \frac{2\ \cancel{\text{mol Na}^+}}{\cancel{\text{mol Na}_2\text{SO}_4}} \times \frac{22.99\ \text{g Na}^+}{\cancel{\text{mol Na}^+}}$$
$$= 8.10\ \text{g Na}^+$$

**특집 4-2**

**예제 4-2를 인자표지법으로 풀이**

일부 학생들과 교수님은 답의 단위가 얻어질 때까지 각각의 연속되는 분모의 단위가 이전의 분자의 단위를 제거하도록 문제의 해를 풀이하는 것이 더 편리할 것이다. 이 방법은 **인자표지법**(factor-label method), **차원분석**(dimensional analysis) 또는 **말뚝울타리법**(picket fence method)으로 부른다. 예를 들어 예제 4-2에서 답의 단위는 g $Na^+$이고, 주어진 단위는 g $Na_2SO_4$이다. 따라서 다음과 같이 쓸 수 있다.

$$25.0\ \text{g}\ \cancel{Na_2SO_4} \times \frac{\text{mol}\ Na_2SO_4}{142.0\ \text{g}\ \cancel{Na_2SO_4}}$$

우선 mol $Na_2SO_4$를 제거하고,

$$25.0\ \text{g}\ \cancel{Na_2SO_4} \times \frac{\cancel{\text{mol}\ Na_2SO_4}}{142.0\ \text{g}\ \cancel{Na_2SO_4}} \times \frac{2\ \text{mol}\ Na^+}{\cancel{\text{mol}\ Na_2SO_4}}$$

그리고 mol $Na^+$를 제거한다. 그 결과는 다음과 같다.

$$25.0\ \text{g}\ \cancel{Na_2SO_4} \times \frac{1\ \cancel{\text{mol}\ Na_2SO_4}}{142.0\ \text{g}\ \cancel{Na_2SO_4}} \times \frac{2\ \cancel{\text{mol}\ Na^+}}{\cancel{\text{mol}\ Na_2SO_4}} \times \frac{22.99\ \text{g}\ Na^+}{\cancel{\text{mol}\ Na^+}} = 8.10\ \text{g}\ Na^+$$

## 4B 용액과 농도

역사적으로 측정과 관련된 단위들은 지역적으로 고안되었다. 초기의 의사소통과 특정 지역의 기술적 사정에 따라 표준들이 거의 존재하지 않았고, 많은 계들 사이에 변환들이 어려웠다.[1] 그 결과로서 용액의 농도를 표현하는 데 수백 가지의 다른 방식이 있었다. 다행스럽게도 빠른 의사소통 기술과 더불어서 효과적인 이동이 이루어지면서 측정 과학의 세계화와 세계적인 측정 표준의 정의를 만들게 되었다. 이점에 관해서는 일반 화학과 분석 화학 분야가 부분적으로 가장 큰 이익을 보았다. 그렇지만 농도를 나타내는데 여러 방법을 사용하고 있다.

### ▸ 4B-1 용액의 농도

이 장에서 용액의 농도를 표현하는 네 가지의 기본적인 방법을 설명할 것이다. 즉, 몰농도, 퍼센트 농도, 용액-묽힘 부피비, 그리고 p-함수이다.

#### » 몰농도

화학종 X 용액의 **몰농도**(molar concentration) $c_x$는 용액 1 L (용매 1 L가 아님) 속에 포함된 화학종의 몰수이다. 용질의 몰수 $n$과 용액의 부피 $V$로 나타내면 다음과 같다.

$$c_x = \frac{n_X}{V} \qquad \textbf{(4-2)}$$

$$\text{몰농도} = \frac{\text{용질의 mol수}}{\text{용액의 부피 L}}$$

---

[1] 지역적 측정 단위가 급증한 것을 풍자한 재미있는(약간 엽기적인) 패러디에서 Robinson Crusoe의 친구 Friday는 다람쥐의 단위로 몰수를 측정하였고 낡은 염소 방광으로 부피를 측정하였다. J. E. Bissey, *J. Chem. Educ.*, **1969**, *46*(8), 497, **DOI**: 10.1021/ed046p497 참고.

몰농도의 단위는 **몰**(molar)이고 기호 **M**으로 나타내며, mol/L 또는 mol $L^{-1}$의 단위를 갖는다. 몰농도는 또한 용액의 밀리리터당 용질의 밀리몰수를 나타낸다.

$$1\ M = 1\ mol\ L^{-1} = 1\ \frac{mol}{L} = 1\ mmol\ L^{-1} = 1\ \frac{mmol}{L}$$

**예제 4-3**

2.30 g의 $C_2H_5OH$(46.07 g/mol)이 3.50 L 용액에 들어 있는 에탄올 수용액의 몰농도를 계산하시오.

**풀이**

몰농도를 계산하기 위해서는 에탄올의 양과 용액의 부피를 모두 알아야 한다. 부피는 3.50 L로 주어졌으므로 에탄올의 g수를 mol수로 바꾼다.

$$C_2H_5OH\text{의 양} = n_{C_2H_5OH} = 2.30\ \cancel{g\ C_2H_5OH} \times \frac{1\ mol\ C_2H_5OH}{46.07\ \cancel{g\ C_2H_5OH}}$$

$$= 0.04992\ mol\ C_2H_5OH$$

몰농도, $c_{C_2H_5OH}$를 얻기 위해서 부피로 나누면 다음과 같이 된다.

$$c_{C_2H_5OH} = \frac{2.30\ \cancel{g\ C_2H_5OH} \times \frac{1\ mol\ C_2H_5OH}{46.07\ \cancel{g\ C_2H_5OH}}}{3.50\ L}$$

$$= 0.0143\ mol\ C_2H_5OH/L = 0.0143\ M$$

이제 몰농도를 나타내는 두 가지 방법인 분석 몰농도와 평형 몰농도에 대해 알아볼 것이다. 두 표현의 차이점은 용액 과정에서 용질이 화학 변화를 이루었는지의 여부이다.

## 》 분석 몰농도

**분석 몰농도**는 1 L 용액 내에서 화학적 상태와 무관하게 용질의 전체 몰수이다. 분석 몰농도는 주어진 농도의 용액을 준비하는 방법을 말하는 것이다.

용액의 **분석 몰농도**(molar analytical concentration) 또는 간단히 **분석 농도**(analytical concentration)는 1 L의 용액에 들어 있는 용질의 *전체* 몰수(또는 1 mL의 용액에 들어 있는 용질의 전체 밀리몰수)를 나타낸다. 즉, 분석 몰농도는 용액을 만드는 과정에서 용질에 어떤 일이 일어났는가에 관계없이, 용액이 준비되는 방법을 말하는 것이다. 예제 4-3에서 계산된 몰농도는 바로 분석 몰농도 $c_{C_2H_5OH} = 0.0143$ M가 되는데, 용질인 에탄올 분자들이 용액 과정 이후에도 그대로 있기 때문이다.

다른 예로서, 분석 농도가 $c_{H_2SO_4} = 1.0$ M인 황산 용액은 물에 1.0 mol 즉 98 g의 $H_2SO_4$를 녹여 정확히 1.0 L로 묽혀 준비할 수 있다. 알게 될 것이지만, 에탄올과 황산 사이에는 중요한 차이점이 존재한다.

## » 평형 몰농도

**평형 몰농도**(equilibrium molarity) 또는 간단히 **평형 농도**(equilibrium concentration)는 평형에서 용액에 있는 *특정한 화학종*의 몰농도를 나타낸다. 화학종의 평형 몰농도를 말하기 위해서는 용매에 녹을 때 용질이 어떻게 행동하는가를 아는 것이 필요하다. 예를 들어 $c_{H_2SO_4} = 1.0$ M의 분석 몰농도를 갖는 $H_2SO_4$의 평형 몰농도는 실제로는 0.0 M이다. 왜냐하면 황산이 모두 $H^+$, $HSO_4^-$, $SO_4^{2-}$ 이온의 혼합물로 완전히 해리하였기 때문이다. 즉, 본질적으로 어떤 $H_2SO_4$ 분자도 이 용액에는 존재하지 않는다. 이온들의 평형 농도는 각각 1.01, 0.99, 0.01 M이다.

평형 몰농도는 흔히 화학종의 화학식에 대괄호를 사용하여 나타내므로 $c_{H_2SO_4} =$ 1.0 M의 분석 몰농도를 갖는 $H_2SO_4$ 용액에 대해서는 다음과 같이 나타낼 수 있다.

$$[H_2SO_4] = 0.00\text{ M} \qquad [H^+] = 1.01\text{ M}$$

$$[HSO_4^-] = 0.99\text{ M} \qquad [SO_4^{2-}] = 0.01\text{ M}$$

**평형 몰농도**는 용액 내에서 특정한 화학종의 몰농도이다.

화학을 공부할 때, 우리가 더 정확하게 그들을 기술하기 위해서 공부하고 노력하여 그 과정에 대한 이해가 나아짐에 따라서 용어들이 끊임없이 새로워진다는 점을 발견할 것이다. 몰농도도 빠른 속도로 퇴색되는 용어 중의 한 예일 수도 있다. 이 책에서 몰농도에 대한 동의어로서 **몰농도**(molarity)를 사용해야 하는 몇몇 경우가 있을지라도 가능한 한 사용하지 않을 것이다.

IUPAC은 부피에 대한 용액의 조성을 나타내는 일반적인 용어인 **농도**를 다시 4가지의 용어로 세분하여 나타내고 있다. 즉 **양적 농도**, **질량 농도**, **부피 농도**, **숫자 농도**이다. 이 정의에 의하면 몰농도, 분석 몰농도, 평형 몰농도는 모두 양적 농도이다.

이 예에서 $H_2SO_4$의 *분석 몰농도*는 다음과 같이 주어진다.

$$c_{H_2SO_4} = [SO_4^{2-}] + [HSO_4^-]$$

왜냐하면 $SO_4^{2-}$와 $HSO_4^-$는 용액에서 황을 포함하는 유일한 두 가지 화학종들이기 때문이다. 이온들의 *평형 몰농도*는 $[SO_4^{2-}]$와 $[HSO_4^-]$이다.

### 예제 4-4

285 mg의 트라이클로로아세트산, $Cl_3CCOOH$ (163.4 g/mol)이 들어 있는 10.0 mL 수용액에서 용질 화학종들의 분석 몰농도와 평형 몰농도를 계산하시오(산은 물에서 73% 이온화된다).

**풀이**

예제 4-3과 같이 $Cl_3CCOOH$를 HA로 나타내고, 몰수를 계산하여 용액의 부피 10.0 mL 즉, 0.0100 L로 나누면 다음과 같이 된다.

$$\text{HA의 양} = n_{HA} = 285\text{ mg HA} \times \frac{1\text{ g HA}}{1000\text{ mg HA}} \times \frac{1\text{ mol HA}}{163.4\text{ g HA}}$$

$$= 1.744 \times 10^{-3}\text{ mol HA}$$

그러면 분석 몰농도, $c_{HA}$는 다음과 같다.

$$c_{HA} = \frac{1.744 \times 10^{-3}\text{ mol HA}}{10.0\text{ mL}} \times \frac{1000\text{ mL}}{1\text{ L}} = 0.174\frac{\text{mol HA}}{\text{L}} = 0.174\text{ M}$$

이 용액에서 HA의 73%는 해리하여 $H^+$와 $A^-$를 생성한다.

$$HA \rightleftharpoons H^+ + A^-$$

그러면 HA의 평형 농도는 $c_{HA}$의 27%이다. 따라서

$$[HA] = c_{HA} \times (100 - 73)/100 = 0.174 \times 0.27 = 0.047\text{ mol/L}$$

$$= 0.047\text{ M}$$

$A^-$ 화학종의 평형 농도는 HA 분석 농도의 73%와 같다. 따라서

$$[A^-] = \frac{73\text{ mol A}^-}{100\text{ mol HA}} \times 0.174\frac{\text{mol HA}}{\text{L}} = 0.127\text{ M}$$

*(계속)*

1 mol의 $H^+$가 1 mol $A^-$를 생성되므로, 다음과 같이 쓸 수 있다.

$$[H^+] = [A^-] = 0.127\ M$$

또한

$$c_{HA} = [HA] + [A^-] = 0.047 + 0.127 = 0.174\ M$$

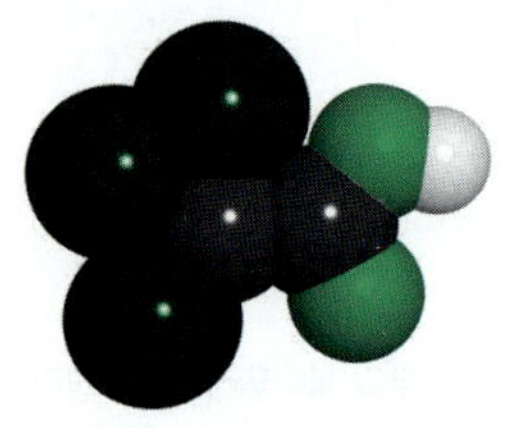

트라이클로로아세트산, $Cl_3CCOOH$의 분자 모델. 트라이클로로아세트산의 비교적 센 산성도는 산성의 양성자 반대쪽 분자의 끝에 붙어 있는 3개의 염소 원사의 유발 효과 때문이다. 산이 해리할 때 생성되는 트라이클로로아세트산 음이온이 안정화되도록 카복실기로부터 전자 밀도를 잡아당긴다. 이 산은 단백질의 침전과 원치 않는 피부가 자라는 것을 제거하는 피부약에 사용된다.

### 예제 4-5

$BaCl_2 \cdot 2H_2O$ (244.3 g/mol)로부터 0.108 M의 $BaCl_2$ 2.00 L를 준비하는 방법을 설명하시오.

**풀이**

녹여서 2.00 L로 묽혀야 할 용질의 g수를 계산할 때, 1 mol의 이수화물 분자가 1 mol $BaCl_2$를 생성한다는 것을 주의하시오. 따라서 이 용액을 만드는데 필요한 양은 다음과 같이 구한다.

$$2.00\ \cancel{L} \times \frac{0.108\ \text{mol BaCl}_2 \cdot 2\text{H}_2\text{O}}{\cancel{L}} = 0.216\ \text{mol BaCl}_2 \cdot 2\text{H}_2\text{O}$$

따라서 $BaCl_2 \cdot 2H_2O$의 질량은 다음과 같다.

$$0.216\ \cancel{\text{mol BaCl}_2 \cdot 2\text{H}_2\text{O}} \times \frac{244.3\ \text{g BaCl}_2 \cdot 2\text{H}_2\text{O}}{\cancel{\text{mol BaCl}_2 \cdot 2\text{H}_2\text{O}}} = 52.8\ \text{g BaCl}_2 \cdot 2\text{H}_2\text{O}$$

52.8 g의 $BaCl_2 \cdot 2H_2O$를 물에 녹여 2.00 L로 묽힌다.

용액 A의 화학종 A의 몰수는 다음과 같이 주어진다.

$$\text{A의 몰수} = n_A = c_A \times V_A$$

$$\text{mol}_A = \frac{\text{mol}_A}{\text{L}} \times \text{L}$$

여기서 $V_A$는 리터로 나타낸 용액의 부피이다.

### 예제 4-6

고체 $BaCl_2 \cdot 2H_2O$ (244.3 g/mol)로부터 0.0740 M의 $Cl^-$ 500 mL를 준비하는 방법을 말하시오.

**풀이**

$$\text{BaCl}_2 \cdot 2\text{H}_2\text{O의 질량} = \frac{0.0740\ \cancel{\text{mol Cl}}}{\cancel{L}} \times 0.500\ \cancel{L} \times \frac{1\ \cancel{\text{mol BaCl}_2 \cdot 2\text{H}_2\text{O}}}{2\ \cancel{\text{mol Cl}}}$$

$$\times \frac{244.3\ \text{g BaCl}_2 \cdot 2\text{H}_2\text{O}}{\cancel{\text{mol BaCl}_2 \cdot 2\text{H}_2\text{O}}} = 4.52\ \text{g BaCl}_2 \cdot 2\text{H}_2\text{O}$$

4.52 g의 $BaCl_2 \cdot 2H_2O$를 물에 녹여 0.500 L 즉, 500 mL로 묽힌다.

## 퍼센트 농도

화학자들은 흔히 농도를 퍼센트(백분율)로 나타낸다. 불행히도 이런 단위의 사용은 용액의 퍼센트 조성을 여러 방법으로 나타낼 수 있기 때문에 모호한 것이 될 수 있다. 흔히 사용되는 3가지의 방법은 다음과 같다.

$$\text{무게 퍼센트(w/w)} = \frac{\text{용질의 무게}}{\text{용액의 무게}} \times 100\%$$

$$\text{부피 퍼센트(v/v)} = \frac{\text{용질의 부피}}{\text{용액의 부피}} \times 100\%$$

$$\text{무게/부피 퍼센트(w/v)} = \frac{\text{용질의 무게, g}}{\text{용액의 부피, mL}} \times 100\%$$

이 식들의 분모는 용매의 질량이나 부피가 아니고 *용액*의 질량이나 부피라는 것을 유념하시오. 또한 처음의 두 식은 분모와 분자에 같은 단위를 사용하는 한 사용한 단위와 무관하다는 것을 주목하시오. 세 번째 식에서 분모와 분자가 서로 지워지지 않는 다른 단위를 가지므로 단위는 규정하여야 한다. 3개의 식 중에서 유일하게 무게 퍼센트만이 온도와 무관하다는 장점이 있다.

무게 퍼센트는 질량 퍼센트로 더 많이 부르고, 약자는 m/m이다. '무게 퍼센트'란 말은 화학 문헌에서 폭넓게 사용되고, 이 책에서도 계속 사용할 것이다. IUPAC 용어에서 무게 퍼센트는 질량 농도이다.

무게 퍼센트는 시판용 수용액 시약의 농도를 나타내는데 자주 사용된다. 예를 들어, 질산은 70% (w/w) 용액으로 판매되는데, 그것은 용액 100 g에 70 g의 $HNO_3$가 포함된 시약임을 의미한다(예제 4-10 참조).

부피 퍼센트는 순수한 액체 화합물을 다른 액체로 묽혀 만든 용액의 농도를 나타내기 위하여 자주 사용된다. 예로서 5% (v/v) 메탄올 수용액은 보통 순수한 메탄올 5.0 mL를 물 100 mL로 묽혀 만든 용액을 말한다.

IUPAC 용어에서 부피 퍼센트는 부피 농도이다.

무게 또는 부피 퍼센트는 고체 시약의 묽은 수용액의 조성을 나타내기 위하여 자주 사용된다. 예를 들면 5% (w/v) 질산은($AgNO_3$) 수용액은 흔히 5 g 질산은을 충분한 물에 녹여 100 mL로 묽혀 만든 용액이다.

혼돈을 피하기 위해서 항상 퍼센트 조성의 유형을 명확히 표시하시오. 이런 정보가 없으면, 사용자가 어느 유형인지를 직감적으로 판단하여야 한다. 잘못된 판단에 의한 잠재적인 오차는 상당히 크다. 예를 들어 시판용 50% (w/w) 수산화 소듐 용액은 1 L에 763 g의 NaOH가 포함되어 있는데, 이것은 76.3% (w/v) 수산화 소듐 용액에 해당된다.

농도를 보고할 때 퍼센트의 유형을 반드시 표시해야 한다.

### » *ppm 농도 및 ppb 농도*

매우 묽은 용액에서 **ppm 농도**[백만분율(parts per million, ppm)]은 농도를 표현하는 편리한 방법 중의 하나이다.

IUPAC 용어에서 ppm, ppb, ppt 농도는 질량 농도이다.

$$c_{ppm} = \frac{\text{용질의 질량}}{\text{용액의 질량}} \times 10^6 \text{ ppm}$$

여기에서는 백만분율로 나타낸 농도이다. 반드시 분모와 분자의 질량 단위는 일치해야 한다. 더 묽은 용액에서는 위에서 말한 $10^6$ ppm보다는 $10^9$ ppb를 사용한 **ppb 농도**[십억분율(parts per billion, ppb)]로 나타낸다. 또한 **ppt 농도**[천분율(parts per thousand, ppt)]는 해양학에서 특히 많이 사용된다.

ppm 농도를 계산할 때 적절한 법칙으로서 밀도가 거의 1.00 g/mL인 묽은 수용액에서 1 ppm = 1.00 mg/L이라고 생각한다. 즉,

$$c_{ppm} = \frac{\text{용질의 질량 (g)}}{\text{용액의 질량 (g)}} \times 10^6 \text{ ppm}$$

$$c_{ppm} = \frac{\text{용질의 질량 (mg)}}{\text{용액의 부피 (L)}} \text{ ppm} \quad \textbf{(4-3)}$$

**예제 4-7**

63.3 ppm $K_3Fe(CN)_6$ (329.3 g/mol)를 포함하는 용액에서 $K^+$의 몰농도는 얼마인가?

*(계속)*

$$\frac{g}{g} = \frac{g}{g} \times \overbrace{\frac{g}{mL}}^{\text{용액의 밀도}} \times \overbrace{\frac{10^3\,mg}{1\,g}}^{\text{변환 인자}}$$

$$\times \overbrace{\frac{10^3\,mL}{1\,L}}^{\text{변환 인자}} = 10^6\,\frac{mg}{L}$$

다르게 설명하면, g/g으로 나타낸 질량 농도는 mg/L로 나타낸 질량 농도보다 $10^6$배 크다. 따라서 ppm으로 질량 농도를 나타내고 싶은데, 단위가 mg/L인 경우에는 그냥 ppm을 사용하면 된다. 만약 g/g으로 나타낸 경우에는, $10^6$ ppm 만큼 곱해 주어야 한다.

$$c_{ppb} = \frac{\text{용질의 질량 (g)}}{\text{용액의 질량 (g)}} \times 10^9\ \text{ppb}$$

$$c_{ppb} = \frac{\text{용질의 질량 }(\mu g)}{\text{용액의 부피 (L)}}\ \text{ppb}$$

비슷하게, 질량 농도를 ppb로 나타내기를 원하면, 단위를 μg/L로 바꾸고 ppb를 사용한다.

**풀이**

용액이 아주 묽으므로, 밀도는 1.00 g/mL로 가정하는 것이 합리적이다. 그러므로 식 (4-2)를 따르면, 다음과 같이 계산할 수 있다.

$$63.3\ \text{ppm}\ K_3Fe(CN)_6 = 63.3\ \text{mg}\ K_3Fe(CN)_6/L$$

$$\frac{K_3Fe(CN)_6\text{의 몰수}}{L} = \frac{63.3\ \text{mg}\ K_3Fe(CN)_6}{L} \times \frac{1\ \text{g}\ K_3Fe(CN)_6}{1000\ \text{mg}\ K_3Fe(CN)_6}$$

$$\times \frac{1\ \text{mol}\ K_3Fe(CN)_6}{329.3\ \text{g}\ K_3Fe(CN)_6} = 1.922 \times 10^{-4}\ \frac{\text{mol}}{L}$$

$$= 1.922 \times 10^{-4}\ M$$

$$[K^+] = \frac{1.922 \times 10^{-4}\ \text{mol}\ K_3Fe(CN)_6}{L} \times \frac{3\ \text{mol}\ K^+}{1\ \text{mol}\ K_3Fe(CN)_6}$$

$$= 5.77 \times 10^{-4}\ \frac{\text{mol}\ K^+}{L} = 5.77 \times 10^{-4}\ M$$

### 용액-묽힘 부피비

묽은 용액의 조성은 가끔씩 더 진한 용액의 부피와 그것을 묽히는데 사용하는 용매의 부피로 나타내기도 한다. 전자의 부피는 후자의 부피와 콜론(:)으로 구분한다. 즉, 1:4 HCl 용액은 진한 염산 1 부피에 물이 4배 부피로 포함되었다. 이런 표시 방법은 원래 용액의 농도가 확실하게 알려져 있지 않은 점에서 가끔은 혼란스럽다. 더욱이 어떤 경우에서는 1:4가 1 부피를 3 부피로 묽히는 것으로 잘못 이해할 수도 있다. 이런 혼돈 때문에 용액의 묽힘 비를 사용하는 것을 피해야 한다.

### p-함수

과학자들은 종종 **p-함수**(p-function) 또는 **p-값**(p-value)으로 화학종의 농도를 나타낸다. p-값은 그 화학종 몰농도의 음의 로그값이다. 따라서 화학종 X는 다음과 같이 된다.

$$pX = -\log [X]$$

가장 잘 알려진 p-함수는 pH인데, 이것은 $[H^+]$의 음의 로그값이다. 9A-2절에서 $H^+$의 성질, 수용액 특성, 또 다른 표현인 $H_3O^+$ 등을 논한다.

다음의 예에서 보여주는 것처럼, p-값은 크기가 10의 거듭제곱으로 변하는 농도를 작은 양수로 나타낼 수 있는 장점이 있다.

**예제 4-8**

$2.00 \times 10^{-3}$ M NaCl과 $5.4 \times 10^{-4}$ M HCl이 함께 있는 용액에서 각 이온의 p-값을 계산하시오.

**풀이**

$$pH = -\log [H^+] = -\log (5.4 \times 10^{-4}) = 3.27$$

pNa는 다음과 같다.

$$pNa = -\log[Na^+] = -\log (2.00 \times 10^{-3}) = -\log (2.00 \times 10^{-3}) = 2.699$$

*(계속)*

전체 $Cl^-$의 농도는 두 용질 농도의 합으로 주어진다. 즉,

$$[Cl^-] = 2.00 \times 10^{-3}\,M + 5.4 \times 10^{-4}\,M$$
$$= 2.00 \times 10^{-3}\,M + 0.54 \times 10^{-3}\,M = 2.54 \times 10^{-3}\,M$$
$$pCl = -\log[Cl^-] = -\log 2.54 \times 10^{-3} = 2.595$$

HCl 분자 모델. 염화수소는 이종핵 이원자 분자로 구성된 기체이다. 기체는 물에 아주 잘 녹는다. 즉, 기체로 용액을 만들 때 분자들은 해리하여 $H_3O^+$와 $Cl^-$ 이온으로 구성된 염산 수용액을 형성한다. 그림 9-1과 $H_3O^+$의 성질과 관련된 논의를 살펴보시오.

예제 4-8과 다음에 이어지는 예제에서 결과값은 다음 장에서 설명할 규칙대로 반올림하였다.

**예제 4-9**

pAg가 6.372를 갖는 용액에서 $Ag^+$의 농도를 계산하시오.

**풀이**

$$pAg = -\log[Ag^+] = 6.372$$
$$\log[Ag^+] = -6.372$$
$$[Ag^+] = 4.246 \times 10^{-7} \approx 4.25 \times 10^{-7}\,M$$

### ▸ 4B-2 용액의 밀도와 비중

밀도와 비중은 분석에 관한 문헌에서 자주 사용된다. 물질의 **밀도**(density)는 단위 부피당 질량이고, 반면에 **비중**(specific gravity)은 4°C에서 같은 부피의 물의 질량에 대한 그 물질의 질량의 비이다. 미터계에서 밀도는 kg/L 또는 g/mL 단위를 갖는다. 비중은 단위가 없으므로 어떤 특정 단위계에 의존하지 않는다. 이러한 이유로 시판되는 상품에는 비중이 많이 사용된다(**그림 4-1** 참조). 물의 밀도가 대략 1.00 g/mL이고 이 책에서 미터계를 사용하였으므로, 밀도와 비중은 서로 호환하여 사용한다. 일부 진한 산과 염기의 비중을 **표 4-3**에 나타내었다.

**밀도**는 단위부피당 물질의 질량을 나타낸다. SI 단위로 밀도는 kg/L 또는 g/mL로 표시한다.

**비중**은 같은 부피의 물의 질량에 대한 그 물질의 질량의 비이다.

**예제 4-10**

비중이 1.42이고 70.5% $HNO_3$ (w/w) 용액에서 $HNO_3$ (63.0 g/mol)의 몰농도를 계산하시오.

**풀이**

우선 진한 산 용액의 리터당 g수를 계산하자.

$$\frac{g\ HNO_3}{L\ 시약} = \frac{1.42\ \cancel{kg\ 시약}}{L\ 시약} \times \frac{10^3\ \cancel{g\ 시약}}{\cancel{kg\ 시약}} \times \frac{70.5\ g\ HNO_3}{100\ \cancel{g\ 시약}} = \frac{1001\ g\ HNO_3}{L\ 시약}$$

따라서

$$c_{HNO_3} = \frac{1001\ \cancel{g\ HNO_3}}{L\ 시약} \times \frac{1\ mol\ HNO_3}{63.0\ \cancel{g\ HNO_3}} = \frac{15.9\ mol\ HNO_3}{L\ 시약} \approx 16\ M$$

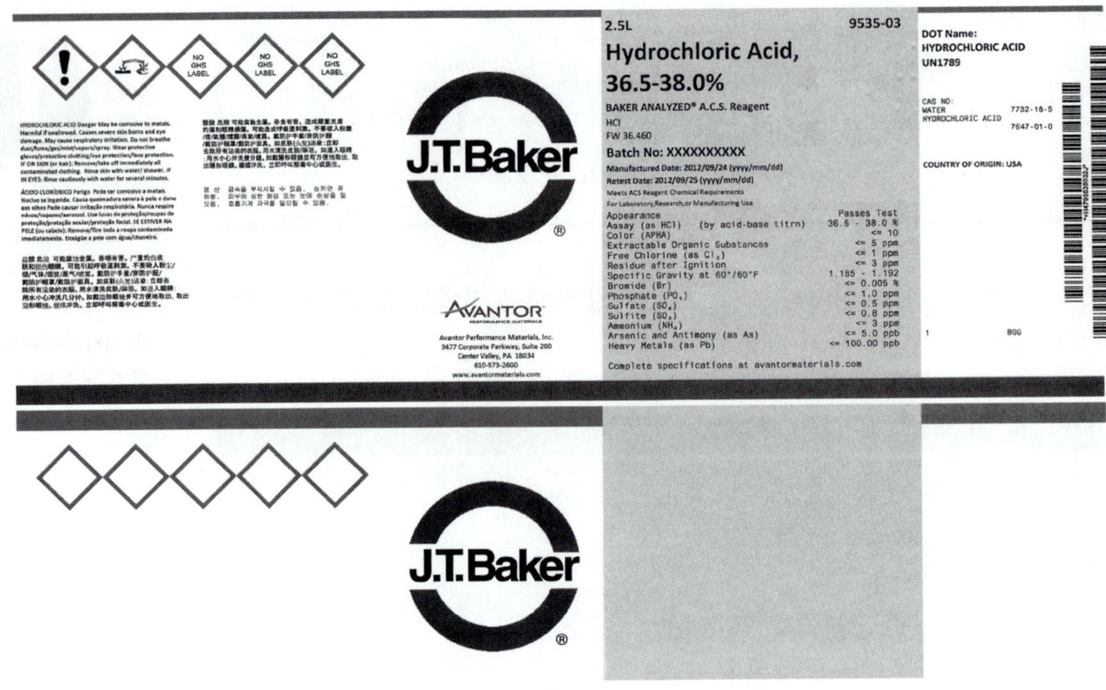


**그림 4-1** 시약급의 염산 병에 있는 라벨. 60~80°F 온도 범위에서 산의 비중이 라벨에 표시되어 있다. (*Label provided by Mallinckrodt Baker, Inc., Phillipsburg, NJ 08865*)

**표 4-3**

**시판용 진한 산과 진한 염기의 비중**

| 시약 | 농도, % (w/w) | 비중 |
|---|---|---|
| 아세트산 | 99.7 | 1.05 |
| 암모니아 | 29.0 | 0.90 |
| 염산 | 37.2 | 1.19 |
| 플루오린화수소산 | 49.5 | 1.15 |
| 질산 | 70.5 | 1.42 |
| 과염소산 | 71.0 | 1.67 |
| 인산 | 86.0 | 1.71 |
| 황산 | 96.5 | 1.84 |

**예제 4-11**

비중이 1.18이고 37% (w/w) HCl (36.5 g/mol) 진한 용액으로 6.0 M HCl 100 mL를 조제하는 방법을 설명하시오.

**풀이**

예제 4-10과 같이 우선 진한 산 용액의 몰농도를 구하자. 그 후 묽은 용액에 필요한 산의 몰수를 계산한다. 마지막으로 후자를 전자로 나누면 필요한 진한 산의 부피를 얻는다. 따라서, 진한 산의 몰농도는 다음과 같이 계산한다.

$$c_{HCl} = \frac{1.18 \times 10^3 \text{ g 시약}}{\text{L 시약}} \times \frac{37 \text{ g HCl}}{100 \text{ g 시약}} \times \frac{1 \text{ mol HCl}}{36.5 \text{ g HCl}} = 12.0 \text{ M}$$

필요한 HCl의 몰수는 다음과 같다.

$$\text{HCl의 몰수} = 100 \text{ mL} \times \frac{1 \text{ L}}{1000 \text{ mL}} \times \frac{6.0 \text{ mol HCl}}{\text{L}} = 0.600 \text{ mol HCl}$$

마지막으로 진한 용액의 부피를 다음과 같이 구한다.

$$\text{진한 시약의 부피} = 0.600 \text{ mol HCl} \times \frac{1 \text{ L 시약}}{12.0 \text{ mol HCl}} = 0.0500 \text{ L 즉, } 50.0 \text{ mL}$$

따라서 진한 시약 50 mL를 100 mL까지 묽히면 된다.

예제 4-11의 풀이는 다음의 유용한 관계식에 근거한 것이며, 앞으로 많이 사용될 것이다.

$$V_{\text{진한}} \times c_{\text{진한}} = V_{\text{묽은}} \times c_{\text{묽은}} \tag{4-4}$$

여기서 왼쪽에 있는 두 개의 항은 묽은 용액을 만드는데 사용된 진한 용액의 부피와 몰농도이고, 오른쪽에 있는 항은 묽혀진 용액의 부피와 몰농도이다. 이 식은 묽혀진 용액에 있는 용질의 몰수는 진한 시약에 있는 몰수와 같아야 한다는 사실에 바탕을 두고 있다. 두 용액에 사용된 단위가 같기만 하면, 부피의 단위는 mL 또는 L 모두가 가능하다는 것에 유의하시오.

식 (4-4)는 L와 mol/L 또는 mL와 mmol/mL로 사용될 수 있다.

$$\text{L}_{\text{진한}} \times \frac{\text{mol}_{\text{진한}}}{\text{L}_{\text{진한}}} = \text{L}_{\text{묽은}} \times \frac{\text{mol}_{\text{묽은}}}{\text{L}_{\text{묽은}}}$$

$$\text{mL}_{\text{진한}} \times \frac{\text{mmol}_{\text{진한}}}{\text{mL}_{\text{진한}}} = \text{mL}_{\text{묽은}} \times \frac{\text{mmol}_{\text{묽은}}}{\text{mL}_{\text{묽은}}}$$

## 4C 화학량론

**화학량론**(stoichiometry)이란 반응하는 화학종 사이에 정량적인 관계이다. 이 절에서는 화학량론의 간단한 복습과 화학 계산에서의 응용을 다룰 것이다.

### ▸ 4C-1 실험식과 분자식

**실험식**(empirical formula)은 화합물에서 원자들을 가장 간단한 정수비로 나타낸 것이다. 한편, **분자식**(molecular formula)은 분자에서 원자들의 수를 명확히 나타낸다. 두 개 이상의 물질이 같은 실험식을 가지나, 다른 분자식을 가질 수 있다. 예를 들어 $CH_2O$는 폼알데하이드의 실험식이면서 동시에 분자식이다. 또한 이는 6개 이하의 탄소 원자를 포함하는 50개의 다른 물질뿐만 아니라 아세트산, $C_2H_4O_2$ ; 글리세르알데하이드, $C_3H_6O_3$ ; 글루코오스, $C_6H_{12}O_6$와 같이 다양한 물질의 실험식이다. 실험식은 화합물의 퍼센트 조성으로부터 얻는다. 분자식을 결정하려면 화학종의 몰질량을 알아야 한다.

반응의 **화학량론**은 균형반응식에서 보여준 것처럼 반응물 몰수와 생성물 몰수 사이의 관계이다.

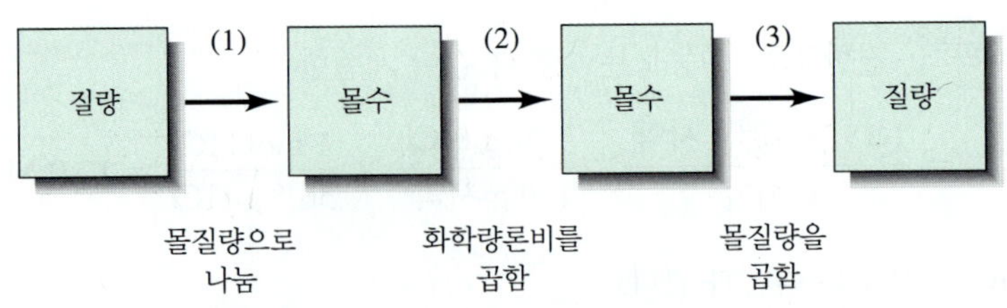


**그림 4-2** 화학량론적 계산을 위한 흐름도. (1) 반응물이나 생성물의 질량이 주어졌을 때, 우선 몰질량을 사용하여 질량을 몰수로 바꾼다. (2) 화학 반응식으로 주어진 화학량론비를 사용하여 원래 물질과 결합하는 다른 반응물의 몰수나 형성되는 생성물의 몰수를 구한다. (3) 마지막으로, 다른 반응물이나 생성물의 질량은 몰질량으로 계산한다.

**구조식**(structural formula)은 추가적인 정보를 제공한다. 예를 들면, 화학적으로 다른 에탄올과 다이메틸에터는 같은 분자식 $C_2H_6O$을 갖는다. $C_2H_5OH$와 $CH_3OCH_3$의 구조식들은 공통의 분자식에서 나타나지 않았던 화합물 사이에 다른 구조적인 차이를 나타낸다.

## ▸ 4C-2 화학량론 계산

균형을 이룬 화학 반응식은 반응물과 생성물의 몰비나 몰 단위의 화학량론을 나타낸다. 따라서 다음의 반응식에서 살펴보자.

$$2NaI(aq) + Pb(NO_3)_2(aq) \rightarrow PbI_2(s) + 2NaNO_3(aq)$$

반응식에 나타나는 물질의 물리적 상태는 흔히 기체는 $(g)$, 액체는 $(l)$, 고체는 $(s)$, 수용액은 $(aq)$ 문자로 나타낸다.

2 mol의 아이오딘화 소듐 수용액이 1 mol의 질산 납 수용액과 반응하여 1 mol의 고체 아이오딘화 납과 2 mol의 질산 소듐 수용액을 생성한다는 것을 나타낸다.[2]

예제 4-12는 화학 반응에서 반응물과 생성물의 g 질량이 어떻게 연관되어 있는지를 보여준다. 그림 4-2에 나타낸 것처럼, 이런 유형의 계산은 3단계 과정으로 이루어진다. 즉, (1) 아는 물질의 g 질량을 몰수로 변환하기, (2) 화학량론을 나타내는 인자의 몰수를 곱하기, (3) 몰수로 얻은 데이터를 답에서 요구하는 미터 단위로 다시 변환하기이다.

**예제 4-12**

(a) 2.33 g의 $Na_2CO_3$ (106.0 g/mol)를 $Ag_2CO_3$로 변환시키는데 필요한 $AgNO_3$ (169.9 g/mol)의 질량은 얼마인가? (b) 생성될 $Ag_2CO_3$ (275.7 g/mol)의 질량은 얼마인가?

**풀이**

(a) $Na_2CO_3(aq) + 2AgNO_3(aq) \rightarrow Ag_2CO_3(s) + 2NaNO_3(aq)$

**단계 1.**

$$Na_2CO_3\text{의 양} = n_{Na_2CO_3} = 2.33\ \text{g}\ Na_2CO_3 \times \frac{1\ \text{mol}\ Na_2CO_3}{106.0\ \text{g}\ Na_2CO_3} = 0.02198\ \text{mol}\ Na_2CO_3$$

*(계속)*

[2]이 예에서 화합물의 측면에서 반응을 묘사하는 것이 유리하다. 만약 반응하는 화학종들에 관심을 갖고자 하면 알짜 이온반응식이 더 좋다.

$$2I^-(aq) + Pb^{2+}(aq) \rightarrow PbI_2(s)$$

**단계 2.** 균형반응식으로부터 다음의 관계를 알 수 있다.

$$AgNO_3\text{의 양} = n_{AgNO_3} = 0.02198 \text{ mol } \cancel{Na_2CO_3} \times \frac{2 \text{ mol } AgNO_3}{1 \text{ mol } \cancel{Na_2CO_3}}$$
$$= 0.04396 \text{ mol } AgNO_3$$

여기서 화학량론적 인자는 (2 mol $AgNO_3$)/(1 mol $Na_2CO_3$)이다.

**단계 3.**

$$AgNO_3\text{의 질량} = 0.04396 \text{ mol } \cancel{AgNO_3} \times \frac{169.9 \text{ g } AgNO_3}{\text{mol } \cancel{AgNO_3}} = 7.47 \text{ g } AgNO_3$$

(b) $Ag_2CO_3$의 양 = $Na_2CO_3$의 양 = 0.02198 mol

$$Ag_2NO_3\text{의 질량} = 0.02198 \text{ mol } \cancel{Ag_2CO_3} \times \frac{275.7 \text{ g } Ag_2CO_3}{\text{mol } \cancel{Ag_2CO_3}} = 6.06 \text{ g } Ag_2CO_3$$

**예제 4-13**

0.200 M $AgNO_3$ 25.0 mL와 0.0800 M $Na_2CO_3$ 50.0 mL를 혼합할 때 생성되는 $Ag_2CO_3$ (275.7 g/mol)의 질량은 얼마인가?

**풀이**

이런 두 용액을 혼합하면, 다음의 3가지 상황 중에 한 가지가 일어날 것이다. 즉,

(a) 반응이 완결된 후에 과량의 $AgNO_3$가 남을 것이다.

(b) 반응이 완결된 후에 과량의 $Na_2CO_3$가 남을 것이다.

(c) 어떤 시약도 과량으로 남지 않을 것이다(즉, $Na_2CO_3$ 몰수는 정확히 $AgNO_3$ 몰수의 2배와 같다).

우선, 용액이 혼합되기 전에 유용한 반응물들의 몰수를 계산하여 위 상황 중에서 어느 것이 적용되는 가를 확인해야 한다.

초기 양들은 다음과 같다.

$$AgNO_3\text{의 양} = n_{AgNO_3} = 25.0 \text{ mL } \cancel{AgNO_3} \times \frac{1 \text{ L } \cancel{AgNO_3}}{1000 \text{ mL } \cancel{AgNO_3}}$$
$$\times \frac{0.200 \text{ mol } AgNO_3}{\text{L } \cancel{AgNO_3}} = 5.00 \times 10^{-3} \text{ mol } AgNO_3$$

$$Na_2CO_3\text{의 양} = n_{Na_2CO_3} = 50.0 \text{ mL } \cancel{Na_2CO_3\text{용액}} \times \frac{1 \text{ L } \cancel{Na_2CO_3}}{1000 \text{ mL } \cancel{Na_2CO_3}}$$
$$\times \frac{0.0800 \text{ mol } Na_2CO_3}{\text{L } \cancel{Na_2CO_3}} = 4.00 \times 10^{-3} \text{ mol } Na_2CO_3$$

각 $CO_3^{2-}$ 이온은 두 개의 $Ag^+$ 이온과 반응하므로, $2 \times 4.00 \times 10^{-3} = 8.00 \times 10^{-3}$ mol $AgNO_3$가 $Na_2CO_3$와 반응하는데 필요하다. $AgNO_3$가 부족한 상황이므로 상황 (b)가 유력하며, 생성될 $Ag_2CO_3$ 몰수는 $AgNO_3$ 양에 의해서 제한을 받을 것이다. 따라서,

$$Ag_2CO_3\text{의 질량} = 5.00 \times 10^{-3} \text{ mol } \cancel{AgNO_3} \times \frac{1 \text{ mol } \cancel{Ag_2CO_3}}{2 \text{ mol } \cancel{AgNO_3}} \times \frac{275.7 \text{ g } Ag_2CO_3}{\text{mol } \cancel{Ag_2CO_3}}$$
$$= 0.689 \text{ g } Ag_2CO_3$$

**예제 4-14**

0.200 M $AgNO_3$ 25.0 mL와 0.0800 M $Na_2CO_3$ 50.0 mL를 혼합할 때 생성되는 용액에서 $Na_2CO_3$의 분석 몰농도는 얼마인가?

**풀이**

이전의 예제에서 $5.00 \times 10^{-3}$ mol $AgNO_3$는 $2.50 \times 10^{-3}$ mol $Na_2CO_3$를 필요로 했다. 그러므로 반응하지 않은 $Na_2CO_3$의 몰수는 다음과 같이 주어진다.

$$n_{Na_2CO_3} = 4.00 \times 10^{-3} \text{ mol } Na_2CO_3 - 5.00 \times 10^{-3} \text{ mol AgNO}_3 \times \frac{1 \text{ mol } Na_2CO_3}{2 \text{ mol AgNO}_3}$$

$$= 1.50 \times 10^{-3} \text{ mol } Na_2CO_3$$

정의에 의해서, 몰농도는 mol $Na_2CO_3$/L이므로 다음과 같이 계산된다.

$$c_{Na_2CO_3} = \frac{1.50 \times 10^{-3} \text{ mol } Na_2CO_3}{(50.0 + 25.0) \text{ mL}} \times \frac{1000 \text{ mL}}{1 \text{ L}} = 0.0200 \text{ M } Na_2CO_3$$

이 장에서 많은 기본적인 화학 개념과 분석 화학을 효과적으로 공부하는데 필요한 기술들을 복습하였다. 다른 장에서 화학의 분석 방법을 찾을 때, 이런 견고한 기초를 기반으로 할 것이다.

이 장은 아보가드로수를 구하는데 사용되는 거의 완벽한 규소로 만든 구의 사진으로 시작하였다. 이 측정이 이루어질 때, 킬로그램은 파리에 있는 Pt-Ir 원통의 질량으로부터 알려진 배수의 아보가드로수만큼의 규소 원자들의 질량으로 다시 정의될 것이다. 이것이 소위 **규소-킬로그램**(silicon kilogram)이 될 것이다. 웹브라우저를 사용하여 **www.cengage.com/chemistry/skoog/fac9**에 접속한다. Chapter Resources Menu에서 Web Works를 선택하여, 4장 부분을 찾아 규소 킬로그램의 중요성을 논한 Peter Atkins의 Royal Society of Chemistry 웹사이트의 논문을 클릭하시오. 그 후 같은 곳에서 아보가드로수의 일관성에 관한 논문을 클릭하시오. Planck 상수, 아보가드로수, 규소 킬로그램은 서로 어떻게 연관성이 있는가? 왜 킬로그램을 다시 정의해야 하는가? 현재 아보가드로수의 불확정도는 얼마인가? 아보가드로수의 불확정도에 있어서 개선 속도는 어떠한가?

## 연습 문제

**4-1.** 다음을 정의하시오.
- *(a) 밀리몰
- (b) 몰질량
- *(c) 밀리몰질량
- (d) ppm

**4-2.** 화학종 몰농도(평형 몰농도)와 분석 몰농도의 차이점은 무엇인가?

***4-3.** 기본 SI 단위로부터 유도된 단위 2가지 예를 나타내시오.

**4-4.** 적당한 접두사를 가진 단위를 사용하여 다음의 양을 간단히 나타내시오.
- *(a) $3.2 \times 10^8$ Hz
- (b) $4.56 \times 10^{-7}$ g
- *(c) $8.43 \times 10^7$ μmol
- (d) $6.5 \times 10^{10}$ s
- *(e) $8.96 \times 10^6$ nm
- (f) 48,000 g

***4-5.** 1 g은 1 몰의 통합 원자 질량 단위임을 보이시오.

**4-6.** 어떤 그림 설명에서 표준 1 kg은 아보가드로수의 탄소 원자의 1000/12로 정의할 수도 있다고 제시하고 있다. 이 설명이 수학적으로 옳음을 증명하시오. 또한 kg의 이런 새로운 정의에 포함된 의미를 설명하시오.

***4-7.** 2.92 g의 $Na_3PO_4$에 들어 있는 $Na^+$ 이온의 수는?

***4-8.** 3.41 mol의 $K_2HPO_4$에 들어 있는 $K^+$ 이온의 수는?

***4-9.** 다음 표시된 원소들의 몰수를 구하시오.

(a) 8.75 g $B_2O_3$
(b) 167.2 mg $Na_2B_4O_7 \cdot 10H_2O$
(c) 4.96 g $Mn_3O_4$
(d) 333 mg $CaC_2O_4$

**4-10.** 다음 표시된 화학종들의 밀리몰수를 구하시오.

(a) 850 mg $P_2O_5$
(b) 40.0 g $CO_2$
(c) 12.92 g $NaHCO_3$
(d) 57 mg $MgNH_4PO_4$

***4-11.** 다음 용질의 밀리몰수를 구하시오.

(a) 0.0555 M $KMnO_4$ 2.00 L
(b) $3.25 \times 10^{-3}$ M KSCN 750 mL
(c) 3.33 ppm $CuSO_4$를 포함한 용액 3.50 L
(d) 0.414 M KCl 250 mL

**4-12.** 다음 용질의 밀리몰수를 구하시오.

(a) 0.320 $HClO_4$ 226 mL
(b) $8.05 \times 10^{-3}$ M $K_2CrO_4$ 25.0 L
(c) 6.75 ppm $AgNO_3$를 포함한 수용액 6.00 L
(d) 0.0200 M KOH 537 mL

***4-13.** 다음 물질의 질량은 몇 밀리그램인가?

(a) 0.367 mol $HNO_3$
(b) 245 mmol MgO
(c) 12.5 mol $NH_4NO_3$
(d) 4.95 mol $(NH_4)_2Ce(NO_3)_6$ (548.23 g/mol)

**4-14.** 다음 물질의 질량은 몇 그램인가?

(a) 3.20 mol KBr
(b) 18.9 mmol PbO
(c) 6.02 mol $MgSO_4$
(d) 10.9 mmol $Fe(NH_4)_2(SO_4)_2 \cdot 6H_2O$

**4-15.** 다음 용질의 질량은 몇 밀리그램인가?

*(a) 0.350 M 슈크로오스(342 g/mol) 16.0 mL
*(b) $3.76 \times 10^{-3}$ M $H_2O_2$ 1.92 L
(c) 2.96 ppm $Pb(NO_3)_2$를 포함하는 용액 356 mL
(d) 0.0819 M $KNO_3$ 5.75 mL

**4-16.** 다음 용질의 질량은 몇 그램인가?

*(a) 0.264 M $H_2O_2$ 250 mL
*(b) $5.75 \times 10^{-4}$ M 벤조산(122 g/mol) 37.0 mL
(c) 31.7 ppm $SnCl_2$를 포함하는 용액 4.50 L
(d) 0.0225 M $KBrO_3$ 11.7 mL

**4-17.** 다음 용액에서 표시한 이온들의 p-값을 계산하시오.

*(a) 0.0635 M NaCl과 0.0403 M NaOH이 함께 있는 용액에서 $Na^+$, $Cl^-$, $OH^-$
(b) $4.65 \times 10^{-3}$ M $BaCl_2$와 2.54 M $MnCl_2$가 함께 있는 용액에서 $Ba^{2+}$, $Mn^{2+}$, $Cl^-$
*(c) 0.400 M HCl과 0.100 M $ZnCl_2$가 함께 있는 용액에서 $H^+$, $Cl^-$, $Zn^{2+}$
(d) $5.78 \times 10^{-2}$ M $Cu(NO_3)_2$와 0.204 M $Zn(NO_3)_2$가 함께 있는 용액에서 $Cu^{2+}$, $Zn^{2+}$, $NO_3^-$
*(e) $1.62 \times 10^{-7}$ M $K_4Fe(CN)_6$와 $5.12 \times 10^{-7}$ M KOH가 함께 있는 용액에서 $K^+$, $OH^-$, $Fe(CN)_6^{4-}$
(f) $2.35 \times 10^{-4}$ M $Ba(ClO_4)_2$와 $4.75 \times 10^{-4}$ M $HClO_4$가 함께 있는 용액에서 $H^+$, $Ba^{2+}$, $ClO_4^-$

**4-18.** 다음의 pH를 갖는 용액에서 $H_3O^+$ 이온의 몰농도를 계산하시오.

*(a) 4.31 *(c) 0.59 *(e) 7.62 *(g) −0.76
(b) 4.48 (d) 13.89 (f) 5.32 (h) −0.42

**4-19.** 다음 용액에서 각 이온들의 p-값을 계산하시오.

*(a) 0.0300 M NaBr
(b) 0.0200 M $BaBr_2$
*(c) $5.5 \times 10^{-3}$ M $Ba(OH)_2$
(d) 0.020 M HCl과 0.010 M NaCl이 함께 있는 용액
*(e) $8.7 \times 10^{-3}$ M $CaCl_2$와 $6.6 \times 10^{-3}$ M $BaCl_2$가 함께 있는 용액
(f) $2.8 \times 10^{-8}$ M $Zn(NO_3)_2$와 $6.6 \times 10^{-7}$ M $Cd(NO_3)_2$가 함께 있는 용액

**4-20.** 다음의 p-함수를 몰농도로 바꾸시오.

*(a) pH = 1.020 (b) pOH = 0.0025
*(c) pBr = 7.77 (d) pCa = −0.221
*(e) pLi = 12.35 (f) $pNO_3$ = 0.034
(g) pMn = 0.135 (h) pCl = 9.67

***4-21.** 바닷물은 평균적으로 $1.08 \times 10^3$ ppm $Na^+$와 270 ppm $SO_4^{2-}$를 포함하고 있다. 다음을 계산하시오.

(a) 바닷물의 평균 밀도가 1.02 g/mL로 주어졌을 때 $Na^+$와 $SO_4^{2-}$의 몰농도
(b) 바닷물에 대한 pNa와 $pSO_4$

**4-22.** 보통의 사람 혈액은 1 L 혈장 당 300 nmol 헤모글로빈(Hb)과 1 L 전체 혈액 당 2.2 mmol 헤모글로빈을 포함한다. 다음을 계산하시오.

(a) 이들 매질에서의 각각의 분석 몰농도
(b) 사람 혈청에서 혈장 속의 pHb

***4-23.** 5.76 g $KCl \cdot MgCl_2 \cdot 6H_2O$ (277.85 g/mol)을 물에 녹여 2.000 L의 용액을 조제하였다. 다음을 계산하시오.

(a) $KCl \cdot MgCl_2$ 분석 몰농도
(b) $Mg^{2+}$ 몰농도
(c) $Cl^-$ 몰농도
(d) $KCl \cdot MgCl_2 \cdot 6H_2O$의 w/v 퍼센트
(e) 용액 25.0 mL 속에 들어 있는 $Cl^-$의 밀리몰수

(f) ppm $K^+$
(g) pMg
(h) pCl

**4-24.** 1210 mg $K_3Fe(CN)_6$ (329.2 g/mol)을 충분한 물에 녹여 775 mL의 용액을 준비하였다. 다음을 계산하시오.
(a) $K_3Fe(CN)_6$ 분석 몰농도
(b) $K^+$ 몰농도
(c) $Fe(CN)_6^{3-}$ 몰농도
(d) $K_3Fe(CN)_6$의 w/v %
(e) 용액 50.0 mL 속에 들어 있는 $K^+$의 밀리몰수
(f) ppm $Fe(CN)_6^{3-}$
(g) pK
(h) $pFe(CN)_6$

***4-25.** 6.42% (w/w) $Fe(NO_3)_3$ (241.86 g/mol) 용액의 밀도는 1.059 g/mL이다. 다음을 계산하시오.
(a) $Fe(NO_3)_3$ 분석 몰농도
(b) $NO_3^-$ 몰농도
(c) 용액 1 L에 포함된 $Fe(NO_3)_3$의 g수

**4-26.** 12.5% (w/w) $NiCl_2$ (129.61 g/mol) 용액의 밀도는 1.149 g/mL이다. 다음을 계산하시오.
(a) $NiCl_2$ 몰농도
(b) $Cl^-$ 몰농도
(c) 용액 1 L에 포함된 $NiCl_2$의 g수

***4-27.** 다음의 용액을 만드는 방법을 설명하시오.
(a) 4.75% (w/v) 에탄올($C_2H_5OH$, 46.1 g/mol) 수용액 500 mL
(b) 4.75% (w/w) 에탄올 수용액 500 g
(c) 4.75% (v/v) 에탄올 수용액 500 mL

**4-28.** 다음의 용액을 만드는 방법을 설명하시오.
(a) 21.0% (w/v) 글리세롤($C_3H_8O_3$, 92.1 g/mol) 수용액 2.50 L
(b) 21.0% (w/w) 글리세롤 수용액 2.50 kg
(c) 21.0% (v/v) 글리세롤 수용액 2.50 L

***4-29.** 비중이 1.71이고 함량이 86% (w/w)인 시판용 $H_3PO_4$으로부터 6.00 M $H_3PO_4$ 750 mL를 만드는 방법을 설명하시오.

**4-30.** 비중이 1.42이고 함량이 70.5% (w/w)인 시판용 $HNO_3$으로부터 3.00 M $HNO_3$ 900 mL를 만드는 방법을 설명하시오.

***4-31.** 다음의 용액을 만드는 방법을 설명하시오.
(a) 고체 시약으로 0.0750 M $AgNO_3$ 500 mL
(b) 6.00 M 시약 용액으로 0.285 M HCl 1.00 L
(c) 고체 $K_4Fe(CN)_6$으로 0.0810 M $K^+$ 400 mL
(d) 0.400 M $BaCl_2$ 용액으로 3.00% (w/v) $BaCl_2$ 수용액 600 mL
(e) 시판용 시약[71% $HClO_4$ (w/w), 비중 1.67]으로 0.120 M $HClO_4$ 2.00 L
(f) 고체 $Na_2SO_4$으로 시작하여 60.0 ppm $Na^+$ 9.00 L

**4-32.** 다음의 용액을 만드는 방법을 설명하시오.
(a) 고체 시약으로 0.0500 M $KMnO_4$ 5.00 L
(b) 8.00 M 시약 용액으로 0.250 M $HClO_4$ 4.00 L
(c) 고체 $MgI_2$으로 0.0250 M $I^-$ 400 mL
(d) 0.365 M $CuSO_4$ 용액으로 1.00% (w/v) $CuSO_4$ 수용액 200 mL
(e) 시판용 시약[50% NaOH (w/w), 비중 1.525]으로 0.215 M NaOH 1.50 L
(f) 고체 $K_4Fe(CN)_6$으로 12.0 ppm $K^+$ 1.50 L

***4-33.** 0.250 M $La^{3+}$ 50.0 mL와 0.302 M $IO_3^-$ 75.0 mL를 혼합할 때, 생성되는 고체 $La(IO_3)_3$ (663.6 g/mol)의 질량은 얼마인가?

**4-34.** 0.125 M $Pb^{2+}$ 200 mL와 0.175 M $Cl^-$ 400 mL를 혼합할 때, 생성되는 고체 $PbCl_2$ (278.10 g/mol)의 질량은 얼마인가?

***4-35.** 정확히 0.2220 g의 순수한 $Na_2CO_3$를 0.0731 M HCl 100.0 mL에 녹였다.
(a) 발생된 $CO_2$의 g수는 얼마인가?
(b) 과량 반응물(HCl 또는 $Na_2CO_3$)의 몰농도는 얼마인가?

**4-36.** 0.3757 M $Na_3PO_4$ 25.0 mL와 0.5151 M $HgNO_3$ 100.00 mL를 혼합하였다.
(a) 생성된 고체 $Hg_3PO_4$의 g수는 얼마인가?
(b) 반응이 끝난 후, 반응하지 않은 화학종($Na_3PO_4$ 또는 $HgNO_3$)의 몰농도는 얼마인가?

***4-37.** 0.3132 M $Na_2SO_3$ 75.00 mL를 0.4025 M $HClO_4$ 150.0 mL로 처리하여 생성된 $SO_2$를 끓여서 제거하였다.
(a) 발생된 $SO_2$의 g수는 얼마인가?
(b) 반응이 끝난 후, 반응하지 않은 시약($Na_2SO_3$ 또는 $HClO_4$)의 몰농도는 얼마인가?

**4-38.** 1.000% (w/v) $MgCl_2$ 용액 200.0 mL를 0.1753 M $Na_3PO_4$ 40.0 mL로 처리하고 다시 과량의 $NH_4^+$로 처리하였을 때 얻어진 $MgNH_4PO_4$ 침전의 질량은 얼마인가? 침전이 완결된 후에 과량으로 남아 있는 시약($Na_3PO_4$, $MgCl_2$)의 몰농도는 얼마인가?

***4-39.** 24.32 ppt KI를 포함하고 있는 용액 200.0 mL에 모든 $I^-$를 침전시키는데 필요한 0.01000 M $AgNO_3$ 용액의 부피는 얼마인가?

**4-40.** 480.4 ppm $Ba(NO_3)_2$ 750.0 mL와 0.03090 M $Al_2(SO_4)_3$ 200.0 mL를 혼합하였다.
(a) 생성된 고체 $BaSO_4$의 질량은 ?
(b) 반응하지 않은 시약[$Al_2(SO_4)_3$ 또는 $Ba(NO_3)_2$]의 몰농도는 얼마인가?

**4-41. 도전 문제:** Kenny 등[3]에 의하면, 아보가드로수 $N_A$는 초순수 규소 단결정으로 만든 구의 측정값을 이용해 다음의 식으로 계산될 수 있다.

$$N_A = \frac{n\mathcal{M}_{Si}V}{ma^3}$$

여기서

$N_A$ = 아보가드로수
$n$ = 규소 결정 격자 단위 세포 당 원자수
$\mathcal{M}_{Si}$ = 규소의 몰질량
$V$ = 규소로 만든 구의 반지름
$m$ = 구의 질량
$a$ = 결정 격자 파라미터 = $d(220)\sqrt{2^2 + 2^2 + 0^2}$

(a) 아보가드로수에 대한 식을 유도하시오.

(b) 아래 표의 AVO28-S5 구에 대한 Andreas 등이 수집한 최근의 자료들로부터,[4] 규소의 밀도와 불확정도를 계산하시오. 6장을 공부할 때까지 불확정도 계산은 미루어도 좋다.

| 변수 | 값 | 상대 불확정도 |
|---|---|---|
| 구의 부피, $cm^3$ | 431.059059 | $23 \times 10^{-9}$ |
| 구의 질량, g | 1000.087560 | $3 \times 10^{-9}$ |
| 몰질량, g/mol | 27.97697026 | $6 \times 10^{-9}$ |
| 격자 간격 $d(220)$, pm | 543.099624 | $11 \times 10^{-9}$ |

(c) 아보가드로수와 불확정도를 계산하시오.

(d) 이들 연구에 사용한 두 개의 규소로 만든 구 중에서 한 개의 자료만을 나타내었다. 각주 3에 인용된 AVO28-S5 구에 대한 자료를 살펴보고, $N_A$에 대한 두 번째 값을 계산하시오. 7장을 공부한 후에 $N_A$에 대한 두 개의 값을 비교하여 값의 차이가 통계학적으로 의미가 있는지를 판단하시오. 만약 두 값의 차이가 통계학적으로 의미가 없다면 두 개의 구로부터 구한 아보가드로수에 대한 평균값과 평균의 불확정도를 계산하시오.

(e) 표의 변수들 중에서 자신이 계산한 값에 가장 중대한 영향을 주는 것이 무엇이며, 그 이유는 무엇인가?

(f) 표에서 나타난 측정값을 결정하는데 사용된 실험적인 방법은 무엇인가?

(g) 각 실험에서 불확정도에 기여할 수 있는 실험 변수를 말하시오.

(h) 아보가드로수를 구하는 것을 향상시킬 수 있는 방법을 제시하시오.

(i) 기본적인 물리적 상수에 대하여 NIST 웹사이트의 검색엔진을 사용하시오. 아보가드로수의 공인값과 불확정도를 살펴보고(2010 이후), 지금 계산한 값과 비교하시오. 차이점들을 논하고 그런 차이에 대한 이유를 제시하시오.

(j) 과거 수십 년간의 기술혁명 중에서 초순수 규소를 쉽게 이용할 수 있게 하는 것은 무엇인가? 완전체에 가까운 구를 제작하는데 사용한 규소의 불순물 때문에 나타나는 오차를 최소화시키기 위해서 최근에 수년 동안 이루어진 단계는 무엇인가?[5]

[3]M. J. Kenny et al., *IEEE Trans. Instrum. Meas.*, **2001,** *50*, 587, **DOI**: 10.1109/19.918198.

[4]B. Andreas et al., *Phys. Rev. Lett.*, **2011,** *106*, 030801, **DOI**: 10.1103/PhysRevLett.106.030801.

[5]P. Becker et al, *Meas. Sci. Technol.*, **2009,** *20*, 092002, **DOI**:10.1088/0957-0233/20/9/092002.

제 5 장

# 화학 분석에서의 오차

*Errors in Chemical Analyses*

ND/Roger Viollet/Getty Images

옆의 사진이 보여주는 파리의 Montparnasse 역에서의 기차 사고와 같이 오차는 때로 매우 심각할 수 있다. 1895년 10월 22일 프랑스의 Granville에서 출발한 열차가 브레이크의 고장으로 역의 플랫폼과 충돌한 후, 기관차가 30피트 아래의 길로 추락하여 한 여성이 깔려 사망하였다. 매우 심각한 충격에도 불구하고 다행스럽게도 승객들은 큰 사고를 당하지 않았다.

화학 분석에서의 오차는 이토록 극적이진 않더라도, 이 장에서 설명하는 바와 같이 유사한 심각한 결과를 초래하기도 한다. 분석 결과의 여러 가지 응용에 대한 예로 병의 진단, 독성 폐기물이나 오염에 대한 평가, 범죄 현장에서의 해결, 산업 생산품에 대한 품질관리 등이 있다. 이런 결과들에 대한 오차는 개인적으로나 사회적으로 심각한 영향을 미친다. 이 장에서는 화학 분석에서의 다양한 형태의 오차의 종류와 오차를 검출할 수 있는 방법에 대하여 다루고자 한다.

측정에서는 불가피하게 오차와 불확실성을 포함하게 된다. 이 중 실험에서의 잘못으로 인한 오차는 극소수이다. 일반적인 **오차**(error)의 원인은 잘못된 검정이나 표준화 또는 불규칙한 변화나 결과의 불확실성 등이 있다. 주기적 교정, 표준화 그리고 값이 알려진 시료에 대한 분석을 하면 우연 오차나 불확실성을 제외한 모든 오차를 줄일 수 있다. 그러나 우리가 다루는 정량적 측정이란 세계에서 측정 오차를 피할 수는 없다. 이러한 이유로 화학 분석을 하는 데 있어서 오차 또는 불확실성이 전혀 없는 결과를 얻는다는 것은 불가능하다. 우리의 목적은 이 오차를 최소화하고, 허용할 정도의 정확도를 갖는 오차의 크기를 평가하는 것이다.[1] 이 장과 다음 두 장에서는 실험 오차의 본질과 화학 분석 결과에 미치는 이들의 영향에 대해 알아보기로 한다.

**오차**라는 용어는 서로 약간 다른 두 가지 의미를 가지고 있다. 첫 번째 의미는 참값 혹은 알려진 값과 측정된 값과의 차이를 의미한다. 두 번째 의미는 측정이나 실험에서 예측되는 불확실성을 의미한다.

[1]불행하게도 많은 사람들은 이 사실을 이해하지 못하고 있다. 예를 들면, 유명한 살인사건의 용의자 O.J. Simpson을 조사하는 과정에서 피고측 변호사가 혈액검사에서 생길 수 있는 오차의 비율이 얼마나 되는지를 물었을 때 지방 검사보는 '혈액검사 실험실에서는 어떤 실수(error)도 언급하지 않았기 때문에' 오차(error) 퍼센트가 없다고 대답하였다(*San Francisco Chronicle*, June 29, 1994, p.4).

분석 데이터에서의 오차의 영향을 **그림 5-1**에서 보여주고 있는데, Fe(III)을 정량한 결과에 대한 것이다. '알려진 농도' 20.00 ppm의 Fe(III)이 들어 있는 수용액을 동일한 부피로 여섯 개를 취하여 동일한 방법으로 분석을 하였다.[2] 결과를 보면 Fe(III)이 작게는 19.4 ppm, 크게는 20.3 ppm 범위에 있음을 알 수 있다. 이 데이터의 **평균값** $\bar{x}$은 19.78 ppm으로 19.8 ppm으로 반올림할 수 있다(유효 숫자의 표기나 반올림은 6D-1절 참조).

**백만분율**(ppm)이란 용어는 part per million의 약자로, 20.0 백만분율(ppm)은 용액의 백만 부분 중 Fe(III)이 20.00 부분이 있음을 뜻한다. 수용액의 경우, 20 ppm = 20 mg/dL.

모든 측정은 많은 불확실성에 의해 영향을 받으며 이들로 인해 그림 5-1에서 보여주는 것처럼 결과들이 퍼져 있음을 알 수 있다. 측정에서의 불확실성으로 인하여 반복 측정한 값은 변한다. 측정에 따라 나타나는 불확정도는 완전히 제거될 수 없으므로 *측정된 데이터는 추정되는 '참' 값을 알려줄 뿐이다.* 그러나 측정에서 오차의 대략적인 크기는 보통 계산할 수 있다. 이렇게 되면 측정된 양의 참값이 어떤 주어진 확률 수준 내에 놓여 있는 범위를 정할 수 있게 된다.

측정에서의 불확실성으로 인하여 반복 측정한 결과값은 변한다.

*신뢰도를 알지 못하는 데이터는 가치가 없기 때문에* 실험 데이터의 신뢰도를 측정한다는 것은 매우 중요하다. 반대로 정확성이 결여된 결과라 하더라도 불확정도의 범위가 알려져 있다면 이용할 수 있는 값이 된다.

불행하게도 절대적으로 확신할 수 있는 데이터의 신뢰도를 정하기 위해 간단하면서도 널리 이용할 수 있는 방법은 없다. 종종 실험 결과를 얻기 위해 노력한 것보다 실험 결과의 질을 평가하는 데 많은 노력이 요구되기도 한다. 신뢰도는 여러 가지 방법으로 결정되어진다. 오차가 있음을 보여줄 수 있도록 실험을 계획한다. 조성이 알려진 표준물을 분석하여 그 결과를 알려진 조성과 비교해 본다. 조금이라도 분석 화학의 문헌을 참고하는 것도 신뢰성 있는 유용한 정보를 제공할 수 있다. 실험 장치를 보정하는 것도 데이터의 질을 향상시킨다. 마지막으로, 데이터를 통계적으로 검사한다. 이런 모든 과정이 완벽한 것은 아니므로, 궁극적으로는 얻은 결과에 대한 정확도의 정도를 *판단*(judgement)해야 한다. 경험이 이런 판단을 더 어렵고 힘들게 하는 경향이 있다. 결과를 평가하고 보고하기 위한 방법 및 분석 방법에 대한 품질 보증은 8E-3절에서 다루게 된다.

분석을 시작하기 전에 해야 할 질문 중의 하나는 '이 결과에 허용할 수 있는 최대 오차는 얼마인가?'이다. 이 질문에 대한 대답이 어떤 분석법을 사용할 것인가와 분석에 얼마만큼의 시간을 허용할 것인가를 결정한다. 예를 들어, 강에서의 수은의 농도가 특정 값을 초과하는지를 결정하는 실험은 정확한 농도를 결정하는 실험보다 빨리 끝낼 수 있다. 정확도를 10배 이상 증가하기 위해서는 몇 시간, 몇 일 또는 몇 주 동안의 노력이 필요하게 된다. *필요 이상의 신뢰도를 줄 수 있는 데이터를 얻기 위하여 시간을 낭비할 사람은 없을 것이다.*

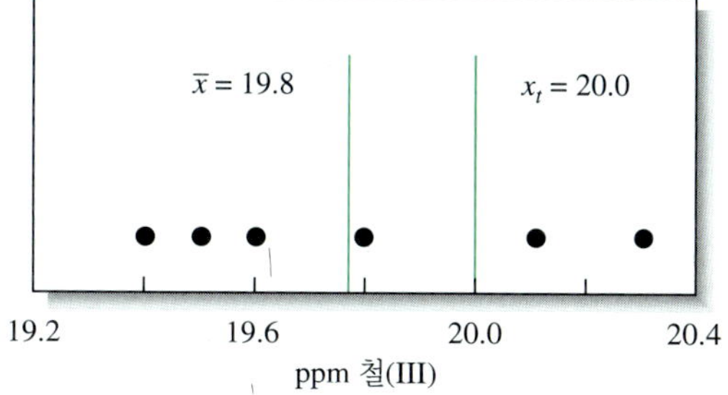


**그림 5-1** 20.0 ppm의 Fe(III)를 포함하고 있는 표준 수용액 시료를 Fe에 대하여 6번 반복해서 측정한 결과. 평균값은 19.78이고 반올림하여 19.8 ppm이다(예제 5-1 참조).

[2]실제의 농도를 정확히 안다는 것은 불가능하지만, 예를 들면 높은 신뢰도를 갖는 표준 물질로부터 얻은 값은 확신할 수 있다.

## 5A 중요한 용어들

**반복시료**는 정확히 똑같은 방법으로 분석이 수행되어지는 *정확히* 같은 크기의 시료를 말한다.

결과의 신뢰도를 향상시키고 변동성에 대한 정보를 얻기 위해서 일반적으로 한 시료에 대해서 둘에서 다섯으로 나눈 **반복시료**(replicate)로 전체 분석 과정을 수행하다. 한 세트의 측정으로부터 얻은 각 결과들은 거의 같지 않으므로(그림 5-1 참조), 일반적으로 그 세트의 중간 값을 '가장 좋은 값'으로 간주한다. 반복시료를 분석하기 위해 필요한 추가의 노력을 기울여하는 이유는 다음 두 가지이다. 첫 번째로, 한 세트의 중간 값은 각각의 어떠한 결과보다도 더 신뢰성이 있다. 일반적으로 평균 또는 중앙 값이 한 세트의 반복시료에 대한 측정치의 중간 값으로 사용된다. 두 번째로, 데이터의 가변성의 분석은 중간 값과 관련된 불확정도의 척도가 된다.

### ▸ 5A-1 평균과 중앙값

두 개 또는 그 이상의 반복 측정의 **평균**(mean)이 그들의 평균(average)한 값이다.

중간 값의 가장 폭넓게 사용되는 측정치는 **평균** $\bar{x}$이다. 평균(mean)은 다른말로 **산술평균**(arithmetic mean) 또는 **평균**(average)으로 불리며, 한 세트의 반복된 측정 값의 합을 측정 횟수로 나누어 얻은 값이다.

기호 $\sum x_i$는 반복 측정한 각각의 모든 $x_i$ 값을 합한 것을 의미한다.

$$\bar{x} = \frac{\sum_{i=1}^{N} x_i}{N} \tag{5-1}$$

여기에서 $x_i$는 개개의 $x$ 값을 의미하고, $N$은 측정 횟수이다.

**중앙값**은 한 세트의 데이터를 크기의 순서대로 나열하였을 때 중간값이다. 중앙값은 한 세트의 데이터에서 상당히 차이가 나는 **동떨어진 값**이 포함되어 있을때 유용하게 사용된다. 동떨어진 값은 평균에는 큰 영향을 주지만, 중앙값에는 별로 영향을 주지 않는다.

**중앙값**(median)은 한 세트의 데이터를 오름차순 또는 내림차순으로 나열하였을 때의 중간 값을 의미한다. 중앙값보다 크거나 작은 값의 수는 동일하다. 결과들이 홀수 개이면, 중앙값은 순서대로 나열하여 중앙에 위치하는 결과가 된다. 결과들이 짝수 개이면 예제 5-1에서와같이 중간의 두 결과에 대한 평균이 중앙값이 된다.

이상적인 경우에 평균과 중앙값은 동일하다. 하지만 한 세트의 측정 횟수가 적으면, 예제 5-1과 같이 두 값이 다르다.

**예제 5-1**

그림 5-1에서 보여주는 데이터에 대한 평균과 중앙값을 계산하시오.

**풀이**

$$\text{평균} = \bar{x} = \frac{19.4 + 19.5 + 19.6 + 19.8 + 20.1 + 20.3}{6} = 19.78 \approx 19.8 \text{ ppm Fe}$$

측정 수가 짝수이므로 중앙값은 중앙에 있는 두 값의 평균이다.

$$\text{중앙값} = \frac{19.6 + 19.8}{2} = 19.7 \text{ ppm Fe}$$

### ▸ 5A-2 정밀도

**정밀도**는 정확히 똑같은 방법으로 측정한 결과의 근접한 정도이다.

**정밀도**(precision)는 측정의 재현성을 나타내는 것으로 *정확히 똑같은 방법*으로 측정한 결과의 근접한 정도이다. 일반적으로 한 측정의 정밀도는 반복시료들을 단순히 반복하여 측정함으로써 쉽게 결정된다.

반복 측정한 한 세트의 데이터의 정밀도를 표현하는데 사용되는 보편적인 세 가지 용어는 **표준 편차**(standard deviation), **가변도**(variance), **변동 계수**(coefficient of variance)이다. 이 세 가지 용어는 각각의 결과 $x_i$가 평균과 얼마나 차이가 나는지를 나타내므로 **평균으로부터의 편차**(deviation from the mean) $d_i$로 불린다.

$$d_i = |x_i - \bar{x}| \tag{5-2}$$

평균으로부터의 편차는 부호와 관계없이 계산되는 것에 유의하시오.

평균으로부터의 편차와 세 가지 정밀도와 관련된 용어와의 관계는 6B절에서 다룰 것이다.

**스프레드시트 요약** *Applications of Microsoft® Excel in Analytical Chemistry* 2판 2장에서 평균과 평균으로부터의 편차는 Microsoft Excel로 계산할 수 있다.

## ▸ 5A-3 정확도

**정확도**(accuracy)는 측정값과 참값 또는 허용치와의 근접성을 의미하며 *오차*로 나타낸다. **그림 5-2**는 정밀도와 정확도 사이의 차이를 보여주고 있다. 정확도는 측정값과 인정된 값과의 일치되는 정도를 측정하는 것이다. 반면에 *정밀도*는 같은 방법으로 얻은 측정값들이 서로 얼마나 일치하는가를 나타낸다. 정밀도는 반복시료를 반복적으로 측정하면 쉽게 얻어진다. 보통은 참값이 알려져 있지 않으므로 정확도를 결정하기가 매우 어렵다. 그래서 인정된 값을 대신 사용하여야만 한다. 정확도는 절대 오차 또는 상대 오차로 표현된다.

**정확도**는 측정값과 참값 또는 인정된 값과의 근접성이다.

이 책에서 사용되는 '절대'라는 용어는 수학에서 사용되는 것과 다른 의미가 있다. 수학에서의 절대값은 *부호가 무시된* 수의 크기를 의미한다. 이 책에서 사용하는 절대 오차는 *실험 결과 값*과 *부호가 있는 허용치*와의 차이를 의미한다.

### » *절대 오차*

어떤 양을 갖는 측정 값 $x$에 대한 **절대 오차**(absolute error, $E$)는 다음 식으로 구할 수 있다.

$$E = x_i - x_t \tag{5-3}$$

측정의 **절대 오차**는 측정값과 참값과의 차이를 의미한다. 절대 오차의 부호는 구한 값이 큰 지 작은 지를 설명한다. 측정값이 작으면 부호는 음이고, 측정값이 크면 부호는 양이다.

여기서 $x_t$는 어떤 양에 대한 참값 또는 인정된 값이다. 그림 5-1의 데이터에서 참값 20.0 ppm 바로 왼쪽에 있는 데이터의 절대 오차는 −0.2 ppm Fe이고, 20.1 ppm의

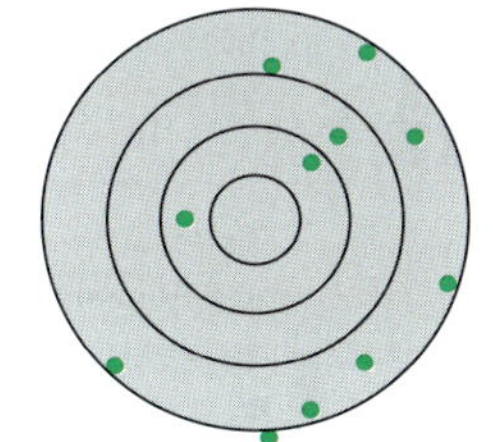

낮은 정확도, 낮은 정밀도

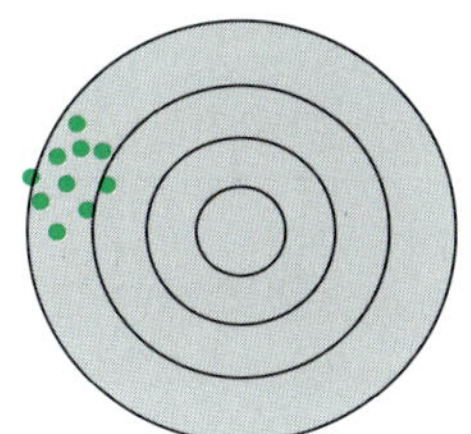

낮은 정확도, 높은 정밀도

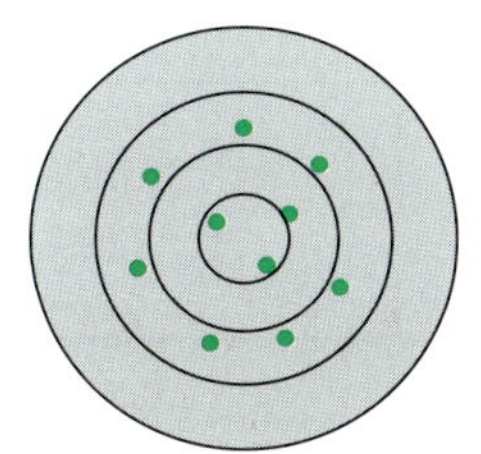

높은 정확도, 낮은 정밀도

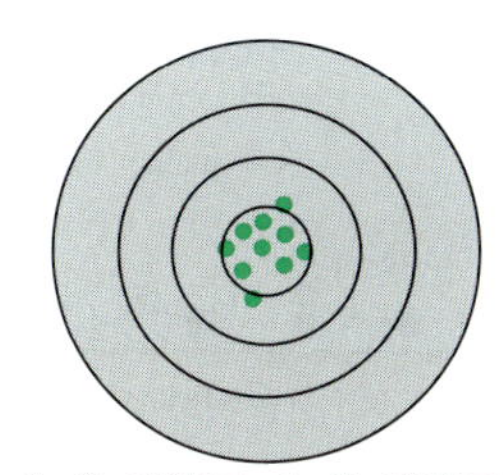

높은 정확도, 높은 정밀도

**그림 5-2** 다트판의 다트를 이용한 정확도와 정밀도에 대한 설명. (오른쪽 위) 정확하지는 않지만 평균적으로 매우 정밀한 결과와 (왼쪽 아래) 정밀하지 않으나 평균적으로 정확한 결과.

데이터는 +0.1 ppm Fe 만큼의 오차가 있다. 오차는 부호가 있음에 유의하시오. 음의 부호는 실험 결과값이 허용치보다 작다는 것을 의미하며, 양의 부호는 실험 결과값이 인정된 값보다 크다는 것을 의미한다.

### » 상대 오차

한 측정의 **상대 오차**는 절대 오차를 참값으로 나눈 값이다. 상대 오차는 결과의 크기에 따라서 백분율(%), 천분율(ppt), 또는 백만분율(ppm)으로 나타낸다. 이 책에 나타낸 바와 같이 상대 오차는 상대적 절대 오차라는 의미이다. 상대적 우연 오차(상대적 불확정도)는 6B절과 8B절에서 설명하고 있다. *ppt는 천분율(part per thousand) 또는 조분율(part per trillion)을 의미한다.

일반적으로 **상대 오차**(relative error, $E_r$)가 절대 오차보다 더 유용하게 이용되는 값이다. 백분율 상대 오차는 다음 식으로 구해진다.

$$E_r = \frac{x_i - x_t}{x_t} \times 100\% \tag{5-4}$$

상대 오차는 천분율(ppt)로도 표현할 수 있다. 예를 들어, 그림 5-1에서 데이터 평균에 대한 상대 오차는 다음과 같다.

$$E_r = \frac{19.8 - 20.0}{20.0} \times 100\% = -1\%, \text{ 혹은 } -10 \text{ ppt} \tag{5-5}$$

## ▸ 5A-4 실험 데이터에서 오차의 종류

측정의 정밀도는 반복 실험으로 측정된 데이터를 비교함으로써 쉽게 결정된다. 불행히도 정확도는 쉽게 계산하여 얻을 수 없다. 정확도를 결정하기 위해서는 분석을 통해서 찾으려고 하는 참값을 알고 있어야만 한다.

실험 결과는 정확하지는 않지만 정밀한 경우와 정밀하지는 않지만 정확한 경우도 있을 수 있다. 실험 결과가 정확하면서 정밀하다는 위험한 가정을 하고 있는 **그림 5-3**은 두 순수한 화합물에서 질소를 정량한 결과를 요약하고 있다. 네 명의 분석자가 얻은 반복하여 측정한 결과의 절대 오차를 점으로 보여주고 있다. 분석자 1은 상대적으로 높은 정밀도와 높은 정확도의 결과를 얻었다. 분석자 2는 낮은 정밀도와 높은 정확도를 얻었다. 분석자 3의 결과는 매우 평범했다. 좋은 정밀도는 얻었지만 데이터의 산술 평균에서 상당한 오차가 있다. 분석자 4의 결과는 정밀도와 정확도 모두 좋지 않았다.

그림 5-1과 그림 5-3은 화학적 분석은 최소한 두 종류의 오차에 의해 영향을 받고

NH, $NH_2Cl$, S, H—C—H

벤질아시소싸이오유레아 염화수소

O, C—OH, N

니코틴 산

보통 *나이아신*(niacin)이라고 불리는 니코틴 산은 모든 살아있는 세포에서 적은 양이 존재한다. 나이아신은 포유류의 필수 영양소이고 펠라그라(pellagra)의 예방 및 치료에 사용된다.

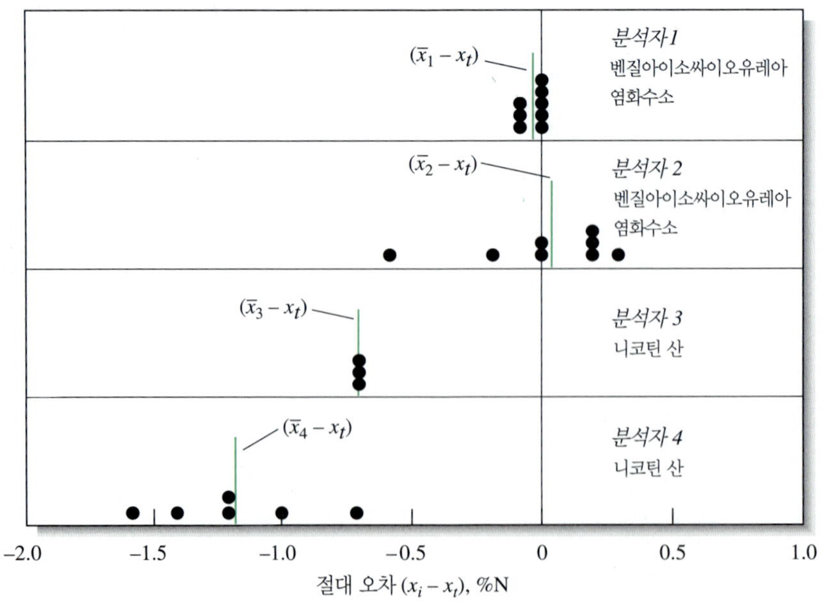


**그림 5-3** 마이크로-Kjeldahl법을 이용한 질소의 정량 분석에서 절대 오차. 각 점은 각각의 측정과 관련된 오차를 나타낸다. $(\bar{x}_i - x_t)$로 표기된 각 수직선은 참값으로부터 데이터 세트의 절대 평균 편차이다. (Data from C. O. Willits and C. L. Ogg, *J. Assoc. Offic. Anal. Chem.*, **1949**, *32*, 561.)

있음을 보여주고 있다. 첫 번째는 **우연 오차**(random error) 또는 **불가측 오차**(indeterminate error)로 불리며, 데이터를 평균값 주변으로 더 또는 덜 대칭적으로 퍼지게 한다. 그림 5-3에서 보면 분석자 1과 3의 데이터는 분석자 2와 4의 데이터에 비해 훨씬 적게 퍼져 있어서 우연 오차가 작다고 할 수 있다. 일반적으로 측정에서의 우연 오차는 측정의 정밀도를 나타낸 것이다. 우연 오차는 6장에서 자세하게 다루고 있다.

**우연 오차** 또는 **불가측 오차**는 측정의 정밀도에 영향을 준다.

두 번째 오차의 종류는 **계통 오차**(systematic error) 또는 **가측 오차**(determinate error)로 불리며, 한 데이터 세트의 평균과 허용치와의 차이를 갖게 한다. 그림 5-1의 경우에 데이터의 평균은 약 −0.2 ppm Fe의 계통 오차를 갖는다. 그림 5-3에서 분석자 1과 2의 결과는 작은 계통 오차를 갖지만, 분석자 3과 4의 데이터에 대한 계통 오차는 각각 −0.7%와 −1.2% N을 보여준다. 일반적으로 일련의 반복된 측정에서의 어떤 계통 오차는 모든 결과를 너무 높거나 너무 낮게 만드는 원인이 된다. 계통 오차에 대한 한 예는 시료를 가열하면서 분석할 때 휘발성 물질의 일부를 잃어버리는 경우이다.

**계통 오차** 또는 **가측 오차**는 결과의 정확도에 영향을 준다.

세 번째 오차의 종류는 **전오차**(gross error)이다. 전오차는 불가측 오차와 가측 오차와는 달리, 일반적으로 가끔 나타나며 큰 값을 갖기도 하고, 결과값을 크게 또는 작게 하기도 한다. 전오차는 주로 시험자의 실수에서 기인한다. 예를 들어, 침전물의 일부를 무게를 측정하기 전에 손실한다면, 분석 결과는 낮은 값을 가질 것이다. 또한, 무게 다는 병의 무게를 측정한 후에 그 병을 손으로 만지는 것은 오염된 병에서 고체의 무게를 측정한 값이 되므로 더 높은 질량을 읽게 하는 원인이 된다. 전오차는 일련의 반복된 측정에서 모든 데이터에 비해 현저하게 다른 값을 갖는 결과, 즉, **이상값**(outlier)을 갖게 한다. 그림 5-1과 5-3에서는 전오차가 존재하지 않는다. 그림 5-1에서의 데이터 중에 하나가 21.2 ppm Fe로 존재한다면 이 값은 이상값이다. 여러 통계적 검정법으로 결과에서 이상값이 존재하는지를 결정할 수 있다(7D절 참조).

한 **이상값**은 반복된 측정에서 얻은 모든 데이터에 비해 현저하게 다른 값을 갖는 결과이다.

## 5B 계통 오차

계통 오차는 확실한 원인과 명확한 값을 갖으며, 같은 방법으로 반복하여 측정한 결과들은 같은 크기의 계통 오차를 갖는다. 계통 오차는 측정한 결과들에서 **바이어스**(bias)를 발생시킨다. 바이어스는 같은 방법으로 얻은 일련의 모든 데이터에 영향을 미치며 부호를 갖는 특징이 있다.

**바이어스**는 특정 분석과 관련한 계통 오차의 척도이다. 바이어스가 결과값을 작게 하면 음의 부호를 갖고, 반대로 결과값을 크게 하면 양의 부호를 갖는다.

### ▸ 5B-1 계통 오차의 원인

계통 오차에는 3가지 종류가 있다.

- **기기 오차**(instrumental error)는 기기의 비이상적 거동, 잘못된 검정, 또는 부적절한 조건에서의 사용에 의해서 생긴다.
- **방법 오차**(method error)는 분석 시스템에서 비이상적인 화학적 물리적 거동으로 인하여 생긴다.
- **개인 오차**(personal error)는 실험자의 경솔함, 부주의, 개인적 성향으로부터 생긴다.

#### » *기기 오차*

모든 측정 장치는 계통 오차의 잠재적 원인이 된다. 예를 들면, 피펫과 뷰렛, 부피 플라스크는 눈금으로 나타내는 부피와는 약간 다른 부피를 갖거나 옮길 가능성이 있다. 이러한 차이는 교정 온도와는 상당히 다른 온도에서 유리기구를 사용하거나, 건조 과정에서 사용된 열에 의해 유리기구 표면이 뒤틀렸거나, 본래의 교정 오차 또는 유리기구 내부 표면의 오염 등의 이유로 생길 수 있다. 교정은 이러한 종류의 계통 오차를 대부분 제거할 수 있다.

전자기기도 많은 원인들에 의해 계통 오차를 수반하고 있다. 예를 들어, 배터리로 구동되는 기기를 사용할 때 전압이 낮아지면서 오차가 발생하게 된다. 기기를 자주 검정하지 않거나 검정이 잘못되면 기기 오차가 생길 수 있다. 실험자가 오차가 큰 조건 하에서 기기를 사용하면서 생기는 경우도 있다. 예를 들면, 강한 산성의 매질에서 pH 미터를 사용하는 것은 21장에서 설명하는 바와 같이 산성 오차를 유발한다. 온도 변화는 많은 전자부속품의 변동성을 유발하여 기기의 불안정과 오차를 만들 수 있다. 어떤 기기는 교류 전력선에서 유도되는 잡음에 민감하여 이 잡음이 정밀도와 정확도에 영향을 미친다. 많은 경우에 이러한 종류의 오차는 검출할 수도 보정할 수도 있다.

### » 방법 오차

분석에 기초가 되는 시약과 반응에서 비이상적인 화학적 물리적 거동이 계통적 방법 오차를 발생한다. 이런 비이상적인 거동의 원인인 반응 속도의 느려짐, 반응의 미완결, 어떤 화학종의 불안정성, 대부분 시약의 특이성의 부족, 부반응의 발생 등이 측정 과정을 방해한다. 예를 들어, 부피 분석법에서 일반적 방법 오차는 지시약의 색깔 변화로 당량점을 인지하게 하는 약간의 과량을 추가로 넣음으로써 생긴다. 이런 분석 방법의 정확도는 적정이 가능하도록 한 바로 그 현상에 의해 제한을 받는다.

방법 오차의 다른 예는 그림 5-3에서 설명하고 있는 바와 같이 분석자 3과 4의 결과는 시료인 니코틴 산의 화학적 성질에서 기인되어 음의 바이어스 값을 보여준다. 사용된 분석법은 유기 시료를 뜨거운 진한 황산에서 분해하는 방법으로 시료의 질소를 황산 암모늄으로 변화시킨다. 산화 수은이나 셀레늄 염, 구리 염과 같은 촉매를 넣어 분해 속도를 촉진하기도 한다. 황산 암모늄에서 암모니아의 양은 그 다음 측정 단계에서 결정된다. 이 실험에서 니코틴 산과 같이 피리딘 고리를 갖는 화합물은 황산에 의해 완전히 분해되지 않는다. 이런 화합물들은 끓는점을 올리기 위해 황산 포타슘이 이용된다. N—O 또는 N—N 결합을 포함하고 있는 시료는 환원 조건을 만들기 위해 반드시 전처리 과정을 거쳐야 한다.[3] 이러한 주의사항을 지키지 않으면, 낮은 결과값을 얻게 된다. 그림 5-3에서 보여주는 음의 오차인 $(\bar{x}_3 - x_t)$와 $(\bar{x}_4 - x_t)$는 시료의 불완전한 분해로 인한 계통 오차이다.

화학적 분석에서 일어나는 세 종류의 계통 오차 중에서 방법 오차가 찾아내고 보정하기가 가장 어렵다. ❯

분석 방법에서 존재하는 오차는 검출하기가 어려워서 3가지 계통 오차 종류 중에서 가장 심각하다.

### » 개인 오차

색맹은 부피 분석법에서 개인 오차를 일으키는 좋은 예이다. 어떤 유명한 색맹인 분석 화학자는 그의 부인을 실험실로 데려와 적정의 종말점에서 색 변화를 관찰하게 하기도 하였다. ❯

많은 측정은 개인적 판단을 요구한다. 예를 들면, 두 눈금 사이에 있는 어떤 지시선의 위치를 정하거나, 적정 시험에 있어서 종말점에서 용액의 색을 구별할 때, 피펫이나 뷰렛에서 눈금에 맞게 액체의 높이를 맞출 때(그림 6-5 참조) 등이다. 이런 종류의 판단은 계통적이며 한쪽 방향만으로 일어나기 쉽다. 예를 들어, 어떤 사람은 지시선의 일정하게 높게 읽고, 어떤 사람은 타이머의 작동을 약간 느리게 하고, 또

[3] J. A. Dean, *Analytical Chemistry Handbook*, New York: McGraw-Hill, 1995, section 17, p. 17.4.

어떤 사람은 색깔 변화에 둔감하다고 하자. 색깔 변화에 둔감한 분석자는 부피 분석법에서 과량의 시약을 더 첨가하는 경향이 있다. 분석자의 알려진 신체적 장애로 인한 미미한 작은 오차라도 분석 과정에서는 최소화 하도록 조정되어야 한다. 분석 과정의 자동화는 이런 종류의 많은 오차를 제거할 수 있다.

개인 오차의 일반적인 원인은 *선입관*(prejudice) 또는 *편견*(bias)이다. 아무리 정직한 사람도 사람은 일련의 분석 결과에서 정밀도를 개선하기 위해 한쪽 방향으로 눈금을 읽으려는 자연스러운 경향성을 갖고 있다. 또는 측정의 참값을 미리 마음속에 정해 놓고, 잠재적으로 이 값에 가깝게 결과를 이끄는 경향이 있다. 개인 오차의 또 다른 원인인 숫자에 대한 편견은 개인마다 정도의 차이가 있다. 가장 흔한 숫자에 대한 편견은 눈금의 바늘의 위치를 읽을 때 숫자 0과 5를 선호하는 것에서 기인한다. 또한 큰 단위보다는 작은 단위를 선호하고 홀수보다는 짝수를 선호하는 선입관도 매우 흔하다. 결국, 자동화 및 컴퓨터화된 기기의 사용이 이러한 편견을 제거할 수 있다.

디지털화 및 컴퓨터화된 판독장치를 사용하는 pH 미터, 저울 및 다른 전자기기는 결과를 읽을 때 판단이 필요 없으므로 숫자에 대한 편견이 없다. 그러나 이들 대부분의 기기는 유효 숫자 이상의 단위를 가지므로 유효 숫자에 맞추기 위해 반올림을 할 때 편견이 발생할 수 있다(6D-1절 참조).

## ▸ 5B-2 분석 결과에서 계통 오차의 영향

계통 오차는 **일정**(constant)하거나 **비례**(proportional)적인 경향이 있다. 일정 오차(constant error)의 크기는 측정된 양의 크기에 따라 변하지 않아야 한다. 일정 오차의 경우, 절대 오차는 시료의 크기에 대해 일정하지만 상대 오차는 시료의 크기에 따라서 변한다. 비례 오차(proportional error)는 분석에 이용되는 시료의 크기에 따라 커지거나 작아진다. 비례 오차의 경우, 절대 오차는 시료의 크기에 따라 변하지만, 상대 오차는 시료의 크기가 변해도 일정하다.

**일정 오차**는 시료의 크기와는 독립적이다. **비례 오차**는 시료의 크기에 비례해서 커지거나 작아진다.

### » *일정 오차*

일정 오차의 영향은 측정하는 양의 크기가 작아질수록 더 심각해진다. 예제 5-2에서는 무게 분석법의 결과가 용해도 감소에 대한 영향을 받는 것을 보여주고 있다.

**예제 5-2**

200 mL의 세척액으로 세척한 결과 침전물 0.50 mg이 손실된다고 가정하자. 침전물의 무게가 500 mg이라면, 용해도 감소에 의한 상대 오차는 $-(0.50/500) \times 100\% = -0.1\%$이다. 50 mg의 침전물로부터 같은 양이 손실된다면, 상대 오차는 $-1.0\%$가 된다.

일정 오차의 또 다른 예는 적정하는 동안 색깔 변화를 일으키는데 과량의 시약이 필요한 경우이다. 일반적으로 작은, 이 부피는 적정에서 필요한 시약의 총 부피에 상관없이 일정하다. 이 원인으로부터의 상대 오차는 총 부피가 감소할수록 더 심각해진다. 일정 오차의 영향을 줄이는 한 가지 방법은 허용 오차까지 시료의 양을 증가시키는 것이다.

### » *비례 오차*

비례 오차의 일반적 원인은 시료에 분석에 방해를 일으키는 불순물이 존재하기 때문이다. 예를 들어, 구리를 정량하는데 사용하는 일반적인 방법은 Cu(II) 이온이 아이오딘화 포타슘과 반응하여 아이오딘을 생성하는 반응에 근거한 것이다(20B-2절,

38H-3절, 38H-4절 참조). 측정한 아이오딘의 양은 구리의 양에 비례한다. 만약 시료에 철(III)이 존재하면, 철도 역시 아이오딘화 포타슘과 반응하여 아이오딘을 생성할 것이다. 이러한 방해를 방지하는 과정이 없다면, 생성된 아이오딘의 양은 시료 내의 Cu(II)와 Fe(III)에 양에 따르므로 더 높은 함량의 Cu(II)가 존재하는 것으로 결과가 나올 것이다. 이런 오차의 크기는 분석하는 시료의 크기와는 상관없이 오염물 Fe(III)의 존재 *분율*에 의해 결정된다. 시료의 크기를 2배로 증가한다면 구리와 오염물 철에 의해 생성되는 아이오딘의 양도 역시 2배가 된다. 따라서 보고되는 구리의 백분율 크기는 시료의 크기와는 무관하다.

## ▸ 5B-3 계통 기기 오차와 개인 오차의 검출

어떤 계통적 기기 오차는 교정에 의해 발견되고 보정될 수도 있다. 대부분 기기는 오래 사용하면 부품이 낡고 부식되거나 잘못된 사용 등의 이유로 기기를 주기적으로 교정해 주는 것이 바람직하다. 많은 계통적 기기 오차는 시료에 분석 감응에 영향을 주는 화학종의 존재에 따른 방해와 관련이 있다. 단순한 교정으로는 이러한 영향을 제거할 수 없다. 대신, 8D-3절에서 설명하는 방법을 이용하면 이런 방해에 의한 영향을 제거할 수 있다.

많은 과학자들은 실험값을 실험 노트에 기입하고, 습관적으로 다시 한 번 실험값을 읽어, 올바른 값을 기입하였는지를 검증한다.

대부분의 개인 오차는 철저하게 훈련된 실험실 작업에 의해 최소화될 수 있다. 기기의 결과 읽는 것을 확인하고, 실험 노트를 꼼꼼히 작성하고, 체계적으로 계산하는 것 등은 개인 오차를 줄이는 좋은 습관이 된다. 실험자의 신체적 장애로 인한 오차는 보통 신중한 분석 방법의 선택 또는 자동화 분석 과정의 도입에 의해 피할 수 있다.

## ▸ 5B-4 계통 방법 오차의 검출

분석 방법에서 바이어스(bias)는 특히 검출하기 어렵다. 다음의 하나 또는 그 이상의 단계를 수행하여 분석 방법에서의 계통적 방법 오차를 인지하고 조정할 수 있다.

### » 표준 시료의 분석

**표준 기준 물질**은 미국표준기술연구원(NIST)에서 만들어 판매하고 보증하는 물질로서 하나 또는 그 이상의 분석물의 농도가 정확하게 알려진 물질이다.

분석 방법에서의 편견을 추정하는데 가장 좋은 방법은 **표준 기준 물질**(standard reference material, SRM)로 불리는 정확히 알려진 농도를 갖는 하나 또는 그 이상의 분석 물질을 포함하고 있는 물질을 분석하는 것이다. 표준 기준 물질은 여러 가지 방법으로 얻을 수 있다.

표준 물질은 합성에 의해서 얻을 수도 있다. 이 과정에서는 정확하게 아는 양으로 구성된 성분들로 매우 균일한 시료로 만들기 위한 특정한 방법으로 어떤 물질의 순수한 성분들을 매우 신중하게 취한 양을 측정하고 혼합한다. 합성된 표준 물질의 전체 조성은 분석하게 될 시료의 조성과 매우 유사해야만 한다. 분석물의 농도를 정확하게 아는 것을 확신하기 위해서는 신중한 주의를 기울여야 한다. 불행히도 합성 표준 물질은 예기치 않은 방해물을 밝히기 어렵고 농도의 정확도를 알 수 없어서 실질적으로는 잘 사용하지 않는다.

표준 기준 물질은 여러 정부기관 및 산업체에서 구입할 수 있다. 예를 들어, 미국표준기술연구원(NIST)은 암석, 광물, 기체 혼합물, 유리, 탄화수소 혼합물, 고분자 물질, 도시먼지, 빗물, 하천 침전물 등 1300 여종이 넘는 표준 기준 물질을 제공하고 있다.[4] 이 물질들의 하나 또는 그 이상의 성분들의 농도는 다음 세 가지 중의 하나로 결정된다. (1) 이미 공증된 표준 방법을 이용한 분석, (2) 두 개 또는 그 이상의 독립적이고 신뢰성이 높은 측정 방법들을 이용한 분석, 또는 (3) 기술적으로 경쟁력이 있고 시험용 물질에 대한 전반적으로 이해하고 있는 협력 실험실 네트워크에서의 분석. 여러 시판 공급업체들도 시험 분석을 위한 검증된 물질을 판매하고 있다.[5]

종종 표준 기준 물질의 분석은 인정된 값과 다른 결과가 나오기도 한다. 이러한 차이가 나오는 원인이 바이어스 때문인지 아니면 우연 오차 때문인지가 문제가 된다. 이 문제의 답은 7B-1절에서 다루는 통계시험법으로 찾을 수 있다.

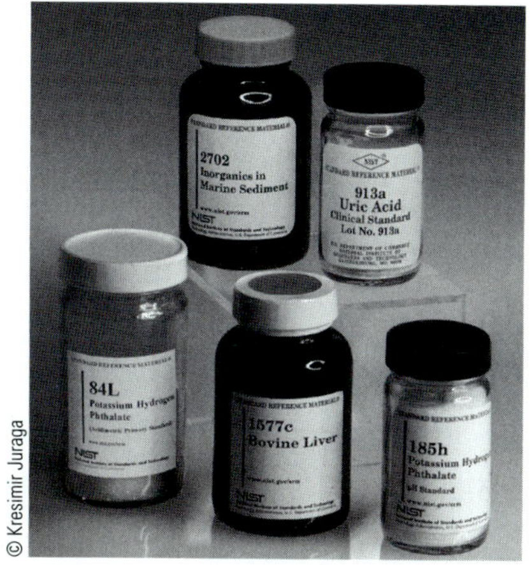


NIST에서 판매하는 표준 기준 물질.

### 독립적인 분석

표준 시료를 이용할 수 없다면, 다른 독립적이고 신뢰성 있는 분석 방법으로 이미 검증된 분석 방법과 병행하여 비교하는 방법이 있다. 독립적인 분석법은 조사하려는 분석법과 최대한 달라야만 한다. 이 방법은 두 비교 실험법에서의 시료에 존재하는 공통 인자들에게 같은 영향을 주는 것을 최소화한다. 두 실험법에서의 어떤 차이가 우연 오차의 결과인지 아니면 수행하는 방법에서의 바이어스인지를 결정하기 위해서는 역시 통계시험법을 이용해야 한다(7B-2절 참조).

표준 기준 물질의 사용에서는 바이어스와 평범한 우연 오차를 구분하는 것은 매우 어렵다.

### 바탕 정량

**바탕시료**(blank)는 정량 분석에 사용되는 시약과 용매는 포함하고 있지만 분석 물질은 없는 시료이다. 분석 물질의 전체 환경과 유사하게 만들기 위해 많은 성분을 시료에 첨가한 것을 **시료 매트릭스**(sample matrix)라 한다. 바탕 정량에서 분석의 모든 단계는 바탕시료로 수행한다. 그 결과는 시료의 측정에서 보정하는데 사용된다. 바탕 정량은 분석에서 사용되는 시약과 용기로부터 들어온 오염물질의 방해로 기인하는 오차를 밝히는 것이다. 바탕시료는 종말점에서 색깔을 변하게 하는데 필요한 지시약의 부피에 대한 적정에서의 보정용으로도 사용된다.

**바탕** 용액은 분석에서 사용되는 용매와 모든 시약를 포함하는 물질이다. 가능하다면 유사한 시료의 매트릭스를 만들기 위해 여러 성분을 바탕시료에 첨가할 수도 있다.

**매트릭스**는 시료를 구성하는 모든 성분을 총칭하는 용어이다.

### 시료 크기의 가변성

예제 5-2는 측정하는 시료의 크기가 증가할수록 일정 오차의 크기는 감소하는 것을 보여준다. 따라서 일정 오차는 시료의 크기를 다양하게 함으로써 쉽게 검출할 수 있다.

통계적 방법은 화학뿐만 아니라 일상생활에서도 매우 중요하다. 신문, 잡지, TV, 인터넷 등 수많은 것들이 우리를 통계적으로 혼란스럽고 혼동하게 한다. **www.cengage.com/chemistry/skoog/fac9**에 접속하여 Chapter 5를 선택한 후, Web Works를 선택하라. 통계에 대한 흥미로운 발표 자료가 있는 웹사이트의 링크를 찾을 수 있을 것이다. 링크를 활용하여 평균과 중앙값의 정의를 찾아보라. 월급에 대한 예제를 활용하여 가운데 값을 찾아 두 측정 사이의 차이를 구분하고, 두 값을 비교하는 방법을 보여주고, 일련의 데이터 세트에 대한 적절한 측정을 이용하여 중요성을 설명하고 있다. 9개의 월급에 대해 평균과 중앙값 중에서 어떤 것이 더 큰지, 이 경우에 왜 두 값이 이렇게 많이 차이가 나는지 등을 이해할 수 있게 될 것이다.

[4] U.S. Department of Commerce, *NIST Standard Reference Materials Catalog*, 2011 ed., NIST Special Publication 260, Washington, D.C.: U.S. Government Printing Office, 2011; http://www.nist.gov.

[5] 예를 들어 일상 및 생명과학 분야는 다음을 참고하시오. Sigma-Aldrich Chemical Co., 3050 Spruce St., St. Louis, MO 63103 또는 Bio-Rad Laboratories, 1000 Alfred Novel Dr., Hercules, CA 94547.

## 연습 문제

**5-1.** 두 용어 사이의 차이점을 설명하시오.
*(a) 우연 오차와 계통 오차
(b) 일정 오차와 비례 오차
*(c) 절대 오차와 상대 오차
(d) 평균과 중앙값

***5-2.** 3 m 너비의 테이블을 1 m 금속자로 측정할 때 가능한 두 가지 계통 오차의 원인과 두 가지 우연 오차의 원인을 제시하시오.

**5-3.** 세 가지 종류의 계통 오차 이름을 쓰시오.

***5-4.** 분석저울을 이용하여 고체의 무게를 측정할 때 일어날 수 있는 최소 세 가지의 계통 오차를 설명하시오.

***5-5.** 피펫을 이용하여 정확히 아는 부피의 용액을 옮길 때 발생할 수 있는 최소 세 가지의 계통 오차를 설명하시오.

**5-6.** 어떻게 계통 방법 오차를 검출할 수 있는가?

***5-7.** 시료의 크기를 다양하게 하여 검출할 수 있는 계통 오차는 어떤 것들이 있는가?

**5-8.** 어떤 분석 방법으로 시료에 함유된 금의 정량 분석에서 실제보다 0.4 mg 낮은 결과를 얻었다. 시료 중에 함유된 금의 실제 무게가 다음과 같을 때 백분율 상대 오차를 계산하시오.
*(a) 500 mg, (b) 250 mg, *(c) 150 mg, (d) 70 mg

**5-9.** 연습 문제 5-8에서의 방법을 이용하여 약 1.2%의 금을 함유하고 있는 광석을 분석하였다. 0.4 mg의 금이 손실된 상대 오차가 다음을 초과하지 않기 위한 시료의 최소 무게를 구하시오.
*(a) −0.1%?
(b) −0.4%?
*(c) −0.8%?
(d) −1.1%?

**5-10.** 화학 지시약의 색깔이 변화되려면 0.03 mL 만큼이 과량으로 넣어져야 한다. 전체 적정액의 부피가 다음과 같을 때, 백분율 상대 오차를 계산하시오.
*(a) 50.00 mL.
(b) 10.0 mL.
*(c) 25.0 mL.
(d) 30.0 mL.

**5-11.** Zn 원소의 정량 분석에서 0.4 mg의 Zn 손실이 있다고 하자. 시료에서 실제 Zn의 질량이 다음과 같을 때, 이 손실에 의한 백분율 상대 오차를 계산하시오.
*(a) 30 mg.
(b) 150 mg.
*(c) 300 mg.
(d) 500 mg.

**5-12.** 다음 각각의 데이터 세트에서 평균과 중앙값을 구하시오. 또한, 각 세트에서 각각의 데이터 포인트에 대한 평균으로부터의 편차를 구하고, 각 데이터 세트의 평균 편차를 구하시오. 필요하면 스프레드시트를 이용하시오.
*(a) 0.0110 0.0104 0.0105
(b) 24.53 24.68 24.77 24.81 24.73
*(c) 188 190 194 187
(d) $4.52 \times 10^{-3}$ $4.47 \times 10^{-3}$ $4.63 \times 10^{-3}$ $4.48 \times 10^{-3}$ $4.53 \times 10^{-3}$ $4.58 \times 10^{-3}$
*(e) 39.83 39.61 39.25 39.68
(f) 850 862 849 869 865

**5-13.** **도전 문제:** Richards와 Willard는 리튬의 몰질량을 결정하기 위해 다음의 데이터를 얻었다.[6]

| 실험 | 몰질량, g/mol |
|---|---|
| 1 | 6.9391 |
| 2 | 6.9407 |
| 3 | 6.9409 |
| 4 | 6.9399 |
| 5 | 6.9407 |
| 6 | 6.9391 |
| 7 | 6.9406 |

(a) 이들에 의해서 결정된 평균 몰질량을 구하시오.
(b) 몰질량의 중앙값을 구하시오.
(c) 현재 알려진 리튬 몰질량의 인정된 값을 참값이라고 가정하자. 두 사람에 의해서 결정된 평균에 대한 절대 오차와 백분율 상대 오차를 계산하시오.
(d) 1910년 이후로 리튬의 몰질량을 정량한 문헌을 최소한 3개 찾아서 Richards와 Willard의 논문 10쪽의 표에서 주어진 1817년 이후의 값들을 포함하여 연도순으로 표 또는 스프레드시트로 나열하시오. 지난 2세기 동안 리튬의 몰질량이 어떻게 변했는지 표현할 수 있도록 연도에 대한 몰질량으로 그래프를 작성하시오. 1830년경에 이 값이 급격하게 변하였는지에 대한 가능한 이유를 설명하시오.
(e) Richards와 Willard가 설명한 놀라울 정도로 상세한 실험에 의하면 리튬의 몰질량의 큰 변화가 있기는 어렵다. (c)에서 계산한 결과를 바탕으로 이러한 주장이 가능한 이유를 설명하시오.
(f) 1910년 이후로 몰질량의 변화를 이끈 요인들은 무엇인가?
(g) 원자의 몰질량의 정확도를 결정하는 방법을 설명하시오.

[6] T.W. Richards and H.H. Willard. *J. Am. Chem. Soc.*, **1910**, *32*, 4, **DOI:** 10.1021/ja01919a002.

제 6 장

# 화학 분석에서의 우연 오차

*Random Errors in Chemical Analysis*

이 장에서 설명할 확률 분포는 결과의 신뢰성을 확인하고 여러 가지 가설을 시험하는 통계적인 방법으로 사용된다. 사진에서 보여지는 오점형(quincunx)은 정규 분포 곡선을 얻는 수학적인 방법이다. 매 10분마다 공을 불규칙하게 꺾이게 하는 말뚝을 장치한 기계의 중심에서 30,000개의 공이 떨어진다. 공이 말뚝을 만날 때마다 공은 50:50의 확률로 오른쪽 혹은 왼쪽으로 떨어지게 된다. 공이 말뚝들을 다 통과하게 되면 투명한 상자 속의 수직 '저장 통'에 담기게 된다. 각 저장 통에 있는 공의 높이는 그 저장 통에 공이 떨어질 확률과 비례한다. 그 확률 분포는 그림과 같은 부드러운 곡선의 형태로 나타난다.

모든 측정은 우연 오차를 포함하고 있다. 이 장에서는 우연 오차의 원인, 우연 오차 크기의 결정 그리고 우연 오차가 화학 분석의 계산 결과에 미치는 영향 등에 대해 알아볼 것이다. 또 유효숫자의 법칙을 소개하고 분석 결과에서의 사용법을 설명할 것이다.

## 6A 우연 오차의 성질

모든 측정에는 우연 혹은 불가측 오차가 존재한다. 이들은 완전히 제거할 수 없으며 정량 분석에 있어서 불확정도(uncertainty)의 주요 원인이 된다. 우연 오차는 모든 분석에서 피할 수 없는 부분인 조절할 수 없는 많은 변수에 의하여 생긴다. 대부분의 우연 오차의 원인들을 확실하게 찾아내기는 어렵다. 만일 불확정도를 일으키는 원인을 확실히 찾아낸다고 하더라도 대부분은 너무 작기 때문에 개별적으로 검출할 수 없다. 그러나 개개의 불가측 오차의 축적된 효과는 한 무리의 반복 측정으로부터 얻은 결과 값이 평균 주위에 불규칙하게 분포되어 나타나게 된다. 예를 들어, 그림 5-1과 그림 5-3에 있는 결과 값은 작은 우연 불확정도들이 모여 이루어진 직접적인 결과로 분산되어 나타난 것이다. 우리는 여기서 각 측정 값의 정확도와 정밀도를 더 잘 보기 위해서 그림 5.3의 Kjeldahl법에 의한 질소량의 측정 값들을 **그림 6-1**에 3차원의 도표로 다시 구성하였다. 분석자 2와 분석자 4의 결과 값에 대한 우연 오차는 분석자 1과 분석자 3의 결과 값에 대한 우연 오차보다 훨씬 크다는 것을 주목하시오. 분석자 3의 결과는 정밀도는 우수하지만 정확도는 좋지 않다. 분석자 1의 결과는 우수한 정밀도와 정확도를 나타낸다.

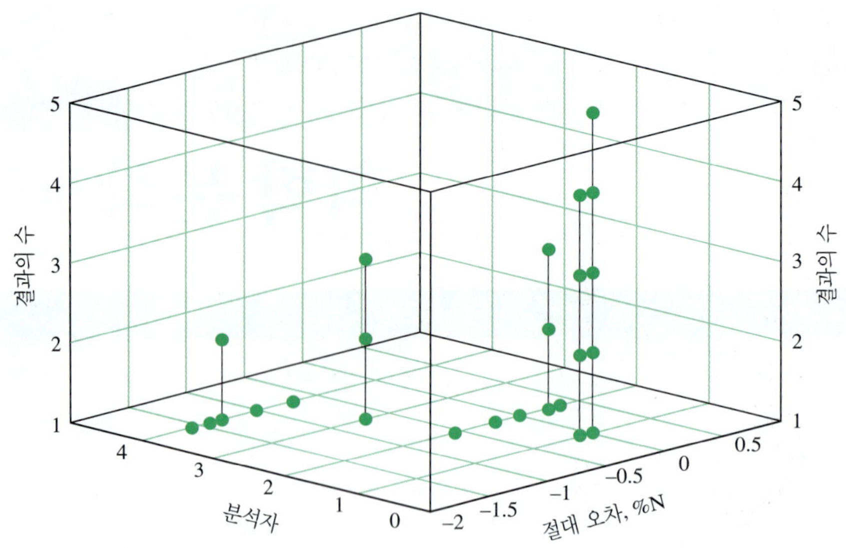


**그림 6-1** 네 명의 다른 분석자가 Kjeldahl 법으로 질소를 분석한 결과에 대한 절대 오차를 3차원 그림으로 나타내었다. 분석자 1의 결과는 정밀도와 정확도가 좋다는 점에 주목하시오. 분석자 3의 결과는 정밀하지만 절대 오차는 크다. 분석자 2와 4의 결과는 정밀하지도 않고 정확하지도 않다.

## ▸ 6A-1 우연 오차의 원인

다음과 같은 방법에서 검출할 수 없는 정도의 작은 불확정도가 검출할 수 있는 우연 오차를 만든다고 하는 정성적인 개념을 얻을 수 있다. 단지 네 개의 작은 우연 오차가 모여서 총괄 오차를 만드는 상황에 대해 생각해 보기로 하자. 각 오차는 같은 확률을 가지고 일어나고 각 오차가 최종 결과로 하여금 일정한 양 $\pm U$만큼 크거나 작은 값이 되게 한다고 하자.

**표 6-1**에는 네 개의 오차를 조합하여 평균값으로부터 벗어나는 편차를 나타내는 가능한 모든 방법을 보여주고 있다. +4 $U$의 편차를 나타내는 조합은 한 경우뿐이고, 4개의 조합이 +2 $U$의 편차를 갖고 있고, 0 $U$의 편차를 갖는 조합은 6개가 있

**표 6-1**
**똑같은 크기를 갖는 네 가지 불확정도의 가능한 조합**

| 불확정도의 조합 | 우연 오차의 크기 | 조합 수 | 상대 빈도수 |
|---|---|---|---|
| $+U_1+U_2+U_3+U_4$ | $+4U$ | 1 | 1/16 = 0.0625 |
| $-U_1+U_2+U_3+U_4$<br>$+U_1-U_2+U_3+U_4$<br>$+U_1+U_2-U_3+U_4$<br>$+U_1+U_2+U_3-U_4$ | $+2U$ | 4 | 4/16 = 0.250 |
| $-U_1-U_2+U_3+U_4$<br>$+U_1+U_2-U_3-U_4$<br>$+U_1-U_2+U_3-U_4$<br>$-U_1+U_2-U_3+U_4$<br>$-U_1+U_2+U_3-U_4$<br>$+U_1-U_2-U_3+U_4$ | 0 | 6 | 6/16 = 0.375 |
| $+U_1-U_2-U_3-U_4$<br>$-U_1+U_2-U_3-U_4$<br>$-U_1-U_2+U_3-U_4$<br>$-U_1-U_2-U_3+U_4$ | $-2U$ | 4 | 4/16 = 0.250 |
| $-U_1-U_2-U_3-U_4$ | $-4U$ | 1 | 1/16 = 0.0625 |

다. 음의 오차를 갖는 조합의 수도 마찬가지이다. 1 : 4 : 6 : 4 : 1의 비는 각 크기의 편차를 나타낼 수 있는 확률의 척도가 된다. 그러므로 측정 횟수를 매우 크게 한다면 **그림 6-2a**와 같은 빈도수 분포를 예상할 수 있다. 이 도시에서의 *y*축은 다섯 가지의 가능한 조합으로 인해 생기는 상대 빈도수이다.

이 예에서 모든 불확정도는 똑같은 크기를 가지고 있다. 이러한 제한은 Gauss 곡선의 식을 유도하는데 필수적인 것은 아니다.

**그림 6-2b**는 10개의 같은 크기의 불확정도에 대한 이론적인 분포를 보여주고 있다. 역시 가장 빈도수가 큰 것은 평균으로부터 0의 편차를 갖는 것임을 알 수 있다. 양극단에 있으며 가장 큰 편차에 해당하는 10 *U*는 500번 측정 중에 한번 정도 나타난다.

이와 같은 과정을 매우 많은 개개의 오차에 적용했을 때 **그림 6-2c**와 같은 종 모양의 곡선을 얻게 된다. 이런 도표를 **Gauss 곡선**(Gaussian curve) 또는 **정규 오차 곡선**(normal error curve)이라고 한다.

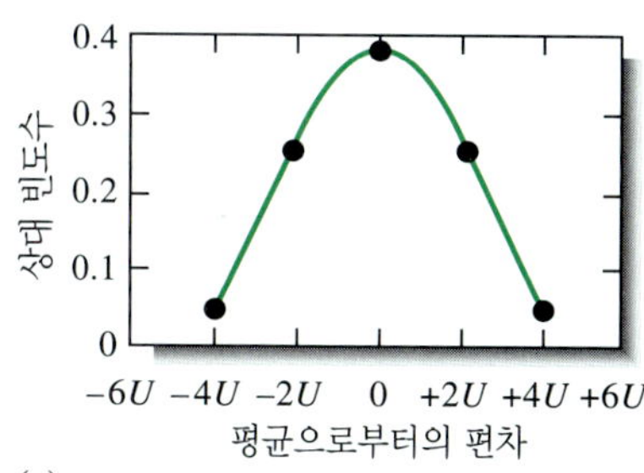

(a)

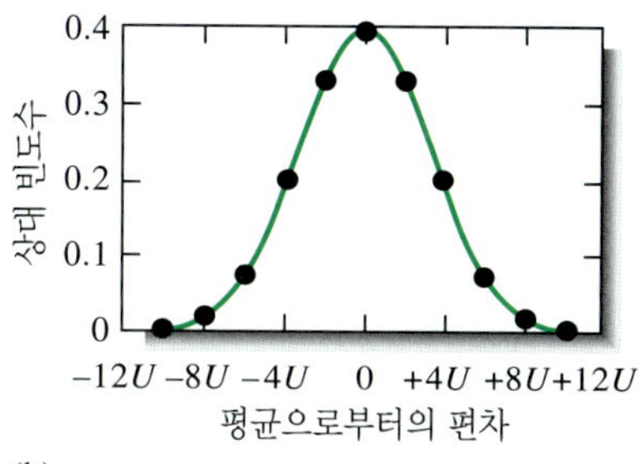

(b)

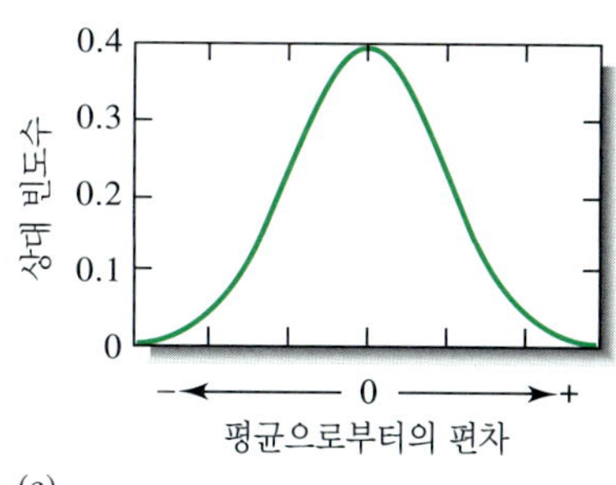

(c)

**그림 6-2** (a) 4개의 우연 불확정도, (b) 10개의 우연 불확정도, (c) 매우 많은 수의 우연 불확정도를 포함하고 있는 측정에서의 빈도수 분포.

## ▸ 6A-2 실험 결과의 분포

대부분의 정량 분석 실험으로부터 얻은 반복 데이터의 분포는 그림 6-2c에 나타낸 Guass 곡선의 분포와 거의 같음을 경험적으로 알고 있다. 예를 들어 10 mL의 피펫을 검정하기 위한 **표 6-2**의 스프레드시트(spreadsheet)의 결과를 이용해 보기로 하자.[1] 이 실험에서 작은 플라스크와 마개의 무게를 잰다. 피펫으로 10 mL의 물을 플라스크에 취하고 플라스크의 마개를 닫는다. 마지막으로 다시 플라스크와 마개 및 물의 무게를 잰다. 또한 물의 온도를 측정하여 밀도를 알아낸다. 그 다음 이 두 무게의 차이를 이용하여 물의 무게를 계산한다. 이 차이를 물의 밀도로 나누면 피펫을 이용하여 취한 물의 부피를 알 수 있다. 이 실험을 50번 반복하였다.

표 6-2에 있는 데이터는 윗접시 저울을 이용하여 mg (0.001 mL에 해당) 단위까지 잴 수 있고 숙련된 분석자가 모든 노력을 기울여 계통 오차를 피해서 얻은 것들이다. 그렇다고 하더라도 결과는 9.969 mL부터 9.994 mL까지의 범위에 들어 있다. 이 데이터의 **범위**(spread) 0.025 mL는 실험에서 생기는 모든 우연 오차의 축적으로 인해 직접 나타난 것이다.

한 무리의 반복 측정 값의 **범위**는 가장 큰 값과 가장 작은 값 사이의 차이이다.

표 6-2에 있는 정보는 **표 6-3**에 있는 것과 같이 데이터를 빈도수 분포 그룹으로 나누었을 때 더 쉽게 인식될 수 있다. 여기서 많은 데이터를 일련의 인접 한 0.003 mL 구간으로 나누어 표를 만들고, 각 구간에 들어온 측정의 퍼센트를 계산한다. 전체 중 26%의 결과는 9.981~9.983 mL 범위에 들어 있음을 주목하시오. 이 범위 안에 평균 값과 중간 값인 9.982 mL가 들어 있다. 또한 결과의 절반 이상이 평균의 ±0.004 mL 내에 포함되는 것을 유의하시오.

**표 6-3**에 있는 빈도수 분포 데이터를(그림 6-3에서 *A*로 표시된) 막대그래프 즉 **히스토그램**(histogram)으로 도시해 놓았다. 측정 횟수가 증가할수록 히스토그램이 그림 6-3의 도시 *B*에 나타낸 연속 곡선 모양에 가까워질 것임을 예상할 수 있다. 이 곡선은 무한한 무리의 데이터를 이용하여 얻은 Gauss 곡선 즉, 정규 오차 곡선이다. 이 곡선에 대한 데이터는 히스토그램의 데이터와 마찬가지로 평균(9.982 mL), 정밀도, 곡선 아래의 면적이 같다.

**히스토그램**은 그림 6-3의 도표 *A*에서 보여준 것과 같은 막대 그래프이다.

[1]피펫 검정실험을 위해 38A-4절 참고하시오.

표 6-2

| | A | B | C | D | E | F | G | H |
|---|---|---|---|---|---|---|---|---|
| 1 | Replicate Data for the Calibration of a 10-mL Pipet* | | | | | | | |
| 2 | **Trial** | **Volume, mL** | | **Trial** | **Volume, mL** | | **Trial** | **Volume, mL** |
| 3 | 1 | 9.988 | | 18 | 9.975 | | 35 | 9.976 |
| 4 | 2 | 9.973 | | 19 | 9.980 | | 36 | 9.990 |
| 5 | 3 | 9.986 | | 20 | 9.994 | | 37 | 9.988 |
| 6 | 4 | 9.980 | | 21 | 9.992 | | 38 | 9.971 |
| 7 | 5 | 9.975 | | 22 | 9.984 | | 39 | 9.986 |
| 8 | 6 | 9.982 | | 23 | 9.981 | | 40 | 9.978 |
| 9 | 7 | 9.986 | | 24 | 9.987 | | 41 | 9.986 |
| 10 | 8 | 9.982 | | 25 | 9.978 | | 42 | 9.982 |
| 11 | 9 | 9.981 | | 26 | 9.983 | | 43 | 9.977 |
| 12 | 10 | 9.990 | | 27 | 9.982 | | 44 | 9.977 |
| 13 | 11 | 9.980 | | 28 | 9.991 | | 45 | 9.986 |
| 14 | 12 | 9.989 | | 29 | 9.981 | | 46 | 9.978 |
| 15 | 13 | 9.978 | | 30 | 9.969 | | 47 | 9.983 |
| 16 | 14 | 9.971 | | 31 | 9.985 | | 48 | 9.980 |
| 17 | 15 | 9.982 | | 32 | 9.977 | | 49 | 9.984 |
| 18 | 16 | 9.983 | | 33 | 9.976 | | 50 | 9.979 |
| 19 | 17 | 9.988 | | 34 | 9.983 | | | |
| 20 | *Data listed in the order obtained | | | | | | | |
| 21 | Mean | 9.982 | | Maximum | 9.994 | | | |
| 22 | Median | 9.982 | | Minimum | 9.969 | | | |
| 23 | Std. Dev. | 0.0056 | | Spread | 0.025 | | | |

†표 6-2의 아래에 있는 통계값들의 계산은 다음을 참고하시오. S. R. Crouch and F. J. Holler, *Applications of Microsoft® Excel in Analytical Chemistry*, 2nd ed., Belmont, CA: Brooks/Cole, 2014, ch. 2.

**Gauss 곡선** 즉 **정규 오차 곡선**은 그림 6-2c에 있는 것과 같이 무한히 많은 무리의 데이터들이 평균 주위에 대칭적으로 분포되어 있는 곡선이다.

표 6-2의 데이터와 같이 반복 측정된 결과 사이에 차이가 발생하는 것은 실험에서 조절할 수 없는 변수에 의한 수많은 작고 개별적으로 검출하기 어려운 우연 오차 때문이다. 일반적으로 작은 오차들은 서로 상쇄되어 최소의 효과를 나타내는 경향성이 있다. 하지만 이들은 똑같은 방향으로 나타나 더 큰 값을 가지는 양 또는 음의 알짜 오차를 나타내기도 한다.

피펫 검정 시에 생기는 우연 불확정도의 원인은 (1) 피펫의 눈금에 대한 물의 높이와 온도계 수은의 높이 측정과 같이 육안으로 판단해서 생기는 것, (2) 피펫에서 용액을 따를 때의 시간과 피펫의 각도에서의 차이로 인한 것, (3) 피펫의 부피, 액체

**표 6-3**

**표 6-2에 있는 데이터의 빈도수 분포**

| 부피 범위(mL) | 범위 내의 수 | 범위 내의 % |
|---|---|---|
| 9.969~9.971 | 3 | 6 |
| 9.972~9.974 | 1 | 2 |
| 9.975~9.977 | 7 | 14 |
| 9.978~9.980 | 9 | 18 |
| 9.981~9.983 | 13 | 26 |
| 9.984~9.986 | 7 | 14 |
| 9.987~9.989 | 5 | 10 |
| 9.990~9.992 | 4 | 8 |
| 9.993~9.995 | 1 | 2 |
| | 총 합 = 50 | 총 합 = 100% |

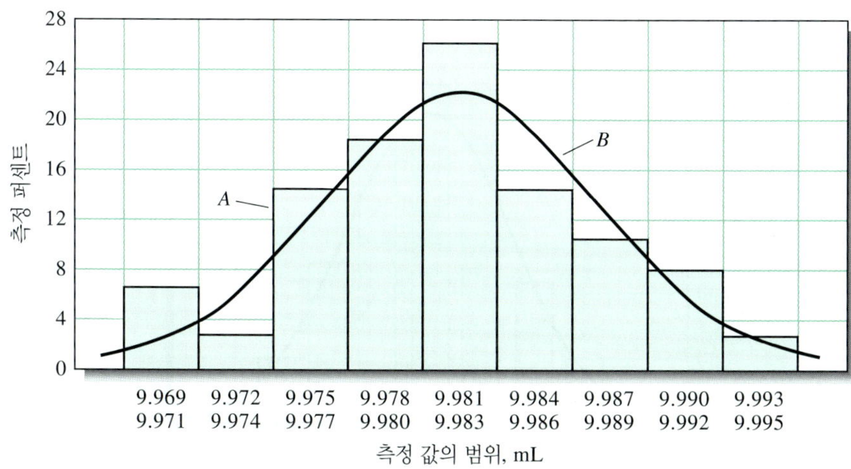


**그림 6-3** (*A*) 표 6-3에 있는 50개의 결과 값의 분포를 보여주는 히스토그램과 (*B*) 히스토그램의 데이터와 같은 평균과 표준 편차를 가지고 있는 데이터의 Gauss 곡선.

의 점도, 저울의 성능 등에 영향을 주는 온도 변화, (4) 저울을 읽을 때 작은 변화를 일으키는 진동과 통풍이 있다. 말할 필요도 없이 우연 불확정도의 수많은 다른 원인들도 이 검정 과정에 영향을 준다. 많은 작고 조절할 수 없는 변수들이 심지어 피펫을 검정하는 것과 같은 간단한 과정에서도 영향을 준다. 이런 우연 오차의 원인들 중 어느 하나가 측정 오차에 영향을 주는 지를 측정하기는 어려우나 이들의 축적된 효과는 데이터가 평균 주위에 분산되게 한다.

많은 수의 실험 결과에 의한 데이트의 정상분포가 특집 6-1에 설명되어 있다.

**특집 6-1**

### 동전 던지기: 정규 분포를 설명하기 위한 한 학생의 행동

당신이 한 동전을 10번 던져 올리면 앞면이 몇 번 나오겠는가? 한 번 시도해 보고, 그 결과를 기록해 보시오. 실험을 반복하시오. 결과가 동일한가? 학과 친구들에게 똑같은 실험을 하도록 하고 결과를 표로 만들어 보시오. 아래 표는 18년 이상 분석화학을 수강하는 학생들에 의해 얻어진 결과를 모아 놓은 것이다.

| 앞면의 수 | 0 | 1 | 2 | 3 | 4 | 5 | 6 | 7 | 8 | 9 | 10 |
|---|---|---|---|---|---|---|---|---|---|---|---|
| 빈도수 | 1 | 1 | 22 | 42 | 102 | 104 | 92 | 48 | 22 | 7 | 1 |

여러분의 결과를 표에 있는 결과에 포함시키고, 그림 6F-1에서 보여준 것과 비슷한 히스토그램을 그려 보시오. 결과에 대한 평균과 표준 편차(6B-3절 참조)를 구하고, 도시에서 보여준 값들과 비교해 보시오. 그림 6F-1에 있는 완만한 곡선은 데이터와 똑같은 평균과 표준 편차를 갖는 무한히 많이 시도한 횟수에 대한 정규 오차 곡선이다. 평균 5.06이 확률 법칙을 근거로 하여 예상한 5라는 값에 매우 가까움에 주목하시오. 시도한 횟수가 많으면 많을수록 히스토그램은 완만한 곡선의 모양에 가까워지며, 평균도 5에 가까워진다.

(계속)

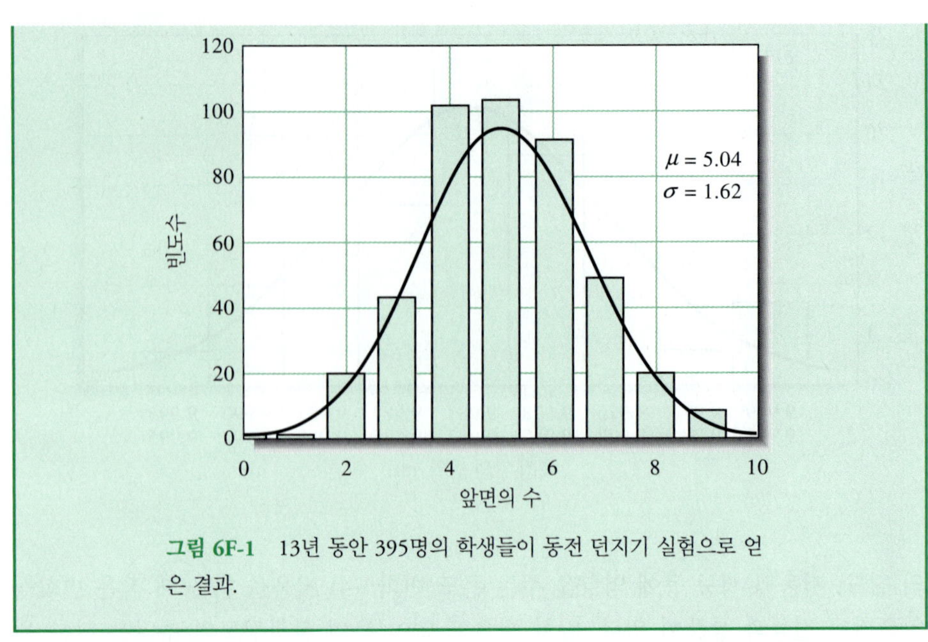


**그림 6F-1** 13년 동안 395명의 학생들이 동전 던지기 실험으로 얻은 결과.

## 6B 우연 오차의 통계학적 처리

통계학은 한 무리의 데이터에 이미 존재하고 있는 정보만을 나타낸다는 것을 알아두어야 한다. 즉 통계학에 의해서 *어떠한 새로운 정보도 만들어지지 않는다.* 그러나 통계학은 다른 면에서 데이터를 바라볼 수 있게 하고 데이터의 질과 이용에 관해 주관적이며 지적인 판단을 할 수 있게 한다. 

앞 절에서 논의된 우연 오차는 통계학적인 방법에 의해 평가될 수 있다. 보통 분석 데이터의 통계학적 분석은 분석에서의 우연 오차가 그림 6-3의 곡선 *B*, 혹은 그림 6F-1에서 매끄러운 곡선 또는 그림 6-2c에서 보여준 것과 같은 Gauss 즉 정규 분포를 한다고 가정하는데 근거를 두고 있다. 예를 들어, 시험의 결과가 성공적인 경우나 실패한 경우에 모두 이항식의 분포를 나타내기도 한다. 핵 활동도 혹은 광자 감응 실험의 경우 Poisson 분포 형태를 따르는 결과를 보여준다. 그러나 우리는 분포를 가정할 때 주로 Gauss 분포를 이용한다. 많은 수의 실험 결과를 이용하면 이 가정이 더 맞게 된다. 30개 이상의 결과를 가지고 있고 결과가 한쪽으로 치우치지 않았다면 우리는 Gauss 분포를 사용할 수 있다. 그래서 여기서의 설명은 전적으로 우연 오차의 정규분포에 근거하고 있다.

### ▸ 6B-1 표본과 모집단

**모집단**이란 실험자가 관심을 갖는 모든 측정 값들의 집합이고 **표본**은 모집단으로부터 선택된 측정 값들의 부분집합이다.

과학적 연구에서 부분집합 또는 **표본**(sample)의 관찰로부터 **모집단**(population) 또는 **우주**(universe)에 대한 정보를 추론한다. 모집단이란 모든 측정에 대한 집합이고 실험자에 의해 주의 깊게 정의되어야 한다. 몇몇 경우에서는 모집단이 유한하고 실제이지만 다른 경우에서는 모집단이 본래 가설적이거나 개념적이다.

진짜 모집단의 예로서 수십만 개의 종합 비타민 알약을 생산하는 생산 과정을 생각해 보자. 우리는 보통 품질 관리를 위해서 모든 알약을 시험할 만한 시간이나 비용들을 가지고 있지 않다. 그러나 통계적 시료 채취 이론에 따라(8B절 참조) 분석을 위한 시료 표본을 선택할 수 있다. 그리고 우리는 표본으로부터 모집단의 성질을 추론할 수 있다.

분석 화학에서 다루는 많은 경우 중 대부분에서 모집단이란 개념적인 것이다. 예를 들어, 수돗물의 경도를 측정하기 위해서 칼슘의 함량을 측정한다고 하자. 여기서 모집단은 너무 커서 거의 무한대이다. 물 전체를 분석해야 한다면 엄청나게 많은 실험이 필요할 것이다. 마찬가지로 당뇨 환자의 혈액 시료에서 혈당을 측정하는 경우에도 모든 혈액 시료에 대해서 실험해야 한다면 가설적으로 엄청나게 많은 실험이 필요할 것이다. 앞의 두 가지 예의 경우 모두 분석을 위하여 모집단에서 선택된 일부가 표본이다. 역시 선택된 표본으로부터 모집단의 특성을 추론하게 된다.

통계학 법칙들은 데이터가 모집단이라고 가정하고 유도된 것이다. 적은 데이터가 모집단을 대표할 수 없기 때문에 이 법칙이 작은 표본에 적용될 때는 실제로 수정되어야만 한다. 다음 설명에서 우선 모집단의 Gauss 통계학에 대해 설명하고, 그 다음 이 관계식이 수정되어 데이터의 작은 표본에 어떻게 적용되는지에 대해 알아볼 것이다.

**통계학적 표본**(statistical sample)과 **분석 시료**(analytical sample)를 혼동하지 말자. 실험실에서 분석된 4개의 분석 시료들은 하나의 통계학적 표본을 나타낸다. 영어에서는 'sample'이라는 용어가 두 가지의 의미로 중복 사용된다.

## 6B-2 Gauss 곡선의 성질

**그림 6-4a**는 평균으로부터 벗어나는 여러 편차들의 상대 빈도수 $y$를 평균으로부터의 편차의 함수로 도시한 두 개의 Gauss 곡선을 보여준다. 가장자리에서 보여준 것처럼 이런 곡선은 단지 두 개의 파라미터, 즉 **모집단 평균**(population mean) $\mu$와 모집단 **표준 편차**(population standard deviation) $\sigma$만을 포함한 식으로 나타낼 수 있다. **파라미터**(parameter)라는 용어는 모집단이나 분포를 정의하는 $\mu$나 $\sigma$의 양을 말한다. 이 값은 측정 값 $x$와 같은 **변수**(variable)와는 구별된다. **통계**(statistic)라는 용어는 다음에 설명하게 되는 표본의 실험 결과로부터 파라미터를 환산하는 것을 일컫는다. 표본 평균과 표본 표준 편차는 파라미터 $\mu$나 $\sigma$를 평가하는 통계의 예이다.

Gauss 곡선의 식은 $y = \dfrac{e^{-(x-\mu)^2/2\sigma^2}}{\sigma\sqrt{2\pi}}$이다.

### 모집단 평균 $\mu$와 표본 평균 $\bar{x}$

통계학자들은 **표본 평균**(sample mean)과 **모집단 평균**(population mean)을 구별하는 것이 유용하다는 것을 알고 있다. 표본 평균은 모집단의 데이터로부터 취한 한

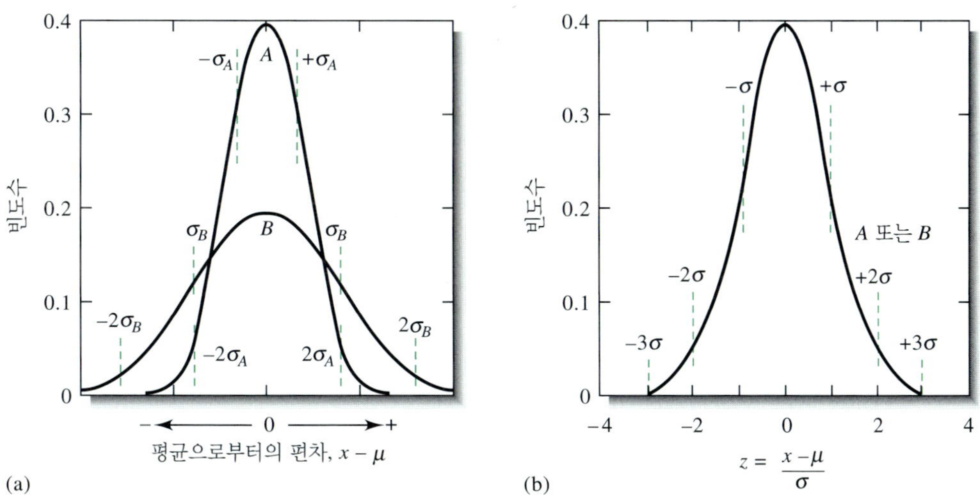


**그림 6-4** 정규 오차 곡선. 곡선 B의 표준 편차는 곡선 A의 표준 편차의 2배이다. 즉 $\sigma_B = 2\sigma_A$이다. (a) 가로 좌표는 측정 단위로서 평균으로부터의 편차로 나타내었다. (b) 가로 좌표는 $\sigma$ 단위로 표시된 평균으로부터의 편차이다. 즉, 두 곡선 $A$와 $B$는 여기에서는 같게 된다.

샘플의 평균 $\bar{x}$는 샘플셋에서 얻어진 $N$개의 측정값으로부터 계산된다.

$$\bar{x} = \frac{\sum_{i=1}^{N} x_i}{N}$$

모집단의 평균인 $\mu$를 계산하기 위하여 같은 식이 사용된다.

$$\mu = \frac{\sum_{i=1}^{N} x_i}{N}$$

$\mu$는 모집단으로부터 얻어진 $N$개의 측정값으로부터 계산된다.

정된 표본의 평균이다. 식 (5-1)에서 주어진 것과 같이 표본 평균은 측정 값들의 합을 측정수로 나눔으로써 정의된다. 이 식에서 $N$은 표본에서 측정수를 나타낸다. 반면에 모집단 평균은 모집단의 참평균이다. $N$이 대단히 커서 무한히 큰 수에 접근한다 해도 식 (5-1)로 정의된다. *계통 오차가 없다면 모집단 평균은 또한 측정한 양의 참값이 된다*. 두 평균 사이에서 차이가 있다는 것을 강조하기 위하여 표본 평균은 $\bar{x}$로, 모집단 평균은 $\mu$로 나타낸다. 특히 $N$이 작은 경우에는 작은 표본의 데이터가 정확히 그 모집단을 대표하지 못하기 때문에 $\bar{x}$와 $\mu$가 다르게 된다. $\bar{x}$와 $\mu$ 사이에 있음직한 차이는 시료의 측정 횟수가 증가할수록 급격히 감소한다. 보통 $N$이 20~30 정도가 되면 이 차이는 무시할 수 있다. 샘플의 평균인 $\bar{x}$가 모집단의 평균인 $\mu$ 값을 추정하기 위하여 사용된다.

### » 모집단 표준 편차 $\sigma$

**모집단 표준 편차**(population standard deviation) $\sigma$는 모집단 데이터의 *정밀도*(precision)의 척도로서 다음과 같이 나타낸다.

계통 오차가 없다면 모집단 평균 $\mu$는 측정값의 참값이 된다.

$$\sigma = \sqrt{\frac{\sum_{i=1}^{N}(x_i - \mu)^2}{N}} \qquad \textbf{(6-1)}$$

식 (6-1)의 $(x_i - \mu)$는 데이터의 모집단 평균으로부터 개개 결과의 편차이다. 데이터 표본에 대한 식 (6-4)와 비교해 보시오.

식에서 $N$은 모집단을 이루고 있는 반복 데이터의 수이다.

그림 6-4a의 두 곡선들은 단지 표준 편차에만 차이를 보이는 두 모집단 데이터에 대한 것이다. 더 넓고 더 낮은 곡선 $B$를 나타내는 모집단 표준 편차는 곡선 $A$를 나타내는 모집단 표준 편차의 두 배이다. 이 곡선들의 폭은 두 무리의 데이터의 정밀도를 나타내는 척도이다. 따라서 $A$ 곡선으로 나타나는 데이터의 정밀도는 곡선 $B$로 나타내는 데이터에 두 배가 된다.

**그림 6-4b**는 다른 형태의 정규 오차 곡선으로서 $x$축이 새로운 변수 $z$인데, 이는 다음과 같이 정의된다.

$$z = \frac{(x - \mu)}{\sigma} \qquad \textbf{(6-2)}$$

$z$는 표준 편차에 대한 모집단 평균의 편차를 나타낸다. 일반적으로 이 값은 단위가 없기 때문에 통계학 표에서 변수로 주어진다.

$z$는 표준 편차 단위로 나타낸 데이터 평균의 편차임을 알아야 한다. 즉, $x - \mu = \sigma$일 때 $z$는 표준 편차와 같고, $x - \mu = 2\sigma$일 때 $z$는 표준 편차의 두 배가 된다. $z$가 표준 편차 단위로 나타낸 평균의 편차이기 때문에 이 파라미터에 대해 상대 빈도수를 도시하면 표준 편차에 관계없이 모든 데이터의 모집단을 나타내는 한 개의 Gauss 곡선을 얻게 된다. 즉, 그림 6-4b는 그림 6-4a에 있는 곡선 $A$와 곡선 $B$를 도시하기 위해서 사용된 두 무리의 데이터에 대한 정규 오차 곡선이다.

Gauss 오차 곡선의 식은

$$y = \frac{e^{-(x-\mu)^2/2\sigma^2}}{\sigma\sqrt{2\pi}} = \frac{e^{-z^2/2}}{\sigma\sqrt{2\pi}} \qquad \textbf{(6-3)}$$

Gauss 오차 곡선에서 보이는 것과 같이 표준 편차의 제곱 값도 역시 중요한다. 이 양을 **분산**(variance, $\sigma^2$)이라고 한다(6B-5절 참조).

정규 오차 곡선은 다음과 같은 몇 가지 일반적인 성질을 갖는다. (1) 평균은 최대 빈도수의 중심점에서 나타난다. (2) 최고점을 중심으로 양과 음의 편차는 대칭으로 분포한다. (3) 편차의 크기가 커짐에 따라 빈도수는 지수 함수적으로 감소한다. 즉, 작은 우연 불확정도들은 매우 큰 우연 불확정도들보다 훨씬 더 많이 관찰된다.

### Gauss 곡선 아래 부분의 면적

모집단 데이터인 경우 Gauss 곡선 아래 면적의 68.3%는 그들의 폭에 관계없이 평균 $\mu$으로부터 표준 편차 $(\pm\sigma)$ 내에 놓인다. 그러므로 모집단을 이루는 데이터의 68.3%는 이 경계선 내에 놓인다. 그리고 모든 데이터의 약 95.4%는 평균으로부터 $\pm 2\sigma$ 안에 놓이고, 99.7%는 $\pm 3\sigma$ 내에 놓이는 면적을 나타낸다. 그림 6-4에서 수직 점선은 $\pm 1\sigma$, $\pm 2\sigma$, $\pm 3\sigma$가 경계인 면적을 나타낸다.

이와 같은 면적과의 관계 때문에 모집단 데이터의 표준 편차는 예측 수단으로 유용하게 쓰인다. 예를 들면, 한번 측정에서 나타날 수 있는 우연 불확정도가 $\pm 1\sigma$ 이내로 나타날 기회는 100번 중 68.3번이며 마찬가지로 오차가 $\pm 2\sigma$ 이내로 나타날 기회는 100번 중 95.4번 등이다. Gauss 곡선 아래 면적의 계산에 대해서는 특집 6-2에서 설명하겠다.

**특집 6-2**

**Gauss 곡선 아래의 면적 계산하기**

우리는 자주 곡선 아래의 면적에 대해서 언급하게 된다. 통계의 관점에서 양쪽 한계 사이의 Gauss 곡선 아래 부분의 면적을 구할 수 있는 것은 중요한 일이다. 양쪽 한계 사이의 곡선 아래 면적이 그 한계 사이에서 발생하는 측정 값의 확률을 주게 된다. 그러면 다음과 같은 실질적인 문제가 발생한다. 어떻게 면적을 구할 것인가? 식 (6-3)은 Gauss 곡선을 모집단 평균 $\mu$, 표준 편차 $\sigma$, 변수 $z$로 나타내었다. 각각 평균의 $-1\sigma$와 $+1\sigma$ 간의 곡선의 면적을 알고 싶다고 하자. 다시 말하면 $\mu - \sigma$와 $\mu + \sigma$ 간의 면적을 원하는 것이다.

우리는 주어진 곡선 식의 면적을 구하기 위해서 식을 적분하는 수학을 이용하였다. 이 경우 우리는 $-\sigma$에서 $+\sigma$까지 유한 적분을 하면 된다.

$$\text{면적} = \int_{-\sigma}^{\sigma} \frac{e^{-(x-\mu)^2/2\sigma^2}}{\sigma\sqrt{2\pi}}\, dx$$

식 (6-3)으로부터 변수 $z$를 사용하면 더욱 쉽게 되는데 이때는 다음과 같은 식이 된다.

$$\text{면적} = \int_{-1}^{1} \frac{e^{-z^2/2}}{\sqrt{2\pi}}\, dz$$

이것은 답이 정확하게 표현되지 않으므로 적분은 숫자로 나타내어지는데, 결과는

$$\text{면적} = \int_{-1}^{1} \frac{e^{-z^2/2}}{\sqrt{2\pi}}\, dz = 0.683$$

(계속)

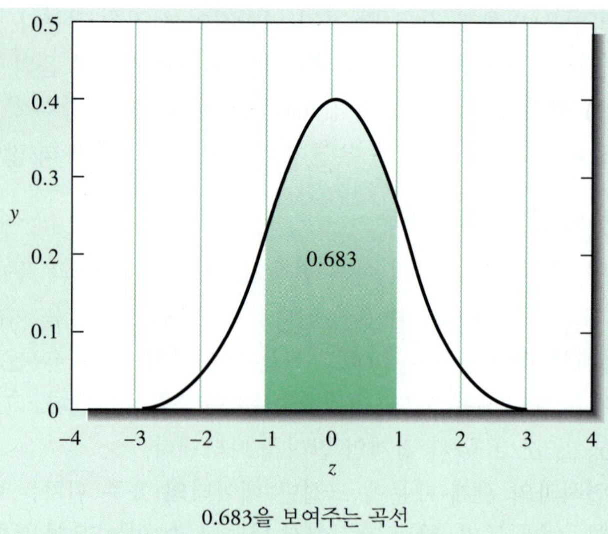


0.683을 보여주는 곡선

마찬가지로 평균 양쪽면의 $2\sigma$에 해당되는 면적을 알고 싶다면 다음 적분으로부터 얻어진다.

$$\text{면적} = \int_{-2}^{2} \frac{e^{-z^2/2}}{\sqrt{2\pi}}\, dz = 0.954$$

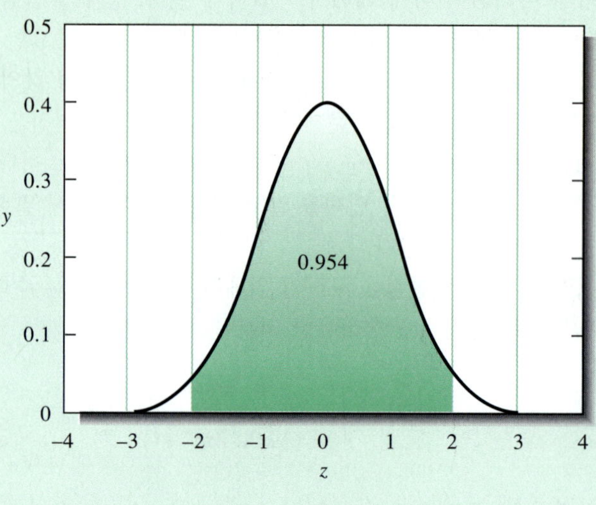


0.954를 보여주는 곡선

$\pm 3\sigma$에 대해서는 다음과 같다.

$$\text{면적} = \int_{-3}^{3} \frac{e^{-z^2/2}}{\sqrt{2\pi}}\, dz = 0.997$$

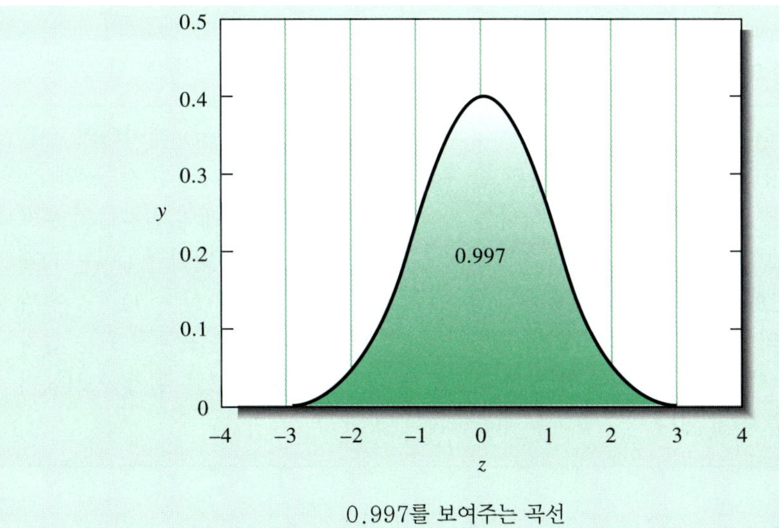


0.997를 보여주는 곡선

마지막으로 전체 Gauss 곡선 아래의 면적을 아는 것도 중요하다. 이를 위해서 다음과 같은 적분을 하였다.

$$\text{면적} = \int_{-\infty}^{\infty} \frac{e^{-z^2/2}}{\sqrt{2\pi}} dz = 1$$

우리는 평균으로부터 표준 편차의 1, 2, 3배의 거리의 면적이 각각 전체 면적의 68.3%, 95.4%, 99.7%라는 사실을 알게 되었다.

## ▸ 6B-3 표본 표준 편차: 정밀도의 척도

식 (6-1)은 작은 표본의 데이터에 적용할 때는 수정되어야만 한다. 따라서 **표본 표준 편차**(sample standard deviation)는 다음 식으로 주어진다.

$$s = \sqrt{\frac{\sum_{i=1}^{N}(x_i - \bar{x})^2}{N-1}} = \sqrt{\frac{\sum_{i=1}^{N} d_i^2}{N-1}} \qquad \textbf{(6-4)}$$

식 (6-4)는 작은 무리의 데이터에 응용된다. '평균으로부터의 편차들 $d_i$를 구하고, 이들을 제곱하고 합한 후, 이를 $N$-1로 나누고 제곱근을 얻는다.'라고 말한다. $N$-1을 **자유도**라고 한다. 많은 계산기에는 표준 편차를 구하는 기능이 들어 있다. 많은 데이터를 사용하면 표본 표준 편차($s$)와 같이 모집단 표준 편차($\sigma$)를 구할 수 있다. 적은 데이터에 대해서는 표본 표준 편차($s$)를 사용해야 한다.

여기서 $(x_i - \bar{x})$는 평균 $\bar{x}$와 각 측정 값 $x_i$ 간의 차 $d_i$를 나타낸다. 식 (6-4)는 식 (6-1)과 두 가지 면에서 다르다는 점에 유의하시오. 먼저 식 (6-4)의 분자에는 모집단 평균 $\mu$ 대신에 시료 평균 $\bar{x}$로 대치되었다. 두 번째로는 식 (6-1)의 분모에 있는 $N$이 **자유도**(degree of freedom)($N - 1$)로 대치되었다. $N$ 대신에 $N - 1$을 사용하면 $s$는 모집단 표준 편차의 가측 오차가 없는 평가치로 볼 수 있다. 이 치환식을 사용하지 않으면, 계산된 $s$ 값은 평균적으로 참표준 편차 $s$보다 더 작게 나타난다. 즉, $s$는 음의 고정 오차를 가지게 된다(특집 6-3 참조).

**표본 분산 값**(sample variance) $s^2$ 역시 통계적으로 중요한 값이다. 이것은 모집단 분산 값 $\sigma^2$로서 계산되는데 6B-5절에서 다시 언급하겠다.

**특집 6-3**

**자유도의 중요성**

자유도는 표준 편차를 계산하는데 사용되는 *독립된*(independent) 데이터의 수를 나타낸다. 따라서 $\mu$를 알지 못한다면 한 무리의 반복 데이터로부터 두 값, $\bar{x}$와 $s$를 얻어야 한다. $\bar{x}$를 얻는데 자유도 하나를 사용하였는데, 이는 개개의 편차들의 부호를 그대로 놓아두고 모두 합하면 0이 됨이 틀림없기 때문이다. 따라서 $(N - 1)$개 편차를 계산했을 때 나머지 하나를 알게 된다. 결과적으로 단지 $(N - 1)$개의 편차가 한 무리의 정밀도를 독립적으로 측정할 수 있게 해준다. 적은 표본의 표준 편차를 계산하는데 $N - 1$의 사용이 잘못되었을 때 평균적으로 참 표준 편차 $\sigma$보다 더 작은 $\sigma$ 값을 얻게 된다.

### » 표준 편차의 또 다른 표현

표준 편차를 직접 계산하는 기능을 가지고 있지 않는 계산기를 사용할 경우에는 식 (6-4)를 직접 적용하는 것보다 다음과 같은 변형된 식 (6-4)를 이용하면 쉽게 적용할 수 있다.

$$s = \sqrt{\frac{\sum_{i=1}^{N} x_i^2 - \frac{\left(\sum_{i=1}^{N} x_i\right)^2}{N}}{N - 1}} \tag{6-5}$$

예제 6-1은 $s$를 구하는데 식 (6-5)가 사용됨을 설명해 준다.

**예제 6-1**

다음 결과는 혈액 시료의 납 함량을 측정하기 위해 반복 분석해서 얻은 것이다. 0.752, 0.756, 0.752, 0.751, 0.760 ppm Pb이다. 이 무리의 데이터에 대한 평균과 표준 편차를 계산하시오.

**풀이**

식 (6-5)를 이용하기 위하여 $\sum x_i^2$과 $(\sum x_i)^2/N$을 계산한다.

| 시료 | $x_i$ | $x_i^2$ |
|---|---|---|
| 1 | 0.752 | 0.565504 |
| 2 | 0.756 | 0.571536 |
| 3 | 0.752 | 0.565504 |
| 4 | 0.751 | 0.564001 |
| 5 | 0.760 | 0.577600 |
| | $\sum x_i = 3.771$ | $\sum x_i^2 = 2.844145$ |

$$\bar{x} = \frac{\sum x_i}{N} = \frac{3.771}{5} = 0.7542 \approx 0.754 \text{ ppm Pb}$$

$$\frac{(\sum x_i)^2}{N} = \frac{(3.771)^2}{5} = \frac{14.220441}{5} = 2.8440882$$

식 (6-5)에 대입하면

$$s = \sqrt{\frac{2.844145 - 2.8440882}{5 - 1}} = \sqrt{\frac{0.0000568}{4}} = 0.00377 \approx 0.004 \text{ ppm Pb}$$

예제 6-1에서 $\sum x_i^2$과 $(\sum x_i)^2/N$ 사이의 차이가 매우 작음을 유의하시오. 만일 이 숫자들을 빼기 전에 반올림한다면, 계산된 $s$ 값에는 심각한 오차가 생기게 된다. 이런 원인의 오차를 피하기 위해서는 *표준 편차 계산이 끝날 때까지 반올림을 하여서는 안 된다.* 게다가 마찬가지 이유로 다섯 또는 그 이상의 자리수를 갖는 수의 표준 편차를 계산하기 위해 식 (6-5)를 이용하면 안된다. 대신 식 (6-4)을 이용하여야 한다.[2] 표준 편차 계산 기능을 가지고 있는 계산기와 작은 컴퓨터는 보통 식 (6-5)를 이용하고 있음에 유의하시오. 그러므로 이 장치를 이용하여 다섯 개 또는 그 이상의 유효 숫자를 가지고 있는 데이터의 표준 편차를 계산할 때 $s$에서 큰 오차가 생기리라 예상된다.

거의 같은 크기의 큰 두 숫자 사이의 차이를 구할 때 이 차이는 보통 비교적 큰 불확정도를 가지고 있다

통계학적 계산을 할 때 $\bar{x}$의 불확정도 때문에 표본 표준 편차 $s$가 모집단 표준 편차 $\mu$와 상당히 다를 수도 있다는 것을 항상 기억해야 한다. $N$이 커지면, $\bar{x}$와 $s$가 $\mu$와 $\sigma$를 더 정확하게 예측하게 한다.

$N \to \infty$일 때 $\bar{x} \to \mu$와 $s \to \sigma$이다.

## » 평균의 표준 오차

특집 6-2에서 면적으로 계산한 Gauss 분포의 확률 값은 *한 번* 측정에서 일어날 수 있는 오차를 말한다. 그러므로 한 번의 측정 값이 평균 $\mu$으로부터 $\pm 2\sigma$에 해당하는 모집단에 있을 확률이 95.4%에 해당된다는 것이다. 각각 $N$개의 데이터를 포함하는 일련의 반복 시료들이 모집단의 데이터로부터 마구잡이로 선택되었다면 각 무리의 평균은 $N$이 증가함에 따라 점점 더 적게 흩어질 것이다. 각 평균의 표준 편차를 **평균의 표준 오차**(standard error of the mean)라 하며 $s_m$의 기호로 나타낸다. 표준 오차는 식 (6-6)에서 주어진 것과 같이 평균을 계산하는데 사용된 데이터의 수 $N$의 제곱근에 역비례한다.

평균의 **표준 오차**는 한 무리의 데이터의 표준 편차를 그 무리의 데이터의 수의 제곱근으로 나눈 것이다.

$$s_m = \frac{s}{\sqrt{N}} \tag{6-6}$$

식 (6-6)은 4번 측정한 것이 한번 측정한 것보다 $\sqrt{4} = 2$배만큼 더 정밀하다는 것을 말해 준다. 이와 같은 이유로 결과를 평균하는 방법은 정밀도를 향상시키는 방법으로 종종 사용된다. 그러나 평균으로 정밀도를 향상시키는 방법은 식 (6-6)의 제곱근 식의 차이 때문에 한계가 있다. 예를 들면, 정밀도를 10배 증가시키기 위해서는 100번 측정을 해야 한다. 만약에 가능하다면 $s$ 값을 줄이는 것이 좋은데 이는 $s_m$ 값이 $s$에 정비례하고, $\sqrt{N}$에 반비례하기 때문이다. 표준 편차는 실험에 더욱 주의를 기울이거나 실험 과정을 변경하거나 또는 더 정밀한 실험 기구 등을 사용함으로써 줄일 수가 있다.

[2] 대부분의 경우 데이터 세트의 처음 둘 혹은 세 자리 숫자들은 서로 같다. 다른 방법으로는 식 (6-4)를 이용하여 이러한 같은 숫자들은 삭제될 수 있고, 남은 숫자들은 식 (6-5)에 적용될 수 있다. 예를 들어, 예제 6-1에 있는 데이터의 표준 편차는 0.052, 0.056, 0.052 등(혹은 52, 56, 52 등)에 기준을 두고 있을 수 있다.

**스프레드시트 요약** *Applications of Microsoft® Excel in Analytical Chemistry* 2판 2장에서 엑셀을 이용하여 샘플의 표준 편차를 계산하는 2가지 방법이 제시되었다.

## ▸ 6B-4 정밀도의 척도로서 $s$의 신뢰도

7장에서 설명할 대부분의 통계학적 방법은 표본 표준 편차에 근거를 하고 있으므로, $s$의 신뢰도가 클수록 이 통계학적 방법의 결과를 올바르게 할 가능성이 증가한다. 계산된 $s$ 값의 불확정도는 식 (6-4)에서 $N$이 증가함에 따라 감소한다. $N$이 약 20보다 더 클 경우, $s$와 $\sigma$는 모든 시제 경우에 있어서 같다고 가정할 수 있다. 예를 들어, 표 6-2에 있는 50개의 측정 값들을 각 5개의 측정 값씩 10개의 작은 무리로 나누면 계산된 $s$의 평균이 전체의 측정 값들에 대한 표준 편차(0.0056 mL)가 될지라도 작은 무리의 $s$ 값들은 폭 넓게 변한다(0.0023에서 0.0079mL까지). 반면에 25개씩 측정 값을 가지는 2개의 작은 무리로 나누어 $s$ 값을 계산하면 두 값이 거의 일치한다(0.0054 mL와 0.0058 mL).

도전: 표 6-2에 있는 데이터를 포함하는 스프레드시트를 만들고 $N$이 커지면 $s$가 예측된 $\sigma$보다 더 낮다는 것을 보이시오. 또한 $N > 20$이면 $s$가 $\sigma$와 거의 같아진다는 것을 역시 보이시오.

$N$이 증가함에 따라 $s$의 신뢰도는 급격히 증가되는데, 이것은 측정 방법이 지나치게 시간을 소모하지 않을 때 그리고 시료의 적절한 공급이 용이할 때 $\sigma$의 좋은 근사값을 쉽게 얻을 수 있게 해준다. 예를 들면, 실험 과정이 여러 용액의 pH를 측정하여야 할 경우 일련의 예비 실험을 통해 $s$를 평가하는 것이 유용하다. 이 측정은 간단한데, 씻고 닦은 한 쌍의 전극을 측정 용액에 담그고 pH를 읽기만 하면 된다. $s$를 측정하기 위해서는 pH가 일정한 완충 용액 20~30개를 모든 실험 단계에 따라 정확히 측정하면 된다. 일반적으로 이러한 실험에서 발생되는 우연 오차는 계속되는 측정에서도 똑같다고 가정하는 것이 안전하다. 따라서 식 (6-4)로부터 계산된 $s$ 값은 이론적 $\sigma$의 타당하고 정확한 척도가 된다.

**스프레드시트 요약** *Applications of Microsoft® Excel in Analytical Chemistry* 2판 2장에서 Excel의 Toolpak을 사용하여 평균, 표준 편차 그리고 다른 양들을 계산하는 것을 소개하였다. 추가로 Descriptive Statistic을 이용하면 평균의 표준 오차, 중간 값, 범위, 최대 값, 최소 값 그리고 결과들의 대칭에 관련된 변수들을 찾을 수 있다.

### ≫ $s$의 신뢰도를 향상시키기 위한 데이터 통합

많은 시간을 소모하는 분석에서는 위의 과정이 바람직하지 못하다. 이러한 경우 일련의 비슷한 시료들로부터 여러 시간동안 모아진 데이터를 통합하면 각각의 작은 무리의 계산된 $s$보다도 더 좋은 $s$ 값을 얻을 수 있다. 여기서도 모든 측정에서 발생할 수 있는 우연 오차는 똑같은 원인에 의하여 발생한 것이라 가정해야 한다. 시료가 비슷한 조성을 가지며 정확하게 같은 방법으로 분석된다면 이러한 가정은 보통 타당하다.

표준 편차의 통합 값 $s_{pooled}$를 얻기 위해서 각각의 작은 무리의 평균에 대한 편차를 제곱한다. 모든 작은 무리의 평균에 대한 편차의 제곱을 합하고 적당한 자유도 수를 나누어준다. 이 몫의 제곱근을 얻으면 통합 값 $s_{pooled}$이 된다. 이 때 각각의 작은 무리들은 한 개씩의 자유도를 잃게 된다. 따라서 통합 값 $s_{pooled}$의 자유도 수는 측정한 값들의 총 수에서 작은 무리의 수를 뺀 것과 같다. $s$의 통합 값을 계산하는 식 (6-7)을 특집 6-4에 나타내었다. 예제 6-2는 이런 종류의 계산에 응용하는 것을 보여준다.

**특집 6-4**

**합동 표준 편차를 계산하기 위한 식**

여러 무리의 데이터로부터 합동 표준 편차를 계산하기 위한 식은 다음의 형태를 갖는다.

$$s_{pooled} = \sqrt{\frac{\sum_{i=1}^{N_1}(x_i - \bar{x}_1)^2 + \sum_{j=1}^{N_2}(x_j - \bar{x}_2)^2 + \sum_{k=1}^{N_3}(x_k - \bar{x}_3)^2 + \cdots}{N_1 + N_2 + N_3 + \cdots - N_t}} \qquad \textbf{(6-7)}$$

여기서 $N_1$은 작은 무리 1의 데이터 수, $N_2$는 작은 무리 2의 데이터 수 등이다. 또한 $N_t$는 합동을 한 데이터의 작은 무리들의 총 수이다.

**예제 6-2**

당뇨병이 있는 환자들은 일상적으로 혈당치를 측정하여야 한다. 혈당치가 약간 상승한 환자의 혈당 농도를 분광학적 방법으로 서로 다른 달에 측정하였다. 환자는 혈당치를 낮추기 위해서 저당 식이요법을 수행 중이다. 다음 결과는 식이요법의 효과를 검증하기 위한 연구의 일환으로 측정된 결과들이다. 이 방법의 표준 편차의 합동 값을 계산하시오.

| 시간 | 혈당 농도(mg/L) | 평균 혈당 (mg/L) | 평균으로부터의 편차 제곱의 합 | 표준 편차 |
|---|---|---|---|---|
| 첫 번째 달 | 1108, 1122, 1075, 1099, 1115, 1083, 1100 | 1100.3 | 1687.43 | 16.8 |
| 두 번째 달 | 992, 975, 1022, 1001, 991 | 996.2 | 1182.80 | 17.2 |
| 세 번째 달 | 788, 805, 779, 822, 800 | 798.8 | 1086.80 | 16.5 |
| 네 번째 달 | 799, 745, 750, 774, 777, 800, 758 | 771.9 | 2950.86 | 22.2 |

전체 측정 횟수 = 24　　제곱들의 전체 합 = 6907.89

**풀이**

첫 번째 달에 대하여 마지막 두열의 제곱의 합을 계산하면 다음과 같다.

$$\begin{aligned}\text{제곱의 합} &= (1108 - 1100.3)^2 + (1122 - 1100.3)^2 \\ &+ (1075 - 1100.3)^2 + (1099 - 1100.3)^2 + (1115 - 1100.3)^2 \\ &+ (1083 - 1100.3)^2 + (1100 - 1100.3)^2 = 1687.43\end{aligned}$$

다른 제곱들의 합도 같은 방법으로 얻는다.

$$s_{pooled} = \sqrt{\frac{6907.89}{24 - 4}} = 18.58 \approx 19 \text{ mg/L}$$

(계속)

합동 표준 편차 값은 합동 값이 마지막 열의 각각의 $s$ 값보다 $\sigma$ 값을 평가하는데 더 낫다는 점을 유의하시오. 네 개의 결과 조합에 대해서 모두 1개씩의 자유도를 빼주어야 함을 유의하시오. 그러나 20개의 자유도가 있으므로 계산된 $s$ 값이 $\sigma$ 값을 잘 예측할 수 있다.

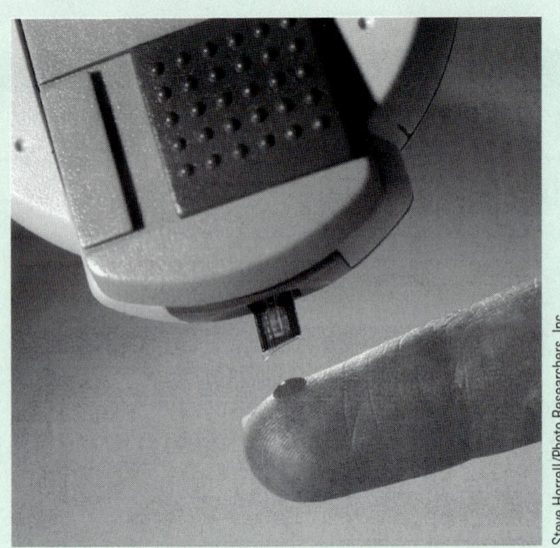

Steve Horrell/Photo Researchers, Inc

*혈당 측정기*

**스프레드시트 요약** *Applications of Microsoft® Excel in Analytical Chemistry* 2판 2장에서 예제 6-2의 결과로부터 합동 표준 편차를 계산하는 워크시트를 만들었다. Excel의 계산식 DEVSQ ()는 편차들의 제곱의 합을 얻는 방법으로 소개되었다. 이 연습을 확대해 보면, 이 장 마지막에 있는 합동 표준 편차의 계산을 푸는데 이 워크시트를 사용할 수 있다. 또한 더 많은 결과들이나 그 조합들의 경우에도 적용할 수 있다.

## ▸ 6B-5 분산과 정밀도를 측정하는 다른 방법들

화학자들은 보통 표본 표준 오차를 이용하여 이들의 데이터의 정밀도를 보고한다. 분석 실험 중에 세 가지의 다른 용어들을 종종 접하게 된다.

### » 분산($s^2$)

**분산** $s^2$은 표준 편차의 제곱이다.

분산은 표준 편차를 제곱하기만 하면 된다. **표본 분산 값**(sample variance, $s^2$)으로 모집단 분산 값 $\sigma^2$를 예측할 수 있으며 다음과 같이 주어진다.

$$s^2 = \frac{\sum_{i=1}^{N}(x_i - \bar{x})^2}{N-1} = \frac{\sum_{i=1}^{N}(d_i)^2}{N-1} \tag{6-8}$$

표준 편차의 단위는 데이터의 단위와 똑같은 반면에 분산은 데이터의 단위에 제곱을 한 것이라는 것에 유념하시오. 과학자들은 정밀도의 척도로서 분산보다는 오히려 표준 편차를 이용하는 경향성이 있는데, 이는 이들이 둘 다 똑같은 단위를 가지고 있다면 측정의 정밀도와 측정 자체를 관련시키기가 더 쉽기 때문이다. 이후에 알아보겠지만 분산은 가감성이 있어 유용함을 알게 될 것이다.

### » 상대 표준 편차(RSD)와 변동 계수(CV)

과학자들은 종종 절대 표준 편차보다는 상대 표준 편차를 이용한다. 상대 표준 편차는 표준 편차를 그 무리의 데이터의 평균으로 나누면 얻을 수 있다. 상대 표준 편차(RSD)는 $s_r$라는 기호로도 나타낸다.

International Union of Pure and Applied Chemistry에서 $s_r$로 표시하는 상대 표준 편차와 상대 모집단 표준 편차 $\sigma_r$의 사용을 추천하고 있다. 여기에서는 RSD 대신에 $s_r$과 $\sigma_r$을 사용할 것이다.

$$\text{RSD} = s_r = \frac{s}{\bar{x}}$$

상대 표준 편차는 이 비에 1000 ppt 또는 100%를 곱하여 종종 천분율(ppt)또는 퍼센트로 나타낸다. 예를 들면

$$\text{천분율(ppt) RSD} = \frac{s}{\bar{x}} \times 1000 \text{ ppt}$$

상대 표준 편차에 100%를 곱했을 때, 이를 **변동 계수**(coefficient of variation, CV)라 한다.

**변동 계수**는 퍼센트 상대 표준 편차이다.

$$\text{CV} = \text{퍼센트 RSD} = \frac{s}{\bar{x}} \times 100\% \qquad \textbf{(6-9)}$$

상대 표준 편차는 절대 표준 편차보다도 데이터의 질을 보다 더 명확하게 보여준다. 한 예로서 약 50 mg의 구리를 포함하고 있고, 이 구리의 정량할 때의 표준 편차가 2 mg인 시료에 대해 생각해 보자. 이 시료의 CV는 4% $\left(\frac{2}{50} \times 100\%\right)$이고, 단지 10 mg의 구리만을 포함하고 있는 시료일 경우는 CV가 20%가 된다.

### » 퍼짐 또는 구간(w)

**퍼짐**(spread) 또는 **구간**(range)이라고 하는 또 다른 용어가 한 무리의 반복 결과의 정밀도를 나타내는데 사용된다. 이것은 그 무리에서 가장 큰 값과 가장 작은 값 사이의 차이이다. 따라서 그림 5-1의 데이터 범위는 (20.3 − 19.4) = 0.9 ppm Fe이다. 예제 6-2의 첫째 달의 퍼짐 정도는 1122 − 1075 = 47 mg/L glucose이다.

**예제 6-3**

예제 6-1에 있는 무리의 데이터를 이용하여 (a) 분산, (b) ppt 단위의 상대 표준 편차, (c) 변동 계수, (d) 범위를 계산하시오.

**풀이**

예제 6-1에서 다음을 알고 있다.

$$\bar{x} = 0.754 \text{ ppm Pb} \quad \text{그리고} \quad s = 0.0038 \text{ ppm Pb}$$

(a) $s^2 = (0.0038)^2 = 1.4 \times 10^{-5}$

(b) $\text{RSD} = \frac{0.0038}{0.754} = \times 1000 \text{ ppt} = 5.0 \text{ ppt}$

(c) $\text{CV} = \frac{0.0038}{0.754} \times 100\% = 0.50\%$

(d) $w = 0.760 - 0.751 = 0.009$ ppm Pb

## 6C 계산된 결과의 표준 편차

종종 각각의 표본 표준 편차를 알고 있는 두 개 또는 그 이상의 실험 데이터로부터 계산된 결과의 표준 편차를 계산할 필요가 있을 때가 있다. **표 6-4**는 이런 계산 방법이 이용되는 수학적인 식의 종류에 따라 달라진다는 것을 보여주고 있다. 이 표에서 보여준 관계식들은 부록 9에서 유도되어 있다.

**표 6-4**

**산술 계산에서의 오차 전파**

| 계산 종류 | 예* | $y$의 표준 편차† | |
|---|---|---|---|
| 덧셈 또는 뺄셈 | $y = a + b - c$ | $s_y = \sqrt{s_a^2 + s_b^2 + s_c^2}$ | (1) |
| 곱셈 또는 나눗셈 | $y = a \times b/c$ | $\frac{s_y}{y} = \sqrt{\left(\frac{s_a}{a}\right)^2 + \left(\frac{s_b}{b}\right)^2 + \left(\frac{s_c}{c}\right)^2}$ | (2) |
| 지수식 | $y = a^x$ | $\frac{s_y}{y} = x\left(\frac{s_a}{a}\right)$ | (3) |
| Log | $y = \log_{10} a$ | $s_y = 0.434\frac{s_a}{a}$ | (4) |
| Antilog | $y = \text{antilog}_{10}\, a$ | $\frac{s_y}{y} = 2.303\, s_a$ | (5) |

*a, b, c는 표준 편차가 각각 $s_a$, $s_b$, $s_c$인 실험 변수이다.

†이 관계식들은 부록 9에서 유도된 것들이다. $y$가 음의 값을 가지는 경우 $s_y/y$ 값은 절대값으로 표시된다.

### ▸ 6C-1 덧셈과 뺄셈의 표준 편차

다음 덧셈에 대해 생각해 보자.

$$\begin{array}{rl} +0.50 & (\pm 0.02) \\ +4.10 & (\pm 0.03) \\ \underline{-1.97} & (\pm 0.05) \\ 2.63 & \end{array}$$

여기서 괄호 속의 수는 절대 표준 편차를 나타낸다. 세 개의 개개 표준 편차의 부호가 우연히도 똑같은 부호를 가지고 있다면 합의 표준 편차는 $+0.02 + 0.03 + 0.05 = +0.10$ 또는 $-0.02 - 0.03 - 0.05 = -0.10$만큼 큰 값이 된다. 반면에 세 개의 표준 편차가 합하여 0이 되는 경우도 있다. $-0.02 - 0.03 + 0.05 = 0$ 또는 $+0.02 + 0.03 - 0.05 = 0$이다. 하지만 가능성이 많은 경우는 합이 양극단 사이에 놓이는 것이다. 덧셈과 뺄셈의 분산은 개개의 분산을 합하면 얻을 수 있다는 것을 통계학적 이론에서 알 수 있다.[3] 따라서 덧셈 또는 뺄셈의 표준 편차는 개개의 절대 표준 편차를 제곱하고 합한 후 제곱근을 얻으면 된다. 따라서 다음과 같은 계산에서

덧셈 또는 뺄셈에서 답의 절대 표준 편차는 덧셈 또는 뺄셈을 할 때 사용된 수의 절대 표준 편차의 제곱을 합한 것의 제곱근이다.

$$y = a(\pm s_a) + b(\pm s_b) - c(\pm s_c)$$

$y$의 분산 $s_y^2$은 다음과 같이 주어진다.

$$s_y^2 = s_a^2 + s_b^2 + s_c^2$$

[3]다음을 참고하시오. D. K. Robinson, *Data Reduction and Error Analysis for the Physical Sciences*, 3rd ed., New York: McGraw-Hill, 2002, ch. 3.

결과의 표준 편차 $s_y$는 다음 식으로부터 얻는다.

$$s_y = \sqrt{s_a^2 + s_b^2 + s_c^2} \tag{6-10}$$

곱셈 또는 나눗셈에서 *답의 상대 표준 편차*는 곱셈 또는 나눗셈을 할 때 사용된 수의 *상대 표준 편차*의 제곱을 합한 것의 제곱근이다.

여기서 $s_a$, $s_b$, $s_c$는 덧셈에 있는 세 항의 표준 편차이다. 예에 있는 표준 편차를 대입하면 다음과 같이 된다.

$$s_y = \sqrt{(\pm 0.02)^2 + (\pm 0.03)^2 + (\pm 0.05)^2} = \pm 0.06$$

따라서 합은 2.64 (±0.06)으로 보고하여야만 한다.

이 장의 남은 부분에서 유효하지 않은 숫자들을 우리는 다른 색으로 적어서 표시할 것이다.

## ▸ 6C-2 곱셈과 나눗셈의 표준 편차

다음 계산을 고려해 보자. 여기서도 괄호 속에 있는 수는 절대 표준 편차이다.

$$\frac{4.10(\pm 0.02) \times 0.0050(\pm 0.0001)}{1.97(\pm 0.04)} = 0.010406(\pm ?)$$

여기서 계산식에 있는 두 수의 표준 편차는 이 계산의 몫보다도 더 큼을 알 수 있다. 분명한 것은 곱셈과 나눗셈에서 표준 편차를 계산하는데 이용되는 방법은 덧셈과 빼셈에서 사용되었던 것과 같을 수 없다는 것이다. 표 6-4에서 보여준 것처럼 곱셈 또는 나눗셈의 *상대 표준 편차*는 계산된 결과를 얻는데 이용된 수들의 *상대 표준 편차*에 의해 결정된다. 예를 들어 다음 계산식을 생각해 보자.

$$y = \frac{a \times b}{c} \tag{6-11}$$

결과 $y$의 상대 표준 편차 $s_y/y$는 $a$, $b$, $c$의 상대 표준 편차를 제곱하여 합한 후 제곱근의 값을 얻으면 된다.

$$\frac{s_y}{y} = \sqrt{\left(\frac{s_a}{a}\right)^2 + \left(\frac{s_b}{b}\right)^2 + \left(\frac{s_c}{c}\right)^2} \tag{6-12}$$

곱셈과 나눗셈에 대하여 *답의 상대 표준 편차*는 곱하거나 나눈 수들의 *상대 표준 편차* 제곱의 합에 대한 제곱근이다.

숫자로 나타낸 예에 이 식을 적용하면 다음을 얻게 된다.

$$\frac{s_y}{y} = \sqrt{\left(\frac{\pm 0.02}{4.10}\right)^2 + \left(\frac{\pm 0.0001}{0.0050}\right)^2 + \left(\frac{\pm 0.04}{1.97}\right)^2}$$

$$= \sqrt{(0.0049)^2 + (0.0200)^2 + (0.0203)^2} = \pm 0.0289$$

계산을 완결하기 위해서는 이 결과의 절대 표준 편차를 얻어야 한다.

$$s_y = y \times (\pm 0.0289) = 0.0104 \times (\pm 0.0289) = \pm 0.000301$$

곱셈 또는 나눗셈에서 절대 표준 편차를 구하기 위해서는 먼저 결과 값의 상대 표준 편차를 구하고 그 다음 이것에 결과 값을 곱하면 된다.

따라서 답과 그의 불확정도를 0.0104 (±0.0003)라고 쓸 수 있다. $y$가 음의 값을 가지는 경우 $s_y/y$ 값은 절대값으로 표시된다.

다음의 예제 6-4는 더 복잡한 계산의 결과의 표준 편차를 계산하는 법을 보여준다.

**예제 6-4**

다음 식의 결과에 대한 표준 편차를 계산하시오.

$$\frac{[14.3(\pm 0.2) - 11.6(\pm 0.2)] \times 0.050(\pm 0.001)}{[820(\pm 10) + 1030(\pm 5)] \times 42.3(\pm 0.4)} = 1.725(\pm ?) \times 10^{-6}$$

**풀이**

먼저 덧셈과 뺄셈의 표준 편차를 계산하여야 한다. 분자에 있는 뺄셈에서

$$s_a = \sqrt{(\pm 0.2)^2 + (\pm 0.2)^2} = \pm 0.283$$

그리고 분모에 있는 덧셈에서

$$s_b = \sqrt{(\pm 10)^2 + (\pm 5)^2} = 11.2$$

그 다음 위 식을 다음과 같이 정리하여 쓸 수 있다.

$$\frac{2.7(\pm 0.283) \times 0.050(\pm 0.001)}{1850(\pm 11.2) \times 42.3(\pm 0.4)} = 1.725 \times 10^{-6}$$

새로운 식은 단지 곱셈과 나눗셈만을 포함하고 있으므로 식 (6-12)를 이용하면 된다. 따라서

$$\frac{s_y}{y} = \sqrt{\left(\pm\frac{0.283}{2.7}\right)^2 + \left(\pm\frac{0.001}{0.050}\right)^2 + \left(\pm\frac{11.2}{1850}\right)^2 + \left(\pm\frac{0.4}{42.3}\right)^2} = 0.107$$

절대 표준 편차를 얻기 위하여 다음과 같이 쓸 수 있다.

$$s_y = y \times 0.107 = 1.725 \times 10^{-6} \times (\pm 0.107) = \pm 0.185 \times 10^{-6}$$

답을 반올림하면 $1.7\ (\pm 0.2) \times 10^{-6}$이 된다.

## ▸ 6C-3 지수식 계산에서의 표준 편차

다음 관계식에 대해서 생각해 보자.

$$y = a^x$$

여기서 지수 $x$는 불확정도가 없다고 하자. 표 6-4와 부록 9에서 보여주는 것처럼 $a$의 불확정도로 인해 생기는 $y$의 상대 표준 편차는 다음과 같다.

$$\frac{s_y}{y} = x\left(\frac{s_a}{a}\right) \tag{6-13}$$

따라서 어떤 수의 제곱의 상대 표준 편차는 그 수의 상대 표준 편차의 두 배가 되고, 어떤 수의 세제곱근의 상대 표준 편차는 그 수의 상대 표준 편차의 1/3이 되고, 등등이 된다. 예제 6-5에서 이 계산을 설명할 것이다.

**예제 6-5**

은 염 AgX의 용해도곱 상수 $K_{sp}$는 4.0 (±0.4) × $10^{-8}$이다. 물에서의 AgX의 용해도는 다음과 같다.

$$\text{용해도} = (K_{sp})^{1/2} = (4.0 \times 10^{-8})^{1/2} = 2.0 \times 10^{-4}\ \text{M}$$

물에서 계산된 AgX의 용해도의 불확정도는 얼마인가?

**풀이**

식 (6-13)에 $y$ = 용해도, $a = K_{sp}$, $x = {}^1/_2$를 대입하면 다음을 얻는다.

$$\frac{s_a}{a} = \frac{0.4 \times 10^{-8}}{4.0 \times 10^{-8}}$$

$$\frac{s_y}{y} = \frac{1}{2} \times \frac{0.4}{4.0} = 0.05$$

$$s_y = 2.0 \times 10^{-4} \times 0.05 = 0.1 \times 10^{-4}$$

$$\text{용해도} = 2.0\ (\pm 0.1) \times 10^{-4}\ \text{M}$$

어떤 수를 제곱할 때의 오차 전파는 곱셈할 때의 오차 전파와는 다르다는 것을 알아두는 것이 중요하다. 예를 들어, 4.0 (±0.2)를 제곱할 때의 불확정도를 생각해 보기로 하자. 여기서 결과 16.0의 상대 표준 편차는 식 (6-13)을 이용하여 얻을 수 있다.

$$\frac{s_y}{y} = 2\left(\frac{0.2}{4}\right) = 0.1 \text{ 또는 } 10\%$$

여기서 결과는 $y$ = 16 (±2)이다.

이제 각각 *독립적으로 측정된* 두 수의 값이 우연하게도 $a_1$ = 4.0 (±0.2)와 $a_2$ = 4.0 (±0.2)으로 같을 때 두 수의 곱이 $y$가 되는 상황에 대해 알아보자. 여기서, 곱 $a_1a_2$ = 16.0의 상대 표준 편차는 식 (6-12)로 얻을 수 있다.

$$\frac{s_y}{y} = \sqrt{\left(\frac{0.2}{4}\right)^2 + \left(\frac{0.2}{4}\right)^2} = 0.07 \text{ 또는 } 7\%$$

여기서 결과는 $y$ = 16 (±1)이다. 이렇게 명백히 차이가 나는 이유는 서로 독립적으로 측정함으로 인해서 어떤 오차와 관련이 있는 부호가 다른 오차의 것과 같을 수도 있고 다를 수도 있기 때문이다. 만약 이들이 같은 부호를 갖게 된다면 오차는 부호가 같아야 하는 처음의 경우에서 다루었던 것과 같아진다. 반면에 한 부호는 양이고, 다른 부호가 음이면 상대 오차는 상쇄되는 경향성이 있다. 따라서 상대 표준 편차는 대략 최대 값(10%)과 0 사이의 값을 가질 것이다.

$y = a^3$의 상대 표준 편차는 $a = b = c$의 곱셈 $y = abc$의 상대 표준 편차와 똑같지 않다.

## ▸ 6C-4 Log와 Antilog의 표준 편차

표 6-4에 있는 마지막 두 개의 경우 $y = \log a$에 대해서는

$$s_y = 0.434\frac{s_a}{a} \tag{6-14}$$

$y = \text{antilog } a$에 대해서는

$$\frac{s_y}{y} = 2.303 s_a \tag{6-15}$$

임을 보여준다. 따라서 어떤 수의 log의 *절대* 표준 편차는 그 수의 *상대* 표준 편차에 의해 결정된다. 반대로 어떤 수의 antilog의 *상대* 표준 편차는 그 수의 *절대* 표준 편차에 의하여 결정된다. 예제 6-6은 이 계산을 설명한다.

**예제 6-6**

다음 계산식의 결과에 대한 절대 표준 편차를 계산하시오. 각 수에 대한 표준 편차는 괄호 속에 주어졌다.

(a) $y = \log[2.00(\pm 0.02) \times 10^{-4}] = -3.6990 \pm ?$

(b) $y = \text{antilog}[1.200(\pm 0.003)] = 15.849 \pm ?$

(c) $y = \text{antilog}[45.4(\pm 0.3)] = 2.5119 \times 10^{45} \pm ?$

**풀이**

(a) 식 (6-14)를 보면 *상대* 표준 편차에 0.434를 곱해야만 함을 알 수 있다.

$$s_y = \pm 0.434 \times \frac{0.02 \times 10^{-4}}{2.00 \times 10^{-4}} = \pm 0.004$$

따라서

$$y = \log[2.00(\pm 0.02) \times 10^{-4}] = -3.699\ (\pm 0.004)$$

(b) 식 (6-15)를 이용하면 다음과 같이 된다.

$$\frac{s_y}{y} = 2.303 \times (0.003) = 0.0069$$

$$s_y = 0.0069y = 0.0069 \times 15.849 = 0.11$$

따라서

$$y = \text{antilog}[1.200(\pm 0.003)] = 15.8 \pm 0.1$$

(c) $\frac{s_y}{y} = 2.303 \times (0.3) = 0.69$

$$s_y = 0.69y = 0.69 \times 2.5119 \times 10^{45} = 1.7 \times 10^{45}$$

따라서

$$y = \text{antilog}[45.4(\pm 0.3)] = 2.5(\pm 1.7) \times 10^{45} = 3\ (\pm 2) \times 10^{45}$$

예제 6-6c는 소수점 위의 자리수가 작은 어떤 수의 antilog와 관련된 절대 오차가 매우 큼을 보여주고 있다. 이렇게 큰 불확정도는 소수점의 왼쪽에 있는 수(지표)는 단지 자리수만을 알려 주기 때문이다. Antilog에서의 큰 오차는 그 수의 *가수*(mantissa)가 상대적으로 큰 불확정도를 갖고 있기 때문이다(즉, 0.4 ± 0.3).

## 6D 계산 데이터의 보고 방법

정확도가 알려져 있지 않은 숫자로 나타낸 결과는 가치가 없기 때문에 항상 데이터의 신뢰도를 나타내도록 하여야 한다. 신뢰도를 나타내는 가장 좋은 방법 중의 하나는 7A-2절에서 설명한 것처럼 90% 또는 95% 신뢰도 수준에서 신뢰도 한계를 결정하는 것이다. 또 다른 방법으로는 데이터의 절대 표준 편차 또는 분산 계수를 보고하는 것이다. 이 경우에는 데이터를 사용하는 사람이 $s$의 신뢰도를 추정할 수 있도록 표준 편차를 얻는데 사용된 데이터의 수를 나타내는 것도 좋다. 다소 덜 만족하지만 흔히 데이터의 질을 나타내는 것은 **유효 숫자 규칙**(significant figure convention)이다.

### ▶ 6D-1 유효 숫자

실험 측정과 관련되어 생길 수 있는 불확정도를 나타내는 간단한 방법은 실험 측정 값을 반올림하여 단지 **유효 숫자**(significant figure)만을 가지도록 하는 것이다. 정의에 의하면 어떤 수의 유효 숫자는 확실한 숫자 모두와 *불확실한 첫 번째 자리 숫자를 포함*하는 것이다. 예를 들면, **그림 6-5**에서 보여준 50 mL 뷰렛의 눈금을 읽을 때 액체의 높이가 30.2 mL보다는 크고 30.3 mL보다는 작다고 쉽게 읽을 수 있다. 또 눈금 사이의 액체의 위치를 약 ±0.02 mL까지도 읽을 수 있다. 따라서 유효 숫자 규칙에 따르면 적가한 부피는 유효 숫자 4개인 30.24 mL로 보고해야 한다. 여기서 처음 세 숫자는 확실한 수이고, 마지막 4는 불확실한 수이다.

**유효 숫자**의 수는 확실한 숫자 모두와 불확실한 첫 번째 자리 숫자를 포함한다.

0은 어떤 숫자 내에서의 0의 위치에 따라 유효 숫자에 포함될 수도 있고, 그렇지 않을 수도 있다(30.24 mL과 같이). 다른 숫자들 사이에 있는 0은 항상 유효 숫자에 속한다. 왜냐하면 눈금 또는 기기의 판독장치로부터 확실성을 가지고 직접 읽을 수 있기 때문이다. 반면에 소수점의 자리수를 나타내는 데만 사용된 0은 유효 숫자에 포함되지 않는다. 30.24 mL를 0.03024 L라고 썼을 경우 유효 숫자에는 변함이 없다. 3 앞에 있는 0의 기능은 단지 소수점의 자리수를 나타내는 것이다. 따라서 이 0은 유효 숫자가 아니다. 마지막에 있는 0은 유효 숫자일 수도 있고, 아닐 수도 있다. 예를 들어, 만약 비커의 부피를 2.0 L라고 했다면 소수점 아래에 있는 0으로 인해 부피가 1 L의 십 분의 몇까지도 알 수 있다. 따라서 2와 0은 둘 모두 유효 숫자이다. 이 똑같은 부피를 2000 mL라고 보고를 하였다면, 이 상황은 매우 혼란스러워진다.

유효 숫자를 정하는 규칙:

1. 앞자리에 있는 0은 모두 무시한다.
2. 뒤에 오는 0은 *소수점 아래에 있지 않으면* 모두 무시한다.
3. 0이 아닌 숫자 사이에 있는 0을 포함한 모든 숫자는 유효 숫자이다.

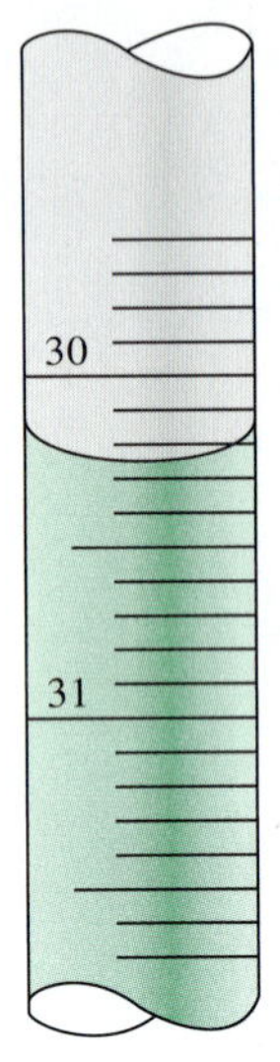


**그림 6-5** 액체의 높이와 메니스커스를 보여주는 뷰렛.

1 L의 십 분의 몇, 즉 수백 mL 정도의 불확정도가 여전히 존재할 수 있으므로 마지막에 있는 두 개의 0은 유효 숫자가 아니다. 이 경우 유효 숫자 규칙을 따르기 위해 과학적 표시법을 사용하여 부피를 $2.0 \times 10^3$ mL라고 나타내어야 한다.

### ▸ 6D-2 수치 계산에서의 유효 숫자

두 개 또는 그 이상의 수에 대한 산술적인 계산을 하는데 있어 적절한 유효 숫자의 수를 결정하는데 주의를 기울일 필요가 있다.[4]

#### » 덧셈과 뺄셈

덧셈과 뺄셈에 있어서 유효 숫자의 수는 눈으로 보아서도 알 수 있다. 예를 들어, 다음과 같은 식에서

$$3.4 + 0.020 + 7.31 = 10.730\ (10.7\text{로 반올림})$$
$$= 10.7\ (\text{반올림})$$

3.4는 소수점 아래 첫 번째 자리수가 불확실하기 때문에 답에서 소수점 아래 두 번째, 세 번째 자릿수는 유효 숫자에 포함되지 않는다. 그러므로 결과는 반올림하여 10.7이 된다. 일반화 하여 덧셈과 뺄셈의 경우에 계산된 숫자들 중에서 *가장 작은* 소수 자리를 가지는 숫자와 같은 소수 자리를 가지도록 결과를 표시하여야 한다. 비록 두 개의 수가 단지 두 개의 유효 숫자를 가지고 있지만 결과는 3개의 유효 숫자를 가지고 있음에 유의하시오.

데이터를 과학적 표시법으로 나타내어 마지막 자리에 있는 0이 유효 숫자인지를 결정하는 데 혼동을 피해야 한다.

사슬은 연결고리 중 가장 약한 고리만큼만 강하다는 것을 들었을 것이다. 덧셈과 뺄셈에서 약한 고리는 *가장 작은* 소수점 아래 수를 가지고 있는 수이다.

과학적 표시법으로 나타낸 수를 더하거나 빼기를 하기 전에 똑같은 10의 제곱으로 표시해 주어야 한다.

$$\begin{aligned} 2.432 \times 10^6 &= \phantom{+}2.432 \times 10^6 \\ +6.512 \times 10^4 &= +0.06512 \times 10^6 \\ -1.227 \times 10^5 &= \underline{-0.1227 \times 10^6} \\ &\phantom{=+}2.37442 \times 10^6 \\ &= 2.374 \times 10^6\ (\text{반올림}) \end{aligned}$$

#### » 곱셈과 나눗셈

때때로 곱셈과 나눗셈에 사용되는 일반적인 방법은 가장 작은 유효 숫자를 가지고 있는 원래의 수와 같은 유효 숫자를 갖도록 답을 반올림해야 한다. 불행하게도 이 과정은 반올림을 잘못하게 할 수 있다. 예를 들어 두 계산에 대해 생각해 보자.

$$\frac{24 \times 4.52}{100.0} = 1.08 \qquad \text{과} \qquad \frac{24 \times 4.02}{100.0} = 0.965$$

이 규칙에 의하면 반올림하여 처음 것은 1.1, 두 번째 것은 0.96으로 나타낼 수 있다. 하지만 처음 나눗셈에 있는 각 숫자의 마지막 자리가 1만큼 불확정도를 가지고 있다면 이들 각 수와 관련된 상대 불확정도는 1/24, 1/452, 1/1000이 된다. 처음 것의 상대 불확정도가 나머지 두 개에 비해 매우 크기 때문에 결과에 대한 상대 불확정도는 또한 1/24가 된다. 이렇게 되면 절대 불확정도는

$$1.08 \times \frac{1}{24} = 0.045 \approx 0.04$$

같은 방법으로 두 번째 답의 절대 불확정도는 다음과 같게 된다.

$$0.965 \times \frac{1}{24} = 0.040 \approx 0.04$$

그러므로 처음 것의 결과는 유효 숫자가 세 개 즉 1.08이 되도록 반올림하고, 두 번째의 것은 유효 숫자가 단지 두 개 즉, 0.96이 되도록 반올림해야 한다.

곱셈과 나눗셈에서 약한 고리는 가장 작은 유효 숫자를 가지고 있는 수의 있는 *유효 숫자*의 수이다. *이 규칙은 조심해서 사용해야 한다.*

[4] 유효 숫자의 전파에 관한 보다 자세한 사항은 다음을 참고하시오. L. M. Schwartz, *J. Chem. Educ.*, **1985**, *62*, 693, **DOI**: 10.1021/ed062p693.

### » Log와 Antilog

Log와 관련된 계산의 결과를 반올림하는데 특히 유의하여야 한다. 대부분의 상황에 다음과 같은 규칙이 적용된다. 이 법칙은 예제 6-7에서 설명한다.

1. 어떤 수의 log 값은 소수점 아래의 자리의 수가 원래 수의 유효 숫자와 같도록 한다.
2. 어떤 수의 antilog 값은 원래 수의 소수점 오른쪽에 있는 자리의 수와 같은 유효 숫자를 갖도록 한다.[5]

가수에서의 유효 숫자의 수 또는 log 값에서의 소숫점 오른쪽에 있는 수는 원래의 수가 갖는 유효 숫자와 같다. 즉, log $(9.57 \times 10^4) = 4.981$. 9.57은 3개의 유효 숫자를 갖기 때문에 결과에서 소숫점의 오른쪽에도 3개의 숫자가 있게 된다.

**예제 6-7**

다음 계산의 답을 단지 유효 숫자만을 가질 수 있도록 반올림하시오.

(a) $\log 4.000 \times 10^{-5} = -4.3979400$과 (b) antilog $12.5 = 3.162277 \times 10^{12}$

**풀이**

(a) 규칙 1을 따르면, 소수점의 오른쪽에 4개의 숫자를 가지고 있어야 한다.

$$\log 4.000 \times 10^{-5} = -4.3979$$

(b) 규칙 2를 따르면, 단지 숫자 하나만 유효 숫자이다.

$$\text{antilog } 12.5 = 3 \times 10^{12}$$

## ▸ 6D-3 데이터의 반올림

화학 분석에서 계산된 결과는 보고하기 전에 항상 적절한 방법으로 반올림을 하여야 한다. 예를 들어. 반복해서 얻은 결과 41.60, 41.46, 41.55, 41.61에 대해 생각해 보기로 하자. 이 데이터의 평균은 41.555이고 표준 편차는 0.069이다. 평균을 반올림할 때 41.55라고 할까? 또는 41.56이라고 할까? 5를 반올림할 때의 가장 좋은 방법은 바로 위의 숫자가 항상 가까운 짝수가 되도록 하는 것이다. 이렇게 하면 한쪽 방향으로만 반올림하려는 경향성을 없애준다. 다른 말로 하면, 가장 가까운 짝수는 주어진 상황에서 크거나 작거나 가능성이 똑같다. 따라서 결과를 41.56 ± 0.07이라고 보고해야 한다. 표준 편차를 계산하는데 있어서 신뢰도가 의심스러우면. 결과를 41.6 ± 0.1이라고 보고해야 한다.

마지막에 5를 가지고 있는 수를 반올림할 때는 항상 결과 값이 짝수가 되도록 반올림한다. 그러므로 0.635는 0.64로 반올림하고, 0.625는 0.62로 반올림한다.

표준 편차 자체가 오차를 포함하고 있기 때문에 *표준 편차의 유효 숫자를 한자리보다 크게 하는 경우는 거의 없다*는 점을 유의해야 한다. 연구 논문의 물리적 상수 값의 불확성을 보고할 때와 같은 특별한 목적을 위해서는 두 자리의 유효 숫자를 사용하는 것이 유용하기도 하다. 물론 표준 편차에서 두 자리의 유효 숫자를 포함한다고 해서 잘못된 것은 아니다. 그러나 보통 불확성도는 첫 번째 자리에 주로 있다는 것을 아는 것이 중요하다.[6]

---

[5] D. E. Jones, J. Chem. Educ., **1971**, *49*, 753, **DOI**: 10.1021/ed049p753.

[6] 보다 자세한 사항은 다음을 참고하시오. http://www.chem.uky.edu/courses/che226/download/CI_for_sigma.html.

### ▸ 6D-4 화학적 계산으로부터 얻은 결과로부터의 반올림

화학 계산 결과를 보고하는 두 가지 경우를 생각해 보자. 만약에 마지막 계산의 결과들로부터 얻어진 표준 편차를 안다면, 우리는 6C절의 오차의 전파 방법과 유효 숫자를 포함하는 결과를 반올림하는 방법으로 적용한다. 그러나 대부분 이 책과 다른 책 모두에서는 데이터의 정밀도를 계산하는데 있어서 단지 유효 숫자 규칙에 의해서만 이루어지도록 하고 있다. 두 번째 경우에는 각 숫자에서의 불확정도에 관한 상식적인 가정이 있어야 한다. 그 다음 결과의 불확정도를 6C절에서 나타낸 방법을 이용하여 계산한다. 마지막으로, 결과는 단지 유효 숫자만을 가지도록 반올림을 한다.

*모든 계산이 완결될 때까지 반올림을 하지 않는 것이 특히 중요하다.* 반올림 오차를 피하기 위하여 모든 계산이 끝날 때까지 마지막 유효 숫자 바로 뒤에 있는 숫자도 계산에 참여하도록 한다. 때때로 이런 숫자를 '호위(guard)' 수라고 한다. 최신 계산기는 유효 숫자가 아닌 여분의 숫자를 여러 개 가지고 있으므로 최종 결과가 단지 유효 숫자만을 가지도록 적절히 반올림하는데 주의를 기울여야 한다. 예제 6-8에서 이 과정을 설명하고 있다.

**예제 6-8**

벤조산 $C_6H_5COOH$ (122.123 g/mol)를 포함하고 있는 고체 혼합물의 시료 3.4842 g을 녹인 후 페놀프탈레인 종말점이 될 때까지 0.2328 M NaOH로 적정하였더니 41.36 mL가 소모되었다. 시료 속에 들어 있는 벤조산(HBz)의 퍼센트를 계산하시오.

**풀이**

13C-3절에 나타낸 바와 같이 계산은 다음과 같은 형태로 이루어진다.

$$\%\text{HBz} = \frac{41.36\ \text{mL} \times 0.2328\ \dfrac{\text{mmol NaOH}}{\text{mL NaOH}} \times \dfrac{1\ \text{mmol HBz}}{\text{mmol NaOH}} \times \dfrac{122.123\,\text{g HBz}}{1000\ \text{mmol HBz}}}{3.842\,\text{g 시료}}$$

$$\times\ 100\%$$

$$= 33.749\%$$

모든 계산이 곱셈이나 나눗셈이기 때문에 답의 상대 불확정도는 실험 데이터의 상대 불확정도에 의해서 결정이 된다. 이 시료 불확정도가 얼마인지 계산해 보기로 하자.

1. 뷰렛에 있는 액체의 높이는 ±0.02 mL까지 읽을 수 있다(그림 6-5). 하지만 처음의 눈금과 나중의 눈금을 읽어야 부피를 알 수 있기 때문에 부피의 표준 편차는 다음과 같이 된다.

$$s_y = \sqrt{(0.02)^2 + (0.02)^2} = 0.028\,\text{mL}$$

따라서부터 $s_y/V$에서 상대 불확정도는

$$\frac{s_y}{V} = \frac{0.028}{41.36} \times 1000\,\text{ppt} = 0.68\,\text{ppt}$$

2. 일반적으로 분석 저울을 이용하여 얻은 무게의 절대 불확정도는 ±0.0001 g 정도일 것이다. 따라서 분모의 상대 불확정도는 다음과 같다.

$$\frac{0.0001}{3.4842} \times 1000\,\text{ppt} = 0.029\,\text{ppt}$$

3. 보통 시약 용액의 몰농도의 절대 불확정도는 ±0.0001이라고 할 수 있다. 그러므로

$$\frac{s_c}{c} = \frac{0.0001}{0.2328} \times 1000\,\text{ppt} = 0.43\,\text{ppt}$$

4. HBz의 몰질량의 상대 불확정도는 세 개의 실험 데이터의 불확정도에 비해 몇 제곱승 더 작으므로 중요하지 않다. 하지만 몰질량이 어느 실험 데이터보다 적어도 하나 더 많은 숫자(호위 수)를 가지게 함으로써 계산하는 데 있어서 충분한 데이터를 가지고 있도록 해야 하는 점에 유의하시오. 따라서 여기서 계산하는데 있어서 몰질량으로 122.123(여분의 숫자가 두 개 더 있다)를 사용한다.

5. 100%와 1000 mmol HBz과 관련된 불확정도는 없다. 왜냐하면 이들은 정확수이기 때문이다.

   식 (6-12)에 3개의 상대 불확정도를 대입하면 다음을 얻는다.

$$\frac{s_y}{y} = \sqrt{\left(\frac{0.028}{41.36}\right)^2 + \left(\frac{0.0001}{3.4842}\right)^2 + \left(\frac{0.0001}{0.2328}\right)^2}$$

$$= \sqrt{(0.00068)^2 + (0.000029)^2 + (0.00043)^2} = 8.02 \times 10^{-4}$$

$$s_y = 8.02 \times 10^{-4} \times y = 8.02 \times 10^{-4} \times 33.749 = 0.027$$

따라서 계산 결과의 불확정도는 ±0.03% HBz이므로 결과는 33.75% HBz이거나 더 좋게는 33.75 (±0.03)% HBz으로 보고해야 한다.

반올림을 하는 결정은 *모든 계산*에 있어서 중요한 부분을 차지하고, 이런 결정은 계산기에서 나타난 숫자의 수를 근거로 *결정할 수 없다*는 것을 기억하는 것이 중요하다.

계산기에 나타난 숫자의 수와 유효 숫자의 수는 서로 관계가 없다.

**www.cengage.com/chemistry/skoog/fac9**에서 Chapter 6을 선택하고 Web Works를 클릭한다. 여기에서 미국 표준국의 통계 분석을 위한 데이터셋과 연결해 주는 링크를 찾는다. 연습을 위해서 어떠한 결과들이 준비되어 있는지를 본다. 연습 문제 6-22와 6-23에서 두 가지의 미 표준국 연습 결과를 사용한다. Datebases, Scientific와 Standard Reference Data를 선택한다. Analytical chemistry database를 찾는다. Chlorobenzene 의 기체 크로마토그래피 머무름 인덱스를 찾는다. SE-30 컬럼을 160°C에서 실험하였을 때 얻어지는 머무름 인덱스 값 4개를 찾는다. 주어진 온도에서 머무름 인덱스의 평균값과 표준 편차를 구하시오.

## 연습 문제

**6-1.** 다음 용어들을 정의하시오.

*(a) 범위
(b) 변동 계수
*(c) 유효 숫자
(d) Gauss 분포

**6-2.** 다음 두 용어 사이의 차이점은 무엇인가?

*(a) 표본 표준 편차와 표본 분산
(b) 모집단 평균과 표본 평균
*(c) 정확도와 정밀도
(d) 우연 오차와 계통적 오차

**6-3.** *(a) 표본 표준 편차와 모집단 표준 편차의 차이점은 무엇인가?
(b) 'sample'라는 단어를 사용하였을 때 화학적인 면(시료)과 통계학적인 면(표본)에서 그 의미상의 차이점은 무엇인가?

**6-4.** 평균의 표준 오차는 무엇인가? 왜 평균의 표준 편차는 무리의 각 결과들의 표준 편차보다 작은가?

***6-5.** Gauss 오차 곡선에서 실험 결과가 모집단 평균값으로부터 0에서 $+1\sigma$ 사이에 분포할 확률은 얼마인가? 평균으로부터 $+1\sigma$과 $+2\sigma$ 사이에 있을 확률은 얼마인가?

**6-6.** 일반 오차 곡선에서 결과가 평균으로부터 $\pm 2\sigma$ 한계 밖에 있을 확률을 찾으시오. 평균으로부터 $-2\sigma$보다 더 음의 값을 갖는 결과의 확률은 얼마인가?

**6-7.** 다음 무리의 반복 측정 값에 대해 고려해 보자.

| *A | B | *C | D | *E | F |
|---|---|---|---|---|---|
| 9.5 | 55.35 | 0.612 | 5.7 | 20.63 | 0.972 |
| 8.5 | 55.32 | 0.592 | 4.2 | 20.65 | 0.943 |
| 9.1 | 55.20 | 0.694 | 5.6 | 20.64 | 0.986 |
| 9.3 | | 0.700 | 4.8 | 20.51 | 0.937 |
| 9.1 | | | 5.0 | | 0.954 |

각 무리에 대해 (a) 평균, (b) 중앙값, (c) 범위, (d) 표준 편차, (e) 변동 계수를 계산하시오.

**6-8.** 연습 문제 6-7에 있는 데이터에서 인정된 값이 다음과 같다. *무리 A 9.0, 무리 B 55.33, *무리 C 0.630, 무리 D 5.4, *무리 E 20.58, 무리 F 0.965이다. 각 무리의 평균에 대하여 (a) 절대 오차와 (b) ppt 단위의 상대 오차를 계산하시오.

**6-9.** 다음 계산의 결과에 대한 절대 표준 편차와 변동 계수를 계산하시오. 각 결과는 유효 숫자만을 포함하도록 반올림하시오. 괄호 속에 들어 있는 수는 절대 표준 편차이다.

*(a) $y = 3.95(\pm 0.03) + 0.993(\pm 0.001) - 7.025(\pm 0.001) = -2.082$
(b) $y = 15.57(\pm 0.04) + 0.0037(\pm 0.0001) + 3.59(\pm 0.08) = 19.1637$
*(c) $y = 29.2(\pm 0.3) \times 2.034(\pm 0.02) \times 10^{-17} = 5.93928 \times 10^{-16}$
(d) $y = 326(\pm 1) \times \dfrac{740(\pm 2)}{1.964(\pm 0.006)} = 122{,}830.9572$
*(e) $y = \dfrac{187(\pm 6) - 89(\pm 3)}{1240(\pm 1) + 57(\pm 8)} = 7.5559 \times 10^{-2}$
(f) $y = \dfrac{3.56(\pm 0.01)}{522(\pm 3)} = 6.81992 \times 10^{-3}$

**6-10.** 다음 계산의 결과에 대한 절대 표준 편차와 변동 계수를 계산하시오. 각 결과는 유효 숫자만을 포함하도록 반올림하시오. 괄호 속에 들어 있는 수는 절대 표준 편차이다

*(a) $y = 1.02(\pm 0.02) \times 10^{-8} - 3.54(\pm 0.2) \times 10^{-9}$
(b) $y = 90.31(\pm 0.08) - 89.32(\pm 0.06) + 0.200(\pm 0.004)$
*(c) $y = 0.0040(\pm 0.0005) \times 10.28(\pm 0.02) \times 347(\pm 1)$
(d) $y = \dfrac{223(\pm 0.03) \times 10^{-14}}{1.47(\pm 0.04) \times 10^{-16}}$
*(e) $y = \dfrac{100(\pm 1)}{2(\pm 1)}$
(f) $y = \dfrac{1.49(\pm 0.02) \times 10^{-2} - 4.97(\pm 0.06) \times 10^{-3}}{27.1(\pm 0.7) + 8.99(\pm 0.08)}$

**6-11.** 다음 계산의 결과에 대한 절대 표준 편차와 변동 계수를 계산하시오. 각 결과는 유효 숫자만을 포함하도록 반올림하시오. 괄호 안의 숫자는 절대 표준 편차이다.

*(a) $y = \log[2.00(\pm 0.03) \times 10^{-4}]$
(b) $y = \log[4.42(\pm 0.01) \times 10^{37}]$
*(c) $y = \text{antilog}[1.200(\pm 0.003)]$
(d) $y = \text{antilog}[49.54(\pm 0.04)]$

**6-12.** 다음 계산의 결과에 대한 절대 표준 편차와 변동 계수를 계산하시오. 각 결과는 유효 숫자만을 포함하도록 반올림하시오. 괄호 안의 숫자는 절대 표준 편차이다.

*(a) $y = [4.17(\pm 0.03) \times 10^{-4}]^3$
(b) $y = [2.936(\pm 0.002)]^{1/4}$

***6-13.** 구의 지름을 측정할 때 표준 편차 값이 ±0.02 cm였다. 만약에 구의 지름이 2.15 cm라면 구의 부피를 계산할 때 표준 편차 값은 얼마인가?

**6-14.** 열려진 원통형 저장 용기의 내부지름을 측정하였다. 네 번의 반복 측정된 결과는 5.2, 5.7, 5.3, 5.5 m이다. 저장 용기의 높이를 재어보니 7.9, 7.8, 7.6 m이었다. 저장 용기의 부피와 이의 표준 편차를 L 단위로 계산하시오.

***6-15.** 분석 물질 A를 용량 분석으로 하였는데 그 때 데이터와 표준 편차는 다음과 같다.

| | | |
|---|---|---|
| 처음 뷰렛의 측정 값 | 0.19 mL | 0.02 mL |
| 마지막 뷰렛의 측정 값 | 9.26 mL | 0.03 mL |
| 시료 무게 | 45.0 mg | 0.2 mg |

위의 데이터로부터 아래의 식(당량에는 불확정도가 없는 것으로 간주한다)을 이용하여 A 백분율에 대한 마지막 결과를 변동 계수를 구하시오.

$$\% \text{ A} = \text{적정 부피} \times \text{당량} \times 100\%/\text{시료 무게}$$

**6-16.** 28장에서 유도 결합 플라즈마 원자 방출법을 배운다. 이 방법에서, 일정한 에너지 상태에서 여기 상태에 있는 원자의 수는 온도에 크게 의존한다. 원소의 여기에너지 $E$를 joules (J)로 하여 ICP 방출의 신호 크기 $S$를 측정하면 다음과 같다.

$$S = k'e^{-E/kT}$$

여기서 $k'$은 온도에 거의 영향을 받지 않는 상수이며, $T$는 kelvin (K)으로 나타내는 절대 온도이고, $k$는 볼츠만 상수이다($1.3807 \times 10^{-23}$ J $K^{-1}$). ICP의 평균 온도가 6,500 K이고, Cu의 여기 에너지 값이 $6.12 \times 10^{-19}$ J이라면 방출 신호의 변동 계수를 1% 이내로 하기 위해서는 온도를 얼마나 정밀하게 조절해야 하는가?

***6-17.** 24장에서 분자 흡수 분광법에 의한 정량은 다음과 같이 나타내는 Beer 법칙에 근거로 한다.

$$-\log T = \varepsilon b c_X$$

여기서 $T$는 분석물 용액 X의 투광도, $b$는 흡수 용액의 두께, $c_X$는 X의 몰농도, $\varepsilon$는 실험적으로 측정되는 상수이다. $\varepsilon b$는 3312 (±12) $M^{-1}$의 값을 갖는데, 여기서 괄호 속의 숫자는 절대 표준 편차이다.

미지 용액 X는 $\varepsilon b$를 결정하는데 사용한 것과 동일한 용기에서 측정되었다. 반복 측정한 결과는 $T$ = 0.213, 0.216, 0.208, 0.214이었다. (a) 분석물의 몰농도 $c_X$, (b) $c_X$의 절대 표준 편차, (c) $c_X$의 변동 계수를 계산하시오.

**6-18.** 몇 가지 식물 식품 중에 들어 있는 칼륨 이온을 분석하여 다음의 데이터를 얻었다.

| 시료 | $K^+$의 백분율 |
|---|---|
| 1 | 6.02, 6.04, 5.88, 6.06, 5.82 |
| 2 | 7.48, 7.47, 7.29 |
| 3 | 3.90, 3.96, 4.16, 3.96 |
| 4 | 4.48, 4.65, 4.68, 4.42 |
| 5 | 5.29, 5.13, 5.14, 5.28, 5.20 |

이 시료들은 같은 모집단에서 무작위로 추출한 것이다.

(a) 각 표본들의 평균과 표준 편차 $\sigma$를 구하시오.

(b) 통합 값 $s_{\text{pooled}}$을 구하시오.

(c) 왜 이 값이 각 표본들의 표준 편차보다 더 잘 $\sigma$를 예측할 수 있는가?

***6-19.** 여섯 병의 포도주에 잔류해 있는 당을 분석하여 다음의 결과를 얻었다.

| 병 | 잔류하는 당의 퍼센트(w/v) |
|---|---|
| 1 | 1.02, 0.84, 0.99, |
| 2 | 1.13, 1.02, 1.17, 1.02 |
| 3 | 1.12, 1.32, 1.13, 1.20, 1.25 |
| 4 | 0.77, 0.58, 0.61, 0.72 |
| 5 | 0.73, 0.92, 0.90 |
| 6 | 0.73, 0.88, 0.72, 0.70 |

(a) 각 무리의 데이터에 대한 표준 편차 $s$를 구하시오.

(b) 데이터를 합동한 방법에 대한 절대 표준 편차를 구하시오.

**6-20.** 불법 마약인 헤로인 시료 9개를 기체크로마토그래피법으로 두 번씩 분석하였다. 이 시료들은 같은 모집단에서 무작위로 추출되었다고 가정한다. 다음의 데이터를 합동하여 이 방법에 대한 절대 표준 편차를 구하시오.

| 시료 | 헤로인(%) | 시료 | 헤로인(%) |
|---|---|---|---|
| 1 | 2.24, 2.27 | 6 | 1.07, 1.02 |
| 2 | 8.4, 8.7 | 7 | 14.4, 14.8 |
| 3 | 7.6, 7.5 | 8 | 21.9, 21.1 |
| 4 | 11.9, 12.6 | 9 | 8.8, 8.4 |
| 5 | 4.3, 4.2 | | |

***6-21.** Ohio 강물에 들어 있는 nitrilotriacetic acid (NTA)의 분광법 분석으로부터 얻은 다음 결과들을 이용하여 $\sigma$의 합동 값을 계산하시오

| 시료 | NTA (ppb) |
|---|---|
| 1 | 13, 19, 12, 7 |
| 2 | 42, 40, 39 |
| 3 | 29, 25, 26, 23, 30 |

**6-22.** **www.cengage.com/chemistry/skoog/fac9**에 접속하시오. Chapter Resources Menu에서 Chapter 6을 선택하고 Web Work를 선택하시오. Dataset Archives를 찾고 Univariate Summary Statistics 부분의 위치를 파악하여 Mavro data set을 선택하시오. 여기에는 NIST 소속의 화학자인 Radu Mavrodineaunu가 측정한 값들이 제시되어 있다. 그는 광섬유의 확인된 투과율을 결정하는 연구를 하였다. 표시가 된 데이터 파일(ASCII 형)을 접속하도록 클릭한다. 페이지의 밑 부분에는 Mavrodineaunu가 측정한 50개의 투과율 값들이 제시되어 있다. 화면에 데이터가 나타나면 마우스로 50개의 투과율 값을 잡아 놓고, [편집(E)/복사(C)] 키를 클릭하여(혹은 Ctrl-C 사용) 클립보드에 옮겨 놓는다. Excel의 새 스프레트시트를 열어 놓고 [편집(E)/붙여넣기(P)] 키를 클릭하여(혹은 Ctrl-V 사용) B열에 모두 옮겨 놓는다. 이 값들의 평균과 표준 편차를 구하고 NIST 웹페이지에 나온 인정 값과 비교하시오. 당신의 전자종의 자릿수를 늘려서 모든 자릿수의 결과 값을 다 비교하여 보시오. 만약에 두 값 사이에 차이가 있는지를 언급하고 그 이유를 제안하여 보시오.

**16-23.** **도전 문제: www.cengage.com/chemistry/skoog/fac9**에 접속하시오. Chapter Resources Menu에서 Chapter 6을 선택하고 Web Works를 선택하시오. NIST Statistical Reference Datasets와 Dataset Archives를 찾으시오. Analysis of Variance를 클릭하고 AtmWtAg data set를 찾으시오. 두 개의 컬럼으로 나타낸 데이터를 선택하시오. 이 웹페이지에는 L. J. Powell, T. J. Murphy, J. W. Gramlich에 의하여 보고된 은의 원자량 측정 값들이 나와 있다. 'The Absolute Isotopic Abundance & Atomic Weight of a Reference Samples of Silver', *NBS Journal of Research*. **1982**, *87*, 9~19. 이 페이지에는 48개의 은의 원자량에 대한 값들이 포함되어 있다. 그 중 24개의 값이 한 개의 기기에서 측정되며, 나머지 24개의 값은 다른 기기로 측정되었다.

(a) 먼저 데이터를 가져온다. 일단 데이터가 화면에 뜬다. [파일(F)/다른 이름으로 저장(A)]을 클릭하면 파일 이름 칸에 Ag_Atomic_Wtt.dat가 나타난다. [저장(S)]을 클릭한다. Excel을 시작하고, [파일(F)/열기(O)]를 누른다. 이 때 파일 종류에 모든 파일(*.*)로 되어 있는지를 확인한다. Ag_Atomic_Wtt.dat 파일을 찾아 파일을 연다. 텍스트 마법사가 나타나면 [구분 기호가 분리됨(D)]과 [다음(N)]을 순서대로 클릭한다. Excel의 스프레드시트에서 원자량 결과들이 서로 나뉘어 있는지를 확인 후 [마침(F)]을 클릭한다. 이후 데이터들이 스프레드시트에 나타난다. 처음 60개의 데이터들은 약간 정리가 안 된 것처럼 보인다. 그러나 61번째부터는 스프레드시트 두 개의 열에 나타날 것이다.

(b) 두 무리의 데이터에 대한 평균과 표준 편차를 구한다. 또한 각 무리의 변동 계수를 결정한다.

(c) 데이터 무리들의 합동 표준 편차를 구하고. NIST 웹페이지의 인정 값 부분을 클릭하여 얻은 인정 표준 편차와 비교하시오. 전 결과를 비교하기 위하여 스프레드시트에 나타나는 자릿수를 증가시키는 것을 잊지 말아야 한다.

(d) 인정 제곱의 합에 대한 NIST 값(같은 기기에서)과 두 개 의 평균으로부터 편차 제곱의 합을 비교하시오. 당신의 계산 결과와 인정 값, 두 값 사이에 차이가 있는지를 언급하고 그 이유를 제안하여 보시오.

(e) 현재 인정되는 은의 원자량 값의 데이터 무리 두 가지의 평균값을 비교하시오. 현재 인정되는 값을 참값이라고 가정하고 상대 오차 백분율을 구하시오.

제 7 장

# 통계적인 데이터 처리 및 평가

*Statistical Data Treatment and Evaluation*

통계적인 시험에서 오차를 유발하는 결과는 판결 과정에서 오차로 인한 결과와 비교된다. 오른쪽은 1959년 2월 14일자 *Saturday Evening Post*지 표지에 실린 Norman Rockwell의 사진이다. 12명의 배심원 중 한 명이 나머지 배심원과 다른 의견을 제시하여 나머지 배심원이 그녀를 설득하는 장면이다. 배심원실에서는 무고한 사람이 유죄 판결을 받거나 범인이 석방되는 두 가지 형태의 실수가 만들어질 수 있다. 우리 재판 제도에서는 무고한 사람이 유죄 판결을 받는 것이 죄인이 무죄로 방면되는 것보다 더 심각하게 받아들여진다.

이와 유사하게, 두 값이 서로 동일한지를 검사하는 통계적인 작업에서도 두 가지 형태의 오차가 발생할 수 있다. 제1형의 오차는 통계적으로 동일한 경우에 두 값을 서로 다르다고 판정하는 경우며, 제2형의 오차는 통계적으로 서로 다른 데이터를 동일하게 받아들이는 오차이다. 이 장에서는 이러한 통계 시험에서의 오차의 특성과 그들을 최소화시키는 방법에 대하여 설명한다.

Courtesy of the Norman Rockwell Family Agency

과학자들은 실험적 측정의 질을 평가하기 위하여, 가설을 검증하기 위하여, 실험적 결과를 표현하는 모델을 개발하기 위하여 통계학적 데이터 분석을 사용한다. 검정과 다른 목적을 위한 수학적 모델을 세우기 위한 기술들은 8장에서 토의한다. 이 장에서는 분석 결과를 다루는 통계검사법의 가장 일반적인 응용들에 대하여 배우게 될 것이다. 이들 응용은 다음과 같다.

1. 여러 분석 결과의 평균 주위로 모평균(population mean)이 어떤 일정한 확률로 존재하는 구간을 정하는 경우. 이러한 구간을 **신뢰 구간**(CI)이라 하며, 신뢰 구간은 평균의 표준 편차와 관계가 있다.
2. 실험값의 평균이 주어진 확률로 어떤 구간에 존재하기 위하여 필요한 반복 측정의 횟수를 결정하는 경우.
3. (a) 실험값의 평균과 참값 혹은 (b) 두 실험값의 평균이 서로 다를 확률, 다시 말하면 그 차이가 실제인지 아니면 임의 오차의 결과인지를 결정하는 경우. 이러한 검증은 특히 방법상의 계통 오차나 두 시료가 동일하게 얻어졌는지를 판단하는데 매우 중요하다.
4. 주어진 확률 수준에서 두 데이터 집단의 정밀도가 서로 다른지를 판단하는 경우.
5. 두 가지 이상의 시료의 평균들을 비교하여, 차이가 실제인지 아니면 임의 오차의 결과인지를 판단하는 경우. 이러한 과정을 **가변도 분석**(analysis of variance)이라 한다.
6. 반복 측정된 값 중 이상값을 결과에 포함해야 하는지 결정하는 경우.

## 7A 신뢰 구간

평균에 대한 **신뢰 구간**은 모평균 $\mu$가 어떤 확률로 존재할 값의 범위이다.

대부분의 정량적 화학 분석에서의 경우 평균의 참값 $\mu$는 무한대에 가까울 정도로 무한히 많은 측정값을 요구하기 때문에 결코 정확하게 결정할 수 없다. 그러나 통계학을 통하여 실험적으로 얻은 평균 $\bar{x}$ 주위에 모평균 $\mu$가 주어진 확률로 존재할 수 있는 구간을 정할 수 있다. 이러한 한계를 **신뢰 한계**(confidence limit)라고 하고, 그들이 정의하는 구간을 **신뢰 구간**(confidence interval, CI)이라고 한다. 예를 들면 여러 번 측정하여 얻은 포타슘 값의 정확한 모평균이 7.25 ± 0.15% K 사이에 있을 확률이 99%라고 말할 수 있다. 따라서 평균이 7.10~7.40% K 사이일 확률이 99%이다.

신뢰 구간의 크기는 시료 표준 편차(sample standard deviation)에 의하여 결정되는데, 시료 표준 편차 $s$가 얼마나 모집단 표준 편차 $\sigma$를 잘 대표하느냐에 따라서 다르다. $\sigma$가 $s$의 좋은 근사값이라고 믿을 만한 근거가 있다면 적은 수의 측정값만으로 결정된 $\sigma$보다 신뢰 구간은 상당히 좁아질 수 있다.

### ▸ 7A-1 $\sigma$가 알려져 있거나 $s$가 $\sigma$의 좋은 근사값일 때의 신뢰 구간 구하기

**그림 7-1**에 다섯 가지 정규 오차 곡선을 나타내었다. 각 곡선에서 상대 빈도수를 $z$의 함수[식 (6-2) 참조]로 나타내었는데, $z$는 평균으로부터의 편차를 모집단 표준 편차로 나눈 값이다. 어두운 부분은 곡선의 왼쪽과 오른쪽에 각각 표시된 $-z$와 $+z$ 사이의 부분이다. 색칠한 부분에 있는 숫자는 $z$ 값 내에 포함된 곡선아래 면적을 총 면적에 대한 퍼센트로 나타낸 것이다. 예를 들면, 곡선 (a)에서는 한 Gauss 곡선 아래 면적의 50%는 $-0.67\sigma$와 $+0.67\sigma$ 사이에 위치한다. 곡선 (b)와 (c)에서는 총 면적의 80%는 $-1.28\sigma$와 $+1.28\sigma$ 사이에 놓이고, 90%는 $-1.64\sigma$와 $+1.64\sigma$ 사이에 놓임을 나타낸다. 이와 같은 관계는 우리가 *좋은 $\sigma$를 구할 수 있다*는 전제 하에 참평균이 어떤 확률로 놓일 수 있는 측정값 주위의 범위를 정의할 수 있게 해준다. 예를 들면 표준 편차가 $\sigma$인 어떤 데이터 무리 중 하나의 결과인 $x$가 있다면, 참평균은 100번 중 90번의 확률로 $x \pm 1.64\sigma$ 범위 안에 있게 될 것이라 가정할 수 있다(그림 7-1c 참조). 이 때 확률을 **신뢰 수준**(confidence level, CL)이라 한다. 주어진 예의 경우, 신뢰 수준은 90%이고 **신뢰 구간**은 $-1.64\sigma$에서 $+1.64\sigma$까지이다. 결과가 신뢰 구간 *밖에* 존재할 확률을 **유의 수준**(significance level)이라 한다.

**신뢰 수준**은 참평균이 어떤 범위 내에 존재할 확률이다. 이 값은 주로 퍼센트로 나타낸다.

알려진 $\sigma$ 값을 가진 분포로부터 하나의 측정값 $x$에 대하여 참 평균값이 $x \pm zs$에 존재할 확률은 $z$ 값에 따라 다르다. 그림 7-1c, d, e에 나타난 것과 같이 확률이 90%인 경우 $z = 1.64$, 95%의 경우 $z = 1.96$, 99%의 경우는 $z = 2.58$이다. 하나의 측정에 기초한 참평균의 신뢰 구간을 구하는 식은 식 (6-2)을 재배열하면 얻을 수 있다. $z$가 양의 값과 음의 값을 취할 수 있다는 것을 기억하시오.

$$\mu\text{의 신뢰 구간 (CI)} = x \pm z\sigma \qquad \textbf{(7-1)}$$

그러나 단 한번의 측정으로부터 참평균을 구하는 경우는 거의 없다. 대신에 더 좋은 $\mu$를 구하기 위하여 $N$번 측정한 값에 대한 실험 평균을 사용한다. 이 경우 식 (7-1)에서 $x$ 대신에 $\bar{x}$를 사용하고 $\sigma$ 대신에 평균의 표준 오차인 $\sigma/\sqrt{N}$을 사용한다.

$$\mu\text{의 신뢰 구간 (CI)} = \bar{x} \pm \frac{z\sigma}{\sqrt{N}} \qquad \textbf{(7-2)}$$

**표 7-1**

**여러 Z 값에 대한 신뢰 수준**

| 신뢰 수준, % | z |
|---|---|
| 50 | 0.67 |
| 68 | 1.00 |
| 80 | 1.28 |
| 90 | 1.64 |
| 95 | 1.96 |
| 95.4 | 2.00 |
| 99 | 2.58 |
| 99.7 | 3.00 |
| 99.9 | 3.29 |

**표 7-2**

**측정 횟수의 함수로 표시한 신뢰 구간의 크기**

| 측정 횟수 | 신뢰 구간의 상대적 크기 |
|---|---|
| 1 | 1.00 |
| 2 | 0.71 |
| 3 | 0.58 |
| 4 | 0.50 |
| 5 | 0.45 |
| 6 | 0.41 |
| 10 | 0.32 |

여러 신뢰 수준에서의 $z$ 값은 **표 7-1**에 수록되어 있으며, $N$에 대한 함수로서의 신뢰 구간의 상대적 크기는 **표 7-2**에 수록되어 있다. 신뢰 구간을 구하는 예는 예제 7-1에 있다. 주어진 신뢰 구간을 얻기 위하여 필요한 측정 횟수를 구하는 예는 예제 7-2에 있다.

### 예제 7-1

예제 6-2에서 (a) 첫 번째 값(1108 mg/L 글루코오스)과 (b) 첫 번째 달의 평균 값(1100.3 mg/L)에 대한 80% 및 95%의 신뢰 구간을 구하시오. 각 계산에서 $s$ = 19가 $\sigma$에 대한 좋은 근사값이라고 가정하시오.

**풀이**

(a) 표 7-1로부터 두 신뢰 수준에서 각각 $z$ = 1.28와 $z$ = 1.96임을 알 수 있다. 식 (7-1)에 대입하면

$$80\%\ \text{CI} = 1108 \pm 1.28 \times 19 = 1108 \pm 24.3\ \text{mg/L}$$

$$95\%\ \text{CI} = 1108 \pm 1.96 \times 19 = 1108 \pm 37.2\ \text{mg/L}$$

이 계산으로부터 모집단 평균 $\mu$(*계통 오차가 없다면 참값*)가 1083.7에서 1132.3 mg/L 글루코오스의 범위에 있을 확률이 80%, 1070.8에서 1145.2 mg/L 글루코오스 범위에 있을 확률이 95%라고 결론내릴 수 있다.

(b) 일곱 번의 측정값에 대해서는

$$80\%\ \text{CI} = 1100.3 \pm \frac{1.28 \times 19}{\sqrt{7}} = 1100.3 \pm 9.2\ \text{mg/L}$$

$$95\%\ \text{CI} = 1100.3 \pm \frac{1.96 \times 19}{\sqrt{7}} = 1100.3 \pm 14.1\ \text{mg/L}$$

따라서 실험에서 얻은 평균으로부터($\bar{x}$ = 1100.3 mg/L) $\mu$가 1091.1에서 1109.5 mg/L 글루코오스의 범위에 있을 확률이 80%, 1086.2에서 1114.4 mg/L 글루코오스에 속할 확률이 95%이다. 한 개의 값을 쓰는 대신에 실험적 평균을 사용하였을 때, 구간이 현저하게 작아짐을 주목하시오.

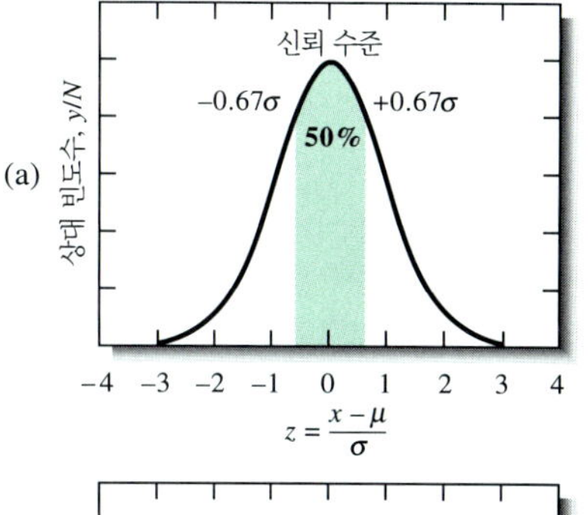


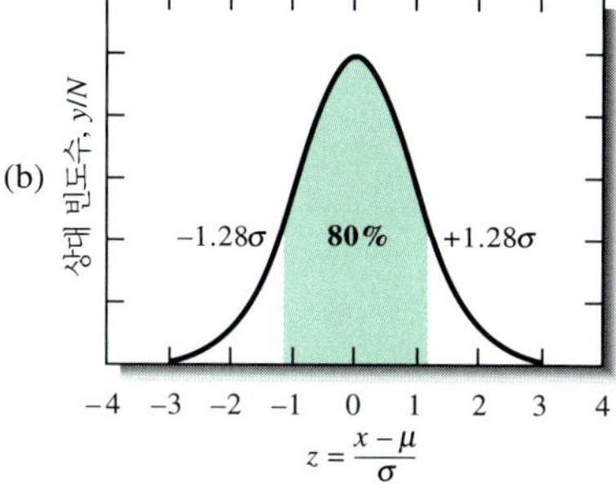


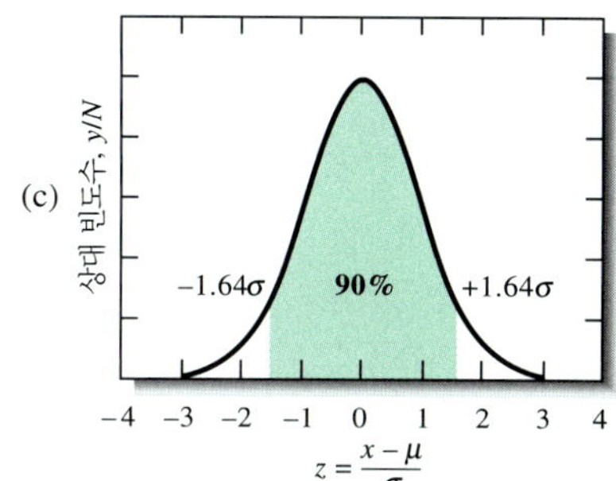


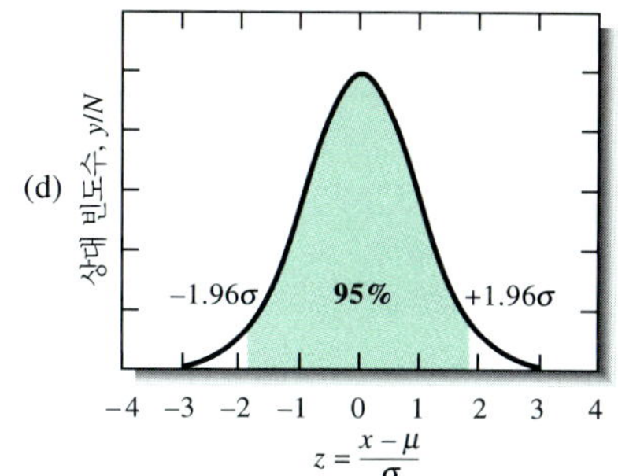


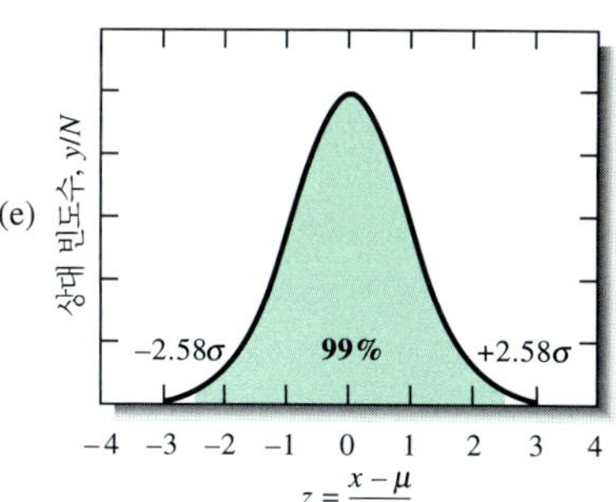


**그림 7-1** 여러 가지 $\pm z$ 값에 대한 Gauss 곡선의 면적.

**예제 7-2**

예제 6-2에 있는 첫 달의 측정에서 95% 신뢰 구간을 1100.3 ±10.0 mg/L로 감소시키기 위해서는 몇 번의 반복 측정이 필요한가?

**풀이**

이 문제에서는 $\pm \frac{z\sigma}{\sqrt{N}}$이 ±10.0 mg/L 글루코오스와 일치하면 된다.

$$\frac{z\sigma}{\sqrt{N}} = \frac{1.96 \times 19}{\sqrt{N}} = 10.0$$

$$\sqrt{N} = \frac{1.96 \times 19}{10.0} = 3.724$$

$$N = (3.724)^2 = 13.9$$

14번 측정하면 모집단 평균이 실험 평균의 ±10 mg/L 안에 들어올 확률이 95%보다 약간 더 큰 값을 갖게 된다고 할 수 있다.

식 (7-2)는 일반적으로 4번 측정함으로써 어떤 분석값의 신뢰 구간을 반으로 줄일 수 있고, 16번을 측정하면 신뢰 구간을 1/4 정도 줄일 수 있다는 것을 나타낸다. 추가적인 데이터에 대한 반대 급부는 급격히 적어진다. 일반적으로 2~4번의 측정값을 평균하면 상대적으로 큰 이득을 얻게 된다. 그러나 신뢰도를 추가로 증가시키기에는 너무 많은 시간이 요구되기 때문에 곤란하다.

식 (7-2)에 의한 신뢰 구간은 *바이어스(bias)가 없고, $s$가 $\sigma$의 좋은 근사값인 경우*에만 적용된다는 것을 기억해 두어야 한다. $s$가 $\sigma$와 매우 근접한 경우 $s \rightarrow \sigma$ ($s$가 $\sigma$에 접근함)라는 기호로 나타낸다.

**스프레드시트 요약** *Applications of Microsoft® Excel in Analytical Chemistry* 2판 2장에서 $\sigma$를 알고 있을 때 신뢰 구간을 구하는데 CONFIDENCE() 함수를 사용하는 방법에 대하여 배웠다. 예제 7-1의 데이터에 대한 80%과 95% 신뢰 구간을 계산해 놓았다.

## ▸ 7A-2 $\sigma$를 알 수 없을 때 신뢰 구간 구하기

때로는 한정된 시간이나 이용할 수 있는 시료의 양 때문에 제한을 받아 정확하게 $\sigma$를 계산하지 못하는 경우가 있다. 이런 경우, 단지 몇 개의 반복 측정값들로부터 평균과 정밀도를 계산해야 한다. 이미 지적한 바와 같이 적은 데이터를 갖는 무리로부터 계산된 $s$는 매우 불확실할 수 있다. 따라서 적은 수의 데이터로부터 얻은 $s$를 $\sigma$ 값으로 사용하는 경우 신뢰 한계는 필연적으로 넓어지게 된다.

$t$ 통계는 ***Student's t***라고도 불린다. Student는 W.S. Gossett이 1908년에 $t$에 관한 논문을 썼을 때의 필명이다(특집 7-1 참조).

$s$의 가변성을 설명하기 위해서 중요한 통계학적 매개변수인 $t$를 사용하는데, 이 값은 $\sigma$ 대신 $s$로 치환된다는 것을 제외하고는 식 (6-2)에서의 $z$와 동일하게 정의된다. 값이 $x$인 하나의 측정에 대한 $t$는 다음과 같다.

$$t = \frac{x - \mu}{s} \tag{7-3}$$

**표 7-3**

**여러 확률 수준에서의 $t$ 값**

| 자유도 | 80% | 90% | 95% | 99% | 99.9% |
|---|---|---|---|---|---|
| 1 | 3.08 | 6.31 | 12.7 | 63.7 | 637 |
| 2 | 1.89 | 2.92 | 4.30 | 9.92 | 31.6 |
| 3 | 1.64 | 2.35 | 3.18 | 5.84 | 12.9 |
| 4 | 1.53 | 2.13 | 2.78 | 4.60 | 8.61 |
| 5 | 1.48 | 2.02 | 2.57 | 4.03 | 6.87 |
| 6 | 1.44 | 1.94 | 2.45 | 3.71 | 5.96 |
| 7 | 1.42 | 1.90 | 2.36 | 3.50 | 5.41 |
| 8 | 1.40 | 1.86 | 2.31 | 3.36 | 5.04 |
| 9 | 1.38 | 1.83 | 2.26 | 3.25 | 4.78 |
| 10 | 1.37 | 1.81 | 2.23 | 3.17 | 4.59 |
| 15 | 1.34 | 1.75 | 2.13 | 2.95 | 4.07 |
| 20 | 1.32 | 1.73 | 2.09 | 2.84 | 3.85 |
| 40 | 1.30 | 1.68 | 2.02 | 2.70 | 3.55 |
| 60 | 1.30 | 1.67 | 2.00 | 2.62 | 3.46 |
| ∞ | 1.28 | 1.64 | 1.96 | 2.58 | 3.29 |

$N$번 측정한 평균에 대한 값은

$$t = \frac{\bar{x} - \mu}{s/\sqrt{N}} \tag{7-4}$$

식 (7-1)에서의 $z$와 같이 $t$는 요구되는 신뢰 수준에 따라 달라진다. 그러나 $t$는 또한 $s$를 계산할 때 사용된 자유도에 따라서도 달라진다. 표 7-3에서는 몇 가지 자유도에서의 $t$ 값들을 적어 놓았다. 더 확장된 표는 수학이나 통계학 책들로부터 찾아볼 수 있다. 자유도가 커짐에 따라서 $t$가 $z$에 수렴되는 것에 주목하시오.

$N$번 반복 측정한 값들의 평균 $\bar{x}$에 대한 신뢰 구간은 식 (7-2)와 유사한 식인 식 (7-5)에 의해 $t$로부터 계산될 수 있다.

$$\mu\text{에 대한 CI} = \bar{x} \pm \frac{ts}{\sqrt{N}} \tag{7-5}$$

신뢰 구간에 $t$의 응용은 예제 7-3에 나타내었다.

**특집 7-1**

**W.S. Gossett ('Student')**

William Gossett는 1876년 영국에서 태어났다. 그는 New College Oxford에서 화학과 수학 분야에서 모두 최고 수준의 성적을 받았다. 1899년에 졸업을 하고, 아일랜드 더블린의 Guinness 양조회사에 취업을 했다. 1906년에 런던의 University College에 있던 상관 계수 분야에서 유명한 통계학자 Karl Pearson의 지도 하에 공부를 했다. University College에 있는 동안 Gossett는 Poisson과 이항 분포의 한계, 평균과 표준편차의 시료 분포 그리고 여러 다른 주제에 대하여 연구하였다. 그가 양조장으로 돌아와서 적은 수의 데이터로 품질 관리를 하는 통계에 그의 연구를 접목했다. Guinness에서는 그들의 연구의 출간을 허락하지 않았기 때문에, 그의 결과를 'Student'라는 이

*(계속)*

Originally Published in the Journal of Eugenics / Wikimedia Foundation

*W. S. Gossett ('Student')*

름으로 출간했다. 그의 가장 중요한 업적인 $t$ 시험법은 다른 Guinness 배치의 효모와 알코올 함량이 양조장에서 인정받는 표준 양과 얼마나 근접한지를 결정하기 위하여 개발되었다. 무작위 수를 가지고 수학적, 실험적 연구를 통해서 $t$ 분포를 발견하였다. $t$ 시험에 관한 고전적 논문은 Student라는 필명으로 *Biometrika* 지(1908.6.1)에 게재되었다. 이제 $t$ 통계는 **Student's** $\boldsymbol{t}$**라고도** 불린다. Gossett의 연구는 실용적 과학(맥주의 품질관리)와 이론적 연구(작은 시료의 통계)의 상호작용을 증언한다.

## 예제 7-3

어떤 화학자가 혈액 시료 중의 알코올 함량에 대한 다음의 데이터를 얻었다. % $C_2H_5OH$: 0.084, 0.089, 0.079. (a) 분석 방법의 정밀도에 관한 추가적인 정보가 없을 때, (b) 100회의 사전 실험을 근거로 하여 $s = 0.005\%$ $C_2H_5OH$이고 $s$가 좋은 근사임($s \rightarrow \sigma$)을 알고 있을 때 평균에 대한 95% 신뢰 한계를 계산하시오.

**풀이**

(a) $\sum x_i = 0.084 + 0.089 + 0.079 = 0.252$

$\sum x_i^2 = 0.007056 + 0.007921 + 0.006241 = 0.021218$

$$s = \sqrt{\frac{0.021218 - (0.252)^2/3}{3 - 1}} = 0.0050\%\ C_2H_5OH$$

여기서 $\bar{x} = 0.252/4 = 0.084$. 표 7-3에서 자유도가 2이고 95% 신뢰도일 때 $t = 4.30$임을 알 수 있다. 즉 식 (7-5)를 사용하여

$$95\%\ \text{CI} = \bar{x} \pm \frac{ts}{\sqrt{N}} = 0.084 \pm \frac{4.30 \times 0.0050}{\sqrt{3}}$$

$$= 0.084 \pm 0.012\%\ C_2H_5OH$$

(b) $s = 0.0050\%$가 $\sigma$의 좋은 근사값이므로, $z$와 식 (7-2)를 이용하여

$$95\%\ \text{CI} = \bar{x} \pm \frac{z\sigma}{\sqrt{N}} = 0.094 \pm \frac{1.96 \times 0.0050}{\sqrt{3}}$$

$$= 0.084 \pm 0.006\%\ C_2H_5OH$$

$\sigma$에 대한 확실한 정보는 s와 $\sigma$가 같다 할지라도 신뢰 구간을 상당히 감소시킨다는 것에 주목하시오.

## 7B 가설 시험에 대한 통계학적 도움

많은 과학적 혹은 공학적 연구는 가설 시험을 근거로 이루어진다. 즉, 관찰된 사실을 설명하기 위해서 가설 모형을 만든 후, 실험적으로 테스트하여 그것의 타당성을 결정한다. 만일 이 실험들로부터 얻은 결과가 모형을 뒷받침하지 못한다면 그 모형은 버리고 새로운 가설을 찾아야 한다. 만일 그 모형이 받아들여지면 그 가설 모형은 많은 다른 실험들의 기초가 된다. 충분한 실험 데이터에 의해서 받아들여진 가설은 그것을 반박할 만한 새로운 데이터가 얻어질 때까지 유용한 이론으로 인정받게 된다.

실험 결과가 이론적 모형에 의해 예상되는 결과와 *정확히* 일치하는 경우는 거의 없다. 그러므로 과학자와 공학자는 숫자의 차이가 모든 측정에서 필연적으로 생기는 임의 오차에 의한 것인지 혹은 계통 오차의 결과인지를 판단해야 한다. 이 판단들을 분명히 하기 위하여 통계학적 시험법을 사용하는 것이 유용하다.

이런 종류의 시험법은 **귀무가설**(혹은 영가설, null hypothesis)을 이용하는데, 이 귀무가설은 비교되는 수적인 양들이 사실상 같다고 가정하는 것이다. 다음에 확률 분포를 이용하여 우연 오차의 결과로 인해 측정값에 차이가 발생할 확률을 계산한다. 만일 관찰된 차이가 100번 중 5번[0.05 유의 수준(significance level)] 발생할 수 있는 차이보다 같거나 크다면, 귀무가설은 문제점이 있는 것으로 간주되고 그 차이는 상당한 것으로 볼 수 있다. 판단하는데 요구되는 확실성에 따라 0.01 (1%)나 0.001 (0.1%) 등의 유의 수준을 이용할 수도 있다. 소수로 표현될 때, 유의 수준은 기호 $\alpha$로 나타낸다. 퍼센트로 나타낸 신뢰 수준(CL)과 $\alpha$는 $CL = (1 - \alpha) \times 100\%$의 관계가 있다.

통계학에서 **귀무가설**은 두 개 혹은 그 이상의 측정된 양이 똑같다고 가정한다.

화학자들이 자주 이용하는 구체적인 가설 시험의 예에는 (1) 한 데이터군의 평균과 참값의 비교, (2) 예측 값이나 한계 값과 평균의 비교, (3) 두 개 혹은 그 이상의 데이터군의 평균값들이나 혹은 표준 편차들의 비교 등이 있다. 다음 절에서 이런 비교를 하는 방법들에 대하여 다루기로 한다.

### ▸ 7B-1 알려진 값과 실험 평균의 비교

과학자나 공학자가 한 데이터군의 평균과 알려진 값을 비교하는 경우는 매우 많다. 어떤 경우에는 알려진 값이란 사전의 실험이나 지식에 기초한 참값이나 혹은 인정된 값이다. 하나의 예는 측정한 콜레스테롤의 값과 표준 혈청을 NIST에서 측정한 값과 비교하는 것이다. 또 다른 경우는 알려진 값이 이론에 의하여 예측된 값이거나 어떤 성분의 존재 유무를 판단하는 한계 값일 수도 있다. 참다랑어 시료에 포함되어 있는 수은의 함량을 독성 한계 수치와 비교하는 의사결정 값이 그 예가 될 수 있다. 어느 경우이든 **가설 시험**(hypothesis test)을 이용하여 모집단 평균 $\mu$와 알려진 값 $\mu_0$와의 유사성을 결정하게 된다.

가설 시험에는 두 가지 서로 상반된 결과가 있다. 첫 번째는 $\mu = \mu_0$로 정의되는 귀무가설 $H_0$이다. 두 번째는 대안가설 $H_a$이며 여러 가지로 표현된다. 만일 $\mu$와 $\mu_0$가 서로 다르다면($\mu \neq \mu_0$), $H_a$를 선택하고 $H_0$를 버린다. 또 다른 대안가설은 $\mu > \mu_0$ 혹은 $\mu < \mu_0$이다. 예를 들어 산업 폐수에 존재하는 납의 농도가 최고 허용치

0.05 ppm을 초과하는지를 결정한다고 가정해 보자. 가설 시험은 다음과 같이 정의할 수 있다.

$$H_0: \mu = 0.05 \text{ ppm}$$
$$H_a: \mu > 0.05 \text{ ppm}$$

다른 예로서 이제 여러 해 동안의 실험 결과 평균 납 성분치가 0.02 ppm인 경우를 가정해 보자. 최근에 산업공정이 변경되었고, 평균치의 변동이 예상된다. 이 경우에 0.02 ppm보다 높은지 낮은지는 문제가 되지 않으며, 가설 시험은 다음과 같이 정의할 수 있다.

$$H_0: \mu = 0.02 \text{ ppm}$$
$$H_a: \mu \neq 0.02 \text{ ppm}$$

통계적 시험을 위하여 시험 과정이 이행되어야 한다. 시험 과정의 가장 중요한 요소는 적당한 시험 통계를 구성하고 버릴 수 있는 영역을 확인하는 것이다. 시험 통계는 $H_0$를 받아들일 것인가 아니면 버릴 것인가를 결정하는데 바탕이 되는 데이터들로부터 만들어진다. 버리는 영역이란 $H_0$를 버리게 되는 모든 시험 통계 값을 포함하는 영역이다. 시험 통계 값이 버리는 영역에 속하면 귀무가설을 버린다. 한 개 혹은 두 개의 평균에 관한 시험에 있어서는, 측정을 여러 번 하거나 $\sigma$ 값이 알려져 있다면 $z$ 통계법를 이용하여 시험 통계를 구할 수 있다. 이와는 반대로, $\sigma$ 값을 모르거나 측정을 여러 번 할 수 없는 경우는 $t$ 통계법를 이용하여 시험 통계를 할 수 있다. 어느 것을 사용할 것인지 망설여지면 $t$ 통계법을 이용하시오.

### » 많은 수의 시료와 z 시험법

만일 많은 수의 결과를 얻어서 $s$ 값이 $\sigma$ 값의 좋은 근사값인 경우에는 $z$ 시험법을 사용할 수 있다. 그 과정을 요약하면 다음과 같다.

1. 귀무가설을 정의한다. $H_0$: $\mu = \mu_0$
2. 시험 통계를 정의한다. $z = \dfrac{\bar{x} - \mu_0}{\sigma/\sqrt{N}}$
3. 대안가설 $H_a$를 정의하고, 버리는 영역을 결정한다.
   $H_a: \mu \neq \mu_0$의 경우, $z \geq z_{crit}$ 혹은 $z \leq -z_{crit}$ (양측 검정)이면 $H_0$를 버린다.
   $H_a: \mu > \mu_0$의 경우, $z \geq z_{crit}$ (단측 검정)이면 $H_0$를 버린다.
   $H_a: \mu < \mu_0$의 경우, $z \leq -z_{crit}$ (단측 검정)이면 $H_0$를 버린다.

95%의 신뢰 수준에서 버리는 영역을 **그림 7-2**에 나타내었다. 대안가설, $H_a$가 $\mu \neq \mu_0$인 경우, 임계값을 벗어나는 양의 $z$ 값이나 혹은 음의 $z$ 값 모두를 버릴 수 있다는 것을 명심하시오. 버리는 것이 분포의 양쪽 끝에서 일어날 수 있으므로 이 것을 **양측 검정**(two-tailed test)이라 한다. 95%의 신뢰 수준에서 $z$ 값이 $z_{crit}$을 초과할 확률은 각각 0.025로 전체적으로 0.05이다. 따라서 우연 오차로 인하여 $z$ 값이 $z \geq z_{crit}$ 혹은 $z \leq -z_{crit}$가 될 확률은 단지 5%에 지나지 않는다. 유의 수준은 전체적으로 $\alpha = 0.05$이다. 이 경우 표 7-1에서 임계값은 1.96임을 알 수 있다.

다른 가설이 $H_a$가 $\mu > \mu_0$인 경우는 **단측 검정**(one-tailed test)이라 불리며, $z \geq z_{crit}$

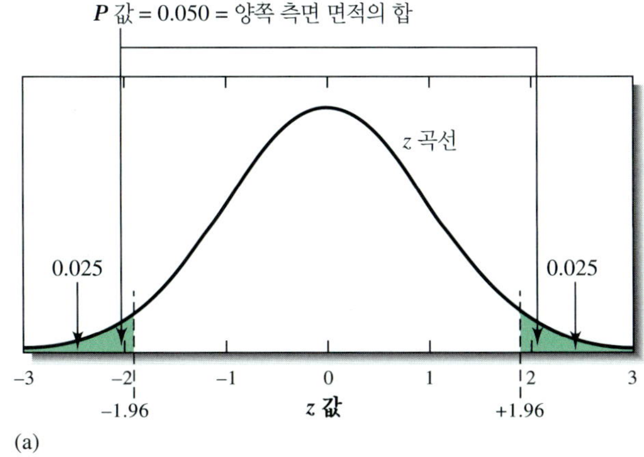


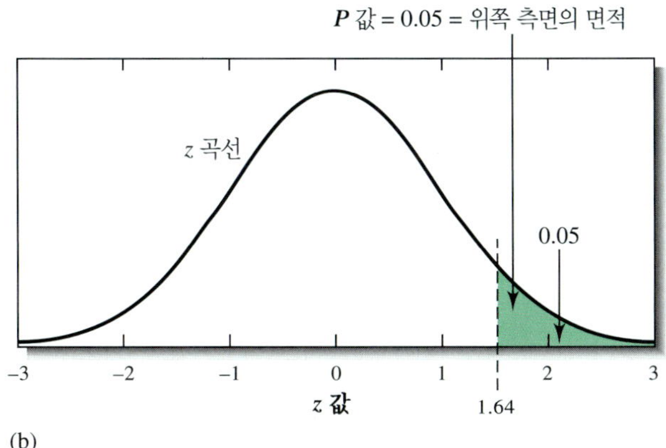


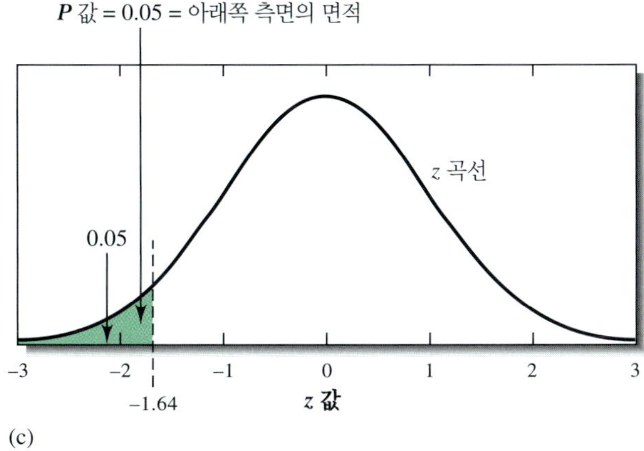


**그림 7-2** 95% 신뢰 수준에서의 버리는 영역.

(a) $H_a$: $\mu \neq \mu_0$에 대한 양측 검정. 그림 7-1에서와 같이 $z$의 임계값이 1.96인 것을 주목하시오.

(b) $H_a$: $\mu > \mu_0$에 대한 단측 시험. 여기에서 $z$의 임계값은 1.64이며, 따라서 의 전체 면적의 95%는 $z_{crit}$의 왼쪽에 위치하며 오른쪽의 면적은 5%이다.

(c) $H_a$: $\mu < \mu_0$에 대한 단측 검정. 여기에서의 임계값 또한 1.64이며, 따라서 전체 면적의 5%는 $-z_{crit}$의 왼쪽에 위치한다.

인 경우에만 버린다. 따라서 95%의 신뢰 수준에서 $z$가 임계값을 초과하는 확률은 5%이며, 양쪽 모두에서는 10%이다. 전체 유의 수준은 $\alpha = 0.10$이며, 표 7-1의 임계값은 1.64이다. 비슷한 방법으로 대안가설이 $\mu < \mu_0$인 경우에는 $z \leq -z_{crit}$인 경우에만 버리게 되고, 이 단측 검정에서의 임계값도 역시 1.64이다.

예제 7-4에서는 30개의 값에 대한 평균이 이론값과 일치하는지를 결정하는데, $z$ 시험법을 사용하는 예를 보여준다.

**예제 7-4**

어떤 교실의 30명 학생들이 화학 반응의 활성화 에너지에 대한 평균값과 표준 편차로 각각 116 kJ/mol과 22 kJ/mol을 얻었다. 이 데이터는 문헌 값인 129 kJ/mol이 (1) 95%의 신뢰 수준과 (2) 99%의 신뢰 수준에서 일치하는가? 문헌 값과 동일한 값을 구할 확률을 구하시오.

**풀이**

측정값들의 수가 충분하므로 $s$가 $\sigma$에 대한 좋은 근사값이라고 할 수 있다. $\mu_0$는 문헌값 129 kJ/mol이므로 귀무가설은 $\mu = 129$ kJ/mol이고, 대안가설은 $\mu \neq 129$ kJ/mol이다. 이 경우는 양측 검정으로, 표 7-1로부터 95%의 신뢰 수준의 $z_{crit} = 1.96$과 99%의 신뢰 수준에서 $z_{crit} = 2.58$임을 알 수 있다. 시험 통계 값은 다음과 같이 계산된다.

$$z = \frac{\bar{x} - \mu_0}{\sigma / \sqrt{N}} = \frac{116 - 129}{22/\sqrt{30}} = -3.27$$

$z \leq -1.96$이므로 95%의 신뢰 수준에서 귀무가설을 버릴 수 있다. 또한 $z \leq -2.58$이므로 99%의 신뢰 수준에서 $H_0$를 버릴 수 있다. 평균값으로 $\mu = 116$ kJ/mol을 얻을 수 있는 확률을 계산하기 위하여 $z$ 값이 3.27을 얻게 되는 확률을 계산하여야 한다. 표 7-1로부터 우연 오차로 인하여 이렇게 큰 $z$ 값을 얻게 될 확률은 단지 0.2%에 지나지 않는다. 이러한 모든 결과들로부터 학생들의 평균값은 문헌 값과 우연 오차에 의해서가 아닌 서로 다른 값이란 결론을 내릴 수 있다.

## 적은 수의 시료와 t 시험법

적은 수의 결과들에 대해서는 $z$ 시험법 대신에 $t$ 시험법을 이용한다. 귀무가설, $H_0$이 $\mu = \mu_0$인 경우에 대한 과정은 다음과 같다. 여기서 $\mu_0$는 $\mu$의 특수한 값으로 인정되는 값, 이론 값, 혹은 한계 값 등이다.

1. 귀무가설을 정의한다. $H_0 : \mu = \mu_0$
2. 시험 통계를 정의한다. $t = \dfrac{\bar{x} - \mu_0}{s/\sqrt{N}}$
3. 대안가설, $H_a$를 정의하고, 버리는 영역을 결정한다.
   $H_a : \mu \neq \mu_0$의 경우, $t \geq t_{crit}$ 혹은 $t \leq -t_{crit}$ (양측 검정)이면 $H_0$를 버린다.
   $H_a : \mu > \mu_0$의 경우, $t \geq t_{crit}$ (단측 검정)이면 $H_0$를 버린다.
   $H_a : \mu < \mu_0$의 경우, $t \leq -t_{crit}$ (단측 검정)이면 $H_0$를 버린다.

예를 들어 표준 기준 물질과 같이 성분을 정확히 알고 있는 시료를 분석하는 분석 방법에서의 계통 오차를 시험하는 경우를 생각해 보자. 시료를 분석하면 모집단 평균의 근사값인 실험 평균을 구할 수 있다. 만일 분석 방법에 계통 오차나 바이어스가 전혀 없다면 우연 오차의 발생은 **그림 7-3**의 곡선 A와 같이 분포한다. 방법 B에 $\mu_B$의 근사값인 $\bar{x}_B$는 인정되는 값 $\mu_0$와 얼마간의 계통 오차를 갖게 된다. 바이어스는 다음과 같다.

$$\text{바이어스(bias)} = \mu_B - \mu_0 \tag{7-6}$$

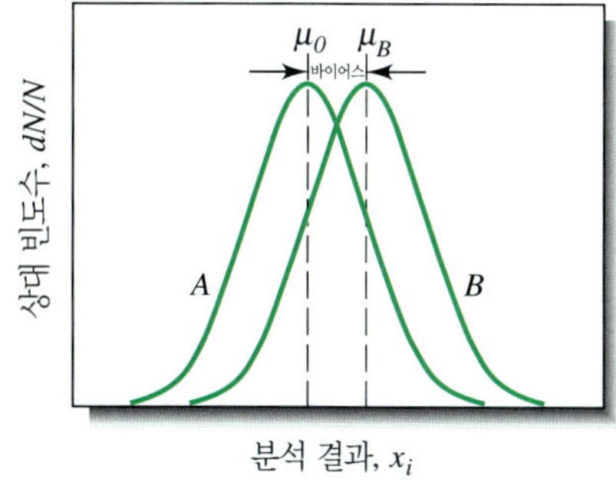


**그림 7-3** 분석법에서의 계통 오차 그림. 곡선 A는 바이어스가 없는 방법에서의 인정된 값의 빈도 분포이다. 곡선 B는 상당한 바이어스를 가지고 있는 방법에 의한 결과 값의 빈도 분포를 나타낸다.

바이어스를 시험할 때, 처음에 우리는 실험 평균값과 인정되는 값 사이의 차이가 우연 오차의 결과인지 혹은 실제 계통 오차의 결과인지 알지 못한다. 그 차이의 원인을 알아내기 위하여 $t$ 시험법을 사용한다. 예제 7-5는 방법에 바이어스가 존재하는 지를 결정하기 위하여 $t$ 시험법을 사용하는 것에 대한 예이다.

### 예제 7-5

S의 함유량이 0.123% ($\mu_0$ = 0.123% S)인 등유 시료에 대하여 함유된 황의 함량을 빠르게 정량하는 새로운 방법을 시험하였다. 그 결과는 % S = 0.112, 0.118, 0.115, 0.119이었다. 이 방법에 의해 얻어진 데이터는 바이어스를 포함하고 있는가?

**풀이**

귀무가설 $H_0$는 $\mu$ = 0.123% S이고, 대안가설 $H_a$는 $\mu \neq$ 0.123% S이다.

$$\sum x_i = 0.112 + 0.118 + 0.115 + 0.119 = 0.464$$

$$\bar{x} = 0.464/4 = 0.116\% \text{ S}$$

$$\sum x_i^2 = 0.012544 + 0.013924 + 0.013225 + 0.014161 = 0.53854$$

$$s = \sqrt{\frac{0.053854 - (0.464)^2/4}{4 - 1}} = \sqrt{\frac{0.000030}{3}} = 0.0032\% \text{ S}$$

시험 통계량은 다음과 같이 계산할 수 있다.

$$t = \frac{\bar{x} - \mu_0}{s/\sqrt{N}} = \frac{0.116 - 0.123}{0.032/\sqrt{4}} = -4.375$$

표 7-3로부터 95% 신뢰 수준에서 자유도 3에 대한 $t$의 임계값은 3.18임을 알 수 있으며, $t \leq -3.18$이므로 95%의 신뢰 수준에서 두 값에는 상당한 차이가 존재하며 따라서 바이어스가 존재한다고 할 수 있다. 만일 99%의 신뢰 수준에 대한 동일한 시험을 한다면, $t_{crit}$= 5.84 (표 7-3 참조)이고 $-5.84 < -4.375$이므로, 99% 신뢰 수준에서 귀무가설을 받아들일 수 있고 실험값과 인정된 값 사이에는 차이가 없다고 결론을 내릴 수 있다. 이 경우 결과가 사용하는 신뢰 수준에 의존하는 것을 명심하시오. 앞으로 보게 되겠지만 신뢰 수준에 대한 선택은 결과에서 허용되는 오차에 대한 우리의 의지와 밀접한 관계가 있다. 유의 수준(0.05 혹은 0.01)은 귀무가설을 버릴 때 오차가 도입될 확률이다(7B-3절 참조).

우연 오차에 의하여 이렇게 큰 차이가 발생할 확률은 엑셀 프로그램의 함수 T.DIST.2T(x,deg_freedom) [TDIST (x,deg_freedom, tails) 엑셀 2007]에 의하여 계산할 수 있다. 여기서 $x$는 $t$의 시험값 4.375이고, deg_freedom은 3, tails은 2(엑셀 2007), 계산 결과 T.DIST.2T(4.375,3) = 0.022이다. 따라서 우연 오차에 의하여 이렇게 큰 값을 얻을 확률은 2.2%이다. 주어진 신뢰 수준에서의 $t$의 임계값은 엑셀 프로그램 함수 T.INV.2T(probability,deg_freedom) [TINV(probability,deg_freedom) 엑셀 2007]으로 계산할 수 있다. 이 경우에는 T.INV.2T(0.05,3) = 3.1825이다.

많은 실험을 통하여 방법이 참값보다 항상 낮은 결과를 보인다면, 그 방법은 **음의 바이어스**를 가지고 있다라고 말할 수 있다.

## ▸ 7B-2 두 실험 평균의 비교

화학자는 때로는 두 무리의 측정값의 평균 사이에서의 차이가 실제인지 혹은 우연 오차의 결과인지를 판단해야 한다. 어떤 경우에는 화학 분석의 결과를 이용하여 두 물질이 동일한 것인지를 판단하기도 한다. 또 다른 경우에는 두 분석 방법이 같은 결과를 얻게 되는지 혹은 같은 방법을 사용하는 두 분석자가 같은 평균값을 얻게 되는지를 판단하기도 한다. 이러한 과정에서 한 쌍의 데이터를 사용할 수도 있다. 한 쌍으로 얻어진 데이터에서 그들 사이의 차이를 이용하여 변동성의 원인을 제거할 수도 있다.

### » 평균값의 차이에 대한 t 시험법

두 데이터 모두가 많은 측정을 통해서 얻어졌다면, 앞 절에서 설명한 $z$ 시험법을 이용하여 두 데이터를 비교할 수 있다. 그러나 많은 경우 두 데이터 집합이 단지 몇 개의 결과만을 포함하고 있으며, 따라서 $t$ 시험법을 해야 한다. 예를 들어 분석자 1이 $N_1$번 반복 측정하여 얻은 평균을 $\bar{x}_1$이라 하고, 같은 방법으로 분석자 2가 $N_2$번 반복 측정하여 얻은 평균을 $\bar{x}_2$라고 하자. 귀무가설에 의하면 두 평균이 동일한 것이며 차이가 있다면 그것은 우연 오차의 결과라고 할 수 있다. 따라서 귀무가설은 $\mu_1 = \mu_2$이다. 평균의 차이에 대한 검증을 할 때의 대안가설 $H_a$는 $\mu_1 \neq \mu_2$이고, 이 검증은 양측 검정이다. 그러나 어떤 경우에는 대안가설을 $\mu_1 > \mu_2$ 혹은 $\mu_1 < \mu_2$라 정의할 수 있고, 이 경우에는 단측 검정을 사용한다. 여기서는 양측 검정을 사용하기로 한다.

만일 데이터를 동일한 방법으로 얻었고 두 분석자 모두가 사려 깊다고 가정하면, 두 무리의 측정값들에 대한 표준 편차는 같다고 가정할 수 있다. 따라서 $s_1$과 $s_2$ 둘 다 모집단 표준 편차 $\sigma$의 근사값으로 생각할 수 있다. 보다 좋은 $\sigma$ 값을 얻기 위하여 합동 표준 편차(pooled standard deviation, 6B-4절 참조)를 사용할 수도 있다. 식 (6-6)에 의하여 분석자 1의 평균의 표준 편차는 $s_{m1} = \dfrac{s_1}{\sqrt{N_1}}$이고, 분산은 다음과 같다.

$$s_{m1}^2 = \frac{s_1^2}{N_1}$$

비슷한 방법으로 분석자 2에 대한 분산은 다음과 같이 구할 수 있다.

$$s_{m2}^2 = \frac{s_2^2}{N_2}$$

$t$ 시험법을 위하여 두 평균값의 차이인 $\bar{x}_1 - \bar{x}_2$를 계산해야 한다. 두 평균의 차이에 대한 분산 $s_d^2$는 다음과 같다.

$$s_d^2 = s_{m1}^2 + s_{m2}^2$$

이 식에 $s_{m1}^2$와 $s_{m2}^2$에 대한 값을 대입하면

$$\frac{s_d}{\sqrt{N}} = \sqrt{\frac{s_1^2}{N_1} + \frac{s_2^2}{N_2}}$$

합동 표준 편차 $s_{\text{pooled}}$가 두 $s_1$과 $s_2$보다 더 좋은 $\sigma$의 근사값이라고 하면

$$\frac{s_d}{\sqrt{N}} = \sqrt{\frac{s_{\text{pooled}}^2}{N_1} + \frac{s_{\text{pooled}}^2}{N_2}} = s_{\text{pooled}}\sqrt{\frac{N_1 + N_2}{N_1 N_2}}$$

시험 통계 $t$는 다음과 같이 계산될 수 있다.

$$t = \frac{\bar{x}_1 - \bar{x}_2}{s_{\text{pooled}}\sqrt{\frac{N_1 + N_2}{N_1 N_2}}} \tag{7-7}$$

시험 통계 값을 표로부터 특정 신뢰 수준에 해당하는 $t$의 임계값과 비교한다. 표 7-3에서 $t$의 임계값을 찾기 위한 자유도는 $N_1 + N_2 - 2$이다. 만일 시험 통계치의 절대값이 임계값보다 작다면, 귀무가설은 받아들여지며 두 평균 사이에서 큰 차이는 없다고 볼 수 있다. 임계값보다 큰 시험 통계 값은 두 평균 사이에 의미있는 차이가 있음을 의미한다. 예제 7-6은 두 포도주가 서로 같은 곳에서 유래되었는지를 판단하는데 $t$ 시험법을 사용하는 예이다.

**예제 7-6**

과학 수사에서 잔에 담겨 있는 포도주가 열려 있는 병에서 가져온 것인지 결정하기 위하여 알코올 함량을 분석하였다. 잔에 담긴 포도주를 6번 분석한 알코올의 평균 함량은 12.61%이었고, 병에 있는 포도주를 4번 분석한 알코올의 평균 함량은 12.53%이었다. 10번 분석하여 얻은 합동 표준 편차 $s_{\text{pooled}} = 0.070\%$이다. 데이터로부터 두 포도주가 차이가 나는지를 지적할 수 있는가?

**풀이**

귀무가설은 $H_0$: $\mu_1 = \mu_2$이고 대안가설은 $H_a$: $\mu_1 \neq \mu$이다. 식 (7-7)를 이용하여 $t$ 값을 계산하면 다음과 같다.

$$t = \frac{\bar{x}_1 - \bar{x}_2}{s_{\text{pooled}}\sqrt{\frac{N_1 + N_2}{N_1 N_2}}} = \frac{12.61 - 12.53}{0.07\sqrt{\frac{6 + 4}{6 \times 4}}} = 1.771$$

자유도 $10 - 2 = 8$, 그리고 95%의 신뢰 수준에서의 $t$의 임계값은 2.31이다. $1.771 < 2.31$이므로, 95%의 신뢰 수준에서 귀무가설을 받아들이고 두 와인의 알코올 함량에는 차이가 없다는 결론을 얻을 수 있다. 엑셀의 T.DIST.2T() 함수를 이용하여 1.771의 $t$ 값을 얻을 수 있는 확률을 계산해 보면 T.DIST.2T(1.771, 8) = 0.11을 얻는다. 따라서 우연 오차에 의하여 이 정도의 값을 얻을 확률은 10% 이상이다.

예제 7-6에서 95% 확률 수준에서 두 포도주 사이의 현저한 차이는 검출되지 않았다. 이는 어떤 신뢰 수준에서 $\mu_1$과 $\mu_2$가 동일하다고 말하는 것과 같다. 그러나 잔의 포도주가 같은 병에서 가져왔다는 근거는 없다. 실제로 하나는 merlot이고 다른

하나는 cabernet sauvignon일 수도 있다. 두 포도주가 동일한 원료로부터 만들어졌다는 타당한 가능성을 갖기 위해서는 타타르산, 설탕, 미량 원소의 함량과 더불어 맛, 색, 향기, 굴절률 등과 같은 특성도 폭넓게 시험해 보아야 한다. 만일 중요한 차이가 이들 모든 시험법에 의해서 나타나지 않는다면 그때는 잔에 담긴 포도주가 열려져 있는 병에서 가져왔다고 판단할 수도 있다. 반면에, 어떤 한 가지 시험법에서라도 중요한 차이를 발견한다면 분명히 두 포도주는 다르다는 것을 보여주는 것이 된다. 즉, 한 시험법에 의해 중요한 차이가 있다는 것을 밝히는 것이 차이가 없다는 것을 밝히는 것보다 훨씬 더 많은 의미를 가진다.

두 데이터 집단에 대한 표준 편차가 다르다는 좋은 이유가 있다면 **두 표본 *t* 시험법**(two-sample *t* test)를 수행한다.[1] 그러나 이런 *t* 시험법에 대한 유의 수준이란 단지 대략적인 것에 지나지 않으며, 자유도를 구하는 일도 쉬운 것이 아니다.

**스프레드시트 요약** *Applications of Microsoft® Excel in Analytical Chemisty* 2판 3장의 첫 번째 연습에서 엑셀을 이용하여 두 데이터 집합에서 얻은 동일한 분산값을 갖는 두 평균을 비교하기 위한 *t* 시험을 수행하였다. 우선 *t* 값을 계산한 후에 엑셀 프로그램의 함수인 T.INV.2T()를 이용하여 얻은 임계값과 비교하였다. 확률은 함수 T.DIST.2T()를 이용하여 계산하였다. 다음에 엑셀의 내장 함수인 T.TEST()를 이용하여 같은 계산을 하였다. 마지막으로 엑셀의 Analysis ToolPak을 이용하여 동일한 크기의 분산에 대한 자동화된 *t* 시험법을 적용하였다.

### » 짝 데이터(paired data)

과학자나 공학자는 가끔 의미 없는 변동성의 원인을 최소화하기 위하여 같은 시료에 대하여 두 번의 측정을 수행하기도 한다. 예를 들면, 혈중 글루코스를 정량하기 위하여 두 가지 방법의 분석을 비교하기도 한다. 임의로 선택한 5명의 환자의 시료에 대하여 방법 A를 이용하고, 그리고 방법 B를 이용하여 다른 5명의 환자의 시료를 분석한다. 그러나 환자마다 글루코오스 함량이 다르기 때문에 변동성이 존재한다. 두 방법을 비교하는 보다 좋은 방법은 같은 시료에 두 방법을 적용하여 그 차이를 해석하는 것이다.

짝 데이터에 대한 *t* 검정은 데이터 쌍을 사용한다는 것을 제외하면 일반 *t* 시험법 과정과 동일한 과정을 사용하며, 평균의 차이에 대한 표준 편차를 이용한다. 귀무가설은 $H_0$: $\mu_d = \Delta_0$이며, $\Delta_0$는 검사할 특정한 차이 값으로 주로 0이다. 시험 통계 값은 다음과 같다.

$$t = \frac{\bar{d} - \Delta_0}{s_d/\sqrt{N}}$$

$\bar{d}$는 $\Sigma d_i/N$과 같은 평균의 차이다. 대안가설은 $\mu_d \neq \Delta_0$, $\mu_d > \Delta_0$ 혹은 $\mu_d < \Delta_0$ 중 하나가 될 수 있다. 예제 7-7에 예를 들었다.

---

[1]다음을 참고하시오. J. L. Devore, *Probability and Statistics for Engineers and the Sciences*, 8th ed. Boston: Brooks/Cole, 2012, pp 357-361.

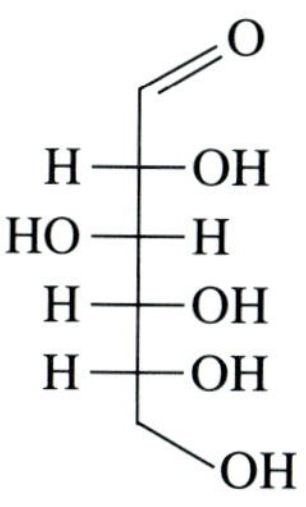

글루코스의 구조식, $C_6H_{12}O_6$.

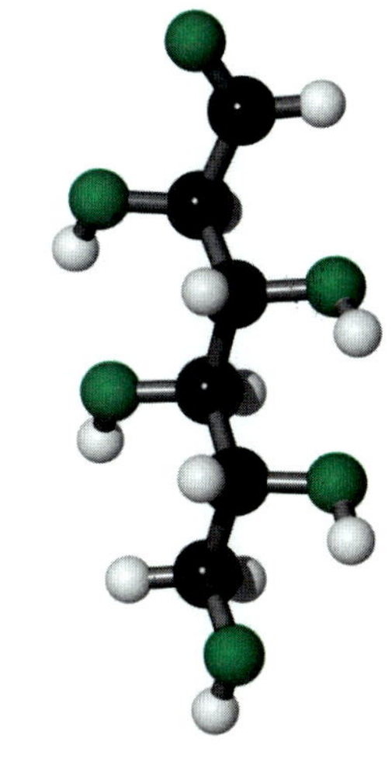
글루코스의 분자 모형.

## 예제 7-7

혈청에 포함된 글루코오스의 함량을 측정하는 새로운 자동화 과정인 방법 A를 이미 사용되고 있는 방법 B와 비교하고자 한다. 환자마다의 변동성을 제거하기 위하여 두 방법 모두 동일한 여섯 명의 환자로부터의 혈청에 대하여 분석을 수행하였다. 다음의 결과로 95%의 신뢰 수준에서 두 방법에 차이가 있다고 말할 수 있는가?

| | 환자 1 | 환자 2 | 환자 3 | 환자 4 | 환자 5 | 환자 6 |
|---|---|---|---|---|---|---|
| 방법 A 글루코오스, mg/L | 1044 | 720 | 845 | 800 | 957 | 650 |
| 방법 B 글루코오스, mg/L | 1028 | 711 | 820 | 795 | 935 | 639 |
| 차이, mg/L | 16 | 9 | 25 | 5 | 22 | 11 |

### 풀이

적당한 가설을 시험해 보자. 만일 $\mu_d$를 두 방법에서의 실제 평균 차이라 정의하면, 귀무가설 $H_0$은 $\mu_d = 0$이고 대안가설 $H_a$은 $\mu_d \neq 0$이다. 따라서 시험 통계는 다음과 같이 계산된다.

$$t = \frac{\bar{d} - 0}{s_d/\sqrt{N}}$$

표로부터 $N = 6$, $\Sigma d_i = 16 + 9 + 25 + 5 + 22 + 11 = 88$, $\Sigma d_i^2 = 1592$임을 알 수 있다. 차이 값에 대한 표준 편차 $s_d$는 식 (6-5)에 의해 다음과 같다.

$$s_d = \sqrt{\frac{1592 - \frac{(88)^2}{6}}{6 - 1}} = 7.76$$

그리고 $t$ 통계 값은 다음과 같다.

$$t = \frac{14.67}{7.76/\sqrt{6}} = 4.628$$

표 7-3으로부터 자유도 5에서 95% 신뢰 수준에 대한 임계 $t$ 값은 2.57이다. 따라서 $t > t_{crit}$이므로, 귀무가설은 버리고 두 방법의 결과는 서로 다르다는 결론을 내릴 수 있다.

만일 방법 A 결과의 평균($\bar{x}_A$ = 836.0 mg/L)과 방법 B의 결과의 평균($\bar{x}_B$ = 821.3 mg/L)을 단순히 비교한다면, 글루코오스 함량에 대한 비교적 큰 환자별 변동성으로 인하여 $s_A$ (146.5)와 $s_B$ (142.7) 값 또한 매우 큰 것에 주목하시오. 따라서 환자별 변동성은 관심있는 방법의 차이를 가릴 수 있다. 짝 데이터 분석은 차이에 대한 심층 분석을 할 수 있게 한다.

**스프레드시트 요약** *Applications of Microsoft® Excel in Analytical Chemistry* 2판 3장에서 예제 7-7의 짝지은 $t$ 시험은 엑셀의 Analysis ToolPak을 이용하여 계산하였다. 짝을 이루지 않은 결과와 비교한다.

## ▸ 7B-3 가설 시험에서의 오차

귀무가설을 버릴 수 있는 영역을 결정하면 포함된 오차에 대한 이해를 할 수 있다. 예를 들어 95% 신뢰 수준에서 귀무가설이 참이라 하더라도 버릴 확률이 5% 정도이다. 비정상적인 결과가 발생하여 $z$나 혹은 $t$ 시험 통계 값을 버리는 영역에 속하게 하기 때문이다. 그것이 참임에도 불구하고 $H_0$를 버려서 발생하는 오차를 **제1형 오차**(type I error)라 한다. 유의 수준 $\alpha$는 참인 $H_0$를 버리게 되는 빈도수를 나타낸다.

**제1형 오차**는 $H_0$가 참임에도 불구하고 버릴 때 발생한다. 어떤 분야에서는 제1형 오차를 **가음성**(false negative)라 부른다.
**제2형 오차**는 틀린 $H_0$를 받아들일 때 발생한다. 이것은 종종 **가양성**(false positive)라 불린다.

또 다른 오류는 사실이 아닌 $H_0$를 받아들임으로써 발생한다. 이런 오차를 **제2형 오차**(type II error)라 한다. 제2형 오차의 확률은 $\beta$로 나타낸다. 어떤 시험에서도 어떤 종류의 오차도 발생시키지 않는 것은 불가능하다. 오차 확률은 모집단에 방해 작용하는 데이터를 사용한 결과이다. 처음에는 이 값을 작게 하면(0.05보다는 0.01) 제1형의 오차를 줄이는 것처럼 보인다. 그러나 제1형의 오차를 줄이게 되면, 반비례 관계에 있는 제2형의 오차가 늘어나게 된다.

가설 시험에서의 오차의 중요성은 종종 배심 과정에서의 오차의 중요성에 비유된다. 따라서 무고한 사람에 유죄 판결을 내리는 실수를 범인을 석방하는 실수보다 더 크게 생각한다. 무고한 사람에 대한 유죄 판결을 더 줄이려면, 범인을 무죄로 판결할 가능성은 더 높아진다.

가설 시험에서의 오차를 고려할 때, 제1형이나 제2형의 오차의 중요도를 결정하는 것이 매우 중요하다. 만일 제1형의 오차가 제2형의 오차보다 더 중요하다고 생각되면, $\alpha$ 값을 작게 하는 것은 의미가 있다. 반대로 제2형의 오차가 중요한 의미를 지니는 경우, 이 오차를 최소화하기 위하여 큰 $\alpha$ 값을 인정할 수도 있다. 가장 좋은 방법은 허용되는 최대의 $\alpha$ 값을 유지하는 것이다. 이런 방법으로 제1형의 오차를 허용된 범위에 유지하면서 제2형 오차를 최소화할 수 있다. 분석 화학의 많은 경우에 0.05의 $\alpha$ 값(95% 신뢰도)이 받아들일 만한 절충안을 제공한다.

## ▸ 7B-4 측정값의 정밀도 비교

때로는 두 데이터 집단에 대한 분산(혹은 표준 편차)을 비교할 필요가 있다. 예를 들면, 일반적인 $t$ 시험법에서 비교가 되는 두 데이터 집단의 표준 편차가 동일해야 한다. 모집단이 정상 가우스 분포를 하는 경우, $F$ 시험법이라 불리는 간단한 통계 시험을 이용할 수 있다. $F$ 시험법은 두 개 이상의 평균을 비교할 수도 있으며(7C절 참조), 선형 회귀 분석(8D-2절 참조)에도 이용될 수 있다.

$F$ 시험법은 비교할 두 모집단의 분산이 동일하다($H_0$: $\sigma_1^2 = \sigma_2^2$)는 귀무가설에 바탕을 둔다. 두 분산의 비($F = s_1^2/s_2^2$)로 정의되는 시험 통계 값 $F$를 계산하여 요구되는 유의 수준에서의 $F$의 임계값과 비교한다. 시험 통계 값이 1과 너무 차이가 나면 귀무가설을 버릴 수 있다.

유의 수준 0.05에서의 $F$의 임계값을 **표 7-4**에 나타내었다. 분자와 분모에 각각 하나씩 모두 두 개의 자유도를 사용하였다. 대부분의 수학 참고서에서 다양한 유의 수준에 대한 $F$ 값을 찾을 수 있다.

$F$ 시험법은 단측 및 양측 검정 모두에서 사용할 수 있다. 단측 검정에서는 한 분산값이 다른 분산값보다 크다는 대안가설을 시험한다. 따라서 보다 정밀하다고 생각되는 데이터의 분산값을 분모에, 그리고 덜 정밀하다고 생각되는 데이터의 분산값을 분자에 놓는다. 대안가설($H_a$)는 $\sigma_1^2 > \sigma_2^2$이다. 표 7-4에서 95% 신뢰 수준에서의 임계 $F$ 값을 얻을 수 있다. 양측 검정에서는 분산값이 서로 다른지($H_a$ : $\sigma_1^2 \neq \sigma_2^2$)에 대한 대안가설을 시험한다. 여기서 더 큰 분산값을 항상 분자에 위치하게 되고, 그 결과 불확실성이 증가하게 되어 표 7-4의 $F$ 값의 불확실성 수준이 5%에서 10%로 증가한다. 예제 7-8에 정밀도를 비교하는 데 $F$ 시험법을 사용하는 예를 나타내었다.

**표 7-4**

**5% 확률 수준(95 % 신뢰 수준)에서 F의 임계 값**

| 자유도 (분모) | 자유도(분자) | | | | | | | | |
|---|---|---|---|---|---|---|---|---|---|
| | 2 | 3 | 4 | 5 | 6 | 10 | 12 | 20 | ∞ |
| 2 | 19.00 | 19.16 | 19.25 | 19.30 | 19.33 | 19.40 | 19.41 | 19.45 | 19.50 |
| 3 | 9.55 | 9.28 | 9.12 | 9.01 | 8.94 | 8.79 | 8.74 | 8.66 | 8.53 |
| 4 | 6.94 | 6.59 | 6.39 | 6.26 | 6.16 | 5.96 | 5.91 | 5.80 | 5.63 |
| 5 | 5.79 | 5.41 | 5.19 | 5.05 | 4.95 | 4.74 | 4.68 | 4.56 | 4.36 |
| 6 | 5.14 | 4.76 | 4.53 | 4.39 | 4.28 | 4.06 | 4.00 | 3.87 | 3.67 |
| 10 | 4.10 | 3.71 | 3.48 | 3.33 | 3.22 | 2.98 | 2.91 | 2.77 | 2.54 |
| 12 | 3.89 | 3.49 | 3.26 | 3.11 | 3.00 | 2.75 | 2.69 | 2.54 | 2.30 |
| 20 | 3.49 | 3.10 | 2.87 | 2.71 | 2.60 | 2.35 | 2.28 | 2.12 | 1.84 |
| ∞ | 3.00 | 2.60 | 2.37 | 2.21 | 2.10 | 1.83 | 1.75 | 1.57 | 1.00 |

## 예제 7-8

기체 혼합물 중 일산화 탄소를 정량하기 위한 표준 방법의 표준 편차는 수백 번의 측정을 한 결과들로부터 0.21 ppm CO임을 알게 되었다. 이의 변형된 방법은 12개의 자유도를 갖는 합동 데이터 무리에 대하여 표준 편차 0.15 ppm CO를 갖는다. 또 다른 변형된 방법은 자유도가 역시 12일 때 표준 편차 0.12 ppm CO를 갖는다. 원래의 방법보다 현저히 더 큰 정밀도를 갖는 변형된 방법은 어느 것인가?

**풀이**

시험할 귀무가설은 $H_0$: $\sigma_{std}^2 = \sigma_1^2$, $\sigma_{std}^2$은 표준 방법의 분산값이고 $\sigma_1^2$는 수정된 방법의 분산이다. 단측 검정을 위한 대안가설 $H_a$는 $\sigma_1^2 < \sigma_{std}^2$이다. 수정된 방법이 보다 정밀한 방법이므로 수정 방법들의 분산을 분모에 놓는다. 첫 번째 수정에 대해서는

$$F_1 = \frac{s_{std}^2}{s_1^2} = \frac{(0.21)^2}{(0.15)^2} = 1.96$$

그리고 두 번째에 대해서는

$$F_2 = \frac{(0.21)^2}{(0.12)^2} = 3.06$$

표준 과정의 경우 $s_{std}$는 $\sigma$의 좋은 근사값이며 분자에 대한 자유도는 무한대의 수를 선택할 수 있다. 표 7-4로부터 95% 신뢰 수준에 대한 임계값 $F$는 $F_{crit} = 2.30$임을 알 수 있다.

$F_1$ 값이 2.30보다 작으므로 첫 번째 수정 방법에서는 귀무가설을 버릴 수 없으며, 따라서 정밀도의 개선은 없다는 결론을 내릴 수 있다. 그러나 두 번째 수정 방법에서는 $F_2$가 2.30보다 크다. 따라서 귀무가설을 버릴 수 있으며 95% 신뢰 수준에서 더 좋은 정밀도를 보인다고 할 수 있다.

만일 두 번째 수정된 방법이 첫 번째 수정된 방법보다 훨씬 더 좋은 정밀도를 주는지를 묻는다면, 시험법은 그런 차이가 없다는 것을 나타낸다. 즉,

$$F = \frac{s_1^2}{s_2^2} = \frac{(0.15)^2}{(0.12)^2} = 1.56$$

이 경우에 $F_{crit} = 2.69$이고, $F < 2.69$이므로 $H_0$를 받아들여야 하며 두 방법은 동일한 정밀도를 나타낸다는 결론을 내릴 수 있다.

**스프레드시트 요약** *Applications of Microsoft® Excel in Analytical Chemistry* 2판 3장에서 $F$ 시험법을 수행하기 위하여 두 개의 함수를 사용하였다. 우선 두 데이터 집합의 분산이 서로 다르지 않을 확률을 구하기 위해 내장 함수 F.TEST()를 사용하였으며, 그 후 Analysis ToolPak을 이용하여 분산에 대한 동일한 비교를 수행하였다.

## 7C 분산의 분석

7B절에서 두 평균값을 비교하거나 한 평균을 알려진 값과 비교하는 방법에 대하여 공부하였다. 이 절에서는 이러한 개념을 확대하여 두 개 이상의 모집단 평균을 비교하여 보기로 한다. 다중 비교에 사용되는 방법은 **ANOVA**라는 약자로 알려진 분산 분석이라는 일반적인 방법을 사용한다. 이 방법에서는 $t$ 시험에서 사용한 짝 비교를 사용하는 대신에 단일 시험을 통하여 모집단 평균 사이에 차이가 있는지 없는지를 결정한다. ANOVA 시험을 하여 평균 사이에 차이가 있는 것이 알려지면, **다중 비교**(multiple comparison)를 통하여 어떤 모집단 평균이 나머지와 다른지를 찾아내는 것이다. **실험계획법**(experimental design method)은 실험을 계획하고 수행하는데 ANOVA의 장점을 따온 것이다.

분산 분석(ANOVA)은 두 개 이상의 집단의 평균들 사이에 차이가 있는지를 시험하기 위하여 사용된다.

### ▸ 7C-1 ANOVA의 개념

ANOVA 과정은 여러 개의 모집단 평균의 *분산*(variance)을 비교함으로써 평균들 사이의 차이를 찾아내는 것이다. $I$개의 모집단 평균($\mu_1$, $\mu_2$, $\mu_3$, ⋯ $\mu_I$)을 비교하기 위한 귀무가설 $H_0$는 다음과 같다.

$$H_0: \mu_1 = \mu_2 = \mu_3 = \cdots = \mu_I$$

대안가설 $H_a$는 모든 $\mu_i$ 중 최소한 두 개의 값이 다르다.

다음은 일반적인 ANOVA 응용들이다.

1. 부피 분석법을 이용한 칼슘의 정량 분석에서 5명이 분석한 결과에 차이가 있는가?
2. 서로 다른 조성의 네 가지 용매가 화학 합성의 수득률에 영향이 있는가?
3. 망가니즈 정량에 대한 서로 다른 세 가지 분석법을 이용한 결과는 서로 다른가?
4. 서로 다른 여섯가지 pH에서 착이온의 형광 세기에는 차이가 있는가?

위에서 예를 든 각각의 경우, 각 모집단은 **인자**(factor)나 혹은 **처리**(treatment)라 불리는 공통 항에 대하여 서로 다른 값을 가진다. 부피 분석법에 의하여 칼슘을 정량하는 예에서는 인자는 분석자가 된다. 인자의 각 값을 **레벨**(level)이라 하며, 칼슘 정량의 예에서는 분석자 1, 분석자 2, 분석자 3, 분석자 4, 그리고 분석자 5에 해당하는 5가지 레벨이 있다. 여러 가지 모집단에 대한 비교는 각 표본 항목에 대한 **감응**(response)을 측정함으로써 가능하다. 칼슘 정량의 예에서는 각 분석자에 의하여 결정된 Ca의 mmol 수가 응답이다. 위에서 든 네 가지 예에서의 인자, 레벨, 응답은 다음과 같다.

| 인자 | 레벨 | 응답 |
|---|---|---|
| 분석자 | 분석자 1, 분석자 2, 분석자 3<br>분석자 4, 분석자 5 | mmol Ca |
| 용매 | 조성 1, 조성 2, 조성 3, 조성 4 | 합성 수득율 % |
| 분석법 | 방법 1, 방법 2, 방법 3 | Mn의 농도, ppm |
| pH | pH 1, pH 2, pH 3, pH 4, pH 5, pH 6 | 형광 세기 |

인자는 독립 변수이며 응답은 종속 변수이다. 그림 7-4에 5명의 분석자가 Ca을 3회 정량한 데이터에 대한 ANOVA 데이터를 보여주었다.

**그림 7-4**에 보여준 ANOVA 형태를 단일 인자(single-factor) 혹은 일원 배치(one-way) ANOVA라 한다. 어떤 경우에는 pH와 온도가 화학 반응 속도에 영향을 미치는지를 결정하기 위한 실험에서와 같이 몇 가지 인자들이 포함된 경우도 있다. 이런 경우에는 이원 배치(two-way) ANOVA라 부른다. 다중 인자를 처리하는 과정은 통계학 참고서에 잘 나와 있다.[2] 여기서는 일원 배치 ANOVA에 대해서만 다루기로 한다.

그림 7-4에 나타낸 각 분석자가 임의의 시료에 대하여 3회 측정한 결과를 생각해 보자. ANOVA에서 인자의 레벨은 주로 집단(혹은 그룹, group)이라 불리며, ANOVA의 기본 이론은 집단 간의 변화와 집단 내부의 변화를 비교하는 것이다. 위의 특정한 예에서 집단이란 서로 다른 분석자이며, 따라서 분석자 간의 변화와 한 분석자가 얻은 결과의 변화를 비교하는 것이다. **그림 7-5**에 이러한 비교를 나타내었는데, $H_0$가 참이

ANOVA의 기본 원리는 여러 다른 인자 레벨과 인자 레벨 내의 변동들 사이의 변화 정도를 비교하는 것이다.

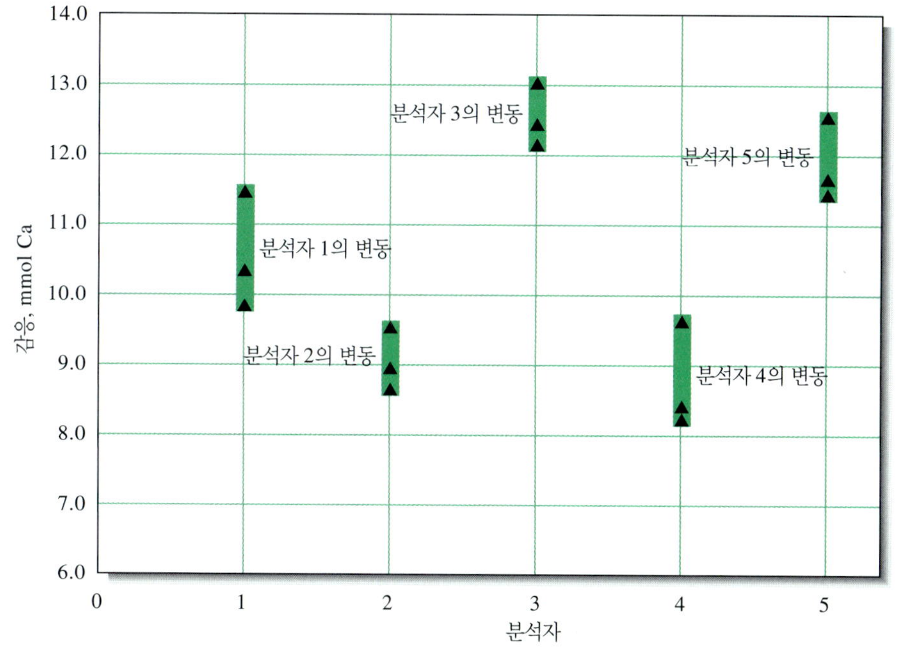


**그림 7-4** 다섯 명의 분석자에 의한 칼슘의 정량 결과에 대한 ANOVA 분석 결과에 대한 도식적 그림. 각 분석자는 각각 세 번의 분석을 수행하였다. 분석자는 인자이며, 분석자 1, 분석자 2, 분석자 3, 분석자 4, 분석자 5는 인자의 레벨이다.

[2]예를 들어 다음을 참고하시오. J. L. Devore, *Probability and Statistics for Engineering and the Sciences*, 8th ed. Boston, Brooks/Cole, 2012, ch. 11.

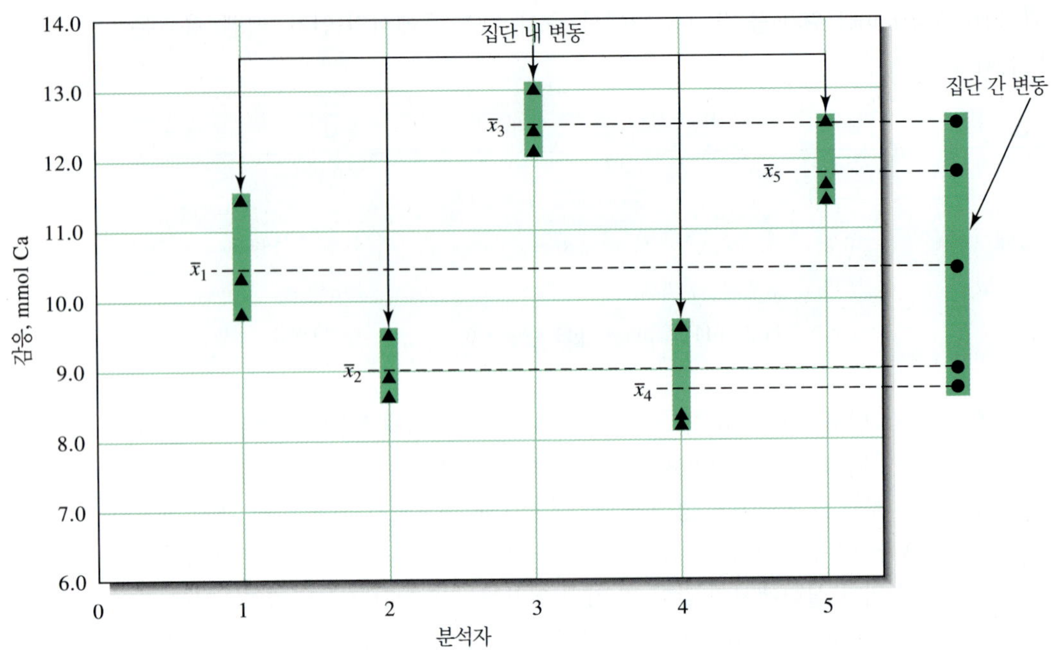


**그림 7-5** ANOVA 원리에 대한 도식적 그림. 각 분석자의 결과를 집단이라 한다. 삼각형(▲)은 각 분석 결과이며, 원(●)은 평균이다. 여기서 집단 간 평균의 변화와 집단 내의 변화를 비교하였다.

라면 집단 간의 평균의 변동과 집단 내부에서의 변동이 일치할 것이다. $H_0$가 거짓이라면 집단 간의 평균의 변동이 집단 내부에서의 변동보다 클 것이다.

ANOVA에서 사용하는 기본 통계시험법은 7B-4절에서 설명한 $F$ 시험법이다. 만일 표에서 구한 임계 $F$ 값에 비하여 큰 $F$ 값을 얻으면 해를 버리고 대안가설을 취하면 된다.

## ▸ 7C-2 일원 배치 ANOVA

귀무가설 $H_0$: $\mu_1 = \mu_2 = \mu_3 = \cdots = \mu_I$를 시험하기 위하여 많은 양들이 중요하다. 각 모집단의 표본 평균을 각각 $\bar{x}_1, \bar{x}_2, \bar{x}_3, \ldots \bar{x}_I$라 하고 표본 분산을 각각 $s_1^2, s_2^2, s_3^2, \ldots s_I^2$라 하자. 각각의 모집단 값에 대한 근사값이 존재한다. 또한 전체 데이터에 대한 총 평균인 $\bar{\bar{x}}$를 구할 수 있다. 이 총 평균은 다음이 식 (7-8)처럼 각 집단 평균의 가중치를 부여한 형태로 계산될 수 있다.

$$\bar{\bar{x}} = \left(\frac{N_1}{N}\right)\bar{x}_1 + \left(\frac{N_2}{N}\right)\bar{x}_2 + \left(\frac{N_3}{N}\right)\bar{x}_3 + \cdots + \left(\frac{N_I}{N}\right)\bar{x}_I \tag{7-8}$$

여기서 $N_1$은 첫 번째 집단의 측정 횟수이고, $N_2$는 두 번째 등을 의미한다. 총 평균은 전체 데이터 값을 더한 후 전체 측정 횟수인 $N$으로 나누어서도 계산될 수 있다.

$F$ 시험법을 위한 분산의 비를 계산하기 위하여 여러 가지 형태의 제곱 값들을 계산할 필요가 있다.

1. 인자에 의한 제곱의 합(SSF).

$$\text{SSF} = N_1(\bar{x}_1 - \bar{\bar{x}})^2 + N_2(\bar{x}_2 - \bar{\bar{x}})^2 + N_3(\bar{x}_3 - \bar{\bar{x}})^2 + \cdots + N_I(\bar{x}_I - \bar{\bar{x}})^2 \tag{7-9}$$

2. 오차에 의한 제곱의 합(SSE).

$$\text{SSE} = \sum_{j=1}^{N_1}(x_{1j} - \bar{x}_1)^2 + \sum_{j=1}^{N_2}(x_{2j} - \bar{x}_2)^2 + \sum_{j=1}^{N_3}(x_{3j} - \bar{x}_3)^2 + \cdots + \sum_{j=1}^{N_I}(x_{ij} - \bar{x}_I)^2 \quad \textbf{(7-10)}$$

이 두 가지 제곱의 합은 집단 간의 변동과 집단 내에서의 변동을 얻는데 사용된다. 오차의 제곱의 합은 각각 집단의 분산과 다음의 관계가 있다.

$$\text{SSE} = (N_1 - 1)s_1^2 + (N_2 - 1)s_2^2 + (N_3 - 1)s_3^2 + \cdots + (N_I - 1)s_I^2 \quad \textbf{(7-11)}$$

3. 전체 제곱의 합(SST)은 SSF와 SSE의 합으로 구한다.

$$\text{SST} = \text{SSF} + \text{SSE} \quad \textbf{(7-12)}$$

전체 제곱의 합은 표본 분산 $s^2$를 이용하여 $(N - 1)s^2$로부터 구할 수도 있다.

ANOVA를 적용하기 위하여 조사 대상이 되는 모집단에 대한 몇 가지 가정을 필요로 한다. 첫 번째로 일반적으로 ANOVA는 동일 분산 즉, $I$ 모집단의 분산들은 일치한다는 가정 하에서 출발한다. 이 가정은 집합의 최대 분산값과 최소 분산값에 대하여 $F$ 시험(7B-4절 참조)을 통하여 시험(Hartley 시험)된다. 그러나 Hartley 시험은 종종 정상 분포에서 벗어난 것으로 의심된다. 대략적으로, 동일한 분산에 대한 가정에서는 가장 큰 $s$가 가장 작은 $s$ 값보다 2배 이상 크지 말아야 한다.[3] 데이터 변환을 통하여 얻은 $\sqrt{x}$ 혹은 $\log x$와 같은 새로운 변수는 더욱 비슷한 분산값을 주는 모집단으로 사용될 수 있다. 두 번째로 $I$ 모집단의 각각의 데이터는 Gauss 분포를 따른다는 가정이다. 이 가정이 성립되지 않는 경우에는 자유 분포 ANOVA 과정을 응용할 수 있다.

4. 각 제곱의 합에 대한 자유도를 구해야 한다. SST가 SSF와 SSE의 합이므로 전체 자유도 $N - 1$은 SSF에 관한 자유도와 SSE에 관한 자유도로 분해될 수 있다. $I$개의 집단이 비교대상이므로 SSF의 자유도는 $I - 1$이며, SSE의 자유도는 $N - I$이다. 혹은

$$\begin{aligned} \text{SST} &= \text{SSF} + \text{SSE} \\ (N - 1) &= (I - 1) + (N - I) \end{aligned}$$

5. 각 제곱의 합을 각각의 자유도로 나누어서, 집단 간의 그리고 집단 내에서의 변동에 대한 대략적인 값을 얻을 수 있다. 이 값을 평균 제곱 값(mean square value)이라 하며 다음과 같이 정의된다.

$$\text{인자레벨에 의한 평균 제곱} = \text{MSF} = \frac{\text{SSF}}{I - 1} \quad \textbf{(7-13)}$$

$$\text{오차에 의한 평균 제곱} = \text{MSE} = \frac{\text{SSE}}{N - I} \quad \textbf{(7-14)}$$

[3] J. L. Devore, *Probability and Statistics for Engineering and the Sciences*, 8th ed. Boston: Brooks/Cole, 2012, p. 395.

MSE 값은 오차로 인한 분산($\sigma_E^2$)에 대한 근사값이며, MSF는 오차 분산과 집단 간 분산의 합($\sigma_E^2 + \sigma_F^2$)에 대한 근사값이다. 인자의 효과가 미미하다면, 오차 분산값에 비하여 집단 간 분산의 크기는 매우 작다. 따라서 이런 조건에서는 두 평균 제곱은 거의 동일하다. 만일 인자의 효과가 매우 크다면, MSF가 MSE보다 크다. $F$ 값에 대한 시험 통계 값은 다음과 같이 계산된다.

$$F = \frac{\text{MSF}}{\text{MSE}} \tag{7-15}$$

가설 검정을 위하여 식 (7-15)으로부터 계산된 $F$ 값과 $\alpha$ 유의 수준에서의 임계값을 표로부터 구하여 비교한다. $F$ 값이 임계값을 초과하면 $H_0$를 버린다. 위에서의 ANOVA의 결과를 **ANOVA 표**로 나타내었다.

| 변동의 원인 | 제곱의 합 (SS) | 자유도 (df) | 평균 제곱 (MS) | 평균 제곱 근사값 | $F$ |
|---|---|---|---|---|---|
| 집단 간 (인자 효과) | SSF | $I - 1$ | $\text{MSF} = \frac{\text{SSF}}{I-1}$ | $\sigma_E^2 + \sigma_F^2$ | $\frac{\text{MSF}}{\text{MSE}}$ |
| 집단 내 (오차) | SSE | $N - I$ | $\text{MSE} = \frac{\text{SSE}}{N-I}$ | $\sigma_E^2$ | |
| 합계 | SST | $N - 1$ | | | |

예제 7-9는 5명의 분석자에 의한 칼슘의 정량에 대한 ANOVA 응용에 관한 예이다. 그림 7.4와 그림 7-5에 사용된 데이터를 사용하였다.

**예제 7-9**

다섯 명의 분석자들이 부피 분석법으로 칼슘을 정량한 결과(mmol Ca)를 다음의 표에 나타내었다. 평균값이 95%의 신뢰 수준에서 서로 다른가?

| 측정 번호 | 분석자 1 | 분석자 2 | 분석자 3 | 분석자 4 | 분석자 5 |
|---|---|---|---|---|---|
| 1 | 10.0 | 9.5 | 12.1 | 9.6 | 11.6 |
| 2 | 9.8 | 8.6 | 13.0 | 8.3 | 12.5 |
| 3 | 11.4 | 8.9 | 12.4 | 8.2 | 11.4 |

**풀이**

먼저 각 분석자에 대한 평균과 표준 편차를 구할 수 있다. 처음 분석자의 평균은 $\bar{x}_1 = (10.3 + 9.8 + 11.4)/3 = 10.5$ mmol Ca이다. 같은 방법으로 얻은 나머지 평균은 각각 $\bar{x}_2 = 9.0$ mmol Ca, $\bar{x}_3 = 12.5$ mmol Ca, $\bar{x}_4 = 8.7$ mmol Ca, $\bar{x}_5 = 11.833$ Ca이다. 표준 편차는 6B-3절에서 설명한 대로 얻을 수 있으며, 모든 결과를 요약하면 다음과 같다.

| | 분석자 1 | 분석자 2 | 분석자 3 | 분석자 4 | 분석자 5 |
|---|---|---|---|---|---|
| 평균 | 10.5 | 9.0 | 12.5 | 8.7 | 11.833 |
| 표준 편차 | 0.818535 | 0.458258 | 0.458258 | 0.781025 | 0.585947 |

총 평균은 식 (7-8)에서 $N_1 = N_2 = N_3 = N_4 = N_5 = 3$, $N = 15$하여 다음과 같이 얻을 수 있다.

$$\bar{\bar{x}} = \frac{3}{15}(\bar{x}_1 + \bar{x}_2 + \bar{x}_3 + \bar{x}_4 + \bar{x}_5) = 10.507 \text{ mmol Ca}$$

식 (7-9)에 의하여 집단 간 제곱의 합은 다음과 같다.

$$\begin{aligned} SSF &= 3(10.5 - 10.507)^2 + 3(9.0 - 10.507)^2 + 3(12.5 - 10.507)^2 \\ &\quad + 3(8.7 - 10.507)^2 + 3(11.833 - 10.507)^2 \\ &= 33.80267 \end{aligned}$$

SSF의 자유도는 $(5 - 1) = 4$임을 주목하시오.

오차의 제곱의 합은 식 (7-11)과 표준 편차를 이용하여 쉽게 구할 수 있다.

$$\begin{aligned} SSE &= 2(0.818535)^2 + 2(0.458258)^2 + 2(0.458258)^2 + \\ &\quad 2(0.781025)^2 + 2(0.585947)^2 \\ &= 4.086667 \end{aligned}$$

오차의 제곱의 합의 자유도는 $(15 - 5) = 10$임을 주목하시오.

이제 식 (7-13)과 식 (7-14)를 이용하여 평균 제곱 값, MSF, MSE를 계산하면 다음과 같다.

$$MSF = \frac{33.80267}{4} = 8.450667$$

$$MSE = \frac{4.086667}{10} = 0.408667$$

식 (7-15)를 이용하여 $F$ 값을 계산하면 다음과 같다.

$$F = \frac{8.450667}{0.408667} = 20.68$$

표 7-4와 $F$ 표로부터 자유도 4와 10 그리고 95% 신뢰 수준에서의 임계 $F$ 값을 구하면 3.48임을 알 수 있고, $F$ 값이 더 크므로 $H_0$를 버리고 분석자 간의 결과에는 상당한 차이가 있다는 결론을 내릴 수 있다. ANOVA 표를 다음에 나타내었다.

| 변동의 요인 | 제곱의 합 (SS) | 자유도 (df) | 평균 제곱 (MS) | $F$ |
|---|---|---|---|---|
| 집단 간 | 33.80267 | 4 | 8.450667 | 20.68 |
| 집단 내 | 4.086667 | 10 | 0.408667 | |
| 총합 | 37.88933 | 14 | | |

**스프레드시트 요약** *Applications of Microsoft® Excel in Analytical Chemistry* 2판 3장에서 엑셀을 이용하여 ANOVA 과정을 수행하는 여러 가지 방법에 대하여 설명하였다. 첫 번째 방법은 이 절의 각 공식을 워크시트에 직접 입력한 후, 엑셀을 이용하여 계산을 수행하는 방법이다. 두 번째 방법은 Analysis ToolPak을 이용하여 전체 ANOVA 과정을 자동으로 수행할 수도 있다. 예제 7-9의 다섯 가지 분석 결과를 위의 두 가지 방법으로 분석하였다.

### ▸ 7C-3 다른 결과 찾기

만일 ANOVA 시험 결과에 의하여 큰 차이가 발견되면, 그 원인을 찾아야 한다. 한 평균이 다른 것들과 다른가? 평균 모두가 서로 다른가? 평균을 크게 두 부류로 나눌 수 있는가? 어떤 평균이 크게 다른가를 결정하는 몇 가지 방법이 있다. 가장 손쉬운 방법은 **최소유의차법**(least significant difference, LSD)이다. 이 방법에서는 차이를 계산하여 의미를 지니는 가장 작은 차이로 정한다. 다음에 각 쌍마다의 평균의 차이를 계산하여 최소유의차 값과 비교하여 평균값이 서로 다른지를 결정한다.

동일한 수, $N_g$개의 반복 데이터를 포함하는 각 집단에서 최소유의차는 다음과 같이 계산된다.

$$\text{LSD} = t\sqrt{\frac{2 \times \text{MSE}}{N_g}} \tag{7-16}$$

여기서 MSE는 오차의 평균 제곱이며 $t$ 값은 $N - I$의 자유도를 가진다. 예제 7-10에 그 과정을 예로 들었다.

**예제 7-10**

예제 7-9의 결과에 대하여 95%의 신뢰 수준에서 어느 분석자의 결과가 다른 사람의 결과들과 차이가 있는지를 결정하시오.

**풀이**

먼저 평균을 증가되는 순서로 나열하면 8.7, 9.0, 10.5, 11.833, 12.5의 순이다. 각 분석자가 3회의 측정을 하였으므로, 식 (7-16)을 이용할 수 있다. 표 7-3에서 신뢰 수준 95%와 자유도 10에서의 $t$ 값은 2.23이며, 식 (7-16)에 대입하면

$$\text{LSD} = 2.23\sqrt{\frac{2 \times 0.408667}{3}} = 1.16$$

이제 평균의 차이를 계산하여 그들을 1.16과 비교하면 다음과 같다.

$\bar{x}_{\text{largest}} - \bar{x}_{\text{smallest}} = 12.5 - 8.7 = 3.8$ (상당한 차이).

$\bar{x}_{\text{2ndlargest}} - \bar{x}_{\text{smallest}} = 11.833 - 8.7 = 3.133$ (상당한 차이).

$\bar{x}_{\text{3rdlargest}} - \bar{x}_{\text{smallest}} = 10.5 - 8.7 = 1.8$ (상당한 차이).

$\bar{x}_{\text{4thlargest}} - \bar{x}_{\text{smallest}} = 9.0 - 8.7 = 0.3$ (상당한 차이 없음).

그리고 나머지의 것에 대하여도 계속 비교한다. 모든 것을 종합해 보면, 분석자 3, 5, 1의 결과들은 분석자 4의 결과와 다르고, 분석자 3, 5, 1의 결과는 분석자 2의 결과와 다르고, 분석자 3, 5의 결과는 분석자 1의 결과와 다르며, 분석자 3의 결과는 분석자 5의 결과와 다르다.

## 7D 전오차의 검출

**이상값**은 한 세트의 데이터에서 다른 값들과 많은 차이를 나타내는 결과이며 전오차 때문일 수 있다.

한 무리의 데이터가 우연 오차로 인한 범위를 크게 벗어난 동떨어진 결과를 포함하고 있는 경우가 있다. 정당한 이유 없이 데이터를 버린다는 것은 좋은 일이 아니며, 어떤 경우에는 이유 없이 버린다는 것은 부도덕한 것이다. 그러나 의심스러운 이상값(outlier)은 검출되지 않은 전오차(gross error)의 결과일 수도 있다. 따라서 이 이

상값을 취할 것인지 버릴 것인지를 판단할 기준을 정해야 한다. 의심스러운 측정값을 버리기 위한 기준을 결정하는 것은 중요하다. 만일 의심스러운 측정값을 버리는 것을 어렵게 하는 엄격한 기준을 설정한다면 데이터의 평균에 큰 영향을 주는 거짓 측정값을 취하게 되는 위험성을 갖게 된다. 만일 정밀도에 있어서 관대한 한계 범위를 설정하고 측정값을 쉽게 버린다면 그 무리에 정당하게 속해 있어야 하는 측정값을 버리게 되므로 데이터에 바이어스를 도입하는 결과를 초래하게 될 것이다. 데이터를 취할 것인지 버릴 것인지를 해결할 수 있는 범용적인 규칙은 없지만, 그런 결정을 하는데 $Q$ 시험법이 적당한 것으로 알려져 있다.[4]

## ▸ 7D-1 $Q$ 시험

$Q$ 시험은 의심스러운 결과를 버릴 것인지 보유할 것인지를 판단하는 데 간단하며 널리 사용되고 있는 통계학적 시험법이다.[5] 이 시험법에서 $Q$는 의심스러운 측정값 $x_q$와 그에 가장 이웃하는 측정값 $x_n$ 사이의 차이의 절대값을 전체 무리의 범위 $w$로 나눈 값이다.

$$Q = \frac{|x_q - x_n|}{w} \qquad (7\text{-}17)$$

그 다음 이 비율을 표 7-5에 있는 임계값 $Q_{crit}$와 비교한다. $Q$가 $Q_{crit}$보다 크다면 의심스러운 측정값은 제시된 신뢰도를 가지면서 버릴 수 있다(그림 7-6 참조).

**표 7-5**

**버림지수, $Q$*에 대한 임계값**

| | $Q_{crit}$ ($Q > Q_{crit}$이면 버린다) | | |
|---|---|---|---|
| 관찰 횟수 | 90% 신뢰도 | 95% 신뢰도 | 99% 신뢰도 |
| 3 | 0.941 | 0.970 | 0.994 |
| 4 | 0.765 | 0.829 | 0.926 |
| 5 | 0.642 | 0.710 | 0.821 |
| 6 | 0.560 | 0.625 | 0.740 |
| 7 | 0.507 | 0.568 | 0.680 |
| 8 | 0.468 | 0.526 | 0.634 |
| 9 | 0.437 | 0.493 | 0.598 |
| 10 | 0.412 | 0.466 | 0.568 |

*Reprinted (adapted) with permission from D. B. Rorabacher, *Anal. Chem.*, **1991**, *63*, 139, **DOI**: 10.1021/ac00002a010. Copyright 1991 American Chemical Society.

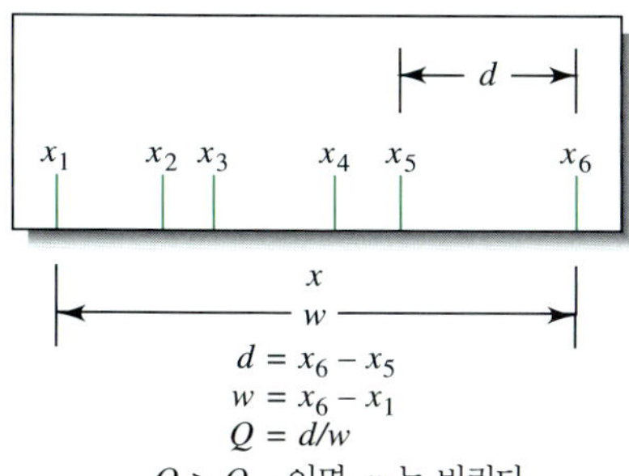


그림 7-6 이상값에 대한 $Q$ 시험.

[4] J. Mandel, in *Treatise on Analytical Chemistry*, 2nd ed., I.M. Kolthoff and P.J. Elving, Eds., New York: Wiley, 1978, pt. I, Vol. 1., pp 282-289.

[5] R.B. Dean and W.J. Dixon, *Anal. Chem.*, **1951**, *23*, 636, **DOI**: 10.1021/ac60052a025.

**예제 7-11**

음용수를 분석하였을 때 비소의 양이 5.60, 5.64, 5.70, 5.69, 5.81 ppm임을 알았다. 마지막 끝에 있는 측정값은 비정상적인 것처럼 보인다. 95%의 신뢰 수준에서 그 측정값을 버려야 할 것인가 아니면 취해야 할 것인가?

**풀이**

5.81과 5.70 사이의 차이는 0.11 ppm이다. 범위는 (5.81 - 5.60) = 0.21 ppm이다. 즉,

$$Q = \frac{0.11}{0.21} = 0.52$$

5개의 측정값에 대하여 95% 신뢰 수준에서 $Q_{crit}$는 0.71이다. 0.52 < 0.71이기 때문에 측정값은 취해야 한다.

## 7D-2 다른 통계학적 시험법

어떤 이유에서라도 데이터를 버릴 때는 매우 신중하시오.

$Q$ 시험법과 같은 여러 통계학적 방법이 개발되어 이상값을 버릴 것인지 취할 것인지에 대한 기준을 제공해 준다. 이러한 시험법은 모집단 데이터가 정규 또는 Gauss 분포를 이룬다고 가정해야 한다. 불행히도 이런 조건은 50개보다 적은 측정값을 갖는 시료일 경우 보증할 수 없다. 따라서 데이터의 정규 분포에 대해 완전히 신뢰할 수 있는 통계학적 규칙은 적은 데이터의 시료에 적용할 때 *매우 조심스럽게 사용*해야 한다. 적은 데이터 무리의 취급에 대하여 J. Mandel은 '이상값을 버리기 위하여 통계학적 규칙을 사용할 수 있다고 믿는 사람들은 단순한 망상에 사로잡혀 있다.'라고 설명하였다.[6] 즉, 적은 수의 시료를 사용하는 경우 버릴 값에 대한 통계학적 시험법은 상식의 수준에서 사용해야 한다.

작은 무리의 데이터에 있는 한 의심스러운 측정값을 취해야 할 것인지 또는 버려야 할 것인지를 결정해야 할 때, 맹목적으로 통계학적 시험법을 적용하는 것이 임의의 판단에 의한 결정보다 더 효과적이라고 생각할 수는 없다. 한 분석 방법에 대한 폭넓은 경험을 바탕으로 옳은 판단을 내리는 것이 오히려 이상적인 접근 방법이다. 최종적으로 실험 과정 중 잘못이 있었음을 확실하게 아는 것만이 작은 무리의 데이터로부터 의심스러운 측정값을 버리게 하는 타당한 이유가 된다. 실험 과정 중의 오류가 확실하지 않을 때에는 *이상 측정값을 버림에 있어 주의를 기울이는 것*이 현명한 일이다.

## 7D-3 이상값의 처리에 대한 도움말

의심스런 값을 포함하고 있는 작은 무리의 측정값을 처리하는데 대한 몇 가지 도움말은 다음과 같다.

1. 이상 측정값과 관련된 모든 데이터를 조심스럽게 다시 조사하여 총 오차가 이상값에 영향을 주었는지를 알아본다. 조심스럽게 조사하기 위해서는 *관찰된 모든 것을 주의 깊게 실험 노트에 기록*해두어야 한다(2I절 참조).
2. 가능하다면 실제로 이상 측정값이 의심스러운지를 확인하기 위하여 실험 과정으로부터 기대될 수 있는 정밀도를 합리적으로 구하여 본다.

[6] J. Mandel, in *Treatise on Analytical Chemistry*, 2nd ed., I. M. Kolthoff and P. J. Elving, eds., New York: Wiley, 1978, pt. I, vol. 1., p. 282.

3. 시료가 충분하고 시간이 허락된다면 반복하여 분석해 본다. 새로이 얻은 데이터와 타당할 것으로 여겨지는 본래의 무리 데이터와의 일치는 이상 측정값을 버려야 한다는 생각을 갖게 할 것이다. 만일 반복 측정한 결과 역시 그 값을 취하도록 한다면, 의심스러운 측정값은 더 많은 측정을 통해서 얻어진 데이터 무리의 평균에 상대적으로 적은 영향을 주게 될 것이다.
4. 더 많은 데이터를 확보할 수 없다면, 의심스러운 측정값이 통계학적 근거를 토대로 취해야 할 지 또는 버려야 할 지 판단하기 위해서 그 무리에 $Q$ 시험법을 적용한다.
5. 만일 $Q$ 시험법을 사용하여 얻은 결과가 이상 측정값을 취하도록 평가되면 평균보다는 무리의 중앙값을 보고하도록 한다. 중앙값은 이상값에 의해서 그리 큰 영향을 받지 않으면서 집합 내의 모든 데이터를 수용하는 효력을 갖는다. 또한 세 측정값을 갖고 정규 분포를 하는 무리의 중앙값은 동떨어진 측정값이 버려진 후 무리에 대한 평균보다 더 정확한 값을 제공해준다.

웹브라우저를 이용하여 **http://chemistry.brookscole.com/skoog/fac9**에 접속한다. Chapter 7에서 WebWorks를 선택한 후, Statistics Textbook을 클릭하시오. ANOVA/MANOVA를 클릭하시오. ANOVA 과정에서 the partitioning of the sum of squares에 관하여 읽어보시오. 그 곳에 포함된 *F*-distribution을 클릭하고, 자유도가 10인 경우의 *F*-distribution에 관한 꼬리 부분의 면적을 확인하시오. 유의 수준이 0.10, 자유도가 10인 경우의 $F$ 값을 결정하시오.

## 연습 문제

***7-1.** 다섯 개 측정값의 평균에 대한 신뢰 구간이 한 개의 측정에 대한 그것에 비하여 작은 이유를 설명하시오.

**7-2.** 많은 측정값을 얻은 결과 $s$가 $\sigma$에 대한 좋은 근사값인 경우 다음의 신뢰 구간에 대한 신뢰 수준은 무엇인가?

(a) $\bar{x} \pm \dfrac{2.58s}{\sqrt{N}}$ (b) $\bar{x} \pm \dfrac{1.96s}{\sqrt{N}}$

(c) $\bar{x} \pm \dfrac{3.29s}{\sqrt{N}}$ (d) $\bar{x} \pm \dfrac{s}{\sqrt{N}}$

**7-3.** 다음의 조건에 의하여(다른 인자들은 일정하다) 신뢰 구간의 크기가 어떻게 영향을 받는지 설명하시오.
(a) 표준 편차 $\sigma$ (b) 시료의 수 $N$
(c) 신뢰 수준

**7-4.** 다음의 반복 측정값에 대하여 생각해 보자.

| *A | B | *C | D | *E | F |
|---|---|---|---|---|---|
| 2.7 | 0.514 | 70.24 | 3.5 | 0.812 | 70.65 |
| 3.0 | 0.503 | 70.22 | 3.1 | 0.792 | 70.63 |
| 2.6 | 0.486 | 70.10 | 3.1 | 0.794 | 70.64 |
| 2.8 | 0.497 | | 3.3 | 0.900 | 70.21 |
| 3.2 | 0.472 | | 2.5 | | |

6개 데이터 군 각각에 대한 평균과 표준 편차를 계산하시오. 각 데이터 군에 대한 95% 신뢰 구간을 계산하시오. 이러한 신뢰 구간의 의미는 무엇인가?

**7-5.** 만약 $s$가 $\sigma$의 좋은 근사값이고 그 값이 *A는 0.30, B는 0.015, *C는 0.070, D는 0.20, *E는 0.0090, F는 0.15일 때 연습 문제 7-4의 각 무리의 데이터의 95% 신뢰 구간을 계산하시오.

**7-6.** 연습 문제 7-4에서 각 무리의 데이터의 마지막 결과는 이상값(outlier)일 가능성이 있다. 이 값을 버리는데 통계학적인 근거가 있는지 $Q$ 시험법(95% 신뢰 수준)을 적용해 보이시오.

***7-7.** 사용된 제트 엔진 오일에 존재하는 철의 함량을 원자흡수 분광법으로 정량하였다. 30개의 시료를 3번씩 반복 분석하여 합동 표준 편차 $s = 3.6$ μg Fe/mL을 얻었다. 만일 $s$가 $\sigma$의 좋은 근사값이라면 (a) 단 한번의 분석, (b) 두 번 분석한 평균, (c) 네 번 분석한 평균이 18.5 μg Fe/mL라고 할 때, 이 값에 대한 95%와 99% 신뢰 구간을 구하시오.

**7-8.** 원자흡수법으로 연료 속에 존재하는 구리 함량을 정량하였을 때 $s_{pooled} = 0.27$ μg Cu/mL ($s \rightarrow \sigma$)의 합동 표준 편차를 얻었다. 항공기 엔진 연료의 Cu 함량을 분석한 결과 7.91 μg Cu/mL를 얻었다. 이 값이 (a) 단 한 번의 분석, (b) 4번 분석한 평균, (c) 16번 분석한 평균일 때 95%와 99% 신뢰 구간을 계산하시오.

***7-9.** 연습 문제 7-7에서의 분석에서 95%와 99% 신뢰 한계를 ±2.2 μg Fe/mL로 줄이는 데 필요한 반복 측정 횟수는 얼마인가?

**7-10.** 연습 문제 7-8에서의 분석에서 95%와 99% 신뢰 한계를 ±0.20 μg Cu/mL로 줄이는 데 필요한 반복 측정 횟수는 얼마인가?

***7-11.** 부갑상선 이상 증세로 고통 받는 환자의 혈청 시료 3개에 대한 칼슘 분석을 하여 다음과 같은 결과를 얻었다. mmol Ca/L = 3.15, 3.25, 3.26. 다음의 가정 하에서 데이터의 평균에 대한 95% 신뢰 한계는 얼마인가?

(a) 정밀도에 대한 사전 지식이 없는 경우.

(b) $s \rightarrow \sigma$ = 0.056 mmol Ca/L.

**7-12.** 한 화학자가 살충제 속에 들어 있는 lindane을 세 번 분석하여 7.23, 6.95, 7.53의 데이터를 얻었다. 다음과 같은 가정 하에서 세 데이터의 평균값의 90% 신뢰 구간을 계산하시오.

(a) 방법의 정밀도에 대한 유일한 정보는 이 세 데이터에 대한 정밀도 뿐인 경우.

(b) 그 방법에 대한 오랜 경험에 근거하여 $s \rightarrow \sigma$ = 0.28% lindane이라고 믿어지는 경우.

**7-13.** 혈청에 존재하는 글루코오스의 함량을 결정하는 표준 방법의 표준 편차는 0.38 mg/dL이다. 만일 $s$ 값 0.38이 $s$에 대한 좋은 근사값이라면, 시료 분석의 평균을 다음 조건 내에서 만족시키기 위해서는 얼마나 많은 반복 분석이 행해져야 하는가?

*(a) 참평균 99%의 0.03 ml/dL 내에서

(b) 참평균 95%의 0.03 ml/dL 내에서

(c) 참평균 90%의 0.02 ml/dL 내에서

**7-14.** 상업적 실험실의 수준에 대한 시험을 위하여 정제된 벤조산(68.8% C, 4.953% H) 시료 두 개에 대한 분석이 요구되었다. 그 방법의 상대 표준 편차는 C에 대해 $s_r \rightarrow \sigma$ = 4 ppt와 H에 대해 6 ppt이라고 가정한다. 보고된 결과 평균은 68.5% C와 4.882% H이다. 95% 신뢰 수준에서 탄소 및 수소 분석에 계통 오차가 존재하겠는가?

***7-15.** 한 범죄 사건에서 검사는 주요한 증거물로 기소된 자의 외투에 박힌 작은 유리 조각을 제시하였다. 검사는 그 작은 유리 조각이 범죄 현장에서 깨어진 희귀한 벨기에산 스테인드글라스와 조성이 같다고 주장하였다. 유리 속에 존재하는 다섯 원소에 대하여 3번씩 반복 측정한 평균은 아래와 같다. 이들 데이터를 근거로 하여 피고는 죄가 없다고 주장할 만한 근거를 갖고 있는가? 의문점에 대한 기준으로써 99% 신뢰 수준을 적용하시오.

| | 농도, ppm | | 표준 편차 |
|---|---|---|---|
| 원소 | 외투로부터 | 창문으로부터 | $s \rightarrow \sigma$ |
| As | 129 | 119 | 9.5 |
| Co | 0.53 | 0.60 | 0.025 |
| La | 3.92 | 3.52 | 0.20 |
| Sb | 2.75 | 2.71 | 0.25 |
| Th | 0.61 | 0.73 | 0.043 |

**7-16.** 하천에 버려진 쓰레기나 산업폐기물은 용존산소의 농도를 줄여서 수중생물에 나쁜 영향을 미친다. 한 연구에서 강의 한 지점에서 두 달 동안 매주 한 번씩 용존산소의 농도를 측정하였다.

| 주 | 용존산소, ppm |
|---|---|
| 1 | 4.9 |
| 2 | 5.1 |
| 3 | 5.6 |
| 4 | 4.3 |
| 5 | 4.7 |
| 6 | 4.9 |
| 7 | 4.5 |
| 8 | 5.1 |

과학자들에 의하면 5.0 ppm의 용존산소가 물고기가 살기 위한 최소값이다. 평균 용존산소의 농도가 5 ppm보다 적은지 95% 신뢰 수준에서의 통계 시험을 하시오. 귀무가설과 대안가설을 분명하게 설정하시오.

***7-17.** 연습 문제 7-16의 세 번째 주의 측정값이 동떨어진 값으로 의심된다. 이 값이 95%의 신뢰 수준에서 버릴 수 있는지 $Q$ 시험을 수행하시오.

**7-18.** 대량의 용매를 구매하기에 앞서 어느 특정 불순물의 농도가 1.0 ppb보다 적은 지에 대한 확신을 갖고자 한다. 어떤 가정에 대한 시험을 하여야 하는가? 이 경우의 제1형 및 제2형 오차는 무엇인가?

***7-19.** 한 화학공장 주변의 강에서의 오염도를 주기적으로 측정하고 있다. 한 해에 거쳐 평상시의 오염도에 대한 분석을 수행하였다. 최근에 공장에서는 공장시설에 대한 여러 가지 교체를 하였고 그에 따라 오염도가 증가한 것으로 보여진다. 미환경청(EPA)은 오염도가 증가하지 않았다는 확실한 증거를 요구하고 있다. 관계되는 귀무가설과 대안가설을 정의하고 제1형과 제2형 오차에 대하여 설명하시오.

**7-20.** 다음 주어진 상황에 대하여 귀무가설 $H_0$와 대안가설 $H_a$에 대하여 정의하고 제1형, 제2형 오차에 대하여 설명하시오. 이러한 가정들을 통계적으로 시험할 경우, 단측시험과 양측 시험 중 어느 것이 필요한지 설명하시오.

*(a) 원자흡광법과 적정에 의한 Ca의 정량에 대한 평균값에는 상당한 차이가 있다.

(b) 이 시료가 미표준국(NIST)에 의하여 인증된 7.03 ppm보다 낮은 수준의 농도를 함유하고 있으니, 계통 오차가 발생하였다.

*(c) 상표 X acetonitrile의 생산 날짜별 불순물의 농도의 변동성은 상표 Y acetonitrile의 변동성보다 낮다.

(d) 원자흡광법에 의한 Cd 정량 결과는 전기화학적 방법에 의한 결과보다 정밀도가 떨어진다.

*7-21. 어느 호수의 염소 농도의 균일성에 대한 조사를 위하여 상층부와 하층부의 농도를 분석하여 다음의 결과(ppm)를 얻었다.

| 상층부 | 하층부 |
|---|---|
| 26.30 | 26.22 |
| 26.43 | 26.32 |
| 26.28 | 26.20 |
| 26.19 | 26.11 |
| 26.49 | 26.42 |

(a) 95%의 신뢰 수준에서 두 평균값이 서로 다른지에 대한 $t$ 시험을 하시오.
(b) 짝 $t$ 시험법을 이용하여 95% 신뢰 수준에서 상층부와 하층부의 값에 상당한 차이가 있는지를 결정하시오.
(c) 짝 $t$ 시험법을 사용한 경우와 자료를 합동하여 평균에 대한 차이를 구하는데 일반적인 $t$ 시험을 사용한 경우가 서로 다른 결론에 도달하는 이유는 무엇인가?

7-22. 배출 쓰레기에 잔존하는 염소의 양을 측정하기 위하여 두 가지 서로 다른 분석 방법을 사용하였다. 여러 곳에서 수집한 여러 개의 시료를 두 방법에 동일하게 사용하였다. 두 방법에 의하여 결정된 Cl의 mg/L는 다음과 같다.

| 시료 | 방법 A | 방법 B |
|---|---|---|
| 1 | 0.39 | 0.36 |
| 2 | 0.84 | 1.35 |
| 3 | 1.76 | 2.56 |
| 4 | 3.35 | 3.92 |
| 5 | 4.69 | 5.35 |
| 6 | 7.70 | 8.33 |
| 7 | 10.52 | 10.70 |
| 8 | 10.92 | 10.91 |

(a) 어떤 형태의 $t$ 시험법을 사용하겠으며 그 이유는 무엇인가?
(b) 두 결과는 서로 다른가? 적당한 가정을 하고 검증하시오.
(c) 결론은 90%, 95% 혹은 99%의 신뢰 수준에 대하여 다른가?

*7-23. William Ramsey경, Rayleigh경은 몇 가지 다른 방법에 의하여 질소 시료를 준비하였다. 어떤 온도와 압력에서 특정 플라스크를 채우는데 필요한 질량을 이용하여 각 시료의 밀도를 측정하였다. 각종 질소 화합물을 분해하여 얻은 질소 시료의 질량은 각각 2.29280 g, 2.29940 g, 2.29849 g, 2.30054 g이었다. 여러 가지 방법으로 공기 중의 산소를 제거하여 얻은 '질소' 시료의 질량은 2.31001 g, 231163 g, 2.31028 g이었다. 질소 화합물을 분해하여 얻은 질소의 밀도는 공기로부터 얻은 시료의 밀도와 상당히 다른가? 결론에 오차가 있을 확률은 얼마인가(이 연구로 인하여 Rayleigh경이 불활성 기체를 발견하였다)?

7-24. 서로 다른 세 곳의 토양에 포함된 인의 함량을 측정하였다. 각 토양에 대하여 5회 측정을 한 결과에 대한 부분적인 ANOVA 표는 다음과 같다.

| 변동의 원인 | SS | df | MS | F |
|---|---|---|---|---|
| 토양 간 | _____ | _____ | _____ | _____ |
| 토양 내 | _____ | _____ | 0.0081 | |
| 총 계 | 0.374 | _____ | | |

(a) ANOVA 표의 빈 곳을 채우시오.
(b) 귀무가설과 대안가설을 설정하시오.
(c) 95% 신뢰 수준에서 세 토양의 인 함량은 서로 다른가?

*7-25. 다섯 가지 서로 다른 오렌지 주스 상품에 함유된 아스코브산의 함량을 측정하였다. 각 상품에 대하여 6회 측정한 결과에 대한 부분적인 ANOVA 표는 다음과 같다.

| 변동의 원인 | SS | df | MS | F |
|---|---|---|---|---|
| 토양 간 | _____ | _____ | _____ | 8.45 |
| 토양 내 | _____ | _____ | 0.913 | |
| 총 계 | _____ | _____ | | |

(a) ANOVA 표의 빈 곳을 채우시오.
(b) 귀무가설과 대안가설을 설정하시오.
(c) 95% 신뢰 수준에서 다섯 가지 주스의 아스코브산의 함량에는 차이가 있는가?

7-26. 식수에 들어 있는 Fe의 함량을 측정하는데 다섯 실험실이 참여를 하였다. 다음은 실험실 A~E에서 복수로 측정한 결과이다.

| 결과 | 실험실 A | 실험실 B | 실험실 C | 실험실 D | 실험실 E |
|---|---|---|---|---|---|
| 1 | 10.3 | 9.5 | 10.1 | 8.6 | 10.6 |
| 2 | 11.4 | 9.9 | 10.0 | 9.3 | 10.5 |
| 3 | 9.8 | 9.6 | 10.4 | 9.2 | 11.1 |

(a) 적당한 가정을 설정하시오.
(b) 95%의 신뢰 수준에서 각 실험실의 결과들은 차이가 있는가? 99% ($F_{crit} = 5.99$)와 99.9% ($F_{crit} = 11.28$)의 신뢰 수준에서는 어떠한가?
(c) 95%의 신뢰 수준에서 어느 실험실의 결과가 다른 것과 다른가?

*7-27. 같은 시료에 대하여 Hg의 함량을 네 명의 분석자가 복수로 측정한 결과(ppb Hg)는 다음과 같다.

| 측정 | 분석자 1 | 분석자 2 | 분석자 3 | 분석자 4 |
|---|---|---|---|---|
| 1 | 10.24 | 10.14 | 10.19 | 10.19 |
| 2 | 10.26 | 10.12 | 10.11 | 10.15 |
| 3 | 10.29 | 10.04 | 10.15 | 10.16 |
| 4 | 10.23 | 10.07 | 10.12 | 10.10 |

(a) 적당한 가정을 설정하시오.

(b) 95%의 신뢰 수준에서 각 분석자의 결과들은 차이가 있는가? 99% ($F_{crit}$ = 5.95)와 99.9% ($F_{crit}$ = 10.80)의 신뢰 수준에서는 어떠한가?

(c) 95%의 신뢰 수준에서 어느 분석자의 결과가 다른 것과 다른가?

**7-28.** 서로 간의 차이를 확인하기 위하여 네 가지 형태의 형광 흐름 셀을 비교하였다. 다음은 네 번 측정한 형광의 상대적 세기를 표시한 것이다. 결과들은 차이가 있는가?

| 측정 | 형태 1 | 형태 2 | 형태 3 | 형태 4 |
|---|---|---|---|---|
| 1 | 72 | 93 | 96 | 100 |
| 2 | 93 | 88 | 95 | 84 |
| 3 | 76 | 97 | 79 | 91 |
| 4 | 90 | 74 | 82 | 94 |

(a) 적당한 가정을 설정하시오.

(b) 95%의 신뢰 수준에서 각 형태들은 차이가 있는가?

(c) 만일 (b)에서 차이가 있는 것으로 판단되면, 95%의 신뢰 수준에서 어느 셀의 결과가 다른 것과 다른가?

***7-29.** 서로 간의 차이를 확인하기 위하여 Ca을 분석하는 서로 다른 세 가지 분석법을 비교하였다. 다음은 Ca에 대한 이온선택성 전극(ISE), EDTA 적정법, 원자흡광법을 비교한 데이터(ppm)이다.

| 측정 | ISE | EDTA 적정 | 원자흡광법 |
|---|---|---|---|
| 1 | 39.2 | 29.9 | 44.0 |
| 2 | 32.8 | 28.7 | 49.2 |
| 3 | 41.8 | 21.7 | 35.1 |
| 4 | 35.3 | 34.0 | 39.7 |
| 5 | 33.5 | 39.2 | 45.9 |

(a) 귀무가설과 대안가설을 설정하시오.

(b) 세 가지 방법에 95%, 99%의 신뢰 수준에서 차이가 있는지를 결정하시오.

(c) 만일 95%의 신뢰 수준에서 차이가 있는 것으로 판단되면 어느 방법이 다른 것과 다른가?

**7-30.** 이상값(outlier)이 받아들여지느냐 버려지느냐를 결정하기 위해 무리의 데이터를 95% 신뢰 수준에서 $Q$ 시험법을 적용하시오.

(a) 41.27, 41.61, 41.84, 41.70

(b) 7.295, 7.284, 7.388, 7.292

***7-31.** 이상값이 받아들여지느냐 버려지느냐를 결정하기 위해 무리의 데이터를 95% 신뢰 수준에서 $Q$ 시험법을 적용하시오.

(a) 85.10, 84.62, 84.70

(b) 85.10, 84.62, 84.65, 84.70

**7-32.** 혈청에 들어 있는 인의 ppm 농도를 정량한 결과는 4.40, 4.42, 4.60, 4.48. 4.50 ppm P이다. 측정값 4.60 ppm을 95%의 신뢰 수준에서 보유할 것인지 아니면 버릴 것인지를 결정하시오.

**7-33.** **도전 문제:** 다음은 Willard와 McAlpine[7]의 연구로부터 얻은 안티모니의 원자량에 대한 세 개의 데이터 세트이다.

| 세트 1 | 세트 2 | 세트 3 |
|---|---|---|
| 121.771 | 121.784 | 121.752 |
| 121.787 | 121.758 | 121.784 |
| 121.803 | 121.765 | 121.765 |
| 121.781 | 121.794 | |

(a) 각 데이터 세트의 평균과 표준 편차를 계산하시오.

(b) 각 세트에 대한 95% 신뢰 구간을 결정하시오.

(c) 첫 번째 세트에서의 121.803 값이 95%의 신뢰 수준에서 이상값인지 결정하시오.

(d) 세 번째 세트의 평균과 첫 번째 세트의 평균이 95%의 신뢰 수준에서 동일한 값인지 $t$ 시험법을 실시하시오.

(e) 세 데이터 세트에 대해 ANOVA를 이용하여 비교하라. 귀무가설을 설정하시오. 평균값들이 95%의 신뢰 수준에서 서로 다른지 결정하시오.

(f) 데이터에 대한 합동을 통하여 합동 평균과 합동 표준 편차를 계산하시오.

(g) 전체 11개 데이터의 평균을 현재 알려진 값과 비교하시오. 현재 알려진 값이 참값이라는 가정 하에 절대 오차와 % 상대 오차를 계산하시오.

[7]H. H. Willard and R.K. McAlpine, *J. Am. Chem. Soc.,* **1921**, 43, 797.7 **DOI:** 10.1021/ja01437a010.

제 8 장

# 시료 채취, 표준화 및 검정

*Sampling, Standardization, and Calibration*

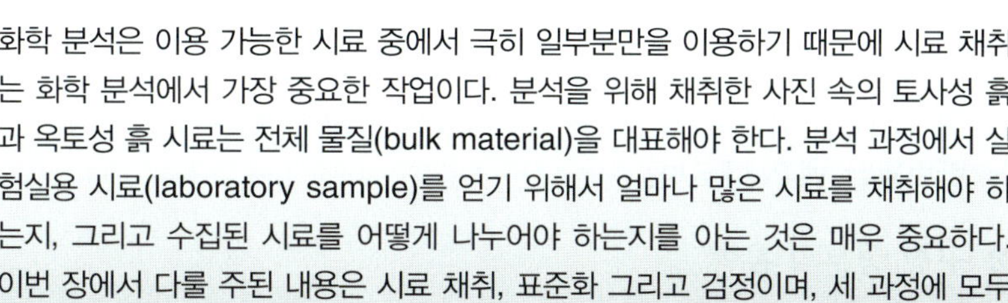
화학 분석은 이용 가능한 시료 중에서 극히 일부분만을 이용하기 때문에 시료 채취는 화학 분석에서 가장 중요한 작업이다. 분석을 위해 채취한 사진 속의 토사성 흙과 옥토성 흙 시료는 전체 물질(bulk material)을 대표해야 한다. 분석 과정에서 실험실용 시료(laboratory sample)를 얻기 위해서 얼마나 많은 시료를 채취해야 하는지, 그리고 수집된 시료를 어떻게 나누어야 하는지를 아는 것은 매우 중요하다. 이번 장에서 다룰 주된 내용은 시료 채취, 표준화 그리고 검정이며, 세 과정에 모두에 통계적 방법이 사용된다.

1장에서 중요한 분석 절차를 포함하는 실제 분석 과정에 대해 기술하였다. 분석 과정에서 선택된 특정한 분석 절차는 얼마나 많은 시료가 이용 가능한지 그리고 얼마나 많은 분석물이 존재하고 있는지에 따라 달라진다. 이 장에서는 이와 같은 인자들에 의존하는 측정법의 일반적인 분류에 대하여 다루게 된다. 사용할 특정 방법을 선택한 후에, 대표 시료를 취해야 한다. 시료 채취 과정은 분석할 물질의 전체를 정확히 대표할 수 있는 적은 양의 물질을 취하는 것을 포함한다. 대표 시료를 얻는 과정에서는 통계학적 방법이 사용된다. 분석 시료를 채취한 후 시료 손실이나 불순물이 포함되지 않는 방법으로 시료를 다루어야 한다. 대부분의 실험실에서는 신뢰성 있는 결과를 얻고 가격 경쟁력이 있는 자동 시료 취급 장치를 사용한다. 대부분의 분석 방법은 절대적인 것이 아니므로 그 분석 결과는 조성이 정확히 알려진 표준 시료를 이용한 결과와 비교해야 한다. 어떤 분석법은 표준물과 직접적인 비교를 필요로 하고, 반면 다른 분석법은 간접적인 검정 방법을 필요로 한다. 검정 곡선을 만들기 위해 필요한 통계 방법을 포함하여 몇 개의 자세한 표준화와 검정에 관해서 논의할 것이다. 이번 장은 성능 지수(figure of merit)라 불리는 여러 성능 평가 기준을 사용하여 분석 방법들을 비교하기 위해 사용하는 방법들에 관한 논의로 결론을 도출할 것이다.

## 8A 분석 시료와 방법

특정한 분석법의 선택에 대해 1C-1절에서 논의하였다. 여러 인자들 중에서 가장 중요한 것은 시료의 양과 분석물의 농도이다.

### ▸ 8A-1 시료의 유형과 방법들

분석 방법은 여러 가지 방법으로 분류되어질 수 있다. 시료 중에 있는 화학종을 확인하는 방법을 **정성 분석**(qualitative analysis), 그리고 구성 성분의 양을 정량하는 방법을 **정량 분석**(quantitative analysis)이라 구별한다. 1B절에서 논의한 것처럼 정량 분석은 전통적으로 무게분석법, 부피 분석법, 기기분석법으로 분류된다. 분석법을 구별하는 또 다른 방법은 시료의 크기와 구성 성분의 정도에 따라 분류하는 것이다.

### » 시료의 크기

**그림 8-1**에서 보는 바와 같이 **보통량 분석**(macro analysis)이란 용어는 시료의 질량이 0.1 g보다 큰 경우에 사용되며, **준미량 분석**(semimicro analysis)은 0.01~0.1 g의 범위에 있는 시료에 대하여, 반면에 $10^{-4}$~$10^{-2}$ g의 범위에 있을 때에는 **미량 분석**(micro analysis)이란 용어를 사용한다. 시료의 양이 $10^{-4}$ g보다 적은 경우에는 주로 **초미량 분석**(ultramicro analysis)이란 용어가 사용되어진다.

| 시료의 크기 | 분석 유형 |
|---|---|
| $>$ 0.1 g | 보통량 |
| 0.01~0.1 g | 준미량 |
| 0.0001~0.01 g | 미량 |
| $< 10^{-4}$ g | 초미량 |

그림 8-1에서의 분류에서 알 수 있듯이 의심스러운 오염물질에 대한 1 g의 흙 시료 분석은 보통량 분석이라고 할 수 있고, 불법 약품으로 의심되는 5 mg 분말 시료의 분석은 미량 분석이라 분류할 수 있다. 일반적인 분석실험실은 보통량 분석에 해당하는 양부터 미량 분석, 심지어 초미량 분석에 해당하는 양까지의 시료를 다루고 있다. 매우 적은 시료를 다루는 기술들은 보통량 분석에 해당하는 시료를 다루는 방법과는 매우 다르다.

### » 구성 성분의 유형

분석 과정에서 정량되어지는 구성 성분은 넓은 영역의 농도에 퍼져 있다. 어떤 경우에 분석 방법은 상대적인 무게 범위가 1~100%에 놓여 있는 **주성분**(major constituent)을 정량하기 위해 사용된다. 대부분의 무게분석법과 3부에서 논의될 일부 부피 분석법들은 주된 구성 성분을 정량하는 좋은 예들이다. **그림 8-2**에서 보여주는 것처럼 100 ppm (0.01%)~1% 범위 사이의 양으로 존재하는 시료들은 **소수 성분**(minor

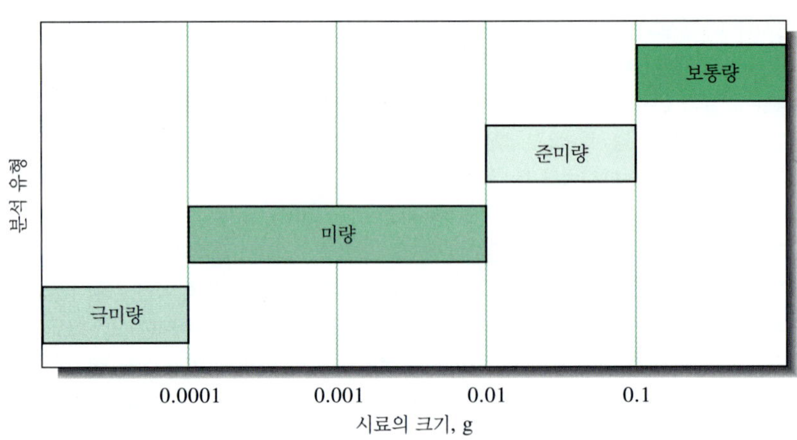


**그림 8-1** 시료 크기에 의한 분석의 분류.

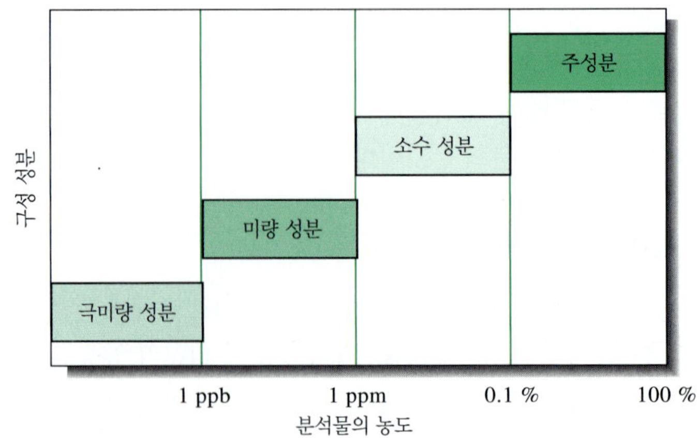


**그림 8-2** 분석물의 농도 수준에 의한 구성 성분에 대한 분류.

constituent)이란 용어를 사용하며, 반면에 100 ppm (0.01%)~1 ppb 사이에 있는 경우에는 **미량 성분**(trace constituent)이라고 한다. 1 ppb보다 적은 양일 때는 일반적으로 **극미량 성분**(ultratrace constituent)으로 간주된다.

강물 시료 1 μL (≈1 mg) 속에 ppb에서 ppm 정도로 들어 있는 Hg의 정량은 미량 원소의 미량 분석에 해당할 것이다. 미량 및 초미량 원소의 정량 분석의 경우에서는 잠재적인 방해물과 오염에 대하여 각별한 주의가 요구된다. 극단적인 경우 이와 같은 분석은 먼지나 다른 오염물이 없는 상태로 지나치다고 할 정도로 깨끗한 특별한 공간에서 이루어져야 한다. 미량 성분에 대한 분석 과정에서의 일반적인 문제는 분석 결과 신뢰도가 분석물의 농도수준이 감소함에 따라서 급격히 감소한다는 것이다. **그림 8-3**은 분석물의 농도 수준이 감소할 때 실험실 간의 표준 편차가 얼마나 증가하는지를 보여준다. 1 ppb 농도의 극미량 성분 분석에서 실험실 간 오차가 거의 50%이며 더 낮은 농도 수준에서는 거의 100%가 된다.

| 분석물의 농도 | 구성 성분의 유형 |
|---|---|
| 1~100% | 주요 성분 |
| 0.01% (100 ppm)~1% | 소수 성분 |
| 1 ppb~100 ppm | 미량 성분 |
| < 1 ppb | 극미량 성분 |

## ▸ 8A-2 실제 시료

실제 시료의 분석은 시료의 매트릭스의 존재 때문에 상당히 복잡해진다. 이 매트릭스는 분석물과 유사한 화학적인 성질을 가진 화학종을 포함할 수도 있다. 그러한 화학종들은 분석물과 똑같은 시약과 반응할 수 있거나 분석물과 쉽게 구별할 수 없는 기기적 신호를 유발할 수도 있다. 이런 영향들은 분석물의 정량에 방해를 일으키며, 이런 방해들이 매트릭스 내의 다른 화학종에 의하여 발생한다면 그것들은 흔히 **매트릭스 효과**(matrix effect)라고 한다. 이 효과들은 시료 그 자체에서 뿐만 아니라 분석 과정에서 시료를 준비할 때 사용하는 시약과 용매에 의해서도 초래될 수 있다. 분석물을 함유하고 있는 매트릭스의 조성은 탈수 반응에 의하여 물의 양이 감소하거나 혹은 저장 기간 동안 광화학 반응 등에 의해 시간에 따라 변할 수 있다. 8D-3절에서 표준화와 검정 과정 중 매트릭스 효과와 다른 방해 효과에 관하여 논의할 것이다.

1C절에서 논의한 것처럼 시료들은 *분석*되는 것이고, 화학종이나 농도는 *정량*되는 것이다. 그러므로 혈청 속에 있는 글루코스 화학종이나 농도는 *정량*되는 것이고, 글루코스 화학종의 농도를 정량하기 위해 혈청을 *분석*하는 것이다.

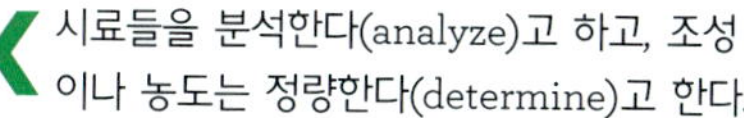
시료들을 분석한다(analyze)고 하고, 조성이나 농도는 정량한다(determine)고 한다.

**그림 8-3** 분석물 농도 변화에 따른 실험실 간의 오차. 분석물의 농도가 감소함에 따라 상대 표준 편차가 상당히 증가하는 것을 유념하여 살펴 보시오. 초미량 범위에서 상대 표준 편차는 100%에 근접한다. (Reprinted (adapted) with permission from W. Horowitz, *Anal. Chem.*, **1982**, *54*, 67A-.76A., **DOI**: 10.1021/ ac00238a002. Copyright 1982 American Chemical Society.)

## 8B 시료 채취

시료 채취는 종종 분석 과정 중 가장 어려운 단계이다.

오염된 호수에서 수 mL의 물만을 분석하는 것처럼 일반적으로 화학 분석은 조성을 알려고 하는 물질 중의 일부분에 대해서만 수행되어진다. 분석 결과가 가치있는 것이 되려면 이 일부분의 조성이 전체 물질의 평균 조성에 가능한 한 가까워야 한다. 대표적인 일부분을 취하는 과정을 **시료 채취**(sampling)라고 한다. 시료 채취는 종종 전체 분석 과정에서 가장 어려운 단계이며 분석의 정확도에 영향을 주는 단계이다. 분석하고자 하는 물질이 호수처럼 크고 불균일한 액체이거나 광물, 토양, 또는 동물조직의 일부분처럼 불균일한 고체일 경우 특히 정확도에 영향을 미친다.

화학 분석을 위한 시료 채취는 실험실에서 작은 시료의 분석으로부터 많은 양의 물질에 관하여 결론을 얻어내는 것이기 때문에 통계학이 필수적으로 요구된다. 이것은 6장과 7장에서 논의된 것처럼 모집단으로부터 추출된 적당한 시료를 검사하는 것과 똑같은 과정이다. 시료를 측정할 때, 모집단에 관한 결론을 도출하기 위하여 평균과 표준 편차 같은 통계학적인 도구들을 사용한다. 시료 채취에 관한 문헌은 아주 광범위하다.[1] 여기에서는 시료 채취 방법의 개요만을 간단히 다루려고 한다.

### 8B-1 대표 시료

**총괄 시료**와 **실험실 시료**의 구성 성분은 분석되어질 물질의 평균 구성 성분과 거의 같아야 한다.

시료 채취 과정에서 선택된 시료는 전체 시료 또는 모집단의 대표성을 가지고 있어야 한다. 분석을 위해 선택된 시료는 종종 **시료 채취 단위**(sampling unit) 또는 **증가분**(sampling increment)이라고 부른다. 예를 들어, 모집단이 100개인 동전 속의 납의 평균 농도를 알고자 한다. 시료는 5개의 동전으로 이루어져 있다. 각각의 동전은 시료 채취 단위 또는 증가분이다. 통계학적 개념에서 시료는 전체 시료의 다른 부분에서 취해진 몇 개의 적은 부분에 해당한다. 혼동을 피하기 위해 화학자들은 시료 채취 단위 또는 증가분의 집단을 **총괄 시료**(gross sample)라고 부른다.

*시료 채취*에서 표본 모집단은 실험실에서 다루기 쉽고 조성이 모집단을 대표하는 균일한 소량의 시료이다.

실험실에서 분석하는 경우 **실험실 시료**(laboratory sample)를 만들기 위해 총괄 시료의 양을 줄이고 균일하게 만들어야 한다. 분말, 액체, 기체 등의 시료를 채취하는 경우에 명확히 분리된 항목의 개념을 가지고 있지 않다. 그런 물질은 다른 구성 성분으로 된 미세 입자 또는 액체의 경우 농도가 서로 다른 구역(zone)으로 이루어지는 등 불균일할 수 있다. 이러한 물질들을 분석할 때는 벌크(bulk) 시료의 서로 다른 부분에서 시료를 취하여 대표 시료로 사용할 수 있다. **그림 8-4**는 전체 물질에서 시료를 취하여 실험실 시료를 얻는 세 단계 과정을 보여주고 있다. 일반적으로 단계 1은 간단한데, 모집단은 병 속에 들어 있는 비타민 정제, 밭에 있는 밀, 쥐의 뇌, 또는 강바닥에 펼쳐진 진흙 등 다양하다. 단계 2와 3은 간단하지 않으며, 많은 노력과 재능을 필요로 한다.

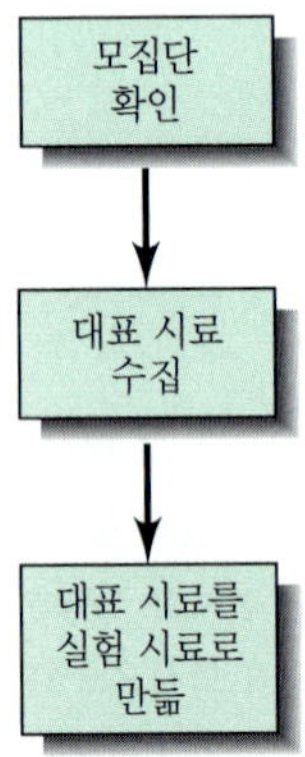


**그림 8-4** 실험실 시료를 얻는 방법. 실험실 시료는 몇 그램에서 몇 백 그램으로 구성되어 있다. 그것은 벌크(bulk) 시료의 $10^7$ 또는 $10^8$개 중에 하나에 해당하는 만큼 적은 양일 수도 있다.

[1] 다른 문헌을 참고하시오. J. L. Devore and N. R. Farnum, *Applied Statistics for Engineers and Scientists*, 2nd ed. Pacific Grove, CA: Duxbury Press, 2005, Ch. 4; J. C. Miller and J. N. Miller, *Statistics and Chemometrics for Analytical Chemistry*, 4th ed., Upper Saddle River, NJ: Prentice Hall, 2000; B. W. Woodget and D. Cooper, *Samples and Standards*, London: Wiley, 1987; F. F. Pitard, *Pierre Gy's Sampling Theory and Sampling Practice*, Boca Raton, Fl: CRC Press, 1989.

통계학적으로 시료 채취 과정의 목표는 다음과 같다.

1. 집단 평균의 비편향 추정값인 분석물 농도 평균값을 얻기 위해서이다. 이 목적은 모집단의 모든 집합 원소들이 똑같은 확률로 시료에 포함될 수 있는 경우 실현될 수 있다.
2. 유효한 신뢰 한계가 평균값에 대하여 찾아질 수 있고, 다양한 가설검증이 적용될 수 있도록 모집단의 분산의 비편향 추정값인 분산을 얻기 위해서이다. 이 목적은 모든 가능한 시료가 똑같이 취해질 수 있을 때 얻을 수 있다.

두 개의 목표를 위해 **무작위 시료**(random sample)를 얻어야 한다. 여기에서 무작위 시료라 함은 마구잡이로 시료를 선택한다는 말을 의미하지는 않는다. 대신에 시료를 얻기 위해 무작위화 절차가 사용된다. 예를 들어, 생산 라인에서 1000개의 정제약으로부터 선택한 10개의 정제약으로 시료를 구성한다고 하자. 시료가 무작위라는 것을 확인하는 하나의 방법은 무작위 번호표로부터 분석할 정제약을 선택하는 것이다. 이는 **그림 8-5**에서 보여주는 것처럼 무작위 번호표 또는 스프레드시트로부터 편리하게 만들 수 있다. 각각의 정제약을 1에서 1000까지 번호를 매기고 분석 수행을 위한 16, 33, 97번 정제약을 골라내기 위해 C열에서 분류된 무작위 번호 등을 사용할 수 있다.

## ▸ 8B-2 시료 채취의 불확정도

5장에서 분석 데이터의 계통 오차와 우연 오차가 분석 기기, 분석 방법 및 개인적인 원인에 의해 생긴다고 하였다. 대부분의 계통 오차는 주의 깊게 실험하고, 검정을

| | A | B | C | D | E |
|---|---|---|---|---|---|
| 1 | **Spreadsheet to generate random numbers between 1 and 1000** | | | | |
| 2 | | Random Numbers | Sorted Numbers | | |
| 3 | | 97 | 16 | | |
| 4 | | 382 | 33 | | |
| 5 | | 507 | 97 | | |
| 6 | | 33 | 268 | | |
| 7 | | 511 | 382 | | |
| 8 | | 16 | 507 | | |
| 9 | | 268 | 511 | | |
| 10 | | 810 | 810 | | |
| 11 | | 934 | 821 | | |
| 12 | | 821 | 934 | | |
| 13 | | | | | |
| 14 | **Spreadsheet Documentation** | | | | |
| 15 | Cell B3=RAND()*(1000-1)+1 | | | | |

**그림 8-5** 스프레드시트를 사용하여 1에서 1000까지의 범위에서 10개의 무작위 시료 생성 엑셀에서 무작위 번호 기능[= RAND( )]은 0과 1 사이의 무작위 번호 등을 만든다. B열에 생성되는 1부터 1000 사이의 번호는 무작위 번호를 곱(multiplier)하여 얻게 된다. 정수 값을 얻기 위해 선택항에서 오른쪽 클릭을 하고 [셀 서식(F)]을 선택한다. 숫자를 선택하고 그리고 소수점자리에서 0을 입력한다. 번호들은 모든 재계산에서 변하지 않는다. B열에서 무작위 번호를 복사하고 [붙여넣기(P)]를 사용하여 C열에 값들을 붙여넣기 한다. (메뉴바의 명령을 통해서) C열에서 번호들은 엑셀의 데이터 정렬(Sort) 기능을 사용하여 오름차순으로 정렬한다.

하고, 표준물, 바탕 용액 및 기준 물질을 적절히 이용함으로써 줄일 수 있다. 데이터의 정밀도를 나타내는 우연 오차는 일반적으로 측정에 영향을 주는 변수를 정확히 조절함으로서 허용 수준으로 유지시킬 수 있다. 부적절한 시료를 취했을 경우에 발생하는 오차들은 바탕 용액과 표준 물질의 적절한 사용 또는 실험 변수들의 정확한 조절을 통해서도 관리될 수 없다. 이러한 이유 때문에 시료를 취할 때 발생하는 오차는 분석에 관련된 다른 불확정도들과는 보통 분리하여 취급한다.

우연 불확정도들의 경우 분석 측정에서 총괄 표준 편차 $s_o$는 시료 채취 과정의 표준 편차 $s_s$와 분석 방법의 표준 편차 $s_m$과 관련이 있으며 다음 식으로 나타낼 수 있다.

$$s_o^2 = s_s^2 + s_m^2 \tag{8-1}$$

많은 경우에 분석 방법의 분산은 하나의 실험실 시료에 대해 반복 측정하여 얻을 수 있다. 이런 상황에서 $s_s$는 여러 총괄 시료로부터 취한 각각의 실험실 시료에 대하여 측정한 $s_o$ 값으로부터 계산될 수 있다. 분산에 대한 분석을 수행함으로써 시료 간 분산(시료 채취 분산 + 측정 분산)이 시료 내 분산(측정 분산)보다 상당히 큰지 아닌지를 알 수 있다(7C절 참조).

$s_m \leq s_s/3$일 때는 측정 정밀도를 높이기 위해 노력할 필요는 없다. 식 (8-1) $s_o$는 이러한 조건에서 시료의 불확정도에 의해서 우선적으로 결정되어진다.

Youden에 따르면 일단 측정 불확정도가 시료 채취의 불확정도의 1/3 정도이거나 이보다 적다면(즉, $s_m \leq s_s/3$), 측정 불확정도를 더 개선할 필요는 없다.[2] 따라서 만일 시료 채취의 불확정도가 크고 개선될 수 없다면, 정확도는 낮으나 빠른 분석법을 이용하여 주어진 시간 내에 더 많은 시료를 분석해야 한다. 평균의 표준 편차는 인수 $\sqrt{N}$에 의해 낮출 수 있기 때문에 더 많은 시료를 분석함으로써 정밀도를 개선할 수 있다.

## ▸ 8B-3 총괄 시료

총괄 시료는 개개의 시료 채취 단위(unit)들의 모음이다. 총괄 시료는 화학 조성에서뿐만 아니라 조성 입자들의 크기 분포에서도 전체를 대표해야 한다.

총괄 시료(gross sample)는 분석하고자 하는 전체 물질의 축소 복제품이다. 화학 조성뿐만 아니라 시료가 입자들로 구성된 경우에는 입자 크기 분포도 전체와 동일해야 한다.

### » *총괄 시료의 크기*

편리함과 경제적인 관점에서 총괄 시료는 꼭 필요한 정도의 크기를 가져야 한다. 기본적으로 총괄 시료의 크기는 (1) 총괄 시료의 조성과 전체 시료의 조성 사이에서 허용될 수 있는 불확정도, (2) 전체 시료의 불균일 정도, (3) 불균일성이 나타나는 입자 크기의 수준에 의하여 결정된다.[3]

마지막 요건에 대해서는 더 다루어야 한다. 기체 또는 액체가 잘 혼합된 균일한 용액은 단지 분자 수준의 크기에서만 불균일하며, 분자들 자체의 무게가 총괄 시료의 최소 무게가 될 수 있다. 반면에 광물이나 토양과 같은 작은 입자로 구성된 고체 입자는 다르다. 이들 물질에서 개개의 고체 조각은 조성이 서로 각각 다르다. cm 정도의 크기나 수 그램 정도의 무게를 갖는 입자도 불균일할 수 있다. 이들 극단적인 상황의 중간 물질이 콜로이드 물질이나 고체화된 금속이다. 콜로이드 물질에서는 $10^{-5}$ cm 또는 그 이하의 범위에서 불균일성이 나타난다. 합금의 경우 결정 조각 단위에서 불균일성이 나타나다.

---

[2]W. J. Youden, *J. Assoc. Off. Anal. Chem.*, **1981**, *50*, 1007.

[3]입자 크기의 함수에 따른 시료 무게에 대한 논문은 다음을 참고하시오. G. H. Fricke, P. G. Mischler, F. P. Staffieri, and C. L. Housmyer, *Anal. Chem.*, **1987**, *59*, 1213, **DOI**: 10.1021/ac00135a030.

실제로 총괄 시료를 얻기 위해서는 입자의 어떤 수 $N$만큼 취해야 한다. 이 수의 크기는 (1)과 (2)에 달려 있고, 단지 수 개에서 $10^{12}$ 개의 입자가 될 수 있다. 균일한 기체나 액체에서는 분자 수준에서 입자들 사이의 불균일성이 생기기 때문에 그리 많은 수의 입자가 필요한 것은 아니다. 따라서 시료의 무게가 아주 적을지라도 필요한 입자의 수 이상을 가지게 될 것이다. 그러나 입자성 고체의 개개의 입자들은 1그램 또는 그 이상의 무게일 수도 있으며, 때때로 총괄 시료가 수 톤의 무게를 가질 수도 있다. 이러한 물질의 시료를 취하는 것은 비용이 많이 들고, 시간이 걸리는 과정이다. 비용을 최소화하기 위해 필요한 정보를 얻기 위한 물질의 최소 무게를 결정하는 것이 중요하다.

총괄 시료로 필요한 입자의 수는 수 개의 입자에서 $10^{12}$ 입자의 범위에 해당한다.

전체 물질로부터 마구잡이로 취한 총괄 시료의 조성은 확률의 법칙을 따른다. 이 법칙을 이용하여 주어진 분율(즉, 총괄 시료)이 전체 시료와 비슷한 확률임을 예상할 수 있다. 이상적인 예로서 두 가지의 구성 성분으로 이루어진 의약용 혼합물에 대해 살펴보자. 입자 A는 활성 물질을 포함하고 있고, 입자 B는 불활성의 충진제를 포함하고 있다. 모든 입자들은 동일한 입자 크기를 갖는다. 이제 벌크(bulk) 시료 속에 활성 물질을 포함하고 있는 입자의 퍼센트 함량을 정량하는 데 필요한 총괄(gross) 시료를 수집해 보자.

우연히 입자 A를 취할 확률은 $p$이고 입자 B를 취할 확률은 $(1 - p)$이다. $N$개의 혼합물 입자를 취했다면 입자 A의 최확수(most probable number, 통계학적으로 가장 확실한 수치)는 $pN$이다. 반면에 입자 B의 최확수는 $(1 - p)N$이다. 두 가지의 종류만 있는 모집단에서 Bernoulli 식은 입자 A가 꺼내질 수의 표준 편차를 계산하는 데 사용될 수 있다.[4]

$$\sigma_A = \sqrt{Np(1 - p)} \quad (8\text{-}2)$$

입자 A가 꺼내질 상대 표준 편차는 $\sigma_A/N_p$이다.[5]

IUPAC의 기준에 맞추어 상대 표준 편차를 나타내기 위해 $\sigma_r$을 사용한다. $\sigma_r$은 비(ratio)임을 명심하시오.

$$\sigma_r = \frac{\sigma_A}{Np} = \sqrt{\frac{1 - p}{Np}} \quad (8\text{-}3)$$

식 (8-3)으로부터 식 (8-4)에서 보여주는 것처럼 주어진 상대 표준 편차를 얻기 위해서 필요한 입자의 수를 계산해 낼 수 있다.

$$N = \frac{1 - p}{p\sigma_r^2} \quad (8\text{-}4)$$

예를 들어, 입자의 80% ($p = 0.8$)가 입자 A이고, 원하는 상대 표준 편차가 1% ($\sigma_r = 0.01$)라면 총괄 시료의 입자 수는 다음과 같이 계산할 수 있다.

$$N = \frac{1 - 0.8}{0.8(0.01)^2} = 2500$$

---

[4]A. A. Beneditti Pichler, in *Physical Methods in Chemical Analysis*, W. G. Berl, ed., New York: Academic Press, 1956, vol. 3, pp. 183–194; A. A. Beneditti-Pichler, *Essentials of Quantitative Analysis*, New York, Ronald Press, 1956, ch. 19.

[5]*Compendium of Analytical Nomenclature: Definitive Rules, 1997*, International Union of Pure and Applied Chemistry, prepared by J. Inczedy, T. Lengyel, and A. M. Ure, Malden, MA: Blackwell Science, 1998, pp. 2–8.

즉, 2500개 시료 입자가 마구잡이로 취해져야 한다. 표준 편차가 0.1%라면 250,000개의 입자를 취해야 한다. 이와 같이 많은 수의 입자는 수를 세지 않고 무게를 재서 결정할 수 있다.

다음은 보다 실제적인 문제에 대해 알아보기 위해 혼합물의 형태로서 두 개의 조성물들이 활성물질(분석물)을 함유하고 있지만, 다른 퍼센트를 함유하고 있는 경우를 생각해 보자. 입자 A는 더 높은 퍼센트 $P_A$를 입자 B는 더 작은 퍼센트 $P_B$를 함유하고 있다. 또한, 입자의 평균 밀도 $d$는 조성물들의 $d_A$와 $d_B$가 다르다. 이제 시료를 취할 때의 상대 표준 편차 $\sigma_r$로 활성 성분 총괄 평균 퍼센트 $P$를 갖는 시료를 얻기 위하여 취해야만 하는 입자의 개수가 얼마인지, 즉 무게가 얼마인지를 결정해 보자. 이와 같은 상황의 경우 식 (8-4)를 변형시켜 얻은 다음 식을 사용할 수 있다.

$$N = p(1-p)\left(\frac{d_A d_B}{d^2}\right)^2\left(\frac{P_A - P_B}{\sigma_r P}\right)^2 \tag{8-5}$$

이 식으로부터 필요로 하는 시료 크기 면에서 볼 때, 허용 표준 편차와 취한 입자 수 사이에서는 제곱에 반비례하는 관계이기 때문에 정확성을 요구하는 분석일수록 상당히 비용이 많이 든다는 것을 알 수 있다. 아울러 활성 물질의 평균 퍼센트 $P$가 더 작을수록 취해야 할 입자 수는 더 커야만 한다.

$P_A - P_B$에 의하여 측정되는 불균일도는 혼합물의 두 조성 물질들에 대한 조성의 차이에 제곱에 따라 입자수가 증가하므로 필요로 하는 입자 수에 크게 영향을 미친다.

시료 채취 상대 표준 편차($\sigma_r$)를 계산하기 위해 식 (8-5)를 다음과 같이 정리할 수 있다.

$$\sigma_r = \frac{|P_A - P_B|}{P} \times \frac{d_A d_B}{d^2}\sqrt{\frac{p(1-p)}{N}} \tag{8-6}$$

시료의 질량 $m$이 입자들의 수에 비례하고 식 (8-6)의 다른 값들이 일정하다고 가정한다면, $m$과 $\sigma_r$의 곱은 항상 일정할 것이다. 상수 $K_s$는 Ingamells 시료 채취 상수라고 부른다.[6] 즉,

$$K_s = m \times (\sigma_r \times 100)^2 \tag{8-7}$$

여기서 $\sigma_r \times 100\%$는 상대 표준 편차 퍼센트이다. 따라서 $\sigma_r = 0.01$, 즉 $\sigma_r \times 100\% = 1\%$이면 $K_s$는 $m$과 같게 된다. 따라서 시료 채취 상수 $K_s$는 시료 채취 불확정도를 1%로 줄이는 데 필요한 최소한의 시료 양으로 해석할 수 있다.

고체 물질인 경우 총괄 시료의 무게를 정량 결정하는 것에 관한 문제는 보통 대부분의 시료가 위의 예처럼 두 가지의 구성 원소로만 되어 있지 않고, 다양한 입자 크기를 가지고 있기 때문에 훨씬 더 어렵다. 대부분의 경우에 이런 문제는 우선적으로 시료를 가상의 두 개의 구성 성분계로 나누어줌으로써 해결할 수 있다. 실제로 복잡한 혼합물인 경우 선택된 하나의 구성 성분이 다양한 형태의 분석물을 포함하고 그리고 또 다른 것은 분석물이 거의 없는 나머지 구성 성분으로 이루어질 수

다성분 혼합물의 총괄 시료의 무게를 알아내는 문제를 간단히 하기 위하여 시료를 가상적으로 두 성분 혼합물로 되어 있다고 가정한다.

[6] C. O. Ingamells and P. Switzer, *Talanta*, **1973**, *20*, 547–568, **DOI**: 10.1016/0039-9140(73)80135-3.

있다. 분석물의 평균 밀도와 퍼센트 함량을 각각의 부분에 할당한 다음 그 계는 두 개의 구성원소를 가진 것처럼 다루어질 수 있다.

만일 시료가 단일 크기의 입자로 이루어져 있다면, 다양한 입자 크기의 문제는 필요한 입자의 수를 계산함으로써 해결할 수 있다. 그 다음 입자 크기 분포를 고려하여 총괄 시료 무게를 결정한다. 한 가지 방법은 가장 큰 입자의 크기를 모든 입자의 크기라고 가정하여 필요한 무게를 계산하는 것이다. 그러나 이것은 보통 시료를 필요 이상 취하게 되기 때문에 이 과정은 그리 효율적이지 못하다. Benedetti-Pichler는 취하려고 하는 총괄 시료의 무게를 계산하기 위한 또 다른 방법을 제공하였다.[7]

식 (8-5)에서 얻은 흥미 있는 결론은 총괄 시료의 입자수가 입자 크기와 무관하다는 것이다. 물론 시료 무게는 부피(또는 입자지름의 입방체)에 비례하여 증가하므로 그 물질의 입자 크기를 감소시키면 총괄 시료에서 요구하는 무게에 큰 영향을 미친다.

식 (8-5)를 이용하기 위해서는 물질에 대해 많은 정보를 알고 있어야 한다. 다행히 식에 있는 여러 변수들은 합리적인 예측이 가능하다. 물질의 정성 분석, 시각적 관찰, 그리고 비슷한 기원을 가지는 물질에 대한 문헌 정보들을 이용하여 이런 예측이 가능해진다. 여러 시료 성분들의 밀도를 대략이라도 측정하는 것이 또한 필요할 수도 있다.

### 예제 8-1

크로마토그래피용 컬럼 충진 물질은 두 개의 다른 입자의 혼합물로 이루어져 있다. 시료 입자의 평균 반지름은 0.5 mm이고 구형이라 가정한다. 대략 20%의 입자는 분홍색이고, 부착된 폴리머성 정지상 무게의 약 30%를 차지하고 있다. 분홍색 입자들은 0.48 g/cm$^3$의 밀도를 갖는다. 남아 있는 입자는 0.24 g/cm$^3$의 밀도를 가지고, 거의 또는 전혀 폴리머성 정지상을 포함하고 있지 않다. 만약 시료 채취 상대 불확정도가 0.5% 이하라면 필요한 총괄 시료의 양은 얼마인가?

**풀이**

평균 밀도와 폴리머의 퍼센트를 먼저 계산한다.

$$d = 0.20 \times 0.48 + 0.80 \times 0.24 = 0.288 \text{ g/cm}^3$$

$$P = \frac{(0.20 \times 0.48 \times 0.30) \text{ g 폴리머/cm}^3}{0.288 \text{ g 시료/cm}^3} \times 100\% = 0.10\%$$

식 (8-5)를 대입하면 다음과 같이 된다.

$$N = 0.20(1 - 0.20)\left[\frac{0.48 \times 0.24}{(0.288)^2}\right]^2\left(\frac{30 - 0}{0.005 \times 10.0}\right)^2$$

$$= 1.11 \times 10^5 \text{ 필요한 입자수}$$

$$\text{시료의 무게} = 1.11 \times 10^5 \text{ 입자} \times \frac{4}{3}\pi(0.05)^3 \frac{\text{cm}^3}{\text{입자}} \times \frac{0.288 \text{ g}}{\text{cm}^3}$$

$$= 16.7 \text{ g}$$

[7] A. A. Beneditti-Pichler, in *Physical Methods in Chemical Analysis*, W. G. Berl, ed., New York: Academic Press, 1956, vol. 3, p. 192.

잘 섞인 액체 및 기체 용액은 분자 수준까지 균일하기 때문에 매우 작은 시료만을 필요로 한다.

### » 액체 및 기체 균일 용액 시료 채취

액체 또는 기체 용액의 경우 균일도는 분자 수준에서 일어나므로 총괄 시료는 비교적 작다. 따라서 시료의 부피가 매우 작은 경우도 식 (8-5)으로 계산된 입자수보다 더 많이 포함하게 된다. 가능하다면 균일한 총괄 시료를 채취하기 위하여 분석하고자 하는 액체 또는 기체 시료는 채취 전에 잘 저어주어야 한다. 용액의 부피가 클 경우에는 잘 혼합하는 것이 불가능할 수도 있다. 이런 경우 용액의 원하는 위치에서 열어 시료를 채취할 수 있는 병인 '시료 도적(sample thief)'를 이용하여 용기의 여러 부분에서 시료를 채취하는 것이 가장 좋다. 예를 들어, 대기에 노출된 액체의 성분을 측정하는 경우 이런 형태의 시료 채취는 중요하다. 호수 물의 산소 함량은 수 미터 깊이에서 1000배 또는 그 이상 변할 수도 있다.

휴대용 센서의 출현과 더불어 최근에는 시료를 실험실로 가져오는 대신에 실험실을 시료로 가져가는 것이 일반적인 경우가 되었다. 그러나 대부분의 센서들은 단지 국부적인 농도만을 측정하고 평균 농도 및 원거리에 있는 농도를 감지하지는 못한다.

처리 공정 및 다른 응용 부분에서 액체 시료들은 흐르는 관으로부터 채취된다. 모아진 시료가 전체 흐름을 대표하기 위해서는 세심한 주의가 요구되며, 더욱이 흐름의 모든 부분에서 채취될 수 있도록 주의를 기울여야 한다.

기체는 여러 가지 방법으로 채취될 수 있다. 어떤 경우는 단순히 시료 채취 주머니를 열어서 기체를 채운다. 액체 속에 *포집*하는 경우와 고체의 표면에 흡착시키는 경우도 있다.

### » 입자성 고체 시료 채취

부피가 큰 입자성 물질로부터 마구잡이 시료를 얻는다는 것은 종종 어려운 일이다. 이런 경우 무작위 시료 채취는 주로 물질을 옮기는 동안에 가장 잘 이루어질 수 있다. 많은 종류의 입자성 물질 등을 처리하기 위하여 기계적인 장치들이 개발되었다. 이런 물질에 대한 시료 채취 방법은 자세히 설명하지 않는다.

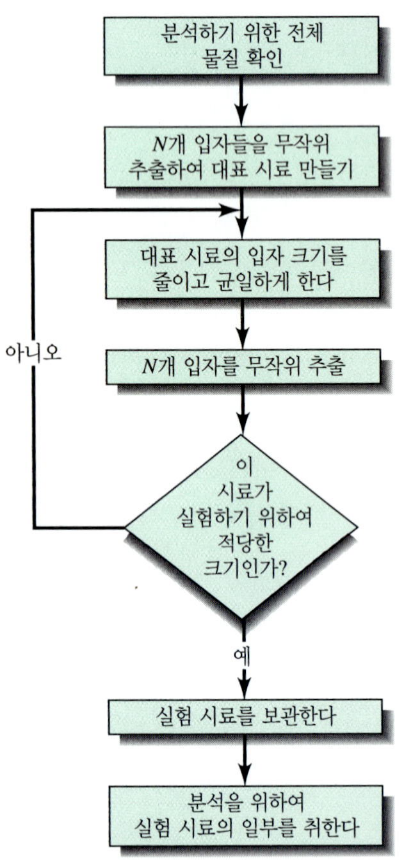


**그림 8-6** 미세한 입자로 이루어진 고체의 시료 채취 과정.

### » 금속 및 합금 시료 채취

금속과 합금 시료들은 톱질하기, 깎기 또는 구멍내기 등으로 얻을 수 있다. 일반적으로 표면으로부터 얻은 금속 조각이 전체 금속을 대표한다고 가정하는 것은 타당하지 않으므로 금속 내부에서 얻은 고체도 함께 시료로 취해야만 한다. 몇몇 물질의 경우 마구잡이 간격으로 조각들을 톱질하여 생긴 '톱밥'을 모음으로써 총괄 시료를 얻을 수 있다. 또 다른 방법으로 역시 마구잡이 간격으로 시편에 구멍을 내어 얻어지는 물질을 모아서 시료로 할 수 있다. 구멍내기는 시료를 완전히 통과하거나 양쪽 면으로부터 반씩 통과하여야 한다. 이렇게 얻어진 시료를 흑연 도가니에서 혼합하여 용융시킨다. 그 다음 용융 시료를 증류수에 부어주면 알갱이 형태의 시료를 얻을 수 있다.

## ▸ 8B-4 실험실 시료 준비

실험실 시료는 총괄 시료와 같은 입자수를 가져야 한다.

불균일성 고체인 경우, 총괄 시료는 수백 그램에서 kg 또는 그 이상의 무게를 필요로 할 수도 있다. 따라서 총괄 시료를 최대 수백 그램으로 줄이기 위해 미세하게 분쇄한 균일 실험실 시료로 만들 필요가 있다. **그림 8-6**을 보면 시료의 무게를 줄이기 위해 시료를 분쇄하고, 미세하게 갈고, 체로 치고, 혼합하고, 시료를(종종 반으로) 나누는 일련의 순환 조작 과정으로 되어 있다. 각각의 시료를 나누는 동안 식 (8-5)로 계산된 입자의 수를 포함하는 시료의 무게는 계속 유지된다.

**예제 8-2**

납광석(≈70% Pb)과 납이 없거나 극히 미량 포함하고 있는 입자들을 포함하고 있는 화물에서 시료 채취를 하였다. 밀도(galena = 7.6 g/cm$^3$, 다른 입자 = 3.5 g/cm$^3$, 평균 밀도 = 3.7 g/cm$^3$)와 납의 퍼센트 함량 정보와 식 (8-5)을 이용하여 시료 채취 상대 불확정도를 0.5% 이하로 유지하기 위해서는 $8.45 \times 10^5$개의 입자수가 필요하다는 것을 알 수 있다. 입자들은 반지름이 5 mm인 구형이다. 예제 8-1과 유사하게 필요한 질량의 계산으로부터 총괄 시료는 $1.6 \times 10^6$ g(1.8 톤)이 필요하다는 것을 알 수 있다. 이 총괄 시료의 양을 약 100 g의 실험실 시료로 만들고자 한다. 어떻게 실험실 시료를 만들지 제시하시오.

**풀이**

실험실 시료는 총괄 시료와 같은 똑같은 수의 입자, 즉, $8.45 \times 10^5$개의 입자를 포함해야 한다. 각각의 입자의 평균 무게는,

$$\text{입자의 평균 무게} = \frac{100\text{ g}}{8.45 \times 10^5\text{ 입자수}} = 1.18 \times 10^{-4}\text{ g/입자}$$

입자의 평균 무게는 식에서 볼 수 있듯이 입자의 반지름과 관련이 있다.

$$\text{입자의 평균 무게} = \frac{4}{3}\pi r^3 \times \frac{3.7\text{g}}{\text{cm}^3}$$

입자의 평균 무게가 $1.18 \times 10^{-4}$ g/입자이므로 평균 입자 반지름 $r$을 구할 수 있다.

$$r = \left(1.18 \times 10^{-4}\text{ g} \times \frac{3}{4\pi} \times \frac{\text{cm}^3}{3.7\text{g}}\right)^{1/3} = 1.97 \times 10^{-2}\text{ cm 또는 0.2 mm}$$

따라서 시료는 입자의 반지름이 약 0.2 mm가 될 때까지 반복적으로 갈고, 혼합하고, 나누어야 한다.

실험실 시료를 만드는 자세하고 추가적인 정보는 35장과 문헌에서 찾을 수 있다.[8]

## ▸ 8B-5 실험실 시료의 수

일단 실험실 시료가 준비되었다면 얼마나 많은 수의 시료를 분석해야 하는지에 대한 문제가 남아 있다. 측정의 불확정도를 시료 채취 불확정도의 1/3보다 적도록 줄였다면, 시료 채취 불확정도가 분석의 정밀도를 결정하게 된다. 시료의 수는 평균값과 원하는 방법의 상대 표준 편차를 얼마만큼의 신뢰 구간에서 보고할 지에 영향을 받는다. 시료 채취 표준 편차 $\sigma_s$를 이전의 경험을 통하여 알고 있다면 표로부터 $z$ 값을 사용할 수 있다(7A-1절 참조).

$$\mu\text{에 대한 CI} = \bar{x} \pm \frac{z\sigma_s}{\sqrt{N}}$$

[8] *Standard Methods of Chemical Analysis*, F. J. Welcher, ed. Vol. 2, Part A, pp. 21-55. Prinston, NJ: Van Nostrand, 1963. 고유한 시료취하는 정보에 대해서는 다음을 참고하시오. C. A. Bicking, in *Treatise on Analytical Chemistry*, 2nd ed., I. M. Kolthoff and P. J. Elving, eds., New York: Wiley, 1978. Vol. 1, p. 299.

좀 더 자주 $\sigma_s$의 추정값을 사용하므로 $z$ 대신에 $t$를 사용해야 한다(7A-2절 참조).

$$\mu\text{에 대한 CI} = \bar{x} \pm \frac{ts_s}{\sqrt{N}}$$

이 식에서 마지막 항은 특정 신뢰 수준에서 허용되는 절대 불확정도를 나타낸다. 이 값을 평균값 $\bar{x}$로 나눈다면 주어진 신뢰 수준에서 허용되는 상대 불확정도 $\sigma_r$를 계산할 수 있다.

$$\sigma_r = \frac{ts_s}{\bar{x}\sqrt{N}} \tag{8-8}$$

식 (8-8)을 풀어 시료의 수 $N$으로 나타내면

$$N = \frac{t^2 s_s^2}{\bar{x}^2 \sigma_r^2} \tag{8-9}$$

를 얻을 수 있다. 식 (8-9)에서 $z$ 대신에 $t$를 사용하면 $t$ 값 자체가 $N$에 의존하기 때문에 약간 복잡할 수 있다. 그러나 예제 8-3에서처럼 과정을 반복함으로써 식을 풀 수 있다. 그리고 원하는 시료의 수를 얻을 수 있다.

**예제 8-3**

해수 시료 속에 포함되어 있는 구리의 농도 분석 결과, 평균값이 77.81 μg/L이고 표준 편차가 1.74 μg/L이다(결과 값이 다른 계산에도 사용되기 때문에 유효 숫자가 아닌 수치도 포함되어 있다). 95%의 신뢰 수준에서 상대 표준 편차 1.7%를 얻기 위해 얼마나 많은 시료를 분석해야 하는가?

**풀이**

95%의 신뢰 수준에서 $t$ = 1.96인 무한대의 시료인 경우를 가정해 보자. $\sigma_r$ = 0.017, $s_s$=1.74, $\bar{x}$ = 77.81이므로, 식 (8-9)를 이용하여 $N$을 구하면 다음과 같다.

$$N = \frac{(1.96)^2 \times (1.74)^2}{(0.017)^2 \times (77.81)^2} = 6.65$$

이 값을 7개의 시료로 근사한다면 자유도가 6이고 이 때 $t$ 값은 2.45이다. 이 $t$ 값을 사용하여 $N$에 대한 두 번째 값을 계산할 수 있다(즉, $N$ = 10.38). 자유도 9일 때 $t$는 2.26이고, $N$은 8.84가 된다. 이러한 계산을의 되풀이하면 $N$ 값이 9로 접근하게 된다. 더 적은 시료의 수가 필요하도록 시료 채취 불확정도를 줄이는 것이 좋은 전략임을 항상 명심해야 한다.

## 8C 자동화 시료 다루기

자동화된 시료 다루기를 통하여 높은 수득률(해당 시간당 더 많은 분석), 높은 신뢰도, 수동적인 시료 다루기와 비교하여 더 낮은 가격 등을 성취할 수 있다.

시료 채취가 수행되고 시료의 수와 반복 실험 횟수 등이 결정되면, 시료 처리 과정이 시작된다(그림 1.2 참조). 신뢰성과 가격 효율성 때문에 많은 실험실에서는 자동화된 시료 다루기 방법을 사용한다. 어떤 경우에 있어서는 자동화된 시료 다루기는 시료를 녹이고, 방해물을 제거하는 등의 몇 개의 특정한 과정에만 사용된다. 다른 경우에 있어서는 분석 과정에 필요한 남아 있는 모든 과정을 자동화한다. 여기서는

**배치형**(batch approach) 또는 **불연속법**(discrete approach)과 **연속흐름법**(continuous flow approach), 두 가지 자동화된 시료 다루기 방법들에 대해 기술하고자 한다.

### » 불연속법

불연속적 방법으로 시료를 처리하는 자동화된 기기는 종종 수동적으로 수행하는 과정들을 모방한다. 실험실 로봇 등은 사람에게 위험한 시료 처리 과정이 포함되거나 많은 시료를 반복적으로 처리하는 경우에 사용되고 있다. 이와 같은 목적에 사용하기 위해 작은 실험실 로봇은 상업적으로 1980년대 중반 이후로 이용하고 있다.[9] 컴퓨터로 로봇 시스템을 제어하기 위해 프로그램화할 수 있다. 실험실 로봇들은 시료를 희석하고, 여과, 분배, 갈기(grind), 원심분리, 균일화, 추출작업과 시료를 시약과 함께 처리하는 작업을 수행할 수 있다. 또한, 로봇들은 시료에 열을 가하고 섞도록 훈련시킬 수 있다. 일정한 부피의 액체를 분배할 수 있으며, 크로마토그래프 컬럼으로 시료를 주입시킬 수도 있고, 측정을 위해 적당한 기계에 시료를 옮기거나 무게를 달게 할 수도 있다.

어떤 불연속 시료 처리기 등은 전체 과정의 측정 단계에서만 자동화될 수 있고, 또 다른 경우는 몇 개의 화학적 단계와 측정 단계에만 적용시킬 수도 있다. 불연속 분석기는 임상 화학 분야에서 오랫동안 사용되고 있으며 다양한 종류의 분석기가 있다. 일부 분석기는 일반적인 목적으로 임의 접근 방식으로 여러 다른 분석들을 수행할 수 있다. 다른 종류의 분석기는 혈중 포도당 농도나 혈중 전해질 농도를 정량하는 등 특정 분석 목적으로 응용하기도 한다.[10]

### » 연속흐름법

연속흐름법에서는 시료가 흐름 검출기로 이동되기 전에 많은 작업 과정이 일어나고 있는 흐름 줄기(stream)에 먼저 주입된다. 그러면 이러한 시스템은 시료 처리 작업뿐만 아니라 마지막 측정까지 할 수 있는 자동화된 분석기로서 역할을 하게 된다. 시약 첨가, 희석, 배양, 혼합, 투석, 추출과 같은 많은 과정들이 시료 주입과 검출 사이에 수행된다. 분할 흐름 분석기(segmented flow analyzer)와 흐름 주입 분석기(flow injection analyzer) 등 두 개의 다른 종류의 연속 흐름 시스템이 있다,

❮ 분할 흐름 분석기와 흐름 주입 분석기두 종류의 연속 흐름 분석기가 있다.

분할 흐름 분석기는 **그림 8-7a**에서 볼 수 있듯이 기체 기포에 의해서 시료를 분리시킨다. **그림 8-7b**에서와 같이 기체 기포들은 확산 과정의 결과로서 관을 따라서 시료가 퍼지는 것을 막는 장애물과 같은 역할을 한다. 기포들은 시료를 가두어서 다른 시료와의 접촉에 의한 오염을 최소화한다. 또한 시료와 시약의 혼합 정도를 증가시킨다. 분석물 농도의 종단면도는 **그림 8-7c**에 나타내었다. 시료들은 플러그와 같은 왼쪽에 시료 주입구로 주입된다. 검출기에 도달하는 시간에 따라서 분산에 의한 띠 넓혀짐이 발생한다. 오른쪽에 보이는 신호의 형태는 분석물에 대하여 정량적인 정보를 얻는 데 사용된다. 시료들은 시간당 30~120개의 속도로 분석될 수 있다.

**분산**(dispersion)이란 띠가 넓혀지거나, 분자의 확산과 더불어 용액의 흐름이 교차되어 발생하는 혼합의 현상이다. **확산**(diffusion)이란 농도 기울기 때문에 생기는 질량 이동이다.

---

[9]실험실 로봇에 대한 설명은 다음을 참고하시오. *Handbook of Clinical Automation, Robotics and Optimization*, G. J. Kost, ed. New York: Wiley, 1996; J. R. Strimaitis, J. *Chem. Educ.*, **1989**, *66*, A8, **DOI**: 10.1021/ed066pA8, and **1990**, *67*, A20, **DOI**: 10.1021/ed067pA20; W. J. Hurst and J. W. Mortimer, *Laboratory Robotics*, New York: VCH Publishers, 1987.

[10]불연속 임상분석기에 대한 더 자세한 내용은 다음을 참고하시오. D. A. Skoog, F. J. Holler, and S. R. Crouch, *Principles of Instrumental Analysis*, 6th ed., Belmont, CA: Brooks/Cole, 2007, pp. 942–947.

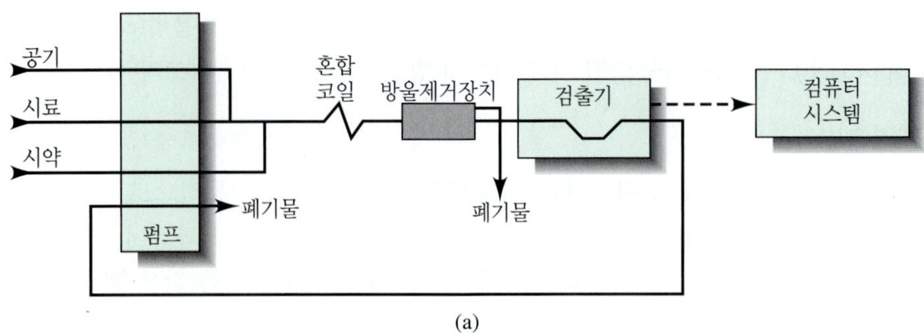


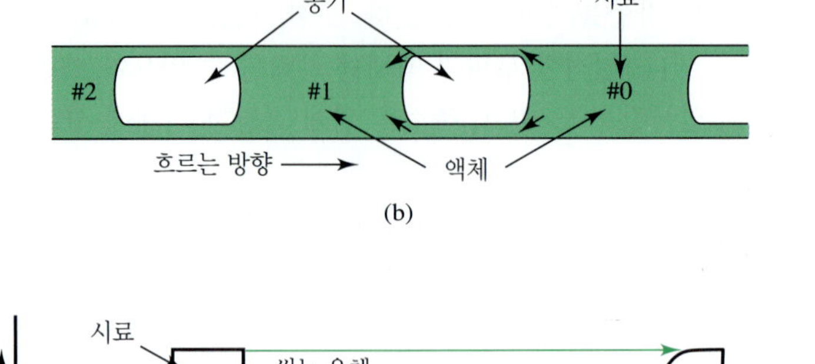


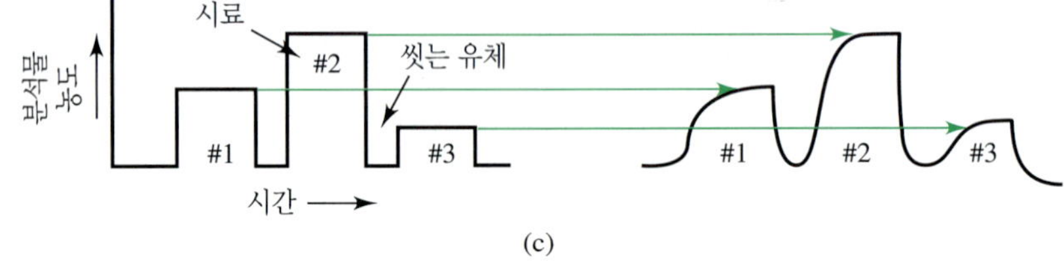


**그림 8-7** 분할 연속 흐름 분석기. (a) 시료는 시료주입기의 용기로부터 주입되고 하나 이상의 시약이 서로 섞이게 되는 관(manifold)으로 밀려 올라간다. 공기가 시료들을 서로 분리시키기 위해 또한 주입되게 된다. 방울들은 흐름, 즉 시료가 검출기에 도달하기 전에 일반적으로 방울제거장치(debubbler)를 사용하여 제거된다. 분할된 시료의 모습은 (b)에서 자세히 나타내었다. 방울들은 다른 시료와의 오염을 막고 영역이 확장되는 시료의 분산을 최소화시킨다. 시료 주입기와 검출기에서의 분석물 농도에 따른 감응 정도를 (c)에 나타내었다. 일반적으로 시료 피크의 높이는 분석물의 농도와 관련이 있다.

흐름 주입 분석(FIA)은 아주 최근에 개발되었다.[11] 이 방법에서 **그림 8-8a**에서와 같이 시료들은 시료관으로부터 한 개나 두 개의 시약을 포함하는 흐름관 속으로 주입된다. 시료의 플러그는 **그림 8-8b**과 같이 검출기에 도달하기 전에 제어된 방식으로 분산된다. 시약관으로 시료가 주입되면 오른쪽 그림처럼 응답 신호 형태들을 만든다. 합쳐지는 영역에서의 FIA는 시료와 시약이 흐름관으로 주입되고 T자형의 혼합기에서 합쳐진다. 일반적인 영역 또는 합쳐지는 영역의 FIA에서 시료의 분산은 시료의 크기, 흐름, 속도, 관의 길이와 지름에 의해 조절된다. 그리고 시료가 검출기에 도달할 때 동력학적 방법에 의해 측정할 수 있도록 농도-시간 프로파일을 만들 수 있도록 흐름을 멈추는 것도 가능하다(30장 참조).

흐름 주입시스템에서는 용매 추출 장치나, 투석 장치, 가열 장치 등의 시료 처리 장치와 결합시킬 수도 있다. 시료들은 시간당 60~300개까지 FIA로 처리될 수 있다. 1970년대 중반에 FIA가 소개된 이래로 여러 변화된 FIA가 만들어져 왔다. 이들

[11]FIA에 대한 보다 더 많은 정보는 다음을 참고하시오. J. Ruzicka and E. H. Hansen, *Flow Injection Analysis*, 2nd ed. New York: Wiley, 1998; M. Valcarcel and M. D. Luque de Castro, *Flow Injection Analysis: Principles and Applications*. Chichester, England: Ellis Horwood, 1987; B. Karlberg and G. E. Paey, *Flow Injection Analysis: A Practical Guide*. New York: Elsevier, 1989: M. Trojanowicz, *Flow Injection Analysis: Instrumentation and Applications*, River Edge, NJ: World Scientific Publication, 2000; E. A. G. Zagatto, C.C. Olivera, A. Townshend and P. J. Worsfold, *Flow Analysis with Spectrophotometric and Luminometric Detection*, Waltham MA: Elsevier, 2012.

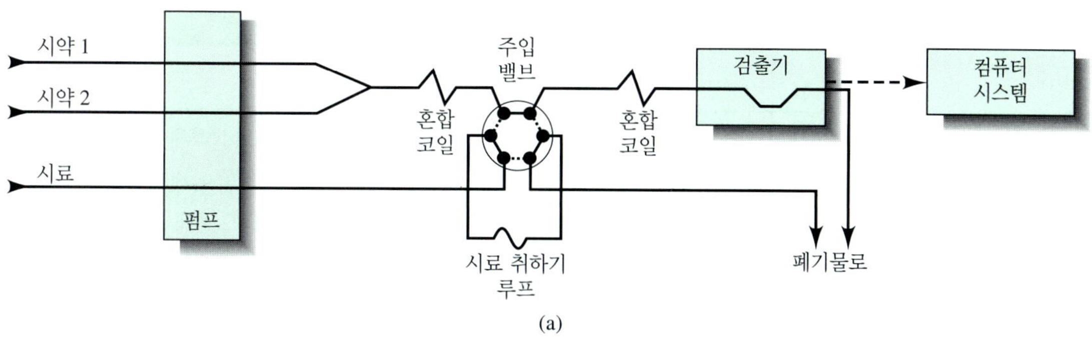


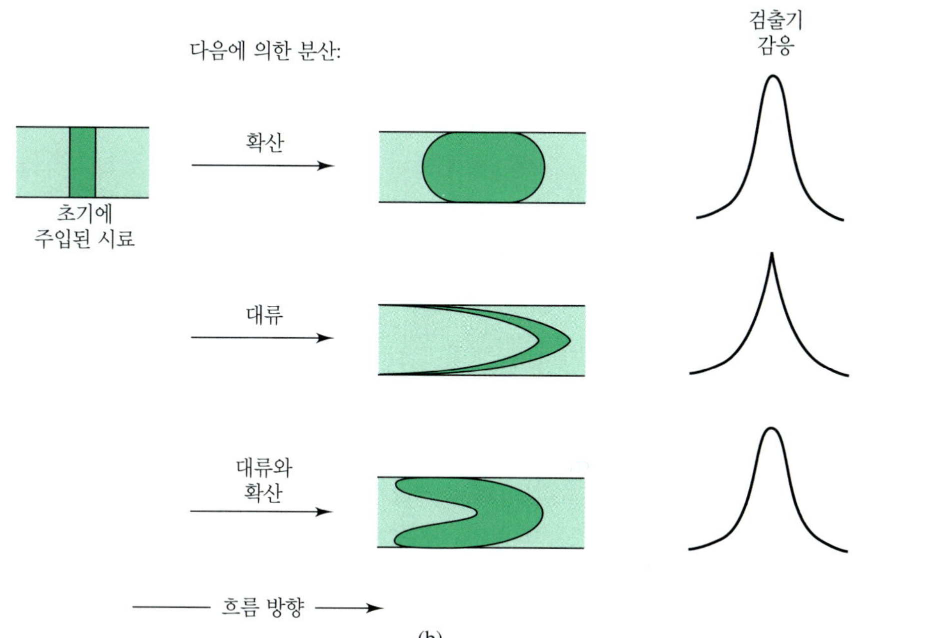


**그림 8-8** 흐름 주입 분석기. (a)에서 시료는 시료 채취기에서 시료 채취 밸브의 관으로 주입된다. 주입시키는 위치에 있는 밸브는 점선으로 되어 있는 두 번째의 주입 위치를 가지고 있다. 주입 위치를 바꿀 때 시약을 포함하는 관의 흐름은 시료 관을 통하여 흐르게 된다. 검출기에 도달하기 전에 시료와 시약은 섞여지게 되고 혼합 코일에서 반응하게 된다. 이런 경우에서 시료의 플러그는 검출기에 도달하기 전에 분산되도록 해 준다. (b) 그 결과로서의 농도 프로파일(검출기의 감응)은 확산의 정도에 의존한다.

중에는 역흐름 FIA, 연속주입분석, 랩-온-어-밸브 기술 등이 포함되어 있다.[12] 랩-온-어-칩 기술이라 불리는 미세유체공학을 이용한 초소형 FIA도 발표되었다(특집 8-1 참고).

## 8D 표준화 및 검정

모든 분석 과정 중에서 가장 중요한 단계는 검정과 표준화하는 과정이다. **검정**(Calibration)은 분석 신호와 분석물의 농도 사이의 관계를 결정한다. 일반적으로 **화학 표준물**(chemical standard)을 사용함으로써 수행될 수 있다. 표준물은 정제된 시약으로부터 조제되거나(12~17장 참조) 전통적인 정량 방법에 의해 표준화될 수 있다.

[12]FIA의 변천에 대한 자세한 정보는 다음을 참고하시오. D. A. Skoog, F. J. Holler, and S. R. Crouch, *Principles of Instrumental Analysis*, 6th ed., Belmont, CA: Brooks/Cole, 2007, pp. 939–940.

특집 8-1

## 랩-온-어-칩(Lab-on-a-Chip)

지난 수 년 동안 **labratory-on-a-chip** (혹은 micro total analysis system, μTAS)의 개념이 발전해 오고 있다.[13] 실험실 작업을 칩 크기로 축소화시킴으로써 하루에 수행되는 분석의 수를 증가시키고, 절차 과정을 자동화하며, 시약의 소비를 줄일 수 있게 하여 전체적으로 분석 비용을 줄일 수 있다. Lab-on-a-chip의 개념을 실행하는 것에는 몇 가지의 방식이 있다. 가장 그럴 듯한 방식은 전자 통합 신호를 준비하는 것에서 개발된 똑같은 photolithography 기술을 사용하는 것이다. 이 기술은 밸브, 추진 시스템과 화학 분석을 하는 데 필요한 반응 용기를 만드는 데 사용된다. 미량 유체 장치의 개발은 학교나 산업연구실의 과학자나 기술자들에 의해 활성화되어 있는 연구 분야이다.[14]

먼저, 미량 유체 흐름 통로와 혼합기가 기존의 거시적 유체 추진 장치 및 밸브와 연동되어 있다. 유체 흐름 통로의 크기를 작게 하는 것은 실현 가능했지만 소량의 시료 사용과 완전한 자동화 장점은 아직 구현되지 않고 있다. 그러나 최근에 유체 추진 장치, 혼합기, 유체 통로, 밸브 등이 하나의 구조체로 이루어진 시스템이 개발되었다.[15]

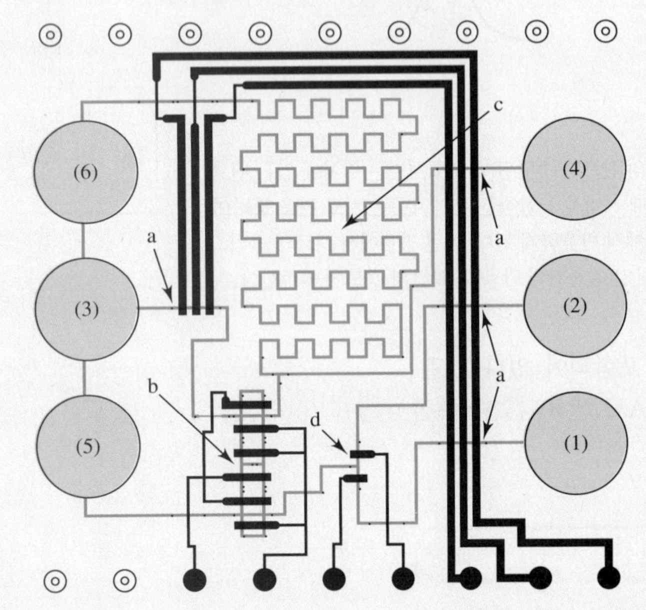


**그림 8F-1** 모세관 전기 이동법 분리 장치와 FIA를 결합시킨 마이크로 단위로 제조된 구조의 배치도. 미세흐름 채널들을 파란색으로 나타내었고, 조절 채널(펌프와 밸브)들은 검정색으로 나타내었다. 구성 성분들은 다음과 같다. (a) 연동펌프, (b) 주입 밸브, (c) 혼합/반응 챔버, (d) 시료 선택기. 파란색 원은 유체 용기를 나타낸다. (1)과 (2) 시료, (3) 운반체, (4) 시약, (5)와 (6) 폐기 용기. 전체 구조는 가로와 세로가 각각 2.0 cm이다. (Reprinted (adapted) with permission from A. M. Leach, A. R. Wheeler, and R. N. Zare, *Anal. Chem.*, **2003**, *75*, 967. Copyright 2003 American Chemical Society.)

여러 다른 유체 추진 시스템들이 전기삼투현상(electroosmosis, 34장 참조), 마이크로 단위로 만들어진 기계적인 펌프, 인간의 근육을 본 뜰 수 있는 하이드로겔(hydrogel) 등이 연구되었다. 액체 크로마토그래피(liquid chromatography, 33장 참조), 모세관 전기이동법(capillary electrophoresis), 모세관 전동 크로마토그래피(capillary electrokinetic chromatography, 34장 참조) 등과 같은 분리법뿐만 아니라 흐름 주입 기술도 실행되었다. 그림 8F-1은 FIA에 사용된 미세 구조의 배치도이다. 단일체는 영구적으로 서로 결합된 두 개의 폴리다이메틸실록세민(PDMS)로 만들어져 있다. 유체 채널은 100 μm 너비와 10 μm 높이이다. 전체 장치 크기는 2.0 cm × 2.0 cm이다. Ar 이온 레이저에 의해 들뜬 형광에 의해서 채널들의 광학 이미징이 가능하도록 유리 덮개를 덮어 놓았다.

랩-온-어-칩 분석기는 여러 기기 회사들이 제작하고 있다. 어떤 회사의 분석기는 DNA, RNA, 단백질, 세포들을 분석할 수 있다. 다른 회사의 미세유체 장치는 나노 흐름 액체크로마토그래피에 사용되며, 전기분무 질량 분석기의 검출기에 연결이 가능하게 되어 있다(29장 참조). 랩-온-어-칩 분석기는 약물 검사, DNA 서열 분석, 지구, 화성 그리고 그 외의 행성들의 연령을 측정하는 데 사용될 수 있다.

[13]For reviews of these systems, see P. S. Dittrich, K. Tachikawa, and A. Manz, *Anal. Chem.*, **2006**. 78, 3887, **DOI**: 10.1021/ac0605602; T. Vilkner, D. Janasek, and A. Manz, *Anal. Chem.*, **2004**, 76, 3373, **DOI**: 10.1021/ac040063q; D. R. Reyes, D. Iossifidis, P. A. Auroux, and A. Manz, *Anal. Chem.*, **2002**, *74*, 2623, **DOI**: 10.1021/ac0202435; P. A. Auroux, D. Iossifidis, D. R. Reyes, and A. Manz, Anal. Chem. 2002, 74, 2637, DOI: 10.1021/ac020239t.

[14]See N. A. Polson and M. A. Hayes, *Anal. Chem.*, **2001** *73*, 313A, **DOI**: 10.1021/ac0124585.

[15]A. M. Leach, A. R. Wheeler, and R. N. Zare, *Anal. Chem.* **2003**, *75*, 967, **DOI**: 10.1021/ac026112l.

가장 일반적으로 사용되는 표준물은 외부적인 방법으로 분석물 용액을 조제하는 것이다(외부 표준법). 특집 1-1의 사슴의 죽음에 관한 경우를 보면, 비소의 농도는 알고 있는 농도의 비소 용액을 이용해 분광광도계의 흡수 정도를 검정함으로써 정량될 수 있다. 어떤 경우에는 분석물 용액에 표준물을 첨가하거나(내부 표준법), 매트릭스를 일치시키거나 변형시키는 방법으로 시료 내에 있는 다른 구성 성분들로부터 방해 물질들[**부수물**(concomitant)라 부름]을 감소시키는 시도들이 있다. 거의 모든 분석법은 화학 표준물을 이용한 어떤 종류의 검정을 필요로 한다. 무게 측정법(gravimetric method, 12장)과 전하측정법(coulometric method, 22장)들은 화학 표준물을 이용한 검정에 의존하지 않는 **절대적**(absolute)인 방법들 중의 하나들이다.

## ▸ 8D-1 표준물과의 비교

직접 비교법(direct comparison technique)과 적정 방법(titration procedure), 이 두 종류의 비교 방법들을 이번 절에서 설명한다.

### » *직접 비교*

어떤 분석 방법은 분석물의 성질(혹은 분석물과 반응 생성물)을 측정되는 성질이 맞는 지 혹은 표준물의 성질과 거의 맞는 지를 표준물과 비교한다. 예를 들면, 초기 비색측정에서는 분석물의 화학 반응의 결과로서 만들어지는 색을 표준물과의 반응에 의해서 생기는 색과 비교한다. 표준물의 농도가 희석에 의해서 변한다면 완전히 또는 거의 똑같은 색을 얻는 것이 가능해진다. 분석물의 농도는 희석 후의 표준물의 농도와 동일하다. 이러한 과정을 **영 비교**(null comparison) 또는 **동일시법**(isomation method)이라 한다.[16]

현대 기기에서는 이런 방법에서의 변동을 분석물의 농도가 어떤 허용치를 초과하는지 또는 더 적은지를 결정하는 데 사용한다. 특집 8-2는 시료 속의 아플라톡신의 농도 수준이 독성 상태를 나타내주는 정도의 이상인지 아닌지를 결정하는 데에 어떻게 **비교측정기**(comparator)가 사용되는지를 보여주는 한 예이다. 아플라톡신의 정확한 농도는 필요 없다. 위험한 수준을 초과했는지 아닌지만 알면 된다. 여러 표준물과의 간단한 비교가 분석물의 근사 농도를 알아내는 데 사용될 수 있다.

**특집 8-2**

**아플라톡신(aflatoxin)에 대한 비교법[17]**

아플라톡신은 옥수수, 땅콩, 그리고 다른 음식물에서 찾을 수 있는 어떤 곰팡이에 의해서 만들어지는 잠재적인 발암 물질이다. 그것들은 무색, 무취, 무미의 성질을 가지고 있다. 아플라톡신의 유독성은 1960년대 영국에서 대량으로 칠면조가 죽은 사건에 의해 알려졌다. 아플라톡신을 검출하는 방법 중의 하나는 면역분석법(immunoassay)과 결합하여 분석하는 것이다(특집 11-2 참조).

분석에서 아플라톡신에 특별히 반응하는 항체는 그림 8F-2에서 볼 수 있듯이 판 위에 정렬되어 있는 미량적정기의 작은 우물 모양 또는 플라스틱으로 된 부분의 바탕에

*(계속)*

[16]예는 다음을 참고하시오. H. V. Malmstadt and J. D. Winefordner, *Anal. Chim. Acta*, **1960**, *20*, 283, **DOI**: 10.1016/0003-2670(59)80066-0; L. Ramaley and C. G. Enke, *Anal. Chem.*, **1965**, *37*,1073, **DOI**: 10.1021/ac60227a041.

[17]P. R. Kraus, A. P. Wade, S. R. Crouch, J. F. Holland, and B. M. Miller, *Anal. Chem.*, **1988**, *60*, 1387, **DOI**: 10.1021/ac00165a007.

입혀진다. 아플라톡신은 항원처럼 행동한다. 분석하는 동안에, 효소 반응은 푸른색의 생성물을 생성하도록 촉진시킨다. 시료에서의 아플라톡신의 양이 증가함에 따라 푸른색은 점점 감소하여 엷어진다. 색을 측정하는 기기는 그림 8F-3과 같이 기본적인 광섬유 비교연산자이다. 이 장치는 아플라톡신의 양이 한계값을 초과했는지 아닌지를 알려주는 표준 용액의 세기와 시료의 색깔의 세기를 비교하는 데 사용되어진다. 다른 방법으로는 농도를 증가시킨 일련의 표준물 기준 시료를 넣은 우물 모양의 미량 적정판을 지지대에 위치시킨다. 시료의 아플라톡신의 농도는 녹색과 적색의 지시발광등 (LED)에 나타난 것처럼 분석물보다 농도가 약간 더 낮거나 높은 두 개의 표준물 농도 사이에 있다.

**그림 8F-2** 미량적정용 판. 다른 사이즈와 형상이 상업적으로 이용 가능하다. 대부분은 24개 또는 96개의 우물 모양인 공간의 배열을 가지고 있다. 어떤 것들은 선 모양 또는 선으로 잘려진 것일 수 있다.

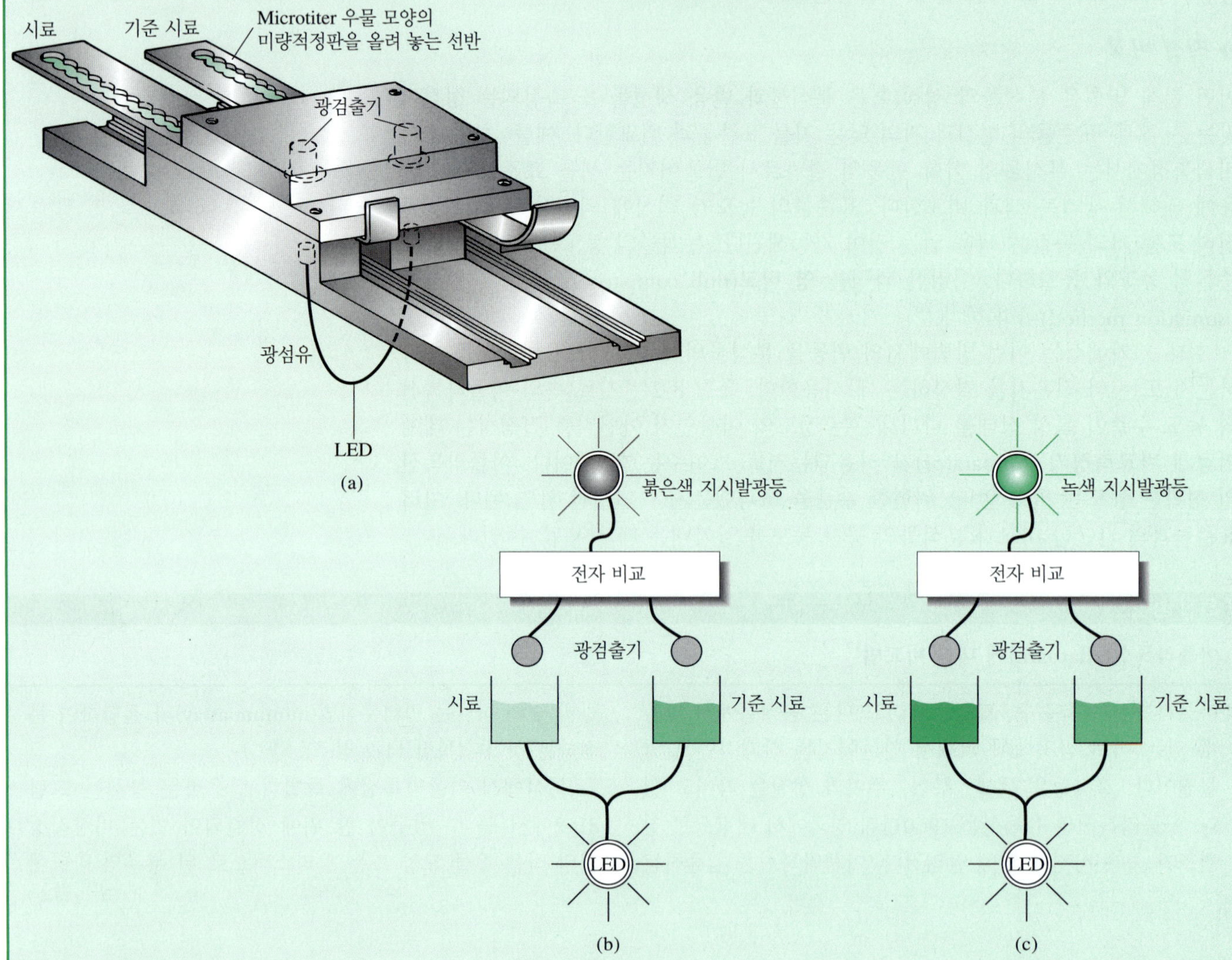

시료
기준 시료
Microtiter 우물 모양의 미량적정판을 올려 놓는 선반
광검출기
광섬유
LED
(a)

붉은색 지시발광등
전자 비교
광검출기
시료
기준 시료
LED
(b)

녹색 지시발광등
전자 비교
광검출기
시료
기준 시료
LED
(c)

**그림 8F-3** 광학 비교기. (a) 두 가지로 나누어진 광섬유는 미량적정 판 지지대에 있는 시료와 기준 시료를 통하여 발광 다이오드(LED)로부터의 빛을 쪼인다. 비교 형식에서 분석물(아플라톡신)의 경계 수준의 값을 포함하는 표준 물질을 기준 시료를 올려 놓을 수 있는 지지대 중의 하나에 올려놓는다. 미지의 분석물을 포함하는 시료는 시료를 올려 놓을 수 있는 지지대 중의 하나에 올려놓는다. 만일 시료가 표준물보다 더 많은 아플라톡신을 포함하고 있다면(b), 시료는 기준 시료보다 650 nm의 빛을 더 적게 흡수한다. 아플라톡신의 양이 위험 수위임을 알리기 위하여 전자회로는 붉은색 LED를 킬 것이다. 만일 시료가 표준물보다 적은 양의 아플라톡신을 포함하고 있다면(c), 녹색 LED가 켜질 것이다.

### » 적정

적정은 모두 분석 과정에서 가장 정확한 것 중의 하나이다. 적정에서 분석물은 알려진 화학량론 반응에 의해서 표준화된 시약과 반응을 일으킨다. 일반적으로 적정 시약의 양은 기기적인 응답의 변화에 의해서 또는 화학 지시계의 색깔 변화에 의해서 알려지는 것처럼 당량점에 도달할 때까지 변한다. 당량점을 얻는 데 필요한 표준화된 시약의 양은 존재하는 분석물의 양과 관련이 있다. 따라서 적정은 화학적으로 비교하는 하나의 방법이다.

예를 들면, 강산 HCl과 강염기 NaOH의 적정에서 표준화된 NaOH의 용액은 존재하고 있는 HCl의 양을 정량하는 데 사용한다. 반응은 다음과 같다.

$$HCl + NaOH \rightarrow NaCl + H_2O$$

표준화된 NaOH 용액은 페놀프탈레인 같은 지시약의 색깔이 변할 때까지 뷰렛을 이용하여 적정된다. 바로 이 점을 **종말점**(end point)이라 부른다. 적정된 NaOH의 몰수는 초기에 존재한 HCl의 몰수와 거의 동일하다.

적정 과정은 매우 일반적이다. 그리고 다양한 종류의 물질의 농도 정량을 하는 데 사용할 수 있다. 산-염기 적정, 착화합물 적정, 침전 적정은 13장에서부터 17장까지 좀 더 자세히 설명하였다. 산화/환원 적정은 19장에서 설명한다.

## ▸ 8D-2 외부 표준물 적정

**외부 표준물**(external standard)은 시료와 분리하여 준비한다. 비교하자면, 내부 표준물은 시료에 첨가되어지는 것을 말한다. 알고 있는 분석물의 농도 함수로서 기기의 감응을 분석함으로써 얻어지는 기기의 **검정 함수**(calibration function)를 만들기 위해서 표준물들이 사용된다. 이상적으로 세 개 혹은 약간 더 많은 용액을 그러한 검정 과정에 사용한다. 어떤 일반적인 분석에서는 그러나 두 점 검정(two-point calibration)이 신뢰할 만하다.

검정 함수는 그래프나 수학적인 형태로 얻어질 수 있다. 일반적으로는 알고 있는 분석물의 농도 대 기기의 감응을 도시하여 **검정 곡선**(claibration curve)를 만드는 데 사용되며, 이를 **작업 곡선**(working curve)라고도 한다. 검정 곡선은 최소한 분석물 농도 범위 내에서는 직선이 되는 것이 바람직하다. 분석물의 농도 대 흡광도의 선형 검정 곡선이 **그림 8-9**에 나타나 있다. 그래프 방법에서는 데이터 점(원으로 나타남)들을 이어 그리면 직선이 나타난다. 선형관계식은 흡광도가 0.505인 지점에 대한 미지의 분석물 용액의 농도를 *예측*하는 데 사용된다. 그래프적으로는 직선의 흡광도를 위치하게 하여 해당하는 농도가 얼마인지를 알 수 있다(0.044 M). 측정된 농도는 사료 전처리 단계로부터 적절한 묽힘 계수를 적용하여 원래 시료에서의 농도가 얼마인지를 역산하게 해준다.

이제는 결과들을 시각적으로 확인하는 것 외에는 좀처럼 사용되지 않는 그래프 검정 방법은 대부분 컴퓨터 계산 데이터 분석으로 대체되었다. 최소제곱법과 같은 통계적인 방법들은 검정 함수를 표현하는 수식을 얻는 데 일상적으로 사용되고 있다. 따라서 미지 농도는 검정 함수로부터 얻어진다.

### » 최소제곱법

그림 8-9는 과량의 싸이오시아네이트로 흡수 착물 이온인 $Ni(SCN)^+$를 형성하는 반응에 의해서 Ni(II)를 정량하는 검정 곡선을 나타내고 있다. 가로축은 독립 변수

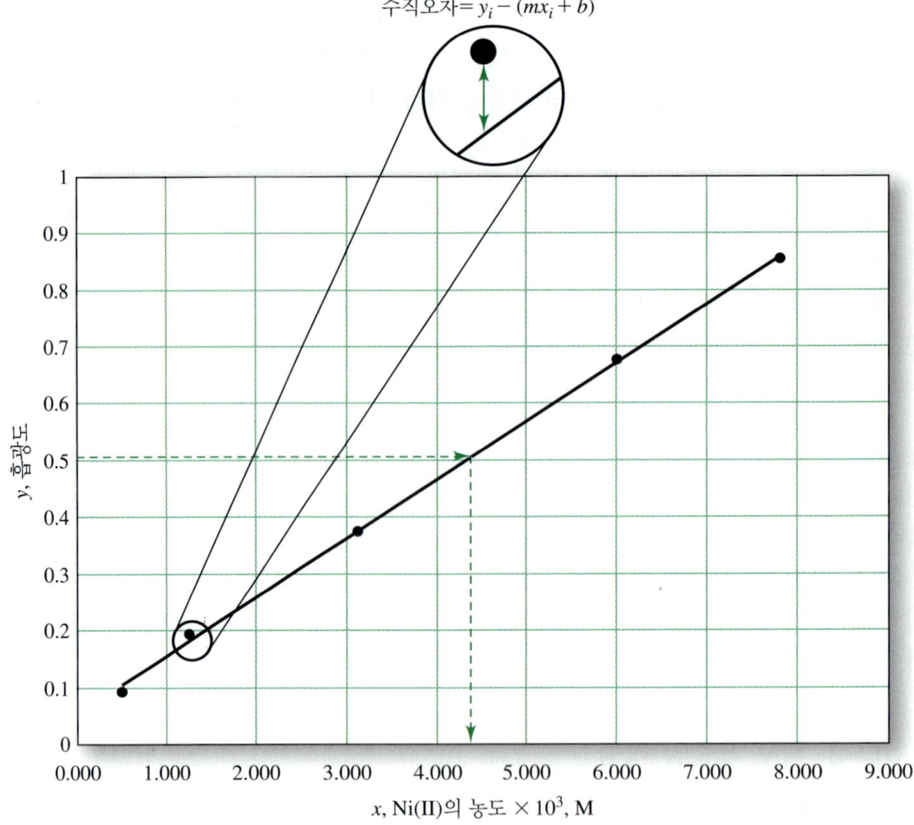


**그림 8-9** 다양한 표준 용액 농도에 대한 흡광도 검정 곡선. 표준 물질에 대한 결과는 채워진 원이다. 미지 시료의 농도를 구하기 위해 흡광도 0.505를 검정 곡선에 대입한다. 흡광도 값이 위치하는 검정 곡선에서 $x$축으로 점선을 따라 내려가면 농도를 구할 수 있다. 수직오차(residual)는 측정값과 검정 곡선 간의 차이이다.

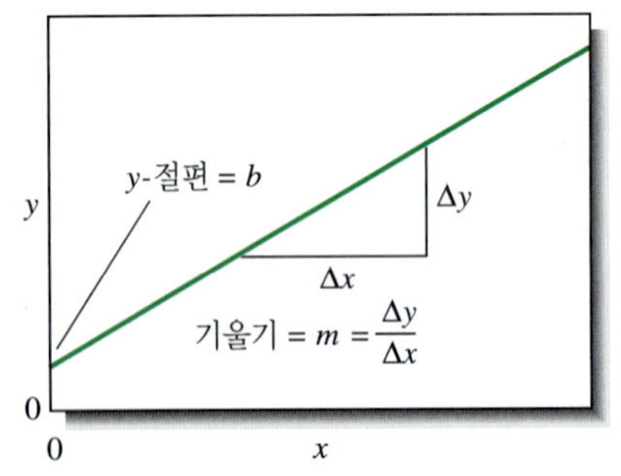


**그림 8-10** 직선의 기울기-절편 모양.

$x$ 데이터가 무시할 만한 불확정도를 포함할 때 선형최소제곱법 분석은 한 무리의 $x$, $y$ 데이터 쌍들 사이에 대한 가장 좋은 직선의 식을 제공한다.

인 Ni(II)의 농도이고 세로축은 종속 변수인 흡광도이다. 전형적인 경우 (그리고 요구되는 것으로써), 도시를 하면 직선이 된다. 그러나 측정 과정 중의 우연 오차 때문에 모든 데이터가 직선상에 정확하게 놓이지 않음에 유의해야 한다. 연구하는 사람은 데이터의 점들로부터 '최상'의 직선을 얻으려고 노력해야 한다. 소위 **회귀분석**(regression analysis)이라고 하는 통계학적 방법은 객관적으로 이런 직선을 얻게 해주고 사용하는 데에 따라 불확정도를 명시하기 위한 방법을 제공한다. 여기서 가장 간단한 회귀 분석 과정 즉, **최소제곱법**(the method of least square)을 생각해 보자.

**최소제곱법에 대한 가정.** 최소제곱법을 사용함에 있어 두 가지 가정이 필요하다. 첫 번째는 측정된 변수($y$)(그림 8-9에서 흡광도)와 분석된 농도($x$) 사이에 사실상 직선 관계가 있다는 것이다. 이 관계는 **회귀모델**(regression model)과 같은 수학식으로 표현할 수 있다.

$$y = mx + b$$

여기서 $b$는 $y$축의 절편($x$가 0일 때의 $y$ 값)이고 $m$은 직선의 기울기이다(**그림 8-10**). 직선에서 벗어나 있는 점들의 편차는 *측정* 중에 발생한 오차라고 가정할 수 있다. 즉, $x$축의 값들에 대해서는 오차가 전혀 없는 것으로 가정해야 한다. 검정 곡선의 예를 들면, 표준 시료의 정확한 농도는 알려져 있다고 가정한다. 이 두 가정들은 대부분의 분석법에서 타당하게 사용되고 있다. 그러나 $x$ 값에 상당한 불확정도가 있을 때 기본적인 최소제곱법 분석은 최적 직선을 만들어 내지 않을 수도 있다. 그런 경우는 더 복잡한 **상관 분석**(correlation analysis)이 필요할지도 모른다. 또한 기본적인 최소제곱법은 $y$ 값의 불확정도가 $x$에 따라서 상당히 달라질 때 적절하지 않을 수도 있다. 이런 경우에 있어서 각 포인트에 다른 중요 변수 등을 적용하는 것이 필요하며 **가중 최소제곱 분석**(weighted least-squares analysis)을 수행해야 될지도 모른다.

❮ $x$ 데이터가 무시할 만한 불확정도를 포함할 때 선형최소제곱 분석은 직선이 아닐 수도 있다. 이 경우에는 상관 분석이 대신 사용되어야 한다.

**최소제곱법의 유도.** 최소제곱법 과정은 Ni(II)의 농도를 정량하기 위한 그림 8-9의 검정 곡선을 이용하여 설명할 수 있다. 티오시안산염을 Ni(II) 표준 용액에 첨가하고 Ni(II) 농도에 따른 흡광도를 측정한다. 직선으로부터 벗어난 각 점들의 수직 편차를 **수직오차**(residual)라고 한다. 최소제곱법으로 얻은 선은 모든 점들에 있는 수직오차의 합을 최소화하는 직선이다. 이 방법은 실험값과 직선 간의 최상의 일치를 제공할 뿐만 아니라 $m$과 $b$에 대한 표준 편차를 구할 수 있게 한다.

최소제곱법은 수직오차 $SS_{\text{resid}}$의 제곱의 합을 찾고 이 값을 계산식의 최소화 방법에 의하여 최소화한다.[18] 그 $SS_{\text{resid}}$의 값은 $N$이 사용된 포인트 수일 때 다음 식으로부터 찾아질 수 있다.

$$SS_{\text{resid}} = \sum_{i=1}^{N}[y_i - (b + mx_i)]^2$$

기울기와 절편에 대한 계산은 $S_{xx}$, $S_{yy}$, $S_{xy}$를 다음과 같이 정의함으로써 간단히 할 수 있다.

$$S_{xx} = \sum(x_i - \bar{x})^2 = \sum x_i^2 - \frac{(\sum x_i)^2}{N} \quad \textbf{(8-10)}$$

$$S_{yy} = \sum(y_i - \bar{y})^2 = \sum y_i^2 - \frac{(\sum y_i)^2}{N} \quad \textbf{(8-11)}$$

$$S_{xy} = \sum(x_i - \bar{x})(y_i - \bar{y}) = \sum x_i y_i - \frac{\sum x_i \sum y_i}{N} \quad \textbf{(8-12)}$$

❮ $S_{xx}$와 $S_{yy}$에 대한 식은 각각 $x$에서의 분산과 $y$에서의 분산을 구하는 식에서 분자항과 같다. 마찬가지로, $S_{xy}$는 $x$와 $y$의 공분산을 구하는 식에서 분자항과 같다.

여기서 $x_i$와 $y_i$는 $x$와 $y$의 개개의 데이터의 쌍이고, $N$은 그 쌍의 수이며, $\bar{x}$와 $\bar{y}$는 $x$와 $y$의 평균값이다. 즉, $\bar{x} = \frac{\sum x_i}{N}$와 $\bar{y} = \frac{\sum y_i}{N}$이다.

$S_{xx}$와 $S_{yy}$는 각각 $x$와 $y$의 개개의 값과 평균값 사이의 편차의 제곱을 합한 것임을 유의하시오. 식 (8-10)과 식 (8-12)까지의 맨 오른쪽에 있는 식은 휴대용 계산기가 사용될 때 훨씬 더 편리하게 사용할 수 있다.

$S_{xx}$, $S_{yy}$, $S_{xy}$로부터 6가지 값들을 유도할 수 있다.

**1.** 직선의 기울기 $m$:

$$m = \frac{S_{xy}}{S_{xx}} \quad \textbf{(8-13)}$$

**2.** 절편 $b$:

$$b = \bar{y} - m\bar{x} \quad \textbf{(8-14)}$$

[18]우선 $m$에 대하여 $SS_{\text{resid}}$를 미분하고 그 후 $b$에 대하여 $SS_{\text{resid}}$를 미분한다. 그리고 미분계수를 0과 같다고 하면, 두 미지수 $m$과 $b$에 대한 법선 방정식이라고 부르는 두 개의 방정식이 만들어진다. 이들 파라미터의 최소제곱에 의해 가장 좋은 추정 값을 얻기 위하여 이들 식을 푼다.

3. 회귀에 대한 표준 편차 $s_r$:

$$s_r = \sqrt{\frac{S_{yy} - m^2 S_{xx}}{N-2}} \tag{8-15}$$

4. 기울기의 표준 편차 $s_m$:

$$s_m = \sqrt{\frac{s_r^2}{S_{xx}}} \tag{8-16}$$

5. 절편의 표준 편차 $s_b$:

$$s_b = s_r \sqrt{\frac{\sum x_i^2}{N\sum x_i^2 - (\sum x_i)^2}} = s_r \sqrt{\frac{1}{N - (\sum x_i)^2 / \sum x_i^2}} \tag{8-17}$$

6. 검정 곡선으로부터 얻어진 결과의 표준 편차 $s_c$:

$$s_c = \frac{s_r}{m}\sqrt{\frac{1}{M} + \frac{1}{N} + \frac{(\bar{y}_c - \bar{y})^2}{m^2 S_{xx}}} \tag{8-18}$$

식 (8-18)은 $N$개의 점을 포함하는 검정 곡선을 이용할 때 미지 물질을 $M$번 반복 분석한 무리의 평균 $\bar{y}_c$의 표준 편차를 계산하는 방법을 제공한다. $\bar{y}$는 $N$개 검정용 데이터 $y$의 평균값이다. 이 식은 기울기와 절편이 독립 변수라는 가정 하에서 근사적인 것이다.

회귀에 대한 표준 편차 $s_r$ [식 (8-15)]은 편차가 $y$의 평균으로부터 측정된 것(보통의 경우처럼)이 아니라 유도된 직선으로부터 측정될 때 $y$의 표준 편차이다. $s_r$의 값은 $SS_{resid}$와 다음과 같은 관계가 있다.

$$s_r = \sqrt{\frac{\sum_{i=1}^{N}[y_i - (b + mx_i)]^2}{N-2}} = \sqrt{\frac{SS_{resid}}{N-2}}$$

이 식에서 자유도는 $N - 2$이다. 왜냐하면 자유도 하나는 $m$을 계산하는 데 또 하나는 $b$를 계산하는 데에서 잃게 되기 때문이다. 회귀에 대한 표준 편차(standard deviation about regression)는 흔히 **추정값 표준 오차**(standard error of the estimate)라 부른다. 그것은 거의 추정된 회귀선으로부터 전형적인 편차의 크기에 해당한다. 예제 8-4와 8-5는 어떻게 이런 값들이 계산되고 사용될 수 있는지를 보여준다. 엑셀과 같은 스프레드시트 프로그램을 이용하여 계산할 수 있다.[19]

**회귀에 대한 표준 편차**는 **추정 값의 표준 오차** 또는 **표준 오차**라고 하며 회귀선으로부터 전형적인 편차의 크기에 대한 대략적인 척도이다.

**예제 8-4**

**표 8-1**의 처음 두 열에 있는 탄화수소 혼합물에 있는 아이소옥테인의 농도를 분석하기 위해서 검정 데이터의 최소제곱법을 사용하시오.

[19] See S. R. Crouch and F. J. Holler, *Applications of Microsoft® Excel in Analytical Chemistry*, 2nd ed., Belmont CA: Brooks-Cole, 2014, ch. 4.

**표 8-1**

**탄화수소 혼합물 중의 아이소옥테인을 정량하기 위한 크로마토그래피법의 검정용 데이터**

| 아이소옥테인 몰퍼센트, $x_i$ | 피크 면적, $y_i$ | $x_i^2$ | $y_i^2$ | $x_iy_i$ |
|---|---|---|---|---|
| 0.352 | 1.09 | 0.12390 | 1.1881 | 0.38368 |
| 0.803 | 1.78 | 0.64481 | 3.1684 | 1.42934 |
| 1.08 | 2.60 | 1.16640 | 6.7600 | 2.80800 |
| 1.38 | 3.03 | 1.90440 | 9.1809 | 4.18140 |
| 1.75 | 4.01 | 3.06250 | 16.0801 | 7.01750 |
| 5.365 | 12.51 | 6.90201 | 36.3775 | 15.81992 |

표의 3, 4, 5열은 $x_i^2$, $y_i^2$과 $x_iy_i$의 계산된 값을 기록한 것이고 각 열에서 제일 아래에 있는 값은 각 열의 합을 나타내고 있다. 계산된 값들의 숫자의 수는 계산기나 컴퓨터에서 *허용되는 최대수*이다. 즉, *계산이 완결될 때까지 반올림해서는 안 된다.*

계산이 완결될 때까지는 반올림해서는 안 된다.

**풀이**

식 (8-10), (8-11), (8-12)에 대입하면 다음과 같다.

$$S_{xx} = \sum x_i^2 - \frac{(\sum x_i)^2}{N} = 6.9021 - \frac{(5.365)^2}{5} = 1.14537$$

$$S_{yy} = \sum y_i^2 - \frac{(\sum y_i)^2}{N} = 36.3775 - \frac{(12.51)^2}{5} = 5.07748$$

$$S_{xy} = \sum x_i y_i - \frac{\sum x_i \sum y_i}{N} = 15.81992 - \frac{5.365 \times 12.51}{5} = 2.39669$$

이 값들을 식 (8-13)과 (8-14)에 대입하면

$$m = \frac{2.39669}{1.14537} = 2.0925 \approx 2.09$$

$$b = \frac{12.51}{5} - 2.0925 \times \frac{5.365}{5} = 0.2567 \approx 0.26$$

즉, 최소 제곱선에 대한 식은

$$y = 2.09x + 0.26$$

식 (8-15)에 대입하면 회귀에 대한 표준 편차를 얻을 수 있다.

$$s_r = \sqrt{\frac{S_{yy} - m^2 S_{xx}}{N-2}} = \sqrt{\frac{5.07748 - (2.0925)^2 \times 1.14537}{5-2}} = 0.1442 \approx 0.14$$

그리고 식 (8-16)에 대입하면 기울기에 대한 표준 편차를 얻을 수 있다.

$$s_m = \sqrt{\frac{s_r^2}{S_{xx}}} = \sqrt{\frac{(0.1442)^2}{1.14537}} = 0.13$$

끝으로, 식 (8-17)로부터 절편에 대한 표준 편차를 얻을 수 있다.

$$s_b = 0.1442\sqrt{\frac{1}{5 - (5.365)^2/6.9021}} = 0.16$$

### 예제 8-5

탄화수소 혼합물 중에 들어 있는 아이소옥테인을 크로마토그래피법으로 정량하는 데 있어서 예제 8-4에서 얻은 검정 곡선을 이용하였다. 얻어진 피크 면적은 2.65이었다. 만일 면적이 (a) 단 한 번의 측정 결과였다면, (b) 4번 측정한 평균이었다면 결과에 대한 아이소옥테인의 몰 퍼센트와 표준 편차는 얼마인가?

**풀이**

미지 농도는 최소제곱식을 재정렬하면 다음과 같이 계산된다.

$$x = \frac{y - b}{m} = \frac{y - 0.2567}{2.0925} = \frac{2.65 - 0.2567}{2.0925} = 1.144 \text{ mol \%}$$

(a) 식 (8-18)에 대입하면

$$s_c = \frac{0.1442}{2.0925}\sqrt{\frac{1}{1} + \frac{1}{5} + \frac{(2.65 - 12.51/5)^2}{(2.0925)^2 \times 1.145}} = 0.076 \text{ mole \%}$$

(b) 4번 측정한 평균에 대해서는

$$s_c = \frac{0.1442}{2.0925}\sqrt{\frac{1}{4} + \frac{1}{5} + \frac{(2.65 - 12.51/5)^2}{(2.0925)^2 \times 1.145}} = 0.046 \text{ mole \%}$$

**최소 제곱 결과에 대한 해석.** 데이터 점들이 최소 제곱 분석에 의하여 예측한 선에 점점 더 가까워질수록 더 작은 수직오차가 생긴다. 수직오차($SS_{resid}$)의 제곱의 합은 $x$와 $y$ 사이의 가정된 선형 관계에 의하여 설명될 수 없는 종속 변수($y$ 값)의 측정된 값의 변화를 측정한다.

$$SS_{resid} = \sum_{i=1}^{N}[y_i - (b + mx_i)]^2 \qquad \textbf{(8-19)}$$

제곱의 총합, $SS_{tot}$를 다음과 같이 정의할 수 있다.

$$SS_{tot} = S_{yy} = \sum(y_i - \bar{y})^2 = \sum y_i^2 - \frac{\left(\sum y_i\right)^2}{N} \qquad \textbf{(8-20)}$$

제곱의 총합은 편차가 $y$의 평균 값으로부터 측정되기 때문에 측정된 $y$ 값에서의 총 변화를 측정하는 것이다.

**상관 계수**(coefficient of determination, $R^2$)라 불리는 중요한 양은 선형 관계에 의하여 설명될 수 있는 측정된 변화의 분율을 측정하며 다음과 같이 주어진다.

$$R^2 = 1 - \frac{SS_{resid}}{SS_{tot}} \qquad \textbf{(8-21)}$$

$R^2$이 점점 더 일치될수록 더 좋은 선형 모델이 예제 8-6에서와 같이 $y$의 변동을 설명할 수 있다. $SS_{tot}$과 $SS_{resid}$ 사이의 차이는 회귀($SS_{regr}$)에 의한 제곱의 합이다. $SS_{resid}$

와 비교하여 $SS_{regr}$는 설명된 변동을 측정한다. 즉 다음과 같이 쓸 수 있다.

$$SS_{regr} = SS_{tot} - SS_{resid} \quad \text{과} \quad R^2 = \frac{SS_{regr}}{SS_{tot}}$$

자유도의 적당한 수로 제곱의 합을 나누어줌으로써 회귀, 수직오차, $F$ 값에 대한 평균 제곱 값을 얻을 수 있다. $F$ 값은 회귀에 대한 중요성에 대하여 암시를 우리에게 준다. $F$ 값은 $y$에서의 총 가변도가 오차에 의한 가변도와 동일하다는 영 가정(null hypothesis)을 시험하는 데 사용된다. 선택된 신뢰 수준에서 표에서보다의 더 작은 $F$ 값은 영 가정이 받아들여져야 하고 회귀가 중요하지 않다는 것을 말해준다. 좀 더 큰 $F$ 값은 영 가정이 거부되어야 하고 회귀가 중요하다는 것을 말해준다.

중요 회귀는 추측된 선형관계 때문에 생기는 $y$ 값에서의 변화가 수직오차 때문에 생기는 것보다 클 때 얻어진다. 회귀가 중요할 때 큰 값의 $F$가 얻어진다.

**예제 8-6**

예제 8-4의 크로마토그래피 데이터에 대한 상관 계수를 구하시오.

**풀이**

선형 관계로부터 각각의 $x_i$의 값에 대해 예측된 $y_i$의 값들을 구할 수 있다. $y_i$의 예측된 값을 $\hat{y}_i$라고 하자. 그러면 $\hat{y}_i = b + mx_i$로 나타낼 수 있고, 측정된 $y_i$ 값, 예측된 값 $\hat{y}_i$, 수직오차 $(y_i - \hat{y}_i)$, 수직오차의 제곱 $(y_i - \hat{y}_i)^2$에 대한 표를 만들 수 있다. 수직 오차의 제곱에 대한 값들을 모두 더하면 **표 8-2**와 같이 $SS_{resid}$를 얻을 수 있다.

**표 8-2**

**수직오차 제곱의 합계 구하기**

| | $x_i$ | $y_i$ | $\hat{y}_i$ | $y_i - \hat{y}_i$ | $(y_i - \hat{y}_i)^2$ |
|---|---|---|---|---|---|
| | 0.352 | 1.09 | 0.99326 | 0.09674 | 0.00936 |
| | 0.803 | 1.78 | 1.93698 | −0.15698 | 0.02464 |
| | 1.08 | 2.60 | 2.51660 | 0.08340 | 0.00696 |
| | 1.38 | 3.03 | 3.14435 | −0.11435 | 0.01308 |
| | 1.75 | 4.01 | 3.91857 | 0.09143 | 0.00836 |
| 총 합 | 5.365 | 12.51 | | | 0.06240 |

예제 8-4로부터, $S_{yy} = 5.07748$임을 알 수 있다. 따라서

$$R^2 = 1 - \frac{SS_{resid}}{SS_{tot}} = 1 - \frac{0.0624}{5.07748} = 0.9877$$

피크 면적 값이 98%보다 더 큰 것은 선형 모델에 의해서 설명될 수 있다.

또한 $SS_{regr}$을 다음과 같이 계산할 수 있다.

$$SS_{regr} = SS_{tot} - SS_{resid} = 5.07748 - 0.06240 = 5.01508$$

이제 $F$ 값도 계산할 수 있다. 다섯 개의 $xy$ 쌍이 분석에 사용되었다. $y$ 값의 평균을 계산할 때 자유도 1개를 사용하기 때문에 제곱에 대한 총합은 자유도 4를 가지고 있다. 두 개의 변수 $m$과 $b$가 추정되기 때문에 수직오차에 대한 제곱의 합은 자유도 3을 가지고 있다. 그리고 $SS_{tot}$과 $SS_{resid}$ 사이의 차이점 때문에 $SS_{regr}$은 자유도 1을 가지고 있다. $F$는 다음과 같이 계산될 수 있다.

(계속)

$$F = \frac{SS_{regr}/1}{SS_{resid}/3} = \frac{5.01508/1}{0.0624/3} = 241.11$$

매우 큰 값의 $F$는 우연 오차가 발생할 아주 적은 가능성을 가지고 있다. 그리고 이것을 우리는 중요 회귀(significant regression)라고 결론지을 수 있다.

**변형된 변수들.** 때때로 이론적인 관계나 선형 회귀로부터의 수직오차를 자세히 조사함으로써 간단한 선형 모델 중의 하나를 선택할 수 있다. 어떤 경우에서는 선형의 최소제곱 분석은 **표 8-3**에서와 같이 간단한 변형을 한 후에 사용될 수 있다.

변형되는 변수들이 매우 일반적이라 할지라도 각별한 주의가 요구되는 것이 있다. 선형의 최소제곱법은 변형된 변수의 최상의 추정 값을 나타낼 것이다. 그러나 이것들은 원래 변수들의 추정값을 얻기 위해서 다시 변형할 때 적당하지 않을 수도 있다. 원래의 변수에 대해 **비선형 회귀법**(nonlinear regression method)[20]은 더 좋은 추정 값을 나타낸다. 변형된 변수법은 만약에 오차가 일정하게 분배되어지지 않았다면 좋은 추정 값을 줄 수 없다. 변형된 후에 가변도 분석(analysis of variance, ANOVA)에 의하여 만들어진 통계치들은 항상 변형된 변수들에 관하여 참조해야 한다.

**스프레드시트 요약** *Applications of Microsoft® Excel in Analytical Chemistry* 2판 4장에서 최소 제곱 분석을 적용하는 것에 대한 다른 방법을 소개하고 있다. Excel의 내장 함수인 SLOPE와 INTERCEPT는 예제 8-4의 데이터에 사용될 수 있다. Analysis ToolPak Regression 도구는 결과 값에 대한 완전한 **가변도 분석표**(analysis of variance table)를 만드는 데 있어 장점을 가지고 있다. 최적직선과 수직 오차에 대한 도표는 회귀창에서 바로 만들어질 수 있다. 알려지지 않은 농도는 검정 곡선을 통해 찾을 수 있고 통계학적인 분석은 농도의 표준 편차를 찾는 데 사용된다.

**표 8-3**

**함수의 선형 변환**

| 함수 | 선형 변환 | 결과식 |
|---|---|---|
| 지수: $y = be^{mx}$ | $y' = \ln(y)$ | $y' = \ln(b) + mx$ |
| 제곱: $y = bx^m$ | $y' = \log(y), x' = \log(x)$ | $y' = \log(b) + mx'$ |
| 역수: $y = b + m\left(\frac{1}{x}\right)$ | $x' = \frac{1}{x}$ | $y = b + mx'$ |

## » 외부 표준 검정의 오차

외부 표준물이 사용될 때, 똑같은 분석물의 농도가 시료와 표준물에 존재할 때 동일한 분석적인 응답 신호가 얻어질 것이라 가정한다. 따라서 응답 신호와 분석물의

[20] D. M. Bates and D. G. Watts, *Nonlinear Regression Analysis and Its Applications*, New York: Wiley, 1988.

농도 사이의 검정에 관한 관계는 시료에 똑같이 적용되어야 한다. 일반적인 측정에서 기기로부터의 순수한 응답 신호는 사용되지 않는다. 대신에 순수한 분석신호는 **바탕시료**(blank, 5B-4절 참조)를 측정함으로써 보정된다. **이상적인 바탕 용액**(ideal blank)은 분석물이 없다는 것을 제외하고는 시료와 동일하다. 실제적으로 복잡한 시료의 경우 이상적인 바탕시료를 만드는 것은 불가능하며 또한 많은 시간을 요구한다. 따라서 약간의 절충이 필요하다. 거의 대부분 실제 바탕 용액은 시료를 녹인 똑같은 용매를 포함한 **용매 바탕 용액**(solvent blank)과 시료 준비 과정에서 사용된 모든 시약과 더불어 용매를 포함하고 있는 **시약 바탕 용액**(reagent blank)들 중의 하나이다.

바탕 보정을 한다 할지라도 여러 변수가 외부 표준물의 기본적인 가정들을 약화시킬 수 있다. 시료에 표준물과 바탕 용액에는 포함되어 있지 않는 성질이 다른 화학종 때문에 생기는 매트릭스 효과는 똑같은 분석물 농도에 관하여 다른 신호를 만들게 할 수 있다. 바탕 용액, 시료, 표준물이 측정된 시간에 의존한 실험적인 변수의 차이는 검정 기능을 무력화시킬 수 있다. 심지어 기본적인 가정이 유효하다 할지라도 오차 요인들은 시료를 취할 때나 시료의 준비 과정에서 오염에 의하여 여전히 발생될 수 있다.

계통 오차 또한 검정 과정에서 발생할 수 있다. 예를 들면, 표준 물질이 올바르지 않게 만들어졌다면, 오차가 발생한다. 준비된 표준 물질의 정확도는 무게 측정법, 부피측정법과 사용된 기기의 정확도에 의존한다. 표준 물질의 화학적인 형태는 시료에 있는 분석물의 형태와 동일해야 한다. 분석물의 산화 상태, 이성질체, 착화합물 생성은 응답 신호를 바꿀 수 있다. 준비된 이후 표준 물질의 농도는 분해, 휘발, 시료 용기의 벽에 흡착됨에 따라 변할 수 있다. 표준 물질의 오염 또한 기대했던 것보다 훨씬 더 큰 분석물의 농도를 나타내게 할 수 있다. 약간의 편향성이 검정 모델에 존재한다면 계통 오차는 발생할 수 있다. 예를 들면, 검정 함수가 좋은 통계학적인 변수 값을 얻는 데 충분한 표준물을 사용하지 않고 구해졌을 때 오차는 발생할 수 있다.

검정에서의 계통 오차를 피하기 위해 표준물은 정확하게 만들어져야 하며 표준물의 산화 상태 또한 시료 속의 분석물의 산화 상태와 동일해야만 한다. 표준물은 적어도 검정 과정 동안 농도의 측면에서 안정해야 한다.

측정의 정확도는 농도가 알려진 비슷한 매트릭스의 실제 시료들을 분석함으로써 점검할 수 있다. 미표준기술연구소(NIST)와 다른 기구들은 인증된 농도의 여러 화학종을 포함하고 생화학, 지질학, 법과학 및 다른 여러 형태의 시료들을 제공하고 있다(5B-4절과 35B-4절 참조).

우연 오차는 검정 곡선으로부터 얻어진 결과의 정확도에 또한 영향을 줄 수 있다. 식 (8-18)로부터 검정 곡선으로부터 얻어진 분석물의 농도 $s_c$의 표준 편차는 응답 신호 $\bar{y}_c$가 평균값 $\bar{y}$에 가장 가까울 때 가장 작다. $\bar{x}$, $\bar{y}$ 값은 회귀선의 중앙을 나타낸다. 이 값에 가까운 점들은 중앙에서 멀리 떨어져 있는 점들보다 더 확신을 가질 수 있다. **그림 8-11**은 신뢰 한계와 함께 검정 곡선을 보여준다. 검정 곡선의 중앙에 가깝게 만들어진 측정이 멀리 떨어져 있는 것보다 분석물 농도에서 더 작은 불확정도를 줄 것이다.

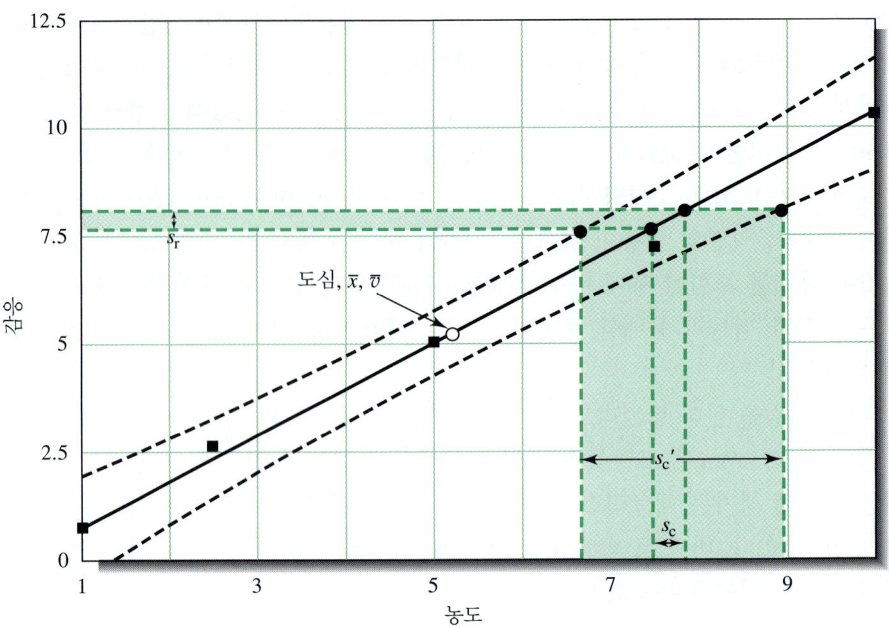


**그림 8-11** 검정 곡선 불확정도의 영향. 점선 형태는 회귀선에 의하여 정량된 농도에 대한 신뢰 한계를 보여준다. 불확정도는 선의 극단 부분에서 증가하는 것에 유의하시오. 일반적으로 응답 신호의 표준 편차로부터 분석물 농도의 불확정도를 예측한다. 검정 곡선 불확정도는 $s_c$와 $s_c'$에서 보여지는 것처럼 분석물 농도에서의 불확정도를 상당히 증가시킬 수 있다.

**특집 8-3**

### 다변량 검정

최소제곱법은 단지 하나의 응답 신호가 각각의 시료에 사용되기 때문에 단일변량 검정법(univariate calibration)의 예이다. 분석물과 분석물의 혼합물과 관련 있는 다양한 기기의 응답 신호과정의 처리는 **다변량 검정**(multivariate calibration)으로 알려져 있다.[21] 다변량 검정법은 다양한 측면(여러 파장에서의 여러 시료의 흡광도, 크로마토그래피로 분리된 원소들의 분자 스펙트럼 등)으로 신호를 만드는 데 이용할 수 있는 새로운 기기들이 나옴에 따라서 최근에 많이 사용되고 있다. 그것들은 동시에 혼합물 속의 다양한 원소를 측정할 수 있게 하고 또한 측정에서의 반복성을 쉽게 제공하여 정밀도를 개선할 수 있다. 평균값의 정밀도는 $N$번 측정을 함으로써 $\sqrt{N}$ 만큼 개선된다는 것을 생각해 보시오. 이런 방법들은 단일변량 검정에서 확인할 수 없는 방해물의 존재를 검출하는 데 사용되어질 수 있다.

다변량 기술은 **역 검정법**(inverse calibration method)들이다. 보통의 최소제곱법에서(흔히 **고전적인 최소제곱법**이라 불리는) 시스템의 응답 신호는 분석물 농도의 함수로서 처리되어진다. 역 검정법에서 농도는 거꾸로 응답 신호의 함수로서 다루어진다. 후자의 경우, 화학적 또는 물리적 방해물이 있다고 할지라도 농도를 정확하게 예측할 수 있다는 장점이 있다. 고전적인 방법에서는 시스템의 모든 부분들을 만들어진 수학적인 모델로서 고려되어져야 한다(회귀식).

일반적인 다변량 검정법들에는 **다중 선형 회귀**(multiple linear regression), **부분 최소제곱 회귀**(partial least-squares regression), 그리고 **주성분 회귀**(principal com-

[21]보다 폭 넓은 논의를 위해서는 다음을 참고하시오. K. R. Beebe, R. J. Pell, and M. B. Seasholtz, *Chemometrics: A Practical Guide*, New York: Wiley, 1998, ch. 5; H. Martens and T. Naes, *Multivariate Calibration*, New York: Wiley, 1989; K. Varmuza and P. Filzmoser, *Introduction to Multivariate Statistical Analyis in Chemometrics*, Boca Raton, FL: CRC Press, 2009.

ponents regression)들이 있다. 이런 방법들은 데이터에서 변화는 농도를 예측하는 데 사용되어질 수 있다는 것에서 실제적으로 다르다. 다변량 검정을 하기 위한 소프트웨어는 여러 회사로부터 이용 가능하다. 정량 분석을 위한 다변량 통계법의 사용은 **화학통계학**(chemometric)이라 불리는 화학의 한 분야이다.

혼합물 속의 Ni(II)과 Ga(III)의 다원소 분석은 다변량 검정의 좋은 예이다.[22] 두 개의 금속 모두 4-(2-pyridylazo)-resorcinol (PAR)과 색깔을 띠는 생성물을 만들기 위해 반응한다. 생성물의 흡수 스펙트럼은 약간 다르며 서로 다른 속도로 반응한다. 이런 약간의 차이로부터 취할 수 있는 이점은 혼합물 속에 있는 금속의 다원소 분석을 수행할 수 있게 만든다는 것이다. 하나의 분석에서 두 개의 금속들을 포함하고 있는 16개의 표준 혼합물은 검정 모델을 얻는 데 사용되어진다. 멀티 파장 다이오드 배열 분광광도계는 26번의 시간 간격으로 26개의 파장에 대한 데이터를 얻는다. μM 정도의 금속의 농도는 부분최소제곱회귀(partial least-squares regression)와 주성분 회귀(principal components regression)에 의하여 10%보다 적은 상대 오차를 가지고 pH 8.5에서 알려지지 않은 혼합물에서 결정되어진다.

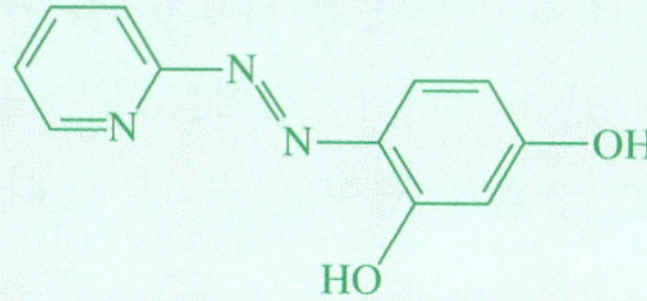

4-(2-pyridylazo)-resorcinol의 구조식.

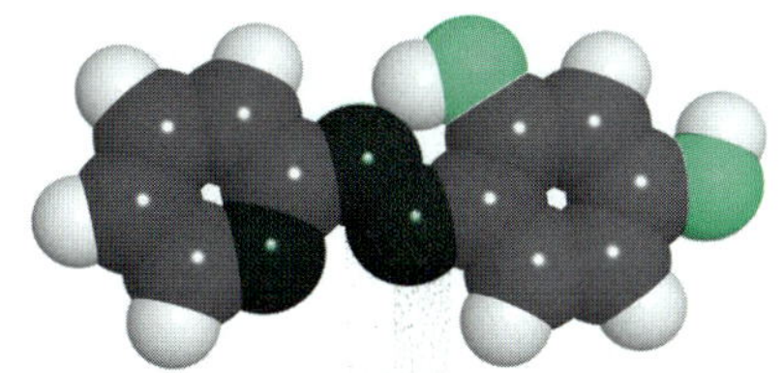
PAR의 분자 모델.

## ▸ 8D-3 분석 과정에서의 오차의 최소화

분석 과정에서 정확도를 확실하게 보증하는 몇 가지 방법이 있다.[23] 이런 방법들 중의 대부분은 측정 단계에서 발생할 수도 있는 오차를 보정하거나 또는 최소화하는 것에 의존한다. 그러나 분석의 전체적인 정확도와 정밀도는 측정 단계에서가 아니라 이 장 앞에서 논의한 시료 채취나 시료 준비, 그리고 검정 같은 변수들에 의하여 제한을 받는다.

### » *분리*

분리 방법에서 시료를 깨끗이 하는 것은 시료 매트릭스에서의 가능한 방해 요인들로부터의 오차를 최소화하는 중요한 방법이다. 여과, 침전, 투석, 용매 추출, 휘발, 이온 교환, 크로마토그래피와 같은 방법들은 시료 속의 잠재적인 방해 요인들을 제거하는 데 모두 유용한 방법들이다. 그러나 대부분의 분리법들은 시간이 많이 걸리며 분석물의 일부가 손실되거나 시료가 오염될 수 있는 확률이 높아질 수도 있다. 하지만 많은 경우 분리법은 방해 화학종을 제거하는 유일한 방법이다. 현대 기기 중 일부는 자동화된 분리 단계를 포함하는 시료 이동 시스템을 사용한다(흐름 주입 또는 크로마토그래피).

---

[22] T. F. Cullen and S. R. Crouch, *Anal. Chim. Acta*, **2000**, *407*, 135, **DOI**: 10.1016/S0003-2670(99)00836-3.

[23] 오차를 최소화하기 위한 논의는 다음을 참고하시오. J. D. Ingle, Jr., and S. R. Crouch, *Spectrochemical Analysis*, Upper Saddle River, NJ: Prentice-Hall, 1988, pp. 176-183.

## » 포화, 매트릭스 변형, 가리움

**포화법**(saturation method)은 매트릭스 효과가 시료 내 방해 화학종의 농도와 상관이 없도록 모든 시료와 표준물, 그리고 바탕 용액에 방해 물질들을 넣는 것을 의미한다. 그러나 이런 방법은 분석물의 감도와 검출 능력을 낮출 수도 있다.

**매트릭스 변형제**(matrix modifier)는 그 자체가 방해 화학종이 아닌 것으로서 분석적인 응답 신호가 방해 화학종의 농도와 상관없이 얻어지도록 충분한 양으로서 시료와 표준물 그리고 바탕 용액에 추가되는 화학종을 의미한다. 예를 들면, 완충 용액은 시료의 pH에 상관없이 어떤 한계를 가지고 pH를 유지시키기 위해 사용된다. 때때로 **가리움제**(masking agent)는 방해 화학종과 선택적으로 결합하여 방해하지 않는 착화합물을 만들기 위해 사용된다. 두 가지 방법 모두, 추가되는 시약이 분석물에 많은 양으로 포함하거나 다른 방해 화학종을 포함하지 않도록 주의가 요구된다.

## » 희석과 매트릭스 맞춤

**희석법**(dilution method)은 방해 화학종이 어떤 농도 수준 아래에서 분석 응답 신호에 상당한 효과를 만들어 내지 않는다면 사용될 수 있다. 즉, 방해 효과는 시료의 희석에 의하여 최소화될 수 있다. 희석은 정확도와 정밀도에 관하여 측정할 때 또는 분석물을 검출할 수 있는 능력에 영향을 줄 수 있다. 따라서 각별한 주의가 이 방법에서는 필요하다.

절차에서의 오차는 방해 화학종으로 포화시킴으로써, 매트릭스 변형체 또는 가리움제를 추가함으로써, 또는 시료를 희석하거나 시료의 매트릭스를 맞추어줌으로써 최소화할 수 있다.

**매트릭스 맞춤법**(matrix matching method)에서는 표준물이나 바탕 용액에 주요한 매트릭스 원소들을 첨가함으로써 시료의 조성 환경(매트릭스)를 동일하게 만드는 것이다. 예를 들면, 미량 금속에 대한 해수 시료의 분석에서 표준물은 $Na^+$, $K^+$, $Cl^-$, $Ca^{2+}$, $Mg^{2+}$ 그리고 다른 원소들을 포함하도록 조작된 해수를 준비할 수 있다. 이런 화학종의 농도는 해수에서 잘 알려져 있고 꽤 일정하게 유지된다. 어떤 경우에는 분석물은 원래 시료의 매트릭스에서 제거된다. 그리고 남아 있는 원소들은 표준물과 바탕 용액을 만드는 데 사용되어진다. 여기에서도 추가된 시약이 여분의 방해효과를 만들거나 분석물을 포함하지 않도록 각별히 주의하여야 할 것이다.

## » 내부 표준법

**내부 표준물**은 시료, 표준물, 바탕 용액에 첨가되는 분석물과 화학적으로 물리적으로 비슷한 성질의 보조 화학종이다. 분석물의 응답 신호와 내부 표준물의 응답 신호의 비는 분석물의 농도에 대하여 그래프가 그려진다.

**내부 표준법**(international standard method)은 기준 화학종(내부 표준물)을 알고 있는 양으로 모든 시료, 표준물, 바탕 용액에 추가한다. 응답 신호는 분석물의 신호 자체가 아니라 분석물의 신호와 기준 화학종의 신호의 비가 응답 신호가 된다. 검정곡선은 *y*축이 응답 신호의 비이고, *x*축이 표준물에서의 분석물 농도가 되도록 만들어진다. **그림 8-12**는 피크 모양의 응답 신호에 대한 내부 표준법에 대하여 예시하고 있다.

내부 표준법은 어떤 종류의 오차에 대하여 보상해 주는 역할을 한다. 즉, 이러한 오차들이 분석물과 기준 화학종에 일정한 비율로서 똑같이 영향을 미칠 때 사용할 수 있다. 예를 들면, 온도는 똑같은 비율로서 분석물과 기준 화학종에 영향을 준다고 할 때, 비율을 취함으로써 온도에서의 변화에 대한 것을 보상해 줄 수 있다. 보상이 일어날 때 기준 화학종은 분석물과 비슷한 화학적 및 물리학적인 특성을 가지고 있는 것을 선택해야 한다. 불꽃 분광법에서의 내부 표준물의 사용은 예제 8-7에서 예시되어 있다.

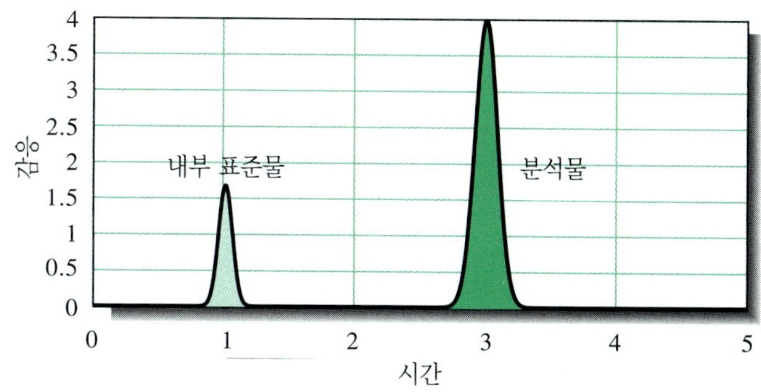


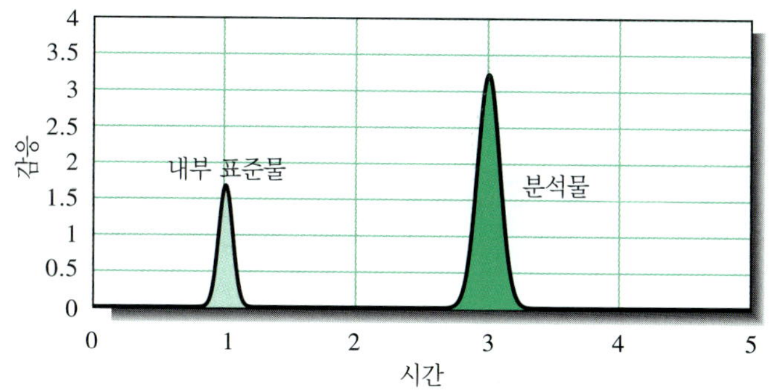


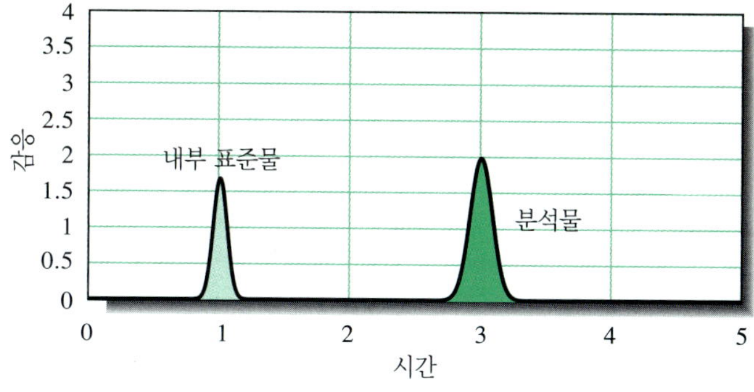


**그림 8-12** 내부 표준물의 예시. 내부 표준물의 고정된 양이 모든 시료와 표준물 바탕 용액에 첨가된다. 검정 곡선을 분석물의 신호와 내부 표준물 신호의 비와 분석물의 농도에 대하여 그린다.

### 예제 8-7

불꽃 발광의 세기는 다양한 기기적인 요인들, 즉 불꽃의 온도, 용액의 흐름 속도, 분무기의 효율 등에 의하여 영향을 받을 수 있다. 내부 표준물을 사용하여 이런 요인들의 변동을 보상해 줄 수 있다. 분석물의 알고 있는 양을 포함하고 있는 혼합물에 그리고 미지의 분석물 농도의 시료에 똑같은 양의 내부 표준물을 첨가한다. 분석물 선의 세기와 내부 표준물의 세기의 비를 계산한다. 내부 표준물은 분석되어야 하는 시료에 없어야 한다.

**풀이**

소듐, 리튬은 불꽃 발광 정량법에서 내부 표준물로서 흔히 사용된다. 다음의 데이터는 Na와 1000 ppm의 Li에 포함하는 용액에 대하여 얻은 결과이다.

*(계속)*

| $c_{Na}$, ppm | Na 방출 세기, $I_{Na}$ | Li 방출 세기, $I_{Li}$ | $I_{Na}/I_{Li}$ |
|---|---|---|---|
| 0.10 | 0.11 | 86 | 0.00128 |
| 0.50 | 0.52 | 80 | 0.0065 |
| 1.00 | 1.8 | 128 | 0.0141 |
| 5.00 | 5.9 | 91 | 0.0648 |
| 10.00 | 9.5 | 73 | 0.1301 |
| 미지 | 4.4 | 95 | 0.0463 |

Na 방출 세기 대 Na의 농도의 도시는 **그림 8-13a**에 나타나 있다. 데이터가 약간 흩어져 있으며, $R^2$ 값이 0.9816임에 유의하시오. **그림 8-13b**에서 Na 대 Li 방출 세기의 비가 Na의 농도에 대해 도시되어 있다. $R^2$ 값이 0.9999로서 선형성이 개선되었음을 알 수 있다. 미지 세기의 비(0.0463)가 직선상에 위치하고 있으며, 이 비에 해당하는 Na의 농도는 3.55 ± 0.05 ppm이다.

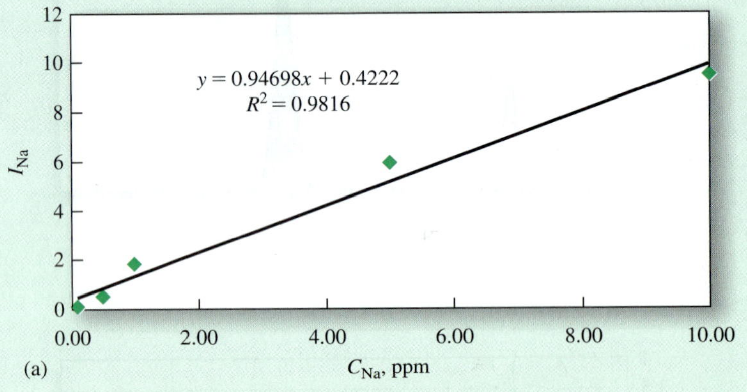


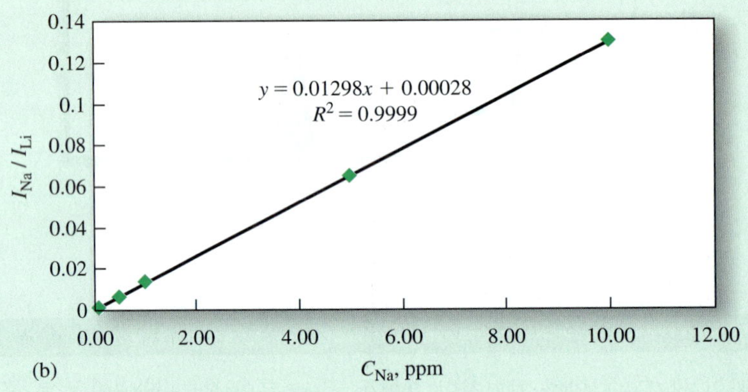


**그림 8-13** (a) Na의 불꽃 방출 세기가 Na의 농도(ppm)에 대해 도시되었다. (b) Na 대 Li 세기의 비를 Na의 농도에 대해 도시한 내부 표준 검정 곡선.

**스프레드시트 요약** *Applications of Microsoft® Excel in Analytical Chemistry* 2판 4장 예제 8-7 데이터는 스프레드시트를 만들고 결과를 도시하는 데 사용된다. 미지 농도가 결정되고 통계 값들이 제시된다.

오차를 보상하기 위해서 사용되는 내부 표준법에는 적절한 기준 화학종들이 사용되어야 한다. 기준 화학종들은 분석물과는 다른 독특한 방해 물질들이 있어서는 안 된다. 내부 표준물을 조제하는 데 사용되는 물질 내에는 분석 물질이 오염되어 있지 않아야 한다. 또한, 두 화학종들은 검정 곡선의 선형 구간 내에 있는 농도이어야 한다. 적절한 내부 표준 물질들을 찾기가 힘들기 때문에 일반적으로 내부 표준법은 어떤 다른 오차를 보상하는 방법으로써 사용되지 않는다.

## » 표준물 첨가법

시료의 조성환경(matrix)을 동일하게 만들기 어렵거나 불가능할 때 **표준물 첨가법**(method of standard addition)을 사용할 수 있다. 일반적으로 시료는 분석물의 표준 용액을 사용하여 알려진 양으로 소량 첨가(spiked)한다. 단일점(single-point) 표준물 첨가법에서 시료의 두 부분이 취해진다. 한 부분은 일반적으로 측정되고, 표준 분석물 용액의 알려진 양은 두 번째 부분에서 추가된다. 두 부분에서의 응답 신호는 응답 신호와 분석물 농도의 직선적인 관계를 갖는다고 가정하여 알려지지 않은 농도를 계산하는 데 사용된다(예제 8-8 참조). **배수 첨가법**(multiple additions method)에서는 표준 분석물 용액의 알려진 양의 첨가는 시료의 여러 부분들로 만들 수 있다. 그리고 배수 첨가 검정 곡선이 얻어질 수 있다. 배수 첨가법은 응답 신호와 분석물 농도 사이의 직선 관계를 확인하는 데에도 사용된다. 분자 흡수 분광법에 관하여 배우게 될 26장에서 이런 배수 첨가법에 대하여 자세히 논의해 보자(그림 26-8).

**표준물 첨가법**에서는 분석물의 표준 용액의 알고 있는 양을 시료의 한 부분에 첨가한다. 첨가하기 전과 후의 응답 신호가 측정되고 분석물의 농도를 얻는 데 사용된다. 배수 첨가법에는 여러 시료에 여러 분율로 첨가를 한다. 표준물 첨가법은 직선의 응답 신호에 가정을 둔다. 이것은 항상 확인되어야 하고, **배수 첨가법**은 직선성이 확인되어져야 한다.

표준물 첨가법은 적절히 사용된다면 아주 좋은 방법이다. 먼저, 외부 화학종이 분석 응답 신호에 기여하지 않도록 좋은 바탕 특정이 이루어져야 한다. 두 번째, 분석물의 검정 곡선은 시료 매트릭스에서 직선성을 가져야 한다. 배수 첨가법은 이러한 가정을 확인하는 데 사용되어야 한다. 배수 첨가법의 가장 큰 단점은 첨가를 하고 측정을 할 때 필요한 여분의 시간이다. 주요한 이점은 사용자에게 알려지지 않은 복잡한 방해 효과를 잠재적으로 보상해 볼 수 있다는 것이다.

### 예제 8-8

몰리브데넘 블루 법(molybdenum blue method)으로 인산염을 정량하기 위해서 단일점(single-point) 표준물 첨가법이 사용되었다. 2.00 mL 소변 시료를 100.00 mL로 희석한 후 820 mm에서 흡수할 수 있는 화학종을 만들어내도록 몰리브데넘 블루 시약으로써 처리하였다. 25.00 mL의 시료는 기기적인 감응에서 0.428 (용액 1)을 나타내었다. 두 번째의 25.00 mL 시료에 0.0500 mg의 인산염을 포함하고 있는 용액 1.00 mL를 적가하여 흡광도를 읽으니 0.517을 나타내었다(용액 2). 이 데이터는 흡광도와 농도 사이에서 선형 관계에 있다고 가정하고 시료에 mL당 들어 있는 mg의 인산염 농도를 계산하는 데 사용하시오.

인산염 이온의 분자 모델($PO_4^{3-}$).

*(계속)*

**풀이**

첫 번째 용액의 흡광도는 다음 식으로 주어진다.

$$A_1 = kc_u$$

여기서는 $c_u$가 첫 번째 용액의 인산염의 미지의 농도이고 $k$는 비례 상수이다. 두 번째 용액의 흡수도는 다음의 식에 의하여 얻을 수 있다.

$$A_2 = \frac{kV_uc_u}{V_t} + \frac{kV_sc_s}{V_t}$$

여기서 $V_u$는 미지의 인산염 농도의 용액의 부피(25.00 mL), $V_s$는 적가된 인산염 표준 용액의 부피(1.00 mL), $V_t$는 첨가 후의 총 용액의 부피(26.00 mL), 그리고 $c_s$는 표준 용액의 농도(0.500 mg mL$^{-1}$)를 나타내는 상수들이다. 만약에 첫 번째 식을 $k$에 대하여 풀고 그 결과를 두 번째 식에 대입하면 $c_u$에 대하여 풀 수 있다. 즉 다음과 같은 식을 얻을 수 있다.

$$c_u = \frac{A_1c_sV_s}{A_2V_t - A_1V_u} =$$

$$= \frac{0.428 \times 0.0500\ \text{mg mL}^{-1} \times 1.00\ \text{mL}}{0.517 \times 26.00\ \text{mL} - 0.428 \times 25.00\ \text{mL}} = 0.0780\ \text{mg mL}^{-1}$$

이것은 희석된 시료의 농도이다. 원래 소변 시료의 농도를 얻기 위해서는 100.00/2.00 mL만큼 곱해주는 것이 필요하다.

$$\text{인산염의 농도} = 0.00780\ \text{mg mL}^{-1} \times 100.00\ \text{mL}/2.00\ \text{mL}$$
$$= 0.390\ \text{mg mL}^{-1}$$

**스프레드시트 요약** *Applications of Microsoft® Excel in Analytical Chemistry* 2판 4장에서 예제 8-7의 데이터는 스프레드시트를 만들고 결과를 도시하는 데 사용된다. 미지 농도가 결정되고 통계를 표시해 준다.

## 8E 분석법에 대한 중요 수치들

분석 과정은 정확도, 정밀도, 감도, 검출 한계, 측정 범위(dynamic range) 등의 중요 수치 등에 의해 특징지어진다. 이미 5장에서 정확도와 정밀도에 관한 일반적인 개념에 대하여 살펴보았다. 여기에서는 추가로 일반적으로 사용되는 중요 수치들과 분석 결과에 대한 타당성 검사와 보고에 관하여 기술하겠다.

### ▸ 8E-1 감도와 검출 한계

**감도**(sensitivity)란 용어는 분석법을 언급할 때 자주 사용된다. 불행하게도 감도는 부정확하고 분별없이 종종 사용되고 있다. 가장 흔하게 사용되는 감도의 개념은 **검정 감도**(calibration sensitivity), 혹은 분석물 농도에서의 단위 농도 변화 당 응답 신호의 변화를 의미한다. **그림 8-14**에서 볼 수 있듯이 검정 감도는 검정 곡선의 기울기이다. 검정 곡선이 직선인 경우 감도는 상수이며 농도와 무관한 값을 가진다. 검정 곡선이 비선형인 경우 감도는 농도에 따라서 변하며 일정한 값을 가지지 않는다.

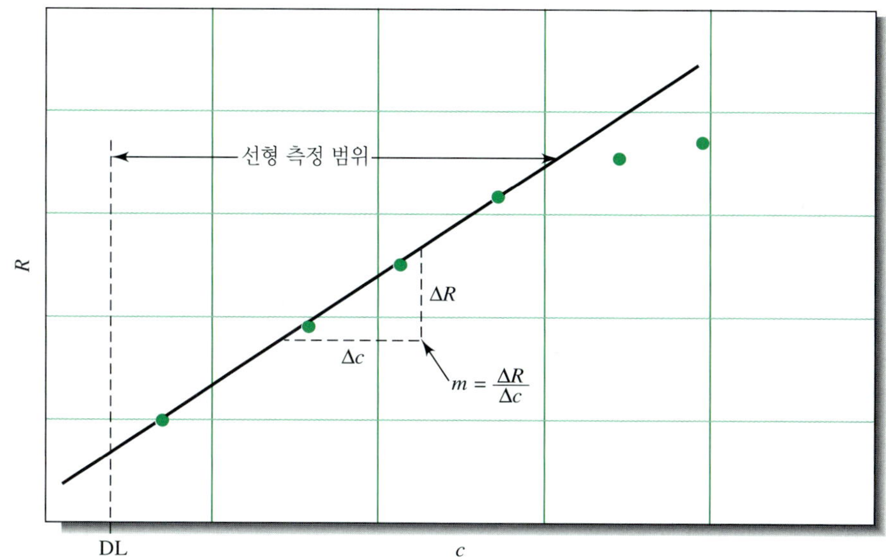


**그림 8-14** 응답 신호($R$) 대 농도($c$)에 대한 검정 곡선. 검정 곡선의 기울기는 검정 감도($m$)라고 부른다. 검출 한계(DL)은 특정한 신뢰 수준에서 측정될 수 있는 가장 낮은 농도를 나타낸다.

검정 감도는 어떤 농도 차이가 검출될 수 있는지 말해주는 것은 아니다. 어떤 차이가 검출될 수 있는지 정량적으로 측정하기 위해서는 응답 신호에서 잡음이 고려되어야 한다. 이와 같은 이유 때문에 **분석 감도**(analytical sensitivity)라는 용어가 종종 사용된다. 분석 감도는 검정 곡선의 기울기와 주어진 농도에서의 분석 신호 표준 편차와의 비이다. 분석 감도는 일반적으로 농도에 대한 함수이다.

**검출 한계**(direction limit, DL)는 어떤 신뢰 수준에서 보고될 수 있는 가장 작은 농도 값이다. 모든 분석 기술은 검출 한계를 가지고 있다. 검정 곡선을 사용하는 방법에서 검출 한계는 식 (8-22)로 정의된다. 검출 한계는 바탕 용액의 표준 편차 $s_b$와 신뢰 인자(confidence factor) $k$로부터 산출되는 분석물의 농도로 정의된다. 여기서 $m$은 검정 감도이고 $k$는 신뢰 인자이다.

$$\mathrm{DL} = \frac{ks_\mathrm{b}}{m} \tag{8-22}$$

일반적으로 인자 $k$는 2 또는 3이 선택된다. 신뢰 인자가 2인 경우 신뢰 수준은 92.1%에 해당하고, 3인 경우 98.3%의 신뢰 수준에 해당한다.[24]

연구자나 기기 회사에 의해 보고된 검출 한계는 실제 시료에 적용할 수 없을 수도 있다. 일반적으로 보고된 값들은 최적화된 기기를 이용하여 이상적인 표준 물질을 이용하여 측정한다. 그러나 이런 한계값들은 방법이나 기기 등을 비교할 때 유용하다.

## ▸ 8E-2 선형 측정 범위

분석법에서 **선형 측정 범위**(linear dynamic range)는 대부분 선형의 검정 곡선을 이용하여 분석 농도를 정량할 수 있는 농도 범위를 의미한다(그림 8-14 참조). 측정 범위에서 가장 낮은 농도 한계가 검출 한계이다. 상한계(upper limit)는 검정 곡선의 기울기나 분석 신호가 선형의 관계에서 특정한 양만큼 벗어나기 시작하는 농도

[24] J. D. Ingle, Jr., and S. R. Crouch, *Spectrochemical Analysis*, Upper Saddle River, NJ: Prentice Hall, 1988, p. 174.

를 의미한다. 일반적으로 직선성에서 5% 편차가 생기면 상한계로 고려한다. 고농도에서는 일반적으로 비이상적 검출기 응답 신호 또는 화학적인 효과 때문에 직선성에서 편차가 생긴다. 흡수 분광법의 경우 1~2 지수 자리까지 직선성을 가지며, 질량 분광법의 경우 4~5 지수 자리까지 직선성을 보인다.

수학적 단순함과 비이상적인 응답 신호를 쉽게 검출할 수 있다는 관점에서 선형 검정 곡선을 선호한다. 선형 검정 곡선을 사용하는 경우 적은 표준 물질 시료와 선형 회귀법을 사용할 수 있다. 비선형 검정 곡선도 종종 사용되지만 더 많은 표준 물질을 사용하여 검정 곡선을 만든다. 선형 측정 범위가 넓은 경우 시간 소모가 많고 오차 발생 가능성이 높은 농도 희석 과정 없이 다양한 농도 범위를 분석할 수 있기 때문에 바람직하다. 어떤 농도 정량에서는 적은 측정 범위를 필요로 한다. 예를 들어, 혈청에서 소듐 정량의 경우 인간 몸에 있는 소듐의 농도의 변화가 매우 적기 때문에 적은 측정 범위가 필요하다.

## ▸ 8E-3 분석 결과 값의 품질 보증

분석 방법이 실제 문제에 적용될 때, 분석 방법에 의해 얻은 결과의 질뿐만 아니라 측정을 위해 사용한 도구나 기기 성능의 질에 대해 꾸준히 평가해야 한다. 주요 평가 항목으로 품질 관리, 결과에 대한 타당성 평가, 그리고 보고 등이 있다.[25] 각각의 항목에 대하여 간단히 알아보자.

### » 관리 도표

**관리 도표**는 어떤 질적 표준의 순차적인 도표이다.

관리 도표는 품질의 보증에 있어서 중요한 일부 품질 특성의 순차적인 도표이다. 그 도표는 측정되는 특성에 대해 허용되는 통계학적 가변도 한계를 보여준다.

첫 번째 예로서 분석자의 기본 도구 중 하나인 현대 분석저울의 성능을 계속적으로 점검하는 방법을 생각해 보자. 저울의 정확성과 정밀성 모두는 표준 물질의 질량을 주기적으로 측정함으로서 점검되어야 한다. 그래서 연속적으로 매일 측정한 값이 표준 질량의 어떤 한계 범위 내에 있는지를 결정한다. 이러한 한계를 **상한계**(upper control limit, UCL), **하한계**(lower control limit, LCL)라 한다. 그들을 정의하면

$$\text{UCL} = \mu + \frac{3\sigma}{\sqrt{N}}$$

$$\text{LCL} = \mu - \frac{3\sigma}{\sqrt{N}}$$

여기서 $\mu$는 질량 측정값의 모집단의 평균이고 $\sigma$는 측정을 위한 모집단의 표준 편차이다. 그리고 $N$은 각각의 시료를 얻기 위해 반복 측정한 수이다. 표준 질량을 위한 모집단 평균과 표준 편차는 예비 실험으로부터 평가되어야 한다. UCL과 LCL은 모집단 평균의 양쪽 부분에 있는 세 개의 표준 편차들이고 측정된 질량이 시간의 99.7%가 되도록 기대되는 범주를 형성한다.

그림 8-15는 분석 저울을 위한 전형적인 기기 관리 도표이다. 이 같은 도표 구성을 위해서 미국 표준연구소에 의해 인정된 20.000 g 표준 질량을 20일간 연속적으로 측정된 질량 데이터를 수집하였다. 그 데이터를 얻기 위해 저울은 먼저 0으로 맞추고 표준 질량은 저울 접시 위에 놓아 질량을 측정한다. 그 전체적인 과정은 매일

[25] 더 자세한 사항은 다음을 참고하시오. J. K. Taylor, *Quality Assurance of Chemical Measurements*. Chelsea, MI: Lewis Publishers, 1987.

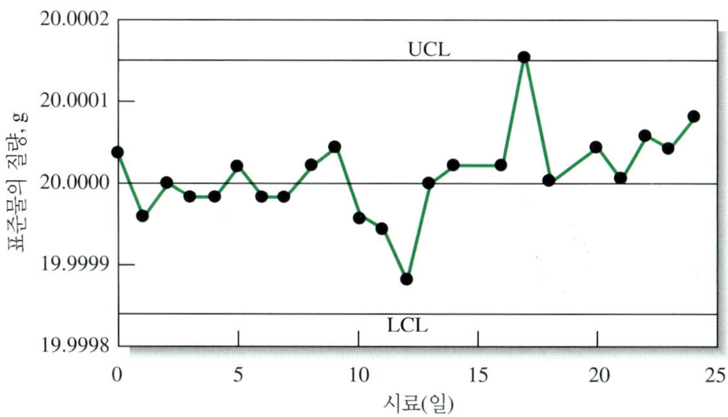


**그림 8-15** 현대 분석저울을 위한 관리 도표. 데이터는 17일의 값을 제외하고 평균값에서 정상적으로 변동함을 보인다. 오차가 큰 값은 더러운 저울 접시로 인한 결과임이 조사로부터 밝혀졌다. UCL = 상한계, LCL = 하한계.

전체적으로 5번 반복된 측정값을 제공하기 위해 네 차례 반복된다. 독립 실험으로부터 측정된 모집단 평균과 모집단 표준 편차는 $\mu$ = 20.000 g, $\sigma$ = 0.00012 g으로 평가되었다. 5번 측정의 평균에 대하여 3 × (0.00012 g/ $\sqrt{5}$)=0.00016 그리고 UCL = 20.00016 g과 LCL = 19.99984 g이다. 그러한 값과 각각의 날에 대한 평균 질량으로 **그림 8-15**와 같은 관리 도표를 구성한다. 각각의 날에 대한 평균 질량은 그것이 결정된 순서대로 그래프 상에 나타낸다. 이 같은 방법으로 측정에 있어 체계적인 경향이 쉽게 나타낼 수 있다. 시료 평균 질량이 LCL과 UCL 사이에 있는 한 그 저울은 **통계적 관리**(statistical control) 하에 있다고 한다. 시료 평균이 17일처럼 한계 바깥으로 떨어지면 그 저울이 제한 밖에 있다고 말한다. 기기가 시스템이 제한 밖에 있으면 그러한 조건의 이유를 밝혀내도록 시도해야 한다. 예를 들면 17일 경우, 저울 접시에 먼지가 있어 저울이 부적절하게 다루어진 것이 발견되었다. 평균으로부터 계통 오차는 관리된 도표에서 상대적으로 쉽게 발견될 수 있다.

또 다른 예로서 관리 도표는 여드름 처방제로 사용되는 benzoyl peroxide를 포함하고 있는 의약품의 생산을 점검하는 데 이용되곤 한다. Benzoyl peroxide는 활성 원료의 10%를 함유하는 크림이나 젤의 형태로 피부에 바르는 효과적인 박테리아 멸균제이다. 이러한 물질은 미국 FDA에 의해 규제되고 있기 때문에 benzoyl peroxide 농도는 통계학적 관리로 점검되고 유지되어야 한다. Benzoyl peroxide는 산화제로 과량의 아이오딘화 이온과 반응하여 아이오딘을 생성시켜 표준 사이오황산소듐으로 적정한다. 그렇게 함으로써 시료 중에 존재하는 benzoyl peroxide를 측정할 수 있다.

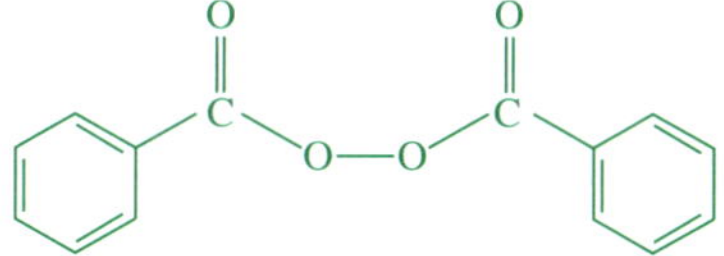


Benzoyl peroxide의 분자 모델.

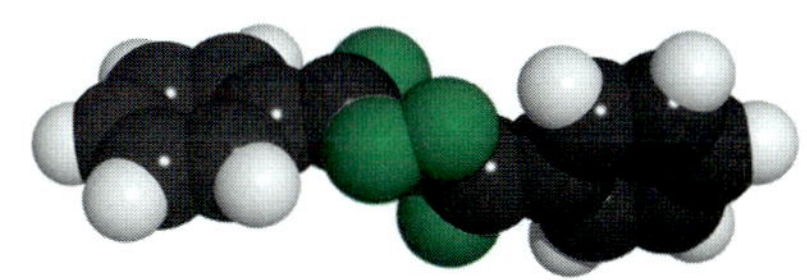

Benzoyl peroxide의 분자 모델.

**그림 8-16**의 관리 도표는 10% benzoyl peroxide를 함유하는 크림을 매일 89개의 제품을 표본 추출해 분석한 결과를 보여준다. 각각의 시료는 공장으로부터 받은 크림 분석 시료의 5번 적정한 결과로부터 얻어진 benzoyl peroxide의 퍼센트 평균으로 나타내었다.

관리 도표는 제조 과정이 83일까지는 benzoyl peroxide의 양이 정규적인 우연(random) 변동으로 통계적 관리 안에 있다는 것을 보여준다. 그러나 83일째 그 시스템은 UCL 위로 극적이고 체계적인 증가로 한계 범위를 벗어난다. 이러한 증가는 그것의 근원이 발견되고 조정될 때까지는 공장에 심각한 우려를 자아낸다. 이러한

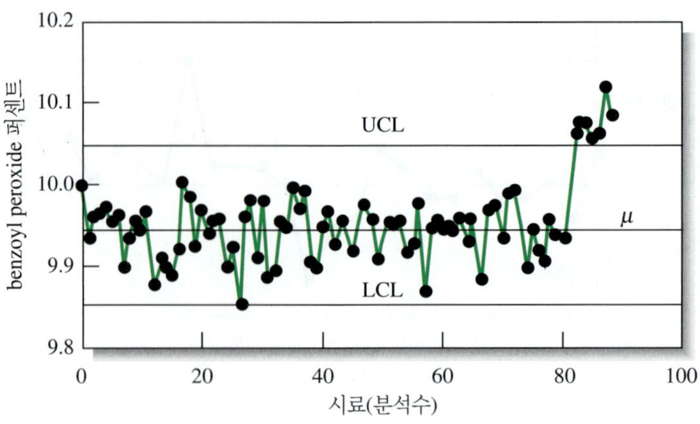


**그림 8-16** 상업적 여드름 제조약 안에 benzoyl peroxide의 농도를 검사하는 관리 도표 제조 과정에서 시료 83은 통계적 관리에서 벗어났고 제조 과정은 평균 농도 내에서 체계적인 변화를 보여준다.

예들은 다양한 상황에서 품질의 보증을 보여주기 위해서는 어떻게 관리 도표가 쉽고 효과적인 수단을 제공한다는 것인지 보여준다.

## » 분석법 검증

분석법 검증(validation)은 바람직한 정보를 제공하는 데 필요한 분석의 적합성을 결정한다. 분석법 검증는 시료, 분석 방법, 그리고 데이터에 적용시킬 수 있다. 분석법 검증은 분석자에 의해서 수행될 수 있고 감독관에 의해서도 행해질 수 있다. 시료의 타당성 판정은 연구되고 있는 모집단의 일부분으로서 측정에 대하여 시료를 허락하고, 시료에 대한 신빙성을 세우고, 만약 필요하다면 재 시료 채취를 허락하는지에 대한 판단 기준으로서 사용된다.

검증의 과정에서 시료는 시료의 신빙성이나 시료를 취할 때 의문, 시료 모집단의 단계에서 적당하지 않거나 의심 받을 경우가 있을 경우 거부된다. 예를 들면, 외부 검사에 의한 채혈 중 혈액 시료의 오염은 시료의 불합격 판정을 내릴 수 있는 좋은 이유이다.

분석법들에 관하여 타당성을 판정할 수 있는 여러 다른 방법들이 있다. 그 중의 몇 가지가 5B-4절에서 논의하였다. 가장 일반적인 방법은 가능하다면 표준 참고 시료를 이용한다는 것, 다른 분석법을 이용하여 분석하는 것, 소량 첨가된 시료를 분석하는 것, 그리고 시험 시료의 화학적인 조성과 비슷한 인조 시료를 분석하는 것 등이 있다. 개개의 분석자나 실험실에서는 방법의 검증과 사용된 기술의 검증을 주기적으로 테스트해야 한다.

데이터의 검증은 결과를 내보기 전의 마지막 단계이다. 이 과정은 사용된 방법과 시료의 타당성을 확인함으로서 시작한다. 그 후 데이터는 시료 채취, 시료 다루기, 분석을 수행할 때, 시료를 확인할 때, 사용된 계산법에서의 오차들을 제거한 후에 불확정도의 통계학적인 검증 한계에서 기록된다.

## » 분석 결과의 보고

특정한 보고 형태나 절차는 실험실마다 다르다. 아주 일반적인 지침서가 여기에 언급될 것이다. 분석 결과에 대한 보고는 'good laboratory practice (GLP)'의 절차를 따라야 한다.[26]

일반적으로 분석 결과는 평균값과 표준 편차로서 보고되어야 한다. 종종 평균의 표준 편차는 데이터 쌍의 표준 편차 대신에 주어진다. 이 둘 중 하나는 무엇이 제시

[26] J. K. Taylor, *Quality Assurance of Chemical Measurements*, pp. 113-114. Chelsea, MI : Lewis Publishers, 1987. pp. 113-.114.

되어지든 간에 명확한 것으로서 인정받아야 한다. 평균의 신뢰 구간 또한 보고되어야 한다. 일반적으로 95% 신뢰 수준이 적당한 수준일 것이다. 다시 말해, 신뢰 수준과 구간은 명확히 언급되어야 한다. 데이터에 관한 다양한 통계학 시험의 결과는 확실한 기준을 가지고 시험하면서 적당할 때 포함되어야 한다.

중요한 수치들은 결과를 보고할 때 매우 중요하다. 중요한 수치들은 데이터의 통계학적 평가에 기준을 두어야 한다. 6D-1절에 언급된 중요한 수치들에 관한 규칙은 가능하다면 따라야 하며 데이터의 반올림 등은 지침서에 맞추어 주의 깊게 행해져야 한다.

도표나 그림의 데이터는 가능하다면 불확정도를 표시하기 위해 각각의 데이터 포인트 위에 오차 막대(error bar)를 표시하도록 한다. 그래프를 그릴 수 있는 소프트웨어는 사용자가 다른 오차 막대 한계($\pm 1s$, $\pm 2s$, 등)를 표시할 수 있도록 하여야 하며 자동적으로 오차 막대의 크기도 선택할 수 있도록 해야 한다. 적당하다고 생각될 때마다 회귀식과 회귀 통계 결과에 대하여 또한 보고되어야 한다.

분석 결과의 유효성을 판정하고 기록하는 것은 분석의 가장 재미없는 부분이다. 그러나 이런 일은 가장 중요한 부분으로서 고려되어야 한다. 타당성 판정은 얻은 결론에 대하여 우리에게 신뢰감을 준다. 보고하는 과정 또한 공적(public)인 부분이며 공청회, 재판, 특허 지원, 다른 사건에 해결의 실마리를 가져다 줄 수도 있다.

검색 도구를 사용하여 '**methode of standard addition**'을 찾으시오. 표준물 첨가법을 사용하는 다섯 가지의 다른 기기분석법(예, 원자 흡수 분광법과 기체크로마토그래피)을 찾을 수 있으며 참고가 되는 웹사이트나 논문들이 있을 것이다. 기기분석법, 분석물, 시료매트릭스, 데이터 처리(단일 혹은 다중 첨가) 절차들을 포함하여 한 가지 방법을 상세하게 설명하시오.

## 연습 문제

***8-1.** 0.005 g의 암석을 분석하여 철 함량을 ppm 수준에서 정량하고자 한다. 분석 유형과 구성 성분 유형을 구하시오.

**8-2.** 분석에서 시료 채취 단계의 목적은 무엇인가?

***8-3.** 시료 채취 과정의 단계를 설명하시오.

**8-4.** 어떤 요인들이 총괄 시료의 무게를 결정하는가?

***8-5.** 다음 결과는 NIST 석회석 시료 중에 Ca 함량을 정량하여 얻은 것이다. %CaO = 50.33, 50.22, 50.36, 50.21, 50.44. 5개의 총괄 시료는 화물차 한 대 분의 석회석에 대해 얻은 것이다. 총괄 시료의 CaO 평균 % 값은 49.53, 50.12, 49.60, 49.87, 50.49였다. 시료 채취 단계와 관련하여 상대 표준 편차를 계산하시오.

**8-6.** 적어도 3.00 mg의 무게의 코팅은 의약품 정제에 적당한 외피의 수명을 주는 데 필요하다. 250개 정제의 무작위 시료 채취를 하여 알아보니 14개의 정제가 이 같은 조건에서 벗어났다.

(a) 이 정보를 이용하여 측정을 위한 상대 표준 편차를 계산하시오.

(b) 만족스럽지 못한 정제의 수에 대한 95% 신뢰도 구간은 얼마인가?

(c) 불합격품 분율이 변하지 않는다고 한다면, 이 측정에서 5% 상대 표준 편차를 보장하기 위하여 몇 개의 정제를 취해야 하는가?

***8-7.** 정제를 코팅하는 데 사용된 방법을 바꾸어서 불량품을 5.6% (연습 문제 8-6)에서 2.0%까지 줄였다. 만일 그 측정에서 허용할 수 있는 상대 표준 편차가 다음과 같다면 검사하기 위해 몇 개의 정제를 취해야 하는가?

(a) 20% (b) 12% (c) 7% (d) 2%

**8-8.** 750 상자의 와인을 실은 선박 컨테이너를 잘못 취급하여 몇 개의 병을 깨뜨렸다. 보험조정자가 임의적으로 250병의 시료를 취하였을 때, 52병이 파손되어서 선적 비용의 20.8%를 보상을 제안하였다. 다음을 계산하시오.

(a) 조정자의 계산에 대한 상대 표준 편차

(b) 750 상자(12병/상자)에 대한 절대 표준 편차

(c) 전체 병 수에 대한 90% 신뢰도 구간

(d) 약 21% 비율로 파손되었다고 가정할 때 5.0% 상대 표준 편차를 얻기 위해 필요한 임의적으로 시료 채취의 크기

***8-9.** 은을 함유하고 있는 광석의 배에서 약 15%의 입자들이 휘은광, $Ag_2S$($d$ = 7.3 g cm$^{-3}$, 87% Ag)으로 판명

되었다. 나머지는 은을 함유하지 않는 규산질($d$ = 2.6 g $cm^{-3}$)이다.

(a) 시료 채취에 의한 상대 표준 편차를 2% 또는 더 적게 하기 위해 총괄 시료로 취해야 하는 입자의 수를 계산하시오.

(b) 입자가 구형이며 평균 지름이 3.5 mm라고 가정하고 총괄 시료의 질량을 추정하시오.

(c) 분석을 위해서 취해진 시료는 0.500 g의 무게가 나가며 총괄 시료만큼의 동일한 수의 입자를 포함하고 있다. 이런 기준을 만족시키려면 얼마만큼의 지름을 갖도록 입자를 갈아야 하겠는가?

**8-10.** 페인트 시료 속 납의 정량에서 시료 채취 가변도는 10 ppm이고 측정에 대한 가변도는 4 ppm으로 알려져 있다. 두 종류의 시료 채취 과정들이 고려중이다.

계획 a: 5개의 시료를 취해서 각각에 대하여 동일한 분석을 수행한다.

계획 b: 3개의 시료를 취해서 각각에 대하여 동일한 분석을 수행한다.

어떤 시료 채취 계획이 더 낮은 평균 가변도를 가지겠는가?

***8-11.** 다음 데이터는 성인 환자의 혈청 속에 글루코오스의 농도를 나타낸다. 4일 연속으로 시료를 취하였으며 각각 세 번의 분석을 하였다. 주어진 시료의 가변도는 측정가변도의 추정이고 반면에 날짜 사이의 가변도는 측정가변도와 시료 채취 가변도를 반영한다.

| 일 | 글루코오스 농도, mg/100 mL | | |
|---|---|---|---|
| 1 | 62 | 60 | 63 |
| 2 | 58 | 57 | 57 |
| 3 | 51 | 47 | 48 |
| 4 | 54 | 59 | 57 |

(a) 분산의 분석을 수행하고 평균 농도가 날마다 서로 상당히 다른가를 확인한다.

(b) 시료 채취 가변도를 추정하시오.

(c) 전체 가변도를 낮출 수 있는 가장 좋은 방법은 무엇인가?

**8-12.** 광산을 팔려는 사람은 무게가 대략 5 lb이고, 그것의 평균 입자 지름이 5.0 mm인 광석 시료를 마구잡이로 취하였다. 검사 결과 시료의 1%는 휘은광(연습 문제 8-9)이었고, 나머지는 밀도가 약 2.6 g/$cm^3$이고 은을 포함하고 있지 않았다. 광산을 사려고 하는 사람은 상대 오차가 5% 이하로 광산의 은 함량을 알기를 원한다. 팔려는 사람은 그러한 평가를 허락할 수 있을 만큼의 충분한 시료를 어떻게 마련해야 할 지를 설명하시오.

***8-13.** 의학용 약품의 준비 과정에서 얻어진 용액 속에 Corticosteroid methylprednisolone acetate의 정량에 관한 방법은 평균값 3.7 mg $mL^{-1}$과 표준 편차 0.3 mg $mL^{-1}$를 나타내었다. 품질 관리 목적을 위하여 농도의 상대 불확정도는 3%보다 작아야 한다. 얼마나 많은 시료들이 각각의 실험에 95% 신뢰 수준에서 상대 표준 편차가 7%를 넘지 않도록 필요한가?

**8-14.** 자연수 중의 황산염 이온의 농도는 과량의 $BaCl_2$를 일정량의 시료에 가했을 때 생기는 혼탁도를 측정함으로써 정량할 수 있다. 이 분석에서 사용되는 탁도계는 일련의 $Na_2SO_4$로서 검정된다. 이 검정에서 다음의 데이터를 얻었다.

| mg $SO_4^{2-}$/L, $c_x$ | 탁도계 읽기, R |
|---|---|
| 0.00 | 0.06 |
| 5.00 | 1.48 |
| 10.00 | 2.28 |
| 15.0 | 3.98 |
| 20.0 | 4.61 |

농도와 기기 눈금 사이에 직선 관계가 있다고 가정하자.

(a) 데이터들을 도시하고 눈대중으로 점들을 잇는 직선을 그리시오.

(b) 그 변수들 간의 관계를 나타내는 최소제곱식을 유도하시오.

(c) (b)에서 얻어진 관계식의 직선을 (a)의 직선과 비교하시오.

(d) 가변도분석(ANOVA)을 하고 $R^2$ 값과 조절된 $R^2$ 값, 회귀의 중요성을 찾으시오. 이 값들에 관하여 설명하시오.

(e) 탁도계의 눈금이 2.84인 시료에서의 황산염 이온 농도를 계산하시오. 그 결과 값의 절대 표준 편차와 변동 계수를 계산하시오.

(f) 2.84를 6번의 탁도계 측정의 평균으로 가정하고 (e)의 계산을 반복하시오.

**8-15.** pCa의 정량을 위한 칼슘 이온 전극을 검정하는 과정에서 다음 데이터를 얻었다. 전위 $E$와 pCa 사이에는 직선 관계가 있는 것으로 알려져 있다.

| pCa = $-\log[Ca^{2+}]$ | $E$, mV |
|---|---|
| 5.00 | −53.8 |
| 4.00 | −27.7 |
| 3.00 | +2.7 |
| 2.00 | +31.9 |
| 1.00 | +65.1 |

(a) 데이터를 도시하고 눈 대중으로 점들을 잇는 직선을 그리시오.

*(b) 데이터 간의 직선을 위한 최소 자승식을 구하시오. 이 직선을 그리시오.

(c) 이들 점에 대한 최상의 직선을 얻기 위한 최소 가변도분석(ANOVA) 표에서의 통계를 기록하시오. 분산 분석 통계치에 관한 의미에 관하여 설명하시오.

*(d) 전극 전위가 15.3 mV인 혈청 용액의 pCa를 계산하시오. 그 결과 없이 단일 전압 측정값이었다고 하고 pCa에 대한 절대 및 상대 표준 편차를 계산하시오.

(e) (d)의 전위 값이 2번 측정의 평균인 경우 pCa에 대한 절대 및 상대 표준 편차를 계산하시오. 8번 측정한 평균에 대한 것이라고 가정하고 다시 계산하시오.

**8-16.** 다음은 methyl vinyl ketone (MVK)의 표준 용액에 대해서 크로마토그램에서 상대 피크 면적을 나타내고 있다.

| 농도 MVK, mmol/L | 상대 피크 면적 |
|---|---|
| 0.500 | 3.76 |
| 1.50 | 9.16 |
| 2.50 | 15.03 |
| 3.50 | 20.42 |
| 4.50 | 25.33 |
| 5.50 | 31.97 |

(a) 최소제곱식을 사용하여 최적 직선의 계수를 결정하시오.

(b) 가변도분석 표를 만드시오.

(c) 실험 점들뿐만 아니라 최소제곱선을 도시하시오.

(d) MVK를 함유한 한 시료가 12.9의 상대 피크 면적이 산출되었다. 용액 속에 MVK의 농도를 계산하시오.

(e) (d)에서 한 번 측정한 값이 4번 측정한 평균 값과 같은 결과를 가져온다고 가정한다. 절대 및 상대 표준 편차를 구하시오.

(f) 21.3의 상대피크 면적을 가진 시료 용액에서 앞의 (d)와 (e)와 같이 계산해 보시오.

***8-17.** 다음 표에서의 데이터는 혈청 속에 글루코오스의 비색 측정에 대하여 얻은 것이다.

| 글루코오스 농도, mM | 흡수도, $A$ |
|---|---|
| 0.0 | 0.002 |
| 2.0 | 0.150 |
| 4.0 | 0.294 |
| 6.0 | 0.434 |
| 8.0 | 0.570 |
| 10.0 | 0.704 |

(a) 선형관계를 가정하고, 기울기와 절편의 최소 제곱 추정값(estimate)을 구하시오.

(b) 기울기와 절편의 표준 편차는 얼마인가? 추정값의 표준 편차는 얼마인가?

(c) 기울기와 절편에 대한 95% 신뢰 구간을 결정하시오.

(d) 혈청 시료의 흡광도는 0.413이다. 이 시료에서 글루코오스의 95% 신뢰 구간을 구하시오.

**8-18.** 다음 데이터는 전극전위 $E$ 대 농도 $c$의 관계를 나타낸 것이다.

| $E$, mV | 농도 $c$ 안의 mol L$^{-1}$ | $E$, mV | 농도 $c$ 안의 mol L$^{-1}$ |
|---|---|---|---|
| 106 | 0.20000 | 174 | 0.00794 |
| 115 | 0.07940 | 182 | 0.00631 |
| 121 | 0.06310 | 187 | 0.00398 |
| 139 | 0.03160 | 211 | 0.00200 |
| 153 | 0.02000 | 220 | 0.00126 |
| 158 | 0.01260 | 226 | 0.00100 |

(a) 데이터를 $E$ 대 $-\log c$ 값에 대하여 바꾸시오.

(b) $E$ 대 $-\log c$ 값에 대하여 도시하고 기울기와 절편의 최소 제곱 추정(estimate)을 찾으시오. 최소 제곱식을 쓰시오.

(c) 기울기와 절편에 대한 95% 신뢰 구간을 구하시오.

(d) 회귀에 대한 유의성에 관하여 $F$ 시험법을 적용해 보시오.

(e) 추정된 표준 오차, 상관 계수, 배수 상관 계수를 찾으시오.

**8-19.** 화학 반응에서의 활성화 에너지 $E_A$를 정량해 보았다. 속도 상수 $k$는 온도 $T$에 대한 함수로서 구해졌다. 다음의 표에 있는 데이터는 그 값들이다.

| 온도, $T$, K | $k$, s$^{-1}$ |
|---|---|
| 599 | 0.00054 |
| 629 | 0.0025 |
| 647 | 0.0052 |
| 666 | 0.014 |
| 683 | 0.025 |
| 700 | 0.064 |

데이터는 $A$가 앞 지수 인자이고 $R$이 기체 상수일 때, $\log k = \log A - E_A/(2.303\ RT)$ 선형 모델을 이룬다.

(a) $\log k = a - 1000b/T$ 형태의 직선으로 데이터를 맞추시오.

*(b) 기울기, 절편, 추정값에 대한 표준 편차를 구하시오.

*(c) $E_A = -b \times 2.303R \times 1000$를 명심하면서 활성화 에너지와 그에 대한 표준 편차를 구하시오. ($R$ = 1.987 cal mol$^{-1}$ K$^{-1}$)

*(d) 이론적인 예측은 $E_A$ = 41.00 kcal mol$^{-1}$ K$^{-1}$를 준다. $E_A$가 95% 신뢰 수준에서 이 값이라는 영가정(null hypothesis)을 테스트해 보시오.

**8-20.** 고체 시체 속의 물은 적외선 분광법으로 정량할 수 있다. 칼슘 설페이트 수화물의 물의 양은 측정 과정 중 계통 오차를 보정하기 위해 내부 표준물로서 칼슘카보네이트를 사용하여 측정한다. 일련의 칼슘설페이트 수화물 표준 용액과 농도를 알고 있는 동일한 내부 표준물질을 준비하였다. 미지의 물을 함유하고 있는 시료도 동일한 농도의 내부표준 물질과 함께 준비하였다. 이수화물의 흡광도 ($A_{sample}$)와 다른 파장에서의 내부 표준물 흡광도($A_{std}$)를 측정하여 다음 결과를 얻었다.

| $A_{sample}$ | $A_{std}$ | % 물 |
|---|---|---|
| 0.15 | 0.75 | 4.0 |
| 0.23 | 0.60 | 8.0 |
| 0.19 | 0.31 | 12.0 |
| 0.57 | 0.70 | 16.0 |
| 0.43 | 0.45 | 20.0 |
| 0.37 | 0.47 | 모름 |

(a) 시료의 흡광도($A_{sample}$) 대 %물에 대하여 도시하고 그 선이 회귀 통계의 관점에서 선형인지 아닌지를 결정하시오.

(b) $A_{sample}/A_{std}$ 대 %물의 비에 대하여 도시하고 내부 표준물의 사용이 (a) 문제에서의 선형도를 개선하였는지에 관하여 논하시오. 개선하였다면, 왜 그런가?

(c) 내부 표준 데이터를 사용하여 미지의 시료 속에 물의 퍼센트 함량을 계산하시오.

**8-21.** 포타슘은 리튬 내부 표준 물질을 사용하여 불꽃 발광 분광법에 의하여 정량된다. 다음의 데이터는 KCl의 표준용액에 대하여 얻어졌고 내부 표준물로서 일정한 양의 LiCl을 포함하는 미지의 시료에 대하여 얻어졌다. 모든 세기는 바탕 용액의 세기를 감해줌으로써 바탕에 대하여 보정되었다.

| K의 농도 ppm | K 발광의 세기 | Li 발광의 세기 |
|---|---|---|
| 1.0 | 10.0 | 10.0 |
| 2.0 | 15.3 | 7.5 |
| 5.0 | 34.7 | 6.8 |
| 7.5 | 65.2 | 8.5 |
| 10.0 | 95.8 | 10.0 |
| 20.0 | 110.2 | 5.8 |
| 모름 | 47.3 | 9.1 |

(a) K 발광 세기 대 K의 농도에 대하여 도시하시오. 회귀 통계로부터 선형성을 결정하시오.

(b) K 세기와 Li 세기 대 K의 농도비에 대하여 도시하시오. (a)의 결과와 선형성에 대하여 비교하시오. 어떻게 내부 표준물이 선형성을 개선시켰는가?

*(c) 미지의 시료에서 K의 농도를 계산하시오.

**8-22.** 강물 속의 구리를 원자 흡광 광도법과 표준물 첨가법을 이용하여 정량한다. 첨가법을 위해서 1000.0 μL/mL Cu 표준 용액 100.0 μL를 100.0 mL의 용액에 적가하였다. 다음 데이터가 얻어졌다.

시약 바탕 용액의 흡광도 = 0.020

시료의 흡광도 = 0.520

(시료 + 첨가물)의 흡광도 − 바탕 용액 = 1.020

(a) 시료 속의 구리의 농도를 계산하시오.

(b) 이후의 연구는 위에서 얻어진 시약 바탕 용액이 부적절하였고 실제로는 0.100이었다고 하자. 올바른 바탕 용액을 사용하였을 때의 구리의 농도를 계산하시오. 부적절한 바탕 용액을 사용함으로써 발생될 수 있는 오차를 생각해보시오.

***8-23.** 표준물 첨가법은 흙 시료 속에 질산염을 정량하는 데 사용된다. 시료의 1.00 mL가 비색측정 시약 24.00 mL와 혼합되면 질산염은 바탕이 보정된 흡광도 0.300을 보이는 색깔을 띠는 생성물을 만든다. 원래의 시료의 50.00 mL에 $1.00 \times 10^{-3}$ M의 표준 용액 1.00 mL가 적가되었다. 똑같은 색깔을 띠는 생성물이 만들어졌으며 새로운 흡광도는 0.530이었다. 원래의 희석되지 않은 시료 속에 질산염의 농도는 얼마인가?

**8-24.** 다음의 원자 흡광 광도법에 의한 결과 값은 종합비타민정제 속에 Zn을 정량한 것이다. 모든 흡광도 값은 적당한 시약 바탕 용액($c_{Zn}$ = 0.0 ng/mL)을 사용하여 보정되었다. 바탕 용액에 대한 평균값은 0.0000이고 표준 편차는 0.0047(흡광 단위로서)이었다.

| $c_{Zn}$, ng/mL | A |
|---|---|
| 5.0 | 0.0519 |
| 5.0 | 0.0463 |
| 5.0 | 0.0485 |
| 10.0 | 0.0980 |
| 10.0 | 0.1033 |
| 10.0 | 0.0925 |
| 정제 시료 | 0.0672 |
| 정제 시료 | 0.0614 |
| 정제 시료 | 0.0661 |

(a) 정제 시료에 대한 5.0과 10.0 ng/mL 표준물에 대한 평균 흡광도를 구하시오. 그리고 이 값들에 대한 표준 편차를 구하시오.

(b) $c_{Zn}$ = 0.0, 5.0, 10.0 ng/mL를 지나는 최소 제곱선을 구하시오. 그리고 검정 감도와 분석 감도를 구하시오.

(c) $k$ 값이 3일 때 검출 한계를 구하시오. 이것은 어느 정도의 신뢰 수준에 해당하는가?

(d) 정제 시료 속의 Zn의 농도를 구하고 농도의 표준 편차도 계산하시오.

**8-25.** 원자 발광 측정법은 혈청 시료 속에 소듐을 정량하는 데 사용된다. 다음의 발광 세기들은 5.0과 10.0 ng/mL의 표준물에 대해, 또한 혈청 시료에 대해 얻은 값들이다. 모든 발광 세기는 각각의 바탕 용액에 대하여 보정되었다. 바탕 세기($c_{Zn}$ = 0.0)의 평균값은 0.000이었고 표준 편차는 0.0071 (임의 단위)이었다.

| $c_{Zn}$, ng/mL | 발광 세기 |
|---|---|
| 5.0 | 0.51 |
| 5.0 | 0.49 |
| 5.0 | 0.48 |
| 10.0 | 1.02 |
| 10.0 | 1.00 |
| 10.0 | 0.99 |
| Serum | 0.71 |
| Serum | 0.77 |
| Serum | 0.78 |

(a) 5.0과 10.0 ng/mL의 표준물에 대하여 그리고 또한 혈청 시료에 대하여서도 발광 세기 값을 찾고, 이 값들의 표준 편차도 구하시오.

(b) $c_{Na}$ = 0.0, 5.0, 10.0 ng/mL를 지나는 최소 제곱선을 구하시오. 그리고 검정 감도와 분석 감도를 구하시오.

(c) $k$ 값이 2와 3일 때 검출 한계를 구하시오. 이것은 어느 정도의 신뢰 수준에 해당하는가?

(d) 혈청 시료 속의 Na의 농도를 구하고 농도의 표준 편차도 계산하시오.

**8-26.** 다음의 데이터는 30일 동안 연속적으로 이루어진 측정값을 나타낸 것이다. 한 번의 측정이 매일 이루어졌다. 30번의 측정이 $\bar{x} \rightarrow \mu$, $s \rightarrow \sigma$로 충분하다고 가정하여 그 값의 평균과 표준 편차, 상한계와 하한계를 구하시오. 차트에 통계적인 양과 동반하여 데이터 점에 관하여 도시하시오. 그리고 그 과정이 항상 통계학적 제어 아래에 있는 지를 결정하시오.

| 날짜 | 값 | 날짜 | 값 | 날짜 | 값 |
|---|---|---|---|---|---|
| 1 | 49.8 | 11 | 49.5 | 21 | 58.8 |
| 2 | 48.4 | 12 | 50.5 | 22 | 51.3 |
| 3 | 49.8 | 13 | 48.9 | 23 | 50.6 |
| 4 | 50.8 | 14 | 49.7 | 24 | 48.8 |
| 5 | 49.6 | 15 | 48.9 | 25 | 52.6 |
| 6 | 50.2 | 16 | 48.8 | 26 | 54.2 |
| 7 | 51.7 | 17 | 48.6 | 27 | 49.3 |
| 8 | 50.5 | 18 | 48.1 | 28 | 47.9 |
| 9 | 47.7 | 19 | 53.8 | 29 | 51.3 |
| 10 | 50.3 | 20 | 49.6 | 30 | 49.3 |

***8-27.** 다음의 표는 공정 중에 고분자의 순도에 대하여 매일 6번 측정한 것에 대한 시료의 평균값과 표준 편차를 나타낸다. 순도의 정도가 24일 동안 측정되었다. 측정의 전체적인 평균과 표준 편차를 구하고 상한계와 하한계를 이용하여 관리 도표를 작성하시오. 아래 표의 평균값의 일부가 통계학적인 관리의 손실을 암시하고 있는가?

| 날짜 | 평균값 | 표준 편차 | 날짜 | 평균값 | 표준 편차 |
|---|---|---|---|---|---|
| 1 | 96.50 | 0.80 | 13 | 96.64 | 1.59 |
| 2 | 97.38 | 0.88 | 14 | 96.87 | 1.52 |
| 3 | 96.85 | 1.43 | 15 | 95.52 | 1.27 |
| 4 | 96.64 | 1.59 | 16 | 96.08 | 1.16 |
| 5 | 96.87 | 1.52 | 17 | 96.48 | 0.79 |
| 6 | 95.52 | 1.27 | 18 | 96.63 | 1.48 |
| 7 | 96.08 | 1.16 | 19 | 95.47 | 1.30 |
| 8 | 96.48 | 0.79 | 20 | 96.43 | 0.75 |
| 9 | 96.63 | 1.48 | 21 | 97.06 | 1.34 |
| 10 | 95.47 | 1.30 | 22 | 98.34 | 1.60 |
| 11 | 97.38 | 0.88 | 23 | 96.42 | 1.22 |
| 12 | 96.85 | 1.43 | 24 | 95.99 | 1.18 |

**8-28.** **도전 문제:** Zwanziger와 Sârbu[27]는 분석법과 기기의 타당성에 대하여 연구를 수행했다. 다음의 데이터는 두 개의 다른 시료 준비 과정(마이크로파 삭임법과 기존의 삭임법)을 통하여 고체 형태의 쓰레기 속에 수은을 원자 흡광 광도법으로 정량하여 얻은 것이다.

| 수은 농도 $x$, ppm (기존) | 수은 농도 $y$, ppm (마이크로파) |
|---|---|
| 7.32 | 5.48 |
| 15.80 | 13.00 |
| 4.60 | 3.29 |
| 9.04 | 6.84 |
| 7.16 | 6.00 |
| 6.80 | 5.84 |
| 9.90 | 14.30 |
| 28.70 | 18.80 |

(a) 기존의 삭임법이 독립적인 변수라 가정하고 표 안의 데이터에 대하여 최소 제곱 분석을 해 보시오. 기울기, 절편 $R^2$, 표준 오차, 다른 관계 있는 통계 값을 구하시오.

(b) (a)에서 얻어진 결과를 도시하시오. 회귀선에 관한 식을 보이시오.

(c) 이제는 마이크로파 삭임법이 독립적인 변수라고 생각하고, 회귀분석을 하고 관계가 있는 통계 값들을 구하시오.

(d) (c)의 데이터에 대하여 도시하시오. 회귀식을 보이시오.

(e) (b)와 (d)에서 구한 식을 서로 비교하고 그 식들이 왜 다른가를 설명하시오.

(f) 방금 했던 절차와 최소제곱법의 가정 사이에 어떤 오류가 있는가? 어떤 종류의 통계적인 분석이 이런 종류의 데이터를 다루는 데 선형 최소제곱법보다 더 적절한 것 같은가?

(g) 각주 27번을 찾아보시오. 그리고 표 2에서 예제 4에 대한 논문에서 제출된 결과 값을 지금 막 구한 값과 비교하시오. 비교하여 보면 지은이의 결과 값이 상당히 다르다는 것을 발견하게 될 것이다. 이런 불일치에 대하여 가장 그럴 듯한 설명은 무엇인가?

(h) **www.cengage.com/chemistry/skoog/fac9**을 방문하여 8장 각주 27번의 표 1에서 찾을 수 있는 시험 데이터를 다운받는다. 예제 1과 예제 3의 똑같은 종류의 분석을 수행한다. 그리고 논문의 표 2에서 나타내는 것과 계산된 결과 값을 비교한다. 예제 3에서 모든 37 데이터쌍을 포함시켜야 함을 명심하시오.

(i) 방법 비교 데이터(method comparison data)에 관하여 논문에서 제안된 다른 방법에는 어떤 것이 있는가?

(j) 선형의 회귀와 기울기에 의하여 두 개의 방법을 비교하고 하나로 동일하지 않을 때는 무엇을 의미하는가? 절편이 0이 아니라는 것은 무엇을 의미하는가?

---

[27] H. W. Zwanziger and C. Sarbu, *Anal. Chem.*, **1998**, *70*,1277, DOI: 10.1021/ac970926y.

# 제2부 화학 평형
Chemical Equilibria

제 9 장

# 수용액과 화학 평형

*Aqueous Solutions and Chemical Equilibria*

대부분의 분석 기술은 화학 평형 상태가 필요하다. 평형에서 정반응과 역반응의 반응 속도는 같다. 오른쪽 사진은 켄터키의 맘모스동굴 국립공원에 있는 'Frozen Niagra'라고 불리는 아름다운 자연 경관이다. 물이 동굴 표면에 있는 석회암 위로 천천히 스며 나오면, 화학 평형에 따라 탄산 칼슘이 물에 녹아나온다.

$$CaCO_3(s) + CO_2(g) + H_2O(l) \rightleftharpoons Ca^{2+}(aq) + 2HCO_3^-(aq)$$

흐르는 물은 탄산 칼슘으로 충분히 포화된다. 이산화 탄소가 없어지면 역반응이 우세해지며 석회암이 침전되어 형성되는데, 그 모양은 흐르는 물의 방향에 의해 결정되어진다. 종유석들과 석순들은 무한히 긴 시간을 거쳐 천장에서부터 동굴의 바닥까지 물이 탄산 칼슘으로 포화되어 떨어져 생긴 비슷한 형태의 예들이다.

이 장에서는 화학 평형과 일양성자성 산/염기 계에 대한 평형 농도와 화학 조성의 계산을 포함하는 기본적인 것에 대해 살펴본다. 또한 많은 과학의 분야에서 매우 중요하게 다뤄지고 있는 완충 용액과 그의 성질에 대해서 다루려고 한다.

## 9A 수용액의 화학적 조성

물은 지구상에서 이용할 수 있는 용매 중 가장 풍부하고 쉽게 정제되며 유해하지도 않다. 그러므로 화학 분석을 수행하는데 널리 사용되고 있는 매질이다.

### 9A-1 전해질 용액의 분류

여기서 설명할 용질의 대부분은 **전해질**(electrolyte)이다. 전해질은 물(또는 다른 용매)에 녹았을 때 이온을 생성하여 전기를 전도하는 용액을 만드는 물질이다. **강 전해질**(strong electrolyte)은 용매 속에서 거의 완전히 이온화하나, **약 전해질**(weak electrolyte)은 일부만 이온화한다. 그러므로 약 전해질 용액은 강 전해질 용액보다 전도도가 낮다. **표 9-1**은 물속에서 강 전해질 및 약 전해질로 작용하는 여러 용질들을 분류해 놓았다. 강 전해질에는 산, 염기 및 **염**(salt) 등이 있다.

**염**은 산과 염기가 반응하여 생기는 생성물이다. 예로는 NaCl, $Na_2SO_4$, NaOOC-$CH_3$ (아세트산소듐)가 있다.

**표 9-1**

| 전해질의 분류 | |
|---|---|
| **강 전해질** | **약 전해질** |
| 1. 무기산 $HNO_3$, $HClO_4$, $H_2SO_4$*, HCl, HI, HBr, $HClO_3$, $HBrO_3$ | 1. $H_2CO_3$, $H_3BO_3$, $H_3PO_4$, $H_2S$, $H_2SO_3$를 포함하는 다수의 무기 산 |
| 2. 알칼리 및 알칼리 토금속의 수산화물 | 2. 대부분의 유기 산 |
| 3. 대부분의 염 | 3. 암모니아 및 대부분의 유기 염기 |
| | 4. Hg, Zn, Cd의 할로겐화물, 시안화물, 티오시안산염 |

*$H_2SO_4$는 완전히 해리하여 $HSO_4^-$와 $H_3O^+$로 이온화하므로 강 전해질로 분류된다. 그러나 $HSO_4^-$ 이온은 단지 일부만 $SO_4^{2-}$와 $H_3O^+$로 해리하는 약 전해질임을 유의하시오.

## ▸ 9A-2 산과 염기

**산**은 양성자를 내어주는 물질이고 **염기**는 양성자를 받는 물질이다.

산은 양성자 받개(염기)의 존재 하에서 양성자를 내놓는다. 염기는 양성자 주개(산)의 존재 하에서 양성자를 받는다.

1923년에 덴마크의 J. N. Brønsted와 영국의 J. M. Lowry가 독자적으로 분석 화학에서 특히 유용한 산/염기 이론을 제안하였다. Brønsted-Lowry 이론에 의하면, **산**(acid)은 양성자 주개이고 **염기**(base)는 양성자 받개이다. 어떤 분자가 산으로 작용하기 위해서는 양성자 받개(염기)가 반드시 존재해야 한다. 또한 양성자를 받을 수 있는 분자는 산이 존재하면 염기로 작용한다.

### ≫ 짝산 및 짝염기

**짝염기**는 산이 양성자를 내어 놓았을 때 생기는 화학종이다. 예를 들면, 아세트산 이온은 아세트산의 짝염기이고 암모늄 이온은 염기 암모니아의 짝산이다.

Brønsted-Lowry 개념의 한 가지 중요한 특징은 산이 양성자를 내놓을 때 양성자를 받아들일 수 있는 **짝염기**(conjugate base)가 생긴다는 것이다. 예를 들면 화학종 $산_1$이 양성자를 내주면 다음 반응으로 나타낸 바와 같이 $염기_1$이 생긴다.

$$산_1 \rightleftharpoons 염기_1 + 양성자$$

여기서 $산_1$과 $염기_1$는 **짝산/짝염기 쌍**(conjugate acid/base pair) 또는 **짝 쌍**(conjugate pair)이다.

**짝산**은 염기가 양성자를 받아들였을 때 생기는 화학종이다.

마찬가지로 모든 염기는 양성자를 받아들여 **짝산**(conjugate acid)을 만든다. 즉,

$$염기_2 + 양성자 \rightleftharpoons 산_2$$

어떤 물질은 염기의 존재 하에서 산으로 작용하며, 그 반대로 산의 존재 하에서는 염기로 작용한다.

이 두 과정을 결합시키면 산/염기 반응 즉, **중화**(neutralization) 반응이 된다.

$$산_1 + 염기_2 \rightleftharpoons 염기_1 + 산_2$$

이 반응이 진행되는 정도는 두 염기가 양성자를 받아들이는 상대적 세기(또는 두 산이 양성자를 내주는 상대적 세기)에 따라 달라진다. 짝산/짝염기 관계의 예는 식 (9-1)부터 식 (9-4)에 걸쳐 보여주고 있다.

많은 용매는 양성자 주개 또는 양성자 받개이므로 그 속에 녹아 있는 용질이 염기 또는 산으로 작용하게 만든다. 예를 들면, 암모니아의 수용액 속에서 물은 양성자를 내어주므로 용질 $NH_3$에 대하여 산으로 작용한다.

$$\underset{\text{염기}_1}{NH_3} + \underset{\text{산}_2}{H_2O} \rightleftharpoons \underset{\text{짝산}_1}{NH_4^+} + \underset{\text{짝염기}_2}{OH^-} \tag{9-1}$$

이 반응에서 암모니아(염기$_1$)는 물(산$_2$)와 반응하여 짝산인 암모늄 이온(산$_1$)과 산으로 작용하는 물의 짝염기인 수산화 이온(염기$_2$)을 만든다.

다른 한편으로는 아질산의 수용액 속에서 물은 양성자 받개, 즉 염기로 작용한다.

$$\underset{\text{염기}_1}{H_2O} + \underset{\text{산}_2}{HNO_2} \rightleftharpoons \underset{\text{짝산}_1}{H_3O^+} + \underset{\text{짝염기}_2}{NO_2^-} \tag{9-2}$$

산 $HNO_2$의 짝염기는 아질산 이온이다. 물의 짝산은 $H_3O^+$로 쓰인 수화된 양성자이다. $H_3O^+$는 **하이드로늄 이온**(hydronium ion)이라 하며 물 분자에 양성자가 공유 결합되어 있다. **그림 9-1**에서 나타내는 $H_5O_2^+$, $H_9O_4^+$와 같이 더 높은 수화물 및 정12면체 바구니 구조가 양성자의 수용액에서 나타난다. 그러나 편의상 수화된 양성자가 포함된 화학 방정식을 쓸 때 $H_3O^+$ 또는 더 간단히 $H^+$로 표기한다.

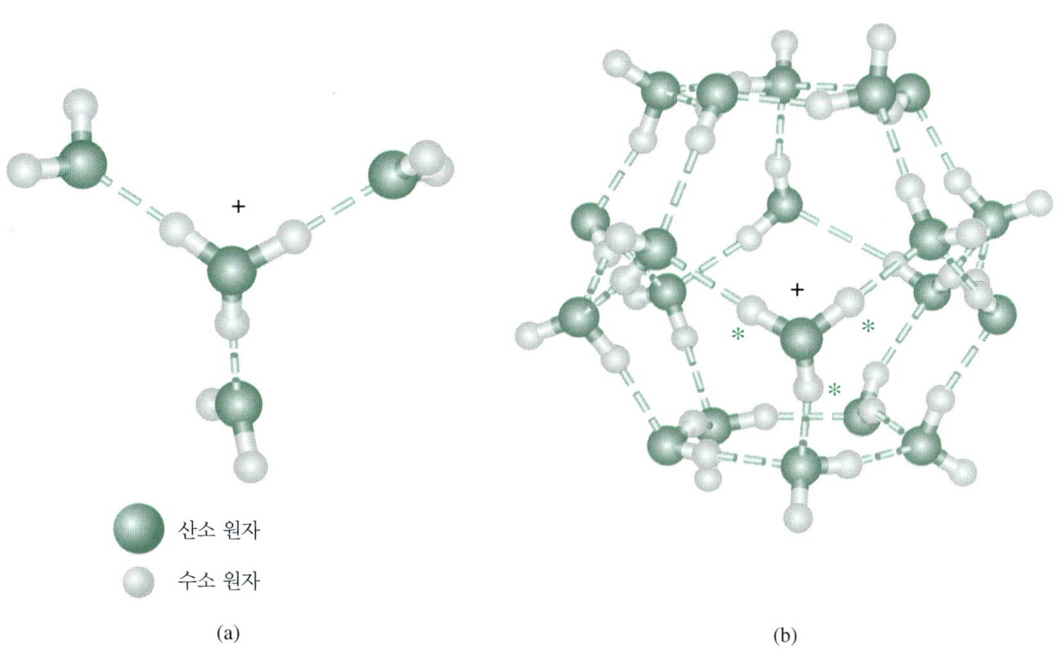


**그림 9-1** 하이드로늄 이온의 가능한 구조들. (a) $H_9O_4^+$종들은 고체 상태에서 관찰할 수 있고, 수용액에서 중요한 기여체이다. (b) $(H_2O)_{20}H^+$종들은 정12면체의 바구니 구조를 가진다. 위의 구조에서 *표가 붙어 있는 세 개 중 어느 하나인 여분의 양성자는 인접한 물 분자로 옮겨가면서 정12면체의 표면 주위에서 자유롭게 움직일 수 있다.

© Hulton-Deutsch Collection/CORBIS

스웨덴 과학자 Svante Arrhenius (1859~1927)는 용액에서 이온이 해리되는 것과 관련된 많은 초기 이론을 발표하였다. 처음에는 그 이론이 받아들여지지 않았다. 사실 그는 1884년 Ph. D 시험에서 가장 낮은 점수를 받았었다. 1903년에 Arrhenius는 이 놀라운 이론으로 Nobel 화학상을 수상하였다. 그는 대기 중의 이산화 탄소의 양과 지구 온도 사이의 관계를 제시하여 **온실 효과**(greenhouse effect)라고 알려진 현상을 밝힌 최초의 과학자 중 한 사람이다. 여러분은 아마도 Arrhenius의 최초의 논문인 '지면의 온도에 관한 대기 중의 탄산의 영향'을 읽었을 것이다. *London Edinburgh Dublin Philos. Mag. J. Sci.*, **1896**, *41*, 237-276.

양성자를 내놓았던 산은 원래의 산으로 되기 위해 양성자를 받을 수 있는 짝염기가 된다. 마찬가지로 양성자를 받아들였던 염기는 원래의 염기로 되기 위해 양성자를 내놓을 수 있는 짝산이 된다. 그래서 아질산으로부터 양성자를 내놓아 형성된 아질산 이온은 적절한 양성자 주개로부터 양성자를 받을 수 있을 것이다. 다음 반응은 아질산 소듐 수용액이 약염기성 용액이 되는 예이다.

$$\underset{\text{염기}_1}{NO_2^-} + \underset{\text{산}_2}{H_2O} \rightleftharpoons \underset{\text{짝산}_1}{HNO_2} + \underset{\text{짝염기}_2}{OH^-}$$

## ▸ 9A-3 양쪽성 양성자성 화학종

산과 염기 두 가지로 작용할 수 있는 화학종들을 **양쪽성 양성자성**(amphiprotic)이라고 한다. 한 예로 이수소인산염 이온($H_2PO_4^-$)은 $H_3O^+$와 같은 양성자 주개가 존재하면 염기로 작용한다.

$$\underset{\text{염기}_1}{H_2PO_4^-} + \underset{\text{산}_2}{H_3O^+} \rightleftharpoons \underset{\text{산}_1}{H_3PO_4} + \underset{\text{염기}_2}{H_2O}$$

여기서 $H_3PO_4$는 원래 염기 $H_2PO_4^-$의 짝산이다. 그러나 수산화 이온과 같은 양성자 받개가 존재하면 $H_2PO_4^-$는 산으로 작용하여 양성자를 내놓고 짝염기 $HPO_4^{2-}$을 형성한다.

$$\underset{\text{산}_1}{H_2PO_4^-} + \underset{\text{염기}_2}{OH^-} \rightleftharpoons \underset{\text{염기}_1}{HPO_4^{2-}} + \underset{\text{산}_2}{H_2O}$$

간단한 아미노산은 약산과 약염기의 작용기를 동시에 함유한 양쪽성 양성자성 화합물의 중요한 부류이다. 물에 용해될 때 아미노산은 글라이신처럼 내부 산/염기 반응이 진행되어 **쯔비터 이온**(zwitter ion)을 생성하는데, 이는 양전하와 음전하 둘 다 가진다. 즉

$$\underset{\text{글라이신}}{NH_2CH_2COOH} \rightleftharpoons \underset{\text{쯔비터 이온}}{NH_3^+CH_2COO^-}$$

이 반응은 카복실산과 아민 사이에 관찰되는 산/염기 반응과 유사하다.

$$\underset{\text{산}_1}{R'COOH} + \underset{\text{염기}_2}{R''NH_2} \rightleftharpoons \underset{\text{염기}_1}{R'COO^-} + \underset{\text{산}_2}{R''NH_3^+}$$

**쯔비터 이온**은 양전하와 음전하를 둘 다 가진 이온이다.

물은 **양쪽성 양성자성 용매**(amphiprotic solvent)의 대표적인 예이다. 즉, 용질에 따라 산[식 (9-1)] 또는 염기[식 (9-2)]로 작용할 수 있다. 다른 일반적인 양쪽성 양성자성 용매는 메탄올, 에탄올, 무수 아세트산이다. 예를 들면 메탄올에서 식 (9-1)과 식 (9-2)에 나타낸 물 평형과 유사한 평형이 일어난다.

물은 산 또는 염기로 작용할 수 있다.

**양쪽성 양성자성 용매**는 염기성 용질이 존재할 경우는 산으로, 산성 용질이 존재하는 경우는 염기로 작용한다.

$$\underset{\text{염기}_1}{NH_3} + \underset{\text{산}_2}{CH_3OH} \rightleftharpoons \underset{\text{짝산}_1}{NH_4^+} + \underset{\text{짝염기}_2}{CH_3O^-} \quad \textbf{(9-3)}$$

$$\underset{\text{염기}_1}{CH_3OH} + \underset{\text{산}_2}{HNO_2} \rightleftharpoons \underset{\text{짝산}_1}{CH_3OH_2^+} + \underset{\text{짝염기}_2}{NO_2^-} \quad \textbf{(9-4)}$$

## ▸ 9A-4 자체 양성자 해리

양쪽성 양성자성 용매는 자체이온화 또는 **자체 양성자 해리**(autoprotolysis)가 일어나면서 한 쌍의 이온종을 만든다. 자체 양성자 해리는 다음 식들에서 나타낸 바와 같이 산/염기 반응의 또 다른 예가 된다.

**자체 양성자 해리**(자체 이온화라고 부르기도 함)는 이온쌍을 주기 위한 물질 분자들 사이의 자발적인 반응이다.

$$
\begin{array}{llll}
\text{염기}_1 & + \text{산}_2 & \rightleftharpoons \text{산}_1 & + \text{염기}_2 \\
H_2O & + H_2O & \rightleftharpoons H_3O^+ & + OH^- \\
CH_3OH & + CH_3OH & \rightleftharpoons CH_3OH_2^+ & + CH_3O^- \\
HCOOH & + HCOOH & \rightleftharpoons HCOOH_2^+ & + HCOO^- \\
NH_3 & + NH_3 & \rightleftharpoons NH_4^+ & + NH_2^-
\end{array}
$$

실온에서 물의 자체 양성자 해리가 일어나는 정도는 아주 적다. 그래서 순수한 물에서 하이드로늄 이온과 수산화 이온의 농도는 약 $10^{-7}$ M밖에 되지 않는다. 이 작은 농도에도 불구하고 이 해리 반응은 수용액의 거동을 이해하는 데 있어서 매우 중요하다.

**하이드로늄 이온**은 물이 산과 반응하여 생긴 수화된 양성자이다. 그림 9-1에서 나타내는 몇 개의 더 높은 수화물이 있지만 보통 $H_3O^+$로 나타낸다.

## ▸ 9A-5 산과 염기의 세기

**그림 9-2**에서 몇 가지의 산이 물속에서 해리하는 반응을 나타내었다. 첫 번째 두 산은 용매와 거의 완전히 반응하여 수용액 중에서 해리하지 않은 용질 분자가 거의 존재하지 않으므로 **강산**(strong acid)이다. 나머지 산들은 **약산**(weak acid)으로 물과 불완전하게 반응하여 상당한 양의 원래 산과 그 짝염기가 모두 들어 있는 용액을 만든다. 산은 양이온, 음이온 또는 전기적으로 중성일 수도 있음을 유의하시오. 염기의 경우도 마찬가지이다.

❮ 이 책에서 산/염기 평형과 산/염기 평형 계산을 다루는 이 장에서는 $H_3O^+$를 사용한다. 다른 장들에서는 더 간편한 $H^+$가 하이드로늄 이온을 나타낸다는 것을 알아두어야 한다.

그림 9-2의 산은 위에서 아래로 갈수록 점차 약해진다. 과염소산과 염산은 완전히 해리하지만, 아세트산($HC_2H_3O_2$)은 단지 1% 정도만 해리한다. 암모늄 이온은 훨씬 더 약산으로 약 0.01%만이 해리하여 하이드로늄 이온과 암모니아 분자로 된다. 그림 9-2에서 볼 수 있는 또 다른 일반적인 것은 가장 약한 산이 가장 강한 짝염기를 만든다는 사실이다. 즉, 암모니아는 위의 어떤 염기보다 훨씬 더 센 양성자 친화력을 가지고 있다. 과염소산 이온과 염화 이온은 물속에서 양성자에 대한 친화력이 없다.

❮ 일반적인 강염기로는 NaOH, KOH, $Ba(OH)_2$, 그리고 사차 수산화암모늄($R_4NOH$, 여기서 R은 $CH_3$ 또는 $C_2H_5$와 같은 알킬기) 등이 있다.

양성자를 받아들이거나 내어주려는 용매의 경향성이 용매 속에 녹아 있는 용질인 산 또는 염기의 세기를 결정한다. 예를 들면 과염소산과 염산은 물속에서 강산이다. 그러나 물보다 약한 양성자 받개인 무수 아세트산을 *용매로* 사용하면 과염소산이나 염산 어느 것도 완전히 해리하지 못한다. 대신에 다음과 같은 평형이 이루어진다.

❮ 일반적인 강산으로는 HCl, HBr, HI, $HClO_4$, $HNO_3$, 일차 해리될 때의 $H_2SO_4$, 유기 설폰산($RSO_3H$) 등이 있다.

$$\underset{\text{염기}_1}{CH_3COOH} + \underset{\text{산}_2}{HClO_4} \rightleftharpoons \underset{\text{산}_1}{CH_3COOH_2^+} + \underset{\text{염기}_2}{ClO_4^-}$$

그러나 이 용매 속에서 과염소산은 염산보다 상당히 더 강산으로 작용하며 염산보다 약 5000배 더 많이 해리한다. 따라서 아세트산은 이들 두 산의 고유한 세기의

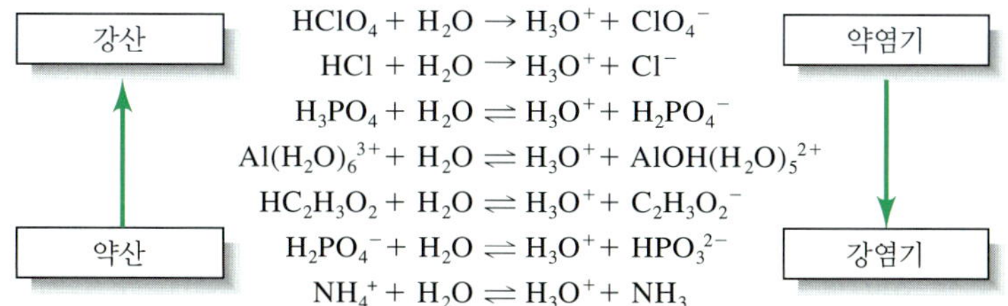


**그림 9-2** 몇 가지 일반적인 산과 그 짝염기의 해리 반응과 상대적 세기. HCl과 $HClO_4$는 물속에서 완전히 해리함을 주목하시오.

**구별성 용매**에서 여러 산들은 다른 정도로 해리하므로 다른 세기를 갖는다. **평준화 용매**에서는 여러 산들이 완전히 해리하므로 똑같은 세기를 갖는다.

차이를 드러내 주는 **구별성 용매**(differentiating solvent)로 작용한다. 반면에 물속에서는 과염소산, 염산, 질산이 완전히 이온화하여 산의 세기에서 차이가 나타나지 않으므로 물은 **평준화 용매**(leveling solvent)이다. 구별성 용매와 평준화 용매는 모두 염기로 존재한다.

그림 9-2에 적어놓은 산들 중에서 과염소산만이 메탄올과 에탄올에서 강산이다. 따라서 이 두 알코올을 또한 차별화 용매라고 한다.

## 9B 화학 평형

분석 화학에 사용되는 반응에서 반응물이 생성물로 완전히 전환되는 경우는 드물다. 대신에 반응은 반응물과 생성물의 농도비가 일정한 **화학 평형**(chemical equilibrium)의 상태에 도달한다. **평형 상수식**(equilibrium-constant expression)은 화학 평형에서 반응물과 생성물 사이의 농도 관계를 나타내는 *대수식*이다. 그 밖에도 평형 상수식은 평형에 도달한 뒤 반응하지 않고 남아 있는 분석물의 양을 계산하고 이로 인한 오차를 계산하는데 이용된다.

다음에서는 평형 상수식을 이용하여 단지 한 가지 또는 두 가지 평형만을 포함하는 분석계에 대한 정보를 얻는 것에 대해 살펴보기로 한다. 11장에서는 이 방법을 여러 가지 평형이 동시에 포함되는 계에 확장하여 적용한다. 이와 같은 복잡한 계는 분석 화학에서 흔히 다루게 된다.

### ▸ 9B-1 평형 상태

다음 화학 반응을 생각해 보자.

$$H_3AsO_4 + 3I^- + 2H^+ \rightleftharpoons H_3AsO_3 + I_3^- + H_2O \qquad \textbf{(9-5)}$$

이 반응에 대한 반응 속도와 이 반응이 오른쪽으로 진행하는 정도는 삼아이오딘화 이온 $I_3^-$의 황적색을 관찰함으로써 쉽게 판단할 수 있다(반응에 참여한 다른 화학종들은 무색이다). 예를 들면, 아이오딘화 포타슘 3 mmol을 포함하는 용액 100 mL에 비소산, $H_3AsO_4$ 1 mmol을 첨가하면 삼아이오딘화 이온의 붉은색이 거의 즉시 나타난다. 수 초 안에 색의 세기가 일정하게 되기 때문에 삼아이오딘화 이온의 농도가 일정하게 됨을 보여준다(color plate 1b와 2b 참조).

동일한 색의 세기를 갖는 용액(동일한 삼아이오딘화 이온의 농도를 갖는 용액)은 또한 삼아이오딘화 이온 1 mmol을 포함하는 용액 100 mL에 아비산 $H_3AsO_3$ 1 mmol을 첨가함으로써 만들 수 있다(color plate 1a 참조). 한편, 색의 세기는 앞의 용액에서보다 처음에는 진하지만 다음 반응의 결과로 빠르게 연해진다.

$$H_3AsO_3 + I_3^- + H_2O \rightleftharpoons H_3AsO_4 + 3I^- + 2H^+$$

결국, 두 용액의 색은 동일해진다. 이 네 가지 반응물 용액을 여러 비율로 반응을 시키더라도 방금 설명한 두 용액과 식별할 수 없는 용액이 만들어진다.

화학 평형의 위치는 평형에 도달하는 과정과는 무관하다.

Color plate 1~3에서 보여준 실험 결과는 화학 평형에서의 농도 관계(즉, *평형의 위치*)는 평형 상태에 도달하는 경로에 무관하다는 것을 말해주고 있다. 그러나 이러한 관계는 계에 변형력(stress)을 가함으로써 변화될 수 있다. 그러한 변형력은 온도 변화, 압력 변화(만일 반응물이나 생성물 중 하나가 기체라면), 또는 반응물과 생성물의 전체 농도 변화 등을 포함한다. 이 효과는 **Le Châtelier의 원리**(Le Châtelier's principle)로부터 정성적으로 예측할 수 있다. 이 원리는 화학 평형의 위치는 가한 변형력의 영향을 감소시키려는 방향으로 항상 이동한다는 것을 말해준다. 예를 들면, 온도가 증가하면 열을 흡수하는 방향으로 농도 관계가 변화하며, 압력이 증가하면 전체 부피를 적게 차지하는 화학종이 생기는 쪽으로 평형의 위치가 이동한다.

**Le Châtelier의 원리**는 화학 평형의 위치가 계에 가한 변형력을 감소시키는 방향으로 항상 이동한다는 것을 말해준다.

어떤 분석에서 반응 혼합물에 반응물이나 생성물의 양을 더 첨가하는 효과는 특히 중요하다. 이때 가해지는 변형력은 첨가된 물질이 소모되는 방향으로 평형이 이동됨으로써 완화된다. 따라서 위에서 살펴본 평형의 경우[식 (9-5)], 비소산($H_3AsO_4$)이나 수소 이온을 첨가하면 더 많은 삼아이오딘화이온과 아비산($H_3AsO_3$)이 생성되어 색깔이 진해진다. 아비산을 첨가하면 그 반대의 효과가 나타난다. 반응에 참여한 반응물이나 생성물 중 한 가지의 양을 변화시킴으로써 발생하는 평형의 이동을 **질량 작용 효과**(mass-action effect)라고 한다.

**질량 작용 효과**는 어떤 반응계에 반응물이나 생성물 중 어느 하나를 첨가함으로써 평형의 위치가 이동하는 것을 말한다.

화학 평형은 동적 과정이다. 화학 반응이 평행에서 정지한 것처럼 보이지만 정반응과 역반응의 속도가 동일하기 때문에 반응물과 생성물의 양은 일정하게 유지된다.

분자 수준에서 반응계의 이론적이고 실험적인 연구는 참여 화학종 사이의 반응이 평형이 이루어진 후에도 계속해서 일어남을 알 수 있을 것이다. 반응물과 생성물의 농도비가 일정한 것은 정반응과 역반응의 속도가 동일하기 때문이다. 바꾸어 말하면 화학 평형은 정반응과 역반응의 속도가 동일한 동적 상태이다.

**화학 열역학**은 화학 반응에서의 열 또는 에너지의 흐름을 다루는 화학의 한 분야이다. 화학 평형의 위치는 이러한 에너지 변화와 관계가 있다.

## ▸ 9B-2 평형 상수식

화학 평형의 위치에 대한 농도나 압력(화학종이 기체일 경우)의 영향은 평형 상수식을 사용하면 간편하게 정량적으로 설명할 수 있다. 이와 같은 식은 열역학적 이론으로부터 쉽게 유도된다. 평형 상수식은 화학 반응의 방향과 완결 정도를 예측할 수 있게 해주기 때문에 화학자에게는 실제적으로 매우 중요하다. 그러나 평형 상수식은 평형이 이루어지는 속도에 관해서는 아무런 정보도 주지 못한다는 사실을 유의해야 한다. 실제로 평형 상수는 매우 크나 반응 속도가 느려서 분석에 이용되지 못하는 반응을 가끔 볼 수 있다. 이와 같은 한계는 평형의 위치를 변화시키지 않고 평형에 도달하는 속도를 증가시키는 촉매를 사용하면 극복할 수 있다.

평형 상수식은 화학 반응이 분석에 이용할 수 있을 정도로 빨리 진행되는지에 관한 정보를 주지 않는다.

화학 평형에 관한 다음의 일반 반응식을 살펴보기로 하자.

$$wW + xX \rightleftharpoons yY + zZ \tag{9-6}$$

여기서 대문자는 참여 반응물과 생성물의 화학식을 나타내고 이탤릭 소문자는 반응식의 균형을 맞추는데 필요한 작은 정수이다. 따라서 이 식은 $w$ 몰의 W가 $x$ 몰의 X와 반응하여 $y$ 몰의 Y와 $z$ 몰의 Z를 생성한다는 것을 말해준다. 이 반응의 평형 상수식은 다음과 같다.

$$K = \frac{[Y]^y[Z]^z}{[W]^w[X]^x} \tag{9-7}$$

여기서 대괄호 [ ]는 다음의 의미를 가진다.

1. 화학종이 녹아 있는 용질이면 몰농도.
2. 화학종이 기체이면 atm 단위의 부분 압력이다. 이 경우 [ ]항[식 (9-7)의 [Z]]대신 atm으로 나타낸 기체 Z의 부분 압력을 뜻하는 기호 $p_z$를 흔히 쓴다.

Edgar Fahs Smith Collection/University of Pennsylvania

Cato Guldberg (1836~1902)와 Peter Waage (1833~1900)은 열역학 분야에 처음으로 관심을 가졌던 노르웨이 화학자들이다. 1864년에 이들은 식 (9-7)에서 보여준 질량 작용 법칙을 최초로 제안하였다. Guldberg와 Waage에 대해 좀 더 배우고 질량 작용 법칙에 관한 그의 원논문들의 영역본을 읽기 원한다면 http://www.cengage.com/chemistry/skoog/fac9에 접속한 후 Chapter 9을 선택하여 Web Works로 가시오.

식 (9-7)에 있는 $[Z]^z$항은 Z가 기체라면 atm 단위의 $p_z$로 대치할 수 있으며, Z가 순수한 고체, 액체 혹은 묽은 용매라면 평형 상수식에 포함되지 않을 것이다.

만일 식 (9-7)에서 한 화학종이 순수한 액체, 순수한 고체, 또는 용매가 과량으로 존재한다면 이러한 화학종은 평형 상수식에 나타내지 않는다. 예를 들면 만약 식 (9-6)에서 Z가 용매 $H_2O$이면, 평형 상수식은 단순하게 아래와 같이 된다.

$$K = \frac{[Y]^y}{[W]^w[X]^x}$$

이렇게 단순화되는 이유는 다음 장에서 설명될 것이다.

식 (9-7)은 평형 상수식의 근사식임을 기억하시오. 정확한 표현식은

$$K = \frac{a_Y^y a_Z^z}{a_W^w a_X^x} \quad \textbf{(9-8)}$$

여기서 $a_Y$, $a_Z$, $a_W$, $a_X$은 Y, Z, W, X의 *활동도*이다(10B절 참조).

식 (9-7)에 있는 상수 $K$는 온도에 따라 그 값이 변하는 *평형 상수*(equilibrium constant)이다. 규약에 의하면 반응식의 오른쪽에 있는 생성물의 농도는 항상 분자에, 반응물의 농도는 항상 분모에 쓰도록 되어 있다.

식 (9-7)은 열역학적 평형 상수식의 근사식에 불과하다. 정확한 식은 왼쪽 여백에 있는 식 (9-8)에 주어져 있다. 일반적으로 이 근사식은 사용하기 쉽고 시간이 적게 걸리므로 여기서는 이 근사식을 사용할 것이다. 10B절에서는 식 (9-7)을 사용하여 평형 계산을 할 때 생길 수 있는 중대한 오차를 최소화하기 위하여 식 (9-8)을 어떻게 변형시켜야 할지에 대하여 설명할 것이다.

## ▸ 9B-3 분석 화학에 사용되는 평형 상수의 형태

**표 9-2**에 분석 화학에서 중요한 화학 평형과 평형 상수의 형태를 요약해 놓았다. 이 상수들 중 몇 가지를 응용한 예를 다음에 나오는 세 절에서 살펴보기로 한다.

**표 9-2**

**분석 화학에서 중요한 평형과 평형 상수**

| 평형의 형태 | 평형 상수의 이름과 기호 | 전형적인 예 | 평형 상수식 |
|---|---|---|---|
| 물의 해리 | 이온곱 상수 $K_w$ | $2H_2O \rightleftharpoons H_3O^+ + OH^-$ | $K_w = [H_3O^+][OH^-]$ |
| 포화 용액 내에서 난용성 물질과 그의 이온 사이의 불균일 평형 | 용해도 곱 $K_{sp}$ | $BaSO_4(s) \rightleftharpoons Ba^{2+} + SO_4^{2-}$ | $K_{sp} = [Ba^{2+}][SO_4^{2-}]$ |
| 약산 또는 약염기의 해리 | 해리 상수 $K_a$ 또는 $K_b$ | $CH_3COOH + H_2O \rightleftharpoons H_3O^+ + CH_3COO^-$ | $K_a = \frac{[H_3O^+][CH_3COO^-]}{[CH_3COOH]}$ |
| | | $CH_3COO^- + H_2O \rightleftharpoons OH^- + CH_3COOH$ | $K_b = \frac{[OH^-][CH_3COOH]}{[CH_3COO^-]}$ |
| 착이온의 생성 | 형성 상수 $\beta_n$ | $Ni^{2+} + 4CN^- \rightleftharpoons Ni(CN)_4^{2-}$ | $\beta_4 = \frac{[Ni(CN)_4^{2-}]}{[Ni^{2+}][CN^-]^4}$ |
| 산화/환원 평형 | $K_{redox}$ | $MnO_4^- + 5Fe^{2+} + 8H^+ \rightleftharpoons Mn^{2+} + 5Fe^{3+} + 4H_2O$ | $K_{redox} = \frac{[Mn^{2+}][Fe^{3+}]^5}{[MnO_4^-][Fe^{2+}]^5[H^+]^8}$ |
| 서로 섞이지 않는 용매 사이에서의 용질에 대한 분배 평형 | $K_d$ | $I_2(aq) \rightleftharpoons I_2(org)$ | $K_d = \frac{[I_2]_{org}}{[I_2]_{aq}}$ |

**특집 9-1**

**착이온의 단계별 형성 상수와 포괄 형성 상수**

$Ni(CN)_4^{2-}$의 형성(표 9-2)은 전형적으로 아래에서 보여주는 바와 같이 단계별로 일어난다. **단계별 형성 상수**(stepwise formation constant)는 $K_1$, $K_2$,...등으로 나타낸다.

$$Ni^{2+} + CN^- \rightleftharpoons Ni(CN)^+ \qquad K_1 = \frac{[Ni(CN)^+]}{[Ni^{2+}][CN^-]}$$

$$Ni(CN)^+ + CN^- \rightleftharpoons Ni(CN)_2 \qquad K_2 = \frac{[Ni(CN)_2]}{[Ni(CN)^+][CN^-]}$$

$$Ni(CN)_2 + CN^- \rightleftharpoons Ni(CN)_3^- \qquad K_3 = \frac{[Ni(CN)_3^-]}{[Ni(CN)_2][CN^-]}$$

$$Ni(CN)_3^- + CN^- \rightleftharpoons Ni(CN)_4^{2-} \qquad K_4 = \frac{[Ni(CN)_4^{2-}]}{[Ni(CN)_3^-][CN^-]}$$

포괄 형성 상수 $\beta_n$은 다음과 같이 나타낸다.

$$Ni^{2+} + 2CN^- \rightleftharpoons Ni(CN)_2 \qquad \beta_2 = K_1K_2 = \frac{[Ni(CN)_2]}{[Ni^{2+}][CN^-]^2}$$

$$Ni^{2+} + 3CN \rightleftharpoons Ni(CN)_3^- \qquad \beta_3 = K_1K_2K_3 = \frac{[Ni(CN)_3^-]}{[Ni^{2+}][CN^-]^3}$$

$$Ni^{2+} + 4CN^- \rightleftharpoons Ni(CN)_4^{2-} \qquad \beta_4 = K_1K_2K_3K_4 = \frac{[Ni(CN)_4^{2-}]}{[Ni^{2+}][CN^-]^4}$$

## ▸ 9B-4 물의 이온곱 상수 적용

수용액은 해리 반응의 결과로 생긴 소량의 하이드로늄 이온과 수산화 이온을 포함하고 있다.

$$2H_2O \rightleftharpoons H_3O^+ + OH^- \qquad \textbf{(9-9)}$$

이 반응의 평형 상수는 식 9-7에 나타낸 것과 같이 쓸 수 있다.

$$K = \frac{[H_3O^+][OH^-]}{[H_2O]^2} \qquad \textbf{(9-10)}$$

그러나 묽은 수용액에서 물의 농도는 하이드로늄 이온이나 수산화 이온의 농도에 비해 엄청나게 크다. 따라서 식 (9-10)의 $[H_2O]^2$는 상수로 생각할 수 있으므로 다음과 같이 나타낼 수 있고 여기서 새로운 상수 $K_w$를 **물의 이온곱 상수**(ion-product constant for water)라고 한다.

$$K[H_2O]^2 = K_w = [H_3O^+][OH^-] \qquad \textbf{(9-11)}$$

식 (9-11)에 대해 음의 log 값을 취하면 유용한 식을 얻을 수 있다.

$$-\log K_w = -\log[H_3O^+] - \log[OH^-]$$

p함수의 정의에 의하면(4B-1절 참조)

$$pK_w = pH + pOH \qquad \textbf{(9-12)}$$

25°C에서 $pK_w = 14.00$.

## 특집 9-2

### 수용액에 대한 평형 상수식에 $[H_2O]$가 나타나지 않는 이유

묽은 수용액에서 물의 몰농도는

$$[H_2O] = \frac{1000\ \text{g}\ \cancel{H_2O}}{\text{L}\ H_2O} \times \frac{1\ \text{mol}\ H_2O}{18.0\ \text{g}\ \cancel{H_2O}} = 55.6\ \text{M}$$

1 L의 물속에 녹아 있는 0.1 몰의 HCl을 살펴보자. 이 산이 존재함으로 해서 식 (9-9)에 나타낸 평형은 왼쪽으로 이동한다. 그러나 원래 물속에는 첨가된 양성자를 소모시킬 수 있는 $OH^-$가 $10^{-7}$ 몰/L밖에 들어 있지 않다. 따라서 모든 $OH^-$ 이온이 $H_2O$로 전환되더라도 물의 농도는 다음과 같이 거의 변하지 않는다.

$$[H_2O] = 55.6\,\frac{\text{mol}\ H_2O}{\text{L}\ H_2O} + 1 \times 10^{-7}\,\frac{\cancel{\text{mol}\ OH^-}}{\text{L}\ H_2O} \times \frac{1\ \text{mol}\ H_2O}{\cancel{\text{mol}\ OH^-}} \approx 55.6\ \text{M}$$

물 농도의 변화(퍼센트)는 무시할 수 있을 정도이다.

$$\frac{10^{-7}\ \text{M}}{55.6\ \text{M}} \times 100\% = 2 \times 10^{-7}\%$$

따라서 식 (9-10)의 $K[H_2O]^2$는 실제적으로 상수이다. 즉

$$25℃에서\ K(55.6)^2 = K_w = 1.00 \times 10^{-14}$$

**표 9-3**

**온도에 따른 $K_W$의 변화**

| 온도(℃) | $K_w$ |
|---|---|
| 0 | $0.114 \times 10^{-14}$ |
| 25 | $1.01 \times 10^{-14}$ |
| 50 | $5.47 \times 10^{-14}$ |
| 75 | $19.9 \times 10^{-14}$ |
| 100 | $49 \times 10^{-14}$ |

25℃에서 물의 이온곱 상수는 $1.008 \times 10^{-14}$이다. 여기서 편의상 실온에서의 근사치 $K_w \approx 1.00 \times 10^{-14}$을 쓰기로 한다. **표 9-3**은 이 $K_w$가 온도에 따라 달라짐을 보여주고 있다. 물의 이온곱 상수는 수용액 중의 하이드로늄 이온과 수산화 이온을 계산할 수 있도록 해준다.

## 예제 9-1

25℃와 100℃에서 순수한 물의 하이드로늄 이온 및 수산화 이온의 농도를 계산하시오.

**풀이**

$OH^-$와 $H_3O^+$는 단지 물의 해리에 의해서만 생기므로 이들의 농도는 같아야 한다.

$$[H_3O^+] = [OH^-]$$

이를 식 (9-11)에 대입하면

$$[H_3O^+]^2 = [OH^-]^2 = K_w$$

$$[H_3O^+] = [OH^-] = \sqrt{K_w}$$

*(계속)*

25°C에서

$$[H_3O^+] = [OH^-] = \sqrt{1.00 \times 10^{-14}} = 1.00 \times 10^{-7}\ M$$

100°C에서 표 9-3으로부터

$$[H_3O^+] = [OH^-] = \sqrt{49 \times 10^{-14}} = 7.0 \times 10^{-7}\ M$$

**예제 9-2**

25℃, 0.200M NaOH 수용액 중의 하이드로늄 이온과 수산화 이온의 농도와 pH와 pOH를 계산하시오.

**풀이**

수산화소듐은 강 전해질이므로 용액 내 수산화 이온의 농도는 0.200 mol/L이다. 예제 9-1에서와 같이 물이 해리하면 수산화 이온과 하이드로늄 이온은 같은 양이 생성된다. 그러므로

$$[OH^-] = 0.200 + [H_3O^+]$$

여기서 $[H_3O^+]$는 물의 해리에 의해 생성되는 수산화 이온의 농도와 같다. 그러나 물로부터 생성되는 $OH^-$의 농도는 0.200에 비해 매우 작으므로 다음과 같이 쓸 수 있다.

$$[OH^-] \approx 0.200$$

$$pOH = -\log 0.200 = 0.699$$

그 다음 식 (9-11)을 사용하여 하이드로늄 이온의 농도를 계산하시오.

$$[H_3O^+] = \frac{K_w}{[OH^-]} = \frac{1.00 \times 10^{-14}}{0.200} = 5.00 \times 10^{-14}\ M$$

$$pH = -\log(5.00 \times 10^{-14}) = 13.301$$

다음의 근사식이 거의 오차를 일으키지 않음을 주목하시오.

$$[OH^-] = 0.200 + 5.00 \times 10^{-14} \approx 0.200M$$

## 9B-5 용해도곱 상수

대부분의 난용성 염은 포화 수용액에서 완전히 해리된다. 예를 들면 과량의 아이오딘산 바륨이 물속에서 평형을 이룰 때, 그 해리 과정은 다음 식으로 적절히 설명할 수 있다.

$$Ba(IO_3)_2(s) \rightleftharpoons Ba^{2+}(aq) + 2IO_3^-(aq)$$

난용성염이 완전히 해리한다는 것은 모든 염이 용해된다는 것을 뜻하는 것이 아니라 매우 적은 양이 용액 중에서 완전히 해리한다는 것을 뜻하는 것이다.

과량의 아이오딘산 바륨이 물속에 평형을 이룬다는 것은 무슨 의미인가? 이는 고체 아이오딘산 바륨이 실험 온도에서 녹는 것보다 약간의 물에 더 첨가되는 것을 의미한다. 얼마간의 고체 $BaIO_3$는 용액과 접촉하고 있다.

식 (9-7)을 적용하면

$$K = \frac{[Ba^{2+}][IO_3^-]^2}{[Ba(IO_3)_2(s)]}$$

분모는 포화용액과 접촉하고 있는 또 다른 상인 *고체* $Ba(IO_3)_2$의 몰농도를 나타낸 것이다. 그러나 고체 상태인 화합물의 농도는 일정하다. 바꾸어 말하면 $Ba(IO_3)_2$의 몰수를 $Ba(IO_3)_2$의 *부피*로 나눈 값은 이 고체가 아무리 과량으로 존재하여도 일정하다. 그러므로 앞의 식을 다음과 같이 다시 쓸 수 있다.

식 (9-13)을 적용하기 위해서는 얼마간의 *고체가 존재해야만 한다. $Ba(IO_3)(s)$가 없다면 식 (9-13)은 사용할 수가 없음을 항상 기억해 두어야 한다.*

$$K[Ba(IO_3)_2(s)] = K_{sp} = [Ba^{2+}][IO_3^-]^2 \qquad \textbf{(9-13)}$$

여기서 새로운 상수 $K_{sp}$를 **용해도곱 상수**(solubility-product constant) 또는 **용해도곱**(solubility product)이라고 한다. 식 (9-13)이 보여주는 중요한 점은 이러한 평형의 위치는 일부 고체가 존재하는 한 그 양이 몇 밀리그램이건 몇 그램이건 관계없이 $Ba(IO_3)_2$의 *양*에 무관하다는 것이다.

많은 무기염의 용해도곱 상수의 값을 수록한 표가 부록 2에 있다. 아래에 나타낸 예제는 용해도곱 식을 이용하는 전형적인 예이다. 이 외의 다른 응용에 대해서는 다음 장에서 다루기로 한다.

### » 순수한 물에서의 침전물의 용해도

용해도 곱 식은 물에서 이온화하는 난용성염의 용해도를 계산하는데 사용할 수 있다.

**예제 9-3**

25°C에서 500 mL의 물에 몇 그램의 $Ba(IO_3)_2$ (487 g/mol)가 녹을 수 있겠는가?

**풀이**

$Ba(IO_3)_2$의 용해도곱 상수는 $1.57 \times 10^{-9}$이다(부록 2 참조). 고체와 용액 내 이온 간의 평형은 다음 식으로 나타낼 수 있다.

$$Ba(IO_3)_2(s) \rightleftharpoons Ba^{2+} + 2IO_3^-$$

따라서

$$K_{sp} = [Ba^{2+}][IO_3^-]^2 = 1.57 \times 10^{-9}$$

평형을 나타내는 식에 의하면, 1 몰의 $Ba(IO_3)_2$가 녹을 때 1 몰의 $Ba^{2+}$가 생성됨을 알 수 있다. 그러므로

$$Ba(IO_3)_2\text{의 몰 용해도} = [Ba^{2+}]$$

각 몰의 바륨 이온에서 대해 2 몰의 아이오딘산 이온이 생성되므로 아이오딘산 이온의 농도는 $Ba^{2+}$이온 농도의 2배이다.

$$[IO_3^-] = 2[Ba^{2+}]$$

(계속)

이를 평형 상수식에 대입하면

$$[Ba^{2+}](2[Ba^{2+}])^2 = 4[Ba^{2+}]^3 = 1.57 \times 10^{-9}$$

$$[Ba^{2+}] = \left(\frac{1.57 \times 10^{-9}}{4}\right)^{1/3} = 7.32 \times 10^{-4}\ M$$

$Ba(IO_3)_2$ 1 몰로부터 1 몰의 $Ba^{2+}$가 생성되므로

$$\text{용해도} = 7.32 \times 10^{-4}\ M$$

500 mL의 용액에 녹아 있는 $Ba(IO_3)_2$의 밀리몰수를 계산하기 위하여 다음과 같이 쓰면

$$Ba(IO_3)_2\text{의 mmol 수} = 7.32 \times 10^{-4}\ \frac{\text{mmol } Ba(IO_3)_2}{\cancel{\text{mL}}} \times 500\ \cancel{\text{mL}}$$

500 mL 속의 $Ba(IO_3)_2$의 질량은 다음과 같이 구할 수 있다.

$$Ba(IO_3)_2\text{의 질량} = (7.32 \times 10^{-4} \times 500)\ \cancel{\text{mmol } Ba(IO_3)_2} \times 0.487\frac{\text{g } Ba(IO_3)_2}{\cancel{\text{mmol } Ba(IO_3)_2}}$$

$$= 0.178\ g$$

몰 용해도는 $[Ba^{2+}]$나 $\frac{1}{2}[IO_3^-]$와 같음을 기억하자.

## » 침전물의 용해도에 대한 공통이온의 효과

Le Châtelier의 원리로부터 예측되는 질량 작용 효과인 **공통 이온 효과**(common-ion effect)는 다음 예제로 설명할 수 있다.

침전물을 구성하는 이온들과 같은 이온을 가진 가용성 화합물이 그 고체로 포화된 용액에 첨가될 때 이온성 침전물의 용해도를 감소시키는 것이다(color plate 4 참조). 이것을 **공통 이온 효과**라고 한다.

**예제 9-4**

0.0200 M $Ba(NO_3)_2$용액에서 $Ba(IO_3)_2$의 몰 용해도를 계산하시오.

**풀이**

$Ba(NO_3)_2$로부터 $Ba^{2+}$이온이 생성되므로 이제는 더 이상 $[Ba^{2+}]$가 용해도와 같을 수 없다. 그러나 용해도를 $[IO_3^-]$와 관련지을 수 있다.

$$Ba(IO_3)_2\text{의 몰 용해도} = \tfrac{1}{2}[IO_3^-]$$

바륨 이온은 $Ba(NO_3)_2$와 $Ba(IO_3)_2$로부터 생성된다. $Ba(NO_3)_2$로부터 생성되는 바륨 이온 농도는 0.0200 M이고, $Ba(IO_3)_2$로부터 생기는 바륨 이온 농도는 몰 용해도, 즉 $\frac{1}{2}[IO_3^-]$와 같다. 따라서

$$[Ba^{2+}] = 0.0200 + \tfrac{1}{2}[IO_3^-]$$

이를 용해도곱 식에 대입하면

$$\left(0.0200 + \tfrac{1}{2}[IO_3^-]\right)[IO_3^-]^2 = 1.57 \times 10^{-9}$$

(계속)

$[IO_3^-]$에 대한 정확한 해답을 구하려면 삼차방정식을 풀어야 하므로 계산을 간단히 하기 위해서는 근사식을 이용해야 한다. $K_{sp}$의 값이 작은 것으로 보아 $Ba(IO_3)_2$의 용해도는 크지 않음을 알 수 있는데, 이는 예제 9-3에서 얻은 결과로부터 확인할 수 있다. 아울러 $Ba(IO_3)_2$에 의한 바륨 이온의 농도는 $Ba(NO_3)_2$의 제한된 용해도를 더 감소시킨다. 즉, $\frac{1}{2}[IO_3^-] \ll 0.0200$이므로

$$[Ba^{2+}] = 0.0200 + \tfrac{1}{2}[IO_3^-] \approx 0.0200 \text{ M}$$

따라서 원래 식을 다음과 같이 간단히 쓸 수 있다.

$$0.0200\,[IO_3^-]^2 = 1.57 \times 10^{-9}$$
$$[IO_3^-] = \sqrt{1.57 \times 10^{-9}/0.0200} = \sqrt{7.85 \times 10^{-8}} = 2.80 \times 10^{-4} \text{ M}$$

$(0.0200 + \frac{1}{2} \times 2.80 \times 10^{-4}) \approx 0.0200$이라는 가정은 $Ba(IO_3)_2$의 해리에 의한 $Ba^{2+}$의 양을 나타내는 두 번째 항이 0.0200의 약 0.7%에 불과하므로 심각한 오차를 초래하지 않음을 알 수 있다. 보통 그 차이가 10% 미만이면 이런 형태의 가정은 성립한다고 간주한다.[1] 따라서

$$Ba(IO_3)_2\text{의 용해도} = \tfrac{1}{2}[IO_3^-] = \tfrac{1}{2} \times 2.80 \times 10^{-4} = 1.40 \times 10^{-4} \text{ M}$$

이 결과를 순수한 물에서의 아이오딘산 바륨의 용해도(예제 9-3)와 비교해 보면, 소량의 공통 이온의 농도가 $Ba(IO_3)_2$의 몰 용해도를 약 5배 정도 낮게 만든다는 것을 알 수 있다.

### 예제 9-5

0.0100 M $Ba(NO_3)_2$ 200 mL와 0.100 M $NaIO_3$ 100 mL를 섞어 만든 용액 속에서 $Ba(IO_3)_2$의 용해도를 계산하시오.

**풀이**

먼저 어느 반응물이 평행에서 과량으로 존재하는지 알아야 한다. 취한 양은 다음과 같다.

$$Ba^{2+}\text{의 양} = 200 \text{ mL} \times 0.0100 \text{ mmole/mL} = 2.00$$

$$IO_3^-\text{의 양} = 100 \text{ mL} \times 0.100 \text{ mmole/mL} = 10.0$$

$Ba(IO_3)_2$의 생성이 완결된다면

$$\text{과량인 } NaIO_3\text{의 mmole 수} = 10.0 - 2 \times 2.00 = 6.0$$

*(계속)*

[1] 10% 오차라는 것은 다소 대략적인 것으로 최소 10%의 오차가 발생하므로, 즉 우리의 계산에서 활동도 계수를 고려하지 않았기 때문에 우리의 선택은 합당하다. 일반 화학과 분석 화학 책에서는 5% 오차가 적당하지만, 그러한 결정은 계산에 목적을 둔 것이다. 만약 정확한 답이 필요하다면 특집 9-4에 있는 연속 근사법이 사용될 수 있다. 스프레드시트 해법은 복잡한 예에 대해 적절하다.

따라서

$$[IO_3^-] = \frac{6.0\ \text{mmol}}{200\ \text{mL} + 100\ \text{mL}} = \frac{6.0\ \text{mmol}}{300\ \text{mL}} = 0.0200\ \text{M}$$

예제 9-3과 마찬가지로

$$Ba(IO_3)_2\text{의 몰 용해도} = [Ba^{2+}]$$

그러나

$$[IO_3^-] = 0.0200 + 2[Ba^{2+}]$$

여기서 $2[Ba^{2+}]$는 난용성 $Ba(IO_3)_2$의 용해에 의해 생성되는 아이오딘산 이온의 농도를 나타낸다. $[IO_3^-] \approx 0.0200$이라는 가정을 사용하여 답을 구하면

$$Ba(IO_3)_2\text{의 용해도} = [Ba^{2+}] = \frac{K_{sp}}{[IO_3^-]^2} = \frac{1.57 \times 10^{-9}}{(0.0200)^2} = 3.93 \times 10^{-6}\ \text{M}$$

이 가정값은 0.0200 M보다 거의 $10^4$배 정도 작다. 우리의 가정은 합리적이었고, 더 이상의 정확한 값은 필요 없다(근사값).

$[IO_3^-]$의 불확정도는 6.0에 대해 0.1 또는 60에 대해 1이다. 따라서 0.0200 (1/60) = 0.0003이다. 그러므로 0.0200 M이 되도록 반올림한다.

위의 두 예제는 과량의 아이오딘산 이온이 같은 과량의 바륨 이온보다 $Ba(IO_3)_2$의 용해도를 감소시키는데 더 효과적임을 보여준다.

과량의 0.02 M $Ba^{2+}$는 $Ba(IO_3)_2$의 용해도를 5배 정도 낮춘다. 똑같은 양의 $IO_3^-$는 용해도를 약 200배 정도 낮춘다.

## ▸ 9B-6 산과 염기의 해리 상수

약산 또는 약염기를 물에 녹이면, 일부만 해리를 한다. 아질산의 경우 다음과 같이 쓸 수 있다.

$$HNO_2 + H_2O \rightleftharpoons H_3O^+ + NO_2^- \qquad K_a = \frac{[H_3O^+][NO_2^-]}{[HNO_2]}$$

여기서 $K_a$는 아질산의 **산 해리 상수**(acid dissociation constant)이다. 이와 유사하게 암모니아의 **염기 해리 상수**(base dissociation constant)는

$$NH_3 + H_2O \rightleftharpoons NH_4^+ + OH^- \qquad K_b = \frac{[NH_4^+][OH^-]}{[NH_3]}$$

물의 농도는 약산 또는 약염기의 농도에 비해 매우 크기 때문에 해리하더라도 $[H_2O]$에 거의 영향을 미치지 않으므로(특집 9-2 참조) 위 두 식의 분모에 나타내지 않는다는 것을 유의하시오. 물의 이온곱 상수 유도에서와 마찬가지로 $[H_2O]$는 평형 상수 $K_a$ 및 $K_b$에 포함된다. 약산의 해리 상수는 부록 3에 있다.

### » 짝산/짝염기 쌍의 해리 상수

암모니아의 염기 해리 상수 식과 짝산인 암모늄 이온의 산 해리 상수 식에 대해 살펴보자.

$$NH_3 + H_2O \rightleftharpoons NH_4^+ + OH^- \qquad K_b = \frac{[NH_4^+][OH^-]}{[NH_3]}$$

$$NH_4^+ + H_2O \rightleftharpoons NH_3 + H_3O^+ \qquad K_a = \frac{[NH_3][H_3O^+]}{[NH_4^+]}$$

위의 두 평형 상수식을 곱하면

$$K_aK_b = \frac{\cancel{[NH_3]}[H_3O^+]}{\cancel{[NH_4^+]}} \times \frac{\cancel{[NH_4^+]}[OH^-]}{\cancel{[NH_3]}} = [H_3O^+][OH^-]$$

그러나

$$K_w = [H_3O^+][OH^-]$$

이므로

$$K_w = K_aK_b \tag{9-14}$$

이 관계는 모든 짝산/짝염기 쌍에 대하여 성립한다. 대부분의 해리 상수 표에는 짝을 이루는 산과 염기 중 산 해리 상수만 수록되어 있는데, 이는 산 해리 상수를 알면 식 (9-14)을 써서 염기 해리 상수를 쉽게 계산할 수 있기 때문이다. 예를 들면 부록 3에는 암모니아의 염기 해리에 대한 자료는 없으나 암모니아의 짝산인 암모늄 이온의 산 해리 상수가 수록되어 있다. 따라서

$$NH_4^+ + H_2O \rightleftharpoons H_3O^+ + NH_3 \qquad K_a = \frac{[H_3O^+][NH_3]}{[NH_4^+]} = 5.70 \times 10^{-10}$$

그래서 다음과 같이 암모니아의 염기 해리 상수를 구할 수 있다.

> 25°C 물에서 염기의 해리 상수를 구하기 위해서는 $1.00 \times 10^{-14}$를 부록 3에 수록되어 있는 염기의 짝산에 대한 해리 상수 $K_a$로 나누면 된다.

$$NH_3 + H_2O \rightleftharpoons NH_4^+ + OH^-$$

$$K_b = \frac{[NH_4^+][OH^-]}{[NH_3]} = \frac{K_w}{K_a} = \frac{1.00 \times 10^{-14}}{5.00 \times 10^{-10}} = 1.75 \times 10^{-5}$$

**특집 9-3**

**짝산/짝염기 쌍의 상대적 세기**

식 9-14은 짝산/짝염기 쌍 중의 산이 약해질수록 그 짝염기는 더 세지고, 염기가 약해질수록 그 짝산은 더 세진다는 그림 9-2의 내용을 확인해 준다. 따라서 해리 상수가 $10^{-2}$인 산의 짝염기의 염기 해리 상수는 $10^{-12}$이며, 해리 상수가 $10^{-9}$인 산은 염기 해리 상수가 $10^{-5}$인 짝염기를 가진다.

**예제 9-6**

다음 평형 반응에 대한 $K_b$는 얼마인가?

$$CN^- + H_2O \rightleftharpoons HCN + OH^-$$

**풀이**

부록 3에 HCN의 $K_a$이 $6.2 \times 10^{-10}$로 나와 있다. 따라서

$$K_b = \frac{K_w}{K_a} = \frac{[HCN][OH^-]}{[CN^-]}$$

$$K_b = \frac{1.00 \times 10^{-14}}{6.2 \times 10^{-10}} = 1.61 \times 10^{-5}$$

### 약산 용액에서의 하이드로늄 이온 농도

약산 HA를 물에 녹이면 하이드로늄 이온을 생성하는 두 가지 평형이 이루어진다.

$$HA + H_2O \rightleftharpoons H_3O^+ + A^- \qquad K_a = \frac{[H_3O^+][A^-]}{[HA]}$$

$$2H_2O \rightleftharpoons H_3O^+ + OH^- \qquad K_w = [H_3O^+][OH^-]$$

약산의 해리에 의해 생성된 하이드로늄 이온이 물의 해리를 억제하므로 물의 해리에 의한 하이드로늄 이온 농도는 무시할 수 있다. 이런 상황에서 $A^-$이온 한 개당 $H_3O^+$이온 한 개가 생기므로

$$[A^-] \approx [H_3O^+] \qquad \textbf{(9-15)}$$

또한 용액 속에는 $A^-$이온을 만드는 다른 물질이 없으므로 약산과 그 짝염기의 몰 농도의 합은 산의 분석 농도 $c_{HA}$와 같아야 한다. 따라서

$$c_{HA} = [A^-] + [HA] \qquad \textbf{(9-16)}$$

11장에서 식 (9-16)을 **질량균형식**으로 배울 것이다.

식 (9-16)에서 $[A^-]$ 대신에 $[H_3O^+]$ [식 (9-15) 참조]을 대입하면

$$c_{HA} = [H_3O^+] + [HA]$$

이를 재배열하면

$$[HA] = c_{HA} - [H_3O^+] \qquad \textbf{(9-17)}$$

식 (9-15)와 식 (9-17)를 $[A^-]$ 및 $[HA]$에 대하여 정리한 후 평형 상수식에 대입하면

$$K_a = \frac{[H_3O^+]^2}{c_{HA} - [H_3O^+]} \qquad \textbf{(9-18)}$$

이를 재배열하면

$$[H_3O^+]^2 + K_a[H_3O^+] - K_a c_{HA} = 0 \qquad \textbf{(9-19)}$$

이 이차방정식의 양의 값은 다음과 같다.

$$[H_3O^+] = \frac{-K_a + \sqrt{K_a^2 + 4K_a c_{HA}}}{2} \quad \textbf{(9-20)}$$

식 (9-20)을 사용하는 대신 식 (9-19)을 특집 9-4에서 보여주는 바와 같이 연속 근사법으로 풀 수도 있다.

식 (9-17)은 약산이 해리하여도 HA의 몰농도는 거의 변하지 않는다는 가정을 이용하여 간단하게 할 수 있다. 따라서 $[H_3O^+] \ll c_{HA}$이라면, $c_{HA} - [H_3O^+] \approx c_{HA}$이 되면 식 (9-18)은 다음과 같이 간단해진다.

$$K_a = \frac{[H_3O^+]^2}{c_{HA}} \quad \textbf{(9-21)}$$

그리고

$$[H_3O^+] = \sqrt{K_a c_{HA}} \quad \textbf{(9-22)}$$

**표 9-4**는 가정 $[H_3O^+] \ll c_{HA}$를 사용할 때 생기는 오차의 크기는 산의 몰농도가 작아지고 산의 해리 상수가 커질수록 증가함을 보여준다. $c_{HA}/K_a$의 비가 $10^4$일 때 이 가정에 의한 오차는 0.5%이다. 이 비가 $10^3$이면 1.6%, $10^2$이면 5%, 10이면 17%까지 오차가 커진다. **그림 9-3**에서 이 효과를 그래프로 보여주고 있다. $c_{HA}/K_a$ 비가 1이거나 1 이하일 때 이 가정을 사용하여 계산한 하이드로늄 이온 농도는 산의 몰농도와 같거나 더 크게 나타나는데, 이는 명백히 무의미한 결과라는 것에 주목하시오.

일반적으로 계산을 간단히 하는 가정을 하고, 식 (9-17)의 $c_{HA}$와 비교할 수 있는 $[H_3O^+]$의 시행 값(trial value)을 구하는 것이 보통이다. 이 시행 값이 계산에서 허용되는 오차보다 작게 [HA]를 변화시키면 그 값을 최종 값으로 써도 좋다. 그렇지 않을 경우에는 이차 방정식을 풀거나 연속 근사법(특집 9-4 참조)으로 더 정확한 $[H_3O^+]$ 값을 구해야 한다.

**표 9-4**

**식 (9-16)에서 $H_3O^+$의 농도가 $c_{HA}$에 비해 작다는 가정을 사용할 때 생기는 오차**

| $K_a$ | $c_{HA}$ | 가정을 사용하여 구한 $[H_3O^+]$ | $\frac{c_{HA}}{K_a}$ | 더 정확한 식을 사용하여 구한 $[H_3O^+]$ | 퍼센트 오차 |
|---|---|---|---|---|---|
| $1.00 \times 10^{-2}$ | $1.00 \times 10^{-3}$ | $3.16 \times 10^{-3}$ | $10^{-1}$ | $0.92 \times 10^{-3}$ | 244 |
| | $1.00 \times 10^{-2}$ | $1.00 \times 10^{-2}$ | $10^{0}$ | $0.62 \times 10^{-2}$ | 61 |
| | $1.00 \times 10^{-1}$ | $3.16 \times 10^{-2}$ | $10^{1}$ | $2.70 \times 10^{-2}$ | 17 |
| $1.00 \times 10^{-4}$ | $1.00 \times 10^{-4}$ | $1.00 \times 10^{-4}$ | $10^{0}$ | $0.62 \times 10^{-4}$ | 61 |
| | $1.00 \times 10^{-3}$ | $3.16 \times 10^{-4}$ | $10^{1}$ | $2.70 \times 10^{-4}$ | 17 |
| | $1.00 \times 10^{-2}$ | $1.00 \times 10^{-3}$ | $10^{2}$ | $0.95 \times 10^{-3}$ | 5.3 |
| | $1.00 \times 10^{-1}$ | $3.16 \times 10^{-3}$ | $10^{3}$ | $3.11 \times 10^{-3}$ | 1.6 |
| $1.00 \times 10^{-6}$ | $1.00 \times 10^{-5}$ | $3.16 \times 10^{-6}$ | $10^{1}$ | $2.70 \times 10^{-6}$ | 17 |
| | $1.00 \times 10^{-4}$ | $1.00 \times 10^{-5}$ | $10^{2}$ | $0.95 \times 10^{-5}$ | 5.3 |
| | $1.00 \times 10^{-3}$ | $3.16 \times 10^{-5}$ | $10^{3}$ | $3.11 \times 10^{-5}$ | 1.6 |
| | $1.00 \times 10^{-2}$ | $1.00 \times 10^{-4}$ | $10^{4}$ | $9.95 \times 10^{-5}$ | 0.5 |
| | $1.00 \times 10^{-1}$ | $3.16 \times 10^{-4}$ | $10^{5}$ | $3.16 \times 10^{-4}$ | 0.0 |

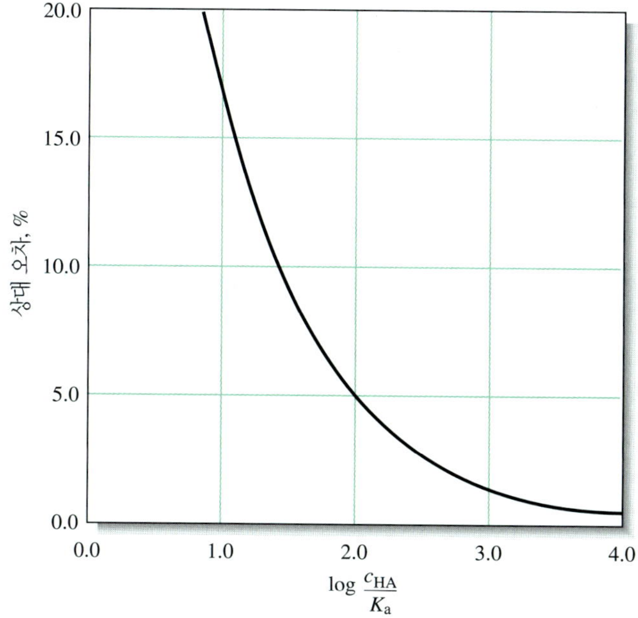


**그림 9-3** 식 (9-18)에서 가정 $[H_3O^+] \ll c_{HA}$를 사용할 때 생기는 상대 오차.

**예제 9-7**

0.120 M 아질산의 하이드로늄 이온 농도를 계산하시오.

**풀이**

주된 평형 반응은

$$HNO_2 + H_2O \rightleftharpoons H_3O^+ + NO_2^-$$

이고 평형 상수는(부록 2 참조)

$$K_a = 7.1 \times 10^{-4} = \frac{[H_3O^+][NO_2^-]}{[HNO_2]}$$

이를 식 (9-15)와 식 (9-17)에 대입하면

$$[NO_2^-] = [H_3O^+]$$

$$[HNO_2] = 0.120 - [H_3O^+]$$

이들 관계를 $K_a$식에 대입하면

$$K_a = \frac{[H_3O^+]^2}{0.120 - [H_3O^+]} = 7.1 \times 10^{-4}$$

$[H_3O^+] \ll 0.120$이라고 가정한다면, 다음과 같이 쓸 수 있다.

$$\frac{[H_3O^+]^2}{0.120} = 7.1 \times 10^{-4}$$

$$[H_3O^+] = \sqrt{0.120 \times 7.1 \times 10^{-4}} = 9.2 \times 10^{-3}\ M$$

(계속)

이제 0.120 − 0.0092 ≈ 0.120이라고 한 가정을 점검해 보면 오차는 약 8%이다. 그러나 log ($c_{HA}/K_a$) = 2.2일 때 그림 9-3로부터 오차가 약 4%임을 알 수 있듯이 $[H_3O^+]$의 상대 오차는 이보다 작다. 더 정확한 값을 얻기 원할 경우 이차 방정식을 풀면 되는데, 이때 하이드로늄 이온 농도는 $8.9 \times 10^{-3}$ M이 된다.

### 예제 9-8

$2.0 \times 10^{-4}$ M 아닐린 염화수소($C_6H_5NH_3Cl$) 용액 속의 하이드로늄 이온 농도를 계산하시오.

**풀이**

수용액 속에서 이 염이 $Cl^-$와 $C_6H_5NH_3^+$로 완전히 해리된다. 약한 산 $C_6H_5NH_3^+$는 다음과 같이 해리한다.

$$C_6H_5NH_3^+ + H_2O \rightleftharpoons C_6H_5NH_2 + H_3O^+ \quad K_a = \frac{[H_3O^+][C_6H_5NH_2]}{[C_6H_5NH_3^+]}$$

부록 3에 $C_6H_5NH_3^+$의 산 해리 상수는 $2.51 \times 10^{-5}$으로 주어져 있다. 예제 9-7과 마찬가지로

$$[H_3O^+] = [C_6H_5NH_2]$$
$$[C_6H_5NH_3^+] = 2.0 \times 10^{-4} - [H_3O^+]$$

$[H_3O^+] \ll 2.0 \times 10^{-4}$이라고 가정하고 $[C_6H_5NH_3^+]$을 해리상수식에 대입하면[식 (9-21) 참조]

$$\frac{[H_3O^+]^2}{2.0 \times 10^{-4}} = 2.51 \times 10^{-5}$$
$$[H_3O^+] = \sqrt{5.02 \times 10^{-9}} = 7.09 \times 10^{-5}\ \text{M}$$

$7.09 \times 10^{-5}$를 $2.0 \times 10^{-4}$와 비교해 보면 $[H_3O^+] \ll c_{C_6H_5NH_3^+}$ 가정을 사용함으로써 상당히 큰 오차(그림 9-3에 의하면 약 20%)가 생김을 알 수 있다. 따라서 $[H_3O^+]$의 근사값을 구해도 좋은 경우만 제외하고는 다음 식을 사용해야 한다[식 (9-19)].

$$\frac{[H_3O^+]^2}{2.0 \times 10^{-4} - [H_3O^+]} = 2.51 \times 10^{-5}$$

이 식을 재배열하면

$$[H_3O^+]^2 + 2.51 \times 10^{-5}[H_3O^+] - 5.02 \times 10^{-9} = 0$$
$$[H_3O^+] = \frac{-2.51 \times 10^{-5} + \sqrt{(2.54 \times 10^{-5})^2 + 4 \times 5.02 \times 10^{-9}}}{2}$$
$$= 5.94 \times 10^{-5}\ \text{M}$$

이 이차 방정식은 특집 9-4에 보인 바와 같은 연속 근사법으로도 풀 수 있다.

**특집 9-4**

### 연속 근사법

편의상 예제 9-8의 이차 방정식을 다음과 같이 쓰자.

$$x^2 + 2.51 \times 10^{-5}x - 5.02 \times 10^{-9} = 0$$

여기서 $x = [H_3O^+]$이다.

첫 번째 단계로서 이 식을 다음과 같이 재배열한 다음

$$x = \sqrt{5.02 \times 10^{-9} - 2.51 \times 10^{-5}x}$$

이 식 우변의 $x$를 0이라고 가정하고 첫 번째 값 $x_1$을 구한다.

$$x_1 = \sqrt{5.02 \times 10^{-9} - 2.51 \times 10^{-5} \times 0} = 7.09 \times 10^{-5}$$

이 값을 원래 식에 대입하여 두 번째 값 $x_2$를 구한다.

$$x_2 = \sqrt{5.02 \times 10^{-9} - 2.51 \times 10^{-5} \times 7.09 \times 10^{-5}} = 5.69 \times 10^{-5}$$

이 계산을 되풀이하면

$$x_3 = \sqrt{5.02 \times 10^{-9} - 2.51 \times 10^{-5} \times 5.69 \times 10^{-5}} = 5.99 \times 10^{-5}$$

마찬가지 방법으로 계산을 계속하면

$$x_4 = 5.93 \times 10^{-5}$$

$$x_5 = 5.94 \times 10^{-5}$$

$$x_6 = 5.94 \times 10^{-5}$$

3번 반복 후 얻은 값 $x_3$이 $5.99 \times 10^{-5}$으로, 최종값인 $5.94 \times 10^{-5}$ M과 약 0.8% 내에서 일치함을 주목하시오.

연속 근사법은 삼차 또는 그 이상의 방정식을 풀어야 할 경우 특히 유용하다. *Applications of Microsoft® Excel in Analytical Chemistry* 2판 5장에서 스프레드시트를 이용하는 반복적인 풀이 과정이 아주 편리하게 사용된다.

## » 약염기 용액에서의 하이드로늄 이온 농도

앞 절에서 설명한 방법은 약염기 용액 내 수산화 이온 또는 하이드로늄 이온의 농도 계산에도 사용할 수 있다.

암모니아 수용액은 다음 반응에 의해 염기성이다.

$$NH_3 + H_2O \rightleftharpoons NH_4^+ + OH^-$$

이 용액에서 가장 많이 존재하는 화학종은 $NH_3$임이 밝혀졌다. 그럼에도 불구하고 암모니아 용액은 가끔 수산화 암모늄이라고 불리는데, 이는 옛날에는 화학자들이 이 염기의 해리되지 않은 형태가 $NH_3$가 아니라 $NH_4OH$인 것으로 잘못 알았기 때문이다. 위의 반응에 대한 평형 상수는 다음과 같이 쓸 수 있다.

$$K_b = \frac{[NH_4^+][OH^-]}{[NH_3]}$$

### 예제 9-9

0.0750 M $NH_3$ 용액의 수산화 이온 농도를 계산하시오.

**풀이**

주된 평형 반응은

$$NH_3 + H_2O \rightleftharpoons NH_4^+ + OH^-$$

평형 상수식을 쓰면

$$K_b = \frac{[NH_4^+][OH^-]}{[NH_3]} = \frac{1.00 \times 10^{-14}}{5.70 \times 10^{-10}} = 1.75 \times 10^{-5}$$

화학식은 다음과 같다.

$$[NH_4^+] = [OH^-]$$

$NH_4^+$와 $NH_3$의 농도의 합은 0.0750 M이므로

$$[NH_4^+] + [NH_3] = c_{NH_3} = 0.0750 \text{ M}$$

$[NH_4^+]$ 대신에 $[OH^-]$를 대치하고 재배열하면

$$[NH_3] = 0.0750 - [OH^-]$$

이들 양을 $K_b$의 해리상수식에 대입하면

$$\frac{[OH^-]^2}{7.50 \times 10^{-2} - [OH^-]} = 1.75 \times 10^{-5}$$

이 식은 약한 산에 대한 식 (9-17)과 비슷하다. $[OH^-] \ll 7.50 \times 10^{-2}$이라고 가정하면, 이 식은 다음과 같이 간단해진다.

$$[OH^-]^2 \approx 7.50 \times 10^{-2} \times 1.75 \times 10^{-5}$$

$$[OH^-] = 1.15 \times 10^{-3} \text{ M}$$

$[OH^-]$의 계산값을 $7.50 \times 10^{-2}$과 비교해 보면 $[OH^-]$에 포함된 오차는 2% 미만임을 알 수 있다. 필요하면 이차 방정식을 풀어서 더 정확한 $[OH^-]$ 값을 구할 수 있다.

### 예제 9-10

0.0100 M 소듐 하이포클로라이드 용액의 수산화 이온 농도를 계산하시오.

**풀이**

$OCl^-$와 물 사이의 평형 반응은

$$OCl^- + H_2O \rightleftharpoons HOCl + OH^-$$

이의 평형 상수식을 쓰면

$$K_b = \frac{[HOCl][OH^-]}{[OCl^-]}$$

부록 3에 의하면 HOCl의 산해리 상수는 $3.0 \times 10^{-8}$이다.
그러므로 식 (9-14)를 재배열하면

$$K_b = \frac{K_w}{K_a} = \frac{1.00 \times 10^{-14}}{3.0 \times 10^{-8}} = 3.33 \times 10^{-7}$$

예제 9-9과 같은 방법으로 풀어나가면

$$[OH^-] = [HOCl]$$
$$[OCl^-] + [HOCl] = 0.0100$$
$$[OCl^-] = 0.0100 - [OH^-] \approx 0.0100$$

여기서 $[OH^-] \ll 0.0100$이라고 가정하였다. 위의 값들을 평형 상수식에 대입하면

$$\frac{[OH^-]^2}{0.0100} = 3.33 \times 10^{-7}$$
$$[OH^-] = 5.8 \times 10^{-5}\ M$$

근사식으로 인해 생긴 오차는 매우 작다.

**스프레드시트 요약** *Applicatations of Microsoft® Excel in Analytical Chemistry* 2판 5장 처음 세 개의 연습 문제에서 화학 평형에서 다루어진 몇 가지 형태의 방정식에 관한 풀이를 조사하였다. 일반적으로 화학 평형의 문제 해결을 위해 2차 방정식 풀이 과정이 사용된다. 그래서 연속 근사법이란 반복적인 풀이 과정을 통하여 해답을 찾기 위해 Excel이 사용된다. 다음으로 화학 평형 계산에서 자주 접하는 2차, 3차, 4차 방정식을 풀기위해 Excel's Solver가 사용된다.

## 9C 완충 용액

**완충 용액**(buffer solution)은 산이나 염기의 첨가나 희석에 대해 pH 변화를 막아주는 용액이다. 일반적으로 완충 용액은 아세트산/아세트산 소듐이나 염화 암모늄/암모니아 같은 짝산/짝염기 쌍으로 만들어진다. 화학자들은 용액의 pH를 미리 정해진 수준으로 유지시킬 필요가 있을 때에는 완충 용액을 사용한다. 완충 용액의 사용에 대해 많은 참고 문헌들을 이 책을 통해 찾아 볼 수 있다.

**완충 용액**은 용액의 pH를 미리 정해진 수준으로 유지하고 싶을 경우, 언제든지 모든 종류의 화학에 이용된다.

### ▸ 9C-1 완충 용액의 pH 계산

약산/짝염기 완충 용액, 약산 HA와 그 짝염기 $A^-$를 포함하는 용액은 평형의 위치에 따라 산성, 중성 또는 염기성이 된다.

$$HA + H_2O \rightleftharpoons H_3O^+ + A^- \quad K_a = \frac{[H_3O^+][A^-]}{[HA]} \tag{9-23}$$

완충된 아스피린은 카복실산기의 산도로 인한 위의 자극을 막아주는 완충액이 들어 있다.

$$A^- + H_2O \rightleftharpoons OH^- + HA \quad K_b = \frac{[OH^-][HA]}{[A^-]} = \frac{K_w}{K_a} \tag{9-24}$$

만일 첫 번째 평형이 두 번째의 평형보다 더 오른쪽으로 치우친다면 용액은 산성이고, 두 번째 평형이 지배하면 용액은 염기성이다. 이 두 평형 상수식은 하이드로늄과 수산화 이온의 상대 농도가 $K_a$와 $K_b$ 값 뿐 아니라 산과 그 짝염기의 농도에 따라서도 달라짐을 보여준다.

산 HA와 그의 짝염기 NaA를 포함하는 용액의 pH를 계산하기 위해 HA와 NaA의 평형 농도를 분석 농도인 $c_{HA}$와 $c_{NaA}$로 나타낼 수 있다. 두 평형식을 보면 첫 번째 반응에서 $[H_3O^+]$ 양만큼 HA 농도가 감소되고, 두 번째 반응에서는 $[OH^-]$ 양만큼 HA 농도가 증가된다. HA의 농도는 질량균형식에 의해서 분석 농도와 관련지을 수 있다.

$$[HA] = c_{HA} - [H_3O^+] + [OH^-] \tag{9-25}$$

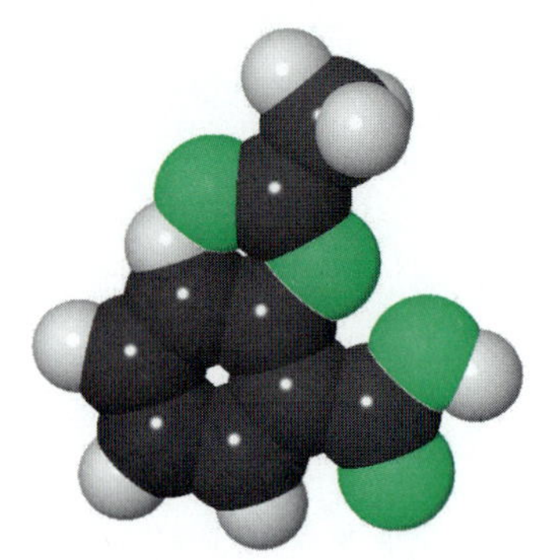

아스피린의 구조와 분자 모델. 아스피린이 prostaglandin의 생성을 막아 analgesil 작용이 일어나는데 여기서 prostaglandin은 통증 신호를 전달하는데 포함되어 있는 호르몬이다.

마찬가지로 첫 번째 평형에서 $[H_3O^+]$만큼 $A^-$ 농도의 증가가 두 번째 평형에서는 $[OH^-]$만큼의 $A^-$ 농도의 감소가 일어난다. 따라서 질량균형식은 다음과 같이 나타낼 수 있다.

$$[A^-] = c_{NaA} + [H_3O^+] - [OH^-] \tag{9-26}$$

$[H_3O^+]$와 $[OH^-]$는 역수 관계를 갖고 있기 때문에 식 (9-25)과 식 (9-26)에서 하나 혹은 둘을 *항상* 제거할 수 있다. 더구나 $[H_3O^+]$와 $[OH^-]$의 *차*는 식 (9-25)과 식 (9-26)에 있는 산과 짝염기 몰농도보다 상대적으로 작기 때문에 다음과 같이 간단히 할 수 있다.

$$[HA] \approx c_{HA} \tag{9-27}$$

$$[A^-] \approx c_{NaA} \tag{9-28}$$

식 (9-27)과 식 (9-28)를 해리상수식에 대입하여 재배열하면 다음 식이 얻어진다.

$$[H_3O^+] = K_a \frac{c_{HA}}{c_{NaA}} \tag{9-29}$$

식 (9-27)과 식 (9-28)을 유도할 수 있는 가정은 산과 염기의 해리 상수가 $10^{-3}$보다 크거나 산이나 그의 짝염기(또는 둘 다)의 농도가 매우 작을 때는 성립되지 않는다. 이런 상황에서는 용액이 산성인가 또 염기성인가에 따라서 $[OH^-]$ 또는 $[H_3O^+]$를 식 (9-25)과 식 (9-26)에 그대로 둔다. 어느 경우에나 처음에는 항상 식 (9-27)과 식 (9-28)를 사용한다. 그 다음 $[H_3O^+]$와 $[OH^-]$의 임의의 값을 이용하여 가정의 옳고 그름을 점검한다.

식을 유도하는데 사용된 가정의 범위 내에서 식 (9-29)은 약산과 그의 짝염기를 포함한 용액의 하이드로늄 이온 농도는 단지 이들 두 용질의 몰농도 *비에만* 의존함을 보여준다. 더욱이 이 비는 묽힘에 무관한데 왜냐하면 부피가 변할 때 각 성분의 농도도 비례하여 변하기 때문이다.

**특집 9-5**

**Henderson-Hasselbalch식**

Henderson-Hasselbalch식은 생물학 문헌과 생화학 책에서 자주 취급하는 식으로 완충 용액의 pH를 계산하는데 쓰인다. 식 (9-29)에 있는 각 항을 음의 log로 취하고 농도비를 뒤집어 모든 부호가 양의 값이 되도록 한다.

$$-\log[H_3O^+] = -\log K_a + \log\frac{c_{NaA}}{c_{HA}}$$

그러므로

$$pH = pK_a + \log\frac{c_{NaA}}{c_{HA}} \qquad \textbf{(9-30)}$$

만약 식 (9-28)을 유도하는 가정이 타당하지 않다면 [HA]와 $[A^-]$에 대한 값은 대표적인 식 (9-24)와 식 (9-25)에 의해 주어지고, 이 식에 음의 log 값을 취하면 우리는 확장된 Henderson-Hasselbalch식을 유도한다.

**예제 9-11**

0.400 M 폼산과 1.00 M 폼산소듐을 포함하고 있는 용액의 pH는 얼마인가?

**풀이**

이 용액의 pH는 폼산의 $K_a$와 폼산 이온의 $K_b$에 영향을 받을 것이다.

$$HCOOH + H_2O \rightleftharpoons H_3O^+ + HCOO^- \quad K_a = 1.80 \times 10^{-4}$$

$$HCOO^- + H_2O \rightleftharpoons HCOOH + OH^- \quad K_b = \frac{K_w}{K_a} = 5.56 \times 10^{-11}$$

폼산에 대한 $K_a$가 폼산 이온의 $K_b$보다 더 큰 값이므로 용액은 산성이 되고, $K_a$는 $H_3O^+$ 농도를 결정하므로 다음과 같이 쓸 수 있다.

$$K_a = \frac{[H_3O^+][HCOO^-]}{[HCOOH]} = 1.80 \times 10^{-4}$$

$$[HCOO^-] \approx c_{HCOO^-} = 1.00\ M$$

$$[HCOOH] \approx c_{HCOOH} = 0.400\ M$$

이것을 식 (9-29)에 대입하여 재배열하면

$$[H_3O^+] = 1.80 \times 10^{-4} \times \frac{0.400}{1.00} = 7.20 \times 10^{-5}\ M$$

$[H_3O^+] \ll c_{HCOOH}$와 $[H_3O^+] \ll c_{HCOO_2}$라고 한 가정이 타당성 있다는 것을 주목하시오.

$$pH = -\log(7.20 \times 10^{-5}) = 4.14$$

예제 9-12에서와 같이 식 (9-25)과 식 (9-26)을 약염기와 그 짝산의 완충계에 적용시킬 수 있다. 더욱이 대부분의 경우에 식들을 단순화시켜서 식 (9-29)을 사용할 수 있다.

**예제 9-12**

0.200 M $NH_3$와 0.300 M $NH_4Cl$을 포함하고 있는 용액의 pH를 계산하시오.

**풀이**

부록 3에 있는 $NH_4^+$의 $K_a$ 값은 $5.70 \times 10^{-10}$이다.

평형 반응식은 아래와 같다.

$$NH_4^+ + H_2O \rightleftharpoons NH_3 + H_3O^+ \qquad K_a = 5.70 \times 10^{-10}$$

$$NH_3 + H_2O \rightleftharpoons NH_4^+ + OH^- \qquad K_b = \frac{K_w}{K_a} = \frac{1.00 \times 10^{-14}}{5.70 \times 10^{-10}} = 1.75 \times 10^{-5}$$

식 (9-25)과 식 (9-26)을 적용하면

$$[NH_4^+] = c_{NH_4Cl} + [OH^-] - [H_3O^+] \approx c_{NH_4Cl} + [OH^-]$$
$$[NH_3] = c_{NH_3} + [H_3O^+] - [OH^-] \approx c_{NH_3} - [OH^-]$$

$K_b$가 $K_a$보다 몇 배 더 크므로 용액은 염기성이고 $[OH^-]$가 $[H_3O^+]$보다 크다. 위 두 평형 상수식의 상대적 크기에 적용하면 $[H_3O^+]$는 매우 작으므로 무시할 수 있다.

그리고 $[OH^-]$는 $c_{NH_4Cl}$과 $c_{NH_3}$에 비하여 매우 적으므로

$$[NH_4^+] \approx c_{NH_4Cl} = 0.300 \text{ M}$$
$$[NH_3] \approx c_{NH_3} = 0.200 \text{ M}$$

$NH_4^+$를 산 해리상수식에 치환시키면 식 (9-29)와 같은 식을 얻을 수 있다.

$$[H_3O^+] = \frac{K_a \times [NH_4^+]}{[NH_3]} = \frac{5.70 \times 10^{-10} \times c_{NH_4Cl}}{c_{NH_3}}$$
$$= \frac{5.70 \times 10^{-10} \times 0.300}{0.200} = 8.55 \times 10^{-10} \text{ M}$$

근사식의 타당성을 확인하기 위해 $[OH^-]$를 계산하면

$$[OH^-] = \frac{1.00 \times 10^{-14}}{8.55 \times 10^{-10}} = 1.17 \times 10^{-5} \text{ M}$$

$c_{NH_4Cl}$이나 $c_{NH_3}$보다 작은 것을 확인할 수 있으므로

$$pH = -\log(8.55 \times 10^{-10}) = 9.07$$

## ▸ 9C-2 완충 용액의 성질

이 절에서는 용액이 묽혀지거나 또는 강산이나 강염기가 첨가될 때 완충 용액이 pH 변화를 어떻게 억제하는지에 대해 설명할 것이다.

## » 묽힘 효과

완충 용액의 pH는 완충 용액에 포함된 화학종들의 농도가 식 (9-27)과 식 (9-28)을 유도할 때 사용된 근사법의 타당성이 없어지는 지점으로 감소될 때까지 묽힘과는 무관하게 유지된다. **그림 9-4**은 완충 용액과 비완충 용액의 묽혀짐에 따른 거동을 비교한 것이다. 초기 용질의 농도는 각각 1.00 M이고, 완충 용액의 pH 변화가 묽힐 때에도 억제됨을 보여준다.

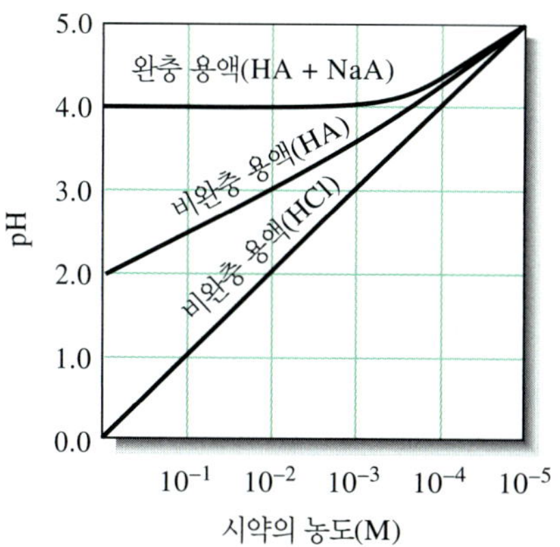


**그림 9-4** 완충 용액과 비완충 용액의 pH에 대한 묽힘 효과. HA의 해리 상수는 $1.00 \times 10^{-4}$이고 초기 용질 농도는 1.00 M이다.

## » 산과 염기의 첨가 효과

예제 9-13는 완충 용액의 또다른 성질을 설명하는데, 적은 양의 강산이나 강염기를 첨가해도 pH 변화는 억제된다.

### 예제 9-13

(a) 0.0500 M의 NaOH 용액 100 mL와 (b) 0.0500 M HCl 용액 100 mL를 예제 9-12의 완충 용액 400 mL에 첨가하였을 때 일어나는 pH 변화를 계산하시오.

**풀이**

(a) 완충 용액에 NaOH를 첨가하면 $NH_4^+$의 일부가 $NH_3$로 전환된다.

$$NH_4^+ + OH^- \rightleftharpoons NH_3 + H_2O$$

그러면 $NH_3$와 $NH_4Cl$의 분석 농도는 다음과 같이 된다

$$c_{NH_3} = \frac{400 \times 0.200 + 100 \times 0.0500}{500} = \frac{85.0}{500} = 0.170\ M$$

$$c_{NH_4Cl} = \frac{400 \times 0.300 - 100 \times 0.0500}{500} = \frac{115}{500} = 0.230\ M$$

이 값을 $NH_4^+$의 산해리상수식에 대입하면 다음 값을 얻는다.

$$[H_3O^+] = 5.70 \times 10^{-10} \times \frac{0.230}{0.170} = 7.71 \times 10^{-10}\ M$$

$$pH = -\log 7.71 \times 10^{-10} = 9.11$$

따라서 pH의 변화는

$$\Delta pH = 9.11 - 9.07 = 0.04$$

(b) HCl을 첨가하면 NH $_3$의 일부가 $NH_4^+$로 전환된다. 그러므로

$$NH_3 + H_3O^+ \rightleftharpoons NH_4^+ + H_2O$$

$$c_{NH_3} = \frac{400 \times 0.200 - 100 \times 0.0500}{500} = \frac{75}{500} = 0.150\ M$$

$$c_{NH_4^+} = \frac{400 \times 0.300 + 100 \times 0.0500}{500} = \frac{125}{500} = 0.250\ M$$

$$[H_3O^+] = 5.70 \times 10^{-10} \times \frac{0.250}{0.150} = 9.50 \times 10^{-10}$$

$$pH = -\log 9.50 \times 10^{-10} = 9.02$$

$$\Delta pH = 9.02 - 9.07 = -0.05$$

완충 용액은 pH를 절대적으로 일정한 값으로 유지하지 않고, 산이나 염기가 조금 첨가되면 비교적 작은 값의 pH 변화를 일으킨다.

예제 9-13에 나오는 완충 용액의 pH 거동과 pH가 9.07인 비완충 용액의 거동을 비교해 보면 흥미롭다. 비완충 용액에 같은 양의 염기를 첨가하면 pH가 2.93이 증가하여 pH는 12.0이 된다. 산을 첨가하면 pH가 7보다 다소 감소된다.

## » pH 함수로서 완충 용액의 조성 : α 값

완충 용액의 조성은 용액의 pH의 함수로서 짝산/짝염기의 두 성분의 상대적인 평형 농도를 도시해 줌으로써 시각화할 수 있다. 이러한 상대적인 농도(relative concentration)를 **α 값**(alpha value)이라 한다. 예를 들면, 우리가 $c_T$를 아세트산과 아세트산 소듐의 분석 농도의 합으로 놓으면 다음과 같이 쓸 수 있다.

$$c_T = c_{HOAc} + c_{NaOAc} \tag{9-31}$$

그리고 $\alpha_0$, 즉 해리되지 않은 산의 총 농도 분율은 다음과 같다.

$$\alpha_0 = \frac{[HOAc]}{c_T} \tag{9-32}$$

그리고 $\alpha_1$, 즉 산해리된 농도 분율은 다음과 같다.

$$\alpha_1 = \frac{[OAc^-]}{c_T} \tag{9-33}$$

$\alpha$ 값은 합이 반드시 1이어야 한다. 즉

$$\alpha_0 + \alpha_1 = 1$$

$\alpha$ 값(alpha value)은 $c_T$에 의존하지 않는다.

*오직* $[H_3O^+]$와 $K_a$에만 의존하는 $\alpha$ 값은 $c_T$에는 무관하다. $\alpha_0$에 대한 식을 얻기 위해 해리상수식을 재배열하면

$$[OAc^-] = \frac{K_a[HOAc]}{[H_3O^+]} \tag{9-34}$$

아세트산의 총 농도 $c_T$는 HOAc 혹은 $OAc^-$ 중 하나로 나타낼 수 있다. 그래서

$$c_T = [HOAc] + [OAc^-] \tag{9-35}$$

식 (9-34)를 식 (9-35)에 대입하면

$$c_T = [HOAc] + \frac{K_a[HOAc]}{[H_3O^+]} = [HOAc]\left(\frac{[H_3O^+] + K_a}{[H_3O^+]}\right)$$

재배열하면

$$\frac{[HOAc]}{c_T} = \frac{[H_3O^+]}{[H_3O^+] + K_a}$$

그러나 정의에 따르면, 식 (9-32)에 의하여 $[HOAc]/c_T = \alpha_0$, 따라서

$$\alpha_0 = \frac{[HOAc]}{c_T} = \frac{[H_3O^+]}{[H_3O^+] + K_a} \tag{9-36}$$

이므로 $\alpha_1$에 대한 식을 얻기 위해 해리상수식을 재배열해야 한다.

$$[HOAc] = \frac{[H_3O^+][OAc^-]}{K_a}$$

그리고 식 (9-36)을 대입하면 다음과 같다.

$$c_T = \frac{[H_3O^+][OAc^-]}{K_a} + [OAc^-] = [OAc^-]\left(\frac{[H_3O^+] + K_a}{K_a}\right)$$

식 (9-33)에서 정의한 것처럼 $\alpha_1$으로 재배열한다.

$$\alpha_1 = \frac{[OAc^-]}{c_T} = \frac{K_a}{[H_3O^+] + K_a} \tag{9-37}$$

식 (9-36)과 식 (9-37)에서 분모가 같음을 기억하시오.

**그림 9-5**는 $\alpha_0$와 $\alpha_1$의 pH 함수에 따른 변화를 설명하고 있다. 이 도시의 값들은 식 (9-36)와 식 (9-37)으로부터 계산할 수 있다.

두 개의 곡선이 pH = $pK_{HOAc}$ = 4.74에서 교차하는 것을 주시하자. 이 점에서 아세트산과 아세트산 이온의 농도가 같고, 산의 총 분석 농도 분율도 둘 다 같다.

## » 완충 용량

그림 9-4과 예제 9-13는 짝산/짝염기 용액의 pH 변화가 상당히 억제됨을 보여준다. 예를 들면, 예제 9-13의 용액을 10배 희석시켜서 만든 400 mL의 완충 용액 pH는

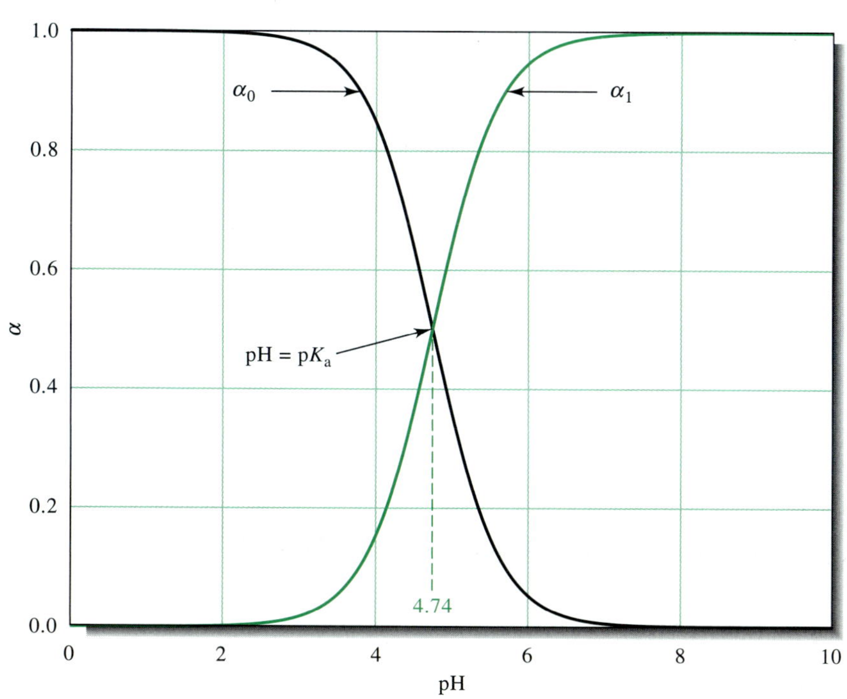


**그림 9-5** 첨가된 pH에 따른 $\alpha$의 변화, $\alpha_0$와 $\alpha_1$ 사이의 대부분의 전이는 두 곡선의 교차점의 ±1 pH 단위 내에 일어남을 기억하시오. 교차점 즉, $\alpha_0 = \alpha_1 = 0.5$는 pH = $pK_{HOAc}$ = 4.74일 때 일어난다.

0.0500 M NaOH 용액이나 0.0500 M HCl 용액 100 mL를 넣을 때 0.4~0.5 단위만큼 변한다. 그러나 예제 9-13에서는 더 진한 용액을 첨가해도 pH가 0.04~0.05 단위 정도만 변한다.

완충 용액의 **완충 용량**이란 1 L의 완충 용액이 pH의 변화를 1 이상 넘지 않는 강산이나 강염기의 몰수이다.

용액의 **완충 용량**(buffer capacity, $\beta$)은 완충 용액 1.00 L를 pH 1.00 단위만큼 변화시킬 수 있는 강산이나 강염기의 몰수로 정의된다. 수학적으로 다음 식이 주어진다.

$$\beta = \frac{dc_b}{dpH} = -\frac{dc_a}{dpH}$$

여기서 $dc_b$는 완충 용액에 첨가되는 강염기의 리터당 몰수이고, $dc_a$는 강산의 리터당 몰수이다. 강산의 첨가는 pH의 감소를 일으키므로 $dc_a/dpH$는 음의 값을 나타낸다. 그리고 *완충 용량은 항상 양의 값을 갖는다.*

완충 용량은 완충 용액의 두 구성 성분의 전체 농도뿐만 아니라 농도비에 따라 달라진다. 완충 용량은 짝염기에 대한 산의 농도비가 1보다 크거나 작을 때 급격히 감소된다(**그림 9-6**). 이런 이유로 적절한 완충 용량을 갖는 완충 용액이 되기 위해서는 선택되는 산의 $pK_a$ 값이 요구되는 pH의 ±1 단위 범위에 있어야 한다.

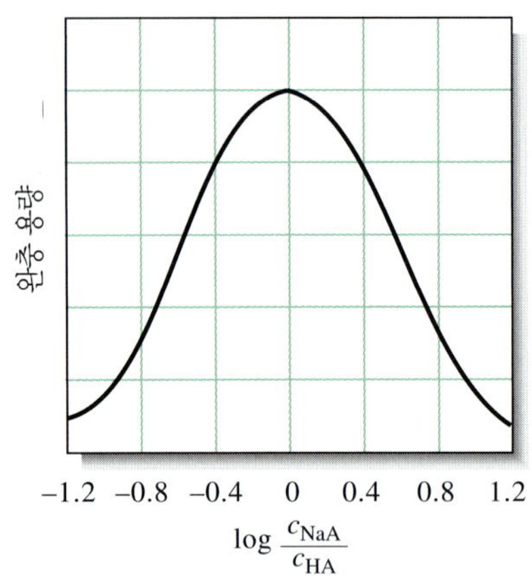


**그림 9-6** $c_{NaA}/c_{HA}$비의 로그함수에 의한 완충 용량. 최대 완충 용량은 산과 그 짝염기가 같았을 때 일어난다. 즉, $\alpha_0 = \alpha_1 = 0.5$일 때이다.

## » *완충 용액의 제조*

원칙적으로, 원하는 pH의 완충 용액은 적당한 짝산/짝염기 쌍을 계산된 양만큼 혼합하면 만들 수 있다. 그러나 실제 계산으로 만든 완충 용액의 pH 값은 실험값과 다르다. 왜냐하면 많은 해리 상수 값들에는 불확정도가 존재하고 계산은 근사값을 사용했기 때문이다. 이런 불일치 때문에 완충 용액을 만들 때에는 대략적으로 원하는 pH(예제 9-14 참조)의 용액을 만든 다음 pH 미터를 이용하여 원하는 pH를 강산이나 강염기를 첨가하여 조절한다. 또 다른 방법으로는 알려진 pH의 완충 용액을 만드는 실험 방법들을 화학 핸드북이나 참고 문헌에서 찾아 이용하는 것이다.[2]

### 예제 9-14

1.0 M 아세트산(HOAc)과 아세트산 소듐(NaOAc)으로부터 pH 4.5의 완충 용액 500.0 mL 제조법을 설명하시오.

**풀이**

아세트산 용액에 고체의 아세트산 소듐을 넣으면 약간의 부피 변화가 생긴다. 먼저 1.0 M 아세트산 500.0 mL에 넣을 NaOAc의 질량을 계산하시오.

$H_3O^+$의 농도는

$$[H_3O^+] = 10^{-4.5} = 3.16 \times 10^{-5}\ M$$

$$K_a = \frac{[H_3O^+][OAc^-]}{[HOAc]} = 1.75 \times 10^{-5}$$

$$\frac{[OAc^-]}{[HOAc]} = \frac{1.75 \times 10^{-5}}{[H_3O^+]} = \frac{1.75 \times 10^{-5}}{3.16 \times 10^{-5}} = 0.5534$$

*(계속)*

[2]예를 들어 다음을 참고하시오. J. A. Dean, *Analytical Chemistry Handbook*, New York: McGraw-Hill, 1995, pp. 14-29 through 14-34.

그리고 아세트산 이온의 농도는

$$[OAc^-] = 0.5534 \times 1.0\ M = 0.5534\ M$$

여기에 필요한 NaOAc의 질량은 다음과 같다.

$$\text{NaOAc의 질량} = \frac{0.5534\ \cancel{\text{mol NaOAc}}}{\cancel{L}} \times 0.500\ \cancel{L} \times \frac{82.034\ g\ NaOAc}{\cancel{\text{mol NaOAc}}}$$

$$= 22.7\ g\ NaOAc$$

이 양의 NaOAc를 아세트산 용액에 녹인 후 pH 미터로 pH를 확인하고 필요하면 소량의 염기 혹은 산을 이용하여 pH를 맞추시오.

완충제는 실험 동안 저농도의 하이드로늄이 일정하게($10^{-6}$~$10^{-10}$ M) 유지되어야 하는 생물학과 생화학 연구에서 매우 중요하다. 다양한 완충제는 화학적 및 생물학적으로 필요한 물품을 공급하는 업체에서 공급하고 있다.

**특집 9-6**

**산성비와 호수의 완충 용량**

산성비는 지난 20~30년 동안 많은 관심을 갖게 한 주제이다. 이 비는 질소와 황의 산화물들이 공기 중의 물에 녹아 떨어지는 물방울이다. 이 기체들은 발전소, 자동차나 기타 연소기관의 높은 온도에서 형성된다. 연소물이 대기를 통과할 때 물과 반응하여 질산이나 황산이 된다.

$$4NO_2(g) + 2H_2O(l) + O_2(g) \rightarrow 4HNO_3(aq)$$

$$SO_3(g) + H_2O(l) \rightarrow H_2SO_4(aq)$$

마침내 형성된 산 물방울들이 합쳐져 산성비를 만든다. 산성비의 심각성은 널리 알려져 왔다. 석조 건물과 기념물들의 표면이 산성비로 녹아내린다. 삼림들도 특정 지역에서 사라지고 있다. 수중 생태계의 영향을 설명하기 위해서 **그림 9F-1**에서 막대그래프로 설명되어 있는 뉴욕주 Adirondack Mountain 지역에 있는 호수에서의 pH 변화를 살펴보자. 이 그래프는 1930년대에 처음 조사되고 1975년에 다시 조사된 이 지역 호수들의 pH 분포를 보여준다.[3] 약 40년 사이에 엄청난 pH 변화가 있었다. 호수의 평균 pH는 6.4에서 5.1로 변했으며, 하이드로늄 이온 농도로는 20배의 변화다. 이러한 pH 변화는 이 호수들에 사는 물고기 수의 조사에서 보여주는 바와 같이 수중 생태계에 큰 영향을 주었다.[4] **그림 9F-2**의 그래프에서 pH에 따른 호수들의 수가 도시되었다. 진한 색의 막대는 고기가 있으나 옅은 색의 막대는 물고기가 전혀 없는 것을 나타낸다. 호수의 pH 변화와 물고기 수의 감소 사이에는 분명한 상관 관계가 있다.

*(계속)*

[3]R. F. Wright and E. T. Gjessing, *Ambio*, **1976**, *5*, 219.

[4]C. L. Schofideld, *Ambio*, **1976**, *5*, 228.

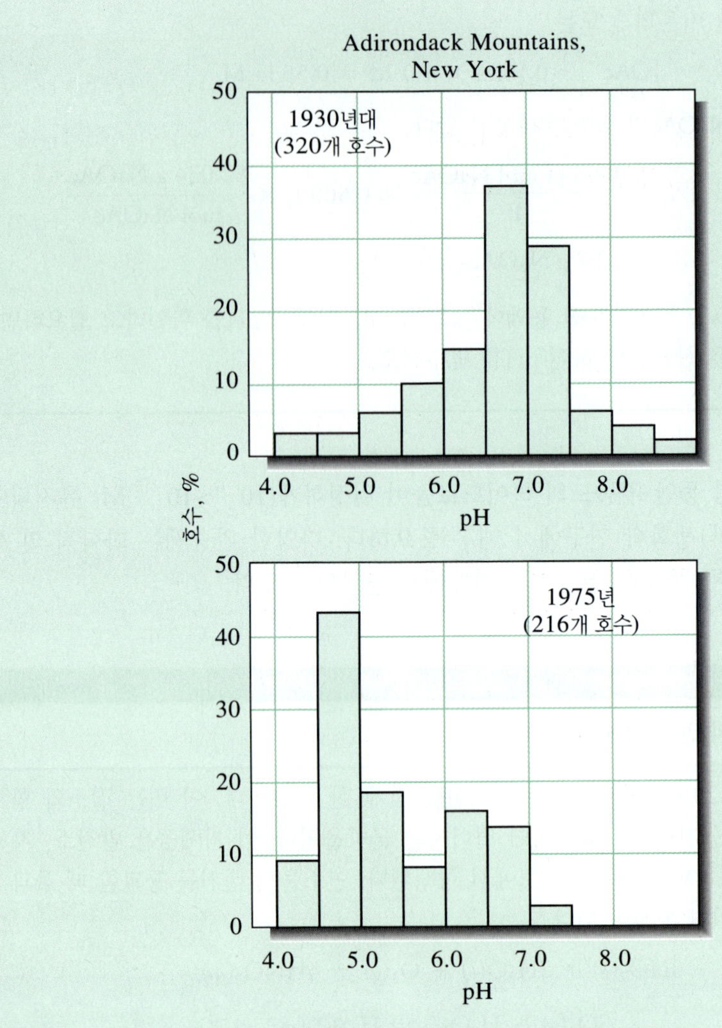


**그림 9F-1** 1930년과 1975년 사이 호수들의 pH 변화.

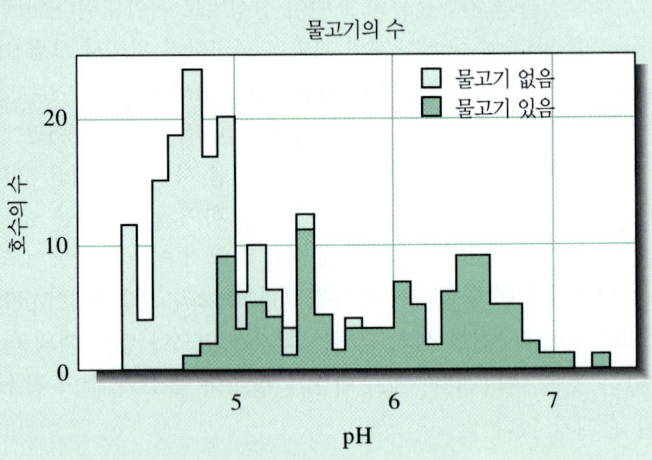


**그림 9F-2** 호수의 pH 영향에 따른 물고기 수.

어떤 지역의 호수와 지표 수의 pH 변화에는 많은 요인들이 관여한다. 이러한 요인들에는 풍향, 날씨, 흙의 종류, 물의 근원, 지형의 특성, 수목의 특성, 인간의 활동 및 지역의 지질적 특성 등이 포함된다. 자연수의 산성화는 크게 완충 용량에 의해 결정되는데, 자연수는 주로 중탄산 이온으로 된 완충 용액이다. 완충 용액의 완충 용량은 완충제의 농도에 비례한다는 것을 상기하시오. 녹은 중탄산 이온의 농도가 크면, 산성비를 중화시키는 능력이 크다. 자연수에서 중탄산 이온의 중요한 자원은 석회석이나 탄산 칼슘으로 아래와 같은 반응식에 의해 하이드로늄 이온과 반응을 한다.

$$CaCO_3(s) + H_3O^+(aq) \rightleftharpoons HCO_3^-(aq) + Ca^{2+}(aq) + H_2O(l)$$

석회석이 많은 지역은 중탄산 이온이 많이 녹아 있기 때문에 산성화에 덜 민감하다. 화강암, 사암, 혈암과 같이 칼슘이 적거나 전혀 없는 바위들이 존재하는 호수들은 산성화에 매우 민감하다.

**그림 9F-3**에 보여진 미국 지도는 석회석이 없는 지역과 지표수의 산성화 사이의 관계를 확실히 보여준다.[5] 그림에서 짙은 지역은 석회석이 없고, 많은 지역은 흰색이다. 1978~1979년 사이의 지표 수의 pH 등고선(도표상의 등치선)을 지도에 나타냈다. 뉴욕의 북동에 위치한 Adirondack 산악 지역은 석회석이 거의 없으며 pH가 4.2~4.4이다. 이 지역 호수의 낮은 완충 용량과 낮은 pH의 침전물 때문에 물고기 수가 감소하고 있다.

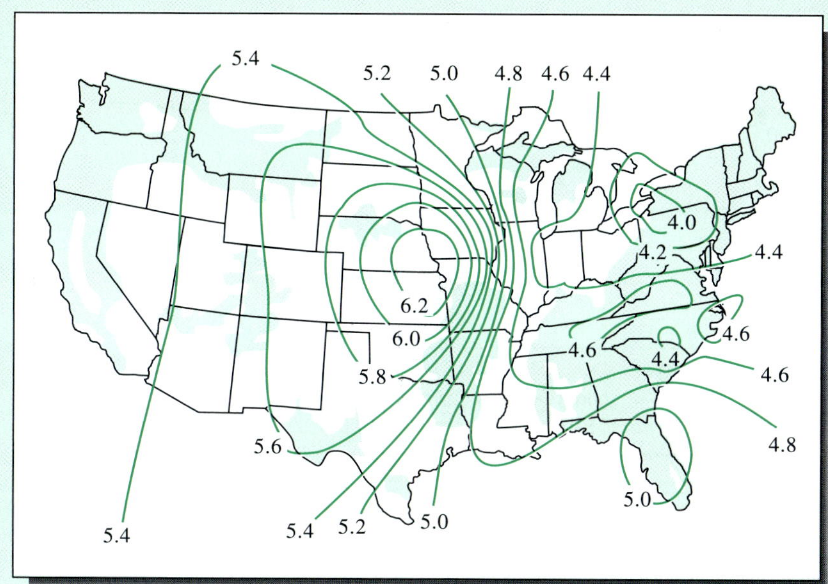


**그림 9F-3** 미국에서 호수들의 pH에 관한 석회석 존재의 영향. 짙게 표시한 지역은 석회석이 거의 없는 지역이다.

*(계속)*

[5] J. Root et al., cited in *The Effects of Air Pollution and Acid Rain on Fish, Wildlife, and Their Habitats Introduction*. U.S. Fish and Wildlife Service, Biological Services Program, Eastern Energy and Land Use Team, U.S. Government Publication FWS/OBS-80/40.3, 1982 M. A. Peterson, ed., p. 63.

산성비와 호수의 완충 용량 그리고 야생 생물 수의 감소 사이의 이러한 상관 관계가 산업화된 세계 전체를 통해 일어나고 있다.

비록 화산에 의한 삼산화황과 번개로 인한 대기 중의 이산화 질소가 자연적으로 생성되기도 하지만, 이러한 화합물 대부분은 황의 함유량이 높은 석탄의 연소와 자동차 연소 가스 배출 때문이다. 이런 오염물질을 최소화하기 위해서 몇몇 주들은 자동차 배기물에 대한 엄격한 기준을 법으로 정하고 있다. 몇몇 주들은 석탄 연료를 쓰는 발전소에 황산화물을 제거하기 위한 장치 설치를 의무화하고 있다. 호수에 대한 산성비의 영향을 최소화하기 위해, 석회석 가루를 호수에 뿌려 완충 용량을 높이기도 한다. 이런 문제들의 해결책은 많은 시간과 경비 및 에너지가 소요된다. 우리는 수십 년 동안 진행되어 온 추세를 바꾸고 환경의 질을 보존하기 위해 어려운 경제적 결정을 해야 한다.

1990년 청정 공기 수정 법안들은 $SO_2$ 규제에 극적인 새 방법을 마련하였다. **그림 9F-4**에 나와 있듯이 미의회는 발전소 기사에게 명확한 방출 한계를 공포하였다. 그러나 표준에 이르는 특별한 방법은 제시되어 있지 않다. 추가로 의회는 발전소가 구매, 판매, 오염시킬 권한을 거래함으로 방출거래시스템을 확립하였다. 비록 이런 측정 효과의 세밀한 과학적, 경제적 분석이 이루어지고 있을지라도 청정 공기 수정 법안들이 산성비의 유발 원인과 효과에 대해 깊은 긍정적인 효과를 갖는다는 것은 지금까지의 결과로부터 명확하다.[6]

그림 9F-4는 $SO_2$ 방출이 1990년 이래 크게 감소하여 EPA가 예상한 수준 이하가 되었으며, 의회가 설정한 방출 한계 이내에 도달하였음을 보여준다. 산성비에

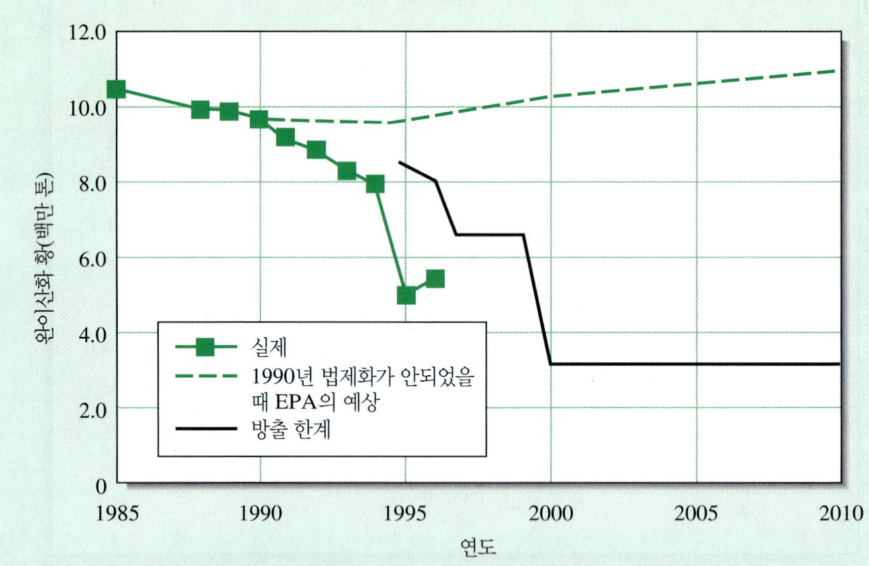


**그림 9F-4** 미국의 선택된 발전소에서 방출된 $SO_2$는 법령에 의해 요구 수준 이하로 떨어졌다. (R,A, Kerr, *Science*, **1998**, *282*, 1024. Copyright 1998 American Association of the Advancement of Science, Reprinted with pe ission of AAAS.)

[6]R. A. Kerr, *Science*, **1998**, *282*(5391), 1024, **DOI:** 10.1126/science.282.5391.1024.

관한 이러한 측정 효과는 **그림 9F-5**의 지도에 묘사되어 있는데, 1983년부터 1994년까지 미동부의 여러 지역의 산성도의 퍼센트 변화를 나타낸 것이다. 지도에서 나타내는 바와 같이 산성비가 뚜렷하게 감소된 것은 1990년에 도입된 규제 법령의 융통성에 의한 것으로 생각된다. 법령의 다른 놀라운 결과는 그러한 이행이 원래 계획된 것에 비해 비용이 확실히 적게 들었다는 것이다. 방출 표준에 이르기 위해 비용의 초기 추정 액이 매년 10억 달러 이상이었지만, 최근에 실비용이 연간 1억 달러 미만임을 지적하고 있다.[7]

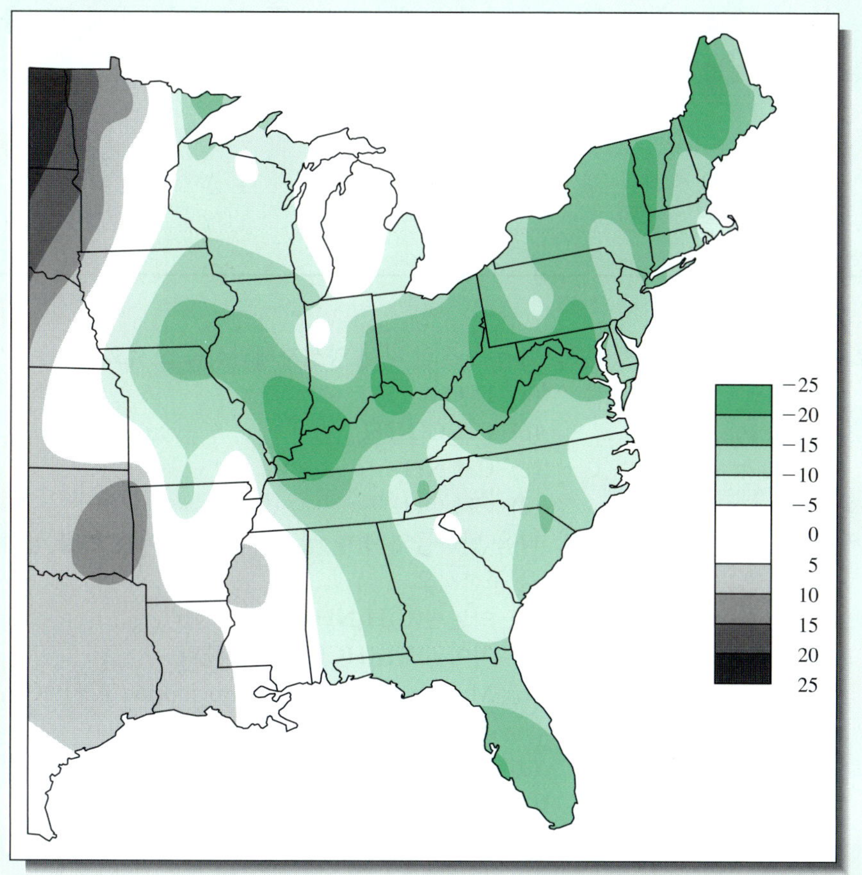


**그림 9F-5** 1983년부터 1994년까지 퍼센트 변화에서 보여주듯이 미동부 전역의 과도한 강수량이 탈산성화를 나타내고 있다. (R. A. Kerr, *Science*, **1998**, *282*, 1024. Copyright 1998 American Association of the Advancement of Science, Reprinted by permission of AAAS.)

[7]C.C. Park, *Acid Rain*. New York: Methuen, 1987.

검색 엔진을 이용하여 Swedish Environmental Protection Agency의 웹사이트를 찾는다. 사이트에서 Acidfication와 Liming를 키워드로 검색해 보시오. 이 주제의 웹페이지를 찾아서 그 페이지에 있는 제시된 글들을 읽고 나서 다음의 문제에 답하시오. 제시된 글에 의하면 Sweden 산성비 오염의 대부분은 어디에서 왔는가? 대략적으로 지난 수십 년 간에 걸쳐 스웨덴에서 토양의 pH가 얼마나 변화하였는가? Liming은 무엇인가? 스웨덴의 $SO_2$ 방출에 관한 글의 link를 찾으시오. Google 번역기를 사용하여 글들을 번역해 보시오. 1990년에 얼마나 많은 $SO_2$가 스웨덴에서 방출되었는가? 2009년에는 얼마인가? 얼마나 개선되었는가?

Scientific American 웹사이트(www.sciam.com)에서 'acid rain'이란 단어를 찾아보자. 검색 결과 찾은 글 중의 하나는 'Sour Shower'라는 표제로 된 2010년의 짧은 글에 대한 것이다. 이 글들은 산성비가 다시 올 것이라는 것을 시사한다. 산성비가 다시 오는 원인은 무엇인가? 이 새로운 산성비의 발생을 감소시키기 위해 무슨 측정을 해야 하는가?

## 연습 문제

**9-1.** 다음을 간단하게 설명 또는 정의하고 예를 드시오.
*(a) 약한 전해질.
(b) Brønsted-Lowry 산
*(c) Brønsted-Lowry 염기의 짝산
(d) Brønsted-Lowry 개념에 의한 중화
*(e) 양쪽성 양성자성(amphiprotic) 용매
(f) 쯔비터 이온
*(g) 자체 양성자 해리
(h) 강산
*(i) Le châtelier의 원리
(j) 공통 이온의 효과

**9-2.** 다음을 간단하게 설명 또는 정의하고 예를 드시오.
*(a) 양쪽성 양성자성 용매
(b) 구별성 용매
*(c) 평준화 용매
(d) 질량 작용 효과

***9-3.** 물 또는 순수한 고체가 평형에서 균형 알짜 이온반응식에는 포함되어 있음에도 불구하고 평형 상수식에는 포함되지 않는 이유를 간단히 설명하시오.

**9-4.** 다음 식의 왼쪽에서 산과 오른쪽에서 그것의 짝염기를 확인하시오.
*(a) $HOCl + H_2O \rightleftharpoons H_3O^+ + OCl$
(b) $HONH_2 + H_2O \rightleftharpoons HONH_3^+ + OH^-$
*(c) $NH_4^+ + H_2O \rightleftharpoons NH_3 + H_3O^+$
(d) $2HCO_3^- \rightleftharpoons H_2CO_3 + CO_3^{2-}$
*(e) $PO_4^{3-} + H_2PO_4^- \rightleftharpoons 2HPO_4^{2-}$

**9-5.** 연습 문제 9-4에 대한 식에서 왼쪽에서 염기와 오른쪽에서 그것의 짝산을 확인하시오.

**9-6.** 다음 물질의 자체 양성자해리식을 쓰시오.
*(a) $H_2O$
(b) $CH_3COOH$
*(c) $CH_3NH_2$
(d) $CH_3OH$

**9-7.** 다음 반응들의 평형 상수식과 각 식에서 평형 상수 값을 구하시오.
*(a) 아닐린($C_6H_5NH_2$)의 염기 해리
(b) 차아염소산(HClO)의 산 해리
*(c) Methyl ammonium hydrochloride ($CH_3NH_3Cl$)의 산 해리
(d) $NaNO_2$의 염기 해리
*(e) $H_3AsO_3$의 $H_3O^+$와 $AsO_3^{3-}$로의 해리
(f) $C_2O_4^{2-}$와 $H_2O$와의 반응으로 $H_2C_2O_4$와 $OH^-$가 생성되는 반응

**9-8.** 다음에 대해 용해도곱 상수를 나타내시오.
*(a) CuBr
*(b) HgClI
*(c) $PbCl_2$
(d) $La(IO_3)_3$
(e) $Ag_3AsO_4$

**9-9.** 연습 문제 9-8에서의 몰 용해도 *S*와 관련하여 각 물질에 대한 용해도곱 상수를 나타내시오.

**9-10.** 포화 용액의 몰농도가 다음과 같이 주어진 경우 다음 물질의 각각의 용해도곱 상수를 계산하시오.
(a) AgSeCN ($2.0 \times 10^{-8}$ M, $Ag^+$와 $SeCN^-$생성)
*(b) $RaSO_4$ ($6.6 \times 10^{-6}$ M)
(c) $Pb(BrO_3)_2$ ($1.7 \times 10^{-1}$ M)
*(d) $Ce(IO_3)_3$ ($1.9 \times 10^{-3}$ M)

**9-11.** 연습 문제 9-10에서 양이온의 농도가 0.030 M인 용액의 용질의 용해도를 계산하시오.

**9-12.** 연습 문제 9-10에서 음이온의 농도가 0.030 M인 용액의 용질의 용해도를 계산하시오.

***9-13.** 다음의 경우에 $CrO_4^{2-}$의 농도는 얼마인가?
(a) $4.13 \times 10^{-3}$ M인 $Ag^+$의 용액으로부터 $Ag_2CrO_4$의 침전이 시작될 때
(b) $Ag^+$ $9.00 \times 10^{-7}$ M로 낮추었을 때

**9-14.** 다음 경우 $OH_2$ 농도는 얼마인가?
(a) $4.60 \times 10^{-2}$ M $Al_2(SO_4)_3$ 용액으로부터 $Al^{3+}$의 침전이 시작될 때.
(b) (a)의 용액에서 $Al^{3+}$의 농도를 $3.50 \times 10^{-7}$ M로 낮추었을 때

***9-15.** $Ce(IO_3)_3$의 용해도곱 상수는 $3.2 \times 10^{-10}$이다. 아래의 용액 50.00 mL와 0.0450 M $Ce^{3+}$ 용액 50.00 mL와 혼합하여 만든 용액 속의 $Ce^{3+}$ 농도는 각각 얼마인가?
(a) 물
(b) 0.0450 M $IO_3^-$?
(c) 0.250 M $IO_3^-$?
(d) 0.0500 M $IO_3^-$?

**9-16.** $K_2PdCl_6$의 용해도곱 상수는 $6.0 \times 10^{-6}$ ($K_2PdCl_6 \rightleftharpoons 2K^+ + PdCl_6^{2-}$)이다. 아래의 용액 50.0 mL와 0.200 M KCl 용액 50.0 mL를 혼합하여 만든 용액의 $K^+$ 농도는 각각 얼마인가?
(a) 0.0800 M $PdCl_6^{2-}$
(b) 0.160 M $PdCl_6^{2-}$
(c) 0.240 M $PdCl_6^{2-}$

***9-17.** 일련의 아이오딘 화합물에 대한 용해도곱은 다음과 같다.

| | |
|---|---|
| CuI | $K_{sp} = 1 \times 10^{-12}$ |
| AgI | $K_{sp} = 8.3 \times 10^{-17}$ |
| $PbI_2$ | $K_{sp} = 7.1 \times 10^{-9}$ |
| $BiI_3$ | $K_{sp} = 8.1 \times 10^{-19}$ |

다음 각 용액에서 이 네 가지 화합물들을 몰 용해도가 감소하는 순서대로 나열하시오.
(a) 물
(b) 0.20 M NaI
(c) 용질 양이온의 0.020 M 용액

**9-18.** 일련의 수산화물의 용해도곱은 다음과 같다.

| | |
|---|---|
| BiOOH | $K_{sp} = 4.0 \times 10^{-10} = [BiO^+][OH^-]$ |
| $Be(OH)_2$ | $K_{sp} = 7.0 \times 10^{-22}$ |
| $Tm(OH)_3$ | $K_{sp} = 3.0 \times 10^{-24}$ |
| $Hf(OH)_4$ | $K_{sp} = 4.0 \times 10^{-26}$ |

(a) $H_2O$에서 몰 용해도가 가장 낮은 수산화물은 어느 것인가?
(b) 0.30 M NaOH의 용액에서 몰 용해도가 가장 낮은 수산화물은 어느 것인가?

**9-19.** 25°C와 75°C의 물에서 pH를 계산하시오. 이들 온도에서 $pK_w$ 값은 각각 13.99와 12.70이다.[8]

**9-20.** 25°C에서 아래 용액들에서 $H_3O^+$와 $OH^-$의 몰농도는 얼마인가?
*(a) 0.0300 M $C_6H_5COOH$
(b) 0.0600 M $HN_3$
*(c) 0.100 M ethylamine.
(d) 0.200 M trimethylamine.
*(e) 0.200 M $C_6H_5COONa$ (sodium benzoate)
(f) 0.0860 M $CH_3CH_2COONa$
*(g) 0.250 M hydroxylamine hydrochloride.
(h) 0.0250 M ethyl ammonium chloride.

**9-21.** 25°C에서 아래 용액들의 $H_3O^+$의 농도는 얼마인가?
*(a) 0.200 M chloroacetic acid
*(b) 0.200 M sodium chloroacetate
(c) 0.0200 M methylamine
(d) 0.0200 M methylamine hydrochloride
*(e) $2.00 \times 10^{-3}$ M aniline hydrochloride
(f) 0.300 M $HIO_3$

**9-22.** 완충 용액은 무엇이고, 그 성질은 무엇인가?

***9-23.** 완충 용량을 정의하시오.

**9-24.** 다음 중 어느 것이 완충 용량이 큰가?
(a) 0.100 mol의 $NH_3$와 0.200 mol의 $NH_4Cl$의 혼합물
(b) 0.0500 mol의 $NH_3$와 0.100 mol의 $NH_4Cl$의 혼합물

***9-25.** 아래 용액들은 어떤 면에서 서로 비슷하고 서로 다른가 설명하시오.
(a) 8.00 mmol NaOAc를 0.100 M HOAc 200 mL에 녹인 용액
(b) 0.0500 M NaOH 100 mL를 0.175 M HOAc 100 mL에 첨가한 용액
(C) 0.1200 M HCl 40.0 mL를 0.0420 M NaOAc 160.0 mL에 첨가한 용액

**9-26.** 부록 3을 참고하여 아래의 pH를 가진 완충 용액을 만들 수 있는 산/염기쌍을 고르시오.
*(a) 4.5
(b) 8.1
*(c) 10.3
(d) 6.1

***9-27.** pH 3.50의 완충 용액을 만들기 위해서는 1.00 M 폼산 500.0 mL에 얼마의 폼산 소듐을 가해야 하는가?

[8] A. V. Bandura, and S. N. Lvov, *J. Phys. Chem. Ref. Data*, **2006**, *35*, 15, **DOI:** 10.1063/1.1928231.

**9-28.** pH 4.00의 완충 용액을 만들기 위해서는 1.00 M 글라이콜산 400.0 mL에 얼마의 글라이콜산소듐을 가해야 하는가?

***9-29.** pH 3.37의 완충 용액을 만들기 위해서는 0.300 M 만델산소듐 500.0 mL에 얼마의 0.200 M HCl을 가해야 하는가?

**9-30.** pH 4.00의 완충 용액을 만들기 위해서는 1.00 M 글라이콜산 200.0 mL에 얼마의 2.00 M NaOH를 가해야 하는가?

**9-31.** 다음 문장이 사실인지 거짓인지, 아니면 둘 다인지 식과 예와 그래프를 사용하여 답을 내리시오.
'완충제는 용액의 pH를 일정하게 유지한다.'

**9-32.** **도전 문제:** 완충 용량은 다음과 같이 나타낼 수 있다.[9]

$$\beta = 2.303\left(\frac{K_w}{[H_3O^+]} + [H_3O^+] + \frac{c_T K_a[H_3O^+]}{(K_a + [H_3O^+])^2}\right)$$

여기서 $c_T$는 완충제의 몰 분석 농도이다.

(a) $\beta = 2.303([OH^-] + [H_3O^+] + c_T\alpha_0\alpha_1)$임을 나타내시오.

(b) (a)의 식을 사용해서 그림 9-6의 형태를 설명하시오.

(c) 문제의 처음에 보여준 식을 변경하고 완충 용량이 최대일 때, 즉 $\alpha_0 = \alpha_1 = 0.5$일 때를 나타내시오.

(d) 이런 관계식들을 적용할 수 있을 조건을 설명하시오.

(e) 완충 용량은 때때로 역 *기울기*(inverse slope)라 부른다. 이 용어의 근원을 설명하시오.

---

[9] J. N. Butler, *Ionic Equilibrium: Solubility and pH Calculations*, New York: Wiley-Interscience, 1998, p. 134.

제 10 장

# 화학 평형에서 전해질의 영향

*Effect of Electrolytes on Chemical Equilibria*

이 calotype 사진(아이오딘화 은을 감광제로 사용한 19세기의 사진술)은 1844년 공정 개발자 William Henry Fox Talbot에 의하여 만들어졌다. 초기의 형태는 종이에 소듐 염화 용액을 코팅하고 건조한 다음, 염화 은 코팅을 만들기 위하여 질산 은을 사용하였다. 나뭇잎을 종이 위에 두고 빛을 쪼였다. 종이 위의 염화 은은 반응물과 생성물의 활동도에 의하여 다음의 화학 평형 반응 $Ag^+ + Cl^- \rightleftharpoons AgCl(s)$에 의하여 만들어졌다.

이 장에서는 전해질이 화학 평형에 미치는 영향에 대하여 상세히 공부하기로 한다. 화학 반응의 평형 상수는 엄밀히 말하자면 반응에 관여하는 성분들의 활동도로 표시하여야 한다. 화학 성분들의 **활동도**(activity)는 **활동도 계수**(activity coefficient)라고 하는 인자와 연관을 시킨다. 많은 경우 반응물의 활동도는 반응물의 농도와 잘 일치하며 평형 상수를 성분들의 농도로 표시할 수 있다. 그러나 이온 평형의 경우에는 활동도와 농도는 크게 다르다. 이러한 화학 평형은 반응에 직접참여하지 않는 용액 중의 전해질 농도의 영향을 받기도 한다.

식 (9-7)과 같이 표시된 농도를 이용한 평형 상수들은 타당한 계산이 될 수 있으나 실제 실험에 의하여 얻어진 값의 정확도에는 미치지 못한다. 이 장에서는 농도를 이용한 계산이 얼마나 심각한 오차를 유발하는지에 대하여 설명하기로 한다. 용질의 활동도와 농도 사이의 차이와 활동도 계수의 계산에 대하여 알아보고, 이를 평형 상태에서 실제 실험에 의하여 얻어진 농도와 잘 일치하는 화학 성분의 농도를 계산하기 위하여 농도를 기준으로 한 표현식을 수정하기로 한다.

## 10A 화학 평형에 대한 전해질의 영향

실험적으로 대부분의 용액에서 평형의 위치는 평형에 관여하는 이온들과 같은 종류의 공통 이온이 아니라 할지라도 가해진 전해질의 농도에 의존함을 알게 되었다. 예를 들면, 9B-1절에서 설명되었던 비소산에 의한 아이오딘화 이온의 산화를 다시 살펴 보자.

$$H_3AsO_4 + 3I^- + 2H^+ \rightleftharpoons H_3AsO_3 + I_3^- + H_2O$$

질산바륨, 황산포타슘, 과염소산 소듐과 같은 전해질이 이 용액에 첨가되면 삼아이오딘화 이온의 색은 엷어진다. 이와 같이 색이 엷어지는 것은 평형이 전해질의 첨가에 의해 왼쪽으로 이동하여 $I_3^-$의 농도가 감소하기 때문이다.

**그림 10-1**은 전해질의 효과를 보다 명확히 설명해 준다. 곡선 *A*는 하이드로늄 이온과 수산화 이온의 *몰농도*(concentration)($\times 10^{14}$) 곱을 염화 소듐의 농도의 함수로서 나타낸 그림이다. 이와 같이 농도로 표시된 이온 곱을 $K'_w$으로 표시하였다. 염화 소듐의 농도가 낮을 때는 $K'_w$ 값은 전해질 농도와 관계없이 물에 대한 *열역학적*(thermodynamic) 이온 곱 상수 $K_w$ (점선으로 표시된 곡선 *A*) $1.00 \times 10^{-14}$와 같다. 어떤 독립 변수(여기서는 전해질 농도)가 0에 접근함에 따라 상관관계 값이 상수 값으로 접근하는 관계를 **한계 법칙**(limiting law)이라 한다. 이 한계 조건에서 얻어지는 상수 값을 **한계 값**(limiting value)이라고 한다.

농도를 기초로 한 평형 상수는 프라임 표시를 표시하여 나타낸다. 예를 들면 $K'_w$, $K'_{sp}$, $K'_a$.

전해질 농도가 대단히 낮아지면 농도로 표시된 평형 상수는 열역학적 평형 상수 $K_w$, $K_{sp}$, $K_a$와 같아진다.

그림 10-1에서 곡선 *B*에 대한 수직축은 황산 바륨 포화 용액에 대한 바륨과 황산 이온 몰농도($\times 10^{10}$)의 곱이다. 농도로 표시된 이 용해도 곱을 $K'_{sp}$로 표시한다. 전해질 농도가 낮을 때 $K'_{sp}$은 황산 바륨에 대한 열역학적 $K_{sp}$ 값과 같은 $1.1 \times 10^{-10}$의 한계 값을 가진다.

그림 10-1의 곡선 *C*는 전해질 농도의 함수로 아세트산의 해리에 대한 농도로 표시된 평형 상수 $K'_a$($\times 10^5$)를 나타낸 그림이다. 여기서 다시 함수 값은 아세트산의 열역학 산해리 상수인 한계값 $K_a = 1.75 \times 10^{-5}$에 접근함을 알 수 있다.

그림 10-1에서 점선은 용질의 이상적인 거동을 나타낸다. 이상적인 값에서 크게 벗어나는 것에 대하여 주목하여야 한다. 예를 들면, 수소 이온과 수산화 이온의 곱이 순수한 물에서 $1.0 \times 10^{-14}$인 값이 0.1 M의 염화 소듐 용액에서는 약 $1.7 \times 10^{-14}$까지 무려 70% 증가한다. 황산 바륨에 대해서는 이 효과는 훨씬 더 두드러지게 나타난다. 즉, 0.1 M의 염화 소듐 용액에서 $K'_{sp}$은 한계 값의 두 배 이상이 된다.

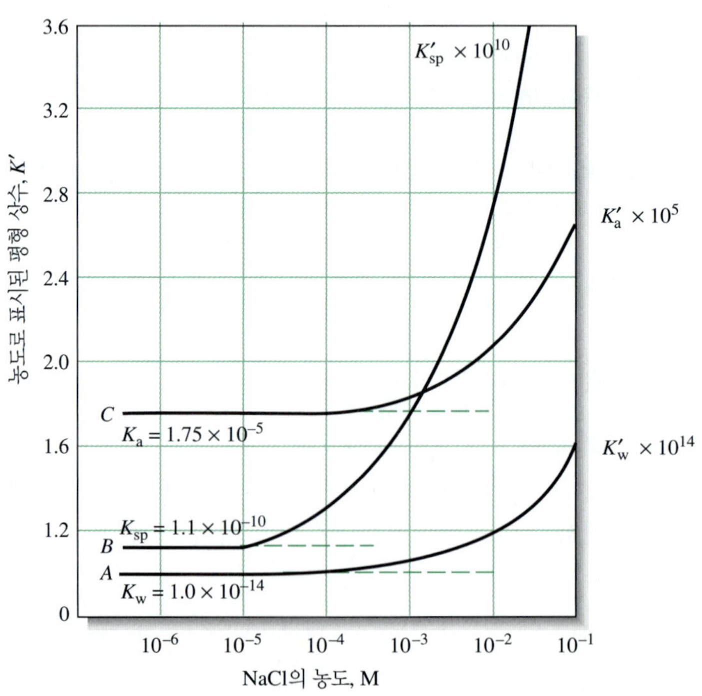


**그림 10-1** 농도 기준 평형 상수에 대한 전해질 농도의 영향.

그림 10-1에 나타난 전해질에 의한 영향은 염화 소듐에만 국한되지는 않는다. 사실, 염화 소듐 대신 질산 포타슘 또는 과염소산 소듐으로 대체하여도 동일한 곡선으로 나타나는 것을 알 수가 있다. 각각의 경우, 이러한 효과는 전해질 이온과 반대 전하를 띤 반응 화학종 사이의 정전기 인력에 의하여 일어난다. 모든 1가 전하를 띤 이온에 대한 정전기적 반발력은 거의 같기 때문에 세 가지 염들은 평형에 동일한 효과를 나타낸다.

다음은 보다 정확한 평형 계산을 하기 위하여 전해질의 영향을 어떻게 고려하여야 할지에 대하여 생각해 보자.

## ▸ 10A-1 평형에 대한 이온 전하의 영향

많은 연구 결과에 의하여 전해질의 영향은 평형에 관여하는 화학종의 전하에 크게 의존한다는 것을 알게 되었다. 전기적 중성인 화학종이 관여될 때는 평형의 위치는 당연히 전해질의 농도와 상관이 없다. 이온성 물질의 경우 전해질의 영향은 전하가 증가함에 따라 증가한다. 이러한 일반적 특성은 **그림 10-2**의 세 가지 물질에 대한 용해도 곡선에 의하여 설명이 된다. 예를 들면, 0.02 M 질산 포타슘 용액에서 2가 전하의 이온쌍으로 이루어진 황산 바륨의 용해도는 순수한 물에 용해될 때보다 2배나 더 커진다. 마찬가지로 전해질 용액에서 아이오딘산 바륨의 용해도는 단지 1.25배, 염화 은의 용해도는 1.2배의 증가를 나타낸다. 2가 전하 이온에 기인한 상승 효과는 그림 10-1의 *B*곡선의 큰 기울기에도 반영되어 있다.

## ▸ 10A-2 이온 세기의 영향

첨가된 전해질의 평형에 대한 영향은 전해질의 화학적 성질에는 무관하고 **이온 세기**(ionic strength)라 불리는 용액의 성질에 의존한다는 것이 체계적인 연구에 의해 밝혀졌다. 이온 세기는 다음과 같이 정의 된다.

$$\text{이온 세기} = \mu = \frac{1}{2}([A]Z_A^2 + [B]Z_B^2 + [C]Z_C^2 + \cdots) \qquad \textbf{(10-1)}$$

여기서 [A], [B], [C], …는 이온 A, B, C의 몰농도, $Z_A$, $Z_B$, $Z_C$, …는 이온의 전하이다.

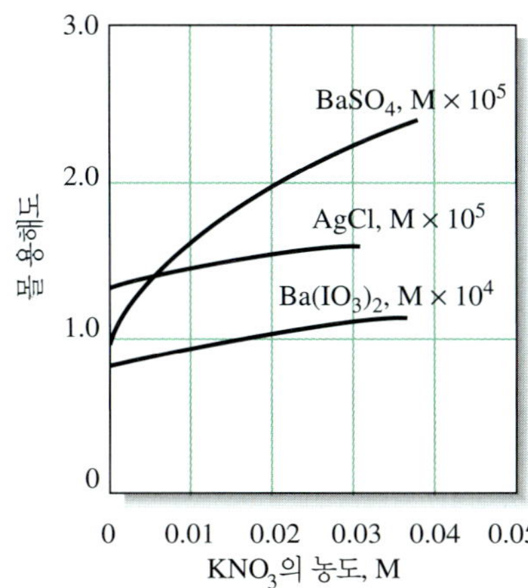


**그림 10-2** 전하가 다른 이온을 포함하는 화합물에서 염의 용해도에 대한 전해질 농도가 미치는 영향.

**예제 10-1**

(a) 0.1 M의 $KNO_3$ 용액과 (b) 0.1 M의 $Na_2SO_4$ 용액의 이온 세기를 각각 계산하시오.

**풀이**

(a) $KNO_3$용액의 $[K^+]$와 $[NO_3^-]$는 모두 0.1 M이므로

$$\mu = \frac{1}{2}(0.1\text{ M} \times 1^2 + 0.1\text{ M} \times 1^2) = 0.1\text{ M}$$

이다.

(b) $Na_2SO_4$ 용액의 $[Na^+] = 0.2$ M, $[SO_4^{2-}] = 0.1$ M이다. 그러므로

$$\mu = \frac{1}{2}(0.2\text{ M} \times 1^2 + 0.1\text{ M} \times 2^2) = 0.3\text{ M}$$

**예제 10-2**

0.05 M $KNO_3$와 0.1 M $Na_2SO_4$인 용액의 이온 세기는 얼마인가?

**풀이**

$$\mu = \frac{1}{2}(0.05\text{ M} \times 1^2 + 0.05\text{ M} \times 1^2 + 0.2\text{ M} \times 1^2 + 0.1\text{ M} \times 2^2) = 0.35\text{ M}$$

이 예제로부터 1가 이온으로 구성된 강전해질 용액의 이온 세기는 그 염의 전체 몰농도와 동일하다는 것을 알 수 있다. 그러나 용액이 다중 전하를 가진 이온들로 구성되어 있다면 이온 세기는 그것의 몰농도보다 더 커진다(**표 10-1** 참조).

이온 세기가 0.1 M 또는 그보다 작은 용액에서 전해질 효과는 *이온의 종류와는 무관하고 이온 세기에만 의존한다*. 그러므로 황산 바륨의 경우 아이오딘화 소듐, 질산 포타슘, 또는 염화 알루미늄 수용액에서 그들 농도가 이온 세기와 같다면 용해도는 같다. 전해질 종류에 대한 이러한 비의존성도 이온 세기가 큰 경우에는 없어진다는 것을 알아야 한다.

**표 10-1**

**전하가 이온 세기에 미치는 영향**

| 전해질 종류 | 예 | 이온 세기* |
|---|---|---|
| 1:1 | NaCl | $c$ |
| 1:2 | $Ba(NO_3)_2$, $Na_2SO_4$ | $3c$ |
| 1:3 | $Al(NO_3)_3$, $Na_3PO_4$ | $6c$ |
| 2:2 | MgSO | $4c$ |

*$c$ = 염의 몰농도.

### ▸ 10A-3 염석 효과

앞에서 언급한 바와 같이 전해질 효과[**염석 효과**(salt effect)라고도 한다]는 전해질 이온과 평형 상태에서 존재하는 이온들 사이에 존재하는 정전기 인력과 반발력에 의하여 나타난다. 이러한 힘들은 반응물이 해리되어 생성된 이온들이 약간 과량의 반대 전하를 띠고 있는 전해질 이온이 있는 용액으로 둘러싸게 되어 생성된다. 예를 들면, 황산 바륨 침전이 염화 소듐 용액과 평형을 이루고 있을 때 각각의 용해된 바륨 이온은 $Cl^-$을 잡아당기고, $Na^+$은 밀어내게 되어 바륨 이온 주위는 약간의 음이온 분위기를 나타낸다. 마찬가지로 각각의 황산 이온의 주위는 약간의 양이온 분위기를 나타낸다. 이와 같이 생성된 전하층은 염화 소듐이 존재하지 않는 경우에 비하여 바륨 이온은 약간의 음전하, 황산 이온은 양전하를 띠게 만든다. 이러한 차폐 효과(shielding effect)는 바륨 이온과 황산 이온 사이의 총괄 인력을 감소시키고 $BaSO_4$의 용해도를 증가하게 된다. 용해도는 용액 중 전해질 이온의 수가 증가함에 따라 커진다. 즉, 용액의 이온 세기가 커짐에 따라 바륨 이온과 황산 이온의 *유효 농도*(effective concentration)는 작아진다.

## 10B 활동도 계수

화학자들은 전해질이 화학 평형에 미치는 영향에 대하여 설명하기 위해 활동도(activity) $a$를 이용한다. 성분 X의 활동도 또는 유효 농도는 용액의 이온 세기에 의존하고, 다음과 같이 정의된다.

$$a_X = [X]\gamma_X \qquad \textbf{(10-2)}$$

여기서 $a_X$는 성분 X의 활동도, [X]는 X의 몰농도, $\gamma_X$는 **활동도 계수**(activity coefficient)라 불리는 단위가 없는 양이다. 성분 X의 활동도 계수와 활동도는 이온 세기에 의존한다. 평형식에 X의 농도 [X]로 치환시키면 평형 상수는 이온 세기에 의존하지 않는다는 것을 알 수 있다. 평형 상수 식의 [X]를 $a_X$로 치환하면 평형 상수 값이 이온 세기에 의존하지 않는다. 이러한 특성을 설명하기 위하여 $X_mY_n$이 침전물이라면 이에 대한 열역학적 용해도곱 표현은 다음 식으로 주어진다.

> 화학 성분들의 활동도는 물의 끓는점 상승이나 어는점 내림과 같은 총괄성, 전기 전도도, 질량 작용 영향 등에 의하여 구해지는 유효 농도이다.

$$K_{sp} = a_X^m \cdot a_Y^n \qquad \textbf{(10-3)}$$

식 (10-3)에 식 (10-2)를 대입하면, 다음 식 (10-4)가 된다.

$$K_{sp} = [X]^m[Y]^n \cdot \gamma_X^m\gamma_Y^n = K'_{sp} \cdot \gamma_X^m\gamma_Y^n \qquad \textbf{(10-4)}$$

여기서 $K'_{sp}$는 **농도 용해도곱 상수**(concentration solubility product constant)이고, $K_{sp}$는 열역학적 평형 상수이다.[1] 활동도 계수 $\gamma_X$와 $\gamma_Y$가 이온 세기에 따라 변하기

[1] 다음 장부터는 열역학적 평형 상수와 농도 평형 상수를 구별할 필요가 있을 경우에만 프라임(′) 기호를 사용한다.

때문에 $K_{sp}$ 값은 이온 세기에 의존하지 않고 일정하게 유지된다(농도 상수인 $K'_{sp}$와 대조적).

## ▸ 10B-1 활동도 계수의 성질

몰농도를 사용하지만 활동도는 몰랄 농도, 몰 분율 등을 기초로 할 수도 있다. 활동도 계수는 농도 종류에 따라 달라질 수 있다.

활동도 계수는 다음과 같은 특성을 갖고 있다.

1. 화학 성분의 활동도는 관여하는 화학 평형에 영향을 주는 효과에 대한 척도이다. 활동도 계수가 최소값을 나타내는 매우 묽은 용액에서 이 효과는 일정하게 되고 활동도 계수는 1이 된다. 이러한 조건에서는 활동도와 몰농도는 같아진다(열역학적 평형 상수와 농도 평형 상수 역시 같아진다). 그러나 이온 세기가 증가함에 따라 이온들은 이 효과를 잃게 되어 활동도 계수는 감소한다. 이러한 거동은 식 (10-2)와 식 (10-3)으로 요약할 수 있다. 보통의 이온 세기는 $\gamma_X < 1$이다. 그러나 용액이 무한히 묽어짐에 따라 $\gamma_X \rightarrow 1$이 되고 $a_X \rightarrow [X]$가 되기 때문에 $K'_{sp} \rightarrow K_{sp}$이 된다. 이온 세기가 큰 경우($\mu$ > 0.1 M)에는 활동도 계수가 증가하여 1보다 커지는 경우도 있다. 이러한 영역에서의 거동을 설명하기가 어렵기 때문에 이온 세기가 낮거나 보통인 경우($\mu \leq$ 0.1 M)에 대하여 국한시켜 설명하기로 한다. 일반적인 활동도 계수의 변화를 이온 세기의 함수로 **그림 10-3**에 나타내었다.

$\mu \rightarrow 0$이 됨에 따라 $\gamma_X \rightarrow 1$, $a_X \rightarrow [X]$이 되고 $K'_{sp} \rightarrow K_{sp}$이 된다.

2. 농도가 대단히 진하지 않은 용액에서 주어진 화학종의 활동도 계수는 전해질의 성질에는 무관하고, 이온 세기에만 의존한다.
3. 주어진 이온 세기에서 어떤 이온에 대한 활동도 계수는 화학종이 가진 전하가 증가하면 1로부터 현저히 감소한다. 이러한 효과를 그림 10-3에 나타냈다.
4. 전하를 띠지 않는 분자에 대한 활동도 계수는 이온 세기의 크기에 관계없이 1이다.
5. 주어진 이온 세기의 세기에서 같은 전하를 띠고 있는 이온의 활동도 계수는 거의 같다. 같은 전하를 띠고 있는 이온의 활동도 계수의 작은 차이는 수화된 이온의 유효 직경(effective diameter)과 연관지을 수 있다.

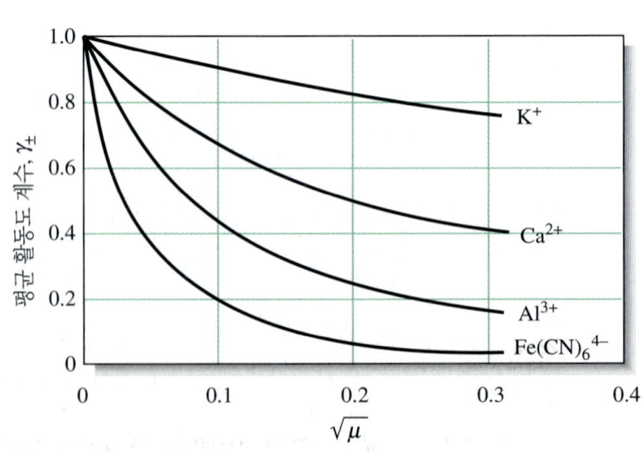


**그림 10-3** 이온 세기가 활동도 계수에 미치는 영향.

6. 주어진 이온의 활동도 계수는 그 이온이 참여하는 모든 평형에서 이온의 효과를 설명할 수 있다. 예를 들면, 주어진 이온 세기에서 사이안화 이온에 대한 한 개의 단일 활동도 계수는 아래의 평형에 미치는 영향에 대하여 설명할 수 있다.

$$HCN + H_2O \rightleftharpoons H_3O^+ + CN^-$$
$$Ag^+ + CN^- \rightleftharpoons AgCN(s)$$
$$Ni^{2+} + 4CN^- \rightleftharpoons Ni(CN)_4^{2-}$$

Peter Debye, DuPont Product Information Photographs, 1972341_4471, Hagley Museum and Library.

Peter Debye (1884~1966)는 유럽에서 태어나고 공부를 하였으나 1940년 코넬 대학교 화학과 교수가 되었다. 그는 전해질 용액, X-선 회절, 극성 분자의 성질 등을 포함하는 화학과는 거리가 먼 다양한 분야의 연구로 유명해졌다. 그는 1936년 노벨 화학상을 수여받았다.

### 10B-2 Debye-Hückel식

1923년에 P. Debye와 H. Hückel은 10A-3절에서 설명한 이온 분위기 모델을 사용하여 전하와 이온의 평균 크기로부터 활동도 계수를 계산할 수 있는 식을 유도하였다.[2] 이 식을 **Debye-Hückel식**(Debye-Hückel equation)이라 하고 다음과 같이 나타낸다.

$$-\log \gamma_X = \frac{0.51 Z_X^2 \sqrt{\mu}}{1 + 3.3\alpha_X\sqrt{\mu}} \qquad \textbf{(10-5)}$$

여기서

$\gamma_X$ = 화학종 X의 활동도 계수
$Z_X$ = 화학종 X의 전하
$\mu_X$ = 용액의 이온 세기
$\alpha_X$ = 수화된 X의 유효 직경, nm ($10^{-9}$ m)

상수 0.51과 3.3은 25°C 수용액에서 적용될 수 있는 값이다. 다른 온도에서는 다른 값이 사용되어야 한다. 불행히도 식 (10-5)에서 $\alpha_X$의 크기는 상당한 불확실성을 갖고 있다. 대부분의 1가 이온은 근사적으로 0.3 nm의 값을 갖는다. 그러므로 Debye-Hückel식의 분모는 $1 + \sqrt{\mu}$의 근사값으로 간략화될 수 있다. 전하수가 큰 이온들의 $\alpha_X$는 1.0 nm 정도로 커진다. 전하수가 커지면 유효 직경이 커지는 것은 화학적으로 타당하다. 이온 전하가 커지면 이온의 용매화 층에 있는 극성 물 분자의 수가 많아진다. 분모의 둘째 항은 이온 세기가 0.01 M보다 작은 경우에는 첫째 항에 비해 작아지기 때문에 이온 세기가 작은 경우 $\alpha_X$의 불확실성이 활동도 계수의 계산에 있어서 영향이 작아진다.

$\mu$의 값이 0.01 M보다 작을 때 $1 + \sqrt{\mu} \approx 1$이 되고, 식 (10-5)는

$$-\log \gamma_X = 0.51 Z_X^2 \sqrt{\mu}$$

이 된다. 이 식을 Debye Hückel의 한계법칙(DHLL)이라 한다. 그러므로 매우 낮은 이온 세기($\mu$ < 0.01 M)의 용액에서 DHLL은 활동도 계수의 근사값을 구하는 데 이용이 될 수 있다.

J. Kielland[3]는 여러 가지 이온들에 대해 많은 실험 데이터로부터 $\alpha_X$값을 계산하였다. 계산된 최적 유효 직경을 **표 10-2**에 수록하였다. 또한, 이 값들을 이용하여 식 (10-5)로부터 이온의 크기가 고려된 활동도 계수를 계산하여 수록하였다. 표 10-2에 수록된 것과 같이 단일 이온의 활동도 계수를 실험적으로 측정하는 것은 불가능한데, 이는 실험적인 방법은 용액 내에서 양과 음으로 하전된 이온들에 대한

[2] P. Debye and E. Hückel, *Physik. Z.*, **1923**, *24*, 185 (See the Web Works).

[3] J. Kielland, *J. Amer. Chem. Soc.*, **1937**, *59*, 1675, **DOI**: 10.1021/ja01288a032.

**표 10-2**

**25°C에서 이온들에 대한 활동도 계수**

| 이온 | | 제시된 이온 세기에서 활동도 계수 | | | | |
|---|---|---|---|---|---|---|
| | $\alpha_X$, nm | 0.001 | 0.005 | 0.01 | 0.05 | 0.1 |
| $H_3O^+$ | 0.9 | 0.967 | 0.934 | 0.913 | 0.85 | 0.83 |
| $Li^+$, $C_6H_5COO^-$ | 0.6 | 0.966 | 0.930 | 0.907 | 0.83 | 0.80 |
| Na+, $IO_3^-$, $HSO_3^-$, $HCO_3^-$, $H_2PO_4^-$, $H_2AsO_4^-$, $OAc^-$ | 0.4~0.45 | 0.965 | 0.927 | 0.902 | 0.82 | 0.77 |
| $OH^-$, $F^-$, $SCN^-$, $HS^-$, $ClO_3^-$, $ClO_4^-$, $BrO_3^-$, $IO_4^-$, $MnO_4^-$ | 0.35 | 0.965 | 0.926 | 0.900 | 0.81 | 0.76 |
| $K^+$, $Cl^-$, $Br^-$, $I^-$, $CN^-$, $NO_2^-$, $NO_3^-$, $HCOO^-$ | 0.3 | 0.965 | 0.925 | 0.899 | 0.81 | 0.75 |
| $Rb^+$, $Cs^+$, $Tl^+$, $Ag^+$, $NH_4^+$ | 0.25 | 0.965 | 0.925 | 0.897 | 0.80 | 0.75 |
| $Mg^{2+}$, $Be^{2+}$ | 0.8 | 0.872 | 0.756 | 0.690 | 0.52 | 0.44 |
| $Ca^{2+}$, $Cu^{2+}$, $Zn^{2+}$, $Sn^{2+}$, $Mn^{2+}$, $Fe^{2+}$, $Ni^{2+}$, $Co^{2+}$, $Phthalate^{2-}$ | 0.6 | 0.870 | 0.748 | 0.676 | 0.48 | 0.40 |
| $Sr^{2+}$, $Ba^{2+}$, $Cd^{2+}$, $Hg^{2+}$, $S^{2-}$ | 0.5 | 0.869 | 0.743 | 0.668 | 0.46 | 0.38 |
| $Pb^{2+}$, $CO_3^{2-}$, $SO_3^{2-}$, $C_2O_4^{2-}$ | 0.45 | 0.868 | 0.741 | 0.665 | 0.45 | 0.36 |
| $Hg_2^{2+}$, $SO_4^{2-}$, $S_2O_3^{2-}$, $Cr_4^{2-}$, $HPO_4^{2-}$ | 0.40 | 0.867 | 0.738 | 0.661 | 0.44 | 0.35 |
| $Al^{3+}$, $Fe^{3+}$, $Cr^{3+}$, $La^{3+}$, $Ce^{3+}$ | 0.9 | 0.737 | 0.540 | 0.443 | 0.24 | 0.18 |
| $PO_4^{3-}$, $Fe(CN)_6^{3-}$ | 0.4 | 0.726 | 0.505 | 0.394 | 0.16 | 0.095 |
| $Th^{4+}$, $Zr^{4+}$, $Ce^{4+}$, $Sn^{4+}$ | 1.1 | 0.587 | 0.348 | 0.252 | 0.10 | 0.063 |
| $Fe(CN)_6^{4-}$ | 0.5 | 0.569 | 0.305 | 0.200 | 0.047 | 0.020 |

Source: Reprinted (adapted) with permission from J. Kielland, *J. Am. Chem. Soc.*, **1937**, *59*, 1675, **DOI**: 10.1021/ja01288a032. Copyright 1937 American Chemical Society.

평균 활동도 계수만을 구할 수 있기 때문이다. 즉, 반대 전하를 띤 상대 이온과 용매분자가 존재하는 경우에 각 이온의 성질을 측정하는 것은 불가능하다. 그러나 표 10-2에 수록되어 있는 데이터로부터 계산된 평균 활동도 계수는 실험 결과와 잘 일치한다고 볼 수 있다.

**특집 10-1**

**평균 활동도 계수**

전해질 $A_mB_m$의 평균 활동도 계수는 다음과 같이 정의된다.

$$\gamma_\pm = \text{평균 활동도 계수} = (\gamma_A^m\gamma_B^n)^{1/(m+n)}$$

평균 활동도 계수는 여러 가지 방법으로 결정할 수 있으나, 개별 활동도 계수 $\gamma_A$, $\gamma_B$를 실험적으로는 결정할 수 없다.
예를 들어

$$K_{sp} = [A]^m[B]^n \cdot \gamma_A^m\gamma_B^n = [A]^m[B]^n\gamma_\pm^{(m+n)}$$

이면 전해질 농도가 0에 가까운 묽은 용액($\gamma_A \to 1$, $\gamma_B \to 1$)에서 $A_mB_m$의 용해도를 측정하여 $K_{sp}$를 얻을 수 있다. 다시 [A]와 [B]에 대한 이온 세기가 $\mu_1$일 때 용해도를 측정하면 $\mu_1$에 대한 $\gamma_A^m\gamma_B^n = \gamma_\pm^{(m+n)}$ 값을 계산할 수 있다. 이러한 방법이 각각의 활동도 계수 $\gamma_A$와 $\gamma_B$를 계산하는데 충분한 데이터가 되지 못하고 이 값들을 계산하는데 필요한 더 이상의 자료가 포함되어 있지 않다. 이러한 상황은 일반적이므로 각각의 활동도 계수를 실험적으로 계산하는 것은 불가능하다.

**예제 10-3**

(a) 식 (10-5)를 사용하여 이온 세기가 0.085 M인 용액에 있는 $Hg^{2+}$에 대한 활동도 계수를 계산하시오. 이온의 유효 지름인 0.5 nm를 사용한다. (b) (a)에서 계산된 값과 표 10-2에 있는 0.1 M과 0.05 M의 이온 세기에서의 이온의 계수에 대한 데이터를 선형 내삽법(interpolation)을 이용하여 구한 값을 비교하시오.

**풀이**

(a)

$$-\log \gamma_{Hg^{2+}} = \frac{(0.51)(2)^2\sqrt{0.085}}{1 + (3.3)(0.5)\sqrt{0.085}} \approx 0.4016$$

$$\gamma_{Hg^{2+}} = 10^{-0.4016} = 0.397 \approx 0.40$$

(b) 표 10-1로부터

| $\mu$ | $\gamma_{Hg^{2+}}$ |
|---|---|
| 0.1 M | 0.38 |
| 0.05 M | 0.46 |

이므로 $\Delta\mu = (0.10\text{ M} - 0.05\text{ M}) = 0.05\text{ M}$, $\Delta\gamma_{Hg^{2+}} = 0.46 - 0.38 = 0.08$이다. 이온 세기가 0.085 M일 때

$$\Delta\mu = (0.100\text{ M} - 0.085\text{ M}) = 0.015\text{ M}$$

그리고

$$\Delta\gamma_{Hg^{2+}} = \frac{0.015}{0.05} \times 0.08 = 0.024$$

가 된다.

따라서

$$\Delta\gamma_{Hg^{2+}} = 0.38 + 0.024 = 0.404 \approx 0.40$$

표 10-2에 수록되지 않은 이온 강도일 때의 활동도 계수 값은 예제 10-3(b)에서와 같이 내삽법으로 근사값을 구할 수 있다.

계산과 실험에 의하여 얻어진 평균 이온 활동도 계수 같다면 0.1 M 이하의 이온 세기 Debye-Hückel 관계식과 표 10-2의 데이터는 잘 일치한다고 볼 수 있다. 그러나 0.1 M 이하의 농도에서는 잘 일치하지 않으므로 실험적으로 구하여야 한다.

보통 Debye-Hückel의 한계 법칙은 1가 이온에 대하여 $\mu$ 값이 0.01보다 큰 경우 정확하다고 가정한다.

### ▸ 10B-3 활동도 계수를 이용한 평형 계산

활동도를 이용한 평형 계산은 몰농도를 이용하여 계산한 결과보다 실험 결과와 더 잘 일치한다. 따로 언급하지 않았으나 표에 수록된 평형 상수는 활동도를 이용하여 얻어졌으며, 열역학적 평형 상수이다. 다음의 예제에서 표 10-2의 활동도 계수를 열역학적 평형 상수와 함께 어떻게 활용하는지에 대하여 설명하기로 한다.

**예제 10-4**

0.033 M의 $Mg(IO_3)_2$ 용액에서 $Ba(IO_3)_2$의 용해도를 계산할 때 활동도를 무시함에 따라 발생하는 상대 오차를 구하시오. $Ba(IO_3)_2$에 대한 열역학적인 용해도곱은 $1.57 \times 10^{-9}$이다(부록 2 참조).

**풀이**

먼저 용해도 곱은 활동도를 사용하여 다음과 같이 표현할 수 있다.

$$K_{sp} = a_{Ba^{2+}} \cdot a^2_{IO_3^-} = 1.57 \times 10^{-9}$$

여기서 $\alpha_{Ba^{2+}}$와 $\alpha_{IO_3^-}$는 바륨과 아이오딘산 이온의 활동도이다. 이 식에서 활동도를 식 (10-2)를 사용하여 활동도 계수와 농도로 대체하면

$$K_{sp} = \gamma_{Ba^{2+}}[Ba^{2+}] \cdot \gamma^2_{IO_3^-}[IO_3^-]^2 \qquad \textbf{(10-6)}$$

여기서 $\gamma_{Ba^{2+}}$와 $\gamma_{IO_3^-}$는 두 이온의 활동도 계수이다. 이 식을 재배열하면

$$K'_{sp} = \frac{K_{sp}}{\gamma_{Ba^{2+}}\gamma^2_{IO_3^-}} = [Ba^{2+}][IO_3^-]^2$$

여기서 $K'_{sp}$는 *농도에 기초한 용해도곱*이다.

용액의 이온 세기는 식 (10-1)을 이용하여 계산할 수 있다.

$$\mu = \frac{1}{2}([Mg^{2+}] \times 2^2 + [IO_3^-] \times 1^2)$$

$$= \frac{1}{2}(0.033\ M \times 4 + 0.066\ M \times 1) = 0.099\ M \approx 0.1\ M$$

$\mu$를 계산할 때 침전물의 용해에 의하여 생성되는 $Ba^{2+}$와 $IO_3^-$ 이온은 용액의 이온 세기에 큰 영향을 주지 않는다고 가정한다. 이와 같은 단순화는 아이오딘화 바륨의 용해도가 낮고 $Mg(IO_3)_2$의 농도가 상대적으로 높다고 생각하면 타당하다고 볼 수 있다. 이와 같은 가정이 불가능한 경우에도 활동도와 농도가 동일하다고 가정한 용해도 계산으로 두 이온의 농도를 근사적으로 구할 수 있을 것이다(예제 9-3, 9-4, 9-5). 그러므로 이 농도들을 사용하면 보다 정확한 $\mu$ 값을 얻을 수 있도록 해준다(스프레드시트 요약 참조).

표 10-2에서 이온 세기가 0.1 M일 때

$$\gamma_{Ba^{2+}} = 0.38 \qquad \gamma_{IO_3^-} = 0.77$$

이다.

만일 계산된 이온 세기가 표 10-2의 열(column) 중의 하나와 일치하지 않는다면 $\gamma_{Ba^{2+}}$와 $\gamma_{IO_3^-}$는 식 (10-5)를 이용하여 계산하여야 한다.

열역학적 용해도 곱 식에 대입하면

$$K'_{sp} = \frac{1.57 \times 10^{-9}}{(0.38)(0.77)^2} = 6.97 \times 10^{-9}$$

$$[Ba^{2+}][IO_3^-]^2 = 6.97 \times 10^{-9}$$

이 된다.

*(계속)*

앞선 용해도 계산에서와 같이 계산하면

$$용해도 = [Ba^{2+}]$$

$$[IO_3^-] = 2 \times 0.033\ M + 2[Ba^{2+}] \approx 0.066\ M$$

$$[Ba^{2+}](0.066)^2 = 6.97 \times 10^{-9}$$

$$[Ba^{2+}] = 용해도 = 1.60 \times 10^{-6}\ M$$

활동도를 무시하면, 용해도는

$$[Ba^{2+}](0.066)^2 = 1.57 \times 10^{-9}$$

$$[Ba^{2+}] = 용해도 = 3.60 \times 10^{-7}\ M$$

$$상대\ 오차 = \frac{3.60 \times 10^{-7} - 1.60 \times 10^{-6}}{1.60 \times 10^{-6}} \times 100\% = -77\%$$

### 예제 10-5

$HNO_2$ 농도가 0.120 M, NaCI 농도가 0.050 M인 용액에서 활동도를 사용하여 하이드로늄 이온의 농도를 계산하시오. 활동도 계수를 무시함으로 발생하는 상대 오차는 얼마인가?

**풀이**

이 용액의 이온 세기는

$$\mu = \frac{1}{2}(0.0500\ M \times 1^2 + 0.0500\ M \times 1^2) = 0.0500\ M$$

표 10-2에서 이온 세기가 0.050 M일 때

$$\gamma_{H_3O^+} = 0.85 \qquad \gamma_{NO_2^-} = 0.81$$

이다.

또한 10B-1절의 규칙 4로부터

$$\gamma_{HNO_2} = 1.0$$

이 된다.

세 개의 활동도 계수는 열역학 상수 $7.1 \times 10^{-4}$와 함께 농도를 기초로 한 해리 상수를 계산할 수 있게 해준다(부록 3 참조).

$$K'_a = \frac{[H_3O^+][NO_2^-]}{[HNO_2]} = \frac{K_a \cdot \gamma_{HNO_2}}{\gamma_{H_3O^+}\gamma_{NO_2^-}} = \frac{7.1 \times 10^{-4} \times 1.0}{0.85 \times 0.81} = 1.03 \times 10^{-3}$$

예제 9-7과 같이

$$[H_3O^+] = \sqrt{K_a \times c_a} = \sqrt{1.03 \times 10^{-3} \times 0.120} = 1.11 \times 10^{-2}\ M$$

이 된다.

*(계속)*

활동도 계수를 1이라 가정하면 $[H_3O^+] = 9.2 \times 10^{-3}$ M이 됨을 유념하시오.

$$상대\ 오차 = \frac{9.2 \times 10^{-3} - 1.11 \times 10^{-2}}{1.11 \times 10^{-2}} \times 100\% = -17\%$$

이 예제에서 산의 해리가 이온 세기에 대하여 미치는 영향에 대해서는 무시하였다. 또한 하이드로늄 이온 농도 계산에 대해서는 근사해를 이용하였다. 이 근사법에 대해서는 연습 문제 10-19를 참고하시오.

### ▶ 10B-4 평형 계산에 있어 활동도 계수의 생략

일반적으로 평형 법칙을 응용할 때 활동도 계수를 무시하고 몰농도를 사용한다. 이런 근사적 접근법은 계산을 간소화하고, 계산에 필요한 데이터의 양을 크게 줄여준다. 대부분의 경우 활동도 계수를 1로 가정하여 생기는 오차는 크지 않기 때문에 잘못된 결론에 도달하지는 않는다. 그러나 앞의 예제들에서 설명된 것처럼 활동도 계수를 무시할 경우 이러한 근사적 계산에서는 심각한 오차가 생긴다. 예를 들면 예제 10-4에서 활동도를 무시한 경우 약 −77%의 상대 오차가 발생하였다. 활동도를 농도로 대체할 경우 가장 큰 오차가 발생할 수 있음을 명심하여야 한다. 이온 세기가 클 때(0.01 M 또는 그 이상) 또는 관여하는 이온들이 다중 전하를 가질 때 큰 차이가 발생한다(표 10-2 참조). 농도가 낮은 비전해질 용액(이온 세기 < 0.01 M) 또는 1가 이온의 경우 양론적 계산을 할 때 농도를 사용해도 비교적 정확한 값이 얻어진다. 흔히 있는 일이지만 이온 세기가 0.01 M 이상인 용액의 경우 반드시 보정을 해야 한다. Excel과 같은 컴퓨터 프로그램을 이용하면 이러한 계산에 필요한 시간과 노력을 감소시킬 수 있다. 침전물의 성분과 공통 이온이 존재함으로써 생기는 용해도 감소는 그 공통 이온을 포함한 염의 존재와 관련한 큰 전해질 농도에 의해서 부분적으로 생쇄된다는 것을 알아두는 것이 중요하다.

**스프레드시트 요약** *Applications of Microsoft® Excel in Analytical Chemistry* 2판 5장에서 이온 세기를 변화시킬 수 있는 전해질이 존재하는 경우의 용해도에 대하여 공부하였다. 용해도 역시 이온 세기를 변화시킨다. 활동도 계수를 1이라 가정하고 용해도를 계산하는 반복법에 의하여 용해도를 계산한다. 그러므로 이온 세기가 계산되고, 새로운 용해도를 계산하는데 필요한 활동도를 계산하는데 이용이 되었다. 이 반복법은 값의 변화가 없을 때까지 계속해야 한다. 그러므로 Excel's Solver는 모든 변수를 포함하는 식으로부터 직접 용해도를 계산하는데 이용된다.

여러분들이 관심을 갖고 있는 분야에 관한 중요한 발견에 대해 설명하는 논문을 읽어보는 것은 흥미롭고 유익하다. 두 개의 웹사이트 *Selected Classic Papers from the History of Chemistry, Classic Papers from the History of Chemistry (and Some Physics Too)*에는 화학 분야에 선도적 연구를 하고자 하는 사람들에게 필요한 많은 원문이 수록되어 있다. **www.cengage.com/chemistry/skoog/fac9**로 들어가서 Chapter 10을 선택한 후 Web Works로 들어가 보시오. 1923년 Debye와 Hückel의 전해질 용액에 대한 유명한 논문을 찾아서 클릭해 보시오. 논문을 읽어보고 이 장의 표기법과 논문의 표기법을 비교해 보시오. 저자는 활동도 계수를 어떤 기호를 사용하였는가? 논문의 번역 과정에서 수학적 표시에 실수가 있음을 명심하시오.

## 연습 문제

***10-1.** 아래 두 용어의 차이를 설명하시오.
- (a) 활동도와 활동도 계수
- (b) 열역학 평형 상수와 농도 평형 상수

**10-2.** 활동도 계수의 일반적인 성질을 나열하시오.

***10-3.** 부피 변화에 따른 영향을 무시하면 아래의 묽은 용액에 NaOH를 가하면 이온 세기가 (1) 증가할 것인가? (2) 감소할 것인가? 혹은 (3) 변하지 않고 유지될 것인가?
- (a) 염화 마그네슘
- (b) 염산
- (c) 아세트산

**10-4.** 부피 변화에 따른 영향을 무시하면 아래의 물질에 염화철(III)을 가하면 이온 세기가 (1) 증가할 것인가? (2) 감소할 것인가? 혹은 (3) 변하지 않고 유지될 것인가?
- (a) HCl
- (b) NaOH
- (c) $AgNO_3$

***10-5.** 일반적으로 물속에 녹아 있는 이온에 대한 활동도 계수가 물의 활동도 계수보다 작은 이유는 무엇인가?

**10-6.** 중성 분자에 대한 활동도 계수가 1이 되는 이유에 대하여 설명하시오.

***10-7.** 그림 10-3에서 $Ca^{2+}$에 대한 곡선의 초기 기울기가 $K^+$에 대한 것보다 큰 이유에 대하여 설명하시오.

**10-8.** 이온 세기가 0.2인 암모니아($NH_3$) 수용액의 활동도 계수 값을 계산하시오.

**10-9.** 다음 용액의 이온 세기를 계산하시오.
- *(a) 0.030 M $FeSO_4$
- (b) 0.30 M $(NH_4)_2CrO_4$
- *(c) 0.30 M $FeCl_3$와 0.20 M $FeCl_2$
- (d) 0.030 M $La(NO_3)_3$와 0.060 M $Fe(NO_3)_2$

**10-10.** 식 (10-5)를 사용하여 다음의 활동도 계수를 계산하시오.
- *(a) $\mu = 0.062$에서 $Fe^{3+}$
- (b) $\mu = 0.042$에서 $Pb^{2+}$
- *(c) $\mu = 0.070$에서 $Ce^{4+}$
- (d) $\mu = 0.045$에서 $Sn^{4+}$

**10-11.** 표 10-2를 이용하여 연습 문제 10-10의 화학종에 대한 종들의 활동도 계수를 내삽법으로 계산하시오.

**10-12.** $\mu = 8.0 \times 10^{-2}$인 용액에서 아래의 화합물에 대한 $K'_{sp}$을 계산하시오.
- *(a) AgSCN
- (b) $PbI_2$
- *(c) $La(IO_3)_3$
- (d) $MgNH_4PO_4$

***10-13.** 다음 용액들에서 $Zn(OH)_2$의 몰 용해도를 활동도를 사용하여 계산하시오.
- (a) 0.0200 M KCl
- (b) 0.0300 M $K_2SO_4$
- (c) 0.250 M KOH 40.0 mL와 0.0250 M $ZnCl_2$ 60.0 mL를 혼합한 용액
- (d) 0.100 M KOH 20.0 mL와 0.0250 M $ZnCl_2$ 80.0 mL를 혼합한 용액

***10-14.** 0.0333M $Mg(ClO_4)_2$ 용액에 대한 다음 화합물들의 용해도를 (1) 활동도, (2) 몰농도를 사용하여 계산하시오.
- (a) AgSCN
- (b) $PbI_2$
- (c) $BaSO_4$
- (d) $Cd_2Fe(CN)_6$

$$Cd_2Fe(CN)_6(s) \rightleftharpoons 2Cd^{2+} + Fe(CN)_6^{4-}$$
$$K_{sp} = 3.2 \times 10^{-17}$$

***10-15.** 0.0167 M $Ba(NO_3)_2$ 용액에 대한 다음 화합물들의 용해도를 (1) 활동도, (2) 몰농도를 사용하여 계산하시오.

(a) $AgIO_3$
(b) $Mg(OH)_2$
(c) $BaSO_4$
(d) $La(IO_3)_3$

**10-16.** 부록 2에 수록된 열역학적 용해도 곱을 사용하여 0.0500 M $KNO_3$ 용액 내에 있는 다음의 화합물들에 대한 용해도를 활동도 대신에 농도를 사용함으로써 발생할 % 상대 오차를 구할 때 계산하시오.

*(a) CuCl ($\alpha_{Cu^+}$ = 0.3 nm)
(b) $Fe(OH)_2$
*(c) $Fe(OH)_3$
(d) La(IO3)$_3$
*(e) $Ag_3AsO_4$($\alpha_{AsO_4^{3-}}$ = 0.4 nm)

**10-17.** 부록 3에서 제시된 열역학 상수를 사용하여 다음 완충 용액의 pH를 계산함에 있어서 활동도 대신에 농도를 사용할 경우에 하이드로늄 이온 농도의 % 상대 오차를 계산하시오.

*(a) 0.150 M HOAc와 0.250 M NaOAc
(b) 0.0400 M $NH_3$와 0.100 M $NH_4Cl$
(c) 0.0200 M $ClCH_2COOH$와 0.0500 M $ClCH_2COONa$ ($a_{ClCH2COO^-}$ = 0.35)

**10-18.** 표 10-2와 같은 형태로 활동도 계수를 계산하기 위한 스프레드시트를 설계하고 작성하시오. 셀 A3, A4, A5에 $a_X$ 값을 입력하고, 셀 B3, B4, B5에 이온 세기를 입력하시오. 셀 C2:G2에 표 10-2에 수록된 이온 세기 세트를 똑같이 입력하시오. 셀 C3:G3에 활동도 계수에 대한 식을 입력하시오. 활동도 계수 식에 absolute cell references(절대 셀 참조)를 사용하여 이온 세기를 입력하시오. 마지막으로, 셀 C3부터 G3까지 하이라이팅을 하고, 아래쪽으로 드래그하여 활동 계수 수식을 복사하시오. 계산된 활동 계수 값을 표 10-2와 비교해 보시오. 차이가 있는가? 만일 차이가 있다면 왜 차이가 생겼는지에 대하여 설명해 보시오.

**10-19. 도전 문제:** 예제 10-5에서 아질산이 이온 세기에 미치는 영향에 대하여 무시하였다. 또한 하이드로늄 이온 농도에 대한 간략화된 식을 이용하였다.

$$[H_3O^+] = \sqrt{K_a c_a}$$

(a) 실제 이온 세기를 계산에 있어서 산의 해리를 고려하지 않고 반복법을 이용하여 해를 구하시오. 그리고 Debye-Hückel식을 이용하여 이온에 대응하는 활동도 계수를 계산하여 새로운 $K_a$과 $[H_3O^+]$를 계산한다. 이 과정을 반복하여 $H_3O^+$와 $NO_2^-$ 농도와 더불어 0.05 M NaCl를 이용하여 새로운 이온 세기 계산한다. 다시 활동도 계수 $K_a$와 $[H_3O^+]$를 구한다. $[H_3O^+]$ 값의 차이가 0.1% 미만이 될 때까지 계산을 반복한다. 얼마나 많은 반복 계산이 필요한가? 얻어진 결과가 활동도를 보정하지 않은 예제 10-5의 값 사이의 상대 오차는 얼마가 되는가? 처음 계산된 값과 최종 계산된 값 사이의 상대 오차는 얼마인가?

(b) 2차 방정식을 이용하거나 매번 근사법으로 이온 세기를 계산하여 하이드로늄 이온 농도 계산하지 않고 계산을 해 보시오. 계산 결과가 (a)의 결과와 비교했을 때 얼마나 개선이 되었는가?

(c) 어느 단계에서 활동도 계수에 대한 보정이 필요한가? 보정을 위하여 어떤 변수를 고려하여야 하는가?

(d) (b)에서와 같은 보정은 언제 필요한가? 이러한 보정을 위한 기준은 무엇인가?

(e) 혈청이나 소변과 같은 복잡한 매트릭스에 대한 이온 농도를 계산하는 경우를 생각해 보자. 이러한 시스템에 대한 활동도 보정이 가능한가? 이를 설명하시오.

제 11 장

# 복잡한 계의 평형 문제 계산

*Solving Equilibrium Problems for Complex Systems*

복잡한 평형은 과학의 많은 영역에서 대단히 중요하다. 이러한 평형은 환경 분야에서 중요한 역할을 한다. 강과 호수에는 다양한 종류의 오염 물질이 유입되어 마시기에 부적합하게 하고, 수영, 낚시 등이 불가능하게 만들기도 한다. 호수에서 가장 널리 일어나는 문제점은 하수처리장, 비료, 세제, 동물의 사체와 토양의 침식에 의하여 인, 질산성 질소와 같은 영양염의 유입이 증가하여 부영양화가 일어나는 것이다. 이러한 영양염들은 물히아신스 뿌리와 조류의 폭발적 증식을 일으키는 복잡한 평형을 포함한다. 식물이 죽거나 수면 위로 떨어지게 되면 박테리아의 분해에 의하여 호수 저층의 산소 농도가 고갈되고, 산소 결핍에 의하여 물고기가 죽게 된다. 복잡한 평형에 대한 계산을 할 수 있는 능력을 함양하는 것이 이 장의 목표이다. 다중 평형 문제를 풀기 위한 체계적인 접근 방법에 대하여 설명하기로 한다. 평형이 pH의 영향을 받는 경우와 착화합물이 생성되는 경우에 대해서도 언급하기로 한다.

수용액은 다른 성분과 상호작용을 하는 성분이나 물과 반응하여 두 가지 이상의 평형을 나타내는 성분을 포함하기도 한다. 예를 들면, 물에 거의 녹지 않은 염이 물에 녹는 경우 다음과 같은 세 가지 평형이 존재한다.

새로운 평형 시스템을 용액에 도입하더라도 기존의 평형에 대한 평형 상수는 변하지 않는다.

$$BaSO_4(s) \rightleftharpoons Ba^{2+} + SO_4^{2-} \quad \textbf{(11-1)}$$

$$SO_4^{2-} + H_3O^+ \rightleftharpoons HSO_4^- + H_2O \quad \textbf{(11-2)}$$

$$2H_2O \rightleftharpoons H_3O^+ + OH^- \quad \textbf{(11-3)}$$

이 계에 하이드로늄 이온이 첨가되면 두 번째 평형 반응은 공통 이온의 효과에 의해 오른쪽으로 이동한다. 황산 이온의 농도가 감소되어 첫 번째 평형 반응 역시 오른쪽으로 이동하여 황산 바륨의 용해도는 증가하게 된다.

또한 아세트산 이온이 황산 바륨의 수용성 현탁액에 가해지면 아래의 반응과 같이 아세트산 이온이 바륨 이온과 가용성 착화합물을 형성하려는 경향 때문에 황산 바륨의 용해도가 역시 증가한다.

$$Ba^{2+} + OAc^- \rightleftharpoons BaOAc^+ \quad \textbf{(11-4)}$$

공통 이온 효과는 이 평형 반응과 식 (11-1)의 용해 평형 반응을 오른쪽으로 이동시킨다.

하이드로늄 이온과 아세트산 이온이 포함된 황산 바륨의 용해도를 계산하려면 용해 평형뿐만 아니라 다른 세 개의 평형 반응도 고려하여야 한다. 그러나 네 개의 평형 상수의 표현식을 이용하여 용해도를 계산하는 것은 예제 9-3, 9-4, 9-5에서 볼 수 있는 단순한 과정에 비하여 훨씬 어렵고 복잡하다. 이러한 형태의 복잡한 문제를 풀기 위해서는 체계적인 접근이 필수적임을 알 수 있다. 이러한 접근 방법은 pH와 착이온 생성 반응이 침전의 용해도에 미치는 영향에 대하여 설명하는 데 이용한다. 다음 장에서 이와 똑같은 체계적인 방법을 다양한 형태의 다중 평형을 포함하는 문제를 풀기 위하여 체계적인 방법을 이용할 것이다.

## 11A 체계적 방법을 이용한 다중 평형 문제의 해석

다중 평형 문제를 풀기 위해서는 해당 계에 존재하는 성분들의 수에 해당하는 독립 방정식이 필요하다. 예를 들면, 산성 용액에 대한 황산 바륨의 용해도를 계산하기 위해서는 용액 중에 존재하는 모든 성분들의 농도를 계산하여야 한다. 이 용액 중에는 다섯 가지 성분 $[Ba^{2+}]$, $[SO_4^{2-}]$, $[HSO_4^-]$, $[H_3O^+]$, $[OH^-]$이 존재한다. 이 경우 황산 바륨의 용해도를 정확하게 계산하기 위해서는 다섯 가지 성분의 농도를 동시에 계산할 수 있는 다섯 개의 독립적인 방정식을 만들어야 한다.

다중 평형 문제를 푸는 데 있어서 세 가지의 대수식이 필요하다. 즉, (1) 평형상수식, (2) *질량균형식*, (3) 하나의 *전하균형식*이다. 우리는 이미 9B절에서 평형상수식이 어떻게 표현되는지를 보았고, 이제는 다른 두 종류의 방정식을 구하는 데 초점을 맞추기로 한다.

### ▸ 11A-1 질량균형식

널리 이용되고 있는 '질량균형식'은 *질량*보다는 농도에 대한 균형식이기 때문에 다소의 오해의 소지가 있을 수 있다. 모든 용질이 같은 부피의 용액에 존재하기 때문에 질량을 농도로 표기하더라도 큰 문제가 없다.

**질량균형식**(mass-balance equation)은 다양한 성분들의 *평형* 농도를 다른 성분의 농도와 다양한 종류의 용질 농도와의 관계를 나타낸다. 이를 설명하기 위하여 약산 HA의 짝염기인 $A^-$를 포함하는 NaA 수용액을 만드는 경우를 생각해 보자. NaA 1 mol이 용해되면 평형 상태에서 수용액 중에 존재하는 모든 형태의 A 농도 합은 1이 되어야 한다. 용해에 의하여 생성된 $A^-$은 물로부터 생성된 양성자와 결합하여 HA를 생성시키고, 나머지는 $A^-$ 형태로 남아 있게 된다. 그러나 용액이 만들어지는 화학 반응에 관계없이 용질을 용해시키기 이전 A의 몰수(같은 A의 질량)는 용액이 평형에 도달한 후 A의 몰수가 같아야 한다. 질량균형식을 세우기 위하여 용액에 들어 있는 용질의 성질, 용액이 어떻게 만들어졌는지, 그리고 어떻게 평형이 이루어졌는지에 대하여 알아야 한다.

질량균형식에 대한 첫 번째 예로 약산 HA가 $c_{HA}$ 농도로 용해되었을 때 어떤 변화가 일어났는지에 대하여 상세하게 설명해 보기로 한다. 여기서 목표는 이 시스템에 대한 질량균형식을 세우는 것이다. 첫 번째 질량균형식의 형태는 용액의 형태로부터 $c_{HA}$의 정확한 값을 기초로 하여야 한다.

이 용액에서는 두 가지 평형식이 존재한다.

$$HA + H_2O \rightleftharpoons H_3O^+ + A^-$$

$$2H_2O \rightleftharpoons H_3O^+ + OH^-$$

A를 포함하는 성분은 HA와 $A^-$이며, 농도가 $c_{HA}$인 원래 용액으로부터 만들어졌다. 용액 중의 모든 $A^-$와 HA는 가해진 용질 HA의 양에 따라 결정되기 때문에 첫 번째 질량균형식은 다음과 같이 표현될 수 있다.

$$c_{HA} = [HA] + [A^-]$$

두 번째 질량균형식은 용액에서의 평형에 대한 정확한 정보를 필요로 한다. 용액 중에서의 하이드로늄 이온은 HA의 해리(이온화)와 물의 해리 두 가지 반응에 의하여 생성된다. 그러므로 $H_3O^+$의 전체 농도는 두 가지 반응에 의하여 생성된 하이드로늄 이온 농도의 합이다.

$$[H_3O^+] = [H_3O^+]_{HA} + [H_3O^+]_{H_2O}$$

그러나 위의 평형식으로부터 산의 해리에 의하여 생성된 하이드늄 이온의 농도 $[H_3O^+]_{HA}$는 $[A^-]$와 같고, 물의 해리에 의하여 생성된 $[H_3O^+]_{H_2O}$는 $[OH^-]$와 같다. 그러므로 위의 식은 다음과 같이 된다.

$$[H_3O^+] = [A^-] + [OH^-]$$

모든 양성자의 근원에 대하여 계산하기 때문에 이러한 형태의 질량균형식을 **양성자균형식**(photon balance equation)이라고 하기도 한다. 이 양성자균형식은 전하 보존을 나타내기 때문에 대단히 흥미롭고 유용하게 이용된다.

예제 11-1과 11-2에서 염의 용해도에 영향을 주는 다른 용질이 존재할 때 거의 녹지 않는 두 가지 염에 대한 질량균형식에 대하여 생각해 보기로 한다.

질량균형식을 표시하는 것은 여기서 언급하고자 하는 약산의 경우와 같이 간단하다. 많은 평형에 관여하는 다양한 용질을 포함하는 복잡한 용액에서는 질량균형식을 표시하는 것이 대단히 어려워진다.

**예제 11-1**

과량의 $BaSO_4$ 고체 시료와 평형 상태에 있는 0.0100 M HCl 용액에 대한 질량균형식을 쓰시오.

**풀이**

이 수용액에서는 식 (11-1), (11-2), (11-3)에 나타난 바와 같이 세 가지 평형식이 있다.

$$BaSO_4(s) \rightleftharpoons Ba^{2+} + SO_4^{2-}$$
$$SO_4^{2-} + H_3O^+ \rightleftharpoons HSO_4^- + H_2O$$
$$2H_2O \rightleftharpoons H_3O^+ + OH^-$$

두 가지 황산염은 $BaSO_4$의 용해에 의하여 생성되기 때문에 바륨 이온의 농도는 황산염을 포함하는 성분의 전체 농도와 같으므로, 첫 번째 질량균형식은 다음과 같이 쓸 수 있다.

$$[Ba^{2+}] = [SO_4^{2-}] + [HSO_4^-]$$

위의 두 번째 식에서 하이드로늄 이온은 자유 $[H_3O^+]$로 존재하거나 $SO_4^{2-}$와 반응하여 생성된 $[HSO_4^-]$를 생성하며 다음과 같이 표현된다.

$$[H_3O^+]_{tot} = [H_3O^+] + [HSO_4^-]$$

*(계속)*

1 : 1의 화학량론으로 조금 용해되는 염에 대한 평형 상태에서 양이온 농도와 음이온 농도는 같다. 이 등식이 질량균형식이다. 양성화될 수 있는 양이온에 대해서 음이온의 평형 농도는 다양한 형태의 양이온 농도의 합과 같다.

여기서 $[H_3O^+]_{tot}$은 모든 반응에 의하여 생성된 총 하이드로늄 이온 농도이고, $[H_3O^+]$는 평형 상태에서의 하이드로늄 이온 농도이다. $[H_3O^+]_{tot}$에 영향을 주는 양성자는 염산 수용액과 물의 해리에 의하여 생성된다. 이 예제에서 HCl의 완전한 해리에 의하여 생성된 하이드로늄 이온 농도는 $[H_3O^+]_{HCl}$이고 물의 자체 양성자 이전 반응에 의하여 생성된 하이드로늄 이온 농도 $[H_3O^+]_{H_2O}$이다. 그러므로 총 하이드로늄 이온 농도는

$$[H_3O^+]_{tot} = [H_3O^+]_{HCl} + [H_3O^+]_{H_2O}$$

이 되고

$$[H_3O^+]_{tot} = [H_3O^+] + [HSO_4^-] = [H_3O^+]_{HCl} + [H_3O^+]_{H_2O}$$

이 된다.
그러나 $[H_3O^+]_{HCl} = c_{HCl}$이고, 하이드록사이드 이온은 물의 해리에 의해서만 생성되기 때문에 $[H_3O^+]_{H_2O} = [OH^-]$이 된다. 이 두 가지 양을 위의 식에 대입하면

$$[H_3O^+]_{tot} = [H_3O^+] + [HSO_4^-] = c_{HCl} + [OH^-]$$

이 되며 질량균형식은 다음과 같다.

$$[H_3O^+] + [HSO_4^-] = 0.0100 + [OH^-]$$

**예제 11-2**

용해도가 낮은 AgBr로 포화되어 있는 0.010 M $NH_3$ 용액에 대한 질량균형식을 쓰시오.

**풀이**

이 용액에 대한 평형식은 다음과 같다.

$$AgBr(s) \rightleftharpoons Ag^+ + Br^-$$

$$Ag^+ + NH_3 \rightleftharpoons Ag(NH_3)^+$$

$$Ag(NH_3)^+ + NH_3 \rightleftharpoons Ag(NH_3)_2^+$$

$$NH_3 + H_2O \rightleftharpoons NH_4^+ + OH^-$$

$$2H_2O \rightleftharpoons H_3O^+ + OH^-$$

이 용액에서 AgBr은 $Br^-$, $Ag^+$, $Ag(NH_3)^+$, $Ag(NH_3)_2^+$의 유일한 공급원이다. AgBr이 용해됨에 따라 $Ag^+$와 $Br^-$ 이온은 1:1 비율이 된다. $Ag^+$은 암모니아와 반응하여 $Ag(NH_3)^+$와 $Ag(NH_3)_2^+$를 생성하지만 브로마이드는 $Br^-$로 존재하기 때문에 질량균형식은 다음과 같다.

$$[Ag^+] + [Ag(NH_3)^+] + [Ag(NH_3)_2^+] = [Br^-]$$

여기서 대괄호 [ ]는 각 성분들의 몰농도이다. 또한 암모니아를 포함하는 성분은 0.010 M $NH_3$에 의하여 생성된다. 그러므로

$$c_{NH_3} = [NH_3] + [NH_4^+] + [Ag(MH_3)^+] + 2[Ag(NH_3)_2^+] = 0.010 \text{ M}$$

*(계속)*

화학량론적으로 1:1의 비율로 용해되지 않는 용해도가 낮은 염에 대한 질량균형식은 이온들 중 한 가지 이온의 농도에 양론계수를 곱하여 구할 수 있다. 예를 들면, $PbI_2$로 포화된 용액에서 아이오딘화 이온 농도는 $Pb^{2+}$ 농도의 두 배가 되기 때문에

$$[I^-] = 2[Pb^{2+}]$$

가 된다.
이 결과는 용액에서 생성되는 한 개의 납(II)에 대하여 두 개의 아이오딘화 이온이 두 개가 나타나기 때문에 대부분의 사람들은 납득이 어려울 수도 있다(저자의 설명에 무리가 있을 수 있음). 이를 위하여 반드시 $[Pb^{2+}]$에 2를 곱하여야 함을 명심하시오.

여기서 계수가 2인 것은 $Ag(NH_3)_2^+$가 두 개의 암모니아 분자를 갖기 때문이다. 마지막 식으로부터 $NH_4^+$와 하이드로늄 이온이 생성될 때 각각 한 개의 하이드록사이드 이온이 생성됨을 알 수 있다. 그러므로

$$[OH^-] = [NH_4^+] + [H_3O^+]$$

### ▸ 11A-2 전하균형식

전해질 용액은 1 리터에 수 mol의 하전된 이온이 존재한다고 하더라도 전기적 중성을 띠게 된다. 전해질 용액에서 *양전하의 몰농도*와 *음전하의 몰농도*가 항상 같기 때문에 용액은 전기적으로 중성이 된다. 즉, 전해질 용액에서

$$\text{양전하 몰수/L} = \text{음전하 몰수/L}$$

이 된다.

이 식을 전하-균형을 나타내기 때문에 **전하균형식**(charge-balance equation)이라 한다. 이 식이 평형 계산에서 유용하게 사용되기 위해서는 용액 중에서 전하를 운반하는 성분의 몰농도 항으로 표시하여야 한다.

1 몰의 $Na^+$에 의하여 얼마나 많은 전하가 생성되는가? 1 몰의 $Mg^{2+}$ 또는 1 몰의 $PO_4^{3-}$인 경우에는 어떠한가? 이온에 의해서 용액에 기여되는 전하의 농도는 이온의 몰농도에 전하수를 곱한 것과 같다. 그러므로 용액 중 소듐 이온의 존재에 의한 양전하의 몰농도는 소듐 이온의 몰농도와 같다. 즉,

$$\frac{\text{양전하의 몰수}}{\text{L}} = \frac{\text{1 몰 양전하}}{\cancel{\text{mol Na}^+}} \times \frac{\cancel{\text{mol Na}^+}}{\text{L}}$$
$$= 1 \times [Na^+]$$

전하균형식은 *몰 전하 농도*가 같다는데 기초를 두고 있으며 이온의 전하 농도를 구하기 위하여 이온의 몰농도에 전하를 곱해야 한다는 것을 항상 기억하여야 한다.

마그네슘 이온에 의한 양전하의 농도는 1 몰의 마그네슘 이온은 용액 중에서 2 몰의 양전하를 내놓기 때문에 다음과 같다.

$$\frac{\text{양전하의 몰수}}{\text{L}} = \frac{\text{2 몰 양전하}}{\cancel{\text{mol Mg}^{2+}}} \times \frac{\cancel{\text{mol Mg}^{2+}}}{\text{L}}$$
$$= 2 \times [Mg^{2+}]$$

이와 마찬가지로 인산염 이온에 대해서는 다음과 같이 쓸 수 있다.

$$\frac{\text{음전하의 몰수}}{\text{L}} = \frac{\text{3 몰 음전하}}{\cancel{\text{mol PO}_4^{3-}}} \times \frac{\cancel{\text{mol PO}_4^{3-}}}{\text{L}}$$
$$= 3 \times [PO_4^{3-}]$$

어떤 계에서는 이용할 수 있는 정보가 충분하지 않거나 전하균형식이 질량균형식들 중의 한 개와 동일함으로 인해서 유용한 전하균형식을 쓸 수 없는 경우도 있다.

여기서 0.100 M 염화 소듐 용액의 전하균형식을 어떻게 표현할지에 대하여 생각해 보자. 이 용액에서의 양전하는 $Na^+$과 물의 이온화에 의한 $H_3O^+$에 의하여 만들어진다. 음전하는 $Cl^-$와 $OH^-$로부터 생성된다. 양전하와 음전하들의 몰농도는 다음과 같다.

$$\text{양전하의 몰수/L} = [Na^+] + [H_3O^+] = 0.100 + 1 \times 10^{-7}$$
$$\text{음전하의 몰수/L} = [Cl^-] + [OH^-] = 0.100 + 1 \times 10^{-7}$$

이 예제 문제에서 평형 농도 $[OH^-]$와 $[H_3O^+]$는 $1 \times 10^{-7}$ M이지만 다른 평형에서는 변할 수 있다.

양전하의 농도와 음전하의 농도를 같으므로 전하균형식은 다음과 같다.

$$[Na^+] + [H_3O^+] = [Cl^-] + [OH^-] = 0.100 + [OH^-]$$

0.100 M 염화마그네슘 용액에 대하여 생각해 보자. 양전하와 음전하의 몰농도는 다음과 같다.

$$\text{양전하의 몰수/L} = 2[Mg^{2+}] + [H_3O^+] = 2 \times 0.100 + [H_3O^+]$$

$$\text{음전하의 몰수/L} = [Cl^-] + [OH^-] = 2 \times 0.100 + [OH^-]$$

첫 번째 식에서 1 몰의 마그네슘 이온이 2 몰의 양전하를 용액을 내어놓기 때문에 마그네슘의 몰농도에 2를 곱하였다. 두 번째 식에서 염화 이온의 몰농도는 마그네슘의 몰농도의 2배인 2 × 0.100이다. 전하균형식을 세우기 위하여 양전하의 농도와 음전하의 농도를 같게 두면 다음과 같은 식이 얻어진다.

$$2[Mg^+] + [H_3O^+] = [Cl^-] + [OH^-] = 0.200 + [OH^-]$$

중성 용액에서 $[H_3O^+]$와 $[OH^-]$가 대단히 작고($\approx 1 \times 10^{-7}$ M) 같으므로 질량균형식은 다음과 같이 간단히 표시할 수 있다.

$$2[Mg^{2+}] \approx [Cl^-] = 0.200 \text{ M}$$

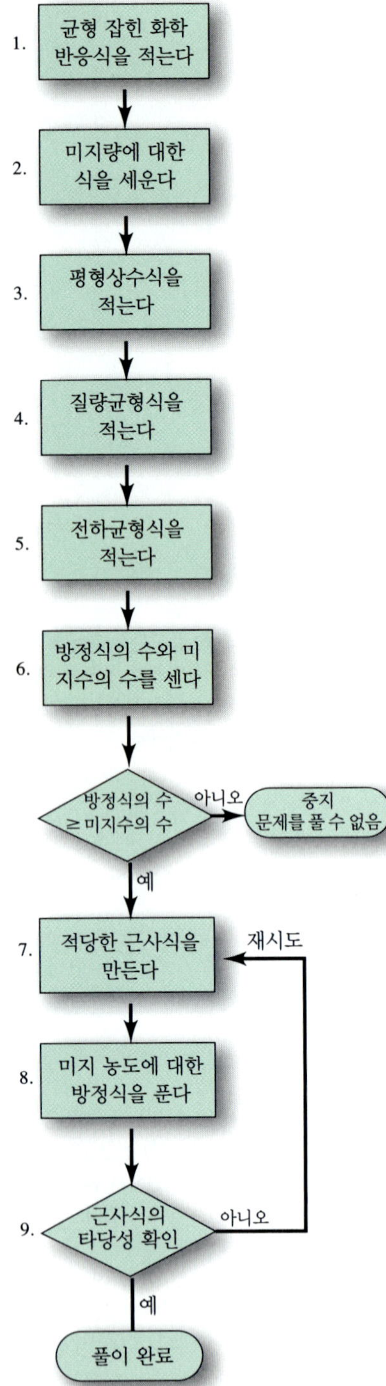


**그림 11-1** 다중 평형 문제를 풀기 위한 체계적인 방법.

**예제 11-3**

예제 11-2에서 계에 대한 전하균형식을 쓰시오.

**풀이**

$$[Ag^+] + [Ag(NH_3)^+] + [Ag(NH_3)_2{}^+] + [H_3O^+] + [NH_4{}^+] = [OH^-] + [Br^-]$$

**예제 11-4**

NaCl, $Ba(ClO_4)_2$, $Al_2(SO_4)_3$를 함유하는 수용액의 전하균형식을 쓰시오.

**풀이**

$$[Na^+] + [H_3O^+] + 2[Ba^{2+}] + 3[Al^{3+}] = [ClO_4{}^-] + [Cl^-] + 2[SO_4{}^{2-}] + [HSO_4{}^-] + [OH^-]$$

### ▸ 11A-3 여러 개의 평형을 포함하는 문제를 풀기 위한 단계

**1 단계.** 모든 평형에 대한 적절한 균형식을 적는다.

**2 단계.** 구하고자 하는 양을 평형 농도로 표시한다.

**3 단계.** 1단계에서 얻은 모든 평형 반응에 대한 평형상수식을 표시하고, 평형 상수 표에서 평형 상수 값을 찾는다.

**4 단계.** 계의 질량균형식을 적는다.

**5 단계.** 가능한 경우 계의 전하균형식을 적는다.

**6 단계.** 3, 4, 5단계에서 구한 식에서 미지 농도의 수를 세고, 이 수와 독립 방정식의 수를 비교한다. 6단계는 문제의 정확한 풀이에 대한 여부를 알려주기 때문에 매우 중요하다. 만약 방정식의 수와 미지수의 수가 같으면 하나의 대수식으로 해를 구할 수 있다. 즉, 충분한 노력에 의하여 답을 얻을 수 있다. 그러나 근사법에 의한 해를 구하더라도 충분한 식이 얻어지지 않는 경우에는 해를 구할 수 없다. 만약 충분한 수의 식이 만들어졌다면 7a단계 또는 7b단계로 진행한다.

> 풀이가 가능해지게 할 수 있는 충분한 독립된 방정식을 얻을 수 있다는 확신이 설 때까지 평형에 대한 대수 방정식 풀이를 시작하여 시간을 허비하지 마시오.

**7a 단계.** 적당한 근사법을 사용하여 2단계에서 정의한 해를 얻기 위하여 필요한 미지 농도의 수와 방정식의 수를 줄인다. 8과 9단계로 진행한다.

**7b 단계.** 2단계에서 요구하는 농도에 대한 연립방정식을 컴퓨터 프로그램을 이용하여 정확하게 계산한다.

**8 단계.** 간략화된 대수식을 풀어서 용액 속에 있는 화학종들에 대한 잠정적인 농도를 구한다.

**9 단계.** 근사법에 대한 타당성을 확인한다.

이러한 과정을 **그림 11-1**에 도시하였다.

## ▸ 11A-4 근사법을 이용한 평형식의 풀이 방법

계통적 접근법의 6단계가 완결되면, 여러 개의 비선형 식을 풀기 위한 *수학적* 문제가 생기게 된다. 이러한 과정은 적당한 컴퓨터 프로그램이나 미지수의 수와 방정식의 수를 줄일 수 있는 근사식을 필요로 한다. 이 절에서는 평형 관계를 나타내는 식들이 적당한 근사식에 의하여 어떻게 일반항으로 간략화되는지에 대하여 생각해보기로 한다.

질량균형식과 전하균형식들은 곱셈이나 나눗셈의 형태보다는 단지 더하기나 빼기의 항으로 표시되기 때문에 간략화될 수 있음을 유념하여야 한다. 합이나 차로 표시된 한 개(또는 그 이상)의 항의 값이 다른 항에 비하여 대단히 작아서 실제 값에 미치는 영향이 무시할 수 있다고 가정할 수 있다. 평형상수식에서 농도항이 0이라고 가정하면 평형상수식의 의미는 없어진다.

> 근사식은 단지 전하균형식과 질량균형식에서만 만들어지며, 평형상수식에서는 불가능하다.

질량균형식이나 전하균형식에 주어진 항의 값이 충분히 작기 때문에 무시할 수 있다는 가정은 화학 반응에 대한 정보에 근거를 둔다. 예를 들면 적당량의 산을 포함하는 용액에서 수산화 이온의 농도는 용액 중의 다른 성분들에 비해 무시될 수 있다. 그러므로 수산화 이온의 농도 항은 질량균형식이나 전하균형식에서 무시를 하더라도 큰 오차를 발생하지 않는다.

7a단계에서 적절하지 못한 근사식에 의하여 심각한 오차가 발생하는 것에 대하여 두려워할 필요가 없다. 경험이 많은 사람들도 평형 계산을 간략화하기 위하여 초보자와 같이 끼워 맞추기도 한다. 그럼에도 불구하고 경험이 많은 사람들은 계산이 완결되었을 때 부적절한 가정의 영향을 알게 되기 때문에 두려워하지 않고 근사식을 만든다(예제 11-6 참조). 문제를 풀어나가는 과정에서 먼저 의심스러운 가정

> 평형에 관련된 문제를 풀기 위하여 가정을 할 때 두려워 할 필요가 없다. 만일 가정이 타당하지 못하다면 근사 해를 구했을 때 바로 알게 된다.

을 시도하는 것은 좋은 아이디어이다. 만약 가정에 의하여 심각한 오차가(일반적으로 쉽게 인지할 수 있을 정도의) 발생한다면, 잘못된 가정없이 잠정적인 답을 구할 때까지 다시 계산한다. 문제를 풀어나가는 초기에 미심쩍은 가정을 하는 것이 가정없이 힘들고 시간이 많이 소요되는 계산을 하는 것보다 효율적이다.

### ▸ 11A-5 컴퓨터 프로그램을 이용한 다중 평형의 풀이

지금까지, 계의 모든 화학 평형을 알면 모든 성분들에 대한 농도를 계산할 수 있는 대응식을 세울 수 있게 되었다. 체계적인 방법에 의하여 평형 문제를 푸는 데 복잡한 방법을 제공하였지만, 다양한 실험 조건에 따라 풀어야 하는 경우 힘들고 시간이 많이 소요된다. 예를 들면 염화 은(AgCl)의 용해도를 가해진 염소의 농도 함수로 계산할 때 각각의 염소 농도에 따라 5개의 식과 미지의 다섯 성분에 대한 농도를 구해야 한다(예제 11-9 참조).

다양한 소프트웨어를 이용하여 다중 비선형 연립방정식을 정확하게 풀 수 있다. 세 가지 종류의 프로그램은 Mathcad, Mathematics, Excel이다.

다양한 소프트웨어를 이용하여 이 식들을 풀 수 있다. Mathcad, Mathematica, MATLAB, TK solver, Excel 등에 소위 **해찾기**(solver)가 있다. 방정식이 만들어지면 여러 가지 다른 조건들에 대하여 반복적인 계산에 의하여 풀 수 있을 것이다. 또한 식들의 해에 대한 정확도는 프로그램의 적당한 허용 오차에 따라 결정된다. 이러한 프로그램을 이용하여 식을 푸는 방법의 특징은 복잡한 식들을 풀 수 있게 해주고 아울러 결과를 그래프로 나타낼 수 있는 도식 기능이 있다. 이와 같이 여러 가지 다른 계에 대하여 빠르고 효과적으로 탐구할 수 있으며, 결과를 근거로 하여 화학 반응에 대한 직관력을 개발할 수 있다.

그러나 주의가 필요하다. 해찾기들은 방정식을 풀기 위하여 초기 추정치를 필요로 하기도 한다. 이러한 계산을 위하여 식들을 풀기 전에 화학의 이론에 대하여 생각해 봐야 하며, 구하고자 하는 해가 화학적 감각에 잘 일치하는지 확인하여야 한다.

또한 컴퓨터는 *화학을 알지 못한다*. 컴퓨터는 제시한 초기 추정치를 이용하여 주어진 식에 대한 해를 충실하게 얻어낸다. 만일 식이 잘못 주어지면 소프트웨어들은 수학적 오류는 찾아낼 수 있지만 화학적 오류는 찾아내지 못한다. 프로그램이 방정식에 대한 답을 구하지 못한다면 초기 추정치가 잘못되었기 때문이다. 항상 컴퓨터 계산의 결과에 대하여 의심을 가져야 하며 소프트웨어의 한계를 인정해야 한다. 컴퓨터를 현명하게 활용을 하면 화학 평형 공부에 큰 도움이 될 수 있다. 이 장에서 공부하는 방정식의 풀이에 Excel 프로그램을 이용하는 예는 *Applications of Microsoft® Excel in Analytical Chemistry* 2판의 6장을 참고하시오.

## 11B 체계적인 방법에 의한 용해도 계산

이 절에서는 다양한 조건 하에서의 침전물의 용해도와 관련된 예제들을 통하여 체계적인 방법을 설명하고자 한다. 이후의 장들에서는 이러한 방법을 다른 종류의 평형에 대한 체계적인 방법에 대하여 설명하기로 한다.

## ▸ 11B-1 금속 수산화물의 용해도

예제 11-5와 11-6에서 두 가지 금속 수산화물의 용해도를 계산해 보기로 한다. 이 예제는 어떻게 근사식을 만들고 이에 대한 타당성을 점검하는 것에 대하여 설명해 준다.

### 예제 11-5

물에서 $Mg(OH)_2$의 몰 용해도를 계산하시오.

**풀이**

**1 단계. 적절한 평형식을 쓴다.** 고려 대상이 되는 두 개의 평형식은 다음과 같다.

$$Mg(OH)_2(s) \rightleftharpoons Mg^{2+} + 2OH^-$$

$$2H_2O \rightleftharpoons H_3O^+ + OH^-$$

**2 단계. 미지의 값을 정의한다.** $Mg(OH)_2$ 몰이 용해될 때 $Mg^{2+}$가 1 몰 생성되기 때문에,

$$Mg(OH)_2\text{의 용해도} = [Mg^{2+}]$$

**3 단계. 모든 평형상수식을 쓴다.**

$$K_{sp} = [Mg^{2+}][OH^-]^2 = 7.1 \times 10^{-12} \quad \textbf{(11-5)}$$

$$K_w = [H_3O^+][OH^-] = 1.00 \times 10^{-14} \quad \textbf{(11-6)}$$

**4 단계. 질량균형식을 쓴다.** 두 개의 평형식에서 나타난 것처럼 수산화 이온은 $Mg(OH)_2$와 $H_2O$로부터 생성된다. $Mg(OH)_2$의 이온화에 의해 생성되는 수산화 이온은 하이드로늄 이온의 농도와 같다. 따라서

$$[OH^-] = 2[Mg^{2+}] + [H_3O^+] \quad \textbf{(11-7)}$$

식 (11-7)을 얻기 위하여 $[OH^-]_{H_2O}$와 $[OH^-]_{Mg(OH)_2}$가 $H_2O$와 $Mg(OH)_2$로부터 각각 만들어진 농도라면

$[OH^-]_{H_2O} = [H_3O^+]$

$[OH^-]_{Mg(OH)_2} = 2[Mg^{2+}]$

$[OH^-]_{total} = [OH^-]_{H_2O} + [OH^-]_{Mg(OH)_2}$
$= [H_3O^+] + 2[Mg^{2+}]$

**5 단계. 전하균형식을 쓴다.**

$$[OH^-] = 2[Mg^{2+}] + [H_3O^+] \quad \textbf{(11-8)}$$

이 식은 식 (11-7)과 같다는 것을 알아야 한다. 가끔은 질량균형식과 전하균형식이 같은 경우도 있다.

**6 단계. 독립 방정식과 미지수의 수를 센다.** 세 개의 독립 방정식[식 (11-5), (11-6), (11-7)]이 만들어졌고 세 개의 미지수($[Mg^{2+}]$, $[OH^-]$, $[H_3O^+]$)가 존재한다. 그러므로 정확한 해를 구할 수 있다.

**7 단계. 근사식을 세운다.** 식 (11-7)에서만 근사 계산이 가능하다. $Mg(OH)_2$의 용해도곱 상수가 비교적 크기 때문에 용액은 약한 염기성을 띠게 된다. 그러므로 $[H_3O^+] \ll [OH^-]$로 가정하는 것은 타당하며, 식 (11-7)은 다음과 같이 간단해진다.

$$2[Mg^{2+}] \approx [OH^-]$$

(계속)

**8 단계. 방정식을 푼다.** 식 (11-8)을 식 (11-5)에 대입하면

$$[Mg^{2+}](2[Mg^{2+}])^2 = 7.1 \times 10^{-12}$$

$$[Mg^{2+}]^3 = \frac{7.1 \times 10^{-12}}{4} = 1.78 \times 10^{-12}$$

$$[Mg^{2+}] = \text{용해도} = (1.78 \times 10^{-12})^{1/3} = 1.21 \times 10^{-4} \text{ 또는 } 1.2 \times 10^{-4}\ M$$

**9 단계. 가정의 타당성을 검토한다.** 식 (11-8)에 대입하면

$$[OH^-] = 2 \times 1.21 \times 10^{-4} = 2.42 \times 10^{-4}\ M$$

이 되고, 식 (11-6)으로부터

$$[H_3O^+] = \frac{1.00 \times 10^{-14}}{2.42 \times 10^{-4}} = 4.1 \times 10^{-11}\ M$$

따라서 우리가 가정한 $[H_3O^+] \ll [OH^-]$이 확실하게 타당하다.

**예제 11-6**

물에서 $Fe(OH)_3$의 용해도를 계산하시오.

**풀이**

예제 11-5에서 사용된 체계적인 접근법에 따라 푼다.

**1 단계. 적절한 평형식을 쓴다.**

$$Fe(OH)_3(s) \rightleftharpoons Fe^{3+} + 3OH^-$$

$$2H_2O \rightleftharpoons H_3O^+ + OH^-$$

**2 단계. 미지의 값을 정의한다.**

$$Fe(OH)_3\text{의 용해도} = [Fe^{3+}]$$

**3 단계. 모든 평형상수식을 쓴다.**

$$K_{sp} = [Fe^{3+}][OH^-]^3 = 2 \times 10^{-39}$$

$$K_w = [H_3O^+][OH^-] = 1.00 \times 10^{-14}$$

**4, 5 단계. 질량균형식을 쓴다.** 예제 11-5에서 질량균형식과 전하균형식은 같으므로

$$[OH^-] = 3[Fe^{3+}] + [H_3O^+]$$

**6 단계. 독립된 식의 수와 미지수의 수를 센다.** 세 개의 미지수를 계산하기에 충분한 수의 방정식들이 있음을 알 수 있다.

**7a 단계. 근사식을 세운다.** 예제 11-5에서와 같이 $[H_3O^+]$가 대단히 작기 때문에 $[H_3O^+] \ll 3[Fe^{3+}]$이 되고

$$3[Fe^{3+}] \approx [OH^-]$$

이 된다.

**8 단계. 방정식을 푼다.** 용해도곱 표현식에 $[OH^-] = 3[Fe^{3+}]$를 대입하면

$$[Fe^{3+}](3[Fe^{3+}])^3 = 2 \times 10^{-39}$$

$$[Fe^{3+}] = \left(\frac{2 \times 10^{-39}}{27}\right)^{1/4} = 9 \times 10^{-11}$$

$$\text{용해도} = [Fe^{3+}] = 9 \times 10^{-11}\ \text{M}$$

이 된다.

**9 단계. 가정의 타당성을 검토한다.** 7단계에서의 가정으로부터 잠정적인 $[OH^-]$ 값을 계산할 수 있다.

$$[OH^-] \approx 3[Fe^{3+}] = 3 \times 9 \times 10^{-11} = 3 \times 10^{-10}\ \text{M}$$

이 $[OH^-]$ 값을 이용하여 *잠정적인* $[H_3O^+]$ 값을 계산한다.

$$[H_3O^+] = \frac{1.00 \times 10^{-14}}{3 \times 10^{-10}} = 3 \times 10^{-5}\ \text{M}$$

그러나 $3 \times 10^{-5}$이라는 값은 $[Fe^{3+}]$의 잠정적인 값의 세 배보다 크게 작지 않다. 이 차이는 가정이 타당하지 못하며, $[Fe^{3+}]$, $[OH^-]$, $[H_3O^+]$에 대한 잠정적인 값이 모두 큰 오차를 나타내고 있음을 의미한다. 그러므로 7a단계로 돌아가서 다음과 같이 가정해 보자.

$$3[Fe^{3+}] \ll [H_3O^+]$$

여기서 질량균형식은 다음과 같이 된다.

$$[H_3O^+] = [OH^-]$$

이 관계를 $K_w$ 관계식에 대입하면

$$[H_3O^+] = [OH^-] = 1.00 \times 10^{-7}\ \text{M}$$

이 된다.

이 값을 3단계에서 전개된 용해도곱 식에 대입하면

$$[Fe^{3+}] = \frac{2 \times 10^{-39}}{(1.00 \times 10^{-7})^3} = 2 \times 10^{-18}\ \text{M}$$

이 된다.

$[H_3O^+] = [OH^-]$이기 때문에 $3[Fe^{3+}] \ll [OH^-]$ 또는 $3 \times 2 \times 10^{-18} \ll 10^{-7}$으로 가정할 수 있다. 따라서 가정은 타당하며

$$\text{용해도} = 2 \times 10^{-18}\ \text{M}$$

이 된다.

부적절한 가정에 의하여 대단히 큰 오차[8 차수(order) 크기]가 발생됨을 명심하시오.

## ▸ 11B-2 pH가 용해도에 미치는 영향

약산의 짝염기인 음이온을 함유하고 있는 모든 침전물들은 높은 pH 영역보다는 낮은 pH 영역에서 잘 용해된다.

염기 특성을 나타내는 양이온과 산 특성을 나타내는 음이온 또는 둘 다를 포함하는 침전물의 용해도는 pH의 영향을 받는다.

### » 일정한 pH 값에서 용해도 계산

침전반응은 미리 측정되거나 알려져 고정된 pH의 완충 용액에서 일어난다. 이러한 조건에서의 용해도 계산을 예제 11-7에 나타내었다.

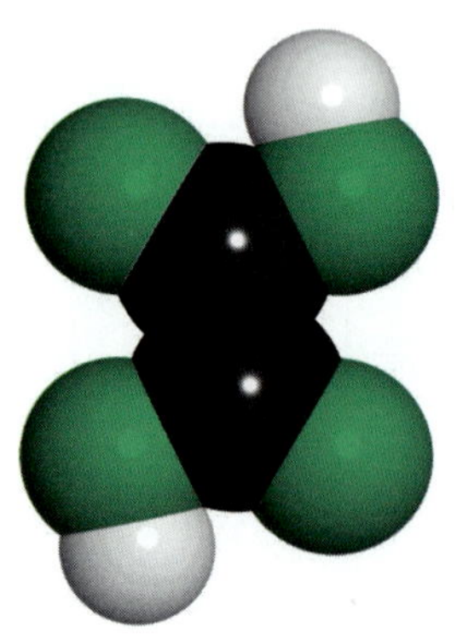

옥살산의 분자 구조. 옥살산은 자연에서 식물에 포타슘이나 소듐 염의 형태로 존재하며, 곰팡이가 칼슘 염 형태의 옥살산을 만든다. 소듐 염은 산화 환원 적정의 1차 표준 물질로 이용이 된다(20장 참조). 옥살산은 세척제로서 염색 산업에 널리 이용이 되며, 목재 표면의 세척과 복원, 세라믹 산업, 야금, 제지산업, 사진 산업 분야에도 이용이 되고 있다. 섭취할 경우 독성을 나타내고 중증의 위염이나 신장 손상을 유발한다. 옥살산은 진한 수산화 소듐 용액에 일산화 탄소를 통과시킴으로써 제조할 수 있다.

**예제 11-7**

pH가 4.00으로 일정하게 유지된 완충된 용액에서 옥살산 칼슘의 몰 용해도를 계산하시오.

**풀이**

**1 단계. 적절한 평형식을 쓴다.**

$$CaC_2O_4(s) \rightleftharpoons Ca^{2+} + C_2O_4^{2-} \qquad \textbf{(11-9)}$$

옥살산 이온은 물과 반응하여 $HC_2O_4^-$와 $H_2C_2O_4$를 생성한다. 그러므로 세 개의 평형 반응이 일어난다.

$$H_2C_2O_4 + H_2O \rightleftharpoons H_3O^+ + HC_2O_4^- \qquad \textbf{(11-10)}$$

$$HC_2O_4^- + H_2O \rightleftharpoons H_3O^+ + C_2O_4^{2-} \qquad \textbf{(11-11)}$$

$$2H_2O \rightleftharpoons H_3O^+ + OH^-$$

**2 단계. 미지의 값을 정의한다.** 옥살산 칼슘은 강 전해질이므로 몰농도는 평형에서의 칼슘 이온의 농도와 같다. 즉,

$$\text{용해도} = [Ca^{2+}] \qquad \textbf{(11-12)}$$

**3 단계. 모든 평형상수식을 쓴다.**

$$[Ca^{2+}][C_2O_4^{2-}] = K_{sp} = 1.7 \times 10^{-9} \qquad \textbf{(11-13)}$$

$$\frac{[H_3O^+][HC_2O_4^-]}{[H_2C_2O_4]} = K_1 = 5.60 \times 10^{-2} \qquad \textbf{(11-14)}$$

$$\frac{[H_3O^+][C_2O_4^{2-}]}{[HC_2O_4^-]} = K_2 = 5.42 \times 10^{-5} \qquad \textbf{(11-15)}$$

$$[H_3O^+][OH^-] = K_w = 1.0 \times 10^{-14}$$

**4 단계. 질량균형식을 쓴다.** $CaC_2O_4$는 $Ca^{2+}$와 세 가지 옥살산염 성분들의 유일한 공급원이므로 다음 식이 성립한다.

$$[Ca^{2+}] = [C_2O_4^{2-}] + [HC_2O_4^-] + [H_2C_2O_4] = \text{용해도} \qquad \textbf{(11-16)}$$

이 문제에서 pH가 4.00이므로 다음이 성립한다.

$$[H_3O^+] = 1.00 \times 10^{-4},\ [OH^-] = K_w/[H_3O^+] = 1.00 \times 10^{-10}$$

**5 단계. 전하균형식을 쓴다.** 완충 용액은 pH를 4.00으로 유지하기 위하여 필요하다. 완충 용액은 약산 HA와 그 짝염기 $A^-$로 만들어진다. 그러나 이와 관련된 세 가지 성분의 성질과 농도가 알려져 있지 않으므로 전하균형식을 표시할 충분한 정보가 없다.

**완충 용액**은 용액의 pH를 일정하게 유지시킨다(9장 참조).

**6 단계. 독립방정식과 미지수의 수를 센다.** 네 개의 독립방정식[식 (11-13), (11-14), (11-15), (11-16)]뿐만 아니라 네 개의 미지수($[Ca^{2+}]$, $[C_2O_4^{2-}]$, $[HC_2O_4^-]$, $[H_2C_2O_4]$)가 있다. 그러므로 정확한 해를 구할 수 있고, 대수 관계가 성립한다.

**7 단계. 근사식을 세운다.** 이 경우 비교적 정확한 해를 구할 수 있으므로 근사식에 대하여 고민할 필요가 없다.

**8 단계. 방정식을 푼다.** $[Ca^{2+}]$, $[C_2O_4^{2-}]$, $[H_3O^+]$ 사이의 관계식을 만드는 것과 같이 식 (11-14)와 식 (11-15)를 식 (11-16)에 대입하여 간단히 풀 수 있다. 따라서 식 (11-15)를 재배열하면

$$[HC_2O_4^-] = \frac{[H_3O^+][C_2O_4^{2-}]}{K_2}$$

이 되고, $[H_3O^+]$와 $K_2$ 값을 대입하면

$$[HC_2O_4^-] = \frac{1.00 \times 10^{-4}[C_2O_4^{2-}]}{5.42 \times 10^{-5}} = 1.85[C_2O_4^{2-}]$$

이 된다. 이 관계식을 식 (11-14)에 대입한 후 재배열하면

$$[H_2C_2O_4] = \frac{[H_3O^+][C_2O_4^{2-}] \times 1.85}{K_1}$$

이 되며, $[H_3O^+]$와 $K_1$ 값을 대입하면

$$[H_2C_2O_4] = \frac{1.85 \times 10^{-4}[C_2O_4^{2-}]}{5.60 \times 10^{-2}} = 3.30 \times 10^{-3}[C_2O_4^{2-}]$$

이 된다. $[HC_2O_4^-]$와 $[H_2C_2O_4]$에 대한 식을 식 (11-16)에 대입하면

$$[Ca^{2+}] = [C_2O_4^{2-}] + 1.85[C_2O_4^{2-}] + 3.30 \times 10^{-3}[C_2O_4^{2-}]$$

$$= 2.85[C_2O_4^{2-}]$$

또는

$$[C_2O_4^{2-}] = [Ca^{2+}]/2.85$$

*(계속)*

이 되며 식 (11-13)에 대입하면

$$\frac{[Ca^{2+}][Ca^{2+}]}{2.85} = 1.7 \times 10^{-9}$$

$$[Ca^{2+}] = \text{용해도} = \sqrt{2.85 \times 1.7 \times 10^{-9}} = 7.0 \times 10^{-5}\ M$$

이 된다.

### » pH가 변할 때의 용해도 계산

pH가 고정되지 않은 용액에서의 옥살산 칼슘과 같은 침전물의 용해도 계산은 바로 앞의 예제의 경우에 비하여 훨씬 더 복잡하다. 따라서 순수한 물에서 $CaC_2O_4$의 용해도를 계산하기 위해서 용해 과정에서 발생하는 $OH^-$와 $H_3O^+$의 농도 변화를 고려해야만 한다. 이 경우 고려해야 할 네 개의 평형식이 필요하다.

$$CaC_2O_4(s) \rightleftharpoons Ca^{2+} + C_2O_4^{\ 2-}$$

$$C_2O_4^{\ 2-} + H_2O \rightleftharpoons HC_2O_4^{\ -} + OH^-$$

$$HC_2O_4^{\ -} + H_2O \rightleftharpoons H_2C_2O_4 + OH^-$$

$$2H_2O \rightleftharpoons H_3O^+ + OH^-$$

예제 11-7과는 다르게 수산화 이온의 농도는 미지의 값이 되기 때문에 옥살산 칼슘의 용해도를 계산하기 위해서는 추가적인 식이 필요하게 된다.

$CaC_2O_4$의 용해도를 계산하기 위하여 여섯 개 식을 세우는 것은 어렵지 않다(특집 11-1을 참조). 그러나 여섯 개의 식을 푸는 것은 번거롭고 시간이 많이 소요된다.

**특집 11-1**

**$CaC_2O_4$의 물에 대한 용해도 계산에 필요한 식**

예제 11-7에 설명된 바와 같이

$$\text{용해도} = [Ca^{2+}] = [C_2O_4^{\ 2-}] + [HC_2O_4^{\ -}] + [H_2C_2O_4]$$

과 같다.

그러나 이 경우에는 한 개의 추가적인 평형(물의 해리)을 고려하여야 한다.

$$K_{sp} = [Ca^{2+}][C_2O_4^{\ 2-}] = 1.7 \times 10^{-9} \qquad \textbf{(11-17)}$$

$$K_2 = \frac{[H_3O^+][C_2O_4^{\ 2-}]}{[HC_2O_4^{\ -}]} = 5.42 \times 10^{-5} \qquad \textbf{(11-18)}$$

$$K_1 = \frac{[H_3O^+][HC_2O_4^{\ 2-}]}{[H_2C_2O_4]} = 5.60 \times 10^{-2} \qquad \textbf{(11-19)}$$

$$K_w = [H_3O][OH^-] = 1.00 \times 10^{-14} \qquad \textbf{(11-20)}$$

질량균형식은

$$[Ca^{2+}] = [C_2O_4^{\ 2-}] + [HC_2O_4^{\ -}] + [H_2C_2O_4] \qquad \textbf{(11-21)}$$

이 되고, 전하균형식은

$$2[Ca^{2+}] + [H_3O^+] = 2[C_2O_4^{2-}] + [HC_2O_4^-] + [OH^-] \quad \textbf{(11-22)}$$

이 된다.

여섯 개의 미지수($[Ca^{2+}]$, $[C_2O_4^{2-}]$, $[HC_2O_4^-]$, $[H_2C_2O_4]$, $[H_3O^+]$, $[OH^-]$)와 식 (11-17)에서 식 (11-22)까지 6개의 독립된 식이 있으므로 정확하게 풀 수 있다.

## ▸ 11B-3 침전 반응 계산에서 해리되지 않은 용질의 영향

지금까지는 용질이 수용액 중에 완전히 용해되는 경우에 대해서만 언급하였다. 그러나 황산칼슘($CaSO_4$)와 할로겐화 은(silver halide)과 같은 일부의 무기물들은 약전해질로서 일부만이 용해된다. 예를 들면 염화 은 포화 용액의 경우 은 이온과 염소 이온 이외에도 많은 양의 용해되지 않은 염화 은이 존재한다. 이 경우를 설명하기 위하여 두 개의 평형식이 필요하다.

$$AgCl(s) \rightleftharpoons AgCl(aq) \quad \textbf{(11-23)}$$

$$AgCl(aq) \rightleftharpoons Ag^+ + Cl^- \quad \textbf{(11-24)}$$

첫 번째 반응에 대한 평형 상수는

$$\frac{[AgCl(aq)]}{[AgCl(s)]} = K$$

이 되고, 여기서 분자는 *용액* 중 용해되지 않고 남아 있는 성분의 농도이고, 분모는 *고체* 상태로 존재하는 염화 은의 농도이다. 두 번째 항은 상수이기 때문에 다음과 같이 표시할 수 있다.

$$[AgCl(aq)] = K[AgCl(s)] = K_s = 3.6 \times 10^{-7} \quad \textbf{(11-25)}$$

여기서 $K$는 식 (11-23)에 표시된 평형에 대한 상수이다. 이 식으로부터 주어진 온도에서 용해되지 않은 염화 은의 농도는 일정하고 염소 이온과 은 이온의 농도와 무관함을 알 수 있다.

해리 반응[식 (11-24)]에 대한 평형 상수 $K_d$는

$$\frac{[Ag^+][Cl^-]}{[AgCl(aq)]} = K_d = 5.0 \times 10^{-4} \quad \textbf{(11-26)}$$

와 같다.

이 두 상수를 곱해주면 용해도곱과 같아진다.

$$[Ag^+][Cl^-] = K_d K_s = K_{sp}$$

예제 11-8에서처럼 반응 11-23과 반응 11-24로부터 염화 은의 물에 대한 용해도가 얻어질 수 있다.

**예제 11-8**

증류수에 대한 염화 은(AgCl)의 용해도를 계산하시오.

**풀이**

$$용해도 = S = [AgCl(aq)] + [Ag^+]$$

$$[Ag^+] = [Cl^-]$$

$$[Ag^+][Cl^-] = K_{sp} = 1.82 \times 10^{-10}$$

$$[Ag^+] = \sqrt{1.82 \times 10^{-10}} = 1.35 \times 10^{-5}$$

이 값과 식 (11-25)의 $K_s$ 값을 대입하면

$$S = 1.35 \times 10^{-5} + 3.6 \times 10^{-7} = 1.38 \times 10^{-5}\ M$$

이 된다.

참고: [AgCl(*aq*)]를 무시하는 경우 2%의 오차가 발생한다.

### ▸ 11B-4 착화제가 존재하는 경우에 침전물의 용해도

침전물의 양이온과 반응하여 착이온을 생성하는 착화제가 존재하는 경우 침전물의 용해도는 항상 증가한다.

침전물의 용해에 의하여 생성되는 양이온이나 음이온과 반응하여 착화합물을 생성할 수 있는 착화제가 존재하는 경우 침전물의 용해도는 크게 증가한다. 예를 들면, 플루오린화 이온은 비록 수산화 알루미늄의 침전물의 용해도곱이 매우 작다($2 \times 10^{-32}$)고 하더라도 정량적인 침전을 방해한다. 다음 반응은 용해도가 증가하는 이유를 설명해 준다.

$$\begin{array}{c} Al(OH)_3(s) \rightleftharpoons Al^{3+} + 3OH^- \\ + \\ 6F^- \\ \upharpoonleft\downharpoonright \\ AlF_6^{3-} \end{array}$$

플루오린화 착화합물은 알루미늄 이온에 대하여 플루오린화 이온이 수산화 이온과 충분히 경쟁할 수 있을 정도로 매우 안정하다.

많은 침전들은 과잉의 침전제와 반응하여 가용성 착화합물을 생성한다. 무게 분석을 할 때 너무 많은 양의 시약이 사용되면 분석하고자 하는 분석물들의 회수를 감소시키는 불필요한 결과를 나타내는 경향이 있을 수 있다. 과량의 염화 포타슘을 첨가하여 은 이온을 침전시켜서 은 이온의 농도를 측정한다. 다음에 표시되는 식들과 같이 과잉의 시약에 의한 영향은 대단히 복잡하다.

$$AgCl(s) \rightleftharpoons AgCl(aq) \tag{11-27}$$

$$AgCl(aq) \rightleftharpoons Ag^+ + Cl^- \tag{11-28}$$

$$AgCl(s) + Cl^- \rightleftharpoons AgCl_2^- \tag{11-29}$$

$$AgCl_2^- + Cl^- \rightleftharpoons AgCl_3^{2-} \tag{11-30}$$

염소 이온을 첨가하면 평형식 (11-27)과 (11-28)은 왼쪽으로 이동하고, 평형식 (11-29)와 (11-30)은 오른쪽으로 이동하게 된다. 이러한 반대 효과의 결과는 AgCl

의 용해도를 첨가된 염소 이온 농도의 함수로 도시되며, 최소값을 나타낸다. 예제 11-9에 이러한 거동에 대하여 설명하기로 한다.

### 예제 11-9

KCl의 농도가 AgCl의 용해도에 미치는 영향에 대하여 설명하시오. 용해도가 최소가 되는 KCl의 농도를 계산하시오.

**풀이**

**1 단계. 적절한 평형식.** 식 (11-27)에서부터 (11-30)까지의 식을 이용한다.

**2 단계. 미지수의 정의.** AgCl의 용해도 $S$는 은을 포함하는 성분들의 합과 같다.

$$\text{용해도} = S = [\mathrm{AgCl}(aq)] + [\mathrm{Ag^+}] + [\mathrm{AgCl_2^-}] + [\mathrm{AgCl_3^{2-}}] \qquad \textbf{(11-31)}$$

**3 단계. 평형상수식.** 문헌으로부터 평형 상수는

$$[\mathrm{Ag^+}][\mathrm{Cl^-}] = K_{sp} = 1.82 \times 10^{-10} \qquad \textbf{(11-32)}$$

$$\frac{[\mathrm{Ag^+}][\mathrm{Cl^-}]}{[\mathrm{AgCl}(aq)]} = K_d = 3.9 \times 10^{-4} \qquad \textbf{(11-33)}$$

$$\frac{[\mathrm{AgCl_2^-}]}{[\mathrm{AgCl}(aq)][\mathrm{Cl^-}]} = K_2 = 2.0 \times 10^{-5} \qquad \textbf{(11-34)}$$

$$\frac{[\mathrm{AgCl_3^{2-}}]}{[\mathrm{AgCl_2^-}][\mathrm{Cl^-}]} = K_3 = 1 \qquad \textbf{(11-35)}$$

**4 단계. 질량균형식.**

$$[\mathrm{Cl^-}] = c_{\mathrm{KCl}} + [\mathrm{Ag^+}] - [\mathrm{AgCl_2^-}] - 2[\mathrm{AgCl_3^{2-}}] \qquad \textbf{(11-36)}$$

이 식의 오른쪽 두 번째 항은 침전물의 해리에서 생성되는 염화 이온의 농도를 나타내고, 그 다음 두 항은 AgCl으로부터 두 종류의 염화 착화물 형성에 따른 염화 이온 농도의 *감소*에 해당한다.

**5 단계. 전하균형식.** 앞에서의 예제와 같이 전하균형식은 질량균형식과 같다. 기본적인 전하균형식은

$$[\mathrm{K^+}] + [\mathrm{Ag^+}] = [\mathrm{Cl^-}] + [\mathrm{AgCl_2^-}] + 2[\mathrm{AgCl_3^{2-}}]$$

이 된다.
이 식에 $c_{\mathrm{KCl}} = [\mathrm{K^+}]$를 대입하면,

$$c_{\mathrm{KCl}} + [\mathrm{Ag^+}] = [\mathrm{Cl^-}] + [\mathrm{AgCl_2^-}] + 2[\mathrm{AgCl_3^{2-}}]$$

$$[\mathrm{Cl^-}] = c_{\mathrm{KCl}} + [\mathrm{Ag^+}] - [\mathrm{AgCl_2^-}] - 2[\mathrm{AgCl_3^{2-}}]$$

이 되고, 마지막 식은 4단계에서의 질량균형식과 동일하다.

**6 단계. 방정식의 수와 미지수의 수.** 식 (11-32)부터 식 (11-36)까지 5개의 식이 있으며, 미지수($[\mathrm{Ag^+}]$, $[\mathrm{AgCl}(aq)]$, $[\mathrm{AgCl_2^-}]$, $[\mathrm{AgCl_3^{2-}}]$, $[\mathrm{Cl^-}]$)가 5개이다.

*(계속)*

**7a 단계. 가정.** 염소 이온의 농도가 비교적 높은 경우 AgCl의 용해도가 대단히 작기 때문에 식 (11-36)은

$$[Ag^+] - [AgCl_2^-] - 2[AgCl_3^{2-}] \ll c_{KCl}$$

과 같은 가정에 의하여 크게 간략화될 수 있다. 이 타당한 가정이 확실하지 않더라도 문제를 크게 간략화시킬 수 있으므로 시도해 볼만 하다. 이 가정에 의하여 식 (11-36)은 다음과 같이 간략화 될 수 있다.

$$[Cl^-] = c_{KCl} \tag{11-37}$$

**8 단계. 방적식의 해.** 식 (11-34)와 식 (11-35)를 곱하면

$$\frac{[AgCl_3^{2-}]}{[Cl^-]^2} = K_2K_3 = 2.0 \times 10^{-5} \times 1 = 2.0 \times 10^{-5} \tag{11-38}$$

이 된다.

[AgCl(*aq*)]를 계산하기 위하여 식 (11-32)를 식 (11-33)으로 나누고 재배열하면

$$[AgCl(aq)] = \frac{K_{sp}}{K_d} = \frac{1.82 \times 10^{-10}}{3.9 \times 10^{-4}} = 4.7 \times 10^{-7} \tag{11-39}$$

이 된다.

이 성분의 농도는 *일정하고 염소 이온의 농도와 관계가 없음*을 명심하시오.

식 (11-39), (11-32), (11-33), (11-38)을 식 (11-31)에 대입하면 염소 이온의 농도와 여러 개의 상수로 표시된 용해도를 얻을 수 있다.

$$S = \frac{K_{sp}}{K_d} + \frac{K_{sp}}{[Cl^-]} + K_2[Cl^-] + K_2K_3[Cl^-]^2 \tag{11-40}$$

식 (11-37)을 식 (11-40)에 대입하면 용해도와 KCl의 농도 사이의 관계식을 얻을 수 있다.

$$S = \frac{K_{sp}}{K_d} + \frac{K_{sp}}{c_{KCl}} + K_2c_{KCl} + K_2K_3c_{KCl}^2 \tag{11-41}$$

$S$의 최소값은 $c_{KCl}$에 대한 $S$의 도함수 값을 0으로 두면 얻어진다.

$$\frac{dS}{dc_{KCl}} = 0 = \frac{K_{sp}}{c_{KCl}^2} + K_2 + 2K_2K_3c_{KCl}$$

$$2K_2K_3c_{KCl}^3 + c_{KCl}^2K_2 - K_{sp} = 0$$

상수 값을 대입하면

$$(4.0 \times 10^{-5})c_{KCl}^3 + (2.0 \times 10^{-5})c_{KCl}^2 - 1.82 \times 10^{-10} = 0$$

이 식은 특집 9-4에 설명된 바와 같이 근사법에 의하여 풀 수 있다.

$$c_{KCl} = 0.0030 = [Cl^-]$$

앞에서의 가정을 확인하고 여러 가지 성분의 농도를 계산한다. 식 (11-32), (11-34), (11-36)에 대입하면

$$[Ag^+] = (1.82 \times 10^{-10})/0.0030 = 6.1 \times 10^{-8}\ M$$

$$[AgCl_2^-] = 2.0 \times 10^{-5} \times 0.0030 = 6.0 \times 10^{-8}\ M$$

$$[AgCl_3^{2-}] = 2.0 \times 10^{-5} \times (0.0030)^2 = 1.8 \times 10^{-10}\ M$$

따라서 $c_{KCl}$ 값은 은을 포함하고 있는 성분의 농도보다 대단히 크다는 가정은 타당하다. 최소 용해도 값은 이 농도 값들과 [AgCl(*aq*)] 값을 식 (11-31)에 대입하여 구할 수 있다.

$$S = 4.7 \times 10^{-7} + 6.1 \times 10^{-8} + 6.0 \times 10^{-8} + 1.8 \times 10^{-10}$$
$$= 5.9 \times 10^{-7}\ M$$

그림 11-2의 실선은 염소 이온 농도가 AgCl의 용해도에 미치는 영향을 나타내고, 곡선의 데이터는 다양한 염소 이온 농도를 식 (11-41)에 대입하여 구해졌다. 공통 이온의 농도가 높은 경우 순수한 물에 대한 용해도보다 높아진다는 사실을 명심해야 한다. 점선은 은을 포함하는 성분의 평형 상태에서의 농도를 $c_{KCl}$의 함수로 나타낸 것이다. 용해도가 최소값일 때 은은 대부분 용해되지 않은 염화 은, AgCl(*aq*)의 형태로 존재하며, 용해된 은은 80% 정도를 차지한다. 앞에서 언급한 바와 같이 이 농도는 변하지 않는다.

불행하게도 해리되지 않은 AgCl(*aq*)와 착화합물 $AgCl_2^-$ 등 약간의 신뢰할 수 없는 데이터를 포함하고 있다. 이와 같은 데이터 부족 때문에 용해도 계산은 가끔 필요에 의하여 용해도곱만을 이용한다. 예제 11-9에 다른 평형 등을 무시하였을 때

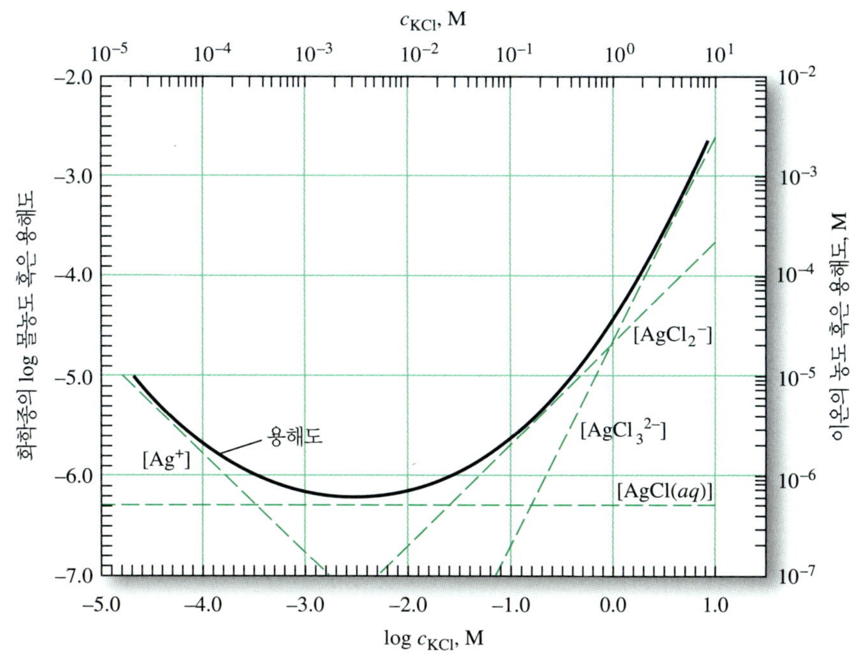


**그림 11-2** 염소 이온 농도가 AgCl 용해도에 미치는 영향. 실선은 용해된 AgCl의 총 농도이다. 점선은 은을 포함하고 있는 여러 화학종의 농도를 나타낸다.

엄청난 오차를 발생할 수 있음에 대하여 설명한다. 또한 다양한 이온들의 농도가 높아 이온 세기가 큰 용액에 대해서는 10장에서 설명한 바와 같이 활동도 보정이 필요할 것이다.

**스프레드시트 요약** *Applications of Microsoft® Excel in Analytical Chemistry* 2판 6장의 첫번째 연습 문제에서 예제 11-5의 $Mg(OH)_2$ 시스템에 대한 $Mg^{2+}$, $OH^-$, $H_3O^+$ 농도를 구하기 위한 Excel Solver의 활용에 대하여 공부하였다. 해찾기(Solver)에 의하여 질량균형식, $Mg(OH)_2$의 용해도곱, 물의 이온곱으로부터 농도를 구하였다. 그리고 같은 시스템에 대한 3차 방정식을 풀기 위하여 Excel에 내장되어 있는 Goal Seek가 이용되었다. 6장의 마지막 연습 문제에서 pH 7일 때의 옥살산칼슘의 용해도(예제 11-7)와 pH가 알려져 있지 않은 경우의 용해도(특집 11-1)의 계산에 Solver를 이용하였다.

## 11C 착화제 농도 조절에 의한 이온의 분리

용해도 차를 이용하여 여러 가지 침전제에 의한 이온의 분리가 가능하다. 이러한 분리를 위하여 활성 시약의 농도를 미리 정한 수준으로 적절하게 조절하여야 한다. 이러한 조절 방법은 적당한 완충 용액을 이용하여 용액의 pH를 조절하는 방법이 가장 많이 쓰인다. 이 방법은 약산의 짝염기인 음이온을 분리하는데 적용이 될 수 있다. 예를 들면 황화 수소의 짝염기인 황 이온, 물의 짝염기인 하이드록사이드 이온 그리고 여러 가지 약한 유기산 등이 있다.

### ▸ 11C-1 분리 가능성에 대한 계산

다음의 예제는 용해도 차이를 이용하여 분리의 가능성을 알아내는 데 용해도 계산을 어떻게 이용을 하는지에 대하여 설명하고 있다.

**예제 11-10**

$Fe^{3+}$와 $Mg^{2+}$의 농도가 각각 0.10 M인 용액에서 하이드록사이드 이온을 이용하여 정량적으로 분리가 가능할까? 가능하다면 분리할 수 있는 하이드록사이드 이온의 농도 범위를 계산하시오.

**풀이**

두 화합물에 대한 용해도곱은 다음과 같다.

$$K_{sp} = [Fe^{3+}][OH^-]^3 = 2 \times 10^{-39}$$
$$K_{sp} = [Mg^{2+}][OH^-]^2 = 7.1 \times 10^{-12}$$

$Fe(OH)_3$에 대한 $K_{sp}$가 $Mg(OH)_2$에 대한 $K_{sp}$보다 대단히 작기 때문에 $OH^-$ 농도가 낮은 영역에서 $Fe(OH)_3$ 침전이 먼저 생성된다. 이 문제에서 제기된 질문에 대한 답은 (1) $Fe^{3+}$의 정량적 침전을 유도하는데 필요한 $OH^-$의 농도를 계산, (2) $Mg(OH)_2$ 침전이 생성하기 시작하는 $OH^-$ 농도의 계산에 의하여 얻을 수 있다. 만일 (1)의 값이 (2)의 값보다 작은 경우 이론적으로 분리가 가능하며 두 값에 의하여 $OH^-$의 농도 범위가 결정될 수 있다.

(계속)

(1) 값을 계산하기 위하여, 우선적으로 용액으로부터 $Fe^{3+}$을 정량적(선택적)으로 제거한다는 것이 무엇인가를 정해야 한다. 여기에서의 결정은 임의적이며, 분리의 목적에 따라 달라진다. 이 예제와 다음의 예제 문제에서 $Fe^{3+}$가 1/1000이 남는 농도 즉, $[Fe^{3+}] < 1 \times 10^{-4}$ M까지 제거될 때 정량적으로 침전이 이루어졌다고 가정한다.

$[Fe^{3+}] = 1 \times 10^{-1}$ M일 때 $OH^-$의 농도는 용해도 식에 대입하여 구할 수 있다.

$$K_{sp} = (1.0 \times 10^{-4})[OH^-]^3 = 2 \times 10^{-39}$$

$$[OH^-] = [(2 \times 10^{-39})/(1.0 \times 10^{-4})]^{1/3} = 3 \times 10^{-12}\ M$$

그러므로 $OH^-$의 농도를 $3 \times 10^{-12}$ M 이하로 만들면 $Fe^{3+}$의 농도는 $1 \times 10^{-4}$ M 이하가 된다. pH ≈ 2.5 정도의 산성 용액에서 $Fe(OH)_3$의 정량적 침전이 가능하다.

$Mg(OH)_2$가 생성되지 않으면서 용액에서 존재할 수 있는 $OH^-$의 최대 농도가 얼마인지를 계산하려고 할 경우에는 이온곱 $[Mg^{2+}][OH^-]^2$이 용해도곱 $7.1 \times 10^{-2}$을 초과할 때만이 비로서 침전이 생긴다는 것을 명심해야 한다. 용액 중 $Mg^{2+}$농도 0.1 M을 용해도 식에 대입하면 $OH^-$ 농도 최대 값을 계산할 수 있다.

$$K_{sp} = 0.10 \times [OH^-]^2 = 7.1 \times 10^{-12}$$

$$[OH^-] = 8.4 \times 10^{-6}\ M$$

$OH^-$ 농도가 이 값을 초과하면 용액은 $Mg(OH)_2$에 대한 과포화 상태가 되어 $Mg(OH)_2$ 침전의 생성이 시작된다.

이러한 계산들로부터 $Fe(OH)_3$의 정량적 분리는 $OH^-$ 농도가 $3 \times 10^{-12}$ M보다 크다면 이루어질 수 있고, $OH^-$ 농도가 $8.4 \times 10^{-6}$ M에 도달할 때까지는 $Mg(OH)_2$의 침전이 생성되지 않는다는 결론을 내릴 수 있다. 원리적으로는 $OH^-$ 농도를 이런 범위 사이로 유지시킴으로써 $Mg^{2+}$에서 $Fe^{3+}$의 분리가 가능하다. 실제적으로 $OH^-$ 농도를 종종 $10^{-10}$ M 정도로 낮게 유지한다.

## ▸ 11C-2 황화물의 분리

황화물은 $10^{-10}$~$10^{-90}$ 또는 그 이하의 용해도곱 상수를 갖는 중금속 양이온과 반응하여 침전을 형성한다. 또한 용액 중에서 $S^{2-}$의 농도는 황화 수소 포화 용액의 pH를 조절함으로써 0.1 M에서 $10^{-22}$ M의 범위까지 변화시킬 수 있다. 이 두 가지 성질에 의하여 많은 종류의 양이온의 분리가 가능하게 해준다. pH 조절에 의한 양이온을 분리하기 위하여 황화 수소를 사용하는 방법에 대하여 설명하기 위하여 용액 속에 황화 수소를 계속 불어넣어 줌으로써 포화 상태가 유지되는 2가 양이온 $M^{2+}$와 침전이 생성되는 반응을 생각해 보자. 이 용액에서의 중요한 평형들은 다음과 같다.

$$MS(s) \rightleftharpoons M^{2+} + S^{2-} \qquad K_{sp} = [M^{2+}][S^{2-}]$$

$$H_2S + H_2O \rightleftharpoons H_3O^+ + HS^- \qquad K_1 = \frac{[H_3O^+][HS^-]}{[H_2S]} = 9.6 \times 10^{-8}$$

$$HS^- + H_2O \rightleftharpoons H_3O^+ + S^{2-} \qquad K_2 = \frac{[H_3O^+][S^{2-}]}{[HS^-]} = 1.3 \times 10^{-14}$$

또한 용해도는 다음과 같이 쓸 수 있다.

$$\text{용해도} = [M^{2+}]$$

황화 수소 기체가 포화된 포화 용액의 황화 수소 농도는 약 0.1 M이다. 질량균형식은 다음과 같이 쓸 수 있다.

$$[S^{2-}] + [HS^-] + [H_2S] = 0.1$$

하이드로늄 이온의 농도는 알고 있기 때문에 미지수는 3개, 즉, 금속 이온의 농도와 3개의 황화물 농도이다.

$([S^{2-}] + [HS^-]) \ll [H_2S]$라고 가정하면 계산은 아주 간단해진다.

$$[H_2S] \approx 0.10\ \text{M}$$

황화 수소에 대한 2개의 해리 상수식을 곱하여 황화 수소로부터 황화 이온이 되는 총괄 해리식을 얻을 수 있다.

$$H_2S + 2H_2O \rightleftharpoons 2H_3O^+ + S^{2-} \qquad K_1K_2 = \frac{[H_3O^+]^2[S^{2-}]}{[H_2S]} = 1.2 \times 10^{-21}$$

이 총괄 반응에 대한 상수는 단순한 $K_1$과 $K_2$의 곱이다.

이 식에 $[H_2S]$ 값을 대입하면 다음과 같다.

$$\frac{[H_3O^+]^2[S^{2-}]}{0.10} = 1.2 \times 10^{-21}$$

이 식을 재배열하면 다음 식이 얻어진다.

$$[S^{2-}] = \frac{1.2 \times 10^{-22}}{[H_3O^+]^2} \qquad \textbf{(11-42)}$$

그러므로 황화 수소로 포화된 용액의 황화 이온의 농도는 하이드로늄 이온의 농도의 제곱에 반비례함을 알 수 있다. 식 (11-42)로부터 얻어진 **그림 11-3**에 의하면 용액의 pH가 1에서 11로 증가함에 따라 수용액의 황화 이온의 농도가 $10^{20}$배 정도

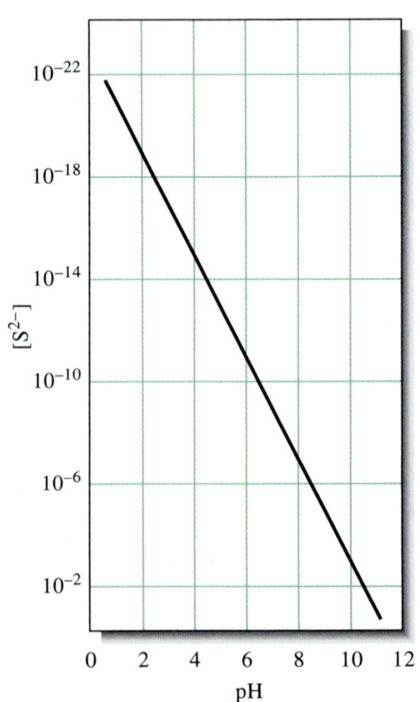


**그림 11-3** 포화된 $H_2S$ 용액에서 pH의 변화에 따른 황화 이온의 농도.

변하게 됨을 보여 준다.

식 (11-42)를 용해도곱 식에 대입하면 다음과 같다.

$$K_{sp} = \frac{[M^{2+}] \times 1.2 \times 10^{-22}}{[H_3O^+]^2}$$

$$[M^{2+}] = 용해도 = \frac{[H_3O^+]^2 K_{sp}}{1.2 \times 10^{-22}}$$

그러므로 2가 금속 황화물의 용해도는 하이드로늄 이온의 농도의 제곱에 비례한다.

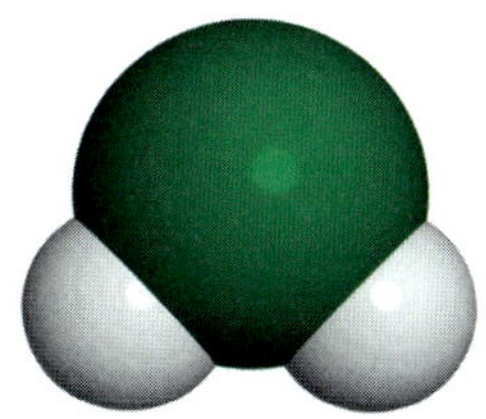

황화 수소는 중요한 화학적 특성과 독성을 가진 무색, 인화성 기체이다. 황화 수소는 황을 함유하는 물질의 부식과 같은 자연적 현상에 의하여 만들어진다. 계란 썩은 냄새가 나는 유독성 악취는 대단히 낮은 농도(0.02 ppm)에서도 감지가 가능하다. 그러나 황화 수소의 작용에 의하여 후각이 무뎌지기 때문에 높은 농도에서도 견딜 수 있겠지만 치사 농도는 100 ppm 이상이다. 황화 수소 기체의 수용액은 금속 침전에 필요한 황 공급 물질로 널리 이용되어 왔으나 $H_2S$의 독성 때문에 싸이오아세트아미드와 같이 황을 포함하는 다른 물질로 대체하여 사용하고 있다.

**예제 11-11**

황화카드뮴은 황화탈륨(I)보다 용해도가 낮다. $Cd^{2+}$와 $Tl^+$의 농도가 각각 0.1 M인 용액에서 $H_2S$를 이용하여 두 이온을 정량적으로 분리할 수 있는 이론적인 조건을 구하시오.

**풀이**

두 용해 평형에 대한 상수는 다음과 같다.

$$CdS(s) \rightleftharpoons Cd^{2+} + S^{2-} \qquad K_{sp} = [Cd^{2+}][S^{2-}] = 1 \times 10^{-27}$$

$$Tl_2S(s) \rightleftharpoons 2Tl^+ + S^{2-} \qquad K_{sp} = [Tl^{2+}]^2[S^{2-}] = 6 \times 10^{-22}$$

CdS 침전이 $Tl_2S$보다 낮은 $[S^{2-}]$에서 생성되기 때문에 용액으로부터 $Cd^{2+}$를 정량적으로 제거하는 데 필요한 황화 이온의 농도를 먼저 계산한다. 예제 11-10에서 $Cd^{2+}$ 전부 또는 1/1000이 잔존하는 농도 즉, $1.00 \times 10^{-4}$ M 이하일 때 정량적으로 분리된 것으로 임의로 정하였다. 이 값을 용해도곱 식에 대입하면

$$K_{sp} = 10^{-4}[S^{2-}] = 1 \times 10^{-27}$$

$$[S^{2-}] = 1 \times 10^{-23}\ M$$

이 된다.

만일 황화 이온의 농도를 이 값 또는 그 이상으로 유지하면 카드뮴의 정량적 제거가 일어난다고 가정할 수 있다. 다음으로 0.1 M $Tl^+$ 용액에서 $Tl_2S$ 침전이 생성하기 시작하는데 필요한 황화 이온의 농도 $[S^{2-}]$를 계산한다. 용해도곱이 용해도곱 상수보다 커지면 침전의 생성이 시작된다. $Tl^+$의 농도가 0.1 M이므로

$$(0.1)^2[S^{2-}] = 6 \times 10^{-22}$$

$$[S^{2-}] = 6 \times 10^{-20}\ M$$

이 된다.

이 두 가지 계산에 의하면 $[S^{2-}]$이 $1 \times 10^{-23}$ M 이상이 되면 $Cd^{2+}$의 정량적 침전이 일어남을 알 수 있다. 그러나 $[S^{2-}]$이 $6 \times 10^{-20}$ M 이상이 될 때까지는 $Tl^+$의 침전이 생성되지 않는다.

$[S^{2-}]$에 대한 두 값을 식 (11-42)에 대입하면 분리에 필요한 $[H_3O^+]$를 계산할 수 있다.

$$[H_3O^+]^2 = \frac{1.2 \times 10^{-22}}{1 \times 10^{-23}} = 12$$

$$[H_3O^+] = 3.5\ M$$

*(계속)*

그리고

$$[H_3O^+]^2 = \frac{1.2 \times 10^{-22}}{6 \times 10^{-20}} = 2.0 \times 10^{-3}$$

$$[H_3O^+] = 0.045 \text{ M}$$

그러므로 $[H_3O^+]$를 0.045 M에서 3.5 M 사이로 조절하면 $Cd_2^+$을 $Tl^+$로부터 정량적으로 분리할 수 있다. 이와 같은 산성 용액에서는 이온 세기가 크기 때문에 활동도에 대한 영향에 대하여 보정하여야 한다.

**특집 11-2**

**면역학적 검정: 약물의 정량에 있어서 평형**

사람의 체내에 존재하는 약물의 정량은 약물 치료와 약물 남용의 검출 및 예방에 있어서 대단히 중요하다. 약물의 종류가 다양하고 체액 내에서 농도가 낮기 때문에 약물의 확인과 정량이 어렵다. 다행스럽게도 면역 반응과 같은 자연의 고유 메커니즘을 이용하여 치료를 위한 약품이나 불법 약물을 정량하는 것이 가능하다.

**그림 11F-1a**와 같이 이물질이나 항원(Ag)이 동물의 체내에 들어오면 면역체계는 **그림 11F-1b**와 같은 항체(Ab)라고 하는 단백질을 기초로 한 분자를 합성한다. 항체는 정전기적 인력, 수소 결합, 그리고 다른 종류의 비공유 근거리 힘에 의하여 항원과 결합하게 된다. 이러한 거대 분자(몰질량 150,000)들은 다음 반응식과 **그림 11F-1c**에 도시된 바와 같이 항원과 복합체를 형성한다.

$$\text{Ag} + \text{Ab} \rightleftharpoons \text{AgAb} \quad K = \frac{[\text{AgAb}]}{[\text{Ag}][\text{Ab}]}$$

면역체계는 비교적 작은 분자를 인식하지 못하기 때문에 특정 약물에 대하여 선택성을 갖는 결합자리를 갖는 항체를 만드는 방법을 이용하여야 한다. **그림 11F-1d**에 나타낸 바와 같이 소의 혈액으로부터 얻어진 단백질인 bovine serum albumin (BSA)와 같은 항원 수송 분자에 약물을 공유 결합시킨다.

$$\text{D} + \text{Ag} \rightarrow \text{D} - \text{Ag}$$

약물-항원 복합체(D-Ag)가 토끼의 혈액에 주입되면 토끼의 면역체계는 **그림 11F-1e**에 도시된 바와 같은 약물에 대하여 선택성을 갖는 결합자리에 결합되어 항체가 합성이 된다. 항원을 주입한 후 약 3주가 경과한 후 혈액을 뽑아내어 혈청을 혈액으로부터 분리시킨 다음, 대상이 되는 항체는 혈청과 다른 항체로부터 크로마토그래피법으로 분리시킨다(32장, 33장 참조). 토끼의 면역체계에 의하여 한번 합성된 약물-특이적 항체는 약물이 수송 분자의 도움 없이 **그림 11F-1f**와 같이 항체에 직접 결합이 될 수 있도록 만든다는 사실을 아는 것이 대단히 중요하다. 이와 같은 약물-항체의 직접 생성은 약물 검출의 기본이 된다.

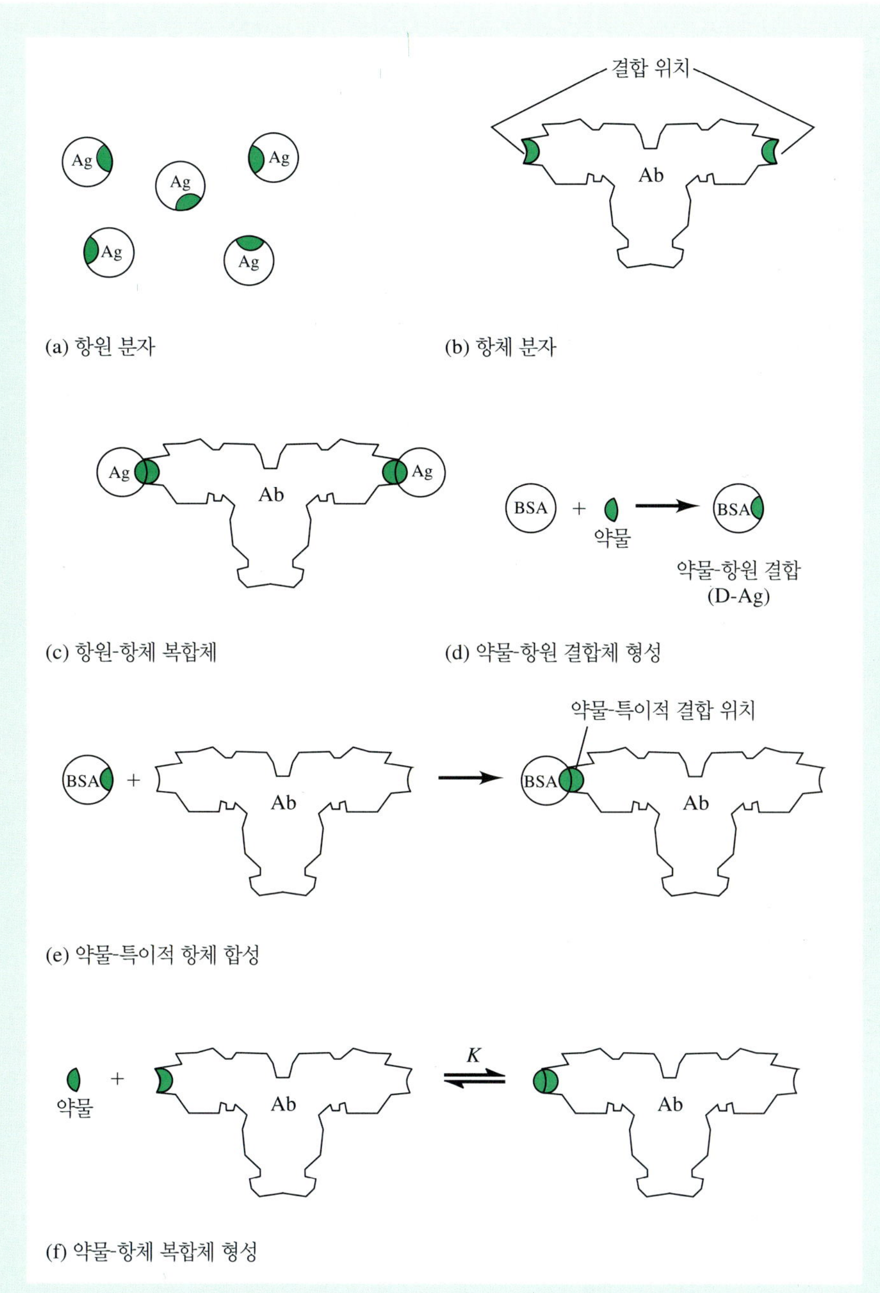


**그림 11F-1** 항체-항원 상호작용.

면역학적 측정 단계는 약물을 포함하는 시료와 측정된 양의 약물-특이적 항체와의 혼합에 의하여 진행된다. 여기서 Ab-D의 양은 인식이 가능한 표식 물질을 포함하는 화학적으로 변형된 표준 약물 용액의 첨가에 의하여 측정되어야 한다. 대표적인 표식 물질은 효소, 형광 또는 화학발광 분자 또는 방사성 원자 등이다. 예를 들면 형광 분자를 약물에 결합시키면 표식 약물 D*를 생성시킨다고 가정한다.[1] 만일

(계속)

[1]For a discussion of molecular f luorescence, see Chapter 27.

항체의 양이 D와 D*의 합보다 약간 작은 경우 D와 D*는 다음의 평형식과 같이 항체와 경쟁 반응을 하게 된다.

$$D^* + Ab \rightleftharpoons Ab - D^* \qquad K^* = \frac{[Ab - D^*]}{[D^*][Ab]}$$

$$D + Ab \rightleftharpoons Ab - D \qquad K = \frac{[Ab - D]}{[D][Ab]}$$

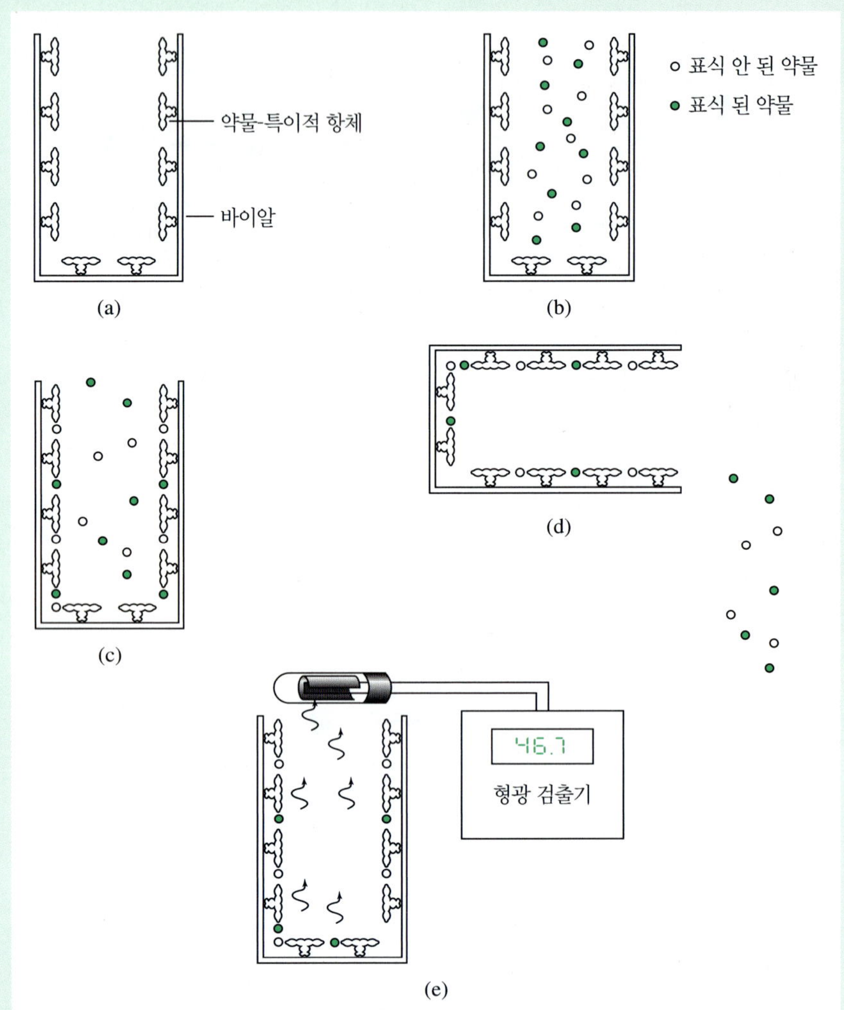


**그림 11F-2** 형광 표식을 이용한 면역학적 검증에 의한 약물 측정 방법. (a) 바이알에 약물-특이적 항체가 배열된다. (b) 바이알이 표식 용액과 표식 물질이 아닌 용액으로 채워진다. (c) 표식 물질과 표식이 되지 않은 약물이 항체와 결합된다. (d) 항체와 결합되지 않은 용액을 버린다. (e) 결합되어 있는 표식 약물의 형광 강도를 측정한다. 그림 11F-3의 용량 반응 곡선을 이용하여 약물 농도를 계산한다.

표식 약물과 표식이 없는 약물은 항체와 잘 결합하기 때문에 항체에 대한 약물의 친화도에 큰 영향을 주지 않는 표식 물질을 선택하는 것은 대단히 중요하다. 만일 결합 친화도가 같다면 $K = K^*$가 된다. 이러한 형태의 평형 상수를 **결합 상수**(binding constant)라 하고 대표적인 값은 $10^7 \sim 10^{12}$ 범위에 있다. 미지 물질과 표식이 되지 않은 약물의 농도가 큰 경우에는 Ab-D*의 농도는 반대로 작아진다. D와 Ab-D* 사이의 역수관계는 약물의 정량 분석의 근거가 된다. D* 또는 Ab-D* 농도를 측정하면 D의 양을 계산할 수 있다.

결합된 약물과 결합되지 않은 표식 약물을 구분하기 위해서는 측정하기 전에 분리를 시켜야 한다. 그러므로 Ab-D* 양은 Ab-D*에 의하여 발광되는 발광의 강도를 측정할 수 있는 형광 검지기를 이용하여 구할 수 있다. 형광 약물과 발광 검지에 의하여 측정하는 방법을 **형광 면역학적 검증 방법**(fluorescence immunoassay)이라고 한다. 이러한 측정 방법은 대단히 감도가 좋고 선택성을 갖고 있다.

D*와 Ag-D*를 간단하게 분리시키는 방법은 **그림 11F-2a**와 같이 항체 분자를 내부 표면에 코팅한 폴리스타이렌 바이알을 준비하는 것이다. 미지의 D 농도를 포함하는 혈청, 소변 또는 기타 체액을 일정량의 표식 약물 D*와 함께 **그림 11F-2b**에 표시된 바이알에 첨가한다. 바이알 내에서 평형에 도달하면(**그림 11F-2c**) 남아 있는 D와 D*를 따른 다음 바이알을 씻어준다. 상당한 양의 D*가 시료 중의 D 농도에 반비례하는 항체에 결합되어 남게 된다(**그림 11F-2d**). 마지막으로 **그림 11F-2e**에 나타낸 것처럼 형광광도계를 이용하여 결합되어 있는 D*의 형광 강도를 측정하여 정량한다.

여러 D 표준 용액을 이용하여 이 과정을 반복하여 **그림 11F-3**과 유사한 형태의 **용량 반응 곡선**(dose-response curve)이라고 불리는 비선형 그래프를 그린다. 미지 농도의 D에 대한 형광 세기를 검정 곡선에 표시하고 농도 축에 수직선을 그어서 만나는 점의 농도를 읽어준다.

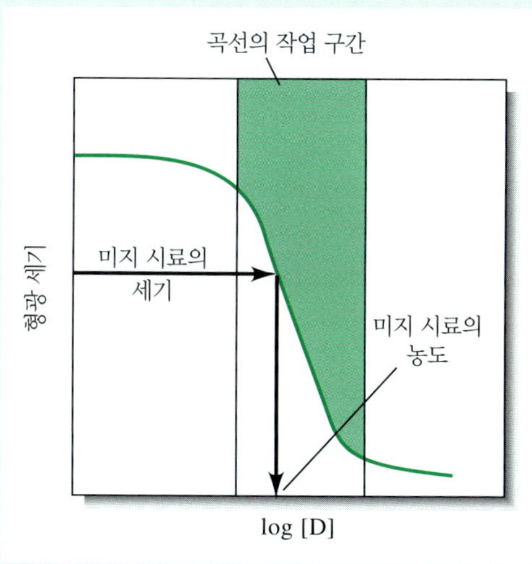


**그림 11F-3** 형광법을 이용한 면역학적 검정을 위한 용량 반응 곡선.

*(계속)*

면역학적 검정은 임상실험실에서 유용한 도구이며, 모든 분석 기술에 가장 널리 이용이 되고 있는 기술이다. 면역학적 검정을 위하여 형광 면역학적 검정과 다른 종류의 면역학적 검정을 수행하기 위한 자동 분석 장치와 함께 다양한 종류의 반응 키트가 상업적으로 이용이 되고 있다. 또한 약물 농도 이외에도 비타민, 단백질, 성장 호르몬, 알레르기를 유발하는 항원, 임신 호르몬, 암과 다른 질병 진단 지시약과 자연수와 천연식품에 잔존하는 농약 등의 농도도 면역학적 검정에 의하여 측정이 가능하다. 항원-항체 복합체의 구조를 **그림 11F-4**에 나타내었다.

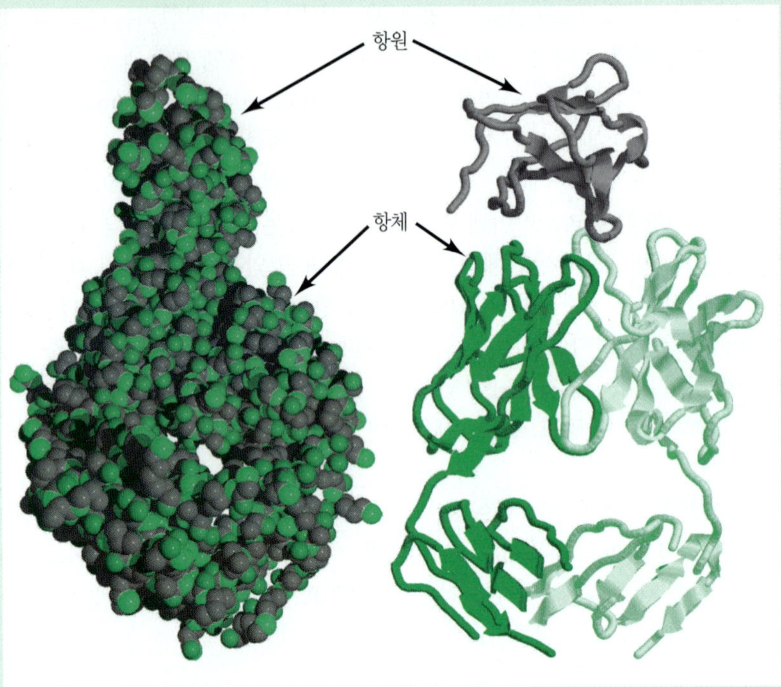


**그림 11F-4** 항원-항체 복합체의 구조. 그림에서 손상되지 않은 쥐의 항체 A6의 소화 단편과 유전자 조작된 인간의 인터페론-감마 수용체 알파 사슬 사이에 생성된 복합체를 나타내고 있다. (a) 복합체의 분자 구조의 공간-채움 모델, (b) 복합체 내부의 단백질 사슬을 보여주는 리본형 다이아그램. (From the Protein Data Bank, Rutgers University, Structure 1JRH, S. Sogabe, F. Stuart, C. Henke, A. Bridges, G. Williams, A. Birch, F. K. Winkler, and J. A. Robinson, 1997, http://www.rcsb.org)

질병통제예방센터(CDC)에서는 AIDS, HIV와 관련된 정보를 제공하기 위한 웹사이트를 운영하고 있다. 웹에 이 사이트를 올려놓고 FDA의 승인을 받은 급속 HIV 스크리닝 테스트 방법에 대한 정보를 얻을 수 있는 검색시설과 검색 엔진을 찾는데 이용하고 있다. 시험의 근거는 무엇인가? 검출을 위해 시험 방법에 이용되는 물리적/화학적 성질은 무엇인가? 이들 방법에 내포되어 있는 화학의 원리는 무엇인가?

## 연습 문제

**11-1.** 황화 수소로 포화된 용액의 하이드로늄 이온 농도와 황화 이온의 농도 사이의 관계를 설명하시오.

***11-2.** 단순화하는 가정들이 덧셈이나 뺄셈인 관계식으로 제한되는 이유는 무엇인가?

**11-3.** 질량균형식 항은 부적절할 수 있다고 하였다. 특정 화학 반응 시스템을 이용하여 물질 수지에 대하여 논의하고 물질 수지와 농도수지는 같음을 증명하시오.

***11-4.** 어떤 성분의 몰농도는 전하 균형식에서 몇몇 화학종들의 몰농도의 배수로 나타나는 이유는 무엇인가?

**11-5.** 다음과 같은 용액에 대한 질량균형식을 쓰시오.

*(a) 0.2 M HF
(b) 0.35 M $NH_3$
*(c) 0.10 M $H_3PO_4$
(d) 0.20 M $Na_2HPO_4$
*(e) 0.0500 M $HClO_2$과 0.100 M $NaClO_2$
(f) $CaF_2$로 포화된 0.12 M NaF
*(g) $Zn(OH)_2$로 포화된 0.01 M NaOH
$Zn(OH)_2 + 2OH^- \rightleftharpoons Zn(OH)_4^{2-}$
(h) $Ag_2C_2O_4$로 포화된 용액
*(i) $PbCl_2$로 포화된 용액

**11-6.** 연습 문제 11-5 용액들에 대한 전하균형식을 쓰시오.

**11-7.** $[H_3O^+]$의 농도가 다음과 같은 용액에서 $SrC_2O_4$의 몰 용해도를 계산하시오.

*(a) $1.0 \times 10^{-6}$ M
(b) $1.0 \times 10^{-7}$ M
*(c) $1.0 \times 10^{-9}$ M
(d) $1.0 \times 10^{-11}$ M

**11-8.** $[H_3O^+]$의 농도가 다음과 같은 용액에서 $BaSO_4$의 몰 용해도를 계산하시오.

*(a) 3.5 M
(b) 0.5 M
*(c) 0.080 M
(d) 0.100M

***11-9.** $[H_3O^+]$의 농도가 다음과 같은 용액에서 PbS의 몰 용해도를 계산하시오.

(a) $3.0 \times 10^{-1}$ M
(b) $3.0 \times 10^{-4}$ M

**11-10.** $[H_3O^+]$의 농도가 다음과 같은 용액에서 CuS의 몰 용해도를 계산하시오.

(a) $2.0 \times 10^{-1}$ M
(b) $2.0 \times 10^{-4}$ M

**11-11.** $[H_3O^+]$의 농도가 다음과 같은 용액에서 MnS (분홍색)의 몰 용해도를 계산하시오.

(a) $3.0 \times 10^{-5}$ M
(b) $3.0 \times 10^{-7}$ M

***11-12.** pH 7.00으로 완충된 용액에 대한 $ZnCO_3$의 몰 용해도를 계산하시오.

**11-13.** pH 7.50으로 완충된 용액에 대한 $Ag_2CO_3$의 몰 용해도를 계산하시오.

***11-14.** 0.050 M $Cu^{2+}$ 용액과 0.040 M $Mn^{2+}$ 용액에 묽은 NaOH 용액을 넣었을 때,

(a) 어떤 수산화물 침전물이 먼저 생성되는가?
(b) 먼저 생성되는 수산화물 침전이 생기기 시작하는 데 필요한 $OH^-$의 농도는?
(c) 용해가 더 잘되는 수산화물 침전이 생성되기 시작할 때 용해가 잘 되지 않는 수산화물 침전이 생성되는 양이온의 농도는 얼마인가?

**11-15.** 0.040 M $Na_2SO_4$의 농도가 0.040 M, $NaIO_3$ 농도가 0.050 M인 용액에 $Ba^{2+}$를 포함하는 용액을 첨가한다. 원래 용액에는 $HSO_4^-$가 존재하지 않는다고 가정한다.

(a) 어떤 바륨염이 먼저 침전되겠는가?
(b) 첫 번째 침전물이 생성될 때 $Ba^{2+}$의 농도는?
(c) 용해가 더 잘 되는 침전이 생성이 시작될 때, 용해가 잘 되지 않는 바륨염을 생성하는 음이온의 농도는 얼마인가?

***11-16.** 은 이온은 0.060 M KI 농도가 0.040 M, NaSCN 농도가 0.080 M인 용액에서 $SCN^-$로부터 $I^-$를 분리하는 시약으로 사용된다.

(a) $I^-$ 농도를 $1.0 \times 10^{-6}$ M 이하로 낮추는데 필요한 $Ag^+$의 농도는?
(b) AgSCN이 침전되기 시작할 때 용액의 $Ag^+$의 농도는?
(c) AgSCN이 침전되기 시작할 때 $SCN^-$과 $I^-$의 농도비는?
(d) $Ag^+$의 농도가 $1.0 \times 10^{-3}$ M일 때 $SCN^-$과 $I^-$의 농도비는?

**11-17.** 정량적인 제거를 위한 기준을 $1.0 \times 10^{-6}$ M로 할 때 아래의 사항들이 실행 가능한지를 결정하시오.

(a) 초기 농도가 0.040 M $Sr^{2+}$와 0.20 M $Ba^{2+}$ 용액에서 $Ba^{2+}$와 $Sr^{2+}$를 분리하기 위하여 $SO_4^{2-}$를 사용한다.
(b) 각 양이온의 초기 농도가 0.030 M인 $Ba^{2+}$와 $Ag^+$ 용액에서 $Ba^{2+}$와 $Ag^+$를 분리하기 위하여 $SO_4^{2-}$를 사용한다(단, $Ag_2SO_4$의 $K_{sp} = 1.6 \times 10^{-5}$).
(c) 초기 농도가 0.030 M $Be^{2+}$와 0.020M $Hf^{4+}$용액에서 $Be^{2+}$와 $Hf^{4+}$를 분리하기 위하여 $OH^-$를 사용한다(단, $Be(OH)_2$의 $K_{sp} = 7.0 \times 10^{-22}$, $Hf(OH)_4$의 $K_{sp} = 4.0 \times 10^{-26}$).

(d) 초기 농도가 0.30 M인 $In^{3+}$와 0.10 M인 $Tl^+$용액에서 $In^{3+}$와 $Tl^+$를 분리하기 위하여 $IO_3^-$를 사용한다(단, $In(IO_3)_3$의 $K_{sp} = 3.3 \times 10^{-11}$, $TlIO_3$의 $K_{sp} = 3.1 \times 10^{-6}$).

***11-18.** 0.200 M NaCN 용액 200 mL에 용해될 수 있는 AgBr의 질량은?

$$Ag^+ + 2CN^- \ll Ag(CN)_2^- \qquad \beta_2 = 1.3 \times 10^{21}$$

**11-19.** $CuCl_2^-$의 생성에 대한 평형 상수는 다음과 같다.

$$Cu^+ + 2Cl^- \ll CuCl_2^-$$

$$\beta_2 = \frac{[CuCl_2^-]}{[Cu^+][Cl^-]^2} = 7.9 \times 10^4$$

NaCl의 농도가 다음과 같을 때 CuCl의 용해도는?

(a) 5.0 M

(b) $5.0 \times 10^{-1}$ M

(c) $5.0 \times 10^{-2}$ M

(d) $5.0 \times 10^{-3}$ M

(e) $5.0 \times 10^{-4}$ M

***11-20.** 많은 염과 달리 황산염은 수용액에서 일부만 이온화된다.

$$CuSO_4(aq) \ll Ca^{2+} + SO_4^{2-}$$

$$K_d = 5.2 \times 10^{-3}$$

$CaSO_4$의 용해도곱 상수는 $2.6 \times 10^{-5}$이다. 다음의 경우 $CaSO_4$의 용해도를 계산하시오.

(a) 순수한 물

(b) 0.0100 M $Na_2SO_4$ 용액

또한 위의 각 용액에서 이온화되지 않고 잔존하는 $CaSO_4$의 %를 구하시오.

**11-21.** $Tl_2S$의 몰 용해도를 pH의 함수로써 pH 10~1인 범위에서 계산하시오. 이들 계산값을 0.5 pH 단위로 증가시키면서 계산하고, Excel의 도표 함수를 사용하여 용해도에 대한 pH의 변화를 도시하시오.

**11-22. 도전 문제:** (a) 일반적으로 CdS의 용해도는 대단히 낮지만 pH를 낮추어 줌으로써 증가시킬 수 있다. pH의 함수로써 pH 11~1인 범위에서 CdS의 용해도를 계산하시오. 이들 계산 값을 0.5 pH 단위로 변화시키면서 계산하고, pH와 용해도 사이의 관계를 도시하시오.

(b) $Fe^{2+}$와 $Cd^{2+}$의 농도가 각각 $1 \times 10^{-4}$ M인 용액에 FeS와 CdS 침전이 생성되도록 황화 이온을 서서히 첨가한다. 어느 이온이 먼저 침전을 생성시키는지와 두 이온을 완전하게 분리시키는데 필요한 황화 이온의 농도 범위를 계산하시오.

(c) $H_2S(g)$로 포화된 용액의 $H_2S$ 농도가 0.10 M일 때(b)에서 설명된 것처럼 분명한 분리가 일어나는데 필요한 pH의 범위는?

(d) 완충 용액에 의한 pH 조절을 하지 않는 경우 포화 $H_2S$ 용액의 pH는?

(e) pH 10~1에서의 $H_2S$에 대한 $\alpha_0$와 $\alpha_1$의 값을 도시하시오.

(f) $H_2S$와 $NH_3$를 포함하는 용액에서 $NH_3$와 반응하여 단계별로 다음과 같은 4가지 $Cd^{2+}$ 착이온이 생성된다. $Cd(NH_3)^{2+}$, $Cd(NH_3)_2^{2+}$, $Cd(NH_3)_3^{2+}$, $Cd(NH_3)_4^{2+}$. 0.1 M $NH_3$ 용액에 대한 CdS의 몰 용해도를 계산하시오.

(g) (f)에서의 용액을 $NH_3$와 $NH_4Cl$ 농도의 합이 0.1 M이 되도록 완충시켰을 때, $NH_3$와 $NH_4^+$의 혼합비에 따라 각각 pH는 8.0, 8.5, 9.0, 9.5, 10.0, 10.5, 11.0이 되었다. 이 용액에 대한 CdS 몰 용해도를 계산하시오.

(h) (g)의 용액에 대하여 pH의 변화에 따라 용해도가 증가하는 것이 착이온 생성 때문인지 활동도의 영향인지에 대하여 어떻게 확인할 수 있는지에 대하여 설명하시오.

# 고전 분석법
## Classical Methods of Analysis

제3부

제 12 장

# 무게법 분석

## Gravimetric Methods of Analysis

Charlies D. Winters

침전물 및 결정의 생성과 성장은 분석 화학과 또 다른 과학 분야에서 매우 중요하다. 옆의 사진은 과포화 용액으로부터 아세트산소듐 결정이 성장한 모양이다. 과포화는 거르기 어려운 작은 입자를 만들기 때문에 무게법 분석에서는 과포화를 최소화하고 생성된 고체를 입자 크기를 증가시키는 것이 바람직하다. 화학 분석에서 사용되는 침전물의 성질을 이 장에서 설명하겠다. 오염물질을 포함하지 않으며 쉽게 거를 수 있는 침전물을 얻는 방법은 이 장에서 주된 토픽이다. 그런 입자들은 무게법 분석에서 사용될 뿐만 아니라 다른 분석법을 위한 방해물질의 분리에도 적용된다.

**무게법 분석**은 화학적으로 만들어진 순물질의 질량을 근거로 정량하는 방법이다.

무게 분석법은 매우 정확하고 정밀한 데이터를 얻게 해 주는 분석저울을 사용하여 질량 측정하는 것에 근거하고 있다. 실제로 실험실에서 무게 분석법으로 분석한다면 여러분 생애에서 가장 정확하고 정밀한 측정을 한 셈이다.

여러 분석 방법들은 질량 측정에 근거하고 있다. **침전 무게법**(precipitation gravimetry)에서는 분석물은 침전물로서 시료 용액으로부터 분해되며 무게를 잴 수 있는 알려진 조성을 갖는 화합물로 바꾼다. **휘발 무게법**(volatilization gravimetry)에서는 분석물을 시료의 다른 성분으로부터 잘 알려진 화학 조성을 갖는 기체로 변환시켜 분리한다. 이 기체의 무게는 분석물 농도의 척도가 된다. 이들 두 형태의 무게법들은 이 장에서 다루기로 한다.[1] **전해 무게법**(electrogravimetry)에서 분석물은 전류에 의해 전극에 석출시켜 분리된다. 그 때 이 생성물의 질량은 분석물 농도의 척도가 된다. 전해 무게법은 22C절에서 다루겠다.

질량에 근거를 둔 다른 형태의 두 가지 분석 방법이 있다. 13D절에서 다루는 **무게 적정법**(gravimetric titrimetry)에서 분석물과 완전히 반응하는 데 필요한 농도를 알고 있는 시약의 질량은 분석물의 농도를 결정하는데 필요한 정보를 제공한다. **원자 질량 분석법**(atomic mass spectrometry)은 물질의 시료를 구성하는 원소로부터 형성된 기체 이온을 분리하기 위하여 질량 분석기를 사용한다. 결과적으로 만들어진 이온들의 농도는 이온들이 이온 검출기 표면에 이르렀을 때 흐르는 전류를 측정함으로써 결정된다. 이 기법은 29장에서 간단히 다룰 것이다.

## 12A 침전 무게법

침전 무게법에서는 분석물을 거의 녹지 않는 침전물로 바꾼다. 이 침전물을 거르고 불순물이 없도록 씻고 적절한 열처리에 의해 조성이 잘 알려진 생성물로 바꾼 후 무게를 잰다. 예를 들면, 분석 화학자 협회(Assciation of Official Analytical Chem-

[1] 무게 분석법의 상세한 처리 방법은 다음을 참고하시오. C. L. Rulfs, in *Treatise on Analytical Chemistry*, I. M. Kolthoff and P. J. Elving, eds., Part I, Vol. 11, Chap. 13, New York: Wiley, 1975.

ists, AOAC)는 자연수 중의 칼슘을 정량하는데 침전법을 추천하고 있다.[2] 여기서 과량의 옥살산($H_2C_2O_4$)을 수용액 시료에 가한 다음, 산을 중화시키기 위하여 암모니아를 첨가하면 시료 중에 존재하는 모든 칼슘은 필히 옥살산 칼슘으로 침전된다. 반응식은 다음과 같다.

$$2NH_3 + H_2C_2O_4 \rightarrow 2NH_4^+ + C_2O_4^{2-}$$

$$Ca^{2+}(aq) + C_2O_4^{2-}(aq) \rightarrow CaC_2O_4(s)$$

무게를 아는 거름도가니로 침전물을 거르고 건조시킨 후 불꽃으로 강열한다. 이러한 과정은 모두 산화 칼슘으로 바꾸어 준다.

$$CaC_2O_4(s) \xrightarrow{\Delta} CaO(s) + CO(g) + CO_2(g)$$

도가니와 침전물을 식히고 무게를 잰다. 그리고 알고 있는 도가니 무게를 빼어 산화 칼슘의 무게를 구한다. 12B절에 있는 예제 12-1에서 보여주는 것처럼 시료 중의 칼슘 함량을 계산한다.

## ▸ 12A-1 침전물과 침전제의 성질

이상적으로 무게법 침전제는 분석물과 *특이적으로*(specifically) 또는 그렇지 않다면 적어도 *선택적으로*(selectively) 반응해야 한다. 단지 한 종류 화학종에만 반응하는 고유 시약은 드물다. 보다 일반적인 선택성 시약은 한정된 수의 화학종들과 반응한다. 특이적이거나 선택적이어야 한다는 것과 더불어서 이상적인 침전제는 분석물과 반응하여 다음과 같은 생성물을 만들어야 한다.

> 선택성 시약의 한 예는 $AgNO_3$이다. 산성 용액에서 단지 침전되는 일반적인 이온들은 $Cl^-$, $Br^-$, $I^-$, $SCN^-$ 등이다. 12C-3절에서 다루게 될 다이메틸글리옥심은 알칼리 용액에서 단지 $Ni^{2+}$만을 침전시키는 고유 시약이다.

1. 쉽게 걸러지고 오염물질이 없게 씻어져야 한다.
2. 매우 낮은 용해도를 가져서 거르거나 씻는 동안에 분석물에 큰 손실이 없어야 한다.
3. 대기의 구성 성분과 반응하지 말아야 한다.
4. 건조시키거나 필요에 따라 강열한 후에 잘 알려진 조성을 가져야 한다(12A-7절).

이들의 모든 바람직한 성질을 갖는 침전물을 만드는 시약은 거의 없다.

용해도에서 영향을 주는 변수들(위에 기록된 두 번째 성질)은 11B절에서 설명 되어있다. 다음 절에서는 조성이 잘 알려진 순수하고 거르기 쉬운 침전물을 얻는 방법에 대해서 생각해 보기로 한다.[3]

## ▸ 12A-2 침전물의 입자 크기와 거르기 능력

일반적으로 큰 입자들로 이루어진 침전물은 불순물 없이 거르고 씻기가 쉽기 때문에 무게법 분석에 바람직하다. 더구나 이러한 침전물은 보통 작은 입자의 침전물보다 더 순수하다.

---

[2]W. Horwitz and G. Latimer, eds., *Official Methods of Analysis*, 18th ed., Official Method 920.199, Gaithersburg, MD: Association of Official Analytical Chemists International, 2005.

[3]침전물의 보다 더 상세한 처리 방법은 다음을 참고하시오. H. A. Laitinen and W. E. Harris, *Chemical Analysis*, 2nd ed., Chaps. 8 and 9, New York: McGraw-Hill, 1975; A. E. Nielsen, in *Treatise on Analytical Chemistry*, 2nd ed., I. M. Kolthoff and P. J. Elving, eds., Part I, Vol. 3, Chap. 27, New York: Wiley, 1983.

## » 침전물의 입자 크기를 결정하는 인자들

**콜로이드**는 직경이 $10^{-4}$ cm보다 작은 입자들로 이루어진 고체이다.

산란 빛살이 있는 곳에서 **콜로이드 서스펜션**은 투명하여 어떠한 입자도 포함하고 있지 않은 것처럼 보일 것이다. 그러나 회중전등의 빛살을 비추면 또 다른 상이 존재함을 알 수 있다. 왜냐하면 콜로이드 크기의 입자는 가시광선을 산란시키므로 용액을 통해 지나가는 빛의 진로를 눈으로 볼 수 있기 때문이다. 이러한 현상을 **Tyndall 효과**라고 한다(color plate 6 참조).

콜로이드 서스펜션의 입자는 쉽게 걸러지지 않는다. 이 입자를 거르기 위해서는 거르기 매질의 구멍 크기가 매우 작아야 하므로 거르는데 많은 시간이 걸린다. 하지만 적당한 처리를 하면 콜로이드 입자가 서로 달라붙어서 거를 수 있는 크기의 입자로 변하게 된다.

침전에 의해 생성된 고체의 입자 크기는 매우 다양하다. 한 극단적인 경우로 **콜로이드 서스펜션**(colloidal suspension)을 들 수 있는데, 이 작은 입자들은 육안으로 볼 수 없다(직경이 $10^{-7}$~$10^{-4}$cm). 콜로이드 입자들은 용액 중에서 가라앉지도 쉽게 걸러지지도 않는다. 또 다른 극단적인 경우는 0.1 mm 또는 이보다 더 큰 크기를 갖는 입자들이다. 액체상에서 이러한 입자들이 일시적으로 분산된 것을 **결정성 서스펜션**(crystalline suspension)이라 한다. 결정성 서스펜션 입자들은 자발적으로 침전되는 경향이 있고 쉽게 거를 수 있다.

여러 해 동안 침전물 생성에 대하여 연구하였지만, 그 과정에 대한 메커니즘은 완전히 알아내지 못하였다. 그러나 입자 크기가 침전물의 용해도, 온도, 반응물의 농도 및 반응물의 섞는 속도와 같은 실험 변수에 의해 영향을 받는다는 것은 확실하다. 입자 크기가 이들의 **상대 과포화도**(relative supersaturation)라는 계의 성질과 관련이 있다고 가정함으로써 이 변수들의 알짜 효과를 적어도 정성적으로 설명할 수 있다. 여기서 상대 과포화도는 다음과 같다.

$$\text{상대 과포화도} = \frac{Q - S}{S} \tag{12-1}$$

식 (12-1)은 1925년에 이 식을 제안한 과학자의 이름을 딴 Von Weimarn식으로 알려져 있다.

이 식에서 $Q$는 어떤 순간에서의 용질의 농도이고, $S$는 그것의 평형 용해도이다.

침전제를 과포화 되기 쉬운 분석물 용액에 한 방울씩 첨가할 때조차도 일반적으로 침전 반응은 느리다. 침전물의 입자 크기는 시약이 첨가되는 시간 동안의 평균 상대 과포화도에 역비례하여 변한다는 실험적 증거가 있다. 즉, $(Q - S)/S$가 클 때 침전물은 콜로이드화되는 경향이 있고, $(Q - S)/S$가 작을 때는 결정성 고체가 되기 쉽다.

**과포화 용액**은 포화 용액보다 더 많은 용질을 포함하는 불안정한 용액을 말한다. 시간에 따라 여분의 용질이 침전에 의해 과포화는 감소하여 없어지게 된다(color plate 5 참조).

## » 침전물 생성 메커니즘

입자 크기에 영향을 주는 상대 과포화도의 효과는 침전물이 두 단계 즉, **결정핵생성**(nucleation)과 **입자 성장**(particle growth)을 거쳐 생성된다고 가정하여 설명할 수 있다. 새롭게 생성된 침전물의 입자 크기는 이 두 침전 과정 중 지배적인 메커니즘에 의해 결정된다.

침전물의 입자 크기를 증가시키기 위하여 침전물이 생성되는 동안에 상대 과포화도를 최소화하여야 한다.

**결정핵생성**은 매우 적은 수의 원자들, 이온들 또는 분자들이 안정한 고체를 형성하는 과정이다.

결정핵생성에서 몇몇 이온, 원자 또는 분자들(아마도 4 또는 5개 정도로 적은)이 함께 모여 안정한 고체를 생성한다. 이 핵들은 때때로 먼지 입자와 같은 서스펜션 고체 오염물질의 표면에서 생성되기도 한다. 이 때 침전 반응은 추가적인 결정핵생성과 핵 존재 하에서의 성장(입자 성장) 사이의 경쟁 과정에 의해 좌우된다. 만일 결정핵생성이 지배적이라면 침전물은 많은 작은 입자들로 구성되며, 입자 성장이 지배적이라면 침전물은 작은 수의 큰 입자들로 구성하게 된다.

침전물들은 결정핵생성과 입자 성장에 의해 생성된다. 만일 결정핵생성이 지배적이라면 매우 작은 많은 입자들이 만들어지고 입자 성장이 지배적이라면 적은 수의 큰 입자들이 얻어진다.

결정핵생성 속도는 상대 과포화도가 증가함에 따라 지수 함수적으로 증가한다. 이에 비해 입자 성장 속도는 상대 과포화도가 증가함에 따라 단지 완만하게 증가한다. 즉 상대 과포화도가 높을 때 결정핵생성이 주된 침전 메커니즘이 되므로 많은 수의 작은 입자들이 생성된다. 상대 과포화도가 낮으면 입자 성장 속도가 지배적이므로 존재하는 입자에 고체가 석출되어 더 많은 핵심이 생성되지 못하게 한다. 따라서 결정성 서스펜션이 된다.

### » 실험적으로 입자 크기의 조절

과포화도를 최소화하고 결정성 침전물을 만드는 실험적인 변수들에는 침전물의 용해도를 증가시키기 위해 온도 높이기[식 (12-1)에서 *S*], 묽은 용액(*Q*를 최소화하기 위해) 그리고 잘 저어주면서 침전제를 서서히 첨가하기 등이 있다. 마지막의 두 과정은 또한 어떤 주어진 순간에서의 용질의 농도(*Q*)를 최소화한다.

침전물의 용해도가 pH에 의존한다면 pH를 조절하면서 더 큰 입자를 얻을 수 있다. 예를 들면, 입자가 크고 거르기 쉬운 옥살산 칼슘 결정은 약간 녹을 수 있는 약한 산성 용액에서 침전물을 생성시켜 얻게 된다. 그 다음 암모니아 수용액을 천천히 가하여 옥살산 칼슘이 모두 침전될 만큼 산도를 낮추면 침전반응은 완결된다. 이 과정 중에 생기는 침전물은 첫 과정에서 생긴 고체 입자 위에 첨가되어 생성된다.

불행히도 많은 침전물들은 실제 실험실 조건에서는 결정으로 생성시킬 수 없다. 일반적으로 침전물은 식 (12-1)의 *S*가 언제나 *Q*에 비하여 항상 무시할 수 있을 정도로 용해도가 낮아서 콜로이드 고체가 생긴다. 침전물 생성 과정 중에 언제나 상대 과포화도는 크므로 콜로이드 서스펜션이 생긴다. 예를 들면, 분석이 용이한 조건하에서 철(III), 알루미늄 및 크로뮴(III)의 수화된 산화물과 대부분의 중금속 이온의 황화물들은 용해도가 매우 낮기 때문에 콜로이드만을 생성한다.[4]

❮ 황화물과 수화된 산화물과 같은 매우 용해도가 낮은 침전물을 일반적으로 콜로이드가 만들어진다.

## ▸ 12A-3 콜로이드 침전물

개개의 콜로이드 입자들은 너무 작아서 보통 거르개로 거를 수가 없다. 더구나 브라운 운동이 중력의 영향으로 용액으로부터 가라앉는 것을 막는다. 그러나 다행히도 대부분 콜로이드의 개개의 입자들이 용액으로부터 가라앉아 거르기 쉽고 비결정의 덩어리를 갖도록 엉기거나 응집될 수 있다.

### » 콜로이드의 엉김

엉김(coagulation)은 가열, 젓기, 매질에 전해질을 첨가하여 촉진시킬 수 있다. 이들 척도에 대한 영향을 이행하기 위하여 콜로이드 서스펜션이 안정하고 자발적으로 엉기지 않는 이유를 조사할 필요가 있다.

콜로이드 서스펜션은 입자들이 모두 양전하를 띠거나 음전하를 띠고 서로 밀어내고 있기 때문에 안정하다. 이러한 전하는 입자 표면에 결합되어 있는 음이온과 양이온으로 인해 생긴 것이다. 콜로이드 입자를 전기장에 놓았을 때 전극에 따른 이들의 이동을 관찰할 수 있으므로 콜로이드 입자들이 전하를 띠고 있음을 쉽게 증명할 수 있다. 이온들이 *고체 표면 위*에 머물러 있는 과정을 **흡착**(adsorption)이라고 한다.

**흡착**은 물질(기체, 액체 또는 고체)이 고체 표면에 붙는 과정인 반면에 **흡수**는 고체의 구멍 안에 물질을 억류하는 것을 포함한다.

이온성 고체 표면에 이온들의 흡착은 결정 성장의 원인이 되는 정상적인 결합력에 의한 것이다. 예를 들면, 염화 은 입자 표면에 있는 은 이온은 표면 위치 때문에 음이온에 대한 만족할 만한 결합 용량을 가지고 있지 않다. 염화 은 격자에서 염화 이온을 붙잡고 있는 것과 똑같은 힘으로 음이온들은 이 위치로 끌려오게 된다. 마찬가지로 고체의 표면에 있는 염화 이온은 용매 중에 녹아 있는 양이온들을 끌어당긴다.

[4]염화 은은 상대 과포화 개념이 완전하지 않다는 것을 설명하고 있다. 이러한 화합물은 보통 콜로이드를 생성하지만 그것의 몰 용해도는 일반적으로 결정을 생성하는 $BaSO_4$와 같은 다른 화합물의 몰 용해도와 크게 다르지 않다.

무게법 분석에서 생성된 콜로이드 입자의 전하는 침전 반응이 완결된 후 과량으로 존재하는 격자 이온의 전하에 의해서 결정된다.

콜로이드 입자 표면에 붙어 있는 이온들의 종류와 수는 여러 변수들에 따라 복잡하게 달라진다. 그러나 무게법 분석 과정에서 생성된 서스펜션에 흡착된 화학종과 입자들이 갖는 전하는 격자 이온들이 일반적으로 다른 이온들보다 더 세게 붙기 때문에 쉽게 예측될 수 있다. 예를 들면, 우선 염화 이온을 포함하는 용액에 질산은 용액을 첨가하면 생성된 염화 은 콜로이드 입자들은 양전하를 띠게 된다. 이것은 용액 중에 과량으로 존재하는 염화 이온이 흡착되었기 때문이다. 그러나 질산은을 충분히 가하여 은 이온이 더 많이 있게 되면 입자들은 양전하를 띠게 된다. 상층 액이 어느 한 이온도 과량으로 포함하지 않을 때 표면 전하는 최소가 된다.

격자 이온의 농도가 더 커짐에 따라서 흡착 정도, 즉 주어진 입자의 전하는 급격히 증가한다. 그러나 결국에는 입자의 표면은 흡착된 이온들로 쌓이게 되므로 전하는 일정하게 되며 격자 이온의 농도와 무관하게 된다.

**그림 12-1**에서는 과량의 질산은 용액에 들어 있는 콜로이드 염화 은 입자들을 보여주고 있다. 고체 표면 위에 바로 붙어 있는 층을 **제1흡착층**(primary adsorption layer)라고 하며, 주로 흡착된 은 이온으로 이루어져 있다. 전하를 띤 입자 주위는 용액층인데 이를 **상대 이온층**(counter-ion layer)이라 하며 과량의 음이온(주로 $NO_3^-$)으로 되어 있다. 첫 번째로 흡착된 은 이온과 상대 음이온층은 각 입자들이 서로 응집할 수 있을 정도로 가까이 접근하는 것을 막음으로써 콜로이드 서스펜션을 안정화시키는 **전기적 이중층**(electric double layer)를 형성한다. 콜로이드 입자들이 서로 접근하면, 이중층은 충돌과 부착으로부터 입자들을 막는 전기적 척력을 형성한다.

**그림 12-2a**에서 두 염화 은 입자에 대한 유효 전하를 보여주고 있다. 위의 곡선은 상당히 큰 과량의 질산은을 포함하는 용액에 존재하는 입자를 위한 것인 반면에 아래 곡선은 농도가 매우 낮은 질산은 용액에 존재하는 입자를 설명하고 있다. 유효 전하는 용액 중에 존재하는 같은 전하의 입자들 사이에서 나타나는 반발력의 척도로 생각할 수 있다. 표면으로부터 거리가 멀어질수록 유효 전하는 급격히 감소되어 $d_1$ 또는 $d_2$ 점에서는 0으로 수렴한다는 것에 주목하시오. 유효 전하(두 경우 양전하)가 이렇게 감소하는 것은 이중층에 존재하는 과량의 반대 이온의 음전하에 의

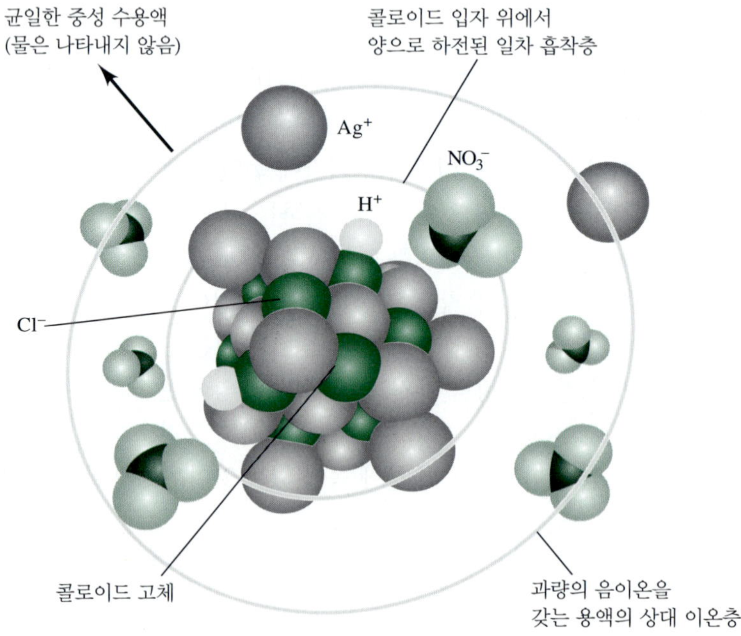


**그림 12-1** 질산은 용액에 서스펜션 된 콜로이드 염화 은 입자.

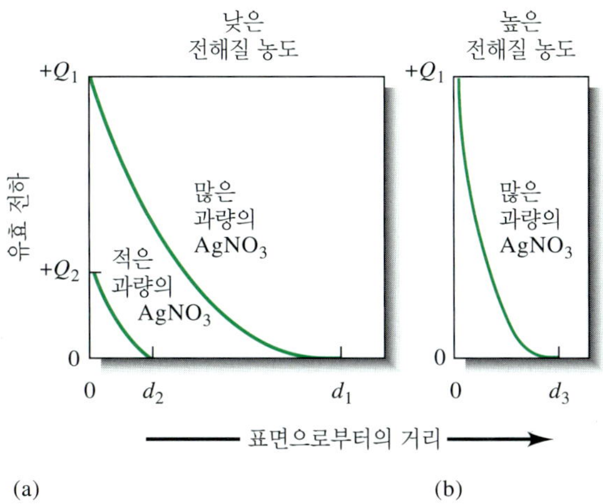

그림 12-2 과량의 $AgNO_3$ 용액에 들어 있는 콜로이드 AgCl 입자 주위의 이중층 두께에 대한 $AgNO_3$와 전해질의 농도 효과.

한 것이다. $d_1$ 또는 $d_2$점에서는 그 층에 있는 반대 이온의 수가 입자 표면에 첫 번째로 흡착된 이온의 수와 거의 같아서 입자의 유효 전하는 0에 가까워진다.

**그림 12-3**은 진한 질산은 용액에서 서로 접근하는 두 염화 은 입자와 그들의 상대 이온층을 설명하고 있다. 입자의 유효 전하는 너무 커서 응집이 일어나지 못하는 거리 약 $2d_1$보다 입자들을 더 가까게 접근하지 못하게 막는다. 그림 12-3의 아래 그림에서 보여주는 것과 같이 보다 묽은 질산은 용액에서는 두 입자들이 서로 $2d_2$ 내로 접근할 수 있다. 궁극적으로 질산은 용액의 농도가 감소할수록 입자 사이의 거리는 응집할 수 있을 만큼 충분히 짧아지고 응집되는 침전물이 나타나기 시작한다.

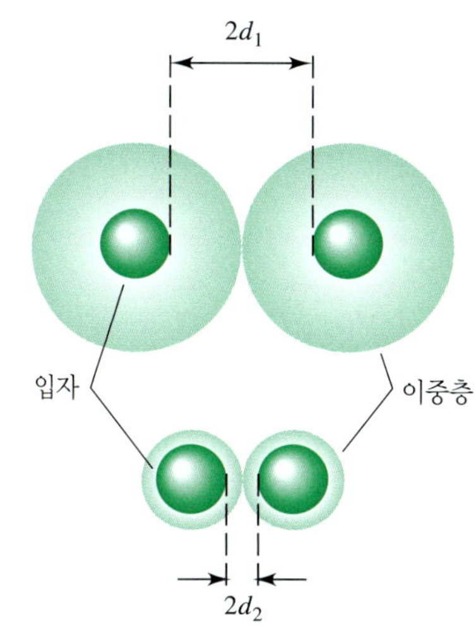


그림 12-3 콜로이드의 전기적 이중층은 입자의 표면에 흡착된 전하층(제1흡착층)과 이 입자를 둘러싸고 있는 용액에 있는 반대 전하층(상대 이온층)으로 구성되어 있다. 전해질의 농도가 증가하면 상대 이온층의 부피는 감소하는 효과를 갖기 때문에 엉기는 기회를 증가시켜 준다.

짧은 시간 동안 가열하고 특히 함께 저어 줌으로써 콜로이드 서스펜션은 엉김을 일으킬 수 있다. 가열하면 흡착된 이온의 수, 즉 이중층 $d_i$을 감소시킬 수 있다. 높은 온도에서 입자들은 충분한 운동에너지를 얻어 이중층에 의해 접근을 막는 장벽을 극복할 수 있도록 한다.

콜로이드를 엉기게 하는 보다 더 효율적인 방법은 용액의 전해질 농도를 증가시키는 것이다. 서스펜션에 적절한 이온성 화합물을 첨가하면 각 입자의 주변에서 상대 이온의 농도가 증가하게 된다. 결과적으로 제1흡착층의 전하와 균형을 이루는데 필요한 반대 이온을 가지고 있어 용액의 부피가 감소한다. 전해질 첨가의 알짜 효과는 **그림 12-2b**에서 보여주듯이 상대 이온층이 감소하는 것이다. 그래서 입자들은 보다 더 가까이 접근하여 응집하게 된다.

콜로이드 서스펜션은 보통 가열하거나 젓거나 전해질을 첨가함으로써 엉기게 할 수 있다.

## » 콜로이드 풀림

**풀림**(peptization)은 엉긴 콜로이드가 원래의 분산된 상태로 되돌아가는 과정을 말한다. 엉긴 콜로이드를 씻을 때 엉기게 하는 역할을 한 약간의 전해질이 고체와 접촉해 있는 내부 용액으로부터 녹아 나온다. 이러한 전해질이 제거되면 상대 이온층의 부피가 증가되는 효과를 갖는다. 그래서 본래 콜로이드 상태의 반발력이 다시 생기게 되어 입자들이 엉긴 덩어리로부터 스스로 떨어진다. 씻으면 새로이 분산된 입자들이 거름종이를 통과하므로 흐려지게 된다.

**풀림**은 엉긴 콜로이드가 다시 콜로이드 서스펜션 상태로 되돌아가는 과정이다.

화학자는 엉긴 콜로이드를 다룰 때 어려움에 직면하게 된다. 한편, 오염을 최소화하기 위해서는 씻을 필요가 있다. 다른 한편으로는 순수한 물을 씻는 액체로 사용한다면 풀림에서 오는 손실의 위험성이 있다. 일반적으로 침전물을 건조시키거나 강열하는 동안에 증발하는 전해질 용액으로 씻으면 이러한 문제는 해결될 수 있다. 예를 들면 염화 은은 보통 묽은 질산 용액으로 씻는다. 의심할 바 없이 침전물은 산에 의해서 오염된다. 그러나 질산은 고체를 건조시킬 때 증발되기 때문에 결과에 있어서의 오차는 없게 된다.

### » 콜로이드 침전물의 실제적인 취급

엉김이 일어나기에 충분할 정도로 전해질을 포함하고 있는 용액을 저어주면서 가열하면 콜로이드는 가장 좋은 침전물로 된다. 얻은 고체 침전물을 생성하였던 뜨거운 용액 속에서 한 시간 또는 그 이상 그대로 놓아 두면 엉긴 콜로이드의 거르기 능력은 종종 향상된다. **삭임**(digestion)으로 알려진 이 과정 동안에 약하게 결합된 물은 침전물로부터 떨어져 나오게 된다. 그 결과 거르기 쉬운 조밀한 침전물이 된다.

**삭임**은 침전물이 생성된 용액(모액) 속에서 가열되는 과정이며 용액과 접촉이 되어 있다.

**모액**(mother liquor)은 침전물을 형성하는 용액이다.

## ▸ 12A-4 결정성 침전물

일반적으로, 엉긴 콜로이드보다 결정성 침전물은 쉽게 거르고 정제할 수 있다. 그 외에도 결정성 입자는 크기와 거르기 능력도 어느 정도 조절할 수 있다.

### » 입자 크기와 거르기 능력을 향상시키는 방법

결정성 고체의 입자 크기는 식 (12-1)에서 $Q$를 최소화, $S$를 최대화 또는 두 가지를 모두 행함으로써 상당히 향상시킬 수 있다. 일반적으로 $Q$를 최소화하기 위해서는 묽은 용액을 사용하고 침전제를 서서히 가하면서 잘 섞어 주어야 한다. 종종 $S$를 증가시키기 위해서는 뜨거운 용액에서 침전시키거나 침전 매질의 pH를 조절하게 된다.

삭임은 콜로이드와 결정성 침전의 순도와 거르기 능력을 향상시킨다.

침전물을 생성시킨 후, 몇 시간 동안 (젓지 않고) 결정성 침전물을 삭이면 보다 좋은 순도와 더 거르기 좋은 생성물을 얻는다. 거르기 향상은 의심할 바 없이 증가된 온도 하에서 연속적으로 그리고 향상된 속도에 의한 용해와 재결정의 결과이다. 분명히 재결정은 이웃한 입자들 사이를 연결시키는 것으로서 이 과정은 더 크고 쉽게 거를 수 있는 결정성 집합체를 생성한다. 만일 삭이는 동안 혼합물을 저어준다면 잘 걸러지는 특성이 향상되지 않는다는 사실을 볼 때 이러한 견해를 입증해 준다.

## ▸ 12A-5 공동 침전

**공동침전**은 *정상적으로 녹아 있어야* 할 화합물이 침전물에 의해서 용액으로부터 제거되는 과정이다.

**공동침전**(coprecipitation)은 침전물이 생성되는 동안에 정상적으로 녹아 있어야 할 용해성 화합물이 용액으로부터 제거되는 현상이다. 용해도곱이 더 큰 또 다른 물질에 의해서 침전물이 오염되는 것을 *공동침전이라 하지 않는다*는 것을 이해하는 것이 중요하다.

공동침전에는 4가지 형태가 있다. 즉, **표면 흡착**(surface adsorption), **혼성결정 생성**(mixed-crystal formation), **내포**(occlusion), **기계적 포획**(mechanical entrapment)이다.[5] 표면 흡착과 혼성결정 생성은 평형에 근거를 둔 과정이고 내포나 기계적 포획은 결정 성장의 반응 속도론적 과정이다.

### » 표면 흡착

흡착은 보통 엉긴 콜로이드에서의 주된 오염원이지만 결정성 침전물에서는 그리 중요하지 않다.

흡착은 큰 비표면적을 가진 침전물(즉, 엉긴 콜로이드)에 상당히 큰 오염을 일으키

[5]공동 침전 현상에 대한 여러 계의 분류는 다음 문헌에서의 제안을 따르려 한다. A. E. Nielsen, in *Treatise on Analytical Chemistry*, 2nd ed., I. M. Kolthoff and P. J. Elving, eds., Part I, Vol. 3, p. 333, New York: Wiley, 1983.

는 공동 침전의 일반적인 원인이 된다(비표면적의 정의는 특집 12-1 참조). 결정성 고체에서도 흡착은 일어나지만 이 고체들은 비교적 작은 비표면적을 가지고 있기 때문에 보통은 순도에 영향을 주는 효과를 검출할 수 없을 정도이다.

엉긴 고체는 여전히 용매에 노출되어 있는 큰 내부 표면적을 가지고 있기 때문에 콜로이드의 엉김은 흡착 정도를 그다지 많이 감소시키지 않는다(**그림 12-4**). 엉긴 콜로이드에 공동침전된 오염물질은 엉기기 전에 표면에 흡착된 원래의 격자 이온과 입자에 바로 인접한 용액 층에 붙잡혀 있는 반대 전하를 갖는 상대 이온이다. 그러므로 *표면 흡착의 알짜 효과는 용액에 녹아 있어야 할 화합물이 표면 오염물질로 되어 가라앉게 되는 것이다.* 예를 들면, 염화 이온의 무게법 정량에서 생성된 엉긴 염화 은은 먼저 흡착된 은 이온과 상대 이온층에 있는 질산 이온이나 다른 음이온으로 오염되어 있다. 따라서 정상적으로 녹아 있어야 할 화합물인 질산은이 염화은에 공동침전된 결과가 된다.

흡착에서 정상적으로 녹아 있어야 할 화합물이 엉긴 콜로이드의 표면에 붙어 가라앉는다. 이 화합물은 먼저 흡착된 이온과 상대 이온층에 있는 반대 전하를 갖는 이온으로 이루어져 있다.

**클로이드에 흡착된 불순물을 최소화하는 방법.** 많은 엉긴 콜로이드의 순도는 삭임을 통하여 향상시킬 수 있다. 이 과정 동안 흡착을 위해 더 작은 비표면적을 가지는 더 조밀한 침전을 만들기 위해서 물이 고체로부터 떨어져 나간다.

침전물에 이미 흡착된 엉김의 원인이 되는 비휘발성 전해질이 휘발성 전해질로 대치되기 때문에 휘발성 전해질을 포함하는 용액을 사용하여 엉긴 콜로이드를 씻는 것이 좋다. 엉긴 콜로이드를 씻어도 먼저 흡착된 이온들은 이 이온들과 고체 표면 사이의 인력들이 대단히 크기 때문에 많이 제거되지 않는다. 그러나 *상대 이온*(counter-ion)들은 씻는 용액에 존재하는 같은 전하의 이온들과 교환 반응이 일어난다. 예를 들어, 은 이온을 염화 이온으로 침전시켜 정량하는 경우, 먼저 흡착되는 화학종은 염화 이온이다. 산성 용액으로 침전물을 씻으면 상대 이온층은 대부분 수소 이온으로 바뀌어 염화 이온과 수소 이온이 고체 침전에 남아 있게 된다. 그 다음 휘발성 HCl은 침전물이 건조될 때 날아가 버린다.

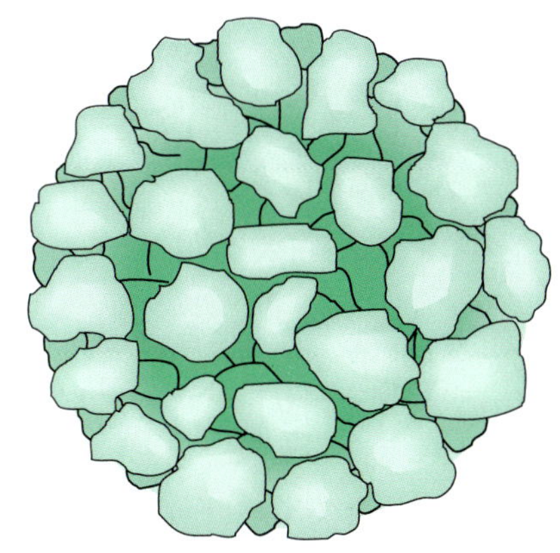

**그림 12-4** 엉긴 콜로이드. 엉긴 콜로이드는 용액에게 계속해서 넓은 표면적을 노출한다.

### 특집 12-1

**콜로이드의 비표면적**

**비표면적**(specific surface area)은 고체의 단위 질량당 표면적으로 정의되고, 일반적으로 g당 $cm^2$의 단위로 표현된다. 고체의 주어진 질량에 대하여 비표면적은 입자 크기가 감소함에 따라 급격히 증가한다. 그러므로 콜로이드의 비표면적은 대단히 크다. 예를 들어 **그림 12F-1**에서 고체 입방체의 가장자리가 1 cm이면 표면적은 6 $cm^2$가 된다. 이 입방체의 질량이 2 g이라면 이것의 비표면적은 $6\ cm^2/2\ g = 3\ cm^2/g$이다. 이 입방체를 1000개의 입방체로 나누면 각 입방체의 한 변의 길이는 0.1 cm가 된다. 이 입방체들의 각 면의 표면적은 $0.1\ cm \times 0.1\ cm = 0.01\ cm^2$이고 한 변이 0.1 cm인 한 입방체의 6면에 대한 총 면적은 0.06 $cm^2$가 된다. 이들 입방체들의 수가 1000개이기 때문에 고체 2 g에 대한 총 표면적은 60 $cm^2$가 된다. 그러므로 비표면적은 30 $cm^2/g$이다. 이러한 방법으로 계속하여 한 변이 0.01 cm로 $10^6$개의 입방체를 갖도록 할 때 비표면적은 300 $cm^2/g$가 된다. 전형적인 결정성 서스펜션 입자 크기가 0.01과 0.1 cm 사이의 영역에 있도록 하면 그 침전물의 비표면적은 30과 300 $cm^2/g$ 사이에 놓이게 된다. 이 그림들과 대조적인 것으로 콜로이드 2 g의 입방체를 한 변의 길이가 $10^{-6}$ cm인 $10^{18}$ 입자들로 만들면 비표면적은 $3 \times 10^6\ cm^2/g$이

(계속)

되고 이것은 3000 $ft^2/g$으로 환산하여 쓸 수 있다. 즉 1 g 정도의 콜로이드 서스펜션은 적당한 크기의 집 마루 면적과 거의 같은 표면적을 갖는다.

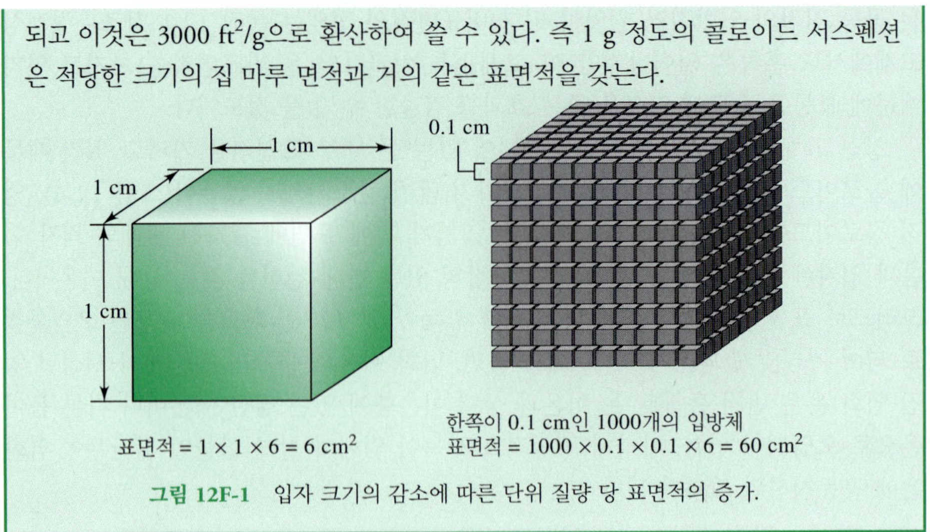


**그림 12F-1** 입자 크기의 감소에 따른 단위 질량 당 표면적의 증가.

처리 방법에 관계없이 엉긴 콜로이드는 보통 여러 번 씻은 후에도 어느 정도 오염되어 있다. 이러한 원인에 의해 생기는 분석에서의 오차는 염화 은에 질산은이 공동침전되는 경우와 같이 1~2 ppt 정도로 적은 양이다. 이와 반대로 3가 Fe나 Al의 수화된 산화물에 중금속 수산화물이 공동침전되는 경우, 허용 값보다 큰 수 % 정도의 오차를 일으키기도 한다.

**재침전.** 흡착의 효과를 최소화하기 위한 철저하고도 매우 효율적인 방법은 **재침전**(reprecipitaion)이다. 이 과정에서 거른 고체를 다시 녹여 재침전을 시킨다. 첫 번째 침전물은 보통 녹아 있는 시료에 존재하는 불순물의 일부와 함께 침전된다. 따라서 다시 녹은 침전물을 포함하고 있는 용액은 모액에서 보다 매우 낮은 농도의 오염물질을 가지게 되므로 두 번째 침전 과정 동안 흡착은 훨씬 더 적게 일어나게 된다. 재침전 과정은 분석 시간을 길게 만들지만 아연, 카드뮴 및 망가니즈 같은 중금속 양이온들의 수산화물을 흡착하는 경향성이 대단히 큰 철(III)과 알루미늄의 수화된 산화물 같은 침전물의 경우에는 재침전이 필요할 때가 많다.

## » 혼성 결정 생성

**혼성 결정 생성**은 오염물질의 이온이 결정성 침전물 격자 내에 존재하는 분석물 이온과 치환되어 있는 공동침전의 일종이다.

혼성 결정 생성(mixed-crystal formation)에서는 고체의 결정 격자를 이루고 있는 이온 중 하나가 다른 원소 이온에 의해서 치환된다. 이러한 교환이 일어나기 위해서는 두 이온은 같은 전하를 갖고 그들의 크기는 5% 이내로 비슷해야만 한다. 또한 두 염은 같은 결정 구조를 가져야 한다. 예를 들어 황산, 납 및 아세트산 이온을 포함하는 용액에 염화 바륨을 첨가하여 생성된 황산 바륨은 아세트산 이온이 납과 착물을 만들어 황산납의 침전을 만들지 못하게 할지라도 황산납에 의한 오염이 심하다는 것을 발견하게 된다. 여기서 납 이온은 황산 바륨 결정 내에 있는 일부의 바륨 이온과 치환되어 있다. 혼성 결정 생성에 의한 공동침전의 또 다른 예로는 $MgNH_4PO_4$ 중에 존재하는 $MgKPO_4$, $BaSO_4$ 중에 존재하는 $SrSO_4$, CdS 중에 존재하는 MnS 등이 있다.

혼성 결정의 오염 정도는 질량 작용 법칙에 의해서 지배되며 분석물 농도에 대한 오염물질의 농도 비가 증가함에 따라 증가한다. 혼성 결정 생성은 여러 이온들의 결합이 시료 매트릭스 내에 존재할 때 그것을 해결할 수 있는 방법이 거의 없기 때문에 특히 다루기 힘든 형태의 공동침전이다. 이런 문제는 콜로이드 서스펜션과 결정성 침전에서도 만나게 된다. 혼성 결정 생성이 일어날 때는 최종 침전 단계 전에 방해 이온을 분리해야 한다. 다른 방법은 방해 이온과 혼성 결정을 만들지 않는 다른 침전제를 사용하는 것이다.

### » 내포와 기계적 포획

침전이 생성되는 동안에 결정이 빠르게 성장할 때 상대 이온층에 있는 다른 이온들이 성장하는 결정 안에 잡히거나 *내포*되는 수가 있다. 내포된 물질의 양은 처음에 생성되는 결정 부분에 가장 많다. 왜냐하면 과포화도와 성장 속도가 침전 반응이 진행함에 따라 감소하기 때문이다.

**내포**는 화합물이 빠르게 성장하는 결정성 침전의 구멍에 잡히는 공동침전의 한 형태이다.

결정이 성장하는 동안 결정들이 서로 근접해 있을 때 역학적 포획이 일어난다. 여기서 여러 결정들이 함께 성장하고 이렇게 될 때 작은 구멍 속에 용액의 일부분이 잡혀 있게 된다.

내포와 역학적 포획은 침전 생성 속도가 느릴 때, 즉 낮은 과포화도 조건 하에서 최소화된다. 그 밖에도 삭임은 때로 이런 종류의 공동침전을 감소시키는데 크게 도움을 준다. 의심할 바 없이 높은 온도에서의 삭임으로 인해 용해와 재침전이 빨리 진행되고 구멍을 열어서 불순물이 용액 속으로 달아나게 한다.

혼성 결정 생성은 콜로이드 침전과 결정성 침전 둘 모두에서 일어날 수 있다. 반면에 내포와 역학적 포획은 결정성 침전에서만 생긴다.

### » 공동침전 오차

공동 침전된 불순물들은 분석하는데 있어서 양 또는 음의 오차를 일으킨다. 오염물질이 분석물 이온의 화합물이 아니라면 언제나 양의 오차를 수반한다. 즉 염화물을 분석하는 동안 염화 은 콜로이드가 질산은을 흡착할 때면 언제나 양의 오차가 관찰된다. 이에 비해 오염물질이 분석하려는 이온을 포함하고 있다면 양 또는 음의 오차를 일으킬 수 있다. 예를 들어, 황산 바륨과 같은 침전을 만들어 바륨을 정량하는데 다른 바륨염의 내포가 일어날 수 있다. 내포된 오염물질이 질산 바륨이라면 양의 오차를 가져온다. 왜냐하면 이 화합물은 공동침전이 일어나지 않았을 때 생성된 황산 바륨보다 더 큰 몰질량을 갖기 때문이다. 염화 바륨이 오염물질이라면 음의 오차를 수반한다. 왜냐하면 그 몰질량이 황산염의 몰질량보다 작기 때문이다.

공동침전은 무게 분석법에서 음 또는 양의 오차를 일으킨다.

## ▸ 12A-6 균일 용액으로부터의 침전

균일 용액으로부터의 침전은 침전제가 느린 화학 반응에 의해 분석물 용액에서 생기게 하는 방법이다.[6] 침전제가 용액 전체에서 점진적으로 균일하게 생성되고 즉시 분석물과 반응을 하기 때문에 국부적으로 침전제가 과량으로 생성되지는 않는다. 결과적으로 침전 반응이 완결될 때까지 상대 과포화도가 낮게 유지된다. 일반적으로 균일 용액으로부터 생성된 콜로이드 침전과 결정성 침전은 모두 침전제를 직접 가하여 생성된 고체보다 분석에 더 적합하다.

**균일 침전**은 용액 전체에서 침전제가 균일하고 느리게 생성됨으로써 침전물이 생성되는 과정이다.

일반적으로 균일침전에 의해 생성된 고체는 분석물 용액에 직접 침전제를 가하여 생성되는 침전물보다 더 순수하고 거르기에 쉽다.

균일한 수산화 이온을 만들기 위해서 요소가 자주 사용된다. 반응식은 다음과 같다.

$$(H_2N)_2CO + 3H_2O \rightarrow CO_2 + 2NH_4^+ + 2OH^-$$

이러한 반응은 100°C 이하에서 천천히 진행하므로 1~2 시간 동안 가열해 주어야 전형적인 침전 반응이 완결된다. 특히 요소는 수화된 산화물이나 염기성 염의 침전

[6] 이 방법에 대한 일반적인 참고문헌은 다음을 참고하시오. L. Gordon, M. L. Salutsky, and H. H. Willard, *Precipitation from Homogeneous Solution*, New York: Wiley,1959.

그림 12-5 암모니아의 직접 첨가(왼쪽)와 수산화 이온의 균일 생성(오른쪽)에 의해 형성되는 수화된 산화 알루미늄.

반응에 유용하다. 예를 들면, 염기를 직접 가하여 생성된 철(III)과 알루미늄의 수화된 산화물은 부피가 크고 젤라틴 모양을 하고 있어서 심하게 오염되고 거르기도 어렵다. 이에 비해 균일하게 수산화 이온이 생성되는 용액에서 같은 침전이 생성될 때 이들은 조밀하고 쉽게 걸러지고 상당히 높은 순도를 갖는다. **그림 12-5**는 염기를 직접 가하는 것과 요소를 이용한 균일 침전에 의해서 만들어진 알루미늄의 수화된 산화물 침전을 보여주고 있다. 결정성 침전물의 균일 침전은 순도가 좋아질 뿐만 아니라 결정 크기에 있어서도 상당히 커진다.

균일하게 생성된 시약에 의한 침전 반응을 이용하는 대표적인 방법들을 **표 12-1**에서 보여주고 있다.

**표 12-1**

**침전체의 균일 생성법을 이용한 방법**

| 침전체 | 시약 | 반응 | 침전되는 원소 |
|---|---|---|---|
| $OH^-$ | 유레아 | $(NH_2)_2CO + 3H_2O \rightarrow CO_2 + 2NH_4^+ + 2OH^-$ | Al, Ga, Th, Bi, Fe, Sn |
| $PO_4^{3-}$ | 삼메틸인산 | $(CH_3O)_3PO + 3H_2O \rightarrow 3CH_3OH + H_3PO_4$ | Zr, Hf |
| $C_2O_4^{2-}$ | 에틸옥살산 | $(C_2H_5)_2C_2O_4 + 2H_2O \rightarrow 2C_2H_5OH + H_2C_2O_4$ | Mg, Zn, Ca |
| $SO_4^{2-}$ | 이메틸황산 | $(CH_3O)_2SO_2 + 4H_2O \rightarrow 2CH_3OH + SO_4^{2-} + 2H_3O^+$ | Ba, Ca, Sr, Pb |
| $CO_3^{2-}$ | 삼클로로아세트산 | $Cl_3CCOOH + 2OH^- \rightarrow CHCl_3 + CO_3^{2-} + H_2O$ | La, Ba, Ra |
| $H_2S$ | 싸이오아세트아마이드* | $CH_3CSNH_2 + H_2O \rightarrow CH_3CONH_2 + H_2S$ | Sb, Mo, Cu, Cd |
| DMG† | 바이오아세틸 + 하이드록실아민 | $CH_3COCOCH_3 + 2H_2NOH \rightarrow DMG + 2H_2O$ | Ni |
| HOQ‡ | 8-아세톡시퀴놀린§ | $CH_3COOQ + H_2O \rightarrow CH_3COOH + HOQ$ | Al, U, Mg, Zn |

*$CH_3—C(=S)—NH_2$

†DMG = Dimethylglyoxime = $CH_3—C(=N—OH)—C(=N—OH)—CH_3$

‡HOQ = 8-Hydroxyquinoline = (구조식)

§$CH_3—C(=O)—O$— (8-퀴놀릴) (구조식)

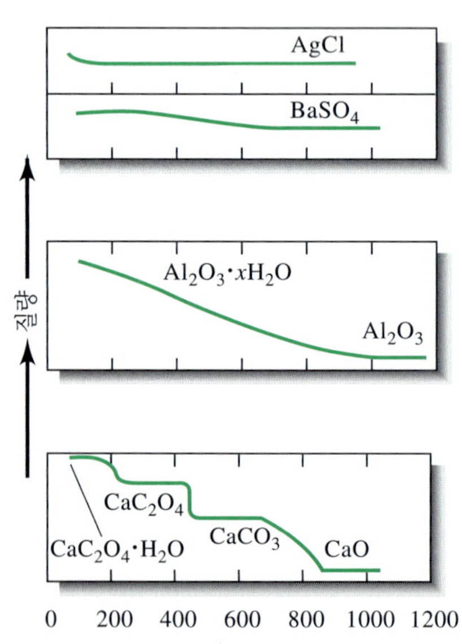


그림 12-6 침전물 무게에 대한 온도 효과.

## ▸ 12A-7 침전물의 건조와 강열

무게법에서는 침전물을 거른 후 그 무게가 일정하게 될 때까지 가열한다. 가열하게 되면 침전물에 존재하는 용매나 휘발성 물질도 제거된다. 몇몇 침전물들은 강열하면 분해가 되어 잘 알려진 조성을 갖는 화합물이 만들어진다. 이렇게 얻어진 새로운 화합물을 종종 *무게 재는 형*(weighing form)이라고도 한다.

적당한 무게 재는 형으로 만드는데 필요한 온도는 침전물에 따라 다르다. **그림 12-6**에서는 몇몇 일반적인 분석용 침전물에 대한 온도 함수에 따른 무게 손실을 보여주고 있다. 이 데이터는 자동 열저울을 이용하여 얻었으며,[7] 이 자동 열저울은 전기로 속의 온도를 일정한 속도로 증가시키면서 물질의 무게를 연속적으로 기록한다(**그림 12-7**). 세 침전물, 즉 염화 은, 황산 바륨 및 산화 알루미늄을 가열하면 물

[7] 열저울에 대한 설명은 다음을 참고하시오. D. A. Skoog, F. J. Holler, and S. R. Crouch, *Principles of Instrumental Analysis,* 6th ed., Chap. 31, Belmont, CA: Brooks/Cole, 2007; P. Gabbot, ed. *Principles and Applications of Thermal Analysis,* Chap. 3, Ames, IA: Blackwell, 2008; W. W. Wendlandt, *Thermal Methods of Analysis,* 3rd ed., New York: Wiley, 1985; A. J. Paszto, in *Handbook of Instrumental Techniques for Analytical Chemistry,* F. Settle, ed. , Chap. 50, Upper Saddle River, NJ: Prentice Hall, 1997.

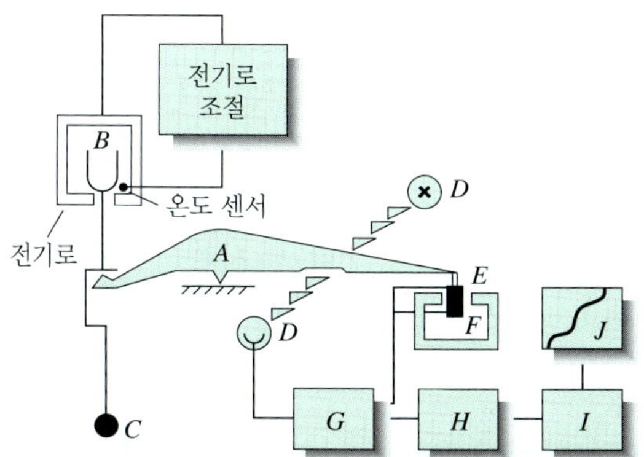


**그림 12-7** 열 저울의 구성도. *A:* 저울대, *B:* 시료 용기와 집게, *C:* 평형추, *D:* 램프와 광 다이오드, *E:* 코일, *F:* 자석, *G:* 제어증폭기, *H:* 빈용기 계산기, *I:* 증폭기, *J:* 기록기. (Mettler Toledo, Inc., Columbus, OH.)

과 휘발성 전해질만이 제거된다. 그러나 일정한 무게를 갖는 무수침전물을 만드는 데는 폭넓은 온도 범위를 필요로 한다. 염화 은에 있는 수분은 110°C 이상에서 완전히 제거되지만 산화 알루미늄에 있는 물은 1000°C보다 높은 온도가 될 때까지도 완전히 제거되지 않는다. 요소를 사용하여 균일 침전으로 생성되는 산화 알루미늄은 약 650°C에서 완전히 탈수될 수 있다는 것은 흥미 있는 일이다.

침전물을 완전히 탈수시키는데 필요한 온도는 100°C 정도의 낮은 온도이거나 1000°C 정도의 높은 온도일 수도 있다.

옥살산 칼슘의 열곡선(thermal curve)은 그림 12-6에서 보여주고 있는 다른 것에 비하여 훨씬 복잡하다. 약 135°C 이하에서는 결합하지 않은 물 분자가 제거되어 일수화물 $CaC_2O_4 \cdot H_2O$로 된다. 그 다음 이 화합물은 225°C에서 무수물 $CaC_2O_4$로 되고 약 450°C에서 무게의 갑작스런 변화는 옥살산 칼슘이 탄산 칼슘과 이산화 탄소로 분해되는 것을 나타낸다. 이 곡선의 마지막 단계는 탄산이 산화 칼슘과 이산화 탄소로 변환되는 것을 나타내고 있다. 옥살산염으로 만든 침전물에 의한 칼슘을 무게법 분석에서 최종적으로 무게를 재는 화합물은 강열하는 온도에 따라 크게 달라진다는 것이 분명하다.

열 분해곡선을 기록하는 것을 **열무게법 분석**(thermogravimetric analysis)이라고 하며, 온도에 따른 질량 곡선을 **열분석도**(thermogram)라고 한다.

## 12B 무게 분석법 데이터로부터 분석 결과의 계산

일반적으로 무게 분석법의 결과는 두 실험 측정값인 시료의 질량과 잘 알려진 조성을 갖는 화합물의 질량으로부터 계산된다. 다음의 예제를 통하여 이들 계산이 어떻게 이루어지는지를 설명한다.

### 예제 12-1

천연수 200.0 mL 중에 존재하는 칼슘을 $CaC_2O_4$로 침전시켜 정량하였다. 침전물은 거르고 씻고, 도가니에서 강열하였다. 빈 도가니의 질량은 26.6002 g이었다. 도가니와 CaO (56.077 g/mol)의 질량은 26.7134 g이었다. 물 100 mL 당 g 단위로 자연수 중의 Ca (40.078 g/mol)의 농도를 계산하시오.

**풀이**

CaO의 질량은

$$26.7134\,g - 26.6002 = 0.1132\,g$$

시료 중 Ca의 몰수는 CaO의 몰수와 같으므로

*(계속)*

$$\text{Ca의 몰수} = 0.1132\,\text{g}\,\cancel{\text{CaO}} \times \frac{1\,\text{mol}\,\cancel{\text{CaO}}}{56.077\,\text{g}\,\cancel{\text{CaO}}} \times \frac{1\,\text{mol}\,\text{Ca}}{\text{mol}\,\cancel{\text{CaO}}}$$

$$= 2.0186 \times 10^{-3}\,\text{mol Ca}$$

$$\text{Ca의 농도} = \frac{2.0186 \times 10^{-3}\,\cancel{\text{mol Ca}} \times 40.078\ \text{g Ca}/\cancel{\text{mol Ca}}}{200\ \text{mL 시료}} \times \frac{100}{100}$$

$$= 0.04045\ \text{g}/100\ \text{mL 시료}$$

## 예제 12-2

철광석 시료 1.1324 g을 진한 HCl로 녹여 분석하였다. 염산으로 녹인 시료 용액을 물로 묽히고 철(III)를 $NH_3$를 가함으로써 수화된 산화물인 $Fe_2O_3 \cdot xH_2O$로 침전시켰다. 침전물을 거르고 씻고 높은 온도로 강열하여 순수한 $Fe_2O_3$ (159.69 g/mol) 0.5394 g을 얻었다. 시료 중에 존재하는 (a) %Fe (55.847 g/mol)과 (b) $\%Fe_3O_4$ (231.54 g/mol)를 계산하시오.

**풀이**

이 두 문제에 대하여 $Fe_2O_3$의 몰수를 계산하여야 한다.

$$\text{Fe}_2\text{O}_3\text{의 몰수} = 0.5394\ \text{g}\ \cancel{\text{Fe}_2\text{O}_3} \times \frac{1\ \text{mol Fe}_2\text{O}_3}{159.69\ \text{g}\ \cancel{\text{Fe}_2\text{O}_3}}$$

$$= 3.3778 \times 10^{-3}\,\text{mol Fe}_2\text{O}_3$$

(a) Fe의 몰수는 $Fe_2O_3$ 몰수의 2배이다.

$$\text{Fe의 질량} = 3.3778 \times 10^{-3}\,\cancel{\text{mol Fe}_2\text{O}_3} \times \frac{2\,\cancel{\text{mol Fe}}}{\cancel{\text{mol Fe}_2\text{O}_3}} \times \frac{55.847\ \text{g Fe}}{\cancel{\text{mol Fe}}}$$

$$= 0.37728\ \text{g Fe}$$

$$\%\ \text{Fe} = \frac{0.37728\,\text{g Fe}}{1.1324\,\text{g 시료}} \times 100\% = 33.32\%$$

(b) 다음 균형 반응식으로부터, $Fe_2O_3$ 3 mol은 $Fe_3O_2$ 2 mol과 같다. 즉,

$$3\text{Fe}_2\text{O}_3 \rightarrow 2\text{Fe}_3\text{O}_4 + \frac{1}{2}\text{O}_2$$

$$\text{Fe}_3\text{O}_4\text{의 질량} = 3.3778 \times 10^{-3}\,\cancel{\text{mol Fe}_2\text{O}_3} \times \frac{2\ \cancel{\text{mol Fe}_3\text{O}_4}}{3\,\cancel{\text{mol Fe}_2\text{O}_3}} \times \frac{231.54\,\text{g Fe}_3\text{O}_4}{\cancel{\text{mol Fe}_3\text{O}_4}}$$

$$= 0.52140\ \text{g}\,\text{Fe}_3\text{O}_4$$

$$\%\ \text{Fe}_3\text{O}_4 = \frac{0.5140\,\text{g Fe}_3\text{O}_4}{1.1324\,\text{g 시료}} \times 100\% = 46.04\%$$

이 예제에서 몰질량과 화학량론비와 같은 모든 상수는 **무게법 인자**(gravimetric factor)라 불리는 단일 인자로 결합된다. (a)에 대해서

$$\text{무게법 인자} = \frac{1\ \cancel{\text{mol Fe}_2\text{O}_3}}{159.69\,\text{g Fe}_2\text{O}_3} \times \frac{2\,\cancel{\text{mol Fe}}}{\cancel{\text{mol Fe}_2\text{O}_3}} \times \frac{55.847\ \text{g Fe}}{\cancel{\text{mol Fe}}} = 0.69944\ \frac{\text{g Fe}}{\text{g Fe}_2\text{O}_3}$$

무게법 계산에서 결합된 상수 인자들을 **무게법 인자**라 한다. 무게법 인자를 무게를 단 물질의 질량과 곱하면 그 결과는 물질에 대한 질량이 된다.

(b)에 대한 무게법 인자는

$$\text{무게법 인자} = \frac{1\,\text{mol Fe}_2\text{O}_3}{159.69\,\text{g Fe}_2\text{O}_3} \times \frac{2\,\text{mol Fe}_3\text{O}_4}{3\,\text{mol Fe}_2\text{O}_3} \times \frac{231.54\,\text{g Fe}_3\text{O}_4}{\text{mol Fe}_3\text{O}_4}$$

$$= 0.96662\,\frac{\text{g Fe}_3\text{O}_4}{\text{g Fe}_2\text{O}_3}$$

**예제 12-3**

NaCl (58.44 g/mol)과 $BaCl_2$ (208.23 g/mol)만을 포함하는 시료 0.2356 g은 건조된 AgCl (143.32 g/mol) 0.4637 g을 생성한다. 시료 중에 존재하는 각 할로젠 화합물의 퍼센트를 계산하시오.

**풀이**

만일 NaCl의 질량(g)을 $x$라 하고, $BaCl_2$의 질량(g)을 $y$라고 하면

$$x + y = 0.2356\ \text{g 시료}$$

NaCl로부터 AgCl의 질량을 얻기 위하여 NaCl로부터 얻어진 AgCl를 몰수로 나타내면,

$$\text{NaCl로부터 얻어진 AgCl의 몰수} = x\,\text{g NaCl} \times \frac{1\,\text{mol NaCl}}{58.44\,\text{g NaCl}} \times \frac{1\,\text{mol AgCl}}{\text{mol NaCl}}$$

$$= 0.017111x\ \text{mol AgCl}$$

$$\text{NaCl로부터 얻어진 AgCl의 질량} = 0.017111x\ \text{mol AgCl} \times 143.32\frac{\text{g AgCl}}{\text{mol AgCl}}$$

$$= 2.4524x\ \text{g AgCl}$$

같은 방법으로 $BaCl_2$로부터 얻어진 AgCl를 몰수로 나타내면 다음과 같이 주어진다.

$$\text{BaCl}_2\text{로부터 얻어진 AgCl의 몰수} = y\,\text{g BaCl}_2 \times \frac{1\,\text{mol BaCl}_2}{208.23\,\text{g BaCl}_2} \times \frac{2\,\text{mol AgCl}}{\text{mol BaCl}_2}$$

$$= 9.605 \times 10^{-3}y\ \text{mol AgCl}$$

$$\text{BaCl}_2\ \text{로부터 얻어진 AgCl의 질량} = 9.605 \times 10^{-3}y\ \text{mol AgCl} \times 143.32\frac{\text{g AgCl}}{\text{mol AgCl}}$$

$$= 1.3766y\ \text{g AgCl}$$

AgCl 0.4637g은 두 화합물로부터 왔기 때문에 다음과 같이 쓸 수 있다.

$$2.4524x\ \text{g AgCl} + 1.3766y\ \text{g AgCl} = 0.4637\ \text{g AgCl, 또는}$$

$$2.4524x + 1.3766y = 0.4637$$

이 첫 번째 식을 다시 쓰면

$$y = 0.2356 - x$$

식을 앞의 식에 대입하면

$$2.4524x + 1.3766(0.2356 - x) = 0.4637$$

(계속)

이 식을 재배열하면

$$1.0758x = 0.13942$$

$$x = \text{질량 NaCl} = 0.12960 \text{ g NaCl}$$

$$\% \text{ NaCl} = \frac{0.12960 \text{ g NaCl}}{0.2356 \text{ g 시료}} \times 100\% = 55.01\%$$

$$\% \text{ BaCl}_2 = 100.00\% - 55.01\% = 44.99\%$$

**스프레드시트 요약** 몇 가지 화학 문제에서 원하는 결과를 얻기 위해서는 동시에 두 개 이상의 방정식을 풀어야 한다. 예제 12-3이 그런 문제에 속한다. *Applications of Microsoft® Excel in Analytical Chemistr* 2판 6장에서는 그러한 방정식을 풀기 위해서 행렬과 역행렬법을 사용하였다. 행렬법은 4개의 미지수와 4개의 방정식을 갖는 연립 방정식을 푸는 데 확장된다. 예제 12-3의 결과를 확신하기 위하여 행렬법을 사용하였다.

무게법에서는 검정이나 표준화 단계를 필요로 하지 않는다(전기량법을 제외한 모든 다른 분석에서는 필요로 한다). 왜냐하면 결과는 실험 데이터와 원자량으로부터 직접 계산되기 때문이다. 즉 1~2개 시료를 분석하려고 할 때 무게법 분석을 선택하는 것이 좋다. 왜냐하면 표준 물질을 준비하거나 검정을 필요로 하는 과정보다 무게 분석법에서는 오히려 시간과 노력이 덜 들기 때문이다.

## 12C 무게법 분석의 응용

무게법 분석은 물, 이산화 황, 이산화 탄소와 아이오딘 같은 중성 화학종뿐만 아니라 대부분의 무기 음이온과 양이온의 분석을 위해 발전되어 왔다. 또한 여러 유기 물들도 무게 분석법으로 쉽게 정량할 수 있다. 몇 가지 예를 들면 우유 중의 락토오스, 곡물 중의 콜레스테롤, 그리고 아몬드 추출물에 들어 있는 벤즈알데하이드 등이 있다. 실제로 무게 분석법은 모든 분석법 중에서 가장 널리 응용되는 분석법이다.

### ▸ 12C-1 무기 침전제

**표 12-2**에 흔히 사용되고 있는 무기 침전제들을 정리해 놓았다. 이 시약들은 분석물과 반응하여 난용성 염이나 수화된 산화물을 만든다. 표에 기록된 각 시약들에 대하여 알 수 있듯이 선택적인 무기 침전제는 많지 않다.

**표 12-2**

**몇 가지 무기 침전제**

| 침전제 | 침전되는 원소* |
|---|---|
| $NH_3(aq)$ | **Be** (BeO), **Al** ($Al_2O_3$), **Sc** ($Sc_2O_3$), Cr ($Cr_2O_3$)†, **Fe** ($Fe_2O_3$), Ga ($Ga_2O_3$), Zr ($ZrO_2$), **In** ($In_2O_3$), Sn ($SnO_2$), U ($U_3O_8$) |
| $H_2S$ | Cu (CuO)†, **Zn** (ZnO or $ZnSO_4$), **Ge** ($GeO_2$), As ($\underline{As_2O_3}$ 또는 $As_2O_5$), Mo ($MoO_3$), Sn ($SnO_2$)†, Sb ($\underline{Sb_2O_3}$), or $Sb_2O_5$), Bi ($Bi_2S_3$) |
| $(NH_4)_2S$ | Hg ($\underline{HgS}$), Co ($Co_3O_4$) |
| $(NH_4)_2HPO_4$ | **Mg** ($Mg_2P_2O_7$), Al ($AlPO_4$), Mn ($Mn_2P_2O_7$), Zn ($Zn_2P_2O_7$), Zr ($Zr_2P_2O_7$), Cd ($Cd_2P_2O_7$), Bi ($BiPO_4$) |
| $H_2SO_4$ | Li, Mn, **Sr**, **Cd**, **Pb**, **Ba** (황산염 형태) |
| $H_2PtCl_6$ | K ($K_2PtCl_6$ 또는 Pt), Rb ($\underline{Rb_2PtCl_6}$), Cs ($\underline{Cs_2PtCl_6}$) |
| $H_2C_2O_4$ | Ca (CaO), Sr (SrO), **Th** ($ThO_2$) |
| $(NH_4)_2MoO_4$ | Cd ($CdMoO_4$)†, Pb ($\underline{PbMoO_4}$) |

| | |
|---|---|
| HCl | **Ag** (AgCl), Hg ($Hg_2Cl_2$), Na (뷰틸 알콜에서 NaCl 형태로), Si ($SiO_2$) |
| $AgNO_3$ | **Cl** (AgCl), Br (AgBr), I(AgI) |
| $(NH_4)_2CO_3$ | **Bi** ($Bi_2O_3$) |
| $NH_4SCN$ | Cu [$Cu_2(SCN)_2$] |
| $NaHCO_3$ | Ru, Os, Ir(수산화물로서 침전되며, $H_2$에 의해 환원되어 금속 상태가 된다) |
| $HNO_3$ | Sn ($SnO_2$) |
| $H_5IO_6$ | Hg [$Hg_5(IO_6)_2$] |
| NaCl, $Pb(NO_3)_2$ | F (PbClF) |
| $BaCl_2$ | **$SO_4^{2-}$** ($BaSO_4$) |
| $MgCl_2$, $NH_4Cl$ | $PO_4^{3-}$ ($Mg_2P_2O_7$) |

*굵은 활자로 표시된 원소 또는 이온을 분석하는 데는 무게 분석법이 더 좋다. 무게 재는 형은 괄호 속에 나타내었다.

†무게 분석법에서 거의 이용되지 않는 것이고 밑줄 그은 것은 가장 신뢰할 수 있게 무게 분석법을 할 수 있는 화합물들이다.

*Source*: From W. F. Hillebrand, G. E. F. Lundell, H. A. Bright, and J. I. Hoffman, Applied Inorganic Analysis, New York: Wiley, 1953. Reprinted by permission of author Lundell's estate.

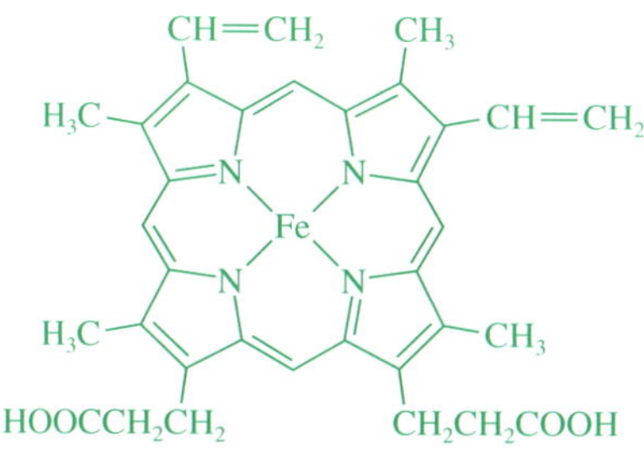


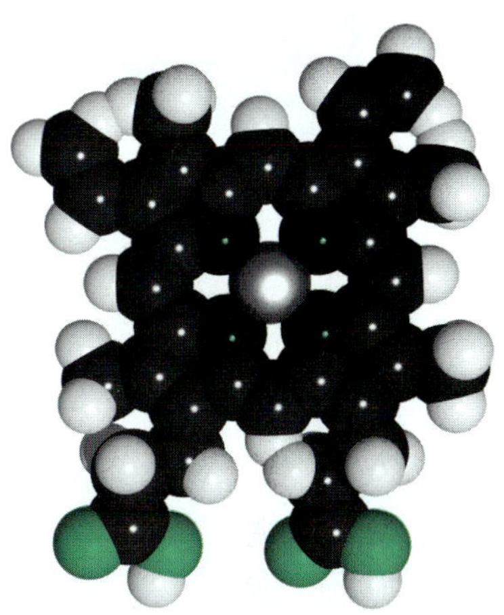

킬레이트는 한 금속이 한 개 또는 그 이상의 5~6개의 원자들로 만들어진 고리의 한 부분에 놓이는 고리형 금속-유기 화합물이다. 여기에 그려진 킬레이트는 헴(heme)이고, 이것은 혈액 내에서 산소를 운반하는 분자인 헤모글로빈의 한 부분이다. Fe(II) 이온과 결합되어 6개의 원자들로 만들어진 고리가 4개 있음에 주목하시오.

## ▸ 12C-2 환원제

표 12-3은 분석물을 무게를 달기 위한 원소 형태로 전환시켜 주는 여러 시약들을 보여주고 있다.

**표 12-3**

**무게법 분석에 사용된 몇 가지 환원제**

| 환원제 | 분석물 |
|---|---|
| $SO_2$ | Se, Au |
| $SO_2 + H_2NOH$ | Te |
| $H_2NOH$ | Se |
| $H_2C_2O_4$ | Au |
| $H_2$ | Re, Ir |
| HCOOH | Pt |
| $NaNO_2$ | Au |
| $SnCl_2$ | Hg |
| 전해 환원 | Co, Ni, Cu, Zn Ag, In, Sn, Sb, Cd, Re, Bi |



## ▸ 12C-3 유기 침전제

무기 화학종을 무게법으로 정량하기 위한 많은 유기 침전 시약이 개발되었다. 이들 중 몇몇 시약들은 표 12-2에 있는 대부분의 무기 침전제보다 반응에 있어서 훨씬 더 선택적이다. 유기 시약에는 두 가지 형태가 있다. 한 가지는 **배위 화합물**(coordination compound)이라고 하는 난용성인 비이온성 생성물을 생성하며, 또 다른 하나는 무기 화학종과 유기 시약 사이의 결합이 큰 이온성을 나타내는 생성물을 만드는 것이다.

난용성 배위화합물을 만드는 유기 시약은 적어도 두 개의 작용기를 가지고 있다. 이들 작용기 각각은 전자쌍을 내어주어 양이온과 결합을 한다. 분자 내에서 이 작용기들은 양이온과의 반응에 의해 5~6개의 원자들로 고리를 만들 수 있는 위치에 놓여 있다. 이런 형태의 화합물을 만드는 시약을 **킬레이트 시약**(chelating agent)이라고 하고, 그 생성물을 **킬레이트**(chelate)라고 한다(17장 참조).

금속 킬레이트는 비교적 비극성이므로 물에서는 용해도가 작지만 유기 액체에서는 용해도가 크다. 보통 이 화합물들은 낮은 밀도를 가지고 있으며 진한 색깔을 띤다. 이들은 물과의 친화력이 거의 없기 때문에 배위 화합물들은 낮은 온도에서도 습기를 쉽게 제거할 수 있다. 널리 사용되는 두 킬레이트 시약을 다음 단락에서 소개하려고 한다.

### » *8-하이드록시퀴놀린(oxine)*

8-하이드록시퀴놀린은 대략 20여개의 양이온과 반응하여 난용성 킬레이트를 생성한다. 전형적인 이들 킬레이트로는 마그네슘 8-하이드록시퀴놀린의 구조를 들 수 있다.

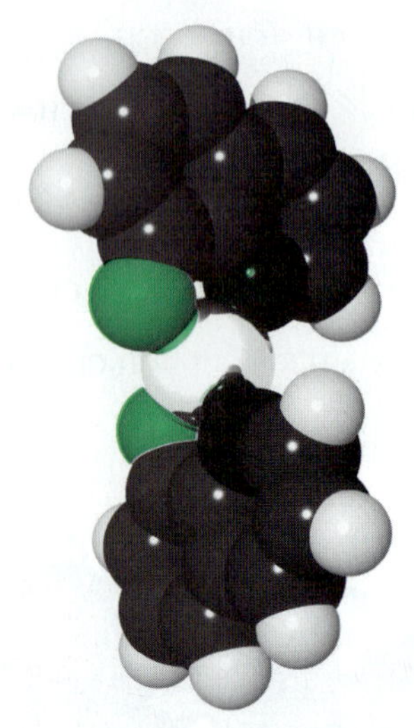

8-하이드록시퀴놀린과 반응한 마그네슘 착화합물.

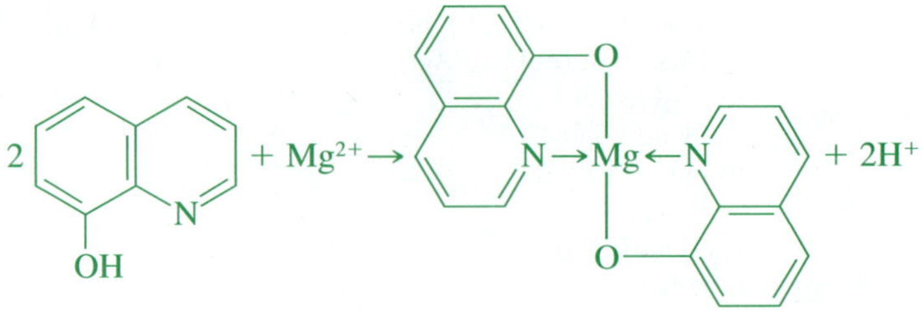

금속 8-하이드록시퀴놀린의 용해도는 양이온의 종류에 따라 달라지고, 8-하이드록시퀴놀린이 킬레이트를 생성할 때 항상 수소 이온이 떨어져 나가기 때문에 pH에 따라서도 달라진다. 그러므로 8-하이드록시퀴놀레이트를 사용하는 경우 pH를 조절하면 상당한 정도의 선택성을 얻을 수 있다.

### » 다이메틸글리옥심

다이메틸글리옥심은 어느 다른 시약보다도 특이성을 갖는 유기 침전제이다. 약한 알칼리 용액에서 단지 Ni(II)만을 침전시킨다. 반응은 다음과 같다.

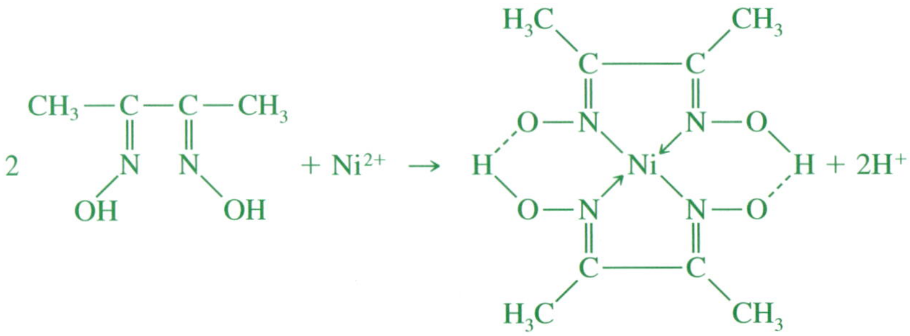

니켈 다이메릴클리옥심의 모양은 보기에도 좋으며 color plate 7에서 보는 바와 같이 아름답고 선명한 붉은색을 띤다.

이 침전물은 부피가 매우 커서 단지 작은 양의 니켈도 편리하게 취급할 수 있다. 또한 거르거나 씻을 때 용기의 벽을 타고 올라가는 좋지 않은 경향성이 있다. 이 고체는 110°C에서 쉽게 건조되고 그 화학식이 나타내는 $C_8H_{14}N_4NiO_4$ 조성을 갖는다.

소듐 테트라페닐보레이트.

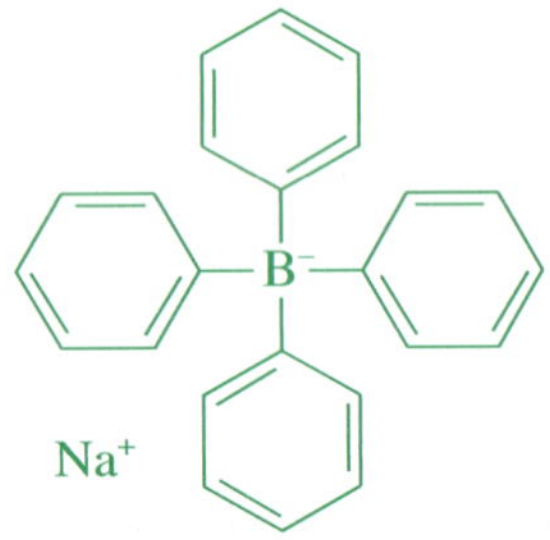

### » 소듐 테트라페닐보레이트

소듐 테트라페닐보레이트 $(C_6H_5)_4B^-Na^+$는 염 형태의 침전물을 생성하는 유기 침전제의 중요한 예이며, 이것은 차가운 무기산 용액에서 포타슘이나 암모늄 이온에 대해 특이성을 갖는 침전제이다. 침전물의 조성은 화학량론적이고 1 몰의 테트라페닐보레이트 이온에 대해 1몰의 포타슘이나 암모늄을 포함하고 있다. 이 이온 화합물들은 쉽게 걸러지며 105~120°C에서 일정한 질량을 갖는다. 단지 수은(II), 루비듐, 세슘만이 방해하므로 전처리하여 이들을 제거하여야만 한다.

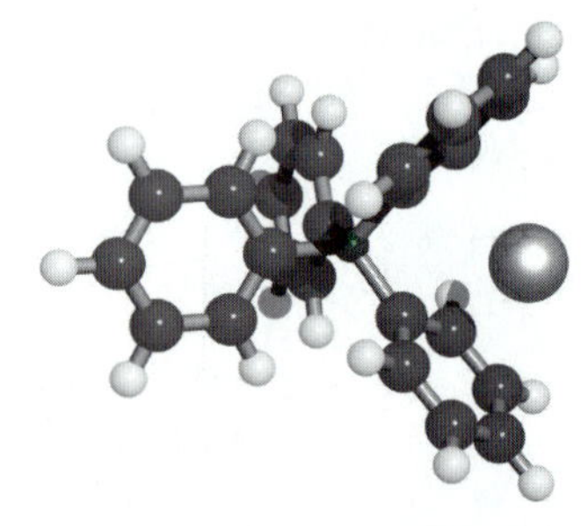

소듐 테트라페닐보레이트의 분자 모델.

## ▸ 12C-4 유기 작용기 분석

여러 가지 시약들은 어떤 유기 작용기들과 선택적으로 반응하므로 이 작용기들을 포함하는 대부분의 화합물을 정량하는 데 사용될 수 있다. 무게법 분석으로 작용기를 분석하는 시약을 **표 12-4**에 정리해 놓았다. 또한 여기서 보여준 많은 반응들은 부피법이나 분광광도법을 이용한 정량에도 사용할 수 있다.

**표 12-4**

**유기물 작용기에 대한 무게법 분석**

| 작용기 | 방법 | 반응과 무게를 재게 되는 생성물* |
|---|---|---|
| Carbonyl | 2,4-dinitrophenylhydrazine으로 침전한 질량 | $RCHO + H_2NNHC_6H_3(NO_2)_2 \rightarrow$ $\underline{R{-}CH = NNHC_6H_3(NO_2)_2(s)} + H_2O$ (RCOR′는 유사하게 반응한다) |
| Aromatic carbonyl | Quinoline 내에서 230°C에서 생성된 $CO_2$의 질량. $CO_2$ 증류, 흡수, 무게를 잼 | $ArCHO \xrightarrow[CuCO_3]{230°C} Ar + \underline{CO_2(g)}$ |
| Methoxyl과 ethoxyl | $CH_3I$ 혹은 $C_2H_5I$의 증류 및 분해 후에 생성된 AgI의 질량 | $\left.\begin{array}{l} ROCH_3 + HI \rightarrow ROH + CH_3I \\ RCOOH_3 + HI \rightarrow RCOOH + CH_3I \\ ROC_2H_5 + HI \rightarrow ROH + C_2H_5I \end{array}\right\} CH_3I + Ag^+ + H_2O \rightarrow \underline{AgI(s)} + CH_3OH$ |
| Aromatic nitro | Sn의 손실 질량 | $RNO_2 + \frac{3}{2}Sn(s) + 6H^+ \rightarrow RNH_2 + \frac{3}{2}Sn^{4+} + 2H_2O$ |
| Azo | Cu의 손실 질량 | $RN = NR' + 2Cu(s) + 4H^+ \rightarrow RNH_2 + R'NH_2 + 2Cu^{2+}$ |
| Phosphate | Ba 염의 질량 | $ROP(=O)(OH)_2 + Ba^{2+} \rightarrow \underline{ROP(=O)O_2Ba(s)} + 2H^+$ |
| Sulfamic acid | $HNO_2$로 산화시킨 후 $BaSO_4$의 질량 | $RNHSO_3H + HNO_2 + Ba^{2+} \rightarrow ROH + BaSO_4(s) + N_2 + 2H^+$ |
| Sulfinic acid | Fe(III) 설피네이트(sulfinate) 연소 후 $Fe_2O_3$의 질량 | $3ROSOH + Fe^{3+} \rightarrow (ROSO)_3Fe(s) + 3H^+$ <br> $(ROSO)_3Fe \xrightarrow[O_2]{} CO_2 + H_2O + SO_2 + \underline{Fe_2O_3(s)}$ |

*무게 재는 물질에 밑줄 표시를 함.

## ▸ 12C-5 휘발 무게법

휘발에 근거한 가장 널리 쓰이는 두 가지 무게법 분석은 물과 이산화 탄소를 정량하는 것이다. 많은 물질 중에 함유된 물은 강열함으로써 정량적으로 제거할 수 있다. 직접적인 방법으로 물을 정량하려 할 때는 수증기를 어느 한 고체 건조제에 모으고 건조제의 늘어난 질량을 측정하여 물의 함량을 구한다. 강열하는 동안에 줄어든 시료의 질량을 측정하여 물의 양을 측정하는 간접적인 방법은 단지 휘발되는 성분이 물뿐이라고 가정해야 하기 때문에 만족스러운 결과를 주지 못한다. 만약 침전물의 어떤 성분이 휘발성이 있다면 이러한 가정은 문제들이 있을 수 있다. 그럼에도 불구하고 이 간접적인 방법은 여러 상품의 수분을 정량하는 데 널리 사용되고 있다. 예를 들면 반자동기기를 사용하여 곡물 중에 존재하는 수분을 정량하는데 이 경우 10 g의 시료를 평평한 저울 위에 놓고 적외선 램프로 가열하여 잔유물의 퍼센트를 직접 측정한다.

여러 가지 농산물이나 상품에 들어 있는 물의 함량을 측정하는 자동기기는 여러 기계 회사에서 제작하여 판매하고 있다.

이산화 탄소로 휘발시키는 무게법의 한 예로는 제산제(antacid) 정제 중에 들어 있는 중탄산소듐을 정량하는 것이다. 정제를 미세하게 갈아 무게는 잰 시료를 묽은 황산으로 처리하여 중탄산소듐을 이산화 탄소로 바꾼다.

$$NaHCO_3(aq) + H_2SO_4(aq) \rightarrow CO_2(g) + H_2O(l) + NaHSO_4(aq)$$

**그림 12-8**에서 보여주는 것과 같이 질소 하에서 처음 반응으로부터 수증기를 제거하고 순수한 $CO_2$ 흐름을 만들기 위해 $CaSO_4$를 포함하고 있는 건조관에 연결된 플라스크 안에서 이 반응은 시작된다. 이 이산화 탄소는 비섬유질 규산염에 흡수된 수산화소듐으로 된 흡수제인 아스카라이트(Ascarite) II[8]를 통과한다. 이 물질은 다

[8]Thomas Scientific, Swedesboro, NJ.

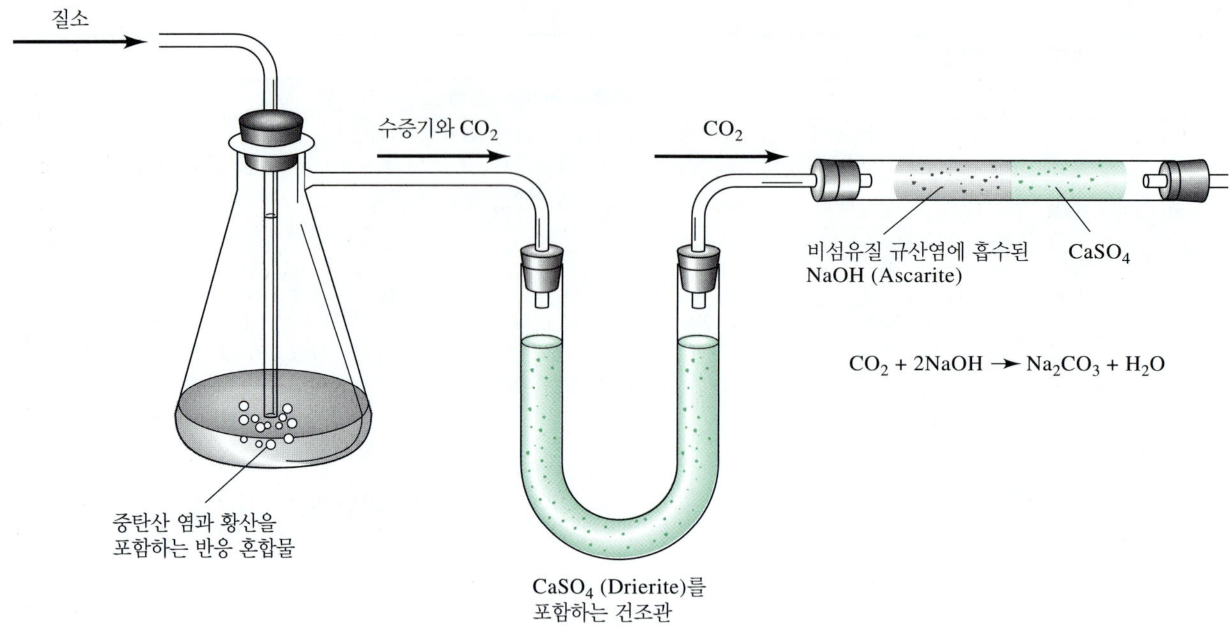


**그림 12-8** 휘발 무게법에 의해 제산제 정제 중에 들어 있는 중탄산소듐을 정량하는 장치.

음의 반응에 의해 이산화 탄소를 잡아두고 있다.

$$2NaOH + CO_2 \rightarrow Na_2CO_3 + H_2O$$

흡수관은 또한 반응에 의해 생성된 수분의 손실을 막기 위해 $CaSO_4$와 같은 건조제도 가지고 있어야 한다.

황화물이나 아황산염도 휘발법으로 정량할 수 있다. 산 처리한 후에 시료로부터 발생하는 황화 수소나 이산화 황을 적당한 흡수제를 이용하여 모을 수 있다.

끝으로 유기 화합물에 존재하는 탄소나 수소를 정량하는 고전적인 방법은 연소 생성물($H_2O$와 $CO_2$)의 질량을 알고 있는 흡수제에 각각 선택적으로 모으는 휘발 무게법이다. 질량의 증가분은 분석 매개 변수로 이용한다.

캠퍼스 정보 시스템을 통해 American Chemical Society Journals에 연결한 후, C. M. Beck이 쓴 고전 분석에 대한 논문[9]에 접속하시오. 또한 DOI (digital object identifier)를 이용할 수 있다(http://**www.doi.org/**). Beck은 고전 분석에 대하여 심도 있게 재조명하였다. Beck의 고전 분석의 정의는 무엇인가? Beck은 자동화되고 컴퓨터화된 기기를 사용하는 이 시대에 고전 분석을 개발해야 한다고 주장하는 이유는 무엇인가? 자격을 갖춘 고전 분석자의 수가 축소되는 문제에 대하여 어떤 해결책을 제시하였는가? Beck의 견해에서 고전 분석자들의 공급이 유지되어야 하는 세 가지 이유를 적으시오.

[9]C. M. Beck, *Anal. Chem.*, **1994**, *66*(4), 224A–239A, **DOI**: 10.1021/ac00076a001; C. M. Beck, *Anal. Chem.*, **1991**, *63*(20), 993A–1003A, **DOI**: 10.1021/ac00020a002; C. M. Beck, *Metrologia*, **1997**, *34*(1), 19–30, **DOI**: 10.1088/0026-1394/34/1/4.

## 연습 문제

**12-1.** 다음의 차이점을 설명하시오.
*(a) 콜로이드 침전과 결정성 침전
(b) 침전 무게법과 휘발 무게법
*(c) 침전과 공침
(d) 풀림과 엉김
*(e) 내포와 혼성결정 생성
(f) 결정핵생성과 입자 성장

**12-2.** 다음을 정의하시오.
*(a) 삭임
(b) 흡착
*(c) 재침전
(d) 균일 용액 침전
*(e) 상대 이온층
(f) 모액
*(g) 과포화

***12-3.** 킬레이트 시약의 구조적 특징은 무엇인가?

**12-4.** 침전물이 생성되는 동안에 상대 과포화도를 어떻게 조절할 수 있는가?

***12-5.** 수용액은 $NaNO_3$와 KBr를 포함하고 있다. 브로민화 이온은 $AgNO_3$를 부가함으로써 AgBr로 침전된다. 과량의 침전제를 첨가한 후
(a) 엉긴 콜로이드 입자의 표면 전하는 무엇인가?
(b) 이 전하의 원인은 무엇인가?
(c) 상대 이온층에 존재한 주된 이온은 어떤 것인가?

**12-6.** $Ni^{2+}$를 NiS로 균일하게 침전시킬 수 있는 침전법을 제시하시오.

***12-7.** 풀림은 무엇이며 그것을 피하는 방법은 무엇인가?

**12-8.** $Na^+$와 $Li^+$로부터 $K^+$를 분리시킬 수 있는 침전법을 제시하시오.

**12-9.** 오른쪽 열에 있는 물질을 무게 재는 물질이라면 왼쪽 열에 있는 물질을 무게 분석법의 결과를 나타내는데 필요한 화학량론적 인자를 화학식을 사용하여 적으시오.

| 측정하려는 물질 | 무게 재는 물질 | 측정하려는 물질 | 무게 재는 물질 |
|---|---|---|---|
| *(a) $SO_2$ | $BaSO_4$ | (f) $MnCl_2$ | $Mn_3O_4$ |
| (b) Mg | $Mg_2P_2O_7$ | (g) $Pb_3O_4$ | $PbO_2$ |
| *(c) In | $In_2O_3$ | (h) $U_2P_2O_{11}$ | $P_2O_5$ |
| (d) K | $K_2PtCl_6$ | *(i) $Na_2B_4O_7 \cdot 10H_2O$ | $B_2O_3$ |
| *(e) CuO | $Cu_2(SCN)_2$ | (j) $Na_2O$ | † |

†$NaZn(UO_2)_3(C_2H_3O_2)_9 \cdot 6H_2O$

***12-10.** 불순물을 포함하는 염화포타슘 시료 0.2500 g을 과량의 $AgNO_3$로 처리하여 0.2912 g의 AgCl을 얻었다. 시료 중 KCl의 %를 계산하시오.

**12-11.** 불순물을 포함하는 $NH_4Al(SO_4)_2$ 시료 1.200 g 속에 존재하는 Al을 $NH_3$ 수용액으로 침전시켜 수화된 $Al_2O_3 \cdot xH_2O$를 얻었다. 침전물을 거른 후 1000°C로 가열하여 0.2001 g의 무수 $Al_2O_3$를 얻었다. 이 분석 결과를 다음 화합물에 대해 나타내시오.
(a) % $NH_4Al(SO_4)_2$
(b) % $Al_2O_3$
(c) % Al

***12-12.** $CuSO_4 \cdot 5H_2O$ 0.650 g으로부터 생성될 수 있는 $Cu(IO_3)_2$의 질량은 얼마인가?

**12-13.** $CuSO_4 \cdot 5H_2O$ 0.2750 g 중에 들어 있는 구리를 $Cu(IO_3)_2$로 바꾸기 위해 필요한 $KIO_3$의 질량은 얼마인가?

***12-14.** 20.1%의 $AlI_3$를 포함하고 있는 시료 0.512 g으로부터 생성될 수 있는 AgI의 질량은 얼마인가?

**12-15.** 우라늄의 무게법 정량에 사용되는 침전물은 $Na_2U_2O_7$ (634.0 g/mol), $(UO_2)_2P_2O_7$ (714.0 g/mol) 및 $V_2O_5 \cdot 2UO_3$ (753.9 g/mol)이다. 이들 무게 재는 형 중에서 우라늄의 주어진 양으로부터 가장 많은 침전물을 제공하는 것은 어느 것인가?

**12-16.** 불순물을 포함하는 $Al_2(CO_3)_3$ 시료 0.8102 g을 HCl로 분해시켰다. 유리된 $CO_2$는 산화 칼슘에 모았다. 그 무게는 0.0515 g이었다. 시료 중에 존재하는 알루미늄의 %농도를 계산하시오.

**12-17.** 80.0 g의 원유 시료를 증류하여 이에 존재하는 $CdCl_2$ 용액에 모았다. 침전된 CdS를 거르고 씻은 후 가열하여 $CdSO_4$로 만들었다. 0.125 g의 $CdSO_4$를 얻었을 경우 시료 속에 존재하는 $H_2S$의 %를 구하시오.

***12-18.** 0.2121 g의 유기 화합물 시료를 산소 기류 속에서 태워 얻어진 $CO_2$는 수산화 바륨 용액 속에 포집하였다. 0.6006 g의 $BaCO_3$가 생성되었을 경우 시료 중 탄소의 %를 계산하시오.

**12-19.** 농약 시료 7.000 g을 알코올 속에 있는 금속 소듐으로 분해하였고 유리된 염화 이온은 AgCl로 침전되었다. 침전된 AgCl의 무게가 0.2513 g이었을 경우 이 분석의 결과를 %DDT ($C_{14}H_9Cl_5$)로 나타내시오.

***12-20.** 1.0451 g 시료 중에 존재하는 수은을 과량의 paraperiodic acid ($H_5IO_6$)로 침전시켰다

$$5Hg^{2+} + 2H_5IO_6 \rightarrow Hg_5(IO_6)_2 + 10H^+$$

침전물을 거르고 침전제가 남아 있지 않도록 씻은 다음 건조하여 무게를 재어 0.5718 g을 얻었다. 시료 중에 존재하는 $Hg_2Cl_2$의 %농도를 계산하시오.

**12-21.** 염화 이온을 포함하는 시료 중에서 아이오딘화 이온을 과량의 브로민으로 처리하여 아이오딘산으로 바꾸었다.

$$3H_2O + 3Br_2 + I^- \rightarrow 6Br^- + IO_3^- + 6H^+$$

사용되지 않은 브로민은 끓여 제거하고 아이오딘산을 침전시키기 위해 과량의 바륨 이온을 첨가하였다.

$$Ba^{2+} + 2IO_3^- \rightarrow Ba(IO_3)_2$$

시료 1.59 g의 분석에서 0.0538 g을 얻었다. 이 분석 결과를 염화 포타슘의 %로 나타내시오.

***12-22.** 암모니아성 질소는 시료를 chloroplatinic acid로 처리하여 정량할 수 있다. 생성물은 거의 녹지 않는 암모늄 chloroplatinate이다.

$$H_2PtCl_6 + 2NH_4^+ \rightarrow (NH_4)_2PtCl_6 + 2H^+$$

침전물은 태우면 분해되고 금속인 백금과 기체 생성물이 생긴다.

$$(NH_4)_2PtCl_6 \rightarrow Pt(s) + 2Cl_2(g) + 2NH_3(g) + 2HCl(g)$$

시료 0.2115 g이 백금 0.4693 g을 생성하였을 경우 시료 중 암모니아의 %를 계산하시오.

**12-23.** 염화 이온을 포함하는 시료 1.1402 g이 녹아 있는 산성 용액에 0.6447 g의 이산화 망가니즈를 넣었을 때 다음 반응과 같이 염소 기체가 발생하였다.

$$MnO_2(s) + 2Cl^- + 4H^+ \rightarrow Mn^{2+} + Cl_2(g) + 2H_2O$$

반응이 완결된 후, 과량의 이산화 망가니즈를 여과하여 씻고 무게를 다니 0.3521 g이 회수되었다. 이 분석 결과를 %로 나타내시오.

***12-24.** 일련의 황산염 시료는 $BaSO_4$로 침전시켜 분석할 수 있다. 만일 시료 중에 포함된 황산염이 20%와 55% 사이에 존재한다면 0.200 g보다 많은 침전을 얻으려 할 때 취해야 할 시료의 최소 무게는 얼마나 되겠는가? 이 시료의 양으로 얻을 수 있는 침전물의 최대 무게는 얼마이겠는가?

**12-25.** 다이메틸글리옥심, $H_2C_4H_6O_2N_2$을 니켈(II) 이온을 포함하는 용액에 가하여 침전을 만든다.

$$Ni^{2+} + 2H_2C_4H_6O_2N_2 \rightarrow 2H^+ + Ni(HC_4H_6O_2N_2)_2$$

니켈 다이메틸글리옥심은 부피가 커서 175 mg보다 더 큰 양을 취급하기 힘든 침전물이다. 영구자석 합금 중에 존재하는 니켈의 양은 24~35% 범위에 있다. 이 합금 중에 존재하는 니켈 함량을 분석할 때 초과되지 않아야 하는 시료의 크기를 계산하시오.

***12-26.** 특별한 촉매의 좋은 성능은 지르코늄(Zr) 함량에 따라 크게 달라진다. 이것을 만드는 출발 물질은 68~84% $ZrCl_4$이다. $ZrCl_4$ 이외에는 시료 속에서 염화 이온이 발생하지 않는다는 것이 입증되었기 때문에 AgCl 침전에 근거한 일상적인 분석이 가능하다.

(a) 적어도 0.400 g의 무게를 갖는 AgCl 침전물을 얻기 위해서는 시료의 무게가 얼마가 되어야 하는가?

(b) 만일 이 시료의 무게를 사용한다면 이 분석에서 예상되는 AgCl의 최대 무게는 얼마나 되겠는가?

(c) 생성된 AgCl의 무게가 $ZrCl_4$%의 100배 이상으로 되기 위해서 취해야 할 시료 무게는 얼마인가?

**12-27.** 브로민화 소듐과 브로민화 포타슘으로만 된 시료 0.8720 g으로부터 브로민화 은 1.505 g을 얻었다. 시료 중에 존재하는 각각의 염의 %농도는 얼마인가?

***12-28.** 염화 이온과 아이오딘화 이온을 포함하는 시료 0.6407 g은 은 이온과 반응시켜 할로젠화 은 침전물 0.4430g을 얻었다. 이 침전물은 AgI를 AgCl로 바꾸기 위해 $Cl_2$ 증기 기류 하에서 가열시켰다. 반응이 완결된 후, 무게가 0.3181 g이었다. 시료 중 염화 이온과 아이오딘화 이온의 %를 계산하시오.

**12-29.** 0.2091 g 시료 중에 있는 인이 불용성인 $(NH_4)_3PO_4 \cdot 12MoO_3$로 침전되었다. 이 침전물을 여과하여 잘 씻은 다음, 산으로 다시 녹였다. 이 용액을 과량의 $Pb^{2+}$를 가하여 0.2922 g $PbMoO_4$를 얻었다. 이 분석 결과를 % $P_2O_5$로 나타내시오.

***12-30.** 38.0% $MgCO_3$와 42.0% $K_2CO_3$의 2.300 g 시료가 각각 방출하는 $CO_2$의 양은 몇 g인가?

**12-31.** 염화 마그네슘과 염화 소듐을 포함하는 시료 6.881 g을 충분한 물에 녹여 500 mL로 묽혔다. 이 중 50 mL를 분취하여 0.5923 g을 얻었다. 또 한 마그네슘 정량을 위해 50 mL를 분취하여 $MgNH_4PO_4$로서 침전시켰다. 이것을 소화시켜 $Mg_2P_2O_7$ 0.1796 g을 얻었다. 시료 중 $MgCl_2 \cdot 6H_2O$와 %NaCl을 계산하시오.

***12-32.** $BaCl_2 \cdot 2H_2O$ 0.200 g을 포함하는 용액 50.0 mL에 $NaIO_3$ 0.300 g을 혼합하는 용액 50.0 mL를 혼합하였다. $Ba(IO_3)_2$의 용해도가 무시할 수 있을 정도로 작다고 가정하고 다음을 계산하시오.

(a) 침전된 $Ba(IO_3)_2$의 질량.

(b) 용액 속에서 반응하지 않은 화합물의 질량.

**12-33.** 0.500 g의 $AgNO_3$를 포함하는 용액 100.0 mL에 0.300 g의 $K_2CrO_4$를 포함하는 용액을 100.0 mL를 혼합하였을 때, $Ag_2CrO_4$의 붉은색 침전물이 생성된다.

(a) $Ag_2CrO_4$의 용해도를 무시할 경우에 침전물의 질량을 계산하시오.

(b) 용액 중에 반응하지 않고 남아 있는 성분의 질량을 계산하시오.

**12-34. 도전 문제:** 어떤 화학 물질이 소변 중에서 지나치게 농축될 때 요도관에서 돌이 형성된다. 가장 일반적인 신장결석(kidney stone)은 칼슘과 옥살산염으로부터 만들어지는 것이다. 마그네슘은 신장결석의 형성을 억제하는 것으로 알려져 있다.

(a) 소변 중에서 옥살산칼슘($CaC_2O_4$)의 용해도는 $9 \times 10^{-5}$ M이다. 소변 중에서 $CaC_2O_4$의 용해도곱 상수($K_{sp}$)는 얼마인가?

(b) 소변 중에서 옥살산마그네슘($MgC_2O_4$)의 용해도는 0.0093 M이다. 소변 중에서 $MgC_2O_4$의 용해도곱 상수($K_{sp}$)는 얼마인가?

(c) 소변 중에 존재하는 칼슘의 농도는 약 5 mM이다. $CaC_2O_4$가 침전되지 않을 옥살산염의 최대 농도는 얼마인가?

(d) 피검자 A 소변의 pH는 5.9이었다. pH 5.9에서 총 옥살산염, $c_T$ 중 얼마만큼의 옥살산 이온 ($C_2O_4^{2-}$)으로 존재하겠는가? 소변 중에서 옥살산의 $K_a$는 물에서와 같다.
(*힌트*: pH 5.9에서 $[C_2O_4^{2-}]/c_T$비를 찾으시오.)

(e) 피검자 A 소변 중에 총 옥살산염의 농도가 15.0 mM이었다면 옥살산칼슘의 침전이 생기겠는가?

(f) 실제로 피검자 A 소변 중에서 옥살산칼슘의 결정을 발견하지 못하였다. 이러한 관찰에 대하여 그럴듯한 이유를 설명하시오.

(g) 마그네슘이 $CaC_2O_4$ 결정의 생성을 막는 이유는 무엇인가?

(h) $CaC_2O_4$ 신장결석을 가진 환자들에게 많은 양의 물을 마시도록 충고하는 이유는 무엇인가?

(i) 소변 시료 중에 존재하는 칼슘과 마그네슘은 옥살산염들로 침전되었다. 결과적으로 $CaC_2O_4$과 $MgC_2O_4$가 혼합된 침전물이 만들어졌고 열무게 분석법으로 분석하였다. 혼합된 침전물은 $CaCO_3$와 MgO를 생성하기 위하여 가열하였고, 이 때 생성된 혼합물 0.0433 g을 얻었다. 다시 CaO와 MgO를 생성하기 위하여 가열한 후 결과적으로 얻은 생성물의 무게는 0.0285 g이었다. 원래의 시료 중에 존재하는 Ca의 질량은 얼마인가?

제 13 장

# 분석 화학에서의 적정

*Titrations in Analytical Chemistry*

Charles D. Winters

적정은 산, 염기, 산화제, 환원제, 금속 이온, 단백질 및 많은 다른 화학종들을 정량하기 위해 분석 화학에서 폭넓게 사용된다 적정은 분석물과 적정 시약으로 알려져 있는 표준 시약 사이의 반응에 근거하고 있다. 알려져 있는 반응이고 재현성 있는 화학량론적 반응이어야 한다. 분석물과 완전히 반응하는 데 필요한 적정 시약의 부피나 질량을 측정하고, 이 값은 분석물의 양을 계산하는 데 사용된다. 부피를 근거로 하는 적정은 그림에서 보여주고 있으며, 표준 용액은 뷰렛으로부터 가해지고 반응은 삼각플라스크 속에서 일어난다. 전기량 적정으로 잘 알려진 몇몇 적정에서는 분석물을 완전히 소모하는데 필요한 전하량을 얻는다. 적정에서 실험적으로 결정된 종말점이라 불리는 화학적 당량점은 지시약의 색 변화 또는 기기의 감응 변화에 의해서 알 수 있다. 이 장에서는 적정의 원리 및 적정과 관련된 계산, 적정의 진행 과정을 보여주는 적정 곡선을 소개할 것이다. 적정 곡선은 다음에 이어지는 여러 단원에서 사용될 것이다.

**적정법**은 분석물과 완전하게 반응하는 데 필요한, 농도를 알고 있는 시약의 양을 결정하는 것에 근거하는 분석 방법이다. 시약은 화학 물질의 표준 용액이거나 알려진 크기의 전류일 수 있다.

**부피법 적정**에서는 표준 시약의 부피가 측정하고자 하는 양이다.

**전기량법 적정**에서는 분석 물질을 완전히 반응시키는데 필요한 총 전하량을 측정한다.

적정법(titration method 또는 titrimetric method)은 분석물과 화학적 혹은 전기화학적 반응을 통해 완전하게 반응하는 데 필요한, 농도를 알고 있는 시약의 양을 측정하는데 근거하고 있고 있으며 매우 광범위하고도 강력한 정량 분석 과정을 포함한다. **부피 적정법**(volumetric titration)에서는 분석 물질에 의해 완전히 소모되는 농도를 알고 있는 용액의 부피 측정을 한다. **무게법 적정**(gravimetric titration)에서는 부피 대신에 시약의 질량을 측정한다. **전기량법 적정**(coulometric titration)에서 '시약'은 분석물을 소모하는 알려진 크기의 일정한 직류 전류이다. 여기서는 전기 화학 반응이 완결되는 데 걸리는 시간(즉, 전체 전하)을 측정한다.

이 장은 여러 형태의 적정법 분석에 사용될 수 있는 기초 지식을 소개한다. 14~16장에서는 분석물과 적정 시약이 산/염기 반응으로 진행하는 다양한 중화적정에 대해 다룬다. 17장에서는 착화합물 형성 반응이나 침전 형성을 통한 적정에 대한 정보를 제공한다. 이 방법들은 여러 양이온들의 정량을 위해 특히 중요하다. 끝으로 분석 반응이 전자 이동을 포함하고 있는 부피법은 18장과 19장에서 다룬다. 이 방법들은 **산화환원 적정**(redox titration)이라고 한다. 몇몇 부가적인 적정 방법들은 다음 장에서 다루기로 한다. **전류법 적정**(amperometric titration)은 23B-4절에서, **분광광도법 적정**(spectrophotometric titration)은 26A-4절에서 소개된다.

## 13A 부피 적정법에서 사용되는 용어들[1]

**표준 용액**[standard solution, 또는 **표준 적정 시약**(standard titrant)]은 부피 적정을 하기 위해 사용되는 농도를 알고 있는 시약이다. **적정**(titration)은 분석물과 표준 용액 사이의 반응이 완결될 때까지 뷰렛이나 다른 액체 주입기를 사용하여 표준 용액을 분석물 용액에 서서히 첨가하는 것을 말한다. 처음과 마지막 눈금 차이로부터 적정이 완결되는 데 필요한 표준 용액의 부피 또는 질량을 측정한다. **그림 13-1**은 부피 적정 과정을 보여주고 있다.

**표준 용액**은 농도를 알고 있는 시약이다. 표준 용액은 적정에 사용되고 많은 다른 화학 분석에 사용된다.

때로는 과량의 표준 적정 시약을 가하여 반응물과 반응을 시키고, 반응하고 남은 여분의 표준 적정 시약을 이차 표준 적정 시약으로 **역적정**(back titration)하여 결정할 필요가 있다. 예를 들면, 시료 중의 인산염 양은 불용성 인산은을 형성시키기 위해서 시료 용액에 과량의 질산은 표준 용액을 정량하여 투입함으로써 정량할 수 있다.

**역적정**은 분석물을 소비시키기 위해 사용되고 남은 과량의 표준 용액을 두 번째 표준 용액으로 적정하여 정량하는 과정이다. 역적정은 분석물과 표준 시약 사이의 반응 속도가 느리거나 표준 시약이 불안정할 때 종종 사용한다.

$$3Ag^+ + PO_4^{3-} \rightarrow Ag_3P0_4(s)$$

남아 있는 과량의 질산은은 싸이오사이안산포타슘 표준 용액으로 역적정하여 결정한다:

$$Ag^+ + SCN^- \rightarrow AgSCN(s)$$

여기서 질산은의 양은 인산염 이온의 양과 역적정에 사용된 싸이오사이안산염의 양을 합한 양과 화학적으로 당량관계에 있다. 사용된 질산은과 싸이오사이안산염 양의 차이는 인삼염 이온의 양에 해당된다.

### ▶ 13A-1 당량점과 종말점

적정에서 **당량점**(equivalence point)은 시료 중에 존재하는 분석물의 양과 화학적 당량만큼의 적정 시약이 첨가되었을 때 도달하는 이론적 지점이다. 예를 들면, 질산은으로 염화소듐을 적정할 경우 시료 중에 존재하는 각 염화 이온 1 몰에 대하여 정확하게 은이온 1 몰이 가해졌을 때 당량점에 도달한다. 수산화소듐으로 황산을 적정하는 경우는 황산 1 몰에 대하여 염기 2 몰이 가해졌을 때 당량점에 도달한다.

**당량점**은 적정에서 분석물의 양과 가해진 표준 시약의 양이 정확히 일치하는 지점이다.

적정에서의 당량점은 실험적으로 결정할 수 없다. 대신 당량의 조건과 관련된 몇 가지 물리적인 변화를 관찰함으로써 당량점을 추정할 수 있다. 이 변화가 일어나는 지점을 적정에서 **종말점**(end point)이라 한다. 당량점과 종말점 사이의 부피나 질량 차이가 작아지도록 모든 노력을 해야 한다. 그러나 그런 차이는 물리적 변화와 관찰자의 능력이 충분치 않은 결과로 인하여 생긴다. 당량점과 종말점 사이의 부피나 질량 차이를 **적정 오차**(titration error)라고 한다.

**종말점**은 적정에서 물리적 변화가 화학적 당량 조건과 관련하여 발생하는 지점이다.

부피법 적정에서, **적정 오차**($E_t$)는 다음과 같이 주어진다.

$$E_t = V_{ep} - V_{eq}$$

여기서 $V_{ep}$는 종말점에 도달하는 데 필요한 시약의 실제 부피이고 $V_{eq}$는 당량점에 도달하는 데 필요한 이론적 부피를 나타낸다.

**지시약**(indicator)은 당량점 또는 당량점 부근에서 물리적 변화(종말점)를 관찰할 수 있도록 분석물 용액에 가해진다. 분석물이나 적정 시약의 상대적 농도 변화가 당량점 부근에서 크게 일어난다. 이러한 농도 변화는 지시약의 색 변화를 일으

[1]부피법 적정에 대한 상세한 논의는 다음을 참고하시오. J. I. Watters, in *Treatise on Analytical Chemistry*, I. M. Kolthoff and P. J. Elving, Eds., Part I, Vol. II, Chapter 114. New York: Wiely, 1975.

Charles D. Winters

**적정을 수행하기 위한 전형적인 장치.**
장치는 뷰렛, 지시약의 색 변화를 쉽게 볼 수 있는 흰색 자기로 만들어진 바닥을 갖는 뷰렛 스탠드와 클램프 및 부피를 알고 있는 적정되는 용액을 포함한 입이 넓은 삼각플라스크로 구성하고 있다. 일반적으로 그림 2-22에서와 같이 피펫을 사용하여 플라스크로 용액을 내린다.

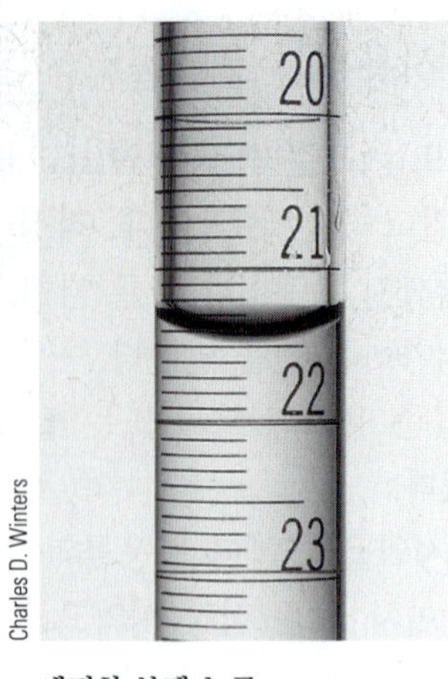


Charles D. Winters

**세밀한 뷰렛 눈금.**
보통 뷰렛은 꼭대기에 있는 영점(zero point)의 1~2 mL 내까지 적정 용액을 채울 수 있다. 뷰렛의 초기 부피는 가장 정밀하게 거의 0.01 mL까지 읽을 수 있다. 눈금을 읽기 위한 적절한 시선과 메니스커스의 기준 위치는 그림 2-21에 묘사되고 있다.

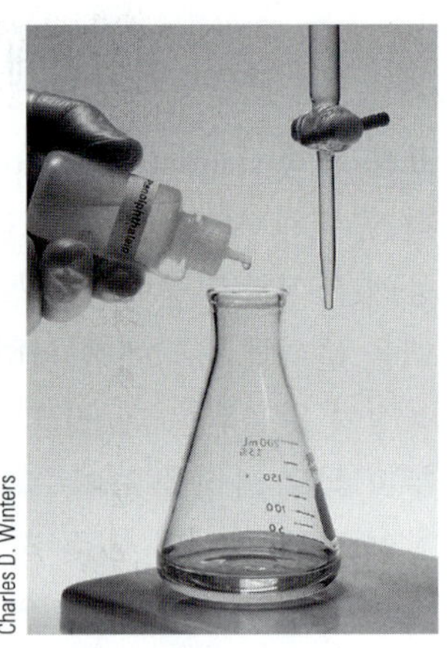

Charles D. Winters

**적정을 시작하기 전.**
이 예에서는 산을 적정될 용액으로 플라스크 안에 담고 지시약을 사진에서 보여주는 것과 같이 첨가 한다. 이 경우에 지시약은 염기성 용액에서 분홍색으로 변하는 페놀프탈레인을 사용한다.

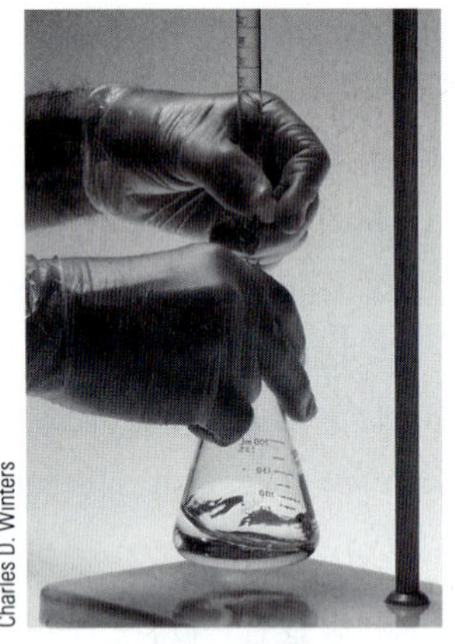

Charles D. Winters

**적정 과정.**
지시약의 색이 유지될 때까지 저어주면서 적정 시약을 첨가한다. 적정의 초기에는 적정 시약을 빠르게 첨가할 수 있다. 종말점에 가까워질수록 점점 더 작은 분량을 첨가한다. 종말점에서는 적정 시약의 반 방울보다 적은 양에도 지시약은 색 변화를 일으킬 수 있다.

Charles D. Winters

**적정 종말점.**
페놀프탈레인의 색이 간신히 눈에 띄는 옅은 분홍색으로 유지될 때가 종말점이다. 왼쪽에 있는 플라스크는 종말점에 반방울보다 더 적은 양이 적정된 경우이다. 가운데 있는 플라스크는 종말점을 나타내고 있다. 마지막으로 뷰렛을 읽어야 하는 점이 바로 이 점이고, 처음과 마지막으로 읽은 뷰렛의 눈금 차이로 적정에 사용된 염기의 부피를 계산할 수 있다. 오른쪽 플라스크는 적정 혼합액에 여분의 염기가 첨가되었을 때 어떤 일이 일어나는가를 보여준다. 용액은 진한 분홍색으로 변하고, 종말점은 이미 지났음을 나타낸다. Color plate 9에서 종말점에서의 색 변화는 흑백 사진에서보다 훨씬 더 쉽게 알 수 있다.

**그림 13-1** 적정 과정.

킨다. 전형적인 지시약은 색이 나타나거나 사라지든지, 색 변화를 일으키든지, 또는 혼탁함이 나타나거나 사라지는 변화를 일으킨다. 예를 들면, 수산화소듐으로 염산을 중화 적정할 때 사용되는 지시약으로 페놀프탈레인이 있다. 이 지시약은 여분의 수산화소듐에 의해 무색에서 분홍색으로 변색을 일으킨다.

종말점을 검출하기 위해서 종종 기기를 사용하기도 한다. 이 기기들은 적정하는 동안에 특성 변화를 하는 용액의 성질에 감응한다. 이러한 기기로는 비색계, 탁도계, 분광기, 온도 감시기, 굴절계, 전압계, 전류계 및 전도도 측정 장치 등이 있다.

### ▸ 13A-2 일차 표준물질

**일차 표준물질**(primary standard)은 적정 및 기타 분석법에서 기준 물질로 사용되는 매우 순수한 화합물이다. 이런 분석법들의 정확도는 일차 표준물질의 성질에 크게 의존한다. 일차 표준물질의 중요한 필수 조건은 다음과 같다.

**일차 표준물질**은 적정이나 다른 형태의 정량 분석을 위한 기준 물질이 되는 초순수물질이다.

1. 높은 순도. 순도를 확인하는 정립된 방법이 있어야 한다.
2. 대기 중에서 안정해야 한다.
3. 습도 변화에 의해 고체의 조성이 변하지 않도록 수화된 물이 없어야 한다.
4. 합리적인 가격.
5. 적정할 매질에서 적절한 용해도.
6. 표준 물질 무게 달기와 연관된 상대 오차를 최소화하기 위하여 비교적 큰 몰질량을 가져야 한다.

이런 기준에 일치하거나 근접하는 화합물의 수는 매우 적으며, 상품화되어 이용할 수 있는 일차 표준물질의 수는 한정되어 있다. 따라서 일차 표준물질 대신에 때로는 덜 순수한 화합물도 사용해야 한다. 이러한 **이차 표준물질**(secondary standard)의 순도는 주의깊게 분석하여 결정되어야 한다.

**이차 표준물질**은 순도가 화학 분석에 의해 결정된 물질이다. 이차 표준물질은 적정과 다른 많은 분석에서 사용되는 표준 물질이다.

## 13B 표준 용액

표준 용액은 모든 적정법 분석에서 매우 중요한 역할을 한다. 그러므로 이 용액에 대한 바람직한 성질, 표준 용액을 어떻게 만들며, 농도를 어떻게 표현할 것인지를 생각해야 한다. 적정법 분석을 위한 이상적인 표준 용액은 다음과 같다.

1. 단지 한번만 그 농도를 결정하면 될 수 있을 만큼 충분히 안정해야 한다.
2. 적정 시약이 첨가되는 시간을 최소화하기 위하여 분석물과 빠르게 반응해야 한다.
3. 만족할 만한 종말점을 얻기 위해 분석물과 거의 완전히 반응해야 한다.
4. 간단한 균형반응식으로 설명할 수 있도록 분석물과 선택적으로 반응해야 한다.

이런 이상적인 성질을 완전히 만족시키는 시약은 거의 없다.

적정법의 정확도는 적정에서 사용된 표준 용액 농도의 정확도보다 더 좋을 수 없다. 두 가지 기본적인 방법을 이용하여 표준 용액의 농도를 결정한다. 첫 번째는

**표준화**에서는 정확한 양의 일차 표준물질이나 이차 표준물질 또는 부피를 정확하게 알고 있는 다른 표준 용액에 표준화시킬 물질을 첨가(적정)하여 농도를 결정한다.

**직접법**(direct method)으로써 일차 표준물질의 무게를 조심스럽게 달아 용해시키고 부피 플라스크에서 정확히 아는 부피로 묽힌다. 두 번째는 **표준화**(standardization)에 의한 것으로 (1) 정확한 질량의 일차 표준물질, (2) 정확한 질량의 이차 표준물질, (3) 정확한 부피의 다른 표준 용액을 활용하여, 표준화될 물질을 적정물질로 사용하여 이 세 가지 물질을 적정한다. 표준화될 물질을 **이차 표준 용액**(secondary standard solution)이라고 한다. 이차 표준 용액의 농도는 일차 표준 용액의 농도보다 더 큰 불확정도를 갖는다. 직접법에 의한 용액 제조가 가장 좋다. 그러나 일차 표준 물질로서 요구되는 성질의 결핍으로 인해 표준화가 필요하다.

## 13C 부피법 계산

4B-1절에서 지적했듯이 여러 방법으로 용액의 농도를 나타낼 수 있다. 적정법에서 사용되는 표준 용액의 농도는 일반적으로 **몰농도**(molar concentration) $c$, 혹은 **노말 농도**(normal concentration) $c_N$로 나타낸다. 몰농도는 용액 1 L에 들어 있는 시약의 몰수이고, 노말 농도는 용액 1 L에 들어 있는 시약의 **당량**(equivalent) 수이다.

이 책에서 부피법 계산은 오로지 몰농도와 몰질량만을 사용할 것이다. 부록 7에서는 노말 농도와 당량 질량에 기초한 논의를 포함하고 있다. 왜냐하면 산업과학과 보건학 문헌들에서 이들 용어를 접하고 사용되는 것을 볼 수 있기 때문이다.

### ▸ 13C-1 몇 가지 유용한 관계식

$n_A = \dfrac{m_A}{\mathcal{M}_A}$

여기서 $n_A$는 A의 몰수, $m_A$는 A의 질량, $\mathcal{M}_A$는 A의 몰질량이다.

$c_A = \dfrac{n_A}{V}$ 또는 $n_A = V \times c_A$

그램, 몰과 리터 사이의 관계식은 밀리그램, 밀리몰과 밀리리터 사이의 관계식으로 대치할 수 있다. 예를 들면, 0.1 M 용액은 1 L 속에 화학종 1 mol을 포함하고 있거나 1 mL 속에 화학종 1 mmol을 포함한다. 유사하게 화합물의 몰수는 g 단위의 질량을 g 단위의 몰질량으로 나누거나 mg 단위의 질량을 mg 단위의 몰질량으로 나눈 것과 같다.

대부분의 부피법 계산은 밀리몰(millimole), 몰(mole) 및 몰농도의 정의로부터 유도된 간단한 두 식에 바탕을 두고 있다. 화학종 A에 대하여 다음과 같이 쓸 수 있다.

$$\text{A의 양(mol)} = \frac{\text{A의 질량(g)}}{\text{A의 몰질량(g/mol)}} \tag{13-1}$$

$$\text{A의 양(mmol)} = \frac{\text{A의 질량(g)}}{\text{A의 몰질량(g/mmol)}} \tag{13-2}$$

두 번째 관계식은 몰농도 정의로부터 다음과 같이 유도된다.

$$\text{A의 양(mol)} = V(\text{L}) \times c_A\left(\frac{\text{A의 mol}}{\text{L}}\right) \tag{13-3}$$

$$\text{A의 양(mmol)} = V(\text{mL}) \times c_A\left(\frac{\text{A의 mmol}}{\text{L}}\right) \tag{13-4}$$

여기서 $V$는 용액의 부피이다.

부피가 리터 단위로 측정될 때 식 (13-1)과 식 (13-3)을 사용하여야 하며, 단위가 밀리리터일 때는 식 (13-2)와 식 (13-4)를 사용해야 한다.

### ▸ 13C-2 표준 용액의 몰농도 계산

다음 세 개의 예제들은 부피법 분석에 쓰이는 시약의 농도를 어떻게 계산하는지를 설명하고 있다.

**예제 13-1**

일차 표준물질급인 $AgNO_3$(169.87 g/mol)을 이용하여 0.0500 M $AgNO_3$ 용액 2.000 L를 제조하는 방법을 설명하시오.

**풀이**

$$AgNO_3\text{의 양} = V_{\text{용액}}(\text{L}) \times c_{AgNO_3}(\text{mol/L})$$

$$= 2.00\ \cancel{\text{L}} \times \frac{0.0500\ \text{mol AgNO}_3}{\cancel{\text{L}}} = 0.100\ \text{mol AgNO}_3$$

$AgNO_3$의 질량을 얻기 위해 식 (13-2)를 재배열하여 다음과 같이 쓸 수 있다.

$$AgNO_3\text{의 질량} = 0.1000\ \cancel{\text{mol AgNO}_3} \times \frac{169.87\ \text{g AgNO}_3}{\cancel{\text{mol AgNO}_3}}$$

$$= 16.987\ \text{g AgNO}_3$$

그러므로 $AgNO_3$ 16.987 g을 물에 녹이고 부피플라스크의 2.000 L의 표선까지 물로 희석하여 용액을 만들 수 있다.

**예제 13-2**

소듐 정량화에 필요한 이온 선택성 전극을 검정하기 위해 0.0100 M의 $Na^+$ 표준 용액이 필요하다. 일차 표준물질 $Na_2CO_3$ (105.99 g/mol)을 사용하여 500 mL 표준 용액을 만드는 방법을 설명하시오.

**풀이**

0.0100 M의 화학종 농도를 얻기 위한 시약의 질량을 구하고자 한다. 이 예제에서는 부피가 밀리리터이므로 밀리몰을 사용한다. $Na_2CO_3$는 두 개의 $Na^+$ 이온으로 해리되기 때문에 필요한 $Na_2CO_3$의 밀리몰수는 다음과 같다.

$$Na_2CO_3\text{의 양} = 500\ \cancel{\text{mL}} \times \frac{0.0100\ \cancel{\text{mmol Na}^+}}{\cancel{\text{mL}}} \times \frac{1\ \text{mmol Na}_2\text{CO}_3}{2\ \cancel{\text{mmol Na}^+}}$$

$$= 2.50\ \text{mmol}$$

밀리몰의 정의에 따라, $Na_2CO_3$의 질량은 다음과 같이 쓸 수 있다.

$$Na_2CO_3\text{의 질량} = 2.50\ \cancel{\text{mmol Na}_2\text{CO}_3} \times 105.99\ \frac{\text{mg Na}_2\text{CO}_3}{\cancel{\text{mmol Na}_2\text{CO}_3}}$$

$$= 264.975\ \text{mg Na}_2\text{CO}_3$$

1000 mg/g 혹은 0.001 g/mg의 관계로부터 0.265 g의 $Na_2CO_3$을 물에 녹이고 500 mL까지 희석시켜 만든다.

**예제 13-3**

앞의 예제 13-2로부터 만들어진 용액을 사용하여 $Na^+$ 농도가 각각 0.00500 M, 0.00200 M, 0.00100 M인 용액 50.0 mL을 어떻게 만들 것인가?

**풀이**

진한 용액으로부터 취한 $Na^+$의 mmol수는 묽혀진 용액에 존재하는 $Na^+$의 mmol수와 같아야 한다. 즉,

$$\text{진한 용액으로부터 취한 } Na^+ \text{ 몰수} = \text{묽혀진 용액의 } Na^+ \text{ 몰수}$$

mmol수가 mL 당 mmol수 × mL수임을 기억하시오. 즉,

$$V_{진한} \times c_{진한} = V_{묽은} \times c_{묽은}$$

여기서 $V_{진한}$과 $V_{묽은}$은 진한 용액과 묽혀진 용액의 mL 단위의 부피이고, $c_{진한}$과 $c_{묽은}$은 각 용액의 $Na^+$의 몰농도이다. 이 식을 재배열하면

$$V_{진한} = \frac{V_{묽은} \times c_{묽은}}{c_{진한}} = \frac{50.0 \text{ mL} \times 0.005 \text{ mmol Na}^+/\text{mL}}{0.0100 \text{ mmol Na}^+/\text{mL}} = 25.0 \text{ mL}$$

따라서, 0.00500 M $Na^+$ 50.0 mL를 만들기 위해 진한 용액 25.0 mL를 정확하게 취하여 50.0 mL가 되도록 희석하여야 한다.

진한 용액 10.0 mL와 5.00 mL를 각각 정확하게 취하여 50.0 mL가 되게 묽히면 필요한 용액이 만들어진다는 것을 확인하기 위해 다른 두 몰농도에 대해서도 계산해 보라.

## ▸ 13C-3 적정 데이터로부터 계산 작업

두 가지 형태의 부피법 계산에 대해 설명하려 한다. 첫 번째는 일차 표준물질이나 다른 표준 용액으로 표준화된 용액의 몰농도를 계산하는 것이다. 두 번째는 적정 데이터로부터 시료 중의 분석물의 양을 계산하는 것이다. 두 형태 모두는 세 가지 수학적 관계식에 근거하고 있다. 이 중 두 관계식 (13-2)와 (13-4)는 mmol과 mL에 근거하고 있다. 세 번째 관계식은 적정 시약의 mmol수와 분석물의 mmol수의 화학량론 비이다.

### ≫ *표준화 데이터로부터 몰농도의 계산*

예제 13-4와 13-5에서는 표준화 데이터를 어떻게 처리하는지 설명하고 있다.

**예제 13-4**

50.00 mL인 HCl 수용액에 0.01963 M 농도의 $Ba(OH)_2$를 29.71 mL 넣었더니 브로모크레졸 그린 지시약에 의해 종말점에 도달하였다. HCl의 몰농도를 계산하시오.

**풀이**

적정에서 1 mmol의 $Ba(OH)_2$은 2 mmol의 HCl과 반응한다.

$$Ba(OH)_2 + 2HCl \rightarrow BaCl_2 + 2H_2O$$

*(계속)*

그러므로 화학량론적 비는

$$\text{화학량론 비} = \frac{2 \text{ mmol HCl}}{1 \text{ mmol Ba(OH)}_2}$$

표준 물질의 mmol수는 식 (13-4)에 대입하여 얻을 수 있다.

$$\text{Ba(OH)}_2\text{의 양} = 29.71 \text{ mL Ba(OH)}_2 \times 0.01963 \frac{\text{mmol Ba(OH)}_2}{\text{mL Ba(OH)}_2}$$

HCl의 mmol수를 구하기 위해 이 결과를 처음에 구한 화학량론 비를 곱한다.

$$\text{HCl의 양} = (29.71 \times 0.01963) \text{ mmol Ba(OH)}_2 \times \frac{2 \text{ mmol HCl}}{1 \text{ mmol Ba(OH)}_2}$$

mL 당 HCl의 mmol수를 구하기 위해 산의 부피를 나누면 다음과 같다.

부피법 계산에서 유지시켜야 할 유효 숫자의 수를 결정하기 위해 화학량론 비는 불확실성이 없는 정확한 값이라 가정한다.

$$c_{\text{HCl}} = \frac{(29.71 \times 0.01963 \times 2) \text{ mmol HCl}}{50.0 \text{ mL HCl}}$$

$$= 0.023328 \frac{\text{mmol HCl}}{\text{mL HCl}} = 0.02333 \text{ M}$$

### 예제 13-5

순수한 $Na_2C_2O_4$ (134.00 g/mol) 0.2121 g을 $KMnO_4$로 적정할 때 43.31 mL가 소모된다. $KMnO_4$의 몰농도를 구하시오. 화학 반응은 다음과 같다.

$$2MnO_4^- + 5C_2O_4^{2-} + 16H^+ \rightarrow 2Mn^{2+} + 10CO_2 + 8H_2O$$

**풀이**

이 반응식으로부터 화학량론 비는

$$\text{화학량론 비} = \frac{2 \text{ mmol KMnO}_4}{5 \text{ mmol Na}_2\text{C}_2\text{O}_4}$$

일차 표준물질 $Na_2C_2O_4$의 양은 식 (13-2)을 이용하면 구할 수 있다.

$$\text{Na}_2\text{C}_2\text{O}_4\text{의 양} = 0.2121 \text{ g Na}_2\text{C}_2\text{O}_4 \times \frac{1 \text{ mmol Na}_2\text{C}_2\text{O}_4}{0.13400 \text{ g Na}_2\text{C}_2\text{O}_4}$$

*(계속)*

$KMnO_4$의 mmol수를 계산하기 위해 이 결과에 화학량론적 비를 곱하며,

$$KMnO_4\text{의 양} = \frac{0.2121}{0.1340}\ \cancel{\text{mmol } Na_2C_2O_4} \times \frac{2\ \text{mmol } KMnO_4}{5\ \cancel{\text{mmol } Na_2C_2O_4}}$$

$KMnO_4$의 농도는 소모된 부피를 나누어 구할 수 있다.

$$c_{KMnO_4} = \frac{\left(\dfrac{0.2121}{0.13400} \times \dfrac{2}{5}\right) \text{mmol } KMnO_4}{43.31\ \text{mL } KMnO_4} = 0.01462\ \text{M}$$

예제 13-4와 13-5에서 사용된 관계식 보정을 명확히 하기 위해 모든 계산에 단위를 사용함에 명심하시오.

### » 적정데이터로부터 분석물의 양 계산하기

체계적인 접근 방식을 보여준 앞의 예제와 같이 적정 데이터로부터 분석물의 농도를 계산할 수 있다.

**예제 13-6**

철광석 시료 0.8040 g을 산에 녹인다. 그리고 철을 $Fe^{2+}$로 환원시키고 0.02242 M $KMnO_4$ 용액 47.22 mL로 적정하였다. 이 분석의 결과를 (a) % Fe (55.847 g/mol)과 (b) % $Fe_3O_4$ (231.54 g/mol)로 계산하시오.

**풀이**

분석물과 시약 사이의 반응식은 다음과 같다.

$$MnO_4^- + 5Fe^{2+} + 8H^+ \rightarrow Mn^{2+} + 5Fe^{3+} + 4H_2O$$

(a)

$$\text{화학량론 비} = \frac{5\ \text{mmol } Fe^{2+}}{1\ \text{mmol } KMnO_4}$$

$$KMnO_4\text{의 양} = 47.22\ \cancel{\text{mL } KMnO_4} \times \frac{0.02242\ \text{mmol } KMnO_4}{\cancel{\text{mL } KMnO_4}}$$

$$Fe^{2+}\text{의 양} = (47.22 \times 0.02242)\ \cancel{\text{mmol } KMnO_4} \times \frac{5\ \text{mmol } Fe^{2+}}{1\ \cancel{\text{mmol } KMnO_4}}$$

$Fe^{2+}$의 질량은 다음과 같이 구할 수 있다.

$$Fe^{2+}\text{의 질량} = (47.22 \times 0.02242 \times 5)\ \cancel{\text{mmol } Fe^{2+}} \times 0.055847\ \frac{\text{g } Fe^{2+}}{\cancel{\text{mmol } Fe^{2+}}}$$

*(계속)*

% $Fe^{2+}$은

$$\% \ Fe^{2+} = \frac{(47.22 \times 0.02242 \times 5 \times 0.055847) \text{ g } Fe^{2+}}{0.8040 \text{ g 시료}} \times 100\% = 36.77\%$$

(b) 화학량론 비를 보정하기 위하여

$$5 \ Fe^{2+} \equiv 1 \ MnO_4^-$$

그러므로

$$5 \ Fe_3O_4 \equiv 15 \ Fe^{2+} \equiv 3 \ MnO_4^-$$

그리고

$$\text{화학량론 비} = \frac{5 \text{ mmol } Fe_3O_4}{3 \text{ mmol } KMnO_4}$$

(a)에서와 같이

$$KMnO_4\text{의 양} = \frac{47.22 \ \cancel{\text{mL } KMnO_4} \times 0.02242 \text{ mmol } KMnO_4}{\cancel{\text{mL } KMnO_4}}$$

$$Fe_3O_4\text{의 양} = (47.22 \times 0.02242) \ \cancel{\text{mmol } KMnO_4} \times \frac{5 \text{ mmol } Fe_3O_4}{3 \ \cancel{\text{mmol } KMnO_4}}$$

$$Fe_3O_4\text{의 질량} = \left(47.22 \times 0.02242 \times \frac{5}{3}\right) \cancel{\text{mmol } Fe_3O_4} \times 0.23154 \frac{\text{g } Fe_3O_4}{\cancel{\text{mmol } Fe_3O_4}}$$

$$\% \ Fe_3O_4 = \frac{\left(47.22 \times 0.02242 \times \frac{5}{3}\right) \times 0.23154 \text{ g } Fe_3O_4}{0.8040 \text{ g 시료}} \times 100\% = 50.81\%$$

## 특집 13-1

### 예제 13-6(a)의 또 다른 접근법

어떤 사람들은 답이 얻어질 때까지 각 항의 분모에 있는 단위를 각 항에 있는 분자의 단위와 함께 지워나가는 방법의 문제 풀이가 더 쉽다는 것을 알고 있다.[2] 예를 들면, 예제 13-6(a)의 풀이는 다음과 같이 쓸 수 있다.

$$47.22 \ \cancel{\text{mL } KMnO_4} \times \frac{0.02242 \ \cancel{\text{mmol } KMnO_4}}{\cancel{\text{mL } KMnO_4}} \times \frac{5 \ \cancel{\text{mmol Fe}}}{1 \ \cancel{\text{mmol } KMnO_4}} \times \frac{0.055847 \text{ g Fe}}{\cancel{\text{mmol Fe}}}$$

$$\times \frac{1}{0.8040 \text{ g 시료}} \times 100\% = 36.77\% \text{ Fe}$$

[2]이 과정은 인자-표식법(factor-label method)이라 부른다. 종종 차원 분석(dimensional analysis)로 잘못 불리기도 한다. 차원 분석의 예로는 위키피디아 웹사이트에서 찾아보시오. 이전 책에서 인자-표식법은 가끔 picket fence method라 불렀다.

### 예제 13-7

황화 이온을 포함하는 기수(brackish water) 시료 100.0 mL를 0.02310 M $AgNO_3$로 적정하여 16.47 mL가 소모되었다. 분석 반응이 다음과 같을 때 물속에 존재하는 $H_2S$의 농도를 ppm 단위, $c_{ppm}$로 계산하시오.

$$2Ag^+ + S^{2-} \rightarrow Ag_2S(s)$$

**풀이**

종말점에서

$$\text{화학량론 비} = \frac{1 \text{ mmol } H_2S}{2 \text{ mmol } AgNO_3}$$

$$AgNO_3\text{의 양} = 16.47 \text{ } \cancel{\text{mL } AgNO_3} \times 0.02310 \frac{\text{mmol } AgNO_3}{\cancel{\text{mL } AgNO_3}}$$

$$H_2S\text{의 양} = (16.47 \times 0.02310) \text{ } \cancel{\text{mmol } AgNO_3} \times \frac{1 \text{ mmol } H_2S}{2 \text{ } \cancel{\text{mmol } AgNO_3}}$$

$$H_2S\text{의 질량} = \left(16.47 \times 0.02310 \times \frac{1}{2}\right) \cancel{\text{mmol } H_2S} \times 0.034081 \frac{\text{g } H_2S}{\cancel{\text{mmol } H_2S}}$$

$$= 6.483 \times 10^{-3} \text{ g } H_2S$$

$$c_{ppm} = \frac{6.483 \times 10^{-3} \text{ g } H_2S}{100.0 \text{ } \cancel{\text{mL 시료}} \times 1.00 \text{ g 시료}/\cancel{\text{mL 시료}}} \times 10^6 \text{ ppm}$$

$$= 64.8 \text{ ppm}$$

### 특집 13-2

**예제 13-7의 답에 대한 반올림**

예제 13-7의 입력 데이터 모두는 4개 이상의 유효 숫자를 포함하지만, 답은 3개가 되도록 반올림 되었다. 왜 그럴까?

대략적인 계산을 통해서 반올림을 결정할 수 있다. 입력 데이터의 유효 숫자 마지막 부분은 불확실하다고 할 수 있다. 가장 큰 상대 오차(relative error)는 시료의 크기와 관련이 있다. 예제 13-7에서 상대 불확정도(relative uncertainity)는 0.1/100.0이다. 따라서 불확정도는 약 1/1000이다($AgNO_3$ 부피에 대해서는 대략 1/1647과 시료 농도에 대한 1/2300로부터). 계산된 결과는 가장 불확실한 측정값과 같은 정도(혹은 1/1000)로 불확실하다고 할 수 있다. 최종 결과의 절대 불확정도(absolute uncertainity)는 64.8 ppm × 1/1000 = 0.065 ppm (또는 약 0.1 ppm)이므로 소숫점의 오른쪽 첫째 수로 반올림한다. 따라서 64.8 ppm으로 보고한다.

이런 식의 대략적인 반올림 방법을 다른 계산을 할 때마다 매번 연습하라.

**예제 13-8**

비료 시료 4.258 g에 존재하는 인을 $PO_4^{3-}$로 바꾸고 0.0820 M $AgNO_3$ 50.00 mL를 가하여 $Ag_3PO_4$로 침전시켰다. 반응하고 남은 여분의 $AgNO_3$는 0.0625 M KSCN 용액 4.06 mL으로 역적정하였다. 이 분석의 결과를 % $P_2O_5$로 나타내어라.

**풀이**

화학 반응은

$$P_2O_5 + 9H_2O \rightarrow 2PO_4^{3-} + 6H_3O^+$$

$$2PO_4^{3-} + 6\underset{\text{과량}}{Ag^+} \rightarrow 2Ag_3PO_4(s)$$

$$Ag^+ + SCN^- \rightarrow AgSCN(s)$$

화학량론 비는

$$\frac{1 \text{ mmol } P_2O_5}{6 \text{ mmol } AgNO_3} \quad \text{그리고} \quad \frac{1 \text{ mmol KSCN}}{1 \text{ mmol } AgNO_3}$$

$$AgNO_3\text{의 전체 양} = 50.00 \text{ mL} \times 0.0820 \frac{\text{mmol } AgNO_3}{\text{mL}} = 4.100 \text{ mmol}$$

$$\text{KSCN에 의해 소모된 } AgNO_3\text{의 양} = 4.06 \text{ mL} \times 0.0625 \frac{\text{mmol KSCN}}{\text{mL}} \times \frac{1 \text{ mmol } AgNO_3}{\text{mmol KSCN}} = 0.2538 \text{ mmol}$$

$$P_2O_5\text{의 양} = (4.100 - 0.254) \text{ mmol } AgNO_3 \times \frac{1 \text{ mmol } P_2O_5}{6 \text{ mmol } AgNO_3} = 0.6410 \text{ mmol } P_2O_5$$

$$\% \; P_2O_5 = \frac{0.6410 \text{ mmol} \times \frac{0.1419 \text{ g } P_2O_5}{\text{mmol}}}{4.258 \text{ g 시료}} \times 100\% = 2.14\%$$

**예제 13-9**

20.3 L의 기체 시료에 포함된 CO를 150°C로 가열된 산화아이오딘으로 처리하여 $CO_2$로 변환시켰다.

$$I_2O_5(s) + 5CO(g) \rightarrow 5CO_2(g) + I_2(g)$$

이 온도에서 아이오딘을 증류시켜서, 0.01101 M의 $Na_2S_2O_3$ 8.25 mL를 포함하고 있는 흡수제에 수집하였다.

$$I_2(g) + 2S_2O_3^{2-}(aq) \rightarrow 2I^-(aq) + S_4O_6^{2-}(aq)$$

과량의 $Na_2S_2O_3$은 0.00947 M의 $I_2$ 용액 2.16 mL로 역적정하였다. 시료 속의 CO (28.01 g/mol)의 농도를 mg/L로 계산하시오.

(계속)

**풀이**

두 가지 반응으로부터 화학량론 비는 다음과 같다.

$$\frac{5\ \text{mmol CO}}{1\ \text{mmol I}_2} \quad \text{와} \quad \frac{2\ \text{mmol Na}_2\text{S}_2\text{O}_3}{1\ \text{mmol I}_2}$$

첫 번째 비를 두 번째 비로 나누어 세 번째 유용한 비를 얻는다.

$$\frac{5\ \text{mmol CO}}{2\ \text{mmol Na}_2\text{S}_2\text{O}_3}$$

이 관계식은 5 mmol CO가 2 mmol $Na_2S_2O_3$와 화학량론적으로 반응함을 나타낸다. $Na_2S_2O_3$의 전체 양은

$$\text{Na}_2\text{S}_2\text{O}_3\text{의 양} = 8.25\ \cancel{\text{mL Na}_2\text{S}_2\text{O}_3} \times 0.01101\ \frac{\text{mmol Na}_2\text{S}_2\text{O}_3}{\cancel{\text{mL Na}_2\text{S}_2\text{O}_3}}$$
$$= 0.09083\ \text{mmol Na}_2\text{S}_2\text{O}_3$$

역적정에서 소모된 $Na_2S_2O_3$ 양은

$$\text{Na}_2\text{S}_2\text{O}_3\text{의 양} = 2.16\ \cancel{\text{mL I}_2} \times 0.00947\ \frac{\cancel{\text{mmol I}_2}}{\cancel{\text{mL I}_2}} \times \frac{2\ \text{mmol Na}_2\text{S}_2\text{O}_3}{\cancel{\text{mmol I}_2}}$$
$$= 0.04091\ \text{mmol Na}_2\text{S}_2\text{O}_3$$

CO의 mmol 수는 세 번째 화학량론 비에 의해 계산된다.

$$\text{CO의 양} = (0.09083 - 0.04091)\ \cancel{\text{mmol Na}_2\text{S}_2\text{O}_3} \times \frac{5\ \text{mmol CO}}{2\ \cancel{\text{mmol Na}_2\text{S}_2\text{O}_3}}$$
$$= 0.1248\ \text{mmol CO}$$

$$\text{CO의 질량} = 0.1248\ \cancel{\text{mmol CO}} \times \frac{28.01\ \text{mg CO}}{\cancel{\text{mmol CO}}} = 3.4956\ \text{mg}$$

$$\frac{\text{CO의 질량}}{\text{시료의 부피}} = \frac{3.4956\ \text{mg CO}}{20.3\ \text{L 시료}} = 0.172\ \frac{\text{mg CO}}{\text{L 시료}}$$

## 13D 무게법 적정

**질량(무게) 적정 혹은 무게법 적정**(gravimetric titration)은 적정 시약의 부피 대신에 질량을 측정한다는 것이 부피 분석법과 다르다. 즉, 무게법 적정에서는 저울과 무게를 잴 수 있는 용액 용기가 뷰렛과 그 표시 눈금을 대신한다. 실제로 무게 적정법은 부피 적정법보다 50년 이상이나 앞선다. 그러나 무게 적정법은 비교적 정교한 장치를 필요로 하며 지루하고 시간이 걸리는 단점이 있고, 신뢰성 있는 뷰렛의 출현으로 부피법에 의해 대체되었다. 최근에는 감도가 좋으며 저렴한 윗접시 디지털 분석저울과 편리한 플라스틱 용액 용기가 개발되어 이런 상황을 완전히 바꾸었고, 현재는 부피법 적정만큼 쉽고 빠르게 질량 적정을 실행할 수 있게 되었다.

역사적인 이유로 *무게* 혹은 *무게재기*를 사용하고 질량재기란 말을 사용하지 않지만 실제로는 *질량*을 의미한다는 사실을 기억하라.

### ▸ 13D-1 질량 적정과 관련된 계산

질량 적정을 위한 농도를 표현하는 가장 흔한 방법은 **무게 농도**(weight concentration), $c_w$이며 무게 몰농도 단위인 $M_w$로 표시되고, 1 kg 용액 속에 시약의 몰수 혹은 용액 1 g 속에 밀리몰수로 나타낸다. 예를 들면, 수용액 0.1 $M_w$ NaCl은 0.1 mol의 염이 1 kg의 용액에 녹아 있거나 0.1 mmol의 염이 용액 1 g에 녹아 있음을 나타낸다.

용질 A의 무게 몰농도 $c_w(A)$는 식 (4-2)와 유사하게, 두 가지 식 중 하나를 사용하여 계산된다.

$$\text{무게 몰농도} = \frac{\text{A의 mol수}}{\text{용액의 kg수}} = \frac{\text{A의 mmol수}}{\text{용액의 g수}}$$

$$c_w(A) = \frac{n_A}{m_{\text{용액}}} \qquad \textbf{(13-5)}$$

$n_A$는 화학종 A의 몰수이고 $m_{\text{용액}}$은 용액의 질량이다. 무게 적정 데이터는 몰농도 대신 무게 농도 그리고 mL과 L 대신 g과 kg으로 대치한 후에 13C-2절과 13C-3절에서 설명된 방법으로 처리될 수 있다.

### ▸ 13D-2 무게법 적정의 장점

더 빠르고 편리한 것 외에도 무게 적정법은 부피 적정법에서는 갖지 않은 장점들을 가지고 있다.

1. 유리 기구의 검정과 용액의 정확한 주입을 위한 지루한 세척 작업이 필요 없다.
2. 무게 몰농도는 부피 몰농도에 비해 온도에 따라 변하지 않기 때문에 온도 보정이 필요 없다. 대부분의 유기 액체들은 높은 팽창 계수(물의 약 10배)를 가지고 있기 때문에 이러한 장점은 특히 비수용액 적정에서 중요하다.
3. 무게 측정은 부피 측정보다 상당히 더 큰 정밀도와 정확도로 수행된다. 예를 들면, 50 또는 100 g의 수용액은 ±1 mg까지 쉽게 측정할 수 있으며, 이는 ±0.001 mL에 해당한다. 이렇게 높은 감도를 가지고 있기 때문에 매우 적은 양의 표준 시약이 소모되는 작은 시료를 분석할 수 있도록 한다.
4. 무게법 적정은 부피법 적정에 비하여 자동화하기가 더 쉽다.

## 13E 적정 곡선

13A-1절에서 언급한 것과 같이, 종말점은 적정의 당량점 근처에서 일어나는 관찰 가능한 물리적인 변화이다. 가장 널리 사용되고 있는 두 가지 관찰 신호는 (1) 적정 시약이나 분석물 또는 지시약 때문에 생기는 색 변화, (2) 시약이나 분석물의 농도에 감응하는 전극의 전위 변화이다.

종말점의 기초 이론과 적정 오차의 원인을 이해하기 위하여 계의 **적정 곡선**(titration curve)을 그리는 데 필요한 데이터 점들을 계산한다. 적정 곡선은 가로축에 시약의 부피를, 세로축에 분석물이나 시약의 농도 함수로 나타낸다.

**적정 곡선**은 적정 시약(titrant)의 부피를 농도와 관련된 변수로 도시한 것이다.

S자형 적정 곡선의 세로축은 분석물이나 시약의 p-함수 또는 분석물이나 시약에 감응하는 전극 전위 중의 하나를 나타낸다.

선분형 적정 곡선의 세로축은 분석물이나 시약의 농도에 비례하는 기기의 신호를 나타낸다.

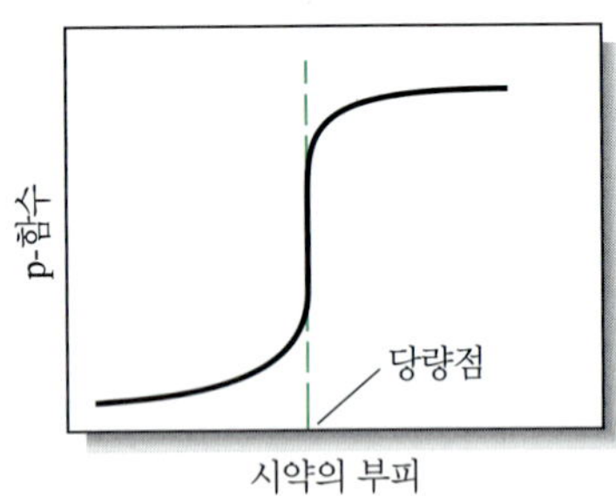

(a) S자형 곡선

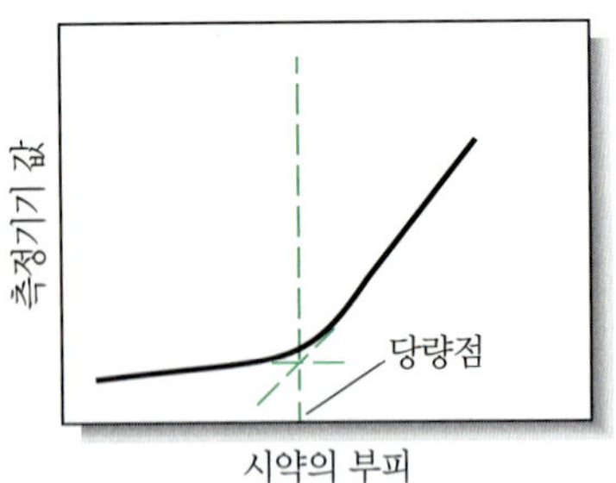

(b) 선분형 곡선

**그림 13-2** 두 형태의 적정 곡선.

### ▸ 13E-1 적정 곡선의 형태

두 가지 일반적인 형태의 적정 곡선(두 가지 일반적인 형태의 종말점)이 적정법에서 관찰된다. **S자형 곡선**(sigmoidal curve)으로 불리는 첫 번째 형태에서, 중요한 관찰은 당량점 주변의 작은 범위(전형적으로 ±0.1에서 ±0.5 mL)에서 나타난다. S자형 곡선은 분석물의 p-함수 대 시약의 부피 함수로 도시되며 **그림 13-2a**에서 보여주고 있다.

다른 하나는 **선분형 곡선**(linear segment curve)으로 당량점에서 떨어진 양쪽에서 측정하고, 당량점 부근에서는 측정하지 않는다. 이 곡선에서 세로축은 시약이나 분석물의 농도에 비례하는 측정기기 값이다. 전형적인 선분형 곡선은 **그림 13-2b**에 나타내었다.

S자형 곡선은 신속함과 편리함의 장점이 있고, 선분형 곡선은 과량의 시약이나 분석물이 있을 때만 완결되는 반응일 경우에 유리하다.

이 장과 다음의 여러 장에서 S자형 적정 곡선에 대하여 폭넓게 다룰 것이다. 선분형 적정 곡선은 23장과 26장에서 다루게 될 것이다.

### ▸ 13E-2 적정 중의 농도 변화

적정에서 당량점은 시약과 분석물의 상대적인 농도가 크게 변화하는 특성을 갖는다. **표 13-1**은 이러한 현상을 설명해 주고 있다. 표의 두 번째 열에 있는 데이터는 0.1000 M 농도의 염산 용액 50.00 mL를 0.1000 M의 수산화소듐으로 적정하는 과정에서 하이드로늄 이온의 농도 변화를 보여준다. 중화반응은 다음 식으로 표현된다.

$$H_3O^+ + OH^- \rightarrow 2H_2O \qquad \textbf{(13-6)}$$

당량점 주변에서 발생하는 *상대적* 농도 변화를 강조하기 위해 계산된 부피 증가에 따른 $H_3O^+$ 농도 감소($OH^-$ 농도의 10배 증가)는 10배의 농도 변화를 발생시킨다. 세 번째 열에서 염기 40.91 mL를 첨가하면 $H_3O^+$의 농도는 0.100 M에서 0.0100 M로 10배 감소시킨다. 염기 8.11 mL의 첨가하면 또 10배 낮은 0.00100 M로 되고, 0.89 mL를 첨가하면 또 10배 낮은 $H_3O^+$ 농도를 만든다. 상응하는 $OH^-$농도 증가가 동시에 일어난다. 모든 종류의 적정에서 종말점 검출은 당량점 부근에서 일어나는 이러한 분석물(또는 시약)의 큰 *상대적* 농도 변화에 근거하고 있다. 표 13-1 첫 열의 부피 계산 방법은 특집 13-3에서 보여준다.

당량점 영역에서 일어나는 상대적 농도의 큰 변화는 **그림 13-3**에서 보여주는 것처럼 시약 부피에 대한 분석물이나 시약 농도의 음의 log (p-함수)를 도시함으로 나타낼 수 있다. 이들 도시에 대한 데이터는 표 13-1의 네 번째와 다섯 번째 열에 있다. 착화합물 형성, 침전, 산화/환원반응들에 대한 적정 곡선은 그림 13-3에서 보여준 것과 같이 당량점 주변에서 p-함수의 급격한 변화를 동일하게 보인다. 적정 곡선은 필요한 지시약과 기기의 성질을 결정하고 적정법에 관련된 오차를 가늠하게 해준다.

**표13-1**

**0.1000 M의 HCl 50.00 mL를 적정하는 동안 농도 변화**

| 0.1000M NaOH 부피, mL | $[H_3O^+]$, mol/L | $[H_3O^+]$를 10배 감소시키는 0.1000 M NaOH 부피, mL | pH | pOH |
|---|---|---|---|---|
| 0.00 | 0.1000 | | 1.00 | 13.00 |
| 40.91 | 0.0100 | 40.91 | 2.00 | 12.00 |
| 49.01 | $1.000 \times 10^{-3}$ | 8.11 | 3.00 | 11.00 |
| 49.90 | $1.000 \times 10^{-4}$ | 0.89 | 4.00 | 10.00 |
| 49.99 | $1.000 \times 10^{-5}$ | 0.09 | 5.00 | 9.00 |
| 49.999 | $1.000 \times 10^{-6}$ | 0.009 | 6.00 | 8.00 |
| 50.00 | $1.000 \times 10^{-7}$ | 0.001 | 7.00 | 7.00 |
| 50.001 | $1.000 \times 10^{-8}$ | 0.001 | 8.00 | 6.00 |
| 50.01 | $1.000 \times 10^{-9}$ | 0.009 | 9.00 | 5.00 |
| 50.10 | $1.000 \times 10^{-10}$ | 0.09 | 10.00 | 4.00 |
| 51.10 | $1.000 \times 10^{-11}$ | 0.91 | 11.00 | 3.00 |
| 61.11 | $1.000 \times 10^{-12}$ | 10.10 | 12.00 | 2.00 |

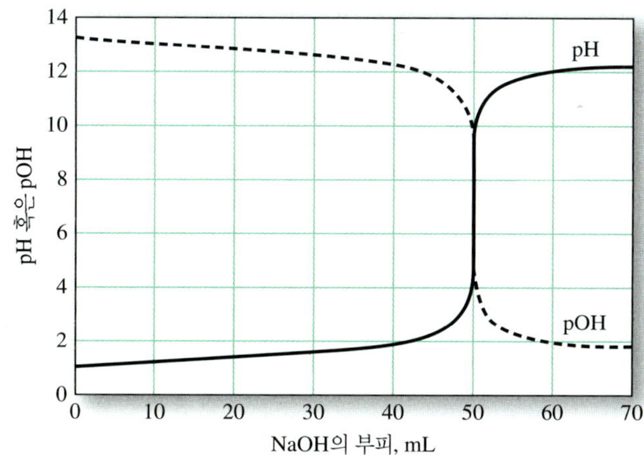


그림 13-3 0.1000 M NaOH로 0.1000 M HCl을 적정하는 동안 염기 부피에 따른 pH와 pOH 적정 곡선.

**특집 13-3**

**표 13-1의 첫 열에 보여준 NaOH 부피 계산**

당량점 이전의 $[H_3O^+]$는 반응하지 않은 HCl의 농도($c_{HCl}$)와 동일하다. HCl 농도는 처음 HCl mmol수(50.00 mL × 0.1000 M)에서 첨가된 NaOH mmol수($V_{NaOH}$ × 0.1000 M)를 뺀 값을 용액의 전체 부피로 나눈 것이다.

$$c_{HCl} = [H_3O^+] = \frac{50.00 \times 0.1000 - V_{NaOH} \times 0.1000}{50.00 + V_{NaOH}}$$

$V_{NaOH}$는 첨가된 0.1000 M NaOH의 부피를 나타낸다. 이 식은 다음과 같이 배열할 수 있다.

$$50.00[H_3O^+] + V_{NaOH}[H_3O^+] = 5.000 - 0.1000V_{NaOH}$$

$V_{NaOH}$를 공통으로 모으면,

$$V_{NaOH}(0.1000 + [H_3O^+]) = 5.000 - 50.00[H_3O^+]$$

*(계속)*

또는

$$V_{NaOH} = \frac{5.000 - 50.00[H_3O^+]}{0.1000 + [H_3O^+]}$$

여기에서 $[H_3O^+] = 0.0100$ M일 때,

$$V_{NaOH} = \frac{5.000 - 50.00 \times 0.0100}{0.1000 + 0.0100} = 40.91 \text{ mL}$$

**도전:** 당량점을 지난 경우 동일한 논리로 다음 관계식을 얻을 수 있다.

$$V_{NaOH} = \frac{50.000[OH^-] + 5.000}{0.1000 - [OH^-]}$$

**스프레드시트 요약** *Applications of Microsoft® Excel in Analytical Chemistry* 2판 7장은 적정 곡선을 그리는 것을 다룬다. 여러 형태의 적정을 보이고 적분 도표와 Gran 도표도 함께 다룬다. 이 장에서 개발한 화학량론적 취급법을 다뤘고 핵심 관계식을 활용한다.

온라인 백과사전인 위키피디아(Wikipedia)에서 *적정*(titration)을 찾으시오. 찾은 결과로부터 적정을 정의하라. 적정이라 불리는 정량적 과정을 위해 화학 반응이 꼭 필요한가? 라틴어로부터 적정의 어원은 무엇인가? 누가 언제 뷰렛을 개발하였는가? 적정의 종말점을 찾기 위한 5가지 방법을 나열하라. *산가*(acid number 혹은 acid value)를 정의하라. 바이오디젤 연료에 적정법이 어떻게 적용되는가?

## 연습 문제

**13-1.** 정의하시오.
- *(a) 밀리몰
- (b) 적정
- *(c) 화학량론 비
- (d) 적정 오차

**13-2.** 화학량론적 인자와 함께 부피법 적정의 계산의 기초가 되는 두 식을 적으시오.

**13-3.** 두 가지를 구별하시오.
- *(a) 적정의 당량점과 종말점
- (b) 일차 표준 물질과 이차표준 물질

**13-4.** 묽은 수용액에서 부피당 용질의 mg 농도와 ppm 단위의 농도가 서로 호환하여 사용될 수 있는 이유를 간단히 설명하시오.

**13-5.** 보통 부피 분석법의 계산은 사용된 적정 시약의 양(화학적인 단위로)을 화학량론적 인자의 사용을 통하여 화학적으로 분석물의 당량(또한 화학적인 단위로)으로 변환시킨다. 다음의 퍼센트를 계산하기 위한 화학량론적 인자를 표현하기 위해 각각의 화학식(계산은 필요하지 않음)을 사용하시오.

*(a) 아이오딘 표준 용액으로 적정하는 로켓트 연료 중의 하이드라진의 퍼센트 계산:

$$H_2NNH_2 + 2I_2 \rightarrow N_2(g) + 4I^- + 4H^+$$

(b) 과망가니즈산 이온 표준 용액으로 적정하는 화장품 중에 존재하는 과산화수소:

$$5H_2O_2 + 2MnO_4^- + 6H^+ \rightarrow 2Mn^{2+} + 5O_2(g) + 8H_2O$$

*(c) 산 표준 용액으로 적정하는 borax ($NaB_4O_7 \cdot 10H_2O$) 중에 존재하는 붕소:

$$B_4O_7^{2-} + 2H^+ + 5H_2O \rightarrow 4H_3BO_3$$

(d) 과량의 $CN^-$에의해 $SCN^-$로 변화될 수 있는 농업용 스프레이 중에 존재하는 황의 퍼센트 계산:

$$S(s) + CN^- \rightarrow SCN^-$$

과량의 $CN^-$를 제거시킨 후, $SCN^-$는 강한 HCl 조건에서 $KIO_4$ 표준 용액으로 적정한다.

$$2SCN^- + 3IO_3^- + 2H^+ + 6Cl^- \rightarrow 2SO_4^{2-} + 2CN^- + 3ICl_2^- + H_2O$$

**13-6.** 다음 용액 속에 존재하는 용질의 mmol을 계산하시오.
(a) 2.00 L $KMnO_4$ ($2.76 \times 10^{-3}$ M)
(b) 250.0 mL KSCN (0.0423 M)
(c) 500.0 mL $CuSO_4$ (2.97 ppm)
(d) 2.50 L KCl (0.352 M)

***13-7.** 다음 용액 속에 존재하는 용질의 mmol을 계산하시오.
(a) 2.95 mL $KH_2PO_4$ (0.0789 M)
(b) 0.2011 L $HgCl_2$ (0.0564 M)
(c) 2.56 L $Mg(NO_3)_2$ (47.5 ppm)
(d) 79.8 mL $NH_4VO_3$ (116.98 g/mol)(0.1379 M)

**13-8.** 다음 용액에 포함된 용질의 질량을 mg으로 표시하시오.
(a) 0.250 M의 슈크로스(342g/mol) 용액 26.0 mL
(b) $5.23 \times 10^{-4}$ M의 $H_2O_2$ 용액 2.92 L
(c) 5.76 ppm을 포함한 $Pb(NO_3)_2$ (331.20 g/mol) 용액 673 mL
(d) 0.0426 M의 $KNO_3$ 용액 6.75 mL

***13-9.** 다음 용액에 포함된 용질의 질량을 g으로 표시하시오.
(a) 0.0986 M $H_2O_2$ 용액 450.0 mL
(b) $9.36 \times 10^{-4}$ M benzoic acid (122.1 g/mol) 용액 26.4 mL
(c) 23.4 ppm $SnCl_2$ 용액 2.50 L
(d) 0.0214 M $KBrO_3$ 용액 21.7 mL

**13-10.** 비중이 1.52인 50% (w/w)의 NaOH 용액의 몰농도를 구하시오.

***13-11.** 비중이 1.13인 20% (w/w)의 KCl 용액의 몰농도를 구하시오.

**13-12.** 다음 용액을 제조하는 방법을 기술하시오.
(a) 고체 시약으로부터 0.0750 M의 $AgNO_3$ 500 mL
(b) 6.00 M 시약 용액으로부터 0.325 M HCl 2.00 L
(c) $K_4Fe(CN)_6$ 고체로 0.0900 M $K^+$ 용액 750 mL
(d) 0.500 M $BaCl_2$ 용액으로 2.00% (w/v) $BaCl_2$ 수용액 600 mL
(e) 상업용 시약 [60% $HClO_4$ (w/w), 비중 1.60]으로 0.120 M $HClO_4$ 용액 2.00 L
(f) $Na_2SO_4$ 고체로 60.0 ppm $Na^+$ 용액 9.00 L

***13-13.** 다음 용액을 제조하는 방법을 기술하시오.
(a) 고체 시약으로 0.150 M $KMnO_4$ 용액 1.00 L
(b) 9.00 M 시약 용액으로 0.500 M $HClO_4$ 용액 250 L
(c) $MgI_2$로 0.0500 M $I^-$ 용액 400 mL
(d) 0.218 M $CuSO_4$ 용액으로 1.00% (w/v) $CuSO_4$ 수용액 200 mL
(e) 진한 상업용 시약 [50% NaOH (w/w), 비중 1.525]으로 0.215 M NaOH 용액 1.50 L
(f) $K_4Fe(CN)_6$ 고체로 12.0 ppm의 $K^+$ 용액 1.50 L

**13-14.** 일차 표준물질 HgO 0.4008 g을 KBr 용액에 녹여 $HClO_4$ 용액을 표준화하였다.

$$HgO(s) + 4Br^- + H_2O \rightarrow HgBr_4^{2-} + 2OH^-$$

유리된 $OH^-$를 중화하는데 43.75 mL의 산이 소모되었다. $HClO_4$의 몰농도를 구하시오.

***13-15.** 일차 표준물질 $Na_2CO_3$ 0.4723 g을 황산 용액으로 적정하였다. 종말점까지 도달하는데 $H_2SO_4$가 34.78 mL 소비되었다. 황산 용액의 몰농도를 구하시오.

$$CO_3^{2-} + 2H^+ \rightarrow H_2O + CO_2(g)$$

**13-16.** 96.4%의 함량을 갖는 $Na_2SO_4$의 시료 0.5002 g은 염화바륨 용액 48.63 mL를 소모하였다.

$$Ba^{2+} + SO_4^{2-} \rightarrow BaSO_4(s)$$

용액 속의 $BaCl_2$의 분석 몰농도를 구하시오.

***13-17.** 일차 표준물질 $Na_2CO_3$ 시료 0.4126 g에 묽은 $HClO_4$ 용액 40.00 mL를 가하였다. 이 용액을 끓여 $CO_2$를 제거하고 여분의 $HClO_4$를 묽은 NaOH 수용액으로 역적정한 결과 9.20 mL가 소모되었다. 또 다른 실험에서 NaOH 수용액 25.00 mL은 $HClO_4$ 용액 26.93 mL로 중화되었다. $HClO_4$와 NaOH의 몰농도를 계산하시오.

**13-18.** 0.04715 M $Na_2C_2O_4$ 용액 50.00 mL를 $KMnO_4$로 적정하였을 때 39.25 mL가 소모되었다.

$$2MnO_4^- + 5H_2C_2O_4 + 6H^+ \rightarrow 2Mn^{2+} + 10CO_2(g) + 8H_2O$$

$KMnO_4$ 용액의 몰농도를 구하시오.

***13-19.** 일차 표준물질 $KIO_3$ 0.1142 g으로부터 생성된 $I_2$를 $Na_2S_2O_3$로 적정하였을 때 27.95 mL가 소모되었다.

$$IO_3^- + 5I^- + 6H^+ \rightarrow 3I_2 + 3H_2O$$

$$I_2 + 2S_2O_3^{2-} \rightarrow 2I^- + S_4O_6^{2-}$$

$Na_2S_2O_3$ 용액의 농도를 구하시오.

**13-20.** 석유화학 제품에서 시료 4.912 g을 취하여 튜브형 노에 넣고 가열하였고, 이때 발생된 $SO_2$는 3% $H_2O_2$ 용액에 포집하였다.

$$SO_2(g) + H_2O_2 \rightarrow H_2SO_4$$

0.00873 M의 NaOH 수용액 25.00 mL를 형성된 황산 용액에 넣고 난 뒤 과량의 염기는 0.01102 M의 HCl로 역적정하였고 이때 15.17 mL가 소비되었다. 시료속의 황의 농도를 ppm 단위로 구하시오.

***13-21.** 샘물 시료 100.00 mL에 존재하는 철을 $Fe^{2+}$로 변환시켰다. 0.002517 M의 $K_2Cr_2O_7$ 용액 25.00 mL를 첨가하여 다음 반응을 일으켰다.

$$6Fe^{2+} + Cr_2O_7^{2-} + 14H^+ \rightarrow 6Fe^{3+} + 2Cr^{3+} + 7H_2O$$

여분의 $K_2Cr_2O_7$을 0.00949 M의 $Fe^{2+}$ 용액 8.53 mL로 역적정하였다. 샘플 속에 들어 있는 철의 농도를 ppm 단위로 구하시오.

**13-22.** 농약 시료 1.203 g 중에 존재하는 비소는 적절한 처리에 의해 $H_3AsO_4$로 변환되었다. 이 산을 중화시킨 후 0.05871 M 농도의 $AgNO_3$ 용액 40.00 mL 를 첨가하여 정량적으로 $Ag_3AsO_4$을 침전시켰다. 침전물의 여과액과 침전물을 씻은 용액 속에 남아 있는 여분의 $Ag^+$는 0.1000 M의 KSCN 용액을 사용하여 침전 적정을 하였고, KSCN 용액이 9.63 mL가 소모되었다.

$$Ag^+ + SCN^- \rightarrow AgSCN(s)$$

시료 속의 $As_2O_3$의 퍼센트를 구하시오.

***13-23.** 유기물 시료 1.455 g에 들어 있는 싸이오유레아는 묽은 황산 용액으로 추출하였다. 다음 반응을 통해 0.009372 M의 $Hg^{2+}$용액 37.31 mL로 정량되었다.

$$4(NH_2)_2CS + Hg^{2+} \rightarrow [(NH_2)_2CS]_4Hg^{2+}$$

시료속의$(NH_2)_2CS$ (76.12 g/mol)의 퍼센트를 구하시오.

**13-24.** $Ba(OH)_2$ 용액을 일차 표준물질인 벤조산($C_6H_5COOH$, 122.12 g/mol) 0.1215 g으로 표준화하였다. 염기가 43.25 mL가 가해진 후에 종말점이 관찰되었다.

(a) 염기의 몰농도를 계산하시오.
(b) 무게를 측정할 때의 표준 편차가 ±0.3 mg이고 부피를 측정할 때의 표준 편차가 ±0.02 mL라면 몰농도의 표준 편차는 얼마인가?
(c) 무게를 다는 데 생기는 오차가 −0.3 mg이라고 가정하고 몰농도에서의 상대 오차와 절대 오차를 계산하시오.

***13-25.** 알코올에 녹아 있는 에틸아세테이트 농도는 10.00 mL 시료를 100.00 mL로 묽혀 결정하였다. 묽혀진 용액 20.00 mL를 0.04672 M KOH 용액 40.00 mL와 함께 환류시켰다.

$$CH_3COOC_2H_5 + OH^- \rightarrow CH_3COO^- + C_2H_5OH$$

식힌 후 과량의 $OH^-$는 0.05042 M의 $H_2SO_4$ 용액 3.41 mL로 역적정하였다. 처음 시료 속에 들어 있는 에틸아세테이트(88.11 g/mol) 양을 계산하여 g으로 표시하시오.

**13-26.** 농도 0.1475 M의 $Ba(OH)_2$ 용액을 이용하여 묽은 아세트산(60.05 g/mol) 수용액을 적정하여 다음의 결과를 얻었다.

| 시료 | 시료 부피, mL | $Ba(OH)_2$ 부피, mL |
|---|---|---|
| 1 | 50.00 | 43.17 |
| 2 | 49.50 | 42.68 |
| 3 | 25.00 | 21.47 |
| 4 | 50.00 | 43.33 |

(a) 시료 중에 들어 있는 아세트산의 평균 퍼센트(w/v)를 계산하시오.
(b) 결과에 대한 표준 편차를 계산하시오.
(c) 평균에 대한 90% 신뢰 구간을 계산하시오.
(d) 90% 신뢰 수준에서 측정값 중 어떤 것을 버릴 수 있는가?

***13-27.** (a) 시료 0.3147 g의 일차 표준물질 $Na_2C_2O_4$을 황산에 녹이고 묽은 $KMnO_4$ 용액 31.67 mL로 적정을 완료하였다.

$$2MnO_4^- + 5C_2O_4^{2-} + 16H^+ \rightarrow 2Mn^{2+} + 10CO_2(g) + 8H_2O$$

$KMnO_4$ 용액의 몰농도를 계산하시오.

(b) 광석 시료 0.6656 g 속에 철을 +2의 산화 상태로 정량적으로 환원시켰다. 이것을 (a)의 $KMnO_4$ 용액 26.75 mL로 적정하였다. 시료 속 $Fe_2O_3$ 퍼센트를 구하시오.

**13-28.** (a) 일차 표준물질 $AgNO_3$를 0.1527 g 취하고 502.3 g의 증류수에 녹였다. 이 용액에 녹아 있는 $Ag^+$의 무게 몰농도를 계산하시오.

(b) (a)에서 기술된 표준 용액을 25.171 g의 KSCN 용액을 적정하는 데 사용하였다. 종말점은 24.615 g의 $AgNO_3$ 용액을 첨가한 뒤에 도달하였다. KSCN의 무게 몰농도를 계산하시오.

(c) $BaCl_2 \cdot 2H_2O$ 시료 0.7120 g을 정량하기 위해 위 (a)와 (b)에서 기술된 용액을 사용하였다. 이 시료의 용액에 $AgNO_3$ 20.102 g을 넣고 여분의 $AgNO_3$는 KSCN 용액으로 역적정하여 KSCN 용액 7.543 g이 소모되었다. 시료 속의 $BaCl_2 \cdot 2H_2O$의 퍼센트를 구하시오.

***13-29.** $KCl \cdot MgCl_2 \cdot 6H_2O$ (277.85 g/mol) 7.48 g 물에 녹여 2 L 수용액을 만들었다. 다음을 계산하시오.

(a) $KCl \cdot MgCl_2$ 용액의 분석 몰농도

(b) $Mg^{2+}$의 몰농도

(c) $Cl^-$의 몰농도

(d) $KCl \cdot MgCl_2 \cdot 6H_2O$의 %농도(w/v)

(e) 이 용액 25.0 mL에 존재하는 $Cl^-$의 mmol수

(f) ppm 단위의 $K^+$의 농도

**13-30.** $K_3Fe(CN)_6$ (329.2 g/mol) 367 mg을 물에 녹여 750.0 mL 용액을 만들었다. 다음을 계산하시오.

(a) $K_3Fe(CN)_6$ 용액의 분석 몰농도

(b) $K^+$의 몰농도

(c) $Fe(CN)_6^{3-}$의 몰농도

(d) $K_3Fe(CN)_6$ 용액의 퍼센트(w/v)

(e) 이 용액 50.0 mL에 있는 $K^+$의 밀리몰수

(f) ppm 단위의 $Fe(CN)_6^{3-}$의 농도

**13-31.** **도전 문제:** 다음 각 산/염기 적정에 있어 당량점과 당량점을 위한 적정부피에서 ±20.00 mL, ±10.00 mL, ±1.00 mL의 조건에서 $H_3O^+$와 $OH^-$의 농도를 구하시오. 얻어진 값을 이용하여 적정 용액의 부피에 대한 p-함수 값으로 구성된 적정 곡선을 그리시오.

(a) 0.05000 M의 HCl 25.00 mL를 0.02500 M NaOH로 적정

(b) 0.06000 M의 HCl 20.00 mL를 0.03000 M NaOH로 적정

(c) 0.07500 M의 $H_2SO_4$ 30.00 mL를 0.1000 M NaOH로 적정

(d) 0.02500 M의 NaOH 40.00 mL를 0.05000 M HCl로 적정

(e) 0.2000 M의 $Na_2CO_3$ 35.00 mL를 0.2000 M HCl로 적정

제 **14** 장

# 중화 적정의 원리

*Principles of Neutralization Titrations*

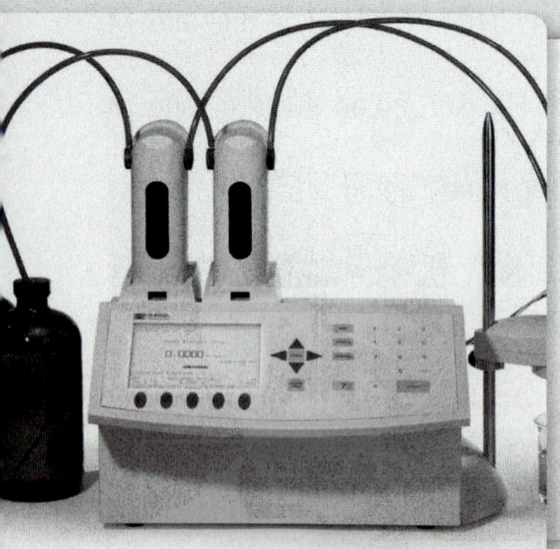

Courtesy of HANNA Instruments

중화 적정은 산과 염기의 양을 정량하는 데 널리 이용된다. 또한 수소 이온을 생성하거나 소비하는 반응 과정을 확인하는 데 이용되기도 한다. 예를 들면, 임상 화학에서 췌장염은 장액인 리파아제의 활동도를 측정함으로써 진단될 수 있다. 리파아제는 긴 사슬의 지방산인 삼글리세르화 이온을 가수분해한다. 그 반응은 다음과 같이 트리글리세라이드가 분해되어 2 몰의 지방산과 1 몰의 $\beta$-모노글리세라이드로 유리되는 것이다.

$$\text{트리글리세라이드} \xrightarrow{\text{리파아제}} \text{모노글리세라이드} + 2\ \text{몰 지방산}$$

이 반응이 일정 시간 진행된 후에 유리된 지방산을 지시약이나 pH 미터를 사용하여 NaOH로 적정한다. 일정 시간 동안에 생성된 지방산의 양은 리파아제의 활동도와 관계된다(30장 참조). 전체 실험 과정은 자동 적정 장치를 사용하여 자동화된다.

일반적으로 산/염기 평형은 화학과 과학의 여러 곳에서 존재한다. 예를 들어, 이 장과 15장에서는 생화학과 생물과학에서 아주 중요한 산/염기 반응이 직접 관계가 있음을 알게 될 것이다.

강산과 강염기의 표준 용액은 그들 자신이 산이거나 염기인 분석물질이나, 화학처리에 의해 그런 화학종으로 전환될 수 있는 분석물질을 정량하기 위해 널리 사용된다. 이 장에서는 중화 적정을 소개하고, 적정의 원리와 적정에 사용되는 지시약에 관해 다룰 것이다. 또한 적정 용액의 부피 대 pH의 도시인 적정 곡선에 관해 알아보고, pH 계산에 관한 여러 가지 예들을 취급한다. 강산이나 강염기와 약산이나 약염기에 대한 적정 곡선에 관해 기술한다.

## 14A 산/염기 적정을 위한 용액과 지시약

모든 적정과 마찬가지로 중화 적정은 분석물과 표준 시약 간의 화학 반응에 의존하며 여러 다른 종류의 산/염기 적정이 있다. 가장 일반적인 것은 염산이나 황산과 같은 강산을 수산화소듐과 같은 강염기로 적정하는 것이다. 그 외에도 락틱 산이나 초산과 같은 약산을 강염기로 적정하는 것이 있으며, 시안화 소듐이나 살리실산 소듐 같은 약염기를 강산으로 적정할 수도 있다.

모든 적정에서 화학당량점을 결정할 수 있어야 한다. 당량점과 매우 근접하기를 바라는 종말점을 정하기 위해서 지시약법과 기기분석법을 사용한다. 여기서는 중화 적정에 사용되는 표준 용액의 종류와 지시약에 중점을 두고 살펴보겠다.

## ▸ 14A-1 표준 용액

중화 적정에서 사용된 표준 용액들은 강산 또는 강염기이다. 그 이유는 이들 물질이 약산이나 약염기보다 분석물질과 더 완전하게 반응하므로 더 예리한 종말점을 제공할 수 있기 때문이다. 산 표준 용액들은 진한 염산, 과염소산, 또는 황산을 묽혀서 만든다. 질산은 산화 성질로 인하여 원하지 않는 부반응을 일으키기 때문에 거의 사용하지 않는다. 그러나 *진한 과염소산과 황산의 뜨거운 용액은 산화성이 있으므로 위험*하기는 하지만, 차가운 묽은 용액은 눈만 잘 보호하면 특별한 주의 없이 자유롭게 분석실험실에서 사용할 수 있다.

염기 표준 용액으로는 소듐이나 포타슘과 같은 알칼리 금속을 증류수에 녹여서 사용하거나 가끔은 수산화바륨을 사용하는데, 알칼리 금속을 물에 녹일 때에는 폭발성으로 인해 특별한 주의가 요구된다. 따라서 보통은 수산화소듐이나 수산화포타슘을 사용하는데, 이들의 묽은 용액을 다룰 때에도 눈을 보호하도록 주의해야 한다.

산/염기 적정에 사용하는 표준 시약은 항상 강산이나 강염기이고, 가장 일반적인 것은 HCl, $HClO_4$, $H_2SO_4$, NaOH, KOH이다. 약산이나 약염기들은 그들이 분석물질과 불완전하게 반응하기 때문에 표준 시약으로 사용되지 않는다.

## ▸ 14A-2 산/염기 지시약

자연적으로 존재하거나 합성된 많은 물질들은 그들이 녹아 있는 용액의 pH에 따라서 다른 색을 나타낸다. 이들 물질 중 몇 가지는 수세기 동안 물의 산도나 알칼리도를 측정하는 데 사용되었으며, 최근에는 산/염기 지시약으로 사용하고 있다.

산/염기 지시약은 약한 유기 산이거나 약한 유기 염기이며, 그들의 짝염기나 짝산으로부터 해리되지 않은 상태에 따라서 색이 서로 다르다. 예를 들면, 산 형태의 지시약, HIn은 다음과 같은 평형으로 나타낼 수 있다.

$$\underset{\text{산성 색}}{HIn} + H_2O \rightleftharpoons \underset{\text{염기성 색}}{In^-} + H_3O^+$$

이 반응에서 내부 구조의 변화는 해리를 동반하므로 색 변화를 나타낸다(**그림 14-1**). 염기 형태의 지시약, In에 대한 평형은 다음과 같다.

$$\underset{\text{염기성 색}}{In} + H_2O \rightleftharpoons \underset{\text{산성 색}}{InH^+} + OH^-$$

다음 단락에서는 산성형 지시약의 거동에 대해 다루기로 한다. 그러나 그 원리는 염기성형 지시약에도 마찬가지로 적용될 수 있다.

산성형 지시약의 해리에 대한 평형 상수 표현은 다음과 같다.

$$K_a = \frac{[H_3O^+][In^-]}{[HIn]} \qquad \textbf{(14-1)}$$

재정리하면

$$[H_3O^+] = K_a\frac{[HIn]}{[In^-]} \qquad \textbf{(14-2)}$$

용액의 색을 조절하는 하이드로늄 이온의 농도가 지시약의 산과 그 짝염기형의 비를 결정한다는 것을 알 수 있다.

일반적인 산/염기 지시약들과 그 색에 관한 목록은 이 책의 앞표지 안쪽에 있다. 또한 12가지 일반적인 지시약의 색과 변색 범위를 보인 색상은 color plate 8을 참고하시오.

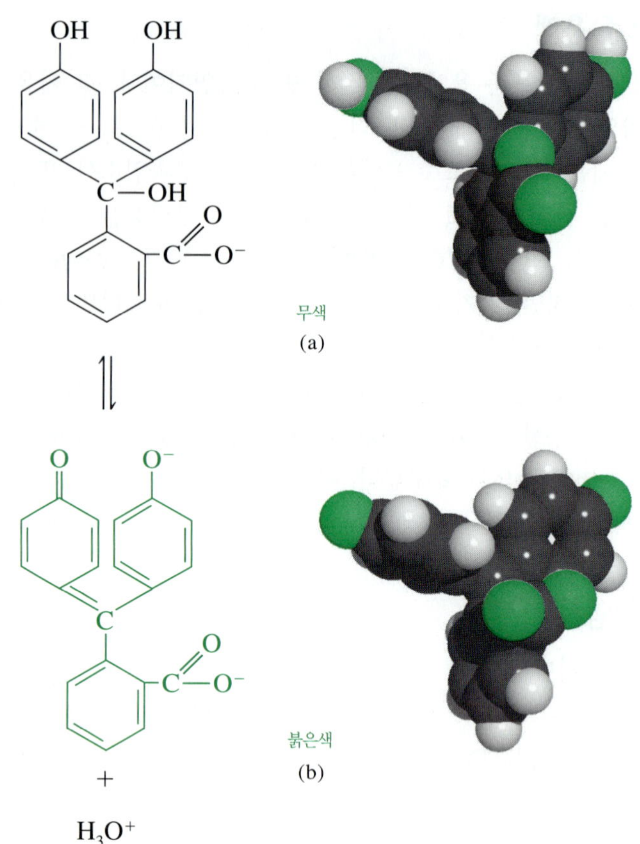


**그림 14-1** 페놀프탈레인의 색 변화와 분자 모델.
(a) 락톤형이 가수분해된 후의 산성형.
(b) 염기성형.

HIn과 $In^-$의 혼합 용액에서 색의 차이를 육안으로 관측하기는 어려우며, 특히 $[HIn]/[In^-]$ 비가 10보다 크거나 0.1보다 작을 때에는 더욱 그러하다. 결과적으로 보통 관찰자는 특정 지시약에 의한 용액의 색 변화는 10과 0.1 사이의 제한된 농도비 내에서 볼 수 있다. 농도비가 더 크거나 더 작을 때에는 육안으로 거의 일정하게 한 가지 색으로 보이며 농도비와는 무관하다. 따라서,

$$\frac{[HIn]}{[In^-]} \geq \frac{10}{1}$$

일 때 지시약 HIn은 순수한 산성형 색을 나타내고,

$$\frac{[HIn]}{[In^-]} \leq \frac{1}{10}$$

일 때 염기성형 색을 나타낸다.

이 농도비가 10~0.1 사이일 경우에는 산성형과 염기성형 색의 혼합된 색을 띠며 지시약에 따라 많이 다르다. 또한 사람에 따라서도 색을 구별하는 능력이 다르며 색맹인 경우에는 더욱 심하다.

이들 농도 비를 식 (14-2)에 대입하면, 지시약의 색을 변화시키기 위해 필요한 하이드로늄 이온의 농도 범위를 계산할 수 있다. 따라서 완전한 산성형 색일 경우,

$$[H_3O^+] = 10K_a$$

같은 방법으로 염기성형 색일 경우에는 다음과 같다.

$$[H_3O^+] = 0.1\ K_a$$

지시약의 pH 범위를 얻기 위해 위 두 식에 −log를 취하면

$$\text{pH(산성 색)} = -\log(10K_a) = pK_a + 1$$

$$\text{pH(염기성 색)} = -\log(0.1K_a) = pK_a - 1$$

$$\text{지시약의 pH 범위} = pK_a \pm 1 \quad \textbf{(14-3)}$$

대부분의 산성 지시약의 pH 변색 범위는 $pK_a \pm 1$이다.

그러므로 산 해리 상수가 $1 \times 10^{-5}$ ($pK_a = 5$)인 지시약은 지시약이 녹아 있는 용액의 pH가 4~6으로 변할 때 완전한 색 변화를 일으킨다(**그림 14-2**). 염기성 지시약에 대해서도 같은 관계식을 유도할 수 있다.

### » 산/염기 지시약의 적정 오차

산/염기 적정에는 두 가지 형태의 적정 오차가 존재한다. 첫 번째는 측정 가능한 오차로서 이것은 지시약의 색 변화가 일어나는 지점의 pH가 당량점의 pH와 다를 때 발생한다. 이런 형태의 오차는 보통 지시약을 주의하여 선택하거나 바탕 보정을 함으로써 최소화될 수 있다.

두 번째 형태는 측정 불가능한 오차로서 이것의 원인은 육안으로 지시약의 중간색을 재현성 있게 구별하기에는 능력의 한계가 있기 때문이다. 이 오차의 크기는 당량점에서 시약의 mL 당 pH 변화, 지시약 농도, 지시약의 두 색에 대한 눈의 감도에 의존한다. 산/염기 지시약에 대한 시각적 불확정성은 평균적으로 ±0.5에서 ±0.1 단위이다. 이런 불확정성은 보통 적당한 pH에서 같은 양의 지시약을 포함하는 대조 표준 용액과 적정 용액의 색을 비교함으로써 ±0.1 pH 단위보다 적게 감소시킬 수 있다. 물론 이들 불확정성은 지시약이나 사람에 따라서 다르고 근사적이라는 점을 고려해야 한다.

### » 지시약의 거동에 영향을 주는 변수

주어진 지시약이 색 변화를 나타내는 pH 간격은 온도, 매질의 이온 세기, 혹은 유기용매와 콜로이드 입자의 존재 여부에 의해 영향 받는다. 이 영향들 중에서 특히 마지막 두 가지는 pH 단위를 1이나 그 이상 이동시키는 변색 범위의 원인이 될 수 있다.[1]

### » 일반적인 산/염기 지시약

산/염기 지시약의 종류는 여러 가지가 있고, 많은 수의 유기 화합물이 포함되어 있다. 거의 모든 원하는 pH 범위에 대해서 지시약을 이용할 수 있다. **표 14-1**에는 몇 가지의 일반적인 지시약들과 그 특성들을 수록하였다. 변색 범위의 크기는 1.1~2.2 정도이며, 평균값은 1.6이다. 이 여러 가지 지시약의 변색 범위에 따른 색깔 차트를 이 책의 앞표지 안쪽에 나타내었다.

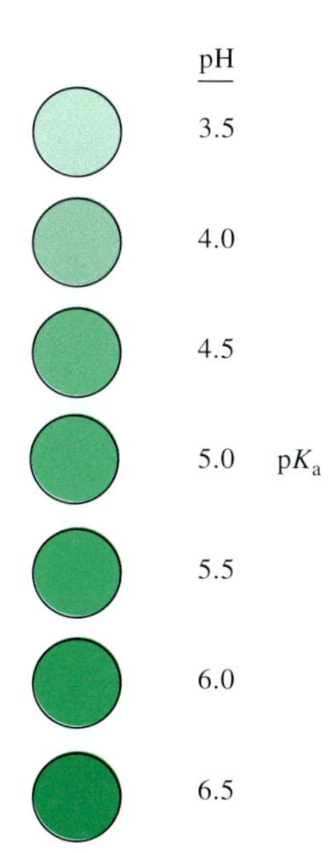


**그림 14-2** pH와 지시약의 색($pK_a$ = 5.0).

---

[1]이들 영향의 논의에 대해서는 다음 문헌을 참고하시오. H.A. Laitinen and W. E. Harris, *Chemical Analysis*, 2nd ed., pp. 48–51. New York: McGraw-Hill, 1975.

**표 14-1**

**몇 가지 중요한 산/염기 지시약**

| 일반명 | pH 변색 범위 | p$K_a$* | 색 변화† | 지시약 형태‡ |
|---|---|---|---|---|
| Thymol blue | 1.2~2.8 | 1.65§ | R – Y | 1 |
| | 8.0~9.6 | 8.96§ | Y – B | |
| Methyl yellow | 2.9~4.0 | | R – Y | 2 |
| Methyl orange | 3.1~4.4 | 3.46§ | R – O | 2 |
| Bromocresol green | 3.8~5.4 | 4.66§ | Y – B | 1 |
| Methyl red | 4.2~6.3 | 5.00§ | R – Y | 2 |
| Bromocresol purple | 5.2~6.8 | 6.12§ | Y – P | 1 |
| Bromothymol blue | 6.2~7.6 | 7.10§ | Y – B | 1 |
| Phenol red | 6.8~8.4 | 7.81§ | Y – R | 1 |
| Cresol purple | 7.6~9.2 | | Y – P | 1 |
| Phenolphthalein | 8.3~10.0 | | C – R | 1 |
| Thymolphthalein | 9.3~10.5 | | C – B | 1 |
| Alizarin yellowGG | 10~12 | | C – Y | 2 |

*이온 세기는 0.1.

†B = blue; C = colorless; O = orange; P = purple; R = red; Y = yellow.

‡(1) 산성형: $HIn + H_2O \rightleftharpoons H_3O^+ + In^-$, (2) 염기성형: $In + H_2O \rightleftharpoons InH^+ + OH^-$

§반응식 $InH^+ + H_2O \rightleftharpoons H_3O^+ + In$

## 14B 강산과 강염기의 적정

농도가 약 $1 \times 10^{-6}$ M보다 더 진한 농도인 강산 용액에서 $H_3O^+$의 평형 농도는 산의 분석 농도와 같다고 가정한다. 강염기 용액에서 $OH^-$의 농도도 산의 경우와 같은 가정을 한다.

강산 수용액에서 하이드로늄 이온은 두 가지 근원에서 생성된다. (1) 산과 물의 반응과 (2) 물 자체의 해리이다. 그러나 묽은 용액을 제외하고는 산에서 생기는 하이드로늄 이온의 농도가 물의 해리에 의한 것보다 매우 크다. 따라서 $10^{-6}$ M보다 높은 농도의 HCl 용액에 대해 아래와 같이 쓸 수 있다.

$$[H_3O^+] = c_{HCl} + [OH^-] \approx c_{HCl}$$

여기서 $[OH^-]$는 물의 해리에 의해 생성된 하이드로늄 이온의 농도를 나타낸다. 수산화소듐과 같은 염기 용액에서도 유사한 관계가 적용된다. 즉,

$$[OH^-] = c_{NaOH} + [H_3O^+] \approx c_{NaOH}$$

### ▸ 14B-1 강산을 강염기로 적정

당량점 이전에서는 반응하지 않고 남아 있는 산의 몰농도로부터 pH를 계산한다.

이 장과 다음 몇 장에서 pH 대 적정 용액의 부피에 대한 *가정적* 적정 곡선의 계산에 대해 다루기로 한다. pH 값의 계산에 의해 작성한 곡선과 실험실에서 *실험으로 구한* 적정 곡선을 비교해 보자. 강산 용액을 강염기로 적정한다고 가정하여 적정 곡선을 작성하기 위해서는 (1) 당량점 이전, (2) 당량점, (3) 당량점 이후, 이 세 가지 형태의 계산이 이루어진다. 당량점 이전에서는 처음의 산 농도에 가한 염기의 양으로부터 남은 산의 농도를 계산한다. 당량점에서는 하이드로늄과 수산화 이온의 농도가 같으며, 하이드로늄 이온의 농도는 물의 이온곱 상수 $K_w$로부터 계산된다. 당량점 이후에서는 과량으로 가해진 염기의 분석 농도를 계산하고, 이것을 수산화 이온의 농도와 같다고 가정한다.

수산화 이온의 농도를 pH로 변환시키는 간단한 방법은 물의 이온곱 상수의 양변에 −log를 취하면 된다. 따라서

$$K_w = [H_3O^+][OH^-]$$
$$-\log K_w = -\log[H_3O^+][OH^-] = -\log [H_3O^+] - \log [OH^-]$$
$$pK_w = pH + pOH$$

그리고 25°C에서

$$-\log 10^{-14} = 14.00 = pH + pOH$$

당량점에서 용액은 중성이 되고 pH = pOH이다. 25°C에서 pH와 pOH는 7.00이다.

당량점 이후에는 먼저 pOH를 계산한 다음에 pH를 계산한다. 이때 pH = p*Kw* − pOH = 14.00 − pOH임을 기억하시오.

**예제 14-1**

25°C에서 0.0500 M HCl 용액 50.00 mL를 0.1000 M NaOH로 적정한다고 가정하여 적정 곡선을 작성하시오.

**적정전 pH**

염기를 첨가하기 전에는 용액은 0.0500 M $H_3O^+$이다. 따라서

$$pH = -\log[H_3O^+] = -\log 0.0500 = 1.30$$

**10.00 mL 시약 첨가 후**

하이드로늄 이온의 농도는 염기와의 반응과 묽힘에 의해 감소된다. 따라서 HCl의 분석 농도는

$$c_{HCl} = \frac{\text{첨가 후 남는 mmol수}}{\text{용액의 전체 부피}}$$
$$= \frac{\text{초기 HCl의 mmol수} - \text{첨가된 NaOH의 mmol수}}{\text{용액의 전체 부피}}$$
$$= \frac{(50.00\text{ mL} \times 0.0500\text{ M}) - (10.00\text{ mL} \times 0.1000\text{ M})}{50.00\text{ mL} + 10.00\text{ mL}}$$
$$= \frac{(2.500\text{ mmol} - 1.00\text{ mmol})}{60.00\text{ mL}} = 2.50 \times 10^{-2}\text{ M}$$
$$[H_3O^+] = 2.50 \times 10^{-2}\text{ M}$$
$$pH = -\log[H_3O^+] = -\log(2.50 \times 10^{-2}) = 1.602 \approx 1.60$$

당량점 이전의 다른 지점도 이와 같은 방법으로 계산하여 곡선을 그린다. 다른 계산 값은 **표 14-2**의 두 번째 열에 있다.

*(계속)*

**표 14-2**

**강염기로 강산을 적정할 때의 pH 변화**

| NaOH의 부피(mL) | pH | |
|---|---|---|
| | 0.0500 M HCl 50.00 mL를 0.100 M NaOH로 적정 | 0.000500 M HCl 50.00 mL를 0.00100 M NaOH로 적정 |
| 0.00 | 1.30 | 3.30 |
| 10.00 | 1.60 | 3.60 |
| 20.00 | 2.15 | 4.15 |
| 24.00 | 2.87 | 4.87 |
| 24.90 | 3.87 | 5.87 |
| 25.00 | 7.00 | 7.00 |
| 25.10 | 10.12 | 8.12 |
| 26.00 | 11.12 | 9.12 |
| 30.00 | 11.80 | 9.80 |

**25.00 mL 시약 첨가 후: 당량점**

당량점에서는 HCl이나 NaOH가 과량이 아니므로 하이드로늄과 수산화 이온의 농도가 같다. 이것을 물의 이온곱 상수에 대입하여 계산하면

$$[H_3O^+] = [OH^-] = \sqrt{K_w} = \sqrt{1.00 \times 10^{-14}} = 1.00 \times 10^{-7}\text{ M}$$

$$pH = -\log[H_3O^+] = -\log(1.00 \times 10^{-7}) = 7.00$$

**25.10 mL 시약 첨가 후**

용액은 과량의 NaOH를 포함하므로

$$c_{NaOH} = \frac{\text{첨가된 NaOH의 mmol수} - \text{원래 HCl의 mmol수}}{\text{용액의 전체 부피}}$$

$$= \frac{25.10 \times 0.1000 - 50.00 \times 0.0500}{75.10} = 1.33 \times 10^{-4}\text{ M}$$

수산화 이온의 평형 농도는

$$[OH^-] = c_{NaOH} = 1.33 \times 10^{-4}\text{ M}$$

$$pOH = -\log[OH^-] = -\log(1.33 \times 10^{-4}) = 3.88$$

$$pH = 14.00 - pOH = 14.00 - 3.88 = 10.12$$

당량점 이후의 다른 값에 대해서도 동일한 방법으로 계산되며, 그 결과는 표 14-2의 마지막 세 줄에 나타나 있다.

**특집 14-1**

**전하균형식으로부터 적정 곡선 유도**

예제 14-1에서는 반응의 화학량론으로부터 산/염기 적정 곡선을 유도하였다. 그 곡선의 모든 점은 또한 전하균형식으로부터 보여줄 수 있다.

예제 14-1의 계에서 전하균형식은 다음과 같다.

$$[H_3O^+] + [Na^+] = [OH^-] + [Cl^-]$$

소듐과 염화 이온의 농도는

$$[\mathrm{Na^+}] = \frac{c^0_{\mathrm{NaOH}} V_{\mathrm{NaOH}}}{V_{\mathrm{NaOH}} + V_{\mathrm{HCl}}}$$

$$[\mathrm{Cl^-}] = \frac{c^0_{\mathrm{HCl}} V_{\mathrm{HCl}}}{V_{\mathrm{NaOH}} + V_{\mathrm{HCl}}}$$

여기서 $c^0_{\mathrm{NaOH}}$와 $c^0_{\mathrm{HCl}}$는 각각 염기와 산의 초기 농도이다.
첫 번째 식은 다음과 같이 고쳐 쓸 수 있다.

$$[\mathrm{H_3O^+}] = [\mathrm{OH^-}] + [\mathrm{Cl^-}] - [\mathrm{Na^+}]$$

여기서 NaOH의 부피가 작을 경우는 $[\mathrm{OH^-}] \ll [\mathrm{Cl^-}]$이므로

$$[\mathrm{H_3O^+}] \approx [\mathrm{Cl^-}] - [\mathrm{Na^+}] \approx c_{\mathrm{HCl}}$$

그리고

$$[\mathrm{H_3O^+}] = \frac{c^0_{\mathrm{HCl}} V_{\mathrm{HCl}}}{V_{\mathrm{HCl}} + V_{\mathrm{NaOH}}} - \frac{c^0_{\mathrm{NaOH}} V_{\mathrm{NaOH}}}{V_{\mathrm{HCl}} + V_{\mathrm{NaOH}}} = \frac{c^0_{\mathrm{HCl}} V_{\mathrm{HCl}} - c^0_{\mathrm{NaOH}} V_{\mathrm{NaOH}}}{V_{\mathrm{HCl}} + V_{\mathrm{NaOH}}}$$

당량점에서는 $[\mathrm{Na^+}] = [\mathrm{Cl^-}]$이므로

$$[\mathrm{H_3O^+}] = [\mathrm{OH^-}]$$

$$[\mathrm{H_3O^+}] = \sqrt{K_w}$$

당량점 후에는 $[\mathrm{H_3O^+}] \ll [\mathrm{Na^+}]$이므로 원래 식은 다음과 같이 정리할 수 있다.

$$[\mathrm{OH^-}] \approx [\mathrm{Na^+}] - [\mathrm{Cl^-}] \approx c_{\mathrm{NaOH}}$$

$$= \frac{c^0_{\mathrm{NaOH}} V_{\mathrm{NaOH}}}{V_{\mathrm{NaOH}} + V_{\mathrm{HCl}}} - \frac{c^0_{\mathrm{HCl}} V_{\mathrm{HCl}}}{V_{\mathrm{NaOH}} + V_{\mathrm{HCl}}} = \frac{c^0_{\mathrm{NaOH}} V_{\mathrm{NaOH}} - c^0_{\mathrm{HCl}} V_{\mathrm{HCl}}}{V_{\mathrm{NaOH}} + V_{\mathrm{HCl}}}$$

### » 농도의 영향

강산의 중화 적정 곡선에 대한 시약과 분석물의 농도 영향을 알기 위해 표 14-2의 두 가지 데이터에 의해 **그림 14-3**을 도시하였다. 적정 용액으로 0.1 M NaOH를 사용했을 때는 당량점 영역에서 pH 변화가 아주 크고, 0.001 M NaOH를 사용할 경우에는 그 변화의 크기가 줄어들었지만 변화를 충분히 구별할 수 있다.

### » 지시약 선택

그림 14-3은 시약 농도가 대략 0.1 M일 경우엔 지시약을 선택하는데 별 문제가 없음을 보여준다. 세 가지 지시약에 대한 적정 부피 차이는 뷰렛의 눈금을 읽을 때의 불확정성 정도이므로 무시할 수 있다. 그러나 브로모크레졸 그린은 0.001 M 농도일 때에는 적합하지 않다. 왜냐하면 당량점 이전의 5 mL 영역에서 색의 변화가 일어나기 때문이다. 페놀프탈레인도 또한 적합하지 않다. 묽은 용액을 사용하는 적정의 경우에는 세 가지 지시약 중에서 브로모티몰 블루만이 0.001 M NaOH로 적정할 경우에 최소의 측정 가능한 적정 오차 이내에서 만족할 만한 종말점을 제공한다.

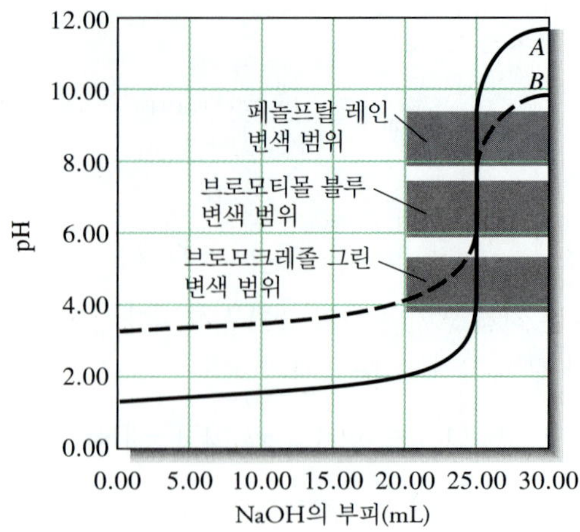


**그림 14-3** HCl을 적정할 때의 적정 곡선. *A*: 0.0500 M의 HCl 50.00 mL를 0.1000 M의 NaOH로 적정, *B*: 0.000500 M의 HCl 50.00 mL를 0.001000 M의 NaOH로 적정.

## ▸ 14B-2 강염기를 강산으로 적정

강염기의 적정 곡선도 강산의 경우와 같은 방법으로 얻을 수 있다. 당량점 이전에서의 용액은 염기성을 띠므로 수산화 이온의 농도는 염기의 분석 농도와 같다. 당량점에서는 중성이며, 당량점 이후에는 산성이고 즉, 하이드로늄 이온의 농도는 과량의 강산의 농도와 같다.

**예제 14-2**

0.0500 M의 NaOH 50.00 mL를 0.1000 M HCl로 적정할 때 HCl을 다음과 같이 첨가했을 때, pH를 계산하시오.
(a) 24.50 mL, (b) 25.00 mL, (c) 25.50 mL

**풀이**

(a) 24.50 mL를 첨가했을 때, $[H_3O^+]$는 매우 작아서 화학량론적으로 계산할 수 없지만 $[OH^-]$는 쉽게 계산할 수 있다.

$$[OH^-] = c_{NaOH} = \frac{\text{원래 NaOH의 mmol수} - \text{첨가된 HCl의 mmol수}}{\text{용액의 전체 부피}}$$

$$= \frac{50.00 \times 0.0500 - 24.50 \times 0.1000}{50.00 + 24.50} = 6.71 \times 10^{-4}\ M$$

$$[H_3O^+] = K_w/(6.71 \times 10^{-4}) = 1.00 \times 10^{-14}/(6.71 \times 10^{-4})$$

$$= 1.49 \times 10^{-11}\ M$$

$$pH = -\log(1.49 \times 10^{-11}) = 10.83$$

(b) 25.00 mL를 첨가했을 때는 당량점에 해당하며, $[H_3O^+] = [OH^-]$이다.

$$[H_3O^+] = \sqrt{K_w} = \sqrt{1.00 \times 10^{-14}} = 1.00 \times 10^{-7}\ M$$

$$pH = -\log(1.00 \times 10^{-7}) = 7.00$$

(C) 25.50 mL를 첨가했을 때,

$$[H_3O^+] = c_{HCl} = \frac{25.50 \times 0.1000 - 50.00 \times 0.0500}{75.50}$$

$$= 6.62 \times 10^{-4}\ M$$

$$pH = -\log(6.62 \times 10^{-4}) = 3.18$$

0.0500 M과 0.00500 M NaOH를 0.1000 M과 0.0100 M HCl로 적정한 적정 곡선을 **그림 14-4**에 나타내었다. 지시약의 선택은 강산을 강염기로 적정하는 경우와 같다.

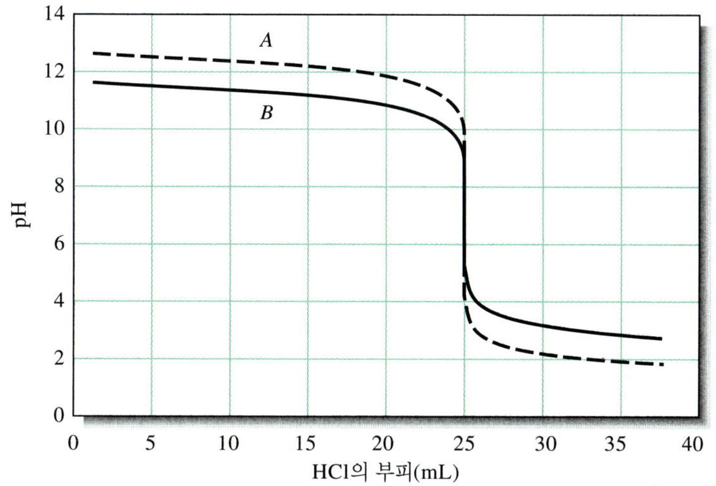


**그림 14-4** NaOH를 HCl로 적정할 때의 적정 곡선.
*A*: 0.0500 M의 NaOH 50.00 mL를 0.1000 M의 HCl로 적정.
*B*: 0.00500 M의 NaOH 50.00 mL를 0.0100 M의 HCl로 적정.

**특집 14-2**

### 적정 곡선 계산에서의 유효 숫자

적정 곡선에서 당량점 부근의 계산된 농도는 큰 수들 사이의 적은 차에 근거하기 때문에 정밀도가 낮다. 예로서 예제 14-1에서 25.10 mL의 NaOH를 첨가한 후 $c_{NaOH}$ 계산은 (2.510 − 2.500 = 0.010) 두 개의 유효 숫자만 알려져 있다. 반올림 오차를 줄이려면 $c_{NaOH}$ $(1.33 \times 10^{-4})$의 세 자리 수를 유지하고 pOH와 pH를 계산할 때 반올림하면 된다.

p-함수의 계산된 값을 반올림할 때에 지수(소수점 왼편에 있는 자릿수)는 소수점의 위치만 알려줄 뿐이기 때문에 *대수의 가수*(소수점의 우측에 있는 자릿수들)만이 *유효 숫자에 포함되도록 반올림되어야 한다*(6D-2절 참조). 다행히 대부분의 당량점에서 특징적인 p-함수 값의 큰 범위가 계산된 값들의 제한된 정밀도에 의해 모호하게 되는 것은 아니다. 일반적으로 여기서 적정 곡선에 필요한 값을 유도할 때는 반올림이 필요하든 안하든 간에 소수점 오른쪽 두 자리로 p-함수 값을 반올림할 것이다.

**스프레드시트 요약** *Applications of Microsoft® Excel in Analytical Chemistry* 2판 7장에서 강산/강염기 적정을 먼저 고려한다. 이 적정에서 여러 개 적정점의 pH를 계산하기 위해 화학량론적 접근과 전하균형식 접근을 사용한다. 그 다음 엑셀차트 기능을 이용하여 적정 곡선을 그릴 수 있다.

## ▶ 14C 약산의 적정 곡선

약산(약염기)의 적정 곡선을 얻기 위해서는 네 가지 형태의 다른 계산이 필요하다.

1. 처음에 용액은 단지 약산이나 약염기만을 포함하고 있으므로 용질의 농도와 그의 해리 상수로부터 pH를 계산할 수 있다.
2. 적정 용액을 일정 부피씩 증가시켜 첨가한(당량점 직전까지) 후에는 각각 완충 용액이 된다. 각 완충 용액의 pH는 짝염기나 짝산의 분석 농도와 남아 있는 약산이나 약염기의 농도로부터 구할 수 있다.
3. 당량점에서 용액은 적정된 약산이나 약염기의 짝(즉, 염)만을 포함하므로 pH는 이 생성물의 농도로부터 계산된다.
4. 당량점 이후에 과량의 강산이나 강염기의 적정 용액이 반응생성물의 산 또는 염기 특성을 억제하므로 pH는 주로 과량 가한 적정 용액의 농도에 의해 지배된다.

강산과 약산의 적정 곡선은 당량점 이후의 모든 지점에서 같다. 강염기와 약염기의 적정 곡선도 마찬가지이다.

**예제 14-3**

0.1000 M 아세트산(HOAc, $K_a = 1.75 \times 10^{-5}$) 용액 50.00 mL를 0.1000 M 수산화소듐으로 적정할 때의 적정 곡선을 그리시오.

**적정전 pH**

처음에는 식 (9-22)를 사용하여 0.1000 M HOAc 용액의 pH를 계산해야 한다.

$$[H_3O^+] = \sqrt{K_a c_{HOAc}} = \sqrt{1.75 \times 10^{-5} \times 0.1000} = 1.32 \times 10^{-3}\ M$$

$$pH = -\log(1.32 \times 10^{-3}) = 2.88$$

**시약 10.00 mL 첨가한 후의 pH**

이제 NaOAc와 HOAc로 이루어진 완충 용액이 만들어졌다. 두 성분의 분석 농도는 다음과 같다.

$$c_{HOAc} = \frac{50.00\ mL \times 0.1000\ M\ - 10.00\ mL \times 0.1000\ M}{60.00\ mL} = \frac{4.000}{60.00}\ M$$

$$c_{NaOAc} = \frac{10.00\ mL \times 0.1000\ M}{60.00\ mL} = \frac{1.000}{60.00}\ M$$

아세트 산의 해리 상수식에 이 농도를 대입하면 다음을 얻는다.

$$K_a = \frac{[H_3O^+](1.000/\cancel{60.00})}{4.00/\cancel{60.00}} = 1.75 \times 10^{-5}$$

$$[H_3O^+] = 7.00 \times 10^{-5}$$

$$pH = 4.15$$

$[H_3O^+]$을 계산할 때, 용액의 전체 부피는 분자와 분모에 모두 있으므로 생략될 수 있음을 보여준다. 이와 같은 방법으로 완충 영역의 적정 곡선에서 pH를 계산할 수 있다. 이 계산으로 얻은 데이터는 **표 14-3**의 두 번째 열에 나타내었다.

**표 14-3**

**강염기로 약산을 적정할 때의 pH 변화**

| NaOH의 부피(mL) | pH | |
|---|---|---|
| | **0.1000 M HOAc 50.00 mL를 0.1000 M NaOH로 적정** | **0.001000 M HOAc 50.00 mL를 0.001000 M NaOH로 적정** |
| 0.00 | 2.88 | 3.91 |
| 10.00 | 4.15 | 4.30 |
| 25.00 | 4.76 | 4.80 |
| 40.00 | 5.36 | 5.38 |
| 49.00 | 6.45 | 6.46 |
| 49.90 | 7.46 | 7.47 |
| 50.00 | 8.73 | 7.73 |
| 50.10 | 10.00 | 8.09 |
| 51.00 | 11.00 | 9.00 |
| 60.00 | 11.96 | 9.96 |
| 70.00 | 12.22 | 10.25 |

**시약 25.00 mL 첨가한 후의 pH**

앞의 계산에서와 같이 두 구성 성분의 분석 농도는

$$c_{HOAc} = \frac{50.00\text{ mL} \times 0.1000\text{ M} - 25.00\text{ mL} \times 0.1000\text{ M}}{75.00\text{ mL}} = \frac{2.500}{75.00}\text{ M}$$

$$c_{NaOAc} = \frac{25.00\text{ mL} \times 0.1000\text{ M}}{75.00\text{ mL}} = \frac{2.500}{75.00}\text{ M}$$

아세트산의 해리 상수 식에 이들 농도를 대입하여 다음을 얻는다.

$$K_a = \frac{[H_3O^+]\cancel{(2.500/75.00)}}{\cancel{2.500/75.00}} = 1.75 \times 10^{-5}$$

$$pH = pK_a = -\log(1.75 \times 10^{-5}) = 4.76$$

이 지점에서는 $[H_3O^+]$을 계산할 때, 용액의 전체 부피뿐만 아니라 산과 그 짝염기의 농도가 같아서 생략될 수 있다.

**당량점에서의 pH**

이때는 모든 아세트산이 아세트산소듐으로 변한다. 따라서 용액은 물에 아세트산의 짝염기를 녹여서 만든 것과 같으므로 pH 계산은 예제 9-10에 있는 약염기의 계산법과 같다. 이 예제에서 NaOAc 농도는 0.0500 M이다.

$$c_{NaOAc} = \frac{50.00\text{ mL} \times 0.1000\text{ M}}{100.00\text{ mL}} = 0.0500\text{ M}$$

그러므로,

$$OAc^- + H_2O \rightleftharpoons HOAc + OH^-$$

$$[OH^-] = [HOAc]$$

$$[OAc^-] = 0.0500 - [OH^-] \approx 0.0500$$

*(계속)*

이 적정의 당량점 pH가 7보다 큼을 보면 이 용액은 알칼리성이다. 약산의 염 용액은 항상 염기성이다.

위 관계를 $OAc^-$의 염기 해리 상수식에 대입하면 다음과 같다.

$$\frac{[OH^-]^2}{0.0500} = \frac{K_w}{K_a} = \frac{1.00 \times 10^{-14}}{1.75 \times 10^{-5}} = 5.71 \times 10^{-10}$$

$$[OH^-] = \sqrt{0.0500 \times 5.71 \times 10^{-10}} = 5.34 \times 10^{-6}\ M$$

$$pH = 14.00 - [-\log(5.34 \times 10^{-6})] = 8.73$$

**염기를 50.10 mL 첨가한 후의 pH**

NaOH를 50.10 mL 첨가한 후에는 과량의 염기와 아세트산 이온이 수산화 이온을 제공한다. 그러나 강염기는 물과 아세트산 이온의 반응을 억제하므로 아세트산 이온의 기여도는 작다. 이것은 당량점에서 수산화 이온의 농도가 단지 $5.34 \times 10^{-6}$ M이라는 것을 생각해 볼 때 분명한 사실이다. 일단 과량의 강염기가 첨가되면 아세트산의 반응에 의한 기여도는 더 작아진다. 그러므로

$$[OH^-] = c_{NaOH} = \frac{50.10\ mL \times 0.1000\ M - 50.00\ mL \times 0.1000\ M}{100.10\ mL}$$

$$= 9.99 \times 10^{-5}\ M$$

$$pH = 14.00 - [-\log(9.99 \times 10^{-5})] = 10.00$$

그러므로 당량점 이후 영역에서 강염기로 약산을 적정한 적정 곡선은 강염기로 강산을 적정한 적정 곡선과 같다.

**표 14-3**과 **그림 14-5**는 보다 묽은 용액의 적정 곡선과 이 예제에서 계산된 pH 값들을 비교하고 있다. 14C-1절에서 농도의 영향을 다룰 것이다.

약산의 적정에서 절반의 중화가 이루어진 지점에서 $[H_3O^+] = K_a$이거나 $pH = pK_w$이다.

예제 14-3에서 절산이 절반 정도 중화되었을 때(염기가 정확히 25.00 mL 첨가되었을 때) 산과 그 짝염기의 분석 농도는 같다. 그러므로 이 항들이 평형상수식에서 상쇄되므로 하이드로늄 이온의 농도는 해리 상수와 수치가 같다. 마찬가지로 약염기의 적정에서 적정 곡선의 중간 지점의 수산화 이온 농도는 염기의 해리 상수와 수치가 같다. 그리고 이 지점에서는 두 용액의 완충 용량이 최대가 된다. 이들 지점은 보통 **적정의 중간점**(half-titration point)이라고 부른다. 특집 14-3에서 설명한 바와 같이 해리 상수를 결정하는 데 사용된다.

약염기의 적정에서 절반의 중화가 이루어진 지점에서 $[OH^-] = K_b$이거나 $pOH = pK_b$이다.

**특집 14-3**

**약염기의 해리 상수 결정법**

산이나 염기를 적정하여 용액의 pH를 측정함으로써 약산이나 약염기의 해리 상수를 구할 수 있다. 이러한 측정에는 pH 미터와 유리 전극(21D-3절 참조)이 사용된다. 산의 경우, 산이 정확히 절반으로 중화되었을 때 측정된 pH는 $pK_a$와

같다. 약염기의 경우, 절반이 중화되었을 때의 pH는 pH는 pOH로 환산하게 되면 $pK_b$와 같아진다.

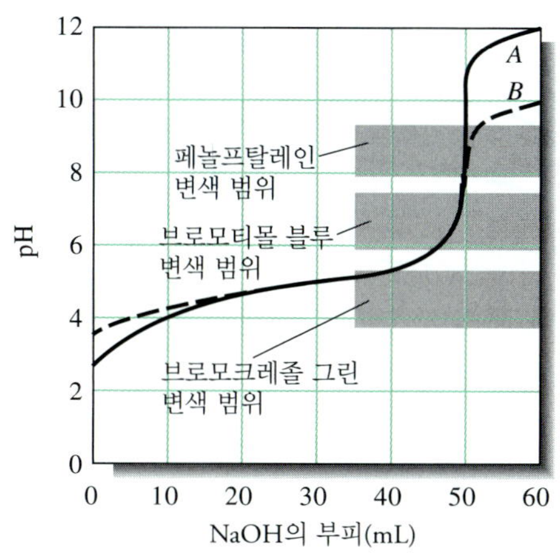


**그림 14-5** 아세트산을 수산화소듐으로 적정한 적정 곡선. *A*: 0.1000 M의 산을 0.1000 M 염기로 적정, *B*: 0.001000 M의 산을 0.001000 M 염기로 적정.

## ▸ 14C-1 농도의 영향

표 14-3의 두 번째 열과 세 번째 열은 0.1000 M과 0.001000 M의 아세트산을 같은 농도의 수산화소듐으로 적정할 때의 pH 데이터이다. 더 묽은 산에 대하여 계산하는 경우, 예제 14-3에 있는 근사적인 방법은 더 이상 타당치 않으므로 모두 2차 방정식으로 풀어야 한다. 당량점 이후의 영역에서는 과량으로 가한 $OH^-$의 농도에 의해 간단하게 계산할 수 있다.

도전: 표 14-3의 세 번째 열의 pH 값들이 정확한지를 보이시오.

그림 14-5는 표 14-3의 데이터를 도시한 것이다. 더 묽은 용액일 경우(곡선 *B*) 초기 pH는 더 높고 당량점에서의 pH는 더 낮다. 그러나 적정의 중간점에서는 두 용액의 pH 값은 약간만 다르다. 왜냐하면 이 영역에 존재하는 아세트산/아세트산소듐 계가 완충작용을 하기 때문이다. 그림 14-5를 보면 완충 용액의 pH는 묽힘과 무관하다는 것을 그래프로 설명해 준다. 당량점 근처에서는 분석을 시약 농도가 낮을 때 $OH^-$의 변화는 작아진다는 것을 알 수 있다. 이 영향은 강염기로 강산을 적정할 때 나타나는 농도의 영향과 유사하다(그림 14-3 참조).

## ▸ 14C-2 반응 완결도의 영향

다른 해리 상수를 갖는 0.1000 M 산 용액들의 적정 곡선을 **그림 14-6**에 보여 주고 있다. 당량점 영역에서는 더 약산일수록 산과 염기의 반응이 덜 완결되므로 pH 변화는 더 작아진다.

## ▸ 14C-3 지시약의 선택: 적정 가능성

그림 14-5와 14-6은 약산의 적정에 대한 지시약의 선택이 강산에서 보다 더 제한적임을 보여준다. 예를 들어, 그림 14-5로부터 브로모크레졸 그린은 0.1000 M 아세트산의 적정에 대해서는 전적으로 적합하지 않음을 분명하게 알 수 있다. 브로모티몰 블루도 완전한 색 변화가 0.1000 M 염기의 47 mL와 50 mL의 범위에서 일어나

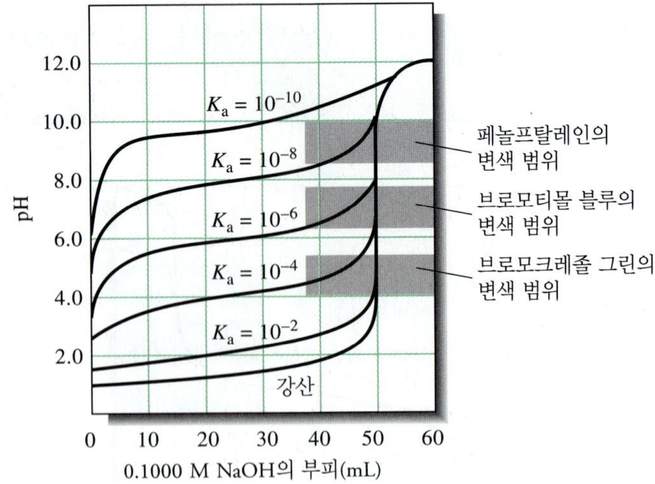


**그림 14-6** 적정 곡선에서 산 세기(해리 상수)의 영향. 각 곡선은 0.1000 M의 산 용액 50.00 mL를 0.1000 M NaOH로 적정할 때를 나타낸다.

기 때문에 만족스럽지 못하다. 페놀프탈레인과 같이 염기성 영역에서 색 변화를 일으키는 지시약은 최소 적정 오차를 갖는 선명한 종말점을 나타내준다.

0.00100 M 아세트산의 적정과 관련된 종말점의 pH 변화(그림 14-5의 곡선 *B*)는 너무 작아서 지시약을 잘 선택하여도 상당한 적정 오차를 가져올 가능성이 있다. 그러나 페놀프탈레인과 브로모티몰 블루 사이의 변색 범위를 갖는 지시약을 사용하고 적당한 색깔 비교 표준물과 비교하면 이 적정에서도 상대 오차가 낮으며, 높은 재현성을 갖는 종말점을 얻을 수 있다.

그림 14-6은 적정되는 산의 세기가 감소함에 따라 pH 변색 범위가 줄어드는 것을 보여준다. 적당한 색깔 비교 표준물을 이용할 수 있다면 $10^{-8}$의 해리 상수를 갖는 0.1000 M 산 용액을 ±2 ppt 정도의 정밀도로 적정할 수 있다. 그리고 농도가 더 진한 요액일 경우에는 다소 약산들도 적절한 정밀도로 적정될 수 있다.

**특집 14-4**

**약산/강염기 적정에 대한 마스터 방정식을 이용한 접근법**

약산과 강염기 적정에서 $H_3O^+$의 농도를 구하는 데 하나의 마스터 방정식을 사용할 수 있다. 어떤 약산 HA(해리 상수, $K_a$)를 강염기 NaOH로 적정하는 예를 들어 보자. $c^0_{HA}$ M HA mL에 $c^0_{NaOH}$ M NaOH를 적정한다고 가정하자. 어느 한 적정점에서 다음과 같은 전하균형식을 적을 수 있다.

$$[Na^+] + [H_3O^+] = [A^-] + [OH^-]$$

첨가되는 NaOH 부피 함수로서 $H_3O^+$에 대해 식을 정리해 보자. 소듐 이온의 농도를 첨가되는 NaOH의 밀리몰을 총 부피로 나누어 줌으로써 소듐 이온의 농도를 나타낼 수 있다.

$$[Na^+] = \frac{c^0_{NaOH} V_{NaOH}}{V_{NaOH} + V_{HA}}$$

질량균형식으로부터 $A^-$을 포함하는 화학종의 총 농도($c_T$)를 구할 수 있다.

$$c_T = [HA] + [A^-] = \frac{[A^-][H_3O^+]}{K_a} + [A^-]$$

$[A^-]$에 대해서 풀면,

$$[A^-] = \left(\frac{K_a}{[H_3O^+] + K_a}\right)c_T$$

이들 두 개의 식을 전하균형식에 대입을 시키면 다음과 같은 식을 얻을 수 있다.

$$[Na^+] + [H_3O^+] = \frac{c_T K_a}{[H_3O^+] + K_a} + \frac{K_w}{[H_3O^+]}$$

이 식을 정리하면, 대입 전 적정 과정에 체계적인 마스터 방정식을 구할 수 있다.

$$[H_3O^+]^3 + (K_a + [Na^+])[H_3O^+]^2 + (K_a[Na^+] - c_T K_a - K_w)[H_3O^+] - K_w K_a = 0$$

첨가되는 NaOH의 각 부피에 대해서 이 방정식을 풀어야 한다. 스프레드시트나 수학 프로그램으로 이 작업을 간단히 수행할 수 있다. NaOH의 부피 대 pH 적정을 전환한다.

원하는 pH 영역의 $[Na^+]$을 계산함으로써 마스터 방정식을 유도할 수 있다. $[Na^+]$는 두 번째 식이 추가되는 부분과 관련이 있다.

**스프레드시트 요약** *Applications of Microsoft® Excel in Analytical Chemistry* 2판 7장의 산/염기 적정에 관한 절에서 마스터 방정식의 접근법은 약산을 강염기로 적정할 때 적정 곡선의 계산과 도시를 위해 사용된다. Excel's Goal Seek는 $H_3O^+$에 대한 전하-균형식과 그의 pH를 계산하기 위해 사용된다.

## 14D 약염기의 적정 곡선

예제 14-4에 보여준 바와 같이 약염기의 적정 곡선을 유도하는 것도 약산의 경우와 유사하다.

**예제 14-4**

0.0500 M의 NaCN (HCN의 $K_a = 6.2 \times 10^{-10}$) 용액 50.00 mL를 0.1000 M의 HCl로 적정한다. 반응식은 다음과 같다.

$$CN^- + H_3O^+ \rightleftharpoons HCN + H_2O$$

(a) 0.00, (b) 10.00, (c) 25.00, (d) 26.00 mL의 산을 첨가한 후 각 용액의 pH를 계산하시오.

**풀이**

**(a) 적정전 pH**

NaCN 용액의 pH는 예제 9-10에서 보여준 방법으로 구할 수 있다.

$$CN^- + H_2O \rightleftharpoons HCN + OH^-$$

$$K_b = \frac{[OH^-][HCN]}{[CN^-]} = \frac{K_w}{K_a} = \frac{1.00 \times 10^{-14}}{6.2 \times 10^{-10}} = 1.61 \times 10^{-5}$$

$$[OH^-] = [HCN]$$

$$[CN^-] = c_{NaCN} - [OH^-] \approx c_{NaCN} = 0.0500\ M$$

*(계속)*

계산 목적상 평형 상수는 정확하다고 인정하기 때문에 평형 상수의 유효 숫자 수는 결과 값의 유효 숫자 수에 영향을 미치지 않는다는 것을 유의하시오.

이를 해리 상수식에 대입하여 재배열하면

$$[OH^-] = \sqrt{K_b c_{NaCN}} = \sqrt{1.61 \times 10^{-5} \times 0.0500} = 8.97 \times 10^{-4}\ M$$

$$pH = 14.00 - [-\log(8.97 \times 10^{-4})] = 10.95$$

(b) **적정 시약을 10.00 mL 첨가 후의 pH**

산을 첨가함으로써 다음과 같은 조성의 완충 용액이 만들어진다.

$$c_{NaCN} = \frac{50.00 \times 0.0500 - 10.00 \times 0.1000}{60.00} = \frac{1.500}{60.00}\ M$$

$$c_{HCN} = \frac{10.00 \times 0.1000}{60.00} = \frac{1.000}{60.00}\ M$$

도전: 완충 용액의 pH는 여기서 계산한 것처럼 HCN의 $K_a$로부터 계산할 수 있고, $K_b$로도 가능하다. $K_a$로 $[H_3O^+]$를 직접 계산할 수 있고, $K_b$로 $[OH^-]$를 계산할 수 있음을 보이시오.

이 값들을 HCN의 산 해리 상수식에 대입하면 다음을 얻는다.

$$[H_3O^+] = \frac{6.2 \times 10^{-10} \times (1.000/\cancel{60.00})}{1.500/\cancel{60.00}} = 4.13 \times 10^{-10}\ M$$

$$pH = -\log(4.13 \times 10^{-10}) = 9.38$$

(c) **적정 시약을 25.00 mL 첨가 후의 pH**

이때는 당량점에 해당하며, 주된 용질 화학종은 약산 HCN이다. 따라서

$$c_{HCN} = \frac{25.00 \times 0.1000}{75.00} = 0.03333\ M$$

식 (9-22)를 적용하면

당량점에서 주된 화학종은 HCN이므로 pH는 산성이다.

$$[H_3O^+] = \sqrt{K_a c_{HCN}} = \sqrt{6.2 \times 10^{-10} \times 0.03333} = 4.55 \times 10^{-6}\ M$$

$$pH = -\log(4.55 \times 10^{-6}) = 5.34$$

(d) **적정 시약을 26.00 mL 첨가 후의 pH**

과량으로 들어간 강산이 HCN의 해리를 억제하므로 pH에 대한 HCN의 기여도는 무시할 수 있다. 따라서

$$[H_3O^+] = c_{HCl} = \frac{26.00 \times 0.1000 - 50.00 \times 0.0500}{76.00} = 1.32 \times 10^{-3}\ M$$

$$pH = -\log(1.32 \times 10^{-3}) = 2.88$$

약염기를 적정할 때는 산성에서 변색 범위를 갖는 지시약을 사용하고, 약산을 적정할 때는 염기성에서 변색 범위를 갖는 지시약을 사용한다.

**그림 14-7**은 다른 세기를 갖는 일련의 약염기에 대한 이론적 적정 곡선이다. 약염기를 적정하는 데는 *산성*의 변색 범위를 갖는 지시약을 사용해야 함을 알 수 있다.

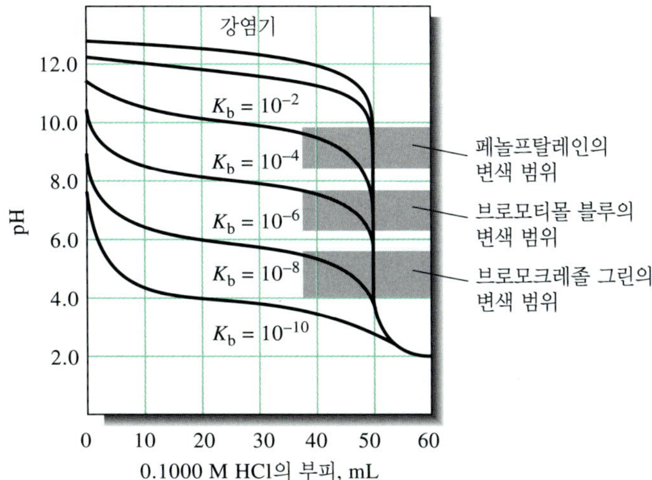


**그림 14-7** 적정에서 염기 세기($K_b$)의 영향. 0.1000 M 염기 용액 50.00 mL를 0.1000 M의 HCl로 적정할 때의 적정 곡선.

**특집 14-5**

## 아미노산의 p*K* 값 결정

아미노산은 산성과 염기성 작용기를 모두 가지고 있다. 예를 들어 알라닌(alanine)의 구조가 **그림 14F-1**에 있다.

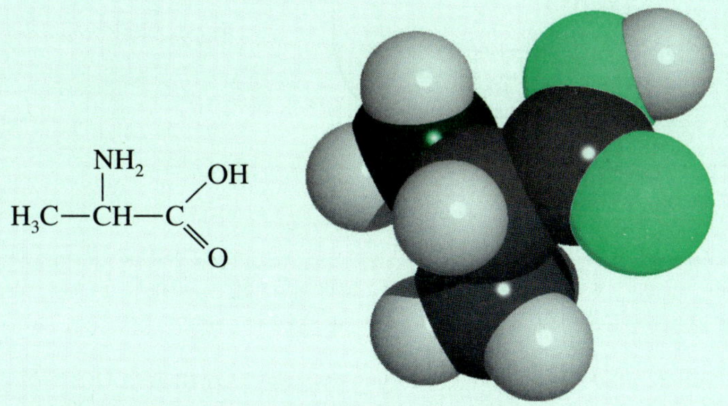


**그림 14F-1** 알라닌의 구조와 분자 모델. 알라닌은 아미노산이다. 이것은 좌선성(L)형과 우선성(D)형의 거울상으로 존재한다. 자연적으로 생기는 모든 아미노산은 좌선성이다.

아민기는 염기로 작용하는 반면 카복실기는 산으로 작용한다. 수용액에서 아미노산은 내부적으로 이온화된 분자, 혹은 '쯔비터 이온(zwitter ion)'이다. 이 상태에서 아민기는 양성자를 받아 양전하를 갖게 되고, 카복실기는 양성자를 잃고 음전하를 띤다.

*(계속)*

아미노산에 대한 p$K$ 값은 특집 14-3에서 설명한 일반적인 절차에 의해 편리하게 결정될 수 있다. 쯔비터 이온은 산성기와 염기성기 특성을 가지므로 두 개의 p$K$가 결정될 수 있고, 반면 카복실기의 양성자화한 p$K$는 산을 첨가함에 의해 결정될 수 있다. 실제로 용액은 아미노산의 농도를 알 수 있게 해준다. 그래서 당량점의 절반 지점까지 첨가해야 할 염기나 산의 양을 알 수 있다. pH 대 첨가된 산이나 염기의 부피에 대한 곡선은 **그림 14F-2**에 나타내었다. 여기서 적정은 곡선의 중앙 지점(0.00 mL 첨가)에서 시작하고, 단지 당량점에 필요한 부피의 절반인 지점까지 적정된다. 알라닌에 대한 이 예에서 HCl의 부피 20.00 mL는 카복실기를 완전히 양성자화할 때까지 필요한 부피이다. 쯔비터 이온까지 산을 첨가하여 왼쪽 곡선을 얻는다. HCl을 10.00 mL 첨가했을 때의 pH는 카복실기의 p$K_a$ = 2.35와 같다.

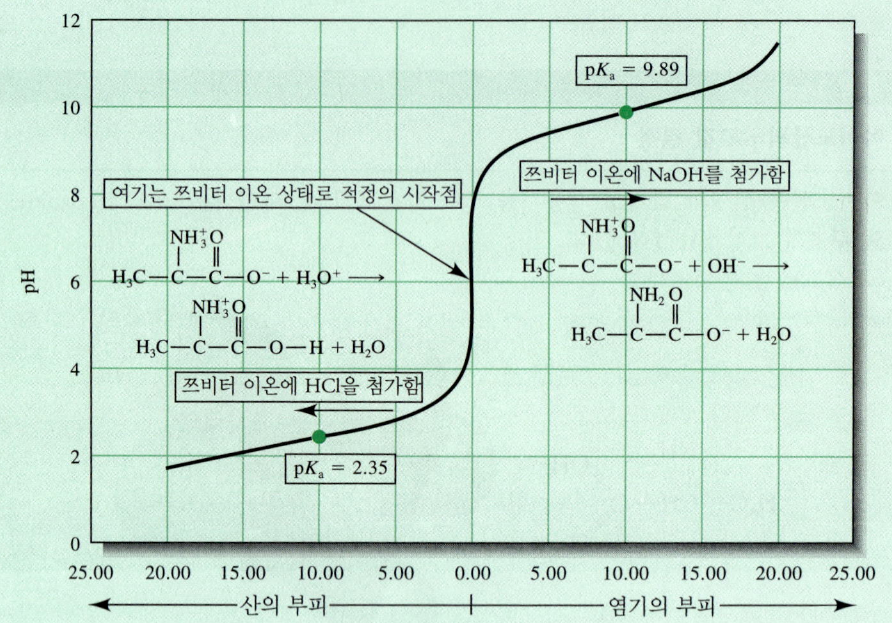


**그림 14F-2** 20.00 mL의 알라닌을 0.1000 M NaOH와 0.1000 M HCl로 적정할 때의 곡선. 쯔비터 이온은 산이나 염기를 첨가하기 전에 존재한다. 산을 첨가하면 p$K_a$가 2.35인 카복실기를 양성자화한다. 염기를 첨가하면 p$K_a$가 9.89인 양성자화된 아민기와 반응한다.

쯔비터 이온에 NaOH를 첨가해서 $NH_4^+$의 탈양성자화에 대한 p$K$를 결정할 수 있다. 탈양성자화를 완성하게 하기 위해서는 염기 20.00 mL가 필요하다. NaOH를 10.00 mL 첨가했을 때의 pH는 아민기는 p$K_a$ 값 9.89와 같다. 다른 아미노산들이나 펩타이드와 단백질 같은 더 복잡한 생체분자들의 p$K_a$ 값들은 항상 이와 유사한 방법으로 구할 수 있다. 몇 가지 아미노산들은 카복실기나 아민기보다 더 큰 해리 상수를 갖는다. 아스파트산(aspartic acid)은 그 한 예이다(**그림 14F-3** 참조).

*(계속)*

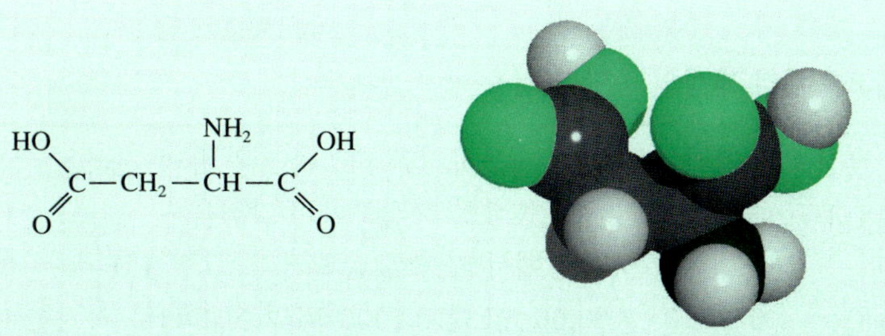


**그림 14F-3** 아스파트산은 두 개의 카복실기를 갖는 아미노산이다. 이것은 설탕보다 더 달지만 사람을 살찌게 하지 않는 인공감미료인 아스파탐을 만들기 위해 페닐알라닌과 결합시킨다.

일반적으로 아미노산들은 그것이 갖는 쯔비터 이온을 완전히 양성자화하거나 탈양성자화하는 종말점이 뚜렷하지 않기 때문에 직접 적정하여 정량할 수 없다. 그러므로 아미노산들은 보통 고성능 액체 크로마토그래피(33장 참조) 또는 분광법(5부 참조)에 의해 정량한다.

## 14E 산/염기 적정할 때 용액의 조성

약산이나 약염기 용액을 적정할 때 일어나는 용액의 조성 변화는 때때로 관심의 대상이 된다. 짝염기의 상대 평형 농도 $\alpha_1$ 뿐 아니라 약산의 상대 평형 농도 $\alpha_0$을 용액의 pH 함수로 도시함으로써 알 수 있다.

**그림 14-8**에서 $\alpha_0$와 $\alpha_1$으로 표시된 실선으로 된 직선은 표 14-3의 두 번째 열에 있는 $[H_3O^+]$ 값을 이용하여 식 (9-35)와 식 (9-36)로부터 계산되었다. 실제 적정 곡선은 그림 14-8에 있는 곡선이다. 적정 초기에 $\alpha_0$가 거의 1 (0.987)이라는 것은 아세트산 이온을 포함하는 화학종의 98.7%가 HOAc이며 단지 1.3%만이 $OAc^-$로 존재함을 의미한다. 당량점에서 $\alpha_0$는 $1.1 \times 10^{-4}$까지 감소하고, $\alpha_1$은 1에 접근한다. 따라서 아세트산 이온을 포함하는 화학종의 약 0.011%만이 HOAc이다. 산의 절반이 중화되었을 때(25.00 mL), $\alpha_0$와 $\alpha_1$은 각각 0.5% 값을 가짐을 주목한다. 다양자성 산에 대해서는(15장 참조) 적정하는 동안에 용액의 조성 변화를 설명하는 데 있어서 $\alpha$ 값이 매우 유용하다.

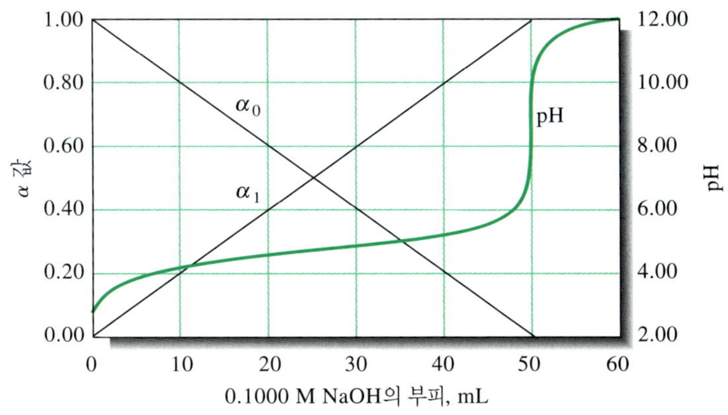


**그림 14-8** 적정하는 동안에 아세트산과 아세트산 이온의 상대적인 양에 대한 도시. 직선은 0.1000 M의 아세트산 용액 50.00 mL를 적정하는 동안 HOAc($\alpha_0$)와 $OAc^-$($\alpha_1$)의 상대적 농도의 변화를 나타내고, 곡선은 계의 적정 곡선이다.

특집 14-6

**pH 측정으로부터 적정의 종말점 검출**

산/염기 적정에서 지시약을 널리 사용하지만 pH 측정용 유리 전극을 사용하여 적정 용액의 부피 증가에 따라 pH를 직접 측정하여 종말점을 구하기도 한다. pH 측정용 유리 전극에 대해서는 21장에서 자세히 논의된다. **그림 14F-4a**는 0.1000 M의 약산($K_a$ = 1.0 × $10^{-5}$) 50.00 mL를 0.1000 M의 NaOH로 적정할 때의 적정 곡선을 나타낸 것이다. 이때 종말점은 pH 대 부피 데이터에 의해 몇 가지 방법으로 구한다.

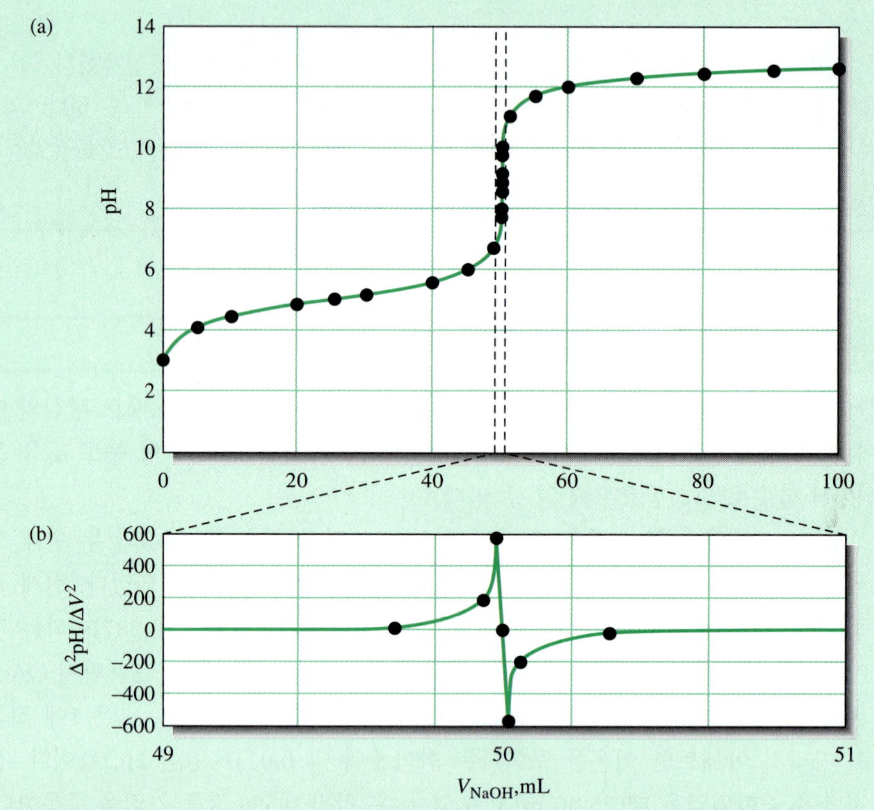


**그림 14F-4** (a)는 pH 미터를 사용하여 0.1000 M의 약산 50.00 mL를 0.1000 M NaOH로 적정하여 얻은 곡선이다. (b)는 이차도함수를 연장하여 나타낸 것이다. 이차도함수는 종말점에서 0점을 교차한다는 것에 주목하시오. 이 방법은 종말점을 매우 정밀하게 구하기 위해 이용된다.

종말점은 적정 곡선의 **변곡점**(infection point)이다. S자 모양의 적정 곡선에서 변곡점은 부피에 따른 pH 변화가 가장 크게 급경사를 이루고 있는 부분이다. 이것은 적정 곡선을 도시하거나 일차 또는 이차도함수를 구하기 위한 계산에서 확인할 수 있다. 일차도함수, ΔpH/Δ$V$는 적정 곡선의 기울기를 나타내주며, 종말점 이전에는 0으로부터 최고점까지 증가하다가 종말점이 지나면 다시 0까지 감소한다. 일차도함수에서 기울기는 최고점에서 보는 것처럼 + 값으로부터 − 값까지 변하기 때문에 일차도함수의 최고점을 찾기 위해 두 번 미분한다. 이는 이차도함수로부터 종말점을 구하기 위한 수단이다. 이차도함수 $\Delta^2 pH/\Delta V^2$는 **그림 14F-4b**에서 보는 것처럼 종말점에서 0이다. 이차도함수가 0점에서 교차된다는 사실을 쉽게 알기 위해서 눈금을 연장했음을 유의하시오. 자세한 도함수 계산은 21G절에서 알아보고, 이들 도함수를 구하는 방법과 도시법에 관한 접근법은 *Applications of Microsoft® Excel in Analytical Chemistry* 2판 7장에서 다루었다.

적정의 종말점을 구하기 위한 방법으로 Gran 도시법이 있다. 이 방법에서 선형 도시는 산 해리 상수와 종말점에 도달할 때까지 필요한 염기의 부피를 구하기 위해서 필요하다. 앞에서 논의한 종말점 영역에서 구한 데이터로부터 종말점을 구하는 정상 적정 곡선이나 도함수법과는 달리 Gran 도시법은 종말점으로부터 멀리 떨어진 부분의 데이터를 사용한다. 이는 종말점 근처에서 적정 용액이 아주 적은 부피씩 변할 때마다 측정을 여러 번 해야 하는 번거로움을 줄이기 위해서이다.

강염기로 약산을 적정할 때 당량점 전에 남아 있는 산의 농도 $c_{HA}$는 다음과 같이 계산한다.

$$c_{HA} = \frac{\text{초기 HA의 mmol수}}{\text{용액의 전체 부피}} - \frac{\text{첨가한 NaOH의 mmol수}}{\text{용액의 전체 부피}}$$

또는

$$c_{HA} = \frac{c^0_{HA}V_{HA}}{V_{HA} + V_{NaOH}} - \frac{c^0_{NaOH}V_{NaOH}}{V_{HA} + V_{NaOH}}$$

여기서 $c^0_{HA}$는 HA의 초기 분석 농도이다. 이 경우에는 1 : 1로 반응하기 때문에 NaOH의 당량점 부피, $V_{eq}$는 화학량론적으로 계산할 수 있다.

$$c^0_{HA}V_{HA} = c^0_{NaOH}V_{eq}$$

$c_{HA}$에 대한 $c^0_{HA}V_{HA}$를 대입하여 재정리하면 다음을 얻는다.

$$c_{HA} = \frac{c^0_{NaOH}}{V_{HA} + V_{NaOH}}(V_{eq} - V_{NaOH})$$

만약 $K_a$가 너무 크지 않으면 당량점 이전의 영역에서 산의 평형 농도는 분석 농도와 거의 같다[식 (9-27) 참조]. 즉,

$$[HA] \approx c_{HA} \approx \frac{c^0_{NaOH}}{V_{HA} + V_{NaOH}}(V_{eq} - V_{NaOH})$$

산이 적당히 해리한 어떤 지점에서 $A^-$의 평형 농도는 첨가한 염기의 mmol수를 용액의 전체 부피로 나눈 것이다.

$$[A^-] \approx \frac{c^0_{NaOH}V_{NaOH}}{V_{HA} + V_{NaOH}}$$

*(계속)*

$H_3O^+$의 농도는 다음과 같이 평형 상수로부터 구할 수 있다.

$$[H_3O^+] = \frac{K_a[HA]}{[A^-]} = \frac{K_a(V_{eq} - V_{NaOH})}{V_{NaOH}}$$

이 식을 재정리하면 기울기-절편 직선식을 얻을 수 있다.

$$\underbrace{[H_3O^+]V_{NaOH}}_{y} = \underbrace{-K_a}_{m}\underbrace{V_{NaOH}}_{x} + \underbrace{K_aV_{eq}}_{b}$$

또는

$$y = mx + b$$

여기서

$y = [H_3O^+]V_{NaOH}$,
$m$ = 기울기 = $-K_a$,
$x = V_{NaOH}$,
$b$ = 절편 = $K_aV_{eq}$

양변에 $V_{NaOH}$를 곱하면

$$[H_3O^+]V_{NaOH} = K_aV_{eq} - K_aV_{NaOH}$$

이 식의 왼쪽을 적가액 부피 $V_{NaOH}$에 대해 도시하면 기울기가 $-K_a$이고 절편이 $K_aV_{eq}$인 직선을 얻는다. **그림 14F-5**에서는 0.1000 M의 약산 50.00 mL를 0.1000 M의 NaOH로 적정할 때의 데이터를 Gran 도시하면 최소제곱식에 따른다는 것을 보였다. 50.00 mL의 종말점 부피는 절편 값, 0.0005를 $K_a$로 나눠서 계산한다. 보통 적정 도중의 여러 점들을 도시하면 초기 단계에서 구부러지고, 또 이들은 당량점 근처에서 곡선을 이룬다.

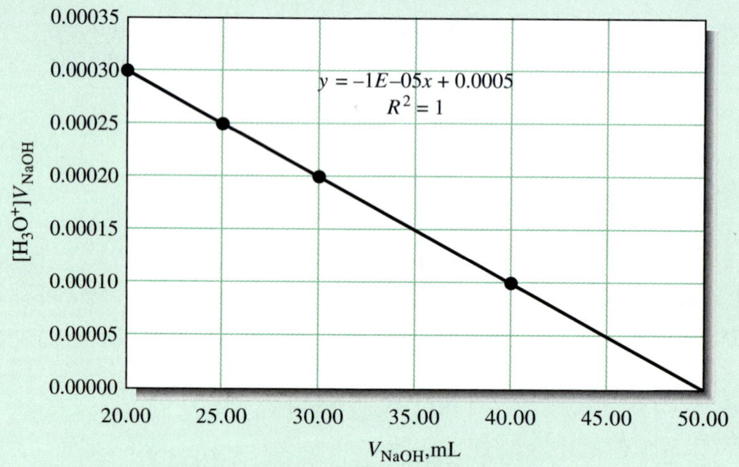


**그림 14F-5** 0.1000 M의 약산($K_a = 1.00 \times 10^{-5}$) 50.00 mL를 0.1000 M NaOH로 적정할 때의 Gran 도시. 그림 안에 최소제곱식이 주어졌다.

**스프레드시트 요약** *Applications of Microsoft® Excel in Analytical Chemistry* 2판 7장의 마지막 세 가지 연습에서는 약산에 대한 화학종 도시(α 도시)의 간단한 분포를 도시하기 위해 Excel을 사용한다. 그 후에 적정 종말점을 더 잘 결정하기 위해서 적정 곡선의 이차와 이차도함수를 도시한다. pH 대 부피에 대한 적정 곡선과 이차도함수 곡선을 함께 도시한다. 마지막으로 Gran 도시법은 선형 회귀 과정에 의해 종말점을 구하기 위해 사용된다.

검색 엔진을 사용하여 Stephen Lower의 Web 문헌 *The Fall of the Proton: Why Acids React with Bases*을 찾으시오. 이 문헌은 산/염기 거동을 양성자 자유 에너지 개념으로 설명한다. 이러한 관점에서 산/염기 적정은 어떻게 기술되는가? 강산을 강염기로 적정할 때 무엇이 자유 에너지를 감소시키는가?

## 연습 문제

***14-1.** 전형적인 산/염기 지시약의 색 변화의 범위가 약 2 정도 되는 이유는 무엇인가?

**14-2.** 산/염기 적정에서 종말점을 예리하게 하는 인자는 무엇인가?

***14-3.** 0.10 M NaOH와 0.010 M $NH_3$를 0.10 M HCl로 적정할 때의 적정 곡선을 생각해 보자.
(a) 두 적정 곡선의 차이점을 간략하게 설명하시오.
(b) 두 적정 곡선을 구별할 수 없게 하는 것은 어떤 면인가?

**14-4.** 중화 적정에 사용되는 표준 시약으로는 약산과 약염기보다 강산과 염기가 사용되는 이유는 무엇인가?

***14-5.** 지시약의 pH 범위를 이동시키는 원인으로 무엇이 있는가?

**14-6.** 0.10 M HCl로 적정할 때 어느 용질이 더 예리한 종말점을 나타내는가?
*(a) 0.10 M NaOCl 또는 0.10 M 하이드록실아민
(b) 0.10 M $NH_3$ 또는 0.10 M 페놀산소듐
*(c) 0.10 M 메틸아민 또는 0.10 M 하이드록실아민
(d) 0.10 M 하이드라진 또는 0.10 M NaCN

**14-7.** 0.10 M NaOH로 적정할 때 어느 용질이 더 예리한 종말점을 나타내는가?
*(a) 0.10 M 아질산 또는 0.10 M 아이오딘산
(b) 0.10 M 염산 아닐리늄($C_6H_5NH_3Cl$) 또는 0.10 M 벤조산
*(c) 0.10 M 하이포클로로산 또는 0.10 M 피루브산
(d) 0.10 M 살리실산 또는 0.10 M 아세트산

**14-8.** 유리 전극과 pH 미터가 널리 사용되기 전에는 지시약의 산과 염기 형태의 농도를 비색법으로 측정하여 pH를 측정하였다(26장 참조). 만일 브로모티몰 블루를 지시약으로 사용했을 때 그 산과 염기 형태의 농도비가 1.29일 때 용액의 pH는 얼마인가?

***14-9.** 연습 문제 14-8에서 사용된 산과 염기 형태의 메틸 오렌지를 지시약으로 사용했다. 지시약의 산과 염기형의 농도비가 1.84일 때 용액의 pH는 얼마인가?

**14-10.** $K_w$ 값이 0°C, 50°C, 100°C일 때, $1.14 \times 10^{-15}$, $5.47 \times 10^{-14}$, $4.9 \times 10^{-13}$이었다. 위의 각 온도에서 중성 용액의 pH 값을 계산하시오.

**14-11.** 연습 문제 14-10의 데이터를 사용하여 다음의 각 온도에서 $pK_w$ 값을 계산하시오.
(a) 0°C
*(b) 50°C
(c) 100°C

**14-12.** 연습 문제 14-10의 데이터를 사용하여 다음 각 온도에서 $1.00 \times 10^{-2}$ M NaOH의 pH를 계산하시오.
(a) 0°C
*(b) 50°C
(c) 100°C

***14-13.** 밀도가 1.015 g/mL이고, 3.00%인 HCl 수용액의 pH는 얼마인가?

**14-14.** 밀도가 1.022 g/mL이고, 2.00% (w/w)인 NaOH 수용액의 pH는 얼마인가?

***14-15** $2.00 \times 10^{-8}$ M의 HCl 수용액은 pH가 얼마인가? [*힌트*: 이런 묽은 용액에서는 $H_2O$로부터 생성된 수산화 이온의 농도를 계산에 포함시켜야 한다.]

**14-16.** $2.0 \times 10^{-8}$ M의 HCl 수용액은 pH가 얼마인가?

***14-17.** 0.093 g의 $Mg(OH)_2$를 아래 용액에 섞을 때 각 용액의 pH는 얼마인가?
(a) 0.0500 M HCl, 75.0 mL
(b) 0.0500 M HCl, 100.0 mL
(c) 0.0500 M HCl, 15.0 mL
(d) 0.0500 M $MgCl_2$, 30.0 mL

**14-18.** 0.1750 M의 HCl 20.0 mL를 아래의 용액 25.0 mL와 혼합할 때의 pH는 얼마인가?
(a) 증류수
(b) 0.132 M $AgNO_3$
(c) 0.132 M NaOH
(d) 0.132 M $NH_3$
(e) 0.232 M NaOH

***14-19.** 0.0500 M HCl 용액의 하이드로늄 이온의 농도와 pH를 계산하시오.
(a) 활동도를 무시할 경우
(b) 활동도를 사용할 경우(10장 참조)

**14-20.** 0.0167 M $Ba(OH)_2$ 용액의 수산화 이온의 농도와 pH를 계산하시오.
(a) 활동도를 무시함
(b) 활동도를 이용함(10장 참조)

***14-21.** 농도가 아래와 같은 각 HOCl 용액의 pH를 계산하시오.
(a) $1.00 \times 10^{-1}$ M
(b) $1.00 \times 10^{-2}$ M
(c) $1.00 \times 10^{-4}$ M

**14-22.** 농도가 아래와 같은 각 NaOCl 용액의 pH를 계산하시오.
(a) $1.00 \times 10^{-1}$ M
(b) $1.00 \times 10^{-2}$ M
(c) $1.00 \times 10^{-4}$ M

***14-23.** 농도가 아래와 같은 각 암모니아 용액의 pH를 계산하시오.
(a) $1.00 \times 10^{-1}$ M
(b) $1.00 \times 10^{-2}$ M
(c) $1.00 \times 10^{-4}$ M

**14-24.** 농도가 아래와 같은 각 $NH_4Cl$ 용액의 pH를 계산하시오.
(a) $1.00 \times 10^{-1}$ M
(b) $1.00 \times 10^{-2}$ M
(c) $1.00 \times 10^{-4}$ M

***14-25.** 피페리딘의 농도가 아래와 같을 때 각 용액의 pH를 계산하시오.
(a) $1.00 \times 10^{-1}$ M
(b) $1.00 \times 10^{-2}$ M
(c) $1.00 \times 10^{-4}$ M

**14-26.** 농도가 아래와 같은 각 설팜산 용액의 pH를 계산하시오.
(a) $1.00 \times 10^{-1}$ M
(b) $1.00 \times 10^{-2}$ M
(c) $1.00 \times 10^{-4}$ M

***14-27.** 아래와 같이 만든 용액들의 pH를 계산하시오.
(a) 36.5 g의 락트산을 물에 녹여 500 mL로 묽힘
(b) (a) 용액 25.0 mL를 250 mL로 묽힘
(c) (b) 용액 10.0 mL를 1.00 L로 묽힘

**14-28.** 아래와 같이 만든 용액들의 pH를 계산하시오.
(a) 2.13 g의 피크르산, $(NO_2)_3C_6H_2OH$ (229.11 g/mol)를 100 mL의 물에 녹일 때
(b) (a) 용액 10.0 mL를 100 mL로 묽힘
(c) (b) 용액 10.0 mL를 1.00 L로 묽힘

***14-29.** 0.1750 M 폼산 20.0 mL를 아래와 같이 하였을 때, 각 용액의 pH를 계산하시오.
(a) 45.0 mL의 증류수에 묽힘
(b) 0.140 M NaOH 25.0 mL와 혼합함
(c) 0.200 M NaOH 25.0 mL와 혼합함
(d) 0.200 M 폼산 소듐 용액 25.0 mL와 혼합함

**14-30.** 0.1250 M $NH_3$ 40.0 mL를 아래와 같이 하였을 때, 각 용액의 pH를 계산하시오.
(a) 20.0 mL의 증류수에 묽힘
(b) 0.250 M HCl 용액 20.0 mL와 혼합함
(c) 0.300 M HCl 용액 20.0 mL와 혼합함
(d) 0.200 M $NH_4Cl$ 용액 20.0 mL와 혼합함
(e) 0.100 M HCl 용액 20.0 mL와 혼합함

***14-31.** 0.0500 M $NH_4Cl$과 0.0300 M $NH_3$가 섞여 있는 용액의 $OH^-$ 농도와 pH를 계산하시오.
(a) 활동도를 무시할 경우
(b) 활동도를 사용할 경우

**14-32.** 다음 용액들의 pH를 계산하시오.
(a) 7.85 g의 락트산(90.08 g/mol)과 10.09 g의 락트산 소듐(112.06 g/mol)을 물에 녹여 1.00 L로 하였을 때
(b) 아세트산으로 0.0630 M, 아세트산소듐으로 0.0210 M인 혼합 용액
(c) 3.00 g의 살리실산, $C_6H_4(OH)COOH$(138.12 g/mol)을 0.1130 M NaOH 50.0 mL에 녹인 후 500.0 mL로 묽힘
(d) 0.0100 M의 피크르산과 0.100 M 피크르소듐의 혼합 용액

***14-33.** 아래 용액들의 pH를 계산하시오.
(a) $(NH_4)_2SO_4$ 3.30 g을 물에 녹이고, 여기에 0.1011 M의 NaOH 125.0 mL를 가한 후에 500.0 mL로 묽힘
(b) 피페리딘이 0.120 M이고, 그것의 염화염이 0.010 M인 혼합 용액
(c) 에틸아민 0.050 M이고, 그것의 염화염이 0.167 M인 혼합 용액
(d) 2.32 g의 아닐린(93.13 g/mol)을 0.0200 M의 HCl 100 mL에 녹인 후에 250.0 mL로 묽힘

**14-34.** 아래의 각 용액들을 물로 10배 희석할 때 pH의 변화를 계산하시오. pH 값은 소수점 이하 셋째 자리까지 반올림하시오.
*(a) $H_2O$.
(b) 0.0500 M HCl.
*(c) 0.0500 M NaOH.
(d) 0.0500 M $CH_3COOH$.
*(e) 0.0500 M $CH_3COONa$.
(f) 0.0500 M $CH_3COOH$ + 0.0500 M $CH_3COONa$.
*(g) 0.500 M $CH_3COOH$ + 0.500 M $CH_3COONa$.

***14-35.** 연습 문제 14-34의 각 용액 100 mL에 각각 1.00 mmol의 강산을 첨가하였을 때의 pH 변화를 계산하시오.

**14-36.** 연습 문제 14-34의 각 용액 100 mL에 각각 1.00 mmol의 강염기를 첨가하였을 때의 pH 변화를 계산하시오(소수점 이하 셋째 자리까지 계산하시오).

**14-37.** 0.50 mmol의 강산을 아래의 각 용액 100 mL에 첨가했을 때 각각의 pH 변화를 소수점 이하 셋째 자리까지 계산하시오.
(a) 0.0200 M 락트산 + 0.0800 M 락트산 소듐
*(b) 0.0800 M 락트산 + 0.0200 M 락트산 소듐
(c) 0.0500 M 락트산 + 0.0500 M 락트산 소듐

**14-38.** 0.1000 M NaOH 50.00 mL를 0.1000 M HCl로 적정할 때, 산을 0.00, 10.00, 25.00, 40.00, 45.00, 49.00, 50.00, 51.00, 55.00, 60.00 mL 첨가한 후에 각 요액의 pH를 계산하시오.

***14-39.** 0.05000 M 폼산 50.00 mL를 0.1000 M KOH로 적정할 때, 적정 오차는 0.05 mL보다 작아야 한다. 어떤 지시약이 이 적정에 적절한가?

**14-40.** 0.1000 M 에틸아민 50.00 mL를 0.1000 M $HClO_4$로 적정할 때, 적정 오차는 0.05 mL보다 작아야 한다. 어떤 지시약이 이 적정에 적절한가?

**14-41.** 0.1000 M NaOH 0.00, 5.00, 15.00, 25.00, 40.00, 45.00, 49.00, 50.00, 51.00, 55.00, 60.00 mL를 아래의 각 용액 50.00 mL에 첨가했을 때의 pH를 계산하시오.

*(a) 0.1000 M $HNO_2$

(b) 0.1000 M 염화 피리디늄

*(c) 0.1000 M 락트산

**14-42.** 0.1000 M HCl 0.00, 5.00, 15.00, 25.00, 40.00, 45.00, 49.00, 50.00, 51.00, 55.00, 60.00 mL를 아래의 각 용액 50.00 mL에 첨가했을 때의 pH를 계산하시오.

*(a) 0.1000 M 암모니아

(b) 0.1000 M 하이드라진

(c) 0.1000 M 사이안화 소듐

**14-43.** 아래의 각 적정 용액 50.00 mL에 시약 0.00, 5.00, 15.00, 25.00, 40.00, 45.00, 49.00, 50.00, 51.00, 55.00, 60.00 mL를 첨가한 후의 pH를 계산하시오.

*(a) 0.01000 M 아세트산염을 0.01000 M NaOH로

(b) 0.1000 M 염화 아닐륨을 0.1000 M NaOH로

*(c) 0.1000 M 차아염소산을 0.1000 M NaOH로

(d) 0.1000 M 하이드록실아민을 0.1000 M HCl로

**14-44.** 아래의 용액에서 화학종의 몰분율 $\alpha_0$과 $\alpha_1$ 값을 계산하시오.

*(a) pH 5.320인 아세트산 용액 중의 화학종

(b) pH 1.250인 피크르산 용액 중의 화학종

*(c) pH 7.00인 차아염소산 용액 중의 화학종

(d) pH 5.12인 하이드록실아민산 용액 중의 화학종

*(e) pH 10.08인 피페리딘 용액 중의 화학종

***14-45.** pH 11.471이고, 분석 농도가 0.120 M인 메틸암모니아 용액에서 $CH_3NH_2$의 평형 농도를 계산하시오.

**14-46.** pH는 3.200이고, 분석 농도가 0.0850 M인 폼산 용액에서 해리되지 않은 HCOOH의 평형 농도를 계산하시오.

**14-47.** 아래 문제의 빈칸을 채우시오.

| 산 | 분석 농도($c_T$) ($c_T = c_{HA} + c_{A^-}$) | pH | [HA] | $[A^-]$ | $\alpha_0$ | $\alpha_1$ |
|---|---|---|---|---|---|---|
| *Lactic | 0.120 | ____ | ____ | ____ | 0.640 | ____ |
| Iodic | 0.200 | ____ | ____ | ____ | ____ | 0.765 |
| *Butanoic | ____ | 5.00 | 0.644 | ____ | ____ | ____ |
| Hypochlorous | 0.280 | 7.00 | ____ | ____ | ____ | ____ |
| Nitrous | ____ | ____ | ____ | 0.105 | 0.413 | 0.587 |
| Hydrogen cyanide | ____ | ____ | 0.145 | 0.221 | ____ | ____ |
| *Sulfamic | 0.250 | 1.20 | ____ | ____ | ____ | ____ |

**14-48. 도전 문제:** 다음 사진은 뷰렛을 제작하는 동안 눈금을 표시할 때 적어도 두 가지가 잘못되었음을 보인 것이다.

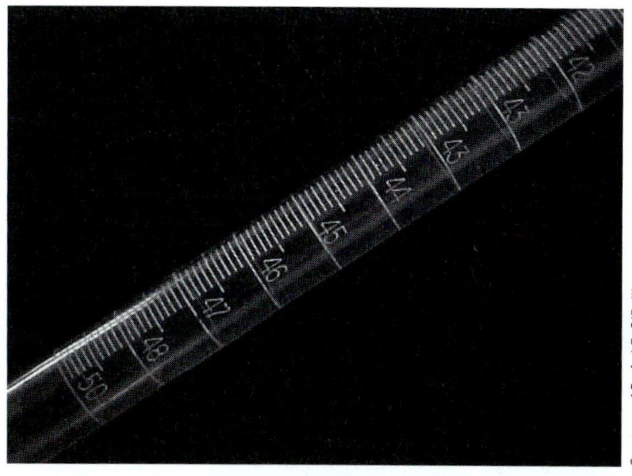

Courtesy of Prof. J.E. O'Reilly

*눈금이 잘못 표시된 뷰렛.*

이러한 눈금이 잘못 표시된 뷰렛에 관한 다음 질문들에 답하시오.

(a) 어떤 조건 하에서 그 뷰렛은 사용될 수 없는가?

(b) 사용자가 뷰렛의 잘못된 사실을 몰랐다고 가정하면, 액체 수준이 두 번째 43 mL 표시와 48 mL 표시 사이였다면 어떤 형태의 오차가 발생하겠는가?

(c) 적정에서 초기에 읽은 눈금이 0.00 mL이라고 가정하시오(아주 있음직하지 않지만). 그리고 만약 마지막에 읽은 눈금이 43.00 mL(위 눈금)의 부피일 때 상대 오차를 계산하시오. 또 만약 아래의 43.00 mL 눈금이었다면 상대 오차는 얼마인가? 마지막 읽은 눈금이 48.00 mL일 경우에도 같은 계산을 수행하시오. 이들 계산들은 잘못된 뷰렛에 의해 원인이 되는 오차의 형태에 관해서 무엇을 설명해 주는가?

(d) 뷰렛의 수명에 관해 예측하시오. 여러분은 유리 위에 눈금 표시는 어떻게 하는지 아는가? 오늘날 제작되는 뷰렛에서도 같은 형태의 잘못이 나타날 것 같은가? 답을 설명하시오.

(e) pH 미터, 저울, 적정 장치 및 분광광도계와 같은 현대적 전자 화학기기들은 보통 사진에서 설명된 것과 같은 제작 실수들이 없는 것으로 가정된다. 그렇게 가정하는 것이 지혜로운가에 관해 말해 보시오.

(f) 자동 적정 장치의 뷰렛은 피하주사기가 액체를 주사하는 방법과 같이 다량의 적정 용액을 적가하기 위해 나사가 돌면서 작동되는 펌프(screw-driven plunger)에 연결된 모터를 가지고 있다. 이때 플런저의 움직인 거리는 첨가되는 액체 부피에 비례한다. 제작할 때 어떤 종류의 잘못이 이들 장치에 의해 분배된 액체 부피를 부정확하게 하거나 정밀하지 않게 하겠는가?

(g) 화학기기를 사용할 때 측정 오차를 피하기 위해서 어떻게 해야 하는가?

제 15 장

# 복잡한 산 / 염기 계

*Complex Acid/Base Systems*

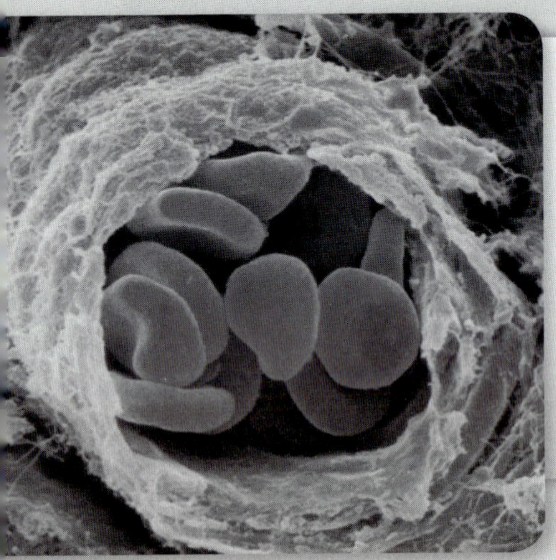

Professors Pietro M. Motta & Silvia Correr / Photo Researchers, Inc.

다가 산이나 염기는 많은 화학계 및 생물계에서 중요한 역할을 한다. 인체는 세포의 내부, 그리고 혈액과 같은 체액의 내부에 복잡한 완충계를 갖고 있다. 왼쪽에 나타낸 것은 동맥에 흐르고 있는 적혈구의 주사 전자 현미경 사진이다. 사람 혈액의 pH는 주로 탄산/중탄산 완충계에 의해 7.35~7.45 범위에서 조절된다.

$$CO_2(g) + H_2O(l) \rightleftharpoons H_2CO_3(aq)$$

$$H_2CO_3(aq) + H_2O(l) \rightleftharpoons H_3O^+(aq) + HCO_3^-(aq)$$

15장에서는 완충 용액을 포함한 다가 산-염기 계에 대하여 설명한다. 또한 pH 계산과 적정 곡선도 다루게 될 것이다.

이 장에서는 적정 곡선의 계산을 포함하여 복잡한 산 / 염기 계를 다루는 방법에 대해 설명한다. 복잡한 계는 (1) 다른 세기를 갖는 두 가지의 산 또는 염기, (2) 두 개 이상의 산성 또는 염기성 작용기를 갖고 있는 산 또는 염기, 또는 (3) 산과 염기로 작용할 수 있는 양쪽성 양성자성 물질로 이루어진 용액으로 정의한다. 평형이 한 개 이상인 경우, 이 계들의 특성을 설명하기 위해서는 화학 반응들과 대수 방정식들이 필요하다.

## 15A 강산과 약산의 혼합물 또는 강염기와 약염기의 혼합물

강산과 약산(또는 강염기와 약염기)의 혼합물에서 그들의 농도가 같은 크기이고 약산 또는 약염기의 해리 상수가 $10^{-4}$보다 작은 경우에는 각각의 성분을 정량할 수 있다. 이러한 설명이 참인지를 확인하기 위해 예제 15-1은 거의 비슷한 농도의 HCl과 HA를 포함하고 있는 용액의 경우 적정 곡선이 어떻게 작성되는지를 보여주고 있다. 여기에서 HA는 해리 상수가 $10^{-4}$인 약산이다.

### 예제 15-1

0.1200 M의 HCl과 0.0800 M의 약산 HA ($K_a$ = 1.00 × $10^{-4}$)의 혼합 용액 25.00 mL를 0.1000 M KOH로 적정할 때 pH를 계산하시오. 가해준 염기의 부피가 (a) 0.00 mL와 (b) 5.00 mL일 때의 pH를 계산하시오.

**풀이**

(a) **0.00 mL KOH**

하이드로늄 이온의 몰농도는 HCl의 농도에 $H_2O$와 HA의 해리에서 생성된 하이드로늄 이온의 농도를 더한 것과 같다. 두 개의 산이 존재할 경우, 물의 해리에서 나오는 하이드로늄 이온의 농도는 매우 작다는 것이 확실하다. 따라서 다른 두 개의 산, 즉 HCl과 HA만 고려하면 된다.

$$[H_3O^+] = c^0_{HCl} + [A^-] = 0.1200 + [A^-]$$

$[A^-]$의 농도는 HA의 해리에서 나오는 하이드로늄 이온의 농도와 같다는 것에 주의해야 한다.

강산의 존재는 약산 HA의 해리를 억제하여 $[A^-] \ll 0.1200$ M이라고 추정할 수 있다. 그러면,

$$[H_3O^+] \approx 0.1200 \text{ M이고, pH는 } 0.92\text{이다.}$$

이러한 가정을 확인하기 위해 $[H_3O^+]$에 대해 잠정적인 값을 HA의 해리상수식에 대입하고 재배열해 보면

$$\frac{[A^-]}{[HA]} = \frac{K_a}{[H_3O^+]} = \frac{1.00 \times 10^{-4}}{0.1200} = 8.33 \times 10^{-4}$$

위의 식을 다시 배열하면

$$[HA] = [A^-]/(8.33 \times 10^{-4})$$

약산의 농도를 이용하여 질량균형식을 쓰면

$$c^0_{HA} = [HA] + [A^-] = 0.0800 \text{ M}$$

[HA]의 값을 대입하면

$$[A^-]/(8.33 \times 10^{-4}) + [A^-] \approx (1.20 \times 10^3)[A^-] = 0.0800 \text{ M}$$

$$[A^-] = 6.7 \times 10^{-5} \text{ M}$$

가정했던 것처럼 $[A^-]$는 0.1200 M보다 대단히 작다.

(b) **5.00 mL KOH**

$$c_{HCl} = \frac{25.00 \times 0.1200 - 5.00 \times 0.100}{25.00 + 5.00} = 0.0833 \text{ M}$$

다시 쓰면

$$[H_3O^+] = 0.0833 + [A^-] \approx 0.0833 \text{ M}$$
$$\text{pH} = 1.08$$

*(계속)*

가정이 여전히 유효한지 알아보기 위해 (a)에서와 같이 $[A^-]$를 계산하면, HA의 농도는 $0.0800 \times 25.00/30.00 = 0.0667$이므로

$$[A^-] = 8.0 \times 10^{-5}\ M$$

0.0833 M보다 대단히 작다.

예제 15-1은 적정의 초기 단계에서 염산이 약산의 해리를 억제하여 $[A^-] \ll c_{HCl}$이고 $[H_3O^+] = c_{HCl}$로 가정할 수 있음을 보여주고 있다. 다시 말해, 하이드로늄 이온의 농도는 간단히 강산의 몰농도이다.

예제 15-1의 근사법은 대부분의 염산이 적정 시약에 의해 중화될 때까지 적용됨을 보여주고 있다. 그러므로 적정의 초기 단계에서 곡선은 *0.1200 M 강산 용액 자체에 대한 적정 곡선과 동일*하다. 하지만, 예제 15-2에 나타낸 것과 같이 적정의 첫 번째 종말점에 접근할 때에는 HA의 존재를 고려해야 한다.

### 예제 15-2

예제 15-1에 기술한 용액 25.00 mL에 0.1000 M NaOH 29.00 mL를 가한 후 용액의 pH를 계산하시오.

**풀이**

여기에서는

$$c_{HCl} = \frac{25.00 \times 0.1200 - 29.00 \times 0.1000}{25.00 + 29.00} = 1.85 \times 10^{-3}\ M$$

$$c_{HA} = \frac{25.00 \times 0.0800}{54.00} = 3.70 \times 10^{-2}\ M$$

앞의 예제에서와 같이 $[H_3O^+] = 1.85 \times 10^{-3}$ M이라는 전제에서 얻은 잠정적인 결과는 $[A^-] = 1.90 \times 10^{-3}$ M이다. $[A^-]$가 결코 $[H_3O^+]$보다 많이 작지 않다는 것을 알 수 있으므로 다음과 같이 써야 한다.

$$[H_3O^+] = c_{HCl} + [A^-] = 1.85 \times 10^{-3} + [A^-] \tag{15-1}$$

추가적으로 질량 균형을 고려하면

$$[HA] + [A^-] = c_{HA} = 3.70 \times 10^{-2} \tag{15-2}$$

HA의 산 해리 상수식을 재배열하면 다음과 같다.

$$[HA] = \frac{[H_3O^+][A^-]}{1.00 \times 10^{-4}}$$

이 식을 식 (15-2)에 대입하면

$$\frac{[H_3O^+][A^-]}{1.00 \times 10^{-4}} + [A^-] = 3.70 \times 10^{-2}$$

$$[A^-] = \frac{3.70 \times 10^{-6}}{[H_3O^+] + 1.00 \times 10^{-4}}$$

식 (15-1)에 $[A^-]$와 $c_{HCl}$을 대입하면 다음을 얻는다.

$$[H_3O^+] = 1.85 \times 10^{-3} + \frac{3.70 \times 10^{-6}}{[H_3O^+] + 1.00 \times 10^{-4}}$$

분모를 없애고 모든 항을 모아서 재정리하면 다음과 같다.

$$[H_3O^+]^2 - (1.75 \times 10^{-3})[H_3O^+] - 3.885 \times 10^{-6} = 0$$

위의 2차 방정식을 풀면

$$[H_3O^+] = 3.03 \times 10^{-3}\ M$$
$$pH = 2.52$$

HCl ($1.85 \times 10^{-3}$ M)과 HA ($3.03 \times 10^{-3}$ M $-$ $1.85 \times 10^{-3}$ M)가 하이드로늄 이온의 농도에 기여하는 정도가 거의 비슷하다는 것에 주목하시오. 따라서 예제 15-1에서 사용했던 가정을 사용할 수 없다.

첨가된 염기의 양이 원래 존재한 염산의 양과 같을 경우, 이 용액은 적당한 부피의 물에 적당량의 약산과 염화 소듐을 녹여서 만든 것과 모든 면에서 동일하다. 하지만 염화 소듐은 pH에 영향을 주지 않으므로(증가된 이온 세기의 영향을 무시하면), 적정 곡선의 나머지 부분은 묽은 HA 용액의 적정 곡선과 동일하다.

약산과 강산의 혼합물에 대한 적정 곡선의 모양과 이것으로부터 얻을 수 있는 정보는 상당 부분 약산의 세기에 따라 달라진다. **그림 15-1**은 해리 상수가 다른 몇 가지 약산과 염산을 포함하고 있는 혼합물을 적정하는 동안 일어나는 pH의 변화를 보여주고 있다. 약산이 비교적 큰 해리 상수를 가지고 있을 때(곡선 *A*와 *B*)에는 첫 번째 당량점에서 pH의 증가는 작거나 거의 나타나지 않는다. 이런 적정에서는 단지 강산과 약산의 전체 mmol수만을 확인할 수 있다. 이와 반대로 약산이 매우 작은 해리 상수를 가지고 있는 경우에 강산의 양만을 측정할 수 있다. 중간 정도의 세기를 갖는 약한 산($K_a$ 값이 $10^{-4} \sim 10^{-8}$ 범위)의 경우에는 보통 두 개의 유용한 종말점이 나타난다.

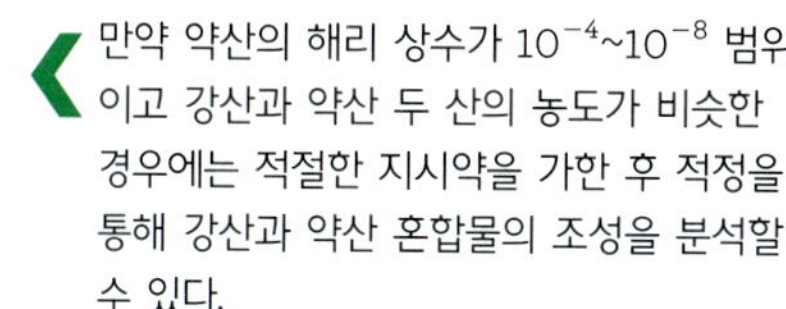
만약 약산의 해리 상수가 $10^{-4} \sim 10^{-8}$ 범위이고 강산과 약산 두 산의 농도가 비슷한 경우에는 적절한 지시약을 가한 후 적정을 통해 강산과 약산 혼합물의 조성을 분석할 수 있다.

강산/약산 계에서 설명한 조건들을 갖고 있는 경우, 강염기와 약염기를 포함하는 혼합물의 각 성분을 정량하는 것도 가능하다. 염기 혼합물에 대한 적정 곡선을 얻는 방법은 산 혼합물의 적정 곡선을 얻는 방법과 같다.

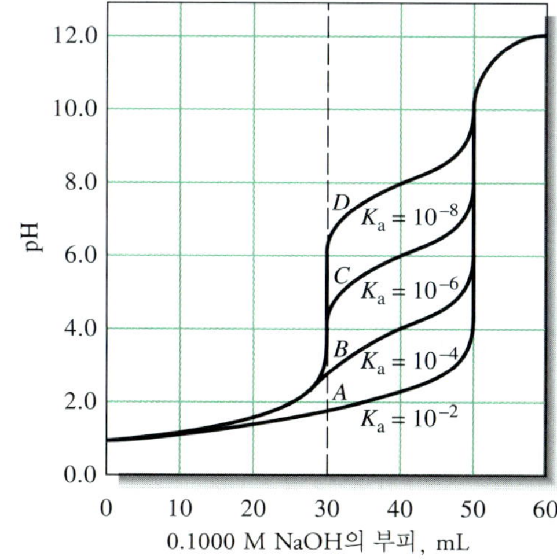


**그림 15-1** 강산/약산 혼합물을 0.1000 M NaOH로 적정할 때의 곡선. 각 적정 곡선은 0.1200 M의 HCl과 0.0800 M의 약산 HA가 혼합된 25.00 mL 용액에 대한 것이다.

## 15B 다가 산과 염기

분석 화학에는 둘 이상의 산 또는 염기 작용기를 갖고 있는 흥미로운 화학종들이 여럿 있다. 이러한 화학종들은 다가 산 또는 염기성의 특성을 나타낸다고 일컬어진다. 일반적으로 인산($H_3PO_4$)과 같은 다가 산의 경우 양성자를 갖고 있는 화학종($H_3PO_4$, $H_2PO_4^-$, $HPO_4^{2-}$)들의 해리 상수는 서로 충분히 다르기 때문에 중화 적정 시에 여러 개의 종말점을 나타낸다.

### ▸ 15B-1 인산 계

인산은 전형적인 다가 산이다. 수용액에서 인산은 아래와 같은 3가지 해리 반응을 한다.

이 장의 나머지 부분에서 $K_{a1}$과 $K_{a2}$는 각각 산의 1차 해리 상수와 2차 해리 상수를 나타내고 $K_{b1}$과 $K_{b2}$는 각각 염기의 1차 해리 상수와 2차 해리 상수를 나타낸다.

$$H_3PO_4 + H_2O \rightleftharpoons H_2PO_4^- + H_3O^+ \qquad K_{a1} = \frac{[H_3O^+][H_2PO_4^-]}{[H_3PO_4]} = 7.11 \times 10^{-3}$$

$$H_2PO_4^- + H_2O \rightleftharpoons HPO_4^{2-} + H_3O^+ \qquad K_{a2} = \frac{[H_3O^+][HPO_4^{2-}]}{[H_2PO_4^-]} = 6.32 \times 10^{-8}$$

$$HPO_4^{2-} + H_2O \rightleftharpoons PO_4^{3-} + H_3O^+ \qquad K_{a3} = \frac{[H_3O^+][PO_4^{3-}]}{[HPO_4^{2-}]} = 4.5 \times 10^{-13}$$

일반적으로 정전기 힘 때문에 $K_{a1}$은 $K_{a2}$보다 $10^4$~$10^5$배 정도 더 크다. 즉, 첫 번째 해리는 1가 음이온으로부터 단일 양전하인 하이드로늄 이온을 분리하는 것과 연관되어 있다. 두 번째 단계에서는 하이드로늄 이온이 2가 음이온으로부터 분리되어야 하고, 이 과정은 상당히 더 많은 에너지를 필요로 한다.

두 개의 인접한 순차적인 평형을 더할 경우, 전체 반응에 대한 평형 상수를 얻기 위해서 두 평형 상수를 곱한다. 따라서 $H_3PO_4$에 대한 첫 두 해리 평형은 다음과 같이 표현된다.

$K_{a1} > K_{a2}$인 두 번째 이유는 통계적인 것이다. 첫 번째 단계에서 양성자는 두 번째나 세 번째 단계에서보다 더 많은 위치에서 제거될 수 있다.

$$H_3PO_4 + 2H_2O \rightleftharpoons HPO_4^{2-} + 2H_3O^+ \qquad K_{a1}K_{a2} = \frac{[H_3O^+]^2[HPO_4^{2-}]}{[H_3PO_4]}$$

$$= 7.11 \times 10^{-3} \times 6.32 \times 10^{-8} = 4.49 \times 10^{-10}$$

마찬가지로, 다음 반응에 대해

$$H_3PO_4 + 3H_2O \rightleftharpoons 3H_3O^+ + PO_4^{3-}$$

아래와 같이 쓸 수 있다.

$$K_{a1}K_{a2}K_{a3} = \frac{[H_3O^+]^3[PO_4^{3-}]}{[H_3PO_4]}$$

$$= 7.11 \times 10^{-3} \times 6.32 \times 10^{-8} \times 4.5 \times 10^{-13} = 2.0 \times 10^{-22}$$

### ▸ 15B-2 이산화 탄소 / 탄산 계

이산화 탄소가 물에 녹으면 다음과 같은 반응에 의해 이염기산 계가 형성된다.

$$CO_2(aq) + H_2O \rightleftharpoons H_2CO_3 \qquad K_{hyd} = \frac{[H_2CO_3]}{[CO_2(aq)]} = 2.8 \times 10^{-3} \qquad \textbf{(15-3)}$$

$$H_2CO_3 + H_2O \rightleftharpoons H_3O^+ + HCO_3^-$$

$$K_1 = \frac{[H_3O^+][HCO_3^-]}{[H_2CO_3]} = 1.5 \times 10^{-4} \qquad \textbf{(15-4)}$$

$$HCO_3^- + H_2O \rightleftharpoons H_3O^+ + CO_3^{2-}$$

$$K_2 = \frac{[H_3O^+][CO_3^{2-}]}{[HCO_3^-]} = 4.69 \times 10^{-11} \qquad \textbf{(15-5)}$$

첫 번째 반응은 수용성 $CO_2$가 수화되어 탄산이 생성되는 것을 나타낸다. $K_{hyd}$의 크기는 $CO_2(aq)$의 농도가 탄산의 농도보다 훨씬 더 크다는 것을 나타내고 있다는 것에 유의하시오(즉, $[H_2CO_3]$는 $[CO_2(aq)]$의 약 0.3% 정도이다). 따라서 이산화탄소 용액의 산도를 논의하는 데 있어서 더욱 유용한 방법은 식 (15-3)과 식 (15-4)를 결합하여 다음과 같이 표현하는 것이다.

$$CO_2(aq) + 2H_2O \rightleftharpoons H_3O^+ + HCO_3^- \quad K_{a1} = \frac{[H_3O^+][HCO_3^-]}{[CO_2(aq)]} \qquad \textbf{(15-6)}$$

$$= 2.8 \times 10^{-3} \times 1.5 \times 10^{-4}$$

$$= 4.2 \times 10^{-7}$$

$$HCO_3^- + H_2O \rightleftharpoons H_3O^+ + CO_3^{2-} \quad K_{a2} = 4.69 \times 10^{-11} \qquad \textbf{(15-7)}$$

**예제 15-3**

0.02500 M $CO_2$ 용액의 pH를 계산하시오.

**풀이**

$CO_2$를 포함하고 있는 화학종에 대한 질량균형식은 다음과 같다.

$$c^0_{CO_2} = 0.02500 = [CO_2(aq)] + [H_2CO_3] + [HCO_3^-] + [CO_3^{2-}]$$

$K_{hyd}$, $K_1$과 $K_2$가 작기 때문에[식 (15-3), 식 (15-4), 식 (15-5) 참조]

$$([H_2CO_3] + [HCO_3^-] + [CO_3^{2-}]) \ll [CO_2(aq)]$$

다시 쓰면

$$[CO_2(aq)] \approx c^0_{CO_2} = 0.02500 \text{ M}$$

전하 균형식은

$$[H_3O^+] = [HCO_3^-] + 2[CO_3^{2-}] + [OH^-]$$

다음을 가정하면

$$2[CO_3^{2-}] + [OH^-] \ll [HCO_3^-]$$

다음의 식을 얻게 된다.

$$[H_3O^+] \approx [HCO_3^-]$$

(계속)

위의 값들을 식 (15-6)에 대입하면

$$\frac{[H_3O^+]^2}{0.02500} = K_{a1} = 4.2 \times 10^{-7}$$

$$[H_3O^+] = \sqrt{0.02500 \times 4.2 \times 10^{-7}} = 1.02 \times 10^{-4}\ M$$

$$pH = -\log(1.02 \times 10^{-4}) = 3.99$$

$[H_2CO_3]$, $[CO_3^{2-}]$, $[OH^-]$를 계산해 보면 가정이 옳았다는 것을 알 수 있다.

도전: 농도가 알려진 $Na_2CO_3$와 $NaHCO_3$를 포함하고 있는 용액에 들어 있는 모든 화학종들의 농도를 계산하는 것이 가능하도록 충분한 수의 반응식을 쓰시오.

인산이나 탄산 소듐과 같은 다가 계의 pH는 11장에서 다룬 다중 평형 문제에 대한 체계적인 계산법을 통해 계산할 수 있다. 관련된 여러 개의 연립 방정식을 손으로 계산하는 것은 어렵고 시간이 많이 소비되지만, 컴퓨터를 이용하면 이러한 작업은 매우 간단해질 수 있다.[1] 많은 경우에 있어서 산(또는 염기)의 연속적인 평형 상수의 값이 $10^3$ 또는 그 이상 차이가 나면 가정들을 단순화할 수 있다. 이런 가정으로 인해 앞선 몇 개의 장에서 기술한 방법으로 적정 곡선에서의 pH를 계산하는 것이 간단해진다.

## 15C 다양성자산을 포함하고 있는 완충 용액

약한 이염기산과 그 염으로부터 두 완충계를 만들 수 있다. 첫 번째 계는 산 $H_2A$와 짝염기인 NaHA로 이루어져 있고, 두 번째 계는 산 NaHA와 짝염기 $Na_2A$로 이루어진 것이다. $HA^-$의 산 해리 상수는 $H_2A$의 산 해리 상수보다 항상 작기 때문에 $NaHA/Na_2A$계의 pH는 $H_2A/NaHA$계의 pH보다 크다.

두 완충계의 하이드로늄 이온 농도를 정확하게 계산할 수 있도록 충분한 개수의 독립적인 방정식들을 쓸 수 있다. 그러나 보통은 여러 개의 평형 중 한 개만이, 용액의 하이드로늄 이온 농도를 결정하는데 중요하다는 가정을 도입하여 간단하게 할 수 있다. 따라서 $H_2A$와 NaHA를 이용하여 만든 완충 용액의 경우, $A^{2-}$를 생성하는 $HA^-$의 해리는 무시할 수 있어서 첫 번째 해리만을 이용하여 계산하면 된다. 이렇게 단순화함으로써 하이드로늄 이온 농도는 간단한 완충 용액에 대해 9C-1절에 설명한 방법으로 계산한다. 예제 15-4에서와 같이 대략적인 $A^{2-}$의 농도를 계산하고 이 값을 $H_2A$와 $HA^-$의 농도들과 비교함으로써 가정의 타당성을 검토할 수 있다.

[1] S. R. Crouch and F. J. Holler, *Applications of Microsoft® Excel in Analytical Chemistry*, 2nd ed., Ch. 6, Belmont, CA: Brooks/Cole, 2014.

**예제 15-4**

2.00 M 인산과 1.50 M 인산 이수소 포타슘으로 이루어진 완충 용액의 하이드로늄 이온 농도를 계산하시오.

**풀이**

이 용액의 주된 평형은 $H_3PO_4$의 해리이다.

$$H_3PO_4 + H_2O \rightleftharpoons H_3O^+ + H_2PO_4^- \qquad K_{a1} = \frac{[H_3O^+][H_2PO_4^-]}{[H_3PO_4]} = 7.11 \times 10^{-3}$$

$H_2PO_4^-$의 해리는 무시할 수 있다고 가정한다. 즉, $[HPO_4^{2-}]$와 $[PO_4^{3-}] \ll [H_2PO_4^-]$와 $[H_3PO_4]$이다. 따라서

$$[H_3PO_4] \approx c^0_{H_3PO_4} = 2.00\ M$$

$$[H_2PO_4^-] \approx c^0_{KH_2PO_4} = 1.50\ M$$

$$[H_3O^+] = \frac{7.11 \times 10^{-3} \times 2.00}{1.50} = 9.49 \times 10^{-3}\ M$$

이제 가정이 유효한지를 확인하기 위해 $K_{a2}$에 대한 평형상수식을 이용한다.

$$K_{a2} = 6.34 \times 10^{-8} = \frac{[H_3O^+][HPO_4^{2-}]}{[H_2PO_4^-]} = \frac{9.48 \times 10^{-3}[HPO_4^{2-}]}{1.50}$$

이 식을 풀면

$$[HPO_4^{2-}] = 1.00 \times 10^{-5}\ M$$

이 농도는 주 화학종인 $[H_3PO_4]$와 $[H_2PO_4^-]$보다 훨씬 작으므로 가정은 타당하다. $[PO_4^{3-}]$는 $[HPO_4^{2-}]$보다 훨씬 작다는 것에 유의하시오.

NaHA와 $Na_2A$를 이용하여 제조한 완충 용액의 경우에는 두 번째 해리가 우세하고, 다음의 평형은 무시할 수 있다.

$$HA^- + H_2O \rightleftharpoons H_2A + OH^-$$

$H_2A$의 농도는 $HA^-$나 $A^{2-}$ 농도에 비해 무시할 수 있다. 따라서 하이드로늄 이온의 농도는 간단한 완충 용액에 대해 사용한 방법을 이용하여 2차 해리 상수로부터 구할 수 있다. 가정의 타당성을 확인하기 위해 예제 15-5에서와 같이 $H_2A$의 농도를 $HA^-$ 및 $A^{2-}$ 농도와 비교한다.

**예제 15-5**

0.0500 M 프탈산 수소 포타슘(KHP)과 0.150 M 프탈산 포타슘($K_2P$)이 들어 있는 완충 용액의 하이드로늄 이온 농도를 계산하시오.

$$HP^- + H_2O \rightleftharpoons H_3O^+ + P^{2-} \qquad K_{a2} = \frac{[H_3O^+][P^{2-}]}{[HP^-]} = 3.91 \times 10^{-6}$$

**풀이**

이 용액에 들어 있는 $H_2P$의 농도를 무시할 수 있다고 가정하면

$$[HP^-] \approx c^0_{KHP} = 0.0500\ M$$

$$[P^{2-}] \approx c_{K_2P} = 0.150\ M$$

$$[H_3O^+] = \frac{3.91 \times 10^{-6} \times 0.0500}{0.150} = 1.30 \times 10^{-6}\ M$$

첫 번째 가정을 점검하기 위해 $[H_3O^+]$와 $[HP^-]$ 값을 $K_{a1}$에 대한 식에 대입하면 $[H_2P]$의 대략적인 값이 얻어진다.

$$K_{a1} = \frac{[H_3O^+][HP^-]}{[H_2P]} = 1.12 \times 10^{-3} = \frac{(1.30 \times 10^{-6})(0.0500)}{[H_2P]}$$

$$[H_2P] = 6 \times 10^{-5}\ M$$

$[H_2P] \ll [HP]$와 $[P^{2-}]$이므로 $HP^-$가 $OH^-$를 생성하는 반응은 무시할 수 있다는 가정은 정당하다.

몇 가지 경우를 제외한다면, 예제 15-4와 예제 15-5에서 보여준 것처럼 한 개의 주된 평형을 가정함으로써 다염기성 산으로부터 만들어진 혼합 완충 용액의 pH를 만족스럽게 계산할 수 있다. 하지만, 산이나 염의 농도가 매우 낮은 경우나 두 해리 상수가 숫자상으로 서로 비슷한 경우에는 상당한 오차가 발생한다. 이러한 경우에는 더욱 엄격한 계산이 요구된다.

## 15D NaHA 용액의 pH 계산

아직까지는 산과 염기의 성질을 모두 가지고 있는 염, 즉 양쪽성 양성자성(amphiprotic) 염 용액의 pH를 계산하는 방법을 다루지 않았다. 이러한 염들은 다가 산과 염기들의 중화 적정 과정에서 생성된다. 예를 들어 1 몰의 산 $H_2A$가 들어 있는 용액에 1 몰의 NaOH를 가하면 1 몰의 NaHA가 생성된다. 이 용액의 pH는 $HA^-$와 물 사이의 두 가지 평형에 의해 결정된다.

$$HA^- + H_2O \rightleftharpoons A^{2-} + H_3O^+$$

그리고

$$HA^- + H_2O \rightleftharpoons H_2A + OH^-$$

만일 첫 번째 반응이 우세하면 용액은 산성이 된다. 두 번째 반응이 우세할 경우에는 용액은 염기성이 된다. 이러한 과정에 대한 평형 상수의 상대적인 크기가 NaHA 용액이 염기성인지 혹은 산성인지를 결정하게 된다.

$$K_{a2} = \frac{[H_3O^+][A^{2-}]}{[HA^-]} \tag{15-8}$$

$$K_{b2} = \frac{K_w}{K_{a1}} = \frac{[H_2A][OH^-]}{[HA^-]} \tag{15-9}$$

$K_{a1}$과 $K_{a2}$는 $H_2A$의 산 해리 상수이고 $K_{b2}$는 $HA^-$의 염기 해리 상수이다. 만일 $K_{b2}$가 $K_{a2}$보다 크면 용액은 염기성이다. $K_{a2}$가 $K_{b2}$보다 크면 용액은 산성이다.

$HA^-$ 용액의 하이드로늄 이온 농도에 대한 표현을 유도하기 위해 11A절에서 기술한 체계적인 접근법을 사용한다. 먼저 질량균형식을 나타내면

$$c_{NaHA} = [HA^-] + [H_2A] + [A^{2-}] \tag{15-10}$$

전하 균형식은

$$[Na^+] + [H_3O^+] = [HA^-] + 2[A^{2-}] + [OH^-]$$

소듐 이온의 농도는 NaHA의 분석 몰농도와 같으므로 마지막 식은 다음과 같이 쓸 수 있다.

$$c_{NaHA} + [H_3O^+] = [HA^-] + 2[A^{2-}] + [OH^-] \tag{15-11}$$

이제 네 개의 대수식[식 (15-10), 식 (15-11), $H_2A$에 대한 두 개의 해리 상수식]이 있으므로, 5개의 미지수를 풀기 위해서는 한 개의 식이 추가적으로 필요하다. 이를 위해 물의 이온곱 상수를 이용한다.

$$K_w = [H_3O^+][OH^-]$$

다섯 개의 미지수가 있는 다섯 개의 식을 엄격하게 푸는 것은 다소 어려운 일이지만, 컴퓨터를 이용하면 이전보다는 더 감당할 만한 작업이 된다.[2] 하지만 문제를 단순하게 만들기 위해 대부분의 산성염 용액에 적용할 수 있는 합리적인 근사식을 사용할 수 있다. 먼저 전하 균형식에서 질량균형식을 뺀다.

$$c_{NaHA} + [H_3O^+] = [HA^-] + 2[A^{2-}] + [OH^-] \quad \text{전하 균형}$$

$$c_{NaHA} = [H_2A] + [HA^-] + [A^{2-}] \quad \text{질량 균형}$$

$$[H_3O^+] = [A^{2-}] + [OH^-] - [H_2A] \tag{15-12}$$

[2]S. R. Crouch and F. J. Holler, *Applications of Microsoft® Excel in Analytical Chemistry*, 2nd Ed., Ch. 6, Belmont, CA: Brooks/Cole, 2014.

$H_2A$와 $HA^-$에 대한 산 해리 상수식을 재배열하면

$$[H_2A] = \frac{[H_3O^+][HA^-]}{K_{a1}}$$

$$[A^{2-}] = \frac{K_{a2}[HA^-]}{[H_3O^+]}$$

위의 식과 $K_w$에 관한 식을 식 (15-12)에 대입하면

$$[H_3O^+] = \frac{K_{a2}[HA^-]}{[H_3O^+]} + \frac{K_w}{[H_3O^+]} - \frac{[H_3O^+][HA^-]}{K_{a1}}$$

$[H_3O^+]$를 양변에 곱하면

$$[H_3O^+]^2 = K_{a2}[HA^-] + K_w - \frac{[H_3O^+]^2[HA^-]}{K_{a1}}$$

같은 항들을 모으면

$$[H_3O^+]^2\left(\frac{[HA^-]}{K_{a1}} + 1\right) = K_{a2}[HA^-] + K_w$$

식을 재정리하면

$$[H_3O^+] = \sqrt{\frac{K_{a2}[HA^-] + K_w}{1 + [HA^-]/K_{a1}}} \qquad \textbf{(15-13)}$$

대부분의 경우에 아래 근사를 사용할 수 있으므로

$$[HA^-] \approx c_{NaHA} \qquad \textbf{(15-14)}$$

이 관계를 식 (15-13)에 적용하면

$$[H_3O^+] = \sqrt{\frac{K_{a2}c_{NaHA} + K_w}{1 + c_{NaHA}/K_{a1}}} \qquad \textbf{(15-15)}$$

식 (15-14)의 근사식을 사용하기 위해서는 $[HA^-]$가 식 (15-10)과 식 (15-11)에 있는 다른 어느 평형 농도보다 훨씬 더 커야 한다. 이 가정은 NaHA 용액이 매우 묽거나 $K_{a2}$ 혹은 $K_w/K_{a1}$이 비교적 클 때는 타당치 않다.

종종 식 (15-15) 분모 항의 $c_{NaHA}/K_{a1}$ 값은 1보다 훨씬 크고, 분자항의 $K_{a2}c_{NaHA}$는 $K_w$보다 상당히 크다. 이러한 경우에 식 (15-15)는 다음과 같이 간단하게 표현된다.

식 (15-16)에 내포되어 있는 가정을 항상 확인하시오.

$$[H_3O^+] = \sqrt{K_{a1}K_{a2}} \qquad \textbf{(15-16)}$$

식 (15-16)에는 $c_{NaHA}$가 포함되어 있지 않은데, 이는 위의 가정이 유효한 비교적 넓은 범위의 용액 농도에 대해 이런 용액들의 pH가 일정하다는 것을 암시하고 있음에 주목하시오.

**예제 15-6**

$1.00 \times 10^{-3}$ M $Na_2HPO_4$ 용액의 하이드로늄 이온 농도를 계산하시오.

**풀이**

적절한 해리 상수들은 $K_{a2}$와 $K_{a3}$인데, 둘 다 $[HPO_4^{2-}]$을 포함하고 있다. 이들의 값은 $K_{a2} = 6.32 \times 10^{-8}$과 $K_{a3} = 4.5 \times 10^{-13}$이다. $Na_2HPO_4$의 경우 식 (15-15)가 사용될 수 있다.

$$[H_3O^+] = \sqrt{\frac{K_{a3}c_{NaHA} + K_w}{1 + c_{NaHA}/K_{a2}}}$$

$Na_2HPO_4$가 염일 때 적절한 평형 상수는 $K_{a2}$와 $K_{a3}$이기 때문에 식 (15-15)에서 $K_{a2}$ 대신 $K_{a3}$을, $K_{a1}$ 대신 $K_{a2}$를 사용한다는 것에 유의하시오.

식 (15-16)을 유도해 낸 가정을 다시 고려하면, $c_{NaHA}/K_{a2} = (1.0 \times 10^{-3})/(6.32 \times 10^{-8})$ 값이 1보다 훨씬 크므로 분모를 간단히 할 수 있다. 하지만 분자에 있는 $K_{a3}c_{NaHA} = 4.5 \times 10^{-13} \times 1.00 \times 10^{-3}$은 $K_w$와 비슷한 크기이므로 간략하게 할 수 없다. 그러므로 식 (15-15)의 일부분만이 간략화된 식을 이용한다.

$$[H_3O^+] = \sqrt{\frac{K_{a3}c_{NaHA} + K_w}{c_{NaHA}/K_{a2}}}$$

$$= \sqrt{\frac{(4.5 \times 10^{-13})(1.00 \times 10^{-3}) + 1.00 \times 10^{-14}}{(1.00 \times 10^{-3})/(6.32 \times 10^{-8})}} = 8.1 \times 10^{-10}\ \text{M}$$

식 (15-15)의 간략화한 식을 이용하면 $1.7 \times 10^{-10}$ M이 얻어지는데, 이는 매우 큰 오차이다.

**예제 15-7**

0.0100 M $NaH_2PO_4$ 용액의 하이드로늄 이온 농도를 구하시오.

**풀이**

$[H_2PO_4^-]$를 포함하고 있는 2개의 중요한 해리 상수는 $K_{a1} = 7.11 \times 10^{-3}$과 $K_{a2} = 6.32 \times 10^{-8}$이다. 식 (15-15)의 분모는 간단히 될 수 없으나 분자는 $K_{a2}c_{NaH_2PO_4}$로 간단하게 만들 수 있다. 따라서 식 (15-15)는 다음과 같이 된다.

$$[H_3O^+] = \sqrt{\frac{(6.32 \times 10^{-8})(1.00 \times 10^{-2})}{1.00 + (1.00 \times 10^{-2})/(7.11 \times 10^{-3})}} = 1.62 \times 10^{-5}\ \text{M}$$

**예제 15-8**

0.1000 M $NaHCO_3$ 용액의 하이드로늄 이온 농도를 계산하시오.

**풀이**

15B-2절에서와 같이 $[H_2CO_3] \ll [CO_2(aq)]$이고 다음의 평형들이 계를 서술한다고 가정한다.

$$CO_2(aq) + 2H_2O \rightleftharpoons H_3O^+ + HCO_3^- \qquad K_{a1} = \frac{[H_3O^+][HCO_3^-]}{[CO_2(aq)]} = 4.2 \times 10^{-7}$$

*(계속)*

$$\mathrm{HCO_3^- + H_2O \rightleftharpoons H_3O^+ + CO_3^{2-}} \qquad K_{a2} = \frac{[\mathrm{H_3O^+}][\mathrm{CO_3^{2-}}]}{[\mathrm{HCO_3^-}]}$$

$$= 4.69 \times 10^{-11}$$

$c_{NaHA}/K_{a1} \gg 1$이므로, 식 (15-15)의 분모항은 간략하게 만들 수 있다. 게다가 $K_{a2}c_{NaHA}$는 $4.69 \times 10^{-12}$로 $K_w$보다 상당히 크다. 따라서 식 (15-16)을 적용할 수 있다.

$$[\mathrm{H_3O^+}] = \sqrt{4.2 \times 10^{-7} \times 4.69 \times 10^{-11}} = 4.4 \times 10^{-9}\ \mathrm{M}$$

## 15E 다가 산의 적정 곡선

산성 작용기를 두 개 이상 가지고 있는 화합물들은 작용기들의 산으로서의 세기가 서로 충분히 다르면 적정에서 여러 개의 종말점을 갖는다. $K_{a1}/K_{a2}$ 비가 $10^3$보다 더 큰 경우, 14장에서 설명한 계산법을 이용하면 다양성자 산에 대한 이론적 적정 곡선을 비교적 정확하게 얻을 수 있다. 이 비가 그보다 작다면 첫 번째 당량점 영역에서 상당한 오차가 발생하므로 평형 관계식들을 더욱 엄격하게 다룰 필요가 있다.

**그림 15-2**는 해리 상수 $K_{a1} = 1.00 \times 10^{-3}$이고 $K_{a2} = 1.00 \times 10^{-7}$인 이양성자 산 $H_2A$의 적정 곡선이다. $K_{a1}/K_{a2}$ 비가 $10^3$보다 훨씬 더 크므로 간단한 일양성자성 약산에 대해 14장에서 설명한 방법을 이용하여(첫 번째 당량점을 제외하고) 적정 곡선을 유도할 수 있다. 이에 따라 초기 pH를 얻기 위해(지점 *A*) 이 계는 해리 상수가 $K_{a1} = 1.00 \times 10^{-3}$인 한 개의 일양성자 산을 가지고 있는 것으로 간주할 수 있다. 영역 *B*에서는 약산 $H_2A$와 그 짝염기 NaHA로 이루어진 단순 완충 용액과 같다. 즉, A를 포함하고 있는 다른 두 화학종에 비해 $A^{2-}$의 농도는 무시할 수 있

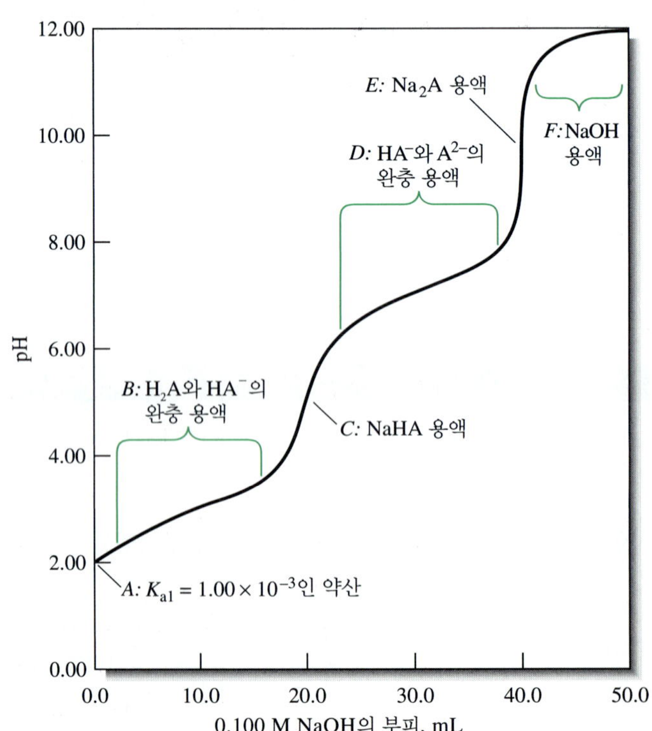


**그림 15-2** 0.1000 M NaOH로 20.00 mL의 0.1000 M $H_2A$의 적정. $H_2A$의 경우, $K_{a1} = 1.0 \times 10^{-3}$이고 $K_{a2} = 1.0 \times 10^{-7}$이다. 적정 곡선의 여러 지점과 영역에서의 pH 계산법을 보여주고 있다.

고, $[H_3O^+]$를 계산하기 위해 식 (9-29)를 이용한다. 첫 번째 당량점(지점 *C*)에서는 산성염의 용액이고 하이드로늄 이온의 농도를 계산하기 위해 식 (15-15)를 사용하거나 그것을 단순화시킨 식을 사용한다. *D*로 표시된 영역에서 용액은 약산 $HA^-$와 짝염기 $Na_2A$로 이뤄진 두 번째 완충계이고, 2차 해리 상수 $K_{a2} = 1.00 \times 10^{-7}$을 이용하여 pH를 계산한다. 지점 *E*에서 용액은 해리 상수가 $1.0 \times 10^{-7}$인 약산의 짝염기를 포함하고 있다. 즉, 용액의 수산화 이온 농도는 $A^{2-}$가 물과 반응해서 $HA^-$와 $OH^-$를 생성하는 반응에 의해서만 결정된다고 가정할 수 있다. 마지막으로, *F*로 표시된 영역에서는 과량의 NaOH가 있고 NaOH의 몰농도로부터 수산화 이온의 농도를 계산한다. 그 후 이 값과 물의 이온곱으로부터 pH를 계산한다.

예제 15-9는 좀 더 복잡한, 즉 이양성자 산인 말레산($H_2M$)을 NaOH로 적정하는 예를 보여주고 있다. 비록 $K_{a1}/K_{a2}$ 비는 앞에서 기술한 방법을 사용하기에 충분할 만큼 크지만, $K_{a1}$이 너무 크기 때문에 특히, 당량점 직전과 직후와 같은 영역에서는 앞에서 기술한 단순화 과정 중 일부는 적용할 수 없다.

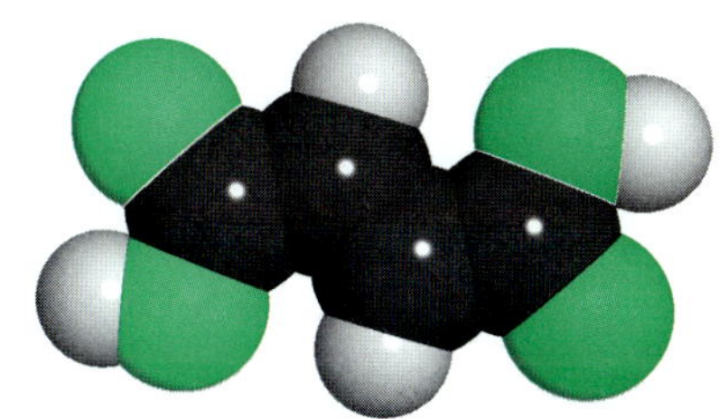

말레산, 또는 (Z)-butenenoic acid (상)와 푸마르산, 또는 (E)-butenenoic acid (하)의 분자 모형. 이들 기하 이성질체들은 물리적 성질과 화학적 성질 모두 현저하게 다르다. *cis* 형(말레산)의 경우 분자의 같은 쪽에 카복시기를 가지고 있어서 물이 제거되면 고리형 말레산 무수물을 생성하는데, 이것은 플라스틱, 염료, 제약 및 농약 등에서 반응성이 매우 큰 전구체로 널리 사용된다. 동물과 식물의 호흡에 필수적인 푸마르산은 수지 합성에서는 항산화제로 염색에서는 색상을 고정시키기 위해 산업적으로 사용된다. 두 산에 대해 $pK_a$ 값을 비교하는 것은 매우 흥미로운 일인데, 푸마르산의 $pK_{a1} = 3.05$이고 $pK_{a2} = 4.49$이며 말레산의 경우 $pK_{a1} = 1.89$이고 $pK_{a2} = 6.23$이다.

도전: 분자 구조의 차이를 바탕으로 $pK_a$ 값의 차이를 설명하시오.

## 예제 15-9

0.1000 M NaOH로 25.00 mL의 0.1000 M 말레산, HOOC—CH=CH—COOH을 적정할 때의 적정 곡선을 그리시오.

두 개의 해리 평형은 다음과 같이 쓸 수 있다.

$$H_2M + H_2O \rightleftharpoons H_3O^+ + HM^- \qquad K_{a1} = 1.3 \times 10^{-2}$$

$$HM^- + H_2O \rightleftharpoons H_3O^+ + M^{2-} \qquad K_{a2} = 5.9 \times 10^{-7}$$

$K_{a1}/K_{a2}$ 비가 크기($2 \times 10^4$) 때문에 앞에서 기술한 방법을 사용하여 풀 수 있다.

**풀이**

**초기 pH**

초기에는 0.1000 M $H_2M$ 용액이다. 이 지점에서는 단지 첫 번째 해리만이 $[H_3O^+]$에 상당한 기여를 한다. 따라서,

$$[H_3O^+] \approx [HM^-]a$$

질량균형식은 다음과 같다.

$$c^0_{H_2M} = [H_2M] + [HM^-] + [M^{2-}] = 0.1000 \text{ M}$$

두 번째 해리는 무시할 수 있으므로 $[M^{2-}]$는 매우 작아서

$$c^0_{H_2M} \approx [H_2M] + [HM^-] = 0.1000 \text{ M}$$

또는

$$[H_2M] = 0.1000 - [HM^-] = 0.1000 - [H_3O^+]$$

이 관계식들을 $K_{a1}$에 대한 식에 대입하면

$$K_{a1} = 1.3 \times 10^{-2} = \frac{[H_3O^+][HM^-]}{[H_2M]} = \frac{[H_3O^+]^2}{0.1000 - [H_3O^+]}$$

(계속)

재배열하면

$$[H_3O^+]^2 + 1.3 \times 10^{-2}[H_3O^+] - 1.3 \times 10^{-3} = 0$$

말레산에 대한 $K_{a1}$이 크기 때문에 2차 방정식을 풀거나 연속 근사법을 사용하여 $[H_3O^+]$를 구해야 한다. 이렇게 하면 다음을 얻을 수 있다.

$$[H_3O^+] = 3.01 \times 10^{-2}\ M$$

$$pH = 2 - \log 3.01 = 1.52$$

### 첫 번째 완충 영역

예를 들어, 염기를 5.00 mL 첨가하면 약산 $H_2M$과 그 짝염기 $HM^-$으로 이루어진 완충 용액이 만들어진다. $HM^-$가 해리하여 $M^{2-}$가 생성되는 정도를 무시할 수 있을 때까지는 용액을 단순 완충계로 다룰 수 있다. 따라서, 식 (9-27)과 식 (9-28)을 적용하면 다음을 얻을 수 있다.

$$c_{NaHM} \approx [HM^-] = \frac{5.00 \times 0.1000}{30.00} = 1.67 \times 10^{-2}\ M$$

$$c_{H_2M} \approx [H_2M] = \frac{25.00 \times 0.1000 - 5.00 \times 0.1000}{30.00} = 6.67 \times 10^{-2}\ M$$

이 값들을 $K_{a1}$에 대한 평형상수식에 대입하면 $[H_3O^+]$에 대한 잠정적인 값 $5.2 \times 10^{-2}$ M을 얻을 수 있다. 그러나 $[H_3O^+] \ll c_{H_2M}$ 또는 $c_{HM^-}$ 이라는 근사법이 타당하지 않다는 것이 분명하다. 그러므로 식 (9-25)와 식 (9-26)을 사용하여야 한다.

$$[HM^-] = 1.67 \times 10^{-2} + [H_3O^+] - [OH^-]$$

$$[H_2M] = 6.67 \times 10^{-2} - [H_3O^+] - [OH^-]$$

용액이 상당히 산성이기 때문에 $[OH^-]$가 매우 작다는 근사법은 분명히 타당하다. 이 식들을 해리 상수식에 대입하면, 다음과 같이 같다.

$$K_{a1} = \frac{[H_3O^+](1.67 \times 10^{-2} + [H_3O^+])}{6.67 \times 10^{-2} - [H_3O^+]} = 1.3 \times 10^{-2}$$

$$[H_3O^+]^2 + (2.97 \times 10^{-2})[H_3O^+] - 8.67 \times 10^{-4} = 0$$

$$[H_3O^+] = 1.81 \times 10^{-2}\ M$$

$$pH = -\log(1.81 \times 10^{-2}) = 1.74$$

첫 번째 완충 영역의 추가적인 지점들도 첫 번째 당량점 직전까지는 비슷한 방법으로 계산된다.

### 첫 번째 당량점 직전

첫 번째 당량점 직전에서는 $H_2M$의 농도가 작아서 $M^{2-}$의 농도와 비슷해지고, 두 번째 평형도 고려해야 한다. 첫 번째 당량점에서 약 0.1 mL 이내에서는 용액은 주로

$HM^-$로 이루어져 있고 소량의 $H_2M$이 남아 있으며 소량의 $M^{2-}$가 생성된다. 예를 들어, 24.90 mL의 NaOH가 더해지면

$$[HM^-] \approx c_{NaHM} = \frac{24.90 \times 0.1000}{49.90} = 4.99 \times 10^{-2}\ M$$

$$c_{H_2M} = \frac{25.00 \times 0.1000}{49.90} - \frac{24.90 \times 0.1000}{49.90} = 2.00 \times 10^{-4}\ M$$

질량균형식은

$$c_{H_2M} + c_{NaHM} = [H_2M] + [HM^-] + [M^{2-}]$$

전하 균형식은

$$[H_3O^+] + [Na^+] = [HM^-] + 2[M^{2-}] + [OH^-]$$

첫 번째 당량점에서 용액은 주로 산성 $HM^-$로 이루어져 있으므로 앞의 식에서 안전하게 $[OH^-]$를 무시할 수 있고 $[Na^+]$를 $c_{NaHM}$로 대체할 수 있게 된다.
간략하게 정리하면

$$c_{NaHM} = [HM^-] + 2[M^{2-}] - [H_3O^+]$$

이 식을 질량균형식에 대입하고 $[H_3O^+]$에 대해 풀면

$$[H_3O^+] = c_{H_2M} + [M^{2-}] - [H_2M]$$

$[M^{2-}]$와 $[H_2M]$을 $[HM^-]$와 $[H_3O^+]$에 관한 것으로 나타내면

$$[H_3O^+] = c_{H_2M} + \frac{K_{a2}[HM^-]}{[H_3O^+]} - \frac{[H_3O^+][HM^-]}{K_{a1}}$$

$[H_3O^+]$를 곱한 후 정리하면

$$[H_3O^+]^2\left(1 + \frac{[HM^-]}{K_{a1}}\right) - c_{H_2M}[H_3O^+] - K_{a2}[HM^-] = 0$$

$[HM^-] = 4.99 \times 10^{-2}$과 $c_{H_2M} = 2.00 \times 10^{-4}$, 그리고 $K_{a1}$과 $K_{a2}$ 값을 대입하면

$$4.838\ [H_3O^+]^2 - 2.00 \times 10^{-4}\ [H_3O^+] - 2.94 \times 10^{-8} = 0$$

이 식의 해는

$$[H_3O^+] = 1.014 \times 10^{-4}\ M$$

$$pH = 3.99$$

적정 시약의 부피가 24.99 mL인 경우에도 같은 방법을 적용하면

$$[H_3O^+] = 8.01 \times 10^{-5}\ M$$

$$pH = 4.10$$

*(계속)*

**첫 번째 당량점**

첫 번째 당량점에서

$$[HM^-] \approx c_{NaHM} = \frac{25.00 \times 0.1000}{50.00} = 5.00 \times 10^{-2}\ M$$

식 (15-15)의 분자를 간략하게 한 것은 확실히 타당하다. 한편, 분모의 두 번째 항 $\ll 1$이 아니다. 따라서

$$[H_3O^+] = \sqrt{\frac{K_{a2}c_{NaHM}}{1 + c_{NaHM}/K_{a1}}} = \sqrt{\frac{5.9 \times 10^{-7} \times 5.00 \times 10^{-2}}{1 + (5.00 \times 10^{-2})/(1.3 \times 10^{-2})}}$$
$$= 7.80 \times 10^{-5}\ M$$

$$pH = -\log(7.80 \times 10^{-5}\ M) = 4.11$$

**첫 번째 당량점 직후**

두 번째 당량점 전까지는 화학량론을 이용하여 NaHM과 $Na_2M$의 분석 농도를 얻을 수 있다. 예를 들어, 25.01 mL일 때

$$c_{NaHM} = \frac{\text{생성된 NaHM의 mmol} - (\text{첨가한 NaOH의 mmol} - \text{생성된 NaHM의 mmol})}{\text{용액의 전체 부피}}$$
$$= \frac{25.00 \times 0.1000 - (25.01 - 25.00) \times 0.1000}{50.01} = 0.04997\ M$$

$$c_{Na_2M} = \frac{(\text{첨가한 NaOH의 mmol} - \text{생성된 NaHM의 mmol})}{\text{용액의 전체 부피}} = 1.9996 \times 10^{-5}\ M$$

첫 번째 당량점 후 십 분의 수 mL 영역에서 용액은 주로 $HM^-$와 적정 결과로 생성된 $M^{2-}$로 이루어져 있다. 25.01 mL가 가해졌을 때의 질량균형식은

$$c_{Na_2M} + c_{NaHM} = [H_2M] + [HM^-] + [M^{2-}] = 0.04997 + 1.9996 \times 10^{-5}$$
$$= 0.04999\ M$$

그리고 전하 균형식은

$$[H_3O^+] + [Na^+] = [HM^-] + 2[M^{2-}] + [OH^-]$$

다시, 용액은 산성이므로 $OH^-$는 주요한 화학종이 아닌 것으로 간주할 수 있다. $Na^+$ 농도는 첨가된 NaOH의 밀리몰수를 전체 부피로 나눈 값이고

$$[Na^+] = \frac{25.01 \times 0.1000}{50.01} = 0.05001\ M$$

전하 균형식으로부터 질량균형식을 빼주고 $[H_3O^+]$에 대해 계산하면

$$[H_3O^+] = [M^{2-}] - [H_2M] + (c_{Na_2M} + c_{NaHM}) - [Na^+]$$

$[M^{2-}]$와 $[H_2M]$을 주된 화학종인 $[HM^-]$에 관해 나타내면

$$[H_3O^+] = \frac{K_{a2}[HM^-]}{[H_3O^+]} - \frac{[H_3O^+][HM^-]}{K_{a1}} + (c_{Na_2M} + c_{NaHM}) - [Na^+]$$

$[HM^-] \approx c_{NaHM} = 0.04997$이다. 따라서 이 값과 $c_{Na_2M} + c_{NaHM}$ 및 $[Na^+]$ 값을 앞의 식에 대입하고 정리하면 다음의 2차 방정식이 얻어진다.

$$[H_3O^+] = \frac{K_{a2}(0.04997)}{[H_3O^+]} - \frac{[H_3O^+](0.04997)}{K_{a1}} - 1.9996 \times 10^{-5}$$

$$K_{a1}[H_3O^+]^2 = 0.04997K_{a1}K_{a2} - 0.04997[H_3O^+]^2 - 1.9996 \times 10^{-5}K_{a1}[H_3O^+]$$

$$(K_{a1} + 0.04997)[H_3O^+]^2 + 1.9996 \times 10^{-5}K_{a1}[H_3O^+] - 0.04997K_{a1}K_{a2} = 0$$

$[H_3O^+]$에 대해 풀면

$$[H_3O^+] = 7.60 \times 10^{-5}\ M$$

$$pH = 4.12$$

**두 번째 완충 영역**

용액에 염기를 더 많이 첨가하면 $HM^-$과 $M^{2-}$로 이루어진 새로운 완충계가 만들어진다. 충분한 염기가 첨가되어(첫 번째 당량점 직후 십 분의 수 mL) $HM^-$와 물이 반응하여 $OH^-$가 생성되는 것을 무시할 수 있을 때, 혼합물의 pH는 $K_{a2}$로부터 얻을 수 있다. 예를 들어, 25.50 mL의 NaOH를 가한 경우,

$$[M^{2-}] \approx c_{Na_2M} = \frac{(25.50 - 25.00)(0.1000)}{50.50} = \frac{0.050}{50.50}\ M$$

그리고 NaHM의 몰농도는

$$[HM^-] \approx c_{NaHM} = \frac{(25.00 \times 0.1000) - (25.50 - 25.00)(0.1000)}{50.50} = \frac{2.45}{50.50}\ M$$

이 값들을 $K_{a2}$에 대입하면

$$K_{a2} = \frac{[H_3O^+][M^{2-}]}{[HM^-]} = \frac{[H_3O^+](0.050/\cancel{50.50})}{2.45/\cancel{50.50}} = 5.9 \times 10^{-7}$$

$$[H_3O^+] = 2.89 \times 10^{-5}\ M$$

$[H_3O^+]$가 $c_{HM^-}$와 $c_{M^{2-}}$에 비해 작다는 가정은 타당하고, pH = 4.54이다. 두 번째 완충 영역에서의 다른 값들도 비슷한 방법으로 계산한다.

**두 번째 당량점 직전**

두 번째 당량점 직전(49.90 mL 이상)에서 $[M^{2-}]/[HM^-]$ 비가 크게 되므로 완충 용액에 관한 단순한 식은 적용되지 않는다. 49.90 mL 첨가 시 $c_{HM^-} = 1.335 \times 10^{-4}$ M이고 $c_{M^{2-}} = 0.03324$이다. 이제 주요 평형식은

$$M^{2-} + H_2O \rightleftharpoons HM^- + OH^-$$

*(계속)*

다음과 같이 평형 상수를 쓸 수 있다.

$$K_{b1} = \frac{K_w}{K_{a2}} = \frac{[OH^-][HM^-]}{[M^{2-}]} = \frac{[OH^-](1.335 \times 10^{-4} + [OH^-])}{(0.03324 - [OH^-])}$$

$$= \frac{1.00 \times 10^{-14}}{5.9 \times 10^{-7}} = 1.69 \times 10^{-8}$$

이 경우 $[H_3O^+]$에 대해 푸는 것보다 $[OH^-]$에 대해 푸는 것이 더 쉽다. 얻어진 2차 방정식을 계산하면

$$[OH^-] = 4.10 \times 10^{-6}\,M$$

$$pOH = 5.39$$

$$pH = 14.00 - pOH = 8.61$$

같은 원리로 49.99 mL에 대해 계산하면 $[OH^-] = 1.80 \times 10^{-5}$ M이고, pH = 9.26이다.

### 두 번째 당량점

50.00 mL의 0.1000 M NaOH를 첨가한 후에는 0.0333 M (2.5 mmol/75.00 mL)의 $Na_2M$ 용액이 된다. 염기 $M^{2-}$와 물과의 반응이 이 계의 주된 평형이고 고려할 필요가 있는 유일한 평형이다. 따라서

$$M^{2-} + H_2O \rightleftharpoons OH^- + HM^-$$

$$K_{b1} = \frac{K_w}{K_{a2}} = \frac{[OH^-][HM^-]}{[M^{2-}]} = 1.69 \times 10^{-8}$$

$$[OH^-] \cong [HM^-]$$

$$[M^{2-}] = 0.0333 - [OH^-] \cong 0.0333$$

$$\frac{[OH^-]^2}{0.0333} = 1.69 \times 10^{-8}$$

$[OH^-] = 2.37 \times 10^{-5}$ M이고, $pOH = -\log(2.37 \times 10^{-5}) = 4.62$이다.

$$pH = 14.00 - pOH = 9.38$$

### 두 번째 당량점 직후의 pH

두 번째 당량점을 막 지난 영역(예를 들어, 50.01 mL)에서는 $M^{2-}$와 물이 반응하여 $OH^-$를 생성하는 반응을 고려해야 하는데 그 이유는 이 반응을 억제할 수 있을 만큼 과량의 $OH^-$가 가해지지 않았기 때문이다. $M^{2-}$의 분석 몰농도는 생성된 $M^{2-}$의 mmol수를 용액의 총 부피로 나눈 것과 같다.

$$c_{M^{2-}} = \frac{25.00 \times 0.1000}{75.01} = 0.03333\,M$$

$OH^-$는 $M^{2-}$와 물과의 반응에서, 그리고 적정 시약으로 첨가된 과량의 $OH^-$에서 발생한다. 과량의 $OH^-$ mmol수는 첨가한 NaOH의 mmol수에서 두 번째 당량점에 도달하는 데 필요한 mmol수를 빼준 것과 같다. 이 과량의 농도는 과량의 mmol수를 용액의 전체 부피로 나눈 것이다.

$$[OH^-]_{과량} = \frac{(50.01 - 50.00) \times 0.1000}{75.01} = 1.333 \times 10^{-5}\,M$$

$HM^-$의 농도는 $K_{b1}$을 이용하여 구할 수 있다.

$$[M^{2-}] = c_{M^{2-}} - [HM^-] = 0.03333 - [HM^-]$$

$$[OH^-] = 1.3333 \times 10^{-5} + [HM^-]$$

$$K_{b1} = \frac{[HM^-][OH^-]}{[M^{2-}]} = \frac{[HM^-](1.3333 \times 10^{-5} + [HM^-])}{0.03333 - [HM^-]} = 1.69 \times 10^{-8}$$

$[HM^-]$에 대해 2차 방정식을 풀면

$$[HM^-] = 1.807 \times 10^{-5}\ M$$

그리고,

$$[OH^-] = 1.3333 \times 10^{-5} + [HM^-] = 1.33 \times 10^{-5} + 1.807 \times 10^{-5} = 3.14 \times 10^{-5}\ M$$

$pOH = 4.50$이고 $pH = 14.00 - pOH = 9.50$

50.10 mL에 대해서도 같은 방법을 적용하면 pH = 10.14이다.

### 두 번째 당량점 이후의 pH

두 번째 당량점을 지난 후 십 분의 수 mL의 NaOH를 더 가하면 $M^{2-}$의 염기성 해리를 억제하기에 충분한 양의 $OH^-$가 생성된다. pH는 $H_2M$을 완전히 중화하는데 필요한 것보다 더 과량으로 가해진 NaOH의 농도로부터 계산된다. 따라서 51.00 mL의 NaOH가 가해진 경우 0.1000 M의 NaOH가 1.00 mL가 더 들어 있고

$$[OH^-] = \frac{1.00 \times 0.100}{76.00} = 1.32 \times 10^{-3}\ M$$

$$pOH = -\log(1.32 \times 10^{-3}) = 2.88$$

$$pH = 14.00 - pOH = 11.12$$

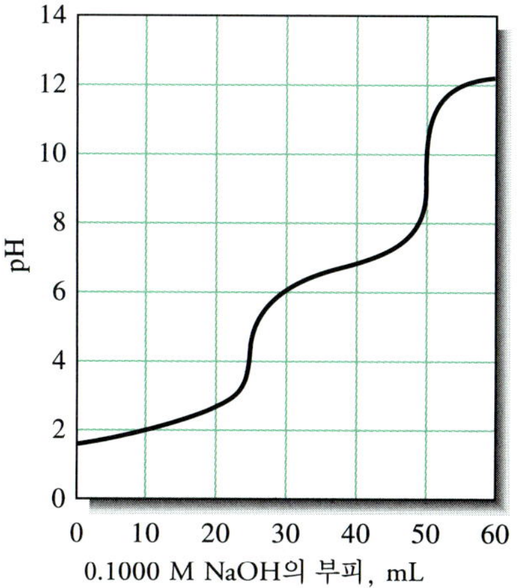


**그림 15-3** 25.00 mL의 0.1000 M 말레산, $H_2M$을 0.1000 M NaOH로 적정할 때의 적정 곡선.

**그림 15-3**은 예제 15-9에서 설명한 과정을 통해 얻은 0.1000M 말레산의 적정 곡선이다. 두 개의 종말점이 뚜렷하게 나타나있고, 원칙적으로 둘 중 어느 것이던지 산의 농도를 구하는 데 사용될 수 있다. 하지만, 첫 번째 종말점보다 pH 변화가 더욱 뚜렷한 두 번째 종말점이 더 만족스럽다.

**그림 15-4**는 3개의 다른 다양성자성 산들의 적정 곡선을 보여주고 있다. 이 곡선들은 산의 해리도 차이가 충분히 클 경우에만 첫 번째 당량점에 해당하는 종말점이 명확하게 나타난다는 것을 보여준다. 옥살산(곡선 *B*)의 $K_{a1}/K_{a2}$ 비는 대략 1000 정도이다. 적정 곡선은 첫 번째 당량점에 해당하는 변곡점을 보여준다. pH 변화의 크기가 너무 작아서 지시약을 사용하여 종말점의 정확한 위치를 찾아내기는 어렵다. 하지만, 두 번째 종말점은 옥살산을 정확하게 정량하는 데 사용될 수 있다.

> 다양성자 산 또는 염기를 적정하는 경우, 해리 상수의 비가 $10^4$보다 크고 약산이나 약염기의 해리 상수가 $10^{-8}$보다 큰 경우 사용 가능한 종말점이 두 개 나타난다.

그림 15-4의 곡선 *A*는 삼양성자 산인 인산의 이론적 적정 곡선이다. 인산의 경우, $K_{a1}/K_{a2}$는 대략 $10^5$이고 $K_{a2}/K_{a3}$도 비슷하다. 그 결과 두 개의 명확한 종말점이 나타나고, 둘 다 분석 목적으로 만족스럽게 사용된다. 산성 영역 지시약은 1 몰의 산에 1 몰의 염기를 가했을 때 색의 변화를 나타내고, 염기 영역 지시약은 산 1

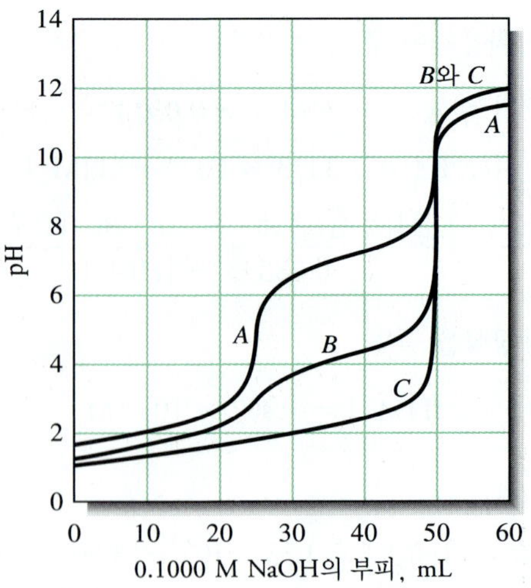

**그림 15-4** 다양성자 산의 적정 곡선들. 0.1000 M의 NaOH가 25.00 mL의 0.1000 M $H_3PO_4$ (곡선 *A*), 0.1000 M 옥살산(곡선 *B*), 그리고 0.1000 M $H_2SO_4$ (곡선 *C*)를 적정하는 데 사용된다.

도전: 0.1000 M NaOH를 이용하여 50.00 mL의 0.0500 M의 $H_2SO_4$를 적정할 때의 적정 곡선을 작성하시오.

몰 당 염기 2 몰을 필요로 한다. 인산의 세 번째 수소는 너무 적게 해리하기 때문에 ($K_{a3} = 4.5 \times 10^{-13}$) 이의 중화와 관련이 있는 실질적인 종말점은 없다. 하지만 세 번째 해리에 의한 완충 효과는 뚜렷해서 두 번째 당량점 이후에는 곡선 *A*의 pH가 다른 두 곡선의 pH보다 더 낮은 값을 갖게 만든다.

곡선 *C*는 완전 해리되는 양성자 하나와 비교적 크게 해리되는 양성자($K_{a2} = 1.02 \times 10^{-2}$) 하나를 갖고 있는 황산의 적정 곡선이다. 두 산의 세기가 비슷하기 때문에 두 양성자의 적정에 해당하는 한 개의 종말점만이 관찰된다. 황산 용액의 pH 계산은 특집 15-1에 설명하였다.

일반적으로 두 개의 작용기를 갖는 산이나 염기의 적정은 두 해리 상수의 비가 최소한 $10^4$일 경우에만 실질적으로 소용이 있는 각각의 종말점을 나타낸다. 그 비가 $10^4$보다 훨씬 작은 경우, 첫 번째 당량점에서의 pH 변화는 분석에 사용하기에 만족스럽지 못하다.

**특집 15-1**

### 황산의 해리

황산은 양성자들 중 하나는 물에서 강산으로 작용하고, 다른 하나는 약산($K_{a2} = 1.02 \times 10^{-2}$)으로 작용한다는 점에서 독특하다. 0.0400 M의 황산 용액을 예로 들어 이 용액의 하이드로늄 이온 농도를 계산해 보자.

먼저 $H_2SO_4$의 완전한 해리에서 생성된 과량의 $H_3O^+$로 인해 $HSO_4^-$의 해리는 무시할 수 있다고 가정한다. 그러므로

$$[H_3O^+] \approx [HSO_4^-] \approx 0.0400\ M$$

이러한 근사법과 $K_{a2}$에 대한 식을 이용하면 대략의 $[SO_4^{2-}]$는

$$\frac{0.0400\,[SO_4^{2-}]}{0.0400} = 1.02 \times 10^{-2}$$

$[SO_4^-]$는 $[HSO_4^-]$에 비하여 작지 않으므로 더 정확한 계산이 필요하다.

화학량론적인 관점에서

$$[H_3O^+] = 0.0400 + [SO_4^{2-}]$$

오른쪽 첫 번째 항은 $H_2SO_4$가 $HSO_4^-$로 해리할 때 생기는 $H_3O^+$의 농도이다. 두 번째 항은 $HSO_4^-$의 해리로부터 생기는 것이다. 다시 정리하면

$$[SO_4^{2-}] = [H_3O^+] - 0.0400$$

질량 균형을 고려하면

$$c_{H_2SO_4} = 0.0400 = [HSO_4^-] + [SO_4^{2-}]$$

마지막 두 식을 합하여 재정리하면

$$[HSO_4^-] = 0.0800 - [H_3O^+]$$

$[SO_4^{2-}]$와 $[HSO_4^-]$에 관한 식들을 $K_{a2}$에 대입하면

$$\frac{[H_3O^+]([H_3O^+] - 0.0400)}{0.0800 - [H_3O^+]} = 1.02 \times 10^{-2}$$

$[H_3O^+]$에 대해 2차 방정식을 풀면

$$[H_3O^+] = 0.0471 \text{ M}$$

**스프레드시트 요약** *Applications of Microsoft® Excel in Analytical Chemistry* 2판 8장에서 중화 적정 곡선의 처리 방법을 다양성자 산의 경우에까지 확장하였다. 화학량론적인 접근법과 주요식 접근법 모두가 NaOH로 말레산을 적정하는 데에 사용된다.

## 15F 다가 염기의 적정 곡선

다가 산의 적정 곡선을 작성하는 데 사용했던 것과 같은 원리를 다가 염기의 적정 곡선에 대해 적용할 수 있다. 이를 설명하기 위해 탄산 소듐 용액을 표준 염산으로 적정하는 것을 고려해 보자. 중요한 평형 상수들은 다음과 같다.

$$CO_3^{2-} + H_2O \rightleftharpoons OH^- + HCO_3^- \quad K_{b1} = \frac{K_w}{K_{a2}} = \frac{1.00 \times 10^{-14}}{4.69 \times 10^{-11}} = 2.13 \times 10^{-4}$$

$$HCO_3^- + H_2O \rightleftharpoons OH^- + CO_2(aq) \quad K_{b2} = \frac{K_w}{K_{a1}} = \frac{1.00 \times 10^{-14}}{4.2 \times 10^{-7}} = 2.4 \times 10^{-8}$$

도전: $K_{b2}$ 또는 $K_{a1}$ 중 어느 것을 이용해도 0.100 M $Na_2CO_3$와 0.100 M $NaHCO_3$로 이뤄진 완충 용액의 pH를 계산할 수 있다는 것을 보이시오.

탄산 이온과 물의 반응이 용액의 처음 pH를 지배하는데, 이 pH는 예제 15-9에서 두 번째 당량점을 구할 때의 방법으로 얻을 수 있다. 산을 처음 가하면 탄산/탄산 수소 완충계가 만들어진다. 이 영역에서 pH는 $K_{b1}$으로부터 계산된 수산화 이온 농도와 $K_{a2}$로부터 계산된 하이드로늄 이온 농도 중 어느 것으로부터도 얻을 수 있다. 대개 $[H_3O^+]$ 또는 pH를 계산하는 것이 주된 관심사이므로 $K_{a2}$에 대한 식을 이용하는 것이 더욱 편리하다.

첫 번째 당량점에서의 주된 화학종은 탄산 수소 소듐이고, 식 (15-16)을 이용하여 하이드로늄 이온 농도를 계산한다(예제 15-8). 더 많은 산을 첨가하면 탄산 수소 소듐과 탄산[식 (15-3)에서 보여준 것과 같이 $CO_2(aq)$에서 유래한]으로 이루어진 새로운 완충계가 생성된다. 이 완충 용액의 pH는 $K_{b2}$나 $K_{a1}$로부터 쉽게 계산된다.

두 번째 당량점에서 용액은 탄산과 염화 소듐으로 이루어져 있다. 탄산은 해리 상수 $K_{a1}$을 갖는 약산으로 취급할 수 있다. 마지막으로 과량의 염산을 가한 후에는 약산의 해리가 억제되어 사실상 하이드로늄 이온의 농도는 강산의 몰농도와 같다.

**그림 15-5**는 탄산 소듐의 적정에서 두 개의 종말점을 보여주고 있는데, 두 번째 종말점이 첫 번째 종말점보다 훨씬 뚜렷하다. 이 그림으로부터 탄산 소듐과 탄산 수소 소듐의 혼합물에 있는 각 성분을 중화적정법으로 정량할 수 있음을 알 수 있다.

**스프레드시트 요약** 2가 염기를 강산으로 적정할 때의 적정 곡선이 *Applications of Microsoft® Excel in Analytical Chemistry* 2판 8장에 설명되어 있다. 예에서 보여주는 것은 에틸렌다이아민을 염산으로 적정하는 것이다. 주된 식을 사용하는 방법이 사용되었고, pH 대 적정액의 부피 곡선을 그리기 위해 스프레드시트가 사용되었다.

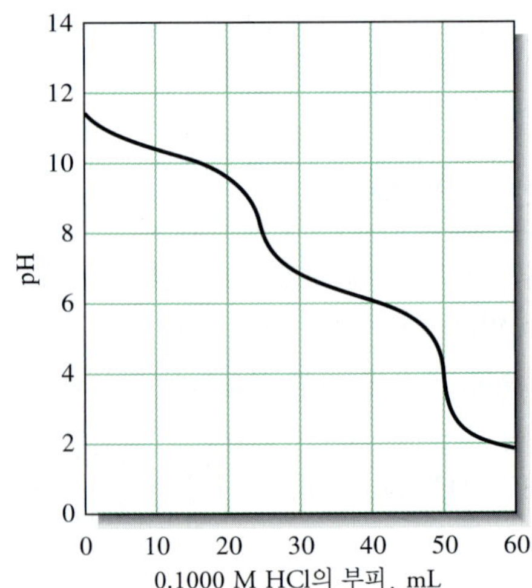


**그림 15-5** 25.00 mL의 0.1000 M $Na_2CO_3$를 0.1000 M HCl로 적정할 때의 곡선.

## 15G 양쪽성 양성자성 화학종의 적정 곡선

양쪽성 양성자성 물질은 적당한 용매에 녹아 약산으로도, 약염기도 작용한다. 만일 산성이나 염기성 성질 중 어느 하나가 우세하면, 이 화학종은 강염기나 강산으로 적정할 수 있다. 예로써 인산 이수소 소듐 용액에서 주된 평형은 다음과 같다.

$$H_2PO_4^- + H_2O \rightleftharpoons H_3O^+ + HPO_4^{2-} \qquad K_{a2} = 6.32 \times 10^{-8}$$

$$H_2PO_4^- + H_2O \rightleftharpoons OH^- + H_3PO_4 \qquad K_{b3} = \frac{K_w}{K_{a1}} = \frac{1.00 \times 10^{-14}}{7.11 \times 10^{-3}} = 1.41 \times 10^{-12}$$

$K_{b3}$는 너무 작아 산으로 $H_2PO_4^-$를 적정할 수 없지만, $K_{a2}$는 염기 표준 용액으로 인산 이수소 용액을 성공적으로 적정할 만큼 크다는 것에 주목하시오.

인산 일수소 소듐을 포함하는 용액에서는 다른 상황이 나타나는데 관련된 평형식은 아래와 같다.

$$HPO_4^{2-} + H_2O \rightleftharpoons H_3O^+ + PO_4^{3-} \qquad K_{a3} = 4.5 \times 10^{-13}$$

$$HPO_4^{2-} + H_2O \rightleftharpoons OH^- + H_2PO_4^- \qquad K_{b2} = \frac{K_w}{K_{a2}} = \frac{1.00 \times 10^{-14}}{6.32 \times 10^{-8}} = 1.58 \times 10^{-7}$$

이 상수들의 크기는 $HPO_4^{2-}$를 산 표준 용액으로는 적정할 수 있지만, 염기 표준 용액으로는 적정할 수 없다는 것을 나타내고 있다.

**특집 15-2**

**아미노산의 산/염기 거동**

간단한 아미노산들은 약산 작용기와 약염기 작용기를 모두 가지고 있는 양쪽성 양성자성 화합물의 중요한 부류에 속한다. 글라이신과 같은 전형적인 아미노산 수용액에서는 3개의 중요한 평형이 작동한다.

$$NH_2CH_2COOH \rightleftharpoons NH_3^+CH_2COO^- \qquad \textbf{(15-17)}$$

$$NH_3^+CH_2COO^- + H_2O \rightleftharpoons NH_2CH_2COO^- + H_3O^+ \qquad K_a = 2 \times 10^{-10} \qquad \textbf{(15-18)}$$

$$NH_3^+CH_2COO^- + H_2O \rightleftharpoons NH_3^+CH_2COOH + OH^- \qquad K_b = 2 \times 10^{-12} \qquad \textbf{(15-19)}$$

첫 번째 평형은 일종의 내부 산/염기 반응이고 카복실산과 아민 사이에서 관찰되는 반응과 유사하다.

$$R_1NH_2 + R_2COOH \rightleftharpoons R_1NH_3^+ + R_2COO^- \qquad \textbf{(15-20)}$$

전형적인 지방족 아민은 $10^{-4}$~$10^{-5}$의 염기 해리 상수를 가지고 있으며, 많은 카복실산도 거의 비슷한 크기의 산 해리 상수를 갖고 있다. 그 결과 반응 (15-18)과 (15-19) 모두 평형이 오른쪽으로 많이 치우쳐 있고 생성물 또는 생성물들이 용액에서 주된 화학종이다.

*(계속)*

아미노산은 양쪽성 양성자성이다.

**쯔비터 이온**은 양전하와 음전하를 동시에 가지고 있는 이온성 화학종이다.

식 (15-17)의 아미노산 화학종은 양전하와 음전하를 모두 가지고 있고 이런 화학종을 **쯔비터 이온**(zwitterion)이라고 한다. 식 (15-18)과 식 (15-19)에서 보여주는 것처럼 글라이신의 쯔비터 이온은 염기성보다는 산성이 세다. 따라서 글라이신 수용액은 약간 산성이다.

어떤 화학종의 **등전점**은 전기장 내에서 알짜 이동이 일어나지 않는 pH이다.

단일 전하를 띠고 있는 음이온이나 양이온 화학종들은 반대 극성의 전극에 끌리지만, 양전하와 음전하를 모두 가지고 있는 아미노산의 쯔비터 이온은 전기장 안에서 이동하려는 경향이 없다. 음이온 형과 양이온 형의 농도가 같아지는 용매의 pH에서는 전기장 안에서 아미노산의 알짜 이동이 일어나지 않는다. 알짜 이동이 일어나지 않는 pH를 **등전점**(isoelectric point)이라고 하며, 아미노산들의 특성을 밝히는 중요한 물리적 상수이다. 등전점은 물질들의 이온화 상수들과 쉽게 관련지을 수 있다. 즉, 글라이신의 경우

$$K_a = \frac{[NH_2CH_2COO^-][H_3O^+]}{[NH_3^+CH_2COO^-]}$$

$$K_b = \frac{[NH_3^+CH_2COOH][OH^-]}{[NH_3^+CH_2COO^-]}$$

등전점에서

$$[NH_2CH_2COO^-] = [NH_3^+CH_2COOH]$$

따라서 $K_a$를 $K_b$로 나누고 이 관계식을 대입하면, 등전점에 관한 식을 얻게 된다.

$$\frac{K_a}{K_b} = \frac{[H_3O^+][NH_2CH_2COO^-]}{[OH^-][NH_3^+CH_2COOH]} = \frac{[H_3O^+]}{[OH^-]}$$

$[OH^-]$ 대신 $K_w/[H_3O^+]$를 대입하고 정리하면 다음과 같다.

$$[H_3O^+] = \sqrt{\frac{K_aK_w}{K_b}}$$

글라이신의 등전점은 pH 6.0에서 일어난다. 즉,

$$[H_3O^+] = \sqrt{\frac{(2 \times 10^{-10})(1 \times 10^{-14})}{2 \times 10^{-12}}} = 1 \times 10^{-6}\ M$$

간단한 아미노산의 경우 $K_a$와 $K_b$는 보통 매우 작아서 중화 반응을 이용하여 직접 정량하는 것은 불가능하다. 하지만 폼알데하이드를 가하면 아민 작용기가 제거되고, 표준 염기 용액으로 적정할 수 있는 카복실산이 남게 된다. 예를 들어, 글라이신의 경우

$$NH_3 + CH_2COO^- + CH_2O \rightarrow CH_2C{=}NCH_2COOH + H_2O$$

생성물의 적정 곡선은 전형적인 카복실산의 적정 곡선이다.

글라이신 쯔비터 이온, $NH_3^+CH_2COO^-$의 분자 구조. 글라이신은 소위 비필수 아미노산의 하나이다. 이것은 포유류의 체내에서 합성되고 음식으로 섭취할 필요가 없다는 점에서 필수적인 것이 아니다. 글라이신은 그 촘촘한 구조로 인해 단백질 합성과 헤모글로빈의 생합성에서 다목적의 구성 요소로 사용된다. 콜라겐의 상당 부분(인체의 뼈, 연골, 힘줄 및 다른 연결 세포의 섬유상 단백질 부분)은 글라이신으로 이루어져 있다. 글라이신은 또한 억제성 신경전달물질이고 그 결과 다발성 경화증과 간질과 같은 중앙 신경계의 질병에 대한 치료제로서의 가능성이 제시되고 있다. 글라이신은 또한 정신 분열증, 뇌졸중, 전립선 비대증을 치료하는 데 사용된다.

**스프레드시트 요약** *Applications of Microsoft® Excel in Analytical Chemistry* 2판 8장의 마지막 예제는 양쪽성 양성자성인 페닐알라닌의 적정에 대해 다루고 있다. 스프레드시트는 아미노산의 적정 곡선을 작성하는 데 사용되고, 등전 pH가 계산되었다.

## 15H pH 변화에 따른 다양성자성 산 용액의 조성

14E절에서는 일양성자성 약산을 적정할 때 일어나는 여러 화학종의 농도 변화를 관찰하는 데 있어서 $\alpha$ 값들이 얼마나 유용한가를 보여주었다. $\alpha$ 값들은 다가 산과 염기들의 성질을 고려하는 데 있어서도 훌륭한 방법을 제공해준다. 예를 들어, 예제 15-9에 설명된 적정 과정에서 용액에 존재하는 말레산을 포함하는 화학종들의 몰 농도 합을 $c_T$라고 하면, 유리된 산에 대한 $\alpha$ 값인 $\alpha_0$는 다음과 같이 정의된다.

$$\alpha_0 = \frac{[H_2M]}{c_T}$$

여기서

$$c_T = [H_2M] + [HM^-] + [M^{2-}] \quad \textbf{(15-21)}$$

$HM^-$와 $M^{2-}$에 대한 $\alpha$ 값들도 비슷한 식들로 주어진다.

$$\alpha_1 = \frac{[HM^-]}{c_T}$$

$$\alpha_2 = \frac{[M^{2-}]}{c_T}$$

9C-2절에서 언급했듯이, 한 계에 대한 $\alpha$ 값들의 합은 1이 되어야 한다.

$$\alpha_0 + \alpha_1 + \alpha_2 = 1$$

말레산 계에 대한 $\alpha$ 값들은 $[H_3O^+]$, $K_{a1}$, $K_{a2}$의 항들로 깔끔하게 표현할 수 있다. 적절한 표현식을 얻기 위해 9C-2절에서 식 (9-35)와 식 (9-36)을 유도할 때 사용하던 방법을 이용하면 다음 식들을 얻을 수 있다.

도전: 식 (15-22), 식 (15-23), 식 (15-24)를 유도하시오.

$$\alpha_0 = \frac{[H_3O^+]^2}{[H_3O^+]^2 + K_{a1}[H_3O^+] + K_{a1}K_{a2}} \quad \textbf{(15-22)}$$

$$\alpha_1 = \frac{K_{a1}[H_3O^+]}{[H_3O^+]^2 + K_{a1}[H_3O^+] + K_{a1}K_{a2}} \quad \textbf{(15-23)}$$

$$\alpha_2 = \frac{K_{a1}K_{a2}}{[H_3O^+]^2 + K_{a1}[H_3O^+] + K_{a1}K_{a2}} \quad \textbf{(15-24)}$$

각 표현식에서 분모는 모두 같다는 것에 주목하시오. 다소 놀라운 결과는 주어진 pH에서 각 화학종들의 분율은 고정되어 있고 전체 농도 $c_T$와는 *절대로* 무관하다는 것이다. $\alpha$ 값에 대한 일반적인 표현은 특집 15-3에서 설명하고 있다.

**특집 15-3**

### $\alpha$ 값에 대한 일반적인 표현

약산 $H_nA$에 대해, 모든 $\alpha$ 값 표현식의 분모 $D$는 다음의 형태를 취한다.

$$D = [H_3O^+]^n + K_{a1}[H_3O^+]^{(n-1)} + K_{a1}K_{a2}[H_3O^+]^{(n-2)} + \cdots K_{a1}K_{a2}\cdots K_{an}$$

$\alpha_0$의 경우 분자는 분모의 첫 번째 항과 같고, $\alpha_1$의 경우에는 두 번째 항과 같으며 같은 방식으로 계속된다. 따라서 $\alpha_0 = [H_3O^+]^n/D$이고, $\alpha_1 = K_{a1}[H_3O^+]^{(n-1)}/D$이다.

다가 염기들에 대한 $\alpha$ 값들도 이와 유사한 방식으로 얻을 수 있는데, 이 경우 식들은 염기 해리 상수들과 $[OH^-]$ 항으로 표현된다.

**그림 15-6**에 도시된 3개의 곡선은 pH의 변화에 따라 말레산을 포함하는 각 화학종에 대한 $\alpha$ 값을 보여주고 있다. **그림 15-7**의 실선도 같은 $\alpha$ 값을 나타내고 있지만 여기서는 산을 적정하는 동안 수산화 소듐의 부피 함수로 $\alpha$ 값을 나타낸 것이다. 적정 곡선도 그림 15-7에 점선으로 나타내었다. 이러한 곡선들은 적정 중에 일어나는 모든 농도의 변화를 한 눈에 알아볼 수 있게 해준다. 예를 들어, 그림 15-7을 보면 어떤 염기를 가하기 전, $H_2M$의 $\alpha_0$ 값은 약 0.7이고 $HM^-$의 $\alpha_1$ 값은 약 0.3이라는 것을 보여준다. 모든 실제에서는 $\alpha_2$가 0이다. 따라서 초기에 말레산의 약 70%는 $H_2M$으로 존재하고 약 30%는 $HM^-$로 존재한다. 첫 번째 당량점(pH = 4.11)에서 거의 모든 말레산은 $HM^-$로 존재한다($\alpha_1 \rightarrow 1$). 첫 번째 당량점을 지나 염기를 더 가함에 따라 $HM^-$는 감소하고 $M^{2-}$는 증가한다. 두 번째 당량점(pH = 9.38)과 그 이후에서는 거의 모든 말레산은 $M^{2-}$의 형태로 존재한다. 다가 산과 염기계를 가시화하는 다른 방법은 특집 15-4에서 설명한 것처럼 로그 농도 도표를 사용하는 것이다.

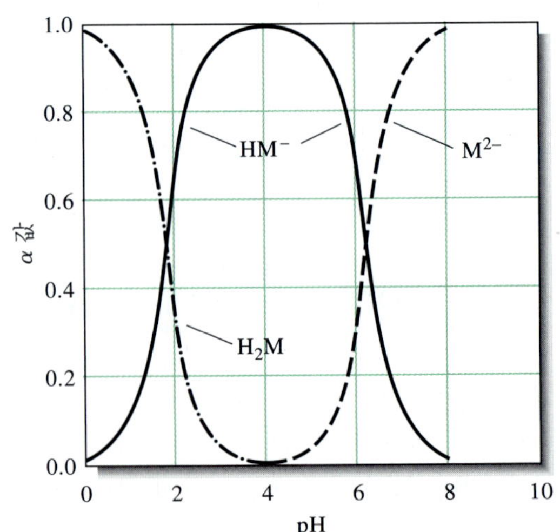


**그림 15-6** pH의 변화에 따른 $H_2M$ 용액의 조성.

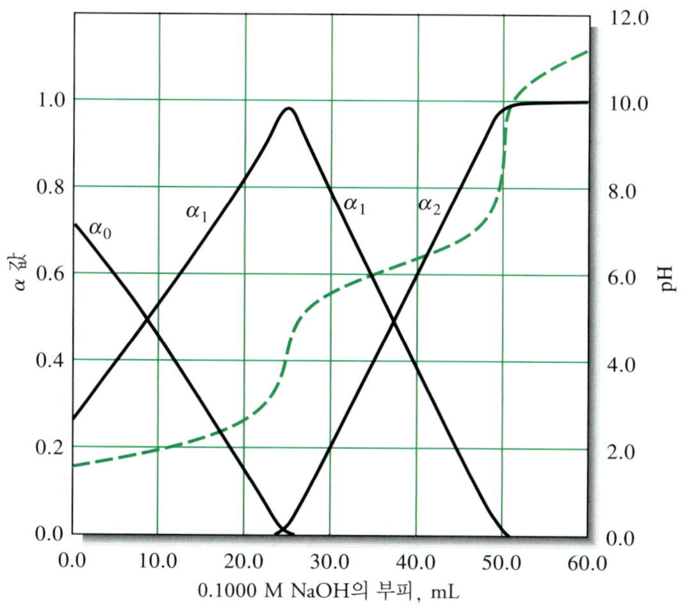


**그림 15-7** 0.1000 M의 NaOH로 25.00 mL의 0.1000 M 말레산 적정. 실선은 적정액의 부피에 대한 $\alpha$ 값들의 곡선이다. 점선은 부피 변화에 대한 pH의 변화를 나타내는 적정 곡선이다.

**특집 15-4**

**로그 농도 도표**

로그 농도 도표는 로그 농도 대 pH와 같은 주요 변수의 그림이다. 이와 같은 도표는 다양성자성 산 용액에 들어 있는 모든 화학종의 농도를 pH의 함수로 나타낼 수 있어서 유용하다. 이러한 종류의 도표는 특정 pH에서 어떤 화학종이 중요한지를 한눈에 알아볼 수 있도록 해준다. 농도가 십의 몇 승배의 크기로 변하기 때문에 로그 눈금을 사용한다.

로그 농도 도표는 특별한 산이나 산의 특정 초기 농도에 적용된다. 이와 같은 도표는 앞에서 논의된 분배 도표에서 쉽게 얻을 수 있다. 로그 농도 도표를 작성하는 구체적인 방법은 *Applications of Microsoft® Exel in analytical Chemistry* 2판의 8장에 설명되어 있다.

로그 농도 도표는 산의 농도와 그 해리 상수를 이용하여 계산할 수 있다. 앞에서 다룬 말레산 계를 예로 사용해 보자. **그림 15F-1**은 0.10 M 말레산($c_T$ = 0.10 M 말레산)에 대한 로그 농도 도표이다. 이 도표는 pH의 변화에 따라 말레산의 모든 형태, 즉 $H_2M$, $HM^-$, $M^{2-}$의 농도를 나타낸 것이다. 대개 $H_3O^+$와 $OH^-$의 농도도 함께 나타낸다. 도표는 질량 균형 조건과 산 해리 상수에 바탕을 두고 있다. 말레산 화학종에 대한 도표에서 기울기의 변화는 **계 점**(system point)이라고 불리는 곳 근처에서 발생한다. 이 점은 전체 산의 농도, 이 경우 0.01 M, $pK_a$ 값에 의해 정의된다. 말레산의 경우 첫 번째 계 점은 $\log c_T = -1$이고 $pH = pK_{a1} = -\log(1.30 \times 10^{-2}) = 1.89$에서 발생하고, 두 번째 계 점은 $pH = pK_{a2} = -\log(5.90 \times 10^{-7}) = 6.23$이고 $\log c_T = -1$인 지점이다. $pH = pK_{a1}$일 때, 농도를 나타내는 선들이 교차하는 것에서 알 수 있듯이 $H_2M$과 $HM^-$의 농도가 같다는 것에 유의하시오. 또한, 첫 번째 계 점에서 $[M^{2-}] \ll [HM^-]$이고 $[M^{2-}] \ll [H_2M]$이라는 것에 유의하시오. 따라서 첫 번째 계 점 부근에서는 양성자화되지 않은 말레산 이온의 농도는 무시할 수 있고 질량 균형은 $c_T \approx [H_2M] + [HM^-]$로 나타낼 수 있다.

첫 번째 계 점의 왼편에서는 $[H_2M] + [HM^-]$이고 $c_T \approx [H_2M]$이다. 이것은 pH의 값이 0과 약 1 사이에서 $[H_2M]$ 선의 기울기가 0이라는 것으로 도표에 나타나 있다. 같은 영역에서 $HM^-$의 농도는 pH의 증가와 더불어 꾸준히 증가하는데, 이유는 pH가 증가함에 따라 $H_2M$의 양성자가 제거되기 때문이다. $K_{a1}$에 관한 식으로부터

$$[HM^-] = \frac{[H_2M]K_{a1}}{[H_3O^+]} \approx \frac{c_T K_{a1}}{[H_3O^+]}$$

위 식의 양쪽에 로그를 취하면

$$\log [HM^-] = \log c_T + \log K_{a1} - \log [H_3O^+]$$
$$= \log c_T + \log K_{a1} + pH$$

따라서 첫 번째 계 점의 왼쪽(영역 A)에서는 $\log[HM^-]$ 대 pH의 그래프는 기울기가 +1인 직선이다.

같은 이유로 첫 번째 계 점의 오른편에서는 $c_T \approx [HM^-]$이고

$$[H_2M] \approx \frac{c_T[H_3O^+]}{K_{a1}}$$

(계속)

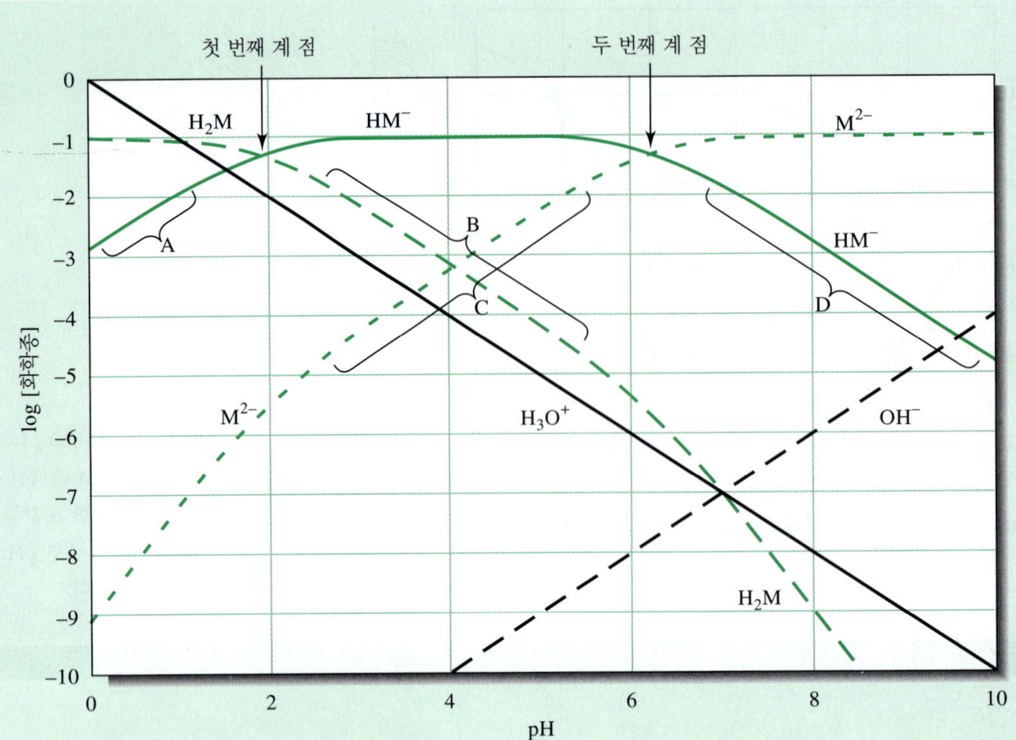


**그림 15F-1** 0.10 M 말레산에 대한 로그 농도 도표.

위 식의 양변에 로그를 취해 얻게 되는 log $[H_2M]$ 대 pH (영역 B)의 그래프는 기울기가 $-1$인 직선이어야 한다. 이런 관계는 $pH = pK_{a2} = -\log(5.90 \times 10^{-7}) = 6.23$과 $\log c_T = -1$에서 일어나는 두 번째 계 점 근처까지는 유효하다.

두 번째 계 점에서 $HM^-$과 $M^{2-}$의 농도는 같다. 두 번째 계 점의 왼편에서는 $[HM^-] \approx c_T$이고 log $[M^{2-}]$는 $+1$의 기울기로 pH 증가와 더불어 증가한다는 것에 유의하시오(영역 C). 두 번째 계 점의 우측에서는, $[M^{2-}] \approx c_T$이고 log $[HM^-]$은 pH가 증가함에 따라 $-1$의 기울기로 감소한다(영역 D). $H_3O^+$와 $OH^-$ 선은 쉽게 그릴 수 있다.

$$\log [H_3O^+] = -pH\text{이고, } \log [OH^-] = pH - 14$$

로그 농도 도표는 위에 주어진 관계들을 이용하여 쉽게 그릴 수 있다. 좀 더 쉬운 방법은 분배 도표를 변형하여 로그 농도 도표를 만드는 것이다. 이것이 *Applications of Microsoft® Exel in Analytical Chemistry* 2판의 8장에 설명되어 있는 방법이다. 이 곡선은 전체 농도가 0.10 M에 대한 것이고 산 해리 상수가 포함되었기 때문에 말레산에 특정한 것이다.

### 주어진 pH에서 농도 추정하기

로그 농도 도표는 더 정확한 계산과 주어진 pH에서 주된 화학종이 무엇인지를 결정하는데 있어서 매우 유용하게 사용될 수 있다. 예를 들어, pH 5.7에서의 농도를 계산할 경우 그림 15F-1의 도표를 사용하여 계산에 포함될 화학종이 무엇인지 알아낼 수 있다. pH 5.7에서 말레산을 포함하는 화학종의 농도는, $[H_2M] \approx 10^{-5}$ M, $[HM^-] \approx 0.07$ M, $[M^{2-}] \approx 0.02$ M이다. 그러므로 이 pH에서 주된 말레산 화학종은 $[HM^-]$와 $[M^{2-}]$이다. $[OH^-]$는 $[H_3O^+]$보다 $10^4$배 작기 때문에 단지 3가지 화학종만을 고려함으로써 앞의 추정보다 더욱 정확한 계산을 할 수 있다. 이렇게 해서 얻은 결과는 $[H_2M] \approx 1.18 \times 10^{-5}$ M, $[HM^-] \approx 0.077$ M, $[M^{2-}] \approx 0.023$ M이다.

### pH 값 찾기

만일 pH 값을 모르면 로그 농도 도표는 대략의 pH 값을 찾는데 사용될 수 있다. 예를 들어, 0.10 M 말레산 용액의 pH 값을 알아보자. 로그 농도 도표는 질량 균형과 평형 상수를 보여주기 때문에 문제를 정확히 풀기 위해서는 전하 균형식과 같은 단 한 개의 식만 더 있으면 된다. 이 계의 전하 균형식은

$$[H_3O^+] = [HM^-] + 2[M^{2-}] + [OH^-]$$

pH는 전하 균형식을 로그 농도 도표에 겹쳐서 얻을 수 있다. pH 0에서 시작해서 $H_3O^+$ 선을 따라 왼편에서 오른쪽으로

이동하면 전하 균형식의 오른쪽 항에 있는 화학종 중 한 개를 나타내는 선과 교차하게 된다. $H_3O^+$ 선은 먼저 pH가 약 1.5인 지점에서 $HM^-$ 선과 교차한다. 이 점에서 $[H_3O^+] = [HM^-]$이다. 그리고 다른 음이온들, 즉 $M^{2-}$와 $OH^-$의 농도는 $HM^-$의 농도에 비해 무시할 수 있다는 것도 알 수 있다. 따라서 0.10 M 말레산 용액의 pH는 대략 1.5이다. 2차 방정식을 이용하여 계산한 더 정확한 pH 값은 1.52이다.

또 다른 질문을 할 수 있다. '0.10 M NaHM 용액의 pH는 얼마인가?'이 경우 전하 균형식은

$$[H_3O^+] + [Na^+] = [HM^-] + 2[M^{2-}] + [OH^-]$$

$Na^+$ 농도는 말레산을 포함하는 화학종들의 전체 농도와 같다.

$$[Na^+] = c_T = [H_2M] + [HM^-] + [M^{2-}]$$

이 식을 전하 균형식에 대입하면

$$[H_3O^+] + [H_2M] = [M^{2-}] + [OH^-]$$

이 식을 로그 농도 도표에 중첩한다. 다시 왼쪽의 pH 0에서부터 시작하여 $H_3O^+$ 선 또는 $H_2M$ 선 중 한 개의 선을 따라 이동하면, pH가 2보다 더 큰 지점에서 $H_2M$의 농도가 $H_3O^+$의 농도보다 약 한 단위 정도 더 큰 것을 알 수 있다. 그 다음 $H_2M$ 선을 따라 $M^{2-}$ 선 또는 $OH^-$ 선과 교차할 때까지 이동한다. 이 경우, pH ≈ 4.1에서 먼저 $M^{2-}$ 선과 만나게 된다는 것을 알 수 있다. 따라서 $[H_2M] \approx [M^{2-}]$이고 $[H_3O^+]$와 $[OH^-]$는 $H_2M$과 $M^{2-}$에 비해 상대적으로 작다. 그러므로 0.10 M NaHM 용액의 pH는 약 4.1이라는 결론에 도달하게 된다. 2차 방정식 근의 공식을 이용하여 더욱 정밀하게 계산하면 이 용액의 pH는 4.08이다.

마지막으로 0.10 M $Na_2M$ 용액의 pH를 계산해 보자. 앞에서와 같이 전하 균형식은

$$[H_3O^+] + [Na^+] = [HM^-] + 2[M^{2-}] + [OH^-]$$

하지만 $Na^+$ 농도는 다음과 같이 주어진다.

$$[Na^+] = 2c_T = 2[H_2M] + 2[HM^-] + 2[M^{2-}]$$

이 식을 질량균형식에 대입하면

$$[H_3O^+] + 2[H_2M] + [HM^-] = [OH^-]$$

위 경우에는 $OH^-$ 농도를 더 쉽게 계산할 수 있다. 이번에는 $OH^-$ 선을 따라 오른쪽에서 왼쪽으로 pH가 약 9.7인 지점에서 $HM^-$ 선과 만날 때까지 이동한다. 이 교차점에서 $[H_3O^+]$와 $[H_2M]$은 무시할 수 있을 정도로 작기 때문에 $[HM^-] \approx [OH^-]$이고, pH 9.7이 0.10 M $Na_2M$ 용액의 pH라는 결론을 내릴 수 있다. 근의 공식을 이용하여 더 정확하게 계산한 pH는 9.61이다.

**스프레드시트 요약** *Applications of Microsoft® Excel in Analytical Chemistry* 2판 8장의 첫 번째 예제에서 다양성자성 산과 염기에 대한 분배 도표를 알아보았다. pH 함수에 대한 $\alpha$ 값을 그래프로 나타낼 수 있다. 그래프는 주어진 pH에서 농도를 확인하는 데, 그리고 더욱 광범위한 계산에서 어떤 화학종을 무시해도 되는지를 추론하는 데 이용될 수 있다. 로그 농도 도표를 만든다. 이 도표는 주어진 pH에서 농도를 추정할 때, 그리고 약산 계의 여러 가지 초기 조건에 대한 pH를 알아내는 데 사용된다.

웹 사이트 **www.cengage.com/chemistry/skoog/fac9**에 접속하여 Chapter 15를 선택하고 Web Works를 선택한다. Virtual Titrator에 연결된 링크를 클릭한다. Virtual Titrator Java Applet를 실행하고 Menu Panel과 Virtual Titrator 메인 창 등 두 개의 창을 화면에 띄우기 위해 지정된 프레임을 클릭한다. 시작하기 위해 메인 화면의 메뉴 바에서 Acids를 클릭하고 이양성자성 산인 *o*-phthalic acid를 선택한다. 나타나는 적정 곡선을 살펴보자. 그리고 Graphs/Alpha Plot vs. pH를 클릭하고 그 결과도 살펴보자. Graphs/Alpha Plot vs. mL base를 클릭한다. 이 과정을 여러 가지 일양성자성 산 및 다 양성자성 산에 대해 반복하고 그 결과를 살펴본다.

## 연습 문제

***15-1.** 이름이 암시하듯이 NaHA는 염기에 제공할 수 있는 양성자를 가지고 있기 때문에 산성 염이다. NaHA 용액의 pH 계산이 HA 형태의 약산 용액에 대한 pH 계산과 다른 이유를 간략히 설명하시오.

**15-2.** 식 (15-12)의 오른 쪽에 있는 항들 각각에 대해 그 유래와 중요성을 설명하시오. 이 식은 직관적으로 이해가 되는가? 직관적인 이유 또는 직관적이지 않은 이유는 무엇인가?

**15-3.** 식 (15-15)가 pH를 결정하는 유일한 용질이 NaHA인 용액의 하이드로늄 이온 농도를 계산하는 데에만 사용될 수 있는 이유를 간략히 설명하시오.

***15-4.** 수용액에서의 인산($H_3PO_4$)의 세 양성자를 모두 적정할 수 없는 이유는 무엇인가?

**15-5.** 아래 물질들의 수용액이 산성, 중성, 염기성인지를 말하고, 그 이유를 설명하시오.

*(a) $NH_4OAc$
(b) $NaNO_2$
*(c) $NaNO_3$
(d) $NaHC_2O_4$
*(e) $Na_2C_2O_4$
(f) $Na_2HPO_4$
*(g) $NaH_2PO_4$
(h) $Na_3PO_4$

***15-6.** $H_3AsO_4$의 첫 번째 양성자를 적정할 때 종말점을 확인하는 데 사용될 수 있는 지시약을 말해 보시오.

**15-7.** $H_3AsO_4$의 첫 두 개의 양성자를 적정할 때 종말점을 확인하는 데 사용될 수 있는 지시약을 말해 보시오.

***15-8.** 수용액에 있는 $H_3PO_4$와 $NaH_2PO_4$를 정량할 수 있는 방법을 말해 보시오.

**15-9.** 아래 반응들에 바탕을 두고 있는 적정에서 적당한 지시약을 말해 보시오. 당량점의 농도가 필요한 경우 0.05 M을 이용하시오.

*(a) $H_2CO_3 + NaOH \rightarrow NaHCO_3 + H_2O$
(b) $H_2P + 2NaOH \rightarrow Na_2P + 2H_2O$
($H_2P$ = *o*-프탈산)
*(c) $H_2T + 2NaOH \rightarrow Na_2T + 2H_2O$
($H_2P$ = 타타르산)
(d) $NH_2C_2H_4NH_2 + HCl \rightarrow NH_2C_2H_4NH_3Cl$
*(e) $NH_2C_2H_4NH_2 + 2HCl \rightarrow ClNH_3C_2H_4NH_3Cl$
(f) $H_2SO_3 + NaOH \rightarrow NaHSO_3 + H_2O$
*(g) $H_2SO_3 + 2NaOH \rightarrow Na_2SO_3 + 2H_2O$

**15-10.** 농도가 0.0400 M인 다음 용액들의 pH를 계산하시오.

*(a) $H_3PO_4$
(b) $H_2C_2O_4$
*(c) $H_3PO_3$
(d) $H_2SO_3$
*(e) $H_2S$
(f) $H_2NC_2H_4NH_2$

**15-11.** 농도가 0.0400 M인 다음 용액들의 pH를 계산하시오.

*(a) $NaH_2PO_4$
(b) $NaHC_2O_4$
*(c) $NaH_2PO_3$
(d) $NaHSO_3$
*(e) NaHS
(f) $H_2NC_2H_4NH_3^+Cl^-$

**15-12.** 농도가 0.0400 M인 다음 용액들의 pH를 계산하시오.

*(a) $Na_3PO_4$
(b) $Na_2C_2O_4$
*(c) $Na_2HPO_3$
(d) $Na_2SO_3$
*(e) $Na_2S$
(f) $C_2H_4(NH_3^+Cl^-)_2$

**15-13.** 분석 농도가 다음과 같은 용액의 pH를 계산하시오.

(a) $H_3PO_4$ 0.0500 M과 $NaH_2PO_4$ 0.0200 M
(b) $NaH_2AsO_4$ 0.0300 M과 $Na_2HAsO_4$ 0.0500 M
(c) $Na_2CO_3$ 0.0600 M과 $NaHCO_3$ 0.0300 M
(d) $H_3PO_4$ 0.0400 M과 $Na_2HPO_4$ 0.0200 M
(e) $NaHSO_4$ 0.0500 M과 $Na_2SO_4$ 0.0400 M

***15-14.** 분석 농도가 다음과 같은 용액의 pH를 계산하시오.

(a) $H_3PO_4$ 0.225 M과 $NaH_2PO_4$ 0.414 M
(b) $Na_2SO_3$ 0.0670 M과 $NaHSO_3$ 0.0315 M
(c) $HOC_2H_4NH_2$ 0.640 M과 $HOC_2H_4NH_3Cl$ 0.750 M
(d) $H_2C_2O_4$(옥살산) 0.0240 M과 $Na_2C_2O_4$ 0.0360 M
(e) $Na_2C_2O_4$ 0.0100 M과 $NaHC_2O_4$ 0.0400 M

**15-15.** 다음 용액의 pH를 계산하시오.

(a) HCl 0.0100 M과 피크르산 0.0200 M
(b) HCl 0.0100 M과 벤조산 0.0200 M
(c) NaOH 0.0100 M과 $Na_2CO_3$ 0.100 M
(d) NaOH 0.0100 M과 $NH_3$ 0.100 M

***15-16.** 다음 용액의 pH를 계산하시오.
(a) $HClO_4$ 0.0100 M과 $CH_2ClCOOH$ 0.0300 M
(b) HCl 0.0100 M과 $H_2SO_4$ 0.0150 M
(c) NaOH 0.0100 M과 $Na_2S$ 0.0300 M
(d) NaOH 0.0100 M과 아세트산 소듐 0.0300 M

**15-17.** 다음을 포함하고 있는 pH 6.00으로 완충된 용액에서 주된 짝산/짝염기 쌍이 무엇인지 말하고 그 비를 계산하시오.
(a) $H_2SO_3$
(b) 시트르산
(c) 말론산
(d) 타타르산

***15-18.** 다음을 포함하고 있는 pH 9.00으로 완충된 용액에서 주된 짝산/짝염기 쌍이 무엇인지 말하고 그 비를 계산하시오.
(a) $H_2S$
(b) 에틸렌다이아민 이염산
(c) $H_3AsO_4$
(d) $H_2CO_3$

**15-19.** pH 7.30의 완충 용액을 만들기 위해 500 mL의 0.160 M $H_3PO_4$에 몇 g의 $Na_2HPO_4 \cdot 2H_2O$를 가해야 하는지 계산하시오.

***15-20.** pH 5.75의 완충 용액을 만들기 위해 750 mL의 0.0500 M 프탈산에 몇 g의 프탈산 이포타슘을 가해야 하는지 계산하시오.

**15-21.** 0.200 M $NaH_2PO_4$ 용액 40.0 mL에 다음 용액을 섞었을 때 생성되는 완충 용액의 pH는 얼마인가?
(a) 0.100 M HCl 용액 60.0 mL
(b) 0.100 M NaOH 용액 60.0 mL

***15-22.** 0.150 M 프탈산 수소 포타슘 용액 100 mL에 다음 용액을 가했을 때 생성되는 완충 용액의 pH는 얼마인가?
(a) 0.0800 M NaOH 용액 100 mL
(b) 0.0800 M HCl 용액 100.0 mL

**15-23.** 0.300 M $Na_2CO_3$와 0.200 M HCl을 이용하여 pH가 9.45인 완충 용액 1.00 L를 만드는 방법을 설명하시오.

***15-24.** 0.200 M $H_3PO_4$와 0.160 M NaOH로 pH 7.00인 완충 용액 1.00 L를 만드는 방법을 설명하시오.

**15-25.** 0.500 M $Na_3AsO_4$와 0.400 M HCl로 pH 6.00인 완충 용액 1.00 L를 만드는 방법을 설명하시오.

**15-26.** 다음의 적정에 해당하는 적정 곡선을 그림에서 골라 그 부호를 말하시오.
(a) 말레산 이소듐($Na_2M$)을 표준 산으로 적정
(b) 피루브산(HP)을 표준 염기로 적정
(c) 탄산 소듐($Na_2CO_3$)을 표준 산으로 적정

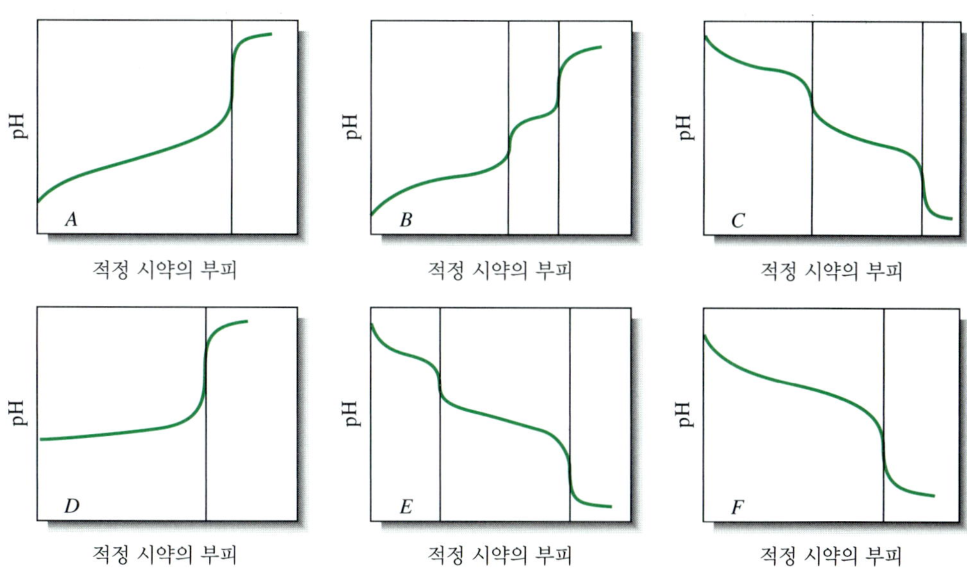


문제 15-26에 대한 적정 곡선.

**15-27.** 연습 문제 15-26의 다음 곡선과 유사한 곡선을 생성할 것으로 예상되는 용액의 조성을 기술하시오.
(a) 곡선 *B*
(b) 곡선 *A*
(c) 곡선 *E*

***15-28.** 연습 문제 15-26의 곡선 *B*가 $H_3PO_4$와 $NaH_2PO_4$ 혼합물의 적정 곡선이 될 수 없음을 간단히 설명하시오.

**15-29.** 다음의 표에 있는 0.1000 M A 용액 50.00 mL를 0.2000 M의 B 용액으로 적정할 때의 적정 곡선을 그리시오. 각각의 적정에서, 0.00, 12.50, 20.00, 24.00, 25.00, 26.00, 37.50, 45.00, 49.00, 50.00, 51.00, 60.00 mL의 B 화합물을 가했을 때의 pH를 계산하시오.

| A | B |
|---|---|
| (a) $H_2SO_3$ | NaOH |
| (b) 에틸렌다이아민 | HCl |
| (c) $H_2SO_4$ | NaOH |

**15-30.** NaOH의 농도가 0.1000 M이고, 하이드라진의 농도가 0.0800 M인 용액 50.00 mL에 대한 적정 곡선을 그리시오. 0.2000 M $HClO_4$를 0.00, 10.00, 20.00, 24.00, 25.00, 26.00, 35.00, 44.00, 45.00, 46.00, 50.00 mL 첨가한 후의 pH를 계산하시오.

**15-31.** $HClO_4$의 농도가 0.1000 M이고, 포름산의 농도가 0.0800 M인 용액 50.00 mL에 대한 적정 곡선을 그리시오. 0.2000 M KOH를 0.00, 10.00, 20.00, 24.00, 25.00, 26.00, 35.00, 44.00, 45.00, 46.00, 50.00 mL 가한 후의 pH를 계산하시오.

***15-32.** 다음 평형에 대한 평형상수식을 유도하고 평형 상수를 계산하시오.
(a) $2H_2AsO_4^- \rightleftharpoons H_3AsO_4 + HAsO_4^{2-}$
(b) $2HAsO_4^{2-} \rightleftharpoons AsO_4^{3-} + H_2AsO_4^-$

**15-33.** 아래 반응에 대한 평형 상수를 계산하시오.

$$NH_4^+ + OAc^- \rightleftharpoons NH_3 + HOAc$$

**15-34.** pH가 2.00, 6.00, 10.00일 때 다음 수용액에 들어 있는 각 화학종들의 $\alpha$ 값을 계산하시오.
*(a) 프탈산(phthalic acid)
(b) 인산(phosphoric acid)
*(c) 시트르산(citric acid)
(d) 비소산(arsenic acid)
*(e) 아인산(phosphorous acid)
(f) 옥살산(oxalic acid)

**15-35.** $H_3AsO_4$에 대한 $\alpha_0$, $\alpha_1$, $\alpha_2$, $\alpha_3$를 정의하는 식을 유도하시오.

**15-36.** 다음의 이양성자성 산들에 대해 pH 0.0부터 10.0까지 0.5 pH 단위로 $\alpha$ 값을 계산하시오. 각 산에 대해 분배 도표를 그리고 각 화학종을 곡선에 표시하시오.
(a) 프탈산(phthalic acid)
(b) 숙신산(succinic acid)
(c) 타타르산(tartaric acid)

**15-37.** 다음의 삼양성자성 산들에 대해 pH 0.0부터 14.0까지 0.5 pH 단위로 $\alpha$ 값을 계산하시오. 각 산에 대해 분배 도표를 그리고 각 화학종을 곡선에 표시하시오.
(a) 시트르산(citric acid)
(b) 비소산(arsenic acid)

**15-38. 도전 문제:**
(a) 연습 문제 15-36에 있는 산들의 0.1000 M 용액에 대해 로그 농도 도표를 그리시오.
(b) 프탈산에 대해 pH 4.8에서 모든 화학종의 농도를 계산하시오.
(c) 타타르산에 대해 pH 4.3에서 모든 화학종의 농도를 계산하시오.
(d) 로그 농도 도표로부터, 0.1000 M 프탈산($H_2P$) 용액의 pH를 구하시오. 0.100 M $HP^-$ 용액의 pH를 구하시오.
(e) 프탈산의 로그 농도 도표에서 수소 이온의 농도 대신 수소 이온의 활동도를 이용한 pH를 나타낼 수 있는 방법을 설명하시오(pH $= -\log c_{H^+}$ 대신 pH $= -\log a_{H^+}$). 구체적으로 설명하고 어려운 점이 무엇인지도 설명하시오.

제 16 장

# 중화 적정의 응용

## Applications of Neutralization Titrations

산과 염기는 환경, 인체 그리고 많은 계(system)에서 매우 중요한 역할을 한다. 환경에서 산성비는 호수나 강물의 표면을 산성화시키며. 미국 동부에서는 산성비 때문에 1930년부터 1970년까지 상당수의 호수가 산성화되었다고 보고된 바 있다. 그러나 중서부는 산업 지역으로 이 지역이 산성비에서 검출된 산의 주요 공급원임에도 불구하고 이곳에 있는 많은 호수들은 산성화로 인한 문제는 없었다. 중서부에서는 지표층에 있는 암석의 대부분이 석회석(탄산 칼슘)이며, $CO_2$나 $H_2O$와 반응하면 중탄산염이 생성되고, 이렇게 생긴 중탄산염은 산을 중화시켜 pH를 비교적 일정하게 유지시키는데 이러한 효과를 호수의 **산성 중화 능력**(acid neutralizing capacity)이라 하며, 이는 보통 석회석이 풍부한 지역에서 크게 나타난다. 서부와는 달리 동부의 많은 호수나 강들은 비교적 반응성이 적은 암석인 화강암으로 둘러싸여 있다. 즉, 동부의 호수나 강들은 중화 능력이 낮기 때문에 산성화되기가 더 쉽다. 이러한 문제를 극복하기 위하여 동부 지역의 주(state)들은 석회석이 풍부한 지역으로부터 석회석을 사들여 호수와 강에 투여하였다. 오른쪽 그림은 물의 산성화로 인한 무지개 송어의 폐사를 막고자 인부들이 Virginia주 Shenandoah County의 Cedar Creek 하천에 석회석 가루를 투여해 산성화된 물을 중화시키는 모습이다. 산성 중화 능력은 산 표준 용액으로 적정함으로써 측정된다.

중화 적정은 산이나 염기를 적절히 처리하여 염기나 산으로 바꿀 수 있는 화학종의 농도를 측정하는데 광범위하게 응용된다.[1] 중화 적정에 흔히 사용되는 용매인 물은 손쉽게 얻을 수 있으며 가격이 싸고 독성이 없고 또한 온도에 대한 팽창 계수가 낮은 장점이 있다. 그러나 어떤 분석물들은 수용액 상태에서 용해도가 작거나 산 또는 염기의 세기가 크지 않기 때문에 확실한 종말점을 얻을 수 없다. 이와 같은 물질은 물이 아닌 다른 용매에서 적정이 가능할 수도 있다.[2] 이 장에서는 수용액에 대해서만 알아보도록 한다.

---

[1]다음의 중화 적정 응용에 관한 총론을 참고하시오. J. A. Dean, *Analytical Chemistry Handbook,* Section 3.2, p.3.28, New York: McGraw-Hill, 1995; D. Rosenthal and P. Zuman, in *Treatise on Analytical Chemistry*, 2nd ed.., I. M. Kolthoff and P. J. Elbing, Eds., Part I, Vol.2, Chapter 18, New York: Wiley, 1979.

[2]비수용성용매에서의 산/염기 적정에 관한 총론은 다음을 참고하시오. J. A. Dean, *Analytical Chemistry* Handbook, Section 3.3, p.3.48, New York: McGraw-Hill, 1995; *Treatise on Analytical Chemistry*, 2nd ed., I. M. Kolthoff and P. H. Elving., Part I, Vol.2, Chapter 19A–19E, New York: Wiley, 1979.

## 16A 중화 적정 시약

14장에서 강산과 강염기는 당량점에서의 pH 변화를 가장 확실하게 나타내준다는 것을 알았다. 이러한 이유 때문에 중화 적정을 위한 표준 용액은 항상 이들 시약으로 만들어야 한다.

### ▸ 16A-1 산 표준 용액 만들기

염기를 적정할 때에 염산이 산 표준 용액으로 널리 사용된다. 묽은 염산은 매우 안정하고 많은 종류의 염소 염(chloride salt)은 수용성이기 때문이다. 0.1 M 염산은 증발에 의해 손실되는 물만 주기적으로 보충해 주면 산의 손실이 없이 한 시간까지 끓일 수 있고, 0.5 M 염산 용액의 경우에는 유효 손실이 없이 적어도 10분까지 끓일 수 있다고 보고된 바 있다.

$HCl$, $HClO_4$, $H_2SO_4$ 용액은 무한정 안정하다. 증발하지 않는 한 재표준화는 필요치 않다.

황산이나 과염소산 용액 또한 안정하고, 염화 이온이 침전물을 생성하여 적정을 방해할 때 유용하다. 그러나 질산 표준 용액은 산화시키는 성질 때문에 거의 사용되지 않는다.

산 표준 용액은 보통 진한 용액을 적당한 부피로 묽힌 후 일차 표준물질인 염기로 표준화하여 제조하거나 진한 염산의 밀도를 정확히 측정하여 조성을 구한 후 일정 양을 달아 정확한 부피로 묽혀 제조한다. 대부분의 화학이나 화학공학 핸드북에 시약의 밀도와 조성에 대한 표가 나와 있다. 농도를 확실히 알고 있는 저장 용액은 진한 염산과 증류수를 동일한 부피로 묽힌 후 증류하여 만들 수 있다. 일정한 조건에서 증류된 것의 마지막 1/4은 **함께 끓는**(constant-boiling) 염산이라 하며 조성이 일정한 것으로 알려져 있고, 이때 산의 함유량은 대기압에 의해서만 달라진다. 670~780 torr 사이의 압력 P에서 1 몰의 $H_3O^+$를 함유하는 증류액의 무게는 다음과 같이 계산된다.[3]

$$\frac{\text{함께 끓는 염산, g}}{\text{mol } H_3O^+} = 164.673 + 0.02039P \qquad \textbf{(16-1)}$$

이렇게 얻은 염산의 무게를 정확한 부피로 묽혀 표준 용액을 만들 수 있다.

### ▸ 16A-2 산의 표준화

탄산 소듐은 산 표준화에 있어 가장 흔히 사용되는 시약으로 몇몇 다른 시약들도 표준화에 사용될 수 있다.

#### » 탄산 소듐

탄산 소듐은 자연에서 *탄산 소다*($Na_2CO_3 \cdot 10H_2O$)와 *trona*($Na_2CO_3 \cdot NaHCO_3 \cdot 10H_2O$)와 같은 형태로 퇴적물에서 대량 산출된다. 이들 광물은 유리공업과 기타 공업에 널리 사용되며, 또 정제하여 일차 표준물로 사용되는 탄산 소듐을 만든다.

일차 표준물질의 탄산 소듐은 시중에서 구입이 가능하다. 또한 순수한 탄산 수소소듐을 270~300°C에서 1시간 동안 가열하여 만들 수도 있다.

$$2NaHCO_3(s) \rightarrow Na_2CO_3 + H_2O + CO_2(g)$$

산을 표준화하기 위해서는 정확한 무게의 일차 표준물질을 사용한다.

---

[3] *Official Method of Analysis of the AOAC,* 18th ed.,online, Appendix A.1.06, Official Method 936.15 Washington,D.C.:Association of Official Analytical Chemists, 2005.

**그림 16-1**에서 다같이 탄산 소듐의 적정에서는 두 개의 종말점이 관찰된다. 첫 번째는 탄산 이온이 탄산 수소 이온으로 전환되는 것으로 pH 8.3 정도에서 일어나고, 두 번째는 탄산 수소 이온으로부터 물과 이산화 탄소가 발생되는 것으로 pH 3.8 정도에서 관찰된다. 항상 제2종말점을 표준화에 이용하는데, 이는 제1종말점보다 pH 변화가 더 크기 때문이다. 또한, 용액을 잠시 끓여 반응 과정에서 생성된 탄산과 이산화 탄소를 제거하면 더 크고 선명한 종말점을 찾을 수 있다. 즉, 브로모크레졸 그린이나 메틸 오렌지와 같은 지시약의 산성형의 색이 처음으로 나타날 때까지 시료를 적정한다. 이 지점에서 용액은 많은 양의 용해된 이산화 탄소와 적은 양의 탄산 및 반응하지 않은 탄산 수소 이온 등을 포함하고 있다. 탄산을 제거하기 위해 이 용액을 잠시 끓이면 이러한 완충 현상을 효율적으로 제거할 수 있다.

$$H_2CO_3(aq) \rightarrow CO_2(g) + H_2O(l)$$

이 용액은 남아 있는 탄산 수소 이온 때문에 다시 염기성이 된다. 용액을 냉각한 다음에 다시 적정을 완결시키기 위해서 산을 마지막으로 첨가할 때 실제로 pH가 더 크게 감소하므로 색 변화가 더욱 뚜렷해진다(그림 16-1 참조).

탄산 소듐을 탄산으로 전환시키기 위한 다른 방법은 필요한 양보다는 약간 과량의 산을 가한다. 앞에서와 같이 이 용액을 끓여서 이산화 탄소를 제거하고 다시 냉각시킨다. 이후에 과량의 산을 묽은 염기 용액으로 역적정한다. 지시약은 강산/강염기 적정에 적합한 것이면 된다. 물론 염기에 대한 산의 부피 비는 따로 적정하여 결정해야 한다.

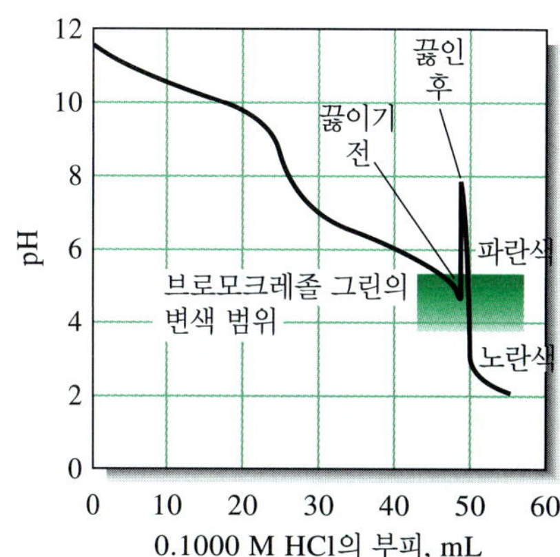


**그림 16-1** 0.1000 M의 HCl로 0.1000 M의 $Na_2CO_3$ 25.00 mL를 적정. HCl을 약 49 mL 첨가한 후에 용액을 끓이면 pH가 증가하게 되고, 이때 HCl을 조금 더 가하면 pH 변화는 더 커진다.

## » 산에 대한 다른 일차 표준물질

삼-(하이드록시메틸)아미노메테인, $(HOCH_2)_3CNH_2$은 TRIS나 THAM으로 알려져 있고 시중에서 구입이 가능하며 순도가 높아서 일차 표준물질로 사용된다. TRIS (121.1 g/mol)는 실제로 탄산 소듐(53.0 g/mol)보다 분자량이 더 크기 때문에 산과 반응할 때 양성자를 더 많이 소비한다는 장점이 있다. 예제 16-1은 이러한 장점에 대해 설명하고 있다. TRIS와 산의 반응은 다음과 같다.

> 소비되는 양성자당 질량이 큰 일차 표준물이 요구되는 이유는 무게에 대한 상대 오차가 작아지기 때문이다.

$$(HOCH_2)_3CNH_2 + H_3O^+ \rightleftharpoons (HOCH_2)_3CNH_3^+ + H_2O$$

붕사(sodium tetraborate decahydrate, $Na_2B_4O_7 \cdot 10H_2O$)와 산화제인 이수은도 일차 표준물질로 사용할 수 있다. $B_4O_7^-$와 산의 반응은 다음과 같다.

> 붕사, $Na_2B_4O_7 \cdot 10H_2O$는 사막 지역에서 채광되는 광물이며 세제로 널리 사용한다. 고순도의 붕사는 염기의 일차 표준물로 사용된다.

$$B_4O_7^- + 2H_3O^+ + 3H_2O \rightarrow 4H_3BO_3$$

**예제 16-1**

대략 0.020 M인 HCl 용액이 20.00, 30.00, 40.00, 50.00 mL가 있다. 이들 각각을 표준화하기 위해 필요한 (a) TRIS (121.1 g/mol), (b) $Na_2CO_3$ (106 g/mol), (c) $Na_2B_4O_7 \cdot 10H_2O$ (381 g/mol)의 질량을 계산하기 위해 스프레드시트를 사용하시오. 만약 일차 표준물질인 이들 염기의 무게를 달 때, 표준 편차가 0.1 mg 포함된다면 이것은 계산된 몰농도 값에도 전파될 것이다. 이들의 백분율 상대 표준 편차(%RSD)를 비교하기 위해서 스프레드시트를 사용하시오.

*(계속)*

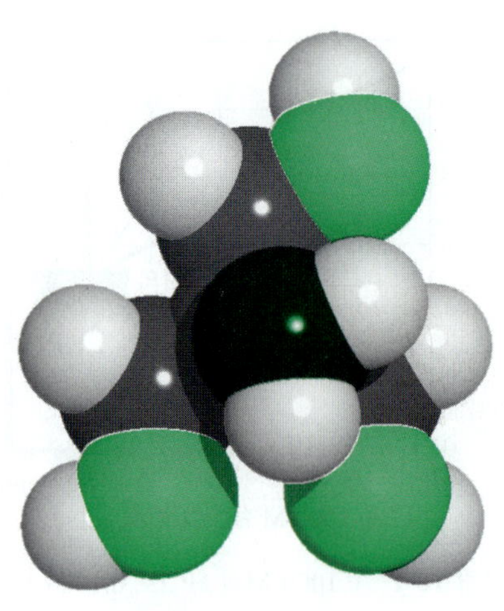

$$\begin{array}{c} CH_2OH \\ | \\ H_2N-C-CH_2OH \\ | \\ CH_2OH \end{array}$$

TRIS의 분자 모델과 구조.

**풀이**

**그림 16-2**에 스프레드시트를 나타내었다. HCl의 몰농도는 셀 B2에 입력하고, 세 가지 일차 표준물질의 분자량은 각각 셀 B3, B4, B5에 입력한다. 계산하기로 결정한 HCl의 부피는 셀 A8부터 A11에 입력한다. 여기에서는 20.00 mL일 때를 예로 들어 시범적으로 계산하기 위해 스프레드시트 입력에 관해 알아보자. 이 경우에 HCl의 mmol수는 다음과 같이 계산된다.

$$\text{mmol HCl} = \cancel{\text{mL HCl}} \times 0.020 \frac{\text{mmol HCl}}{\cancel{\text{mL HCl}}}$$

(a) **TRIS**에 대해

$$\text{TRIS의 질량} = \cancel{\text{mmol HCl}} \times \frac{1\ \cancel{\text{mmol TRIS}}}{\cancel{\text{mmol HCl}}} \times \frac{121\ \text{g TRIS}/\cancel{\text{mol}}}{1000\ \cancel{\text{mmol TRIS}}/\cancel{\text{mol}}}$$

이 식에 대한 적절한 식을 셀 B8에 입력한 후 셀 B9에서 B11까지 복사해 넣는다. 질량 측정에 의한 몰농도의 상대 불확정도는 질량 측정 과정에서의 상대 불확정도와 동일하다. 첫 번째 TRIS 양(셀 B8에서 0.048 g)에 대한 퍼센트 상대 표준 편차(%RSD)는 그림 16-2의 문서에 나타낸 바와 같이 (0.0001/B8) × 100%이다. 이 식을 C9:C11로 복사한다.

(b) **$Na_2CO_3$**에 대해

$$Na_2CO_3\text{의 질량} = \cancel{\text{mmol HCl}} \times \frac{1\ \cancel{\text{mmol } Na_2CO_3}}{2\ \cancel{\text{mmol HCl}}} \times \frac{106\ \text{g } Na_2CO_3/\cancel{\text{mol}}}{1000\ \cancel{\text{mmol } Na_2CO_3}/\cancel{\text{mol}}}$$

이 결과는 그림에서 보인 것처럼 셀 D8에 입력하고, D9:D11에 복사한다. 셀 E8에서 유도된 상대 표준 편차(%)는 (0.0001/D8) × 100%와 같이 계산한다.

| | A | B | C | D | E | F | G |
|---|---|---|---|---|---|---|---|
| 1 | **Spreadsheet to compare masses required for various bases in the standardization of 0.020 M HCl** | | | | | | |
| 2 | M HCl | 0.020 | | | | | |
| 3 | Molar mass TRIS | 121 | g/mol | **Note**:All mass measurements have standard deviations of 0.1 mg | | | |
| 4 | Molar mass $Na_2CO_3$ | 106 | g/mol | | | | |
| 5 | Molar mass $Na_2B_4O_7{\cdot}H_2O$ | 381 | g/mol | | | | |
| 6 | | | | | | | |
| 7 | mL HCl | g TRIS | %RSD TRIS | g $Na_2CO_3$ | %RSD $Na_2CO_3$ | g $Na_2B_4O_7{\cdot}H_2O$ | %RSD $Na_2B_4O_7{\cdot}H_2O$ |
| 8 | 20.00 | 0.048 | 0.21 | 0.021 | 0.47 | 0.08 | 0.13 |
| 9 | 30.00 | 0.073 | 0.14 | 0.032 | 0.31 | 0.11 | 0.09 |
| 10 | 40.00 | 0.097 | 0.10 | 0.042 | 0.24 | 0.15 | 0.07 |
| 11 | 50.00 | 0.121 | 0.08 | 0.053 | 0.19 | 0.19 | 0.05 |
| 12 | | | | | | | |
| 13 | **Documentation** | | | | | | |
| 14 | Cell B8=$B$2*A8*1*$B$3/1000 | | | | | | |
| 15 | Cell C8=(0.0001/B8)*100 | | | | | | |
| 16 | Cell D8=$B$2*A8*1/2*$B$4/1000 | | | | | | |
| 17 | Cell E8=(0.0001/D8)*100 | | | | | | |
| 18 | Cell F8=$B$2*A8*1/2*$B$5/1000 | | | | | | |
| 19 | Cell G8=(0.0001/F8)*100 | | | | | | |

**그림 16-2** HCl 용액의 표준화에 사용되는 일차 표준물질(세 가지 염기)에 관련된 질량과 상대 오차를 비교하기 위한 스프레드시트.

(c) 같은 방법이 $\mathbf{Na_2B_4O_7 \cdot 10H_2O}$에도 적용된다.

$Na_3CO_3$에 대한 것과 같이 동일한 식이 사용되는데, 붕사의 몰질량(381 g/mol)이 $Na_2CO_3$의 몰질량 대신에 들어가는 것만 다르다. 다른 식은 그림 16-2에 있는 문서에 나타나 있다.

그림 16-2를 보면 HCl의 부피가 40.00 mL일 때는 TRIS에 대한 상대 표준 편차가 0.10%이지만 염산의 부피가 더 클 경우에는 편차는 더 감소한다. 그러나 $Na_2CO_3$의 경우에는 이 정도의 상대 불확정성이 나타나려면 HCl의 부피가 50.00 mL보다도 커야 한다. 붕사의 경우 이보다 작은 편차를 갖기 위해서는 부피가 26.00 mL보다 크면 충분하다는 것을 알 수 있다.

## ▸ 16A-3 염기의 표준 용액 제조

수산화 소듐은 염기 표준 용액을 만드는 데 가장 일반적으로 사용되며 수산화 포타슘과 수산화 바륨도 역시 사용된다. 그러나 이들 중 어느 것으로부터도 순수한 일차 표준물질을 얻을 수 없으므로 용액을 만든 후에 표준화를 해야 한다.

### » 염기 표준 용액에 대한 이산화 탄소의 영향

수산화 소듐, 수산화 포타슘, 수산화 바륨 등은 고체 상태에서 뿐만 아니라 용액 상태에서도 대기 중의 이산화 탄소와 빠르게 반응하여 다음과 같이 탄산염을 생성한다.

$$CO_2(g) + 2OH^- \rightarrow CO_3^{2-} + H_2O$$

두 개의 수산화 이온이 소비되어 한 개의 탄산 이온이 생성된다. 염기 용액이 이산화 탄소를 흡수하는 것이 하이드로늄 이온에 대한 결합 용량을 변화시키는 것은 아니다. 따라서 산성 영역 지시약(브로모크레졸 그린과 같은)이 사용되는 적정의 종말점에서는 수산화 소듐이나 수산화 포타슘으로 인해 생긴 각 탄산 이온은 산의 두 개의 하이드로늄 이온과 반응하게 된다(그림 16-1 참조).

NaOH, KOH 등의 표준 용액에 흡수된 이산화 탄소는 염기성 영역의 지시약을 사용하는 분석에서는 음의 계통 오차를 나타낸다. 그러나 산성 영역 지시약을 사용할 때는 계통 오차가 일어나지 않는다.

$$CO_3^{2-} + 2H_3O^+ \rightarrow H_2CO_3 + 2H_2O$$

이 반응에서 소비된 하이드로늄 이온의 양은 탄산 이온이 생성되는 동안에 잃은 수산화 이온의 양과 같으므로 오차는 생기지 않는다.

불행하게도 표준 염기를 사용하는 대부분의 응용에서는 염기성 변색 범위를 갖는 지시약(예: 페놀프탈레인)을 필요로 한다. 여기서 지시약의 색 변화는 각 탄산 이온이 단지 한 개의 하이드로늄 이온과 반응할 때이다.

$$CO_3^{2-} + H_3O^+ \rightarrow HCO_3^- + H_2O$$

이산화 탄소를 흡수함으로써 염기의 유효 농도가 감소하게 되므로 계통 오차(**탄산 오차**, carbonate error)가 생긴다.

**예제 16-2**

탄산이 제거된 0.05118 M의 NaOH 용액을 즉시 제조하였다. 정확히 1.000 L인 이 용액이 공기 중에 여러 시간 노출되어 0.1962 g의 $CO_2$를 흡수하였다. 페놀프탈레인 지시약을 사용하여 오염된 이 용액으로 아세트산을 정량할 때 일어날 수 있는 탄산의 상대 오차를 계산하시오.

(계속)

**풀이**

$$2NaOH + CO_2 \rightarrow Na_2CO_3 + H_2O$$

$$c_{Na_2CO_3} = \frac{0.1962 \text{ g } \cancel{CO_2}}{1.000 \text{ L}} \times \frac{1 \text{ } \cancel{\text{mol } CO_2}}{44.01 \text{ } \cancel{\text{g } CO_2}} \times \frac{1 \text{ mol } Na_2CO_3}{\cancel{\text{mol } CO_2}} = 4.458 \times 10^{-3} \text{ M}$$

아세트산에 대한 NaOH의 유효 농도 $c_{NaOH}$는

$$c_{NaOH} = \frac{0.05118 \text{ mol NaOH}}{\text{L}} - \left(\frac{4.456 \times 10^{-3} \text{ } \cancel{\text{mol } Na_2CO_3}}{\text{L}} \times \frac{1 \text{ } \cancel{\text{mol HOAc}}}{\cancel{\text{mol } Na_2CO_3}} \times \frac{1 \text{ mol NaOH}}{\cancel{\text{mol HOAc}}}\right)$$

$$= 0.04672 \text{ M}$$

$$\text{상대 오차} = \frac{0.04672 - 0.05118}{0.05118} \times 100\% = -8.7\%$$

일반적으로 염기 표준 용액 속에 포함된 탄산 이온은 종말점의 선명도를 감소시키므로 바람직하지 못하다.

주의: 진한 NaOH(또는 KOH) 용액은 피부를 심하게 부식시킨다. NaOH 표준 용액을 조제할 때는 얼굴을 가리고, 고무장갑과 보호복을 **항상 착용해야 한다**.

대기 조성과 평형 상태에 있는 물에 포함된 $CO_2$의 함량은 $1.5 \times 10^{-5}$ mol $CO_2$/L 정도이므로 대부분 표준 염기의 세기에 영향을 미치지 않는다. 과포화된 $CO_2$를 끓여서 없애기도 하지만 여러 시간 공기를 통과시켜 없앨 수도 있다. 이 과정을 스파징(sparging)이라 하며 평형 농도의 $CO_2$를 포함하는 용액으로 만들어 준다.

**스파징**은 비활성 시체를 용액 속에 통과시켜 용존 기체를 제거하는 것이다.

염기 표준 용액을 만드는데 사용되는 고체 시약은 항상 상당한 양의 탄산 이온에 의해 오염된다. 이러한 오염물이 존재해도 표준화와 분석 두 과정에서 똑같은 지시약을 사용하면 탄산 오차가 생기지 않는다. 그러나 종말점이 선명하지 않기 때문에 염기 용액을 표준화하기 전에 보통 탄산 이온을 제거한다.

탄산염이 없는 수산화 소듐 용액을 만드는 가장 좋은 방법은 염기의 농도가 진한 용액에서는 탄산 소듐의 용해도가 매우 낮다는 점을 이용하는 것이다. 따라서 약 50%의 NaOH 수용액을 만들어 사용하거나 시중에서 이 용액을 구입한다. 탄산 소듐 고체는 아래로 가라앉으므로 기울여서 깨끗한 액체를 따른 후에 원하는 농도가 되도록 묽힌다. 다른 방법으로는 고체를 진공 거르개로 걸러서 제거하기도 한다.

탄산염이 포함되지 않은 염기 용액을 만들기 위해 사용하는 증류수 또한 이산화 탄소가 없어야 한다. 이산화 탄소로 과포화된 증류수는 간단히 끓여서 기체를 제거한다. 이 물은 실온까지 냉각시킨 후에 염기를 넣는다. 왜냐하면 뜨거운 알칼리 용액은 이산화 탄소를 빠르게 흡수하기 때문이다. 탈염수는 보통 이산화 탄소를 그다지 많이 포함하고 있지 않다. 마개로 단단히 막은 폴리에틸렌 병이라면 짧은 기간 동안은 대기 중의 이산화 탄소가 흡수되지 못하도록 충분히 막아줄 수 있다. 또한 마개를 닫기 전에 병의 벽면을 눌러서 병 내부의 대기 공간을 최소화시켜야 하며, 이 같은 용액은 뷰렛으로 옮길 때를 제외하고는 주의하여 병을 잘 막아 두어야 한다.

시간이 지나면 수산화 소듐 용액은 폴리에틸렌 병을 갈라지게 만든다. 유리병에 저장한 수산화 소듐 용액의 농도는 서서히 감소한다(일주일 당 0.1~0.3%). 이는 염기와 유리가 반응하여 규산 소듐을 생성하기 때문이다. 따라서 염기 표준 용액을 유리 용기 속에 오랫동안(1~2주일 이상) 보관해서는 안 된다. 또한 유리 마개 용기를 사용하면 염기와 마개 사이의 반응에 의해 얼마 지나지 않아 서로 붙게 되므로 피해야 한다. 이와 같이 붙는 현상을 막기 위하여 유리 잠금 꼭지를 가진 뷰렛은 염

기 표준 용액을 사용한 다음 즉시 용액을 빼고 물로 충분히 씻어야 한다. 테플론 잠금 꼭지를 가진 뷰렛을 사용하면 이와 같은 문제는 생기지 않는다.

염기성 용액은 유리와 염기가 반응하기 때문에 폴리에틸렌 병에 보관해야 하며 유리마개 병에는 저장하지 않아야 한다. 잠깐 동안 저장하여도 유리마개를 열 수 없게 된다.

### ▸ 16A-4 염기의 표준화

염기를 표준화할 때 사용하기 좋은 몇 가지 일차 표준물질이 있다. 이들 대부분은 염기성 변색 범위를 갖는 지시약을 사용해야 하는 약한 유기산들이다.

강염기 표준 용액은 무게를 달아 직접 만들 수 없고 항상 산의 일차 표준물 용액으로 적정해야 한다.

#### » 프탈산수소포타슘($KHC_8H_4O_4$)

프탈산수소포타슘(potassium hydrogen phthalate, KHP)은 큰 몰질량(204.2 g/mol)을 갖는 비흡습성 결정성 고체로 이상적인 일차 표준 물질이다. 보통 분석용으로 시판되는 염을 더 이상 정제하지 않고도 사용할 수 있다. 좀 더 정확한 분석을 하려면 미국국립표준기술연구소(National Institute of Standards and Technology, NIST)에서 공급하는 공인된 순도를 갖는 프탈산수소포타슘을 사용하면 된다.

#### » 염기에 대한 다른 일차 표준화 물질

벤조산은 순도가 일차 표준물급인 것을 구할 수 있으며 염기의 표준화에 사용할 수 있다. 이것은 물에서의 용해도가 한정되어 있으므로 물로 묽히기 전에 먼저 에탄올에 녹여서 적정에 사용한다. 시판용 알코올은 때때로 약한 산성일 수 있으므로 이와 같은 표준화에 앞서 항상 바탕시험을 한다.

아이오딘산수소포타슘[potassium hydrogen iodate, $KH(IO_3)_2$]은 양성자 몰 당 큰 몰질량을 갖는 좋은 일차 표준물질이다. 또 강산이기 때문에 실제 변색 범위가 pH 4~10 사이에 있는 어떤 지시약을 사용해도 적정할 수 있다.

$KH(IO_3)_2$는 다른 일차 표준물질보다 염기에 대해서 강산으로 작용하는 장점이 있어 지시약을 선택하기가 쉽다.

## 16B 중화 적정의 대표적인 응용

중화 적정은 산성이나 염기성을 띤 수많은 무기, 유기 및 생물 화학종을 정량하는 데 주로 이용된다. 화학 반응을 통하여 산이나 염기로 전환시키고, 강산이나 강염기로 적정할 수 있는 다양한 응용 사례들이 있다.

중화 적정에는 두 가지 종류의 종말점이 주로 사용된다. 첫째는 14A절에서 설명한 것과 같이 지시약을 사용하여 육안으로 종말점을 관찰하는 것이다. 둘째는 pH 미터 또는 전위차 측정 장치로 유리/칼로멜 전극계를 사용하여 종말점 전위를 측정하는 *전위차법*(potentiometric)이 있다. 측정된 전위는 pH에 비례한다. 이러한 전위차를 이용한 종말점 측정법은 21G절에서 다루게 된다.

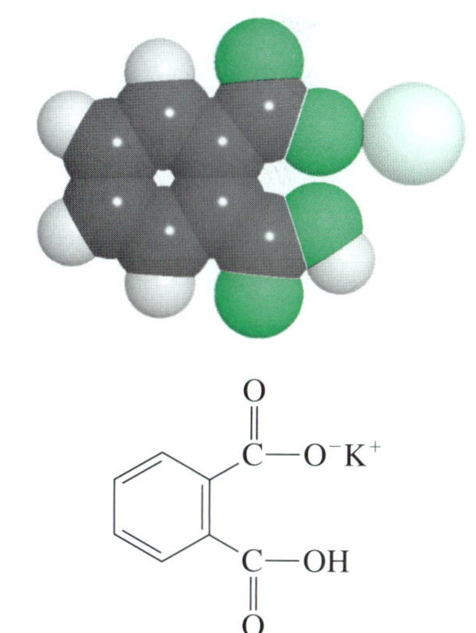

프탈산수소포타슘의 분자 모델과 구조.

### ▸ 16B-1 원소 분석

생물 환경에 존재하는 몇 가지 중요한 원소들은 최종 단계에서 산/염기 적정법을 이용하여 쉽게 정량할 수 있다. 이 같은 종류의 분석이 가능한 원소는 비금속으로 탄소, 질소, 황, 염소, 브로민, 플루오린 등이 있으며 몇 가지 흔하지 않은 화학종들도 있다. 원소를 무기 산이나 염기로 전환시킨 다음 적정하는 몇 가지 예는 다음과 같다.

중화 적정은 가장 널리 사용되는 분석 방법 중의 하나이다.

Kjeldahl은 키엘 달(kyell dahl)로 발음하며 고기, 곡물 및 동물 사료 등의 단백질 함량을 측정하기 위해서 Kjeldahl 질소 정량법이 매년 수십만 번 사용된다.

## » 질소

질소는 연구, 산업, 농업 등에 관련되어 다양한 물질들에서 볼 수 있다. 아미노산, 단백질, 합성약품, 비료, 폭약, 토양, 음료수 공급기, 염료 등의 예를 들 수 있다.

유기 질소를 정량하는 가장 일반적인 방법인 **Kjeldahl법**(Kjeldahl method)은 중화 적정에 기반을 두고 있다(그림 16-1 참조). 이 방법은 간단하며 특별한 장치가 필요하지 않고, 많은 시료의 일상 분석에 쉽게 적용된다. 이 방법을 응용하면 곡물, 육류 및 다른 생화학 물질의 단백질 함량을 정량하는 표준법이 된다 (이 외에 방법들은 특집 16-2를 참조하시오). 대부분의 단백질은 질소의 퍼센트 함량이 거의 일정하므로 이 퍼센트에 적합한 계수(고기에는 6.25, 유제품에는 6.38, 곡물에는 5.70)를 곱하면 시료 중에 존재하는 단백질의 퍼센트를 계산할 수 있다.

Kjeldahl법은 덴마크 화학자인 Kjeldahl에 의해 개발되었고, 이 방법은 1883년 처음 소개되었다. (J. Kjeldahl, Z., *Anal. Chem.* **1883**, *22*, 366). Carlsberg Laboratory에서 일하는 동안에 맥주 제조에 사용하기 위해서 여러 곡물들의 단백질 함량을 측정하는 데 Kjeldahl법을 사용하였다.

### 특집 16-1

**혈청(serum)에서 단백질 총 함유량의 정량**

혈청에서 단백질 총 함유량의 정량은 간 기능의 불량 상태를 진단하는 데 사용되는 중요한 임상적 측정이다. Kjeldahl법이 정밀도와 정확도가 높지만, 혈청에서 단백질의 총량을 정량하기 위해 일상적으로 사용하기에는 너무 느리고 부담이 된다. 그러나 Kjeldahl 실험 과정은 역사적으로 다른 방법들과 비교되는 *기준 방법*이다. 일반적으로 사용된 방법에는 **biuret법**(biuret method)과 **Lowry법**(Lowry method)이 있다.[4] Biuret법에서는 구리 이온을 포함하는 시약이 사용하여 $Cu^{2+}$이온과 펩타이드 결합에 의해 보라색 착화합물이 생성된다. 이 방법은 쉽게 자동화된다. Lowry 실험 과정에서 혈청 시료에 알칼리성 구리 용액으로 전처리한 다음에 페놀성 시약을 가한다. Phosphotungstic acid와 phosphomolybdic acid가 몰리브데넘 블루로 환원되기 때문에 발색이 일어난다. Biuret 법과 Lowry법 모두 정량적 측정을 위해 분광광도법(26장 참조)을 사용한다.

### 특집 16-2

**유기 질소를 정량하는 다른 방법들**

몇 가지 다른 방법을 이용하여 유기 물질에 존재하는 질소의 함량을 정량한다. **Dumas법**(Dumas method)에서는 시료를 산화제이구리 분말과 혼합하여 연소관에 넣고 강열하면 이산화 탄소, 물, 질소 및 적은 양의 질소 산화물들이 만들어진다. 이들 생성물을 이산화 탄소 기류로 뜨거운 구리 충전물 속으로 통과시켜 질소 산화물을 원소 상태의 질소로 환원시킨다. 이 혼합물을 다시 진한 수산화 포타슘으로 채워진 기체 뷰렛 속으로 통과시킨다. 이때 이 염기에 흡수되지 않는 것은 질소뿐이며 이 부피를 직접 측정하여 정량한다.

유기 질소를 정량하는 가장 최신의 새로운 방법은 시료를 1100°C에서 수분 동안 연소시켜 질소를 일산화 질소로 전환시키는 것이다. 여기에 오존을 통과시키면 일산화 질소가 이산화 질소로 산화된다. 이 과정에서 가시 복사선이 방출되는데(*화학발광*, chemiluminescence), 이 복사선의 세기는 시료의 질소 함량과 비례한다. 이 분석법에 사용되는 기기는 시중에서 구입할 수 있다. 화학발광에 대한 자세한 사항은 27장을 참고하시오.

[4] O.H.Lowery, et al, J. Biol. Chem., **1951**, *193*, 265.

Kjeldahl법에는 시료를 뜨거운 진한 황산에서 분해시켜 결합된 질소를 암모늄 이온으로 전환시킨 다음 이 용액을 냉각시켜 묽히고 염기성으로 만든다. 염기성 용액에서 증류하여 발생되는 암모니아를 과량의 산성 용액에 모으고, 중화 적정하여 정량한다.

Kjeldahl법에서 중요한 단계는 시료에 존재하는 탄소와 수소를 이산화 탄소와 물로 산화시키는 황산에 의한 분해 반응이다. 그러나 질소 생성물은 원래 시료에 결합되어 있던 상태에 따라 달라진다. 아민과 아마이드 질소는 정량적으로 암모늄 이온으로 전환되는 반면 나이트로기, 아조기, 아족시기는 쉽게 원소 상태의 질소나 여러 가지 산화 질소를 생성하고, 이들은 뜨거운 산 매질에서 모두 사라진다. 이를 보호하기 위해 먼저 시료를 환원제로 처리하여 아마이드나 아민 생성물로 만든다. 이러한 예비 환원 중 한 가지 방법은 시료를 포함하고 있는 진한 황산 용액에 살리실산과 티오황산소듐을 첨가하고 잠시 기다린 후 보통 방법으로 삭임을 하는 것이다.

| $-NO_2$ | $-N{=}N-$ | $-N^+{=}N-$ (with $O^-$ on $N^+$) |
|---|---|---|
| 나이트로기 | 아조기 | 아족시기 |

피리딘이나 그 유도체와 같은 어떤 방향족 헤테로고리(heterocylic) 화합물은 특히 황산으로 분해가 잘 되지 않는다. 이 같은 화합물은 주의를 기울이지 않으면 그림 5-3에서 볼 수 있듯이 낮은 결과가 나온다.

분해 단계는 종종 Kjeldahl법 정량에서 가장 시간이 많이 걸리는 반응이다. 어떤 시료는 가열 반응이 1시간 이상 필요하다. 삭임 시간을 짧게 하기 위하여 원래의 과정을 개선한 몇 가지 방법이 제시되었다. 가장 널리 이용되는 방법은 황산 포타슘과 같은 중성염을 첨가하여 황산 용액의 끓는점을 증가시켜 분해 온도를 높여주는 방법이다. 또 다른 방법은 삭임 후 혼합 용액에 과산화 수소를 첨가하여 대부분의 유기 물질을 분해하는 것이다.

황산으로 유기 화합물을 분해할 때 많은 물질들이 촉매로 사용된다. 수은, 구리, 셀레늄 등은 화합물 상태나 원소 상태에 모두 효과가 있다. 예외적으로 $Hg^{2+}$ 이온이 존재하면 암모니아를 수은(II)암민과 같은 착화합물로 만들어 용액에 남게 하므로 이를 방지하기 위해서 증류하기 전에 황화 수소를 가해서 수은을 침전시켜야 한다.

### 예제 16-3

0.7121 g의 밀가루 시료를 Kjeldahl법으로 분석하였다. 시료를 황산으로 분해한 후 진한 염기를 가해 암모니아로 만들고, 0.04977 M의 HCl 25.00 mL가 들어 있는 용기에 증류하였다. 중화되고 남은 과량의 HCl을 역적정하는데 0.04012 M의 NaOH 3.97 mL가 소비되었다. 곡물 계수 5.70을 이용하여 밀가루 시료 중의 단백질 %를 계산하시오.

**풀이**

$$\text{HCl의 양} = 25.00\ \cancel{\text{mL HCl}} \times 0.04977\ \frac{\text{mmol}}{\cancel{\text{mL HCl}}} = 1.2443\ \text{mmol}$$

$$\text{NaOH의 양} = 3.97\ \cancel{\text{mL NaOH}} \times 0.04012\ \frac{\text{mmol}}{\cancel{\text{mL NaOH}}} = 0.1593\ \text{mmol}$$

$$\begin{aligned}\text{질소의 양} &= \text{HCl의 양} - \text{NaOH의 양} \\ &= 1.2443\ \text{mmol} - 0.1593\ \text{mmol} = 1.0850\ \text{mmol}\end{aligned}$$

*(계속)*

$$\%N = \frac{1.0850\ \cancel{mmol\ N} \times \frac{0.014007\ g\ N}{\cancel{mmol\ N}}}{0.7121\ g\ 시료} \times 100\% = 2.1342$$

$$\%\ 단백질 = 2.1342\ \cancel{\%N} \times \frac{5.70\%\ 단백질}{\cancel{\%N}} = 12.16$$

### » 황

유기 물질이나 생화학 물질에 있는 황은 산소 기류 속에서 시료를 연소시켜 편리하게 정량할 수 있다. 산화가 일어나는 동안 생성되는 이산화 황(삼산화 황뿐만 아니라)을 증류시켜 묽은 과산화 수소 용액 속에서 포집한다.

대기 중의 $SO_2$는 시료를 $H_2O_2$ 용액에 통과시킨 후에 생성된 황산을 적정하여 정량한다.

$$SO_2(g) + H_2O_2 \rightarrow H_2SO_4$$

그 다음, 생성된 황산을 염기 표준 용액으로 적정한다.

### » 다른 원소들

중화적정법에 의해 정량할 수 있는 다른 원소들은 **표 16-1**에 수록하였다.

## ▸ 16B-2 무기 물질의 정량

여러 가지 무기 화학종을 강산이나 강염기로 적정하여 정량이 가능하며 몇 가지 예는 다음과 같다.

### » 암모늄염

암모늄(ammonium)염은 강염기를 가지고 암모니아로 전환시킨 후 증류하여 쉽게 정량할 수 있다. 암모니아를 모은 후, Kjeldahl법을 이용하여 적정한다.

### » 질산염과 아질산염

암모늄염을 정량하는 방법은 무기 질산(nitrate)염이나 아질산(nitrite)염의 정량에도 적용할 수 있다. 먼저 이 이온들을 환원제인 Devarda 합금을 이용하여(50% Cu, 45% Al, 5% Zn) 암모늄 이온으로 환원시킨다. 합금 알갱이를 Kjeldahl 플라스크 속에 들어 있는 강염기성 시료 용액 속으로 넣어 반응을 완결시킨 후 암모니아를 증류한다. 60% Cu, 40% Mg (Arnd 합금)도 또한 환원제로 사용된다.

**표 16-1**

**중화 적정을 이용한 원소 분석**

| 원소 | 전환형 | 흡수 또는 침전 생성물 | 적정 |
|---|---|---|---|
| N | $NH_3$ | $NH_3(g) + H_3O^+ \rightarrow NH_4^+ + H_2O$ | 과량의 HCl을 NaOH로 적정 |
| S | $SO_2$ | $SO_2(g) + H_2O_2 \rightarrow H_2SO_4$ | NaOH |
| C | $CO_2$ | $CO_2(g) + Ba(OH)_2 \rightarrow BaCO_3(s) + H_2O$ | 과량의 $Ba(OH)_2$을 HCl로 적정 |
| Cl(Br) | HCl | $HCl(g) + H_2O \rightarrow Cl^- + H_3O^+$ | NaOH |
| F | $SiF_4$ | $3SiF_4(g) + 2H_2O \rightarrow 2H_2SiF_6 + SiO_2$ | NaOH |
| P | $H_3PO_4$ | $12H_2MoO_4 + 3NH_4^+ + H_3PO_4 \rightarrow (NH_4)_3PO_4 \cdot 12MoO_3(s) + 12H_2O + 3H^+$ | |
| | | $(NH_4)_3PO_4 \cdot 12MoO_3(s) + 26OH^- \rightarrow HPO_4^{2-} + 12MoO_4^{2-} + 14H_2O + 3NH_3(g)$ | 과량의 NaOH를 HCl로 적정 |

### » 탄산염과 탄산 수소염 혼합물

탄산 소듐, 탄산 수소 소듐(중탄산 소듐, sodium bicarbonate라 부르기도 함)과 수산화 소듐이 한 성분 또는 혼합되어 용액 속에 존재하는 성분들을 정성 및 정량하는데 중화 적정이 어떻게 적용되는지에 대하여 예를 들어 설명하려 한다. 한 용액에 이들 세 가지 성분 중에서 단지 두 성분 이상이 과량으로 존재한다면 상호 반응으로 인해 나머지 한 성분이 제거된다. 따라서 수산화 소듐을 탄산 수소 소듐과 혼합하면 반응물 중의 하나 또는 둘 모두가 없어질 때까지 반응하여 탄산 소듐이 생긴다. 만약에 수산화 소듐이 모두 소비되면 용액은 탄산 소듐과 탄산 수소 소듐을 포함하게 된다. 탄산 수소 소듐이 모두 없어지면 탄산 소듐과 수산화 소듐이 남게 된다. 만약에 탄산 수소 소듐과 수산화 소듐이 같은 몰수로 혼합되어 있다면 주된 용질 화학종으로 탄산 소듐만 남게 된다.

이와 같은 혼합물의 분석에는 두 번의 적정이 필요하다. 즉, 한 번은 페놀프탈레인과 같은 염기성 영역의 지시약을 이용하는 것이고 또 한 번은 브로모크레졸 그린과 같은 산성 영역의 지시약을 이용하는 것이다. 그 다음에 용액의 조성은 같은 부피의 시료를 적정하는데 필요한 산의 상대적인 부피에서 추정할 수 있다(**표 16-2, 그림 16-3** 참조). 한편 용액의 조성을 알게 되면 부피 데이터를 사용하여 시료 중에 존재하는 각 성분의 농도를 정량할 수 있다. 예제 16-4은 탄산염 혼합물을 분석하는 데 필요한 계산 과정을 나타낸다.

예제 16-4에서 설명한 방법은 탄산 수소염의 당량점에 해당하는 pH 변화가 충분하지 않아 화학 지시약(그림 15-5)으로는 선명한 색 변화가 나타나지 않기 때문에 1% 이상의 상대 오차가 예상된다.

탄산과 탄산 수소 이온의 혼합물이나 또는 탄산과 수산화 이온의 혼합물을 포함한 용액을 분석하는 방법에 대한 정확도는 중성이나 염기성 용액에서 탄산 바륨의 용해도가 작다는 점을 이용하면 크게 향상된다. 예를 들어 탄산염 수산화 이온의 혼합물을 분석하는 **Winkler법**(Winkler method)에서는 두 성분 모두 산 표준 용액으로 브로모크레졸 그린과 같은 산성 영역 지시약의 종말점까지 적정한다(이 용액을 끓여 이산화 탄소를 제거한 후에 종말점에 도달하게 한다). 시료 용액의 분취액에 과량의 중성 염화 바륨을 가해서 탄산 바륨으로 침전시키고 수산화 이온은 페놀프탈레인 종말점까지 적정한다. 완전히 녹지 않은 탄산 바륨은 바륨 이온의 농도가 0.1 M보다 크면 방해하지 않는다.

**표 16-2**

**수산화, 탄산 및 탄산 수소 이온들을 포함한 혼합물의 분석에 대한 부피 관계식**

| 시료 중의 성분 | 같은 부피의 시료를 적정할 경우에 $V_{phth}$와 $V_{bcg}$ 사이의 관계식* |
|---|---|
| NaOH | $V_{phth} = V_{bcg}$ |
| $Na_2CO_3$ | $V_{phth} = \frac{1}{2}V_{bcg}$ |
| $NaHCO_3$ | $V_{phth} = 0;\ V_{bcg} > 0$ |
| NaOH, $Na_2CO_3$ | $V_{phth} > \frac{1}{2}V_{bcg}$ |
| $Na_2CO_3$, $NaHCO_3$ | $V_{phth} < \frac{1}{2}V_{bcg}$ |

*$V_{phth}$ = 페놀프탈레인 종말점까지 필요한 산의 부피, $V_{bcg}$ = 브로모크레졸 그린 종말점까지 필요한 산의 부피.

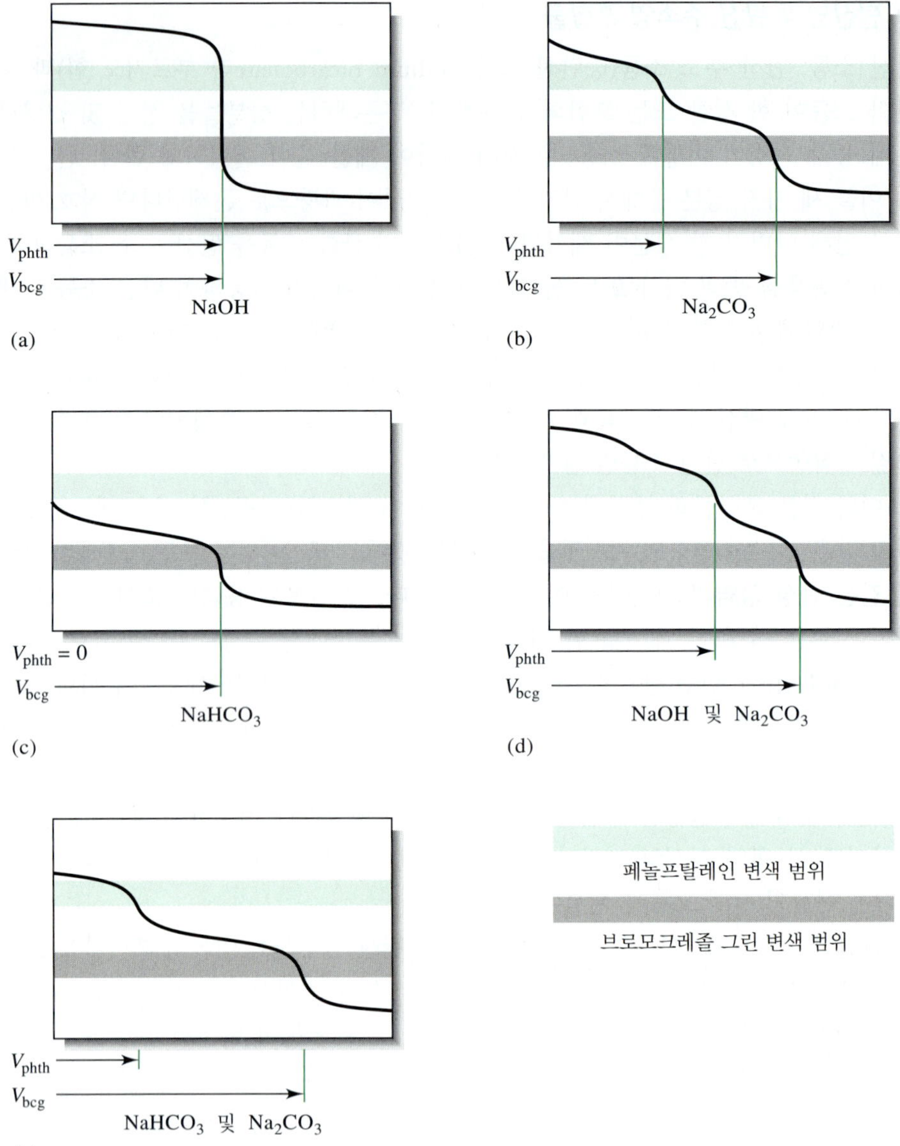


**그림 16-3** 수산화, 탄산 및 탄산 수소 이온들을 포함한 혼합물의 분석에 대한 적정 곡선과 지시약의 변색 범위.

다음 중에서 두 가지를 포함하는 혼합물도 같은 방법으로 분석된다. HCl, $H_3PO_4$, $NaH_2PO_4$, $Na_3PO_4$, NaOH.

HCl과 $H_3PO_4$의 혼합물은 어떻게 분석할 수 있는가? $Na_3PO_4$와 $Na_2HPO_4$의 혼합물은? 그림 15-4의 곡선 A를 보시오.

### 예제 16-4

어떤 용액에서 $NaHCO_3$, $Na_2CO_3$, NaOH 중 어느 하나로 또는 적당한 조합으로 혼합물을 이루고 있다. 이 용액 50.0 mL를 적정하니 페놀프탈레인 종말점까지 0.100 M HCl이 22.1 mL 소요되었다. 이 용액 50.0 mL를 다시 취하여 적정하였더니 브로모크레졸 그린 종말점까지 HCl이 48.4 mL 소요되었다. 이 용액의 조성을 추정하고 원래 용액에 들어 있는 용질의 몰농도를 계산하시오.

**풀이**

다만 이 용액이 NaOH만 포함하고 있다면 지시약에 관계없이 필요한 산의 부피는 같게 된다(그림 16-3a). 마찬가지로 $Na_2CO_3$만 존재하는 것이 아님을 알 수 있다. 왜냐하면 이 화합물을 적정했을 때 브로모크레졸 그린 종말점까지 적정된 부피는 페놀프탈레인 종말점에 도달하는 데 필요한 부피의 2배가 되어야 하는데(그림 16-3b) 실제로 두 번째 적정에 48.4 mL가 소요되었기 때문이다. 첫 번째 적정에서는 이 부피

*(계속)*

의 절반도 안 되므로 이 용액은 $NaHCO_3$와 $Na_2CO_3$가 포함되어 있음에 틀림없다(그림 16-3e). 이제는 이 두 성분의 농도를 계산할 수 있다.

페놀프탈레인 종말점에 도달할 때 원래 존재하던 $CO_3^{2-}$는 $HCO_3^-$로 전환된다. 따라서

$$Na_2CO_3\text{의 mmol수} = 22.1\ \cancel{mL} \times 0.100\ \frac{mmol}{\cancel{mL}} = 2.21\ mmol$$

페놀프탈레인 종말점에서 브로모크레졸 그린 종말점까지의 적정 (48.4 − 22.1 = 26.3 mL)에는 원래 존재하는 탄산 수소 이온과 탄산 이온의 적정으로 생긴 모두가 관련된다. 그러므로

$$NaHCO_3\text{의 mmol수} + Na_2CO_3\text{의 mmol수} = 26.3\ \cancel{mL} \times 0.100\ \frac{mmol}{\cancel{mL}} = 2.63\ mmol$$

따라서

$$NaHCO_3\text{의 mmol수} = 2.63\ mmol - 2.21\ mmol = 0.42\ mmol$$

이 데이터로부터 몰농도를 쉽게 계산할 수 있다.

$$c_{Na_2CO_3} = \frac{2.21\ mmol}{50.0\ mL} = 0.0442\ M$$

$$c_{NaHCO_3} = \frac{0.42\ mmol}{50.0\ mL} = 0.084\ M$$

탄산염, 탄산 수소 이온의 혼합물은 먼저 두 이온을 모두 산 표준 용액으로 산성 범위의 지시약의 종말점까지(끓여서 $CO_2$를 제거 후) 적정하면 정확히 정량할 수 있다. 또 다른 분취액에서는 알려진 과량의 염기 표준 용액을 첨가하여 탄산 수소를 탄산염으로 전환시킨다. 과량의 염화 바륨을 넣어 탄산 바륨으로 침전시킨 후 여분의 염기를 산 표준 용액으로 페놀프탈레인 종말점까지 적정한다. 고체 탄산 바륨이 존재해도 이 방법들의 종말점 검출을 방해하지 않는다.

## ▸ 16B-3 유기 작용기의 정량

중화 적정은 여러 가지 유기 작용기를 직접 또는 간접적으로 정량할 수 있는 간편한 방법이다. 잘 알려진 작용기들에 대한 분석법을 간략히 설명한다.

### » *카복실산기와 설폰산기*

카복실산기와 설폰산기는 유기산 중 가장 흔한 산으로 대부분의 카복실산의 해리 상수는 $10^{-4}$에서 $10^{-6}$ 영역이며, 이 화합물들은 쉽게 적정된다. 염기성 영역에서 색깔이 변하는 페놀프탈레인과 같은 지시약이 필요하다.

많은 카복실산은 물에서 용해도가 낮기 때문에 수용액에서 직접 적정할 수 없다. 이런 문제가 있을 때는 산을 에탄올에 녹여 수용성 염기로 적정하거나 과량의 염기 표준 용액에 녹여 산 표준 용액으로 역적정하는 방법이 있다.

설폰산은 강산이고 물에 잘 녹아 염기 표준 용액으로 적정하여 정량할 수 있다.

중화 적정은 순수한 유기산의 당량을 결정하는 데 자주 사용된다(특집 16-3 참조). 당량은 유기산의 정성적 확인에 보조 자료로 이용된다.

산 또는 염기의 **당량**(equivalent mass)은 양성자 1 몰을 포함하였거나 1 몰과 반응할 수 있는 산 또는 염기의 g으로 표시한 질량이다. 즉, KOH (56.11 g/mol)의 당량은 이것의 몰질량이며, $Ba(OH)_2$는 몰질량, 171.3 g/mol을 2로 나누면 된다.

$$56.11\ \frac{g}{\cancel{mol\ KOH}} \times \frac{1\ \cancel{mol\ KOH}}{mol\ \text{반응 양성자}} = 56.11\ \frac{g}{mol\ \text{반응 양성자}}$$

$$171.3\ \frac{g}{\cancel{mol\ Ba(OH)_2}} \times \frac{1\ \cancel{mol\ Ba(OH)_2}}{2\ mol\ \text{반응 양성자}} = 85.6\ \frac{g}{mol\ \text{반응 양성자}}$$

**특집 16-3**

**산과 염기의 당량**

중화 반응에 참여하는 물질의 당량은 특정한 반응에서 1 몰의 양성자와 반응하든가 1 몰의 양성자를 내려놓는 참여 물질의 무게를 말한다. 예를 들면, $H_2SO_4$의 당량은 화학식량의 반이 된다. $Na_2CO_3$의 당량은 대부분의 응용에서 그 반응이 다음과 같기 때문에 항상 그 화학식량의 절반이 된다.

$$Na_2CO_3 + 2H_3O^+ \rightarrow 3H_2O + CO_2 + 2Na^+$$

그러나 어떤 지시약을 이용한 적정일 경우 이 반응이 단지 한 개의 양성자만 소비한다.

$$Na_2CO_3 + H_3O^+ \rightarrow NaHCO_3 + Na^+$$

여기서 $Na_2CO_3$의 당량은 화학식량과 똑같다. 따라서 어떤 화합물의 당량을 정의할 때에는 반드시 어떤 특정 반응을 하고 있는지에 관심을 가져야 한다(부록 7 참조).

### » 아민기

지방족 아민(amine)은 보통 염기 해리 상수가 $10^{-5}$ 정도로 강산 용액으로 직접 적정할 수 있다. 이에 비해 아닐린과 그 유도체 그리고 같은 방향족 아민은 수용액에서 적정하기에는 너무 약한 염기이다($K_b \approx 10^{-10}$). 피리딘과 그 유도체와 같이 방향족 특성을 갖는 고리 아민도 마찬가지로 수용액에서 적정하기에는 약한 염기이다. 피페리딘과 같은 많은 포화 고리 아민들은 산/염기 행동이 지방족 아민과 비슷하여 수용액에서 적정이 가능하다. 매질이 수용액상에서는 염기의 성질이 너무 약해서 적정할 수 없는 많은 아민들은 무수 아세트산과 같은 비수용액 용매를 사용하여 염기도를 증가시켜 쉽게 적정할 수 있다.

### » 에스터기

**비누화반응**은 에스터기가 알칼리 용액 속에서 짝산과 알코올로 분해되는 반응으로 다음과 같다.

$$CH_3\overset{\overset{\large O}{\|}}{C}OCH_3 + OH^- \longrightarrow CH_3\overset{\overset{\large O}{\|}}{C}\text{—}O^- + CH_3OH$$

보통 에스터(ester)는 측정된 양의 염기 표준 용액으로 **비누화반응**(saponification, 에스터 가수분해)을 시키고 남은 여분의 염기를 산 표준 용액으로 적정하여 정량한다.

$$R_1COOR_2 + OH^- \rightarrow R_1COO^- + HOR_2$$

에스터의 가수분해(비누화반응) 속도는 에스터 종류에 따라 많이 다르다. 어떤 에스터는 염기를 넣어 수 시간 동안 가열하면 이 과정이 완결되는 반면 몇 가지의 에스터는 반응이 빨라서 염기 표준 용액으로 직접 적정이 가능하다. 보통 에스터는 0.5 M 표준 KOH로 1~2시간 정도 환류시킨 후 냉각시키고 여분의 염기를 산 표준 용액으로 정량한다.

### » 하이드록시기

유기 화합물의 하이드록시기는 여러가지 카복실산 무수물이나 염화물로 에스터화 반응(esterification)을 시켜 정량할 수 있다. 이 반응에 가장 흔하게 쓰이는 두 가지 시약은 아세트산 무수물과 프탈산 무수물이다. 아세트산 무수물과의 반응은 다음과 같다.

$$(CH_3CO)_2O + ROH \rightarrow CH_3COOR + CH_3COOH$$

피리딘 용액에서 시료를 정확한 부피의 아세트산 무수물과 혼합한다. 가열한 후 물을 첨가하여 반응하고 남은 아세트산 무수물을 가수분해시킨다.

$$(CH_3CO_2)O + H_2O \rightarrow 2CH_3COOH$$

그 다음 알코올에 녹인 수산화 소듐 또는 수산화 포타슘으로 아세트산을 적정한다. 아세트산 무수물의 원래의 양을 알기 위해 바탕 분석을 한다.

아민이 존재하면 이 아민은 아세트산 무수물에 의해 정량적으로 아마이드로 전환된다. 시료를 따로 취하여 산 표준 용액으로 직접 적정하면 방해 작용을 일으키는 어떤 원인을 보정할 수 있다.

### » 카보닐기

카보닐기를 포함하는 많은 알데하이드나 케톤은 하이드록실아민 염산 용액으로 정량할 수 있다. 옥심(oxime)을 생성하는 이 반응은 다음과 같다.

$$R_1R_2C{=}O + NH_2OH \cdot HCl \longrightarrow R_1R_2C{=}NOH + HCl + H_2O$$

여기서 $R_2$는 수소가 될 수도 있다. 방출된 HCl은 염기로 적정된다. 반응에 필요한 조건은 다양하다. 보통 알데하이드류는 반응 시간이 30분이면 충분하고 많은 케톤류는 1시간 또는 그 이상으로 시약으로 환류시킬 필요가 있다.

## ▸ 16B-4 염의 정량

용액 중에 있는 전체 염(salt)의 양을 산/염기 적정법으로 쉽게 정량할 수 있다. 이때 염이 이온 교환 수지가 충전된 수지관을 통과하면 염과 같은 당량의 산이나 염기로 전환된다(이 응용은 31D절에서 더 상세히 설명한다).

이온 교환 수지를 이용하면 또한 산이나 염기 표준 용액도 만들 수 있다. 여기서 염화 소듐과 같은 순수한 화합물의 알려진 양을 포함하고 있는 용액을 수지관에 통과시켜 씻은 후 아는 부피로 묽힌다. 알고 있는 양의 염으로부터 산이나 염기의 몰 농도를 계산할 수 있다.

**www.cengage.com/chemistry/skooh/fac9**에 접속하여 Chapter 16의 Web Works를 선택한다. 'Lake Champlain Basin Agricultural Watersheds Project'의 실행 요약 링크를 클릭한다. Chapter 16의 WebWorks에 있는 두 번째 링크로부터 이 프로젝트에 대한 최종 보고서를 다운로드할 수 있다. 이 보고서는 Vermont와 New York의 Champlain 호수의 수질 개선에 관한 프로젝트를 요약한 것이다. 보고서를 읽고 다음에 답하시오. Champlain 호수의 부영양화에 대한 일차적인 일반 원인을 무엇인가? 어떤 종류의 산업이 오염원인가? 오염을 줄이기 위해서 어떤 측정을 해야 하는가? 이들 측정이 효과가 있는지를 결정하기 위한 실험적 설계를 간단히 기술하시오. Kjeldahl법에 의한 전체 질소(TKN)의 정량은 이 연구에서 측정된 것 중의 하나이다(다른 세 가지가 있다). 호수의 오염 측정에서 TKN의 측정은 왜 필요한지 설명하시오. 이 보고서에서 TKN 측정값들과 기타 데이터에 근거하면, 오염 감소 측정이 효과가 있었는가? 보고서의 마지막에 추천한 사항들은 무엇인가?

## 연습 문제

***16-1.** $HNO_3$ 용액을 산성 표준 용액 제조에 사용하지 않는 이유는 무엇 때문인가?

**16-2.** 일차 표준물질의 $NaCO_3$는 일차 표준물질 $NaHCO_3$로부터 어떻게 만드는가? 설명하시오.

***16-3.** 염산과 탄산 가스의 끓는점(–85°C와 –78°C)은 거의 비슷하다. 염산 수용액은 한 시간 정도 끓여도 산의 손실이 없는 반면 $CO_2$는 용액을 잠시 끓여도 제거할 수 있다. 그 이유를 설명하시오.

**16-4.** 산성 용액으로부터 $Na_2CO_3$를 표준화할 때에 일반적으로 당량점 근처에서 용액을 끓여야 하는 이유는 무엇 때문인가?

***16-5.** 0.010 M NaOH에 대한 일차 표준물질로서 벤조산보다 $KH(IO_3)_2$를 선호하는 두 가지 이유를 설명하시오.

**16-6.** 유기 질소를 포함한 화합물의 Kjeldahl법 정량에서 특별히 주의하지 않으면 낮은 결과를 나타내는 것은 어떤 형태의 화합물인가?

***16-7.** 수산화 소듐 용액의 몰농도가 이산화 탄소의 흡수에 의해 외형적으로 영향을 받지 않는 환경을 간략히 설명하시오.

**16-8.** 다음의 시약 500 mL를 어떻게 만드는가?
- (a) 21.8% $H_2SO_4$ (w/w), 밀도 1.1539 g/mL의 시약으로부터 0.2000 M $H_2SO_4$
- (b) 고체 시약으로부터 0.250 M NaOH
- (c) 순수한 고체시약으로부터 0.07500 M $Na_2CO_3$

***16-9.** 다음과 같은 2.00 L의 시약을 어떻게 만드는가?
- (a) 고체 시약으로부터 0.10 M KOH
- (b) 고체 시약으로부터 0.010 M $Ba(OH)_2 \cdot 8H_2O$
- (c) 11.50% HCl (w/w), 밀도 1.0579 g/mL의 시약으로부터 0.150 M HCl

**16-10.** NaOH 용액을 표준화하는데 KHP 소비량이 다음과 같다.

| KHP 질량(g) | 0.7987 | 0.8365 | 0.8104 | 0.8039 |
|---|---|---|---|---|
| NaOH 부피(mL) | 38.29 | 39.96 | 38.51 | 38.29 |

- (a) 염기의 평균 몰농도를 계산하시오.
- (b) 표준 편차와 변동 계수를 계산하시오.
- (c) 데이터의 퍼짐을 계산하시오.

***16-11.** 일차 표준인 $Na_2CO_3$ ($CO_2$ 생성)로 적정하여 $HClO_4$ 용액의 농도를 다음과 같이 얻었다.

| $Na_2CO_3$ 질량(g) | 0.2068 | 0.1997 | 0.2245 | 0.2137 |
|---|---|---|---|---|
| $HClO_4$ 부피(mL) | 36.31 | 35.11 | 39.00 | 37.54 |

- (a) 산의 평균 몰농도를 계산하시오.
- (b) 표준 편차와 변동 계수를 계산하시오.
- (c) 동떨어진 값을 결과에 포함할 것인가를 통계적으로 판단하시오.

**16-12.** 표준화된 0.1500 M NaOH, 1.000 L가 대기 중에 노출되어 11.2 mmol $CO_2$를 흡수하였다. 다음의 지시약을 사용하여 HCl 표준 용액으로 다시 표준화하면 NaOH의 새 몰농도는 얼마인가?
- (a) 페놀프탈레인
- (b) 브로모크레졸 그린

***16-13.** 표준화시킨 NaOH 용액의 농도는 0.1019 M이다. 정확히 500.0 mL의 양이 수일간 대기 중에 노출되어 0.652 g의 $CO_2$를 흡수하였다. 이 용액을 사용하여 페놀프탈레인 지시약으로 아세트산의 농도를 결정할 때 탄산에 의해 나타나는 상대 오차를 계산하시오.

**16-14.** 다음과 같은 묽은 HCl의 몰농도를 계산하시오.
- (a) AgCl 0.5902 g을 침전시킬 수 있는 50.00 mL의 HCl.
- (b) 0.03970 M $Ba(OH)_2$ 25.00 mL 적정에 소비된 17.93 mL HCl.
- (c) 일차 표준물질 $Na_2CO_3$ 0.2459 g 적정에 소비된 36.52 mL의 HCl (생성물: $CO_2$와 $H_2O$).

***16-15.** 다음과 같은 $Ba(OH)_2$ 용액의 몰농도를 계산하시오.
- (a) $BaSO_4$ 0.1791 g를 침전시킬 수 있는 50.00 mL의 $Ba(OH)_2$ 용액
- (b) 일차 표준물질, KHP 0.4512 g 적정에 소비되는 26.46 mL의 $Ba(OH)_2$ 용액
- (c) 0.3912 g의 벤조산에 이 용액 50.00 mL를 첨가하고, 0.05317 M HCl 4.67 mL가 역적정에 소비되었을 때 $Ba(OH)_2$ 용액

**16-16.** 아래와 같은 적정에서 적정 시약이 35~45 mL가 소비되도록 하는 아래의 일차 표준물질 시료의 질량 범위를 제시하시오.
- (a) 0.175 M $HClO_4$를 $Na_2CO_3$로 적정할 때(생성물: $CO_2$).
- (b) 0.085 M HCl를 $Na_2C_2O_4$로 적정할 때.

$$Na_2C_2O_4 \rightarrow Na_2CO_3 + CO$$

$$CO_3^{2-} + 2H^+ \rightarrow H_2O + CO_2$$

- (c) 0.150 M NaOH를 벤조산으로 적정할 때.
- (d) 0.050 M $Ba(OH)_2$를 $KH(IO_3)_2$로 적정할 때.
- (e) 0.075 M $HClO_4$를 TRIS로 적정할 때.
- (f) 0.050 M $H_2SO_4$를 $Na_2B_4O_7 \cdot 10H_2O$로 적정할 때.

$$B_4O_7^{2-} + 2H_3O^+ + 3H_2O \rightarrow 4H_3BO_3$$

***16-17.** 0.0200 M인 HCl 용액이 (a) TRIS, (b) $Na_2CO_3$, (c) $Na_2B_4O_7 \cdot 10H_2O$ 등의 예제 16-1에 있는 계산된 몰농도의 절대 표준 편차를 구하시오. 단, 무게를 측정할 때의 절대 표준 편차는 0.0001 g이며 이 측정은 계산된 몰농도의 정밀도를 제한한다고 가정하시오.

**16-18.** (a) 0.0400 M의 NaOH 30.00 mL를 표준화하는데 필요한 프탈산수소포타슘(KHP, 204.22 g/mol), 아이오드산수소포타슘($KH(IO_3)_2$, 389.91 g/mol), 벤조산(122.12 g/mol)의 각 질량을 비교하시오.

(b) (a)에서의 질량을 잴 때 표준 편차가 0.002 g이고 이러한 불확정성이 계산의 정밀도를 제한한다면 이 염기 농도의 상대 표준 편차는 얼마인가?

***16-19.** 백포도주 시료 50.00 mL를 페놀프탈레인 종말점까지 적정할 때 0.03291 M의 NaOH 24.57 mL가 소비되었다. 100 mL당 타타르산(tartaric acid)의 무게($H_2C_4H_4O_6$ ; 150.09 g/mol)로 포도주의 산도를 나타내어라(산의 수소가 2개가 적정된다고 가정하자).

**16-20.** 식초 25.0 mL를 메스플라스크를 사용하여 250 mL로 묽힌 후 이 용액 50 mL를 0.08960 M의 NaOH로 적정하는데 평균 35.23 mL가 소비되었다. 아세트산의 %(w/v)로 식초의 산도를 나타내시오.

***16-21.** 정제되지 않은 $Na_2B_4O_7$ 시료 0.7513 g의 적정에 0.1129 M 의 HCl 30.79 mL가 소비되었다[연습 문제 16-16(f) 반응 참조]. 분석 결과를 아래 물질들의 함량을 나타내시오.

(a) $Na_2B_4O_7$

(b) $Na_2B_4O_7 \cdot 10H_2O$

(c) $B_2O_3$

(d) B

**16-22.** 정제되지 않은 HgO(II), 0.6915 g을 과량의 KI 용액에 녹인 반응은 다음과 같다.

$$HgO(s) + 4I^- + H_2O \rightarrow HgI_4^{2-} + 2OH^-$$

$OH^-$를 적정하는데 0.1092 M의 HCl, 40.39 mL가 소비될 때 HgO의 함량을 구하시오.

***16-23.** 살충제 속의 폼알데하이드 함량을 분석하기 위해 액체 시료 0.2985 g을 달아 50.0 mL의 0.0959 M의 NaOH와 3% $H_2O_2$ 50 mL를 포함한 플라스크에서 함께 가열하였다. 반응은 다음과 같다.

$$OH^- + HCHO + H_2O_2 \rightarrow HCOO^- + 2H_2O$$

냉각 후 과량의 염기를 0.053700 M의 $H_2SO_4$ 22.71 mL로 적정하였을 때 시료 중의 HCHO (30.026 g/mol) 함량을 구하시오.

**16-24.** 토마토케첩 97.2 g에 함유된 벤조산을 적정할 때 0.0501 M의 NaOH 12.91 mL가 소비되었다. 이 분석 결과를 벤조산소듐(144.10 g/mol)의 함량으로 나타내시오.

***16-25.** 만성 알코올중독의 치료에 사용되는 약품 Antabuse에서 활성 성분은 아래와 같은 구조를 갖는 이황화테트라에틸싸이우람(296.54 g/mol)이다.

$$\begin{array}{c} \quad\quad\;\; S \quad\;\; S \\ \quad\quad\;\; \| \quad\;\; \| \\ (C_2H_5)_2NCSSCN(C_2H_5)_2 \end{array}$$

Antabuse 시료 0.4169 g 중의 황을 $SO_2$로 산화시켰다. 이것을 $H_2O_2$에 흡수시켜 $H_2SO_4$로 전환시킨 후 0.04216 M의 염기 19.25 mL로 적정하였다. 이 활성 성분의 함량을 계산하시오.

**16-26.** 가정용 세제 시료 25.00 mL를 취해 부피 플라스크를 사용하여 250.0 mL로 묽힌 후, 분취한 50.00 mL 용액을 브로모크레졸 그린 지시약의 종말점까지 적정하는데 0.1943 M HCl, 41.27 mL가 소비되었다. 시료 속에 함유된 암모니아의 w/v %를 구하시오(총 알칼리도는 암모니아에 의한 것으로 가정하시오).

***16-27.** 정제된 탄산염 시료 0.1401 g을 0.1140 M의 HCl 50.00 mL에 녹이고 가열하여 이산화 탄소를 제거한 후 과량의 HCl을 0.09802 M의 NaOH 24.21 mL로 역적정하였다. 어떤 탄산염인가?

**16-28.** 농도를 모르는 묽은 약한 산을 페놀프탈레인 종말점까지 0.1084 M NaOH, 28.62 mL로 적정하여 증발 건조시켰다. 소듐염의 잔량이 0.2110 g일 때 산의 당량을 계산하시오.

***16-29.** 도시의 대기 시료 3.00 L를 0.0116 M의 $Ba(OH)_2$ 50.0 mL 용액 속에 통과시켜 $CO_2$를 $BaCO_3$로 침전시켰다. 여분의 $Ba(OH)_2$를 페놀프탈레인 종말점까지 0.0108 M HCl, 23.6 mL로 역적정하였다. $CO_2$의 밀도가 1.98 g/L일 때 대기 중의 $CO_2$ 농도를 ppm 단위로 구하시오(mL $CO_2/10^6$ mL 대기).

**16-30.** 1% $H_2O_2$ 75 mL의 포집기 속에 대기를 30.0 L/min의 속도로($H_2O_2 + SO_2 \rightarrow H_2SO_4$) 10분 간 통과시킨 후 황산을 0.00197 M NaOH 11.70 mL로 적정하였다. $SO_2$의 밀도가 0.00285 g/mL일 때 $SO_2$의 ppm (mL $SO_2/10^6$ mL 대기)으로 구하시오.

***16-31.** 질산과 황산 혼합물에 인을 함유한 화합물 시료 0.1417 g을 삭임하여 인산과 물, 탄산 가스를 생성하였다. 여기에 몰리브덴산 암모늄을 넣어 $(NH_4)_3PO_4 \cdot 12MoO_3$ (1876.3 g/mol)를 침전시켰다.

$$(NH_4)_3PO_4 \cdot 12MoO_3(s) + 26OH^- \rightarrow HPO_4^{2-} + 12MoO_4^{2-} + 14H_2O + 3NH_3(g)$$

이를 여과 세척하여 0.2000 M의 NaOH 50.00 mL에 녹인 후 끓여서 암모니아를 날려 보냈다. 과량의 NaOH를 0.1741M HCl, 14.17 mL로 페놀프탈레인 종말점까지 적정하였다. 시료 중에 함유된 인의 함량을 구하시오.

**16-32.** 다이메틸프탈산, $C_6H_4(COOCH_3)_2$ (194.19 g/mol)와 비반응성 화합물을 함유한 시료 0.9471 g 0.1215 M NaOH, 50.00 mL에 환류하여 에스터기를 가수분해시켰다(이 반응을 비누화반응이라 함).

$$C_6H_4(COOCH_3)_2 + 2OH^- \rightarrow C_6H_4(COO)_2^{2-} + 2CH_3OH$$

반응이 완전히 끝난 후 과량의 NaOH를 0.1644 M HCl, 24.27 mL로 역적정하였다. 시료 중의 이메틸프탈산의 함량을 구하시오

***16-33.** 항히스타민제(Neohetramine) $C_{16}H_{21}ON_4$ (285.37 g/mol)를 포함한 시료 0.1247 g을 Kjeldahl법으로 분석했다. 발생된 암모니아를 $H_3BO_3$에 수집하여 생성된 $H_2BO_3^-$를 0.01477 M의 HCl 26.13 mL로 적정하였을 때 시료 중에 포함된 Neohetramine의 함량을 구하시오.

**16-34.** *Merck Index*에는 근육무력증 환자의 체중에 따라 kg당 구아니딘(guanidine), $CH_5N_3$ 10 mg을 처방하도록 권장하고 있다. 이 알약 4정의 무게 7.50 g을 달아 함유된 질소를 모두 Kjeldahl법으로 분해하여 암모니아로 바꾼 후 증류하여 0.1750 M HCl, 100.0 mL에 가한 다음 여분의 산을 0.1080 M NaOH 11.37 mL로 적정하였다. 체중이 (a) 100 lb, (b) 150 lb, (c) 275 lb인 환자에게 각각 몇 알씩 처방해야 적당한가?

***16-35.** 통조림 참치 시료 0.917 g을 Kjeldahl법으로 분석하였다. 유리된 암모니아를 0.1249 M HCl, 20.59 mL로 적정하였을 때 질소의 함량을 구하시오.

**16-36.** 연습 문제 16-35에서 참치 통조림이 6.50 온스일 때 단백질의 g을 계산하시오.

***16-37.** 식품공장의 예비 시료 0.5843 g을 Kjeldahl법으로 질소 함량을 분석하기 위해 0.1062 M HCl 50.00 mL에 암모니아를 수집하였다. 과량의 산을 0.0925 M의 NaOH 11.89 mL로 역적정하였을 때, 분석 결과를 다음 물질의 함량으로 나타내시오.

(a) %N.

(b) %요소, $H_2NCONH_2$.

(c) %$(NH_4)_2SO_4$.

(d) %$(NH_4)_3PO_4$.

**16-38.** Kjeldahl 반응으로 밀가루 시료 0.9325 g을 분석하였다. 생성된 암모니아를 0.05063 M HCl 50.00 mL에 증류시켜 0.04829 M NaOH, 7.73 mL로 적정하였을 때 밀가루 중의 단백질의 함량을 구하시오.

***16-39.** $(NH_4)_2SO_4$, $NH_4NO_3$와 비반응물 물질을 포함한 시료 1.219 g을 부피 플라스크에서 200 mL로 묽혔다. 이 중 50.00 mL를 강염기로 처리한 후 유리된 $NH_3$를 0.08421 M HCl, 30.00 mL에 증류하여 0.08802 M NaOH, 10.17 mL로 적정하였다. 시료 분취액 25.00 mL에 Devarda 합금을 넣으면 알칼리가 되고, $NO_3^-$가 $NH_3$로 환원되다. $NO_3^-$와 $NH_4^+$로부터 생성되는 $NH_3$는 30.00 mL의 산 표준 용액에 증류시켜 앞에서 사용된 NaOH의 용액 14.16 mL로 적정하였다. 시료 중의 $(NH_4)_2SO_4$와 $NH_4NO_3$의 함량을 구하시오.

**16-40.** $K_2CO_3$로 오염된 시판용 KOH 1.217 g 시료를 증류수에 녹여 500.0 mL로 묽혀 이 중 50.00 mL를 0.05304 M HCl, 40.00 mL로 처리한 후 가열하여 탄산 가스를 제거했다. 과량의 산을 페놀프탈레인 종말점까지 0.04983 M NaOH 4.74 mL로 적정하였다. 또 다른 50.00 mL의 시료를 분취하여 탄산 침전을 위해 중성의 염화바륨을 과량 넣고, 페놀프탈레인 종말점까지 앞의 HCl 용액 28.56 mL로 적정하였다. 시료에는 KOH, $K_2CO_3$, $H_2O$만 있다고 가정하고 각 성분의 함량을 계산하시오.

***16-41.** $NaHCO_3$, $Na_2CO_3$, $H_2O$를 포함한 시료 0.5000 g을 250.0 mL에 녹여 25.00 mL를 0.01255 M HCl, 50.00 mL와 함께 끓였다. 냉각 후 과량의 산을 0.01063 M NaOH, 2.34 mL로 페놀프탈레인을 사용하여 적정하였다. 두 번째 25.00 mL는 25.00 mL 앞의 NaOH 용액과 과량의 $BaCl_2$를 넣어 탄산염을 침전시킨 후 과량의 염기를 앞의 HCl 7.63 mL로 적정하였다. 혼합물의 비를 구하시오.

**16-42.** 다음의 적정에 필요한 0.06122 M의 HCl의 부피를 계산하시오.

(a) 티몰프탈레인 종말점까지의 0.05555 M의 $Na_3PO_4$ 20.00 mL.

(b) 브로모크레졸 그린 종말점까지의 0.05555 M의 $Na_3PO_4$ 25.00 mL.

(c) 브로모크레졸 그린 종말점까지의 0.01655 M의 $Na_2HPO_4$와 0.02102 M $Na_3PO_4$, 40.00 mL.

(d) 티몰프탈레인 종말점까지의 0.01655 M NaOH와 0.02102 M $Na_3PO_4$, 20.00 mL.

***16-43.** 다음의 적정에 필요한 0.07731 M NaOH의 부피를 계산하시오.

(a) 브로모크레졸 그린 종말점까지의 0.01000 M의 $H_3PO_4$와 0.03000 M HCl 25.00 mL

(b) 티몰프탈레인 종말점까지 (a) 용액

(c) 티몰프탈레인 종말점까지 0.06407 M의 $NaH_2PO_4$와 30.00 mL

(d) 티몰프탈레인 종말점까지 0.03000 M의 $NaH_2PO_4$와 0.020000 M $H_3PO_4$, 25.00 mL

**16-44.** NaOH, $Na_3AsO_4$, $Na_2HAsO_4$ 중에서 하나 또는 몇 개를 포함한 용액을 0.08601 M HCl로 적정하였다. 다음은 (1) 페놀프탈레인, (2) 브로모크레졸 그린의 종말점에서 각각의 용액 25.00 mL를 적정하는데 필요한 산의 부피이다. 이 데이터를 이용하여 각 용액의 mL당 용질의 mg과 조성을 구하시오.

| | (1) | (2) |
|---|---|---|
| (a) | 0.00 | 18.15 |
| (b) | 21.00 | 28.15 |
| (c) | 19.80 | 39.61 |
| (d) | 18.04 | 18.03 |
| (e) | 16.00 | 37.37 |

***16-45.** NaOH, $Na_2CO_3$, $NaHCO_3$ 중의 하나 또는 몇 개를 포함한 용액을 0.1202 M의 HCl로 적정하였다. 다음은 (1) 페놀프탈레인, (2) 브로모크레졸 그린의 종말점에서 각각의 용액 25.00 mL를 적정하는데 필요한 산의 부피이다. 이 데이터를 이용하여 각 용액의 mL당 용질의 mg과 조성을 구하시오.

| | (1) | (2) |
|---|---|---|
| (a) | 22.42 | 22.44 |
| (b) | 15.67 | 42.13 |
| (c) | 29.64 | 36.42 |
| (d) | 16.12 | 32.23 |
| (e) | 0.00 | 33.333 |

**16-46.** (a) 산, (b) 염기의 당량을 정의하시오

***16-47.** 옥살산수화물($H_2C_2O_4 \cdot 2H_2O$, 126.066 g/mol)로 (a) 브레모크레졸 그린, (b) 페놀프탈레인의 종말점까지 적정했을 때의 각 경우에 당량을 계산하시오.

**16-48.** 식초(아세트산, $CH_3COOH$) 시료 10.00 mL를 피펫으로 취해 플라스크에 넣고, 여기에 페놀프탈레인 지시약 2 방울을 가했다. 그리고 시료 중의 산을 0.1008 M의 NaOH로 적정했다.

(a) 적정에 염기가 45.62 mL 소비되었다면 시료에서 아세트산의 몰농도는 얼마인가?

(b) 피펫으로 취한 아세트산 용액의 밀도가 1.004 g/mL이라면 시료에서 아세트산의 함량은 얼마인가?

**16-49. 도전 문제:**

(a) 왜 지시약은 단지 묽은 용액의 형태로만 사용되는가?

(b) Ohio 호수의 산성 중화 능력을 측정하기 위한 적정에서 0.1%의 메틸 레드 지시약(몰질량; 269 g/mol)이 사용된다고 가정하시오. 물 시료 100 mL에 이 지시약 5 방울(0.25 mL)을 가하고, 변색 범위의 중간 지점까지 색이 변하는데 0.01072 M의 염산 4.74 mL가 소비되었다. 지시약 오차가 없다고 가정하면 호수의 산성 중화 능력은 시료 L당 중탄산 칼슘의 mg/L로 얼마인가?

(c) 만약 초기에 산성형의 지시약이 사용되었다면, %로 표시된 산성 중화 능력에서 지시약 오차는 얼마인가?

(d) 산성 중화 능력 측정에 대한 정확한 값은 얼마인가?

(e) 탄산이나 중탄산 이외의 물질로서 산성 중화 능력에 기여할 수 있는 네 가지 화학종을 열거하시오.

(f) 보통은 탄산이나 중탄산보다 다른 화학종은 산성 중화 능력에서 평가할 수 있을 정도로 기여하지 않는다고 가정된다. 이 가정이 옳지 않을 수도 있다는 전제에 대한 환경을 제시하시오.

(g) 분진물이 산성 중화 능력에 유효한 기여를 할지도 모른다. 이 문제를 어떻게 다를 것인가에 대해 설명하시오.

(h) 분진물과 용질 화학종이 산성 중화 능력에 기여한다는 것을 어떻게 각각 측정할 수 있는가 설명하시오.

제 17 장

# 착화합물 형성 반응과 침전 반응 그리고 적정

*Complexation and Precipitation Reactions and Titrations*

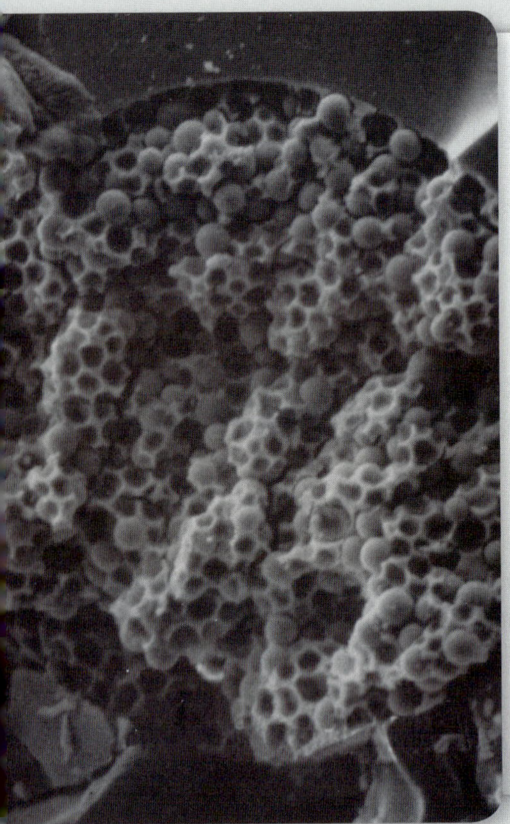

© American Chemical Society. Courtesy of R. N. Zare, Stanford University, Chemistry Dept.

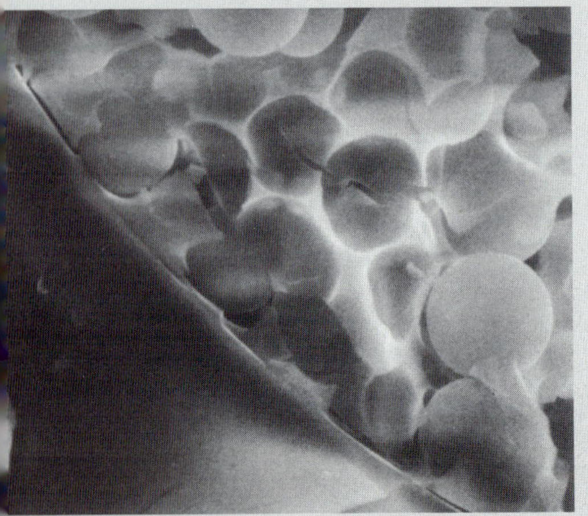

© American Chemical Society. Courtesy of R. N. Zare, Stanford University, Chemistry Dept.

이 장에서 논의하겠지만 착화합물 형성 반응과 침전 반응은 과학의 여러 분야에서 뿐만 아니라 일상생활에서도 중요하다. 흑백사진은 그 예 중 하나이다. 최근 사진 분야는 디지털 사진이 대세를 이루고 있지만 필름 사진은 아직도 많은 분야에서 중요한 역할을 하고 있다. 왼쪽에 보이는 사진은 모세관 크로마토그래피 컬럼을 1300배(위)와 4900배(아래)로 확대한 현미경 사진이다. 흑백 필름은 가늘고 긴 중합체 표면에 미세하게 분쇄한 AgBr을 코팅한 감광 유제로 이루어져 있다. 주사식 전자 현미경(scanning electron microscope)에서 나온 빛에 노출시키면 $Ag^+$ 이온의 일부는 Ag 원자로 환원되며 그에 상응하는 $Br^-$는 Br 원자로 산화한다. 이 원자들은 AgBr 결정 격자 속에 눈에 보이지 않는 결함, 소위 숨겨진 영상으로 남아 있다. 현상을 하면 원래의 숨겨진 영상 속의 Ag 원자를 내포하고 있는 AgBr 입자 중에서 더 많은 $Ag^+$ 이온이 Ag 원자로 환원된다. 사진의 현상 단계에서는 눈에 보이는 음화의 영상을 만들어 내는데, Ag 원자의 어두운 영역은 광선에 노출된 필름의 영역에 해당된다. 고착 단계에서는 노출되지 않은 AgBr은 매우 안정한 티오황산이 착화합물$[Ag(S_2O_3)_2]^{2-}$을 형성함으로써 제거된다. 음화 중의 검은색인 금속 은은 그대로 남아있게 된다.

$$AgBr(s) + 2S_2O_3^{2-}(aq) \rightarrow [Ag(S_2O_3)_2]^{3-}(aq) + Br^-(aq)$$

이후 음화를 인화지 위에 놓고 광선을 비추어 양화 영상을 만들어 낸다. [M. T. Dulay, R. P. Kulkarni, and R. N. Zare, *Anal. Chem.*, **1988**, 70, 5103. **DOI**: 10.1021/ac9806456. ©American Chemical Society. R. N. Zare, Stanford University.]

착화학물 형성 반응은 분석 화학에 널리 이용되고 있다. 이러한 반응들의 초기 응용 예는 이 장의 주요 내용인 양이온 적정이었다. 아울러 많은 착화합물들은 착색이 되어 있거나 자외선을 흡수한다. 이러한 착화합물의 형성은 흔히 분광광도법에 의한 정량 분석의 기초가 된다(26장 참조). 어떤 착화합물들은 거의 녹지 않아 무게 분석법(12장 참조) 또는 이 장에서 논의될 침전 적정에 활용될 수 있다. 또한 착화합물은 어떤 용매에 들어 있는 양이온을 다른 용매로 추출하고 불용성의 침전물을 용해하기 위하여 널리 이용되기도 한다. 가장 유용한 착화합물 형성 시약은 몇 개의 전자 주개 작용기를 가지고 있어서 금속 이온들과 다중 공유 결합을 형성 할 수 있는 유기 화합물이다. 무기 착화제도 용해도를 조절하거나 착색화학종 또는 침전을 형성하는 데에도 사용된다.

## 17A 착화합물의 형성

대부분의 금속 이온들은 전자쌍 주개와 반응하여 배위 화합물 혹은 착화합물을 형성한다. 전자쌍 주개, 즉 **리간드**(ligand)는 결합에 필요한 비공유 전자쌍을 적어도 한 개는 가지고 있어야 한다. 물, 암모니아, 할로겐 이온들이 대표적인 무기 리간드이다. 사실 수용액 중의 대부분의 금속 이온들은 물이 리간드로 작용한 착화합물로서 존재한다. 예를 들어 수용액 중의 구리(II)는 물 분자와 쉽게 착화합물을 형성하여 $Cu(H_2O)_4^{2+}$와 같은 화학종을 형성한다. 이러한 착화합물들은 흔히 화학 방정식에서 착화합물을 형성하지 않은 형태인 금속 이온($Cu^{2+}$)으로 간단하게 적지만, 대부분의 금속 이온들은 실제로 수용액상에서 리간드인 물과 착화합물을 이루고 있다는 것을 기억해야 한다.

**리간드**는 양이온 또는 중성 금속 원자에게 한 쌍의 전자를 제공하여 공유 결합을 형성하는 이온이나 분자이며, 이때 제공된 전자는 양이온(또는 중성 금속 원자)과 리간드에 의해 공유된다.

양이온이 전자 주개와 공유 결합을 형성한 수를 **배위수**(coordination number)라 하고, 전형적인 배위수는 2, 4, 6이다. 배위의 결과로서 형성된 화학종은 전기적으로 양성, 중성, 음성일 수 있다. 예를 들어, 배위수가 4인 Cu(II)는 암모니아와 결합하여 양이온성 착화합물인 $Cu(NH_3)_4^{2+}$, 글라이신과는 중성 착화합물인 $Cu(NH_2CH_2COO)_2$, 염화 이온과는 음이온성 착화합물인 $CuCl_4^{2-}$를 형성한다.

**착화합물 적정법**(complexometric titration)이라고도 불리는 착화합물 형성에 기초한 적정법은 한 세기 이상 사용되어 왔다. 착화합물 적정법이 급격한 발전을 이룬 것은 **킬레이트**(chelate)라고 부르는 특정 분류의 배위 화합물을 기반으로 한 분석법이 개발된 1940년대부터이다. 킬레이트는 금속 이온이 하나의 리간드 내에 둘 또는 그이상의 전자 주개와 배위하여 오각형 또는 육각형의 이종 원자 고리화합물을 형성할 때 만들어진다. 앞서 언급한 글라이신과 구리 착화합물이 그 한 예이며, 구리는 카복실기의 산소와 아민기의 질소 모두에 결합한다.

**킬레이트**는 *kee'late*로 발음되며 그리스어 claw (새의 갈고리 발톱)에서 유래된다.

$$Cu^{2+} + 2\,H{-}\underset{\displaystyle H}{\overset{\displaystyle NH_2}{C}}{-}\underset{\displaystyle O}{\overset{}{\underset{\|}{C}}}{-}OH \longrightarrow$$

글라이신

$$Cu(NH_2CH_2COO)_2 + 2H^+$$

$Cu^{2+}$ 착화합물.

암모니아와 같이 단지 하나의 주개만을 가진 리간드를 **한자리 리간드**(unidentate)라고 부르는 반면 글라이신과 같이 공유 결합을 할 수 있는 기를 두 개 가진 것은 **두 자리 리간드**(bidentate)라고 부른다. 세 자리, 네 자리, 다섯 자리, 여섯 자리 킬레이트 시약도 알려져 있다.

**Dentate**는 라틴어 *dentatus*에서 유래되었으며 톱니바퀴의 이빨 같은 돌출부를 갖는 것을 의미한다.

18-crown-6 dibenzo-18-crown-6 cryptand 2,2,2

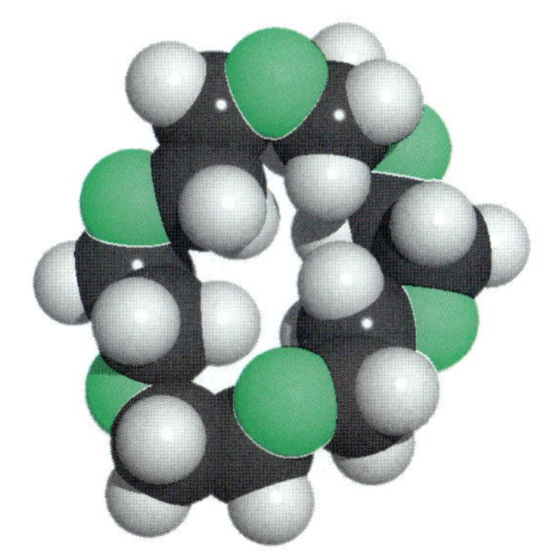

18-crown-6의 분자 모형. 이 분자는 알칼리 금속과 매우 강한 결합을 이룬다. 18-crown-6 분자와 $Na^+$, $K^+$, $Rb^+$ 이온과의 착화합물 형성 상수는 $10^5$~$10^6$에 이른다.

또 다른 형태의 중요 착화합물은 금속 이온과 **거대고리 분자**(macrocycle)로 알려진 고리 유기 화합물 사이에 형성된다. 이들 분자들은 고리 안에 9개 또는 그 이상의 원자들을 갖고 있으며 보통 산소, 질소 또는 황의 이종 원자들을 적어도 3개 내포한다. 18-crown-6 및 dibenzo-18-crown-6와 같은 크라운 에터가 유기 거대고리 분자의 대표적 예이다. 어떤 거대고리 화합물은 적절한 크기의 금속 이온만을 수용할 수 있는 삼차원의 공동을 형성한다. **크립탠드**(cryptand)로 알려진 리간드들이 그 예이다. 이러한 거대고리 분자는 비록 이종 원자의 성질 및 전자 밀도, 주개 원자와 금속 간의 융합성 그리고 몇 가지 다른 인자들 또한 중요한 역할을 할지라도 고리 혹은 공동의 크기와 모양이 금속에 비해 다르기 때문에 매우 큰 선택성을 보인다.

## ▶ 17A-1 착화합물 평형

다른 금속 이온에 대한 특정 금속 이온의 리간드 **선택성**(selectivity)은 형성된 착화합물의 안정도와 관련되어 있다. 금속-리간드 착화합물의 형성 상수가 클수록 그 금속에 대한 리간드의 선택성은 다른 금속과 형성된 유사한 착화합물과 비교하여 더욱 좋다.

착화합물 형성 반응은 식 (17-1)에 나타난 바와 같이 금속 이온 M과 리간드 L이 반응하여 착화합물 ML을 형성하는 것이다.

$$M + L \rightleftharpoons ML \tag{17-1}$$

일반식으로 표현하기 위하여 금속 이온의 전하는 생략하였다. 착화합물 형성 반응은 단계적으로 일어나며 식 (17-1)의 반응은 흔히 다음과 같은 부가적인 반응들이 뒤따른다.

$$ML + L \rightleftharpoons ML_2 \tag{17-2}$$

$$ML_2 + L \rightleftharpoons ML_3 \tag{17-3}$$

$$\vdots \qquad \vdots$$

$$ML_{n-1} + L \rightleftharpoons ML_n \tag{17-4}$$

위에 보여진 바와 같이 한자리 리간드는 항상 단계적으로 결합된다. 여러 자리 리간드에서는 양이온의 최대 배위수는 오직 하나의 리간드 또는 몇 개의 리간드로도 충족되기도 한다. 예를 들어, 최대 배위수가 4인 Cu(II)는 암모니아와 화학식이 $Cu(NH_3)^{2+}$, $Cu(NH_3)_2{}^{2+}$, $Cu(NH_3)_3{}^{2+}$, $Cu(NH_3)_4{}^{2+}$인 착화합물을 형성할 수 있다. 두 자리 리간드인 글라이신과는 $Cu(gly)^{2+}$와 $Cu(gly)_2{}^{2+}$의 착화합물만을 형성한다.

착화합물 형성 반응에 대한 평형 상수는 9장에서 논의한 바와 같이 형성 상수(formation constant)로 나타낸다. 따라서 반응식 (17-1)에서 (17-4)까지의 각 반응은 단계별 형성 상수 $K_1$에서 $K_4$까지 나타내게 된다. 예를 들면, $K_1 = [ML]/[M][L]$, $K_2 = [ML_2]/[ML][L]$ 등이다. 평형은 단계별 평형의 합으로 표현할 수 있으며, 기호 $\beta_n$으로 표기되는 총괄 형성 상수(overall formation constant)로 나타낸다. 그러므로

$$M + L \rightleftharpoons ML \qquad \beta_1 = \frac{[ML]}{[M][L]} = K_1 \tag{17-5}$$

$$M + 2L \rightleftharpoons ML_2 \qquad \beta_2 = \frac{[ML_2]}{[M][L]^2} = K_1K_2 \tag{17-6}$$

$$M + 3L \rightleftharpoons ML_3 \qquad \beta_3 = \frac{[ML_3]}{[M][L]^3} = K_1K_2K_3 \tag{17-7}$$

$$\vdots \qquad \vdots$$

$$M + nL \rightleftharpoons ML_n \qquad \beta_n = \frac{[ML_n]}{[M][L]^n} = K_1K_2\cdots K_n \tag{17-8}$$

첫 번째 단계를 제외하고는 총괄 형성 상수는 각 생성물이 생기는 단계적 반응의 형성 상수들의 곱이 된다.

금속 이온과 같은 특정 화학종에 대하여 특정 화학종이 전체 금속 농도 중에서 존재하는 분율인 $\alpha$ 값을 계산할 수 있다. 따라서 $\alpha_M$은 평형 상태에서 총 금속 농도 중 유리된 금속으로 존재하는 분율이며, $\alpha_{ML}$은 ML로 존재하는 분율이 된다. 특집 17-1에서 유도된 바와 같이 알파 값은 다음과 같이 계산된다.

$$\alpha_M = \frac{1}{1 + \beta_1[L] + \beta_2[L]^2 + \beta_3[L]^3 + \cdots + \beta_n[L]^n} \quad (17\text{-}9)$$

$$\alpha_{ML} = \frac{\beta_1[L]}{1 + \beta_1[L] + \beta_2[L]^2 + \beta_3[L]^3 + \cdots + \beta_n[L]^n} \quad (17\text{-}10)$$

$$\alpha_{ML_2} = \frac{\beta_2[L]^2}{1 + \beta_1[L] + \beta_2[L]^2 + \beta_3[L]^3 + \cdots + \beta_n[L]^n} \quad (17\text{-}11)$$

$$\alpha_{ML_n} = \frac{\beta_n[L]^n}{1 + \beta_1[L] + \beta_2[L]^2 + \beta_3[L]^3 + \cdots + \beta_n[L]^n} \quad (17\text{-}12)$$

**특집 17-1**

### 금속 착화합물의 $\alpha$ 값 계산

금속-리간드 착화합물에 대한 $\alpha$ 값은 15H절에서 다가 산에 대하여 유도한 값과 같은 방식으로 유도될 수 있다. $\alpha$ 값들은 다음과 같이 정의된다.

$$\alpha_M = \frac{[M]}{c_M}; \quad \alpha_{ML} = \frac{[ML]}{c_M};$$

$$\alpha_{ML_2} = \frac{[ML_2]}{c_M}; \quad \alpha_{ML_n} = \frac{[ML_n]}{c_M}$$

금속의 농도 총합 $c_M$은 다음과 같이 적을 수 있다.

$$c_M = [M] + [ML] + [ML_2] + \cdots + [ML_n]$$

총괄 형성 상수 식들[식 (17-5)에서 (17-8)까지]로부터 착화합물들의 농도를 유리 금속 농도 [M]의 항으로 표현할 수 있으며, $c_M$을 다음과 같이 나타낼 수 있다.

$$\begin{aligned} c_M &= [M] + \beta_1[M][L] + \beta_2[M][L]^2 + \cdots + \beta_n[M][L]^n \\ &= [M]\{1 + \beta_1[L] + \beta_2[L]^2 + \cdots + \beta_n[L]^n\} \end{aligned}$$

이제 $\alpha_M$은 다음 식으로부터 계산할 수 있다.

$$\begin{aligned} \alpha_M = \frac{[M]}{c_M} &= \frac{[M]}{[M] + \beta_1[M][L] + \beta_2[M][L]^2 + \cdots + \beta_n[M][L]^n} \\ &= \frac{1}{1 + \beta_1[L] + \beta_2[L]^2 + \beta_3[L]^3 + \cdots + \beta_n[L]^n} \end{aligned}$$

이 식의 마지막 항은 식 (17-9)와 동일하다. $\alpha_{ML}$은 다음 식으로부터 얻을 수 있다.

$$\begin{aligned} \alpha_{ML} = \frac{[ML]}{c_M} &= \frac{\beta_1[M][L]}{[M] + \beta_1[M][L] + \beta_2[M][L]^2 + \cdots + \beta_n[M][L]^n} \\ &= \frac{\beta_1[L]}{1 + \beta_1[L] + \beta_2[L]^2 + \beta_3[L]^3 + \cdots + \beta_n[L]^n} \end{aligned}$$

마찬가지로 이 식의 마지막 항은 식 (17-10)과 동일하다. 식 (17-11)와 식 (17-12)의 다른 $\alpha$ 값들도 유사한 방식으로 계산할 수 있다.

이 표현들은 다가의 산, 염기와 $\alpha$ 값의 표현과 유사하나 착화합물에서는 형성 평형에 관한 항으로 적는 반면, 산 또는 염기의 $\alpha$ 값은 해리 평형의 항으로 적는 것이 다르다는 것에 주의하시오. 또한 주요 변수가 수산화 이온 농도가 아닌 리간드 농도 [L]이 된다. 분모는 각각의 $\alpha$ 값에 대하여 동일하다. $\alpha$ 값을 p[L]에 대하여 도시한 것을 **분포 도표**(distribution diagram)이라 한다.

**스프레드시트 요약** *Applications of Microsoft® Excel in Analytical Chemistry* 2판 9장에서 첫 번째 연습에서 Cu(II)/$NH_3$ 착물의 $\alpha$ 값을 계산하여 분포 그림을 도시하였다. Cd(II)/$Cl^-$ 계의 $\alpha$ 값 또한 계산하였다.

## ▸ 17A-2 불용성 화학종의 형성

앞 절에서 논의한 것은 형성된 착화합물이 용액에 녹는 경우이다. 그러나 리간드를 금속 이온에 첨가할 때 우리에게 익숙한 니켈-다이메틸글리옥심(nickel-dimethylglyoxime) 침전과 같이 불용성의 화학종이 생길 수도 있다는 것은 잘 알려져 있다. 많은 경우에 단계별 형성과정에서 하전되지 않은 중간체 착화합물은 거의 녹지 않지만, 리간드 분자를 더 첨가하면 가용성 화학종이 된다. 예를 들어, $Cl^-$를 $Ag^+$ 이온이 들어 있는 수용액에 첨가하면 불용성의 AgCl이 생성되지만, 여기에 과량의 $Cl^-$를 첨가하면 가용성인 $AgCl_2^-$, $AgCl_3^{2-}$, $AgCl_4^{3-}$ 등이 생성된다.

대부분 형성 반응으로 취급되는 착화합물 형성 평형과는 대조적으로 용해도 평형은 9장에서 논의한 바와 같이 보통 해리 반응으로 취급한다. 일반적으로 거의 녹지 않는 염인 $M_xA_y$는 포화 용액 중에서 다음과 같이 적을 수 있다.

$$M_xA_y(s) \rightleftharpoons xM^{y+}(aq) + yA^{x-}(aq) \qquad K_{sp} = [M^{y+}]^x[A^{x-}]^y \tag{17-13}$$

여기서 $K_{sp}$는 용해도곱이다. 그러므로 $BiI_3$에 대한 용해도곱은 $K_{sp} = [Bi^{3+}][I^-]^3$이다.

가용성 착화합물의 생성은 용액 내에 있는 결합되지 않은 금속 이온의 농도를 조절하는 데 이용할 수 있기 때문에 반응성을 조절하는 데에도 이용할 수 있다. 예를 들어, 안정한 가용성 착화합물이 형성되면 금속 이온의 농도가 줄어들게 되므로 금속 이온이 침전되거나 다른 반응에 참여하는 것을 방지할 수 있다. 이와 같은 착화합물 형성에 의한 용해도 조절은 어떤 금속 이온을 다른 금속 이온으로부터 분리하는 데에도 이용할 수 있다. 다음 절에서 논의하겠지만 리간드가 양성자첨가 반응이 가능하다면, 착화합물 형성과 pH 조절을 통해 더 심화된 조절이 가능하게 된다.

## ▸ 17A-3 양성자첨가가 가능한 리간드

착화합물 형성 평형은 금속 또는 리간드가 관여하는 부 반응 때문에 복잡해질 수 있다. 이러한 부 반응들은 형성되는 착화합물에 대한 부가적인 조절을 가능하게 한다. 금속은 원하는 리간드 이외의 다른 리간드와 착화합물을 형성할 수 있다. 이러한 착화합물이 강력하면 원하는 리간드와의 착화합물 형성을 효과적으로 방지할 수 있다. 리간드 역시 부 반응을 일으킬 수 있다. 가장 흔한 부 반응 중의 하나는 양성자첨가가 가능한 리간드의 반응이다. 즉, 리간드는 약산 혹은 약산의 짝염기가 되는 것이다.

### » 양성자첨가가 가능한 리간드와의 착화합물 형성

금속 M과 리간드 L 사이의 가용성 착화합물 형성을 고려해 보자. 여기서 L은 다양성자산의 짝염기이고, HL, $H_2L$, ... $H_nL$을 형성한다고 가정하자. 일반적인 표현을 위해 전하는 생략하였다. M과 L이 들어 있는 용액에 산을 첨가하면 M과 착화합물을 만드는 유리된 L의 농도를 감소시켜서 착화제로서의 L의 효율을 저하시킨다(Le Châtelier의 법칙). 예를 들어, 제2철 이온(ferric ion, $Fe^{3+}$)은 옥살산(oxalate) 이온($C_2O_4^{2-}$, 약자로 $ox^{2-}$)과 화학식이 $[Fe(ox)]^+$, $[Fe(ox)_2]^-$, $[Fe(ox)_3]^{3-}$인 착화합물을 형성한다. 옥살산은 양성자산을 첨가하여 $Hox^-$ 및 $H_2ox$를 형성할 수 있다. $Fe^{3+}$와 착화합물 형성하기 전 대부분의 옥살산이 $ox^{2-}$로 존재하는 염기성 용액에서 제2철/옥살산 착화합물은 매우 안정하다. 그러나 산을 가하면 옥살산 이온에 양성자가 첨가되어 제2철 착화합물의 해리를 유발한다.

옥살산과 같은 이양성자 산에서 총 옥살산 함유 화학종 중 일정한 형태의 화학종($ox^{2-}$, $Hox^-$, $H_2ox$)의 분율을 $\alpha$ 값으로 나타낸다(15H절 참조).

$$c_T = [H_2ox] + [Hox^-] + [ox^{2-}] \tag{17-14}$$

이므로 $\alpha$ 값인 $\alpha_0, \alpha_1, \alpha_2$를 다음과 같이 적을 수 있다.

$$\alpha_0 = \frac{[H_2ox]}{c_T} = \frac{[H^+]^2}{[H^+]^2 + K_{a1}[H^+] + K_{a1}K_{a2}} \tag{17-15}$$

$$\alpha_1 = \frac{[Hox^-]}{c_T} = \frac{K_{a1}[H^+]}{[H^+]^2 + K_{a1}[H^+] + K_{a1}K_{a2}} \tag{17-16}$$

$$\alpha_2 = \frac{[ox^{2-}]}{c_T} = \frac{K_{a1}K_{a2}}{[H^+]^2 + K_{a1}[H^+] + K_{a1}K_{a2}} \tag{17-17}$$

우리는 유리된 옥살산 농도에 관심이 있으므로 가장 큰 $\alpha$ 값(여기서는 $\alpha_2$)에 주의를 기울일 것이다. 식 (17-17)로부터

$$[ox^{2-}] = c_T\alpha_2 \tag{17-18}$$

용액의 산성이 커질수록 식 (17-17)의 분모 중 처음 두 항이 지배적이고 $\alpha_2$ 및 유리 옥살산 농도가 감소함을 주목하시오. 용액의 염기성이 아주 커지면 $\alpha_2$는 거의 1이 되고 $[ox^{2-}] \approx c_T$가 되어 염기성 용액 중에는 거의 모든 옥살산이 $ox^{2-}$ 형태로 존재함을 나타낸다.

## » 조건 형성 상수

착화합물 형성 반응에서 유리 리간드 농도에 대한 pH의 영향을 고려하려면, **조건부 형성 상수**(conditional formation constant) 또는 **유효 형성 상수**(effective formation constant)를 도입하는 것이 유용하다. 이 상수들은 pH-의존 평형 상수이므로 하나의 pH에서만 적용한다. 예를 들어, $Fe^{3+}$와 옥살산의 반응에서 첫 번째 착화합물에 대한 형성 상수 $K_1$은 다음과 같이 적을 수 있다.

$$K_1 = \frac{[Fe(ox)^+]}{[Fe^{3+}][ox^{2-}]} = \frac{[Fe(ox)^+]}{[Fe^{3+}]\alpha_2 c_T} \tag{17-19}$$

특정 pH 값에서 $\alpha_2$는 상수이며, $K_1$과 $\alpha_2$를 곱하여 새로운 조건 상수인 $K_1'$을 만들 수 있다.

$$K_1' = \alpha_2 K_1 = \frac{[Fe(ox)^+]}{[Fe^{3+}]c_T} \tag{17-20}$$

조건부 상수의 사용은 계산을 상당히 단순화 시키는데, 그 이유는 $c_T$가 흔히 알려져 있거나 쉽게 계산되는 반면에, 유리된 리간드 농도는 쉽게 정할 수 없기 때문이다. $[Fe(ox)_2]^-$ 및 $[Fe(ox)_3]^{3-}$의 착화합물에 대한 총괄 형성 상수($\beta$ 값) 또한 조건부 상수로 나타낼 수 있다.

**스프레드시트 요약** *Applications of Microsoft® Excel in Analytical Chemistry* 2판 9장에서 양성자를 첨가가 가능한 리간드를 다루었다. $\alpha$ 값과 조건부 형성 상수를 계산한다.

## 17B 무기 착화제에 의한 적정

착화합물 형성 반응은 분석 화학에 많이 이용되고 있다. 초기에 이용된 여전히 널리 사용되고 있는 것 중 하나가 **착화합물 적정**(complexometric titration)이다. 착화합물 적정에서 금속 이온은 적절한 리간드와 반응하여 착화합물을 형성하고 당량점은 지시약이나 적당한 기기를 이용해 결정한다. 나중에 논의하겠지만 가용성 무기 화합물의 형성은 적정에 널리 이용되지 않는다. 그러나 특별히 질산 은을 적정 물질로 사용하여 침전을 형성하는 것은 여러 가지 중요한 정량 분석의 기초가 된다(17B-2절에서 다룰 것이다).

### ▸ 17B-1 착화합물 적정

착화합물 적정 곡선은 pM = −log[M] 대 첨가하는 적정 물질의 부피 함수로 도시한 것이다. 일반적으로 착화합물 적정에 있어서 적정 물질은 리간드이고 분석 물질은 금속 이온이지만 때로는 반대의 경우도 있다. 나중에 논의하겠지만 많은 침전 적정에서는 금속 이온이 적정 물질로 사용된다. 가장 간단한 무기 리간드는 한자리 리간드이며 착화합물 안정도가 낮아서 적정의 종말점이 불분명하다. 적정 시약으로서 특히 4개 또는 6개의 전자쌍 주개 작용기를 갖고 있는 여러 자리 리간드는 한자리 리간드에 비해 두 가지 장점을 가지고 있다. 첫째, 여러 자리 리간드는 일반적으로 양이온과 반응이 완결되어 보다 명확한 종말점을 나타낸다. 둘째, 이들은 보통 금속 이온과 단일 단계 반응을 하는데 비해 한자리 리간드와의 착화합물 형성은 두 개 또는 그 이상의 중간 화학종을 포함하게 된다[식 (17-1)~(17-4) 참조].

네 자리 또는 여섯 자리 리간드는 그보다 자리수가 적은 주개 그룹의 리간드보다 만족스러운 적정 시약이다. 그 이유는 양이온과의 반응이 완결되기가 더 쉽고 1:1 착화합물을 형성하려는 경향 때문이다.

단일 단계 반응의 장점은 **그림 17-1**의 적정 곡선에 예시되어 있다. 각각의 적정은 모두 총괄 평형 상수가 $10^{20}$인 반응이다. 곡선 *A*는 배위수가 4인 금속 이온 M과 네 자리 리간드 D와 반응하여 착화합물 MD(편의상 두 반응물의 전하 생략)를 형성하는 반응을 나타낸 것이다. 곡선 *B*는 가상적인 두 자리 리간드 B와 M이 두 단계 반응으로 $MB_2$를 형성한 경우이다. 첫 번째 단계의 형성 상수는 $10^{12}$이고 두 번

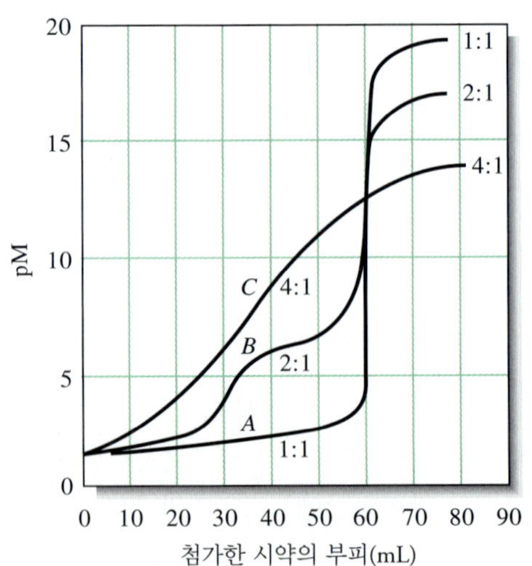


**그림 17-1** 착화합물 형성법 적정에 대한 적정 곡선, 0.020 M 금속 M 용액 60.0 mL를 (A) 0.020 M 네 자리 리간드 D 용액으로 적정하여 생성물 MD를 형성, (B) 0.040 M 두 자리 리간드 B 용액으로 적정하여 $MB_2$를 형성, (C) 0.080 M 한자리 리간드 A 용액으로 적정하여 $MA_4$를 형성. 모든 생성물의 총괄 형성 상수는 $10^{20}$이다.

**특집 17-2**

**Acrylonitrile 공장 하수 중의 사이안화수소의 정량**

Acrylonitrile ($CH_2{=}CH{-}C{\equiv}N$)은 polyacrylonitrile을 생산하는데 아주 중요한 화학 물질이다. 이 열가소성 플라스틱을 가느다란 실로 뽑아 Orlon, Acrilan, Creslan과 같은 합성 직물을 짠다. 사이안화수소는 수용성 acrylonitrile을 운반하는 공장 하수 중에 들어 있는 불순물이다. 사이안화물은 보통 $AgNO_3$로 적정하여 정량한다. 적정 반응은 다음과 같다.

$$Ag^+ + 2CN^- \rightarrow Ag(CN)_2^-$$

적정의 종말점을 검출하기 위해 적정 전에 수용성 시료를 염기성 아이오딘화 포타슘 용액과 혼합한다. 당량점 이전에는 사이안화물이 과량으로 존재하고 모든 $Ag^+$는 착화합물을 이룬다. 모든 사이안화물이 반응하자 곧 첫 번째 과량의 $Ag^+$는 다음 식과 같이 AgI의 침전을 형성하기 때문에 용액 중에서 영구적인 혼탁도를 일으킨다.

$$Ag^+ + I^- \rightarrow AgI(s)$$

째는 $10^8$이다. 곡선 $C$는 한자리 리간드 A가 형성 상수 $10^8$, $10^6$, $10^4$, $10^2$를 갖는 네 단계 반응을 거쳐 $MA_4$를 형성한 경우이다. 이러한 곡선들로부터 단일 단계 반응으로 얻어진 종말점이 더 선명하다는 것을 알 수 있다. 이런 이유로, 보통 여러 자리 리간드가 착화합물 적정에 유용하다.

한자리 리간드를 이용한 가장 널리 사용되고 있는 착화합물 적정은 1850년대에 Liebig가 소개한 사이안화물을 질산 은으로 적정하는 방법이다. 이 방법에서는 특집 17-2에 논의한 바와 같이 가용성의 $Ag(CN)_2^-$가 형성된다. 흔히 사용하고 있는 다른 무기 착화제 및 응용을 **표 17-1**에 수록하였다.

**스프레드시트 요약** *Applications of Microsoft® Excel in Analytical Chemistry* 2판 9장에서 $Cl^-$에 의한 Cd(II)의 착화합물 적정을 다루었다. 마스터 방정식 접근법을 이용한다.

## ▸ 17B-2 침전 적정

침전 적정은 제한적인 용해도를 갖는 이온 화합물 생성 반응에 기초한다. 침전 적정법은 1800년대 중반으로 거슬러 올라갈 정도의 매우 오래된 분석법 중 하나이다. 하지만 반응 속도가 느리기 때문에 적정에 이용되는 침전제의 수는 얼마 되지 않는다. 여기에서는 가장 널리 사용되는 중요한 침전제인 질산 은으로 논의를 제한한다. 질산 은은 할로겐, 할로겐성 음이온, 머캅탄(mercaptan), 지방산 및 몇몇 2가의 무기 음이온의 정량에 사용된다. 질산은을 이용한 적정을 은적정법(argentometric titration)이라 부르기로 한다.

**표 17-1**

**전형적인 무기 착물-형성 적정**

| 적정 시약 | 분석 물질 | 비고 |
|---|---|---|
| $Hg(NO_3)_2$ | $Br^-$, $Cl^-$, $SCN^-$, $CN^-$, thiourea | 생성물은 중성 Hg(II) 착화합물이다. 다양한 지시약이 사용된다. |
| $AgNO_3$ | $CN^-$ | 생성물은 $Ag(CN)_2^-$이다. 지시약은 $I^-$이다. AgI의 혼탁도가 처음 나타낼 때까지 적정한다. |
| $NiSO_4$ | $CN^-$ | 생성물은 $Ni(CN)_4^{2-}$이다. 지시약은 AgI이다. AgI의 혼탁도가 처음 나타낼 때까지 적정한다. |
| KCN | $Cu^{2+}$, $Hg^{2+}$, $Ni^{2+}$ | 생성물은 $Cu(CN)_4^{2-}$, $Hg(CN)_2$, $Ni(CN)_4^{2-}$이다. 다양한 지시약이 사용된다. |

### » 적정 곡선의 형태

침전 반응의 적정 곡선은 14B절에서 다룬 강산-강염기 적정과 거의 동일한 방법으로 계산할 수 있다. 유일한 차이는 물의 이온곱 상수가 침전물의 용해도곱으로 대치된다는 점이다. 이러한 은 적정에 사용되는 대부분의 지시약은 은 이온의 농도 변화에 반응한다. 이 때문에 침전 반응의 적정 곡선은 첨가하는 은 시약(주로 $AgNO_3$)의 부피에 대한 pAg( $= \log[Ag^+]$)의 그래프이다. 예제 17-1에 전형적인 침전 적정에서 당량점 전 후 및 당량점에서 은 이온의 p 함수가 어떻게 얻어지는지 예시하였다.

**예제 17-1**

0.05000 M NaCl 50.00 mL를 0.1000 M $AgNO_3$로 적정하는 실험을 가정해 보자. 다음과 같이 시약을 첨가할 때, 은 이온의 농도를 pAg로 나타내시오. (a) 10.00 mL (당량점 이전), (b) 25.00 mL (당량점), (c) 26.00 mL (당량점 이후). $K_{sp}(AgCl) = 1.82 \times 10^{-10}$.

**풀이**

**(a) 당량점 이전**

10.00 mL에서는 $[Ag^+]$이 매우 작기 때문에 화학량론으로 은 이온의 농도를 계산하기 어렵지만 $Cl^-$의 농도($c_{NaCl}$)는 쉽게 얻어진다. 염소 이온의 평형 농도는 근본적으로 $c_{NaCl}$와 같으므로

$$[Cl^-] \approx c_{NaCl} = \frac{\text{원래 } Cl^- \text{의 mmol수} - \text{첨가된 } AgNO_3 \text{의 mol수}}{\text{용액의 전체 부피}}$$

$$= \frac{(50.00 \times 0.05000 - 10.00 \times 0.1000)}{50.00 + 10.00} = 0.02500 \text{ M}$$

$$[Ag^+] = \frac{K_{sp}}{[Cl^-]} = \frac{1.82 \times 10^{-10}}{0.02500} = 7.28 \times 10^{-9} \text{ M}$$

$$pAg = -\log(7.28 \times 10^{-9}) = 8.14$$

당량점 이전의 다른 부피에서의 은 이온 농도도 같은 방법으로 얻을 수 있다. 이 계산의 몇 가지 결과를 **표 17-2**의 두 번째 열에 나타내었다.

**표 17-2**

**표준 $AgNO_3$에 의한 $Cl^-$ 적정에서의 pAg 변화**

| | pAg | |
|---|---|---|
| $AgNO_3$의 부피 | 0.1000 M $AgNO_3$로 0.0500 M NaCl 50.00 mL를 적정 | 0.0100 M $AgNO_3$로 0.005 M NaCl 50.00 mL 를 적정 |
| 10.00 | 8.14 | 7.14 |
| 20.00 | 7.59 | 6.59 |
| 24.00 | 6.87 | 5.87 |
| 25.00 | 4.87 | 4.87 |
| 26.00 | 2.88 | 3.88 |
| 30.00 | 2.20 | 3.20 |
| 40.00 | 1.78 | 2.78 |

**(b) 당량점에서의 pAg**

당량점에서는 $[Ag^+] = [Cl^-]$이고, $[Ag^+][Cl^-] = K_{sp} = 1.82 \times 10^{-10} = [Ag^+]^2$이므로

$$[Ag^+] = \sqrt{K_{sp}} = \sqrt{1.82 \times 10^{-10}} = 1.35 \times 10^{-5}$$
$$pAg = -\log(1.35 \times 10^{-5}) = 4.87$$

**(c) 당량점 이후**

26.00 mL에서는 $Ag^+$ 이온이 과량이므로

$$[Ag^+] = c_{AgNO_3} = \frac{(26.00 \times 0.1000 - 50.00 \times 0.05000)}{76.00} = 1.32 \times 10^{-3}\ M$$
$$pAg = -\log(1.32 \times 10^{-3}) = 2.88$$

당량점 이후의 농도는 같은 방식으로 얻을 수 있으며 몇 가지 결과를 표 17-2에 나타내었다. 특집 14-1의 산 염기 적정에서처럼 침전 반응의 적정 곡선 또한 전하 균형 방정식으로부터 얻을 수 있다.

### » 적정 곡선에 미치는 농도의 영향

분석 물질 및 적정 용액의 농도가 적정 곡선에 미치는 영향은 표 17-2의 데이터와 **그림 17-2**에 나타낸 두 개의 곡선으로부터 이해할 수 있다. 0.1000 M의 $AgNO_3$가 적정 용액으로 사용된 경우(곡선 *A*), 당량점에서의 pAg의 변화는 pAg 단위로 2에 이를 정도로 크지만, 0.01000 M $AgNO_3$의 경우에는 pAg 단위 1 정도로 줄어드는 것을 알 수 있다. 만약 pAg 4.0에서 6.0 사이에서 신호를 주는 지시약을 사용한다면 더 진한 적정 용액을 사용할 때의 오차가 작을 것이다. 더 묽은 염소 이온을 적정할

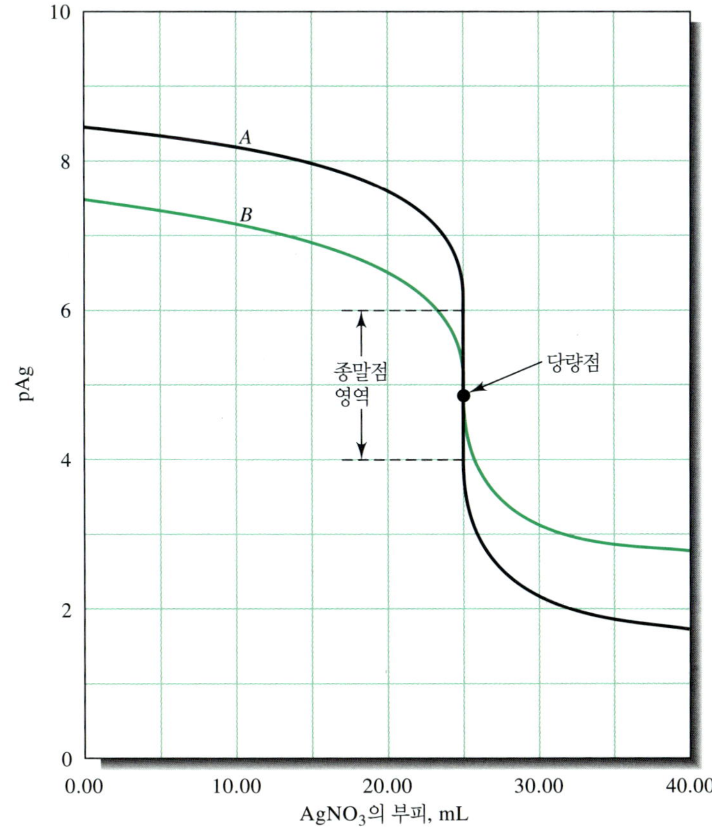


**그림 17-2** 0.05000 M의 NaCl 50.00 mL를 0.1000 M의 $AgNO_3$로 적정할 때의 적정 곡선 *A*와 0.00500 M NaCl을 0.01000 M의 $AgNO_3$로 적정할 때의 적정 곡선 *B*. 진한 용액을 사용할 때의 종말점 변화가 급격히 증가함을 볼 수 있다.

때(곡선 *B*)에는 당량점에서의 pAg 변화는 꽤 많은 적정 용액(그림에 점선으로 나타냈듯이 약 3 mL)이 필요하기 때문에 종말점을 정확히 결정하는 것은 불가능하다. 이러한 효과는 그림 14-4의 산/염기 적정의 예와 유사하다.

## » 적정 곡선에 미치는 반응 완결성의 영향

용해도곱 식의 양변에 음의 대수를 취하면 유용한 관계식을 얻을 수 있다. 염화은의 경우

$$-\log K_{sp} = -\log([Ag^+][Cl^-])$$
$$= -\log[Ag^+] - \log[Cl^-]$$
$$pK_{sp} = pAg + pCl$$

이러한 표현은 산-염기 반응의 $pK_w$와 유사하다.

$$pK_w = pH + pOH$$

**그림 17-3**에 0.1 M 질산 은 적정 용액을 사용할 때 용해도곱이 종말점에서 적정 곡선의 가파른 정도에 미치는 영향을 예로 나타내었다. 용해도곱이 작을수록, 다시 말해서 분석 물질과 질산 은과의 반응의 완결성이 클수록 당량점에서 pAg의 변화가 커지는 것을 알 수 있다. 따라서 pAg 4에서 6 사이에서 색이 변하는 지시약을 사용한다면 작은 오차의 염소 이온 적정이 가능하다. 용해도곱이 $10^{-10}$보다 큰 침전 반응의 경우에는 만족스러운 종말점을 얻을 수 없다.

## » 음이온 혼합물의 적정 곡선

예제 17-1에서 소개한 침전 적정 곡선을 구하는 방법을 서로 다른 용해도를 갖는 음이온들의 혼합물 적정에도 확장하여 적용할 수 있다. 예로 0.0500 M의 아이오딘 이온과 0.0800 M의 염소 이온을 포함한 50.00 mL 용액을 0.1000 M의 질산 은으로 적정하는 경우를 생각해 보자. 적정 초기에는 AgCl의 용해도곱이 AgI의 용해도곱에 비해 매우 크기 때문에 AgCl의 침전이 형성되지 않는다. 따라서 초기의 적정 곡선은 그림 17-3의 아이오딘 이온의 적정 곡선과 동일할 것이다.

염화은이 침전되기 전에 얼마나 많은 양의 아이오딘화은이 침전되는가를 알아보는 것도 흥미롭다. 매우 적은 양의 염화은 침전이 형성되기만 하면 두 침전물의 용해도곱 식을 사용할 수 있기 때문에, 이를 이용한 비례식은 유용한 관계식을 나타낸다.

$$\frac{K_{sp}(AgI)}{K_{sp}(AgCl)} = \frac{\cancel{[Ag^+]}[I^-]}{\cancel{[Ag^+]}[Cl^-]} = \frac{8.3 \times 10^{-17}}{1.82 \times 10^{-10}} = 4.56 \times 10^{-7}$$

$$[I^-] = (4.56 \times 10^{-7})[Cl^-]$$

이러한 관계로부터 염화은의 침전이 시작되기 직전의 아이오딘 이온 농도는 염소 이온에 비해 매우 작은 분율까지 줄어듦을 알 수 있다. 따라서 염화은은 25.00 mL

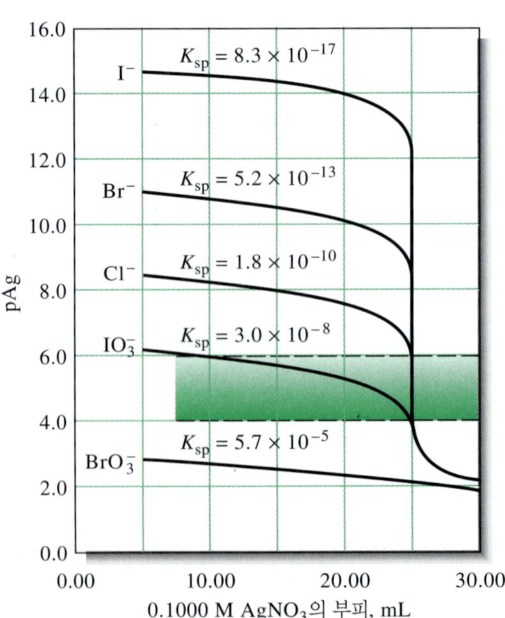


**그림 17-3** 반응의 완결성이 침전 반응의 적정 곡선에 미치는 영향. 각각의 곡선은 음이온 0.0500 M이 녹아 있는 50.00 mL를 0.1000 M의 $AgNO_3$로 적정한 것이다. 더 작은 $K_{sp}$ 값이 종말점에서 더 급격한 변화를 보임을 알 수 있다.

의 적정 용액이 첨가된 후에야 침전이 일어날 것이다. 이 지점에서의 염소 이온의 농도는 대략 다음과 같다.

$$c_{Cl^-} \approx [Cl^-] = \frac{50.00 \times 0.0800}{50.00 + 25.00} = 0.0533 \text{ M}$$

이 값을 앞의 식에 대입하면, 아이오딘 이온의 농도는

$[I^-] = 4.56 \times 10^{-7}[Cl^-] = 4.56 \times 10^{-7} \times 0.0533 = 2.43 \times 10^{-8}$ M이 된다.

침전되지 않고 남아 있는 아이오딘 이온의 백분율도 다음과 같이 구할 수 있다.

$$\text{침전되지 않은 } I^- \text{의 양} = (75.00 \cancel{\text{mL}})(2.43 \times 10^{-8} \text{mmol } I^-/\cancel{\text{mL}}) = 1.82 \times 10^{-6} \text{mmol}$$

$$\text{원래 } I^- \text{의 양} = (50.00 \cancel{\text{mL}})(0.0500 \text{ mmol}/\cancel{\text{mL}}) = 2.50 \text{ mmol}$$

$$\text{침전되지 않은 } I^- \text{의 백분율} = \frac{1.82 \times 10^{-6}}{2.50} \times 100\% = 7.3 \times 10^{-5}\%$$

따라서 아이오딘 이온에 대한 당량점의 $7.3 \times 10^{-5}$%에 이를 때까지 염화은의 침전은 일어나지 않는다고 할 수 있다. 이 지점까지 적정 곡선은 아이오딘 이온만 존재하는 용액의 적정 곡선과 완벽하게 동일하다(**그림 17-4**). 그림의 실선으로 나타낸 데이터의 첫 부분은 이러한 사실에 기초하여 계산한 결과이다.

그러나 염소 이온이 침전되기 시작하면 pAg 값이 갑작스럽게 감소하면서 염화은의 용해도곱과 계산된 염소 이온 농도(0.0533 M)로부터 pAg를 구할 수 있다.

$$[Ag^+] = \frac{K_{sp}(AgCl)}{[Cl^-]} = \frac{1.82 \times 10^{-10}}{0.0533} = 3.41 \times 10^{-9} \text{ M}$$

$$pAg = -\log(3.41 \times 10^{-9}) = 8.47$$

그림 17-4에서는 pAg = 8.47 지점에서 $Ag^+$의 양이 급격히 감소하는 것을 볼 수 있다. 질산 은 용액을 더 첨가하면 염소 이온의 농도는 감소하고 적정 곡선은 염소 이온의 적정 곡선이 된다.

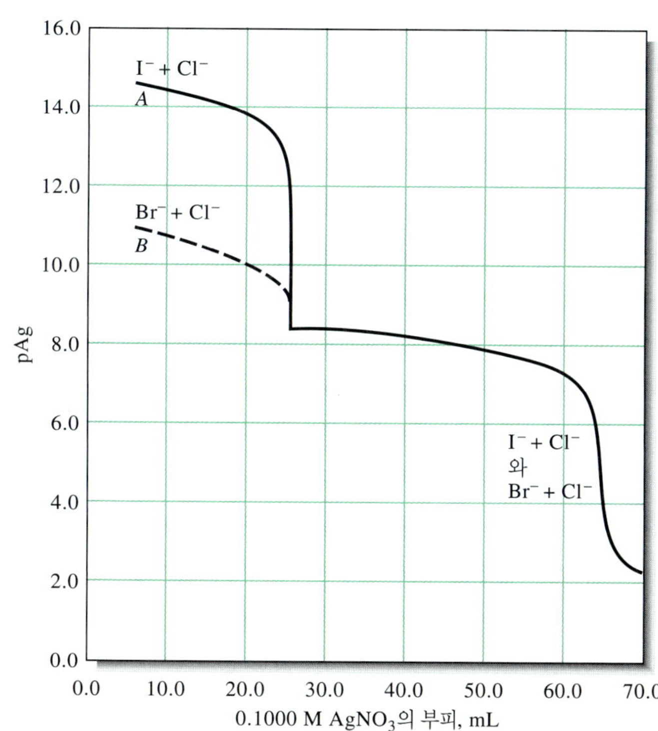


**그림 17-4** 0.0800 M의 $Cl^-$과 0.0500 M의 $I^-$ 혹은 $Br^-$이 녹아 있는 50.00 mL 용액의 적정 곡선.

예를 들어, 30.00 mL의 적정 용액이 첨가되면

$$c_{Cl^-} = [Cl^-] = \frac{50.00 \times 0.0800 + 50.00 \times 0.0500 - 30.00 \times 0.100}{50.00 + 30.00} = 0.0438\,M$$

이 식에서 분자의 처음 두 항은 염소 이온과 아이오딘 이온의 밀리몰(mmol)수를 나타내고 세 번째 항은 적정 물질인 $Ag^+$의 밀리몰(mmol)수를 나타낸다. 그러므로

$$[Ag^+] = \frac{1.82 \times 10^{-10}}{0.0438} = 4.16 \times 10^{-9}\,M$$

$$pAg = 8.38$$

적정 곡선의 나머지는 염소 이온의 적정 곡선에서와 같은 방식으로 계산할 수 있다.

염소 이온과 아이오딘 이온 혼합 용액의 적정을 나타내는 그림 17-4의 곡선 *A*는 두 음이온의 개별적 적정 곡선의 합이라 할 수 있다. 두 당량점이 명확하게 보인다. 곡선 *B*는 염소 이온과 브롬 이온 혼합 용액의 적정 곡선이다. 두 침전물의 용해도가 서로 근접해 있기 때문에 첫 번째 당량점이 덜 명확해짐을 알 수 있다. 이 경우(곡선 *B*)에는 초기 pAg 값이 곡선 *A*에 비해 작은 값을 갖게 되는데, 이는 브로민화 은의 용해도가 염화 은의 용해도보다 훨씬 크기 때문이다. 그렇지만 첫 번째 당량점을 지난 후에는 염소 이온만 적정에 참여하기 때문에 두 적정 곡선이 같아지게 되는 것이다.

분석 용액에 은 전극을 담아 권위를 측정하게 되면 그림 17-4의 적정 곡선과 유사한 그래프를 실험적으로 얻을 수 있다(21C절 참조). 이 곡선을 이용하면 두 할로젠 이온을 포함한 혼합 용액의 각 할로젠 이온 농도를 구할 수 있다.

### » 은 침전 적정의 종말점

질산 은을 이용한 적정에서 종말점을 구할 때는 화학적 방법, 전위차법, 전류법 등을 이용한다. 이 절에서는 지시약을 사용하는 방법 중 하나를 설명할 것이다. 전위차법에서는 은 전극과 기준 전극의 전압 차이를 적정액의 부피에 대한 함수로 측정하여 적정 곡선을 얻는다. 이렇게 얻어진 적정 곡선은 그림 17-2, 17-3, 17-4의 곡선과 매우 유사하다. 전위차법을 이용한 적정은 21C절에서 논의할 것이다. 전류법을 이용한 적정에서는 한 쌍의 은 전극 사이에 발생되는 전류를 적정 용액의 부피에 대한 함수로 표현한다. 전류법은 23B-4절에서 다룰 것이다.

화학 지시약은 적정 과정에서 색깔의 변화, 때로는 형태가 변하거나 탁도가 사라짐으로써 종말점을 알려준다. 침전 적정에 사용되는 지시약은 다음과 같은 조건을 만족해야 한다. (1) 지시약의 색 변화는 분석 용액 혹은 적정 용액 p-함수의 제한적인 영역에서만 일어나야 한다. (2) 분석물에 대한 적정 곡선이 급격한 변화를 일으키는 영역에서 색 변화를 일으켜야 한다. 그림 17-3을 예로 들면 아이오딘 이온의 적정의 경우 4.0~12.0 pAg 범위에서 변화를 일으키는 지시약은 만족스러운 종말점을 나타낸다. 반대로 염소 이온의 적정에서는 4.0~6.0 pAg 범위로 제한된다.

**Volhard법.** Volhard법은 가장 대표적인 은 침전 적정법이다. 이 방법에서는 은 이온을 싸이오시안산(thiocyanate) 표준 용액으로 적정한다.

$$Ag^+ + SCN^- \rightleftharpoons AgSCN(s)$$

철(III)이 지시약으로 작용한다. 과량의 싸이오시안 이온 용액이 첨가되면 $Fe(SCN)^{2+}$가 형성되면서 용액은 붉은색으로 변하게 된다.

Volhard법의 가장 중요한 응용은 할로젠 이온의 간접 정량이다. 즉, 부피를 정확히 측정한 표준 질산 은 용액 과량을 첨가한 후, 남아 있는 과량의 은 이온의 농도를 시아노황 용액으로 역적정(back-titration)하여 정량한다. Volhard법은 매우 강한 산성 조건에서 일어나기 때문에 탄산 이온, 옥살산 이온, 비산 이온과 같은 이온들의 방해가 적다는 점에서 다른 할로젠 이온 정량법에 비해 장점이 있다. 이러한 이온들과 은의 염은 산성에서는 잘 녹지만 중성에서는 거의 녹지 않는다.

염화은은 티오시안산 이온보다 잘 녹기 때문에, Volhard법을 이용한 염소 이온의 정량에서는 다음 반응이 역적정의 종말점 부근까지도 상당한 정도로 발생한다.

$$AgCl(s) + SCN^- \rightleftharpoons AgSCN(s) + Cl^-$$

위 반응은 종말점을 흐리게 하여 싸이오시안 이온의 과소비를 유발한다. 이러한 단점을 극복하기 위해서는 염화은 침전물을 여과한 후 역적정을 수행한다. 다른 할로젠 이온의 경우에는 싸이오시안산은보다 용해도가 낮아 여과 과정이 필요 없다.

**다른 은 침전법.** **Mohr법**(Mohr method)은 염소 이온, 브롬이온, 시안산 이온의 침전 적정의 지시약으로 크롬산소듐을 사용한다. 은이온이 크롬산 이온과 반응하여 당량점에서 붉은 벽돌색의 크롬산은($Ag_2CrO_4$) 침전을 형성한다. Mohr법은 Cr(VI)이 발암 물질로 분류되어 최근에는 거의 사용되지 않는다.

**Fajans법**(Fajans method)은 **흡착지시약**(adsorption indicator)을 이용하는 적정법이다. 흡착지시약은 침전 적정 과정에서 고체의 표면에 흡착하거나 혹은 표면에서 탈착되는 유기 화합물이다. 이상적으로는 흡착 또는 탈착이 당량점 근처에서 일어나기 때문에 색의 변화 뿐 아니라 용액과 침전물의 색 이동 또한 유발한다.

흡착 지시약은 1926년 폴란드 화학자 K. Fajans에 의해 처음 소개되었다. 흡착 지시약이 관련된 적정은 빠르고 정확하고 신뢰성이 높지만 콜로이드 침전을 형성하는 소수의 침전 적정에만 적용 가능하다.

**스프레드시트 요약** *Applications of Microsoft® Excel in Analytical Chemistry* 2판 9장에서 $AgNO_3$에 의한 NaCl 적정 곡선을 그려보았다. 우선 화학량론적 접근법을 사용한 후 마스터 방정식을 이용하였다. 마지막으로는 역으로 주어진 pAg 값을 얻기 위한 부피 계산법을 나타내었다.

## 17C 유기 착화제

여러 가지 다른 유기 착화제들은 금속 이온과 반응할 수 있는 내재적 감도와 선택성 때문에 분석 화학에서 중요한 위치를 차지하게 되었다. 특히 이러한 유기 시약들은 금속을 침전시키거나, 간섭 물질을 차단시키기 위한 금속과의 결합, 금속을 어떤 용매에서 다른 용매로 추출하거나 분광 광도 분석을 위해 빛을 흡수하는 착화합물을 형성시키는 데 유용하다. 가장 유용한 유기 시약은 금속 이온과 킬레이트 착화합물을 형성하는 것이다.

많은 유기 착화제들은 금속 이온을 물로부터 물과 섞이지 않는 유기층으로 쉽게 추출될 수 있는 형태로 전환하는데 사용된다. 추출은 원하는 금속을 간섭 가능성이 있는 다른 이온으로부터 분리하기 위해, 그리고 더 작은 부피 층으로 옮김으로써 농축 효과를 얻으려고 할 때 널리 사용된다. 침전에 비해 매우 적은 양의 금속 추출에 이용될 수 있으며 공침과 관련된 문제를 피할 수 있다. 추출에 의한 분리는 31C 절에서 논의한다.

추출에 가장 널리 사용되는 유기 착화제 몇 가지를 **표 17-3**에 수록하였다. 이들 동일 시약 중 어떤 것들은 보통 금속 이온과 결합하여 물에 불용성인 화학종을

**표 17-3**

**금속 추출을 위한 유기 물질**

| 시약 | 추출되는 금속 | 이온 용매 |
|---|---|---|
| 8-Hydroxyquinoline | $Zn^{2+}$, $Cu^{2+}$, $Ni^{2+}$, $Al^{3+}$, 기타 금속들 | 물 → 클로로폼($CHCl_3$) |
| Diphenylthiocarbazone (dithizone) | $Cd^{2+}$, $Co^{2+}$, $Cu^{2+}$, $Pb^{2+}$, 기타 금속들 | 물 → $CHCl_3$ 혹은 $CCl_4$ |
| Acetylacetone | $Fe^{3+}$, $Cu^{2+}$, $Zn^{2+}$, U(VI), 기타 금속들 | 물 → $CHCl_3$, $CCl_4$, 혹은 $C_6H_6$ |
| Ammonium pyrrolidine dithiocarbamate | 전이 금속 | 물 → 메틸 아이소뷰틸 케톤 |
| Tenoyltrifluoroacetone | $Ca^{2+}$, $Sr^{2+}$, $La^{3+}$, $Pr^{3+}$ 기타 희토류 | 물 → 벤젠 |
| Dibenzo-18-crown-6 | 알칼리 금속, 몇몇 알칼리 희토류 | 물 → 벤젠 |

형성한다. 그러나 추출을 응용하면 유기 용매층의 금속 킬레이트의 용해도로 인해 착화합물이 수용액에서 침전되는 것을 막아준다. 여러 경우에 식 (17-21)에 나타난 바와 같이 대부분의 반응들은 pH에 의존하므로 수용액 층의 pH는 추출 과정 중 무언가를 조절하고자 할 때 사용된다.

$$nHX(org) + M^{n+}(aq) \rightleftharpoons MX_n(org) + nH^+(aq) \qquad \textbf{(17-21)}$$

유기 착화제의 또 다른 중요한 응용은 정량 분석에서 간섭을 일으키는 금속과 안정한 착화합물을 형성시키는 것이다. 이러한 착화제를 **가리움제**(masking agent)라 부르며 17D-8절에서 논의한다. 또한 유기 착화제는 금속 이온의 분광광도법 분석에도 널리 사용된다(26장 참조). 여기서, 금속-리간드 착화합물은 착색되거나 자외선을 흡수한다. 유기 착화제는 보통 전기화학 분석이나 분자 형광 분광법에도 이용된다.

## 17D 아미노폴리카복실산 적정

카복실산기를 가지고 있는 3차 아민은 많은 금속 이온들과 매우 안정한 킬레이트를 형성한다.[1] 1945년 Gerold Schwarzenbach는 그것들의 분석 시약으로서의 가능성을 처음으로 인식했다. 이후 전 세계 연구자들은 주기율표에 있는 대부분의 금속들의 부피 정량법에 이 화합물들을 응용하여 연구해 왔다.

### ▸ 17D-1 에틸렌다이아민테트라아세트산(EDTA)

일명 에틸렌다이니트릴로아세트산[(ethylenedinitrilo)tetraacetic acid]라고 하는 에틸렌다이아민테트라아세트산은 줄여서 EDTA로 부르며, 구조는 다음과 같다.

$$\begin{array}{l} HOOC-H_2C \qquad\qquad\qquad\qquad\qquad CH_2-COOH \\ \qquad\qquad\quad N-CH_2-CH_2-N \\ HOOC-H_2C \qquad\qquad\qquad\qquad\qquad CH_2-COOH \end{array}$$

EDTA의 구조식

[1]R. Pribil, *Applied Complexometry*, New York, 1982; A. Ringbom and E. Wanninen, in *Treatise on Analytical Chemistry*, 2nd ed., I. M. Kolthoff and P. J. Elving, Eds., Part I, Vol. 2, Chapter 11, New York: Wiley, 1979.

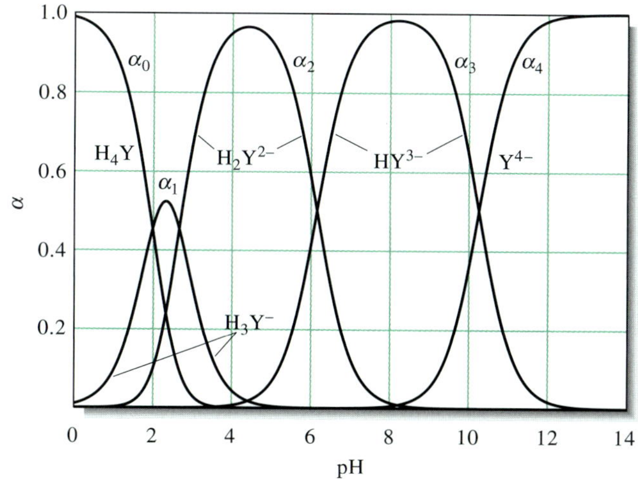


**그림 17-5** pH 함수로서 EDTA 용액의 조성. 완전히 양성자화 된 형태인 $H_4Y$는 매우 강한 산성(pH < 3)에서만 주 조성 성분임을 주목하시오. pH 범위 3에서 10까지에는 화학종 $H_2Y^{2-}$ 와 $HY^{3-}$가 지배적이다. 완전히 해리한 형태 $Y^{4-}$는 단지 매우 강한 염기성(pH > 10)에서만 주 조성 성분이다.

EDTA 분자는 한 금속 이온과 결합할 수 있는 여섯 개의 자리를 가지고 있는 여섯 자리 리간드이다. 이 때 네 개는 카복실기이고 두 개는 비공유 전자쌍을 갖고 있는 아미노기이다.

❮ 여섯 자리 리간드인 EDTA는 적정 분석에서 가장 중요하고 널리 사용되어 온 시약에 속한다.

## » EDTA의 산성 성질

EDTA에 있는 산성기들의 해리 상수는 $K_1 = 1.02 \times 10^{-2}$, $K_2 = 2.14 \times 10^{-3}$, $K_3 = 6.92 \times 10^{-7}$, $K_4 = 5.50 \times 10^{-11}$이다. 흥미로운 것은 $K_1$과 $K_2$가 같은 크기의 차수를 갖는다는 점으로 이는 2개의 양성자가 긴 분자의 반대편 끝에서 해리된다는 것을 암시한다. 이러한 양성자들은 상당히 떨어져 있기 때문에 첫 번째 해리에 의해 생성되는 음전하는 두 번째 양성자의 해리를 크게 방해하지 않는다. 그러나 다른 2개의 양성자는 처음 해리에 의해 생성된 음전하를 띤 카복실 이온에 더 가까이 있으므로 더 영향을 받게 된다.

EDTA의 여러 화학종들은 일반적으로 $H_4Y$, $H_3Y^-$, $H_2Y^{2-}$, $HY^{3-}$, $Y^{4-}$ 등으로 간단히 나타낸다. 특집 17-3은 EDTA 화학종에 대한 설명과 구조식을 나타내고 있다. **그림 17-5**는 EDTA에서 유도된 5가지의 화학종들의 상대적인 양이 pH에 따라 어떻게 변하는가를 보여준다. 약한 산성 매체(pH 3~6)에서는 주로 $H_2Y^{2-}$가 존재함을 주목하시오.

**특집 17-3**

**EDTA 용액에 존재하는 화학종**

물에 용해되면 EDTA는 글리신과 같은 아미노산처럼 행동한다(특집 14-5와 15-2 참조). 그러나 EDTA는 그림 17F-1a에 나타난 구조처럼 이중 쯔비터 이온을 형성한다. 네 개의 산성 양성자는 두 개의 카복실기와 두 개의 아민기와 연관되어 결국 전체의 전하는 0이 됨을 주목하시오. 단순함을 위해 이중 쯔비터 이온은 $H_4Y$로 표현하고 완전히 탈양성자된 화학종 $Y^{4-}$는 그림 17F-1e처럼 나타낸다. 해리의 처음과 두 번째 과정은 두 카복실산으로부터 양성자가 연속적으로 해리되며 세 번째와 네 번째는 아민기로부터 양성자가 해리된다. $H_3Y^-$, $H_2Y^{2-}$, $HY^{3-}$의 구조식을 **그림 17F-1 b, c, d**에 나타내었다.

*(계속)*

*쯔비터 이온 $H_4Y$의 분자 모델.*

$$\begin{array}{lcr} {}^{-}OOCCH_2 & & CH_2COOH \\ & {}^{+}H—N—CH_2—CH_2—N—H^{+} & \\ HOOCCH_2 & & CH_2COO^{-} \end{array}$$

(a) $H_4Y$ 구조식

$$\begin{array}{lcr} {}^{-}OOCCH_2 & & CH_2COOH \\ & {}^{+}H—N—CH_2—CH_2—N—H^{+} & \\ {}^{-}OOCCH_2 & & CH_2COO^{-} \end{array}$$

(b) $H_3Y^-$ 구조식

$$\begin{array}{lcr} {}^{-}OOCCH_2 & & CH_2COO^{-} \\ & {}^{+}H—N—CH_2—CH_2—N—H^{+} & \\ {}^{-}OOCCH_2 & & CH_2COO^{-} \end{array}$$

(c) $H_2Y^{2-}$ 구조식

$$\begin{array}{lcr} {}^{-}OOCCH_2 & & CH_2COO^{-} \\ & :N—CH_2—CH_2—N—H^{+} & \\ {}^{-}OOCCH_2 & & CH_2COO^{-} \end{array}$$

(d) $HY^{3-}$ 구조식

$$\begin{array}{lcr} {}^{-}OOCCH_2 & & CH_2COO^{-} \\ & :N—CH_2—CH_2—N: & \\ {}^{-}OOCCH_2 & & CH_2COO^{-} \end{array}$$

(e) $Y^{4-}$ 구조식

**그림 17F-1** $H_4Y$의 구조식과 해리된 화학종들. 완전히 양성자화된 $H_4Y$는 아민기와 두 개의 카복실기가 양성자화 되었음을 유의하시오. 처음의 두 양성자의 해리는 카복실기로부터 해리되고, 나머지 두 양성자는 아민기로부터 해리된다.

### » *EDTA 적정 시약*

EDTA의 유리된 산 형태의 $H_4Y$와 소듐염의 2수화물인 $Na_2H_2Y \cdot 2H_2O$는 시약용으로 구입할 수 있다. $H_4Y$는 130~145°C에서 수 시간 동안 건조한 후에 일차 표준물질로 사용될 수 있다. 하지만 유리된 산의 경우 물에 잘 녹지 않기 때문에 완전 용해된 용액을 만들기 위해서는 최소량의 염기를 넣어 주어야 한다.

표준 EDTA 용액은 무게를 잰 $Na_2H_2Y \cdot 2H_2O$를 용해하여 부피 플라스크의 눈금까지 희석하여 만든다.

일반적으로 표준 용액의 제조는 2수화물인 $Na_2H_2Y \cdot 2H_2O$를 이용한다. 대기압 하에서는 2수화물의 수분 함량이 화학량론적인 값보다 0.3% 더 함유하고 있다. 과량의 정도는 매우 재현성이 높기 때문에 매우 정확한 실험을 제외한 대부분의 경우에 보정된 염의 무게를 이용해서 표준 용액을 직접 만들 수 있다. 필요하다면 순수한 2수화물은 상대 습도가 50%인 대기압 상태에서 수일 간 80°C에서 건조하면 만들 수 있다. 다른 방법으로서 대략적인 농도를 조제한 다음에 1차 표준물질인 $CaCO_3$에 대해서 표준화 하는 방법이 있다.

화학적으로 EDTA와 유사한 몇 가지 화합물이 연구되어 왔으나 현저한 장점을 보여주지 못했기 때문에 여기에서는 EDTA의 성질과 그 적용에 대해서만 고찰해 보기로 한다.

Nitrilotriacetic acid (NTA)는 EDTA 다음으로 적정에 흔하게 사용되는 amino-polycarboxylic acid이다. 이것은 네 자리 킬레이트 시약이며 다음과 같은 구조를 갖는다.

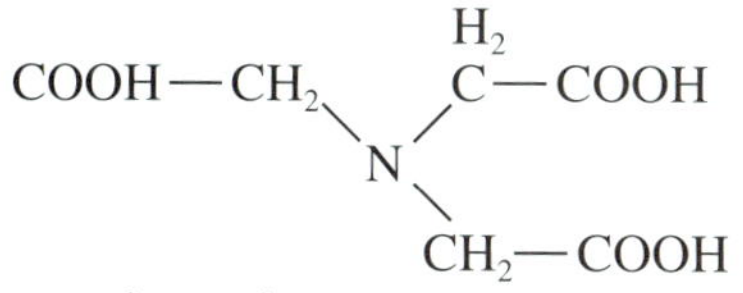
COOH—CH2
H2
C—COOH
N
CH2—COOH

NTA의 구조식.

## ▸ 17D-2 EDTA와 금속 이온 간의 착화합물

EDTA 용액은 적정 물질로서 특별히 가치가 있는데, 그 이유는 EDTA가 *양이온의 전하와 무관하게 1:1의 비율로 금속 이온과 결합*하기 때문이다. 예를 들어, 은과 알루미늄의 착화합물들은 다음 반응으로 형성된다.

$$Ag^{+} + Y^{4-} \rightleftharpoons AgY^{3-}$$

$$Al^{3+} + Y^{4-} \rightleftharpoons AlY^{-}$$

일반적으로 EDTA 이온과 금속 이온 $M^{n+}$의 반응은 다음과 같이 적는다.

$$M^{n+} + Y^{4-} \rightleftharpoons MY^{(n-4)+}$$

EDTA는 알칼리 금속을 제외한 모든 양이온들과 킬레이트를 형성할 뿐만 아니라 대부분의 킬레이트가 매우 안정하여 적정법 분석에 적용될 수 있기 때문에 우수한 시약이다. 이러한 안정성은 분자 내 여러 개의 착화합물 형성 자리로 인해 양이온을 둘러싸면서 바구니 모양(cage-like)의 착화합물을 형성하게 되고, 이러한 구조는 양이온을 용매 분자로부터 효과적으로 격리시킬 수 있기 때문이다. **그림 17-6**은 일반적인 금속/EDTA 착화합물의 구조를 보여준다. 특집 17-4에서 논의한 바와 같이 EDTA는 금속과 착화합물을 만들 수 있어서 식품 및 생물학적 시료에 방부제로 널리 사용된다.

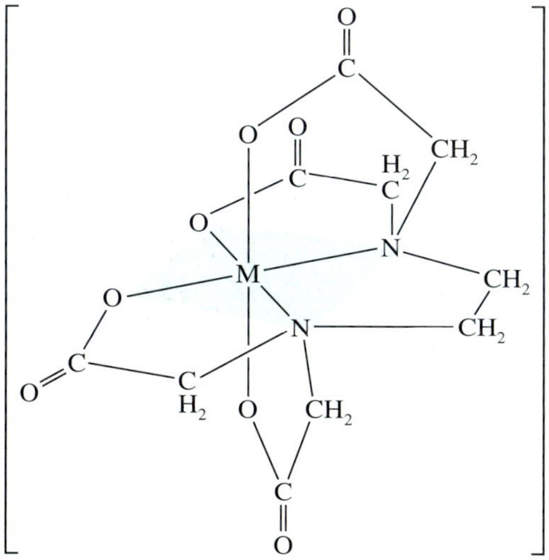
O
C
O
O
CH2
C
H2
C
O
M
N
O
CH2
N
CH2
O
C
C
H2
O
CH2
C
O

**그림 17-6** 금속/EDTA 착화합물의 구조. EDTA는 여섯 자리 리간드로 거동하여 6개의 주개 원자들이 2가 금속 양이온과 결합하는데 관여함을 주목하시오.

**표 17-4**

**EDTA 착화합물 형성 상수**

| 양이온 | $K_{MY}$* | log $K_{MY}$ | 양이온 | $K_{MY}$ | log $K_{MY}$ |
|---|---|---|---|---|---|
| $Ag^+$ | $2.1 \times 10^7$ | 7.32 | $Cu^{2+}$ | $6.3 \times 10^{18}$ | 18.80 |
| $Mg^{2+}$ | $4.9 \times 10^8$ | 8.69 | $Zn^{2+}$ | $3.2 \times 10^{16}$ | 16.50 |
| $Ca^{2+}$ | $5.0 \times 10^{10}$ | 10.70 | $Cd^{2+}$ | $2.9 \times 10^{16}$ | 16.46 |
| $Sr^{2+}$ | $4.3 \times 10^8$ | 8.63 | $Hg^{2+}$ | $6.3 \times 10^{21}$ | 21.80 |
| $Ba^{2+}$ | $5.8 \times 10^7$ | 7.76 | $Pb^{2+}$ | $1.1 \times 10^{18}$ | 18.04 |
| $Mn^{2+}$ | $6.2 \times 10^{13}$ | 13.79 | $Al^{3+}$ | $1.3 \times 10^{16}$ | 16.13 |
| $Fe^{2+}$ | $2.1 \times 10^{14}$ | 14.33 | $Fe^{3+}$ | $1.3 \times 10^{25}$ | 25.1 |
| $Co^{2+}$ | $2.0 \times 10^{16}$ | 16.31 | $V^{3+}$ | $7.9 \times 10^{25}$ | 25.9 |
| $Ni^{2+}$ | $4.2 \times 10^{18}$ | 18.62 | $Th^{4+}$ | $1.6 \times 10^{23}$ | 23.2 |

*형성 상수는 20°C, 이온 세기 0.1 조건에서 유효하다.
**Source:** G. Schwarzenbach, Complexometric Titrations, London: Chapman and Hall, 1957, p. 8.

**표 17-4**에 일반적인 EDTA 착화합물에 대한 형성 상수 $K_{MY}$를 적어 놓았다. 이 상수는 완전히 탈양성자화된 화학종인 $Y^{4-}$과 금속 이온이 반응할 때의 평형 상수임을 주목하시오.

$$M^{n+} + Y^{4-} \rightleftharpoons MY^{(n-4)+} \qquad K_{MY} = \frac{[MY^{(n-4)+}]}{[M^{n+}][Y^{4-}]} \tag{17-22}$$

## ▸ 17D-3 EDTA와 관련된 평형 계산

양이온 $M^{n+}$와 EDTA의 반응에 대한 적정 곡선은 EDTA의 부피 함수로 pM (pM $= -\log[M^{n+}]$)을 도시한 것이다. 적정 초기 단계의 pM 값은 $M^{n+}$의 평형 농도가

**특집 17-4**

**방부제로서의 EDTA**

미량의 금속 이온들은 식품 및 생물학적 시료(예를 들어, 혈중 단백질) 중에 존재하는 여러 화합물에 효과적으로 촉매 작용을 하여 공기 산화를 시킬 수 있다. 이러한 산화반응을 방지하기 위하여 미량의 금속 이온이라도 비활성화시키거나 제거하는 것이 중요하다. 가공 단계에서 다양한 금속 용기(솥 및 대형 통)와 접촉하므로 가공식품 중에는 미량의 금속 이온들이 쉽게 들어갈 수 있다. EDTA는 우수한 식품 방부제이며 마요네즈, 샐러드용 드레싱 및 식용유와 같은 시판되는 식품 제품에 일반적으로 들어가는 성분이다. 식품에 EDTA를 첨가하면 EDTA는 대부분의 금속 이온들과 단단하게 결합하여 금속 이온들이 공기 산화반응에 촉매 작용을 할 수 없게 한다. EDTA 및 유사한 다른 킬레이트 시약들은 금속 이온들을 제거하거나 불활성화 시킬 수 있기 때문에 흔히 **격리제**(sequestering agent)라 한다. EDTA와 더불어 몇 가지 다른 일반적인 격리제에는 구연산과 인산의 염들이 있다. 이러한 시약들은 triglyceride 및 다른 성분들의 불포화 곁사슬이 공기 산화되는 것을 방지할 수 있다. 이러한 산화 반응이 지방과 기름이 썩은 냄새가 나게 하는 원인이 된다. 또한 격리제는 아스코르빈산과 같은 쉽게 산화되는 화합물에 첨가하여 산화를 방지하기도 한다.

만약 생물학적 시료를 장기간 저장하려면, EDTA를 방부제로 첨가하는 것이 중요하다. 식품에서는 EDTA가 금속 이온과 단단하게 착화합물을 형성하여 단백질 및 다른 화합물들의 분해를 일으킬 수 있는 공기 산화반응에 금속 이온들이 촉매 역할을 하지 못하도록 한다. 유명한 미식축구 선수인 O. J. Simpson의 재판 과정에서 방부제로서의 EDTA 사용 여부가 중요 쟁점이 된 적도 있다. 검찰 당국은 만일 혈액 증거물이 Simpson 전처의 집 뒷담에 뿌려졌다면 EDTA가 존재해야만 하고, 만일 혈액이 범인의 것이라면 방부제가 존재하지 않을 것이라고 주장하였다. 정교한 기기분석 시스템(LC/MS)을 사용하여 분석된 증거물에는 EDTA의 흔적이 나타났으나 그 양이 매우 적어서 해석을 달리 할 수 있었다.[2]

[2]D. Margolick, "FBI Disputes Simpson Defense on Tainted Blood", *New York Times,* July 26, 1995, p. A12.

화학량론 자료로부터 구한 분석 농도와 동일하다고 가정하면 쉽게 계산할 수 있다.

당량점과 당량점 이후의 $M^{n+}$계산은 식 (17-22)를 사용해야 한다. 만일 pH를 모르고 pH가 변한다면, $[MY^{(n-4)+}]$와 $[M^{n+}]$는 pH에 따라 변하기 때문에 이 영역의 계산은 매우 어렵고 시간이 걸린다. 그러나 다행히 EDTA 적정은 다른 양이온의 방해를 피하거나 지시약의 만족스런 결과를 위해 항상 pH를 알고 있는 완충 용액에서 이뤄진다. 만약 pH를 알기만 하면 EDTA를 포함한 완충 용액에서 $[M^{n+}]$를 계산하는 것은 비교적 쉬운 일이다. 이 계산에서는 $H_4Y$에 대한 $\alpha$ 값을 사용한다. 이 계산에서 $H_4Y$에 대한 $\alpha$ 값 $\alpha_4$를 사용한다(15H절 참조).

$$\alpha_4 = \frac{[Y^{4-}]}{c_T} \quad \textbf{(17-23)}$$

여기서 $c_T$는 *착화합물을 형성하지 않은* 전체 EDTA의 몰농도이다.

$$c_T = [Y^{4-}] + [HY^{3-}] + [H_2Y^{2-}] + [H_3Y^{3-}] + [H_4Y]$$

주어진 pH에서 $\alpha_4$는 항상 일정함을 기억하시오.

## » 조건부 형성 상수

식 (17-22)에 나타낸 평형에 대한 조건부 형성 상수를 얻기 위해 형성 상수 식[식 (17-22)의 우항]에 있는 $[Y^{4-}]$대신 식 (17-23)에서 얻어지는 $\alpha_4 c_T$를 대입하면 다음 식이 된다.

$$M^{n+} + Y^{4-} \rightleftharpoons MY^{(n-4)+} \qquad K_{MY} = \frac{[MY^{(n-4)+}]}{[M^{n+}]\alpha_4 c_T} \quad \textbf{(17-24)}$$

두 개의 상수 $\alpha_4$와 $K_{MY}$를 결합하면 조건부 형성 상수 $K'_{MY}$를 얻게 된다.

$$K'_{MY} = \alpha_4 K_{MY} = \frac{[MY^{(n-4)+}]}{[M^{n+}]c_T} \quad \textbf{(17-25)}$$

여기서 $K'_{MY}$는 *단지 $\alpha_4$를 적용할 수 있는 pH에서의 상수이다.*

조건부 형성 상수는 pH 의존성이다.

조건부 상수는 pH만 알면 쉽게 계산되는 값이다. 이 값은 당량점과 과량의 반응물질이 있는 지점에서 금속 이온과 착화합물의 평형 농도를 계산할 수 있는 간단한 방법이다. 평형-상수 식에서 $[Y^{4-}]$을 $c_T$로 치환하면, $c_T$는 화학량론적 반응으로부터 쉽게 계산할 수 있으나 $[Y^{4-}]$는 그렇지 못하기 때문에 계산을 크게 단순화할 수 있음을 주목하시오.

## » EDTA 용액에서 $\alpha_4$의 계산

일정한 수소 이온 농도에서 $\alpha_4$를 계산하는 식은 15-H절에 나타낸 방법에 의해 유도된다(특집 15-3 참조). 즉, EDTA의 $\alpha_4$는 다음과 같다.

$$\alpha_4 = \frac{K_1K_2K_3K_4}{[H^+]^4 + K_1[H^+]^3 + K_1K_2[H^+]^2 + K_1K_2K_3[H^+] + K_1K_2K_3K_4} \quad \textbf{(17-26)}$$

$$\alpha_4 = \frac{K_1K_2K_3K_4}{D} \quad \textbf{(17-27)}$$

여기서 $K_1$, $K_2$, $K_3$, $K_4$는 $H_4Y$의 4가지 해리 상수이고, $D$는 식 (17-26)의 분모이다.

다른 EDTA 화학종에 대한 $\alpha$ 값은 유사한 방법으로 계산하며 다음과 같다.

$\alpha_0 = [H^+]^4/D$

$\alpha_1 = K_1[H^+]^3/D$

$\alpha_2 = K_1K_2[H^+]^2/D$

$\alpha_3 = K_1K_2K_3[H^+]/D$

적정 곡선을 계산하는 데에는 $\alpha_4$만 필요하다.

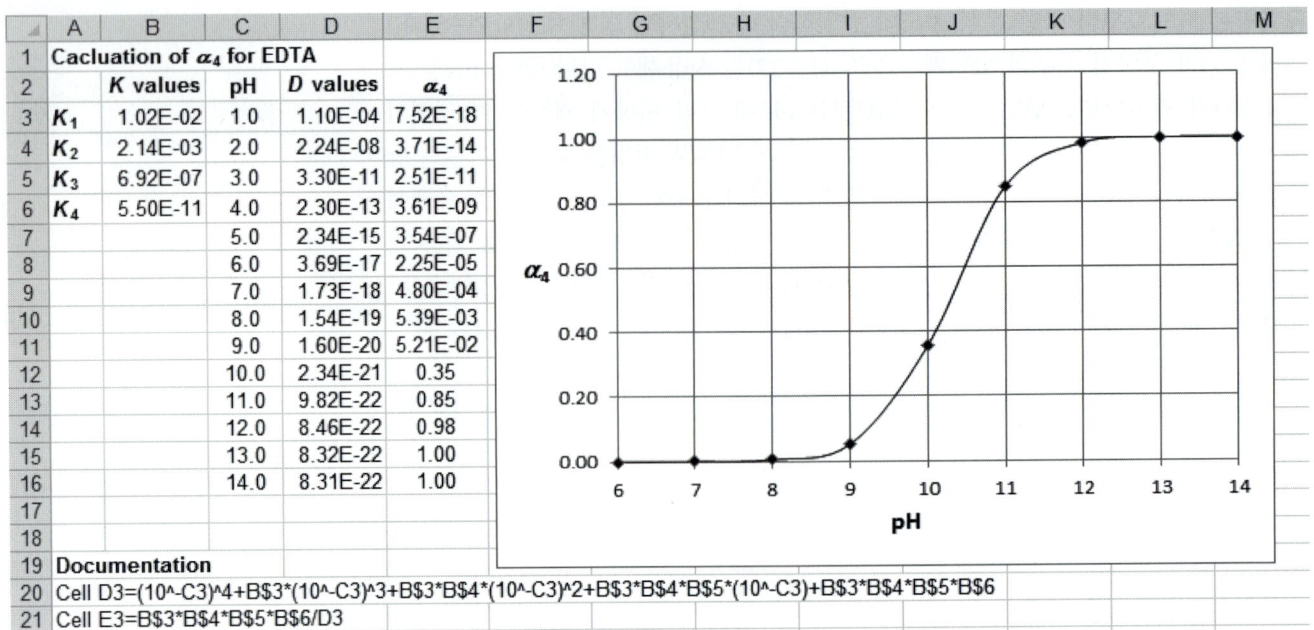

Cacluation of $\alpha_4$ for EDTA

| | *K* values | pH | *D* values | $\alpha_4$ |
|---|---|---|---|---|
| $K_1$ | 1.02E-02 | 1.0 | 1.10E-04 | 7.52E-18 |
| $K_2$ | 2.14E-03 | 2.0 | 2.24E-08 | 3.71E-14 |
| $K_3$ | 6.92E-07 | 3.0 | 3.30E-11 | 2.51E-11 |
| $K_4$ | 5.50E-11 | 4.0 | 2.30E-13 | 3.61E-09 |
| | | 5.0 | 2.34E-15 | 3.54E-07 |
| | | 6.0 | 3.69E-17 | 2.25E-05 |
| | | 7.0 | 1.73E-18 | 4.80E-04 |
| | | 8.0 | 1.54E-19 | 5.39E-03 |
| | | 9.0 | 1.60E-20 | 5.21E-02 |
| | | 10.0 | 2.34E-21 | 0.35 |
| | | 11.0 | 9.82E-22 | 0.85 |
| | | 12.0 | 8.46E-22 | 0.98 |
| | | 13.0 | 8.32E-22 | 1.00 |
| | | 14.0 | 8.31E-22 | 1.00 |

Documentation
Cell D3=(10^-C3)^4+B$3*(10^-C3)^3+B$3*B$4*(10^-C3)^2+B$3*B$4*B$5*(10^-C3)+B$3*B$4*B$5*B$6
Cell E3=B$3*B$4*B$5*B$6/D3



그림 17-7 선택한 pH 값에서 EDTA의 $\alpha_4$를 계산하는 스프레드시트. EDTA의 산 해리 상수가 B열(A열에 표지된)에 입력됨을 주목하시오. 그 다음, 계산을 하려는 pH 값이 C열에 입력된다. 식 (17-26)과 식 (17-27)의 분모 *D*를 계산하는 공식을 셀 D3에 놓고 복사하여 D4~D16까지 붙여넣기를 한다. 마지막 E열은 식 (17-27)에 주어진 $\alpha_4$ 값을 계산하는 식을 포함하고 있다. 그래프는 pH 6~14 범위에서 pH에 대한 $\alpha_4$를 도시한 것이다.

그림 17-7는 식 (17-26)과 식 (17-27)에 따라 선택한 pH 값에서 $\alpha_4$를 계산하는 엑셀 스프레드시트이다. pH에 따라 $\alpha_4$ 값이 크게 변화함을 주목하시오. 이처럼 큰 변화는 pH를 변화시킴으로써 EDTA의 착화합물 형성 능력을 변화시킬 수 있음을 말한다. 예제 17-2에서 주어진 pH에서 어떻게 $Y^{4-}$가 계산되는지를 보여준다.

**예제 17-2**

pH 10.00으로 완충된 0.0200 M EDTA 용액에서 $Y^{4-}$의 몰농도를 계산하시오.

**풀이**

pH 10.00에서 $\alpha_4$는 0.35이다(그림 17-7 참조). 따라서

$$[Y^{4-}] = \alpha_4 c_T = 0.35 \times 0.0200\ M = 7.00 \times 10^{-3}\ M$$

### » *EDTA 용액에서 양이온의 농도 계산*

EDTA 적정에서는 양이온의 농도를 첨가한 적정 물질(EDTA)의 함수로 계산하는 것이 주요 관심사이다. 당량점 이전에서는 양이온이 과량으로 존재하기 때문에 양이온의 농도는 반응의 화학량론으로부터 계산할 수 있다. 그러나 당량점과 당량점 이후 영역에서 양이온 농도를 계산하기 위해서는 착화합물의 조건부 형성 상수를 이용해야만 한다. 예제 17-3은 EDTA 착화합물 용액에서 양이온 농도의 계산법을 보여주고, 예제 17-4는 과량의 EDTA가 존재할 때의 계산법을 보여준다.

## 예제 17-3

$NiY^{2-}$의 분석 농도가 0.0150 M이고 pH가 (a) 3.0, (b) 8.0인 용액에서의 $Ni^{2+}$의 평형 농도를 계산하시오.

**풀이**

표 17-4로부터

$$Ni^{2+} + Y^{4-} \rightleftharpoons NiY^{2-} \qquad K_{NiY} = \frac{[NiY^{2-}]}{[Ni^{2+}][Y^{4-}]} = 4.2 \times 10^{18}$$

$NiY^{2-}$의 평형 농도는 착화합물의 분석 농도에서 해리에 의해 줄어든 농도를 빼 준 값과 같다. 해리에 의해 줄어든 농도는 $Ni^{2+}$의 평형 농도와 동일하다. 즉,

$$[NiY^{2-}] = 0.0150 - [Ni^{2+}]$$

착화합물 형성 상수가 크기 때문에 $[Ni^{2+}] \ll 0.0150$이라는 가정도 확실히 타당하므로 이 식은 다음과 같이 단순화한다.

$$[NiY^{2-}] \cong 0.0150$$

$Ni^{2+}$와 EDTA 화학종은 오직 착화합물에서만 주어질 수 있으므로

$$[Ni^{2+}] = [Y^{4-}] + [HY^{3-}] + [H_2Y^{2-}] + [H_3Y^-] = [H_4Y] = c_T$$

이 등식을 식 (17-25)에 대입하면, 다음과 같다.

$$K'_{NiY} = \frac{[NiY^{2-}]}{[Ni^{2+}]c_T} = \frac{[NiY^{2-}]}{[Ni^{2+}]^2} = \alpha_4 K_{NiY}$$

(a) 그림 17-7의 스프레드시트는 pH 3.0에서 $\alpha_4$가 $2.51 \times 10^{-11}$임을 나타내고 있다. 이 값과 $NiY^{2-}$의 농도를 $K'_{MY}$식에 대입하면, 다음과 같다.

$$\frac{0.0150}{[Ni^{2+}]^2} = 2.51 \times 10^{-11} \times 4.2 \times 10^{18} = 1.05 \times 10^8$$

$$[Ni^{2+}] = \sqrt{1.43 \times 10^{-10}} = 1.2 \times 10^{-5}\ M$$

(b) pH 8.0에서는 조건부 상수 값이 매우 크다. 따라서

$$K'_{NiY} = 5.39 \times 10^{-3} \times 4.2 \times 10^{18} = 2.27 \times 10^{16}$$

그리고 이것을 $K'_{NiY}$ 식에 대입하여 정리하면

$$[Ni^{2+}] = \sqrt{\frac{0.0150}{2.27 \times 10^{16}}} = 8.1 \times 10^{-10}\ M$$

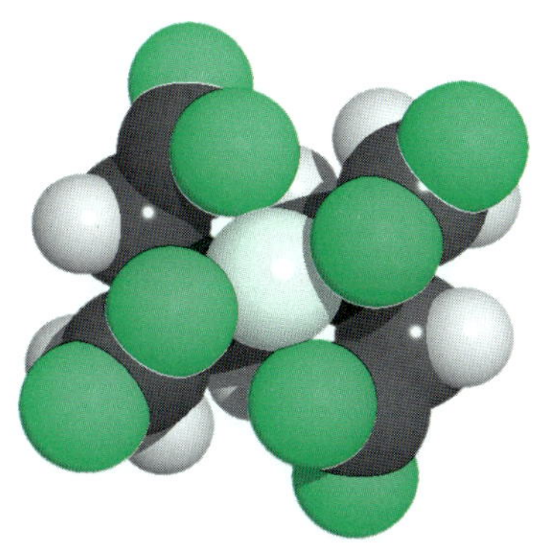

$NiY^{2-}$의 분자 모델. 이것은 금속 이온과 EDTA가 강한 결합을 이루는 전형적인 착화합물이다. $Ni^{2+}$ 착화합물의 형성 상수는 $4.2 \times 10^{18}$이다.

pH 3.0과 pH 8.0 모두 $[Ni^{2+}] \ll 0.0150$ M이라는 가정이 입증됨을 유의하시오.

**예제 17-4**

0.0300 M $Ni^{2+}$ 용액 50.0 mL와 0.0500 M EDTA 용액 50.00 mL를 혼합하여 만든 용액의 $Ni^{2+}$의 농도를 계산하시오. 이 용액은 pH 3.0으로 완충되어 있다.

**풀이**

이 용액에는 EDTA가 과량으로 있으므로, 착화합물의 분석 농도는 원래 존재하는 $Ni^{2+}$의 양에 의해 결정된다. 즉,

$$c_{NiY^{2-}} = 50.00\ \text{mL} \times \frac{0.0300\ \text{M}}{100\ \text{mL}} = 0.0150\ \text{M}$$

$$c_{EDTA} = \frac{(50.00 \times 0.0500)\ \text{mmol} - (50.0 \times 0.0300)\ \text{mmol}}{100.0\ \text{mL}} = 0.0100\ \text{M}$$

여기서도 $[Ni^{2+}] \ll [NiY^{2-}]$로 가정하면

$$[NiY^{2-}] = 0.0150 - [Ni^{2+}] \approx 0.0150\ \text{M}$$

이 때 착화합물을 이루지 않은 전체 EDTA 농도는 몰농도로 다음과 같다.

$$c_T = c_{EDTA} = 0.0100\ \text{M}$$

이 값을 식 (17-25)에 대입하면

$$K'_{NiY} = \frac{0.0150}{[Ni^{2+}] \times 0.0100} = \alpha_4 K_{NiY}$$

그림 17-7로부터 pH 3.0일 때의 $\alpha_4$ 값을 이용하면

$$[Ni^{2+}] = \frac{0.0150}{0.0100 \times 2.51 \times 10^{-11} \times 4.2 \times 10^{18}} = 1.4 \times 10^{-8}\ \text{M}$$

여기서도 $[Ni^{2+}] \ll [NiY^{2-}]$이라는 가정이 입증됨을 주목하시오.

## ▸ 17D-4 EDTA 적정 곡선

예제 17-3와 17-4에서 보여준 원리는 pH를 고정시킨 용액에서 EDTA로 금속 이온을 적정하는 적정 곡선을 유도하는 것이다. 예제 17-5는 스프레드시트로 어떻게 적정 곡선이 만들어지는지 보여준다.

**예제 17-5**

pH 10.0으로 완충시킨 0.00500 M $Ca^{2+}$ 50.0 mL 용액을 0.0100 M EDTA로 적정한다. EDTA 부피에 대한 pCa 적정 곡선을 스프레드시트를 사용하여 그려보시오.

**풀이**

### 초기입력

**그림 17-8**에 스프레드시트를 나타내었다. $Ca^{2+}$의 초기 부피는 셀 B3에, 초기 $Ca^{2+}$의 초기 농도는 셀 E2에 입력한다. EDTA 농도는 셀 E3에 입력한다. pCa 값을 계산에 필요한 EDTA의 부피는 셀 A5에서 A19까지 입력한다. CaY 착화합물의 조건부 형성 상수가 필요하다. 이 값은 착화합물의 형성 상수(표 17-4)와 pH 10에서의 $\alpha_4$ 값(그림 17-7)으로부터 구한다.

$$K'_{CaY} = \frac{[CaY^{2-}]}{[Ca^{2+}]c_T} = \alpha_4 K_{CaY}$$

$$= 0.35 \times 5.0 \times 10^{10} = 1.75 \times 10^{10}$$

여기서 구한 값을 셀 B2에 입력한다. 조건부 형성 상수는 이후 계산에 필요하기 때문에 유효 숫자를 반올림하지 않고 그냥 둘 것이다.

### 당량점 이전의 pCa 값

적정 물질이 0.00 mL인 초기 $[Ca^{2+}]$는 셀 E2 안의 값이다. 따라서 **=E2**를 셀 B5에 입력한다. 초기 pCa는 셀 E5에 대한 도큐멘테이션(documentation)에 나타난 바와 같이 초기 $[Ca^{2+}]$에 음의 대수를 취하여 계산한다. 이 공식을 복사하여 셀 E6에서 셀 E19까지의 셀 안에 붙여넣기한다. 당량점 이전의 다른 지점에서, $Ca^{2+}$의 평형 농도는 적정되지 않고 남아 있는 양에 착화합물의 해리에서 오는 양을 더한 값이지만, 후자는 숫자상으로는 $c_T$와 동일하다. 보통 $c_T$는 착화합물을 형성하지 않은 $Ca^{2+}$의 분석 농도에 비하여 작다. 예를 들어, EDTA가 5.00 mL 첨가된 후에

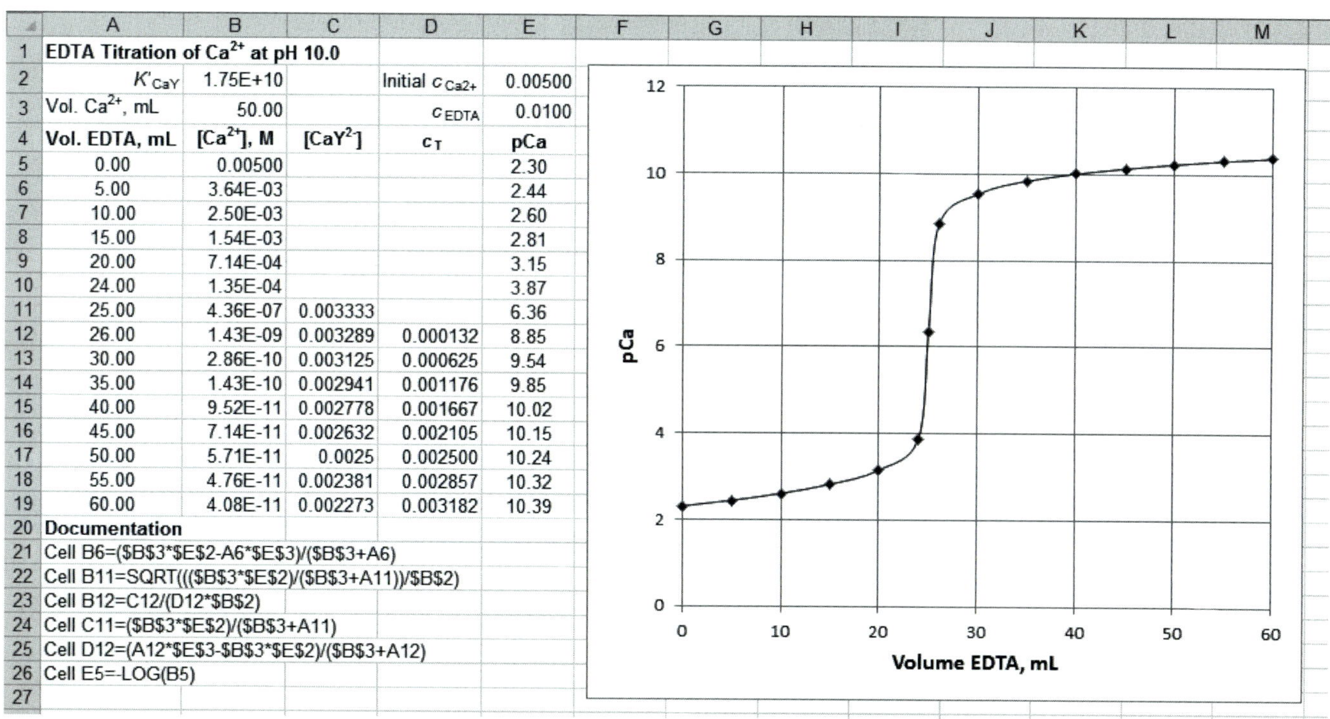

| | A | B | C | D | E |
|---|---|---|---|---|---|
| 1 | EDTA Titration of $Ca^{2+}$ at pH 10.0 | | | | |
| 2 | $K'_{CaY}$ | 1.75E+10 | | Initial $c_{Ca2+}$ | 0.00500 |
| 3 | Vol. $Ca^{2+}$, mL | 50.00 | | $c_{EDTA}$ | 0.0100 |
| 4 | Vol. EDTA, mL | $[Ca^{2+}]$, M | $[CaY^{2-}]$ | $c_T$ | pCa |
| 5 | 0.00 | 0.00500 | | | 2.30 |
| 6 | 5.00 | 3.64E-03 | | | 2.44 |
| 7 | 10.00 | 2.50E-03 | | | 2.60 |
| 8 | 15.00 | 1.54E-03 | | | 2.81 |
| 9 | 20.00 | 7.14E-04 | | | 3.15 |
| 10 | 24.00 | 1.35E-04 | | | 3.87 |
| 11 | 25.00 | 4.36E-07 | 0.003333 | | 6.36 |
| 12 | 26.00 | 1.43E-09 | 0.003289 | 0.000132 | 8.85 |
| 13 | 30.00 | 2.86E-10 | 0.003125 | 0.000625 | 9.54 |
| 14 | 35.00 | 1.43E-10 | 0.002941 | 0.001176 | 9.85 |
| 15 | 40.00 | 9.52E-11 | 0.002778 | 0.001667 | 10.02 |
| 16 | 45.00 | 7.14E-11 | 0.002632 | 0.002105 | 10.15 |
| 17 | 50.00 | 5.71E-11 | 0.0025 | 0.002500 | 10.24 |
| 18 | 55.00 | 4.76E-11 | 0.002381 | 0.002857 | 10.32 |
| 19 | 60.00 | 4.08E-11 | 0.002273 | 0.003182 | 10.39 |
| 20 | Documentation | | | | |
| 21 | Cell B6=($B$3*$E$2-A6*$E$3)/($B$3+A6) | | | | |
| 22 | Cell B11=SQRT((($B$3*$E$2)/($B$3+A11))/$B$2) | | | | |
| 23 | Cell B12=C12/(D12*$B$2) | | | | |
| 24 | Cell C11=($B$3*$E$2)/($B$3+A11) | | | | |
| 25 | Cell D12=(A12*$E$3-$B$3*$E$2)/($B$3+A12) | | | | |
| 26 | Cell E5=-LOG(B5) | | | | |
| 27 | | | | | |



**그림 17-8** pH 10.0으로 완충된 0.00500 M $Ca^{2+}$ 용액 50.00mL를 0.0100 M EDTA로 적정하는 스프레드시트.

$$[Ca^{2+}] = \frac{50.0\ mL \times 0.00500\ M - 5.00\ mL \times 0.0100\ M}{(50 + 5.00)\ mL} + c_T$$

$$\approx \frac{50.0\ mL \times 0.00500\ M - 5.00\ mL \times 0.0100\ M}{55.00\ mL}$$

셀 B6 안에 스프레드시트의 도큐멘테이션 영역에 보여진 공식을 입력한다. 스프레드시트의 공식이 바로 위에 주어진 $[Ca^{2+}]$ 식과 동일하다는 것을 확인해 보시오. 당량점 이전 영역에서는 적정 물질의 부피(A6)만이 변수이다. 그러므로 당량점 이전의 다른 pCa 값도 셀 B7에서 셀 B10까지의 셀 속에 셀 B6의 공식을 복사하여 계산한다.

### 당량점의 pCa 값

당량점(EDTA 25.00 mL)에서는 예제 17-3의 방법을 따라 $CaY^{2-}$의 분석 농도를 먼저 계산한다.

$$c_{CaY^{2-}} = \frac{(50.0 \times 0.00500)\ mmol}{(50.0 + 25.0)\ mL}$$

$Ca^{2+}$ 이온의 유일한 원인은 착화합물의 해리이며 $Ca^{2+}$의 농도는 착화합물을 형성하지 않은 EDTA의 총 농도인 $c_T$와 같아야만 한다. 즉,

$$[Ca^{2+}] = c_T,\ \text{그리고}\ [CaY^{2-}] = c_{CaY^{2-}} - [Ca^{2+}] \approx c_{CaY^{2-}}$$

$[CaY^{2-}]$에 대한 공식을 셀 C11 속에 입력한다. 다시 한번 이 식을 확인해야 한다. $[Ca^{2+}]$를 구하기 위하여 $K'_{CaY}$식에 대입한다.

$$K'_{CaY} = \frac{[CaY^{2-}]}{[Ca^{2+}]\ c_T} \cong \frac{c_{CaY^{2-}}}{[Ca^{2+}]^2}$$

$$[Ca^{2+}] = \sqrt{\frac{c_{CaY^{2-}}}{K'_{CaY}}}$$

이 식에 해당하는 식을 셀 B11에 입력한다.

### 당량점 이후의 pCa 값

당량점이 지난 후에는 $CaY^{2-}$와 EDTA의 분석 농도를 화학량론적인 자료로부터 직접 얻을 수 있다. 과량의 EDTA가 존재하므로 예제 17-4의 경우와 유사하게 계산한다. 예를 들어, EDTA를 26.0 mL 첨가한 후는 다음과 같이 나타낼 수 있다.

$$c_{CaY^{2-}} = \frac{(50.0 \times 0.00500)\ mmol}{(50.0 + 26.0)\ mL}$$

$$c_{EDTA} = \frac{(26.0 \times 0.0100)\ mL - (50.0 \times 0.00500)\ mL}{76.0\ mL}$$

근사를 이용하면

$$[CaY^{2-}] = c_{CaY^{2-}} - [Ca^{2+}] \approx c_{CaY^{2-}} \approx \frac{(50.0 \times 0.00500)\ mmol}{(50.0 + 26.0)\ mL}$$

이 식은 앞서 셀 C11에 입력했던 것과 같다. 이 방정식을 셀 C12에 복사하여 넣는다. 또한 적정의 나머지 부분은 이와 같은 식(부피는 변화)에 의해 $[CaY^{2-}]$가 계산할 수 있다. 그러므로 셀 C12에 있는 공식을 셀 C13에서 셀 C19까지로 복사한다. 또한 다음과 같이 근사값으로 계산한다.

$$c_T = c_{EDTA} + [Ca^{2+}] \approx c_{EDTA} = \frac{(26.0 \times 0.0100)\ mL - (50.0 \times 0.00500)\ mL}{76.0\ mL}$$

같이 이 공식을 셀 D12에 입력하고 셀 D13에서 D16까지 복사하여 붙인다.

$[Ca^{2+}]$를 계산하기 위하여 $c_T$의 근사식을 조건부 형성 상수 식에 대입하면 다음과 같은 식을 얻을 수 있다.

$$K'_{CaY} = \frac{[CaY^{2-}]}{[Ca^{2+}] \times c_T} \cong \frac{c_{CaY^{2-}}}{[Ca^{2+}] \times c_{EDTA}}$$

$$[Ca^{2+}] = \frac{c_{CaY^{2-}}}{c_{EDTA} \times K'_{CaY}}$$

그러므로 셀 B12의 $[Ca^{2+}]$는 셀 C12와 D12의 값으로부터 계산된다. 이 공식을 셀 B13에서 B19까지로 복사하고 그림 17-8에 나타낸 것과 같이 적정 곡선을 도시한다.

**스프레드시트 요약** *Applications of Microsoft® Excel in Analytical Chemistry* 2판 9장에 EDTA의 $\alpha$ 값을 계산하고 그 값을 이용하여 분포 그림을 도시하였다. 4양성자 산인 EDTA를 염기로 적정하는 것 또한 논의되었다.

**그림 17-9**의 곡선 *A*는 예제 17-5의 적정에 대한 자료를 도시한 것이다. 곡선 *B*는 같은 조건에서 마그네슘 이온 용액에 대한 적정 곡선이다. 마그네슘의 EDTA 착화합물 형성 상수는 칼슘 착화합물의 형성 상수보다 작아서 당량점 영역에서의

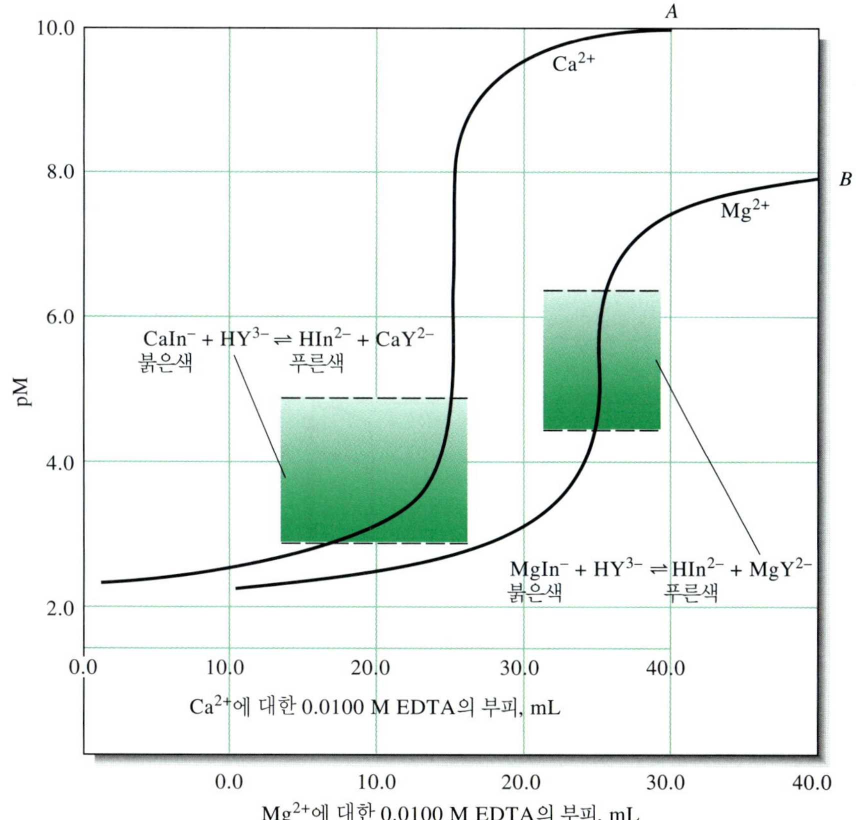


**그림 17-9** pH 10.0인 50.0 mL의 0.00500M $Ca^{2+}$($K'_{CaY} = 1.75 \times 10^{10}$)와 $Mg^{2+}$($K'_{MgY} = 1.72 \times 10^{8}$)에 대한 EDTA 적정 곡선. 형성 상수가 더 크기 때문에 EDTA와 $Ca^{2+}$의 반응은 더욱 완결되어 당량점 영역에서 더 큰 변화가 일어남을 주목하시오. 어두운 부분은 지시약 Eriochrome Black T의 변색 범위를 보여준다.

**그림 17-10** 0.0100 M $Ca^{2+}$를 0.0100 M EDTA로 적정할 때 pH의 영향. pH가 감소하면 착화합물 형성 반응이 덜 완결됨으로써 종말점이 무뎌짐을 주목하시오.

p-함수 변화가 더 작다.

**그림 17-10**은 여러 가지 pH의 완충 용액에서의 칼슘 이온 적정 곡선이다. pH가 낮아질수록 $\alpha_4$와 $K'_{CaY}$는 더 작아진다. 조건부 평형 상수가 더 작을수록 당량점 영역에서 pCa의 변화 정도도 더 작아진다. 그림 17-10은 칼슘 적정에서 pH 8.0 이상일 경우 선명한 종말점을 얻을 수 있음을 보여준다. 그러나 **그림 17-11**에서처럼 매우 큰 형성 상수를 가진 양이온은 산성에서 조차도 명확한 종말점을 나타낸다. 0.01 M 금속 이온 용액에 대해서 만족할 만한 종말점을 얻기 위해서는 조건부 상수가 최소 $10^6$이어야 한다고, 가정한다면 필요한 최소 pH를 계산할 수 있다.[3] **그림 17-12**는 경쟁하는 착화제가 존재하지 않을 경우 여러 가지 금속 이온과의 적정에서 만족할 만한 종말점을 얻기 위한 최소한의 pH를 나타낸 것이다. 여기서 많은 2가의 중금속 양이온은 약한 산성조건에서도 만족하며 Fe(III)과 In(III)의 경우는 매우 강산성에서도 적정이 가능하다.

**스프레드시트 요약** EDTA에 의한 $Ca^{2+}$의 적정 곡선은 화학량론적인 시도와 *Applications of Microsoft® Excel in Analytical Chemistry* 2판 9장에서 마스터 방정식을 사용하여 유도된다. 적정 곡선의 모양과 종말점에 대한 pH의 영향을 조사한다.

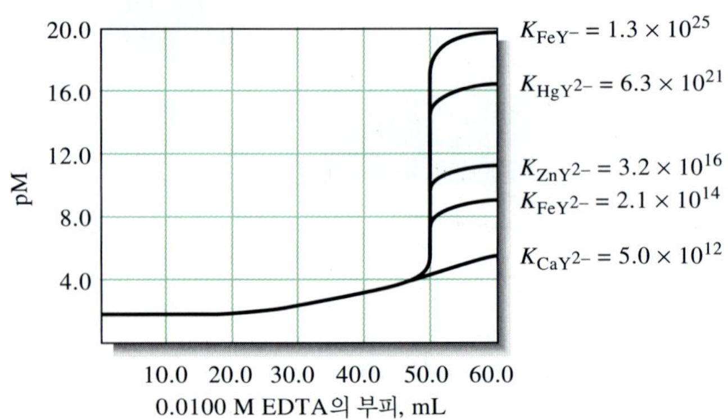


**그림 17-11** pH 6.0에서 다양한 양이온들의 0.0100 M 50.0 mL에 대한 적정 곡선.

[3] C. N. Reilley and R. W. Schmid, *Anal. Chem.*, **1958**, *30*, 947, **DOI**: 10.1021/ac60137a022.

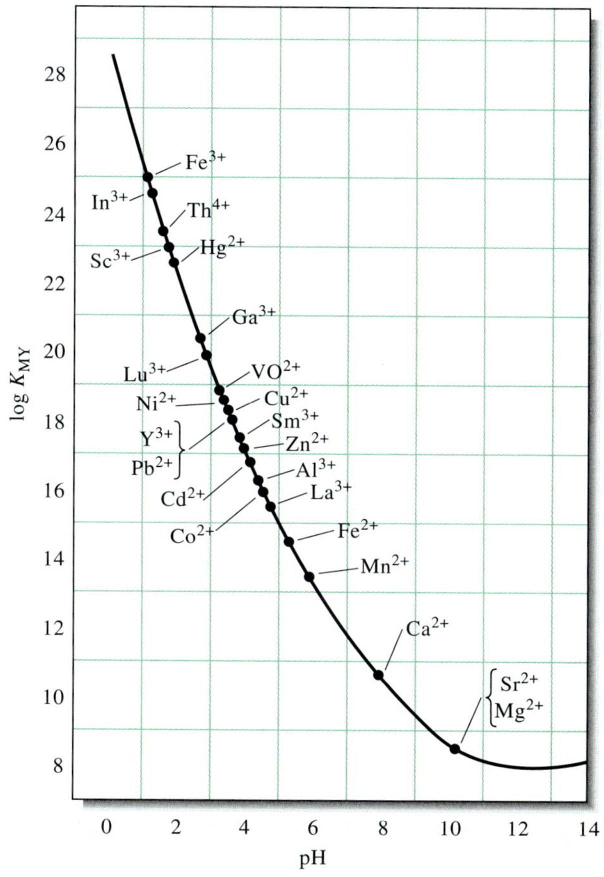


**그림 17-12** 다양한 양이온의 EDTA 적정에서 만족할 만한 적정 곡선을 얻는데 필요한 최소한의 pH. (C.N. Reilley and R.W. Schmid, *Anal. Chem.*, **1958**, *30*, 947, **DOI**: 10.1021/ac60137a022. Copyright 1958 American Chemical Society.)

## ▸ 17D-5 다른 착화제가 EDTA 적정 곡선에 미치는 영향

많은 양이온들은 EDTA와의 효과적인 적정을 하는데 필요한 수준까지 pH를 증가시키면 수화된 산화물 침전(수산화물, 산화물, 산화수산화물)을 생성한다. 이러한 문제점이 발생될 때 보조착화제를 이용하여 양이온이 용액에 녹아 있도록 한다. 예를 들어, Zn(II)은 보통 매우 높은 농도의 암모니아와 염화암모늄이 들어 있는 용액에서 적정된다. 이러한 화학종들은 용액을 양이온과 적정 시약 사이의 반응을 완결시키게 하는 pH로 완충시켜 준다. 또한 암모니아는 Zn(II)와 아민 착화합물을 생성하여 특히 적정의 시작 단계에서 난용성인 수산화 아연이 생기는 것을 방지한다. 이 같은 반응의 실제 예는 다음과 같다

$$Zn(NH_3)_4^{2+} + HY^{3-} \rightarrow ZnY^{2-} + 3NH_3 + NH_4^+$$

이 용액은 또한 $Zn(NH_3)_3^{2+}$, $Zn(NH_3)_2^{2+}$, $Zn(NH_3)^{2+}$와 같은 또 다른 아연/암모니아 화학종들을 포함한다. 암모니아가 포함된 용액에서 pZn을 계산할 때에는 특집 17-5에 나타난 바와 같이 이들 화학종을 고려해야만 한다. 정성적으로 보조착화제에 의한 양이온의 착화합물 형성은 착화제가 없는 용액보다도 당량점 전의 pM 값이 더 커지는 원인이 된다.

> 종종 EDTA 적정에서는 분석 물질이 수화된 산화물로 침전되는 것을 방지하기 위해 보조 착화제를 사용해야 한다. 이러한 시약은 종말점을 덜 예리하게 만든다.

**그림 17-13**은 pH 9.00에서 Zn(II)를 EDTA로 적정할 때 볼 수 있는 두 개의 이론적 곡선을 나타낸 것이다. 적정할 때의 암모니아의 평형 농도는 각각 0.100 M와 0.0100 M이다. 암모니아가 존재하면 당량점 근처에서 pZn 값은 변화 정도가 감소됨

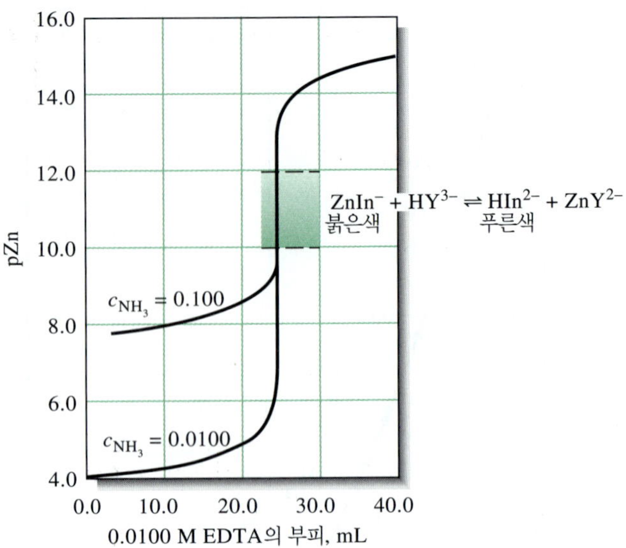


**그림 17-13** 0.00500 M의 $Zn^{2+}$ 용액 50.0 mL를 적정할 때 종말점에 미치는 암모니아 농도의 영향. 용액은 pH 9.00으로 완충되었다. 어두운 부분은 Eriochrome Black T의 변색 범위를 보여준다. 암모니아가 당량점 영역에서 pZn의 변화를 감소시킴을 주목하시오.

을 주목하시오. 이런 이유 때문에 보조착화제의 농도는 항상 분석물의 침전을 방지하는데 필요한 최소한의 값이 되어야 한다. 당량점을 지난 후에는 보조 착화제가 pZn 값에 영향을 주지 않음도 주목하시오. 반면 $\alpha_4$와 pH가 적정 곡선의 당량점 부분을 결정하는데 매우 중요한 역할을 한다는 점도 기억하여야 한다(그림 17-10 참조).

### 특집 17-5

### 보조 착화제가 있을 때의 EDTA 적정 곡선

보조 착화제의 효과에 대한 정량적 표현은 EDTA 적정 곡선에 대한 pH의 영향을 결정하는데 사용한 것과 비슷한 방법으로 유도해 낼 수 있다. 여기서 $\alpha_M$은 $\alpha_4$와 유사하게 정의된다.

$$\alpha_M = \frac{[M^{n+}]}{c_M} \quad \textbf{(17-28)}$$

여기서 $c_M$은 EDTA와 결합하지 않은 금속 이온 화학종들의 농도 합이다. Zn(II)와 암모니아를 포함하는 용액의 경우에는

$$c_M = [Zn^{2+}] + [Zn(NH_3)^{2+}] + [Zn(NH_3)_2{}^{2+}] + [Zn(NH_3)_3{}^{2+}] + [Zn(NH_3)_4{}^{2+}] \quad \textbf{(17-29)}$$

$\alpha_M$ 값은 특집 17-1의 일반적인 금속-리간드 반응에 대하여 설명하였던 것처럼 여러 가지 아민 착화합물에 대한 형성 상수와 암모니아 농도의 항으로 쉽게 표현할 수 있다. 그 결과는 식 (17-9)와 유사한 식이다.

$$\alpha_M = \frac{1}{1 + \beta_1[NH_3] + \beta_2[NH_3]^2 + \beta_3[NH_3]^3 + \beta_4[NH_3]^4} \quad \textbf{(17-30)}$$

마지막으로 암모니아/염화암모늄 완충 용액에서 Zn(II)와 EDTA 사이의 평형에 대한 조건부 형성 상수는 식 (17-28)을 식 (17-25)에 대입하고 정리하여 얻을 수 있다.

$$K''_{ZnY} = \alpha_4\alpha_M K_{ZnY} = \frac{[ZnY^{2-}]}{c_M c_T} \quad \textbf{(17-31)}$$

여기서 $K''_{ZnY}$는 새로운 조건부 형성 상수로서 단일 농도의 암모니아와 단일 pH에서 적용된다.

식 (17-28)에서 식 (17-31)까지의 식들이 적정 곡선을 얻기 위해 어떻게 사용될 수 있는지를 보여주기 위해 0.00500 M $Zn^{2+}$의 50.0 mL에 0.0100 M EDTA를 각각 20.0, 25.0, 30.0 mL를 가하여 제조한 용액의 pZn을 계산할 수 있다. $Zn^{2+}$와 EDTA 용액은 모두 0.100 M $NH_3$와 0.175 M $NH_4Cl$에 의해 일정한 pH 9.0으로 조절되었다고 가정하자.

부록 4에서 암모니아와 아연 사이에 형성되는 네 가지의 착화합물에 대한 단계별 형성 상수의 log 값은 각각 2.21, 2.29, 2.36, 2.03임을 알 수 있다. 즉,

$$\beta_1 = \text{antilog } 2.21 = 1.62 \times 10^2$$

$$\beta_2 = \text{antilog } (2.21+2.29) = 3.16 \times 10^4$$

$$\beta_3 = \text{antilog } (2.21+2.29+2.36) = 7.24 \times 10^6$$

$$\beta_4 = \text{antilog } (2.21+2.29+2.36+2.03) = 7.76 \times 10^8$$

**조건부 상수의 계산**

$\alpha_M$ 값은 근본적으로 암모니아의 몰농도와 분석 농도가 같다는 가정 하에서 식 (17-30)으로부터 구할 수 있다. 즉, $[NH_3] \approx c_{NH_3} = 0.100$ M일 경우에는

$$\alpha_M = \frac{1}{1 + 162 \times 0.100 + 3.16 \times 10^4 \times (0.100)^2 + 7.24 \times 10^6 \times (0.100)^3 + 7.76 \times 10^8 \times (0.100)^4}$$
$$= 1.17 \times 10^{-5}$$

$K_{ZnY}$ 값은 표 17-4에서 얻을 수 있고, pH 9.0에서 $\alpha_4$는 그림 17-7에 주어졌다. 이것을 식 (17-31)에 대입하면 다음과 같다.

$$K''_{ZnY} = 5.21 \times 10^{-2} \times 1.17 \times 10^{-5} \times 3.12 \times 10^{16} = 1.9 \times 10^{10}$$

**EDTA 20.0 mL 첨가 후의 pZn의 계산**

이 지점에서는 $Zn^{2+}$의 일부만이 EDTA와 착화합물을 이룬다. 남아 있는 것은 $Zn^{2+}$와 4개의 아민착화합물로서 존재한다. 정의에 의하면 이러한 다섯 화학종의 농도 합은 $c_M$이다.

$$c_M = \frac{50.00 \text{ mL} \times 0.00500 \text{ M} - 20.0 \text{ mL} \times 0.0100 \text{ M}}{70.00 \text{ mL}} = 7.14 \times 10^{-4} \text{ M}$$

이 값을 식 (17-28)에 대입하면

$$[Zn^{2+}] = c_M\alpha_M = (7.14 \times 10^{-4})(1.17 \times 10^{-5}) = 8.35 \times 10^{-9} \text{ M}$$
$$\text{pZn} = 8.08$$

**EDTA 25.0 mL 첨가 후의 pZn의 계산**

25.0 mL는 당량점이므로 $ZnY^{2-}$의 분석 농도는

$$c_{ZnY^{2-}} = \frac{50.00 \times 0.00500}{50.0 + 25.0} = 3.33 \times 10^{-3} \text{ M}$$

*(계속)*

EDTA와 결합하지 않은 여러 가지 아연 화학종의 농도의 합은 착화합물을 이루지 않은 EDTA 화학종들의 농도 합과 같다.

$$c_M = c_T$$

그리고

$$[ZnY^{2-}] = 3.33 \times 10^{-3} - c_M \approx 3.33 \times 10^{-3}\ M$$

식 (17-31)에 대입하면

$$K''_{ZnY} = \frac{3.33 \times 10^{-3}}{(c_M)^2} = 1.9 \times 10^{10}$$

$$c_M = 4.19 \times 10^{-7}\ M$$

식 (17-28)에 대입하면

$$[Zn^{2+}] = c_M\alpha_M = (4.19 \times 10^{-7})(1.17 \times 10^{-5}) = 4.90 \times 10^{-12}\ M$$

$$pZn = 11.31$$

**EDTA 30.0 mL 첨가 후의 pZn의 계산**

이제 용액은 과량의 EDTA를 함유하고 있다. 즉,

$$c_{EDTA} = c_T = \frac{30.0 \times 0.0100 - 50.0 \times 0.00500}{80.0} = 6.25 \times 10^{-4}\ M$$

그리고 근본적으로 원래의 모든 $Zn^{2+}$가 이제는 착화합물을 형성하였으므로

$$c_{ZnY^{2-}} = [ZnY^{2-}] = \frac{50.00 \times 0.00500}{80.0} = 3.12 \times 10^{-3}\ M$$

식 (17-31)을 재정리하면

$$c_M = \frac{[ZnY^{2-}]}{c_T K''_{ZnY}} = \frac{3.12 \times 10^{-3}}{(6.25 \times 10^{-4})(1.9 \times 10^{10})} = 2.63 \times 10^{-10}\ M$$

그리고 식 (17-28)로부터

$$[Zn^{2+}] = c_M\alpha_M = (2.63 \times 10^{-10})(1.17 \times 10^{-5}) = 3.08 \times 10^{-15}\ M$$

$$pZn = 14.51$$

## ▸ 17D-6 EDTA 적정에서의 지시약

거의 200여 종의 유기 화합물들이 금속 이온의 EDTA 적정을 위한 지시약으로 연구되어 왔다. 가장 흔히 사용되는 지시약들은 Dean[4]이 제시하였다. 일반적으로 이 지시약들은 유기염료로서 금속 이온과 결합하여 고유한 pH에서 색깔을 띠는 킬레이트를 형성한다. 이 착화합물들은 종종 매우 진한 색을 띠고 있어 $10^{-6}$~$10^{-7}$ M의 농도에서도 육안으로 식별이 가능하다.

[4] J. A. Dean, *Analytical Chemistry Handbook*, New York: McGraw-Hill, 1995. p. 3.95.

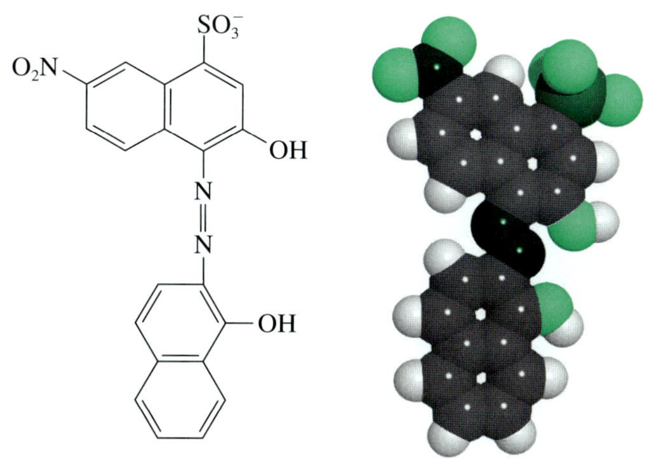


**그림 17-14** Eriochrome Black T의 구조와 분자 모델. 이 화합물은 물에서 완전히 해리하는 1개의 황산기와 부분적으로 해리하는 2개의 페놀기를 포함하고 있다.

Eriochrome Black T는 몇 가지 전형적인 금속 이온의 적정에 가장 많이 쓰이는 지시약이다. **그림 17-14**에 Eriochrome Black T의 구조식을 나타내었다. 약산으로서 거동은 다음 식으로 표현된다.

$$H_2O + \underset{\text{붉은색}}{H_2In^-} \rightleftharpoons \underset{\text{푸른색}}{HIn^{2-}} + H_3O^+ \quad K_1 = 5 \times 10^{-7}$$

$$H_2O + \underset{\text{푸른색}}{HIn^{2-}} \rightleftharpoons \underset{\text{주황색}}{In^{3-}} + H_3O^+ \quad K_2 = 2.8 \times 10^{-12}$$

이 산들과 그것의 짝염기들은 각각 다른 색을 가지고 있음에 주목하시오. Eriochrome Black T는 금속 이온 지시약뿐만 아니라 산/염기 지시약으로도 쓰일 수 있다.

일반적으로 Eriochrome Black T의 금속 착화합물은 $H_2In^-$의 형태에서와 같이 붉은색이다. 즉, 금속 이온을 검출하기 위해서는 금속 이온이 존재하지 않을 때 푸른색의 화학종 $HIn^{2-}$가 주 화학종이 되도록 pH를 7이나 그 이상으로 조절하는 것이 필요하다. 적정에서 당량점까지는 지시약은 과량의 금속 이온과 착화합물을 이루고 있으므로 용액은 붉은색이 된다. EDTA가 약간 과량이 될 때 용액은 아래 반응의 결과로서 푸른색으로 변한다.

$$\underset{\text{붉은색}}{MIn^-} + HY^{3-} \rightleftharpoons \underset{\text{푸른색}}{HIn^{2-}} + MY^{2-}$$

Eriochrome Black T는 20종 이상의 금속 이온과 붉은색의 착화합물을 형성하나 종말점을 검출할 수 있을 정도의 형성 상수 값을 갖는 것은 그 중 일부이다. 예제 17-6에 나타낸 바와 같이 EDTA 적정에 어떤 지시약이 적용될 수 있는가는 금속과 지시약의 착화합물에 대한 형성 상수가 알려져 있을 때 당량점 영역에서의 pM 변화로부터 결정할 수 있다.[5]

## 예제 17-6

pH 10.0에서 $Mg^{2+}$와 $Ca^{2+}$를 적정할 때 Eriochrome Black T의 변색 범위를 결정하시오. (a) 지시약의 이차 산 해리 상수는 다음과 같다.

$$HIn^{2-} + H_2O \rightleftharpoons In^{3-} + H_3O^+ \qquad K_2 = \frac{[H_3O^+][In^{3-}]}{[HIn^{2-}]} = 2.8 \times 10^{-12}$$

*(계속)*

[5]C. N. Reilley and R. W. Schmid, *Anal. Chem.*, **1959**, *31*, 887, **DOI**: 10.1021/ac60137a022.

(b) $MgIn^-$의 형성 상수는

$$Mg^{2+} + In^{3-} \rightleftharpoons MgIn^- \qquad K_f = \frac{[MgIn^-]}{[Mg^{2+}][In^{3-}]} = 1.0 \times 10^7$$

(c) $Ca^{2+}$의 형성 상수는 $2.5 \times 10^5$이다.

**풀이**

14A-1절의 경우처럼 색 변화를 검출할 수 있으려면 색을 띠는 화학종들 사이의 농도 차이가 10배는 되어야 한다. 즉, $[MgIn^-]/[HIn^{2-}]$ 값이 10에서 0.10으로 변화될 때 색 변화를 감지할 수 있다. 지시약의 $K_2$에 $MgIn^-$의 $K_f$ 값을 곱하면 다음과 같다.

$$\frac{[MgIn^-][H_3O^+]}{[HIn^{2-}][Mg^{2+}]} = 2.8 \times 10^{-12} \times 1.0 \times 10^7 = 2.8 \times 10^{-5}$$

$[H_3O^+]$ 값에 $1.0 \times 10^{-10}$, $[MgIn^-]/[HIn^{2-}]$ 값에 10과 0.10을 각각 대입하면 색 변화가 일어나는 $[Mg^{2+}]$의 농도 범위를 구할 수 있다.

$$[Mg^{2+}] = 3.6 \times 10^{-5} \sim 3.6 \times 10^{-7} \text{ M}$$

$$pMg = 5.4 \pm 1.0$$

위와 같은 방법으로 pCa 값이 $3.8 \pm 1.0$이 됨을 알 수 있다.

그림 17-9의 마그네슘과 칼슘 적정 곡선에 Eriochrome Black T의 변색 농도 범위를 나타내었다. 보는 바와 같이 이 지시약은 마그네슘을 적정하는 데에는 이상적이나 칼슘에 대해서는 그렇지 못하다. $CaIn^-$의 형성 상수는 $MgIn^-$의 형성 상수의 1/40에 불과하다는 것을 주목하시오. 그 결과로 당량점 이전에 상당량의 $CaIn^-$가 $HIn^{2-}$로 전환된다. 유사한 계산에 의하면 Eriochrome Black T가 Zn의 EDTA 적정에도 적합하다는 것을 보여준다(그림 17-13 참조).

Eriochrome Black T의 단점은 용액 상태에서 서서히 분해된다는 점이다. 실제로 Eriochrome Black T와 실질적으로 거동이 같은 지시약인 Calmagite 용액(**그림 17-15**)은 이러한 단점을 가지고 없는 것으로 알려져 있다. 다른 종류의 많은 금속지시

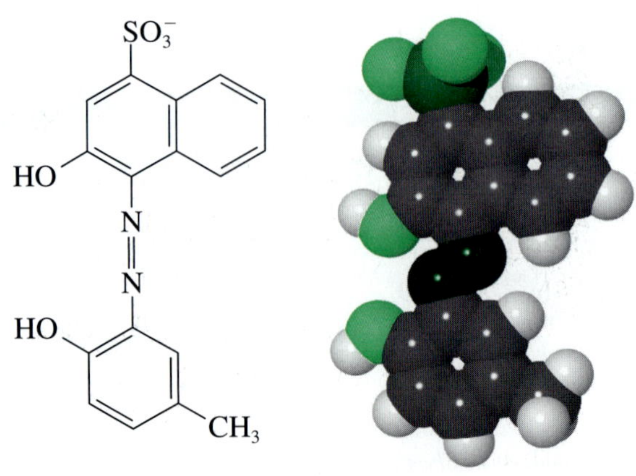


**그림 17-15** Calmagite의 구조식과 분자 모델. Eriochrome Black T(그림 17-14)와 유사함을 주목하시오.

약도 EDTA 적정에 사용하기 위해 개발되어 왔다.[6] Eriochrome Black T와는 대조적으로 이 지시약들 중 일부는 매우 강한 산성 조건에서 사용될 수 있다.

## ▸ 17D-7 EDTA가 관련된 적정법

몇 가지 다른 형태의 적정 방법들은 EDTA를 사용할 수 있다.

분석 물질에 반응하는 금속 이온 지시약을 이용한 직접 적정은 사용하기에 가장 쉽고 편리하다. 첨가하는 금속 이온을 사용하는 방법 또한 널리 이용된다.

### » 직접 적정법

주기율표상의 많은 금속들은 표준 EDTA 용액으로 적정하여 정량할 수 있다. 몇 가지 방법들은 분석 물질 자체에 반응하는 지시약에 기초를 두고 있는 반면에 다른 방법들은 첨가한 금속 이온에 기초하고 있다.

**분석 물질에 대한 지시약의 반응에 기초한 방법.** Dean[7]는 금속 이온 지시약을 사용하여 EDTA로 직접 적정에 의해 정량될 수 있는 40여종의 금속 이온들을 제시하였다. 금속에 직접 반응하는 지시약들은 모든 경우에 사용될 수 없다. 그 이유는 적절한 변색 범위를 가진 어떠한 지시약도 없거나 금속 이온과 EDTA 사이의 반응이 느려서 적정이 불가능하게 되기 때문이다.

**첨가된 금속 이온에 대한 지시약의 반응에 기초한 방법.** 분석물에 대한 좋은 직접 지시약이 없을 때는 좋은 지시약으로 사용이 가능한 금속 이온을 소량 첨가한다. 그 금속 이온은 반드시 분석 물질의 착화합물보다 덜 안정한 착화합물을 형성하여야만 한다. 예를 들어, 칼슘 이온에 대한 지시약은 일반적으로 마그네슘 이온의 경우보다 만족스럽지 못하다. 따라서 적은 양의 염화 마그네슘을 칼슘을 정량하는 데 사용할 EDTA 용액에 넣어주기도 한다. 이 경우에 Eriochrome Black T가 적정에 이용될 수 있다. 적정 초기 단계에서는 EDTA와 착화합물을 이루는 마그네슘 이온이 칼슘 이온에 의해 치환되어 유리된 후, 다시 Eriochrome Black T와 결합을 이루면서 붉은색의 용액이 된다. 칼슘 이온 전부가 착화합물을 이루게 되면 유리된 마그네슘 이온은 다시 EDTA와 결합하여 종말점을 나타내게 한다. 이 과정에서는 일차 표준물질인 탄산 칼슘으로 EDTA 용액을 표준화하는 것이 필요하다.

**전위차법.** 이온 선택성 전극을 이용할 수 있는 특정 금속 이온들의 EDTA 적정에서는 전위를 측정하여 종말점을 검출할 수 있다. 이러한 종류의 전극은 21D-1절에서 설명할 것이다.

**분광광도법.** 자외선/가시선 흡수 측정 또한 적정의 종말점을 결정하는 데 이용될 수 있다(26A-4절 참조). 이런 경우에 종말점은 시각적으로 결정되지 않고 색깔 변화에 반응하는 분광광도법에 의해 결정된다.

### » 역정적법

역적정(back-titration)법은 EDTA와 안정한 착화합물을 형성하지만 만족스러운 지시약이 없는 양이온들을 정량하는데 유용하다. 또한 이 방법은 Cr(III) 및 Co(III)

---

[6]예는 다음을 참고하시오. J. A. Dean, *Analytical Chemistry Handbook*, New York: McGraw-Hill, 1995, pp. **3**.94–**3**.96.

[7]J. A. Dean, ibid, pp. 3.104–3.109.

와 같이 EDTA와 매우 느리게 반응하는 양이온에 대하여 유용하다. 측정된 과량의 EDTA 표준 용액을 분석물 용액에 첨가하고 반응이 완결된 후, 과량의 EDTA는 Eriochrome Black T나 Calmagite 종말점까지 마그네슘 또는 아연 이온 표준 용액으로 역적정한다.[8] 이 방법이 성공하기 위해서는 마그네슘 또는 아연 이온의 EDTA 착화합물이 분석물의 EDTA 착화합물보다 덜 안정하여야 한다. 또한 역적정은 분석 조건 하에서 분석물과 난용성 침전을 생성하는 음이온을 포함하는 시료를 분석하는데 유용하다. 여기서 과량의 EDTA는 침전 생성을 방지한다.

적절한 지시약이 없을 경우, 분석물과 EDTA 사이의 반응이 매우 느릴 경우, 또는 분석물이 적정에서 요구되는 pH에서 침전할 경우 역적정 방법을 사용한다.

### » 치환 적정법

치환 적정법(displacement titration)에서는 마그네슘 또는 아연의 EDTA 착화합물 포함하는 용액을 분석 용액에 과량으로 적당히 넣어준다. 분석물이 마그네슘 또는 아연보다 더 안정한 착화합물을 형성한다면 다음과 같은 치환 반응이 일어난다.

$$MgY^{2-} + M^{2+} \rightarrow MY^{2-} + Mg^{2+}$$

여기서 $M^{2+}$는 분석 양이온을 나타낸다. 유리된 $Mg^{2+}$(혹은 $Zn^{2+}$)를 EDTA 표준 용액으로 적정한다.

## ▸ 17D-8 EDTA 적정의 영역

EDTA의 착화합물 적정은 알칼리 금속 이온을 제외한 거의 모든 금속 양이온을 정량하는데 응용되어 왔다. EDTA가 대부분의 양이온과 착화합물을 만들기 때문에, 이 시약은 얼핏 보기에는 매우 선택성이 없는 것처럼 보인다. 그러나 실제로는 pH를 조절함으로써 간섭 물질들을 상당히 조절할 수 있다. 예를 들어, 3가 양이온들은 보통 용액의 pH를 약 1로 유지하여 2가 양이온들로부터 간섭을 받지 않고 적정할 수 있다(그림 17-12 참조). 이 pH에서는 보다 덜 안정한 2가의 킬레이트는 거의 형성되지 않으나 3가 이온은 정량적으로 착화합물을 형성한다.

마찬가지로 카드뮴과 아연과 같은 이온은 마그네슘보다 더 안정한 EDTA킬레이트를 생성하므로 마그네슘 이온이 존재하더라도 적정하기 전에 이 혼합물을 pH 7로 완충시키면 정량할 수 있다. 이 pH에서 Eriochrome Black T 지시약은 마그네슘과 킬레이트를 형성하지 않기 때문에 마그네슘의 간섭 없이 카드뮴 또는 아연의 종말점을 검출하는 지시약으로 사용될 수 있다.

**가리움제**는 용액 내의 정량을 방해하는 특정 성분과 선택적으로 반응하는 착화제이다.

마지막으로 특별한 양이온으로 인해 생기는 방해는 이 양이온과 더욱 더 안정한 착화합물을 형성하는 보조 리간드인 적당한 **가리움제**(masking agent)를 첨가하여 제거할 수 있다.[9] 그래서 시안화 이온은 Cd, Co, Cu, Ni, Zn, Pd 같은 이온의 존재 하에서도 마그네슘과 칼슘 이온의 적정을 가능하게 하는 가리움제로 종종 사용된다. 이러한 방해 이온들은 매우 안정한 시안화 착화합물을 형성하여 EDTA와의 반응이 억제된다. 특집 17-6에서 EDTA 반응의 선택성을 개선해주기 위해 어떻게 가리움제와 가리움벗김제가 이용되는가를 보여준다.

---

[8]역적정 과정에 대한 논의는 다음을 참고하시오. C. Macca and M. Fiorana, *J. Chem. Educ.*, **1986**, *63*, 121, **DOI**: 10.1021/ed063p121.

[9]추가적인 정보는 다음을 참고하시오. D. D. Perrin, *Masking and Demasking of Chemical Reactions,* New York: Wiley-Interscience, 1970; J. A. Deab, *Analytical Chemistry Handbook,* New York: McGraw-Hill, 1995, pp. 3.92-3.111.

**특집 17-6**

**가리움제와 가리움벗김제를 이용한 EDTA 적정의 선택성 증가**

같은 시료 속에 들어 있는 납, 마그네슘, 아연은 표준 EDTA로 두 번 적정하고 표준 $Mg^{2+}$로 한번 적정하여 정량할 수 있다. 우선 시료를 $Zn^{2+}$를 가리울 정도의 NaCN 과량으로 처리하여 $Zn^{2+}$가 EDTA와 반응하는 것을 방지한다.

$$Zn^{2+} + 4CN^- \rightleftharpoons Zn(CN)_4{}^{2-}$$

이후 $Pb^{2+}$와 $Mg^{2+}$를 표준 EDTA로 적정한다. 당량점에 도달한 후에 착화제인 BAL [2-3-이메캅토-1-프로판올, $CH_2SHCHSHCH_2OH$, 이후 $R(SH)_2$로 칭함] 용액을 첨가한다. 이 두 자리 리간드는 $Pb^{2+}$와 반응하여 $PbY^{2-}$보다 훨씬 더 안정한 $Pb^{2+}$ 착화합물을 선택적으로 형성한다.

$$PbY^{2-} + 2R(SH)_2 \rightarrow Pb(RS)_2 + 2H^+ + Y^{4-}$$

유리된 $Y^{4-}$는 $Mg^{2+}$ 표준 용액으로 적정한다. 마지막으로 폼알데하이드를 첨가하여 아연의 가리움을 벗긴다.

$$Zn(CN)_4{}^{2-} + 4HCHO + 4H_2O \rightarrow Zn^{2+} + 4HOCH_2CN + 4OH^-$$

유리된 $Zn^{2+}$를 EDTA 표준 용액으로 적정한다.

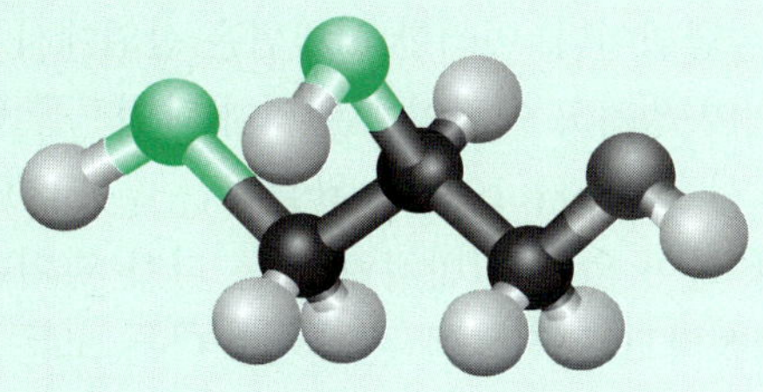

BAL ($CH_2SHCHSHCH_2OH$)의 분자 모델.

$Mg^{2+}$와 $Pb^{2+}$의 초기 적정에 0.02064 M EDTA가 42.22 mL 소모되었고, BAL에 의해 유리된 $Y^{4-}$의 적정에 0.007657 M $Mg^{2+}$ 19.35 mL가 소모되었다고 하자. 폼알데하이드를 첨가한 후에 유리된 $Zn^{2+}$는 EDTA 28.63 mL로 적정되었다. 만약 0.4085 g의 시료가 사용되었다면 시료 속 원소 세 개의 백분율이 얼마인지 계산해 보자.

$$(Pb^{2+} + Mg^{2+})\text{의 양, mmol} = 42.22 \times 0.02064 = 0.87142$$

두 번째 적정은 $Pb^{2+}$의 mmol수를 나타낸다. 즉,

$$Pb^{2+}\text{의 양, mmol} = 19.35 \times 0.007657 = 0.14816$$

$$Mg^{2+}\text{의 양, mmol} = 0.87142 - 0.14816 = 0.72326$$

마지막으로, 세 번째 적정에서

$$Zn^{2+}\text{의 양, mmol} = 28.63 \times 0.02064 = 0.59092$$

*(계속)*

백분율을 얻기 위해

$$\frac{0.14816 \text{ } \cancel{\text{mmol Pb}} \times 0.2072 \text{ g Pb}/\cancel{\text{mmol Pb}}}{0.4085 \text{ g 시료}} \times 100\% = 7.515\% \text{ Pb}$$

$$\frac{0.72326 \text{ } \cancel{\text{mmol Mg}} \times 0.024305 \text{ g Mg}/\cancel{\text{mmol Mg}}}{0.4085 \text{ g 시료}} \times 100\% = 4.303\% \text{ Mg}$$

$$\frac{0.59095 \text{ } \cancel{\text{mmol Zn}} \times 0.06538 \text{ g Zn}/\cancel{\text{mmol Zn}}}{0.4085 \text{ g 시료}} \times 100\% = 9.459\% \text{ Zn}$$

### ▸ 17D-9 물의 세기 측정

센물은 칼슘, 마그네슘 및 중금속 이온들을 포함하고 있어서 비누와 침전을 형성한다(그러나 세제는 침전을 형성하지 않는다).

역사적으로 물의 '세기(hardness)'는 물에 있는 양이온이 비누의 소듐 또는 포타슘 이온을 치환하여 세면대 또는 욕조의 '더껑이(scum)'를 만드는 난용성 물질을 생성하는 능력을 말한다. 대부분 다가의 양이온이 이러한 바람직하지 못한 성질을 가지고 있다. 그러나 자연수에서는 칼슘과 마그네슘 이온의 농도가 일반적으로 다른 금속 이온들의 농도보다 매우 크다. 따라서 물의 세기는 시료 중 모든 다가 양이온의 전체 농도와 같은 탄산 칼슘의 농도로 나타낸다.

세기를 측정하는 것은 가정이나 산업에서 사용되는 물에 대한 질의 척도를 제공해 주는 유용한 분석 실험법이다. 이러한 시험법은 산업에서 중요한데, 센물을 가열하면 탄산 칼슘의 침전이 생기고 이것이 보일러나 파이프를 막히게 하기 때문이다.

물의 세기는 보통 시료를 pH 10으로 완충시킨 후 EDTA 적정으로 측정한다. 마그네슘은 물 시료에 들어 있는 일반적인 모든 다가 양이온들 중 가장 불안정한 EDTA 착화합물을 형성하므로 시료에 존재하는 다른 모든 양이온들이 충분한 양의 EDTA에 의해 착화합물을 형성하고서야 비로소 적정된다. 그러므로 Calmagite나 Eriochrome Black T와 같은 마그네슘 이온 지시약을 물의 세기 적정에서 지시약으로 사용한다. 종종 작은 농도의 Mg-EDTA 킬레이트를 완충 용액이나 적정 시약에 넣어 주어 지시약이 제 역할을 하기에 충분할 정도의 마그네슘 이온이 존재하도록 하기도 한다. 특집 17-7에 가정용 물의 세기를 검사하는 도구의 예를 나타내었다.

**특집 17-7**

**물의 세기 검사 도구**

가정용 물의 세기를 측정하는 검사 도구들은 물의 연수제 및 수도관 물품들을 파는 상점에서 구입할 수 있다. 이 검사 도구는 보통 일정한 부피의 물을 담을 수 있는 눈금용기와 적당량의 고체 완충 혼합물이 들어 있는 꾸러미, 지시약 용액, EDTA 표준 용액을 담은 의료용 점적기(dropper)를 갖춘 병으로 구성되어 있다. 전형적인 검사 도구를 **그림 17F-2**에 나타내었다. 이 도구는 색 변화를 일으키는데 필요한 표준 시약의 방울수를 읽는다. 보통 EDTA 용액 한 방울은 물 1 gallon당 탄산 칼슘 1 grain (약 0.065 g)에 해당하는 농도를 갖는다. 물의 세기를 제거하기 위해 이온 교환 과정을 이용하는 가정용 물의 연수제는 특집 31-2에서 논의한다.

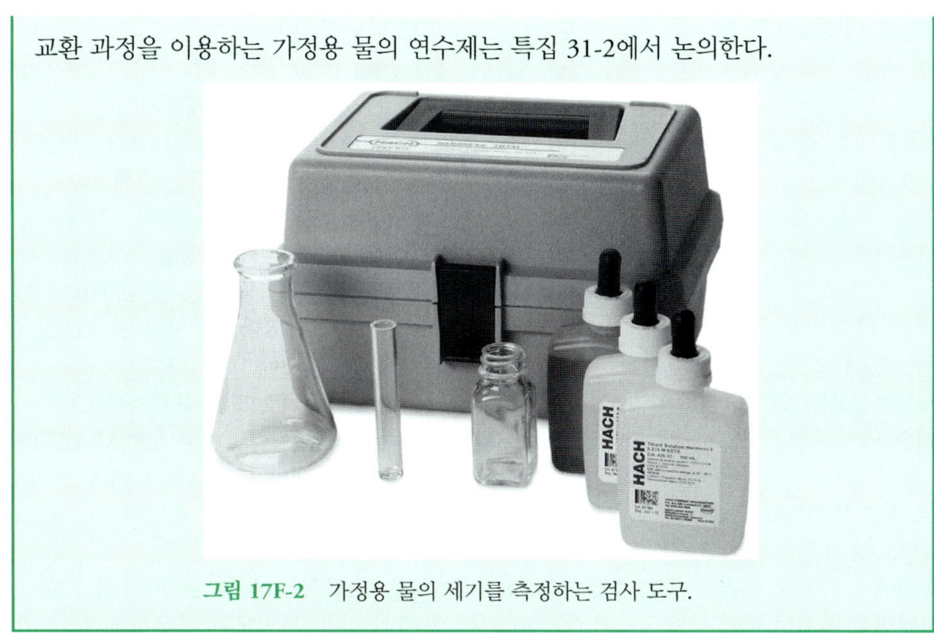


**그림 17F-2** 가정용 물의 세기를 측정하는 검사 도구.

EDTA 중소듐염($Na_2H_2Y \cdot 2H_2O$)은 EDTA 표준 용액의 제조에 널리 사용된다. 유리산도 사용되지만 물에서 용해도가 매우 낮다. 검색 엔진을 이용하여 이 시약들의 MSDS (물질안전보건자료, Materials Safety Data Sheets)를 알아보자. 두 시약의 물에 대한 용해도는 몇 g/100 mL인가? 이 화학 물질들의 건강에 대한 영향은 어떠한가? 중소듐염에 대한 J. T. Baker Safe-T-Data™ 등급은 무엇인가? 실험실에서 이 시약들을 다룰 때 권장하는 주의점은 무엇인가? 이 시약과 용액들은 어떻게 처리해야 하는가?

## 연습 문제

**17-1.** 다음 용어를 정의하시오

*(a) 킬레이트
(b) 네 자리 킬레이트제
*(c) 리간드
(d) 흡착 지시약
*(e) 은 침전법
(f) 조건부 형성 상수
*(g) EDTA 치환 적정법
(h) 물의 세기

**17-2.** 착화합물 적정법에서 여러 자리 배위수 리간드가 한 자리 배위수 리간드에 비해 선호되는 이유는 무엇인가?

***17-3.** EDTA적정의 일반적인 세 가지 방법에 대하여 설명하시오. 각각의 장점은 무엇인가?

**17-4.** 다음 착화합물의 단계별 형성에 대한 화학 반응식과 평형상수식을 적으시오.

*(a) $Ag(S_2O_3)_2^{3-}$
(b) $Ni(CN)_4^{2-}$
(c) $Cd(SCN)_3^-$

***17-5.** 단계적 형성 상수와 총괄 형성 상수가 어떻게 관련있는지 설명하시오.

**17-6.** 다음 착화합물 이온들에 대한 화학식을 적으시오.

(a) hexamminezinc(II)
(b) dichloroargentate
(c) disulfatocuprate(II)
(d) trioxalotoferrate(III)
(e) hexacyanoferrate(II)

***17-7.** 염소 이온을 적정하는 데 있어 Fajans법이 Volhard법보다 유리한 측면이 무엇인지 설명하시오.

**17-8.** Volhard법에 의한 아래의 음이온 적정에서 과량의 은 이온을 역적정하기 전에 난용성 물질들을 여과해야 하는 이유를 간략히 기술하시오.

(a) 염소 이온(chloride)
(b) 시안산 이온(cyanide)
(c) 탄산 이온(carbonate)

***17-9.** 침전물 적정에서 침전물 표면 입자의 전하가 당량점에서 부호가 변하는 이유는 무엇인가?

**17-10.** 은침전법에 기초한 $K^+$ 이온 적정법을 대략적으로 제시하시오. 또한, 적정 반응의 균형 잡힌 화학 반응을 제시하시오.

***17-11.** 다음의 약산 리간드 각각에 대한 최고의 $\alpha$ 값에 관한 식을 산 해리 상수와 $[H^+]$항으로 적으시오.

(a) 아세트산($\alpha_1$)
(b) 타타르산($\alpha_2$)
(c) 인산($\alpha_3$)

**17-12.** Fe(III)와 연습 문제 17-11의 각각의 리간드와의 1:1 착화합물에 대한 조건 형성 상수를 적으시오. 이 상수들을 식 (17-20)에서와 같이 $\alpha$ 값과 형성 상수의 항으로 그리고 농도의 항으로 표현하시오.

***17-13.** $[Fe(Ox)_3]^{3-}$에 대한 조건부 총괄 형성 상수를 옥살산의 $\alpha_2$와 착화합물의 $\beta$ 값의 항으로 적으시오. 또한 조건 상수도 식 (17-20)과 같이 농도항으로 표현하시오.

**17-14.** $In^{3+}$, $Zn^{2+}$, $Mg^{2+}$를 포함하는 용액에서 각각의 성분을 정량하는데 필요한 착화합물 적정법을 제시하시오.

***17-15.** 총괄 형성 상수가 $\beta_n$인 다음과 같은 총괄 착화합물 형성 반응이 $M + nL \rightleftharpoons ML_n$으로 주어질 때, 다음 관계식 성립함을 보이시오.

$$\log \beta_n = pM + npL - pML_n$$

**17-16.** 세기를 측정하려는 물 시료에 작은 양의 $MgY^{2-}$를 첨가하는 이유는 무엇인가?

***17-17.** 정제하여 건조시킨 $Na_2H_2Y_2 \cdot 2H_2O$ 3.426 g을 물에 녹여 1.000 L의 EDTA 용액을 만들었다. 이때 0.3%의 수분이 과량으로 포함되어 있다고 하고 이 용질의 몰농도를 계산하시오(17D-1절 참조).

**17-18.** 약 3.0 g의 $NaH_2Y \cdot 2H_2O$를 약 1 L의 물에 녹여 EDTA 용액을 제조하였고 0.004423 M $Mg^{2+}$ 용액 50.00 mL로 표준화하였다. 적정하는데 평균 30.27 mL가 소비되었다면, 이 EDTA 용액의 몰농도는 얼마인가?

***17-19.** 1 mL당 $CoSO_4$ (155.0 g/mol) 1.569 mg을 포함한 용액에서 다음을 계산하시오.

(a) 이 용액 25.00 mL를 적정하는데 필요한 0.07840 M EDTA의 부피
(b) 이 용액 25.00 mL에 0.007840 M EDTA 50.00 mL를 첨가 후 과량의 EDTA를 적정하는데 필요한 0.009275 M $Zn^{2+}$의 부피.
(c) $CoSO_4$ 용액 25.00 mL에 측정하지 않은 과량의 $ZnY^{2-}$를 첨가하여 $Co^{2+}$에 의해 치환된 $Zn^{2+}$를 적정하는데 필요한 0.007840 M EDTA 용액의 부피

$$Co^{2+} + ZnY^{2-} \rightarrow CoY^{2-} + Zn^{2+}$$

**17-20.** 다음을 적정하는데 필요한 0.0500 M EDTA의 부피를 계산하시오.

*(a) 0.0598 M $Mg(NO_3)_2$ 29.13 mL
(b) $CaCO_3$ 0.1598 g 중의 Ca
*(c) 81.4% brushite ($CaHPO_4 \cdot 2H_2O$, 172.09 g/mol) 광물 표본 조각 0.4861 g 중의 Ca
(d) Hydromagnesite ($3MgCO_3Mg(OH)_2 \cdot H_2O$, (365.3 g/mol) 광물 시료 0.1795 g 중의 Mg
*(e) 92.5% dolomite ($CaCO_3 \cdot MgCO_3$, 184.4 g/mol) 시료 0.1612 g 중의 Ca와 Mg

***17-21.** Foot powder 시료 0.7457 g 중의 Zn을 0.01639 M EDTA 22.57 mL로 적정하였다. 이 시료 중 Zn의 %를 계산하시오.

**17-22.** 3.00 × 4.00 cm로 측정된 Cr 도금 표면을 HCl로 녹였다. pH를 적절히 조절한 후, 0.01768 M EDTA 15.00 mL를 넣었다. 과량의 EDTA를 0.008120 M $Cu^{2+}$ 4.30 mL로 역적정하였을 때, 표면의 $cm^2$당 Cr의 평균 질량을 계산하시오.

**17-23.** $AgNO_3$ 14.77 g을 포함한 $AgNO_3$ 표준 용액 1.00 L가 있다. 이 용액이 다음 물질들과 반응하는 데 필요한 부피를 각각 구하시오.

*(a) NaCl 0.2631 g
(b) $Na_2CrO_4$ 0.1799 g
*(c) $Na_3AsO_4$ 64.13 mg
(d) $BaCl_2 \cdot 2H_2O$ 381.1 mg
*(e) 0.05361 M $Na_3PO_4$ 25.00 mL
(f) 0.01808 M $H_2S$ 50.00 mL

**17-24.** $AgNO_3$ 표준 용액 25.00 mL가 연습 문제 17-23에 제시된 각 용질들과 반응할 때의 $AgNO_3$ 표준 용액 농도를 구하시오.

**17-25.** 아래 제시된 각각의 적정에서 과량의 은 이온을 적정하는 데 필요한 0.09621 M의 $AgNO_3$의 최소 부피를 구하시오.

*(a) 불순물이 포함된 NaCl 0.2513 g
(b) 74.52% (w/w)의 $ZnCl_2$ 0.3462 g
*(c) 0.01907 M $AlCl_3$ 25.00 mL

**17-26.** 어떤 시료를 Fajans법을 이용하여 적정하는데, 0.1046 M의 $AgNO_3$ 표준 용액 45.32 mL가 소비되었다. 적정의 결과를 아래 화학종들의 백분율을 이용하여 표현하시오.

(a) $Cl^-$
(b) $BaCl_2 \cdot H_2O$
*(c) $ZnCl_2 \cdot 2NH_4Cl$ (243.28 g/mol)

***17-27.** 쥐약 시료 9.57 g 중의 Tl을 3가 상태로 산화시킨 후 측정하지 않은 과량의 Mg/EDTA 용액으로 처리하였다. 반응은 다음과 같다.

$$Tl^{3+} + MgY^{2-} \rightarrow TlY^- + Mg^{2+}$$

유리된 $Mg^{2+}$를 적정하는 데 0.03610 M EDTA 12.77 mL가 사용되었다. 시료 중 $Tl_2SO_4$ (504.8 g/mol)의 %를 계산하시오.

**17-28.** 약 4 g의 EDTA disodium염을 약 1 L의 물에 녹여 EDTA 용액을 만들었다. 1 L 당 0.7682 g의 $MgCO_3$를 포함하는 표준 용액 50.00 mL를 EDTA 용액으로 적정하니 평균 42.35 mL가 소모되었다. 광천수 25.00 mL를 pH 10에서 적정하니 EDTA 용액 18.81 mL가 소모되었다. 광천수 50.00 mL를 강 알칼리 용액으로 만들어 마그네슘을 $Mg(OH)_2$로 침전시켰다. 칼슘에만 선택적으로 감응하는 지시약을 써서 적정해 보니 EDTA 용액 31.54 mL가 소모되었다. 다음을 계산하시오.

(a) EDTA 용액의 몰농도

(b) 광천수에 들어 있는 $CaCO_3$의 농도(ppm)

(c) 광천수에 들어 있는 $MgCO_3$의 농도(ppm)

***17-29.** Fe(II)와 Fe(III)를 포함하는 용액 50.00 mL를 pH 2.0에서 0.01500 M EDTA로 적정하니 10.98 mL가 소모되었고, pH 6.0에서는 23.70 mL가 소모되었다. 용액의 농도를 각 용질의 ppm 단위로 계산하시오.

**17-30.** 24시간 동안 모은 소변 시료를 2.000 L로 묽혔다. 용액을 pH 10으로 완충시킨 후, 이 중 10.00 mL를 취하여 0.004590 M EDTA로 적정하니 23.57 mL가 소모되었다. 두 번째 10.00 mL 분취량 중 Ca을 $CaC_2O_4(s)$로 분리하여 산에 다시 녹이고 EDTA 용액으로 적정하니 10.53 mL가 소모되었다. 정상인이 하루에 Mg를 15~300 mg, Ca를 50~400 mg 배출한다고 할 때 이 시료는 이 범위에 들어 있는가?

***17-31.** Pb/Cd 합금 시료 1.509 g을 산에 녹이고 부피 플라스크를 사용하여 정확히 250.0 mL로 묽혔다. 이 중 50.00 mL를 $NH_4^+/NH_3$ 완충 용액으로 pH 10.0까지 완충시키고 두 가지 양이온을 0.06950 M EDTA 28.89 mL로 적정하였다. 두 번째 50.00 mL 분취량을 $Cd^{2+}$를 가리우는 역할도 하는, HCN/NaCN 완충 용액으로 pH 10.0까지 조절하여 11.56 mL EDTA 용액으로 $Pb^{2+}$를 적정하였다. 시료 중의 Pb와 Cd의 %를 계산하시오.

**17-32.** Ni/Cu 냉각관 시료 0.6004 g을 산에 녹인 후 부피 플라스크에서 100.0 mL로 묽혔다. 이 용액 25.00 mL 중 두 가지 양이온을 0.05285 M EDTA 45.81 mL로 적정하였다. Mercaptoacetic acid와 암모니아를 넣었더니 mercaptoacetic acid와 Cu 착화합물을 생성하여 같은 양의 EDTA를 방출하였는데, 이 용액을 0.07238 M $Mg^{2+}$로 적정하는 데 22.85 mL이 필요하였다. 합금 속의 Cu와 Ni 의 %를 계산하시오.

***17-33.** Calamine은 피부 통증을 완화에 사용되는 시약으로 아연과 철 산화물의 혼합물이다. 건조한 Calamine 시료 1.056 g을 산에 녹이고 250.0 mL로 묽혔다. 이 묽힌 용액 10.00 mL에 Fe 가리움제인 플루오르화 포타슘을 첨가하고 적당한 pH로 조절한 뒤 0.01133 M EDTA 용액으로 $Zn^{2+}$를 적정하니 38.37 mL가 소모되었다. 두 번째 50.00 mL 의 분취량을 적절히 완충시킨 후 0.002647 M $ZnY^{2-}$ 용액 2.30 mL로 적정하였다.

$$Fe^{3+} + ZnY^{2-} \rightarrow FeY^- + Zn^{2+}$$

시료에 들어 있는 ZnO와 $Fe_2O_3$의 %농도를 계산하시오.

***17-34.** $BrO_3^-$과 $Br^-$을 포함하는 3.650 g의 시료를 충분한 물에 녹여 250.0 mL로 만들었다. 용액을 산성으로 한 후, 묽힌 용액 25.00 mL에 질산 은을 넣어 AgBr 침전을 만들고, 이 침전을 여과하고 세척한 후 포타슘 테트라사이아니켈산(II)의 암모니아 용액에 다시 녹였다.

$$Ni(CN)_4^- + 2AgBr(s) \rightarrow 2Ag(CN)_2^- + Ni^{2+} + 2Br^-$$

유리된 니켈 이온을 0.02089 M EDTA로 적정하니 26.73 mL가 소모되었다. 비소(III)로 묽힌 용액 10.00 mL에 있는 $BrO_3^-$를 $Br^-$로 환원시킨 후 $AgNO_3$를 첨가하였다. 앞의 것과 같은 방법으로 행하여 유리되어 나온 니켈 이온을 EDTA로 적정하니 21.94 mL가 소모되었다. 시료에 들어 있는 NaBr과 $NaBrO_3$의 백분율을 계산하시오.

**17-35.** 광천수 250.0 mL에 들어 있는 $K^+$를 소듐 테트라페닐보레이트[$NaB(C_6H_5)_4$]로 침전시켰다.

$$K^+ + B(C_6H_5)_4^- \rightarrow KB(C_6H_5)(s)$$

이 때 생긴 침전을 여과하고 세척하여 유기 용매에 다시 녹인 후, Hg(II)/EDTA 킬레이트를 과량 첨가하였다.

$$4HgY^{2-} + B(C_6H_4)_4^- + 4H_2O \rightarrow$$
$$H_3BO_3 + 4C_6H_5Hg^+ + 4HY^{3-} + OH^-$$

이 때 유리된 EDTA를 0.05581 M $Mg^{2+}$로 적정하니 29.64 mL가 소모되었다. $K^+$의 농도를 ppm으로 계산하시오.

***17-36.** 크로멜은 니켈, 철, 크롬으로 구성된 합금이다. 크로멜 시료 0.6553 g을 용해하여 250.0 mL로 희석하였다. 0.05173 M EDTA 용액 50.00 mL를 분취하여 같은 부피의 희석된 시료와 혼합하였을 때 세 가지 이온 모두 킬레이트를 형성하였고, 0.06139 M 구리(II)로 역적정하였더니 5.34 mL가 소비되었다. 두 번째 50.0 mL 분취량 중 크롬을 헥사메틸렌테트라민을 첨가하여 가리고 Fe와 Ni을 0.05173 M EDTA 용액으로 적정하였더니 36.98 mL가 소비되었다. 세 번째로 분취한 50.0 mL 시료 용액은 철과 크롬을 피로인산으로 가린 후 니켈을 EDTA 용액으로 적정하였더니 24.53 mL가 소비되었다. 합금 중의 니켈, 크롬, 철의 백분율을 계산하시오.

**17-37.** 0.3304 g의 놋쇠 시료(납, 아연, 구리, 주석을 포함하는)를 질산에 녹였다. 난용성인 $SnO_2 \cdot 4H_2O$는 걸러서 제거하고 거른 액과 씻은 액을 모아 500.0 mL로 묽혔다. 이 중 10.00 mL를 적절히 완충시킨 후 납, 아연, 구리를 적정하니 0.002700 M EDTA 용액 34.78 mL가 소모되었다. 묽힌 용액 25.00 mL를 다시 취하여 싸이오설페이트로 구리를 가리고 납과 아연을 적정하니 EDTA 용액 25.62 mL가 소모되었다. 묽힌 용액 100 mL를 또 다시 취하여 시안화 이온을 넣고 구리와 아연을 가리고 납 이온을 적정하니 10.00 mL의 EDTA가 소모되었다. 이 놋쇠 시료의 조성을 구하고 주석의 %를 차이로 계산하시오.

***17-38.** 다음 각 pH에서 $Fe^{2+}$의 EDTA 착화합물 형성에 대한 조건부 형성 상수를 계산하시오.

(a) 6.0 (b) 8.0 (c) 10.0

**17-39.** 다음 각 pH에서 $Ba^{2+}$의 EDTA 착화합물 형성에 대한 조건부 형성 상수를 계산하시오.

(a) 5.0 (b) 7.0 (c) 9.0 (d) 11.0

**17-40.** pH 11.0으로 완충된 용액에서 50.00 mL의 0.01000 M $Sr^{2+}$를 0.02000 M EDTA 용액으로 적정할 때의 적정 곡선을 그리시오. 적정 시약을 각각 0.00, 10.00, 24.00, 24.90, 25.00, 25.10, 26.00, 30.00 mL를 첨가하였을 때의 pSr 값을 계산하시오.

**17-41.** pH 7.0으로 완충된 용액에서 50.00 mL의 0.0150 M $Fe^{2+}$를 0.0300 M EDTA 용액으로 적정할 때의 적정 곡선을 그리시오. 적정 시약을 각각 0.00, 10.00, 24.00, 24.90, 25.00, 25.10, 26.00, 30.00 mL를 첨가하였을 때의 pFe 값을 계산하시오.

***17-42.** 센 물 시료 50.00 mL 중의 $Ca^{2+}$와 $Mg^{2+}$를 적정하는데 0.01205 M EDTA가 23.65 mL 소비되었다. 두 번째 50.00 mL 분취량을 NaOH로 강염기성으로 만들어 $Mg^{2+}$를 $Mg(OH)_2(s)$로 침전시켰다. 용액 상층액을 EDTA 용액으로 적정하였더니 14.53 mL가 소비되었다. 다음을 계산하시오.

(a) $CaCO_3$ ppm으로 나타낸 물 시료의 총 세기 (hardness)

(b) 시료 중 $CaCO_3$ ppm 농도

(c) 시료 중 $MgCO_3$ ppm 농도

**17-43.** **도전 문제:** 황화 아연(ZnS)은 대부분의 조건에서 난용성이다. 암모니아와 $Zn^{2+}$는 네 개의 착화물, $Zn(NH_3)^{2+}$, $Zn(NH_3)_2{}^{2+}$, $Zn(NH_3)_3{}^{2+}$, $Zn(NH_3)_4{}^{2+}$을 형성한다. 암모니아는 물론 염기이고 $S^{2-}$는 약한 이양성자성산인 $H_2S$의 음이온이다. 다음 용액 속에서의 황화 아연의 용해도를 구하시오.

(a) pH 7.0 물

(b) 0.100 M $NH_3$를 포함하는 수용액

(c) 총 $NH_3/NH_4{}^+$ 농도가 0.100 M인 pH 9.00 암모니아/암모늄 이온 완충 용액

(d) (c)와 같은 용액에 0.100 M EDTA도 포함하는 용액

(e) 검색 엔진을 이용하여 황화 아연에 대한 물질 안전 보건 자료(Materials Safety Data Sheet: MSDS)를 제시하시오. ZnS가 어떤 건강 위험성을 나타내는지 밝히시오.

(f) ZnS를 포함하는 인광 색소가 있는지 확인하시오. 무엇이 색소를 활성화시켜 '어둠 속에서 빛을 내는가?'

(g) ZnS가 갖고 있는 무엇이 광학 부품을 만드는데 이용되는지 확인하시오. ZnS가 이들 부품에 유용한 이유는 무엇인가?

# 전기화학법

*Electrochemical Methods*

제4부

# 제 18 장 전기화학 입문

*Introduction to Electrochemistry*

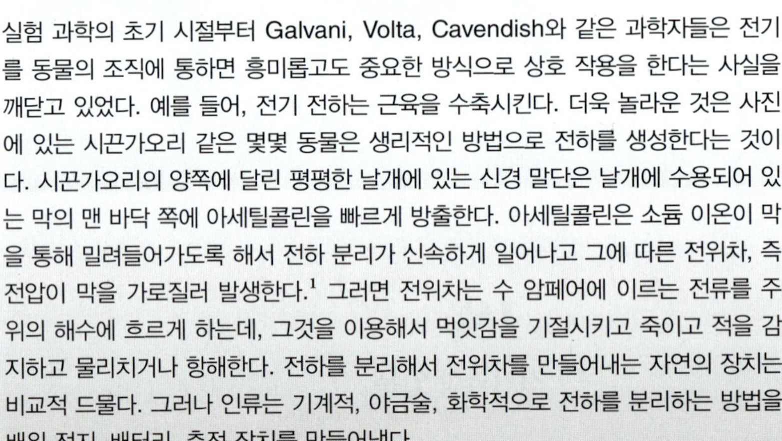

실험 과학의 초기 시절부터 Galvani, Volta, Cavendish와 같은 과학자들은 전기를 동물의 조직에 통하면 흥미롭고도 중요한 방식으로 상호 작용을 한다는 사실을 깨닫고 있었다. 예를 들어, 전기 전하는 근육을 수축시킨다. 더욱 놀라운 것은 사진에 있는 시끈가오리 같은 몇몇 동물은 생리적인 방법으로 전하를 생성한다는 것이다. 시끈가오리의 양쪽에 달린 평평한 날개에 있는 신경 말단은 날개에 수용되어 있는 막의 맨 바닥 쪽에 아세틸콜린을 빠르게 방출한다. 아세틸콜린은 소듐 이온이 막을 통해 밀려들어가도록 해서 전하 분리가 신속하게 일어나고 그에 따른 전위차, 즉 전압이 막을 가로질러 발생한다.[1] 그러면 전위차는 수 암페어에 이르는 전류를 주위의 해수에 흐르게 하는데, 그것을 이용해서 먹잇감을 기절시키고 죽이고 적을 감지하고 물리치거나 항해한다. 전하를 분리해서 전위차를 만들어내는 자연의 장치는 비교적 드물다. 그러나 인류는 기계적, 야금술, 화학적으로 전하를 분리하는 방법을 배워 전지, 배터리, 축전 장치를 만들어냈다.

이제 산화/환원반응에 기초를 둔 여러 가지 분석 방법에 관심을 기울여 보자. 이런 방법들은 18장에서 23장에 걸쳐 설명할 것으로 산화/환원반응 적정법, 전위차법, 전하량법, 전기무게분석법, 전위전류법이 있다. 이 장에서는 그러한 방법의 원리를 이해하는데 반드시 필요한 전기화학의 기초를 다룬다.

## 18A 산화/환원반응의 특징

**산화/환원반응**은 **redox 반응**이라고도 한다.

**산화**(전자를 잃음)/**환원**(전자를 얻음) **반응**(oxidation/reduction reaction)에서 전자는 한 반응물에서 다른 반응물로 이동된다. 한 가지 예는 세륨(IV) 이온에 의해 철(II) 이온이 산화하는 반응이다. 이 반응은 다음 반응식으로 나타낼 수 있다.

$$Ce^{4+} + Fe^{2+} \rightleftharpoons Ce^{3+} + Fe^{3+} \qquad \textbf{(18-1)}$$

**환원제**는 전자 주개이고 **산화제**는 전자 받개이다.

이 반응에서 전자 한 개가 Fe(II) 이온에서 Ce(IV) 이온으로 이동되어, Fe(III) 이온과 Ce(III) 이온을 생성한다. Ce(IV)와 같이 전자에 대해서 강한 친화력이 있는 물질을 **산화제**(oxidizing agent 또는 oxidant)라 한다. **환원제**(reducing agent 또는

[1] Y. Dunant and M. Israel, Sci. Am. **1985**, *252*, 58, **DOI:** 10.1038/scientificamerican0485-58.

reductant)는 Fe(II)처럼 다른 화학종에 전자를 제공하는 화학종이다. 식 (18-1)에서 Fe(II)는 Ce(IV)에 의해서 산화된다, 또는 Ce(IV)는 Fe(II)에 의해서 환원된다고 화학적 거동을 표현한다.

어떤 산화 / 환원반응이라도 어느 화학종이 전자를 잃고, 어느 화학종이 전자를 얻는지를 나타내는 두 개의 반쪽 반응으로 나눌 수 있다. 예를 들어 식 (18-1)은 다음 두 반쪽 반응으로 나눌 수 있다.

$$Ce^{4+} + e^- \rightleftharpoons Ce^{3+} \qquad (Ce^{4+}\text{의 환원})$$

$$Fe^{2+} \rightleftharpoons Fe^{3+} + e^- \qquad (Fe^{2+}\text{의 산화})$$

전자를 받아들이거나 또는 제공하는 반쪽 반응에 대한 식을 쉽게 적을 수 있지만, 반쪽 반응을 실험적으로 분리할 수는 없다. 전자를 제공하거나 전자를 받아들이는 다른 쪽의 반쪽 반응이 반드시 존재해야만 한다. 즉, 반쪽 반응은 이론적인 개념이다.

반쪽 반응의 균형을 맞추는 규칙은 다른 유형의 반응에 대해서 균형을 잡는 것과 마찬가지로 반응식의 양쪽에 알짜 전하뿐만 아니라 각 원소의 원자 수를 맞추는 것이다(특집 18-1). 그래서 $MnO_4^-$에 의한 $Fe^{2+}$의 산화에 대한 반쪽 반응식은 다음과 같다.

$$MnO_4^- + 5e^- + 8H^+ \rightleftharpoons Mn^{2+} + 4H_2O$$

$$5Fe^{2+} \rightleftharpoons 5Fe^{3+} + 5e^-$$

첫 번째 반쪽 반응에서 왼쪽의 알짜 전하는 $(-1 - 5 + 8) = +2$이며 이는 오른쪽의 알짜 전하의 값과 같다. 두 번째 반응에 5를 곱해서 $Fe^{2+}$에 의해서 잃은 전자가 $MnO_4^-$가 얻은 전자의 수가 같도록 했다는 것을 유념하시오. 이제 두 식을 더하면 전체 반응에 대한 균형을 이룬 알짜 이온 반응식을 얻을 수 있다.

$$MnO_4^- + 5Fe^{2+} + 8H^+ \rightleftharpoons Mn^{2+} + 5Fe^{3+} + 4H_2O$$

## ▶ 18A-1 산화 / 환원반응과 산 / 염기 반응의 비교

산화 / 환원반응은 산/염기 반응에서의 브뢴스테드-로우리(Brønsted-Lowry) 개념과 유사한 방식으로 이해할 수 있다 (9A-2절 참조). 두 경우 모두 전하를 띤 입자가 주개로부터 받개로 하나 이상 이동된다. 산화 / 환원의 경우에는 그것이 전자이고 중화 반응의 경우에는 양성자이다. 산이 양성자 한 개를 제공하고 나면, 그것은 양성

Brønsted-Lowry 산/염기 개념을 다음과 같은 반응식으로 나타낼 수 있다.

$$\text{산}_1 + \text{염기}_2 \rightleftharpoons \text{염기}_1 + \text{산}_2$$

Copyright 1993 by permission of Johnny Hart and Creator's Syndicate, Inc.

**특집 18-1**

### 산화 / 환원반응식 균형 맞추기

산화 / 환원반응을 균형 맞출 줄 알아야만 이 장의 모든 개념을 이해할 수 있다. 일반 화학에서 배운 이 기술을 기억하겠지만 어떤 절차로 균형을 맞추는지를 간단하게 복습하겠다. 연습 삼아 다음 반응을 $H^+$, $OH^-$, $H_2O$가 필요하다면 더하면서 균형을 잡아 보자.

$$MnO_4^- + NO_2^- \rightleftharpoons Mn^{2+} + NO_3^-$$

첫째, 두 반쪽 반응식을 쓰고 균형을 맞춘다. $MnO_4^-$에 대하여 다음과 같이 쓴다.

$$MnO_4^- \rightleftharpoons Mn^{2+}$$

왼쪽에 있는 4개의 산소 원자와 균형을 맞추기 위해서 오른쪽에 $4H_2O$를 더한다. 그 후 수소 원자와 균형을 맞추기 위해서 왼쪽에 $8H^+$를 더한다.

$$MnO_4^- + 8H^+ \rightleftharpoons Mn^{2+} + 4H_2O$$

전하의 균형을 맞추기 위해서 반응식의 왼쪽에 다섯 개의 전자를 더한다. 그렇게 해서

$$MnO_4^- + 8H^+ + 5e^- \rightleftharpoons Mn^{2+} + 4H_2O$$

나머지 반쪽 반응에 대해서

$$NO_2^- \rightleftharpoons NO_3^-$$

필요한 산소를 제공하기 위하여 왼쪽에 한 개의 $H_2O$를 더하고, 수소의 균형을 맞추기 위해서 오른쪽에 $2H^+$를 더한다.

$$NO_2^- + H_2O \rightleftharpoons NO_3^- + 2H^+$$

그런 후, 전하 균형을 위해서 오른쪽에 전자를 두 개를 더한다.

$$NO_2^- + H_2O \rightleftharpoons NO_3^- + 2H^+ + 2e^-$$

두 식을 합치기 전에 처음 반응식에 2를 곱하고, 두 번째 반응식에 5를 곱해서 잃은 전자가 얻은 전자의 수와 같아지도록 한다. 이제 두 반쪽 반응식을 더하면 다음의 식을 얻는다.

$$2MnO_4^- + 16H^+ + 10e^- + 5NO_2^- + 5H_2O \rightleftharpoons$$
$$2Mn^{2+} + 8H_2O + 5NO_3^- + 10H^+ + 10e^-$$

이 식을 재배열하면 균형 잡힌 반응식을 얻을 수 있다.

$$2MnO_4^- + 6H^+ + 5NO_2^- \rightleftharpoons 2Mn^{2+} + 5NO_3^- + 3H_2O$$

자 한 개를 받을 수 있는 능력을 가진 짝염기가 된다. 유사하게 환원제가 전자 한 개를 제공하고 나면, 그것은 전자 한 개를 받을 수 있는 산화제가 된다. 이 생성물을 짝산화제(conjugate oxidant)라고 부를 수도 있다. 그러나 이 용어는 거의 사용하지 않는다. 이와 같은 발상으로부터 산화/환원반응에 대한 일반식을 다음과 같이 쓸 수 있다.

$$A_{red} + B_{ox} \rightleftharpoons A_{ox} + B_{red} \qquad \textbf{(18-2)}$$

이 식에서 B의 산화형인 $B_{ox}$는 $A_{red}$로부터 전자를 받아서 새로운 환원제 $B_{red}$를 생성한다. 동시에, 환원제 $A_{red}$는 전자를 잃어버리고 산화제 $A_{ox}$가 된다. 화학적 증거로부터 화학 반응식 (18-2)의 평형이 오른쪽에 치우친다는 것을 안다면, $B_{ox}$는 $A_{ox}$보다 더 강한 전자 받개(산화제)라고 말할 수 있다. 마찬가지로 $A_{red}$는 $B_{red}$보다 더 효율적인 전자 주개(환원제)라고 할 수 있다.

**그림 18-1** 구리 코일을 질산은 용액에 담궜을 때 생성된 '은 나무(silver tree)'사진.

**예제 18-1**

다음의 반응은 자발적이며, 따라서 오른쪽으로 진행된다.

$$2H^+ + Cd(s) \rightleftharpoons H_2 + Cd^{2+}$$

$$2Ag^+ + H_2(g) \rightleftharpoons 2Ag(s) + 2H^+$$

$$Cd^{2+} + Zn(s) \rightleftharpoons Cd(s) + Zn^{2+}$$

$H^+$, $Ag^+$, $Cd^{2+}$, $Zn^{2+}$에 대해서 전자 받개로서의 상대적인 세기(산화제)를 어떻게 추측할 수 있겠는가?

**풀이**

두 번째 반응은 $Ag^+$은 $H^+$보다 더 효과적인 전자 받개라는 것을 확인시켜 주고, 첫 번째 반응은 $H^+$이 $Cd^{2+}$보다 더 효과적임을 보여 준다. 마지막으로, 세 번째 식은 $Cd^{2+}$이 $Zn^{2+}$보다 더 효과적이라는 것을 보여준다. 따라서 산화력 세기의 순서는 다음과 같다.

$$Ag^+ > H^+ > Cd^{2+} > Zn^{2+}$$

## ▸ 18A-2 전기화학 전지에서의 산화 / 환원반응

많은 산화 / 환원반응은 외형적으로 매우 다른 두 가지 방식 중 어느 방식으로도 일어나게 할 수 있다. 하나는 산화제와 환원제를 적당한 용기에 섞어서 직접적으로 접촉하여 반응이 일어나는 것이고, 다른 하나는 반응물이 서로 직접적인 접촉을 하지 않는 전기화학 전지에서 반응이 일어나는 것이다. 직접 접촉 반응의 훌륭한 예는 구리 조각을 질산은 수용액에 담그면 생성되는 은 나무(silver tree) 실험이다(그림 18-1). 은 이온들이 구리 금속으로 이동해서 환원된다.

이 반응은 구리 조각을 질산은 용약에 담그면 일어난다. '은 나무' 형태로 구리 위에 은이 석출된다. 그림 18-1과 color plat 10을 참고하시오.

$$Ag^+ + e^- \rightleftharpoons Ag(s)$$

동시에 같은 당량의 구리가 산화된다.

$$Cu(s) \rightleftharpoons Cu^{2+} + 2e^-$$

은의 반쪽 반응식에 2를 곱하고, 두 반쪽 반응식을 더하면 전체 과정에 대한 알짜 이온 반응식이 얻어진다.

$$2Ag^+ + Cu(s) \rightleftharpoons 2Ag + Cu^{2+} \tag{18-3}$$

산화 / 환원반응의 한 가지 독특한 점은 산화제와 환원제가 물리적으로 분리되어 있는 전기화학 전지에서도 똑같은 전자의 전달이 일어다는 것이다. **전기화학 전지**(electrochemical cell)는 두 개의 전극과 각 전극과 접촉하고 있는 전해질 용액으로 구성되며, 두 전해질은 보통 염다리에 의해 전기적으로 접촉되어 있으며, 두 전극은 외부 금속 도체에 의해 연결되어 있다. **그림 18-2a**는 그런 배열을 보여준다. **염다리**(salt bridge, 두 전해질 용액 사이에 전하의 이동이 일어나도록 하지만 두 전해질이 섞이는 것은 최소화하도록 하는 장치)는 두 반응물을 고립시키지만 두 반쪽 전지 사이의 전기적 접촉은 유지시키고 있음을 주목하시오. 내부 저항이 매우 큰 전압계를 그림처럼 연결하거나 두 전극을 외부에서 연결하지 않았을 때, 이 전지는 **열린 회로**(open circuit) 상태에 있다고 하며, 최대 전지 전위를 낸다. 회로가 열려 있으면 전지는 일을 할 **전위**(potential)을 가지고는 있으나 전지에서 알짜 반응은 일어나지 않는다. 전압계는 어느 순간 두 전극 사이의 전위의 차이 즉, **전압**(voltage)을 측정한다. 이 전압은 전지 반응이 평형을 향해 진행하려는 경향의 척도이다.

염다리는 화학전지를 구성하고 있는 두 전해질이 서로 섞이는 것을 방지하기 위해 전기화학에서 많이 사용하고 있다. 일반적으로 염다리의 양쪽 끝은 소결된 유리 또는 전지의 한 쪽에서 다른 쪽으로 액체가 이동하는 것을 막는 다공성 물체가 부착되어 있다.

**그림 18-2b**의 전지는 전자가 외부 회로를 통해 흐를 수 있도록 낮은 저항으로 연결되어 있다. 이제 전지의 퍼텐셜 에너지는 램프에 불을 켜거나 모터를 돌리거나 다른 형태의 전기적인 일을 할 수 있는 전기 에너지로 변환된다. 그림 18-2b의 전지에는 왼쪽 전극에서 금속 구리가 산화되고, 오른쪽 전극에서 은 이온이 환원되며, 전자는 외부 회로를 통해 은 전극 쪽으로 흐른다. 반응이 계속됨에 따라 처음 열린 회로이었을 때의 0.412V의 전지 전위는 전체 반응이 평형에 도달해 감에 따라 0으로 수렴된다. 전지가 평형에 도달하면 정반응(왼쪽에서 오른쪽)이 역반응(오른쪽에서 왼쪽)과 같은 속도로 일어나며, 전지의 전압은 0이 된다. 손전등이나 노트북의 배터리가 방전된 경험이 있는 사람은 알겠지만, 전압이 0인 전지는 일을 할 수 없다.

$CuSO_4$와 $AgNO_3$ 용액의 농도가 0.0200 M일 때 그림 18-2a에서 보여주는 것처럼 전지는 0.412 V의 전위를 갖는다.

식 (18-3)에서 보여준 반응의 평형상수식은

$$K_{eq} = \frac{[Cu^{2+}]}{[Ag^+]} = 4.1 \times 10^{15} \tag{18-4}$$

이 식은 반응이 반응물 사이에서 직접 일어나든지 전기화학 전지 내에서 간접적으로 일어나든지 관계없이 적용이 된다.

그림 18-2b 전지의 전압이 0에 도달하면 이온의 농도는 식 (18-4)에 표현된 평형 상수를 만족하는 값을 가질 것이다. 이 시점에서 전자의 알짜 흐름은 없다. 전체 반응과 그것의 평형 점은 그것이 용액에서 직접 반응으로 일어나든 전기화학 전지에서 간접적으로 일어나든 *반응이 일어나는 방식에 의존하지 않는다*는 것을 이해하는 것이 중요하다.

평형에서 두 반쪽 반응은 전지 내에서 계속 일어나지만 반응 속도는 같다.

## 18B 전기화학 전지

전기화학 전지의 전위를 측정함으로써 산화/환원반응의 평형을 편리하게 연구할 수 있다. 이 이유 때문에 전기화학 전지의 몇 가지 특성을 알아볼 필요가 있다.

전기화학 전지는 **전극**(electrode)이라고 부르는 두 개의 도체로 이루어져 있으며, 각 전극은 전해질 용액에 담겨 있다. 우리에게 관심이 될 대부분의 전지는 두 전극을 에워싸는 용액이 서로 다르며, 반응물 간에 직접 반응이 일어나지 못하도록 분리되어 있다. 용액의 섞임을 방지하는 가장 일반적인 방법은 그림 18-2와 같이 두 용액 사이에 염다리를 끼우는 것이다. 염다리 안에서 포타슘 이온이 한 방향으로 이동하고, 염소 이온이 다른 방향으로 이동함으로써 한 쪽 전해질 용액으로부터 다른 쪽으로 전기 전도가 일어난다. 그러나 구리 금속과 은 이온 사이의 직접적인 접촉은 방지된다.

어떤 전지에서 전극은 공통된 전해질을 공유한다. 이것들은 **액간 접촉이 없는 전지**로 알려져 있다. 이러한 전지의 예는 그림 19-2와 예제 19-7에 나타내었다.

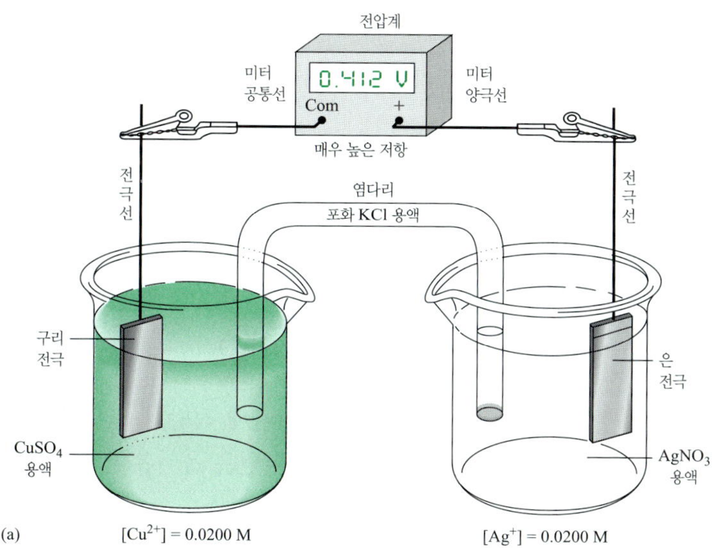


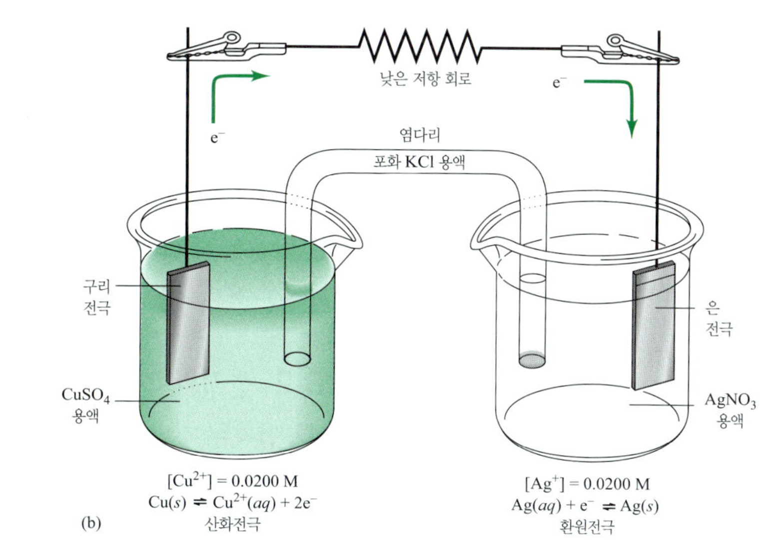


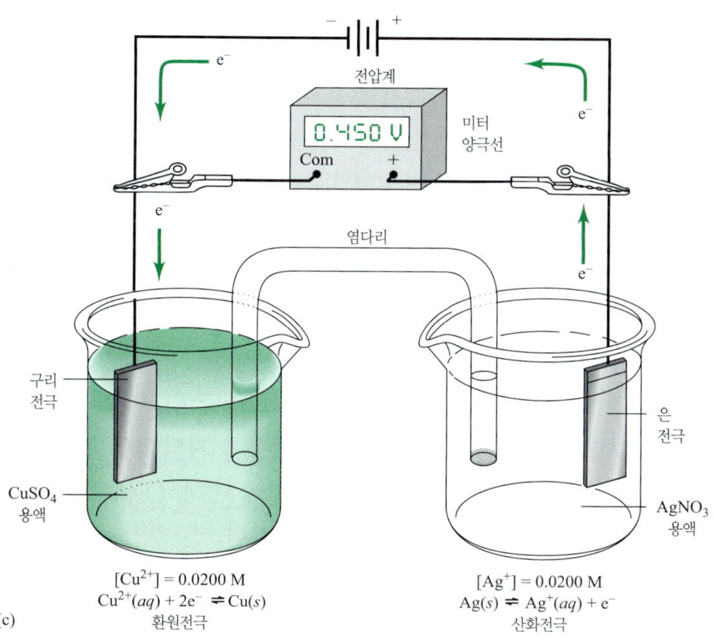


**그림 18-2** (a) 열린 회로에 있는 갈바니 전지, (b) 일을 수행하고 있는 갈바니 전지, (c) 전해 전지.

## ▶ 18B-1 환원전극과 산화전극

**환원전극**은 환원이 일어나는 전극이고, **산화전극**은 산화가 일어나는 전극이다.

전기화학 전지에서 **환원전극**(cathode)은 환원반응이 일어나는 전극이며, **산화전극**(anode)은 산화반응이 일어나는 전극이다.

다음은 전형적인 환원반응의 예이다.

$$Ag^{+} + e^{-} \rightleftharpoons Ag(s)$$

$$Fe^{3+} + e^{-} \rightleftharpoons Fe^{2+}$$

$$NO_3^{-} + 10H^{+} + 8e^{-} \rightleftharpoons NH_4^{+} + 3H_2O$$

용액에 $H^+$보다 더 쉽게 환원될 수 있는 화학종을 포함하고 있지 않을 때, 환원전극에서 $2H^{+} + 2e^{-} \rightleftharpoons H_2(g)$ 반응이 일어난다.

이 반응들은 백금과 같은 비반응성 금속으로 만들어진 전극에 적당한 전위를 가해서 일어나게 강제할 수 있다. 세 번째 반응에서 $NO_3^-$의 환원은 음이온이 환원전극(−전극)으로 이동해서 환원될 수 있다는 것을 보여준다.

다음은 대표적인 산화반응의 예이다.

$$Cu(s) \rightleftharpoons Cu^{2+} + 2e^{-}$$

$$2Cl^{-} \rightleftharpoons Cl_2(g) + 2e^{-}$$

$$Fe^{2+} \rightleftharpoons Fe^{3+} + e^{-}$$

$Fe^{2+}/Fe^{3+}$ 반쪽 반응은 음이온이 아니라 양이온이 전극 쪽으로 이동하여 전자를 내어주기 때문에 다소 특이한 반응처럼 보인다. 산화전극에서 양이온의 산화 또는 환원전극에서 음이온의 환원은 흔히 있는 일이다.

첫 번째 반응은 구리 산화전극이 필요하고, 나머지 두 반응은 비활성 백금 전극에서 일어나게 할 수 있다.

## ▶ 18B-2 전기화학 전지의 유형

전기화학 전지는 갈바니 전지와 전해 전지, 둘 중 하나이다. 전기화학 전지를 가역과 비가역 전지로 분류할 수도 있다.

**갈바니 전지**는 전기 에너지를 저장하며, **전해 전지**는 전기를 소모한다.

용액에 $H_2O$보다 쉽게 산화될 수 있는 화학종을 포함하고 있지 않을 때, 산화전극에서 $2H_2O \rightleftharpoons O_2(g) + 4H^{+} + 4e^{-}$ 반응이 일어난다.

갈바니 전지와 전해 전지 모두에서 다음을 기억하시오.
(1) 환원은 항상 환원전극에서 일어난다.
(2) 산화는 항상 산화전극에서 일어난다.
갈바니 전지의 환원전극은 전기분해전지에서 산화전극이 된다.

**갈바니 전지**(galvanic cell) 또는 **볼타 전지**(voltaic cell)지는 전기 에너지를 저장하고 있다. **배터리**(battery)는 주로 이런 전지를 직렬로 연결해서 더 높은 전압을 생성하도록 만든 것이다. 이와 같은 전지의 두 전극 반응은 자발적으로 진행해서 전자가 외부의 회로를 통해 산화전극에서 환원전극으로 흐르게 된다. 그림 18-2a의 전지는 전류가 빠져나오지 않을 때의 전위가 0.412 V를 나타내는 갈바니 전지를 나타내고 있다. 이 전지에서 은 전극은 구리 전극에 대해서 양(+)이다. 은 전극에 대해서 음(−)인 구리 전극은 전지가 방전될 때, 외부 회로에 전자를 제공할 능력을 지닌 전극이다. 그림 18-2b의 전지는 동일한 갈바니 전지이지만, 이제 방전이 일어나고 있는 중이어서 외부 회로를 통해 구리 전극으로부터 은 전극으로 전자가 이동한다. 방전이 일어나는 동안에는 은 전극에서 환원반응이 일어나므로 은 전극은 *환원전극*이다. 구리 전극에서는 산화반응이 일어나므로 구리 전극은 *산화전극*이다. 갈바니 전지는 자발적으로 작동하며, 방전이 일어나는 동안의 알짜 반응을 **자발적인 전지 반응**(spontaneous cell reaction)이라고 한다. 그림 18-2b의 전지에 대해서 자발적인 전지 반응은 식 (18-3)으로 $2Ag^{+} + Cu(s) \rightleftharpoons 2Ag(s) + Cu^{2+}$과 같다.

볼타 전지와는 반대로 **전해 전지**(electrolytic cell)는 작동시키기 위하여 외부 전

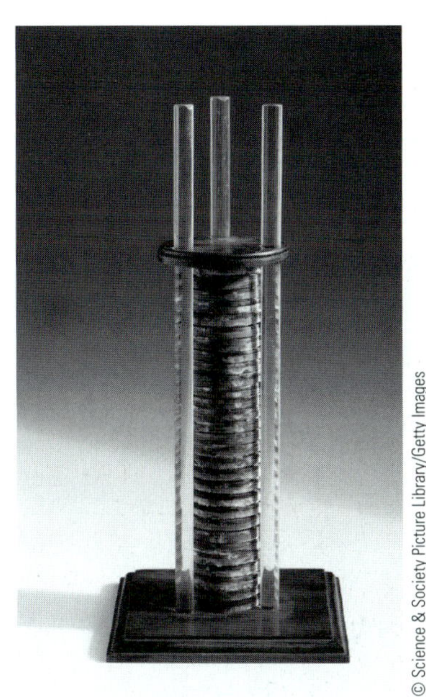


Alessandro Volta(1745~1827, 이탈리아 물리학자)는 voltaic pile (오른쪽 사진)이라 불리는 최초의 배터리를 발명하였다. 이것은 구리와 아연 원판을 염 수용액으로 적신 마분지 원판으로 분리시켜 교대로 쌓아 올려 만들어진 것이다. 전기 과학에 있어서 그가 기여한 많은 공로를 기리기 위해서 전위차의 단위를 그의 이름 Volta에서 따서 volt라 하였다. 사실, 현대에는 그 양을 전위차라 하는 대신 주로 전압이라 부른다.

기 에너지 원이 필요하다. 그림 18-2의 전지는 외부 전압원의 양의 단자를 은 전극에 0.412 V보다 높은 전위로 연결하고, 음(−)의 단자를 구리 전극에 **그림 18-2c**처럼 연결하면 전해 전지로 작동하게 할 수 있다. 외부 전압원의 음(−) 단자는 전자가 풍부하므로, 이 단자에서 구리 전극으로 전자가 흐르고 구리 전극에서 $Cu^{2+}$가 Cu(*s*)로 환원된다. 오른쪽 전극에서는 산화반응이 일어나 전자를 생성하고, 그 전자는 외부 전압원의 양(+) 단자로 흐름으로써 전류가 유지된다. 전해 전지에서는 전류의 흐름이 그림 18-2b에 있는 갈바니 전지의 반대 방향이며 전극에서의 반응도 뒤집어져 있다는 것을 주목하시오. 은 전극은 *산화전극*이 되도록 강제되고, 구리 전극은 *환원전극*이 되도록 강제된다. 갈바니 전지보다 더 높은 전압이 걸릴 때 알짜 전지 반응은 원래 자발적인 전지 반응의 역 반응이 된다. 그것은 다음과 같다.

$$2Ag(s) + Cu^{2+} \rightleftharpoons 2Ag^{+} + Cu(s)$$

그림 18-2에 있는 전지는 전자가 흐르는 방향이 반대가 되면 전기화학 반응이 반대가 되는 가역 전지의 한 예이다. 비가역적 전지에서는 전류의 방향을 바꾸면 전혀 다른 반쪽 반응이 한 쪽 또는 양쪽 전극 모두에서 일어난다. 자동차에 사용되는 납산 축전지는 가역 전지의 대표적인 예이다. 외부 충전기나 발전기가 충전할 때 납산 축전지는 전해 전지가 된다. 전조등을 켜고, 라디오를 켜고, 시동을 걸 때는 납산 축전지는 갈바니 전지가 된다.

**가역 전지**에서 전류를 반대로 흐르게 하면 전지의 반응이 반대가 된다. **비가역 전지**에서는 전류의 흐름을 반대로 하면 하나 또는 두 개의 전극에서 전혀 다른 반응이 일어나게 된다.

특집 18-2

**Daniell 중력 전지**

Daniell 중력 전지는 실제적으로 널리 사용된 가장 오래된 갈바니 전지 중의 하나이다. 이것은 1800년대 중엽에 전신기에 전력을 공급하기 위해서 사용되었다. **그림 18F-1**(color plate 11 참조)에 나타낸 것처럼, 환원전극은 황산구리 포화 용액에 담겨진 구리 조각이었다. 훨씬 밀도가 낮은 묽은 황산 아연 용액이 황산구리 위에 층을 이루고 있으며 큰 덩어리의 아연 전극이 그 용액에 들어 있다. 전극 반응은 다음과 같다.

$$Zn(s) \rightleftharpoons Zn^{2+} + 2e^-$$

$$Cu^{2+} + 2e^- \rightleftharpoons Cu(s)$$

이 전지는 처음에 1.18 V를 발생하다가 전지가 방전하면서 전압이 점차 감소한다.

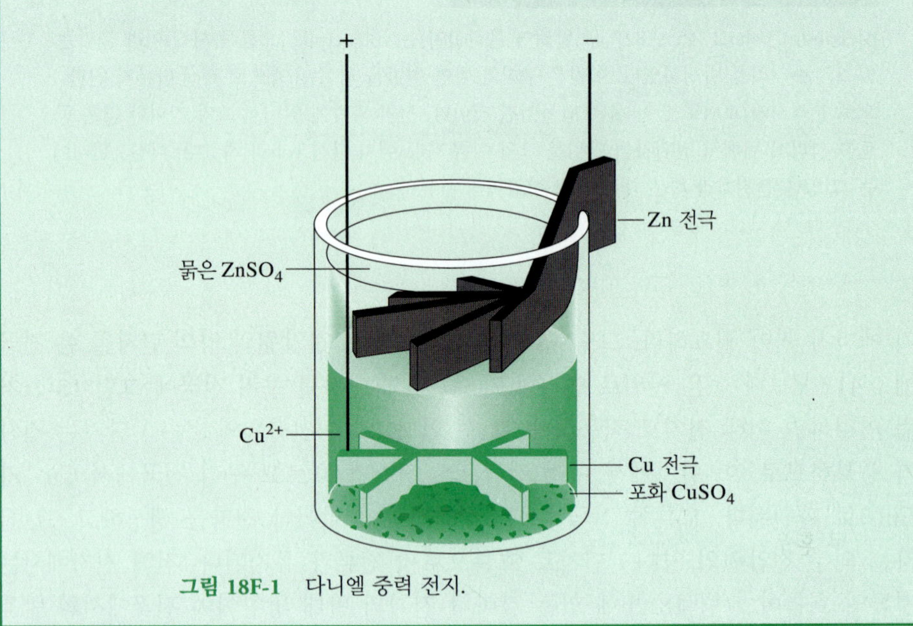


**그림 18F-1** 다니엘 중력 전지.

## ▸ 18B-3 전지의 도식적 표현

화학자들은 전기화학 전지를 나타내는 간단한 기호를 자주 사용한다. 예를 들어 그림 18-2a의 전지는 다음과 같이 나타낸다.

$$\text{Cu} \mid \text{Cu}^{2+}(0.0200\text{M}) \parallel \text{Ag}^{+}(0.0200\text{M}) \mid \text{Ag} \qquad \textbf{(18-5)}$$

*규약에 의하면* 단일 수직선은 전위가 발생하는 하나의 상 경계나 계면을 나타낸다. 예를 들어 위의 전지 표시법에서 첫 번째 수직선은 구리 전극과 황산구리 용액 사이의 상 경계에서 전위가 발생한다는 것을 나타낸다. 이중 수직선은 염다리의 각 끝에 있는 두 개의 상 경계를 나타낸다. 각각의 계면에 **액간 접촉 전위**(liquid-junction potential)가 발생한다. 액간 접촉 전위는 용액에 있는 이온과 염다리에 있는 이온이 계면을 가로질러 이동하는 속도의 차이 때문에 발생한다. 액간 접촉 전위는 수십 mV까지 될 수 있으나 거의 같은 속도로 움직이는 음이온과 양이온이 염다리에 들어 있는 경우에는 무시될 정도로 작을 수 있다. 염화 포타슘, KCl의 포화 용액은 가장 널리 사용되는 전해질이다. 이 전해질은 접촉 전위를 수 mV 이하로 감소시킨다. 편의상, 전지의 전체 전위에 기여한 액간 접촉 전위는 무시한다. 액간 접촉이 없는 그래서 염다리가 필요하지 않은 전지의 예도 많다.

그림 18-2a의 전지를 다음과 같이 다른 방법으로 쓸 수 있다.

$$\mathrm{Cu} \mid \mathrm{CuSO_4}(0.0200\ \mathrm{M}) \parallel \mathrm{AgNO_3}(0.0200\ \mathrm{M}) \mid \mathrm{Ag}$$

이 표현에는 반쪽 전지 반응에 참여하는 활성 물질보다는 전지를 만들기 위해서 사용한 화합물로 나타내었다.

### ▸ 18B-4 전기화학 전지의 전류

**그림 18-3**은 방전 중에 갈바니 전지에 있는 여러 가지 전하 운반체의 이동을 보여주고 있다. 전지 반응이 자발적으로 일어나도록 두 전극은 전선으로 연결되어 있다. 전하는 세 가지 메커니즘으로 전기화학 전지를 통해 운반된다.

1. 외부 도체와 전극 안에서는 전자가 전하를 운반한다. 기호 $I$로 표시하는 전류의 방향은 관례적으로 전자 흐름의 반대이다.
2. 음이온과 양이온이 전지 내부에서의 전하 운반체이다. 왼쪽 전극에서 구리는 구리 이온으로 산화하고 전자를 전극에 남겨놓는다. 그림 18-3에 나타낸 것처럼 생성된 구리 이온은 구리 전극으로부터 멀어져 벌크 용액으로 들어간다. 한편, 황산 이온이나 황산 수소 이온과 같은 음이온은 구리 산화전극 쪽으로 이동한다. 염다리 안의 염소 이온은 구리 칸 쪽으로 이동해서 들어가고, 포타슘 이온은 반대 방향으로 움직인다. 오른쪽 칸에는 은 이온이 은 전극 쪽으로 이동해서 은으로 환원하며, 질산 이온은 전극으로부터 멀어져 벌크 용액으로 들어간다.
3. 용액의 이온 전도는 환원전극에서의 환원반응과 산화전극에서의 산화반응에 의한 전극의 전기 전도와 짝지어 일어난다.

《 전지에서 전기는 이온들의 이동에 의해 운반된다. 양이온과 음이온 모두 기여한다.

전극과 용액 사이의 상 경계를 **접촉면**(interface)이라고 한다.

## 18C 전극 전위

**그림 18-4a** 전지에서 두 전극 사이에 발생하는 전위차는 다음 반응이 비평형 조건에서 평형 상태로 진행하려는 경향성의 척도이다.

$$2\mathrm{Ag}(s) + \mathrm{Cu}^{2+} \rightleftharpoons 2\mathrm{Ag}^{+} + \mathrm{Cu}(s)$$

전지 전위 $E_{\mathrm{cell}}$은 반응 자유 에너지 $\Delta G$와 다음의 식으로 관계되어 있다.

$$\Delta G = -nFE_{\mathrm{cell}} \tag{18-6}$$

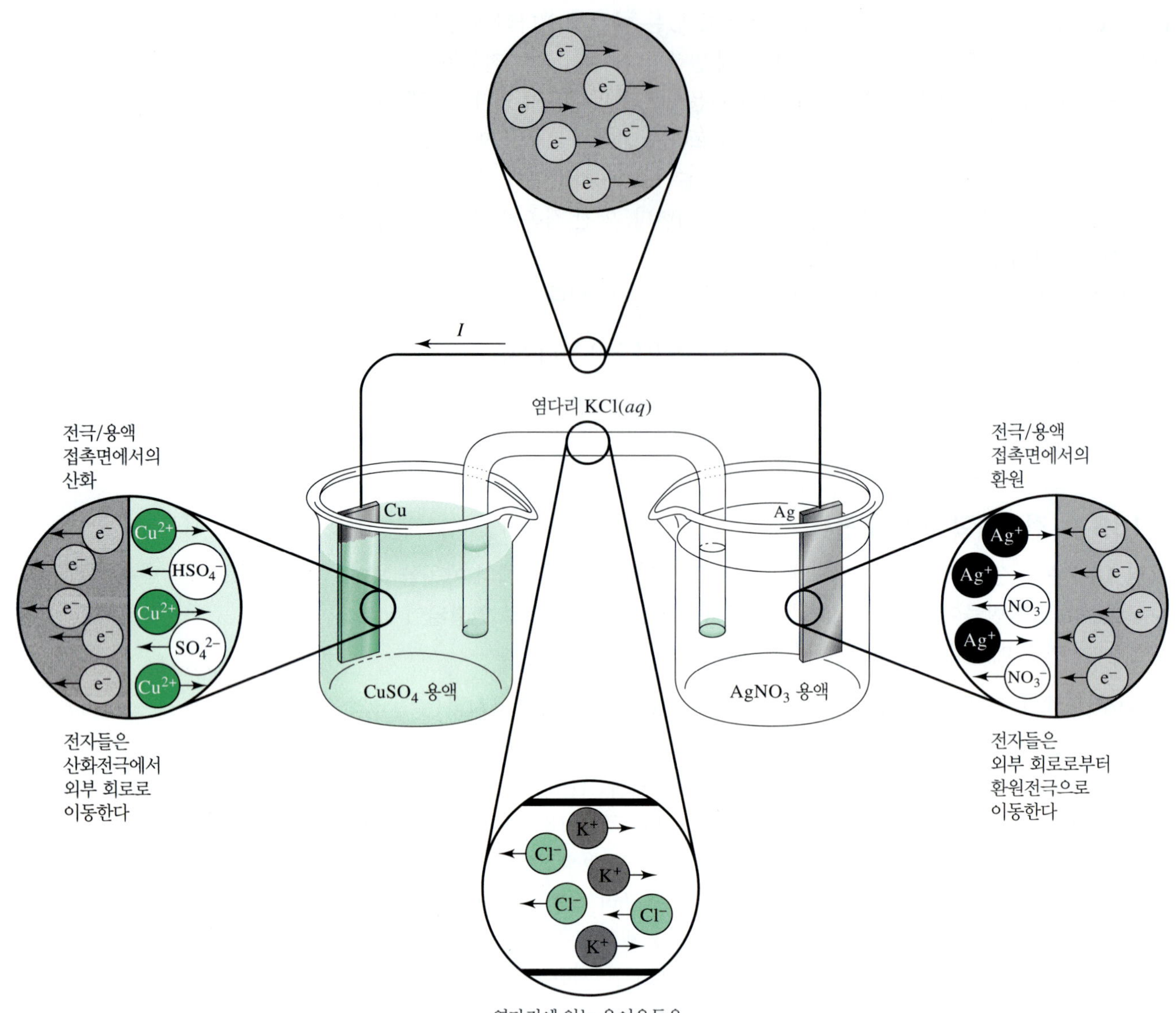


**그림 18-3** 갈바니 전지에서 전하의 이동.

**표준 상태**는 자유 에너지, 활동도, 엔탈피 그리고 엔트로피와 같은 열역학적인 값을 구할 수 있는 상태이다. 표준 상태에서 모든 물질은 단위 활동도를 갖는다. 기체의 표준 상태는 *가상* 상태이며, 기체는 1기압의 압력 하에서 이상 기체의 성질을 갖는다. 순수한 용매와 액체의 표준 상태는 *실제* 상태이며, 특정한 온도와 압력 하에서 순수한 물질로 존재한다. 묽은 용액 속의 용질은 표준 상태에서 단위 농도(몰농도, 몰랄농도, 몰분율) 하에서 무한 희석 용질의 성질을 갖는다. 고체의 표준 상태는 실제 상태이고, 가장 안정한 결정 형태의 순수한 고체로 존재한다.

반응물과 생성물이 그들의 **표준 상태**(standard state)에 있을 때의 전지 전위를 **표준 전지 전위**(standard cell potential)라고 한다. 표준 전지 전위는 반응에 대한 표준 자유 에너지의 변화와 관련되며, 따라서 평형 상수와 관련된다.

$$\Delta G^0 = -nFE^0_{\text{cell}} = -RT \ln K_{\text{eq}} \tag{18-7}$$

여기에서 $R$은 기체 상수, $T$는 절대 온도이다.

## ▸ 18C-1 전지 전위의 부호 규약

보통 반응을 식으로 나타내면 화살표의 왼쪽에 있는 반응물이 오른쪽에 있는 생성물로 반응이 일어난다고 말한다. 국제 순수 및 응용화학기구(International Union of

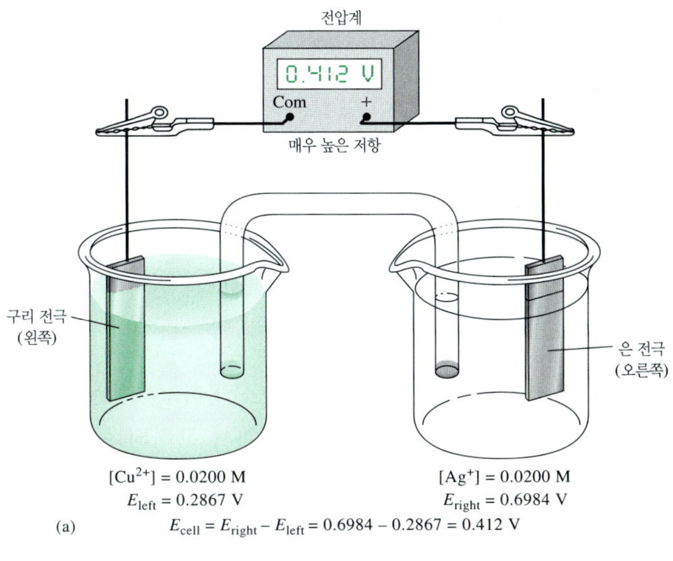


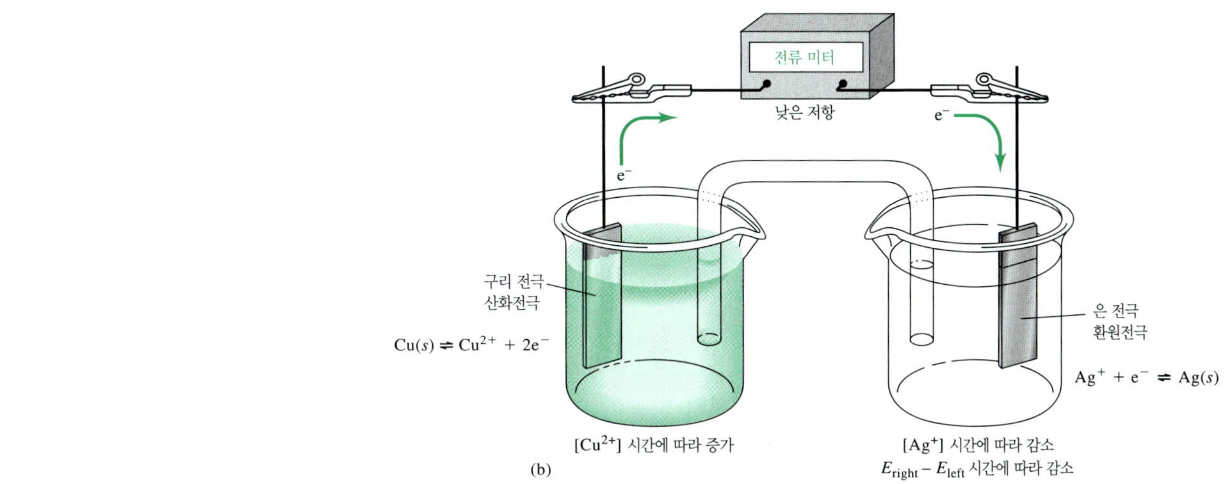


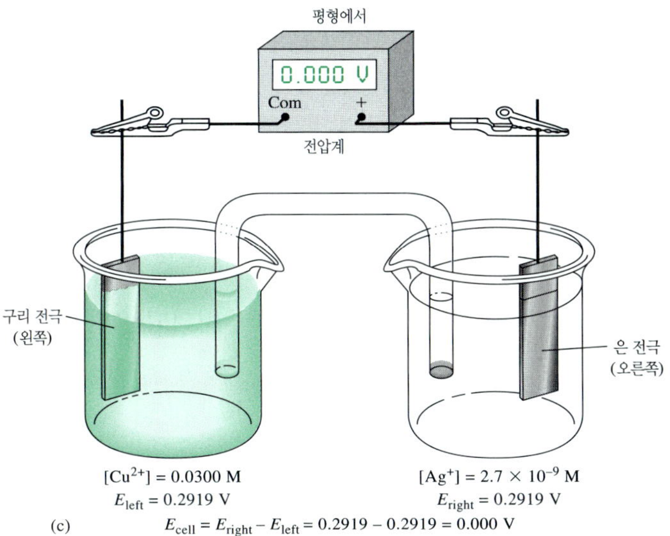


**그림 18-4** 전류를 흘린 후 평형에 도달할 때까지 전지 전위의 변화. (a)에서는 고저항 전압계가 많은 전류가 흐르는 것을 막기 때문에 열린 회로 전지의 전위가 측정된다. 주어진 농도에서 전위는 +0.412 V이다. (b)에서는 전압계가 저저항 전류계로 대치되었으며, 전지는 시간에 따라 방전하면서 최종적으로는 평형에 도달한다. (c)에서는 평형에 도달한 후 전지 전위를 전압계로 다시 측정했더니 0.000 V가 측정되었다. 전지에서 농도는 이제 평형 농도이다.

Pure and Applied Chemistry, IUPAC) 규약에 의하여 전기화학 전지와 그 전지의 전위를 고려할 때, 전지 반응의 방향과 함께 고려해야 한다. 전지에 대한 이 규약을 **오른쪽 양부호 규칙**(plus right rule)이라고 부른다. 이 규칙은 전지 전위를 전압계로 측정할 때, 전압계의 + 단자를 전지 그림의 오른쪽 전극(그림 18-4의 Ag 전극)에 연결하고, 전압계의 공통 또는 접지 단자를 왼쪽 전극(그림 18-4의 Cu 전극)에 연결한다는 것을 시사한다. 이 규약을 항상 따른다면 $E_{cell}$의 값은 다음 표현의 전지 반응이 왼쪽에서 오른쪽 방향으로 자발적으로 일어나려는 경향에 대한 척도가 된다.

$$Cu \mid Cu^{2+}(0.0200M) \parallel Ag^{+}(0.0200M) \mid Ag$$

즉, 전체적인 진행 방향은 왼쪽 칸에서는 Cu 금속이 $Cu^{2+}$로 산화하고, 오른쪽 칸에서는 $Ag^{+}$가 Ag 금속으로 환원하는 것이다. 요컨대, 위 표시에서 고려되는 반응 다음과 같다.

$$Cu(s) + 2Ag^{+} \rightleftharpoons Cu^{2+} + 2Ag(s)$$

### » IUPAC 규약에 함축된 의미

전압계의 리드선은 색깔로 구분한다. (+) 리드선은 빨간색이고, 접지 혹은 공통 리드선은 검은색이다.

기호 규약에는 당연해 보이지 않을 수도 있는 여러 가지 의미가 들어 있다. 첫째, 측정된 $E_{cell}$이 양의 값이라면, 오른쪽 전극이 왼쪽 전극에 비해서 (+)이며, 고려된 방향으로의 반응에 대한 자유 에너지 변화는 식 (18-6)에 의해 음의 값이다. 따라서 전지를 닫힌 회로가 되게 하거나 일을 하기 위해 장치에 연결하면(램프, 라디오, 자동차 시동 켜기 등), 반응은 원하는 방향으로 자발적으로 일어날 것이다. 반대로, $E_{cell}$이 음의 값이면, 오른쪽 전극은 왼쪽 전극에 비해서 (−)이고, 자유 에너지 변화는 양의 값이며, 원하는 방향(왼쪽에서 산화반응, 오른쪽에서 환원반응)으로의 반응이 자발적인 전지 반응이 아니다. 그림 18-4a의 전지에서 $E_{cell} = +0.412$ V이며, 전지를 장치에 연결하면 Cu의 산화와 $Ag^{+}$의 환원이 자발적으로 일어난다.

IUPAC 규약은 갈바니 전지의 전극이 실제로 나타나는 부호와 일치한다. 즉, 그림 18-4에 있는 Cu/Ag 전지에서 $Cu^{2+}$로 산화하려는 Cu의 경향으로 인해 Cu 전극은 전자가 풍부해지고(−극), $Ag^{+}$가 Ag로 환원하려는 경향으로 인해 Ag 전극은 전자가 부족해진다(+극). 갈바니 전지는 자발적으로 방전되므로 은 전극은 환원전극이며 구리 전극은 산화전극이다. 다음처럼 같은 전지를 반대 방향으로 쓴 전지에 대해서 주목하시오.

$$Ag \mid AgNO_3(0.0200M) \parallel CuSO_4(0.0200M) \mid Cu$$

측정된 전지 전위는 $E_{cell} = -0.412$ V일 것이고, 이 값과 함께 고려되는 반응은 다음과 같다.

$$2Ag(s) + Cu^{2+} \rightleftharpoons 2Ag^{+} + Cu(s)$$

$E_{cell}$는 음의 값이고, 따라서 $\Delta G$는 양의 값이므로, 전지 반응은 자발적이 *아니다*. 전지 입장에서는 도식적 표현에서 어느 전극이 오른쪽에, 또 어느 전극이 왼쪽에 표현되어 있는지는 문제되지 않는다. 자발적인 전지 반응은 *항상* 다음 반응이기 때문이다.

$$Cu(s) + 2Ag^{+} \rightleftharpoons Cu^{2+} + 2Ag(s)$$

규약에 따라 단지 정해진 방법으로 전지의 전위를 측정하며, 전지 반응은 표준 방향으로 생각한다. 우리가 어떻게 도식적으로 전지를 나타내고 실험실에서 어떻게 전지를 배열하던지 간에 전선이나 저 저항 회로를 전지에 연결하면 *자발적인 전지 반응이 일어날 것*이라는 것을 강조한다. 역반응이 일어나게 하는 유일한 방법은 외부의 전압원을 연결해서 전기 분해 반응 $2Ag(s) + Cu^{2+} \rightleftharpoons 2Ag^{+} + Cu(s)$이 일어나도록 강제하는 것이다.

## » 반쪽-전지 전위

그림 18-4a와 같은 전지의 전위는 하나는 오른쪽 전극에서 일어나는 반쪽 반응과 관련되며($E_{right}$), 다른 하나는 왼쪽 전극에서 일어나는 반쪽 반응과 관련되어 있는 ($E_{left}$), 두 반쪽-전지 전위, 또는 두 단일-전극 전위의 차이이다. IUPAC의 부호 규약에 따라 액간 접촉 전위가 무시될 수 있거나 없는 조건에서 전지 전위 $E_{cell}$을 다음과 같이 쓸 수 있을 것이다.

$$E_{cell} = E_{right} - E_{left} \tag{18-8}$$

이와 같이 전극의 절대 전위를 결정할 수 없을지라도(특집 18-3 참고), 상대 전극 전위는 쉽게 결정할 수 있다. 예를 들어 그림 18-2에 있는 전지에서 구리 전극을 황산카드뮴에 담긴 카드뮴 전극으로 교체하면, 전압계는 원래 전지보다 약 0.7 V 더 양인 전압을 나타낼 것이다. 오른쪽 칸은 바뀌지 않았으므로 카드뮴에 대한 반쪽-전지 전위가 구리보다 약 0.7 V 낮다고 결론내릴 수 있다(즉, 카드뮴이 구리보다 더 강한 환원제이다). 한 쪽 전극을 그대로 두고, 다른 쪽 전극을 여러 가지 전극으로 교체하면 상대 전극 전위를 표로 만들 수 있다(18C-3절에서 설명함).

## » 갈바니 전지의 방전

그림 18-4a의 갈바니 전지는 전압계의 매우 높은 저항이 전지의 방전을 막고 있기 때문에 비평형 상태에 있다. 그러므로 우리가 전지의 전위를 측정할 때 아무런 반응이 일어나지 않고 있으며, 측정한 것은 반응이 일어날 경향성에 대한 것이다. 앞에서 언급한대로 그림에 표시된 농도를 가진 Cu/Ag 전지의 열린 회로 조건에서 측정된 전지 전위는 +0.412 V이다. **그림 18-4b**처럼 고저항 전압계 대신 저저항 전류계로 연결해서 전지가 방전되게 하면, 자발적인 전지 반응이 일어난다. 처음에 높았던 전류는 시간이 흐르면서 지수 함수적으로 감소한다(**그림 18-5**). **그림 18-4c**에 나타낸 것처럼, 평형에 도달했을 때 전지의 알짜 전류는 없으며, 전지 전위는 0.000V이다. 평형에서 구리 이온의 농도는 0.0300 M이고 은 이온의 농도는 $2.7 \times 10^{-9}$ M로 떨어진다.

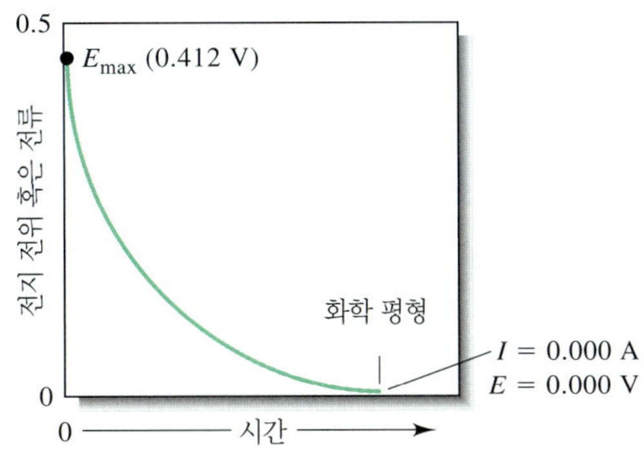


**그림 18-5** 그림 18-4b의 갈바니 전지의 전지 전압을 시간에 따라 나타내었다. 전지 전위와 직접 관련되는 전지 전류 역시 시간에 따라 같은 경향으로 감소한다.

**특집 18-3**

**절대 전극 전위를 측정할 수 없는 이유**

반쪽-전지 전위의 *상대적인* 값을 측정하는 것이 어렵지 않으나, 모든 전압계가 전위의 *차이*를 측정하기 때문에 반쪽-전지 전위를 절대적인 값으로 측정하는 것은 불가능하다. 어떤 전극의 전위를 측정하기 위하여 전압계 한 단자를 그 전극에 연결한다. 전압계의 다른 쪽 연결 단자는 다른 전도체를 거쳐서 전극 칸의 용액과 전기적으로 접촉되게 해야 한다. 전위가 측정될 때, 두 번째 연결은 어쩔 수 없이 두 번째 반쪽-전지 역할을 하는 고체/용액 계면을 생성시키고 만다. 따라서 절대 반쪽-전지 전위는 얻어지지 않는다. 우리는 얻는 것은 측정하고자 하는 반쪽-전지와 두 번째 접촉과 용액으로 만들어진 반쪽-전지의 전위차이다.

모든 전극 전위를 같은 기준 반쪽-전지에 대해서 측정하는 한 상대 반쪽-전지 전위는 그대로 유용하기 때문에 절대 반쪽-전지 전위를 측정할 수 없다는 사실이 문제가 되지 않는다. 상대 전위를 결합하면 전지 전위를 얻을 수 있다. 이 전위를 이용해서 평형 상수를 계산하고 적정 곡선도 만들어 낼 수 있다.

## ▸ 18C-2 표준 수소 기준 전극

표준 수소 전극은 **노말 수소 전극**(normal hydrogen electrode, NHE)이라고도 한다.

SHE는 standard hydrogen electrode의 약자이다.

상대 전극 전위 데이터가 널리 이용되고 유용하게 사용될 수 있으려면, 모든 다른 전극을 비교할 일치된 기준 반쪽-전지가 있어야 한다. 그런 전극은 만들기가 쉽고, 가역적이며, 그 거동에 재현성이 있어야 한다. **표준 수소 전극**(standard hydrogen electrode, SHE)은 이러한 조건들을 만족시키며, 그래서 전 세계적으로 오랫동안 공통의 기준 전극으로 사용되었다. 이것은 전형적인 **기체 전극**(gas electrode)이다.

백금 검정은 편평한 백금 전극 위에서 $H_2PtCl_6$ 용액으로부터 금속을 전기분해 침전시켜서 만든 미세한 크기의 백금층이다. 백금 검정은 $H^+/H_2$ 반응이 일어날 수 있도록 커다란 비표면적을 제공한다. 백금 검정은 식 (18-9) 반응에서와 같이 촉매가 된다. 촉매는 평형의 위치는 변하지 않고 다만 반응 속도를 빠르게 한다는 것을 명심하시오.

**그림 18-6**은 수소 전극의 외형적인 배열을 나타낸다. 금속 도체는 표면적을 늘리기 위해서 곱게 분해된 백금(백금흑, platinum black)을 **입힌**(platinized) 백금 조각이다. 이 전극은 알고 있는 일정한 수소 이온 활동도를 가진 산 수용액에 담겨 있다. 기체를 전극의 표면 위에 일정한 압력으로 거품 내어 용액은 수소로 포화되게 유지한다. 백금은 전기화학 반응에 참여하지 않고 전자가 전달되는 위치만 제공한다. 이 전극에 생기는 전위에 대한 반쪽 반응은 다음과 같다.

$$2H^+(aq) + 2e^- \rightleftharpoons H_2(g) \qquad \textbf{(18-9)}$$

그림 18-6에 있는 수소 전극을 다음과 같이 도식적으로 나타낼 수 있다.

$$\text{Pt}, H_2(p = 1.00\text{atm}) \mid (H^+ = x\,\text{M}) \parallel$$

식 (18-9) 반응은 다음의 두 평형을 포함한다.

$$2H^+ + 2e^- \rightleftharpoons H_2(aq)$$

$$H_2(aq) \rightleftharpoons H_2(g)$$

일정 압력에서 수소 기체를 일정하게 흘려 주면 용액의 수소 분자는 일정한 농도를 가진다.

그림 18-6에서 수소 기체의 부분 압력은 1기압이고, 용액 속의 수소 이온의 농도는 $x$ M이다. 수소 전극은 가역적이다.

수소 전극의 전위는 온도와 용액 속의 수소 이온과 수소 분자의 활동도에 따라 달라진다. 수소 기체의 활동도는 용액을 수소로 포화시키기 위해 사용한 수소 기체의 압력에 비례한다. SHE에 대해서는 수소 이온의 활동도는 1로, 수소 기체의 부분

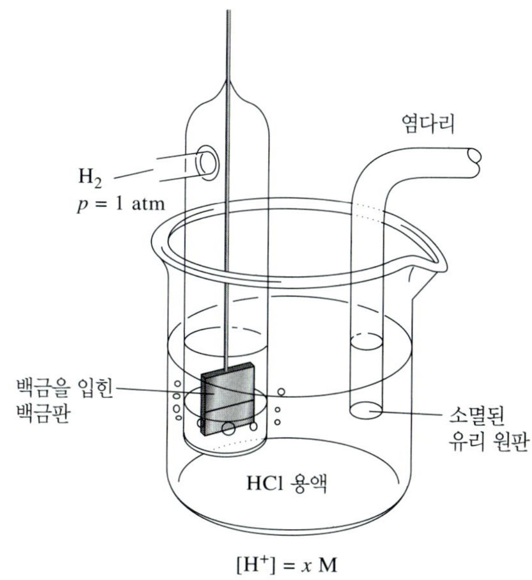


**그림 18-6** 수소 기체 전극.

압력은 1기압으로 명시한다. *규약으로 표준 수소 전극의 전위는 모든 온도에 대해서 0.000 V으로 정하였다.* 이렇게 정의하면, 표준 수소 전극과 어떤 다른 전극으로 구성된 갈바니 전지에 생성된 전위는 전적으로 그 다른 전극에 의해 생성된 것으로 간주하여 측정될 수 있을 것이다. 일상적으로 사용하기에 더 편리한 여러 가지 다른 기준 전극이 개발되었다. 이들 중 몇 가지는 21B절에서 설명한다.

$p_{H_2} = 1.00$, $a_{H^+} = 1.00$일 때, 수소 전극의 전위는 모든 온도에서 0.000 V이다.

## 8C-3 전극 전위와 표준 전극 전위

**전극 전위**(electrode potential)는 해당 전극을 오른쪽 전극으로, 표준 수소 전극을 왼쪽 전극으로 구성한 전지의 전위로 정의한다. 그러므로 $Ag^+$ 용액과 접촉하고 있는 은 전극의 전위를 측정하고자 한다면 **그림 18-7**처럼 전지를 만든다. 이 전지에서 오른쪽 반쪽-전지는 긴 얇은 조각의 순수한 은이 은 이온을 포함하는 용액과 접촉하도록 되어 있고, 왼쪽에 있는 전극은 표준 수소 전극이다. 전지 전위는 식 (18-8)에 의해서 정의된다. 왼쪽 전극은 0.000 V로 정한 전위를 가진 표준 수소 전극이므로 다음과 같이 쓸 수 있다.

전극 전위는 표준 수소 전극을 기준 전극으로 하여 측정한 전위이다.

$$E_{cell} = E_{right} - E_{left} = E_{Ag} - E_{SHE} = E_{Ag} - 0.000 = E_{Ag}$$

여기서 $E_{Ag}$는 은 전극의 전위이다. 전극 전위라는 이름에도 불구하고 전극 전위는 사실상 세심하게 정의된 기준 전극을 가진 전기화학 전지의 전위이다. 그림 18-7의 은 전극과 같이 전극 전위를 나타낼 때, 표준 수소 전극 전위를 기준으로 해서 상대적으로 측정된 전위라는 것을 강조하기 위하여 $E_{Ag}$ 대 SHE라고 언급한다.

반쪽 반응의 **표준 전극 전위**(standard electrode potential, $E^0$)는 반응물과 생성물의 활동도가 모두 1일 때의 전극 전위로 정의한다. 그림 18-7의 전지에 대해서 다음 반쪽 반응에 대한 $E^0$ 값은

$$Ag^+ + e^- \rightleftharpoons Ag(s)$$

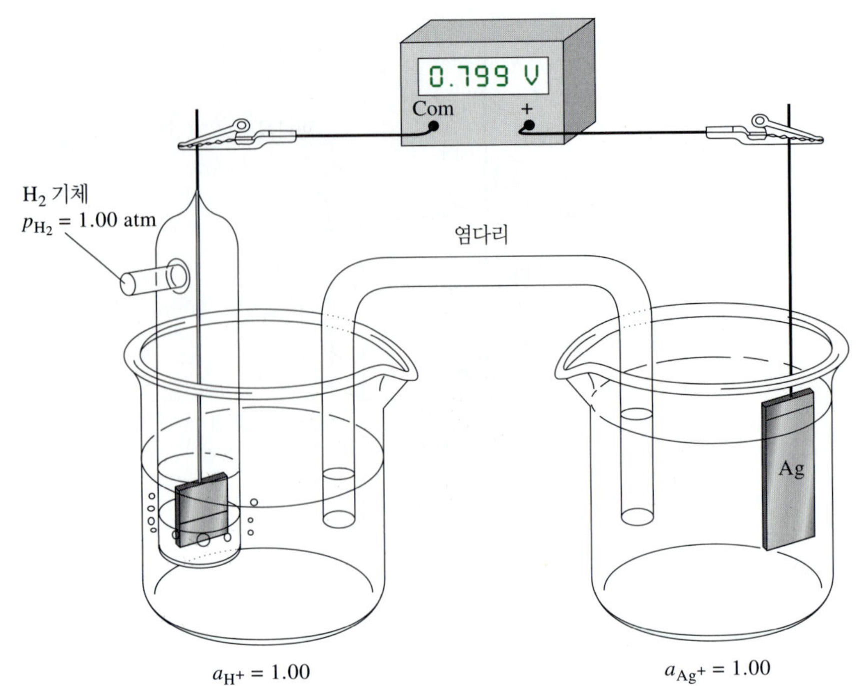


**그림 18-7** Ag 전극에 대한 전극 전위의 측정. 오른쪽 전지의 은 이온의 활동도가 1.00이라면, 전지 전위는 $Ag^+$/Ag 반쪽 반응의 표준 전극 전위가 된다.

$Ag^+$의 활동도가 1.00인 조건에서 $E_{cell}$을 측정해서 얻는다. 이 경우에 그림 18-7의 전지를 도식적으로 다음과 표현할 수 있다.

$$\text{Pt, H}_2\ (p = 1.00\text{ atm})\ |\ \text{H}^+(a_{\text{H}^+} = 1.00)\ ||\ \text{Ag}^+(a_{\text{Ag}^+} = 1.00)\ |\ \text{Ag}$$

또는 다음과 같이 다르게 표현할 수 있다.

$$\text{SHE}\ ||\ \text{Ag}^+(a_{\text{Ag}^+} = 1.00)\ |\ \text{Ag}$$

은 전극을 오른쪽에 둔 이 갈바니 전지는 +0.799 V의 전위를 발생시키며, 자발적인 전지 반응으로 왼쪽 칸에서 산화반응, 오른쪽 칸에서는 환원반응이 일어난다.

$$2\text{Ag}^+ + \text{H}_2(g) \rightleftharpoons 2\text{Ag}(s) + 2\text{H}^+$$

금속 이온/금속 반쪽 전지를 **쌍**(couple)이라고도 한다.

은 전극이 오른쪽에 있고, 반응물과 생성물이 모두 표준 상태에 있으므로, 측정된 전위는 정의에 의해 은의 반쪽 반응 또는 **은 쌍**(silver couple)에 대한 표준 전극 전위이다. 은 전극은 표준 수소 전극에 비해서 +인 것을 주목하시오. 그러므로 표준 전극 전위는 + 부호가 부여되며, 다음과 같이 나타낸다.

$$\text{Ag}^+ + e^- \rightleftharpoons \text{Ag}(s) \qquad E^0_{\text{Ag}^+/\text{Ag}} = +0.799\text{ V}$$

**그림 18-8**은 다음 반쪽 반응에 대한 표준 전극 전위를 측정하는 데 이용되는 전지를 예시하고 있다.

$$\text{Cd}^{2+} + 2e^- \rightleftharpoons \text{Cd}(s)$$

은 전극과는 반대로 카드뮴 전극은 표준 수소 전극에 대해서 음의 값을 갖는다. 그러므로 $Cd/Cd^{2+}$ 쌍의 표준 전극 전위는 *규약에 의해서* − 부호가 부여되어,

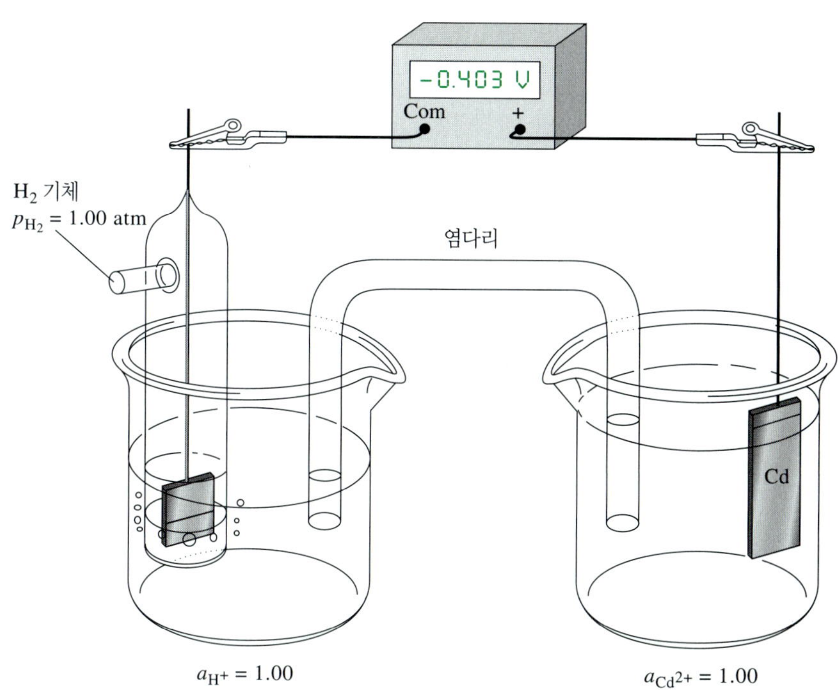


**그림 18-8** $Cd^{2+} + 2e^- \rightleftharpoons Cd(s)$에 대한 표준 전극 전위의 측정.

$E^0_{Cd^{2+}/Cd} = -0.403$ V이다. 전지의 전위가 음의 값이므로 쓰인 대로의 반응(왼쪽에서 산화반응, 오른쪽에서 환원반응)은 자발적인 전지 반응이 아니다. 대신, 자발적인 반응은 반대 방향으로 일어난다.

$$Cd(s) + 2H^+ \rightleftharpoons Cd^{2+} + H_2(g)$$

활동도 1인 아연 이온을 포함한 용액에 담긴 아연 전극을 오른쪽에 사용하고, 왼쪽에 표준 수소 전극과 짝을 지으면 $-0.763$ V 전위가 발생한다. 따라서 아연 전극의 표준 전극 전위는 $E^0_{Zn^{2+}/Zn} = -0.763$ V과 같이 나타낼 수 있다.

위에 설명한 네 가지 반쪽 전지의 표준 전극 전위를 순서대로 나열하면 다음과 같다.

| 반쪽 반응 | 표준 전극 전위, V |
|---|---|
| $Ag^+ + e^- \rightleftharpoons Ag(s)$ | +0.799 |
| $2H^+ + 2e^- \rightleftharpoons H_2(g)$ | 0.000 |
| $Cd^{2+} + 2e^- \rightleftharpoons Cd(s)$ | −0.403 |
| $Zn^{2+} + 2e^- \rightleftharpoons Zn(s)$ | −0.763 |

전극 전위의 크기는 네 가지 이온의 전자 받개(산화제)로서의 상대적인 세기를 나타낸다. 즉, 감소하는 세기로 $Ag^+ > H^+ > Cd^{2+} > Zn^{2+}$이다.

## ▸ 18C-4 IUPAC 부호 규약에 함축된 또 다른 의미

앞 절에서 서술한 부호 규약은 1953년 스톡홀름에서 열린 IUPAC 회의에서 채택되었다. 그 이전에는 화학자들은 같은 규약을 늘 사용하지 않았으며, 일관성이 없는 정의에 의하여 **전극 전위**는 환원 전위이다. 산화 전위는 반대 방향으로 표현된 반쪽 반응의 전위이다. 그러므로 산화 전위의 부호는 환원전극의 것과 반대이지만 크기는 똑같다.

IUPAC 부호 규약은 관심 있는 반쪽 전지가 표준 수소 전극과 연결되어 있을 때 그 반쪽 전지의 부호에 근거를 둔 것이다.

표현으로 인해 전기화학을 개발하고 일상적으로 사용하는 데 논쟁과 혼란이 일어났다.

어떤 부호 규약이든지 단 한 가지 반쪽 전지 과정(산화반응이든 환원반응이든)에 기초해야만 한다. IUPAC 규약에 의하면, '*전극 전위*'(더 정확하게는 '상대 전극 전위')는 *환원반응으로 표현한 반쪽 반응을 기술하는 것만으로 잡아두었다*. '산화 전위'라는 용어를 반대 의미로 표현된 과정을 의미하는 데 사용하는 것을 반대할 이유는 없지만, 그 전위를 전극 전위로 언급하는 것은 올바르지 않다.

전극 전위의 부호는 표준 수소 전극과 짝을 이루었을 때 그 반쪽 전지의 부호에 의해서 결정된다. 반쪽-전지가 SHE에 대해서 (+) 전위를 나타내면(그림 18-7), 전지가 방전될 때 그 반쪽 전지는 자발적으로 환원전극 역할을 할 것이다. 반쪽 전지가 SHE에 대해 (−)이면(그림 18-8), 전지가 방전될 때 그 반쪽 전지는 자발적으로 산화전극으로 거동할 것이다.

## ▸ 18C-5 전극 전위에 대한 농도의 영향 : Nernst식

전극 전위는 반쪽-전지에 포함된 화학종의 농도가 평형 농도로부터 멀어진 정도에 대한 척도이다. 예를 들면, 다음 과정은 묽은 농도보다 높은 농도의 은(I) 용액에서 반응이 진행되는 경향이 높다.

$$Ag^{+} + e^{-} \rightleftharpoons Ag(s)$$

따라서 이 과정에 대한 전극 전위는 용액의 은 이온 농도가 증가하면 더 커진다(더 양의 값). 이제 농도와 전극 전위의 정량적인 관계를 조사해 보자.

다음의 가역 반쪽 반응을 생각해 보자.

$$aA + bB + \cdots + ne^{-} \rightleftharpoons cC + dD + \cdots \qquad \textbf{(18-10)}$$

여기에서 대문자는 반응에 참여하는 화학종(원자, 분자, 이온)의 화학식이고 $e^{-}$는 전자, 이탤릭 소문자는 각 화학종의 몰수를 나타낸다. 이 과정에 대한 전극 전위는 다음 식으로 주어진다.

식 (18-11)과 식 (18-12)에 있는 괄호 항의 의미는 A가 용질일 경우 [A] = 몰농도, B가 기체인 경우 $[B] = p_B$ = atm 단위의 부분 압력이다. 식 (18-11)에서 나타나는 화학종이 순수한 액체, 순수한 고체 또는 과량으로 존재하는 용매일 경우 이 물질들의 활동도가 1이므로 괄호 항은 무시한다.

$$E = E^{0} - \frac{RT}{nF}\ln\frac{[C]^{c}[D]^{d}\cdots}{[A]^{a}[B]^{b}\cdots} \qquad \textbf{(18-11)}$$

여기에서

$E^{0}$ = 반쪽 반응에 대한 *표준 전극 전위*

$R$ = 이상 기체 상수, 8.314 J $K^{-1}$ $mol^{-1}$

$T$ = 온도, K

$n$ = 반쪽 반응에 나타나 있는 전자의 몰수

$F$ = 패러데이 상수 = 전자 1 몰당 96,485 C (쿨롱)

ln = 자연 대수 = 2.303 log

Walther Nernst (1864~1941)는 화학 열역학 분야에 기여한 수많은 공로로 1920년에 노벨 화학상을 수상하였다. 1921년 그의 실험실에 있는 Nernst의 모습(오른쪽).

각 상수에 숫자를 대입하고 자연 대수를 상용 대수로 바꾸고 온도를 25°C로 대입하면 다음을 얻는다.

$$E = E^0 - \frac{0.0592}{n} \log \frac{[C]^c[D]^d \cdots}{[A]^a[B]^b \cdots} \tag{18-12}$$

엄밀하게 말하면 꺾인 괄호는 활동도를 나타내어야 하지만, 대부분의 계산에서 활동도는 몰농도로 대신 사용할 것이다. 따라서 만약에 어떤 참여 화학종 A가 용질이라면 [A]는 A의 리터당 몰수 농도이다. 만약에 A가 기체이면 [A]를 압력 단위의 A의 부분 압력 $p_A$로 바꾼다. A가 만약 순수한 액체, 고체 또는 용매이면 그 활동도는 1이며, A에 대한 항은 식에 나타나지 않는다. 이 가정의 논리적 근거는 평형 상수 표현을 다룬 9B-2절의 설명과 같다. 식 (18-12)는 이 식을 발견한 독일 화학자 Walter Nernst를 기념하기 위하여 Nernst식으로 부른다.

**예제 18-2**

다음은 전형적인 반쪽-전지 반응과 그에 해당하는 Nernst식이다.

(1) $Zn^{2+} + 2e^- \rightleftharpoons Zn(s)$ $\qquad E = E^0 - \frac{0.0592}{2} \log \frac{1}{[Zn^{2+}]}$

아연은 순수한 고체이기 때문에 식에 원소 아연 항이 대수 항에 포함되어 있지 않다. 따라서 전극 전위는 아연 이온 농도의 역수의 대수 값에 선형으로 비례한다.

(2) $Fe^{3+} + e^- \rightleftharpoons Fe^{2+}$ $\qquad E = E^0 - \frac{0.0592}{1} \log \frac{[Fe^{2+}]}{[Fe^{3+}]}$

이 쌍에 대한 전위는 두 가지 철 이온을 함유하고 있는 용액에 담긴 비활성 금속 전극으로 측정할 수 있다. 전위는 이들 이온 농도 비의 대수 값에 의해 결정된다.

(3) $2H^+ + 2e^- \rightleftharpoons H_2(g) \qquad E = E^0 - \frac{0.0592}{2}\log\frac{p_{H_2}}{[H^+]^2}$

이 예에서 $p_{H2}$는 전극 표면에서 수소의 부분 압력이다(atm 단위). 일반적으로 그 값은 대기압과 같을 것이다.

(4) $MnO_4^- + 5e^- + 8H^+ \rightleftharpoons Mn^{2+} + 4H_2O$

$$E = E^0 - \frac{0.0592}{5}\log\frac{[Mn^{2+}]}{[MnO_4^-][H^+]^8}$$

이 경우, 전위는 망가니즈 화합물들의 농도뿐만 아니라 용액의 pH에 의해서도 결정된다.

예제 18-2의 (5)번에 있는 Nernst 표현식은 용액이 항상 AgCl로 포화되도록 하는 과량의 고체 염화은이 존재할 때만 적용된다.

(5) $AgCl(s) + e^- \rightleftharpoons Ag(s) + Cl^- \qquad E = E^0 - \frac{0.0592}{1}\log[Cl^-]$

이 반쪽 반응은 AgCl로 *포화된* 염화 이온 용액에 담긴 은 전극의 거동을 기술하고 있다. 포화 조건을 보장하기 위해서 과량의 고체가 반드시 존재해야 한다. 이 전극 반응은 다음 두 반응식의 더한 것임을 주목하시오.

$$AgCl(s) \rightleftharpoons Ag^+ + Cl^-$$

$$Ag^+ + e^- \rightleftharpoons Ag(s)$$

전극 전위는 포화 용액을 유지할 수 있을 정도의 조금의 고체가 남아 있기만 하면 AgCl 고체의 그 양에는 무관하다는 점도 주목하시오.

## ▸ 18C-6 표준 전극 전위, $E^0$

반쪽 반응의 **표준 전극 전위** $E^0$는 반쪽 반응의 모든 반응물과 생성물의 활동도가 1일 때의 전극 전위로 정의된다.

식 (18-11)과 식 (18-12)을 면밀하게 관찰하면 농도비(사실은, 활동도 비)의 값이 1일 때마다 상수 $E^0$가 바로 전극 전위가 된다는 것을 알 수 있다. 이 상수는 정의상 반쪽 반응에 대한 표준 전극 전위이다. 반쪽 반응의 반응물과 생성물의 활동도가 1이면 이 비는 항상 1이다.

표준 전극 전위는 반쪽-전지 반응의 구동력에 관한 정량적인 정보를 제공하는 중요한 물리 상수이다.[2] 이 상수의 중요한 특징은 다음과 같다.

1. 표준 전극 전위는 0.000 V로 그 전위를 정해둔 표준 수소 전극을 기준 전극(왼쪽 전극)으로 사용한 전기화학 전지의 전위라는 점에서 상대적인 양이다.
2. 표준 전극 전위는 전적으로 환원반응에 대한 것으로 상대 환원 전위이다.
3. 표준 전극 전위는 반쪽 반응이 반응물과 생성물의 활동도가 모두 1인 조건으로부터 평형 활동도를 향해 진행하는 상대적인 힘의 척도를 표준 수소 전극에 대해서 나타낸 값이다.

[2]표준 전극 전위에 대한 추가적인 자료는 다음을 참고하시오. R. G. Bates, in *Treatise on Analytical Chemistry*, 2nd ed., I. M. Kolthoff and P. J. Elving, eds., Part I, Vol. 1, Ch. 13, New York: Wiley, 1978.

**4.** 표준 전극 전위는 균형잡힌 반쪽 반응의 반응물과 생성물의 몰수에 무관하다. 따라서 다음 반쪽 반응의 표준 전극 전위는

$$Fe^{3+} + e^{-} \rightleftharpoons Fe^{2+} \qquad E^{0} = +0.771V$$

반응을 다음과 같이 쓰기로 하더라도 달라지지 않는다.

$$5Fe^{3+} + 5e^{-} \rightleftharpoons 5Fe^{2+} \qquad E^{0} = +0.771V$$

하지만 Nernst식은 나타내어진 반쪽 반응과 일관성이 있게 표현되어야 한다는 것에 주목하시오. 첫 번째 경우, Nernst식은

$$E = 0.771 - \frac{0.0592}{1}\log\frac{[Fe^{2+}]}{[Fe^{3+}]}$$

그리고 두 번째 경우, Nernst식은

$$E = 0.771 - \frac{0.0592}{5}\log\frac{[Fe^{2+}]^5}{[Fe^{3+}]^5} = 0.771 - \frac{0.0592}{5}\log\left(\frac{[Fe^{2+}]}{[Fe^{3+}]}\right)^5$$

$$= 0.771 - \frac{\cancel{5} \times 0.0592}{\cancel{5}}\log\frac{[Fe^{2+}]}{[Fe^{3+}]}$$

두 log항은 동일한 값을 가진다는 것을 주목하시오.

$$\frac{0.0592}{1}\log\frac{[Fe^{2+}]}{[Fe^{3+}]} = \frac{0.0592}{5}\log\frac{[Fe^{2+}]^5}{[Fe^{3+}]^5} = \frac{0.0592}{5}\log\left(\frac{[Fe^{2+}]}{[Fe^{3+}]}\right)^5$$

**5.** 양의 값을 가진 전극 전위는 그것의 반쪽 반응이 표준 수소 전극의 반쪽 반응에 비교해서 더 자발적이라는 것을 의미한다. 다시 말해서, 반쪽 반응에 있는 산화제는 수소 이온보다 더 강한 산화제라는 것이다.

**6.** 반쪽 반응에 대한 표준 전극 전위는 온도에 따라 변한다.

많은 수의 반쪽 반응에 대해서 표준 전극 전위 데이터가 알려져 있다. 다수는 전기화학 측정으로 직접 결정되었다. 다른 것들은 산화/환원반응계의 평형과 그 반응과 관련된 열화학 데이터로부터 계산되었다. 앞으로 여기서 사용할 몇 가지 반쪽 반응에 대한 표준 전극 전위 데이터가 **표 18-1**에 포함되어 있다. 더 방대한 자료는 부록 5에서 찾을 수 있다.[3]

표 18-1과 부록 5는 표준 전위 데이터를 표로 만드는 두 가지 일반적인 방식을 보여주고 있다. 표 18-1에는 전위가 낮아지는 순으로 나열되어 있다. 결과적으로 왼쪽 위에 있는 화학종들은 그들의 전위가 큰 양의 값을 가지는 사실에 의해 가장 효과적인 전자 받개이다. 그러므로 이들은 가장 강한 산화제이다. 왼쪽에서 아래로 내려가면서 다음 아래에 있는 화학종은 그 바로 위에 있는 화학종에 비해 덜 효과적인 전자 받개이다. 표의 제일 아래 있는 반쪽 전지 반응은 쓰인 대로 일어날 경향이 거의 없거나 전혀 없다. 반면에 그들은 역방향으로 일어나는 경향이 있다. 그러면 가장 효과적인 환원제는 오른쪽 아래 부분에 있는 화학종들이다.

[3]표준 전극 전위의 더 상세한 문헌들은 다음을 참고하시오. A. J. Bard, R. Parsons, and J. Jordan, eds., *Standard Electrode Potentials in Aqueous Solution*, New York: Dekker, 1985; G. Milazzo, S. Caroli, and V. K. Sharma, *Tables of Standard Electrode Potentials*, New York: Wiley-Interscience, 1978; M. S. Antelman and F. J. Harris, *Chemical Electrode Potentials*, New York: Plenum Press, 1982. 일부 자료는 원소의 알파벳 순으로 정렬되어 있고, 다른 자료들은 $E^0$ 값의 순서에 따라 정리되어 있다.

표 18-1에 있는 $Fe^{3+}$와 $I_3^-$의 $E^0$ 값을 근거로 해서 철(III)와 아이오딘화 이온을 혼합하여 만들어진 용액에서 주된 화학종이 어느 것인지를 예상하시오. color plate 12를 참고하시오.

**표 18-1**

**표준 전극 전위***

| 반응 | 25°C에서 $E^0$, V |
|---|---|
| $Cl_2(g) + 2e^- \rightleftharpoons 2Cl^-$ | +1.359 |
| $O_2(g) + 4H^+ + 4e^- \rightleftharpoons 2H_2O$ | +1.229 |
| $Br_2(aq) + 2e^- \rightleftharpoons 2Br^-$ | +1.087 |
| $Br_2(l) + 2e^- \rightleftharpoons 2Br^-$ | +1.065 |
| $Ag^+ + e^- \rightleftharpoons Ag(s)$ | +0.799 |
| $Fe^{3+} + e^- \rightleftharpoons Fe^{2+}$ | +0.771 |
| $I_3^- + 2e^- \rightleftharpoons 3I^-$ | +0.536 |
| $Cu^{2+} + 2e^- \rightleftharpoons Cu(s)$ | +0.337 |
| $UO_2^{2+} + 4H^+ + 2e^- \rightleftharpoons U^{4+} + 2H_2O$ | +0.334 |
| $Hg_2Cl_2(s) + 2e^- \rightleftharpoons 2Hg(l) + 2Cl^-$ | +0.268 |
| $AgCl(s) + e^- \rightleftharpoons Ag(s) + Cl^-$ | +0.222 |
| $Ag(S_2O_3)_2^{3-} + e^- \rightleftharpoons Ag(s) + 2S_2O_3^{2-}$ | +0.017 |
| $\mathbf{2H^+ + 2e^- \rightleftharpoons H_2(g)}$ | **0.000** |
| $AgI(s) + e^- \rightleftharpoons Ag(s) + I^-$ | −0.151 |
| $PbSO_4 + 2e^- \rightleftharpoons Pb(s) + SO_4^{2-}$ | −0.350 |
| $Cd^{2+} + 2e^- \rightleftharpoons Cd(s)$ | −0.403 |
| $Zn^{2+} + 2e^- \rightleftharpoons Zn(s)$ | −0.763 |

*더 많은 자료는 부록 5를 참조하시오.

**특집 18-4**

### 오래된 문헌에서의 부호 규약

참고 문헌, 특히 1953년 이전에 출판된 문헌에는 IUPAC이 추천하는 규약과 일치하지 않는 전극 전위 표가 들어 있다. 예를 들면, Latimer에 의해서 축적된 고전적인 표준 전위 데이터에 다음과 같이 표현된 것을 발견할 수 있다.[4]

$$Zn(s) \rightleftharpoons Zn^{2+} + 2e^- \qquad E = +0.6\ V$$

$$Cu(s) \rightleftharpoons Cu^{2+} + 2e^- \qquad E = +0.34\ V$$

이 산화 전위를 IUPAC 규약에 의해 정의된 전극 전위로 변환하기 위해서 머리 속으로 (1) 반쪽 반응을 환원반응으로 표현하고, (2) 전위의 부호를 바꾸어야 한다.

전극 전위 표에는 사용한 부호 규약이 분명하게 명시되어 있지 않을 수도 있다. 하지만 이 정보는 잘 아는 반쪽 반응에 대한 전위의 부호와 반응의 방향을 주목하면 추론해 낼 수 있다. 만약에 부호가 IUPAC 규약과 일치한다면 표의 값들은 그대로 사용하면 된다. 그렇지 않다면 표의 모든 데이터의 부호를 바꾸어야 한다. 예를 들어, 다음 반응은

$$O_2(g) + 4H^+ + 4e^- \rightleftharpoons 2H_2O \qquad E = +1.229V$$

표준 수소 전극에 대해서 자발적으로 일어나며 따라서 + 부호를 가진다. 만약에 이 반쪽 반응에 대한 전위가 표에서 음의 값이라면 이것과 다른 모든 전위 값에 −1을 곱해야 한다.

[4] W. M. Latimer, *The Oxidation States of the Elements and Their Potentials in Aqueous Solutions*, 2nd ed. Englewood Cliffs, NJ: Prentice-Hall, 1952.

표 18-1과 같은 축적된 전극 전위 데이터는 화학자들에게 전자 전달 반응의 방향과 정도에 대해서 정성적으로 판단할 수 있는 자료가 된다. 예를 들어, 은(I)의 표준 전위(+0.799 V)가 구리(II)의 표준 전위(+0.337 V)보다 더 양의 값이다. 그러므로 구리 조각을 은(I) 용액에 집어넣으면 은 이온이 환원되고 구리가 산화될 것이라는 결론을 내릴 수 있다. 반대로, 은 조각을 구리(II) 용액에 집어넣으면 아무 반응이 일어나지 않을 것이라고 예측할 수 있다.

표 18-1과는 대조적으로 부록 5에서는 표준 전위를 원소의 알파벳순으로 나타내었는데, 이것은 주어진 전극 반응에 대한 데이터를 쉽게 찾아갈 수 있게 하기 위한 것이다.

### » 침전이나 착이온을 포함한 계

표 18-1에서 Ag(I)을 포함하는 다수의 등록된 데이터 중에 다음이 있다.

$$Ag^+ + e^- \rightleftharpoons Ag(s) \qquad E^0_{Ag^+/Ag} = +0.799\ V$$

$$AgCl(s) + e^- \rightleftharpoons Ag(s) + Cl^- \qquad E^0_{AgCl/Ag} = +0.222\ V$$

$$Ag(S_2O_3)_2^{3-} + e^- \rightleftharpoons Ag(s) + 2S_2O_3^{2-} \qquad E^0_{Ag(S_2O_3)_2^{3-}/Ag} = +0.017\ V$$

각각은 다른 환경에 있는 은 전극의 전위를 나타낸다. 세 가지 전위가 어떻게 서로 관련되어 있는지 알아보자.

첫 번째 반쪽 반응에 대한 Nernst식은 다음과 같다.

$$E = E^0_{Ag^+/Ag} - \frac{0.0592}{1}\log\frac{1}{[Ag^+]}$$

$[Ag^+]$를 $K_{sp}/[Cl^-]$로 치환하면 다음 식을 얻는다.

$$E = E^0_{Ag^+/Ag} - \frac{0.0592}{1}\log\frac{[Cl^-]}{K_{sp}} = E^0_{Ag^+/Ag} + 0.0592\log K_{sp} - 0.0592\log[Cl^-]$$

정의에 따라 두 번째 반쪽 반응에 대한 표준 전극 전위는 $[Cl^-] = 1.00$인 조건에서의 전위이다. 즉, $[Cl^-] = 1.00$이면 $E = E^0{}_{AgCl/Ag}$이다. 이 값을 대입하면

$$\begin{aligned} E^0_{AgCl/Ag} &= E^0_{Ag^+/Ag} + 0.0592\log(1.82\times10^{-10}) - 0.0592\log(1.00) \\ &= 0.799 + (-0.577) - 0.000 = 0.222\ V \end{aligned}$$

**그림 18-9**는 Ag/AgCl 전극에 대한 표준 전극 전위를 측정하는 장치를 나타낸다.

같은 방법으로 세 번째 평형에 있는 은 이온의 싸이오황산 착물의 환원에 대한 표준 전극 전위에 대한 표현을 얻을 수 있다. 이 경우 표준 전위는 다음 식으로 주어진다.

$$E^0_{Ag(S_2O_3)_2^{3-}/Ag} = E^0_{Ag^+/Ag} - 0.0592\log\beta_2 \qquad \textbf{(18-13)}$$

도전: 식 (18-13)을 유도하시오.

여기서 $\beta_2$는 착물의 형성 상수로 다음과 같다.

$$\beta_2 = \frac{[Ag(S_2O_3)_2^{3-}]}{[Ag^+][S_2O_3^{2-}]^2}$$

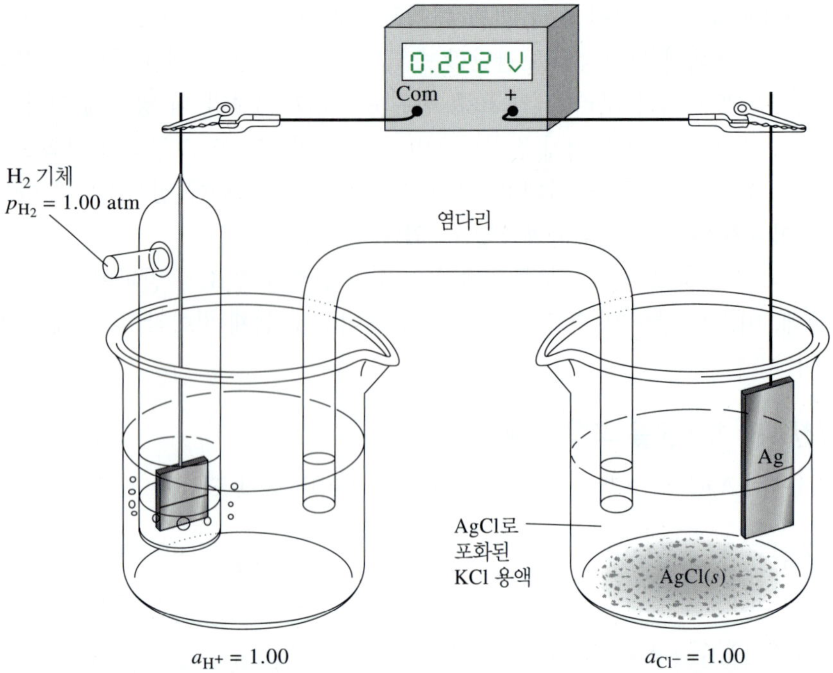

**그림 18-9** Ag/AgCl 전극에 대한 표준 전극 전위의 측정.

**예제 18-3**

0.0500 M NaCl 용액에 담긴 은 전극의 전극 전위를 다음 자료를 이용해서 계산하시오. (a) $E^0_{Ag^+/Ag} = 0.799$ V, (b) $E^0_{AgCl/Ag} = 0.222$ V

**풀이**

(a) $Ag^+ + e^- \rightleftharpoons Ag(s) \qquad E^0_{Ag^+/Ag} = +0.799 \text{ V}$

이 용액의 $Ag^+$ 농도는

$$[Ag^+] = \frac{K_{sp}}{[Cl^-]} = \frac{1.82 \times 10^{-10}}{0.0500} = 3.64 \times 10^{-9} \text{ M}$$

이를 Nernst식에 대입하면

$$E = 0.799 - 0.0592 \log \frac{1}{3.64 \times 10^{-9}} = 0.299 \text{ V}$$

(b) Nernst식을 다음과 같이 쓸 수 있다.

$$E = 0.222 - 0.0592 \log [Cl^-] = 0.222 - 0.0592 \log 0.0500$$
$$= 0.299 \text{ V}$$

**특집 18-5**

**표 18-1에 $Br_2$에 대한 두 가지 전극 전위가 있는 이유는 무엇인가?**

표 18-1에서 $Br_2$에 대한 다음의 데이터를 발견할 수 있다.

$$Br_2(aq) + 2e^- \rightleftharpoons 2Br^- \qquad E^0 = +1.087 \text{ V}$$

$$Br_2(l) + 2e^- \rightleftharpoons 2Br^- \qquad E^0 = +1.065 \text{ V}$$

두 번째 표준 전위는 포화된 $Br_2$ 용액에 적용되지만 불포화 용액에는 적용되지 않는다. 과량의 액체 $Br_2$로 포화된 0.0100 M KBr 용액의 전극 전위를 계산하기 위해서 1.065 V를 사용해야 한다. 그런 경우

$$E = 1.065 - \frac{0.0592}{2}\log[Br^-]^2 = 1.065 - \frac{0.0592}{2}\log(0.0100)^2$$

$$= 1.065 - \frac{0.0592}{2} \times (-4.00) = 1.183\ V$$

이 계산에서 $Br_2$는 과량으로 존재한 액체이기 때문에(활동도 1) 로그 항 안에 $Br_2$의 항은 나타나지 않는다. 25°C에서 $Br_2$의 용해도는 0.18 M 정도에 불과하기 때문에 첫 줄에 있는 $Br_2(aq)$의 표준 전극 전위는 가상적인 값이다. 따라서 기록된 1.087 V는 $E^0$의 정의상, 실험적으로 실현될 수 없는 계에 기초한 것이다. 그럼에도 불구하고 이 가상적인 전위를 사용하여 불포화된 $Br_2$ 용액에 대한 전극 전위를 계산할 수 있다. 예를 들어, KBr이 0.0100 M이고 $Br_2$가 0.00100 M로 있는 용액에 대한 전극 전위를 계산하길 원한다면, 다음과 같은 식을 쓸 것이다.

$$E = 1.087 - \frac{0.0592}{2}\log\frac{[Br^-]^2}{[Br_2(aq)]} = 1.087 - \frac{0.0592}{2}\log\frac{(0.0100)^2}{0.00100}$$

$$= 1.087 - \frac{0.0592}{2}\log 0.100 = 1.117\ V$$

## ▸ 18C-7 표준 전극 전위 사용의 한계

이 책의 나머지 부분에서 전지의 전위를 계산하거나, 산화-환원반응의 평형 상수를 계산하고, 산화-환원 적정 곡선을 위한 데이터를 계산하기 위해서 표준 전극 전위를 이용할 것이다. 그런 계산이 때로는 실험실에서 얻어지는 결과와 심각하게 다른 결과를 주기도 한다는 것을 명심해야 한다. 이러한 차이를 주는 두 가지 주된 원인이 있다. (1) Nernst식에 활동도 대신 농도를 사용한 것, (2) 해리, 회합, 착물 형성, 용매 분해와 같은 다른 평형을 고려하지 못한 것이다. 하지만 전극 전위를 측정하면 이 평형들을 조사할 수 있고 그들의 평형 상수를 결정할 수 있다.

### » 활동도 대신 농도 사용

대부분의 분석 화학적 산화/환원반응은 이온 세기가 너무 높은 용액에서 수행되어 활동도 계수를 Debye-Hückel식[식 (10-5), 10B-2절 참조]으로 구할 수 없다. 하지만 Nernst식에 활동도 대신 농도를 사용하면 중대한 오차가 발생할 수 있다. 예를 들어, 다음 반쪽 반응의 표준 전위는 +0.771 V이다.

$$Fe^{3+} + e^- \rightleftharpoons Fe^{2+} \qquad E^0 = 0.771V$$

철(III)과 철(II) 그리고 과염소산의 농도가 각각 $10^{-4}$ M인 용액에 백금 전극을 담그고 표준 수소 전극에 대해서 전위를 측정하면 이론적으로 예측할 수 있는 +0.77 V에 가까운 값이 읽어진다. 그러나 과염소산을 0.1 M이 되게 가하면 전위가 약 +0.75 V로 떨어진다. 이 차이는 0.1 M 과염소산 환경의 높은 이온 세기에서는

철(III)의 활동도가 철(II)의 활동도보다 현저히 작기(0.4 대 0.18) 때문이다(표 10-2 참조). 그 결과 Nernst식에 있는 두 화학종의 비($[Fe^{2+}]/[Fe^{3+}]$)는 1보다 크며, 이것은 전극 전위를 감소하게 한다. 1 M $HClO_4$ 용액에서는 전극 전위가 더욱 낮다 ($\approx 0.73$ V).

### » 다른 평형의 영향

Nernst식에 나타나는 화학종이 회합, 해리, 착물 형성, 용매 분해 평형에 참여하면 표준 전극 전위 데이터를 여러 계에 적용할 때 문제가 더욱 복잡하게 된다. 이런 현상들은 그것들이 존재한다는 것을 알고, 평형 상수가 알려져 있을 때에만 계산에 넣을 수 있다. 대개는 이중 어느 것도 충족되지 않아서 중대한 차이가 발생한다. 예를 들어, 방금 논의한 철(II)/철(III) 혼합 용액에 1 M 과염소산이 존재하면 전위가 +0.70 V가 되지만, 1 M 황산 용액에서는 +0.68 V가 관찰되며, 2 M 인산 용액에서는 전위가 +0.46 V이다. 이들 각각의 경우에, 염화 이온, 황산 이온, 인산 이온과 철(III)의 착물은 철(II)의 착물보다 더 안정하기 때문에 철(II)/철(III) 활동도 비는 더 크다. 이 경우, Nernst식에 들어 있는 $[Fe^{2+}]/[Fe^{3+}]$ 농도비는 1보다 크며 따라서 측정된 전위는 표준 전위보다 낮다. 만약에 이런 착물 형성에 대한 형성 상수가 알려져 있다면 적절한 교정이 가능할 것이다. 안타깝게도 대개 그런 데이터는 알려진 것이 없으며 있더라도 신뢰하기 매우 어렵다.

### » 형식 전위

**형식 전위**는 반쪽 반응에서 반응물과 생성물의 **분석 농도**의 비가 정확하게 1이고 다른 용질의 몰농도가 특정한 값으로 정해졌을 때의 전극 전위이다. 형식전위를 표준 전극 전위와 구별하기 위해서 $E^{0'}$로 표시한다.

**형식 전위**(formal potential)는 앞에서 언급한 활동도와 경쟁 평형에 의한 영향을 보완하는 실험적으로 얻은 전위이다. 형식 전위는 Nernst식에서 반쪽 반응의 반응물과 생성물의 분석 농도 비가 정확히 1이고, 계의 다른 화학종의 농도는 상세하게 정의된 조건에서 표준 수소 전극에 대해 측정된 전위이다. 예를 들면, 다음 반쪽 반응에 대한 형식 전위는 **그림 18-10**의 전지에 대한 전위를 측정해서 얻는다.

$$Ag^+ + e^- \rightleftharpoons Ag(s) \qquad E^{0'} = 0.792 \text{ V (1 M } HClO_4\text{에서)}$$

여기에서 오른쪽 전극은 $AgNO_3$이 1.00 M이고 $HClO_4$이 1.00M인 용액에 담긴 은 전극이고, 왼쪽에 있는 기준 전극은 표준 수소 전극이다. 이 전지의 전위는 +0.792 V이며, 이것을 1.00 M $HClO_4$에서 $Ag^+/Ag$ 쌍의 형식 전위라고 한다. 이 쌍에 대한 표준 전극 전위는 +0.799 V인 것을 주목하시오.

다수의 반쪽 반응에 대한 형식 전위 값이 부록 5에 있다. 어떤 반쪽 반응에 대해서는 형식 전위와 표준 전위 사이에 큰 차이가 있다는 것을 주목하시오. 예를 들어, 다음에 대한 형식 전위는

$$Fe(CN)_6^{3-} + e^- \rightleftharpoons Fe(CN)_6^{4-} \qquad E^0 = +0.36 \text{ V}$$

1 M 과염소산이나 황산에서는 0.72 V이며, 이 값은 표준 전극 전위보다 0.36 V 큰 값이다. 이 차이에 대한 이유는 수소 이온의 농도가 높은 농도로 존재하면, hexacyanoferrate(II) 이온과 hexacyanoferrate(III) 이온은 한 개 이상의 수소 이온과 결합해서 hydrogen hexacyanoferrate(II)와 hydrogen hexacyanoferrate(III) 산 화학종을

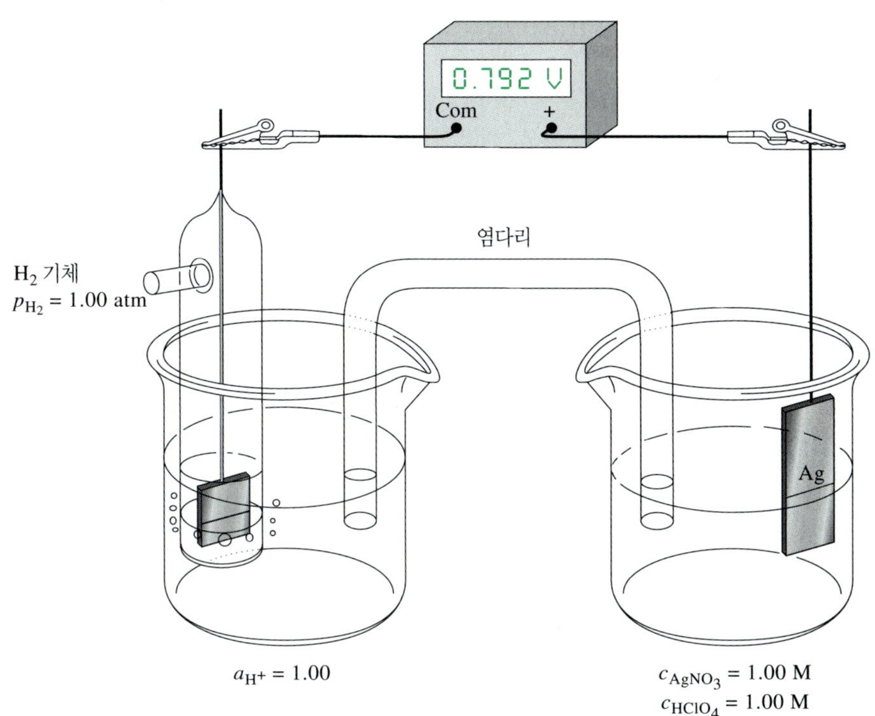


**그림 18-10** 1 M $HClO_4$ 수용액에서 $Ag^+/Ag$ 쌍의 형식 전위 측정.

형성하기 때문이다. $H_4Fe(CN)_6$은 $H_3Fe(CN)_6$보다 약산이기 때문에 Nernst식에서 농도비 $[Fe(CN)_6{}^{4-}]/[Fe(CN)_6{}^{3-}]$는 1보다 작아져 측정되는 전위는 더 높다.

표준 전극 전위 대신 형식 전위를 Nernst식에 대입하면, 용액의 전해질 농도가 형식 전위가 적용되는 용액의 농도와 가까울 때에 한해서 실험과 계산의 값이 더 잘 일치하는 결과를 준다. 형식 전위를 전해질의 형태와 농도가 현저하게 다른 계에 적용하면 표준 전극 전위를 사용하는 경우보다 더 큰 오차를 주게 되는 것은 놀라운 일이 아니다. 이 책에서는 어느 것이든 더 적합하다고 생각되는 것을 사용한다.

**스프레드시트 요약** *Applications of Microsoft® Excel in Analytical Chemistry* 2판 10장의 첫 번째 연습 문제에는 스프레드시트를 만들어 환원제와 산화제 농도 비의 함수로 전극 전위를 계산하였다. $E$ 대 [R]/[O], $E$ 대 log([R]/[O])의 그림을 그리고, 기울기와 절편을 구하였다. 금속/금속 이온 계에 적용할 수 있도록 스프레드시트는 변형되어 있다.

연료 전지는 1960년대부터 우주선의 전력으로 사용되었다. 최근에 이르러 연료 전지 기술은 성숙되기 시작했으며, 이제 연료 전지로 만들어진 배터리는 소형 발전기와 전기 자동차용으로 나와 있다. 검색 엔진을 사용해서 연료 전지(Fuel Cells 2000) 웹사이트를 찾아보시오. 수소 연료 전지의 작동 원리를 설명하는 논문을 찾으시오. 양성자 교환 막을 기술하고 수소 연료 전지에서의 그것의 역할을 설명하시오. 납산 축전지, 리튬-수소화 배터리 등과 같은 전기 에너지 저장 장치에 비해서 수소 연료 전지가 가지는 장점을 논하시오. 연료 전지의 불리한 점은 무엇인가? 이 기술이 현재의 에너지 기술을 빠르게 대체하지 못하는 몇 가지 이유는 무엇인가?

## 연습 문제

*참고*: 농도 값은 화학종이 완전한 화학식으로 표시된 경우에는 분석 몰농도를 의미하고, 이온으로 표현된 화학종에 대해서는 평형 몰농도를 의미한다.

**18-1.** 다음을 간단히 설명하거나 정의하시오.

*(a) 산화
(b) 환원제
*(c) 염다리
(d) 액간 접촉
*(e) Nernst식

**18-2.** 다음을 간단히 설명하거나 정의하시오.

*(a) 전극 전위
(b) 형식 전위
*(c) 표준 전극 전위
(d) 액간 접촉 전위
(e) 산화 전위

**18-3.** 다음의 둘 사이를 명확하게 구별하시오.

*(a) 산화와 산화제
(b) 전해 전지와 갈바니 전지
*(c) 전기화학 전지의 환원전극과 오른쪽 전극
(d) 가역 전기화학 전지와 비가역 전기화학 전지
*(e) 표준 전극 전위와 형식 전위

***18-4.** 다음의 반응이 표준 전극 전위 표에 나타나 있다.

$$I_2(s) + 2e^- \rightleftharpoons 2I^- \qquad E^0 = 0.5355\text{V}$$
$$I_2(aq) + 2e^- \rightleftharpoons 2I^- \qquad E^0 = 0.615\text{V}$$

이 두 표준 전위의 중요한 차이는 무엇인가?

***18-5.** 수소 전극에서 수소를 거품을 내 전해질을 통과시키는 이유는 무엇인가?

**18-6.** $Ni^{2+}$로부터 Ni로의 환원반응에 대한 표준 전극 전위는 −0.25 V이다. $Na(OH)_2$로 포화된 1.00 M NaOH 용액에 담긴 아연 전극의 전위가 $E^0_{Ni^{2+}/Ni}$보다 음의 값을 갖는가 아니면 더 양의 값을 갖는가? 이유를 설명하시오.

**18-7.** 다음 반응에 대한 균형 맞춘 알짜 이온 반응식을 쓰시오. 필요한 경우에 $H^+$나 $H_2O$를 더하시오.

*(a) $Fe^{3+} + Sn^{2+} \rightarrow Fe^{2+} + Sn^{4+}$
(b) $Cr(s) + Ag^+ \rightarrow Cr^{3+} + Ag(s)$
*(c) $NO_3^- + Cu(s) \rightarrow NO_2(g) + Cu^{2+}$
(d) $MnO_4^- + H_2SO_3 \rightarrow Mn^{2+} + SO_4^{2-}$
*(e) $Ti^{3+} + Fe(CN)_6^{3-} \rightarrow TiO^{2+} + Fe(CN)_6^{4-}$
(f) $H_2O_2 + Ce^{4+} \rightarrow O_2(g) + Ce^{3+}$
*(g) $Ag(s) + I^- + Sn^{4+} \rightarrow AgI(s) + Sn^{2+}$
(h) $UO_2^{2+} + Zn(s) \rightarrow U^{4+} + Zn^{2+}$
*(i) $HNO_2 + MnO_4^- \rightarrow NO_3^- + Mn^{2+}$
(j) $H_2NNH_2 + IO_3^- + Cl^- \rightarrow N_2(g) + ICl_2^-$

***18-8.** 연습 문제 18-7에 있는 반응식의 왼쪽에 있는 반응물에서 산화제와 환원제를 구별하시오. 각 반쪽 반응에 대하여 균형 잡힌 반응식을 쓰시오.

**18-9.** 다음 반응에 대한 균형 맞춘 알짜 이온 반응식을 쓰시오. 필요한 경우에 $H^+$나 $H_2O$를 더하시오.

*(a) $MnO_4^- + VO^{2+} \rightarrow Mn^{2+} + V(OH)_4^+$
(b) $I_2 + H_2S(g) \rightarrow I^- + S(s)$
*(c) $Cr_2O_7^{2-} + U^{4+} \rightarrow Cr^{3+} + UO_2^{2+}$
(d) $Cl^- + MnO_2(s) \rightarrow Cl_2(g) + Mn^{2+}$
*(e) $IO_3^- + I^- \rightarrow I_2(aq)$
(f) $IO_3^- + I^- + Cl^- \rightarrow ICl_2^-$
*(g) $HPO_3^{2-} + MnO_4^- + OH^- \rightarrow PO_4^{3-} + MnO_4^{2-}$
(h) $SCN^- + BrO_3^- \rightarrow Br^- + SO_4^{2-} + HCN$
*(i) $V^{2+} + V(OH)_4^+ \rightarrow VO^{2+}$
(j) $MnO_4^- + Mn^{2+} + OH^- \rightarrow MnO_2(s)$

**18-10.** 연습 문제 18-9에 있는 반응식의 왼쪽에 있는 반응물에서 산화제와 환원제를 구별하시오. 각 반쪽 반응에 대하여 균형 잡힌 반응식을 쓰시오.

***18-11.** 다음의 산화/환원반응에 대해서 답하시오.

$$AgBr(s) + V^{2+} \rightarrow Ag(s) + V^{3+} + Br^-$$
$$Tl^{3+} + 2Fe(CN)_6^{4-} \rightarrow Tl^+ + 2Fe(CN)_6^{3-}$$
$$2V^{3+} + Zn(s) \rightarrow 2V^{2+} + Zn^{2+}$$
$$Fe(CN)_6^{3-} + Ag(s) + Br^- \rightarrow Fe(CN)_6^{4-} + AgBr(s)$$
$$S_2O_8^{2-} + Tl^+ \rightarrow 2SO_4^{2-} + Tl^{3+}$$

(a) 각 알짜 과정을 두 개의 균형 잡힌 반쪽 반응식으로 쓰시오.
(b) 각 반쪽 반응식을 환원반응으로 표현하시오.
(c) (b)의 반쪽 반응식을 전자 받개로서의 능력이 감소하는 순서로 배열하시오.

**18-12.** 다음의 산화/환원반응이 있다.

$$2H^+ + Sn(s) \rightarrow H_2(g) + Sn^{2+}$$
$$Ag^+ + Fe^{2+} \rightarrow Ag(s) + Fe^{3+}$$
$$Sn^{4+} + H_2(g) \rightarrow Sn^{2+} + 2H^+$$
$$2Fe^{3+} + Sn^{2+} \rightarrow 2Fe^{2+} + Sn^{4+}$$
$$Sn^{2+} + Co(s) \rightarrow Sn(s) + Co^{2+}$$

(a) 각 알짜 과정을 두 개의 균형 잡힌 반쪽 반응식으로 쓰시오.
(b) 각 반쪽 반응식을 환원반응으로 표현하시오.
(c) (b)의 반쪽 반응식을 전자 받개로서의 능력이 감소하는 순서로 배열하시오.

***18-13.** 다음 용액에 담긴 구리 전극의 전위를 계산하시오.

(a) 0.0380 M $Cu(NO_3)_2$
(b) CuCl로 포화된 0.0650 M NaCl 용액
(c) $Cu(OH)_2$로 포화된 0.0350 M NaOH 용액
(d) $Cu(NH_3)_4^{2+}$에 대해서는 0.0375 M이고, $NH_3$에 대해서는 0.108 M인 용액[$Cu(NH_3)_4^{2+}$에 대한 $\beta_4$는 $5.62 \times 10^{11}$이다.]

(e) 분석 몰농도가 $Cu(NO_3)_2$에 대해서 $3.90 \times 10^{-3}$ M이고, $H_2Y^{2-}$에 대해서는 $3.90 \times 10^{-2}$ M (Y = EDTA)이며, pH = 4.00으로 고정된 용액

**18-14.** 다음 용액에 담긴 아연 전극의 전위를 계산하시오.

(a) 0.0500 M $Zn(NO_3)_2$

(b) $Zn(OH)_2$로 포화된 0.0200 M NaOH 용액

(c) $Zn(NH_3)_4{}^{2+}$에 대해서는 0.0150 M이고, $NH_3$에 대해서는 0.350 M인 용액[$Zn(NH_3)_4{}^{2+}$에 대한 $\beta_4$는 $7.76 \times 10^8$이다]

(d) $Zn(NO_3)_2$에 대해서 분석 몰농도가 $4.00 \times 10^{-3}$ M이고, $H_2Y^{2-}$에 대해서는 0.0550 M, 그리고 pH는 9로 고정된 용액

**18-15.** 0.0100 M HCl이고 $H_2$의 활동도가 1.00 atm인 수소 전극의 전위를 활동도를 사용해서 계산하시오.

***18-16.** 다음의 용액에 담긴 백금 전극의 전위를 계산하시오.

(a) $K_2PtCl_4$에 대해서 0.0160 M이고, KCl에 대해서는 0.2450 M인 용액

(b) $Sn(SO_4)_2$에 대해서는 0.0650 M이고, $SnSO_4$에 대해서는 $3.5 \times 10^{-3}$ M인 용액

(c) pH = 6.50으로 완충되어 있고, 1.00 atm $H_2(g)$에 의해 포화되어 있는 용액

(d) $VOSO_4$에 대해서는 0.0255 M이고, $V_2(SO_4)_3$에 대해서는 0.0686 M이며 $HClO_4$에 대해서는 0.100 M인 용액

(e) 25.00 mL의 0.0918 M $SnCl_2$와 같은 부피의 0.1568 M $FeCl_3$가 혼합된 용액

(f) 0.0832 M $V(OH)_4{}^+$ 25.00 mL를 0.01087 M $V_2(SO_4)_3$ 50.00 mL와 혼합하고, pH는 1.00인 용액

**18-17.** 다음의 용액에 담근 백금 전극의 전위를 계산하시오.

(a) $K_4Fe(CN)_6$에 대해서는 0.0613 M이고, $K_3Fe(CN)_6$에 대해서는 0.00669 M인 용액

(b) $FeSO_4$에 대해서는 0.0400 M이고, $Fe_2(SO_4)_3$에 대해서는 0.00915 M인 용액

(c) pH 5.55로 완충되어 있고, $H_2$가 1.00 atm으로 포화된 용액

(d) $V(OH)_4{}^+$에 대해서는 0.1015 M이고, $VO^{2+}$에 대해서는 0.0799 M이며, $HClO_4$에 대해서는 0.0800M인 용액

(e) 0.0607 M $Ce(SO_4)_2$ 50.00 mL를 같은 부피의 0.100 M $FeCl_2$와 혼합한 용액($H_2SO_4$에 대해서는 1.00 M이라 가정하고 형식 전위를 사용하시오.)

(f) 0.0832 M $V_2(SO_4)_3$ 25.00 mL를 0.00628 M $V(OH)_4{}^+$ 50.00 mL와 혼합하고, pH는 1.00인 용액

***18-18.** 다음의 반쪽-전지가 갈바니 전지의 오른쪽 전극으로, 표준 수소 전극을 왼쪽에 짝지었을 때 전지 전위를 계산하시오. 전지가 단락(short)되면 전극이 산화전극으로 작동할지 환원전극으로 작동할지를 판단하시오.

(a) $Ni|Ni^{2+}(0.0833\ M)$

(b) Ag|AgI(포화), KI(0.0898 M)

(c) $Pt|O_2(780\ torr)$, $HCl(2.50 \times 10^{-4}\ M)$

(d) $Pt|Sn^{2+}(0.0893\ M)$, $Sn^{4+}(0.215\ M)$

(e) $Ag|Ag(S_2O_3)_2{}^{3-}(0.00891\ M)$, $Na_2S_2O_3(0.1035\ M)$

**18-19.** 다음의 반쪽-전지를 왼쪽 전극으로, 표준 수소 전극을 오른쪽으로 한 갈바니 전지의 전위를 계산하시오. 전지의 회로가 단락되면 어느 전극이 환원전극인지 나타내시오.

(a) $Cu|Cu^{2+}(0.0805\ M)$

(b) Cu|CuI(포화), KI(0.0993 M)

(c) $Pt, H_2(0.194\ atm)|HCl(1.00 \times 10^{-4}\ M)$

(d) $Pt|Fe^{3+}(0.0886\ M), Fe^{2+}(0.1420\ M)$

(e) $Ag|Ag(CN)_2{}^-(0.0778\ M), KCN(0.0651\ M)$

***18-20.** $Ag_2SO_3$의 용해도곱 상수는 $1.5 \times 10^{-14}$이다. 다음 반응의 $E^0$를 계산하시오.

$$Ag_2SO_3(s) + 2e^- \rightleftharpoons 2Ag + SO_3{}^{2-}$$

**18-21.** $Ni_2P_2O_7$의 용해도곱 상수는 $1.7 \times 10^{-13}$이다. 다음 반응의 $E^0$를 계산하시오.

$$Ni_2P_2O_7(s) + 4e^- \rightleftharpoons 2Ni(s) + P_2O_7{}^{4-}$$

***18-22.** $Tl_2S$의 용해도곱 상수는 $6 \times 10^{-22}$이다. 다음 반응의 $E^0$를 계산하시오.

$$Tl_2S + 2e^- \rightleftharpoons 2Tl(s) + S^{2-}$$

**18-23.** $Pb_3(AsO_4)_2$의 용해도곱 상수는 $4.1 \times 10^{-36}$이다. 다음 반응의 $E^0$를 계산하시오.

$$Pb_3(AsO_4)_2(s) + 6e^- \rightleftharpoons 3Pb(s) + 2AsO_4{}^{3-}$$

***18-24.** 다음 반응의 $E^0$를 계산하시오.

$$ZnY^{2-} + 2e^- \rightleftharpoons Zn(s) + Y^{4-}$$

여기서 $Y^{4-}$는 수소 이온이 모두 떨어진 EDTA이다. $ZnY^{2-}$에 대한 형성 상수는 $3.2 \times 10^{16}$이다.

***18-25.** 형성 상수가 다음과 같이 주어졌을 때,

$$Fe^{3+} + Y^{4-} \rightleftharpoons FeY^- \qquad K_f = 1.3 \times 10^{25}$$

$$Fe^{2+} + Y^{4-} \rightleftharpoons FeY^{2-} \qquad K_f = 2.1 \times 10^{14}$$

다음 반응의 $E^0$를 계산하시오.

$$FeY^- + e^- \rightleftharpoons FeY^{2-}$$

**18-26.** 다음 반응의 $E^0$를 계산하시오.

$$Cu(NH_3)_4{}^{2+} + e^- \rightleftharpoons Cu(NH_3)_2{}^+ + 2NH_3$$

형성 상수는 다음과 같이 주어졌다.

$$Cu^+ + 2NH_3 \rightleftharpoons Cu(NH_3)_2{}^+ \qquad \beta_2 = 7.2 \times 10^{10}$$

$$Cu^{2+} + 4NH_3 \rightleftharpoons Cu(NH_3)_4{}^{2+} \qquad \beta_2 = 5.62 \times 10^{11}$$

**18-27.** $[Fe^{3+}]/[Fe^{2+}]$ 비가 다음과 같을 때, 반쪽-전지 $Pt|Fe^{3+}$, $Fe^{2+}$의 전위를 계산하시오.
0.001, 0.0025, 0.005, 0.0075, 0.010, 0.025, 0.050, 0.075, 0.100, 0.250, 0.500, 0.750, 1.00, 1.250, 1.50, 1.75, 2.50, 5.00, 10.00, 25.00, 75.00, 100.00

**18-28.** $[Ce^{4+}]/[Ce^{3+}]$ 비가 연습 문제 18-27의 $[Fe^{3+}]/[Fe^{2+}]$와 같을 때, 반쪽-전지 $Pt|Ce^{4+}, Ce^{3+}$의 전위를 계산하시오.

**18-29.** 연습 문제 18-27과 연습 문제 18-28의 반쪽 전지에 대해서 반쪽-전지 전위 대 농도 비의 그림을 그리시오. 전위를 농도비의 로그 값에 대해서 그린 그림은 어떤가?

**18-30.** **도전 문제:** 한때는 표준 수소 전극이 pH를 측정하기 위해서 사용된 적이 있다.

(a) pH를 측정하는 데 사용될 수 있는 전기화학 전지 그림을 그리고, 그림 속의 각 부위에 이름을 붙이시오. 두 반쪽 전지에 모두에 SHE를 사용하시오.

(b) 전지 전위를 계산할 수 있는, 두 반쪽 전지 모두에 있는 하이드로늄 이온의 농도 $[H_3O^+]$가 포함된 식을 유도하시오.

(c) 한 반쪽 전지에는 농도를 알고 있는 하이드로늄 이온이 포함되어 있어야 하고, 다른 반쪽 전지는 미지의 용액이 들어 있다. (b)의 식을 미지의 농도에 대해서 푸시오.

(d) 얻어진 식을 활동도 계수를 고려하도록 변형하고, 결과를 $pa_H = -\log a_H$ 사용해서 표현하시오.

(e) 정확한 $pa_H$를 측정할 수 있을 것이라고 생각되는 전지가 조건을 기술하시오.

(f) 전지가 $pa_H$에 대해서 절대적인 측정을 할 수 있을까 아니면, 그 전지를 $pa_H$를 알고 있는 용액에 대해서 교정해야 하는가? 자세하게 설명하시오.

(g) $pa_H$가 알려진 용액을 어떻게 또 어디서 구할 수 있는가?

(h) 이 전지를 사용해서 pH를 측정할 때 마주칠 수 있는 실질적인 문제에 대해서 논하시오.

(i) Klopsteg[5]는 수소 전극으로 어떻게 측정할 것인가에 대해서 논의하고 있다. 그의 논문에서 그림 2에서 다음과 같은 계산자(slide rule)를 사용할 것을 추천한다. 계산자는 하이드로늄 이온의 농도를 pH로, 또 반대로 읽어낼 수 있게 한다.

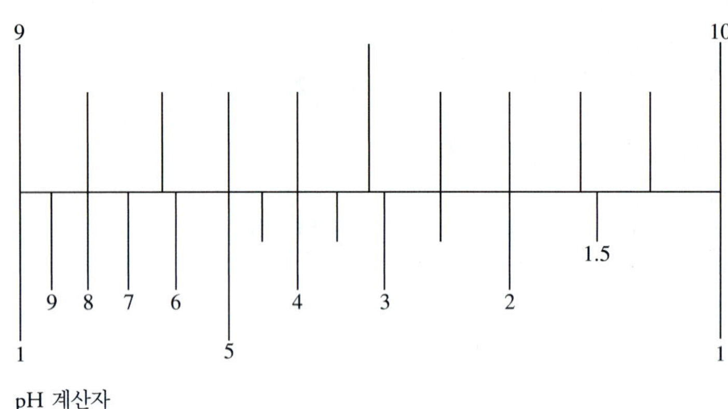

pH 계산자

이 계산자의 원리와 사용법을 설명하시오. 하이드로늄 이온의 농도 $3.56 \times 10^{-4}$ M에 대해서 어떤 pH 값을 읽어낼 수 있는가? pH의 유효 숫자는 몇 개인가? pH = 9.85인 용액의 하이드로늄 이온의 농도는 얼마인가?

[5]P. E. Klopsteg, *Ind. Eng. Chem*, **1922**, +(5), 399, **DOI:** 10.1021/ie50149a011.

제 19 장

# 표준 전극 전위의 응용

*Applications of Standard Electrode Potentials*

이 합성 위성 사진에는 엽록소를 함유하고 있는 식물이 분포되어 있는 지역이 나타나 있다. 클로로필은 가장 중요한 천연 고분자로서 포피린으로 구성되어 있다. 특집 19-1에서 다루게 될 헤모그로빈이나 시토크롬 *c*도 포피린으로 구성되어 있다. 많은 분석 기술을 이용하여 광합성에서 클로로필에 대한 역할을 알아내기 위해서 클로로필의 화학적 물리적 성질을 측정해 왔다. 산화/환원 표준 물질로서 클로로필을 적정함으로써 엽록소를 가진 식물 내에서 물이 산소 분자로 산화되는 복잡한 광합성 과정을 밝혀 낼 수 있는 단서를 가진 분자의 산화/환원 성질을 밝혀 낼 수 있다.

NASA/Jesse Allen, Earth Observatory/SeaWiFS/NASA/GSFC/ORBIMAGE

이 장에서는 (1) 열역학적인 전지 전위의 계산, (2) 산화/환원반응의 평형 상수 계산, (3) 산화/환원 적정 곡선의 유도를 위해 표준 전극 전위를 어떻게 사용하는가를 알아보고자 한다.

## 19A 전기화학 전지의 전위 계산

표준 전극 전위와 Nernst식을 이용하여 갈바니 전지에서 발생하는 전위나 전해 전지를 작동시키는데 필요한 전위를 계산할 수 있다. 계산된 전위(때로는 열역학적 전위)는 어떤 의미에서는 전류가 흐르지 않는 전지에서의 이론적인 값이다. 전류가 흐르면 22장에서와 같이 다른 요소를 고려해야 한다.

전기화학 전지의 열역학적 전위는 오른쪽 전극 전위와 왼쪽 전극 전위의 차이다. 즉,

$$E_{cell} = E_{right} - E_{left} \qquad (19\text{-}1)$$

식 (19-1)에서 $E_{right}$, $E_{left}$은 18C-3절에서 정의된 전극 전위다.

여기서 $E_{right}$과 $E_{left}$는 각각 환원전극과 산화전극의 전극 전위다. 식 (19-1)은 액체 접촉 전위가 없거나 아주 적을 때 유효하다. 이 장에서 우리는 액체 접촉 전위는 무시할 수 있다고 가정한다.

Gustav Robert Kirchhoff (1824~1877)는 물리학과 화학에서 지대한 공원을 한 독일의 물리학자이다. 분광학에서의 업적 이외에도 전기회로의 Kirchhoff의 법칙으로도 유명하다. 이 법칙 $\Sigma I = 0$과 $\Sigma E = 0$의 방정식으로 요약할 수 있다. 이러한 방정식들은 어느 회선점으로 흐르는 전류의 합이 0이고, 어느 회선 고리 주변의 전위차의 합이 0임을 보여준다.

### 예제 19-1

다음 전지의 열역학적 전위를 계산하시오.

$$\mathrm{Cu|Cu^{2+}(0.0200\ M)\ \|\ Ag^{+}(0.0200\ M)|Ag}$$

이 전지는 그림 18-2a에서 보여준 갈바니 전지이다.

**풀이**

두 반쪽 반응과 표준 전위는 다음과 같다.

$$\mathrm{Ag^{+}} + \mathrm{e^{-}} \rightleftharpoons \mathrm{Ag}(s) \qquad E^{0} = 0.799\ \mathrm{V} \tag{19-2}$$

$$\mathrm{Cu^{2+}} + 2\mathrm{e^{-}} \rightleftharpoons \mathrm{Cu}(s) \qquad E^{0} = 0.337\ \mathrm{V} \tag{19-3}$$

전극 전위는

$$E_{\mathrm{Ag^{+}/Ag}} = 0.799 - 0.0592 \log \frac{1}{0.0200} = 0.6984\ \mathrm{V}$$

$$E_{\mathrm{Cu^{2+}/Cu}} = 0.337 - \frac{0.0592}{2} \log \frac{1}{0.0200} = 0.2867\ \mathrm{V}$$

전지표시법으로부터 은 전극은 환원전극이고 구리 전극은 산화전극임을 알 수 있다. 그러므로 식 (19-1)을 적용하면 다음과 같다.

$$E_{\mathrm{cell}} = E_{\mathrm{right}} - E_{\mathrm{left}} = E_{\mathrm{Ag^{+}/Ag}} - E_{\mathrm{Cu^{2+}/Cu}} = 0.6984 - 0.2867 = +0.412\ \mathrm{V}$$

반응 $\mathrm{Cu}(s) + 2\mathrm{Ag^{+}} \rightleftharpoons \mathrm{Cu^{2+}} + \mathrm{Ag}(s)$에 대한 자유 에너지는 다음과 같다.

$$\Delta G = -nFE_{\mathrm{cell}} = -2 \times 96485\ \mathrm{C} \times 0.412\ \mathrm{V} = -79{,}503\ \mathrm{J}\ (18.99\ \mathrm{kcal})$$

### 예제 19-2

다음 전지에 대한 전위를 계산하시오.

$$\mathrm{Ag|Ag^{+}(0.0200\ M)\ \|\ Cu^{2+}(0.0200\ M)|Cu}$$

**풀이**

두 반쪽 반응에 대한 전극 전위는 예제 19-1에서 계산한 전극 전위와 똑같다. 즉,

$$E_{\mathrm{Ag^{+}/Ag}} = 0.6984\ \mathrm{V} \qquad \text{그리고} \qquad E_{\mathrm{Cu^{2+}/Cu}} = 0.2867\ \mathrm{V}$$

그러나 앞의 예제와는 다르게 은 전극이 산화전극이고 구리 전극은 환원전극이다. 이 전극 전위를 식 (19-1)에 대입하면 다음과 같이 된다.

$$E_{\mathrm{cell}} = E_{\mathrm{right}} - E_{\mathrm{left}} = E_{\mathrm{Cu^{2+}/Cu}} - E_{\mathrm{Ag^{+}/Ag}} = 0.2867 - 0.6984 = -0.412\ \mathrm{V}$$

예제 19-1과 19-2는 중요한 사실을 설명한다. 왼쪽 전극 혹은 기준 전극에 상관없이 두 전극 사이의 전위차가 0.412 V이다. 만일 Ag 전극이 예제 19-2에서 보여준 바와 같이 왼쪽 전극이라면 전지 전위는 음의 값이다. 하지만 예제 19-2와 같이 Cu 전극이 기준 전극이라면 전지 전위는 양의 값이다. 그러나 전지의 배열에 상관없이 자발적 전지 반응은 구리가 산화되고 은 이온은 환원이 되는 반응이고 자유 에너지 값은 79,503 J이다. 예제 19-3과 19-4에서 다른 전극 반응을 볼 수 있다.

### 예제 19-3

다음 전지의 전위를 계산하고 갈바니 전지인지 전해 전지인지 밝히시오(그림 19-1).

$$\text{Pt}|\text{U}^{4+}(0.200\ \text{M}),\ \text{UO}_2^{2+}(0.0150\ \text{M}),\ \text{H}^+(0.0300\ \text{M})\ \|$$
$$\text{Fe}^{2+}(0.0100\ \text{M}),\ \text{Fe}^{3+}(0.0250\ \text{M})|\text{Pt}$$

**풀이**

두 반쪽 반응은 다음과 같다.

$$\text{Fe}^{3+} + e^- \rightleftharpoons \text{Fe}^{2+} \qquad E^0 = +0.771\ \text{V}$$

$$\text{UO}_2^{2+} + 4\text{H}^+ + 2e^- \rightleftharpoons \text{U}^{4+} + 2\text{H}_2\text{O} \qquad E^0 = +0.334\ \text{V}$$

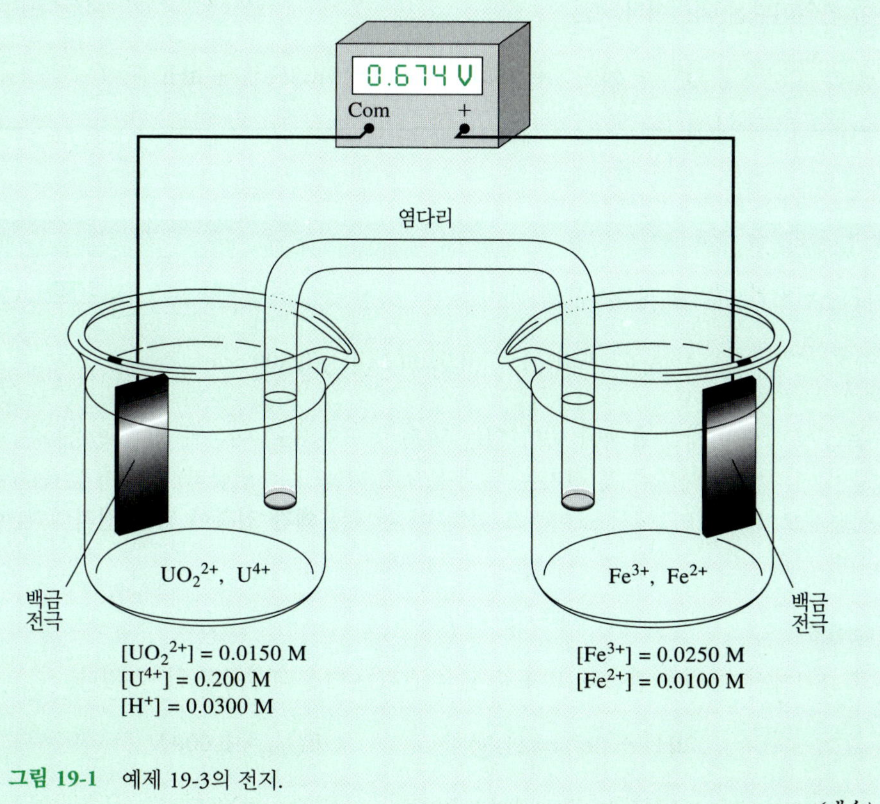


**그림 19-1** 예제 19-3의 전지.

*(계속)*

환원전극에 대한 전극 전위는

$$E_{right} = 0.771 - 0.0592\log\frac{[Fe^{2+}]}{[Fe^{3+}]}$$

$$= 0.771 - 0.0592\log\frac{0.0100}{0.0250} = 0.771 - (-0.0236)$$

$$= 0.7946\ V$$

산화전극에 대한 전극 전위는

$$E_{left} = 0.334 - \frac{0.0592}{2}\log\frac{[U^{4+}]}{[UO_2^{2+}][H^+]^4}$$

$$= 0.334 - \frac{0.0592}{2}\log\frac{0.200}{(0.0150)(0.0300)^4}$$

$$= 0.334 - 0.2136 = 0.1204\ V$$

그리고

$$E_{cell} = E_{right} - E_{left} = 0.7946 - 0.1204 = 0.6742\ V$$

전지의 부호가 양이라는 것은 왼쪽 전극에서 $U^{4+}$이 산화되고 오른쪽 전극에서 $Fe^{3+}$이 환원된다는 의미이다. 즉,

$$U^{4+} + 2Fe^{3+} + 2H_2O \rightarrow UO_2^{2+} + 2Fe^{2+} + 4H^+$$

### 예제 19-4

다음 전지의 전위를 계산하시오.

$$Ag|AgCl(포화),\ HCl(0.0200\ M)|H_2(0.800\ atm),\ Pt$$

수소 분자가 전해질 용액에 녹아 있는 낮은 농도의 $Ag^+$ 이온과 직접 반응하는 경향이 거의 없기 때문에 이 전지는 두 부분으로 나눌(또는 염다리) 필요가 없음을 주목하시오. **그림 19-2**에서 보여주고 있는 이 전지는 **액간 접촉이 없는 전지**의 한 예이다.

**풀이**

표 18-1에서 두 반쪽 반응과 그 표준 전극 전위는 다음과 같음을 알 수 있다.

$$2H^+ + 2e^- \rightleftharpoons H_2(g) \qquad E^0_{H^+/H_2} = 0.000\ V$$

$$AgCl(s) + e^- \rightleftharpoons Ag(s) + Cl^- \qquad E^0_{AgCl/Ag} = 0.222\ V$$

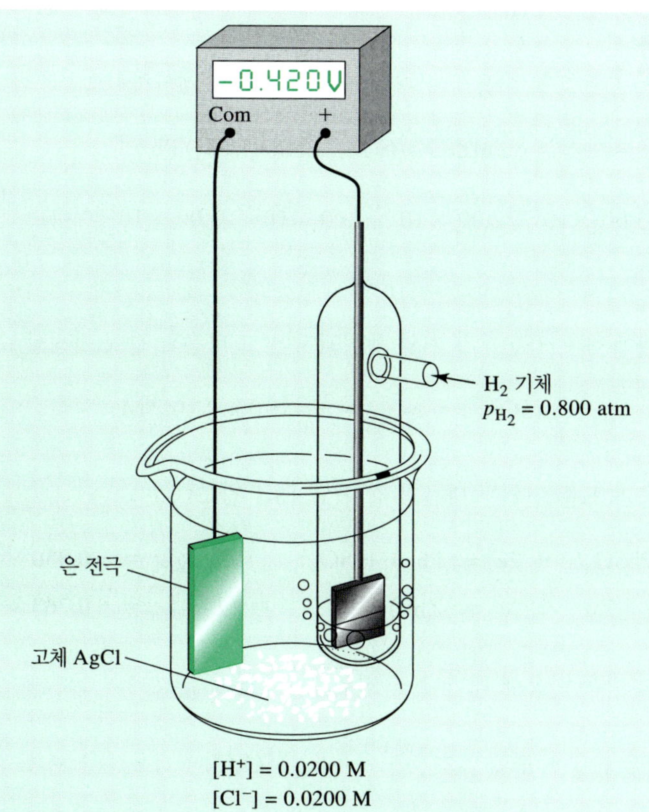


**그림 19-2** 예제 19-4의 액간 접촉이 없는 전지.

두 전극 전위는

$$E_{right} = 0.000 - \frac{0.0592}{2}\log\frac{p_{H_2}}{[H^+]^2} = -\frac{0.0592}{2}\log\frac{0.800}{(0.0200)^2}$$

$$= -0.0977 \text{ V}$$

$$E_{left} = 0.222 - 0.0592\log[Cl^-] = 0.222 - 0.0592\log 0.0200$$

$$= 0.3226 \text{ V}$$

그러므로 전지 전위는

$$E_{cell} = E_{right} - E_{left} = -0.0977 - 0.3226 = -0.420 \text{ V}$$

음의 부호로부터 다음의 전지 반응이 비자발적임을 알 수 있다.

$$2H^+ + 2Ag(s) + 2Cl^- \rightarrow H_2(g) + 2AgCl(s)$$

이런 방식으로 반응이 일어나게 하려면 외부 전원이 필요하다.

**예제 19-5**

(a) 농도와 (b) 활동도를 이용하여 다음 전지의 전위를 계산하시오.

$$\mathrm{Zn}|\mathrm{ZnSO_4}(x\ \mathrm{M}),\ \mathrm{PbSO_4}(\text{포화})|\mathrm{Pb}$$

여기서 $x = 5.00 \times 10^{-4}$, $2.00 \times 10^{-3}$, $1.00 \times 10^{-2}$, $5.00 \times 10^{-2}$이다.

**풀이**

(a) 중성 용액에서는 $HSO_4^-$가 거의 생성되지 않고 다음과 같이 가정할 수 있다.

$$[\mathrm{SO_4^{2-}}] = c_{\mathrm{ZnSO_4}} = x = 5.00 \times 10^{-4}\ \mathrm{M}$$

반쪽 반응과 표준 전위는 다음과 같다(표 18-1 참조).

$$\mathrm{PbSO_4}(s) + 2e^- \rightleftharpoons \mathrm{Pb}(s) + \mathrm{SO_4^{2-}} \qquad E^0_{\mathrm{PbSO_4/Pb}} = -0.350\ \mathrm{V}$$

$$\mathrm{Zn^{2+}} + 2e^- \rightleftharpoons \mathrm{Zn}(s) \qquad E^0_{\mathrm{Zn^{2+}/Zn}} = -0.763\ \mathrm{V}$$

납 전극의 반쪽 반응에 대한 전극 전위는

$$E_{\mathrm{PbSO_4/Pb}} = E^0_{\mathrm{PbSO_4/Pb}} - \frac{0.0592}{2}\log[\mathrm{SO_4^{2-}}]$$

$$= -0.350 - \frac{0.0592}{2}\log(5.00 \times 10^{-4}) = -0.252\ \mathrm{V}$$

아연의 반쪽 반응에서 전극 전위는

$$E_{\mathrm{Zn^{2+}/Zn}} = E^0_{\mathrm{Zn^{2+}/Zn}} - \frac{0.0592}{2}\log\frac{1}{[\mathrm{Zn^{2+}}]}$$

$$= -0.763 - \frac{0.0592}{2}\log\frac{1}{5.00 \times 10^{-4}} = -0.860\ \mathrm{V}$$

그러므로 전지 전위는

$$E_{\mathrm{cell}} = E_{\mathrm{right}} - E_{\mathrm{left}} = E_{\mathrm{PbSO_4/Pb}} - E_{\mathrm{Zn^{2+}/Zn}} = -0.252 - (-0.860) = 0.608\ \mathrm{V}$$

다른 농도에서의 전지의 전위도 같은 방법으로 얻을 수 있다. 이 값들은 **표 19-1**에 수록해 놓았다.

(b) $Zn^{2+}$와 $[SO_4^{2-}]$에 대해서 활동도 계수를 계산하기 위해서 먼저 식 (10-1)을 이용하여 이온 세기를 계산해야 된다.

$$\mu = \frac{1}{2}[5.00 \times 10^{-4} \times (2)^2 + 5.00 \times 10^{-4} \times (2)^2] = 2.00 \times 10^{-3}$$

표 10-2에서 $SO_4^{2-}$에 대해서 $\alpha_{\mathrm{SO_4^{2-}}} = 0.4$ nm에 대해서 $\alpha_{\mathrm{Zn^{2+}}} = 0.6$ nm임을 알 수 있다. 황산염 이온에 대해서 식 (10-5)에 대입하면

$$-\log \gamma_{SO_4^{2-}} = \frac{0.51 \times (2)^2 \sqrt{2.00 \times 10^{-3}}}{1 + 3.3 \times 0.4\sqrt{2.00 \times 10^{-3}}} = 8.61 \times 10^{-2}$$

$$\gamma_{SO_4^{2-}} = 0.820$$

아연 이온에 대해서도 같은 방법으로 계산하면

$$\gamma_{Zn^{2+}} = 0.825$$

이제 납 전극에 대한 Nernst식은 다음과 같이 된다.

$$E_{PbSO_4/Pb} = E^0_{PbSO_4/Pb} - \frac{0.0592}{2} \log \gamma_{SO_4^{2-}} c_{SO_4^{2-}}$$

$$= -0.350 - \frac{0.0592}{2} \log(0.820 \times 5.00 \times 10^{-4}) = -0.250 \text{ V}$$

같은 방법으로 아연 전극에 대해서 계산하면

$$E_{Zn^{2+}/Zn} = E^0_{Zn^{2+}/Zn} - \frac{0.0592}{2} \log \frac{1}{\gamma_{Zn^{2+}} c_{Zn^{2+}}}$$

$$= -0.763 - \frac{0.0592}{2} \log \frac{1}{0.825 \times 5.00 \times 10^{-4}} = -0.863 \text{ V}$$

따라서,

$$E_{cell} = E_{right} - E_{left} = E_{PbSO_4/Pb} - E_{Zn^{2+}/Zn} = -0.250 - (-0.863) = 0.613 \text{ V}$$

다른 농도에서의 값을 실험적으로 결정한 전지 전위와 함께 표 19-1에 실었다.

전지 전위를 계산하는 데 활동도 계수를 무시하면 큰 오차가 생김을 표 19-1에서 확실히 알 수 있다. 이 표의 5번째 열에 있는 활동도로 계산된 전위는 실험값과 상당히 잘 일치함을 알 수 있다.

**표 19-1**

**갈바니 전지의 전위에 대한 이온 세기의 영향***

| $ZnSO_4$의 농도, M | 이온 세기 $\mu$ | (a) 농도에 기초한 $E$ | (b) 활동도에 기초한 $E$ | 실험적인 값† $E$ |
|---|---|---|---|---|
| $5.00 \times 10^{-4}$ | $2.00 \times 10^{-3}$ | 0.608 | 0.613 | 0.611 |
| $2.00 \times 10^{-3}$ | $8.00 \times 10^{-3}$ | 0.573 | 0.582 | 0.583 |
| $1.00 \times 10^{-2}$ | $4.00 \times 10^{-2}$ | 0.531 | 0.550 | 0.553 |
| $2.00 \times 10^{-2}$ | $8.00 \times 10^{-2}$ | 0.513 | 0.537 | 0.542 |
| $5.00 \times 10^{-2}$ | $2.00 \times 10^{-1}$ | 0.490 | 0.521 | 0.529 |

*예제 19-5에서 보여준 전지.

†실험데이터는 다음으로부터 인용하였다. I. A. Cowperthwaite and V. K. LaMer. *J. Amer. Chem. Soc.*, **1931**, *53*, 4333, **DOI**: 10.1021/ja01363a010.

**예제 19-6**

0.010 M의 $CuSO_4$와 pH 4.00을 유지할 수 있는 충분한 $H_2SO_4$를 포함하고 있는 용액에서 구리가 석출되기 시작하는 데 필요한 전위를 계산하시오.

**풀이**

구리의 석출은 필히 환원전극에서 일어난다. 이 계에서는 물보다 더 쉽게 산화될 수 있는 화학종이 없기 때문에 산화전극에서 $O_2$가 발생한다. 필요한 표준 전극 전위는 다음과 같다(표 18-1).

$$Cu^{2+} + 2e^- \rightleftharpoons Cu(s) \qquad E^0_{AgCl/Ag} = +0.337\ V\ (오른쪽)$$

$$O_2(g) + 4H^+ + 4e^- \rightleftharpoons 2H_2O \qquad E^0_{O_2/H_2O} = +1.229\ V\ (왼쪽)$$

Cu 전극에 대한 전극 전위는 다음과 같이 주어진다.

$$E_{Cu^{2+}/Cu} = +0.337 - \frac{0.0592}{2}\log\frac{1}{0.010} = +0.278\ V$$

$O_2$가 1.00 기압에서 발생한다면 산소 전극의 전극 전위는

$$E_{O_2/H_2O} = +1.229 - \frac{0.0592}{4}\log\frac{1}{p_{O_2}[H^+]^4}$$

$$= +1.229 - \frac{0.0592}{4}\log\frac{1}{(1\ atm)(1.00\times10^{-4})^4} = +0.992\ V$$

따라서 전지 전위는

$$E_{cell} = E_{right} - E_{left} = E_{Cu^{2+}/Cu} - E_{O_2/H_2O} = +0.278 - 0.992 = -0.714\ V$$

음(−)의 기호는 전지반응이 다음과 같음을 보여준다.

$$2Cu^{2+} + 2H_2O \rightarrow O_2(g) + 4H^+ + 2Cu(s)$$

따라서 다음 반응이 시작되기 위해서는 −0.714 V보다 더 큰 전위를 공급할 필요가 있다.

**스프레드시트 요약** *Applications of Microsoft® Excel in Analytical Chemistry* 2판 10장의 첫 문제에서 스프레드시트는 간단한 반쪽 반응에 대한 전극 전위를 계산하기 위해서 만들어졌다. 환원된 화학종과 산화된 화학종 비와 전위 값에 대한 그래프를 그리는 것과 이들 화학종 비의 대수 값과 전위 값에 대한 그래프를 그리도록 고안되었다.

## 19B 표준 전위의 실험적 측정

비록 수많은 반응에 대한 표준 전극 전위가 전기화학 자료집에 실려 있다 할 지라도 실험실에서는 표준 수소 전극뿐만 아니라 표준 상태에 있는 다른 어느 전극도 만들 수 없음을 주목할 필요가 있다. 표준 수소 전극은 반응물과 생성물의 활동도 또는 압력이 1인 어떤 다른 전극계와 마찬가지로 가상적인 전극이다. 이와 같은 전

극계를 실험적으로 만들 수 없는 이유는 화학자들이 지식이 부족하여 이온 활동도가 정확히 1인 용액을 만들 수 없기 때문이다. 즉, 이온 활동도가 1인 용액을 만드는 데 필요한 화합물의 농도를 계산할 수 있는 적합한 이론이 없다. 이와 같은 높은 이온 세기에서는 Debye-Hückel식(10B-2절)이 타당하지 않으므로 이러한 용액에서 활동도 계수를 측정할 수 있는 독자적인 실험 방법이 없다. 따라서 예를 들면, 표준 수소 전극에서 규정한 수소 이온 활동도를 1로 만드는데 필요한 HCl이나 또는 다른 산의 농도는 계산할 수도 없고 실험적으로 측정할 수도 없다. 그럼에도 불구하고 이온 세기가 낮은 용액에서 취한 데이터를 외삽하면 이론적으로 정의된 표준 전극 전위의 타당한 척도들 얻을 수 있다. 어떻게 가상적인 표준 전극 전위를 실험값으로부터 얻을 수 있는 지를 아래의 예제에서 보여준다.

**예제 19-7**

D. A. MacInnes[1]는 그림 19-2에 보여준 것과 유사한 전지가 0.52053 V의 전위를 발생함을 발견했다. 전지는 다음과 같다.

$$\text{Pt, H}_2(1.00\text{ atm})|\text{HCl}(3.215\times10^{-3}\text{ M}),\ \text{AgCl(포화)}|\text{Ag}$$

다음 반쪽 반응에 대한 표준 전극 전위를 계산하시오.

$$\text{AgCl}(s) + e^- \rightleftharpoons \text{Ag}(s) + \text{Cl}^-$$

**풀이**

여기서 환원전극의 전극 전위는

$$E_{\text{right}} = E^0_{\text{AgCl}} - 0.0592\log(\gamma_{\text{Cl}^-})(c_{\text{HCl}})$$

여기서 $\gamma_{\text{Cl}^-}$는 $\text{Cl}^-$의 활동도 계수이다. 또 다른 반쪽 전지 반응은

$$\text{H}^+ + e^- \rightleftharpoons \frac{1}{2}\text{H}_2(g)$$

이고

$$E_{\text{left}} = E^0_{\text{H}^+/\text{H}_2} - \frac{0.0592}{1}\log\frac{p^{1/2}_{\text{H}_2}}{(\gamma_{\text{H}^+})(c_{\text{HCl}})}$$

측정된 전위는 이 두 전위들의 차이다.

$$\begin{aligned}E_{\text{cell}} &= E_{\text{right}} - E_{\text{left}}\\ &= [E^0_{\text{AgCl}} - 0.0592\log(\gamma_{\text{Cl}^-})(c_{\text{HCl}})] - \left[E^0_{\text{H}^+/\text{H}_2} - 0.0592\log\frac{p^{1/2}_{\text{H}_2}}{(\gamma_{\text{H}^+})(c_{\text{HCl}})}\right]\\ &= E^0_{\text{AgCl}} - 0.0592\log(\gamma_{\text{Cl}^-})(c_{\text{HCl}}) - 0.000 - 0.0592\log\frac{(\gamma_{\text{H}^+})(c_{\text{HCl}})}{p^{1/2}_{\text{H}_2}}\end{aligned}$$

*(계속)*

[1] D. A. MacInnes, *The Principles of Electrochemist y*, New York: Reinhold, 1939, p. 187.

두 번째 로그항을 변화시켰음을 주의하시오. 두 로그항을 합하면

$$E_{cell} = 0.52053 = E^0_{AgCl} - 0.0592 \log \frac{(\gamma_{H^+})(\gamma_{Cl^-})(c_{HCl})^2}{p^{1/2}_{H_2}}$$

$H^+$와 $Cl^-$의 활동도 계수는 이온 세기($\mu$) $3.215 \times 10^{-3}$ M을 이용하여 식 (10-5)로부터 계산할 수 있다. 그 값들은 각각 0.945와 0.939이다. 이 활동도 계수와 실험 데이터를 앞의 식에 대입하고 정리하면

$$E^0_{AgCl} = 0.52053 + 0.0592 \log \frac{(0.945)(0.939)(3.215 \times 10^{-3})^2}{1.00^{1/2}}$$

$$= 0.2223 \approx 0.222 \text{ V}$$

이 실험과 다른 농도에서 비슷한 방법으로 측정한 전위들의 평균값은 0.222 V이었다.

**특집 19-1**

**생물학적 산화/환원반응계**

생물학과 생화학적으로 중요한 산화/환원반응계가 많이 있다. 시토크롬은 그와 같은 중요한 산화/환원반응계이다. 시토크롬은 포피린의 질소 원자와 철 이온 간에 배위 결합된 철-햄 단백질이다. 그들은 일전자 산화/환원반응을 하며 그들의 생리학적 작용이 전자 전달을 용이하게 한다. 호흡 사슬에서 시토크롬은 수소로부터 물을 형성하는 데 밀접하게 관여한다. 환원된 피리딘 핵산은 수소를 플라보단백질에 전달한다. 환원된 플라보단백질은 시토크롬 *b* 또는 *c*의 $Fe^{3+}$에 의해서 재산화된다. 그 결과 $H^+$가 생성되고 전자 전달이 일어나게 된다. 시토크롬 산화제가 전자를 산소에 전달하면 그 사슬이 완성되어진다. 그 결과로 생성된 이온 $O^{2-}$은 불안정하여 바로 두 개의 수소 이온을 받아 물이 된다. 구성도를 **그림 19F-1**에 나타내었다.

대부분의 생물학적인 산화/환원계는 pH에 의존된다. 산화/환원력을 비교하기 위해 pH 7.0에서 이들 계에 대한 전극 전위를 수집하는 것은 표준적인 실행이 되었다. 이들 수집된 값들을 pH 7.0에서 형식 전위 $E^{0\prime}_7$라고 한다.

생화학에서 중요한 다른 산화/환원반응계는 NADH/NAD계, 플라빈, 피루베이트/락테이트계, 옥살산아세테이트/말레이트계, 퀴논/하이드로퀴논 계이다.

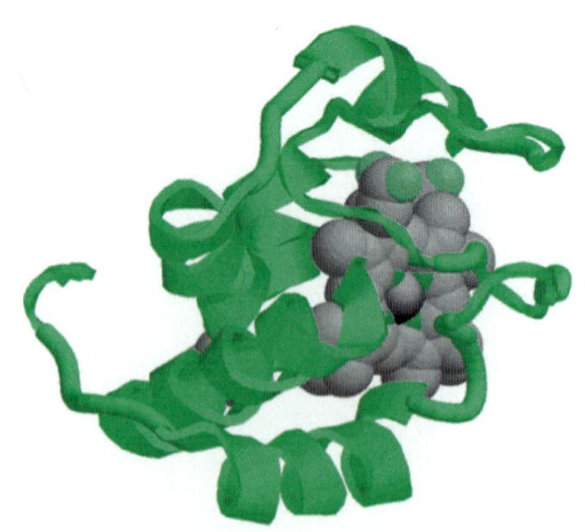

시토크롬 *c*의 분자 모델.

## 19C 산화/환원 평형 상수의 계산

한 조각의 구리가 묽은 질산은 용액 속에 담겨 있을 때 이루어지는 평형에 대해서 다시 생각해 보기로 하자.

$$Cu(s) + 2Ag^+ \rightleftharpoons Cu^{2+} + 2Ag(s) \qquad \textbf{(19-4)}$$

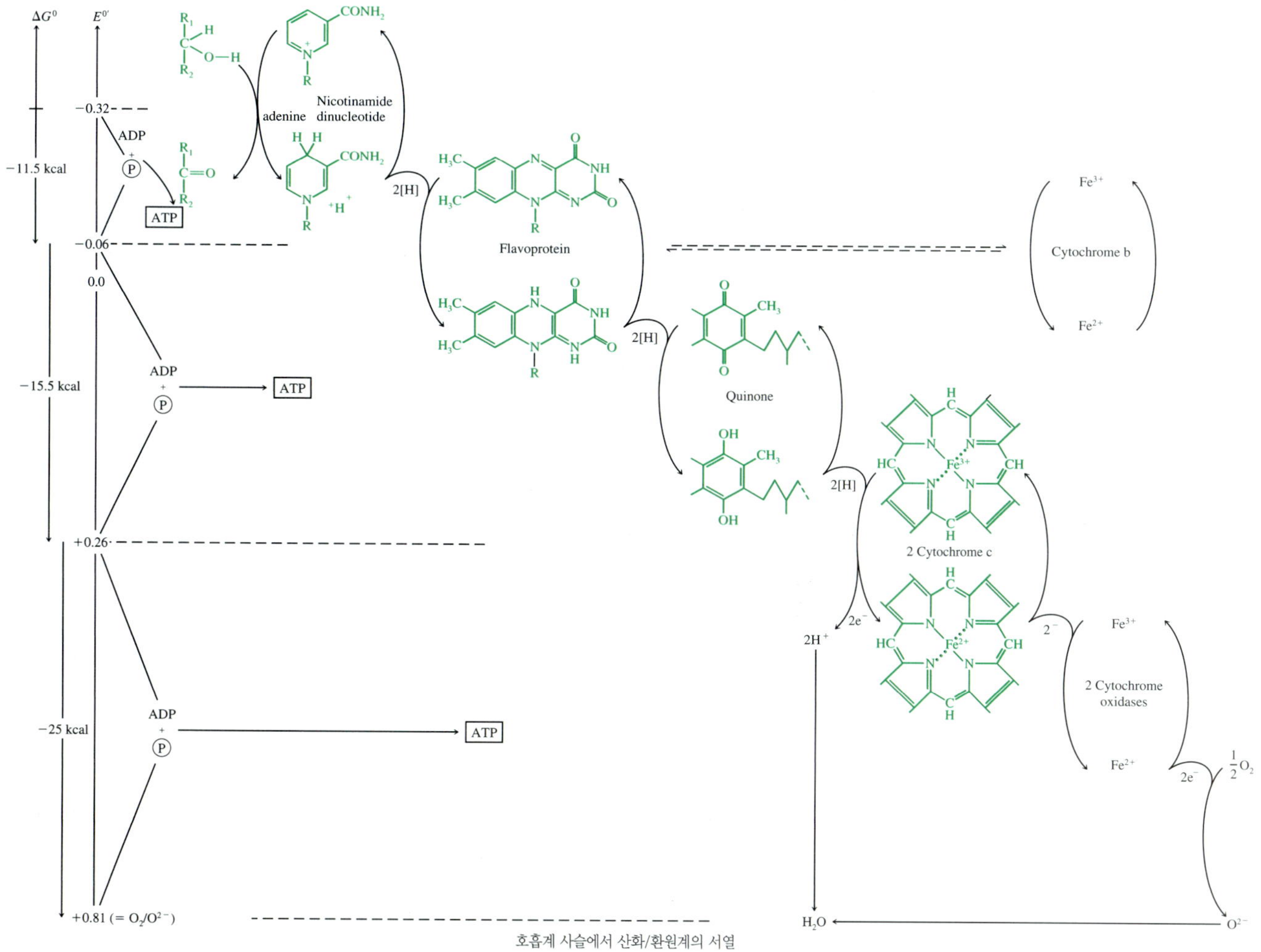


**그림 19F-1** 호흡 사슬에서의 산화 / 환원반응계. P = 인산 이온. (P. Karlson, *Introduction to Modern Biochemistry*. New York: Academic Press, 1963.)

이 반응의 평형 상수는

$$K_{eq} = \frac{[Cu^{2+}]}{[Ag^+]^2} \qquad \textbf{(19-5)}$$

예제 19-1에서 살펴본 바와 같이 이 반응은 다음의 갈바니 전지에서 일어난다.

$$Cu|Cu^{2+}(x\text{M}) \,\|\, Ag^+(y\text{M})|Ag$$

이 전지의 개략도는 그림 18-2a와 유사한 모양이다. 어느 순간의 전지 전위는 식 (19-1)로 나타난다.

$$E_{cell} = E_{right} - E_{left} = E_{Ag^+/Ag} - E_{Cu^{2+}/Cu}$$

반응이 진행됨에 따라 Cu(II) 이온의 농도는 증가하고 Ag(I) 이온의 농도는 감소한다. 이러한 변화에 의해 구리 전극의 전위는 더 큰 양의 값을 가지고 은 전극은 더 작은 양의 값을 가지게 된다. 그림 18-5에 나타낸 바와 같이 이러한 변화의 알짜 효과는 방전에 의해 전지 전위가 계속적으로 감소하는 것이다. 궁극적으로 Cu(II)와 Ag(I)의 농도는 식 (19-5)에 의해 결정되는 평형 농도에 도달하므로 전류는 더 이상 흐르지 않게 된다. 이러한 평형 조건에서는 *전지의 전위는 0이 된다*. 그러므로 *화학 평형에서* 다음과 같이 나타낼 수 있다.

$$E_{cell} = 0 = E_{right} - E_{left} = E_{Ag} - E_{Cu}$$

또는

$$E_{right} = E_{left} = E_{Ag} = E_{Cu} \tag{19-6}$$

*산화/환원반응이 평형 상태에 있을 때 모든 전극의 전위 값이 같다*는 것을 기억하시오. 이와 같은 사실은 갈바니 전지에서 화학 반응이 직접적으로 일어나든지 간접적으로 일어나든지 똑같이 적용할 수 있다.

*평형 상태에서 한 산화/환원계의 모든 반쪽 반응에 대한 전극 전위는 같다*고 함으로써 식 (19-6)을 일반화할 수 있다. 이러한 일반화는 모든 계 사이에서의 상호작용이 전극 전위가 같아질 때까지 일어나야 하므로 계 내에 존재하는 반쪽 반응의 수에 관계없이 적용될 수 있다. 예를 들어, 용액 내에서 4개의 산화/환원계가 존재한다면 4개의 계 사이의 상호작용은 다음과 같아질 때까지 일어난다.

식 (19-4)에 나타난 반응으로 돌아가서 식 (19-6)에 있는 두 전극 전위에 Nernst 식을 대입하면

$$E^0_{Ag} - \frac{0.0592}{2}\log\frac{1}{[Ag^+]^2} = E^0_{Cu} - \frac{0.0592}{2}\log\frac{1}{[Cu^{2+}]} \tag{19-7}$$

은 반쪽 반응에 적용하였다는 것을 알아두는 것도 중요하다[식 (19-4)].

$$2Ag^+ + 2e^- \rightleftharpoons 2Ag(s) \qquad E^0 = 0.799\ V$$

식 (19-7)을 재배열하면 다음과 같다.

$$E^0_{Ag} - E^0_{Cu} = \frac{0.0592}{2}\log\frac{1}{[Ag^+]^2} - \frac{0.0592}{2}\log\frac{1}{[Cu^{2+}]}$$

두 번째 비를 역수로 하고 로그의 부호를 바꾸면

$$E^0_{Ag} - E^0_{Cu} = \frac{0.0592}{2}\log\frac{1}{[Ag^+]^2} + \frac{0.0592}{2}\log\frac{[Cu^{2+}]}{1}$$

결과적으로, 로그항을 결합하고 재배열하면 다음을 얻는다.

$$\frac{2(E^0_{Ag} - E^0_{Cu})}{0.0592} = \log\frac{[Cu^{2+}]}{[Ag^+]^2} = \log K_{eq} \tag{19-8}$$

식 (19-8)의 농도항은 *평형* 농도이다. 따라서 로그항의 $[Cu^{2+}]/[Ag^+]^2$ 비는 *반응의 평형 상수*가 된다. 식 (19-8)의 괄호 안에 있는 항은 일반적으로 다음과 같이 주어

지는 표준 전지 전위이다.

$$E^0_{cell} = E^0_{right} - E^0_{left}$$

식 (18-7)에 주어진 것과 같이 반응에 대한 자유 에너지 변화로부터 식 (19-8)을 얻을 수 있다. 이 식을 재배열하면 다음과 같이 주어진다.

$$\ln K_{eq} = -\frac{\Delta G^0}{RT} = \frac{nFE^0_{cell}}{RT} \qquad \textbf{(19-9)}$$

25°C에서 10을 밑으로 하는 로그항으로 전환하면 다음과 같다.

$$\log K_{eq} = \frac{nE^0_{cell}}{0.0592} = \frac{n(E^0_{right} - E^0_{left})}{0.0592}$$

식 (19-4)에서 주어진 반응에 대하여 $E^0_{right}$은 $E^0_{Ag}$로 $E^0_{left}$는 $E^0_{Cu}$를 대입하면 식 (19-8)로 주어진다.

### 예제 19-8

식 (19-4)에 나타낸 반응의 평형 상수를 계산하시오.

**풀이**

식 (19-8)에 숫자 값을 대입하면 다음을 얻는다.

$$\log K_{eq} = \log\frac{[Cu^{2+}]}{[Ag^+]^2} = \frac{2(0.799 - 0.337)}{0.0592} = 15.61$$

$$K_{eq} = \text{antilog } 15.61 = 4.1 \times 10^{15}$$

예제 19-8에 보여준 종류의 계산을 할 때는 6D-3절에 주어진 역로그항에 대한 반올림 규칙을 따르라.

### 예제 19-9

다음 반응의 평형 상수를 계산하시오.

$$2Fe^{3+} + 3I^- \rightleftharpoons 2Fe^{2+} + I_3^-$$

**풀이**

부록 5에서 다음을 찾을 수 있다.

$$2Fe^{3+} + 2e^- \rightleftharpoons 2Fe^{2+} \qquad E^0 = 0.771\text{ V}$$

$$I_3^- + 2e^- \rightleftharpoons 3I^- \qquad E^0 = 0.536\text{ V}$$

처음 반쪽 반응에 2를 곱하면 $Fe^{3+}$와 $Fe^{2+}$의 몰수가 균형 잡힌 전체 반응식에서의

(계속)

몰수와 같아진다. 따라서 $Fe^{3+}$에 대한 Nernst식은 2개의 전자가 이동하는 반쪽 반응을 근거로 나타낸다. 즉,

$$E_{Fe^{3+}/Fe^{2+}} = E^0_{Fe^{3+}/Fe^{2+}} - \frac{0.0592}{2}\log\frac{[Fe^{2+}]^2}{[Fe^{3+}]^2}$$

그리고

$$E_{I_3^-/I^-} = E^0_{I_3^-/I^-} - \frac{0.0592}{2}\log\frac{[I^-]^3}{[I_3^-]}$$

평형에서 전극 전위는 같아진다. 그러므로

$$E_{Fe^{3+}/Fe^{2+}} = E_{I_3^-/I^-}$$

$$E^0_{Fe^{3+}/Fe^{2+}} - \frac{0.0592}{2}\log\frac{[Fe^{2+}]^2}{[Fe^{3+}]^2} = E^0_{I_3^-/I^-} - \frac{0.0592}{2}\log\frac{[I^-]^3}{[I_3^-]}$$

이 식을 재배열하면

$$\frac{2(E^0_{Fe^{3+}/Fe^{2+}} - E^0_{I_3^-/I^-})}{0.0592} = \log\frac{[Fe^{2+}]^2}{[Fe^{3+}]^2} - \log\frac{[I^-]^3}{[I_3^-]}$$

$$= \log\frac{[Fe^{2+}]^2}{[Fe^{3+}]^2} + \log\frac{[I_3^-]}{[I^-]^3}$$

$$= \log\frac{[Fe^{2+}]^2[I_3^-]}{[Fe^{3+}]^2[I^-]^3}$$

두 번째 로그항의 분수를 역으로 함으로써 부호가 바뀌었다. 다시 재배열하면

$$\log\frac{[Fe^{2+}]^2[I_3^-]}{[Fe^{3+}]^2[I^-]^3} = \frac{2(E^0_{Fe^{3+}/Fe^{2+}} - E^0_{I_3^-/I^-})}{0.0592}$$

여기서 농도항은 *평형* 농도임을 상기하시오.

$$\log K_{eq} = \frac{2(E^0_{Fe^{3+}/Fe^{2+}} - E^0_{I_3^-/I^-})}{0.0592} = \frac{2(0.771 - 0.536)}{0.0592} = 7.94$$

$$K_{eq} = \text{antilog}\ 7.94 = 8.7 \times 10^7$$

Log $K_{eq}$가 단지 두 개의 유효 숫자(소숫점의 오른쪽으로 둘)를 가지므로 답은 두 자리 수가 되도록 반올림하였다.

**특집 19-2**

**표준 전위로부터 평형 상수를 계산하기 위한 일반적인 표현**

표준 전위 값으로부터 평형 상수 계산을 위한 일반적인 관계식을 유도하기 위하여 화학종 $A_{red}$이 화학종 $B_{ox}$과 반응하여 $A_{ox}$와 $B_{red}$를 만드는 반응을 고려해 보자. 두 전극 반응은 다음과 같다.

$$A_{ox} + ae^- \rightleftharpoons A_{red}$$

$$B_{ox} + be^- \rightleftharpoons B_{red}$$

원하는 반응의 균형 잡힌 반응식을 얻기 위하여 처음 식에는 $b$를 곱하고 두 번째 식에는 $a$를 곱하면 다음을 얻는다.

$$bA_{ox} + bae^- \rightleftharpoons bA_{red}$$

$$aB_{ox} + bae^- \rightleftharpoons aB_{red}$$

두 번째 식에서 첫 번째 식을 빼면 균형을 이룬 산화/환원반응식을 얻는다.

$$bA_{red} + aB_{ox} \rightleftharpoons bA_{ox} + aB_{red}$$

이 계가 평형에 있을 때, 두 전극 전위 $E_A$와 $E_B$는 숫자적으로 같아진다. 즉,

$$E_A = E_B$$

이 식에 Nernst식을 대입하면, *평형*에서 다음과 같이 된다.

$$E_A^0 - \frac{0.0592}{ab}\log\frac{[A_{red}]^b}{[A_{ox}]^b} = E_B^0 - \frac{0.0592}{ab}\log\frac{[B_{red}]^a}{[B_{ox}]^a}$$

재배열하면

$$E_B^0 - E_A^0 = \frac{0.0592}{ab}\log\frac{[A_{ox}]^b[B_{red}]^a}{[A_{red}]^b[B_{ox}]^a} = \frac{0.0592}{ab}\log K_{eq}$$

결론적으로

$$\log K_{eq} = \frac{ab(E_B^0 - E_A^0)}{0.0592} \qquad \textbf{(19-10)}$$

$ab$는 균형잡힌 산화/환원반응식으로 나타낸 환원에서 얻은 전자의 총 수임을 주의하시오. 그러므로 만약 $a = b$이면 반쪽 반응에 $a$와 $b$를 곱할 필요가 없다. 만약 $a = b = n$이면 평형 상수는 다음 식을 결정할 수 있다.

$$\log K_{eq} = \frac{n(E_B^0 - E_A^0)}{0.0592}$$

**예제 19-10**

다음 반응의 평형 상수를 계산하시오.

$$2MnO_4^- + 3Mn^{2+} + 2H_2O \rightleftharpoons 5MnO_2(s) + 4H^+$$

**풀이**

부록 5에서 다음을 찾을 수 있다.

$$2MnO_4^- + 8H^+ + 6e^- \rightleftharpoons 2MnO_2(s) + 4H_2O \qquad E^0 = +1.695\ V$$

$$3MnO_2(s) + 12H^+ + 6e^- \rightleftharpoons 3Mn^{2+} + 6H_2O \qquad E^0 = +1.23\ V$$

여기서도 전자수가 같아지도록 두 식 모두에 숫자를 곱한다. 이 계가 평형에 도달했을 때

$$E^0_{MnO_4^-/MnO_2} = E^0_{MnO_2/Mn^{2+}}$$

$$1.695 - \frac{0.0592}{6}\log\frac{1}{[MnO_4^-]^2[H^+]^8} = 1.23 - \frac{0.0592}{6}\log\frac{[Mn^{2+}]^3}{[H^+]^{12}}$$

오른쪽의 로그항을 역으로 하고 재배열하면

$$\frac{6(1.695 - 1.23)}{0.0592} = \log\frac{1}{[MnO_4^-]^2[H^+]^8} + \log\frac{[H^+]^{12}}{[Mn^{2+}]^3}$$

두 로그항을 합하면

$$\frac{6(1.695 - 1.23)}{0.0592} = \log\frac{[H^+]^{12}}{[MnO_4^-]^2[Mn^{2+}]^3[H^+]^8}$$

$$47.1 = \log\frac{[H^+]^4}{[MnO_4^-]^2[Mn^{2+}]^3} = \log K_{eq}$$

$$K_{eq} = \text{antilog } 47.1 = 1 \times 10^{47}$$

마지막 결과는 단지 한 개의 유효 숫자를 가짐에 유의하시오.

**스프레드시트 요약** *Applications of Microsoft® Excel in Analytical Chemistry* 2판 10장 두 번째 연습에서 전지 전위와 평형 상수를 계산하였다. 전지 전위와 평형 상수를 계산하기 위한 간단한 반응에 대한 스프레드시트를 개발하였다. 스프레드시트로서 $E_{left}$, $E_{right}$, $E_{cell}$, $E^0_{cell}$, $\log K_{eq}$, $K_{eq}$를 계산한다.

## 19D 산화/환원 적정 곡선

대부분의 산화/환원 지시약은 전극 전위의 변화에 감응하므로 산화/환원 적정 곡선의 세로축은 착화합물 형성과 중화 적정 곡선에서 사용하는 p-함수 대신에 전극 전위가 사용된다. 18장에서 다루었던 것과 같이 전극 전위와 분석물 또는 적정 시약

농도 사이가 로그 관계에 있기 때문에 산화/환원 적정 곡선이 다른 형태의 적정과 매우 비슷한 형태로 나타난다.

## ▸ 19D-1 산화/환원 적정 동안의 전극 전위

세륨(IV) 표준 용액으로 철(II)을 적정하는 산화/환원 적정에 대하여 생각해 보기로 하자. 이 반응은 여러 종류의 시료에 존재하는 철의 농도를 결정하는데 많이 사용하는 반응이다. 적정 반응은 다음 식으로 나타낼 수 있다.

$$Fe^{2+} + Ce^{4+} \rightleftharpoons Fe^{3+} + Ce^{3+}$$

이 반응은 빠르고 가역적이므로 계는 적정하는 동안 내내 언제나 평형에 있다. 따라서 두 반쪽 반응의 전극 전위는 언제나 동일하다[식 (19-6)].

$$E_{Ce^{4+}/Ce^{3+}} = E_{Fe^{3+}/Fe^{2+}} = E_{system}$$

산화/환원 계가 평형에 있을 때 *모든 반쪽 반응의 전극 전위는 동일하다*는 것을 기억하시오. 이 일반성은 반응이 용액 내에서 직접적으로 일어날 때도 갈바니 전지 내에서 간접적으로 일어날 때에도 적용된다.

이다. 여기서 $E_{system}$은 **계의 전위**(potential of the system)이다. 산화/환원 지시약이 이 용액 내에 존재한다면 지시약의 전극 전위($E_{In}$)가 계의 전위와 같아지도록 지시약의 산화와 환원형의 농도비도 조정되어야 한다. 따라서 식 (19-6)을 적용하면 다음과 같이 쓸 수 있다.

$$E_{In} = E_{Ce^{4+}/Ce^{3+}} = E_{Fe^{3+}/Fe^{2+}} = E_{system}$$

이 계의 전극 전위는 표준 전극 전위로부터 쉽게 얻을 수 있다. 그러므로 주어진 반응에 다하여 적정 혼합물을 가상적인 전지의 한 부분인 것처럼 다룬다.

$$\text{SHE}\|Ce^{4+}, Ce^{3+}, Fe^{3+}, Fe^{2+}|\text{Pt}$$

여기서 SHE는 표준 수소 전극을 나타낸 것이다. 표준 수소 전극을 기준으로 한 백금 전극의 전위는 철(III)와 세륨(IV)이 전자를 받아들이려는 경향성, 즉 다음 반응이 일어나는 경향성에 의해 결정된다.

$$Fe^{3+} + e^- \rightleftharpoons Fe^{2+}$$

$$Ce^{4+} + e^- \rightleftharpoons Ce^{3+}$$

평형에서 두 화학종의 산화형과 환원형의 농도비는 전자에 대한 이들의 인력(즉, 이들의 전극 전위)이 같아지도록 변한다. 이러한 농도비는 적정 내내 계속적으로 변한다는 것을 알아두어야 한다. 마찬가지로 $E_{system}$도 변한다. 종말점은 적정하는 동안 일어나는 $E_{system}$의 특성적인 변화로부터 결정할 수 있다.

산화/환원 적정에서는 대부분의 종말점이 화학 당량점이나 그 근처에서 $E_{system}$의 급격한 변화가 있다는 장점을 가지고 있다.

$E_{Ce^{4+}/Ce^{3+}} = E_{Fe^{3+}/Fe^{2+}} = E_{system}$이므로 적정 곡선에 대한 데이터는 철(III) 반쪽 반응 *또는* 세륨(IV) 반쪽 반응 중 어느 하나를 Nernst식에 적용함으로써 얻을 수 있다. 그러나 어느 것이 더 편리하게 쓰일 것인지는 적정의 단계에 따라서 달라질 수 있다. 당량점 이전의 영역에서는 철(II), 철(III), Ce(III)는 반응식과 화학량론

당량점 전에서 $E_{system}$의 계산은 분석물의 Nernst식을 사용하는 것이 더 편리하고, 당량점 후에는 시약의 Nernst식을 사용하는 것이 더 편리하다.

적 계산에 의해서 쉽게 얻을 수 있지만, Ce(IV)는 매우 적은 양만 존재하므로 평형 상수식으로부터 그 농도를 구해야만 한다. 당량점이 지난 후에는 Ce(III), Ce(IV), Fe(III)의 농도는 부피 값으로 쉽게 구할 수 있지만 Fe(II)인 경우는 그렇지 못하다. 그래서 이 영역에서는 두 세륨 이온의 농도를 Nernst식에 대입해서 구하는 것이 편리하다. 당량점에서는 Fe(III)과 Ce(III)의 농도를 화학량론으로 구할 수 있으나 Fe(II)와 Ce(IV)의 농도는 매우 작다. 당량점에서의 계산하는 방법은 다음 절에서 다루겠다.

### » 당량점 전위

당량점에서는 세륨(IV)과 철(II)의 농도가 매우 작아서 반응의 화학량론으로부터 얻을 수는 없다. 다행히도 당량점 전위는 두 반응물 화학종과 두 생성물 화학종이 화학 당량점에서 알려진 농도비를 가진다는 사실을 이용하면 쉽게 얻어진다.

철(II)을 세륨(IV)로 적정할 때의 당량점에서 계의 전위 $E_{eq}$는 다음과 같이 두 가지로 나타낼 수 있다.

$$E_{eq} = E^0_{Ce^{4+}/Ce^{3+}} - \frac{0.0592}{1}\log\frac{[Ce^{3+}]}{[Ce^{4+}]}$$

그리고

$$E_{eq} = E^0_{Fe^{3+}/Fe^{2+}} - \frac{0.0592}{1}\log\frac{[Fe^{2+}]}{[Fe^{3+}]}$$

이 두 식을 더하면 다음이 된다.

식 (19-11)에 있는 농도항 $\frac{[Ce^{3+}][Fe^{2+}]}{[Ce^{4+}][Fe^{3+}]}$은 평형상수식에서 나타나는 생성물과 반응물과의 보통 농도비와 다르다.

$$2E_{eq} = E^0_{Fe^{3+}/Fe^{2+}} + E^0_{Ce^{4+}/Ce^{3+}} - \frac{0.0592}{1}\log\frac{[Ce^{3+}][Fe^{2+}]}{[Ce^{4+}][Fe^{3+}]} \tag{19-11}$$

당량점의 정의에 의하면

$$[Fe^{3+}] = [Ce^{3+}]$$

$$[Fe^{2+}] = [Ce^{4+}]$$

이런 등식을 식 (19-11)에 대입하면 농도항은 1이 되므로 로그항은 0이 된다.

$$2E_{eq} = E^0_{Fe^{3+}/Fe^{2+}} + E^0_{Ce^{4+}/Ce^{3+}} - \frac{0.0592}{1}\log\frac{\cancel{[Ce^{3+}]}\cancel{[Ce^{4+}]}}{\cancel{[Ce^{4+}]}\cancel{[Ce^{3+}]}} = E^0_{Fe^{3+}/Fe^{2+}} + E^0_{Ce^{4+}/Ce^{3+}}$$

$$E_{eq} = \frac{E^0_{Fe^{3+}/Fe^{2+}} + E^0_{Ce^{4+}/Ce^{3+}}}{2} \tag{19-12}$$

예제 19-11에서는 더 복잡한 반응에서 당량점 전위가 어떻게 얻어지는지를 보여준다.

**예제 19-11**

0.0500 M $U^{4+}$ 용액을 0.100 M $Ce^{4+}$ 용액으로 적정할 때의 당량점 전위를 나타내는 식을 유도하시오. 두 용액 모두 1.0 M $H_2SO_4$ 속에 들어 있다고 가정하자.

$$U^{4+} + 2Ce^{4+} + 2H_2O \rightleftharpoons UO_2^{2+} + 2Ce^{3+} + 4H^+$$

**풀이**

부록 5에서 다음을 얻을 수 있다.

$$UO_2^{2+} + 4H^+ + 2e^- \rightleftharpoons U^{4+} + 2H_2O \qquad E^0 = 0.334\ \text{V}$$

$$Ce^{4+} + e^- \rightleftharpoons Ce^{3+} \qquad E^{0'} = 1.44\ \text{V}$$

여기서 $Ce^{4+}$에 대해서는 1.0 M $H_2SO_4$에서의 형식 전위를 사용하기로 한다.

세륨(IV)/철(II)의 당량점 전위 계산 과정을 적용하면 다음과 같이 쓸 수 있다.

$$E_{eq} = E^0_{UO_2^{2+}/U^{4+}} - \frac{0.0592}{2}\log\frac{[U^{4+}]}{[UO_2^{2+}][H^+]^4}$$

$$E_{eq} = E^{0'}_{Ce^{4+}/Ce^{3+}} - \frac{0.0592}{1}\log\frac{[Ce^{3+}]}{[Ce^{4+}]}$$

로그항들을 더해 주어 농도항의 소거를 위해서 처음 식에 2를 곱한다.

$$2E_{eq} = 2E^0_{UO_2^{2+}/U^{4+}} - 0.0592\log\frac{[U^{4+}]}{[UO_2^{2+}][H^+]^4}$$

이 식을 세륨(IV) 식에 더하면

$$3E_{eq} = 2E^0_{UO_2^{2+}/U^{4+}} + E^{0'}_{Ce^{4+}/Ce^{3+}} - 0.0592\log\frac{[U^{4+}][Ce^{3+}]}{[UO_2^{2+}][Ce^{4+}][H^+]^4}$$

그러나 당량점에서는 다음과 같으므로

$$[U^{4+}] = [Ce^{4+}]/2$$

그리고

$$[UO_2^{2+}] = [Ce^{3+}]/2$$

식들을 대입하고, 재정리하면

$$E_{eq} = \frac{2E^0_{UO_2^{2+}/U^{4+}} + E^{0'}_{Ce^{4+}/Ce^{3+}}}{3} - \frac{0.0592}{3}\log\frac{2\cancel{[Ce^{4+}]}\cancel{[Ce^{3+}]}}{2\cancel{[Ce^{3+}]}\cancel{[Ce^{4+}]}[H^+]^4}$$

$$= \frac{2E^0_{UO_2^{2+}/U^{4+}} + E^{0'}_{Ce^{4+}/Ce^{3+}}}{3} - \frac{0.0592}{3}\log\frac{1}{[H^+]^4}$$

이 적정에서 당량점 전위는 pH 의존성임을 알 수 있다.

## ▸ 19D-2 적정 곡선

1.0 M인 $H_2SO_4$를 매질로 한 용액에서 50.00 mL의 0.0500 M $Fe^{2+}$를 0.1000 M $Ce^{4+}$로 적정하는 경우를 생각해 보자. 두 반쪽 전지 과정의 형식 전위는 부록 5에서 찾을 수 있으며 이것을 계산에 사용한다. 즉,

$$Ce^{4+} + e^- \rightleftharpoons Ce^{3+} \qquad E^{0'} = 1.44\text{ V }(1\text{ M }H_2SO_4)$$

$$Fe^{3+} + e^- \rightleftharpoons Fe^{2} \qquad E^{0'} = 0.68\text{ V }(1\text{ M }H_2SO_4)$$

### » 처음 전위

최초의 용액은 세륨을 포함하고 있지 않다. 아마도 $Fe^{2+}$의 공기 산화에 의해 알려지지 않은 작은 양의 $Fe^{2+}$는 존재할 것이다. 어떻든 처음 전위를 계산하기 위한 정보는 부족하다.

### » 5.00 mL의 세륨(IV)을 첨가한 후의 전위

이 반응의 반응식은 다음과 같다.

$$Fe^{2+} + Ce^{4+} \rightleftharpoons Fe^{3+} + Ce^{3+}$$

산화제($Ce^{4+}$)가 첨가될 때 $Ce^{3+}$와 $Fe^{3+}$가 형성되고, 용액에 참가하고 있는 물질 중 세 가지는 쉽게 계산될 수 있는 농도로 인식할 만큼 포함되어 있는 반면에 네 번째인 $Ce^{4+}$의 농도는 거의 무시할만한 정도로 적다. 그러므로 두 철 화학종의 농도를 이용하면 더욱 편리하게 계의 전극 전위를 계산할 수 있다.

Fe(III)의 평형 농도는 Ce(IV)의 부피를 보정한 분석 농도에서 반응하지 않고 남아 있는 Ce(IV)의 평형 농도를 뺀 것과 같다.

$$[Fe^{3+}] = \frac{5.00\text{ mL} \times 0.1000\text{ M}}{50.00\text{ mL} + 5.00\text{ mL}} - [Ce^{4+}] = \frac{0.500\text{ mmol}}{55.00\text{ mL}} - [Ce^{4+}]$$

$$= \left(\frac{0.500}{55.00}\right)\text{M} - [Ce^{4+}]$$

마찬가지로 $Fe^{2+}$ 농도는 그의 몰농도에 반응하지 않은 $[Ce^{4+}]$를 더한 값이 된다.

$$[Fe^{2+}] = \frac{50.00\text{ mL} \times 0.0500\text{ M} - 5.00\text{ mL} \times 0.1000\text{ M}}{55.00\text{ mL}} + [Ce^{4+}]$$

$$= \left(\frac{2.00}{55.00}\right)\text{M} + [Ce^{4+}]$$

일반적으로 산화/환원 적정에서 사용된 반응들은 거의 완전하게 종결되므로 다음의 두 식으로 간단하게 나타낼 화학종들 중의 하나(여기서는 $[Ce^{4+}]$) 평형 농도는 용액 중에 존재하는 다른 화학종들에 비해 무시할 수 있다.

엄밀하게 말하면 $Fe^{2+}$와 $Fe^{3+}$의 농도는 반응하지 않은 $Ce^{4+}$에 대하여 고쳐져야 한다. 이렇게 농도를 수정하면 $[Fe^{2+}]$는 증가하고, $[Fe^{3+}]$는 감소한다. 반응하지 않고 남은 $Ce^{4+}$의 양은 매우 작으므로 무시할 수 있다.

$$[Fe^{3+}] = \frac{0.500}{55.00}\text{M}, \quad [Fe^{2+}] = \frac{2.00}{55.00}\text{M}$$

Nernst식에 $[Fe^{2+}]$와 $[Fe^{3+}]$의 값을 대입하면

$$E_{\text{system}} = +0.68 - \frac{0.0592}{1}\log\frac{2.00 / \cancel{55.00}}{0.50 / \cancel{55.00}} = 0.64\text{ V}$$

**표 19-2**

**0.100 M $Ce^{4+}$으로 적정할 경우의 SHE에 대한 전극 전위**

| 시약 부피 (mL) | 전위, V 대 SHE* | | |
|---|---|---|---|
| | 50.00 mL, 0.0500 M $Fe^{2+}$ | | 50.00 mL, 0.02500 M $U^{4+}$ |
| 5.00 | 0.64 | | 0.316 |
| 15.00 | 0.69 | | 0.339 |
| 20.00 | 0.72 | | 0.352 |
| 24.00 | 0.76 | | 0.375 |
| 24.90 | 0.82 | | 0.405 |
| **25.00** | **1.06** | ← **당량점** → | **0.703** |
| 25.10 | 1.30 | | 1.30 |
| 26.00 | 1.36 | | 1.36 |
| 30.00 | 1.40 | | 1.40 |

*$H_2SO_4$ 농도는 두 적정 동안 $[H^+] = 1.0$로 된다.

분자와 분모의 부피가 상쇄되므로 전위는 용액을 묽히는 것과는 무관하다는 것을 주목하시오. 이러한 무관성은 용액이 너무 묽어져서 계산에 이용된 두 가지 가정이 타당성이 없을 때까지 지속된다.

Ce(IV)/Ce(III)계의 Nernst식을 사용하더라도 같은 $E_{system}$ 값을 얻을 수 있다는 것을 강조하여야 할 만큼 중요하나, 그렇게 하기 위해서는 반응의 평형 상수를 이용하여 $[Ce^{4+}]$를 계산할 필요가 있다.

당량점 이전의 적정 곡선을 나타내는 데 필요한 또 다른 전위들도 마찬가지 방식으로 얻을 수 있다. 이런 값들을 **표 19-2**에 수록해 놓았다. 이러한 값들 중 한 개 또는 두 개를 확인해 보는 것도 좋다.

### » 당량점 전위

식 (19-12)에 두 형식 전위를 대입하면 얻을 수 있다.

$$E_{eq} = \frac{E^{0'}_{Ce^{4+}/Ce^{3+}} + E^{0'}_{Fe^{3+}/Fe^{2+}}}{2} = \frac{1.44 + 0.68}{2} = 1.06 \text{ V}$$

### » 25.10 mL의 세륨(IV)을 첨가한 후의 전위

이 지점에서는 Ce(III), Ce(IV), Fe(III)의 몰농도는 쉽게 계산될 수 있으나 Fe(II)의 몰농도는 그러하지 못하다. 그러므로 세륨의 반쪽 반응을 기초로 하여 $E_{system}$을 계산하는 것이 더 편리하다. 두 세륨 이온 화학종의 농도는 다음과 같다.

$$[Ce^{3+}] = \frac{25.00 \times 0.1000}{75.10} - [Fe^{2+}] \approx \frac{2.500}{75.10} \text{M}$$

$$[Ce^{4+}] = \frac{25.10 \times 0.1000 - 50.00 \times 0.0500}{75.10} + [Fe^{2+}] \approx \frac{0.010}{75.10} \text{M}$$

여기서 철(II) 농도는 두 세륨 이온 화학종들의 분석 농도에 비해 무시할 수 있다. 이들 세륨 전극쌍의 농도를 Nernst식에 대입하면 다음을 얻는다.

다른 적정 곡선과는 반대로 산화/환원 곡선은 매우 희석된 용액을 제외하고 반응물의 농도에 대하여 무관하다.

$$E = +1.44 - \frac{0.0592}{1} \log \frac{[Ce^{3+}]}{[Ce^{4+}]} = +1.44 - \frac{0.0592}{1} \log \frac{2.500/\cancel{75.10}}{0.010/\cancel{75.10}}$$

$$= +1.30 \text{ V}$$

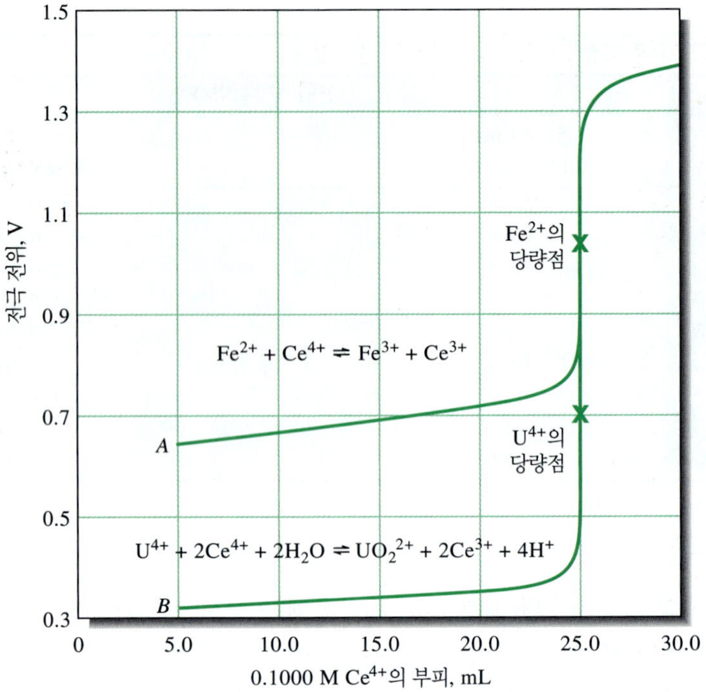

**그림 19-3** 0.1000 M $Ce^{4+}$에 대한 적정 곡선. 곡선 *A*: 0.05000 M $Fe^{2+}$ 용액 50.00 mL 적정 곡선, 곡선 *B*: 0.02500 M $U^{4+}$ 50.00 mL 적정 곡선.

적정 전에는 전위차를 계산하는 것이 왜 불가능한가?

반응물이 1:1일 경우는 적정 곡선이 대칭이지만 그렇지 않은 경우는 비대칭적이다.

표 19-2에 있는 또 다른 당량점 후의 전위도 마찬가지 방식으로 얻을 수 있다.

세륨(IV)으로 적정한 철(II)의 적정 곡선을 **그림 19-3**의 *A*에 나타내었다. 이 도시는 당량점이 세로축 함수의 급격한 변화로 표시되는 당량점을 가진 중화 적정법, 침전적정법, 착화합물 형성에서의 적정 곡선과 대단히 비슷하다. 0.00500 M 철(II), 0.01000 M 세륨(IV)과 관련된 적정도 실질적으로 계의 전극 전위가 묽히는 것과는 무관하기 때문에 여기에 나타난 것과 같은 곡선을 나타낸다. **그림 19-4**는 첨가한 세륨(IV) 부피에 대한 함수로서 $E_{system}$을 계산하는 스프레드시트이다.

표 19-2의 세 번째 열에 있는 값들은 그림 19-3의 곡선 *B*로 도시되어 있다. 그림에서 두 곡선은 25.10 mL보다 더 큰 부피에서는 동일한데, 이는 두 세륨의 농도가 이 영역에서는 같기 때문이다. 철(II)의 적정 곡선은 당량점 주위에서 대칭적이나 우라늄(IV)의 적정 곡선은 그렇지 않은 것이 흥미롭다. 일반적으로 대칭 곡선은 분석물과 적정 시약이 1:1 몰 비로 반응할 때 얻어진다.

### 예제 19-12

0.1000 M $Ce^{4+}$으로 0.02500 M $U^{4+}$ 용액 50.00 mL를 적정할 때 적정 곡선을 그리시오. 적정 중에 용액은 1.0 M $H_2SO_4$로 유지되어 있다고 하자(이 용액의 $[H^+]$는 약 1.0 M이 될 것이다).

**풀이**

분석 반응은

$$U^{4+} + 2Ce^{4+} + 2H_2O \rightleftharpoons UO_2^{2+} + 2Ce^{3+} + 4H^+$$

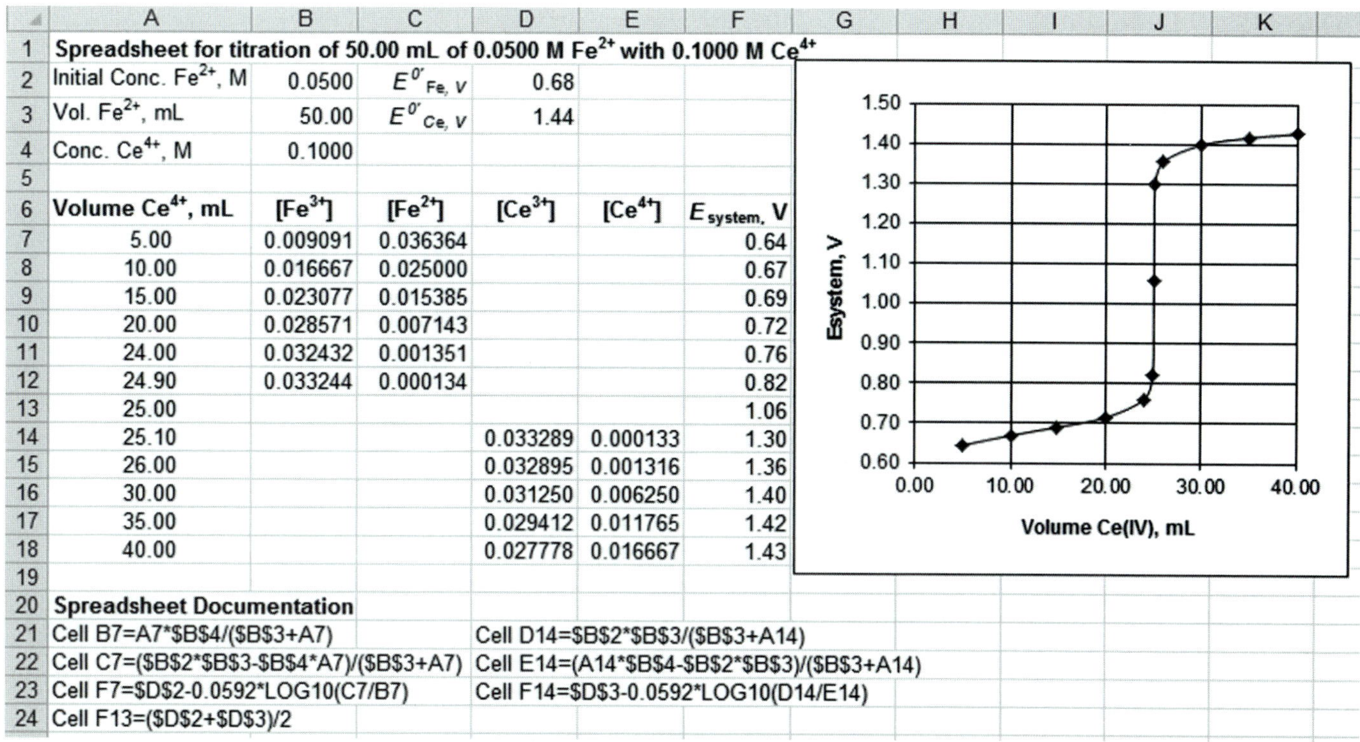

| | A | B | C | D | E | F |
|---|---|---|---|---|---|---|
| 1 | **Spreadsheet for titration of 50.00 mL of 0.0500 M Fe²⁺ with 0.1000 M Ce⁴⁺** | | | | | |
| 2 | Initial Conc. Fe²⁺, M | 0.0500 | $E^{0'}_{Fe,\ V}$ | 0.68 | | |
| 3 | Vol. Fe²⁺, mL | 50.00 | $E^{0'}_{Ce,\ V}$ | 1.44 | | |
| 4 | Conc. Ce⁴⁺, M | 0.1000 | | | | |
| 5 | | | | | | |
| 6 | **Volume Ce⁴⁺, mL** | **[Fe³⁺]** | **[Fe²⁺]** | **[Ce³⁺]** | **[Ce⁴⁺]** | **$E_{system}$, V** |
| 7 | 5.00 | 0.009091 | 0.036364 | | | 0.64 |
| 8 | 10.00 | 0.016667 | 0.025000 | | | 0.67 |
| 9 | 15.00 | 0.023077 | 0.015385 | | | 0.69 |
| 10 | 20.00 | 0.028571 | 0.007143 | | | 0.72 |
| 11 | 24.00 | 0.032432 | 0.001351 | | | 0.76 |
| 12 | 24.90 | 0.033244 | 0.000134 | | | 0.82 |
| 13 | 25.00 | | | | | 1.06 |
| 14 | 25.10 | | | 0.033289 | 0.000133 | 1.30 |
| 15 | 26.00 | | | 0.032895 | 0.001316 | 1.36 |
| 16 | 30.00 | | | 0.031250 | 0.006250 | 1.40 |
| 17 | 35.00 | | | 0.029412 | 0.011765 | 1.42 |
| 18 | 40.00 | | | 0.027778 | 0.016667 | 1.43 |
| 19 | | | | | | |
| 20 | **Spreadsheet Documentation** | | | | | |
| 21 | Cell B7=A7*$B$4/($B$3+A7) | | | Cell D14=$B$2*$B$3/($B$3+A14) | | |
| 22 | Cell C7=($B$2*$B$3-$B$4*A7)/($B$3+A7) | | | Cell E14=(A14*$B$4-$B$2*$B$3)/($B$3+A14) | | |
| 23 | Cell F7=$D$2-0.0592*LOG10(C7/B7) | | | Cell F14=$D$3-0.0592*LOG10(D14/E14) | | |
| 24 | Cell F13=($D$2+$D$3)/2 | | | | | |



**그림 19-4** 0.1000 M $Ce^{4+}$로서 0.0500 M $Fe^{2+}$ 용액 50.00 mL를 적정할 경우의 적정 곡선과 스프레드시트. 종말점 전에서 계의 전위는 $Fe^{3+}$와 $Fe^{2+}$로부터 계산할 수 있다. 종말점 후에서는 $Ce^{4+}$와 $Ce^{3+}$를 Nernst식에 적용하여 얻을 수 있다. 셀 B7에서 $Fe^{3+}$ 농도는 첨가된 $Ce^{4+}$ 밀리몰수를 총 부피로 나누어 줌을 계산할 수 있다. 초기 부피에 대한 공식은 셀 A21의 자료에서 나타내었다. 셀 C7에서 $[Fe^{2+}]$는 처음 존재하는 $Fe^{2+}$의 밀리몰수에서 형성된 $Fe^{3+}$를 빼고 총 부피로 나누어 줌으로써 계산할 수 있다. 셀 A22의 문서 작업으로 5.00 mL에 대한 공식을 얻을 수 있다. 당량점 전에서 계의 전위는 셀 A23 문서 작업에서 나타낸 공식으로 초기 부피를 표현한 Nernst식을 사용해서 셀 F7:F12에서 계산할 수 있다. 셀 F13에서 당량점에서의 전위는 셀 A24에서 보여준 바와 같이 두 형식 전위의 평균으로 구할 수 있다. 당량점 후에서 Ce(III) 농도(셀 D14)는 셀 D21 문서 작업의 공식으로부터 얻은 25.10 mL 부피에 대해 보여 준 바와 같이 초기에 존재한 $Fe^{2+}$의 밀리몰수는 총 부피로 나누어 줌으로써 계산할 수 있다. Ce(IV) 농도(E14)는 셀 D22에서 보여 준 바와 같이 첨가된 Ce(IV)의 밀리몰수에서 초기에 존재한 $Fe^{2+}$의 밀리몰수를 빼주고 총 부피로 나누어 줌으로써 계산할 수 있다. F14에서 계의 전위는 셀 D23 문서 작업에서 보여준 Nernst 공식으로부터 얻을 수 있다. 그 결과로부터 적정 곡선을 얻을 수 있다.

부록 5에서 다음을 얻을 수 있다.

$$UO_2^{2+} + 4H^+ + 2e^- \rightleftharpoons U^{4+} + 2H_2O \qquad E^0 = 0.334\ V$$

$$Ce^{4+} + e^- \rightleftharpoons Ce^{3+} \qquad E^{0'} = 1.44\ V$$

**5.00 mL의 $Ce^{4+}$를 첨가한 후의 전위**

$$\text{처음 } U^{4+}\text{의 양} = 50.00\ \cancel{\text{mL U}^{4+}} \times 0.02500\ \frac{\text{mmol U}^{4+}}{\cancel{\text{mL U}^{4+}}}$$

$$= 1.250\ \text{mmol U}^{4+}$$

*(계속)*

$$첨가된\ Ce^{4+}의\ 양 = 5.00\ \text{ml}\ \cancel{Ce^{4+}} \times 0.1000\ \frac{\text{mmol}\ Ce^{4+}}{\text{mL}\ \cancel{Ce^{4+}}}$$

$$= 0.5000\ \text{mmol}\ Ce^{4+}$$

$$남아\ 있는\ U^{4+}의\ 양 = 1.250\ \text{mmol}\ U^{4+} - 0.2500\ \text{mmol}\ \cancel{UO_2^{2+}} \times \frac{1\ \text{mmol}\ U^{4+}}{1\ \text{mmol}\ \cancel{UO_2^{2+}}}$$

$$= 1.000\ \text{mmol}\ U^{4+}$$

$$용액의\ 전체\ 부피 = (50.00 + 5.00)\text{mL} = 55.00\ \text{mL}$$

$$남아\ 있는\ U^{4+}의\ 양 = \frac{1.000\ \text{mmol}\ U^{4+}}{55.00\ \text{mL}}$$

$$생성된\ UO_2^{2+}의\ 양 = \frac{0.5000\ \text{mmol}\ \cancel{Ce^{4+}} \times \frac{1\ \text{mmol}\ UO_2^{2+}}{2\ \text{mmol}\ \cancel{Ce^{4+}}}}{55.00\ \text{mL}}$$

$$= \frac{0.2500\ \text{mmol}\ UO_2^{2+}}{55.00\ \text{mL}}$$

$UO_2^{2+}$에 대한 Nernst식에 적용하면 다음을 얻게 된다.

$$E = 0.334 - \frac{0.0592}{2}\log\frac{[U^{4+}]}{[UO_2^{2+}][H^+]^4}$$

$$= 0.334 - \frac{0.0592}{2}\log\frac{[U^{4+}]}{[UO_2^{2+}](1.00)^4}$$

두 우라늄 화학종의 농도를 대입하면

$$E = 0.334 - \frac{0.0592}{2}\log\frac{1.000\ \text{mmol}\ U^{4+}/\cancel{55.00\ \text{mL}}}{0.2500\ \text{mmol}\ UO_2^{2+}/\cancel{55.00\ \text{mL}}}$$

$$= 0.316\ \text{V}$$

마찬가지 방법으로 계산된 다른 당량점 전의 데이터들을 표 19-2에 적어 놓았다.

**당량점 전위**

예제 19-11에서 보여준 과정에 따라 풀면 다음을 얻을 수 있다.

$$E_{eq} = \frac{(2E^0_{UO_2^{2+}/U^{4+}} + E^{0'}_{Ce^{4+}/Ce^{3+}})}{3} - \frac{0.0592}{3}\log\frac{1}{[H^+]^4}$$

대입하면

$$E_{eq} = \frac{2 \times 0.334 + 1.44}{3} - \frac{0.0592}{3}\log\frac{1}{(1.00)^4}$$

$$= \frac{2 \times 0.334 + 1.44}{3} = 0.703\ \text{V}$$

### 25.10 mL의 $Ce^{4+}$를 첨가한 후의 전위

$$\text{용액의 전체 부피} = 75.10 \text{ mL}$$

$$\text{처음 } U^{4+}\text{의 양} = 50.00 \cancel{\text{mL } U^{4+}} \times 0.02500 \frac{\text{mmol } U^{4+}}{\cancel{\text{mL } U^{4+}}}$$
$$= 1.250 \text{ mmol } U^{4+}$$

$$\text{첨가된 } Ce^{4+}\text{의 양} = 25.10 \cancel{\text{mL } Ce^{4+}} \times 0.1000 \frac{\text{mmol } Ce^{4+}}{\cancel{\text{mL } Ce^{4+}}}$$
$$= 2.510 \text{ mmol } Ce^{4+}$$

$$\text{생성된 } Ce^{3+}\text{의 양} = \frac{1.250 \cancel{\text{mmol } U^{4+}} \times \dfrac{2 \text{ mmol } Ce^{3+}}{\cancel{\text{mmol } U^{4+}}}}{75.10 \text{ mL}}$$

남아 있는 $Ce^{4+}$의 양

$$= \frac{2.510 \text{ mmol } Ce^{4+} - 2.500 \cancel{\text{mmol } Ce^{3+}} \times \dfrac{1 \text{ mmol } Ce^{4+}}{\cancel{\text{mmol } Ce^{3+}}}}{75.10 \text{ mL}}$$

$Ce^{4+}$ 형식 전위에 대한 Nernst식에 대입하면

$$E = 1.44 - 0.0592 \log \frac{2.500/\cancel{75.10}}{0.010/\cancel{75.10}} = 1.30 \text{ V}$$

이와 같은 방법으로 얻어진 당량점 이후의 값들을 표 19-2에 수록해 놓았다.

---

**특집 19-3**

### 산화/환원 적정 곡선에 대한 역 마스터 방정식

#### 산화/환원 화학종에 대한 $\alpha$ 값

산 염기 평형과 착화합물 형성 평형에 사용되는 $\alpha$ 값은 역시 산화/환원 평형에도 유용하다. 산화/환원 $\alpha$ 값을 계산하기 위해서 산화된 화학종과 환원된 화학종에 대한 농도 비에 대한 Nernst식을 풀어야만 된다. De Levie식과 비슷하게 풀 수 있다.[2]

$$E = E^0 - \frac{2.303RT}{nF} \log \frac{[R]}{[O]}$$

*(계속)*

[2]R. de Levie, *J. Electronal. Chem.*, **1992**, *323*, 347-55. **DOI**: 10.1016/0022-0728(92)80022-V.

다음과 같이 쓸 수 있다.

$$\frac{[R]}{[O]} = 10^{-\frac{nF(E-E^0)}{2.303RT}} = 10^{-nf(E-E^0)}$$

25°C에서

$$f = \frac{F}{2.303RT} = \frac{1}{0.0592}$$

[R] + [O]에 대한 $\alpha$ 값은 다음과 같다.

$$\alpha_R = \frac{[R]}{[R] + [O]} = \frac{[R]/[O]}{[R]/[O] + 1} = \frac{10^{-nf(E-E^0)}}{10^{-nf(E-E^0)} + 1}$$

연습으로 다음과 같이 쓸 수 있다.

$$\alpha_R = \frac{1}{10^{-nf(E^0-E)} + 1}$$

그리고

$$\alpha_O = 1 - \alpha_R = \frac{1}{10^{-nf(E-E^0)} + 1}$$

다음과 같이 식을 재배열할 수 있다.

$$\alpha_R = \frac{10^{-nfE}}{10^{-nfE} + 10^{-nfE^0}} \qquad \alpha_O = \frac{10^{-nfE^0}}{10^{-nfE} + 10^{-nfE^0}}$$

1가 약한 산과 비슷한 방법으로 $\alpha$ 값을 나타낼 수 있다(14장 참조).

$$\alpha_0 = \frac{[H_3O^+]}{[H_3O^+] + K_a} \qquad \alpha_1 = \frac{K_a}{[H_3O^+] + K_a}$$

다르게 표현하면

$$\alpha_0 = \frac{10^{-pH}}{10^{-pH} + 10^{-pK_a}} \qquad \alpha_1 = \frac{10^{-pK_a}}{10^{-pH} + 10^{-pK_a}}$$

1가 약한 산과 산화/환원 화학종에 대한 $\alpha$ 값은 매우 비슷한 형태임을 주의하시오. 산화/환원에서 $10^{-nfE}$항은 산 염기의 $10^{-pH}$와 유사하고 $10^{-nfE^0}$는 $10^{-pK_a}$와 유사하다. 이와 같은 유사성은 pH에 대한 $\alpha_0$와 $\alpha_1$의 그래프와 $E$에 대한 $\alpha_O$와 $\alpha_R$의 그래프에서도 똑같이 나타난다. 산화/환원반응에 대한 $\alpha$ 값은 1:1 화학량론을 갖는 산화/환원 반쪽 반응에 대한 것이라는 것을 인식하는 것은 중요하다. 여기서 다루지 않는 다른 화학량론은 더 복잡하다. 간단한 경우에는 이 식들은 산화/환원 적정 곡선을 그리기 위한 값들을 계산하고 산화/환원 화학을 보여주는 좋은 방법을 제공해준다. 일정한 이온 세기를 가지는 매질에 형식 전위 값을 가지고 있다면 $\alpha$ 식에서 $E^0$대신에 $E^{0'}$값을 사용해야 된다.

*(계속)*

전위 $E$에 대한 $\alpha$ 값의 의존성을 그래프로 나타내 보자. 형식 전위가 알려져 있는 1 M $H_2SO_4$ 용액 중 $Fe^{3+}/Fe^{2+}$쌍과 $Ce^{4+}/Ce^{3+}$쌍에 대한 $\alpha$ 의존성을 결정해야만 한다.

$$\alpha_{Fe^{2+}} = \frac{10^{-fE}}{10^{-fE} + 10^{-fE^{0'}_{Fe}}} \qquad \alpha_{Fe^{3+}} = \frac{10^{-fE^{0'}_{Fe}}}{10^{-fE} + 10^{-fE^{0'}_{Fe}}}$$

$$\alpha_{Ce^{3+}} = \frac{10^{-fE}}{10^{-fE} + 10^{-fE^{0'}_{Ce}}} \qquad \alpha_{Ce^{4+}} = \frac{10^{-fE^{0'}_{Ce}}}{10^{-fE} + 10^{-fE^{0'}_{Ce}}}$$

두 $\alpha$ 값에 대한 표현에 차이가 나는 것은 1M $H_2SO_4$ 용액 중에서 형식 전위 $E^{0'}_{Fe}$ = 0.68 V와 $E^{0'}_{Ce}$ = 1.44 V의 차이에서 오는 것임을 유의하시오. 이 차이에 대한 영향은 $\alpha$ 그래프에서 뚜렷이 나타난다. 두 쌍의 값에 대하여 $n = 1$이기 때문에 $\alpha$에 대한 식에서는 나타나지 않는다.

$\alpha$ 값에 대한 그래프를 그림 19F-2에 나타내었다. 0.50 V에서 1.75 V 범위에서 매 0.05 V 구간에서의 $\alpha$ 값을 계산할 수 있다. 유사한 형태의 표현에서 유추할 수 있듯이 산 염기계(14장과 15장에서 다루었음)와 똑같은 $\alpha$ 값을 가진다.

다른 단위보다 농도 단위로 산화/환원계에 대한 전극 전위 값을 계산하는 것이 고려하는 것이 가치가 있다고 말할 수 있다. 산 염기계에 대한 $\alpha$ 값의 계산에서 pH는 독립 변수이듯이 산화/환원 계산에서는 전위 값이 독립 변수이다. 여러 $\alpha$ 값에 대한 전위를 계산하는 것보다 여러 전위 값에 대한 $\alpha$ 값을 계산하는 것이 쉽다.

**역 마스터 방정식 접근법**

모든 적정점에 대하여 화학량론적 계산에서 $Fe^{3+}$와 $Ce^{3+}$의 농도는 같다. 또는

$$[Fe^{3+}] = [Ce^{3+}]$$

$\alpha$ 값과 시약의 부피 농도 값으로부터

$$\alpha_{Fe^{3+}}\left(\frac{V_{Fe}c_{Fe}}{V_{Fe} + V_{Ce}}\right) = \alpha_{Ce^{3+}}\left(\frac{V_{Ce}c_{Ce}}{V_{Fe} + V_{Ce}}\right)$$

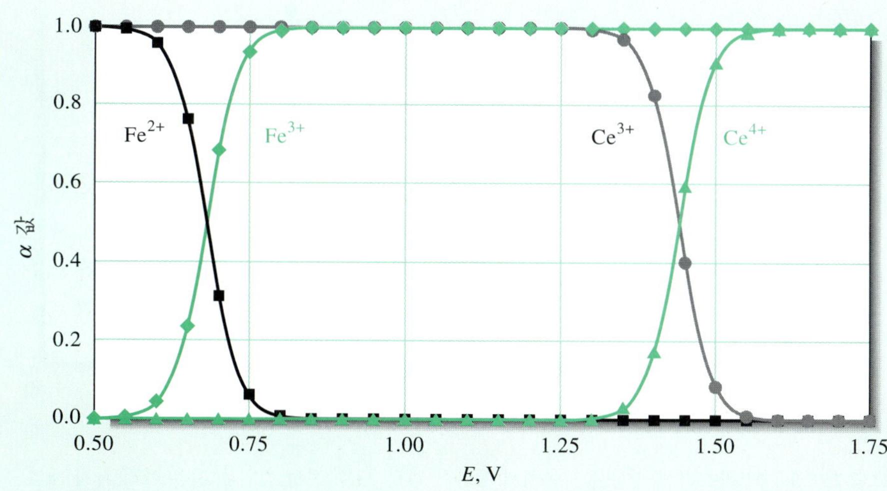


**그림 19F-2** $Fe^{2+}/Ce^{4+}$계에 대한 $\alpha$ 그래프.

*(계속)*

여기서 $V_{Fe}$와 $c_{Fe}$는 $Fe^{2+}$의 초기 부피와 초기 농도이고, $V_{Ce}$와 $c_{Ce}$는 각각 적정 시약의 부피와 농도이다. $V_{Fe} + V_{Ce}$로 양변을 곱하고 $V_{Fe}c_{Fe}\alpha_{Ce^{3+}}$로 나누어 주면

$$\alpha_{Fe^{3+}}\left(\frac{V_{Fe}c_{Fe}}{V_{Fe}+V_{Ce}}\right)\left(\frac{V_{Fe}+V_{Ce}}{V_{Fe}c_{Fe}\,\alpha_{Ce^{3+}}}\right) = \alpha_{Ce^{3+}}\left(\frac{V_{Ce}c_{Ce}}{V_{Fe}+V_{Ce}}\right)\left(\frac{V_{Fe}+V_{Ce}}{V_{Fe}c_{Fe}\,\alpha_{Ce^{3+}}}\right)$$

그리고

$$\phi = \frac{V_{Ce}c_{Ce}}{V_{Fe}c_{Fe}} = \frac{\alpha_{Fe^{3+}}}{\alpha_{Ce^{3+}}}$$

여기서 $\phi$는 적정 범위(전정 분율)이다. $\alpha$ 값에 대하여 유도된 식을 대입하면

$$\phi = \frac{\alpha_{Fe^{3+}}}{\alpha_{Ce^{3+}}} = \frac{1 + 10^{-f(E^{0'}_{Ce} - E)}}{1 + 10^{-f(E - E^{0'}_{Fe})}}$$

여기서 $E$는 계의 전위이다. 이 식에 0.5에서 1.40 V까지 0.5 V의 전위 값을 이 식에 대입하여 $\alpha$ 값을 계산하고 그 결과로 그래프를 그리면 **그림 19F-3**과 같다. 1.45 V에서는 2보다 큰 $\alpha$ 값을 가지기 때문에 1.42 V에서 점이 추가되었다. 전통적인 화학량론적 계산에 의해서 그려진 그림 19-4와 비교해 보시오.

이런 점에서 기본적인 1:1 경우보다 더 복잡한 산화/환원 적정에 대한 것을 논의해야만 한다. pH에 의존하는 산화/환원 적정 또는 다른 경우에 대한 마스터 방정식 접근법에 대하여 흥미를 가지고 있다면 de Levie 논문을 참고하시오.[2] *Applications of Microsoft® Excel in Analytical Chemistry* 2판 10장에서 두 그래프에 대한 자세한 계산 방법을 찾을 수 있을 것이다.

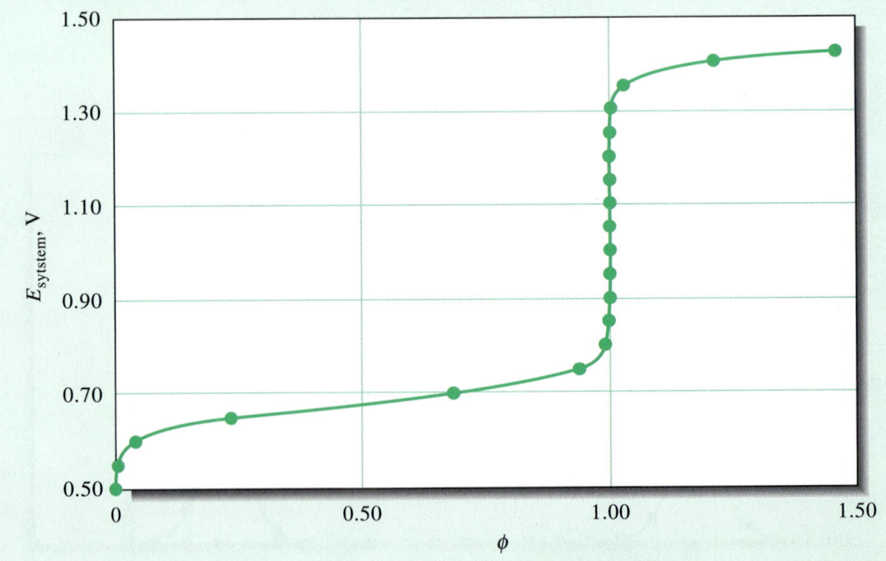


**그림 19F-3** 역 마스터 방정식을 사용해서 계산한 적정 곡선. 적정 범위 $\phi$ 값은 여러 가지 계의 전위에 대하여 계산하여 $E_{\text{system}}$와 $\phi$에 대해서 그래프를 그렸다.

## ▸ 19D-3 산화/환원 적정 곡선에 대한 반응계 변수의 영향

앞 장에서 반응물의 농도와 반응 완결 정도가 적정 곡선에 어떻게 영향을 미치는가에 대해 알아보았다. 여기서는 산화/환원 적정 곡선에 미치는 이러한 변수들의 영향을 설명하려고 한다.

### » 반응물 농도

앞서 보았던 것처럼 산화/환원 적정의 $E_{system}$은 일반적으로 묽힘과는 무관하다. 따라서 산화/환원반응의 적정 곡선은 보통 분석물과 시약 농도에 무관하다. 이러한 특징은 지금까지 다루어 온 다른 종류의 적정에서 보았던 것과는 확실히 대조적이다.

### » 반응의 완결 정도

반응이 더 완결되어감에 따라 산화/환원 적정의 당량점 영역에 있어서 $E_{system}$의 변화는 더 커지게 된다. 이런 효과는 그림 19-3에 나타낸 두 개의 적정 곡선을 보면 쉽게 알 수 있다. 세륨(IV)과 철(II)의 반응에 대한 평형 상수는 $7 \times 10^{12}$인 반면, U(IV)에 대한 평형 상수는 $2 \times 10^{37}$이다. 반응의 완결 정도에 따른 효과의 또 다른 예를 그림 19-5에 나타내었다. 그림 19-5는 표준 전극 전위가 0.40~1.20 V 범위인 여러 가지 가상의 산화제로 표준 전극 전위가 0.20 V인 가상의 환원제를 적정할 때의 적정 곡선을 나타낸 것이다. 이에 해당하는 평형 상수는 약 $2 \times 10^3$과 $8 \times 10^{16}$ 사이에 있다. 곡선 *A*는 계의 전위가 가장 큰 변화를 일으킨 것은 완결 정도가 큰 반응과 관련이 있음을 보여주고 있으며, 곡선 *E*는 정반대이다. 그러므로 이러한 관점에서 볼 때 산화/환원 적정 곡선은 다른 종류의 반응과 관련된 적정 곡선과 비슷하다.

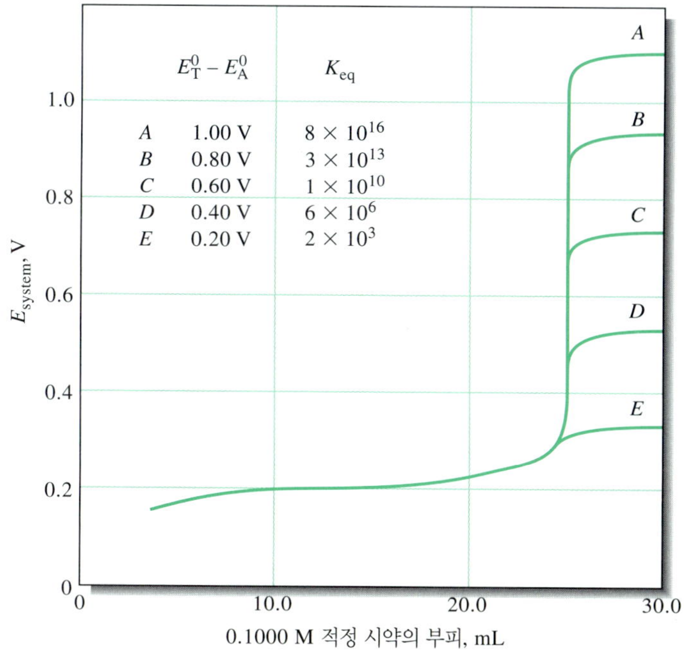


그림 19-5 반응 완결 정도에 따른 적정 시약의 전극 전위의 영향. 분석물의 표준 전극 전위($E^0_A$)는 0.200 V이다. 곡선 *A*로부터 시작해서 적정 시약의 표준 전극 전위($E^0_T$)는 각각 1.20, 1.00, 0.80, 0.60, 0.40 V이다. 분석물과 적정 시약 모두 전자 한 개가 이동한다.

**특집 19-4**

**반응 속도와 전극 전위**

표준 전위는 반응이 완결되는 쪽으로 충분히 진행되어 특별한 분석을 하는 데 유용한지 아닌지를 나타내지만, 평형 상태에 도달하는 속도에 대해서는 아무런 정보도 제공해 주지 못한다. 결과적으로 평형의 관점에서는 대단히 잘 일어나는 반응이 반응 속도론적 관점에서는 전혀 일어나지 않을 수가 있다. 묽은 황산 용액에서 세륨(IV)에 의한 비소(III)의 산화가 대표적인 예이다. 반응은

$$H_3AsO_3 + 2Ce^{4+} + H_2O \rightleftharpoons H_3AsO_4 + 2Ce^{3+} + 2H^+$$

이 두 계의 형식 전위는 다음과 같다.

$$Ce^{4+} + e^- \rightleftharpoons Ce^{3+} \qquad E^{0'} = +1.44\ V$$

$$H_3AsO_4 + 2H^+ + 2e^- \rightleftharpoons H_3AsO_3 + H_2O \qquad E^{0'} = +0.577\ V$$

따라서 이러한 데이터로부터 평형 상수가 약 $10^{29}$임을 추론할 수 있다. 비록 이 반응이 평형의 관점에서는 대단히 잘 일어날지라도 세륨(IV)에 의한 비소(III)의 적정은 평형에 도달하는 데에는 여러 시간이 걸리기 때문에 촉매 없이는 불가능하다. 다행히도 여러 가지 물질들이 이 반응에 촉매 역할을 하므로 적정은 용이하게 이루어진다.

**스프레드시트 요약** *Applications of Microsoft® Excel in Analytical Chemistry* 2판 10장에서 산화/환원 화학종에 대한 $\alpha$ 값을 얻는 데 엑셀을 이용한다. 여기서 산화/환원 적정이 진행되는 동안 화학종의 농도 변화가 어떻게 변하는지를 보여준다. 산화/환원 적정 곡선을 화학량론과 마스터 방정식을 이용하여 얻을 수 있다. pH에 의존하는 계에 대해서도 화학량론적 계산을 사용할 수 있다.

## 19E 산화/환원 지시약

산화/환원 적정의 종말점을 얻는데 두 가지 형태의 지시약이 사용된다. 일반적인 산화/환원 지시약과 고유 지시약이다.

### 19E-1 일반적인 산화 / 환원 지시약

일반적 산화/환원 지시약의 색깔 변화는 계의 전위 값에만 의존한다.

일반적인 산화/환원 지시약은 산화되느냐 환원되느냐에 따라 색깔이 변하는 물질이다. 고유 지시약과는 달리 실제 산화/환원 지시약의 색깔 변화는 분석물과 적정 시약의 화학적 성질에 거의 의존하지 않고 대신 적정 과정에서 생기는 계의 전극 전위의 변화에 의존한다.

전형적인 일반 산화/환원 지시약의 색깔 변화를 나타내는 반쪽 반응은 다음과 같이 쓸 수 있다.

$$In_{ox} + ne^- \rightleftharpoons In_{red}$$

지시약 반응이 가역적이라면 다음과 같이 쓸 수 있다.

$$E = E^0_{In_{ox}/In_{red}} - \frac{0.0592}{n} \log \frac{[In_{red}]}{[In_{ox}]} \quad (19\text{-}13)$$

특히, 지시약이 산화형 색깔에서 환원형 색깔로 변하려면 반응물의 농도비가 약 100 정도는 변해야 한다. 즉 변색은 다음과 같이 변할 때 볼 수 있다.

$$\frac{[In_{red}]}{[In_{ox}]} \leq \frac{1}{10}$$

에서

$$\frac{[In_{red}]}{[In_{ox}]} \geq 10$$

전형적인 일반 지시약의 색깔 변화를 완전히 일으키는데 필요한 전위 변화는 이 두 값을 식 (19-13)에 대입함으로써 알 수 있다.

$$E = E^0_{In} \pm \frac{0.0592}{n}$$

이 식은 전형적인 일반 지시약의 경우 적정 시약이 계의 전위를 $E^0_{In} + 0.0592/n$에서 $E^0_{In} - 0.0592/n$으로, 즉 약 $(0.118/n)$ V만큼 이동시킬 때 검출할 수 있을 정도의 색깔 변화를 나타냄을 보여준다. 많은 지시약의 경우 $n = 2$이므로 0.059 V 정도의 변화면 충분하다.

많은 지시약들의 환원에는 양성자들이 포함되어 있으므로 색깔 변화가 일어나는 전위의 범위(*전이 전위*)는 종종 pH 의존성이 된다.

**표 19-3**에는 여러 가지 산화/환원 지시약의 전이 전위가 실려 있다. 약 +1.25 V 까지의 주어진 전위 범위에서 작용하는 지시약을 이용할 수 있음에 주목하시오. 표에 실린 몇 가지 지시약의 구조와 반응물에 대해 다음 절에 다룰 것이다.

1,10-phenanthroline 은 Fe(II)에 대하여 뛰어난 착화합물 형성제이다.

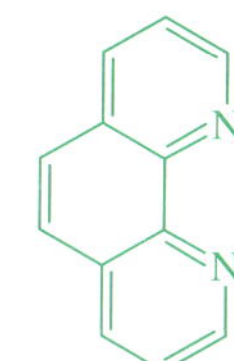


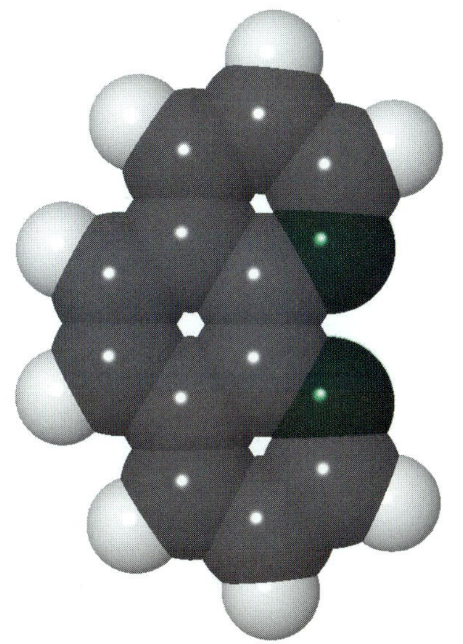

**표 19-3**
**선택된 산화/환원 지시약***

| 지시약 | 색깔: 산화형 | 색깔: 환원형 | 변색 전위, V | 조건 |
|---|---|---|---|---|
| 5-Nitro-1,10-phenanthroline iron(II) complex | Pale blue | Red-violet | +1.25 | 1 M $H_2SO_4$ |
| 2,3'-Diphenylamine dicarboxylic acid | Blue-violet | Colorless | +1.12 | 7~10 M $H_2SO_4$ |
| 1,10- Phenanthroline iron(II) complex | Pale blue | Red | +1.11 | 1 M $H_2SO_4$ |
| 5-Methyl 1,10-phenanthroline iron(II) complex | Pale blue | Red | +1.02 | 1 M $H_2SO_4$ |
| Erioglaucin A | Blue-red | Yellow-green | +0.98 | 0.5 M $H_2SO_4$ |
| Diphenylamine sulfonic acid | Red-violet | Colorless | +0.85 | Dilute acid |
| Diphenylamine | Violet | Colorless | +0.76 | Dilute acid |
| *p*-Ethoxychrysoidine | Yellow | Red | +0.76 | Dilute acid |
| Methylene blue | Blue | Colorless | +0.53 | 1 M acid |
| Indigo tetrasulfonate | Blue | Colorless | +0.36 | 1 M acid |
| Phenosafranine | Red | Colorless | +0.28 | 1 M acid |

*I. M. Kolthoff and V. A. Stenger, *Volumetric Analysis*, 2nd ed., Vol. 1, p. 140, New York: Interscience, 1942.

### » Orthophenanthroline의 철(II) 착화합물

1,10-phenanthroline (또는 orthophenanthroline)이라고 알려진 유기 화합물의 부류는 철(II) 및 다른 이온들과 안정한 착물을 형성한다. 어미 화합물은 철(II) 이온과 공유 결합을 할 수 있는 위치에 있는 한 쌍의 질소 원자를 가지고 있다.

Orthophenanthroline 세 분자가 하나의 철 이온과 반응하여 다음과 같은 구조를 갖는 착물을 만든다. 이 착화합물은 때때로 '페로인(ferroin)'이라고도 불리며 간단하게 $(phen)_3Fe^{2+}$로 표시한다. 페로인 내에서 착화합물화된 철은 다음과 같은 가역적인 산화/환원반응을 한다.

$$\underset{\text{연한 푸른색}}{(phen)_3Fe^{3+}} + e^- \rightleftharpoons \underset{\text{붉은색}}{(phen)_3Fe^{2+}}$$

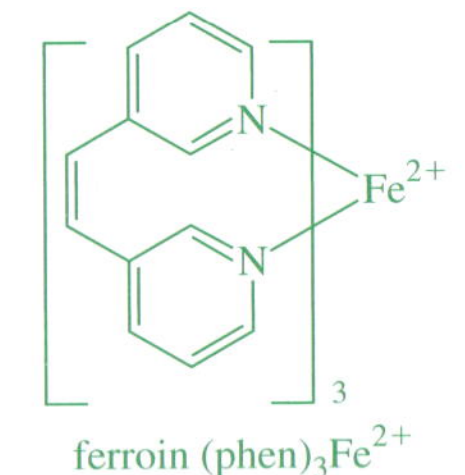

ferroin $(phen)_3Fe^{2+}$

NO$_2$ H$_3$C

5-nitro-1, 10-phenanthroline

5-methyl-1, 10-phenanthroline

실제로 산화형의 색깔은 너무나 엷어서 감지하기가 어렵기 때문에 이 환원과 관련된 색깔 변화는 거의 무색에서 붉은색으로 나타낸다. 색깔 세기의 차이 때문에 단지 약 10%의 지시약이 철(II) 형태로 있어도 종말점이 나타난다. 전이 전위는 1 M 황산에서 약 +1.11 V이다.

모든 산화/환원 지시약 중에서 페로인이 가장 이상적 물질에 가깝다. 빠르게, 가역적으로 반응하며, 색깔 변화도 선명하고, 그 용액은 안정하며 쉽게 만들 수 있다. 다른 많은 지시약들에 비해 페로인의 산화형은 강산화제에 대하여 대단히 비활성이다. 60℃ 이상의 온도에서 페로인은 분해된다.

다수의 치환된 팬안트롤린들에 대해 지시약으로서의 특성을 검토하였는데 몇 가지는 어미 화합물만큼 유용하다는 것이 알려졌다. 이들 중 각각 +1.25 V와 +1.02 V의 전이 전위를 가지는 5-나이트로와 5-메틸 유도체가 주목할 만하다.

### » 녹말/아이오딘 지시약

삼아이오딘화 이온과 푸른색 착화합물을 형성하는 녹말은 아이오딘을 산화제로 또는 아이오딘화 이온을 환원제로 사용하는 산화/환원반응에서 고유 지시약으로 널리 사용된다. 그러나 삼아이오딘화 또는 아이오딘화 이온을 소량 함유하는 녹말 용액도 역시 산화/환원 지시약으로 사용할 수 있다. 과량의 산화제가 존재할 때는 아이오딘과 아이오딘화 이온의 농도비가 크므로 용액은 푸른색으로 변하게 된다. 과량의 환원제가 존재할 때에는 반대로 아이오딘화 이온이 많아지므로 푸른색은 사라진다. 그러므로 여러 가지 산화제로 많은 환원제를 적정할 때 지시약 계는 무색에서 푸른색으로 변한다. 이 색깔 변화는 반응물의 화학적 조성과는 거의 무관하며, 단지 당량점에서의 계의 전위에만 의존한다.

### » 산화/환원 지시약의 선택

표 19-3에 있는 모든 지시약들 중 처음과 마지막을 제외하고는 그림 19-5의 시약 A로 적정할 때 이용할 수 있다는 것을 잘 알 수 있다. 이에 비해 시약 D를 이용할 경우는 인디고테트라설포네이트만을 사용할 수 있다. 시약 E를 이용한 경우 전위의 변화가 너무 작아서 지시약으로도 만족하게 종말점을 검출할 수 없다.

## ▸ 19E-2 고유 지시약

가장 잘 알려진 고유 지시약은 녹말이며 이는 삼아이오딘화 이온과 진한 푸른색의

착화합물을 형성한다. 이 착화합물은 아이오딘이 생성되거나 소모되는 적정에서 종말점을 나타낸다,

또다른 고유지시약은 싸이오사이안산 포타슘이며 황산티타늄(III)의 용액으로 철(III)를 적정할 때 사용된다. 종말점은 당량점에서 철(III) 농도가 상당히 감소하기 때문에 철(III)/싸이오사이아안산 착화합물의 붉은색이 사라짐으로 알 수 있다.

## 19F 전위차법 종말점

많은 산화/환원 적정의 종말점은 분석물 용액을 전지의 한 부분으로 만듦으로써 쉽게 관찰할 수 있다.

기준 전극 || 분석물 용액 | Pt

적정하는 동안 이 전지의 전위를 측정함으로써 그림 19-3과 19-5에 나타난 것과 유사한 곡선의 데이터를 얻을 수 있다. 종말점은 이러한 곡선들로부터 쉽게 결정된다, 전위차법 종말점은 21장에 상세히 다루게 될 것이다.

미국의 전문직 종사자들은 대부분은 미국화학회(ACS)와 같은 기구들과 관련을 맺고 있는데, 이 기구들은 과학 정보의 보급에서부터 사회적 프로그램을 공급하는 것을 목적으로 하고 있는 과학 단체이다. 전기화학과 같은 소분과들 역시 기구들과 유사한 역할을 하고 있다. 전기화학회(Electrochemical Society, ECS)의 웹사이트 **http://www.electrochem.org/**에 접속해 보시오. 학회의 후원으로 어떤 논문들이 발행되고 있는가? 각 논문들의 특성을 간략하게 설명하시오. ECS 홈페이지에 있는 검색기를 사용하여 'The Next Frontier: Electrodeposition for Solar Cell Fabrication'을 입력하고 Go 버튼을 클릭하시오. 검색 결과에 논문들이 나타날 것이다. 어떤 논문들이 검색되는가? 논문을 발행하는 시점에 저자에 의하면 최신의 결정 태양 전지의 최적 효율은 무엇이었고, 중요한 이슈가 된 이유는 무엇인가?

전기분석화학회(Society for Electroanalytical Chemistry, SEAC)라 하는 두 번째 기구의 웹사이트를 방문한 후, 검색하여 유사한 정보 분석을 수행하고 ECS와 SEAC의 목적을 비교하시오.

## 연습 문제

***19-1.** 두 개 또는 그 이상의 산화/환원전극 쌍을 포함하는 계의 전극 전위를 정의하시오.

**19-2.** 산화/환원반응에서 다음을 간단히 구별하시오.
- *(a) 평형과 당량
- (b) 일반 산화/환원 지시약과 고유 지시약

**19-3.** 산화/환원반응에 대한 평형 조건에 대한 특이성은 무엇인가?

***19-4.** 분석물의 표준 전극 전위와 부피법 적정을 이용하여 산화/환원 적정 곡선을 어떻게 그릴 수 있는가?

**19-5.** 산화/환원 적정에서 계의 당량점 전위는 어떻게 계산되는가?

***19-6.** 산화/환원 적정에서 당량점 주위에 비대칭적인 곡선을 나타내는 상황은 어떤 경우인가?

**19-7.** 다음 전지의 이론적인 전위를 계산하시오. 사용된 전지가 갈바니 전지인지 전해 전지인지를 구분하시오.
- (a) Pb|$Pb^{2+}$(0.120 M) || $Cd^{2+}$(0.0500)|Cd
- (b) Zn|$Zn^{2+}$(0.0420 M) || $Tl^{3+}$($9.06 \times 10^{-2}$ M), $Tl^{+}$(0.0400 M)|Pt
- (c) Pt, $H_2$(757 torr)|HCl($2.00 \times 10^{-4}$ M) || $Ni^{2+}$(0.0400 M)|Ni
- (d) Pb|$PbI_2$(포화), $I^-$ (0.0220 M) || $Hg^{2+}$ ($2.60 \times 10^{-3}$ M)|Hg
- (e) Pt, $H_2$(1.00 atm)|$NH_3$(0.400 M), $NH_4^+$ (0.200 M) || SHE
- (f) Pt|$TiO^{2+}$(0.0450 M), $Ti^{3+}$(0.00320 M), $H^+$($3.00 \times 10^{-2}$ M) || $VO^{2+}$(0.1600 M), $V^{3+}$(0.0800 M), $H^+$(0.0100 M)|Pt

***19-8.** 다음 전지의 이론적인 전위를 계산하시오. 사용된 전지가 갈바니 전지인지 전해 전지인지를 구분하시오.

(a) $Zn|Zn^{2+}(0.1000\ M) \| Co^{2+}(5.87 \times 10^{-4}\ M)|Co$

(b) $Pt|Fe^{3+}(0.1600\ M), Fe^{2+}(0.0700\ M) \| Hg^{2+}(0.0350\ M)|Hg$

(c) $Ag|Ag^{+}(0.0575\ M)|H^{+}(0.0333\ M)| O_2(1.12\ atm), Pt$

(d) $Cu|Cu^{2+}(0.0420\ M)\|I^{-}(0.1220\ M)$, AgI(포화)$|Ag$

(e) $SHE \| HCOOH(0.1400\ M), HCOO^{-}(0.0700\ M)|H_2(1.00\ atm), Pt$

(f) $Pt|UO_2^{2+}(8.00 \times 10^{-3}\ M), U^{4+}(4.00 \times 10^{-2}\ M), H^{+}(1.00 \times 10^{-3}\ M) \| Fe^{3+}(0.003876\ M), Fe^{2+}(0.1134\ M)|Pt$

**19-9.** 염다리로 연결된 다른 두 반쪽 전지의 전위를 계산하시오.

*(a) 0.0220 M $Pb^{2+}$ 용액에 담긴 납 전극과 0.1200 M $Zn^{2+}$ 용액과 접촉한 아연 전극으로 구성된 갈바니 전지

(b) 0.0445 M $Fe^{3+}$와 0.0890 M $Fe^{2+}$ 용액에 담긴 백금 전극과 0.00300 M $Fe(CN)_6^{4-}$와 0.1564 M $Fe(CN)_6^{3-}$ 용액에 담긴 백금 전극으로 구성된 갈바니 전지

*(c) 표준 수소 전극과 pH 3.00으로 완충된 $3.50 \times 10^{-3}$ M $TiO^{2+}$, 0.07000 M $Ti^{3+}$ 용액에 담긴 백금 전극으로 구성된 갈바니 전지

**19-10.** 전지의 도식적 표현법을 이용하여 연습 문제 19-9의 전지를 나타내시오. 각 전지는 전기의 접촉을 위해 염다리로 연결되어 있다.

**19-11.** 다음 반응의 평형상수식을 쓰고 $K_{eq}$를 계산하시오.

*(a) $Fe^{3+} + V^{2+} \rightleftharpoons Fe^{2+} + V^{3+}$

(b) $Fe(CN)_6^{3-} + Cr^{2+} \rightleftharpoons Fe(CN)_6^{4-} + Cr^{3+}$

*(c) $2V(OH)_4^{+} + U^{4+} \rightleftharpoons 2VO^{2+} + UO_2^{2+} + 4H_2O$

(d) $Tl^{3+} + 2Fe^{2+} \rightleftharpoons Tl^{+} + 2Fe^{3+}$

*(e) $2Ce^{4+} + H_3AsO_3 + H_2O \rightleftharpoons 2Ce^{3+} + H_3AsO_4 + 2H^{+}$ (1 M $HClO_4$)

(f) $2V(OH)_4^{+} + H_2SO_3 \rightleftharpoons SO_4^{2-} + 2VO^{2+} + 5H_2O$

*(g) $VO^{2+} + V^{2+} + 2H^{+} \rightleftharpoons 2V^{3+} + H_2O$

(h) $TiO^{2+} + Ti^{2+} + 2H^{+} \rightleftharpoons 2Ti^{3+} + H_2O$

**19-12.** 연습 문제 19-11에 나타낸 각 반응식의 당량점에서의 전극 전위를 계산하시오. 필요하다면 $[H^{+}] = 0.100$ M을 사용하시오.

**19-13.** 0.1000 M 용액과 처음 시약으로 적정한다면 연습 문제 19-11에서 제시한 적정의 당량점에서 존재하는 각 반응물과 생성물의 농도는 얼마가 될까? 적정 과정에서 $[H^{+}]$의 변화가 없다고 가정하시오.

***19-14.** 연습 문제 19-11에 있는 각 적정에 알맞은 지시약을 표 19-3에서 고르시오. 적당한 지시약이 없으면 '없음'이라고 쓰시오.

**19-15.** 스프레드시트를 이용하여 다음 적정의 곡선을 그리시오. 10.00, 25.00, 49.00, 49.90, 50.00, 50.10, 51.00, 60.00 mL의 시약을 가했을 때의 전위를 계산하시오. 필요하다면 $[H^{+}] = 1.00$ M을 사용하시오.

*(a) 0.1000 M $V^{2+}$ 50.00 mL를 0.05000 M $Sn^{4+}$로 적정

(b) 0.1000 M $Fe(CN)_6^{3-}$ 50.00 mL를 0.1000 M $Cr^{2+}$로 적정

*(c) 0.1000 M $Fe(CN)_6^{4-}$ 50.00 mL를 0.05000 M $Ti^{3+}$로 적정

(d) 0.1000 M $Fe^{3+}$ 50.00 mL를 0.05000 M $Sn^{2+}$로 적정

*(e) 0.05000 M $U^{4+}$ 50.00 mL를 0.02000 M $MnO_4^{-}$로 적정

**19-16. 도전 문제:** 아세트산의 해리 상수를 측정하는 연구에서 Harned와 Ehlers[3]는 다음 셀의 $E^0$ 값을 측정할 필요가 있었다.

$$Pt, H_2(1\ atm)|HCl(m), AgCl(\text{포화})|Ag$$

(a) 전지 전위를 표현하는 식을 적으시오.

(b) 다음과 같이 표현됨을 보이시오.

$$E = E^0 - \frac{RT}{F}\ln(\gamma_{H_3O^+})(\gamma_{Cl^-})m_{H_3O^+}m_{Cl^-}$$

여기서 $\gamma_{H_3O^+}$와 $\gamma_{Cl^-}$은 하이드로늄 이온과 염화 이온의 활동도 계수이다. $m_{H_3O^+}$와 $m_{Cl^-}$는 몰랄 농도이다.

(c) 어떤 조건에서 이와 같은 표현이 유효한가?

(d) (b)에서 표현된 식이 다음과 같이 표현됨을 보이시오.

$$E + 2k\log m = E^0 - 2k\log\gamma$$

$k = \ln 10RT/F$일때 $m$과 $\gamma$은 무엇인가?

(e) 매우 희석된 용액 중에 대해서 유효한 Debye-Hückel의 간결한 식은 $\log\gamma = -0.5\sqrt{m} + bm$이다. 여기서 $b$는 상수이다. (d)의 전지 전위에 대한 식을 $E + 2k\log m - k\sqrt{m} = E^0 - 2kcm$로 쓸 수 있음을 보이시오.

(f) 앞의 식은 전해질의 농도가 0에 접근할 때 직선이 되는 '한계 법칙'을 나타내는 식이다. 이 식은 $y = E + 2k\log m - k\sqrt{m}$, $x = m$, 기울기 $a = -2kc$, $y$ 절편 $b = E^0$인 $y = ax + b$로 생각할 수 있다. Harned와 Ehlers는 온도와 HCl의 농도(몰랄) 함수로 초기의 문제로 나타나는 액간 접촉 전위 없이 매우 정확하게 전지 전위를 측정하여 다음 표에 수록한 값들을 얻을 수 있었다.

[3] H. S. Harned, R. W. Ehlers, *J. Am. Chem. Soc.*, **1932**, *54*(4), 1350~57, **DOI:** 10.1021/ja01343a013.

온도(°C)와 농도(몰랄 농도)의 함수로서 액간 접촉이 없이 Pt, $H_2$(1 atm) | HCl($m$), AgCl(포화) | Ag 전지에 대한 전위 측정

| 몰랄농도, | $E_T$, volts | | | | | | | |
|---|---|---|---|---|---|---|---|---|
| $m$ | $E_0$ | $E_5$ | $E_{10}$ | $E_{15}$ | $E_{20}$ | $E_{25}$ | $E_{30}$ | $E_{35}$ |
| 0.005 | 0.48916 | 0.49138 | 0.49338 | 0.49521 | 0.44690 | 0.49844 | 0.49983 | 0.50109 |
| 0.006 | 0.48089 | 0.48295 | 0.48480 | 0.48647 | 0.48800 | 0.48940 | 0.49065 | 0.49176 |
| 0.007 | 0.4739 | 0.47584 | 0.47756 | 0.47910 | 0.48050 | 0.48178 | 0.48289 | 0.48389 |
| 0.008 | 0.46785 | 0.46968 | 0.47128 | 0.47270 | 0.47399 | 0.47518 | 0.47617 | 0.47704 |
| 0.009 | 0.46254 | 0.46426 | 0.46576 | 0.46708 | 0.46828 | 0.46937 | 0.47026 | 0.47103 |
| 0.01 | 0.4578 | 0.45943 | 0.46084 | 0.46207 | 0.46319 | 0.46419 | 0.46499 | 0.46565 |
| 0.02 | 0.42669 | 0.42776 | 0.42802 | 0.42925 | 0.42978 | 0.43022 | 0.43049 | 0.43058 |
| 0.03 | 0.40859 | 0.40931 | 0.40993 | 0.41021 | 0.41041 | 0.41056 | 0.41050 | 0.41028 |
| 0.04 | 0.39577 | 0.39624 | 0.39668 | 0.39673 | 0.39673 | 0.39666 | 0.39638 | 0.39595 |
| 0.05 | 0.38586 | 0.38616 | 0.38641 | 0.38631 | 0.38614 | 0.38589 | 0.38543 | 0.38484 |
| 0.06 | 0.37777 | 0.37793 | 0.37802 | 0.37780 | 0.37749 | 0.37709 | 0.37648 | 0.37578 |
| 0.07 | 0.37093 | 0.37098 | 0.37092 | 0.37061 | 0.37017 | 0.36965 | 0.36890 | 0.36808 |
| 0.08 | 0.36497 | 0.36495 | 0.36479 | 0.36438 | 0.36382 | 0.36320 | 0.36285 | 0.36143 |
| 0.09 | 0.35976 | 0.35963 | 0.35937 | 0.35888 | 0.35823 | 0.35751 | 0.35658 | 0.35556 |
| 0.1 | 0.35507 | 0.35487 | 0.33451 | 0.35394 | 0.35321 | 0.35240 | 0.35140 | 0.35031 |
| $E^0$ | 0.23627 | 0.23386 | 0.23126 | 0.22847 | 0.22550 | 0.22239 | 0.21918 | 0.21591 |

예를 들면, 0.01 m의 HCl로서 25°C에서 전지 전위를 측정하였는데 0.46419 V를 얻을 수 있었다.

$m$에 대한 $E + 2k \log m - k\sqrt{m}$의 그래프를 그리고, 저 농도에서 직선적임을 확인하시오. $y$ 절편까지 외삽하여 $E^0$ 값을 계산하시오. 여기서 얻은 값과 Harned와 Ehlers 값을 비교하고 차이를 설명하시오. 표 18-1에 보인 값과 비교하시오. 이 문제를 가장 간단하게 수행할 수 있는 방법은 이 값들을 스프레드시트로 옮겨 엑셀의 INTERCEPT 기능을 이용하여 $E^0$에 대한 외삽한 값을 얻는 것이다. 0.005에서 0.01 사이의 값들을 이용하시오.

(g) (f)의 데이터에 대한 분석을 스프레드시트로써 해결하였다면, 모든 온도를 스프레드시트에 입력하고 5°C에서 35°C 범위의 $E^0$ 값을 결정하시오. 그렇지 않다면 전체 값들을 포함하고 있는 엑셀 스프레드시트를 다운받을 수 있다.

(h) 원 논문에 나와 있는 상단의 표에서 인쇄상의 두 가지 오류가 있다. 이들 오류를 찾아내고 수정하시오. 이 수정한 것이 얼마나 정당하다고 할 수 있는가? 이 정당성을 주장할 수 있는 통계적 기준이 있는가? 그와 같은 당신의 결정에서 이 오류를 먼저 찾아낼 수 있는가? 그 답에 대한 설명하시오.

(i) 연구자들이 몰농도나 무게 몰농도 대신에 몰랄 농도를 사용하는 이유를 설명하시오.

**19-17. 도전 문제:** 연습 문제 19-16에서 보여준 바와 같이 아세트산 해리 상수를 구하는 예비 실험에서 Harned와 Ehlers[4]는 액간 접촉이 없이 $E^0$ 값을 측정하였다. 연구를 완성하고 해리 상수를 구하기 위해 다음과 같은 전지의 전위차를 측정하였다.

$$\text{Pt, H}_2(1\text{ atm})|\text{HOAc}(m_1),\ \text{NaOAc}(m_2),\ \text{NaCl}(m_3),\ \text{AgCl(포화)}|\text{Ag}$$

(a) 이 전지의 전위차가 다음과 같이 주어짐을 보이시오.

$$E = E^0 - \frac{RT}{F}\ln(\gamma_{H_3O^+})(\gamma_{Cl^-})m_{H_3O^+}m_{Cl^-}$$

여기서 $\gamma_{H_3O^+}$와 $\gamma_{Cl^-}$는 각각 하이드로늄 이온과 염화 은의 활동도 계수이고, $m_{H_3O^+}$와 $m_{Cl^-}$는 몰랄 농도(용질의 몰수/용매 kg)이다.

(b) 아세트산의 해리 상수는 다음과 같이 주어진다.

$$K = \frac{(\gamma_{H_3O^+})(\gamma_{OAc^-})}{\gamma_{HOAc}}\frac{m_{H_3O^+}m_{OAc^-}}{m_{HOAc}}$$

여기서 $\gamma_{OAc^-}$와 $\gamma_{HOAc}$는 아세트염 이온과 아세트산의 활동도 계수이고, $m_{OAc^-}$와 $m_{HOAc}$는 몰랄 농도(용질의 몰수/용매 kg)이다.(a)의 전지 전위 값이 다음과 같이 됨을 보이시오.

[4] H. S. Harned, R. W. Ehlers, *J. Am. Chem. Soc.*, **1932**, 54(4), 1350~57, **DOI:** 10.1021/ja01343a013.

$$E = E^0 + \frac{RT}{F}\ln\frac{m_{HOAc}m_{Cl^-}}{m_{OAc^-}}$$
$$= -\frac{RT}{F}\ln\frac{(\gamma_{H_3O^+})(\gamma_{Cl^-})(\gamma_{HOAc})}{(\gamma_{H_3O^+})(\gamma_{OAc^-})} - \frac{RT}{F}\ln K$$

(c) 용액의 이온의 세기가 0에 가까워지면 이 식의 오른쪽은 어떻게 되는가?

(d) (c)에 대한 답의 결과로서 이 식의 오른쪽을 $-(RT/F)\ln K'$로 쓸 수 있다. 다음과 같이 됨을 보이시오.

$$K' = \exp\left[-\frac{(E-E^0)F}{RT}\ln\left(\frac{m_{HOAc}m_{Cl^-}}{m_{OAc^-}}\right)\right]$$

(e) Harned와 Ehlers에 의해서 계산된 액간 접촉이 없는 전지 용액에 대한 이온의 세기는

$$\mu = m_2 + m_3 + m_{H^+}$$

이다. 이와 같은 표현이 올바른지를 밝히시오.

(f) 이들 연구자들은 아세트산, 아세트산소듐, 염화소듐에 대한 여러 가지 몰랄 농도를 만들고 처음 문제에 언급한 전지의 전위차를 측정하였다. 그 결과를 다음 표에 나타내었다.
Harned와 Ehlers 논문에서 논의한 몰랄 농도에 대한 표기를 변수 $m_x$(여기서 $x$는 관심 있는 화학종)로 사용했다는 점을 주의하시오. 이 기호로 몰랄 분석 농도, 화학종, 농도, 또는 두 가지 다 표현될 수 있는가? 설명하시오. 이 책 전체에서 관용적으로 사용되는 기호를 Harned와 Ehlers의 기호로 사용되지 않는다는 것을 주의하시오.

**이온 세기(몰랄 농도)와 온도의 함수로서 액간 접촉이 없는 전지 Pt, $H_2$(1 atm) | HOAc($c_{HOAc}$), NaOAc($c_{NaOAc}$), NaCl($c_{NaCl}$), AgCl(포화) | Ag의 전위차 측정**

| $c_{HOAc}$, m | $c_{NaOAc}$, m | $c_{NaCl}$, m | $E_0$ | $E_5$ | $E_{10}$ | $E_{15}$ | $E_{20}$ | $E_{25}$ | $E_{30}$ | $E_{35}$ |
|---|---|---|---|---|---|---|---|---|---|---|
| 0.004779 | 0.004599 | 0.004896 | 0.61995 | 0.62392 | 0.62789 | 0.63183 | 0.63580 | 0.63959 | 0.64335 | 0.64722 |
| 0.012035 | 0.011582 | 0.012326 | 0.59826 | 0.60183 | 0.60538 | 0.60890 | 0.61241 | 0.61583 | 0.61922 | 0.62264 |
| 0.021006 | 0.020216 | 0.021516 | 0.58528 | 0.58855 | 0.59186 | 0.59508 | 0.59840 | 0.60154 | 0.60470 | 0.60792 |
| 0.04922 | 0.04737 | 0.05042 | 0.56546 | 0.56833 | 0.57128 | 0.57413 | 0.57699 | 0.57977 | 0.58257 | 0.58529 |
| 0.08101 | 0.07796 | 0.08297 | 0.55388 | 0.55667 | 0.55928 | 0.56189 | 0.56456 | 0.56712 | 0.56964 | 0.57213 |
| 0.09056 | 0.08716 | 0.09276 | 0.55128 | 0.55397 | 0.55661 | 0.55912 | 0.56171 | 0.56423 | 0.56672 | 0.56917 |

(g) $K_a = 1.8\times10^{-5}$ 값을 이용하여 $[H_3O^+]$, $[OAc^-]$, [HOAc]를 계산하기 위하여 각 이온에 대한 이온의 세기를 계산하시오. (d)에서 나타낸 $K'$값을 계산하기 위하여 표에 수록된 25°C에서 전위 값을 사용하시오. $K'$와 $\mu$에 대해서 도시하고 무한 희석 시($\mu = 0$) 외삽하여 25°C에서 $K_a$값을 계산하시오. $\mu$를 사용하여 얻은 값과 외삽법으로 얻은 값을 비교하시오. 계산으로 얻는 $K_a$ 값이 외삽법으로 얻은 값 $K_a$에 어떤 영향을 주는가? 이와 같은 계산은 스프레드시트로 쉽게 할 수 있다.

(h) 스프레드시트로 계산한다면 다른 모든 온도에서의 해리 상수를 계산하시오. 온도에 따라 $K_a$ 값은 어떻게 변하는가? 어떤 온도에서 $K_a$ 값이 최고가 되는가?

제 20 장

# 산화 / 환원 적정의 응용

*Applications of Oxidation/Reduction Titrations*

Linus Pauling(1901～1994)은 20세기의 가장 영향력 있고 유명한 화학자 중의 한 명이다. 화학 결합, X-선 결정 구조 및 관련된 분야에서 그는 연구는 화학, 물리, 생물 분야에서 지난 80년간 엄청난 영향을 끼쳤다. 그는 서로 다른 분야인 화학 분야(1954년)와 핵무기 금지에 공헌한 업적으로 평화상(1962년) 부문의 노벨상을 수상한 유일한 사람이다. Pauling은 여러 가지 질병과 치료를 위한 연구에 그의 지식과 열정을 바쳤다. 그는 비타민 C, 즉 아스코빈산이 어떤 해결책이 될 것이라 확신하게 되었다. 이에 대해 많은 저술과 논문을 통해 특별히 예방 차원에서 건강 유지를 위한 비타민 C의 광범위한 사용과 대중화에 활기를 불어 넣었다. 공중으로 오렌지를 던지는 Pauling의 이 사진은 과일과 야채의 아스코빈산의 농도 정량과 상업적인 비타민 제조의 중요성에 대한 상징적인 의미를 보여주고 있다. 아스코빈산의 정량에는 아이오딘을 이용한 산화/환원 적정이 널리 사용된다.

© Roger Ressmeyer/CORBIS

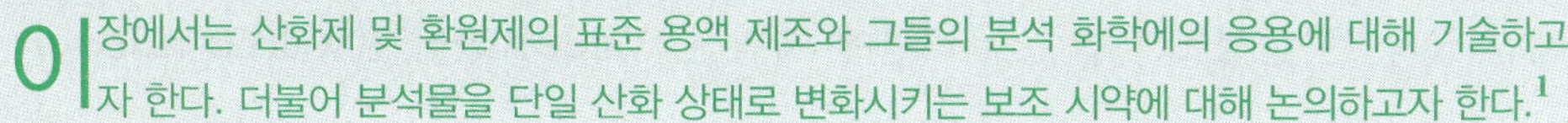

이 장에서는 산화제 및 환원제의 표준 용액 제조와 그들의 분석 화학에의 응용에 대해 기술하고자 한다. 더불어 분석물을 단일 산화 상태로 변화시키는 보조 시약에 대해 논의하고자 한다.[1]

## 20A 보조 산화제와 환원제

산화/환원 적정을 할 때 분석물은 적정하기 전에 단일 산화 상태로 있어야 한다. 그러나 종종 적정하기 앞선 단계(시료를 녹이거나 방해물을 분리하는 단계)에서 분석물이 여러 가지 산화 상태를 갖게 된다. 예를 들면, 철을 포함한 시료가 녹으면 보통 Fe(II)와 Fe(III)이 섞여 있는 용액에 만들어진다. 철을 정량하는 데 이용하기 위한 표준 산화제를 선택하려면, 먼저 시료 용액을 보조 환원제로 처리하여 모든 철을 Fe(II)로 만들어야 한다. 이와 반대로 표준 환원제로 적정하려고 한다면 보조 산화제를 이용한 전처리 과정이 필요하다.[2]

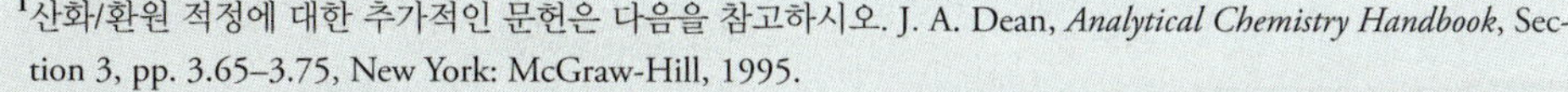

[1] 산화/환원 적정에 대한 추가적인 문헌은 다음을 참고하시오. J. A. Dean, *Analytical Chemistry Handbook*, Section 3, pp. 3.65–3.75, New York: McGraw-Hill, 1995.

[2] 보조 시약에 대한 요약은 다음을 참고하시오. J. A. Goldman and V. A. Stenger, in *Treatise on Analytical Chemistry*, I. M. Kolthoff and P. J. Elving, eds., Part I, Vol. 11, pp. 7204–6, New York: Wiley, 1975.

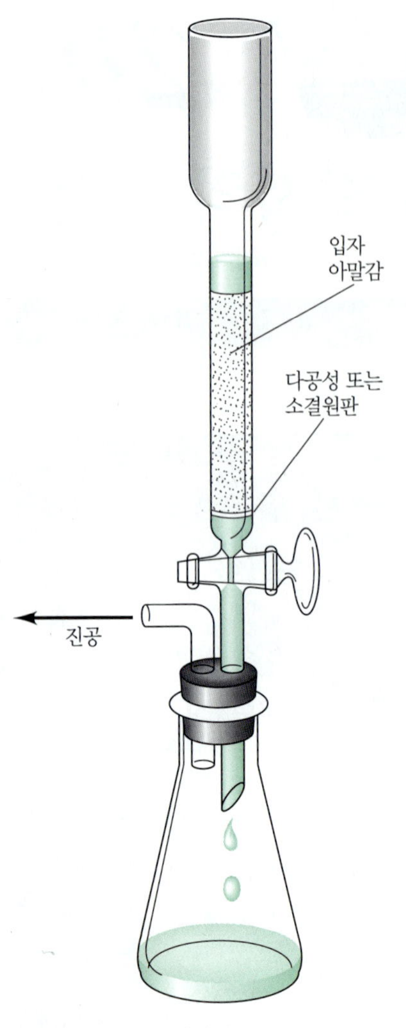


그림 20-1 Jones 환원기.

시약이 보조 산화제 또는 보조 환원제로서 이용되기 위해서는 분석물과 정량적으로 반응해야 한다. 그리고 과량으로 넣어준 경우에는 제거될 수 있어야 한다. 이는 이 과량의 시약이 표준 용액과 반응하여 방해를 하기 때문이다.

## ▸ 20A-1 보조 환원제

대부분의 금속들은 좋은 환원제이므로 분석물의 예비 환원에 사용되고 있다. 아연, 알루미늄, 카드뮴, 납, 니켈, 구리, 은(염화 이온 존재 시) 등이 여기에 해당한다. 금속의 막대나 코일을 분석물 용액에 직접 담그기도 한다. 환원이 완전히 일어났다고 판단되면, 금속 고체는 손으로 제거하거나 걸러서 제거한다. 거르기 대신에 **환원기**(reductor)를 사용할 수도 있다(**그림 20-1**).[3] 환원기에는 작은 조각의 금속이 수직의 유리관에 채워져 있으며 이 관을 통과시킨 분석물 용액을 약한 진공 상태 하에서 뽑아낸다. 일반적으로 환원기에 들어 있는 금속은 수백 번의 환원에 사용할 수 있을 정도로 충분하다.

전형적인 **Jones 환원기**(Jones reductor)는 직경이 약 2 cm이고 길이가 40~50 cm인 관에 아말감화된 아연이 채워져 있는 것이다. 아말감화는 아연 조각을 염화수은(II) 용액에 잠시 담그기만 하면 다음과 같은 반응으로 일어난다.

$$2Zn(s) + Hg^{2+} \rightarrow Zn^{2+} + Zn(Hg)(s)$$

아연 아말감은 순수한 금속만큼 환원제로서의 효능을 가지고 있고 수소 이온의 환원을 억제하는 특성도 가지고 있다. 수소 이온이 환원되는 반응은 환원제를 쓸데없이 소모할 뿐만 아니라 Zn(II) 이온으로 시료 용액을 심하게 오염시키기도 한다. 어느 정도 강한 산성 용액은 Jones 환원기에 통과시키더라도 수소 기체의 발생이 거의 일어나지 않는다.

**표 20-1**에 Jones 환원기의 주된 응용이 실려 있다. 표 20-1에 있는 것들은 환원제인 금속 은 알갱이가 좁은 유리관에 채워진 **Walden 환원기**(Walden reductor)

**표 20-1**

**Walden 환원기와 Jones 환원기의 사용***

| **Walden** $Ag(s) + Cl^- \rightarrow AgCl(s) + e^-$ | **Jones** $Zn(Hg)(s) \rightarrow Zn^{2+} + Hg + 2e^-$ |
|---|---|
| $Fe^{3+} + e^- \rightarrow Fe^{2+}$ | $Fe^{3+} + e^- \rightleftharpoons Fe^{2+}$ |
| $Cu^{2+} + e^- \rightarrow Cu^+$ | $Cu^{2+} + 2e^- \rightleftharpoons Cu(s)$ |
| $H_2MoO_4 + 2H^+ + e^- \rightarrow MoO_2^+ + 2H_2O$ | $H_2MoO_4 + 6H^+ + 3e^- \rightleftharpoons Mo^{3+} + 3H_2O$ |
| $UO_2^{2+} + 4H^+ + 2e^- \rightarrow U^{4+} + 2H_2O$ | $UO_2^{2+} + 4H^+ + 2e^- \rightleftharpoons U^{4+} + 2H_2O$ |
| | $UO_2^{2+} + 4H^+ + 3e^- \rightleftharpoons U^{3+} + 2H_2O$† |
| $V(OH)_4^+ + 2H^+ + e^- \rightarrow VO^{2+} + 3H_2O$ | $V(OH)_4^+ + 4H^+ + 3e^- \rightleftharpoons V^{2+} + 4H_2O$ |
| $TiO^{2+}$ 는 환원되지 않음 | $TiO^{2+} + 2H^+ + e^- \rightleftharpoons Ti^{3+} + H_2O$ |
| $Cr^{3+}$ 는 환원되지 않음 | $Cr^{3+} + e^- \rightleftharpoons Cr^{2+}$ |

*I.M. Kolthoff and R. Belcher, *Volumetric Analysis*, Vol. 3, p. 12. New York: Interscience, 1957. John Wiley & Sons, Inc. Reproduced with permission of John Wiley & Sons Inc.

†여러 가지 산화 상태들이 들어 있는 혼합물이 얻어진다. 하지만 여전히 Jones 환원기는 우라늄의 분석에는 사용되는데, 왜냐하면 만들어진 $U^{3+}$는 공기 중에서 몇 분간 용액을 흔들면 $U^{4+}$로 바뀔 수 있기 때문이다.

[3]환원기에 대한 논의는 다음을 참고하시오. F. Hecht, in *Treatise on Analytical Chemistry*, I. M. Kolthoff and P. J. Elving, eds., Part I. Vol. 11, pp. 6703–7, New York: Wiley, 1975.

에 의해서도 환원이 일어날 수 있다. 은은 낮은 용해도를 갖는 은염을 생성하는 염화 이온 또는 다른 이온들이 존재하지 않으면 좋은 환원제가 될 수 없다. 이러한 이유로 Walden 환원기를 이용한 예비 환원은 일반적으로 분석물의 염산 용액 내에서 이루어진다. 금속표면에 생긴 염화은의 피막은 충전물을 채우고 있는 용액에 아연 막대를 주기적으로 담구의 주면 제거될 수 있다. 표 20-1에서 Walden 환원기가 Jones 환원기보다 그 작용에 있어서 좀 더 선택적이라는 것을 알 수 있다.

## ▸ 20A-2 보조 산화제

### » 비스무트산소듐

비스무트산소듐은 망가니즈(II) 이온을 정량적으로 과망가니즈산 이온으로 전환시킬 수 있는 매우 강산화제이다. 이 비스무트염은 정확한 조성이 불확실하지만 보통 $NaBiO_3$로 쓰이는 화학식을 가진 거의 난용성 고체이다. 분석물 용액에 비스무트산을 띄워서 잠시 끓이면 산화가 이루어진다. 사용되지 않은 시약은 걸러서 제거한다. 비스무트산소듐 반쪽 반응은 아래와 같이 나타낼 수 있다.

$$NaBiO_3(s) + 4H^+ + 2e^- \rightleftharpoons BiO^+ + Na^+ + 2H_2O$$

### » 과산화이황산암모늄

과산화이황산암모늄,$(NH_4)_2S_2O_8$도 역시 강산화제이다. 산성 용액에서 이 산화제는 크로뮴(III)을 다이크로뮴산으로, 세륨(III)을 세륨(IV)으로, 그리고 망가니즈(II)를 과망가니즈산으로 변환시킨다. 반쪽 반응은

$$S_2O_8^{2-} + 2e^- \rightleftharpoons 2SO_4^{2-}$$

산화에서 미량의 은 이온이 촉매 작용을 한다. 과량으로 들어 있는 시약은 끓이면 빠르게 분해된다.

$$2S_2O_8^{2-} + 2H_2O \rightarrow 4SO_4^{2-} + O_2(g) + 4H^+$$

### » 과산화소듐과 과산화수소

과산화염은 고체 소듐 염으로 또는 산의 묽은 용액으로 사용하는 편리한 산화제이다. 산성 용액에서 과산화수소의 반쪽 반응은

$$H_2O_2 + 2H^+ + 2e^- \rightleftharpoons 2H_2O \qquad E^0 = 1.78\ V$$

산화가 완전히 이루어질 경우 용액을 끓이면 과량의 시약이 제거된다.

$$2H_2O_2 \rightarrow 2H_2O + O_2(g)$$

## 20B 표준 환원제의 응용

대부분의 환원제의 표준 용액은 공기 중의 산소와 반응하는 경향성이 있다. 이러한 이유로 환원제는 산화되는 분석물의 직접 적정에는 거의 사용되지 않는다. 대신 간접적인 방법이 사용된다. 다음의 절에서는 두 개의 가장 일반적 산화제인 철(II)과 싸이오황산염 이온에 대해 논의될 것이다.

싸이오황산 이온의 분자 모형. 앞에서 차아황산염 또는 **하이포**(hypo)로 불리는 싸이오황산 소듐은 사진 현상, 철광으로부터 은의 추출, 시안 중독의 해독제, 염색 산업에서의 중요한 재료로, 다양한 분야에서의 탈색제로, 손난로 속의 과포화 용액의 용질로 사용될 뿐만 아니라 당연히 분석 시약으로도 사용되고 있다. 사진 현상제로서의 싸이오황산의 작용은 은과 착물을 형성하여 사진필름 및 종이 표면으로부터 노광되지 않은 브로민화은을 녹이게 하는 이 염의 능력에 근간을 두고 있다. 싸이오황산염은 종종 물고기나 다른 수중 생명을 위한 수족관의 물을 안전하게 만들기 위한 탈염소제로도 사용되어진다.

### ▸ 20B-1 철(II) 용액

철(II) 용액은 황산암모늄 철(II) $Fe(NH_4)_2(SO_4)_2 \cdot 6H_2O$(Mohr 염), 또는 황산에틸렌다이아민 철(II) $FeC_2H_4(NH_3)_2(SO_4)_2 \cdot 4H_2O$(Oesper 염)을 이용하여 쉽게 만들 수 있다. 철(II)의 공기 산화는 중성 용액에서는 잘 일어나지만 산의 존재 하에서는 방해를 받으므로 약 0.5 M $H_2SO_4$ 용액에서 만들면 가장 안정하다. 이러한 용액은 하루 정도는 안정하다. 많은 산화제들은 일정 과량의 철(II) 표준 용액으로 시료 용액을 처리하고 다이크로뮴산 포타슘 또는 세륨(IV) 표준 용액으로 과량의 철(II)를 즉시 적정함으로써 쉽게 정량할 수 있다(20C-1절과 20C-2절 참조). 철(II) 용액의 농도는 시료를 적정하기 직전 또는 직후에 분취한 2개 또는 3개의 시약을 같은 산화제 시약으로 적정함으로써 정량할 수 있다. 이런 과정은 유기 과산화물인 크로뮴(VI), 세륨(IV), 몰리브데늄(VI), 질산, 염산, 과염소산 그리고 다른 여러 가지 산화물을 정량하는 데 응용되고 있다(연습 문제 20-20, 20-21).

### ▸ 20B-2 싸이오황산 소듐

싸이오황산 이온($S_2O_3^{2-}$)은 중간체로서 아이오딘을 포함하는 간접적인 과정에 의해 산화제를 정량하는 데 널리 사용되어 온 비교적 센 환원제이다. 아이오딘과 반응하면 싸이오황산 이온은 정량적으로 산화되어 테트라싸이오네이트 이온($S_4O_6^{2-}$)이 되며, 반쪽 반응은 다음과 같다.

이이오딘과의 반응에서 각 싸이오황산 이온은 전자 하나를 얻는다.

$$2S_2O_3^{2-} \rightleftharpoons S_4O_6^{2-} + 2e^-$$

아이오딘과의 반응은 정량적인 면에서 볼 때 독특하다. 다른 산화제는 테트라싸이오네이트 이온을 완전히 또는 부분적으로 산화시켜 황산 이온으로 된다.

싸이오황산 소듐는 공기 중에서 산화되지 않는 몇 가지 환원제 중의 하나이다.

산화제를 정량하는 데 사용되는 방법은 측정되지 않은 과량의 아이오딘화 포타슘을 약산성 용액인 분석물에 가하는 것이다. 분석물이 환원되면 분석물의 몰수와 화학량론적 관계에 있는 양만큼의 아이오딘이 만들어진다. 그 다음 유리된 아이오딘을 공기 산화에도 안정한 환원제 중의 하나인 싸이오황산 소듐, $Na_2S_2O_3$ 표준 용액으로 적정한다. 이 과정의 한 예로 표백제 중의 차아염소산 소듐을 정량하는 것을 들 수 있다. 반응은 다음과 같다.

$$OCl^- + 2I^- + 2H^+ \rightarrow Cl^- + I_2 + H_2O \quad \text{(측정되지 않은 과량의 KI)}$$

$$I_2 + 2S_2O_3^{2-} \rightarrow 2I^- + S_4O_6^{2-} \quad \textbf{(20-1)}$$

식 (20-1)에서 보여준 것처럼 싸이오황산 이온이 테트라싸이오네이트 이온으로 정량적으로 변환되려면 pH는 7보다 낮아야 한다. 만일 강한 산성 용액을 적정해야 할 경우에는 과량의 아이오딘화 이온은 공기 산화가 일어나는데 이는 이산화 탄소 또는 질소와 같은 비활성 기체로 감쌈으로써 방지할 수 있다.

#### » *아이오딘/싸이오황산 적정의 종말점 결정*

아이오딘의 색깔은 약 $5 \times 10^{-6}$ M $I_2$ 용액에서도 식별할 수 있는데, 이것은 100 mL에 0.05 M 용액 한 방울을 넣은 것보다 작은 농도이다. 따라서 분석물 용액이 무색이라면 $I_2$는 자체 지시약으로 사용할 수 있다.

좀 더 일반적으로는 아이오딘을 포함한 적정에서 지시약으로 녹말 용액이 사용된다. 아이오딘을 포함한 녹말 용액의 진한 푸른색은 대부분 녹말들의 거대분자 성분인 $\beta$-아밀로오스(그림 20-2)의 나선형 사슬에 아이오딘이 흡수되어 생긴다. $\alpha$-아밀로오스는 아이오딘과 붉은색의 부가 생성물을 만든다. 이 반응은 빠른 가역반응이 아니므로 바람직하지 않은 반응이다. 시판되고 있는 *가용성 녹말*(soluble starch)은 주로 $\beta$-아밀로오스로 구성되어 있으며, $\alpha$ 부분은 제거되어 있다. 이것으로 지시약 용액을 쉽게 만들 수 있다.

녹말 수용액은 주로 박테리아의 작용으로 며칠 내에 분해된다. 분해생성물은 용액 내에서의 지시약 작용을 방해하며 아이오딘에 의해 산화되기도 한다. 살균 상태에서 만들어 저장하거나 박테리아 발육 억제제로 아이오딘화 수은(II) 또는 클로로폼을 첨가하면 분해 속도를 지연시킬 수 있다. 가장 좋은 방법은 사용하기 바로 직전에 새로운 지시약을 만들어 사용하는 것이다.

녹말은 높은 농도의 아이오딘을 포함한 용액에서는 비가역적으로 분해한다. 그러므로 산화제를 간접적으로 정량할 때와 같이 싸이오황산 소듐로 아이오딘 용액을 적정하는 경우에는 적정이 거의 끝날 무렵에, 즉 색깔이 진한 붉은색에서 엷은 노란색으로 변하는 지점에서 지시약을 첨가해야 된다. 싸이오황산 용액을 아이오딘으로 직접 적정할 때에는 지시약을 처음부터 넣어주어도 된다.

싸이오황산 이온으로 아이오딘 용액을 적정할 때, 높은 농도의 아이오딘에 의해 녹말이 분해되는 것을 방지하기 위하여 대부분의 아이오딘이 소모될 때까지 기다려서 녹말을 가해야 한다.

### » 싸이오황산 소듐 용액의 안정성

비록 싸이오황산 소듐 용액이 공기 산화에 안정하기는 하나, 분해되어 황과 황화수소 이온으로 되는 경향성이 있다.

$$S_2O_3^{2-} + H^+ \rightleftharpoons HSO_3^- + S(s)$$

이 반응의 속도에 영향을 주는 변수들은 pH, 미생물의 존재, 용액 농도, 구리(II) 이온의 존재, 햇빛에의 노출 등이다. 이러한 변수들은 수주 동안에 싸이오황산 용액의 농도를 몇 % 정도 변화시키기도 한다. 반면에 적당한 주의를 기울이는 경우 수시로 재표준화만 하면 되는 용액을 만들 수 있다. 분해 반응의 속도는 산도가 증가함에 따라 현저하게 증가한다.

싸이오황산 소듐을 강한 산성 매질에 가하자마자 황 원소가 생기므로 즉시 용액이 흐려진다. 이 반응은 중성 용액에서조차 어느 정도의 속도로 진행되기 때문에 싸이오황산 소듐 표준 용액은 주기적으로 재표준화하여야 한다.

중성 또는 약한 염기성에서 싸이오황산 이온은 박테리아의 대사 작용에 의해서 아황산 이온과 황산 이온뿐만 아니라 원소 황으로 된다. 이 문제를 최소화하기 위하여 시약의 표준 용액은 적당한 살균 상태에서 만든다. 박테리아의 활성은 pH 9~10 사이에서 최저가 된다. 이것은 적어도 부분적으로는 약한 염기성 용액에서 안정성이 크다는 것을 설명해 준다. 클로로폼, 소듐 벤조산, 또는 염화수은(II)와 같은 살균제의 존재 하에서도 분해가 늦어진다.

### » 싸이오황산 용액의 표준화

아이오딘산 소듐은 싸이오황산 용액에 대한 우수한 일차 표준물질이다. 이 표준화에서는 무게를 단 양의 일차 표준급 시약을 과량의 아이오딘화 포타슘을 포함하고 있는 물에 녹인다. 이 혼합물을 강산으로 산성화시키면 다음과 같은 반응이 즉시 일어난다.

$$IO_3^- + 5I^- + 6H^+ \rightleftharpoons 3I_2 + 3H_2O$$

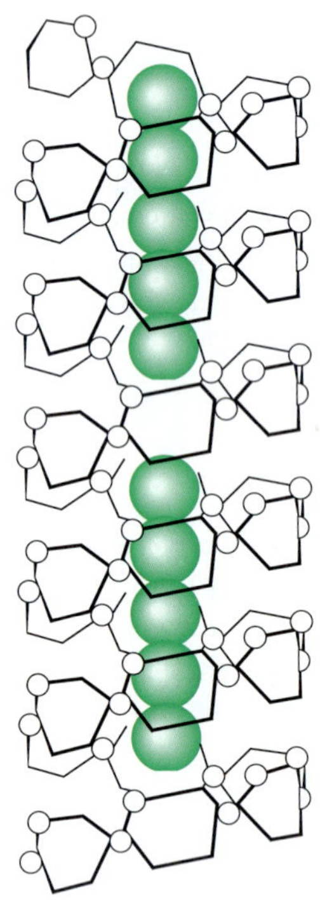


그림 20-2 수천 개의 글루코오스 분자들이 중합 반응을 하여 (a)에서 나타낸 바와 같이 거대한 $\beta$-아밀로오스를 형성한다. $\beta$-아밀로오스는 나선형 구조를 가질려는 경향이 있다. (b)에서 나타낸 것처럼 $I_5^-$ 아이오딘 화학종은 아밀로오스 나선형 구조 속에 포함되어 있다. (R. C. Teitelbaum, S. L. Ruby, and T. J. Marks, *J. Ameri. Chem. Soc.*, **1980**, *102*, 3322. Copyright 1980 American Chemical Society.)

그 다음 유리된 아이오딘을 싸이오황산 용액으로 적정한다. 과정의 총괄 화학량론은 다음과 같다.

$$1\text{ mol }IO_3^- = 3\text{ mol }I_2 = 6\text{ mol }S_2O_3^{2-}$$

**예제 20-1**

물에 0.1210 g의 $KIO_3$ (214.00 g/mol)를 녹이고 과량의 KI를 첨가하고 HCl로 산성화시킨 용액을 이용하여 싸이오황산 소듐 용액을 표준화하였다. 41.64 mL의 싸이오황산 용액을 유리된 아이오딘이 들어 있는 용액에 가했더니 푸른색의 녹말/아이오딘이 착물의 탈색이 일어났다. $Na_2S_2O_3$의 몰농도를 계산하시오.

**풀이**

$$Na_2S_2O_3\text{의 양} = 0.1210\text{ g }KIO_3 \times \frac{1\text{ mmol }KIO_3}{0.21400\text{ g }KIO_3} \times \frac{6\text{ mmol }Na_2S_2O_3}{\text{mmol }KIO_3}$$

$$= 3.3925\text{ mmol }Na_2S_2O_3$$

$$c_{Na_2S_2O_3} = \frac{3.3925\text{ mmol }Na_2S_2O_3}{41.64\text{ mL }Na_2S_2O_3} = 0.08147\text{ M}$$

싸이오황산 소듐의 또 다른 일차 표준물질에는 다이크로뮴산 포타슘, 브롬산 포타슘, 아이오딘산 수소 포타슘, 페리사이안화 포타슘, 금속 구리 등이 있다. 이러한 표준 물질들은 모두 과량의 아이오딘화 포타슘으로 처리하였을 때 화학량론적으로 아이오딘을 유리한다.

### 싸이오황산 소듐 용액의 응용

싸이오황산 소듐으로 적정하는 간접적인 방법에 의해 많은 물질들을 정량할 수 있다. 대표적인 응용들이 **표 20-2**에 요약되어 있다.

**표 20-2**

**환원제로서 싸이오황산 소듐의 몇 가지 응용**

| 분석물 | 반쪽 반응 | 특별한 조건 |
|---|---|---|
| $IO_4^-$ | $IO_4^- + 8H^+ + 7e^- \rightleftharpoons \frac{1}{2}I_2 + 4H_2O$ | 산성 용액 |
| | $IO_4^- + 2H^+ + 2e^- \rightleftharpoons IO_3^- + H_2O$ | 중성 용액 |
| $IO_3^-$ | $IO_3^- + 6H^+ + 5e^- \rightleftharpoons \frac{1}{2}I_2 + 3H_2O$ | 강산 |
| $BrO_3^-$, $ClO_3^-$ | $XO_3^- + 6H^+ + 6e^- \rightleftharpoons X^- + 3H_2O$ | 강산 |
| $Br_2$, $Cl_2$ | $X_2 + 2I^- \rightleftharpoons I_2 + 2X^-$ | |
| $NO_2^-$ | $HNO_2 + H^+ + e^- \rightleftharpoons NO(g) + H_2O$ | |
| $Cu^{2+}$ | $Cu^{2+} + I^- + e^- \rightleftharpoons CuI(s)$ | |
| $O_2$ | $O_2 + 4Mn(OH)_2(s) + 2H_2O \rightleftharpoons 4Mn(OH)_3(s)$ | 염기성 용액 |
| | $Mn(OH)_3(s) + 3H^+ + e^- \rightleftharpoons Mn^{2+} + 3H_2O$ | 산성 용액 |
| $O_3$ | $O_3(g) + 2H^+ + 2e^- \rightleftharpoons O_2(g) + H_2O$ | |
| 유기 과산화물 | $ROOH + 2H^+ + 2e^- \rightleftharpoons ROH + H_2O$ | |

## 20C 표준 산화제의 응용

**표 20-3**에 부피법에 가장 널리 쓰이는 다섯 가지 산화제의 특성을 요약해 놓았다. 이러한 시약들의 표준 전위는 0.5에서 1.5V까지 변화함을 주목하시오. 분석물의 환원제로서의 세기, 산화제와 분석물 사이의 반응 속도, 산화제 표준 용액의 안전성, 가격, 만족할 만한 지시약의 이용 가능성 등에 따라서 산화제를 선택한다.

### ▸ 20C-1 강산화제: 과망가니즈산 포타슘과 세륨(IV)

과망가니즈산 이온과 세륨(IV) 이온 용액은 서로 비슷한 응용성을 가지는 강 산화제이다. 두 반쪽 반응은 다음과 같다.

$$MnO_4^- + 8H^+ + 5e^- \rightleftharpoons Mn^{2+} + 4H_2O \qquad E^0 = 1.51\ V$$

$$Ce^{4+} + e^- \rightleftharpoons Ce^{3+} \qquad E^{0\prime} = 1.44\ V(1\ M\ H_2SO_4)$$

세륨(IV)의 환원에 대해 나타낸 형식 전위는 1 M 황산 용액에 대한 것이다. 1 M 과염소산과 1 M 질산에서의 전위는 각각 1.70 V와 1.61 V이다. 뒤의 두 산에서는 세륨(IV) 용액이 매우 안정하지 않으므로 응용이 제한되어 있다.

과망가니즈산 이온의 반쪽 반응은 0.1 M 또는 그 이상인 강산 용액에서만 일어난다. 이보다 약한 산성 용액에서의 생성물은 망가니즈(III), 망가니즈(IV), 또는 망가니즈(VI)일 수도 있다.

#### » 두 시약의 비교

실제로 과망가니즈산염과 세륨(IV) 용액의 산화력 세기는 비슷하다. 그러나 황산 용액에서의 세륨(IV) 용액은 대단히 안정하지만 과망가니즈산염 용액은 서서히 분

과망가니즈산염 이온의 분자 모형, $MnO_4^-$. 분석시약으로서 뿐만 아니라 보통 포타슘염의 형태로 사용되는 과망가니즈산염 이온은 합성 유기 화학에서 산화제로서 대단히 유용하다. 이것은 지방, 기름, 목화, 실크 및 기타 섬유의 탈색제로 사용된다. 또한, 소독약 및 항염제로 사용되기도 하고, 야외 생존키트의 구성물 중 하나로도 쓰이고, 어항의 유기물을 파괴하기 위해 사용된다. 인쇄된 배선 판의 제작, 농약 중독의 중화, 수은 정량 시 발생되는 기체를 없애기 위해 사용되고 있다. 고체 과망가니즈산 포타슘이 유기물질과 격렬히 반응하는 것은 일반 화학 과정에서의 시범 반응으로 종종 사용된다. 과망가니즈산염 이온의 응용에 대한 더 자세한 자료는 인터넷 검색 엔진에서 *과망가니즈산염 사용*(permanganate uses)으로 검색하여 알아보자.

**표 20-3**

**표준 용액으로 사용하는 몇 가지 흔한 산화제**

| 시약 및 화학식 | 환원 생성물 | 표준 전위 | 표준화하는 데 사용된 물질 | 지시약* | 안정성† |
|---|---|---|---|---|---|
| Potassium permanganate, $KMnO_4$ | $Mn^{2+}$ | 1.51‡ | $Na_2C_2O_4$, Fe, $As_2O_3$ | $MnO_4^-$ | (b) |
| Potassium bromate, $KBrO_3$ | $Br^-$ | 1.44‡ | $KBrO_3$ | (1) | (a) |
| Cerium(IV), $Ce^{4+}$ | $Ce^{3+}$ | 1.44‡ | $Na_2C_2O_4$, Fe, $As_2O_3$ | (2) | (a) |
| Potassium dichromate, $K_2Cr_2O_7$ | $Cr^{3+}$ | 1.33‡ | $K_2Cr_2O_7$, Fe | (3) | (a) |
| Iodine, $I_2$ | $I^-$ | 0.536‡ | $BaS_2O_3$, $\cdot H_2O$, $Na_2S_2O_3$ | starch | (c) |

*(1) α-Napthoflavone, (2) 1,10-phenanthroline iron(II) complex(ferroin), (3) diphenylamine sulfonic acid.

†(a) 무한정 안정하다. (b) 비교적 안정하다. 주기적인 표준화가 필요하다. (c) 다소 불안정하다. 자주 표준화를 해주어야 한다.

‡1 M $H_2SO_4$에서의 $E^{0\prime}$.

해하므로 주기적인 재표준화가 필요하다. 더구나 황산 중에서의 세륨(IV) 용액은 염화 이온을 산화시키지 못하므로 이것을 이용하여 염산 용액에서의 분석물을 적정할 수 있다. 이와는 대조적으로 과망가니즈산 이온은 특별한 주의를 기울여 과망가니즈산염 표준 시약을 과량으로 소비하는 염화 이온의 느린 산화반응을 방지하지 않는 한 염산 용액을 사용할 수 없다. 세륨(IV)의 더 큰 장점은 일차 표준급 시약을 이용할 수 있으므로 표준 용액을 직접 만들 수 있다는 것이다.

과망가니즈산 용액에 비해 세륨 용액의 이러한 여러 가지 장점에도 불구하고 과망가니즈산 용액이 더 널리 사용된다. 그 이유는 과망가니즈산 용액의 색깔이 적정의 지시약으로 사용될 수 있을 만큼 충분히 선명하기 때문이다. 다음 이유는 가격이 저렴하다는 것이다. 0.02 M 농도의 $KMnO_4$ 용액 1 리터의 가격은 비슷한 세기의 Ce(IV)(일차 표준급 시약이 사용되었을 경우) 1 리터 가격의 백분의 일 정도이다. 세륨용액의 또 다른 단점은 0.1 M보다 묽은 센산 용액에서는 염기성 세륨(IV) 침전을 생성하는 경향성이 있다는 것이다.

### » 종말점 검출

과망가니즈산 소듐 용액의 유용한 특성은 진한 자주색을 나타낸다는 것이며, 대부분의 적정에서 지시약으로 쓰이기에 충분하다. 0.02 M 용액 0.01 mL에서 0.02 mL 정도의 소량을 100 mL의 물에 넣었을 때도 색깔을 감지할 수 있다. 과망가니즈산 용액이 대단히 묽다면, diphenylamine sulfonic acid 또는 철(II)의 1,10-phenanthroline 착화합물(표 19-3)로 선명한 종말점을 얻을 수 있다.

과망가니즈산 종말점에서의 색깔은 과량의 과망가니즈산 이온이 종말점에 존재하는 비교적 큰 농도의 망가니즈(II) 이온과 천천히 반응하므로 지속적이지 못하다.

$$2MnO_4^- + 3Mn^{2+} + 2H_2O \rightleftharpoons 5MnO_2(s) + 4H^+$$

이 반응의 평형 상수는 약 $10^{47}$이며, 이것은 강한 산성 매질에서 조차도 과망가니즈산 이온의 평형 농도는 무시할 수 있을 만큼 적다는 것을 뜻한다. 다행히도 이 평형에 도달하는 속도가 대단히 느려서 종말점의 색깔은 30초 정도가 지난 후에야 서서히 사라진다.

세륨(IV) 용액은 주황색이나 이 색깔은 적정에서 지시약으로 작용할 만큼 선명하지 못하다. 세륨(IV) 표준 용액으로 적정할 때 사용 가능한 몇몇 산화/환원 지시약이 있다. 가장 널리 사용되는 지시약은 1,10-phenanthroline이나 이것의 치환된 유도체들 중 하나와 철(II)의 착화합물(표 19-3)이다.

### » 표준 용액 조제 방법과 안정성

과망가니즈산 수용액은 이 이온이 물을 산화시키는 경향이 있으므로 완전히 안정하지는 않다.

$$4MnO_4^- + 2H_2O \rightarrow 4MnO_2(s) + 3O_2(g) + 4OH^-$$

비록 이 반응의 평형 반응이 생성물 쪽으로 치우쳐 있지만 분해 속도가 느리기 때문에 과망가니즈산 용액은 적당한 조건에서 만들면 상당히 안정하다.

분해 반응은 빛, 열, 산, 염기, 망가니즈(II), 이산화망가니즈에 의해 촉진된다. 이러한 촉매 효과, 특히 이산화망가니즈의 효과가 최소화된다면 비교적 안정한 과망가니즈산 이온 용액을 만들 수 있다. 최상급의 고체 과망가니즈산 포타슘을 사용한다 하더라도 이산화망가니즈는 오염물질로 존재한다. 더구나 새로운 시료 용액을 만들 때 용액을 만드는데 사용된 물에 들어 있는 먼지와 유기 물질이 과망가니즈산 이온과 반응하여 $MnO_2$를 만들기도 한다. 표준화하기 전에 걸러서 이산화망가니즈를 제거하면 과망가니즈산 용액의 안정성은 상당히 증가한다. 거르기 전에 용액을 24시간 가만히 두거나 증류수 또는 탈이온수 중에 소량 존재하는 유기화학종의 산화를 촉진시키기 위하여 짧은 시간 가열해 준다. 과망가니즈산 이온은 종이와 반응하여 이산화망가니즈를 생성하기 때문에 거를 때 거름종이를 사용할 수 없다.

과망가니즈산 용액은 이산화 망가니즈가 없는 갈색병에 보관하면 비교적 안정하다.

표준화된 과망가니즈산 용액은 어두운 곳에서 보관해야 한다. 용액이나 보관병의 벽에 고체가 보이면 거르기와 재표준화를 해야 한다. 어쨌든 일주일 혹은 이주일마다 재표준화해 주는 것이 바람직하다.

과량의 과망가니즈산을 포함한 표준 용액은 물을 산화시키며 분해되므로 절대로 끓여서는 안된다. 이런 분해의 정도는 바탕 실험에 의해서도 보정할 수 없다. 반면에 과량의 시약이 축적되지 않을 정도로 시약을 천천히 가하면 과망가니즈산으로 뜨겁고 산성인 환원제 용액을 오차 없이 적정할 수 있다.

**특집 20-1**

**물 시료 중에 존재하는 크로뮴 화학종의 정량**

크로뮴은 환경 시료에서 감시해야 할 중요한 금속이다. 전체 크로뮴의 양뿐만 아니라 크로뮴이 어떤 산화 상태도 발견되는지도 매우 중요하다. 물 속에서 크로뮴은 Cr(III) 또는 Cr(VI) 종으로 존재할 수 있다. 크로뮴(III)은 필수 영양소이며 독성이 없다. 그러나 크로뮴(VI)은 발암 물질로 알려져 있다. 이로 인해 이들 각각의 산화 상태로 있는 크로뮴의 양의 정량이 전체 크로뮴 양의 정량보다 종종 더 관심을 갖게 된다. Cr(VI)을 선택적으로 정량하는 여러 가지 좋은 방법들이 있다. 가장 흔히 사용하는 것으로는 산성 용액에서 Cr(VI)에 의한 1,5-diphenylcarbohydrazide (diphenylcarbazide)의 산화반응을 이용하는 방법이다. 이 반응은 비색법으로 검출 가능한 Cr(VI)와 diphenylcarbazide의 붉은 자주색 착화합물을 만들어낸다. Cr(III)와 시약 간의 직접 반응은 너무 느려서 단지 Cr(VI)만이 측정된다. Cr(III)을 정량하기 위해서는 시료를 알칼리성 용액에서 과량의 과망가니즈산 염을 사용하여 먼저 산화시켜 Cr(III)를 Cr(VI)로 변환시킨다. 과량의 산화제는 아자이드화 소듐을 사용해서 파괴시킨다. 다시 비색법을 사용하여 전체 크로뮴을 정량한다[원래 있던 Cr(VI)과 Cr(III)에 의해 변환된 Cr(VI)를 모두 포함]. 시료에 존재하는 Cr(III)의 양은 과망가니즈산염 산화제로부터 얻어진 전체 크로뮴의 양에서 처음의 측정으로 얻어진 Cr(VI)의 양을 빼줌으로써 얻어진다. 여기서 과망가니즈산염이 보조 산화제로 사용되었음에 주목하기 바란다.

크로뮴은 오랫동안 스테인레스 강 및 다른 합금들의 부식 방지 및 금속의 광택을 내는 도금제(사진 참조)로 각광을 받아왔다. 소량의 크로뮴(III)은 필수 영양소이다. 다이크로뮴산소듐의 형태로 있는 크로뮴(VI)는 대형 산업공정에서 부식 억제제로서 수용액 형태로 널리 사용되어 왔다. 크로뮴에 대한 더 자세한 사항은 20C-2절의 보조단을 참고하시오.

**예제 20-2**

약 0.010 M $KMnO_4$ (158.03 g/mol) 용액 2.0 L를 만드는 방법을 설명하시오.

**풀이**

$$\text{필요한 } KMnO_4 \text{ 양} = 2.0\text{ L} \times 0.010 \frac{\cancel{\text{mol KMnO}_4}}{\text{L}} \times 158.03 \frac{\text{g KMnO}_4}{\cancel{\text{mol KMnO}_4}}$$

$$= 3.16\text{ g KMnO}_4$$

약 3.2g의 $KMnO_4$를 소량의 물에 녹인다. 완전히 녹으면 물을 가하여 부피가 약 2.0 L이 되게 한다. 용액을 가열하여 짧은 시간 동안 끓인 후 식을 때까지 그대로 둔다. 유리 거름 도가니로 거르고 깨끗한 갈색 병에 보관한다.

세륨(IV) 용액을 만드는데 가장 널리 사용되는 시약들이 **표 20-4**에 실려 있다. 일차 표준급 질산암모늄 세륨은 시중에서 구할 수 있으며, 이것을 이용하여 무게를 달아서 직접 원하는 표준 용액을 만들 수 있다. 좀 더 일반적으로는 덜 비싼 시약급 질산암모늄 세륨(IV) 또는 수산화 세륨을 사용하여 용액을 만들고 표준화한다. 어

**표 20-4**
**분석적으로 유용한 세륨(IV) 화합물**

| 이름 | 화학식 | 몰질량 |
|---|---|---|
| Cerium(IV) ammonium nitrate | $Ce(NO_3)_4 \cdot 2NH_4NO_3$ | 548.2 |
| Cerium(IV) ammonium sulfate | $Ce(SO_4)_2 \cdot 2(NH_4)_2SO_4 \cdot 2H_2O$ | 632.6 |
| Cerium(IV) hydroxide | $Ce(OH)_4$ | 208.1 |
| Ce(IV) hydrogen sulfate | $Ce(HSO_4)_4$ | 528.4 |

떤 경우에나 시약은 염기성 염의 침전이 생성되지 않도록 적어도 0.1 M 황산 용액에 녹인다. 세륨(IV)의 황산 용액은 놀랄 정도로 안정하며 수 개월 저장이 가능하거나 농도 변화 없이 장시간 100°C 에서 가열할 수도 있다.

### 과망가니즈산염과 Ce(IV) 용액의 표준화

옥살산 소듐은 널리 사용되는 일차 표준물질이다. 산성 용액에서 옥살산 이온은 해리되지 않은 산으로 변화되므로 과망가니즈산 이온과의 반응은 다음과 같이 나타낼 수 있다.

$$2MnO_4^- + 5H_2C_2O_4 + 6H^+ \rightarrow 2Mn^{2+} + 10CO_2(g) + 8H_2O$$

과망가니즈산 이온과 옥살산과의 반응은 복잡하며 망가니즈(II)가 촉매로 존재하지 않으면 높은 온도에서도 천천히 진행된다. 그래서 처음 수 밀리리터의 과망가니즈산을 뜨거운 옥살산 용액에 가했을 때에는 과망가니즈산 이온의 색깔이 없어지는데 수초가 걸린다. 하지만 망가니즈(II)의 농도가 증가함에 따라 반응은 **자체촉매작용**(autocatalysis)의 결과로 점점 빠르게 진행된다.

**자체촉매작용**은 반응의 생성물이 반응의 촉매로 작용하는 촉매 작용의 한 형태이다. 이러한 현상은 시간에 따라 반응 속도가 증가하게 된다.

옥살산 소듐 용액을 60~90°C에서 적정할 때 과망가니즈산의 적정한 부피는 이론적인 양보다 0.1~0.4%가 적게 들어가는데, 이는 옥살산의 일부가 공기에 의해 산화되었기 때문이라 생각된다. 이 작은 오차는 차가운 옥살산염 용액에 필요한 과망가니즈산 양의 90~95%를 가함으로써 피할 수 있다. 색깔이 사라짐으로 첨가된 과망가니즈산이 완전히 반응했음을 확인한 후 용액을 약 60°C로 가열하여 분홍색이 약 30초간 지속될 때까지 적정한다. 이 과정의 단점은 과망가니즈산 용액의 처음 첨가하여야 할 적당량을 알기 위하여 대략의 농도를 알아야 한다는 것이다. 대부분의 경우에 뜨거운 옥살산 용액을 직접 적정함으로써 적절한 데이터를 얻을 수 있다(보통 0.2~0.3% 높다). 만약, 더 높은 수준의 정확도가 요구될 때는 뜨거운 일차 표준 용액으로 한번 직접 적정한 후에 가열하지 않은 용액으로 두세 번 더 적정한다.

옥살산 소듐은 세륨(IV) 용액을 표준화할 때에도 널리 이용된다. 세륨(IV)과 옥살산과의 반응은 다음과 같다.

$KMnO_4$와 $Ce^{4+}$ 용액은 전기분해로 얻은 철선이나 아이오딘화 포타슘으로도 표준화할 수 있다.

$$2Ce^{4+} + H_2C_2O_4 \rightarrow 2Ce^{3+} + 2CO_2(g) + 2H^+$$

옥살산 소듐을 이용하여 세륨(IV)를 표준화할 때는 보통 50°C에서 촉매로 아이오딘 모노클로라이드를 사용하여 염산 용액에서 행해진다.

**예제 20-3**

예제 20-2에서의 용액을 표준 물질 $Na_2C_2O_4$ (134.00 g/mol)를 이용하여 표준화하려고 한다. 만일 표준화하는 데 30~45 mL의 시약을 사용하려면, 취해야 할 일차 표준물질의 질량 범위는 얼마인가?

*(계속)*

**풀이**

30 mL 적정인 경우

$$KMnO_4\text{의 양} = 30\ \text{mL}\ \cancel{KMnO_4} \times 0.010\ \frac{\text{mmol}\ KMnO_4}{\text{mL}\ \cancel{KMnO_4}}$$

$$= 0.30\ \text{mmol}\ KMnO_4$$

$$Na_2C_2O_4\text{의 질량} = 0.30\ \text{mmol}\ \cancel{KMnO_4} \times \frac{5\ \text{mmol}\ \cancel{Na_2C_2O_4}}{2\ \text{mmol}\ \cancel{KMnO_4}}$$

$$\times 0.134\ \frac{\text{g}\ Na_2C_2O_4}{\text{mmol}\ \cancel{Na_2C_2O_4}}$$

$$= 0.101\ \text{g}\ Na_2C_2O_4$$

같은 방식으로 45 mL 적정인 경우에 대해서도 구하면

$$Na_2C_2O_4\text{의 질량} = 45 \times 0.010 \times \frac{5}{2} \times 0.134 = 0.151\ \text{g}\ Na_2C_2O_4$$

그러므로 일차 표준 물질을 0.10~0.15 g 범위의 무게를 달아야 한다.

**예제 20-4**

0.1278 g의 일차 표준물질인 $Na_2C_2O_4$는 종말점까지 정확히 33.31 mL의 예제 20-2에 있는 과망가니즈산염 용액을 소모시킨다. $KMnO_4$ 시약의 몰농도는 얼마인가?

**풀이**

$$Na_2C_2O_4\text{ 의 양} = 0.1278\ \cancel{\text{g}\ Na_2C_2O_4} \times \frac{1\ \text{mmol}\ Na_2C_2O_4}{0.13400\ \cancel{\text{g}\ Na_2C_2O_4}}$$

$$= 0.95373\ \text{mmol}\ Na_2C_2O_4$$

$$c_{KMnO_4} = 0.95373\ \text{mmol}\ \cancel{Na_2C_2O_4} \times \frac{2\ \text{mmol}\ KMnO_4}{5\ \text{mmol}\ \cancel{Na_2C_2O_4}} \times \frac{1}{33.31\ \text{mL}\ KMnO_4}$$

$$= 0.01145\ \text{M}$$

### » 과망가니즈산 포타슘과 세륨(IV) 용액의 사용

**표 20-5**에는 과망가니즈산 세륨(IV)의 용액이 무기 화학종의 부피법 정량에 응용된 많은 예들 중 몇 가지가 실려 있다. 두 시약 모두 산화될 수 있는 작용기를 가지고 있는 유기 화합물의 정량에도 사용되고 있다.

표 20-5

**과망가니즈산 포타슘과 세륨(IV)의 몇 가지 응용**

| 분석물 | 반쪽 반응 | 특정조건 |
|---|---|---|
| Sn | $Sn^{2+} + \rightleftharpoons Sn^{4+} + 2e^-$ | Zn에 의한 예비 환원 |
| $H_2O_2$ | $H_2O_2 \rightleftharpoons O_2(g) + 2H^+ + 2e^-$ | |
| Fe | $Fe^{2+} \rightleftharpoons Fe^{3+} + e^-$ | $SnCl_2$나 Jones 또는 Walden 환원기에 의한 예비 환원 |
| $Fe(CN)_6^{4-}$ | $Fe(CN)_6^{4-} \rightleftharpoons Fe(CN)_6^{3-} + e^-$ | |
| V | $VO^{2+} + 3H_2O \rightleftharpoons V(OH)_4^+ + 2H^+ + e^-$ | Bi 아밀감 또는 $SO_2$에 의한 예비 환원 |
| Mo | $Mo^{3+} + 4H_2O \rightleftharpoons MoO_4^{2-} + 8H^+ + 3e^-$ | Jones 환원기에 의한 예비 환원 |
| W | $W^{3+} + 4H_2O \rightleftharpoons WO_4^{2-} + 8H^+ + 3e^-$ | Zn 또는 Cd에 의한 예비 환원 |
| U | $U^{4+} + 2H_2O \rightleftharpoons UO_2^{2+} + 4H^+ + 2e^-$ | Jones 환원기에 의한 예비 환원 |
| Ti | $Ti^{3+} + H_2O \rightleftharpoons TiO^{2+} + 2H^+ + e^-$ | Jones 환원기에 의한 예비 환원 |
| $H_2C_2O_4$ | $H_2C_2O_4 \rightleftharpoons 2CO_2 + 2H^+ + 2e^-$ | |
| Mg, Ca, Zn, Co, Pb, Ag | $H_2C_2O_4 \rightleftharpoons 2CO_2 + 2H^+ + 2e^-$ | 난용성 금속 옥살산염을 거르고 씻은 후 산에 녹여 유리된 옥살산 적정 |
| $HNO_2$ | $HNO_2 + H_2O \rightleftharpoons NO_3^- + 3H^+ + 2e^-$ | 반응 시간 15분, 과량의 $KMnO_4$ 역적정 |
| K | $K_2NaCo(NO_2)_6 + 6H_2O \rightleftharpoons Co^{2+} + 6NO_3^- + 12H^+ + 2K^+ + Na^+ + 11e^-$ | $K_2NaCo(NO_2)_6$로서 침전, 거르고 $KMnO_4$에 녹임, 과량의 $KMnO_4$ 역적정 |
| Na | $U^{4+} + 2H_2O \rightleftharpoons UO_2^{2+} + 4H^+ + 2e^-$ | $NaZn(UO_2)_3(OAc)_9$으로 침전, 거르기 · 씻기 · 녹임, 위에서와 같이 U를 정량 |

### 예제 20-5

약 3% (w/w) $H_2O_2$를 포함한 수용액을 약국에서 소독약으로 팔고 있다. 예제 20-3과 20-4에서 설명한 표준 용액을 이용하여 이 제조약의 과산화물 함량을 결정하는 방법을 제시하시오. 이때 적정을 위해 시약 30~45 mL가 소모되도록 한다. 반응은 다음과 같다.

$$5H_2O_2 + 2MnO_4^- + 6H^+ \rightarrow 5O_2 + 2Mn^{2+} + 8H_2O$$

**풀이**

시약 35~45 mL 의 시약에 들어 있는 $KMnO_4$의 양은 다음의 범위 안이다.

$$KMnO_4\text{의 양} = 35 \cancel{\text{mL KMnO}_4} \times 0.01145 \frac{\text{mmol KMnO}_4}{\cancel{\text{mL KMnO}_4}}$$

$$= 0.401 \text{ mmol KMnO}_4$$

와

$$KMnO_4\text{의 양} = 45 \times 0.01145 = 0.515 \text{ mmol KMnO}_4$$

이 양들의 $KMnO_4$에 의해 소모된 $H_2O_2$의 양은

$$H_2O_2\text{의 양} = 0.401 \cancel{\text{mmol KMnO}_4} \times \frac{5 \text{ mmol H}_2\text{O}_2}{2 \cancel{\text{mmol KMnO}_4}} = 1.00 \text{ mmol H}_2\text{O}_2$$

과

$$H_2O_2\text{의 양} = 0.515 \times \frac{5}{2} = 1.29 \text{ mmol H}_2\text{O}_2$$

(계속)

그러므로 1.00~1.29 mmol의 $H_2O_2$를 포함한 시료를 취하면 된다.

$$시료의\ 질량 = 1.00\ \cancel{mmol\ H_2O_2} \times 0.03401\ \frac{\cancel{g\ H_2O_2}}{\cancel{mmol\ H_2O_2}} \times \frac{100\ g\ 시료}{3\ \cancel{g\ H_2O_2}}$$
$$= 1.1\ g\ 시료$$

그리고

$$시료의\ 질량 = 1.29 \times 0.03401 \times \frac{100}{3} = 1.5\ g\ 시료$$

그러므로 시료는 1.1~1.5 g 사이의 무게를 달아야 한다. 이 시료를 물에 녹여 75~100 mL로 되게 묽히고 적정하기 전에 묽은 $H_2SO_4$로 약한 산성이 되게 만든다.

**특집 20-2**

## 항산화제

산화는 사람 인체의 세포와 조직에 해로운 영향을 끼칠 수 있다. 그 증거로 인체에서 superoxide 이온($O_2^-$), hydoxyl 라디칼(OH·), peroxyl 라디칼($RO_2$·), alkoxyl 라디칼(RO·), nitric oxide (NO·), 이산화질소 dioxide ($NO_2$·)와 같은 반응성이 큰 산소와 질소 종, 손상된 세포 그리고 다른 신체 구성 성분들이 주목할 만하다. 항산화제라 알려진 화합물들은 반응성이 큰 산소와 질소 종들의 영향을 상쇄시키는 데 도움을 줄 수 있다. 항산화제는 환원제로서 자신이 매우 쉽게 산화하여 인체에서 다른 화합물들이 산화되는 것으로부터 보호한다. 전형적인 항산화제로 비타민 A, C, E, 셀레늄과 같은 미네랄들, 은행, 로즈메리, 큰엉겅퀴 같은 목초 식물도 포함된다.

항산화제의 활동에 대한 몇 가지 메커니즘이 제안되었다. 먼저 항산화제의 존재는 반응성이 큰 산소와 질소 종들의 형성을 감소시키는 결과를 가져온다. 항산화제는 반응성이 큰 종들 또는 그들의 전구체를 제거한다. 비타민 E가 이러한 예이다. 비타민 E는 다중 불포화된 지방산으로부터 라디칼 중간체가 생성되는 작용에 의해 지질이 산화되는 것을 막는다. 어떤 항산화제는 반응성이 큰 산화제의 형성을 촉진하는 금속 이온과 결합한다. 다른 항산화제들은 생체분자들의 산화에 의한 손상을 복구하거나 복구 메커니즘을 촉진하는 효소에 영향을 준다.

비타민 E, 또는 $\alpha$-tocopherol은 아태롬성 동맥경화증을 방지하고, 상처의 치료를 가속하며, 오염원의 흡입으로부터 폐의 조직을 보호하다. 이는 또한 심장 질환의 위험을 줄여 주고 피부 노화를 방지한다. 연구자들은 류머티즘 관절염을 완화시키는 것부터 백내장을 예방하는 범위까지 비타민 E의 다른 여러 장점들이 있으리라 추측한다. 우리들 대부분은 다른 보충을 요하지 않고 일상의 식생활에서 충분한 비타민 E를 얻을 수 있다. 녹색 채소, 견과류, 식물성 기름, 해산물, 달걀, 아보카도는 비타민 E가 풍부한 음식들이다.

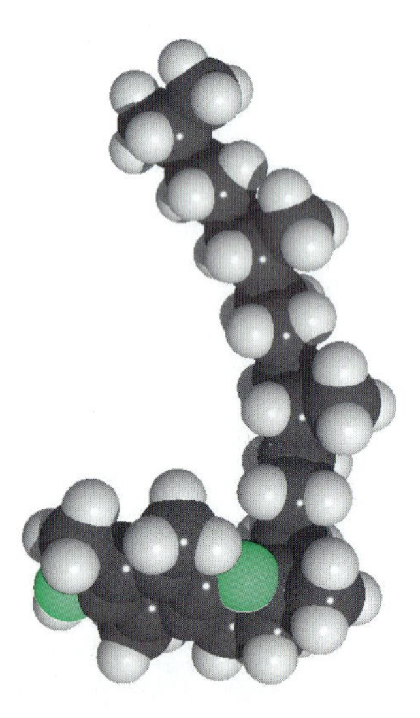

비타민 E의 분자 모델.

[4]B. Halliwell, *Nutr. Rev.*, **1997**, 55(1), S44, **DOI**: 10.1111/j.1753-4887.1997.tb06100.x.

셀레늄은 이러한 비타민 E의 기능을 보충하는 효과를 가진 항산화제이다. 셀레늄은 반응성이 큰 산화제를 제거하는 몇몇 효소의 필요 구성 성분이다. 셀레늄 금속은 면역 기능을 지지하고 몇몇 중금속 유해 물질을 중성화한다. 이는 또한 심장질환과 암을 방지하는 데 도움을 준다. 식생활에서 셀레늄의 좋은 공급원은 모든 곡류, 아스파라거스, 마늘, 달걀, 버섯, 살코기, 해산물이다. 일반적으로 식생활만으로도 건강을 위한 충분한 셀레늄이 공급된다. 셀레늄의 과도한 복용은 유해할 수 있으므로 그 외의 보충은 의사에 의한 처방이 있는 경우에만 이용하도록 한다.

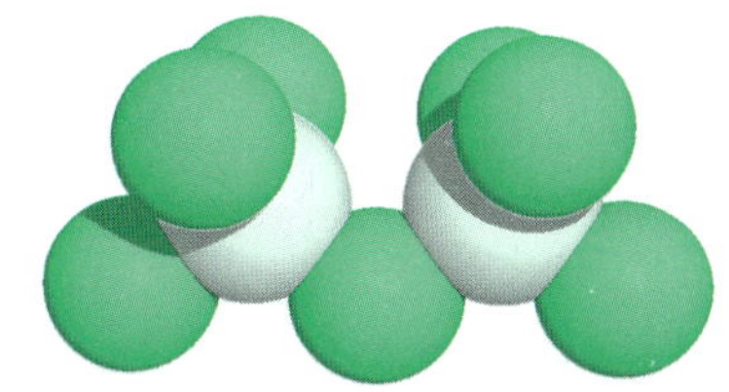

다이크로뮴산 이온의 분자 모델.
강력한 산화제인 다이크로뮴산은 암모늄, 포타슘, 또는 소듐염의 형태로 거의 모든 화학분야에서 오랫동안 사용되었다. 더욱이 이 물질은 분석 화학에서 1차 표준 물질로 사용되었으며, 유기 화학 합성의 산화제, 페인트, 염료, 사진 공업에서의 색소, 표백 약품, 부식 억제제로 사용되어 왔다. 다이크로뮴산 소듐과 황산으로 만들어진 크로뮴산 용액은 유리기구의 세척제로 뛰어난 시약 중 하나였다. 그리고 다이크로뮴산은 음주 측정기(alcohol Breathalyzer®)의 분석 시약으로도 이용된다. 그러나 최근 이 장치는 적외선 흡수를 기본으로 하는 분석기로 대체되었다. 초기의 컬러 사진은 이른바 다이크로뮴산 gum 과정에서 크로뮴 화합물로 만들어진 색깔이 사용되었지만, 이후 이것은 브로민화 은 과정으로 대체되었다. 일반적인 크로뮴 화합물과 특정한 다이크로뮴산은 크로뮴 화합물이 발암 물질임이 밝혀지면서 지난 십 년 동안 사용이 감소되었다. 그럼에도 불구하고 매년 산업에서는 수백만 파운드의 크로뮴 화합물이 사용되고 또한 제조되고 있다. 실험실에서 다이크로뮴산을 사용하기 전에 다이크로뮴산 포타슘에 관한 MSDS(이 장의 WEB WORKS 참조)를 읽고, 그것의 화학작용, 독성, 발암성 등 특성을 조사해야 한다. 이들의 취급에 있어서 고체 형태 또는 용액 속에서 잠재되어 있는 화학적인 위험성에 대해 모든 예방 조치를 해야 한다.

## ▸ 20C-2 다이크로뮴산 포타슘

다이크로뮴산 이온이 분석에 응용될 때 초록색의 크로뮴(III) 이온으로 환원된다.

$$Cr_2O_7^{2-} + 14H^+ + 6e^- \rightleftharpoons 2Cr^{3+} + 7H_2O \qquad E^0 = 1.33\ V$$

다이크로뮴산 적정은 일반적으로 약 1 M 염산 또는 황산 용액에서 행해진다. 이러한 매질에서 반 쪽 반응의 형식 전위는 1.0~1.1 V이다.

다이크로뮴산 포타슘 용액은 대단히 안정하여 끓여도 분해되지 않으며 염산과 반응하지 않는다. 더구나 일차 표준 시약은 적당한 가격으로 시중에서 구할 수 있다. 세륨(IV) 및 과망가니즈산 이온과 비교해 볼 때 다이크로뮴산 포타슘의 단점은 전극 전위가 낮다는 점과 주어진 환원 시약과의 반응이 느리다는 것을 들 수 있다.

### » 다이크로뮴산 용액의 제조

시약급 다이크로뮴산 포타슘은 매우 순수하여 대부분의 경우에 사용 가능한 표준 용액을 직접 만들 수 있다. 고체는 무게를 달기 전에 150~200°C에서 건조시키면 된다.

다이크로뮴산 용액의 주황색은 종말점을 검출하는 데 사용할 수 있을 만큼 진하지 못하다. 그러나 설폰산 다이페닐아민(표 19-3)은 이 시약으로 적정하는 경우 좋은 지시약으로 이용된다. 지시약의 산화형은 보라색이며, 환원형은 완전히 무색이다. 그러므로 직접 적정에서 색 변화는 크로뮴(III)의 초록색에서 보라색으로 변하는 것이 관찰된다.

### » 다이크로뮴산 포타슘 용액의 응용

다이크로뮴산은 주로 다음 반응에 의한 철(II)의 부피법 적정에 사용된다.

$$Cr_2O_7^{2-} + 6Fe^{2+} + 14H^+ \rightarrow 2Cr^{3+} + 6Fe^{3+} + 7H_2O$$

이 적정은 때때로 적당한 농도의 염산 존재 하에서 이루어진다.

철(II)과 다이크로뮴산의 반응은 여러 가지 산화제를 간접적으로 정량하는 데 널리 사용된다. 이러한 응용에서는 양을 미리 측정한 과량의 철(II)을 분석물의 산성

❮ $K_2Cr_2O_7$의 표준 용액은 대단히 안정하며 HCl를 산화시키지 않는 장점을 갖고 있다. 더구나 일차 표준급은 값도 저렴하며 시중에서 구입이 가능하다.

용액에 첨가한다. 반응 후 남은 철(II)은 다이크로뮴산 포타슘 표준 용액(20B-1절)으로 역적정한다. 다이크로뮴산을 이용한 적정으로 철(II) 용액을 표준화할 때 철(II) 용액이 공기 산화되는 경향 때문에 분석할 때 표준화도 같이 행해져야 한다. 이 방법은 질산, 염소산, 과망가니즈산, 다이크로뮴산 이온뿐만 아니라 유기 과산화물 및 여러 가지 다른 산화제를 정량하는 데에도 사용되어 오고 있다.

### 예제 20-6

5.00 mL의 브랜디(brandy) 시료를 부피 플라스크에서 1.000 L로 묽혔다. 묽힌 용액 25.00 mL에 들어 있는 에탄올($C_2H_5OH$)을 증류하여 0.0200M $K_2Cr_2O_7$ 용액 50.00 mL에 넣고 가열하였더니 다음과 같이 아세트산으로 산화되었다.

$$3C_2H_5OH + 2Cr_2O_7^{2-} + 16H^+ \rightarrow 4Cr^{3+} + 3CH_3COOH + 11H_2O$$

식힌 후에 0.1253 M $Fe^{2+}$ 용액 20.00 mL를 피펫으로 취하여 플라스크에 넣었다. 그 다음 초과된 $Fe^{2+}$을 설폰산 다이페닐 아민 종말점까지 $K_2Cr_2O_7$ 표준 용액으로 적정하였더니 7.46 mL이 첨가되었다. 브랜디에 들어 있는 $C_2H_5OH$ (46.07 g/mol)의 무게/부피(w/v) 퍼센트를 계산하시오.

**풀이**

$K_2Cr_2O_7$의 전체 양

$$= (50.00 + 7.46)\ \text{mL } K_2Cr_2O_7 \times 0.02000\ \frac{\text{mmol } K_2Cr_2O_7}{\text{mL } K_2Cr_2O_7}$$

$$= 1.1492\ \text{mmol } K_2Cr_2O_7$$

$Fe^{2+}$에 의해 소모된 $K_2Cr_2O_7$의 양

$$= 20.00\ \text{mL } Fe^{2+} \times 0.1253\ \frac{\text{mmol } Fe^{2+}}{\text{mL } Fe^{2+}} \times \frac{1\ \text{mmol } K_2Cr_2O_7}{6\ \text{mmol } Fe^{2+}}$$

$$= 0.41767\ \text{mmol } K_2Cr_2O_7$$

$C_2H_5OH$에 의해 소모된 $K_2Cr_2O_7$의 양

$$= (1.1492 - 0.41767)\ \text{mmol } K_2Cr_2O_7$$

$$= 0.73153\ \text{mmol } K_2Cr_2O_7$$

$C_2H_5OH$의 질량

$$= 0.73153\ \text{mmol } K_2Cr_2O_7 \times \frac{3\ \text{mmol } C_2H_5OH}{2\ \text{mmol } K_2Cr_2O_7} \times 0.04607\ \frac{\text{g } C_2H_5OH}{\text{mmol } C_2H_5OH}$$

$$= 0.050552\ \text{g } C_2H_5OH$$

$$C_2H_5OH\text{의 퍼센트} = \frac{0.050552\ \text{g } C_2H_5OH}{5.00\ \text{mL 시료} \times 25.00\ \text{mL}/1000\ \text{mL}} \times 100\%$$

$$= 40.4\%\ C_2H_5OH$$

## ▸ 20C-3 아이오딘

아이오딘 용액은 센 환원제를 정량하는 데 사용되는 약한 산화제이다. 이러한 응용에 있어서 아이오딘의 반쪽 반응의 가장 정확한 표현은 아래와 같다.

$$I_3^- + 2e^- \rightleftharpoons 3I^- \qquad E^0 = 0.536 \text{ V}$$

아이오딘 표준 용액은 전극 전위가 매우 낮기 때문에 이미 설명한 다른 산화제들보다 응용하는 데 있어서 더 제한되어 있다. 그러나 때때로 이 낮은 전위는 약한 환원제 중에 존재하는 센 환원제의 정량을 가능케 하는 선택성을 주므로 장점이 되기도 한다. 아이오딘의 중요한 장점은 적정에 있어서 감도가 높고 가역적인 지시약을 이용할 수 있다는 것이다. 불행히도 아이오딘 용액은 그다지 안정하지 못하므로 정기적으로 재표준화해야만 한다.

### » *아이오딘 용액의 성질*

아이오딘은 물에 잘 녹지 않는다(0.001 M). 분석하는 데 사용할 수 있는 농도의 용액을 만들기 위해서 일반적으로 아이오딘은 적당히 진한 농도의 아이오딘화 포타슘에 녹인다. 이 매질에서 아래의 반응에 의하여 아이오딘은 상당히 녹게 된다.

$$I_2(s) + I^- \rightleftharpoons I_3^- \qquad K = 7.1 \times 10^2$$

아이오딘화 포타슘의 진한 용액에 아이오딘을 녹여 만든 용액을 *삼아이오딘화 용액*이라 한다. 실제로 이 용액은 *아이오딘 용액*이라 하는데, 이는($I_2 + 2e^- \rightarrow 2I^-$)의 화학량론적 거동을 하기 때문이다.

아이오딘은 아이오딘화 포타슘 용액에서 천천히 녹는데, 특히 아이오딘화 이온의 농도가 낮을 때 더욱 그러하다. 완전히 녹인 용액을 만들려면 고체를 언제나 작은 부피의 진한 아이오딘화 포타슘에 녹이고 미량의 고체 아이오딘이 사라질 때까지는 진한 용약을 묽히지 않도록 주의해야 한다. 그렇지 않으면 묽힌 용액의 아이오딘 농도는 시간이 흐름에 따라 점점 증가하게 된다. 이 문제는 표준화하기 전에 소결 유리 거르개를 사용하여 용액을 걸러주면 방지할 수 있다.

아이오딘 용액은 여러 가지 이유로 불안정한데, 그 중 하나는 용질의 휘발성이다. 열린 용기로부터 아이오딘이 달아나는 것은 과량의 아이오딘화 이온 존재 하에서도 비교적 짧은 시간 내에 일어난다. 더구나 아이오딘은 대부분의 유기 물질과도 서서히 반응한다. 그래서 코르크나 고무마개는 이 시약의 용기를 닫는 데 절대 사용할 수 없으며, 표준 용액이 유기물 먼지 및 증기와 접촉하지 못하도록 예방 조치를 하여야 한다.

아이오딘화 이온의 공기 산화로 인해 아이오딘 용액의 몰농도가 변화되기도 한다.

$$4I^- + O_2(g) + 4H^+ \rightarrow 2I_2 + 2H_2O$$

다른 효과와는 대조적으로 이 반응은 아이오딘의 몰농도를 증가시킨다. 공기 산화는 산, 열, 빛에 의해 촉진된다.

### » *아이오딘 용액의 표준화와 사용*

아이오딘 용액은 시중에서 구입 가능한 무수 싸이오황산소듐 또는 싸이오황산바륨 · $H_2O$를 이용하여 표준화할 수 있다. 아이오딘과 싸이오황산소듐의 반응은 20B-2절에서 자세히 논의하였다. 종종 싸이오황산소듐 용액으로 표준화한 아이오딘 용액은 아이오딘산 포타슘 또는 다이크로뮴산 포타슘으로 다시 표준화해야 한다(20B-2절 참조). 산화제로서의 아이오딘의 사용에 대한 간략한 방법들을 **표 20-6**에 나타내었다.

**표 20-6**

**아이오딘 용액의 몇 가지 응용**

| 분석물 | 반쪽 반응 |
|---|---|
| As | $H_3AsO_3 + H_2O \rightleftharpoons H_3AsO_4 + 2H^+ + 2e^-$ |
| Sb | $H_3SbO_3 + H_2O \rightleftharpoons H_3SbO_4 + 2H^+ + 2e^-$ |
| Sn | $Sn^{2+} \rightleftharpoons Sn^{4+} + 2e^-$ |
| $H_2S$ | $H_2S \rightleftharpoons S(s) + 2H^+ + 2e^-$ |
| $SO_2$ | $SO_3^{2-} + H_2O \rightleftharpoons SO_4^{2-} + 2H^+ + 2e^-$ |
| $S_2O_3^{2-}$ | $2S_2O_3^{2-} \rightleftharpoons S_4O_6^{2-} + 2e^-$ |
| $N_2H_4$ | $N_2H_4 \rightleftharpoons N_2(g) + 4H^+ + 4e^-$ |
| 아스코르브산 | $C_6H_8O_6 \rightleftharpoons C_6H_6O_6 + 2H^+ + 2e^-$ |

## ▸ 20C-4 브로민의 공급원인 브롬산 포타슘

일차 표준물질인 브롬산 포타슘은 시중에서 구입할 수 있으며 이것을 이용하여 무한히 안정한 표준 용액을 직접 만들 수 있다. 브롬산 포타슘을 이용한 직접 적정은 거의 이용되지 않는다. 대신에 이 시약은 편리하고 안정한 브로민의 공급원으로 널리 사용된다.[5] 이 응용에서 측정되지 않은 과량의 브로민화 포타슘을 분석물의 산성 용액에 가한다. 미리 측정한 부피의 표준 브롬산 포타슘을 넣어 줌으로써 화학량론적 양의 브로민이 생성된다.

1 mol $KBrO_3$ = 3 mol $Br_2$

$$\underset{\text{표준 용액}}{BrO_3^-} + \underset{\text{과량}}{5Br^-} + 6H^+ \rightarrow 3Br_2 + 3H_2O$$

이렇게 간접적으로 만듦으로써 안정성이 부족한 브로민화 표준 용액을 사용하는 데 있어서 생기는 문제를 피할 수가 있다.

표준 브롬산 포타슘이 주로 이용되는 것은 브로민과 반응하는 유기 화합물을 정량하는 경우이다. 이러한 반응들 중 일부만이 직접 적정이 가능할 만큼 빠르다. 따라서 보통의 경우 측정된 과량의 브롬산 표준 용액을 시료와 과량의 브로민화 포타슘을 포함하고 있는 용액에 첨가한다. 산성화시킨 후, 이 혼합물을 브로민/분석물 반응이 완전히 일어날 때까지 유리마개로 된 용기에 넣어 둔다. 과량의 브로민을 정량하기 위하여 과량의 아이오딘화 포타슘을 첨가하여 다음 반응이 일어나도록 한다.

$$2I^- + Br_2 \rightarrow I_2 + 2Br^-$$

그 다음 유리된 아이오딘을 싸이오황산 소듐 표준 용액으로 적정한다[식 (20-1)].

### » *치환 반응*

브로민은 치환 반응이나 첨가 반응에 의해 유기 분자들과 결합한다. 할로젠 치환 반응은 방향족 고리의 수소에 할로젠이 치환되는 것을 말한다. 이 치환법은 강한 오쏘-파라 지향성 기능기를 갖는 방향족 화합물, 특히 아민류와 페놀류의 정량에 성공적으로 적용되어 왔다.

[5]브로민 용액과 이의 응용에 대한 논의는 다음을 참고하시오. M. R. F. Ashworth, *Titrimetric Organic Analysis*, Part I, pp. 118–30, New York: Interscience, 1964.

**예제 20-7**

0.2981 g의 항생물질 가루 시료를 HCl에 녹여 100.0 mL이 되도록 묽혔다. 이 용액 20.00 mL를 분취하여 플라스크에 옮기고 25.00 mL의 0.01767 M $KBrO_3$ 용액을 첨가하였다. $Br_2$를 형성시키기 위해 과량의 KBr을 첨가하고 플라스크를 마개로 막았다. $Br_2$가 설파닐아마이드를 브로민화하는 시간인 10분 후, 과량의 KI를 첨가하였다. 그 다음 유리된 아이오딘을 0.1215 M 싸이오황산 소듐으로 적정하였더니 12.92 mL가 첨가되었다. 반응은 다음과 같다.

$$BrO_3^- + 5Br^- + 6H^+ \rightarrow 3Br_2 + 3H_2O$$

$NH_2$ / $SO_2NH_2$ (설파닐아마이드) $+ 2Br_2 \longrightarrow$ ($NH_2$, Br, Br, $SO_2NH_2$) $+ 2H^+ + 2Br^-$

설파닐아마이드

$$Br_2 + 2I^- \rightarrow 2Br^- + I_2 \qquad \text{(과량의 KI)}$$

$$I_2 + 2S_2O_3^{2-} \rightarrow 2S_4O_6^{2-} + 2I^-$$

가루 속에 들어 있는 $NH_2C_6H_4SO_2NH_2$ (172.21 g/mol)의 퍼센트를 계산하시오.

**풀이**

먼저 전체 $Br_2$의 양을 계산하자.

$$\text{전체 } Br_2\text{의 양} = 25.00\ \text{mL KBrO}_3 \times 0.01767\ \frac{\text{mmol KBrO}_3}{\text{mL KBrO}_3} \times \frac{3\ \text{mmol Br}_2}{\text{mmol KBrO}_3}$$

$$= 1.32525\ \text{mmol Br}_2$$

다음 분석물을 브로민화하는 데 필요한 과량의 $Br_2$가 얼마인지를 계산해 보자.

과량의 $Br_2$의 양 = $I_2$의 양

$$= 12.92\ \text{mL Na}_2\text{S}_2\text{O}_3 \times 0.1215\ \frac{\text{mmol Na}_2\text{S}_2\text{O}_3}{\text{mL Na}_2\text{S}_2\text{O}_3} \times \frac{1\ \text{mmol I}_2}{2\ \text{mmol Na}_2\text{S}_2\text{O}_3}$$

$$= 0.78489\ \text{mmol Br}_2$$

시료에 의해 소모된 $Br_2$의 양은

$$Br_2\text{의 양} = 1.32525 - 0.78489 = 0.54036\ \text{mmol Br}_2$$

$$\text{분석물 질량} = 0.54036\ \text{mmol Br}_2 \times \frac{1\ \text{mmol 분석물}}{2\ \text{mmol Br}_2} \times 0.17221\ \frac{\text{g 분석물}}{\text{mmol 분석물}}$$

$$= 0.046528\ \text{g 분석물}$$

*(계속)*

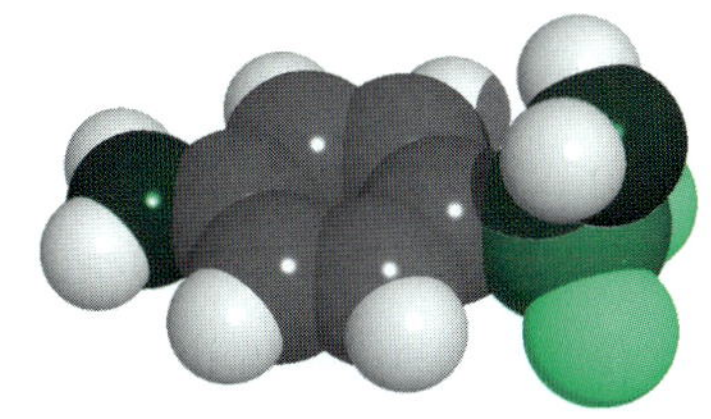

설파닐아마이드의 분자 모델. 1930년대에 설파닐아마이드는 효과적인 항균제로 밝혀졌다. 약을 환자들에게 편리하게 투여할 수 있는 용액 상태로 공급하기 위해 노력을 기울이던 제약회사들은 신장에 유독한 에틸렌글리콜을 높은 농도로 첨가하여 설파닐아마이드를 만능 약으로 유포시켰다. 그 결과, 100명이 넘는 사람들이 이 용매의 영향으로 죽었다. 이 사건은 1938년 미연방정부의 식품 · 의약품 · 화장품법에 빠른 변화를 가져왔다. 제품 홍보 이전에 독성 검사를 실시하고 활성을 나타내는 성분을 제품 라벨에 표기하도록 요구되었다. 의약법의 역사에 대한 더 자세한 정보는 U.S. Food and Drug Administration 웹사이트를 참고하시오.

$$\text{분석물\%} = \frac{0.046528 \text{ g 분석물}}{0.2891 \text{ g 시료} \times 20.00 \text{ mL}/100 \text{ mL}} \times 100\%$$
$$= 80.47\% \text{ 설파닐아마이드}$$

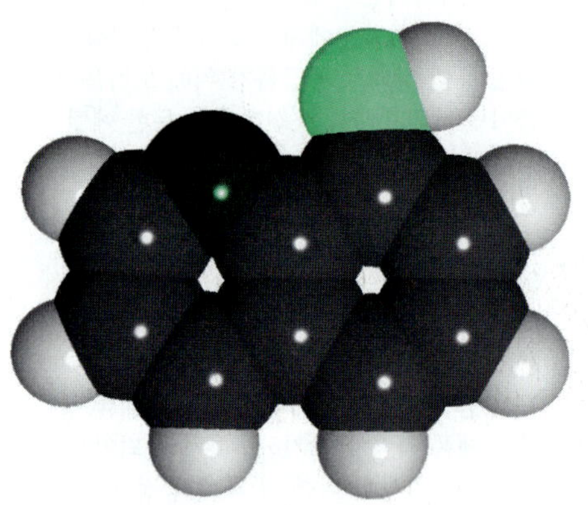
8-하이드록시퀴놀린의 분자 모델.

브로민 치환 반응을 이용한 중요한 예 중의 하나는 8-하이드록시퀴놀린의 정량이다.

$$\text{8-hydroxyquinoline} + 2Br_2 \longrightarrow \text{5,7-dibromo-8-hydroxyquinoline} + 2HBr$$

대부분의 브로민 치환 반응들과는 대조적으로 이 반응은 직접 적정이 가능할 정도로 염산 용액 중에서 빠르게 일어난다. 브로민으로 8-하이드록시퀴놀린 적정은 8-하이드록시퀴놀린이 양이온들에 대한 뛰어난 침전 시약으로 사용되므로 특히 중요하다(12C-3절). 예를 들면 알루미늄은 다음 과정에 의해 정량할 수 있다.

$$Al^{3+} + 3HOC_9H_6N \xrightarrow{\text{pH } 4\sim9} Al(OC_9H_6N)_3(s) + 3H^+$$
$$Al(OC_9H_6N)_3(s) \xrightarrow{\text{뜨거운 4 M HCl}} 3HOC_9H_6N + Al^{3+}$$
$$3HOC_9H_6N + 6Br_2 \longrightarrow 3HOC_9H_4NBr_2 + 6HBr$$

이 경우 화학량론적 관계는 다음과 같다.

$$1 \text{ mol } Al^{3+} = 3 \text{ mol } HOC_9H_6N = 6 \text{ mol } Br_2 = 2 \text{ mol } KBrO_3$$

### » 첨가 반응

첨가 반응은 올레핀의 이중 결합이 끊어지면서 일어난다. 예를 들면 1 몰의 에틸렌은 1 몰의 브로민과 다음과 같이 반응한다.

$$H_2C{=}CH_2 + Br_2 \longrightarrow H_2BrC{-}CBrH_2$$

지방, 기름, 석유 제품 중의 올레핀의 불포화 정도를 결정하는 데 브로민이 사용되는 것에 관한 참고 문헌들이 많이 있다. 비타민 C 중의 아스코르브산을 정량하는 방법이 38I-3절에 소개되어 있다.

## ▸ 20C-5 물의 정량과 Karl Fischer 시약

산업과 상업에서 여러 가지 고체와 유기 액체에서 물의 정량을 위한 분석 방법으로 널리 사용되는 것 중에 하나는 Karl Fischer 적정 실험 과정이다. 이 중요한 적정 분석 방법은 물에 대해 특정한 산화 / 환원반응에 기초한다.[6]

### » 반응의 화학량론 설명

Karl Fischer 반응은 아이오딘에 의한 아황산의 산화에 기초한다. 산성뿐만 아니라 염기성(비양성자성 용매) 용매에서의 반응은 다음 식과 같이 요약된다.

$$I_2 + SO_2 + 2H_2O \rightarrow 2HI + H_2SO_4$$

위 반응에서 아이오딘 1 몰 당 2 몰의 물이 소모된다. 그러나 이 반응의 화학량론은 용액 중의 산과 염기의 존재 유무에 따라 2:1에서 1:1까지 변할 수 있다.

**고전 화학.** 화학량론의 안정을 위해 그리고 오른쪽으로 더 평형을 이동시키기 위해 Fischer는 피리딘($C_5H_5N$)을 첨가하였고 용매로는 무수 메탄올을 사용하였다. 과량으로 사용된 피리딘은 $I_2$와 $SO_2$ 착물 생성에 사용된다. 고전적인 반응은 2단계로 일어난다. 첫 번째 단계에서 피리딘과 물의 존재 하에서 $I_2$와 $SO_2$의 반응으로 피리디늄 설파이트, 아이오딘화 피리디늄을 형성시킨다.

$$C_5H_5N \cdot I_2 + C_5H_5N \cdot SO_2 + C_5H_5N + H_2O \rightarrow 2C_5H_5N \cdot HI + C_5H_5N \cdot SO_3 \quad \textbf{(20-2)}$$

$$C_5H_5N^+ \cdot SO_3^- + CH_3OH \rightarrow C_5H_5N(H)SO_4CH_3 \quad \textbf{(20-3)}$$

여기서 $I_2$, $SO_2$, $SO_3$는 피리딘에 의해 착화합물을 생성하게 됨을 보인다. 두 번째 단계는 피리디늄 설파이트 또한 물을 소모할 수 있기 때문에 중요하다.

$$C_5H_5N^+ \cdot SO_3^- + H_2O \rightarrow C_5H_5NH^+SO_4H^- \quad \textbf{(20-4)}$$

이 마지막 반응은 물에 대해 특이적이지 못하기 때문에 바람직하지 않다. 이것은 과량의 메탄올을 가함으로 완전히 방지할 수 있다. 화학량론적으로 $I_2$의 1 몰 당 $H_2O$ 1 몰이 존재함을 유념해야 한다.

부피 분석에서 고전적인 Karl Fisher 시약은 $I_2$, $SO_2$, 피리딘, 무수 메탄올 또는 적당한 용제로 구성되어 있다. Karl Fisher 시약은 가만히 두어도 분해되므로 자주 표준화해야 한다. 안정화된 Karl Fisher 시약들은 몇몇 공급업체로부터 구입할 수 있다. 케톤 그리고 알데하이드처럼 특별히 공식화된 시약들은 상용화된 것을 사용해도 된다. 전기량분석 방법에서(22장 참조) 우리가 아는 것처럼 Karl Fisher 시약은 $I_2$ 대신에 KI를 포함하고 있으므로 $I_2$는 전기화학적으로 만들 수 있다.

---

[6]Karl Fischer 시약의 조성과 사용에 대한 자료는 다음을 참고하시오. S. K. MacLeod, *Anal. Chem.*, **1991**, 63, 557A, **DOI**: 10.1021/ac00010a720; J. D. Mitchell, Jr. and D.M. Smith, *Aquametry*, 2nd ed., Vol. 3. New York: Wiley, 1977.

**피리딘이 없는 화학.** 최근에 Karl Fisher 시약은 피리딘이 가지는 불쾌한 냄새 때문에 이미다졸(왼쪽 여백 참조)과 같은 다른 아민류로 대체하고 있다. 이들 피리딘이 없는 Karl Fisher 시약들은 Karl Fisher 분석 절차인 부피 분석과 전기량 분석에서 상업적으로 유용하게 이용할 수 있다. 이 반응과 관련해서 보다 자세한 연구가 보고되었다.[7] 이 반응은 다음과 같이 일어나는 것으로 현재 생각되고 있다.

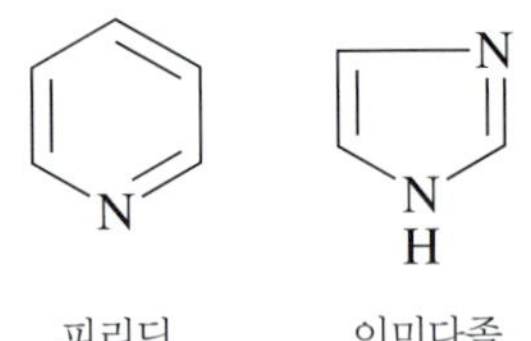

피리딘 이미다졸

1. 용매화 분해 $2ROH + SO_2 \rightleftharpoons RSO_3^- + ROH_2^+$
2. 완충작용 $B + RSO_3^- + ROH_2^+ \rightleftharpoons BH^+SO_3R^- + ROH$
3. 산화환원 $B \cdot I_2 + BH^+SO_3R^- + B + H_2O \rightleftharpoons BH^+SO_4R^- + 2BH^+I^-$

화학량론적으로 시료에 존재하는 각각의 $H_2O$의 1 몰에 대해 1 몰의 $I_2$가 소비됨을 유의하시오.

**방해 반응.** Karl Fischer 적정에서는 방해 원인으로 여러 가지 반응들이 발생할 수 있다. 이들 반응들은 너무 높거나, 너무 낮거나, 혹은 부정확한 결과를 초래할 수 있다. 전기량법 시약인 아이오딘화물은 Cu(II), Fe(III), nitrite, $Br_2$, $Cl_2$, 또는 quinone와 같은 환원 시약들로 인한 산화로 $I_2$를 생성할 수 있다. 이렇게 생성된 것 역시 물과 반응할 수 있으므로 전기량법으로 생성되는 $I_2$가 덜 필요하여 낮은 결과치의 원인이 된다. 알데하이드와 케톤의 카복실기는 $SO_2$, $H_2O$와 반응하여 bisulfite 착화합물들을 형성할 수 있다. 이 반응은 물을 소모하기 때문에 Karl Fischer 적정에서 너무 낮은 적정 결과치를 나타나게 한다. 피리딘과 같은 약한 염기를 이미다졸로 치환하면 이런 문제를 감소시킬 수 있다.

시약에 존재하거나 전기량 분석으로 생성된 아이오딘은 아스코르브산, 암모니아, 싸이올, $TI^+$, $Sn^{2+}$, $In^+$, 하이드록실 아민, 싸이오설파이트와 같은 산화제들에 의해 환원될 수 있다. 이러한 환원은 $I_2$의 소모와 물 검출에서의 너무 높은 결과로 나타난다. 페놀 유도체와 중탄산염들 또한 $I_2$ 환원의 원인이 된다.

몇몇 방해 물질들은 물을 생성시키며, 많은 물이 존재하는 원인이 된다. 카복실산은 알코올과 반응하여 에스터와 물을 생성할 수 있다. 이 문제를 최소화하기 위해 알코올은 시약에서 제거하거나 메탄올보다 느린 속도로 반응하는 알코올이 사용된다. 에스터의 형성은 보통 산으로 촉매되기 때문에 시약의 pH가 증가할 수 있다. 케톤과 알데하이드는 아래의 반응식처럼 알코올류의 용매와 반응하여 케탈과 아세탈 및 물을 생성시킨다.

$$R_2C{=}O + 2CH_3OH \rightarrow R_2C(OCH_3)_2 + H_2O$$

방향족 케톤은 지방족 케톤보다 반응성이 작다. 알데하이드는 케톤보다 훨씬 반응성이 크다. 몇몇 상업적 시약 조제품은 천천히 반응하는 알코올을 사용하고, 높은 pH를 적용시켜 이 문제를 최소화하는 것을 체계화시켜 왔다.

실라놀과 고리 실록세인 역시 알코올과 반응하여 에터와 물을 만들어낼 수 있다. 몇몇의 금속산화물, 수산화물, 탄산염들은 HI와 반응하여 물을 만들 수 있다. 이것들 모두는 소비된 $I_2$의 양을 증가시키고 매우 높은 결과 값이 얻어진다.

[7] E. Scholz, *Karl Fischer Titration*, (Berlin: Springer-Verlag, 1984).

### » 종말점 검출

Karl Fisher 적정에서 종말점은 갈색 색깔을 나타내는 과량의 시약 때문에 눈으로 관찰할 수 있다. 그러나 일반적으로 종말점은 전기분석 측정들로부터 얻는다. 여러 기기 제작자들은 이러한 적정을 자동 또는 반자동으로 행할 수 있는 기기들을 공급하고 있다. 이들 기기들은 모두 전기적 종말점 검출을 기본으로 하고 있다.

### » 시약의 성질

Karl Fisher 시약은 가만히 두어도 분해된다. 만든 후 즉시 분해가 일어나므로 시약은 사용하기 하루 또는 이틀 전에 만드는 것이 일반적이다. 일반적으로 시약의 세기는 메탄올 중의 물 표준 용액으로 적어도 매일 표준화하여야 한다. 요즈음은 가끔 재표준화하기만 하면 되는 Karl Fisher 시약이 시판되고 있다.

공기 중의 습기가 Karl Fisher 시약과 시료를 오염시키는 것을 방지하기 위하여 매우 주의해야 한다. 모든 유리기구는 사용하기 전에 잘 건조시켜야 하며, 표준 용액은 공기와 접촉되지 않도록 보관해야 한다. 적정하는 동안 용액과 공기와의 접촉을 최소화해야 하는 것도 필요하다.

### » 응용

Karl Fisher 시약은 많은 형태의 시료 중에 포함된 물을 정량하는 데 응용되어 있다. 물질의 용해도, 물이 존재하는 상태, 시료의 물리적 상태에 따라 기본적인 방법이 여러 가지로 변형되었다. 만일 시료가 메탄올에 완전히 녹기만 하면 직접적이며 빠른 적정이 언제나 가능하다. 이 방법은 많은 유기산, 알코올, 에스터, 에터, 알데하이드, 할로젠화물 중의 물을 정량하는 데도 응용되어 왔다. 메탄올에 녹을 수 있는 무기염들의 수화물뿐 아니라 대부분 유기산의 수화된 염들은 직접 적정으로 정량할 수 있다.

단지 시약에 부분적으로만 녹아 있는 시료를 직접 적정하면 보통 물과 불완전하게 반응한다. 하지만 이러한 형태의 시료에 대한 만족한 결과는 과량의 시약을 첨가하고 적당한 시간 동안 반응시킨 후 메탄올에 녹인 물 표준 용액으로 역적정함으로써 얻을 수 있다. 효과적인 다른 방법은 무수 메탄올이나 다른 유기 용매를 사용하여 환류시켜서 시료에서 물을 추출하는 것이다. 그 다음 얻어진 용액을 Karl Fisher 용액으로 직접 적정한다.

많은 MSDS 웹 사이트 중에서 한 곳을 검색 엔진을 이용하여 찾아 보자. 다이크로뮴산 포타슘에 대한 MSDS를 찾아 화학, 독성, 발암성에 대해 조사한다. 다른 MSDS 웹 사이트를 찾아서 다시 조사한다. 두 문서로부터 어떤 차이점이 있는가? 특히 건강에 미치는 영향에 대해서 가장 자세한 정보를 제공하는 사이트는 어디인가? 어느 사이트가 다른 사이트에 비해서 어떤 성질을 강조하는 경향이 있는가? 이러한 웹 작업으로부터 무엇을 결론 내릴 수 있는가?

## 연습 문제

**20-1.** 아래의 반응에 대해서 알짜 이온 반응식을 쓰시오.

*(a) 암모늄 peroxydisulfate에 의해 $Mn^{2+}$에서 $MnO_4^-$로 산화

(b) 비스무트산 소듐에 의해 $Ce^{3+}$에서 $Ce^{4+}$로 산화

*(c) $H_2O_2$에 의해 $U^{4+}$에서 $UO_2^{2+}$로 산화

(d) Walden 환원기 안에서 $V(OH)_4^+$의 반응

*(e) $KMnO_4$를 이용한 $H_2O_2$의 적정

(f) 산성 용액에서 KI와 $ClO_3^-$사이의 반응

***20-2.** 왜 Walden 환원기는 항상 상당한 농도의 HCl을 포함한 용액과 함께 사용하는가?

**20-3.** Walden 환원기 안에서 $UO_2^{2+}$의 환원반응에 대한 알짜 이온 반응식을 쓰시오.

***20-4.** 적정할 때 산화제의 표준 용액보다 환원제의 표준 용액이 덜 사용되는 이유는 무엇인가?

**20-5.** 염기성 용액에서 환원제의 적정에서 $Ce^{4+}$의 용액을 사용하지 않는 이유를 쓰시오.

***20-6.** $KMnO_4$ 용액은 왜 표준화 전에 거르기를 하는가?

**20-7.** $KMnO_4$ 용액과 $Na_2S_2O_3$ 용액은 일반적으로 어두운 시약병에 보관한다. 이유는 무엇인가?

***20-8.** 표준 $K_2Cr_2O_7$ 용액은 주로 어디에 사용되는가?

**20-9.** $I_2$의 표준 용액은 가만히 두면 농도가 증가한다. 이 증가를 설명하는 알짜 이온 반응식을 쓰시오.

***20-10.** $KIO_3$ 용액은 정량적인 양의 $I_2$를 생성하기 위한 원료 물질로 사용된다. 이 방법을 제시하시오.

**20-11.** $K_2Cr_2O_7$가 $Na_2S_2O_3$ 용액의 일차 표준물질로 어떻게 사용될 수 있는지 균형 반응식을 쓰시오.

***20-12.** $Na_2S_2O_3$를 이용한 $I_2$ 용액의 적정에서 녹말 지시약은 시약들이 화학적 등량이 되기 전에는 첨가하지 않는다. 그 이유는 무엇인가?

**20-13.** 0.2541 g의 철선 시료를 산성 용액에 녹여 만든 용액을 Jones 환원기에 통과시켰다. 그 결과 통과한 용액 속에 녹아 있는 철(II)를 적정하는 데 아래의 용액이 36.76 mL가 소요되었다. 산화제의 몰농도는 얼마인가?

*(a) $Ce^{4+}$(생성물: $Ce^{3+}$)

(b) $Cr_2O_7^{2-}$(생성물: $Cr^{3+}$)

*(c) $MnO_4^-$(생성물: $Mn^{2+}$)

(d) $V(OH)_4^+$(생성물: $VO^{2+}$)

*(e) $IO_3^-$(생성물: $ICl_2^-$)

***20-14.** 0.05000 M의 $KBrO_3$ 용액 1.000 L를 제조하는 방법은 무엇인가?

**20-15.** 약 0.06 M의 $I_3^-$ 용액 2.5 L를 제조하는 방법은 무엇인가? 이 용액 중의 $KMnO_4$ 몰농도는 얼마인가?

***20-16.** 순수 철선 0.2219 g 시료를 산에 녹여서 +2가 상태로 만들고, 세륨(IV) 34.65 mL로 적정하였다. $Ce^{4+}$ 용액의 몰랄농도를 계산하시오.

**20-17.** 묽은 염산용액에 0.1298 g의 $KBrO_3$ 시료를 녹이고 과량의 KI를 처리하였다. 41.32 mL의 싸이오황산 소듐 용액을 가하여 유리 아이오딘을 생성시키고자 한다면, 이 때 $Na_2S_2O_3$ 용액의 몰농도는 얼마인가?

***20-18.** 0.1267 g의 광물 시료가 아래의 알짜 반응식에 의해 29.62 mL의 0.08041 M $Na_2S_2O_3$ 용액으로 적정되어 $I_2$가 유리되었다. 시료 중의 $MnO_2$의 백분율을 계산하시오.

$$MnO_2(s) + 4H^+ + 2I^- \rightarrow Mn^{2+} + I_2 + 2H_2O$$

**20-19.** 0.7120 g의 철광석 시료를 용액으로 만들고 Jones 환원기를 통과시켰다. Fe(II)의 적정에 0.01926 M의 $KMnO_4$가 41.63 mL가 사용되었다. 이 분석 결과를 (a) Fe와 (b) $Fe_2O_3$의 백분율로 표시하시오.

***20-20.** 하이드록실아민($H_2NOH$)에 과량의 Fe(III)를 처리하니 $N_2O$와 같은 당량만큼의 Fe(II)가 생성되었다.

$$2H_2NOH + 4Fe^{3+} \rightarrow N_2O(g) + 4Fe^{2+} + 4H^+ + H_2O$$

만약 위의 용액 중 25.00 mL를 취하여 생성된 Fe(II)를 적정하는 데 0.01528 M의 $K_2Cr_2O_7$이 14.48 mL 소모된다면 이때의 $H_2NOH$ 용액의 몰농도를 구하시오.

**20-21.** 폭발성 시약 0.1862 g 속의 $KClO_3$는 0.01162 M의 $Fe^{2+}$ 용액 50.00 mL에 의해 정량된다.

$$ClO_3^- + 6Fe^{2+} + 6H^+ \rightarrow Cl^- + 3H_2O + 6Fe^{3+}$$

반응이 완결되었을 때, 과량의 $Fe^{2+}$는 0.07654 M의 $Ce^{4+}$ 용액 13.26 mL로 역적정되었다. 시료 속의 $KClO_3$ 백분율을 계산하시오.

***20-22.** 개미약 시료 8.13 g을 $H_2SO_4$와 $HNO_3$로 분해했다. 잔여물 속의 As는 하이드라진에 의해 3가로 환원됐다. 과량의 환원제를 제거한 후, As(III)를 적정하는 데, 약한 염기 중에서 0.03142 M의 $I_2$ 용액 31.46 mL가 사용되었다. 원래 시료 속의 $As_2O_3$ 백분율에 관한 이 분석 결과를 설명하시오.

**20-23.** 혼합물 속의 에틸 머캅탄의 농도는 2.043 g의 시료를 0.01204 M의 $I_2$ 용액 50.00 mL와 함께 분별 깔때기 속에 넣고 흔들어 주어 구할 수 있다.

$$2C_2H_5SH + I_2 \rightarrow C_2H_5SSC_2H_5 + 2I^- + 2H^+$$

과량의 $I_2$는 0.01437 M의 $Na_2S_2O_3$ 용액 18.23 mL로 역적정되었다. $C_2H_5SH$ (62.13 g/mol)의 백분율을 계산하시오.

***20-24.** $Cl^-$와 $Br^-$ 존재 하에서 $I^-$의 선택적인 적정법은 $Br_2$를 사용하여 $I^-$를 $IO_3^-$로 산화시킨 후 과량의 $Br_2$는 끓이거나 폼산 이온을 사용하여 환원시켜 제거하는 것이다. 생성된 $IO_3^-$는 과량의 $I^-$를 가하고 그 후 생성된 $I_2$를 적정하여 정량된다. 혼합된 할로젠 시료 1.307 g을 녹이고 위 방법으로 분석하니 0.04926 M 싸이오황산염 19.72 mL가 소모되었다. 시료 중의 KI의 백분율을 계산하시오.

**20-25.** Fe와 V를 포함한 시료 2.667 g을 적당한 조건에서 녹여 Fe(III)와 V(V)로 변환시켰다. 이 용액을 500.0 mL로 묽힌 후, 50.00 mL만 취하여 Walden 환원기로 통과시켰다. 이 용액의 적정에 0.1000 M $Ce^{4+}$ 용액 18.31 mL가 필요했다. 다른 50.00 mL를 Jones 환원기로 통과시킨 후 종말점에 도달하기 위해 같은 농도의 $Ce^{4+}$용액이 42.41 mL가 필요했다. 시료 속의 $Fe_2O_3$와 $V_2O_5$의 퍼센트를 계산하시오.

***20-26.** 기체 혼합물을 2.50 L/min의 유속으로 총 59.00분 동안 수산화 소듐의 용액 속으로 통과시켰다. 기체 혼합물 중의 $SO_2$는 아황산 이온으로 남게 된다.

$$SO_2(g) + 2OH^- \rightarrow SO_3^{2-} + H_2O$$

HCl로 산 처리 후, 아황산은 0.002997 M $KIO_3$ 용액 5.15 mL로 적정되었다.

$$IO_3^- + 2H_2SO_3 + 2Cl^- \rightarrow ICl_2^- + 2SO_4^{2-} + 2H^+ + H_2O$$

기체의 밀도는 1.20 g/L이라고 할 때, $SO_2$의 농도를 ppm으로 계산하시오.

**20-27.** 공기 시료 25.00 L를 $Cd^{2+}$용액을 포함하고 있는 흡착탑(absorption tower)으로 통과시켰다. 여기에서 $H_2S$는 CdS로 제거된다. 이 매트릭스를 산성화하고, 이것을 0.00432 M의 $I_2$ 용액 25.00 mL와 반응시켰다. 다음의 반응이 완전히 일어난 후

$$S^{2-} + I_2 \rightarrow S(s) + 2I^-$$

과량의 아이오딘을 0.01143 M의 싸이오황산 용액 15.62 mL로 처리하였다. 기체 증기의 밀도는 1.20 g/L라고 할 때, $H_2S$의 농도를 ppm으로 계산하시오.

***20-28.** 물 속의 용존 산소량을 측정하는 Winkler 방법은 알칼리 매질에 있는 $Mn(OH)_2$가 $Mn(OH)_3$로 신속히 산화하는 것을 기초로 한다. 산성화될 때 Mn(III)는 아이오딘화를 아이오딘으로 유리시킨다. 250 mL 물 시료는 Mn(II) 용액 1.00 mL와 NaOH와 NaI의 진한 용액 1.00 mL를 섞어서 처리한다. $Mn(OH)_2$의 산화는 약 1분이 지나면 완성된다. 침전물을 농축된 $H_2SO_4$ 2.00 mL를 추가로 넣어 녹여낸다. 그 후에(이로부터 용해된 $O_2$가 결정되는) $Mn(OH)_3$와 같은 수만큼 아이오딘이 유리된다. 전체 부피 254 mL 25.0 mL 수용액을 0.00897 M의 싸이오황산 14.6 mL로 적정했다. 단위 mL당 $O_2$의 질량(mg)을 계산하시오. 단, 진한 용액 시약들은 $O_2$가 들어 있지 않다고 가정한다.

**20-29.** 스프레드시트를 사용하여 다음을 계산하고 적정 곡선을 그리시오. 시료 용액 부피의 10%, 20%, 30%, 40%, 50%, 60%, 70%, 80%, 90%, 95%, 99%, 99.9%, 100%, 101%, 105%, 110%, 120%가 적정되었을 때의 전위를 계산하시오.

(a) 0.0500 M의 $SnCl_2$ 용액 20.00 mL를 0.100 M의 $FeCl_3$로 적정

(b) 0.08467 M의 $Na_2S_2O_3$ 용액 25.00 mL를 0.10235 M의 $I_2$로 적정

(c) 0.1250 g의 일차 표준 시약급 $Na_2C_2O_4$를 0.01035 M의 $KMnO_4$로 적정(단, $[H^+] = 1.00$ M, $p_{CO_2} = 1$ atm으로 가정)

(d) 0.1034 M의 $Fe^{2+}$ 용액 20.00 mL를 0.01500 M의 $K_2Cr_2O_7$으로 적정(단, $[H^+] = 1.00$ M 로 가정)

**20-30. 도전 문제:** Verdini과 Lagier는[8] 과일과 채소 중에 함유된 아스코르브산을 측정하는 아이오딘 적정법을 개발하였다. 그들은 위의 적정 실험 결과를 HPLC 방법으로 얻은 실험 결과와 비교하였다(33장 참조). 그 값들을 아래 표에 비교해 놓았다.

**방법 비교***

| 시료 | HPLC (mg/100 g) | 전압전류법(mg/100 g) |
|---|---|---|
| 1 | 138.6 | 140.0 |
| 2 | 126.6 | 120.6 |
| 3 | 138.3 | 140.9 |
| 4 | 126.2 | 123.7 |

*키위 시료 중에 함유된 아스코르브산의 양을 HPLC-UV 방법과 전압전류법으로 적정하였다.

(a) 각 데이터의 평균과 표준 편차를 구하시오.

(b) 95% 신뢰 수준에서 두 데이터의 분산의 차이를 구하시오.

(c) 95% 신뢰 수준에서 두 데이터의 평균의 차이가 유의미한가를 결정하시오.

연구자들은 또한 시료 중의 아스코르브산이 여러 번의 측정에서 회복되는지를 알아보았다. 시료에서 아스코르브산을 측정한 후 시료에 추가로 아스코르브산을 넣어 준다. 그리고 이를 다시 측정한다. 이 실험 결과는 다음 표에 적어 놓았다.

[8] R. A. Verdini, and C. M. Lagier, *J. Agric. Food Chem.*, **2000**, *48*, 2812. **DOI**: 10.1021/jf990987s

**회수율 시험**

| 시료 | 1 | 2 | 3 | 4 |
|---|---|---|---|---|
| | | 키위 | | |
| **함량** | | | | |
| 초기량 | 9.32 | 7.29 | 7.66 | 7.00 |
| 첨가량 | 6.88 | 7.78 | 8.56 | 6.68 |
| 최종량 | 15.66 | 14.77 | 15.84 | 13.79 |
| | | 시금치 | | |
| 초기량 | 6.45 | 7.72 | 5.58 | 5.21 |
| 첨가량 | 4.07 | 4.32 | 4.28 | 4.40 |
| 최종량 | 10.20 | 11.96 | 9.54 | 9.36 |

(d) 각 시료의 전체 아스코르브산의 회수 백분율을 구하시오.

(e) 키위와 시금치에 대해 차례로 회수 백분율의 평균과 표준 편차를 구하시오.

(f) 95% 신뢰 수준에서 키위와 시금치의 회수 백분율의 분산이 차이가 있는지를 판단하시오.

(g) 95% 신뢰 수준에서 아스코르브산의 회수 백분율의 차이가 유의미한가를 결정하시오.

(h) 어떻게 아이오딘 방법을 적용하여 다양한 과일과 채소 시료의 아스코르브산을 측정할 것인지 토론하시오. 특히, 새로운 시료의 분석에 어떻게 기존의 분석 결과를 적용할 것인지를 논하시오.

(i) 다양한 분석 방법[9~15]을 통해 아스코르브산을 결정하는 여러 논문들을 참고하시오. 만약 이 논문들의 열람이 가능하면 각 방법들을 간략하게 설명하시오.

(j) (i)에서의 각 방법들이 어떻게 사용되는지와 어떤 상황에서 아이오딘 방법 대신에 선택되었는지를 설명하시오. 아이오딘 방법을 포함한 각각의 방법에 관하여 신속함, 편리함, 분석 비용, 결과 데이터의 질을 비교하시오.

---

[9] A. Campiglio, *Analyst*, **1993**, *118*, 545, **DOI**: 10.1039/AN9931800545.

[10] L. Cassella, M. Gulloti, A. Marchesini, and M. Petrarulo, *J. Food Sci.*, **1989**, *54*, 374, **DOI**: 10.1111/j.1365-2621.1989.tb03084.x.

[11] Z. Gao, A. Ivaska, T. Zha, G. Wang, P. Li, and Z. Zhao, *Talanta*, **1993**, *40*, 399, **DOI**: 10.1016/0039-9140(93)80251-L.

[12] O. W. Lau, K. K. Shiu, and S. T. Chang, J. Sci. *Food Agric.*, **1985**, *36*, 733, **DOI**: 10.1002/jsfa.2740360814.

[13] A. Marchesini, F. Montuori, D. Muffato, and D. Maestri, *J. Food Sci.*, **1974**, 39, 568, **DOI**: 10.1111/j.1365-2621.1974.tb02950.x.

[14] T. Moeslinger, M. Brunner, I. Volf, and P. G. Spieckermann, *Clin. Chem.*, **1995**, 41, 1177.

[15] L. A. Pachla and P. T. Kissinger, *Anal. Chem.*, **1976**, *48*, 364, **DOI**: 10.1021/ac60366a045.

제 **21** 장

# 전위차법

*Potentiometry*

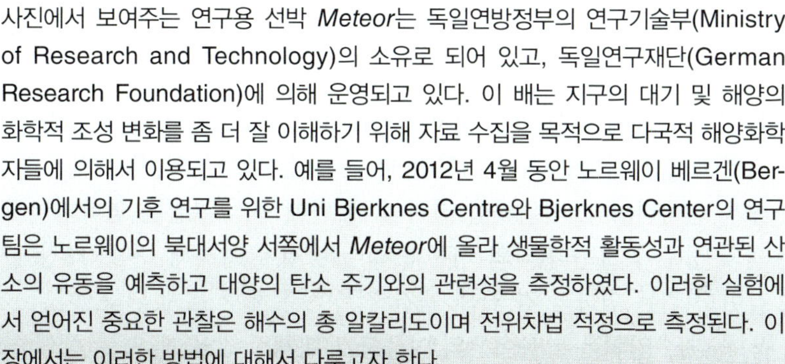

사진에서 보여주는 연구용 선박 *Meteor*는 독일연방정부의 연구기술부(Ministry of Research and Technology)의 소유로 되어 있고, 독일연구재단(German Research Foundation)에 의해 운영되고 있다. 이 배는 지구의 대기 및 해양의 화학적 조성 변화를 좀 더 잘 이해하기 위해 자료 수집을 목적으로 다국적 해양화학자들에 의해서 이용되고 있다. 예를 들어, 2012년 4월 동안 노르웨이 베르겐(Bergen)에서의 기후 연구를 위한 Uni Bjerknes Centre와 Bjerknes Center의 연구팀은 노르웨이의 북대서양 서쪽에서 *Meteor*에 올라 생물학적 활동성과 연관된 산소의 유동을 예측하고 대양의 탄소 주기와의 관련성을 측정하였다. 이러한 실험에서 얻어진 중요한 관찰은 해수의 총 알칼리도이며 전위차법 적정으로 측정된다. 이 장에서는 이러한 방법에 대해서 다루고자 한다.

© picture alliance/Getty Images

**전위차 분석법**(potentiometric method)은 뚜렷한 전류의 흐름 없이 전기화학 셀의 전위 측정에 기초를 두고 있다. 근세기의 전위차법 기술은 적정에서 종말점의 정확한 위치를 찾는데 사용되어 왔다. 최근 들어 이온의 농도가 이온 선택적 막 전극으로부터 직접 측정되고 있다. 이러한 전극은 많은 중요한 양이온과 음이온의 정량적 측정에 대해서 상대적으로 방해종으로부터 자유롭고, 빠르고 편리하게 측정이 가능하며, 비파괴적인 방식이다.[1]

분석 화학자들은 다른 형태의 화학적 기기 측정보다 전위차 측정 방법을 선호한다. 매일 수많은 전위차 측정이 이루어진다는 것은 믿기 어려울 것이다. 제조사들은 많은 소비재의 pH를 측정하고, 임상 실험실은 질병의 주요 지표로서 혈중 기체의 농도를 측정한다. 도시와 산업 폐수는 pH와 오염물의 농도를 연속적으로 모니터링이 되고 있으며, 해양학자들은 해수에서 이산화 탄소와 관련된 변화들을 측정한다. 전위차 측정은 $K_a$, $K_b$, $K_{sp}$와 같은 열역학적인 평형 상수를 결정하기 위해서 기초연구에서도 사용된다. 이러한 예는 전위차 측정의 수천 가지 적용 사례 중 일부에 해당된다.

전위차 측정을 위한 장치는 간단하고 비싸지 않으며, 기준 전극과 지시 전극으로 구성된 전위차 측정 장비이다. 이러한 각 구성품의 작동원리와 디자인은 이장의 앞 부분에 소개되어 있다. 이후에는 전위차 측정을 위한 분석적 적용에 대해 살펴보도록 한다.

[1]R. S. Hutchins and L. G. Bachas, in *Handbook of Instrumental Techniques for Analytical Chemistry*, F. A. Settle, ed., Ch. 38, pp. 727~48, Upper Saddle River, NJ: Prentice-Hall, 1997.

## 21A 일반적인 원리

특집 18-3에서 개별적인 반쪽 전지 전위의 절대 값을 실험실에서 측정할 수 없다는 것을 알았다. 즉, 상대 전지 전위만을 실험적으로 얻을 수 있다. **그림 21-1**은 전위차법 분석을 할 수 있는 대표적인 전지 형태를 보여준다. 이 전지는 다음과 같이 나타낸다.

$$\underbrace{\text{기준 전극}}_{E_{ref}} \mid \underbrace{\text{염다리}}_{E_j} \mid \text{분석 용액} \mid \underbrace{\text{지시 전극}}_{E_{ind}}$$

**기준 전극**은 알고 있는 전극 전위를 가지는 반쪽 전지이며 그 전위는 일정온도에서 일정하게 유지되고 분석 용액의 조성에 대해 무관하다.

**지시 전극**은 분석물의 농도에 따라 변화되는 전위를 가진다.

그림 21-1에서 볼 수 있듯이 기준 전극은 항상 왼쪽 전극으로 취급된다. 이 책에서는 이러한 관행을 채택하였으며, 18C-4절에서 다루고 있듯이 기준 전극인 표준 수소 전극은 전지 그림에서 왼쪽 전극에 해당하고, 전극 전위에 대한 IUPAC (International Union of Pure and Applied Chemistry) 규약을 따르고 있다.

수소 전극은 불편하고 화재의 위험이 있기 때문에 일상적인 전위차법 측정에서는 기준 전극으로 거의 사용하지 않는다.

그림에서 **기준 전극**(reference electrode)은 측정하려는 분석물의 농도나 또는 다른 이온 농도와 무관하게 정확히 알고 있는 값의 전극 전위($E_{ref}$)를 지니는 반쪽 전지이다. 기준 전극으로 표준 수소 전극이 대표적이지만 유지와 사용에 어려운 단점이 있다. 통상적으로 기준 전극은 전위차법 측정에서 항상 왼쪽에 위치한 전극으로 취급한다. 분석 용액에 담겨 있는 **지시 전극**(indicator electrode)은 분석물의 활동도에 따라 전위($E_{ind}$)를 나타낸다. 전위차법에 사용되는 대부분의 지시 전극은 감응에 있어서 매우 선택적이다. 전위차법 전지의 세 번째 구성 부분은 염다리인데, 이는 분석 용액의 성분이 기준 전극의 성분과 섞이는 것을 방지해 준다. 18장에서 언급한 바와 같이 전위는 염다리 각 끝의 액간 접촉을 통해 흐르게 된다. 이 두 전위는 염다리 용액 안의 양이온과 음이온의 이동도가 대체로 같을 때 서로 상쇄하려는 경향이 있다. 염화칼륨은 $K^+$와 $Cl^-$ 이온의 이동도가 거의 같으므로 염다리로 사용되기에 이상적인 전해질이다. 따라서 염다리에 흐르는 전체 전위 $E_j$는 수 mV 혹은 그 이하로 줄어든다. 대부분의 전기분석 방법에서 접촉 전위는 무시할 만큼 작다. 이 장에서 다루는 전위차법에서 접촉 전위의 불확실성은 정확성과 정밀도를 측정하는 데 제한을 줄 수 있다.

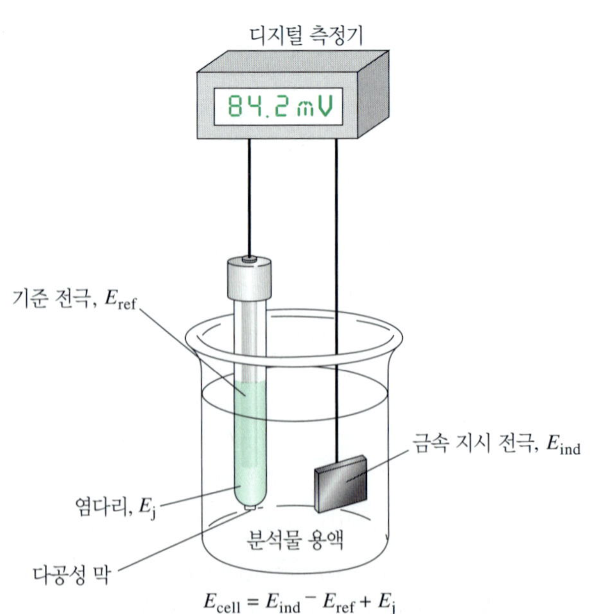


**그림 21-1** 전위차 분석용 전지.

전지의 전위는 다음 식으로 나타낸다.

$$E_{cell} = E_{ind} - E_{ref} + E_j \tag{21-1}$$

이 식의 첫 번째 항인 $E_{ind}$는 측정하고자 하는 분석물의 농도와 관련된 정보를 지니고 있다. 그러므로 전위차법 분석은 전지 전위를 측정하고 이 값을 기준 전위와 액간 접촉 전위에 대하여 보정을 해주고 이렇게 얻은 지시 전극 전위로부터 분석물의 농도를 계산하는 것이다. 엄밀하게 말해서 갈바니 전지의 전위는 분석물의 활동도와 관계가 있다. 단지 알고 있는 농도로 전극 시스템의 적절한 검정 과정을 통해서 분석물의 농도를 측정할 수 있는 것이다.

다음 절에서는 식 (21-1)의 오른쪽에 있는 3개의 전위가 나타내는 성질과 유래에 대하여 살펴보기로 한다.

## 21B 기준 전극

이상적인 기준 전극은 정확히 알고 있으며 일정하고 분석 물질에 감응하지 않는 전위를 지녀야 한다. 또한 견고해야 하며 제작이 쉽고 작은 전류 변화에 일정한 전위를 유지해야 한다.

### ▸ 21B-1 칼로멜 기준 전극

칼로멜 기준 전극은 포화된 염화수은(I)(칼로멜)과 일정 농도의 염화칼륨 용액이 수은과 접촉된 형태로 구성되어 있다. 칼로멜 반쪽 전지는 다음과 같이 표현된다.

$$\text{Hg}|\text{Hg}_2\text{Cl}_2(\text{포화}),\ \text{KCl}(x\ \text{M})||$$

여기서 $x$는 용액 내의 염화칼륨의 몰농도를 나타낸다. 이 반쪽 전지의 전극 전위는 다음 반응으로 결정되며

$$\text{Hg}_2\text{Cl}_2(s) + 2e^- \rightleftharpoons 2\text{Hg}(l) + 2\text{Cl}^-(aq)$$

염화 이온의 농도에 의존하게 된다. 따라서 KCl의 농도가 반드시 명시되어야 한다.

포화 칼로멜 전극에서 '포화(saturated)'는 KCl 농도를 말하는 것이며 칼로멜 농도는 아니다. 모든 칼로멜 전극은 $Hg_2Cl_2$(칼로멜)로 포화되어 있다.

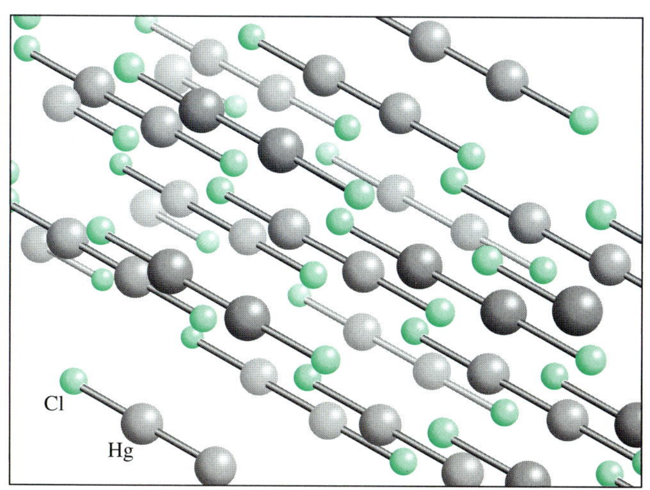


칼로멜의 결정 구조인 $Hg_2Cl_2$는 물에 대한 용해도(25°C에서 $K_{sp} = 1.8 \times 10^{-18}$)에 의해 제한을 받는다. 즉, 구조 내의 Hg—Hg 결합을 주목할 필요가 있다. 수용액에서 유사한 결합 형태가 있다는 상당한 증거가 있고, Hg(I)은 $Hg_2^{2+}$로 나타낸다.

**표 21-1**

**기준전극의 조성과 온도에 따른 형식 전극 전위**

| 온도, °C | 전위 대 SHE, V | | | | |
|---|---|---|---|---|---|
| | 0.1 M Calomel* | 3.5 M Calomel† | 포화 Calomel* | 3.5 M Ag/AgCl† | 포화 Ag/AgCl† |
| 15 | 0.3362 | 0.254 | 0.2511 | 0.212 | 0.209 |
| 20 | 0.3359 | 0.252 | 0.2479 | 0.208 | 0.204 |
| 25 | 0.3356 | 0.250 | 0.2444 | 0.205 | 0.199 |
| 30 | 0.3351 | 0.248 | 0.2411 | 0.201 | 0.194 |
| 35 | 0.3344 | 0.246 | 0.2376 | 0.197 | 0.189 |

*From R. G. Bates, in *Treatise on Analytical Chemistry*, 2nd ed., I. M. Kolthoff and P. J. Elving, eds., Part I, Vol. 1, p. 793, New York: Wiley, 1978.
†From D. T. Sawyer, A. Sobkowiak, and J. L. Roberts, Jr., *Electrochemistry for Chemists*, New York: Wiley, 1995, p. 192.

염다리는 35 g의 KCl을 포함하는 100 mL 수용액에 agar 5 g을 가열하여 전도성 겔(gel)을 만들어 U자 관에 채움으로서 쉽게 제작이 가능하다. 액체가 냉각된 후 우수한 전도체인 겔이 만들어지지만 튜브의 끝 부분에서 두 용액이 섞이는 것을 방지한다. 만약 측정 과정에서 KCl 중 한 쪽 이온의 방해가 있다면 염다리 전해질로서 $NH_4NO_3$을 사용할 수도 있다.

반투명한 조각으로 시판되는 **agar**는 동인도의 해초로부터 추출되는 헤테로다당류이다. 뜨거운 물에서 agar의 용액은 냉각될 때 겔이 된다.

**표 21-1**은 3가지 형태의 일반적인 칼로멜 전극에 대한 조성과 형식전극 전위를 요약해 놓았다. 각 용액은 염화수은(I)으로 포화되어 있고 전지들은 염화칼륨의 농도에 따라서만 다르다. **그림 21-2**에서 보여주는 것과 같은 몇몇 편리한 칼로멜 전극들은 시중에서 쉽게 구할 수 있다. 그림에서 보여주는 H 형태의 전극 몸체는 유리로 제작되어 있다. 전극의 오른쪽 부분은 전기적 백금 연결선과 함께 포화된 염화칼륨에 적은 양의 Hg/HgCl(I) 반죽과 약간의 KCl 결정으로 구성되어 있다. 왼쪽 튜브 끝 부분에는 다공성 Vycor ('thirsty glass')를 통해 염다리(18B-2절)로서 역할이 가능하도록 포화된 KCl이 채워져 있다. 이러한 형태의 접촉은 상대적으로 높은 저항을 유발하여(2000~3000 Ω) 전류 흐름의 용량을 제한하지만, 최소한의 염화칼륨 유출로 인하여 분석 용액의 오염을 최소화할 수 있다. 다른 형태의 SCE는 저항을 낮추고 분석 용액과의 접촉을 향상시키지만 적은 양의 포화된 염화칼륨이 시료로 유출되기도 한다. 과거 SCE는 수은 오염에 대한 염려로 일반적이지 못했지만, 어떤 부분에 있어서는 다음에 살펴볼 Ag/AgCl 기준 전극을 능가한다.

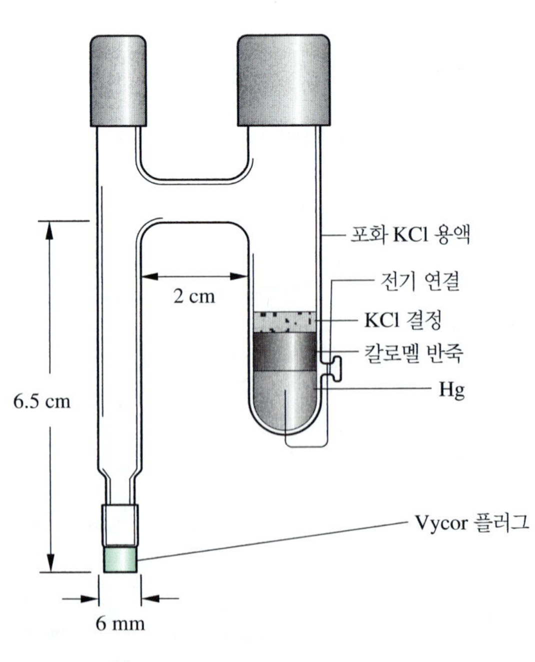


**그림 21-2** 전형적인 상업용 포화 칼로멜 전극(Reprinted with permission of Bioanalytical Systems, W. Lafayette, IN).

## ▸ 21B-2 은/염화은 기준 전극

가장 널리 시판되고 있는 기준 전극은 포화된 염화칼륨과 염화은에 은 전극이 담겨진 형태로 구성되어 있다.

$$\mathrm{Ag|AgCl(포화),\ KCl(포화)||}$$

전극 전위는 다음 반쪽 반응에 의해서 결정된다.

$$\mathrm{AgCl(s) + e^- \rightleftharpoons Ag(s) + Cl^-}$$

대개 이 전극은 포화되거나 3.5 M 염화칼륨 용액으로 준비되며, 전극 전위는 표 21-1에 나타내었다. **그림 21-3**은 상용화된 형태의 전극이며 분석 용액과 접촉되는 부분에 유리튜브와 같이 Vycor 플러그로 연결하여 좁은 통로를 지니게 된다. 전극 몸체 내부는 은 선이 염화은 층으로 둘러싸이게 되며 염화은이 포화된 염화 칼륨 용액에 담겨져 있다.

은–염화은 전극은 칼로멜 전극은 사용될 수 없는 60°C 이상의 온도 영역에서 사용 가능한 장점을 지닌다. 반면에 Hg(II) 이온은 은 이온(예를 들어, 단백질과의 반응 등)보다 시료 성분과의 반응이 작다. 이러한 반응들은 전극과 분석 용액 사이의 접촉을 막기도 한다.

❮ 25°C에서 표준 수소 전극에 대한 포화 칼로멜 전극의 전위는 0.244 V이다. 포화 은/염화은 전극에 대해서는 0.199 V이다.

## 21C 액간 접촉 전위

성분이 다른 두 전해질 용액이 만날 때 계면을 가로질러 전위가 나타나게 된다. 이러한 접촉 전위는 양이온과 음이온이 경계면을 가로지를 때 확산 속도의 차이로 인해서 발생하게 된다. **그림 21-4**는 0.01 M HCl 용액과 접촉한 1 M HCl 용액으

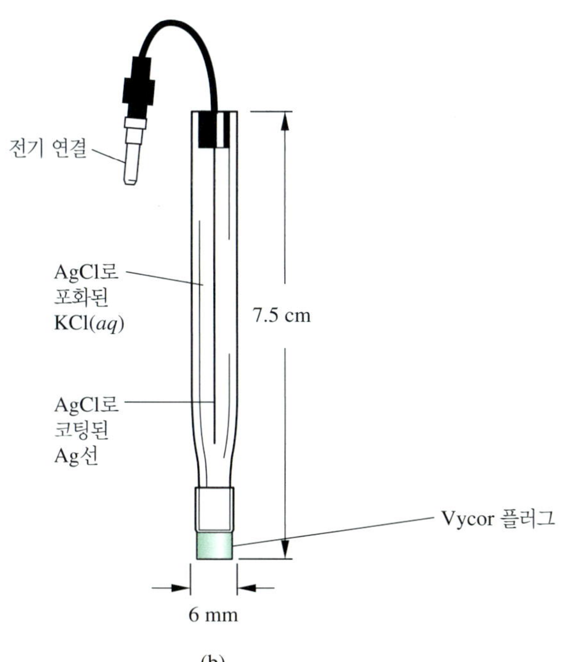


**그림 21-3** 기준 전극 전위($E_{ref}$)와 접촉 전위($E_j$)가 발생하는 은/염화은 전극(Reprinted with permission of Bioanalytical Systems, W. Lafayette, IN).

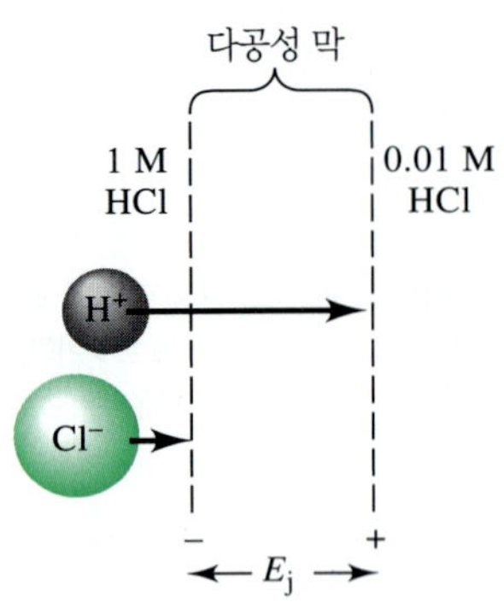


**그림 21-4** 접촉 전위인 $E_j$의 원인을 보여주는 액간 접촉 표현. 화살표의 길이는 이온의 상대적인 이동도에 해당한다.

로 이루어진 간단한 액간 접촉을 보여준다. 소결된 유리판과 같은 비활성 다공성 막이 있어 두 용액이 섞이는 것을 방지한다. 액간 접촉은 다음과 같이 표현될 수 있다.

$$HCl(1\ M)|HCl(0.01\ M)$$

수소 이온과 염화 이온 둘 모두는 이 경계면을 가로질러 진한 용액에서 묽은 용액으로 확산하려고 한다. 즉 왼쪽에서 오른쪽 방향이다. 각 이온들의 추진력은 두 용액의 활동도 차이에 비례한다. 지금 예에서는 수소 이온이 염화 이온보다 상당히 더 빨리 이동한다. 따라서 그림 21-4에서 보여준 것과 같이 수소 이온은 염화 이온보다 더 빠르게 확산되고 전하 분리가 발생한다. 수소 이온의 빠른 확산으로 경계면의 더 묽은 쪽은 양전하를 띄게 되면 농도가 진한 쪽은 염화 이온의 느린 움직임의 결과로 음전하가 나타난다. 이렇게 생긴 전하 차이는 두 이온의 확산 속도의 차이를 작게 만들어서 평형 조건이 빨리 이루어지게 한다. 이러한 전하 분리로 발생하는 전위차는 백분의 수 볼트 정도가 된다.

전형적인 KCl 염다리에서 발생되는 접촉 전위는 수 mV이다.

액간 접촉 전위의 크기는 두 용액 사이에 염다리를 설치하면 최소화할 수 있다. 염다리는 그 안에서 양이온과 음이온의 이동도가 거의 같고 이들의 농도가 크다면 가장 효과적으로 작용한다. 이런 두 관점에서 볼 때 염화칼륨 포화 용액이 가장 좋다. 염다리가 갖고 있는 접촉 전위는 보통 수 mV 정도이다.

## 21D 지시 전극

전위차법 측정 결과는 분석 물질의 활동도이며 대부분의 분석 방법에서 주어지는 농도와는 대조된다. 다시 상기해 보면 어떤 화학종의 활동도 $a_X$는 식 (10-2)에 의해서 몰농도와 관련이 있다.

$$a_X = \gamma_X[X]$$

여기서 $\gamma_X$는 X의 활동도 계수이고 용액의 이온 세기에 따라 변하는 상수이다. 전위차법 결과가 활동도에 의존하기 때문에 대부분의 경우 이장에서는 $a_X \approx [X]$ 라는 근사법을 사용할 필요가 없다.

이상적인 지시 전극은 분석 이온(또는 분석 이온의 그룹)의 농도 변화에 빠르고 재현성 있게 감응해야 한다. 어떤 지시 전극도 감응에 있어서 완벽히 특이적이지는 않지만 상당수는 상당히 선택적으로 감응한다. 지시 전극은 세 가지 형태인 금속, 막, 이온-감지 장효과 트랜지스터가 있다.

### ▸ 21D-1 금속 지시 전극

금속 지시 전극을 편의상 **일차 전극**(electrodes of the first kind), **이차 전극**(electrodes of the second kind), **비활성 산화/환원전극**(inert redox electrodes)으로 분류한다.

#### » 일차 전극

일차 전극은 용액 내에서 금속의 양이온과 직접 평형을 이루는 순수한 금속 전극이다. 단일 반응과 연관된다. 예를 들면, 구리와 그 양이온인 $Cu^{2+}$ 사이의 평형은

$$Cu^{2+}(aq) + 2e^- \rightleftharpoons Cu(s)$$

이고, 다음과 같이 표현된다.

$$E_{ind} = E^0_{Cu} - \frac{0.0592}{2}\log\frac{1}{a_{Cu^{2+}}} = E^0_{Cu} + \frac{0.0592}{2}\log a_{Cu^{2+}} \qquad (21\text{-}2)$$

여기서 $E_{ind}$는 금속 전극의 전위이며 $a_{Cu^{2+}}$는 이온의 활동도(또는 묽은 용액에서 몰 농도, $[Cu^{2+}]$)이다.

지시 전극의 전극 전위는 종종 양이온의 p-함수로($pX = -\log a_{Cu^{2+}}$)로 표현한다. 따라서 pCu를 식 (21-2)에 대입하면 다음과 같이 된다.

$$E_{ind} = E^0_{Cu} + \frac{0.0592}{2}\log a_{Cu^{2+}} = E^0_{Cu} - \frac{0.0592}{2}pCu$$

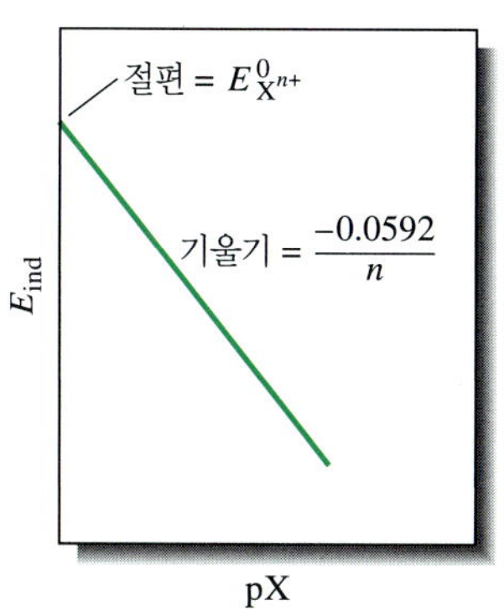


**그림 21-5** 일차 전극에 대한 식 (21-3)의 도시.

어떤 금속과 양이온에 대한 일반적인 표현은 다음과 같다.

$$E_{ind} = E^0_{X^{n+}/X} + \frac{0.0592}{n}\log a_{X^{n+}} = E^0_{X^{n+}/X} - \frac{0.0592}{n}pX \qquad \textbf{(21-3)}$$

이 함수는 **그림 21-5**에 나타내었다.

일차 전극 시스템은 여러 가지 이유로 전위차를 결정할 때 널리 이용되지 않는다. 첫 번째로 금속 지시 전극은 높은 선택성을 지니지 못하고 자신의 양이온에만 감응할 뿐만 아니라 다른 양이온을 쉽게 환원시킨다. 예를 들면, 구리 전극은 전극 전위가 은 이온의 농도 함수이므로 은(I) 이온이 존재할 때 구리(II)를 측정할 수 없다. 게다가 아연과 카드뮴 같은 많은 다른 금속 전극들은 산이 존재하는 용액 중에서 용해되기 때문에 중성이나 염기성 용액에서만 사용될 수 있다. 세 번째로 다른 금속 역시 쉽게 산화되기 때문에 분석 용액 중에 존재하는 산소를 제거시켰을 때에만 이용할 수 있다. 마지막으로 철, 크로뮴, 코발트, 니켈과 같은 단단한 금속들은 재현성 있는 전위를 나타내지 않는다. 이와 같은 단단한 금속 전극의 전위 $E_{ind}$를 pX의 함수로 도시하면 종종 이론상의 값($-0.0592/n$)과 상당히 다른 기울기를 나타내는 수가 많다. 이런 이유로 일차 전극 시스템에서는 중성 용액에서 $Ag/Ag^+$와 $Hg/Hg^{2+}$가 사용되고 있고, 산소를 제거한 용액에서는 $Cu/Cu^{2+}$, $Zn/Zn^{2+}$, $Cd/Cd^{2+}$, $Bi/Bi^{3+}$, $Tl/Tl^+$, $Pb/Pb^{2+}$이 전위차법에 이용된다.

## » 이차 전극

금속은 자신의 양이온에 대하여 지시 전극으로서 감응할 뿐만 아니라 양이온과 함께 난용성 침전 또는 안정한 착화합물 등을 만드는 음이온의 활동도에 대해서도 감응한다. 예를 들어 은 전극의 전위는 염화은으로 포화된 용액 중의 염화 이온 농도와 재현성 있는 관계를 가진다. 여기서 전극 반응은 다음과 같다.

$$AgCl(s) + e^- \rightleftharpoons Ag(s) + Cl^-(aq) \qquad E^0_{AgCl/Ag} = 0.222\ V$$

이 반응의 Nernst식은 25°C에서 다음과 같다.

$$E_{ind} = E^0_{AgCl/Ag} - 0.0592\log a_{Cl^-} = E^0_{AgCl/Ag} + 0.0592\ pCl \qquad \textbf{(21-4)}$$

식 (21-4)는 은 전극의 전위가 염화 이온의 활동도에 대한 음의 대수인 pCl에 비례함을 보여준다. 따라서 염화은으로 포화된 용액에서 은 전극은 염화 이온에 대해서 이차 지시 전극으로 사용될 수 있다. 이러한 형태의 전극에서 로그 항의 부호가 일차 전극의 로그 항의 부호와 반대라는 것에 주목해야 한다[식 (21-3) 참조]. 은 전극 전위를 pCl에 대하여 도시한 것을 **그림 21-6**에서 보여주고 있다.

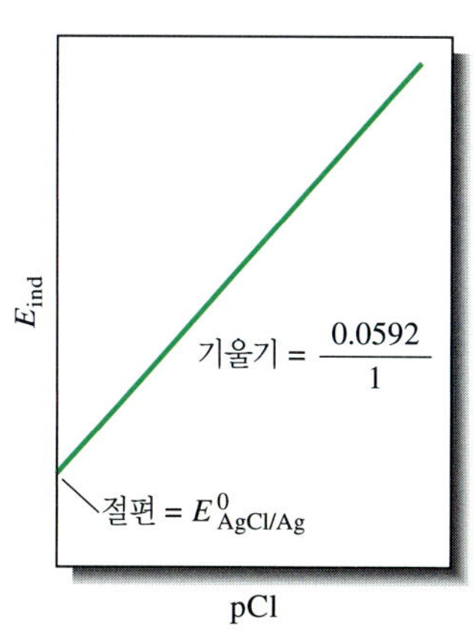


**그림 21-6** 염화 이온 측정에 대한 이차 전극의 전위를 나타내는 식 (21-4)의 도시.

### » 산화/환원계의 비활성 금속 전극

18장에서 알아본 바와 같이 여러 비활성을 갖는 도체는 산화/환원 계에서 감응한다. 백금, 금, 팔라듐, 탄소와 같은 물질들은 산화/환원 계를 관찰하는 데 사용이 가능하다. 예를 들어 세륨(III)와 세륨(IV)이 포함된 용액에 담겨진 백금 전극의 전위는 다음과 같다.

$$E_{ind} = E^0_{Ce^{4+}/Ce^{3+}} - 0.0592 \log \frac{a_{Ce^{3+}}}{a_{Ce^{4+}}}$$

따라서 백금 전극은 세륨(IV) 표준 용액의 적정에 편리한 지시 전극 중 하나이다.

## ▸ 21D-2 막 지시 전극[2]

거의 한 세기 동안 pH를 측정하는 가장 편리한 방법은 서로 다른 수소 이온 농도를 가진 두 개의 용액을 분리해 놓은 얇은 유리막을 가로질러 나타나는 전위를 측정하는 것이었다. 이런 측정에 근거를 두고 있는 현상은 1906년에 처음 보고되었으며 지금까지 많은 연구자들에 의해 연구가 이루어져 왔다. 그 결과 수소 이온에 대한 유리막의 민감성과 선택성은 비교적 잘 이해되었다. 더욱이 이를 토대로 다른 이온들에게도 선택적으로 감응하는 다양한 형태의 막 개발을 이끌어 오게 되었다.

막 전극은 때로 **p-이온 전극**(p-ion electrode)이라고 불리는데, 이 전극들을 이용하면 얻어진 데이터가 보통 pH, pCa 또는 $pNO_3$와 같은 p-함수로 나타내기 때문이다. 이 절에서는 몇몇 형태의 p-이온 막들에 대해서 다루고자 한다. 본론에 앞서 막 전극은 그 구조와 원리 모두에 있어서 금속 전극과 근본적으로 다르다는 것을 이해할 필요가 있다. 이러한 차이를 설명하기 위해 pH 측정용 유리 전극에 대해 알아보기로 한다.

## ▸ 21D-3 pH 측정용 유리 전극

일반적인 유리 전극의 막(두께는 0.03~0.1 mm)은 전기 저항이 50~500 MΩ이다.

**그림 21-7a**는 pH를 측정하는 대표적인 *전지*를 보여주고 있다. 이 전지는 pH를 측정할 용액에 담긴 유리 지시 전극과 포화 칼로멜 기준 전극으로 이루어져 있다. 지시 전극은 pH에 감응하는 얇은 유리막이 두꺼운 유리 또는 플라스틱 관 한 쪽 끝에 부착된 형태로 구성되어 있다. 관 속에는 염화은으로 포화된 묽은 염산이 소량 들어 있다. 이 용액 안에 있는 은 선은 은/염화은 기준 전극의 역할을 하는 데, 이는 전위 측정 장치의 단자 중 하나에 연결된다. 다른 단자에는 칼로멜 전극이 연결된다.

그림 21-7a와 이 전지의 도시적 표현인 **그림 21-8**은 유리 전극 장치가 두 개의 기준 전극, 즉 외부 칼로멜 전극과 내부 은/염화은 전극으로 구성되어 있음을 보여준다. 내부 기준 전극은 유리 전극의 일부분이지만 이것은 pH 감응 요소가 아니다. *유리 전극 끝 부분의 얇은 유리막 구형(thin glass membrane bulb)이 pH에 감응한다.* 우선 유리 같은 절연체(왼쪽 여백의 노트 참조)가 이온을 검출하는 데 유용할 수 있

[2]추가적인 정보는 다음 문헌을 참고하시오. R. S. Hutchins and L. G. Bachas, in *Handbook of Instrumental Techniques for Analytical Chemistry*, F. A. Settle, ed., Upper Saddle River, NJ: Prentice-Hall, 1997; A. Evans, *Potentiometry and Ion-Selective Electrodes*, New York: Wiley, 1987; J. Koryta, *Ions, Electrodes, and Membranes*, 2nd ed., New York: Wiley, 1991.

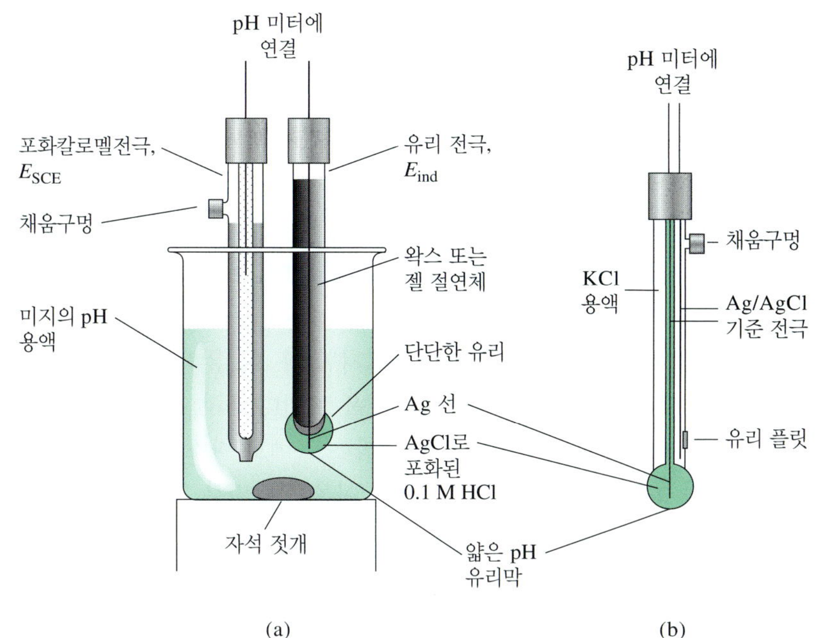


**그림 21-7** 전형적인 pH 측정용 전극 시스템. (a) 미지 pH 용액에 담겨진 유리 전극(지시 전극)과 SCE(기준 전극). (b) 지시 전극인 유리 전극과 은/염화은 기준 전극으로 구성된 복합 전극. 두 번째 은/염화은 전극은 유리 전극에서 내부 기준으로 사용된다. 두 전극은 중심에 내부 기준과 바깥쪽의 외부 기준으로 배열된다. 기준 전극은 유리 플릿 혹은 다른 적합한 다공성 물질을 통해서 분석물과 접촉된다. 복합 전극은 pH를 측정할 때 가장 흔한 유리 전극과 기준 전극의 배열에 해당된다.

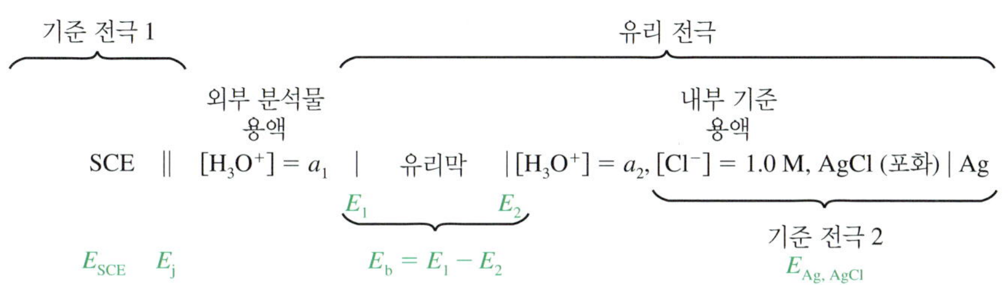


**그림 21-8** pH 측정용 유리/칼로멜 전지. $E_{SCE}$는 기준 전극의 전위, $E_j$는 접촉 전위, $a_1$은 분석 용액에서 $H_3O^+$ 이온의 활동도, $E_1$과 $E_2$는 유리막의 한 쪽 부분 전위, $E_b$는 경계 전위, $a_2$는 내부 기준 용액에서 $H_3O^+$ 이온의 활동도.

다는 점이 색다르지만, 물질은 전하 불균형이 있을 때마다 전기적 전위차가 있다는 것을 명심해야 한다. 유리 전극의 경우 막 내부의 양성자 농도(활동도)는 일정하다. 막의 바깥쪽 농도는 분석 용액의 수소 이온 활동도에 의해서 결정된다. 농도 차에 의해서 발생되는 전위 변화는 pH 미터로 측정이 가능하다. 내부와 외부의 기준 전극은 유리막의 두 면과 함께 전기적 접촉을 만드는 수단이고, 이들 전위는 본질적으로 접촉 전위를 제외하면 일정하며, 분석 용액의 작은 조성 변화에 감응한다. 두 기준 전극의 전위는 각각의 산화-환원 짝의 전기화학적 성질에 의존하지만, 유리막을 통한 전위는 유리의 물리화학적 특성과 막의 양쪽에 있는 이온의 농도에 의존한다. 유리 전극이 어떻게 작동하는지를 이해하기 위해서 막 전위를 생성하는 전하차 발생 메커니즘을 조사해야 한다. 다음 몇 절에서는 이러한 메커니즘과 이들 막의 중요한 성질들에 대해서 조사하였다.

그림 21-7b에서는 유리 전극으로 pH를 측정하는 가장 일반적인 구성을 보여주고 있다. 이 구성에서 유리 전극과 Ag/AgCl 내부 기준 전극은 원통 모양 탐침의 중앙에 위치한다. 유리 전극 주위에 외부 기준 전극이 있고 외부 기준 전극으로 Ag/AgCl 형태가 가장 자주 사용되는 것 중의 하나이다. 외부 기준 전극은 그림 21-7a의 이중 탐침 배열에서와 같이 분명하지 않지만 단일 탐침형 혹은 복합형은 매우

편리하며 이중 탐침형보다 훨씬 더 작게 만들 수 있다. pH에 민감한 유리막은 전극의 끝에 붙어 있다. 이러한 유리 pH 전극은 연구실 및 산업적 활용성에 폭넓게 적용 가능한 물리적 형태와 크기(5 cm~5 μm)로 제작되고 있다.

### » 유리막의 조성과 구조

수많은 연구진에 의해서 양성자와 다른 양이온들에 대한 막의 감도에 유리 조성이 어떻게 영향을 주는가에 대한 연구가 이루어져 왔으며, 현재 많은 방법들이 전극을 만드는데 이용되고 있다. 막으로 널리 사용되고 있는 Corning 015 유리는 약 22%의 $Na_2O$, 6%의 CaO, 72%의 $SiO_2$로 이루어져 있다. 이 유리로 만들어진 막은 약 pH 9까지 수소 이온에 대하여 뛰어난 특이성을 보인다. 하지만 pH가 더 높을수록 이 유리막은 다른 단일전하 양이온뿐만 아니라 소듐에도 다소 감응한다. 따라서 오늘날 소듐과 칼슘 이온 대신에 리튬이나 바륨 이온으로 일부 대체된 유리가 이용되고 있다. 이러한 막들은 선택성과 내구성이 뛰어나다.

**그림 21-9**에서와 같이 막을 만드는데 사용되는 규소산 유리는 각 규소가 네 개의 산소와 결합하여 있고 각 산소는 두 개의 규소에 결합하여 있는 무한한 3차원적 그물 구조로 되어 있다. 이 구조의 빈 공간에는 규소산의 음전하에 균형을 맞출 수 있는 충분한 양이온들이 들어 있다. 소듐이나 리튬과 같은 1가 양이온들은 격자 내에서 움직일 수 있으며 이것이 막 내에서의 전기 전도의 원인이 된다.

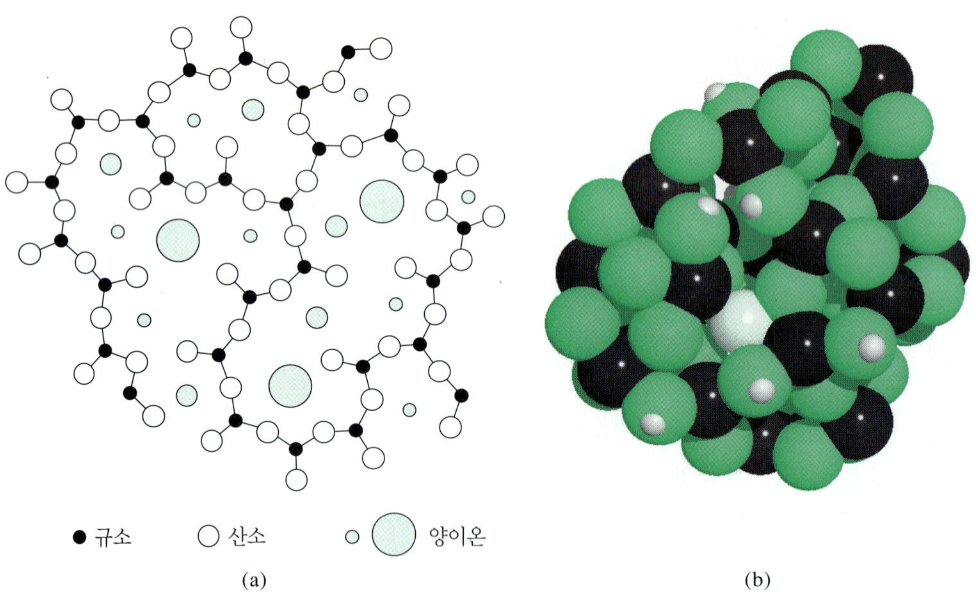


**그림 21-9** (a) 규소산 유리 구조의 단면도. 세 개의 Si—O 결합 외에 각 규소는 종이면의 앞 또는 뒤에 있는 또 한 개의 산소와 결합하고 있다(G. A. Perley, *Anal. Chem.*, **1949**, *21*, 395, **DOI:** 10.1021/ac60027a013. Copyright 1949 American Chemical Society.) (b) $Na^+$ 이온(큰 초록색)과 여러 $H^+$ 이온(작은 초록색)이 섞인 비결정 실리카의 세 배 크기의 구조를 보여주는 모델. $Na^+$ 이온은 산소 원자의 무리에 둘러싸여 있고, 비결정 격자 각각의 양성자는 산소에 붙어 있다. 구조 안의 작은 크기의 구멍과 양성자의 높은 이동성은 양성자를 실리카의 표면으로 깊게 이동시킬 수 있다. 다른 양이온과 물 분자는 틈새 구조에 매우 잘 결합한다.

유리막의 두 표면은 pH 전극으로 사용되기 전에 수화되어야 한다. 비흡습성 유리는 pH에 작동되지 않는다. 심지어 흡습성이 있는 유리일지라도 건조제에서 탈수되면 pH에 대한 민감성을 상실하게 된다. 그러나 이 현상은 가역적이므로 유리 전극을 물에 담가두면 감응이 다시 회복된다.

물을 흡수하는 유리를 **흡습성**이 있다고 한다.

pH 감응 유리막의 수화 반응은 유리 격자 속에 있는 1가 양이온과 전극을 담근 용액에 있는 양성자 사이의 이온 교환 반응에 관여한다. 이 반응에는 전적으로 1가 양이온만 관여하고 있는데 이는 2가와 3가 양이온은 규산염 구조에 세게 잡혀 있어 용액 내의 이온과 교환이 이루어지지 않기 때문이다. 이러한 이온 교환 반응은 다음과 같이 쓸 수 있다.

$$\underset{\text{용액}}{H^+} + \underset{\text{유리}}{Na^+Gl^-} \rightleftharpoons \underset{\text{용액}}{Na^+} + \underset{\text{유리}}{H^+Gl^-} \qquad \textbf{(21-5)}$$

단지 한 개의 규소 원자에 붙어 있는 산소 원자들은 이 식에서 보여준 것과 같이 음전하를 띤 $Gl^-$ 자리에 있다. 이 과정의 평형 상수는 매우 크기 때문에 수화된 유리막의 표면은 일반적으로 모두 규소산($H^+Gl^-$)으로 이루어져 있다. 수소 이온의 농도가 극히 작고 소듐 이온 농도가 큰 진한 알칼리 용액의 경우에는 예외 현상이 일어난다. 이러한 조건 하에서는 소듐 이온들이 많은 자리를 차지하게 된다.

### » 막 전위

그림 21-8의 아래 부분은 유리 전극으로 pH를 측정할 때 전지 안에서 나타나는 4개의 전위를 보여준다. 두 전위인 $E_{Ag,AgCl}$과 $E_{SCE}$는 기준 전극 전위로 일정하다. 세 번째 전위로 칼로멜 전극과 분석 용액이 분리되어 염다리에서 나타나는 접촉 전위인 $E_j$가 있다. 이 계면과 이와 관련된 접촉 전위는 이온 농도를 전위차법으로 측정하는 모든 전지에서 볼 수 있다. 그림 21-8에서 보여준 가장 중요한 네 번째 전위는 *분석 용액의 pH에 따라 변화하는* **경계 전위**(boundary potential, $E_b$)이다. 두 기준 전극은 단지 용액들과 전기 접촉만을 하여 경계 전위의 변화 값을 측정할 수 있도록 해준다.

### » 경계 전위

그림 21-8은 경계 전위가 유리막의 두 *표면*에서 생기는 $E_1$과 $E_2$로 이루어져 있는 것을 보여준다. 이러한 두 전위의 근원은 반응의 결과로 축적된 전하이다.

$$\underset{\text{유리}_1}{H^+Gl^-(s)} \rightleftharpoons \underset{\text{용액}_1}{H^+(aq)} + \underset{\text{유리}_1}{Gl^-(s)} \qquad \textbf{(21-6)}$$

$$\underset{\text{유리}_2}{H^+Gl^-(s)} \rightleftharpoons \underset{\text{용액}_2}{H^+(aq)} + \underset{\text{유리}_2}{Gl^-(s)} \qquad \textbf{(21-7)}$$

여기서 아래첨자 1은 유리 외부와 분석 용액 사이의 경계를 뜻하며, 아래첨자 2는 유리의 내부 용액과 내부 유리 사이의 경계를 말한다. 이들 두 반응은 용액과 접촉하고 있는 음으로 하전된 두 유리 표면에서 생긴다. 그림 21-8에서 보여주는 바와 같이 표면에서의 음 전하들은 두 전위 $E_1$과 $E_2$를 생기게 한다. 막의 양쪽 용액에서 수소 이온 농도는 식 (21-7)과 식 (21-8)의 평형 위치를 제한하게 되고, $E_1$과 $E_2$를 차례로 결정하게 된다. 두 평형 상태가 다를 때 해리가 더 일어나는 표면이 다른 쪽 표면에 비하여 (−)이다. 최종적으로 두 유리 표면 사이의 전위차는 Nernst식과 비슷한 식인 각 용액 안의 수소 이온의 활동도와 관련된 경계 전위이다.

$$E_b = E_1 - E_2 = 0.0592 \log \frac{a_1}{a_2} \qquad \textbf{(21-8)}$$

여기서 $a_1$은 분석 용액의 활동도이고, $a_2$는 내부 용액의 활동도이다. 유리 전극에서 내부 용액의 수소 이온의 활동도 $a_2$는 일정하게 유지되며 식 (21-8)을 간단히 하면

$$E_b = L' + 0.0592 \log a_1 = L' - 0.0592 \text{ pH} \qquad \textbf{(21-9)}$$

여기서

$$L' = -0.0592 \log a_2$$

따라서 경계 전위는 외부 용액의 수소 이온 활동도의 척도가 된다.

식 (21-8)에서 보여주는 전위와 전위차의 중요성을 **그림 21-10**에서 보여주는 전위 분포에서 설명하고 있다. 분포도는 왼쪽에 있는 분석 용액으로부터 막을 통해서 오른쪽에 있는 내부 용액으로 도시된다. 분포도에서 중요한 점은 흡수층이나 유리

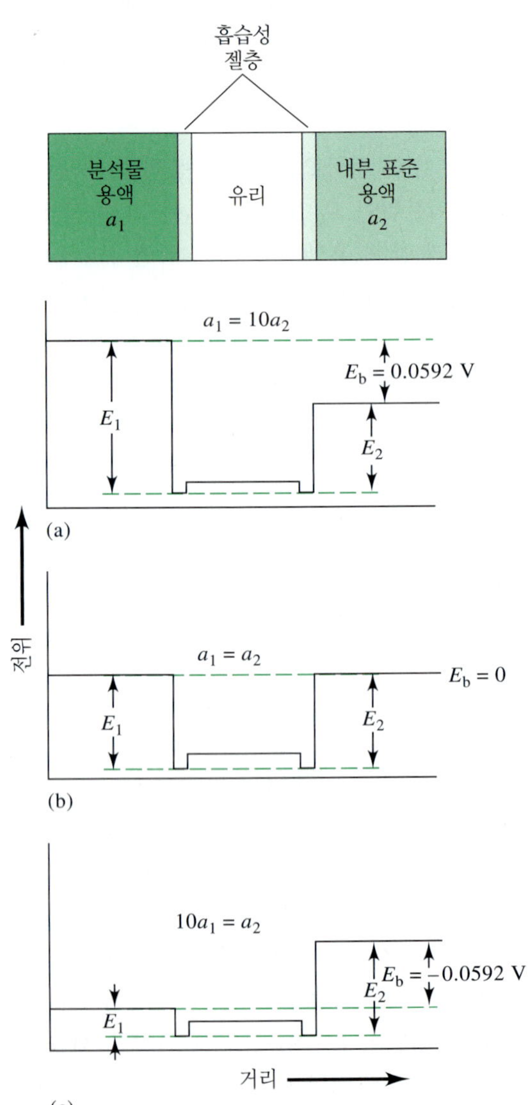


**그림 21-10** 분석 용액에서 유리막을 가로질러 내부 기준 용액으로 흐르는 전위의 개요도. 기준 전극 전위는 나타내지 않았다.

안쪽의 절대 전위에 관계 없이 경계 전위는 유리막 양쪽에서의 전위차에 의해 결정되고, 이어서 막 양쪽에서의 양성자 활동도에 의해 결정된다는 것이다.

### » 비대칭 전위

동일한 용액과 기준 전극들이 유리막 양쪽에 놓여 있을 때 경계 전위는 이론적으로 0이어야 한다. 그러나 실제로는 시간에 따라 점차적으로 변하는 작은 비대칭 전위가 자주 나타난다.

비대칭 전위의 원인은 확실하지 않으나 막을 제조하는 과정에서 두 표면에 주어지는 힘의 차이, 사용하는 동안 외부 표면의 기계적 마모, 외부 표면의 화학적 부식으로 생기는 것 때문으로 여겨진다. 비대칭 전위로 인해 생기는 가측 오차를 제거하기 위해 모든 막 전극은 하나 또는 그 이상의 표준 분석 용액으로 검정해야 한다. 검정은 최소한 매일 이루어져야 하고, 전극의 사용 빈도가 높을 시에는 검정 주기가 더 빨라져야 한다.

### » 유리 전극 전위

유리 지시 전극의 전위, $E_{ind}$는 다음과 같은 세 가지 성분으로 이루어져 있다. (1) 식 (21-8)으로 주어진 경계 전위, (2) Ag/AgCl 내부 기준 전극의 전위, (3) 시간에 따라 느리게 변화되는 작은 비대칭 전위($E_{asy}$)이다. 식으로 표현하면 다음과 나타낼 수 있다.

$$E_{ind} = E_b + E_{Ag/AgCl} + E_{asy}$$

$E_b$에 대한 식 (21-9)를 대입하면

$$E_{ind} = L' + 0.0592 \log a_1 + E_{Ag/AgCl} + E_{asy}$$

또는

$$E_{ind} = L + 0.0592 \log a_1 = L - 0.0592 \text{ pH} \qquad \textbf{(21-10)}$$

여기서 $L$은 세 가지 상수항을 모아 놓은 것이다. 식 (21-10)과 식 (21-3)을 비교해 보자. 비록 두 식의 형태는 비슷하고 두 전위가 전하 분리에 의해 생긴다고 하지만 *이 식들의 결과로 나타나는 전하 분리 메커니즘은 매우 다르다.*

### » 알칼리 오차

염기성 용액에서 유리 전극은 수소 이온과 알칼리 금속 이온 농도에 모두 감응한다. 네 가지 다른 유리막에 대한 이 알칼리 오차의 정도를 **그림 21-11**에서 곡선 $C$에서 $F$까지 보여주고 있다. 이는 소듐 이온 농도를 1 M로 일정하게 유지하고 pH를 변화시킨 용액에 대한 곡선들이다. 오차($pH_{read} - pH_{true}$)가 음의 값(즉, 측정된 pH가 실제보다 낮다)임을 알 수 있는데, 이는 전극이 양성자뿐만 아니라 소듐 이온에도 감응한다는 것을 의미한다. 이러한 관찰은 다른 소듐 이온 농도를 포함한 용액에서 얻어진 데이터에 의해 확인할 수 있다. 이와 같이 pH가 12에서 Corning 015 막 전극(그림 21-11의 곡선 $C$)은 1 M의 소듐 이온 용액에 담갔을 때 pH 11.3을 가리키지만, 0.1 M에서는 11.7을 나타낸다. 모든 1가 양이온은 알칼리 오차를 일으키는데 그 크기는 양이온과 유리막의 조성에 달려 있다.

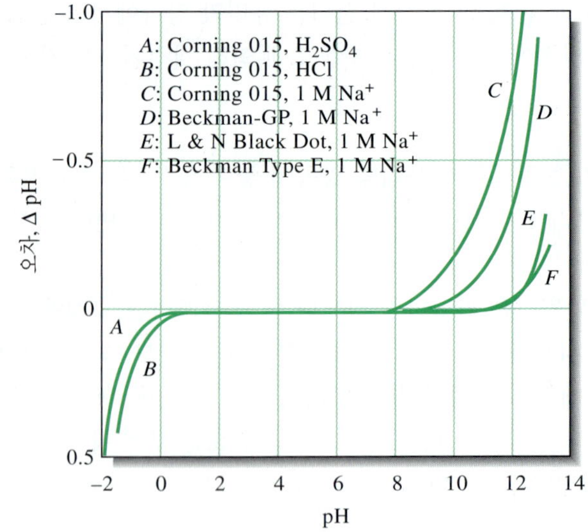

**그림 21-11** 25°C에서 몇 가지 유리 전극의 산 및 알칼리 오차(R.G. Bates, *Determination of pH*, 2nd ed., p.265. New York: Wiley, 1973. Reprinted by permission of the author's estate).

알칼리 오차는 유리 표면의 수소 이온과 용액의 양이온 사이의 교환 평형을 생각해 보면 잘 알 수 있다. 이 과정은 식 (21-5)에서 보여준 반응의 단순한 역반응이다.

$$\underset{\text{유리}}{H^+Gl^-} + \underset{\text{용액}}{B^+} \rightleftharpoons \underset{\text{유리}}{B^+Gl^-} + \underset{\text{용액}}{H^+}$$

여기서 $B^+$는 소듐 이온과 같은 1가 양이온을 나타낸다.

이 반응에 대한 평형 상수는 다음과 같다.

식 (21-11)에서 $b_1$은 $Na^+$ 혹은 $K^+$와 같은 1가 양이온의 활동도를 나타낸다.

$$K_{ex} = \frac{a_1 b_1'}{a_1' b_1} \tag{21-11}$$

여기서 $a_1$과 $b_1$은 용액에서 $H^+$와 $B^+$의 활동도이고, $a_1'$과 $b_1'$은 유리 표면에서 이러한 이온들의 활동도이다. 식 (21-11)을 재배열하면 유리표면에서 $B^+$대 $H^+$의 활동도 비로 나타낼 수 있다.

$$\frac{b_1'}{a_1'} = K_{ex}\frac{b_1}{a_1}$$

pH 전극으로 사용되는 유리인 경우 $K_{ex}$가 대체로 작기 때문에 일반적으로 활동도 비 $b_1'/a_1'$는 매우 작다. 그러나 센 알칼리 용액에서는 상황이 다르다. 예를 들어 1 M 소듐 이온이 들어 있는 pH 11인 용액에서 담가진 전극(그림 21-11 참조)의 $b_1'/a_1'$는 $10^{11} \times K_{ex}$이다. 여기서 수소 이온의 활동도에 비해 소듐 이온의 활동도가 매우 크기 때문에 전극은 두 이온 종 모두에 감응한다.

### » 선택성에 대한 설명

막을 가로질러 나타나는 전위에 미치는 알칼리 금속 이온의 효과는 식 (21-9)에 또 다른 항을 삽입하면 설명될 수 있다.

$$E_b = L' + 0.0592 \log (a_1 + k_{H,B}b_1) \tag{21-12}$$

여기서 $k_{H,B}$는 전극에 대한 **선택 계수**(selectivity coefficient)이다. 식 (21-12)는 수소 이온에 대한 유리 지시 전극뿐만 아니라 모든 종류의 막 전극에도 적용된다. 선택 계수의 범위는 0(방해 없음)에서부터 1보다 더 큰 값까지이다. 따라서 만약에 이온

**선택 계수**는 이온 선택성 전극의 다른 이온에 대한 감응 정도를 나타낸다.

A에 대한 전극이 이온 A보다 이온 B에 대해서 20배 더 잘 감응한다면, $k_{H,B}$는 20의 값을 가진다. 만약 이온 C에 대한 전극 감응이 A에 대한 감응의 0.001 이라면(더 바람직한 상황이다) $k_{H,B}$는 0.001이다.[3]

pH 9 이하의 경우 유리 pH 전극의 $k_{H,B}b_1$ 값은 일반적으로 $a_1$에 비해 작다. 이런 조건하에서 식 (21-12)는 식 (21-9)로 간단하게 된다. 그러나 pH가 높고 1가 이온의 농도가 큰 경우에는 식 (21-12)의 두 번째 항이 $E_b$를 결정하는 데 더 큰 역할을 할 것이므로 알칼리 오차가 발생한다. 진한 알칼리 용액에서 사용할 수 있도록 특별히 고안된 전극(그림 21-11의 곡선 *E*)의 경우 $k_{H,B}b_1$의 크기는 보통의 유리 전극의 것보다 훨씬 작다.

### » 산 오차

그림 21-11에서 보여주는 것처럼 전형적인 유리 전극은 pH가 대략 0.5 이하일 때 알칼리 오차와 반대되는 오차를 나타낸다. 음의 오차($pH_{read} - pH_{true}$)는 pH 눈금이 이 영역에서 너무 높아지려는 경향이 있음을 가리킨다. 오차의 크기는 여러 가지 인자에 달려 있으며 재현성도 없다. 산 오차의 원인을 모두 알 수는 없지만 한 가지 요인은 유리의 표면에 $H^+$ 이온으로 점유됨으로 해서 생기는 포화 효과 때문이다. 이러한 조건 하에서는 전극이 $H^+$ 증가에 더 이상 감응하지 않으며 pH 값은 너무 높은 값을 나타낸다.

## ▸ 21D-4 수소 이온 이외의 양이온 측정용 유리 전극

초창기 유리 전극의 알칼리 오차에 관한 연구는 이 오차의 크기에 미치는 유리 조성의 영향에 관한 연구의 길을 열었다. 그 결과 약 pH 12 이하에서 알칼리 오차가 거의 없는 유리를 개발해 냈다(그림 21-11의 곡선 *E*와 *F*). 또 다른 연구 결과로 수소 이온 이외의 양이온을 측정할 수 있는 유리의 조성을 개발해 냈다. 유리에 $Al_2O_3$나 $B_2O_3$를 혼합하여 원하는 효과를 얻게 됐다. $Na^+$, $K^+$, $NH_4^+$, $Rb^+$, $Cs^+$, $Li^+$ 및 $Ag^+$와 같은 1가 이온을 직접 전위차법으로 측정할 수 있는 유리 전극이 개발되었다. 이 유리 전극들 중 몇 가지는 특정한 1가 양이온에 상당히 선택적인 것이 있다. $Na^+$, $Li^+$, $NH_4^+$ 및 1가 양이온의 전체 농도를 측정할 수 있는 유리 전극은 시중에서 구입할 수 있다.

## ▸ 21D-5 액체 막 전극

액체 막 전극의 전위는 분석물을 포함하고 있는 용액과 분석 이온과 선택적으로 결합하는 액체 이온 교환체 사이의 경계면에서 나타난다. 이 전극들은 음이온뿐만 아니라 많은 다가 양이온들을 직접 전위차법으로 측정하기 위하여 개발되었다.

**그림 21-12**는 칼슘을 측정할 수 있는 액체 막 전극에 대한 것이다. 이 전극은 칼슘 이온과 선택적으로 결합하는 전도성 막, 일정 농도의 염화칼슘을 포함하는 내부 용액, 내부 기준 전극인 염화은으로 입혀진 은 전극으로 이루어져 있다. **그림 21-13**에서 보여주는 것처럼 액체 막 전극과 유리 전극 간에는 유사성이 있다. 막의 활성 성분은 물에 거의 녹지 않는 다이알킬인산칼슘으로 구성된 이온 교환체이다.

---

[3]여러 가지 막과 이온 종에 대한 선택 계수 표는 다음을 참고하시오. Y. Umezawa, *CRC Handbook of Ion Selective Electrodes: Selectivity Coefficients*, Boca Raton, FL: CRC Press, 1990.

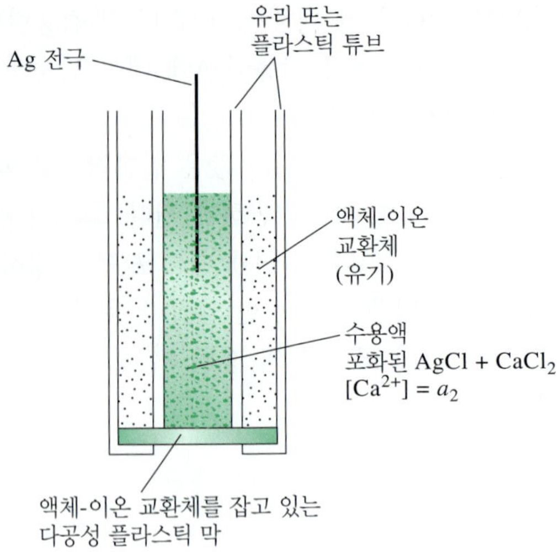

**그림 21-12** $Ca^{2+}$ 측정을 위한 액체 막 전극.

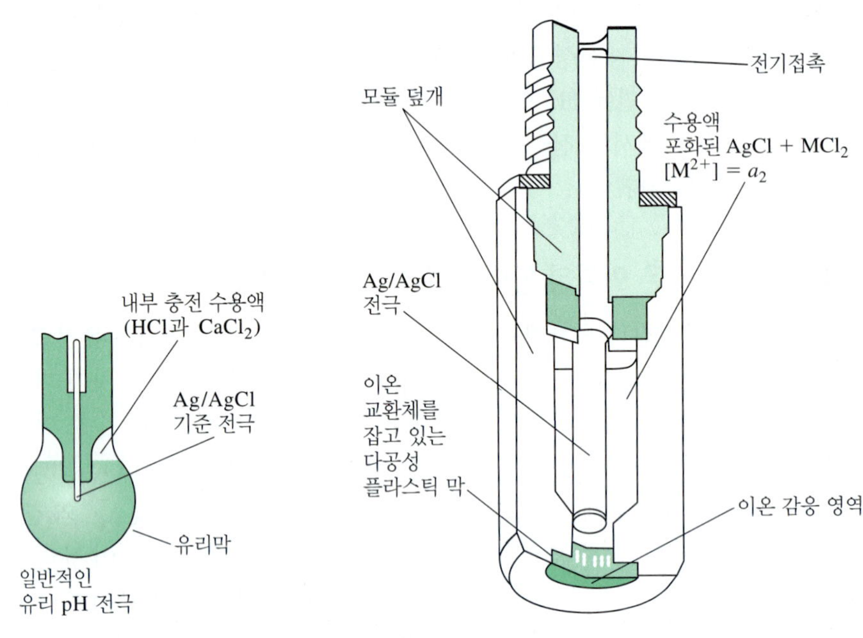


**그림 21-13** 유리 전극과 액체 막 칼슘 이온 전극의 비교(Courtesy of Thermo Orion, Beverly, MA.).

**소수성**은 물과 친하지 않음을 의미한다. 소수성 디스크는 유기성 액체는 들어오게 하고 물은 들어오지 못하게 하는 다공성을 지닌다.

그림 21-12와 21-13에서 보여준 전극에서 이온 교환체를 물에 섞이지 않는 유기 액체에 녹여 중력에 의해 강제로 소수성 다공성 판의 구멍에 채워지도록 한다. 이러한 다공성 판은 분석물 용액을 내부 용액과 분리하는 막으로서의 역할을 하게 된다. 최근에 고안된 것 중에는 이온 교환체를 튼튼한 염화폴리비닐 겔 속에 고정시키고 이것을 내부 용액과 기준 전극을 담은 관 끝에 단단히 부착시킨 것이 있다(그림 21-13 오른쪽 참조). 또 다른 고안으로는 식 (21-6), 식 (21-7)과 같은 해리 평형이 각 막의 계면에서 이루어지게 하는 것이다.

$$\underset{\text{유기층}}{[(RO)_2POO]_2Ca} \rightleftharpoons \underset{\text{유기층}}{2(RO)_2POO^-} + \underset{\text{수용액}}{Ca^{2+}}$$

여기서 R은 분자량이 큰 지방족 작용기이다. 유리 전극과 마찬가지로 한 쪽 표면에서의 해리 정도가 다른 표면에서의 해리와 다를 때 막 전위가 나타난다. 이 전위는 내부와 외부 용액 중의 칼슘 이온의 활동도 차이가 있기 때문에 나타난다. 막 전위와 칼슘 이온의 활동도와의 관계식은 식 (21-8)과 같은 식으로 나타낼 수 있다.

$$E_b = E_1 - E_2 = \frac{0.0592}{2}\log\frac{a_1}{a_2} \qquad \textbf{(21-13)}$$

여기서 $a_1$과 $a_2$는 각각 외부와 내부 용액의 칼슘 이온의 활동도이다. 내부 용액에 있는 칼슘 이온의 활동도는 일정하므로 다음과 같이 나타낼 수 있다.

$$E_b = N + \frac{0.0592}{2}\log a_1 = N - \frac{0.0592}{2}\text{pCa} \qquad \textbf{(21-14)}$$

여기서 $N$은 상수이다[식 (21-14)과 식 (21-9)을 비교해 보시오]. 칼슘이 2가이므로 로그항 계수의 분모에 2가 있음에 유의하시오.

액체 막 전극의 경우 칼슘 이온에 대한 감도는 마그네슘 이온에 대한 감도보다 50배 크고 소듐이나 포타슘 이온의 경우보다 1000배 더 큰 것으로 보고되어 있다. $5 \times 10^{-7}$ M 정도로 낮은 칼슘 이온 활동도도 측정할 수 있다. 그리고 이 전극은 pH 5.5~11 범위에서 pH와 무관하게 작동한다. pH가 이보다 낮은 경우 수소 이온이 이온 교환체의 일부 칼슘 이온과 치환됨이 분명하다. 즉, 이 전극은 pCa뿐만 아니라 pH에도 감응하게 된다.

이온 선택성 미세 전극은 살아 있는 유기체 내부의 이온 활동도를 측정할 수 있다.

칼슘 이온은 신경 전달, 뼈 형성, 근육 수축, 심장의 확장과 수축, 콩팥요세관 기능, 고혈압 등에서 중요한 역할을 하기 때문에 칼슘 이온 액체 막 전극은 생리학 연구에 중요한 도구가 된다. 이러한 과정들 중 적어도 몇몇은 칼슘 이온 농도보다 칼슘 이온 활동도에 더 큰 영향을 받는다. 물론 활동도는 막 전극으로 측정되는 파라미터이다. 그러므로 포타슘 이온 전극 및 다른 전극과 함께 칼슘 이온 전극도 생리학 과정의 연구에 중요한 도구가 된다.

포타슘 이온에 특이성이 있는 액체 막 전극은 생리학자들에게 큰 도움을 주는데, 그 이유로는 신경 신호의 전달은 신경막을 가로지르는 이러한 이온의 이동과 관련된 것으로 보인다. 이러한 과정의 연구에서는 소듐 이온의 농도가 높은 상태에서도 낮은 농도의 포타슘 이온의 검출이 가능한 전극이 필요하다. 몇몇 액체 막 전극은 이 필요조건을 만족시키고 있다. 그 중 하나는 포타슘 이온에 친화도가 큰 항생물질 발리노마이신 고리형 에터를 이용하는 것이다. 또 한 가지 중요한 것은 발리노마이신의 다이페닐 에터 용액으로 된 액체 막은 소듐 이온에 비하여 포타슘 이온에 약 $10^4$배 정도 더 강하게 감응한다는 것이다.[4] **그림 21-14**는 단세포의 포타슘 성분을 측정하기 위해 사용된 미세 전극의 현미경 사진이다.

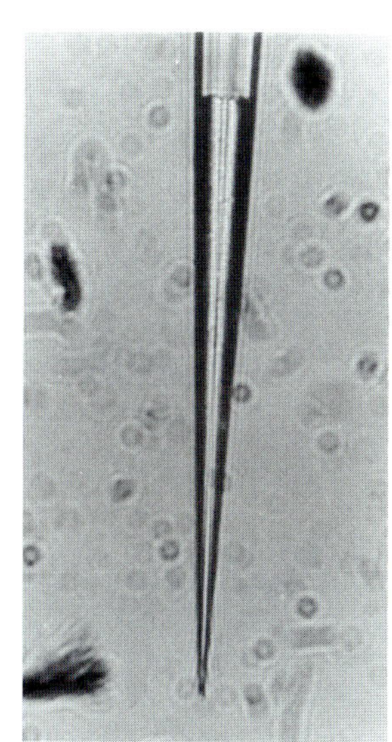

**그림 21-14** 125 μm의 끝 내부에 이온 교환체를 가지는 포타슘 액체 이온 교환체 미세 전극. 원본 사진을 400배로 확대한 크기이다(Reprinted with permission from *Anal. Chem.*, March **1971**, *43(3)*, 89A-93A. Copyright 1971 American Chemical Society).

**표 21-2**에는 시중에서 구입할 수 있는 액체 막 전극을 나타내었다. 음이온 감응 전극은 음이온 교환 수지를 유기 용매에 녹인 용액을 사용하여 만든다. 액체 교환체가 염화 폴리비닐겔 속에 들어 있는 액체 막 전극은 $Ca^{2+}$, $K^+$, $NO_3^-$, $BF_4^-$ 이온 검출을 위해서 개발되었다. 이 전극들은 다음 장에서 설명할 결정성 막 전극과 비슷하다. 간편하게 만드는 액체 막 이온 선택성 전극은 특집 21-1에 설명하였다.

[4]M. S. Frant and J. W. Ross, Jr., *Science*, **1970**, *167*, 987, **DOI**: 10.1126/science.167.3920.987.

**표 21-2**

**액체 막 전극의 특징***

| 분석물 이온 | 농도 범위, M[†] | 주요 방해물[‡] |
|---|---|---|
| $NH_4^+$ | $10^0 \sim 5 \times 10^{-7}$ | $<1\ H^+$, $5 \times 10^{-1}\ Li^+$, $8 \times 10^{-2}$, $Na^+$, $6 \times 10^{-4}\ K^+$, $5 \times 10^{-2}\ Cs^+$, $>1\ Mg^{2+}$, $>1\ Ca^{2+}$, $>1\ Sr^{2+}$, $>0.5\ Sr^{2+}$, $1 \times 10^{-2}\ Zn^{2+}$ |
| $Cd^{2+}$ | $10^0 \sim 5 \times 10^{-7}$ | $Hg^{2+}$ 과 $Ag^+$ ($>10^{-7}$ M에서는 전극을 오염시킨다), $Fe^{3+}$ (at $>0.1[Cd^{2+}]$, $Pb^{2+}$ (at $>[Cd^{2+}]$), $Cu^{2+}$ (가능) |
| $Ca^{2+}$ | $10^0 \sim 5 \times 10^{-7}$ | $10^{-5}\ Pb^{2+}$; $4 \times 10^{-3}\ Hg^{2+}$, $H^+$, $6 \times 10^{-3}\ Sr^{2+}$; $2 \times 10^{-2}\ Fe^{2+}$; $4 \times 10^{-2}\ Cu^{2+}$; $5 \times 10^{-2}\ Ni^{2+}$; 0.2 $NH_3$; 0.2 $Na^+$; 0.3 $Tris^+$; 0.3 $Li^+$; 0.4 $K^+$; 0.7 $Ba^{2+}$; 1.0 $Zn^{2+}$; 1.0 $Mg^{2+}$ |
| $Cl^-$ | $10^0 \sim 5 \times 10^{-6}$ | 방해물과 $[Cl^-]$의 최대 허용 비: $OH^-$ 80, $Br^-$ $3 \times 10^{-3}$; $I^-$ $5 \times 10^{-7}$, $S^{2-}$ $10^{-6}$, $CN^-$ $2 \times 10^{-7}$, $NH_3$ 0.12, $S_2O_3^{2-}$ 0.01 |
| $BF_4^-$ | $10^0 \sim 7 \times 10^{-6}$ | $5 \times 10^{-7}\ ClO_4^-$; $5 \times 10^{-6}\ I^-$; $5 \times 10^{-5}\ ClO_3^-$; $5 \times 10^{-4}\ CN^-$; $10^{-3}\ Br^-$; $10^{-3}\ NO_2^-$; $5 \times 10^{-3}\ NO_3^-$; $3 \times 10^{-3} HCO_3^-$, $5 \times 10^{-2}\ Cl^-$; $8 \times 10^{-2}\ H_2PO_4^-$, $HPO_4^{2-}$, $PO_4^{3-}$; 0.2 $OAc^-$; 0.6 $F^-$; 1.0 $SO_4^{2-}$ |
| $NO_3^-$ | $10^0 \sim 7 \times 10^{-6}$ | $10^{-7} ClO_4^-$; $5 \times 10^{-6}$; $I^-$; $5 \times 10^{-5}\ ClO_3^-$; $10^{-4}\ CN^-$; $7 \times 10^{-4}\ Br^-$; $10^{-3}\ HS^-$; $10^{-2}\ HCO_3^-$, $2 \times 10^{-2}\ CO_3^{2-}$; $3 \times 10^{-2}\ Cl^-$; $5 \times 10^{-2}\ H_2PO_4^-$, $HPO_4^{2-}$, $PO_4^{3-}$; 0.2 $OAc^-$; 0.6 $F^-$; 1.0 $SO_4^{2-}$ |
| $NO_2^-$ | $1.4 \times 10^{-6} \sim$ $3.6 \times 10^{-6}$ | $7 \times 10^{-1}$ salicylate, $2 \times 10^{-3}\ I^-$, $10^{-1}\ Br^-$, $3 \times 10^{-1}\ ClO_3^-$, $2 \times 10^{-1}$ acetate, $2 \times 10^{-1}\ HCO_3^-$, $2 \times 10^{-1}\ NO_3^-$, $2 \times 10^{-1}\ SO_4^{2-}$, $1 \times 10^{-1}\ Cl^-$, $1 \times 10^{-1}\ ClO_4^-$, $1 \times 10^{-1}\ F^-$ |
| $ClO_4^-$ | $10^0 \sim 7 \times 10^{-6}$ | $2 \times 10^{-3} I^-$; $2 \times 10^{-2}\ ClO_3^-$; $4 \times 10^{-2}\ CN^-$, $Br^-$; $5 \times 10^{-2}\ NO_2^-$, $NO_3^-$; 2 $HCO_3^-$, $CO_3^{2-}$; $Cl^-$, $H_2PO_4^-$, $HPO_4^{2-}$, $PO_4^{3-}$, $OAc^-$, $F^-$, $SO_4^{2-}$ |
| $K^+$ | $10^0 \sim 1 \times 10^{-6}$ | $3 \times 10^{-4}\ Cs^+$; $6 \times 10^{-3}\ NH_4^+$, $Tl^+$; $10^{-2}\ H^+$; 1.0 $Ag^+$, $Tris^+$; 2.0 $Li^+$, $Na^+$ |
| 물의 세기 $(Ca^{2+} + Mg^{2+})$ | $10^{-3} \sim 6 \times 10^{-6}$ | $3 \times 10^{-5}\ Cu^{2+}$, $Zn^{2+}$; $10^{-4}\ Ni^{2+}$; $4 \times 10^{-4}\ Sr^{2+}$; $6 \times 10^{-5}\ Fe^{2+}$; $6 \times 10^{-4}\ Ba^{2+}$; $3 \times 10^{-2}\ Na^+$; 0.1 $K^+$ |

*모든 전극은 플라스틱 막 형태이다. 다른 설명이 없으면 모든 수치는 선택 계수를 나타낸다.
[†]From product catalog, Boston, MA: Thermo Orion, 2006.
[‡]From product instruction manuals, Boston, MA: Thermo Orion, 2003.

**특집 21-1**

**쉽게 만들 수 있는 액체 막 이온 선택성 전극**

대부분 실험실에서 사용되고 있는 유리 용기와 화학물질을 이용하면 액체 막 이온 선택성 전극을 만들 수 있다.[5] 필요한 것들은 pH 측정기, 한 쌍의 기준 전극, 소결된 유리 거름 도가니 또는 관, trimethylchlorosilane 그리고 액체 이온 교환체이다.

우선 거름 도가니(또는 소결된 유리관)를 **그림 21F-1**에서 보여주는 것처럼 자른다. 도가니를 잘 씻고 말린 후 그 안에 적은 양의 trimethylchlorosilane를 넣는다. 이렇게 입혀진 소결된 유리판은 소수성이 된다. 이 관을 물로 씻고 말려서 여기에 시중에서 구한 액체 이온 교환체를 가한다. 잠시 후 여분의 교환체를 제거한다. 이 도가니에 관심 있는 이온 용액 $10^{-2}$ M을 수 mL 넣고 기준 전극을 담그면 훌륭한 이온 선택성 전극이 된다. 전극을 씻기고 말리는 과정의 상세한 설명은 원 문헌에서 찾아볼 수 있다.

이온 선택성 전극과 또 다른 기준 전극을 그림 21F-1에서처럼 pH 측정기에 연결한다. 측정하려는 이온들에 대해서 표준 용액들을 만들고 각각의 농도에 대하여 전지 전위를 측정한 후 $\log c$에 대해서 $E_{cell}$의 작업 곡선을 도시한 다음 이 데이터들

[5]See T. K. Christopoulus and E. P. Diamandis, *J. Chem. Educ.*, **1988**, *65*, 648, **DOI**: 10.1021/ed065p648.

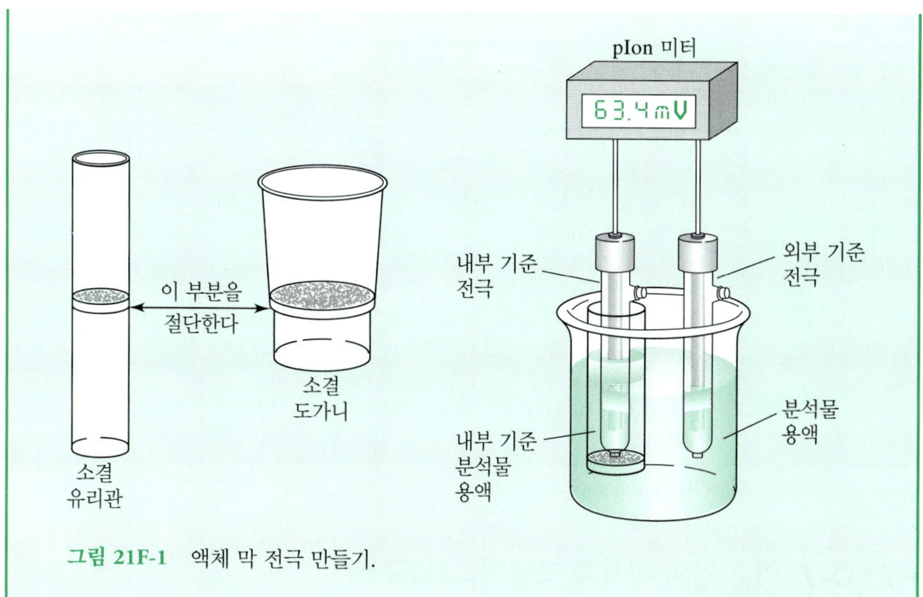


**그림 21F-1** 액체 막 전극 만들기.

에 대하여 최소제곱법 분석을 실행한다(8장 참조). 직선의 기울기를 이론상의 기울기인 (0.0592 V)/$n$와 비교해 보자. 미지 이온의 시료 용액에 대한 전위를 측정하고 최소제곱법으로 얻은 식으로부터 농도를 계산해 보자.

## ▸ 21D-6 결정성 막 전극

어떤 유리가 양이온에 감응하는 것과 같은 방식으로 음이온에 선택적으로 감응하는 고체 막을 개발하기 위하여 많은 연구가 진행되어 왔다. 어떤 양이온에 대한 막의 선택성은 유리 표면의 음이온 자리 때문이라고 알려져 있다. 같은 이유로 양이온 자리를 가진 막은 음이온에 선택적으로 감응할 것이라고 예상할 수 있다.

은 할로젠화물은 펠렛(pellet)으로 만든 막을 이용하여 염화, 브로민화, 아이오딘화 이온을 선택적으로 측정할 수 있는 전극을 성공적으로 만들 수 있게 되었다. 그 외에 다결정성 $Ag_2S$ 막으로 만들어진 전극이 황화 이온 측정을 위해 한 제조사에 의해 만들어졌다. 이 두 가지 막에 있어서 은 이온은 매우 잘 움직이기 때문에 고체 매질을 통하여 전기 전도한다. PbS, CdS, CuS에 $Ag_2S$를 섞으면 각각 $Pb^{2+}$, $Cd^{2+}$, $Cu^{2+}$에 선택적으로 감응하는 막이 된다. 2가 이온은 결정에서 움직이지 못하기 때문에 막에서 전기가 전도되려면 은 이온이 꼭 있어야 한다. 결정 고체상 전극에 나타나는 전위는 식 (21-9)와 비슷한 관계식으로 설명할 수 있다.

플루오르화 이온을 측정할 수 있는 결정성 전극이 개발되었다. 이것의 막은 플루오르화단타넘의 단일 결정체의 한 조각으로 이루어져 있는데 막의 전도성을 증가시키기 위해 플루오르화유로퓸(II)을 미량 섞어 준다. 기준 용액과 측정 용액 사이에 놓여 있는 막은 $10^0$~$10^{-6}$ M의 범위 내에서 플루오르화 이온 활동도의 변화에 대하여 이론적인 감응을 나타낸다. 이 전극은 다른 음이온보다 플루오르화 이온에 대해 수만 배 더 선택적이다. 단지 수산화 이온만이 심각한 방해를 일으킨다.

시중에서 구입할 수 있는 몇 가지 대표적인 고체 상 전극을 **표 21-3**에 나열해 두었다.

**표 21-3**

**결정적 고체 상태 전극의 특징***

| 분석물 이온 | 농도 범위, M | 주요 방해물 |
|---|---|---|
| $Br^-$ | $10^0 \sim 5 \times 10^{-6}$ | $CN^-$, $I^-$, $S^{2-}$ |
| $Cd^{2+}$ | $10^{-1} \sim 1 \times 10^{-7}$ | $Fe^{2+}$, $Pb^{2+}$, $Hg^{2+}$, $Ag^+$, $Cu^{2+}$ |
| $Cl^-$ | $10^0 \sim 5 \times 10^{-5}$ | $CN^-$, $I^-$, $Br^-$, $S^{2-}$, $OH^-$, $NH_3$ |
| $Cu^{2+}$ | $10^{-1} \sim 1 \times 10^{-8}$ | $Hg^{2+}$, $Ag^+$, $Cd^{2+}$ |
| $CN^-$ | $10^{-2} \sim 1 \times 10^{-6}$ | $S^{2-}$, $I^-$ |
| $F^-$ | 포화$\sim 1 \times 10^{-6}$ | $OH^-$ |
| $I^-$ | $10^0 \sim 5 \times 10^{-8}$ | $CN^-$ |
| $Pb^{2+}$ | $10^{-1} \sim 1 \times 10^{-6}$ | $Hg^{2+}$, $Ag^+$, $Cu^{2+}$ |
| $Ag^+/S^{2-}$ | $Ag^+$: $10^0 \sim 1 \times 10^{-7}$<br>$S^{2-}$: $10^0 \sim 1 \times 10^{-7}$ | $Hg^{2+}$ |
| $SCN^-$ | $10^0 \sim 5 \times 10^{-6}$ | $I^-$, $Br^-$, $CN^-$, $S^{2-}$ |

*From *Orion Guide to Ion Analysis,* Boston, MA: Thermo Orion, 1992.

## ▸ 21D-7 이온 감지 장효과 트랜지스터(ISFET)

**장효과 트랜지스터**(field effect transistor) 또는 **금속 산화물 장효과 트랜지스터**(metal oxide field effect transistor, MOSFET)는 컴퓨터와 다른 전자회로에서 흐르는 전류를 조절하는 스위치로서 폭넓게 사용되는 얇은 고체 상태의 반도체이다. 전자회로에서 이 장치를 사용하는 데 있어서 한 가지 문제점으로는 표면의 이온성 불순물에 대한 현저한 민감성인데, 이를 최소화하거나 제거하여 안정한 트랜지스터를 생산하기 위해 전자 산업에서는 많은 비용과 노력이 필요하다는 것이다.

과학자들은 여러 가지 이온에 대해 전위차법으로 선택적인 측정을 하고자 표면의 이온 불순물에 대해 민감한 MOSFET를 개발해 왔다. 그러한 연구 결과로 또 다른 **이온 감지 장효과 트랜지스터**(ion-sensitive field effect transistor, ISFET)를 개발하기에 이르렀다. 이러한 선택적 이온 감응성의 이론은 잘 설명되어 있으며 특집 21-2에 기술해 놓았다.[6]

막전극에 비하여 ISFET는 견고성, 작은 크기, 거친 환경 하에서의 비활성, 빠른감응 , 낮은 임피던스등 몇 가지 장점을 가지고 있다. 막 전극과는 대조적으로 ISFET는 사용하기 전에 수화가 필요 없고, 건조한 상태에서도 장기간 보관할 수 있다. 이러한

**특집 21-2**

**이온 감지 장효과 트랜지스터의 구조와 성능**

금속 산화물 장효과 트랜지스터(MOSFET)는 고체상 반도체 장치로서 컴퓨터와 전자회로의 여러 가지 형태의 스위치 신호에 대해 폭넓게 사용되고 있다. **그림 21F-2**는 (a) 단면도와 (b) *n*-channel 개선 모드 MOSFET의 회로 기호이다. substrate이라 불리는 *p*형 반도체 조각 표면에 MOSFET를 구성하기 위해서 현대 반도체 제조기술이 사용된다. *p*형과 *n*형 반도체의 특성에 관한 내용에 대해서는 25A-4절에서 실리콘 광다이오드에 대한 절에 언급하였다. 그림 21F-2a에서 보는 바와 같이 두 가지 독립된 *n*형 반도체가 *p*형 substrate의 표면 위에 형성되어 있고, 그 표면

[6] ISFET 이론의 자세한 사항은 다음을 참고하시오. J. Janata, *Principles of Chemical Sensors*, 2nd ed., New York: Plenum, 2009, pp. 156–167.

은 $SiO_2$로 절연되었다. 조립 과정의 마지막 단계는 외부 회로에 MOSFET를 연결하는 데 사용되는 금속 전도체의 부착이다. 그림에서 보는 바와 같이 전체 네가지 연결 부위인 drain, gate, source, substrate가 있다.

Drain과 source 사이에 있는 *p*형 substrate 위에 있는 부분을 channel이라고 부른다(그림 21F-2a의 짙은 음영 부분). Channel은 $SiO_2$ 절연체에 의해서 연결된 gate로부터 분리되었다. 전기적인 전위가 gate와 source 사이에 걸릴게 될 때 channel의 전기전도도는 걸어준 전위 크기와 관련된 인자에 의해서 증가된다.

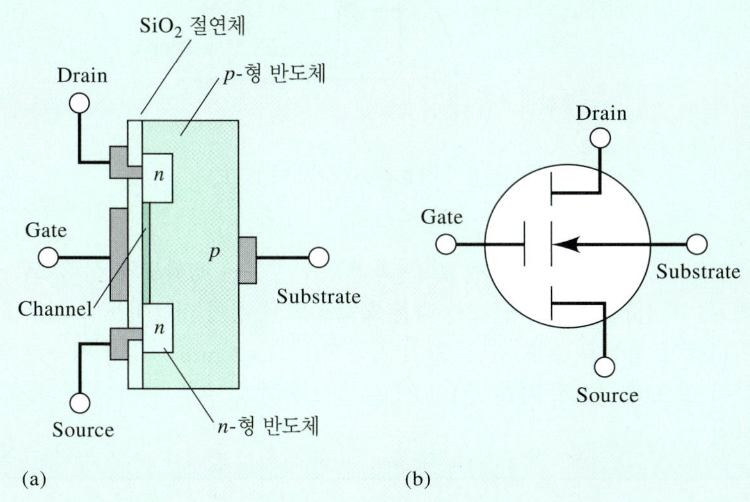


**그림 21F-2** 금속 산화물 장 효과 트랜지스터(MOSFET). (a) 단면도, (b) 회로 기호.

**이온 감지 장효과 트랜지스터**는 구조와 기능에 있어서 *n*-channel 개선 모델인 MOSFET와 비슷하다. ISFET는 관심 있는 이온의 농도 변화가 channel의 전도도를 조절하기 위해 다양한 gate의 전위를 제공하는 점에서 다르다. **그림 21F-3**에서 보는 바와 같이 보통의 금속 접촉 대신에 ISFET의 앞면은 실리콘 질소 화합물의 절연체로 입혀져 있다. 이러한 예에서 하이드로늄 이온을 포함하는 분석 용액은 절연층과 하나의 기준 전극과 접촉해 있다. Gate 절연 기능체 표면은 유리 전극의 표면과 거의 비슷하다. 시험 용액에서 하이드로늄 이온으로부터 양성자들은 실리콘 질소 화합물 위의 극히 작은 부분에 흡수된다. 용액의 하이드로늄 이온 농도(혹은 활동도) 변화는 흡수된 양성자의 농도 변화로 인한 결과이다. 흡수된 양성자의 농도 변화는 gate와 source 사이의 전기화학적인 전위 변화를 증가시키고, 차례로 ISFET의 channel 전도도를 변화시킨다. Channel의 전기전도도는 용액 속의 하이드로늄 이온의 농도의 대수에 비례하는 신호를 제공하므로 전기적으로 측정할 수 있다. Gate 절연체를 제외한 ISFET 전체는 분석 용액으로부터 모든 전기적인 연결 부위를 절연하기 위해 중합체로 이루어진 캡슐장치로 피막을 입혔다.

ISFET의 이온 감지 표면은 본래 pH 변화에 민감하지만, 하이드로늄 이온보다는 다른 화학종과 착물을 형성하는 경향이 있는 분자들을 포함하는 중합체로 gate 절연체인 실리콘 질소 화합물을 코팅하므로 다른 화학종에 대하여 민감하도록 되어 있다. 몇 가지 ISFET는 같은 substrate 위에 조립되어 있어서 동시에 다중 측정

*(계속)*

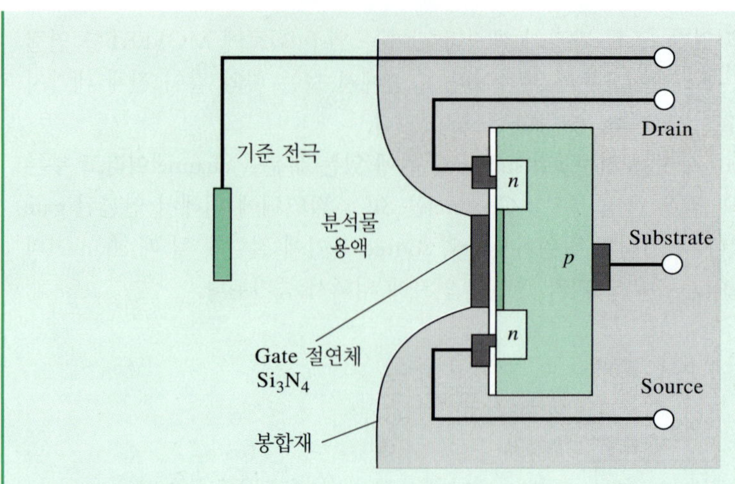


**그림 21F-3** pH 측정을 위한 이온 감지 장효과 트랜지스터(ISFET).

이 이루어진다. 모든 각 ISFET는 같은 화학종을 향상된 정확도와 신뢰도로 검출하기도 하고, 각 ISFET는 여러 가지 다른 화학종의 측정이 가능하도록 서로 다른 중합체로 피막이 형성될 수도 있다. 크기가 작고(약 1~2 $mm^2$) 유리 전극에 비해 응답 시간이 짧으며 견고성 때문에 ISFET는 앞으로 많은 응용 분야에서 이온 검출기로 활용될 수 있다.

장점에도 불구하고 개발된 지 20년이 지난 1990년 초까지는 ISFET의 특이성 있는 이온 전극이 시판되지 못했다. 이렇게 늦어진 이유는 그 전극 전위가 변하고, 불안정하게 되는 것을 방지하는 캡슐장치를 개발하지 못했기 때문이다. 현재 일부 회사의 경우 pH 측정이 가능한 ISFET를 출시하고 있으나 아직까지 유리 pH 전극과 같이 보편적으로 사용되지는 못하고 있다.

## ▸ 21D-8 기체 감지기

**기체 감지기**는 전위가 용액 중의 기체 농도와 관련이 있는 갈바니 전지이다. 이 절의 후반부에 논의된 것처럼 종종 계측기 안내 책자에 이 장치가 기체 감지 전극이라는 부적절한 명칭으로 표기되기도 한다.

**그림 21-15**는 전위차법 기체 감지기의 주요 특징을 보여주고 있으며, 기준 전극, 이온 전극, 전해질 용액이 들어 있는 관으로 이루어져 있다. 관 한 쪽 끝에 붙어 있는 교환하기 쉽고 기체가 투과할 수 있는 얇은 막이 내부 용액과 분석 용액 사이의 경계 역할을 한다. 그림에서 볼 수 있듯이 이 장치는 완전한 전기화학 전지이므로 종종 계측기 제조사들의 안내 책자에서 접하게 되는 전극(electrode)보다는 감지기(probe)라고 부르는 것이 적합하겠다. 기체 감지기는 물과 다른 유기 용매에 녹아 있는 기체를 측정하는 데 많이 사용되고 있다.

### » 막의 조성

*미세 다공성 막*(microporous membrane)은 소수성 중합체로 만들어져 있다. 이 막은 이름 그대로 매우 다공성이어서(구멍의 평균크기는 1 μm 이내) 기체는 자유롭

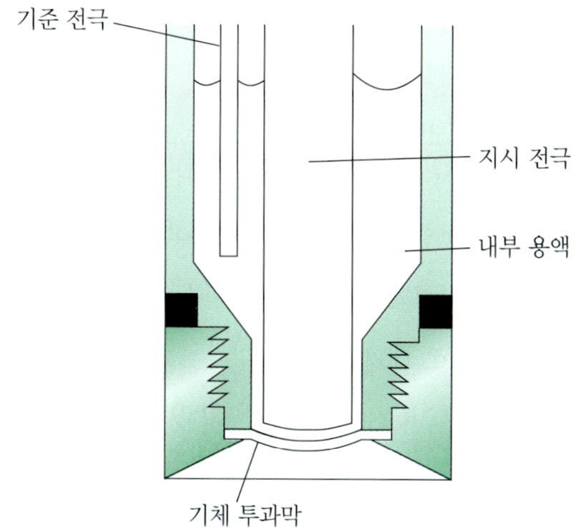


그림 21-15 기체 감지기.

게 통과할 수 있는 반면에 소수성 중합체는 물과 용질 이온이 기공으로 들어가는 것을 막는다. 막의 두께는 약 0.1 mm이다.

### » 감응 메커니즘

한 예로서 그림 21-15에서와 같이 이산화 탄소가 내부 용액으로 이동하는 것을 다음과 같은 일련의 식으로 나타낼 수 있다.

$$\underset{\text{분석 용액}}{CO_2(aq)} \rightleftharpoons \underset{\text{막의 기공}}{CO_2(g)}$$

$$\underset{\text{막의 기공}}{CO_2(g)} \rightleftharpoons \underset{\text{내부 용액}}{CO_2(aq)}$$

$$\underset{\text{내부 용액}}{CO_2(aq) + 2H_2O} \rightleftharpoons \underset{\text{내부 용액}}{HCO_3^- + H_3O^+}$$

마지막 평형은 내부표면 용액층의 pH를 변화시킨다. 이 변화를 내부 유리 전극/칼로멜 전극계를 이용하여 검출한다. 3개의 각 평형식을 더함으로써 총괄 반응식을 얻을 수 있다.

$$\underset{\text{분석 용액}}{CO_2(aq) + 2H_2O} \rightleftharpoons \underset{\text{내부 용액}}{HCO_3^- + H_3O^+}$$

전체 반응에 대한 열역학적 평형 상수 $K$는 다음과 같다.

$$K = \frac{(a_{H_3O^+})_{\text{내부}}(a_{HCO_3^-})_{\text{내부}}}{(a_{CO_2})_{\text{외부}}}$$

$CO_2$와 같은 중성 화학종에 대해서는 $a_{CO_2} = [CO_2(aq)]$이므로,

$$K = \frac{(a_{H_3O^+})_{\text{내부}}(a_{HCO_3^-})_{\text{내부}}}{[CO_2(aq)]_{\text{외부}}}$$

여기서 $[CO_2(aq)]_{\text{외부}}$는 분석 용액에 있는 기체의 농도이다. 측정된 전지 전위가 외부 용액의 이산화 탄소 농도의 로그 값에 따라 직선적으로 변화되도록 하기 위하여 내부 용액의 탄산수소 농도를 매우 크게 하여 외부 용액으로부터 들어오는 이산화

탄소에 의해 탄산수소의 농도가 크게 변하지 않도록 한다. 이때$(a_{HCO_3^-})_{내부}$를 일정하다고 가정하면 앞의 식은 다음과 같이 나타낼 수 있다.

$$\frac{(a_{H_3O^+})_{내부}}{[CO_2(aq)]_{외부}} = \frac{K}{(a_{HCO_3^-})_{내부}} = K_g$$

내부 용액의 수소 이온 활동도를 $a_1$이라 하면 다음과 같이 쓸 수 있다.

$$(a_{H_3O^+})_{내부} = a_1 = K_g[CO_2(aq)]_{외부} \tag{21-15}$$

식 (21-15)대신 식 (21-10)으로 대체하면

$$\begin{aligned} E_{ind} &= L + 0.0592 \log a_1 = L + 0.0592 \log K_g[CO_2(aq)]_{외부} \\ &= L + 0.0592 \log K_g + 0.0592 \log [CO_2(aq)]_{외부} \end{aligned}$$

두 상수항을 결합해 새로운 상수 $L'$으로 이끌어 내면

$$E_{ind} = L' + 0.0592 \log [CO_2(aq)]_{외부} \tag{21-16}$$

최종적으로

$$E_{cell} = E_{ind} - E_{ref}$$

따라서

$$E_{cell} = L' + 0.0592 \log [CO_2(aq)]_{외부} - E_{ref} \tag{21-17}$$

혹은

$$E_{cell} = L'' + 0.0592 \log [CO_2(aq)]_{외부}$$

여기서

$$L'' = L + 0.0592 \log K_g - E_{ref}$$

그러므로 내부 용액에서 유리 전극과 기준 전극 사이의 전위는 외부 용액의 $CO_2$ 농도에 의해 결정된다. 분석 용액에 직접 접촉되는 전극이 없다는 것을 주목하시오. 그러므로 이 장치는 기체 감지 전극이라기보다는 기체 감지 전지 또는 기체 감지기이다. 그럼에도 불구하고 문헌이나 많은 홍보용 소책자에서는 여전히 전극으로 불리고 있다.

기체 감지 전극이라고 시판되고 있지만, 이 장치들은 완전한 전기 화학 전지이므로 기체 감지기로 불러야 한다.

방해하는 화학종은 오직 막을 투과하여 용존되는 기체들 뿐이며 내부 용액의 pH에 영향을 미친다. 기체 감지기의 특이성은 기체 막의 투과도에만 의존하게 된다. $CO_2$, $NO_2$, $H_2S$, $SO_2$, HF, HCN, $NH_3$에 대한 기체 감지 전지들은 현재 시중에서 구할 수 있다.

**특집 21-3**

**현장진단(Point-of-Care Testing): 혈액의 가스와 전해질 농도를 측정하기 위한 휴대용 기기**

현대 의학은 분석적 측정을 통한 진단과 응급실, 진료실, 중환자실에서의 치료에 상당히 의존하고 있다. 혈액 내 기체 종의 수치, 혈액의 전해질 농도, 다른 변화를 신속히 보고하는 것은 이 분야 의사들에게는 특히 중요하다. 삶과 죽음의 심각한 상황에서 임상 실험실로 혈액 시료를 옮기고 분석하여 현장으로 결과를 되돌려 보내는데 좀처럼 시간이 충분하지 않다. 이러한 특성으로 현장에서 혈액 시료를 분석하기 위해

특별히 고안된 자동화된 혈액 가스 및 전해질 측정용 모니터를 소개하고자 한다.[7] **그림 21F-4**에 보여주는 iSTA T® 휴대용 임상분석기는 손으로 잡고 포타슘, 소듐, pH, $pCO_2$, $pO_2$, 헤마토크릿(hematocrit) 같은 임상적으로 중요한 변화를 측정할 수 있다. 부가적으로 컴퓨터에 기초를 둔 분석기로 중탄산염, 총 이산화 탄소, 과량 염기, 산소 포화, 혈액에서의 헤모글로빈을 계산할 수 있다. 신생아 및 아동 중환자실에서 iSTAT 시스템의 성능 실험에서 다음의 표와 같은 결과를 얻었다.[8] 결과를 종합해 볼 때 기존의 별도로 마련된 임상 실험실에서 얻어진 결과와 유사한 것으로 보아 측정값의 신뢰성과 비용적인 측면에서 대체하기에 충분하다고 판단된다.

Hematocrit (Hct)은 혈액 시료의 전체 부피에 대한 적혈구들의 부피 비를 백분율로 표시한 것이다.

대부분의 분석($pCO_2$, $Na^+$, $K^+$, $Ca^{2+}$, pH)은 막을 기반으로 하는 이온 선택성 전극 기술을 사용하여 전위차법으로 측정되어진다. 헤마토크릿은 전기 전도도 측정으로 검출되고, $pO_2$는 Clark의 전압전류 센서(23C-4절 참조)로 검출된다. 다른 결과는 이러한 자료로부터 계산에 의해서 얻어진다.

**그림 21F-5**과 같이 휴대용 감지 장치의 핵심 요소는 1회용의 전기화학적 iSTAT 센서 어레이다. 각각의 미세하게 만든 전극 센서는 그림에서처럼 칩(chip) 위에 좁은 유로 채널에 위치해 있다. 측정 전에 각각의 새로운 센서 어레이는 자

| 분석물 | 범위 | 정밀도, %RSD | 분해능 |
|---|---|---|---|
| $pO_2$ | 5~800 mm Hg | 3.5 | 1 mm Hg |
| $pCO_2$ | 5~130 mm Hg | 1.5 | 0.1 mm Hg |
| $Na^+$ | 100~180 mmol/L | 0.4 | 1 mmol/L |
| $K^+$ | 2.0~9.0 mmol/L | 1.2 | 0.1 mmol/L |
| $Ca^{2+}$ | 0.25~2.50 mmol/L | 1.1 | 0.01 mmol/L |
| pH | 6.5~8.0 | 0.07 | 0.001 |

**그림 21F-4** iSTAT 1 휴대용 임상분석기의 사진. (Courtesy of Abbott Point of Care, Inc., Princeton, NJ.)

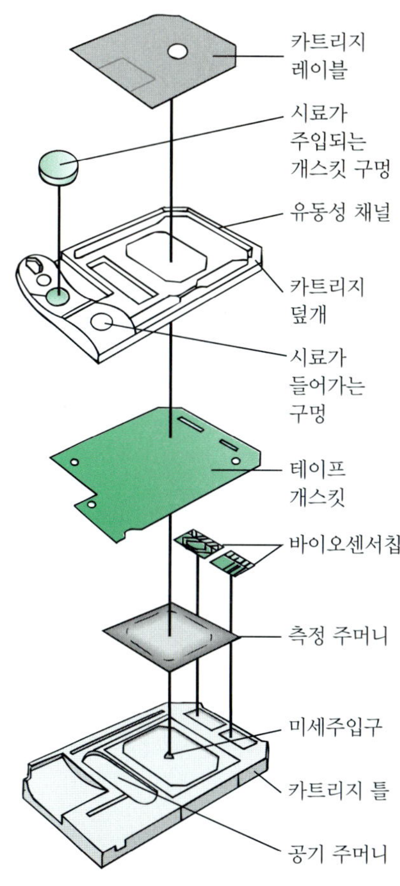


**그림 21F-5** iSTAT 센서 어레이 카트리지의 분해도(Abbott Point of Care, Prinston, NJ. Reprinted by permission).

*(계속)*

[7] Abbott Point of Care, Inc., Princeton, NJ 08540.

[8] J. N. Murthy, J. M. Hicks, and S. J. Soldin, *Clin. Biochem.*, **1997**, *30*, 385.

동적으로 검정을 하게 된다. 환자의 혈액 시료를 시료 주입 입구에 넣고 카트리지를 iSTAT 분석기에 삽입한다. 분석에 필요한 표준 완충 용액을 포함하는 검정 용액 주머니(calibrant pouch)는 iSTAT 분석기에 의해 구멍이 뚫리고, 검정 용액이 유로 채널을 따라 센서 어레이의 표면을 가로질러 이동하도록 일정한 압력이 가해진다. 검정 시험 단계가 완료되면 분석기는 유로 채널 내의 검정 용액을 배출구 저장소로 보내기 위해 기포로 압축하고 센서 어레이에 혈액 시료가 접촉함으로써 주입된다. 전기화학적 측정이 이루어지면서 결과가 계산되고 액정 표지판에 나타난다. 결과는 분석기 메모리에 저장되고, 병원 실험실 데이터관리 시스템으로 보내져 저장되고 검색이 가능해진다.

이러한 특징은 현대의 이온 선택성 전극 기술이 측정 과정에서 컴퓨터와 연결되어 제어가 가능하고, 그 결과를 빠르게 제공하며, 환자 옆에서 혈액의 농도 분석이 가능함을 보여주는 것이다.

## 21E 전지 전위 측정기기

막 전극을 포함한 대부분의 전지들은 매우 큰 전기 저항을 가지고 있다($\geq 10^8$ ohms). 이와 같이 큰 저항 회로의 전위를 정확하게 측정하기 위해서는 측정되는 전지의 저항보다 몇 제곱 승 더 큰 전기 저항을 가진 전압계가 필요하다. 만일 전압계의 저항이 너무 작으면 전지로부터 전류가 빠져 나오게 되어 출력 전위를 낮게 하는 효과가 생기고 음의 *적재 오차*(loading error)가 발생한다. 전압계와 전지의 저항이 같은 경우 −50% 상대 오차가 발생한다. 이 비가 10일 때 오차는 약 −9%이다. 이 비가 1000일 때 상대 오차는 0.1% 미만이다.

### 특집 21-4

**전위 측정에서 적재 오차**

전기회로에서 전압을 측정할 때 전위차계는 회로의 일부이고 측정 과정에 교란하여 **적재 오차**(loading error)를 야기시킨다. 전위 측정에서 이런 현상은 흔하다. 사실상, 어떤 물리적 측정에서 일반적인 한계의 기본적인 예에 해당된다. 즉, 전위 측정은 분명히 관련 시스템을 혼란시켜 실제로 측정된 양은 측정 이전의 값과는 다르다. 이러한 형태의 오차는 완전히 제거될 수 없지만, 종종 어느 정도 감소시킬 수 있다.

전위 측정에서 적재 오차의 크기는 고려해야 할 회로의 저항에 대한 전위차계 내부 저항의 비에 의존한다. **그림 21F-6**에서 측정된 전위 $V_M$과 관련된 적재 오차 $E_r$의 상대적인 백분율은 다음과 같이 주어진다.

$$E_r = \frac{V_M - V_x}{V_x} \times 100\%$$

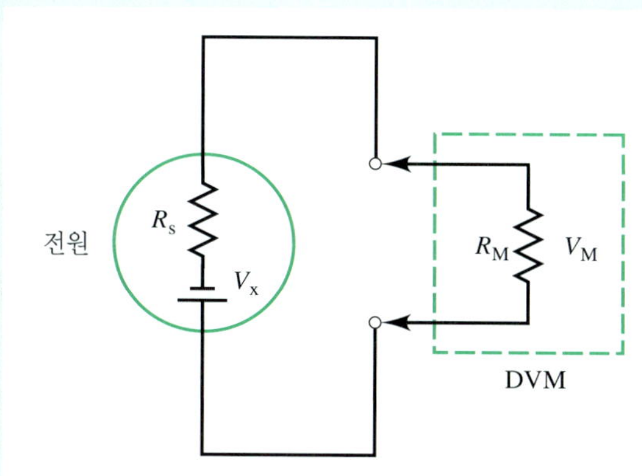


그림 21F-6 디지털 전압계의 전위원으로부터 출력 $V_x$의 측정.

여기서 $V_x$는 전원의 실제 전압이다. 전압계의 저항에 의한 전압 강하는 다음과 같이 주어진다.

$$V_M = V_x \frac{R_M}{R_M + R_s}$$

이 식을 위 식에 대입하여 정리하면 다음과 같다.

$$E_r = \frac{-R_s}{R_M + R_s} \times 100\%$$

이 식에서 상대적인 부하 오차는 전압계의 저항 $R_M$이 전원의 저항 $R_s$보다 상대적으로 더 클수록 더욱 더 작다는 것에 주목하시오. 표 21F-1은 이 효과를 보여주고 있다. 디지털 전압계는 엄청난 저항($10^{11}$~$10^{12}$ ohms)을 갖는 커다란 장점을 제공한다. 그러므로 약 $10^9$ ohms보다 더 큰 부하 저항을 갖는 회로를 제외하고는 부하 오차를 피할 수 있다.

**표 21F-1**

**전위 측정의 정확도에 대한 전압계의 저항 영향**

| 전압계의 저항 $R_M$, Ω | 전원의 저항 $R_s$, Ω | $R_M/R_s$ | 상대 오차 % |
|---|---|---|---|
| 10 | 20 | 0.50 | −67 |
| 50 | 20 | 2.5 | −29 |
| 500 | 20 | 25 | −3.8 |
| $1.0 \times 10^3$ | 20 | 50 | −2.0 |
| $1.0 \times 10^4$ | 20 | 500 | −0.2 |

내부 저항이 > $10^{11}$을 가진 각종 직접 판독식 디지털 전압계가 시중에 나와 있다. 이러한 장치들을 **pH 미터**(pH meter)라 부르지만 다른 이온들의 농도 측정에도 자주 사용되기 때문에 **pIon 미터**(pIon meter) 또는 **이온 미터**(ion meter)라고 하는 것이 더 적절하다. 전형적인 pH 미터기는 그림 21-16에 보여 주고 있다.

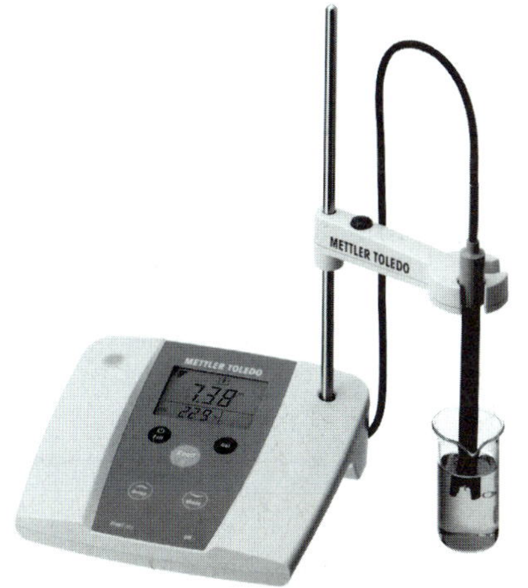


그림 21-16 전위차 적정을 위한 전형적인 탁상용 pH 측정기. (Courtesy of Mettler Toledo, Inc., Columbus, OH.)

**특집 21-5**

## 연산증폭기 전압 측정

최근 수십 년에 걸쳐 화학 기기장치가 급속히 발전하게 된 원인 중 하나는 작고 값싼 다양한 집적회로 증폭기(op amp)를 발명한 것이다.[9] 이러한 장치들의 도움으로 유리 전극을 포함하는 경우와 같이 높은 저항을 가진 전지의 전위를 많은 전류를 끌어내지 않고 측정할 수 있게 되었다. 유리 전극의 경우 대단히 작은 전류($10^{-7}$~$10^{-10}$ A)조차도 측정된 전압에 큰 오차를 일으킨다(특집 21-4와 22장 참조). 연산증폭기의 가장 중요한 이용 중의 하나는 측정 회로로부터 전압원을 격리시키는 일이다. **그림 21F-7a**에서 보이는 것은 이러한 형식의 측정을 가능하게 하는 기본 전압 되먹임(voltage follower)이다. 이 회로는 크게 두 가지 특성을 가지고 있다. 하나는 출력 전압 $E_{out}$는 입력 전압 $E_{in}$과 같다는 것이고 다른 하나는 입력 전류 $I_{in}$은 사실상 0이라는 것이다($10^{-7}$~$10^{-10}$ A).

이 회로의 실제 응용은 전지 전위를 측정하는 것이다. 전지는 **그림 21F-7b**에서 보여주는 바와 같이 op amp의 입력에 연결하고, op amp의 외부는 전압 측정 장치에 연결한다. 최근의 op amp는 이상적인 전압 측정 장치이고, 대부분의 이온 측정기와 pH 측정기에 연결되어 있어서 높은 저항 지시 전극 전위를 거의 오차 없이 감지하는 데 쓰인다.

현대의 이온 미터는 디지털이며 어떤 것들은 0.001~0.005 pH 단위의 정밀도를 가지고 있다. 높은 정확도로 pH를 측정하기는 좀처럼 쉽지 않다. ±0.02~±0.03 pH 단위의 정확도가 일반적이다.

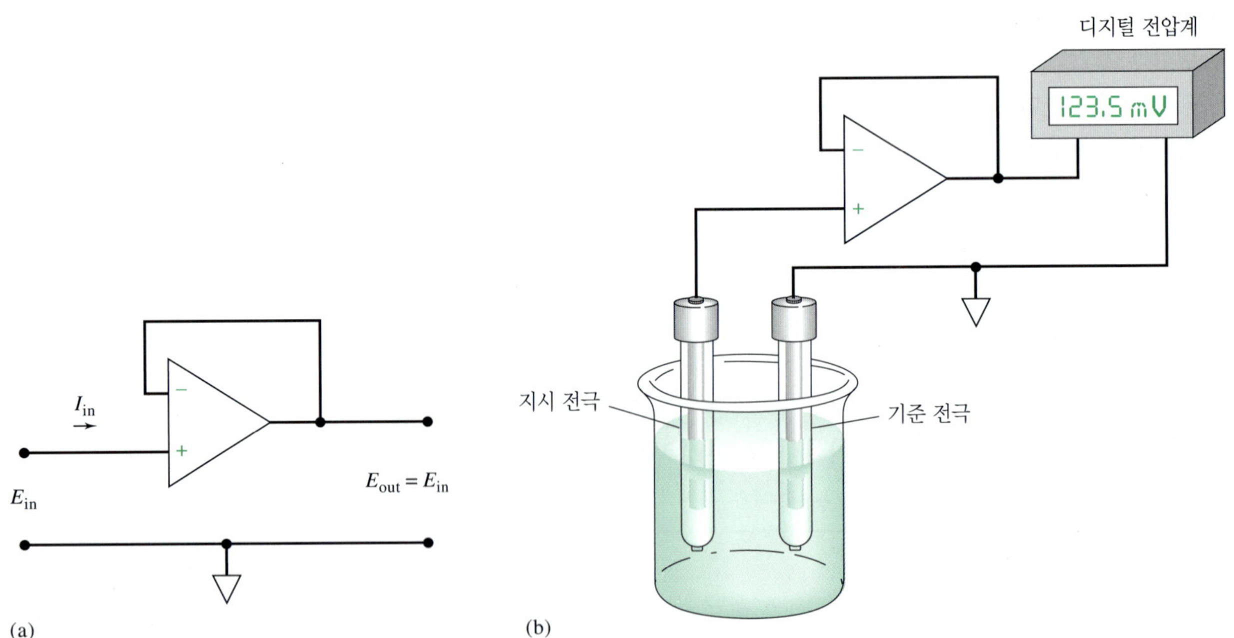


**그림 21F-7** (a) 전압플로어 연산 증폭기. (b) 막 전극으로 전위차법 측정을 하는 대표적인 장치.

[9]op amp 회로에 대한 자세한 설명은 다음을 참고하시오. H. V. Malmstadt, C. G. Enke, and S. R. Crouch, *Microcomputers and Electronic Instrumentation: Making the Right Connections*, Ch. 5, Washington, DC: American Chemical Society, 1994.

## 21F 직접 전위차법 측정

직접 전위차법 측정은 다양한 양이온들과 음이온들의 활동도를 측정하는 빠르고도 편리한 방법이다. 이 방법은 지시 전극을 분석 용액과 하나 혹은 그 이상의 알고 있는 분석 농도의 표준 용액에 담갔을 때 전지에서 발생되는 전위를 비교할 때 필요하다. 종종 있는 일이지만 전극이 분석물에 특이적으로 감응하는 경우에는 예비 분리 과정이 필요 없다. 또한 직접 전위차법 측정은 분석 데이터를 연속적으로 자동 기록할 필요가 있는 경우에 잘 응용된다.

### ▸ 21F-1 직접 전위차법 관계식

전위차법의 부호 규약은 18장에서 표준 전극 전위의 경우에 설명했던 규약과 같다. 이 규약에 따르면 지시 전극은 항상 오른쪽 전극으로 기준 전극은 항상 왼쪽 전극으로 취급한다. 직접 전위차법 측정에서 전지의 전위는 21A절에서 설명되었듯이 지시 전극, 기준 전극, 액간 접촉에 의해 나타나는 전위로서 표시된다.

$$E_{cell} = E_{ind} - E_{ref} + E_j \qquad \textbf{(21-18)}$$

21D절에서 분석물의 활동도에 대한 각종 지시 전극의 감응을 설명하였다. 25°C에서 양이온 $X^{n+}$의 전극 감응은 일반적으로 *Nernst* 형식에 따른다.

$$E_{ind} = L - \frac{0.0592}{n} \text{pX} = L + \frac{0.0592}{n} \log a_X \qquad \textbf{(21-19)}$$

여기서 $L$은 상수이고, $a_X$는 양이온의 활동도이다. 금속 지시 전극의 경우 $L$은 일반적으로 표준 전극 전위, 막 전극의 경우 $L$은 시간에 따라 변하는 불확실한 크기의 비대칭 전위를 포함한 몇 가지 상수들의 합이다.

식 (21-19)을 식 (21-18)에 대입하여 정리하면 다음 식과 같다.

$$\text{pX} = -\log a_X = -\left[\frac{E_{cell} - (E_j - E_{ref} + L)}{0.0592/n}\right] \qquad \textbf{(21-20)}$$

괄호 속의 상수항을 합하여 새로운 상수 $K$를 만든다.

$$\text{pX} = -\log a_X = -\frac{(E_{cell} - K)}{0.0592/n} = -\frac{n(E_{cell} - K)}{0.0592} \qquad \textbf{(21-21)}$$

음이온 $A^{n-}$인 경우에는 식 (21-21)의 부호는 역으로 된다.

$$\text{pA} = \frac{(E_{cell} - K)}{0.0592/n} = \frac{n(E_{cell} - K)}{0.0592} \qquad \textbf{(21-22)}$$

모든 직접 전위차법은 식 (21-21) 혹은 식 (21-22)에 근거를 두고 있다. 두 식에서의 부호의 차이는 이온 선택성 전극들을 pH 미터와 pIon 미터에 연결하는 방법에 있어서는 미묘하면서도 중요한 결과를 가져온다. 두 식을 $E_{cell}$에 대해서 풀면 양이온에 대해서는

$$E_{cell} = K - \frac{0.0592}{n}\,\mathrm{pX} \tag{21-23}$$

음이온에 대해서는 다음과 같다.

$$E_{cell} = K + \frac{0.0592}{n}\,\mathrm{pA} \tag{21-24}$$

양이온 선택성 전극을 이용할 경우 식 (21-23)는 pX가 증가할 때 $E_{cell}$ 값이 *감소*하는 것을 보여준다. 그리하여 높은 저항의 전압계를 전지에 연결할 때 일상적인 방식으로 지시 전극을 양의 단자에 연결하면 pX가 증가함에 따라 미터의 눈금은 감소한다. 다른 관점에서 보면 양이온 X의 농도(활동도)가 증가할수록 pX = −log [X]는 감소하고 $E_{cell}$은 증가한다. 이러한 변화는 우리가 알고 있는 $H_3O^+$ 이온의 농도의 증가에 따른 pH 미터 변화와 정확히 반대이다. 이러한 역행을 제거하기 위해서 유리 전극과 같은 양이온 선택 전극이 전압 측정 장치의 음극에 연결시켰다. pX가 증가함에 따라 미터가 증가하고 결과적으로 양이온의 농도 증가에 따라 감소하게 된다.

한편 음이온 선택성 전극은 미터의 양의 단자에 연결해서 pA 값이 늘어날수록 증가한다. 이 신호 반전 수수께끼는 자주 혼잡스럽기 때문에 분석되는 음이온과 양이온에 대응하는 pX나 pA의 농도의 변화와 함께 장치의 결과를 합리화하는 식 (21-23)과 식 (21-24)의 결과를 신중하게 보는 것이 좋은 방법이다.

## ▸ 21F-2 전극-검정법

전극-검정법은 외부 표준법과 관련이 있고 8D-2절에 자세히 설명되어 있다.

21D절에서 보여준 바와 같이 식 (21-21)와 식 (21-22)의 상수 *K*는 몇 개의 상수로 되어 있고 그 중 최소한 한 개는 액간 접촉 전위이며 이는 직접 측정하거나 이론적으로 계산할 수 없다. 그러므로 이 식을 이용하여 pX와 pA를 구하기 전에 분석물의 표준 용액을 이용하여 *K*를 실험적으로 산출해내야 한다.

전극-검정법에서는 식 (21-21)와 식 (21-22)의 *K*는 알려진 pX와 pA의 하나 또는 그 이상의 표준 용액을 이용하여 $E_{cell}$을 측정하여 결정한다. 그 다음 표준 용액을 분석 용액으로 대치하는 경우에도 *K*는 변하지 않는다는 가정이 성립되어야 한다. 검정은 미지 시료의 pX나 pA를 측정하는 것과 같은 시간에 하는 것이 보통이다. 막 전극을 이용할 경우 몇 시간에 걸쳐 측정이 진행될 때 비대칭 전위가 변화할 수 있기 때문에 재검정을 할 필요가 있다.

전극-검정법은 간단하고 신속하여 pX나 pA를 연속적으로 측정할 때도 이용할 수 있다는 장점을 가지고 있다. 그러나 액간 접촉 전위의 불확정도로 인해 정확도가 다소 떨어질 수도 있다.

### » 전극-검정 과정상의 근원적 오차

전극-검정법의 중요한 단점은 식 (21-21)와 식 (21-22)의 *K*가 검정 후에도 변하지 않는다는 가정으로 인해 생기는 근원적 오차가 있다는 것이다. 미지 시료의 전해질

조성이 거의 불가피하게 검정에 사용하는 용액의 조성과 다르기 때문에 이 가정이 정확한 사실이 되는 경우는 거의 없다. 따라서 $K$에 포함된 접촉 전위 항은 염다리를 사용한다 하더라도 약간 변한다. 이러한 오차는 약 1 mV 또는 그 이상이 된다. 불행하게도 전위/활동도 관계식의 성질로 인하여 불확정도는 그 효과가 증폭 확대되어 분석의 본래 정확도에 영향을 준다.

분석 농도에 대한 오차의 크기는 $E_{\text{cell}}$을 일정하게 유지하면서 식 (21-21)를 미분함으로써 측정할 수 있다.

$$-\log_{10} e \frac{da_x}{a_x} = -0.434 \frac{da_x}{a_x} = -\frac{dK}{0.0592/n}$$

$$\frac{da_x}{a_x} = \frac{ndK}{0.0257} = 38.9\, ndK$$

$da_x$과 $dK$를 작은 증가량으로 대치하고 식의 양변에 100%를 곱하면 다음을 얻게 된다.

$$\text{상대 오차 \%} = \frac{\Delta a_x}{a_x} \times 100\% = 38.9n\Delta K \times 100\%$$
$$= 3.89 \times 10^3 n\Delta K\% \approx 4000n\Delta K\%$$

$\Delta a_x/a_x$의 양은 $a_x$의 상대 오차인데 $K$의 절대 불확정도 $\Delta K$와 연결된다. 예를 들어 $\Delta K$가 ±0.001 V라면, 활동도의 상대 오차는 약 ±4$n$% 정도로 예상된다. *이 오차는 염다리를 가진 전지를 이용하는 모든 측정의 특징이며, 아무리 조심스럽게 전지 전위를 측정하고 감도와 정밀도가 높은 측정 기구를 이용하더라도 제거할 수 없다.*

## » 활동도 대 농도

전극 감응은 분석물 농도보다는 분석물의 활동도에 관련되어 있다. 그러나 일반적으로 농도에 관심이 있으므로 전위차법 측정으로 농도를 구하려면 활동도 계수 데이터가 필요하다. 활동도 계수는 용액의 이온 세기가 알려져 있지 않거나 너무 커서 Debye-Hückel식을 이용할 수 없는 경우에는 이용할 수 없다.

활동도와 농도의 차이를 **그림 21-17**에서 설명하고 있는데, 이는 칼슘 이온 전극

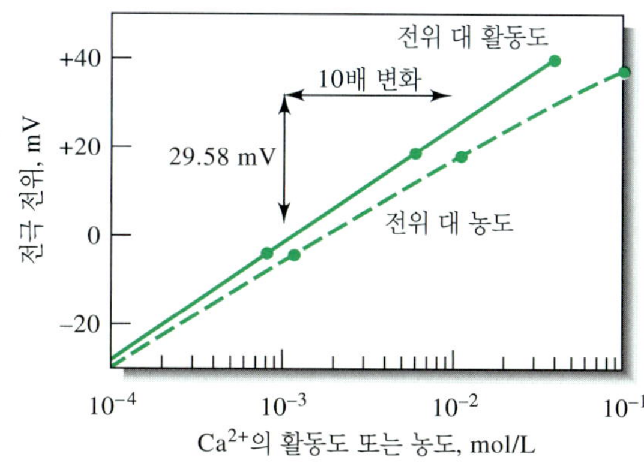


**그림 21-17** 칼슘 이온의 농도와 활동도 변화에 대한 액체막 전극의 감응. (Courtesy of Thermo Electron Corp., Beverly, MA.)

의 감응을 염화칼슘 농도의 로그 함수에 대하여 도시하고 있다. 직선이 아닌 것은 전해질 농도가 증가함에 따라 이온 세기가 증가하고 그에 따라 칼슘 이온의 활동도가 감소하기 때문이다. 농도를 활동도로 바꿔서 도시하였을 때 위쪽의 곡선이 얻어진다. 이러한 직선은 이론적 기울기인 0.0296(즉, 0.0592/2)를 갖는다.

1가 전하를 가진 화학종의 활동도 계수는 다가 전하를 가진 이온의 활동도 계수보다 이온 세기의 변화에 영향을 적게 받는다. 따라서 그림 21-17에서 보여주는 영향은 $H^+$, $Na^+$ 및 다른 1가 이온에 감응하는 전극의 경우 덜 뚜렷하게 나타난다.

pH 전위차법 측정에서 검정에 사용되는 표준 완충 용액의 pH는 일반적으로 수소 이온의 활동도에 바탕을 두고 있다. 따라서 그 측정값도 활동도로 나타난다. 미지 시료가 높은 이온 세기를 가지고 있다면 수소 *이온 농도*(concentration)는 측정된 활동도와 상당히 다를 것이다.

생리학적으로 중요한 많은 화학 반응은 금속 이온의 농도보다는 활동도에 의존하게 된다.

전위차법 측정을 이용하여 활동도를 농도로 바꾸는 확실한 방법은 그림 21-17의 아래 선과 같은 실험 검정 곡선을 이용하는 것이다. 이런 방법이 성공적으로 이루어지기 위해서는 표준 용액의 이온 조성과 분석 용액의 이온 조성이 같아야 한다. 표준 용액의 이온 세기를 시료의 이온 세기에 맞추는 것은 때로 어렵고 특히 화학적으로 복잡한 시료의 경우 더욱 그렇다.

**TISAB** (total ionic strength adjustment buffer)는 이온 선택성 전극으로 측정할 경우에 시료와 표준 용액의 이온 세기와 pH를 조절하는 데 사용한다.

전해질 농도가 그리 크지 않은 경우에는 시료와 표준 용액에 미리 측정된 과량의 비활성 전해질을 섞는 것도 유용하다. 이러한 상황에서 시료 매트릭스의 전해질 효과를 무시할 수 있으므로 실험적 검정 곡선은 농도로부터의 결과를 나타내게 된다. 예를 들면 이 방법은 마시는 물속에 들어 있는 불소 이온을 전위차법으로 측정할 때 사용되고 있다. 시료와 표준 용액은 모두 염화소듐, 아세트산, 시트르산 완충 용액을 포함한 용액으로 묽히고 묽힌 용액은 매우 진하기 때문에 시료와 표준 용액의 이온 세기가 사실상 같아지게 된다. 이 방법은 ppm 범위의 플루오린 이온 농도를 상대 오차 약 5% 정도의 정확도로 신속하게 측정할 수 있도록 한다.

## ▸ 21F-3 표준물 첨가법

표준물 첨가법(8D-3절 참조)은 분석 용액의 일정 부피에 일정 양의 표준 용액을 첨가하기 전과 후에 전극계의 전위를 측정하는 방법을 말한다. 여러 번 첨가하는 경우도 있다. 때로는 과량의 전해질을 미리 분석물 용액에 첨가하는 경우가 있는데 이것은 표준 용액의 첨가로 인하여 이온 세기가 변화되는 것을 막기 위함이다. 두 번 측정하는 동안 액간 접촉 전위가 일정하게 유지하도록 하는 것이 필요하다.

**예제 21-1**

포화 칼로멜 전극과 납 이온 전극으로 이루어진 전지를 시료 50.00 mL에 담갔을 때 −0.4706 V 전위를 나타내었다. 0.02000 M 납 표준 용액 5.00 mL를 첨가하면 전위가 −0.4490 V가 된다. 시료 용액에 들어 있는 납의 몰농도를 계산하시오.

**풀이**

$Pb^{2+}$의 활동도는 $[Pb^{2+}]$와 거의 같다고 가정하고 식 (21-21)를 적용하면,

$$\text{pPb} = -\log[\text{Pb}^{2+}] = -\frac{E'_{\text{cell}} - K}{0.0592/2}$$

여기서 $E'_{\text{cell}}$은 처음에 측정한 전위(−0.4706 V)이다.

표준 용액을 가한 후 전위는 $E''_{\text{cell}}$ (−0.4490 V)가 된다.

$$-\log\frac{50.00 \times [\text{Pb}^{2+}] + 5.00 \times 0.0200}{50.00 + 5.00} = -\frac{E''_{\text{cell}} - K}{0.0592/2}$$

$$-\log(0.9091[\text{Pb}^{2+}] + 1.818 \times 10^{-3}) = -\frac{E''_{\text{cell}} - K}{0.0592/2}$$

처음 것에서 이 식을 빼면

$$-\log\frac{[\text{Pb}^{2+}]}{0.09091[\text{Pb}^{2+}] + 1.818 \times 10^{-3}} = \frac{2(E''_{\text{cell}} - E'_{\text{cell}})}{0.0592}$$

$$= \frac{2[-0.4490 - (-0.4706)]}{0.0592}$$

$$= 0.7297$$

$$\frac{[\text{Pb}^{2+}]}{0.09091[\text{Pb}^{2+}] + 1.818 \times 10^{-3}} = \text{antilog}(-0.7297) = 0.1863$$

$$[\text{Pb}^{2+}] = 3.45 \times 10^{-4}\ \text{M}$$

## ▸ 21F-4 유리 전극을 이용한 전위차법 pH 측정[10]

유리 전극은 수소 이온의 가장 중요한 지시 전극이다. 이것은 사용하기에 편리하고 다른 pH 감응 전극에 영향을 주는 방해도 이 전극에는 거의 영향을 주지 않는다.

유리/칼로멜 전극계는 다양한 상황에서도 pH를 측정할 수 있는 매우 유용한 장치이다. 강한 산화제와 환원제, 단백질, 기체 등을 함유한 용액에서도 방해 없이 사용할 수 있고, 점성인 유체 또는 심지어 반고체 유체의 pH도 측정할 수 있다. 특별한 경우에 사용되는 전극도 있다. 이들 중에는 한 방울의 용액(혹은 그 이하의 부피), 충치 및 피부의 땀, 살아있는 세포 안의 pH 측정이 가능하게 되고, 연속 측정이 가능하도록 흐르는 액체에 삽입하여 사용 가능한 견고성이 있고, 위장의 산도 측정을 위해 삼켜도 되는 소형 전극(칼로멜 전극은 입안에 유지) 등이 있다.

### » *pH 측정에 미치는 오차*

pH 측정기가 널리 쓰이고 여러 가지 경우에 유리 전극을 일반적으로 사용하기 때문에 화학자들은 이러한 기기의 측정이 언제나 정확한 것으로 생각하기 쉽다. 이

[10]전위차 pH 측정에 대한 자세한 내용은 다음 문헌을 참고하시오. R. G. Bates, *Determination of pH*, 2nd ed., New York: Wiley, 1973.

전극에도 분명한 한계가 있음을 알아야 하고, 몇 가지는 앞 절에서 이미 다루었다.

1. *알칼리 오차.* 보통 유리 전극은 알칼리 금속 이온에 감응하여 pH 9 이상의 경우에 이보다 낮은 값을 나타내는 수도 있다.
2. *산 오차.* pH가 0.5보다 작을 경우 유리 전극에 의해 측정된 값은 이보다 더 높은 값을 나타내는 수가 있다.
3. *탈수.* 건조는 전극 성능을 부정확하게 만든다.
4. *낮은 이온 세기 용액에서 오차.* 호수나 작은 개울물같이 낮은 이온 세기 시료들을 유리/칼로멜 전극으로 측정한 pH는 오차(1 또는 2만큼의 pH 단위)를 발생할 수 있다.[11] 이와 같은 오차의 주된 원인은 염다리로부터 분석 용액으로 액체의 흐름을 제어하는 데 사용되는 fritted plug 혹은 다공성 섬유의 부분적 방해에 의해 생성되는 재현성 없는 접촉 전위로 볼 수 있다. 이 문제를 해결하기 위해 다양한 형태의 자유 확산 접촉장치들이 고안되었고 한 가지가 시판용으로 생산되고 있다.
5. *액간 접촉 전위의 변화.* 보정할 수 없는 불확정도의 근본적인 원인은 표준 용액과 미지 용액 간의 조성 차이 때문에 생기는 액간 접촉 전위의 변화이다.
6. *표준 완충 용액의 pH 오차.* 검정하는 데 사용하는 완충 용액을 잘못 만들었거나 보관 중에 조성의 변화가 생기면 이것을 사용하는 pH 측정에 오차가 발생한다. 유기성 완충 용액 조성에 대한 박테리아의 작용은 완충 용액을 변질시킨다.

호수나 시냇물과 같은 중성에 가까운 비완충 용액의 pH를 측정할 경우에는 특별한 주의가 필요하다.

### » pH 작동에 대한 정의

수용액의 산도 또는 알칼리도의 척도로서 pH의 유용성, 시판되는 유리 전극의 광범위한 이용성, 최근의 저렴한 고체상 pH 측정기의 보급 등으로 인해 pH의 전위차법 측정은 모든 과학 분야에서 가장 일반적인 분석법으로 등장하게 되었다. 따라서 pH는 언제 어디서나 쉽게 재현할 수 있는 방법으로 정의되어야 한다는 것이 대단히 중요한 일이다. 이러한 요구에 따라 pH는 작동에 대한 용어로, 즉 측정이 이루어지는 방법대로 규정되어야 한다. 이렇게 되면 한 사람이 측정한 pH가 다른 사람의 측정한 값과 같아질 것이다.

가장 흔한 분석 기술은 pH 측정이다.

pH의 작동 정의는 미국의 NIST (National Institute of Standards and Technology), 그 외 다른 나라의 이와 유사한 기관, 그리고 IUPAC에서 공개적으로 인정하는 것이다. 이것은 미지 용액의 pH를 전위차법으로 측정하기 위해서 조심스럽게 규정된 표준 완충 용액을 이용하여 직접 pH 측정기를 검정하는 방법을 말한다.

분명히 pH는 유리 전극과 pH 측정기로 측정한 값이다. 이것은 이론적 정의인 $pH = -\log a_{H^+}$와 거의 같다.

예를 들어 그림 21-7의 유리/기준 전극 쌍을 생각해 보자. 이 전극들을 표준 완충 용액에 담그면 식 (21-21)이 적용되고 다음 관계식을 얻는다.

$$pH_S = \frac{E_S - K}{0.0592}$$

[11]See W. Davison and C. Woof, *Anal. Chem.*, **1985**, *57*, 2567, **DOI**: 10.1021/ac00290a031; T. R. Harbinson and W. Davison, *Anal. Chem.*, **1987**, *59*, 2450, **DOI**: 10.1021/ac00147a002.

여기서 $E_S$는 전극을 완충 용액에 담갔을 때의 전지 전위이다. 같은 방법으로 전극을 미지 pH 용액에 담갔을 때 전지 전위가 $E_U$라면 다음 관계식을 얻는다.

$$pH_U = -\frac{E_U - K}{0.0592}$$

두 번째 식에서 첫 번째 식을 빼서 $pH_U$에 대하여 풀면 다음을 얻는다.

$$pH_U = pH_S - \frac{(E_U - E_S)}{0.0592} \tag{21-25}$$

식 (21-25)는 pH의 *작동 정의*(operational definition)로서 전 세계에 통용되고 있다.

어떤 정량에 대한 작동 정의는 그것이 어떻게 측정되어지는가에 따른 값으로 정의한다.

NIST와 다른 기관의 연구자들은 액간 접촉이 없는 전지를 사용하여 일차 표준 완충 용액에 대해 광범위하게 연구하여 왔다. 이러한 완충 용액들의 몇 가지 성질들은 다른 문헌에 자세히 소개되어 있다.[12] NIST 완충 용액들은 만들 때의 정확도와 정밀도를 위해 몰랄 농도(용질 몰수/용매 kg)로 나타내었음을 주목하시오. 일반적으로 사용할 때 완충 용액은 비교적 값이 싼 실험실 시약들로 만들 수 있으나 주의를 요하는 실험일 경우 NIST로부터 보증된 완충 용액을 구입하여 사용할 수 있다.

pH의 작동에 대한 정의는 산도 또는 알칼리도 결정에 동일한 척도를 제공한다는 점을 주목할 필요가 있다. 그러나 측정된 pH 값으로는 이론적인 부분과 완전히 일치하는 용액의 상세한 조성을 알 수 없다. 이 불확정도는 단일 이온의 활동도를 근본적으로 측정할 수 없기 때문이다. 즉, pH의 조작에 대한 정의는 식에 의해서 정의된 것처럼 정확한 pH를 얻을 수 없다.

$$pH = -\log \gamma_{H^+}[H^+]$$

## 21G 전위차법 적정

**전위차법 적정**(potentiometric titration)은 적당한 지시 전극의 전위를 적정 부피의 함수로 측정하는 방법을 말한다. 전위차법 적정에서 얻는 정보는 직접 전위차법 측정에서 얻는 것과는 다르다. 예를 들어 0.100 M 염산과 아세트산 용액의 직접 측정은 아세트산이 그 일부만이 해리하기 때문에 두 개의 상당히 다른 수소 이온 농도를 나타낸다. 이에 비해 같은 부피의 두 산을 전위차법으로 적정하면 적정될 양성자의 수가 같기 때문에 같은 양의 표준 용액이 첨가될 것이다.

전위차 적정법은 화학 지시약에 의한 적정으로부터 얻어지는 값보다 좀 더 정밀한 수치 값을 제공하는 데, 특히 색을 띠거나 혼탁한 용액에 유용하고 생각지도 않은 화학종의 존재를 검출하는 데 유용하다. 전위차 적정은 자동화된 다양한 다른 방법을 가지고 있고, 상업적인 적정 장치는 다수의 공산품으로부터 유용하게 얻을 수 있다. 그러나 수동으로하는 전위차 적정은 지시약 적정법의 경우보다 더 많은 시간을 소모하는 단점이 있다.

[12] R. G. Bates, *Determination of pH*, 2nd ed., Ch. 4., New York: Wiley, 1973.

전위차법 적정을 수행하기 위해서 자동 적정기는 몇몇 제조업체로부터 구할 수 있다. 장비를 조작하는 사람은 간단히 시료를 적정 용기에 넣고 적정을 위한 시작 버튼을 누르면 된다. 기기에 적정 용액을 넣고 부피에 대한 전위 변화를 기록하고 미지 용액의 결과를 분석한다. 이러한 장치의 사진은 14장의 서두에 수록되어 있다.

전위차 적정은 직접적인 전위차법보다 추가적인 장점이 있다. 왜냐하면 측정은 당량점 근처에서 전위의 변화가 빠른 적정 부피에 기초를 두고 있기 때문에 측정된 $E_{cell}$의 절대 값에 의존하지 않는다. 이러한 적정은 접촉 전위의 불확정도로부터 상대적으로 자유로운데 그 이유는 적정 동안에 접촉 전위가 일정하게 유지되기 때문이다. 대신에 적정의 결과는 정확히 알고 있는 농도의 적정 용액에 많이 의존하게 된다. 전위차 적정기기는 단지 종말점의 신호와 화학적 지시약과 같은 형태로 나타낸다. 전극의 오류나 Nernst식에 따라서 감응하지 않는 문제는 전극계가 적정을 모니터할 때 심각한 문제가 되지는 않는다. 또한 기준 전극의 전위는 전위차 적정에서 정확하게 알 필요는 없다. 적정의 다른 이점으로는 비록 전극이 활동도로 감응을 하더라도 그 결과는 분석물의 농도로 나타나는 것이다. 이러한 이유로 이온 세기 효과는 적정 과정에서 중요한 것이 되지 못한다.

그림 21-18은 전위차법 적정을 수동으로 하는 대표적 장치를 보여준다. 이것은 측정하는 사람이 적정 용액을 첨가할 때마다 전지 전위(mV나 pH 단위)를 측정하고 기록한다. 초기에는 적정 시약을 많이 적가하고 종말점에 가까워지면(단위 부피에 대한 전지 전위의 변화 정도가 크게 증감함으로 알 수 있다) 적정하는 부피를 점점 줄인다.

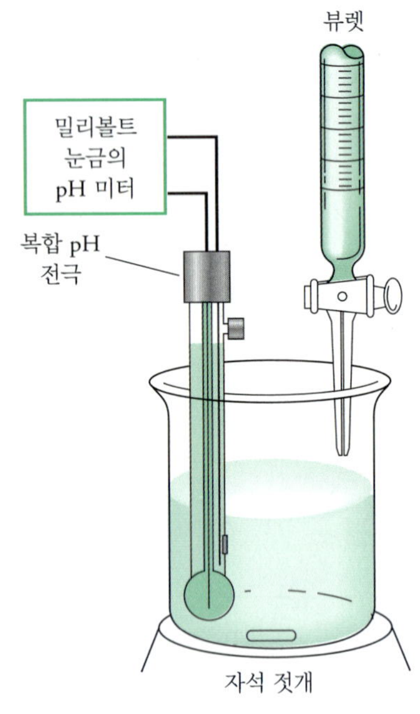


그림 21-18 전위차법 적정 장치.

### ▸ 21G-1 종말점 검출

전위차법 적정의 종말점을 결정하는 데는 몇 가지 방법이 있다. 가장 손쉬운 방법은 직접 그리거나 시료에 대해서 부피의 함수로 전지 전위를 기록하는 것이다. 그림 21-19a에서 표 21-4의 결과를 도시하였는데, 곡선의 급격한 상승 부분의 중간 지점을 눈대중으로 찾아 종말점으로 잡은 것이다.

**표 21-4**

2.433 mmol의 $Cl^-$ 이온과 0.1000 M 질산 은에 대한 전위차법 적정 데이터

| $AgNO_3$의 부피, mL | $E$ 대 SCE, V | $\Delta E/\Delta V$, V/mL | $\Delta^2 E/\Delta V^2$, $V^2/mL^2$ |
|---|---|---|---|
| 5.00 | 0.062 | | |
| 15.00 | 0.085 | 0.002 | |
| 20.00 | 0.107 | 0.004 | |
| 22.00 | 0.123 | 0.008 | |
| 23.00 | 0.138 | 0.015 | |
| 23.50 | 0.146 | 0.016 | |
| 23.80 | 0.161 | 0.050 | |
| 24.00 | 0.174 | 0.065 | |
| 24.10 | 0.183 | 0.09 | |
| 24.20 | 0.194 | 0.11 | 2.8 |
| 24.30 | 0.233 | 0.39 | 4.4 |
| 24.40 | 0.316 | 0.83 | −5.9 |
| 24.50 | 0.340 | 0.24 | −1.3 |
| 24.60 | 0.351 | 0.11 | −0.4 |
| 24.70 | 0.358 | 0.07 | |
| 25.00 | 0.373 | 0.050 | |
| 25.50 | 0.385 | 0.024 | |
| 26.00 | 0.396 | 0.022 | |
| 28.00 | 0.426 | 0.015 | |

종말점을 검출할 수 있는 두 번째 방법은 적정 시약의 단위 부피당 전위의 변화($\Delta E/\Delta V$)를 계산, 즉 적정 곡선의 일차 미분으로부터 얻을 수 있다. 평균 부피 $V$의 함수로서 일차 미분을 도시하면 **그림 21-19b**에서와 같이 곡선의 최대 지점이 변곡점에 해당된다는 것을 알 수 있다. 이 비를 적정하는 동안 계산하여 전위 대신 기록한다. 그림으로부터 부피 24.30 mL 지점이 최대가 되는 것을 확인할 수 있다. 만약 곡선이 대칭이라면 최대 기울기 지점은 당량점과 일치하게 된다. 적정 시약과 분석 용액의 반응이 다른 전자수를 가질 때 비대칭 적정 곡선이 얻어지게 되고 최대 기울기가 사용된다면 작은 적정 오차가 발생하게 된다.

**그림 21-19c**는 변곡점에서 데이터 변화 신호에 대해서 이차 미분을 나타낸 것이다. 이러한 변화는 자동 적정 장치에서 분석 신호로 이용하고 있다. 이차 미분에 대한 점이 0을 지나는 지점이 변곡점에 해당하고 적정의 종말점을 뜻하며, 그 결과는 상당히 정확하게 위치하게 된다.

종말점에 대해 앞에서 설명한 모든 방법들은 적정 곡선이 당량점에 대하여 대칭이며 이 곡선의 변곡점이 당량점에 해당한다는 가정 하에 이루어진 것이다. 만약 적정 시약과 분석 물질이 1:1 비율로 반응하고 전극 반응이 가역적이라면 이러한 가정은 타당하다. 과망가니즈산으로 철(II)를 적정하는 것과 같은 많은 산화/환원반응에서 동일한 몰수로 일어나는 반응은 찾아보기 어렵다. 그렇다고 하더라도 이러한 적정 곡선은 종말점에서 매우 변화가 크므로 곡선이 대칭이라고 가정할 때 오차는 매우 작게 된다.

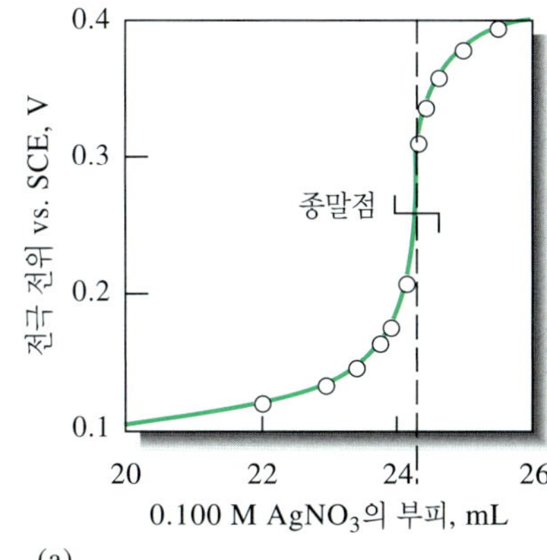

(a)

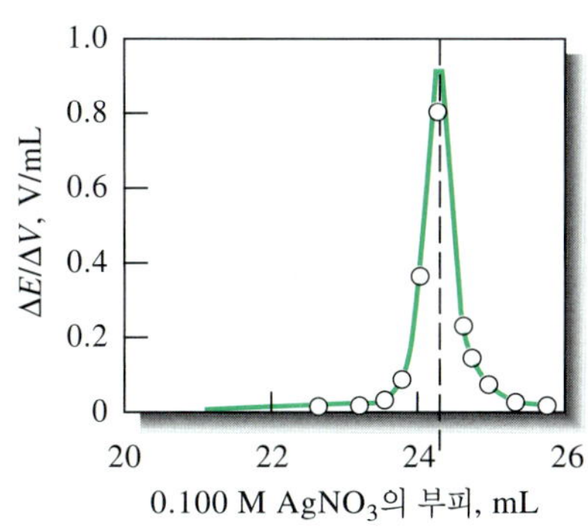

(b)

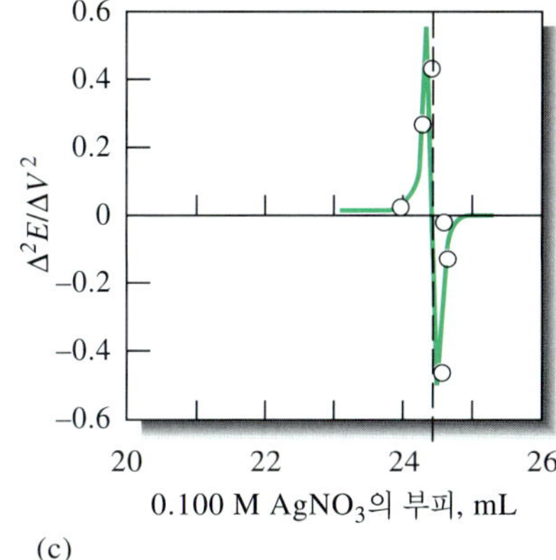

(c)

**그림 21-19** 염화 이온 2.433 mmol을 질산은 0.1000 M로 적정한 곡선. (a) 적정 곡선, (b) 일차 미분 곡선, (c) 이차 미분 곡선.

## ▸ 21G-2 중화 적정

실험적인 중화 적정 곡선은 14장과 15장에서 설명한 이론적인 곡선과 거의 같다. 그러나 보통 실험 곡선은 이들을 유도할 때 활동도보다는 농도를 사용하기 때문에 pH 축을 따라 이론적인 곡선에서 다소 벗어나게 된다. 이러한 벗어남은 종말점을 결정하는 데 있어서 거의 영향을 주지 못하므로, 전위차법 중화 적정은 산의 혼합물이나 다양성자 산들을 분석하는 데 유용하다. 이와 같은 분석은 염기에도 응용할 수가 있다.

### » *해리 상수의 결정*

약한 산 또는 염기의 해리 상수에 대한 근사값은 전위차법 적정 곡선으로부터 알아낼 수 있다. 이러한 값들은 곡선의 어느 점에 있는 pH로부터 계산할 수 있으나 실제적으로는 유용한 지점은 절반의 적정 지점이다. 이 지점에서 곡선은 다음과 같이 표현된다.

$$[HA] \approx [A^-]$$

그러므로

$$K_a = \frac{[H_3O^+]\cancel{[A^-]}}{\cancel{[HA]}} = [H_3O^+]$$

$$pK_a = pH$$

활동도 대신에 농도를 사용하면 $K_a$ 값이 발표된 값들에 비해 두 배 또는 그 이상 차이가 난다는 것을 알아두는 것이 중요하다. HA에 대한 해리 상수의 보다 정확한 형태는 다음과 같다.

$$K_a = \frac{a_{H_3O^+}a_{A^-}}{a_{HA}} = \frac{a_{H_3O^+}\gamma_{A^-}\cancel{[A^-]}}{\gamma_{HA}\cancel{[HA]}} \tag{21-26}$$

$$K_a = \frac{a_{H_3O^+}\gamma_{A^-}}{\gamma_{HA}}$$

유리 전극을 이용하면 $a_{H_3O^+}$의 좋은 근사값을 얻을 수 있으므로, 측정된 $K_a$ 값은 열역학적인 값들에 비해 두 개의 활동도 계수의 비만큼 다르게 나타난다. 식 (21-26)의 분모에 있는 활동도 계수는 HA가 중성 화학종이기 때문에 이온 세기가 증가하더라도 크게 변하지는 않는다. 반면에 $A^-$의 활동도 계수는 전해질 농도가 증가하면 감소하게 된다. 이러한 감소는 관찰된 수소 이온의 활동도는 열역학적 해리 상수보다 계산적으로 더 큼을 의미한다.

**예제 21-2**

적정 결과로부터 $H_3PO_4$에 대한 $K_1$과 $K_2$를 결정하기 위하여 0.5 몰과 1.5 몰의 염기를 1 몰의 산에 첨가한 후 주의 깊게 pH를 측정하였다. 여기서 이 데이터로부터 계산된 수소 이온의 활동도는 원하는 해리 상수와 동일한 값이라고 가정한다. 만약 각각 측정할 때에 이온 세기가 0.1이라고 한다면 이러한 가정으로 인해 생기는 상대 오차를 계산하시오(부록 3에서 $H_3PO_4$에 대한 $K_1$과 $K_2$는 각각 $7.11 \times 10^{-3}$과 $6.34 \times 10^{-8}$임을 알 수 있다).

**풀이**

식 (21-26)을 재배열하면

$$K_a(\text{실험}) = a_{H_3O^+} = K\left(\frac{\gamma_{HA}}{\gamma_{A^-}}\right)$$

$H_3PO_4$의 활동도 계수는 이 화학종이 전하를 띠지 않기 때문에 약 1이다. 표 10-2에서 $H_2PO_4^-$의 활동도 계수는 0.77이고 $HPO_4^{2-}$에 대한 것은 0.35임을 알 수 있다. 이 값을 $K_1$, $K_2$에 대한 식에 대입하면

$$K_1(\text{실험}) = 7.11 \times 10^{-3}\left(\frac{1.00}{0.77}\right) = 9.23 \times 10^{-3}$$

$$\text{오차} = \frac{9.23 \times 10^{-3} - 7.11 \times 10^{-3}}{7.11 \times 10^{-3}} \times 100\% = 30\%$$

$$K_2(\text{실험}) = 6.34 \times 10^{-8}\left(\frac{0.77}{0.35}\right) = 1.395 \times 10^{-7}$$

$$\text{오차} = \frac{1.395 \times 10^{-7} - 6.34 \times 10^{-8}}{6.34 \times 10^{-8}} \times 100\% = 120\%$$

미지의 순수한 산은 한 번만 적정하여 얻은 데이터인 당량(일양성자성 산에 대한 몰질량)과 해리 상수로부터 그 산이 무엇인지를 알아낼 수 있다.

### ▸ 21G-3 산화/환원 적정

백금으로 만들어진 비활성 지시 전극은 대개 산화/환원 적정에서 종말점을 알아내는 데 사용된다. 때때로 은, 팔라듐, 금, 수은과 같은 다른 불활성 금속들이 대신 사용되기도 한다. 적정 곡선은 보통 19D절에서 유도된 것과 비슷한 형태로 얻어지지만, 높은 이온 세기 효과로 인해 세로축을 따라 이동한다. 종말점은 이 장의 앞 부분에서 설명한 방법에 의해 결정된다.

## 21H 전위차법을 이용한 평형 상수의 결정

용해도곱 상수, 해리 상수, 형성 상수에 대한 값은 전지 전위를 측정하면 편리하게 계산할 수 있다. 이 방법의 중요한 점은 용액 내에 존재하는 어떤 평형 상태에 영향을 거의 주지 않고서는 측정할 수 있다는 것이다. 예를 들면, 은 이온, 시안화 이온 그리고 이 이온들 사이에서 형성된 착물을 포함하는 용액에서의 은 전극의 전위는 세 화학종의 활동도에 따라 달라진다. 이 전위는 전류가 거의 흐르지 않는 상태에서 측정할 수 있다. 반응에 참여하는 화학종의 활동도가 측정하는 동안 거의 변화되지 않기 때문에 평형의 위치도 마찬가지로 변하지 않는다.

$$Ag^+ + 2CN^- \rightleftharpoons Ag(CN)_2^-$$

**예제 21-3**

$Ag(CN)_2^-$에 대한 형성 상수 $K_f$를 계산하시오.

$$Ag^+ + 2CN^- \rightleftharpoons Ag(CN)_2^-$$

다음 전지는

$$SCE \| Ag(CN)_2^-\ (7.50 \times 10^{-3}\ M),\ CN^-(0.0250\ M) \mid Ag$$

$-0.625$ V의 전위가 나타난다.

**풀이**

앞의 예제에서처럼 다음과 같이 나타낼 수 있다.

$$Ag^+ + e^- \rightleftharpoons Ag(s) \qquad E^0 = +0.799\ V$$

$$-0.625 = E_{right} - E_{left} = E_{Ag^+} - 0.244$$

$$E_{Ag^+} = -0.625 + 0.244 = -0.381\ V$$

*(계속)*

은 전극에 대해서 Nernst식을 적용하면 다음과 같다.

$$-0.381 = 0.799 - \frac{0.0592}{1}\log\frac{1}{[Ag^+]}$$

$$\log[Ag^+] = \frac{-0.381 - 0.799}{0.0592} = -19.93$$

$$[Ag^+] = 1.2 \times 10^{-20}$$

$$K_f = \frac{[Ag(CN)_2^-]}{[Ag^+][CN^-]^2} = \frac{7.50 \times 10^{-3}}{(1.2 \times 10^{-20})(2.5 \times 10^{-2})^2}$$

$$= 1.0 \times 10^{21} \approx 1 \times 10^{21}$$

이론적으로 수소 이온이 참여하는 전극계를 이용하면 산과 염기에 대한 해리 상수를 계산할 수 있다.

**예제 21-4**

다음과 같은 전지가 −0.591 V의 전위를 나타낸다면, 약산 HP의 해리 상수 $K_{HP}$는 얼마인가?

$$\text{SCE} \,\|\, \text{HP(0.010 M), NaP(0.040 M)} \,|\, \text{Pt}, H_2\ (1.00\ \text{atm})$$

**풀이**

전지 반응으로부터 왼쪽의 전극은 포화 칼로멜 전극임을 알 수 있다. 그러므로

$$E_{cell} = E_{right} - E_{left} = E_{right} - 0.244 = -0.591\ \text{V}$$

$$E_{right} = -0.591 + 0.244 = -0.347\ \text{V}$$

수소 전극에 대한 Nernst식을 적용하면

$$-0.347 = 0.000 - \frac{0.0592}{2}\log\frac{1.00}{[H_3O^+]^2}$$

$$= 0.000 + \frac{2 \times 0.0592}{2}\log[H_3O^+]$$

$$\log[H_3O^+] = \frac{-0.347 - 0.000}{0.0592} = -5.86$$

$$[H_3O^+] = 1.38 \times 10^{-6}$$

약산과 그 짝염기의 농도뿐만 아니라 $H_3O^+$ 이온의 농도에 대한 값을 해리상수식에 대입하면 다음과 같다.

$$K_{HP} = \frac{[H_3O^+][P^-]}{HP} = \frac{(1.38 \times 10^{-6})(0.040)}{0.010} = 5.5 \times 10^{-6}$$

전위차 적정 취급과 관련된 사이트를 찾기 위해서 Google과 같은 검색 엔진을 사용한다. 검색을 통해 Spectralab, Analyticon, Fox Scientific, Metrohm, Mettler-Toledo, Thermo Orion와 같은 회사를 찾을 수 있다. 이들 중 1~2개에서 상업적으로 구입이 가능한 적정기를 조사한다. 두 개의 다른 제조업체에서 두 분석 물질을 측정하기 위한 전위차 적정 분석 자료와 설명서를 보고 선택한다. 각각의 필요한 기구와 시약들 그리고 결과에 기대되는 정확도와 정밀도에 대하여 분석하여 상세한 화학적인 실험 과정과 측정 방법에 대한 자료를 얻는다.

## 연습 문제

**21-1.** 다음을 간단히 설명하거나 정의하시오.
- *(a) 지시 전극
- (b) 기준 전극
- *(c) 1차 전극
- (d) 2차 전극

**21-2.** 다음을 간단히 설명하거나 정의하시오.
- *(a) 액간 접촉 전위
- (b) 경계 전위
- *(c) 비대칭 전위
- (d) 복합 전극

***21-3.** 분석물을 확인하기 위해 전극 전위 측정 혹은 적정 중 하나를 선택해야 된다. 다음은 어떤 것을 선택해야 할지 설명하시오.
- (a) 천분율에 해당하는 분석 물질의 절대량
- (b) 분석물의 활동도

**21-4.** 지시 전극에서 Nernstian 거동이 의미하는 것은?

***21-5.** 유리막 전극에서 pH 의존성의 근원을 설명하시오.

**21-6.** pH에 민감한 전극 막의 유리가 상당히 흡습성이 있어야 하는 이유는?

***21-7.** 유리/칼로멜 전극으로 pH를 측정할 때 생기는 오차의 원인들을 설명하시오.

**21-8.** 막 전극의 감응에 있어서 유효 숫자에 제한을 두는 실험적인 요인은 무엇인가?

***21-9.** pH 측정에 있어서 알칼리 오차를 설명하시오. 어떤 상황이 이러한 오차를 유발하는가? 알칼리 오차에 의해서 pH는 어떻게 영향을 받는가?

**21-10.** 기체 감지계가 막 전극과 다른 점은 무엇인가?

**21-11.** 다음의 근원은 무엇인가?
- (a) 막 전극에서 비대칭 전위는?
- *(b) 막 전극에서 경계 전위는?
- (c) 유리/칼로멜 전극에서 액간 접촉 전위는?
- *(d) $F^-$의 농도를 결정하는 데 사용되는 결정성 막 전극의 전위는?

***21-12.** pH의 측정에서 직접 전위차법에 의해 얻어진 결과는 전위차법을 이용한 산/염기 적정으로부터 얻어진 것과 어떻게 다른가?

**21-13.** 직접 전위차 측정법으로 적정한 경우 이것에 대한 장점을 설명하시오.

**21-14.** pH의 작동 정의는 무엇이며, 사용하는 이유는 무엇인가?

***21-15.** (a) 다음 과정의 $E^0$를 계산하시오.

$$AgNO_3(s) + e^- \rightleftharpoons Ag(s) + IO_3^-$$

- (b) $pIO_3$를 측정하기 위해 사용될 수 있는 포화 칼로멜 기준 전극과 은 지시 전극의 구성을 간단한 전지 표기법으로 나타내시오.
- (c) (b)의 $pIO_3$의 전지 전위와 관련된 식을 쓰시오.
- (d) (b)에서 전지 전위가 0.306 V를 가질 때 $pIO_3$을 계산하시오.

**21-16.** (a) 다음 과정에 대한 $E^0$를 계산하시오.

$$PbI_2(s) + e^- \rightleftharpoons Pb(s) + 2I^-$$

- (b) pI를 측정하기 위해 사용될 수 있는 포화 칼로멜 기준 전극과 납 지시 전극의 구성을 간단한 전지 표기법으로 나타내시오.
- (c) pI의 전지 전위와 관련된 식을 쓰시오.
- (d) 전지 전위가 $-0.402$ V를 가질 때 pI를 계산하시오.

**21-17.** 다음을 측정하기 위해서 포화 칼로멜 기준 전극과 은 지시 전극으로 구성된 전지를 간단한 표기법으로 나타내시오.
- *(a) pI
- (b) pSCN
- *(c) $pPO_4$
- (d) $pSO_3$

**21-18.** 연습 문제 21-17의 각 전지들에 대하여 $E_{cell}$에 대한 p 음이온과의 관계식을 쓰시오.($Ag_2SO_3$, $K_{sp} = 1.5 \times 10^{-14}$; $Ag_3PO_4$, $K_{sp} = 1.3 \times 10^{-20}$)

**21-19.** 다음을 계산하시오.

*(a) 문제 21-17(a)에서 전지의 전위가 −196 mV일 때, pI는?

(b) 문제 21-17(b)에서 전지의 전위가 0.137 V일 때, pSCN는?

*(c) 문제 21-17(c)에서 전지의 전위가 0.211 V일 때, $pPO_4$는?

(d) 문제 21-17(d)에서 전지의 전위가 285 mV일 때, $pSO_3$는?

***21-20.** 다음 전지는 $pCrO_4$의 결정에 사용된다. 전지 전위가 0.389 V일 때 $pCrO_4$를 계산하시오.

SCE‖$Ag_2CrO_4$(포화), ($x$ M)|Ag

***21-21.** 다음 전지의 전위는 오른쪽 반쪽 전지 용액이 pH 4.006의 완충 용액일 때 0.2106 V 이다.

SCE‖$H^+$($a$ = $x$)|유리 전극

완충 용액을 미지 용액으로 대치하였을 때, (a) −0.2902 V와 (b) +0.1241 V의 전위가 측정되었다. 각 미지 용액의 pH와 수소 이온의 활동도를 계산하시오. (c) 액간 접촉 전위의 불확정도가 0.002 V이면, 참값이 기대되는 수소 이온 활동도의 범위는 얼마인가?

***21-22.** 순수한 유기산 시료 0.4021 g을 물에 용해하여 전위차법으로 적정하였다. 자료를 도시한 결과 0.1243 M NaOH 용액 18.62 mL를 첨가한 후에 단 하나의 종말점이 나타났다. 산의 분자 질량을 계산하시오.

**21-23.** 0.0800M KSeCN 용액 50.00 mL에 0.1000 M $AgNO_3$를 5.00, 15.00, 25.00, 30.00, 35.00, 39.00, 39.50, 36.60, 39.70, 39.80, 39.90, 39.95, 39.99, 40.00, 40.01, 40.05, 40.10, 40.20, 40.30, 40.40, 40.50, 41.00, 45.00, 50.00, 55.00, 70.00 mL씩 각각 가한 후 표준 칼로멜 기준 전극에 대한 은 지시 전극의 전위를 계산하시오. 이 결과로부터 적정 곡선과 일차 및 이차 미분 곡선을 그리시오(AgSeCN에 대한 $K_{sp}$ = 4.20 × $10^{-16}$).

**21-24.** 0.05000 M $HNO_2$ 용액 40.00 mL를 75.00 mL이 되게 묽히고 0.0800 M $Ce^{4+}$로 적정하였다. 적정 과정에서 용액의 pH를 1.00으로 유지하였고, cerium 전극계의 형식 전위는 1.44 V이다.

(a) 세륨(IV)을 5.00, 10.00, 15.00, 25.00, 40.00, 49.00, 49.50, 49.60, 49.70, 49.80, 49.90, 49.95, 49.99, 50.00, 50.01, 50.05, 50.10, 50.20, 50.30, 50.40, 50.50, 51.00, 60.00, 75.00, 90.00 mL를 가한 후의 포화 칼로멜 기준 전극에 대한 지시 전극의 전위를 계산하시오.

(b) 이 결과에 대한 적정 곡선을 그리시오.

(c) 일차와 이차 미분 곡선을 그리시오. 이차 미분 곡선에서 부피는 교차점이 0일 때 이론적인 당량점에 일치하는가? 왜 그러한지 또는 왜 그렇지 아닌지를 설명하시오.

**21-25.** 과망가니즈산염을 이용한 Fe(II) 적정은 두 반쪽 반응에 포함된 전자 수가 다르므로 비대칭 적정 곡선이 얻어진다. 0.1 M $MnO_4^-$에 0.1 M Fe(II) 25.00 mL로 적정을 고려해 보자. $H^+$ 농도는 적정하는 동안에 1.0 M로 유지된다. 이론적정 곡선과 일차 및 이차 미분 곡선을 만들기 위하여 스프레드시트를 사용해 보자. 일차미분 곡선의 극대점과 이차 미분 곡선의 0 교차점으로부터 얻어진 교차점들은 당량점과 일치하는가? 왜 그러한지 또는 왜 그렇지 아닌지를 설명하시오.

***21-26.** $Na^+$ 용액의 농도는 $Na^+$ 이온 선택성 전극으로 측정하여 결과를 얻었다. 전극계를 미지의 용액 10.0 mL에 담갔을 때 −0.2462 V의 전위를 얻었다. 여기에 2.00 × $10^{-2}$ M NaCl 1.00 mL을 첨가하였을 경우 전위가 −0.1994 V로 변하였다. 이 시료의 $Na^+$ 초기 농도를 계산하시오.

**21-27.** $F^-$ 용액의 농도는 액체 막 전극으로 측정하여 결정하였다. 전극계를 시료 용액 25.00 mL에 담갔을 때 전위는 0.5021 V를 얻었다. 여기에 5.45 ×$10^{-2}$ M NaF 2.00 mL을 첨가하였을 경우 전위가 0.4213 V 변하였다. 이 시료의 pF를 계산하시오.

**21-28.** 리튬 이온 선택성 전극으로 LiCl 표준 용액과 미지 농도 2개에 대한 전위를 다음 표와 같이 얻었다.

| 용액($a_{Li^+}$) | 전위 대 SCE(mV) |
|---|---|
| 0.100 M | +1.0 |
| 0.050 M | −30.0 |
| 0.010 M | −60.0 |
| 0.001 M | −138.0 |
| 미지 1 | −48.5 |
| 미지 2 | −75.3 |

(a) log $a_{Li}$ 대 전극 전위의 검정 곡선을 그리고 전극이 Nernst식을 따르는지를 확인하시오.

(b) 두 개의 미지 시료 농도를 확인하기 위해서 선형 최소 제곱을 사용해 보시오.

**21-29.** 플로라이드 전극은 먹는 물의 시료로부터 플로라이드의 농도를 측정하기 위해 사용된다. 아래 표는 네 개의 표준 시료와 두 개의 미지 시료로부터 얻어진 결과이다. 일정한 이온 세기와 pH 조건을 사용하였다.

| $F^-$의 함유 용액 | 전위 대 SCE(mV) |
|---|---|
| $5.00 \times 10^{-4}$ M | 0.02 |
| $1.00 \times 10^{-4}$ M | 41.4 |
| $5.00 \times 10^{-5}$ M | 61.5 |
| $1.00 \times 10^{-5}$ M | 100.2 |
| 미지 1 | 38.9 |
| 미지 2 | 55.3 |

(a) log $[F^-]$에 대한 전위의 검정 곡선을 그리시오. 전극계가 Nernstian 감응을 하는지 확인하시오.
(b) 선형 최소제곱 방법을 사용하여 두 미지 시료에 대한 $F^-$ 농도를 결정하시오.

**21-30. 도전 문제:** Ceresa, Pretsch, Bakker[13]는 칼슘 농도를 결정하기 위하여 세 가지 이온 선택성 전극에 대한 연구를 하였다. 동일한 막을 사용한 세 전극이지만 내부 용액의 조성은 다르게 하였다. 전극 1은 내부 용액으로 $1.00 \times 10^{-3}$ M $CaCl_2$와 0.10 M NaCl의 전형적인 ISE이다. 전극 2(낮은 $Ca^{2+}$의 활동도)는 내부 용액으로 동일한 $CaCl_2$의 분석 농도를 지니지만 $6.0 \times 10^{-2}$ M의 NaOH로 pH 가 9.0으로 조절된 $5.0 \times 10^{-2}$ M의 EDTA를 지니고 있다. 전극 3(높은 $Ca^{2+}$의 활동도)은 1.00 M $Ca(NO_3)_2$ 내부 용액을 지니고 있다.

(a) 전극 2의 내부 용액에서 $Ca^{2+}$ 농도를 결정하시오.
(b) 전극 2 용액의 이온 세기를 결정하시오.
(c) Debye-Hückel식을 이용하여 전극 2에서 $Ca^{2+}$활동도를 계산하시오. $Ca^{2+}$에 대한 $\alpha_X$는 0.6 nm이다.
(d) 전극 1은 활동도가 0.001 M에서 $1.00 \times 10^{-9}$ M의 활동도 범위에서 표준 칼슘 용액을 측정하기 위해서 칼로멜 기준 전극으로 전지에 사용하여 다음과 같은 결과를 얻었다.

| $Ca^{2+}$의 활동도(M) | 전지 전위(mV) |
|---|---|
| $1.0 \times 10^{-3}$ | 93 |
| $1.0 \times 10^{-4}$ | 73 |
| $1.0 \times 10^{-5}$ | 37 |
| $1.0 \times 10^{-6}$ | 2 |
| $1.0 \times 10^{-7}$ | −23 |
| $1.0 \times 10^{-8}$ | −51 |
| $1.0 \times 10^{-9}$ | −55 |

pCa에 대한 전지 전위를 도시하고, 직선성으로부터 상당히 벗어나는 경우 pCa 값을 결정하시오. 직선형일 경우 기울기와 절편을 구하시오. 도시된 그림이 식 21-23에 따르는가?

(e) 전극 2에서 다음의 결과를 얻었다.

| $Ca^{2+}$의 활동도 | 전지 전위(V) |
|---|---|
| $1.0 \times 10^{-3}$ | 228 |
| $1.0 \times 10^{-4}$ | 190 |
| $1.0 \times 10^{-5}$ | 165 |
| $1.0 \times 10^{-6}$ | 139 |
| $5.6 \times 10^{-7}$ | 105 |
| $3.2 \times 10^{-7}$ | 63 |
| $1.8 \times 10^{-7}$ | 36 |
| $1.0 \times 10^{-7}$ | 23 |
| $1.0 \times 10^{-8}$ | 18 |
| $1.0 \times 10^{-9}$ | 17 |

pCa에 대한 전지 전위차를 도시하고, 전극 2에 대한 직선성 범위를 결정하시오. 직선적인 부분의 기울기와 절편을 구하시오. 이 전극은 높은 $Ca^{2+}$의 활동도에 대해서 식 (21-23)을 따르는가?

(f) 전극 2는 $10^{-7}$에서 $10^{-6}$ M까지 농도에서 super-Nernstian라고 부른다. 이러한 용어가 사용되는 이유는? 만약 도서관에서 *Analytical Chemistry* 저널을 구독하거나 웹으로 논문 접속이 가능하다면 그 저널을 읽어 보시오. 이 전극은 $Ca^{2+}$이 흡수된다고 불린다. 이것이 의미하는 것이 무엇이며, 그 감응을 어떻게 설명할 수 있겠는가?

(g) 전극 3에서 다음의 결과를 얻었다.

| $Ca^{2+}$의 활동도(M) | 전지 전위(mV) |
|---|---|
| $1.0 \times 10^{-3}$ | 175 |
| $1.0 \times 10^{-4}$ | 150 |
| $1.0 \times 10^{-5}$ | 123 |
| $1.0 \times 10^{-6}$ | 88 |
| $1.0 \times 10^{-7}$ | 75 |
| $1.0 \times 10^{-8}$ | 72 |
| $1.0 \times 10^{-9}$ | 71 |

pCa에 대한 전지 전위를 도시하고 직선성 범위를 결정하시오. 또한 기울기와 절편을 구하시오. 이 전극은 식 (21-23)을 따르는가?

(h) 전극 3에서 $Ca^{2+}$가 빠져나간다. 논문으로부터 이러한 용어를 설명하고 감응에 대해서 어떻게 설명이 가능하겠는가?
(i) 실험 결과에 대해서 논문으로 다른 설명이 가능하겠는가? 만약 그렇다면, 설명해 보시오.

[13]A. Ceresa, E. Pretsch, and E. Bakker, *Anal. Chem.*, **2000**, *72*, 2054, **DOI:** 10.1021/ac991092h.

제 22 장

# 용액 전기분해법: 전해무게분석법과 전기량법

*Bulk Electrolysis: Electrogravimetry and Coulometry*

자동차 범퍼의 크로뮴 도금, 은제품의 은 도금 또는 보석류의 귀금속 전기 도금 등과 같이 여러 제품의 금속 도금 분야에 전기분해법이 널리 이용된다. 또 다른 전기 도금의 예로써 그림과 같은 아카데미 수상자들에게 주어지는 13.5 인치, 8.5 파운드의 오스카상(像)을 들 수 있다. 그 작은 동상은 brittanium (주석, 구리, 안티몬의 함금)이라는 합금으로 주조된 것이다. 그 주조물은 구리로 전기 도금되고 다시 표면의 미세 기공을 메우기 위해 니켈 도금을 거쳐 금과 접착성을 높이기 위하여 은으로 씻은 후 24-karat 금으로 전기도금한다. 오스카상에 도금된 금의 총량은 마지막 전기도금 공정 전후의 무게 차이로부터 계산된다. 이 방법이 이장의 주제 중의 하나인 전해무게분석법이다. 오스카상을 도금하기 위해 필요한 전기량의 총량은 전기 도금을 하는 동안 흐르는 전류를 적분하여 계산하고, 전자의 총 몰수로부터 도금된 금의 총 질량을 계산할 수 있다. 이러한 방법이 이 장의 또 다른 주제인 전기량법이다.

이 장에서는 용액 전기분석 방법과 관련된 두 가지, 즉 전해무게분석법과 전기량법에 대하여 논하고자 한다.[1] 18장부터 21장에 걸쳐 설명한 전위차법과 다르게 이러한 방법들은 전류와 반응의 변화를 동반하는 전해분해이다. 전해무게분석법과 전기량법은 분석 대상 물질을 산화나 환원을 통해서 충분한 시간 동안 알려진 다른 물질로 완전히 변화시키는 전해분해법에 기본을 두고 있다. 전해무게분석법은 분석물이 전기분해에 의해서 새로운 물질로 전극에 침착될 때 이 침착된 무게를 측정해서 분석 물질의 양을 알아내는 방법이고, 전기량법은 분석물이 새로운 물질로 완전히 변환하는 데 필요한 전하의 양을 통해서 분석물의 양을 측정하는 분석법이다.

전해무게분석법과 전기량법은 종종 수 ppt 정도의 정확도를 보여준다.

전해무게분석법과 전기량법은 비교적 감도가 좋고 빠른 방법이며 화학자들이 이용할 수 있는 가장 정확하고 정밀한 방법에 해당한다. 12장에 소개된 무게분석법처럼 표준 물질로 검정 곡선을 작성할 필요가 없다. 그 이유는 측정된 분석물의 값(데이터)과 농도 사이의 함수관계를 이론(공식)과 원자량 데이터로부터 알 수 있기 때문이다.

[1] 이 장에 대한 자세한 정보는 다음을 참고하시오. A. J. Bard and L. R. Faulkner, *Electrochemical Methods*, 2nd ed., Ch. 11, New York: Wiley, 2001; J. A. Dean, *Analytical Chemistry Handbook*, Section 14, pp. 14.93–14.133, New York: McGraw-Hill, 1995.

앞 장에서 전기화학 전지에 전류가 흐를 경우에 대해서는 고려하지 않았기 때문에, 먼저 전지에 전기가 흐르는 경우를 공부하겠다. 그 후에 용액 전기분해 분석법을 자세히 다루고자 한다. 23장에의 전압전류법에서도 전지 내에 전류의 흐름이 있지만 전극 면적이 작아 전체 용액의 농도에 변화는 무시할 수 있는 경우이다.

프랑스 수학자이며, 물리학자인 André Marie Ampère (1775~1836)는 처음으로 수학을 전류 연구에 응용하였다. 그는 Benjamin Franklin의 양전하와 음전하의 정의에 동의하였고 양전류를 양전하가 흐르는 방향이라고 정의하였다. 사실은 금속 중에 음전자가 전류를 운반하고 있지만 Ampère의 이러한 정의는 현재까지도 인정되고 있다. 전류의 단위 ampere는 그의 이름에서 따왔다.

## 22A 전위에 미치는 전류의 영향

전기화학 전지에 알짜 전류가 있을 때는 두 전극 사이에서 측정된 전위는 Nernst식으로 계산된 두 전극 전위 사이의 전위차와 같아지지 않는다. 전류가 흐를 때는 두 부가적인 현상, 즉 **IR 강하**(IR drop)와 **편극**(polarization)을 고려해야 한다. 이러한 현상 때문에 열역학적 전위보다 더 큰 전위가 전해 전지를 작동시키기 위해서 필요하게 되고 갈바니 전지에서는 IR 강하와 편극은 예상보다 적은 전위의 결과를 초래한다. 이들 두 현상을 상세하게 알아보도록 한다. 예에서와 같이 전해무게법 또는 전기량법으로 염산 용액 속의 Cd(II)를 정량하기 위하여 다음과 같은 전해 전지를 생각해 보자.

$$\mathrm{Ag} \mid \mathrm{AgCl}(s),\ \mathrm{Cl^-}(0.200\ \mathrm{M}),\ \mathrm{Cd^{2+}}(0.00500\ \mathrm{M}) \mid \mathrm{Cd}$$

유사한 전지가 산성 용액에서 Cu(II)와 Zn(II)의 정량을 위해 사용될 수 있다. 이 전지에서 오른쪽 전극은 카드뮴 층으로 코팅된 금속 전극이다. 왜냐하면 이 전극은 $Cd^{2+}$ 이온의 환원이 일어나는 전극이기 때문에 이 **작업 전극**(working electrode)은 환원전극으로 작용한다. 왼쪽 전극은 분석하는 동안에 전극 전위가 일정하게 유지되는 Ag/AgCI 전극으로 **기준 전극**(reference electrode)이 된다. 이 경우는 액간 접촉이 없는 전지의 예이다. 예제 22-1에서 보여지는 것과 같이 이 전지는 −0.734 V의 열역학적 전위를 갖는다. 전지 전위에 대한 음의 부호는 왼쪽에서 $Cd^{2+}$의 환원이 오른쪽에서는 Ag의 산화가 자발적으로 일어나지는 않는다는 것을 나타낸다. $Cd^{2+}$를 Cd로 환원시키기 위해서 전해 전지를 만들어서 −0.734 V보다 더 음의 전압을 *적용*해야 한다. 전해 전지의 모습이 **그림 22-1**에 보여지고 있다. 열역학적 전위보다 더 음의 전압으로 걸어줌으로써, Cd 전극을 환원전극이 되도록 할 수 있으며 식 (22-1)의 반응이 왼쪽에서 오른쪽으로 진행되도록 한다.

$$\mathrm{Cd^{2+}} + 2\mathrm{Ag}(s) + 2\mathrm{Cl^-} \rightarrow \mathrm{Cd}(s) + 2\mathrm{AgCl}(s) \qquad \textbf{(22-1)}$$

이 전지는 가역적임에 유의하자. 그림에서 보여주는 외부 전원이 없다면 자발적인 전지 반응은 Cd(*s*)이 $Cd^{2+}$로 산화되는 오른쪽에서 왼쪽 방향으로 진행하게 될 것이다. 만일 갈바니 전지에 자발적인 반응이 일어나도록 두 개의 도선을 연결한다면 Cd 전극은 산화전극이 된다.

**전류**(current)는 회로 또는 용액에서 전하가 흐르는 속도이다. 1 암페어란 1 초당 1 쿨롱의 전하가 흐르는 속도다(1 A = 1 C/s). **전압**(voltage)이란 전기적인 차이, 즉 전하의 분리로부터 유래된 전위 에너지이다. 전위 1 볼트란 1 쿨롱 당 1 줄로 정의된다(1 V = 1 J/C).

### ▸ 22A-1 저항 전위: IR 강하

금속 도체와 같이 전기화학 전지도 전하의 흐름을 방해한다. Ohm의 법칙은 이들 저항이 전지에 흐르는 전류의 크기에 미치는 효과를 설명해 준다. 옴(Ω)의 단위로 전지의 저항(*R*)과 암페어(A) 단위로 전류(*I*)의 곱을 전지의 저항 전위(ohmic potential) 또는 *IR* 강하라고 한다.

Ohm의 법칙: $E = IR$ 또는 $I = E/R$. 저항의 단위는 옴(Ω)이다. 1 Ω은 1 V/A이다. 즉, *IR*은 A × V/A = Volt의 단위를 갖는다.

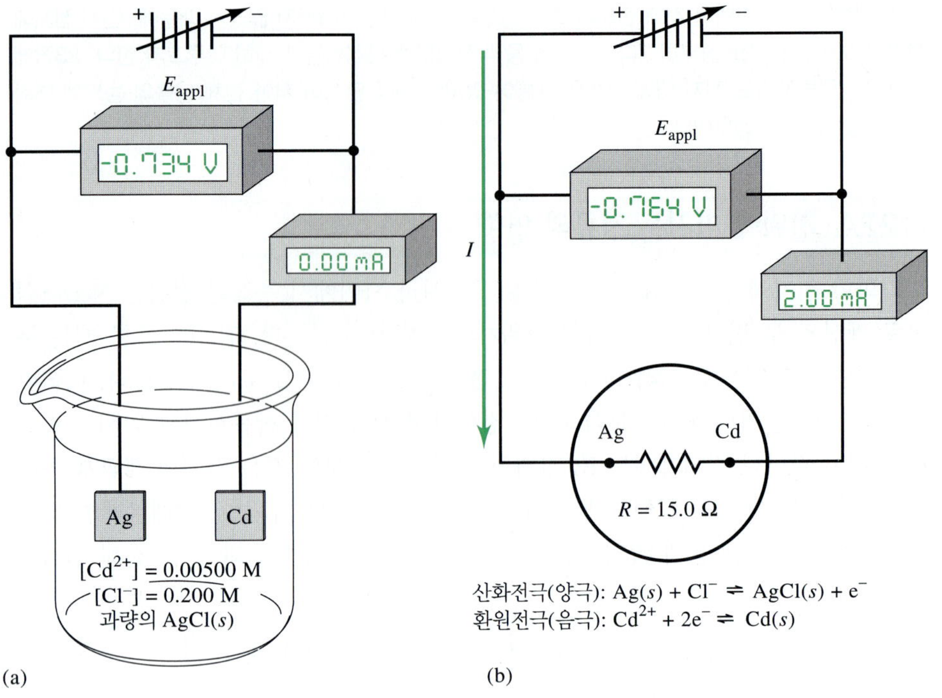

**그림 22-1** $Cd^{2+}$를 정량하기 위한 전해 전지. (a) 전류 = 0.00 mA. (b) (a)에서 전지의 내부 저항이 15.0 Ω이고 전위 $E_{appl}$를 증가시켜서 전류가 2.00 mA가 되도록 나타내는 전지의 개략도.

**직류**(direct current, dc)는 전류가 항상 한 방향으로 흐른다. 즉 단 방향의 전류이다. **교류**(alternating current, ac)는 일정한 주기로 전류의 방향을 바꾸는 전류이다. 우리는 전원을 직류 또는 교류로 구분할 수 있다. ac나 dc라는 용어는 교류나 직류용 전원이나 회로, 전기소자를 기술하는 데 사용된다. dc 전원은 그림 22-1에 +와 −극이 표시된 배터리 전원 기호로 나타낸다. 배터리에 표시된 화살표는 전압이 변할 수 있는 직류 전압임을 나타낸다.

그림 22-1a에서의 전지저항을 나타내기 위해서 그림 22-1b에서 저항 기호 $R$을 사용하였다. 이 전지에서 전류 $I$ 암페어를 흐르게 하기 위하여 열역학적 전지 전위 $E_{cell} = E_{right} - E_{left}$보다 $IR$ 볼트의 전위만큼 더 음의 값에 해당하는 전위를 걸어주어야 한다. 즉,

$$E_{applied} = E_{cell} - IR \tag{22-2}$$

일반적으로 $IR$ 강하 값을 작게 하기 위해서 셀 저항이 작은 전지(이온 세기가 큰 전지)를 사용하거나 특별히 설계된 **3-전극 전지**(three-electrode cell, 22C-2절 참조)를 사용함으로써 언제나 $IR$ 강하를 최소화하려고 한다. 3-전극전지는 작업 전극(working electrode)과 **보조 전극**(auxiliary electrode) 또는 **상대 전극**(counter electrode) 사이에 전류가 흐르도록 한다. 이러한 배열로 작업 전극과 기준 전극 사이에는 매우 작은 전류만이 흐르도록 하여 $IR$ 강하를 최소화한다.

**예제 22-1**

다음과 같은 전지는 전해무게분석법과 전기량법에 의해 염화 이온의 존재 하에서 카드뮴 이온을 정량하기 위해 사용되어 왔다.

$$Ag \mid AgCl(s), Cl^-(0.200\ M), Cd^{2+}(0.00500\ M) \mid Cd$$

(a) 두 전극을 연결하였을 때 전지 내에서 발생되는 전류를 발생하지 않게 하기 위해서 가해 주어야 될 전위를 계산하시오. (b) 2.00 mA의 전해 전류가 발생하도록 하기 위해서 가해 주어야 할 전위를 계산하시오. 전지의 내부 저항은 15.0 Ω이다.

**풀이**

(a) 부록 5에서 다음과 같은 표준 환원 전위를 알 수 있다.

$$Cd^{2+} + 2e^- \leftrightharpoons Cd(s) \qquad E^0 = -0.403\ V$$

$$AgCl(s) + e^- \leftrightharpoons Ag(s) + Cl^- \qquad E^0 = 0.222\ V$$

카드뮴 전극의 환원 전위는

$$E_{right} = -0.403 - \frac{0.0592}{2}\log\frac{1}{0.00500} = -0.471\ V$$

은 전극의 전위는

$$E_{left} = 0.222 - 0.0592\ \log\ (0.200) = 0.263\ V$$

전류가 0.00 mA이어야 하므로 식 (22-2)로부터

$$E_{applied} = E_{cell} = E_{right} - E_{left}$$
$$= -0.471 - 0.263 = -0.734\ V$$

이 전지에 전류가 흐르는 것을 방지하기 위해서 그림 22-1a처럼 −0.734 V의 전위를 가해 주어야 한다. 0.00 mA의 전류가 되게 하기 위해서 외부 전위가 정확히 갈바니 전지의 전위와 일치해야 한다는 것에 주목해야 한다. 이것이 갈바니 전지의 전위 측정법 중 매우 정밀한 영점 비교 전위 측정법(null comparison measurement)의 기초가 된다. 외부 전원인 가변 전원을 표준 전원으로 사용하고 전류가 0.00 mA가 될 때까지 외부 전압을 조정한다. 이 *영점*(null point)에서 표준 전압이 전압계에 의해 얻어지며, 이것을 $E_{cell}$이라고 한다. 이 영점에서는 전류의 흐름이 없으므로 21E절에서 언급한 부하 오차(loading error)를 제거할 수 있다.

(b) 2.00 mA 또는 $2.00 \times 10^{-3}$ A의 전류가 발생되도록 하기 위해서 가해 주어야 할 전위를 계산하기 위해서 식 (22-2)를 대입하여 보자.

$$E_{applied} = E_{cell} - IR$$
$$= -0.734 - 2.00 \times 10^{-3}\ A \times 15\ \Omega$$
$$= -0.734 - 0.030 = -0.764 V$$

그림 22-1b에서 전류가 2.00 mA가 얻어졌으며, 이 때 −0.764 V의 전압이 가해졌음을 볼 수 있다.

## ▸ 22A-2 편극 효과

식 (22-2)를 전류의 식으로 정리하면 다음과 같다.

$$I = \frac{E_{cell} - E_{applied}}{R} = -\frac{E_{applied}}{R} + \frac{E_{cell}}{R} \qquad \textbf{(22-3)}$$

식에 의하면 전해 전지에서 전류를 전압에 대해서 도시하면, 저항의 음의 값의 역수, $-1/R$를 기울기로 하고 $E_{cell}/R$를 절편으로 하는 직선을 얻는다. **그림 22-2**에서 볼 수 있듯이 이 그림은 낮은 전류에서 직선을 나타낸다. 이 실험에서 측정이 아주

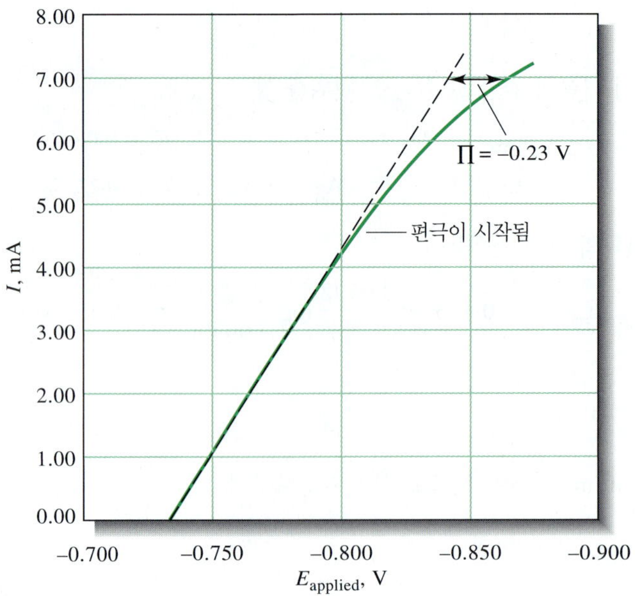

그림 22-2 그림 22-1에 있는 셀을 작동시킬 때 얻어지는 전류/전압 곡선. 점선은 편극이 없다고 가정한 이론적 곡선이다. 과전압 $\Pi$는 이론적 곡선과 실험적 곡선의 차이 값이다.



짧은 시간 동안 실시되어 전해 반응에 의한 전압의 변화도 크지 않다. 셀에 걸어준 전압이 증가함에 따라 전류는 직선에서 벗어나기 시작하였다.

**편극**이란 전류의 흐름으로 인해 전극 전위가 이론적 Nernst식으로부터 벗어난 정도이다. **과전압**은 주어진 일정 전류가 흐르고 있을 때 식 (22-2)에 의한 이론적 전지 전위와 실제 전지 전위의 차이이다.

**편극**(polarization)이란 전류가 흐를 때 전극 전압 값이 Nernst식으로부터 벗어나는 편차를 말한다. 높은 전류가 흐르는 셀에서 직선을 벗어나는 것이 편극인데, 편극의 정도를 **과전압**(overvoltage, overpotential)이라고 하며 그림에 $\Pi$로 표기하였다. 이론적 전압 값보다 높은 전압을 걸어 주어 예상되는 전류를 얻을 때 편극이 일어난다. 그림 22-2에서 7.00 mA의 전류를 얻기 위해서 과전위 $-0.23$ V가 필요하다. 과전위에 의해 영향을 받는 전지는 식 (22-2)가 다음과 같이 된다.

$$E_{\text{applied}} = E_{\text{cell}} - IR - \Pi \qquad \textbf{(22-4)}$$

편극에 영향을 주는 요인들은 다음과 같다. (1) 전극의 크기, 모양, 조성, (2) 전해질 용액의 조성, (3) 온도와 젓는 속도, (4) 전류의 크기, (5) 전지 반응에 참여하는 화학종의 물리적 상태.

편극은 전지의 한 쪽 또는 양쪽 전극에 영향을 미치는 현상이다. 한 전극에서의 편극의 정도는 아주 넓게 변할 수 있다. 어떤 경우는 편극이 없는 경우가 있고, 또 다른 경우에는 편극의 정도가 심해서 전지의 전류가 전압의 변화에 영향을 받지 않을 경우도 있다. 이러한 경우를 완전히 편극되었다라고 한다. 편극 현상은 편의상 **농도 편극**(concentration polarization)과 **반응 속도 편극**(kinetic polarization)으로 나눈다.

## » 농도 편극

**질량 이동**은 이온과 같은 물질이 한 곳에서 다른 곳으로 이동하는 것을 말한다.

농도 편극은 용액으로부터 전극 표면으로 화학종이 제한된 속도로 질량 이동함으로 발생한다. 용액 중의 반응 화학종과 전극 간의 전자의 이동이 발생할 때 발생하는 장소는 전극 표면이 인접한 경계면이다. 이 영역은 전극으로부터 나노미터 이하의 두께를 가지며, 제한된 수의 반응 이온이나 분자를 포함한다. 이런 조건에서 전지의 전류가 지속적으로 발생하려면, 벌크 용액(bulk solution)으로부터 경계 영역으로 반응물이 지속적으로 공급되어야 한다.

다르게 표현하면 전기화학 반응에 의해 소비되는 만큼의 반응물 이온이나 분자가 일정 전류를 유지하기 위해 충분한 속도로 계면에 공급되어야 한다. 예를 들어, 그림 22-1b에서 설명한 바와 같이 전지에 2.0 mA 전류가 흐르도록 하기 위해서 카드뮴 이온을 환원전극 표면에 $1 \times 10^{-8}$ mol/s, 또는 초당 $6 \times 10^{15}$ 정도의 속도로 카드뮴 이온이 공급되어야 한다. 같은 이유로 은 이온은 산화전극 표면 막으로부터 $2 \times 10^{-8}$ mol/s 속도로 제거되어야 한다.[2]

농도 편극은 원하는 전류를 유지하기에 충분한 정도의 빠른 속도로 반응 화학종이 환원전극 표면에 도달하지 못하거나 생성 화학종이 산화전극 표면을 떠나지 않을 때 발생한다. 이러한 현상이 발생할 경우, 전류는 식 (22-2)에서 제시하는 값보다 작은 값을 가지게 된다.

반응물은 세 가지 메카니즘, 즉 (1) **확산**(diffusion), (2) **전기 이동**(migration), (3) **대류**(convection)에 의해 전극 표면으로 이동한다. 생성물도 같은 방식으로 전극 표면으로부터 떠나게 된다.

확산, 전기 이동, 대류에 의해서 반응물은 전극으로 이동하고 생성물을 그 반대 방향으로 이동한다.

**확산.** 용액의 두 지역 사이에서 농도 차이가 있을 때 이온이나 분자는 진한 농도 지역에서 묽은 농도 지역으로 이동한다. 이 과정을 **확산**이라 하며 결국에는 농도 차이가 없어진다. 확산 속도는 농도 차이에 정비례한다. 예를 들어, **그림 22-3a**에서 설명한 것과 같이 카드뮴 이온이 환원전극 표면에 석출된다면 전극 표면에서의 $Cd^{2+}$ 농도 $[Cd^{2+}]_0$는 벌크 농도보다 더 낮아진다. 벌크 용액의 농도 $[Cd^{2+}]$와 전극 표면에서의 농도 $[Cd^{2+}]_0$ 차이는 카드뮴 이온이 전극 표면층으로 확산하게 하는 농도 *기울기*를 생기게 한다(**그림 22-3b** 참조).

**확산**은 농도 기울기에 의해서 물질이 이동하는 것이다. 이는 이온이나 분자들이 진한 농도 영역에서 묽은 농도 영역으로 이동하는 과정이다.

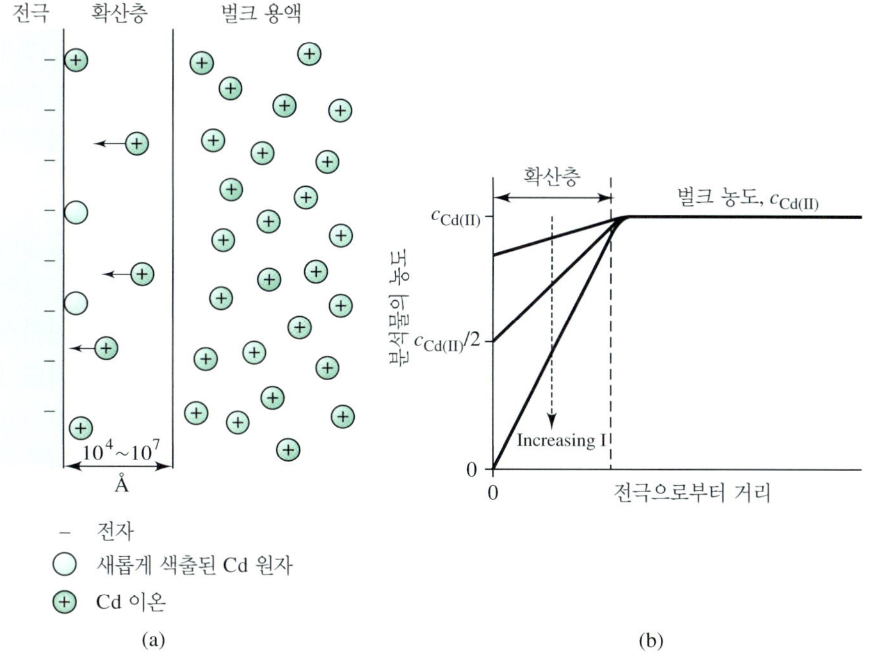


**그림 22-3** (a) Cd 전극 표면에서 농도 변화, (b) 거리에 따른 농도 변화를 도시. 전극 표면에서 $Cd^{2+}$ 이온이 Cd로 환원됨으로 전극 표면에 $Cd^{2+}$ 농도는 매우 작아진다. 이때 농도 기울기가 생기므로 이온은 벌크 용액에서 전극 표면으로 확산한다. 농도의 기울기가 커질수록 전류도 커진다. 표면 농도가 0이 될 때까지(가장 낮은 농도)는 전류의 세기가 증가한다. 그 순간에서 얻어진 최대 전류를 한계 전류라 한다.

[2]자세한 내용은 다음을 참고하시오. D. A. Skoog, F. J. Holler, and S. R. Crouch, *Principles of Instrumental Analysis*, 6th ed., Belmont, CA: Brooks/Cole, 2007, pp. 647~52.

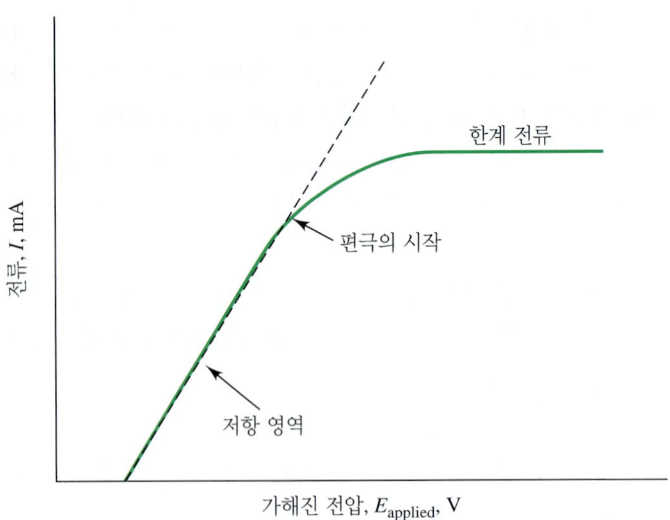


**그림 22-4** 전기분해에 대한 전류-전위 곡선은 직선 영역(혹은 저항 영역), 편극의 시작, 한계 전류를 나타내고 있다. 한계 전류 영역에서는 전극이 완전히 편극화된 것으로 말하고 있는데, 이는 이때의 전위가 전류에 영향을 미치지 않고 폭넓게 변할 수 있기 때문이다.

확산 속도는 다음과 같이 나타낼 수 있다.

$$\text{환원전극 표면으로의 확산 속도} = k'([Cd^{2+}] - [Cd^{2+}]_0) \qquad \textbf{(22-5)}$$

$[Cd^{2+}]$은 벌크 용액에서의 반응물의 농도이고, $[Cd^{2+}]_0$는 전극 표면에서의 평형 농도이다. $k'$은 비례 상수 또는 속도 상수이다. 어떤 순간의 $[Cd^{2+}]_0$ 값은 전극 전위에 의해 고정되어 있으며 Nernst식으로 계산될 수 있다 이 예에서 전극 표면의 카드뮴 이온 농도는 다음 식으로 주어진다.

$$E_{\text{환원전극}} = E^0_{Cd^{2+}/Cd} - \frac{0.0592}{2}\log\frac{1}{[Cd^{2+}]_0}$$

여기서 $E_{\text{환원전극}}$은 환원전극에 가해진 전위이다. 가해진 전압이 더욱 더 커짐에 따라 $[Cd^{2+}]_0$은 더욱 더 작아진다. 그 결과 전극 표면의 농도가 0이 될 때까지 확산 속도와 전류는 그에 따라 더 커지게 되고 전류는 **한계 전류**(limiting current)에 이른다(**그림 22-4**).

**전기 이동**은 이온의 이동인데 전극과 이온 간의 정전기적 인력에 의한 이동이다.

**전기 이동.** 전기장 영향 하에서 이온이 이동하는 정전기적 과정을 **전기 이동**(migration)이라 한다. **그림 22-5**에서 보여주는 이 과정은 전지의 벌크 용액에서 일어나는 질량 이동의 주된 요인이 된다. 이온이 전극 표면 쪽으로 이동하거나 멀어져 가는 속도는 전극 전위가 증가함에 따라 일반적으로 증가한다. 이 전하의 움직임이 전류를 이루고 전위에 따라 증가한다. 전기 이동은 음이온이 양극 방향으로 그리고 양이온은 음극 방향으로 이동하는 주된 요인이 된다. 분석 화학종의 전기 이동은 대부분의 전기화학 측정에 있어서 바람직하지 못하다. 우리는 음으로 하전된 전극에서 양이온뿐만 아니라 음이온도 환원시키고자 할 경우가 있고, 또한 양으로 하전된 전극에서 음이온뿐만 아니라 양이온도 산화시키고자 하는 경우가 있다. 분석 화학종의 전기 이동은 높은 농도의 비활성 전해질을 사용함으로 최소화할 수 있으며, 이를 **지지 전해질**(supporting electrolyte)이라 한다. 전지 내의 전류는 주로 지지 전해질 이온들의 흐름에 기인한다. 또한 지지 전해질은 전지의 저항을 줄여주는 효과도 있으며, 따라서 *IR* 강하를 감소시킨다.

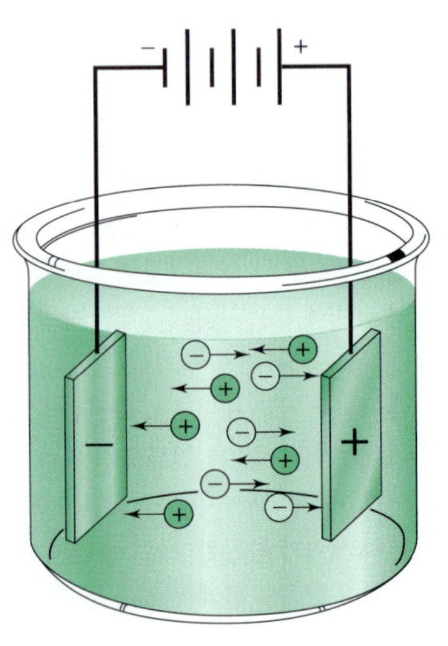

**그림 22-5** 이온과 전극 사이의 정전기적 인력으로 이온이 용액을 통해 움직이는 것을 전기 이동이라고 한다.

**대류.** 반응물을 기계적 방법에 의해 전극 쪽으로 또는 전극에서 멀어지게 이동시킬 수 있다. 따라서 저어주는 것(stirring 또는 agitation)과 같은 **강제적인 대류**(forced convection)는 전극 표면에서의 확산층의 두께를 줄어들게 하므로 농도 편극도 감소시킨다. 온도나 밀도 차이로 인해 생기는 **자연적인 대류**(natural convection)는 전극 쪽으로 또는 전극에서 멀리 움직이려는 화학종이 이동하도록 도움을 준다.

**대류**는 이온과 분자가 젓기, 진동, 온도, 또는 밀도의 기울기에 따라 용액을 통해 기계적으로 이동하는 것이다.

**농도 편극의 중요성.** 앞에서 살펴본 바와 같이 농도 편극은 확산, 전기 이동 및 대류로 인해 전극으로 공급하거나 멀어지는 물질의 이동 속도가 식 (22-2)에서 주어지는 크기의 전류에 해당하는 이동 속도를 감당하지 못했을 때 발생한다. 농도 편극이 생기면 전해 전지(그림 22-2 참조)에서 주어진 전류를 유지하기 위해서는 이론값보다 더 큰 전압을 걸어주어야 한다. 마찬가지로 이 현상은 갈바니 전지 전위값을 이론값과 *IR* 강하에서 예상한 값보다 더 작은 값이 되게 한다.

농도 편극에 영향을 주는 실험적 변수는 다음과 같다.
(1) 반응물의 농도, (2) 전해질의 농도,
(3) 기계적 젓기, (4) 전극의 크기.

### » 반응 속도 편극

반응 속도 편극(kinetic polarization)은 한 개 또는 두 개 전극에서의 반응 속도 즉, 반응물과 전극 사이의 전자 이동 속도에 의해 전류의 크기가 제한되는 경우이다. 반응 속도 편극을 상쇄하기 위해서는 반쪽 반응에 대한 에너지 장벽을 극복하기 위한 추가 전위, 즉 과전압을 걸어주어야 한다.

반응 속도 편극이 있는 전지에서의 전류는 질량 이동 속도에 의해서가 아닌 전자 이동 속도에 의해 지배를 받는다.

반응 속도 편극은 기체가 생성되는 반응에서 아주 중요하다. 그 이유는 기체 생성 반응이 복잡하고 종종 느리기 때문이다. Cu, Ag, Zn, Cd, Hg의 석출이나 용해 반응인 경우 때로 무시할 정도이지만 Fe, Cr, Ni, Co와 같은 전이 금속의 석출이나 용해 반응에서는 중요하다. 반응 속도 편극은 보통 온도가 증가함에 따라 그리고 전류 밀도가 감소함에 따라 감소한다. 과전압 효과는 전극의 조성에 따라 달라지는데 납, 아연, 그리고 특히 수은 같은 무른 금속일 경우 더 크다. 과전압 효과의 크기는 이론적으로는 예상할 수 없고 단지 문헌에 나와 있는 실험적 정보로부터 추정할 수 있다.[3] 과전압 효과도 *IR* 강하와 같이 갈바니 전지 전위값을 이론값보다 더 작게 나오게 하며 전해 전지가 원하는 전류에서 작동하도록 하려면 이론적인 전위값보다 더 큰 전위를 필요로 하게 된다. 또한 반응 속도 편극은 갈바니 전지 전위를 Nernst식과 *IR* 강하에 의해 계산된 값보다 더 작게 나오게 한다[(식 (22-2) 참조].

**전류 밀도**(current density)는 전극 표면의 단위 면적당 암페어($A/cm^2$)로 정의된다.

수소와 산소의 생성과 관련된 과전압은 약 1 V 또는 그 이상이고, 이 분자들은 전기화학 반응에서 자주 생성되기 때문에 이 과전압은 매우 중요하다. 예를 들면, 수소의 과전위의 영향이 자동차에 쓰이는 납/산 축전지에 미치는 영향을 특집 22-1에 나타내었다. 특히 구리, 아연, 납, 수은 등의 금속에서의 수소 발생 반응의 높은 과전압은 분석 화학적 측면에서 흥미롭다. 이들 금속과 다수의 금속들이 수소 발생의 방해 없이 석출될 수 있다. 이론상으로 중성 수용액에서 수소 발생 없이 아연을 석출한다는 것은 불가능하다. 왜냐하면 아연 석출에 필요한 전위보다 훨씬 낮은 전위에서 수소가 생기기 때문이다. 그러나 실제로 이 아연 금속은 수소를 발생시키지

**반응 속도 편극**은 전기화학 전지에서 반응물 또는 생성물이 가스일 때 가장 흔하게 발생한다.

---

[3]다른 전극 표면에서 다양한 기체 종들에 대한 과전압 자료는 다음을 참고하시오. J. A. Dean, *Analytical Chemistry Handbook*, Section 14, pp. 14.96–14.97, New York: McGraw-Hill, 1995.

**특집 22-1**

**과전압과 납/산 전지**

만일 Pb와 $PbO_2$ 전극들에 대하여 수소 과전압이 없었다면, 자동차와 트럭에 장착된 납/산 축전지는 충전과 방전하는 동안에 환원전극에서 수소의 생성 때문에 사용할 수 없었을 것이다(**그림 22F-1** 참조). 시스템에서 어떤 미량 금속은 과전압을 더욱 낮추고, 전지의 수명을 제한하는 기체를 발생하거나 수소를 형성하도록 한다. 48개월과 72개월의 보증기간을 갖는 전지의 기본적인 차이는 시스템에서의 이런 미량 금속의 농도이다. 이 전지가 방전할 때 전체 반응은 아래와 같다

$$Pb(s) + PbO_2(s) + 2HSO_4^- + 2H^+ \rightarrow 2PbSO_4(s) + 2H_2O$$

납/산 축전지는 방전하는 동안은 갈바니 전지로서 거동하고 충전하는 동안에는 전해 전지로서 거동한다. 갈바니 전지로서 작동하는 배터리들은 전기분해(전해 반응)에 전원으로 사용된다. 그들은 현재 전력을 사용하는 전원으로 대체되고 있다.

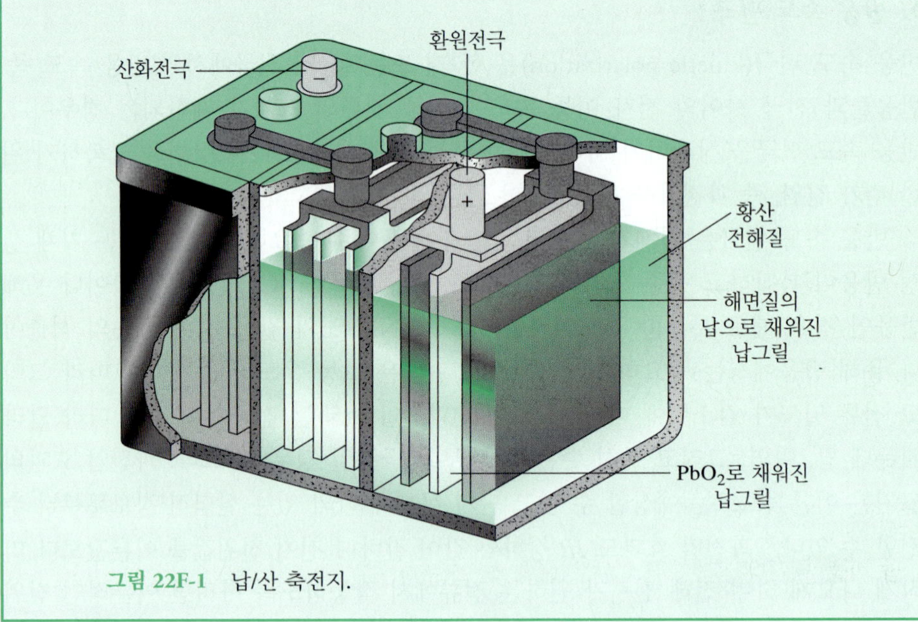


**그림 22F-1** 납/산 축전지.

않고 구리 전극에서 석출될 수 있다. 이는 이들 아연과 구리에 대한 높은 수소 과전압으로 알 수 있듯이 이들 금속 전극 위에 기체의 발생 반응 속도가 거의 무시될 수 있을 정도로 작기 때문이다.

## 22B 전해법에서의 선택성

원리적으로 전해법은 많은 이온들을 분리 정량할 수 있는 적절한 수준의 선택적인 방법이다. 예제 22-2에서 설명된 것과 같이 주어진 분리를 수행할 수 있는 가능성과 이론적인 조건은 이와 관련된 화학종에 대한 표준 전극 전위로부터 유도할 수 있다.

## 예제 22-2

전해 석출법으로 $Cu^{2+}$와 $Pb^{2+}$를 정량적으로 분리하는 것이 이론적으로 가능한가? 만약 그렇다면 어느 정도 범위의 환원전극 전위(포화 칼로멜 전극, SCE 대비)를 사용하면 될까? 시료 용액 중 각 이온의 초기 농도는 0.1000 M이며 한 이온이 정량적으로 제거된 것은 단지 만분의 일 정도만 석출되지 않고 남아 있을 때라고 가정한다.

**풀이**

부록 5에서 다음을 찾을 수 있다.

$$Cu^{2+} + 2e^- \rightleftharpoons Cu(s) \qquad E^0 = 0.337\ V$$

$$Pb^{2+} + 2e^- \rightleftharpoons Pb(s) \qquad E^0 = -0.126\ V$$

표준 전위에 의하면 구리가 납보다 더 양의 전위값에서 석출되기 시작한다. 구리의 농도가 초기 농도의 $10^{-4}$ 정도(0.1000 M~$1.00 \times 10^{-5}$ M)로 환원되기 위한 전위를 계산해 보자. Nernst식에 대입하면

$$E = 0.337 - \frac{0.0592}{2}\log\frac{1}{1.00 \times 10^{-5}} = 0.189\ V$$

마찬가지로, 납이 석출되기 시작하는 환원전극 전위를 구할 수 있다.

$$E = -0.126 - \frac{0.0592}{2}\log\frac{1}{0.1000} = -0.156\ V$$

그러므로 만약 환원전극의 전위가 0.189 V과 −0.156 V(SHE 대비) 사이로 유지된다면 이론상으로 정량적인 분리가 이루어질 것이다. 이들 전위를 기준 전극으로 포화 칼로멜 전극을 기준으로 하는 값으로 변환하기 위해 $E_{SEC}$를 빼주면

구리 석출을 위해서 $\quad E_{cell} = E_{cathode} - E_{SCE} = 0.189 - 0.244 = -0.055\ V$

그리고

납 석출을 위한 전압은 $\quad E_{cell} = E_{cathode} - E_{SCE} = -0.156 - 0.244 = -0.400\ V$

이 계산에 의하면 SCE에 대하여 −0.055 V에서 −0.400 V 사이 전압을 유지한다면, 납의 석출 없이 구리를 석출할 수 있다.

---

예제 22-2와 같이 계산하면 다른 이온의 방해 없이 한 이온을 정량하는 데 필요한 이론적인 표준 전극 전위의 차이를 계산할 수 있다. 즉, 이 차이는 3가 이온인 경우의 약 0.04 V부터 1가 이온인 경우의 약 0.24 V까지의 전위를 갖는다.

이러한 이론적 분리 한계는 작업 전극(보통, 금속이 석출되는 환원전극)의 전위를 이론적인 석출 전위를 유지할 수 있을 때 적용이 가능하다. 이 전극의 전위는 전지에 적용되는 전위($E_{cell}$)를 변화시킴으로서 제어할 수 있지만, $E_{applied}$가 변화되면 환원전극 전위뿐만 아니라 산화전극 전위, $IR$ 강하 및 전극의 반응과 관련이 있는 과전압에도 영향을 미친다는 것을 식 (22-4)을 통해 알 수 있다. 결과적으로 이들의 전극 전위가 단지 십분의 수 볼트 정도만 차이가 나는 화학종들을 분리할 수 있

는 유일한 실제적인 방법은 전위를 알고 있는 기준 전극에 대해 계속적으로 환원전극 전위를 측정하는 것이다. 그 후 전지 전위를 조절하여 작업 전극의 전위가 원하는 범위 내에서 유지될 수 있도록 하면 된다. 이러한 방법으로 수행되는 분석을 **조절-전극 전위 전기분해 분석법**(controlled-potential electrolysis)라 한다. 조절-전극 전위 전기분해 분석법들은 22C-2절과 22D-4절에서 논의하겠다.

## 22C 전해 무게 분석법

전해 석출법은 이미 100년 전부터 금속을 무게법으로 정량하는 데 이용되어 왔다. 대부분의 응용에서 금속 무게를 잰 백금 환원전극에 석출시켜 전극 무게의 증가분을 측정한다. 그리고 때로는 백금 전극 위에 납을 이산화납으로, 은 전극 위에 염화 이온을 염화 은으로 산화 석출시켜 정량하는 산화석출법이 사용되고 있다.

**정전위법**에서는 작업 전극의 전압이 SCE와 같은 기준 전극 대하여 일정하게 유지된다.

전해무게분석법에는 두 가지가 있다. 하나는 작업 전극 전위를 조절하지 않고 걸어준 전지 전위를 거의 일정한 수준으로 유지하여 충분한 시간을 통해 전기분해가 완전히 일어날 수 있도록 많은 전류를 공급하는 법이다. 두 번째 방법은 조절 전극 전위법 또는 **정전위법**(potentiostatic method)이다.

### ▸ 22C-1 작업 전극의 전위를 조절하지 않는 전해무게분석법

**작업 전극**은 분석 반응이 일어나는 전극이다.

작업 전극 전위의 조절에 신경을 쓰지 않아도 되는 이 전기분해법은 간단하고 값싼 장비를 이용하며 많은 주의를 기울이지 않고도 할 수 있다. 이 실험에서 전지에 걸어주는 전위를 전기분해하는 동안 거의 일정한 수준으로 유지한다.

#### » 기기장치

**그림 22-6**에서 보여주는 바와 같이 환원전극 전위 조절이 필요 없는 전기석출법 분석용 장치는 적당한 전지와 6~12 V 직류 전류 공급기로 구성되어 있다. 전지에 걸

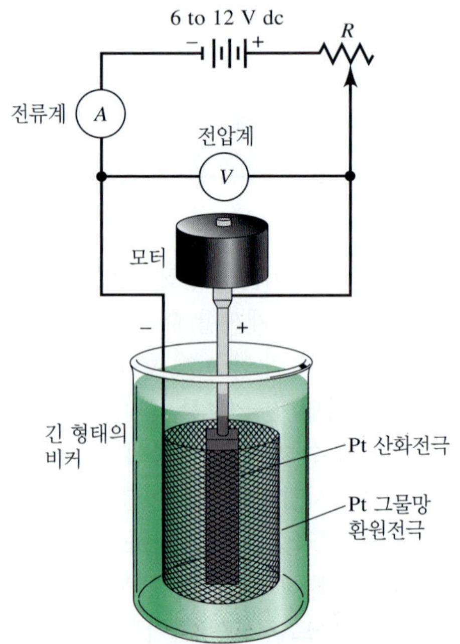


**그림 22-6** 환원전극 전위 조절이 없는 금속의 전해 석출 장치(2-전극 시스템).

어준 전압은 가변 저항기로 조절한다. 전류계와 전압계는 흐르는 대략적인 전류와 전압을 가르쳐준다. 이 장치로 전기분해 분석을 할 때 가변저항기($R$)로 걸어주는 전압을 조정하면 십분의 수 암페어의 전류가 흐르게 할 수 있다. 그리고 전압은 석출이 완료되었다고 인정될 때까지 초기의 수준을 유지하도록 한다.

### » 전해 전지

그림 22-6은 고체 전극 위에 금속을 석출시키는 전형적인 전지를 보여준다. 보통 환원전극은 직경이 2~3 cm이고 길이가 6 cm 정도인 원통형 백금 그물로 되어 있다. 구리 그물망 환원전극들과 다양한 합금들 또한 사용된다. 산화전극은 환원전극의 내부 중심에 놓여 있으며 젓개 모터에 연결되어 있으며, 환원전극은 외부 회로와 연결되어 있다.

### » 전해 침전물의 물리적 성질

이상적으로, 전기화학적으로 석출된 금속은 기계적인 손실이나 대기와의 반응 없이 씻고 말려 무게를 잴 수 있도록 강하게 부착되며 밀도가 높고 매끈해야 한다. 좋은 금속 석출물은 미립자이며 금속 광택이 있다. 스폰지, 가루, 박편 모양의 침전물은 고운 미립자 형태보다 덜 순수하고 부착성이 떨어질 수 있다.

석출물의 물리적 특성에 영향을 주는 주요 인자는 전류 밀도, 온도, 착화제의 존재이다. 보통 좋은 석출물은 0.1 A/cm$^2$보다도 작은 전류 밀도에서 생성된다. 가벼운 젓기는 일반적으로 석출물의 질을 향상시킨다. 온도의 효과는 예측하기 어려우므로 실험적으로 결정해야만 한다.

많은 금속들은 그들의 단순 이온보다는 이온의 착화합물로 존재하는 용액으로부터 석출될 때 더 매끈하고 잘 부착된 석출막을 형성한다. 시안화와 암모니아 착화합물은 종종 좋은 석출물을 얻게 한다.

### » 전해무게법의 응용

실제로 일정한 전지 전위를 이용한 전기분해는 수소 이온이나 그 밖의 질산염 이온보다 환원되기 어려운 화학종으로부터 환원되기 쉬운 양이온을 분리하는 데 어려움이 있다. 이와 같은 한계에 대한 이유는 **그림 22-7**에 설명하고 있는데, 그림 22-6 전지에서 전기분해를 하는 동안 전류, $IR$ 강하, 환원전극 전위의 변화에 기인한다. 여기서 분석물은 과량의 질산이나 황산을 포함하는 Cu(II) 용액이다. 처음 가변저항기를 조절하여 전지에 약 −2.5 V의 전위가 걸리도록 하면 그림 22-7a에서 보는 바와 같이 1.5 A의 전류가 흐르게 된다. 그 다음 구리의 전해 석출은 걸어준 전위에서 완결되도록 한다.

그림 22-7b에서 보여주는 바와 같이 반응이 진행됨에 따라 $IR$ 강하는 계속해서 감소한다. 이렇게 감소하는 이유는 주로 구리 이온이 전극 표면으로 이동하는 속도를 제한하는 환원전극에서의 농도 편극 때문인데 그 결과 전류가 제한되기 때문이다. 전지 전위가 일정하기 때문에 $IR$의 감소는 환원전극 전위가 증가하여 상쇄해야 한다는 것을 식 (22-4)를 보면 알 수 있다. 결국 전류의 감소와 환원전극 전위의 증가는 수소 이온의 환원으로 말미암아 $B$점에서 느려지게 된다. 용액이 과량의 산을 포함하고 있기 때문에 전류는 더 이상 농도 편극에 의해 제한받지 않으므로 구리

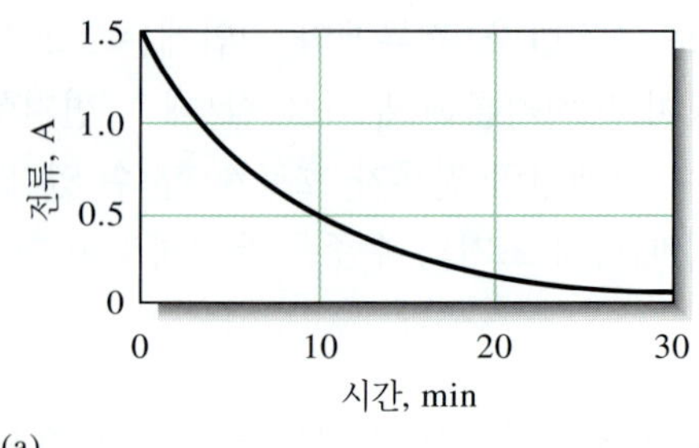


(a)

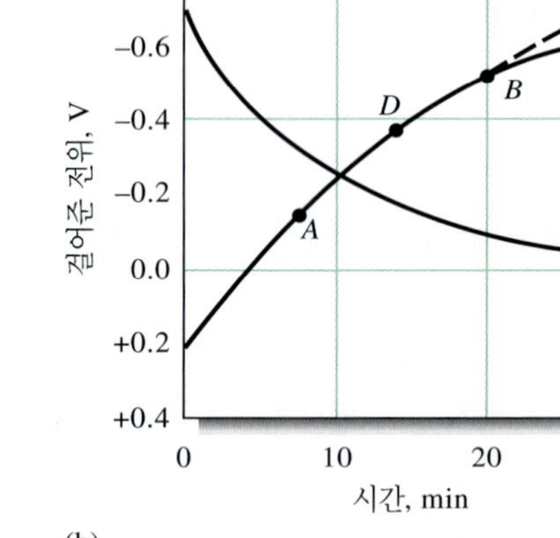


(b)

**그림 22-7** 일정하게 걸어준 전지 전위에서 구리를 전해 석출하는 동안에 (a) 전류 변화, (b) *IR* 강하와 환원전극 전위 변화. 환원전극 전위는 *IR* 강하에서 감소를 상쇄하기 위해서 음(−)으로 바뀐다(b). 점 B에서 환원전극은 수소 이온들의 환원에 의해서 감극된다. 점 *A*나 *D*에서 석출되는 금속들은 공침전 때문에 구리를 간섭한다. 점 *C*에서 석출되는 금속은 방해하지 않는다.

이온의 잔유분이 모두 석출할 때까지 구리와 수소의 동시 석출이 일어난다. 이러한 상황에서 환원전극은 수소 이온에 의해 감극되었다(depolarized)고 말한다.

이제 환원전극 전위 곡선의 *A*점에서 석출되기 시작하는 Pb(II)와 같은 금속 이온을 살펴보자. Pb(II) 이온은 구리 석출이 완결되기 전에 동시 석출이 이루어질 것이며 구리의 정량을 방해할 것이다. 이에 비해 곡선의 *C*점에 해당하는 환원전극 전위에서 반응하는 Co(II)와 같은 금속 이온은 방해를 받지 않을 것이다. 왜냐하면 수소 발생에 의한 감극 작용으로 인해 환원전극이 이 전위에 도달하는 것을 막기 때문이다.

전기분해가 일어나는 동안에 수소가 동시에 석출되면 분석물이 전극에 부착되지 않는 석출물을 생성하는 경우도 있는데, 이는 분석 목적에 바람직한 현상이 아니다. 이러한 이유 때문에 수소 이온보다 더 작은 음전위의 환원전극에서도 환원되는 환원전극 **감극제**(depolarizer)를 첨가하도록 한다. 하이드라진, 하이드록실 아민이 환원전극 감극제로 널리 사용된다.

**감극제**는 전극에서 쉽게 산화 또는 환원되어 작업 전극의 농도 편극을 최소화시킴으로써 그 전위를 안정화시키는 화학물질이다.

전극 전위 조절 없는 전기분해법은 선택성이 부족하여 제한을 받지만 실제적으로 중요한 몇몇 이온에 응용할 수 있다. **표 22-1**에 이 방법으로 정량할 수 있는 일반적인 원소들을 열거해 놓았다.

## ▸ 22C-2 조절 전위 무게법

여기에서는 분석물이 금속으로 석출되는 환원전극을 작업 전극으로 사용하는 경우에 대하여 설명하려고 한다. 그러나 이와 같은 설명은 비금속 석출이 일어나는 산

표 22-1

| 전위를 조절하지 않는 몇가지 전해 무게 분석법 | | | | |
|---|---|---|---|---|
| 분석물 | 무게다는 형태 | 환원전극 | 산화전극 | 조건 |
| $Ag^+$ | Ag | Pt | Pt | 알칼리 $CN^-$ 용액 |
| $Br^-$ | AgBr (산화전극에서) | Pt | Ag | |
| $Cd^{2+}$ | Cd | Cu (Pt에서) | Pt | 알칼리 $CN^-$ 용액 |
| $Cu^{2+}$ | Cu | Pt | Pt | $H_2SO_4/HNO_3$ 용액 |
| $Mn^{2+}$ | $MnO_2$ (산화전극에서) | Pt | Pt dish | HCOOH/HCOONa 용액 |
| $Ni^{2+}$ | Ni | Cu (Pt에서) | Pt | 암모니아 용액 |
| $Pb^{2+}$ | $PbO_2$ (산화전극에서) | Pt | Pt | $HNO_3$ 용액 |
| $Zn^{2+}$ | Zn | Cu (Pt에서) | Pt | 구연산 용액 |

화 작업 전극에까지 쉽게 확장된다. AgBr의 형성을 통한 Br 이온의 농도 결정과 $MnO_2$의 형성을 통한 $Mn^{2+}$의 농도 결정이 산화 석출법의 예이다.

### » 기기장치

단지 십분의 몇 볼트 차이의 전극 전위를 가지고 있는 화학종들을 분리하기 위해서는 위에서 설명한 방법보다 좀 더 정교한 기술이 필요하다. 이유는 환원전극에서 일어나는 농도 편극을 제대로 조사하지 않으면 그 전극 전위가 더 음의 전위로 되어 분석물이 완전히 석출되기 전에 다른 물질의 동시 석출이 시작되기 때문이다(그림 22-7 참조). 환원전극 전위가 음의 전위 쪽으로 이동하는 것을 그림 22-5에서 보여준 2-전극계 대신에 **그림 22-8**에서 보여주는 것과 같이 3-전극계를 이용하면 막을 수 있다.

그림 22-8에서 보여주고 있는 조절 전위 장치는 분석물이 석출되는 작업 전극을 공통 전극으로 갖는 두 개의 독립 회로로 이루어져 있다. 전기분해 회로는 DC 전

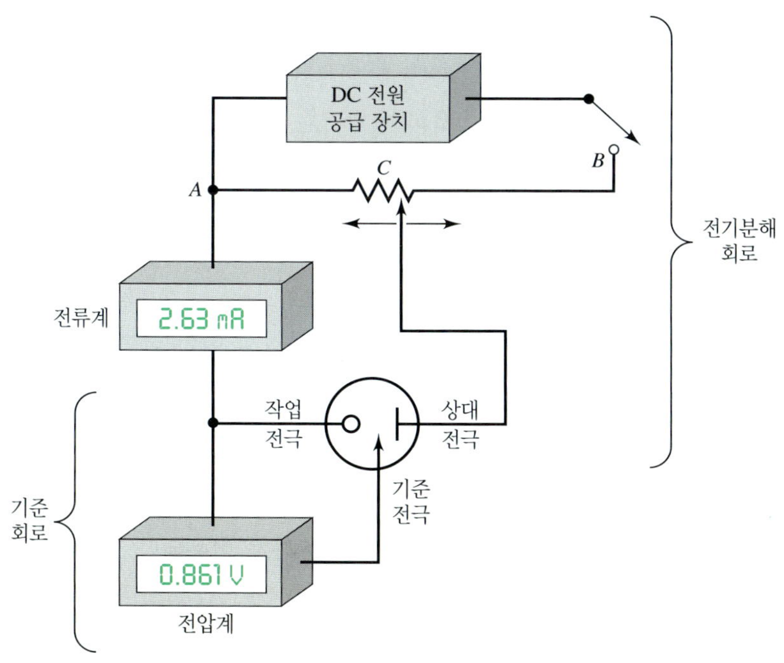


그림 22-8 조절 전위 전해장치. 전압계는 작업 전극과 기준 전극 사이의 전위를 측정한다. 접촉점 *C*를 이동하여 작업 전극(산화전극)을 일정 전위에 유지하도록 한다. 기준 전극 회로의 전류는 실제로 항상 0이다. 최근의 일정전위기는 전자동화되고 컴퓨터로 통제된다(—○ 작업 전극, → 기준 전극, ⊣ 상대 전극).

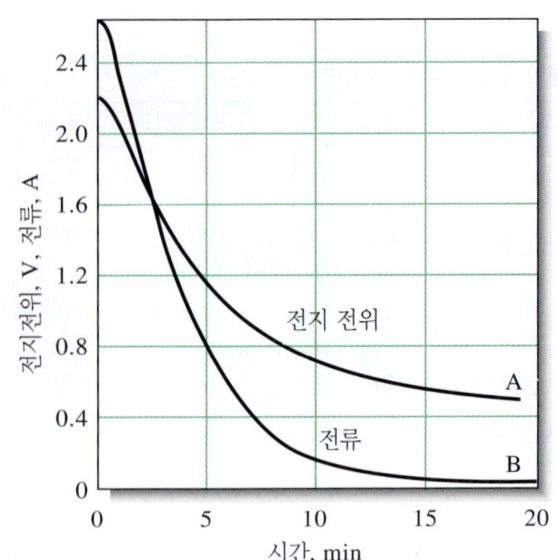


**그림 22-9** 조절 환원전극 전위로 copper가 석출되는 동안 전지 전위 (A)와 전류 (B)의 변화. 실험하는 동안 환원전극은 SCE에 대하여 −0.36 V에서 일정하게 유지하였다. (Data from J. J. Lingane, *Anal. Chim. Acta*, **1948**, *2*, 584, **DOI**: 10.1016/s0003-2670(01)93842-5.)

전기분해분석법의 전류는 작업 전극과 **상대 전극**(counter electrode) 사이에 흐른다. 상대 전극은 작업 전극의 반응에 영향을 미치지 않는다.

**일정전위기**는 기준 전극에 대한 작업 전극 전위를 일정하게 유지하는 장치이다.

도전: 그림 22-9에서 볼 때 $Pb^{2+}$가 전기분해에 방해되겠는가? 방해가 되는 이유는 무엇인가 또는 방해가 되지 않는 이유는 무엇인가?

원, 작업 전극에 걸어준 전위를 연속적으로 변화시키는 전압 분할기(ACB), 상대 전극(counter electrode), 전류계로 이루어져 있다. 기준 회로 또는 조절 회로는 기준 전극(SCE), 높은 저항 디지털 전압계, 작업 전극으로 이루어져 있다. 기준 회로의 전기 저항은 매우 크기 때문에 전기분해 회로가 석출에 필요한 모든 전류를 사실상 공급하는 셈이다. 기준 회로의 목적은 작업 전극과 기준 전극 사이의 전위를 계속해서 관찰하는 거나 일정한 전위값을 유지하는 데에 있다.

**그림 22-9**에서는 전형적인 일정-전위 전기분해에서 일어나는 전류와 전압의 변화이다. 가해진 전압은 전기분해 과정에서 지속적으로 감소한다. 이 상태를 수동으로 유지하기는 지루할 뿐더러 시간 낭비가 아닐 수 없다. 현대적 전압조절 전기분해는 **일정전위기**(potentiostat)이라고 하는 장비로서 기준 전극에 대하여 작업 전극 전위를 자동으로 유지시킨다.

### » 전해 전지

전해 전지는 그림 22-6에서 보여주는 것과 유사하다. 보통 길이가 긴 비커가 사용이 되고, 농도 편극을 최소화하기 위하여 기계적으로 저어 주기도 한다. 산화전극이 종종 기계적 젓개로도 사용된다.

전해무게분석법에서 보통 사용되는 작업 전극은 그림 22-6에서 보여주는 것처럼 원통형 금속 그물이다. 전극으로는 보통 백금이 사용되지만 구리, 놋쇠, 그리고 다른 금속도 사용되고 있다. 비스무트, 아연, 갈륨과 같은 어떤 금속들은 백금 위에 직접 석출되면 전극에 영구적인 손상을 입힌다. 따라서 이런 금속들을 전기분해하기 전에 백금 전극 위에 구리를 석출시켜서 항상 보호 피막을 입혀야 한다.

### » 수은 환원전극

**그림 22-10**에서 보여 주는 것과 같은 수은 환원전극은 특히 분석의 전 처리 단계로서 쉽게 환원될 수 있는 금속을 제거하는 데 유용하게 이용된다. 예를 들면, 이 전극에서 구리, 니켈, 코발트, 은, 카드뮴은 알루미늄, 티타늄, 알칼리금속, 황산염, 인산염과 같은 이온으로부터 쉽게 분리된다. 수은은 기체 발생에 대한 과전압이 커서

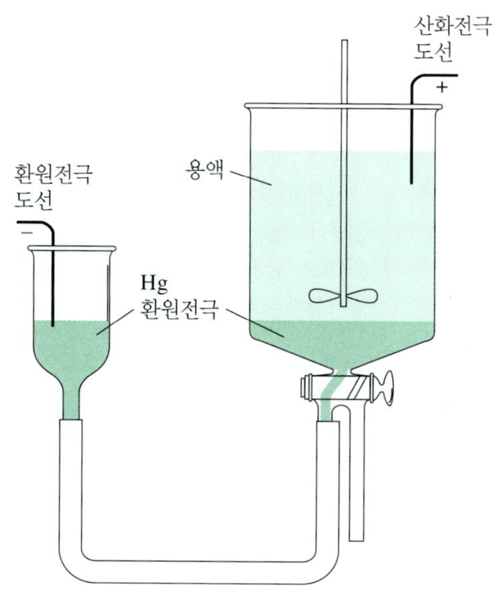


**그림 22-10** 용액으로부터 금속 이온을 전기분해 제거하는 데 사용되는 수은 환원전극.

큰 전압을 걸어줄 때에도 기체가 생성되는 것을 막아주기 때문에 석출되는 원소들은 수소 기체를 발생하지 않고 수은에 녹는다. 금속들은 수은에 녹아 몇 가지 전압전류법(23B-1절 참조)에 있어서 중요한 아말감을 형성한다. 보통 석출되는 원소는 전기분해 후 정량을 하지 않으며, 단지 분석물 용액으로부터 방해 이온을 제거하는 목적으로 이용된다.

### ≫ 조절-전위 전해무게법의 응용

조절 전위법은 십분의 몇 볼트 정도의 차이가 있는 표준 전위를 가진 금속 물질을 분리, 정량할 수 있는 훌륭한 방법이다. 조절 환원전극 전위법의 능력을 나타내는 예는 혼합물에 들어 있는 구리, 비스무트, 납, 카드뮴, 아연, 주석을 알려진 무게의 백금 환원전극에 연속적으로 석출시키는데 각 금속을 석출할 때마다 무게를 달아 이 금속들을 정량하는 것이다. Sn(IV)과 착화합물을 만들어 주석이 석출되는 것을 막아주는 타타르산 이온이 포함된 중성 용액에서 처음의 세 가지 원소가 석출된다. 먼저 구리는 포화 칼로멜 전극에 대하여 환원전극 전위를 −0.2 V로 유지시킴으로써 정량적으로 환원된다. 무게를 잰 후 구리를 석출시킨다. 다시 전극의 무게를 달고 환원전극 전위를 −0.6 V로 증가시켜 납을 정량적으로 석출시킨다. 납 석출이 끝나면 용액을 센 암모니아성으로 만들고 연속적으로 −1.2 V와 −1.5 V에서 카드뮴과 아연을 석출시킨다. 끝으로 용액을 다시 산성으로 만들어 주석/타타르산 착화합물을 분해하여 해리되지 않는 타타르산으로 만든다. 그 다음에 주석을 −0.65 V의 환원전극 전위에서 석출시킨다. 이런 조건 하에서는 아연이 다시 녹기 때문에 새로운 환원전극을 사용해야만 한다. 이와 같은 분석법은 일정전위기를 이용할 경우 특히 매력적이다. 왜냐하면 분석을 완결하는 동안 실험자가 거의 신경을 쓸 필요가 없기 때문이다.

**표 22-2**에 조절-전위 전해법에 의해 이루어지는 몇 가지 다른 분리의 예를 들어 보았다. 한계 감도, 전극의 씻기, 건조, 무게 달기에 소모되는 시간 때문에 많은 전해 무게법들은 다음 절에서 다루게 될 전기량법 분석으로 대치되었다.

**표 22-2**

**조절-전위 전해법의 몇가지 응용 ***

| 금속 | 전위(SCE 기준) | 전해질 | 공존하는 다른원소 |
|---|---|---|---|
| Ag | +0.10 | Acetic acid/acetate 완충용액 | Cu와 중금속 |
| Cu | −0.30 | Tartrate + hydrazine + $Cl^-$ | Bi, Sb, Pb, Sn, Ni, Cd, Zn |
| Bi | −0.40 | Tartrate + hydrazine + $Cl^-$ | Pb, Zn, Sb, Cd, Sn |
| Sb | −0.35 | HCl + hydrazine (70°C에서) | Pb, Sn |
| Sn | −0.60 | HCl + hydroxylamine | Cd, Zn, Mn, Fe |
| Pb | −0.60 | Tartrate + hydrazine | Cd, Sn, Ni, Zn, Mn, Al, Fe |
| Cd | −0.80 | HCl + hydroxylamine | Zn |
| Ni | −1.10 | Ammoniacal tartrate + sodium sulfite | Zn, Al, Fe |

*Sources: H. Diehl, *Electrochemical Analysis with Graded Cathode Potential Control*, G. F. Smith Chemical Co., Columbus, OH, 1948; H. J. S. Sand, *Electrochemistry and Electrochemical Analysis*, Blackie and Sons, Ltd, London, Vol. II, 1940; J. J. Lingane and S. L. Jones, *Anal. Chem.*, **1951**, *23*, 1798, **DOI**: 10.1021/ac60060a023; J. J. Lingane, *Anal. Chim. Acta*, **1948**, *2*, 584, **DOI**: 10.1016/s0003-2670(01)93842-5.

## 22D 전기량법 분석

전기량법 분석은 분석물을 다른 산화 상태로 정량적으로 바꾸는데 필요한 전하(전자)의 전기량을 측정함으로써 이루어진다. 전기량법 분석과 무게법 분석은 측정된 양과 분석물의 질량 사이의 비례 상수가 정확하게 알려진 물리적 상수로부터 유도될 수 있으므로 표준물을 이용하는 검정이 필요 없다는 공통적인 장점을 가지고 있다. 무게법에 비해 전기량법 분석은 신속하고 전기화학 반응 생성물이 무게를 잴 수 있는 고체가 아니더라도 상관없다. 전기량법 분석은 보통 무게법 분석과 부피법 분석만큼 정확하며 또 쉽게 자동화할 수 있다.[4]

### ▸ 22D-1 전하량

Coulomb(C)은 은 이온으로부터 0.00111800 g의 은 금속을 생성하는 데 필요한 전하량이다. 1 쿨롱(coulomb) = 1 암페어(A) × 1 초 = 1 A s.

전류를 표현하는 데 있어서 직류 전류의 경우 대문자 $I$를, 교류 전류의 경우 소문자 $i$를 사용한다. 같은 방법으로 직류 전압과 교류전압을 각각 $E$와 $e$로 쓴다.

전하량은 전류, 전압, 전력과 같은 다른 전기적 양에 기초가 된다. 전자 1개의 전하량은 $1.6022 \times 10^{-19}$ C이다. 1 C/sec에 해당하는 전하의 흐름 속도를 1 A라 정의한다. 따라서 1 쿨롱은 1 초 동안에 1 암페어의 일정 전류로 운반되는 전하의 양이다. 따라서 1 암페어의 일정 전류로 $t$ 초 동안 전기분해를 하게 되면 쿨롱의 수 $Q$는 다음과 같이 표현된다.

$$Q = It \tag{22-6}$$

전류($i$)가 변하는 경우, 쿨롱의 값은 다음과 같이 적분식으로 주어진다.

$$Q = \int_0^t i\,dt \tag{22-7}$$

[4]전기량법에 대한 추가적인 정보는 다음을 참고하시오. J. A. Dean, *Analytical Chemistry Handbook*, Section 14, pp. 14.118–14.133, New York: McGraw-Hill, 1995; D. J. Curran, *in Laboratory Technique in Electroanalytical Chemistry*, 2nd ed., pp. 739–68, P. T. Kissinger and W. R. Heinemann, eds., New York: Marcel Dekker, 1996; J. A. Plambeck, Electroanalytical Chemistry, Ch. 12, New York: Wiley, 1982.

페러데이(faraday, $F$)는 1 몰 또는 $6.022 \times 10^{23}$ 전자에 해당하는 전하량이다. 각각의 전자는 $1.6022 \times 10^{-19}$ C를 갖기 때문에 1 페러데이 또한 96,485 C에 해당한다.

페러데이법칙으로부터 분석물의 몰수($n_A$)와 그 전하량($Q$)을 다음 식과 같이 나타낼 수 있다.

$$n_A = \frac{Q}{nF} \tag{22-8}$$

$n$은 분석종의 반쪽 반응에서 이동하는 전자의 몰수이다. 예제 22-3에서 보여주는 바와 같이 이 정의를 이용하여 알려진 양의 전류에 의해 전극에서 형성되는 화학물질의 질량을 계산할 수 있다.

기본량에 대한 상수값은 National Institute of Standards and Technology의 웹사이트인 http://physics.nist.gov/cuu/Constants/index.html로부터 이용이 가능하다. 2010년도 페러데이 값은 표준 불확정도 0.0021 C $mol^{-1}$을 갖는 96485.3365 C $mol^{-1}$이다. 전자 하나의 전하량은 $1.602176565 \times 10^{-19}$ C으로 표준 불확정도는 $0.000000035 \times 10^{-19}$ C이다. 자세한 내용은 http://physics.nist.gov/cuu/Constants/Preprints/lsa2010.pdf에서 찾아볼 수 있다.

**예제 22-3**

전해 전지에서 0.800 A의 일정 전류를 사용하여 환원전극에서는 구리를, 산화전극에서는 산소를 석출한다. 다른 산화/환원반응이 일어나지 않는다고 가정하고 15.2분간 생성된 각 생성물의 g수를 계산하시오.

**풀이**

두 반쪽 반응은

$$Cu^{2+} + 2e^- \rightarrow Cu(s)$$

$$2H_2O \rightarrow 4e^- + O_2(g) + 4H^+$$

이 반응에서 구리 1 몰은 전자 2 몰과 등가이고, 산소 1 몰은 전자 4 몰이 요구된다.

식 (22-6)에 대입하면

$$Q = 0.800 \text{ A} \times 15.2 \text{ min} \times 60 \text{ s/min} = 729.6 \text{ A·s} = 729.6 \text{ C}$$

식 (22-8)으로부터 Cu와 $O_2$의 몰수를 구할 수 있다.

$$n_{Cu} = \frac{729.6 \cancel{C}}{2 \cancel{mol\ e^-}/\text{mol Cu} \times 96{,}485 \cancel{C}/\cancel{mole\ e^-}} = 3.781 \times 10^{-3} = \text{mol Cu}$$

$$n_{O_2} = \frac{729.6 \cancel{C}}{4 \cancel{mol\ e^-}/\text{mol } O_2 \times 96{,}485 \cancel{C}/\cancel{mol\ e^-}} = 1.890 \times 10^{-3} \text{ mol } O_2$$

Cu와 $O_2$의 질량은 다음과 같다.

$$\text{Cu의 질량} = 3.781 \times 10^{-3} \cancel{mol} \times \frac{63.55 \text{ g Cu}}{\cancel{mol}} = 0.240 \text{ g Cu}$$

$$O_2\text{의 질량} = 1.890 \times 10^{-3} \cancel{mol} \times \frac{32.00 \text{ g } O_2}{\cancel{mol}} = 0.0605 \text{ g } O_2$$

Michael Faraday (1791~1867)는 당대의 가장 뛰어난 화학자이자 물리학자 중의 한 사람이었다. 그가 발명한 것 가운데 가장 중요한 것으로 Faraday의 전기분해 법칙이 있다. 그는 수학에 대한 깊은 지식은 없었으나 훌륭한 실험학자였고 학습 의욕을 고취시키는 교사이자 강사였다. 1 몰의 전자에 해당하는 전기의 양은 그의 이름을 따서 부른다.

## ▸ 22D-2 전기량법의 종류

전하량 측정에 바탕을 둔 전기량법에는 두 가지 종류, 즉 **조절 전위 전기량법**(controlled-potential coulometry) 또는 **일정 전위 전기량법**(potentiostatic coulometry)과 **전기량 적정법**(coulometric titrimetry)이라고도 불리는 **조절 전류 전기량법**(controlled-current coulometry)이 있다. 일정 전위 전기량법은 전기분해하는 동안 기준

**일정 전류 전기량법**은 전기량법 적정이라고도 한다.

전극에 대하여 작업 전극 전위가 일정하게 유지되도록 하는 조절 전위 무게법과 같은 방법으로 수행된다. 그러나 여기서는 전기분해 전류를 시간의 함수로 기록하여 그림 22-9의 곡선 B와 같은 곡선을 얻는다. 전기량을 얻기 위해 전류-시간 곡선[식 (22-7) 참조]을 적분, 즉 분석물에 의해 생성되거나 소모되는 전하량을 패러데이 법칙[식 (22-8) 참조]에 의해 분석할 수 있다.

전자들은 전기량법 적정에 시약이다.

전기량법 적정은 분석물이 표준 시약과 반응하는 양을 측정하는 데 바탕을 둔다는 점에서 다른 적정법과 거의 같다. 전기량법에서 시약은 전자에 해당하며 표준용액은 크기가 알려진 일정 전류이다. 전자는 분석물에(이 경우에는 직류 전류로) 또는 분석물과 즉시 반응하는 다른 물질에 투여하는 데 종말점에 도달할 때까지 가해진다. 이 때 전기분해를 중단한다. 분석물의 양은 전류 크기와 적정을 끝내는데 걸리는 시간으로 결정된다. 암페어 단위의 전류의 크기는 표준 용액의 몰농도와 상응하고, 시간측정은 일반적인 적정법에서의 부피 측정과 상응한다.

## ▸ 22D-3 전류 효율의 필수 조건

**1 당량의 화학 변화**는 1 몰 전자와 일치하는 전하이다. 즉, 예제 22-3의 두 반쪽 반응에 대하여 1 당량의 화학 변화는 1/2 mol Cu 또는 1/4 mol $O_2$를 생성한다.

모든 전기량법에서 요구하는 기본 필수 요건은 100%의 전류 효율이다. 즉, 패러데이의 전기량(1 F)은 분석물에 대하여 화학 변화가 1 몰의 전자 수에 해당하도록 해야 한다. 100% 전기 효율은 전극에서 분석물이 직접 전자 이동에 참여하지 않는 경우에도 달성될 수 있음에 유의하시오. 예를 들어 염화 이온은 은 산화전극에서 은 이온을 생성함으로써 두 전기량법 중 어느 하나로도 쉽게 정량될 수 있다. 이때 이 이온들은 분석물과 반응하여 염화 은 침전물을 만든다. 염화 은 생성 반응을 완결시키는데 필요한 전기의 양은 분석 파라미터로 사용된다. 이 경우 염화 이온들이 전극에서 직접 반응하지 않더라도 시료 중에 있는 염화 이온의 몰수와 전자의 몰수가 정확히 같기 때문에 100% 전류 효율을 가지게 된다.

## ▸ 22D-4 조절 전위 전기량법

조절 전위 전기량법(controlled potential coulometry)에서는 오직 분석물만이 전극/용매 경계면을 통하여 전하를 전도할 수 있도록 작업 전극의 전위를 일정 수준으로 유지하게 된다. 그 다음 분석물을 그 반응 생성물로 바꾸는데 필요한 전기의 쿨롱수는 전기분해하는 동안 얻는 전류-시간 곡선을 기록하고 적분함으로써 얻어진다.

### » 기기장치

정전위 전기량법을 위한 기기장치는 전해 전지, 일정전위기, 분석물에 의해 소비된 전기의 쿨롱수를 측정하는 장치 등으로 이루어져 있다.

**전지.** **그림 22-11**은 정전위 전기량법에 사용되는 두 가지 형태의 전지를 보여준다. 첫 번째, 그림 22-11a는 백금 그물로 된 작업 전극, 백금 선으로 된 상대 전극, 포화 칼로멜 기준 전극으로 이루어져 있다. 상대 전극은 분석 용액과 동일한 전해질이 들어 있는 염다리를 통하여 분석물 용액으로부터 분리되어 있다. 이 염다리는 상대 전극에서 생성되는 반응 생성물이 분석물 용액으로 확산되어 방해하는 것을 막아준다. 예를 들어 수소 기체는 환원 상대 전극에서 발생하는 일반적인 생성물이다. 염다리에 의해 분석물 용액으로부터 물리적으로 분리되어 있지 못하면, 이 기체

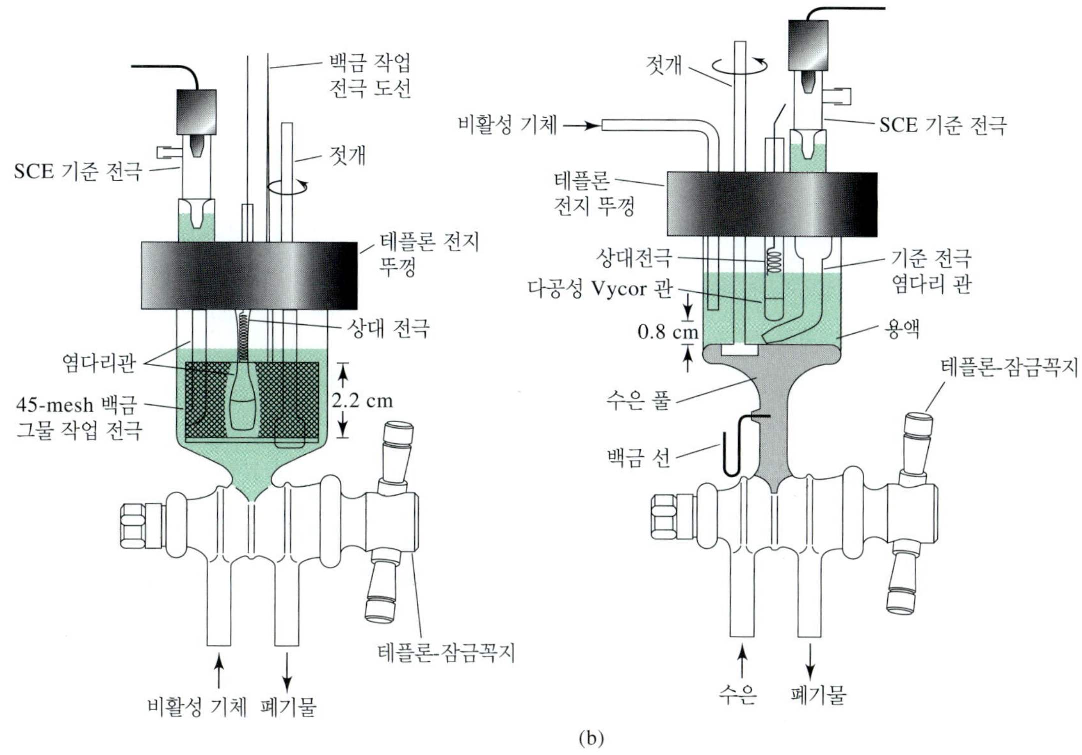


**그림 22-11** 정전위 전기량법 전해 전지. 작업 전극: (a) 백금 거즈, (b) 수은 풀. (Reprinted with permission from J. E. Harrar and C. L. Pomernacki, *Anal. Chem.* **1973**, *45*, 57, **DOI**: 10.1021/ac60323a003. Copyright 1973 American Chemical Society.)

는 작업 산화전극에서 산화됨으로서 측정되는 많은 분석물과 직접적으로 반응하게 될 것이다.

그림 22-11b에 보이는 두 번째 종류의 전지는 수은-풀(mercury-pool)형 전지이다. 수은 환원전극은 쉽게 환원되는 원소를 분석 과정의 전 단계에서 분리해내는 데 특히 유용하게 쓰인다. 더구나 수은에 용해하는 생성물(아말감, amalgam)을 만드는 몇몇 금속 양이온을 전기량법으로 정량하는 데 상당히 많이 사용되고 있다. 이러한 응용에 있어서는 큰 과전압 효과 때문에 전위를 크게 걸어주는 경우에도 수소가 거의 발생하지 않는다. 그림 22-11b와 같은 전기량법 전지는 특정 종류의 유기 화합물을 전기량법으로 측정하는 데도 유용하다.

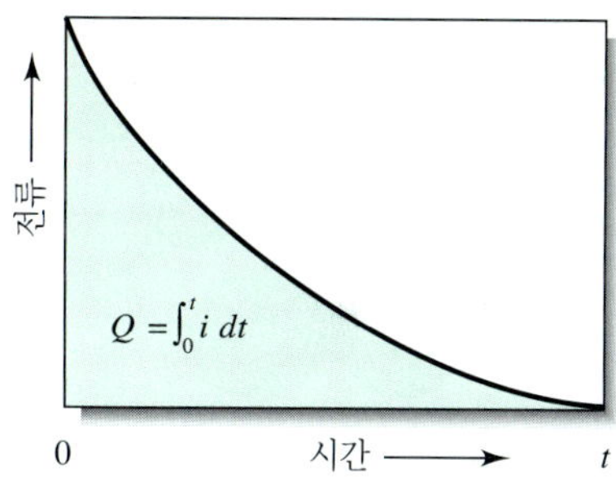


**그림 22-12** 전류가 시간에 따라 변하는 경우 시간 $t$에서 흐른 전기의 양 $Q$는 곡선 밑의 그늘진 면적의 적분으로 얻어진다.

**일정전위기와 전기량계.** 조절 전위 전기량법의 경우 그림 22-8에서 보여준 것과 유사한 일정전위기가 필요하다. 그러나 일반적으로 일정전위기는 자동화되어 있으며 컴퓨터 또는 전자공학적 전류적분계가 설치되어 있다. 이 장비가 **그림 22-12**에서 보여주는 것과 반응을 완결하는 데 필요한 전기량을 얻게 해 준다.

**예제 22-4**

전기량법으로 Pt 환원전극에서 0.8202 g 시료에 들어 있는 Fe(III)를 Fe(II)로 환원시켜 정량할 수 있다. 103.2775 C이 환원하는 동안 요구되었다면 $Fe_2(SO_4)_3$(399.88 g/mol)의 무게 퍼센트는 얼마인가?

*(계속)*

**풀이**

1 mol $Fe_2(SO_4)_3$는 2 mol의 전자를 소비한다. 식 (22-8)에 적용하면

$$n_{Fe_2(SO_4)_3} = \frac{103.2775\ \text{C}}{2\ \text{mol e}^-/\text{mol Fe}_2(\text{SO}_4)_3 \times 96{,}485\ \text{C/mol e}^-}$$

$$= 5.3520 \times 10^{-4}\ \text{mol Fe}_2(\text{SO}_4)_3$$

$$\text{Fe}_2(\text{SO}_4)_3\text{의 질량} = 5.3520 \times 10^{-4}\ \text{mol Fe}_2(\text{SO}_4)_3 \times \frac{399.88\ \text{g Fe}_2(\text{SO}_4)_3}{\text{mol Fe}_2(\text{SO}_4)_3}$$

$$= 0.21401\ \text{g Fe}_2(\text{SO}_4)_3$$

$$\text{Fe}_2(\text{SO}_4)_3\text{의 퍼센트} = \frac{0.21401\ \text{g Fe}_2(\text{SO}_4)_3}{0.8202\ \text{g 시료}} \times 100\% = 26.09\%$$

### 조절 전위 전기량법의 응용

조절 전위 전기량법은 무기화합물 중 55가지 원소를 정량하는 데 응용되고 있다.[5] 수은은 흔히 환원전극으로 이용되고 있는데 이 전극에 20여 가지 이상의 금속을 석출시키는 방법이 알려져 있다. 이 방법은 핵에너지 분야에서 비교적 방해 없이 우라늄과 플루토늄을 측정하는 데 널리 쓰이고 있다.

조절 전위 전기량법은 또한 유기 화합물을 전기분해에 의해 정량(또는 합성)할 수 있는 가능성도 보여주고 있다. 예를 들면 트라이클로로아세트산과 피크르산을 전위가 적당히 조절된 수은 환원전극에서 정량적으로 환원시킬 수 있다.

$$\text{Cl}_3\text{CCOO}^- + \text{H}^+ + 2e^- \rightarrow \text{Cl}_2\text{HCCOO}^- + \text{Cl}^-$$

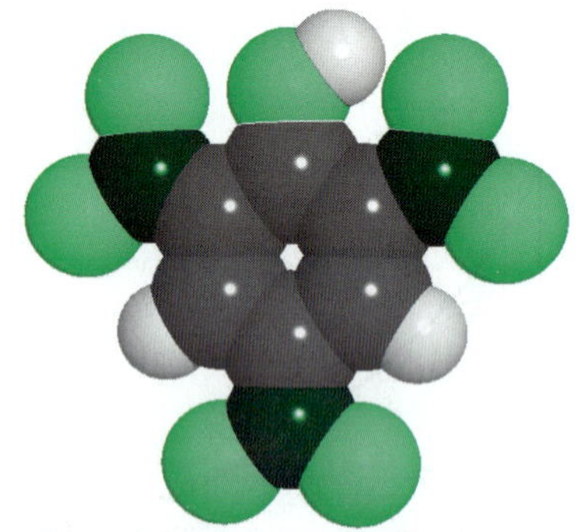

피크르산의 분자 모형(2,4,6-trinitrophenol)은 TNT(trinitrotoluene)와 유사하다. 이는 폭발성 있는 합성물이며, 군대에서 사용된다. 또한 피크르산은 노란색 염료, 착색 재료, 방부제 등으로 사용된다.

OH, $O_2N$, $NO_2$, $NO_2$ (피크르 산) $+ 18\text{H}^+ + 18e^- \longrightarrow$ OH, $H_2N$, $NH_2$, $NH_2$ $+ 6\text{H}_2\text{O}$

피크르 산

전기량법 측정으로 이러한 화합물들을 십분의 몇 퍼센트 상대 오차 범위 내에서 정량할 수 있다.

**스프레드시트 요약** *Applications of Microsoft® Excel in Analytical Chemistry* 2판 11장의 첫 번째 실험에서 수치분석법은 조절 전위 전기량법 정량에서 시약을 전기분해하기 위해 필요한 전하량을 결정하기 위해서 사용되었다. 사다리꼴법과 Simpson 규칙법이 연구되었고 전하로부터 분석물의 양을 결정하기 위해서 Faraday 법칙이 이용되었다.

[5]응용에 대한 요약은 다음을 참고하시오. J. A. Dean, *Analytical Chemistry Handbook*, Section 14, pp. 14.119~14.123, New York: McGraw-Hill, 1995; A. J. Bard and L. R. Faulkner, Electrochemical Methods, 2nd ed., New York: Wiley, 2001, pp. 427~31.

## ▸ 22D-5 전기량법 적정[6]

전기량법 적정(coulometric titration)은 **일정전류기**(galvanostat)라 불리는 일정 전류원을 이용하여 행해지는데, 이 일정전류기는 전지 전류의 감소가 감지되면 전지 전위를 증가시켜서 전류가 원래 수준으로 되돌아가도록 한다. 농도 편극의 효과 때문에 분석물에 대한 전류 효율을 100% 유지하는 방법은 단 한가지 뿐이다. 전극에서 산화 또는 환원되어 분석물과 반응하는 생성물을 만드는 과량의 보조 시약을 가하여야 한다. 예를 들어 백금 산화전극을 사용하여 Fe(II)을 전기량법 적정하는 경우를 생각해 보자. 적정 초기에 산화전극의 주된 반응은 다음과 같다.

일정 전류 공급원을 **일정전류기**라 부른다.

전기량법 적정의 보조 시약은 필수 요건이다.

$$Fe^{2+} \rightarrow Fe^{3+} + e^-$$

그러나 Fe(II) 농도가 감소함에 따라 일정 전류를 유지하기 위해서는 외부에서 걸어주는 전지 전위를 증가시킬 필요가 있다. 농도 편극 때문에 전지 전위를 증가시킴으로 해서 산화전극 전위가 물의 전기분해가 일어나는 지점까지 증가하게 된다.

$$2H_2O \rightarrow O_2(g) + 4H^+ + 4e^-$$

이렇게 되면 Fe(II)을 완전히 산화시키는 데 필요한 전기의 양은 이론적인 필요량을 초과하게 되므로 전류 효율은 100%에 미치지 못한다. 그러나 이러한 낮은 전류 효율을 피하려면 물보다 더 낮은 전위에서 산화되는 Ce(III)을 실험을 실시할 때 충분히 넣어주면 된다.

$$Ce^{3+} \rightarrow Ce^{4+} + e^-$$

잘 저어주면 생성된 Ce(IV)은 전극 표면에서 벌크 용액 쪽으로 빠르게 이동하여 Fe(II)의 당량만큼 산화시킨다.

$$Ce^{4+} + Fe^{2+} \rightarrow Ce^{3+} + Fe^{3+}$$

비록 일부 Fe(II)만이 전극 표면에서 *직접* 산화되지만 알짜 효과는 Fe(II)의 전기화학적 산화가 100% 전류 효율로 이루어진다는 것이다.

### » *전기량법 적정의 종말점*

전기량법 적정은 다른 부피법 분석과 마찬가지로 분석물과 시약 사이의 반응이 완결되었을 때를 측정할 수 있는 방법이 필요하다. 일반적으로 부피법 분석을 다룬 장에서 설명한 종말점 결정법이 전기량법 적정의 경우에도 적용된다. 즉 방금 설명한 Fe(II) 적정의 경우 1,10-phenanthroline과 같은 산화/환원 지시약이 사용될 수 있다. 대신 종말점은 전위차법으로도 얻을 수 있다. 전위차법이나 전류측정법(23C-4절 참조)이 Karl Fischer 적정 기기의 종말점 검출에 이용된다. 몇몇 전기량법 적정은 광학적 종말점(26A-4절 참조)에 이용되기도 한다.

[6]자세한 설명은 다음을 참고하시오. D. J. Curran, in *Laboratory Techniques in Electroanalytical Chemistry*, 2nd ed., pp. 750~68, P. T. Kissinger and W. R. Heineman, eds., New York: Marcel Dekker, 1996.

### » 기기장치

**그림 22-13**에서 보여주는 바와 같이 전기량법 적정에 필요한 장치는 1~수백 mA의 범위를 가진 일정 전류원, 적정용 용기, 스위치, 전기 타이머, 전류를 관찰하는 장치 등이다. 스위치를 위치 1에 놓으면 타이머가 동시에 작동하며 적정용 전지에 전류가 흐르기 시작한다. 스위치를 위치 2에 놓으면 전기분해와 타이머의 작동이 멈춘다. 그러나 스위치가 이 위치에 있을 경우도 전기는 전원에서 전기를 계속 끌어내어 전지와 같은 전기 저항을 가진 가설 저항(dummy resistor) $R_D$를 통하여 흐른다. 이와 같은 회로 배열은 전류 공급원이 계속 작동하도록 해서 일정한 수준의 전류를 유지하는 데 도움이 된다.

**전원.** 전기량법 적정의 경우 일정 전류원을 때로 일정전류기라 하는데 이는 200mA 또는 그 이상의 전류를 백분의 수 %범위 오차 내에서 일정한 전류를 유지할 수 있는 전자 장치이다. 일정전류기는 시중에서 구입할 수 있다. 전기분해 시간은 디지털 타이머 또는 기록 시스템을 갖춘 컴퓨터에서 정확히 측정할 수 있다.

**전기량법 적정을 위한 전지.** **그림 22-14**는 화학물질이 만들어지는 작업 전극과 상대 전극으로 이루어져 완전한 회로를 구성한 대표적인 전기량법 적정 전지를 보여주고 있다. 반응물을 발생시키기 위해 사용된 작업 전극은 종종 생성 전극이라 불린다. 작업 전극은 일반적으로 백금의 사각형 조각, 선코일 또는 원통형 그물로 이루어져 있는데, 이들은 편극 효과를 최소화하기 위해 비교적 큰 표면적을 가지고 있다. 대부분의 경우 상대 전극은 이 전극에서 생기는 생성물에 의한 방해를 방지하기 위해 소결판이나 또는 다른 다공성 매체에 의해 반응 용액과 분리되어 있다. 예를 들면 산화제가 산화전극에서 생성될 때 환원전극에서는 종종 수소가 방출된다. 만일 수소 기체가 격리된 부분 내에서 발생되지 않으면 수소는 대부분의 산화제와 재빨리 반응하게 되므로 양(+)의 가측 오차를 일으킨다.

보조전극을 격리시키는 또 다른 방법으로 **그림 22-15**에서 보여주는 것과 같이 외부에서 반응물을 생성하게 하는 장치이다. 이 장치는 전류가 차단된 후에도 전해질이 잠시 계속적으로 흐를 수 있게 되어 있어 잔류 시약이 적정 용기로 흘러 들

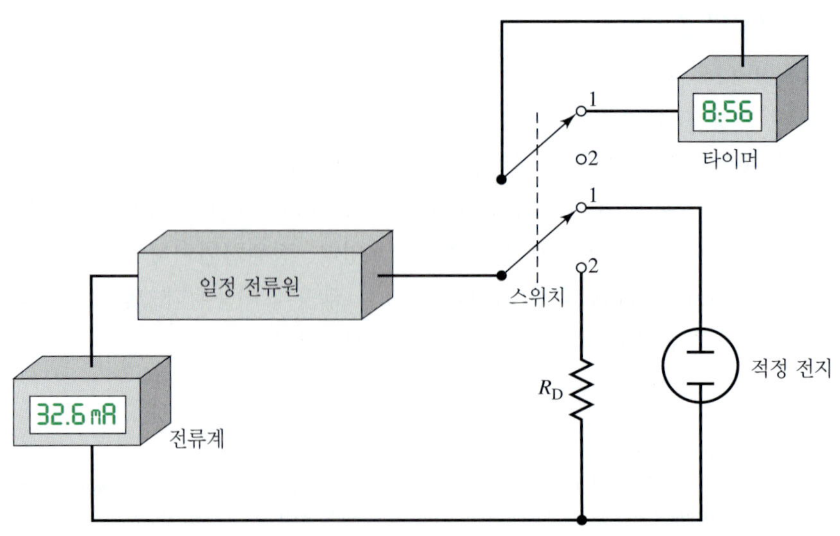


**그림 22-13** 전기량법 적정기기의 개략도. 일반 전기량법 적정기기는 완전히 전자기기로 이루어져 있고 일반적으로 컴퓨터로 통제된다.

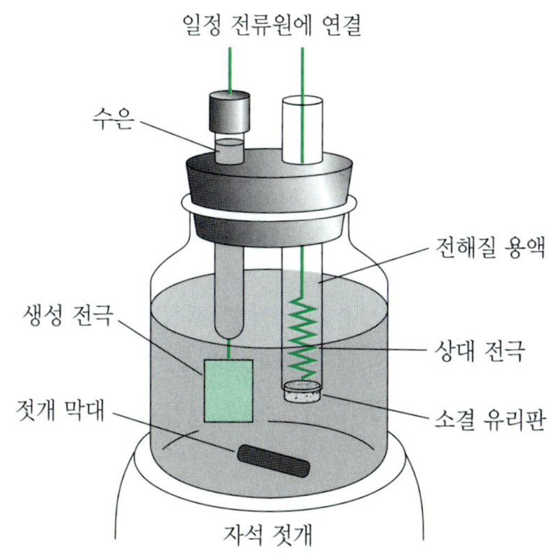


그림 22-14 전형적인 전기량법 적정 전지.

어가도록 잘 배열되어 있다. **그림 22-15**의 장치는 어느 부분을 사용하느냐에 따라 $H^+$ 이온 또는 $OH^-$ 이온 중 어느 하나를 이용할 수 있음을 주목하시오. 이러한 장치는 다른 시약을 생성하는 데도 사용되어 왔다. 예를 들면 산화전극에서 아이오딘화 이온의 산화에 의해 생성되는 아이오딘이 있다.

### ≫ 보통 적정과 전기량법 적정의 비교

그림 22-13에 나와 있는 적정장치의 여러 부분 장치는 부피법 적정에서 필요한 시약이나 기구에 해당하는 역할을 한다. 전류값을 알고 있는 일정 전류원은 부피법의 표준 용액과 같은 기능을 한다. 전자 타이머와 스위치는 각각 뷰렛과 잠금꼭지에 해당한다. 전기량법 적정의 초기에는 전기를 비교적 긴 시간 동안 전지를 통하여 흐르게 하고 화학 당량점에 가까워지면 시간 간격은 점점 짧아지도록 한다. 이 과정이 보통 적정에서 뷰렛을 취급하는 방법과 유사함을 알 수 있을 것이다.

전기량법 적정은 보통 부피법 분석에 비해 몇 가지 장점을 가지고 있다. 이들 중 가장 중요한 것은 표준 용액 만들기, 표준화, 저장하는 문제들을 해결할 수 있다는 것이다. 이 장점은 그 수용액이 매우 불안정하여 부피법의 시약으로 사용되는 데 크게 제한을 받고 있는 염소, 브로민, 티타늄(III) 이온과 같은 불안정한 시약에는

전기량법은 부피 분석법만큼 정확하고 정밀하다. 종말점 측정에 의해 제한받지 않는다면 아주 작은 양에 대해서는 더 정확하고 정밀하다.

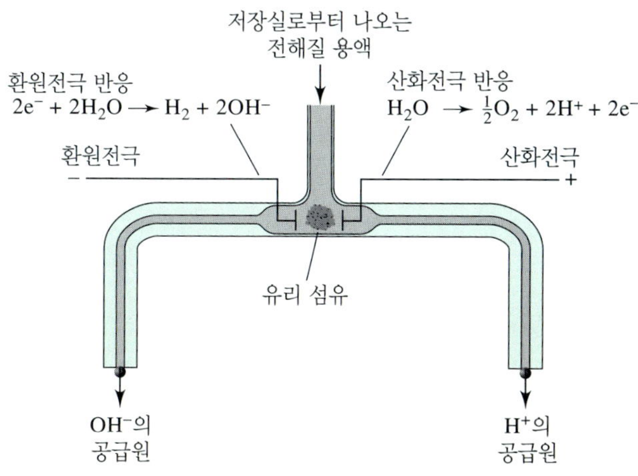


그림 22-15 산과 염기를 외부에서 생성하는 전기량법 전지.

특히 중요하다. 이에 비해 이 시약들을 전기량법 분석에 이용하는 경우에는 이 시약들은 생성되자마자 곧 사용되기 때문에 대단히 편리하게 이용된다.

전기량법은 한 전류를 적절히 택하면 대단히 작은 양의 시약을 쉽고 정확하게 생성시킬 수 있기 때문에 적은 양의 분석물을 적정해야 하는 경우에도 매우 좋다. 이에 비해 매우 묽은 용액을 사용하고 적은 부피를 정확하게 측정하는 것은 아주 불편하다.

전기량법의 또 다른 장점은 한 가지의 일정 전류원이 침전법, 착화합물 형성, 중화, 산화-환원 적정을 위한 시약을 공급해 준다는 것이다. 마지막으로 전기량법 적정은 액체 흐름을 조절하는 것보다 훨씬 쉽게 전류를 조절할 수 있기 때문에 자동화할 수 있다는 것이다.

전기량법 적정에서 요구하는 전류-시간 측정은 보통 부피법 분석의 부피-몰농도 측정에 비하여 근본적으로 더 정확하고 특히 시약의 양이 적을 때는 더욱 그러하다. 적정의 정확도가 종말점 측정의 감도에 따라 제한받을 때에는 두 적정법은 서로 비슷한 정확도를 갖는다.

### » 전기량법 적정의 응용

전기량법 적정은 모든 종류의 부피분석 반응에 적용되도록 개발되었다.[7] 이 절에서 몇 가지를 선택하여 설명하기로 한다.

**중화 적정.** 분석할 산을 포함하는 용액에 담근 백금 환원전극의 표면에서 수산화 이온이 생성된다.

$$2H_2O + 2e^- \rightarrow 2OH^- + H_2(g)$$

이 경우 백금 산화전극은 격막을 이용하여 격리시켜야 하는데, 이것은 동시에 산화전극에서 일어나는 물의 산화에 의하여 생성되는 수소 이온으로 인한 심각한 방해를 피하기 위해서이다. 편리한 대안으로, 염화 이온이나 브로민화 이온을 분석물 용액에 첨가하고 백금 산화전극 대신 은선을 이용하는 방법이 있다. 이렇게 되면 산화전극 반응은 다음과 같이 된다.

$$Ag(s) + Br^- \rightarrow AgBr(s) + e^-$$

브로민화 은은 중화 반응을 방해하지 않는다.

산의 전기량법 적정은 보통 부피법 분석(16A-3절 참조)에서 볼 수 있는 탄산 오차의 영향을 훨씬 적게 받는다. 이 오차를 제거하기 위한 유일한 방법은 용매를 끓이거나 질소와 같은 비활성 기체를 용액에 흘려서 기체 방울을 일으켜 이산화 탄소를 미리 없애는 방법이다.

백금 산화전극 표면에서 생기는 수소 이온은 약한 염기 뿐 아니라 강한 염기의 전기량법 적정에도 사용된다.

$$2H_2O \rightarrow O_2 + 4H^+ + 4e^-$$

이 경우 수산화 이온의 방해를 막기 위해 환원전극을 분석물 용액과 격리시켜야 한다.

---

[7]응용에 대한 요약은 다음을 참고하시오. J. A. Dean, *Analytical Chemistry Handbook*, Section 14, pp. 14.127–14.133, New York: McGraw-Hill, 1995.

**표 22-3**

**중화, 침전 및 착화합물 형성 반응을 포함하는 전기량 적정법의 요약**

| 화학종 | 생성 전극 반응 | 이차 분석 반응 |
|---|---|---|
| 산 | $2H_2O + 2e^- \rightleftharpoons 2OH^- + H_2$ | $OH^- + H^+ \rightleftharpoons H_2O$ |
| 염기 | $H_2O \rightleftharpoons 2H^+ + ½O_2 + 2e^-$ | $H^+ + OH^- \rightleftharpoons H_2O$ |
| $Cl^-$, $Br^-$, $I^-$ | $Ag \rightleftharpoons Ag^+ + e^-$ | $Ag^+ + X^- \rightleftharpoons AgX(s)$ |
| 머캅탄(RSH) | $Ag \rightleftharpoons Ag^+ + e^-$ | $Ag^+ + RSH \rightleftharpoons AgSR(s) + H^+$ |
| $Cl^-$, $Br^-$, $I^-$ | $2Hg \rightleftharpoons Hg_2^{2+} + 2e^-$ | $Hg_2^{2+} + 2X^- \rightleftharpoons Hg_2X_2(s)$ |
| $Zn^{2+}$ | $Fe(CN)_6^{3-} + e^- \rightleftharpoons Fe(CN)_6^{4-}$ | $3Zn^{2+} + 2K^+ + Fe(CN)_6^{4-} \rightleftharpoons K_2Zn_3[Fe(CN)_6]_2(s)$ |
| $Ca^{2+}$, $Cu^{2+}$, $Zn^{2+}$, $Pb^{2+}$ | 식 (22-9) 참조 | $HY^{3-} + Ca^{2+} \rightleftharpoons CaY^{2-} + H^+$ 등. |

**침전과 착화합물 형성 반응.** EDTA를 사용하는 전기량법 적정은 수은 환원전극에서 암민 수은(II) EDTA 킬레이트를 환원시킴으로써 수행된다.

$$HgNH_3Y^{2-} + NH_4^+ + 2e^- \rightarrow Hg(l) + 2NH_3 + HY^{3-} \quad \textbf{(22-9)}$$

수은 킬레이트가 칼슘, 아연, 납, 구리 같은 양이온의 이에 해당하는 착화합물보다 더 안정하기 때문에 이 이온들의 착화합물 반응은 전극 반응으로 리간드가 유리된 후에 일어난다.

표 22-3에서 보여주는 것처럼 몇 가지 침전제를 전기량법으로 생성할 수 있다. 이들 중 가장 널리 사용되는 것은 은 이온이고, 이는 은 산화전극에서 생성된다(특집 22-2 참조).

**산화/환원 적정.** 전기량 적정은 모두는 아니지만 많은 산화-환원 적정을 위해 개발되었다. 표 22-4는 전기량법으로 생성될 수 있는 여러 가지 산화-환원 화학종들

**특집 22-2**

**생물학적 유동체 안에 함유된 염소의 전기량법 적정**

전기량법 적정은 혈청, 혈장, 소변, 땀 그리고 또 다른 유동체들 속에 존재하는 염소 이온의 농도를 알아내기 위한 표준 방법으로 사용된다.[8] 이 방법에서는 은 이온이 전기량적으로 발생한다. 은 이온은 염소 이온과 반응하여 불용성인 염화 은을 생성한다. 당량점은 전류량법(23C-4절 참조)으로 결정된다. 이론적으로 염소 이온과 당량적으로 반응하는 은 이온의 총량은 패러데이 법칙으로 얻어질 수 있다. 실제에서는 검정 곡선이 사용된다. 먼저, 일정 전류 $I$ 조건 하에서 알고 있는 몰수 $(n_{Cl^-})_s$의 염소 표준 용액을 적정하기 위해 시간 $t_s$가 측정되어졌다. 똑같은 조건 하에서 미지의 용액을 적정하였다. 이때 측정된 시간은 $t_u$다. 미지 용액에 함유된 염소의 몰수 $(n_{Cl^-})_u$는 다음 식에 의해 얻어졌다.

$$(n_{Cl^-})_u = \frac{t_u}{t_s} \times (n_{Cl^-})_s$$

*(계속)*

도전: 미지 시료 속에 존재하는 염화 이온의 몰수를 계산하기 위해 특집 22-2에 나타낸 식을 유도하시오. Faraday 법칙으로 시작하시오.

[8] L. A Kaplan and A. J. Pesce, Clinical Chemistry: Theory, Analysis, and Correlation, St. Louis: Mosby, 1984, p. 1060.

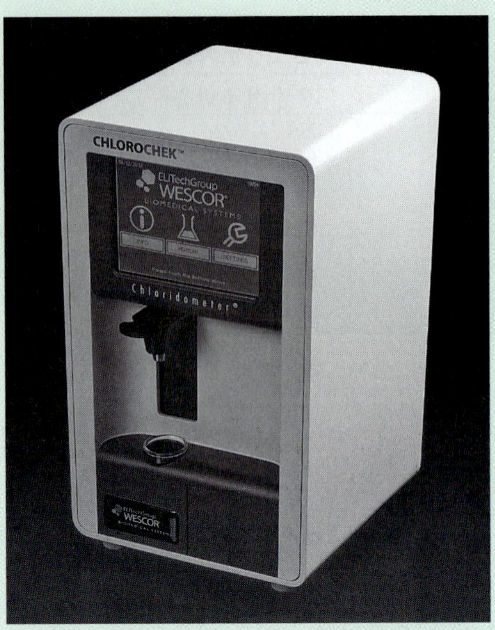


**그림 22F-2** 상용화된 디지털식 염소측정기. 이 전기량법 적정은 의학용 및 식품용 샘플에 있는 염소 이온을 측정하는 데 사용된다. 종말점은 두 쌍의 전극에서 측정되는 전도도를 이용해서 얻어낸다(Courtesy of Wescor, GMBH, Berlin).

표준 용액과 미지의 용액의 부피가 같다면, 위의 방정식에서 농도는 몰수로 대체할 수 있다. 염소측정기라고 불리는 상용적인 전기량법 적정기를 **그림 22F-2**에 나타내었다. 염소를 측정하기 위한 다른 유용한 측정법은 이온 선택성 전극(21D절 참조), 분광학적 적정(26A-4절 참조), 동위원소 질량 분석법들이 있다.

을 보여주고 있다. 특이한 것은 브로민의 경우인데 브로민을 전기량법으로 생성함으로써 많은 분석을 수행할 수 있다. 용액의 불안정성 때문에 보통 부피법 분석에서 거의 다루지 않는 은(III), 망가니즈(III), 구리(I)의 염화 착화합물 등의 시약을 만들기도 한다.

**표 22-4**

**산화/환원 반응을 포함하는 전기량 적정법의 요약**

| 시약 | 생성 전극 반응 | 정량되는 물질 |
|---|---|---|
| $Br_2$ | $2Br^- \rightleftharpoons Br_2 + 2e^-$ | As(III), Sb(III), U(IV), Ti(I), $I^-$, $SCN^-$, $NH_3$, $N_2H_4$, $NH_2OH$, 페놀, 아닐린, 머스터드 가스, 머캅탄, 8-하이드록시퀴놀린, 올레인 |
| $Cl_2$ | $2Cl^- \rightleftharpoons Cl_2 + 2e^-$ | As(III), $I^-$, 스타이렌, 지방산 |
| $I_2$ | $2I^- \rightleftharpoons I_2 + 2e^-$ | As(III), Sb(III), $S_2O_3^{2-}$, $H_2S$, 아스코르브산 |
| $Ce^{4+}$ | $Ce^{3+} \rightleftharpoons Ce^{4+} + e^-$ | Fe(II), Ti(III), U(IV), As(III), $I^-$, $Fe(CN)_6^{4-}$ |
| $Mn^{3+}$ | $Mn^{2+} \rightleftharpoons Mn^{3+} + e^-$ | $H_2C_2O_4$, Fe(II), As(III) |
| $Ag^{2+}$ | $Ag^+ \rightleftharpoons Ag^{2+} + e^-$ | Ce(III), V(IV), $H_2C_2O_4$, As(III) |
| $Fe^{2+}$ | $Fe^{3+} + e^- \rightleftharpoons Fe^{2+}$ | Cr(VI), Mn(VII), V(V), Ce(IV) |
| $Ti^{3+}$ | $TiO^{2+} + 2H^+ + e^- \rightleftharpoons Ti^{3+} + H_2O$ | Fe(III), V(V), Ce(IV), U(VI) |
| $CuCl_3^{2-}$ | $Cu^{2+} + 3Cl^- + e^- \rightleftharpoons CuCl_3^{2-}$ | V(V), Cr(VI), $IO_3^-$ |
| $U^{4+}$ | $UO_2^{2+} + 4H^+ + 2e^- \rightleftharpoons U^{4+} + 2H_2O$ | Cr(VI), Ce(IV) |

### » 전기량법 자동 적정장치

여러 기기 제작 회사가 자동화된 전기량법 적정장치를 시판하고 있다. 이들 대부분은 전위차법 종말점 방법을 사용하고 있다. 몇 가지 기기는 다목적용으로 여러 화학종들을 측정하는 데 사용될 수 있다. 어떤 장비는 한 가지 화학종만을 분석하기 위한 것도 있다. 후자의 예로는 전기량법으로 은 이온을 생성하는 염화 이온 적정장치, 산화전극에서 생성된 브로민이 분석물을 황산염 이온으로 산화시키는 것을 관찰하는 이산화황 감지기, monoethanolamine에 흡수시킨 이산화 탄소를 전기량법에 의해 생성된 염기로 적정하는 이산화 탄소 감지기 등과 전기분해로 Karl Fischer 시약을 발생시키는(20C-5절 참조) 수분적정기 등이 있다.

**스프레드시트 요약** *Applications of Microsoft® Excel in Analytical Chemistry* 2판 11장의 두 번째 실험에서 전기량 적정 곡선을 그리기 위해서 스프레드시트가 사용되었다. 종말점은 1차와 2차 미분법으로 구하였다.

**http://chemistry.brookscole.com/skoog/fac9**에 접속하여 chapter 22를 선택하고, Bioanalytical System을 클릭하시오. 이 기기 회사에 의해 생산된 전기화학 기기를 조사하시오. 특히 벌크 전기분해를 위한 전지의 특정과 상세한 내력을 기술하시오. 인터넷 검색엔진을 사용하여 전기량계를 생산하는 회사들을 찾아보자. 다른 두 회사로부터 만들어진 두 기기들의 특징을 비교하시오.

## 연습 문제

**22-1.** 다음을 간단히 구별하시오.
- *(a) 농도 편극과 반응 속도 편극
- (b) 쿨롱과 암페어
- *(c) 확산과 이동
- (d) 작업 전극과 상대 전극
- *(e) 전기분해 회로와 조절 전위법을 위한 조절 회로.

**22-2.** 간단히 정의하시오.
- *(a) 저항 전위
- (b) 과전위
- *(c) 조절 전위 전기분해
- (d) 전기량 적정
- *(e) 전류 효율
- (f) 일정전류기

***22-3.** 녹아 있는 화화종들의 전극으로의 이동 원인이 되는 3가지 메커니즘을 기술하시오.

**22-4.** 전류가 전기화학 전지의 전위에 어떻게 영향을 미치는가?

***22-5.** 어떤 실험의 변수들이 전기화학 전지의 농도 편극에 영향을 미치는가?

**22-6.** 농도 편극과 반응 속도의 편극 간의 공통점은 무엇이며 다른 점은 무엇인가?

***22-7.** 전기화학적 전지에서 반응 속도 편극에 호의적인 조건을 설명하시오.

**22-8.** 지지 전해질은 무엇이며 전기화학에서 그들의 역할은 무엇인가?

***22-9.** 전해무게분석법과 전기량법이 전위차법과 어떤 차이가 있는가?

**22-10.** 감극제의 목적은 무엇인가?

***22-11.** 조절 전위 전기량 분석에서 상대 전극으로부터 작업 전극을 분리하는 것이 왜 필요한가?

**22-12.** 전기량법에서 보조 시약이 항상 필요한 이유는 무엇인가?

**22-13.** 전기화학적 전지가 0.0175 A에서 작동될 때 전극의 표면에서 전자 전이에 참여하는 이온의 수를 계산하시오. 포함된 이온은 다음과 같다.

(a) 1가

*(b) 2가

(c) 3가

**22-14.** 다음과 같은 조건(25°C)에서 석출에 필요한 이론적 전위를 계산하시오.

*(a) $Cu^{2+}$ 0.250M과 pH 3.00으로 완충된 용액. 산소는 산화전극에서 1.00 atm으로 발생한다.

(b) $Sn^{2+}$ 0.220 M과 pH 4.00으로 완충된 용액에서 Sn의 석출. 산소는 770 torr 압력으로 산화전극에서 발생한다.

*(c) $Br^-$ 0.0964 M과 pH 3.70으로 완충된 용액 속에서 산화전극의 AgBr의 석출. 수소는 765 torr 압력으로 환원전극에서 발생한다.

(d) $Tl^+$ $5.00 \times 10^{-3}$ M과 pH 7.50으로 완충된 용액 속에서 $Tl_2O_3$의 석출. 그 용액은 0.010 M $Cu^{2+}$를 환원전극 감극제로 포함하고 있다. 반응식은 다음과 같다.

$$Tl_2O_3 + 3H_2O + 4e^- \rightleftharpoons 2Tl^+ + 6OH^- \quad E^0 = 0.020\ V$$

***22-15.** 다음의 전지 저항이 4.50 Ω일 때, 전류가 0.065 A를 발생시키려면 필요한 초기 전압은 얼마인가?

$$Co|Co^{2+}(5.90 \times 10^{-3}\ M)||Zn^{2+}(2.95 \times 10^{-3}\ M)|Zn$$

**22-16.** 전지

$$Sn|Sn^{2+}(7.83 \times 10^{-4}\ M)||Cd^{2+}(6.59 \times 10^{-2}\ M)|Cd$$

가 4.95 Ω의 저항을 가지고 있다. 이 전지에서 0.062 A의 전류를 발생시키는 데 필요한 전압을 계산하시오.

***22-17.** 0.250 M Cu(II)을 포함한 pH 4.00로 완충된 용액에서 Cu가 석출될 것이다. 산소는 음극에서 730 torr의 부분압으로 발생된다. 전지 저항은 3.60 Ω이고. 온도는 25°C이다. 다음을 계산하시오.

(a) 이 용액에서 구리의 초기 석출에 필요한 이론적 전위

(b) 전류가 0.15 A일 때 *IR* 강하

(c) 산소의 과전압이 0.50 V일 때 처음 가해줘야 할 전위

(d) *IR* 강하와 산소의 과전압이 변하지 않는다고 가정하면, $[Cu^{2+}] = 7.00 \times 10^{-6}$일 때, 전지의 전위는 얼마인가?

**22-18.** 0.150 M $Ni^{2+}$를 포함한 pH 2.00의 완충 용액에서 백금 환원전극(면적 = 120 $cm^2$)에서 Ni이 석출된다. 80 $cm^2$의 백금 산화전극을 사용할 경우 1.00 atm의 분압으로 산소가 생성된다. 전지 저항은 3.55 Ω 온도는 25°C이다. 다음을 계산하시오.

(a) 처음 Ni을 석출하는 데 필요한 열역학적 전위

(b) 전류가 1.00 A일 때 *IR* 강하

(c) 산화전극과 환원전극에서의 전류 밀도

(d) 산소의 과전압이 백금 전압에서 약 0.52 V일 때, 초기 전위

(e) Ni의 농도가 $1.00 \times 10^{-4}$ M로 감소할 때 공급해줘야 할 전위는 얼마인가? ($[Ni^{2+}]$ 이외의 다른 변수는 일정히 유지된다고 가정한다.)

***22-19.** 0.200 M의 $Co^{2+}$와 0.0650 M $Cd^{2+}$의 혼합 용액이 있다. 다음을 계산하시오.

(a) 처음으로 Cd이 석출되기 시작할 때 용액의 $Co^{2+}$ 농도

(b) $Co^{2+}$농도를 $1.00 \times 10^{-5}$ M로 낮추는데 필요한 환원 전위

(c) (a)와 (b)를 기초로 하여 $Co^{2+}$는 정량적으로 $Cd^{2+}$로부터 분리되어질 수 있는가?

**22-20.** $BiO^+$의 농도는 0.0450 M이며 $Co^{2+}$의 농도는 0.0350 M이고 pH는 2.50인 용액이 있다.

(a) 환원이 잘 되지 않는 물질이 석출되기 시작할 때 쉽게 환원되는 양이온의 농도는 얼마인가?

(b) 환원이 잘되는 화학종의 농도가 $1.00 \times 10^{-6}$ M일 때 환원전극의 전위는 얼마인가?

(c) 위의 (a)와 (b)의 결과를 기초로 정량적인 분리가 이루어질 수 있는가?

***22-21.** 각 이온 농도가 0.250 M이며 pH 1.95로 완충된 용액에서 $Bi^{3+}$와 $Sn^{2+}$를 분리시키기 위해 환원전극 진위를 조절하는 전해 무게 분석법을 사용하기로 한다.

(a) 쉽게 환원되는 이온이 석출되기 시작할 때의 이론적인 환원전극 전위를 계산하시오.

(b) 환원이 잘 되지 않는 물질이 석출되기 시작할 때 쉽게 환원되는 물질의 잔류 농도를 계산하시오.

(c) 정량적인 제거라고 볼 수 있는 $10^{-6}$ M 이하의 잔류 농도를 가지고자 할 때 만약 이것이 가능하다면 환원전극 전위가 유지해야 할 전위 범위(SCE 기준)를 계산하시오.

**22-22.** 각각 농도가 0.200 M인 환원될 수 있는 두 개의 양이온 A, B 용액이 있다. 쉽게 환원되는 환원종 A는 [A]가 $1.00 \times 10^{-5}$ M로 감소될 때 완전히 제거된다고 간주한다. B의 간섭 없이 A의 분리가 가능한 표준 전극 전위의 최소 차이는 얼마인가?

| A | B |
|---|---|
| *(a) 1가 | 1가 |
| (b) 2가 | 1가 |
| *(c) 3가 | 1가 |
| (d) 1가 | 2가 |
| *(e) 2가 | 2가 |
| (f) 3가 | 2가 |
| *(g) 1가 | 3가 |
| (h) 2가 | 3가 |
| *(i) 3가 | 3가 |

***22-23.** 0.8510 A의 일정 전류로 0.250 g Co(II)를 다음과 같은 형태로 석출시키는데 필요한 시간을 계산하시오.
(a) 환원전극 표면에 코발트 금속
(b) 산화전극에 $Co_3O_4$

**22-24.** 1.00 A의 일정 전류로 다음 물질 0.450 g을 다음과 같은 형태로 석출시키는데 필요한 시간을 계산하시오.
(a) Tl(III)를 환원전극에서 원소로
(b) Tl(I)를 산화전극에서 $Tl_2O_3$
(c) Tl(I)를 환원전극에서 원소로

***22-25.** 준비된 유기산 0.1330 g 시료는 300 mA의 일정 전류에서 5분 24초 동안에 발생된 $OH^-$으로 중화된다. 이 산의 등가 질량을 g 단위로 표기하시오.

**22-26.** 도금 용액 10.0 mL의 $CN^-$ 농도를 전기분해에 의해 발생된 $H^+$이온과 메틸 오렌지를 넣어 적정하였다. 색 변화는 55.6 mA 전류를 가하고 4분 11초 후에 관찰되었다. 용액의 리터당 NaCN의 그램 수를 계산하시오. 그리고 이를 ppm 농도로도 계산하시오.

***22-27.** 과량의 $HgNH_3Y^{2-}$을 우물 물 25.00mL에 녹였다. 적정에 필요한 EDTA를 39.4 mA의 일정전 류를 3.52분 동안 흘려주어 수은 환원전극[식 (22-9)]에서 발생시켰을 때 물의 경도를 ppm $CaCO_3$로 나타내시오.

**22-28.** 전기분해로 생성된 $I_2$는 기수(바다와 강이 만나는 염분이 적은 물) 100.0 mL에 들어 있는 $H_2S$ 양을 결정하기 위해 사용된다. 과량의 KI를 첨가한 다음 11.05분 46.3 mA의 전류를 흘려 적정을 완료하였다. 그 반응은 다음과 같다.

$$H_2S + I_2 \rightarrow S(s) + 2H^+ + 2I^-$$

ppm 단위로 $H_2S$의 분석 결과를 나타내시오.

***22-29.** 300 mg의 유기 혼합물 중에 들어 있는 니트로벤젠이 수은 환원전극(SCE에 대하여)에 걸어준 −0.96 V 일정 전위에서 페닐하이드록실아민으로 환원되었다.

$$C_6H_5NO_2 + 4H^+ + 4e^- \rightarrow C_6H_5NHOH + H_2O$$

시료를 100 mL 메탄올에 용해하였다. 30분 동안 전기분해하면 반응이 완결된다. 전지와 직렬로 연결된 전기량계는 이 환원에 대해 33.47 C을 나타냈다. 시료 중에 $C_6H_5NO_2$의 퍼센트를 계산하시오.

**22-30.** 코크스를 이용한 용광로에서 나오는 폐수 중에 페놀을 전기량법으로 분석하였다. 100 mL 시료를 약한 산성으로 만들고 KBr을 과량 가한다. 다음 반응이 일어나기 위한 $Br_2$를 생성하기 위하여

$$C_6H_5OH + 3Br_2 \rightarrow BrC_5H_5OH(s) + 2HBr$$

0.0503 A의 일정 전류를 6분 22초 동안 통과시켰다. 이 분석 결과를 ppm으로 구하시오(이때, 물의 밀도는 1.00 g/mL이라고 가정하자).

**22-31.** 메탄올 용액 중의 $CCl_4$를 수은 환원전극(SCE에 대하여) −1.0 V에서 $CHCl_3$로 환원시켰다.

$$2CCl_4 + 2H^+ + 2e^- + 2Hg(l) \rightarrow 2CHCl_3 + Hg_2Cl_2(s)$$

−1.80 V에서 $CHCl_3$가 더 반응이 진행되어 $CH_4$가 된다.

$$2CHCl_3 + 6H^+ + 6e^- + 6Hg(l) \rightarrow 2CH_4 + 3Hg_2Cl_2(s)$$

$CCl_4$, $CHCl_3$, 비활성 유기 화학종을 포함하고 있는 시료 0.750 g을 메탄올에 녹여 −1.0 V에서 전류가 0에 접근할 때까지 전기분해를 계속하였다. 전기량계에 측정에 의해 반응이 완결되는데 필요한 전기량을 알게 되었는데, 아래의 표의 두 번째 줄에 표기하였다. 그 후, 환원전극 전위를 −1.8 V로 조정하였으며, 이 전압 조정에 의한 추가적인 전기량이 제공되었는데 마지막 줄에 표기하였다.

| 시료수 | −1.0 V에서 필요한 전하량, C | −1.8 V 에서 필요한 전하량, C |
|---|---|---|
| 1 | 11.63 | 68.60 |
| 2 | 21.52 | 85.33 |
| 3 | 6.22 | 45.98 |
| 4 | 12.92 | 55.31 |

각 혼합물의 $CCl_4$와 $CHCl_3$의 퍼센트를 구하시오.

**22-32.** $CHCl_3$와 $CH_2Cl_2$만을 포함하는 혼합 시료를 반복 실험을 하기 위해 5등분하였다. 각 샘플을 메탄올에 녹인 후 수은 환원전극을 이용하여 전기분해를 하였다. 환원전극의 전압은 −1.80 V(SCE에 대하여)로 유지하였다. 두 개의 화합물은 모두 $CH_4$로 환원되었다(연

습 문제 22-31 참조). 혼합물에서 $CHCl_3$와 $CH_2Cl_2$의 각각의 퍼센트를 구하시오. 표준 편차와 상대 표준 편차를 구하시오.

| 시료 | 필요한 질량, g | 필요한 전하량, C |
|---|---|---|
| 1 | 0.1309 | 306.72 |
| 2 | 0.1522 | 356.64 |
| 3 | 0.1001 | 234.54 |
| 4 | 0.0755 | 176.91 |
| 5 | 0.0922 | 216.05 |

**22-33.** Fe(II)이 들어 있는 1 M $H_2SO_4$ 용액 100.0 mL을 0.075 M Ce(III)로부터 만든 Ce(IV)로 적정할 때, 쿨롱 적정 곡선을 그리시오. 적정은 전위차번으로 실시되며, Fe(II)의 초기 함량은 0.05182 mmol 이고, 정전류 20.0 mA를 사용한다. 먼저 당량점에 해당하는 시간을 찾으시오. 그 때 당량점 전 시간 값 10개에 대해 생성된 $Fe^{3+}$와 남아 있는 $Fe^{2+}$의 양을 계산하기 위해서는 화학량론적 반응식을 이용하고, 시스템 전위는 Nernst식을 이용해서 얻을 수 있다. 당량점 전위는 산화환원 적정의 일상적인 방법으로 찾으시오. 당량점 후 시간 값 20개 가량에 대해서도 전기분해로 생성된 점 $Ce^{4+}$와 남아 있는 $Ce^{3+}$의 양을 계산하시오. 마지막으로 시스템 전위(V)와 전기분해 시간($t$)과의 관계를 그래프로 도시하시오.

***22-34.** 미량의 아닐린, $C_6H_5NH_2$을 전기량법으로 생성한 과량의 $Br_2$와 반응시켜서 정량을 한다.

$$3Br_2 + C_6H_5NH_2 \rightleftharpoons C_6H_2Br_3NH_2 + 3H^+ + 3Br^-$$

아닐린

그리고 작업 전극의 극성을 바꾸어서 남아 있는 $Br_2$를 전기량법으로 적정으로 생성한 Cu(I)로 정량한다.

$$Br_2 + 2Cu^+ \rightarrow 2Br^-\ 2Cu^{2+}$$

이 경우에 아닐린 시료 용액 25.0 mL에 적당한 양의 KBr와 $CuSO_4$를 미리 가하였다. 다음 데이터를 이용하여 시료 중의 $C_6H_5NH_2$의 μg수를 계산하시오.

| 작업 전극 | 1.51 mA의 일정 전류에서 발생 시간, min |
|---|---|
| 산화전극 | 3.76 |
| 환원전극 | 0.270 |

***22-35.** 퀴놀론은 전기량법으로 생성된 과량의 Sn(II)에 의하여 하이드로퀴놀론으로 환원된다.

$$C_6H_4O_2 + Sn^{2+} + 2H^+ \rightleftharpoons C_6H_4(OH)_2 + Sn^{4+}$$

퀴놀린 하이드로퀴놀린

다음 작업 전극의 극성을 바꾸어 남아 있는 $Sn^{2+}$를 전기량법으로 생성된 $Br_2$로 산화시킨다.

$$Sn^{2+} + Br_2 \rightarrow Sn^{4+} + 2Br^-$$

시료 50.0 mL에 적당량의 Sn(II)와 KBr를 미리 가하였다. 다음 데이터를 이용하여 시료 중의 $C_6H_4O_2$의 무게를 계산하시오.

| 작업 전극 | 1.062 mA 의 일정 전류에서 발생 시간, min |
|---|---|
| 산화전극 | 8.34 |
| 환원전극 | 0.691 |

**22-36. 도전 문제:** $S^{2-}$는 폐수 속의 유기물에 대한 혐기성 박테리아의 작용으로 생성된다. 이 황 이온($S^{2-}$)은 쉽게 양성자와 결합하여 $H_2S$의 유독한 가스로 바뀐다. 뿐만 아니라 $S^{2-}$나 $H_2S$는 호기성 조건으로 바뀌면 황산으로 쉽게 바뀌어 부식 문제도 야기한다. 이러한 황 음이온 정량 방법은 은 이온을 이용한 전기량 적정법이 가장 일반적이다. 은 이온 발생 전극에서의 반응과 적정 반응은 다음과 같다.

$$Ag \rightarrow Ag^+ + e^-$$
$$S^{2-} + 2Ag^+ \rightarrow Ag_2S(s)$$

(a) 폐수 속의 황 이온 정량에 있어서 디지털 염화 이온측정기(chloridometer)가 이용된다. 이 기기는 염화 이온($Cl^-$)을 ng 단위로 바로 읽을 수 있다. 염화 이온 결정에 있어서도 같은 은 이온 발생 전극을 사용하지만 적정 반응은 $Cl^- + Ag^+ \rightarrow AgCl(s)$가 된다. ng 단위의 $Cl^-$ 양으로 표기되는 장비의 수치를 ng 단위의 $S^{2-}$ 양으로 계산하는 식을 유도하시오.

(b) 어떤 폐수 표준 용액이 1689.6 ng $Cl^-$을 나타냈다면 이 용액 내의 황 음이온($S^{2-}$)을 침전시키기 위해 필요한 $Ag^+$ 이온을 생산하기 위해 흘려주어야 하는 총 전하량(C)은 얼마인가?

(c) 아래 표는 여러 가지 황 이온 함량의 시료 용액 20.00 mL들로부터 얻은 자료이다(D. T. Pierce, M. S. Applebee, C. Lacher, and J. Bassie, *Environ. Sci. Technol.*, **1998**, *32*, 1734). 각각의 표준 용액에 대해 3회씩 분석하여 염화 이온($Cl^-$)의 질량을 기록하였다. 각각의 염화 이온에 대한 ng 값들을 $S^{2-}$의 ng 값으로 환산하시오.

| **S2⁻의 알려진 질량, ng** | **측정된 Cl⁻의 질량, ng** | | |
|---|---|---|---|
| 6365 | 10447.0 | 10918.1 | 10654.9 |
| 4773 | 8416.9 | 8366.0 | 8416.9 |
| 3580 | 6528.3 | 6320.4 | 6638.9 |
| 1989 | 3779.4 | 3763.9 | 3936.4 |
| 796 | 1682.9 | 1713.9 | 1669.7 |
| 699 | 1127.9 | 1180.9 | 1174.3 |
| 466 | 705.5 | 736.4 | 707.7 |
| 373 | 506.4 | 521.9 | 508.6 |
| 233 | 278.6 | 278.6 | 247.7 |
| 0 | −22.1 | −19.9 | −17.7 |

(d) 각 표준 용액의 $S^{2-}$의 ng 단위에 해당하는 평균값, 표준 편차, % RSD을 구하시오.

(e) 각각의 $S^{2-}$ 용액에 대해 실제 값과 평균값을 도시하고, 기울기, 절편, 표준 오차, $R^2$ 값을 구하시오. 그래프를 보고 자료들의 선형 특성에 대해 논하시오.

(f) *k* factor를 2로 하여 검출 한계를 ng과 ppm 단위로 각각 구하시오[식(8-22) 참조].

(g) 미지의 폐수 시료로부터 893.2 ng $Cl^-$의 값을 얻었다면, $S^{2-}$의 ng 값은 얼마인가? 또한, 그 폐수 시료의 부피가 20.00 mL이었다면, $S^{2-}$의 농도는 몇 ppm인가?

제 23 장

# 전압-전류법

*Voltammetry*

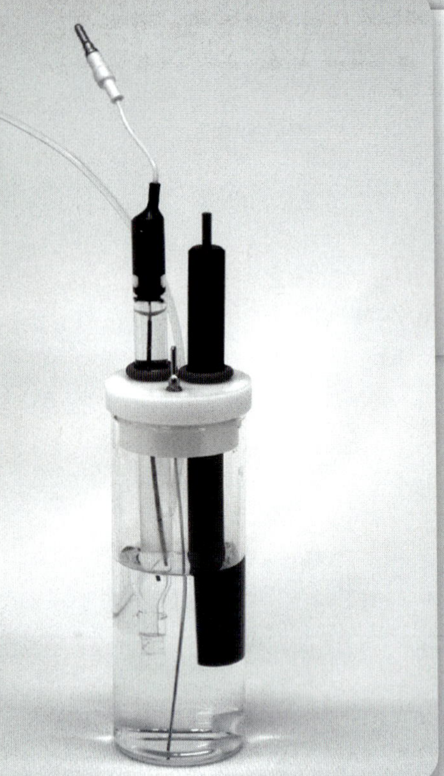

Courtesy of Bioanalytical Systems, Inc.

어린이의 납 중독은 식욕 부진, 구토 및 경련을 일으키게 하며 돌이킬 수 없는 뇌 손상을 가져오기도 한다. 납은 구리로 만든 파이프나 튜브 제작에 사용한 땜납이 녹아 음료수에 들어갈 수 있다. 이 장에서 설명한 양극 벗김 전압-전류법은 납과 같은 중금속을 정량할 수 있는 가장 좋은 방법 중의 하나이다. 왼쪽 사진은 양극 벗김 전압-전류법에 흔히 사용하는 3-전극셀의 모습이다. 작업 전극은 수은 필름을 입힌 유리질 탄소 전극이다. 전해 석출 단계에서 납은 수은 필름 속으로 아말감의 형태로 모인다. 전해 석출 후 작업 전극의 전위를 양의 전위로 주사하면 수은 필름 속의 금속이 산화(벗김)된다. 이 방법으로 ppb 단위의 적은 양의 금속을 확인할 수 있다.

**전압-전류법**은 전극에 가한 전위에 따른 전류 변화를 측정하는 데 기초하고 있다.

**폴라로그래피**는 적하 수은 전극을 이용하는 전압-전류법이다.

**전압-전류법**(voltammetry)은 가해준 전위의 함수로 전기화학 전지에서의 전류를 측정해서 분석물에 대한 정보를 얻는 일련의 전기화학적 방법을 지칭한다. 이 방법은 작업 전극이나 지시 전극의 편극을 촉진시키는 조건 하에서 정보를 얻는다. 주어진 전위 하에서 분석물의 농도에 비례하는 전류를 추적 관찰하는 기법을 **전류법**(amperometry)이라고 한다. 전극이 편극되려면 전압-전류법과 전류법에 사용되는 작업 전극의 표면적은 수 $mm^2$ 이하이어야 하며, 어떤 응용에서는 수 $\mu m^2$의 작업 전극이 사용되기도 한다. 전압-전류법은 무기 화학자, 물리화학자 및 생화학자들에 의해 (1) 여러 가지 매체 중에서 산화-환원반응, (2) 표면에서의 흡착 과정, (3) 화학적으로 변성시킨 전극 표면에서의 전자 전달 메커니즘 연구 등에 활용되고 있다.

전압-전류법에서는 완전한 농도 편극이 일어나는 전기화학 전지에서의 전류를 측정한다. 22A-2절에서 기술했듯이 편극된 전극은 산화나 환원이 일어나도록 Nernst식에 따라 예측되는 값 이상의 과량의 전압을 가하는 전극이다. 대조적으로 전위차법(potentiometric measurement)은 전류가 거의 0이고 편극이 없는 조건에서 측정한다. 전압-전류법은 농도 편극 효과를 최소화 또는 보상하는 전기량법(coulometry)과는 다르다. 전압-전류법에서는 분석물의 전해를 최소화하는 반면, 전기량법에서는 분석물의 전부가 전해되어 다른 상태가 되어야 한다.

전압-전류법은 **폴라로그래피**(polarography)로부터 발전하였다. 폴라로그래피는 1920년대 초반 체코슬로바키아 화학자인 Jaroslav Heyrovsky에 의하여 개발되었으며 전압-전류법의 일종이다.[1] 폴라로그래피는 작업 전극으로 **적하 수은 전극**(dropping mercury electrode, DME)을 사용한다는 면에서 다른 전압-전류법과 다르다. 한때 폴라로그래피는 수용액에서 무기 이온과 유기

[1] J. Heyrovsky, *Chem. Listy*, **1922**, *16*, 256. Heyrovsky는 폴라로그래피를 개발하고 발전시킨 공로로 1959년 노벨화학상을 수상하였다.

화학종을 정량하는 중요한 도구였다. 최근 분석 연구에서의 폴라로그래피 응용은 크게 감소했다. 이러한 감소는 실험실에서의 수은의 사용에 따른 우려와 환경오염 가능성, 다소 다루기 어려운 기기 특성, 분광법과 같이 더 빠르고 편리한 분석법의 개발에 기인한 것이다. 아직도 실험실에서 폴라로그래피 실험을 하고 있으므로 23D절에서 간략하게 다룰 것이다.

폴라로그래피는 덜 중요해졌지만, 적하 수은 전극을 작업 전극으로 사용하지 않는 전압-전류법과 전류법은 급속도로 증가하고 있다. 더 나아가 액체 크로마토그래피와 결합된 전압-전류법과 전류법은 복잡한 혼합물 분석에서 강력한 도구가 되었다. 최신의 전압-전류법은 화학, 생화학, 재료 과학, 공학, 환경 과학의 다양한 분야에서 산화 환원 및 흡착 과정을 연구하는 데 탁월한 도구가 되었다.[2]

Jaroslav Heyrovsky는 1890년에 프라하에서 태어났다. 폴라로그래피를 개발하고 발전시킨 공로로 1959년 노벨화학상을 수상하였다. 폴라로그래피에 관한 그의 연구는 1922년까지 거슬러 올라가며 그는 새로운 전기화학 분야의 개척에 열중하였다. 1967년에 사망하였다.

## 23A 전위 프로그램

전압-전류법에서는 전기화학 전지 내의 작업 전극에 가변의 전위 프로그램(potential excitation signal)을 가한다. 전위 프로그램에 따라 고유한 전류가 나타나는데, 이 전류값을 측정할 수 있다. 전압-전류법에서 사용되는 가장 보편적인 네 가지 전위 프로그램의 파형은 **그림 23-1**과 같다. 고전적인 전압-전류법에서의 전위 프로그램은 그림 23-1a에 나타낸 선형 주사 방식으로 전지에 가하는 전압을 시간에 따라 2~3 V 범위에서 선형으로 증가시키는 것이다. 전지의 전류는 가한 전압과 시간의 함수로 기록된다. 전류법에서는 가해지는 전압을 고정하고 전류가 기록된다.

두 종류의 펄스형 전위 프로그램을 그림 23-1b와 c에 나타내었다. 이 때 전류는

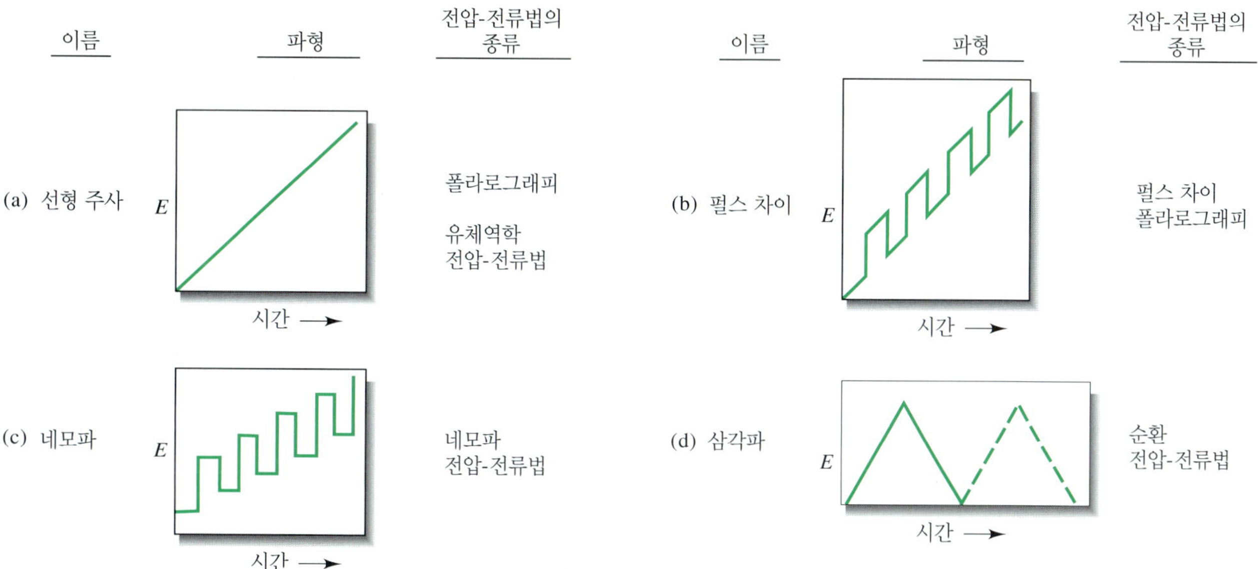



**그림 23-1** 전압-전류법에서 사용하는 전위 프로그램.

[2]전압-전류법에 대한 일반적인 참고 문헌은 다음과 같다. A. J. Bard and L. R. Faulkner, *Electrochemical Methods*, 2nd ed., New York: Wiley, 2001; S. P. Kounaves, in *Handbook of Instrumental Techniques for Analytical Chemistry*, Frank A. Settle, ed., Upper Saddle River, NJ: Prentice-Hall, 1997, pp. 711–28; *Laboratory Techniques in Electroanalytical Chemistry*, 2nd ed., P. T. Kissinger and W. R. Heineman, eds., New York: Marcel Dekker, 1996; M. R. Smyth and F. G. Vos, eds., *Analytical Voltammetry*, New York: Elsevier, 1992.

펄스의 수명 내에서 몇 차례 측정한다. 그림 23-1d에 나타낸 삼각 파형 방식에서는 전위를 두 값 사이에서 순환시키는 데 처음에 최대값까지 선형으로 증가시켰다가 같은 기울기로 초기값으로 선형적으로 감소시킨다. 이 과정을 여러 번 반복하면서 시간에 따른 전류값을 측정한다. 완전한 순환 과정은 100초 이상이 걸릴 수도 있고 1초 이하에 끝날 수도 있다.

그림 23-1의 각 파형 오른쪽에 다양한 전위 프로그램을 사용하는 전압-전류법의 유형을 나열하였다. 이러한 기술들은 다음 절에서 논의할 것이다.

## 23B 전압-전류법 기기

**지지 전해질**은 시료 용액에 과량으로 첨가하는 염이다. 가장 많이 사용하는 지지 전해질은 분석물을 정량하기 위하여 가해 주는 전위 영역에서 반응하지 않는 알카리 금속염이다. 이 염은 용액의 저항을 감소시키거나 분석물이 전기이동에 의하여 전극으로 이동되는 것을 줄여준다.

**작업 전극**은 분석물을 산화시키거나 환원시키는 전극이다. **기준 전극**과 작업 전극 사이의 전위를 조절한다. 전해 전류는 작업 전극과 **상대 전극** 사이에 흐른다.

**그림 23-2**에는 선형주사 전압-전류법에 사용하는 간단한 장치의 구성도를 나타내었다. 전지는 분석물과 **지지 전해질**(supporting electrolyte)이라 불리는 과량의 비반응성 전해질로 만든 용액 속에 세 개의 전극을 넣어 구성한다(이 전지는 그림 22-8에 나타낸 조절 전위 전해법에서 사용하는 전지와 비슷하다는 사실을 유념하시오). 이 세 전극 중의 하나는 **작업 전극**(working electrode, WE)이며, 기준 전극(reference electrode, RE)에 대한 작업 전극의 전위는 시간에 따라 선형적으로 변한다. 작업 전극의 크기는 쉽게 편극될 수 있도록 작게 한다. 실험이 진행되는 동안 기준 전극의 전위는 일정하게 유지된다. 세 번째 전극인 **상대 전극**(counter electrode, CE)은 백금선으로 된 코일이나 수은 풀(mercury pool)을 사용한다. 이 때 전류는 작업 전극과 상대 전극 사이에 흐른다.[3] 전원(signal source)은 전지와 가변 저항 *R*로 구성된 가변 직류 전원이다. 원하는 들뜸 전위는 가변 저항에서의 접점 *C*를 적당히

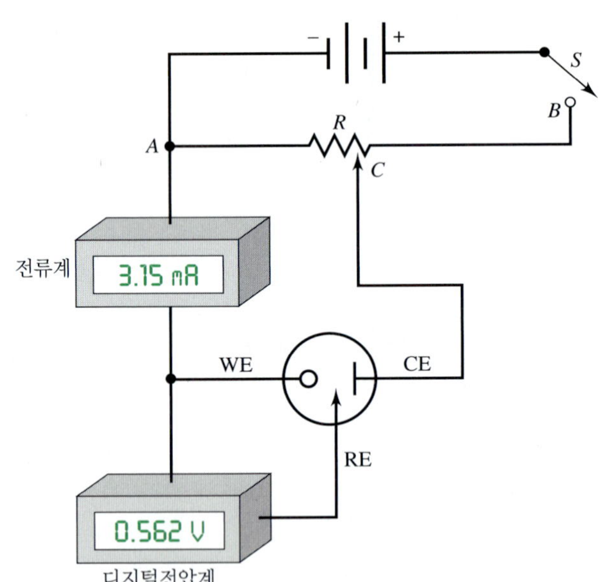


**그림 23-2** 전압-전류법에 사용되는 수동식 정전압장치.

[3] 초기의 전압-전류법은 그림 23-2에 나타낸 3-전극 방식이 아닌 2-전극 방식으로 행해졌다. 2-전극 방식에서는 두 번째 전극으로 큰 금속 전극이나 기준 전극을 사용하여 실험 중에 발생하는 분극 현상을 막았다. 이 두 번째 전극은 그림 23-2에 나타낸 기준 전극과 상대 전극의 역할을 동시에 담당하였다. 이런 2-전극 방식에서는 전위를 주사하는 동안 두 번째 전극의 전위가 일정하여 미세 전극 전위는 가한 전위와 두 번째 전극 전위의 차이인 것으로 가정한다. 하지만 전기 저항이 큰 용액에서는 전류의 증가에 따라 *IR* 강하가 커지고 중요해지므로 이 가정이 맞지 않는다. 이에 따라 찌그러진 전압-전류 곡선이 얻어진다. 근래의 대부분의 전압-전류법에서는 3-전극 방식을 채택하고 있다.

움직여 선택한다. 디지털 전압계는 높은 전기 저항($>10^{11}\ \Omega$)을 갖고 있어 전압계와 기준 전극을 포함한 회로에서 전류가 흐르지 않게 하여, 결국 전원으로부터의 모든 전류는 작업 전극과 상대 전극 사이에서만 흐르게 한다. 전압-전류 곡선은 그림 23-2의 접점 *C*를 움직여 작업 전극과 기준 전극 사이의 전위의 함수로 전류의 변화를 기록한 것이다.

원리적으로는 그림 23-2에 나타낸 수동식 일정전위기(potentiostat)로 선형 주사 전압-전류 곡선을 얻을 수 있다. 이 경우 그림 23-1a의 전위 프로그램을 내기 위해서는 *A*에서 *B*로 이동하는 접점 *C*의 이동 속도가 일정해야 한다. 그 다음, 전압(또는 시간)을 주사하는 동안 전류와 전압을 똑같은 시간 간격에서 연속적으로 기록하여야 한다. 그러나 그림 23-1의 전위 프로그램은 컴퓨터로 만들어진다. 이들 기기들은 기준 전극에 대한 전위를 체계적으로 변화시키면서 이에 따른 전류를 기록한다. 이들 기기들을 이용한 실험에서의 독립 변수는 작업 전극과 상대 전극 사이의 전위값이 아니고 기준 전극에 대한 작업 전극의 전위값이다. 선형 주사 전압-전류법에 사용하는 일정 전위기를 특집 23-1에서 기술하고 있다. 그림 23F-2는 선형 주사 전압-전류법 측정을 수행하기 위한 현대의 연산 증폭기 일정 전위기의 구성 요소를 보여주는 도식이다(22C-2절 참조).

**특집 23-1**

### 연산 증폭기를 이용한 전압-전류법 장치

특집 21-5에서 연산 증폭기(op amp, operational amplifier)를 사용하여 전기화학 전지의 전위를 측정할 수 있음을 설명한 바 있다. '연산 증폭기'는 전류도 측정할 수 있으며 다양한 제어 및 측정 작업을 수행하는 데 활용될 수 있다. **그림 23F-1**에 제시된 것과 같이 전류 측정에 대해 생각해 보자.

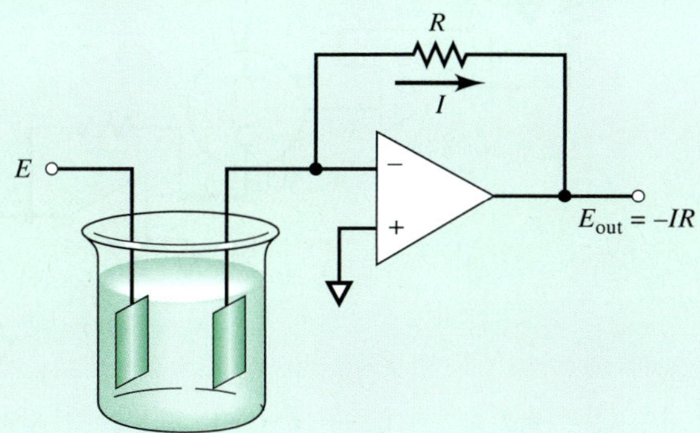


**그림 23F-1** 전압-전류법의 전류를 측정하기 위한 연산 증폭 회로.

이 회로에서 전압원 *E*는 전기화학 전지의 한 극에 연결되어 전류 *I*를 발생하게 한다. 연산 증폭기의 입력 저항이 대단히 크기 때문에 대부분의 전류는 저항 *R*을 통하여 연산 증폭기의 출력으로 나가게 된다. 따라서 연산 증폭기의 출력 전압은 $E_{out} = -IR$이다. 마이너스 부호는 연산 증폭기의 입력 값들 간의 전위

(계속)

차이가 거의 0볼트 가까이 되기 위해서는 저항 $R$에 걸친 전압 강하와 증폭기의 출력 전압의 부호가 서로 반대이어야 하기 때문이다. 이 식을 $I$에 대해 정리하면 다음과 같다.

$$I = \frac{-E_{\mathrm{out}}}{R}$$

즉, 전기화학 전지의 전류는 연산 증폭기의 출력 전압에 비례한다. 전류값은 $E_{\mathrm{out}}$과 $R$의 측정값으로부터 계산할 수 있다. 이 회로는 **전류 전압 변환기**(current-to-voltage converter)라 부른다.

이 연산 증폭기는 **그림 23F-2**에서 보여주는 것과 같은 자동 3-전극 일정 전위기를 만드는데 사용될 수 있다. 그림 23F-1의 전류 측정 회로는 전지의 작업 전극(연산 증폭기 $C$)에 연결되어 있다. 기준 전극은 전압 따름기(voltage follower, 연산 증폭기 $B$)에 연결되어 있다. 특집 21-5에서 논의한 바와 같이 전압 따름기는 전지에서 전류를 끌어내지 않고서도 기준 전극의 전위를 모니터할 수 있다. 기준 전극의 전위값에 해당하는 연산 증폭기 $B$의 출력은 연산 증폭기 $A$의 입력으로 되먹임으로써 회로가 완성된다. 연산 증폭기 $A$는 (1) 상대 전극과 작업 전극 사이에서 전기화학 전지의 전류가 흐르게 해주고, (2) 기준 전극과 작업 전극 사이의 전위차를 선형 주사 전압 발생기에서 제공되는 값으로 유지되도록 해주는 기능을 한다. 실제 작동 시 전압 발생기는 그림 23-1a에서와 같이 작업 전극과 기준 전극 사이의 전위를 변화시켜 주며 전지 내의 전류는 연산 증폭기 $C$에 의하여 모니터된다. 전지의 전류 $I$에 비례하는 연산 증폭기 $C$의 출력 전압은 데이터 분석을 위해 컴퓨터에 의하여 기록 처리된다.[4]

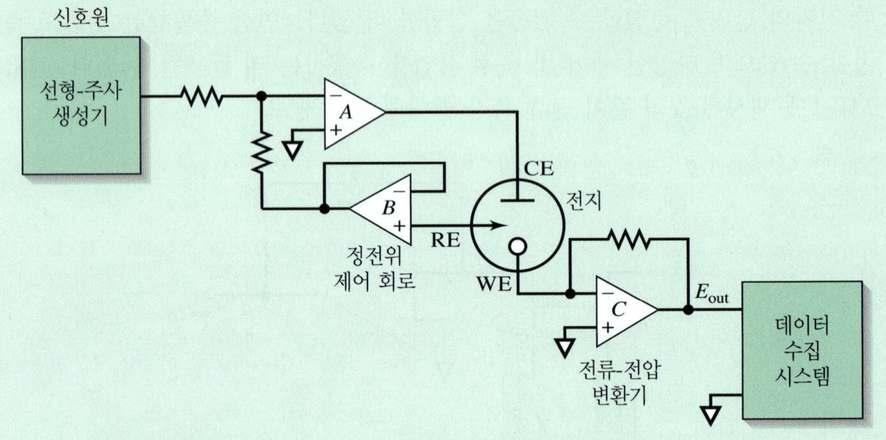


**그림 23F-2** 연산 증폭기를 이용한 정전위기. 작업 전극(WE) 및 기준 전극(RE), 상대 전극(CE)을 가지고 있는 3-전극 전지.

기준 전극을 포함하는 제어 회로의 전기 저항은 $10^{11}$ Ω 이상으로 매우 크기 때문에 거의 전류가 흐르지 않는다. 따라서 전원에서 나온 모든 전류는 상대 전극으로부터 작업 전극까지 흐른다. 제어 회로는 이 전류를 조정해서 작업 전극

[4]연산 증폭기를 갖춘 3-전극 일정 전위기에 대한 자세한 설명은 다음을 참고하시오. P. T. Kissinger, in *Laboratory Techniques in Electroanalytical Chemistry*, P. T. Kissinger and W. R. Heineman, eds., New York: Marcel Dekker, 1996, pp. 165–94.

과 기준 전극 사이의 전위가 선형 전압 생성기에서의 출력 전위와 같게 되도록 한다. 전류는 작업/기준 전극 사이의 전위에 비례하는데, 전압으로 변환되어 데이터 수집 시스템에 의해 시간의 함수로 기록된다. 이 실험에서의 독립 변수는 기준 전극에 대한 작업 전극의 전위이며 작업 전극과 상대 전극 사이의 전위가 아니다. 작업 전극은 연산 증폭기 *C*에 의해 실험 과정에서 접지 전위(ground potential)에 가깝게 유지된다.

## ▸ 23B-1 작업 전극[5]

전압-전류법에서 사용하는 전극은 다양한 모양과 형태를 가지고 있다. 흔히 사용되는 작업 전극은 테프론이나 Kel-F와 같은 비활성 물질의 막대 속에 원판형의 작은 도체를 심어 만든 것이다(**그림 23-3a** 참조). 이 전극에 사용되는 도체로는 백금 또는 금과 같은 비활성 금속; 탄소 페이스트, 탄소 섬유, 열분해한 흑연, 유리질 탄소, 다이아몬드나 탄소 나노튜브; 주석이나 산화인듐과 같은 반도체; 또는 수은 필름을 입힌 금속 등을 사용한다. **그림 23-4**에 나타낸 것처럼 수용액에서 이 전극들이 이용될 수 있는 전압 범위는 전극 물질뿐만 아니라 전극이 담겨진 용액의 조성에 따라 다양하게 달라진다. 일반적으로 양전위의 한계는 물의 산화에 의해 산소가 발생할 때 생기는 큰 전류에 기인한다. 음전위의 한계는 물이 환원되어 수소를 만드는 데 기인한다. 수은 전극을 사용할 때 이용할 수 있는 음전위의 영역이 비교적 넓은 것은 수은 전극의 수소 과전압이 높기 때문이다.

수은 전극을 사용하면 더 큰 음전위를 사용할 수 있다.

전압-전류법에서 수은 전극이 널리 사용되는 것은 다음과 같은 여러 가지 이유 때문이다. 첫째는 앞에서 설명한 바와 같이 이용 가능한 음전위 영역이 비교적 넓다는 것이다. 이외에도 많은 금속 이온들이 수은 전극 표면에서 가역적으로 환원되어 아말감이 된다는 점도 들 수 있다. 이것은 전극 반응을 지극히 단순화시키는 의미를 갖는다. 수은 전극은 여러 가지 형태로 시판되고 있다. 이중에서 가장 간단한 것은 그림 23-3a에 나타낸 원판형의 도체에 수은 필름을 전해 석출시켜 형성되는 수은 막 전극(mercury film electrode)이다. **그림 23-3b**는 매달린 수은 방울 전극(hanging mercury drop electrode, HMDE)인데, 이 전극은 수은이 담긴 저장 용기와 가는 모세관으로 구성되어 있다. 이 전극에서 수은은 나사 모양의 마이크로미터로 움직이는 피스톤을 작동시킴으로써 모세관 바깥으로 밀려나오게 한다. 이러한 방법으로 수은 전극의 표면적을 5% 또는 이보다 좋은 정밀도로 재현성 있게 만들 수 있다.

아말감은 금속이 수은에서 녹아 액체상의 합금으로 존재하는 것이다.

**그림 23-3c**에 나타낸 것은 전형적인 미세 전극이다. 이 전극에는 강화 유리 내에 밀봉된 지름이 작은 금속선이나 섬유(5~100 μm)로 구성되어 있다. 미세 전극의 편평한 끝단은 알루미나와 다이아몬드 연마제를 사용하여 거울면 수준으로 매끈하게 처리되어 있다. 전기적 연결은 0.060 inch의 도금된 핀이다. 탄소 섬유, 백금, 금, 은 등의 다양한 재료로 된 미세 전극을 구할 수 있다. 다른 재료들은 와이어나 섬유 형태로 만들 수 있고 에폭시로 잘 밀봉시킬 수 있다면 미세 전극 재료로 사용될 수 있다. 그림의 전극은 대략 길이가 7.5 cm, 외경이 4 mm이다.

역사적으로 작업 전극의 표면적이 수 $mm^2$ 이하인 전극을 **미세 전극**(microelectrode)이라 한다. 최근에는 미세 전극의 표면적이 μm 단위로 작아졌다. 예전 문헌에는 μm 크기의 전극을 **초미세 전극**(ultramicroelectrode)이라 불렀다.

[5]이 장에서 다루는 많은 작업 전극은 mm 크기이다. 현재 μm 크기의 전극에 대한 연구가 많이 진행되고 있다. 이러한 전극을 *미세 전극*이라고 할 것이다. 이 전극은 고전적인 작업 전극에 비해 여러 가지 장점을 가지고 있다. 23I절에서 미세 전극의 독특한 특성들을 몇 가지 기술할 것이다.

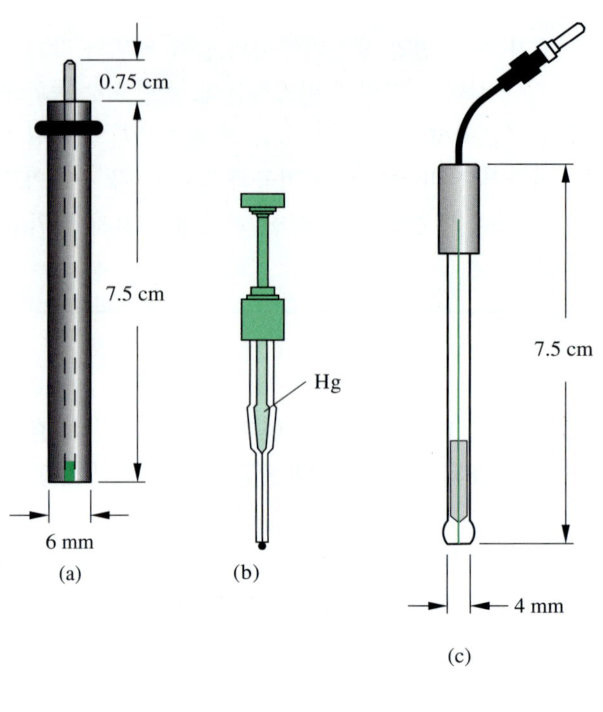

0.75 cm
7.5 cm
6 mm
(a)
Hg
(b)
7.5 cm
4 mm
(c)
도선
Hg
Tygon 관
모세관
(d)
(e)

**그림 23-3** 시판되는 전압-전류법 전극의 여러 형태. (a) 원판형 전극, (b) 매달린 수은 방울 전극(HMDE), (c) 미세 전극, (d) 샌드위치형 흐름 전극, (e) 적하 수은 전극(DME). (Reprinted by permission of Bioanalytical Systems, Inc., West Lafayette, IN.)

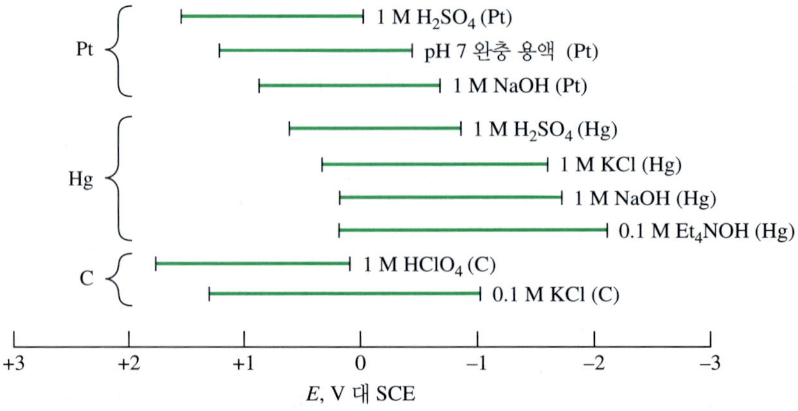

Pt
1 M $H_2SO_4$ (Pt)
pH 7 완충 용액 (Pt)
1 M NaOH (Pt)
Hg
1 M $H_2SO_4$ (Hg)
1 M KCl (Hg)
1 M NaOH (Hg)
0.1 M $Et_4NOH$ (Hg)
C
1 M $HClO_4$ (C)
0.1 M KCl (C)
+3
+2
+1
0
−1
−2
−3
*E*, V 대 SCE

**그림 23-4** 여러 가지 지지 전해질에서 세 가지 형태의 전극에 대한 전위 범위. (A. J. Bard and L. R. Faulkner, *Electrochemical Methods*, 2nd ed., New York: Wiley, 2001, back cover. Reprinted by permission of John Wiley & Sons, Inc.)

**그림 23-3d**에 나타낸 것은 유동적 흐름(flowing stream)의 전압-전류법이나 전류법에서 사용되는 샌드위치 형태의 시판되는 작업 전극이다. 블록은 polyetheretherketone (PEEK) 재질이며, 다양한 전극 크기(3 mm와 6 mm, 그림에서 녹색 부분 참조) 및 배열(듀얼 3 mm와 쿼드 2 mm)을 갖는 여러 가지 방식이 있다. 그림 23-15와 그림 23-16은 유동적 흐름에서 전극이 어떻게 사용되는지를 나타내고 있다. 작업 전극은 유리질 탄소, 탄소 페이스트, 금, 구리, 니켈, 백금이나 다른 적절한 재료로 되어 있다.

**그림 23-3e**는 거의 모든 초기 폴라로그래피에서 사용된 전형적인 적하 수은 전극(dropping mercury electrode, DME)이다. 50 cm 높이에 있는 수은 저장 용기로부터 약 10 cm 정도의 가는 모세관(내경 = 0.05 mm)으로 수은이 흘러나온다. 모세관의 직경에 따라 크기가 다른 새로운 수은 방울이 만들어진 후, 2~6초 사이에 수은 방울이 떨어진다. 수은 방울의 직경은 0.5~1 mm 정도이고, 재현성이 아주 좋다. 수은 방울이 생기기 시작한 후로부터 일정한 시간이 경과한 후에 방울을 강제로 떨어뜨리게 하는 기계적인 충격장치(knocker)를 이용하여 적하 시간을 조절할 수도 있다. 수은 방울 전극은 새로운 방울이 형성됨에 따라 전극 표면을 항상 새롭게 한다. 전압-전류법에서 측정되는 전류는 청결도와 불규칙성에 매우 민감하므로 새롭게 재생되는 표면은 매우 중요하다.

DME는 $H^+$의 환원에 대해 높은 과전압을 보인다. 그리고 각각의 방울마다 새로운 금속 표면을 제공한다. 따라서 DME는 아주 빠른 시간 내에 재현성이 좋은 전류값을 얻게 한다.

## ▸ 23B-2 변성작업 전극[6]

다양한 전도성 기질의 화학적 변성을 통한 전극 개발은 전기화학에서 활발한 연구가 진행되는 부분이다. 이러한 전극은 폭넓은 기능성을 갖도록 변성되어 왔다. 변성 방법에는 원하는 기능성을 갖는 물질을 비가역적으로 흡착시키거나 표면에 공유결합시키거나 고분자나 다른 물질의 막을 전극에 코팅하는 것이 있다.

변성된 전극은 많은 잠재적 응용성을 갖고 있다. 주요 관심사는 전극촉매 작용 분야이다. 이 응용 분야에서 산소를 물로 환원할 수 있는 전극은 연료 전지나 배터리에서의 활용성 측면에서 연구되어 왔다. 다른 응용은 전기변색 소자(electrochromic device)로 산화와 환원에 따라 색이 바뀐다. 디스플레이에 사용되는 소자는 *스마트 윈도우*(smart window)나 *미러*(mirror)이다. 다이오드나 트랜지스터와 같이 분자 전자 소자로 사용될 수 있는 전기화학 소자에 대해서는 많은 연구가 진행 중이다. 궁극적으로 이러한 전극에서 가장 중요한 분석에서의 응용은 특정 화학종이나 작용기에 선택적인 센서이다.

## ▸ 23B-3 전압-전류 곡선

**그림 23-5**는 수은 필름 전극에서 분석물 A가 생성물 P로 환원될 때, 나타나는 전형적인 선형주사 전압-전류 곡선을 나타낸 것이다. 여기서 작업 전극은 선형 주사 발생기의 음의 단자에 연결되어 있어 그림에서 보듯이 걸어준 전압을 음의 부호로 나타내었다. 규약에 따라 환원 전류는 항상 양의 부호로 나타내며, 산화 전류는 음의

전압-전류법에 사용하는 부호에 대한 미국의 규약에 따르면 환원 전류는 양으로, 산화 전류는 음으로 나타낸다. 전압-전류 곡선의 위 반구는 환원 전류를, 아래 반구는 산화 전류를 나타낸다. 대개 관습에 따라 전위 축은 오른쪽으로 갈수록 보다 덜 양인(더 큰 음의) 전위를 나타낸다.

[6]더 자세한 내용은 다음 문헌을 참고하시오. R. W. Murray, "Molecular Design of Electrode Surfaces,"in *Techniques in Chemistry*, Vol. 22, W. Weissberger, founding ed., New York: Wiley, 1992; A. J. Bard, *Integrated Chemical Systems*, New York: Wiley, 1994.

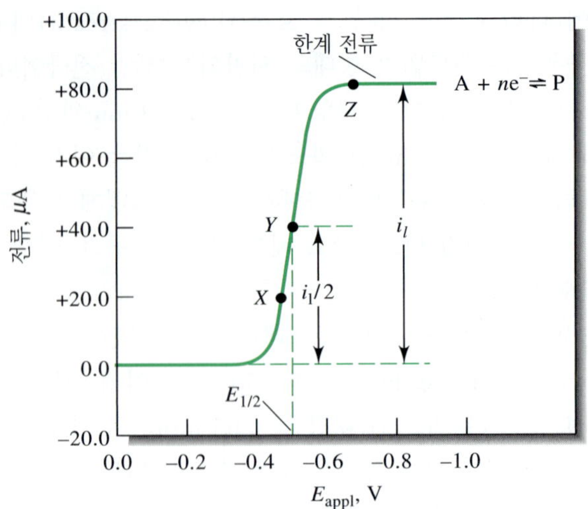


**그림 23-5** 가상 화학종 A가 환원되어 P로 될 때의 선형 주사 전압-전류 곡선. 한계 전류 $i_l$은 분석물의 농도에 비례하며 정량 분석에 이용된다. 또 반파 전위 $E_{1/2}$은 반쪽 반응의 표준 전위와 관련되어 있으며, 이것은 분석물을 확인할 수 있는 정성 분석에 활용된다. 반파 전위는 한계 전류의 반이 되는 지점에 가한 전위이다.

부호로써 나타낸다. 가상 실험에서 분석물 A의 농도는 $10^{-4}$ M, 반응생성물 P의 농도는 0.0 M, 지지 전해질로는 0.1 M KCl을 사용하였다고 하자. 작업 전극에서의 반쪽 반응은 가역 반응이다.

$$A + ne^- \rightleftharpoons P \qquad E^0 = -0.26 \text{ V} \tag{23-1}$$

편의상 A와 P의 전하는 무시하고, 반쪽 반응의 표준 전위가 −0.26 V라고 가정하였다.

**전압-전류파**는 전압-전류법에서 전류대 전압곡선에서 얻는 ∫자 모양의 파이다.

선형 주사 전압-전류 곡선은 일반적으로 S자 형태를 가지며 **전압-전류파**(voltammetric wave)라고 부른다. 급경사 부분을 지나 전류가 일정한 값에 도달했을 때의 전류를 **한계 전류**(limiting current) $i_l$이라고 한다. 이것은 반응물이 질량 이동 과정에 의해 전극 표면으로 이동하는 속도가 제한되었을 때 발생하는 전류이다. 한계 전류는 일반적으로 반응물의 농도에 정비례한다. 따라서

전압-전류법에서의 **한계 전류**는 전압-전류 곡선의 최고점에서 관찰되는 평탄부의 전류이다. 이 전류는 전극 표면에서 분석물의 농도가 0일 때의 값이다. 이 점에서 물질 이동 속도는 최대값이다. 한계 전류를 나타내는 평탄부에서는 농도 분극이 완전히 일어나는 지점이다.

$$i_l = kc_A \tag{23-2}$$

여기서 $c_A$는 반응물의 초기 농도이고, $k$는 상수이다. 선형 주사 전압-전류법으로 분석물을 정량하는 것은 이러한 관계를 기초로 한다.

**반파 전위**는 한계 전류의 반에 해당하는 전류가 흐를 때의 전위이다.

한계 전류의 절반에 해당하는 전류가 흐르는 전위를 **반파 전위**(half-wave potential)라 하고 $E_{1/2}$로 나타낸다. 기준 전극 전위(포화 칼로멜 전극 0.242 V)에 대한 보정 후에 반파 전위는 반쪽 반응에 대한 표준 전위와 밀접한 관계가 있지만 정확하게 같지는 않다. 반파 전위는 반응물의 정성 분석에 유용하다.

재현성 있는 전류를 신속하게 얻기 위해서는 분석 용액이나 전극이 연속적이고 재현성 있게 움직이어야 한다. 용액이나 전극이 계속해서 움직이는 선형 주사 전압-전류법을 **유체역학 전압-전류법**(hydrodynamic voltammetry)이라 한다. 이 장에서는 대부분 유체역학 전압-전류법에 초점을 맞출 것이다.

**유체역학 전압-전류법**은 분석 용액이 연속적으로 흘러가는 전압-전류법이다.

## 23C 유체역학 전압-전류법

유체역학 전압-전류법은 여러 가지 방법으로 실행될 수 있다. 첫 번째 방법은 전극은 고정시키고 용액을 세게 저어주는 방법이다. 유체역학 전압-전류법의 전형적인 전지는 **그림 23-6**에 있다. 이 전지에서는 보통의 자석젓개로 저어준다. 다른 방법

에서는 전극을 일정한 빠른 속도로 용액 속에서 회전시켜 저어줌으로써 같은 효과를 얻을 수도 있다(그림 23-19). 유체역학 전압-전류법을 수행하는 다른 방법은 작업 전극이 들어 있는 관 속으로 분석 용액을 흘러 보내는 방법이다(그림 23-15, 그림 23-16). 후자의 방법은 액체 크로마토그래프 컬럼에서 흘러나오는 산화 화학종과 환원 화학종들을 검출하는 데 광범위하게 이용된다(33A-5절 참조).

> 질량 이동 과정에는 확산, 이동, 대류가 있다.

22A-2절에서 기술한 바와 같이 전기분해가 일어나는 동안 반응물은 세 가지 메커니즘에 의해서 전극 표면으로 이동된다. 즉, (1) 정전기적 인력에 의한 이동, (2) 저어주기 또는 진동에 의한 대류, 그리고 (3) 벌크 용액과 전극 표면에 접촉되어 있는 용액층 사이의 농도 차이에 의한 확산이 있다. 전압-전류법에서는 전기이동의 영향을 최소화시키기 위한 노력의 하나로 전기화학적으로 반응성이 없는 지지 전해질을 과량 첨가한다. 지지 전해질의 농도가 분석물의 농도의 50~100배를 초과하면, 전체 전류값에 대한 분석물에 의한 전류의 분율은 거의 0이 된다. 그 결과, 반대 전하를 가지는 전극 쪽으로 이동하는 분석물의 이동 속도는 걸어준 전위에 무관하게 된다.

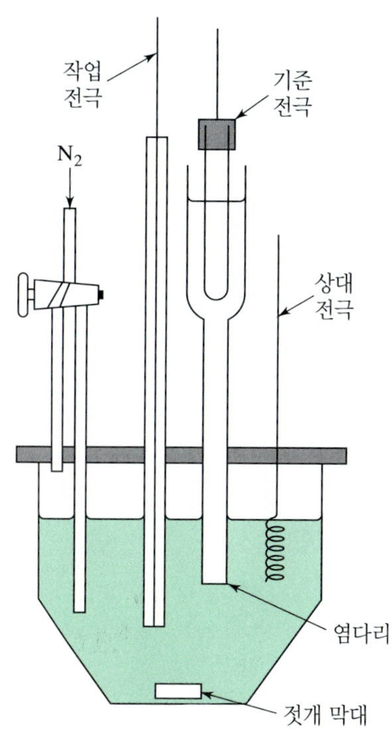


**그림 23-6** 유체역학적 전압-전류법에서 3-전극 전지.

## ▸ 23C-1 전극 표면에서의 농도 분포

과량의 지지 전해질을 포함한 A 용액의 전극에서 일어나는 식 (23-1)의 전극 반응에 대해 고찰해 보자. A의 초기 농도는 $c_A$, 생성물 P의 초기 농도는 0이라고 가정하자. 또한 환원반응이 빠르고 가역적이어서 전극에 접촉한 용액층에 있는 A와 P의 농도는 Nernst식 즉, 전극 전위로만 결정된다고 가정하자.

$$E_{appl} = E_A^0 - \frac{0.0592}{n} \log \frac{c_P^0}{c_A^0} - E_{ref} \qquad \textbf{(23-3)}$$

여기서 $E_{appl}$은 작업 전극과 기준 전극 사이에 걸린 전위이며, $c_P^0$와 $c_A^0$는 전극 표면에 접촉한 얇은 용액층에 있는 P와 A의 농도이다. 전극이 매우 작기 때문에 전기분해가 짧은 시간에 완료되므로 용액의 벌크 농도는 거의 변화가 없다고 가정한다. 즉, 벌크 용액에서의 A의 농도 $c_A$는 전기분해에 의해서 변하지 않으며 벌크 용액에서의 P의 농도 $c_P$도 거의 0이다($c_P \approx 0$).

> 전압-전류법의 작은 전극에서의 전기분해는 전압-전류법 실험을 하는 동안 분석물의 벌크 농도를 변화시키지 않는다.

### » 젓지 않은 용액에서 평면 전극에서의 프로파일

유체역학적 조건 하의 용액에서의 전극의 거동을 기술하기 전에 그림 23-3a에 나타낸 평면 전극에 대류와 이동이 없는 조건에서 전위가 가해질 때를 고려하자. 이 조건 하에서는 분석물의 질량 이동은 확산에 의해서만 일어난다.

**그림 23-7a**와 같이 펄스형 들뜸 전위 $E_{appl}$이 주기 $t$ 동안 작업 전극에 가해진다고 가정하자. 또한 $E_{appl}$이 충분히 커서 식 (23-3)의 $c_P^0/c_A^0$가 1000 이상이라고 하자. 이 조건에서는 전극 표면의 A의 농도는 즉시 0으로 감소한다. 이 계단형 전위 프로그램에 대한 응답 전류는 그림 23-7b와 같다. 초기에 전류는 용액의 표면 층에 있는 A 모두가 P로 바뀌는 데 필요한 피크 전류값까지 증가한다. A가 환원될 수 있는 표면층에 도달하기까지 더 많은 거리를 이동해야 하므로 A의 농도를 식 (23-3)에서 요구되는 수준으로 유지하는 데 필요한 전류는 시간에 따라 빠르게 감소한다. 따라서 그림 23-7b에서와 같이 전류값은 초기에 급등한 이후 빠르게 떨어진다.

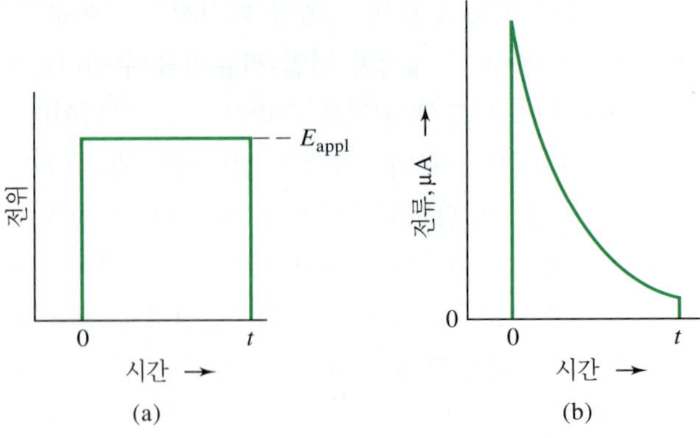


**그림 23-7** 젓지 않는 용액에서 평면 전극에서의 계단 전위에 대한 전류값의 변화. (a) 전위 프로그램, (b) 감응 전류.

**그림 23-8**은 전기분해 0, 1, 5, 10 ms 후의 A와 P의 농도 프로파일이다. 여기에서 A (검은색 실선)과 P (녹색 실선)의 농도를 전극 표면으로부터의 거리의 함수로 도시하였다. 왼쪽의 그래프에서 보면 계단형 전위를 가하기 전에 전극 표면에서와 용액 내에서 A의 농도가 모두 $c_A$이고, P의 농도는 모두 0으로 용액은 균일하다. 전위를 가한 1 ms 후에 프로파일은 크게 변화하였다. 전극의 표면에서 A의 농도는 거의 0으로 감소하였으며, P의 농도는 A의 초기 농도까지 증가하여 $c_P^0 = c_A$가 된다. 표면에서 멀어짐에 따라 A의 농도는 거리에 따라 선형으로 증가하며, 표면에서 0.01 mm에서 $c_A$에 근접한다. P의 농도는 같은 영역에서 선형으로 감소한다. 그림에서와 같이 시간에 따라 용액에서의 농도 기울기는 더 커진다. 농도 기울기를 만드는데 필요한 전류 $i$는 그림 23-8b의 실선에서 직선 부분의 기울기에 비례한다. 즉,

$$i = nFAD_A\left(\frac{\partial c_A}{\partial x}\right) \tag{23.4}$$

식에서 $i$는 암페어 단위의 전류값이고, $n$은 분석물 1 몰당 전자의 몰수, $F$는 패러데이 상수, $A$는 전극의 표면적($cm^2$), $D_A$는 A에 대한 확산 계수($cm^2s^{-1}$)이고, $c_A$는 A의 농도($mol/cm^3$)이다. 그림에서와 같이 $(\partial c_A/\partial x)$는 전류와 마찬가지로 시간에 따

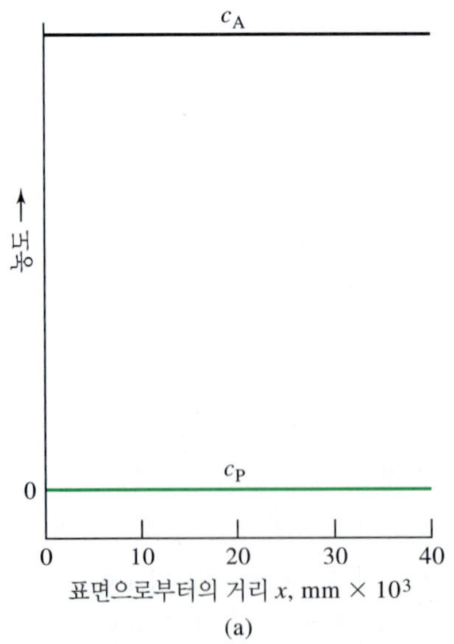


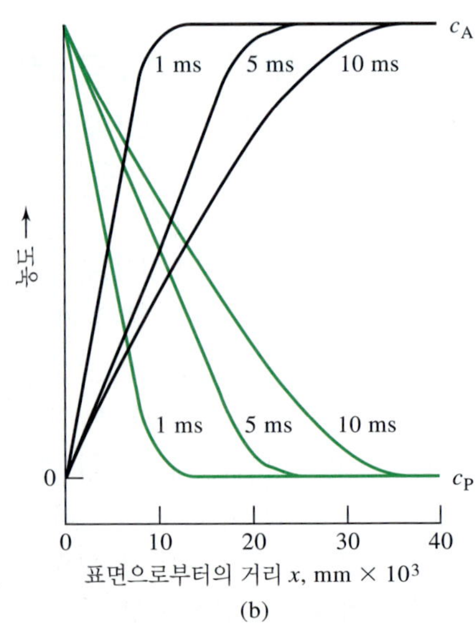


**그림 23-8** 평면 전극에서 A의 환원에 의해 P가 생성될 때 확산-지배 반응 동안의 거리에 따른 농도 분포. (a) $E_{appl}$ = 0 V. (b) $E_{appl}$ = 그림 23-5에서의 $Z$ 지점. 경과 시간은 1, 5, 10 ms.

라 감소한다. $D_A(\partial c_A/\partial x)$는 유속(flux)이라 하며, 단위 시간 당 단위 면적에서 전극으로 확산되는 A의 몰수이다.

농도 프로파일의 기울기가 더 작아질 때 시간에 따라 전류가 계속해서 감소하므로 젓지 않은 용액에서 평면 전극으로 한계 전류를 얻는 것은 실용적이지 못하다.

### » 젓는 용액에서 전극의 농도 분포

앞 절에서 설명한 환원반응이 평면 전극에서 용액을 강하게 저어 주면서 일어난다고 가정하고, 전극으로부터의 거리에 따른 농도의 관계를 생각해 보자. 젓기 효과를 이해하기 위해서는 작은 평면 전극을 포함하는 저어 주는 액체에서의 유동 패턴에 대해 그려 보자. **그림 23-9**에 나타낸 바와 같이, 평균 유속에 의존하는 두 가지 형태의 액체 흐름이 있음을 볼 수 있다. 그림 왼쪽에 나타낸 것과 같이 느린 유속에서 생기는 *유선형 흐름*(laminar flow)은 평탄하며 규칙적인 흐름을 나타낸다. 한편 *난류*(turbulent flow)는 그림 오른쪽과 같이 빠른 유속에서 나타나며 불규칙적인 요동의 모양을 보인다. 용액을 저어주면서 측정하는 전기화학 전지에서 전극으로부터 멀리 떨어진 바탕 용액에서는 난류 영역이고, 전극 표면 가까이는 유선형 흐름 영

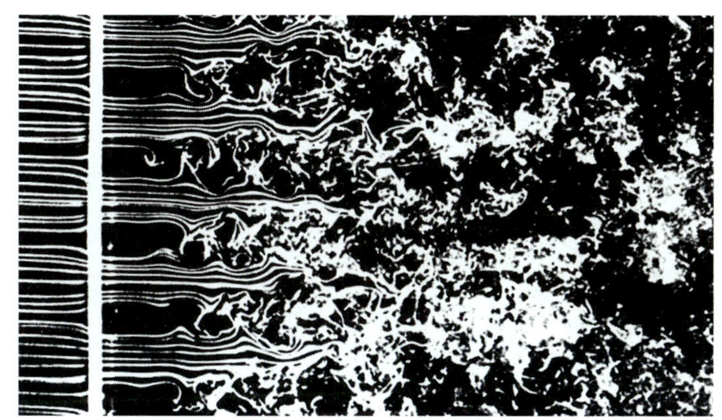

**그림 23-9** 흐르는 용액 중에서 흐름 형태에 대한 그림. 오른쪽에 보이는 난류는 그림 왼쪽으로 갈수록 평균 유속이 감소함에 따라 유선형 흐름으로 변한다. 난류 흐름에서 분자들의 운동이 불규칙적이며 지그재그 운동을 보이며, 그 운동 중에는 많은 회오리와 소용돌이를 보인다. 유선형 흐름에서는 액체층들이 서로 규칙적으로 미끄러지면서 액체의 흐름이 안정적이다. (From *An Album of Fluid Motion*, assembled by Milton Van Dyke, No. 152, photograph by Thomas Corke and Hassan Nagib, Stanford, CA:Parabolic Press, 1982.)

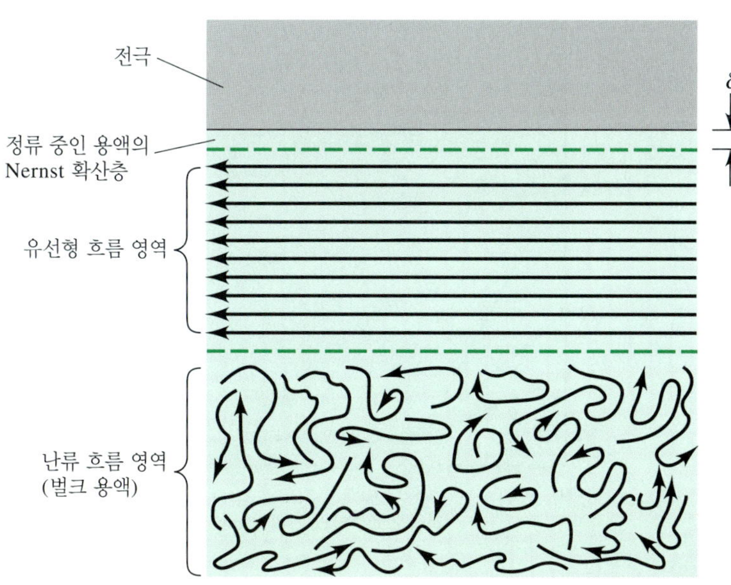


**그림 23-10** 유체 역학 전압-전류법에서 작업 전극 부근 액체의 흐름 모양.

역이다. **그림 23-10**에 이들 영역을 나타내었다. 이런 유선형 흐름 영역에서 액체층은 전극 표면에 대해 수평으로 이동한다. 전극 표면에서부터 $\delta$ cm 정도의 위치에서는 전극과 액체 사이의 마찰로 인해서 유선형 흐름의 속도가 거의 0이 되어서 용액의 흐름이 없는 얇은 층이 되는데, 이것은 *Nernst 확산층*(Nernst diffusion layer)이라 한다. 이러한 부동성의 확산층에서만 반응물과 생성물의 농도가 전극 표면으로부터의 거리에 대한 함수로서 변하며 농도 기울기가 존재한다. 즉, 유선형 흐름과 난류층의 영역에서는 대류가 일어나서 A의 농도는 처음 값으로 유지되고 P의 농도는 아주 작게 유지된다.

**그림 23-11**은 그림 23-5에서 나타낸 *X*, *Y*, *Z*의 세 가지 전위를 걸어줄 때의 A와 P에 대한 농도 분포를 나타낸 것이다. 그림 23-11a에서 용액은 두 영역으로 나누어진다. 하나는 용액 대부분을 차지하는 데 난류와 유선형 흐름 모두를 포함하고 있으며, 저어줌에 의해서 생기는 역학적 대류에 의한 질량 이동이 일어난다. 이 영역 전체에서 A의 농도는 $c_A$이며, 반면에 $c_p$는 거의 영에 가깝다. 두 번째 영역은 Nernst 확산층으로서 전극 표면에 바로 인접해 있으며 두께는 $\delta$ cm이다. 전형적인 $d$의 값은 $10^{-2}$~$10^{-3}$ cm 정도이며, 이는 저어주기 효율과 용액의 점도에 의존한다. 확산

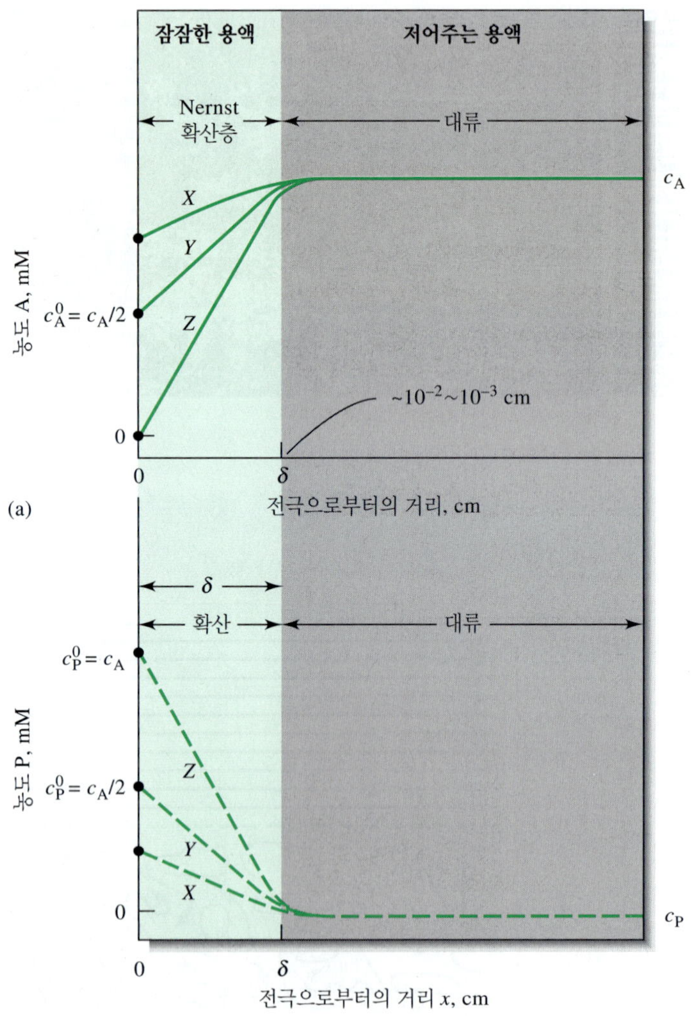


**그림 23-11** 저어주고 있는 A 용액 중에서 $A + ne^- \rightarrow P$의 전해 반응이 일어나는 동안 전극/용액 계면에서의 농도 분포(*X*, *Y*, *Z* 곡선의 전위는 그림 23-5 참조).

층 내에서의 질량 이동은 마치 저어주지 않은 용액처럼 단지 확산에 의해서만 일어난다. 그러나 용액을 저어주면 확산은 좁은 용액층으로 제한되며, 저어준다고 해서 이러한 확산층이 무한정 용액층으로 확대되지는 않는다. 결론적으로 정적인 확산 전류는 전압이 걸린 후 아주 짧은 시간 동안 흐른다.

그림 23-11에서와 같이 전위 *X*에서는 전극 표면에 있는 A의 평형 농도가 원래 값보다 약 80% 정도로 줄어드는 반면 P의 평형 농도는 A의 감소량에 해당하는 만큼 증가한다(즉, $c_P^0 = c_A - c_A^0$). 반파 전위인 전위 *Y*에서는 전극 표면에서의 두 화학종의 평형 농도는 $c_A/2$와 같게 된다. 마지막으로 전위 *Z*와 그 이상의 전위에서는 전극 표면에서의 A의 농도는 0이 되고 P의 농도는 원래 A의 농도인 $c_A$와 같게 된다. *Z*보다 더 큰 음전위에서는 표면층으로 들어오는 모든 A 이온들이 순간적으로 P로 환원된다. 23-11b에서와 같이 *Z*보다 더 큰 전위에서는 P가 빠르게 벌크 용액으로 확산되어 전극 표면층에 있는 P의 농도는 $c_P^0 = c_A$로서 일정하게 된다.

## ▸ 23C-2 전압-전류법 전류

전기분해에서 전류는 A가 확산층의 바깥쪽 가장자리로부터 전극 표면으로까지 이동하는 속도에 의해 결정된다. 전극 표면층으로부터 확산되는 전기분해 생성물 P는 표면으로부터 확산되고 대류에 의해 소멸되기 때문에 Nernst식에 알맞은 표면 농도를 유기하기 위해서 연속적인 전류가 흐르게 된다. 그러나 대류 현상에 의해서 확산층의 바깥 가장자리로 A가 일정하게 공급된다. 그 결과 발생한 정류 상태 전류는 걸어준 전위에 의해 결정된다. 전압-전류법에서 발생하는 전류는 분석물 A가 전극 표면으로 얼마나 빨리 이동하는가를 정량적으로 나타내는 것인데, 이러한 이동 속도는 농도 기울기($\partial c_A/\partial x$)에 비례한다. 여기서 *x*는 cm 단위로 나타낸 전극 표면으로부터의 거리이다.

식 (23-4)의 $\partial c_A/\partial x$는 그림 23-11a에 나타난 농도 분포의 초기 부분의 기울기이며, 이것은 $(c_A - c_A^0)/\delta$로 근사할 수 있다. 따라서 식 (23-4)는 다음과 같이 바꿀 수 있다.

$$i = \frac{nFAD_A}{\delta}(c_A - c_A^0) = k_A(c_A - c_A^0) \tag{23-5}$$

여기서 상수 $k_A$는 $i = nFD_A/\delta$이다.

식 (23-5)는 더 큰 음전위로 전위를 걸어줄수록 $c_A^0$는 더 작아지고 표면 농도가 0이 될 때까지 전류는 증가한다는 것을 보여준다. 이 지점에서 전류는 일정하게 되고 걸어준 전위와 무관하게 된다. 따라서 $c_A^0 \to 0$가 될 때의 전류는 한계 전류 $i_l$이 되며, 식 (23-5)는

$$i_l = \frac{nFAD_A}{\delta}c_A = k_A c_A \tag{23-6}$$

이 식은 용액의 움직이는 부분과 정지 부분 사이의 계면을 대류에 의한 물질 이동이 끝나고, 확산에 의한 물질 이동이 시작되는 선명한 경계선으로 간주한 확산층의 모양을 아주 단순하게 취급함으로써 유도할 수 있다. 그럼에도 불구하고 이러한 간단한 모형은 전류와 전류에 영향을 미치는 인자들 사이의 관계에 대한 적절한 근사식을 제공해 준다.

도전: 식 (23-6)에 있는 양(quantity)의 단위가 다음과 같다면, 이 식의 단위가 암페어임을 보이시오.

| 양 | 단위 |
|---|---|
| $n$ | 전자의 몰수/mol |
| $F$ | coulomb/전자 1 몰 |
| $A$ | $cm^2$ |
| $D_A$ | $cm^2\,s^{-1}$ |
| $c_A$ | $mol/cm^3$ |
| $\delta$ | cm |

### » 가역 반응에 대한 전류와 전압 관계

그림 23-5에 나타낸 S자형의 곡선에 대한 식을 얻기 위해 식 (23-6)을 식 (23-5)에 대입하여 재배열하면,

모형을 너무 단순화시켰다 하더라도 전극/용액 계면에서 일어나는 과정을 상당히 정확한 모습으로 볼 수 있다.

$$c_A^0 = \frac{i_l - i}{k_A} \tag{23-7}$$

식 (23-5)와 비슷한 관계를 도입하면, P의 표면 농도를 전류로 나타낼 수 있다.

$$i = -\frac{nFAD_P}{\delta}(c_P - c_P^0) \tag{23-8}$$

여기서 마이너스 부호는 P의 농도 분포가 음의 기울기를 가짐을 의미한다. $D_P$는 P의 확산 계수이다. 그러나 용액의 대부분에서 P의 농도는 전기분해하는 동안에는 0에 가까워진다는 것을 언급한 바 있다. 따라서 $c_P \approx 0$일 때,

$$i = \frac{-nFAD_P c_P^0}{\delta} = k_P c_P^0 \tag{23-9}$$

여기서 $k_p = -nAD_P/\delta$이다. 이 식을 다시 쓰면,

$$c_P^0 = i/k_P \tag{23-10}$$

식 (23-7)과 식 (23-10)을 식 (23-3)에 대입하여 재배열하면,

$$E_{appl} = E_A^0 - \frac{0.0592}{n}\log\frac{k_A}{k_P} - \frac{0.0592}{n}\log\frac{i}{i_l - i} - E_{ref} \tag{23-11}$$

$i = i_l/2$일 때, 이 식의 오른쪽 세 번째 항은 0이 되며, 정의에 따라 $E_{appl}$은 **반파 전위**(half-wave potential)이다. 즉

**반파 전위**는 산화-환원쌍을 확인하는 데 사용되며 표준 환원 전위와 밀접한 관계를 갖는다.

$$E_{appl} = E_{1/2} = E_A^0 - \frac{0.0592}{n}\log\frac{k_A}{k_P} - E_{ref} \tag{23-12}$$

이 식을 식 (23-11)에 대입하면, 그림 23-5와 같은 전압-전류 곡선에 대한 식을 얻을 수 있다. 즉,

$$E_{appl} = E_{1/2} - \frac{0.0592}{n}\log\frac{i}{i_l - i} \tag{23-13}$$

식 (23-11)과 식 (23-12)의 $k_A/k_P$는 거의 1이므로 $E_{1/2}$은 분석물 A에 대하여 다음 식으로 표현할 수 있다.

$$E_{1/2} \approx E_A^0 - E_{ref} \tag{23-14}$$

만일 실험 조건 하에 $A + ne^- \rightleftharpoons P$와 같은 전기화학 과정이 Nernst식을 만족하면 **가역적**(reversible)이라 부른다. **완전히 비가역적인 반응**에서는 정반응이나 역반응이 무시할 정도로 일어나지 않는 경우이다. 또, **부분적인 비가역 반응**은 어느 한 쪽의 반응이 다른 쪽의 반응보다 훨씬 느린 경우이지만, 느린 쪽의 반응이 무의미한 것은 아니다. 가해주는 전위를 천천히 변화시킬 때 가역적으로 보인 과정도 전위를 빠르게 변화시킬 때는 비가역성을 나타낼 수 있다.

### » 비가역 반응에 대한 전류와 전압 관계

많은 전압-전류법 전극 과정들, 특히 유기물에 대한 전극 과정은 대부분 비가역적이어서 좋은 전압-전류파를 얻기가 힘들다. 이러한 파들을 정량적으로 설명하기 위해서는 식 (23-12)에 전극 과정의 반응 속도론을 설명하는 다른 항(반응의 활성화 에너지 등)을 추가할 필요가 있다. 비록 비가역 반응의 반파 전위가 농도에 의존하기는 하지만, 확산 전류는 농도와 직선 관계를 유지하므로 적절한 검정 표준물이 있다면 이러한 과정도 정량 분석에 이용될 수 있다.

Charles D. Winters

$H_2O + I_3^-(aq) + H_3AsO_3(aq) \rightarrow$ (a) $\leftarrow 3I^-(aq) + H_3AsO_4(aq) + H^+(aq)$ (b)

**Color Plate ❶** 화학 평형 1: pH 1에서 아이오딘과 비소(III) 간의 반응. (a) 1 mmol $I_3^-$가 1 mmol $H_3AsO_3$에 첨가됨. (b) 3 mmol $I^-$가 1 mmol $H_3AsO_4$에 첨가됨. 두 용액을 조합하면 최종 평형 상태는 동일함(9B-1절 참조).

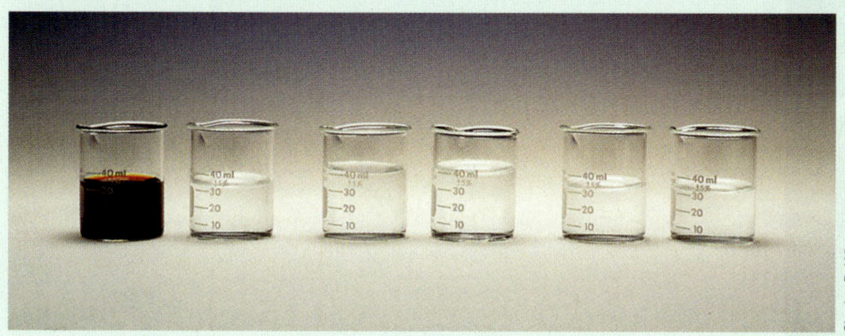

Charles D. Winters

$H_2O + I_3^-(aq) + H_3AsO_3(aq) \rightarrow$ (a) $\leftarrow 3I^-(aq) + H_3AsO_4(aq) + H^+(aq)$ (b)

**Color Plate ❷** 화학 평형 2: Color plate 1에서와는 다른 평형 상태를 생성하는 pH 7에서도 color plate 1에서와 동일한 반응이 일어나며, 비록 color plate 1에서와 비슷한 상황이라 할지라도 정방향(a)이나 역방향(b)로부터 동일한 상태가 생성된다(9B-1절 참조).

Charles D. Winters

$I_3^-(aq) + 2Fe(CN)_6^{4-}(aq) \rightarrow$ (a) $\leftarrow 3I^-(aq) + 2Fe(CN)_6^{3-}(aq)$ (b)

**Color Plate ❸** 화학 평형 3: 아이오딘과 페로사이아나이드 사이의 반응. (a) 1 mmol $I_3^-$가 2 mmol $Fe(CN)_6^{4-}$에 첨가됨. (b) 3 mmol $I^-$가 2 mmol $Fe(CN)_6^{3-}$에 첨가됨. 두 용액을 조합하면 최종 평형 상태는 동일함(9B-1절 참조).

**Color Plate ❺** 과포화된 용액으로부터 아세테이트소듐의 결정화(12A-2절 참조). 화합물의 포화 용액이 담긴 페트리 접시 중앙에 작은 씨앗 결정을 떨어뜨린다. 1초에 한번 촬영된 연속 사진을 통해서 예쁜 아세테이트소듐 결정의 성장을 볼 수 있다.

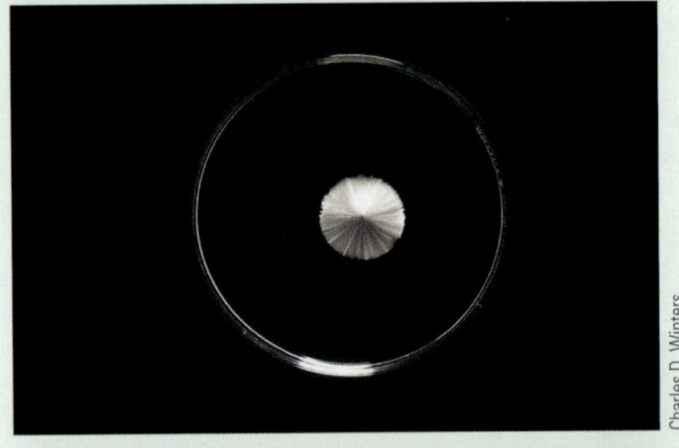


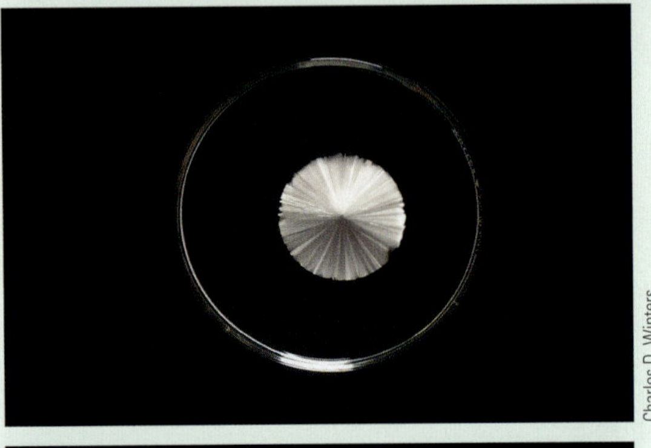


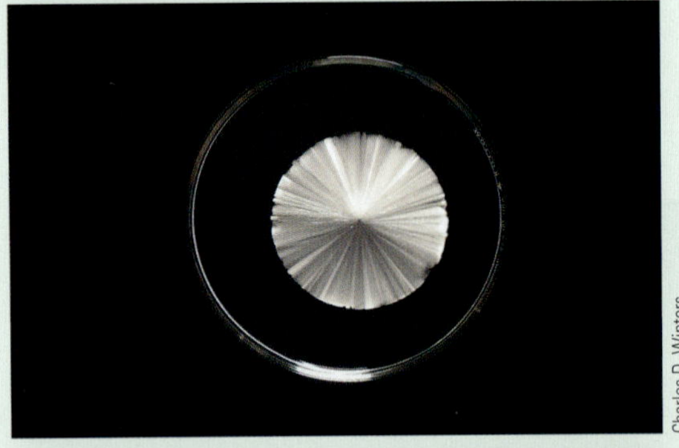

**Color Plate ❹** 공통 이온 효과. 왼쪽 시험관은 포화 아세트산 은 AgOAc 용액이 담겨 있다. 시험관에서는 다음 평형이 성립된다.

$$\text{AgOAc}(s) \rightleftharpoons \text{Ag}^+(aq) + \text{OAc}^-(aq)$$

$AgNO_3$가 시험관에 첨가되면 오른쪽 시험관에서 볼 수 있듯이 AgOAc를 더 형성하기 위해서 평형은 왼쪽으로 진행된다(9B-5절 참조).

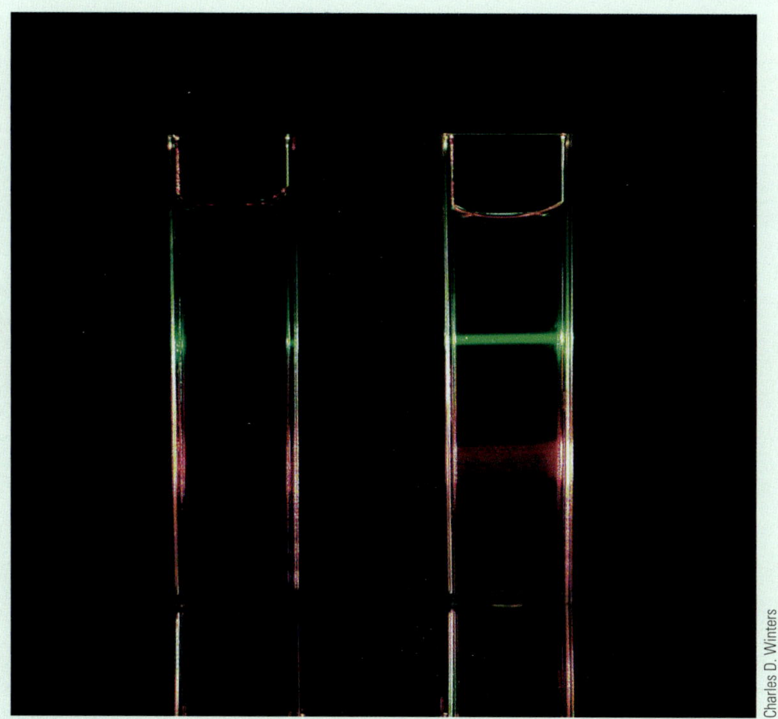

Charles D. Winters

**Color Plate ❻** Tyndall 효과. 왼쪽 사진은 물만 담기 큐벳이며 오른쪽은 녹말 용액이 담긴 큐벳 사진이다. 빨간색과 녹색 레이저 빔을 왼쪽 큐벳에 있는 물을 통과시키면 빔이 보이지 않는다. 오른쪽 큐벳에서는 녹말 용액에 있는 콜로이드성 입자들이 두 레이저로부터 빛을 산란시키기 때문에 빔을 볼 수 있다(12A-2절 참조).

Charles D. Winters

**Color Plate ❼** 다이메틸그라이옥심이 왼쪽에 보이는 것처럼 약간 염기성 $Ni^{2+}(aq)$ 용액에 첨가될 때, 오른쪽 비커에서와 같이 밝은 빨간색의 $Ni(C_4H_7N_2O_2)_2$ 침전이 형성된다(12C-3절 참조).

**Color Plate 8** 산/염기 지시약과 변색 pH 범위(14A-2절 참조).

**Color Plate 9** 페놀프탈레인 지시약을 사용한 산/염기 적정에서의 종말점. 간신히 보여지는 페놀프탈레인의 연분홍색이 유지될 때 종말점에 도달한다. 왼쪽 플라스크는 종말점 도달 전 반방울이 모자랄 때 적정 상태이며, 중간 플라스크는 종말점을 나타내고 있다. 오른쪽 플라스크는 적정 혼합물에 염기가 약간 과량 첨가되었을 때 일어나는 현상을 보여주고 있다. 용액은 진한 분홍색으로 변하고 종말점이 초과되었다(13A-1절 참조).

**Color Plate 10** 은(I)이 구리와 직접 반응하여 환원되면서 '은 나무'를 형성함(18A-2절 참조).

**Color Plate 11** Daniell 전지의 최신 모델(특집 18-2절 참조).

**Color Plate 12** 철(III)과 아이오딘 간의 반응. 각 비커에 있는 화학종들은 용액의 색깔에 의해 표시된다. 철(II)은 옅은 노란색, 아이오딘은 무색, 삼아이오딘 이온은 짙은 붉은 오렌지색이다(18C-6절 가장자리 여백 참조).

**Color Plate 13** 과망가니즈산염과 옥살산염 간의 반응은 시간 의존임(20C-1절).

(a)

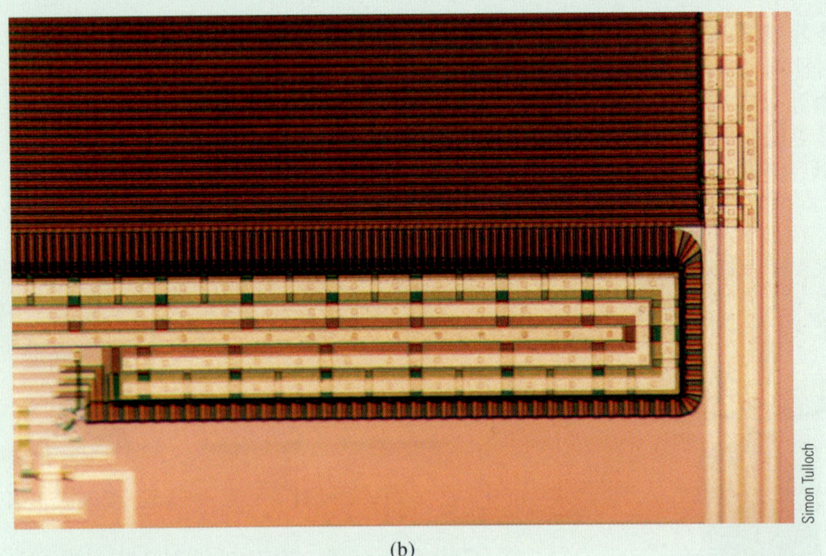


(b)

Simon Tulloch

(c)

**Color Plate ⓮** (a) 분광분석계를 위한 전형적인 선형 CCD. 오른쪽에 있는 배열은 4096 픽셀이며, 왼쪽 배열은 2048 픽셀이다. 두 배열에서 각 픽셀은 14 μm × 14 μm 크기이다. 이 장치들의 스펙트럼 범위는 200~1000 nm, 동적 범위는 2500:1이며(8E-2절 참조), 저가의 유리 혹은 UV-강화 용융실리카 창이 이용된다. 또한 보이는 것처럼 크기를 축소하기 위해서 512와 1024 픽셀 길의 배열이 사용될 수도 있다. (b) 이미징과 분광법에 사용되는 2차원 CCD 배열의 마이크로 사진 단면도. 사진의 좌측 상단에 수백만 픽셀에 쬐여지는 빛은 사진의 하단에서 수직 채널들로 전달되는 전하를 생성하며, (c)에 보여진 출력 증폭기 단면에 도달할 때까지 여러 줄의 채널을 따라서 왼쪽에서 오른쪽으로 이동된다. 증폭기는 각 픽셀에서 축적된 전하에 비례하는 전압을 공급하며, 픽셀에 쬐여준 빛의 세기에 비례한다(전하-이동 장치에 대한 논의는 25A-4절 참조).

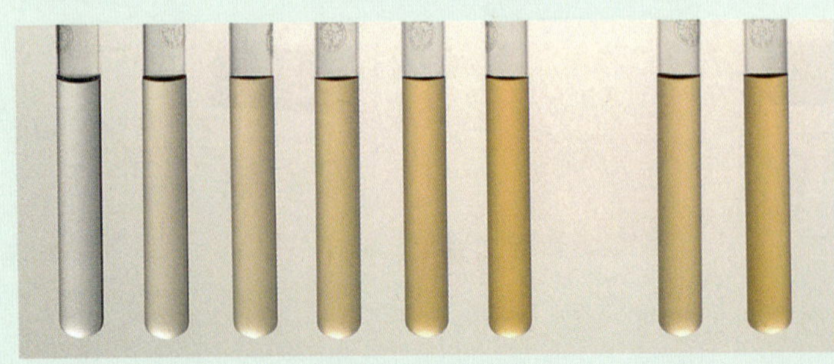


**Color Plate ⓯** 1,10-펜안트롤린 시약을 사용한 철(II)의 분광광도법 분석에 대한 표준 물질들(왼쪽)과 두 개의 미지 시료(오른쪽)(26A-3절과 연습 문제 26-26 참조). 색깔은 착물 $Fe(phen)_3^{2+}$ 때문이다. 표준물질들의 흡광도가 측정된 후 선형 최소제곱법을 사용하여 작업 곡선을 그린다(8C-2절 참조). 측정된 흡광도로부터 미지 시료의 농도를 측정하는 데 직선식이 사용된다.

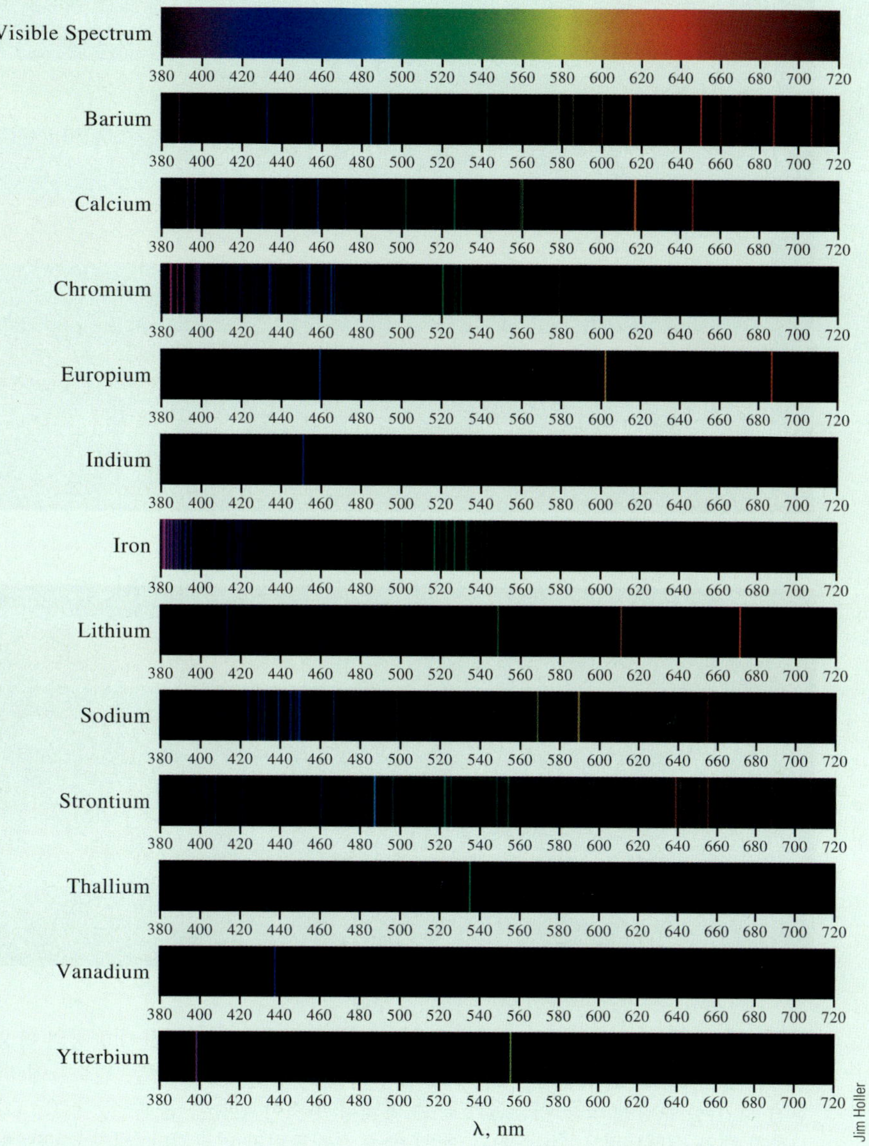


**Color Plate ⑯** 백색광 스펙트럼과 선택된 원소들의 방출 스펙트럼(28장 참조).

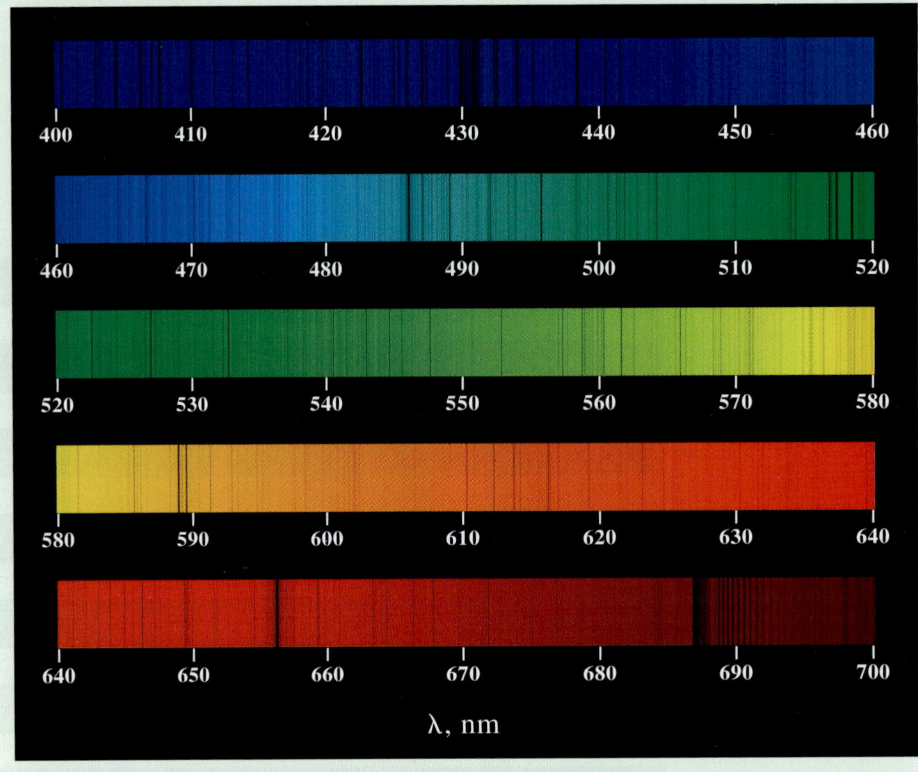


(a)

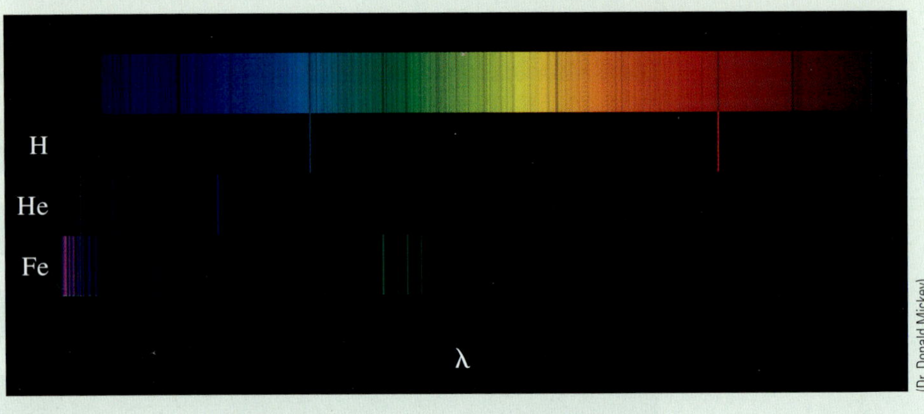


(a)

**Color Plate ⑰** 태양 스펙트럼. (a) 특집 24-1에서 흑백으로 보여진 태양광의 확장된 색상(그림 24F-1절 참조). 많은 수의 어두운 흡수선들은 태양에 있는 모든 원소들에 의해서 생성된 것이다. 유명한 소듐 이중선과 같은 몇몇의 뚜렷한 선들을 볼 수 있다. (b) (a)에 있는 촘촘한 태양 스펙트럼은 수소, 헬륨, 철의 방출 스펙트럼과 비교된다. 태양 스펙트럼에서 흡수선들에 해당하는 수소와 철의 방출 스펙트럼에서 상대적으로 쉽게 선들을 발견할 수 있지만, 헬륨 선은 보기가 힘들다. 이런 문제에도 불구하고 태양 스펙트럼에서 선들을 관찰함으로써 헬륨이 발견되었다(28D절 참조). (이미지는 University of Hawaii Institute for Astronomy from National Solar Observatory spectral data/NSO/Kitt Peak FTS data by NSF/NOAO의 Donald Mickey 박사가 제작함)

Charles D. Winters

(a)

**Color Plate ⑱** (a) 수은 증기에 의한 원자 흡수의 시범. (b) 오른쪽에 있는 광원에서 나온 백색광이 플라스크 위의 수은 증기를 통과하며, 왼쪽의 형광 스크린에는 그림자가 나타나지 않는다. 원소의 특징적인 UV 선들을 포함하고 있는 왼쪽에 있는 수은 램프로부터 나온 빛은 플라스크 내부와 위에 있는 증기들에 의해 흡수되어 수은 증기 기둥의 오른쪽에 있는 스크린에 그림자를 나타낸다(28D-4절 참조).

형광 스크린
그림자
액체 수은
수은 증기
수은 증기 램프
백색 광원

(b)

Jim Holler

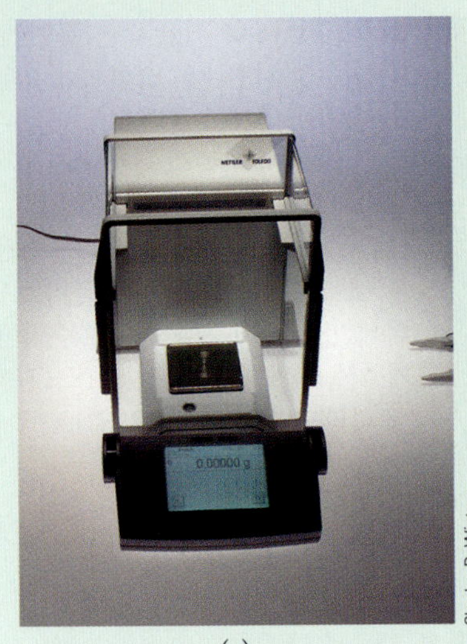

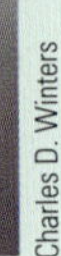

Charles D. Winters

(a)

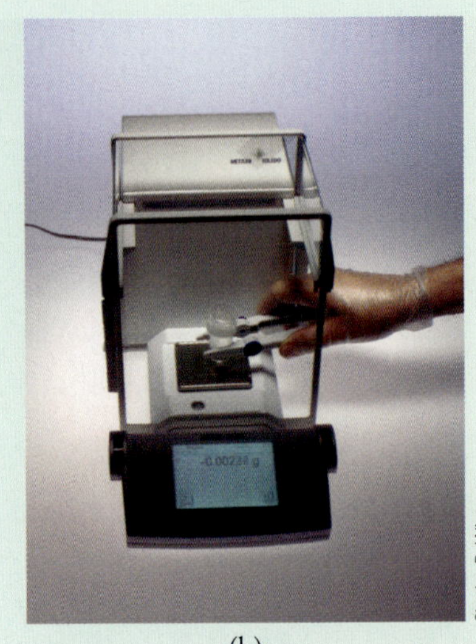

Charles D. Winters

(b)

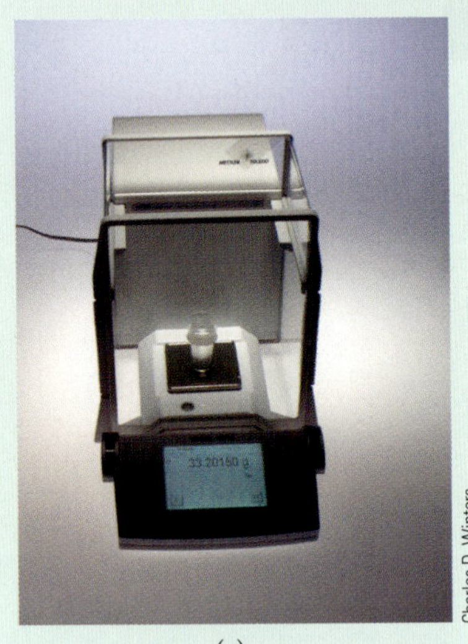

Charles D. Winters

(c)

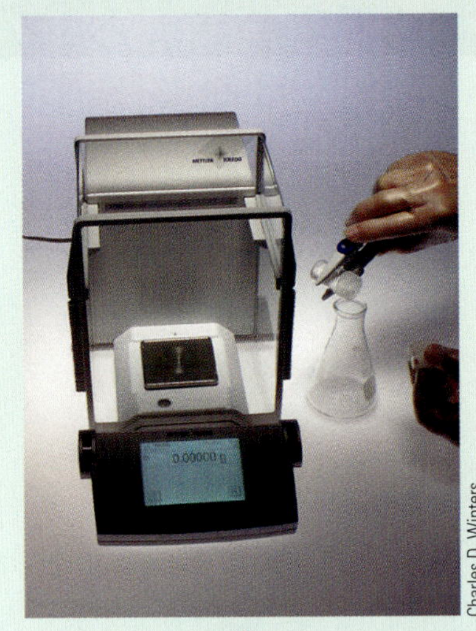

Charles D. Winters

(d)

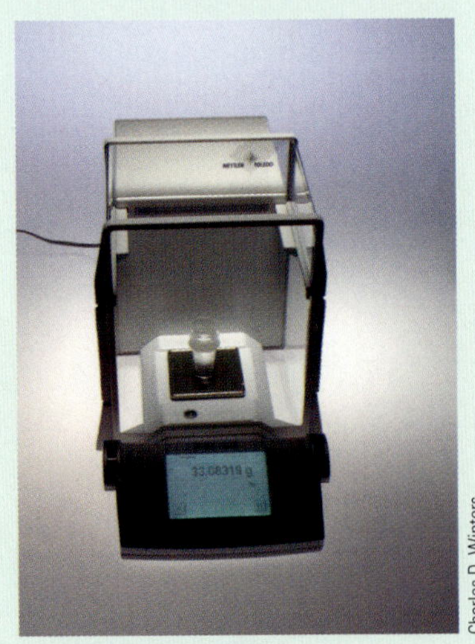

Charles D. Winters

(e)

**Color Plate ⑲** 차이에 의한 오래된 무게달기 방법. (a) 저울의 영점 조정. (b) 저울판에 용질이 담긴 무게달기 병을 놓는다. (c) 질량(33.2015 g)을 읽는다. (d) 플라스크로 원하는 양의 용질을 옮긴다. (e) 저울판에 무게달기 병을 대체하고 질량(33.0832 g)을 읽는다. 마지막으로, 플라스크로 옮긴 용질의 질량을 계산한다. 33.2015 g − 33.0832 g = 0.1131 g (2E-4절 참조). (전자 저울 Mettler-Toledo, Inc 제공)

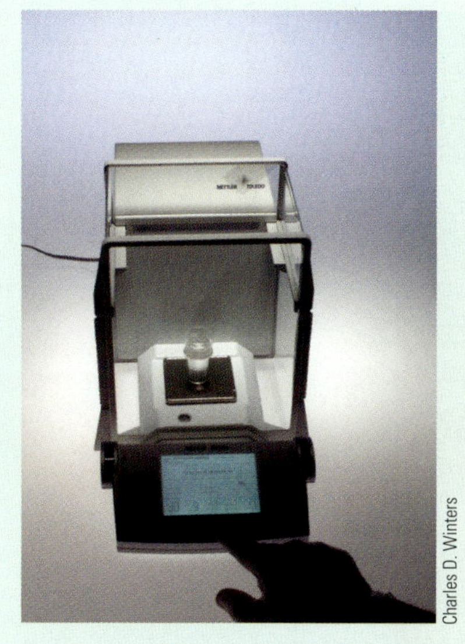

Charles D. Winters

(a)

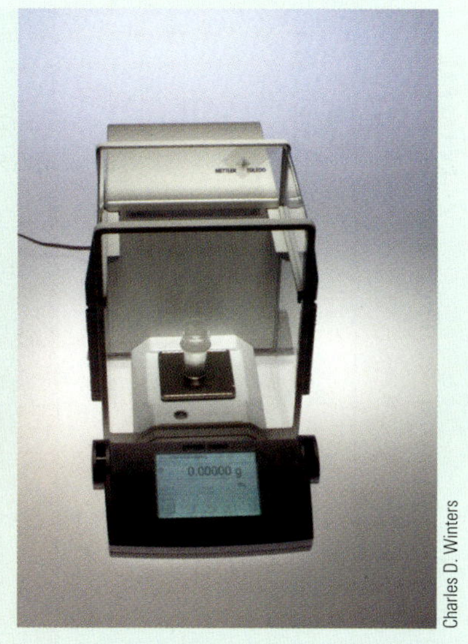


Charles D. Winters

(b)

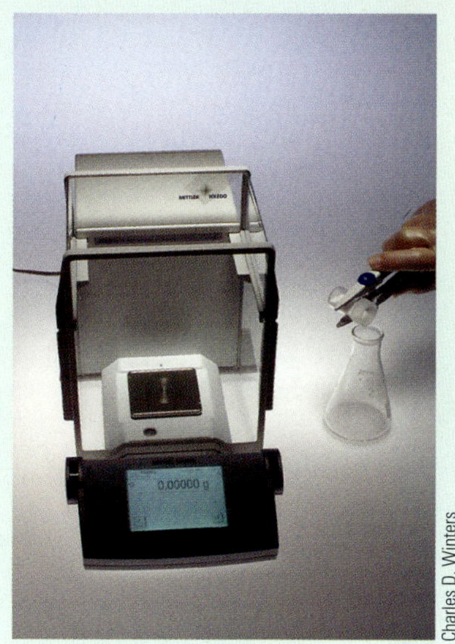


Charles D. Winters

(c)

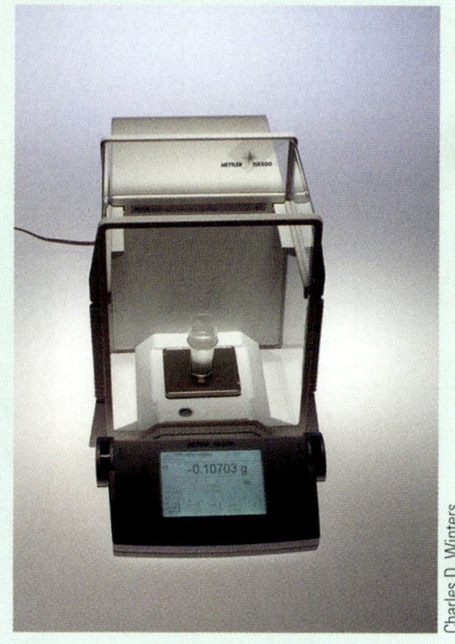


Charles D. Winters

(d)

**Color Plate ⑳** 차이에 의한 현대적인 무게달기 방법. 저울판에 용질이 담긴 무게달기 병을 놓고 (a) 영점 버튼 또는 tare를 누른다. 그러면 저울은 (b)와 같이 0.0000 g을 나타낸다. (c) 플라스크에 원하는 양의 용질을 옮긴다. 저울판에 무게달기 병을 대체하고, (d) 질량 감소된 값인 −0.1070 g을 직접 읽는다 (2E-4절 참조). 많은 현대적인 저울들은 다양한 무게달기를 수행할 수 있는 프로그램들이 내장된 컴퓨터가 장착되어 있다. 예를 들어, 물질을 여러 번 연속적인 양으로 덜어내고 자동적으로 각 덜어내진 감소된 질량을 읽는다. 또한 많은 저울들은 컴퓨터 연결 장치를 가지고 있어서 수치 값들은 컴퓨터에서 작동하는 프로그램들에 직접적으로 로그인 된다. (전자 저울 Mettler-Toledo, Inc 제공)

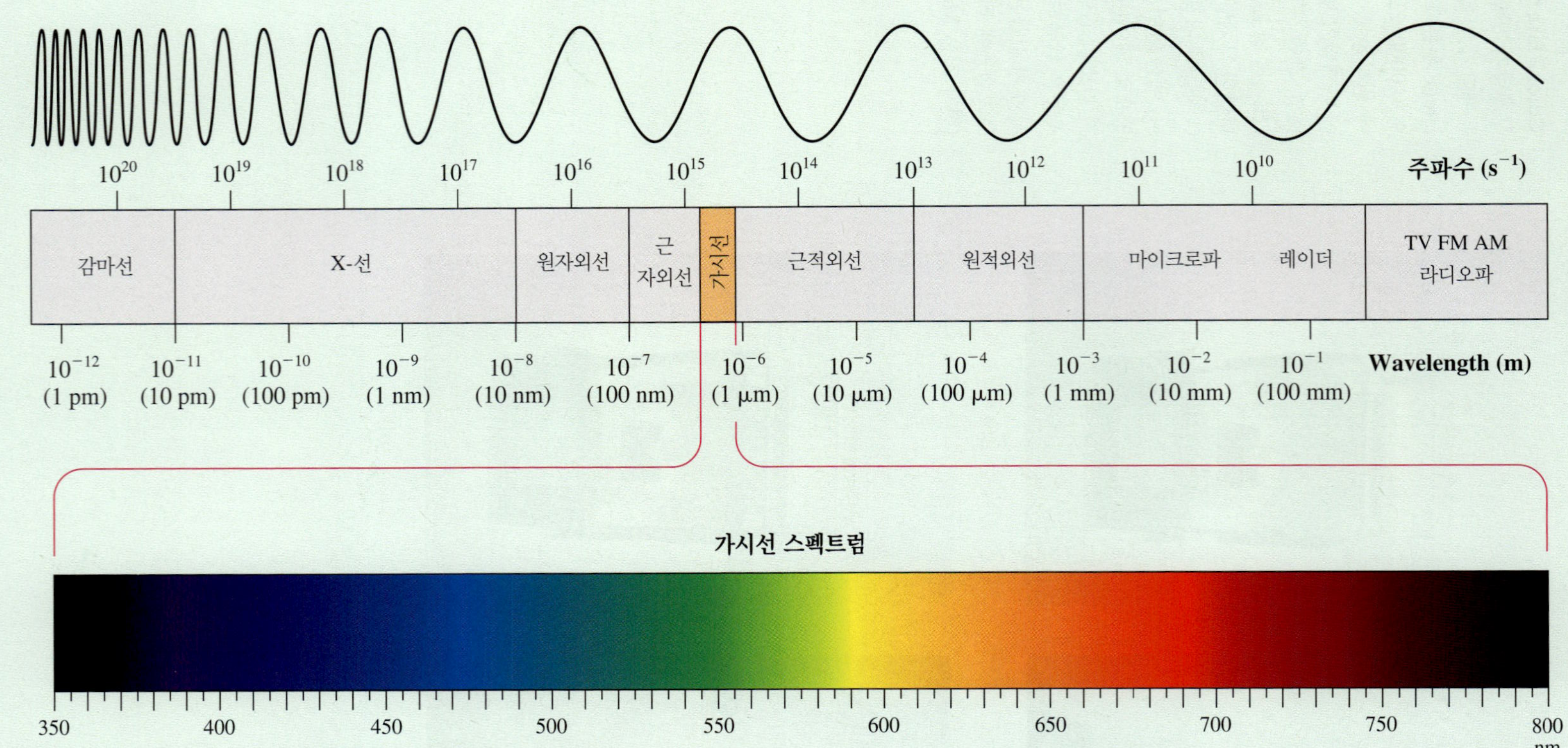


**Color Plate ㉑** 전자기 스펙트럼. 높은 에너지(주파수)인 감마선으로부터 낮은 에너지(주파수)인 라디오파까지 스펙트럼이 펼쳐져 있다(24B-1절 참조). 가시선 영역은 스펙트럼의 아주 작은 부분임을 주목하시오. 아래에 확대한 가시선 영역은 보라색(≈380 nm)로부터 빨간색 영역(≈800 nm)까지 확장되어 있다. (Ebbing과 Gammon의 *General Chemistry* 10판 제공).

## » 반응 혼합물의 전압-전류 곡선

일반적으로 혼합물 중의 전기활성 화학종들은 작업 전극에서 서로 독립적으로 행동하기 때문에 혼합물의 전압-전류 곡선은 각 성분들에 대한 전압-전류 곡선의 합으로 나타난다. **그림 23-12**는 2-성분 혼합물의 전압-전류 곡선이다. 곡선 *A*에서는 두 반응물의 반파 전위의 차이는 약 0.1 V이며, 곡선 *B*에서는 0.2 V의 차이가 있다. 연속되는 파의 반파 전위가 충분히 차이가 나서 각각의 확산 전류를 계산할 수 있다면 단일 전압-전류 곡선으로 두 개 이상의 화학종의 농도를 정량할 수 있다. 더 쉽게 환원될 수 있는 화학종이 2-전자 환원 과정을 거친다면 0.1~0.2 V의 전위차가 나야 하며, 첫 번째 환원이 1-전자 과정이면 0.3 V가 필요하다.

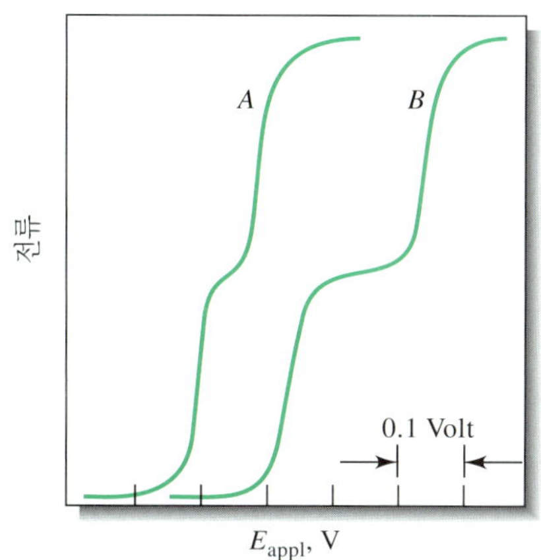


**그림 23-12** 2-성분 혼합물의 전압-전류곡선. 곡선 *A*에서의 반파 전위차는 0.1 V이며, 곡선 *B*에서 반파 전위차는 0.2 V이다.

## » 산화 전압-전류 곡선과 산화/환원이 혼합된 전압-전류 곡선

환원파와 마찬가지로 산화파도 전압-전류법에서 이용된다. 산화파의 한 예를 **그림 23-13**의 곡선 *A*에 나타내었다. 즉 구연산 이온 매질에서 Fe(II)이 Fe(III)로 산화되는 전극 반응에 대한 것이다. 다음의 반쪽 반응에 의한 한계 전류는 SCE에 대하여 +0.1 V에서 얻어진다.

$$Fe^{2+} \rightleftharpoons Fe^{3+} + e^-$$

전위를 더 음전위 쪽으로 이동하면 산화 전류는 감소하며 약 −0.02 V에서 산화 전류는 거의 0이 된다. 왜냐하면 Fe(II)의 산화가 중지되기 때문이다.

곡선 *C*는 같은 매질 속에서 Fe(III)에 대한 전압-전류 곡선이다. 곡선 *C*에서 환원파는 Fe(III)이 환원되어 Fe(II)로 되는 반응에 대한 것이다. 이 파의 반파 전위는 산화파의 전위와 동일하다. 이것은 Fe의 두 화학종 간의 산화와 환원반응이 작업 전극에서 완전히 가역적임을 나타내는 것이다.

곡선 *B*는 Fe(II)과 Fe(III)이 같은 몰농도씩 들어 있는 혼합물의 전압-전류 곡선이다. 전류가 0 이하의 곡선 부분은 Fe(II)의 산화에 의한 것이다. 이 반응은 걸어준 전위가 반파 전위와 같게 되면 멈춘다. 곡선의 윗부분은 Fe(III)의 환원에 의한 것이다.

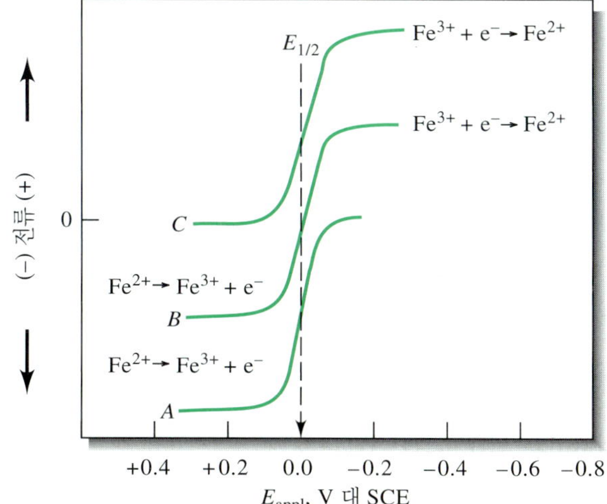


**그림 23-13** 구연산 이온 매질에서 Fe(II)와 Fe(III)의 전압-전류 곡선.
곡선 *A*: $c_{Fe^{2+}} = 1 \times 10^{-4}$ M인 용액의 산화파. 곡선 *B*: $c_{Fe^{2+}} = c_{Fe^{3+}} = 0.5 \times 10^{-4}$ M인 용액의 산화/환원파. 곡선 *C*: $c_{Fe^{3+}} = 1 \times 10^{-4}$ M인 용액의 환원파.

## ▸ 23C-3 산소파

용액 속에 녹아 있는 산소는 작업 전극에서 쉽게 환원된다. 따라서 공기로 포화된 수용액은 **그림 23-14**에서와 같이 산소에 의한 두 개의 뚜렷한 산소파가 나타난다. 첫 번째 파는 산소가 과산화수소로 환원되기 때문이고

$$O_2(g) + 2H^+ + 2e^- \rightleftharpoons H_2O_2$$

그림 23-14에서 두 번째 파형은 산소가 물로 환원되는 것을 보여준다.

두 번째 파는 더 큰 음전위에서 과산화수소 분자가 물로 환원되면서 나타난다.

$$H_2O_2 + 2H^+ + 2e^- \rightleftharpoons 2H_2O$$

두 반응 모두 2-전자 반응이므로, 두 파의 높이는 같다.

전압-전류법은 용액 내 용존 산소를 측정하는 데 널리 사용된다. 그러나 산소의 존재는 다른 화학종을 정확히 정량하는 데 방해가 된다. 따라서 전압 전류법 분석 과정 중에서 먼저 산소를 제거하여야 한다. 반응성이 없는 기체를 몇 분간 분석 용액 속에 통과시키면 산소가 제거된다(**스파징**, sparging). 분석하는 중에 산소가 다시 용해되는 것을 막기 위해 동일한 기체(흔히 질소 기체)를 용액의 표면 위로 통과시키면서 실험해야 한다. 그림 23-14의 아래 곡선은 산소가 없는 용액에서의 전압-전류 곡선이다.

**스파징**은 용액에 질소나 아르곤, 헬륨과 같은 반응성이 없는 기체를 불어 넣어 용액 중에 녹아 있는 기체를 제거하는 과정이다.

## ▸ 23C-4 유체역학 전압-전류법의 응용

최근 유체역학 전압-전류법이 아주 유용하게 사용되고 있는 분야는 다음과 같다. (1) 크로마토그래피 컬럼이나 연속 흐름-주입 장치로부터 나오는 화학종들의 검출과 정량, (2) 글루코오스, 락토오스와 슈크로오스와 같은 생화학적으로 중요한 물질과 산소의 단순 정량, (3) 전기량법과 전압-전류법 적정에 있어서의 종말점의 검출, (4) 전기화학적 반응 과정에 대한 기초 연구.

### » *크로마토그래피와 연속 흐름-주입 분석에서의 전압-전류법 검출기*

유체역학 전압-전류법은 산화될 수 있거나 환원될 수 있는 화합물이나 이온들을 검출하고 정량하는 데 널리 사용되고 있다. 액체 크로마토그래피나 흐름 주입 분석법에 의하여 분리된 화합물의 분석에 사용된다. 이러한 응용에 **그림 23-15**와 같은 얇

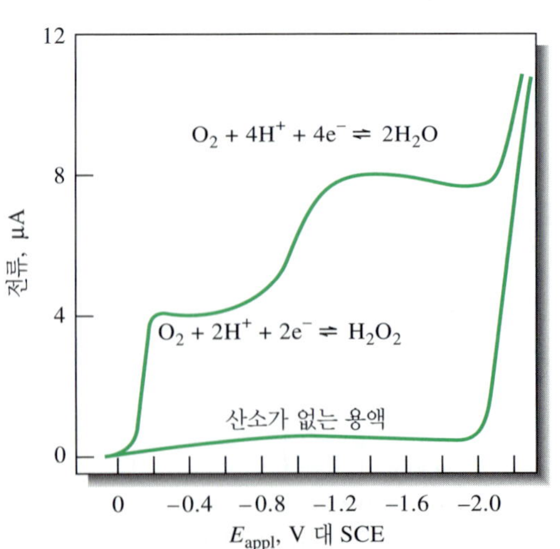


**그림 23-14** 공기로 포화된 0.1 M KCl 용액에서 산소의 환원 전압-전류 곡선. 아래 곡선은 용액에 질소를 불어 넣어서 산소가 없는 0.1 M KCl 용액의 것이다.

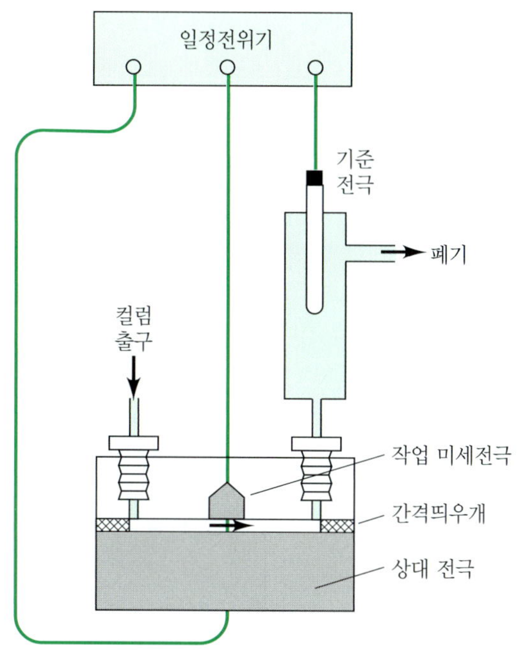


**그림 23-15** 칼럼에서 용출되는 전기활성 종들을 검출하기 위한 전압-전류법 장치. 전지의 부피는 개스켓의 두께에 의해 결정된다.

은 층으로 된 전지가 사용된다. 이 전지에서 작업 전극은 절연체의 내부에 끼워져 있고, 얇은 간격판에 의해 상대 전극과 분리되어 있다. 이 전지의 용량은 0.1~1 μL 정도이다. 검출기로부터 아래쪽에 위치한 은/염화은 기준 전극과 작업 전극 사이에 분석물의 한계 전류에 해당하는 전위를 걸어준다. 시판되고 있는 흐름 전지(flow cell)의 분해도가 **그림 23-16a**에 있다. 여기에서 샌드위치된 전지가 어떻게 조립되어 있고 급속 이탈(quick release) 메커니즘에 의해 고정되어 있는지 나타내고 있다. 상대 전극 블록의 잠금고리(locking collar)는 일정 전위기(potentiostat)에 전기적으로 연결되어 기준 전극을 유지하고 있다. 작업 전극의 다섯 가지의 서로 다른 배치가 **그림 23-16b**에 있다. 이러한 배치들을 통해 다양한 실험 조건 하에서 검출기의 감도를 최적화시킬 수 있다. 작업 전극 블록과 전극 재료는 23B-1절에 기술되어 있다. 이러한 유형의 전압 전류법 및 전류법에서의 검출한계는 $10^{-9}$~$10^{-10}$ M 정도이다. 33A-5절에서 액체 크로마토그래피에서의 전압-전류법적인 검출에 대해 더 상세하게 다룰 것이다.

## ≫ 전압-전류법 및 전류법의 감지기[7]

21D절에서 전극 표면에 분자 인식 층을 가함으로써 전압계의 감지기(potentiometric sensor)의 특정성을 향상시키는 방법을 기술하였다. 최근에는 같은 개념을 전압-전류법의 전극에 적용하는 것에 관한 많은 연구가 수행되어 왔다. 산업적이고 생의학적이며 환경적인 응용과 연구실에 응용되는 특정 화학종들을 정량하기 위한 많은 전압-전류법 장치들이 시판되고 있다. 이러한 장치를 때때로 전극이라고 부르나, 실제로 완전한 전압-전류법 전지이므로 센서라고 부르는 것이 더 좋다. 다음 절에서 시판중인 두 가지의 센서를 기술할 것이다. 이들 중 두 가지를 살펴보기로 하자.

---

[7]전기화학 센서에 대한 총설은 다음을 참고하시오. E. Bakker and Yu Qin, *Anal. Chem.*, **2006**, *78*, 3965, **DOI**: 10.1021/ac060637m.

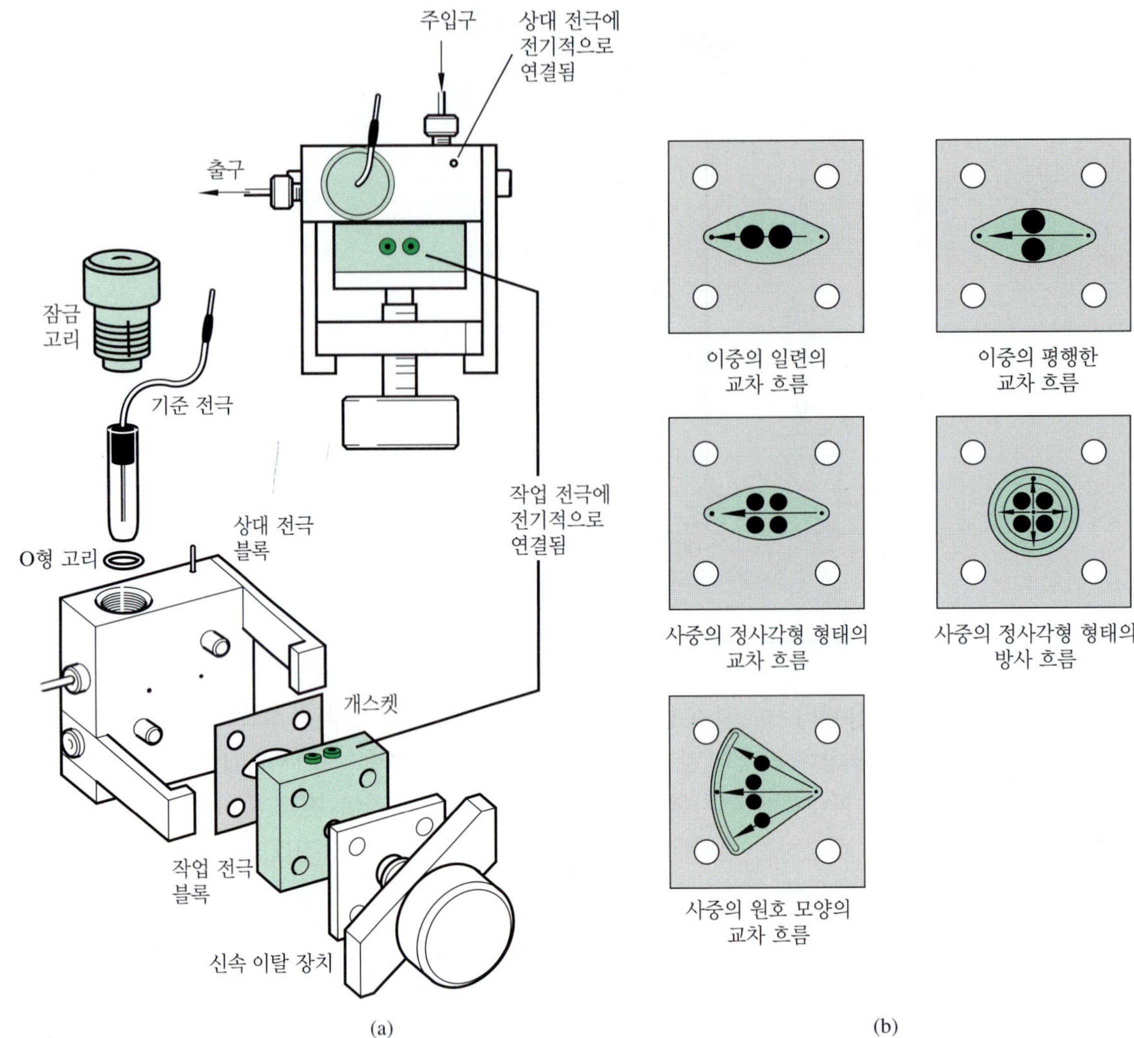


**그림 23-16** (a) 시판되는 흐름 전지 조립도. (b) 작업 전극 블록의 배치. 화살표는 전지 내 흐름의 방향을 나타낸다.

Clark 산소 감지기는 혈액과 다른 생체 내의 유체에 있는 용존 산소를 정량하기 위하여 임상 실험에서 널리 사용된다.

**산소 센서.** 해수, 혈액, 폐기물, 화학공장의 유출수, 토양 등에 들어 있는 용존 산소를 정량하는 것은 산업, 생의학, 환경 연구, 임상 의학에서 아주 중요하다. 용존 산소의 정량을 위한 가장 보편적이고 편리한 방법은 **Clark 산소 센서**(Clark oxygen sensor)를 사용하는 것으로, 1956년에 L.C. Clark Jr.가 특허를 낸 것이다.[8] **그림 23-17**에 Clark 산소 센서의 개략도를 나타내었다. 전지에는 백금으로 된 원판형 환원전극을 작업 전극으로 사용하며, 이는 원통형의 절연체 내부의 중심에 끼워져 있다. 이 절연체의 밑 부분에는 Ag로 된 고리 형태의 산화전극이 둘러싸고 있다. 완충된 KCl 용액으로 채워져 있는 또 다른 원통 안에는 관형의 절연체와 전극들이 놓여 있다. 관의 아래 끝단에는 테프론이나 폴리에틸렌으로 된 얇고(≈20 μm) 교환 가능한 산소 투과막이 O형 고리에 의해 고정되어 있다. 환원전극과 막 사이에 있는 전해질 용액의 두께는 약 10 mm 정도이다.

[8]Clark 산소 센서에 대한 자세한 논의는 다음을 참고하시오. M. L. Hitchman, *Measurement of Dissolved Oxygen*, Chs. 3–5, New York: Wiley, 1978

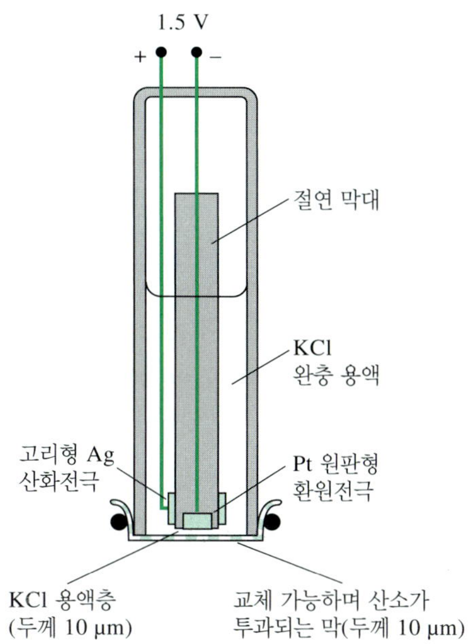


**그림 23-17** Clark 전압-전류법 산소 센서. 음극 반응: $O_2 + 4H^+ + 4e^- \rightleftharpoons 2H_2O$. 양극 반응: $Ag + Cl_2 \rightleftharpoons AgCl(s) + e^-$.

산소 감지기를 흐르는 용액이나 저어주는 시료 용액에 담그면 산소는 막을 통해 원판형 환원전극에 가까이 있는 전해질의 얇은 층으로 확산되는데, 전극까지 확산되어서 즉시 물로 환원된다. 보통의 유체 역학적인 전극과는 달리 두 단계의 확산 과정을 거치게 된다. 첫 번째 확산 과정은 막을 통과하는 과정이고, 두 번째는 막과 전극 표면 사이를 통과하는 과정이다. 10~20초 정도의 적당한 시간 내에 정류 상태에 도달하기 위해서는 막과 전해질 층의 두께가 20 μm보다 작아야 한다. 이러한 조건 하에서 막을 통과하는 산소의 이동에 의해 평형에 도달하는 속도가 정류 상태의 전류값을 결정한다.

효소 전극은 과산화수소, 산소 및 $H^+$을 측정하는 데 기초하고 있다. 전압-전류 센서는 $H_2O_2$와 $O_2$에 이용되고 전위차 pH 전극은 $H^+$ 측정에 이용된다.

**효소-기반 센서.** 많은 효소-기반의 전압-전류법 센서가 시판되고 있다. 예를 들면, 임상 실험실에서 혈청 내의 글루코오스의 단순 정량에 널리 사용되고 있는 글루코오스 센서가 있다. 이런 장치는 그림 23-17에 나타낸 산소 센서와 거의 비슷한 구조를 가지고 있다. 이 경우에 막은 더욱 복잡하며 세 층으로 이루어져 있다. 폴리카보네이트 층으로 된 바깥층은 글루코오스는 통과시키지만 단백질과 혈액 중의 다른 성분들은 투과시키지 않는다. 중간층은 고정화된 효소로서 여기에는 글루코오스 산화효소가 들어 있다. 내부층은 아세트산 셀룰로오스 막으로 과산화수소와 같은 작은 분자들은 투과할 수 있다. 이 장치를 글루코오스가 포함된 용액에 담그면 글루코오스는 바깥층의 막으로부터 고정화된 효소로 확산되어 다음과 같은 촉매 반응이 일어난다.

$$\text{글루코오스} + O_2 \xrightarrow{\text{글루코오스 산화효소}} H_2O_2 + \text{글루콘산}$$

이 때 생긴 과산화수소는 막의 내부 층으로 확산되어 전극 표면에 도달해서 산소로 산화된다. 즉,

$$H_2O_2 + OH^- \rightarrow O_2 + H_2O + 2e^-$$

이렇게 발생한 전류는 시료 용액 속에 있는 글루코오스의 양에 비례한다.

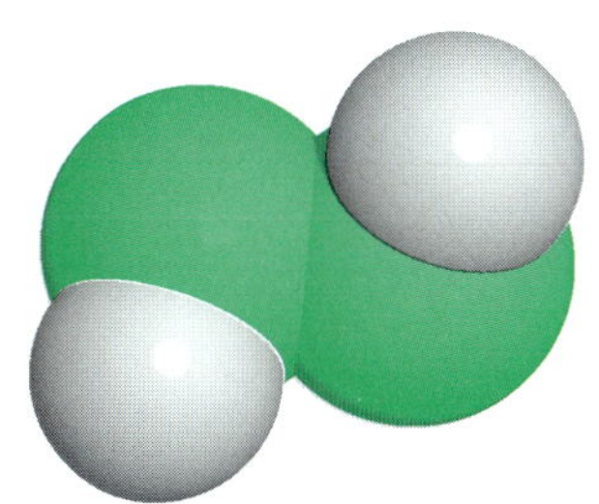

과산화수소의 분자 모형. 과산화수소는 생물학적 과정이나 환경 과정에서 중요한 역할을 하는 강한 산화제이다. 당 분자의 산화를 포함한 효소 반응에서 과산화수소가 생성된다. 과산화수소의 라디칼은 세포나 생체 조직을 파괴한다(특집 20-2 참조). 과산화수소 라디칼은 연기 속에서 생길 수 있으며, 환경 중에서 연소되지 않은 연료 분자를 공격할 수도 있다.

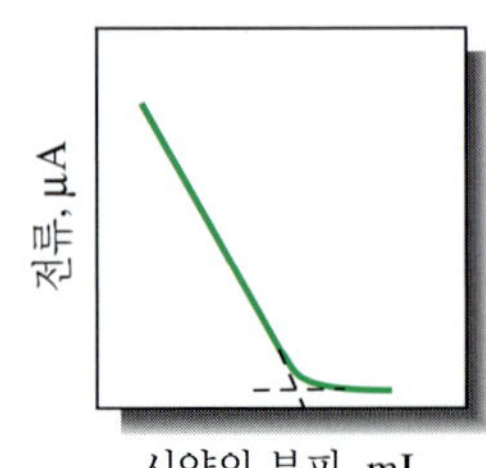

(a)

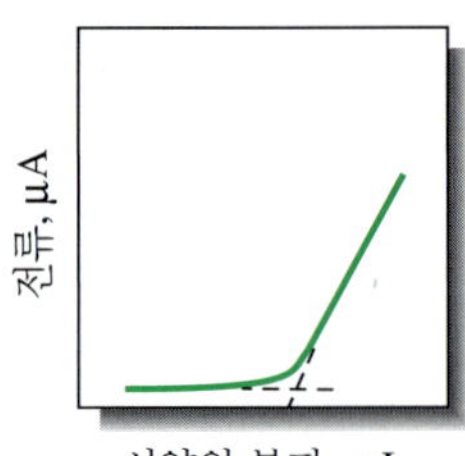

(b)

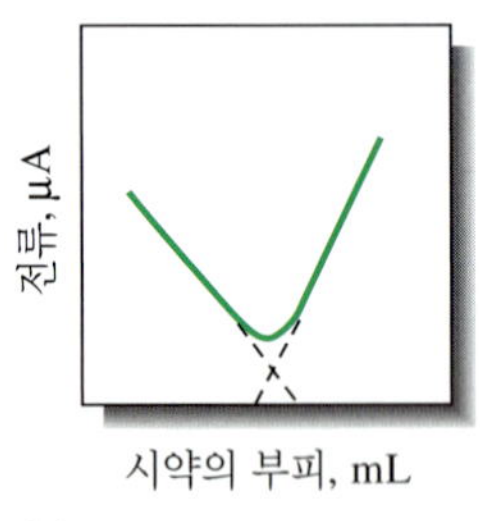

(c)

**그림 23-18** 전형적인 전류법 적정 곡선.
(a) 분석물은 환원되고 시약은 환원되지 않음.
(b) 시약은 환원되고 분석물은 환원되지 않음.
(c) 시약과 분석물 둘 다 환원되는 경우.

이러한 유형의 센서는 당뇨병 환자에 의해 널리 사용되는 가정용 글루코스 측정 장치에서 찾아볼 수 있다. 이 장치는 세계에서 가장 많이 팔리는 화학 장치 중의 하나이다.

## » 전류법 적정

유체역학 전압-전류법은 반응물 또는 생성물 중, 적어도 어느 하나가 작업 전극에서 산화되거나 환원되는 반응의 당량점을 측정하는 데 사용될 수 있다. 이 방법에서는 한계 전류 영역 중의 어느 일정한 전위를 걸어줄 때에 발생하는 전류를 적정 시약의 부피의 함수로서 측정하거나, 일정전류 전기량법 과정을 통해 시약이 생성된다면 시간의 함수로 전류를 측정한다. 당량점 전후에서의 데이터를 도시하면 기울기가 서로 다른 직선이 얻어진다. 그리고 이 두 직선을 외삽했을 때의 교차점이 종말점이다.[9]

전형적인 전류법 적정 곡선을 **그림 23-18**에 나타내었다. 그림 23-18a는 작업 전극에서 분석물은 반응하지만 적정 시약은 반응하지 않는 경우의 적정 곡선이다. 그림 23-18b는 적정 시약은 작업 전극에서 반응하고 분석물은 반응하지 않는 경우의 적정 곡선이다. 그림 23-18c는 분석물과 적정 시약 모두 작업 전극에서 반응하는 경우이다.

전류법 적정에서 사용되는 전극계에는 두 가지 형태가 있다. 하나는 기준 전극과 짝지어진 편극되는 작업 전극을 하나만 사용한 것이고, 다른 하나는 저어주는 용액 속에 담그어진 한 쌍의 동일한 고체 상태의 전극을 사용한 것이다. 첫 번째 형태에서는 유리관 내부에 백금선을 봉입하여 만든 회전 백금 전극이 가끔 사용되는데, 이 전극은 저어주는 모터에 연결되어 있다.

한 개의 지시 전극을 사용하는 전류법 적정은 한 가지 중요한 예외의 경우 외에는 반응 생성물이 침전물 형태이거나 안정한 착화합물이어야 한다는 제한이 따른다. 침전제로는 할로겐화 이온의 적정에 사용되는 질산은, 황산 이온의 적정에 사용되는 질산납, 전압-전류법 전극에서 환원될 수 있는 여러 가지 금속 이온들을 적정하는 데 사용되는 8-하이드록시퀴놀린, 다이메틸글리옥심, 쿠페론과 같은 여러 가지 유기 시약들이 있다. EDTA 표준 용액으로 적정해서 여러 가지 금속 이온들을 정량할 수도 있다. 위에서 언급한 예외는 페놀, 방향족 아민 및 올레핀과 같은 유기물의 적정을 포함하는 데, $Br_2$으로 하이드라진, As(III), Sb(III)를 적정할 수 있다. 표준 용액으로 이용되는 $Br_2$은 전기량법으로 만들어진다. 또한 과량의 KBr을 포함하는 산성의 분석 용액에 $KBrO_3$ 표준 용액을 첨가하여 만들 수도 있다. 산성 매질에서 브롬의 생성 반응은 다음과 같다.

$$BrO_3^- + 5Br^- + 6H^+ \rightarrow 3Br_2 + 3H_2O$$

이런 형태의 적정에는 하나의 회전 백금 전극이나 한 쌍의 백금 전극이 사용된다. 당량점 전에서는 전류가 측정되지 않는다. 당량점이 지난 후에는 과량의 $Br_2$이 전기화학적으로 환원되므로 전류가 빠르게 증가한다.

전류법 적정에서 당량점을 결정하기 위해 한 쌍의 동일한 금속 전극을 사용하면 두 가지 장점이 있다. 우선 장치를 보다 간단하게 만들 수 있으며 기준 전극을 사용할 필요도 없다. 이러한 형태의 전극계는 전기량법으로 생성되는 시약으로 단일 화학종

[9] S. R. Crouch and F. J. Holler, *Applications of Microsoft Excel® in Analytical Chemistry*, 2nd ed., Belmont, CA: Brooks/Cole, 2014, Ch. 11.

을 자동으로 단순 정량하기 위해 고안된 장치에 사용할 수 있다. 한 예로서 혈장, 땀, 조직 추출물, 살충제 및 식료품에 들어 있는 염화물을 자동적으로 정량하는 데 사용된다. 여기서 사용되는 적정 시약인 $Ag^+$ 이온은 Ag 산화전극에서 전기량법으로 만들어진다. 지시계로 사용되는 한 쌍의 Ag 전극 사이에 약 0.1 V의 전위를 가한다. 염화 이온을 적정하는 경우 당량점이 짧아서 전류가 흐르지 않는다. 왜냐하면 용액 속에 전기적으로 활성인 화학종이 없기 때문이다. 이 때문에 환원전극에서의 전자 전이는 없으며 전극은 완전히 편극된다. 그러나 산화전극은 편극되지 않는다. 왜냐하면 적당한 환원전극 반응물이나 감극제의 존재 하에서 다음 반응이 일어날 수 있기 때문이다.

$$Ag \rightleftharpoons Ag^+ + e^-$$

당량점 이후에는 환원전극이 감극되는데, 이는 Ag으로 환원될 수 있는 $Ag^+$ 이온이 상당량 존재하기 때문이다.

$$Ag^+ + e^- \rightleftharpoons Ag$$

이러한 반쪽 반응과 산화전극에서의 Ag의 산화의 결과로 전류가 흐르며, 다른 전류법에서처럼 전류의 크기는 과량으로 존재하는 시약의 농도에 정비례한다. 따라서 적정 곡선은 그림 23-18b와 비슷하다. 방금 언급한 자동적정기에서는 전자 회로가 전류범의 검출 전류 신호를 인식해서 쿨롱 생성 전류가 더 이상 흐르지 않게 한다. 염화물의 농도는 적정 전류의 크기와 전류 생성 시간을 측정함으로써 계산된다. 염화물 자동 적정기의 검출 농도 범위는 L당 1~999.9 mM이며, 0.1%의 상대 정밀도와 0.5%의 상대 정확도로 정량할 수 있다. 보통 적정에 소요되는 시간은 20초 정도이다.

물의 정량법인 Karl Fischer 적정에서 가장 많이 이용되는 종말점 검출 방법은 이중 편극 전극을 사용하는 전류법이다(20C-5절 참조). 이 적정법에 사용되는 완전 자동적정장치가 시판되고 있다. 이와 밀접하게 관련된 Karl Fischer 적정에서의 종말점 검출법은 작은 전류가 흐르는 두 개의 동일 전극에서의 전위차를 측정함으로 가능하다.

## » 회전 전극

산화/환원반응의 이론적 연구를 수행하기 위해서는 식 (23-6)의 $k_A$가 시스템의 유체역학에 의해 받는 영향을 아는 것이 유익하다. 젓는 용액에서의 유체역학적 흐름을 대략적으로 기술하는 보편적인 방법은 **그림 23-19a**와 **23-19b**의 회전 원판 전극(rotating disk electrode, RDE)을 사용한 측정에 기초하고 있다. 원판 전극이 빨리 회전할 때 그림에서 화살표로 표시한 흐름 유형이 설정된다. 원판의 표면에서 액체는 장치의 중앙으로부터 수평으로 이동하면서 제거된 액체를 보충하는 상향의 수직 흐름을 만들어 낸다. 이 과정에서의 유체역학에 대해서는 대략적으로 처리 가능하며,[10] *Levich식*(Levich equation)[11]을 얻는다.

$$i_l = 0.620nFAD\omega^{1/2}\nu^{-1/6}c_A \qquad \textbf{(23-15)}$$

식에서 항 $n$, $F$, $A$, $D$는 식 (23-5)에서와 같고, $\omega$는 단위 초당 라디안 단위인 원판

[10] A. J. Bard and L. R. Faulkner, *Electrochemical Methods*, 2nd ed., New York: Wiley, 2001, pp. 335–39.

[11] V. G. Levich, *Acta Physicochimica URSS*, **1942**, *17*, 257.

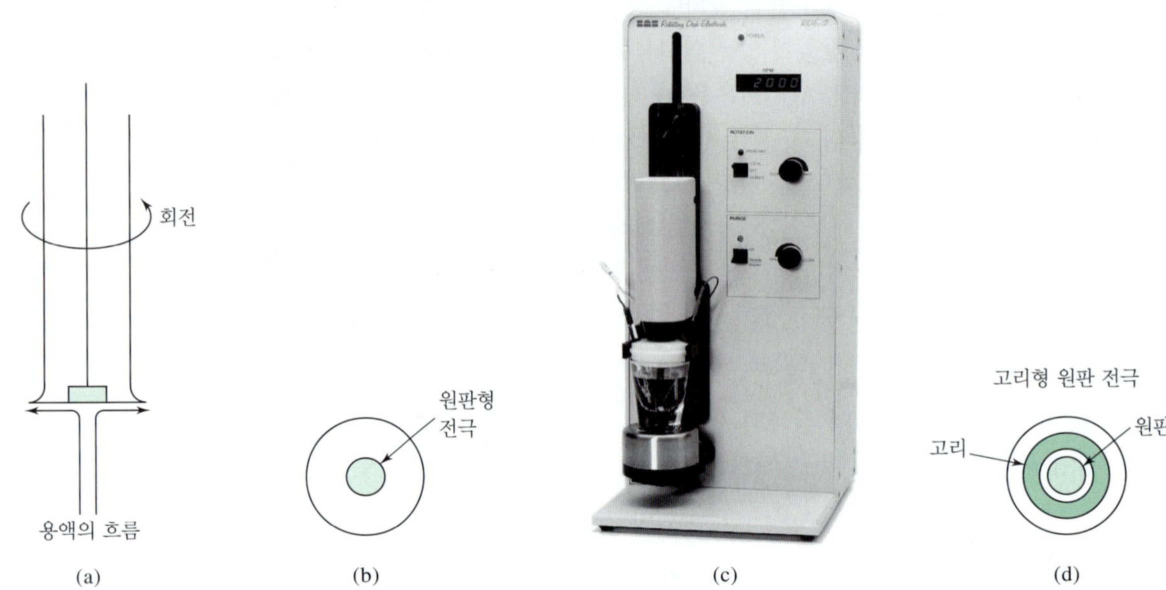


**그림 23-19** (a) 흐름 유형을 나타내는 회전 원판형 전극의 측면도. (b) 원판형 전극의 저면도. (c) 상업적인 RDE 사진. (Photo courtesy of Bioanalytical Systems, Inc., W. Lafayette, IN.) (d) 고리형 원판 전극의 저면도.

의 각속도이며, $\nu$는 초당 제곱 센터미터로 표시되는 *운동학적 점도*(kinematic viscosity)로 용액의 밀도에 대한 점도의 비이다. 가역적인 계에서의 전압-전류 곡선(voltammogram)은 그림 23-5와 같이 이상적인 형태를 갖는다. 전기화학 반응의 반응 속도론과 메커니즘에 대한 수많은 연구가 회전 원판 전극을 사용하여 수행되어 왔다. RDE를 사용하는 보편적인 실험은 $i_1$의 $\omega^{1/2}$에 대한 의존성 연구이다. $\omega^{1/2}$에 대한 $i_1$의 도시는 *Levich 도시*로 알려져 있으며 선형 관계는 전자 전달 과정에서의 속도론적 한계를 표시한다. 예컨대 $\omega^{1/2}$이 클 때, $i_1$이 $\omega$에 무관하게 된다면 전류는 전기활성종의 전극 표면에서의 질량 전달에 의해 제한받지 않으며, 반응 속도가 한계 요소가 된다. 적하 수은 전극(폴라로그래피)에 대한 관심이 퇴보함에 따라 **그림 23-19c**의 다용도의 상업적 모델과 같은 RDE들은 기초적이고 정량적인 분석 연구 분야에서 최근 새로운 주목을 받고 있다. 때때로 수은 막 전극을 갖는 RDE 검출법은 *유사폴라로그래피*(pseudopolarography)로 언급되고 있다.

*회전 고리형 원판 전극*(rotating ring-disk electrode)은 회전 원판 전극의 변형으로 전극 반응을 연구하는 데 유용하지만 분석에서는 거의 사용되지 않는다. **그림 23-19d**에서와 같이 고리형 원판 전극은 중앙 원판으로부터 전기적으로 고립된 두 번째 고리형 전극을 포함하고 있다. 전기활성인 화학종이 원판에서 생성된 후 고리를 지나가면서 두 번째 화학 반응을 거친다. **그림 23-20**은 전형적인 고리형 원판 실험에서의 전압-전류 곡선이다. 그림 23-20a는 원판 전극에서 산소가 과산화수소로 환원되는 과정의 전압-전류 곡선이다. 그림 23-20b는 과산화수소가 고리형 전극을 지나서 흐를 때 산화 과정에 대한 산화전극의 전압-전류 곡선이다. 원판 전극의 전위가 충분히 음의 값을 가져서 환원 생성물이 과산화수소가 아닌 수산화물일 때, 고리 전극에서의 전류는 0으로 감소한다. 이러한 연구를 통해 전기화학 반응에서의 메커니즘과 중간체에 관한 유용한 정보를 얻을 수 있다.

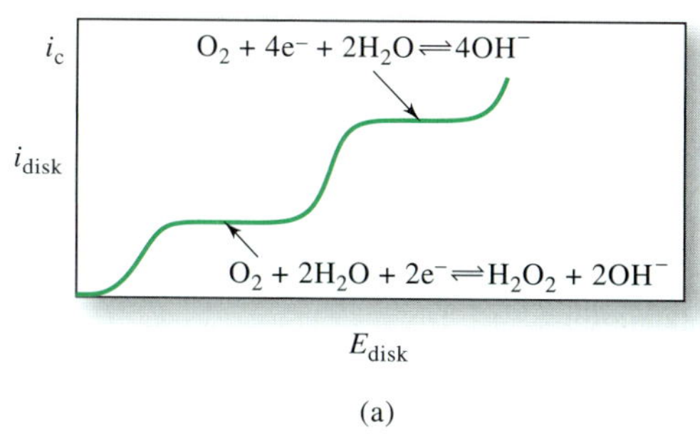


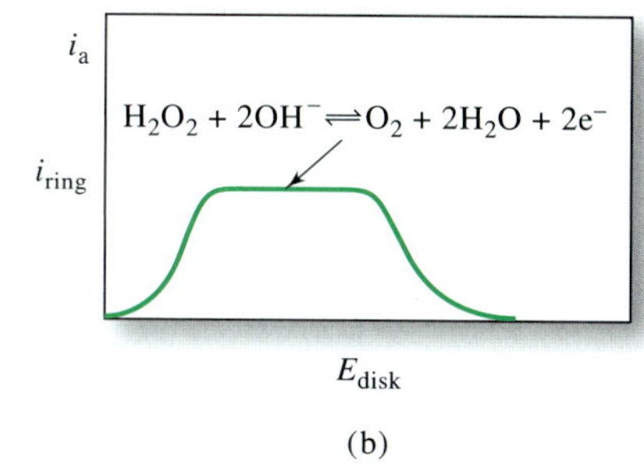


**그림 23-20** 회전 고리형 원판 전극에서 산소의 산화에 대한 원판 (a)와 고리 (b)의 전류. (From P. T. Kissinger and W. R. Heineman, eds., Laboratory Techniques in Electroanalytical Chemistry, 2nd ed., New York: Marcel Dekker, 1996, p. 117. Laboratory techniques in electroanalytical chemistry by KISSINGER, PETER T., ; HEINEMAN, WILLIAM R. Copyright 1996 Reproduced with permission of TAYLOR & FRANCIS GROUP LLC - BOOKS in the format Textbook via Copyright Clearance Center.)

**스프레드시트 요약** *Applications of Microsoft® Excel in Analytical Chemistry* 2판 11장에 있는 마지막 연습 문제의 주제는 전류법 적정이다. 금광석 시료 중에 포함된 금을 정량하는 방법에도 전류법 적정을 사용한다. 종말점의 결정은 적정 곡선에서 두 선분을 외삽해서 얻어지는 교점으로 정한다.

## 23D 폴라로그래피

선형주사 폴라로그래피는 가장 먼저 발명되어 사용된 전압-전류법의 한 형태이다. 이것은 두 가지 관점에서 유체역학 전압-전류법과는 다르다. 첫째, 대류와 이동이 일어나지 않게 한다는 것이며, 둘째 그림 23-3e에 나타낸 것과 같은 적하 수은 전극(DME)을 작업 전극으로 사용한다는 것이다. 대류가 일어나지 않게 하므로 폴라로그래피에서의 한계 전류는 확산에 의해서만 지배된다. 대류가 없기 때문에 폴라로그래피의 한계 전류는 유체역학 전압-전류법에서의 한계 전류보다 10배 이상 더 작다.[12]

폴라로그래피 전류는 대류에 의해서 조절되지 않고 확산에 의해서만 조절된다.

### » 폴라로그래피의 전류

적하 수은 전극을 사용하는 전지에서의 전류는 적하 속도에 따른 주기적인 요동을 보인다. 모세관으로부터 수은 방울이 떨어질 때의 전류값은 **그림 23-21**에 나타낸 것처럼 0으로 떨어진다. 새로운 수은 방울의 전극 표면적이 증가함에 따라 전류값은 빠르게 증가한다. 보통 확산 전류는 요동 전류의 최대값으로 결정한다. 이전의 문헌에서는 기기의 감응이 느리고 진동을 완화시켜야하므로 *평균 전류*를 측정하였다. 그림 23-21의 직선에서 보는 바와 같이, 대부분의 현대 폴라로그래프는 전기적인 여과 장치가 있으므로 적하 속도 *t*가 재현성이 있다면 최대 전류나 평균 전류를 측정할 수 있다. 곡선 *A*의 윗부분에 있는 불규칙한 전류값은 기기의 진동에 의한 것임에 유의해야 한다.

### » 폴라로그램

그림 23-21은 1.0 M KCl 및 $3 \times 10^{-4}$ M $Pb^{2+}$ 이온이 들어 있는 용액의 폴라로그램이다. 폴라로그래피파는 $Pb^{2+} + 2e^- + Hg \rightleftharpoons Pb(Hg)$ 반응으로 생긴 것인데, Pb(Hg)은 원소 납이 수은에 녹아 아말감 형태로 있는 것을 표시한 것이다. 폴라로그램의 −1.2V 쯤에서 전류가 급격하게 증가하는 데, 이는 수소 이온이 수소로 환원되기 때문이다. 폴라로그램에서 파의 왼쪽에 대해 조사하면 납 이온이 환원되지 않는 전지에서도 작은 전류가 흐르는데 이것을 **잔류 전류**(residual current)라고 한다.

폴라로그래피에서 **잔류 전류**는 전기적으로 활성을 갖는 화학종이 없는 용액에서 관찰되는 작은 전류이다.

[12]폴라로그래피에 대한 자세한 설명은 다음을 참고하시오. A. J. Bard and L. R. Faulkner, *Electrochemical Methods*, 2nd ed., Ch. 7, pp. 261–304, New York: Wiley, 2001; *Laboratory Techniques in Electroanalytical Chemistry*, 2nd ed., P. T. Kissinger and W. R. Heineman, eds., New York: Marcel Dekker, 1996, pp. 444–61.

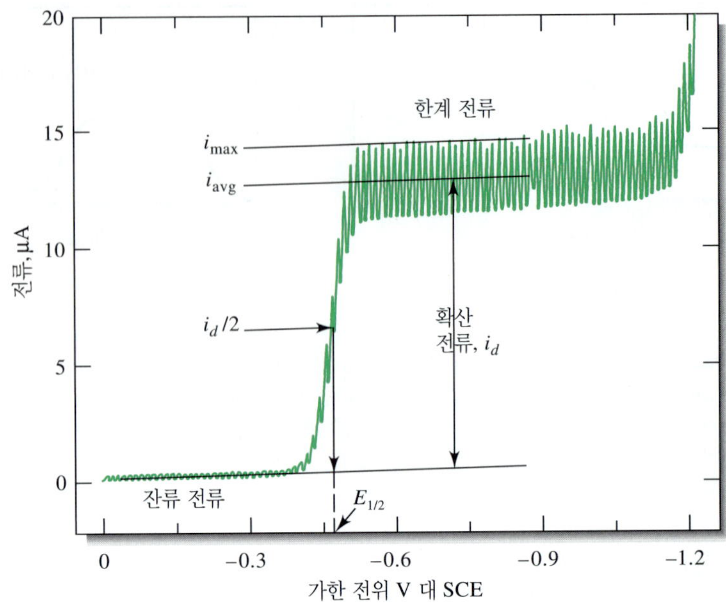


**그림 23-21** $3 \times 10^{-4}$ M $Pb^{2+}$인 1 M KCl 용액의 폴라로그램.

**확산 전류**는 폴라로그래피에서 전류의 크기가 적하 수은 전극 쪽으로 이동하는 반응물의 확산 속도에만 의존할 때의 한계 전류를 말한다.

잔류 전류를 지나서 폴라로그래피 파 바로 아래까지 외삽되는 직선을 주목하자. 그림에서 제시되고 및 다음 단락에서 논의하는 바와 같이, 이 외삽법을 통해 **확산 전류**(diffusion current)를 결정할 수 있다.

폴라로그래피에서 확산 전류는 분석물의 농도에 비례한다.

유체역학 전압-전류법과 마찬가지로 전류의 크기가 분석물이 전극 표면에 도달하는 속도에 의존할 때 한계 전류가 관찰된다. 그러나 폴라로그래피에서의 질량 이동 과정은 단지 확산 과정이기 때문에 폴라로그래피에서의 한계 전류를 확산 전류라고 부르며 $i_d$로 표시한다. 그림 23-21에서 나타낸 것처럼 확산 전류는 최대(또는 평균) 한계 전류와 잔류 전류의 차이이다. 확산 전류는 용액 전체에 있는 분석물의 농도에 정비례한다.

### » 적하 수은 전극에서의 확산 전류

폴라로그래피의 확산 전류에 대한 식을 유도하기 위해서 적하 시간($t$, 초)과 관련이 있는 구형 전극의 성장 속도와 모세관을 통과하는 수은의 흐름 속도($m$, mg/s) 및 분석물의 확산 계수($D$, $cm^2/s$)를 고려해야 한다. 이러한 변수들을 고려하여 최대 확산 전류값을 Ilkovic 식으로 나타낸 수 있다.

폴라로그래피에서 전류는 보통 μA단위로 기록된다. 식 (23-16)에서 상수 708은 농도 $c$를 mmol/L, 확산 전류 $i_d$를 μA, 확산 계수 $D$는 $cm^2/s$, 유출 속도 $m$은 mg/s, 적하 시간 $t$는 초로 나타낼 때의 값이다.

$$(i_d)_{max} = 708\, nD^{1/2}m^{2/3}t^{1/6}c \qquad \textbf{(23-16)}^{13}$$

여기에서는 $(i_d)_{max}$는 μA 단위로 나타낸 최대 확산 전류이고, $c$는 mM로 나타낸 분석물의 농도이다.

### » 잔류 전류

**그림 23-22**에 나타낸 것은 0.1 M HCl 용액에 대한 잔류 전류 곡선으로 높은 감도에서 얻은 것이다. 잔류 전류는 두 가지 원인 때문에 나타난다. 첫째는 바탕 용액에 들어 있는 미량의 불순물이 환원되기 때문이다. 이 불순물들은 주로 소량의 용존 산소, 증류수 속에 들어 있는 중금속 이온, 지지 전해질로 사용하는 염 속에 있는 불순물 등이다.

[13]최대값 대신 평균 확산 전류를 측정하면, $(i_d)_{avg} = 6/7(i_d)_{max}$이므로, Ilkovic식의 상수 708은 607이 된다.

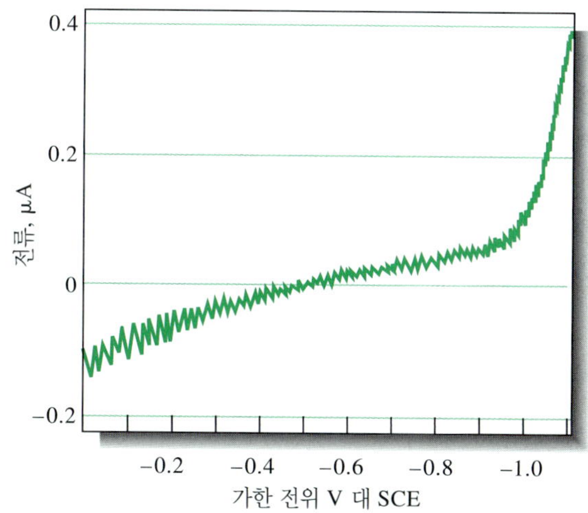


**그림 23-22** 0.1 M HCl 용액에서의 잔류 전류.

잔류 전류의 두 번째 인자는 소위 **충전 전류**(charging 또는 condenser current)라는 것인데, 이는 전자의 흐름에 의해 수은 방울이 용액에 대해 전하를 띠게 되면서 생기는 것이다. 이 전류는 플러스 또는 마이너스 값을 가질 수 있다. −0.4 V보다 더 음전위에서는 직류 전원에서 나온 과량의 전자가 수은 방울 표면에 모여 음전하를 띠게 한다. 이 과량의 전자는 방울이 떨어져 깨질 때 함께 이동한다. 새로운 수은 방울이 생길 때마다 하전되기 때문에 작지만 일정한 전류가 흐르게 된다. −0.4 V보다 조금 더 양전 위에서는 수은은 용액에 대해 양으로 대전한다. 따라서 수은 방울이 형성될 때에 전자는 표면에서 반발되어 수은 벌크 쪽으로 이동하며, 그 결과 음의 전류가 흐르게 된다. −0.4 V 근처에서는 수은 표면은 전하를 띠지 않으며 따라서 충전 전류는 0이 된다. 이 지점의 전위를 **영점 전위**(potential of zero charge)라고 한다. 충전 전류는 전하가 산화/환원 과정을 수반하지 않고 전극-용액 경계를 통과한다는 관점에서 **비패러데이 전류**(nonfaradaic current)라고 할 수 있다.

전기화학 전지에서 **패러데이 전류**는 산화/환원 과정에 의하여 생성된다. **비패러데이 전류**는 수은 방울이 팽창하며 전극 전위로 충전되어야 하므로 생기는 충전 전류이다. 이중층의 충전은 캐파시터의 충전과 같다.

결국 폴라로그래피법의 정확도와 감도는 비패러데이 잔류 전류의 크기와 이 잔류 전류에 대한 보정의 정확도에 달려 있다. 이런 이유 등으로 폴라로그래피는 덜 중요해진 반면 적하 수은 전극이 아닌 작업 전극에서의 전압-전류법과 전류법은 지난 30년간 급격히 성장해 왔다.

**스프레드시트 요약** *Applications of Microsoft® Excel in Analytical Chemistry* 2판 11장 전압-전류법 연습 문제에 폴라로그래피가 다루어지고 있다. 먼저 폴라로그래프에 의한 검정 곡선을 작성한다. 그리고 반파 전위를 정확하게 측정한다. 마지막으로 폴라로그래프의 측정값들을 활용하여 착물의 생성 상수와 화학식을 결정한다.

## 23E 순환 전압-전류법[14]

*순환 전압-전류법*(cyclic voltammetry, CV)에서는 젓지 않는 용액 중에 담겨 있는 작은 정지 전극에 **그림 23-23**에 나타낸 것 같은 삼각파 형의 전위 주사에 의하여 전류가 발생한다. 그림 23-23의 예에서는 먼저 전위를 포화 칼로멜 전극에 대하여 +0.8

[14]간단한 총설은 다음을 참고하시오. P. T. Kissinger and W. R. Heineman, *J. Chem. Educ.*, 1983, 60, 702, **DOI**: 10.1021/ed060p702; D. H. Evans, K. M. O'Connell, T. A. Petersen, and M. J. Kelly, *J. Chem. Educ.*, **1983**, *60*, 290, **DOI**: 10.1021/ed060p290.

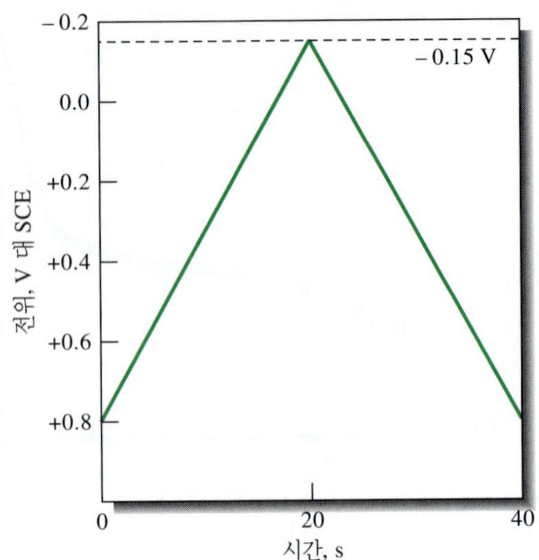


**그림 23-23** 순환 전압-전류법에서의 전위 프로그램.

V에서 −0.15 V로 선형적으로 주사한다. 다음에는 전위 주사 방향을 반대로 하여 −0.15 V에서 처음 시작 전위인 +0.8 V로 전위 주사를 한다. 전위 주사 속도는 양방향 모두 50 mV/초이다. 때때로 이와 같은 왕복 주사를 여러 번 반복하기도 한다. 전위 주사 방향을(이 경우에는 −0.15와 +0.18 V) 바꾸는 전위 극한치를 *전환 전위*(switching potential)라 한다. 주어진 실험에서 전환 전위의 범위는 하나 또는 두 종 이상의 확산 지배적인 산화 및 환원반응이 일어나도록 선택한다. 시료 조성에 따라 시작하는 전위의 주사 방향을 음의 방향 또는 양의 방향으로 정한다. 더 음의 전위가 되도록 전위를 주사하는 것을 *정방향 주사*(forward scan) 그리고 반대 방향(양의 방향)의 주사를 *역방향 주사*(reverse scan)라고 한다. 일반적으로 왕복 주사 시간은 1 밀리초에서 100초 미만 또는 그 이상일 수도 있다. 이 예에서는 40초이다.

**그림 23-24b**는 6 mM $K_3Fe(CN)_6$와 1 M $KNO_3$이 포함된 용액에 그림 23-23과 그림 23-24a의 전위 프로그램으로 전위를 주사했을 때의 순환 전압-전류 곡선을 나타내었다. 작업 전극은 잘 닦은 백금 전극이고, 기준 전극은 포화 칼로멜 전극이다. 초기 전위인 +0.8 V에서 약간의 산화 전류가 관찰되지만, 곧 산화 전류는 0으로 감소하며 전위 주사는 계속한다. 초기의 음의 전류는 물이 산화되어 산소가 되는 전류이다(보다 양의 전위에서 이 전류는 급격히 증가하며 +0.9 V 정도에서는 아주 큰 전류값을 보인다). +0.7 V에서 +0.4 V의 전위 영역에서는 산화 또는 환원되는 종이 없으므로 어떠한 전류도 볼 수 없다. 전위를 +0.4 V에서 더욱 음 전위 방향으로 주사하면, *B*점에서 다음에 나타낸 반응에 의해 hexacyanoferrate(III) 이온이 hexacyanoferrate(II) 이온으로 환원되면서 환원 전류 나타나기 시작한다.

$$Fe(CN)_6^{3-} + e^- \rightleftharpoons Fe(CN)_6^{4-}$$

전극 표면에서 $Fe(CN)_6^{3-}$의 농도는 점점 줄어들면서 *B*점과 *D*점 사이에서 전류는 급격하게 증가한다. 피크 전류는 두 가지 요소에 의하여 결정된다. 첫 번째는 반응물의 표면 농도가 Nernst식에 의해 주어진 평형 농도가 되는 데 필요한 초기 전류의 급 증가이다. 두 번째는 정상적인 확산 지배적인 전류이다. *D*점에서 *F*점까지

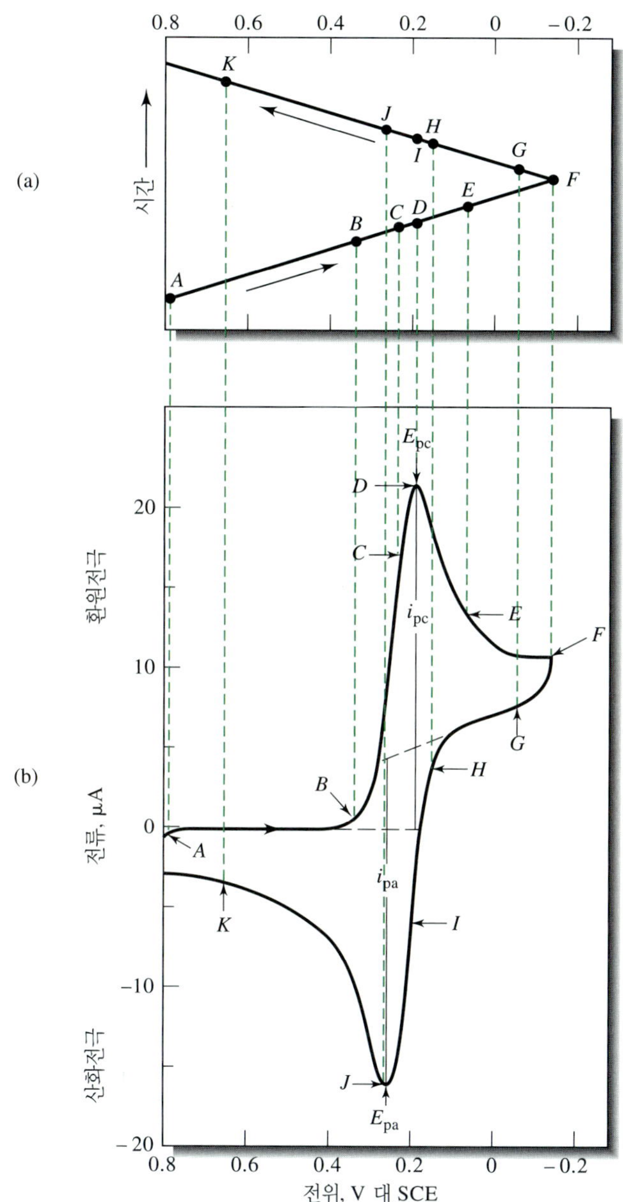


**그림 23-24** (a) 전위 대 시간 파형. (b) 6.0 mM $K_3Fe(CN)_6$와 1.0 M $KNO_3$이 포함된 용액의 순환 전압-전류 곡선. (Reprinted (adapted) with permission from P. T. Kissinger and W. H. Heineman, *J. Chem. Educ.*, **1983**, *60*, 702, **DOI**: 10.1021/ed060p702. Copyright ©1983; Division of Chemical Education, Inc. Copyright 1983 American Chemical Society.)

는 그림 23-8b에서 볼 수 있듯이 확산층이 전극 표면으로부터 멀어짐에 따라 첫 번째 전류는 크게 감소한다. *F*점인 −0.15 V에서 전위의 주사 방향이 바뀐다. 그러나 좀 더 양의 전위가 되도록 주사하더라도 아직도 $Fe(CN)_6^{3-}$의 환원이 일어나기에 충분히 음의 전위이므로 환원 전류가 나타난다. 전위를 더욱 양전위 쪽으로 주사하면, $Fe(CN)_6^{3-}$의 환원은 더 이상 일어나지 않고 전류는 0으로 된 후 산화 전류가 나타난다. 이 산화 전류는 정방향 주사 과정에서 표면에 축적되었던 $Fe(CN)_6^{4-}$의 재산화에 의한 것이다. 이 산화 전류는 피크 값을 나타내고, 그 후엔 축적되었던 $Fe(CN)_6^{4-}$가 산화전극 반응에 의해 감소함에 전류가 감소한다.

순환 전압-전류법에서 중요한 파라미터는 환원 피크 전위, $E_{pc}$, 산화 피크 전위, $E_{pa}$, 환원 피크 전류 $i_{pc}$, 그리고 산화 피크 전류 $i_{pa}$이다. 이들 파라미터의 정의와 측정을 그림 23-24에 나타내었다. 가역적인 전극 반응의 경우 산화 피크 전류와 환원 피크 전류의 절대값은 같고 부호는 반대이다. 25°C에서 가역적인 전극 반응의 피크 전위의 차이, $\Delta E_p$는 다음과 같다.

$$\Delta E_p = |E_{pa} - E_{pc}| = 0.0592/n \qquad \textbf{(23-17)}$$

여기에서 $n$은 반쪽 반응에 관여하는 전자의 수이다. 비가역 반응에서는 전자 전이 속도가 느리므로 $\Delta E_p$의 값이 위의 식에 나타낸 값보다 크다. 전위 주사 속도를 느리게 하면 전자 전이 반응이 보다 가역적이 될 수 있으며, 반면에 전위 주사 속도를 빠르게 하면 비가역의 정도를 나타내는 $\Delta E_p$의 값이 증가한다. 따라서 느린 전자 전달 반응을 검출하고 속도 상수를 구하기 위해서는 서로 다른 주사 속도에서의 $\Delta E_p$를 측정한다.

Randles-Sevcik식으로부터 피크 전류에 대한 정량적인 값을 얻을 수 있는데, 25°C에서의 식은 다음과 같다.

$$i_p = 2.686 \times 10^5 n^{3/2} A c D^{1/2} v^{1/2} \qquad \textbf{(23-18)}$$

여기에서 $i_p$는 피크 전류(A), $A$는 전극 면적($cm^2$), $D$는 확산 계수($cm^2/s$), $c$는 농도($mol/cm^3$), $v$는 전위 주사 속도(V/s)이다. 만일 농도, 전극 면적, 주사 속도를 알면 위의 식으로부터 확산 계수를 구할 수 있다.

### » 기본 연구

순환 전압-전류법의 주요한 용도는 여러 조건에서 일어나는 전기화학적 과정에 대한 정성적 정보를 얻을 수 있는 기본적이고 진단적인 연구이다. 예를 들어, **그림 23-25**에 나타낸 농약 살충제인 파라티온의 순환 전압-전류 곡선을 보자.[15] 이 예에

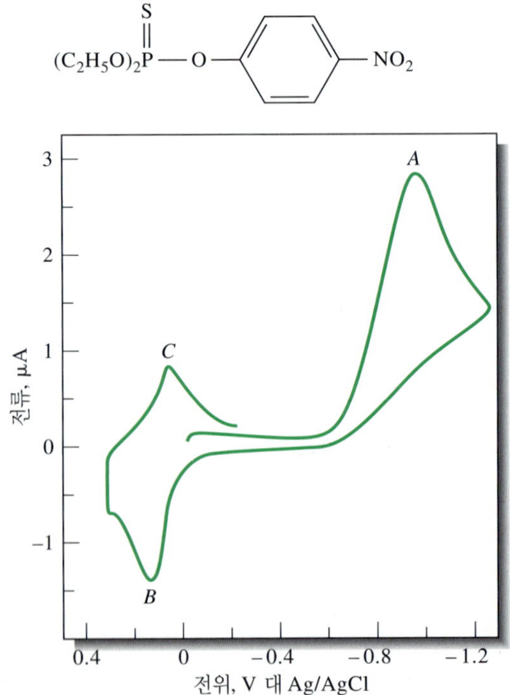


**그림 23-25** 50% 에탄올이 포함된 아세트산 완충 용액(pH 5) 중에서 살충제 파라티온의 순환 전압-전류 곡선. 작업 전극은 매달린 수은 전극, 주사 속도: 200 mV/s. (W.R. Heineman and P.T. Kissinger, *Amer. Lab.*, **1982** (11) 34, Copyright 1982. Reprinted with permission from Compare-Networks, Inc.)

[15] 이에 대한 논의와 전압-전류 곡선은 다음 논문을 참고하시오. W. R. Heineman and P. T. Kissinger, *Amer. Lab.*, **1982** (11), 29.

서 전환 전위는 −1.2 V와 +0.3 V이다. 처음 정방향 주사는 +0.3 V가 아니고 0.0 V이다. 세 개의 피크가 관찰되었다. 첫 번째 환원 피크 *A*는 4-전자 환원에 의하여 파라티온이 하이드록시아민 유도체가 되는 반응이다.

$$\phi NO_2 + 4e^- + 4H^+ \rightarrow \phi NHOH + H_2O \quad \textbf{(23-19)}$$

*B*에 나타낸 산화 피크는 역방향 주사 과정에서 하이드록실아민이 나이트로소 유도체로 산화되는 반응의 결과이다. 이 전극 반응은 다음과 같다.

$$\phi NHOH \rightarrow \phi NO + 2H^+ + 2e^- \quad \textbf{(23-20)}$$

*C*의 환원 피크는 다음 반응과 같이 나이트로소 화합물이 하이드록실아민으로 환원되는 반응의 결과이다.

$$\phi NO + 2H^+ + 2e^- \rightarrow \phi NHOH \quad \textbf{(23-21)}$$

두 가지 중간체의 표준 물질로부터 얻은 전압-전류 곡선으로부터 피크 *B*와 *C*에 해당하는 화합물을 확인할 수 있었다.

순환 전압-전류법은 유기 화학과 무기 화학에 널리 활용하고 있다. 이 방법은 전기활성 화학종이 관련된 연구의 예비 실험 기술로도 이용된다. 예를 들어, 변성된 전극과 전기활성일 것으로 예상되는 새로운 물질의 거동을 연구하는 데 사용되곤 한다. 순환 전압-전류법은 때때로 산화/환원반응의 중간체의 존재를 확인하는 데 활용된다(그림 23-25 참조). 순환 전압-전류법에는 백금 전극이 흔히 사용된다. 음전위 영역에서는 수은 막 전극이 사용된다. 그밖에 많이 사용되는 작업 전극 재료로는 유리질 탄소, 탄소 반죽, 흑연, 금, 다이아몬드와 최근에는 탄소 나노튜브 등이 있다.

순환 전압-전류법의 피크 전류는 분석물의 농도에 직접적으로 비례한다. 순환 전압-전류법의 피크 전류를 단순 분석 작업에서 보편적으로 사용하지 않지만, 그러한 응용 사례가 문헌에 점점 더 빈번하게 나타나고 있다.

## 23F 펄스 전압-전류법

1960년대에 이르러 선형 주사 전압-전류법은 대부분의 연구실에서 중요한 분석 기기로 사용되는 것이 중단되었다. 그 이유는 여러 가지 편리한 분광학적인 방법이 개발되었을 뿐 아니라, 이 방법의 느린 속도, 불편한 장치 및 좋지 않은 검출 한계와 같은 단점들 때문이었다. 이러한 단점은 펄스법의 개발에 의해 크게 개선되었다. 여기서는 가장 중요한 두 가지의 펄스 기술인 **펄스차이 전압-전류법**(differential pulse voltammetry)와 **네모파 전압-전류법**(square-wave voltammetry)에 대하여 설명하겠다. 모든 펄스 전압-전류법에서는 패러데이 곡선과 간섭 충전 전류의 차이가 클 때의 전류를 측정한다.

고전 폴라로그래피의 검출 한계는 약 $10^{-5}$ M 정도이다. 일상적인 분석에서의 농도는 mM 정도이다.

### 23F-1 펄스차이 전압-전류법

그림 23-26은 펄스차이 전압-전류법의 상용 기기에서 사용되는 가장 보편적인 전위 프로그램이다. 아날로그 기기에 사용되는 그림 23-26a와 같은 신호는 전위가 선형적으로 주사되는 동안에 주기적으로 펄스를 겹쳐서 걸어준다. 그림 23-26b는 일

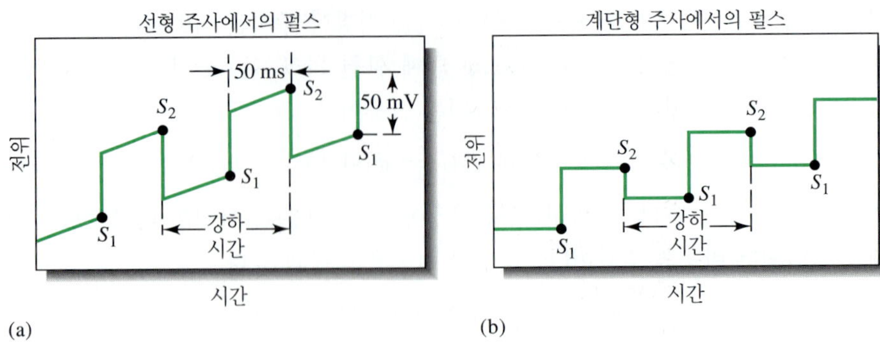


**그림 23-26** 펄스차이 전압-전류법에서의 전위 프로그램.

반적으로 디지털 기기에 사용되는데, 이는 계단식 신호와 펄스 출력을 조합한 것이다. 두 경우 모두 전위 프로그램의 마지막 50 ms 동안에 50 mV의 작은 펄스를 걸어준다.

그림 23-26에서 알 수 있듯이 전류는 두 번에 걸쳐 교대로 측정한다. 즉, 직류 펄스를 걸기 전인 $S_1$에서와 펄스의 끝부분인 $S_2$에서 전류를 측정한다. 매 펄스마다 측정한 이들 전류값의 차($\Delta i$)를 선형적으로 증가하는 전압의 함수로서 기록한다. 그 결과 얻어진 미분 곡선은 피크의 높이가 농도에 정비례하는 전류 피크로 구성되어 있다(**그림 23-27** 참조). 가역 반응에서의 피크 전위는 반쪽 반응에 대한 표준 전위와 거의 같다.

미분 전압-전류 곡선에 나타나는 각 피크들의 피크 전위 $E_{peak}$를 이용하면 분석물의 정성적 확인을 편리하게 할 수 있다.

미분 형태의 전압-전류 곡선의 장점은 반파 전위가 0.04 V에서 0.05 V 정도의 작은 차이만 나더라도 각각의 피크를 관찰할 수 있다는 것이다. 반면에 고전적인 전압-전류법에서는 파를 분리하는 데 적어도 0.2 V 정도의 전위 차이가 있어야 한다. 더 중요한 점은 펄스차이 전압-전류법은 전압-전류법의 감도를 증가시킨다는 사실이다. 보편적으로 펄스 차이 전압-전류법은 고전적인 전압-전류법의 $2 \times 10^{-3}$ 배 농도 수준에서 피크를 확인할 수 있다. $\Delta i$의 전류 단위도 nA 정도이다. 일반적으로 펄스 차이 전압-전류법의 검출 한계는 고전적인 전압 전류법보다 100~1000 배 낮으며, $10^{-7}$~$10^{-8}$ M 정도이다.

펄스차이 폴라로그래피는 고전적인 폴라로그래피보다 100~1000배 낮은 검출 한계를 갖는다.

펄스차이 전압-전류법의 감도가 좋은 것은 다음의 두 가지 원인 때문이다. 첫째는 패러데이 전류의 증가 때문이고, 두 번째는 비패러데이 충전 전류의 감소 때문이다. 전자를 설명하기 위하여 전위가 50 mV 정도로 급격하게 증가할 때 전극 표면층에서 일어날 현상을 생각해 보자. 만일 반응 화학종이 이 층에 있다고 하면, 반응물의 농도는 새로운 전위에 맞는 농도로 떨어지면서 전류가 급격하게 증가할 것이다(그림 23-7b). 그러나 전위에 맞는 평형 농도에 도달하게 되면 전류는 확산에 알맞은 수준, 즉 확산 지배 전류로 줄어들 것이다. 고전적인 전압-전류법에서는 전류의 초기 급증 현상이 나타나지 않는데, 이는 측정하는 시간이 순간적인 전류의 수명에 비해 길기 때문이다. 한편, 펄스전압-전류법에서의 전류 측정은 전류 급증이 완전히 사라지기 전에 이루어진다. 따라서 측정된 전류는 두 가지, 즉, 확산 지배 성분과 표면층 물질이 Nernst식이 요구하는 농도로 감소하는 성분의 합으로 이루어지므로 전체 전류는 확산 전류보다 몇 배 더 클 것이다. 유체역학적 조건 하에서는 분석물 측면에서 용액은 다음 펄스가 일어날 때까지는 균일해진다. 따라서 어떤 전압을 걸더라도 각 전압 펄스에 따라 동일한 전류 급증이 일어난다.

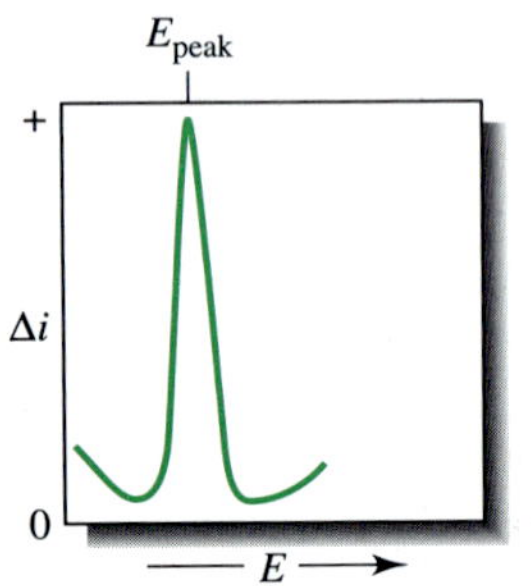


**그림 23-27** 펄스차이 전압-전류법에서의 전압-전류 곡선. 여기에서 $\Delta i = i_{S_2} - i_{S_1}$(그림 23-26 참조). 피크 전위 $E_{peak}$는 폴라로그래피의 반파 전위와 밀접한 관계가 있다.

전위 펄스가 전극에 처음 가해지면 전하가 증가함에 따라 비패러데이 전류의 급증도 일어난다. 그러나 이 전류는 시간에 따라 지수함수적으로 감소하여 0으로 떨어진다. 따라서 이 순간에서의 전류를 측정하면 비패러데이 잔류 전류가 크게 줄어들므로 S/N 비가 크게 된다. 그 결과 감도가 증가한다.

신뢰할 만한 펄스차이 전압-전류법의 기기를 적당한 가격에 구입할 수 있다. 따라서 이 방법은 가장 널리 사용되는 전압-전류법 과정들 중의 하나가 되었으며 특별히 미량의 중금속 이온 농도를 결정하는 데 유용하다.

여러 방울의 전극에서 여러 번 주사하여 더해줌으로써 네모파 전압-전류 곡선의 신호 대 잡음비를 개선할 수 있다.

## ▸ 23F-2 네모파 전압-전류법[16]

네모파 전압-전류법은 펄스 전압-전류법의 한 형태로서 분석 속도가 빠르고 감도가 좋은 장점을 가지고 있다. 10 ms 이내에 완전한 전압-전류 곡선을 얻을 수 있다. 네모파 전압-전류법은 매달린 방울 전극을 사용하기도 하며, 다른 전극들(그림 23-3 참조)과 센서들을 사용한다.

**그림 23-28c**에는 네모파 전압-전류법의 전위 프로그램을 나타내었다. 이 전위 프로그램은 그림 23-28a의 계단형 전위 프로그램과 그림 23-28b의 펄스형 전위를 합쳐서 얻는다. 계단의 각 단계의 길이와 펄스의 주기 $\tau$은 동일하고 보통 5 ms 정도이다. 계단의 전위 간격 $\Delta E_s$는 대개 10 mV이다. 펄스의 크기 $2E_{sw}$는 흔히 50 mV이다. 이러한 조건하에서 펄스의 주파수를 200 Hz로 하면, 1 V를 주사하는 데 0.5초가 걸린다. 가역적인 환원반응에 있어서 펄스의 크기가 충분히 크기 때문에

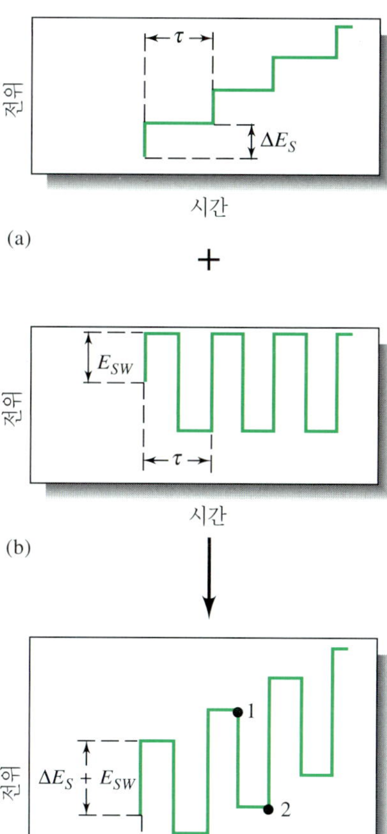


**그림 23-28** 네모파 전압-전류법의 전위 프로그램. (a)의 계단식 신호를 (b)의 펄스 신호와 결합시키면 (c)와 같은 네모파 전위 프로그램이 된다. 감응전류 $\Delta i$는 전위 1에서의 전류값에서 전위 2에서의 전류값을 뺀 것이다.

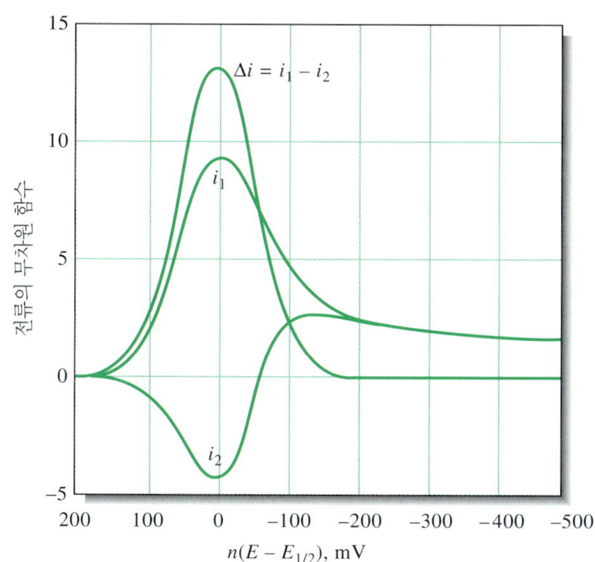


**그림 23-29** 그림 23-28c의 전위 프로그램을 걸 때 가역적인 반응에서 나타나는 감응 전류 형태. 이론적인 감응 전류를 mV 단위의 전위 $n(E - E_{1/2})$에 대하여 도시하였다. 여기에서 $i_1$은 정방향 전류, $i_2$는 역방향 전류, 따라서 $i_1 - i_2$는 두 전류의 차이 값이다. (From J. J. O'Dea, J. Osteryoung, and R. A. Osteryoung, *Anal. Chem.*, **1981**, *53*, 695, **DOI**: 10.1021/ac00227a028. With permission. Copyright 1981 by the American Chemical Society.)

[16]네모파 전압-전류법에 대한 추가적인 설명은 다음을 참고하시오. A. J. Bard and L. R. Faulkner, *Electrochemical Methods*, 2nd ed., Ch. 7, pp. 293–99, New York: Wiley, 2001; J. G. Osteryoung and R. A. Osteryoung, *Anal.Chem.*, **1985**, *57*, 101A, **DOI**: 10.1021/ac00279a004.

정방향의 펄스에 의해 생성된 생성물이 역방향의 펄스를 걸면 산화된다. 따라서 **그림 23-29**에서와 같이 정방향의 펄스에 의해 환원 전류 $i_1$이 얻어지고 역방향으로 펄스를 걸면 산화 전류 $i_2$가 얻어진다. 이러한 전류들의 차이 $\Delta i$를 가해진 전위에 대하여 도시하면 전압-전류 곡선이 나타난다. 이 전류의 차이는 농도에 정비례하며 피크 전위는 전압-전류법의 반파 전위에 해당한다. 측정 속도가 빠르기 때문에 여러 번 전위를 주사하여 얻은 데이터의 신호들을 평균하여 분석의 정밀도를 증가시킬 수 있다. 네모파 전압-전류법의 검출 한계는 $10^{-7}$~$10^{-8}$ M 정도이다.

최근에는 여러 회사에서 네모파 전압-전류법 기기를 생산하여 시판하고 있으며, 무기물과 유기물의 분석에 이 방법이 많이 이용되고 있다. 또한 액체 크로마토그래피의 검출기로서도 네모파 전압-전류법이 사용되고 있다.

## 23G 전압-전류법의 응용

과거에는 선형주사 전압-전류법이 여러 가지 무기물과 생물 분자, 생화학적 물질과 같은 유기물의 정량에 사용되었다. 그러나 최근에는 감도가 높고 편리하며 선택성이 좋은 펄스법이 고전적인 방법을 거의 대체하고 있다. 일반적으로 피크 높이 또는 면적을 분석물 농도의 함수로 도시하여 작성한 검정 곡선을 이용하여 정량한다. 경우에 따라서는 표준물 첨가법이 검정 곡선법 대신에 쓰이기도 한다. 두 경우 모두 표준 용액과 시료에서의 전해질의 농도와 pH가 서로 같아야 한다. 이런 조건하에서 상대 정밀도와 정확도는 1~3% 범위를 갖는다.

### ▸ 23G-1 무기물에의 응용

전압-전류법은 많은 무기물의 분석에 이용될 수 있다. 예를 들면, 대부분의 금속 양이온은 작업 전극에서 환원된다. 알칼리 금속과 알칼리 토금속도 요구되는 높은 전위에서 지지 전해질이 환원되지 않는다면 환원시킬 수 있다. 이러한 경우에 사용되는 지지 전해질로는 환원 전위가 높은 테트라알킬 할로젠화물 암모늄이 있다.

전압-전류법으로 양이온을 분석하는 데 있어서의 성공 여부는 지지 전해질의 선택에 달려 있는 경우가 많다. 반파 전위를 수록한 일괄표를 참고하면 지지 전해질을 선택하는 데 도움을 얻을 수 있다.[17] 그리고 음이온을 잘 선택함으로써 분석의 선택성을 높일 수도 있다. 예를 들면, 염화 포타슘을 지지 전해질로 사용하면 Fe(III)과 Cu(II)의 파형은 서로 방해를 받는다. 그러나 플루오르화물 매질에서는 Fe(III)의 반파 전위가 약 −0.5 V 정도 이동하는 반면에 Cu(II)의 반파 전위는 백분의 수 볼트 정도만 변하게 된다. 따라서 플루오르화합물을 지지 전해질로 사용하면 두 이온의 파형은 잘 분리되어 나타난다.

전압-전류법은 브롬산, 아이오딘산, 다이크로뮴산, 바나듐산, 셀렌산 및 아질산과 같은 무기 음이온을 분석하는 데에도 이용할 수 있다. 일반적으로 이러한 물질에 대한 전압-전류 곡선은 용액의 pH에 크게 영향을 받는다. 이는 수소 이온이 환원반응에 참여하기 때문이다. 따라서 용액을 적당한 pH가 되도록 완충시켜야 재현성이 있는 데이터를 얻을 수 있다(다음절 참조).

[17]응용 예는 다음을 참고하시오 J. A. Dean, *Analytical Chemistry Handbook*, Section 14, pp. 14.66–14.70, New York: McGraw-Hill, 1995; D. T. Sawyer, A. Sobkowiak, and J. L. Roberts, *Experimental Electrochemistry for Chemists*, 2nd ed., New York: Wiley, 1995, pp. 102–30.

### ▸ 23G-2 유기 전압-전류법 분석

처음 도입된 이후 전압-전류법은 유기 화합물의 연구와 정량에 사용되어 왔으며, 많은 논문들에서 이 주제에 관해 다루어 왔다. 몇 가지의 작용기가 보편적인 작업 전극에서 환원되므로 여러 가지 유기 화합물들을 분석 할 수 있다.[18] 산화될 수 있는 작용기들은 백금, 금, 탄소나 다른 변성된 전극을 사용한 전압-전류법으로 연구할 수 있다. 수은 전극에서 산화될 수 있는 작용기는 상대적으로 제한적인데, 이는 산화전극의 전위가 표준 칼로멜 전극에 대해 +0.4 V 이상이면 수은이 산화되기 때문이다.

#### » 유기 전압-전류법에서의 용매

용해도를 고려하면 유기 전압-전류법에서는 때때로 순수한 물 이외의 용매를 사용해야 한다. 글라이콜, 다이옥산, 아세토나이트릴, 알코올, 셀로솔브, 아세트산 등 물과 섞이는 용매들을 포함하는 수용액 혼합물이 사용되어 왔다. 아세트산, 폼아마이드, 다이에틸아민, 에틸렌 글라이콜과 같이 물을 포함하지 않는 매질에 대해서도 연구되어 왔다. 지지 전해질로 리튬이나 테트라알킬 암모늄 염을 사용하기도 한다.

전압-전류법의 응용에 대한 더 자세한 설명은 다른 곳에 나와 있다.[19]

다음의 유기 작용기는 전압-전류파를 나타낸다.

1. 카보닐기
2. 일부 카복실산
3. 대부분의 과산화물과 에폭시물
4. 나이트로, 나이트로소, 아민, 산화물 및 아조기
5. 대부분의 유기 할로젠기
6. 탄소/탄소 이중 결합
7. 하이드로퀴논과 머캅탄

## 23H 벗김법

벗김법(stripping method)은 공통의 특징적인 초기 단계를 거쳐 다양한 전기화학적 과정을 거친다.[20] 이들 과정에서 용액을 저어주면서 분석물을 작업 전극에 석출시킨다. 일정 시간이 지난 뒤 전기분해와 저어주는 것을 멈추고 석출된 분석물을 앞 절에서 설명한 전압-전류법 중의 하나로 분석한다. 분석의 두 번째 단계에서 분석물은 작업 전극으로부터 녹아 나오거나 벗겨져 나온다. 이 과정 때문에 벗김법이라는 이름이 붙었다. **산화 벗김법**(anodic stripping method)에서 작업 전극은 석출 단계에서는 환원전극으로 작용되고, 분석물이 원래의 형태로 산화되어지는 벗김 단계에서는 산화전극으로 작용한다. **환원 벗김법**(cathodic stripping method)의 경우 석출 단계에서는 작업 전극이 산화전극으로 작용하고 벗김 단계에서는 환원전극으로 작용한다. 석출 단계에서 분석물은 전기화학적으로 사전 농축되는데, 벌크 용액에서보다 작업 전극 표면에서의 분석물의 농도가 훨씬 크다. 사전 농축에 의해 벗김법은 모든 전압-전류법 중에서 가장 낮은 검출 한계를 보인다. 예를 들어, 산화 벗김법을 통한 펄스 전압-전류법에서 환경적으로 중요한 $Pb^{2+}$, $Ca^{2+}$, $Tl^{+}$ 이온의 검출 한계는 $10^{-9}$ 몰에 이른다.

**산화 벗김법**에서는 환원 과정에 의해 분석물이 석출되어 작은 부피의 수은 막이나 방울로부터 산화 과정에 의해 분석한다.

**환원 벗김법**에서는 분석물을 산화 과정에 의해 작은 부피의 수은으로 전기분해시킨 후 환원 과정으로 벗겨낸다.

**그림 23-30a**는 수용액 중에 있는 카드뮴과 구리 이온을 산화전극 벗김법으로 정량하는 데 이용된 전위 프로그램을 나타낸 것이다. 선형주사법을 이용하여 분석을 완결한다. 초기에 약 −1 V의 일정한 환원전위가 전극에 걸리는데, 이로 인해 카드뮴과 구리 이온은 환원되어 금속으로 석출된다. 전극에 두 금속이 충분히 축적될 때까지 몇 분간 전극 전위를 유지한다. 약 30초 정도 저어주는 것을 멈추어 주고,

[18] 유기 전기화학에 대한 자세한 논의는 다음을 참고하시오. A. J. Bard, M. Stratmann, and H. J. Schäfer, eds., *Encyclopedia of Electrochemistry*, Vol. 8, *Organic Electrochemistry*, New York: Wiley, 2002; H. Lund and O. Hammerich, eds., *Organic Electrochemistry*, 4th ed., New York: Marcel Dekker, 2001.

[19] D. A. Skoog, F. J. Holler, and S. R. Crouch, *Principles of Instrumental Analysis*, 6th ed., Section 25G, p. 746, Belmont, CA: Brooks/Cole, 2007.

[20] 벗김법에 대한 자세한 논의는 다음을 참고하시오. H. D. Dewald, in Modern *Techniques in Electroanalysis*, P. Vanysek, ed., Ch. 4, p. 151, New York: Wiley-Interscience, 1996; J. Wang, *Stripping Analysis*, Deerfield Beach, FL: VCH Publishers, 1985.

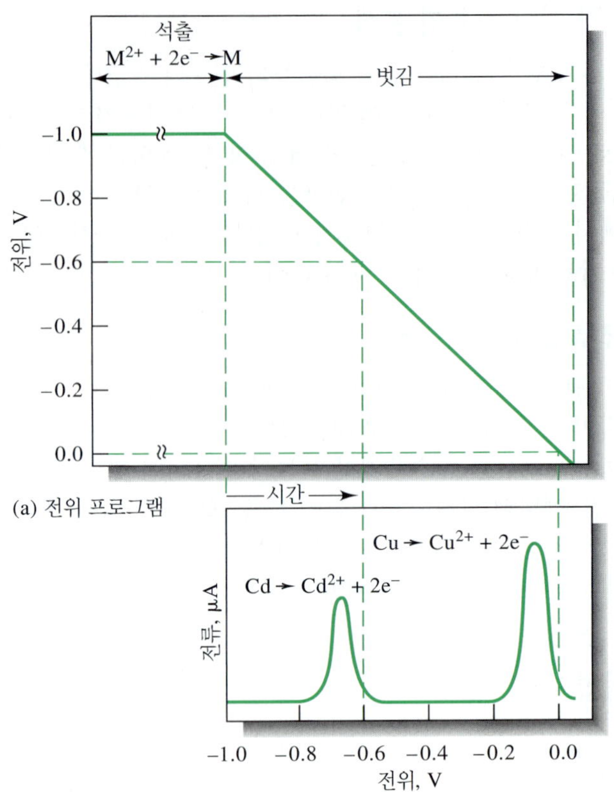


**그림 23-30** (a) $Cd^{2+}$와 $Cu^{2+}$의 벗김 정량에 대한 전위 프로그램과 (b) 벗김 전압-전류 곡선.

전극의 전위를 −1 V로 유지한다. 이어서 전극 전위를 음의 전위가 작게 되는 쪽으로 선형적으로 감소시키면서 전지에 흐르는 전류를 시간이나 전위의 함수로 기록한다. **그림 23-30b**는 그 결과로 얻어진 전압-전류 곡선이다. −0.6 V보다 조금 더 음의 전위에서 카드뮴이 산화되기 시작하고 이로 인한 전류가 급격히 증가하게 된다. 석출된 카드뮴이 소비됨에 따라 전류 피크가 나타나고 그 후 전류는 원래의 수준으로 감소한다. 구리의 산화로 인해 생긴 두 번째 피크는 전위가 −0.1 V 정도로 감소될 때 관측된다. 두 피크의 높이는 석출된 금속의 양에 비례한다.

벗김법은 미량 분석에 아주 유용하게 쓰인다. 왜냐하면 사전 농축 단계를 거치므로 미량의 분석물도 비교적 정확하게 정량할 수 있기 때문이다. 따라서 $10^{-6}$ ~$10^{-9}$ M 범위의 용액 분석도 간단하고 빠르게 수행할 수 있다.

## ▸ 23H-1 전기분해 석출 단계

벗김법 분석의 주된 장점은 측정하기 전에 분석물을 전기화학적으로 농축할 수 있다는 점이다.

전기분해 석출 단계에서 분석물의 일부만이 석출되는 것이 보통이다. 따라서 분석 결과는 전극 전위의 조절뿐만 아니라 검정 곡선의 작성을 위한 표준 용액과 시료 모두에 대한 전극의 크기, 석출 시간 및 저어주는 속도에 의존한다.

벗김법에 사용되는 작업 전극은 수은, 금, 은, 백금 및 여러 형태의 탄소 등으로 만들어진다. 가장 널리 사용되는 전극은 매달린 수은 방울 전극(hanging mercury drop electrode, HMDE)으로서 한 방울의 수은이 백금선으로 연결되어 있는 전극이다. HMDE는 몇몇 업체에서 시판되고 있다. 가끔 이런 전극은 방울 크기를 정확하게 조절하기 위해 마이크로미터가 부착된 마이크로 주사기를 함께 사용하기도 한다. 주사기-조절 운반시스템에서 수은을 교체함으로써 모세관의 끝에 방울이 생긴다(그림 23-3b). 회전 원판 전극도 벗김 분석에서 사용될 수 있다.

산화 벗김법으로 금속 이온을 정량하기 위해서는 새로운 매달린 방울을 만든 후, 용액을 교반하면서 정량하고자 하는 이온의 반파 전위보다 십분의 수 볼트만큼 더 음의 전위를 걸어준다. 주의 깊게 측정된 시간 동안에 침전이 일어나도록 하는데, 석출 시간은 분석물의 농도가 약 $10^{-7}$ M일 때는 1분 이하, $10^{-9}$ M일 때는 30분 이상 걸린다. 이 정도의 시간으로도 이온을 완전히 석출시킬 수는 없다. 전기분해 시간은 분석을 완결하는 데 사용된 분석 방법의 감도에 따라 달라질 수 있다.

### ▸ 23H-2 전압-전류법 분석의 완결 단계

작업 전극에 석출된 분석물은 여러 가지 전압-전류법 중의 한 방법으로 정량한다. 예를 들면, 이 절 도입부에서 기술했듯이 선형 산화전극 주사 과정에서는 석출이 끝난 후, 약 30초 동안 저어주기를 멈춘다. 그리고 전압을 원래의 환원 전위로부터 일정한 선형 속도로 감소시키면서 걸어준 전압의 함수로 생성되는 산화 전류를 기록한다. 이러한 과정을 거쳐 얻은 전압-전류 곡선을 그림 23-30b에 나타내었다. 이러한 형태의 분석은 분석 대상 양이온의 표준 용액을 사용한 검정법에 기초하고 있다. 적절히 주의를 기울이면 분석의 정밀도는 약 2% 정도가 된다.

앞 절에서 언급한 대부분의 전압-전류법 과정들이 벗김 단계에 적용되고 있다. 가장 널리 사용되고 있는 것은 산화 펄스차이법이다. 이 방법은 좁은 피크를 얻을 수 있으므로 혼합물의 분석에 유용하다. 좁은 피크를 얻을 수 있는 다른 방법은 수은 막 전극을 사용하는 것이다. 얇은 수은 막이 유리질 탄소와 같은 반응성이 없는 전극에서 전기분해 석출된다. 대개 수은 석출은 분석물의 석출과 동시에 일어난다. 필름에서 용액 계면까지의 평균 확산 경로가 수은 방울보다 훨씬 더 짧기 때문에 분석물의 벗김이 빨라진다. 그 결과 더 좁고 더 큰 전압-전류 피크가 생기며, 이로 인해 감도가 더 커지고 혼합물의 분리능도 더 좋아진다. 반면에 매달린 방울 전극은 재현성이 더 좋은 결과를 나타내며, 특히 분석물의 농도가 클 경우에 그러하다. 따라서 대부분의 응용에는 매달린 방울 전극이 사용된다. 그림 23-31은 광물화된 꿀 시료의 5가지 양이온들에 대한 산화 펄스차이 벗김법의 전압-전류 곡선으로 $1 \times 10^{-5}$ M $GaCl_3$를 섞었다. 이 전압-전류 곡선에서 알 수 있듯이 이 방법은 여러 목적에 적합한 좋은 분리능과 감도를 보여준다.

이외에도 많은 다른 벗김 기술이 개발되었다. 예를 들면, 많은 양이온들을 백금 환원전극에 전기분해 석출시켜 정량해 왔다. 석출물을 제거하는 데 필요한 전기량은 전기량법으로 측정한다. 이 방법도 특히 미량 분석에 유용하다. 할로젠화물에 대한 음극 벗김법도 개발되고 있다. 여기서는 할로젠화 이온이 먼저 수은 산화전극에 Hg(I)염의 형태로 석출된 다음, 환원 전류에 의해 벗김이 수행된다.

## 23I 미세 전극에서의 전압-전류법

지난 20여 년 동안 지금까지 기술한 전극보다 1/10 이상 더 작은 미세 전극을 사용한 전압-전류법 연구가 많이 수행되어 왔다. 이들 아주 작은 전극의 전기화학적 거

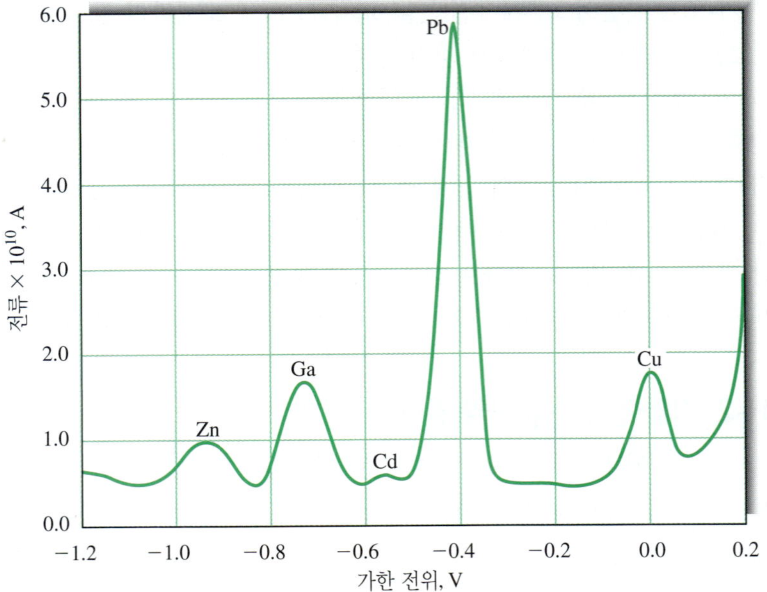


**그림 23-31** $GaCl_3$를 소량 첨가한 광물화된 꿀 분석에서의 펄스-차이 산화전극 벗김 전압-전류 곡선.

- 분석 용액의 최종 농도: $1 \times 10^{-5}$ M.
- 석출 전위: −1.20 V.
- 석출 시간: 젓지 않은 용액에서 1200초.
- 펄스의 높이: 50 mV.
- 산화전극의 주사 속도: 5 $mVs^{-1}$.

(Reprinted (adapted) from G. Sannaa et al., *Anal. Chim. Acta*, **2000**, *415*, 165, **DOI**: 10.1016/S0003-2670(00)00864-3, with permission from Elsevier.)

동은 기존의 전극과 매우 다르며 특정한 분석적 응용에서 장점을 가지고 있다.[21] 이런 전극을 기존의 전극과 구별하기 위하여 **미세 전극**(microelectrode)이라고 부른다. 이들 전극의 크기는 일반적으로 20 μm 이하이며, 직경이 30 nm, 길이가 2 μm로 작다($A \approx 0.2\ \mu m^2$).

미세 전극은 여러 가지 형태로 제작 사용되고 있다. 가장 많이 사용하는 전극은 가는 모세관에 반지름 5 μm의 탄소 섬유나 0.3~20 μm 크기의 금이나 백금선을 봉입하여 만든 평판 전극이다. 많은 다른 구조와 20 Å까지 작아진 크기의 미세 전극이 여러 분야에서 응용되고 있다. 수은 미세 전극은 금속을 탄소나 금속 전극에 전해 석출시켜 만든다. 이러한 전극에는 몇 가지 다른 형태가 있다.

일반적으로 미세 전극을 이용한 기기장치는 3-전극계가 필요하지 않기 때문에 그림 23-2나 그림 23F-2에 나타낸 것들보다 간단하다. 기준 전극을 없애도 좋은 이유는 전류가 pA~nA정도로 매우 작아서, μA 정도의 전류에서와는 달리, *IR* 손실이 전압-전류파에 영향을 주지 않기 때문이다.

미시적인 미세 전극에 대해 일찍부터 관심이 기울여졌던 이유 중의 하나는 단일 세포에서 일어나는 화학 과정을 연구하거나(**그림 23-32**), 또 포유류의 뇌와 같은 생명체의 장기 내에서의 과정을 연구하고자 했기 때문이다. 이 문제에 대한 하나의 접근법은 장기의 작용이 크게 달라지지 않도록 매우 작은 전극을 사용하는 것이다. 또한 미세 전극은 다른 종류의 분석 문제에 타당하게 응용될 수 있는 몇 가지 장점들을 가지고 있다. 이러한 장점으로는 우선 *IR* 손실이 매우 작아서 톨루엔과 같이 낮은 유전 상수값을 갖는 용매를 사용할 수 있다는 것이다. 둘째는 전극의 크기가 작아지면서 검출 한계에 영향을 주는 용량성 충전 전류를 크게 줄일 수 있다는 것이다. 셋째로는 전극의 크기가 감소함에 따라 전극으로 이동하거나 전극에서 나오는

[21]See R. M. Wightman, *Science*, **1988**, *240*, 415, **DOI**:10.1126/science.240.4851.415; R. M. Wightman, *Anal. Chem.*, **1981**, 53, 1125A, **DOI**: 10.1021/ac00232a004; S. Pons and M. Fleischmann, *Anal. Chem.*, **1987**, 59, **DOI**: 10.1021/ac00151a001; J. Heinze, *Angew. Chem., Int. Ed.*, **1993**, *32*, 1268; R. M. Wightman and D. O. Wipf, in *Electroanalytical Chemistry*, A. J. Bard, ed., Vol. 15, New York: Marcel Dekker, 1989; A. C. Michael and R. M. Wightman, in *Laboratory Techniques in Electroanalytical Chemistry*, 2nd ed., P. T. Kissinger and W. R. Heineman, eds., Ch. 12, New York: Marcel Dekker, 1996; C. G. Zoski, in *Modern Techniques in Electroanalysis*, P. Vanysek, ed., Ch. 6, New York: Wiley, 1996.

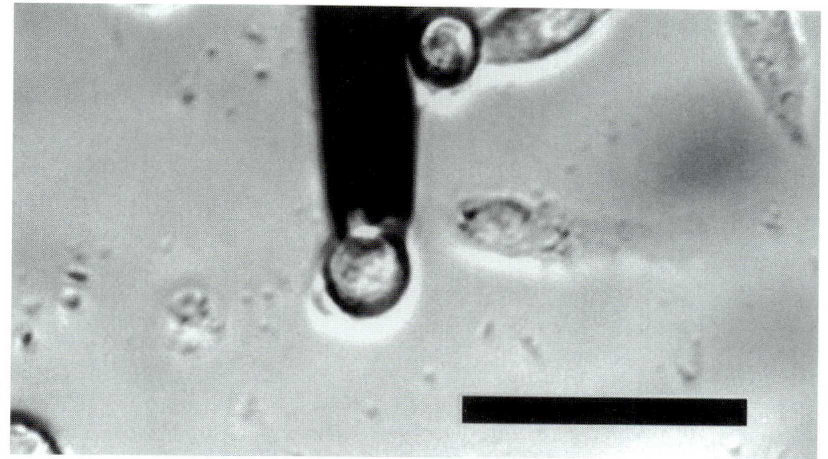

**그림 23-32** 부신수질(adrenal medulla)에서 채취한 bovine chromaffin 세포 가까이에 탄소 섬유로 만든 미세 전극을 사용하여 얻은 현미경 영상 · 세포 밖의 용액은 10 mM TRIS 완충 용액에 150 mM NaCl, 2 mM $CaCl_2$와 1.2 mM $MgCl_2$, 5 mM의 glucose가 포함됨. (From L. Buhler and R. M. Wightman, unpublished work. With permission.)

질량 이동 속도가 증가된다. 그 결과 젓지 않은 용액에 대해 고전적인 전극에서 밀리초 정도의 시간이 지나야 얻을 수 있는 정류 상태의 전류값을 마이크로초 정도의 시간에서 얻을 수 있다는 것이다. 이러한 측정 시간의 단축은 빠른 속도로 진행되는 전기화학 반응의 중간체 연구를 가능하게 했다. 극히 적은 부피 용액 중의 분석물을 정량하기 위한 나노 재료나 바이오센서에 대한 최근의 엄청난 관심을 고려하면 앞으로 미세 전극을 이용한 분야에 대한 연구와 개발이 당분간 계속될 것이다.

검색 엔진을 사용하여 양극 벗김 전압-전류법(ASV) 기기를 만드는 회사를 찾아보시오. ESA, Inc., Cypress Systems, Inc., Bioanalytical systems와 같은 회사에 접속하는 링크를 찾아야 한다. 두 기기 제작사에 대해 양극 벗김 전압-전류법에 사용되는 작업 전극을 비교하시오. 얇은 막 전극, 매달린 수은 전극 등 전극의 형태, 회전 전극으로 사용될 수 있는지, 건강에 미치는 영향을 고려해 보시오. 또한 두 개의 서로 다른 제작사의 두 장비에 대해 특징을 비교하시오. 비교할 때, 석출 전위 범위, 가능한 석출 시간, 주사 전위 범위, 주사 속도, 가격을 고려하시오.

## 연습 문제

**23-1.** 다음 용어의 차이를 설명하시오.
- *(a) 전압-전류법과 전류법
- (b) 선형 주사 전압-전류법과 펄스 전압-전류법
- *(c) 펄스차이 전압-전류법과 네모파 전압-전류법
- (d) 회전 원판 전극과 고리 원판 전극
- *(e) 한계 전류와 확산 전류
- (f) 유선형 흐름과 난류
- *(g) 작업 전극에서의 가역 반응에 대한 반파 전위와 표준 전극 전위
- (h) 벗김 방법과 표준 전압-전류법

**23-2.** 다음 용어를 정의하시오.
- (a) 전압-전류 곡선
- (b) 유체역학 전압-전류법
- (c) Nernst 확산층
- (d) 수은막 전극
- (e) 반파 전위
- (f) 확산 전류

***23-3.** 대부분의 전기 분석 과정에 사용하는 지지 전해질의 농도가 높아야 하는 이유는 무엇인가?

**23-4.** 3-전극 전지에서 기준 전극을 작업 전극 가까이에 두어야 하는 이유는 무엇인가?

***23-5.** 유기물 전압-전류법에서 완충 용액이 필요한 이유는 무엇인가?

**23-6.** 벗김법이 다른 전압-전류법의 과정들에 비해 감도가 더 높은 이유는 무엇인가?

***23-7.** 벗김법 분석에서 전해석출 단계의 목적은 무엇인가?

**23-8.** 백금이나 탄소 전극에 비해 매달린 수은 방울 전극의 장점과 단점을 나열하시오.

***23-9.** 식 (23-13)을 이용하여 전극에서의 가역 반응에 관여하는 전자의 수 $n$을 구하는 방법을 제시하시오.

**23-10.** 전압-전류법의 작업 전극에서 퀴논은 다음과 같은 가역적인 환원반응을 한다.

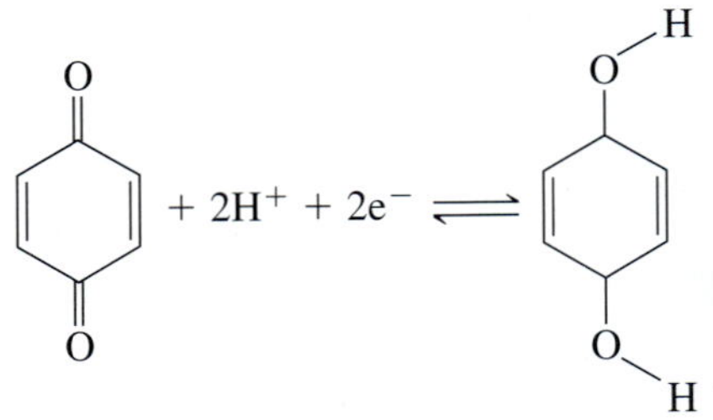

$$\text{Quinone} + 2H^+ + 2e^- \rightleftharpoons \text{Hydroquinone}$$

Quinone Hydroquinone

(a) 퀴논과 하이드로퀴논에 대한 확산 계수가 거의 같다고 가정할 때, pH 7.0인 완충 용액에 대한 회전 원판 전극 하에서 하이드로퀴논의 환원에 대한 반파 전위(vs. SCE)를 구하시오.

(b) (a)에서 용액의 pH 5.0인 완충 용액의 반파 전위를 구하시오.

**23-11.** $Pb^{2+}$ 이온을 적정 시약으로 하여 황산 이온을 전류법으로 정량하려고 한다. 만일 회전 수은 막 전극의 전위를 −1.00 V (vs. SCE)로 조정하면 적정이 진행되는 동안 측정한 전류로부터 $Pb^{2+}$의 농도를 추적할 수 있다. 검정 곡선을 얻는 실험에서 잔류 전류와 바탕 전류를 뺀 한계 전류는 $Pb^{2+}$ 농도에 대해 $i_l = 10\,c_{Pb^{2+}}$의 관계가 성립한다. 여기에서 $i_l$은 mA로 나타낸 한계 전류이며, $c_{Pb^{2+}}$는 mM 단위로 나타낸 $Pb^{2+}$의 농도이다. 적정 반응식은 다음과 같다.

$$SO_4^{\,2-} + Pb^{2+} \rightleftharpoons PbSO_4(s) \qquad K_{sp} = 1.6 \times 10^{-8}$$

만일 0.025 M $Na_2SO_4$ 25 mL를 0.040 M $Pb(NO_3)_2$로 적정한다면, 스프레드시트 형태로 적정 곡선을 작성하고, 적정제의 부피에 대해 한계 전류를 도시하시오.

***23-12.** 전기활성인 분석물이 소진되지 않고 많은 폴라로그램을 얻을 수 있다고 제안되어 왔다. 폴라로그래피 실험에서 45분간 60 mL의 0.08 M $Cu^{2+}$에서 한계 전류를 추적 관찰하고 있다고 하자. 실험 과정에서 평균 전류가 6.0 μA이면 용액에서 제거된 구리의 분율은 얼마인가?

***23-13.** 미지의 Cd(II) 용액을 표준물 첨가법에 의해 폴라로그래피로 분석하였다. 25.00 mL의 미지 용액 시료에서 1.86 μA의 확산 전류가 나타났다. 계속해서 5.00 mL의 2.12 × $10^{-3}$ M $Cd^{2+}$ 표준 용액을 미지 용액에 넣었을 때 확산 전류는 5.27 μA이었다. 미지 용액에서 $Cd^{2+}$의 농도를 계산하시오.

**23-14.** (a) 전압-전류법에서 미세 전극을 사용할 때의 장점은 무엇인가? (b) 전극이 너무 작아져도 가능한가? 답을 설명하시오.

**23-15.** **도전 문제:** 극히 적은 양의 시료(nL)를 분석하는 양극 벗김 전압-전류법이 제안되었다. (W. R. Vandaveer and I. Fritsch, *Anal. Chem.*, **2002**, *74*, 3575, **DOI**: 10.1021/ac011036s). 이 방법에서는 시료 속에 포함된 모든 금속을 전극으로 석출한 뒤에 벗김 과정을 거치게 된다. 용액의 부피 $V_s$와 금속을 벗기는 데 필요한 전체 전하 $Q$와의 관계식은 다음과 같다.

$$V_s = \frac{Q}{nFC}$$

여기서 $n$은 분석물 몰당 관여하는 전자의 몰수이고, $F$는 패러데이 상수, $C$는 전기분해하기 전의 금속 이온의 몰농도이다.

(a) 식 (22-8)에 있는 패러데이 법칙으로부터 위의 $V_s$에 대한 식을 유도하시오.

(b) 어떤 실험에서 석출된 금속은 Ag(*s*)이며, 8.00 mM $AgNO_3$ 용액으로부터 석출되었다. 유사 기준 전극으로 사용한 Au 전극(Au 상층)에 대하여 −0.700 V의 전위를 가하여 30분간 전기분해하였다. 관 형태의 나노띠 전극을 사용하였다. Ag은 선형 주사 속도 0.10 V/s에서 양극 벗김시켰다. 다음 표는 이상적인 양극 벗김 과정의 결과이다. 관형 전극으로부터 Ag을 벗기는 데 필요한 총 전기량을 구하시오. Simpson의 규칙을 통해 적분하거나 *Applications of Microsoft® Excel in Analytical Chemistry* 2판의 11장을 참조하여 Excel을 이용하여 적분할 수 있다. 구한 전기량으로부터 Ag가 석출된 용액의 부피를 구하시오.

| 전위, V | 전류, nA | 전위, V | 전류, nA |
|---|---|---|---|
| −0.50 | 0.000 | −0.123 | −1.10 |
| −0.45 | −0.02 | −0.10 | −0.80 |
| −0.40 | −0.001 | −0.115 | −1.00 |
| −0.30 | −0.10 | −0.09 | −0.65 |
| −0.25 | −0.20 | −0.08 | −0.52 |
| −0.22 | −0.30 | −0.065 | −0.37 |
| −0.20 | −0.44 | −0.05 | −0.22 |
| −0.18 | −0.67 | −0.025 | −0.12 |
| −0.175 | −0.80 | 0.00 | −0.05 |
| −0.168 | −1.00 | 0.05 | −0.03 |
| −0.16 | −1.18 | 0.10 | −0.02 |
| −0.15 | −1.34 | 0.15 | −0.005 |
| −0.135 | −1.28 | | |

(c) 석출 단계에서 모든 $Ag^+$ 이온이 Ag(*s*)로 환원되었는지 여부를 밝힐 수 있는 실험 방법을 제안하시오.

(d) 방울의 모양이 반구 형태인지 여부가 중요한가? 그에 대한 이유는 무엇인가?

(e) 제안된 방법을 테스트하기 위한 다른 방법을 제시하시오.

# 분광화학법

*Spectrochemical Analysis*

제5부

제 24 장

# 분광화학법의 기초

## Introduction to Spectrochemical Methods

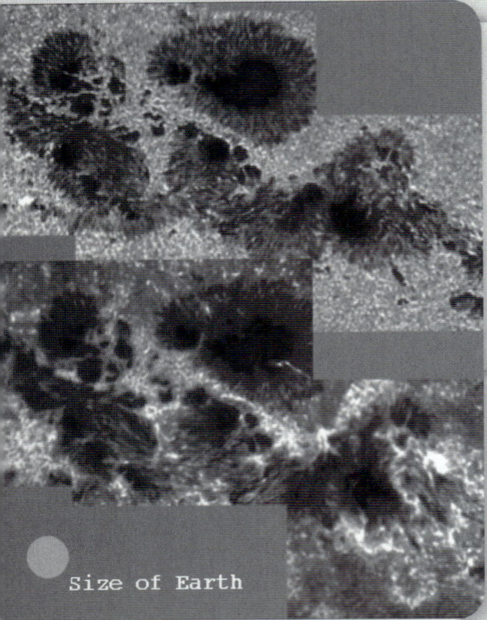


M. Sigwarth, J. Elrod, K.S. Balasubramaniam, S. Fletcher/NSO/AURA/NSF

이 태양흑점군 합성 사진은 2001년 3월 29일 New Mexico에 있는 Sacramento Peak Observatory에서 Dunn solar 망원경으로 수집한 것이다. 네 개의 틀로 이루어진 것 중 아래의 부분은 394.4 nm의 파장에서 수집한 것이고, 위쪽 부분은 430.4 nm에서 수집한 것이다. 아래의 사진은 칼슘의 농도를 나타낸다. 즉 색상의 진하기는 흑점에서 그 이온의 양에 비례한다. 위의 사진은 CH 분자의 존재를 보여 준다. 이와 같은 자료를 이용하면 관측 가능한 우주에서 실제적인 어떤 화학종의 양과 위치를 결정하는 것이 가능하다. 지구는 각 합성 사진의 왼쪽 위에서 크고 검은 중심 흑점에 적절히 위치하였다.

빛과 다른 형태의 전자기 복사선을 기반으로 한 측정은 분석 화학에서 널리 사용되고 있다. 복사선과 물질 사이의 상호작용을 연구하는 학문을 **분광학**(spectroscopy)이라 한다. 분광학적 분석 방법들은 관련 있는 분자 혹은 원자종들이 흡수하거나 내어 놓는 복사선의 양을 측정함을 기반으로 한다.[1] 분광학적인 방법은 측정에 관여하는 전자기 스펙트럼의 영역에 따라 분류한다. 사용되고 있는 전자기 스펙트럼은 $\gamma$-선, X-선, 자외선(UV), 가시선, 적외선(IR), 마이크로파 및 라디오파 복사선(RF)을 포함하고 있다. 실제로 최근에 분광법의 의미는 더욱 넓어져서 전자기 복사선과 관련이 없는 방법까지도 분광학의 범주에 포함시키고 있다. 그 예로는 음향, 질량 및 전자 분광법 등이 있다.

분석에서 유용한 다른 형태의 전자기 복사선은 $\gamma$-선, X-선, 마이크로파, RF파를 포함하고 있다. 광학적 분광법은 UV, 가시선, IR 복사선을 포함한다.

분광학은 현대 원자론의 발전에 크게 기여해 왔다. 더불어 **분광화학적 방법**(spectrochemical method)은 무기 화합물과 유기 화합물의 정성 및 정량 분석 외에도 분자의 구조를 설명하는 도구로 널리 이용하여 왔다.

이 장에서는 특히 UV, 가시선, IR 복사선의 흡수를 취급할 때와 같이 전자기 복사선의 측정을 이해하는 데 필요한 기본 원리에 대해서 설명한다. 전자기 복사선의 본질과 전자기 복사선과 물질과의 상호작용에 대해 강조할 것이다. 다음의 4개의 장은 분광학 기기(25장), 분자 흡광 분광학(26장), 분자 형광 분광학(27장), 원자 분광학(28장), 질량 분석법(29장)에 대한 것이다.

[1]더 자세한 것은 다음 문헌을 참고하시오. D. A. Skoog, F. J. Holler, and S. R. Crouch, *Principles of Instrumental Analysis*, 6th ed., Sections 2–3, Belmont, CA: Brooks/Cole, 2007; F. Settle, ed., *Handbook of Instrumental Techniques for Analytical Chemistry*, Sections III–IV, Upper Saddle River, NJ: Prentice-Hall, 1997; J. D. Ingle, Jr., and S. R. Crouch, *Spectrochemical Analysis*, Upper Saddle River, NJ: Prentice-Hall, 1988; E. J. Meehan, in *Treatise on Analytical Chemistry*, 2nd ed., P. J. Elving, E. J. Meehan, and I. M. Kolthoff, eds., Part I, Vol. 7, Chs. 1–3, New York: Wiley, 1981.

## 24A 전자기 복사선의 성질

**전자기 복사선**(electromagnetic radiation)은 아주 빠른 속도로 공간을 투과하는 에너지의 한 형태이다. 자외선/가시선 그리고 때때로 적외선 영역의 전자기 복사선을 **빛**(light)이라 한다. 빛이라는 용어는 엄격하게 이야기하면 가시 복사선만을 말한다. 전자기 복사선은 파장, 주파수, 속도, 진폭의 성질을 가진 파동으로 표현될 수 있다. 빛은 음파와는 대조적으로 투과를 위한 지지 매질이 필요 없다. 그래서 진공에서도 쉽게 전파한다. 또한 빛은 소리보다 거의 백만 배 이상 빨리 이동한다.

파동 모형은 복사 에너지의 흡수나 방출과 관련된 현상을 설명할 수는 없다. 이와 같은 과정들을 설명하기 위해서는 전자기 복사선을 **광자**(photon) 혹은 **양자**(quanta)라 불리우는 불연속적인 에너지 다발 혹은 입자로 취급할 수 있다. 입자와 파동으로서 복사선의 이중성은 상호 배타적이라기보다는 상호 보완적이다. 실제로 나중에 알게 되겠지만, 광자의 에너지는 광자의 진동수에 직접 비례한다. 유사하게 이 이중성은 전형적인 파동의 거동과 연관되어 있는 간섭과 회절 효과를 만들 수 있는 전자, 양성자, 다른 기본 입자들의 흐름에 적용된다.

Richard P. Feynman (1918~1988)은 20세기에 가장 잘 알려진 명망 있는 과학자 중의 한 사람이다. 그는 1965년에 양자 전기역학의 개발의 공헌으로 노벨상을 수상하였다. 그는 많고 다양한 과학적 기여를 하였을 뿐만 아니라, 유능한 교육자였으며, 그의 강의와 저서들은 물리교육과 일반 과학 교육에 지대한 영향을 끼쳤다.

### ▸ 24A-1 파동 성질

반사, 굴절, 간섭, 회절과 같은 현상을 취급할 때는 전자기 복사선이 **그림 24-1a**에 나타낸 것처럼 수직으로 진동하는 전기장과 자기장으로 이루어진 파동으로 모형화하면 편리하다. 단일 진동수의 파동에 대한 전기장은 **그림 24-1b**에 나타낸 것처럼 공간과 시간에 대해 사인파를 그리며 진동한다. 여기에서는 전기장은 장의 세기에 비례하는 길이를 벡터로 표시하였다. 이 그림에서 $x$축은 복사선이 공간의 정해진 지점을 통과하는 시간, 또는 정해진 시간에 이동하는 거리이다. 장이 진동하는 방향과 전기장이 전파하는 방향이 수직임을 명심하여야 한다.

*이제 전자와 광자가 어떻게 거동하는지 알고 있다. 그것을 어떻게 불러야 할까? 만약 전자와 광자가 입자처럼 행동한다고 말한다면, 또한 전자와 광자가 파동처럼 행동한다고 말한다면, 잘못된 인상을 준다. 그들은 기술적으로 양자역학적 방법이라 불리는 그들 자신의 흉내낼 수 없는 방법으로 행동한다. 그들은 이전에 볼 수 없었던 것과 같은 방법으로 거동한다.* —R. P. Feynman[2]

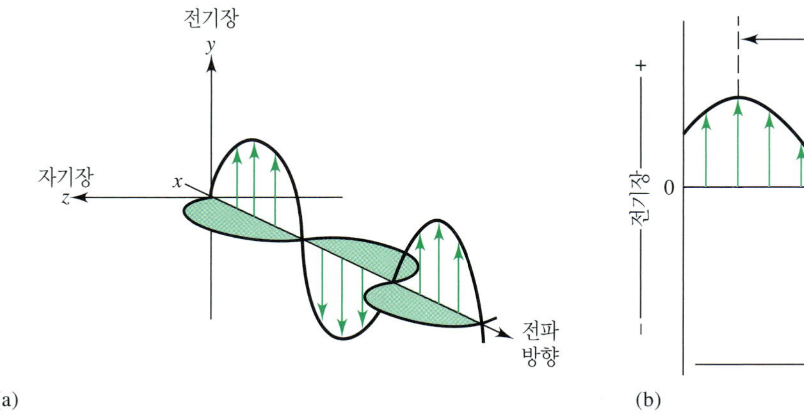


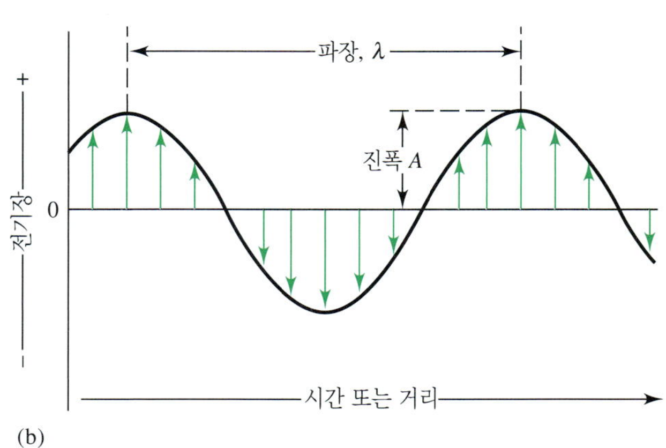


**그림 24-1** 단일 진동수 전자기 복사선의 파동 성질 (a) 편광된 파동이 $x$축을 따라 전파되고 있는 것을 보여주고 있다. 전기장은 자기장에 대해 수직인 면에 대해 진동하고 있다. 만약 복사선이 편광되지 않았다면 전기장의 성분은 모든 면에서 보여질 것이다. (b) 진동하는 전기장만 나타내었다. 파동의 진폭은 파동의 최고점에서 전기장 벡터의 길이이다. 반면에 파장은 연속적인 최고점 사이의 거리이다.

[2] R. P. Feynman, *The Character of Physical Law*, New York: Random House, 1994, p. 122.

전자기파의 **진폭**은 파의 극대점에서의 자기장이나 전기장의 크기를 나타내는 벡터량이다.

전자기파의 **주기**는 파의 극대점 또는 극소점이 공간의 일정 지점을 통과하는 시간(초)을 나타낸다.

전자기파의 **진동수**는 1초 간에 진동하는 횟수를 뜻한다.

진동수의 단위는 헤르쯔(Hz)이고 이는 초당 1회의 진동에 해당한다. 즉 1 Hz = 1 $s^{-1}$. 전자기 복사선 진동수는 다른 매질을 통과하여도 변하지 않는다.

복사선의 속도와 파장은 복사선이 진공에서 또는 공기에서 밀도가 더 높은 매질로 지나갈 때 더 작아진다. 진동수는 변화하지 않고 일정하다.

식 (24-1)에서 다음 관계이다. $v$ (거리/시간) = $\nu$ (파수/시간) × λ(거리/파)

세 자리의 유효 숫자로 나타내면, 식 (24-2)는 공기 혹은 진공에서 동일하게 적용할 수 있다.

**매질의 굴절율** $\eta$는 전자기 복사선과 매질을 통과하는 전자기 복사선사이의 상호작용 정도의 척도이다. 굴절율의 정의는 $\eta = c/v$이다. 예를 들어 실온에서 물의 굴절율은 1.33이다 이는 복사선이 $c$/1.33 혹은 2.26 × $10^{10}$ cm $s^{-1}$의 속도로 물을 통과한다는 것을 의미한다. 다시 말하면 물속에서 빛이 진공에서 보다 1.33배 느리게 진행한다. 복사선의 속도와 파장은 진공에서 또는 공기에서 밀도가 더 높은 매질로 지나갈 때 더 비례해서 작아지지만 진동수는 일정하다.

**표 24-1**

**여러 가지 스펙트럼 영역의 파장 단위**

| 영역 | 단위 | 정의 |
|---|---|---|
| X-선 | 옹스트롱(Å) | $10^{-10}$ m |
| 자외선/가시선 | 나노미터(nm) | $10^{-9}$ m |
| 적외선 | 마이크로미터(μm) | $10^{-6}$ m |

## » 파동 특성

그림 24-1b에 사인파의 **진폭**(amplitude)을 나타내었으며, 파장을 정의하였다. 연속적인 최대점 혹은 최소점이 공간에서의 고정된 점을 통과하는 데 걸리는 시간을 초 단위로 나타낸 것을 복사선의 **주기**(period), $p$라 한다. 단위 시간당 전기장 벡터의 진동의 수를 **진동수**(frequency), $\nu$라 하며, 진동수는 1/$p$와 같다.

빛 혹은 전자기 복사선 파의 진동수는 파를 방출하는 광원에 의해 결정되며 빛이 지나는 매질에는 상관없이 일정하다. 반면에 파의 **속도**(velocity), $v$는 파동이 이동하는 매질과 진동수에 따라 달라진다. **파장**(wavelength), λ는 그림 24-1b에 나타낸 것처럼 파의 연속적인 최대점 또는 최소점들 사이의 직선거리이다. 진동수(초당 파동의 수)에 파장(파동에 대한 거리)을 곱하면 식 (24-1)에서 보여 주듯이 단위 시간당 거리의 단위(cm $s^{-1}$ 혹은 m $s^{-1}$)를 가지는 파동의 속도가 된다. 속도와 파장이 매질에 의존한다는 것을 명심하여야 한다.

$$v = \nu\lambda \tag{24-1}$$

**표 24-1**에 여러 가지 스펙트럼 영역의 파장 단위를 나타내었다.

## » 빛의 속도

진공에서 빛은 최대 속도로 움직인다. 기호 $c$로 나타낸 이 속도는 2.99792 × $10^8$ m $s^{-1}$이다. 공기 중에서 빛의 속도는 진공 중에서의 빛의 속도보다 0.03%밖에 작지 않다. 그래서 진공이든 공기중이든 상관없이 식 (24-1)으로부터 빛의 속도를 아래와 같이 나타낼 수 있다.

$$c = \nu\lambda = 3.00 \times 10^8 \text{ m s}^{-1} = 3.00 \times 10^{10} \text{ cm s}^{-1} \tag{24-2}$$

물질을 포함하는 매질에서의 빛의 속도는 매질을 이루는 원자나 분자에 있는 전자와 빛의 전자기장 사이의 상호작용 때문에 $c$보다 더 작아진다. 복사선의 진동수는 일정하기 때문에 빛이 진공에서 물질을 포함하는 매질을 통과하면 파장은 짧아져야 한다[식 (24-1) 참조]. 가시복사선에 대한 이 효과를 **그림 24-2**에 나타내었다. 이 효과가 아주 커질 수 있음을 유의하시오.

전자기 복사선을 표시하는 다른 방법으로 **파수**(wavenumber), $\bar{\nu}$이다. 이는 센티미터 당 들어 있는 파의 수로 정의 되며 1/λ과 같다. 정의에 의해 $\bar{\nu}$의 단위는 $cm^{-1}$이다.

**예제 24-1**

파장이 5.00 μm인 적외선 빛의 파수를 계산하시오.

**풀이**

$$\bar{\nu} = \frac{1}{\lambda} = \frac{1}{5.00\ \mu\text{m} \times 10^{-4}\ \text{cm}/\mu\text{m}} = 2000\ \text{cm}^{-1}$$

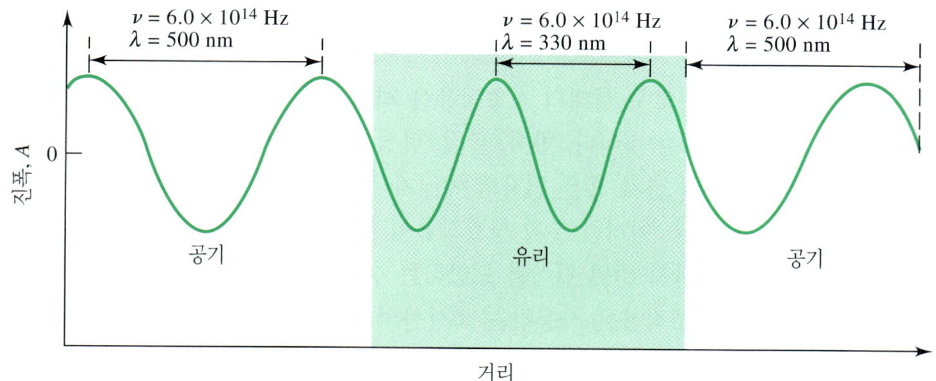


**그림 24-2** 복사선이 공기에서 밀도가 큰 유리를 지나 다시 공기로 나올 때의 파장 변화. 복사선이 유리로 들어갈 때 파장이 거의 200 nm 혹은 30% 이상이 짧아진다. 복사선이 다시 공기로 들어갈 때 역 변화가 일어남을 주목하시오.

### » 복사력과 세기

Watt (W) 단위를 가지는 **복사력**(radiant power), $P$는 단위 시간당 일정한 면적에 도달하는 빛살의 에너지이다. **세기**(intensity), $I$는 단위 입체각에 작용하는 복사력이다.[3] 이 두 양은 전기장의 진폭 제곱에 비례하는 양이다(그림 24-1b). 엄격하게 말하면 '복사력'과 '세기'는 같지는 않지만 종종 구분 없이 사용한다.

$cm^{-1}$ 단위로 나타내는 파수 $\bar{\nu}$는 일반적으로 적외선 영역의 복사선을 나타낼 때 사용된다. 유기물을 검출하고 정량할 때 적외선 스펙트럼의 가장 유용한 파장 범위는 2.5~1.5 μm이다. 이것을 파수로 나타내면 4000~667 $cm^{-1}$범위에 해당한다. 전자기 복사선의 빛살의 파수는 복사선의 에너지와 진동수에 직접적으로 비례한다.

## ▸ 24A-2 빛의 입자성 : 광자

복사/물질의 상호작용에 대해 취급할 때 빛이 광자 혹은 양자로 이루어져 있다고 생각하면 아주 유용하다. 광자의 에너지는 그것의 파장, 진동수, 파수로 아래와 같이 연관 시킬 수 있다.

$$E = h\nu = \frac{hc}{\lambda} = hc\bar{\nu} \qquad \textbf{(24-3)}$$

**광자**는 질량이 없고 $h\nu$의 에너지를 가지는 전자기 복사선의 입자이다.

여기서 $h$는 Planck 상수($6.63 \times 10^{-34}$ J·s)이다. 파수와 진동수는 파장과는 반대로 광자의 에너지에 정비례한다는 것을 명심하시오. 파장은 에너지에 반비례한다. 복사선 빛살의 복사력은 단위 초당 광자의 수에 정비례한다.

식 (24-3)에서 복사선의 에너지는 단위는 SI 단위계의 주울이다. 1 **주울**은 1 뉴턴의 힘으로 1 미터의 거리에 작용하여 생긴 일이다.

진동수와 파수는 모두 광자의 에너지에 비례한다.

**예제 24-2**

예제 24-1에 나타낸 복사선의 광자 한 개가 갖는 에너지를 joule 단위로 계산하시오.

**풀이**

식 (24-3)을 적용하면, 다음과 같이 표현할 수 있다.

$$E = hc\bar{\nu} = 6.63 \times 10^{-34}\,\text{J}\cdot\cancel{\text{s}} \times 3.00 \times 10^{10}\frac{\text{cm}}{\cancel{\text{s}}} \times 2000\ \text{cm}^{-1}$$
$$= 3.98 \times 10^{-20}\,\text{J}$$

'1몰의 광자'는 주어진 파장에서 $6.022 \times 10^{23}$개의 복사선의 묶음을 의미한다. 5.00 μm의 파장을 가지는 1 몰의 광자의 에너지는 $6.022 \times 10^{23}$ 광자/몰 × 1 몰 × $3.98 \times 10^{-20}$ J/광자 = $2.40 \times 10^{4}$ J = 24.0 kJ이다.

[3]입체각이란 3차원으로 공간에서의 퍼짐을 표시하는 척도로 어떤 기준점에서 곡면을 단위구 위로 사영한 면적으로 측정된다. 입체각의 단위는 스테라디언(sr)이다.

## 24B 복사선과 물질의 상호 작용

분광학에서 가장 흥미로운 형태의 상호작용은 화학종들의 다른 에너지 준위들 사이의 전이를 수반한다는 것이다. 반사, 굴절, 탄성 산란, 간섭, 회절과 같은 다른 종류의 상호작용은 특정 분자 혹은 원자의 에너지 준위보다도 물질의 부피 성질들과 연관 있는 경우가 있다. 이러한 부피 상호작용이 분광학에서 흥미있는 것이기는 하지만, 여기에서는 에너지 준위 전이를 포함하는 상호작용에 대해서 논의한다. 관찰하는 특정 형태의 상호작용은 사용하는 복사선의 에너지와 검출 방법에 크게 의존한다.

**표 24-2**

| 자외선, 가시선, 적외선 스펙트럼의 영역 | |
|---|---|
| **영역** | **파장 범위** |
| 자외선 | 180~380 nm |
| 가시선 | 380~780 nm |
| 근-적외선 | 0.78~2.5 μm |
| 중간-적외선 | 2.5~50 μm |

### ▸ 24B-1 전자기 스펙트럼

전자기 스펙트럼은 넓은 범위의 에너지(진동수)와 파장을 포함한다(**표 24-2**). 유용한 진동수는 $> 10^{19}$ Hz ($\gamma$-선)에서 $10^3$ Hz(라디오파)까지이다. 예를 들어, X-선의 광자($\nu \approx 3 \times 10^{18}$ Hz, $\lambda \approx 10^{-10}$ m)의 에너지는 전구($\nu \approx 3 \times 10^{14}$ Hz, $\lambda \approx 10^{-6}$ m)에서 방출되는 광자의 에너지보다 근사적으로 10,000배 정도 그리고 라디오 진동수의 광자($\nu \approx 3 \times 10^3$ Hz, $\lambda \approx 10^5$ m)보다는 $10^{15}$배 더 크다.

스펙트럼에서의 색의 순서를 쉽게 기억하는 방법은 다음과 같다. **ROY G BIY**: **R**ed (빨간색), **O**range (주황색), **Y**ellow (노란색), **G**reen (녹색), **B**lue (파란색), **I**ndigo (남색), **V**iolet (보라색).

스펙트럼의 주요 영역을 이 책의 앞표지 안쪽에 나타내었다. 사람의 눈이 감응하는 가시선 영역은 모든 스펙트럼 영역 중의 미세한 부분이라는 것을 명심하여야 한다. 감마($\gamma$)선 혹은 라디오파와 같은 다른 형태의 복사선은 가시선과는 광자의 에너지(진동수)에 있어서만 차이가 있다.

**가시선**(visible region)의 스펙트럼 영역은 약 400 nm에서 700 nm까지이다(표 24-2).

**그림 24-3**에 분광 분석에 사용되는 전자기 스펙트럼의 영역을 나타내었다. 시료와 복사선의 상호작용의 결과로 생기는 원자 혹은 분자의 전이 형태도 같이 나타내었다.

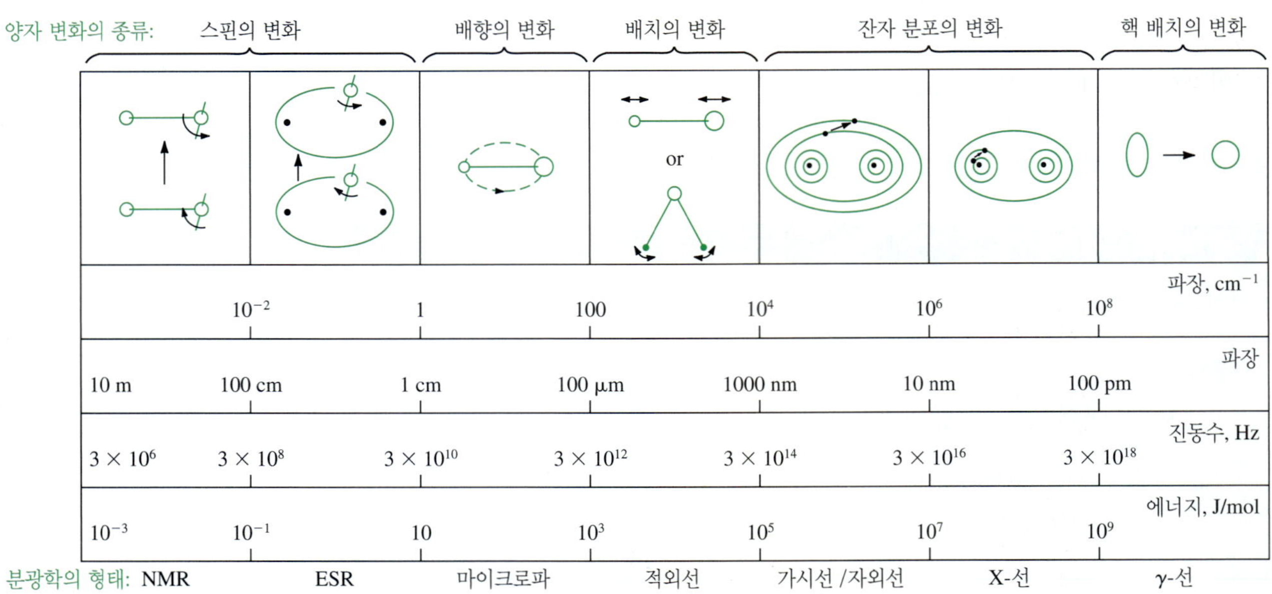


**그림 24-3** 전자기 스펙트럼의 영역. 전자기 복사선과 분석물의 상호작용 결과가 생길 수 있는 변화의 종류를 보였다. 자외선/가시선 영역에서는 전자 분포의 변화가 있다는 것을 명심하시오. 파수, 파장, 진동수, 에너지는 전자기 복사선을 묘사하는 특성들이다. (C. N. Banwell, *Fundamentals of Molecular Spectroscopy*, 3rd ed., New York; McGraw-Hill, 1983, p. 7.)

핵자기 공명(NMR)과 전자스핀공명(ESR) 분광법에 사용되는 작은 에너지 복사선은 스핀의 변화와 같은 작은 변화를 야기시키고, $\gamma$-선 분광학에서 사용되는 높은 에너지 복사선은 핵 배치의 변화와 같은 아주 큰 효과를 만들 수 있다는 것을 명심하시오.

가시선뿐만 아니라 자외선과 적외선을 이용한 분광 화학적 방법은 자외선과 적외선은 사람의 눈으로 감응하지 못한다는 사실에도 불구하고 때때로 **광학법**(optical method)이라 불린다. 이처럼 용어상 애매한 점이 있기는 하나 이 세 가지 스펙트라 영역에 대한 기기장치는 많은 공통점을 가지며, 이 세 가지 형태들의 복사선과 물질과의 상호작용은 유사하다.

**광학적 방법**은 자외선, 가시선, 적외선 복사선을 기반으로 한 분광학적 방법이다.

## ▸ 24B-2 분광학적 측정

분광학자들은 시료에 대한 정보를 얻기 위하여 물질과 복사선의 상호작용들을 이용한다. 분광학에 의해 몇 가지 화학 원소들이 발견되었다(특집 24-1 참조). 시료는 열, 전기 에너지, 빛, 입자 혹은 화학 반응의 형태의 에너지를 가함으로서 어떤 방법으로든 자극된다. 자극이 가해지기전의 시료들은 대부분이 가장 낮은 에너지 상태 혹은 **바닥 상태**(ground state)에 있다. 자극을 가하고 나면 분석종의 일부는 높은 에너지 혹은 **들뜬 상태**(excited state)로 전이가 일어난다. 분석물에 대한 정보는 들뜬 상태에서 바닥 상태로 되돌아갈 때 방출하는 전자기 복사선을 측정하거나 들뜨게 하기 위해 흡수한 전자기 복사선의 양을 측정함으로써 얻을 수 있다.

**그림 24-4**에 방출과 화학발광 분광법과 연관 있는 과정들을 나타내었다. 여기에서는 분석물이 열 혹은 전기 에너지 혹은 화학 반응에 의해 자극되었다. **방출 분광법**(emission spectroscopy)은 열이나 전기 에너지에 의해 자극되는 방법을 포함하고 있다. 반면에 **화학발광 분광법**(chemiluminescence spectroscopy)은 분석물이 화학 반응에 의해 들뜸을 말한다. 이들 두 경우에 있어서 분석물이 바닥 상태로 되돌아올 때 방출하는 복사력에 대한 측정은 분석물의 본질과 농도에 대한 정보를 제공한다. 이와 같은 측정의 결과는 방출 복사선을 주파수 혹은 파장의 함수로 나타낸 **스펙트럼**(spectrum)에 의해 도식적으로 표현된다.

**화학발광**의 좋은 예는 개똥벌레에 의한 빛의 방출이다. 개똥벌레 반응에서는 luciferase 효소가 luciferin이 삼인산화 아데노신과 반응하여 oxyluciferin, 이산화 탄소, 단인산화 아데노신과 빛으로 만들어지는 산화적 인산화반응의 촉매 역할을 한다. 화학발광은 생물학적 혹은 효소 반응을 포함하고 있기 때문에 종종 **생발광**(bioluminescence)이란 용어를 사용하기도 한다. 야광 막대는 화학발광의 다른 예이다.

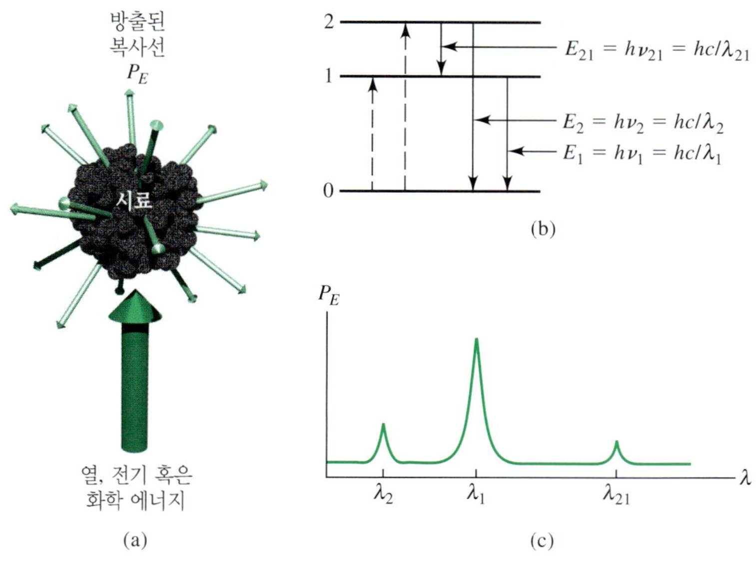


**그림 24-4** 방출 혹은 광발광 과정. (a) 시료는 열, 전기 혹은 화학 에너지를 가함으로써 들뜬다. 이러한 과정은 복사 에너지가 관여하지 않는다. 그래서 비복사 과정이라 부른다. (b) 에너지 준위 도표에서 위쪽은 향하는 점선 화살들은 비복사 들뜸 과정을 나타낸다. 반면에 아래쪽은 향하는 실선 화살들은 분석물이 광자의 방출에 의해 에너지를 잃는 것을 나타낸다. (c) 파장 $\lambda$의 함수로서 방출된 복사력($P_E$) 측정을 보여주는 결과 스펙트럼.

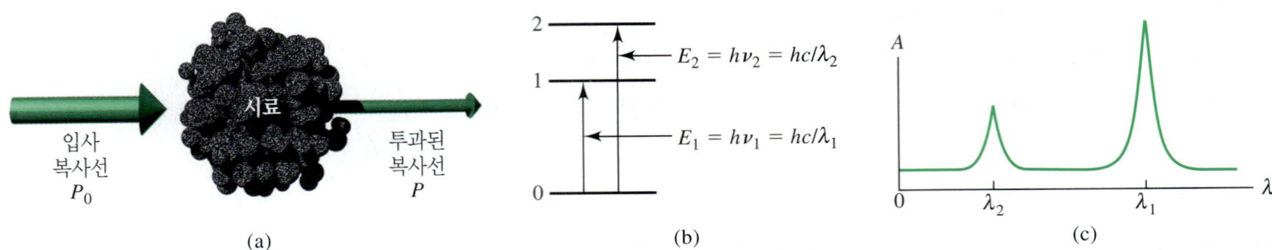


**그림 24-5** 흡수 방법. (a) 입사 복사력 $P_0$의 복사선이 분석물에 의해 흡수되면, 낮은 복사력 $P$의 투과된 광이 생긴다. 흡수가 일어나면 입사광의 에너지는 (b)에서 나타낸 에너지 차이들 중의 한 개에 대응한다. 결과 생기는 흡수 스펙트럼을 (c)에 나타내었다.

시료가 외부의 전자기 복사선 원으로부터 자극을 받으면 여러 가지 과정이 가능하다. 예를 들면 복사선은 산란되거나 반사될 수 있다. 무엇보다도 중요한 것은 **그림 24-5**에 나타낸 것처럼 입사 복사선의 일부가 흡수될 수 있고, 흡수됨으로써 분석종의 일부가 들뜬 상태로 된다는 점이다. **흡수 분광법**(absorption spectroscopy)에서는 파장의 함수로서 흡수된 빛의 양을 측정한다. 이것은 시료에 대한 정성적, 정량적 정보를 줄 수 있다. **광발광 분광법**(photoluminescence spectroscopy)(**그림 24-6**)에서는 흡수 후의 광자의 방출을 측정한다. 분석 목적으로 광발광의 가장 중요한 형태는 **형광**(fluorescence)과 **인광 분석법**(phosphorescence spectroscopy)이다.

여기에서는 화학, 생물학, 법의학, 공학, 농업, 임상화학 등 다양한 분야에서 넓고, 유용하게 사용되어지는 자외선/가시선 영역의 스펙트럼의 흡수 분광법에 초점을 맞추기로 한다. 그림 24-4에서 그림 24-6까지 보여준 과정들은 전자기 스펙트럼의 어떤 영역에서도 일어날 수 있다. 즉 다른 에너지 준위는 핵 준위, 전자 준위, 진동 전위, 스핀 준위가 될 수 있다.

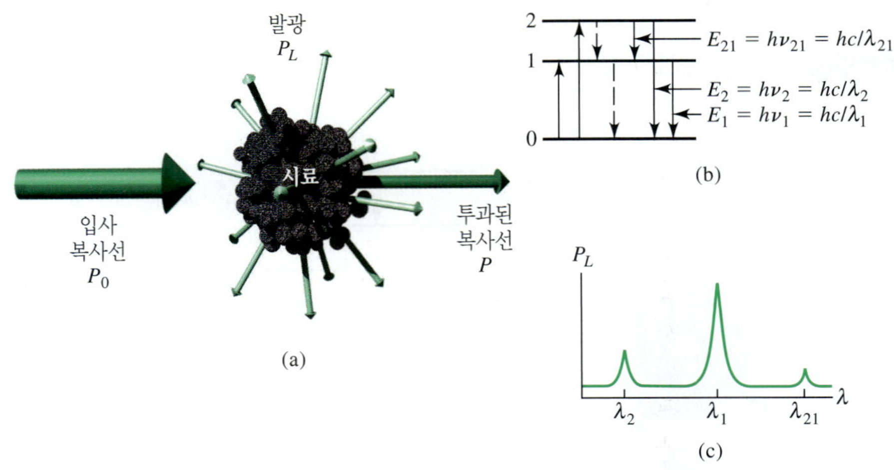


**그림 24-6** 광발광법(형광과 인광). 형광과 인광은 전자기 복사선의 그림흡수와 흡수 후 복사선의 방출에 의한 에너지 분산의 결과로 생긴다(a). 그림 (b)에서는 흡수는 상태 1 혹은 상태 2로의 분석물의 들뜸을 일으킨다. 일단 들뜨면 과잉 에너지는 광자의 방출(발광, 실선)이나 비복사 과정(점선)에 의하여 없어질 수 있다. 방출은 모든 각도에서 일어나며 방출된 파장들(c)은 준위들 사이의 에너지 차이에 대응한다. 형광과 인광 사이의 큰 차이점은 형광은 바로 일어나지만, 인광은 지연되어 일어난다는 방출 시간의 크기이다.

**특집 24-1**

### 분광학과 원소의 발견

오늘날의 분광학은 1672년 Isaac Newton경에 의해 태양의 스펙트럼 관찰로부터 시작되었다. Newton의 실험에서는 프리즘에 부딪쳐서 스펙트럼의 색으로 분산될 수 있는 암실로 태양에서 나온 빛이 작은 구멍을 통과하였다. 색의 단순한 관찰이 아닌 스펙트라 양상에 대한 최초의 서술은 1802년에 태양 스펙트럼의 사진이 어두운 선에 주의를 기울인 Wollaston의 기여로 이루어졌다. 그림 24F-1의 태양스펙트럼에서 보여주는 500개 이상의 이러한 선들은 후에 Fraunhofer에 의해 더 자세히 설명되었다. Fraunhofer는 1817년에 이루어진 그의 관찰을 기반으로 하여 스펙트럼의 빨간 끝을 'A'로 시작하여 중요한 선들에 문자를 붙였다. 태양 스펙트럼은 17개의 색상판으로 나타낸다.

1859년과 1860년에 Gustav Kirchhoff와 Robert Wilhelm Bunsen은 Fraunhofer선들의 본질에 대해 설명하였다. Bunsen은 거의 투명한 불꽃 안에서 방출과 흡수 현상의 스펙트라를 관찰하기 가능한 유명한 버너(그림 24F-2)를 몇 년 전에 발명하였다. Kirchhoff는 Fraunhofer 'D'선들은 태양 주위의 소듐에 기인한 것이고, 'A'와 'B'선들은 칼륨에 기인한 것이라는 결론을 내렸다. 지금도 소듐의 방출선을 소듐 'D'선이라 부른다. 소듐을 포함하는 불꽃이나, 소듐 증기램프에서 보여주는 친근한 노란색은 이 선들 때문이다. Kirchhoff는 태양의 스펙트럼에는 리튬이 없으므로 태양에는 리튬이 전혀 존재하지 않는다는 결론을 도출했다. 또한 Kirchhoff는 이러한 연구를 통하여 물체와 물체의 경계면에서 흡수와 방출하는 빛과 연관 있는 유명한 법칙을 제안하였다. Kirchhoff는 Bunsen과 더불어 다른 원소들은 불꽃 속에서 다른 색이 나타나고, 다른 색의 띠들과 선들로 나타나는 스펙트라를 만든다는 것을 관찰하였다. 화학 분석에서 분광학의 이용에 대한 발견은 Kirchhoff와 Bunsen의 덕택이다. 여러 개의 원소에서 방출되는 스펙트라는 color plate 16에 나타내었다. 이 방법은 곧바로 새로운 원소들의 발견을 포함한 많은 실제적인 용도에 사용되었다. 1860년에 세슘과 루비듐이 발견되었으며 이어서 1861년에는 탈륨, 1864년에는 인듐이 발견되었다. 분광 분석의 시대는 명백하게 시작되었다.

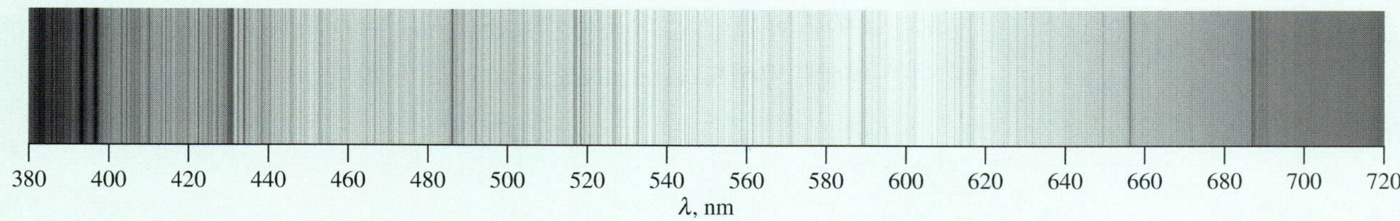


**그림 24F-1** 태양 스펙트럼. 어두운 수직선들은 Fraunhofer선들이다. 이 스펙트럼에 대해 완전한 색은 color plate 17을 참고하시오. 사진은 NSO 스펙트라 자료로부터 University of Hawaii Institute for Astronomy의 Donald Mickey 박사에 의해 만들어졌다. 여기서 이용한 NSOS/Kitt Peak 자료는 NSF/NOAO에 의해서 만들어졌다.

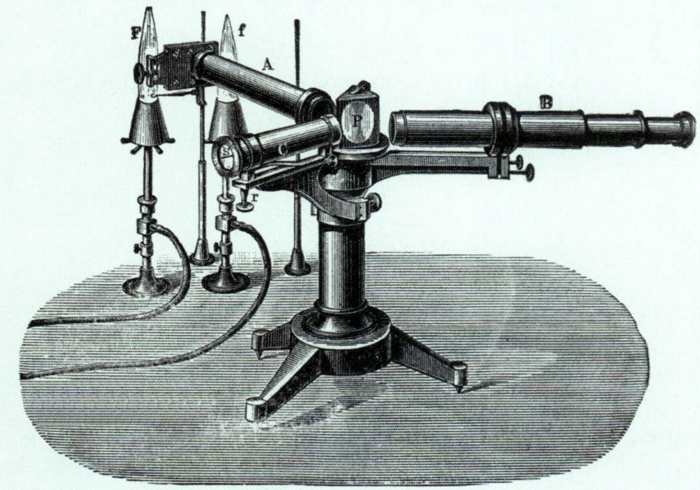


**그림 2F-2** Kirchhoff에 의해 사용된 프리즘 분광기 형태를 가진 초기의 분광 연구에 사용된 형태의 Bunsen 버너. (H. Kayser, *Handbuch der Spectroscopie*, Stuttgart, Germany: S. Hirzel Verlag GmbH, 1900.)

## 24C 복사선 흡수

모든 분자 화학종들은 그림 24-5에서 설명한 것처럼 분자 자신의 특정 진동수의 전자기 복사선을 흡수할 수 있다. 이 과정은 에너지를 분자에 이전하며, 입사 전자기 복사선의 세기를 감소시키는 결과를 초래한다. 그래서 복사선의 흡수는 24C-1절에 설명된 흡수 법칙에 따라 빛살을 **감쇠**(attenuate)한다.

분광학에서 **감쇠**한다는 것은 복사선 빛살의 단위 면적당 에너지가 감소하는 것을 의미한다. 광자 모형에서 감쇠한다는 것은 초당 빛살의 광자의 수가 감소하는 것을 뜻한다.

### 24C-1 흡수 과정

**Beer-Lambert 법칙**(Beer-Lambert law) 혹은 간단히 **Beer 법칙**(Beer's law)이라고 알려진 흡수 법칙은 감쇠의 양이 흡수 분자의 농도와 흡수가 일어나는 경로 길이에 어떻게 의존하는가를 정량적으로 나타낸다. 빛이 흡수하는 분석물을 가진 매질을 지나가면 분석물이 들뜸으로써 세기의 감소가 일어난다. 주어진 농도의 분석물 용액에서 빛이 통과하는 매질의 길이(빛의 경로 길이)가 길어질수록 경로 안에서 흡수하는 물질이 더 많아지고 더 큰 감쇠를 한다. 또한 주어진 빛의 경로 길이에서는 흡수물의 농도가 높을수록 더 강한 감쇠가 일어난다.

**단색 복사선**은 단일 색상 즉 단일 파장 혹은 단일 진동수의 복사선을 말한다. 실제적으로 단일 색상의 빛을 만드는 것은 불가능하다. 25장에서 단색 복사선을 만드는 것과 연관된 실제적인 문제에 대해 논의한다.

**그림 24-7**에 **단색 복사선**(monochromatic radiation)의 평행 빛살이 두께가 $b$ cm이고 농도가 $c$ mol/L인 빛을 흡수하는 용액을 통과할 때 빛살의 감쇠를 나타내었다. 광자와 흡수하는 입자들 사이의 상호작용들 때문에(그림 24-5) 빛살의 복사력은 $P_0$에서 $P$로 감소한다. 용액의 **투광도**(transmittance) $T$는 식 (24-4)에 보여준 것처럼 용액을 투과한 입사 복사선의 분율이다. 투광도는 때때로 퍼센트로 나타내며 이를 **퍼센트 투광도**(percent transmittance)라 한다.

$$T = P/P_0 \tag{24-4}$$

퍼센트 투광도 = $\%T = \frac{P}{P_0} \times 100\%$.

#### 흡광도

용액의 **흡광도**(absorbance) $A$는 식 (24-5)에 나타내었듯이 자연대수를 취한 투광도와 연관이 있다. 용액의 흡광도가 증가하면 투광도는 감소한다는 것을 명심하시오. 투광도와 흡광도 사이의 관계를 **그림 24-8**에 변환 스프레드시트로 나타내었다. 과거의 기기들의 척도들은 투광도로 나타내었지만, 현대의 기기들은 흡광도 척도를 가지거나 관측된 양으로부터 흡광도를 계산하는 컴퓨터를 가지고 있다.

흡광도는 다음과 같이 퍼센트 투광도로부터 계산된다.

$$T = \frac{\%T}{100\%}$$

$$A = -\log T = -\log \%T + \log 100 = 2 - \log \%T$$

$$A = -\log T = -\log \frac{P}{P_0} = \log \frac{P_0}{P} \tag{24-5}$$

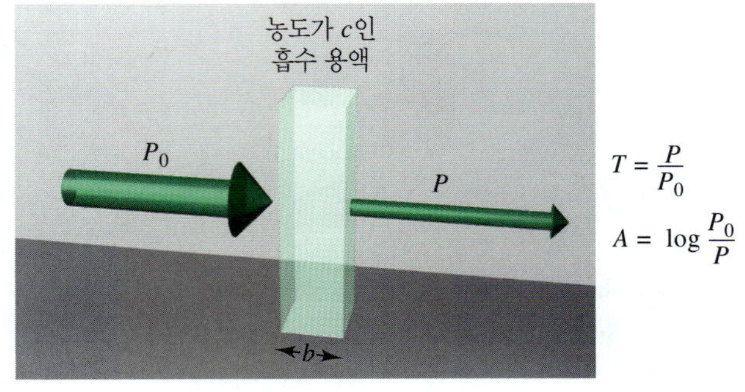


**그림 24-7** 흡수 용액에 의한 복사선 빛살의 감쇠. 입사 빛살에 있는 큰 화살은 복사력이 용액을 투과한 것 보다 더 높다는 것을 나타낸다. 흡수 용액의 경로 길이는 $b$이고, 농도는 $c$이다.

| | A | B | C | D |
|---|---|---|---|---|
| 1 | Calculation of Absorbance from Transmittance | | | |
| 2 | $T$ | $\%T$ | $A = -\log T$ | $A = 2\text{-}\log \%T$ |
| 3 | 0.001 | 0.1 | 3.000 | 3.000 |
| 4 | 0.010 | 1.0 | 2.000 | 2.000 |
| 5 | 0.050 | 5.0 | 1.301 | 1.301 |
| 6 | 0.075 | 7.5 | 1.125 | 1.125 |
| 7 | 0.100 | 10.0 | 1.000 | 1.000 |
| 8 | 0.200 | 20.0 | 0.699 | 0.699 |
| 9 | 0.300 | 30.0 | 0.523 | 0.523 |
| 10 | 0.400 | 40.0 | 0.398 | 0.398 |
| 11 | 0.500 | 50.0 | 0.301 | 0.301 |
| 12 | 0.600 | 60.0 | 0.222 | 0.222 |
| 13 | 0.700 | 70.0 | 0.155 | 0.155 |
| 14 | 0.800 | 80.0 | 0.097 | 0.097 |
| 15 | 0.900 | 90.0 | 0.046 | 0.046 |
| 16 | 1.000 | 100.0 | 0.000 | 0.000 |
| 17 | | | | |
| 18 | Spreadsheet Documentation | | | |
| 19 | Cell B3=A3*100 | | | |
| 20 | Cell C3=-LOG10(A3) | | | |
| 21 | Cell D3=2-LOG10(B3) | | | |

**그림 24-8** 투광도 $T$, 퍼센트 투광도, $\%T$와 흡광도 $A$ 사이의 관계를 나타낸 변환 스프레드시트. 변환되어야 하는 투광도 자료는 A3에서 A16까지의 셀에 있다. 퍼센트 투광도는 셀 A19에 있는 식으로부터 계산하여 셀 B3에 나타내었다. 이 식을 셀 B4에서 셀 B16까지 복사한다. 셀 C3에서 셀 C16까지는 $-\log T$로, 셀 D3에서 셀 D16까지는 $2 - \log\%T$로 계산된 흡광도를 나타낸다. C와 D열에 있는 첫 번째 셀의 수식은 셀 A20과 A21에 나타내었다.

### » *투광도와 흡광도의 측정*

일반적으로 식 (24-4)와 식 (24-5)에서 정의되고 그림 24-7에서 나타낸 투광도와 흡광도는 연구해야 할 용액이 어떤 종류의 용기(셀 혹은 큐벳)에 담겨져야 하므로 보이는 그대로 측정할 수 없다. **그림 24-9**에 나타낸 것처럼 반사와 산란 손실이 셀 벽에서 일어날 수 있다. 이러한 손실은 실제로 일어날 수 있다. 예를 들어 노란 빛의 빛살이 유리 셀을 통과하면 반사에 의해서 약 8.5% 정도의 손실이 일어난다. 또한 빛은 용매에 있는 큰 분자 혹은 입자(먼지 같은)의 표면으로부터 모든 방향으로 산란할 수 있다. 이 산란은 빛이 용액을 통과할 때 빛살의 감쇠를 야기시킬 수 있다.

이와 같은 효과를 상쇄하기 위해 분석 용액을 포함하는 셀을 통과하는 빛살의 세기는 단지 용매만 들어 있는 동일한 셀 혹은 바탕시약을 투과한 빛살의 세기를 비교하여 나타낸다. 용액의 실제적인 흡광도와 거의 유사하게 근사할 수 있는 실험적인 흡광도는 아래와 같이 얻을 수 있다. 이후에 사용되는 $P_0$와 $P$는 각각 용매와 분석물을 포함하는 셀을 통과하는 빛살의 세기를 말한다.

$$A = \log \frac{P_0}{P} \approx \log \frac{P_{\text{용매}}}{P_{\text{용액}}} \tag{24-6}$$

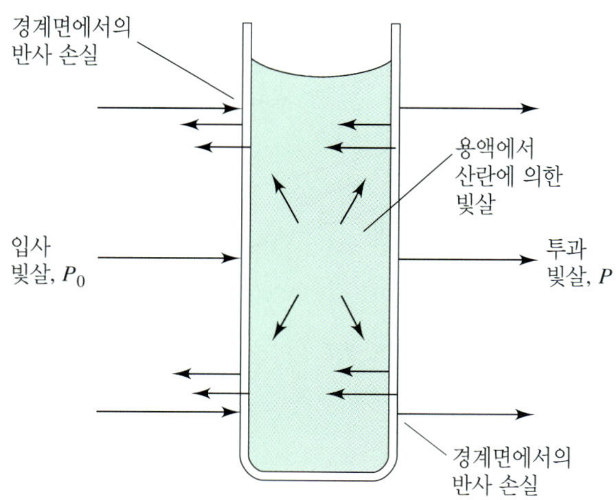


**그림 24-9** 전형적인 유리 셀에 들어 있는 용액에서의 반사와 산란 손실. 반사에 의한 손실은 다른 물질로 분리되는 모든 경계면에서 일어날 수 있다. 이 예에서 빛이 통과하는 경계, 계면이라고 불리는 다음과 같다. 공기-유리, 유리-용액, 용액-유리, 유리-공기.

## » Beer 법칙

Beer 법칙에 따르면 식 (24-7)에 표현된 것처럼 흡광도는 흡수종의 농도 $c$와 흡수매질의 경로길이 $b$에 비례한다.

$$A = \log(P_0/P) = abc \tag{24-7}$$

최대 흡수에서 어떤 종의 몰 흡광계수는 그 종의 특성이다. 많은 유기 화합물의 몰 흡광계수는 10 혹은 그보다 작은 값에서 10,000 혹은 그 이상의 범위를 가진다. 일부 전이 금속 착화합물의 몰 흡광계수는 10,000~50,000 사이이다. 정량 분석을 위해서는 높은 몰 흡광계수가 필요하다. 왜냐하면 높은 몰 흡광계수는 높은 분석 감도를 나타내기 때문이다.

여기서 $a$는 **흡광계수**(absorptivity)라 불리는 비례 상수이다. 흡광도는 단위가 없는 양이기 때문에 흡광계수의 단위는 $b$와 $c$의 단위를 상쇄하는 단위를 가져야한다. 예를 들면, 만약 $c$가 g $L^{-1}$의 단위를 가지고 $b$가 cm의 단위를 가진다면 흡광계수는 L $g^{-1}$ $cm^{-1}$의 단위를 갖는다.

식 (24-7)에서 농도를 리터당 몰로, $b$는 센티미터로 표현할 때 비례 상수를 **몰 흡광계수**(molar absorptivity)라 부르며, 특별한 기호인 $\varepsilon$으로 나타낸다. 따라서 식 (24-7)은 다음과 같이 나타낼 수 있다.

$$A = \varepsilon bc \tag{24-8}$$

여기서 $\varepsilon$의 단위는 L $cm^{-1}$ $mol^{-1}$이다.

**특집 24-2**

### Beer 법칙 유도

Beer 법칙을 유도하기 위해 그림 24F-3에 보여주듯이 흡수 물질(고체, 액체, 혹은 기체)의 구획이 있다고 생각하자. 세기가 $P_0$인 평행한 단색복사선이 표면에 90°각도에 부딪친다. $n$개의 흡수 입자(원자, 이온 또는 분자)를 포함하는 길이 $b$의 물질을 통과하고 나면 흡수의 결과로 빛의 세기가 $P$로 감소한다. 구획의 횡단 면적이 $S$이고 아주 작은 두께 $dx$를 가지는 것으로 생각하자. 이 부분 안에 $dn$의 흡수 입자들이다. 이 부분은 각 입자와 관련해 볼 때 광자 포획이 일어나는 표면으로 생각할 수 있다. 광자가 우연히 이 면적 중의 한 곳에 다다르면 곧바로 흡수된다. 이 부분에

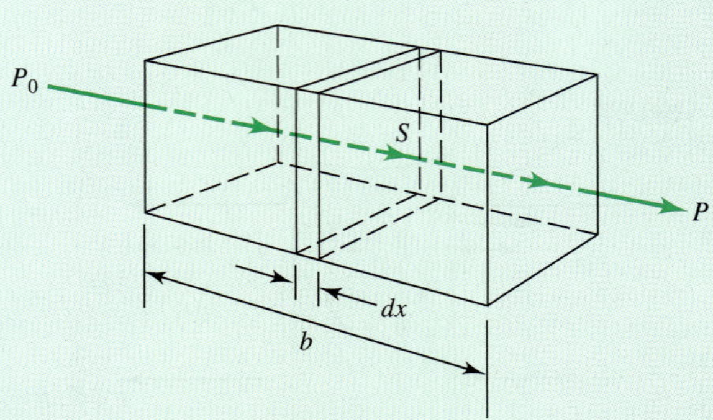


그림 24F-3 흡수 용질 $c$ mol/L를 포함하고 경로 길이가 $b$ cm인 용액에 의한 초기 복사력 $P_0$의 감쇠. 투과되는 빛은 복사력 $P$를 가짐($P < P_0$).

있어서 포획 표면의 전체 영사 면적은 $dS$로 나타내면, 그 때 포획 면적과 전체 면적비는 $dS/S$이다. 통계적 평균으로 이 비는 단면 내에서 광자가 포획될 확률을 나타낸다. 단면에 들어오는 빛살의 세기 $P_x$는 초당 제곱 센티미터당 광자의 수에 비례한다. 그리고 $dP_x$는 단면 내에서 초당 없어지는 광자의 수이다. 따라서 흡수된 분율은 $-dP_x/P_x$이므로, 이 비는 포획 확률의 평균과 같다. 여기서 $P$가 감소되었다는 것을 나타내기 위해 다음 식에서와 같이 음(−)의 부호를 표시한다.

$$-\frac{dP_x}{P_x} = \frac{dS}{S} \tag{24-9}$$

$dS$는 단면 내에 있는 흡수 입자의 포획 면적의 합이고, 이 값은 입자의 수에 비례한다는 것을 유의하시오. 즉,

$$dS = a \times dn \tag{24-10}$$

여기서 $dn$은 입자수이고, $a$는 *포획 횡단면*(capture cross section)이라 불리는 비례상수이다. 식 (24-9)와 식 (24-10)을 조합하고 0과 $n$ 사이의 간격에서 적분하면 다음 식을 얻는다.

$$-\int_{P_x}^{P} \frac{dP_x}{P_x} = \int_0^n \frac{a \times dn}{S}$$

적분식을 풀면 다음을 얻는다.

$$-\ln\frac{P}{P_0} = \frac{an}{S}$$

상대용수를 바꾸고 분자의 분모를 바꾸면 다음과 같다.

$$\log\frac{P_0}{P} = \frac{an}{2.303\ S} \tag{24-11}$$

여기서 $n$은 그림 24F-3에 나타낸 한 구획 내에 있는 입자의 전체 수이다. 횡단면의 면적 $S$는 $cm^3$ 단위의 구획의 부피 $V$와 그 길이 $b$ (cm)로 나타낼 수 있다.

$$S = \frac{V}{b}\,cm^2$$

이 값을 식 (24-11)에 대입하면 다음을 얻는다.

$$\log\frac{P_0}{P} = \frac{anb}{2.303\ V} \tag{24-12}$$

$n/V$는 농도 단위(즉, 입방 센티미터당 입자의 수)를 가진다. 따라서 $n/V$는 쉽게 리터당 몰수로 바꿀 수 있다. 즉, 몰수는 다음과 같이 주어진다.

$$\text{몰수} = \frac{n\ \text{입자}}{6.022 \times 10^{23}\ \text{입자/몰수}}$$

*(계속)*

mol/L로 $c$는

$$c = \frac{n}{6.022 \times 10^{23}} \text{ mol} \times \frac{1000 \text{ cm}^3/\text{L}}{V \text{ cm}^3}$$
$$= \frac{1000\,n}{6.022 \times 10^{23}} \text{ mol/L}$$

이 관계를 식 (24-12)와 조합하면 다음과 같다.

$$\log \frac{P_0}{P} = \frac{6.022 \times 10^3\, abc}{2.303 \times 1000}$$

마지막으로 이 식에서의 상수를 하나로 하며 ε으로 나타내면 다음의 식이 된다.

$$A = \log \frac{P_0}{P} = \varepsilon bc \qquad \textbf{(24-13)}$$

이것을 Beer 법칙이라고 한다.

### » 흡수 분광법에서 사용되는 용어

복사 에너지의 흡수를 표현하기 위해 도입된 용어들 외에 문헌이나 오래된 기기에서는 이들 용어와는 다른 용어들을 접할 수 있다. **표 24-3**에 미국화학회(ACS) 뿐만 아니라 ASTM에 의해 장려되고 있는 용어, 기호, 정의를 나타내었다. 세 번째 열은 예전에 사용하던 이름과 기호들이다. 애매함을 없애기 위하여 표준 명명법이 요구되어지기 때문에 예전 용어의 사용을 피하고, 장려되고 있는 용어와 기호들을 이용하거나 배워야 한다.

**표 24-3**

**흡수 분광법에서 사용되는 중요한 용어와 기호**

| 용어와 기호* | 정의 | 다른 이름과 기호 |
|---|---|---|
| 입사 복사력 $P_0$ | 시료에 입자 watt 단위의 복사력 | 입사 세기 $I_0$ |
| 투과 복사력 $P$ | 시료에 의해 투과되는 복사력 | 투과 세기 $I$ |
| 흡광도 $A$ | $\log(P/P_0)$ | 광학밀도 $D$, 흡광 $E$ |
| 투광도 $T$ | $P/P_0$ | 투광 $T$ |
| 시료의 경로 길이 $b$ | 감쇠가 일어나는 전 길이 | $l$, $d$ |
| 흡광계수† $a$ | $A/(bc)$ | $\alpha$, $k$ |
| 몰흡광계수‡ ε | $A/(bc)$ | 몰 흡광계수 |

*미국화학회와 응용분광학회(*Appl. Spectrosc.*, **2012**, *66*, 132)에서 추천하는 용어와 기호.

†$c$는 g $L^{-1}$ 단위나 또는 다른 농도 단위로 표현될 수 있다. $b$는 cm나 다른 길이 단위로 표현될 수 있다.

‡$c$는 mol $L^{-1}$로 표현되며, $b$는 cm로 표현된다.

### » Beer 법칙의 이용

식 (24-6)과 식 (24-8)에서 표현된 Beer 법칙은 여러 용도로 사용될 수 있다. 예제 24-3에 보여준 바와 같이 만약에 농도를 알고 있다면 화학종의 몰 흡광계수를 계산할 수 있다. 만약 흡광계수와 경로 길이를 알고 있다면 농도를 얻기 위해서는 측정된 흡광도 값을 이용하면 된다. 그러나 흡광계수는 용매, 용액 조성, 온도와 같은 변수들의 함수이다. 흡광계수는 조건에 따라 변화하기 때문에 정량적인 연구를 할 때 문헌치에 의존하는 것은 현명한 일이 아니다. 그래서 동일한 용매와 유사한 온도에서 분석할 때마다 흡광계수를 얻기 위해 분석물의 표준 용액이 사용된다. 분석물의 일련의 표준 용액을 이용하여 $A$와 $c$의 보정 곡선 혹은 실험 곡선을 만들 수 있으며, 혹은 선형 회귀식을 얻을 수 있다(8D-2절 참조). 또한 매트릭스 효과를 상쇄하기 위하여 분석 용액의 모든 조성과 유사하게 만드는 것이 필요한 경우가 있다. 같은 목적으로 다른 방법은 표준물 첨가법(8D-3절과 26A-3절 참조)이 사용되기도 한다.

**예제 24-3**

525 nm의 파장, 2.10 cm 셀에서 $7.25 \times 10^{-5}$ M의 과망가니즈산포타슘 용액에 대하여 44.1%의 투광도를 얻었다. (a) 이 용액의 흡광도를 계산하시오. (b) $KMnO_4$의 몰 흡광계수를 계산하시오.

(a) $A = -\log T = -\log 0.441 = -(-0.356) = 0.356$

(b) 식 (24-8)로부터

$$\varepsilon = A/bc = 0.356/(2.10\ \text{cm} \times 7.25 \times 10^{-5} \text{mol L}^{-1})$$
$$= 2.34 \times 10^{3}\ \text{L mol}^{-1}\ \text{cm}^{-1}$$

**스프레드시트 요약** *Applications of Microsoft® Excel in Analytical Chemistry* 2판 12장에서 첫 번째 연습으로 과망가니즈산 이온의 몰 흡광계수를 계산하기 위한 스프레드시트를 만들었다. 과망가니즈산의 농도에 대한 흡광도를 도시하였고, 그 선형 그림의 회귀분석(최소 제곱 분석)을 행하였다. 몰 흡광계수의 불확실성을 결정하기 위하여 그 자료들을 통계적으로 분석하였다. 게다가 정량적인 분광학적 실험에서 보정하기 위해 그리고 미지 농도의 용액을 계산하기 위해 다른 스프레드시트들을 제시하였다.

### » 혼합물에 대한 Beer 법칙의 응용

Beer 법칙은 한 종류 이상의 흡수 물질들을 포함하고 있는 용액에도 적용된다. 만일 다양한 화학종들 사이에서 상호작용이 일어나지 않는다면, 단일 파장에서 다성 흡수종이 상호작용하지 않는다면 흡광도는 가산적(additive)이다.

분 계의 전체 흡광도는 각 단일 성분의 흡광도의 합과 같다. 다시 말하면 아래와 같다.

$$A_{total} = A_1 + A_2 + \cdots + A_n = \varepsilon_1 bc_1 + \varepsilon_2 bc_2 + \cdots + \varepsilon_n bc_n \qquad (24\text{-}14)$$

여기서 아래첨자는 흡수 성분 1, 2, ..., $n$을 말한다.

### ▸ 24C-2 흡수 스펙트라

라틴어 **스펙트럼**은 파장에 따른 흡광도를 한 개 도시한 것을 말하며, **스펙트라**는 두 개 혹은 그 이상의 도시한 것을 말한다.

**흡수 스펙트럼**(absorption spectrum)은 그림 24-10에서 보듯이 흡광도를 파장에 따라 도시한 것이다. 흡광도는 파수 혹은 진동수에 대해서도 도시할 수 있다. 오늘날 대부분의 주사 분광기기들은 직접 이와 같은 흡수 스펙트럼을 그린다. 예전의 기기들은 때때로 투광도를 보여주고 파장에 따른 $T$ 혹은 $\%T$를 도시하여 나타낸다. 가끔 세로축을 log $A$로 하기도 한다. 세로 좌표로 log $A$를 이용하여 도시하면 상세한 스펙트럼은 못 얻지만, 시료의 다른 농도를 비교하기에는 편리하다. 파장의 함수로서 몰 흡광계수 $\varepsilon$을 도시하면 농도와는 무관하다. 이와 같은 형태의 스펙트라 도시는 주어진 분자의 특성이다. 그리고 때때로 특수한 화학종들의 본질을 확인하거나 찾아내는데 도움을 주기도 한다. 용액의 색은 흡수 스펙트럼과 연관 있다(특집 24-3 참조).

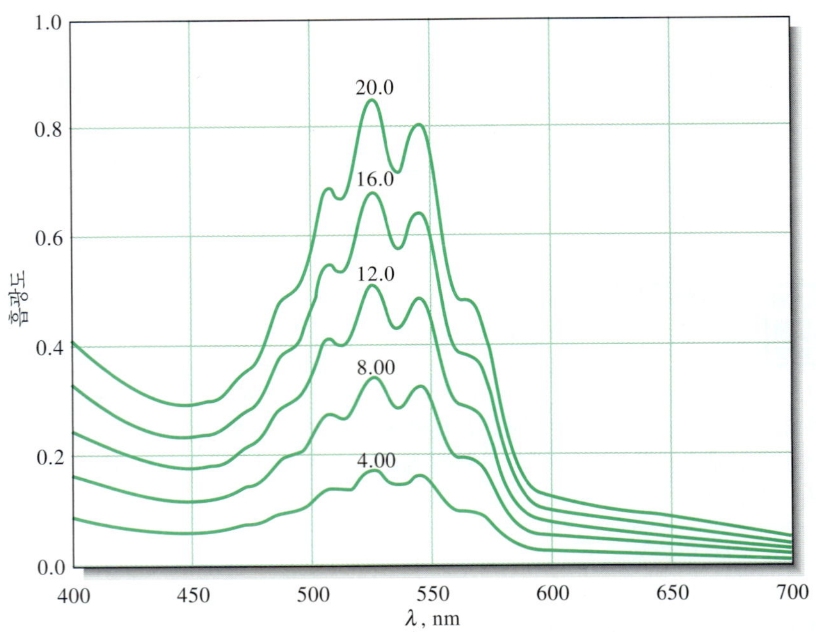


그림 24-10 다섯 다른 농도에서 과망가니즈산포타슘의 전형적인 흡수 스펙트라. 곡선 주위에 있는 수치는 ppm 단위의 망가니즈의 농도를 나타낸다. 흡수 화학종은 과망가니즈산 이온, $MnO_4^-$이고, 셀의 경로 길이 $b$는 1.00 cm이다. 525 nm의 파장에 있는 피크의 흡광도를 과망가니즈산 이온의 농도에 따라 도시하면 선형이 된다. 즉 흡수종는 Beer 법칙을 따른다.

**특집 24-3**

**붉은 용액은 왜 붉은가?**

$Fe(SCN)^{2+}$와 같은 용액이 붉은 이유는 착화합물이 용매에 붉은색을 띠게 하는 것이 아니라 이 착화합물이 들어오는 백색광으로부터 초록색 성분을 흡수하고 붉은색 성분을 투과시키기 때문이다(**그림 24F-4**). 따라서 싸이오사이아네이트 착화합물을 이용한 철의 비색법 분석에서 농도에 대한 흡광도 변화는 초록색 복사선에 의해 최대가 되며, 빨간색 복사선에 의한 흡광도의 변화는 무시할 정도이다. 일반적으로 비색법 분석에 이용되는 복사선은 분석물 용액이 나타나는 색의 보색이어야 한다. 아래 표는 가시선 스펙트럼의 다양한 부분에 대해 이 관계를 보여주고 있다.

**가시 스펙트럼**

| 흡수되는 파장 영역(nm) | 흡수하는 빛의 색 | 투과되는 보색 |
|---|---|---|
| 400~435 | 보라색 | 노란색~초록색 |
| 435~480 | 파란색 | 노란색 |
| 480~490 | 파란색~초록색 | 주황색 |
| 490~500 | 초록색~파란색 | 빨간색 |
| 500~560 | 초록색 | 자주색 |
| 560~580 | 노란색~초록색 | 보라색 |
| 580~595 | 노란색 | 파란색 |
| 595~650 | 주황색 | 파란색~초록색 |
| 650~750 | 빨간색 | 초록색~파란색 |

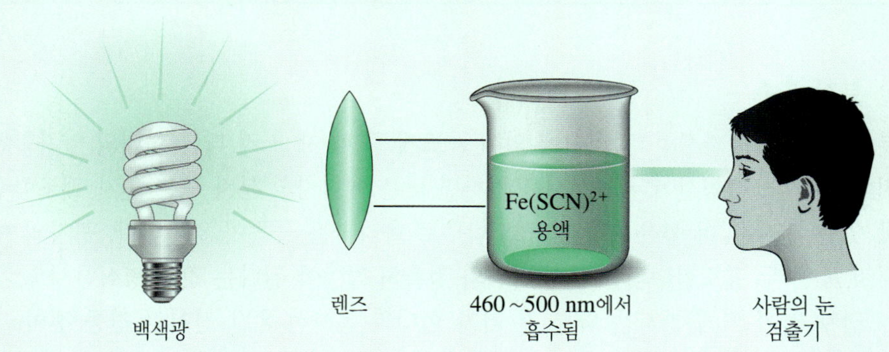


**그림 24F-4** 용액의 색. 램프나 태양으로부터 백색광이 $Fe(SCN)^{2+}$ 용액으로 들어온다. 460~500 nm 범위에서 최대 흡광도를 나타내는 아주 완만한 흡수 스펙트럼이 나타난다(그림 26-4a 참조). 보색인 빨간색이 투과된다.

## » 원자 흡수

다색의 자외선이나 가시선의 복사선이 기체 원자가 포함된 매질을 통과할 때, 흡수에 의하여 단지 몇 개의 진동수만 감쇠된다. 아주 고분해능 분광기로 기록하면 스펙트럼은 아주 좁은 흡수선들이 여러 개로 이루어져 있다.

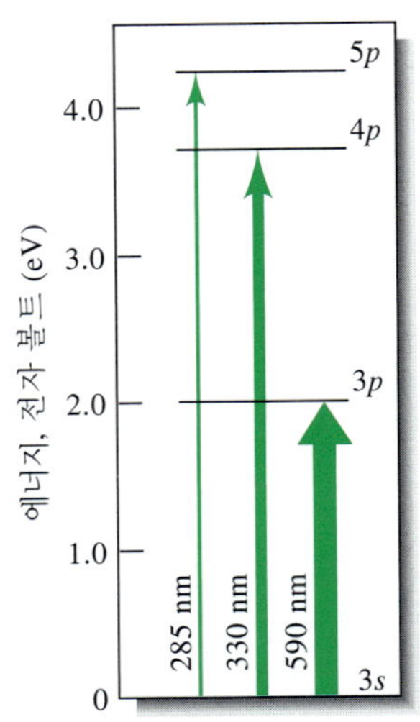


**그림 24-11** 소듐의 부분적인 에너지 준위 도표, 285 nm, 330 nm, 590nm에서 흡수를 일으키는 전이.

**전자 볼트**(eV)는 에너지의 단위이다. 전하량 $q = 1.60 \times 10^{-19}$ coulomb을 가진 한 개의 전자가 1 V = 1 joule/coulomb의 전위차를 통과할 때, 소비하는(혹은 방출하는) 에너지는 $E = qV = (1.60 \times 10^{-19}$ coulomb) (1 joule/coulomb) $= 1.60 \times 10^{-19}$ joule = 1 eV와 같다.)

$$1\ \text{eV} = 1.60 \times 10^{-19}\ \text{J} = 3.83 \times 10^{-20}\ \text{calories} = 1.58 \times 10^{-21}\ \text{L atm}$$

**전자전이**는 전자가 한 궤도함수에서 다른 궤도함수로 전이하는 것을 말하며, 원자(원자 궤도함수)나 분자(분자 궤도함수) 모두에서 이와 같은 전이가 일어난다.

**그림 24-11**은 소듐의 주요 원자 흡수 전이를 보여주는 부분적인 에너지 준위 도표이다. 준위들 사이의 화살표로 나타낸 전이는 실온에서 소듐의 단일 최외각 전자의 들뜸이나 바닥 상태의 $3s$ 궤도함수에서 $3p$, $4p$, $5p$ 궤도함수로의 들뜸을 나타낸 것이다. 이와 같은 들뜸은 $3s$의 바닥 상태와 들뜬 상태 사이의 에너지 차이와 완전하게 일치하는 에너지를 가진 복사선의 광자 흡수에 의해 일어난다. 두 다른 궤도함수들 사이의 전이를 **전자 전이**(electronic transition)라 한다. 기기적인 난점 때문에 원자 흡수 스펙트라를 기록하는 것은 일반적이지 않다. 그렇지만 원자 흡수는 아주 좁고 거의 단색 광원을 이용한 단일 파장에서 측정된다(28D절 참조).

**예제 24-4**

그림 24-11b의 $3p$와 $3s$ 궤도함수 사이의 에너지 차이는 2.107 eV이다. $3s$ 전자를 $3p$ 상태를 들뜨게 하는 데 필요한 복사선의 파장을 계산하시오(1 eV = $1.60 \times 10^{-19}$ J).

**풀이**

식 (24-3)을 재배열하여 구한다.

$$\lambda = \frac{hc}{E}$$

$$= \frac{6.63 \times 10^{-34}\ \cancel{\text{J}}\,\text{s} \times 3.00 \times 10^{10}\ \cancel{\text{cm}}/\text{s} \times 10^{7}\ \text{nm}/\cancel{\text{cm}}}{2.107\ \cancel{\text{eV}} \times 1.60 \times 10^{-19}\ \cancel{\text{J}}/\cancel{\text{eV}}}$$

$$= 590\ \text{nm}$$

## 분자 흡수

분자가 자외선, 가시선, 적외선에 의해 들뜨게 될 때 세 가지 다른 형태의 양자화된 전이를 한다. 자외선이나 가시선을 가하면 낮은 에너지의 분자 또는 원자 궤도함수에 있는 전자는 더 높은 에너지 궤도함수로 올라가는 들뜸이 일어난다. 광자의 에너지 $h\nu$는 두 궤도함수의 에너지 차이와 정확히 같아야 된다는 것을 명심하시오.

전자 전이 외에 분자는 다른 두 가지 형태의 복사선-유발 전이인 **진동 전이**(vibrational transition)와 **회전 전이**(rotational transition)를 나타낸다. 진동 전이는 분자가 분자를 잡아주는 결합과 연관된 수많은 양자화된 에너지 준위(혹은 진동 상태)를 갖기 때문에 생긴다.

다원자 물질은 다른 에너지의 진동 상태와 회전 상태를 가지므로, 다른 원자 물질에서만 진동 전이와 회전 전이가 일어난다.

**그림 24-12**는 다원자 화학종이 적외선, 가시선, 자외선을 흡수할 때 일어나는 과정 중의 몇 가지를 나타낸 부분적인 에너지 준위 도표이다. 분자의 여러 전자적인 들뜬 상태 중 두 들뜬 상태의 에너지인 $E_1$과 $E_2$를 바닥 상태의 에너지 $E_0$와 비교해서 보여준다. 보다 가는 수평선으로 나타낸 작은 에너지 값을 가진 것은 전자 전이에 수반되는 많은 진동 상태 중의 몇 개를 나타낸 것이다.

원자나 분자종의 **바닥 상태**는 그 종의 에너지가 가장 낮은 상태이며 실온에서 모든 종들은 그들의 바닥 상태에 있다.

진동 상태의 성질을 쉽게 이해하기 위해서는 분자의 결합을 양 끝에 부착된 원자들로 이루어진 진동하는 스프링처럼 생각하면 편리하다. **그림 24-13a**에서는 두 가지 형태의 신축 진동을 나타내었다. 진동 과정에서 원자는 처음에는 다가가고 다음에는 서로 멀어진다. 어떤 한 순간에서 그러한 계의 위치 에너지는 스프링이 늘어나거나 줄어드는 정도에 따라 달라진다. 보통 스프링의 경우 계의 에너지는 연속적으로 변하며, 스프링이 완전히 늘어나거나 완전히 줄어들 때 최대에 도달한다. 이에 반해서 원자 차원의 스프링 계의 에너지는 진동 에너지 준위라는 불연속적인 에너지로 되어 있다고 할 수 있다.

**그림 24-13b**는 네 가지 다른 형태의 분자 진동을 보여준다. 이들 각 진동 상태와 관련된 에너지는 보통 서로 다르며, 신축 진동과 관련된 에너지와도 다르다. 분자의 각 전자 상태와 관련된 몇 가지의 진동 에너지 준위를 선에 1, 2, 3, 4의 번호를 붙여 그림 24-12에 나타내었다(가장 낮은 진동 준위는 0이다). 진동 상태들 사이의 에너지 차이는 전자 상태의 에너지 준위들 사이의 차이보다 상당히 작음에 주목하시오(일반적으로 10배 정도 더 작다). 그림에 나타내지는 않았지만 분자는 무게중심 주위에서 분자의 회전 운동과 관련된 많은 양자화된 회전 상태를 가진다. 이 회전 상태들은 에너지 도표에 보여진 작은 진동 상태 사이에 놓여 있다. 이 상태들 사이의 그 에너지 차이는 진동 상태보다 10배 정도 작다. 분자와 관련된 전체 에너지 $E$는 다음과 같이 주어진다.

$$E = E_{전자} + E_{진동} + E_{회전} \tag{24-15}$$

여기서 $E_{전자}$는 분자의 다양한 외각 전자 궤도함수에 있는 전자들과 관련된 에너지이고, $E_{진동}$은 원자들 사이의 진동으로 인한 분자의 에너지이며, $E_{회전}$은 무게 중심 주위에서의 분자의 회전과 관련된 에너지를 말한다.

**적외선 흡수.** 일반적으로 적외선은 전자 전이를 일으킬 수 있는 충분한 에너지는 아니지만, 분자의 바닥 전자상태와 관련된 진동과 회전 상태에서 전이를 일으킬 수

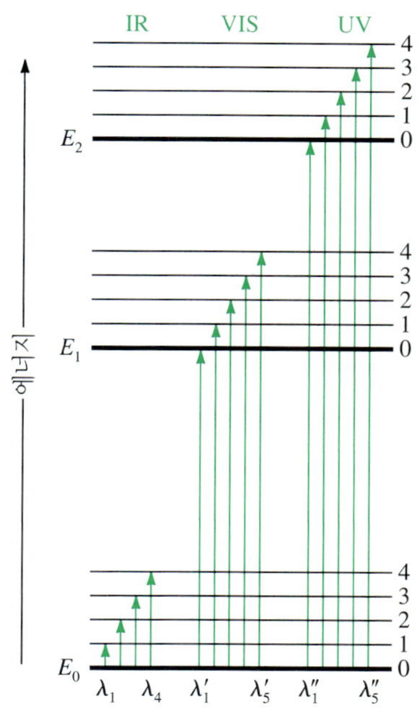


**그림 24-12** 분자에 의해 적외선(IR), 가시선(VIS), 자외선(UV)이 흡수되는 동안 일어나는 에너지 변화를 보여주는 에너지 준위 도표. 어떤 분자는 $E_0$에서 $E_1$으로 전이가 일어날 때 가시선 외에 UV복사선이 필요로 할 수 있다는 것을 명심하시오. 어떤 다른 분자는 $E_0$에서 $E_2$으로 전이가 UV 복사선이 아니라 가시선에 의해서도 일어날 수 있다. 오직 몇 개의 진동 준위(0~4)가 나타나 있다. 각각의 진동 준위에 관련된 회전 준위는 나타나 있지 않다.

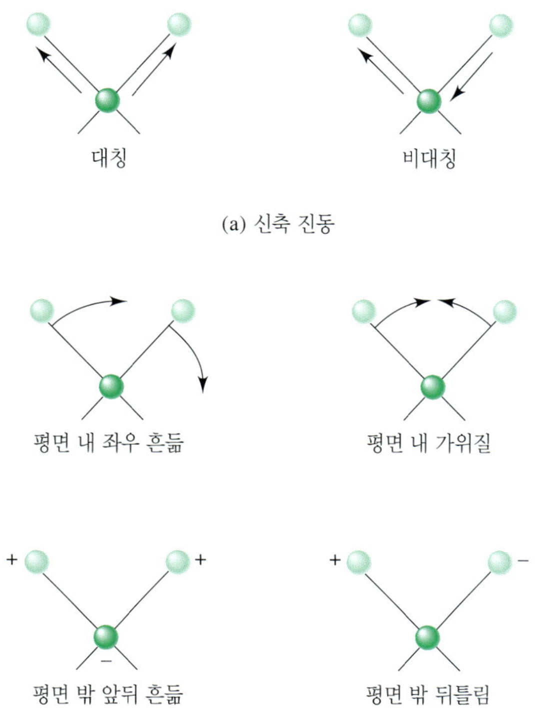


**그림 24-13** 분자 진동의 형태. 양의 부호는 지면으로부터 독자쪽으로 움직임을 나타내며, 음의 부호는 반대 방향을 나타낸다.

있다. 이 전이들 중 네 가지를 그림 24-12($\lambda_1$에서 $\lambda_4$까지)의 왼쪽 아래에 나타내었다. 흡수가 일어나기 위해서는 광원은 네 가지의 화살표의 길이가 나타내는 에너지와 정확히 일치하는 진동수의 복사선을 방출해야 한다.

**자외선과 가시선의 흡수.** 그림 24-12에서 중간에 있는 화살표는 분자가 다섯 가지 파장($\lambda_1'$~$\lambda_5'$)의 가시선을 흡수하여 들뜬 전자 준위인 $E_1$의 다섯 가지의 진동 준위로 전자를 들뜨게 하는 것을 암시한다. 더 큰 에너지를 갖는 자외선 광자는 오른편에 다섯 개의 화살표로 나타나는 흡수를 만든다.

그림 24-12에 나타낸 것처럼 자외선과 가시선 영역에서의 분자 흡수는 좁은 간격의 선들로 이루어진 **흡수띠**(absorption band)로 구성된다. 실제 분자는 여기에 나타낸 것보다 더 많은 에너지 준위를 가진다. 따라서 그 전형적인 흡수띠는 수많은 선들로 이루어진다. 용액에서는 흡수 화학종이 용매로 둘러싸여 있어 이들 사이에서 충돌이 일어나 이 양자 상태의 에너지가 많아져서 분자 흡수띠의 성질이 불명확해진다. 따라서 흡수 스펙트럼은 완만하고 연속적인 흡수 피크가 된다.

**그림 21-14**에 세 가지 다른 조건 즉 기체상, 액체상, 수용액상에서 얻은 1,2,4,5-테트라진의 가시선 스펙트라를 나타내었다. 기체상에서는 각각의 테트라진 분자가 충분히 멀리 떨어져 있어서 각각의 분자가 자유롭게 진동하고 회전할 수 있다(그림 24-14a 참조). 그래서 다양한 진동과 회전 상태들 사이의 전이로 생기는 아주 많은 흡수 피크가 스펙트럼에 나타난다는 점을 알아두자. 그러나 액체 상태와 용액에서는 테트라진 분자는 자유롭게 회전할 수 없다(그림 24-14b 참조). 그래서 스펙트럼에서 미세 구조를 볼 수 없다. 테트라진과 물은 서로의 상호작용과 빈번한 충돌 때문에 비정상적인 방법으로 진동 준위가 에너지적으로 완화되어 스펙트럼은 완만한 한 개의 피크로

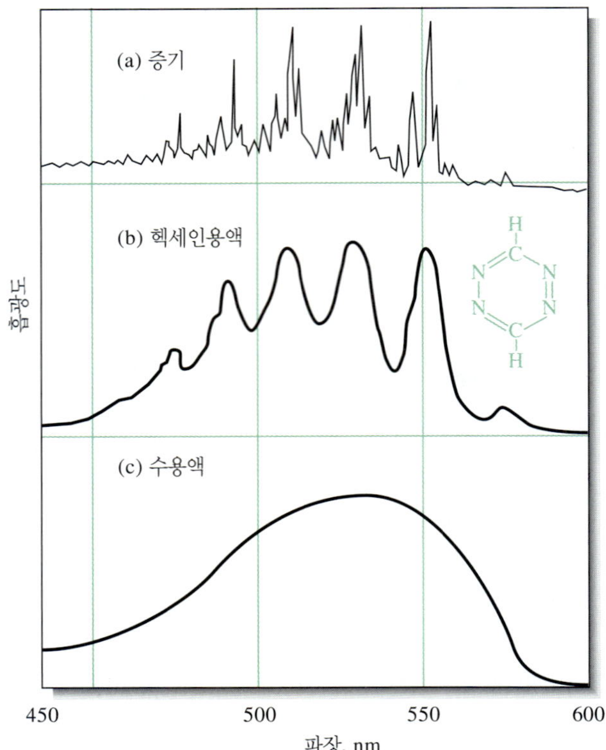


**그림 24-14** 전형적인 자외선 흡수 스펙트라. 화합물은 1,2,4,5-테트라진이다. (a)에서는 기체상의 스펙트럼을 보여주고 있으며, 전자, 진동, 회전 전이에 기인한 많은 선들이 보여지고 있다. 비극성 용매 (b)에서는 전자 전이만 관찰되고 진동과 회전 구조는 소멸했다. 극성 용매 (c)에서는 강한 분자간 힘이 전자 전이를 같이 섞이게 하여 완만한 단지 한 개의 흡수 피크만 보여준다. (Reproduced from S. F. Mason, *J. Chem. Soc.*, **1959**, 1263, **DOI**: 10.1039/JR9590001263, with permission of The Royal Society of Chemistry.)

나타난다(그림 24-14c 참조). 이 그림에서 테트라진 스펙트라가 보여주는 경향성은 유사한 조건 하에서 기록한 다음 분자의 전형적은 자외선-가시선 스펙트라와 같다.

## ▸ 24C-3 Beer 법칙의 한계

흡수 물질의 농도가 일정할 때, 흡광도와 경로 길이 사이의 직선 관계는 반드시 성립된다. 그러나 경로 길이 *b*가 일정할 때, 흡광도와 농도 사이의 정비례 관계는 아주 벗어나게 된다. **실제 편차**(real deviation)라고 불리는 이러한 편차의 일부는 어쩔 수 없으며 법칙의 실제적 한계를 나타낸다. 이외에도 흡광도를 측정할 때 사용하는 방법(**기기적 편차**, instrumental deviation)의 결과와 농도 변화와 관련된 화학 변화의 결과로(**화학적 편차**, chemical deviation)에 기인한 것이 있다.

### » *Beer 법칙의 실제 한계*

Beer 법칙은 단지 묽은 용액에서의 흡수 거동을 설명한다. 이런 의미에서 **한계 법칙**(limiting law)이다. 약 0.01 M 이상의 농도에서는 흡수 화학종의 분자들 사이 혹은 이온들 사이의 평균 거리는 각 입자가 이웃 전하 분포에 영향을 미칠 수 있고, 그래서 흡광도에 영향을 줄 정도로 줄어든다. 상호작용의 크기는 농도에 의존하므로, 이 흡수 현상은 흡광도와 농도 사이의 직선 관계에서 벗어나게 된다. 높은 농도의 다른 종을 포함하는 흡수물의 묽은 용액에서도 이와 유사한 효과가 종종 생긴다. 이온들이 서로 아주 가까이 있을 때 분석물의 몰 흡광계수는 정전기적 상호작용들에 의해서 달라질 수 있으며, 이로 인하여 Beer 법칙에서 벗어날 수 있다.

> 과학에서 한계 법칙은 묽은 용액과 같은 한계 조건 하에서 유지되는 법칙이다. Beer 법칙 외에 화학에서 언급되는 다른 한계 법칙에는 Debye-Hückel 법칙(10장 참조)과 이온에 의한 전기 전도도를 설명하는 독립 이동의 법칙이 있다.

### » *화학적 편차*

예제 24-5에서 보는 바와 같이 Beer 법칙으로부터 벗어남은 흡수종이 회합이나 해리 또는 용매와의 반응 등으로 분석물과는 다른 흡수 특성을 갖는 물질을 만들 때에 나타난다. 이와 같은 벗어남의 정도는 흡수종의 몰 흡광계수와 평형에 포함되어 있는 평형 상수로부터 예측하는 것이 가능하다. 불행하게도 흔히 그와 같은 과정들이 분석물에 영향을 미치는 것에 대해 알지 못하기 때문에 측정을 올바르게 할 기회가 주어지지 않는다. 이와 같은 효과를 주는 전형적인 평형은 단위체-이합체 평형, 한 종류 이상의 착화합물이 존재할 때 금속 착화합물화 평형, 산-염기 평형, 분석물-용매 회합 평형이 있다.

**예제 24-5**

산형 지시약 HIn ($K_a = 1.42 \times 10^{-5}$)의 여러 농도를 가지는 용액을 0.1 M HCl과 0.1 M NaOH으로 준비하였다. 양 매질에서, 430 nm 혹은 570 nm에서 지시약 총 농도에 대한 흡광도의 도시는 비선형이었다. 그러나 HIn과 $In^-$ 각각의 종은 430 nm와 570 nm에서 Beer 법칙을 만족했다. HIn과 $In^-$ 각각의 종은 430 nm와 570 nm에서 Beer 법칙을 만족했다. HIn과 $In^-$의 평형에서의 농도를 안다면, HIn이 해리가 일어났다는 사실로부터 균형을 잡을 수 있다. 보통 각각의 개별적인 농도는 알 수 없어도 총 농도 $c_{total}$은 $c_{total} = [HIn] + [In^-]$로 알려져 있다. 총 농도가 $2.00 \times 10^{-5}$ M 용액에 대

*(계속)*

해 흡광도를 계산하시오. 산 해리 상수의 크기는 실제적으로 지시약이 HCl 용액에서는 모두가 해리되지 않은 형태(HIn)이고, NaOH 용액에서는 완전히 해리된 $In^-$이라는 것을 시사한다. 두 파장에서 몰 흡광계수는 아래와 같다.

| | $\varepsilon_{430}$ | $\varepsilon_{570}$ |
|---|---|---|
| HIn (HCl 용액) | $6.30 \times 10^2$ | $7.12 \times 10^3$ |
| $In^-$ (NaOH 용액) | $2.06 \times 10^4$ | $9.60 \times 10^2$ |

지시약의 농도 범위가 $2.00 \times 10^{-5}$ M에서 $16.00 \times 10^{-5}$ M인 완충되지 않은 용액에서의 흡광도(1.00 cm 셀)를 구해 보기로 하자. 우선 비완충의 $2.00 \times 10^{-5}$ M 용액에 있는 HIn와 $In^-$의 농도를 계산해 보자. 해리 반응식으로부터 $[H^+] = [In^-]$의 관계를 알 수 있다. 게다가 지시약의 질량균형식으로부터 $[In^-] + [HIn] = 2.00 \times 10^{-5}$ M의 관계를 알 수 있다. 이 관계를 $K_a$ 표현식에 대입하면 다음과 같다.

$$\frac{[In^-]^2}{2.00 \times 10^{-5} - [In^-]} = 1.42 \times 10^{-5}$$

위의 식을 풀면 $[In^-] = 1.12 \times 10^{-5}$ M이고 $[HIn] = 0.88 \times 10^{-5}$ M이다. 두 파장에서의 흡광도는 식 (24-13)에 $\varepsilon$, $b$, $c$를 대입하면 알 수 있다. 그 결과 $A_{430} = 0.236$이고 $A_{570} = 0.073$이다. 여러 다른 $c_{total}$에 대해서도 유사한 방법으로 $A$를 계산할 수 있다. 같은 방법으로 얻어진 결과를 **표 24-4**에 나타내었다. **그림 24-15**는 두 파장에서 위와 같이 유사한 방법으로 얻어진 자료로 만들어진 그림을 보인 것이다.

**도전:** HIn의 분석 농도가 $8.00 \times 10^{-5}$ M인 용액이 $A_{430} = 0.596$이고 $A_{570} = 0.401$이라는 것을 계산을 통하여 보이시오.

그림 24-15는 흡수하는 계가 해리나 회합할 때 생기는 Beer 법칙으로부터 벗어남의 종류를 설명하고 있다. 두 파장에서 곡선 방향이 반대라는 것에 주목하시오.

**표 24-4**

**예제 24-5에서 구한 여러 농도의 지시약에 대한 흡광도 자료**

| $c_{HIn}$, M | [HIn] | $[In^-]$ | $A_{430}$ | $A_{570}$ |
|---|---|---|---|---|
| $2.00 \times 10^{-5}$ | $0.88 \times 10^{-5}$ | $1.12 \times 10^{-5}$ | 0.236 | 0.073 |
| $4.00 \times 10^{-5}$ | $2.22 \times 10^{-5}$ | $1.78 \times 10^{-5}$ | 0.381 | 0.175 |
| $8.00 \times 10^{-5}$ | $5.27 \times 10^{-5}$ | $2.73 \times 10^{-5}$ | 0.596 | 0.401 |
| $12.0 \times 10^{-5}$ | $8.52 \times 10^{-5}$ | $3.48 \times 10^{-5}$ | 0.771 | 0.640 |
| $16.0 \times 10^{-5}$ | $11.9 \times 10^{-5}$ | $4.11 \times 10^{-5}$ | 0.922 | 0.887 |

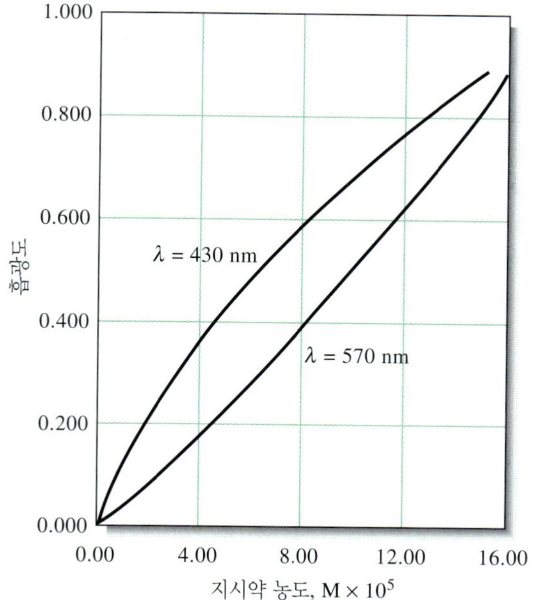


**그림 24-15** 완충되지 않은 지시약 HIn 용액에 대한 Beer 법칙으로부터의 화학적 편차. 흡광도 값들은 예제 25-4에서 보여준 지시약의 여러 농도에서 계산되었다. 430 nm에서는 양의 편차, 570 nm에서는 음의 편차가 생기는 것을 유의하시오. 430 nm에서는 지시약의 흡광도는 이온화한 형 $In^-$에 의해 주로 나타나며, 흡광도는 실제로 이온화된 분율에 비례한다. 이온화된 분율은 전체 농도에 대해 비선형적으로 변화한다. 낮은 전체 농도([HIn] + [$In^-$])에서는 이온화된 분율이 높은 농도에서 보다 더 크다. 해서 양의 오차가 생긴다. 570 nm에서의 흡광도는 주로 해리되지 않은 HIn에 기인한다. 이 형태의 분율은 작은 양으로부터 시작되면서 전체 농도에 대해 비선형으로 증가하기 때문에 음의 벗어남이 나타난다.

### ≫ 기기적 편차 : 다색 복사선

Beer 법칙은 단색 복사선에서만 정확하게 따른다. 실제적으로 파장의 연속적인 분포를 갖는 다색 광원은 원하는 파장 주위의 대칭인 파장띠를 분리하기 위한 회절발과 필터와 연관이 있다(25장, 25A-3절 참조).

Beer 법칙으로부터의 벗어남은 흡광도 측정에 다색 복사선을 사용함으로써 종종 생긴다.

다음의 유도는 Beer 법칙에 대한 다색 복사선의 효과를 보여준다. 복사선의 빛살이 두 파장 λ′과 λ″로만 이루어져 있다고 생각하자. 각각의 파장에서 Beer 법칙에 잘 성립된다고 가정하면 λ′에 대해 다음과 같이 쓸 수 있다.

$$A' = \log \frac{P'_0}{P'} = \varepsilon' bc$$

또는

$$\frac{P'_0}{P'} = 10^{\varepsilon' bc}$$

여기서 $P'_0$와 $P'$는 λ′에서 각각 입사력, 그 결과의 세기이다. 기호 $b$와 $c$는 각각 흡수체의 경로 길이와 농도를 나타내며, ε′는 λ′에서의 몰 흡광계수를 나타낸다. 그러므로

$$P' = P'_0 10^{-\varepsilon' bc}$$

마찬가지로 λ″에 대해서도 다음과 같이 쓸 수 있다.

$$P'' = P''_0 10^{-\varepsilon'' bc}$$

두 파장으로 이루어진 복사선으로 흡광도를 측정했을 때, 용액으로부터 나오는 빛살의 세기는 두 파장에서 나오는 세기의 합 $P' + P''$이다. 마찬가지로 전체 입사력은

$P_0' + P_0''$이다. 따라서 측정된 흡광도 $A_m$은 다음과 같다.

$$A_m = \log\left(\frac{P_0' + P_0''}{P' + P''}\right)$$

이 식에 $P'$와 $P''$를 대입하면 다음과 같이 된다.

$$A_m = \log\left(\frac{P_0' + P_0''}{P_0' 10^{-\varepsilon' bc} + P_0'' 10^{-\varepsilon'' bc}}\right)$$

또는

$$A_m = \log(P_0' + P_0'') - \log(P_0' 10^{-\varepsilon' bc} + P_0'' 10^{-\varepsilon'' bc})$$

이 식에 만약 $\varepsilon' = \varepsilon''$이면 식은 다음과 같이 간단해지며, Beer 법칙을 따른다.

$$\begin{aligned} A_m &= \log(P_0' + P_0'') - \log[(P_0' + P_0'')(10^{-\varepsilon' bc})] \\ &= \log(P_0' + P_0'') - \log(P_0' + P_0'') - \log(10^{-\varepsilon' bc}) \\ &= \varepsilon' bc = \varepsilon'' bc \end{aligned}$$

일반적으로 기기가 더 좋으면 다색 복사선 때문에 생기는 Beer 법칙으로부터의 벗어남은 적어진다.

그러나 **그림 24-16**에서 볼 수 있듯이 몰 흡광계수가 다를 때에는 $A_m$과 농도 사이의 관계가 더 이상 직선적이지 못하다. $\varepsilon'$와 $\varepsilon''$의 차이가 증가함에 따라 직선형으로부터 벗어나는 정도가 더 커지게 된다. 이 벗어남은 파장이 더 많이 포함되어 있을 경우에도 동일하게 나타난다.

**다색광**, 문자 그대로 여러 개의 색을 가진 빛은 텅스텐 전구에서 방출되는 빛과 같이 많은 파장을 가진 빛이다. 단색광은 25장 25A-3절에서 설명하듯이 다색광을 필터링, 회절 또는 굴절시켜 생성시킬 수 있다.

만약 분광학적 측정에서 선택된 파장의 띠가 분석물의 몰 흡광계수가 일정한 흡수 스펙트럼 영역에 대응한다면 Beer 법칙에서 벗어남은 최소가 될 것이다. 자외선/가시선 영역에 있는 많은 분자의 띠는 이 설명에 적합하다. 이들은 **그림 24-17**의 띠 $A$에서 보여주는 바와 같이 Beer 법칙을 따른다. 그러나 자외선/가시선 영역의 일부와 적외선 영역의 대부분의 흡수띠는 좁기 때문에 그림 24-17의 띠 $B$에서 보여주는 것처럼 일반적으로 Beer 법칙에서 벗어난다. Beer 법칙에서 벗어남을 피하기 위해서는 흡수종의 흡광도가 파장에 따라 거의 변화하지 않는 최대 흡수 파장의 근처에 있는 파장 띠를 선택하는 것이 좋다. 원자 흡수선은 아주 좁기 때문에 Beer 법

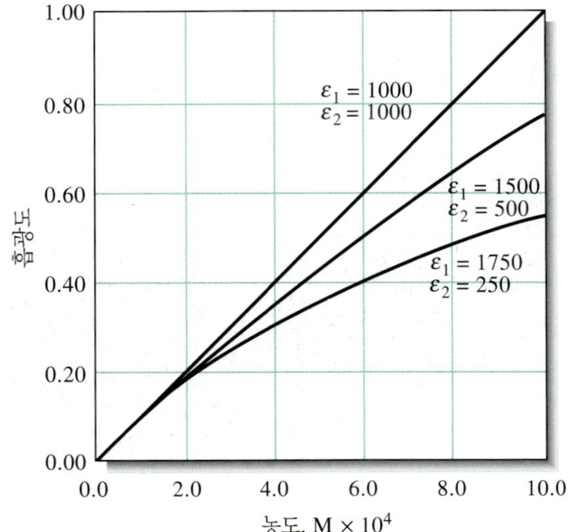


**그림 24-16** 다색 복사선에 의한 Beer 법칙에서 벗어남. 흡수체는 두 파장 $\lambda'$와 $\lambda''$에서 표시된 몰 흡광계수를 가진다.

칙을 잘 만족하기 위해서는 25장의 25A-2절에서 설명하듯이 특수한 광원이 필요하다.

## 》 기기적 편차 : 떠돌이 빛

일반적으로 **떠돌이 빛**(stray light)이라고 불리는 떠돌이 복사선은 측정을 위하여 선택한 일반적인 파장 띠 외에 기기에서 기인한 복사선으로 정의된다. 떠돌이 복사선은 회절발, 렌즈, 필터, 창문의 표면 등에서 생기는 산란과 반사에 의해서 가끔 생긴다. 떠돌이 복사선이 있을 때 흡광도는 다음과 같이 주어진다.

$$A' = \log\left(\frac{P_0 + P_s}{P + P_s}\right)$$

여기서 $P_s$는 떠돌이 복사선의 세기이다. 그림 24-18은 $P_0$에 대한 여러 $P_s$ 값을 경우에 대해 농도 변화에 따른 겉보기 흡광도 $A'$의 값을 도시한 것이다. 항상 겉보기 흡광도가 실제 흡광도보다 작게 되는 것은 떠돌이 복사선 때문이다. 떠돌이 복사선에 기인하는 벗어남은 높은 흡광도 값에서 아주 크다. 요즘의 기기에서도 떠돌이 복사선의 수준이 0.5%보다 더 높기 때문에 2.0보다 더 큰 흡광도 수준은 특별한 주의를 기울여 드물게 사용하거나, 떠돌이 복사선의 수준을 아주 낮게 할 수 있는 특별한 기기를 사용하여 측정한다. 저렴한 필터 장치는 높은 떠돌이 복사선 수준 혹은 다색 복사선 때문에 1.0보다 낮은 흡광도에서 Beer 법칙으로부터 벗어남을 보여준다.

## 》 부적당한 셀

아주 사소하지만 중요하게 Beer 법칙에서 벗어나는 다른 이유는 부적당한 셀에 의해서 생긴다. 만일 분석물과 바탕 용액을 넣은 셀들이 경로 길이가 동일하지 않거나, 광학적 성질이 동등하지 않다면 보정 곡선에서 절편이 생길 것이다. 그리고 흡광도는 식 (24-8) 대신 실제적으로 $A = \varepsilon bc + k$로 될 것이다. 이와 같은 오차는 짝을 아주 잘 이루는 셀을 사용하거나, 보정 곡선의 기울기와 절편을 계산하는 선형

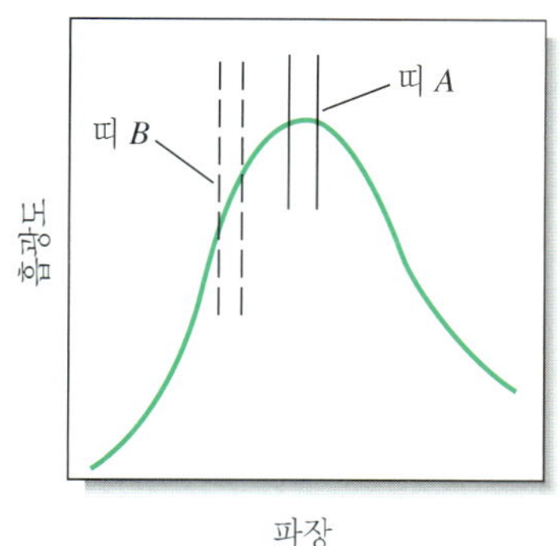


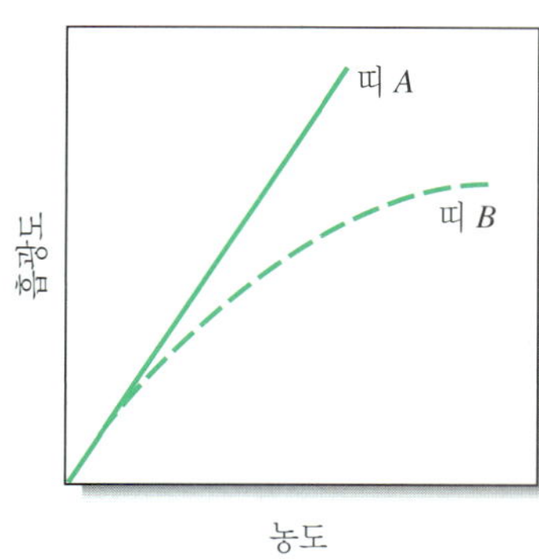


그림 24-17 Beer 법칙에 대한 다색 복사선의 효과. 위쪽에 있는 흡수 스펙트럼에서 분석물의 흡광도는 광원으로부터 띠 $A$는 거의 일정하다. 띠 $A$를 이용한 아래쪽의 Beer 법칙 도시는 선형 관계를 보여준다는 것을 명심하시오. 스펙트럼에서 띠 $B$는 분석물의 흡광계수가 변화하는 스펙트럼의 영역에서 일치한다. 아래쪽의 그림에서 Beer 법칙에서 상당히 많이 벗어남을 유의하시오.

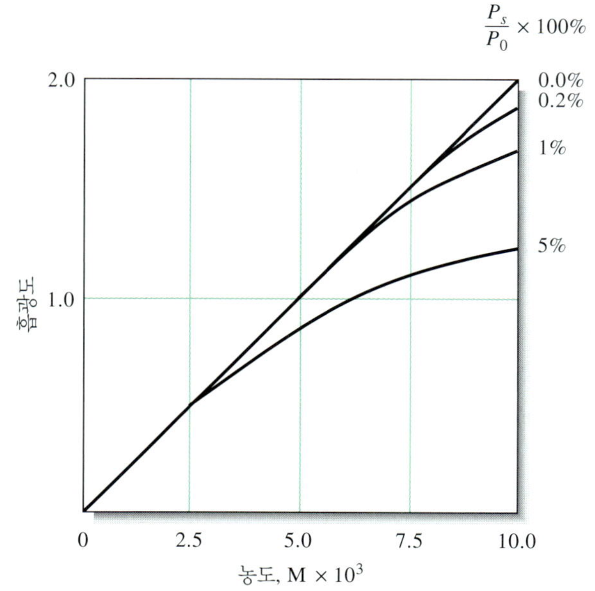


그림 24-18 여러 농도의 떠돌이 빛살에 기인한 Beer 법칙에서 벗어남. 높은 떠돌이 복사선 수준에서는 농도에 따라 흡광도가 평평하게 된다는 점을 유의하시오. 떠돌이 복사선은 흡광도가 높을 때 시료를 통과하는 복사력이 떠돌이 복사선의 수준과 비슷하거나 낮기 때문에 얻어질 수 있는 최대 흡광도를 항상 제한한다.

회귀 과정을 이용하면 피할 수 있다. 대부분의 경우 바탕 용액이 간섭에 의해 완전하게 보상되지 않아서 절편이 생길 수도 있기 때문에 선형 회귀 과정이 가장 좋은 방법이다. 홑 빛살 기기를 가지고 부적당한 셀 문제를 피하기 위한 다른 방법은 단 한 개의 셀만을 사용하고 바탕 용액과 분석물을 측정할 때 셀을 같은 위치에 두는 것이다. 바탕 용액에 대해 측정하고 나서 셀을 비우고 세척한 후 셀에 분석 용액으로 채운다.

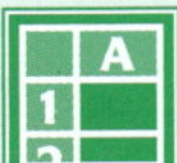


**스프레드시트 요약** *Applications of Microsoft® Excel in Analytical Chemistry* 2판 12장에 흡광도 측정에 있어서 화학 평형과 대한 떠돌이 복사선의 효과에 대한 모형을 제시하였다. 기기 판독으로 화학적, 물리적인 변수들의 효과를 관찰하는 것은 변화할 수 있다.

## 24D 전자기 복사선의 방출

> 화학종들은 (1) 전자와의 충돌, (2) 플라스마, 불꽃 혹은 전기 아크 안에서의 가열, 혹은 (3) 빛의 비복사 등의 이유로 인하여 빛을 방출한다.

전자 혹은 다른 기본입자에 의한 충격, 고온 플라스마, 불꽃 또는 아크에의 노출, 또는 전자기 복사선의 광원에의 노출 등을 포함하는 여러 과정에 의해 원자, 이온 및 분자는 하나 또는 더 높은 에너지 준위로 들뜨게 할 수 있다. 들뜬 화학종의 수명은 일반적으로 일시적($10^{-9}$~$10^{-6}$ 초)이고, 이 들뜬 화학종은 전자기 복사선이나, 열, 또는 위의 두 형태로 과량의 에너지를 내놓으며 더 낮은 에너지 준위나 바닥 상태로 이완된다.

### ▸ 24D-1 방출 스펙트라

광원으로부터 나오는 복사선은 보통 방출된 복사선의 상대 세기가 파장이나 진동수의 함수로 도시되는 형태의 방출 스펙트럼으로 특정지어진다. **그림 24-19**는 전형적인 방출 스펙트럼으로서 이것은 산수소 불꽃에 소금물을 분무하였을 때 얻어진 것이다. 그림에는 세 가지 형태 즉, **선 스펙트럼**(line spectrum), **띠 스펙트럼**(band spectrum), **연속 스펙트럼**(continuum spectrum)으로 이루어져 있다. 선 스펙트럼은 개개의 원자들의 들뜸으로 인한 일련의 선명하고 명확한 파크를 구성한다. 띠 스펙트럼은 너무 인접해 있어서 완전히 분리되지 않는 몇 개의 선들의 무리로 이루어져 있다. 띠의 근원은 광원 불꽃 속에 있는 작은 분자나 라디칼이다. 마지막으로 녹색 점선으로 나타낸 연속 스펙트럼은 약 350 nm 이상에서 나타나는데 이것은 바탕 전류가 증가되기 때문이다. 선과 띠 스펙트럼은 이 연속 스펙트럼 위에 겹쳐진다.

#### » *선 스펙트라*

> 불꽃 혹은 플라스마와 같은 매질 안에서의 원자 스펙트럼의 선 폭은 약 0.1~0.01 Å까지이다. 각 원소에 대한 원자선의 파장은 독특하므로 이 선을 정성 분석에 이용한다.

선 스펙트럼은 복사선을 내는 화학종이 기체상처럼 서로 잘 떨어져 있는 개개 입자일 때에 흔히 관찰된다. 기체 매질에 있는 각 입자는 서로 독립적으로 행동하므로 스펙트럼은 약 $10^{-1}$~$10^{-2}$ Å의 띠너비를 갖는 일련의 선명한 선으로 구성된다. 그림 24-19에서 소듐, 포타슘, 스트론듐, 칼슘 선 스펙트럼을 확인할 수 있다.

**그림 24-20**에 에너지 준위 도표는 그림 24-19의 방출 스펙트럼에서 나타나는 세 선의 원리를 보여준다. 그림 24-20에서 $3s$라고 표시된 수평선은 $E_0$로 표시된 원자의 가장 낮은 즉, 바닥 상태의 전자 에너지에 해당한다. $3p$, $4p$, $4d$로 표시된 수평선은 소듐의 세 가지 높은 에너지의 전자 준위이다. $p$와 $d$의 각 상태는 전자 스핀의

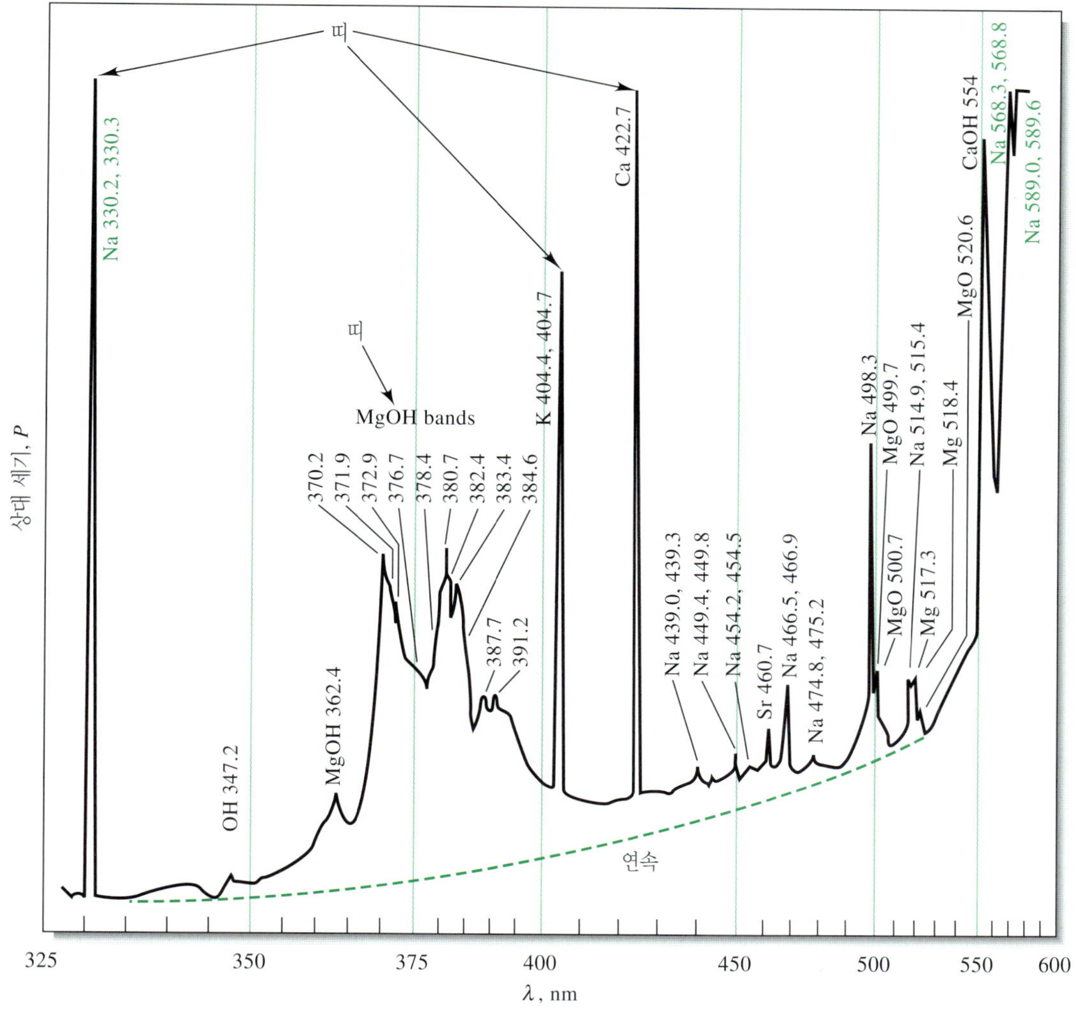


**그림 24-19** 산수소 불꽃으로 얻은 소금물의 방출 스펙트럼. 스펙트럼은 시료를 구성하는 물질의 선, 띠, 연속 스펙트라로 이루어져 있다. 물질을 구성하는 화학종의 파장들이 스펙트럼에 기여하는 정도를 동시에 나타내었다. (R. Hermann and C. T. J. Alkemade, *Chemical Analysis by Flame Photometry,* 2nd ed., New York: Interscience, 1979, p. 484.)

결과로 2개의 아주 좁은 공간의 에너지 준위로 분리됨을 명심하시오. 소듐 원자의 바닥 상태인 3*s* 궤도함수에 있는 한 개의 최외각 전자는 열, 전기 또는 복사 에너지의 흡수에 의해 다른 준위로 들뜨게 된다. 에너지 준위 $E_{3p}$와 $E'_{3p}$는 흡수에 의해 두 3*p* 상태로 최외각 전자가 들뜨고 난 후의 원자 에너지를 나타낸다. 이런 상태로의 들뜸을 그림 24-20에서 3*s*와 두 3*p* 준위들 사이에 푸른색 선으로 나타내었다. 들뜬 다음 몇 나노초 후 전자는 3*p* 상태에서 바닥 상태로 식 (24-3)에 주어진 파장의 광자를 방출하면서 되돌아온다.

$$\lambda_1 = \frac{hc}{(E_{3p} - E_0)} = 589.6 \text{ nm}$$

유사한 방법으로 3*p*′의 상태에서 바닥 상태로의 전이는 $\lambda_2$ = 589.0 nm의 광자를 만든다. 이 방출과정을 그림 24-20에 3*s*와 3*p* 준위 사이에 선으로 다시 한번 나타내었다. 두 개의 아주 가까운 3*p* 준위에서의 방출과 정의 결과로 방출 스펙트럼은 **이중항**(doublet)이라 불리는 아주 가까운 두 선이 생긴다. 그림 24-20에서 $D_1$과

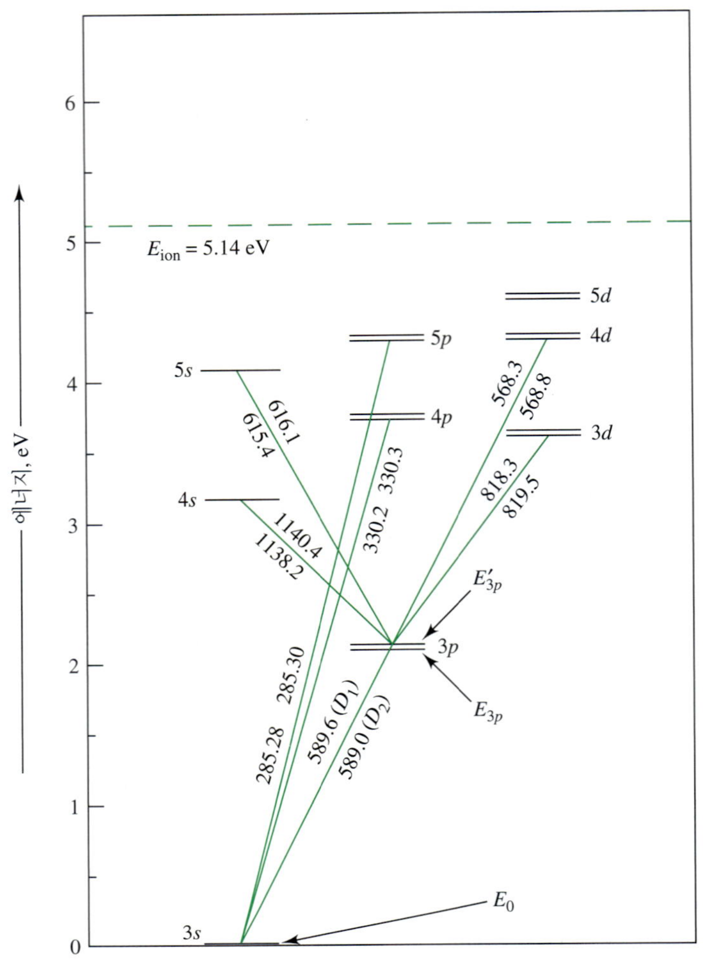


**그림 24-20** 소듐의 에너지 준위 도표. 수평선은 원자 궤도함수와 그들의 준위를 나타내었다. 수직 눈금은 eV 단위로 나타낸 궤도함수의 에너지이며, 바닥 상태인 3*s*에 대해 상대적인 들뜬 상태의 에너지는 수직 축으로 읽을 수 있다. 실선은 선 주위에 표시된 여러 파장(nm 단위)에서 방출을 야기시키는 허용된 전이를 보여준다. 점선의 수 평선은 나트륨의 이온화 에너지를 나타낸다. (INGLE, JAMES D., CROUCH, STANLEY R., *SPECTROCHEMICAL ANALYSIS,* 1st Edition, © 1988, p.206. Reprinted by permission of Pearson Education, Inc., Upper Saddle River, NJ.)

$D_2$ 전이로 표시된 이들 선은 특집 24-1에서 설명한 유명한 Fraunhofer 'D'선이다. 이들은 세기가 아주 크기 때문에 그림 24-19의 방출 스펙트럼의 오른쪽 위 구석에 있는 눈금의 크기에서 완전히 벗어나 있다.

에너지가 더 큰 4*p* 상태에서 바닥 상태로의 전이(그림 24-20 참조)는 더 짧은 파장에서 두 번째 이중항으로 나타난다. 이 전이의 결과 그림 24-19의 약 330 nm 근처에서 선이 나타난다. 약 568 nm에서 세 번째 이중항은 4*d*에서 3*p*로의 전이 때문이다. 이러한 세 가지의 모든 이중항은 그림 24-19의 방출 스펙트럼에서 한 개의 선으로 나타난다는 점을 명심하시오. 이것은 25A-3절과 28A-1절에서 설명하듯이 스펙트럼을 만드는 분광기가 가지는 분해능의 한계 때문이다. 전이가 같은 두 상태 사이에서 일어나기 때문에 소듐의 흡수 파크의 파장(그림 24-11)과 방출된 파장이 일치한다는 점에 주목하는 것이 중요하다.

얼핏 보면 그림 24-20에서 보여주는 원자 상태의 모든 짝들 사이에 의해 복사선이 흡수하고 방출하는 것처럼 보인다. 그러나 실제로는 어떤 경우에만 허용되고, 다른 경우에는 금지된다. 원소의 원자 스펙트라의 선들을 만드는 전이가 허용되는지 금지되는지는 **선택 규칙**(selection rule)이라 불리는 양자 역학의 법칙에 의해 결정된다. 이 규칙은 여기에서 논의할 대상이 아니다.[4]

[4]See J. D. Ingle, Jr., and S. R. Crouch, *Spectrochemical Analysis*, Upper Saddle River, NJ: Prentice-Hall, 1988, p. 205.

### » 띠 스펙트라

기체 상태의 라디칼이나 작은 분자가 존재하기 때문에 띠 스펙트라는 방출 스펙트럼들에서 종종 볼 수 있다. 예를 들면, 그림 24-19에서 OH, MgOH, MgO로 표시된 띠는 스펙트럼을 얻기 위해 사용된 기기에 의해 완전히 분리되지 않는 일련의 인접한 선들로 이루어져 있다. 이러한 띠 스펙트럼은 분자의 바닥 상태에 존재하는 전자 에너지 준위에 겹쳐진 많은 양자화된 진동에너지 준위로 인해 생긴다. 띠 스펙트라에 대한 더 자세한 설명은 28B-3절을 보시오.

띠 방출 스펙트럼은 분리하기 어려운 많은 선들이 합쳐진 것이다.

### » 연속 스펙트라

**그림 24-21**에 나타낸 연속 복사선은 탄소와 텅스텐 같은 고체가 백열광을 낼 때까지 가열되었을 때에 발생한다. 이러한 종류의 열 복사선을 **흑체 복사선**(blackbody radiation)이라 부르는데, 이는 표면을 구성하는 물질보다는 방출하는 표면의 온도에 의하여 결정된다. 흑체 복사선은 밀집된 고체가 열에너지에 의해 들뜰 때, 수많은 원자와 분자의 진동에 의해서 생긴다. 그림 24-21에 나타낸 에너지 피크는 온도가 증가함에 따라 더 짧은 파동으로 이동함을 보여준다. 그림에서 보면 열적으로 들뜬 광원이 자외선과 같은 에너지를 많이 방출하기 위해서는 매우 높은 온도가 필요하다.

연속 방출 스펙트럼은 고체 물질을 고온으로 가열할 때에 생기며 선 스펙트럼의 특성을 갖지 않는다.

그림 24-19에 나타낸 불꽃 스펙트럼에 존재하는 연속적인 바탕 복사선의 일부는 아마도 불꽃에 있는 높은 온도의 입자로부터 열적으로 방출하는 복사선일 것이다. 이 바탕 복사선은 파장이 스펙트럼의 자외선 영역에 가까이감에 따라 급격하게 감소한다는 데 주목하시오.

가열된 고체는 25장에서 알 수 있듯이 분석기기의 적외선, 가시선 및 긴 파장의 자외선을 얻는 광원으로 중요하다.

### » 선과 띠 스펙트라에 미치는 농도 효과

선 또는 띠 스펙트럼의 복사력 $P$는 들뜬 원자나 분자의 수에 직접적으로 의존한다. 이것을 바꾸어 말하면 광원에 존재하는 화학종의 전체 농도 $c$에 비례한다. 이러한 관계를 나타내면 다음과 같다.

$$P = kc \tag{24-16}$$

여기서 $k$는 비례 상수이다. 이 관계는 28C절에서 구체적으로 설명하는 방출 분광법을 이용한 정량 분석의 근거가 된다.

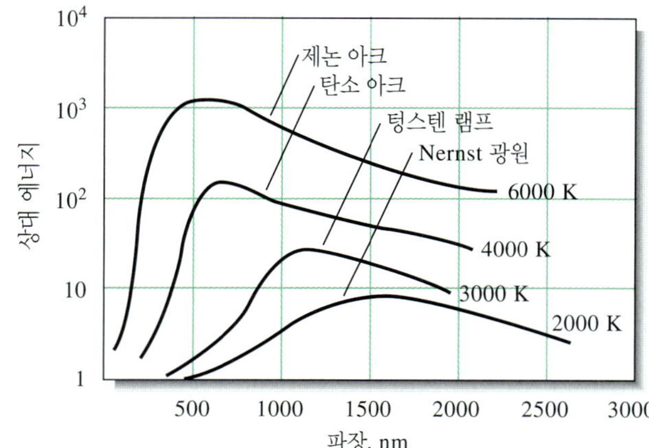


**그림 24-21** 여러 가지 광원에 대한 흑체 복사선. 광원의 온도가 변화함에 따라 피크의 이동을 주목하시오.

1990년에 Max Planck (1858~1947)는 그림 24-21에 나타난 곡선들을 거의 완벽하게 모형화한 수식(오늘날 Planck의 복사 법칙으로 종종 불림)을 발견하였다. 이 발견은 흑체 복사체에 있는 원자 혹은 분자의 진동에 대하여 두 가지 과감한 가정을 한 이론의 개발로 이루어졌다. 그의 가정은 다음과 같다. (1) 진동하는 종들은 단지 불연속적인 에너지를 가진다. (2) 그들은 불연속 단위 혹은 광자들로 에너지를 흡수하거나 방출할 수 있다. 이러한 가정은 식 (24-3)에 함축되어 있으며, 양자 이론의 개발에 초석이 되었다.

**공명 형광**은 형광을 위해 들뜨게 한 복사선의 파장과 동일한 복사선의 파장이 방출되는 것이다.

## ▸ 24D-2 형광과 인광에 의한 방출

형광과 인광은 전자기 복사선 빛살의 흡수로 들뜨게 된 원자나 분자가 방출하는 과정으로서 분석적으로 중요하게 이용된다. 이 때 들뜬 화학종은 과량의 에너지를 광자로 내놓으며 바닥 상태로 이완한다. 형광은 인광보다 훨씬 더 빨리 일어나며, 일반적으로 형광 방출은 들뜸 시간부터 약 $10^{-5}$ 초 내(또는 더 빨리)에 완결한다. 한편, 인광 방출은 빛을 쪼여주는 것을 멈춘 후에도 몇 분 또는 몇 시간 동안 지속될 수도 있다. 형광은 분석 화학에서 인광보다 훨씬 더 중요하다. 그래서 여기서는 형광에 초점을 맞추어 설명할 것이다.

### » *원자 형광*

기체 원자는 해당 원소의 흡수선(또는 방출선) 중의 하나와 정확하게 일치하는 파장을 가지는 복사선을 쪼여 주었을 때에 형광을 낸다. 예를 들면, 기체 상태의 소듐 원자는 589 nm의 복사선을 흡수하여 그림 24-20에 나타낸 들뜬 에너지 상태 $E_{3p}$로 들뜨게 된다. 그 다음 들뜬 원자는 흡수한 복사선과 같은 파장의 형광으로 재방출하며 이완된다. 들뜸 파장과 방출 파장이 같을 때 생겨나는 방출을 **공명 형광**(resonance fluorescence)이라고 한다. 소듐 원자는 330 nm 혹은 285 nm의 복사선을 쪼여주었을 때도 공명 형광을 나타낸다. 하지만 이 외에도 원소가 매질 속에서 다른 화학종과 일련의 비복사 충돌로 에너지 준위 $E_{3p}$로 먼저 이완하는 비공명 형광도 낼 수 있다. 이 때 589 nm의 광자 방출이나 많은 충돌로 인한 비활성화 중 어느 하나로 바닥 상태로 많은 이완이 일어날 수도 있다.

### » *분자 형광*

형광은 **그림 24-22a**에서 보여주듯이 전자기 복사선의 흡수에 의한 원자나 분자의 광발광 과정이다. 들뜬 화학종들은 그들의 과잉의 에너지를 광자의 형태로 잃으면서 바닥 상태로 이완한다. 들뜬 원자나 분자가 과량의 에너지를 방출하고 바닥 상태로 이완하는 데는 여러 가지 메커니즘이 있으며, 들뜬 화학종의 수명은 짧다. 이러한 메커니즘 중 가장 중요한 두 가지는 **그림 24-22b, c**에 나타낸 것처럼 **비복사 이완**(nonradiative relaxation)과 **형광 방출**(fluorescence emission)이다.

**비복사 이완.** 두 가지의 형태의 비복사 이완을 그림 24-22b에서 나타내었다. 첫 번째 형태는 진동 에너지 준위들 사이에 짧고 굽은 화살표를 나타낸 **진동 비활성**(vibrational deactivation) 또는 **이완**(relaxation)으로 들뜬 분자와 용매 분자 사이의 충돌 과정에서 일어난다. 과량의 진동 에너지는 충돌하는 동안에 그림에 나타낸 대로 일련의 단계를 거쳐 용매 분자로 전이된다. 이 결과로 용매의 온도는 약간 상승한다. 진동 이완은 효율적인 이완 과정이기 때문에 들뜬 진동 상태의 평균 수명은 단지 $10^{-15}$ 초에 불과하다. 또 다른 형태의 이완은 들뜬 전자 상태의 가장 낮은 진동 준위와 다른 전자 상태의 더 높은 진동 준위 사이에서 일어나는 비복사 이완이다. **내부 전환**(internal conversion)이라 부르는 이 형태의 이완은 그림 24-22b에서 2개의 더 길고 굽은 화살표로 나타내었는데 진동 이완보다 훨씬 적게 일어나며, 들뜬 전자 상태의 평균 수명은 $10^{-9}$~$10^{-6}$초 정도이다. 이러한 형태의 이완이 일어나는 메커니즘은 완전히 설명되지는 않지만, 이 과정의 결과로 역시 매질의 온도가 상승한다.

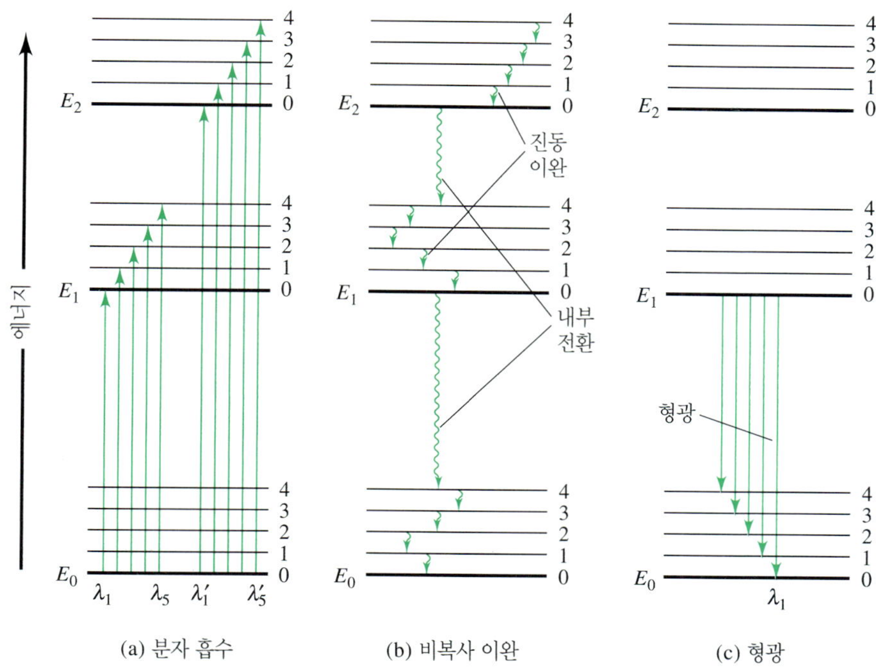


**그림 24-22** 분자종에 의한 흡수, 비복사 이완, 형광이 일어나는 동안의 몇 가지 에너지 변화를 보여주는 에너지 준위 도표.

**형광.** 분자가 형광을 발생하려면 그림 24-22b에 나타낸 비복사 이완 과정의 속도는 느리게 하되 그림 24-22c에 나타낸 형광 이완 속도는 증가시키는 구조적 특징이 필요하므로 실제로 형광을 발생하는 분자의 수는 비교적 적다. 대부분의 분자는 이런 구조를 가지지 않으며, 복사 이완 속도보다 상당히 더 큰 속도로 비복사 이완을 하고 있어 형광을 발생하지 못한다. 그림 24-22c에서 보여주듯이 분자들은 들뜬 상태 $E_1$에 있는 가장 낮은 진동 상태에서 바닥 상태 $E_0$의 많은 진동 준위로 전이할 때 복사선 띠가 생성된다. 분자 흡수띠처럼 분자 형광띠는 종종 분리하기 어려운 많은 인접한 선들로 이루어져 있다. $E_1$에서 바닥 상태에 있는 가장 낮은 진동 상태로의 전이($\lambda_1$)가 띠에 있는 모든 전이 중에 가장 큰 에너지를 갖는다는 것을 명심하시오. 그 결과로 바닥 상태의 더 높은 진동 준위로 끝나는 모든 다른 선들은 에너지가 더 낮고, $\lambda_1$보다 더 긴 파장에서 형광 방출을 만든다. 즉 분자 형광띠는 들뜸에 필요한 흡수 복사선의 띠보다 파장이 더 긴 선들로 이루어져 있다. 파장에서의 이러한 이동을 가끔 **Stokes 이동**(Stokes shift)이라 부른다. 분자 형광에 대해 더 상세한 내용은 27장에서 설명한다.

**Stokes 이동**은 형광을 들뜨게 하는 데 사용된 복사선의 파장보다 더 긴 파장에서 일어나는 형광 복사선을 말한다.

Beer 법칙에 대해 더 알아보기 위해 검색 엔진을 이용하여 IUPAC에 있는 광화학에서 사용되는 용어 풀이를 검색하시오. 몰 흡광계수($\varepsilon$)가 흡수 단면적($\sigma$)와 어떤 관계가 있는지 알아보자. 흡수 단면적에 아보가드로의 수를 곱하고 결과를 알아보자. 만약 흡광도를 $A = -\ln(P/P_0)$로 표현한다면, 밑이 10인 log로 한 일반적인 정의의 결과가 어떻게 변하는가? $\sigma$의 단위는 무엇인가? $\sigma$ 양과 $\varepsilon$ 양 중 어느 것이 거시적인 양인가? Molar absorptivity와 molar absorption coefficient 중 어느 것이 더 기술적인 용어인가? 답에 대해 설명하고, 타당함을 보이시오.

## 연습 문제

*24-1. pH 5.3에서 지시약 브로모크레졸 퍼플은 노란색이며, pH 6.3에서는 용액이 보라색으로 바뀐다. 이렇게 색깔이 관찰되는 이유를 파장 영역과 흡수되고 투과된 색의 관점에서 설명하시오.

24-2. 다음은 서로 어떤 관계가 있는가?
- *(a) 흡광도와 투광도
- (b) 흡광계수 $a$와 몰 흡광계수 $\varepsilon$

*24-3. Beer 법칙이 선형에서 벗어나는 요인은 무엇인가?

24-4. Beer 법칙으로부터 '실제적인' 벗어남과 기기적인 요인 혹은 화학적 요인에 의한 벗어남 사이의 차이점을 설명하시오.

24-5. 전자 전이와 진동 전이의 유사점은 무엇인가? 차이점은 무엇인가?

24-6. 다음을 Hz 단위의 진동수로 나타내시오.
- *(a) 2.65 Å의 파장을 가지는 X-선 빛살
- (b) 211.0 nm에서의 구리의 방출선
- *(c) 루비 레이저에 의해 생성된 694.3 nm에서의 스펙트럼 선
- (d) 10.6 μm에서의 $CO_2$ 레이저의 출력
- *(e) 19.6 μm에서의 적외선 흡수 봉우리
- (f) 1.86 cm에서의 마이크로파 빛살

24-7. 다음을 cm 단위의 파장으로 계산하시오.
- *(a) 118.6 MHz로 신호를 보내고 있는 공항 탑
- (b) 114.10 kHz로 신호를 보내고 있는 VOR
- *(c) 105 MHz에서의 NMR 신호
- (d) 파수 1210 $cm^{-1}$을 가지는 적외선 흡수 피크

24-8. 정교한 자외선/가시광선/근적외선 기기는 185~3000 nm 파장 범위를 가지고 있다. 파수와 주파수 범위는 얼마인가?

*24-9. 전형적인 간단한 적외선 분광 광도계는 3~15 μm 범위의 파장에서 사용 가능하다. 이 기기의 사용 범위를 (a) 파수와 (b) Hz 단위로 나타내시오.

24-10. 2.70 Å의 파장을 가지는 X-선 광자의 진동수를 Hz 단위로, 에너지를 J 단위로 계산하시오.

*24-11. 220 MHz에 있는 신호의 파장과 J 단위의 에너지를 계산하시오.

24-12. 다음의 파장을 계산하시오.
- *(a) 굴절률이 1.35인 수용액 안에서 589 nm의 소듐선
- (b) 굴절률이 1.55인 수정을 통과한 694.3 nm 루비 레이저의 출력

24-13. 경로 길이는 cm로 주어지고, 농도가 다음과 같을 때 흡광계수의 단위는 무엇인가?
- *(a) ppm
- (b) μg/L
- *(c) W/V %
- (d) g/L

24-14. 다음의 흡광도를 퍼센트 투광도로 나타내시오.
- *(a) 0.0356
- (b) 0.895
- *(c) 0.379
- (d) 0.167
- *(e) 0.485
- (f) 0.753

24-15. 다음의 투광도 자료를 흡광도로 나타내시오.
- *(a) 27.2%
- (b) 0.579
- *(c) 30.6%
- (d) 3.98%
- *(e) 0.093
- (f) 63.7%

24-16. 연습 문제 24-14에 있는 용액의 흡광도에 두 배가 되는 용액의 퍼센트 투광도를 계산하시오.

24-17. 연습 문제 24-15에 있는 퍼센트 투광도의 반을 가지는 용액의 흡광도를 계산하시오.

| | | | $\varepsilon$ | $a$ | $b$ | $c$ | |
|---|---|---|---|---|---|---|---|
| | $A$ | $\%T$ | L $mol^{-1}$ $cm^{-1}$ | $cm^{-1}$ $ppm^{-1}$ | cm | M | ppm |
| *(a) | 0.172 | | $4.23 \times 10^3$ | | 1.00 | | |
| (b) | | 44.9 | | 0.0258 | | $1.35 \times 10^{-4}$ | |
| *(c) | 0.520 | | $7.95 \times 10^3$ | | 1.00 | | |
| (d) | | 39.6 | | 0.0912 | | | 1.76 |
| *(e) | | | $3.73 \times 10^3$ | | 0.100 | $1.71 \times 10^{-3}$ | |
| (f) | | 83.6 | | | 1.00 | $8.07 \times 10^{-6}$ | |
| *(g) | 0.798 | | | | 1.50 | | 33.6 |
| (h) | | 11.1 | $1.35 \times 10^4$ | | | $7.07 \times 10^{-5}$ | |
| *(i) | | 5.23 | $9.78 \times 10^3$ | | | | 5.24 |
| (j) | 0.179 | | | | 1.00 | $7.19 \times 10^{-5}$ | |

**24-18.** 다음 표의 빈 곳을 채우시오. 필요하다면 분석물의 분자량은 200으로 가정하시오.

**24-19.** 1.00 cm 셀에 4.48 ppm의 $KMnO_4$를 포함하 는 용액을 넣고 520 nm의 파장에서 투광도를 측정하였더니 85.9 %*T*이었다. $KMnO_4$의 몰 흡광계수를 계산하시오.

**24-20.** Be(II)은 acetylacetone과 착화합물(166.2 g/mol)을 형성한다. 2.25 ppm의 이 착화합물 용액이 1.00 cm 셀을 사용할 때 최대 흡수 파장인 295 nm에서 37.5%의 투광도를 가진다. 이 착화합물의 몰 흡광계수를 계산하시오.

***24-21.** 최대 흡수 파장인 580 nm에서 착화합물 $Fe(SCN)^{2+}$는 $7.00 \times 10^3$ L $cm^{-1}$ mol $^{-1}$의 몰 흡광계수를 가진다. 다음을 계산하시오.

(a) 580 nm에서 1.00 cm 셀에 들어 있는 $3.40 \times 10^{-5}$ M 착화합물 용액의 흡광도

(b) (a)의 착화합물 농도의 두 배인 용액에서의 흡광도

(c) (a)와 (b)에 설명된 용액의 투광도

(d) (a)에 설명된 용액 투광도의 반을 가지는 용액의 흡광도

**24-22.** 4.33 ppm 철(III)을 포함하는 용액 2.50 mL를 과량의 KSCN와 반응시키고 50.0 mL로 묽혔다. 이 용액을 2.50 cm 셀에 넣고 580 nm에서 측정한 흡광도는 얼마인가? 몰 흡광계수 자료는 연습 문제 24-21를 참고하시오.

***24-23.** Bi(III)와 싸이오유레아 사이에 형성된 착화물 용액은 470 nm에서 $9.32 \times 10^3$ L $cm^{-1}$ $mol^{-1}$의 몰 흡광계수를 가진다.

(a) 470 nm에서 1.00 cm의 셀에 들어 있는 $5.67 \times 10^{-5}$ M 착화합물 용액의 흡광도는 얼마인가?

(b) (a)에 설명된 용액의 퍼센트 투광도는 얼마인가?

(c) 2.50 cm 셀을 사용하여 파장 470 nm에서 측정했을 때 (a)에 설명된 흡광도를 보였다. 이 착물의 몰농도는 얼마인가?

**24-24.** 구리(I)와 1,10-phenanthroline으로 만들어진 착화합물은 최대 흡수 파장인 435 nm에서 7000 L $cm^{-1}$ $mol^{-1}$의 몰 흡광계수를 가진다. 다음 각 항을 계산하시오.

(a) 1.00 cm 셀을 사용하여 435 nm에서 측정했을 때 농도가 $6.17 \times 10^{-5}$ M인 이 착화합물 용액의 흡광도

(b) (a) 용액의 퍼센트 투광도

(c) 5.00 cm 셀을 이용하여 (a)의 용액과 같은 흡광도가 얻어졌다. 용액의 농도는

(d) $3.13 \times 10^{-5}$ M의 이 착화합물 용액이 (a)에서의 용액과 같은 흡광도를 갖기 위해 필요한 경로 길이

***24-25.** 떠돌이 선의 퍼센트($P_s/P_0$)가 0.75인 분광기 안에서 어떤 용액의 '실제' 흡광도[$A = -\log(P/P_0)$]가 2.10이였다. 흡광도 $A'$는 얼마인가? 퍼센트 오차는 얼마인가?

**24-26.** 화합물 X의 자외선/가시선 분광광도계로 결정되어 질 수 있다. X의 표준 용액으로 다음의 결과를 이용하여 보정 곡선을 만들 수 있다. 0.50 ppm, $A = 0.24$; 1.5 ppm, $A = 0.36$; 2.5 ppm, $A = 0.44$; 3.5 ppm, $A = 0.59$; 4.5 ppm, $A = 0.70$. 보정 곡선의 기울기와 절편, *y*축의 표준 오차, 미지 농도 X 용액의 농도, X의 농도에 대한 표준 편차를 구하시오. 보정 곡선을 도시하고, 그 그림으로부터 미지 농도를 손으로 결정하시오.

**24-27.** 소변 안에 있는 인을 정량하는 일반적인 방법 중의 한 가지는 단백질을 제거한 다음 시료를 몰리브데넘(VI)으로 처리하고, 그 결과 생긴 12-molybdophosphate 착화합물을 ascorbic acid로 몰리브데넘 블루라고 불리는 아주 강한 청색을 띠는 종으로 환원하는 방법이다. 몰리브데넘 블루의 흡광도는 650 nm에서 측정할 수 있다. 환자들은 24시간에 1122 mL 소변을 만든다. 시료 1.00 mL를 Mo(VI)와 ascorbic acid로 처리하고 부피가 50.00 mL가 되게 묽게 하였다. 보정 곡선은 1.00 mL의 P 표준 용액으로 소변에서와 같은 방법으로 처리하여 준비하였다. 650 nm에서 얻은 표준 용액과 소변 시료의 흡광도의 결과를 아래에 나타내었다.

| 용액 | 650 nm에서 흡광도 |
|---|---|
| 1.00 ppm P | 0.230 |
| 2.00 ppm P | 0.436 |
| 3.00 ppm P | 0.638 |
| 4.00 ppm P | 0.848 |
| 소변 시료 | 0.518 |

(a) 보정 곡선의 기울기, 절편, *y*축의 표준 오차를 구하시오. 보정 곡선을 도시하시오. 소변 시료 속에 있는 P의 ppm수와 최소 제곱 회귀선으로부터 ppm수의 표준 편차를 결정하시오. 미지 농도와 보정 곡선으로부터 손으로 계산된 미지 농도의 값을 비교하시오.

(b) 환자에 의해 하루에 제거되는 P의 양은 그램 단위로 얼마인가?

(c) 소변 속의 P의 농도는 mM 단위로 얼마인가?

**24-28.** 아질산염의 양은 Griess 반응이라 불리는 발색 과정의 반응을 이용해서 결정된다. 이 반응에 의하면 시료 속에 있는 아질산염은 sulfanilimide와 N-(1-Naptyl) ethylene diamine과 반응하여 550 nm에서 빛을 흡수하는 색을 가진 화학종을 형성한다. 자동화된 흐름 분석기기를 이용하여 아질산염의 표준 용액과 미지의 양을 포함하고 있는 아질산염 시료에 대해 다음과 같

은 결과를 얻었다.

| 용액 | 550 nm에서 흡광도 |
|---|---|
| 2.00 μMP | 0.065 |
| 6.00 μM | 0.205 |
| 10.00 μM | 0.338 |
| 14.00 μM | 0.474 |
| 18.00 μM | 0.598 |
| 미지사료 | 0.402 |

(a) 검정 곡선의 기울기, 절편, 표준 편차를 구하시오.
(b) 검정 곡선을 도시하시오.
(c) 시료 속에 있는 아질산염의 농도와 표준 편차를 결정하시오.

**24-29.** 다음 반응의 평형 상수는 $4.2 \times 10^{14}$이다.

$$2CrO_4^{2-} + 2H^+ \rightleftharpoons Cr_2O_7^{2-} + H_2O$$

$K_2Cr_2O_7$ 용액에 있는 주된 두 화학종의 몰 흡광계수는 다음과 같다.

| λ, nm | $\varepsilon_1$ ($CrO_4^{2-}$) | $\varepsilon_2$ ($Cr_2O_7^{2-}$) |
|---|---|---|
| 345 | $1.84 \times 10^3$ | $10.7 \times 10^2$ |
| 370 | $4.81 \times 10^3$ | $7.28 \times 10^2$ |
| 400 | $1.88 \times 10^3$ | $1.89 \times 10^2$ |

$4.00 \times 10^{-4}$, $3.00 \times 10^{-4}$, $2.00 \times 10^{-4}$, $1.00 \times 10^{-4}$ 몰의 $K_2Cr_2O_7$를 각각 물에 녹이고 pH 5.60 완충 용액으로 1.00 L이 되게 묽혀 네 용액을 만들었다. 각 용액에 대한 이론적인 흡광도 값(1.00 cm 셀)을 구하고 (a) 345 nm, (b) 370 nm, (c) 400 nm에 대해서 자료를 도시하시오.

**24-30. 도전 문제:** NIST는 *http://www.nist.gov/pml/data/asd_contents.cfm*에서 원소들의 스펙트라 데이터베이스를 관리하고 있다. 이 데이터베이스에서 얻은 중성 Li의 에너지 준위는 다음과 같다.

| 전지 배치 | 준위(eV) |
|---|---|
| $1s^22s^1$ | 0.00000 |
| $1s^22p^1$ | 1.847818<br>1.847860 |
| $1s^23s^1$ | 3.373129 |
| $1s^23p^1$ | 3.834258<br>3.834258 |
| $1s^23d^1$ | 3.878607<br>3.878612 |
| $1s^24s^1$ | 4.340942 |
| $1s^24p^1$ | 4.521648<br>4.521648 |
| $1s^24d^1$ | 4.540720<br>4.540723 |

(a) 그림 24-20에 있는 것과 유사하게 부분적인 에너지 준위 도표를 그리시오. 각 에너지 준위에 대응하는 궤도함수의 이름을 붙이시오. NIST 사이트에서 Li의 첫 번째 이온화 에너지를 찾아 그린 도표에 수평선으로 나타내시오.
(b) NIST 웹사이트에서 Physical Reference Data를 클릭하시오. Atomic Spectral Database를 찾아 Lines 아이콘을 클릭하시오. Li I의 에너지준위의 정보를 포함하고 있는 300~700 nm까지의 스펙트럼 선을 찾아서 이용하시오. 찾은 표는 파장, 상대적인 세기, 선들이 생기는 각각의 전이에 대한 전자 배치의 변화를 포함하고 있음을 명심하시오. (a)의 부분적인 에너지 준위 도표에 전이들을 보여 주기 위한 연결선을 첨가하고, 각각의 선에 방출 진동수를 표시하시오. 그린 도표에서 어떤 전이가 이중항인가?
(c) (b)에서 찾은 파장에 따른 세기의 자료를 이용하여 Li에 대한 방출 스펙트럼을 그리시오. 만약 $LiCO_3$ 시료를 불꽃 속에 넣는다면 불꽃은 어떤 색이 되는가? (d) $LiCO_3$과 같은 이온성 Li 화합물의 불꽃 스펙트럼이 어떻게 중성 원자 Li의 스펙트럼으로 나타나는지를 설명하시오.
(d) $LiCO_3$과 같은 이온성 Li 화합물의 불꽃 스펙트럼이 어떻게 중성 원자 Li의 스펙트럼으로 나타나는지를 설명하시오.
(e) 544 nm와 610 nm 사이에서 Li에 대한 방출선들이 나타나지 않는다. 이유는 무엇인가?
(f) 이 문제에서 얻어진 정보들이 소변 속에 있는 Li의 존재를 검출하는 데 어떻게 사용되는지를 설명하시오. Li의 양을 어떻게 정량으로 결정할 수 있는가?

# 제25장 광학 분광기기

## Instruments for Optical Spectrometry

사진 중앙에 보이는 밝은 별은 초신성 1987a로 육안으로 관찰이 가능한 최초의 초신성으로 400년 전에 나타났다. 이 별 영상 위의 검은 점들은 초신성이 나타나기 2년 전에 찍은 사진의 음화(negative)를 겹쳐서 생긴 것이다. 초신성이 생기던 거의 같은 시기에 중성 미자의 폭발이 이례적으로 일어났는데, 이는 Erie호(Lake Erie) 아래에 있는 장비와 일본에 있던 비슷한 장비에 의해 검출되었다. 최근에 보수된 이 Irvine-Michigan-Brookhaven 지하 검출기는 2048 배율의 고감도, 대면적(l arge-area)의 광전자 증배관들로 둘러싸인 6800 입방미터 부피의 물로 구성되어 있으며, Ohio주의 Eri호 아래에 위치한 소금 광산에 있다. 중성 미자가 물 분자들과 충돌할 때 발생하는 푸른빛의 Cherenkov 광선을 최소 20개의 광전자 증배관이 55 ns 시간 동안 검출할 때, 중성 미자가 발생했다고 판단한다. 이 Erie호 검출기와 이와 비슷한 다른 검출기들은 원래 물 분자들 속에서 일어나는 연속적인 양성자 붕괴를 측정하기 위하여 만들어졌다. 이런 실험들은 매우 긴 시간을 필요로 하며, 검출기로부터 나온 데이터를 연속적으로 기록한다. 결과적으로 Erie호 검출기는 초신성 1987a로부터 발생한 중성 미자 폭발을 관측할 준비를 하고 있었던 셈이다. 광전자 증배관은 이 장에서 기술할 복사선 검출기 중의 하나이다.

분석 기기가 자외선, 가시선, 적외선 중 어느 영역대의 빛을 이용하도록 설계되어 있는지와는 상관없이 흡수, 방출 및 형광 분광법에 필요한 분석 기기들의 기본 구성 요소들은 기능적인 측면이나 일반적으로 요구되는 성능 면에서 놀라울 정도로 비슷하다. 이러한 유사성 때문에 사람의 눈은 단지 가시선 영역에만 민감함에도 불구하고, 이런 종류의 분석 기기들을 종종 **광학 기기**(optical instrument)라고 부른다. 이 장에서는 광학 기기에 공통적으로 사용되는 구성 요소들의 일반적인 특징들을 먼저 살펴보고 나서 자외선, 가시선, 적외선 흡수 분광법을 위해 고안된 전형적인 기기들의 특징을 살펴보기로 한다.

우리는 종종 자외선/가시선과 적외선 스펙트럼을 광학 영역(optical region)이라고 부른다. 비록 인간의 눈은 오직 가시광선 영역에만 감응하지만 렌즈, 거울, 프리즘과 회절발이 우리 눈과 유사하고 비슷한 방식으로 작동하므로 다른 영역 즉, 자외선과 적외선도 광학 영역에 포함시킨다. 그러므로 자외선/가시선과 적외선 분광학을 **광학 분광학**(optical spectroscopy)이라고 부른다.

## 25A 기기의 구성 요소

자외선/가시선과 적외선 영역대를 다루는 대부분의 분광학 기기들은 5가지 구성 요소로 이루어져 있다. (1) 복사 에너지를 내는 안정한 광원, (2) 측정에 필요한 제한된 파장 영역대만 통과시키는 파장 선택 장치, (3) 하나 혹은 그 이상의 시료 용기, (4) 복사 에너지를 측정 가능한 전기적 신호로 바꾸어주는 복사선 검출기, (5) 전자 부품들과 컴퓨터로 구성된 신호 처리 및 판독 장치이다. **그림 25-1**은 이 구성 요소들을 어떻게 조합하여 흡수, 형광, 방출 분광 측정법을 위해 사용되는지를 보여주고 있다. 이 그림에서 (3), (4), (5)번 구성 요소는 세 가지 측정법에서 모두 비슷한 배치를 하고 있음을 주목하시오.

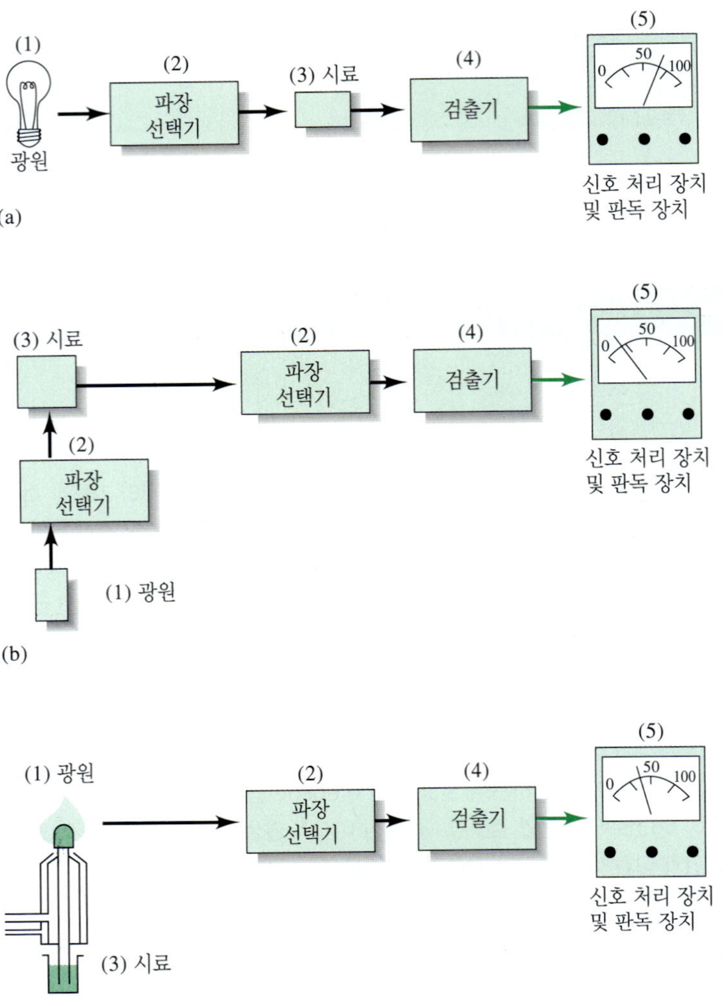


**그림 25-1** 다양한 광학 분광학 기기들의 구성 요소들. (a)는 흡광 측정을 위한 배치를 보여 주고 있다. 주목할 점은 선택된 파장의 광원 복사선이 시료를 통과한 후 검출기와 신호 처리 및 판독 장치를 통과한 복사선의 세기를 측정한다는 것이다. 몇몇 기기에서는 시료와 파장 선택 장치가 반대로 배치되기도 한다. (b)는 형광 측정을 위한 배치를 보여 주고 있다. 형광 측정을 위해서는 파장 선택 장치가 두 개 필요한데, 각각 들뜸 파장과 방출 파장을 선택하기 위해서이다. 광원에서 선택된 복사 파장이 시료를 비추고 이때 방출되는 복사선은 직접적인 광원의 검출을 피하고 산란에 의한 영향을 최소화하기 위해 90° 각도에서 측정한다. (c)는 방출 분광학을 위한 배치를 보여 주고 있다. 이 측정법에서는 불꽃과 같은 열에너지를 사용하여 분석 물질을 증기 형태로 바꾸고, 여기에서 방출되는 복사선은 파장 선택 장치를 사용하여 분리하고 검출기를 통하여 전기적 신호로 바꾸어 준다.

흡수와 형광 측정을 위한 처음의 두 설계는 외부 복사선 광원을 필요로 한다. 흡수 측정법(그림 25-1a)에서는 선택된 파장에서 광원의 감쇄를 측정한다. 형광 측정법(그림 25-1b)에서는 광원이 분석 물질을 들뜨게 하여 특정 복사선의 방출을 일으키고, 이 방출 복사선은 입사 광원에 대해 직각에서 측정된다. 방출 분광학(그림 25-1c)에서는 시료 자체가 방출제이며 외부 광원을 필요로 하지 않는다. 방출 분석법에서는 일반적으로 분석 물질이 특정 복사선을 방출할 수 있도록 충분한 열에너지를 줄 수 있는 플라스마나 불꽃에 시료를 주입해 준다. 형광과 방출 분석법은 각각 27장과 28장에서 보다 자세하게 다루어진다.

## ▸ 25A-1 광학 재료

광학 분광기기에 사용되는 각종 시료 용기와 창, 렌즈 및 파장 선택 장치들은 분석에 필요한 파장 영역대의 복사선을 투과시킬 수 있어야만 한다. **그림 25-2**는 자외선, 가시선과 적외선 영역의 스펙트럼에 사용되는 여러 광학 재료들의 파장에 대한 사용 가능한 파장 범위를 보여 주고 있다. 보통 실리카 유리는 가시선 영역에 사용하기 알맞고 가격도 저렴한 장점이 있다. 자외선 영역에서는 일반 유리가 380 nm 이하 파장의 빛은 흡수하므로 용융 실리카나 석영을 사용해야만 한다. 적외선 영역

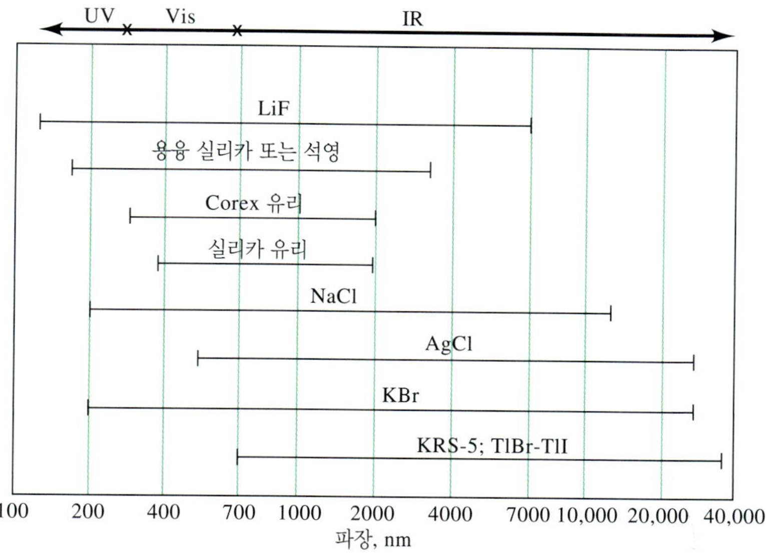


**그림 25-2** 다양한 광학 재료들에 대한 투과 파장 범위. 보통 유리는 가시선 영역에서는 투과성이 좋은 반면 용융 실리카나 석영은 380 nm 이하 자외선 영역에서 사용하기 알맞다. KBr, NaCl, AgCl과 같은 할로젠 염들은 적외선 영역에서 사용하기에 알맞지만 가격이 비싸고 물에 다소 녹는 단점이 있다.

에서는 유리, 석영, 용융 실리카 모두 2.5 μm보다 긴 파장의 빛은 흡수한다. 따라서 적외선 분광기기에 사용되는 광학 부품들은 일반적으로 할로젠 염을 사용하여 제작하거나 때로는 고분자 물질을 사용하여 제작하기도 한다.

## ▸ 25A-2 분광학 광원

분광학 연구에 사용되는 광원은 검출과 측정이 용이할 만큼 충분한 세기의 복사선을 내야만 한다. 또한, 광원의 외부 출력은 분석에 필요한 시간 동안 안정해야 한다. 일반적으로 광원의 좋은 안정성을 얻기 위해서는 광원의 전원 공급 장치를 잘 조절해야만 한다. 분광학에 이용되는 광원에는 두 가지 종류가 있다. **연속 복사 광원**(continuum source)은 파장 변화에 따라 복사선의 세기가 완만하게 변하는 복사선을 내놓는다. **선 복사 광원**(line source)은 제한된 수의 스펙트럼 선들을 내놓는데, 각각의 스펙트럼 선들은 매우 좁은 영역의 파장 범위를 가진다. 이 두 광원의 차이가 **그림 25-3**에 잘 표현되어 있다. 광원은 또한 시간에 따라 빛을 내 놓는 방식에 의해서 시간에 따라 연속적으로 복사선을 방출하는 **연속 광원**(continuous source) 혹은 간헐적으로 복사선을 방출하는 **펄스 광원**(pulsed source)으로 구분된다.

연속 복사 광원은 특정 스펙트럼 영역 내에서 넓은 분포를 가지는 파장 영역을 제공한다. 이 분포를 **연속적인 스펙트럼**(spectral continuum)이라 한다. 선 복사 광원은 제한된 수의 좁은 파장대의 스펙트럼 선들을 내놓는다.

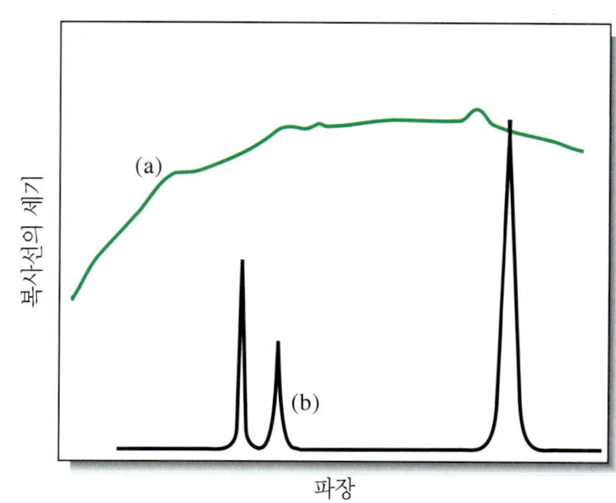


**그림 25-3** 두 가지 다른 형태의 스펙트럼. 연속 복사 광원의 스펙트럼(a)이 선 광원의 스펙트럼(b)보다 훨씬 더 넓다.

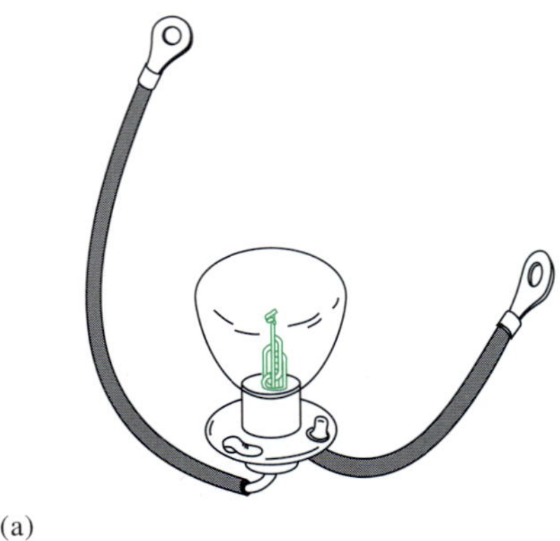

(a)

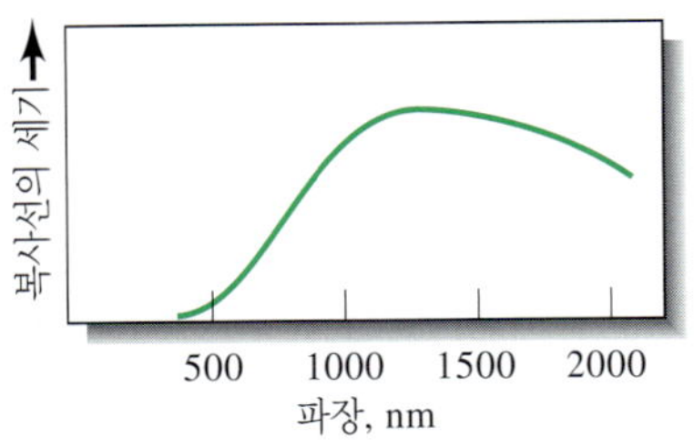


(b)

**그림 25-4** 분광학에 이용되는 텅스텐 램프(a)와 스펙트럼(b). 텅스텐 광원의 세기는 350 nm보다 짧은 파장에서는 매우 낮다. 주목할 점은 텅스텐 광원의 세기는 근적외선 영역(이 경우는 ≈1200 nm)에서 최대에 달한다는 것이다.

**표 25-1**

**광학 분광학을 위한 연속 광원**

| 광원 | 파장 영역(nm) | 분광학 종류 |
|---|---|---|
| 제논 아크 램프 | 250~600 | 분자 형광법 |
| 수소와 중수소 램프 | 160~380 | 자외선 분자 흡광법 |
| 텅스텐/할로젠 램프 | 240~2500 | 자외선/가시선/근적외선 분자 흡광법 |
| 텅스텐 램프 | 350~2200 | 가시선/근적외선 분자 흡광법 |
| Nernst 광원 | 400~20,000 | 적외선 분자 흡광법 |
| 니크로뮴 선 | 750~20,000 | 적외선 분자 흡광법 |
| 글로바 | 1200~40,000 | 적외선 분자 흡광법 |

### » 자외선/가시선 영역대의 연속 복사 광원

가장 많이 사용되고 있는 연속 복사 광원들을 **표 25-1**에 나열하였다. 일반 텅스텐 필라멘트 램프는 320~2500 nm의 넓은 분포의 파장대를 제공한다(그림 25-4). 일반적으로 텅스텐 램프들은 2900 K 근처 온도에서 작동되므로 350~2500 nm 영역대 복사선을 내놓는데 유용하다.

텅스텐/할로젠 램프는 석영/할로젠 램프라고도 불리는데, 필라멘트를 감싸고 있는 석영 덮개 내에 소량의 아이오딘을 포함하고 있다. 석영은 내부 필라멘트가 약 3500 K 근처에서 작동할 수 있게 해줌으로써 방출 복사선의 세기도 높이고 방출 파장의 범위도 자외선 영역까지 확장시킨다. 텅스텐/할로젠 램프는 필라멘트로부터 텅스텐이 승화되는 것을 억제함으로써 일반 텅스텐 램프보다 수명이 두 배 이상 길다. 승화된 텅스텐은 아이오딘과 반응하여 $WI_2$ 분자로 되었다가 고온의 필라멘트(원래 텅스텐이 분해되어 나온 곳)로 확산되어 돌아가서 필라멘트 위에 텅스텐 원자로 석출되고 아이오딘은 다시 방출한다. 텅스텐/할로젠 램프는 더 넓어진 파장 영역대와 증가된 세기 및 더 길어진 수명으로 인해 최근 분광기기에서 그 사용이 점점 더 증가하고 있다.

중수소 램프(와 수소 램프)는 자외선 영역의 연속 복사선을 제공하기 위해 가장 많이 사용되고 있다. 중수소 램프는 낮은 압력의 중수소로 채워진 원통형 관에 복사선을 내 놓는 석영 창으로 이루어져 있다(**그림 25-5**). 이 램프는 중수소 기체(혹은 수소 기체)가 전기적 에너지로 인해 들뜬 상태의 $D_2^*$(또는 $H_2^*$)를 생성할 때 연속 복사선을 방출한다. 이 들뜬 상태의 화학종들이 두 개의 중수소나 수소 원자로 분해되면서 자외선 광자를 내놓는 것이다. 수소 기체에 대한 반응식은 다음과 같다.

$$H_2 + E_e \rightarrow H_2^* \rightarrow H' + H'' + h\nu$$

여기서 $E_e$ 수소 분자가 흡수한 전기적 에너지이다. 전체 과정에 대한 에너지는 아래와 같다.

$$E_e = E_{H_2^*} = E_{H'} + E_{H''} + h\nu$$

여기서 $E_{H_2^*}$는 $H_2^*$의 고정된 양자화된 에너지이며, $E_{H'}$와 $E_{H''}$는 두 수소 원자의 운동에너지로 두 운동 에너지의 합은 0에서 $E_{H_2^*}$ 값까지 변할 수 있다. 따라서 방출되는 광자의 에너지와 주파수 또한 이 에너지 범위 내에서 변할 수 있다. 즉, 두 운동 에너지가 우연히 작을 경우 $h\nu$는 커지고 반대로 두 운동 에너지가 커지면 $h\nu$는 작아진다. 결과적으로 수소 램프는 160 nm에서 가시선 영역이 시작되는 파장까지의 연속 스펙트럼을 낼 수 있게 된다. 오늘날, 자외선을 발생시키는 대부분의 램프는 중수소를 포함하고 있고 낮은 전압을 사용하는 방식의 하나로 산화 피막을 입힌 가열된 필라멘트와 금속 전극 사이에 아크를 형성한다(그림 25-5a). 가열된 필라멘트는 약 40 V의 전위에서 직류 전류를 유지시킬 수 있도록 전자를 발생시키는데, 이때 일정한 복사선 세기를 내기 위해서는 정류 전압 공급 장치가 필요하다. 중수소와 수소 램프 모두 160~375 nm 영역대의 유용한 연속 스펙트럼을 제공한다(그림 25-5b). 그러나 중수소 램프의 복사선 세기가 더 강하기 때문에 수소 램프보다 더 널리 이용되고 있다. 이 램프들은 360 nm보다 긴 파장에서 연속 복사선과 겹치는 방출선들을 내놓는다. 이 방출 선들은 많은 경우에 골칫거리가 되기도 하지만 흡광 기기의 검정을 위한 파장으로 유용하게 쓰이기도 한다.

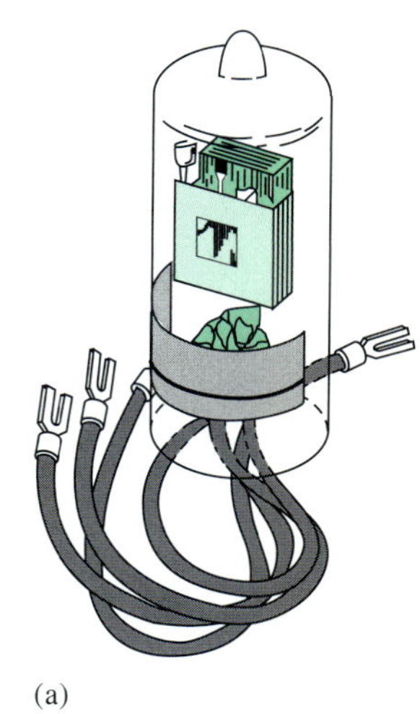

(a)

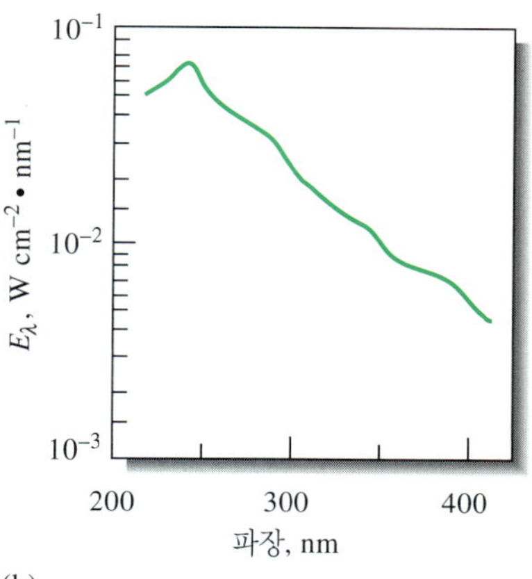


(b)

**그림 25-5** 분광학에 이용되는 중수소 램프(a)와 스펙트럼(b). 방사조도, $E_\lambda$에 비례하는 중수소 램프 복사선의 최대 세기가 약 225 nm에서 발생함을 주목하시오. 일반적으로 분광기기는 약 350 nm에서 중수소 램프에서 텅스텐 램프로 광원을 바꾼다.

### » 그 밖에 자외선/가시선 광원

위에서 논의된 연속 복사 광원 외에도 선 복사 광원 역시 자외선/가시선 영역에서 중요하게 사용되고 있다. 저압 수은 아크 램프는 액체 크로마토그래피 검출기에 많이 사용되고 있다. 이 광원에서 방출되는 주요 선 복사는 253.7 nm 수은 선이다. 속빈 음극관 램프 또한 흔히 이용되는 선 복사 광원으로 28장에서 논의될 원자 흡수 분광법에 특히 많이 사용되고 있다. 레이저(특집 25-1 참조) 또한 단일 파장과 주사(scanning) 용도가 필요한 여러 가지 분광학적 응용에 이용되고 있다.

**특집 25-1**

**레이저 광원: 환상의 빛**

레이저는 특정 형태의 분광 분석법에서 광원으로 널리 이용되어 왔다. 레이저가 어떻게 작동하는지 이해하기 위해, 전자기파와 상호 작용을 하는 원자나 분자 집단을 생각해 보자. 단순하게 이들 원자나 분자들은 높은 에너지 준위 $E_2$와 낮은 에너지 준위 $E_1$의 두 가지 에너지 준위만 가지고 있다고 생각하자. 만약 전자기파가 두 준위의 에너지 차에 해당하는 주파수를 가진다면, $E_2$에 있는 들뜬 화학종들은 자극을 받아 원래의 전자기파와 같은 주파수와 위상을 가지는 복사선을 방출하게 된다. 각 **유도 방출**(stimulated emission)은 하나의 광자를 발생하는 반면에 각 흡수는 하나의 광자를 제거한다. **복사선량**(radiant flux, Φ)이라고 불리는 초당 광자의 수는 복사선이 원자나 분자 집단과 상호 작용하는 거리에 따라 변한다. 복사선량 변화량 $d\Phi$는 아래 보이는 식과 같이 복사선량의 크기와 두 준위 간 입자수의 차, $n_2 - n_1$, 그리고 상호 작용 거리 변화 $dz$에 비례한다.

$$d\Phi = k\Phi(n_2 - n_1)dz$$

여기서 $k$는 비례 상수로 흡수 화학종의 흡수율과 관계가 있다. 만약 높은 에너지 준위에 있는 입자수를 낮은 에너지 준위에 있는 입자수보다 많게 만들 수 있다면, 복사선량에 알짜 이득이 있게 되고 이러한 계는 증폭기로 거동하게 될 것이다. 만약 $n_2 > n_1$라면, 그 원자나 분자계는 **활성 매질**(active medium)이라 불리고 **입자수 반전**(population inversion)이 진행된다고 말한다. 결과적으로 이 증폭기를 **레이저**(laser)라 부르는데, 이는 **l**ight **a**mplification by **s**timulated **e**mission of **r**adiation라는 말의 약어이다.

광학 증폭기는 **그림 25F-1**에 보이는 그림과 같이 활성 매질을 두 개의 거울로 이루

*(계속)*

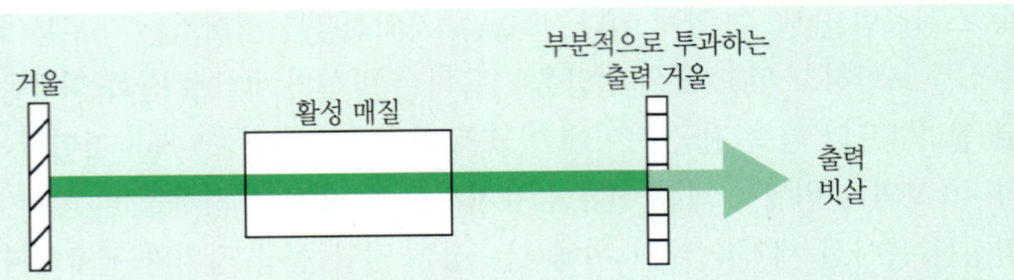


**그림 25F-1** 레이저 공동. 전자기 복사선은 두 거울 사이에서 반사되어 왔다 갔다 하게 되는데, 매번 반사되어 활성 매질을 통과할 때마다 증폭이 일어나게 된다. 출력 거울은 부분적으로 투명하여 증폭된 빛살의 일부분만을 공동 밖으로 내보낸다.

어진 공명공동에 넣어주어 진동자로 바꿀 수 있다. 활성 매질의 이득이 이 계에서의 손실과 같아질 때, 레이저 진동이 시작된다.

입자수 반전은 다 준위 원자 또는 분자 계에서 전기적 혹은 광학적 방법이나 화학 반응을 통해 **펌핑**(pumping)이라 불리는 들뜸 과정을 일으킴으로써 얻을 수 있다. 어떤 경우에 입자수 반전은 시간에 대해 연속적으로 빛을 내놓는 **연속파**(continuous wave, CW)를 발생하도록 유지된다. 또 다른 경우에는 레이저 작용(lasing action)이 **자체 종결**(self-terminating)되어 레이저가 반복적인 펄스나 단일 펄스만을 내놓기도 한다.[1]

많은 형태의 레이저가 있다. 활성 매질이 루비 결정으로 이루어진 **고체상 레이저**(solid-state laser)가 있다. 루비 레이저 이외에도 많은 다른 고체상 레이저가 있다. 널리 이용되고 있는 물질은 소량의 $Nd^{3+}$를 이트륨-알루미늄-가넷(yttrium-aluminum-garnet, YAG)에 첨가한 것이다. 활성 매질은 봉(rod) 형태이며, **그림 25F-2a**와 보인 것처럼 플래시 램프를 이용한 광학적 방법에 의해 펌핑된다. 레이저 펌핑과 에너지 전이 과정은 **그림 25F-2b**에 제시되어 있다. 이 Nd:YAG 레이저는 1.06 μm 파장의 빛을 매우 높은 출력을 가지는 나노 초 길이의 펄스로 발생시킨다. Nd:YAG 레이저는 가변 색소 레이저의 펌핑 광원으로 많이 쓰이고 있다.

매우 흔한 헬륨-네온(He-Ne) 레이저는 **기체 레이저**(gas laser)로 CW 방식(연속파 출력 방식)으로 작동된다. He-Ne 레이저는 광학 정렬 작업을 수행하거나 몇몇 종류의 분광학에서 광원으로 사용되고 있다. 질소 레이저는 질소 분자의 전이 과정을 통해 337.1 nm 파장의 빛을 내놓는다. 이 레이저는 자체-종결형 레이저로 알맞은 펌핑 전이를 위해 매우 짧은 전기적 펄스를 필요로 한다. $N_2$ 레이저는 뒤에 다시 논의되겠지만 가변 색소 레이저를 펌핑하는 데도 많이 사용되고 있다. **엑시머**(excimer, 들뜬 상태의 2분자체나 3분자체) **레이저**는 가장 새로운 기체 레이저 속한다. 할로젠화 희류 기체(rare gas) 엑시머 레이저는 1975년에 처음으로 선을 보였다. 인기 있는 한 가지 형태는 Ar과 $F_2$와 He의 기체 혼합물로 전기 방전시키면 ArF 엑시머가 발생된다. 엑시머 레이저는 광화학 연구와 형광 응용 연구 및 가변 색소 레이저 펌핑을 위한 중요 자외선 광원이다.

**색소 레이저**(dye laser)는 로다민(rhodamine)이나 큐마린(coumarin) 혹은 플루오레세인(fluoresceine)과 같은 형광 색소를 포함하는 액체 레이저이다. 이들 레이저는 적외선에서 자외선에 이르는 파장의 레이저 빛을 발생한다. 레이저는 첫 번째 들뜬 상태인 **단일항 상태**(singlet state)와 바닥 상태 사이에서 발생한다. 색소 레

**단일항 상태**란 전자들의 스핀이 모두 쌍을 지어 있는 분자의 전자 상태를 말한다.

[1]추가 정보는 다음 책을 참고하시오. J.D. Ingle and S.R. Crouch, *Spectroscopirc Analysis*, Upper Saddle River, NJ: Prentice-Hall, 1988.

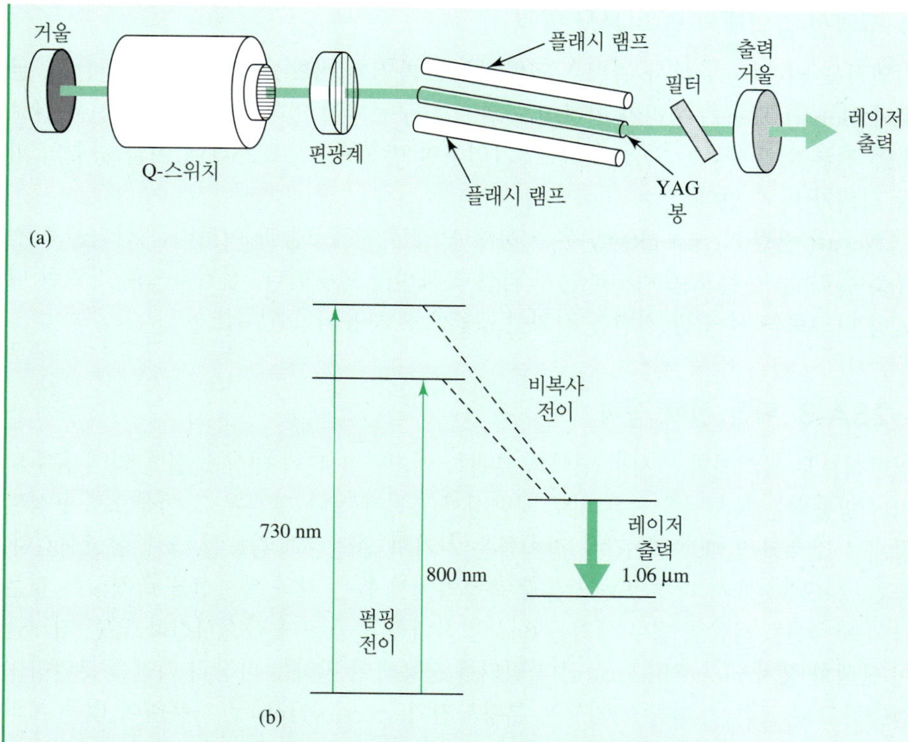


**그림 25F-2** (a) Nd:YAG 레이저와 (b) 에너지 준위 그림. 펌핑 전이는 스펙트럼의 적색 영역이고 레이저 출력은 근적외선 영역에 있다. 레이저는 플래시 램프로 펌핑된다. 두 거울 사이가 레이저 공동이다.

이저는 플래시 램프나 위에 논의된 다른 레이저를 사용하여 펌핑된다. 레이저는 40~50 nm 정도의 연속적인 파장 범위를 유지한다. 색소 레이저는 넓은 띠 형태의 레이저를 발생하므로 레이저 공동 안에 회절발, 필터, 프리즘, 또는 간섭계를 넣어 원하는 파장을 선택할 수 있다. 색소 레이저는 분자 형광 분광학과 기타 많은 응용 연구에 매우 유용하다.

**반도체 레이저**(semiconductor laser)는 **다이오드 레이저**(diode laser)라고도 하는데, *pn*-접합 다이오드의 전도 띠(conduction band)와 **원자가 띠**(valence band) 사이에서 입자 수 반전을 얻는다. 다양한 조성의 반도체 물질을 사용하여 서로 다른 파장의 레이저를 발생할 수 있다. 다이오드 레이저는 좁은 간격 범위에서 파장 선택이 가능하며 스펙트럼의 적외선 영역의 빛을 발생할 수 있다. 이들은 CD와 DVD 장치, CD-ROM 드라이브, 레이저 프린터 및 라만 분광학(Raman spectroscopy)과 같은 분광학적 응용 연구 등의 분야에서 매우 유용하게 이용되고 있다.

레이저 복사선은 지향성 높고 분광학적으로 단일 파장이며 결맞는 위상(coherent)[2]과 높은 세기를 가진다. 이러한 특징들은 일반적인 광원들로는 쉽게 이룰 수 없던 많은 독특한 응용 연구의 수행이 가능하도록 만들었다. 레이저 과학과 기술의 많은 진보에도 불구하고 아주 최근에 이르러서야 레이저가 분석기기에 일상적으로 쓰이기 시작했지만, 아직까지도 고출력이나 초고속 레이저들은 정렬이나 유지 보수 및 사용상에 어려움이 남아 있다.

[2]파동의 위상(phase)이 서로 같은 복사선들을 결맞는 위상(coherent radiation)이라 한다.

### » 적외선 영역대의 연속 복사 광원

적외선을 위한 연속 복사 광원은 일반적으로 가열된 비활성 고체로부터 얻는다. **글로바**(globar) 광원은 실리카 카바이드 봉으로 구성되어 있다. 적외선 복사선은 글로바에 전류를 흘려주어 약 1500°C로 가열하면 방출된다. 표 25-1에 이들 광원의 파장 범위가 나와 있다.

**Nernst 광원**(Nernst glower)은 원통형 모양의 지르코늄과 이트리움 산화물로 전류를 흘려 높은 온도로 가열하면 적외선 복사선을 방출한다. 전기적으로 가열된 나선형 니크로뮴 선 또한 저렴한 적외선 광원으로 사용되고 있다.

## ▸ 25A-3 파장 선택 장치

일반적으로 자외선과 가시선 영역의 분광학 기기들은 분석 대상 물질에 의해 흡수되거나 방출되는 복사선을 좁은 띠로 제한해서 측정하는 한 개 혹은 그 이상으로 구성된 장치를 갖추고 있다. 이와 같은 장치들은 기기의 선택성과 감도를 크게 향상시킨다. 또한, 24C-3절에서 다루었듯이 흡광 측정법에서 좁은 띠의 복사선을 측정하는 것은 다색 복사선을 사용할 경우 생기는 Beer 법칙의 편차를 크게 감소시킨다. 많은 기기들이 **단색화 장치**(monochromator)나 필터를 사용하여 원하는 파장의 띠만을 분리하여 검출하고 측정한다. 다른 기기들은 **분광사진기**(spectrograph)를 사용하여 빛을 여러 파장으로 퍼뜨리거나 분산시킨 후 다중 채널 검출기를 사용하여 검출한다.

### » 단색화 장치와 다색화 장치

단색화 장치는 일반적으로 회절발(특집 25-3 참조)을 가지고 있어 **그림 25-6a**에 보인 바와 같이 복사선을 구성하고 있는 파장으로 분산시킨다. 좀 더 오래된 기기들은 **그림 25-6b**에 보인 바와 같이 프리즘을 사용하여 빛을 분산시킨다. 회절발을 회전시킴으로써 다른 파장의 빛들이 출구 슬릿을 통과할 수 있도록 한다. 따라서 단

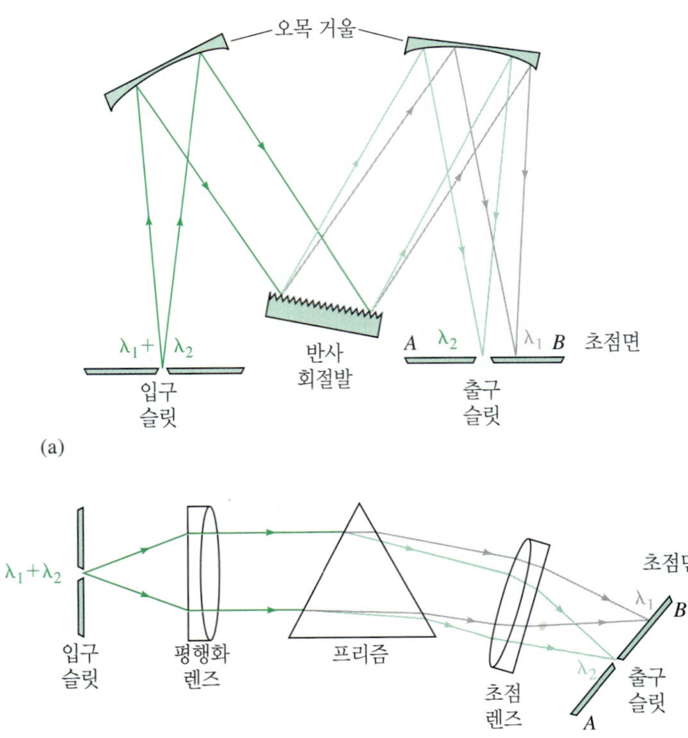


**그림 25-6** 단색화 장치의 종류.
(a) Czerny-Turner가 설계한 회절발 단색화 장치, (b) Bunsen이 설계한 프리즘 단색화 장치. 두 경우 모두 $\lambda_1 > \lambda_2$이다.

색화 장치의 출력 파장은 사용하고자 하는 스펙트럼 영역에서 연속적으로 변화시킬 수 있다. 단색화 장치를 통과한 파장 범위는 분광학적 투과띠 또는 **유효 띠너비**(effective bandwidth)라고도 하는데, 고가 기기의 경우 1 nm 이하이고 저가 장비의 경우 20 nm 이상이다. 파장을 쉽게 변화시킬 수 있기 때문에 단색화 장치를 기반으로 하는 기기들은 고정된 파장을 필요로 하는 응용 연구뿐만 아니라 분광학적 주사(scanning)를 필요로 하는 응용 연구에도 널리 이용되고 있다. **분광사진기**(spectrograph)를 사용하는 기기는 시료와 파장 선택 장치는 그림 25-1a에 보인 배치와는 반대이다. 단색화 장치와 마찬가지로 분광사진기도 스펙트럼을 분산시키는 회절발을 포함하고 있다. 그러나 분광사진기는 출구 슬릿을 가지고 있지 않으며, 분산된 스펙트럼은 다파장 검출기 위로 유도되도록 되어 있다. 아직도 방출 분광학에 사용되고 있는 다른 기기들은 여러 개의 출구 슬릿과 검출기들로 이루어진 **다색화 장치**(polychromator)라 불리는 장치를 가지고 있다. 이러한 배치를 이용하면 여러 개의 개별 파장을 동시에 측정할 수 있다.

분광사진기는 회절발을 사용하여 스펙트럼을 분산하도록 고안된 장치이다. 이 장치의 입구 슬릿을 통해 관찰하고자 하는 광원의 면적이 정해진다. 분광사진기의 출구를 넓게 열어 놓아서, 넓은 범위의 파장이 다파장 검출기를 통해 동시에 검출되도록 한다. **단색화 장치**는 입구 슬릿과 출구 슬릿을 포함하는 장치이다. 출구 슬릿은 좁은 띠의 파장을 분리하는 데 사용된다. 한 번에 하나씩 좁은 띠의 파장이 분리되고 다른 파장의 띠들은 회절발을 회전시킴으로써 연속적으로 분리되도록 한다. **다색화 장치**는 다중 출구 슬릿을 가지고 있어 여러 개의 파장 띠들을 동시에 분리할 수 있다.

그림 25-6a는 전형적인 회절발 단색화 장치의 설계를 보여준다. 광원에서 나온 복사선은 좁은 직사각형 모양의 틈이나 슬릿을 통해 단색화 장치로 들어간다. 이 복사선은 오목 거울을 거쳐 평행 빛살로 바뀐 뒤 반사 회절발 표면을 비춘다. 이 반사 회절발의 반사 표면에서 일어나는 회절은 **각 분산**(angular dispersion)이 일어나는 원인이 된다. 이를 간략히 보여주기 위해, 단색화 장치를 들어가는 복사선이 오직 두 개의 파장, $\lambda_1$과 $\lambda_2$으로만 이루어져 있다고 하자. 이때, $\lambda_1$은 $\lambda_2$보다 더 긴 파장이다. 파장이 더 긴 복사선이 회절발에서 반사된 후의 경로는 점선으로 나타내었고 실선은 더 짧은 파장의 복사선의 경로를 보여주고 있다. 더 짧은 파장의 복사선, $\lambda_2$가 $\lambda_1$보다 더 예리한 각도로 반사됨을 주목하시오. 즉, 복사선의 **각 분산**은 회절발의 표면에서 일어난다. 이 두 파장은 다른 오목 거울에 의해 단색화 장치의 **초점면**(focal plane)에 초점으로 모아지는데, $\lambda_1$과 $\lambda_2$의 두 개의 상으로 나타난다. 회절발을 회전시킴으로써 원하는 파장의 복사선을 출구 슬릿에 초점으로 모아지게 할 수 있다. 만약 그림 25-6a에 있는 단색화 장치의 출구 슬릿에 검출기가 있고 회절발을 회전시켜 $\lambda_1$ 파장을 출구 슬릿에서 $(\lambda_1 - \delta\lambda)$에서 $(\lambda_1 + \delta\lambda)$[여기에서 $\delta\lambda$는 미세한 파장 차이를 의미함]까지 변환하면, 검출기의 출력은 그림 25-7[3]에 보이는 것과 같은 모양을 보이게 된다. 그림에 정의된 바와 같이 단색화 장치의 유효 띠너비는 분산 장치의 크기와 성능, 슬릿 너비, 단색화 장치의 초점 거리에 따라 달라진다. 우수한 성능의 단색화 장치는 자외선/가시선 영역에 대해 수십 분의 1 nm 혹은 그 이하의 유효 띠너비를 가진다. 대부분의 정량적인 응용에 필요한 단색화 장치의 유효 띠너비는 약 1~20 nm 정도면 충분하다.

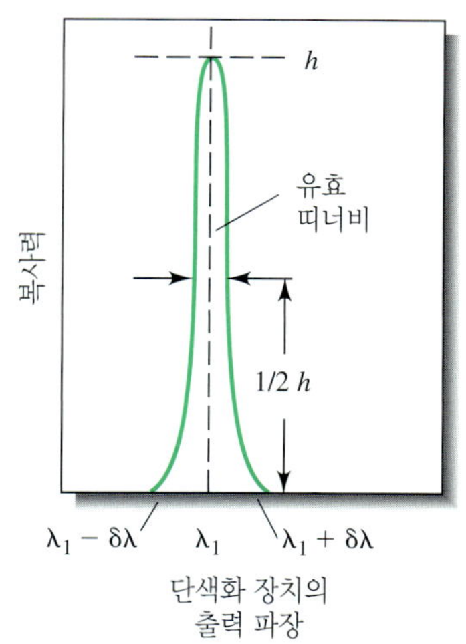


**그림 25-7** 단색화 장치가 $(\lambda_1 - \Delta\lambda)$에서 $(\lambda_1 + \Delta\lambda)$까지 파장 변환할 때 출구 슬릿에서 나오는 파장 변화에 따른 복사 세기의 변화 모양.

파장 선택 장치의 **유효 띠너비**는 피크의 절반 높이에서 파장의 단위로 측정하여 나타낸 복사선 띠의 너비이다.

많은 단색화 장치는 조절 가능한 슬릿을 갖추고 있어서 띠너비를 어느 정도 조절할 수 있다. 좁은 너비의 슬릿은 **유효 띠너비**를 줄이는 반면, 동시에 출구 빛살의 세기도 감소시킨다. 그러므로 실질적인 최소 띠너비는 검출기의 감도에 의해 제한될 수 있다. 만약 좁은 피크들로 구성되어 있는 스펙트럼을 사용할 경우 정성 분석을 수행할 때는 좁은 너비의 슬릿으로 유효 띠너비를 최소로 만드는 것이 필요하다. 정량 분석을 수행할 때는 반대로 더 넓은 너비의 슬릿의 사용은 더 낮은 증폭 모드에서 검출기를 사용할 수 있도록 하여 결과적으로 더 높은 감응 재현성을 제공하게 된다.

[3]슬릿 자체의 역할은 대략 삼각형 모양의 출력을 보이는 것이다. 기기와 관련된 다양한 요인들에 의해 그림 25-7과 같은 모양이 만들어진다.

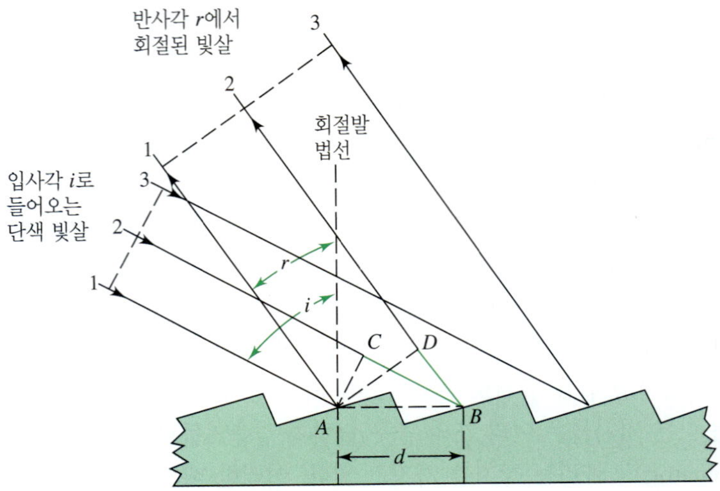


**그림 25-8** Echellete 형태 회절발에서 빛의 회절 메커니즘. 회절발 법선에서 각 $i$는 입사 빛살의 각도이고 각 $r$은 반사 빛살의 각도이다. 연속적으로 파여진 홈들 사이의 간격은 $d$이다.

## » 회절발

최근에 사용되고 있는 대부분의 회절발은 원형 회절발(master grating) 주형으로부터 주물 방식으로 만든 복제 회절발(replica grating)이다. 원형 회절발은 단단하고 평평하며 반들반들하게 가공한 표면에 알맞은 형태의 다이아몬드 공구를 사용하여 일정한 간격으로 촘촘하고 평행하게 수많은 홈(groove)을 파놓은 것이다. 회절발에 파여진 전형적인 홈의 확대 단면을 **그림 25-8**에 나타내었다. 자외선과 가시선 영역의 회절발은 일반적으로 1 mm 당 50개에서 6000개의 홈을 가지고 있는데, 1200개에서 2400개를 가진 것이 가장 보편적이다. 성능이 좋은 원형 회절발을 만드는 작업은 지루하고 시간이 오래 걸리고 비용이 많이 드는데, 모든 홈들이 서로 크기가 같아야 하고 정확하게 평행해야 하며 회절발의 전체 길이(3~10 cm)에 걸쳐 똑같은 간격을 유지해야 하기 때문이다. 복제 회절발은 원형 회절발로부터 액체 수지를 사용한 주물 과정을 거쳐 만드는데, 이때 원형 회절발의 광학적 정확도는 깨끗한 수지의 표면에 원래 상태대로 보존된다. 이 수지 표면은 보통 알루미늄, 금, 또는 백금의 얇은 막을 입혀서 전자기 복사선이 반사될 수 있게 만든다.

**Echellette 회절발.** 반사형 회절발의 가장 보편적인 형태 중의 하나는 echellette 회절발이다. 그림 25-8에 보이는 것은 이러한 종류의 회절발의 개략도로서 그 표면은 반사가 일어나는 상대적으로 넓은 면과 사용되지 않는 좁은 면을 갖는 **블레이드 격자**(blazed) 형태로 파여 있다.[4] 이와 같은 기하구조는 매우 효율이 높은 복사선의 회절을 제공한다. 그림 25-8에서 단색 복사선의 평행 빛살은 회절발 법선에 대해 $i$ 각도로 회절발 표면으로 들어오고 있다. 입사 빛살은 각각 1, 2, 3으로 표시된 3개의 평행 빛살로 구성되어 있는 것으로 표현되어 있다. 회절된 빛살은 각도 $r$에서 반사되는데, 이 반사각은 복사선의 파장에 따라 달라진다. 특집 25-2에 따르면 반사각 $r$은 입사 복사선의 파장과 다음과 같은 관계를 가지고 있다.

[4]Echellette 회절발은 상대적으로 낮은 차수에서 사용하도록 제작된 반면, **echelle 회절발**은 높은 차수(> 10)에서 사용된다. Echelle 회절발은 중첩된 차수를 분류하거나 교차 분산을 제공하기 위해 종종 프리즘과 같은 2차 분산 장치와 함께 사용된다. Echelle 회절발에 대한 보다 많은 정보와 어떻게 사용되는지를 알려면 다음 책들을 참고하시오. D. A. Skoog, F. J. Holler, and S. R. Crouch, *Principles of Instrumental Analysis*, 6th ed., Section 10A-3, Belmont, CA: Brooks/Cole, 2007; J. D. Ingle, Jr., and S. R. Crouch, *Spectrochemical Analysis*, Section 3-5, Englewood Cliffs, NJ: Prentice-Hall, 1988.

$$\mathbf{n}\lambda = d(\sin i + \sin r) \tag{25-1}$$

식 (25-1)에 따르면 주어진 회절각 $r$에 대해 여러 개의 $\lambda$ 값이 존재함을 알 수 있다. 따라서 만약 900 nm의 첫 번째 차수 선($\mathbf{n} = 1$)이 $r$ 각에서 나타난다면, 450 nm의 두 번째 차수와 300 nm의 세 번째 차수도 이 각도에서 나타난다. 일반적으로 첫 번째 차수 선의 세기가 가장 강하며, 처음 입사광 세기의 90% 정도까지 첫 번째 차수에 집약시킬 수 있도록 회절발을 설계하는 것도 가능하다. 더 높은 차수의 선들은 일반적으로 필터나 프리즘을 사용하여 제거할 수 있다. 예를 들어, 350 nm 이하의 복사선을 흡수하는 유리는 대부분의 가시선 파장의 첫 번째 차수와 같이 회절되는 차수의 스펙트럼을 제거한다.

## 특집 25-2

### 식 (25-1)의 유도

그림 25-8에서 1과 2로 표시된 단색 복사선의 평행 빛살이 회절발 법선에 대해 입사각 $i$에서 회절격자의 넓은 면으로 입사되고 있다. 최대 보강 간섭은 반사각 $r$에서 일어난다. 빛살 2는 빛살 1보다 더 긴 거리를 움직이는데, 이 경로차는 $\overline{CB}$와 $\overline{BD}$의 합과 같다. 보강 간섭이 일어나기 위해서 이 경로차는 $\mathbf{n}\lambda$와 같아야만 한다.

$$\mathbf{n}\lambda = \overline{CB} + \overline{BD}$$

여기서, $\mathbf{n}$은 **회절 차수**(diffraction order)라 부른다. 여기서 각 $CAB$는 입사각 $i$와 같고 각 $DAB$는 반사각 $r$과 같으므로 삼각함수를 이용하면

$$\overline{CB} = d \sin i$$

여기서 $d$는 반사면(즉, 홈과 홈) 사이의 간격이다. 또한, 다음 관계도 성립한다.

$$\overline{BD} = d \sin r$$

위 두 표현식을 처음 식에 대입하여 정리하면 식 25-1을 얻을 수 있다. 즉,

$$\mathbf{n}\lambda = d(\sin i + \sin r)$$

회절발의 법선을 기준으로 회절이 왼쪽에서 일어나면 회절 차수 $\mathbf{n}$의 값은 양수이고 오른쪽에서 일어나면 $\mathbf{n}$의 값은 음수임을 주목하시오. 즉, $\mathbf{n} = \pm1, \pm2, \pm3$ 등의 값을 가진다.

회절발 단색화 장치의 가장 큰 장점은 프리즘 단색화 장치와는 달리 초점면을 따라 생기는 분산이 선형적이어서 매우 실용적이라는 것이다. 그림 25-9는 이런 특성이 단색화 장치의 설계를 매우 단순화 시킬 수 있음을 보여준다.

**오목 회절발.** 회절발은 평면에 만드는 것과 같은 방법으로 오목 면에도 만들 수 있다. 오목 회절발은 별도의 평행화 및 초점 거울이나 렌즈가 필요 없는 단색화 장치를 설계할 수 있는데, 오목한 면이 복사선을 분산시키고 그 분산된 빛의 초점을 출구 슬릿에 모아주기 때문이다. 오목 회절발을 포함하는 단색화 장치는 가격 경쟁력이 있으며, 사용하는 광학 표면 수가 줄어들기 때문에 단색화 장치를 통과하는 에너지 통과량이 증가한다.

## 예제 25-1

1 mm 당 1450개의 홈을 가지는 echellette 회절발에 회절발 법선에 대해 48°의 입사각으로 다색광을 비추었다. 반사각 +20°, +10°, 0° (즉, 그림 25-8의 각 *r*)에서 나타나는 각 복사선의 파장을 계산하시오.

**풀이**

식 (25-1)에 있는 홈과 홈 사이의 간격, *d*는 다음과 같이 구한다.

$$d = \frac{1\ \cancel{\text{mm}}}{1450\ \text{개의 홈}} \times 10^6\ \frac{\text{nm}}{\cancel{\text{mm}}} = 689.7\ \frac{\text{nm}}{\text{홈}}$$

그림 25-8의 각 *r*이 +20°일 때, λ는 식 (25-1)에 입사각과 반사각을 대입하면 아래와 같이 구할 수 있다.

$$\lambda = \frac{689.7\ \text{nm}}{\mathbf{n}}(\sin 48 + \sin 20) = \frac{748.4}{\mathbf{n}}\ \text{nm}$$

첫 번째, 두 번째, 세 번째 차수에 해당하는 반사 파장은 각각 748, 373, 249 nm이 된다. 나머지 반사각에 대해서도 비슷한 과정을 통해 구한 계산 결과를 아래 표에 정리하였다. 두 번째 차수의 파장은 첫 번째 차수 파장의 반에 해당하고 세 번째 차수의 파장은 첫 번째 차수 파장의 1/3에 해당함을 알 수 있다.

| | 파장(nm) | | |
|---|---|---|---|
| 반사각 *r* | n = 1 | n = 2 | n = 3 |
| 20° | 748 | 374 | 249 |
| 10° | 632 | 316 | 211 |
| 0° | 513 | 256 | 171 |

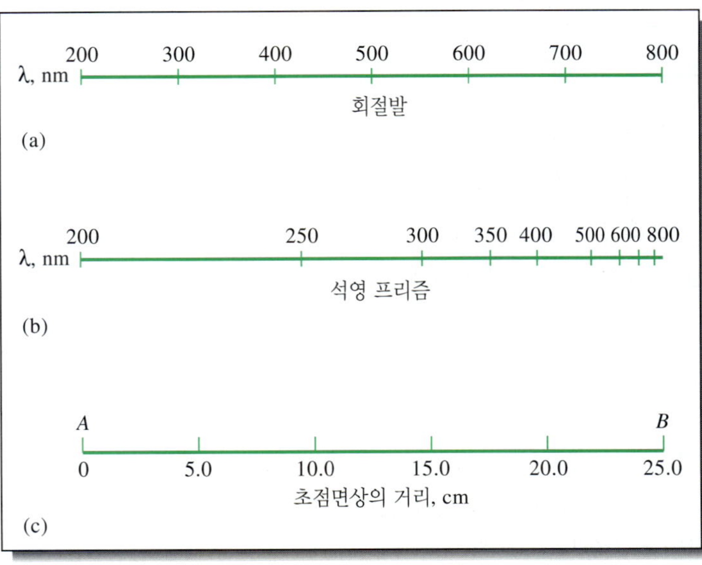


**그림 25-9** 전형적인 회절발(a)과 석영 프리즘(b)의 초점면 *AB* 상의 거리에 따라 분산된 복사선의 파장. 그림 (c)에서 *A*와 *B*의 상대적인 위치는 그림 25-6에 나타나 있다.

**홀로그래피 회절발.**[5] 레이저 기술로부터 출현된 산물 중의 하나는 바로 광학 기술(기계공학적 기술이 아닌)을 이용하여 평면이나 오목한 유리 표면에 회절 격자를 만들 수 있게 된 것이다. 홀로그래피 회절발(Holographic Grating)은 이러한 기술을 이용하여 만들어진 것으로 최신 광학 기기는 물론 가격이 다소 저렴한 기기에서도 그 사용이 점차 늘고 있다. 홀로그래피 회절발은 회절발 제작 과정에서 생길 수 있는 기계적 오차와는 상관이 없기 때문에 보다 일정하고 평평한 모양의 회절 격자를 가지고 있다. 따라서 떠돌이 복사선이나 이중 영상(ghost image라고도 함)이 줄어든 스펙트럼을 제공한다.[6] 특집 25-3에 기계적인 방식과 홀로그래피 방식으로 회절격자를 만드는 절차가 설명되어 있다.

**특집 25-3**

**회절 격자의 제작과 홀로그래피 방식**

자외선/가시선 복사선의 분산은 다색 빛살을 **투과 회절발**(transmission grating)을 통과시키거나 **반사 회절발**(reflection grating) 표면에서 반사시킴으로써 일으킬 수 있다. 반사 회절발이 현재까지는 보다 많이 이용되고 있다. 많은 단색화 장치에 이용되고 있는 **복제 회절발**(replica grating)은 **원형 회절발**(master grating)로부터 제작된다. 원형 회절발은 단단하고 광택 연마를 한 표면에 적당한 모양의 다이아몬드 공구를 사용하여 평행하고 촘촘하며 일정한 간격으로 파 놓은 수많은 홈(groove)들로 이루어져 있다. 자외선/가시선 영역에 필요한 회절발은 1 mm 당 50~6000개의 홈을 가지고 있는데, 1200~2400개가 일반적이다. 원형 회절발의 홈들은 격자 세공 장비에 의해 구동되는 다이아몬드 공구를 사용하여 새겨진다. 좋은 원형 회절발의 제작은 지루하고 시간이 오래 걸리며 값비싼 과정인데, 이는 회절격자의 홈들은 크기가 동일해야 하며, 정확히 평행해야 하고, 일반적으로 3~10 cm에 이르는 회절발의 전체 길이에 걸쳐 동일한 간격을 유지하도록 제작하여야 하기 때문이다. 이런 제작상의 어려움 때문에 소수의 원형 회절발만이 제작되었다.

현대적인 회절발 제작의 시초는 Henry Rowland가 최대 6인치 너비에 약 100,000개 이상의 홈을 새길 수 있는 격자 세공 장비를 만들었던 1880년대로 거슬러 올라간다. Rowland 격자 세공 장비의 개략도가 그림 25F-3에 나와 있다. 이 장비의 초정밀 나사는 회절발 운반체를 따라 움직이고 이때, 다이아몬드 바늘은 미세한 평행 홈들을 파게 된다. 수작업을 통해

NYPL/Science Source/Getty Images

Henry A. Rowland (1848~1901)는 미국 태생의 물리학자로 미국 물리학회(American Physical Society)의 초대 회장이었다. 그는 또한, Johns Hopkins 대학 물리학과 초대 학과장이기도 했다. Henry A. Rowland는 전기와 자기학의 여러 분야에서도 뛰어난 업적을 많이 남겼지만, 질 높은 분산형 회절발 제작에 필요한 여러 공정을 개발한 것으로 가장 널리 알려져 있다.

*(계속)*

[5] 다음 책들을 참고하시오. J. Flamand, A. Grillo, and G. Hayat, *Amer. Lab.*, 1975, 7(5), 47; J. M. Lerner et al., *Proc. Photo-Opt. Instrum. Eng.*, **1980**, *240*, 72, 82.

[6] I. R. Altelmose, J. *Chem. Educ.*, **1986**, *63*, A216, DOI: 10.1021/ed063pA216.

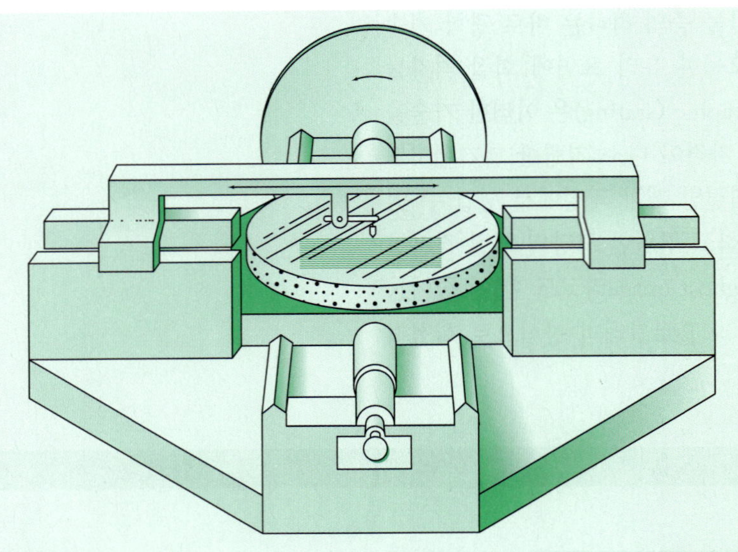

**그림 25F-3** Rowland 격자 세공 장비의 개략도. 초정밀 나사 하나가 회절발 운반체를 따라 움직인다. 이 나사에 물려 있는 다이아몬드 공구가 회절발 위를 움직이면서 오목 거울의 표면에 홈을 파게 된다. 이런 형태의 격자 세공 기계는 Rowland 시대 이후 많이 제작된 격자 세공 장비의 원형이 되었다. 격자 세공 장비는 지금까지 만들어진 거시적인 기계장치 중에서 가장 민감하며 정밀한 것이다. 이렇게 제작된 회절발은 지난 세기 과학 분야에서 이룩한 가장 중요한 진보에 매우 중요한 역할을 하였다.

6 인치 너비에 100,000개의 홈을 가진 회절발을 제작한다고 상상해 보라! 이 장비를 일정한 온도로 예열하는 데만 약 5시간이 필요했다. 예열이 끝난 후, 작업 표면에 균일한 윤활유 층을 얻는 데에만 15시간이 더 필요했다. 이 긴 준비 시간이 지나야 겨우 다이아몬드 공구를 내려서 홈을 파는 작업을 시작할 수 있었다. 큰 회절발의 제작은 약 일주일이 걸렸다.

1930년대 Strong에 의해 두 가지 중요한 발전이 이루어졌다. 가장 중요한 것은 매체로 사용하는 바탕 유리 표면에 알루미늄을 진공 증착시키는 것이었다. 알루미늄 박막층은 회절발 표면을 보다 부드럽게 하여 결과적으로 다이아몬드 공구의 마모를 감소시켰다. Strong에 의한 두 번째 개선점은 다이아몬드 공구를 움직이는 대신 바탕 회절발을 움직이는 것이었다.

오늘날, 격자 세공 장비는 세공 과정 동안 간섭적 조절 방법(interferometric control, 특집 25-7 참조)을 사용한다. 세계적으로 50대 이하의 격자 세공 장비가 현재 사용되고 있다. 이들 장비가 하루 종일 가동되더라도, 회절발의 수요를 맞출 수가 없을 것이다. 다행스럽게도 최근의 코팅기술과 수지 기술을 이용하여 양질의 복제 회절발을 제작할 수 있게 되었다. 복제 회절발은 원형 회절발의 회절 격자 위에 알루미늄을 진공 증착하여 얻을 수 있다. 알루미늄 층은 곧이어 에폭시형 수지로 코팅된다. 이 에폭시 수지는 고분자화 되었다가 원형 회절발로부터 분리된다. 현재 이런 기술로 제작된 복제 회절발은 과거에 제작되었던 원형 회절발 보다 우수하다.

회절발을 제작하는 또 다른 방법은 레이저 기술을 이용하는 것이다. **홀로그래피 회절발**(holographic grating)은 평평한 유리판을 빛에 민감한 물질(photoresist라고 함)로 코팅하여 제작한다. 다음은 동일한 두 개의 레이저에서 나오는 빛살이 코팅된 유리 표면을 비추는 것이다. 두 개의 레이저 빛살로부터 생기는 간섭 문양(interference fringe, 특집 25-7 참조)대로 유리 표면에 코팅된 물질을 감광시켜서(옮긴이 주: 밝은 면은 감광되고 어두운 면은 감광되지 않음) 녹아 없어지게 되어 결과적으로 홈진 구조를 남기게 된다. 이 구조 위에 알루미늄을 진공 증착시켜서 반사 회절발을 만든다. 홈 사이의 간격은 두 레이저 빛살의 각을 변화시킴으로써 조절할 수 있다. 1 mm 당 6000개의 홈을 가지는 거의 완벽한 회절발을 이 방식을 이용하여 비교적 저가로 제작할 수 있다. 홀로그래피 회절발은 기계적 방식으로 제작된 회절발에 비해 빛의 출력 면에서 볼 때 그리 성능이 좋은 것은 아니다. 그러나 홀로그래피 회절발은 유령 회절발(grating ghost)이라 불리는 잘못된 격자선을 제거할 수 있어서 이들 격자선으로부터 발생할 수 있는 산란광들을 없앨 수 있다.

## » 복사선 필터

필터는 복사선 중 일정 범위의 띠를 제외한 다른 영역을 모두 막거나 흡수하는 방식으로 작동한다. 그림 25-10에 보인 바와 같이 분광학에서는 **간섭 필터**(interference filter)와 **흡수 필터**(absorbing filter)의 두 가지 형태의 필터가 사용되고 있다.

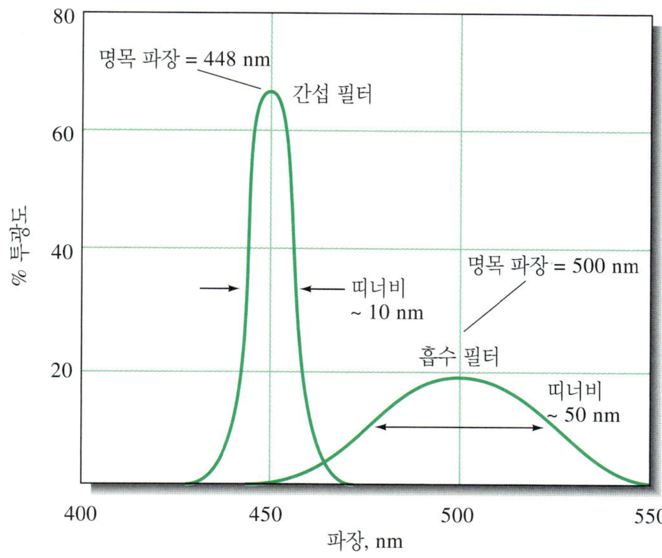


**그림 25-10** 두 가지 필터의 띠너비 비교.

간섭 필터는 일반적으로 흡수 측정법에 사용된다. 간섭 필터는 일반적으로 흡수 필터에 비해 명목 파장에서 더 높은 투광도를 가지고 있다.

**간섭 필터.** 간섭 필터는 자외선과 가시선 영역은 물론 14 μm 파장까지의 적외선에도 사용된다. 명칭에서 알 수 있듯이, 간섭 필터는 광학적 간섭 현상을 이용하여 보통 5~20 nm의 너비를 가지는 비교적 좁은 띠의 복사선을 제공한다. **그림 25-11a**에서 보듯이, 간섭 필터는 양면을 금속 필름으로 입힌 매우 얇은 층의 투명한 **유전**(dielectric) 물질(보통 $CaF_2$나 $MgF_2$)로 이루어져 있다. 금속 필름은 입사되는 빛의 대략 반 정도는 투과시키고 나머지 반은 반사시킬 수 있을 정도로 얇다. 이렇게 만들어진 필터는 다시 두 장의 유리판 사이에 샌드위치 형태로 배치시켜 대기로부터 필터를 보호한다. 복사선이 90도 각도로 입사되어 필터의 중간층에 다다르면,

**유전**(dielectric) **물질**은 비전도성 물질 또는 절연체로서 보통 광학적으로 투명하다.

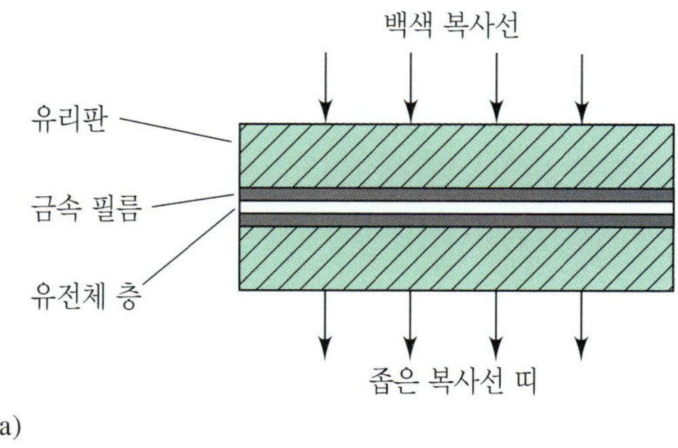


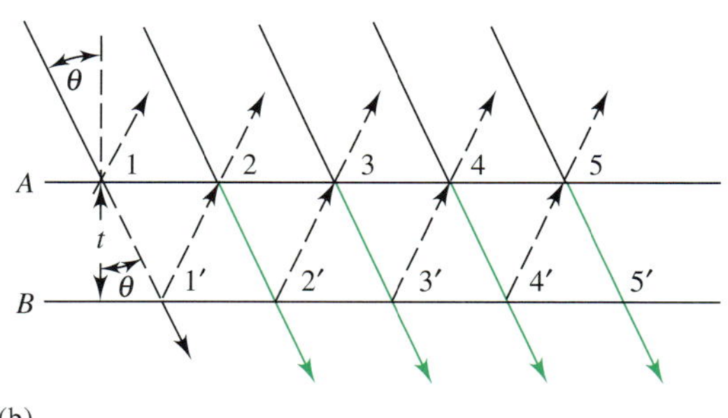


**그림 25-11** (a) 간섭 필터의 개략적인 단면도. 주의할 점은 그림이 실제 척도가 아니며 중앙에 있는 세 띠는 그림에서 보이는 것보다 실제로는 훨씬 더 얇다는 것이다. (b) 보강 간섭이 일어나는 조건을 보여주는 개략도.

첫 번째 금속 필름 층에서 대략 반 정도는 투과하고 나머지 반은 반사된다. 투과된 복사선이 두 번째 금속 필름 층에 다다르면, 비슷한 과정을 통해 분배된다. 만약 두 번째 층에서 반사된 빛이 적당한 파장 값을 가지고 있다면, 그 빛은 첫 번째 층의 내부에서 다시 반사되는데, 이 때 동일한 파장의 입사광과 위상차가 같아지게 된다. 이 결과, 이 파장의 복사선은 보강 간섭을 일으키는 반면, 이외 다른 파장의 복사선들은 상쇄 간섭이 일어나서 사라지게 된다. 특집 25-4에 보인 바와 같이 간섭 필터의 명목 파장, $\lambda_{max}$는 아래와 같이 주어진다.

$$\lambda_{max} = \frac{2t\eta}{\mathbf{n}} \tag{25-2}$$

여기서 $t$는 중심에 있는 불소 화합물 층의 두께이고, $\eta$는 그 층의 굴절률이며, $\mathbf{n}$은 정수 값을 가지는 간섭 차수(interference order)이다. 필터의 유리층은 보통 중앙의 유전 물질 층에 의해 투과되는 파장을 제외한 나머지 모든 파장은 흡수할 수 있도록 선택하여, 결과적으로 필터의 투과를 한 개 차수로 제한하도록 한다.

**특집 25-4**

### 식 (25-2)의 유도

유전층의 두께, $t$와 투과된 빛의 파장, $\lambda$ 사이의 관계는 **그림 25-11b**를 통해 찾을 수 있다. 명확하게 할 목적으로 입사 빛살을 수직선에 대해 $\theta$ 각도에서 도달하는 것으로 보였다. 1번 지점에서 복사선은 부분적으로 반사되고 일부는 1′번 지점으로 투과되는데, 1′번 지점에서는 부분적인 반사와 투과가 다시 일어난다. 같은 과정이 2와 2′번 지점 및 다른 점들에서도 일어난다. 2번 지점에서 보강 간섭이 일어나기 위해서는 1′번 지점에서 반사된 빛의 이동 거리가 유전층 매질 내에서의 파장, $\lambda'$에 정수배가 되어야만 한다. 두 표면 사이의 경로 차는 $t/\cos\theta$이므로 보강 간섭이 일어나기 위한 조건은 $\mathbf{n}\lambda' = 2t/\cos\theta$이다. 여기서 $\mathbf{n}$은 정수이다.

일반적으로 $\theta$는 0에 가깝고 $\cos\theta$ 값은 1에 가깝게 되므로 그림 25-11로부터 유도된 식은 아래와 같이 간단하게 정리된다.

$$\mathrm{n}\lambda' = 2t$$

여기서 $\lambda'$는 *유전층* 매질 내에서의 파장이고, $t$는 유전층의 두께이다. 이 파장($\lambda'$)과 공기 중에서 이에 상응하는 파장($\lambda$)의 관계는 아래와 같다.

$$\lambda = \lambda'\eta$$

여기서 $\eta$는 유전층 매질의 굴절률이다. 따라서 필터에 의해 투과된 복사선의 파장은 아래와 같게 된다.

$$\lambda = \frac{2t\eta}{\mathbf{n}}$$

그림 25-10은 전형적인 간섭 필터의 작동 특성을 보여주고 있다. 대부분의 간섭 필터는 명목 파장의 1.5%보다 좁은 띠너비를 가지고 있으며, 그 수치는 보다 성능이 우수한 필터에서는 0.15%까지 낮아진다. 이 정도로 우수한 간섭 필터들의 최대 투과율은 약 10%이다.

**흡수 필터.** 흡수 필터는 일반적으로 간섭 필터보다 가격이 저렴하고 더 견고하지만 가시선 영역에서만 사용 가능한 한계를 가지고 있다. 흡수 필터는 보통 색깔을 띤 유리판으로 구성되어 있어서 입사 복사선의 일부를 흡수하고 원하는 파장의 띠는 투과시킨다. 흡수 필터는 약 30~250 nm에 이르는 유효 띠너비를 가지고 있다. 가장 좁은 띠너비를 가지고 있는 흡수 필터들은 원하는 파장의 복사선 또한 상당히 많이 흡수하기 때문에 띠 봉우리에서의 투과도가 1%나 그 이하를 보이기도 한다. 그림 25-10은 전형적인 흡수 필터의 작동 특성을 간섭 필터와 대조하여 보여주고 있다. 가시선의 전 영역에 걸쳐서 최대 투과도를 보이는 유리 필터들이 상업적으로 시판되고 있다. 이들 유리 필터의 작동 특성은 간섭 필터에 비해 분명히 떨어지지만 가격 면에서 훨씬 저렴하고 많은 일상적인 응용 연구에 사용하기에는 적당하다.

필터는 간단하고 튼튼하며 가격이 저렴한 장점을 가지고 있다. 그러나 한 개의 필터는 오직 한 가지 파장의 띠만을 분리할 수 있으므로, 다른 파장의 띠를 분리하기 위해서는 또 다른 필터를 사용하여야만 한다. 그러므로 필터를 사용하는 분광기기는 고정된 파장에서만 측정을 수행하거나 파장 변화가 자주 필요하지 않을 때에 주로 사용된다.

구형 장비에서는 주로 사용되던 스펙트럼 분산 방식은 적외선 스펙트럼 영역을 사용하는 대부분의 최신 분광 기기에는 더 이상 사용되지 않고 있다. 대신, **간섭계**(interferometer)를 사용하는 데, 이는 전자기 복사선의 보강과 상쇄 간섭을 이용하여 Fourier 변환이라 불리는 기법을 통해 분광학적 정보를 얻는다. 이런 방식의 적외선 분광기에 대한 설명은 특집 25-7과 26C-2절에서 더 다루어진다.

## ▸ 25A-4 복사 에너지의 검출과 측정

분광학적 정보를 얻기 위해서는 투과, 형광 또는 방출 복사선의 세기를 적당한 방법을 사용하여 검출하고 측정 가능한 양으로 바꾸어 주어야만 한다. **검출기**(detector)는 일종의 장치로 이 장치의 주변에서 발생하는 물리적 변화들, 즉, 압력, 온도 또는 전자기 복사선의 변화를 확인하고 기록하거나 알려준다. 검출기의 친숙한 예로서는 전자기 복사선이나 방사성 복사선의 존재를 알려주는 사진 필름, 질량 차를 알려주는 저울의 바늘, 온도를 알려주는 온도계의 수은주 높이 등이 있다. 사람의 눈 또한 검출기로서 가시선을 전기 신호로 바꾸어 시신경의 신경 세포들을 통해 뇌로 전달하여 시각화한다.

최신 장비들은 필연적으로 관심이 있는 정보를 모두 전기적 신호를 사용하여 기호화하고 처리하게 된다. **변환기**(transducer)는 빛의 세기, pH, 질량과 온도와 같은 비전기적인 양들을 **전기적인 신호**(electrical signal)로 변환시킨 뒤 증폭하고 조작한 뒤 최종적으로 원래 물리량의 크기에 비례하는 숫자로 변환시키는 장치이다. 이 절에서는 복사선 변환기에 대해서만 다룬다.

**변환기**는 다양한 형태의 물리/화학적 양들을 전하량, 전류량, 또는 전압과 같은 전기적 신호들로 변환시킨다.

### » 복사선 변환기의 특성

이상적인 전자기 복사선 변환기는 넓은 파장 범위에 걸쳐서 낮은 복사 에너지 양에도 빠르게 감응한다. 또한, 쉽게 증폭시킬 수 있고 낮은 크기의 잡음(특집 25-5 참조)을 가지는 전기적 신호를 만들어 낸다. 식 (25-3)에 보이는 것처럼 복사선 변환기에

일반적으로 잡음을 발생시키는 원인들에는 진동, 60 Hz 전기가 흐르는 도선으로부터 오는 잡음, 온도 변화나 동력으로 사용하는 전원의 파수나 전압의 변동 등이 있다.

**표 25-2**

| 흡수분광법에 사용되는 일반적인 검출기 | |
|---|---|
| **형태** | **파장 범위(nm)** |
| **광검출기** | |
| 광전관 | 150~1000 |
| 광전자 증배관 | 150~1000 |
| 실리콘 광다이오드 | 350~1100 |
| 광전도성 셀 | 1,000~50,000 |
| **열검출기** | |
| 열전쌍 | 600~20,000 |
| 볼로미터 | 600~20,000 |
| 기압식 셀 | 600~40,000 |
| 열전기 장치 | 1,000~20,000 |

서 발생된 전기적 신호는 복사선의 세기, $P$와 반드시 선형 비례 관계를 보여야 한다.

$$G = KP + K' \tag{25-3}$$

여기서 $G$는 전류, 전압 또는 전하 단위를 표현되는 검출기의 전기적 감응이다. 비례 상수 $K$는 검출기의 감도로 입력되는 복사선의 단위 세기 당 출력되는 전기적 감응의 크기로 측정된다.

**암전류**는 빛이 없는 암흑 상태에서 복사선 변환기에 의해 만들어지는 전류를 말한다.

많은 변환기들은 **암전류**(dark current)라고 부르는 작고 일정한 전기적 감응 $K'$을 가지고 있는데, 이 암전류는 검출기 표면에 아무런 복사선이 쪼여지지 않아도 발생한다. 암전류에 상당히 큰 감응을 보이는 변환기를 가진 기기들은 보통 이 암전류를 자동적으로 제거할 수 있는 전기 회로나 컴퓨터 프로그램을 갖추고 있다. 따라서 일반적인 상황 하에서 식 (25-3)은 아래와 같이 간단히 쓸 수 있다.

$$G = KP \tag{25-4}$$

### » 복사선 변환기의 종류

**표 25-2**에서 보는 바와 같이 일반적인 형태의 변환기에는 두 가지가 있는데, 하나는 광자에 감응하고 다른 하나는 열에 감응하는 형태이다. 모든 광검출기는 그 반응 표면이 복사선과의 상호 작용을 통해 전자를 발생(**광방출**, photoemission) 시키거나 전자를 전기가 통할 수 있는 에너지 준위로 올려준다(**광전도**, photoconduction). 단지 자외선, 가시선, 근적외선만이 광방출을 일으킬만한 충분한 에너지를 가지고 있으므로 광방출 검출기는 약 2 μm (2000 nm)보다 짧은 파장의 검출에만 사용된다. 광전도체는 근적외선에서 원적외선에 이르는 영역의 스펙트럼 검출에 사용될 수 있다.

일반적으로 분석기기에 의해 만들어지는 신호들은 무작위로 변하는 데, 제어할 수 없는 많은 수의 변수들 때문에 발생한다. 기기의 감도를 제한하는 이러한 변동을 **잡음**이라고 부른다. 이 용어는 원하지 않는 신호의 변동이 전파 장애나 잡음으로 들리는 라디오 공학으로부터 만들어졌다.

**특집 25-5**

**신호, 잡음 및 신호 대 잡음비(signal-to-noise ratio)**

분석 기기의 출력 신호 값은 일관성 없이 무작위로 변한다. 이러한 변동은 기기의 정밀도를 제한하게 되는데, 연구 중에 있는 기기와 화학계 내부의 제어할 수 없는 수많은 무작위 변수들의 총합의 결과로 나타난다. 이러한 무작위 변수의 한 예는 광자들이 광전자 증배관의 광음극관(photocathode)에 무작위로 도달하는 것이다. 잡음(noise)라는 용어는 이러한 변동을 기술하는 데 사용되며, 각각의 조절할 수 없

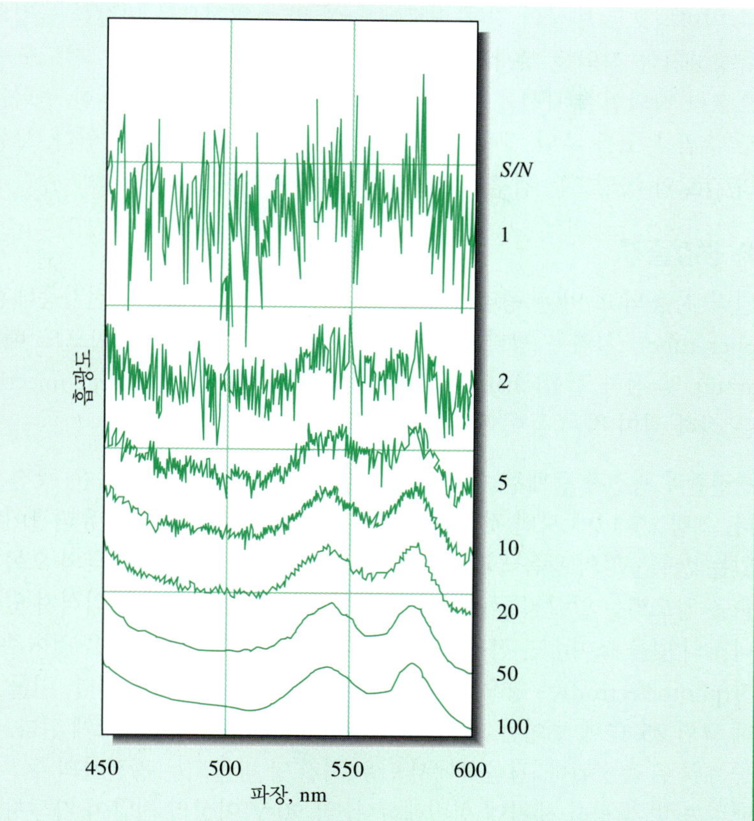


**그림 25F-4** 신호의 크기는 같지만 잡음의 크기가 다른 헤모글로빈 스펙트럼들. 각각의 스펙트럼은 y축(흡광도 축)을 따라 명확한 비교를 위해 단순히 배열한 것임을 주의하시오.

는 변수를 잡음의 원인이라고 한다. 이 용어는 소리 및 전자 공학에서 나온 것으로 이 분야에서는 원하지 않는 신호 변동이 귀에 전파 장애나 잡음으로 들리기 때문이다. 전자 장치의 평균적인 출력 값을 신호라고 부르고 이 *신호*(signal)의 표준 편차는 잡음의 척도가 된다.

분석 기기나 스테레오, CD 연주기 및 그 외의 많은 전자 장치들의 성능을 나타내는 중요한 인자는 **신호 대 잡음비**(signal-to-noise, *S/N*)이다. 일반적으로 신호 대 잡음비는 출력 신호의 평균치와 그 신호의 표준 편차의 비(ratio)로 정의된다. 흡수 분광광도계의 신호 대 잡음의 거동이 **그림 25F-4**에 있는 헤모글로빈의 스펙트럼에 나타나 있다. 그림의 맨 아래에 있는 스펙트럼의 $S/N = 100$이고 이 스펙트럼에서 540 nm와 580 nm에서의 최대 흡광도를 쉽게 알아 낼 수 있다. 그림의 위에서 두 번째 스펙트럼의 *S/N*는 약 2로 낮아졌고 흡수 피크들은 겨우 확인할 수 있을 정도이다. $S/N = 2$와 $S/N = 1$ 사이의 어느 부분에서 흡수 피크들은 잡음 속으로 사라지고 확인이 불가능하게 된다. 최신 기기들이 컴퓨터화되고 정교한 전자 회로들에 의해 제어됨에 따라 기기 출력 신호들의 신호 대 잡음비를 증가시키는 다양한 방법들이 개발되고 있다. 이러한 방법들에는 아날로그 필터링, lock-in 증폭, boxcar 평균, smoothing, Fourier 변환 등이 있다.[7]

[7]다음 책들을 참고하시오. D. A. Skoog, F. J. Holler, and T. A. Nieman, *Principles of Instrumental Analysis*, 5th ed., Chapter 5. Belmont, CA Brooks/Cole, 1998.

일반적으로 빛살의 진행 경로에 놓여 있는 열적으로 민감한 물질의 온도 상승을 측정하거나 적외선 복사선을 흡수한 광전도성 물질의 전기 전도도 증가를 측정함으로써 적외선 복사선을 검출한다. 적외선 에너지 흡수에 의한 변화는 매우 작으므로 주위 온도를 주위 깊게 조절하여야만 큰 오차를 피할 수 있다. 보통 적외선 기기의 감도와 정밀도는 검출기 시스템에 의해 제한된다.

## » 광검출기

널리 사용되고 있는 광검출기에는 광전관(phototube), 광전자증배관(photomultiplier tube), 실리콘 광다이오드(silicon photodiode), 광다이오드 배열(photodiode array) 및 전하 결합(charge-coupled) 장치와 전하 주입(charge-injection) 장치와 같은 전하 전이 장치 등이 있다.

**광전관과 광전자 증배관.** 광전관이나 광전자 증배관의 감응은 광전 효과의 결과이다. **그림 25-12**에 보인 것처럼 광전관은 밀폐된 투명한 진공 유리관이나 석영관 안에 있는 반원통형의 광음극과 양극 전선으로 구성되어 있다. 음극의 오목한 표면은 광방출을 일으키는 알칼리 금속이나 금속 산화물과 같은 물질로 입혀져 있어서 적당한 에너지의 빛을 쪼여주면 전자를 방출한다. 두 전극 사이에 전압을 걸어주면 방출된 **광전자**(photoelectron)는 양으로 하전되어 있는 양극으로 이끌린다. 이들 광전자들로 인해 그림 25-12에 보이는 회로에 **광전류**(photocurrent)가 흐르게 된다. 이 전류는 다시 증폭된 뒤 측정된다. 광음극에서 단위 시간 당 방출되는 광전자의 수는 광음극 표면을 때리는 빛의 복사 세기에 정비례하다. 약 90 V 이상의 전압이 가해지면 방출된 모든 광전자는 양극으로 모이고 다시 빛의 복사 세기에 비례하는 광전류를 만들어 낸다.

**광전자**는 전자기 복사선에 의해 감광성 표면으로부터 방출된 전자이다. 광전류는 광전자의 방출 속도에 의해 조절되는 외부회로에 흐르는 전류이다.

광전자 증배관은 자외선/가시선 복사선 측정에 가장 널리 이용되고 있는 형태의 변환기이다.

광전자 증배관의 가장 큰 이점은 검출기 내부에서의 증폭 과정이다. PMT의 광음극을 때리는 광자 하나가 약 $10^6$에서 $10^7$ 개의 전자를 PMT의 양극에서 최종적으로 발생한다.

**광전자 증배관**(photomultiplier tube, PMT)은 광전관과 비슷한 방법으로 만들지만 감도는 훨씬 더 높다. 광전자 증배관의 광음극은 빛을 쪼여주면 전자를 방출하는 광전관과 비슷하다. 그러나 PMT는 하나의 양극 전선을 사용하는 광전관과는 달리, **그림 25-13**에 보인 것처럼 **다이노드**(dynode)라 불리는 일련의 전극들을 가지고 있다. 음극에서 방출된 전자는 음극보다 90~100 V 높게 전압이 유지되고 있는 첫 번째 다이노드 쪽으로 가속된다. 각각의 가속된 광전자가 다이노드 표면을 때리면, 2차 전자라 불리는 여러 개의 전자들이 생산된다. 이 2차 전자들은 다이노드 1보다 90~100 V 높게 전압이 유지되고 있는 다이노드 2쪽으로 다시 가속된다. 여기서 다시, 전자 증폭(gain)이 발생한다. 이런 과정이 각 다이노드에서 반복되었을 때, 하나의 입사 광자는 $10^5$~$10^7$개의 전자를 만들 수 있다. 이렇게 증폭된 전자들은 마침내 양극에 모여

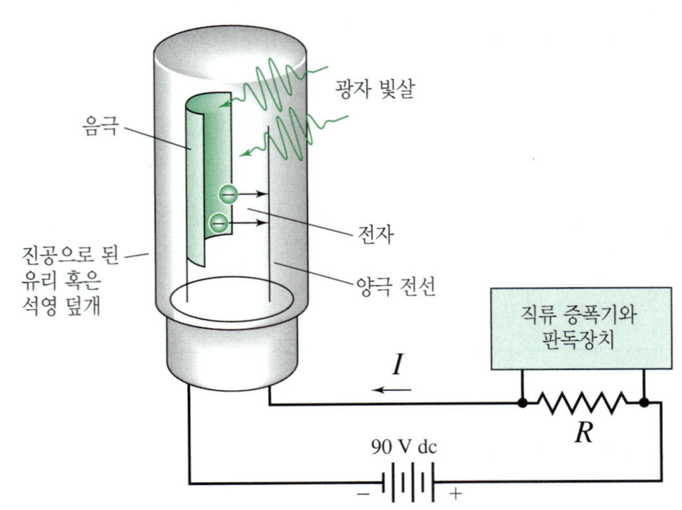


**그림 25-12** 광전관과 이에 연결된 외부 회로. 복사선에 의해 발생된 광전류는 측정용 저항을 따라 전위차($V = IR$)를 형성한다. 이 전압은 다시 증폭된 뒤 측정된다.

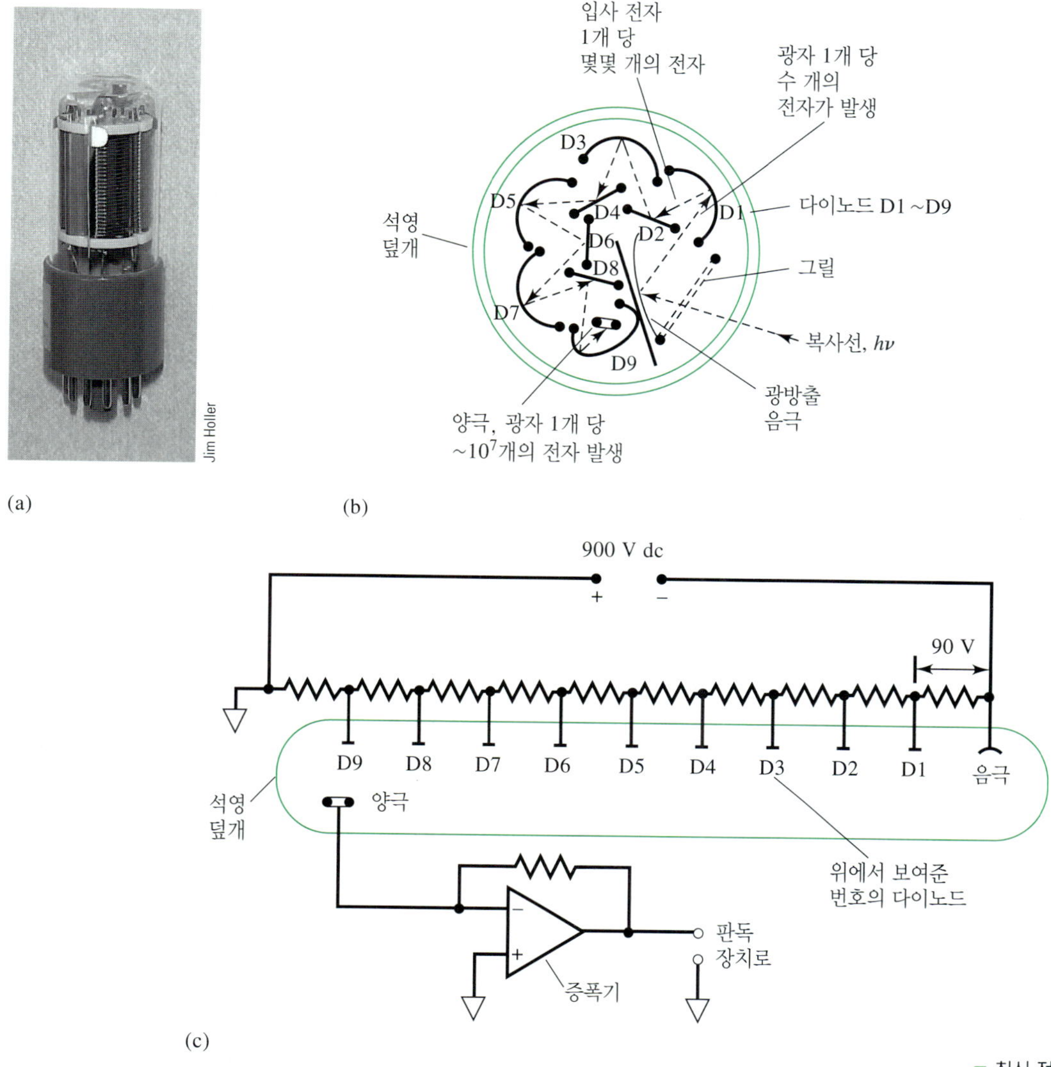


**그림 25-13** 광전자 증배관 도해. (a) 사진, (b) 단면도, (c) 다이노드의 극성과 광전류 측정을 설명하기 위한 전기 회로 도해. 감광성 음극(b)을 때리는 복사선은 광전 효과에 의해 광전자들을 발생시킨다. 다이노드 D1은 광음극에 비해 양전압(높은 전압)을 유지하고 있다. 광음극에서 방출된 전자들은 첫 번째 다이노드로 이끌리면서 전기장(즉, 전압 차)에 의해 가속된다. 다이노드 D1을 때리는 전자 하나는 2~4개의 이차 전자를 발생시킨다. 이 전자들은 다시 다이노드 D1에 비해 상대적으로 높은 전압을 유지하고 있는 다이노드 D2쪽으로 이끌린다. 결과적으로 음극에서의 최종 증폭은 $10^6$ 혹은 그 이상이다. 정확한 증폭양은 다이노드의 수와 각 다이노드 사이의 전압 차에 따라 변한다. 이런 방식의 내부 증폭은 광전자 증배관의 가장 큰 장점 중의 하나이다. 최신 기기에서는 양극에서 발생하는 평균적인 전류량을 측정하는 대신, 양극에서 발생하는 광전류 펄스 하나 하나를 검출하고 그 수를 정확히 셀 수 있다. 이 기술을 *광자 계수*(photon counting) 방식이라 하는데, 매우 낮은 강도의 빛을 측정하는 데 유리한다.

최신 전자 장비를 이용하면, PMT의 광음극에 도착하는 개개 광자로부터 발생하는 전자 펄스를 검출하는 것이 가능하다. 펄스의 수는 셀 수 있으며, 최종 헤아린 펄스의 수는 결국 PMT에 도달한 전자기 복사선 세기의 척도가 된다. **광자 계수** 방식은 광음극에 도달하는 빛의 세기가 낮거나 광자의 도달 빈도가 낮을 때 사용하면 유리하다.

전류를 만들고 이 전류는 다시 증폭 회로를 통해 증폭된 뒤 측정되게 된다.

**광전도 셀.** 광전도성 변환기는 보통 비전도성 유리 표면을 납 황화물, 수은-카드뮴-텔루라이드(mercury cadmium telluride, MCT)나 안티모니화 인듐과 같은 반도체 물질로 얇게 필름 형태로 증착 후 진공 밀폐 처리하여 만든다. 이들 물질이 복사선을 흡수하면 비전도성 원자가 전자들을 더 높은 에너지 상태로 들뜨게 하고 이로 인해 반도체의 전기적 저항을 줄여준다. 일반적으로 광전도체는 전압 공급 장치와 부하 저항과 직렬로 연결되어 있는데, 이 부하 저항에서 발생하는 전압 강하가 복사선 빛살의 세기를 측정하는 데 이용된다. PbS와 InSb 검출기는 근적외선 영역의 스펙트럼을 측정하는 데 자주 사용된다. MCT 검출기는 중간에서 원적외선 영역에서 사용하면 유용한데, 열잡음을 줄이기 위해 액체 질소로 냉각한 뒤 사용해야 한다. 이런 응용 방식은 FTIR에서 중요하게 사용되고 있다.

**반도체**는 금속과 유전 물질(절연체) 사이의 전도도를 가지는 물질이다.

**실리콘 광다이오드와 광다이오드 배열.** 결정성 실리콘은 반도체(semiconductor)로서 이 물질의 전기 전도도는 금속보다는 작지만 전기 절연체보다는 크다. 실리콘은 4족 원소이므로 4개의 원자가 전자를 가지고 있다. 실리콘 결정 내에서 이들 개개의 전자는 또 다른 4개의 실리콘 원자에 있는 전자와 결합하여 4개의 공유 결합을 형성한다. 실온 상태에 있는 실리콘 결정에서 열적 동요가 일어나면, 전자들은 때때로 결합 상태에서 벗어나 결정을 자유롭게 움직일 수 있게 된다. 이러한 전자의 열적 들뜸은 결국 양으로 하전된 구멍(positive hole, 정공)을 만드는데, 이 정공은 전자와 마찬가지로 움직일 수 있다. 정공이 움직이는 메커니즘은 단계적인데, 이웃한 실리콘 원자에 붙어 있던 전자가 바로 전자가 부족한 지역인 정공으로 옮겨가면 그 자리에는 다시 또 다른 정공이 생기게 된다. 반도체의 전기 전도도는 반대 방향으로 움직이는 전자와 정공의 움직임 때문에 발생하는 것이다.

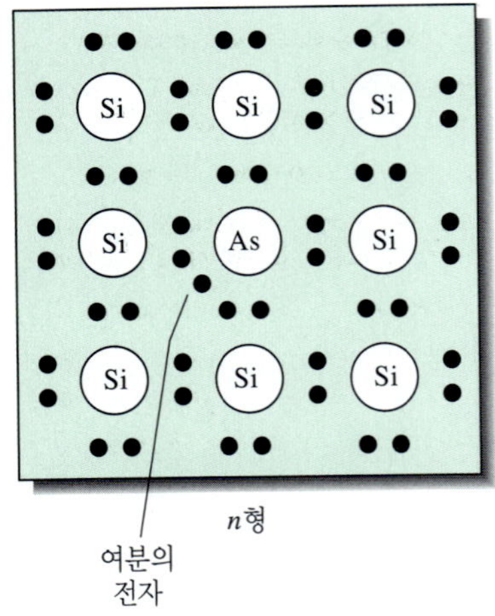


**그림 25-14** '불순물' 원자(즉, 도핑제)를 보여주는 $n$형 실리콘 반도체의 2차원 표현.

실리콘의 전도도는 도핑(dopping) 과정을 거쳐 크게 향상시킬 수 있는데, 이 도핑 과정이란 매우 소량(대략 1 ppm)의 5족이나 3족 원소를 실리콘 결정 전체에 분포시키는 과정을 말한다. 예를 들어, 실리콘 결정이 As과 같은 5족 원소로 도핑 되면, 도핑제(dopant)의 5개의 원자가 전자 중에서 4개는 실리콘 원자들과 4개의 공유 결합을 형성하고, 남아 있는 전자 하나는 자유롭게 되어 **그림 25-14**에서 보는 것처럼 전도도를 가지게 된다. 실리콘이 Ga과 같이 단지 3개의 원자가 전자를 가지고 있는 3족 원소로 도핑 되면, **그림 25-15**에 보는 것처럼 여분의 정공이 생성되고 이 또한 전도도를 증가시킨다. 결합에 참여하지 않는 전자(음전하)를 가지고 있는 반도체를 $n$형 반도체라 하고 여분의 정공(양전하)을 포함하는 반도체를 $p$형 반도체라고 한다. $n$형 반도체에서는 전자가 주요 전하 운반체이고 $p$형 반도체에서는 정공이 주요 전하 운반체가 된다.

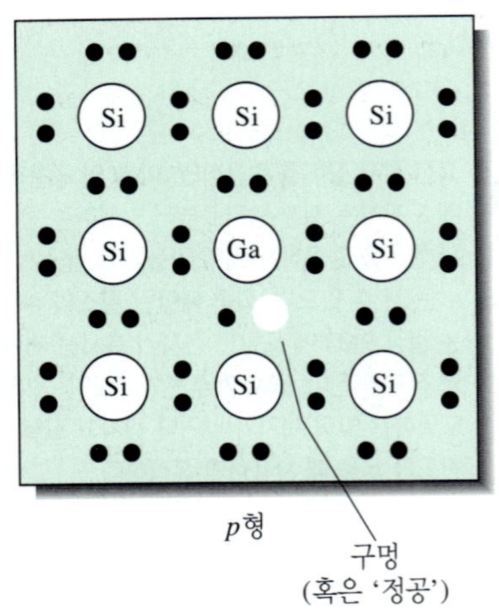


**그림 25-15** '불순물' 원자(즉, 도핑제)를 보여주는 $p$형 실리콘 반도체의 2차원 표현.

실리콘 기술을 이용하면 한 쪽 방향으로만 전기 전도성이 있는 $pn$ 접합 혹은 $pn$ 다이오드라고 부르는 것을 만들 수 있다. **그림 25-16a**는 실리콘 다이오드의 개략도이다. $pn$ 접합은 결정의 중간을 가로지르고 있는 점선으로 표시되어 있다. 이 장치의 양쪽 끝에는 전선이 부착되어 있다. **그림 25-16b**는 직류 전원의 (+) 단자가 $p$ 영역에 연결되어 있고 (−) 단자는 $n$ 영역에 연결되어 있는 전도성 모드를 보여주고 있다. 이런 조건일 때 다이오드는 **순방향으로 연결되어 있다**(forward biased)고 말한다. $n$ 영역의 여분의 전자들과 $p$ 영역의 전공은 $pn$ 접합을 향해 움직이는데, 이 $pn$ 접합 부위에서 전자와 정공은 결합하면서 사라진다. 전원 공급 장치의 (−) 단자로부터 새로운 전자들이 $n$ 영역으로 계속 공급되므로 전도 과정은 지속된다. (+) 단자는 $p$ 영역으로부터 전자를 뽑아냄으로써 $pn$ 접합부 쪽으로 자유롭게 이동하는 새로운 정공이 계속해서 만들어진다.

전자공학에서 **bias**는 때때로 편극된(polarizing) 전압이라 불리기도 하며, 회로의 요소들에 가해져서 그 회로의 작동에 필요한 기준점을 제공하는 직류 전압이다.

광다이오드는 반도체로 이루어진 $pn$ 접합 장치로 전자-정공 쌍을 형성하는 방식으로 입사광에 감응한다. $n$형 반도체 쪽에 비해 상대적으로 낮은 전압이 $p$형 반도체 쪽에 가해지도록 전압이 $pn$ 다이오드에 가해졌을 때(즉, 다이오드에 순방향 연결과는 반대로 전압이 가해졌을 때), 다이오드는 **역방향으로 연결되어 있다**(reverse biased)고 말한다. **그림 25-16c**는 역방향으로 연결되어 있는 실리콘 다이오드의 거동을 보여 주고 있다. 이 조건에서 주요 전하 운반체들은 $pn$ 접합부로부터 멀리 떨어져 나와서 비전도성 **결핍층**(depletion layer)을 생성하게 된다. 역방향으로 연결되어 있는 다이오드의 전도도는 순방향으로 연결되어 있는 다이오드의 전도도에 비

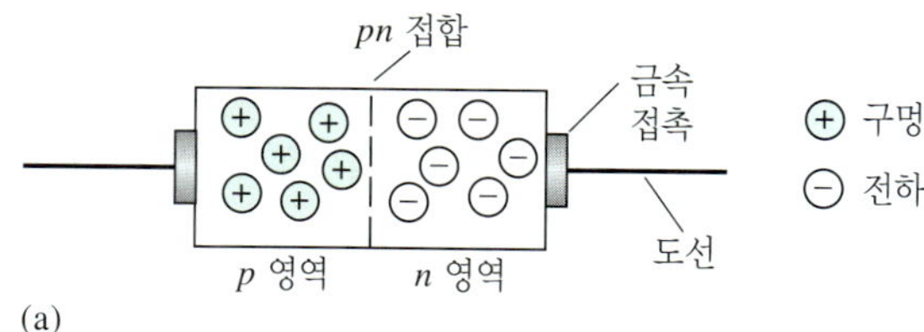


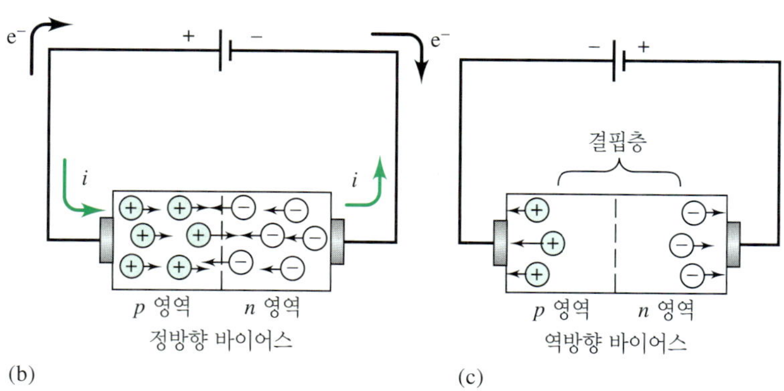


**그림 25-16.** (a) 실리콘 다이오드의 개략도. (b) 순방향 하에서 전기의 흐름. (c) 역방향 하에서 전기 흐름을 막는 결핍층의 형성.

해 약 $10^{-6}$~$10^{-8}$배 정도 수준밖에 되지 않는다. 실리콘 다이오드는 한 쪽 방향으로는 전기가 흐르고 반대 방향으로는 전기가 흐르지 않는데, 이를 다르게 표현하면, 실리콘 다이오드는 전류 정류기가 되었다고 말한다.

역방향으로 연결된 실리콘 다이오드는 복사선 변환기로 사용될 수 있다. 왜냐하면 자외선과 가시선 광자는 에너지가 충분히 커서 *pn* 접합부의 결핍층에 쪼여 주면 추가로 전자와 정공을 만들 수 있기 때문이다. 그 결과로 증가되는 전류량은 측정될 수 있으며 복사선 세기에 정비례한다. 실리콘 다이오드 검출기는 간단한 진공 광전관보다는 감도가 높지만 광전자 증배관보다는 감도가 낮다.

실리콘 광다이오드는 역방향으로 연결된 실리콘 다이오드로 복사선 세기를 측정하는 데 사용되고 있다.

**다이오드 배열 검출기.** 실리콘 광다이오드는 1000개 이상의 다이오드를 하나의 작은 실리콘 칩 위에 나란히 배열하여 만들 수 있기 때문에 최근에 그 중요성이 커지고 있다. 여기서 각 다이오드 하나의 폭은 단지 약 0.02 mm 정도 밖에 되지 않는다. 하나 혹은 두 개의 다이오드 배열 검출기를 단색화 장치의 초점면을 따라 놓아두면 통과된 모든 파장을 동시에 측정할 수 있으므로 고속 분광법이 가능해진다. 만약 단위 시간당 빛에 의해 유도된 전하의 수가 열에너지에 의해 생성된 전하 운반체의 수보다 크다면, 역방향 조건 하에서 외부 회로에 흐르는 전류량은 입사 복사선의 세기와 직접적인 관련이 있게 된다. 실리콘 광다이오드 검출기는 보통 나노 초 수준으로 매우 빠르게 감응한다. 또한, 낮은 세기의 빛을 검출하고자 한다면, 상 강화 장치(image intensifier)로 알려진 프런트-엔드(front-end) 장치와 함께 다이오드 배열을 구입하여 사용할 수 있다.

광다이오드 배열은 분광학 기기는 물론 광학 스캐너와 바코드 판독기에도 사용되고 있다.

**전하 전이 장치.** 광다이오드는 감도와 동적 범위 및 신호 대 잡음 비 면에서 볼 때, 광전자 증배관의 성능을 따라 갈 수가 없다. 따라서 광다이오드는 다채널로 동시 측정할 수 있는 장점이 다른 단점들을 능가하는 상황에서나 사용되어져 왔다. 이에 반해, **전하 이동 장치**(charge-transfer device, CTD)의 작동 특성은 광전자 증배관의 성능과 비슷하거나 능가할 뿐만 아니라 다채널 동시 측정 장점까지 가지고 있다. 그 결과 이런 형태의 검출기는 최신 분광학 기기에서 그 사용 빈도가 계속 증가하는 것으로 나타나고 있다.[8] 이 검출기의 또 다른 장점은 개별 검출기를 행과 열에 배열시켜서 완성시킨 하나의 전하 전이 검출기로 2차원적인 측정을 할 수 있다는 것이다. 다음 절에 설명하고 있는 검출기의 경우, 244개의 열을 가지고 있고 각 열 당 388개의 검출기 성분을 가지고 있으므로, 총 94,672개의 개별적인 검출기 혹은 화소(pixel)가 6.5 mm × 8.7 mm 크기의 실리콘 칩 위에 2차원으로 배열되어 있는 것이다. 이 장치를 이용하면 2차원 스펙트럼 전체의 기록이 가능해진다.

실리카는 전기 절연체인 산화규소($SiO_2$)이다.

복사선이 전하 전이 검출기에 부딪칠 때마다 그 정보를 통합해가는 방식으로 복사선을 감지한다는 점에서 전하 전이 검출기는 사진 필름과 매우 비슷한 방식으로 작동한다. **그림 25-17**은 전하 전이 배열을 이루고 있는 화소들 중 하나의 단면도이다. 예를 든 이 화소는 실리카($SiO_2$) 절연층 위에 놓여 있는 두 개의 전도성 전극으로 구성되어 있다(어떤 전하 전이 장치에 있는 화소는 두 개 보다 많은 전극으로 구성되어 있기도 하다). 이 실리카 층은 *n*-형 불순물로 도핑되어 있는 실리콘 층으로부터 전극을 분리시킨다. 이러한 조합은 불순물로 도핑된 실리콘 층을 복사선이 부딪칠 때 형성되는 전하를 저장하는 금속 산화물 콘덴서를 구성하게 된다. 그림에서 보인 바와 같이 음전하를 전극에 걸어주면 전하 반전 영역이 전극 아래에 생성되어, 이는 결과적으로 양으로 하전된 정공들을 저장하기에 에너지적으로 유리하게 만든다. 실리콘이 광자를 흡수함으로써 생성되는 유동성 정공들은 이 영역으로 이동하여 모이게 된다. 보통 전하 우물(potential well)이라 불리는 이 영역은 이웃한 화소로 전하가 흘러넘치기 전까지 약 $10^5$~$10^6$개의 전하를 모을 수 있다. 그림 25-17에서 전극 하나는 다른 전극에 비해 음전하가 더 커서 이 전극 아래로의 전하 저장을 보다 유리하게 만든다. 복사선에 노출되는 동안 생성된 전하의 양은 두 가지 방식으로 측정된다. **전하 주입 장치**(charge-injection device, CID) 검출기에서는 이웃한 두 전극 아래 영역 사이에서 발생하는 전하 이동에 의한 전압 변화를 측정한다. **전하 결합 장치**(charge-coupled device, CCD) 검출기에서는 전하가 전하를 감지하는 증폭기로 움직여서 측정한다.

전하 결합 장치 또한 이와 함께 사용할 수 있으며 증폭 이득(gain)을 제공하는 프런트-엔드 상강화 장치가 상업적으로 시판되고 있다. 이와 같이 강화된 CCD (intensified CCD, ICCD) 장치는 원하는 주기로 신호 측정 모드와 신호 비측정 모드를 반복할 수 있는 기능(gated on and off 기능)을 가지고 있어서 어떤 화학종의 수명 측정이나 화학 반응 동력학 실험에서 시해상도(time resolution)가 필요하거나 원하지 않는 신호를 분리하여 버리고자 할 때 사용할 수 있다. 최근에 개발된 CCD 카메라 중의 하나는 전자-배수 방식 CCD (electron-multiplying CCD, EMCCD)

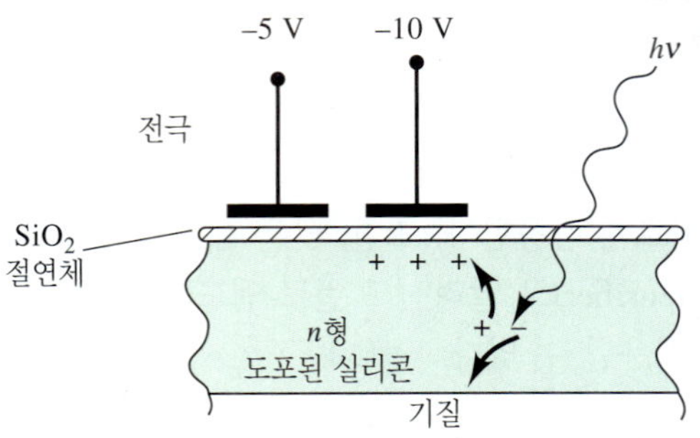


**그림 25-17** 전하 전이 장치 검출기의 화소 중 하나의 단면도. 광자, *hν*에 의해 생성된 양으로 하전된 정공은 음으로 하전된 전극 아래로 모인다.

[8] 전하 전이 장치에 대한 보다 자세한 정보는 다음 자료들을 참고하시오. J. V. Sweedler, K. L. Ratzlaff, and M. B. Denton, eds., *Charge-Transfer Devices in Spectroscopy*, New York: VCH, 1994; J. V. Sweedler, Crit. *Rev. Anal. Chem.*, **1993**, *24*, 59, **DOI**: 10.1080/10408349308048819; J. V. Sweedler, R. B. Bilhorn, P. M. Epperson, G. R. Sims, and M. B. Denton, *Anal. Chem.*, **1988**, *60*, 282A, **DOI**: 10.1021/ac00155a002; P. M. Epperson, J. V. Sweedler, R. B. Bilhorn, G. R. Sims, and M. B. Denton, *Anal. Chem.* **1988**, *60*, 327A, **DOI**: 10.1021/ac00156a001.

로 증폭 이득 레지스터(gain register)가 출력 증폭기 앞에 삽입되어 있다. 상강화 장치 때문에 ICCD가 EMCCD보다 가격이 비싸다. 그러나 EMCCD는 반드시 낮은 온도(≈170 K)로 유지하여야 하는데, 이로 인해 부가적인 비용이 발생하고 응축 문제가 종종 발생한다.

CCD와 CID는 최신 분광학 기기에서 그 사용이 계속 늘어나고 있다. 분광학 응용 분야에서, 전하 전이 장치들은 25B-3절에 설명되어 있는 다 채널 기기와 함께 사용되고 있다. 분광학 응용 분야 이외에도 전하 전이 장치는 디지털 카메라, 고체상 TV 카메라, 현미경과 Hubble 망원경과 같은 천문 응용 분야 등에서 그 쓰임새를 넓혀 가고 있다.

## » 열검출기

바로 앞 절에서 소개된 일반적인 광검출기는 적외선 복사선의 검출에는 사용될 수 없다. 왜냐하면 적외선 영역의 광자는 전자의 광방출을 일으킬 만큼 충분한 에너지를 가지고 있지 않기 때문이다. 역사적으로 열전쌍, 볼로미터와 기압식 장치와 같은 열검출기들은 짧은 파장대의 적외선을 제외한 전 영역의 적외선 영역을 검출하는데 사용되어 왔다. 이들 열검출기들은 구형의 분산 적외선 분광기에서 아직도 발견되고 있다. 그러나 대부분의 열검출기의 작동 특성은 자외선/가시선 영역에서 사용되고 있는 광검출기들에 비해 훨씬 낮다. 대부분의 FTIR 분광기는 앞에서 소개된 열전기 변환기나 MCT 광전도 검출기를 사용하고 있다.

열검출기는 적외선 복사선이 흡수되어 결과적으로 온도가 높아지는 검게 칠한 작은 표면으로 구성되어 있다. 온도 상승은 전기 신호로 바뀐 뒤 증폭되어 측정된다. 최상의 조건 하에서 이로 인한 온도 변화는 수천 분에 1℃일 정도로 매우 작은 값이다. 측정에 있어서의 어려움은 주위로부터 오는 열복사선이 혼합되는 것으로, 이는 항상 측정에 대한 불확정성을 주는 잠재적인 원인이 된다. 이러한 주위 복사선에 의한 영향 혹은 잡음을 최소화하기 위해서 열검출기는 진공으로 만든 곳에 설치하고 주위로부터 조심스럽게 차단되어야 한다. 외부 잡음의 영향을 보다 더 줄이기 위해서 광원으로부터 오는 빛살을 빛살 토막기(chopper)라 부르는 회전하고 있는 이빨 빠진 원반 사이로 통과시켜서 그 세기를 최대치와 0 사이를 오가게 만든다(이 과정을 '빛살 토막 내기'라고 한다).[9] 변환기는 이 주기적으로 변하는 복사선 신호를 교류 전류로 변환하고 증폭시키게 되는데, 결론적으로 이 증폭된 교류 전류는 바탕 복사선으로부터 생기는 직류 신호(즉, 잡음)로부터 분리되게 된다. 잡음을 줄이기 위한 위와 같은 모든 노력에도 불구하고 적외선 측정은 자외선과 가시선 복사선의 측정에 비해 훨씬 낮은 정밀도를 보인다.

표 25-2에 보인 것처럼 4가지 형태의 열검출기가 적외선 분광법에 사용되고 있다.[10] 가장 널리 사용되고 있는 것은 아주 작은 형태의 열전쌍이나 **열전대열**(thermopile)이라 불리는 한 묶음의 열전쌍이다. **볼로미터**(bolometer)는 전기 저항이 온도 함수에 따라 변하는 전도성 원소 이루어져 있다. **기압식 검출기**(pneumatic detector)는 제논 가스로 채워진 작은 원통형 방으로 구성되어 있으며, 적외선 복사선을 흡수하여 제논 기체에 열을 가하는 검게 칠한 막을 포함하고 있다. **열전기 검출기**(pyroelectric detector)는 barium titanate나 중수소로 치환된 triglycine sulfate와 같은 열전기성 결정을 사용하여 만든다. 한 쌍의 전극사이에 샌드위치 형태로 놓여 있는 열전기성 결정은 적외선 복사선에 노출되면 온도-의존성 전압을 발생시킨다. 열전기성 변환기는

[9]다음 자료를 참고하시오. D. A. Skoog, F. J. Hollers, and S. R. Crouch, *Principles of Instrumental Analysis*, 6th ed., Belmont, CA: Brooks/Cole, 2007, pp. 115~116.

[10]9번과 같은 자료. pp. 200~202.

IR 분광기, 그 중에서도 특히 25C-2절에서 다루고 있는 FTIR에 사용되고 있다.

## ▸ 25A-5 신호 처리기와 판독 장치

신호 처리기는 검출기로부터 오는 전기 신호를 증폭하기도 하는 전자 장치이다(특집 25-6 참조). 아울러, 신호 처리기는 dc 신호를 ac 신호로(혹은 그 반대로) 바꾸고 그 위상을 변화시킨 뒤, 원하지 않는 신호 성분을 제거하기 위해 신호를 필터링하기도 한다. 신호 처리기는 또한 미분, 적분 또는 대수 함수로의 변환과 같은 신호의 수학적 연산을 수행하기도 한다. 여러 형태의 판독 장치가 최신 기기에서 사용되고 있다. 디지털 측정기와 컴퓨터 모니터가 그 예이다. 컴퓨터는 다양한 기기 변수들을 조절하거나, 측정값들을 저장/처리하거나, 스펙트럼과 결과들을 출력하거나, 측정 결과들을 다양한 데이터베이스와 비교하고 다른 컴퓨터나 네트워크 장치들과 통신하는 데 많이 이용되고 있다.

**특집 25-6**

**연산 증폭기를 이용한 광전류의 측정**

역방향으로 연결된 실리콘 광다이오드에 발생하는 전류의 크기는 보통 0.1 μA에서 100 μA 정도이다. 광전자 증배관과 광전관으로부터 만들어진 전류는 물론 이 전류값은 너무 작으므로 전압의 형태로 변화시켜서 디지털 전압 측정기나 다른 전압 측정용 장치를 사용하여 측정하여야 한다. 이와 같이 전류를 전압으로의 변환시키기 위해 **그림 25F-5**에 나타낸 연산 증폭기(op amp) 회로를 사용한다. 역방향으로 연결된 광다이오드에 의해 감지된 빛은 회로에 전류, $I$를 발생시킨다. op amp는 매우 큰 입력 저항을 가지고 있기 때문에 (−) 부호로 표시된 op amp의 입력 단자로는 본질적으로 전류가 들어가지 않는다. 따라서 광다이오드에 의해 생성된 전류는 저항 $R$을 통해서 흘러야만 한다. 이 전류는 Ohm의 법칙 즉, $E_{out} = -IR$을 사용하여 편리하게 전압으로 변환된다. 원래 전류의 크기는 광다이오드에 감지되는 복사선의 세기(P)에 비례한다. 즉, $I = kP$이며, 여기서 $k$는 상수이다. 따라서 $E_{out} = -IR = -kPR = k'P$가 된다. 전압 측정기를 op amp의 출력 단자에 연결하면 광다이오드에 의해 감지된 복사선의 세기에 비례하는 출력값을 얻을 수 있다. 이와 똑같은 회로는 진공 광다이오드나 광전자 증배관과 함께 사용될 수 있다.[11]

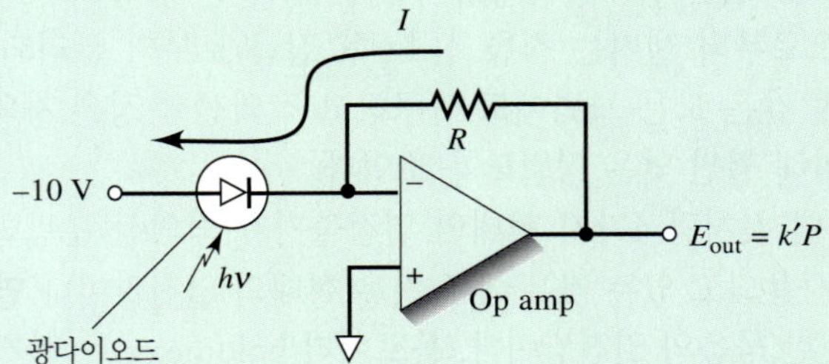


**그림 25F-5** 고체상 광다이오드를 사용하여 전류를 측정할 때 사용되는 연산 증폭기 전류-전압 변환기.

## ▸ 25A-6 시료 용기

**셀**(cell) 또는 **큐벳**(cuvette)이라 부르는 시료 용기는 사용하고자 하는 스펙트럼 영역에서 반드시 투명한 창을 가지고 있어야 한다. 광학 재료들에 대한 다양한 투과

[11]연산 증폭기에 대한 자세한 정보는 다음을 참고하시오. D. A. Skoog, F. J. Holler, and S. R. Crouch, *Principles of Instrumental Analysis*, 6th ed., Ch. 3, Belmont, CA: Brooks/Cole, 2007.

범위를 그림 25-2에 나타내었다. 여기에서 보듯이 석영이나 용융 실리카는 350 nm 보다 짧은 파장의 자외선 영역에 필요하며 가시선 영역과 3000 nm (3 μm) 이하의 IR 영역까지도 사용될 수 있다. 실리카 유리는 석영에 비해 낮은 가격 때문에 일반적으로 375~2000 nm 영역에서 사용되고 있다. 플라스틱 셀 또한 가시선 영역에서 사용된다. IR 연구에 가장 흔하게 사용되고 있는 물질은 결정성 염화소듐으로, 이는 물이나 다른 용매에 녹을 수 있다.

가장 좋은 셀은 반사 손실을 줄이기 위해 입사광의 진행 방향에 대해 수직 방향인 창을 가지고 있다. 자외선과 가시선 영역 연구에서 가장 많이 사용되는 용기 투과 길이는 1 cm이다. 이 규격을 가지는 검정된 시료 용기들이 상업적으로 시판되고 있다. 이보다 더 짧거나 긴 투과 길이를 가지는 시료 용기들 또한 구매가 가능하다. 몇 가지 전형적인 자외선/가시선 시료 용기들이 **그림 25-18**에 나타나 있다.

경제적인 이유로 원통형 시료 용기들이 종종 사용되고 있다. 빛살에 대해 시료 용기의 위치를 동일하게 유지시키기 위한 특별한 주의가 요구된다. 그렇지 않을 경우, 곡면에서의 투과 길이와 반사 손실의 변화가 24C-3절에서 논의된 바와 같은 중대한 오차를 발생시킬 수 있다.

분광학적 데이터의 질은 엄격하게 말해서 시료 용기를 사용하고 유지하는 방법에 달려 있다. 시료 용기 표면의 지문이나 기름 또는 다른 부착물들은 시료 용기의 투과 특성을 심각하게 변화시킬 수 있다. 따라서 시료 용기를 사용 전후에 철저하게 세척하는 것이 반드시 필요하며, 세척이 완료된 후에는 시료 용기 창을 만져서는 안 된다. 검정된 시료 용기는 절대로 오븐이나 화염으로 건조해서는 안 된다. 왜냐하면 이들은 물리적 손상을 일으키거나 투과 길이를 변화시킬 수 있기 때문이다. 이들 시료 용기들은 흡수 용액을 사용하여 정기적으로 서로 검정하여야 한다.

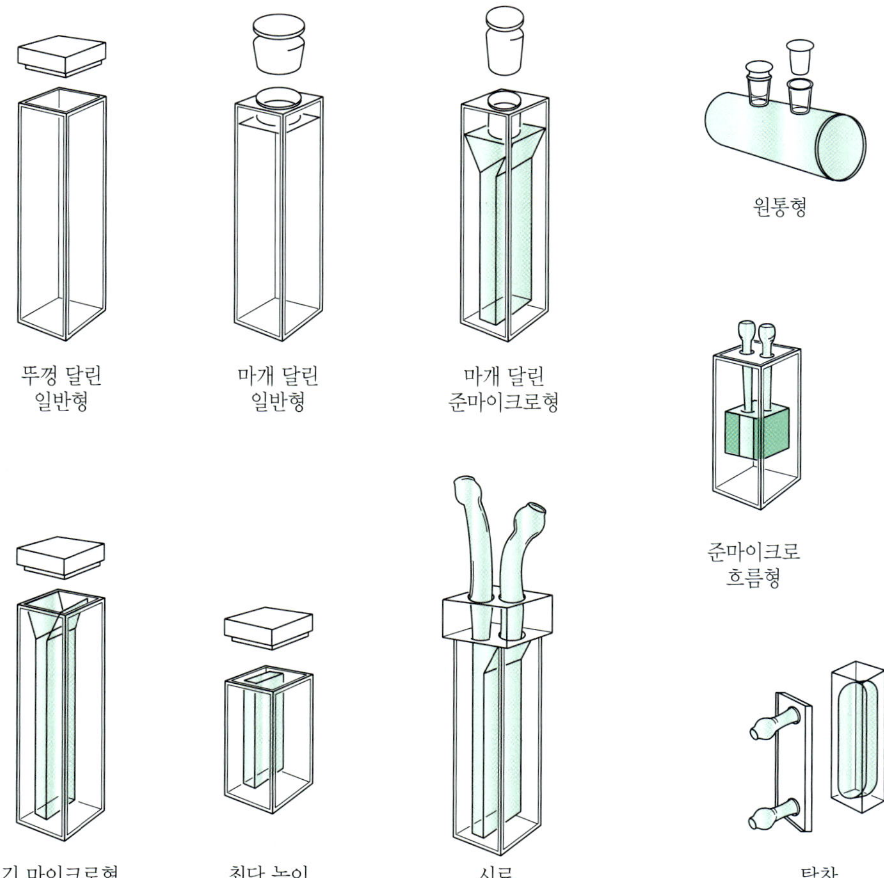


**그림 25-18** 상업적으로 시판되고 있는 자외선/가시선 영역 시료 용기의 예.

## 25B 자외선/가시선 광도계와 분광광도계

그림 25-1에 설명된 광학 부품들을 다양한 방식으로 결합하여 흡광 측정을 위한 두 가지 형태의 기기를 만든다. 완성된 기기를 설명하는 몇 가지 일반적인 용어가 있다. **분광계**(spectrometer)는 복사선의 세기를 전기적 신호로 바꾸어 주는 변환기와 연결된 단색화 장치 혹은 다색화 장치를 사용하는 분광학적 기기를 말한다. **분광광도계**(spectrophotometer)는 흡광도 측정에 필요한 두 빛살의 복사선 세기의 비를 측정할 수 있는 분광계를 말한다[24장 식 (24-6)에서 살펴본 $A = \log P_0/P \approx \log P_{\text{solvent}}/P_{\text{solution}}$ 관계를 참고하시오]. **광도계**(photometer)는 원하는 파장을 선택하기 위한 필터와 적당한 복사선 변환기를 연결하여 사용한다. 분광광도계는 사용하는 파장을 연속적으로 변화시킬 수 있기 때문에 흡수 스펙트럼을 기록할 수 있는 장점을 제공한다. 분광계는 간단하고 튼튼하며 가격이 낮은 장점이 있다. 수십 가지의 분광광도계가 상업적으로 시판되고 있다. 대부분의 분광광도계는 자외선/가시선 영역에서 사용할 수 있으며 때때로 근적외선 영역에서도 사용할 수 있는 반면에 분광계는 대부분 가시선 영역에서 사용한다. 분광계는 크로마토그래피, 전기 이동, 면역분석법 또는 연속 흐름 분석법에서 검출기로서 적합한 용도를 가지고 있다. 분광계와 분광광도계 모두 홑살 및 겹살을 사용하여 만들 수 있다.

### ▸ 25B-1 홑살 기기

**그림 25-19**는 가시선 영역에서 사용할 수 있는 간단하고 저렴한 분광광도계인 Spectronic 20의 모습을 보여주고 있다. 이 기기는 1950년대 중반에 처음 시판되었다가 그림에 보이는 개량된 모델이 아직도 제조되고 있으며 널리 판매되고 있다. 이 기기는 현재 다른 어떤 단일 분광광도계 모델보다 더 많이 전세계적으로 사용되고 있다.

Spectronic 20은 현재 **액정 표시 장치**(liquid-crystal display, LCD)를 사용하여 투광도나 흡광도를 읽을 수 있다. 반면 구형의 아날로그형 모델은 눈금을 사용하여 측정판의 투광도를 읽었다. Spectronic 20은 원통형 시료 용기가 용기 지지대에서 제거될 때마다 광원과 검출기 사이로 자동적으로 내려오는 가로막(vain)으로 구성된 **개폐기**(occluder)가 설치되어 있다. V 모양의 구멍을 빛살의 안쪽 또는 바깥쪽으로 움직여서 출구 슬릿에 도달하는 빛의 양을 조절할 수 있다.

%투광도의 판독을 위해서 시료 용기를 제거함으로써, 개폐기가 빛살을 막아 어떠한 복사선도 검출기에 도달하지 않도록 하여 먼저 디지털 판독 장치가 0이 되도록 한다. 이 과정을 **0% *T* 검정**(0% *T* calibration) 또는 **0% *T* 조정**(0% *T* adjustment)이라고 한다. 바탕 용액(보통 용매)을 포함하는 있는 시료 용기를 시료 용기 지지대에 넣고 빛 조절 조리개를 조정하여 눈금이 100% *T* 표시를 가르치도록 한다. 이 과정은 검출기에 도달하는 빛의 양이 100% *T*가 되게 한다. 이 과정은 **100% *T* 검정**(100% *T* calibration) 또는 **100% *T* 조정**(100% *T* adjustment)이라고 불린다. 마지막으로, 시료가 들어 있는 시료 용기를 용기 지지대에 넣어 주고 %투광도나 흡광도를 LCD 표시 장치로부터 직접 읽어 주면 된다.

> 0% *T*와 100% *T* 조정은 각 투광도나 흡광도 측정 직전에 바로 수행해야 한다. 재현성 있는 투광도 측정을 위해서는 광원의 복사선 세기는 100% *T* 조정이 수행되고 시료의 %*T* 값이 표시되는 기간 동안 일정하게 유지되어야만 한다.

Spectronic 20의 스펙트럼 범위는 400~900 nm이다. 이 기기의 다른 특성들 즉, 스펙트럼 통과 대역(bandpass)은 20 nm이고 파장 정확도는 ±2.5 nm이며 분광학적 정확도는 ±4% *T*이다. 이 기기는 데이터의 저장과 분석을 위해 컴퓨터에 연결할 수

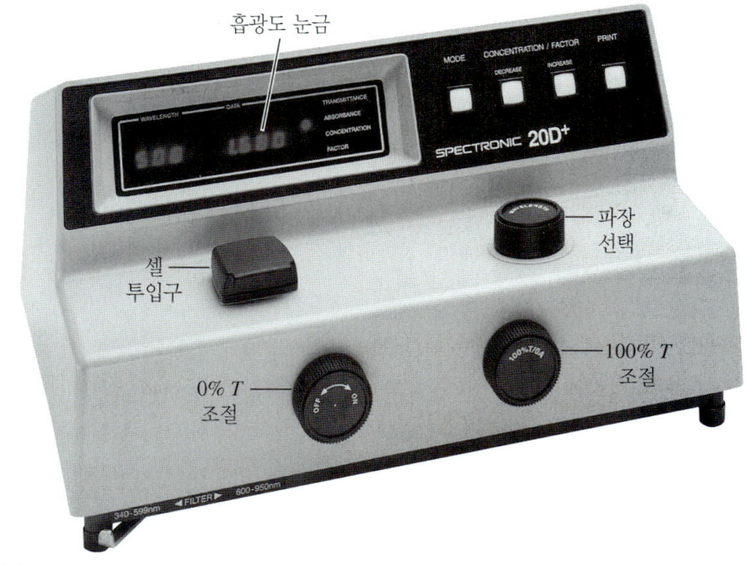


(a)

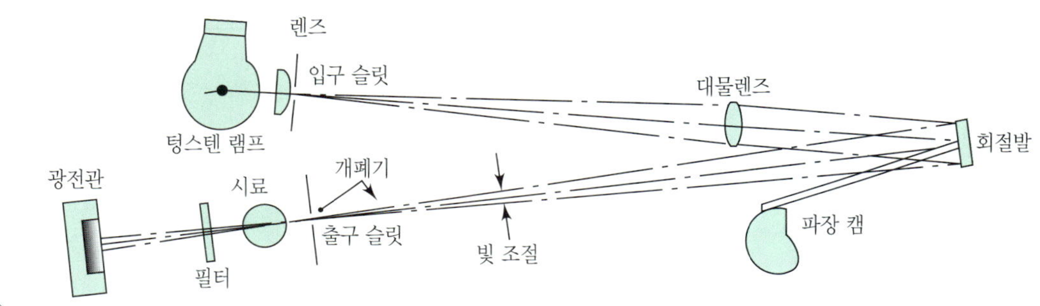


(b)

**그림 25-19.** Spectronic 20 분광광도계의 사진(a)과 광학적 개략도(b). 텅스텐 필라멘트 광원에서 나오는 복사선은 입구 슬릿을 통과하여 단색화 장치로 들어간다. 반사 회절발은 복사선을 회절하고 선택된 파장의 띠는 출구 슬릿을 통과하여 시료 용기로 간다. 고체상 검출기는 빛의 세기를 관련된 전기적 신호로 바꾸어 증폭한 뒤 디지털 판독 장치에 나타낸다. 새로운 기종인 Spectronic 200은 이와 역으로 된 광학 경로를 가지고 있다(미국 위스콘주 메디슨 시 소재 Thermo Fisher Scientific Inc. 제공).

있는 선택 기능을 가지고 있다. 최근 기종인 Specronic 200의 경우 $< 4$ nm의 통과 대역을 가지고 있고 스펙트럼을 훑어 읽을 수 있는 기능(즉, scan 기능)도 가지고 있다.

앞서 다룬 이런 종류의 홑살 분광광도계는 단일 파장에서 정량 분석을 위한 흡광도 측정에 안성맞춤이다. 단순한 기기 구성과 낮은 가격 및 유지관리의 편이성은 이들 기기의 큰 장점이다. 몇몇 기기 제조사들은 단일 파장 형태의 홑살 분광광도계와 광도계를 시판하고 있다. 이들 기기의 가격대는 천에서 수천 달러 범위이다. 또한, 25B-3절에서 논의하였듯이 배열형 검출기가 부착된 기본적인 홑살, 다채널 기기도 널리 쓰이고 있다.

## ▸ 25B-2 겹살 기기

최신 광도계와 분광광도계는 겹살로 설계되어 있다. **그림 25-20**은 홑살 설계 (a)와 겹살 설계 (b, c)를 비교하여 보여주고 있다. **그림 25-20b**는 두 개의 빛살이 **빛살 분할기**(beam-splitter)라 불리는 V자 모양의 거울에 의해 생기는 공간형 겹살 기기를 보여주고 있다. 첫 번째 빛살은 기준 용액을 통과하여 광검출기 1로 가고 동시에 두

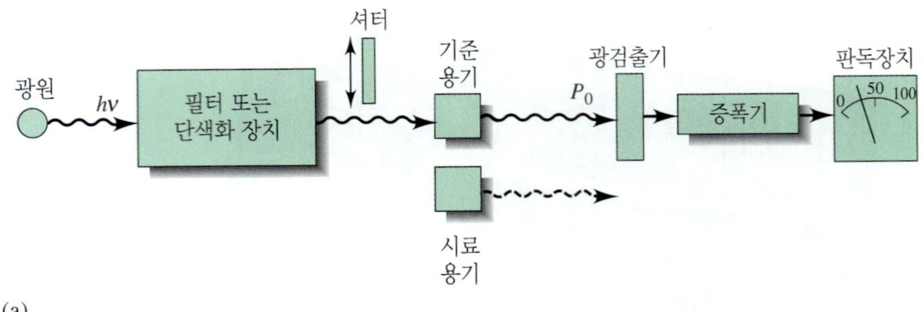


(a)

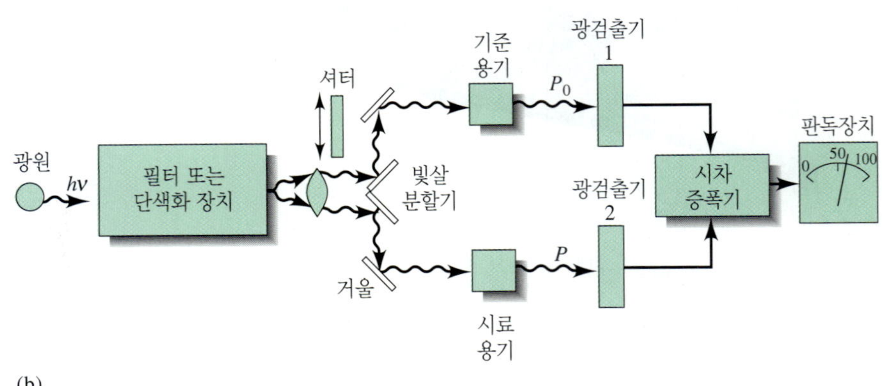


(b)

**그림 25-20** 자외선/가시선 광도계 혹은 분광광도계의 기기 설계. (a)는 홑살 기기이다. 필터 혹은 단색화 장치에서 오는 복사선은 광검출기에 다다르기 전에 기준 용액 또는 시료 용액을 통과한다. (b)는 공간형 겹살 기기이다. 이 기기에서 필터 혹은 단색화 장치에서 오는 복사선은 두 개의 빛살로 나뉘어져서 두 개의 광검출기에 다다르기 전에 기준 용액과 시료 용액을 동시에 통과한다. 시간형 겹살 기기 (c)에서 빛살은 광검출기에 다다르기 전에 교대로 기준 용액과 시료 용기로 보내진다. 단지 수 밀리초의 시간차를 가지고 두 개의 빛살은 기준과 시료 용기를 통과한다.

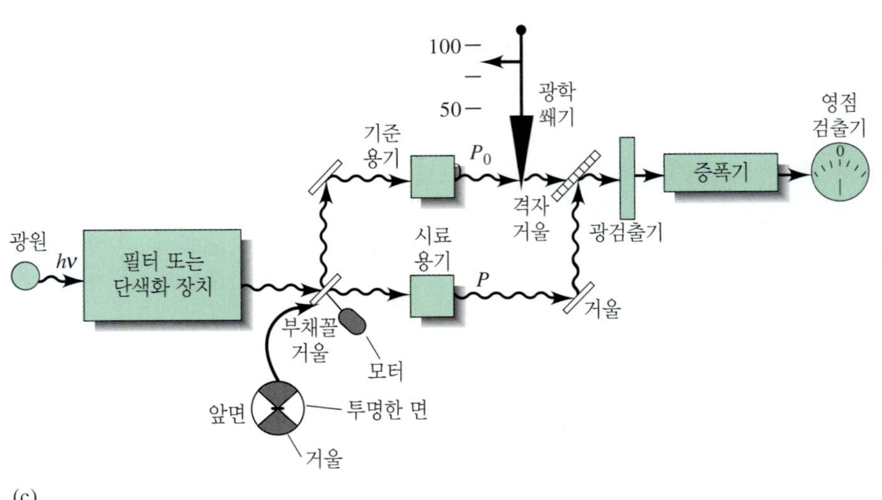


(c)

번째 빛살은 시료 용액을 통과한 뒤, 짝이 되는 광검출기 2로 간다. 두 출력을 증폭하여 두 값의 비 혹은 두 값의 비의 로그값을 전자적으로 얻거나 계산한 뒤 출력 장치에 나타낸다.

**그림 25-20c**는 시간형 겹살 분광광도계를 보여 주고 있다. 여기서 빛살은 회전하고 있는 부채꼴형 거울에 의해 시간적으로 나누어지는데, 처음에 들어온 빛살 전부가 한번은 기준 용기로 다음번은 시료 용기를 통과하도록 설계되어 있다. 복사선 펄스(pulse)들은 기준 용액을 통과한 빛살은 통과시키고, 시료 용액을 통과한 빛살은 반사시켜서 검출기로 보내는 격자거울에 의해 다시 합쳐진다. 공간형 겹살 방식보다 시간형 겹살 방식을 선호하는 데, 공간형 겹살 방식에 사용되는 두 개의 검출기를 같은 감도 등을 가지도록 똑같이 맞추는 것이 어렵기 때문이다.

겹살 기기는 광원의 복사선 출력의 단기적 변동을 제외한 다른 모든 변동을 상쇄시킬 수 있는 장점을 가지고 있다. 이들 기기는 또한 파장 변화에 따른 광원 세기의 폭넓은 변화를 상쇄시킬 수 있다. 더욱이, 겹살 설계는 흡수 스펙트럼을 연속적으로 기록하기에 매우 적합하다.

### ▸ 25B-3 다채널 기기

25A-4절에서 논의된 바와 같이 광다이오드 배열 장치와 전하 전이 장치는 자외선/가시선 흡수법을 위한 다채널 기기의 기초 장치이다. 이들 기기는 **그림 25-21**에 보는 바와 같이 홑살 설계로 되어 있다. 다채널 기기에서 분산형 장치는 시료나 기준 용기 뒤에 놓여 있는 회절발 분광사진기이다. 광다이오드 배열이나 CCD 배열 장치가 이 분광사진기의 초점면에 놓여 있다. 이들 검출기를 이용하면 1초 안에 모든 스펙트럼을 측정하는 것이 가능하다. 스펙트럼을 얻기 위해서 컴퓨터가 필요하다. 홑살 설계에서 측정된 배열 검출기의 암전류는 컴퓨터의 기억장치에 저장하여 둔다. 그 다음 광원의 스펙트럼을 얻어 암전류를 빼준 뒤 저장한다. 마지막으로 시료의 원(raw) 스펙트럼을 얻고 거기에서 암전류를 빼준 뒤에 각 파장에서의 시료의 스펙트럼 값을 동일한 파장에서의 광원의 스펙트럼 값으로 나누어 주면 시료의 흡수 스펙트럼을 얻을 수 있다. 다채널 기기는 또한 시간형 겹살 분광광도계와 같은 방식으로 구성할 수도 있다.

그림 25-21에 보이는 분광광도계는 대부분의 개인용 컴퓨터로 제어될 수 있다. 컴퓨터를 제외하고 대략 미화 10,000달러 정도면 이들 기기를 구입할 수 있다. 몇몇 기기 회사는 빛을 시료가 있는 장소로 보내고 받을 수 있는 광섬유 탐침(fiber optic probe)에 배열형 검출기를 결합하기도 한다. 이런 장비를 이용하면 분광광도계와 떨어져 있는 편리한 장소에서 측정할 수 있게 해준다.

## 25C 적외선 분광광도계

적외선 분광법에는 분산형과 Fourier 변환형의 두 가지 형태의 분광계가 사용되고 있다.

### ▸ 25C-1 분산형 적외선 기기

구형 IR 기기는 대부분 분산형 겹살로 설계되어 있다. 이들 기기는 단색화 장치에 대하여 시료 용기 칸의 위치가 뒤바뀌었다는 점을 제외하곤 그림 25-20C에 나타낸 시간형 겹살 구조를 가지고 있다. 대부분의 자외선/가시선 분광광도계에서 시료 용

**그림 25-21** 회절발 분광사진기와 광다이오드 배열 검출기를 갖춘 다채널 분광광도계의 개략도.

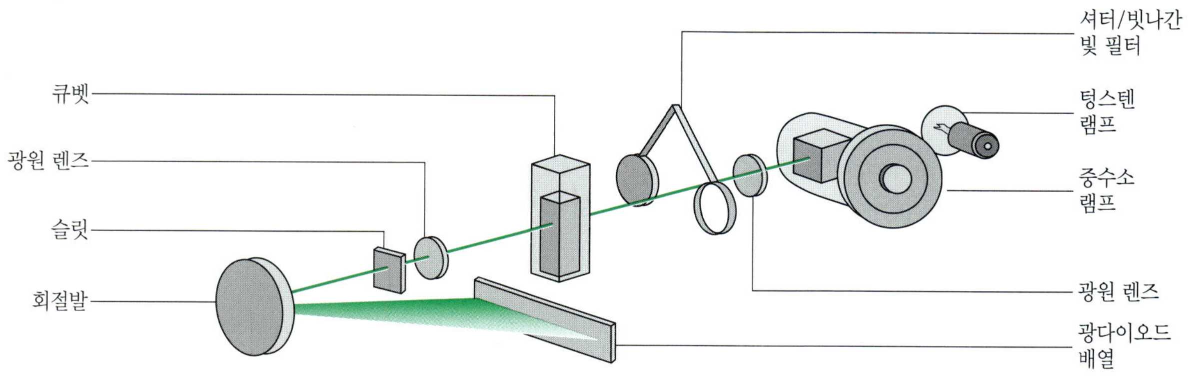

Science Photo Library/Photo Researchers, Inc.

Albert Abraham Michelson (1852~1931)은 시대를 통틀어 가장 천재적이며 창조적인 실험 과학자 중의 한 사람이다. 그는 미국 해군사관학교를 졸업하고 시카고 대학의 물리학과 교수가 되었다. 그는 빛의 특성을 연구하였고 우주를 현대적인 관점에서 바라보는데 필요한 기초를 세우는 몇 가지 실험을 수행하였다. 그는 특집 25-7에 설명하고 있는 간섭계를 발명하여 빛의 속도에 대한 지구 운동의 영향을 측정하였다. 그의 많은 발명과 빛의 연구를 위한 이들의 응용에 대한 공로로 그는 1907년에 노벨 물리학상을 수상하였다. 사망 무렵에 Michelson은 그의 동료들과 함께 지금의 캘리포니아주 어바인시에 위치하고 있는 1 mile 길이의 진공관에서 빛의 속도를 측정하고자 하였다.

기는 시료가 전체 세기의 광원에 노출될 때 일어날 수 있는 시료의 광분해를 방지하기 위해 단색화 장치와 검출기 사이에 보통 위치한다. 광다이오드 배열 검출기를 갖춘 분광광도계의 경우에는 시료가 빛살에 노출되는 시간이 짧기 때문에 이러한 문제를 피할 수 있다는 사실에 유의하시오. 자외선/가시선과는 달리 적외선 복사선은 광분해를 일으킬 만큼 충분한 에너지를 가지고 있지 않다. 또한, 대부분의 시료는 IR 복사선에 대해 좋은 방사체이기 때문에 IR 분광광도계에서 시료 용기 칸은 일반적으로 광원과 단색화 장치 사이에 위치한다.

이 절의 앞 부분에서 설명했듯이 IR 분광광도계의 기기 구성은 자외선/가시선 기기와는 상당히 다르다. IR 광원은 가열된 고체이고 IR 검출기는 광자보다는 열에 감응한다. 더욱이 IR 기기의 광학부품은 염화소듐이나 브로민화포타슘과 같은 광택 연마된 고체염으로 만들어진다.

## ▸ 25C-2 Fourier 변환형 적외선 기기

1970년대 초에 처음 시판되었을 때 Fourier 변환형 IR (FTIR) 분광광도계는 덩치가 크고 고가이며(미화 100,000달러 이상) 수시로 기기 보정을 필요로 하였다. 이런 이유로 인해 FTIR의 특성들 즉, 빠른 속도, 높은 분해능, 높은 감도 및 굉장히 좋은 파장 정밀도와 정확도를 반드시 필요로 하는 특별한 응용 분야에만 FTIR이 사용되는 등 그 사용이 제한적이었다. 그러나 1990년대 이후 FTIR 분광광도계는 탁상용 크기로 줄어들었고 신뢰성이 매우 높아졌으며 유지 보수가 쉬워졌다. 더욱이 간단한 FTIR 모델의 가격은 분산형 분광광도계와 비슷해졌다. 따라서 대부분의 실험실에서 FTIR 분광광도계는 분산형 기기를 대체해 가고 있다.

Fourier 변환형 IR 기기는 분산 장치를 가지고 있지 않으며 모든 파장을 동시에 검출하고 측정한다. 단색화 장치 대신에 간섭계를 사용하여 적외선의 분광학적 정보를 담고 있는 간섭무늬를 얻는다. 분산형 기기에서 사용하는 것과 같은 종류의 광원이 FTIR 분광광계에도 사용된다. 전형적인 변환기는 triglycine sulfate와 같은 열전기 검출기나 혹은 MCT 광전도 검출기를 사용한다. 파장 함수에 따른 복사선의 세기를 얻기 위해서 간섭계는 Fourier 변환이라고 하는 수학적 기술에 의해 해독할 수 있는 방식으로 광원 신호를 변조한다. Fourier 변환 계산을 위해서는 매우 빠른 컴퓨터를 필요로 한다. Fourier 변환을 이용한 측정법에 대한 이론적인 부분은 특집 25-7에 기술되어 있다.[12]

Fourier 변환 분광계는 항상 모든 IR 파장을 한꺼번에 검출한다. FTIR은 분산형 기기보다 빛을 모으는 능력이 더 뛰어나므로 결과적으로 보다 높은 정밀도를 가지고 있다. 비록 Fourier 변환은 복잡하고 많은 계산을 필요로 하지만, 이 계산은 현재 매우 빠른 개인용 컴퓨터와 적당한 소프트웨어를 이용하여 쉽게 수행할 수 있게 되었다.

대부분의 탁상용 FTIR 분광계는 홑살 형태이다. 시료의 스펙트럼을 얻기 위해서, 바탕(용매, 주위의 수분과 이산화 탄소)으로부터 얻은 간섭그림을 Fourier 변환을 통해 변환시켜서 바탕 스펙트럼을 우선 얻어야 한다. 그 다음 시료 스펙트럼을 얻는다. 바탕 스펙트럼에 대한 시료 스펙트럼의 비를 계산하여 파장 혹은 파수에 대한 흡광도 또는 투광도 도표를 그린다. 종종 탁상형 기기는 수증기나 이산화 탄소에 의한 바탕 흡수를 줄이기 위해, 비활성 기체나 이산화 탄소가 없는 건조한 공기를 시료가 놓이는 칸으로 흘려(purge) 준다.

분산형 분광계에 비해 FTIR 기기가 가지는 가장 큰 장점은 더 빠른 측정 속도와 감도, 빛을 모으는 보다 좋은 능력, 보다 정확한 파장의 검정, 더 간단한 기계적 설계 및 떠돌이 빛과 IR 방출에서 오는 많은 문제를 실질적으로 제거할 수 있다는 것이다.

---

[12]다음 자료를 참고하시오. J. D. Ingle, Jr, S. R. Crouch, *Spectrochemical Analysis*, Englewood Cliffs, NJ: Prentice-Hall, 1988; D. A. Skoog, F. J. Hollers, and S. R. Crouch, *Principles of Instrumental Analysis*, 6th ed., Belmont, CA: Brooks/Cole, 2007.

## 특집 25-7

### Fourier 변환 적외선(FTIR) 분광계는 어떻게 작동하는가?

Fourier 변환 적외선(FTIR) 분광계는 **Michelson 간섭계**(Michelson interferometer)라 불리는 정교한 장치를 이용한다. 이 장치는 수십 년 전에 A. A. Michelson에 의해 개발되었는데, 이를 이용하여 전자기 복사선의 파장을 정밀하게 측정할 수 있으며 놀라울 정도로 정확하게 거리를 측정할 수 있다. 간섭계의 원리는 화학, 물리, 천문학과 계측학을 포함한 많은 과학 분야에서 이용되고 있고 또한 전자기 스펙트럼의 많은 영역에 적용이 가능하다.

Michelson 간섭계의 개략도가 **그림 25F-6**에 나와 있다. 이 장치는 개략도 왼쪽에 보이는 평행화된 광원, 위쪽에 있는 고정 거울, 오른쪽에 있는 이동 거울 및 빛살 분할기와 검출기 등으로 구성되어 있다. FTIR 분광학에서 광원은 주로 연속 광원을 쓰거나 거리 측정 등과 같은 다른 용도를 위해서 레이저나 소듐 아크 램프와 같은 단색 광원을 쓰기도 한다. 거울은 정밀하게 광택 연마를 한 매우 평평한 유리 표면을 증기 증착 방식을 통해 그 유리 표면을 반사 코팅으로 입혀서 만든다. 이동 거울은 보통 매우 정밀한 선형 베어링 위에 올려 놓아서 빛살 방향과 같은 방향으로 움직일 수 있도록 한다. 개략도에 보이는 것처럼 움직이는 동안 거울의 반사면은 빛의 진행 방향과 수직을 유지하여야 한다.

간섭계 작동의 핵심 부분은 *빛살 분할기*로서 이는 상점이나 경찰 조사실에서 종종 볼 수 있는 '양방향' 거울과 비슷한 것으로 은으로 부분 코팅된 것이다. 이 빛살 분할기를 사용하여 이곳에 도달한 빛의 일부는 통과시키고 나머지는 반사시킨다. 이 장치는 양쪽 방향에서 똑같은 방식으로 작동한다. 즉, 이 빛살 분할기의 양쪽 방향에서 도달하는 빛은 도달하는 방향을 기준으로 일부는 통과시키고 일부는 반사시킨다.

간단한 설명을 위해 아르곤 이온 레이저의 청색선을 광원으로 이용한다고 하자. 광원에서 오는 빛살 $A$는 이 입사 빛살에 대해 45° 기울어져 있는 빛살 분할기에 도달한다. 빛살 분할기의 오른쪽 면은 코팅 처리되어 있기 때문에, 빛살 $A$는 유리로 들어간 뒤 이 코팅면 뒷부분에서 부분적으로 반사된다. 반사된 빛살은 빛살 분할기에서 나와 빛살 $A'$가 되어 고정 거울쪽으로 올라갔다가 그 곳에서 반사되어 빛살 분할기 쪽으로 다시 이동한다. 이 빛살의 일부는 빛살분할기를 통과하여 검출기로 향한다. 비록 고정거울과 빛살 분

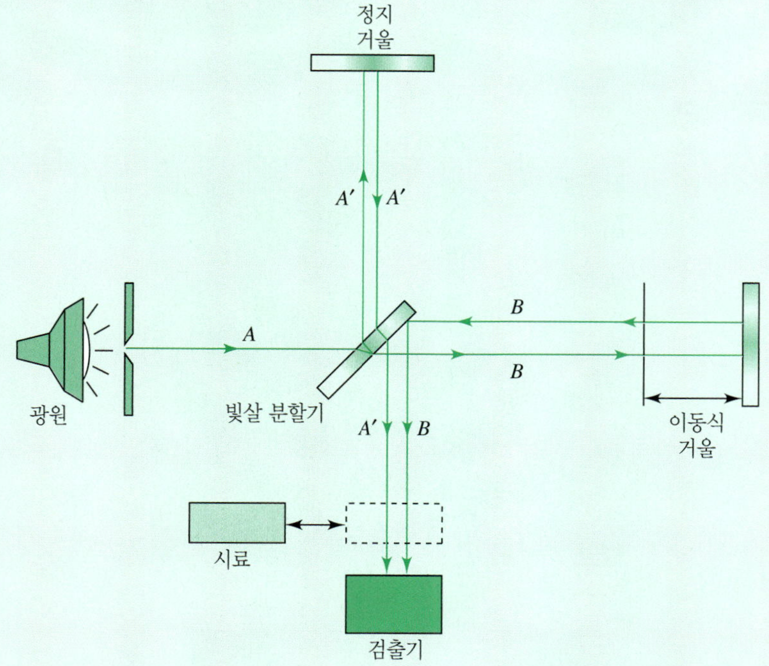


**그림 25F-6** Michelson 간섭계의 개략도. 왼쪽의 광원으로부터 오는 빛살은 빛살 분할기에 의해 두 개의 빛살로 나누어진다. 두 빛살은 두 개의 분리된 경로를 지나 검출기에서 합쳐진다. 두 개의 빛살 $A'$과 $B$는 같은 공간 영역에서 합쳐져서 간섭무늬(interference pattern)를 형성한다. 오른쪽에 있는 이동 거울이 움직임에 따라, 검출기에서의 간섭무늬는 변하고 따라서 광학 신호의 변조가 일어난다. 결과적으로 기준 간섭그림이 기록되고 이는 모든 파장에서 입사 빛살의 세기를 측정하는 데 사용된다. 그 다음 시료를 빛살 사이로 넣어 주어 시료의 간섭그림를 얻는다. 이 두 개의 간섭그림를 사용하여 시료의 흡수 스펙트럼을 계산한다.

할기에서의 상호 작용으로 인해 빛살의 세기는 줄어들게 되지만, 결국 입사 빛살 *A*의 일부분(즉, 빛살 *A′*)은 검출기에 도달하게 된다.

입사 빛살 *A*가 빛살 분할기와 처음 상호 작용을 할 때, 빛살 *A*의 일부분은 빛살 분할기를 통과하여 오른쪽에 있는 이동 거울을 향하는 빛살 *B*가 된다. 빛살 *B*는 이동 거울에서 반사되어 빛살 분할기 쪽으로 다시 이동하고 이곳에서 반사된 일부분은 검출기로 향한다. 거울의 위치를 잘 정렬하면, 빛살 *A′*와 빛살 *B*는(그림에서 명확하게 보이기 위해 분리하여 보여주고 있지만 빛살 분할기를 지나 검출기에 이를 때까지) 동일한 경로를 따라 움직이다가 검출기의 동일한 지점으로 도달하게 된다.

간섭계 광학의 궁극적인 목적은 입사 빛살을 나누어 분리된 경로의 공간을 따라 움직이다가 검출기에서 다시 합치는 것이다. 검출기의 동일한 지점에서 만나는 두 빛살(혹은 파동면)은 서로 상호 작용을 하여 간섭 무늬(interference pattern)를 형성한다. 이런 간섭 무늬가 생기는 유래를 두 개 구형 파동면의 상호 작용의 2차원적인 표현으로 **그림 25F-7**에 나타내었다. 빛살 *A′*와 빛살 *B*는 그림 상단에 표현된 두 개의 점광원으로 합쳐져 상호 작용을 한다. 두 빛살이 간섭할 때, 그림에 표현된 것과 비슷한 무늬를 형성한다. 보강 간섭이 일어나는 지역은 밝은 띠로 나타나고 상쇄 간섭이 일어나는 지역은 어두운 띠를 형성한다. 교대로 나타나는 밝은 띠와 어두운 띠를 **간섭 문양**(interference fringe)이

**그림 25F-7** 같은 진동수를 가지는 두 개의 단색 파동면의 간섭에 대한 2차원 표현. 상단에 있는 빛살 *A′*과 빛살 *B*는 보강과 상쇄 간섭을 하여 중앙에 있는 간섭 무늬를 형성한다. 하단에 보이는 영상은 2차원 간섭 무늬면에 대해 수직 방향으로 위치하고 있는 Michelson 간섭계의 출력 단자에서 나타난다.

라고 부른다. 이들 문양은 그림 하단에 보이는 출력 영상으로 검출기에 나타난다. Michelson 간섭계의 초기 형태에서 검출기는 사람의 눈으로 망원경의 도움을 받아 문양의 수를 세거나 측정하였다.

이동 거울이 일정한 속도로 왼쪽으로 움직일 때, 빛살 $B$의 경로가 점진적으로 짧아지므로 간섭 무늬도 점진적으로 검출기를 지나서 형성하게 된다. 간섭 무늬의 형성은 같은 방식으로 이루어지지만, 보강과 간섭 무늬가 나타나는 지점은 빛살 $B$의 광로가 변함에 생기는(빛살 $A'$와 빛살 $B$의) 경로차가 변함에 따라 이동하게 된다. 예를 들어, 레이저 광원의 파장이 $\lambda$이고 이동 거울의 위치를 $\lambda/4$만큼 움직이면, 두 빛살의 경로차는 $\lambda/2$가 되어 처음에 보강 간섭이 나타나던 지역에 상쇄 간섭 문양이 나타나게 된다. 만약 이동 거울의 위치를 다시 $\lambda/4$만큼 또 움직이면, 두 빛살의 경로차가 방금 전에 비해 $\lambda/2$만큼 변하게 되므로, 다시 보강 간섭으로 돌아간다. 이동 거울의 움직임에 따라 공간상에서 두 파동면의 상대적인 위치가 변하게 되어 그림 25F-8a에 보이는 것처럼 번갈아 나타나는 밝은 면과 어두운 면들이 검출기를 따라 지나가게 된다. 이 연속적인 문양의 변화는 결국 검출기에서 그림 25F-8b에 보이는 것처럼 사인 함수를 가지는 세기 변화로 나타나게 된다. 이런 방식에 의해 생기는 시간에 따른 빛의 세기 변화를 **간섭그림**(interferogram)라고 한다. 일정하고 균일한 이동 거울의 움직임의 알짜 효과는 간섭계의 출력단자에서 빛의 세기를 그림에 보인 바와 같이 정밀하게 조절하는 방식을 통해 **변조**(modulated) 혹은 체계적으로 변화시킨다는 것이다. 실제로 간섭계의 이동 거울을 일정하고 정밀하게 조절된 속도로 움직이는 것이 그리 쉬운 일이 아닌 것으로 밝혀졌다. 두 번째 간섭계를 평행하게 설치하여 이동 거울의 움직임을 보다 쉽고 정밀하게 조절하는 방식이 알려져 있다.[13] 이 방식은 단순히 이동 거울의 움직임을 측정하거나 관측하여 균일하지 못한 움직임을 계산을 통해 보정할 수 있다고 가정하는 것이다.

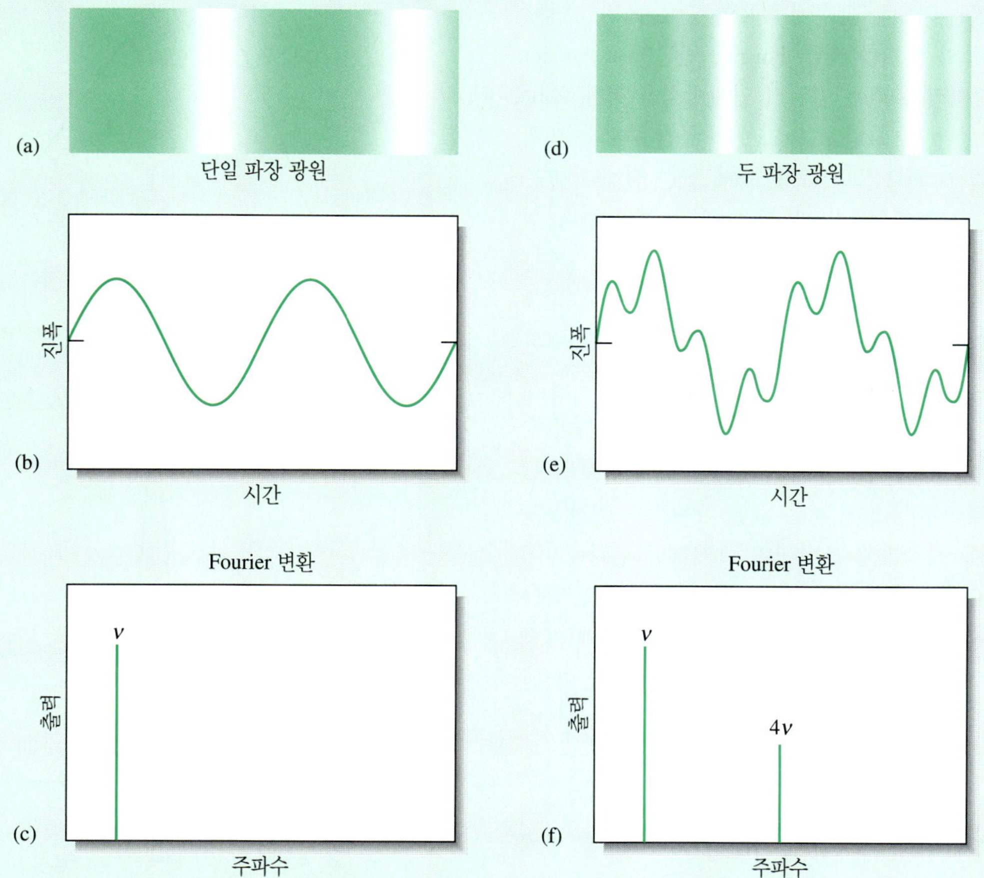


**그림 25F-8** Michelson 간섭계의 출력 단자에 형성된 간섭그림. (a) 단일파장 광원으로부터 형성된 간섭그림. (b) (a)에서 형성된 문양에 의해 검출기에서 사인 함수적으로 변하는 신호. (c) (b)의 신호를 Fourier 변환을 통해 변환시킨 단파장 광원의 주파수 스펙트럼. (d) 2색 광원으로부터 형성되어 간섭계의 출력 단자에 나타나는 간섭 무늬. (e) (d)의 간섭 무늬에 의해 검출기에 나타나는 복잡한 신호. (f) 2색 광원의 주파수 스펙트럼.

*(계속)*

[13]다음 자료를 참고하시오. D. A. Skoog, F. J. Hollers, and S. R. Crouch, *Principles of Instrumental Analysis*, 6th ed., Chs. 5 and 16, p. 440, Belmont, CA: Brooks/Cole, 2007.

이동 거울을 일정한 속도로 움직일 때 Michelson 간섭계가 단색광원의 세기를 검출기에서 사인 함수적으로 변화시킬 수 있음을 알았다. 다음은 이렇게 기록한 신호에 어떤 일이 일어나는지를 알아야 한다. 비록 Michelson 간섭계의 작동 특성이 지난 1세기 동안 잘 알려져 있었고 데이터를 다룰 수 있는 수학적 장치가 지난 2세기 동안 있었음에도 불구하고, 이 장치는 다음 두 가지 발전이 이루어지기 전까지는 분광학에서 일상적으로 이용될 수 없었다. 첫 번째, 매우 빠르고 저렴한 컴퓨터가 있어야 했다. 두 번째는 일상적인 계산보다 훨씬 많은 연산을 수행할 수 있는 적당한 계산 방법이 개발되어 간섭계 실험에서 발생하는 원(raw) 데이터에 적용할 수 있어야만 했다. 간단하게 말해서 Fourier 변조와 분석의 원리는 어떠한 파동도 일련의 사인 함수 형태의 파동으로 표현될 수 있으며, 반대로 어떠한 사인 함수의 조합도 주파수를 아는 일련의 사인파 신호로 바꿀 수 있다는 것이다. 이 생각은 Michelson 간섭계의 출력단자에서 감지된, 그림 25F-8b에 보여주고 있는 사인파 함수에 적용할 수 있다.

만약 그림에서의 신호를 빠른 Fourier 변환(fast Fourier transform, FFT)이라 불리는 컴퓨터 연산방식을 통해 Fourier 분석을 수행한다면, **그림 25F-8c**에 표현된 주파수 스펙트럼을 얻을 수 있게 된다. 그림 25F-8b에 있는 원래 파동은 시간에 의존하는 신호이고 FFF 변환을 통해 얻은 출력 신호는 주파수에 의존하는 신호임을 주목하시오. 다시 말해, FFT는 **시간 영역**(time domain)의 진폭 신호를 받아서 그 신호를 **주파수 영역**(frequency domain)의 세기 신호로 변환한다. 간섭계의 출력은 단파장의 사인파 이므로, 주파수 스펙트럼은 원래 사인파의 주파수 $\upsilon$를 가지는 하나의 주파수만 보여주고 있다. 이 주파수는 레이저 광원에서 방출된 광학 주파수와 비례하지만 훨씬 낮은 값을 가지므로 전자공학적인 방법을 통해 측정하고 조작하여 주어야만 한다. 이제 간섭계를 조절하여 두 번째 사인파를 출력 단자에서 얻을 수 있다. 이를 얻을 수 있는 한 방법은 간단히 두 번째 파장의 광원을 첨가하는 것이다. 실험적으로 간섭계의 입력 단자에서 두 번째 레이저나 또 다른 단색 광원을 첨가하는 방식으로 두 파장을 가진 빛살을 얻을 수 있다.

예를 들어, 두 번째 파장의 길이는 첫 번째 파장의 1/4로 즉, 두 번째 파장의 주파수를 $4\upsilon$로 가정하자. 또한, 두 번째 광원의 세기는 원래 광원의 세기에 1/2이라고 하자. 이 결과 간섭계의 출력 단자에 나타나는 신호는 **그림 25F-8d**에 나타낸 단파장의 예보다 좀 더 복잡한 문양을 보이게 된다. 검출기 신호는 **그림 25F-8e**에 보이는 것처럼 두 개 사인파의 합으로 나타나게 된다. FFT를 복잡한 사인파 신호에 적용하여 **그림 25F-8f**의 주파수 스펙트럼을 만들 수 있다. 이 스펙트럼은 $\upsilon$와 $4\upsilon$에서 두 개의 파장을 보여주고 두 주파수의 상대적인 크기는 원래 신호를 구성하고 있는 두 사인파의 진폭에 비례한다. 두 주파수는 간섭계 광원의 두 파장에 해당되며 FFT는 두 파장에서의 광원의 세기를 나타낸다.

Michelson 간섭계가 실제 실험에서 어떻게 이용되는지를 보이기 위해, 많은 수의 파장을 포함하고 있는 연속 적외선 광원(**그림 25F-9a**)을 간섭계에 사용하였다. 이동 거울이 정해진 경로를 따라 움직임에 따라 모든 파장이 동시에 변조되어 **그림 25F-9b**에 보이는 매우 흥미로운 간섭그림가 만들어진다. 이 간섭그림은 우리가 분광학 실험에서 필요로 하는 모든 것 즉, 광원을 구성하는 모든 파장의 세기를 포함하고 있다.

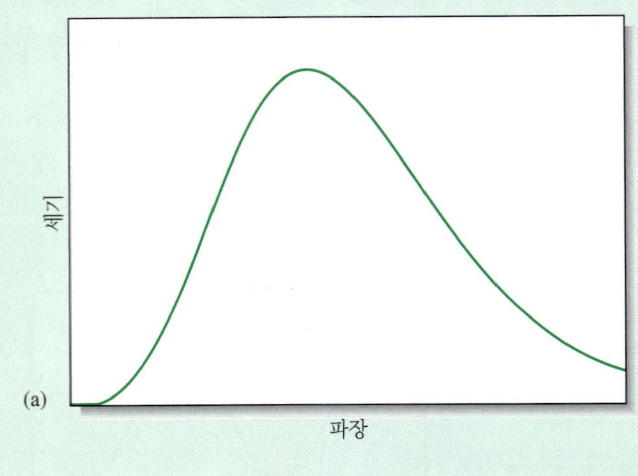


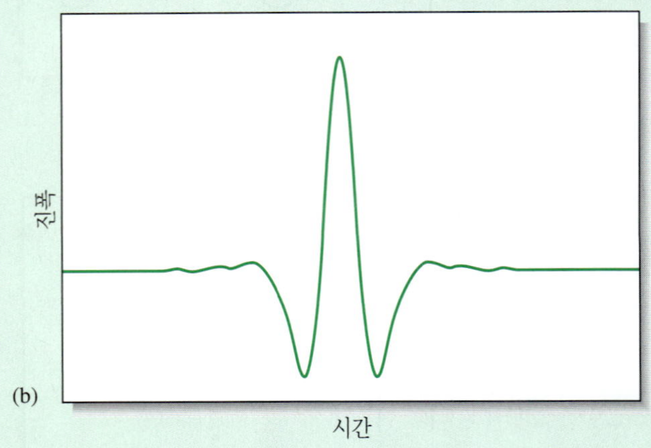


**그림 25F-9** (a) 연속 광원의 스펙트럼. (b) Michelson 간섭계의 출력 단자에서 생기는 (a) 광원의 간섭그림.

바로 앞 절에서 제시한 바와 같이, 간섭계를 이용하여 빛의 세기 정보를 얻는 방법은 주사형 분광계를 이용하는 방법에

*(계속)*

비해 몇 가지 이점을 가지고 있다.[14] 첫 번째는 빠르다는 장점이 있다. 이동 거울은 초 단위로 움직일 수 있으며, 검출기에 부착된 컴퓨터는 거울이 움직이는 동안 필요한 모든 정보를 수집할 수 있다. 그 다음 수 초 안에 컴퓨터는 FFT를 수행하여 모든 세기 정보를 포함하는 주파수 스펙트럼을 생성할 수 있다. 다음은 **Fellgett's 장점**(Fellgett's advantage)으로 Michelson 간섭계는 비슷한 수준의 분산형 분광계에 비해 더 짧은 시간 안에 더 높은 신호 대 잡음비를 가지는 신호를 생산할 수 있다는 것이다. 마지막으로, 작업처리량 혹은 **Jacquinot's 장점**(Jacquinot's advantage)이 있는데, 이는 표준 분산형 분광계에 비교하여 시료를 통과하는 복사선의 크기가 10~200배 많다는 것이다. 이들 장점은 종종 FTIR 분광계에 사용되는 더 낮은 감도의 검출기로 인해 상쇄되곤 한다. 이럴 경우, 측정 과정의 신속성과 FTIR 분광계의 단순성과 신뢰성이 우선적인 고려 대상이 될 수 있다. 이와 관련된 내용이 26장에서 좀 더 논의될 것이다.

FTIR 분광계에 대한 지금까지의 설명에서 Michelson 분광계가 어떻게 파장 함수에 따른 광원의 세기 정보를 제공할 수 있는지를 살펴보았다. 시료의 IR 스펙트럼을 얻기 위해서는 그림 25F-6에서 보인 대로 광로에 시료가 없는 상태에서 우선 광원의 기준 간섭그림을 얻어야 한다. 그 후 이 그림에 화살표와 점선 상자로 표시된 것처럼 시료를 광로에 넣고, 다시 한번 이동 거울을 움직이면서 두 번째 간섭그림를 얻는다. FTIR 분광법에서 시료는 적외선 복사선을 흡수하고, 이는 간섭그림의 빛살의 세기를 감소시킨다. 이때 두 번째 시료 간섭그림와 기준 간섭그림 사이의 차는 계산된다. 이 간섭그림의 차는 오직 시료에 의한 복사선 흡수에만 의존하므로, FFT로 이 결과에 대한 변환을 수행하여 시료의 IR 스펙트럼을 얻게 되는 것이다. 26장에서 이러한 변환 과정을 거치는 특정 예에 대해 논의할 것이다. 마지막으로 주목해야 할 점은 FFT 변환 과정은 적당한 소프트웨어가 깔린 가장 기본적인 개인용 컴퓨터를 사용하여 이루어질 수 있다는 점이다. Mathcad, Mathmatica, Matlab과 Micrsoft® 사의 Excel 프로그램 Data Analysis Toolpack에 이르기까지 많은 소프트웨어가 Fourier 해석 기능을 가지고 있다. 이 도구들은 넓은 범위의 신호 처리 작업을 위해서 과학이나 공학 분야에서 널리 사용되고 있다.[15]

검색 엔진을 사용하여 단색화 장치를 제조하는 회사를 찾아보시오. 몇 군데 회사의 웹사이트를 검색하여 0.1 nm보다 좋은 분해능을 가지는 Czerny-Turner 설계를 가지는 자외선/가시선 단색화 장치를 찾아보시오. 단색화 장치에 대한 다른 몇 가지 중요한 규격을 나열하고 각 규격의 의미와 그들이 어떻게 분광학적인 분석 측정의 질에 영향을 미치는지 설명하시오. 이들 규격에서 가능하다면 가격에 이르는 정보로부터 단색화 장치의 가격에 영향을 미치는 가장 중요한 요인은 무엇인지 결정해 보시오.

## 연습 문제

**25-1.** 다음에서 각각 짝지어진 용어 사이의 차이를 설명하고 짝지어진 다른 것에 비해 어느 하나가 가지는 특정 장점에 대해 기술하시오.

*(a) 전자기 복사선에 대한 검출기로서 고체상 광다이오드와 광전관

(b) 광전관과 광전자 증배관

*(c) 파장 선택기로서 필터와 단색화 장치

(d) 일반적인 분광광도계와 다이오드 배열 분광광도계

**25-2.** *단색화 장치의 유효 띠너비*라는 용어를 정의하시오.

***25-3.** 정성 분석과 정량 분석이 종종 단색화 장치의 슬릿 너비를 다르게 필요로 하는 이유는 무엇인가?

**25-4.** 광전자 증배관은 왜 적외선 복사선의 검출에는 적합하지 않은가?

***25-5.** 텅스텐 램프 속에 아이오딘을 종종 넣어주는 이유는 무엇인가?

**25-6.** 다음에서 각각 짝지어진 용어 사이의 차이를 설명하고 짝지어진 다른 것에 비해 어느 하나가 가지는 특정 장점에 대해 기술하시오.

*(a) 분광광도계와 광도계

(b) 분광사진기와 다색화 장치

*(c) 단색화 장치와 다색화 장치

(d) 흡수 측정용 홑살 기기와 겹살 기기

[14] 다음 자료를 참고하시오. J. D. Ingle, Jr., and S. R. Crouch, *Spectrochemical Analysis*, Englewood Cliffs, NJ: Prentice-Hall, 1988, pp. 425–26.

[15] 다음 자료를 참고하시오. J. D. Ingle, Jr., and S. R. Crouch, *Spectrochemical Analysis*, pp. 425~426, Upper Saddle River, NJ; Prentice Hall, 1998.

**25-7.** Wien의 변위 법칙에 따르면, 흑체복사선의 최대 파장은 마이크로미터 단위로 아래와 같다.

$$\lambda_{max}T = 2.90 \times 10^3$$

여기서 $T$는 절대온도이다. 흑체가 아래 온도로 가열되었을 때, 최대 파장을 계산하시오.

*(a) 4000 K, (b) 3000 K, *(c) 2000 K, (d) 1000 K

**25-8.** Stefan 법칙에 따르면, 단위 시간 및 단위 면적 당 흑체에서 발생하는 총 에너지, $E_t$는 아래와 같다.

$$E_t = \alpha T^4$$

여기서 $\alpha$는 $5.69 \times 10^{-8}$ W/m$^2$K$^4$이다. 연습 문제 25-7의 조건 하에 있는 흑체의 총 에너지를 W/m$^2$ 단위로 구하시오.

***25-9.** 연습 문제 25-7과 25-8에 설명된 관계식은 아마도 다음 문제를 푸는 데 도움이 될 것이다.

(a) 2870 K와 3000 K에서 작동하는 텅스텐 필라멘트 전구의 최대 방출 파장을 계산하시오.

(b) 위 조건 하에 있는 전구의 총에너지를 W/cm$^2$ 단위로 계산하시오.

**25-10.** 홑살 분광광도계를 사용하여 재현성 있는 결과를 얻기 위해 필요한 최소한의 요구 조건은 무엇인가?

***25-11.** 분광광도계에서 (a) 0% $T$ 조정과 (b) 100% $T$ 조정을 하는 목적은 무엇인가?

**25-12.** 재현성 있는 흡광 데이터를 얻기 위해 반드시 조절해야만 하는 실험 변수들은 무엇이 있는가?

***25-13.** 분산형 IR 기기에 비해 Fourier 변환형 IR 기기가 가지는 가장 큰 장점은 무엇인가?

**25-14.** 복사선에 선형 감응을 보이는 광도계가 빛의 경로에 바탕 용액을 두었을 때 625 mV를 주었고 그 바탕 용액을 흡수 용액으로 바꾸었을 때 149 mV를 주었다. 다음을 계산하시오.

*(a) 흡수 용액의 퍼센트 투광도와 흡광도

(b) 흡수 용액의 농도가 처음 흡수 용액의 1/2일 때 예상되는 퍼센트 투광도

*(c) 처음 흡수 용액을 통과하는 광로의 길이를 두 배로 했을 때 예상되는 퍼센트 투광도

**25-15.** 복사선에 선형 감응을 보이는 휴대용 광도계가 빛의 경로에 바탕 용액을 두었을 때 75.9 μA의 광전류를 주었다. 바탕 용액을 흡수 용액으로 바꾸었더니, 23.5 μA의 광전류를 주었다. 다음을 계산하시오.

(a) 시료 용액의 퍼센트 투광도

*(b) 시료 용액의 흡광도

(c) 흡수 용액의 농도가 처음 흡수 용액의 1/3일 때 예상되는 투광도

*(d) 시료 용액의 농도가 처음 흡수 용액의 두 배로 했을 때 예상되는 투광도

**25-16.** 중수소 램프이 자외선 영역에서 선스펙트럼이 아닌 연속 스펙트럼을 방출하는 이유는 무엇인가?

***25-17.** 광 검출기와 열 검출기 사이의 차이점은 무엇인가?

**25-18.** 흡수 측정을 위한 분광계 설계와 방출 실험을 위한 분광계 설계 사이의 기본적인 차이점은 무엇인지 기술하시오.

***25-19.** 흡광 광도계와 형광 광도계는 서로 어떻게 다른지 설명하시오.

**25-20.** 간섭 필터의 작동 특성을 설명하는 데 필요한 데이터는 무엇인가?

**25-21.** 다음을 정의하시오.

*(a) 변환기

(b) 암흑 전류

*(c) $n$형 반도체

(d) 주 운반체(majority carrier)

*(e) 결핍층

(f) 단색화 장치의 산란 복사선

**25-22.** 4.54 μm의 $CS_2$ 흡수띠를 분리하기 위해 간섭 필터를 만들어야 한다.

(a) 만약 1차 간섭에서 측정을 한다면 굴절률이 1.34인 유전층의 두께는 얼마여야 하는가?

(b) 이 간섭 필터를 투과하는 다른 파장은 무엇인가?

**25-23.** 다음 데이터는 Co(II)-EDTA 착물의 스펙트럼을 측정하기 위하여 다이오드 배열 분광광도계를 가지고 수행한 실험에서 얻어진 것이다. $P_{용액}$으로 표시된 열은 암흑 신호를 뺀 뒤에 시료 용액으로부터 얻은 상대적인 신호 값이다. $P_{용매}$로 표시된 열은 암흑 신호를 뺀 뒤에 용매로부터 얻은 상대적인 신호 값이다. 각 파장에서 투광도와 흡광도를 구하시오. 이 화합물에 대한 흡광도 스펙트럼을 그리시오.

| 파장, nm | $P_{용매}$ | $P_{용액}$ |
|---|---|---|
| 350 | 0.002689 | 0.002560 |
| 375 | 0.006326 | 0.005995 |
| 400 | 0.016975 | 0.015143 |
| 425 | 0.035517 | 0.031648 |
| 450 | 0.062425 | 0.024978 |
| 475 | 0.095374 | 0.019073 |
| 500 | 0.140567 | 0.023275 |
| 525 | 0.188984 | 0.037448 |
| 550 | 0.263103 | 0.088537 |
| 575 | 0.318361 | 0.200872 |
| 600 | 0.394600 | 0.278072 |
| 625 | 0.477018 | 0.363525 |
| 650 | 0.564295 | 0.468281 |
| 675 | 0.655066 | 0.611062 |
| 700 | 0.739180 | 0.704126 |
| 725 | 0.813694 | 0.777466 |
| 750 | 0.885979 | 0.863224 |
| 775 | 0.945083 | 0.921446 |
| 800 | 1.000000 | 0.977237 |

**25-24. 도전 문제:** Holrick은 Fourier 변환의 수학적 원리를 기술하고 그래픽을 사용하여 해석하였고 분광분석학에 어떻게 사용될 수 있는지를 설명하였다.[16] 참고 문헌을 읽고 다음 질문에 답하시오.

(a) *시간 영역*과 *주파수 영역*을 정의하시오.

(b) Fourier 적분식과 변환식을 쓰고 이 식에 있는 각 항을 정의하시오.

(c) 이 논문은 32 싸이클의 코사인파와 21 싸이클의 코사인파, 10 싸이클의 코사인파는 물론 이들 파동에 대한 Fourier 변환에 대한 시간 영역 신호를 보여 주고 있다. 원래 파동의 싸이클 수가 변함에 따라 주파수 영역 신호의 모양이 어떻게 변하는지 기술하시오.

(d) 저자는 진도의 감폭(dampling) 현상을 설명하고 있다. 감폭은 원래의 코사인 파동에 어떤 영향을 주는가? 감폭은 또한 코사인 파동의 Fourier 변환 결과에 어떤 영향을 주는가?

(e) 분해능 함수는 무엇인가?

(f) 포개넣기(convolution) 과정이란 무엇인가?

(g) 분해능 함수의 선택이 스펙트럼의 모습에 어떻게 영향을 끼치는지 설명하시오.

(h) 회선은 잡음이 섞인 스펙트럼에서 잡음의 양을 감소시키는데 사용될 수 있다. 다음의 시간 영역 및 주파수 영역 신호 도표를 보고 각 도표의 축을 표시하시오. 예를 들어, (b)는 진폭과 시간으로 표시하여야 한다. 각 도표가 시간 영역 신호인지 혹은 주파수 영역 신호인지 결정하시오.

(i) 각 도표들 사이의 수학적 관계를 설명하시오. 예를 들면, (a)를 (d)와 (e)로 어떻게 변환시키겠는가?

(j) 분광학적 신호에서 잡음을 줄일 수 있다는 것에 대한 실질적인 중요성에 대해 논의하시오.

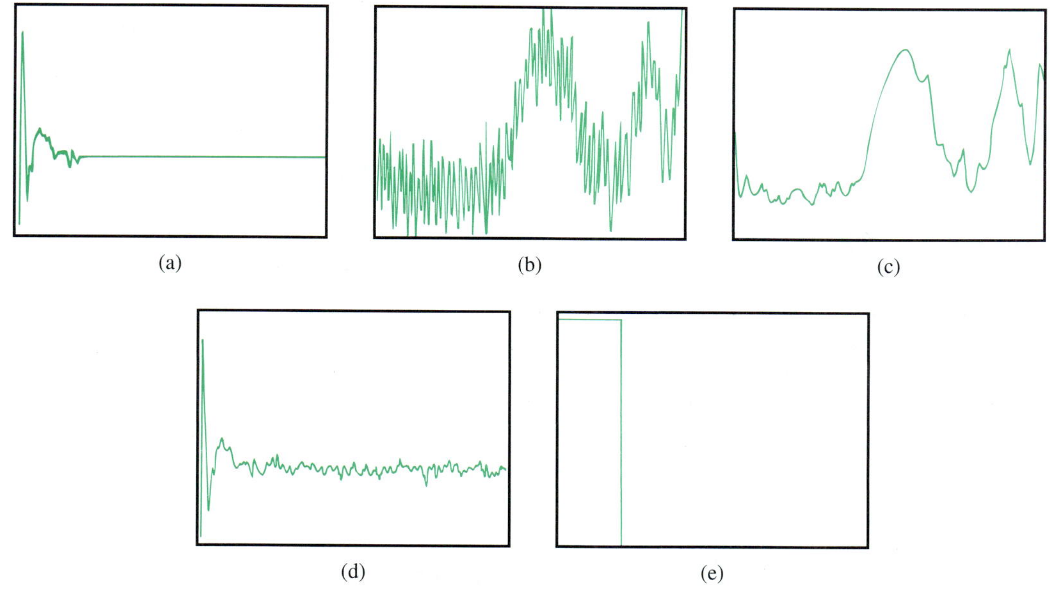


[16] 다음 자료를 참고하시오. G. Horlick, *Anal. Chem.*, **1971**, 43(8), 61A266A, **DOI**: 10.1021/ac60303a029.

제 26 장

# 분자 흡수 분광법

*Molecular Absorption Spectrometry*

유리 제조는 가장 오래된 기술 중의 하나이며 거의 10,000년 전인 신석기 시대부터 시작되었다. 보통의 유리는 규산염 구조의 바닥 상태에 있는 원자가 전자들이 들뜬 상태의 전도띠로 전이하는 데 필요한 에너지를 가시광선 영역에서 충분히 공급받지 못하기 때문에 투명하다. 기원전 2000년대의 이집트인들부터 시작하여 유리 제조자들은 색유리를 제조하기 위하여 다양한 화합물을 첨가해 왔다. 이러한 첨가물 중에는 전이 금속들도 있는데, 이들은 빛의 흡수가 일어날 수 있는 에너지 준위를 가지고 있어서 결과적으로 유리는 색을 띠게 된다. 색유리는 예술과 건축에 널리 이용되는데, 그 한 예가 옆 그림과 같은 스테인드글라스이다. 광학 분광학을 이용하면 흡수 스펙트럼을 측정하여 색유리의 특성을 규명할 수 있다. 이러한 정보는 예술품이나 골동품의 기원이나 발전사를 밝히고 연구하는 미술사, 인류의 기원을 탐구하는 고고학, 범죄 수사의 증거들과의 연관을 밝히는 범죄수사학과 같은 다양한 분야에 이용될 수 있다.

자외선, 가시선, 적외선의 흡수는 수많은 무기, 유기 및 생화학종을 확인하고 정량하는 데 널리 사용된다.[1] 자외선과 가시선 분자 흡수 분광법은 주로 정량 분석에 사용되고 있으며 세계적으로 화학 및 임상 실험실에서 다른 어떤 단일 분석법보다 더 많이 사용되고 있다. 적외선 흡수 분광법은 화학자가 무기 및 유기 화합물의 구조를 측정하는 데 사용하는 가장 강력한 도구 중의 하나이다. 더욱이 이제는 정량 분석, 특히 환경 오염물의 측정에 중요한 역할을 하고 있다.

## 26A 자외선과 가시선 분자 흡수 분광법

몇 가지 종류의 분자 화학종이 자외선과 가시선을 흡수한다. 이러한 화학종에 의한 분자 흡광은 정성 및 정량 분석에 이용될 수 있다. 자외선-가시선 흡수는 분광법 적정과 착이온의 조성에 대한 연구에도 이용된다. 화학 반응 속도를 정량적으로 측정하기 위한 흡수 분광법의 이용은 30장에 설명하였다.

[1]흡수 분광법에 대한 더 자세한 논의를 위해서는 다음을 참고하시오. E. J. Meehan, in *Treatise on Analytical Chemistry*, 2nd ed., P. J. Elving, E. J. Meehan, and I. M. Kolthoff, eds., Part I, Vol. 7, Ch. 2, New York: Wiley, 1981; C. Burgess and A. Knowles, eds., *Techniques in Visible and Ultraviolet Spectrometry*, Vol. 1, New York: Chapman and Hall, 1981; J. D. Ingle, Jr., and S. R. Crouch, *Spectrochemical Analysis*, Chs. 12~14, Englewood Cliffs, NJ: Prentice-Hall, 1988; D. A. Skoog, F. J. Holler, and S. R. Crouch, *Principles of Instrumental Analysis*, 6th ed., Chs. 13, 14, 16, 17, Belmont, CA: Brooks/Cole, 2007.

### ▸ 26A-1 흡수 화학종

24C-2절에서 설명한 바와 같이 분자가 자외선과 가시선을 흡수하는 것은 일반적으로 하나 또는 그 이상의 전자 흡수띠의 형태로 일어나는데, 여기서 각 띠는 촘촘히 쌓인 많은 불연속적인 선들로 이루어져 있다. 각각의 선들은 바닥 상태로부터 각각의 들뜬 전자 에너지 상태와 관련된 많은 진동 및 회전 에너지 상태 중의 하나로 전자가 전이하여 생기는 것이다. 이런 진동 및 회전 상태가 너무 많고 그들의 에너지의 차이가 아주 작으므로 전형적인 띠에 포함된 선들은 매우 많고 서로 매우 가까이 존재한다.

❮ 한 개의 띠는 촘촘히 쌓인 다수의 진동선과 회전선으로 이루어져 있다. 이 선들 사이의 에너지는 거의 차이가 없다.

이미 그림 24-14a에서 보았듯이 1,2,3,4-테트라진증기의 가시선 흡수 스펙트럼은 이 방향족 분자의 들뜬 전자 상태와 관련된 수많은 회전 및 진동 준위 때문에 생기는 미세 구조를 보여준다. 기체 상태에서는 각각의 테트라진 분자가 자유롭게 진동과 회전을 할 수 있을 만큼 서로 충분히 떨어져 있으므로 다수의 진동/회전 에너지 상태로 인해 많은 개개의 흡수선들이 생기는 것이 명백하다. 그러나 순수한 액체 상태 또는 용액 내에서는 회전 자유도를 대부분 잃어버리게 되므로 회전 에너지 차이로 인해 생기는 선들은 없어진다. 더욱이 용매 분자가 테트라진 분자들을 둘러싸고 있는 경우에는 여러 진동 준위의 에너지가 불규칙적으로 변화되며 따라서 용질 분자의 주어진 상태에서의 에너지는 한 개의 넓은 피크로 나타난다. 이 효과는 비극성인 탄화수소 매질에서보다는 물과 같은 극성 용매에서 더욱 크다. 이 용매 효과를 그림 24-14b와 c에 나타내었다.

#### » *유기 화합물에 의한 흡수*

180~780 nm 사이의 파장 영역에서 유기 분자가 복사선을 흡수하는 것은 직접 결합에 참여한 전자(따라서 둘 이상의 원자에 연관된)나 혹은 산소, 황, 질소 및 할로젠과 같은 원자 주위에 편재되어 있는 비공유 전자와 광자 사이의 상호 작용 때문이다.

유기 분자가 흡수하는 파장은 그들의 몇 개의 전자가 얼마나 단단히 결합되어 있는가에 달려 있다. 탄소/탄소 또는 탄소/수소와 같은 단일 결합에 있는 공유 전자들은 너무 강하게 결합되어 있으므로 이들이 들뜨기 위해서는 진공 자외선 영역(180 nm 이하)의 파장에 해당하는 에너지가 필요하다. 이 영역에서의 실험상의 어려움 때문에 단일 결합의 스펙트럼은 분석 목적에 널리 이용되지 않고 있다. 이런 어려움은 석영 및 대기 중의 성분이 모두 이 영역에서 흡수하며, 따라서 플루오르화 리튬 광학유리를 장치한 진공으로 된 분광 광도계가 사용되어야 하기 때문이다.

유기 분자의 이중 결합과 삼중 결합에 포함된 전자는 강하게 결합되지 않아서 복사선으로 비교적 쉽게 들뜨게 할 수 있다. 따라서 불포화 결합을 가진 화학종은 대개 유용한 흡수 피크를 보여준다. 자외선 및 가시선 영역에서 흡수를 하는 불포화 유기 작용기들은 **발색단**(chromophore)이라고 알려져 있다. **표 26-1**에는 자주 보이는 발색단과 이들이 흡수하는 대략적인 파장을 나열해 놓았다. 피크 위치와 세기에 대한 데이터는 물질의 확인을 위한 대략적인 지침으로만 사용할 수 있는데 이는 두 가지 모두 분자의 세부 구조뿐만 아니라 용매 효과의 영향을 받기 때문이다. 더욱이 두 개(혹은 그 이상)의 발색단 사이의 콘쥬게이션은 피크 최대점(peak maxima)을 더 긴 파장으로 이동시키는 경향이 있다. 마지막으로 진동 효과는 자외선과 가시선 영역에서 흡수 피크를 넓혀 주는데, 이는 때때로 최대점을 정확하게 결정하

**발색단**은 자외선이나 가시선 영역에서 빛을 흡수하는 불포화 유기 작용기들이다.

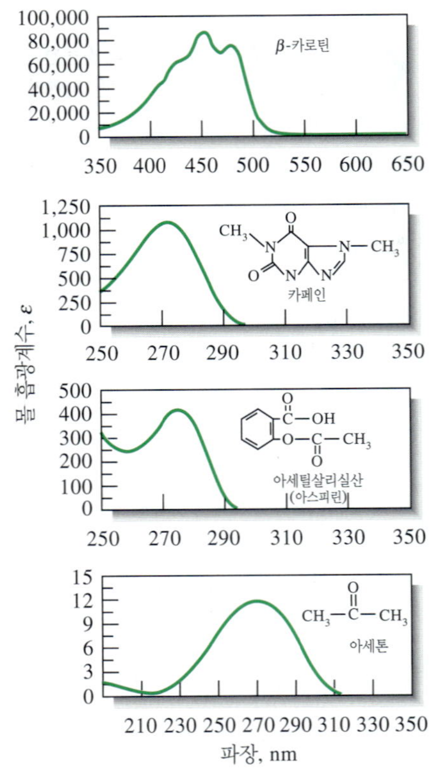


**그림 26-1** 전형적인 유기 화합물의 흡수 스펙트럼.

**표 26-1**

**일반적인 유기 발색단의 흡수 특성**

| 발색단 | 예 | 용매 | $\lambda_{max}$, nm | $\varepsilon_{max}$ |
|---|---|---|---|---|
| 알켄 | $C_6H_{13}CH{=}CH_2$ | n-헵테인 | 177 | 13,000 |
| 콘쥬게이션 알켄 | $CH_2{=}CHCH{=}CH_2$ | n-헵테인 | 217 | 21,000 |
| 알킨 | $C_5H_{11}C{\equiv}C{-}CH_3$ | n-헵테인 | 178 | 10,000 |
| | | | 196 | 2,000 |
| | | | 225 | 160 |
| 카보닐 | $CH_3C(=O)CH_3$ | n-헥세인 | 186 | 1,000 |
| | | | 280 | 16 |
| | $CH_3CH(=O)$ | n-헥세인 | 180 | 큼 |
| | | | 293 | 12 |
| 카복실 | $CH_3C(=O)OH$ | 에탄올 | 204 | 41 |
| 아마이드 | $CH_3C(=O)NH_2$ | 물 | 214 | 60 |
| 아조 | $CH_3N{=}NCH_3$ | 에탄올 | 339 | 5 |
| 나이트로 | $CH_3NO_2$ | 아이소옥테인 | 280 | 22 |
| 나이트로소 | $C_4H_9NO$ | 에틸에터 | 300 | 100 |
| | | | 665 | 20 |
| 나이트레이트 | $C_2H_5ONO_2$ | 다이옥세인 | 270 | 12 |
| 방향족 | Benzene | 헥세인 | 204 | 7,900 |
| | | | 256 | 200 |

는 것을 어렵게 한다. 유기 화합물에 대한 전형적인 스펙트럼은 **그림 26-1**에 나타내었다.

산소, 질소, 황 또는 할로젠과 같은 헤테로 원자를 가진 포화 유기 화합물은 170~250 nm 범위의 복사선에 의해 쉽게 들뜰 수 있는 비공유 전자를 가지고 있다. **표 26-2**에 몇 가지 예를 나열하였다. 이 화합물 중 알코올과 에터와 같은 몇 가지는 용매로 사용된다. 이들 용매에 용해된 분석 물질의 흡수는 180 nm 이하에서 측정 불가이던 것이 이들 용매의 흡수로 인하여 200 nm 이하에서 측정이 불가능하게 된다. 때때로 이런 형태의 흡수는 할로젠과 황을 지닌 화합물을 결정하는 데 사용된다.

**표 26-2**

**포화 헤테로 원자를 포함한 유기 화합물에 의한 흡수**

| 화합물 | $\lambda_{max}$, nm | $\varepsilon_{max}$ |
|---|---|---|
| $CH_3OH$ | 167 | 1480 |
| $(CH_3)_2O$ | 184 | 2520 |
| $CH_3Cl$ | 173 | 200 |
| $CH_3I$ | 258 | 365 |
| $(CH_3)_2S$ | 229 | 140 |
| $(CH_3)NH_2$ | 215 | 600 |
| $(CH_3)_3N$ | 227 | 900 |

## » 무기 화학종에 의한 흡수

일반적으로 처음 두 전이원소 계열의 이온 및 착물들은 적어도 한 산화 상태에서는 넓은 가시선의 띠를 흡수하여 결과적으로 색깔을 띠고 있다(예를 들어 **그림 26-2** 참조). 여기서 흡수는 금속 이온에 결합된 리간드에 따라 달라지는 에너지를 가지는 채워진 *d*-궤도함수와 빈 *d*-궤도함수 사이에서의 전이에 의한 것이다. 이러한 *d*-궤도함수 사이의 에너지 차이(따라서 여기에 해당하는 흡수 피크 최대점의 위치)는 주기율표에서 원소가 차지하는 위치, 원소의 산화 상태 및 금속 이온에 결합된 리간드의 성질에 따라 달라진다.

란타넘족 및 악티늄족 계열의 이온들의 흡수 스펙트럼은 그림 26-2에서 보여준 것과는 본질적으로 다르다. 이런 원소들에서 흡수에 관여하는 전자들(각각 4*f* 및 5*f*)은 주 양자수가 더 큰 궤도함수를 차지하고 있는 전자에 의해 외부 영향으로부터 차단된다. 결과적으로 흡수띠는 좁아지는 경향을 보이며 외각 전자들에 의해 결합된 화학종에 의해 비교적 영향을 받지 않는다(**그림 26-3**).

### » 전하-이동 흡수

정량적인 측면에서 보면 전하-이동 흡수(charge-transfer absorption)는 몰 흡광계수가 유난히 커서($\varepsilon > 10{,}000$ L mol$^{1}$ cm$^{1}$) 높은 감도를 가지게 되므로 특히 중요하다. 많은 무기 및 유기 착물이 이런 형태의 흡수를 보여주며, 따라서 이를 전하-이동 착물이라고 한다.

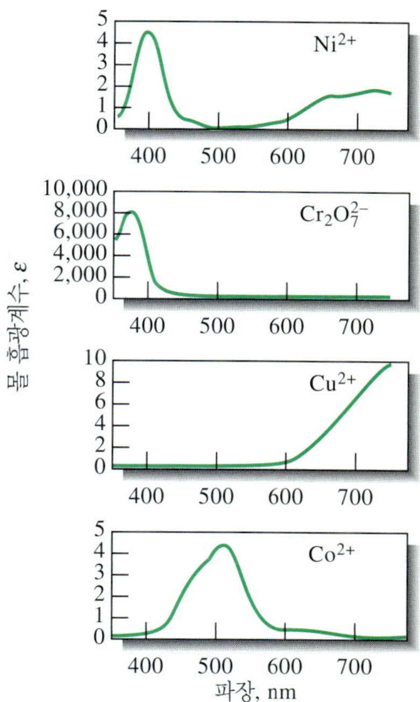


**그림 26-2** 전이 금속 이온 수용액의 흡수 스펙트럼.

**전하-이동 착물**은 전자 받개와 전자 주개가 결합되어 만들어지는 강한 흡수를 하는 화학종이다.

**전하-이동 착물**(charge-transfer complex)은 전자 받개에 결합된 전자 주개 작용기로 이루어져 있다. 이 생성물이 복사선을 흡수할 때, 주개로부터 나온 전자는 받개의 궤도 함수로 이동된다. 따라서 들뜬 상태는 일종의 내부 산화/환원 과정의 생성물이다. 이런 행동은 둘 또는 그보다 많은 원자들에 의해 공유되는 분자궤도에 들뜬 전자가 존재하는 유기 발색단과는 다르다.

잘 알려진 전하-이동 착물의 예로는 Fe(III)의 페놀 착물, Fe(II)의 1,10-펜안트롤린 착물, 아이오딘 분자의 아이오딘화 착물, 감청색을 내게 하는 ferro/ferricyanide 착물 등이 있다. 철(III)/싸이오싸이아네이트 착물의 빨간색도 전하 이동 흡수의 한 예이다. 광자가 흡수되면 전자가 싸이오싸이아네이트 이온으로부터 Fe(III) 이온의 궤도함수로 이동된다. 생성물은 대부분 철(II)과 싸이오싸이아네이트 라디칼 SCN을 포함하는 들뜬 화학종이다. 다른 형태의 전자 들뜸과 같이 이 착물에 있는 전자도 보통 짧은 기간이 지난 다음에 원래의 상태로 되돌아간다. 그러나 가끔 들뜬 착물은 분해되어 광화학적 산화/환원 생성물을 만들어 낸다. 세 개의 전하-이동 착물의 스펙트럼을 **그림 26-4**에 보여주고 있다.

금속 이온을 포함하는 대부분의 전하-이동 착물에서 금속은 전자 받개로 작용한다. 예외로는 철(II)(38N-2절 참조) 및 구리(I)의 1,10-펜안트롤린 착물이 있는데, 여기서는 리간드가 받개이고 금속 이온은 주개이다. 이런 형태의 착물에 대한 몇 가지의 예가 알려져 있다.

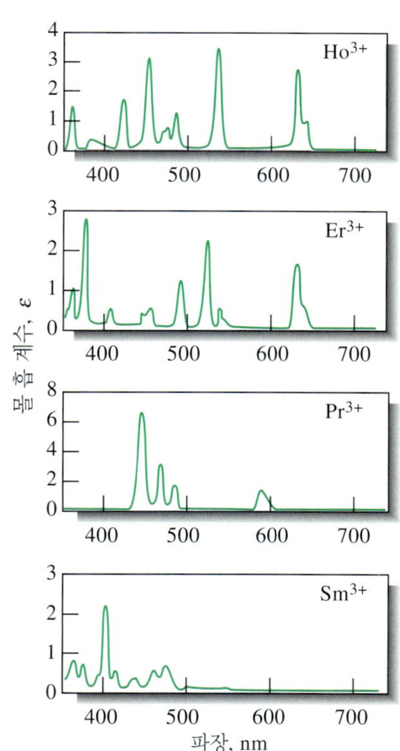


**그림 26-3** 희토류 이온 수용액의 흡수 스펙트럼

## ▸ 26A-2 자외선/가시선 분광학의 정성적인 응용

자외선에서의 분광 광도법 측정은 표 26-1에서 보여 주는 것과 같이 발색단들을 검출하는 데 유용하다.[2] 가장 복잡한 유기 분자들의 경우에도 많은 부분이 180 nm보다 긴 파장에서 투명하기 때문에 200~400 nm 범위에서 하나 또는 그 이상의 흡수띠가 나타나는 것은 불포화 작용기 또는 황이나 할로젠과 같은 원자들이 존재함을 분명히 알려 주는 것이다. 흡수하는 작용기가 있는지는 분석물의 스펙트럼을 여러 가지 발색단을 가지고 있는 간단한 분자들의 스펙트럼과 비교하면 알 수 있다.[3] 그

[2]유기 작용기를 확인하는 자외선 흡수 분광법에 대한 상세한 설명은 다음을 참고하시오. R. M. Silverstein, and F. X. Webster, *Spectrometric Identification of Organic Compounds*, 6th ed., Chapter 7, New York: Wiley, 1998.

[3]H. H. Percampus, *UV-VIS Atlas of Organic Compounds*, 2nd ed. Weinheim, Germany: Wiley-VHS, 1992. 추가로 과거에 몇몇 단체에서 스펙트럼에 대한 카탈로그를 출판하였다. American Petroleum Institute, Ultraviolet Spectral Data, A.P.I. Research Project 44. Pittsburgh: Carnegie Institute of Technology; *Sadtler Handbook of Ultraviolet Spectra*. Philadelphia: Sadtler Research Laboratories, 1979; American Society for Testing Materials, committee E-13, Philadelphia.

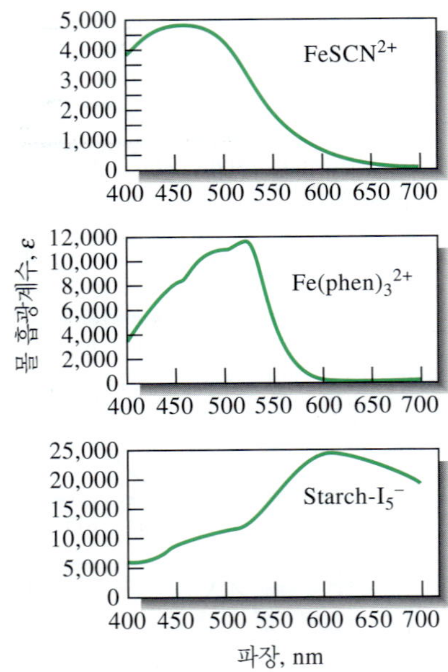


그림 26-4 전하-이동 착물 수용액의 흡수 스펙트럼.

러나 일반적으로 자외선 스펙트럼은 분석물을 확실히 확인하는 데 필요한 미세 구조를 가지고 있지 않다. 따라서 자외선으로 얻은 정성적인 자료는 용해도, 녹는점, 끓는점에 대한 정보뿐만 아니라 적외선, 핵 자기 공명, 질량 스펙트럼들과 같은 물리적 또는 화학적 증거들로 보충되어야 한다.

## » 용매

정성 분석을 위한 자외선 스펙트럼은 일반적으로 분석물의 묽은 용액에서 얻어진다. 그러나 휘발성 화합물인 경우 액체나 용액 상태의 스펙트럼보다 기체 상태의 스펙트럼이 더 유용하다(예를 들어 그림 24-14a와 24-14b를 비교하시오). 이런 기체상의 스펙트럼은 순수한 화합물 한 두 방울을 덮개가 있는 큐벳 안에서 대기와 평형을 이루게 하여 얻을 수 있다.

자외선/가시선 분광법에 사용하는 용매는 반드시 이 영역에서 투명하여야 하며, 뚜렷한 피크를 보여 줄 수 있을 만큼의 충분한 양의 시료를 녹일 수 있어야 한다. 그리고 흡수 화학종과의 가능한 상호 작용도 반드시 고려하여야 한다. 예를 들어 물, 알코올, 에스터, 케톤 등과 같은 극성 용매들은 진동 스펙트럼을 없애는 경향이 있으므로 상세한 스펙트럼이 필요할 때는 사용하지 말아야 한다. 사이클로헥세인과 같은 비극성 용매는 기체의 스펙트럼에 더 가까운 스펙트럼을 제공한다(예를 들어 그림 24-14에 있는 세 스펙트럼을 비교해 보시오). 더욱이 용매의 극성은 종종 흡수 최대점의 위치를 이동시킨다. 결과적으로 물질 확인을 목적으로 스펙트럼을 비교할 때는 같은 용매를 사용하여야 한다.

표 26-3은 자외선과 가시선 영역의 연구에서 사용되는 일반적인 용매들과 그들의 대략적인 낮은 파장 쪽 한계를 나타내었다. 이 한계는 용매의 순도에 따라 크게 달라진다. 예를 들어 에탄올 및 탄화수소 용매들은 종종 280 nm 이하에서 흡수를 일으키는 벤젠으로 오염되어 있다.[4]

정성적인 연구에서는 최대로 상세한 스펙트럼을 얻기 위하여 슬릿 너비를 최소로 하시오.

## » 슬릿 너비의 영향

슬릿 너비, 따라서 유효 띠너비의 변화에 대한 영향은 그림 26-5에 있는 스펙트럼으로부터 알 수 있다. 네 개의 스펙트럼은 피크 높이와 피크 분리는 띠너비가 더 넓은데서 나빠지는 것을 보여준다. 이런 이유로 해서 정성적인 응용을 위한 스펙트럼은 적당한 신호-잡음비를 제공하는 가능한 최소의 슬릿 너비에서 얻어진다.

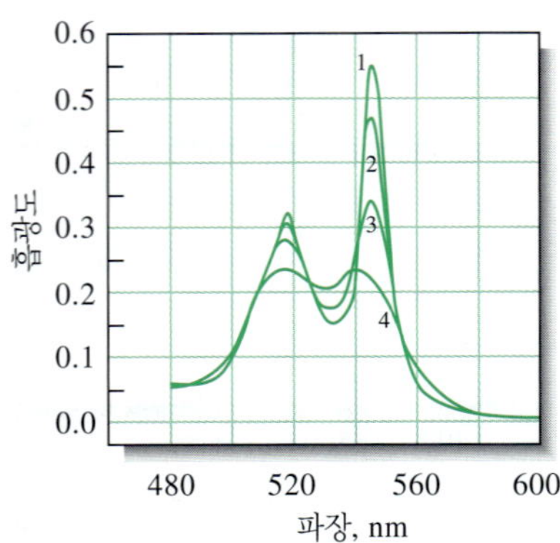


그림 26-5 네 개의 분광 띠너비에서 얻어진 줄어든 cytochrome *c*의 스펙트럼: (1) 1 nm, (2) 5 nm, (3) 10 nm, (4) 20 nm. 띠 너비 <1 nm일 때는 피크의 잡음이 뚜렷해진다(Varian Instrument Division, Palo Alto, CA 제공).

### 표 26-3

자외선과 가시선 영역에 사용되는 용매

| 용매 | 낮은 파장 한계, nm | 용매 | 낮은 파장 한계, nm |
|---|---|---|---|
| 물 | 180 | 사염화탄소 | 260 |
| 에탄올 | 220 | 다이에틸에터 | 210 |
| 헥세인 | 200 | 아세톤 | 330 |
| 사이클로헥세인 | 200 | 다이옥세인 | 320 |
| | | Cellosolve | 320 |

[4]미국 내의 대부분의 주요 화학 시약 공급자들은 분광화학급(spectrochemical grade) 용매를 공급한다. 분광화학급 용매들은 흡수하는 불순물을 제거하고, *Reagent Chemicals, American Chemical Society Specifications*, 10th ed., Washington, DC: American Chemical Society, 2005.에서 설정한 요구 조건을 충족시킨다. 온라인 혹은 서적 형태로 이용 가능하다.

### » 분광 광도계의 파장한계 끝에서의 산란 복사선의 영향

앞에서 산란 복사선이 Beer 법칙으로부터 기기적인 편차를 일으키는 것을 보여 주었다(24C-3절 참조). 이러한 산란 복사선의 또 다른 바람직하지 않은 영향은 분광 광도계가 파장 한계의 끝 부근에서 작동될 때 가끔 가짜 피크가 나타나게 한다는 점이다. **그림 26-6**은 이런 거동의 한 예를 보여주고 있다. 곡선 *B*는 200 nm 이하까지 감응하는 연구용 분광 광도계에서 얻어진 세륨(IV) 용액에 대한 진짜 스펙트럼이다. 곡선 *A*는 가시선 영역에서만 작동하도록 설계한 텅스텐 광원을 갖고 있는 저렴한 가격의 기기로서 같은 용액으로부터 얻은 것이다. 약 360 nm에서 나타나는 가짜 피크는 산란 복사선에 직접 기인되는 것인데, 산란 복사선은 400 nm보다 긴 파장으로 되어 있어서 흡수되지 않는다. 대부분의 상황에서 이런 떠돌이 복사선은 그 세기가 단색화 장치로부터 나오는 빛살의 전체 세기의 아주 작은 일부분이므로 그의 영향은 무시할 정도이다. 그러나 380 nm 이하의 파장에서는 단색화 장치로부터의 복사선이 유리 광학 부품과 큐벳에 의해 흡수된 결과 크게 감소한다. 더욱이 380 nm 이하에서는 광원의 출력과 광전지의 감도가 모두 급격히 떨어진다. 이런 요인들과 결부되어 세륨(IV)이 흡수하지 않는 파장을 갖는 산란 복사선으로 인해 상당한 정도의 흡광도가 측정이 된다. 그 결과 가짜 피크가 나타난다. 이와 똑같은 효과는 자외선/가시선 기기로 약 190 nm 이하의 파장에서 흡광도를 측정하려고 할 때 관찰된다.

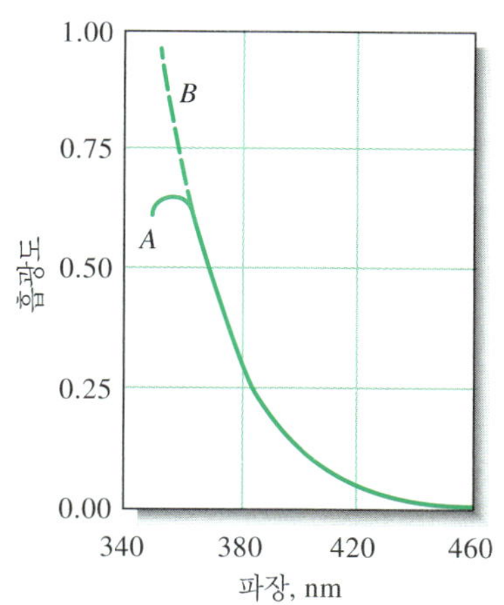


**그림 26-6** 유리 광학 부품(*A*)과 석영 광학 부품(*B*)을 사용한 분광 광도계로 측정한 cerium(IV)의 스펙트럼. *A*의 가짜 피크는 긴 파장의 산란 복사선이 투과되어 생긴 것이다.

## ▸ 26A-3 정량적인 응용

자외선과 가시선 영역에서의 흡수 분광법은 화학자가 정량 분석을 하기 위한 가장 유용한 방법 중의 하나이다. 분광 광도법과 광도법에서 중요한 특성들은 다음과 같다.

- *넓은 응용성.* 매우 많은 수의 무기, 유기 및 생화학종들은 자외선이나 가시선을 흡수하므로 직접적인 정량이 가능하다. 많은 비흡수 화학종들도 화학적 방법으로 흡수하는 유도체로 만든 후에 정량할 수 있다. 임상 실험실에서 행해지는 분석의 대부분이 자외선과 가시선 흡수 분광법에 바탕을 둔 것으로 추정된다.
- *높은 감도.* 흡수 분광법에 대한 전형적인 검출 한계는 $10^{-4}$~$10^{-5}$ M 범위이다. 이 범위는 특정한 경우 실험 과정의 변형을 통해 $10^{-6}$~$10^{-7}$ M까지 연장이 가능하다.
- *적당하거나 높은 선택성.* 때로는 분석물만을 흡수하는 파장을 찾을 수 있다. 더욱이, 때때로 흡수 띠가 겹치는 경우에도 다른 파장에서 추가로 측정하여 보정을 하면 분리 단계가 필요 없게 된다. 만일 분리가 필요한 경우에는 분광 광도법은 분리된 화학종을 검출하는 수단을 제공하기도 한다(33A-5절 참조).
- *좋은 정확도.* 자외선/가시선을 사용한 전형적인 분광 광도법 또는 광도법으로 구한 농도의 상대 오차는 1~5% 범위이다. 종종 이런 오차는 특별히 주의를 하면 십분의 몇 퍼센트까지 줄일 수 있다.
- *쉽고 편리함.* 분광 광도법 및 광도법 측정은 최신 기기로 쉽고 빠르게 행할 수 있다. 더욱이 이 방법은 쉽게 자동화시킬 수 있다.

## » 응용 범위

분자 흡수 분석은 응용되고 있는 경우가 대단히 많을 뿐만 아니라 정량적인 정보를 필요로 하는 거의 모든 분야에 적용된다. 이 주제를 다루는 단행본으로부터 분광 광도법의 응용 범위를 알 수 있다.[5]

**흡수 화학종에 대한 응용.** 표 26-1에는 많은 보편적인 유기 발색단 그룹을 나타내었다. 어떤 유기 화학물이 이들 중 하나 또는 그 이상의 발색단을 포함하고 있으면 분광 광도법으로 정량할 수 있다. 이러한 응용은 문헌에서도 많이 찾을 수 있다.

수많은 무기 화합물도 흡수할 수가 있다. 많은 전이 금속의 이온들이 용액에서 색깔을 띠고 따라서 분광 광도계 측정에 의해 정량될 수 있다는 것은 이미 언급했다. 더욱이 아질산 이온 또는 질산 이온, 크로뮴산 이온, 질소의 산화물, 할로젠 원소, 오존 등을 포함한 수많은 화학종들은 특징적인 흡수 띠를 보여준다.

**비흡수 화학종에 대한 응용.** 많은 비흡수 분석물들은 자외선 또는 가시선 영역에서 흡수하는 생성물을 만들어내는 발색 시약과 반응을 일으켜서 분광 광도법으로 정량한다. 이런 발색 시약을 성공적으로 응용하려면 반응속도론적인 방법(30장 참조)이 사용되는 경우가 아니라면 일반적으로 분석물과의 반응이 거의 완전히 이루어져야 한다.

대표적인 무기 시약으로는 철, 코발트, 몰리브데넘을 위한 싸이오시안산(thiocyanate) 이온, 타이타늄, 바나듐, 크로뮴을 위한 과산화수소, 비스무트, 팔라듐, 텔루륨을 위한 아이오딘화 이온 등이 있다. 더 중요한 것은 양이온과 안정한 유색 착물을 형성하는 유기 킬레이트 시약들이다. 예로는 구리를 정량하기 위한 다이에틸다이티오카바메이트, 납을 위한 다이페닐티오카바존, 철을 위한 1,10-페난스롤린, 니켈을 위한 다이메틸글리옥심 등이 있다. **그림 26-7**은 이 시약들 중 처음 두 시약의 색깔을 만드는 반응을 보여 주고 있다. 철(II)의 1,10-페난스롤린 착물의 구조는 19E-1절에 보여주고, 다이메틸글리옥심과 붉은 색의 침전을 생성하는 니켈의 반응은 12C-3절(또한 color plate 7 참조)에 설명되어 있다. 니켈을 다이메틸글리옥심을 이용하여 광도법으로 정량하는 경우, 양이온의 수용액을 섞이지 않는 유기 용매에 들어 있는 킬레이트 시약으로써 추출한다. 이로 인해 나타나는 밝은 빨간 색의 유기층의 흡광도는 금속 농도의 척도로서 사용된다.

유기 작용기의 정량 분석에 유용한 색깔을 나타내기 위해서 이와 반응하는 다른 시약을 쓸 수 있다. 저분자량의 지방족 알코올과 세륨(IV)과의 사이에 생기는 붉은 색의 1:1 혼합물은 알코올의 정량 분석에 사용될 수 있다.

---

[5] M. L. Bishop, E. P. Fody, and L. E. Schoeff, *Clinical Chemistry: Technique, Principle, Correlations*, Part I, Ch. 5, Part II, Philadelphia: Lippincott, Williams, and Wilkins, 2009; O. Thomas, *UV-Visible Spectrophotometry of Water and Wastewater*, Vol. 27, *Techniques and Instrumentation in Analytical Chemistry*, Amsterdam: Elsevier, 2007; S. Görög, *Ultraviolet-Visible Spectrophotometry in Phamaceutical Analysis*, Boca Rotan, FL: CRC Press, 1995; H. Onishi, *Photometric Determination of Traces of metals*, 4th ed., Parts IIA and IIB, New York: Wiley, 1986, 1989; *Colorimetric Determination of Nonmetals*, 2nd ed., D. F. Boltz ed., New York: Interscience, 1978.

$$2\,(C_2H_5)_2N{-}C(=S){-}SNa + M^{2+} \rightleftharpoons [(C_2H_5)_2N{-}CS_2]_2M + 2Na^+$$

(a)

$$2\,C_6H_5{-}NH{-}N{=}C(SH){-}N{=}N{-}C_6H_5 + Pb^{2+} \rightleftharpoons [C_6H_5{-}NH{-}N{=}C(S){-}N{=}N{-}C_6H_5]_2Pb + 2H^+$$

(b)

**그림 26-7** 흡수 분광 광도법를 위한 전형적인 킬레이트 시약. (a) 다이에틸다이티오카바메이트, (b) 다이페닐티오카바존.

## » *상세한 과정*

광도법 또는 분광 광도법 분석의 첫 번째 단계는 농도와 흡광도 사이에 재현성 있는 관계(직선 관계가 바람직함)를 만드는 조건을 개발하는 것이다.

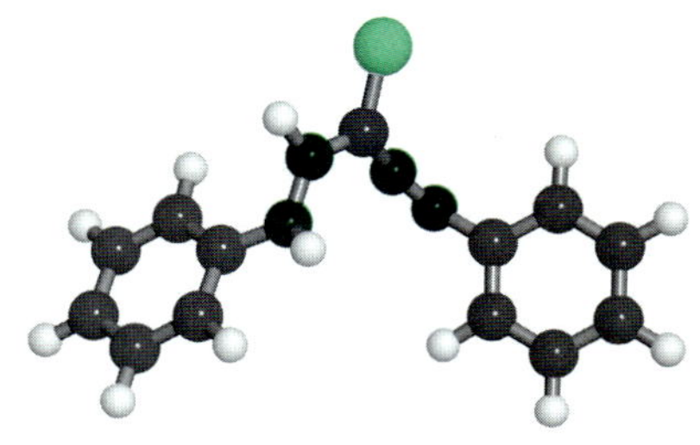

다이페닐티오카바존의 분자 모형.

**파장의 선택.** 분광 광도법으로 측정할 때 최대 감도를 얻기 위해서는 단위 농도 당 흡광도의 변화가 가장 큰 곳인 분석물의 흡수 피크 파장과 같은 파장에서 측정해야 한다. 더욱이 흡수 곡선은 보통 최대점에서 평평하여 Beer 법칙에 잘 따르며(그림 24-17 참조) 기기의 파장 설정을 정확히 재현하지 못해서 생기는 오차에 대한 가능성을 줄이게 한다.

흡수 스펙트럼은 온도, pH, 전해질의 농도, 방해물질의 존재 증의 변수에 의해 영향을 받는다.

**흡광도에 영향을 미치는 변수.** 물질의 흡수 스펙트럼에 영향을 주는 변수에는 용매의 성질, 용액의 pH, 온도, 높은 전해질의 농도, 방해 물질의 존재 등이 있다. 이런 변수들의 영향은 잘 알고 있어야 하며 조절할 수 없는 작은 조건의 변화에 의해 흡광도가 크게 영향을 받지 않도록 분석 조건이 선택되어야 한다.

**흡광도와 농도 사이의 관계.** 분광 분석이나 분광 광도계 분석을 위한 이상적인 검정 표준물질은 가능하면 시료의 전체적인 조성과 비슷하여야 하고 측정하려는 분석물의 농도 범위를 포함하고 있어야 한다. 농도와 흡광도의 관계를 검정하기 위하여 몇 개의 서로 다른 농도의 표준물질을 사용하여 농도와 흡광도의 검정 곡선을 얻는다. Beer 법칙을 따를 것으로 가정하고 몰 흡광계수를 결정하기 위해 한 표준물질 농도만을 사용하는 것은 매우 위험한 일이다. 다른 선택할 방법이 없는 경우를 제외하고는 분석 결과를 문헌상의 몰 흡광계수 값만을 의존하여 해석하는 것은 현명하지 못하다. 매트릭스 효과가 문제가 되는 경우는 표준물 첨가법이 이러한 효과를 상쇄하여 더 좋은 결과를 제공할 수 있다.

**표준물 첨가법.** 이상적으로는 측정된 흡광도에 대하여 시료의 다양한 요소들이 가지는 영향력을 최소화하기 위해서 검정 표준물질은 분석물 농도와 시료 매트릭스에 있는 다른 종의 농도가 분석할 시료의 조성에 가까워야 한다. 예를 들어, 많은 금속 이온의 채색된 혼합물들의 흡광도는 황산 이온과 인산 이온이 있으면 많이 감소한다. 이것은 금속 이온과 색깔이 없는 착물을 만들려는 음이온의 경향 때문이다.

그 결과 발색 반응이 종종 덜 완성되고 따라서 흡광도가 낮아진다. 황산 이온과 인산 이온의 매트릭스 효과는 시료에서 발견된 양과 가까운 두 종의 표준 양을 도입함으로써 상쇄될 수 있다. 불행하게도 토양, 광물, 식물의 재와 같은 혼합물을 분석할 때는 종종 시료에 맞는 표준물질을 준비하기가 불가능하거나 극히 어렵다. 이러한 경우에 표준물 첨가법(standard addtion method)이 종종 매트릭스 효과를 상쇄시키는데 도움이 된다.

표준물 첨가법은 8D-3절에서 설명한 것과 같이 몇 가지 형태를 가지며 단일 점 방법(single-point method)은 예제 8-8에서 살펴보았다.[6] 여기서 언급할 분광법과 분광 광도법에 가장 자주 쓰이는 방법은 다중 첨가법이다. 시료를 같은 크기로 여러 개로 나눈 것들에 하나 이상의 표준 용액을 첨가하는 것이다. 각각의 용액은 흡광도를 측정하기 전에 고정된 부피로 희석된다. 시료의 양이 한정되어 있을 때는 미지의 용액 한 개에 표준물을 계속 첨가함으로써 표준물 첨가법을 실행한다. 원래의 미지 시료를 측정하고 매번 첨가한 후에 측정을 반복한다. 이 과정은 전압전류법에 더 편리하다.

농도가 $c_x$인 미지의 용액을 $V_x$의 부피만큼씩 몇 개로 나누어 각각을 동일한 부피 $V_t$의 용량 플라스크에 옮겼다고 가정해 보자. 각각의 플라스크에 알려진 농도 $c_s$를 가진 표준 분석 용액을 다양한 부피 $V_s$로 첨가한다. 발색 시약을 첨가하고 각 용액을 같은 부피로 희석시킨다. Beer 법칙에 따르면 용액의 흡광도는 다음과 같다.

$$A_s = \frac{\varepsilon b V_s c_s}{V_t} + \frac{\varepsilon b V_x c_x}{V_t} = kV_s c_s + kV_x c_x \tag{26-1}$$

여기서 $k$는 $\varepsilon b/V_t$와 같은 상수이다. $A_s$를 $V_s$에 대한 함수로 그리면 다음 형태의 직선을 얻는다.

$$A_s = mV_s + b$$

기울기 $m$과 절편 $b$는 다음과 같다.

$$m = kc_s$$

그리고

$$b = kV_x c_x$$

$m$과 $b$는 최소 제곱법(8D-2절 참조)으로 구할 수 있다. $c_x$는 이 두 값의 비와 알려진 $c_s$, $V_x$, $V_s$의 값으로부터 구할 수 있다. 즉,

$$\frac{m}{b} = \frac{kc_s}{kV_x c_x}$$

다시 배열하면 다음 형태가 된다.

$$c_x = \frac{bc_s}{mV_x} \tag{26-2}$$

$c_x$의 표준 편차의 대략적인 값은 $c_s$, $V_s$, $V_t$의 불확정도가 $m$과 $b$의 불확정도에 비해 무시될 만큼 작다고 가정하여 얻을 수 있다. 그러면 결과$(s_c/c_s)^2$의 상대 분산값은 $m$

[6]다음을 참고하시오. M. Bader, J. *Chem. Educ.*, **1980**, *57*, 703, **DOI**: 10.1021/ed057p703.

과 $b$의 상대 분산값의 합으로 나타나며 다음과 같다.

$$\left(\frac{s_c}{c_x}\right)^2 = \left(\frac{s_m}{m}\right)^2 + \left(\frac{s_b}{b}\right)^2$$

여기서 $s_m$과 $s_b$는 각각 기울기와 절편의 표준 편차이다. 이 식의 제곱근을 취하면 농도 $s_c$는 표준 편차에 대해서 풀 수 있다.

$$s_c = c_x\sqrt{\left(\frac{s_m}{m}\right)^2 + \left(\frac{s_b}{b}\right)^2} \quad \textbf{(26-3)}$$

### 예제 26-1

50.00 mL 용량플라스크에 자연수 시료 10 mL씩을 담았다. 11.1 ppm 농도의 $Fe^{3+}$ 표준 용액을 정확히 0.00, 5.00, 10.00, 15.00, 20.00 mL만큼 각각의 플라스크에 첨가하여 넣고, $Fe(SCN)^{2+}$의 붉은 착이온이 형성되도록 과량의 티오시안산 이온을 각각 첨가하였다. 눈금까지 물을 부어 희석한 다음, 녹색 필터가 장착된 광도계로 측정한 다섯 용액의 흡광도는 각기 0.240, 0.437, 0.621, 0.809, 1.009이었다(0.982 cm 셀). (a) 물 시료의 $Fe^{3+}$ 농도는 얼마인가? (b) 기울기, 절편, Fe 농도의 표준 편차를 구하시오.

**풀이**

(a) 이 문제에서 $c_s$ = 11.1 ppm, $V_x$ = 10.00 mL, $V_t$ = 50.00 mL이다. 자료를 도시하면 **그림 26-8**에 나타낸 것과 같이 Beer 법칙을 따름을 알 수 있다. 그림 26-8에 있는 직선의 식을 구하기 위해 예제 8-4에 나타낸 과정을 따랐다. 결과는 $m$ = 0.03820이고 $b$ = 0.2412이므로

$$A_s = 0.03820V_s + 0.2412$$

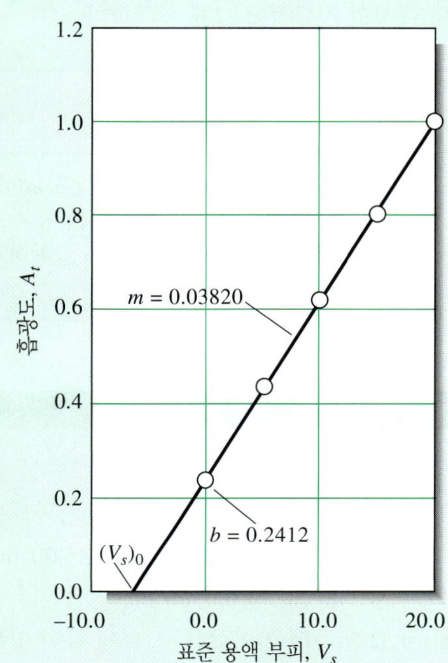


**그림 26-8** $Fe(SCN)^{2+}$ 착물의 형태로 $Fe^{3+}$를 정량하기 위한 표준물 첨가법의 그래프.

*(계속)*

식 (26-2)에 대입하면

$$c_x = \frac{(0.2412)(11.1 \text{ ppm Fe}^{3+})}{(0.03820 \cancel{\text{mL}^{-1}})(10.00 \cancel{\text{mL}})} = 7.01 \text{ ppm Fe}^{3+}$$

(b) 식 (8-16)과 식 (8-17)을 이용하여 기울기와 절편의 표준 편차를 계산한다. 그러면 $s_m = 3.07 \times 10^{-4}$이고 $s_b = 3.76 \times 10^{-3}$이다.

식 (26-3)에 대입하면 다음 결과를 준다.

$$s_c = 7.01 \text{ ppm Fe}^{3+}\sqrt{\left(\frac{3.07 \times 10^{-4}}{0.03820}\right)^2 + \left(\frac{3.76 \times 10^{-3}}{0.2412}\right)^2}$$

$$= 0.12 \text{ ppm Fe}^{3+}$$

시간과 시료를 아끼기 위해서는 시료에 두 번만 첨가하여 표준물 첨가법을 수행할 수 있다. 이때 두 개의 시료 중 하나에 $V_s$ mL의 표준물질을 한 번 첨가하면 다음과 같다.

$$A_1 = \varepsilon b c_x$$

$$A_2 = \frac{\varepsilon b V_x c_x}{V_t} + \frac{\varepsilon b V_s c_s}{V_t}$$

여기서 $A_1$과 $A_2$는 각각 시료의 흡광도와 시료에 표준물을 합한 것의 흡광도이다. 그리고 $V_t$는 $V_x + V_s$이다. 첫 번째 식을 $\varepsilon b$에 대해 풀어 두 번째 식에 대입하고 $c_x$에 대해 풀면 다음을 얻는다.

$$c_x = \frac{A_1 c_s V_s}{A_2 V_t - A_1 V_x} \quad \textbf{(26-4)}$$

한 점 표준물 첨가법은 다중 표준물 첨가법보다 위험하다. 한 점 방법에는 직선성에 대한 점검이 불가능하여 결과는 한 번의 측정의 정확성에 크게 의존한다.

**스프레드시트 요약** *Applications of Microsoft® Excel in Analytical Chemistry* 2판 12장에서 용액의 농도를 구하기 위한 다중 표준물 첨가법을 살펴본다. 자료를 최소 제곱법으로 처리하면 시료의 농도뿐만 아니라 측정된 농도의 불확정도까지 구할 수 있다.

**예제 26-2**

몰리브데넘 블루 방법으로 인산 이온의 농도를 측정하기 위하여 단일 점 표준물 첨가법을 사용하였다. 소변 시료 2.00 mL를 820 nm의 빛을 흡수하는 착물을 만드는 몰리브데넘 블루 시약으로 처리하고, 시료를 100 mL로 묽혔다. 이 용액 25.00 mL는 0.428 (용액 1)의 흡광도를 나타내었다. 다른 25.0 mL에 0.0500 mg 인산 이온을 포함한 용액 1.00 mL를 첨가하여 측정하니 0.517 (용액 2)이었다. 시료에 들어 있는 인산 이온의 농도를 인산 이온 mg/시료 mL 단위로 구하시오.

**풀이**

이 경우에는 식 (26-4)에 대입하여 다음과 같은 결과를 얻을 수 있다.

$$c_x = \frac{A_1 c_s V_s}{A_2 V_t - A_1 V_x} = \frac{(0.428)(0.0500 \text{ mg } PO_4^{3-}/\text{mL})(1.00 \text{ mL})}{(0.517)(26.00 \text{ mL}) - (0.428)(25.00 \text{ mL})}$$

$$= 0.0780 \text{ mg } PO_4^{3-}/\text{mL}$$

이것은 희석된 시료의 농도이다. 원래 소변 시료의 농도를 구하기 위해서는 100.00/2.00을 곱해야 한다. 따라서

$$\text{인산 이온의 농도} = 0.0780 \frac{\text{mg}}{\text{mL}} \times \frac{100.00 \text{ mL}}{2.00 \text{ mL}}$$

$$= 0.390 \text{ mg/mL}$$

**혼합물의 분석.** 어느 주어진 파장에서의 용액의 전체 흡광도는 용액내의 각 성분 물질의 흡광도의 합과 같다[식 (24-14)]. 이런 관계는 각 성분들의 스펙트럼이 완전히 겹치더라도 원리상 각각의 농도를 결정하는 것을 가능하게 한다. 예를 들어, **그림 26-9**는 화학종 M과 화학종 N의 혼합물 용액의 스펙트럼을 각각의 성분 물질에 대한 흡수 스펙트럼과 함께 보여주고 있다. 어느 파장에서도 흡광도가 성분 물질 중의 오직 한 가지에 의해 좌우되지는 않는다. 이 혼합물을 분석하기 위해서는 시료의 흡광도를 포함하는 전체 흡광도 영역에서 Beer 법칙이 성립하는 표준물을 사용하여 파장 $\lambda_1$ 및 $\lambda_2$에서 M와 N의 몰 흡광계수를 먼저 결정하여야 한다. 선택한 파장은 두 스펙트럼이 크게 차이가 나는 곳임을 주목하시오. 따라서 $\lambda_1$에서 성분 물질 M의 몰 흡광계수가 N의 것보다 훨씬 크다. $\lambda_2$에서는 그 역이 성립한다. 분석을 완결하기 위해서는 혼합물의 흡광도를 위의 두 파장에서 결정하여야 한다. 알려진 몰 흡광계수와 셀의 길이로부터 다음 식이 성립한다.

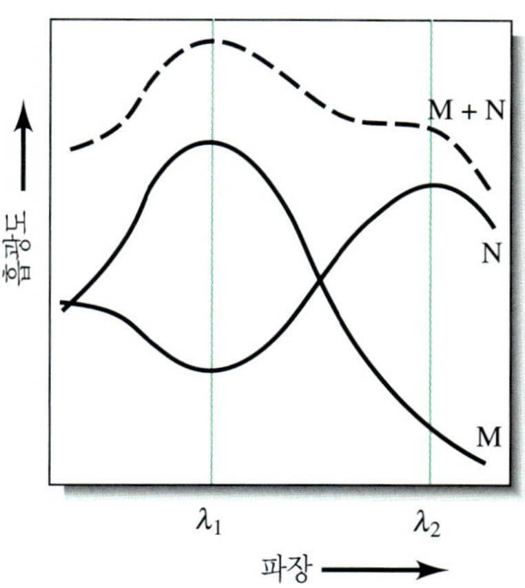


**그림 26-9** 두 성분 혼합물(M + N)의 흡수 스펙트럼과 각 성분 M과 N의 흡수 스펙트럼.

$$A_1 = \varepsilon_{M_1} b c_M + \varepsilon_{N_1} b c_N \quad \textbf{(26-5)}$$

$$A_2 = \varepsilon_{M_2} b c_M + \varepsilon_{N_2} b c_N \quad \textbf{(26-6)}$$

아래 첨자 1은 $\lambda_1$에서의 측정을, 아래 첨자 2는 $\lambda_2$에서의 측정을 나타낸다. $\varepsilon$와 $b$ 값이 알려진 경우 식 (26-5)와 식 (26-6)은 두 미지수 $c_M$과 $c_N$에 대한 두 식이며 예제 26-3에서와 같이 풀 수 있다.

**예제 26-3**

팔라듐(II) 및 금(III)은 methiomeprazine ($C_{19}H_{24}N_2S_2$)과의 반응을 통하여 동시에 분석할 수 있다. 팔라듐 착물의 흡수 최대점은 480 nm에서 생기고 금 착물의 경우 635 nm에서 생긴다. 이 파장에서 몰 흡광계수 자료는 아래와 같다.

(계속)

| | $\varepsilon$, L mol$^{-1}$cm$^{-1}$ | |
|---|---|---|
| | **480 nm** | **635 nm** |
| Pd 착물 | $3.55 \times 10^3$ | $5.64 \times 10^2$ |
| Au 착물 | $2.96 \times 10^3$ | $1.45 \times 10^4$ |

시료 25.0 mL를 과량의 methiomeprazine으로 처리한 후 50.0 mL로 묽혔다. 묽힌 용액을 1.00 cm인 셀로 측정하였을 때 흡광도가 480 nm에서 0.533, 635 nm에서 0.590일 경우 팔라듐(II)의 몰농도, $c_{Pd}$와 금(III)의 몰농도, $c_{Au}$를 계산하시오.

**풀이**

480 nm에서 식 (26-5)에 따라

$$A_{480} = \varepsilon_{Pd(480)} b c_{Pd} + \varepsilon_{Au(480)} b c_{Au}$$

$$0.533 = (3.55 \times 10^3\ M^{-1}\ \cancel{cm^{-1}})(1.00\ \cancel{cm})c_{Pd} + (2.96 \times 10^3\ M^{-1}\cancel{cm^{-1}})(1.00\ \cancel{cm})c_{Au}$$

또는

$$c_{Pd} = \frac{0.533 - 2.96 \times 10^3\ M^{-1} c_{Au}}{3.55 \times 10^3\ M^{-1}}$$

635 nm에서 식 (26-6)에 따라

$$A_{635} = \varepsilon_{Pd(635)} b c_{Pd} + \varepsilon_{Au(635)} b c_{Au}$$

$$0.590 = (5.64 \times 10^2\ M^{-1}\ \cancel{cm^{-1}})(1.00\ \cancel{cm})c_{Pd} + (1.45 \times 10^4\ M^{-1}\ \cancel{cm^{-1}})(1.00\ cm)c_{Au}$$

여기서 $c_{Pd}$를 대입하면

$$0.590 = \frac{(5.64 \times 10^2\ M^{-1})(0.533 - 2.96 \times 10^3\ M^{-1} c_{Au})}{3.55 \times 10^3\ M^{-1}} + (1.45 \times 10^4\ M^{-1})c_{Au}$$

$$= 0.0847 - (4.70 \times 10^2\ M^{-1})c_{Au} + (1.45 \times 10^4\ M^{-1})c_{Au}$$

$$c_{Au} = \frac{(0.590 - 0.0847)}{(1.45 \times 10^4\ M^{-1} - 4.70 \times 10^2\ M^{-1})} = 3.60 \times 10^{-5}\ M$$

그리고

$$c_{Pd} = \frac{0.533 - (2.96 \times 10^3\ \cancel{M^{-1}})(3.60 \times 10^{-5}\ M)}{3.55 \times 10^3\ \cancel{M^{-1}}} = 1.20 \times 10^{-4}\ M$$

분석 과정에서 두 배로 묽혔으므로, 원래 시료의 팔라듐(II) 및 금(III)의 농도는 각각 $7.20 \times 10^{-5}$ M과 $2.40 \times 10^{-4}$ M이다.

흡수 화학종을 셋 이상 포함한 혼합물은 추가되는 각 성분마다 흡광도 측정을 한 번씩 더 하면 적어도 원리상으로는 분석이 가능하다. 그러나 결과로서 얻은 데이터의 불확정도는 측정 횟수가 증가할수록 커진다. 컴퓨터화된 신형 분광 광도계 중 어떤 것은 흡수 화학종의 수보다 계를 더 많이 측정함으로써 이런 불확정도를 최소화한다. 즉, 이 기기들은 미지 흡수 화학종의 수보다 데이터 점을 더 많이 사용하고 여러 농도의 성분들에 대한 합성 스펙트럼을 얻어내어 미지 용액의 전체 스펙트럼과 가능하면 같게 되도록 한다. 이렇게 얻은 스펙트럼을 분석물의 스펙트럼과 일치할 때까지 비교해 간다. 물론 각 성분의 표준 용액에 대한 스펙트럼이 필요하다.

**스프레드시트 요약** *Applications of Microsoft® Excel in Analytical Chemistry* 2판 12장에서 혼합물 시료의 농도를 구하기 위한 계산표 방법을 사용하였다. 여러 개의 연립 방정식을 풀기 위한 방법으로 연속적인 대입법(iterative method), determinant 법, 매트릭스 처리법을 사용하였다.

## » 기기적인 불확정도의 영향[7]

분광 광도법 분석의 정확도와 정밀도는 기기와 관련 있는 불가측 오차 또는 잡음에 의해 종종 제한을 받는다. 앞에서 지적한 바와 같이 분광 광도법의 흡광도 측정은 0% $T$ 조정, 100% $T$ 조정, % $T$의 측정 등 세 단계를 필요로 한다. 각 단계와 관련된 불가측 오차들이 합쳐져서 마지막 $T$ 값에 알짜 불가측 오차로 나타난다. $T$의 측정에서 생기는 잡음과 이로 인해 생기는 *농도의 불확정도* 사이의 관계는 Beer 법칙을 다음과 같이 적어서 유도할 수 있다.

이 설명의 문장에서 **잡음(noise)**이란 전기적 요동에서 뿐만 아니라 계기의 눈금을 읽는 방법, 빛살이 지나가는 셀의 위치, 용액의 온도, 그리고 광원의 출력 등과 같은 여러 변수에 의한 기기 출력의 우발적 요동을 말한다

$$c = -\frac{1}{\varepsilon b}\log T = \frac{-0.434}{\varepsilon b}\ln T$$

$\varepsilon b$ 상수로 유지하면서 이 식을 편미분하면 다음과 같이 나타난다.

$$\partial c = \frac{-0.434}{\varepsilon b T}\partial T$$

여기서 $\partial c$는 $T$에서의 잡음(또는 불확정도) $\partial T$로부터 생기는 $c$의 불확정도라고 할 수 있다. 이 식을 앞의 식으로 나누면 다음과 같다.

$$\frac{\partial c}{c} = \frac{0.434}{\log T}\left(\frac{\partial T}{T}\right) \qquad \textbf{(26-7)}$$

여기서 $\partial T/T$는 세 측정 단계에서 잡음에 기여하는 $T$의 상대 불가측 오차이며, $\partial c/c$는 이로 인해 생긴 농도의 상대 불가측 오차이다.

불가측 오차 $\partial T$에 대한 가장 유용하고 좋은 측정은 표준 편차 $\sigma_T$인데, 이것은 흡수 용액의 투광도를 20회 이상 주어진 기기에서 반복 측정하면 쉽게 구할 수 있다. $\sigma_T$와 $\sigma_c$를 식 (26-5)에 해당되는 미분치에 대입하면 다음과 같다.

$$\frac{\sigma_c}{c} = \frac{0.434}{\log T}\left(\frac{\sigma_T}{T}\right) \qquad \textbf{(26-8)}$$

여기서 $\sigma_T/T$는 투광도의 상대 표준 편차이고, $\sigma_c/c$는 결과적으로 나타나는 농도의 상대 표준 편차이다.

식 (26-8)은 광도법으로 농도를 측정할 때의 불확정도는 투광도의 크기에 따라 복잡하게 변한다는 것을 나타낸다. 불확정도 $\sigma_T$도 여러 상황에서 $T$에 의존하기 때

[7] 더 자세한 것은 다음을 보시오. J. D. Ingle Jr. and S. R. Crouch, *Analytical Spectroscopy*. Ch 5. Englewood Cliffs, NJ: Prentice-Hall, 1988; J. Galbán, S. de Marcos, I. Sanz, C. Ubide, and J. Zuriarrain, *Anal. Chem.*, **2007**, *79*, 4763, **DOI:** 10.1021/ac071933h.

**표 26-4**

**투광도 측정에서 생기는 기기에 의한 불가측 오차의 종류**

| 종류 | 원인 | 농도의 상대 표준 편차에 대한 $T$의 영향 | |
|---|---|---|---|
| $\sigma_T = k_1$ | 판독 장치의 분리능, 열 검출기의 잡음, 암 전류와 증폭기의 잡음 | $\frac{\sigma_c}{c} = \frac{0.434}{\log T}\left(\frac{k_1}{T}\right)$ | **(26-9)** |
| $\sigma_T = k_2\sqrt{T^2 + T}$ | 광 검출기의 산탄 잡음 | $\frac{\sigma_c}{c} = \frac{0.434}{\log T} \times k_2\sqrt{1 + \frac{1}{T}}$ | **(26-10)** |
| $\sigma_T = k_3T$ | 셀 위치의 불확정도, 광원 세기의 요동 | $\frac{\sigma_c}{c} = \frac{0.434}{\log T} \times k_3$ | **(26-11)** |

*참고:* $\sigma_T$는 투광도의 표준 편차, $\sigma_c/c$는 농도의 상대 표준 편차, $T$는 투광도, $k_1$, $k_2$, $k_3$는 기기의 상수.

분광 광도법을 사용한 농도 측정의 불확정도는 복잡한 방식으로 투광도(흡광도)의 크기에 의존한다. 불확정도는 $T$에 무관할 수도 있고, $\sqrt{T^2 + T}$에 비례할 수도 있고 혹은 $T$에 비례할 수도 있다.

문에 이 식에서 보여주는 것보다도 사정은 더 복잡하다. 상세한 이론적 및 실험적 연구로 Rothman, Crouch, Ingle[8] 등은 기기적 불가측 오차의 몇 가지 원인을 열거하고 농도 측정의 정밀도에 미치는 오차의 알짜 효과를 설명하였다. 이런 오차들은 다음 세 종류로 나누어진다. $\sigma_T$의 크기가 (1) $T$에 무관하다. (2) $\sqrt{T^2 + T}$에 비례한다. (3) $T$에 비례한다. **표 26-4**에는 이런 불확정도의 원인에 대한 정보를 요약해 놓았다. 첫 번째 열에 있는 $\sigma_T$에 대한 세 개의 관계식을 식 (26-8)에 대입하면, 농도의 상대 표준 편차 $\sigma_c/c$에 대한 세 개의 식을 얻을 수 있다. 이 유도된 식들은 표 26-4의 세 번째 열에 나타나 있다.

**$\sigma_T = k_1$일 때의 농도 오차.** 많은 광도계와 분광 광도계의 경우 $T$를 측정하는 데 있어서의 표준 편차는 일정하고 $T$의 크기에 무관하다. 이런 종류의 불가측 오차는 직시식(direct-reading) 기기에서 일어나고 계기 눈금 크기의 분리능이 어느 정도 제한적이기 때문에 발생한다. 전형적인 눈금의 크기는 눈금 읽기의 재현성이 전체 범위의 값의 십분의 몇 퍼센트보다 좋지 못하게 되어 있으며 이 불확정도의 크기는 눈금의 한 쪽 끝부터 다른 쪽 끝까지 똑같다. 전형적인 값싼 기기의 경우, 약 0.003 $T$의 표준 편차($\sigma_T = \pm 0.003$)가 관찰된다.

**예제 26-4**

기기의 전 투광도 범위에서 절대 표준 편차가 ±0.003를 보이는 기기를 사용하여 분광 광도법 분석을 하였다. 분석물 용액의 흡광도가 (a) 1.000 및 (b) 2.000일 때 이 불확정도로부터 생기는 농도의 상대 표준 편차를 계산하시오.

**풀이**

(a) 흡광도를 투광도로 전환하기 위하여 다음과 같이 쓸 수 있다.

$$\log T = -A = -1.000$$
$$T = \text{antilog}(-1.000) = 0.100$$

[8] L. D. Rothman, S. R. Crouch, and J. D. Ingle, Jr., *Anal. Chem.*, **1975**, *47*, 1226, **DOI:** 10.1021/ac60358a029.

이 기기에서 $\sigma_T = k_1 = \pm 0.003$ (표 26-4의 첫 번째 항 참조).
이 값과 $T = 0.100$을 식 (26-8)에 대입하면 다음을 얻는다.

$$\frac{\sigma_c}{c} = \frac{0.434}{\log 0.100}\left(\frac{\pm 0.003}{0.100}\right) = \pm\ 0.013 \quad (1.3\%)$$

(b) A = 2.000일 때, $T = \text{antilog}(-2.000) = 0.010$

$$\frac{\sigma_c}{c} = \frac{0.434}{\log 0.010}\left(\frac{\pm 0.003}{0.010}\right) = \pm\ 0.065 \quad (6.5\%)$$

**그림 26-10**에서 곡선 *A*에 그려진 데이터들은 예제 26-4에 있는 것들과 비슷한 계산에서 얻은 것이다. 농도에서의 상대 표준 편차는 흡광도가 약 0.5인 점에서 최소값을 지나고 흡광도가 약 0.1보다 작거나 대략 1.5 정도보다 커지면 급격히 증가하는 것을 주목하시오.

**그림 26-11a**는 실험적으로 결정한 농도의 상대 표준 편차를 흡광도의 함수로서 도시한 것이다. 이것은 그림 25-19에 나타낸 값싼 분광 광도계로 얻은 것이다. 이 곡선과 그림 26-10의 곡선 *A*가 아주 비슷한 것은 연구에 사용한 기기가 약 ±0.003 *T*의 절대 불가측 오차의 영향을 받으며 이 오차는 투광도 값에 의존하지 않는다는 것을 가리킨다. 이 불확정도의 원인은 아마도 투광도 눈금의 제한된 분리능에 기인하는 것 같다. 적외선 분광 광도계도 투광도와 무관한 불가측 오차를 보여준다. 이런 기기를 이용할 경우 이 오차의 원인은 열 검출기에 있다. 이런 종류의 변환기의 출력에서의 요동은 출력과는 무관하며 실제로 요동은 복사선이 없는 경우에도 관찰된다. 적외선 분광 광도계로부터 실험적으로 얻은 데이터를 도시하면 그림 26-11a의 모양과 비슷해진다. 그러나 적외선 측정의 경우 표준 편차가 크기 때문에 곡선이 위로 이동한다.

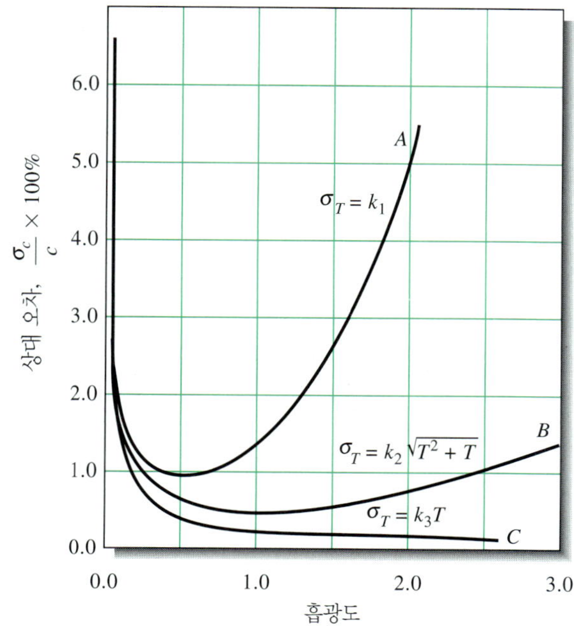


**그림 26-10** 여러 종류의 기기적 불확정도에 대한 오차 곡선.

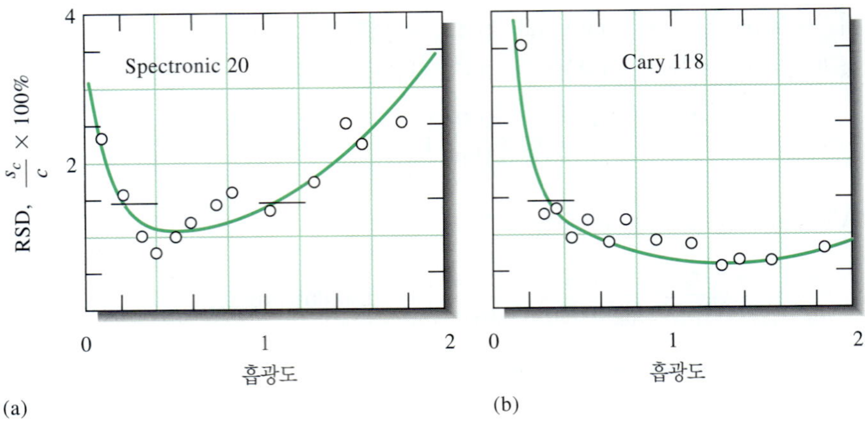


**그림 26-11** 농도의 상대 불확정도와 흡광도와의 관계를 보여주는 두 분광 광도계에 대한 실험 곡선. 데이터는 (a) 저가의 기기인 Spectronic 20 (그림 25-19)와 (b) 연구용 수준의 기기인 Cary 118을 사용하여 측정하였다.
(W. E. Harris and B. Kratochvil, *An Introduction to Chemical Analysis,* p. 384. Philadelphia: Saunders College Publishing, 1981.에서 허가받고 인용.)

**$\sigma_T = k_2\sqrt{T^2 + T}$일 때의 농도 오차.** 이 종류의 불가측 불확정도는 최고급 분광 광도계의 특성이다. 이것의 원인은 광전 증배관과 광전관의 출력을 평균값 부근에서 불규칙적으로 요동하게 하는 소위 산탄 잡음이다. 표 26-4에 있는 식 (26-10)은 농도 측정의 상대 표준 편차에 미치는 산탄 잡음의 효과를 나타낸 것이다. 이 관계를 도시하면 그림 26-10의 곡선 *B*로 나타난다. 이 데이터를 얻을 때, $k_2$는 고급 분광 광도계의 전형적인 값인 $k_2 = \pm 0.003$으로 가정하였다.

그림 26-11b는 고품질의 연구용 자외선/가시선 분광 광도계로부터 얻은 실험 데이터를 도시한 것이다. 주목할 점은 값싼 기기와는 대조적으로 여기서는 데이터의 질을 크게 저하시키지 않고 흡광도 2.0 이상을 측정할 수 있다는 것이다.

**$\sigma_T = k_3T$일 때의 농도 오차.** $\sigma_T = k_3T$를 식 (26-8)에 대입하면 이런 종류의 불확정도로부터 얻은 농도의 상대 표준 편차는 투광도의 값에 반비례하는 것을 보여준다[표 26-4에 있는 식 (26-11)]. 그림 26-10의 곡선 *C*는 식 (26-11)을 도시한 그림인데, 이 종류의 불확정도는 낮은 흡광도(높은 투광도)에서는 크지만 높은 흡광도에서는 0에 접근한다는 것을 보여준다.

낮은 흡광도에서 고급의 겹살 기기를 사용하여 얻은 정밀도는 식 (26-11)로 설명할 수 있다. 이런 거동을 보이는 원인은 반복 측정 시 시료 셀을 빛살이 지나가는 위치에 재현성 있게 놓지 못한 데 있다. 위치 의존성은 셀 창의 불완전성에 의해 생기는데, 이들 때문에 반사 손실과 투과성이 창의 위치에 따라 변하게 한다.

일반적인 방법으로 얻은 흡광도 측정의 정밀도와 반복 측정할 용액을 주사기로 주입하고 용기는 그 자리에 그대로 둔 채 측정한 경우의 정밀도를 비교할 수 있다. 고급 분광 광도계로 이런 실험을 하여 $k_3$ 값으로 0.013을 얻었다.[9] 그림 26-10의 곡선 *C*는 이 숫자 값을 식 (26-11)에 대입하여 얻은 것이다. 셀의 위치에서 생기는 오차는 측정할 때마다 셀을 다시 넣는 모든 종류의 분광 광도법 측정에 영향을 미친다.

광원 세기의 요동도 식 (26-11)로 나타낸 표준 편차를 만들어 낸다. 이런 거동은 가끔 불안정한 전원 공급기를 가지고 있는 저렴한 홑살 기기 및 적외선 기기에서 때때로 나타난다.

[9] L. D. Rothman, S. R. Crouch, and J. D. Ingle, Jr., *Anal. Chem.*, **1975**, *47*, 1226, **DOI:** 10.1021/ac60358a029.

**스프레드시트 요약** *Applications of Microsoft® Excel in Analytical Chemistry* 2판 12장에서 그림 26-10, 26-11에서와 같은 오차 곡선을 묘사함으로써 분광 광도법 측정에서의 오차를 학습한다.

## ▸ 26A-4 광도법 및 분광 광도법 적정

광도법 및 분광 광도법 측정은 적정의 당량점을 알아내는 데 유용하다.[10] 흡수 측정을 적정에 응용하려면 반응물들이나 생성물 중에서 적어도 하나 이상이 복사선을 흡수하거나 아니면 흡수 지시약이 반드시 있어야 한다.

### » 적정 곡선

광도법 적정 곡선은 흡광도(부피 변화에 대해 보정된)를 적정 시약 부피의 함수로 도시한 것이다. 조건을 적절하게 선택하면 이 곡선은 기울기가 다른 두 개의 직선 부분으로 되는데, 하나는 적정 출발점에서 다른 하나는 당량점을 훨씬 지난 부분에 있다. 종말점은 두 직선을 연장하여 만나는 점을 취한다.

그림 26-12는 전형적인 광도법 적정 곡선을 보여 준다. 그림 26-12a는 반응에 의해 색깔이 없어지는 흡수 적정 시약으로 비흡수 화학종을 적정한 곡선이다. 예로는 싸이오황산(thiosulfate) 이온을 삼아이오딘화(triiodide) 이온으로 적정하는 것이 있다. 무색의 반응물로 부터 흡수 생성물이 만들어지는 것에 대한 적정 곡선은 그림 26-12b에 보였다. 예를 들면 아이오딘산(iodate) 이온 표준 용액으로 아이오딘화(iodide) 이온을 적정하여 삼아이오딘화 이온을 생성하는 것이 있다. 나머지 그림들은 분석물, 적정 시약 및 생성물들의 일부가 흡수할 때 이들의 여러 가지 조합에 의해 얻어지는 적정 곡선들을 나타낸 것이다.

외삽할 수 있는 직선 부분을 가진 적정 곡선을 얻으려면, 흡수계가 Beer 법칙을 따라야 한다. 더욱이 흡광도는 측정된 흡광도에 $(V + v)/V$를 곱하여 부피 변화에 대한 보정을 해야 한다. 여기서 $V$는 용액의 초기 부피이고, $v$는 첨가된 적정 시약의 부피이다. 어떤 경우에는 Beer 법칙이 엄격하게 적용되지 않는 계에서조차도 적절한 종말점이 얻어질 수 있다. 적정 곡선의 기울기가 급격하게 변하는 점은 종말점의 부피를 나타내는 신호가 된다.

### » 기기 장치

광도법 적정은 일반적으로 적정 용기를 빛의 경로에 놓이도록 개량한 분광 광도계 또는 광도계를 이용한다. 기기를 적당한 파장에 고정시킨 후(또는 적당한 필터를 삽입한 후), 일반적인 방법으로 0% $T$ 조정을 한다. 분석물 용액을 통과하여 검출기로 향하는 복사선을 이용하여 흡광도를 쉽게 읽을 수 있도록 광원의 세기 또는 검출기의 감도를 바꾸어 기기를 조정한다. 종말점 검출은 상대 흡광도 값으로도 충분하므로 보통 정확한 흡광도를 측정할 필요는 없다. 다음에 기기 조정을 바꾸지 않고 적정 데이터를 모은다. 광도법 적정 동안 광원의 세기와 검출기의 감응은 일정

---

[10] 더 많은 정보를 위해서는 다음을 참고하시오. J. B. Headridge, *Photometric Titrations*. New York: Pergamon Press, 1961.

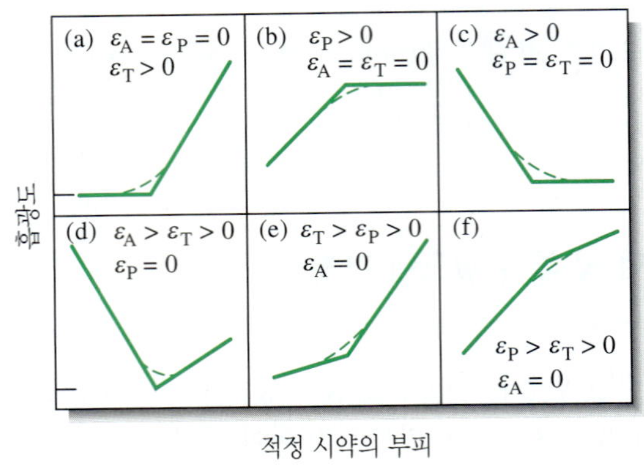


**그림 26-12** 전형적인 광도법 적정 곡선, 반응물, 생성물 및 적정액의 몰 흡광계수는 각각 $\varepsilon_A$, $\varepsilon_P$, $\varepsilon_T$이다.

하게 유지되어 있어야 한다. 일반적으로 원통형 용기가 사용되는데, 용기가 움직이면 복사선 경로의 길이가 변화될 수 있으므로 주의하여야 한다. 광도법 적정에는 필터 광도계 및 분광 광도계 모두 사용되고 있다. 그러나 분광 광도계가 좁은 띠너비를 가지고 있어서 Beer 법칙을 따를 확률이 높으므로 더 많이 애용된다.

## » 광도법 적정의 응용

광도법 적정은 때로는 직접적인 광도법 측정보다 더 정확하다.

광도법 적정은 몇 번 측정한 데이터를 모아서 종말점을 결정하기 때문에 직접 광도법으로 구한 것보다 더 정확한 결과를 얻을 수 있다.

더욱이 흡광도의 변화만을 측정하기 때문에 다른 흡수 화학종이 있어도 방해가 되지 않는다.

광도법 종말점의 장점 중의 하나는 실험 데이터를 당량점에서 멀리 떨어진 곳에서 취한다는 것이다. 따라서 당량점 부근에서의 측정값에 의존하는 적정(예를 들면 전위차법 또는 지시약 종말점법)에 필요한 만큼 반응 평형 상수가 클 필요는 없다. 같은 이유로 인하여 더 묽은 용액도 적정할 수 있다.

광도법 종말점은 모든 종류의 반응에 응용되고 있다. 예를 들면, 대부분의 표준 산화제는 특성 흡수 스펙트럼을 가지고 있으므로 광도법으로 검출할 수 있는 종말점이 생긴다. 비록 산이나 염기의 표준물질은 흡수하지 않지만 산/염기 지시약을 사용하면 광도법 중화 적정을 할 수 있다. 광도법 종말점을 이용하면 EDTA 및 다른 착물 적정에도 대단히 유리하다. **그림 26-13**은 이 방법을 비스무트(III)와 구리(II)의 연속 적정에 응용하는 것을 보여준다. 양이온, 적정 시약 및 적정의 첫 단계에서 생성된 비스무트의 착물 등은 745 nm에서 흡수하지 않지만 구리의 착물은 흡수한다. 따라서 비스무스-EDTA 착물이 형성되는($K_f = 6.3 \times 10^{22}$) 적정의 초기 동안에는 모든 비스무트가 적정될 때까지 용액은 흡광도를 나타내지 않는다. 구리의 착물이 처음 생성되면($K_f = 6.3 \times 10^{18}$) 흡광도가 증가하기 시작하며, 구리의 당량점에 도달할 때까지 계속 증가한다. 당량점 이후에는 시약을 첨가하여도 흡광도의 변화는 일어나지 않는다. 따라서 선명한 두 개의 종말점을 얻는다(그림 26-13).

광도법 종말점은 침전 적정법에도 이용되어 왔다. 이 경우 서스펜션된 고체 생성물이 산란을 일으켜 복사선의 세기를 감소시키므로 적정은 혼탁도가 일정해질 때까지 행하면 된다. 이런 형태의 종말점 검출법을 **비탁법**(turbidimetry)이라 하는데, 이는 검출기에 도달하는 빛의 양은 용액의 **탁도**(turbidity)에 대한 측정이기 때문이다.

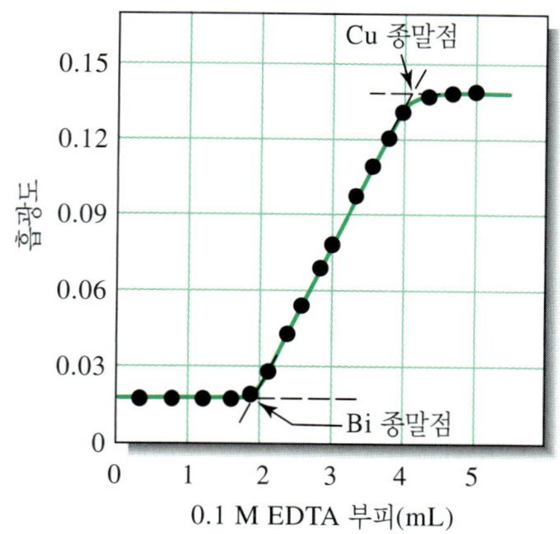


**그림 26-13** $Bi^{3+}$와 $Cu^{2+}$의 농도가 각각 $2.0 \times 10^{-3}$ M인 혼합 용액 100 mL에 대한 745 nm에서의 광도법 적정 곡선. (A. L. Underwood, *Anal. Chem.*, **1954**, *26*, 1322.에서 American Chemical Society의 허락을 받고 인용.)

**스프레드시트 요약** *Applications of Microsoft® Excel in Analytical Chemistry* 2판 12장에서 분광 광도법 적정에서의 자료의 처리 방법에 대해 학습한다. 우리는 적정 자료를 최소 제곱법으로 처리하고 이 결과를 이용하여 분석물의 농도를 결정한다.

## ▸ 26A-5 착이온에 대한 분광 광도법 연구

분광 광도법은 용액 중의 착이온의 조성을 밝히고 그들의 형성 상수를 결정하는 좋은 수단이다. 이 방법은 평형을 교란시키지 않고도 정량적 흡수 측정을 할 수 있다는 강점이 있다. 착물에 대한 대부분의 분광 광도법 연구는 반응물 또는 생성물이 흡수하는 계에 대해 행해지지만 비흡수계도 성공적으로 연구될 수 있다. 예를 들면, 흡수 화학종인 1,10-페난스롤린의 철(II) 착물 용액에 비흡수 리간드의 양을 변화시켜가며 첨가하여 혼합할 때 일어나는 색깔의 감소를 측정하면 철(II)과 비흡수 리간드의 착물에 대한 조성 및 형성 상수를 구할 수 있을 것이다. 이 방법이 성공하기 위해서는 1,10-페난스롤린 착물의 형성 상수($K_f = 2 \times 10^{21}$)와 조성(3:1)을 반드시 알아야 한다.

용액 내에 있는 착물의 조성은 착물을 실제 순수한 화합물의 형태로 분리해내지 않고도 결정할 수 있다.

착이온 연구에 이용되는 세 개의 가장 일반적인 방법은 (1) 연속 변화법, (2) 몰비법, 그리고 (3) 기울기비법 등이다.

### » 연속 변화법

연속 변화법에서는 분석 농도가 같은 양이온과 리간드 용액을 사용하여 각 혼합물에 있는 반응물들의 전체 부피와 전체 몰수가 일정하게 유지하고 반응물의 몰비는 체계적으로 변하도록(예를 들면, 9:1, 8:2, 7:3 등) 혼합한다. 다음에 적절한 파장에서 각 용액의 흡광도를 측정하고, 반응을 하지 않았는데도 혼합물이 나타내는 흡광도가 있으면 이에 대해 보정한다. 보정한 흡광도를 한 반응물의 부피 분율, 즉 $V_M/(V_M + V_L)$에 대하여 도시한다. 여기서 $V_M$은 양이온 용액 그리고 $V_L$은 리간드 용액의 부피이다. 전형적인 도시를 **그림 26-14**에 나타내었다. 최대 흡광도(착물이 반응물보다 적게 흡수하는 경우에는 최소 흡광도)는 착물에서 양이온과 리간드의 결합비에 해당하는 부피비 $V_M/V_L$에서 일어난다. 그림 26-14에서 $V_M/(V_M + V_L)$는 0.33이고 $V_L/(V_M + V_L)$는 0.66이며 따라서 $V_M/V_L$은 0.33/0.66이다. 이것은 착물

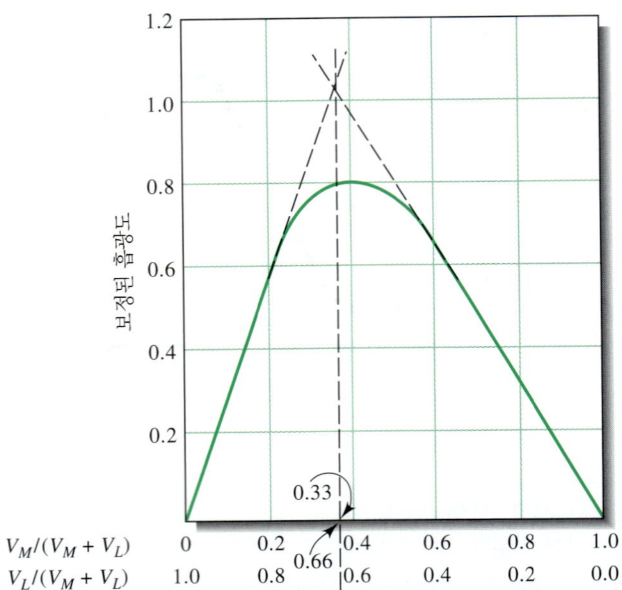


**그림 26-14** 1:2 착물인 $ML_2$에 대한 연속 변화법 도시.

이 $ML_2$의 화학식을 가짐을 암시한다.

그림 26-14에서 실험선의 곡면이 생긴 것은 착물 형성 반응이 불완전하기 때문이다. 착물에 대한 형성 상수는 이론적인 직선으로부터 벗어난 정도를 측정하여 구할 수 있다.

### » 몰비법

몰비법에서는 한 반응물(주로 양이온)의 분석 농도는 일정하게 유지하고 다른 것의 농도를 변화시킨 일련의 용액을 준비한다. 그리고 반응물의 몰비에 대한 흡광도를 도시한다. 만일 형성 상수가 상당히 크면, 기울기가 다른 두 직선이 얻어진다. 그 두 선은 착물 내의 결합비에 해당하는 몰비에서 교차한다. 전형적인 몰비법 도시를 **그림 26-15**에서 보여준다. 1:2 착물의 리간드는 선택된 파장에서 흡수를 하므로 당량점 이후의 기울기가 영보다 크다는 점을 주목하시오. 1:1 착물에서 시작점이 0보다 큰 흡광도를 가지므로 1:1 착물을 만드는 양이온이 착물을 이루지 않았을 때도 흡수한다고 추정된다.

형성 상수는 몰비법 도시에서 곡선 구간에 있는 데이터로부터 구할 수 있는데 이곳이 가장 반응이 불완전한 곳이다.

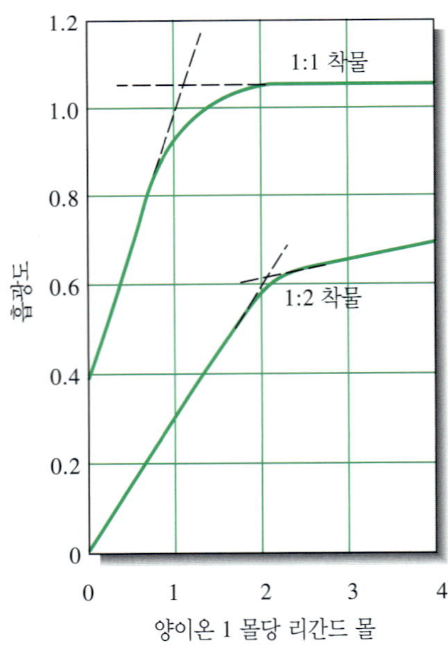


**그림 26-15** 1:1 및 1:2 착물에 대한 몰비법 도시. 두 착물 중에서 실험값에 의한 곡선이 연장 직선에 더 가까운 1:2 착물이 더 안정하다. 연장된 직선에 더 가까운 실험값 곡선을 나타내는 착물의 형성 상수가 더 크며, 연장된 직선에서 멀어질수록 착물 형성 상수가 작아진다.

**예제 26-5**

그림 26-15에서 나타낸 1:2 착물 형성 반응에 포함된 모든 화학종들의 평형 농도를 계산할 수 있을 만큼 충분한 식들을 유도하시오.

**풀이**

준비된 데이터로부터 두 개의 질량균형식을 적을 수 있다. 따라서 다음의 반응

$$M + 2L \rightleftharpoons ML_2$$

에 대하여 다음의 두 식을 적을 수 있다.

$$c_M = [M] + [ML_2]$$
$$c_L = [L] + 2[ML_2]$$

여기서 $c_M$과 $c_L$은 반응이 일어나기 전의 M과 L의 몰농도이다. 1 cm 셀에서 용액의 흡광도는

$$A = \varepsilon_M[M] + \varepsilon_L[L] + \varepsilon_{ML_2}[ML_2]$$

몰비법 도시로부터 $\varepsilon_M = 0$임을 알 수 있다. $\varepsilon_{ML}$ 및 $\varepsilon_{ML_2}$의 값은 곡선의 두 직선 부분으로부터 구할 수 있다. 그림의 곡선 영역에서 $A$를 한번 이상 측정하면 충분한 데이터가 얻어지며 세 화학종의 평형 농도를 계산할 수 있고 따라서 형성 상수도 계산할 수 있다.

몰비법 도시는 각 착물들의 몰 흡광계수가 다르고 각각의 형성 상수가 서로 크게 차이가 나는 경우, 연속적인 기울기 변화로부터 둘 이상의 착물들이 단계적으로 형성되는 것을 알 수 있게 한다.

### 》 기울기비법

이 방법은 약한 착물에는 특히 유용하지만 단일 착물이 형성되는 계에만 응용할 수 있다. 이 방법의 가정은 (1) 어느 한 반응물을 과잉으로 넣어주면 착물 형성 반응이 완결되고 (2) 이런 조건에서 Beer 법칙이 성립한다는 것이다.

다음 식처럼 $x$ 몰의 양이온 M과 $y$ 몰의 리간드 L 사이의 반응에 의해 착물 $M_xL_y$가 생성되는 반응을 고려해 보자.

$$xM + yL \rightleftharpoons M_xL_y$$

이 계에 대한 질량균형식은 다음과 같다.

$$c_M = [M] + x[M_xL_y]$$
$$c_L = [L] + y[M_xL_y]$$

여기서 $c_M$과 $c_L$은 두 반응물의 분석 몰농도이다. 이제 L의 분석 농도가 매우 높으면 평형이 훨씬 오른쪽으로 이동하여 $[M] \ll x[M_xL_y]$이 될 것이라고 가정하자. 이 조건에서 첫 번째 질량균형식은 다음과 같이 간단하게 된다.

$$c_M = x[M_xL_y]$$

만일 Beer 법칙으로 나타내면

$$A_1 = \varepsilon b[M_xL_y] = \varepsilon bc_M/x$$

$[M] \ll x[M_xL_y]$의 가정이 만족될 만큼 충분한 L이 있으면 $c_M$의 함수로 나타낸 흡광도의 그림은 항상 직선이다. 이 직선의 기울기는 $\varepsilon b/x$이다.

만일 $c_M$이 매우 클 때는 $[L] \ll y[M_xL_y]$로 가정할 수 있고, 이 경우 두 번째 질량균형식은 다음과 같이 간단히 할 수 있다.

$$c_L = y[M_xL_y]$$

그리고

$$A_2 = \varepsilon b[M_xL_y] = \varepsilon bc_L/y$$

역시 앞의 가정들이 타당하면, M의 농도가 높은 곳에서 $c_L$에 대해 $A_2$를 도시할 때 직선이 얻어진다. 이 직선의 기울기는 $\varepsilon b/y$이다.

다음과 같이 두 직선의 기울기비는 M과 L 사이의 결합비를 나타낸다.

$$\frac{\varepsilon b/x}{\varepsilon b/y} = \frac{y}{x}$$

**스프레드시트 요약** *Applications of Microsoft® Excel in Analytical Chemistry* 2판 12장에서 기울기와 절편값 기능을 이용하여 연속 변화법과 어떻게 삽입 그림을 넣는지를 학습한다.

## 26B 자동화된 광도법과 분광 광도법

화학 분석을 위한 최초의 완전히 자동화된 기기(Technicon AutoAnalyzer®)는 1957년에 시중에 나왔다. 이 기기는 혈액 및 소변 시료에 들어 있는 10여개 이상의 화학종을 일상적으로 분석하는 임상 실험실의 요구를 충족할 수 있도록 설계되었다. 현대 의학에서 요구되는 이런 분석 종류의 수는 무수히 많다. 따라서 분석의 단가를 합리적인 수준으로 유지하는 것이 필요하다. 이런 두 이유 때문에 최소한의 인력을 투입하여 동시에 여러 개의 분석을 수행하는 분석 시스템의 개발이 촉진되었다. 자동화 기기는 임상 실험실로부터 산업 공정의 통제 및 대기, 수질, 토양, 그리고 약품 및 농업 생산물에 있는 여러 가지 종류의 화학종을 분석하는 실험실로 확대되어 사용되고 있다. 대부분의 이런 응용에서 분석은 광도법, 분광 광도법, 또는 형광법 측정으로 이루어진다.

8C절에서 불연속, 그리고 연속 흐름법을 포함하여 여러 가지 자동화된 시료 처리법을 살펴보았다. 여기서는 광도계를 검출기로 이용하는 흐름 주입 분석법의 기기장치와 두 응용법을 살펴보기로 한다.

### ▸ 26B-1 기기장치

**그림 26-16a**는 가장 간단한 흐름 주입계의 흐름 도표이다. 염화 이온에 대한 발색 시약은 연동 펌프에 의해 주입 밸브로 직접 펌프질 된다. 시료는 이 주입 밸브를 통하여 흐름 속으로 주입된다. 그 후 시료와 발색 시약은 50 cm 반응 코일을 통과하는 데 여기서는 시약이 시료 플러그 속으로 확산되고 다음과 같은 반응에 의해 유색 생성물을 만들어 낸다.

$$Hg(SCN)_2(aq) + 2Cl^- \rightleftharpoons HgCl_2(aq) + 2SCN^-$$
$$Fe^{3+} + SCN^- \rightleftharpoons \underset{\text{붉은색}}{Fe(SCN)^{2+}}$$

반응 코일로부터 용액은 흡광도 측정을 위해 480 nm 간섭 필터를 갖춘 흐름형 광도계 속으로 들어간다.

5~75 ppm의 염화 이온을 포함하는 일련의 표준물질에 대한 기록기 출력을 그림 26-16b에 나타내었다. 이 계의 재현성을 보여주기 위하여 각 표준물질을 네 번씩 주입한 것에 주목하시오. 오른쪽의 두 곡선은 30 ppm ($R_{30}$)의 염화 이온을 포함

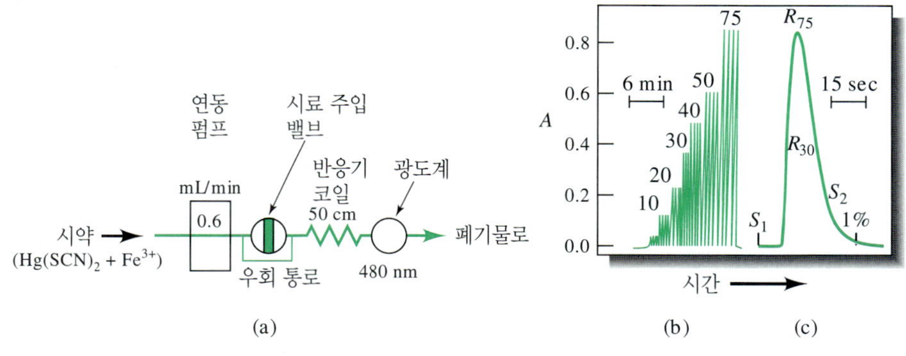


그림 26-16 염화 이온의 흐름 주입 측정법: (a) 흐름도. (b) 5~75 ppm의 염화 이온을 함유한 표준물을 네 번씩 주입한 기록계 출력 그림. (c) 주입과 주입 사이의 소량의 분석물 잔류량(1% 이하)을 보여주기 위한 두 개의 표준물에 대한 빠른 주사 측정. 1%라고 표시된 지점이 $S_2$에 주입된 시료가 감응하기 시작하는 점임을 주목하시오. (E. H. Hansen and J. Ruzicka, *J. Chem. Educ.,* **1979**, *56*, 677, **DOI**: 10.1021/ed056p677, American Chemical Society의 허락으로 수록.)

한 시료와 75 ppm ($R_{75}$)의 염화 이온을 함유한 또 다른 시료를 고속 기록기로 주사한 것이다. 이 곡선들은 비분절 흐름에서 상호 오염이 최소화된다는 것을 보여준다. 따라서 다음 주입 시간($S_2$)인 28초 뒤에는 첫 번째 분석물은 흐름 용기에 1% 이하만 존재한다. 이 계는 혈청 시료뿐만 아니라 소금기 있는 폐수에 존재하는 염화 이온을 일상적으로 정량하는 데 성공적으로 사용되고 있다.

### » 시료와 시약 운반계

대개 흐름 주입 분석법에서 용액은 연동 펌프에 의해 휘기 쉬운 관을 통해 운반된다. 연동 펌프란 금속 롤러에 의해 플라스틱 관에 있는 유체(액체 또는 기체)를 짜내는 장치이다. **그림 26-17**은 연동 펌프의 작동 원리를 보여주고 있다. 용수철이 달린 캠 또는 띠(band)는 두 개 이상의 롤러에 관을 대고 항상 조이므로 유체가 관을 통하여 연속적으로 흐르게 한다. 최신의 펌프는 대개 8개에서 10개의 롤러가 원형으로 배치되어 있어 항상 그 절반은 관을 압축하고 있다. 이러한 디자인은 상대적으로 유체를 펄스가 없이 흐르게 한다. 유속의 조절은 30 rpm보다 빨라야만 하는 모터의 속도와 관의 내경에 의해 이루어진다. 다양한 크기의 관(i.d. = 0.25~4 mm)이 구입 가능하여 유속은 최소 0.0005 mL/min에서 최대 40 mL/min까지 가능하다. 보편적으로 구입할 수 있는 연동 펌프의 롤러는 충분히 길어서 동시에 여러 개의 관을 다룰 수 있다. 흐름 주입 장치에서 흐름을 유도하기 위해 주사기 펌프(syringe pump)나 전기삼투가 사용되기도 한다. 흐름 주입 방법은 석영 유리 모세관이나(i.d. = 25~100 μm) **랩-온-어-칩**(Lab-on-a-chip) 기술(특집 8-1)을 통해 소형화되기도 했다.

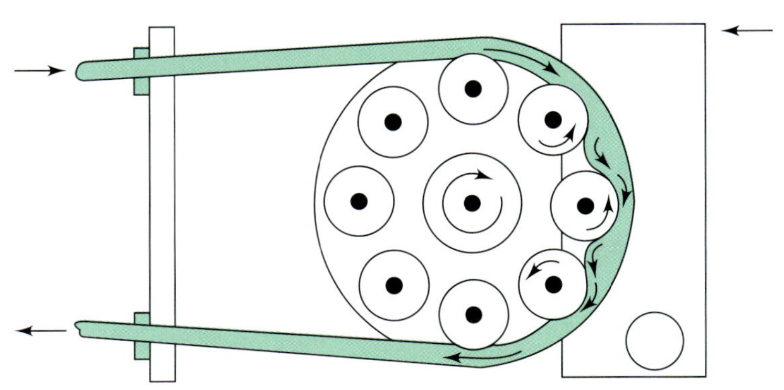

그림 26-17 연동 펌프의 한 채널을 보여주는 그림. 보여진 관 밑에 서너 개의 추가적인 관을 장착하여 시료와 시약 등을 추가로 공급할 수 있다. (B. Karlberg and G. E. Pacey, *Flow Injection Analysis. A Practical Guide,* New York: Elsevier, 1989. p. 34.에서 Elsevier의 허가아래 인용.)

### » 시료 주입기와 검출기

흐름 주입 분석에 사용되는 시료의 크기는 5~200 μL 범위인데, 대부분의 응용에서 10~30 μL 정도가 일반적이다. 성공적인 분석을 하기 위해서는 시료 용액이 액체의 펄스 또는 토막(plug)으로서 빨리 주입되는 것이 필수적이다. 게다가 시료 주입이 운반 유체 흐름을 교란하지 않아야 한다. 현재까지 가장 만족스러운 주입계는 크로마토그래피에서 사용되는 것과 비슷한 시료 루프(sampling loop)에 바탕을 두고 있다(예를 들어 그림 33-6 참조). 시료 루프의 작동 방법은 그림 26-16a에서 볼 수 있다. 그림에 나타낸 위치에 루프의 밸브가 있는 경우 시약은 우회 통로를 통하여 흐른다. 시료를 루프 속으로 주입하고 밸브를 90도 회전하면 시료는 제한된 한 토막 띠로 흐름속으로 흘러 들어간다. 실제로 시료 루프의 직경이 우회 통로관의 직경보다 충분히 크기 때문에 밸브가 이 위치에 있으면 우회 통로관을 통한 흐름은 중지된다.

흐름 주입 분석기는 펌프, 주입 밸브, 플라스틱 관 및 검출기로 구성되며 매우 간단하다. 필터 광도계와 분광 광도계는 가장 일반적인 검출기이다.

흐름 주입 과정에서 가장 일반적인 검출기는 분광 광도계, 광도계, 형광광도계이다. 전기화학 장치, 굴절계, 원자 방출 분광계, 원자 흡수 분광계 등도 사용되어 왔다.

### » 발전된 흐름 주입 기술[11]

흐름 주입 방법은 분리, 적정, 반응 속도론적 방법 등을 수행하기 위해 사용되어 왔다. 아울러 몇 가지 흐름 주입법의 변형법이 매우 유용한 것이 알려져 있다. 이러한 방법에는 흐름 반전 FIA, 순차 주입 FIA, 그리고 랩-온-어-밸브(lab-on-a-valve) 기술 등이 있다.

투석, 액체/액체 추출 그리고 기체 확산에 의한 분리는 흐름 주입 장치로 쉽게 자동으로 실행할 수 있다.

### ▸ 26B-2 흐름 주입 분석법의 전형적인 응용

그림 26-18은 아세틸살리실산 약품 제조에서 카페인을 클로로폼으로 추출한 후 카페인을 자동 분광 광도법으로 정량하기 위해 고안된 흐름 주입 장치를 보여준다. 클로로폼 용매는 증발을 최소화하기 위하여 얼음탕으로 냉각된 뒤에 T관에서 염기성의 시료 흐름과 혼합된다(그림 아래의 삽입도 참조). 2 m에 달하는 추출 코일을 통과한 혼합물이 T 분리기로 들어가면 카페인을 포함한 35%의 유기층은 흐름 셀을 통과하게 되고 나머지를 포함한 65%의 수용액층은 버려지도록 각각 다르게 주입된다. 물에 의해 흐름 셀이 오염되지 않도록 물에 젖지 않는 테플론 섬유를 아래 방향으로 부드럽게 굽혀지도록 T관의 입구 쪽에 꼬아서 넣는다. 클로로폼의 흐름은 이 굴곡을 따라 광도계 셀에 도달하고 여기서 카페인은 275 nm의 흡광도를 사용하여 정량된다. 광도계의 출력 결과는 그림 26-16b에 보인 것과 유사하다.

## 26C 적외선 흡수 분광법

적외선 분광 광도법은 순수한 유기 및 무기 화합물을 확인하는 데 화학자가 이용할 수 있는 가장 좋은 도구중의 하나인데, 그 이유는 $O_2$, $N_2$ 및 $Cl_2$와 같은 몇 개의 동핵 분자들을 제외한 모든 분자 화학종들이 적외선을 흡수하기 때문이다. 더욱이 결정 상태의 광학활성 분자들을 제외한 각 분자들은 독특한 적외선 흡수 스펙트럼을

[11] FIA 방법에 대한 더 자세한 정보는 다음을 참고하시오. D. A. Skoog, F. J. Holler, and S. R. Crouch, *Principles of Instrumental Analysis*, 6th ed., Belmont, CA: Brooks/Cole, 2007. pp. 933-41.

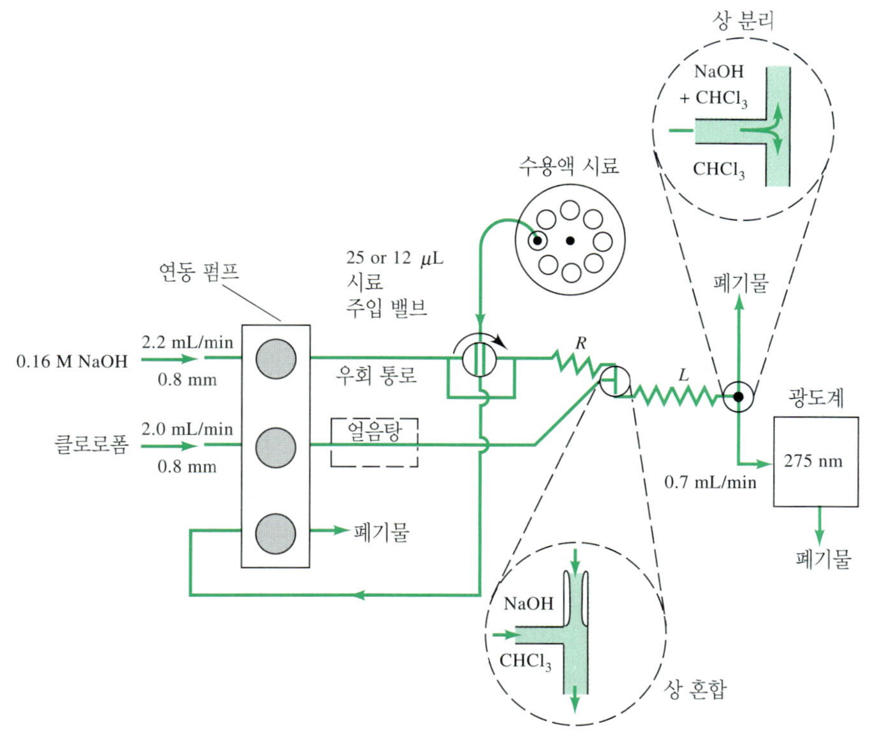


**그림 26-18** 아세틸살리실산 제조에서 카페인의 정량을 위한 흐름 주입 장치. 밸브가 90도 회전하면 우회 통로의 흐름은 관의 내경이 작아 실질적으로 차단된다. *R*과 *L*은 0.8 mm 내경의 테프론 코일이다. *L*은 2 m 길이이며 주입부에서 *R*을 통과하여 혼합 점까지는 0.15 m이다. (B. Karlberg and S. Thelander, *Anal. Chim. Acta,* **1978**, *98*, 2, **DOI**: 10.1016/S0003-2670(01)83231-1에서 Elsevier의 허가 하에 수록.)

가지고 있다. 따라서 구조가 알려진 화합물의 스펙트럼과 분석물의 스펙트럼이 정확히 일치하면 분석물은 확실하게 확인되는 것이다.

적외선 흡수의 특징인 좁은 피크는 대개 Beer 법칙으로부터 벗어나기 때문에 적외선 분광법은 자외선 및 가시선에 의한 방법보다 정량 분석에는 덜 좋은 방법이다. 더욱이 적외선 흡광도 측정은 훨씬 덜 정밀하다. 그러나 적외선 스펙트럼은 적당한 정밀도만이 필요한 경우에는 이러한 단점을 어느 정도 보상할 수 있는, 정량적 측정에서의 선택성을 나타내는 독특한 성질을 가지고 있다.[12]

## ▸ 26C-1 적외선 흡수 스펙트럼

적외선 영역 복사선의 에너지는 진동 및 회전 전이를 일으킬 수 있는데, 이 에너지는 전자 전이를 일으키기에는 충분하지 못하다. **그림 26-19**에서 보여주는 것처럼 적외선 스펙트럼은 여러 진동 양자 준위 사이에서 일어나는 전이 때문에 생긴 좁고 조밀한 흡수 피크들을 나타낸다. 회전 준위에서의 변화도 각 진동 상태마다 일련의 피크들을 나타낸다. 그러나 액체 또는 고체 시료에서는 회전 운동이 방해를 받거나 일어나지 않으므로 이런 작은 에너지 차이의 효과는 검출되지 않는다. 따라서 액체에 대한 전형적인 적외선 스펙트럼은 그림 26-19와 같이 일련의 진동 피크들로 이루어져 있다.

한 분자가 진동할 수 있는 방법의 수는 그것이 가지고 있는 원자의 수, 즉 결합의 수와 관련이 있다. 간단한 분자에 대해서도 가능한 진동의 수는 많다. 예를 들면 *n*-뷰탄알($CH_3CH_2CH_2CHO$)은 대부분 서로 에너지가 다른 33개의 진동 방식을 가지고 있다. 이 진동들 모두가 적외선 피크를 만드는 것은 아니지만, 그럼에도 불구하고 그림 26-19에 나타낸 것처럼 *n*-뷰탄알의 스펙트럼은 비교적 복잡하다.

---

[12]적외선 분광법에 대한 자세한 논의는 다음을 참고하시오. N. B. Colthup, L. H. Daly, and S. E. Wiberley, *Introduction to Infrared and Raman Spectroscopy*, 3rd ed., New York: Academic Press, 1990.

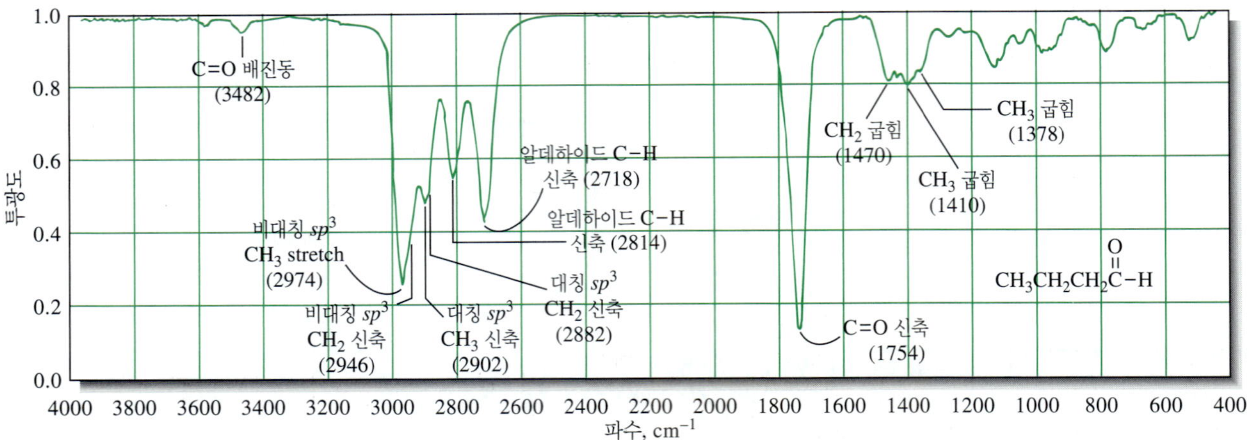


**그림 26-19** *n*-뷰탄알(*n*-뷰틸알데하이드)의 적외선 스펙트럼. 세로축은 과거에 흔히 하듯이 투광도로 도시하였다. 가로축은 파수(wavenumber)에 비례하여 도시하였는데 이는 진동수와 에너지에 비례한다. 대부분의 현대적 적외선 분광계는 세로축을 투광도나 흡광도로, 가로축은 파수나 파장으로 자유롭게 선택하여 도시할 수 있다. 적외선 스펙트럼은 보통 오른쪽에서 왼쪽 방향으로 진동수가 증가하도록 그리는데, 이는 역사적인 산물이다. 초기 적외선 분광계는 파장이 왼쪽에서 오른쪽으로 증가하는 방향으로 스펙트럼을 그렸는데 보조적인 진동수 척도는 오른쪽에서 왼쪽으로 증가하게 되었다. 몇 개의 흡수 띠는 그 띠에 해당하는 진동 방식이 표시되어 있다. (NIST Mass Spec Data Center, S. E. Stein, director, "Infrared Spectra" in NIST Chemistry WebBook, NIST Standard Reference Database Number 69, P. J. Linstrom and W. G. Mallard, eds., Gaithersburg, MD: National Institute of Standards and Technology, March 2003(http://webbook.nist.gov.)

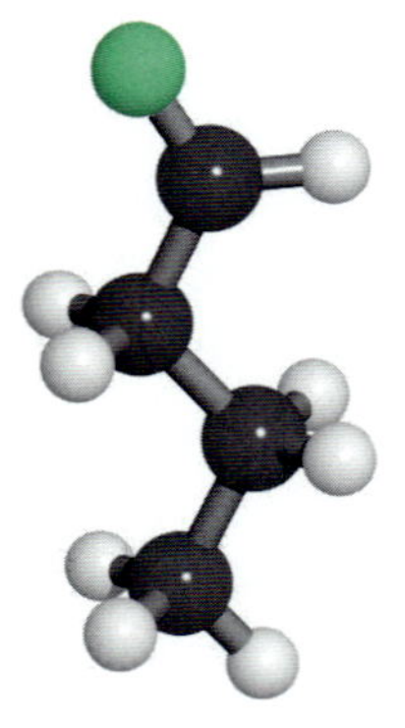

*n*-뷰탄알(*n*-butylaldehyde)의 적외선 스펙트럼.

적외선 흡수는 유기 분자뿐만 아니라 공유 결합된 금속 착물에서도 일어나는데 이 경우 일반적으로 파장이 더 긴 적외선 영역에서 활성을 보인다. 따라서 적외선 분광 광도법 연구는 금속 착이온에 관한 유용한 정보를 제공한다.

## ▸ 26C-2 적외선 분광법 기기

현대적 실험실에서 이용되는 적외선 기기들은 분산형 분광계(또는 분광 광도계), Fourier 변환(FTIR) 분광계, 그리고 필터 광도계의 세 가지 종류이다. 처음 두 가지는 완전한 스펙트럼을 얻어 정성 확인에 이용되고, 반면에 필터 광도계는 정량 분석을 하는데 이용된다. 복사선을 그들의 성분 파장으로 분산시키는 회절발이나 프리즘을 사용하지 않는다는 점에서 Fourier 변환 기기와 필터 기기는 비분산형이다.[13]

### » *분산형 기기*

분산형 적외선 기기는 하나의 차이를 제외하면 그림 25-20c에 나타낸(시간형) 겹살 분광 광도계와 일반적인 설계에서 비슷하다. 차이가 있는 것은 단색화 장치에 대한 셀의 위치이다. 자외선/가시선 기기에서 셀은 시료가 자외선 또는 가시선 광원의 전체 출력에 노출되면 일어날 수 있는 광화학적 분해 때문에 단색화 장치와 검출기 사이에 시료가 놓여진다. 반면에 적외선은 광분해를 일으킬 만큼 에너지가 크지 못하므로 셀을 광원과 단색화 장치 사이에 놓을 수 있다. 이 배열은 셀에서 발생한 산란 복사선을 단색화 장치에서 대부분 제거할 수 있는 장점이 있다.

[13]Fourier 변환 분광법의 원리에 대한 논의는 다음을 참고하시오. D. A. Skoog, F. J. Holler, and S. R. Crouch, *Principles of Instrumental Analysis*, 6th ed., Belmont, CA: Brooks/Cole, 2007, pp. 439-47.

25A절에서 보여준 바와 같이, 적외선 기기의 부분 장치는 자외선과 가시선 기기의 부분 장치와 상세한 면에서는 상당히 다르다. 즉, 적외선 광원은 중수소 또는 텅스텐 램프가 아니라 가열된 고체이며, 적외선 회절발은 자외선/가시선에서 사용하는 것보다 훨씬 덜 조밀하고, 적외선 검출기는 광자가 아니라 열에 감응한다. 더욱이 적외선 기기의 광학 부분품들은 염화나트륨 또는 브로민화칼륨과 같은 연마된 고체로 만든다.

### » Fourier에 변환 분광계

Fourier 변환 적외선 분광계는 특별히 높은 감도, 분해능 및 데이터 획득 속도(전체 스펙트럼의 데이터를 1초 이내에 얻을 수도 있다) 등의 장점이 있다. FTIR은 개발 초기에는 크고 복잡하며 비싼 컴퓨터에 의해 작동되는 고가의 기기였다. 기기 장치가 발전하고 컴퓨터 가격은 급격하게 감소하였으며 FTIR 분광계는 성능, 속도, 사용상의 용이성 등은 비약적으로 발전하여 이제 실험실에서 흔한 기기가 되었다.

❮ FTIR 분광계는 이제 가장 흔한 IR 분광계이다. 상업용의 적외선 분광계의 대부분이 FTIR 기기이다.

Fourier 변환 기기는 분산장치가 없으며 특집 25-7에 설명한 Michelson 간섭계를 사용하여 모든 파장이 동시에 검출되고 측정된다. 각 파장을 분리하기 위해서는 **간섭그림**(interferogram)을 기록할 수 있도록 광원에서의 신호를 변조하여 시료를 통과시켜야 한다. 기기의 일부분인 컴퓨터에 의해 수행되는 수학적 조작인 Fourier 변환을 통하여 간섭그림은 해독된다. Fourier 변환 측정에 대한 자세한 수학적 이론은 이 책의 수준을 벗어나지만 특집 25-7과 특집 26-1의 정성적인 설명은 적외선 신호가 어떻게 수집되며 그 자료에서 어떻게 스펙트럼이 얻어지는지 설명해준다.

**간섭그림**은 Michelson 간섭계에 의한 신호를 기록한 것이다. 이 신호를 Fourier 변환이라고 알려진 수학적 과정으로 처리하여 적외선 스펙트럼을 얻는다.

**그림 26-20**은 자료의 수합, 처리 표현을 위한 컴퓨터를 내장한 전형적인 학생용 탁상형 FTIR 분광계를 보여준다. 이 기기는 비교적 저렴하고(대략 $10,000) 0.8 $cm^{-1}$의 분해능을 지녔으며 5초 측정에 신호 대 잡음비 8000 정도를 나타낸다. 측정된 스펙트럼은 컴퓨터 화면에 표시되며 소프트웨어를 사용하여 여러 가지 표시 기능(%T, A, 줌, 피크 높이, 피크 면적)을 사용할 수 있다. 다른 처리 기능, 기준선 보정, 스펙트럼의 빼기, 스펙트럼 해석 등이 소프트웨어에 포함되어 있다. 여러 가지 시료 처리용 부속 장비 등은 기체, 액체, 고체 상태의 시료를 측정할 수 있으며 감쇄전반사(ATR)과 같은 기술이 도입되어 있다. 일부 탁상용 FTIR 기기는 데이터 처리와 분석, 표시를 위해 컴퓨터를 내장하고 있다. 이러한 기기들은 소프트웨어나 표시 방식, 자료 저장 등에서 별도 컴퓨터를 지닌 기기보다 덜 유연하다.

가격이 $50,000 혹은 그 이상인 연구용 등급의 기기는 분해능이 0.10 $cm^{-1}$ 혹은 그 보다 좋으며, 1분 측정에 신호 대 잡음비는 50,000 혹은 그 이상이다. 연구용 기기는 보통 다양한 스캔 범위를 가지며(27000~15 $cm^{-1}$) 다양한 스캔 속도를 갖는다. 전형적인 연구용 기기는 여러 가지의 시료 처리 방식[고체, 기체, 액체, 고분자, 감쇄 전반사(ATR, attenuated total reflection), 난반사(diffuse reflection), 현미경 연결]을 허용한다. 전형적인 연구용 기기는 별도의 컴퓨터로 연결되며 많은 장점이 있다. 소프트웨어나 스펙트럼 데이터베이스를 설치하여 스펙트럼의 처리나 기존 스펙트럼과의 비교를 쉽게 할 수 있다. 더욱이 새로운 자료를 CD나 DVD 등에 저장하는 것도 가능하며 네트워크에 연결되어 있으면 스펙트럼의 전달이 용이하고 소프트웨어나 펌웨어의 업그레이드도 컴퓨터나 분광계에 쉽게 설치할 수 있다.

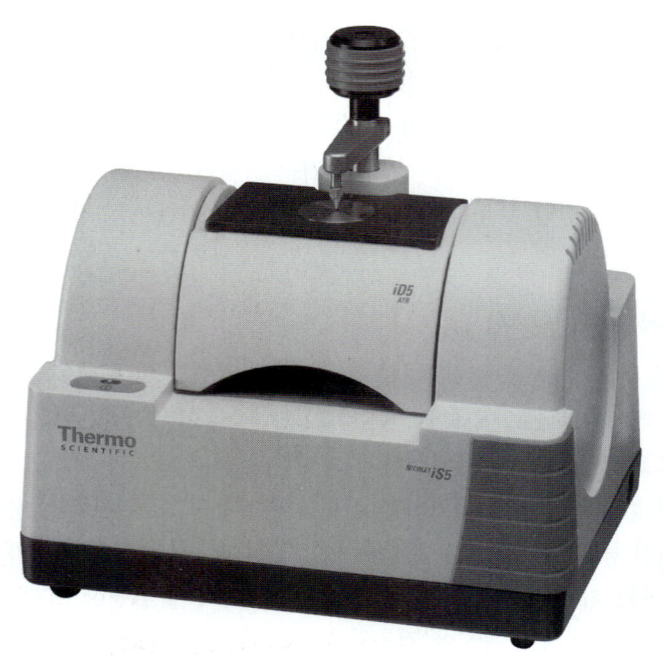


**그림 26-20** 기본적인 학생용의 탁상형 FTIR 분광계의 사진. 별도의 데스크탑 혹은 노트북 컴퓨터가 필요하다. 스펙트럼은 수 초 내에 측정되어 컴퓨터 화면에 나타나므로 관찰하거나 해석할 수 있다. (Thermo Fisher Scientific Inc 제공.)

### » 필터 광도계

일산화 탄소, 니트로벤젠, 염화비닐, 시안화 수소, 피리딘 등과 같은 공기 오염물질의 농도를 측정하도록 설계된 적외선 광도계가 Occupational Safety and Health Administration (OSHA)에서 설정한 규정을 준수하는지 확인하는 데 사용되고 있다. 각각의 오염물질을 측정하도록 제작된 간섭 필터들도 구입이 가능하다. 이것들은 3~14 μm 영역에서 아주 좁은 띠의 복사선만을 투과한다. 단일 성분의 기체 흐름을 모니터링하기 위한 비분산형 기기들도 있다.[14]

## ▸ 26C-3 적외선 분광 광도법의 정성적인 응용

적외선 흡수 스펙트럼은 비교적 간단한 화합물에 대해서도 당황할 정도로 많은 선명한 피크와 최소값들을 나타낸다. 작용기들의 확인에 유용한 흡수 띠들은 적외선의 짧은 쪽 파장 영역(2.5~8.5 μm 근처)에 위치하는 데, 여기서 흡수 최대점의 위치는 작용기가 결합한 탄소 골격에 의한 영향을 조금밖에 받지 않는다. 따라서 이 영역의 스펙트럼을 살펴보면 조사하고자 하는 분자의 전체적인 구성에 관련된 많은 정보를 얻을 수 있다. **표 26-5**는 몇 가지 일반적인 작용기들에 대한 특성 흡수 최대점의 위치를 나타내고 있다.[15]

분자내의 작용기를 확인하는 것만으로는 화합물을 명확하게 확인하는 데 충분하지 못하므로 2.5~15 μm의 전체 스펙트럼을 알려진 화합물의 것과 비교하여야 한다. 이런 목적으로 수집해 둔 스펙트럼을 이용할 수 있다.[16]

[14] 더 자세한 정보는 다음을 참고하시오. D. A. Skoog, F. J. Holler, and S. R. Crouch, *Principles of Instrumental Analysis*, 6th ed., Belmont, CA: Brooks/Cole, 2007. pp. 447-48.

[15] 더 자세한 정보는 다음을 참고하시오. R. M. Silverstein, E. X. Webster, and D. Kiemle, *Spectrometric Identification of Organic Compounds*, 7th ed., Ch 2. New York: Wiley, 2005.

[16] *Sadtler Standard Spectra*를 참고하시오. Informatics/Sadtler Group, Bio-Rad Laboratories, Philadelphia, PA; C. J. Pouchert, *The Aldrich Library of Infrared Spectra*, 3rd ed., Milwaukee, WI: Aldrich Chemical, 1981; *NIST Chemistry WebBook*, NIST Standard Reference Database Number 69, Gaithersburg, MD: National Institute of Standards and Technology, 2008 (http://webbook.nist.gov).

특집 26-1

## FTIR 분광계로 스펙트럼 측정하기

이미 특집 25-7에서 미켈슨 간섭계의 기본 작동 원리와 측정된 간섭그림(interferogram)으로부터 진동수에 대한 스펙트럼을 얻는 Fourier 전환의 기능에 대해 설명하였다. 그림 26F-1은 그림 26-20에 있는 분광계에 설치되어 있는 것과 유사한 미켈슨 간섭계의 광학 모식도를 나타낸다. 그림의 간섭계는 실제로는 평행한 두 개의 간섭계인데, 하나는 광원으로부터의 적외선을 시료로 가기 전에 변조시키는 것이고 다른 하나는 적외선 검출기의 신호를 처리하기 위한 기준 신호를 제공하는 He-Ne 레이저의 붉은 빛을 간섭시키는 것이다. 검출기의 출력 신호는 디지털화된 다음 컴퓨터의 메모리에 저장된다.

적외선 스펙트럼을 얻는 첫 단계는 시료 셀이 비어 있는 상태로 기준 간섭그림을 측정하여 저장하는 것이다. 다음은 시료를 넣고 두 번째의 간섭그림을 측정한다. 그림 26F-2a는 염화 메틸렌, $CH_2Cl_2$를 시료 셀에 넣고 측정한 간섭그림이다. 두 간섭그림을 Fourier 변환하면 기준과 시료에 대한 적외선 스펙트럼을 얻을 수 있다. 두 스펙트럼의 비(ratio)로부터 그림 26F-2b와 같은 시료의 적외선 스펙트럼을 얻을 수 있다.

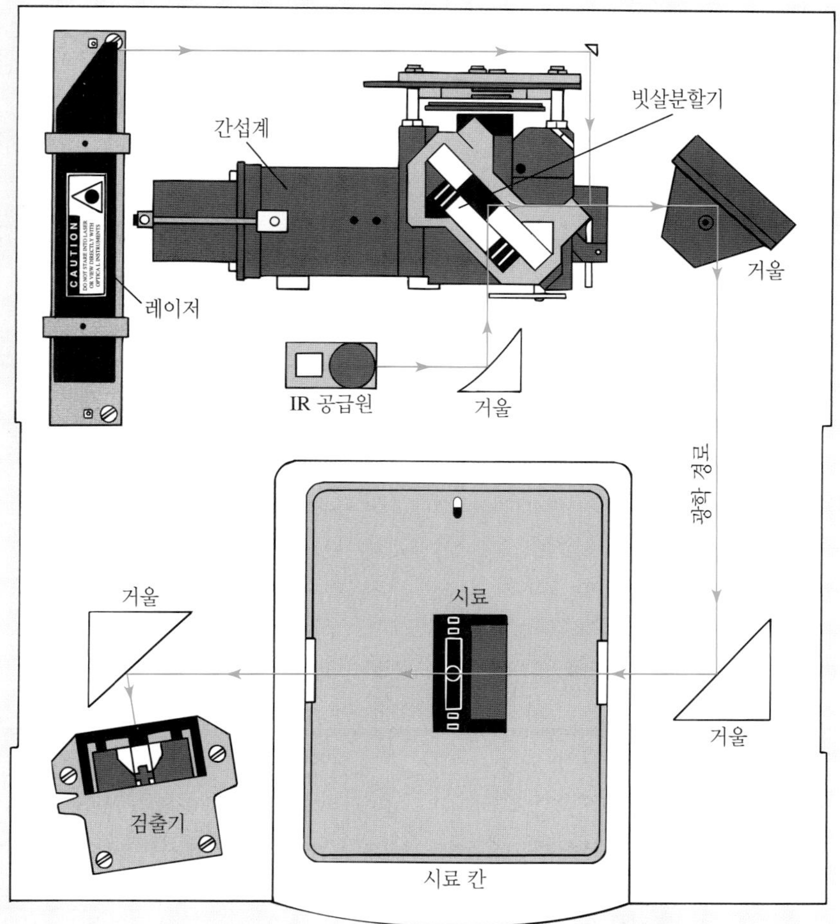


그림 26-F1 기본적인 FTIR 분광계의 기기 구조. IR 광원의 모든 파장의 복사선은 간섭계로 반사되는데 여기서 왼쪽의 이동 거울에 의해 모듈화된다. 이 모듈화된 복사선은 오른쪽 두 개의 거울에 의해 반사되어 시료 상자 속으로 비춰진다. 시료를 통과한 복사선은 검출기에 도달한다. 검출기에 연결된 자료처리장치에 의해 신호가 수합되어 컴퓨터의 메모리에 간섭도로 저장된다. (Thermo Fisher Scientific 허가받고 인용.)

염화 메틸렌의 적외선 스펙트럼에는 잡음이 거의 없는 것

(계속)

을 볼 수 있다. 단일 간섭그림을 얻는 데는 1초 혹은 2초만이 걸리므로 비교적 짧은 시간에 여러 간섭그림이 측정되어 컴퓨터의 메모리에 합하여 저장될 수 있다. 이 과정은 **신호 평균법**(signal averaging)이라 불리는데 결과적으로 잡음을 제거하여 특집 25-5와 그림 25F-4에서처럼 신호 대 잡음비를 개선시킨다. Fellgett의 장점과 Jacquinot의 장점(특집 25-7 참조)과 더불어 이러한 잡음 제거와 빠른 측정 속도로 인하여 FTIR은 많은 정성 분석과 정량 분석 분야에 이용되고 있다.

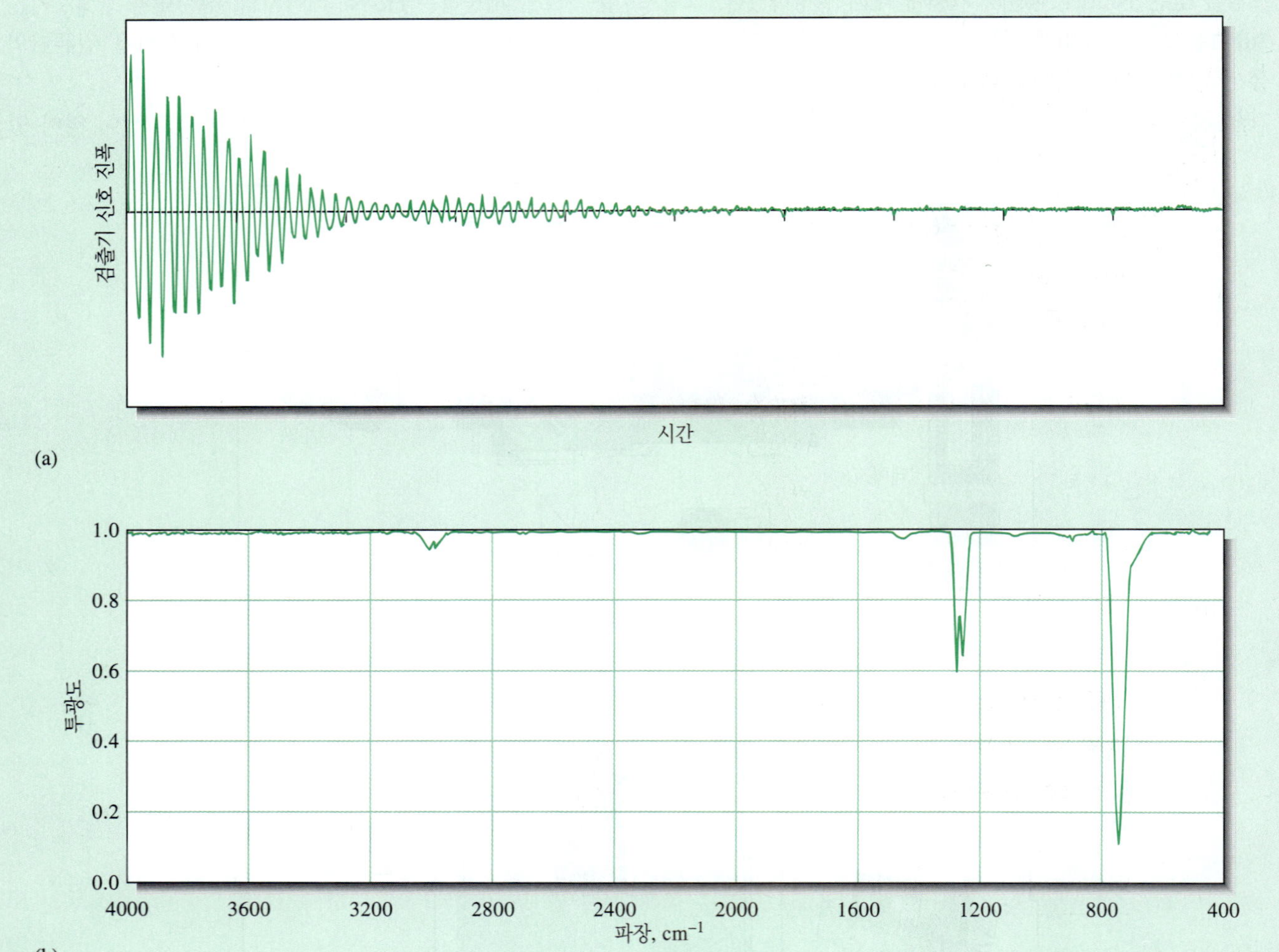


**그림 26-F2** (a) FTIR 분광계로 측정한 염화 메틸렌에 대한 전형적인 간섭그림. 그림은 검출기의 신호 출력을 시간, 혹은 간섭계에서 이동 거울의 변위값의 함수로 표시하고 있다. (b) 염화 메틸렌의 (a)의 자료를 Fourier 변환하여 얻은 적외선 스펙트럼. Fourier 변환에서는 시간의 함수로 얻어진 신호의 크기를 갖고 기준값에 대한 간섭도를 빼고 크기를 조절하는 과정을 거쳐 진동수의 함수로 표시된 투광도를 나타낸다.

## ▶ 26C-4 정량적인 적외선 광도법 및 분광 광도법

정량적인 적외선 흡수법은 자외선과 가시선 흡수법과는 다소 다른데, 그 이유는 스펙트럼이 더 복잡하고 흡수 띠가 좁으며 이 스펙트럼 영역에서 측정할 수 있는 기기의 성능 차이 때문이다.[17]

[17] 정량적인 적외선 분석에 대한 자세한 논의는 다음을 참고하시오. A. L. Smith, in *Treaties on Analytical Chemistry*, 2nd. ed., P. J. Elving, E. J. Meehan, and I. M. Kolthoff, eds., Part I, Vol. 7, pp. 415-456. New York: Wiley, 1981.

**표 26-5**

**몇 가지 특성적인 적외선 흡수 봉우리**

| 작용기 | | 흡수 봉우리 | |
|---|---|---|---|
| | | 파수, $cm^{-1}$ | 파장, $\mu m$ |
| O—H | 지방족, 방향족 | 3600~3000 | 2.8~3.3 |
| $NH_2$ | 일차와 이차 아민 | 3600~3100 | 2.8~3.2 |
| C—H | 방향족 | 3150~3000 | 3.2~3.3 |
| C—H | 지방족 | 3000~2850 | 3.3~3.5 |
| C≡N | 나이트릴 | 2400~2200 | 4.2~4.6 |
| C≡C— | 알킨 | 2260~2100 | 4.4~4.8 |
| COOR | 에스터 | 1750~1700 | 5.7~5.9 |
| COOH | 카복실산 | 1740~1670 | 5.7~6.0 |
| C=O | 알데하이드, 케톤 | 1740~1660 | 5.7~6.0 |
| $CONH_2$ | 아마이드 | 1720~1640 | 5.8~6.1 |
| C=C— | 알켄 | 1670~1610 | 6.0~6.2 |
| $\phi$—O—R | 방향족 | 1300~1180 | 7.7~8.5 |
| R—O—R | 지방족 | 1160~1060 | 8.6~9.4 |

## » *흡광도 측정*

적외선 영역에서 동일한 투과 특성을 가지는 용기를 구하는 것은 매우 힘들기 때문에 적외선 측정에서 용매와 분석물에 대해 짝 맞춘 큐벳을 사용하는 것은 실용적이지 못하다. 이런 어려움은 부분적으로 공기와 시료 중의 미량의 습기에 의해 적외선 셀 창(보통 연마한 염화소듐)의 투과성이 감소함으로써 생긴다. 더욱이 적외선 셀의 두께는 1 mm보다 얇은 경우가 많기 때문에 경로 길이도 재현성 있게 유지하기 어렵다. 순수한 시료 또는 매우 진한 농도의 분석물을 통하여 측정할 만한 세기의 복사선이 투과되어야 하므로 이런 좁은 셀이 필요하다. 자외선 또는 가시선 분광법에서와 같이 농도가 묽은 농도의 분석물을 측정하는 것은 적외선 스펙트럼의 넓은 영역에 걸쳐서 투과성이 좋은 용매가 없기 때문에 거의 실행되지 않는다.

이런 이유 때문에 적외선법으로 정성 분석을 하는 경우는 기준 흡수체를 전혀 사용하지 않는 경우도 종종 있으며, 이 경우 시료를 통과하는 복사선의 세기는 단순히 차단되지 않은 빛살의 세기와 비교된다. 또 다른 방법으로는 기준 빛살 위치에 염화소듐 원판을 두기도 한다. 어느 경우든, 시료가 완전히 투명한 스펙트럼 영역에서도 결과적인 투광도는 흔히 100%보다 작다.

## » *적외선 분광법의 정량적인 응용*

거의 모든 분자들이 적외선 영역에서 빛을 흡수하기 때문에 적외선 분광 광도법은 아주 많은 수의 물질들을 정량할 수 있는 능력이 있다. 더욱이 적외선 스펙트럼의 특이성은 다른 분석법을 능가하거나 견줄 만한 선택성이 있다. 이 선택성으로 인해 특히 비슷한 유기 화합물들의 혼합물 분석에 응용할 수 있다.

최근 대기 오염물질에 대한 정부의 규제가 확대됨에 따라 다양한 화합물에 대한 감도가 좋고, 빠르며, 매우 선택적인 방법의 개발이 요구되고 있다. 적외선 흡수 방법은 다른 어떤 단일 분석 방법보다 이런 요구를 잘 만족시키는 것으로 알려져 있다.

**표 26-6**은 각 분석 화학종에 대하여 각각의 간섭 필터를 갖춘 간단한 휴대용 필터 광도계로 결정할 수 있는 여러 대기 오염물질을 나타내고 있다. OSHA에 의해

**표 26-6**

**OSHA 규정에 따른 적외선 증기 분석법의 예***

| 화합물 | 허용 노출량, ppm† | 파장, μm | 최소 검출 농도, ppm‡ |
|---|---|---|---|
| Carbon disulfide | 4 | 4.54 | 0.5 |
| Chloroprene | 10 | 11.4 | 4 |
| Diborane | 0.1 | 3.9 | 0.05 |
| Ethylenediamine | 10 | 13.0 | 0.4 |
| Hydrogen cyanide | 4.7§ | 3.04 | 0.4 |
| Methyl mercaptan | 0.5 | 3.38 | 0.4 |
| Nitrobenzene | 1 | 11.8 | 0.2 |
| Pyridine | 5 | 14.2 | 0.2 |
| Sulfur dioxide | 2 | 8.6 | 0.5 |
| Vinyl chloride | 1 | 10.9 | 0.3 |

*The Foxboro Company, Foxboro, MA 02035 제공.

†1992~1993 OSHA 8시간 평균 노출한계.

‡20.25-m 셀 사용.

§단기 노출 한계: 작업일의 어떤 순간에도 초과되어서는 안되는 15분 가중 평균.

최대 허용 한계가 정해진 400종 이상의 화합물 중에서 반 이상이 적외선을 사용한 광도법 또는 분광 광도법으로 정량할 수 있는 흡수 특성이 있다. 매우 많은 화합물이 흡수를 하므로 피크의 겹침이 있을 것으로 예상된다. 그럼에도 불구하고 이 방법은 상당히 높은 선택성을 보여 준다.

웹에서 *NIST Chemistry WebBook*을 찾아서 1,3-dimethyl benzene을 검색하시오. NIST 사이트에서 이 화합물에 대한 어떤 자료를 얻을 수 있는가? IR 스펙트럼을 선택한 다음 여러 가지 스펙트럼이 존재하는 것을 확인하시오. 각 스펙트럼의 유사점과 차이점은 무엇인가? 이 스펙트럼들은 어디서 얻은 것인가? 기체상에서 측정한 2 $cm^{-1}$ 해상도의 스펙트럼을 선택하여 이미지 보기를 선택한 다음 스펙트럼을 프린트하시오. 다시 IR 스펙트럼으로 돌아가서 기체상에서 boxcar apodization을 사용한 가장 해상도가 높은 스펙트럼을 선택하시오. 원하는 해상도를 선택하여 스펙트럼을 불러내시오. 저해상도의 스펙트럼은 파수에 따른 투광도를 나타낸 것과 달리 고해상도 스펙트럼은 파수에 따른 몰 흡광계수로 표시된 것을 확인하시오. 스펙트럼상에 나타난 중요한 차이는 무엇인가? 추가적인 해상도가 제공하는 추가적인 정보가 있는가? 몰 흡광계수로 나타낸 스펙트럼을 정량 분석에 어떻게 이용할 수 있는가? 다른 몇 개의 화합물에 대하여 낮은 해상도의 기체상 스펙트럼과 고해상도의 정량적 스펙트럼을 비교해 보시오.

## 연습 문제

**26-1.** 다음 짝지은 용어의 차이점을 설명하고, 하나가 다른 하나에 대하여 가지는 특별한 장점을 나열하시오.

*(a) 분광 광도계와 분광계

(b) 흡광도 측정을 위한 홑살 기기와 겹살 기기

*(c) 일반적인 분광 광도계와 다이오드 배열 분광 광도계

**26-2.** 홑살 분광 광도계를 사용하여 재현성 있는 결과를 얻기 위해서는 어떠한 최소 요구 사항이 필요한가?

***26-3.** 재현성 있는 흡광도 자료를 얻기 위해서 어떠한 실험 변수들이 조절되어야 하는가?

**26-4.** 다중 점 표준물 첨가법이 단일 점 표준물 첨가법에 대해 갖는 장점은 무엇인가?

***26-5.** 비스무트(III)와 티오유레아 사이에 형성된 착물의 470 nm에서의 몰 흡광계수는 $9.32 \times 10^3$ L $cm^{-1}$ $mol^{-1}$이다. 1.00 cm 셀을 사용하여 측정한 흡광도가 0.10에서 0.90 사이에 관측될 착물의 농도 범위를 구하시오.

**26-6.** Phenol 수용액의 211 nm에서의 몰 흡광계수는 $6.17 \times 10^3$ L $cm^{-1}$ $mol^{-1}$이다. 1.00 cm 셀을 사용하여 측정한 투광도가 7%보다 크고 85%보다 작은 범 관위에 관측될 페놀의 농도 범위를 구하시오.

***26-7.** 에탄올 용액에서 아세톤의 몰 흡광계수의 log 값은 366 nm에서 2.75이다. 1.50-cm 셀에서 흡광도가 0.100보다 크고 2.000보다 작을 아세톤의 농도 범위를 구하시오.

**26-8.** 수용액 중 phenol의 몰 흡광계수의 log 값은 211 nm에서 3.812이다. 1.25-cm 셀을 사용하여 측정한 흡광도가 0.150에서 1.500 사이에 관측될 phenol의 농도 범위를 구하시오.

**26-9.** 복사선 세기에 비례하는 직선 감응성을 가진 광도계로 측정을 할 때, 시료 용기에 용매만 넣어 측정하니 690 mV를 얻고 흡수하는 시료를 넣어 측정하니 169 mV를 얻었다. 다음을 계산하시오.

*(a) 흡수하는 용액의 투광도와 흡광도

(b) 농도가 원래 용액의 반으로 희석될 때 예상되는 투광도

*(c) 원래 용액을 통과하는 광로 길이가 두 배로 될 때 예상되는 투광도

**26-10.** 복사선에 대해 직선적으로 감응하는 휴대용 광도계로 시료 용기에 용매만 넣어 측정하니 75.5 μA를 얻고 흡수하는 시료를 넣어 측정하니 23.7 μA를 얻었다. 다음을 계산하시오.

(a) 시료 용액의 퍼센트 투광도

*(b) 시료 용액의 흡광도

(c) 농도가 원래 시료 용액의 3분의 1로 희석될 때 예상되는 투광도

*(d) 농도가 원래 시료 용액의 두 배가 될 때 예상되는 투광도

**26-11.** $MnO_4^-$로 $Sn^{2+}$를 적정할 때의 광도법 적정 곡선을 그리시오. 이 적정에 사용되어야 할 복사선은 무슨 색깔인가? 이를 설명하시오.

**26-12.** 철(III)은 $SCN^-$와 반응하여 붉은 착물인 $Fe(SCN)^{2+}$를 만든다. 녹색 필터를 사용한 광도계를 사용하여 철(III)을 $SCN^-$으로 적정할 때의 광도법 적정 곡선을 그리시오. 녹색 필터가 사용된 이유는 무엇인가?

***26-13.** EDTA (ethylenediaminetetraacetic acid)는 비스무트의 thiourea 착물로부터 비스무트(III)을 빼앗는다.

$$Bi(tu)_6^{3+} + H_2Y^{2-} \rightarrow BiY^- + 6tu + 2H^+$$

여기서 tu는 thiourea 분자, $(NH_2)_2CS$를 나타낸다. 이 반응계에서 Bi(III)/thiourea 착물이 분석을 위하여 선택된 파장인 465 nm에서 흡수되는 유일한 화학종일 때 이 과정에 바탕을 둔 광도법 적정 곡선의 모양을 예측하시오.

**26-14.** 10.00 mL의 Pd(II)를 $2.44 \times 10^{-4}$ M Nitroso R로 분광 광도법 적정을 한 경우에 다음의 데이터(1.00-cm 셀)를 얻었다. (O. W. Rollins and M. M. Oldham, *Anal, Chem.*, **1971**, *43*, 262, **DOI:** 10.1021/ac60297a026):

| Nitrose R의 부피, mL | A500 |
|---|---|
| 0 | 0 |
| 1.00 | 0.147 |
| 2.00 | 0.271 |
| 3.00 | 0.375 |
| 4.00 | 0.371 |
| 5.00 | 0.347 |
| 6.00 | 0.325 |
| 7.00 | 0.306 |
| 8.00 | 0.289 |

색깔이 있는 생성물의 리간드 대 양이온의 비가 2 : 1일 때 Pd(II) 용액의 농도를 계산하시오.

**26-15.** 4.97-g의 석유 시료를 습식재 만들기(wet-ashing)에 의해 분해시킨 뒤 용량 플라스크에서 500 mL로 묽혔다. 이 묽힌 용액 25.00 mL로 코발트를 다음과 같이 정량하였다.

| 시약 부피 | | | |
|---|---|---|---|
| Co(II), 3.00 ppm | 리간드 | $H_2O$ | 흡광도 |
| 0.00 | 20.00 | 5.00 | 0.398 |
| 5.00 | 20.00 | 0.00 | 0.510 |

Co(II)/리간드 킬레이트가 Beer 법칙을 따른다고 가정하고 원래 시료 내의 코발트의 퍼센트를 계산하시오.

***26-16.** 철(III)은 싸이오시안산 이온과 반응하여 착물인 $Fe(SCN)^{2+}$를 만든다. 이 착물은 580 nm에서 흡수 피크를 가진다. 한 우물의 물 시료를 다음 표와 같이 정량하였다. 시료 중 철의 농도를 ppm 단위로 계산하시오.

| | 시약 부피, mL | | | | | |
|---|---|---|---|---|---|---|
| 시료 | 시료 부피 | 산화제 | Fe(II) 2.75 ppm | KSCN 0.050 M | $H_2O$ | 흡광도, 580 nm (1.00-cm 셀) |
| 1 | 50.00 | 5.00 | 5.00 | 20.00 | 20.00 | 0.549 |
| 2 | 50.00 | 5.00 | 0.00 | 20.00 | 25.00 | 0.231 |

**26-17.** A. J. Mukhedkar와 N. V. Deshpande (*Anal. Chem.*, **1963,** *35*, 47, **DOI:** 10.1021/ac60194a014)는 8-quinolinol 착물에 의한 흡수를 이용하여 코발트와 니켈을 동시에 정량하는 것을 보고하였다. 몰 흡광계수($L\ cm^{-1}\ mol^{-1}$)는 365 nm에서 $\varepsilon_{Co} = 3529$, $\varepsilon_{Ni} = 3228$이고, 700 nm에서는 $\varepsilon_{Co} = 428.9$, $\varepsilon_{Ni} = 0$이다. 다음 각 용액에 들어 있는 코발트와 니켈의 농도를 계산하시오(1.00 cm 셀).

| 용액 | $A_{365}$ | $A_{700}$ |
|---|---|---|
| 1 | 0.617 | 0.0235 |
| 2 | 0.755 | 0.0714 |
| 3 | 0.920 | 0.0945 |
| 4 | 0.592 | 0.0147 |
| 5 | 0.685 | 0.0540 |

***26-18.** 코발트와 니켈의 2,3-quinoxalinedithiol과의 착물의 몰 흡광계수는 510 nm에서 $\varepsilon_{Co} = 36{,}400$, $\varepsilon_{Ni} = 5520$이고, 656 nm에서 $\varepsilon_{Co} = 1240$, $\varepsilon_{Ni} = 17{,}500$이다. 시료 0.425 g을 녹여서 50.0 mL로 묽혔다. 25.0-mL를 분취하여 방해물질을 제거하였다. 2,3-quinoxalinedithiol을 첨가한 다음 부피를 50.0 mL로 조절하였다. 1.00-cm 셀을 사용하여 측정하니, 이 용액은 510 nm에서 0.446 그리고 656 nm에서 0.326의 흡광도를 가졌다. 시료에 포함된 코발트와 니켈의 ppm 값을 계산하시오.

**26-19.** 지시약 HIn은 상온에서 $4.80 \times 10^{-6}$의 산 해리 상수를 가진다. 다음에 나타낸 데이터는 1.00-cm 셀에서 매우 강산과 강염기 매질에서 측정된 $8.00 \times 10^{-5}$ M 지시약 용액의 흡광도이다. 지시약에 의한 흡수가 pH에 무관한 파장(등흡수점)을 계산하시오.

| | 흡광도 | |
|---|---|---|
| **λ, nm** | **pH 1.00** | **pH 13.00** |
| 420 | 0.535 | 0.050 |
| 445 | 0.657 | 0.068 |
| 450 | 0.658 | 0.076 |
| 455 | 0.656 | 0.085 |
| 470 | 0.614 | 0.116 |
| 510 | 0.353 | 0.223 |
| 550 | 0.119 | 0.324 |
| 570 | 0.068 | 0.352 |
| 585 | 0.044 | 0.360 |
| 595 | 0.032 | 0.361 |
| 610 | 0.019 | 0.355 |
| 650 | 0.014 | 0.284 |

**26-20.** 연습 문제 26-19에서 제시된 지시약의 전체 몰농도가 $8.00\times10^{-5}$ M이고 pH가 다음과 같은 값을 가지는 용액의 450 nm (1.00-cm 셀)에서의 흡광도를 계산하시오. *(a) 4.92, (b) 5.46, *(c) 5.93, (d) 6.16

***26-21.** 연습 문제 26-19의 지시약이 $1.25 \times 10^{-4}$ M인 용액(1.00 cm 셀)의 pH 값이 다음과 같을 때 595 nm에서의 흡광도는 얼마인가?

(a) 5.30, (b) 5.70, (c) 6.10

**26-22.** 연습 문제 26-19의 지시약의 농도가 $1.00 \times 10^{-4}$ M인 몇 개의 완충 용액을 만들었다. 흡광도(1.00-cm 셀) 자료는 다음과 같다. 각 용액의 pH를 계산하시오.

| 용액 | $A_{450}$ | $A_{595}$ |
|---|---|---|
| *A | 0.344 | 0.310 |
| B | 0.508 | 0.212 |
| *C | 0.653 | 0.136 |
| D | 0.220 | 0.380 |

**26-23.** 연습 문제 26-19의 $7.00 \times 10^{-5}$ M 지시약 용액을 1.00-cm 셀에서 다음과 같은 조건에서 측정할 때의 흡수 스펙트럼을 도시하시오.

(a) $\dfrac{[HIn]}{[In^-]} = 3$

(b) $\dfrac{[HIn]}{[In^-]} = 1$

(c) $\dfrac{[HIn]}{[In^-]} = \dfrac{1}{3}$

**26-24.** P와 Q의 용액은 각각 넓은 농도 범위에서 Beer 법칙을 따른다. 1.00 cm 셀에서 이 화학종의 스펙트럼 자료는 아래와 같다.

| | 흡광도 | |
|---|---|---|
| **λ, nm** | **$8.55 \times 10^{-5}$ MP** | **$2.37 \times 10^{-4}$ MQ** |
| 400 | 0.078 | 0.550 |
| 420 | 0.087 | 0.592 |
| 440 | 0.096 | 0.559 |
| 460 | 0.102 | 0.590 |
| 480 | 0.106 | 0.564 |
| 500 | 0.110 | 0.515 |
| 520 | 0.113 | 0.433 |
| 540 | 0.116 | 0.343 |
| 580 | 0.170 | 0.170 |
| 600 | 0.264 | 0.100 |
| 620 | 0.326 | 0.055 |
| 640 | 0.359 | 0.030 |
| 660 | 0.373 | 0.030 |
| 680 | 0.370 | 0.035 |
| 700 | 0.346 | 0.063 |

(a) P가 $6.45 \times 10^{-5}$ M이고 Q는 $3.21 \times 10^{-4}$ M인 용액에 대한 흡수 스펙트럼을 도시하시오.

(b) P가 $3.86 \times 10^{-5}$ M이고 Q는 $5.37 \times 10^{-4}$ M인 용액의 440 nm에서의 흡광도(1.00-cm 셀)를 계산하시오.

(c) P가 $1.89 \times 10^{-4}$ M이고 Q는 $6.84 \times 10^{-4}$ M인 용액의 620 nm에서의 흡광도(1.00-cm 셀)를 계산하시오.

**26-25.** 연습 문제 26-24에 있는 자료를 이용하여 다음의 각 용액 중의 P 및 Q의 몰농도를 계산하시오.

| | $A_{440}$ | $A_{620}$ |
|---|---|---|
| *(a) | 0.357 | 0.803 |
| (b) | 0.830 | 0.448 |
| *(c) | 0.248 | 0.333 |
| (d) | 0.910 | 0.338 |
| *(e) | 0.480 | 0.825 |
| (f) | 0.194 | 0.315 |

**26-26.** 철의 농도를 아래 표와 같이 만들기 위하여 표준 용액을 적당히 묽혔다. 이 용액들을 25.00-mL씩 분취하여 철(II)-1,10-페난스롤린 착물을 만들고 그 다음 각 용액을 50.0 mL로 묽혔다(color plate 15 참조). 다음의 흡광도(1.00-cm 셀)는 510 nm에서 기록한 것이다.

| 원래 용액의 Fe(II) 농도, ppm | $A_{510}$ |
|---|---|
| 4.00 | 0.160 |
| 10.0 | 0.390 |
| 16.0 | 0.630 |
| 24.0 | 0.950 |
| 32.0 | 1.260 |
| 40.0 | 1.580 |

(a) 이 자료로부터 교정 곡선을 그리시오.
*(b) 최소 제곱법을 사용하여 흡광도와 Fe(II) 농도와의 관계식을 유도하시오.
*(c) 기울기와 절편에 대한 표준 편차를 계산하시오.

**26-27.** 연습 문제 26-26에서 보여준 방법을 이용하여 지하수 25.00-mL 중의 철을 정량하였다. 아래의 흡광도 자료(1.00-cm 셀)를 나타내는 시료 중의 농도(ppm Fe)를 구하시오. 결과에 대한 상대 표준 편차를 계산하시오. 흡광도 데이터는 세 번 측정한 것의 평균이라고 가정하여 계산을 다시 하시오.

(a) 0.143
(b) 0.675
(c) 0.068
(d) 1.009
(e) 1.512
(f) 0.546

***26-28.** 2-퀴니자린설폰산의 소듐 염(NaQ)은 $Al^{3+}$와 결합하여 560 nm의 빛을 흡수하는 착물을 형성한다.[18] 이 반응에서의 자료들을 다음 표에 나타내었다. (a) 이 자료를 이용하여 착물의 화학식을 구하시오. 모든 용액에서 $c_{Al}$ =3.7 × $10^{-5}$ M이고 모든 측정은 1.00-cm 셀을 사용하였다. (b) 착물의 몰 흡광계수를 구하시오.

| $c_Q$, M | $A_{560}$ |
|---|---|
| 1.00 × $10^{-5}$ | 0.131 |
| 2.00 × $10^{-5}$ | 0.265 |
| 3.00 × $10^{-5}$ | 0.396 |
| 4.00 × $10^{-5}$ | 0.468 |
| 5.00 × $10^{-5}$ | 0.487 |
| 6.00 × $10^{-5}$ | 0.498 |
| 8.00 × $10^{-5}$ | 0.499 |
| 1.00 × $10^{-5}$ | 0.500 |

**26-29.** 다음 자료는 $Ni^{2+}$와 1-사이클로펜텐-1-다이오카복실산(CDA) 과의 착물 형성에 대해 기울기 비율 조사로 얻은 자료이다. 측정은 1.00 cm 셀을 사용하여 530 nm에서 하였다.

| $c_{CDA}$ = 1.00 × $10^{-3}$ M | | $c_{CDA}$ = 1.00 × $10^{-3}$ M | |
|---|---|---|---|
| $c_{Ni}$, M | $A_{530}$ | $c_{CDA}$, M | A530 |
| 5.00 × $10^{-6}$ | 0.051 | 9.00 × $10^{-6}$ | 0.031 |
| 1.20 × $10^{-5}$ | 0.123 | 1.50 × $10^{-5}$ | 0.051 |
| 3.50 × $10^{-5}$ | 0.359 | 2.70 × $10^{-5}$ | 0.092 |
| 5.00 × $10^{-5}$ | 0.514 | 4.00 × $10^{-5}$ | 0.137 |
| 6.00 × $10^{-5}$ | 0.616 | 6.00 × $10^{-5}$ | 0.205 |
| 7.00 × $10^{-5}$ | 0.719 | 7.00 × $10^{-5}$ | 0.240 |

(a) 최소 제곱법을 사용하여 분석하여 착물의 화학식을 계산하시오.
(b) 착물의 몰 흡광계수와 불확정도를 계산하시오.

***26-30.** 다음 자료는 $Cd^{2+}$와 착물 형성 시약 R 사이에 만들어진 착색 물질을 연속 변화법으로 390 nm에서 1.00-cm 셀을 사용하여 측정한 것이다.

| | 시약의 부피, mL | | |
|---|---|---|---|
| 용액 | $c_{Cd}$ = 1.25 × $10^{-4}$ M | $c_R$ = 1.25 × $10^{-4}$ M | $A_{390}$ |
| 0 | 10.00 | 0.00 | 0.000 |
| 1 | 9.00 | 1.00 | 0.174 |
| 2 | 8.00 | 2.00 | 0.353 |
| 3 | 7.00 | 3.00 | 0.530 |
| 4 | 6.00 | 4.00 | 0.672 |
| 5 | 5.00 | 5.00 | 0.723 |
| 6 | 4.00 | 6.00 | 0.673 |
| 7 | 3.00 | 7.00 | 0.537 |
| 8 | 2.00 | 8.00 | 0.358 |
| 9 | 1.00 | 9.00 | 0.180 |
| 10 | 0.00 | 10.00 | 0.000 |

(a) 생성물에서 리간드와 금속의 비율을 계산하시오.

[18] E. G. Owens and J. H. Yoe, *Anal. Chem.*, **1959**, *31*, 384, **DOI:** 10.1021/ac60147a016.

(b) 착물의 평균 몰 흡광계수와 그 불확정도를 구하시오. 곡선의 직선 구간에서 금속은 완전히 배위되었다고 가정하시오.

(c) 착물의 $K_f$ 값을 (a)에서 계산한 화학량론비와 두 개의 연장선의 교점에서의 흡광도 값을 사용하여 계산하시오.

**26-31.** 팔라듐(II)은 pH 3.5에서 아센아조 III과 결합하여 660 nm의 빛을 흡수하는 짙은 색의 착물을 형성한다.[19] 어떤 운석을 곱게 빻은 분말을 여러 가지 강한 산을 사용하여 녹였다. 건조 후 다시 염산에 녹인 다음이온교환 크로마토그래피(33D절 참조)를 통하여 불순물을 제거하였다. 미지량의 Pd(II)을 함유하는 이 용액을 pH 3.5 완충 용액을 사용하여 50.00 mL로 희석하였다. 이 용액 10 mL씩을 여섯 개의 50 mL 부피 플라스크에 옮긴다. Pd(II)의 농도가 $1.00 \times 10^{-5}$ M인 표준 용액을 만든다. 표에 있는 양만큼의 이 표준 용액을 10.00 mL의 0.01 M 아센아조 III와 더불어 위의 부피 플라스크에 피펫으로 넣는다. 각 용액을 50.00 mL로 희석하고 1-cm 셀에 넣어 660 nm에서 흡광도를 측정하였다.

| 표준 용액 부피, mL | $A_{660}$ |
|---|---|
| 0.00 | 0.209 |
| 5.00 | 0.329 |
| 10.00 | 0.455 |
| 15.00 | 0.581 |
| 20.00 | 0.707 |
| 25.00 | 0.833 |

(a) 자료를 계산표에 입력한 후 표준물 첨가법 그래프를 그리시오.

(b) 직선의 기울기와 절편을 구하시오.

(c) 직선의 기울기와 절편에 대해 각각의 표준 편차를 구하시오.

(d) 분석 시료의 Pd(II) 농도를 구하시오.

(e) 측정된 농도의 표준 편차를 구하시오.

**26-32.** 수은(II)은 염화 트라이페닐테트라졸륨(triphenyltetrazolium chloride, TTC)과 1:1 비율로 255 nm에서 최대 흡광도를 지니는 착물을 형성한다.[20] 토양 시료 중의 수은(II)을 과량의 TTC를 함유하는 유기용매로 추출하여 100.0 mL 부피 플라스크에 넣고 눈금까지 희석하였다. 이 용액 5-mL 씩을 취해 여섯 개의 25-mL 부피 플라스크에 옮겼다. Hg(II)의 농도가 $5.00 \times 10^{-6}$ M되는 표준 용액을 만들어 표에 있는 양만큼씩을 위의 부피 플라스크에 피펫으로 넣은 다음 눈금까지 묽혔다. 각 용액을 1.00-cm 석영 셀에 넣어 255 nm에서 흡광도를 측정하였다.

| 표준 용액 부피, mL | $A_{660}$ |
|---|---|
| 0.00 | 0.582 |
| 2.00 | 0.689 |
| 4.00 | 0.767 |
| 6.00 | 0.869 |
| 8.00 | 1.009 |
| 10.00 | 1.127 |

(a) 자료를 계산표에 입력한 다음 표준물 첨가법 그래프를 그리시오.

(b) 직선의 기울기와 절편을 구하시오.

(c) 직선의 기울기와 절편에 대해 각각의 표준 편차를 구하시오.

(d) 분석 시료의 Hg(II) 농도를 구하시오.

(e) 측정된 농도의 표준 편차를 구하시오.

***26-33.** 그림 26F-2에 나타낸 염화 메틸렌의 적외선 스펙트럼에서 피크의 진동수를 예측하시오. 이 진동수로부터 각 피크에 해당하는 염화 메틸렌의 분자 진동을 찾으시오. 몇 개의 진동수는 표 26-5에 수록되어 있지 않으므로 다른 자료를 참조해야 한다.

**26-34. 도전 문제:** (a) 착물 $ML_n$의 총괄 형성 상수

$$K_f = \frac{\left(\frac{A}{A_{extr}}\right)c}{\left[c_M - \left(\frac{A}{A_{extr}}\right)c\right]\left[c_L - n\left(\frac{A}{A_{extr}}\right)c\right]^n}$$

임을 보이시오. 여기서 $A$는 연속 변화법 그림에서 주어진 $x$축에 대한 흡광도 값, $A_{extr}$는 $x$축의 같은 점에 해당하는 연장점의 흡광도, $c_L$은 리간드의 몰농도, $c_M$은 금속의 몰농도, $n$은 착물에서 리간드-금속의 비이다.[21]

(b) 어떠한 가정이 있을 때 위의 식이 유효한가?

(c) $c$는 무엇인가?

(d) 연속 변화법 그림에서 0.5보다 작은 값에서 최대값이 나타나는 것이 무엇을 의미하는가?

(e) 연속 변화법을 사용하여 Calabrese와 Khan[22]은 $I_2$와 $I^-$ 사이에 얻어진 착물의 특성을 분석하였다. 그들은 $2.60 \times 10^{-4}$ M의 $I_2$와 $I^-$를 결합하여

[19] J. G. Sen Gupta, *Anal Chem.*, **1967**, *39*, 18, **DOI:** 10.1021/ac60245a029.

[20] M. Kamburova, *Talanta*, **1993**, *40*(5), 719, **DOI:** 10.1016/0039-9140(93)80285-y.

[21] J. Inczédy, *Analytical Applications of Complex Equilibria*, New York: Wiley, 1976.

[22] V. T. Calabrese and A. Khan, *J. Phys. Chem.* A, **2000**, *104*, 1287, **DOI:** 10.1021/jp992847r.

다음 자료를 얻었다. 자료를 이용하여 $I_2/I^-$ 착물의 조성을 밝히시오.

| $V(I_2$ soln), mL | $A_{350}$ |
|---|---|
| 0.00 | 0.002 |
| 1.00 | 0.121 |
| 2.00 | 0.214 |
| 3.00 | 0.279 |
| 4.00 | 0.312 |
| 5.00 | 0.325 |
| 6.00 | 0.301 |
| 7.00 | 0.258 |
| 8.00 | 0.188 |
| 9.00 | 0.100 |
| 10.00 | 0.001 |

(f) 연속 변화법 곡선은 비대칭으로 보인다. Calabrese와 Khan의 논문을 참조하여 비대칭성을 설명하시오.

(g) (a)의 식을 이용하여 연속 변화법 곡선의 세 개의 중앙점에 대하여 형성 상수를 구하시오.

(h) 형성 상수의 세 가지 값의 경향성을 그림의 비대칭성과 연관지어 설명하시오.

(i) 이 방법으로 형성 상수를 결정할 때의 불확정도를 구하시오.

(j) 연속 변화법을 사용하여 착물의 조성을 결정할 때, 형성 상수는 어떠한 영향을 미치는가?

(k) 착화합물의 조성과 형성 상수를 결정하는 일반적인 방법으로 연속 변화법을 사용하는 경우의 장점과 단점을 논의하시오.

제 27 장

# 분자 형광 분광법

*Molecular Fluorescence Spectroscopy*

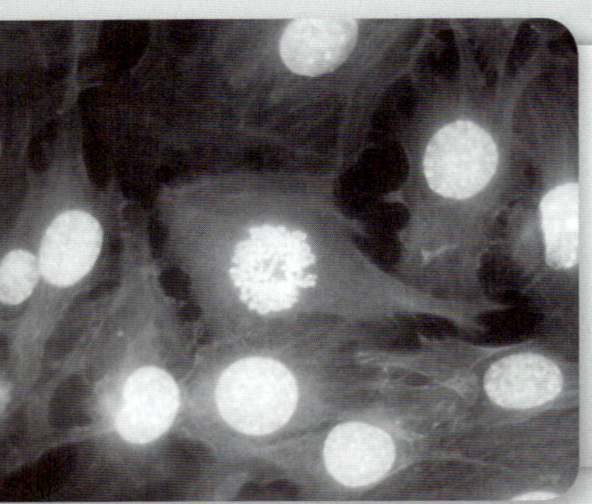

Dr. Gopal Murti/Science Photo Library/Photo Researchers, Inc.

사진은 HeLa 암 세포의 면역형광(immunofluorescent) 현미경 사진이다. 사진 중앙에 있는 세포는 유사 세포 분열의 전기 단계에 있다. 염색체는 두 개의 핵으로 분열되기 전에 응축된다. 세포는 염색되어 세포 골격의 미세소관과 액틴 미세 섬유를 나타내는데 이것들은 세포핵을 둘러싼 섬유상 구조로 나타난다. 보통의 항체를 형광성 분자와 공유 결합하여 만들어진 구조 선택적인 형광 항체에 세포를 노출하여 세포의 핵을 관찰할 수 있다. 항체들은 핵에 모여 자외선을 쬐면 사진에 보인 것처럼 형광을 내게 된다. 이러한 화학적 방법이 특집 11-2에 설명된 형광 면역 분석법에 사용된다.

형광(fluorescence)은 원자나 분자가 전자기 복사선을 흡수하여 들뜬 상태가 된 후 일어나는 빛의 방출 과정이다(그림 24-6 참조). 들뜬 화학종은 여분의 에너지를 광자의 형태로 방출하면서 바닥 상태로 떨어진다. 분자 형광의 가장 매력적인 특성의 한 가지는 흡수 분광법에 비해 $10^1$~$10^3$배에 이르는 고유의 좋은 감도이다. 실제로, 통제된 조건에서 선택된 화학종의 단일 분자가 형광 분광법으로 검출되기도 하였다. 형광법의 또 다른 장점은 흡수 분광법에 비해 훨씬 넓은 범위의 농도 구간에서 직선 관계를 나타내는 것이다. 그러나 적당한 세기의 형광을 나타내는 물질의 수가 제한적이기 때문에 형광법은 흡수 분광법보다 응용 범위가 좁다. 또한 형광은 환경적 방해 요인이 흡광 방법보다 매우 많다. 여기서는 분자 형광방법의 몇 가지 중요한 특징에 대해 알아보고자 한다.[1]

## 27A 분자 형광 이론

분자 형광에서는 들뜸 파장이라고 불리기도 하는 흡수 파장에서 시료를 들뜨게 하고 방출 또는 형광 파장이라고 하는 좀 더 긴 파장에서 방출되는 복사선을 측정한다. 예를 들면, 보조 효소인 니코틴아마이드 아데닌 다이뉴클레오타이드(NADH)의 환원형은 340 nm의 빛을 흡수하고 이 분자는 465 nm의 파장에서 최대 방출의 빛을 방출한다. 일반적으로 빛의 방출은 입사광을 측정하는 것을 피하기 위해 입사광선의 수직 방향에서 측정한다(그림 25-1b 참조). 이렇게 얻어지는 짧은 수명의 방출을 **형광**(fluorescence)이라 부르고 훨씬 더 오랫동안 방출되는 것을 **인광**(phosphorescence)이라 한다.

형광 방출은 $10^{-5}$ 초 이내에 끝난다. 이에 비해 인광은 수 분 또는 수 시간까지 진행되기도 한다. 화학 분석에서 형광은 인광보다 훨씬 더 널리 사용된다.

[1]분자 형광 분광법에 대해 더 자세한 사항은 다음을 참고하시오. R. Lakowicz, *Principles of Fluorescence Spectroscopy*, New York: Springer, 2006.

## ▸ 27A-1 이완 과정

**그림 27-1**은 가상적인 분자 화학종에 대한 부분적인 에너지 그림이다. 세 개의 전자 에너지 상태를 $E_0$, $E_1$, $E_2$로 나타내었는데, 여기서 $E_0$는 바닥 상태, $E_1$과 $E_2$는 전자의 들뜬 상태이다. 각 전자 상태는 네 개의 들뜬 진동 상태를 가진 것으로 나타내었다. 파장 $\lambda_1$에서 $\lambda_5$로 이루어진 복사선 띠(그림 27-1a 참조)를 이 화학종에 쪼여 주면 첫 번째로 들뜬 전자 상태 $E_1$에 있는 다섯 개의 모든 진동 상태에 순식간에 분포된다. 마찬가지로 $\lambda_1'$에서 $\lambda_5'$에 걸친 보다 짧은 파장의 자외선 띠를 분자에 쪼이면 높은 에너지의 전자 상태 $E_2$의 다섯 개의 진동 상태에 잠깐 동안 분포하게 된다.

일단 분자가 $E_1$나 $E_2$로 들뜨게 되면 분자가 과량의 에너지를 방출하는 몇 가지 과정이 일어날 수 있다. 이 과정 중에서 가장 중요한 두 가지 방법인 **비복사 이완**(nonradiative relaxation) 및 **형광 방출**(fluorescence emission)을 그림 27-1b 및 27-1c에 나타내었다.

형광과 경쟁하는 가장 중요한 두 종류의 비복사 이완을 그림 27-1b에 나타내었다. **진동 이완**(vibrational relaxation)은 진동 에너지 준위 사이에 짧은 굽은 화살로 표시되어 있는데, 들뜬 분자가 용매 분자 사이와 충돌하는 동안 일어난다. 들뜬 전자 상태의 낮은 진동 준위와 다른 전자 상태의 높은 진동 준위 사이에서도 비복사 이완이 일어날 수 있다. **내부 전환**(internal conversion)이라고 불리기도 하는 이런 형태의 이완을 그림 27-1b에 두 개의 긴 굽은 화살로 표시하였다. 내부 전환은 진동 이완보다 훨씬 덜 효과적이므로 들뜬 전자 상태의 평균 수명은 $10^{-6}$~$10^{-9}$초 정도이다. 이런 형태의 이완이 일어나는 반응 과정은 아직 완전히 이해되어 있지 않으나 그 알짜 효과는 역시 매질의 온도를 매우 조금 증가시킨다는 것이다.

**진동 이완**은 들뜬 진동 상태의 화학종이 용매 분자에게 과량의 에너지를 전달하는 것을 포함한다. 이 과정은 $10^{-15}$ 초 이내에 일어나며 분자는 주어진 전자 에너지 상태의 가장 낮은 진동 상태에 남게 된다.

**내부 전환**은 들뜬 전자 상태의 가장 낮은 진동 준위에 있는 화학종이 가진 과량의 에너지를 낮은 에너지의 전자 상태로 전달하는 이완의 형태이다.

그림 27-1c는 원하는 이완 과정인 형광을 나타낸 것이다. 형광은 거의 항상 가장 낮은 들뜬 전자 상태 $E_1$에서 바닥 상태 $E_0$로 전이하는 경우에 관찰된다. 또 내부 전

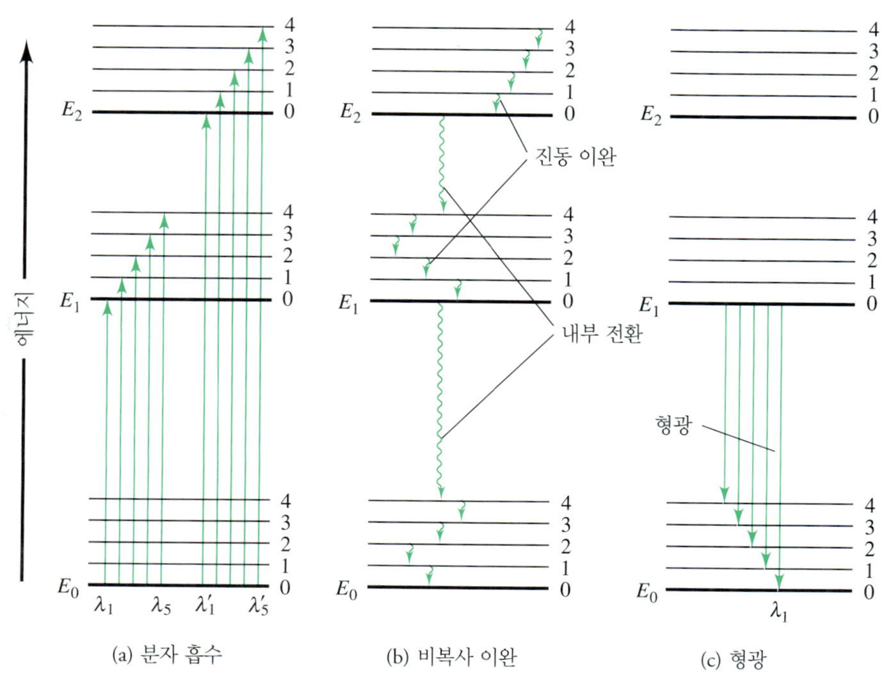


**그림 27-1** 분자에 의한 (a) 입사광의 흡수, (b) 비복사 이완, (c) 형광에서 일어나는 과정의 일부를 나타낸 에너지 준위 그림. 빛의 흡수는 보통 $10^{-15}$ 초 내에 일어나며, 진동 이완은 $10^{-11}$~$10^{-10}$ 초에 일어난다. 다른 전자 상태 사이의 내부 전환 또한 매우 빠르며($10^{-12}$ 초) 형광의 수명은 통상 $10^{-10}$~$10^{-5}$ 초이다.

형광 띠는 조밀한 간격의 많은 선들로 구성된다.

환이나 진동 이완 과정이 형광에 비해 매우 빠르기 때문에 형광은 $E_1$의 가장 낮은 진동 준위에서 $E_0$ 상태의 여러 진동 준위로 이완된다. 따라서 형광 스펙트럼은 $E_1$의 가장 낮은 진동 준위에서 $E_0$의 여러 개의 다른 진동 준위로 일어나는 전이를 나타내는 많은 인접한 선으로 이루어진 한 개의 띠로 구성된다.

Stoke 이동 형광은 들뜸을 일으키는 복사선보다 파장이 길다.

짧은 파장, 혹은 높은 에너지 쪽($\lambda_1$)을 나타내는 그림 27-1c의 직선은 그림 27-1a의 흡수 과정에서의 $\lambda_1$으로 표기한 선과 에너지가 동일하다. 이 띠에 있는 형광 선들은 $E_1$의 가장 낮은 진동 상태에서 기인하므로 그 띠에 있는 모든 다른 형광 선은 $\lambda_1$에 해당하는 선보다 긴 파장 즉 낮은 에너지를 가진다. 분자 형광 띠들은 대부분 그들을 들뜨게 하는 흡수 복사선의 띠보다 긴 파장, 작은 진동수, 따라서 낮은 에너지의 선들로 구성된다. 이러한 긴 파장으로의 이동을 **Stokes 이동**(Stokes shift)이라고 한다.

### » 들뜸 스펙트럼과 형광 스펙트럼 사이의 관계

진동 상태 사이의 에너지 차이가 바닥 및 들뜬 상태에서 모두 거의 같으므로 한 화합물에 대한 흡수 스펙트럼 혹은 **들뜸 스펙트럼**(excitation spectrum)과 형광 스펙트럼은 원점 전이선($E_1$의 0 진동 준위에서 $E_0$의 0 진동 준위)에서 서로 겹치면서 서로에 대해 대략적인 거울상으로 나타난다. 이 효과는 그림 27-2의 안트라센의 경우에 잘 나타나 있다. 이러한 거울상 규칙에는 많은 예외가 있으며 특히 들뜬 상태와 바닥 상태가 서로 다른 분자 구조를 가지거나 분자의 다른 형광 띠가 분자의 서로 다른 부분에서 기인할 때 예외가 많다.

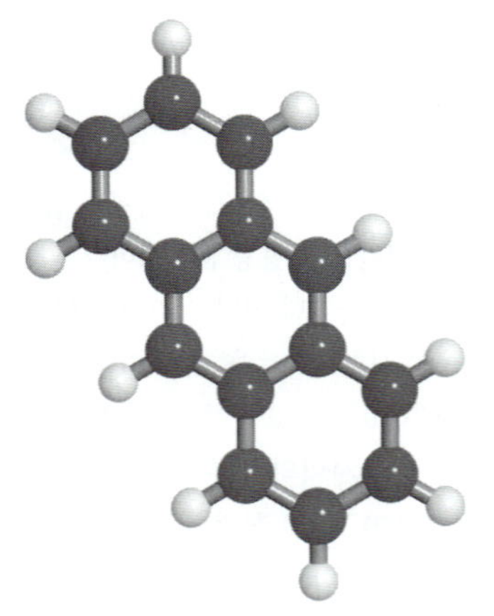

안트라센의 분자 모형.

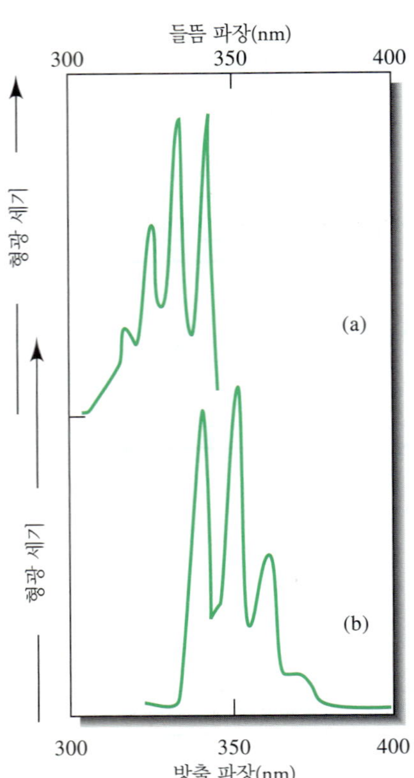


**그림 27-2** 알코올에 용해된 1 ppm 안트라센의 형광 스펙트럼. (a) 들뜸 스펙트럼, (b) 방출 스펙트럼.

## 27A-2 형광 화학종

그림 27-1에서 보여준 바와 같이 형광은 분자가 복사선을 흡수하여 들뜬 후에 바닥 상태로 돌아가는 몇 가지 과정 중의 하나이다. 따라서 모든 흡수 분자는 형광을 나타낼 수 있는 잠재력을 가지고 있다. 그러나 대부분은 형광을 나타내지 않는데 이는 이들의 구조가 형광 방출보다 *더 빠른* 비복사 과정을 통해 이완이 일어나게 하기 때문이다. 분자 형광의 **양자 수득율**(quantum yield)은 들뜬 분자의 전체 수에 대한 형광을 나타내는 분자의 수의 비(또는 흡수한 광자에 대한 방출한 광자의 비)로 나타낼 수 있다. 플루오레세인과 같이 형광을 잘 나타내는 분자들은 어떤 조건에서는 양자 수율이 1에 가깝다. 비형광 화학종의 양자 수율은 실질적으로 0이다.

**양자 효율**(quantum efficiency)은 **형광의 양자 수득율** $\Phi_F$로 설명되는데

$$\Phi_F = \frac{k_F}{k_F + k_{nr}}$$

이고 여기서 $k_F$는 형광 이완의 일차 반응 속도 상수이고 $k_{nr}$은 비복사 이완의 속도 상수이다. 속도 상수에 대한 논의는 30장을 참고하시오.

### 》 형광과 구조

방향족 고리를 가진 화합물은 매우 세고 유용한 분자 형광을 방출한다. 많은 콘쥬게이션이 되어 있는 이중 결합을 함유한 구조로 되어 있거나 지방족 및 지방족 고리 카바닐 화합물 등도 형광을 발하지만 그 화합물의 수는 방향족 고리를 가지고 있는 형광 화합물의 수와 비교하면 작다.

《 많은 치환되지 않은 방향족 화합물은 형광을 낸다.

대부분의 치환되지 않은 방향족 탄화수소들은 용액 중에서 형광을 발하는데, 고리의 수 및 축합 정도에 따라 양자 수율이 증가한다. 피리딘, 퓨란, 싸이오펜, 피롤 등과 같은 매우 간단한 헤테로 원자 고리 화합물들은 분자 형광을 발하지 않으나(**그림 27-3**) 이런 고리들을 가지는 접합 고리(fused-ring) 구조 물질은 형광을 나타내기도 한다(**그림 27-4**). 방향족 고리에 치환체가 있으면 흡수 최대 파장이 이동하고 따라서 형광 봉우리의 파장도 변한다. 더욱이 치환은 형광 효율에 영향을 미치는 경우가 자주 있다. 이런 효과를 **표 27-1** 자료에 나타내었다.

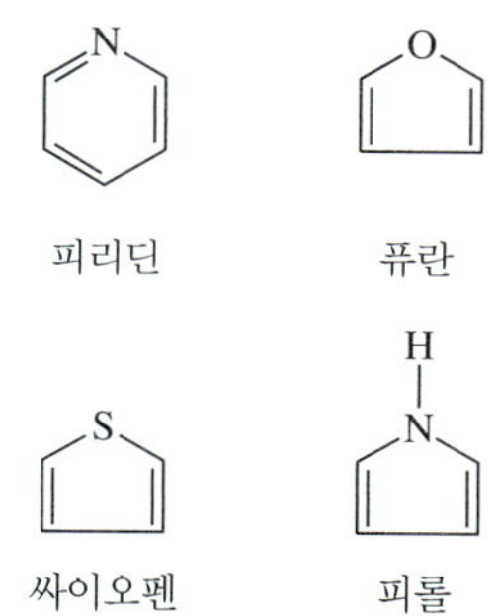


**그림 27-3** 형광을 나타내지 않는 방향족 화합물.

### 》 구조적 견고함의 영향

형광은 특히 견고한 분자에서 잘 나타난다는 것이 실험적으로 알려졌다. 예를 들면, 비슷한 측정 조건에서 바이페닐의 형광 효율은 0.2인데 비해 플루오렌은 거의 1.0이다(**그림 27-5**). 이러한 차이는 주로 플루오렌에서 양쪽 고리를 잇는 메틸렌기에 의해 견고함이 증가하기 때문에 나타나는 것이다. 이 견고함은 비복사 이완의 속도를 낮추어 형광에 의한 이완이 일어날 수 있도록 한다. 이와 비슷한 예들이 많이 있다. 더욱이 형광성 물감을 고체 표면에 흡착시키면 형광이 증가하는 경우가 많은데 여기서도 이와 같은 효과는 고체에 의해 단단해졌기 때문이라고 설명할 수 있을 것이다.

《 견고한 분자나 착물들은 형광을 나타내는 경향이 있다.

어떤 유기 킬레이트제가 금속 이온과 착물을 만들 때 형광이 증가하는 것도 견고함의 영향으로 설명할 수 있다. 예를 들면, 8-하이드록시퀴놀린 자체의 형광이 세기는 이 화합물의 아연 착물보다 훨씬 약하다(**그림 27-6**).

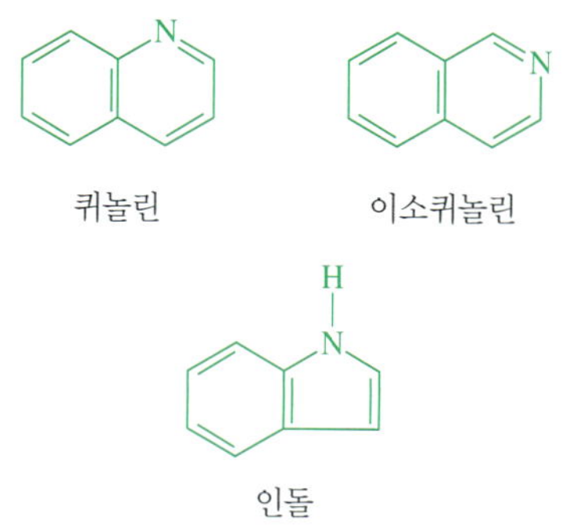


**그림 27-4** 형광을 나타내는 전형적인 방향족 화합물.

### 》 온도와 용매 효과

대부분의 분자에서 형광에 대한 양자 효율은 온도가 증가함에 따라 감소하는 데 이는 온도가 증가하면 충돌 횟수가 증가되어 충돌 이완될 확률을 증가시키기 때문이다. 용매의 점성이 감소되어도 같은 결과를 가져온다.

**표 27-1**
**벤젠 유도체의 형광에 미치는 치환기의 영향***

| 화합물 | 상대적 형광의 세기 |
|---|---|
| Benzene | 10 |
| Toluene | 17 |
| Propylbenzene | 17 |
| Fluorobenzene | 10 |
| Chlorobenzene | 7 |
| Bromobenzene | 5 |
| Iodobenzene | 0 |
| Phenol | 18 |
| Phenolate 이온 | 10 |
| Anisole | 20 |
| Aniline | 20 |
| Anilinium 이온 | 0 |
| Benzoic acid | 3 |
| Benzonitrile | 20 |
| Nitrobenzene | 0 |

*에탄올 용액에서 측정. W. West, *Chemical Applications of Spectroscopy, Techniques of Organic Chemistry*, Vol IX, p.730. New York: Interscience, 1956. Reprinted by permission of John Wiley & Sons.

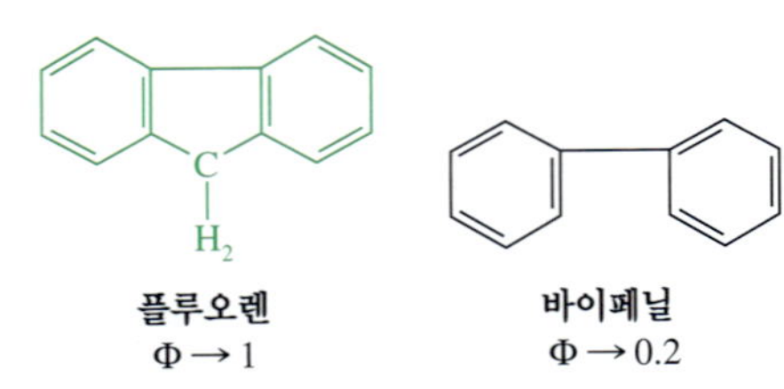


**그림 27-5** 양자 수득율에 미치는 분자의 견고함의 영향. 플루오렌 분자는 중앙의 고리에 의해 견고하게 유지되어 형광이 증가한다. 바이페닐의 두 개의 벤젠 고리의 평면은 서로 상대적으로 회전할 수 있으므로 형광이 감소한다.

비형광성 형광성

**그림 27-6** 착물의 양자 수득율에 미치는 견고함의 영향. 용액 내의 자유로운 8-하이드록시퀴놀린의 분자는 용매 분자와 충돌하여 쉽게 에너지를 잃어 형광을 나타내지 않는다. 아연-8-하이드록시퀴놀린 착물의 견고함은 형광을 증가시킨다.

## 27B 형광 세기에 미치는 농도 효과

형광 복사선의 세기 $F$는 계가 흡수한 들뜨기 빛살의 세기에 비례한다.

$$F = K'(P_0 - P) \tag{27-1}$$

여기서 $P_0$는 용액에 입사하는 빛살의 세기이고, $P$는 길이 $b$의 매질을 지난 후의 세기이다. 상수 $K'$는 형광의 양자 효율에 따라 달라진다. $F$를 형광 입자의 농도 $c$에 대해 나타내려면 다음과 같은 Beer 법칙을 이용한다.

$$\frac{P}{P_0} = 10^{-\varepsilon bc} \tag{27-2}$$

여기서 $\varepsilon$은 형광 화학종의 몰 흡광계수이고 $\varepsilon bc$는 흡광도 $A$이다. 식 (27-2)를 식 (27-1)에 대입하면 다음의 식을 얻는다.

$$F = K'P_0(1 - 10^{-\varepsilon bc}) \tag{27-3}$$

식 (23-3)의 지수항을 전개하면 다음과 같이 된다.

$$F = K'P_0\left[2.3\varepsilon bc - \frac{(-2.3\varepsilon bc)^2}{2!} - \frac{(-2.3\varepsilon bc)^3}{3!} - \cdots\right] \tag{27-4}$$

만일, $\varepsilon bc = A < 0.05$이면, 괄호 속의 첫번째 항인 $2.3\varepsilon bc$는 계속되는 두 번째 이하의 항들보다 훨씬 크므로 다음과 같이 쓸 수 있다.

$$F = 2.3K'\varepsilon bcP_0 \tag{27-5}$$

또는 $P_0$가 일정할 때

$$F = Kc \tag{27-6}$$

따라서 용액의 형광 세기를 방출 화학종의 농도에 대해 도시하면 낮은 농도에서는 선형이 된다. 만일 흡광도가 0.05보다 클 만큼 $c$가 매우 크다면(또는 투광도가 0.9보다 작으면), 직선성은 없어지고 $F$는 직선 도시를 연장한 것의 아래에 놓이게 된다. 이런 효과는 입사광이 강하게 흡수되어 더 자세한 식 (27-6)에서 보여주는 것과 같이 형광이 더 이상 농도에 비례하지 않는 **일차 흡수**(primary absorption)의 결과이다. 대단히 큰 농도에서 $F$는 최대에 도달하고 **이차 흡수**(secondary absorption) 때문에 농도의 증가와 함께 감소하기 시작한다. 다른 분석물 분자에 의해 방출되는 복사선의 흡수 때문에 이런 현상이 일어난다. 농도에 대한 $F$의 일반적인 도시는 **그림 27-7**에 표시하였다. 시료 매트릭스 내 분석 물질이 아닌 다른 분자들에 의한 흡수 때문에 가끔은 **내부 필터 효과**(inner-filter effect)라 불리는 일차와 이차 흡수 효과가 일어날 수 있다.

## 27C 형광 기기

몇 가지 다른 형태의 형광 기기들이 있다. 모든 기기는 그림 25-1b에 있는 모식도로 나타낼 수 있다. 일반적인 기기의 광학 모식도를 **그림 27-8**에 나타내었다. 두 개의 파장 선택기가 모두 필터이면 그 기기를 **형광계**(fluorometer)라 부른다. 두 개 모두 단색화 장치를 사용하면 **분광형광계**(spectrofluorometer)라 한다. 어떤 기기는 필터와 단색화 장치를 섞어 사용하는 데 들뜸 필터와 방출 단색화 장치를 사용한다. 형광 기기는 겹살형을 택하여 광원 세기가 시간과 파장에 따라 요동하는 것을 보정할 수 있다. 광원의 파장별 스펙트럼 분포를 보정할 수 있는 기기를 **보정 분광형광계**(corrected spectrofluorometer)라 한다.

형광 광원은 일반적으로 흡광법의 광원보다 세기가 더 크다. 형광에서 방출되는 빛의 세기는 입사되는 빛의 세기에 직접 비례한다[식 (27-5)]. 그러나 흡광도는 식

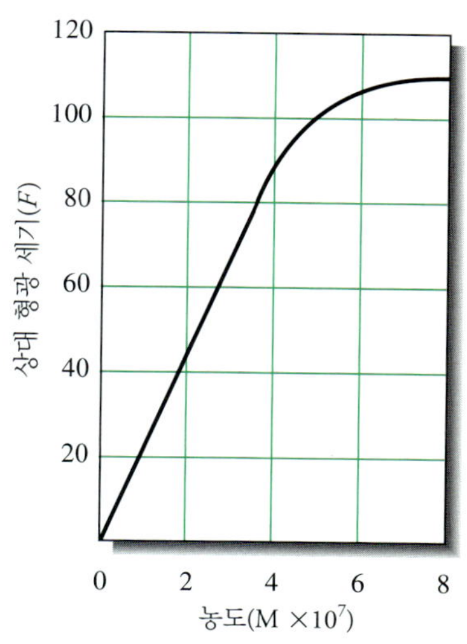


**그림 27-7** 포유류 눈의 수정체에서 얻은 가용성 단백질에 있는 tryptophan의 분광형광법 정량을 위한 검정 곡선.

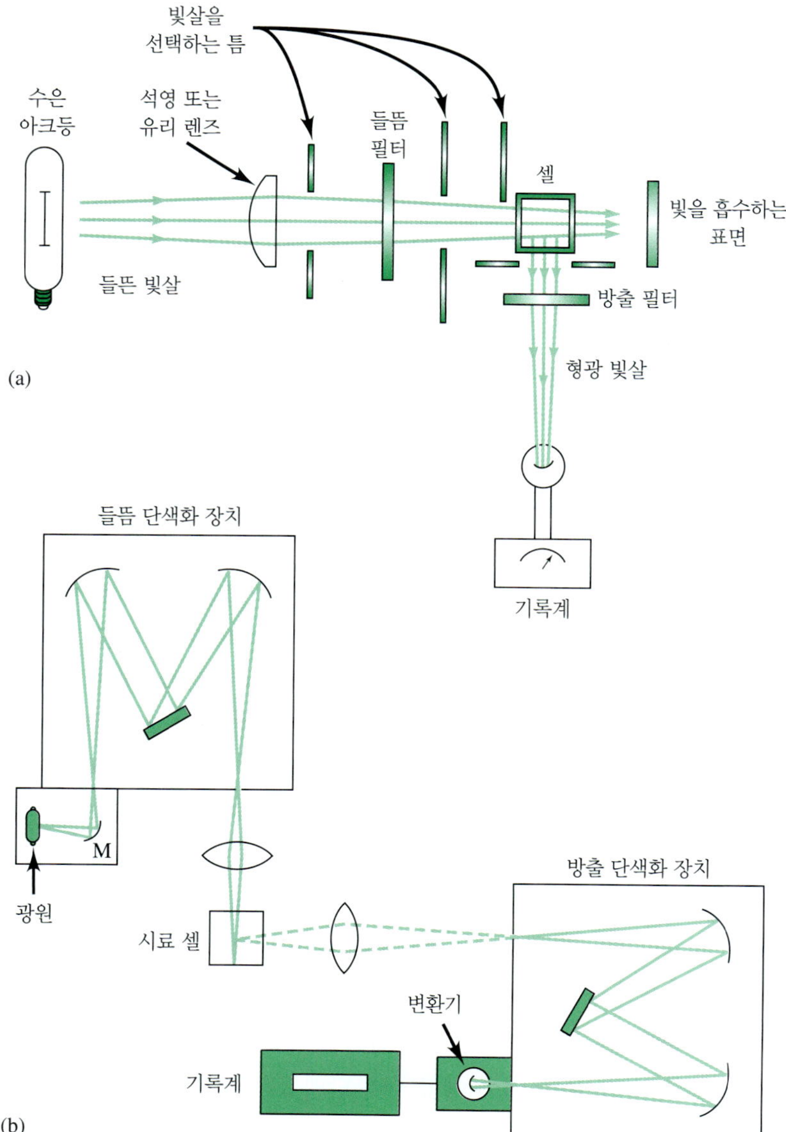


**그림 27-8** 전형적인 형광 기기. 필터 형광계는 (a)에 나타내었다. 형광은 수은 아크등 광원의 직각 방향에서 측정된다. 형광 방출은 모든 방향으로 방출되므로 90° 방향에서 측정하면 광원을 측정하는 것을 피할 수 있다. (b)의 분광형광계는 두 개의 단색화 장치를 사용하고 역시 직각 방향에서 방출선을 검출하고 있다. 두 개의 단색화 장치는 (고정된 방출 파장에서 들뜸 파장을 주사하여) 들뜸 스펙트럼을 주사하게 하거나(고정된 들뜸 파장에서 방출 파장을 주사하여) 방출 스펙트럼을 주사하게 하거나 혹은(두 개의 단색화 장치를 일정한 파장 차이를 두고 동시에 주사하여) 동시화 스펙트럼을 측정할 수 있다.

(27-7)에서 보여주는 것과 같이 입사광과 투과광의 비에 관계되므로 기본적으로 광원 세기와는 무관하다.

$$c = kA = k \log\left(\frac{P_0}{P}\right) \tag{27-7}$$

형광법은 흡광법보다 10배에서 1000배 정도 감도가 더 좋다.

광원 세기에 대한 이러한 의존성의 차이 결과로 형광법은 흡광법보다 $10 \sim 10^3$배 정도 더 감도가 좋다. 수은 아크등이나 제논 아크등, 제논-수은 아크등, 레이저 등이 대표적인 형광 광원이다. 단색화 장치나 변환기는 흡광법에 사용하는 것과 비슷하다. 고감도 형광광도계에는 아직도 광전증배관이 많이 사용되지만 최근에는 CCD나 광 다이오드 배열이 점점 인기를 얻고 있다. 형광계와 분광형광계의 정교성, 성능 특성, 가격은 흡수 측정기기와 같이 광범위하게 차이가 있다. 일반적으로 비슷한 정도의 품질에서 형광계가 흡광계보다 더 고가이다.

## 27D 형광법의 응용

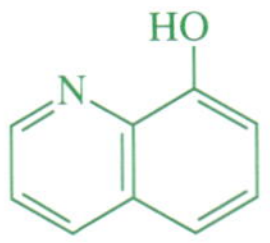

구조적으로 별 차이가 없는 분자는 종종 비슷한 형광 스펙트럼을 나타내기 때문에 형광 분광법은 주요 구조 분석이나 정성적인 분석법은 아니다. 또한 상온에서 용액의 형광 띠는 매우 넓다. 그렇지만 형광은 기름 유출 확인에서 유용한 도구로 알려져 있다. 유출된 기름의 형광 스펙트럼과 유출 원의 형광 스펙트럼을 비교하여 확인이 가능하다. 다환 고리형 탄화수소의 진동 구조를 비교하여 이 확인이 가능하다.

형광 방법은 흡광법과 비슷하게 화학 평형이나 반응속도론에도 사용된다. 형광법의 높은 감도 때문에 더 낮은 농도의 화학 반응에 사용이 가능하다. 형광 분석이 용이치 않은 많은 경우에 단백질 같은 분자의 특정한 위치에 형광성 탐침이나 표지를 공유 결합으로 붙여 형광을 측정할 수도 있다. 이러한 형광 표지는 에너지 전달 과정, 단백질의 극성, 반응 사이트의 거리 등에 대한 정보를 얻기 위하여 사용될 수도 있다(특집 27-1 참조).

정량적인 형광 방법은 무기 화합물, 유기 화합물, 생화학종에 대해 발전해 왔다. 무기 화합물 형광법은 간접법과 직접법의 두 가지로 분류할 수 있다. 직접법은 분석물과 착물을 반응시켜 형광성 생성물을 형성하는 것이다. 간접법은 형광성 반응물에 분석물을 결합하여 **소광**(quenching)이라 불리는 형광의 감소를 측정하는 방법이다. 소광법은 음이온이나 용해 산소의 측정에 주로 사용되었다. 양이온에 대한 몇 가지 형광성 반응물의 예를 **그림 27-9**에 나타내었다.

전이 금속 킬레이트는 비복사 이완이 효율적이기 때문에 형광을 나타내는 것은 거의 없다. 대부분의 전이 금속이 자외선이나 가시선에서 흡수하는 반면 비전이 금속은 그렇지 않다. 이런 이유로 형광법이 양이온의 정량을 위한 흡수법에 대한 보완이 된다.

유기와 생화학적 문제에 대한 형광 방법의 응용의 사례는 매우 많다. 형광법으로 정량할 수 있는 화합물의 예로 아미노산, 단백질, 조효소, 비타민, 핵산, 알칼로

HO, N

8-hydroxyquinoline
(Al, Be 및 다른 금속 이온을 위한 시약)

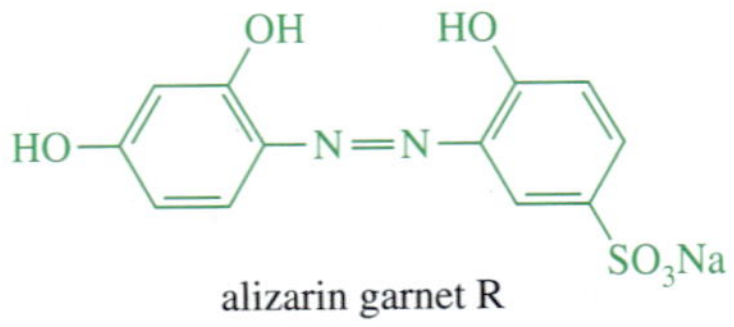

OH, HO, HO, N=N, $SO_3Na$

alizarin garnet R
(Al, $F^-$를 위한 시약)

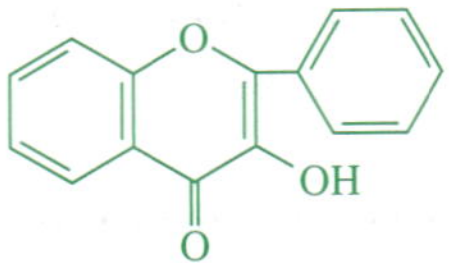

O, OH, O

flavanol
(Zr, Sn을 위한 시약)

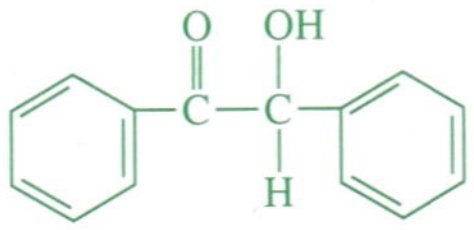

O, OH, C, C, H

benzoin
(B, Zn, Ge, Si를 위한 시약)

**그림 27-9** 금속 양이온을 위한 몇 가지 형광 킬레이트 시약. 알리자린 가넷 R는 $Al^{3+}$를 0.007 $\mu$g/mL의 낮은 농도까지 검출할 수 있다. 알리자린 가넷 R로 $F^-$를 검출하는 것은 $Al^{3+}$착물의 소광을 이용한다. 플라바놀은 $Sn^{4+}$를 0.1 $\mu$g/mL의 수준에서 검출할 수 있다.

특집 27-1

## 신경생물학에서 형광 탐침의 사용: 마음의 탐침

형광 지시약이 각 세포의 생물학적 사건들을 조사하는 데 널리 사용되어 왔다. 특별히 흥미로운 탐침은 소위 이온 탐침이라 하는데 그것이 $Ca^{2+}$나 $Na^{+}$와 같은 특정 이온에 결합될 때 들뜸 또는 방출 스펙트럼을 변화시킨다. 이들 지시약은 각 뉴런의 다른 부분에서 일어나는 이벤트의 기록을 위해서나 뉴런 다발의 활동도를 동시에 감지하기 위하여 사용될 수 있다. 예로 신경생물학에서 Fura-2 염료는 약리학적이나 전기적 자극이 이어지는 세포 내 자유 칼슘 농도를 감지하기 위하여 사용되어 왔다. 뉴런의 특정 부위에서 시간에 따른 형광 변화를 좇아서 연구자는 칼슘 의존적인 전기 이벤트가 일어나는 때와 장소를 결정할 수 있다.

연구된 한 가지 세포는 소뇌 내 Purkinje 뉴런으로서 중앙 신경 시스템에서 가장 큰 것 중의 한 가지이다. 이 세포가 Fura-2 형광 지시약에 반응하면 개별 칼슘의 작용 전위에 해당하는 급격한 형광 변화가 측정될 수 있다. 이 변화는 형광 영상 기술을 사용하여 세포 내 특정 부위에 연관지어진다. **그림 27F-1**은 오른 편에 형광 급변과 함께 하는 형광 상을 보여주는데, 소듐 작용 전위 스파이크와 연관된 고정된 형광에 대한 형광 변화 $\Delta F/F$로서 기록되었고, 이런 종류의 패턴을 해석하면 신경 접합부의 활동을 자세히 이해하는 데 있어서 중요한 역할을 할 수 있다.

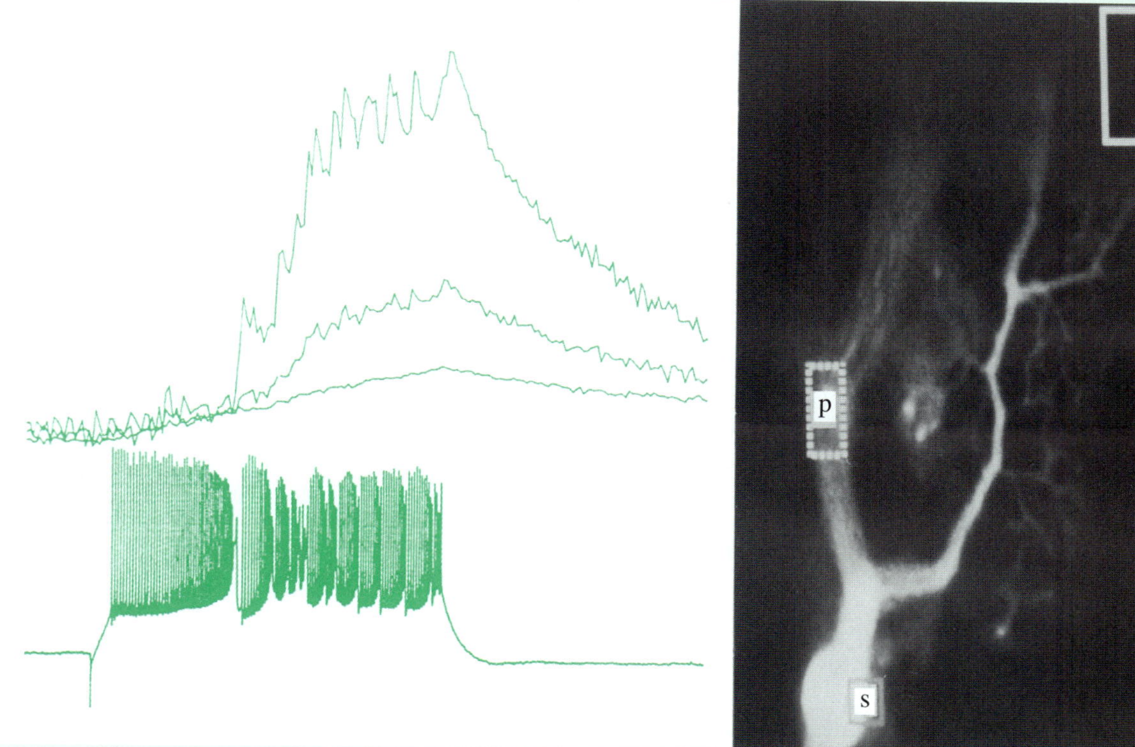


**그림 27F-1** 소뇌 Purkinje 세포 내 칼슘의 급변도. 오른쪽의 영상은 칼슘 농도에 감응하는 형광 염료로 채워진 세포이다. 왼쪽의 형광 급변도는 세포의 영역 d, p, s에 해당하는 것을 기록한 것이다. 영역 d에서의 급변도는 세포의 수상돌기에 해당한다. 특정 칼슘 신호는 왼쪽 아래 그림의 작용 전위와 연관된다. (From V. Lev-Ram, H. Mikayawa, N. Lasser-Ross, W. N. Ross, *J. Neurophysiol.*, **1992**, *68*, 1170. With permission of the American Physiological society.)

기름 유출에서 발견되는 몇 가지 전형적인 다환 방향족 탄화수소는 크리센, 페릴렌, 피렌, 플루오렌, 1,2-벤조플루오렌이다. 이 화합물들은 대부분 발암 물질이다.

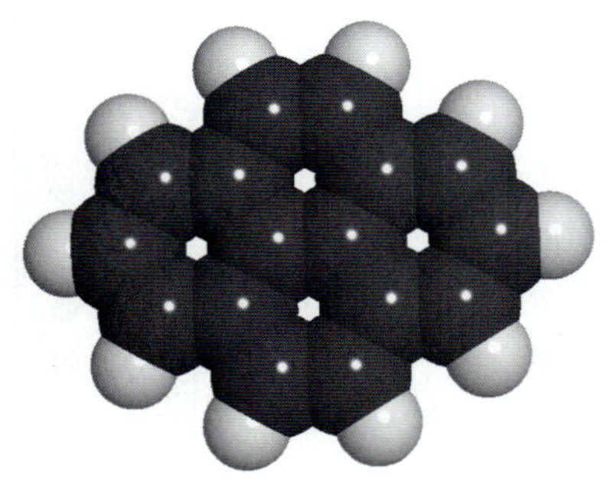

피렌의 분자 모형.

이드, 포피린, 스테로이드, 플라보노이드, 많은 대사물이 있다.[2] 감도 때문에 형광법은 액체 크로마토그래피, 흐름 분석법, 전기 영동 등의 검출법으로 많이 사용된다(33장 참조). 형광 세기 측정법뿐만 아니라 형광 수명 측정을 포함하는 방법도 많다. 형광 수명에 바탕을 둔 특정 화학종의 형광 영상을 얻는 기기들도 개발되었다.[3]

### 27D-1 무기 화학종에 대한 방법

양이온의 정량에 가장 좋은 형광 시약은 금속 이온과 킬레이트를 잘 형성하는 둘 또는 그 이상의 전자 주게 작용기를 가지고 있는 방향족 화합물이다. 대표적인 예로는 12C-3절에 구조를 나타낸 8-하이드록시퀴놀린이 있다. 몇 개의 다른 형광 시약과 그 응용에 대하여 표 27-2에 열거하였다. 대부분의 이런 시약을 이용하면, 양이온은 클로로폼과 같은 물과 섞이지 않는 유기 용매로 추출된다. 그 다음 유기 용액의 형광을 측정한다. 형광 킬레이트제에 대한 보다 완전한 요약은 Dean의 핸드북을 참고하시오.[4]

### 27D-2 유기물과 생화학적 화학종에 대한 방법

유기물의 분석에 형광법을 응용하는 경우는 매우 많다. Dean은 이 중 가장 중요한 것을 표에 요약하였다.[5] '유기 화합물의 분광 분광법'이라는 표제 밑에 200개 이상의 항목이 들어 있는데, 아데닌, 안트라닐산, 방향족 여러고리 탄화수소, 시스테인, 구아닌, 아이소니아지드, 나프톨, 신경 기체 사린과 타분, 단백질, 살리실산, 스카톨, 트립토판, 요산, 와파린(Coumadin) 등 다양한 화합물을 포함하고 있다. 형광법으로 정량할 수 있는 의약품도 열거되어 있는데 여기에는 아드레날린, 모르핀, 페니실린, 페노바르비탈, 프로케인, 레세르핀, 리제르긴산 다이에틸아미드(LSD) 등이

**표 27-2**

**무기 화합물의 형광 정량법***

| | | 파장(nm) | | | |
|---|---|---|---|---|---|
| 이온 | 시약 | 흡수 | 형광 | 감도($\mu$g/mL) | 방해 물질 |
| $Al^{3+}$ | Alizarin garnet R | 470 | 500 | 0.007 | Be, Co, Cr, Cu, $F^-$, $NO_3^-$, Ni, $PO_4^{3-}$, Th, Zr |
| $F^-$ | Alizarin garnet R의 Al 착물(소광) | 470 | 500 | 0.001 | Be, Co, Cr, Cu, Fe, Ni, $PO_4^{3-}$, Th, Zr |
| $B_4O_7^{2-}$ | Benzoin | 370 | 450 | 0.04 | Be, Sb |
| $Cd^{2+}$ | 2-(*o*-Hydroxyphenyl)-benzoxazole | 365 | 푸른색 | 2 | $NH_3$ |
| $Li^+$ | 8-Hydroxyquinoline | 370 | 580 | 0.2 | Mg |
| $Sn^{4+}$ | Flavanol | 400 | 470 | 0.1 | $F^-$, $PO_4^{3-}$, Zr |
| $Zn^{2+}$ | Benzoin | — | 녹색 | 10 | B, Be, Sb, 색깔있는 이온 |

*L. Meites, ed., *Handbook of Analytical Chemistry*, New York: McGraw-Hill, 1963, pp. 6-181.

[2] O. S. Wolfbeis, in *Molecular Luminescence Spectroscopy: Methods and Applications*, S. G. Schulman, ed., Part I, Ch. 3, New York: Wiley-Interscience, 1985.

[3] See J. R. Lakowicz, H. Szmacinski, K. Nowacyzk, K. Berndt, and M. L. Johnson, in *Fluorescence Spectroscopy: New Methods and Applications*, O. S. Wolfbeis, ed., Ch. 10, Berlin: Springer-Verlag, 1993.

[4] J. A. Dean, *Analytical Chemistry Handbook*, New York: McGraw-Hill, 1995, pp. 5.60~5.62.

[5] *Ibid.*, pp. 5.63~5.69.

포함되어 있다. 형광법의 가장 중요한 응용은 확실히 음식물, 약품, 임상 시료 및 천연물 등을 분석하는 것이다. 분자 형광법의 감도와 선택성 때문에 분자 형광법은 이런 분야에 특히 가치 있는 도이다.

> **포스포**(phosphore)라 불리는 인광 물질과 안료들은 고속도로 출구, 정지 표지 등의 안전 관련 표지판 등 여러 용도로 사용된다. 야광 시계는 알칼리토 금속의 알루미늄산의 화합물에 유로퓸과 같은 희토류 원소를 섞어 만든 포스포를 사용한다. 오실로스코프, 컴퓨터 모니터, 구형 TV에 사용하는 음극선 관은 스크린에 고체 포스포를 도포하여 전자선을 나타내게 한 것이다.

## 27E 분자 인광 분광법

인광은 형광과 비슷한 빛 방출 현상이다. 이들 두 현상 간의 차이를 이해하기 위해서는 전자 스핀 및 **단일항 상태**(singlet state)와 **삼중항 상태**(triplet state) 간 차이를 이해해야 한다. 자유 라디칼이 아닌 보통의 분자는 그들의 전자 스핀이 쌍을 이루는 바닥 상태에 존재한다. 모든 전자 스핀이 쌍을 이룬 분자의 전자 상태는 **단일항 상태**라고 부른다. 한편, 자유 라디칼의 바닥 상태는 홀수 전자가 자기장에서 두 가지로 배향하기 때문에 **이중항 상태**(doublet state)이다.

분자 내 전자쌍의 한 개가 더 높은 에너지 준위로 들뜰 때 단일항이나 삼중항 상태가 만들어질 수 있다. 들뜬 단일항 상태에서 들뜬 전자의 스핀은 아직도 남아 있는 전자 스핀의 반대이다. 그러나 삼중항 상태에서 두 개 전자의 스핀은 쌍을 이루지 않고 평행하다. 이들 상태는 **그림 27-10**에서 나타낸 것과 같이 표현할 수 있다. 들뜬 삼중항 상태는 해당 하는 들뜬 단일항 상태보다 에너지가 낮다.

분자의 형광은 들뜬 단일항 상태에서 바닥의 단일항 상태로의 전이이다. 이런 전이는 가능성이 크고 들뜬 단일항 상태의 수명은 대단히 짧다($10^{-5}$ s 이하). 한편 분자 인광은 들뜬 삼중항 상태에서 바닥의 단일항 상태로의 전이이다. 이런 전이는 전자 스핀을 변화시키기 때문에 일어날 가능성이 낮다. 이리하여 삼중항 상태는 꽤 긴 수명을 갖는다(대표적으로 $10^{-4}$~$10^{4}$ s).

> 실온에서 일어나는 인광에서 분석물의 삼중항 상태는 마이셀이라고 부르는 세제 집합체 속에 집어넣어 보호할 수 있다. 수용액에서 집합체는 극성을 갖는 머리 그룹의 반발 때문에 비극성 핵을 갖는다. 비극성 용매에서는 반대의 형태가 일어난다. 사이클로덱스트린의 내부 구멍 또한 이용된다.

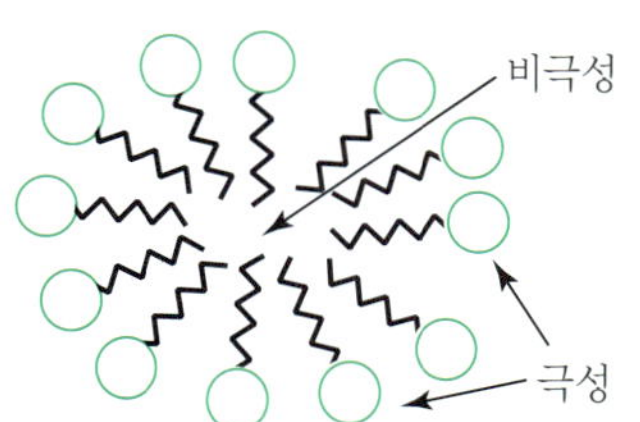

수용성 용매에서의 마이셀

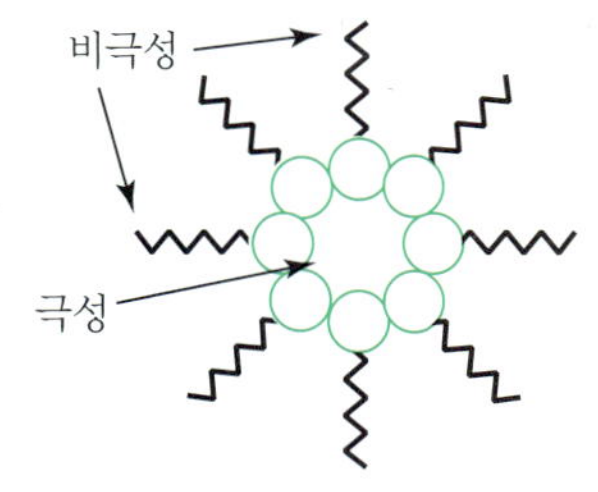

비수용성 용매에서의 마이셀

마이셀의 구조.

인광의 긴 수명은 단점이 되기도 한다. 긴 수명 때문에 비복사 과정이 인광과 대립되어 들뜬 상태를 활성화시킬 수가 없다. 따라서 인광 과정의 효율, 즉 해당 인광 세기는 비교적 낮다. 이 효율을 증가시키기 위하여 보통 유리와 같은 단단한 매질에서와 낮은 온도에서 관찰한다. 또 다른 방법은 고체 표면에 흡착되거나 분자 동공(마이셀 또는 사이클로덱스트린 동공) 내에 감싸여서 약한 삼중항 상태를 보호한다. 이것은 **실온 인광**(room temperature phosphorescence)라고 알려져 있다.

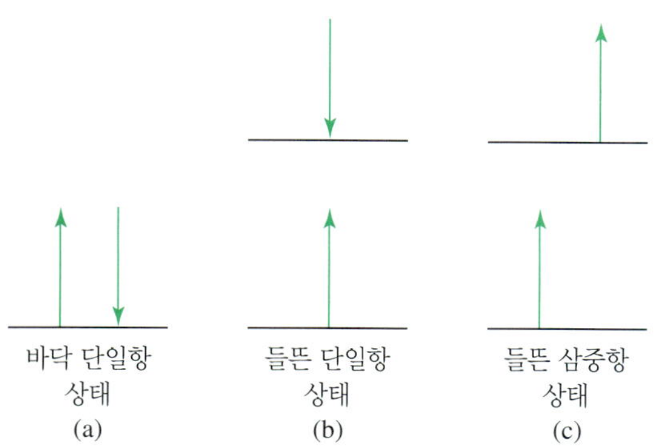


**그림 27-10** 분자의 전자 스핀 상태. (a)에서는 바닥 상태의 전자 상태를 나타낸다. 가장 낮은 에너지 상태, 즉 바닥 상태에서 스핀은 항상 짝을 이루고 있고 이 상태를 단일항 상태라고 한다. (b)와 (c)에서 들뜬 전자 상태를 보여준다. 스핀이 들뜬 상태에서 짝을 이루면 분자는 들뜬 단일항 상태 (b)로 존재한다. 스핀이 짝을 이루지 않으면 분자는 들뜬 삼중항 상태가 된다(c).

약한 세기 때문에 인광은 형광보다 훨씬 응용 범위가 좁다. 그러나 인광법은 핵산, 아미노산, 피린과 피리미딘, 효소, 여러 고리 탄화수소 및 농약을 포함한 유기 및 생화학종의 정량에 사용되어 왔다. 많은 의약품이 측정 가능한 인광 신호를 나타낸다. 인광용 기기는 형광용보다 좀 더 복잡하다. 통상적으로 인광 기기는 형광이 거의 0이 될 때까지 인광 측정을 지연시켜 형광으로부터 인광을 구별하게 한다. 많은 형광기기는 **인광계**(phosphoroscope)라고 불리는 부품을 가지고 있어서 인광 측정을 위한 것과 같은 측정을 가능하게 한다.

## 27F 화학발광 방법

개똥벌레는 생체 발광현상에 의해 빛을 방출한다. 다른 종의 개똥벌레는 다른 온오프 주기로 발광한다. 개똥벌레들은 같은 종의 개체들과만 짝짓기를 한다. 친밀한 생물학적 발광 반응은 개똥벌레가 짝을 구할 때 일어난다.

화학발광은 화학 반응이 전자적으로 들뜬 분자를 만들 때 일어나는데 들뜬 분자는 광을 방출하면서 바닥 상태로 돌아간다. 화학발광 반응은 수많은 생물학적 시스템에서 일어나는데, 그 과정을 **생체 발광**(bioluminescence)이라고 한다. 생물 발광을 나타내는 화학종의 예에는 개똥벌레, 바다팬지, 일부 해파리, 박테리아, 원생동물 및 갑각류가 포함된다.[6]

화학발광이 분석적인 용도로 사용될 때의 한 가지 매력적인 특징은 기기가 간단하다는 것이다. 들뜸을 위하여 아무런 외부 광원도 필요하지 않으므로 기기는 오직 반응 용기와 광전증배관으로 구성된다. 일반적으로 파장 선택 장치가 필요하지 않은데 이는 화학 반응에 의한 빛이 유일한 광원이기 때문이다.

기체 정량을 위한 몇 가지 상업용 분석기는 화학발광에 기초한다. 일산화질소(NO)는 오존($O_3$)과의 반응에 의해 정량할 수 있다. 반응은 NO를 들뜬 상태의 $NO_2$로 변형시키고 이어서 빛을 방출한다.

화학발광 방법은 감도가 좋은 것으로 알려져 있다. 전형적인 검출 한계는 ppm으로부터 ppb 또는 그 이하의 범위까지이다. 응용에는 질소 산화물, 오존 및 황 화합물과 같은 기체의 정량, 과산화수소와 몇 가지 금속 이온의 무기 화학종의 정량, 면역 분석 기술, DNA 탐침 분석 및 중합체 연쇄 반응법이 포함된다.[7]

정량적인 형광 측정을 어렵게 만드는 문제 중의 하나는 흔히 내부 필터 효과라고 불리는 과도한 흡수였다. 브라우저를 사용하여 다음 흥미로운 논문 [Q. Gu and J. E. Kenny, *Anal. Chem.*, **2009**, *81*, 420~26, **DOI:** 10.1021/ac801676j]을 찾아보자. 이 논문은 과도한 흡수에 대한 형광 측정을 보정하기 위한 접근법을 설명하고 있다. (만일 온라인 학술지를 구독하고 있지 않으면 출판된 논문을 찾아 확인하시오.) 이 논문의 보정 방법은 흡광도가 꽤 큰 경우의 형광 측정 직선 구간을 연장시켜 준다. 이 논문의 보정 방법에서 Gu와 Kenny가 사용한 모형에 대해 논의해 보자. 흡광도 A ≈ 2.0까지 보정이 가능하였던 기존의 방법과 어떻게 다른가? 이러한 기존의 보정법이 지닌 주요 한계는 무엇인가? 셀 이동 방법은 무엇인가? 이 방법은 형광 값을 보정하기 위해 어떻게 사용할 수 있는가? Gu와 Kenny는 같은 기기 배치를 갖고 보정하기 위하여 어떤 접근법을 사용하였는가? Gu와 Kenny의 방법에서 일차 내부 필터 효과의 경우와 일차와 이차 필터 효과가 모두 있는 경우에 직선 관계의 형광 결과를 나타낼 수 있는 흡광도는 각각 얼마까지 커질 수 있는가?

---

[6]화학발광과 생체 발광에 대한 더 자세한 정보는 다음을 참고하시오. O. Shimomura, *Bioluminescence: Chemical Principles and Methods*, Singapore: World Scientific Publishing 2006; A. Roda, ed., *Chemiluminescenec and Bioluminescence: Past, Present and Future*, London: Royal Society of Chemistry, 2010.

[7]T. A. Nieman, in *Handbook of Instrumental Techniques for Analytical Chemistry*, F. A. Settle, ed., Ch. 27, Upper Saddle River, NJ: Prentice Hall, 1997.

## 연습 문제

**27-1.** 다음 용어들을 간단히 설명하거나 정의하시오.

*(a) 형광
(b) 진동 이완
*(c) 내부 전환
(d) 인광
*(e) Stoke 이동
(f) 양자 수율
*(g) 내부 필터 효과
(h) 들뜸 스펙트럼

**27-2.** 분광형광법이 분광광도법보다 감도가 더 높을 수 있는 이유는 무엇인가?

**27-3.** 쌍으로 주어진 화합물 중 어느 화합물이 더 큰 형광 양자 수율을 가지고 있으리라 예상되는가? 설명하시오.

*(a)

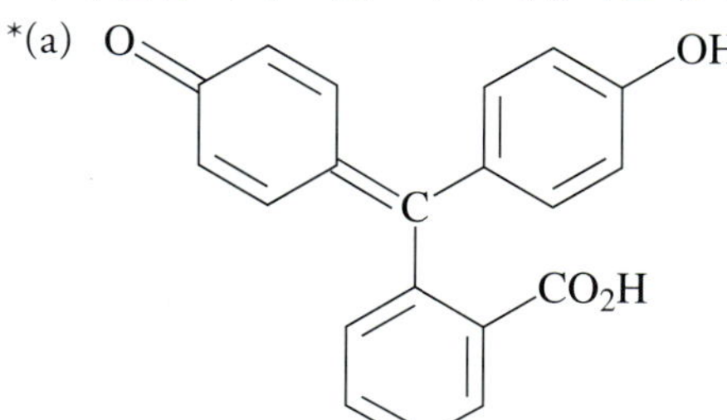


phenolphthalein

O OH C $CO_2H$

fluorescein

(b) OH HO N=N

*o,o'*-dihydroxyazobenzene

OH HO N—N H H

*bis*(*o*-hydroxyphenyl) hydrazine

**27-4.** 복사선을 흡수하는 화합물 중에서 어떤 것은 형광을 나타내는데 다른 것들은 그렇지 않은 이유는 무엇인가?

***27-5.** 형광을 나타내는 유기 화합물의 특성을 설명하시오.

**27-6.** 분자 형광이 들뜸 복사선의 파장보다 주로 더 긴 파장에서 일어나는 이유를 설명하시오.

***27-7.** 필터형광계와 분광형광계를 구성하는 부분 장치를 설명하시오.

**27-8.** 대부분의 형광 기기가 겹살형으로 설계된 이유는 무엇인가?

***27-9.** 정량 분석에서 때때로 형광계가 분광형광계보다 더 유용한 이유는 무엇인가?

**27-10.** 환원된 형태의 nicotinamide adenine dinucleotide (NADH)는 강한 형광을 내는 중요한 조효소이다. 이것의 최대 흡수 파장은 340 nm이고 최대 방출 파장은 465 nm이다. NADH의 표준 용액은 다음과 같은 형광 세기를 보였다.

| NADH 농도($\mu$mol/L) | 상대 세기 |
|---|---|
| 0.100 | 2.24 |
| 0.200 | 4.52 |
| 0.300 | 6.63 |
| 0.400 | 9.01 |
| 0.500 | 10.94 |
| 0.600 | 13.71 |
| 0.700 | 15.49 |
| 0.800 | 17.91 |

(a) 계산표를 작성하고 이를 이용하여 NADH에 대한 검정 곡선을 그리시오.
*(b) (a)의 도시에 대한 최소 제곱 기울기와 절편을 구하시오.
(c) 기울기의 표준 편차와 곡선의 회기에 대한 표준 편차를 계산하시오.
*(d) 미지 시료가 11.34의 상대 형광을 나타내었다. 계산표를 사용하여 NADH의 농도를 계산하시오.
*(e) (d)에서의 결과에 대한 상대 표준 편차를 계산하시오.
(f) (d)의 결과인 12.16이 세 번 측정의 평균값일 때의 결과에 대한 상대 표준 편차를 계산하시오.

**27-11.** 각각에 미지의 아연 용액 5.00 mL가 들어 있는 네 개의 분별 깔때기에 1.10 ppm의 $Zn^{2+}$가 포함된 용액을 0.00, 4.00, 8.00, 12.00 mL만큼 피펫으로 취하여 넣었다. 과량의 8-hydroxyquinoline이 포함된 $CCl_4$ 5.00 mL로 각 용액을 세 번 추출하였다. 추출물을 25.0 mL로 묽히고 이들의 형광을 측정한 결과는 다음과 같다.

| 표준 $Zn^{2+}$ 부피(mL) | 형광계 측정치 |
|---|---|
| 0.000 | 6.12 |
| 4.00 | 11.16 |
| 8.00 | 15.68 |
| 12.00 | 20.64 |

(a) 데이터를 도시하시오.
(b) 이 도시에 대한 최소제곱법으로 유도하시오.

(c) 기울기와 절편에 대한 표준 편차를 계산하시오.
(d) 시료에 들어 있는 아연의 농도를 계산하시오.
(e) (d)의 결과에 대한 표준 편차를 계산하시오.

**27-12.** 1.644 g의 항말라리아 알약에 있는 퀴닌을 충분한 양의 0.10 M HCl에 녹여 500 mL의 용액을 만들었다. 15.00 mL를 취하여 산을 사용하여 100.00 mL로 희석하였다. 347.5 nm에서 희석한 시료의 형광 세기가 임의의 눈금으로 288을 나타내었다. 100 ppm의 퀴닌 표준 용액은 같은 조건에서 180을 나타내었다. 알약 중 퀴닌의 농도를 ppm으로 계산하시오

**27-13.** 연습 문제 27-12의 분석 방법을 표준물 첨가법으로 변형하였다. 2.196 g의 알약을 충분한 양의 0.10 M HCl에 녹여 1.000 L를 만들었다. 첫 번째 20.00 mL를 취하여 100 mL로 희석한 다음 347.5 nm에서 측정하여 540의 형광 세기를 기록했다. 두 번째 20.00 mL를 취하여 10.0 mL의 50 ppm 퀴닌 표준 용액을 첨가하고 100 mL로 희석하여 측정하니 형광 세기가 600이었다. 알약의 퀴닌 농도를 ppm 단위로 계산하시오.

**27-14.** **도전 문제:** 10.00 mL 물 시료 네 개에 10.0 ppb의 $F^-$를 포함한 NaF 표준 용액을 각각 0.00, 1.00, 2.00, 3.00 mL 넣었다. 강한 형광 시약인 과량의 Al-acid Alizarin Garnet R 착물을 함유한 용액을 정확히 5.00 mL씩 넣고, 각 용액을 50.0 mL로 묽혔다. 네 용액의 형광 세기는 다음과 같이 측정되었다.

| $V_s$(mL) | 계기 눈금 |
|---|---|
| 0.00 | 68.2 |
| 1.00 | 55.3 |
| 2.00 | 41.3 |
| 3.00 | 28.8 |

(a) 분석 방법의 화학적 과정을 설명하시오.
(b) 데이터를 그래프로 그리시오.
(c) $F^-$ 표준 용액을 더 넣을수록 형광 세기가 감소함을 이용하여 다중 표준물 첨가법에 대한 식 (26-1)과 같은 관계식을 유도하시오. 이 관계로부터 식 (26-2)와 같이 미지 농도 $c_x$를 표준물 첨가법 그래프의 기울기와 절편으로 표시하는 식을 유도하시오.
(d) 최소제곱법을 사용하여 $F^-$ 표준 용액의 부피 $V_s$와 형광 세기의 감소 사이의 관계를 나타내는 직선의 식을 구하시오.
(e) 기울기와 절편에 대한 표준 편차를 계산하시오.
(f) 시료 중의 $F^-$의 농도를 ppb 단위로 계산하시오.
(g) (e)의 결과에 대한 표준 편차를 계산하시오.

제 28 장

# 원자 분광법

*Atomic Spectroscopy*

수질 오염은 미국을 비롯한 여러 산업 국가에서 심각한 문제로 남아 있다. 오른쪽은 오하이오 주 벨몬트 카운티에 버려진 노천 탄광의 사진이다. 여러 개의 물 웅덩이는 폐화학물질로 오염되어 있다. 중간의 오른쪽에 보이는 큰 웅덩이는 황산이 포함되어 있고 작은 웅덩이에는 망가니즈와 카드뮴이 포함되어 있다. 오염된 물에 포함된 미량 금속들은 유도 결합 플라스마-원자 방출 분광법과 같은 다원소 분석법으로 측정할 수 있다. 원자 흡수 분광법과 같은 단원소 분석법을 이용할 수도 있다. 이 장에서는 원자 방출법과 원자 흡수법에 관해서 논의할 것이다.

© Charles E. Rotkin/CORBIS

원자 분광법은 70개 이상의 원소를 정성 및 정량 분석할 수 있다. 일반적으로 이러한 방법들은 ppm (part-per-million)~ppb (part-per-billion) 양을 검출할 수 있다. 어떤 경우에는 더 작은 농도도 검출할 수 있다. 원자 분광 분석법은 빠르고 편리하며 매우 높은 선택성을 가진다. 이 방법들은 **광학 원자 분광법**[1](optical atomic spectrometry)과 **원자 질량 분석법**(atomic mass spectrometry)으로 나눌 수 있다. 우리는 이 장에서 광학적 방법을 논의할 것이며 질량 분석법은 29장에서 다룰 것이다.

원자 종의 분광학적인 검출은 $Fe^+$, $Mg^+$, $Al^+$와 같이 다른 물질과 분리된 원자 상태 혹은 원소 이온 상태로 기체 매질을 통해서만 측정할 수 있다. 결과적으로 모든 원자 분광 분석 과정의 첫 단계는 시료를 기화하거나 분해하여 기체 상태의 원자나 이온을 만드는 **원자화**(atomization)이다. 원자화 단계의 효율성과 재현성은 감도, 정밀성 그 방법 자체의 정확도에 큰 영향을 미친다. 즉, 원자화는 원자 분광법의 대단히 중요한 단계라 할 수 있다.

**원자화**는 시료를 기체 상태의 원자나 이온 상태로 전환시키는 과정을 말한다.

**표 28-1**는 원자 분광 분석을 하기 위해 시료를 원자화시키는 몇 가지의 방법을 나타내었다. 유도결합플라스마, 불꽃, 전열 원자화 장치가 가장 널리 사용되는 원자화 방법이다. 이 장에서 앞의 3개의 원자화 방법과 직류 플라스마 방법을 배울 것이다. 불꽃과 전열 원자화 장치는 원자 흡수분광법에서 사용되며 유도결합플라스마는 방출 분광법이나 질량 분석법에 사용된다.

---

[1]광학 원자 분광법의 이론과 응용은 다음 문헌을 참고하시오. Jose A. C. Broekaert, *Analytical Atomic Spectrometry with Flames and Plasma*, Weinheim, Germany: Wiley-VCH, 2002; L. H. J. Lajunen and P. Peramaki, *Spectrochemical Analysis by Atomic Absorption and Emission*, 2nd ed, Cambridge: Royal Society of Chemistry, 2004; J. D. Ingle and S. R. Crouch, *Spectrochemical Analysis*, Chs. 7–11, Upper Saddle River, NJ: Prentice-Hall, 1988.

**표 28-1**

**원자 분광법의 분류**

| 원자화법 | 전형적인 원자화 온도, °C | 분광법의 종류 | 관용명 및 분광법의 약호 |
|---|---|---|---|
| 유도 결합 플라스마 | 6000~8000 | 방출 | 유도 결합 플라스마 원자 방출 분광법, ICPAES |
| | | 질량 | 유도 결합 플라스마 질량 분광법, ICP-MS (29장 참조) |
| 불꽃 | 1700~3150 | 흡수 | 원자 흡수 분광법, AAS |
| | | 방출 | 원자 방출 분광법, AES |
| | | 형광 | 원자 형광 분광법, AFS |
| 전열 | 1200~3000 | 흡수 | 전열 AAS |
| | | 형광 | 전열 AFS |
| 직류 플라스마 | 5000~10,000 | 방출 | DC 플라스마 분광법, DCP |
| 전기 아크 | 3000~8000 | 방출 | 아크 광원 방출 분광법 |
| 전기 스파크 | 위치와 시간에 따라 변화됨 | 방출 | 스파크 광원 방출 분광법 |
| | | 질량 | 스파크 광원 질량 분광법 |

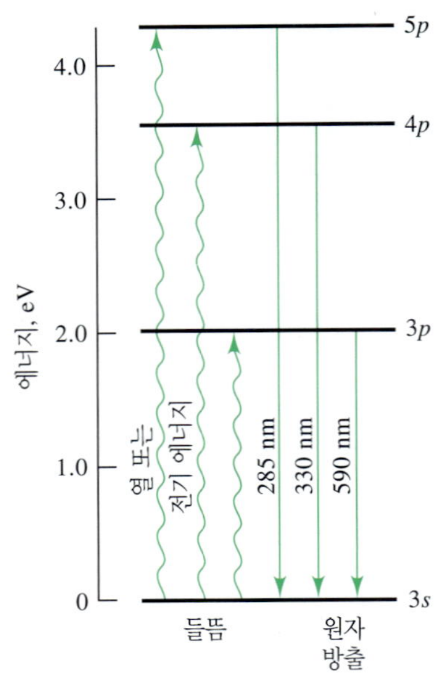


**그림 28-1** 세 개의 소듐 방출선의 기원.

원자의 $p$ 궤도함수는 실제로 2개의 에너지 단계로 나뉘어져 있는데 에너지가 약간 다르다. 두 단계의 에너지 차이는 매우 작아서 그림 28-1에서 보인 것처럼 방출이 단일선으로 보여진다. 매우 높은 분해능의 분광기를 이용하면 알려진 바와 같이 두 개의 밀접하게 위치한 **이중선**(doublet)을 확인할 수 있다.

## 28A 원자 스펙트럼의 기원

시료가 기체 상태의 원자나 이온으로 전환되면 다양한 유형의 분광 분석에 이용할 수 있다. 기체 상태의 원자나 이온은 진동이나 회전 에너지 상태를 갖지 않는다. 그러므로 오직 전자 전이만 발생한다는 것을 의미한다. 따라서 원자 방출, 흡수, 형광 스펙트럼들은 몇 개의 좁은 **스펙트럼선**(spectral line)으로 구성되어 있다.

### ▸ 28A-1 방출 스펙트럼

원자 방출 분광법에서는 그림 24-4와 같이 분석할 원자가 열 또는 전기적 에너지에 의해 들뜨게 된다(color plate 16 참조. 여러 가지 원소의 방출 스펙트럼). 이 에너지는 일반적으로 플라스마, 불꽃, 감압 방전 또는 고출력 레이저에 의해 공급된다. **그림 28-1**은 원자 소듐의 세 가지의 가장 잘 보이는 방출선을 보여주는 부분적 에너지 단계 도식도이다. 외부 에너지가 가해지기 전에 소듐 원자는 보통 그들의 가장 낮은 에너지 상태인 **바닥 상태**(ground state)에 위치해 있다. 그 후 가해진 에너지는 원자를 높은 상태의 에너지인 **들뜬 상태**(excited state)로 만든다. 예를 들어, 소듐의 경우 바닥 상태에는 하나의 원자가 전자가 $3s$ 궤도함수에 존재한다. 외부에너지가 외각 전자를 촉진하면 바닥 상태의 $3s$ 궤도함수에서 들뜬 상태의 궤도함수인 $3p$, $4p$, $5p$로 이동한다. 나노초 후에 들뜬 원자는 바닥 상태로 안정되고, 그들의 에너지를 가시 광선이나 자외선의 광자로서 방출한다. 그림 28-1에 나타낸 것과 같이 방출된 빛의 파장은 590, 330, 285 nm이다. 바닥 상태로부터 전이하는 것을 **공명 전이**(resonance transition)라 하며, 그 결과 얻어진 스펙트럼선을 **공명선**(resonance line)이라고 부른다.

### ▸ 28A-2 흡수 스펙트럼

원자 흡수 분광법에서는 그림 24-5와 같이 외부 광원의 복사선이 분석물의 증기에 영향을 준다. 광원 복사선이 적절한 파장이라면 분석물의 원자나 들뜬 상태의 전자에 의해 흡수될 것이다. **그림 28-2a**는 소듐 증기로부터 흡수된 몇 가지 선 중 3개의 선을 보여준다. 3개의 스펙트럼선의 근원은 그림 28-2b과 같은 부분적인 에너지 도식도에서 볼 수 있다. 예를 들어, 285, 330, 590 nm의 자기선 흡수는 소듐의 한 개의 외부 전자가 바닥 상태의 3*s* 에너지 단계에서 3*p*, 4*p*, 5*p* 궤도함수로 각각 들뜨게 한다. 나노초 이후에 들뜬 원자는 매질 안에서 또 다른 원자나 분자로 과량의 에너지가 옮겨감으로써 그들의 바닥 상태로 이완된다.

소듐의 흡수와 방출선의 파장은 동일하다.

소듐의 흡수와 방출 스펙트럼은 상대적으로 간단하고 단지 몇 개의 선으로 구성되어 있다. 원소가 여러 개의 최외각 전자를 가지고 있어 이것들이 들뜬다면 흡수와 방출 스펙트럼은 좀 더 복잡할 것이다.

## ▸ 28A-3 형광스펙트럼

원자 형광 스펙트럼에서 외부 광원은 그림 24-6의 원자 흡수법에서 사용된 것과 같은 광원이 이용된다. 감소된 광원의 세기를 측정하는 대신에 형광 세기($P_F$)는 일반적으로 광원 빛의 수직에서 측정된다. 이러한 실험들에서 우리는 반드시 분산된 광원 복사선과 구별해야 한다. 원자 형광은 보통 광원 복사선과 같은 파장에서 측정되며, 이것을 **공명 형광**(resonance fluorescence)이라고 부른다.

## ▸ 28A-4 원자 스펙트럼선의 너비

원자 스펙트럼의 선은 한정된 너비를 갖는다. 일반적인 분광계를 사용하여 관찰된 선 너비는 원자 시스템에 의해 결정되는 것이 아니라 분광계의 특성에 의해 결정된다. 매우 높은 분해능의 분광계 또는 간섭계로 실제 스펙트럼선의 너비를 측정할 수 있다. 몇 개의 요인들이 원자 스펙트럼 선 너비에 영향을 미치게 된다.

### » 자연 넓힘

원자 스펙트럼선의 자연적인 너비는 Heisenberg의 불확정성 원리와 들뜬 상태의 지속 시간에 의해 결정된다. 지속 시간이 짧으면 선은 더 넓어지고, 그 반대의 경우도 마찬가지이다. 일반적인 원자의 지속시간은 $10^{-8}$ s 정도이며, 자연적인 선 너비는 $10^{-5}$ nm 정도이다.

### » 충돌 넓힘

기체 상태에서 원자와 분자 간에 충돌은 들뜬 상태의 비활성화에 이르게 한다. 이것이 스펙트럼선의 넓힘의 원인이 된다. 넓힘의 정도는 충돌 상태의 농도(부분 압력)에 따라 증가한다. 그 결과, 충돌 넓힘은 때때로 **압력 넓힘**(pressure broadening)이라고 부른다. 압력 넓힘은 온도의 증가에 따라 넓어진다. 충돌 넓힘은 기체 상태의 매질에 매우 의존적이다. 불꽃 안에서 소듐 원자의 경우 넓힘이 $3 \times 10^{-3}$ nm 정도이다. 강력한 매개체들인 불꽃이나 플라스마의 경우 충돌적 넓힘은 자연 넓힘보다 더 넓어지게 된다.

### » Doppler 넓힘

Doppler 넓힘은 원자가 복사선을 방출하거나 흡수할 때 빠른 움직임의 결과로 생긴다. 검출기를 향한 원자의 움직임은 검출기의 반대 방향으로 움직이는 원자의 움직임보다 더 짧은 파장으로 방출된다. 그림 28-3a에서는 Doppler 효과에서 나타나는 이 차이를 잘 설명해 주고 있다. 그 효과는 그림 28-3b에서와 같이 검출기로부터 멀리 움직이는 원자에 대해 반대이다. 그 효과는 방출선의 너비를 증가시킨다. 정확하게 같은 이유로 Doppler 효과는 흡수선의 넓이에도 영향을 미친다. 이 유형

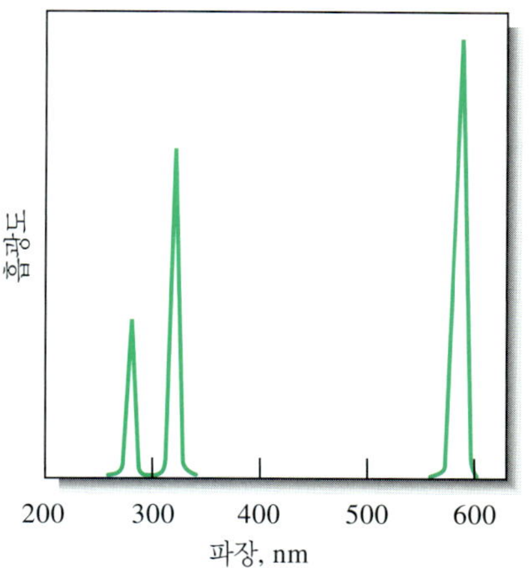

(a)

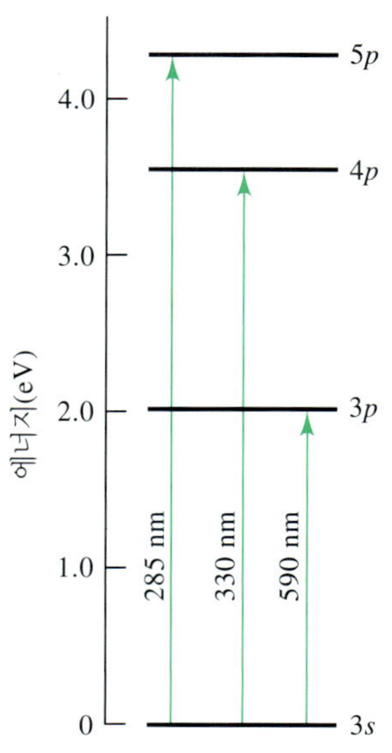

(b)

그림 28-2 (a) 소듐 증기의 부분 흡수 스펙트럼. (b) (a)에 대응하는 흡수선의 전자 전이.

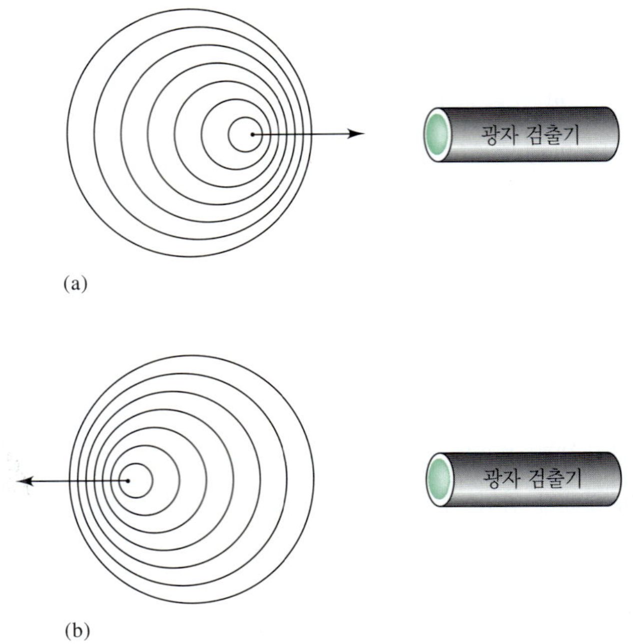


**그림 28-3** Doppler 넓힘의 원인. (a) 원자가 검출기를 향하며 복사선을 방출할 때, 검출기는 더 빈번하게 파고점을 보게 되고 더 큰 주파수의 복사선을 검출한다. (b) 원자가 검출기 반대 방향을 향하여 복사선을 방출할 때, 검출기는 파고점을 더 적게 보게 되고 더 작은 주파수의 복사선을 검출한다. 그 결과 에너지가 큰 매질에서는 주파수가 통계적인 분포로 존재하므로 스펙트럼선의 넓힘을 만든다.

Doppler 넓힘과 압력 넓힘 두 가지 모두 온도에 의존적이다.

의 넓힘은 불꽃의 온도가 증가됨에 따라 빨라진 원자의 속도 때문에 더 뚜렷해진다. Doppler 넓힘은 전체적인 선 너비에 주요한 요인이다. 불꽃 안에서 소듐의 경우, Doppler선 너비는 $4 \times 10^{-3}$~$5 \times 10^{-3}$ nm 정도이다.

## 28B 원자와 이온의 생성

모든 원자 분광법에서는 반드시 시료를 원자화시켜야 하는데, 이것은 기체 상태의 원자나 이온으로 전환시키는 것이다. 시료는 보통 원자화 장치에 액체 형태로 들어가지만 기체나 고체로 주입되는 경우도 있다. 그러므로 원자화 장치는 일반적으로 액체에 있는 분석할 화학종을 기체 상태의 자유 원자 또는 원소 이온으로 전환시키는 복잡한 일을 수행해야 한다.

### ▸ 28B-1 시료 주입 방법

원자화 장치는 두 종류로 나눠지는데, **연속적 원자화 장치**(continuous atomizer)와 **불연속적 원자화 장치**(discrete atomizer)이다. 플라스마나 불꽃과 같이 연속적인 원자화 장치는 시료를 일정하고 연속적인 흐름으로 주입한다. 불연속적 원자화 장치는 개별적인 시료를 실린지나 자동시료 주입기를 사용하여 주입한다. 가장 흔한 불연속적 원자화 장치는 **전열 원자화 장치**(electrothermal atomizer)이다.

액체 시료를 플라스마나 불꽃에 주입하는 일반적인 방법은 **그림 28-4**에 설명되어 있다. 직접 **분무화법**(nebulization)은 가장 흔히 사용되며, 이 경우에는 분무기가 끊임없이 **에어로졸**(aerosol)이라 부르는 작은 물방울의 미세한 분무 형태로 시료를 주입한다. 플라스마나 불꽃으로 시료가 연속적으로 주입될 때, 원자나 분자 그리고 이온들이 일정하게 생성된다. 흐름 주입법이나 액체 크로마토그래피를 사용할 때는 시료의 농도는 시간에 따라 변한다. 이러한 방법은 시간에 의존적인 원소 및 이온

**분무화**는 액체를 미세한 스프레이 또는 안개 형태로 전환하는 것을 의미한다.

**에어로졸**은 기체 안에 미세하게 나눠진 고체 또는 고체 입자의 상태를 말한다.

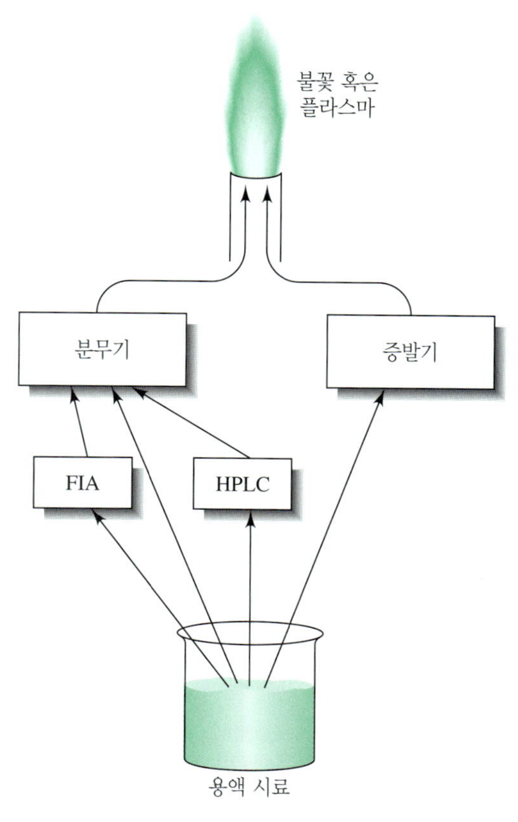


그림 28-4 연속적인 시료 주입 방법. 시료는 흔히 미스트나 스프레이를 생산하는 분무기로 플라스마에 주입된다. 시료는 FLA 또는 HPLC을 이용해 분무기에 직접적으로 주입된다. 어떤 경우에 시료는 별도로 증기 발생기를 이용해 증기로 전환된다.

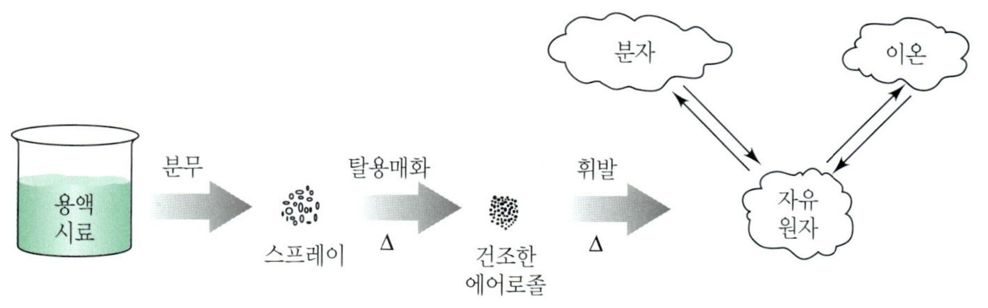


그림 28-5 플라스마나 불꽃 안으로 연속적인 시료 주입으로 원자, 분자, 이온이 되는 과정. 용액 시료는 분무기에 의해서 스프레이로 전환된다. 불꽃이나 플라스마의 높은 온도는 용매를 증발시키고 건조한 에어로졸 입자를 만든다. 그 이상의 가열은 입자를 가열시켜 원자 분자, 이온 종을 생산한다. 이러한 종들은 보통 적어도 국부적인 영역에서 평형을 이룬다.

집단을 만들어 낸다. 그 복잡한 과정은 **그림 28-5**에서 보는 것과 같이 자유 원자와 원소 이온을 생성하기 위해서 반드시 거쳐야 한다.

불연속적인 용액 시료는 시료의 일부분만이 전환되어 원자화 장치에 주입된다. 전열 원자화기로 만들어진 증기 구름은 제한된 양의 시료와 분산과 다른 과정에 의해서 증기가 제거되기 때문에 일시적이다.

고체 시료는 전기 스파이크 또는 레이저 빗살에 의해 기화되어 플라스마 안으로 주입된다. **레이저 에블레이션**(laser ablation)이라고 불리는 레이저 증발법은 유도 결합 플라스마 안으로 시료를 주입하는 인기 있는 방법이다. 레이저 에블레이션은 매우 높은 출력의 레이저 빔인 Nd:YAG 또는 엑시머 레이저를 고체 시료의 일부로 향하게 한다. 시료는 복사선 열에 의해 기화된다. 생성된 기체는 운반 기체에 의해서 플라스마 안으로 주입된다.

## ▸ 28B-2 플라스마 광원

1970년대 중반에 상업화된 플라스마 원자화 장치는 원자 분광 분석법에 많은 장

**플라스마**는 뜨겁고 부분적으로 이온화된 기체이다. 이것은 상대적으로 높은 온도의 이온과 전자를 포함하고 있다.

점을 제공한다.[2] 플라스마 원자화법은 원자 방출법, 원자 형광법, 원자 질량 분석법(29장 참조)에 사용되어 왔다.

정의에 의하면 **플라스마**(plasma)는 상당한 양의 이온과 전자가 포함된 전도성 기체 혼합물이다. 원자 분광법에 사용되는 아르곤 플라스마에서 시료에 존재하는 양이온이 기여하기도 하지만, 아르곤 이온과 전자들이 주요한 전도성 화학종이다. 일단 아르곤 이온들이 플라스마 안에서 형성되면 외부로부터 충분한 에너지를 흡수할 수 있다. 그래서 계속 이어지는 이온화 과정이 무한하게 플라스마를 유지할 수 있는 수준의 온도가 된다. 10,000K 정도의 온도가 이 방법에 의해 얻어진다.

세 가지 에너지 광원이 아르곤 플라스마 분광법에 이용되고 있다. 첫 번째는 직류 아크 광원으로 아르곤 플라스마 안에 위치한 두 전극 사이로 수 암페어의 전류의 유지를 가능하게 한다. 두 번째와 세 번째는 아르곤이 흐르는 강력한 라디오 주파수와 마이크로파의 발생 장치이다. 세 번째인 라디오 주파수 또는 **유도 결합 플라스마**(inductively coupled plasma, ICP) 광원은 감도와 화학 및 물리적 간섭 방해가 비교적 적다는 큰 장점을 가지고 있다. ICP를 광학 방출법과 질량 분석법에 사용하여 수많은 기기 회사에서 상품화하고 있다. 두 번째 광원인 **직류 플라스마**(dc plasma, DCP) 광원은 단순함과 낮은 비용이라는 장점을 가졌으며, 몇몇의 상업적인 성공 사례를 보여주고 있다

### » 유도 결합 플라스마

**그림 28-6**은 유도 결합 플라스마 광원을 그린 모식도이다. 광원은 아르곤이 전체유속 11~17 L/min으로 흐르는 세 개의 중앙집중식 석영 튜브로 구성되어 있다. 가장

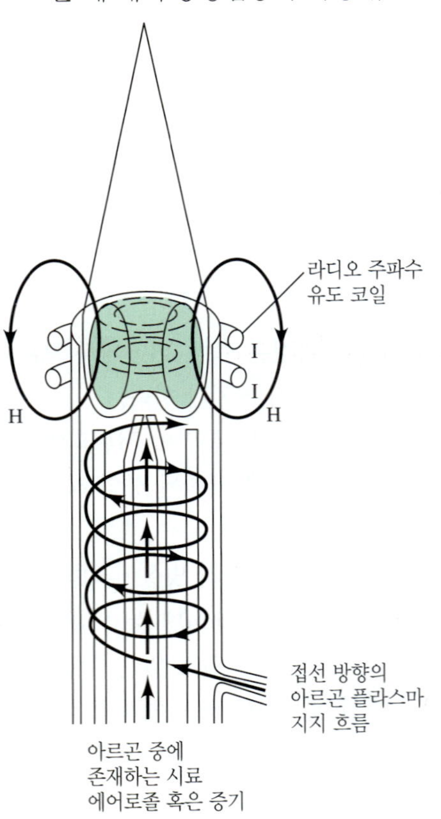


**그림 28-6** 유도 결합 플라스마 광원. (V.A Fassel, *science*, 1987, 202, 185. Reprinted with permission from AAAS.)

[2]여러 가지 플라스마 광원은 다음을 참고하시오. S. J. Hill, *Inductively Coupled Plasma Spectrometry and Its Applications*, 2nd ed., Oxford, UK: Wiley-Blackwell, 2007; *Inductively Coupled Plasmas in Analytical Atomic Spectroscopy*, 2nd ed., A. Montaser and D. W. Golightly, eds., New York: Wiley-VCH Publishers, 1992; *Inductively Coupled Plasma Emission Spectroscopy*, Parts 1 and 2, P. W. J. M. Boumans, ed., New York: Wiley 1987.

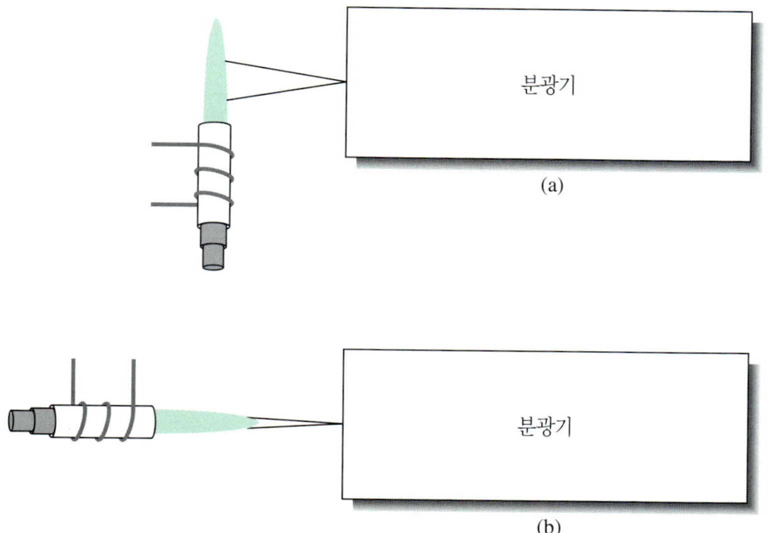


그림 28-7 ICP 광원의 관측 기하 구조. (a) ICP 원자 방출 분광 분석기에 사용되는 방사형 기하 구조. (b) ICP 질량 분석기와 몇몇 ICP 원자 방출 분광기에 사용된 방향 기하 구조.

큰 튜브의 지름은 약 2.5 cm이다. 이 튜브의 윗부분을 둘러싼 것은 27.12 MHz 또는 40.68 MHz에서 0.5~2 kW 에너지를 발산하는 라디오 주파수 발생 장치에 의해 출력되는 수냉형 유도 코일이다. 흐르는 아르곤의 이온화는 Tesla 코일의 스파크에 의해 시작된다. 유도 코일(I)에 의하여 생성되는 요동하는 자기장(그림 28-6에 H로 표시됨)과 생성된 이온들과 전자들은 서로 상호작용을 한다. 그 상호작용은 그림에서 본 것처럼 닫힌 고리 모양의 길로 코일 안에 전자와 이온이 흐르기 때문이다. 이 흐름에 대한 이온과 전자의 저항은 플라스마의 옴(ohm) 열로 나타난다.

ICP의 온도는 매우 높아서 석영 실린더로부터 열적으로 격리되어야 한다. 그림 28-6에서 화살표로 나타낸 것과 같이 이러한 격리는 아르곤이 관의 벽을 따라서 접선으로 흐르게 함으로써 가능하다. 아르곤 가스의 접선 흐름은 중심 튜브의 안쪽 벽의 온도를 낮추고 플라스마가 방사상으로 중앙에 놓이게 한다.

그림 28-7a와 같이 플라스마를 오른쪽 각도에서 보는 것을 **방사적 관찰 기하 구조**(radial viewing geometry)라 한다. 최근 ICP 기기들은 그림 28-7와 같이 토치가 90도로 뒤집어진 **축 관찰 기하 구조**(axial viewing geometry)로 구성된다. 축 관찰 기하 구조는 원래 질량 분석기의 이온화 방법으로 사용되는 토치에서 인기가 있었다(29장 참조). 최근에는 축 방향 토치는 방출 분석기에도 사용할 수 있게 되었다. 몇몇 회사들은 실제로 토치를 원자 방출 분석에서 축 방향에서 방사상 관찰 기하 구조로 바꿀 수 있도록 제작하였다. 방사 기하 구조는 더 나은 안정성과 정밀성을 제공하는 반면에 축 기하 구조는 낮은 검출 한계를 얻기 위해서 사용된다.

1980년대에는 시장에 저속 저출력 토치들이 등장하였다. 일반적으로 이러한 토치들은 10 L/min 미만의 전체 아르곤 흐름을 요구하며 라디오 주파수 출력도 800 W보다 적은 정도를 요구한다.

**시료 주입.** 시료는 ICP 안으로 중앙에 위치한 석영 튜브를 통해 약 1 L/min 정도의 아르곤의 흐름에 의하여 주입된다. 시료는 에어로졸 상태, 즉 열적으로 기화되거나 작은 입자 형태여야 한다. 가장 흔한 시료 주입은 그림 28-8과 같이 중앙집중식 유리 분무기를 사용한다. 시료는 **Bernoulli 효과**(Bernoulli effect)에 의해 끝으로 옮겨진다. 이러한 이동 과정을 **흡입**(aspiration)이라 한다. 빠른 속도의 기체는 액체를 플라스마로 들어가게 한다. 다양한 크기의 아주 작은 물방울 형태로 깨지게 한다.

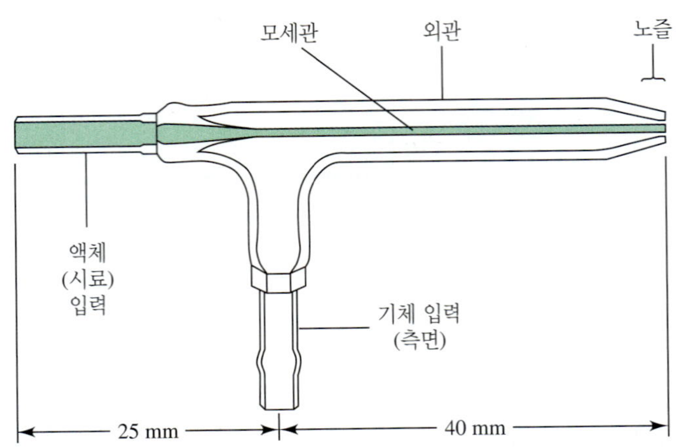


**그림 28-8** Meinhard 분무기. 분무되는 기체는 동심으로 둘러싼 모세관의 구멍을 통하여 흐른다. 이것은 모세관 끝에서 압력을 감소시켜 시료를 분무한다. 끝에서 높은 속도의 기체는 용액을 깨트려 여러 가지 크기 방울의 안개 또는 스프레이를 만든다. (Courtesy of Meinhard-Elemental Scientific.)

또 다른 인기 있는 유형의 분무기는 십자로 설계된 것이다. 이 분무기에서는 높은 속도의 기체가 모세관 끝에서 같은 Bernoulli 효과를 유발하여 직각으로 흐른다. 종종 이 유형의 분무기에서는 액체는 연동되는 펌프와 함께 모세관을 통해 주입된다. 많은 고체 내용물을 포함한 시료나 매우 미세한 입자 형태를 생산하기 위해 더 높은 효율성을 위해 사용 가능한 많은 다른 유형의 분무기가 있다.

**플라스마의 모양과 스펙트럼.** 일반적인 플라스마는 매우 강렬하고, 빛나는 하얀색으로 불투명한 중심은 불꽃같은 꼬리가 있다. 토치 튜브 위 몇 mm 정도 높이에 있는 중심 부분은 아르곤 원자 스펙트럼과 연속 스펙트럼을 만들어낸다. 연속선은 전형적인 이온-전자 재결합 반응과 **제동복사**(bremsstrahlung)의 형태이고, 제동복사는 연속 복사선으로 전하를 가진 입자가 느려지거나 멈출 때 생성된다.

중심에서 10~30 mm 떨어진 위치에 연속선이 서서히 사라지면서 플라스마는 약간 투명해지게 된다. 스펙트럼의 관찰은 보통 5000~6000 K 정도로 온도가 되는 유도 코일 위 15~20 nm 높이에서 이루어진다. 이 영역에서 바탕 복사선은 주로 Ar선, OH띠 방출, 몇 가지의 또 다른 분자 띠로 구성된다. 이 플라스마 영역에서 가장 감도가 좋은 많은 수의 분석 선은 $Ca^+$, $Cd^+$, $Cr^+$, $Mn^+$과 같은 이온들로부터 발생된다. 이 두 번째 영역 위에는 '꼬리 불꽃'으로 온도가 보통 불꽃(3000 K 정도)과 유사하다. 이 낮은 온도 영역은 알카리 금속과 같은 쉽게 들뜨는 원소를 판별할 때 사용된다.

**분석물의 원자화와 이온화.** 분석물 원자와 이온이 플라스마의 관찰 지점에 도달하게 되면 6000~8000 K 범위의 온도의 플라스마에 약 2 ms 정도 머무르게 된다. 플라스마는 불꽃연소법(아세틸렌/산화이질소)에서 얻을 수 있는 가장 높은 온도보다 높고, 머무름 시간은 두 배에서 세 배 정도 길다. 그 결과, 탈용매화 또는 증발은 완료되며, 원자화 효율은 매우 높아진다. 그러므로 ICP에서는 불꽃연소법보다 매우 적은 화학적 방해가 일어난다. 놀랍게도 아르곤의 이온화 과정에서 발생된 많은 수의 전자가 플라스마에서 일정한 전자 농도를 유지하기 때문에 이온화 방해 효과는 작거나 존재하지 않는다.

불꽃과 다른 플라스마 광원과 비교할 때 ICP는 몇몇 특이한 장점이 있다. 원자화는 화학적으로 비활성인 환경에서 일어난다. 대조적으로 불꽃 광원에서는 그 환경이 역동적이고 반응성이 높다. 또한 플라스마 온도는 상대적으로 균일하다. 플라스마는 상당히 좁은 광학적 통로 길이를 가지는데 이는 자기흡수를 최소화한다(28C-2절 참조). 그 결과, 검정 곡선이 보통 농도의 몇 승 크기 범위에서 선형이다.

분석물 원소의 이온화는 일반적인 ICP에서 중요하다. 이 특성은 우리가 29장에서 논의할 질량 분석법에서도 이온화 광원으로 ICP를 사용하게 된다. ICP의 한 가지 단점은 유기 용매의 사용이 제한되는 것이다. 탄소 침전물은 석영튜브에 달라붙는 경향이 있어 교차오염을 시키고 막히게 한다.

### » 직류 및 다른 플라스마 광원

직류 플라스마 제트는 1920년대에 처음 소개되었으며, 방출 분광 분석을 위한 광원으로 체계적으로 연구되어 왔다. 1970년 초, 첫 상업용 직류 플라스마(DCP)가 소개되었다. 광원은 특히 다원소 분석에 많이 사용되었는데, 토양을 분석하는 과학자나 지구 화학자들 사이에서 널리 이용되었다.

**그림 28-9**는 들뜸 방출 스펙트럼을 위한 직류 플라스마 광원의 모식도이다. 이 플라스마 제트 광원은 역의 Y 구조로 위치한 세 개의 전극으로 구성되어 있다. 흑연 음극은 Y의 각각의 팔 부분에 위치해 있고, 텅스텐 양극은 역전된 다리에 위치하고 있다. 아르곤은 두 개의 양극 블록에서 음극을 향하여 흐른다. 플라스마 제트는 음극이 잠깐 양극과 연결되었을 때 형성된다. 아르곤의 이온화가 발생하면 전류가 발생하고 (≈ 14 A), 스스로를 무한히 유지시키기 위해 추가적인 이온을 발생시킨다. 온도는 아크 중심에서 8000 K 이상이며 관찰 위치에서는 약 5000 K이다. 시료는 기화되며 Y의 두 팔 사이로 들어가고, 이곳에서 원자화되고 들뜸으로써 스펙트럼으로 볼 수 있다.

DCP에 의해 생성된 스펙트럼은 ICP에 의해 생성된 스펙트럼보다 더 적은 수의 방출을 가지는 경향이 있다. 그리고 DCP에서는 이온보다 원자에 의한 방출선들이 많다. DCP에 의해 얻어진 감도는 ICP에서 얻을 수 있는 감도와 같거나 몇 승 낮은 정도의 범위를 갖는다. 두 시스템의 재현성은 비슷하다. 직류 플라스마는 매우 적은 양의 아르곤을 필요로 한다. 그리고 전원 공급 장치들이 간단하고 비싸지 않다. 또한 DCP는 ICP보다 많은 고체 물질을 포함한 수용액이나 유기 용액을 처리할 수 있다. 그러나 높은 온도 영역에서 짧은 머무름 시간을 갖기 때문에 시료 휘발이 불안정하다. 또 DCP에서 최적의 관찰 영역이 매우 작아서 광원상을 확대하기 위해 광학계를 조심스럽게 배열해야 한다. 아울러, ICP는 유지 보수가 거의 필요하지 않는 반면에 흑연 전극은 일정 시간을 사용하면 교체해야 한다.

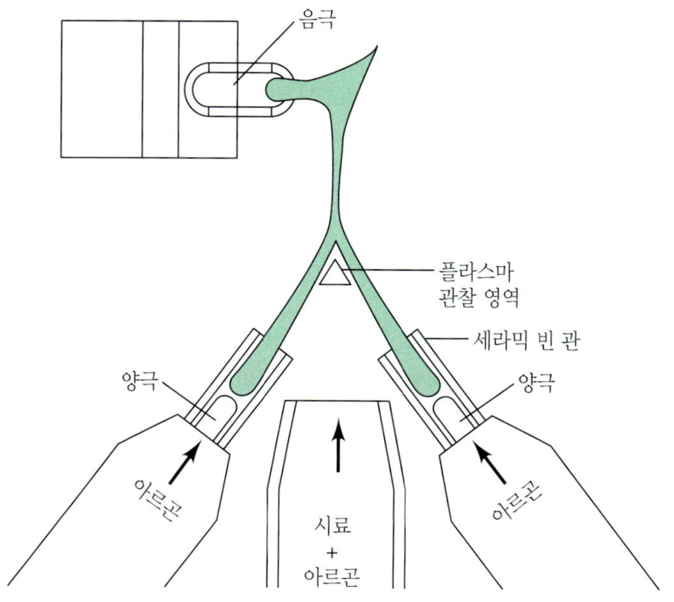


**그림 28-9** 세 전극의 dc 플라스마 제트의 구성도. 두 개의 분리된 플라스마가 단일 공통의 음극을 가진다. 전체 플라스마가 뒤집어진 Y형에서 탄다. 시료는 두 개의 흑연 전극 사이의 영역으로부터 에어로졸 형태로 주입된다. 강하게 방출하는 코어 아래 영역에 방출의 관측은 플라스마 바닥 방출을 많이 적게 한다.

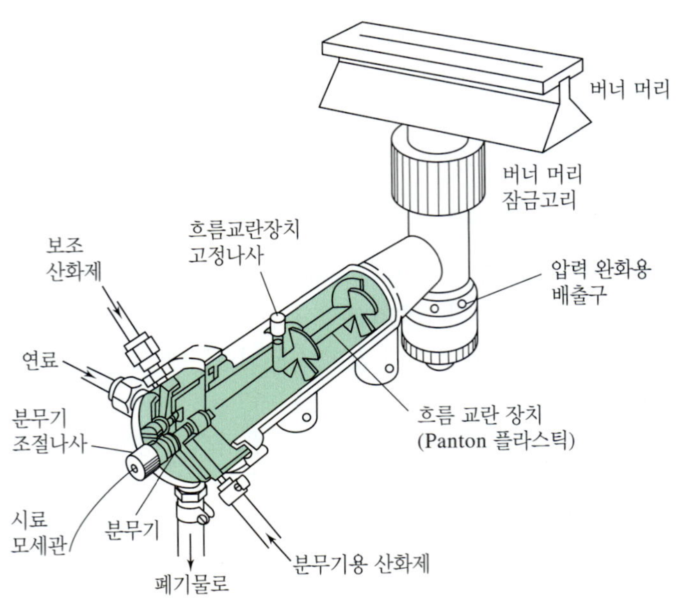


**그림 28-10** 불꽃 원자 흡수 분광법에서 사용되는 유선형 흐름 버너.(Perkin-Elmer Corperation, Waltham, MA.)

## ▸ 28B-3 불꽃 원자화 장치

불꽃 원자화 장치는 기압 분무기로 구성되어 있으며, 시료 수용액을 안개나 에어로졸로 전환시킨 후 버너 안으로 주입시킨다. 불꽃 원자화 장치에서는 ICP에 사용한 분무기와 같은 유형을 사용한다. 중앙집중식 분무기가 가장 보편적으로 사용된다. 대부분의 원자화 장치에서는 높은 압력 기체가 산화제로 이 에어로졸을 포함한 산화제가 연료와 나중에 혼합된다.

불꽃 분광법에서 사용하는 버너는 대부분 사전 혼합, 유선형 흐름 버너이다. 그림 28-10은 원자 흡수 분광법에서 전형적으로 사용하는 상업용 유선형 흐름 버너의 모식도이다. 이것은 중앙 집중식 분무기를 사용한다. 에어로졸은 **분무 챔버**(spray chamber)로 흘러 들어가면서 일종의 칸막이에 부딪히는데 미세한 입자를 제외하고 모두 제거된다. 그 결과, 분무 챔버의 아랫부분에 모인 시료의 대부분은 폐기물 용기로 버려진다. 일반적으로 시료 용액의 흐름은 2~5 mL/min이다. 그 시료 분무는 연료와 산화제 기체와 분무 챔버에서 섞이게 된다. 그 후 에어로졸, 산화제, 연료는 일자형의 버너에서 불꽃을 형성하며, 버너는 보통 5~10 cm 길이의 불꽃을 만들어낸다.

현대의 불꽃 원자 흡광 기기들은 거의 유선형 흐름 버너만을 사용하고 있다.

그림 28-10에서 보여주는 종류의 유선형 흐름 버너는 상대적으로 조용한 불꽃과 긴 통로의 광로를 제공한다. 이러한 특성은 원자 흡수의 감도와 재현성을 증대시킨다. 이 유형의 버너에서 혼합 챔버는 폭발 가능한 혼합물을 포함하고 있는데, 만약 흐름 속도가 충분하지 않다면 화염의 역류로 인해 폭발할 수 있다. 이러한 이유로 그림 28-10에 버너에는 압력을 경감시켜주는 밸브가 장착되어 있다.

### » *불꽃의 성질*

불꽃 속으로 분무된 시료가 옮겨질 때, 그림 28-11에서와 같이 버너의 끝 바로 위에 위치한 **1차 연소 구역**(primary combustion zone)에서 시료 방울들은 탈용매화된다. 그 결과 미세하게 나눠진 고체 입자가 불꽃 중심이 **내부 원뿔**(inner cone)이라 불리는 영역으로 옮겨진다. 그곳이 불꽃의 가장 뜨거운 부분으로 입자들이 기화된다. 그리고 기체 상태의 원자, 이온, 분자종들로 전환된다(그림 28-5 참조). 원자 방출 스펙트럼의 들뜸 또한 이 영역에서 일어난다. 마지막으로, 원자, 분자, 이온은 바깥쪽으로 이동되거나 **외부 원뿔**(outer cone)로 옮겨져 원자화 생성물이 대기

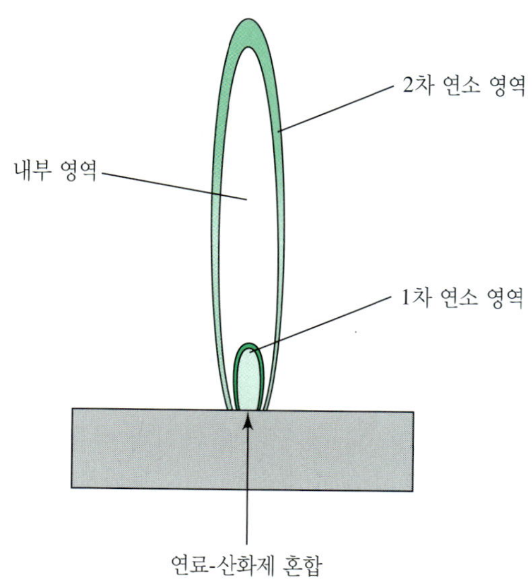


그림 28-11 불꽃의 영역.

로 흩어지기 전에 산화가 일어날 수도 있다. 연료/산화제 혼합물이 불꽃을 통과하는 속도가 높기 때문에 오직 시료의 일부분만이 이러한 모든 과정을 겪는다. 그래서 불꽃은 효율적인 원자화 장치가 아니다.

### » 원자분광 분석에 사용되는 불꽃의 유형

표 28-2는 불꽃 분광 분석에서 흔히 사용되는 연료와 산화제로, 그들 혼합물로 얻을 수 있는 대략적인 온도가 수록되어 있다. 산화제가 공기일 때 온도 범위가 1700~2400°C이다. 이 온도에서는 쉽게 들뜰 수 있는 알칼리 및 알칼리 토금속만이 사용할 수 있는 방출 스펙트럼을 낸다. 중금속 원소의 경우 쉽게 들뜨지 않으므로 산소 또는 산화질소가 산화제로서 반드시 사용되어야 한다. 이러한 산화제들은 보통 연료와 함께 2500~3100°C의 온도를 낸다.

### » 불꽃 온도의 효과

방출과 흡수 스펙트럼은 불꽃 온도 변화에 의해 복잡한 양상으로 영향을 받는다. 두 스펙트럼 모두 더 높은 온도는 불꽃의 전체 원자 밀도를 증가시켜 감도를 증가시킨다. 그러나 알칼리 금속과 같은 특정한 원소에서는 온도 증가에 따른 원자 밀도 증가가 이온화에 의한 원자의 손실로 인하여 줄어든다.

불꽃 온도는 원자화의 효율성에 매우 크게 영향을 미친다. 원자화는 분석물이 탈용매되고, 증발되고, 자유 원자나 이온상태로 전환되는 과정을 말한다. 불꽃 온도는 또한 불꽃 안에 있는 *들뜬 원자*와 *들뜨지 않는 원자*의 상대적인 수를 결정한다. 예를 들어, 공기/아세틸렌 불꽃에서 들뜨지 않는 마그네슘 원자에 대한 들뜬 원자의 비는 대략 $10^{-8}$으로 계산된다. 반면에 산소/아세틸렌 불꽃에서는 700°C 정도 더 뜨거운데 그 비율이 $10^{-6}$이다. 그래서 온도의 조절이 불꽃 방출 분광법에서 매우 중요하다. 예를 들어, 2500°C 불꽃에서 10°C의 온도 증가는 들뜬 $3p$ 상태의 소듐 원자를 약 3% 증가하도록 한다. 대조적으로 바닥 상태 원자의 수는 많아서 그 감소는 약 0.002% 정도뿐이다. 그러므로 *들뜬 원자*의 밀도를 근거로 하는 방출 방법은 분석 신호가 *들뜨지 않는 원자* 수에 의존하는 흡수 과정에서보다 더 정밀한 불꽃 온도의 조절이 필요하다. 그러나 실제로는 원자화 단계의 온도 의존성 때문에 두 방법(방출 및 흡수) 모두 비슷한 의존성을 보여준다.

**표 28-2**

**원자 분광법에서 사용되는 불꽃**

| 연료와 산화제 | 온도, °C |
|---|---|
| *기체/공기 | 1700~1900 |
| *기체/산소 | 2700~2800 |
| $H_2$/공기 | 2000~2100 |
| $H_2$/산소 | 2500~2700 |
| †$C_2H_2$/공기 | 2100~2400 |
| †$C_2H_2$/산소 | 3050~3150 |
| †$C_2H_2/N_2O$ | 2600~2800 |

*프로페인 또는 천연 가스
†아세틸렌

**표 28-3**

**불꽃 원자 흡수법과 불꽃 원자 방출법에 의한 여러 원소들에 대한 검출 한계의 비교***

| 불꽃 방출법이 더 낮은 검출 한계를 보임 | 동일한 검출 한계 | 원자 흡수법의 검출 한계가 더 낮음 |
|---|---|---|
| Al, Ba, Ca, Eu, Ga, Ho, In, K, La, Li, Lu, Na, Nd, Pr, Rb, Re, Ru, Sm, Sr, Tb, Tl, Tm, W, Yb | Cr, Cu, Dy, Er, Gd, Ge, Mn, Mo, Nb, Pd, Rh, Sc, Ta, Ti, V, Y, Zr | Ag, As, Au, B, Be, Bi, Cd, Co, Fe, Hg, Ir, Mg, Ni, Pb, Pt, Sb, Se, Si, Sn, Te, Zn |

*Adapted with permission from E. E. Pickett and S. R. Koirtyohann, *Anal. Chem.*, **1969**, 41, 28A-42A. **DOI**: 10.1021/ac50159a003.


전형적인 불꽃에서 들뜨지 않는 원자가 들뜬 원자의 수보다 $10^3$~$10^{10}$배 또는 그 이상으로 더 많다. 이러한 사실은 흡수 방법이 방출 방법보다 검출 한계(DL)가 낮다는 것을 보여준다. 그러나 실제로 몇 가지의 다른 변수들 또한 검출 한계에 영향을 미치므로 두 방법은 이것과 관련해 상호 보완하는 경향이 있다. **표 28-3**에 이러한 점을 나타내 준다.

### » 불꽃에서 흡수와 방출 스펙트럼

불꽃에서 원자 방출선의 폭은 $10^{-3}$ nm 정도이다. 그 폭은 간섭기로 측정될 수 있다.

원자 및 분자 모두 불꽃에서 시료가 원자화될 때 방출과 흡수가 측정될 수 있다. 전형적인 불꽃 방출 스펙트럼을 그림 24-19에서 보여주고 있다. 스펙트럼에서 원자 방출은 소듐 약 330 nm, 포타슘 대략 404 nm, 칼슘 423 nm 에서 좁은 선으로 이루어져 있다. 그래서 원자 스펙트럼은 **선 스펙트럼**(line spectra)이라 부른다. 또한 방출 띠는 MgOH, MgO, CaOH, OH 같은 분자종 들뜸의 결과이다. 이러한 띠는 진동 전위가 전자 전위 위에 중첩됨으로써 근거리에 위치한 많은 선들을 만들어 내기 때문에 형성된다. 근거리에 위치한 선들은 분광기에 의해서 완벽하게 분해되지 않는다. 이것 때문에 분자 스펙트럼은 **띠 스펙트럼**(band spectra)으로 나타낸다.

원자 흡수 스펙트럼은 고분해능 분광기 또는 간섭계가 요구되기 때문에 거의 기록되지 않는다. 높은 분해능의 흡수 스펙트럼은 원자와 분자 흡수 구성요소를 둘 다 포함하는 그림 24-19와 같은 보통의 모양을 갖는다. 이 경우에 세로축은 상대적인 세기 대신에 흡광도이다.

### » 불꽃에서의 이온화

불꽃에서 모든 원소는 어느 정도 이온화되기 때문에 그 뜨거운 물질은 전자와 이온 및 원자들의 혼합물을 포함하고 있다. 예를 들어 바륨을 포함하는 시료가 원자화될 때 평형은 불꽃 내부에서 이루어진다.

불꽃에서 원자 화학종의 이온화는 질량 작용의 법칙에 의해 취급될 수 있는 평형 과정이다.

$$Ba \rightleftharpoons Ba^+ + e^-$$

이 평형의 정도가 불꽃의 온도 및 바륨의 전체 농도와 함께 시료에 존재하는 *모든 원소*의 이온화로부터 생성된 전자의 농도에 의존한다. 가장 높은 불꽃의 온도 (> 3000 K)에서 거의 바륨의 절반이 이온 형태로 존재한다. Ba와 $Ba^+$의 방출과 흡수 스펙트럼이 완전히 다르기 때문에 전체적으로 바륨에 대해서 2개의 스펙트럼이 다르게 나타난다. 하나는 원자 스펙트럼이고 하나는 이온 스펙트럼이다. 불꽃 온도는 또한 이온화된 분석 성분의 분율을 결정하는 데 중요한 역할을 한다.

원자 스펙트럼은 이온 스펙트럼과 전적으로 다르다.

## ▸ 28B-4 전열 원자화 장치

전열 원자화 장치는 약 1970년도에 시장에 처음으로 등장했고, 짧은 시간에 전체 시료가 원자화되고 광학적 통로에서 원자의 평균 머무름 시간이 1초 또는 그 이상이므로 감도가 매우 좋다.[3] 또한 시료는 제한된 부피의 흑연로에 주입되고, 그래서 플라스마나 불꽃에서 같이 묽혀지지 않는다. 전열 원자화 장치는 원자 흡수법과 원자 형광법에 사용되나 원자 방출법에는 보통 사용되지 않는다. 그러나 유도 결합 플라스마 방출 분석법에서 시료를 기화시키기 위해 일반적으로 사용된다.

전열 원자화 장치에서 수 μL의 시료를 주사기나 자동 시료 채취기를 이용해 흑연로 안으로 주입한다. 그 다음 프로그램된 일련의 가열 과정인 **건조**(drying), **회화**(ashing), **원자화**(atomization)가 일어난다. 건조 단계에서는 시료는 상대적으로 대체적으로 낮은 온도인 110°C에서 증발된다. 그 이후 온도는 300~1200°C로 증가한다. 그리고 유기 물질은 재가 되거나 $H_2O$와 $CO_2$로 전환된다. 재가 된 후에 온도는 약 2000~3000°C로 빠르게 증가하여 시료는 기화되고 원자화가 일어난다. 시료의 원자화는 아주 짧은 ms에서 수 초 사이에 발생한다. 흡수 또는 형광은 증기가 흑연로를 벗어나기 전에 가열된 표면 위의 영역에서 측정된다.

### » 원자화 장치의 디자인

상업적인 전열 원자화 장치는 작고, 전기적으로 가열되는 관 모양의 흑연로이다. 그림 28-12a는 상업적인 전열 원자화 장치의 단면도이다. 원자화는 실린더 모양의 흑연 튜브에서 일어나는데 양쪽 끝이 열려 있고 시료의 주입을 위한 중간 구멍을 가지고 있다. 튜브는 길이가 약 5 cm이고 내부 직경은 1 cm보다 약간 작다. 교체할 수 있는 흑연 튜브는 튜브 양쪽 끝에 있는 한 쌍의 실린더형 흑연 전기 접점에 고정

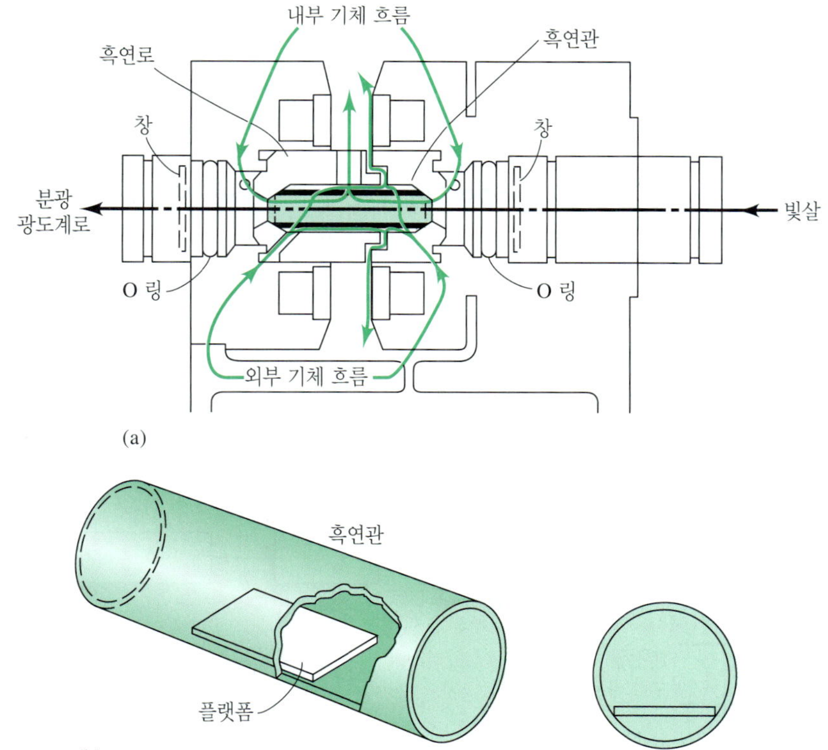


그림 28-12 (a) 흑연로와 단면도.
(b) L'vov 플랫폼과 흑연로 내에서의 그 위치.
a: PerkinElmer Coporation, Waltham MA,
b: W. Slavin, *Anal. Chem.*, **1982**, 54, 685A, **DOI**: 10.1021/ac00243a001. Copyright 1982 American Chemical Society.

[3]진열 원자화 장치에 대한 자세한 설명은 다음을 참고하시오. L. H. J. Lajunen and P. Peramaki, *Spectrochemical Analysis by Atomic Absorption and Emission*, 2nd ed., Ch. 3, Cambridge, Royal Society of Chemistry, 2004; B. E. Erickson, *Anal. Chem.*, 2000, 72, 543A; *Electrothermal Atomization for Analytical Atomic Spectrometry*, K. W. Jackson, ed., New York: Wiley, 1999; D. J. Butcher and J. Sneddon, *A Practical Guide to Graphite Furnace Atomic Absorption Spectrometry*, New York: Wiley, 1998; C. W. Fuller, *Electrothermal Atomization for Atomic Absorption Spectroscopy*, London: Chemical Society, 1977.

된다. 이러한 연결은 수냉의 금속 덮개 안에 들어 있다. 불활성 기체의 외부 흐름이 튜브를 통과하게 하여 공기를 차단함으로써 튜브의 연소를 방지한다. 두 번째 기체의 내부 흐름은 튜브의 두 끝으로 흐르고 중심 시료 포트로 나간다. 이 기체 흐름은 공기를 배제할 뿐만 아니라 첫 번째, 두 번째 가열 단계 동안 시료 매트릭스로부터 발생한 기체를 밖으로 옮기는데 도움을 준다.

그림 28-12b는 흑연로에서 종종 사용되는 L'vov 플랫폼을 보여준다. 플랫폼은 또한 흑연 재질이고 시료 입구 포트 아래에 위치한다. 시료는 이 플랫폼 위에서 증발되고 재화된다. 그러나 튜브 온도가 빠르게 증가할 때 시료가 흑연로 벽에 오래 있지 못하므로 원자화는 지체된다. 그 결과, 원자화는 온도가 빠르게 변하지 않는 환경에서 일어난다. 그 결과 다른 일반적인 시스템보다 더 재현성 있는 신호가 얻어진다.

다른 몇 가지 디자인의 상업용 전열 원자화 장치가 있다.

### » 출력 신호

전열 AA의 출력 신호는 순간적이고, 불꽃 원자화 장치에서 보이는 일정한 신호가 아니다. 이 원자화 단계는 오직 수 초를 지속하는 원자 증기의 펄스를 생성하고, 이 증기는 흑연로로부터 확산이나 다른 과정에 의해 없어진다. 증기의 펄스에 의해 생성된 순간적인 흡수 신호가 얻어지고 적절한 데이터 습득 시스템에 의해 빠르게 기록되어야 한다.

## ▸ 28B-5 다른 원자화장치

많은 다른 형태의 원자화 장치가 원자 분광법에서 사용되어 왔다. 낮은 압력에서 작동되는 글로우 방전이 원자 방출 광원으로 조사되어 왔다. **글로우 방전**(glow discharge)은 수 torr 압력의 기체가 충전된 실린더형 유리관 내에서 두 개의 평편한 전극 사이에서 일어난다. 고출력의 레이저가 시료를 증기화하고 **레이저 유도 붕괴**(laser-induced breakdown)를 유발한다. 이 기술에서 기체의 유전 붕괴는 레이저의 초점에서 일어난다. LIBS (laser-induced breakdown spectrometer, 레이저 유도 파괴 분광기)는 2012년 8월에 화성에 도착한 화성탐사로봇 큐리오시티에 실어진 화성 과학 연구의 한 부분이었다.

**유전 물질**(dielectric)은 전기를 전도하지 않는 물질이다. 고전압이나 고출력 레이저로부터 복사선을 가하여 **유전 붕괴**(dielectric breakdown)라고 알려진 현상인 기체가 이온과 전자로 붕괴될 수 있다.

원자 분광법의 초기에는 직류 및 교류 아크 그리고 고압 스파크가 원자 방출의 들뜸원으로 보편적으로 사용되었다. 이런 광원들은 거의 모두 ICP로 대체되었다.

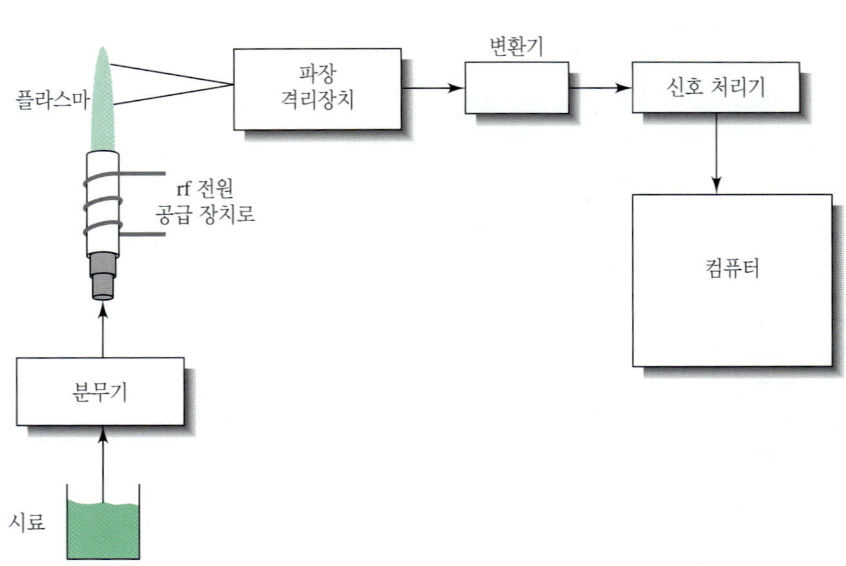


**그림 28-13** 대표적인 ICP 원자 분광 분석기의 부분도.

## 28C 원자 방출 분광법

원자 방출 분광법은 원소 분석에서 널리 이용된다. 비록 DCP와 불꽃 광원이 여전히 이용되고는 있지만, ICP가 현재 가장 인기 있는 방출 분광법 광원이다.

### ▸ 28C-1 기기

대표적인 ICP 방출 분광기의 부분도를 **그림 28-13**에서 보여준다. 플라스마에서 원자나 이온 방출은 파장 격리장치에 의해 해당 파장으로 분리된다. 이러한 분리는 **단색화 장치**(monochromator)와 **다색화 장치**(polychromator) 또는 **분광사진기**(spectrograph)에서 이루어진다. 단색화 장치는 한 번에 하나의 방출 슬릿에서 한 개의 파장을 격리시킨다. 반면에 다색화 장치는 여러 개의 방출 슬릿에서 동시에 여러 개 파장을 격리시킨다. 분광사진기는 출구에서 큰 구경을 제공하여 일정 범위의 파장을 나가게 한다. 격리된 복사선은 단일 변환기, 다중 변환기 또는 배열 검출기에 의해 전기적 신호로 변환된다. 전기적 신호는 처리되어 컴퓨터 시스템에 입력된다.

불꽃 방출 분광기와 DCP 방출분광기는 그림 28-13에서 DCP나 불꽃이 ICP를 대신하여 바뀐 것을 제외하고는 동일한 부분도를 갖는다. 불꽃 분광 분석기는 하나의 파장을 구별할 때 가장 자주 사용되고 DCP 분광 분석기는 다색화 장치를 이용해 여러 개의 파장을 구별할 때 사용된다.

#### » 파장 구별

방출 분광법은 다원소 분석을 위해 자주 사용된다. 이러한 목적을 위해 두 종류의 기기가 일반적으로 사용된다. **순차형 분광기**(sequential spectrometer)는 단색화 장치를 사용하고 여러 가지 방출선을 순차적으로 주사한다. 보통 이용되는 파장은 사용자에 의해 컴퓨터 프로그램으로 설정하여 사용하고 단색화 장치는 빠르게 한 파장에서 다음 파장으로 넘어 간다. 한편, 단색화 장치는 일정 파장의 범위를 주사할 수 있다. 실제적으로 **동시 분광기**(simultaneous spectrometer)는 다색화 장치와 분광사진기를 사용한다. **직독식 분광기**(direct reading spectrometer)는 초점 평면 안에 64개 정도의 검출기가 위치한 방출 슬릿을 가지는 다색화 장치를 사용한다. 몇몇 분광기는 분광사진기와 동시에 여러 개의 파장을 보기 위한 한 개 이상의 배열 검출기를 사용한다. 몇몇은 주사 기능과 분광사진기 기능을 결합시켜 배열 검출기에서 다른 파장 영역을 보여준다. 이러한 분광기의 분산 장치는 회절발, 회절발/프리즘 결합 또는 에셀 회절발이다. 동시 분석 기기는 보통 순차적 분석 시스템보다 비싸다.

알칼리 금속과 알칼리 토금속의 일반적인 불꽃 방출 분석을 위해서 간단한 필터 광도계가 사용된다. 낮은 온도의 불꽃을 사용하여 높은 온도에서 들뜨는 금속의 들뜸을 막는다. 그 결과 스펙트럼은 간단하고 원하는 방출선을 구별하기 위해 간섭 필터를 사용할 수 있다. 불꽃 방출은 소듐과 포타슘의 분석을 위해서 임상 실험실에서 한때 널리 사용되었다. 이러한 방법은 이온 선택성 전극을 사용하는 방법에 의해 많이 대체되어 왔다(21D절 참조).

#### » 복사선 변환기

단일 파장형 기기는 대부분 직독식 분광기와 같이 광전증배관 변환기를 사용한다. 전하결합 장치는(CCD)는 현재 동시 및 일부의 순차형 분광기에서 배열 검출기로 많이 이용된다. 이러한 장치는 백만 개 이상의 픽셀로 구성되어 있어서 꽤나 넓은 파장을 검출할 수 있게 한다. 어떤 상업용 기기는 분리된 배열과 전하결합 검출기를 사용하여 한 가지 이상의 파장 영역을 동시에 검출하게 한다.

### » 컴퓨터 시스템과 소프트웨어

현재 상업용 분광기는 성능이 좋은 컴퓨터와 소프트웨어가 설치되어 있다. 대부분의 새로운 ICP 방출 시스템은 파장 선택, 검정, 바탕 보정, 원소 간 검정, 스펙트럼 소용돌이 방지, 표준 첨가 검정, 품질 관리 차트 및 보고서 작성을 도울 수 있는 소프트웨어를 제공한다.

## ▸ 28C-2 원자 방출 분광법에서 비선형성의 원인

원자 방출 분광법에서 정량적 결과는 일반적으로 외부 표준물 방법에 기초한다(8D-2절 참조). 여러 가지 이유로 검정 곡선이 선형이거나 적어도 예측할 수 있는 관계를 원한다. 높은 농도에서 비선형성의 주요한 이유는 공명 전이가 **자체 흡수**(self-absorption)로 발생할 때이다. 심지어 높은 농도에서도 분석 원자의 대부분은 바닥 상태로 있고 오직 일부분만 들뜬 상태로 있다. 들뜬 분석 원자가 복사선을 방출할 때, 원자가 정확하게 같은 에너지를 흡수하기 때문에 방출된 광자는 바닥 상태의 분석 원자에 의해 흡수될 수 있다. 원자화 매질의 온도가 고르지 않다면, 공명선은 크게 넓어지고 **자체 반전**(self-reversal)으로 알려진 현상 때문에 중심이 우묵하게 패이게 된다. 불꽃 방출에서 자체 흡수는 용액의 농도가 10~100 μg/mL 사이에서 보통 나타난다. 플라스마에서는 흡수를 위한 광로 길이가 불꽃에서보다 더 짧기 때문에 자기 흡수는 종종 더 높은 농도에서도 나타나지 않는다.

낮은 농도에서 분석물의 이온화는 원자선을 이용한 검정 곡선의 비선형성의 원인이 될 수 있다. ICP와 DCP 광원에서 플라스마의 높은 전자 농도는 분석 성분의 이온화 정도 변화에 대한 완충제로서 작용하는 경향이 있다. 이온 방출선이 ICP에 사용될 때 더 이상의 이온화 때문에 비선형성은 첫 번째 전자가 제거되는 것보다 두 번째 전자가 제거되는 것이 더 어렵기 때문에 거의 일어나지 않는다. 흐름 속도, 온도, 효율성과 같은 원자화 장치 특성의 변화도 분석 물질의 농도에 따른 비선형성의 원인이 될 수 있다.

불꽃 방출 검정선은 종종 농도의 $10^2$~$10^3$ 범위에서 직선성을 나타낸다. ICP와 DCP 광원은 농도의 $10^4$~$10^5$의 넓은 선형 범위를 보여준다.

## ▸ 28C-3 플라스마와 불꽃 원자 방출 분광법에서의 간섭

공존하는 다른 원소들에 의해 초래되는 많은 간섭 효과는 플라스마나 불꽃 원자 방출법에서 비슷하다. 그러나 일부 분석 기술들은 어떤 간섭에는 취약하나 다른 간섭에는 무관하다. 간섭효과는 일반적으로 바탕 간섭과 분석물 간섭으로 나뉜다.

### » 바탕 간섭

**바탕 간섭**(blank interference) 또는 **부가성 간섭**(additive interference)은 분석물의 농도와는 상관없는 효과이다. 이런 효과는 완벽한 바탕 용액을 만들어 같은 조건에서 분석할 수 있다면 감소되거나 제거된다. **스펙트럼 간섭**(spectral interference)이 그 예이다. 방출 분광법에서 분석 성분과 다른 어떤 원소가 선택된 파장의 복사선을 방출하거나 빛을 분산시킨다면 바탕 간섭의 원인이 된다.

**스펙트럼 간섭**은 바탕 간섭의 예이다. 그들은 분석물의 농도에는 무관한 간섭 효과를 생성한다.

바탕 간섭의 한 가지 예로는 285.21 nm에서 마그네슘를 정량할 때 285.28 nm 소듐의 방출 효과이다. 보통 분해능의 분광기로는 특정한 양의 소듐을 갖고 있는 바탕 용액으로 보정되지 않는다면 시료 안의 소듐은 더 많은 양의 마그네슘이 정량될 것이다. 이론적으로 이러한 선 간섭은 분광기의 분해능을 향상시킴으로써 줄일 수 있다. 그러나 실제로 사용자는 거의 분광기 분해능을 변경시킬 수 없다. 다원소 분광기에서 여러 파장에서의 측정이 간섭 화학종에 적용하기 위한 교정 인자를 얻기 위해서 사용되기도 한다. 이러한 원소 간 교정은 컴퓨터로 조정되는 ICP 분광기에서는 일반적이다.

분자 띠 방출 또한 바탕 간섭의 원인이 될 수 있다. 이러한 방해는 특히 낮은 온도와 반응성이 높은 환경이 분자종을 만들기 쉬운 불꽃 분광기에서 더욱 까다롭다. 예를 들어, 시료 안에 높은 농도의 Ca이 있다면 CaOH의 형성에 의해 띠 방출을 내는데, 이것이 분석 성분의 파장과 겹치면 바탕 간섭을 유발한다. 일반적으로 분광 분석기의 분해능을 향상시키면 띠 방출이 감소되지만, 좁은 분석 성분의 방출선이 넓은 분자 방출 띠에 겹치는 것을 피할 수 없으므로 감소되지 않는다. 불꽃이나 플라스마 바탕 복사선은 일반적으로 바탕 용액의 측정으로 상쇄할 수 있다.

## » 분석물 간섭

**분석물 간섭**(analyte interference) 또는 **복합적 간섭**(multiplicative interference)은 분석물 신호 자체의 크기를 변화시킨다. 이러한 간섭은 일반적으로 본래의 스펙트럼 간섭이 아니라 물리적 또는 화학적인 효과라고 한다.

화학, 물리, 및 이온화 간섭은 **분석물 간섭**의 예들이다. 이들은 분석 성분 신호 자체의 크기에 영향을 준다.

**물리적 방해**(physical interference)는 시료의 흡입, 분무, 탈용매화 및 휘발 과정을 변화시킨다. 예를 들어, 시료 용액의 점성을 변화시키는 물질은 분무 과정의 효율성과 흐름 속도를 바꿀 수 있다. 유기 용매와 같은 가연성인 성분은 원자화 장치의 온도를 바꿀 수 있고 그래서 간접적으로 원자화 효율성에 영향을 미친다.

**화학적 방해**(chemical interference)는 보통 각각의 분석물에 따라 다르다. 화학적 방해는 탈용매화되어 고체나 녹은 입자가 자유 원자나 원소 상태의 이온으로 변환될 때 간섭이 일어난다. 분석 성분 입자의 휘발에 영향을 미치는 구성 성분이 이런 형태의 간섭을 일어나게 하고, 그것을 **용질 휘발 간섭**(solute volatilization interference)이라고 부른다. 예를 들어, 어떤 불꽃에서는 시료 안에 존재하는 인산을 상대적으로 비휘발성 착물을 형성하기 때문에 불꽃 안에서 칼슘의 원자 농도를 바꿀 수 있다. 이러한 효과는 때때로 더 높은 온도를 사용함으로써 완화시키거나 제거시킬 수 있다. 또는 방해 성분과 우선적으로 반응하여 분석 성분과의 화학 반응을 방지하는 화학종인 **해방제**(releasing agent)가 사용될 수 있다. 예를 들어, 과량의 Sr이나 La의 첨가는 이들 양이온이 Ca보다 더 안정한 인산 화합물을 형성하기 때문에 분석 성분과 인산이 반응하는 것을 막아줌으로써 인산 간섭이 최소화된다.

**해방제**는 음이온과 반응하고 양이온의 정량에서 간섭으로부터 보호해주는 양이온이다.

**보호제**(protective agent)는 우선적으로 휘발성인 종을 분석물과 안정하게 형성해 간섭을 막는다. 이러한 목적을 위한 세 가지의 일반적인 시약은 EDTA, 8-하이드록시퀴놀린, APDC (1-pyrrolidine-carbodithioc acid의 암모늄염)이 있다. 예를 들어 EDTA는 칼슘의 정량에서 규산, 인산 및 황산의 간섭을 최소화하거나 제거시켜 준다.

분석물의 이온화에 영향을 주는 물질은 **이온화 간섭**(ionization interference)을 일으킨다. 포타슘과 같이 쉽게 이온화되는 원소는 칼슘과 같이 덜 쉽게 이온화하는 원소의 이온화 정도를 바꿀 수 있다. 불꽃에서는 비교적 많은 양의 쉽게 이온화하는 원소가 의도적으로 시료에 가해지지 않더라도 간섭효과는 비교적 크게 일어날 것이다. 이러한 **이온화 억제제**(ionization suppressant)는 K, Na, Li, Cs, Rb과 같은 원소들이 해당된다. 불꽃에서 이온화할 때 이 원소들은 전자를 생성하여 분석 성분의 이온화 평형을 중성 원자 쪽으로 이동시킨다.

**이온화 억제제**는 불꽃에서 많은 전자를 생성함으로써 분석 성분의 이온화를 억제하는 쉽게 이온화되는 물질이다.

### ▸ 28C-4 응용

ICP는 방출 분광법을 위해서 가장 널리 이용되는 광원이 되었다. 이는 간섭이 적고, 낮은 바닥 상태, 낮은 잡음, 높은 안정성 등 때문이다. 그러나 ICP는 상대적으로 구입하고 사용하는 데 비용이 많이 든다. 또한 사용자는 그 기기를 작동시키고 유지하는 데 있어서 상당한 교육이 필요하다. 그러나 정교한 소프트웨어를 갖춘 현대의 전산화 시스템은 이런 부담을 덜어준다.

ICP는 식수, 폐수, 지하수와 같은 환경 시료 중 미량 원소를 정량하기 위해 널리 사용된다. ICP는 또한 석유 제품, 식료품, 지질학적 시료, 생물학적 물질과 특히 산업적인 품질 관리를 위한 미량 금속 정량에 사용된다. DCP는 토양과 지질 시료에서 미량 금속 정량에 중요한 역할을 한다. 불꽃 방출은 여전히 소듐과 포타슘 분석을 위해 의학 실험실에서 사용하고 있다.

플라스마 광원을 이용한 동시 다중 원소 정량이 널리 이루어지고 있다. 이러한 정량은 원소 간 상호 관계를 밝힘으로써 단일 원소 정량으로는 불가능했던 결론에 도달하게 하였다. 예를 들어, 다원소 미량 금속 정량은 유출된 석유 제품의 기원을 결정하거나 또는 오염의 원인을 밝히는데 도움이 된다.

## 28D 원자 흡수 분광법

불꽃 원자 흡수 분광법(AAS)은 표 28-1에 정리된 모든 원자 분석법 중 단순하고 효과적이며 상대적으로 낮은 가격 때문에 현재 가장 널리 사용되는 방법이다. 이 기술은 호주의 Walsh와 네덜란드의 Alkemade, Milatz에 의해 1955년에 처음으로 소개되었다.[4] 최초의 상업용 원자 흡수 분광기는 1959년에 소개되었으며 그 이후로 이 기술의 사용이 폭발적으로 증가했다. 원자 흡수 방법이 그때 까지 널리 이용되지 않는 이유는 28A-4절에서 논의된 것과 같이 원자 흡수선의 좁은 선폭으로 인해 생성되는 문제와 직접적으로 관련되어 있다(color plate 17 태양스펙트럼과 원자 흡수선 참조).

### ▸ 28D-1 원자 흡수에서 선 너비 효과

원자 흡수선의 너비는 대부분의 단색화 장치의 효과적인 띠너비보다 많이 작다.

보통의 단색화 장치는 원자 흡수선의 너비(0.002~0.005 nm)만큼 좁은 복사선 띠를 구분할 수 없다. 그 결과 단색화 장치에서 연속적 광원으로부터 분리된 복사선의 사용은 Beer 법칙으로부터 불가피하게 기기적으로 벗어나게 된다(24C-3절 Beer 법칙에서의 기기 편차에 관한 논의 참조). 더욱이 이와 같은 빛살로부터 흡수된 복사선의 분율은 적기 때문에 변환기는 적게 감소된($P \rightarrow P_0$) 신호를 받아들이고 측정의 감도는 감소한다. 이러한 효과는 그림 24-17의 아래 곡선에 의해 보여준다.

좁은 흡수선에 의해 만들어지는 문제는 흡수 방법을 위해 선택된 *한 파장의 선*뿐만 아니라 *더 좁은 선*까지도 방출하는 광원을 이용하여 극복해 왔다. 예를 들어, 수은 증기 램프는 수은 분석을 위한 외부 복사선 광원으로 사용된다. 이와 같은 램프에서 기체 상태의 전자적으로 들뜬 원자는 불꽃에서 분석 성분 수은 원자에 의

[4] A. Walsh, *Spectrochim. Acta*, **1955**, *7*, 108, **DOI:** 10.1016/0371-1951(55)80013-6; C. Th. J. Alkemade and J. M. W. Milatz, *J. Opt. Soc. Am.*, 1955, 45, 583.

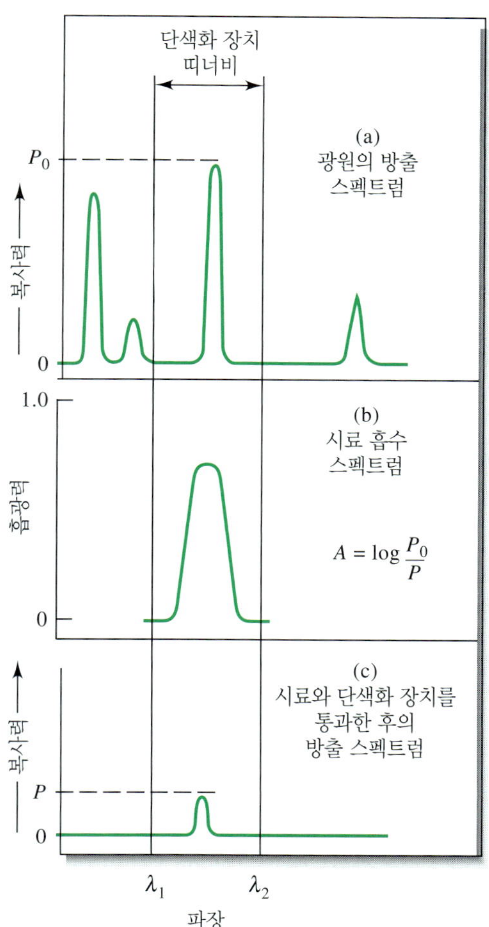


**그림 28-14** 광원으로부터 좁은 방출선의 원자 흡수. (a)에서 광원 선은 대단히 좁다. 단색화 장치에 의해 한 개의 선이 분리된다. 그 선은 불꽃에 있는 분석 성분의 더 넓은 흡수선(b)에 의해 흡수되어 광원 복사선을 감소시킨다. (c) 대부분의 광원 복사선이 흡수선의 봉우리에서 얻어지므로 Beer 법칙이 적용된다.

해 *흡수*되는 파장과 같은 파장의 복사선을 *방출*함으로써 바닥 상태로 돌아간다. 램프는 불꽃보다 낮은 온도에서 사용되기 때문에 램프로부터 수은 방출선의 Doppler 넓힘과 압력 넓힘은 시료가 도입된 뜨거운 불꽃에서 분석 성분의 흡수선에 해당하는 넓힘보다 적다. 따라서 램프에 의해 방출된 선의 효과적인 띠너비는 불꽃에서 흡수선의 해당 띠너비보다 훨씬 작다.

**그림 28-14**는 원자 흡수법에서 흡광도 측정을 위해 일반적으로 사용되는 방법을 나타낸다. 그림 28-14a는 전형적인 원자 흡수 광원으로부터 4개의 좁은 *방출선*을 보여준다. 또한 필터와 단색화 장치에 의해 이러한 선들이 어떻게 분리되는지 보여준다. 그림 28-14b는 파장 $\lambda_1$과 파장 $\lambda_2$의 사이에서 분석 성분에 대한 불꽃 *흡수 스펙트럼*을 보여준다. 불꽃에서 흡수선의 너비가 램프로부터의 방출선 너비보다 상당히 더 크다. 그림 28-14c에서와 같이 입사 빛살의 세기 $P_0$는 시료를 통과함으로써 $P$로 감소한다. 램프로부터의 방출선 띠너비가 불꽃에서 흡수선의 띠너비보다 훨씬 더 작기 때문에 $\log P_0/P$는 농도에 선형이 된다.

## ▸ 28D-2 기기

AA를 위한 기기장치는 상당히 간단하다. **그림 28-15**은 단일 빛살 AA 분광기를 보여준다.

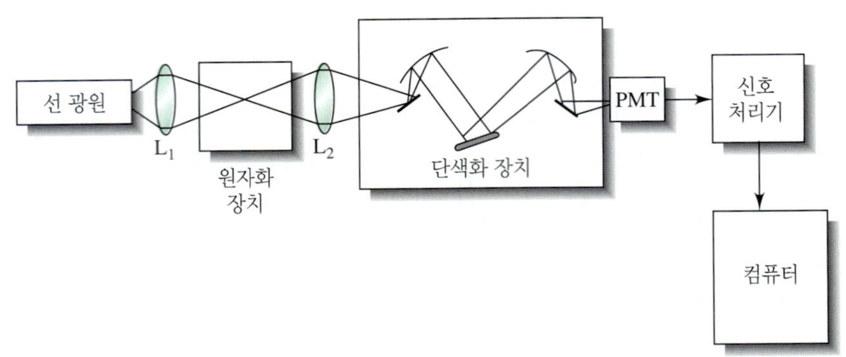


**그림 28-15** 단일 빛살 원자 흡수 분광기의 개요도. 선 광원으로부터 나온 복사선은 불꽃이나 전열 원자화 장치의 원자 증기에 초점이 맞추어진다. 감쇄된 광원 복사선은 단색화 장치에 들어가서 원하는 선으로 분리된다. 그 광원으로부터 흡수에 의해 감쇄된 세기는 광전 증배관(PMT)에 의해 전기적인 신호로 바뀌게 된다. 신호가 처리되어 출력을 위한 컴퓨터 시스템으로 전달된다.

## » 선 광원

원자 흡수 분광법을 위한 가장 유용한 복사선 광원은 **그림 28-16**에서 보여주는 **속빈 음극등**(hollow-cathode lamp)이다. 이것은 1~5 torr의 압력으로 아르곤과 같은 불활성 기체를 포함한 유리관에 들어 있는 텅스텐 양극과 실린더형 음극으로 구성되어 있다. 음극은 분석 성분 금속으로 제작되거나 분석 성분 금속으로 코팅된 지지체를 사용할 수 있다.

전극 간에 약 300 V 정도의 전력을 공급함으로써 아르곤을 이온화시켜 아르곤 양이온과 전자가 두 전극으로 이동하면, 5~10 mA의 전류가 발생한다. 전위가 충분히 크다면, 양이온은 몇몇의 금속 원자를 이탈시키기에 충분한 에너지로 음극을 쳐서 원자 증기를 형성한다. 이 과정을 **튕김**(sputtering)이라 부른다. 몇몇의 튕겨져 나간 금속 원자들은 들뜬 상태에 위치하게 되고, 다시 바닥 상태로 돌아오게 될 때 그들의 특징적인 파장을 방출한다. 램프에서 방출선을 만들어 내는 원자는 불꽃에서 분석 성분 원자보다 상당히 낮은 온도와 압력에서 일어난다. 그 결과 램프로부터 방출선은 불꽃에서 흡수선보다 더 좁다. 튕겨져 나간 금속 원자는 결국 분산되어 음극 표면이나 램프의 벽으로 되돌아가서 증착된다.

**튕김**은 원자나 이온이 하전된 입자 빛살에 의해 표면에서 떨어져 나오는 과정이다.

70개 원소에 대한 속빈 음극등이 상품화되어 있다. 어떤 원소에 대해 높은 세기의 램프는 보통 램프보다 10배 정도 더 높은 세기를 이용할 수 있다. 몇 가지 속빈 음극등은 한 개 원소 이상의 원소를 포함한 음극을 가지고 있기 때문에 몇 가지 화학종의 정량을 위한 스펙트럼 선을 제공한다. 속빈 음극등의 개발은 원자 흡수 분광법의 발전에 가장 중요한 하나의 사건으로 인정된다.

속빈 음극등은 원자 흡수 분광 분석법을 실용적으로 만들었다. ❯

속빈 음극등 외에도 **무전극 방전등**(electrodeless-discharge lamp)은 원자 선 스펙트럼의 광원으로 유용하게 사용된다. 이러한 램프는 때때로 $10^1$~$10^2$ 정도 속빈 음극등보다 세기가 더 세다. 한 가지 대표적인 무전극 방전등은 아주 작은 torr의 압력에서 아르곤과 같은 불활성 기체와 적은 양의 분석 금속(또는 염)을 포함하고 있는 밀봉된 석영관으로 구성되어 있다. 램프는 전극을 포함하고 있지 않고 대신에 라디오주파수나 마이크로파 복사선에 의해 에너지가 공급된다. 아르곤이 이 장속에서

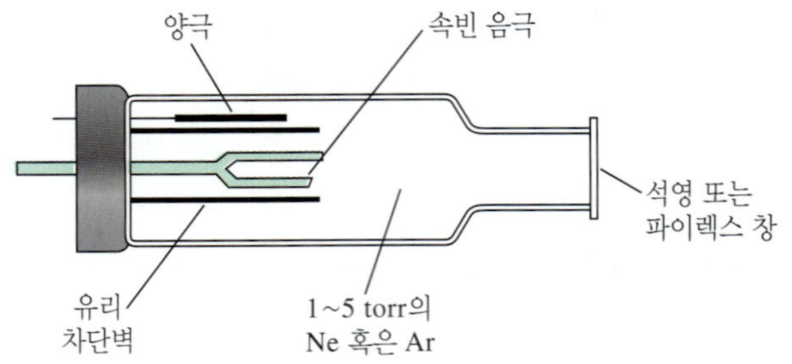


**그림 28-16** 속빈 음극등의 그림.

이온화되고, 분석할 금속의 원자가 들뜨기 위하여 충돌에 의해 충분한 에너지를 얻을 때까지 이온은 장의 높은 주파수 성분에 의해 가속화된다.

몇 가지 원소를 분석하기 위한 무전극 방전등이 상업적으로 사용된다. 특히 속빈 음극등의 세기가 낮은 As, Se, Te 같은 원소에 유용하다.

## » 광원의 변조

원자 흡수 측정에서는 속빈 음극등이나 무전극 방전등에서 나오는 복사선과 원자화 장치에서 나오는 복사선을 구별하는 것이 중요하다. 원자화 장치에서 나오는 복사선은 항상 원자화 장치와 검출기 사이에 위치한 단색화 장치에 의해서 제거된다. 그러나 불꽃에서 분석물 일부 원자의 열적인 들뜸은 단색화 장치에 설정된 파장의 복사선을 만든다. 이러한 복사선이 제거되지 않기 때문에 잠재적인 간섭의 요인으로 작용한다.

분석물 방출의 효과는 속빈 음극등의 출력을 일정한 간격으로 변동하도록 **변조**(modulating)시킴으로써 제거할 수 있다. 그래서 변환기는 속빈 음극등으로부터의 교류 신호와 불꽃에서의 연속적인 신호를 받고 이들 신호를 해당 형태의 전기 전류로 변환시킨다. 그 후 전자적인 시스템은 조절되지 않는 불꽃에 의해 생성된 직류 신호를 제거하고 광원에서 증폭기로 교류 신호만 통과시켜 마침내 판독 장치로 향한다.

**변조**는 원하는 신호에 대한 정보를 운반하기 위해서 변화하는 신호인 운반파라고 불리는 파형의 성질의 변화로 정의된다. 일반적으로 변화하는 주파수, 진폭, 및 파장이다. AAS에서 광원 복사선은 변조된 진폭이지만, 바닥과 분석 성분 방출은 dc 신호로 관측된다.

**그림 28-17**에서 보여주는 바와 같이 변조는 *광원과 불꽃 사이*에 위치한 전동식 원형 토막틀(chopper)에 의해 이루어진다. 금속 토막틀의 일부분은 제거되어 복사선이 반 시간 동안은 장치를 통과하고 나머지 반은 막혀서 반사한다. 일정한 속도로 회전하는 토막틀에 의해서 불꽃에 도달하는 빛살은 0의 세기에서 최대 세기로 다시 0의 세기로 주기적으로 변한다. 다른 한편 광원을 위한 전력 공급 장치가 교류 방식으로 속빈 음극등이 펄스를 만들도록 설계할 수도 있다.

광원의 변조는 빛살 토막틀을 사용하거나 전자적으로 광원 펄스를 생성하여 실행한다.

## » 완전한 원자 흡수 장치

단일 빛살 시스템에 대한 원자 흡수 장치는 그림 28-15에서 보인 것과 같이 분자 흡수 장치를 위해 고안된 장치와 같은 기본 구성 요소를 포함하고 있다. 단일 및 이중 빛살 장치가 많은 기기 회사에 의해 제공되고 있다. 정교함의 범위와 비용(수천 달러 이상)의 범위가 모두 다양하다.

**광도계.** 원자 흡수 분광법을 위한 장치는 방법의 감도를 약하게 하거나 간섭이 생기게 하는 다른 선으로부터 측정을 위해 선택한 선이 구별되어야 하고, 충분히 좁은 띠너비를 제공하는 능력이 있어야 한다. 속빈 음극 광원과 필터를 장착한 광도계가 가시광선 영역에서 몇 개의 넓게 분리된 공명선을 가지는 알칼리 금속 농도의 측정을 위해 적합하다. 좀 더 손쉽게 교환 가능한 간섭 필터와 램프가 있는 다목적 광도계가 있다. 분리된 필터와 램프는 각각의 원소를 위해 사용된다. 22가지 금속 원소에 대한 만족스런 정량 결과를 얻을 수 있다.

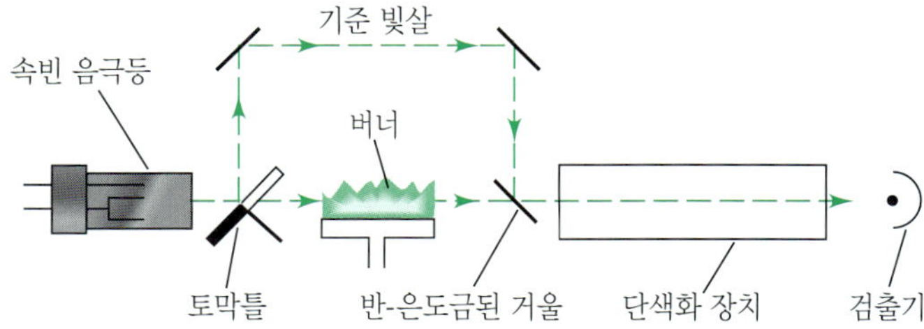


**그림 28-17** 겹살 원자 흡수분광 분석기에서 광학 경로. 토막틀은 속빈 음극 복사선을 교류 신호로 전환시켜 검출기에 도달하게 하고, 반면 불꽃의 방출선은 연속적인 직류 신호이다.

**분광 광도계.** AAS에서 대부분 측정은 자외선/가시광선 회절발 단색화 장치가 설치된 장치로부터 이루어진다. 그림 28-17은 전형적인 겹살 기기의 모식도이다. 속빈 음극등으로부터의 복사선은 초퍼에 의해 기계적으로 두 개의 빛살로 나눠지며 하나는 불꽃을 통과하고 하나는 불꽃 주위를 지나간다. 반쪽이 은으로 도포된 거울은 두 개의 빛살을 단일 통로로 돌아오게 하여 단색화 장치를 교대로 통과하여 검출기에 도달한다. 신호 처리기는 불꽃에서 생성된 직류 신호로부터 광원에서 발생된 교류 신호를 분리한다. 그 후 교류 신호의 기준 성분에 대한 시료 성분비의 대수 값은 계산되어 컴퓨터로 보내지거나 흡광도를 나타내기 위해 판독 장치로 보내진다.

### » 바탕 보정

불꽃원자화 장치에서는 자체 흡수뿐만 아니라 전열 원자화 장치나 불꽃에 주입될 때 공존하는 원소들에 의한 흡수는 원자 흡수에서 심각한 문제를 야기한다. 속빈 음극등 선은 매우 좁기 때문에 다른 원자에 의한 분석 성분 선의 흡수에 의한 방해는 드물다. 반면에 분자종은 그 복사선을 흡수할 수 있고 AA 측정에서 오차를 유발한다.

전체의 측정된 흡광도 $A_T$는 AA에서 분석 성분 흡광도 $A_A$와 바탕 흡광도 $A_B$의 합이다.

$$A_T = A_A + A_B$$

바탕 보정 과정에서 $A_B$는 $A_T$에 더해져야 한다. 실제 흡광도는 $A_A = A_T - A_B$로 얻을 수 있다.

**연속 광원 바탕 보정**은 중수소 등을 사용하여 바탕 흡광도의 대략 값을 얻는다. 속빈 음극등은 전체 흡광도를 얻는다. 보정된 흡광도는 두 흡광도 간의 차이를 계산하여 얻는다.

**연속 광원 바탕 보정.** 상업용 AA 분광기에서 가장 일반적인 바탕 보정 과정은 연속광원 기술이다. 이 과정에서 중수소 램프와 분석물 속빈 음극등은 다른 시간에 원자화 장치를 향한다. 속빈 음극등은 전체 흡광도 $A_T$를 측정하고, 반면에 중수소 램프가 바탕 흡광도 $A_B$를 측정하여 제공한다. 컴퓨터 시스템이나 전자적인 처리로 차이를 계산하고 바탕이 보정된 흡광도를 보고한다. 이 방법은 가시광선 영역에서 흡수 복사선을 가지는 원소에 대하여는 한계가 있는데, $D_2$ 램프의 세기가 이 영역에서 매우 낮아지게 되기 때문이다.

**Smith-Hieftje 바탕 보정**은 처음에는 낮은 전류, 그리고 후에는 높은 전류의 펄스를 만드는 단일 속빈 음극등을 사용한다. 낮은 전류 모드는 전체 흡광도를 얻고, 반면에 바탕 세기는 높은 전류 기간에 구한다.

**펄스형 속빈 음극등 바탕 보정.** 때때로 **Smith-Hieftje 바탕 보정**(Smith-Hieftje background correction)이라 불리는 이 기술에서 분석물 속빈 음극이 낮은 전류(5~20 mA)에서 보통 10 ms 동안 펄스를 만들고 높은 전류(100~500 mA)에서 0.3 ms 동안 펄스를 만든다. 낮은 전류의 펄스 기간 동안에 분석물의 흡광도는 바탕 흡광도와 합쳐져 측정된다($A_T$). 높은 전류의 펄스 기간에는 속빈 음극 방출선이 넓어지게 된다. 스펙트럼선이 강하게 자체 흡수를 하여 분석물의 파장선이 거의 사라져 버린다. 그래서 높은 전류의 펄스 기간에는 바탕 흡수도 $A_B$의 대략적인 값이 얻어진다. 컴퓨터는 실제 분석 성분 흡광도 $A_A$를 계산한다.

**Zeeman 효과 바탕 보정.** 전열 원자화 장치의 바탕 보정은 Zeeman 효과 방법으로 할 수 있다. Zeeman 바탕 보정에서는 자기장이 같은 에너지를 갖고 있는(중첩된) 스펙트럼 선을 나누는데 다른 편광 특성을 가지는 성분들로 분리한다. 분석물과 바탕흡수는 그들의 다른 자기성과 편광성 때문에 분리될 수 있다.[5]

---

[5]자세한 내용은 다음을 참고하시오. D. A. Skoog, F. J. Holler, and S. R. Crouch, Principles of *Instrumental Analysis*, 6th ed., Belmont, CA: Brooks/Cole, 2007, pp. 242–43.

## ▸ 28D-3 불꽃 원자 흡수

불꽃 AA는 60~70가지 원소를 정량하기 위한 감도가 좋은 분석 방법을 제공한다. 이 방법은 경험이 많지 않은 사용자가 일상적으로 측정하기에 적합하다. 속빈 음극등은 한 번에 하나의 원소가 측정되므로 각각 원소를 측정하기 위해서 필요하다. 이것이 AA의 주요한 단점이다.

### » 정량 측정을 위한 불꽃의 영역

**그림 28-18**은 버너 끝에서부터 거리의 함수로 세 개의 원소의 흡광도를 보여준다. 마그네슘과 은의 경우에 흡광도의 초기 증가는 불꽃의 높은 온도에 더 오래 노출된 결과로서 복사선 통로를 따라 원자의 농도가 높아진다. 그러나 마그네슘의 흡광도는 불꽃 중심 부근에서 최대치에 도달하고 마그네슘의 산화로 산화 마그네슘이 생성되면서 떨어진다. 은(Ag)은 산화가 잘 안되기 때문에 이 효과에 의해 영향을 받지 않는다. 크로뮴의 경우 매우 안정한 산화물을 형성하므로 최대 흡광도가 버너 바로 위에서 나타난다. 산화 크로뮴의 형성은 크로뮴 원자가 생성되는 즉시 생긴다.

그림 28-18은 분석에 사용되는 불꽃의 영역이 원소에 따라 달라야 하고, 광원의 복사선이 도달하는 불꽃의 위치가 검정과 분석 측정 기간에 재현성 있게 이루어져야 한다는 것을 보여준다. 일반적으로 불꽃의 위치는 원소 측정을 위한 최대 흡광도가 나타나는 곳으로 조정된다.

### » 정량 분석

정량 분석은 주로 외부 표준검정에 기초한다(8D-2절 참조). 원자 흡수에서는 분자 흡수보다 선형성의 이탈을 더 자주 볼 수 있다. 그러므로 분석은 Beer 법칙을 따른다는 가정 하에 하나의 표준물을 측정하는 것만으로는 되지 *않는다*. 아울러 원자 증기의 생성은 많은 통제할 수 없는 변수들이 수반되므로 적어도 하나의 표준 용액 흡광도가 분석을 수행할 때마다 측정되어야 한다. 종종 두 개의 표준물이 사용되는데, 미지 시료의 흡광도가 그들의 흡광도 사이에 나타나는 것이 좋다. 원래 검정 값으로부터 표준물의 편차는 분석 결과에 대한 보정으로 이용될 수 있다.

8D-3절에서도 논의한 바 있는 표준물 첨가법은 표준물과 미지 시료의 조성 간의 차이를 보상해주기 위하여 AAS에서도 널리 이용된다.

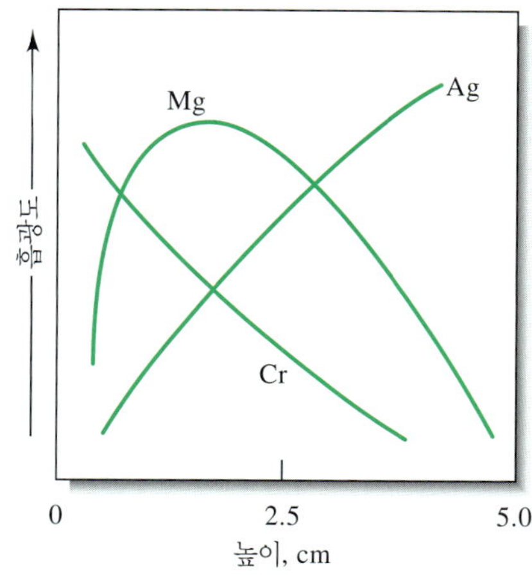


**그림 28-18** 불꽃 AAS에서 세 가지 원소에 대한 버너 위 높이에 대한 흡광도.

**표 28-4**

**원자 분광법에 의한 원소들의 검출 한계(ng/mL)***

| 원소 | 불꽃 AA | 전열 AA† | 불꽃 방출 | 방출 ICP | ICPMS |
|---|---|---|---|---|---|
| Ag | 3 | 0.02 | 20 | 0.2 | 0.003 |
| Al | 30 | 0.2 | 5 | 0.2 | 0.06 |
| Ba | 20 | 0.5 | 2 | 0.01 | 0.002 |
| Ca | 1 | 0.5 | 0.1 | 0.0001 | 2 |
| Cd | 1 | 0.02 | 2000 | 0.07 | 0.003 |
| Cr | 4 | 0.06 | 5 | 0.08 | 0.02 |
| Cu | 2 | 0.1 | 10 | 0.04 | 0.003 |
| Fe | 6 | 0.5 | 50 | 0.09 | 0.45 |
| K | 2 | 0.1 | 3 | 75 | 1 |
| Mg | 0.2 | 0.004 | 5 | 0.003 | 0.15 |
| Mn | 2 | 0.02 | 15 | 0.01 | 0.6 |
| Mo | 5 | 1 | 100 | 0.2 | 0.003 |
| Na | 0.2 | 0.04 | 0.1 | 0.1 | 0.05 |
| Ni | 3 | 1 | 600 | 0.2 | 0.005 |
| Pb | 5 | 0.2 | 200 | 1 | 0.007 |
| Sn | 15 | 10 | 300 | 1 | 0.02 |
| V | 25 | 2 | 200 | 8 | 0.005 |
| Zn | 1 | 0.01 | 200 | 0.1 | 0.008 |

*Values taken from V. A. Fassel and R. N. Knisely, *Anal. Chem.*, **1974**, 46, 1110A, **DOI:** 10.1021/ac60349a023; J. D. Ingle, Jr., and S. R. Crouch, *Spectrochemical Analysis*, Englewood Cliffs, NJ: Prentice-Hall, 1988; C. W. Fuller, *Electrothermal Atomization for Atomic Absorption Spectroscopy*, London: Chemical Society, 1977; *Ultrapure Water Specifications, Quantitative ICP-MS Detection Limits*, Fremont, CA, Balazs Analytical Services, 1993.

†10 μL 시료에서.

### » *검출 한계와 정확도*

**표 28-4**의 2번째 행은 불꽃 원자 흡수에 의해 측정되는 많은 일반적인 원소의 검출 한계를 보여주고, 그 값들을 다른 원자 분광법들의 결과와 비교하였다. 일반적인 조건에서는 불꽃 흡수 분석의 상대 오차는 1~2% 정도이다. 특별히 조심하면 수치는 0.1%까지 낮아질 수 있다. 일반적으로 불꽃 AA 검출 한계는 쉽게 들뜨는 알칼리 금속을 제외하고는 불꽃 AE 검출 한계보다 좋다.

## ▸ 28D-4 전열 원자화에 의한 원자 흡수

전열 원자화 장치는 적은 양의 시료에 대해 고감도의 장점을 제공한다. 일반적으로 시료 양이 0.5~10 μL 사용된다. 이런 조건에서 절대적인 검출 한계는 보통 pg 범위이다. 일반적으로 전열 AA 검출 한계는 휘발성인 원소에 대하여 더 좋다. 전열 AA를 위한 검출 한계는 원자화 장치의 모양과 원자화 조건에 의존하기 때문에 제조회사에 따라 상당히 달라진다.

전열법의 상대적인 정밀도는 불꽃이나 플라스마 원자화 장치의 1% 이내와 비교했을 때 보통 5~10% 범위이다. 더욱이 흑연로법은 느리고 일반적으로 한 원소당 수 분의 시간을 필요로 한다. 또 다른 단점은 불꽃 원자화보다 전열 원자화는 화학적 방해가 더 심하다는 것이다. 마지막 단점은 분석적 범위가 $10^2$보다 낮다는 것이다. 이러한 단점들 때문에 전열 원자화 장치는 일반적으로 불꽃이나 플라스마 원자화법이 불충분한 검출 한계를 제공할 때나 시료의 양이 매우 제한적일 때에만 사용된다.

휘발성인 원소와 화합물에 사용 가능한 또 다른 AA 방법은 냉증기(cold-vapor) 기술이다. 수은은 휘발성 금속이고 그림 28-1에 묘사된 방법을 이용하여 측정할 수 있다(color plate 18 수은 흡수 참조). 일부 금속들도 냉증기 기술로 측정될 수 있는 휘발성 금속 수소화물을 형성한다.

**특집 28-1**

### 냉증기 원자 흡수 분광 분석법에 의한 수은 정량

선사시대 동굴 주민들이 광물의 진사(HgS)를 발견하였고 그것을 붉은 페인트로 사용하면서 수은은 매력적인 원소가 되었다. 이 원소에 대한 최초의 기록은 Aristolte가 시작했는데, 그는 기원전 4세기에 그것을 '액체 은(liquid silver)'으로 기술하였다. 오늘날 의료, 제련, 전자공학, 농업 및 많은 다른 분야에서 수은과 그 화합물은 수천 가지 용도로 사용되고 있다. 수은은 실온에서 액체인 금속이므로 과학, 산업 및 가정용품에 유연하고 효과적인 전기적 접점을 만들기 위하여 사용된다. 온도 항온기, 조용한 광 스위치 및 형광등이 몇 가지 전기적 응용의 예이다.

금속 수은의 유용한 성질은 다른 금속과 아말감을 형성하는 것인데, 아말감은 많은 곳에서 사용된다. 예를 들어, 금속 소듐은 용융된 염화소듐의 전기분해에 의하여 아말감으로 생성된다. 치과 의사는 충전 치료를 위해 은 합금의 50% 아말감을 사용한다.

수은의 독성에 대한 영향은 오랜 시간 동안 널리 알려져 있다. Lewis Carroll의 소설 *이상한 나라의 앨리스*(**그림 28F-1**)에서 미치광이 모자장수의 괴이한 행동은 모자 장수의 뇌에 끼친 수은과 수은 화합물의 효과 때문이었다. 피부와 폐를 통해 흡수된 수은은 뇌 세포를 파괴하며 재생되지 않는다. 19세기의 모자 제작자들은 중절모를 만들기 위하여 모피를 처리하는 과정에서 수은 화합물을 사용하였다. 그 물질에 관련한 작업자들은 치아의 흔들림, 불안감, 근육 경련, 성격 변화, 의기소침, 신경과민 및 신경 질환과 같은 수은의 병적 증상을 경험하였다.

수은의 독성은 수은이 무기와 유기 화합물 모두를 형성하는 경향이 있어 복잡하다. 무기 수은은 인체 조직과 체액에서 상대적으로 불용성이기 때문에 유기 수은에 비하여 10배 이상 빠르게 몸에서 배출된다. 메틸수은과 같은 알킬 화합물 형태의 유기 수은은 간과 같은 지방 조직에 어느 정도 녹는다. 메틸수은은 독성이 있는 농도까지 축적되고 아주 천천히 몸에서 배출된다. 경험이 많은 과학자도 유기 수은 화합물을 매우 조심스럽게 취급해야 한다. 1997년에 Dartmouth 대학의 Dr. Karen Wetterhahn이 메틸수은을 취급하는 데는 세계 최고의 전문가였음에도 불구하고 수은 중독으로 사망하였다.

수은은 **그림 28F-2**에서와 같이 환경에서 농축된다. 무기 수은은 호수의 바닥, 개천, 다른 저수지에 있는 혐기성 박테리아에 의해 유기 수은으로 변한다. 작은 어류는 유기 수은을 소비하고 커다란 생물체에 의해 먹힌다. 미생물에서 새우로, 그리고 물고기로, 최종적으로 황새치 같은 커다란 동물로 먹이사슬을 따라 움직여가면서 수은은 점점 농축된다. 굴과 같은 몇몇 바다생물은 100,000배 정도의 인자로 수은을 농축하기도 한다. 먹이사슬의 꼭대기에서 수은의 농도는 20 ppm 수준에 도달한다. 미국 식품의약청인 FDA(Food and Drug Adminstration)는 사람의 식용 어류에서 1 ppm의 법적인 한계를 정하였다. 그 결과, 어떤 지역에서의 수은 수준은 지역적 고기잡이 산업을 위태롭게 하였다. 미국 환경보호국(Enviromental Protection Agency, EPA)는 2 ppb의 음용수 섭취 한계를 지정하였고, 직업안정건강청(Occupational Safety and Health Adminstration, OSHA)은

**그림 28F-1** 이상한 나라 앨리스의 미치광이 모자 장수.

*(계속)*

그림 28F-2 환경에서 수은의 생물학적 농도.

공기 중에서 0.1 mg/m$^3$의 한계를 정하였다.

수은의 정량을 위한 분석법이 식품과 수질 안전 감시에서 중요한 역할을 한다. 가장 유용한 방법 중의 한 가지는 253.7 nm 복사선의 수은에 의한 원자 흡수에 기초한다. Color plate 18은 실온에서 금속 위에 형성되는 수은 증기에 의해 자외선 광의 충돌 흡수를 보여준다. 그림 28F-3은 실온에서 원자 흡수에 의해 수은을 정량하는 데 사용되는 장치를 보여준다.[6]

수은을 포함하고 있는 것으로 예상되는 시료를 질산과 황산의 뜨거운 혼합산에서 분해하여 수은을 Hg(II) 상태로 변형시킨다. Hg(II) 및 잔여 화합물은 황산 하이드록실아민과 황산 주석(II)의 혼합물에 의해 금속으로 환원된다. 수은을 포함한 혼합 용액에 공기를 주입시켜 수은을 포함하는 증기를 건조관을 통과한 후 관측 용기로 운반한다. 수증기는 건조관에 있는 건조제에 잡혀서 수은 증기와 공기만이 흡광 셀을 통과한다. 원자 흡수 분광 광도기의 단색화 장치는 254 nm 정도의 띠에 맞추어진다. 수은 속빈 음극등의 253.7 nm 복사선이 기기의 광로에 놓인 관측 용기의 석영 창을 통하여 지나간다. 흡광도는 시료 중 수은의 농도에 직접적으로 비례한다. 수은 농도를 알고 있는 용액을 장치를 검정하기 위해 비슷한 방법으로 처리한다. 이 방법은 반응 혼합물 중 수은의 낮은 용해도와 25°C에서 $2 \times 10^{-3}$ torr인 상당한 증기압을 이용한다. 이 방법의 감도는 약 1 ppb이고, 식품, 금속, 광물, 환경 시료에 있는 수은을 정량하기 위해서 사용된다. 이 방법은 감도, 단순성 및 실온에서 작동할 수 있다는 장점을 가지고 있다.

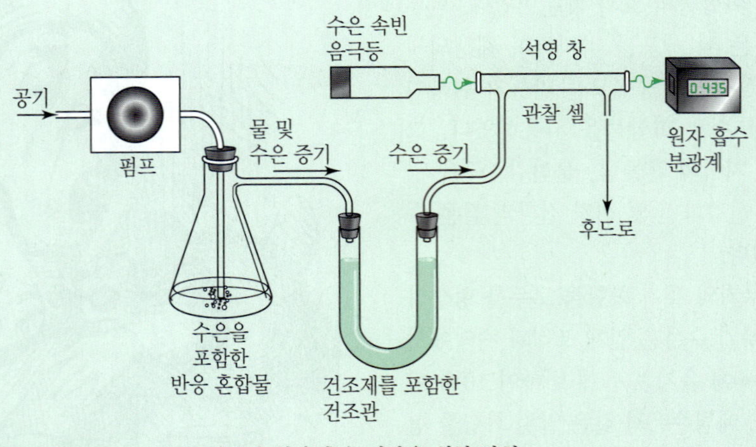


그림 28F-3 수은의 냉증기 원자 흡수 정량을 위한 장치.

[6] W. R. Hatch and W. L. Ott, *Anal. Chem.* **1968**, 40, 2085, **DOI:** 10.1021/ac50158a025.

### ▸ 28D-5 원자 흡수에서 방해

불꽃 원자 흡수는 불꽃 원자 방출과 같이 많은 화학 및 물리적 방해를 받게 된다(28C-2절 참조). 분석 성분 파장을 흡수하는 원소에 의한 스펙트럼 방해는 AA에서 드물다. 그러나 분자 성분과 복사선 산란은 간섭의 원인이 된다. 이들은 28D-2절에서 논의한 바탕 보정 절차에 의해 보정된다. 어떤 경우에는 간섭 원인이 알려져 있다면 과량의 간섭 물질을 시료와 표준물에 가할 수 있다. 가한 물질을 **복사선 완충제**(radiation buffer)라고 부른다.

**복사선 완충제**는 매트릭스 화학종의 효과를 제거하고 간섭을 최소화하기 위하여 시료와 표준물 모두에 과량으로 가해주는 물질이다.

## 28E 원자 형광 분광법

원자 형광 분광법(AFS)은 광학적 원자 분광법 중 가장 최신의 방법이다. 원자 흡수와 같이 외부 광원을 사용해 관심 원소를 들뜨게 한다. 그러나 광원의 감소를 측정하는 대신에 흡수의 결과로 방출되는 복사선이 광원 복사선을 피하여 수직각에서 측정된다.

대부분의 원소에 대해 일반적인 속빈 음극등이나 무전극 방전등을 이용한 원자 형광은 원자 흡수나 원자 방출에 비하여 그다지 중요한 장점이 없다. 그 결과, 상업적인 원자 형광 기기의 개발은 매우 느리다. 그러나 Hg, Sb, As, Se, Te와 같은 원소에 대해 감도가 좋은 장점이 있다.

❮ 고감도와 선택성의 잠재적인 장점에도 불구하고 원자 형광 분광 분석법은 상업적으로 성공하지 못했다. 난점들은 필요한 높은 세기 광원의 재현성 부족과 AFS의 단일 원소 분석에 기인한다.

레이저 들뜸 원자 형광 분광법은 특히 전열 원자화법과 결합되었을 때 극히 낮은 검출 한계를 얻을 수 있다. 많은 원소들에 대한 검출한계는 펨토그램($10^{-15}$ g)에서 아토그램($10^{-18}$ g) 범위이다. 고출력 레이저의 특수한 본질과 비용 때문에 레이저를 이용한 상업용 기기는 개발되지 않고 있다. 고유한 복잡성을 가지는 파장 조정 가능한 레이저를 사용하지 않으면 원자 형광은 단일 원소 분석법이라는 단점을 가지고 있다.

검색 엔진을 이용하여 Indiana University의 Spectrochemistry Laboratory에 대해서 찾아보자. 기본적인 플라스마 연구를 하고 있는 연구 프로젝트 리스트를 보시오. ICP에서 매트릭스 효과의 메커니즘에 관한 프로젝트를 찾으면 프로젝트의 목적을 포함하여 사용된 기기와 얻어진 결과를 자세히 설명하시오. 연구실에서 출판된 논문 리스트를 클릭하여 '유도 결합 플라스마-원자 방출 분광법에서 간섭을 극복하기 위한 매트릭스 효과 교차점의 확인을 위한 알고리즘(Algorithm to determine matrix effect crossover points for overcoming interferences in inductively coupled plasma-atomic emission spectrometry)'에 관한 논문을 찾으시오. 알고리즘에 관련된 4가지 특징을 설명하시오.

## 연습 문제

***28-1.** 원자 방출과 원자 흡수와 원자 형광 분광법에 관한 기본적인 차이를 설명하시오.

**28-2.** 다음을 정의하시오.

*(a) 원자화

(b) 충돌적 넓힘

*(c) Doppler 넓힘

(d) 분무

*(e) 플라스마

(f) 층류 버너
*(g) 속빈 음극등
(h) 튕김(스퍼터링)
*(i) 부가성 간섭
(j) 스펙트럼 간섭
(k) 화학적 간섭
(l) 복사선 완충제
*(m) 보호제
(n) 이온화 억제제

***28-3.** 원자 방출이 원자 흡수보다 불꽃의 불안정도에 더 예민한 이유는 무엇인가?

**28-4.** 이온화 간섭이 일반적으로 불꽃에서보다 ICP에서 심각하지 않은 이유는 무엇인가?

***28-5.** 원자 흡수 분광법에서 광원 변조가 사용되는 이유는 무엇인가?

**28-6.** 고분해능의 단색화 장치가 불꽃 원자 흡수 분광기보다 ICP 원자 방출 분광기에서 사용되는 이유는 무엇인가?

***28-7.** 일반적으로 불꽃에서 원자에 의해 방출되는 선보다 속빈 음극등으로부터의 선이 더 좁은 이유는 무엇인가?

**28-8.** 수소/산소 불꽃 AA에서 철의 흡광도가 높은 농도의 황산 이온이 있을 때 감소하는가?
(a) 이런 관찰에 대해 설명하시오.
(b) 철의 정량 분석에서 황산기의 잠재적인 간섭을 극복할 수 있는 세 가지 가능한 방법을 제시하시오.

***28-9.** 원자 방출 분광법에 적합하도록 하게 하는 유도 결합 플라스마의 네 가지 특성은 무엇인가?

**28-10.** 원자 흡수 측정을 위해 ICP는 거의 사용되지 않는데, 그 이유는 무엇인가?

***28-11.** 플라스마가 측면에서보다 축 방향으로 관찰했을 때 ICP 원자 방출의 결과의 차이에 대해 논의하시오.

**28-12.** 우라늄의 원자 흡수 정량에서 351.5 nm에서의 흡광도와 500-2000 ppm U의 범위 농도 간에 직선 관계가 얻어진다. 500 ppm보다 낮은 농도에서 2000 ppm 정도의 알칼리 금속염이 도입되지 않으면 관계는 선형에서 벗어난다. 설명하시오.

***28-13.** 5.00 mL의 혈액 시료를 삼염화아세트산으로 처리하여 단백질을 침전시켰다. 원심분리를 한 후 얻어진 용액의 pH를 3으로 조정하고 납-착화제 APDC를 포함하는 메틸아이소부틸케톤 5 mL로 두 번 추출하였다. 추출물을 공기/아세틸렌 불꽃에 직접 분무하여 283.3 nm에서 0.502의 흡광도를 얻었다. 납 0.400과 0.600 ppm을 포함하는 표준 용액 5 mL를 같은 방법으로 처리하여 0.396과 0.599의 흡광도를 얻었다. Beer 법칙에 따른다는 가정에서 시료 중 납의 농도를 ppm으로 구하시오.

**28-14.** 일련의 강철 시료에서 크로뮴을 ICP 방출 분광법으로 정량하였다. 분광기는 mL 당 0, 2.0, 4.0, 6.0, 8.0 μg의 $K_2Cr_2O_7$을 포함하는 일련의 표준물로 검정하였다. 이들 용액의 기기는 임의의 값으로 3.1, 21.5, 40.9, 57.1, 77.3의 값을 각각 읽었다.
(a) 데이터를 이용해 그래프를 그리시오.
(b) 회기선에 대한 식을 찾으시오.
(c) (b)에서 선의 기울기와 절편에 대한 표준 편차를 계산하시오.
(d) 1.00 g의 시멘트를 HCl에 녹이고 중화시킨 다음 100.0 mL로 묽힌 반복된 시료에 대하여 다음의 데이터를 얻었다.

**방출 값**

| | 바탕 용액 | 시료 A | 시료 B | 시료 C |
|---|---|---|---|---|
| 반복 측정 1 | 5.1 | 28.6 | 40.7 | 73.1 |
| 반복 측정 2 | 4.8 | 28.2 | 41.2 | 72.1 |
| 반복 측정 3 | 4.9 | 28.9 | 40.2 | 엎지름 |

각 시료에서 $Cr_2O_3$의 퍼센트를 계산하시오. 각 정량의 평균에 대한 절대 및 상대 표준 편차는 얼마인가?

**28-15.** 수용액 시료 중 구리를 원자 흡수 불꽃 분광법으로 정량하였다. 첫째로 미지 시료 10.0 mL를 다섯 개의 50.0 mL 부피 플라스크에 피펫으로 넣었다. 12.2 ppm Cu를 포함하는 첨가한 부피의 표준 용액을 플라스크에 넣고 용액들을 표시된 부피로 묽힌다.

| 미지의 시료(mL) | 표준물질(mL) | 흡광도 |
|---|---|---|
| 10.0 | 0.0 | 0.201 |
| 10.0 | 10.0 | 0.292 |
| 10.0 | 20.0 | 0.378 |
| 10.0 | 30.0 | 0.467 |
| 10.0 | 40.0 | 0.554 |

(a) 표준 용액 부피의 함수로 흡광도를 그래프를 그리시오.
*(b) 용액들이 묽혀진 부피($V_t$)와 함께 표준 용액과 미지 용액의 농도($c_s$와 $c_x$)와 표준 용액과 미지 용액의 부피($V_s$와 $V_x$)에 대한 흡광도에 관계되는 식들을 유도하시오.
*(c) (b)에 수록된 변수의 항으로 (a)에서 얻은 직선의 기울기와 절편에 대한 표현식을 유도하시오.
(d) 분석 성분의 농도가 관계식 $c_x = bc_s/mV_x$에 의해 주어지는 것을 보이시오. 여기서 $m$과 $b$는 (a)에서 직선의 기울기와 절편이다.
*(e) 최소자승법에 의해 $m$과 $b$에 대한 값을 정하시오.
(f) (e)에서 기울기와 절편에 대한 표준 편차를 계산하시오.
*(g) (d)에서 주어진 관계식을 사용하여 시료 중 구리의 농도를 ppm으로 계산하시오.

**28-16.** **도전 문제:** 해수 시료를 다중 원소 연구에서 ICP-AES로 시험한다. 바나듐이 정량된 원소 중 한 가지이다. 합성 해수 매트릭스에서 표준 용액을 준비하여 ICP-AES에 의해 정량되었다. 다음의 결과를 얻었다.

| 농도(pg/mL) | 세기(임의로 정한 단위) |
|---|---|
| 0.0 | 2.1 |
| 2.0 | 5.0 |
| 4.0 | 9.2 |
| 6.0 | 12.5 |
| 8.0 | 17.4 |
| 10.0 | 20.9 |
| 12.0 | 24.7 |

(a) 최소제곱 회기선을 구하시오.

(b) 기울기와 절편의 표준 편차를 구하시오.

(c) 기울기가 2.00인 가정을 시험하시오.

(d) 절편이 2.00인 가정을 시험하시오.

(e) 세 가지 해수 시료가 3.5, 10.7, 15.9의 V 값을 주었다. 그들 농도와 농도의 표준 편차를 구하시오.

(f) (e) 부분에 있는 세 가지 미지 시료에 대한 95% 신뢰 한계를 구하시오.

(g) 데이터로부터 해수에서 V를 구하기 위한 대략의 검출 한계를 정하시오(8D-1절 참조).

(h) 10.7의 값을 가지는 두 번째 해수 시료는 5.0 pg/mL의 미지 농도를 가지는 보증된 기준 표준이다. 정량에서 절대 퍼센트 오차는 얼마인가?

(i) 두 번째 해수 시료(10.7의 값)에 대한 (e) 부분에서 구한 값이 5.0 pg/mL의 보증 농도와 같다는 가정을 시험하시오.

제 29 장

# 질량 분석법

*Mass Spectrometry*

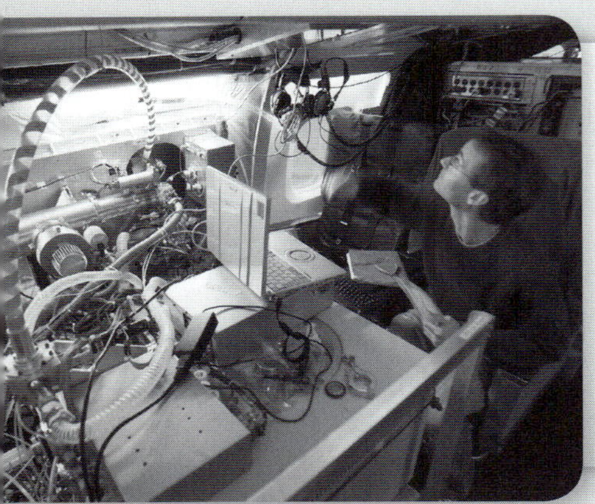

David McNew/Getty Images

질량 분석법은 모든 분석 기술 가운데서 급속하게 가장 중요한 기술 중의 하나가 되었다. 왼쪽의 사진은 NASA의 DC-8 제트기에 탑재한 날으는 질량 분석 실험실이다. 질량 분석기는 북극권과 같은 행성의 원거리 지역에서 대기 오염의 영향을 연구하는 데 사용되고 있다. 대기 중 입자들의 형태와 양을 질량 분석기로 측정함으로써 기후 변화에서 오염의 영향을 연구하고 있다. 질량 분석법은 화학과 생물학에서 복잡한 분자들의 구조를 결정하고 많은 종류의 시료에 존재하는 분자들을 규명하는 데 널리 사용되고 있다. 또한, 지질학, 고생물학, 법과학, 임상 화학 등에서도 매우 중요하다.

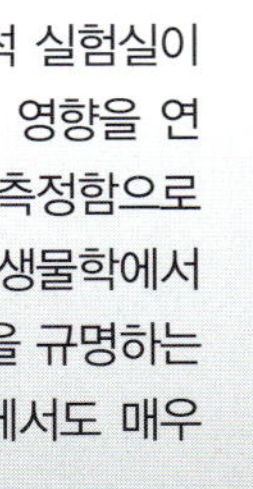

질량 분석법(MS)은 미지 화합물의 규명, 분자량 측정, 원소 구성 및 화학 구조 확인을 위한 정보를 얻는데 강력하고 다양한 분석 도구이다. 질량 분석법은 편의상 원자 또는 원소 질량 분석법과 분자 질량 분석법으로 나눌 수 있다. 원자 질량 분석법은 주기율표상에 있는 거의 모든 원소들을 측정할 수 있는 정량 분석 도구이다. 검출 한계는 보통의 광학 분석 방법보다도 수백에서 수만 배 이상 더 좋다. 반면에, 분자 질량 분석법은 무기, 유기, 생화학 분자들의 구조와 복잡한 혼합물의 정성 및 정량 분석이 가능하다. 이 책에서는 먼저 모든 형태의 질량 분석법에 적용되는 공통 원리와 질량 분석기를 구성하고 있는 구성 요소들에 대해서 논의하고자 한다.

## 29A 질량 분석법의 원리

질량 분석기에서 분석 물질 분자들은 그들에게 가해진 에너지에 의해서 이온들로 전환된다. 이렇게 형성된 이온들은 그들의 질량 대 전하 비($m/z$)에 기초하여 분리되고 많은 수의 이온들을 전기적 신호로 전환하는 변환기를 향해서 움직인다. 다른 질량 대 전하 비의 이온들은 주사에 의해서 연속적으로 변환기로 향하거나 동시에 다중 채널 변환기를 두드리게 된다. 질량 대 전하 비에 대한 이온 세기를 도시한 것을 **질량 스펙트럼**(mass spectrum)이라 한다. 종종 단일 전하 이온들이 이온화 원에서 생성되며, 질량 대 전하 비를 줄여서 질량이라 한다. 따라서 스펙트럼은 이온들의 수 대 질량으로서 **그림 29-1**과 같이 도시하며, 이는 지질학 시료의 원소 질량 스펙드럼이다. 하지만 이러한 편리한 간소화는 단지 단일 전하 이온들에만 적용된다.

**질량 스펙트럼**은 이온의 세기 대 질량 대 전하 비(29A-2절 참조) 또는 단일 전하 이온에 대한 질량의 도시이다.

### ▸ 29A-1 원자 질량

원자 질량과 분자 질량은 보통 탄소의 특정 동위 원소에 기초하여 **원자 질량 척**

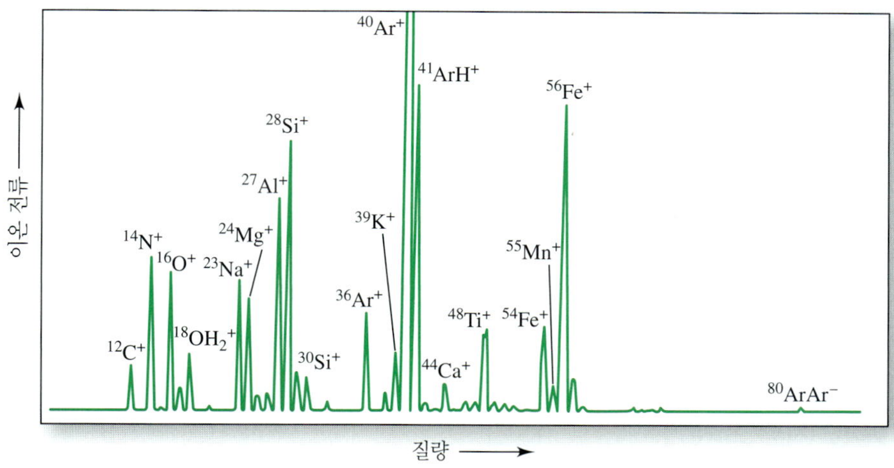


**그림 29-1** 레이저/ICP-MS에 의해 얻은 지질학 시료의 질량스펙트럼. *y*축에 있는 이온 세기는 이온들의 수(이온 세기)에 비례한다. *x*축에서 질량은 단일 전하 이온들에 대한 질량 대 전하 비에 비례한다. 주요 성분(%): Na: 1.80, Mg: 3.62, Al: 4.82, Si: 26.61, K: 0.37, Ti: 0.65, Fe: 9.53, Mn: 0.15. (A. L. Gray, *Analyst*, **1985**, *110*, 55, **DOI**:10:1039/AN9851000551, with permission of The Royal Society of Chemistry.)

**도**(atomic mass scale)의 항으로 표현한다. 이 척도에서 **일 원자 질량 단위**(unified atomic mass unit)는 중성 $^{12}_{6}C$ 의 질량의 1/12과 같다. 일 원자 질량은 기호 u로 표시한다. 일 원자 질량 단위는 보통 일 돌턴(Da)으로 표시하고 있는데, 이는 공식적인 SI 단위는 아니지만 일반적으로 통용되고 있는 기호이다. 예전에 사용한 단위는 원자 질량 단위(amu)인데, 이는 산소의 가장 많고 안정한 동위 원소인 $^{16}O$에 기초한 것이기 때문에 이제는 사용하지 않는다.

동위 원소 $^{12}_{6}C$는 정확하게 12 원자 질량 단위 혹은 보통 12 돌턴으로 표시한다.

화학의 다른 대부분의 형태와 비교해서 질량 분석법에서는 특정 세트의 동위 원소를 포함하고 있는 화합물들의 정확한 질량 혹은 한 원소의 특별한 동위 원소들의 정확한 질량 $m$에 관심이 있다. 다음과 같은 화합물들의 질량들을 구분할 필요가 있다.

$$^{12}C^{1}H_4 \qquad m = 12.0000 \times 1 + 1.008 \times 4 = 16.03200\ \text{Da}$$

$$^{13}C^{1}H_4 \qquad m = 13.0000 \times 1 + 1.008 \times 4 = 17.0320\ \text{Da}$$

$$^{12}C^{1}H_3{}^{2}H_1 \qquad m = 12.0000 \times 1 + 1.008 \times 3 + 2.0160 \times 1 = 17.0400\ \text{Da}$$

위의 동위 원소 질량의 계산에서 소수점 네 자리까지 나타나 있다. 고분해능 질량 분석기는 이 정도 정밀도 수준에서 측정이 이루어지기 때문에 소수점 셋째 혹은 넷째 자리까지 정확한 질량을 계산한다.

자연계에서 한 원소의 **화학 원자 질량**(chemical atomic mass) 혹은 **평균 원자 질량**(average atomic mass)은 자연 상태에서 분포 분율로 가중치를 둔 각 동위 원소의 정확한 질량을 합한 값이다. 화학 원자 질량은 화학자들이 대부분의 목적을 위해서 관심을 가지고 있는 질량의 형태이다. 따라서 한 화합물의 평균 분자 질량 혹은 화학 분자 질량은 화합식에 나타난 원자들의 화학 원자 질량들의 합이다. 즉, $CH_4$의 화학 분자 질량은 12.011 + 4 × 1.008 = 16.043 Da이다. 단위가 없이 표현된 원자 질량 혹은 분자 질량은 **질량수**(mass number)이다.

**질량수**는 단위가 없이 표시되는 원자 질량 혹은 분자 질량이다.

### ▸ 29A-2 질량 대 전하 비

이온의 **질량 대 전하 비**(mass-to-charge ratio) $m/z$은 질량 분석기가 이들의 비율에 따라서 이온들을 분리하기 때문에 가장 관심있는 양이다. 이온의 질량 대 전하 비는 이온에서 이온의 질량수에 대한 기본 전하의 수 $z$에 대한 단위가 없는 비율이다. 따라서, $^{12}C^{1}H_4^{+}$에 대해서 $m/z = 16.032/1 = 16.032$이며, $^{13}C^{1}H_4^{2+}$에 대해서는 $m/z = 17.032/2 = 8.516$이다. 엄밀하게 말해서 이온의 질량으로서 질량 대 전하 비는 단지 단일 하전된 이온들에 대해서만 정확하지만, 이 용어는 질량 분석학과 관련된 문헌들에서는 일반적으로 사용되고 있다.

## 29B 질량 분석기

**질량 분석기**(mass spectrometer)는 이온들을 생성하여 그들을 $m/z$ 값에 따라서 분리한 후에 검출하여 질량 스펙트럼을 도시하는 기기이다. 이러한 기기는 크기, 분해능, 융통성, 가격 등에서 매우 다양하다. 하지만 그들의 구성 요소들은 거의 유사하다.

### ▸ 29B-1 질량 분석기의 구성 요소

**그림 29-2**는 모든 형태의 질량 분석기에 대한 기본적인 구성 요소에 대한 것이다. 분자 질량 분석기에서 시료는 주입계를 통해서 질량 분석기의 진공 영역으로 들어간다. 시료는 이온 원의 특성에 따라서 고체, 액체, 기체의 형태로 주입된다. 주입계는 미량의 시료를 이온 원으로 주입하여 시료의 성분들을 전자, 광자, 이온, 분자들로 충돌시켜서 기체 이온으로 전환시키는 역할을 한다. 원자 질량 분석법에서는 이온 원이 진공영역의 바깥에 있으며 주입구로서 작용한다. 원자 질량 분석기에서는 열 에너지 혹은 전기 에너지를 가해줌으로써 이온화가 이루어진다. 이온 원의 생성물은 양성(대부분) 혹은 음성 기체 이온들의 흐름이다. 이 이온들은 질량 분석관으로 가속되어 질량 대 전하 비에 따라서 분리된다. 특정 $m/z$ 값의 이온들이 수집되어 이온 변환기에 의해서 전기적 신호로 전환된다. 데이터 처리 시스템은 결과들을 처리하여 질량 스펙트럼을 생성한다. 이 처리과정은 알고 있는 스펙트럼과 비교하기, 결과물들을 목록화하기, 데이터 저장 등이 포함될 수 있다.

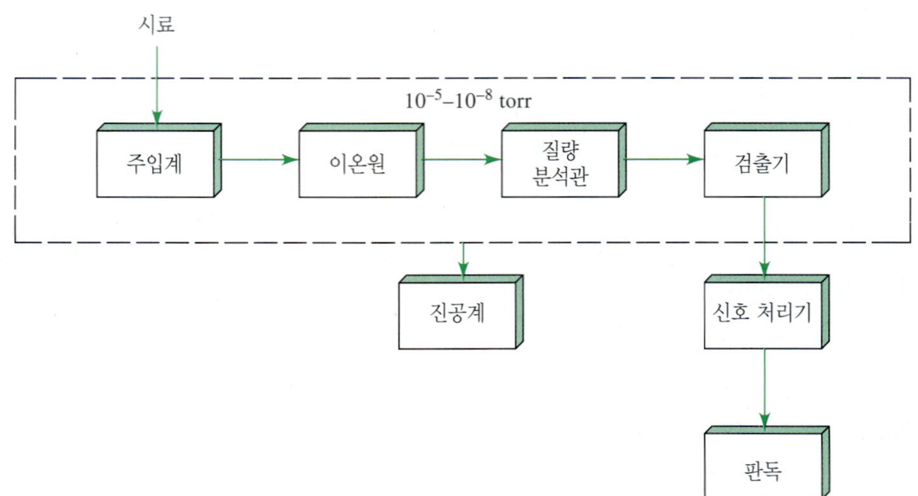


**그림 29-2** 질량 분석기의 구성 요소.

**표 29-1**

**질량 분석법에서 일반적인 질량 분석관**

| 기본 형태 | 분석 원리 |
|---|---|
| 자기 부채꼴형 | 자기장 내에서 이온들의 굴절. 이온의 궤적은 *m/z* 값에 의존한다. |
| 이중 초점형 | 정전기 초점 후에 자기장 굴절. 궤적은 *m/z* 값에 의존한다. |
| 사중극자형 | 직류와 라디오 주파수 장 내에서 이온의 운동. 특정 *m/z* 값만 통과한다. |
| 이온 가둠형 | 고리 덮게 전극과 말단 덮게 전극에 의해 형성된 공간 내에 있는 이온 저장 장치. *m/z* 값 증가에 따라서 전기장을 연속적으로 변화시킴으로써 이온들을 방출한다. |
| 이온 사이클로트론 공명 | 가둠 전압과 자기장의 영향 아래에 있는 사각 셀 내에 이온들을 가둔다. 궤도 주파수는 *m/z* 값과 역비례 관계에 있다. |
| 시간 비행형 | 동일한 운동 에너지 이온들이 들뜸 관으로 들어간다. 검출기에서의 들뜸 속도와 도착 시간은 질량에 의존한다. |

질량 분석기들은 신호 처리기와 출력 화면을 제외한 모든 구성 요소들이 낮은 압력을 유지하는 정교한 진공 시스템이 필요하다. 질량 분석기 내에서 여러 화학종들 간의 상대적으로 낮은 충돌 빈도를 나타나게 해줌으로써 자유 이온과 전자를 생성하고 유지하기 위해서는 낮은 압력이 절대적으로 필요하다.

질량 분석기들은 낮은 압력에서 작동함으로써 자유 전자와 이온들이 유지될 수 있다.

다음 절에서는 먼저 질량 분석기에서 사용되는 질량 분석관에 대해서 서술하기로 한다. 따라서 분자 질량 분석법과 원소 질량 분석법에서 사용되는 여러 가지 변환 시스템에 대해서 알아보기로 한다. 29C-1절에서는 원자 질량 분석기에 대한 일반적인 이온 원의 성질과 작동에 대한 내용이 포함되어 있고, 29D-2절에는 분자들에 대한 이온 원에 대해서 서술되어 있다.

## ▸ 29B-2 질량 분석관

이상적으로는 질량 분석관은 아주 작은 질량 차이를 구분하여야 하며 동시에 충분한 수의 이온들이 통과하여 측정 가능한 이온 전류를 생성할 수 있어야 한다. 이들 두 가지 성질들은 서로 완전히 양립하지 않기 때문에 절충점을 가진 여러 형태의 질량 분석관들이 만들어졌다. 가장 일반적인 여섯 개의 분석관이 **표 29-1**에 나타나 있다. 본서에서는 자기와 전기 부채꼴 분석관, 사중극자 질량 분석관, 시간 비행형 분석관에 대해서 상세히 설명하고자 한다. 이온 가둠형과 후리에 전환 이온 사이클로트론 공명 분광기를 포함한 여러 다른 형태의 분석관이 질량 분석법에서 사용되고 있다.[1]

### » 질량 분석기의 분리능

질량 차이를 구분하는 질량 분석기의 능력을 *분리능* $R$ (resolution, $R$)이라 하며 다음과 같이 정의한다.

분리능 100은 명목 질량 100에서 단위 질량(1 Da)이 구분될 수 있음을 의미한다.

$$R = \frac{m}{\Delta m} \tag{29-1}$$

여기서 $\Delta m$은 분리된 두 이웃하는 피크들 간의 질량 차이이며, $m$은 첫 번째 피크의 명목 질량이다(종종 두 피크의 평균 질량이 사용되기도 한다).

질량 분석기에서 요구하는 분리능은 주로 사용 목적에 의존한다. 예를 들어, $C_2H_4^+$, $CH_2N^+$, $N_2^+$, $CO^+$(모든 이온들의 명목 질량은 28 Da이지만 정확한 질량은 28.054, 28.034, 28.014, 28.010 Da이다)와 같은 동일한 명목 질량들의 이온들

---

[1]이온 가둠형과 이온 사이클로트론 공명 질량 분석기에 대해서는 D.A. Skoog, E.J. Holler, S.R. Crouch가 저술한 *Principles of Instrumental Analysis*, 제6판, Belmont, CA: Brooks/COle, 2007, pp. 367~73을 참고하시오.

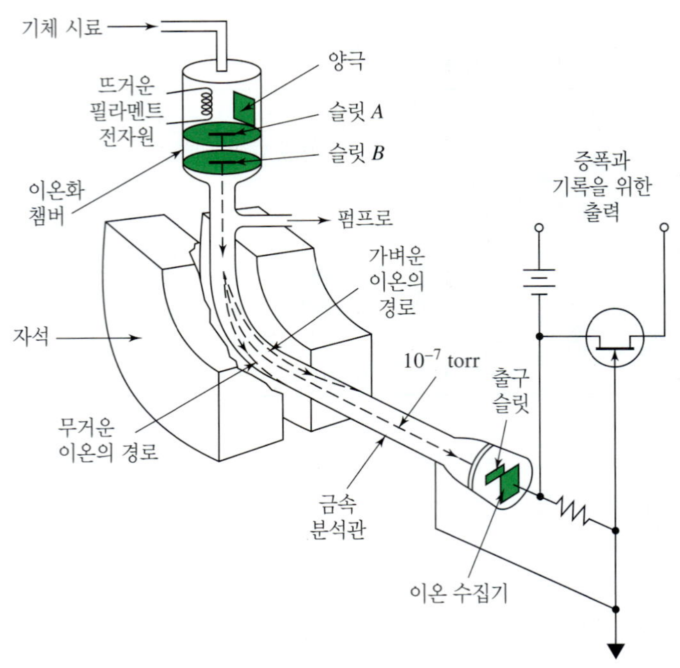


**그림 29-3** 자기 부채꼴 분광기의 개요. 슬릿 *B*에 존재하는 질량이 $m$이고 전하가 $z$인 이온의 운동 에너지 KE는 KE = $zeV$ = 1/2 $mv^2$이다. 모든 이온들이 동일한 운동 에너지를 가지고 있으면 무거운 이온들이 가벼운 이온들보다 낮은 속도로 운동한다. 보이는 바와 같이 구심력과 자기력 간의 균형에 의해서 이온들의 질량 차에 따라서 다른 경로로 운동하는 결과를 나타낸다.

간의 질량의 차를 검출하기 위해서는 분리능이 수천에 해당하는 기기가 필요하다. 반면에, $NH_3^+$($m$ = 17)과 $CH_4^+$($m$ = 16)과 같은 1 단위 질량 차 이상을 구분하는 낮은 분자량 이온들은 분리능이 50 이하인 기기로도 구분이 가능하다. 상업용으로 판매되고 있는 질량 분석기들의 분리능은 500~500,000이다.

### » 부채꼴 분석관[2]

**그림 29-3**에서 보는 바와 같이 자기 부채꼴 분석관에서는 자기장 내에 있는 이온들의 굴절에 기초하여 분리가 이루어진다. 이온들이 움직이는 궤적은 그들의 $m/z$ 값에 의존한다. 일반적으로 자기장은 천천히 변하면서 다른 $m/z$ 값의 이온들을 검출기로 가져간다. 이중 초점 질량 분석기에서는 전기 부채꼴이 자기 부채꼴 앞에 위치한다. 정전기 장은 좁은 범위의 운동 에너지를 가진 이온 빛살들을 초점을 맞춰서 슬릿을 통과해서 자기 부채꼴로 들어가게 한다. 이러한 기기는 매우 높은 분리능을 가지고 있다.

### » 사중극자 질량 분석관

사중극자 질량 분석관은 **그림 29-4**에서 보는 바와 같이 네 개의 원통형 막대로 구성되어 있다. 사중극자 질량 분석관은 해당하는 질량 대 전하 비의 이온들만을 통과하게 하는 질량 거르게이다. 전기장 내에 있는 이온 운동은 분리의 기초가 된다. 서로 반대편의 막대들은 직류와 라디오 주파수(RF) 전압으로 연결되어 있다. 전압을 적절하게 조절해 줌으로써 해당하는 $m/z$ 비의 이온들이 분석관을 통과해서 변환기로 갈 수 있도록 안정한 경로를 형성한다. 막대에 걸어준 전압을 주사함으로써 질량 스펙트럼이 얻어진다. 사중극자 분석관은 상대적으로 높은 처리 효율이지만 분리능은 낮다. 사중극자 분석관의 분리능은 단위 질량(1 Da)이다. 이 분리능으로도 많은 형태의 원소 질량 분석법에 충분하며 기체 크로마토그래피나 액체 크로마토그래피에 의해 분리된 분자들을 검출하는 도구로써 질량 분석기로 사용될 수 있다.

---

[2]질량 분석관에 대한 정보는 D.A. Skoog, E.J. Holler, S.R. Crouch가 저술한 *Principles of Instrumental Analysis*, 제6판, Belmont, CA: Brooks/COle, 2007, pp. 366~73을 참고하시오.

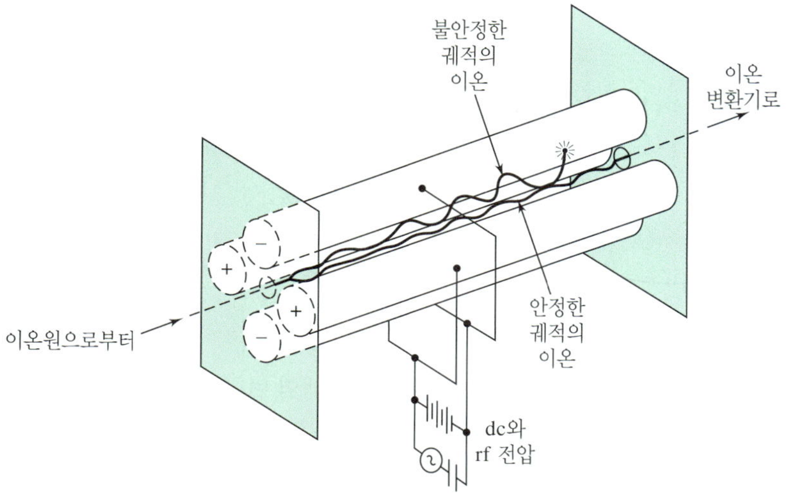

그림 29-4 사중극자형 질량 분석관.

### » 시간 비행형 질량 분석관

시간 비행형(TOF) 질량 분석기는 질량 분석에 대한 다른 접근 방법이다. TOF 분석관에서 거의 동일한 운동 에너지를 가진 이온 다발이 신속하게 샘플링된 후에 이온들은 장이 없는 구역으로 들어간다. 운동 에너지 KE는 ½ $mv^2$이기 때문에 이온의 속도 $v$는 식 (29-2)에서와 같이 이온의 질량에 반비례한다.

$$v = \sqrt{\frac{2\mathrm{KE}}{m}} \qquad \textbf{(29-2)}$$

이와 같이 이온들이 고정된 거리인 검출기까지 이동하는 데 필요한 시간은 이온의 질량과 반비례 관계에 있다. 다르게 표현하면 낮은 $m/z$의 이온들은 높은 $m/z$의 이온들에 비해서 더 빨리 검출기에 도착한다. 각 $m/z$ 값이 연속적으로 검출된다. 비행 시간은 아주 짧아서 보통은 마이크로 초 단위의 분석 시간이 된다.

시간 비행형 기기는 간단하며 튼튼하며 질량 범위가 거의 무한대이다. 하지만 TOF 분석관은 분리능과 감도면에 있어서 제한적이다. 따라서 TOF 분석관은 자기 부채꼴형과 사중극자형 분석관에 비해서 다소 적게 사용되고 있다.

## ▸ 29B-3 질량 분석법을 위한 변환기

질량 분석법에서는 여러 가지 형태의 이온 변환기가 사용된다.[3] 가장 일반적인 변환기는 **그림 29-5**에 나타낸 전자 증배관이다. 불연속 다이노드 전자 증배관은 자외선/가시선 복사선을 위한 광증배 변환기와 유사하게 작동한다(25A-4절에서 논의함). 에너지를 가진 이온이나 전자들이 Cu-Be 음극을 두드릴 때 이차 전자들이 방출된다. 이 전자들은 연속적으로 높은 양 전압을 유기하고 있는 다이노드에 이끌리게 된다. 20개 이상의 다이노드를 가진 전자 증배관들이 이용되고 되고 있다. 이 장치들은 $10^7$배까지 신호를 증배시킬 수 있다.

연속-다이노드 전자 증배관들도 널리 이용되고 있다. 이 증배관들은 납으로 도핑된 튼튼한 유리 재질로 만들어진 트럼펫 모양의 장치이다. 1.8~2 kV의 전위가 장치의 길이 방향을 가로질러 가해진다. 표면을 두드리는 이온들은 전자들을 방출하며 내부 표면을 튀어 다니면서 매 충돌 때마다 더 많은 전자들을 방출하게 된다.

---

[3]이온 변환기에 대한 정보는 D.A. Skoog, E.J. Holler, S.R. Crouch 가 저술한 *Principles of Instrumental Analysis*, 제6판, Belmont, CA: Brooks/COle, 2007, pp. 284~87을 참고하시오.

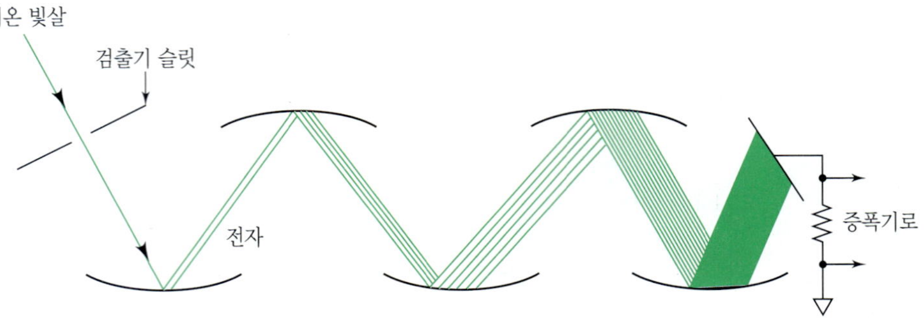

그림 29-5 불연속-다이오드 전자 증배관. 다이오드는 다단계 전압 분할기에 의해서 연속적으로 높은 전압이 유지된다.

(a)

전자 증배 변환기 외에도 Faraday 컵 변환기와 배열 변환기가 질량 분석법에 사용되고 있다. 광학 분광법에서처럼 배열 변환기는 다중 분리 원소들을 동시에 검출하는 것이 가능하다. 마이크로 채널 평판 배열과 미이크로 Faraday 배열 변환기도 사용된다.

## 29C 원자 질량 분석법

원자 질량 분석법은 수년 동안의 경험을 거쳐서 1970년대에 유도 결합 플라스마(ICP)가 소개되고 질량 분석법[4]도 더불어 발전하면서 여러 기기 회사들에 의해서 ICPMS를 성공적으로 상업화하게 되었다. 오늘날 ICPMS는 몇 분 이내에 70종 이상의 원소를 동시에 분석하는 데 널리 사용되고 있는 기술이다. 원자 질량 분석법과 분자 질량 분석 간의 가장 큰 차이는 이온 원이다. 원자 질량 분석법에서는 이온 원은 에너지가 매우 강해서 시료를 간단한 기체상 이온과 원자로 변환시켜야 한다. 분자 질량 분석법에서는 이온 원은 에너지가 훨씬 약하며 시료를 분자 이온과 조각 이온들로 변환시킨다.

### 29C-1 원자 질량 분석법의 이온 원

여러 가지 다른 이온화 원이 원자 질량 분석법을 위해서 고안되었다. 표 29-2는 가장 일반적인 이온 원과 각자에 사용되는 전형적인 질량 분석관을 나타내었다.

#### 유도 결합 플라스마

유도 결합 플라스마는 원자 방출 분광법에서 이들의 사용과 연계하여 28B-2절에 상세하게 기술되어 있다. 대부분의 ICPMS에서는 그림 28-7에 나타낸 축방향 기하학 구조가 사용된다. MS 응용에 있어서 ICP는 원자화와 이온화 장치의 역할을 한다. 용액 시료는 전통적인 분무 장치나 초음파 분무 장치를 통해서 주입된다. 고체 시료는 용액에 용해시키거나, 고전압 스파크나 고출력 레이저에 의해 휘발시켜서 ICP에 주입될 수 있다. 플라스마에서 형성된 이온들은 분석관(보통은 사중극자형)

**표 29-2**

**원자 질량 분석법의 일반적인 이온화 원**

| 이름 | 약어 | 원자 이온 원 | 전형적인 질량 분석관 |
|---|---|---|---|
| 유도 결합 플라스마 | ICPMS | 고온 아르곤 플라스마 | 사중극자 |
| 직류 플라스마 | DCPMS | 고온 아르곤 플라스마 | 사중극자 |
| 마이크로파-유도 플라스마 | MIPMS | 고온 아르곤 플라스마 | 사중극자 |
| 스파크 원 | SSMS | 라디오 주파수 전기 스파크 | 이중-초점 |
| 글로우-방전 | GDMS | 글로우 방전 플라스마 | 이중-초점 |

[4]R.S. Houk, V.A. Fassel, G.D. Flesch, H.J. Svec, A.L. Gray, and C.F. Tayler, *Anal. Chem.*, **1980**, *52*, 2283, **DOI**: 10.1021/ac50064a012.

으로 들어가서 질량 대 전하 비에 따라서 분리된 후 검출된다.

플라스마로부터 추출된 이온들은 ICPMS 내에서 주요한 기술적인 문제를 나타낼 수 있다. ICP는 대기 압력에서 작동되지만, 질량 분석기는 $10^{-6}$ torr 이하인 고진공에서 작동된다. 이와 같이 ICP와 질량 분석기 사이의 연결 구역은 생성된 이온들의 많은 양이 질량 분석관으로 이동되기 위해서는 매우 중요하다. 보통 연결 장치는 **샘플러**(sampler)와 **스키머**(skimmer)라고 불리는 두 개의 원추형 금속으로 구성되어 있다. 원추형은 작은 구멍(≈ 1 mm)을 가지고 있어서 이온들이 이온 광학을 통과하게 하여 질량 분석관 안으로 들어가게 하는 가이드 역할을 한다.[5] 질량 분석기에 들어가는 빗살은 이온들이 추출된 플라스마 구역에서와 거의 동일한 이온 구성 성분들을 가지고 있다. **그림 29-6**은 ICPMS 스펙트럼이 전통적인 ICP 원자 방출 스펙트럼과 비교해서 보통은 현저하게 간단함을 보여준다. 그림에 나타낸 ICPMS 스펙트럼은 약간의 바탕 이온 피크를 포함하고 있으며 각 원소에 대한 간단한 계열의 동위 원소 피크들로 구성되어 있음을 보여준다. 바탕 이온들은 금속과 아르곤 첨가물은 물론이며 $Ar^+$, $ArO^+$, $ArH^+$, $H_2O^+$, $O^+$, $O_2{}^+$, $Ar_2{}^+$ 등을 포함하고 있다. 추가적으로 시료 내에 있는 구성물들로부터 유래한 다중원소 이온들도 ICP 질량 스펙트럼에서 나타나기도 한다. 이러한 바탕 이온들은 29C-2절에서 기술된 것처럼 분석물을 분석하는 데 방해가 될 수도 있다.

상업용 ICPMS는 1983년부터 시장에 등장했다. ICPMS 스펙트럼은 시료 내에 존재하는 원소들을 규명하고 이 원소들을 정량적으로 측정하는 데 사용되고 있다. 보통 정량 분석은 분석물에 대한 이온 신호와 내부 표준물질의 이온 신호의 비를 농도의 함수로 도시한 교정 곡선에 기초한다.

### » 원자 질량 분석법의 다른 이온화 원

표 29-2에 나타낸 이온 원 중에서 스파크 원과 글로우 방전은 가장 주목을 받고 있다. 스파크 원 원자 질량 분석법(SSMS)은 다중 원소와 동위 원소 미량 분석을 위한 일반적인 도구로서 1930년대에 처음 소개되었다. 하지만 1958년에서야 첫 번째 상업용 스파크 원 질량 분석기가 시장에 등장했다. 1960년대에 급속한 개발이 이루어진 후에 이 기술에 대한 사용이 꾸준하게 이어오다가 ICPMS의 등장으로 내리막길에 접어들었다. 스파크 원 질량 분석법은 쉽게 용해되지 않거나 ICP에 의해 분석되지 않는 고체 시료에 현재까지도 응용되고 있다. 추가적으로 스파크 원은 플라스마에 주입되기 전에 고체 시료를 휘발시키고 원자화하기 위한 ICP 원과 연결되어 사용되고 있다.

28B-5절에서 설명된 것처럼 글로우-방전 원은 여러 형태의 원자 분광법에 유용한 장치이다. 시료를 원자화하는 것 외에도 고체 시료로부터 양이온 분석물 구름을 생성한다. 이 장치는 아르곤을 0.1~10 torr 압력으로 채우고 있는 두 개의 닫힌계 전극으로 구성되어 있다. 펄스 직류 전력 공급 장치로부터 5~15 kV 전압이 전극 사이에 걸려서 아르곤 양이온을 형성하여 음극으로 가속하게 한다. 시료 자체로써 음극을 만들거나 시료를 비활성 금속 음극에 올려지게 되어 있다. 속빈-음극등(28D-2절 참조)처럼 원자 시료는 음극으로부터 튕겨져서 두 전극 사이 구역으로 들어가서 이들은 전자나 아르곤 양이온들과 충돌하여 양이온으로 전환된다. 분석물 이온들은 시차 펌핑에 의해서 질량 분석기로 이끌려 들어간다.

진공 시스템에서 두 챔버가 작은 구멍에 의해서 연결되어 있고, 두 개의 개별 진공 펌프에 의해서 진공이 이루어지면 이를 시차적으로 펌핑된다고 말한다. 펌프들은 큰 도관을 통해서 챔버들과 연결되어 있다. 이러한 배열은 기체가 한 챔버에서 다른 챔버로 들어갈 때 압력 변화가 거의 없이 들어가게 해준다.

[5]더 많은 정보는 R.S. Houk, *Acc. Chem. Res.*, **1994**, *27*, 333, **DOI**:10.1021/ar00047a003를 참고하시오.

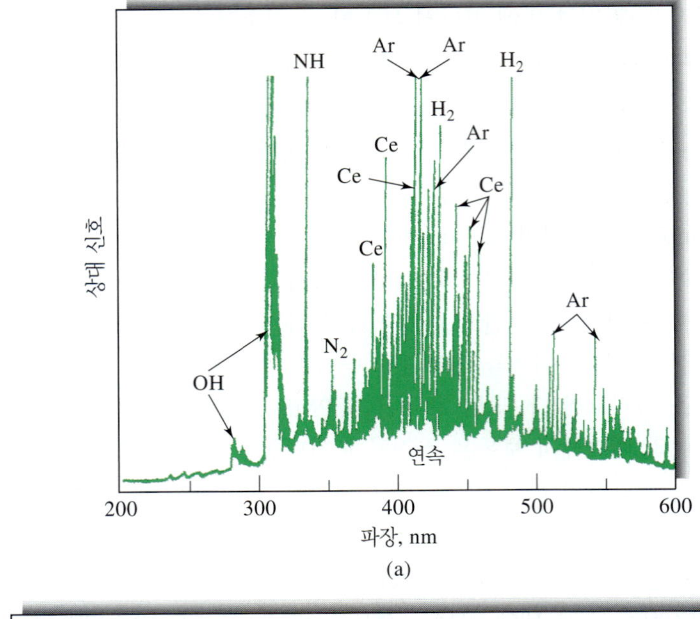


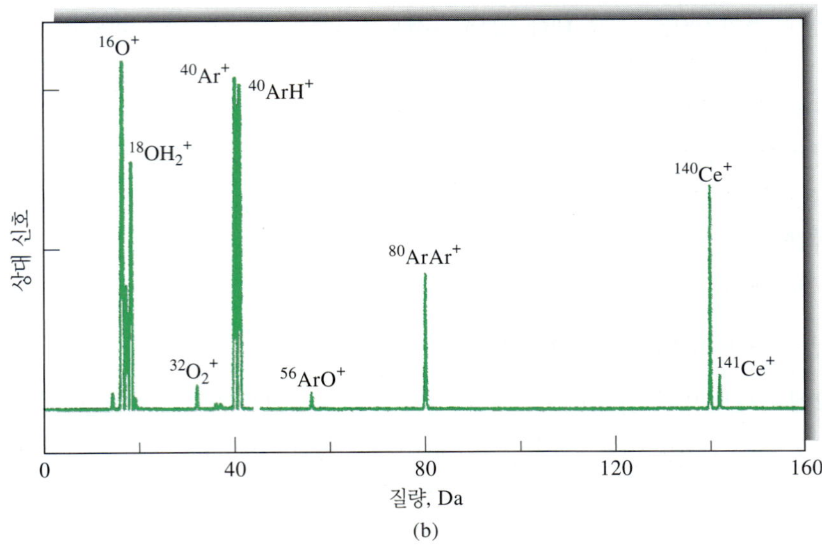


**그림 29-6** (a) 100 ppm 세륨에 대한 ICP 원자 방출 스펙트럼과 (b) 10 ppm 세륨에 대한 ICP 질량 스펙트럼의 비교. (M. Selby and G.M. Hieftje, *Amer. Lab.*, **1987**, *19*, 16 참조.)

이온들은 검출과 정량을 위해서 사중극자 분석관에서 걸러지거나 자기 부채꼴형 분석관에서 분산된다. 스파크 원처럼 글로우-방전 원은 ICP 토치로 사용되기도 한다. 글로우 방전은 원자화 장치로도 이용되고 ICP 토치는 이온화 장치가 된다.

## ▸ 29C-2 원자 질량 스펙트럼과 방해

이중-초점 분석관과 같은 고분리능 질량 분석관은 ICPMS에서 많은 스펙트럼 방해를 감소하거나 제거할 수 있다.

ICP 원은 원자 질량 분석법에서 가장 많이 사용되고 있기 때문에 ICPMS에 대해서 초점을 두고 설명하고자 한다. 그림 29-6b에서 나타낸 세륨 스펙트럼과 같이 ICPMS 스펙트럼의 간단함은 현장 실험자들에게는 '방해가 없는 방법'의 희망이 되었다. 불행하게도 이 희망은 추후의 연구에서 실현되지 않았고 광학 원자 분광법에서처럼 원자 질량 분석법에서 심각한 방해 문제들을 종종 접하게 되었다. 원자 질량 분광법에서 방해 효과는 분광학적 방해와 매트릭스 방해 두 개의 넓은 부류로 구분이 된다. 분광학적 방해는 플라스마 내에 있는 이온성 화학종들이 분석 물질 이온들과 동일한 *m*/*z* 값을 가질 때 일어난다. 이 방해들의 대부분은 다중 원소 이온, 기본적으로 동일한 질량의 동위 원소를 가진 원소, 이중으로 하전된 이온, 내화성 산화 이온들로부터 유래된다.[6] 고분리능 분관기들은 이 방해물들을 감소시키거나 제거할 수 있다.

매트릭스 효과는 매트릭스 화학종의 농도가 대략 500~1000 μg/mL를 초과할 때 현저하게 나타난다. 이 효과는 분석 물질 신호의 증가를 나타내기도 하지만 보통은 신호 감소의 원인이 된다. 일반적으로 이러한 효과는 시료를 묽히거나 주입 절차를 변경하거나 방해 화학종들을 분리함으로써 최소화할 수 있다. 또한, 이 효과는 분석물과 동일한 질량과 이온화 퍼텐셜을 가진 원소인 적절한 내부 표준물질을 사용함으로써 최소화될 수도 있다(8D-3절 참조).

### ▸ 29C-3 원자 질량 분석법의 응용

ICPMS는 다중 원소 분석과 동위 원소 비율과 같은 측정에 매우 적합하다. 이 기술은 $10^4$ 정도의 넓은 동적 범위를 가지고 있으며, 보통 광학 방출 스펙트럼보다 해석하기에 간단하고 쉬운 스펙트럼을 생성한다. ICPMS는 반도체와 전자산업, 지구화학, 환경 분석, 생물 및 의학 연구 등 많은 다른 분야에서 널리 사용되고 있다.

ICPMS의 검출 한계는 표 28-4에 나타내었으며, 다른 여러 원자 분광법들과 비교되어 있다. 대부분의 원소들은 ppb 농도 이하까지 잘 검출된다. 사중극자형 기기는 전체 질량 범위에서 ppb 농도까지 검출이 가능하다. 고분해능 기기는 바탕 농도가 극히 낮기 때문에 ppt 검출 한계까지 가능하다.

> 사중극자형 ICPMS 기기에 대한 검출 한계는 보통 1 ppb 이하이다.

정량 분석은 보통 외부 표준법을 사용하여 교정 곡선을 마련하여 수행한다. 기기의 들뜸, 불안정성, 매트릭스 효과 등을 보상하기 위해서는 시료에 내부 표준물질을 가해 줄 수 있다. 종종 여러 분석 물질들의 특성을 일치시키는 것을 최적화하기 위해서 다중 내부 표준물질이 사용되기도 한다.

성분들이 알려진 간단한 용액이나 매트릭스가 시료와 표준물질 사이에 잘 조화를 이루게 되면 검출 한계의 50배 농도에서 분석 물질 분석 정확도는 2% 이상이 될 수도 있다. 미지 성분들의 용액에 대해서는 5% 정확도가 일반적이다.

## 29D 분자 질량 분석법

분자 질량 분석법은 1940년대 초에 석유 산업에서 촉매 분해기(옮긴이 주: 촉매를 사용하여 석유 증류분을 분해하고 고옥탄 값 가솔린을 제조하는 장치)에서 생산된 탄화수소 혼합물의 정량 분석을 위해서 기술을 도입할 당시에 일상적인 화학 분석에 첫 번째로 사용되었다. 1950년대 초에는 상업용 기기가 여러 종류의 유기 화합물의 구조 유추와 규명을 위해서 화학자들에 의해 사용되기 시작했다. 핵자기공명의 발명과 적외선 분광법의 발전과 결합된 질량 분석기의 사용은 분자의 구조를 결정하고 규명하는 데 있어서 유기 화학자들에게는 대변혁을 일으키는 계기가 되었다. 아직까지도 질량 분석법의 응용은 극히 중요하다.

---

[6]ICPMS에서 방해에 대한 추가적인 설명은 K. E. Jarvis, A. L. Gray, and R. S. Houk, *Handbook of Inductively Coupled Plasma Mass Spectrometry*, Ch. 5, New York: Blackie, 1992; G. Horlick and Y. Shao, in *Inductively Coupled Plasmas in Analytical Atomic Spectrometry*, 2nd ed., A. Montaser and D. W. Golightly, eds., New York: VCH-Wiley, 1992, pp. 571~96를 참고하시오.

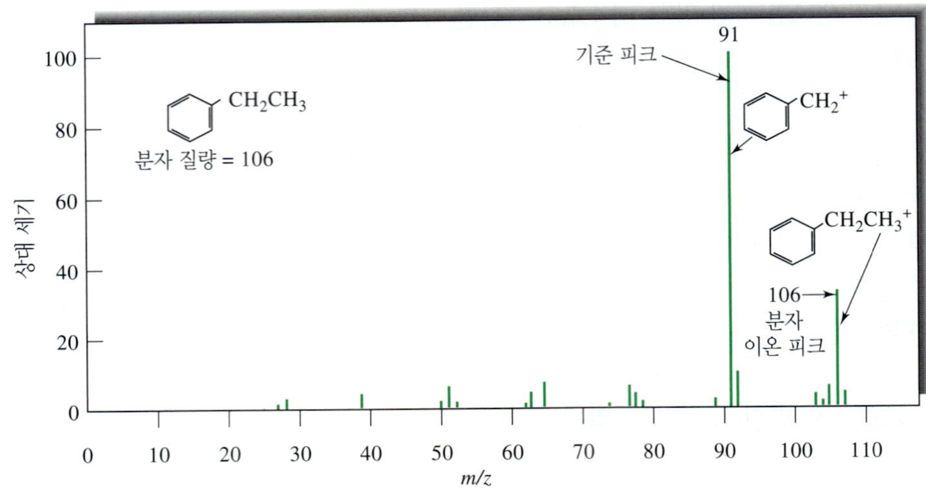


**그림 29-7** 에틸벤젠의 질량 스펙트럼.

분자 질량 분석법의 응용은 생명과학 분야에서 빈번하게 접하게 되는 비휘발성 혹은 열적으로 불안정한 분자들로부터 이온들을 생성하는 새로운 방법의 개발의 결과로 인하여 1980년대 이후 10여 년 동안은 급격한 변화가 일어났다. 1990년 이후 이러한 새로운 이온화 방법에 의해서 질량 분석법의 생명과학 분야에서의 응용은 폭발적인 증가가 있었다. 현재 질량 분석법은 다중 펩타이드, 단백질 및 다른 고분자 생체폴리머에 대한 구조 결정에 응용되고 있다.

여기에서는 분자 질량 스펙트럼의 본성과 얻을 수 있는 정보의 형태 등에 대해서 알아보고자 한다. 일반적으로 사용되고 있는 이온화 원들이 질량 분석 기기와 함께 기술되어 있다. 마지막으로 여러 가지 응용에 대해서 기술하고자 한다.[7]

## ▸ 29D-1 분자 질량 스펙트럼

**그림 29-7**에는 일반적인 질량 스펙트럼 데이터가 나타나 있다. 분석물은 명목 분자 질량이 106 돌턴(Da)인 에틸벤젠이다. 이 스펙트럼을 얻기 위해서는 다음 반응식과 같이 에틸벤젠 증기가 전자들의 흐름과 충돌하여 분석물에 의해서 전자 한 개가 손실된 후 분자 이온 $M^+$가 형성된다.

$$C_6H_5CH_2CH_3 + e^- \rightarrow C_6H_5CH_2CH_3^{\cdot+} + 2e^- \qquad \textbf{(29-3)}$$

하전된 화학종 $C_6H_5CH_2CH_3^{\cdot+}$는 **분자 이온**(molecular ion)이다. 점으로 표기된 것처럼 분자 이온은 분자와 동일한 분자 질량을 가진 라디칼 이온이다.

조각 이온 피크들이 분자 질량 스펙트럼에 우세하게 많을 수 있다.

에너지를 가진 전자와 분석 물질 분자간의 충돌은 충분한 에너지를 분자들에게 전달함으로써 분자들을 들뜬 상태로 만든다. 분자 이온들이 조각남으로써 낮은 질량의 이온들을 생성하면서 이완이 일어난다. 예를 들어, 에틸벤젠의 경우에 주 생성물은 $C_6H_5CH_2^+$인데, 이는 $CH_3$ 기능기의 손실에 기인한 것이다. 역시 다른 양으로 하전된 작은 조각들도 작은 양이 생성된다.

전자 충격에서 생성된 양이온들은 질량 분석기의 슬릿을 통해서 이끌리고 그들의 질량 대 전하비에 따라서 정리되고 질량 스펙트럼의 막대형 그래프로 표시된다.

[7]질량 분석법에 대한 상세한 논의는 D. M. Desiderio and N. M. Nibbering, eds., *Mass Spectrometry: Instrumentation, Interpretation, and Applications*, Hoboken, NJ: Wiley, 2009; J. T. Watson and O. D. Sparkman, Introduction to *Mass Spectrometry: Instrumentation, Applications and Strategies for Data Interpretation*, 4th ed., Chichester, UK: Wiley, 2007; R. M. Smith, *Understanding Mass Spectra: A Basic Approach*, 2nd ed., New York: Wiley, 2004를 참고하시오.

그림 29-7에서 보는 바와 같이 $m/z$ = 91에서 검출된 가장 큰 피크[**기준 피크**(base peak)라 함]는 임의로 100으로 표시한다. 다른 피크들의 높이는 기준 피크 높이에 대한 퍼센트로 계산된다.

## ▶ 29D-2 이온 원

질량 분석을 위한 시작점은 기체상 분석물 이온을 형성하는 것이고 이온화 과정에 의해서 질량 분석 방법의 범위와 응용성이 정해진다. 주어진 분자 화학종에 대한 질량 스펙트럼을 나타내게 하는 것은 주로 이온 형성을 위해서 사용되는 방법에 의존한다. **표 29-3**에는 분자 질량 분석법에서 사용되는 여러 가지 이온 원들이 나타나 있다.[8] 이 방법들도 **기체상 원**(gas-phase source)과 **탈착 원**(desorption source) 두 가지 부류로 분류된다. 기체상 원에서는 시료가 먼저 기화된 후 이온화된다. 탈착 원에서는 고체 혹은 액체 상태의 시료가 직접 기체상 이온들로 변환된다. 탈착 원의 장점은 비휘발성이고 열적으로 불안정한 시료들에 적용할 수 있다는 것이다. 현재 상업용 질량 분석기들은 이러한 여러 가지 이온 원들을 교체하여 사용이 가능하도록 부품들이 갖추어져 있다.

❮ 분자 질량 분석법을 위한 대부분의 이온 원들은 기체상 원 혹은 탈착 원이다.

가장 널리 사용되고 있는 이온 원은 전자 충격(EI) 원이다. 이 이온 원에서는 분자들이 높은 에너지 전자 빛살과 충돌한다. 충돌로 인하여 양이온, 음이온, 중성 화학종들이 생성된다. 양이온들은 정전기 반발에 의해서 분석관으로 향하게 된다.

❮ 대부분의 질량 스펙트럼 라이브러리는 전자 충격 이온화를 사용하여 수집한 질량 스펙트럼들을 포함하고 있다.

EI에서는 전자 빛살의 에너지가 커서 많은 조각들을 생성한다. 하지만 이 조각들은 질량 분석기로 들어가는 분자 화학종들을 규명하는 데 매우 유용하다. 많은 라이브러리에 들어 있는 질량 스펙트럼들은 EI 원을 사용하여 수집된 것들이다.

질량 분석법을 위한 이온 원과 대기 샘플링 영역에서 많은 활동들이 있었다.[9] 이들 이온 원들은 ESI, CI, 플라스마와 같은 대기 압력 하에서 직접 이온화시키는 환경에서, 즉 많은 입증된 이온화 방법들이 있게 하였다. 이러한 환경은 고진공 환경에서는 쉽게 시험할 수 없는 특이한 크기와 모양의 시료들을 최소의 시료 전처리로써 이온화를 가능하게 한다. 여러 부류의 대기 압력 MS 기술들이 있지만 탈착 전기분무 이온화(DESI)와 실시간 직접 분석 이온화(DART) 방법이 앞서가고 있는 기술들이다. 아울러 저온 플라스마 탐침 이온화(LTP), 간편 대기압 음파-분무 이온화(EASI), 레이저 융제 전기분무 이온화(LAESI)이 있다.

**표 29-3**

**분자 질량 분석법을 위한 일반적인 이온 원**

| 기본 형태 | 이름 및 약어 | 이온화 방법 | 스펙트럼의 형태 |
|---|---|---|---|
| 기체상 | 전자 충격(EI) | 에너지를 가진 전자 | 조각 패턴 |
| | 화학 이온화(CI) | 시약 기체 이온 | 양성자 부가물, 약간의 조각 |
| 탈착 | 고속 원자 충격(FAB) | 에너지를 가진 원자 빛살 | 분자 이온 및 조각 |
| | 매트릭스 도움 레이저 탈착/이온화(MALDI) | 고에너지 광자 | 분자 이온, 다중 하전 이온 |
| | 전기분무 이온화(ESI) | 전기장이 용해된 하전 분무를 생성 | 다중 하전 분자 이온 |

[8] 현대적인 이온 원에 대한 더 많은 정보는 D. A. Skoog, F. J. Holler, and S. R. Crouch, *Principles of Instrumental Analysis*, 6th ed., Belmont, CA: Brooks/Cole, 2007, pp. 551~63; J. T. Watson and O. D. Sparkman, *Introduction to Mass Spectrometry: Instrumentation, Applications and Strategies for Data Interpretation,* 4th ed., Chichester, UK: Wiley, 2007를 참고하시오.

[9] G. A. Harris, A. S. Galhena, and F. M. Fernandez, Anal. Chem., **2011**, 83, 4508, **DOI**: 10.1021/ac200918u.

## ▸ 29D-3 분자 질량 분석 기기

분자 질량 분석기는 그림 29-2에 나타낸 기본 모형도와 같다. 여기에서는 29C절에 설명한 원자 질량 분석기와 다른 분자 질량 분석기의 구소 요소들에 집중하여 설명하고자 한다.

### » 주입계[10]

주입계는 최소한의 진공 손실을 유지한 채로 시료를 이온 원으로 주입하는 것이다. 대부분의 현대 질량 분석기들은 여러 종류의 시료를 수용하기 위한 여러 형태의 주입 장치를 갖추고 있다. 주요한 주입 장치는 **일괄 주입 장치**(batch inlet), **직접 탐침 주입 장치**(direct probe inlet), **크로마토그래피 주입 장치**(chromatographic inlet), **전기이동 주입 장치**(electrophoretic inlet)로 구분될 수 있다.

일괄 주입 장치는 액체와 기체 시료를 주입하기 위한 가장 일반적인 장치이다.

전통적인(그리고 가장 간단한) 주입계는 시료가 외부에서 휘발된 후 진공 이온화 구역으로 누출시키는 일괄주입 형태이다. 액체와 기체가 이러한 방식으로 주입될 수 있다.

고체는 탐침의 끝에 올려 놓고 진공 챔버 속으로 밀어 넣어서 가열에 의해서 휘발 또는 승화시킬 수 있다. 비휘발성 액체는 특별하게 유량을 조절하는 주입구를 통하여 주입하거나 시료 자체를 얇은 막으로 코팅한 후 이 표면으로부터 탈착시킬 수 있다. 일반적으로 분자 질량 분석법을 위한 시료들은 순수해야 하는데, 이는 조각화가 일어나서 혼합물 질량 스펙트럼을 해석하기에 어렵게 되기 때문이다. 기체 크로마토그래피(32장 참조)는 혼합물들을 주입하는 이상적인 방식인데 그렇지 않으면 성분들이 질량 분석기로 주입되기 전에 크로마토그래프에 의해서 혼합물들이 분리되기 때문이다. 기체 크로마토그래피와 질량 분석법의 결합을 GC/MS라 한다. **그림 29-8**은 전형적인 GC/MS 기기에 대한 개요도를 보여주고 있다. 고성능 액체 크로마토그래피와 모세관 전기 이동 역시 특별한 연결 장치를 사용함으로써 질량 분석기와 결합될 수 있다.

### » 질량 분석관

표 29-1에 나타낸 모든 질량 분석관들은 분자 질량 분석법에서 사용된다. 사중극자 질량 분석관은 GC/MS 시스템에서 일반적으로 사용되고 있다. 고분리능 질량 분석기(자기 부채꼴, 이중 초점, 시간비행, Fourier 변환)는 구조 규명을 위해서 조각 패턴들이 분석될 때 사용된다.

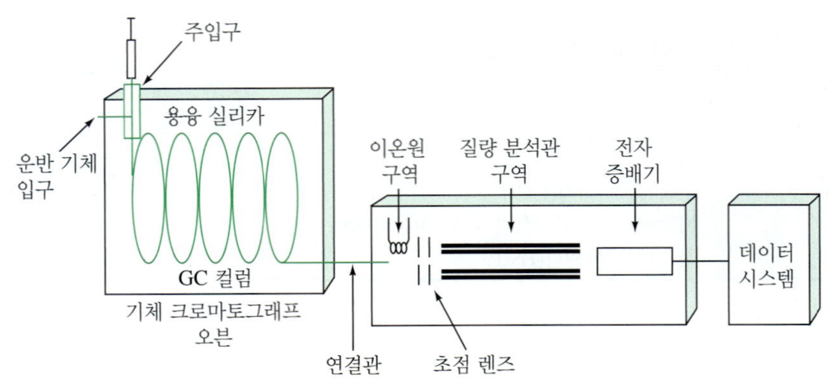


**그림 29-8** 전형적인 모세관 GC/MS 기기의 개요도. GC에서 나온 용출물은 질량 분석기의 주입구를 통과하여 기체상인 분자들은 이온화되고 조각화되고 분석되고 검출된다.

[10]주입계에 대한 추가적인 정보는 D. A. Skoog, F. J. Holler, and S. R. Crouch, Principles of Instrumental Analysis, 6th ed., Belmont, CA: Brooks/Cole, 2007, pp. 564~66를 참고하시오.

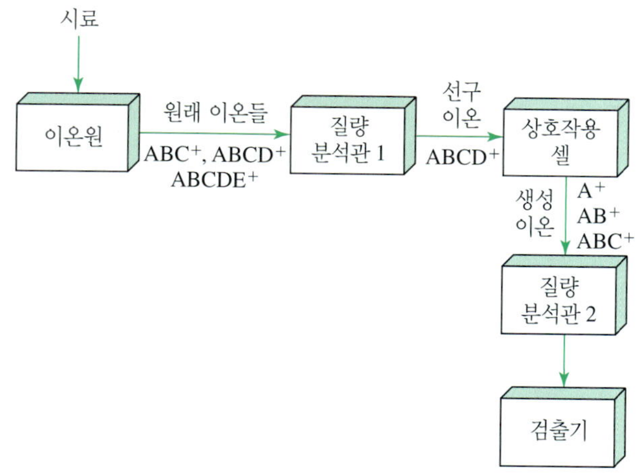


**그림 29-9** 직렬 질량 분석기의 개요도.

**직렬(텐뎀) 질량 분석법**(tendem mass spectrometry)은 미리 선택되거나 조각난 이온의 질량 스펙트럼을 얻을 수 있는 기술이며, **질량 분석법-질량 분석법**(mas spectrometry-mass spectrometry, MS/MS)이라도 한다. 그림 29-9는 기본 개념을 나타내고 있다. 직렬 질량 분석기의 이온화 원은 분자 이온과 조각 이온을 생성한다. 이 이온들이 첫 번째 질량 분석관으로 들어가서 특별한 이온을 선택하고(**선구 이온**, precursor ion) 이를 상호작용 셀로 보낸다. 상호작용 셀 내에서 선구 이온은 자발적으로 분해되거나 충돌 기체와 반응하거나 강력한 레이저 빛살과 상호작용하여 조각 혹은 **생성 이온**(product ion)을 생성한다. 이후에 이 이온들은 두 번째 질량 분석관에 의해 질량 분석이 이루어지고 이온 검출기에 의해서 검출된다.

직렬 질량 분석기는 여러 다른 형태의 스펙트럼을 생성할 수 있다.

직렬 질량 분석기는 다양한 다른 스펙트럼들을 만들어 낼 수 있다. **생성-이온 스펙트럼**(product-ion spectra)은 질량 분석관 1은 일정하게 고정되어서 선구 이온에 대한 질량 선택기로 작용하는 반면에 질량 분석관 2는 주사를 함으로써 얻어진다. **선구-이온 스펙트럼**(precursor-ion spectrum)은 질량 분석관 1은 주사하며 질량 분석관 2를 사용하여 주어진 생성 이온들을 선택함으로써 얻어진다. 두 질량 분석관 모두가 그들 간의 질량에 있어서 약간의 상쇄를 하면서 주사하게 되면 **중성 손실 스펙트럼**(neutral loss spectrum)이 얻어질 수 있다. 중성 손실 스펙트럼은 예를 들면 물과 같은 일반적인 분자들을 손실하는 모든 이온 들의 $m/z$ 값을 규명하는데 사용된다. 마지막으로, 완전한 **3차원 MS/MS 스펙트럼**(three-demensional MS/MS)은 질량 분석관 1의 여러 정해진 값에 대해서 질량 분석관 2를 주사함으로써 각 선택된 선구 이온에 대한 생성 이온 스펙트럼을 기록함으로써 얻어질 수 있다.

직렬 질량 분석법은 많은 양의 정보를 생성할 수 있고, 혼합물 분석은 물론이며 구조 규명에 유용하게 사용되고 있다. 혼합물 분석을 위한 전통적인 질량 분석법은 보통은 크로마토그래피 분리 혹은 전기이동 분리를 통해서 단일 화합물을 따로따로 질량 분석기에 보내주는 것이 필요하다.

## ▸ 29D-4 분자 질량 분석법의 응용

분자 질량 분석법의 응용은 방대하고 폭이 넓어서 이 책에서 적절하게 그들에 대해서 기술하는 것은 불가능하다. 질량 분석법의 가능성에 대한 아이디어를 제공하기 위해서 몇 가지 가장 중요한 응용에 대해서 표 29-4에 나타내었다. 이 장에서는 이들 중에서 몇 가지 응용에 대해서만 기술하기로 한다.

표 29-4

| 분자 질량 분석법의 응용 |
|---|
| 유기 분자 및 생체 분자의 구조 유추 |
| 펩타이드, 단백질, 올리고뉴클레오타이드의 분자 질량 측정 |
| 얇은 막 및 종이 크로마토그래피에서 성분 규명 |
| 폴리펩타이드 및 단백질 시료에서 아미노산 서열 측정 |
| 크로마토그래피와 모세관 전기 이동에 의해 분리된 화학종들의 검출 및 규명 |
| 혈액, 소변, 타액으로부터 남용 약물 및 그들의 대사체 규명 |
| 수술 도중 환자의 호흡에 있는 기체 모니터링 |
| 경마와 올림픽 육상 경기에서 혈액 중 약물 존재에 대한 시험 |
| 고고학 시료의 연대 측정 |
| 에어로졸 입자 분석 |
| 식품 중 잔류 농약 분석 |
| 상수도에서 휘발성 유기 화합물 모니터링 |

### » 순수한 화합물의 규명

순수한 화합물의 질량 스펙트럼은 화합물의 규명에 유용한 여러 종류의 데이터를 제공한다. 먼저는 화합물의 분자 질량이고 두 번째는 분자식이다. 추가적으로 질량 스펙트럼에 의해서 나타낸 조각 패턴을 잘 해석하면 여러 가지 기능기의 존재 혹은 부재에 대한 정보를 얻을 수 있다. 마지막으로, 한 화합물에 대한 실제 정체는 기지 화합물의 질량 스펙트럼과 비교하여 일치하여야 확정된다.

### » 혼합물의 분석

일반적인 질량 분석법은 순수한 화합물의 규명을 위한 강력한 도구이지만 생성된 다른 $m/z$ 값을 가진 많은 수의 조각들 때문에 가장 간단한 혼합물에만 유용성이 제한되어 있다. 종종 복잡한 스펙트럼을 해석하기란 불가능하다. 이런 이유 때문에 화학자들은 질량 분석기들을 여러 효율적인 분리 장치와 연결하는 방법들을 개발해 오고 있다. 두 가지 혹은 그 이상의 분리 기법 혹은 기기가 새롭고 더 효율적인 장치와 결합하게 될 때 이 방법을 **연결 방법**(hyphenated method)이라 한다.

기체 크로마토그래피/질량 분석법은 복잡한 유기 및 생화학 혼합물의 분석을 위한 가장 강력한 도구 중 하나가 되었다. 이 방법의 응용에서는 크로마토그래피 컬럼으로부터 빠져나온 화합물들에 대한 스펙트럼들이 수집된다. 이 스펙트럼들은 연속되는 과정을 위해서 컴퓨터에 저장된다. 질량 분석법은 비휘발성 구성물들을 포함하고 있는 시료를 분석하기 위해서 액체 크로마토그래피와도 결합되었다(LC/MS).

직렬 질량 분석법은 GC/MS와 LC/MS처럼 몇 가지 동일한 장점을 주며 속도가 상당히 빠르다. 크로마토그래피 컬럼에서는 몇 분에서부터 1시간 이상에 걸쳐서 분리가 이루어지는 반면에 직렬 질량 분석법에서는 동일하게 만족한 분리가 밀리 초 시간 내에 완성된다. 추가적으로, 크로마토그래피 기술은 과량의 이동 상으로 시료를 묽히고, 이후에는 방해 물질들이 주입되는 확률이 크게 증가되는 이동 상들을 다시 제거해 주어야 한다. 따라서 직렬 질량 분석법은 화학적 잡음이 더 작기 때문에 결합된 크로마토그래피 기술보다도 더 감도가 좋을 가능성이 많다. 두 가지 크로마토그래피 절차에 비해서 직렬질량 분석법의 단점은 장비의 가격이 비싸다는 것이다. 이러한 단점은 직렬 질량 분석법을 더 폭넓게 사용함으로써 보상될 수 있을 것이다.

몇몇 복잡한 혼합물에 대해서는 GC/MS 혹은 LC/MS도 충분한 분리를 수행하지 못하는 것도 있다. 근래에는 크로마토그래피 방법과 직렬 질량 분석법이 결합하여 GC/MS/MS와 LC/MS/MS 시스템이 가능하게 되었다.

## » 정량 분석

질량 분석법의 정량 분석에 대한 응용은 두 가지 부류로 나누어진다. 첫 번째는 유기 시료, 생물 시료, 드물지만 무기 시료 중에 존재하는 분자 화학종들의 정량 분석이다. 이들에 대한 여러 응용들이 표 29-4에 나타내 있다. 두 번째 부류는 29C-3절에서 설명한 것처럼 무기 시료와 일반적이지는 않지만 유기 및 생물 시료 중에 있는 원소의 농도 측정이다.

검색 도구를 사용하여 '거리 비행 질량 분석법(distance-of-flight mass spectrometry, DOF)'을 검색하시오. DOF 방법에 관한 특허를 찾아내시오. 특허를 등록한 사람이 누구인가? 이 기술에 대해서 설명하고 시간 비행(time-of-flight, TOF) 방법과 어떻게 다른지를 설명하시오. 이 방법의 장점과 단점은 무엇인가? DOF 방법이 직렬 MS 정렬에 사용될 수 있는가? 완전한 2차원 선구/생성 이온 스펙트럼을 얻기 위해서는 DOF 분광기를 TOF 분석관과 어떻게 연결하여야 하는지를 설명하시오.

## 연습 문제

**29-1.** 다음을 정의하시오.
- *(a) Dalton(돌턴)
- (b) 사중극자 거르게
- *(c) 질량수
- (d) 부채꼴형 분석관
- *(e) 시간 비행형 분석관
- (f) 전자 증배관

**29-2.** 유도 결합 플라스마가 원자 질량 분석법에 적합하게 되는 세 가지 특성을 말하시오.

***29-3.** 질량 분석법에서 ICP 토치가 하는 기능은 무엇인가?

**29-4.** 일반적인 질량 스펙트럼의 가로축과 세로축은 무엇인가?

***29-5.** ICPMS에서 만나게 되는 방해의 종류는 무엇인가?

**29-6.** ICPMS에서 내부 표준물질의 목적은 무엇인가?

***29-7.** ICPMS의 검출 한계가 사중극자형 질량 분석기보다 이중 초점 질량 분석기에서 더 낮은 이유는 무엇인가?

**29-8.** 기체 이온화 원과 탈착 이온화 원은 어떻게 다른가? 각자의 장점은 무엇인가?

***29-9.** 전자 충격 이온화에서는 조각들이 생성되는 이유는 무엇인가?

**29-10.** 기체 크로마토그래프와 질량 분석기를 연결하는 것이 액체 크로마토그래프와 질량 분석기를 연결하는 것보다 쉬운 이유를 논하시오.

***29-11.** 직렬 질량 분석법에서 선구 이온과 생성 이온과의 차이는 무엇인가?

**29-12.** 유연한 이온화 원으로 알려진 몇몇 이온화 원들은 거친 전자 충격 이온화 원들에서처럼 많은 조각들을 생성하지는 않는다. 구조 유추를 위해서는 어느 이온화 원(거칠음 혹은 유연함)이 더 유용한가? 화합물의 규명(옮긴이 주: 정량 및 정성 분석)을 위해서는 어느 방법이 더 유용한가? 대답에 대한 이유를 설명하시오.

**29-13. 도전 문제:**

(a) TOF 분석관에서 전하가 $z$이고 질량이 $m$인 이온에 전달된 운동 에너지 KE $= zeV = \frac{1}{2}\,mv^2$이며, 여기서 $e$는 전기 전하, $V$는 전기장 전압, $v$는 이온의 속도이다. 장이 없는 표류관의 길이가 $L$이면 비행시간 $t_F$는 다음과 같다.

$$t_F = L\sqrt{\frac{m}{2zeV}}$$

(b) 이온 $M^+$의 질량은 286.1930 Da이다. 이온의 질량은 몇 kg인가?

(c) 1 eV의 운동 에너지는 $1.6 \times 10^{-19}$ kg m$^2$ s$^{-2}$임을 설명하시오.

(d) 이온이 비행 관에 주입되기 전에 3000 eV의 운동 에너지를 받게 되면 이 속도는 몇 m/s인가?

(e) 비행관의 길이가 1.5 m이면 이온이 비행관의 끝에 있는 검출기에 도달하는 데 걸리는 시간은 얼마인가?

(f) 질량이 285.0410 Da인 불순물 이온에 대한 비행시간은 얼마인가?

(g) 불순물로부터 $M^+$를 분리하는 데 필요한 분리능은 얼마인가?

# 제6부 반응 속도와 분리법

*Kinetics and Separations*

제 **30** 장

# 반응 속도법 분석

*Kinetic Methods of Analysis*

오늘날 자동차에는 질소산화물, 미연소 탄화수소 및 일산화 탄소의 방출을 허용 수준까지 낮추기 위하여 삼단 촉매 변환기가 장착되어 있다. 변환기는 CO와 미연소 탄화수소를 $CO_2$와 $H_2O$로 산화시키고 질소 산화물을 $N_2$ 기체로 환원시켜야 하므로 두 가지 다른 종류의 촉매, 즉 산화 촉매와 환원 촉매를 사용한다. 세 가지 다른 형태의 변환기가 나와 있는데, 오른쪽 아래에 보이는 것과 같은 배기 흐름에 촉매가 최대로 노출되는 벌집 구조 촉매를 흔히 사용한다. 촉매는 백금, 로듐, 팔라듐과 같은 금속으로 만들어진다.

촉매의 양은 화학 반응 속도가 영향을 받는 정도를 측정하여 결정한다. 촉매법은 감도가 아주 높은 분석법으로서 환경 시료 중의 금속, 다양한 시료 중의 유기물, 생체 계의 효소의 극미량 분석에 사용된다.

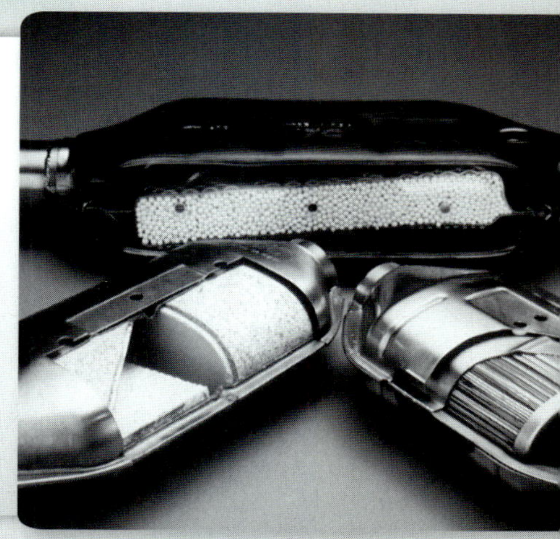



반응 속도법 분석은 지금까지 다룬 평형 또는 열역학적 방법과는 근본적으로 다르다. **반응 속도법**(kinetic method) 분석에서는 반응물과 생성물의 농도가 연속적으로 변화하는 동적 조건에서 측정을 수행한다. 반응 속도법 분석에서는 생성물이 생기는 속도 또는 반응물이 사라지는 속도가 분석 파라미터이다. 이와는 대조적으로 열역학적 방법에서는 평형 또는 정류 상태에 도달하여 농도가 정적인(static) 계를 측정한다.

**반응 속도법** 분석에서는 반응이 일어나고 있는 동안에 알짜 변화를 측정한다. **평형법**(equilibrium method) 분석에서는 평형 또는 정류 상태의 조건 하에서 측정이 이루어진다.

**그림 30-1**은 다음 반응이 시간에 따라 진행되는 정도를 보여주는 것으로 이 두 가지 방법의 차이를 보여주고 있다.

$$A + R \rightleftharpoons P \quad (30\text{-}1)$$

여기서 A는 분석물, R은 시약, P는 생성물을 나타낸다. 열역학적 방법은 반응물과 생성물의 벌크 농도가 일정해져서 화학계가 평행에 이른 시간 $t_e$를 지난 영역에서 사용된다. 이와는 대조적으로 반응 속도법은 반응물과 생성물의 농도가 연속적으로 변화하는 시간 0에서 $t_e$까지의 시간 간격 동안에 사용되며 반응물의 소멸 또는 생성물의 생성 속도를 측정한다.

반응 속도법에서의 선택성은 분석물과 방해 가능 물질이 반응하는 속도의 차이가 최대가 되도록 시약과 조건을 선택함으로써 얻을 수 있다. 열역학적 방법에서의 선택성은 평형 상수의 차이가 최대가 되도록 시약과 조건을 선택하여 얻는다.

너무 느리거나 미완결되어서 열역학적 방법에서는 쓸 수가 없는 반응을 반응 속도법에서는 이용할 수 있기 때문에 분석에 사용할 수 있는 반응의 수를 크게 확장시킨다. 착화합물화 반응, 산/염기 반응, 산화-환원반응 등의 반응이 촉매법에서 이용할 수 있다. 많은 반응 속도법은 촉매 반응에 바탕을 두고 있다. 한 방법에서는 분석물이 촉매이며, 쉽게 측정할 수 있는 반응물 또는 생

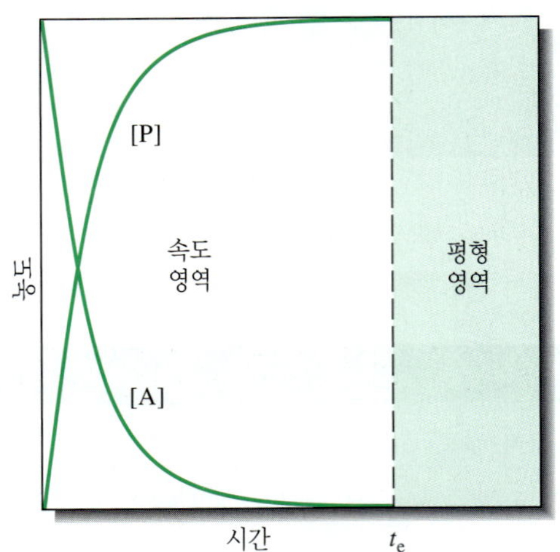


**그림 30-1** 시간에 따른 분석물 [A]와 생성물 [P]의 농도 변화. 시간 $t_e$가 되기 전까지 분석물과 생성물의 농도는 계속 변하는데, 이 영역은 속도 영역이다. $t_e$ 후에 분석물과 생성물의 농도는 변하지 않는다.

성물을 포함하는 지시 반응(indicator reaction)에 대한 촉매 효과를 측정하여 정량한다. 이 방법은 화학자들이 쓸 수 있는 방법 중에서 가장 감도가 높은 방법에 속한다. 또 다른 방법에서는 분석물과 시약 사이의 반응을 촉진시키기 위하여 촉매를 도입한다. 이 방법은 특히 효소가 촉매로 작용할 경우 가장 선택적이며 특이적이기도 하다. 반응 속도법은 생화학 및 임상실험실에서 가장 널리 쓰이는 방법이며 이들 실험실에서는 열역학적 방법보다 반응 속도법을 분석에 더 많이 사용한다.[1]

## 30A 화학 반응의 속도: 속도 법칙

이 절에서는 반응 속도법 분석의 기초를 이해하는 데 필요한 화학 반응 속도 이론을 간단히 설명하기로 한다.

### ▸ 30A-1 반응 메커니즘과 속도 법칙

**속도 법칙**은 실험적으로 결정한 반응 속도와 농도(반응물, 생성물 및 촉매, 활성제와 억제제 등의 다른 화학종) 사이의 관계이다.

화학 반응 **메커니즘**(mechanism)은 반응물로부터 생성물이 생성되는 개별 기본 단계를 설명해 주는 일련의 화학 반응식으로 구성되어 있다. 화학자들이 알고 있는 대부분의 메커니즘을 반응물과 생성물의 농도, 온도, 압력, pH, 이온 세기와 같은 변수의 함수로서 반응물 또는 생성물의 생성 속도를 측정하여 얻는다. 이런 측정을 통하여 주어진 순간의 반응 속도와 반응물, 생성물 및 중간체의 농도와의 관계를 나타내는 실험 **속도 법칙**(rate law)을 구한다. 메커니즘은 화학적으로 합리적이고 실험 속도 법칙과 일치하는 일련의 기본 단계를 가정하여 유도한다. 이렇게 얻어진 메커니즘은 메커니즘에서 예상되는 과도 중간체 화학종을 발견하거나 모니터하도록 설계된 연구를 수행하여 재차 확인하기도 한다.

[1] H. O. Mottola, *Kinetic Aspects of Analytical Chemistry*, New York: Wiley, 1988.

### » 속도 법칙에서의 농도 항

속도 법칙은 농도 항과 상수로 구성된 대수식으로 평형상수식[식 (30-2) 참조]과 비슷하다. 그러나 속도식에서 대괄호 항은(평형상수식에 쓰이는) 평형 몰농도가 아니라 *특정 순간*에서의 몰농도를 나타낸다. 이 의미를 강조하기 위하여 흔히 농도 항에 측정된 시간을 보여주는 아래첨자를 첨가한다. 따라서 $[A]_t$, $[A]_0$, $[A]_\infty$는 시간 $t$, 0 및 무한 시간에서 A의 농도를 가리킨다. 무한 시간은 반응이 평형에 도달하는 데 필요한 시간보다 더 큰 시간을 말한다. 즉, 그림 30-1에서 $t_\infty > t_e$이다.

속도법에서도 몰농도는 여전히 대괄호를 사용하여 표시하지만, 농도의 수치는 시간에 따라 변한다.

### » 반응 차수

식 (30-1)로 나타낸 일반적인 반응의 속도 법칙이 실험적으로 다음과 같은 형태를 가진다고 가정하자.

$$\text{속도} = -\frac{d[\mathrm{A}]}{dt} = -\frac{d[\mathrm{R}]}{dt} = \frac{d[\mathrm{P}]}{dt} = k[\mathrm{A}]^m[\mathrm{R}]^n \qquad \textbf{(30-2)}$$

여기서 속도는 시간에 대한 A, R 또는 P 농도의 도함수이다. 처음의 두 속도는 반응이 진행됨에 따라 A와 R의 농도가 감소하므로 부호가 음(−)인 것을 주목하시오. 이 속도식에서는 $k$는 **속도 상수**(rate constant) $m$은 **A에 대한 반응 차수**(order of the reaction), $n$은 **R에 대한 반응 차수**이다. **반응의 총괄 차수**(overall order of reaction) $p = m + n$이다. 따라서 $m = 1$이고 $n = 2$이면 반응은 A에 대해 1차, R에 대해 2차이고 총괄 3차라고 한다.

A와 R은 소모되므로 시간에 따른 [A]와 [R]의 변화 속도는 음(−)이다.

### » 속도 상수의 단위

반응 속도는 항상 단위 시간당 농도의 항으로 표시되므로 속도 상수의 단위는 다음 관계에 따라 반응의 총괄 상수 $p$에 의해 결정된다.

$$\frac{\text{농도}}{\text{시간}} = (k\text{의 단위})(\text{농도})^p$$

여기서 $p = m + n$이다. 이것을 재배열하면

$$k\text{의 단위} = (\text{농도})^{1-p} \times \text{시간}^{-1}$$

일차 반응의 속도 상수 $k$의 단위는 $s^{-1}$이다.

따라서 일차 속도 상수의 단위는 $s^{-1}$이고, 이차 속도 상수의 단위는 $M^{-1}s^{-1}$이다.

## ▸ 30A-2 일차 반응의 속도 법칙

반응 속도론의 수학적 분석에서 가장 간단한 경우는 화학종 A의 자발적 비가역적 분해이다.

방사성 붕괴는 자발적 붕괴의 한 예이다.

$$\mathrm{A} \xrightarrow{k} \mathrm{P} \qquad \textbf{(30-3)}$$

반응은 A에 대해 1차이며 속도는

$$속도 = -\frac{d[A]}{dt} = k[A] \tag{30-4}$$

### » 유사 일차 반응

분석은 보통 적어도 두 가지 화학종, 즉 분석물과 시약을 포함하는 반응에 바탕을 두기 때문에 일차 분해 반응 자체는 일반적으로 분석 화학에 적용되지 않는다.[2] 그러나 두 화학종을 포함하는 반응의 속도 법칙도 복잡하여 단순화하는 것이 분석 목적에 필요하다. 실제로 유용한 반응 속도법은 화학자가 복잡한 속도식을 식 (30-4)와 유사한 형태로 간단히 할 수 있는 조건에서 수행되는 것들이다. 이와 같이 간단히 할 수 있도록 수행되는 고차 반응을 **유사 일차 반응**(pseudo-first-order reaction)이라고 한다. 고차 반응을 유사 일차 반응으로 전환하는 방법을 다음 절들에서 다루기로 한다.

### » 일차 거동을 설명하는 수학적 표현

거의 모든 분석은 유사 일차 조건에서 수행되므로, 식 (30-4)로 근사될 수 있는 속도 법칙을 가지는 반응의 특성을 조사해 보기로 한다.

식 (30-4)를 재배열하면

$$\frac{d[A]}{[A]} = -kdt \tag{30-5}$$

이 식을 시간 0 ($[A] = [A]_0$)에서 시간 $t$ ($[A] = [A]_t$)까지 적분하여 적분 값을 구하면

$$\int_{[A]_0}^{[A]_t} \frac{d[A]}{[A]} = -k\int_0^t dt$$

$$\ln\frac{[A]_t}{[A]_0} = -kt \tag{30-6}$$

식 (30-6)의 양변을 지수함수로 바꾸면 다음 식이 얻어진다.

$$\frac{[A]_t}{[A]_0} = e^{-kt} \quad 또는 \quad [A]_t = [A]_0e^{-kt} \tag{30-7}$$

속도 법칙의 적분 형은 초기 농도 $[A]_0$, 속도 상수 $k$, 시간 $t$의 함수로서 A의 농도를 나타낸다. 이 관계를 그림 30-1에 나타내었다. 예제 30-1은 특정 시간에 반응물의 농도를 구하는 데 이 식을 어떻게 이용하는지를 설명하고 있다.

---

[2]방사성 붕괴는 예외이다. 중성자 방사화 분석은 핵반응로 속에서 시료에 방사선을 쪼여 생성되는 방사성 핵종의 자발적 붕괴를 측정하는 데 바탕을 두고 있다.

**예제 30-1**

한 반응은 1차이며 $k = 0.0370\ s^{-1}$이다. 초기 농도가 0.0100 M일 때 반응 개시 18.2 s 후 남아 있는 반응물의 농도를 계산하시오.

**풀이**

식 (30-7)에 대입하면

$$[A]_{18.2} = (0.0100\ M)e^{-(0.0370\ s^{-1})\times(18.2s)} = 0.00510\ M$$

반응 속도를 분석물 A의 소멸 속도 대신 생성물 P의 생성 속도로 나타내려면 시간 $t$에서 P의 농도와 초기 분석물 농도 $[A]_0$와의 관계를 나타내도록 식 (30-7)을 변형해야 한다. 시간 $t$에서 A의 농도는 원래 농도에서 생성물의 농도를 뺀 것과 같으므로(분석물 1 몰로부터 생성물 1 몰이 생성될 때)

$$[A]_t = [A]_0 - [P]_t \tag{30-8}$$

식 (30-7)의 $[A]_t$ 대신에 이 식을 대입하여 재배열하면

$$[P]_t = [A]_0(1 - e^{-kt}) \tag{30-9}$$

이 관계도 역시 그림 30-1에 나와 있다.

식 (30-7) 및 식 (30-9)의 형태는 널리 과학과 공학에 나타나는 순수한 지수함수이다. 이런 순수 지수함수는 동일한 시간이 경과하면 동일한 반응물 농도의 분율 감소 또는 생성물 농도의 분율 증가를 나타내는 유용한 특성을 가지고 있다. 한 예로, 시간 간격 $t = \tau = 1/k$을 식 (30-7)에 대입하면

일차 반응에서 소비된 반응물(또는 생성된 생성물)의 분율은 주어진 시간 주기 동안에 동일하다.

$$[A]_\tau = [A]_0e^{-k\tau} = [A]_0e^{-k/k} = (1/e)[A]_0$$

마찬가지로 주기 $t = 2\tau = 2/k$의 경우에는

$$[A]_{2\tau} = (1/e)^2[A]_0$$

이어지는 주기의 경우도 **그림 30-2**에 나와 있다.

주기 $\tau = 1/k$는 화학종 A의 **고유 수명**(natural lifetime)이라고도 한다. 시간 $\tau$ 동안 A의 농도는 원래 값에서 $1/e$까지 감소한다. $t = \tau$에서 $t = 2\tau$까지의 제2주기 동안에는 제2주기 시작 때 값의 $1/e$이 될 때까지 동일한 분율 감소가 일어나, $[A]_0$의 $(1/e)^2$이 된다. 이와 같은 지수함수의 성질을 보여주는 더 잘 알려진 예는 방사성 핵종의 반감기 $t_{1/2}$에서 찾아볼 수 있다. 주기 $t_{1/2}$ 동안에 방사성 원소 시료 내 원자의 반이 생성물로 붕괴하고 두 번째 $t_{1/2}$ 주기 동안에는 원래 수의 1/4로 원소의 양이 줄어드는 식으로 감소가 일어난다. 일차 과정에서는 선택하는 시간 간격에 관계없이 동일 경과 시간은 반응물 농도에서 동일한 분율 감소를 일으킨다.

도전: $\tau$의 항으로 $t_{1/2}$를 나타내는 식을 유도하시오.

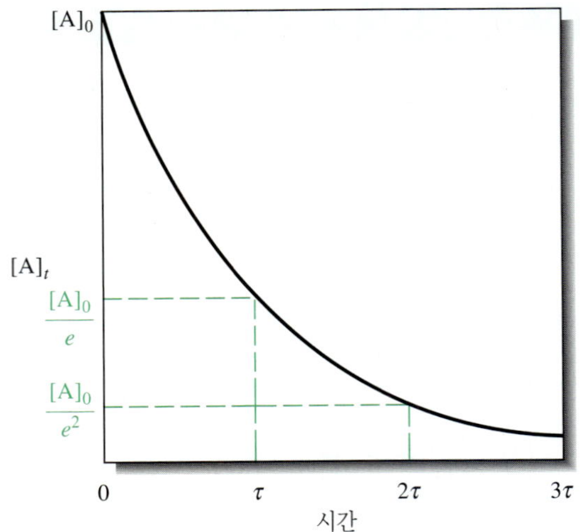


**그림 30-2** 동일 경과 시간은 분석물 농도의 동일한 분율 감소를 일으킴을 보여주는 일차 반응의 속도 곡선.

**예제 30-2**

$k = 0.0500\ s^{-1}$인 일차 반응이 99.0% 완결되는데 필요한 시간을 계산하시오.

**풀이**

99.0% 완결의 경우, $[A]_t/[A]_0 = (100 - 99)/100 = 0.010$이다. 이를 식 (30-6)에 대입하면

$$\ln 0.010 = -kt = -(0.0500\ s^{-1})t$$

$$t = -\frac{\ln 0.010}{0.0500\ s^{-1}} = 92\ s$$

## ▸ 30A-3 이차 및 유사 일차 반응의 속도 법칙

1 몰의 분석물 A가 1 몰의 시약 B와 반응하여 단일 생성물 P가 생기는 전형적인 분석 반응을 살펴보기로 하자. 반응이 비가역적이라고 가정하고 다음과 같이 쓰면

$$A + R \xrightarrow{k} P \tag{30-10}$$

반응이 단일 기본 단계로 일어나면 속도는 각 반응물의 농도에 비례하므로 속도 법칙은

$$-\frac{d[A]}{dt} = k[A][R] \tag{30-11}$$

반응은 각 반응물에 대하여 1차이고 총괄 차수는 2차이다. $[R] \gg [A]$가 되도록 하면 반응이 일어나는 동안에 R의 농도는 거의 변화하지 않으므로 $k[R] = 상수 = k'$라고 쓸 수 있다. 식 (30-11)은 다음과 같이 다시 쓸 수 있다.

$$-\frac{d[\mathrm{A}]}{dt} = k'[\mathrm{A}] \qquad \textbf{(30-12)}$$

이 식은 식 (30-4)의 일차 반응과 그 형태가 같다. 따라서 이 반응은 A에 대하여 **유사 일차 반응**(pseudo first order)이라고 한다(예제 30-3 참조).

2차 이상 고차 반응은 실험 조건을 조절하면 유사 일차 반응으로 바꿀 수 있다.

**예제 30-3**

시약이 100배 과량인 유사 일차 반응에서 반응이 40% 완결되었을 때 $k[\mathrm{R}] = k'$(상수)라고 가정함으로써 생기는 상대 오차를 구하시오.

**풀이**

시약의 처음 농도는 다음과 같이 쓸 수 있다.

$$[\mathrm{R}]_0 = 100[\mathrm{A}]_0$$

40% 반응이 일어나면 60%의 A가 남게 되므로

$$[\mathrm{A}]_{40\%} = 0.60[\mathrm{A}]_0$$

$$[\mathrm{R}]_{40\%} = [\mathrm{R}]_0 - 0.40[\mathrm{A}]_0 = 100[\mathrm{A}]_0 - 0.40[\mathrm{A}]_0 = 99.6[\mathrm{A}]_0$$

유사 일차 거동이라고 가정하면, 40% 반응이 일어났을 때 속도는

$$-\frac{d[\mathrm{A}]_{40\%}}{dt} = k[\mathrm{R}]_0[\mathrm{A}]_{40\%}$$

40% 반응에서의 참 속도는 $k(99.6[\mathrm{A}]_0)(0.60[\mathrm{A}]_0)$이다. 따라서 상대 오차는

$$\frac{k(100[\mathrm{A}]_0)(0.60[\mathrm{A}]_0) - k(99.6[\mathrm{A}]_0)(0.60[\mathrm{A}]_0)}{k(99.6[\mathrm{A}]_0)(0.60[\mathrm{A}]_0)} = 0.004 \quad (\text{또는 } 0.4\%)$$

예제 30-3이 보여 주듯이 100배 과량의 시약을 사용한 유사 일차 반응의 속도 결정에 포함되는 오차는 무시할 수 있다. 50배 과량의 시약을 쓰면 오차는 1%로, 이 정도의 오차는 속도법에서는 보통 허용된다. 더욱이 40% 미만 완결된 시간에서의 오차는 훨씬 더 적다.

반응이 완전히 비가역적인 경우는 거의 없으므로 한 단계로 일어나는 2차 반응의 속도를 엄밀하게 설명하려면 역반응을 반드시 고려하여야 한다. 이때 반응 속도는 정반응 속도와 역반응 속도의 차이이다.

$$-\frac{d[\mathrm{A}]}{dt} = k_1[\mathrm{A}][\mathrm{R}] - k_{-1}[\mathrm{P}]$$

여기서 $k_1$은 정반응의 이차 속도 상수 $k_{-1}$은 역반응의 일차 속도 상수이다. 이 식을 유도할 때 간단히 하기 위하여 단일 생성물이 생긴다고 가정하였으나 더 복잡한 경우도 마찬가지로 설명할 수 있다.[3] $k_{-1}$ 그리고/또는 [P]가 비교적 작게 유지되는 조건이 만족되는 한 역반응의 속도는 무시할 수 있으며 유사 일차 거동을 가정함으로써 생기는 오차도 아주 작다.

**스프레드시트 요약** *Applications of Microsoft® Excel in Analytical Chemistry* 2판 13장에서 첫 번째 예제는 일차 및 이차 반응의 성질을 알아보는 것이다. 두 가지 반응에서의 시간 거동을 살펴보고 선형 도시를 공부한다. 유사 일차 거동을 얻는데 필요한 조건도 조사 한다.

## 30A-4 촉매화 반응

효소는 생물학 계에서 반응을 촉매화하는 고분자량의 분자이다. 효소는 고 선택성 분석 시약으로 작용한다.

촉매화 반응, 특히 효소가 촉매로 작용하는 촉매화 반응은 다수의 무기 양이온 및 음이온뿐만 아니라 여러 가지 생물학 및 생화학종의 정량에 널리 이용된다. 그러므로 효소 촉매 반응을 사용하여 촉매 속도 법칙을 설명하고, 이 속도 법칙이 식 (30-12)로 나타낸 유사 일차 반응식과 같은 비교적 간단한 대수 관계로 나타낼 수 있음을 살펴보기로 한다. 이와 같이 단순화한 관계는 분석 목적에 이용할 수 있다.

### 효소 촉매 반응

효소에 의해 활성화한 화학종을 **기질**이라고 한다. 반응 속도를 증가시키지만 화학량론적 반응에 참여하지 않는 종은 **활성제**(activator)라고 한다. 화학량론적 반응에 참여하지 않으면서 반응 속도를 감소시키는 종은 **억제제**(inhibitor)라고 한다.

효소는 생물학 및 생의학적으로 중요한 반응에서 촉매 작용을 하는 고분자량의 단백질 분자이다. 특집 30-1에서는 효소의 기본적인 특징에 대하여 논의하고 있다. 효소는 **기질**(substrate)이라고 하는 분자 반응에 고도로 선택적인 촉매이기 때문에 분석 시약으로서 매우 유용하다. 예를 들어, 효소 글로코스 옥시다제는 글루코노락톤을 형성하기 위해 산소와 기질 $\beta$-D-글루코스 반응에 매우 선택적인 촉매 작용을 한다. 기질의 정량 외에 효소 촉매 반응은 활성제 및 억제제뿐만 아니라 효소 자체의 정량에도 사용된다.[4]

많은 수의 효소의 행동은 다음의 일반적인 메커니즘과 일치한다.

$$\mathrm{E + S \underset{k_{-1}}{\overset{k_1}{\rightleftharpoons}} ES \xrightarrow{k_2} P + E} \tag{30-13}$$

이 **Michaelis-Menten 메커니즘**에서 효소 E는 기질 S와 가역적으로 반응하여 효소-기질 착화합물 ES를 형성한다. 이 착화합물은 비가역적으로 분해하여 생성물이 생기면서 효소가 재생된다. 이 메커니즘에 대한 속도 법칙은 두 단계의 상대 속도에 따라 두 가지 형태 중 한 가지 형태를 지니게 된다. 대부분의 경우 두 단계의 속도는 크기가 거의 같다. 정류 상태의 경우, ES는 생성 속도와 같은 속도로 분해되므로

---

[3] See J. H. Espenson, *Chemical Kinetics and Reaction Mechanisms*, 2nd ed., New York: McGraw Hill, 1995, pp. 49–52.

[4] 속도법에 대한 촉매화 반응은 다음을 참고하시오. S. R. Crouch, A. Scheeline, and E.W. Kirkor, *Anal. Chem.*, **2000**, *72*, 53R, **DOI:** 10.1021/a1000004b.

## 특집 30-1

### 효소

효소는 생명 유지에 필요한 반응에서 촉매 작용을 하는 단백질이다. 다른 단백질과 마찬가지로 효소는 아미노산의 사슬로 이루어져 있다. 몇 가지 중요한 아미노산의 구조식이 **그림 30-F1**에 나와 있다. 두 개 이상의 아미노산이 연결되어 생성된 분자를 **펩타이드**(peptide)라고 하며 펩타이드 내의 각 아미노산 분자는 **잔기**(residue)라고 한다. 다수의 아미노산 연결을 가진 분자는 **폴리펩타이드**(polypeptide)라고 하며 긴 폴리펩타이드 사슬을 가진 분자를 **단백질**(protein)이라고 한다. 효소는 다른 단백질과는 달리 활성자리라고 하는 구조의 특정 영역에서 촉매 작용이 나타난다. 그 결과 효소 촉매 작용은 아주 특유하여 아주 유사한 화합물들 중에서 특정 기질만을 골라 나타나게 된다.

단백질의 기능은 그 구조와 관계가 있다. **일차 구조**(primary structure)는 단백질 내 아미노산의 서열이며, **이차 구조**(secondary structure)는 폴리펩타이드 사슬이 취하는 모양을 말한다. 이차 구조는 $\alpha$-나선과 $\beta$-주름판의 두 가지 형태가 존재한다. **그림 30-F2**에 나타낸 $\alpha$-나선은 동물성 단백질이 취하는 가장 흔한 모양이다. 이 구조에서 나선 모양은 이웃하는 잔기 사이의 수소 결합에 의해 유지된다. $\beta$-주름판 구조는 **그림 30-F3**에 나와 있다. 이 구조에서 펩타이드 사슬은 거의 완전히 펼쳐져 있고 수소 결합이 $\alpha$-나선에서처럼 가까운 이웃 잔기 사이에 생기는 것이 아니라 평행한 펩타이드 사슬 부분들 사이에 생긴다. $\beta$-주름판 구조는 견과 같은 섬유에서 발견된다.

**삼차 구조**(tertiary structure)는 일차 구조에서 멀리 떨어져 있는 잔기들 사이의 상호작용의 결과로 $\alpha$-나선과 $\beta$-주름판이 접혀져 나타나는 전체적인 삼차원 모양이다. 단백질은 또 **사차 구조**(quaternary structure)를 가지기도 하는데 이 구조는 다중사슬 단백질 내에서 폴리펩타이드 사슬이 층으로 쌓이는 방법을 나타낸다.

촉매로서 효소의 효율성을 **촉매 활성도**(enzyme activity)라고 한다. 활성도는 단백질의 삼차 구조, 특히 활성자리에 따라 정해진다. 일반적으로 기질이 결합하는 자리이다. 효소의 특유성은 이 활성자리 역영의 구조에 크게 의존한다. 활성자리의 역할에 관한 한 가지 설명은 '자물쇠와 열쇠' 모델이다. 이 모델에 의하면 기질이 활성자리에 정확하게 입체화학적으로 맞추어 들어감으로써 촉매 작용의 특유성이 나타난다는 것이다. 유도 맞춤 모델 같은 몇 가지 더 복잡한 모델이 제안되기도 하였다.

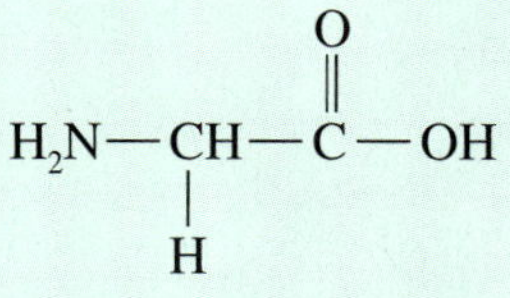

$H_2N-CH(H)-C(=O)-OH$
glycine (gly)

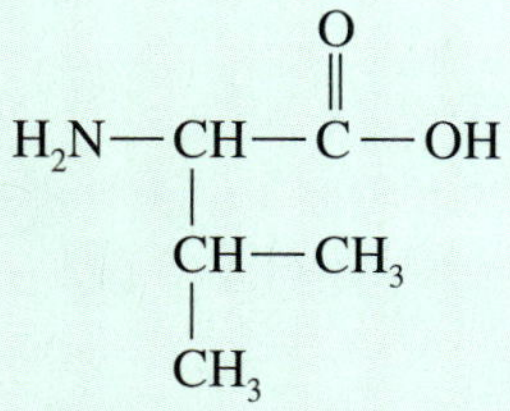

$H_2N-CH(CH(CH_3)-CH_3)-C(=O)-OH$
valine (val)

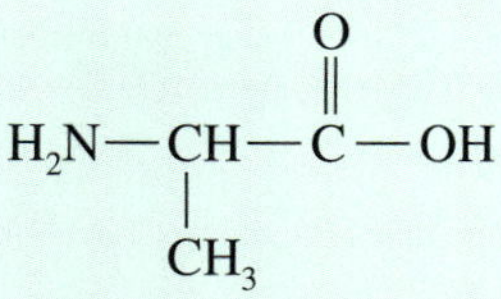

$H_2N-CH(CH_3)-C(=O)-OH$
alanine (ala)

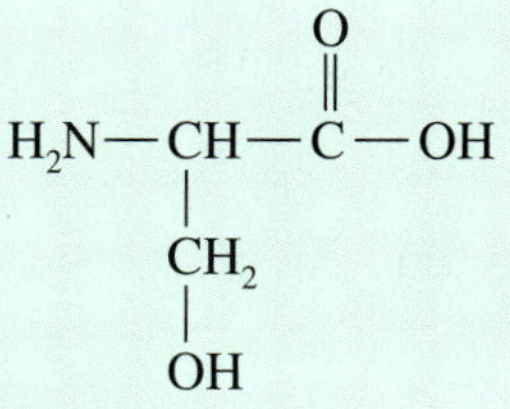

$H_2N-CH(CH_2-OH)-C(=O)-OH$
serine (ser)

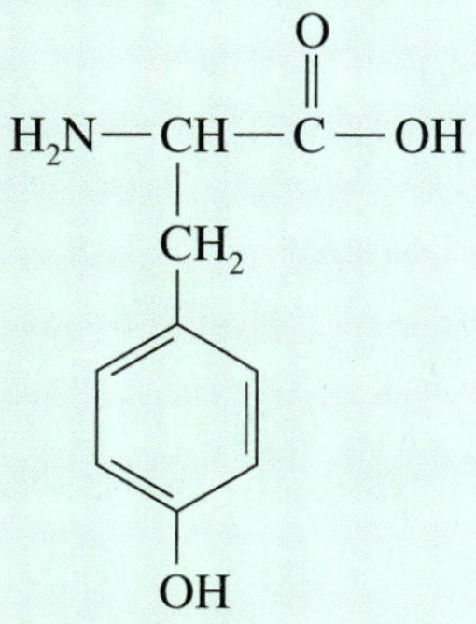

$H_2N-CH(CH_2-C_6H_4-OH)-C(=O)-OH$
tyrosine (tyr)

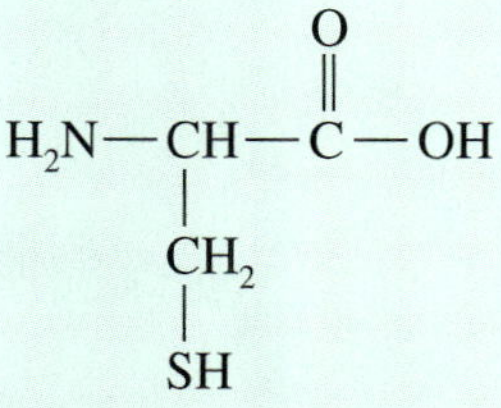

$H_2N-CH(CH_2-SH)-C(=O)-OH$
cysteine (cys)

**그림 30-F1** 몇 가지 중요한 아미노산. 자연에는 20가지 다른 아미노산이 있다.

(계속)

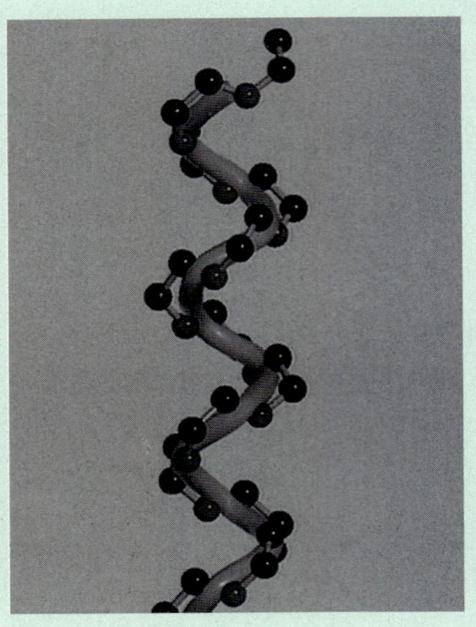

**그림 30-F2** $\alpha$-나선. 왼쪽 모델은 나선 구조를 가지게 만드는 이웃 아미노산 사이의 수소 결합을 보여준다. 오른쪽 모델은 나선 구조를 더 분명히 보여주기 위하여 폴리펩타이드 사슬에 있는 원자들만을 보여 준다. (D. L. Reger, S. R. Goode, and D. W. Ball, *Chemistry: Principles and Practice*, 3rd ed, Belmont, CA: Brooks/Cole, 2010.)

엄청난 수의 효소가 발견되었지만 이 중의 일부만 분리 정제되었다. 가장 유용한 효소 중 일부가 시판됨에 따라 이를 분석에 사용하는 데에 대한 관심이 크게 나타났다. 효소를 고체 지지체에 공유 결합하거나 겔과 막 안에 내장시켜 재사용이 가능하게 함으로써 분석 경비를 줄일 수 있게 되었다.

**그림 30-F3** $\beta$-주름판. 수소 결합한 폴리펩타이드 사슬의 다른 부분들 사이 또는 다른 사슬들 사이에 생겨 더 펼쳐진 구조가 나타난다는 것을 주목하시오. (D. L. Reger, S. R. Goode, and D. W. Ball, *Chemistry: Principles and Practice*, 3rd ed. Belmont, CA: Brooks/Cole, 2010.)

그 농도는 작고 반응이 일어나는 동안 비교적 일정하다고 볼 수 있다. 두 번째 단계가 첫 번째 단계보다 상당히 느리면 반응물과 ES는 거의 항상 평형에 머무르게 된다. 이 소위 평형 계의 경우는 일반적인 경우로부터 쉽게 유도된다. 다음 절에서는 이 두 가지 경우에서 모두 속도와 분석물의 농도 사이에 간단한 관계가 얻어지도록 반응 조건을 조절할 수 있음을 보여준다.

### » 정류 상태의 경우

식 (30-13)으로 나타낸 메커니즘에 해당하는 속도 법칙은 **정류 상태 근사법**(steady-state approximation)을 사용하여 유도한다. 이 근사법에서는 ES의 농도는 작고 반응이 일어나는 동안에 비교적 일정하다고 가정한다. 속도상수 $k_1$인 첫 단계에서 효소-기질 착화합물이 생성된다. 이 착화합물은 첫 단계의 역과정(속도 상수 $k_{-1}$)과 생성물이 생기는 두 번째 단계(속도 상수 $k_2$)의 두 가지 경로로 분해된다. 반응 동안에 [ES]가 변하지 않는다는 것은 [ES]의 변화 속도, $d$[ES]/$dt$가 0이라고 가정하는 것과 같다. 따라서 수학적으로 정류 상태 가정은 다음과 같이 쓸 수 있다.

$$\frac{d[\mathrm{ES}]}{dt} = k_1[\mathrm{E}][\mathrm{S}] - k_{-1}[\mathrm{ES}] - k_2[\mathrm{ES}] = 0 \qquad \textbf{(30-14)}$$

식 (30-14)에서 효소의 농도 [E]와 기질의 농도 [S]는 시간 $t$에서의 자유 농도를 가리킨다. 보통 속도 법칙을 알고 있거나 측정이 가능한 전체 농도의 항으로 표시할 필요가 있다. 질량 균형에 의해 전체(초기) 효소 농도 $[\mathrm{E}]_0$은 다음과 같이 주어진다.

$$[\mathrm{E}]_0 = [\mathrm{E}] + [\mathrm{ES}] \qquad \textbf{(30-15)}$$

생성물의 생성 속도는 다음과 같이 주어진다.

$$\frac{d[\mathrm{P}]}{dt} = k_2[\mathrm{ES}] \qquad \textbf{(30-16)}$$

식 (30-14)를 [ES]에 대하여 풀면

$$[\mathrm{ES}] = \frac{k_1[\mathrm{E}][\mathrm{S}]}{k_{-1} + k_2} \qquad \textbf{(30-17)}$$

식 (30-15)에 주어진 식을 [E] 대신에 대입하고 [ES]에 대해 다시 풀면

$$[\mathrm{ES}] = \frac{k_1[\mathrm{E}]_0[\mathrm{S}]}{k_{-1} + k_2 + k_1[\mathrm{S}]} \qquad \textbf{(30-18)}$$

이 [ES] 값을 식 (30-16)에 대입하고 재배열하면 속도 법칙이 얻어진다.

$$\frac{d[\mathrm{P}]}{dt} = \frac{k_2[\mathrm{E}]_0[\mathrm{S}]}{\dfrac{k_{-1} + k_2}{k_1} + [\mathrm{S}]} = \frac{k_2[\mathrm{E}]_0[\mathrm{S}]}{K_\mathrm{m} + [\mathrm{S}]} \qquad \textbf{(30-19)}$$

여기서 $K_m = (k_{-1} + k_2)/k_1$ 항은 **Michaelis 상수**로 알려져 있다. 식 (30-19)는 흔히 **Michaelis-Menten식**이라고 부른다. 식 (30-17)로부터 Michaelis 상수 $K_m$은 다음과 같이 주어짐을 알 수 있다.

$$K_m = \frac{k_{-1} + k_2}{k_1} = \frac{[E][S]}{[ES]} \quad \textbf{(30-20)}$$

Michaelis 상수는 효소-기질 착화합물의 해리 평형 상수와 아주 유사하며, 분자에 있는 $k_2$로 인하여 '참' 평형 상수가 되지 못하므로 **유사 평형 상수**(pseudo-equilibrium constant)라고도 한다. 이 상수의 단위는 밀리몰/리터(mM)로서 **표 30-1**에서 볼 수 있듯이 많은 효소의 경우 0.01 mM에서 100 mM까지의 값을 가진다.

식 (30-19)에 주어진 속도식은 반응 속도가 효소 농도 또는 기질 농도 중의 한 가지에 비례하도록 간단히 할 수 있다. 예컨대 기질의 농도가 충분히 커서 $[S] \gg K_m$이 되게 하면 식 (30-19)는 다음과 같이 된다.

효소를 정량하려면 Michaelis 상수에 비하여 기질 농도가 커야 한다($[S] \gg K_m$).

$$\frac{d[P]}{dt} = k_2[E]_0 \quad \textbf{(30-21)}$$

이 조건에서 속도가 기질 농도에 무관할 때 이 반응은 기질에 대하여 **유사 영차**(pseudo-zero-order)라고 하며, 속도는 효소의 농도에 정비례한다. 이때 효소가 기질에 대하여 **포화**(saturated)되었다고 한다.

S의 농도가 작은 조건이거나 $K_m$이 비교적 클 때 $[S] \ll K_m$이므로 식 (30-19)는 다음과 같이 간단해진다

$$\frac{d[P]}{dt} = \frac{k_2}{K_m}[E]_0[S] = k'[S]$$

**표 30-1**

**몇가지 효소의 Michaelis 상수**

| 효소 | 기질 | $K_m$, mM |
|---|---|---|
| Alkaline phosphatase | *p*-Nitrophenylphosphate | 0.1 |
| Catalase | $H_2O_2$ | 25 |
| Hexokinase | Glucose | 0.15 |
| | Fructose | 1.5 |
| Creatine phosphokinase | Creatine | 19 |
| Carbonic anhydrase | $HCO_3^-$ | 9.0 |
| Chymotrypsin | *n*-Benzoyltyrosinamide | 2.5 |
| | *n*-Formyltyrosinamide | 12.0 |
| | *n*-Acetyltyrosinamide | 32 |
| | Glycyltyrosinamide | 122 |
| Glucose oxidase | $O_2$로 포화된 glucose | 0.013 |
| Lactate dehydrogenase | Lactate | 8.0 |
| | Pyruvate | 0.125 |
| L-amino acid oxidase | L-leucine | 1.0 |
| Urease | Urea | 2.0 |
| Uricase | $O_2$로 포화된 uric acid | 0.0175 |

D-glucose

D-fructose

글루코오스와 프룩토오스의 분자 모형. 글루코오스와 프룩토오스는 중요한 단당류이다. 글루코오스는 폴리하이드록시알데하이드이고 프룩토오스는 폴리하이드록시케톤이다. 글루코오스는 생체 세포의 주요한 에너지원이다. 프룩토오스는 과일과 야채에 들어 있는 주요 당이다. 두 가지 당 모두 한 가지 이상의 효소의 기질이다.

여기서 $k' = k_2[\mathrm{E}]_0/K_\mathrm{m}$이다. 따라서 속도는 기질에 대해 일차이다. 이 식을 분석물의 농도 결정에 사용하려면 $[\mathrm{S}] \approx [\mathrm{S}]_0$인 반응의 시작 단계에서의 $d[\mathrm{P}]/dt$를 측정해야 할 필요가 있다. 이 때 위의 식은 다음과 같이 쓸 수 있다.

$$\frac{d[\mathrm{P}]}{dt} \approx k'[\mathrm{S}]_0 \qquad \textbf{(30-22)}$$

기질을 정량하려면 Michaelis 상수에 비하여 기질 농도가 작아야 한다($[\mathrm{S}] \ll K_\mathrm{m}$).

식 (30-21)과 식 (30-22)가 적용되는 영역을 **그림 30-3**에 나타내었는데, 이 그림은 효소촉매 반응의 초기 속도를 기질 농도의 함수로서 도시한 것이다. 기질 농도가 낮을 때는 기질 농도에 대하여 직선인 식 (30-22)가 곡선 모양을 지배하는데, 바로 이 영역이 기질의 양을 정량하는 데 사용되는 영역이다.

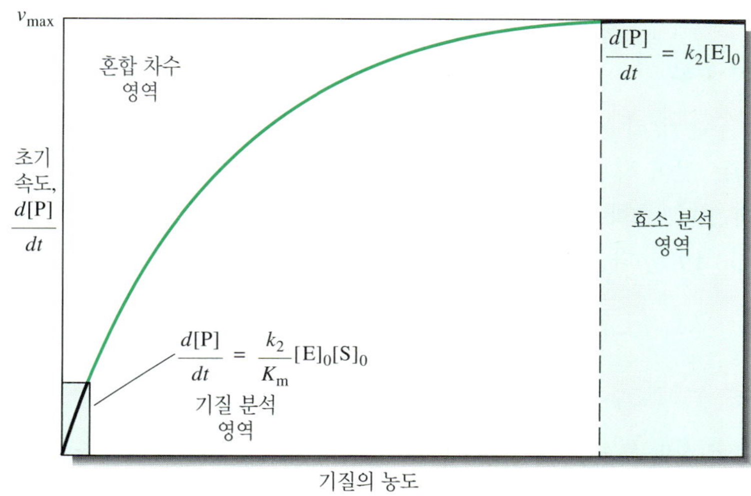


**그림 30-3** 기질 농도 변화에 따르는 생성물의 초기 생성 속도의 변화. 기질과 효소를 정량하는 데 유용한 곡선의 부분을 보여준다.

효소의 양을 정량해야 할 경우에는 식 (30-21)이 적용되는 높은 기질 농도 영역을 사용해야 하는데, 이 때 속도는 기질 농도에 무관하다. 큰 [S] 값에서 반응의 한계 속도는 그림 30-3에 나타낸 바와 같이 $v_{max}$라고 한다. 정확히 $v_{max}/2$에서 기질 농도의 값은 Michaelis 상수 $K_m$과 같음을 알 수 있다. 예제 30-4는 Michaelis-Menten 식을 사용하는 예를 보여준다.

**예제 30-4**

요소의 가수분해에서 촉매 작용을 하는 요소 분해 효소는 혈중 요소 농도를 정량하는 데 널리 사용된다. 이 응용에 대한 자세한 내용은 특집 30-3에 나와 있다. 실온에서 요소 분해 효소의 Michaelis 상수는 2.0 mM이고 pH 7.5에서 $k_2 = 2.5 \times 10^4\ s^{-1}$이다. (a) 요소 농도가 0.030 mM이고 요소 분해 효소 농도는 5.0 μM일 때 초기 농도를 계산하고, (b) $v_{max}$를 구하시오.

**풀이**

(a) 식 (30-19)로부터

$$\frac{d[P]}{dt} = \frac{k_2[E]_0[S]}{K_m + [S]}$$

반응이 시작될 때 $[S] = [S]_0$이므로

$$\frac{d[P]}{dt} = \frac{(2.5 \times 10^4\ s^{-1})(5.0 \times 10^{-6} M)(0.030 \times 10^{-3} M)}{2.0 \times 10^{-3} M + 0.030 \times 10^{-3} M}$$
$$= 1.8 \times 10^{-3} M\ s^{-1}$$

(b) 그림 30-3은 기질 농도가 커서 식 (30-21)이 적용될 때 $d[P]/dt = v_{max}$임을 보여준다. 따라서

$$d[P]/dt = v_{max} = k_2[E]_0 = (2.5 \times 10^4\ s^{-1})(5.0 \times 10^{-6}\ M) = 0.0125\ M\ s^{-1}$$

### 평형의 경우

평형의 경우는 앞서 논의한 일반적인 정류 상태로부터 얻을 수 있다. ES가 생성물로 전환되는 것이 식 (30-13)의 가역적인 1단계에 비하여 느리면 1단계는 줄곧 평형 상태에 있다. 수학적으로 이것은 $k_2$가 $k_{-1}$보다 훨씬 작을 때 나타난다. 이 조건에서 식 (30-19)는 다음과 같이 된다.

$$\frac{d[P]}{dt} = \frac{k_2[E]_0[S]}{\frac{k_{-1}}{k_1} + [S]} = \frac{k_2[E]_0[S]}{K + [S]} \qquad (30\text{-}23)$$

여기서 상수 $K$는 $K = k_{-1}/k_1$로 주어지는 참 평형 상수이다. 식 (30-23)의 형태가 Michaelis-Menten식[식 (30-19)]과 같다는 점을 주목하시오. $K_m$과 $K$ 사이에는 아주 작은 차이만 있을 뿐이다. 따라서 $k_2$가 작고 평형 가정이 성립되는 정류 상태 효

소 반응에서와 같은 방법으로 기질 농도와 효소 농도를 정량할 수 있다. 효소 농도는 기질 농도가 큰 조건에서 정량하는 반면 기질 농도는 $[S] \ll K$일 때 정량한다.

가역반응, 다중 기질, 활성제, 억제제를 포함하는 효소 반응의 더 복잡한 메커니즘도 많이 있다. 이런 계들을 모델화하여 분석하는 방법이 나와 있다.[5]

지금까지 다룬 내용은 효소법에 관한 것이었지만 보통 촉매 작용에 대해서도 유사하게 처리하면 효소에 대한 속도 법칙과 유사한 형태의 속도 법칙을 얻는다. 이 식들도 데이터 처리가 용이하도록 일차 반응의 경우에서와 같이 간단히 할 수 있으며 속도 촉매법의 많은 예를 문헌에서 찾아볼 수 있다.[6]

**스프레드시트 요약** *Applications of Microsoft® Excel in Analytical Chemistry* 2판 13장 두 번째 예제는 효소 촉매 작용에 관한 것이다. 일차(선형) 변환을 하여 최소제곱법으로 Michaelis 상수, $K_m$과 최대 속도 $v_{max}$를 결정할 수 있다. 비선형 Michaelis-Menten식에 맞추어 엑셀의 Solver로 비선형 회귀법을 시행하여 이들 값을 구한다.

## 30B 반응 속도의 결정

몇 가지 방법이 반응 속도의 결정에 사용된다. 이 절에서는 이들 몇 가지 방법과 어떻게 사용되는지를 설명하기로 한다.

### 30B-1 실험적 방법

반응 속도를 측정하는 방법은 조사하려는 반응이 빠른가 또는 느린가에 달려 있다. 10초 이내에 반응이 50% 완결되면 그 반응은 일반적으로 빠르다고 본다. 빠른 반응에 사용되는 분석법은 일반적으로 특집 30-2에서 논의한 바와 같이 시료의 빠른 혼합과 데이터의 빠른 기록이 가능한 특수 장비를 필요로 한다.

**빠른 반응**은 10초 이내에 50% 완결되는 반응이다.

**특집 30-2**

**빠른 반응과 흐름-정지 혼합**

빠른 반응을 수행하는 가장 흔히 사용되며 신뢰도 높은 방법은 흐름-정지 혼합이다. 이 방법에서는 시약과 시료의 흐름을 신속히 섞고 혼합 용액의 흐름을 갑자기 정지시킨다. 혼합 위치로부터 약간 하류 지점에서 반응의 진행도를 모니터한다. 흐름-정지 혼합 시스템은 **그림 30F-4**에 나타나 있다.

이 장치를 사용하려면 먼저 밸브 A, B, C를 닫고 구동 주사기에 시약과 시료를 채워야 한다. 정지주사기는 비어 있다. 다음 구동 메커니즘을 작동시켜 주사기 피스톤을 재빨리 앞쪽으로 민다. 시약과 시료가 혼합기로 들어가 혼합되어 즉시 관찰 용기로 들어간다.

(계속)

[5]다음의 예를 참고하시오. Heino Prinz, *Numerical Methods for the Life Scientist*, Heidelberg: Springer-Verlag, 2011; P. F. Cook and W. W. Cleland, *Enzyme Kinetics and Mechanisms*, New York: Garland Science, 2007.

[6]See D. Perez-Bendito and M. Silva, *Kinetic Methods in Analytical Chemistry*, New York: Halsted Press-Wiley, 1988; H. A. Mottola, *Kinetic Aspects of Analytical Chemistry*, New York: Wiley, 1988.

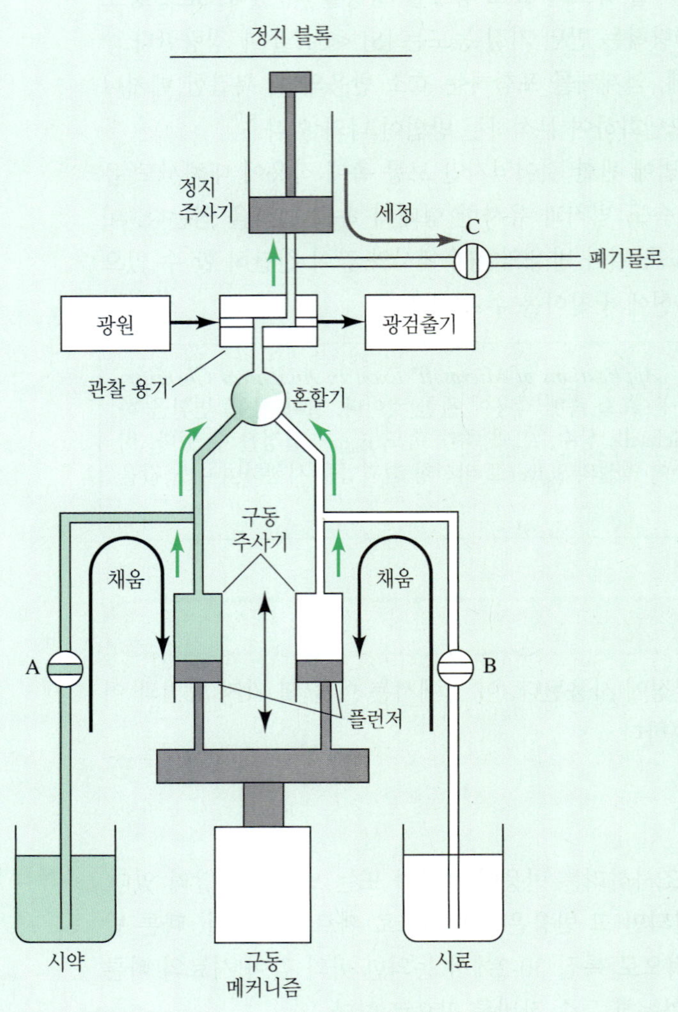


**그림 30F-4** 흐름-정지 혼합 장치.

다음 반응 혼합물은 정지 주사기로 들어가 정지 주사기가 채워지면서 정지 주사기의 피스톤이 정지 블록에 닿게 된다. 이때 흐름은 순간적으로 정지되고 방금 혼합된 용액은 관찰 용기에 채워진 채로 남는다. 관찰 용기는 투명하여 빛살이 통과할 수 있으므로 흡수 측정을 할 수 있다. 이 방식으로 반응의 진행을 기록할 수 있다. 이때 요구되는 것은 단지 불감 시간, 즉 시약의 혼합 후 관찰 용기에 시료가 도달할 때까지의 시간이 반응이 완결되는데 필요한 시간보다 상대적으로 짧아야 한다는 것뿐이다. 혼합기 난류에 의해 신속하고 효율적인 혼합이 일어나는 잘 설계된 장치의 불감 시간은 2~4 ms 정도이다. 따라서 $\tau \approx 25$ ms ($k \approx 40\ s^{-1}$) 정도인 일차 또는 유사 일차 반응은 흐름-정지법으로 조사할 수 있다.

반응이 완결되면 밸브 C를 열고 정지주사기의 피스톤을 눌러 정지 주사기의 내용물을 씻어내게 된다(그림에서 회색 화살표). 다음 밸브 C를 닫고 밸브 A와 B를 연 다음 구동 주사기에 용액을 채울 수 있도록 구동 메커니즘이 아래로 움직인다(그림에서 검정색 화살표). 이 시점에서 장치는 또 다른 신속 혼합 실험을 수행할 수 있는 준비 상태가 된다. 전체 장치를 컴퓨터로 제어한다.

흐름-정지 혼합은 빠른 반응의 기초 연구 및 빠른 반응에 관계되는 분석물의 일상적인 속도 결정에 사용되고 있다. 흐름-정지 혼합을 가능케 해주는 유체 역학의 원리와 이 장치와 다른 유사한 장치의 용액 취급 능력은 수많은 산업 및 임상 실험실에서 용액을 자동으로 혼합하고 분석물의 농도를 측정하는 데 이용되고 있다.

반응이 충분히 느리면 종래의 평형 분석법을 사용하여 시간의 함수로서 반응물 또는 생성물의 농도를 결정한다. 그러나 조사하려는 반응이 정적 측정 기술로 하기에는 너무 빠를 때, 즉 측정하는 도중에 농도가 상당히 변하는 때도 흔히 있다. 이런 조건에서는 측정하는 동안 반응을 중단시키거나 반응의 진행에 따라 연속적으로 농도를 기록하는 기기적 방법을 사용해야 한다. 공식적인 경우, 반응을 중지시키는 한가지의 반응물과 결합된 시약이 반응 혼합물과 섞이면서 부분 표본이 반응 화합물로부터 제거되고 빠르게 중지된다. 반응물 중의 한 가지와 결합하는 반응을 중지시키는 시약을 혼합하여 반응을 재빨리 중지시킨다. 반응을 중지시키는 또 다른 방법은 온도를 급격히 낮추어 측정하기에 적합한 정도로 반응을 느리게 만드는 것이다. 그렇지만 이 방법은 힘들고 시간이 많이 걸리기 때문에 분석 목적에 널리 사용되지 않는다.

속도론 데이터를 얻는 가장 편리한 방법은 분광광도법, 전도도법, 전위차법, 전류법 또는 기기적 방법으로 반응의 진행을 연속적으로 모니터하는 것이다. 저렴한 컴퓨터의 출현으로 인하여 반응물 및/또는 생성물의 농도에 비례하는 기기 응답 값을 시간의 함수로서 직접 기록하고 컴퓨터의 기억장치에 저장하였다가 차후에 데이터처리를 위해 불러내기도 한다. 또한 관찰 용기 안에 반응 혼합물이 있을 때, 펌프를 끄거나 혹은 흐름을 멈춰서 함으로써 흐름 주입 분석법을 사용함으로써 흐름-정지 원리를 적용할 수 있다.[7] 비록 빠른 반응의 종래의 흐름-정지 혼합법의 기술은 아니지만, 흐름-정지 혼합, 정지 흐름, 흐름 주입법들은 여러 가지의 효소 반응을 성공적으로 측정하고 있다.

다음 절에서는 반응 진행 그래프를 통해 분석 물질의 농도를 결정하는 반응 속도론적 방법들에 사용되는 몇 가지 전략들을 살펴보기로 한다.

## ▸ 30B-2 반응 속도법의 종류

반응 속도법은 측정되는 변수와 분석물 농도 사이에 존재하는 관계의 형태에 따라 분류된다.

### » 미분법

**미분법**(differential method)에서는 속도식의 도함수의 형태를 사용해서 반응 속도로부터 농도를 계산한다. 속도는 분석물 또는 생성물 농도를 반응 시간에 대하여 도시한 곡선의 기울기를 측정하여 결정한다. 식 (30-7)의 $[\mathrm{A}]_t$를 식 (30-4)의 [A]에 대입하면

$$\text{속도} = -\left(\frac{d[\mathrm{A}]}{dt}\right) = k[\mathrm{A}]_t = k[A]_0 e^{-kt} \qquad \textbf{(30-24)}$$

또 다른 방법은 속도를 생성물의 농도 항으로 나타내는 것이다. 즉,

$$\text{속도} = \left(\frac{d[\mathrm{P}]}{dt}\right) = k[A]_0 e^{-kt} \qquad \textbf{(30-25)}$$

---

[7] J. Ruzicka and E. H. Hansen, *Anal. Chim. Acta*, **1978**, *99*, 37; J. Ruzicka and E. H. Hansen, *Anal. Chim. Acta*, **1979**, 106, 207.

식 (30-24)와 식 (30-25)는 속도가 $k$, $t$ 및 가장 중요한 분석물의 처음 농도 $[A]_0$에 의존한다는 것을 보여준다. 어떤 정해진 시간 $t$에서 인자 $ke^{-kt}$는 상수이므로 속도는 분석물의 처음 농도에 정비례한다. 예제 30-5는 초기 분석물의 농도를 계산하기 위해 미분법 사용 방법을 설명하고 있다.

### 예제 30-5

어떤 유사 일차 반응의 속도 상수가 $0.156\ s^{-1}$이다. 반응 개시 10초 후 반응물의 소모 속도가 $2.79 \times 10^{-4}\ M\ s^{-1}$일 때 반응물의 처음 농도를 구하시오.

**풀이**

비례 상수 $ke^{-kt}$는

$$ke^{-kt} = (0.156\ s^{-1})e^{-(0.156\ s^{-1})(10.00\ s)} = 3.28 \times 10^{-2}\ s^{-1}$$

식 (30-24)를 재배열한 다음 수치를 대입하면

$$\begin{aligned}[A]_0 &= \text{속도}/ke^{-kt} \\ &= (2.79 \times 10^{-4}\ M\ s^{-1})/(3.28 \times 10^{-2}\ s^{-1}) \\ &= 8.51 \times 10^{-3}\ M\end{aligned}$$

반응 속도를 측정하는 시간은 편리성, 방해하는 부반응의 존재 여부 및 특정 시간에 측정을 수행할 때의 고유 정밀도와 같은 인자를 고려하여 선택한다. 흔히 $t = 0$ 근처에서 측정하는 것이 유리한데, 이는 지수함수 곡선의 이 부분이 거의 직선이어서(예컨대, 그림 30-1의 곡선의 초기 부분) 곡선에 접선을 그어 기울기를 쉽게 측정할 수 있기 때문이다. 더욱이 반응이 유사 일차이면 과량으로 존재하는 시약의 극히 일부분만이 소모되어 시약 농도 변화에 따르는 $k$ 값의 변화에 의한 오차는 생기지 않는다. 마지막으로 기울기 결정에서 발생하는 *상대 오차*는 기울기가 이 영역에서 최대이기 때문에 반응의 시작 부분에서 측정할 때 최소가 된다.

**그림 30-4**는 미분법을 사용해서 식 (30-1)에 나타낸 반응의 속도를 실험적으로 측정하여 분석물 농도 $[A]_0$를 결정하는 방법을 보여준다. 그림 30-4a의 실선은 A의 네 가지 표준 용액에 대하여 실측한 생성물의 농도 [P]를 반응 시간의 함수로서 도

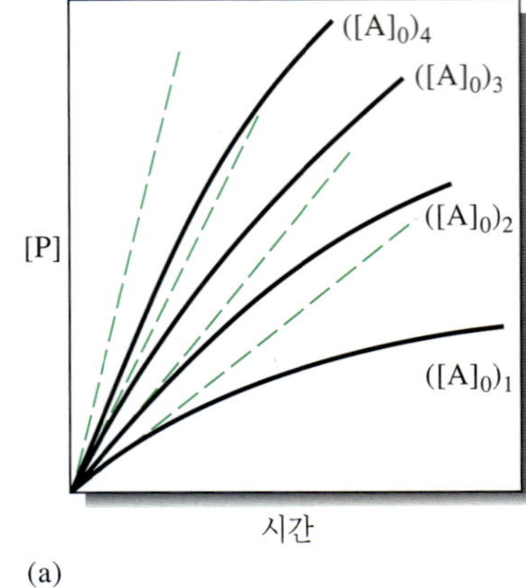


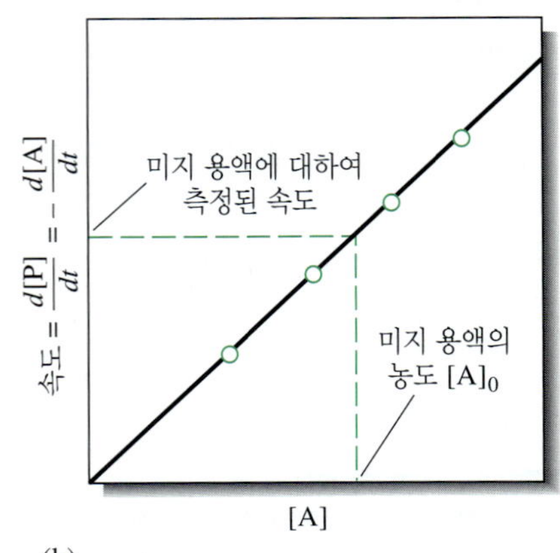


**그림 30-4** 미분법으로 A를 정량하기 위하여 얻은 데이터의 그래프. (a) 실선은 A의 네 가지 표준 용액에 대하여 실험적으로 구한 생성물 농도를 시간의 함수로서 도시한 것이다. 파선은 $t \rightarrow 0$에서 곡선의 접선이다. (b) (a)의 접선으로부터 구한 기울기를 분석물 농도의 함수로서 도시한 그림.

시한 것이다. 이 곡선들은 그림 30-4b에 나와 있는 검정 곡선을 작성하는 데 사용된다. 속도를 구하려면 시간이 거의 0인 위치에서 각 곡선에 접선을 그린다(a 부분의 파선). 각 접선의 기울기를 [A]의 함수로서 도시하면 그림 30-4b에 나타낸 직선이 얻어진다. 미지 시료도 같은 방법으로 처리하여 검정 곡선으로부터 분석물 농도를 결정한다.

기울기를 결정하기 위해서는 단지 도식의 일부분을 사용하기 때문에 그림 30-4a에서 했던 것과 같은 전체 속도 곡선을 기록하는 것은 필요치 않다. 처음 기울기를 정확하게 결정하기 위해 충분한 자료 점들을 모으면, 시간도 절약되고 전체 과정은 간소화된다. 더욱 복잡한 자료 처리 과정과 자료의 수치상의 분석들은 다음번에도 높은 정확도의 속도 측정을 가능하게 한다. 어떤 경우에도 이 같은 측정들은 $t = 0$에 가까운 시점에서 측정한 것보다 더욱 정확하고 정밀하다.

### » 적분법

미분법과는 대조적으로 **적분법**(integral method)은 식 (30-6), (30-7), (30-9)에 보인 것과 같은 속도 법칙의 적분형을 이용한다.

**그래프 법.** 식 (30-6)을 재배열하면

$$\ln[A]_t = -kt + \ln[A]_0 \tag{30-26}$$

실측한 A(또는 P) 농도의 자연로그 값을 시간의 함수로 도시하면 기울기가 $-k$이고 $y$절편이 $\ln\,[A]_0$인 직선이 얻어진다. 이 과정을 나이트로메테인의 정량에 이용한 예가 예제 30-6이다.

#### 예제 30-6

표 30-2의 처음 두 세로줄의 데이터는 과량의 염기 존재 하에 나이트로메테인이 유사 일차로 분해하는 반응에 대한 것이다. 나이트로메테인의 처음 농도와 유사 일차 속도 상수를 구하시오.

**풀이**

나이트로메테인 농도의 자연대수 값이 **표 30-2**의 세 번째 세로줄에 나와 있으며 이 데이터를 도시한 것이 **그림 30-5**이다. 데이터를 최소자승법(8D-2절 참조)으로 분석하면 절편 $b$는

$$b = \ln[CH_3NO_2]_0 = -5.129$$

따라서

$$[CH_3NO_2]_0 = 5.92 \times 10^{-3}\ M$$

최소제곱법에 의한 직선의 기울기 $m$은 이 경우

$$m = -1.62 = -k$$

따라서

$$k = 1.62\ s^{-1}$$

**표 30-2**

**나이트로메테인의 분해 데이터**

| 시간, s | $[CH_3NO_2]$, M | $\ln[CH_3NO_2]$ |
|---|---|---|
| 0.25 | $3.86 \times 10^{-3}$ | −5.557 |
| 0.50 | $2.59 \times 10^{-3}$ | −5.956 |
| 0.75 | $1.84 \times 10^{-3}$ | −6.298 |
| 1.00 | $1.21 \times 10^{-3}$ | −6.717 |
| 1.25 | $0.742 \times 10^{-3}$ | −7.206 |

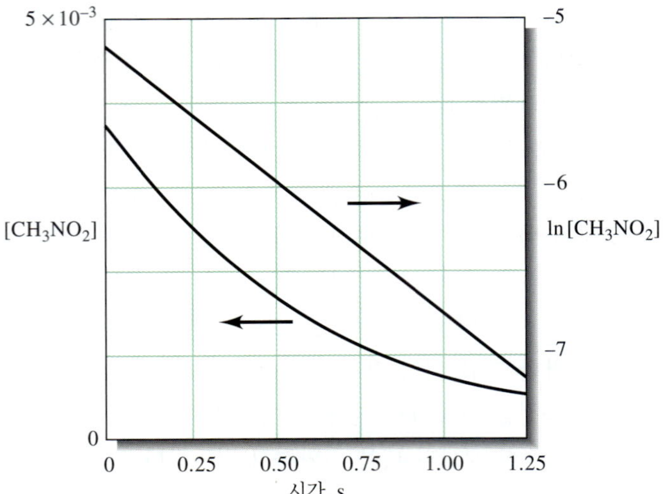


**그림 30-5** 나이트로메테인 농도와 나이트로메테인 농도의 자연대수를 시간의 함수로 도시한 그림. 데이터는 예제 30-6에 나와 있다.

**고정시간법.** 고정시간법은 식 (30-7) 또는 식 (30-9)에 바탕을 두고 있는데, 재배열하면

$$[A]_0 = \frac{[A]_t}{e^{-kt}} \tag{30-27}$$

이 관계를 사용하는 가장 간단한 방법은 알려진 농도 $[A]_0$의 표준 용액으로 검정 실험을 하는 것이다. 주의 깊게 측정된 반응 시간 $t$에서 $[A]_t$를 측정, 식 (30-27)을 사용하여 $e^{-kt}$를 계산한다. 정확히 같은 반응 시간이 지난 시점에서 미지 시료의 $[A]_t$를 측정하고 $e^{-kt}$의 계산 값을 사용하여 분석물의 농도를 계산한다.

식 (30-27)은 쉽게 변형시켜 [A] 대신 [P]를 측정하는 상황에서도 사용할 수 있다. 식 (30-9)를 재배열하여 $[A]_0$에 대하여 풀면,

$$[A]_0 = \frac{[P]_t}{1-e^{-kt}} \tag{30-28}$$

식 (30-27) 또는 식 (30-28)을 사용하는 더 바람직한 방법은 두 시간 $t_1$ 및 $t_2$에서 [A] 또는 [P]를 측정하는 것이다. 예컨대 생성물의 농도를 결정하고자 할 때는 다음과 같이 쓸 수 있다.

$$[P]_{t_1} = [A]_0(1 - e^{-kt_1})$$
$$[P]_{t_2} = [A]_0(1 - e^{-kt_2})$$

두 번째 식에서 첫 번째 식을 뺀 다음 재배열하면

$$[A]_0 = \frac{[P]_{t_2} - [P]_{t_1}}{e^{-kt_1} - e^{-kt_2}} = C([P]_{t_2} - [P]_{t_1}) \tag{30-29}$$

분모의 역수 $C$는 고정된 시간 $t_1$ 및 $t_2$에 대하여 상수이다.

식 (30-29)를 사용하면 대부분의 반응 속도법에서 공통으로 나타나는 농도나 농도에 비례하는 변수의 절대 값을 구할 필요가 없다는 근본적인 이점이 있다. 두 농도 사이의 차이는 분석물의 처음 농도에 비례한다.

반응 속도법의 주요 이점은 측정 장치의 장기 편류에 의하여 생기는 오차의 영향을 받지 않는다는 것이다.

비촉매법의 한 가지 중요한 예는 분광광도법으로 붉은 색의 철(III)-싸이오사이안산 이온 착화합물을 측정하여 싸이오사이안산 이온을 정량하는 데 고정시간법을 사용하는 것이다. 이때 반응은 다음과 같다.

$$Fe^{3+} + SCN^- \underset{k_{-1}}{\overset{k_1}{\rightleftharpoons}} Fe(SCN)^{2+}$$

$Fe^{3+}$가 과량인 조건에서 반응은 $SCN^-$에 대하여 유사 일차 반응이다. **그림 30-6a**의 곡선은 pH 2에서 0.100 M $Fe^{3+}$를 여러 농도의 $SCN^-$와 신속하게 혼합한 뒤 $Fe(SCN)^{2+}$의 생성에 의한 흡광도의 증가를 시간에 대하여 도시한 것이다. $Fe(SCN)^{2+}$의 농도는 Beer 법칙에 의해 흡광도와 관계되므로 농도로 전환하지 않고 실험 데이터를 직접 사용할 수 있다. 시간 $t_1$과 $t_2$ 사이의 흡광도 변화 $\Delta A$를 계산하여 **그림 30-6b**와 같이 $[SCN^-]_0$에 대하여 도시한다. 미지 농도는 동일한 실험 조건에서 $\Delta A$를 구하여 교정 곡선 또는 최소제곱식으로부터 싸이오시안산 이온의 농도를 구한다.

고정시간법은 측정되는 양이 분석물 농도에 정비례하고, 일차 반응이 진행되는 도중 *어떤 시간*에도 측정할 수 있기 때문에 유리하다. 고정시간법으로 반응을 모니터할 때 기기를 사용하면 분석 결과의 정밀도는 사용하는 기기의 정밀도에 접근한다.

**곡선맞춤법.** 수학적 모델을 농도 또는 신호 대 시간 곡선에 맞추는 것은 기기에 장착된 컴퓨터를 사용하여 쉽게 수행할 수 있다. 이렇게 하면 데이터에 '가장 잘 맞춘' 분석물의 초기 농도를 포함하는 모델 파라미터들의 값을 얻는다. 이들 방법 중 가장 정교한 방법은 모델의 파라미터를 사용하여 평형 또는 정류 상태 응답을 추정하는 것이다. 평형의 위치가 온도, pH, 시약 농도와 같은 실험 변수에 덜 민감하므

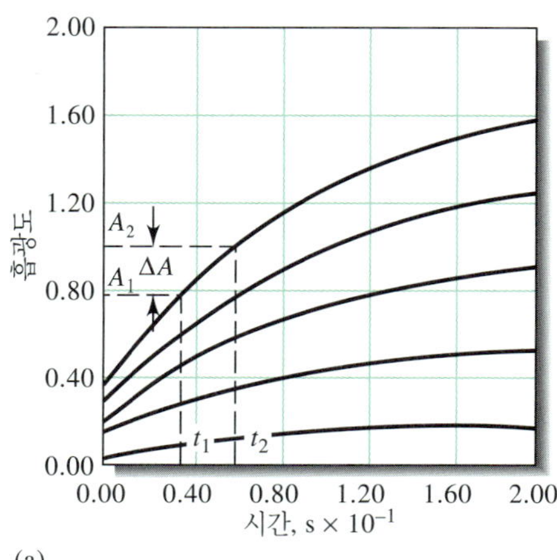


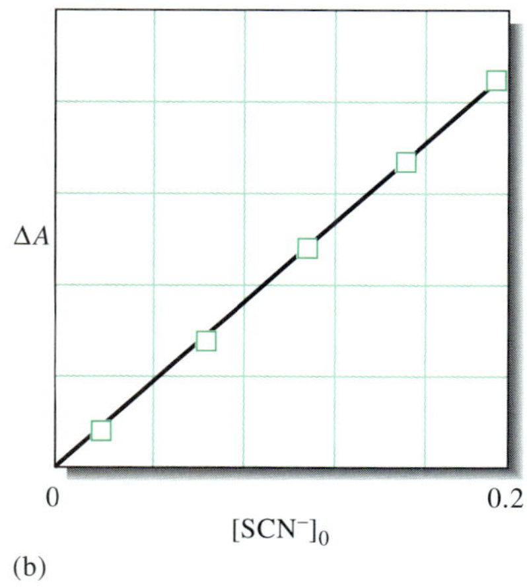


**그림 30-6** (a) 다섯 가지 $SCN^-$ 농도에 대하여 $Fe(SCN)^{2+}$의 생성에 따른 흡광도를 시간의 함수로 나타낸 그림. (b) 시간 $t_1$와 $t_2$ 사이의 흡광도차 $\Delta A$를 $SCN^-$ 농도의 함수로서 도시한 그림.

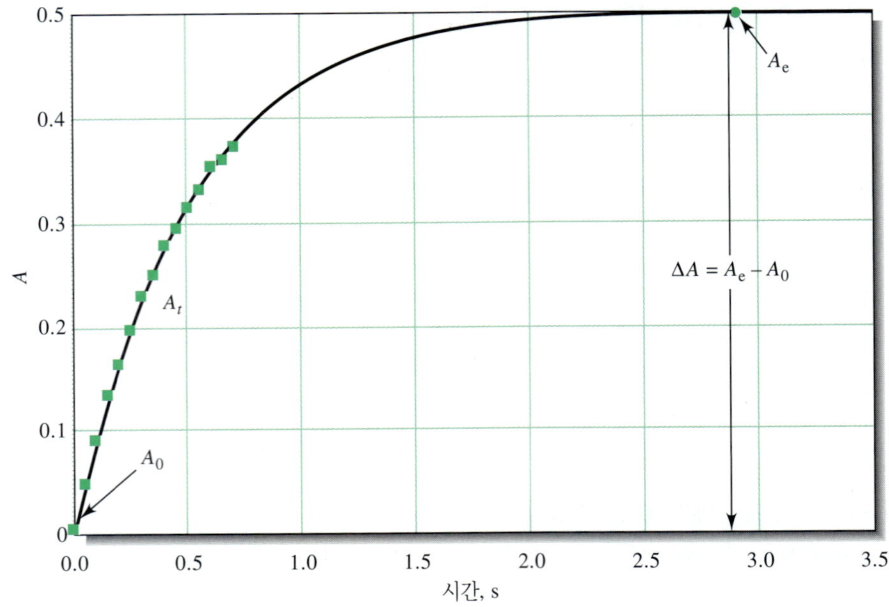


**그림 30-7** 반응 속도법의 예측법. 반응의 속도 영역에서 사각형으로 나타낸 수학적 모델을 사용하여 실선으로 나타낸 응답을 맞춘다. 이 모델을 사용하여 신호의 평형 값 $A_e$를 예측하는 데 $A_e$는 분석물의 농도와 관계가 있다. 여기에 보인 예는 흡광도를 시간에 대하여 도시하고 초기 시간 데이터를 사용하여 파란 원으로 나타낸 평형값 $A_e$를 예측한다. (G. L. Mieling and H. L. Pardue, *Anal. Chem.*, **1978**, *50*, 1611, **DOI:** 10.1021/ac50034a011. Copyright 1978 American Chemical Society.)

로 이들 방법은 오차 보정을 할 수가 있다. **그림 30-7**은 이 방법을 사용하여 응답 곡선의 속도 영역에서 얻은 데이터로부터 평형 흡광도를 예측한 예를 보여준다. 평형 흡광도로부터 분석물의 농도를 구한다.

컴퓨터는 반응 속도법을 위한 많은 획기적인 방법을 제공한다. 최근의 오차 보상법은 적용된 계의 반응 차수에 대한 이전 지식을 요구하지 않으며 일반화된 모델만을 사용한다. 또 다른 방법으로는 batch processing법을 적용하는 대신에 모아진 데이터를 이용하여 모델 파라미터를 계산하는 것이다.

**스프레드시트 요약** *Applications of Microsoft® Excel in Analytical Chemistry* 2판 13장 마지막 예제는 초기 속도법으로 분석물의 농도를 정량을 하는 것에 관한 것이다. 초기속도는 선형 최소제곱분석으로부터 결정하고 이를 사용하여 교정 곡선과 식을 얻은 다음 미지 농도를 알아낸다.

## 30C 반응 속도법의 응용

반응 속도법에 사용되는 반응은 **촉매 반응**(catalyzed)과 **비촉매 반응**(uncatalyzed)의 두 가지 부류로 나눌 수 있다. 앞서 언급한 바와 같이 촉매 반응들은 높은 감도와 선택성으로 인하여 널리 사용되고 있다. 그러나 비촉매 반응은 고속, 자동화 측정이 필요하거나 검출법의 감도가 높을 때 사용된다.[8]

[8]반응 속도법의 응용에 대한 총설은 다음을 참고하시오. H. O. Mottola, *Kinetic Aspects of Analytical Chemistry*, New York: Wiley, 1988, pp. 88–121.; D. Perez-Bendito and M. Silva, *Kinetic Methods in Analytical Chemistry*, New York: Halsted Press-Wiley, 1988, pp. 31–189.

## ▸ 30C-1 촉매법

촉매법들은 무기물 및 유기물들을 정량하는 데 사용하고 있다.

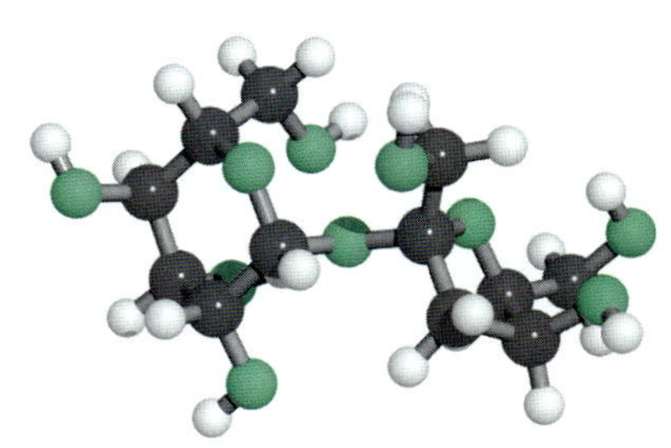

슈크로오스의 분자 모델. 슈크로오스는 우리가 보통 먹는 설탕으로 두 개의 단당체가 연결된 이당체이다. 이 중 하나는 글루코오스 고리이고 다른 하나는 프락토오스(과당) 고리이다.

### » 무기 화학종의 정량

많은 무기 양이온과 음이온은 지시 반응, 즉 속도를 흡수 분광 광도법, 형광법 또는 전기화학과 같은 기기적 방법으로 쉽게 측정할 수 있는 반응에서 촉매 작용을 한다. 반응 속도가 촉매의 농도에 비례하도록 조건을 조절하여 측정된 속도 데이터로부터 촉매의 농도를 결정한다. 촉매법은 촉매 농도를 아주 감도 높게 정량할 수 있게 해준다. 무기 분석물에 의한 촉매 작용에 근거한 속도법은 널리 사용된다. 예컨대, 이에 관한 문헌은 다양한 지시 반응에 의해 정량할 수 있는 40개 이상의 양이온과 15개 음이온을 수록하고 있다.[9] 표 30-3은 몇 가지 무기 화학종에 대한 촉매법을 사용된 지시 반응, 검출법 및 검출한계와 함께 보여준다.

### » 유기 화학종의 정량

촉매 속도법을 유기 분석에 응용할 때 단연코 가장 중요한 것은 촉매를 효소로 사용하는 것이다. 이 방법은 효소와 기질 두 가지 모두를 정량하는 데 사용되며 세계 도처의 임상실험실에 있는 수천 명에 의해 수행되는 많은 임상 및 자동화 선별 시험의 기초가 되고 있다.

여러 가지 다른 효소 기질들이 효소-촉매 반응으로 정량되었다. 표 30-4는 다양한 응용에서 정량되는 몇 가지 기질을 수록하고 있다. 중요한 응용 중 하나가 혈중 요소량의 정량으로 혈액요소질소(BUN) 시험이라고 부른다. 이 정량을 특집 30-3에 간단히 설명하였다.

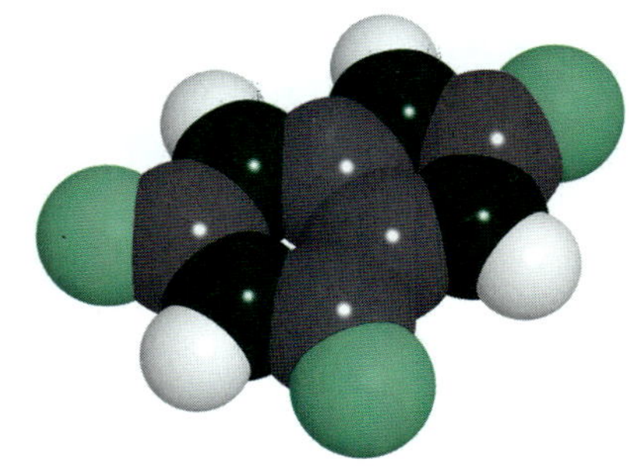

요산의 분자 모델. 요산은 소화 과정에 필수적이다. 그러나 인체가 지나치게 많은 양의 요산을 내놓거나 불충분한 양이 분비되면 혈중 요산 농도가 높아져 관절과 건에 요산소듐 결정이 생기고 이로 인하여 염증, 압박감 및 격심한 통증이 동반되는 통풍성 관절염 또는 통풍이 발생한다.

**표 30-3**
**무기화학종의 촉매법**

| 분석물 | 지시 반응 | 검출법 | 검출 한계, ng/mL |
|---|---|---|---|
| 코발트 | Catechol + $H_2O_2$ | 분광광도법 | 3 |
| 구리 | Hydroquinone + $H_2O_2$ | 분광광도법 | 0.2 |
| 철 | $H_2O_2 + I^-$ | 전위차법 | 50 |
| 수은 | $Fe(CN)_6^{4-} + C_6H_5NO$ | 분광광도법 | 60 |
| 몰리브데넘 | $H_2O_2 + I^-$ | 분광광도법 | 10 |
| 브로민화 이온 | $BrO_3^-$의 분해 | 분광광도법 | 3 |
| 염화 이온 | $Fe^{2+} + ClO_3^-$ | 분광광도법 | 100 |
| 사이안화 이온 | *o*-dinitrobenzene의 환원 | 분광광도법 | 100 |
| 아이오딘 이온 | Ce(IV) + As(III) | 전위차법 | 0.2 |
| 옥살산 이온 | Rhodamine B + $Cr_2O_7^{2-}$ | 분광광도법 | 20 |

[9] M. Kopanica and V. Stara, in *Comprehensive Analytical Chemistry*, G. Svehla, ed., Vol. 18, pp. 11–227, New York: Elsevier, 1983.

**표 30-4**

**중요한 기질**

| 기질 | 효소 | 응용 |
|---|---|---|
| 에탄올 | 알코올 탈수소효소 | 음주 단속, 알코올 중독 |
| 갈락토오스 | 갈락토오스 산화효소 | 갈락토오스 혈증(血症) |
| 글루코오스(포도당) | 글루코오스 산화효소 | 당뇨병의 진단 |
| 락토오스(유당) | 락토오스 분해효소 | 식품 |
| 말토오스(맥아당) | $\alpha$-글루코오스 분해효소 | 식품 |
| 페니실린 | 페니실린 분해효소 | 약품 조제 |
| 페놀 | 티로신 분해효소 | 물 및 폐수 |
| 슈크로오스(자당, 蔗糖) | 자당 전화효소 | 식품 |
| 요소 | 요소 분해효소 | 간 및 신장 질환의 진단 |
| 요산 | 요산 분해효소 | 통풍, 백혈병, 임파종의 진단 |

**특집 30-3**

**요소의 효소법 정량**

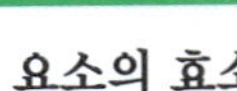

혈액 및 소변 속의 요소는 요소 분해 효소의 존재 하에서 요소의 가수분해 속도를 측정하여 정량한다. 이때 반응식은 다음과 같다.

$$CO(NH_2)_2 + 2H_2O \xrightarrow{\text{urease}} NH_4^+ + HCO_3^-$$

예제 30-4에서 논의한 바와 같이 이 반응 생성물의 초기 생성 속도를 측정하여 요소를 정량할 수 있다. 효소의 높은 선택성 덕택에 초기 속도 측정에서 전기전도도법 같은 비선택적 검출법을 사용할 수 있다. 시판 기기는 이 원리로 작동한다. 시료를 전도도 용기 안에서 소량의 효소 완충 용액과 혼합한 다음 10초 이내에 전도도 증가의 최대 속도를 측정한다. 요소 농도의 함수로서 최대 초기 속도를 도시한 교정 곡선으로부터 요소의 농도를 결정한다. 기기의 정밀도는 2~10 mM의 생리 농도 범위에서 2~5% 정도이다.

요소 가수분해 속도를 재는 또 다른 방법은 암모늄 이온에 선택적으로 감응하는 전극을 사용하는 것이다(21D절). $NH_4^+$의 생성을 전위차법으로 모니터하여 반응 속도를 얻는다. 또 다른 방법은 요소 분해 효소를 pH 전극의 표면에 부동화하여 pH 변화 속도를 모니터하는 것이다. 현재 많은 수의 효소를 겔, 막, 관의 내벽, 유리구슬, 중합체, 박막과 같은 지지체 위에 부동화하였다. **부동화 효소**(immobilized enzyme)는 용해성 효소에 비하여 안정도가 높으며 수백, 수천 건의 분석에 재사용할 수 있다.

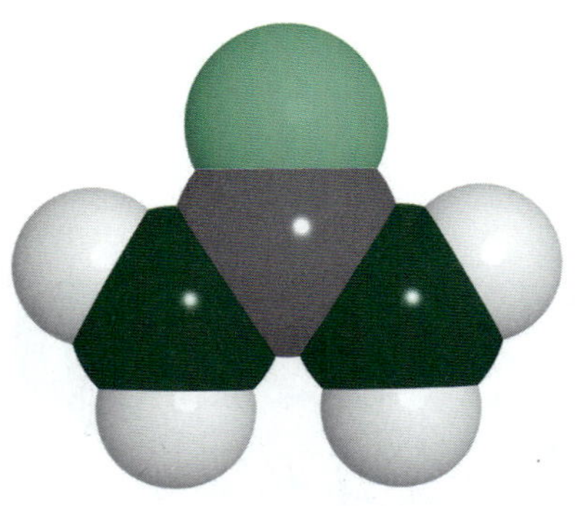

$$H_2N-\overset{\overset{\displaystyle O}{\|}}{C}-NH_2$$

요소의 분자 모델. 요소는 탄산의 다이아마이드이다. 포유류가 단백질의 대사 생성물로서 분비한다.

효소는 겔 내포, 고체 지지체에 흡착 또는 고체에 공유 결합시켜 부동화한다.

질산 이온, 인산 이온, 피로인산 이온뿐만 아니라 암모니아, 과산화 수소, 이산화 탄소, 하이드록실아민을 포함하는 다수의 무기 화학종은 효소 촉매 반응을 사용하여 정량할 수 있다.

[10]더 자세한 설명은 다음을 참고하시오. G. G. Guilbault, *Analytical Uses of Immobilized Enzymes*, New York: Dekker, 1984; P. W. Carr and L. D. Bowers, *Immobilized Enzymes in Analytical and Clinical Chemistry*, New York: Wiley, 1980.

반응 속도법은 수백 가지 효소를 정량 분석하는 데 사용되었다. 간 질환을 진단하는 데 있어서 중요한 효소 중 몇 가지 예를 들면 혈청 글루타민산-옥살로아세트산 아미노기전 이효소(GOT), 글루탐산 이온-피루빈산 이온 아미노 기전 이효소(GPT) 및 락트산 이온 탈수소 효소(LDH)이다. 심장마비가 일어난 후에도 GOT, GPT, LDH의 혈중 농도가 올라간다. 이들 효소와 크레아틴 인산키나아제는 심근경색의 진단 인자이기도 하다. 이 밖에 진단에 활용되는 효소로는 아밀라아제, 리파아제와 같은 가수분해 효소와 염기성 인산 분해 효소, 인산헥소오스 이성질화 효소, 알돌 분해 효소가 있다.

효소는 촉매이고 반응 속도에만 영향을 미치기 때문에 촉매 활성도를 결정하려면 속도법이 필요하다.

더욱이 24종 이상의 무기 양이온과 음이온이 특정 효소 촉매 지시 반응의 속도를 감소시키는 것으로 알려져 있다. 따라서 이들 **억제제**(inhibitor)는 이들이 존재할 때 생기는 속도 감소로부터 정량할 수 있다.

흔히 무기 이온인 **효소 활성제**(enzyme activator)는 어떤 효소가 촉매로서 활성이 되는데 필요한 물질이다. 따라서 활성제는 그들이 효소 촉매 반응의 속도에 미치는 효과를 측정하여 정량할 수 있다. 예컨대, 마그네슘에 의한 아이소시트르산 탈수소 효소의 활성화를 이용하여 혈장 내 10 ppb 정도로 낮은 농도의 마그네슘을 정량한 연구가 보고된 바 있다.

활성제와 억제제의 정량에 효소를 사용할 수 있다. 활성제는 반응 속도를 증가시키고 억제제는 속도를 감소시킨다.

## ▸ 30C-2 비촉매 반응

앞서 언급한 바와 같이 비촉매 반응에 기초한 반응 속도법은 촉매가 포함되는 반응에 기초한 방법 만큼 널리 쓰지 않는다. 이들 방법 중 두 가지를 이미 설명한 바 있다.

일반적으로 비촉매 반응은 감도 높은 검출법과 함께 선택적인 시약을 사용할 때 유용하게 이용할 수 있다. 예컨대, 금속 이온의 정량에서 착화제의 선택성은 17D-8절에서 논의한 바와 같이 매질의 pH를 조절하여 변화시킬 수 있다. 선택성은 분광광도법 검출을 사용하여 큰 몰 흡광도를 가지는 착화합물을 형성하는 시약을 모니터함으로써 얻어진다. 연습 문제 30-13에 나타낸 $Cu^{2+}$의 정량이 그 한 예이다. 감도가 높은 또 다른 방법은 형광을 내는 착화합물을 선택하여 형광의 변화 속도를 분석물 농도의 척도로 사용하는 것이다(연습 문제 30-14 참조).

비촉매 및 촉매 속도법의 정밀도는 pH, 이온 세기 및 온도와 같은 실험 조건에 따라 달라진다. 이들 변수를 주의 깊게 조절하면 보통 상대 표준 편차 1~10%의 정밀도로 얻어진다. 반응 속도법을 자동화하고 컴퓨터로 데이터 분석을 하면 상대 정밀도를 1% 이하로 향상시킬 수 있다.

## ▸ 30C-3 혼합물 내 성분의 반응 속도법 정량

반응 속도법의 중요한 응용 중의 한 가지는 알칼리 토금속 양이온들 또는 작용기를 가지는 유기 화합물류와 같은 혼합물에서 매우 밀접한 관계를 갖고 있는 화학종을 정량하는 것이다. 예컨대, 두 화학종 A와 B가 유사 일차 조건에서 과량인 공통 시약과 반응하여 생성물이 생기는 경우를 가정해 보자.

$$A + R \xrightarrow{k_A} P$$

$$B + R \xrightarrow{k_B} P'$$

일반적으로 $k_A$와 $k_B$는 서로 다르다. $k_A > k_B$이면 B보다 A가 먼저 고갈된다. $k_A/k_B$ 비가 약 500보다 크면 B가 1% 소모되기 전에 A는 약 99% 정도 소모된다. 따라서 혼합 후 즉시 속도를 측정하면, B에 의한 방해를 거의 받지 않고 A를 정량할 수 있다.

두 속도상수 비가 작아도 더 복잡한 데이터 처리법을 사용하면 여전히 두 화학종을 정량할 수 있다. 이들 중 많은 방법들이 특집 8-3에서 설명한 것과 유사한 화학계량학 및 다변수검량 기법을 사용한다. 상세한 **다성분 반응 속도법**(multicomponent kinetic method)은 이 책의 범위를 벗어나므로 다루지 않기로 한다.[11]

효소 반응에 기초한 글루코오스 분석기를 제조하는 몇 기기 제조회사를 찾기 위해 검색 엔진을 사용하시오. 분광 광도 분석기를 제조하는 회사 하나와 전기화학적 분석기를 제조하는 회사 하나를 찾으시오. 두 기기의 정확도, 정밀도, 동적 영역, 가격을 포함하는 특징을 비교 대조하시오.

## 연습 문제

**30-1.** 다음 반응 속도법 분석 용어를 정의하시오.

*(a) 반응 차수
(b) 유사 일차
*(c) 효소
(d) 기질
*(e) Michaelis 상수
(f) 미분법
*(g) 적분법
(h) 지시 반응

**30-2.** 반응 속도법에 의한 다성분 혼합물의 분석은 가끔 '반응 속도법 분리'라고도 한다. 이 용어의 의미를 설명하시오.

***30-3.** 반응 속도법의 세 가지 이점을 쓰시오. 평형법과 비교할 때 속도법의 두 가지 가능한 한계를 설명하시오.

**30-4.** 대부분의 반응 속도법에 유사 일차 조건이 사용되는 이유를 설명하시오.

***30-5.** 일차 과정에서 반응물의 반감기에 대한 식을 $k$의 항으로 쓰시오.

**30-6.** 다음의 각 일차 반응에 해당하는 고유 수명(초)를 구하시오.

*(a) $k = 0.497\ s^{-1}$
(b) $k = 6.62\ h^{-1}$
*(c) $t = 3876$ s에서 $[A]_0 = 3.16$ M, $[A]_t = 0.496$ M
(d) $t = 9.54$ s에서 $[P]_\infty = 0.176$ M, $[P]_t = 0.0423$ M(반응하는 분석물 1 몰당 생성물 1 몰이 생긴다고 가정하시오.)
*(e) 반감기, $t_{1/2} = 26.5$년
(f) $t_{1/2} = 0.583$ s

**30-7.** 아래에 주어진 시간 안에 75.0% 완결되는 반응의 일차 속도 상수를 구하시오.

*(a) 0.0100 s　(b) 0.100 s　*(c) 1.00 s
(d) 5280 s　*(e) 26.8 μs　(f) 8.86 ns

**30-8.** 유사일차 반응이 다음 수준까지 완결되는데 필요한 반감 수명을 계산하시오.

*(a) 10%　(b) 50%　*(c) 90%
(d) 99%　*(e) 99.9%　(f) 99.99%

**30-9.** 연습 문제 30-8에 수록되어 있는 수준까지 완결되는데 필요한 반감기 $\tau$를 구하시오.

**30-10.** 다음 조건에서 유사 일차 반응이 진행되는 동안에 $k'$이 변하지 않는다고 가정할 때 생기는 상대 오차를 구하시오.

| | 반응의 정도(%) | 시약의 과잉도 |
|---|---|---|
| *(a) | 1 | 5× |
| (b) | 1 | 10× |
| *(c) | 1 | 50× |
| (d) | 1 | 100× |
| *(e) | 5 | 5× |
| (f) | 5 | 10× |
| *(g) | 5 | 100× |
| (h) | 63.2 | 5× |
| *(i) | 63.2 | 10× |
| (j) | 63.2 | 50× |
| *(k) | 63.2 | 100× |

[11] 다성분 혼합물의 반응 속도법 응용에 대해서는 다음을 참고하시오. H. O. Mottola, *Kinetic Aspects of Analytical Chemistry*, New York: Wiley, 1988, pp. 122–148; D. Perez-Bendito and M. Silva, *Kinetic Methods in Analytical Chemistry*, New York: Halsted Press-Wiley, 1988, pp. 172–189.

**30-11.** 식 (30-19)를 따르는 효소 반응에서 속도가 $v_{max}/2$와 같아지게 하는 기질의 농도는 $K_m$와 동일함을 보이시오.

***30-12.** 식 (30-19)를 재배열하면 다음 식을 얻을 수 있다.

$$\frac{1}{d[P]/dt} = \frac{K_m}{v_{max}[S]} + \frac{1}{v_{max}}$$

여기서 [S]가 크면 $v_{max} = k_2[E]_0$이다.

(a) 기질의 효소법 정량의 검정(작업) 곡선 작성에 이 식을 사용하는 방법을 제시하시오.

(b) 위에서 얻은 작업선을 $K_m$과 $v_{max}$을 알아내는 데 어떻게 사용할 수 있는지를 설명하시오.

***30-13.** 구리(II)는 산성 매질 속에서 유기 착화제 R과 1:1 착화합물을 형성한다. 착화합물의 생성은 480 nm에서 분광광도법으로 모니터할 수 있다. 유사 일차 조건에서 수집한 아래 데이터를 사용하여 속도 대 R의 농도로 나타낸 교정 곡선을 작성하시오. 같은 조건에서 속도가 $6.2 \times 10^{-3}$ $A$ $s^{-1}$인 미지 시료 내 Cu(II)의 농도를 구하시오. 또한 농도의 표준 편차를 구하시오.

| $c_{Cu^{2+}}$(ppm) | 속도($A$ $s^{-1}$) |
|---|---|
| 3.0 | $3.6 \times 10^{-3}$ |
| 5.0 | $5.4 \times 10^{-3}$ |
| 7.0 | $7.9 \times 10^{-3}$ |
| 9.0 | $1.03 \times 10^{-2}$ |

**30-14.** 알루미늄은 2-하이드록시-1-나프타알데하이드 *p*-메톡시벤조일하이드라존알과 반응하여 475 nm에서 형광을 내는 1:1 착화합물을 형성한다. 유사 일차 조건에서 초기 반응 속도(방출 단위/초)를 알루미늄의 농도(μM)에 대하여 도시하면 다음 식으로 나타낼 수 있는 직선이 얻어진다.

$$속도 = 1.74c_{Al} - 0.225$$

같은 실험 조건에서 0.76 방출단위/초의 속도를 나타내는 용액 속의 알루미늄 농도를 구하시오.

***30-15.** 아민 산화효소는 아민이 알데하이드로 산화되는 반응에서 촉매 작용을 한다. pH = 8에서 효소 트립타민의 $K_m = 4.0 \times 10^{-4}$ M이고 $v_{max} = k_2[E]_0 = 1.6 \times 10^{-3}$ μM/분이다. [트립타민] $\ll K_m$이라고 가정하고 위의 조건에서 아민 산화효소가 존재할 때 0.18 μM/분의 속도로 반응하는 트립타민 용액의 농도를 구하시오.

**30-16.** 다음은 분석물 초기 농도 $[A]_0$가 다른 유사 일차 반응의 초기 단계 동안의 생성물 농도 대 시간 데이터이다.

| *t*, s | [P], M | | | | |
|---|---|---|---|---|---|
| 0 | 0.00000 | 0.00000 | 0.00000 | 0.00000 | 0.00000 |
| 10 | 0.00004 | 0.00018 | 0.00027 | 0.00037 | 0.00014 |
| 20 | 0.00007 | 0.00037 | 0.00055 | 0.00073 | 0.00029 |
| 50 | 0.00018 | 0.00091 | 0.00137 | 0.00183 | 0.00072 |
| 100 | 0.00036 | 0.00181 | 0.00272 | 0.00362 | 0.00144 |
| $[A]_0$, M | 0.01000 | 0.05000 | 0.07500 | 0.10000 | 미지 농도 |

각 분석물 농도에 대하여 주어진 다섯 가지 시간대에서 평균 초기 속도를 구하시오. 초기 속도 대 분석물 농도 그래프를 그리시오. 그래프의 최소제곱 기울기와 절편을 구하고 미지 농도를 구하시오.(*힌트*: 주어진 분석물 농도에서 초기 속도를 계산하는 좋은 방법은 0에서 10초 간격, 10에서 20초 간격, 20에서 50초 간격, 50에서 100초 간격의 $\Delta[P]/\Delta t$를 구한 다음 이 네 개 값의 평균을 구하거나, 0에서 100초 간격의 [P] 대 $t$ 그래프의 최소 제곱 기울기를 사용하는 것이다.)

***30-17.** $k' = 0.015$ $s^{-1}$이고 $[A]_0 = 0.005$ M인 유사 일차 반응에 대하여 시간(0.000 s, 0.001 s, 0.01 s, 0.1 s, 0.2 s, 0.5 s, 1.0 s, 2.0 s, 5.0 s, 10.0 s, 20.0 s, 50.0 s, 100.0 s, 200.0 s, 500.0 s, 1000.0 s)에 따른 생성물 농도를 계산하시오. 초기 두 개 시간 값으로부터 반응의 '참' 초기 속도를 구하시오. 초기 속도가 참값의 (a) 99%, (b) 95%로 떨어지기 전에 반응이 완결된 정도의 대략적인 값(%)를 구하시오.

**30-18. 도전 문제:** α-키모트립신(CT) 효소에 의해 *N*-글루타릴-L-페닐아닐린-*p*-나이트로아닐리드(GPNA)이 가수분해하여 *p*-나이트로아닐린과 *N*-글루타릴-L-페닐아닐린을 생성하는 반응은 초기 단계에 Michaelis-Menten 메커니즘을 따른다.

(a) 식 (30-19)를 다음과 같이 변형시킬 수 있음을 보이시오.

$$\frac{1}{v_i} = \frac{K_m}{v_{max}[S]_0} + \frac{1}{v_{max}}$$

여기서 $v_i$는 초기 속도$(d[P]/dt)_i$, $v_{max}$는 $k_2[E]_0$, $[S]_0$는 초기 GPNA 농도이다. 이 식은 Lineweaver-Burke 식이라고 한다. $1/v_i$ 대 $1/[S]_0$그래프는 Lineweaver-Burke 그래프라고 한다.

(b) $[CT] = 4.0 \times 10^{-6}$ M에 대하여 다음의 결과와 Lineweaver-Burke 그래프를 사용하여 $K_m$, $v_{max}$와 $k_2$를 구하시오.

| $[GPNA]_0$ (mM) | $v_i$ (μM $s^{-1}$) |
|---|---|
| 0.250 | 0.037 |
| 0.500 | 0.063 |
| 10.0 | 0.098 |
| 15.0 | 0.118 |

(c) 초기 속도에 대한 Michaelis-Menten식을 Hanes-Woolf식으로 변형시킬 수 있음을 보이시오.

$$\frac{[\mathrm{S}]}{v_\mathrm{i}} = \frac{[\mathrm{S}]_0}{v_\mathrm{max}} + \frac{K_\mathrm{m}}{v_\mathrm{max}}$$

문항 (b)의 데이터에 대한 Hanes-Woolf 그래프를 사용하여 $K_\mathrm{m}$, $v_\mathrm{max}$, $k_2$를 구하시오.

(d) 초기 속도에 대한 Michaelis-Menten식을 Eadie-Hofster식으로 변형시킬 수 있음을 보이시오.

$$v_\mathrm{i} = -\frac{K_\mathrm{m} v_\mathrm{i}}{[\mathrm{S}]_0} + v_\mathrm{max}$$

문항 (b)의 데이터에 대한 Eadie-Hofster 그래프를 사용하여 $K_\mathrm{m}$, $v_\mathrm{max}$, $k_2$를 구하시오.

(e) 이들 그래프 중 어느 것이 주어진 상황에서 $K_\mathrm{m}$와 $v_\mathrm{max}$를 가장 정확하게 결정할 수 있는지 말하고, 이 대답의 근거를 설명하시오.

(f) 문항 (b)의 데이터를 사용, 교정 곡선을 작성하여 생물학적 시료 중의 기질 GPNA를 정량하려고 한다. 세 가지 시료를 문항 (b)와 같은 조건에서 분석하여 초기 속도, 0.069, 0.102, 0.048 μM $\mathrm{s}^{-1}$을 얻었다. 이 시료 중의 GPNA 농도는 얼마인가? 농도의 표준 편차는 얼마인가?

제 31 장

# 분리 분석의 입문

## Introduction to Analytical Separations

분리는 합성, 공업화학, 의생명과학 및 화학 분석에 매우 중요하다. 사진에 나타낸 정유 공장과 같이 정유 과정의 첫 단계는 여러 개의 큰 증류탑에서 끓는점에 따라 원유를 분리하는 것이다. 원유를 큰 증류기에 주입한 후, 그 혼합물을 가열하면 끓는점이 낮은 성분들이 먼저 증발한다. 이 증기가 긴 증류관이나 증류탑을 따라 올라가게 되고, 여기에서 보다 순수한 액체로 응축된다. 증류기와 증류관의 온도 조절로 응축분의 끓는점 범위를 조절할 수 있다.

분리 분석은 사진에 보여진 산업적 규모의 증류 시스템보다 훨씬 더 작은 실험실 규모로도 이루어진다. 이 장에서는 침전, 증류, 추출, 이온 교환과 여러 가지 크로마토그래피 기술 등을 포함하는 분리 방법들을 소개한다.

화학 분석에 사용되는 측정 기술들은 특정 단일 화학종에만 고유하게 적용되는 기술은 거의 없다. 이러한 이유로 대부분의 분석에서 분석물의 신호를 약하게 하거나 분석물의 신호를 구별할 수 없게 하는 신호를 내는 이질 화학종을 어떻게 다룰 것인지를 고려해야 한다. 분석 신호와 바탕 신호에 영향을 주는 물질을 **방해 물질**(interference 또는 interferent)이라 한다.

**방해 물질**은 분석 신호나 바탕 신호를 강화시키거나 약화시켜서 분석에 계통 오차를 일으키는 화학종이다.

분석 과정에서 방해 물질을 처리하는 데 8D-3절에서 설명된 것과 같이 여러 방법들이 이용된다. **분리**(separation)는 잠재적인 방해 성분으로부터 분석물을 격리하는 것이다. 이 외에도 매트릭스 변형(matrix modification), 가리움(masking), 희석(dilution)과 포화(saturation)와 같은 기법들이 방해 물질의 효과를 상쇄하기 위하여 흔히 사용된다. 내부표준법과 표준물 첨가법도 때에 따라 방해 물질의 영향을 보정하거나 줄이기 위하여 사용된다. 이 장에서 방해 물질 처리에 가장 강력하고 광범위하게 사용되는 분리방법들을 집중적으로 다룬다.

분리의 기본 원리를 **그림 31-1**에 나타내었다.[1] 그림에서 보는 바와 같이 분리는 완전하게 분리될 수도 있고 부분적으로 분리될 수 있다. 분리 과정에서는 물질의 성분이 공간적으로 재분배하는 동안 물질이 이동한다. 일정한 부피의 *혼합* 과정과 같은 분리의 역과정은 엔트로피의 증가를 동반하는 자발적 과정이기 때문에 분리에는 항상 에너지를 필요로 한다는 것을 주목해야 한다. *예비*(preparative) 분리와 *분석*(analytical) 분리로 나눌 수 있다. 여기서는 비록 같은 원리가 예비 분리에도 대부분 적용되지만 분석 분리에 초점을 맞추기로 한다.

분석 분리의 목표는 보통 방해 물질을 줄이거나 제거하여 복잡한 혼합물에서 정량적 분석 정보를 얻을 수 있게 하는 데 있다. 분리는 적절한 상관관계를 적용시키거나 질량분석기와 같은 구조적 해석에 민감한 분석 기술을 이용하면 분리한 성분들의 확인도 가능하게 한다. 크로마토그래피와 같

---

[1] J. C. Giddings, *Unified Separation Science*, New York: Wiley, 1991, pp. 1–7.

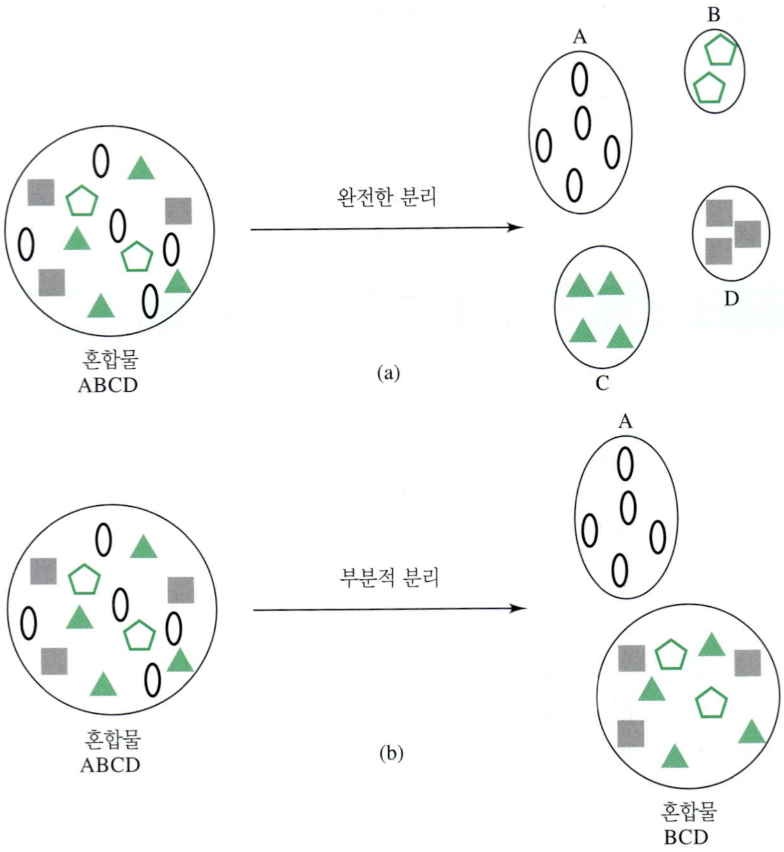

완전한 분리

혼합물
ABCD

(a)

A B C D

부분적 분리

혼합물
ABCD

(b)

A

혼합물
BCD

**그림 31-1** 분리의 원리. (a)에서는 네 성분의 혼합물이 완전히 분리되어 각 성분마다 다른 공간 영역을 차지한다. (b)에는 부분 분리를 나타내었다. 부분 분리에서는 화학종 A는 나머지 B, C, D의 혼합물로부터 격리되어 있다. 그림에서 분리의 역과정은 일정한 부피의 혼합 과정이다.

은 기술을 적용하면 분리와 동시에 정량적인 정보를 얻을 수 있다. 분리 단계는 그 뒤에 이뤄지는 다른 단계인 측정 단계와는 구별되며 전혀 무관하다.

**표 31-1**에 흔히 사용되는 (1) 화학 또는 전해 침전, (2) 증류, (3) 용매 추출, (4) 이온 교환, (5) 크로마토그래피, (6) 전기 이동, (7) 장-흐름 분별법 등을 포함하는 여러 가지 분리 방법들이 실려 있다. 앞의 네 가지 방법은 이 장의 31A절에서부터 31D절에 걸쳐 설명한다. 크로마토그래피의 서론은 31E절에 실었다. 32장과 33장에는 각각 기체, 액체 크로마토그래피에 대하여 다루고, 34장에 전기 이동, 장-흐름 분별법 및 다른 분리 방법들에 대하여 소개한다.

## 31A 침전에 의한 분리

침전에 의한 분리는 분석 물질과 잠재적 방해 물질 사이에 용해도 차이가 커야 한다. 11C절에 나타낸 것처럼 용해도 계산을 통하여 이 형태의 분리에 대한 가능성 여부를 이론적으로 결정할 수 있다. 그러나 불행하게도 여러 다른 요인들 때문에 침전법이 분리에 이용될 수 없을 수도 있다. 예를 들면 12A-5절에 설명한 다양한 공침 현상은 오염 물질의 용해도곱이 초과하지 않는다 하더라도 원하지 않은 성분의 침전으로 인한 추가적 오염의 원인이 될 수 있다. 또한, 침전의 생성 속도가 너무 느려서 분리에 이용하지 못 할 수도 있다. 마지막으로, 침전물이 콜로이드 부유물을 형성하면 특히 아주 적은 양의 고체상을 분리하려 할 때 엉김이 잘 안되거나 느리게 일어날 수 있다.

많은 침전제들이 무기 성분을 정량적으로 분리하는 데 사용되고 있다. 일반적으로 가장 유용하게 이용되는 침전제 중 몇 가지 물질들을 다음 절들에서 알아보겠다.

표 31-1

| 분리 방법 | |
|---|---|
| **방법** | **방법의 기초** |
| 1. 역학적 상 분리 | |
| a. 침전 및 여과 | 형성된 화합물들의 용해도 차이 |
| b. 증류 | 화합물들의 휘발성 차이 |
| c. 추출 | 섞이지 않는 두 액체에 대한 용해도 차이 |
| d. 이온 교환 | 반응물과 이온 교환 수지 사이의 상호작용의 차이 |
| 2. 크로마토그래피 | 용질이 정지상을 통하여 이동하는 속도의 차이 |
| 3. 전기 이동 | 전기장 속에서 하전된 화학종의 이동 속도의 차이 |
| 4. 장-흐름 분별법 | 전달 방향에 수직으로 작용하는 장 또는 기울기와의 상호작용의 차이 |

## ▸ 31A-1 산도 조절에 근거한 분리

여러 원소들의 수산화물, 수화된 산화물 및 산의 용해도에는 많은 차이가 있다. 더욱이 용액 내의 수소 또는 수산화 이온의 농도는 $10^{15}$배 또는 그 이상으로 달라질 수 있으며, 이는 완충액을 사용하면 쉽게 조절할 수 있다. 이론적으로는 pH 조절을 이용하면 많은 것들을 분리할 수 있다. 실질적으로 이들 분리는 다음의 세 범주로 구분할 수 있다. 즉 (1) 비교적 진한 강산 용액에서 행해지는 분리, (2) pH 값이 중간 정도인 완충 용액에서 행해지는 분리, (3) 진한 수산화 소듐 또는 수산화 포타슘 용액에서 행해지는 분리이다. 표 31-2에 흔히 산도를 조절하여 이루어지는 보편적인 분리의 예들을 수록하였다.

## ▸ 31A-2 황화물 분리

알칼리 및 알칼리 토금속을 제외한 대부분의 양이온들은 용해도가 서로 크게 다른 난용성 황화물을 형성한다. $H_2S$ 수용액 중의 황화 이온의 농도는 pH 조절로서 비교적 쉽게 제어할 수 있기 때문에(11C-2절 참조), 황화물의 생성에 근거한 분리가 널리 이용되고 있다. 싸이오아세트아마이드(thioacetamide)의 가수분해로 생성되는 음이온(표 12-1 참조)을 이용하면 균일한 용액에서 쉽게 황화물을 침전시킬 수 있다.

황화물 침전의 용해도에 영향을 주는 이온 평형들은 11C-2절에 다루었다. 그러나 이 방법은 공침과 일부 황화물의 생성 속도가 느리기 때문에 분리의 가능성에 대

표 31-2

| 산도 조절에 근거한 분리 | | |
|---|---|---|
| **시약** | **침전을 생성하는 화학종** | **침전되지 않는 화학종** |
| 뜨거운 진한 $HNO_3$ | W(VI), Ta(V), Nb(V), Si(IV), Sn(IV), Sb(V)의 산화물 | 대부분의 다른 금속 이온들 |
| $NH_3/NH_4Cl$ 완충 용액 | Fe(III), Cr(III), Al(III) | 알칼리 및 알칼리 토금속, Mn(II), Cu(II), Zn(II), Ni(II), Co(II) |
| $HOAc/NH_4OA$ 완충 용액 | Fe(III), Cr(III), Al(III) | Cd(II), Co(II), Cu(II), Fe(II), Mg(II), Sn(II), Zn(II) |
| $NaOH/Na_2O_2$ | Fe(III), 대부분의 2가 양이온, 희토류 금속 | Zn(II), Al(III), Cr(VI), V(V), U(VI) |

식 (11-42)에서 다음 식을 상기하시오.

$$[S^{2-}] = \frac{1.2 \times 10^{-22}}{[H_3O^+]^2}$$

한 실질적인 결론을 항상 도출해내지는 못한다. 이러한 이유들로 인하여 주어진 분리가 성공할 것인가를 판단하는 데는 주로 예전의 결과나 실험적 관찰에 의존한다.

표 31-3은 pH 조절을 통하여 황화 수소로 침전시킬 수 있는 일반적인 예를 몇 가지 나타내었다.

### ▸ 31A-3 다른 무기 침전제에 의한 분리

일반적으로 다른 무기 이온 중에는 수산화 이온이나 황화 이온만큼 유용한 것은 없다. 양이온을 침전 시키는데 종종 인산, 탄산, 옥살산 이온 등이 사용되지만 선택성이 결여된다. 따라서 다른 방법으로 먼저 분리한 후 이 이온들을 사용하는 것이 일반적이다.

염화 이온과 황산 이온은 선택성이 매우 높기 때문에 유용하게 사용된다. 염화 이온은 은을 대부분의 다른 금속들로부터 분리하는 데 사용되고, 황산 이온은 납, 바륨, 스트론튬 등의 금속들을 분리하는 데 이용한다.

### ▸ 31A-4 유기 침전제에 의한 분리

여러 무기 이온들을 분리하는 데 사용되는 유기 시약들에 중 몇 가지를 12C-3절에서 설명하였다. 이러한 유기 침전제 중에서 다이메틸글리옥심과 같은 몇 가지는 선택적으로 몇몇의 이온들과 침전물을 형성하기 때문에 유용하게 사용된다. 8-히드록시퀴놀린과 같은 다른 유기 침전제들은 많은 종류의 양이온과 결합하여 난용성의 화합물을 생성한다. 이런 종류의 시약들은 그 반응 생성물들이 갖는 용해도곱의 범위가 넓고, 또 침전제가 일반적으로 약산의 짝염기인 음이온이라는 사실 때문에 선택성을 나타낸다. 따라서 황화 수소에서와 마찬가지로 pH 조절을 통하여 분리시킬 수 있다.

### ▸ 31A-5 미량으로 존재하는 성분의 침전법에 의한 분리

미량 분석에서 흔히 접하는 문제는 마이크로그램(μg) 정도로 존재하는 대상 화학종을 시료의 주성분으로부터 분리하는 것이다. 종종 이러한 분리가 침전법으로 이루어지기는 하지만 이 때는 분석물이 다량으로 함유되어 있을 때 사용하는 기술과는 다른 기술이 필요하다.

침전법을 이용하여 미량 원소를 정량적으로 분리할 때에는 용해도 손실이 중요하지 않은 경우라도 몇 가지 문제가 더 있다. 과포화 때문에 침전물의 생성이 종종 지연되기도 하며, 콜로이드 형태로 분산된 소량의 물질들이 잘 엉기지 않을 때

**표 31-3**

황화물 침전

| 원소 | 침전이 생성되는 조건* | 침전이 생성되지 않는 조건* |
|---|---|---|
| Hg(II), Cu(II), Ag(I) | 1, 2, 3, 4 | |
| As(V), As(III), Sb(V), Sb(III) | 1, 2, 3 | 4 |
| Bi(III), Cd(II), Pb(II), Sn(II) | 2, 3, 4 | 1 |
| Sn(IV) | 2, 3 | 1, 4 |
| Zn(II), Co(II), Ni(II) | 3, 4 | 1, 2 |
| Fe(II), Mn(II) | 4 | 1, 2, 3 |

*1 = 3 M HCl, 2 = 0.3 M HCl, 3 = 아세트산염으로 pH 6이 되게 완충시킴, 4 = $NH_3/(NH_4)_2S$로 pH 9가 되게 완충시킴.

도 흔히 있다. 그 밖에도 침전물을 옮기거나 필터를 하는 동안에 고체의 상당 부분이 손실될 수 있다. 이러한 문제점들을 최소화하기 위하여 침전제와 반응하여 침전을 형성하는 다른 이온을 용액에 적당량 첨가한다. 이 때 첨가된 이온에 의하여 생성된 침전물을 **콜렉터**(collector)라고 부르는데, 이것은 미량으로 존재하는 미량의 대상 화학종을 용액 밖으로 옮겨준다. 예를 들면, 망가니즈를 난용성인 이산화 망가니즈의 형태로서 분리해 내는 경우, 침전제인 암모니아를 넣어주기 전에 소량의 철(III)을 분석 용액에 첨가한다. 염기성인 산화 철(III)은 매우 적게 들어 있는 미량의 이산화 망가니즈까지도 공침시킨다. 다른 예로 미량의 티타늄에 대한 콜렉터로서의 염기성 산화 알루미늄이 있고 아연과 납의 미량을 모으기 위한 황화 구리가 있다. 다른 여러 콜렉터에 대해서는 Sandell과 Onishi[2]가 서술하고 있다.

**콜렉터**는 미량으로 존재하는 성분을 용액으로부터 제거하기 위하여 사용된다.

어떤 콜렉터는 용해도가 비슷한 점을 이용하여 미량의 성분을 모으기도 한다. 또 어떤 것들은 콜렉터 침전에 흡착시키거나 혼성 결정이 생성되는 결과로 콜렉터 속에 혼입시키는 공침을 통하여 그 작용을 한다. 콜렉터는 분석하고자 하는 미량의 성분을 위해 선택한 방법과 방해하지 않아야 한다.

## ▸ 31A-6 전해 침전법에 의한 분리

전해 침전법(electrolytic precipitation)은 분리에 대단히 유용하게 사용되는 방법이다. 이 과정에서는 시료 중에 원하거나 원하지 않은 성분 중 더 쉽게 환원되는 화학종이 별개의 상으로 분리된다. 이 방법은 작업 전극의 전위를 미리 정해둔 수준으로 조절할 때 특히 효과적이다(22B절 참조).

잔류 용액을 분석하기 전에 여러 금속 이온을 제거하는 하기 위하여 수은 전극이 널리 사용된다. 일반적으로 아연보다 더 잘 환원되는 금속들은 수은 속에 쉽게 석출되고, 알루미늄, 베릴륨, 알카리 토금속과 알카리 금속과 같은 이온들은 용액 중에 남는다. 금속 이온의 농도를 원하는 어떤 수준으로 낮추는데 필요한 전위는 전압-전류(voltammetric) 데이터로부터 계산할 수 있다. 벗김법(stripping method)은 분리를 위해 전해 석출 단계에 이어 분석의 완성을 위해 전압-전류법을 이용한다(23H절 참조).

## ▸ 31A-7 단백질의 염-유발 침전

단백질은 높은 농도의 염을 첨가하여 분리하는 것이 일반적인 방법이다. 이 과정을 단백질의 **염석**(salting out)이라고 한다. 단백질 분자들의 용해도는 pH, 온도, 이온 세기, 단백질의 성질과 사용하는 염의 농도에 복잡하게 의존한다. 낮은 염의 농도에서는 염의 농도를 증가시키면 용해도는 보통 증가한다. 이러한 **염 효과**(salting in effect)는 Debye-Hückel의 이론으로 설명할 수 있다. 단백질을 둘러싼 염의 상대 이온(counter ion)들의 차폐 효과는 단백질 분자들 사이에 작용하는 정전기적 인력을 감소시킨다. 이것은 결과적으로 이온 세기가 증가함에 따라 용해도가 증가하게 만든다.

한편 염의 농도가 높을 때에서 단백질을 용매화하는 힘들이 감소함에 따라 같은 전하끼리의 반발 효과가 줄어든다. 이 힘들이 충분히 감소하면 단백질이 침전하게 되고 염석 효과가 관찰된다. 황산 암모늄은 값이 싸고 효율성이 좋고 용해도가

[2]E. B. Sandell과 H. Onishi, *Colorimetric Determination of Traces of Metals*, 4th ed., New York: Interscience, 1978, pp. 709–21.

높기 때문에 널리 이용되고 있다.

높은 농도에서 단백질의 용해도 $S$는 다음의 실험식으로 나타내어진다.

$$\log S = C - K\mu \quad \textbf{(31-1)}$$

여기서 $C$는 pH, 온도 및 단백질에 따라 달라지는 상수이고, $K$는 단백질과 사용된 염에 따라 달라지는 염석 상수이며, $\mu$은 이온 세기이다.

단백질은 보통 등전점에서 용해도가 가장 낮기 때문에 높은 농도의 염과 pH 조절을 조합하여 염석 효과를 나타내는 데 이용될 수 있다. 단백질 혼합물은 이온의 세기를 단계적으로 조절함으로써 분리할 수 있다. 황산 암모늄은 단백질을 변성시킬 수 있기 때문에 몇몇의 단백질에서는 주의해야 한다. 염 대신에 알코올 용매들이 종종 사용되기도 한다. 이러한 알코올 용매들은 유전 상수를 감소시켜서 결과적으로 단백질-용매 간의 상호작용을 낮춤으로써 용해도를 감소시킨다.

## 31B 증류에 의한 분리

증류는 휘발성인 분석 물질을 비휘발성인 방해 물질로부터 분리하는 데 널리 사용된다. 증류는 혼합물에서 물질의 끓는점 차이에 기초한 방법이다. 하나의 흔한 예로, 질소 분석 물질들을 다른 화학종으로부터 분리할 때 질소를 전환시켜 암모니아로 만들고, 이 암모니아를 염기성 용액에서 증류하는 방법을 들 수 있다. 다른 예로서는 탄소를 이산화 탄소의 형태로, 황을 이산화황의 형태로 분리하는 것 등이 있다. 증류는 정제의 목적으로 혼합물에서 성분들을 분리하기 위해서 유기 화학에서 널리 사용되고 있다.

다음과 같이 여러 종류의 증류법이 있다. **진공 증류**(vacuum distillation)는 매우 높은 끓는점을 가진 화합물을 분리하기 위해 사용되는데, 이 방법은 증류관의 압력을 낮추면 분리하고자 하는 성분의 증기압이 낮아져 쉽게 끓기 때문에 온도를 높이는 것보다 효과적이다. **분자 증류**(molecular distillation)는 매우 낮은 압력($<0.01$ torr)에서 일어나며 증류액의 손상을 최소화하기 위해 가능한 온도를 낮추어 사용한다. **투석 증발**(pervaporation)은 비다공성 막을 통해 부분적으로 증기화시켜 혼합물을 분리하는 방법이다. **속성 증발**(flash evaporation)은 액체를 가열하여 압력을 낮춘 관으로 보내는 과정이다. 압력을 낮추게 되면 액체의 일부가 증발하는 원리를 이용한 것이다.

## 31C 추출에 의한 분리

무기 및 유기 용질 모두는 서로 섞이지 않는 두 용매에 분포되는 정도가 상당히 다르며, 이러한 차이는 수십 년 전부터 화학종들의 분리에 이용되어 왔다. 이 절에서는 분석 분리에 분배 현상을 응용하는 것을 다룬다.

### ▸ 31C-1 이론

서로 섞이지 않는 두 상에 용질이 분배되는 것은 **분배의 법칙**(distribution law)이 적용되는 평형 현상이다. 만약 용질 A가 물과 유기 상에 분배될 수 있다면 그 결과 이뤄지는 평형은 다음과 같이 쓸 수 있다.

$$A_{aq} \rightleftharpoons A_{org}$$

여기서 아래첨자는 각각 수용액 상(aq) 및 유기 상(org)을 의미한다. 이론적으로는 두 상에서 A의 활동도 비는 일정하며 A의 전체 양과는 무관하다. 즉, 주어진 온도 조건에서 다음과 같다.

$$K = \frac{(a_A)_{org}}{(a_A)_{aq}} \approx \frac{[A]_{org}}{[A]_{aq}} \qquad (31\text{-}2)$$

여기서 $(a_A)_{org}$와 $(a_A)_{aq}$는 각 상에서 A의 활동도이며, 대괄호로 표시된 것은 A의 몰 농도이다. 다른 평형에서와 마찬가지로 여러 조건들이 충족되면 활동도 대신에 몰 농도를 큰 오차 없이 사용할 수 있다. 평형 상수(equilibrium constant) $K$는 **분배 상수**(distribution constant)라고 부른다. 일반적으로 $K$의 값은 각 용매에 대한 A의 용해도의 비율과 거의 같다.

분배 상수는 여러 번 추출한 뒤 용액 속에 남아 있는 분석물의 농도 계산을 가능하게 하기 때문에 유용하다. 뿐만 아니라 분배 상수는 추출에 의해 분리하는 가장 효율적인 방법을 제시해준다. 그러므로 식 (31-2)로 표현되는 단순한 계에 대해서 유기 용매로 $i$회 추출한 후 수용액에 남아 있는 A의 농도 $[A]_i$는 다음과 같이 주어진다(그림 31-1 참조).

$$[A]_i = \left(\frac{V_{aq}}{V_{org}K + V_{aq}}\right)^i [A]_0 \qquad (31\text{-}3)$$

여기서 $[A]_i$는 초기 농도가 $[A]_0$인 용액 $V_{aq}$ mL를 매번 부피 $V_{org}$의 유기 용매로 $i$회 추출한 뒤 수용액에 남아 있는 A의 농도이다. 예제 31-1은 가장 효율적인 추출 방법을 결정하는 데 이 식이 어떻게 이용되는가를 보여준다.

**예제 31-1**

유기 용매와 $H_2O$ 사이의 아이오딘의 분배 상수는 85이다. $1.00 \times 10^{-3}$ M $I_2$ 용액 50.0 mL를 유기 용매 (a) 50.0 mL로 1회, (b) 25.0 mL씩 2회, (c) 10.0 mL씩 5회 추출한 뒤 수용액 층에 남는 $I_2$의 농도를 구하시오.

**풀이**

식 (31-3)에 대입하면

(a) $[I_2]_1 = \left(\frac{50.0}{50.0 \times 85 + 50.0}\right)^1 \times 1.00 \times 10^{-3} = 1.16 \times 10^{-5}$ M

(b) $[I_2]_2 = \left(\frac{50.0}{25.0 \times 85 + 50.0}\right)^2 \times 1.00 \times 10^{-3} = 5.28 \times 10^{-7}$ M

(c) $[I_2]_5 = \left(\frac{50.0}{10.0 \times 85 + 50.0}\right)^5 \times 1.00 \times 10^{-3} = 5.29 \times 10^{-10}$ M

처음 50.0 mL의 용매를 25 mL씩 두 번 또는 10 mL씩 다섯 번으로 나누면 추출 효율이 증가한다는 점을 주목하시오.

시료를 추출할 때는 한번에 많은 양을 추출하는 것보다 작은 양의 용매로 여러 번 추출하는 것이 항상 더 낫다.

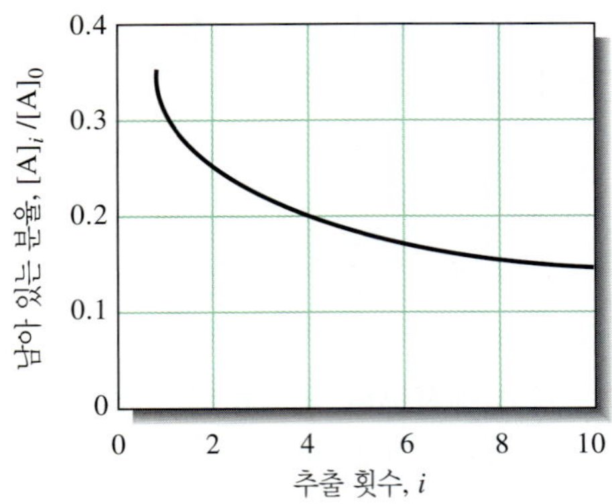


**그림 31-2** $K = 2$이고 $V_{aq} = 100$ mL로 가정한 식 (31-3)의 도시. 유기 용매의 전체 부피를 100 mL로 가정하여 $V_{org} = 100/n_i$가 되도록 하였다.

**그림 31-2**는 일정한 전체 부피를 점점 더 적은 양으로 나누어 추출함에 따라 여러 회 추출로 인한 향상된 효율 정도가 급격히 떨어지는 것을 보여주고 있다. 추출용매를 5~6 등분 이상으로 분할하여 추출하면 이득이 별로 없다는 점을 알 수 있다.

**특집 31-1**

**식 (31-3)의 유도**

식 (31-2)로 표현될 수 있는 단순한 계를 고려하자. 수용액 $V_{aq}$ mL 속에 있는 $n_0$ mmol의 용질 A를 섞이지 않는 유기 용매 $V_{org}$ mL로 추출한다고 가정하자. 평형에서는 $n_1$ mmol의 A가 수용액 층에 남고 $(n_0 - n_1)$ mmol은 유기 용매층으로 이동한다. 두 층에서의 A의 농도는

$$[A]_1 = \frac{n_1}{V_{aq}}$$

및

$$[A]_{org} = \frac{(n_0 - n_1)}{V_{org}}$$

가 된다. 이 값들을 식 (31-2)에 대입하여 재배열하면 다음과 같은 식을 얻는다.

$$n_1 = \left(\frac{V_{aq}}{V_{org}K + V_{aq}}\right)n_0$$

똑같이 추론하면 동일한 부피의 용매로 두 번째 추출한 후 수용액 층에 남는 밀리몰수 $n_2$를 다음과 같이 나타낼 수 있다.

$$n_2 = \left(\frac{V_{aq}}{V_{org}K + V_{aq}}\right)n_1$$

이 식에 앞의 식에 대입하면

$$n_2 = \left(\frac{V_{aq}}{V_{org}K + V_{aq}}\right)^2 n_0$$

같은 방식으로, $i$번 추출한 후 수용액 층에 남는 A의 밀리몰수 $n_i$는 다음과 같다.

$$n_i = \left(\frac{V_{aq}}{V_{org}K + V_{aq}}\right)^i n_0$$

마지막으로 이 식은 다음의 관계식을 대입하여 수용액 층에서 A의 처음과 나중 분석 농도로 다시 쓸 수 있다.

$$n_i = [A]_i V_{aq} \text{과} \qquad n_0 = [A]_0 V_{aq}$$

즉

$$[A]_i = \left(\frac{V_{aq}}{V_{org}K + V_{aq}}\right)^i [A]_0$$

로 식 (31-3)이 된다.

## ▸ 31C-2 무기 화학종의 추출

무기 화학종을 분리하는 데 있어서는 침전법보다 추출법이 더 매력적인 기술이다. 왜냐하면 분별 깔때기에서 상평형을 이루게 하여 분리하는 것은 침전시키고 여과하여 세척하는 것보다는 덜 지루하고 시간이 적게 걸리기 때문이다.

### ≫ *금속 이온들의 킬레이트 형태로의 분리*

많은 유기 킬레이트제는 금속 이온과 반응하여 전하는 띠지 않는 착물을 만드는 약산이며 이 착물들은 에터, 탄화수소, 케톤및 유기 염소 화학종[3](클로로폼과 사염화탄소를 포함하는) 등과 같은 유기 용매에 대단히 잘 녹는다. 반면에 대부분의 전하를 띠지 않은 금속 킬레이트들은 물에 거의 녹지 않는다. 이와 유사하게 킬레이트제들 그 자체는 흔히 유기 용매에는 잘 녹고 물에는 한정된 용해도만을 가진다.

그림 31-3은 아연(II)과 같은 2가 양이온이 과량의 8-하이드록시퀴놀린(이 킬레이트제의 구조와 반응은 12C-3절 참조)을 가지고 있는 유기 용액으로 추출될 때 나타나는 평형을 보여준다. 네 개의 평형이 존재한다. 처음의 것은 8-하이드록시퀴놀린, HQ의 유기 용매 및 수용액 층에 대한 분배에 해당한다. 두 번째는 수용액 층에서 HQ가 해리하여 $H^+$와 $Q^-$이온을 생성하는 평형이다. 세 번째 평형은 $MQ_2$를 생성하는 착물 생성 반응이다. 네 번째는 킬레이트가 두 용매층에 분배되는 평형이다. 만약 네 번째 평형 반응이 일어나지 않는다면 $MQ_2$는 침전되어 수용액 밖으로

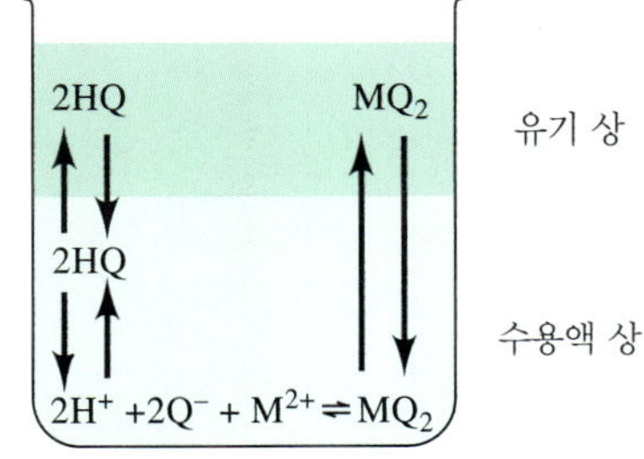


그림 31-3 물에 녹아 있는 양이온 $M^{2+}$를 8-하이드로시퀴놀린이 들어 있는 섞이지 않는 유기 용매로 추출할 때의 평형.

[3]염소화된 용매들은 건강에 대한 관심이 증가하고 오존층을 파괴할 가능성 때문에 그 사용이 줄어들고 있다.

나올 것이다. 전체 평형은 이들 네 반응의 합이다. 즉,

$$2HQ(org) + M^{2+}(aq) \rightleftharpoons MQ_2(org) + 2H^+(aq)$$

이 반응의 평형 상수는 다음과 같다.

$$K' = \frac{[MQ_2]_{org}[H^+]^2_{aq}}{[HQ]^2_{org}[M^{2+}]_{aq}}$$

일반적으로 HQ는 수용액 상에 있는 $M^{2+}$에 비하여 과량으로 유기 용매층에 존재하기 때문에 추출하는 중에는 본래 일정하게 유지된다. 그래서 평형 상수 표현식은 다음과 같이 간단해진다.

$$K'[HQ]^2_{org} = K = \frac{[MQ_2]_{org}[H^+]^2_{aq}}{[M^{2+}]_{aq}}$$

즉

$$\frac{[MQ_2]_{org}}{[M^{2+}]_{aq}} = \frac{K}{[H^+]^2_{aq}}$$

이와 같이 두 층에서의 금속 화학종의 농도 비는 수용액 층의 수소 이온 농도의 제곱에 반비례한다는 것을 알 수 있다. 평형 상수 $K$는 금속 이온에 따라서 크게 달라진다. 이 차이는 종종 한 이온은 거의 완전하게 추출되고 다른 이온은 거의 수용액에 남을 수 있는 수준으로 수용액을 완충시킴으로써 한 양이온을 다른 이온으로부터 선택적으로 추출할 수 있게 해 준다.

8-하이드록시퀴놀린으로 추출하여 분리하는 많은 유용한 방법들이 개발되어 있다. 이와 유사하게 거동하는 많은 킬레이트제들도 문헌에 실려 있다.[4] 결과적으로 pH를 조절하여 추출하면 금속 이온들을 효과적으로 분리할 수 있다.

### » 금속 염화물과 질산염의 추출

적당한 용매를 사용하면 많은 무기 화학종들을 추출하여 분리할 수 있다. 예를 들면, 6 M 염산 용액을 에터로 한번 추출하면 다수의 이온들을 50% 이상의 유기 용매층으로 옮길 수 있다. 이러한 이온들 중에는 철(III), 안티모니(V), 타이타늄(III), 금(III), 몰리브데넘(VI) 및 주석(IV) 등이 포함된다. 알루미늄(III)과 코발트, 납, 망가니즈, 니켈 등의 2가 양이온과 같은 다른 이온들은 추출되지 않는다.

우라늄(VI)은 질산암모늄으로 포화된 1.5 M 질산 용액에서 에터로 추출하면 납이나 토륨과 같은 원소들로부터 분리될 수 있다. 비스무트와 철(III)도 이러한 매질에서 어느 정도 추출된다.

## ▸ 31C-3 고체상 추출

액체-액체 추출(liquid-liquid extraction)에는 여러 가지 제약이 있다. 수용액으로부터 추출할 때는 사용되는 용매가 물과 섞이지 않아야 하며 에멀션을 형성하지 않아야 한다. 또 하나의 곤란한 점은 액체-액체 추출에는 상대적으로 많은 양의 용매가 사용되기 때문에 폐기물 처리의 문제를 야기한다는 점이다. 또, 대부분이 추출 과정은 수동으로 조작되므로 그만큼 느리며 지루하다.

---

[4]예를 들어 다음을 참고하시오. J. A. Dean, *Analytical Chemistry Handbook*, New York: McGraw-Hill, 1995, p. 2.24.

**고체상 추출**(solid-phase extraction) 또는 액체-고체 추출(liquid-solid extraction)은 이러한 여러 가지 문제점들을 상당히 극복할 수 있다.[5] 고체상 추출에서는 막이나 일회용 작은 주사기 통 모양의 관이나 카트리지를 사용한다. 실리카 분말에 소수성인 유기 물질을 코팅하거나 화학 결합시켜서 고체 추출상을 만든다. 화합물은 무극성일 수도 있고 중간 정도의 극성이거나 또는 극성일 수도 있다. 예를 들어, 실리카에 옥타데실($C_{18}$)을 결합시킨 것(octadecyl bonded silica, ODS)은 흔히 사용되는 충전제이다. 충전제에 결합되어 있는 작용기들이 시료 속의 소수성 화합물들을 van der Waals 상호작용으로 끌어 당겨 수용액으로부터 추출해낸다.

고체상 추출에 사용되는 전형적인 카트리지 장치를 **그림 31-4**에 나타내었다. 시료를 카트리지에 넣고 주사기나 공기 또는 질소 관을 이용하여 압력을 걸어준다. 그렇지 않으면 고체상 추출제를 통하여 시료가 빨려 나오도록 진공을 걸어줄 수도 있다. 이렇게 하면 유기 분자들이 시료로부터 추출되어 고체상에 농축되게 된다. 이들은 나중에 메탄올과 같은 용매를 사용하여 고체상에서 빼낼 수 있다. 많은 양의 물에 녹아 있는 원하는 성분들을 추출한 뒤 적은 양의 용매로 씻어 내리면 성분들이 농축된다. 미량분석법에는 흔히 사전에 농축하는 방식이 필요하다. 예를 들어, 미국의 환경보호청(Environmental Protection Agency, EPA)에서 인정하는 방법으로 음료수 중의 유기 성분을 분석하는 데 고체상 추출법을 사용한다. 몇몇 고체상 추출 과정에서는 분석하고자 하는 성분은 그냥 놔둔 채 불순물들을 고체상으로 추출해내기도 한다.

충전된 카트리지 이외에도 작은 막이나 추출 원판을 이용해서도 고체상 추출을 행할 수 있다. 이 경우는 추출 시간과 사용되는 용매의 양을 줄이는 이점이 있다. 사전 농축 과정을 자동화할 수 있는 연속 흐름 장치로 고체상 추출을 사용할 수 있다.

연관된 기법인 **고체상 미량 추출**(solid-phase microextraction)이라는 기법에서는 비휘발성 고분자를 코팅한 용융실리카 섬유를 사용하여 수용액 시료에서부터 직접 또는 시료 위의 공간에서부터 유기 분석물을 추출한다.[6] 분석물을 섬유와 액체상에 분배시킨 다음 섬유상의 분석물을 기체 크로마토그래프의 가열된 시료 주입기에서 열을 가하여 탈착시킨다(32장 참조). 추출에 사용하는 섬유는 보통의 주사기와 매우 유사한 용기 속에 장착시켜 사용한다. 이 기법에서는 시료 채취와 시료의 사전 농축을 합쳐 한꺼번에 실행시킨다.

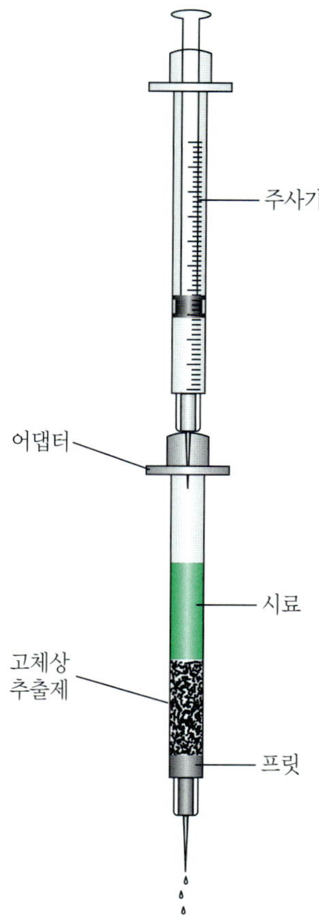

주사기

어댑터

시료

고체상 추출제

프릿

**그림 31-4** 작은 카트리지에서 수행되는 고체상 추출. 시료를 카트리지에 넣고 주사기 플런저를 통해 압력을 가한다. 다른 방법으로 추출제를 통해 시료가 빨려 나오도록 진공을 사용한다.

## 31D 이온 교환을 이용한 이온의 분리

이온 교환은 다공성이면서 본질적으로 녹지 않는 고체에 붙어 있는 이온들이 이 고체와 접촉하고 있는 용액 속의 이온들과 교환되는 과정이다. 점토나 제올라이트의 이온 교환 특성은 한 세기 이상에 걸쳐 확인되고 연구되어 왔다. 합성 이온 교환 수

❮ 이온 교환 과정에서는 이온 교환 수지에 붙어 있는 이온들이 수지와 접촉시킨 용액 속의 이온들로 교환된다.

[5]더 자세한 정보를 얻으려면 다음을 참고하시오. N. J. K. Simpson, ed., *Solid-Phase Extraction: Principles, Techniques and Applications*, New York: Dekker, 2000; M. J. Telepchak, T. F. August, and G. Chaney, *Forensic and Clinical Applications of Solid Phase Extraction*, Totowa, NJ: Human Press, 2004; J. S. Fritz, *Analytical Solid-Phase Extraction*, New York: Wiley, 1999; E. M. Thurman and M. S. Mills, *Solid-Phase Extraction: Principles and Practice*, New York: Wiley, 1998.

[6]더 자세한 정보를 얻으려면 다음을 참고하시오. S. A. S. Wercinski, ed., *Solid-Phase Microextraction: A Practical Guide*, New York: Dekker, 1999; J. Pawliszyn, ed., *Applications of Solid Phase Microextraction*, London: Royal Society of Chemistry, 1999.

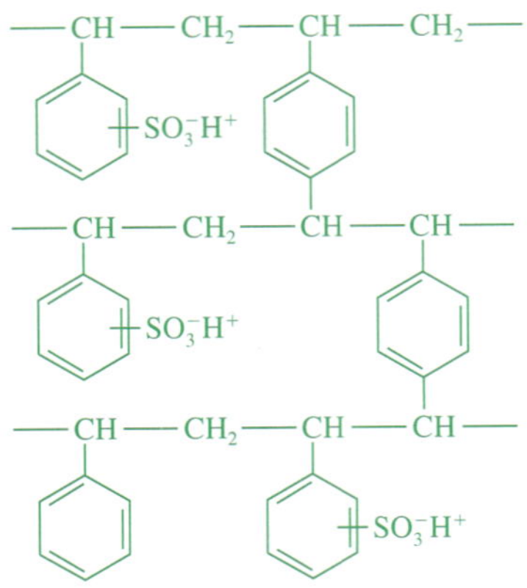

그림 31-5 가교 결합 폴리스타이렌 이온 교환 수지의 구조. $—SO_3^-H^+$기가 $—COO^-H^+$, $—NH_3^+OH^-$, $—N(CH_3)_3^+OH^-$기로 치환된 유사한 수지도 사용된다.

지는 1930년대 중반에 처음으로 생산되었고, 그때부터 물의 연화, 탈이온화, 용액의 정제 및 이온들의 분리에 널리 사용되어 왔다.

## ▸ 31D-1 이온 교환 수지

합성 이온 교환 수지들은 분자량이 큰 고분자로서 분자 당 많은 이온 작용기들을 가지고 있다. 양이온 교환 수지는 산성 작용기들을 가지고 있으며, 음이온 교환 수지는 염기성 작용기들을 가지고 있다. 강산 형태의 교환기는 고분자 매트릭스에 붙어 있는 설폰산기($—SO_3^-H^+$)를 갖고 있어서(**그림 31-5**) 카복실산기($—COOH$)에 의존하는 약산 형태의 교환기보다 더 널리 사용된다. 마찬가지로 강염기의 음이온 교환이기는 4차 아민기[$—N(CH_3)_3^+OH^-$]를 가지고 있고, 약염기 형태는 2차 또는 3차의 아민기를 가지고 있다.

양이온 교환은 다음의 평형으로 쓸 수 있다.

$$\underset{\text{고체}}{x\text{RSO}_3^-\text{H}^+} + \underset{\text{용액}}{\text{M}^{x+}} \rightleftharpoons \underset{\text{고체}}{(\text{RSO}_3^-)_x\text{M}^{x+}} + \underset{\text{용액}}{x\text{H}^+}$$

여기서 $M^{x+}$는 양이온을 나타내고 R은 *설폰산기를 하나 가지고 있는 수지 분자의 부분*을 의미한다. 강염기의 음이온 교환이기와 음이온 $A^{x-}$가 관여하는 평형도 유사하게 쓸 수 있다.

$$\underset{\text{고체}}{x\text{RN(CH}_3)_3^+\text{OH}^-} + \underset{\text{용액}}{\text{A}^{x-}} \rightleftharpoons \underset{\text{고체}}{[\text{RN(CH}_3)_3^+]_x\text{A}^{x-}} + \underset{\text{용액}}{x\text{OH}^-}$$

## ▸ 31D-2 이온 교환 평형

이온 교환 평형은 질량 작용의 법칙으로 다룰 수 있다. 예를 들어서 칼슘 이온을 함유하고 있는 묽은 용액이 설폰산 수지로 충전된 칼럼을 통과할 때 다음 평형이 성립한다.

$$\text{Ca}^{2+}(aq) + 2\text{H}^+(res) \rightleftharpoons \text{Ca}^{2+}(res) + 2\text{H}^+(aq)$$

이에 대한 평형 상수 $K'$은 다음과 같이 주어진다.

$$K' = \frac{[\text{Ca}^{2+}]_{\text{res}}[\text{H}^+]_{\text{aq}}^2}{[\text{Ca}^{2+}]_{\text{aq}}[\text{H}^+]_{\text{res}}^2} \qquad \textbf{(31-4)}$$

여느 때와 마찬가지로 대괄호로 표시된 항들은 두 상에 존재하는 화학종이 몰농도(엄격히 말하면 활동도)이다. $[Ca^{2+}]_{res}$과 $[H^+]_{res}$은 고체상에 존재하는 두 이온들의 몰농도임을 주목하시오. 그러나 이 농도들은 대부분의 고체와는 달리 0에서부터 수지의 모든 음전하 자리가 단 한 종류의 화학종으로 점유될 때의 어떤 최대 값까지 변할 수 있다.

이온 교환 분리는 보통 한 종류의 이온이 두 상 모두를 지배하는 조건 하에서 이루어진다. 그러므로 묽고 어느 정도 산성인 용액에서 칼슘 이온을 제거할 때는 칼슘 이온 농도가 수용액 및 수지 상 모두에서 수소 이온의 농도보다 훨씬 낮을 것이다. 즉,

$$[\text{Ca}^{2+}]_{\text{res}} \ll [\text{H}^+]_{\text{res}}$$

및

$$[Ca^{2+}]_{aq} \ll [H^+]_{aq}$$

결과적으로 수소 이온의 농도는 모든 상에서 본질적으로 일정하게 되며, 식 (31-4)를 재정리하면 다음과 같이 된다.

$$\frac{[Ca^{2+}]_{res}}{[Ca^{2+}]_{aq}} = K' \frac{[H^+]^2_{res}}{[H^+]^2_{aq}} = K \tag{31-5}$$

여기서 $K$는 추출 평형에 적용되는 상수[식 (31-2)]와 유사한 분배 상수다. 식 (31-5)의 $K$는 다른 이온(여기서는 $H^+$)에 비하여 상대적으로 칼슘 이온을 붙잡는 수지의 친화도를 나타낸다는 점을 주목하시오. 일반적으로 어떤 이온에 대한 $K$ 값이 크면 수지상이 그 이온을 붙잡으려는 경향이 강하고 $K$가 작으면 그 반대이다. 공통되는 기준 이온(예를 들어 $H^+$)을 정하면 주어진 형태의 수지에 대한 여러 이온들의 분배 상수들을 비교할 수 있다. 이러한 실험 결과 1가 이온 화학종들보다 다가의 이온들을 훨씬 강하게 붙잡는 것을 보여준다. 전하량이 같으면 다른 성질들과 더불어 수화된 이온의 크기에 따라서 $K$ 값이 달라진다. 그러므로 전형적인 설폰화 양이온 교환 수지의 경우 1가 이온들의 $K$ 값은 $Ag^+ > Cs^+ > Rb^+ > K^+ > NH_4^+ > Na^+ > H^+ > Li^+$의 순서로 감소한다. 2가 양이온의 경우 그 순서는 $Ba^{2+} > Pb^{2+} > Sr^{2+} > Ca^{2+} > Ni^{2+} > Cd^{2+} > Cu^{2+} > Co^{2+} > Zn^{2+} > Mg^{2+} > UO_2^{2+}$이다.

### ▸ 31D-3 이온 교환법의 응용

이온 교환 수지는 여러 방면에 사용되고 있다. 이온 교환 수지는 분석에 방해할 수 있는 이온들을 제거하는 데 사용된다. 예를 들어, 철(III), 알루미늄(III) 및 다른 많은 양이온들은 황산 이온을 정량할 때 황산 바륨과 공침한다. 황산 이온이 들어 있는 용액을 양이온 교환 수지에 통과시키면 이 양이온들을 붙잡는 한편 당량 만큼의 수소 이온을 내어놓는다. 황산 이온은 자유롭게 칼럼을 통과하므로 유출액에서 황산 바륨으로 침전될 수 있다.

묽은 용액에서 이온들을 농축하는 것은 이온 교환 수지를 유용하게 응용하는 또 하나의 예이다. 즉, 큰 부피의 천연수 속에 들어 있는 미량의 금속 원소들은 양이온 교환 칼럼으로 모은 뒤 적은 부피의 산성 용액으로 처리하면 수지로부터 유리시킬 수 있다. 결과적으로 원자 흡수분광법(AAS) 또는 ICP 방출 분광법(28장 참조)으로 분석하는 데 필요한 용액보다 상당히 더 농축된 용액이 된다.

시료 속에 존재하는 전체 염의 함량도는 산 형태의 양이온 교환기를 통과하며 시료가 방출시키는 수소 이온을 적정하면 측정할 수 있다. 마찬가지로 염산 표준 용액도 알고 있는 양의 염화 소듐으로 양이온 교환 수지를 처리할 때 얻어지는 유출액을 일정 부피가 되도록 희석시켜 제조할 수 있다. 수산화물 형태의 음이온 교환 수지를 치환시키면 표준 염기 용액을 제조할 수 있다. 이온 교환 수지는 특집 31-2에 설명된 바와 같이 가정용수의 연수장치로도 널리 사용된다. 33D절에 설명한 바와 같이 이온 교환 수지는 무기나 유기 이온 화학종들을 크로마토그래피법으로 분리하는 데 특히 유용하게 사용된다.

특집 31-2

## 가정용수의 연수장치

경수는 칼슘, 마그네슘, 철의 염이 많이 들어 있는 물이다. 경수의 양이온들은 비누의 지방산 음이온들과 결합하여 **응유**(curd 또는 soap curd)라고 알려진 불용성 염을 형성한다. 특히 경수 지역에서는 욕조나 씽크대 주위에 회색의 띠로 된 이러한 침전을 볼 수 있다.

가정에서 경수의 문제를 해결하는 한 가지 방법은 칼슘, 마그네슘, 철의 양이온들을 가용성의 지방산 염을 만드는 소듐 이온으로 교환하는 것이다. 상업용수의 연수장치는 **그림 31F-1**에 나타낸 바와 같이 이온 교환 수지를 넣어두는 탱크와 염화 소듐 저장 용기 및 물의 흐름을 조절하는 데 필요한 여러 가지 밸브와 조절기들로 구성되어 있다. 충전 즉 재생 주기 중에는 용기에 있는 농축된 소금물이 이온 교환 수지를 통하여 흐르도록 하여 수지의 자리들이 $Na^+$ 이온들로 채워지게 된다.

$$\underset{\text{고체}}{(RSO_3^-)_xM^{x+}} + \underset{\text{물}}{xNa^+} \rightleftharpoons \underset{\text{고체}}{xRSO_3^-Na^+} + \underset{\text{물}}{M^{x+}} \text{ (재생)}$$

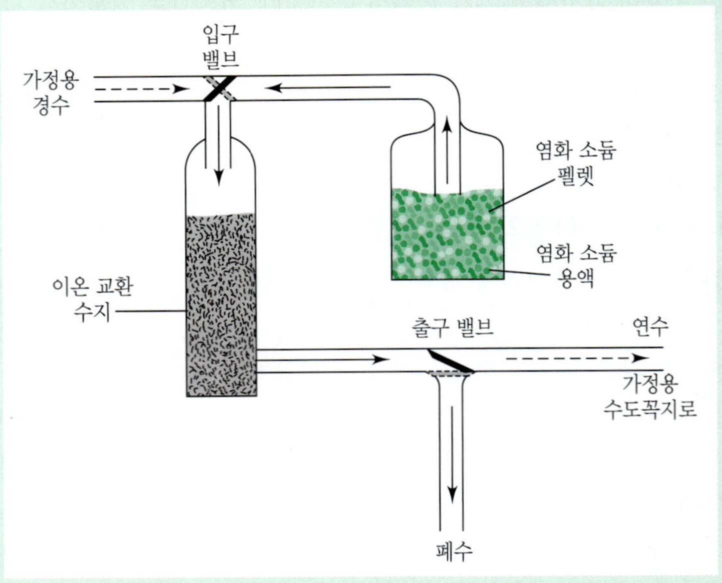


**그림 31F-1** 가정용수 연수장치의 개략도. 충전 시에는 밸브들이 그림과 같이 돌려져 있다. 저장 용기에서 나온 소금물은 이온 교환 수지를 거쳐 폐기된다. 소금물 속의 소듐 이온들이 수지 속의 이온들과 교환되어 수지가 소듐 형태로 된다. 물을 사용하는 동안에는 밸브들이 돌려져서 경수가 수지를 통과하면 여기서 칼슘, 마그네슘, 철 양이온들이 수지에 붙어 있는 소듐 이온과 자리를 바꾼다.

이 과정 중에 유리된 $M^{x+}$ 이온들(칼슘, 마그네슘 또는 철)은 폐수 쪽으로 보내진다.

재생 주기가 끝나면 이온 교환 수지로 들어가고 나오는 조절 밸브들을 바꿔서 가정에 공급되는 물이 수지를 통하여 가정용 수도꼭지로 나가도록 한다. 경수가 수지를 통과할 때 $M^{x+}$ 이온들이 $Na^+$ 이온들을 교환하여 물이 연수화된다.

$$\underset{\text{고체}}{xRSO_3^-Na^+} + \underset{\text{물}}{M^{x+}} \rightleftharpoons \underset{\text{고체}}{(RSO_3^-)_xM^{x+}} + \underset{\text{물}}{xNa^+} \text{ (가정에서 사용)}$$

사용해 감에 따라 이온 교환 수지는 점차 경수에 있던 양이온들로 축적되게 된다. 그러므로 연수장치는 소금물을 통과시켜 줌으로써 주기적으로 재충전시켜서 경수의 이온들을 분출시켜 폐기시켜야 한다. 연수시키고 나면 비누들이 물에 분산된 채 남아 있어 응유를 형성하지 않기 때문에 그 효율이 훨씬 더 좋아진다. 염화 포타슘 역시 염화 소듐 대신에 사용할 수 있는데, 이는 소듐 섭취를 금지하는 식이요법을 필요로 하는 사람들에게 특히 유리하다. 그러나 염화 포타슘을 사용하는 것은 염화 소듐을 사용하는 것보다 훨씬 비용이 많이 든다.

## 31E 크로마토그래피에 의한 분리

크로마토그래피는 복잡한 혼합물 속의 화학 성분을 분리, 확인 및 정량하는 데 널리 사용되는 방법 중의 하나이다. 크로마토그래피보다 더 강력하고 일반적으로 응용할 수 있는 방법은 없다.[7] 이 장의 나머지 부분은 모든 형태의 크로마토그래피에 적용되는 일반적인 원리를 다룬다. 32장에서 34장까지는 크로마토그래피와 이에 연관된 방법들의 응용에 대하여 다룬다.

**크로마토그래피**는 기체 혹은 액체 **이동상**에 의하여 고정된 **정지상**을 통과할 때 그 속도의 차이에 근거하여 혼합물의 성분들을 분리하는 기술이다.

### ▸ 31E-1 크로마토그래피 총론

**크로마토그래피**(chromatography)라는 용어는 아주 다양한 장치와 기법에 적용되기 때문에 엄격하게 정의 하기는 어렵다. 그러나 이들 방법들은 모두가 **정지상**(stationary phase)과 **이동상**(mobile phase)을 사용한다는 공통점이 있다. 혼합물의 성분들이 이동상의 흐름에 실려 정지상을 통하여 이동하며, 분리는 이동상 성분들 간의 이동 속도의 차이 때문에 이루어진다.

크로마토그래피에서 **정지상**은 컬럼 속이나 평평한 표면 위에 고정되어 있는 상이다.

크로마토그래피에서 **이동상**은 정지상 위나 속을 흐르며 분석혼합물을 운반한다. 이동상은 기체, 액체 혹은 초임계 유체일 수 있다.

### ▸ 31E-2 크로마토그래피법의 분류

크로마토그래피법에는 두 가지 기본적인 형태가 있다. **컬럼 크로마토그래피**(column chromatography)에서는 좁은 관 속에 정지상이 들어 있고, 압력 조건 또는 중력에 의해 이동상이 관을 따라 흐르게 한다. **평면 크로마토그래피**(planar chromatography)에서는 평평한 판 위 또는 종이의 동공(pore) 속에 정지상이 고정되어 있고 이동상은 모세관 작용 또는 중력의 영향에 의하여 정지상을 통과해 나간다. 이 장에서는 컬럼 크로마토그래피만을 다루기로 한다. 34B절에 평면 크로마토그래피에 대하여 다루고 있다.

**평면 크로마토그래피**와 **컬럼 크로마토그래피**는 같은 형태의 평형에 바탕을 두고 있다.

**표 31-4**의 첫째 열에 나와 있듯이 크로마토그래피법은 이동상의 성질에 따라 세 가지로 분류한다. 즉 액체, 기체 및 초임계 유체 크로마토그래피로 분류한다. 표의

기체 크로마토그래피와 초임계 크로마토그래피는 컬럼을 사용한다. 액체 이동상만이 평판의 표면에 사용될 수 있다.

[7] 크로마토그래피에 대한 일반적인 참고서적은 다음과 같다. J. M. Miller, *Chromatography: Concepts and Contrasts*, 2nd ed., New York: Wiley, 2005; R. L Wixom and C. W. Gehrke, eds., *Chromatography: A Science of Discovery*, Hoboken, NJ: Wiley, 2010; E. F. Heftman, ed., *Chromatography: Fundamentals of Chromatography and Related Differential Migration Methods*, Amsterdam: Elsevier, 2004; C. F. Poole, *The Essence of Chromatography*, Amsterdam: Elsevier, 2003; J. Cazes and R. P. W. Scott, *Chromatography Theory*, New York: Dekker, 2002; A. Braithwaite and F. J. Smith, *Chromatographic Methods*, 5th ed., London: Blackie, 1996; R. P. W. Scott, *Techniques and Practice of Chromatography*, New York: Dekker, 1995; J. C. Giddings, *Unified Separation Science*, New York: Wiley, 1991.

**표 31-4**

**컬럼 크로마토그래피법의 분류**

| 일반적인 분류 | 구체적인 방법 | 정지상 | 평형의 형태 |
|---|---|---|---|
| 1. 기체 크로마토그래피(GC) | a. 기체-액체(GLC) | 고체 표면에 흡착되거나 결합된 액체 | 기체와 액체 사이의 분배 |
| | b. 기체-고체 | 고체 | 흡착 |
| 2. 액체 크로마토그래피(LC) | a. 액체-액체 또는 분배 | 고체 표면에 흡착되거나 결합된 액체 | 섞이지 않는 액체 사이의 분배 |
| | b. 액체-고체 또는 흡착 | 고체 | 흡착 |
| | c. 이온 교환 | 이온 교환 수지 | 이온 교환 |
| | d. 크기 배제 | 중합체 틈새 내의 액체 | 분배/체거름 |
| | e. 친화도 | 고체 표면에 결합된 작용기 선택성 액체 | 표면 액체와 이동상 사이의 분배 |
| 3. 초임계 유체 크로마토그래피(SFC) (이동상: 초임계 유체) | | 고체 표면에 결합된 유기 화학종 | 초임계 유체와 결합 표면 사이의 분배 |

두 번째 열에서는 정지상의 성질과 상 사이에 이루어지는 평형의 형태에 따라 두 가지 형태의 기체 크로마토그래피와 다섯 가지 형태의 액체 크로마토그래피가 있음을 보여준다.

## ▸ 31E-3 컬럼 크로마토그래피에서의 용리

**용리**란 용질이 이동상의 움직임에 의해 정지상을 통하여 씻겨 흐르는 과정이다. 컬럼을 나오는 이동상을 **용출액**이라고 한다.

그림 31-6a는 어떤 시료 속의 두 성분 A와 B가 **용리**(elution)에 의해 어떻게 컬럼에서 분리되는지를 보여준다. 컬럼은 좁은 내경의 관으로 되어 있고, 컬럼 속에는 표면에 정지상을 지지하고 있는 미세 분말의 비활성 고체로 채워져 있다. 이동상은 충전 입자들 사이의 빈 공간을 채운다. 우선 A와 B의 혼합물을 함유하고 있는 시료를 이동상에 녹여 그림 31-6a에서 시간 $t_0$에 보여지는 것과 같이 컬럼의 첫머리에 좁은 마개의 형태로 주입한다. 여기서 두 성분은 이동상과 정지상 사이에 분배된다. 새로운 이동상을 연속적으로 첨가하여 시료성분들이 컬럼을 따라 흐르도록 하는 힘에 의해 용리가 일어난다.

**용리액**은 정지상을 통하여 혼합물의 성분을 운반하는 데 사용되는 용매이다.

새로운 이동상을 처음으로 도입하면 이동상에 시료를 함유하고 있는 부분인 **용리액**(eluent)은 컬럼을 따라 아래로 내려가고 여기서 이동상과 정지상 사이에 분배가 일어난다(시간 $t_1$). 동시에 원래 시료가 있던 위치에서는 새로운 이동상과 정지상 사이의 분배도 일어난다.

용매가 계속 첨가됨에 따라 용질 분자들은 두 상 사이에 연속적인 일련의 이동 일어나면서 컬럼을 따라 흐른다. 용질의 이동은 이동상에서만 이루어지기 때문에 용질이 이동하는 평균 속도는 용질이 *이동상 속에서 보내는 시간의 분율에 따라* 정해진다. 정지상에 오래 머무르는 용질들은 이 분율이 작고(예, **그림 31-6**의 성분 B), 이동상에 더 잘 머무르는 용질은 이 분율이 크다(성분 A). 이론상으로는 이때 생기는 속도의 차이로 인하여 혼합물 중의 성분들이 컬럼 길이의 방향으로 **띠**(band)나 **대역**(zone)으로 분리된다(**그림 31-7** 참조). 컬럼을 통해 충분한 양의 이동상을 흘려 각각의 띠가 컬럼의 끝을 지나도록 하면(컬럼으로부터 **용리**되도록 하면) 분리된 화학종들의 단리(isolation)가 이루어지며, 여기서 포집되거나 검출된다(그림 31-6a의 시간 $t_3$와 $t_4$).

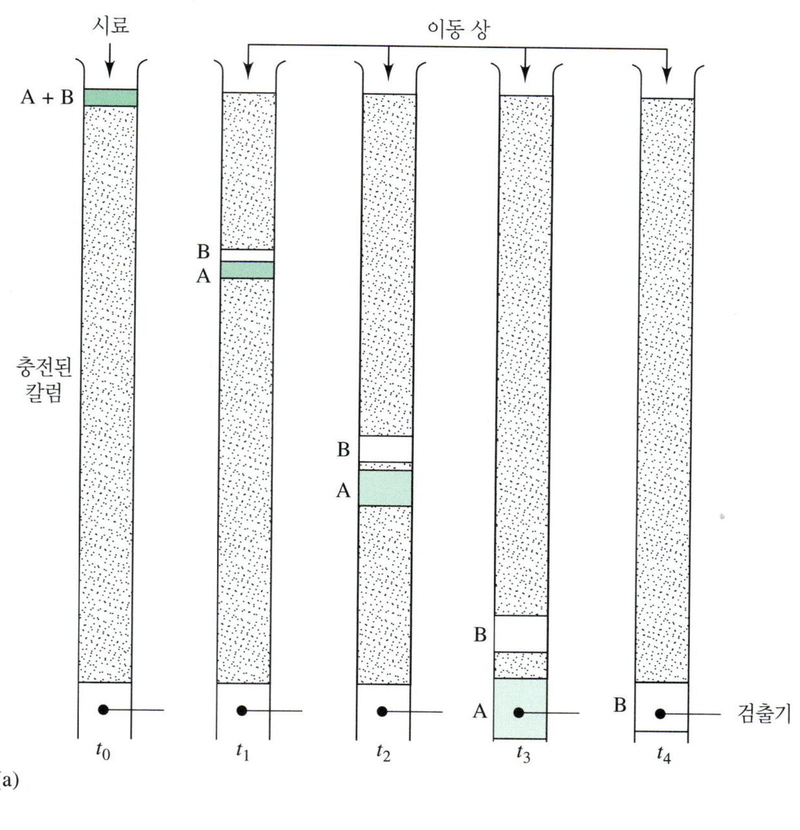


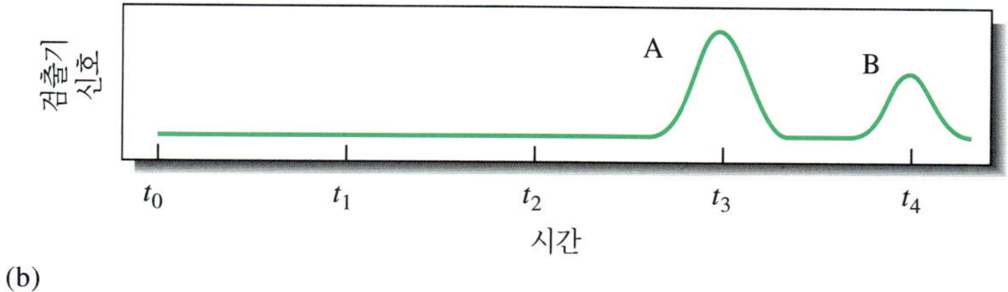


**그림 31-6** (a) 컬럼 용리 크로마토그래피에 의해 성분 A와 성분 B의 혼합물이 분리되는 것을 보여주는 그림. (b) (a)에 나타낸 용리의 여러 단계에서의 검출기 신호.

## » 크로마토그램

용질의 농도에 감응하는 검출기를 컬럼의 끝에 장착하고 여기서 얻어지는 신호를 시간(또는 첨가한 이동상의 부피)의 함수로서 도시하면 그림 31-6b와 같이 일련의 피크들이 얻어진다. 이를 **크로마토그램**(chromatogram)이라 부르며 정성 및 정량

**크로마토그램**은 용리 시간 또는 용리 부피에 대한 용질의 농도를 기록한 것이다.

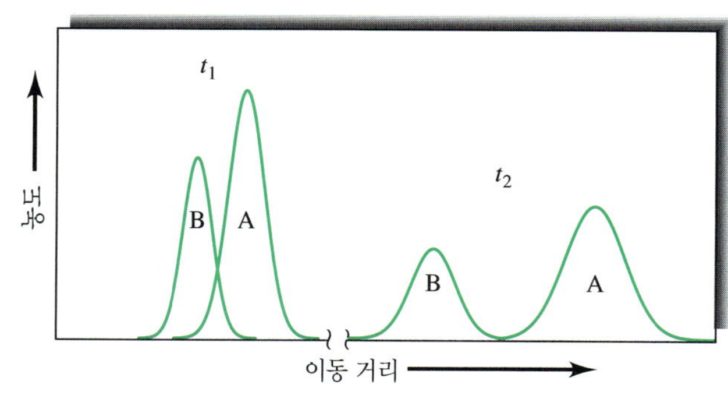


**그림 31-7** 그림 31-6의 컬럼을 따라 이동할 때 두 가지 다른 시간에서 용질의 띠 A와 B의 농도 분포. 시간 $t_1$과 $t_2$는 그림 31-6에 표시되어 있다.

크로마토그래피는 20세기가 막 접어들었을 때 러시아의 식물학자 Mikhail Tswett (1872~1919)에 의해 발명되었다. 그는 잘 분쇄된 탄산 칼슘으로 충전된 유리 컬럼을 통하여 클로로필과 크산토필 등 여러 가지 식물 색소들을 분리하는 데 이 기술을 도입하였다. 분리된 화학종들은 컬럼에서 색을 띤 띠로 나타났으며 이로부터 크로마토그래피라는 이름이 지어졌다('색'을 뜻하는 그리스어 *chroma*와 '쓰다'를 뜻하는 *graphein*).

분석에 유용하게 사용된다. 시간 축상에 최고점 피크의 위치는 시료의 성분을 확인하는 데 사용할 수 있으며, 피크의 면적은 각 화학종에 대한 양의 척도가 된다.

## » 컬럼 성능을 향상시키는 방법

그림 31-7은 그림 31-6의 시간 $t_1$과 조금 후인 $t_2$에서의 용질 A와 B를 함유하는 띠에 대한 컬럼 안에서의 농도 분포를 보여준다.[8] B가 A보다 정지상에 더 강하게 붙잡히기 때문에 B는 이동하는 동안 뒤쳐지게 된다. 컬럼을 따라 내려감에 따라 두 성분의 띠 간 거리는 증가한다. 그러나 동시에 두 띠의 넓힘도 함께 일어남으로써 분리장치로서의 컬럼의 효율을 떨어뜨리게 된다. 비록 띠 넓힘이 일어나는 것은 피할 수 없으나 띠의 분리보다 띠 넓힘이 더 느리게 일어나도록 하는 조건을 찾을 수는 있다. 따라서 그림 31-7에 나타난 바와 같이 컬럼의 길이가 충분히 길어진다면 화학종들을 깨끗하게 분리하는 것이 가능해진다.

몇 가지 화학적이고 물리적인 변수들이 띠의 분리 및 띠 넓힘 속도에 영향을 미친다. 결과적으로 띠 분리의 속도를 증가시키거나 띠가 넓어지는 속도를 감소시킴으로써 향상된 분리를 실현시킬 수 있으며 이를 **그림 31-8**에 설명하였다.

정지상을 통하여 용질이 이동하는 상대 속도에 영향을 미치는 변수들에 대해서는 다음 절에서, 대역 넓힘에 영향을 미치는 인자들은 그 다음 절에서 살펴보기로 한다.

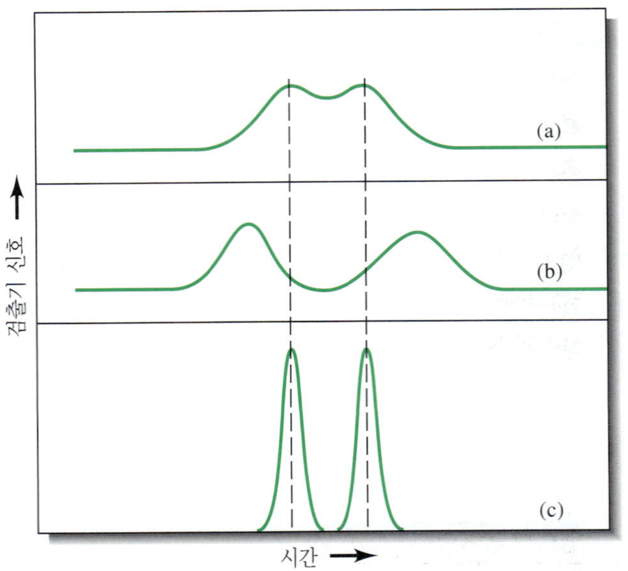


**그림 31-8** 두 가지의 분리 향상 방법을 설명하는 두 성분 크로마토그램.
(a) 피크 겹침이 있는 원래의 크로마토그램.
(b) 띠 분리를 증가시킴으로써 분리 향상.
(c) 띠너비를 감소시킴으로써 분리 향상.

[8]그림 31-7에 나타낸 농도 분포에서 띠 A와 B에 대한 상대적인 위치는 그림 31-6b에서 나타낸 위치와 반대로 나타남을 주의하시오. 그림 31-7에서는 가로축이 컬럼을 따른 거리인 반면 그림 31-6b는 시간을 나타내는 차이가 있다. 그러므로 그림 31-6b에서 피크의 *앞세우기*(fronting)는 왼쪽에 놓이고 *꼬리끌기*(tailing)는 오른쪽에 놓인다. 그림 31-7에서 그 반대로 나타난다.

## ▸ 31E-4 용질의 이동 속도

두 성분을 분리하는 데 있어서 크로마토그래피 컬럼의 효율성은 두 성분이 용리되는 상대 속도에 일부 의존하며, 이 상대 속도는 두 상 사이의 용질들의 분배 상수에 의해 결정된다.

### » 분배 상수

크로마토그래피로 이뤄지는 모든 분리는 용질이 이동상과 정지상 사이에 분배되는 정도의 차이에 바탕을 두고 있다. 용질 A에 대한 평형은 다음 식으로 나타낼 수 있다.

$$\text{A}(\textit{이동상}) \rightleftharpoons \text{A}(\textit{정지상}) \tag{31-6}$$

이 반응의 평형 상수 $K_c$를 **분배 상수**(distribution constant)라고 하며 다음과 같이 정의된다.

크로마토그래피에서 용질의 **분배 상수**는 이동상 내의 용질의 농도에 대한 정지상 내의 용질의 농도 비이다.

$$K_c = \frac{(a_A)_S}{(a_A)_M} \tag{31-7}$$

여기서는 정지상에서의 용질 A의 활동도이며, $(a_A)_M$은 이동상에서의 활동도이다. 흔히 $(a_A)_S$ 대신에 정지상 내에서의 용질의 몰분석 농도인 $c_S$를, $(a_A)_M$ 대신에는 이동상 내의 용질의 분석 농도 $c_M$을 사용할 수 있다. 이 경우 식 (31-7)은 다음과 같이 된다.

$$K_c = \frac{c_S}{c_M} \tag{31-8}$$

이상적이라면 분배 상수는 넓은 범위의 용질 농도에 대하여 일정하다. 즉, $c_S$는 $c_M$에 직접 비례한다.

### » 머무름 시간

**그림 31-9**은 두 가지 성분의 혼합물에 대한 간단한 크로마토그램이다. 왼쪽의 작은 피크는 정지상에 머무르지 않는 화학종의 것이다. 시료 주입 후 이 피크가 나타나는데 걸리는 시간 $t_M$을 **불감 시간**(dead time) 또는 **틈새 시간**(void time)이라고 한다. 불감 시간은 이동상의 평균 이동 속도의 척도이며 분석물의 피크를 확인하는 데 있어서 중요한 파라미터이다. 모든 성분들은 적어도 $t_M$의 시간을 이동상 내에서 보낸다. 시료나 이동상에 머무르지 않는 화학종이 없다면, $t_M$의 측정을 돕기 위하여 머무르지 않는 화학종을 첨가할 수 있다. 그림 31-9의 오른쪽 큰 피크는 분석물의 신호이다. 시료 주입 후 이 대역이 검출기에 도달하는 데 걸리는 시간을 **머무름 시**

**불감 시간(틈새 시간)** $t_M$은 머무르지 않는 화학종이 크로마토그래피 컬럼을 통과하는 데 걸리는 시간이다. 모든 성분들은 이동상 속에서 적어도 불감 시간만큼의 시간을 보낸다. 분리는 성분들이 정지상에서 보내는 시간 $t_S$의 차이에 근거하여 이루어진다.

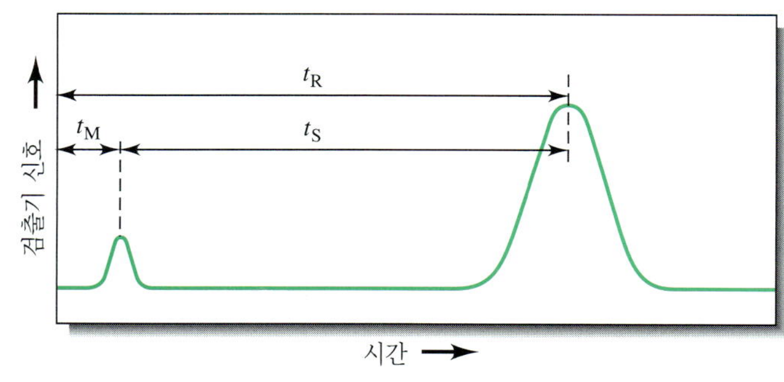


**그림 31-9** 두 성분으로 이루어진 혼합물에 대한 전형적인 크로마토그램. 왼쪽에 있는 작은 피크는 컬럼에서 머무르지 않는 용질을 나타내며 용리가 시작된 후 거의 즉시 검출기에 도달한다. 즉 이것의 머무름 시간 $t_M$은 이동상 분자가 컬럼을 통과하는 데 필요한 시간과 거의 같다.

**머무름 시간** $t_R$은 시료 주입 후 분석물 피크가 크로마토그래피 컬럼 끝의 검출기에 도달하는 데 걸리는 시간이다.

간(retention time)이라고 하며 $t_R$이라고 나타낸다. 분석물이 시간 $t_S$ 동안 정지상에서 보내기 때문에 머무르게 된다. 그러므로 머무름 시간은 다음과 같다.

$$t_R = t_S + t_M \quad \textbf{(31-9)}$$

용질 이동의 평균 선 속도(보통 cm/s) $\bar{v}$는

$$\bar{v} = \frac{L}{t_R} \quad \textbf{(31-10)}$$

이고, 여기서 $L$은 충전 물질이 채워진 컬럼의 길이이다. 이와 비슷하게 이동상 분자들의 평균 선 속도 $u$는 다음과 같다.

$$u = \frac{L}{t_M} \quad \textbf{(31-11)}$$

### » 부피 흐름 속도와 선 흐름 속도

크로마토그래피의 이동상 흐름은 실험에서는 컬럼 출구에서의 부피 흐름 속도 $F$ ($cm^3/min$)로 흔히 나타낸다. 열린 관형 컬럼의 경우 $F$는 컬럼 출구에서의 선 속도 $u_o$와 관련이 있다.

$$F = u_o A = u_o \times \pi r^2 \quad \textbf{(31-12)}$$

여기서 $A$는 관의 단면적($\pi r^2$)이다. 충전된 컬럼에서는 컬럼의 전체 부피가 액체로 채워지지 않기 때문에 식 (31-12)는 다음과 같이 수정된다.

$$F = \pi r^2 u_o \varepsilon \quad \textbf{(31-13)}$$

여기서 $\varepsilon$은 전체 관의 부피 중 액체가 차지할 수 있는 분율(관의 공극율)이다.

### » 이동 속도와 분배 상수

용질의 이동 속도와 분배 상수의 관계를 구하려면 용질의 이동 속도를 이동상 속도에 대한 분율로 나타내어야 한다.

$$\bar{v} = u \times \text{용질이 이동상에서 보내는 시간 분율}$$

그런데 이 분율은 어떤 순간에 이동상 속에 있는 용질의 평균 몰수를 컬럼 속에 있는 용질의 총 몰수로 나눈 것과 같다.

$$\bar{v} = u \times \frac{\text{이동상에 있는 용질의 몰수}}{\text{용질 전체 몰수}}$$

이동상 내 용질의 총 몰수는 이동상 내 용질의 농도 $c_M$에 이동상의 부피 $V_M$을 곱한 것과 같다. 이와 유사하게 정지상 내 용질의 몰수는 정지상 내 용질의 농도 $c_S$에 정지상 부피 $V_S$를 곱한 것과 같다. 그러므로

$$\bar{v} = u \times \frac{c_M V_M}{c_M V_M + c_S V_S} = u \times \frac{1}{1 + c_S V_S / c_M V_M}$$

식 (31-8)을 이 식에 대입하면 용질의 이동 속도를 분배 상수와 정지상 및 이동상의 부피의 함수로 나타낼 수 있다.

$$\bar{v} = u \times \frac{1}{1 + K_c V_S / V_M} \tag{31-14}$$

두 부피($V_S$, $V_M$)는 컬럼을 제조하는 방법으로부터 추정할 수 있다.

### » 머무름 인자 *k*

머무름 인자(retention factor)는 컬럼 속에서 용질의 이동 속도를 비교하는 데 널리 사용되는 실험상 중요한 파라미터이다.[9] 용질 A에 대한 머무름 인자 $k_A$는 다음과 같이 정의된다.

$$k_A = \frac{K_A V_S}{V_M} \tag{31-15}$$

여기서 $K_A$는 화학종 A의 분배 상수다. 식 (31-15)를 식 (31-14)에 대입하면 다음과 같아진다.

$$\bar{v} = u \times \frac{1}{1 + k_A} \tag{31-16}$$

크로마토그램으로부터 $k_A$가 어떻게 얻어지는지를 보여주려면 식 (31-16)에 식 (31-10)과 식 (31-11)을 대입하면 된다.

$$\frac{L}{t_R} = \frac{L}{t_M} \times \frac{1}{1 + k_A} \tag{31-17}$$

이 식을 재배열하면

$$k_A = \frac{t_R - t_M}{t_M} = \frac{t_S}{t_M} \tag{31-18}$$

용질 A의 **머무름 인자** $k_A$는 A가 컬럼을 통하여 이동하는 속도와 관련이 있다. 즉, 용질이 이동상에서 보내는 시간에 대비한 정지상에서 보내는 시간에 해당한다.

그림 31-9에서 볼 수 있는 바와 같이 $t_R$과 $t_M$은 크로마토그램으로부터 쉽게 구할 수 있다. 머무름 인자가 1보다 훨씬 적다는 것은 용질이 틈새 시간 근처의 시간 내에 컬럼을 빠져 나옴을 의미한다. 머무름 인자가 약 20 또는 30보다 크면 용리 시간이 비정상적으로 길어진다. 혼합물 속에 있는 용질들의 머무름 인자가 1에서 5 사이의 값을 가지는 조건에서 분리를 수행하는 것이 이상적이다.

시료에 있는 분석물의 **머무름 인자**가 1과 5 사이에 있으면 이상적이다.

[9] 예전의 문헌에는 이 상수를 용량 인자(capacity factor)라고 불렀으며 기호로 $k'$를 사용하였다. 그러나 1993년 분석 화학 명명법에 관한 IUPAC 위원회에서 이 상수를 *머무름 인자*라는 용어로 정하고 기호로는 $k$로 할 것을 권장하였다

기체 크로마토그래피에서 머무름 인자는 32장에서 설명된 바와 같이 온도나 컬럼 충전 물질을 바꾸면 변화시킬 수 있다. 액체 크로마토그래피에서는 33장에서 설명된 것처럼 이동상과 정지상의 조성을 바꾸면 더 잘 분리되도록 머무름 인자를 조절할 수 있다.

### » 선택 인자

용질 A와 B의 **선택 인자** $\alpha$는 덜 강하게 붙잡히는 용질(A)의 분배 상수에 대한 더 강하게 붙잡히는 용질(B)의 분배 상수의 비로 정의된다.

두 화학종 A와 B에 대한 컬럼의 **선택 인자**(selectivity factor) $\alpha$는 다음과 같이 정의된다.

$$\alpha = \frac{K_B}{K_A} \quad (31\text{-}19)$$

여기서 $K_B$는 더 강하게 붙잡히는 화학종인 B의 분배 상수이고, $K_A$는 덜 강하게 붙잡히는, 즉 더 빨리 용리되는 화학종인 A의 분배 상수이다. 이렇게 정의하면 $\alpha$는 *항상 1보다 크다*.

컬럼에서 두 용질의 선택 인자는 컬럼이 두 용질을 얼마나 잘 분리하는가를 나타내는 척도이다.

식 (31-15)와 용질 B에 대한 유사한 식을 식 (31-19)에 대입하면 두 용질에 대한 선택 인자와 머무름 인자들 사이의 관계가 얻어진다.

$$\alpha = \frac{k_B}{k_A} \quad (31\text{-}20)$$

여기서 $k_B$와 $k_A$는 각각 B와 A의 머무름 인자이다. 두 용질에 대한 식 (31-18)을 식 (31-20)에 대입하면 실험으로 얻은 크로마토그램으로부터 $\alpha$를 결정할 수 있도록 해 주는 식을 얻을 수 있다.

$$\alpha = \frac{(t_R)_B - t_M}{(t_R)_A - t_M} \quad (31\text{-}21)$$

31E-7절에서 컬럼의 분리능을 계산할 때 선택 인자가 어떻게 사용되는지를 살펴보기로 한다.

## ▸ 31E-5 띠 넓힘과 컬럼의 효율

크로마토그래피 컬럼의 효율은 화합물이 컬럼을 통과할 때 일어나는 띠 넓힘의 정도에 따라 달라진다. 컬럼 효율을 더 정량적으로 정의하기 전에 띠가 컬럼을 따라 내려가면 띠가 점차 넓어지는 이유를 먼저 살펴보자.

### » 크로마토그래피의 속도 이론

크로마토그래피의 **속도 이론**(rate theory)은 분자들이 컬럼을 통하여 이동하는 것이 무작위 걷기(random walk) 메커니즘에 의해 이루어진다고 보고 용리 피크의 모양과 너비를 정량적인 항들로서 묘사해 준다. 속도 이론에 대한 자세한 논의는 이 책의 범위를 넘어서므로 여기서는 다루지 않는다. 그 대신 띠가 넓어지는 이유와 어떤 변수가 컬럼 효율을 개선시키는가 하는 것을 정성적으로 설명할 것이다.[10]

[10]더 자세한 정보를 얻으려면 다음을 참고하시오. J. C. Giddings, *Unified Separation Science*, New York: Wiley, 1991, pp. 94–96.

이 장과 다음 장에 나오는 크로마토그램들을 살펴보면 용리 피크들이 6장과 7장에서 보았던 Gauss 곡선 즉 정규 오차 곡선과 매우 유사함을 알 수 있을 것이다. 6A-2절에서 보았듯이 정규 오차 곡선은 어떤 단일 측정과 관련 있는 불확정도는 양과 음이 될 동등한 확률을 가지는 각각의 작은, 개별적으로 검출할 수 없는, 우연한 불확정도들을 포함하는 훨씬 큰 수의 합이라고 가정함으로써 설명할 수 있다. 이와 유사하게 크로마토그래피 띠의 전형적인 Gauss 곡선 모양은 여러 분자들이 컬럼을 따라 내려갈 때 무작위 운동을 모두 합친 결과에 의한 것으로 볼 수 있다. 다음의 논의에서는 주입된 시료의 너비가 용리 되는 띠의 전체 너비를 결정하는 데 결정적인 인자로 작용하지 않도록 매우 좁은 대역으로 시료가 주입된다고 가정하자. 용리 되는 띠의 너비는 시료가 주입된 대역의 너비보다 절대 더 좁아질 수 없음을 알아야 한다.

한 개의 용질 분자는 용리가 일어날 때까지 정지상과 이동상 사이를 수천 번 왔다갔다 한다고 생각하면 이해하기가 쉽다. 각 상에 머무르는 시간은 아주 불규칙적이다. 한 상에서 다른 상으로 이동하려면 에너지가 필요한데 분자들은 이 에너지를 주위로부터 얻어야 한다. 따라서 주어진 상으로 이동한 뒤 거기서 머무르는 시간은 어떤 때는 순간적이며 어떤 때는 상대적으로 길어질 수 있다. 컬럼을 따라 이동하는 것은 *분자가 이동상 내에 있을 때만* 일어남을 명심하여야 한다. 결과적으로 어떤 입자들은 우연히 대부분의 시간을 이동상 내에서 보내기 때문에 빨리 이동하게 되고, 반면 다른 입자들은 평균적인 시간보다도 우연히 더 길게 정지상에 머무르게 되어 뒤쳐지게 된다. 이러한 무작위한 개별 과정들에 의해 얻어지는 결과는 분석물 분자들의 평균적인 거동을 뜻하는 평균 이동 속도를 중심으로 하여 대칭적인 속도 분포로 나타난다.

**그림 31-10**에 나타난 바와 같이 어떤 크로마토그래피의 피크들은 비이상적이 되어 **꼬리끌기**(tailing)나 **앞세우기**(fronting)를 나타낼 수 있다. 전자의 경우는 앞부분이 가파른데 비하여 크로마토그램의 오른쪽에 나타나는 피크의 꼬리가 끌리며, 앞세우기의 경우는 그 반대가 된다. 꼬리끌기와 앞세우기가 나타나는 일반적인 이유는 농도에 따라서 속도 상수가 변하기 때문이다. 앞세우기는 컬럼에 주입되는 시료의 양이 너무 많을 경우에도 나타난다. 이처럼 피크가 찌그러지면 분리가 나빠지며 용리 시간의 재현성이 떨어지기 때문에 바람직하지 않다. 차후의 논의에서는 꼬리끌기와 앞세우기가 최소로 된다고 가정한다.

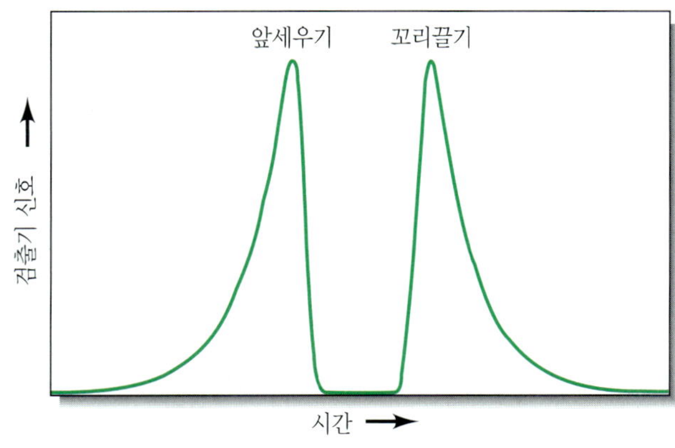


**그림 31-10** 크로마토그래피 피크에서 앞세우기와 꼬리끌기의 실례.

## ▸ 컬럼 효율의 정량적인 정의

크로마토그래피 컬럼 효율의 정량적인 척도로 (1) **단 높이**(plate height) $H$, (2) **단수**(plate count) 또는 **이론 단수**(number of theoretical plate) $N$이라는 두 가지 서로 관련된 용어가 널리 사용된다. 이 두 가지는 다음 식과 같은 관계를 가지고 있다.

$$N = \frac{L}{H} \tag{31-22}$$

여기서, $L$은 충전된 컬럼의 길이(보통은 cm)이다. 크로마토그래피 컬럼의 효율은 단수 $N$이 커지고 단 높이 $H$가 작아짐에 따라 증가한다. 컬럼의 형태와 이동상 및 정지상이 달라지면 컬럼의 효율이 크게 달라진다. 단 높이는 수 mm에서 수십 mm나 그보다 작은 반면에 단수로 나타낸 효율은 수백에서 수십만까지 변할 수 있다.

6B-2절에서 Gauss 곡선의 너비는 표준 편차 $\sigma$와 분산 $\sigma^2$으로 나타낼 수 있음을 지적한 바 있다. 크로마토그래피의 띠는 보통 Gauss 곡선이며 컬럼의 효율은 크로마토그래피 피크의 너비로 나타나기 때문에 크로마토그래피를 다루는 사람들은 컬럼의 단위 길이당의 분산을 컬럼 효율의 척도로서 사용한다. 즉 컬럼의 효율을 나타내는 단 높이 $H$는 다음과 같이 정의된다.

$$H = \frac{\sigma^2}{L} \tag{31-23}$$

컬럼 효율에 대한 이러한 정의는 **그림 31-11**에 설명되어 있다. 그림 31-11a에 충전된 컬럼의 길이가 $L$ cm인 컬럼과 그림 31-11b에 분석물 피크가 충전물의 끝에 도달하는 순간에(즉, 머무름 시간에) 컬럼 길이의 방향으로 분자들이 분포된 모양을 보여준다. 이 곡선은 Gauss 모양이며, 수직 점선으로 $L + 1\sigma$와 $L - 1\sigma$의 위치가 표시되어 있다. $L$은 cm 단위이며, $\sigma^2$의 단위는 $cm^2$이므로 $H$는 cm 단위의 직선 거리를 나타낸다[식 (31-23)]. 실제로 단 높이는 $L$과 $L - \sigma$ 사이에 있는 분석물만큼의 분율을 함유하는 컬럼의 길이라고 할 수 있다. 정규 오차 곡선 아래의 $\pm\sigma$의 경계 안의 면적은 전체 면적의 약 68%이며 정의에 의하면 단 높이는 분석물의 34%를 함유한다.

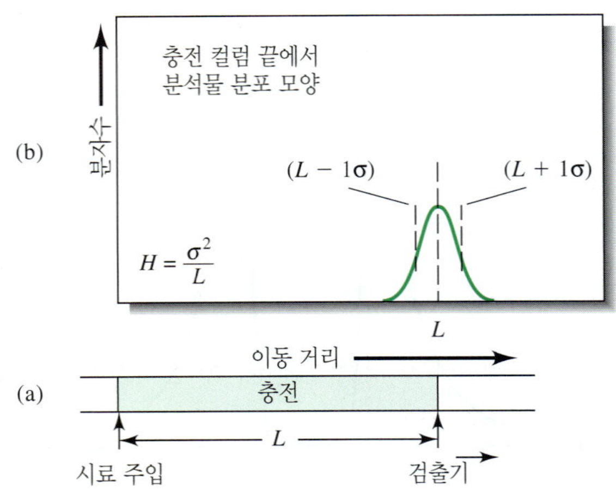


**그림 31-11** 단 높이의 정의, $H = \sigma^2/L$. (a)에는 컬럼 길이를 시료 주입 지점에서부터 검출기까지의 거리로 나타내었다. (b)에는 시료 분자의 Gauss 분포를 나타내었다.

**특집 31-3**

**단과 단 높이라는 용어의 근원은 무엇인가?**

1952년 노벨 화학상은 현대적인 크로마토그래피를 개발한 업적으로 두 명의 영국인 A. J. P. Martin과 R. L. M. Synge에게 수여되었다. 그들은 1920년대 초 분별 증류 컬럼에서의 분리를 설명하기 위하여 최초로 개발되었던 모형을 그들의 이론적 연구에 도입하였다. 석유산업에서 아주 유사한 구조의 탄화수소를 분리하는 데 처음으로 사용된 분별 증류 컬럼은 환류 조건에서 조작되면 증기-액체 평형이 이루어지는 서로 연결된 수많은 버블캡 단(bubble-cap plate)으로 이루어져 있다(**그림 31F-2** 참조).

Martin과 Synge는 크로마토그래피 컬럼이 일련의 버블캡과 같은 단들이 계속 연결되어 있고, 그 단 안에서는 평형 조건이 항상 우세하다고 생각하였다. 이러한 단 모형은 용질 이동 속도의 차이에 영향을 미치는 인자들뿐만 아니라 크로마토그래피 피크들의 Gauss 곡선 모양을 성공적으로 설명해준다. 그러나 용리되는 동안에 컬럼 전체에 걸쳐 평형 조건이 우세하다는 가정을 기본으로 하고 있으므로 띠 넓힘은 적절하게 설명해주지 못한다. 평형이 이루어지는데 필요한 시간이 모자란 상황에서 두 상이 서로 스쳐 지나가는 크로마토그래피 컬럼 내의 동적 상태에서는 이 가정이 결코 성립되지 않는다.

단 모형이 크로마토그래피 컬럼을 아주 잘 표현하는 것은 아니므로 (1) 단이나 단 높이라는 용어에 특별한 의미를 부여하지 말고, (2) 물리적 의미가 있어서가 아니라 단지 역사적인 이유로 컬럼 효율의 척도로서 사용되어 온 용어로 인식하기를 적극 권장한다. 안타깝게도 이들 용어는 크로마토그래피 관련 문헌에 너무 오래 사용되어 왔기 때문에 가까운 장래에 더 적절한 다른 용어로 대체되기는 어려울 것으로 보인다.

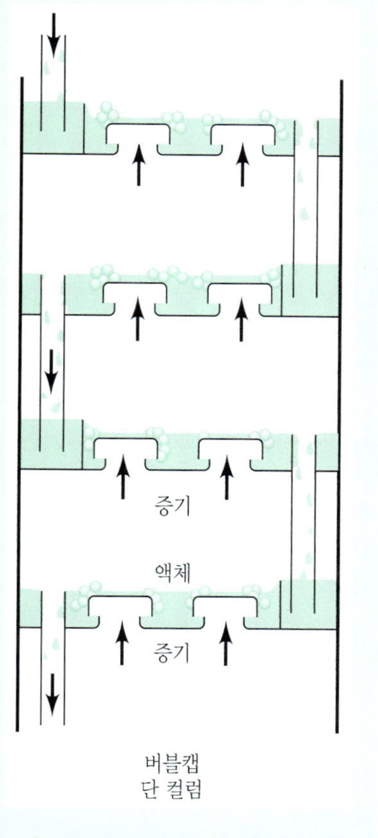


**그림 31F-2** 분별 증류 컬럼에서의 단.

### » 컬럼에서 단수의 실험적 결정

이론 단수 $N$과 단 높이 $H$는 컬럼 성능을 나타내는 척도로서 문헌과 기기 제조회사들이 널리 사용한다. **그림 31-12**는 피크의 머무름 시간 $t_R$과 피크의 바탕선 너비 $W$(시간의 단위)를 측정하여 크로마토그램으로부터 $N$을 결정하는 방법을 보여준다. 단의 수는 다음의 단순한 관계식을 이용하여 계산할 수 있다(특집 31-4 참조).

$$N = 16\left(\frac{t_R}{W}\right)^2 \quad \textbf{(31-24)}^{11}$$

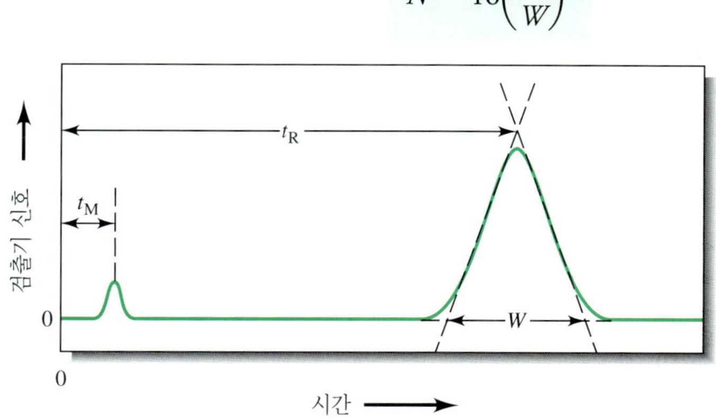


**그림 31-12** 단수의 결정, $N = 16\left(\frac{t_R}{W}\right)^2$.

[11]많은 크로마토그래피 데이터 시스템에서는 반높이 너비(width at half-height), $W_{1/2}$을 알 수 있으며 이 경우는 $N = 5.54(t_R/W_{1/2})^2$이다.

**특집 31-4**

**식 (31-24)의 유도**

그림 31-12에 나와 있는 피크의 분산은 가로축(*x*-axis)이 초 단위(종종 분으로)의 시간이므로 $\sigma^2$의 단위를 가진다. 이와 같이 시간에 근거한 분산은 단위가 $cm^2$인 $\sigma^2$과 구별하기 위하여 보통 $\tau^2$으로 표시한다. 두 표준 편차 $\tau$와 $\sigma$는 다음과 같은 관계를 가지고 있다.

$$\tau = \frac{\sigma}{L/t_R} \quad \textbf{(31-25)}$$

여기서, $L/t_R$은 cm/s 단위로 나타낸 용질의 평균 선 속도이다.

그림 31-12는 실험적으로 얻은 크로마토그램으로부터 $\tau$와 $\sigma$를 유추하는 간단한 방법을 보여준다. 크로마토그래피 피크의 양쪽의 변곡점에서 접선을 그어 바탕선과 함께 삼각형을 그린다. 이 삼각형의 면적은 피크 아래 전체 면적의 약 96%임이 알려져 있다. 6B-2절에서 최대점에서 $-2\sigma$인 곳과 $+2\sigma$인 곳의 사이 (±2s)에 Gauss 피크 아래 면적의 약 96%가 포함된다는 것을 알았다. 따라서 그림 31-12에 있는 교점들은 최대점에서부터 약 $\pm 2\sigma$에 나타나고 $W = 4\tau$이며, 여기서 $W$는 삼각형 밑변의 크기이다. 이 관계를 식 (31-25)에 대입하여 재배열하면 다음과 같아진다.

$$\sigma = \frac{LW}{4t_R}$$

$\sigma$에 대한 이 식을 식 (31-23)에 대입하면

$$H = \frac{LW^2}{16t_R^2} \quad \textbf{(31-26)}$$

$N$을 구하기 위하여 식 (31-22)에 대입하여 재배열하면 다음이 얻어진다.

$$N = 16\left(\frac{t_R}{W}\right)^2$$

따라서, $N$은 두 개의 시간 $t_R$과 $W$를 측정하면 계산할 수 있다. $H$를 구하려면 컬럼 충전물의 길이 $L$을 알아야 한다.

## ▸ 31E-6 컬럼의 효율에 영향을 미치는 변수

띠가 넓어진다는 것은 컬럼의 효율이 떨어지는 것을 의미한다. 용질이 컬럼을 따라 이동하는 동안 질량 이동 과정의 속도가 느리면 느릴수록 컬럼 출구에서의 띠는 더 넓어진다. 질량 이동 속도에 영향을 미치는 몇 가지 변수들은 조절 될 수 있으며 따라서 이들을 조절하여 분리가 더 잘 되게 할 수 있다. **표 31-5**에는 이들 변수 중 가장 중요한 것들을 수록하였다.

### » *이동상 흐름 속도의 영향*

띠 넓힘의 정도는 이동상이 정지상과 접촉하는 시간이 길고 짧음에 따라 달라지며 이 시간은 다시 이동상의 흐름 속도에 따라 달라진다. 이러한 이유 때문에 효율에 대한 연구는 일반적으로 이동상 속도의 함수로서 $H$를 결정함으로써[식 (31-26)을

**표 31-5**

**컬럼 효율에 영향을 주는 변수**

| 변수 | 기호 | 사용 단위 |
|---|---|---|
| 이동상의 선 속도 | $u$ | cm $s^{-1}$ |
| 이동상에서의 확산 계수* | $D_M$ | $cm^2$ $s^{-1}$ |
| 정지상에서의 확산 계수* | $D_S$ | $cm^2$ $s^{-1}$ |
| 머무름 인자[식 (31-18) 참조] | $k$ | 단위 없음 |
| 충전 입자의 지름 | $d_p$ | cm |
| 정지상 위에 입힌 액체의 두께 | $d_f$ | cm |

*온도가 증가하고 점도가 감소함에 따라 증가한다.

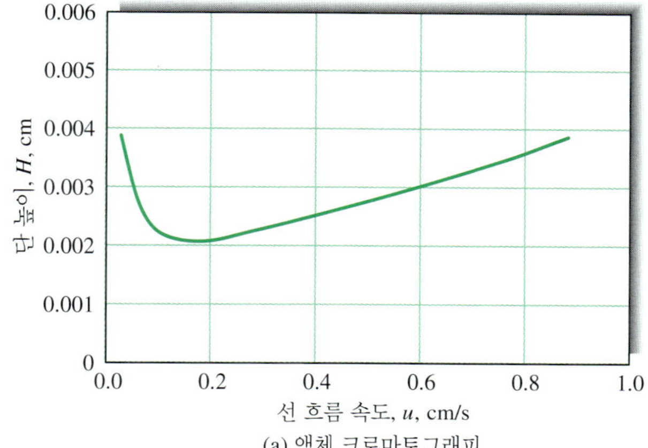

(a) 액체 크로마토그래피

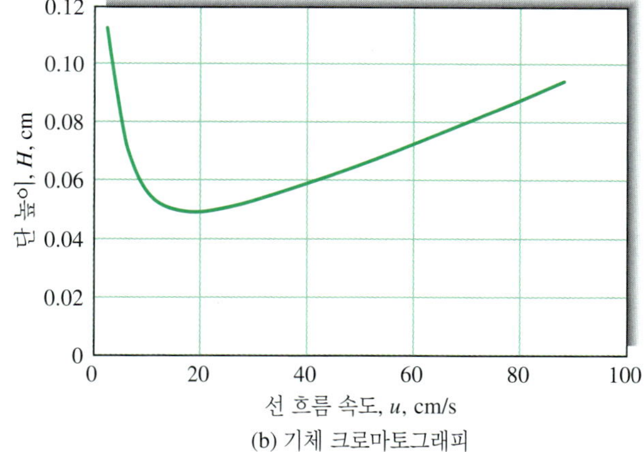

(b) 기체 크로마토그래피

**그림 31-13** (a) 액체 크로마토그래피, (b) 기체 크로마토그래피의 단 높이에 미치는 이동상 흐름 속도의 영향.

이용하여] 진행되어 왔다. **그림 31-13**에 나와있는 액체 크로마토그래피와 기체 크로마토그래피에 대한 그래프는 이러한 연구에 의해 얻어진 전형적인 테이터에 해당한다. 두 경우 모두 낮은 선흐름 속도에서 $H$의 최소값(즉, 최대 효율)이 나타나지만, 보통 액체 크로마토그래피에서의 최소값은 기체 크로마토그래피의 최소값보다 훨씬 낮은 선흐름 속도에서 나타난다. 종종 이 흐름 속도는 액체 크로마토그래피의 경우 정상적인 조작 조건에 훨씬 못 미칠 정도로 낮다.

**선 흐름 속도**와 **부피 흐름 속도**는 서로 다르지만 연관되어 있다. 선흐름 속도는 컬럼의 단면적과 공극율(충전 컬럼)에 의해 부피흐름 속도와 연관지어진다[식 (31-12)와 식 (31-13)].

일반적으로 액체 크로마토그램은 기체 크로마토그램보다 낮은 선흐름 속도에서 얻어진다. 더욱이 그림 31-13에 나타낸 바와 같이 액체 크로마토그래피 컬럼의 단 높이는 기체 크로마토그래피 컬럼의 단 높이보다 10배 이상 작다. 이러한 장점은 액체 크로마토그래피에서는 높은 압력 강하 때문에 약 25~50 cm보다 더 긴 컬럼을 사용하는 것이 불가능하기 때문에 상쇄되어 버린다. 이에 반하여 기체 크로마토그래피 컬럼은 길이가 50 m 또는 그 이상일 수도 있다. 결과적으로 단의 전체 수, 즉 총괄 컬럼효율은 기체 크로마토그래피 컬럼이 더 우수한 것이 보통이다.

### » 띠 넓힘에 관한 이론

표 31-5의 실험적 변수들이 여러 형태의 컬럼의 단 높이에 미치는 영향을 설명할 정량적인 관계를 확립하는 데 엄청난 양의 이론 및 실험적 연구 노력을 기울여 왔다. 대략 단 높이 계산식이 10여 개 이상이 발표되었고 어느 정도는 성공적으로 적용되어 왔다. 그러나 이들 중 어느 것도 띠를 넓어지게 하고 그러므로 컬럼 효율을 저하시키는 복잡한 물리적 작용과 효과를 완전하게 적절히 설명하는 것은 없다는 점에 주목해야 한다. 그러나 이들 중 몇 가지는 비록 불완전할지라도 컬럼 효율을 향상시키는 방법을 찾아내는데 상당히 유용하게 사용되어 왔으며, 그 중 한가지를 여기서 논의하기로 한다.

모세관 크로마토그래피 컬럼과 충전 크로마토그래피 컬럼의 효율은 낮은 흐름 속도에서는 다음 식으로 대략 나타낼 수 있다.

$$H = \frac{B}{u} + C_S u + C_M u \tag{31-27}$$

여기서 $H$는 cm 단위의 단 높이고, $u$는 이동상의 선 속도(cm/s$^2$)이다.[12] 양 $B$는 **세로 확산 계수**(longitudinal diffusion coefficient)이며, $C_S$와 $C_M$은 각각 정지상 및 이동상에서의 질량 이동 계수(mass-transfer coefficient)이다.

충전 컬럼에서 흐름 속도가 높아서 흐름의 영향이 확산을 지배할 경우의 효율은 다음과 같이 대략 나타낼 수 있다.

$$H = A + \frac{B}{u} + C_S u \tag{31-28}$$

1950년대에 네덜란드의 화학공학자인 van Deemter는 대역 넓힘에 대한 이론적인 연구를 통하여 다음과 같은 형태의 **van Deemter식**을 탄생시켰다.

$$H = A + B/u + Cu$$

여기서 상수 $A$, $B$, $C$는 각각 다중 흐름 통로 효과, 세로 확산 및 질량 이동의 계수이다. 오늘날 van Deemter식은 높은 흐름 속도의 충전 컬럼에 대해서만 적절하다고 여겨진다. 다른 경우는 보통 식 (31-27)로 더 잘 설명된다.

**세로 확산 항 $B/u$.** 확산은 농도가 진한 매질 부분에서 묽은 영역으로 화학종이 이동하는 과정이다. 이동 속도는 두 영역의 농도 차 및 화학종의 **확산 계수**(diffusion coefficient) $D_M$에 비례한다. 확산 계수는 주어진 매질 속에서의 물질 이동도의 척도로서 단위 농도 기울기에서의 이동 속도와 동일한 상수이다.

크로마토그래피에서 세로 확산이 일어나면 농도가 진한 띠의 중앙 부분에서 농도가 묽은 띠 양쪽 영역으로(즉 흐름의 같은 방향과 반대 방향으로) 용질이 이동하게 된다. 분자의 확산 속도가 빠른 기체 크로마토그래피에서는 세로 확산이 하나의 잘 알려진 띠 넓힘의 근원이다. 확산 속도가 훨씬 느린 액체 크로마토그래피에서는 이런 현상이 덜 중요하다. 식 (31-27)의 $B$항의 크기는 이동상 내에서의 분석물의 확산 계수에 크게 의존하며, 이 상수에 정비례한다.

[12] S. J. Hawkes, *J. Chem. Educ.*, **1983**, *60*, 393, **DOI**: 10.1021/ed060p393.

식 (31-27)에 나타낸 바와 같이 세로 확산이 단 높이에 기여하는 정도는 용리액의 선 속도에 반비례한다. 이러한 관계는 흐름 속도가 빠를 경우 분석물이 컬럼 내에 머무르는 시간이 짧아지고 따라서 띠의 중앙에서 양쪽 가장자리로 확산이 일어날 시간이 부족해지기 때문에 이상한 일이 아니다.

그림 30-13의 두 곡선에서 $H$의 초기 감소는 세로 확산의 직접적인 결과이다. 액체 크로마토그래피에서는 액체 이동상에서의 확산 속도가 아주 낮기 때문에 이 효과가 훨씬 적게 나타난다는 것을 명심하시오. 그림 31-13의 두 곡선에 나타난 것과 같이 단 높이가 크게 다른 것은 두 이동상 속에서의 세로 확산의 상대적인 속도를 감안하면 설명될 수 있다. 즉, 기체 매질 속에서의 확산 계수는 액체 매질 속에서의 확산 계수보다 여러 차수 더 크다. 따라서 띠 넓힘은 기체 크로마토그래피에서가 액체 크로마토그래피에서보다 훨씬 더 많이 일어난다.

❮ 기체에서의 확산 계수는 보통 액체에서의 확산 계수보다 약 1000배 크다.

**정지상 질량 이동 항 $C_S u$.** 정지상이 고정화된 액체이면 질량 이동 계수는 지지체 입자의 막 두께의 제곱, $d_f^2$에 정비례하고, 막 내에서의 용질의 확산 계수 $D_S$에 반비례한다. 이러한 효과는 이들 둘 모두가 이동상으로의 이동이 일어나는 계면에 분석물 분자가 도달하는 평균 빈도를 줄인다는 점을 인식하면 이해할 수 있다. 즉, 두꺼운 막을 사용하면 분자들이 표면에 도달하는 데 평균적으로 더 먼 거리를 이동해야 하며 확산 계수가 작으면 분자들이 더 느리게 이동하게 되므로, 결과적으로 질량 이동 속도가 느려지고 단 높이는 증가하게 된다.

정지상이 고체 표면이면 질량 이동 계수 $C_S$는 화학종이 흡착 또는 탈착되는데 필요한 시간에 정비례하며, 이 시간은 흡 · 탈착 과정의 일차 속도 상수에 반비례한다.

**이동상 질량 이동 항 $C_M u$.** 이동상에서 일어나는 질량 이동 과정은 너무 복잡하여 아직은 완벽하게 정량적으로 설명하지 못하고 있다. 그러나 대역 넓힘에 영향을 미치는 변수에 대하여 정성적으로는 잘 이해할 수 있으며, 이러한 이해를 통하여 모든 형태의 크로마토그래피 컬럼을 크게 개선해 왔다.

이동상 질량 이동계수 $C_M$은 분석물의 이동상 내에서의 확산 계수 $D_M$에 반비례한다고 알려져 있다. 충전 컬럼에서 $C_M$은 충전 물질의 입자 지름의 제곱에 비례한다. 모세관 컬럼의 경우 $C_M$은 컬럼 직경의 제곱에 비례하며 흐름 속도의 함수이다.

이동상 질량 이동이 단 높이에 기여하는 정도는 질량 이동 계수 $C_M$(용매 속도의 함수)과 용매 속도 자체의 곱만큼이다. 따라서 $C_M u$가 단 높이에 영향을 주는 알짜 기여도는 용매 속도 $u$에 대해 직선 관계가 아닌 복잡한 의존성을 보인다(그림 31-15에서 $C_M u$로 표시된 곡선을 보시오).

이동상에서 대역 넓힘은 한 분자(또는 이온)가 여러 경로를 통하여 충전 컬럼 속을 이동할 수 있기 때문에 일어난 것이다. **그림 31-14**에 나타냈듯이 이들 경로의 길이는 상당히 다를 수 있기 때문에 같은 화학종의 분자들이라도 컬럼 안에 머무르는 시간이 달라진다. 따라서 용질 분자들은 어느 정도의 시간이 벌어져서 컬럼 끝에 도달하게 되며 띠 넓힘이 일어난다. 흔히 **소용돌이 확산**(eddy diffusion)이라고 하는 이러한 다중 경로의 효과는 한 흐름 경로에서 다른 흐름 경로로 분자를 이동하게 하는 보통의 확산에 의하여 부분적으로 상쇄되지 않는 한 용매 속도와는 무관

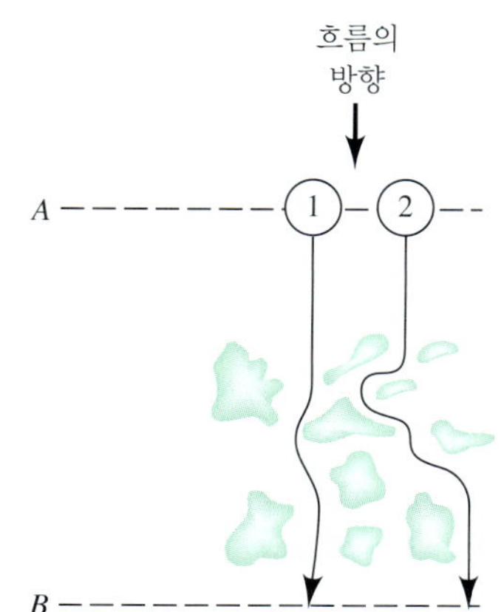


**그림 31-14** 용리되는 동안 두 분자의 전형적인 경로. 분자 2가 이동하는 거리는 분자 1의 이동 거리보다 길다. 따라서 분자 2는 분자 1보다 늦게 $B$에 도착한다.

하다. 흐름 속도가 아주 느리면 보통의 확산에 의한 이동이 아주 많이 일어나서 컬럼을 따라 흐르는 각 분자는 수많은 흐름 경로마다 짧은 시간 동안 들어 있게 되고, 그 결과 각 분자가 컬럼 속을 이동하는 속도는 평균 속도에 접근하게 된다. 그러므로 이동상의 속도가 느릴 경우 충전물 사이의 다중 경로 때문에 분자들이 크게 분산되지는 않는다. 그러나 속도가 중간 정도 또는 그보다 높을 경우에는 확산에 의해 평균화가 일어날 충분한 시간이 없으므로 경로가 다르기 때문에 발생하는 띠 넓힘이 관찰된다. 속도가 충분히 높다면 소용돌이 확산이 효과는 흐름 속도에 무관하게 된다.

이동상이 컬럼을 통하여 흐르는 경로의 수는 아주 많으며 길이도 다르다.

소용돌이 확산 효과에 겹쳐서 일어나는 다른 효과는 정지상에 머물러 있는 이동상의 정체된 풀(pool) 때문에 생긴다. 따라서 정지상으로 고체가 사용될 경우 고체의 구멍은 정체된 부피의 이동상으로 채워진다. 용질 분자들은 이 정체된 풀에서 확산하여 나와야만 정지상과 움직이는 이동상 사이에 전이가 일어날 수 있다. 이 상황은 고체 정지상뿐만 아니라 다공성 고체에 고정화된 액체 정지상에도 적용되는데, 이는 고정화된 액체가 고체 내의 구멍을 보통은 완전히 채우지 못하기 때문이다.

용매의 정체된 풀은 $H$를 증가시키는데 기여한다.

이동상의 정체된 풀의 존재는 교환 과정의 속도를 느리게 만들어, 이동상 속도에 정비례하고 이동상 내 용질의 확산 계수에 반비례하는 단 높이를 증가시킨다. 입자의 크기가 증가하면 내부 부피의 증가가 수반되기 때문에 단 높이를 증가시킨다.

**이동상 속도가 식 (31-27)의 항들에 미치는 영향.** **그림 31-15**는 이동상의 속도의 함수로 식 (31-27)의 세 항이 변하는 양상을 보여준다. 가장 위의 곡선은 이들 여러 가지 영향을 모두 더한 것이다. 단 높이가 최소이며 분리 효율이 최대인 최적 흐름 속도가 존재한다는 것을 주목하시오.

충전 컬럼의 경우는 입자 지름이 작으면 띠 넓힘이 최소로 된다. 모세관 컬럼의 경우는 작은 컬럼 지름이 띠 넓힘을 감소시킨다.

**띠 넓힘을 줄이는 방법의 요약.** 충전 컬럼에서 컬럼의 효율이 영향을 미치는 한 가지 인자는 충전물을 구성하는 입자의 지름이다. 모세관 컬럼에서는 컬럼 자체의 직경이 중요한 변수이다. 입자 지름의 영향은 **그림 31-16**의 기체 크로마토그래피에

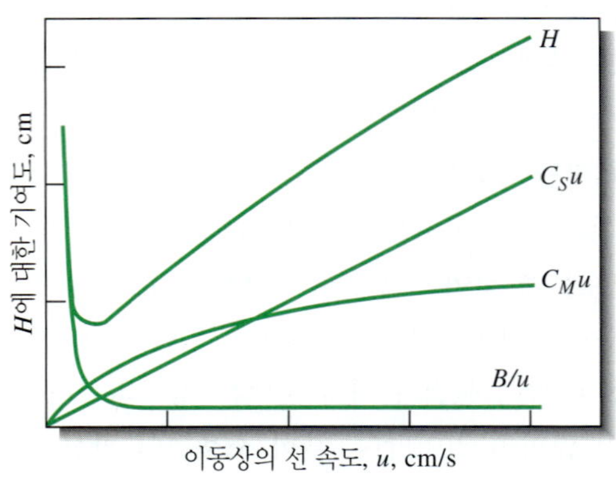


**그림 31-15** 단 높이에 대한 다양한 질량 이동 항들의 기여도. $C_S u$는 정지상으로부터와 정지상에서의 질량 이동 속도에 기인하여 생기며, $C_M u$는 이동상에서의 질량 이동 속도의 제한 때문에 발생하고, 또 $B/u$는 세로 확산에 관계된다.

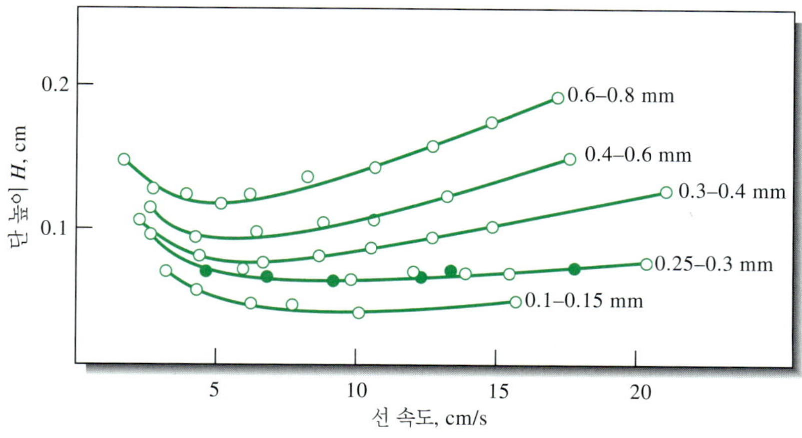


**그림 31-16** 입자 크기가 단 높이에 미치는 영향. 각 곡선의 오른쪽에 있는 수는 입자 지름이다. (J. Boheman and J. H. Purnell, in *Gas Chromatography 1958*, D. H. Desty, ed., New York: Academic Press, 1958.)

대한 데이터로 설명할 수 있다. 액체 크로마토그래피에 대해서는 유사한 그래프가 그림 33-1에 실려 있다. 컬럼 직경 효과의 장점을 이용하기 위해서 최근에는 점점 더 가는 컬럼이 사용되고 있다.

이동상이 기체일 경우 세로 확산의 속도는 온도를 낮추어 확산 계수를 감소시킴으로써 상당히 느리게 만들 수 있다. 그 결과 낮은 온도에서는 단 높이가 상당히 작아진다. 이러한 효과는 액체 크로마토그래피에서는 보통 나타나지 않는데, 이는 확산이 느려서 세로 확산이 총괄 단 높이에 거의 영향을 미치지 않기 때문이다.

확산 계수 $D_M$은 액체 크로마토그래피보다 기체 크로마토그래피에서 더 큰 영향을 미친다.

## 31E-7 컬럼 분리능

컬럼의 **분리능**(resolution) $R_s$는 두 띠가 그들의 너비에 비하여 상대적으로 얼마나 떨어져 있는가를 말해준다. 분리능은 컬럼이 두 분석물을 분리하는 능력의 정량적인 척도이다. 이 용어의 중요성은 분리능이 다른 세 가지 컬럼에서 얻은 화학종 A와 B의 크로마토그램을 나타낸 그림 31-17에 설명되어 있다. 각 컬럼의 분리능은 다음과 같이 정의된다.

크로마토그래피 컬럼의 **분리능**은 컬럼이 분석물 A와 B를 분리하는 능력의 정량적 척도이다.

$$R_s = \frac{\Delta Z}{\frac{W_A}{2} + \frac{W_B}{2}} = \frac{2\Delta Z}{W_A + W_B} = \frac{2[(t_R)_B - (t_R)_A]}{W_A + W_B} \tag{31-29}$$

여기서 우변의 모든 항은 그림에 정의되어 있다.

**그림 31-17**을 보면 분리능이 1.5일 때 A와 B가 거의 완전히 분리되는 반면 분리능이 0.75일 때 거의 분리되지 않음을 알 수 있다. 분리능이 1.0에서 영역 A는 약 4%의 B를, 영역 B는 약 4%의 A를 포함한다. 분리능이 1.5에서 겹치는 정도는 약 0.3%이다. 주어진 정지상의 분리능은 컬럼 길이를 늘려서 단의 수를 증가시키면 향상시킬 수 있다. 그러나 단수가 늘어날수록 성분들을 분리하는 데 시간이 더 걸린다.

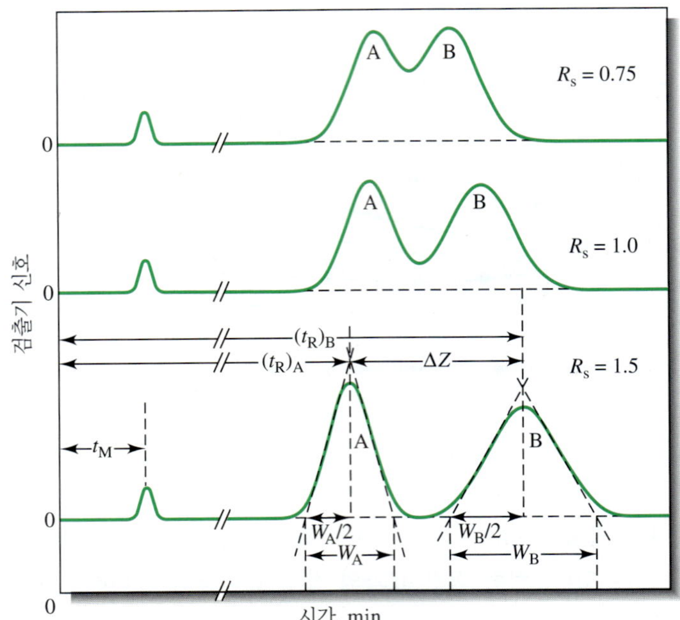


**그림 31-17** 세 가지 다른 분리능에서의 분리: $R_s = 2\Delta Z(W_A + W_b)$.

## » 분리능에 대한 머무름 인자와 선택 인자의 영향

컬럼의 분리능을 컬럼의 단수와 두 용질의 컬럼에 대한 머무름 인자와 선택 인자에 연관 짓는데 유용하게 쓰이는 식을 쉽게 유도할 수 있다. 즉, 그림 31-17의 두 용질 A와 B에 대한 분리능은 다음 식으로 주어진다는 것을 알 수 있다.[13]

$$R_s = \frac{\sqrt{N}}{4}\left(\frac{\alpha - 1}{\alpha}\right)\left(\frac{k_B}{1 + k_B}\right) \tag{31-30}$$

여기서 $k_B$는 느리게 움직이는 화학종의 머무름 인자이고, $\alpha$는 선택 인자다. 이 식을 재배열하면 주어진 분리능을 얻는데 필요한 단의 수를 구하는 식이 얻어진다.

$$N = 16R_s^2\left(\frac{\alpha}{\alpha - 1}\right)^2\left(\frac{1 + k_B}{k_B}\right)^2 \tag{31-31}$$

## » 머무름 시간에 대한 분리능의 영향

앞서 언급한 바와 같이 크로마토그래피의 목표는 가능한 한 가장 짧은 시간 내에 높은 분리능을 얻는 것이다. 불행하게도 이 두 목표는 서로 양립되지 않는 경우가 많아서 보통은 이 둘 사이의 절충이 필요하다. 분리능 $R_s$로 그림 31-17에 있는 두 화학종을 용리시키는데 필요한 시간$(t_R)_B$는

$$(t_R)_B = \frac{16R_s^2H}{u}\left(\frac{\alpha}{\alpha - 1}\right)^2\frac{(1 + k_B)^3}{(k_B)^2} \tag{31-32}$$

이며, 여기서 $u$는 이동상의 선 속도이다.

---

[13] D. A. Skoog, F. J. Holler, and S. R. Crouch, *Principles of Instrumental Analysis*, 6th ed., Belmont, CA: Brooks/Cole, 2007, pp. 776–777.

**예제 31-2**

30.0 cm의 컬럼에서 물질 A와 B의 머무름 시간은 각각 16.40과 17.63분이다. 머무르지 않는 화학종은 1.30분에 컬럼을 통과한다. A와 B의 피크 너비(밑변)는 각각 1.11분과 1.21분이다. (a) 컬럼의 분리능, (b) 컬럼의 평균 단수, (c) 단 높이, (d) 1.5의 분리능을 얻는 데 필요한 컬럼의 길이, (e) 1.5의 분리능을 가지는 컬럼에서 물질 B가 용리하는 데 소요되는 시간을 계산하시오.

**풀이**

(a) 식 (31-29)를 이용하면

$$R_s = \frac{2(17.63 - 16.40)}{1.11 + 1.21} = 1.06$$

(b) 식 (31-24)로 $N$을 계산할 수 있다.

$$N = 16\left(\frac{16.40}{1.11}\right)^2 = 3493 \quad \text{및} \quad N = 16\left(\frac{17.63}{1.21}\right)^2 = 3397$$

$$N_{avg} = \frac{3493 + 3397}{2} = 3445$$

(c) $H = \frac{L}{N} = \frac{30.0}{3445} = 8.7 \times 10^{-3}$ cm

(d) $N$과 $L$이 증가해도 $k$와 $\alpha$는 크게 변하지 않는다. 따라서 식 (31-30)에 $N_1$과 $N_2$를 대입하여 얻어지는 한 식을 다른 식으로 나누면

$$\frac{(R_s)_1}{(R_s)_2} = \frac{\sqrt{N_1}}{\sqrt{N_2}}$$

여기서 아래첨자 1과 2는 원래 컬럼과 더 긴 컬럼을 각각 가리킨다. $N_1$, $(R_s)_1$과 $(R_s)_2$의 값을 대입하면

$$\frac{1.06}{1.5} = \frac{\sqrt{3445}}{\sqrt{N_2}}$$

$$N_2 = 3445\left(\frac{1.5}{1.06}\right)^2 = 6.9 \times 10^3$$

그러므로

$$L = NH = 6.9 \times 10^3 \times 8.7 \times 10^{-3} = 60 \text{ cm}$$

(e) $(R_s)_1$과 $(R_s)_2$를 식 (31-32)에 대입하여 나누며

$$\frac{(t_R)_1}{(t_R)_2} = \frac{(R_s)_1^2}{(R_s)_2^2} = \frac{17.63}{(t_R)_2} = \frac{(1.06)^2}{(1.5)^2}$$

$$(t_R)_2 = 35 \text{ min}$$

따라서 향상된 분리능을 얻으려면 결과적으로 컬럼의 길이와 분리 시간을 두 배로 해야 한다.

### » 최적화 기법

식 (31-30)과 식 (31-32)는 최소의 시간으로 원하는 분리능을 얻을 수 있는 조건을 찾을 수 있게 해준다. 이 식들을 살펴보면 각 식은 모두가 세 부분으로 이루어져 있음을 알 수 있다. 첫 번째 부분은 $\sqrt{N}$ 또는 $H$의 항으로 컬럼의 효율을 나타낸다. 두 번째는 $\alpha$를 포함하는 지수 항으로서 두 용질의 성질에 의존하는 선택 인자의 항이다. 세 번째 부분은 머무름 인자의 항으로서 $k_B$를 포함하는 지수 항이고, 용질과 컬럼의 성질 모두에 의존한다.

**단 높이의 변화.** 식 (31-30)에서 보여주는 바와 같이 컬럼의 분리능은 단수의 제곱근에 따라 커진다. 그러나 예제 31-2e의 결과는 만일 단수 증가가 컬럼 길이를 늘리지 않으면서 단 높이를 낮춘 것에 의한 것이 아니라면 단수를 증가시킨다는 것은 시간적인 면에서 손실이 크다.

단 높이를 최소화하는 방법에는 31E-6절에서 논의한 바 있는데 충전물의 입자 크기, 컬럼의 직경, 액체 막의 두께를 줄이는 방법 등이 있다. 이동상의 흐름 속도를 최적화하는 것도 도움이 된다.

**머무름 인자의 변화.** 많은 경우에 머무름 인자 $k_B$를 조절하면 분리를 상당히 향상시킬 수 있다. $k_B$를 증가시키면 일반적으로 분리능이 향상된다(그러나 용리 시간은 길어진다). $k_B$ 값의 최적 범위를 알려면 다음 형태로 식 (31-30)을 쓰면 편리하다.

$$R_s = Q\left(\frac{k_B}{1 + k_B}\right)$$

식 (31-32)도 다시 쓰면

$$(t_R)_B = Q'\left(\frac{(1 + k_B)^3}{(k_B)^2}\right)$$

여기서 $Q$와 $Q'$는 두 식의 나머지 항들을 나타낸다. **그림 31-18**은 $R_s/Q$와 $(t_R)_B/Q'$가 거의 상수라고 가정하고 $k_B$의 함수로서 $Q$와 $Q'$를 도시한 것이다. $k_B$ 값이 10보다 커도 분리능은 거의 증가하지 않고 분리에 필요한 시간은 현저히 증가하기 때문에 10보다 큰 $k_B$ 값은 피해야 한다. 용리 시간 곡선의 최소값은 $k_B \approx 2$에서 나타난다. 따라서 $k_B$의 최적 값은 흔히 1에서 5 사이에 있다.

일반적으로 분리능을 향상시키기 가장 쉬운 방법은 $k$를 최적화하는 것이다. 기체 이동상의 경우 $k$는 흔히 온도를 변화시켜 향상시킬 수 있다. 액체 이동상의 경

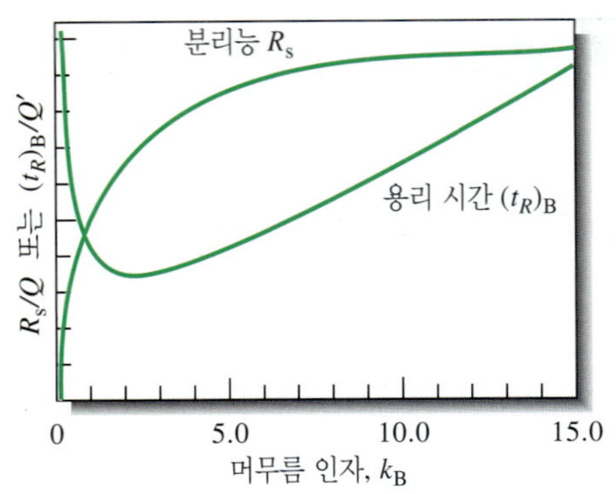


**그림 31-18** 분리능 $R_s$와 용리 시간$(t_R)_B$에 대한 머무름 인자 $k_B$의 영향. $k_B$가 변하여도 $Q$와 $Q'$는 변하지 않는다고 가정한다.

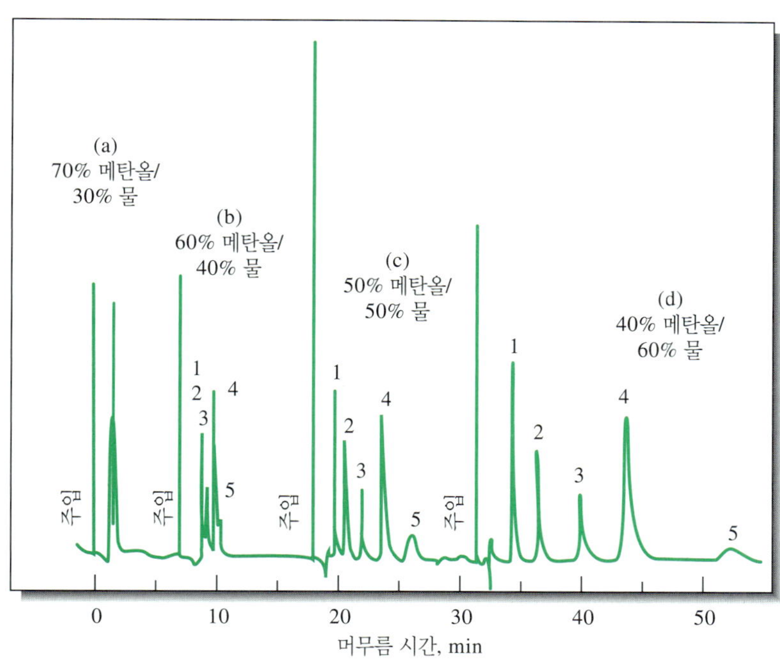


**그림 31-19** 크로마토그램에 대한 용매 변화의 효과. 분석물:
(1) 9,10-anthraquinone,
(2) 2-methyl-9,10-anthraquinone,
(3) 2-ethyl-9,10-anthraquinone,
(4) 1,4-dimethyl-9,10-anthraquinone,
(5) 2-*t*-butyl-9,10-anthraquinone.

우에는 용매 조성을 변화시켜 분리가 더 잘 되도록 $k$를 조절할 수 있다. 비교적 간단하게 용매를 변화시켜 극적인 효과를 얻어내는 한 가지 예를 **그림 31-19**에 설명하였다. 그림에서 메탄올/물의 비를 조금 변화시킴으로써 분리가 불충분한 크로마토그램(a, b)을 각 성분의 피크가 잘 분리된 크로마토그램(c, d)으로 바꿀 수 있음을 알 수 있다. 보통의 경우라면 (c)의 크로마토그램이 최소의 시간에 적절한 분리를 나타내므로 가장 좋다. 머무름 인자는 정지상 막의 두께에도 영향을 받는다.

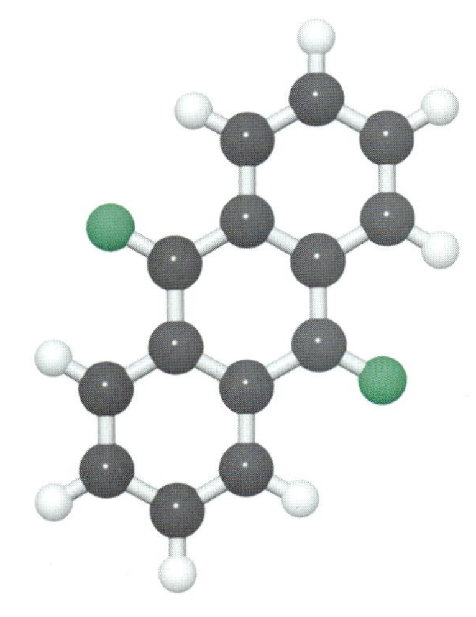

9,10-anthraquinone의 분자 모형.

**선택 인자의 변화.** $\alpha$가 1에 가까워지면 $k$를 최적화하고 $N$을 증가시키는 것 만으로는 두 용질을 적당한 시간에 만족스럽게 분리하는 데 충분하지 않다. 이 때는 $k$의 값을 1에서 10 사이로 유지시키면서 $\alpha$를 증가시킬 방법을 찾아야 한다. 네 가지 유용한 방법이 있는데 이를 편리성과 효과적인 면으로 볼 때 바람직한 순서로 나열하면 (1) 이동상의 조성을 바꾸는 것, (2) 컬럼의 온도를 바꾸는 것, (3) 정지상의 조성을 바꾸는 것, (4) 특수한 화학적 효과를 사용하는 방법의 순서이다.

방법 (1)을 사용한 한 가지 예는 아니솔(anisole, $C_6H_5OCH_3$)과 벤젠을 분리한 보고를 들 수 있다.[14] 물과 메탄올의 50% 혼합물을 이동상으로 사용하였을 때 $\alpha$는 겨우 1.04인데 비하여 아니솔의 $k$는 4.5, 벤젠의 $k$는 4.7이었다. 37%의 테트라하이드로퓨란을 포함하는 수용액으로 이동상을 바꾸었더니 $k$ 값은 3.9와 4.7이었고 $\alpha$ 값은 1.20이었다. 첫 번째 용매 시스템은 피크가 상당히 겹쳤으나 두 번째 용매 시스템을 사용할 때는 피크 겹침이 무시할 수 있을 정도였다.

조금은 덜 편리하지만 $k$ 값을 최적 범위로 유지하면서 $\alpha$를 향상시키는 아주 효율성이 높은 방법은 정지상의 조성을 바꾸는 것이다. 이 방법의 장점을 이용하기 위하여 크로마토그래피 분리를 수행하는 대부분의 실험실에서는 흔히 최소의 노력으로 교환할 수 있는 여러 개의 컬럼을 보유하고 있다.

[14] L. R. Snyder and J. J. Kirkland, *Introduction to Modern Liquid Chromatography*, 2nd ed., New York: Wiley, 1979, p. 75.

액체-액체 및 액체-고체 크로마토그래피에서 온도를 증가시키면 $k$는 보통 증가하지만 $\alpha$ 값은 거의 영향을 받지 않는다. 이와는 대조적으로 이온 교환 크로마토그래피에서는 온도 효과가 매우 커서 컬럼 충전물을 바꾸는 방법을 쓰기 전에 이 방법을 먼저 시도해 볼 정도이다.

분리능을 향상시키는 마지막 방법은 정지상 속에 시료 중 한가지 이상의 성분과 착물을 형성하거나 상호작용을 하는 화학종을 첨가하는 것이다. 이 방법을 쓴 유명한 예로 은염을 함유시킨 흡착제를 써서 올레핀의 분리를 향상시킨 것을 들 수 있다. 이 경우에는 은 이온과 불포화 유기 화합물 사이에 착물이 형성된 결과로 분리가 향상된다.

### » 용리의 일반적인 문제

그림 31-20에는 분배 상수가 크게 달라서 머무름 인자가 많이 다른 세 쌍의 성분으로 이루어진 여섯 성분 혼합물의 가상적인 크로마토그램을 나타내었다. 크로마토그램 (a)는 성분 1과 2의 머무름 인자($k_1$, $k_2$)가 1에서 5 사이인 최적 범위에 들도록 조건들을 조절한 것이다. 그러나 다른 성분의 머무름 인자는 최적 값보다 훨씬 크다. 따라서 성분 5와 6에 해당하는 띠들은 시간이 지나치게 많이 흐른 뒤에야 나타나고, 더군다나 피크가 너무 넓어서 확실하게 확인하기도 어렵다.

크로마토그램 (b)에서처럼 성분 5와 6이 최적으로 분리되도록 조건들을 변화시키면 분리능이 불만족스러울 정도로 앞의 네 성분에 해당하는 피크들이 모이게 된다. 그러나 이때의 전체 용리 시간만은 이상적이다. 크로마토그램 (c)는 성분 3과 4의 $k$ 값이 최적 값의 범위에 있도록 조건을 조절하여 얻는 것으로서 나머지 두 쌍의 분리가 완전히 만족스러운 것은 아니다.

그림 31-20에 예시된 현상은 아주 자주 접할 수 있어서 용리의 **일반적 용리 문제**(general elution problem)라는 이름까지 붙여질 정도이다. 이 문제의 일반적인 해결 방법은 $k$ 값을 결정짓는 조건들을 분리가 일어나는 도중에 변화시키는 것이다. 이러한 변화는 단계적 혹은 연속적인 방식으로 진행시킬 수 있다. 따라서 그림 31-20에 나타낸 혼합물의 경우 분리가 시작될 때의 조건은 크로마토그램 (a)를 얻을 수 있는 조건으로 한다. 성분 1과 2가 용리된 직후 성분 3과 4의 최적 분리가 이

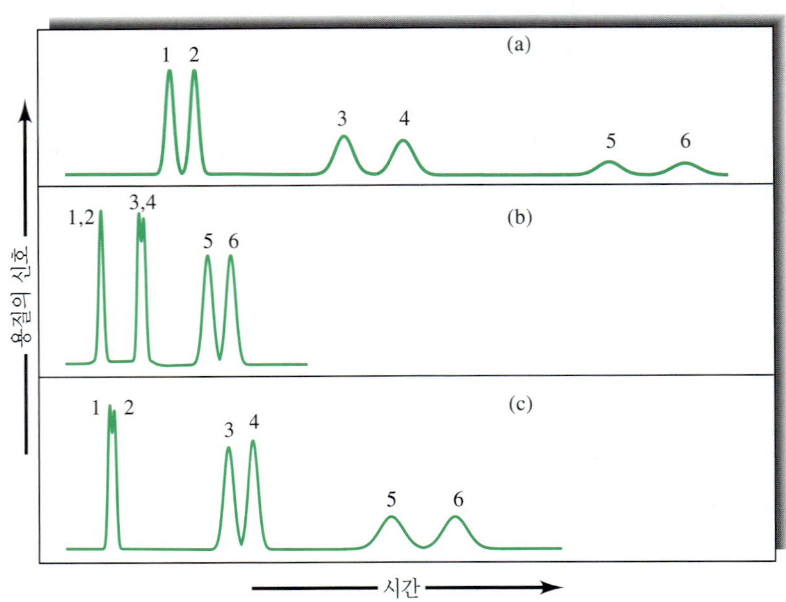


**그림 31-20** 크로마토그래피에서 용리의 일반적인 문제.

루어지는 조건[크로마토그램 (c)에서와 같은 조건]으로 변화시킨다. 성분 3과 4의 피크가 분리되고 나면 크로마토그램 (b)를 얻을 때 사용된 조건으로 바꾸어 용리를 완결한다. 이런 방법을 사용하면 최소의 시간에 혼합물의 모든 성분을 만족스럽게 분리 할 수 있다.

액체 크로마토그래피에서 용리가 일어나는 동안에 이동상의 조성을 변화시킴으로써 $k$를 변화시킬 수 있다. 이런 과정을 **기울기 용리**(gradient elution) 또는 **용매 프로그래밍**(solvent programming)이라고 한다. 이동상의 조성이 일정한 상태에서의 용리를 **등용매 용리**(isocratic elution)라 한다. 기체 크로마토그래피에서는 미리 알고 있는 방식으로 온도를 올려서 $k$를 변화시킬 수 있다. 많은 경우에 있어서 이러한 **온도 프로그래밍**(temperature-programming) 방식은 분리의 최적 조건을 얻을 수 있도록 해준다.

## ▸ 31E-8 크로마토그래피의 응용

크로마토그래피는 밀접하게 관련된 화학종들을 분리하는 데 강력하고 다목적으로 사용되는 방법이다. 더욱이 크로마토그래피는 분리된 화학종들의 정성적 확인 및 정량 분석에도 사용된다. 크로마토그래피의 다양한 형태의 응용에 대한 예는 32장에서 34장에 걸쳐 실려 있다.

**스프레드시트 요약** *Applications of Microsoft® Excel in Analytical Chemistry* 2판 14장에는 크로마토그래피에 연관된 여러 가지 연습 문제가 실려 있다. 우선, 세 성분 혼합물의 크로마토그램이 모의 훈련된다. 분리능, 이론 단수 및 머무름 시간을 변화시킬 때 크로마토그램에 미치는 영향이 나와 있다. 또 다른 연습에서는 주어진 분리능을 얻는데 필요한 이론 단수를 구하는 것이 주제인데, 여기서는 두 성분 혼합물의 여러 머무름 인자들에 대하여 $N$을 계산하는 스프레드시트를 만든다. 지수 함수적으로 수정된 Gauss 곡선을 지수의 시간 상수의 함수로서 조사해 본다. 여러 흐름 속도와 세로 확산 및 질량 이동 계수 값들에 대하여 van Deemter식을 그려봄으로써 크로마토그래피의 최적화 방법들을 설명하고 있다. 그러면 학생들은 최적의 van Deemter 계수 값을 찾는 것이 익숙해지게 된다

웹에서 검색 엔진을 이용하여 역상 액체 크로마토그래피 피크의 꼬리끌기에 대해 검색하시오. 꼬리끌기 현상을 설명하고 꼬리끌기가 최소화될 수 있는 방법에 대하여 논하시오. 또한 액체 크로마토그래피에서 온도의 효과에 대해서도 검색하시오. 온도가 액체 크로마토그래피의 분리에 어떻게 영향을 주는지에 대하여 설명하시오. 배운 것들을 바탕으로 해서 본다면 온도 프로그래밍이 액체 크로마토그래피에서의 분리에 유용하게 도움이 되는가? 왜 그렇게 생각하는가?

## 연습 문제

***31-1.** 콜렉터 이온은 무엇이며, 이것은 어떻게 사용되는가?

**31-2.** 단백질의 염석이라는 용어는 무엇을 의미하는가? 염석의 효과는 무엇인가?

***31-3.** 분리 과정에서 수반되는 두 사건은 무엇인가?

**31-4.** 역학적 상 분리에 바탕을 두는 세 가지 방법의 이름은 무엇인가?

**31-5.** 다음을 정의하시오.

*(a) 용리 (b) 이동상
*(c) 정지상 (d) 분배 상수
*(e) 머무름 시간 (f) 머무름 인자
*(g) 선택 인자 (h) 단 높이

**31-6.** 강산 및 약한 산의 합성 이온 교환 수지는 구조상 어떻게 다른가?

***31-7.** 크로마토그래피에서 띠 넓힘을 일으키는 변수들을 열거하시오.

**31-8.** 기체-액체 크로마토그래피와 액체-액체 크로마토그래피의 주요 차이점은 무엇인가?

***31-9.** 컬럼에서 단수를 결정하는 방법으로 설명하시오.

**31-10.** 크로마토그래피 컬럼에 대한 두 물질의 분리능을 향상키는 일반적인 두 가지 방법을 설명하시오.

***31-11.** *n*-헥세인과 물 사이의 X의 분배 상수는 8.9이다. 0.200 M의 X 용액 50.0 mL를 다음 양의 *n*-헥세인으로 추출한 다음 수용액 상에 남는 X의 농도를 계산하시오.

(a) 40.0-mL로 1회
(b) 20.0-mL로 2회
(c) 10.0-mL로 4회
(d) 5.00-mL로 8회

**31-12.** *n*-헥세인과 물 사이에서 Z의 분배 상수는 5.85이다. 아래 부피의 *w*-헥세인으로 추출한 다음 원래 Z가 0.0550 M이던 25.0 mL의 물 중에 남는 Z의 퍼센트를 계산하시오.

(a) 25.0-mL로 1회
(b) 12.5-mL로 2회
(c) 5.00-mL로 5회
(d) 2.50-mL로 10회

***31-13.** 만일 25.00 mL의 0.0500 M X 용액을 매회 다음의 부피로 추출하였다면, 연습 문제 31-11의 X의 농도를 $1.00 \times 10^{-4}$ M로 감소시키는데 필요한 *n*-헥세인의 부피는 얼마인가?

(a) *n*-헥세인 25.0-mL씩?
(b) *n*-헥세인 10.0-mL씩?
(c) *n*-헥세인 2.0-mL씩?

**31-14.** 만일 40.0 mL의 0.0200 M Z 용액을 매회 다음의 부피로 추출하였다면, 연습 문제 31-12의 Z의 농도를 $1.00 \times 10^{-5}$ M로 감소시키는데 필요한 *n*-헥세인의 부피는 얼마인가?

(a) *n*-헥세인 50.0-mL씩?
(b) *n*-헥세인 25.0-mL씩?
(c) *n*-헥세인 10.0-mL씩?

***31-15.** 다음과 같이 50 mL의 물에 녹아 있는 용질을 99% 추출하게 할 분배 계수의 최소값은 얼마인가?

(a) 25.0-mL의 톨루엔으로 2회 추출?
(b) 10.0-mL의 톨루엔으로 5회 추출?

**31-16.** 만일 Q가 0.0500 M인 30.0 mL의 물을 10.0 mL의 섞이지 않은 유기 용매로 4회 추출한다면, 용질을 다음의 퍼센트만 제외한 나머지 모두를 유기 용매층으로 이동시킬 수 있는 최소의 분배 계수는 얼마인가?

*(a) $1.00 \times 10^{-4}$
(b) $1.00 \times 10^{-3}$
(c) $1.00 \times 10^{-2}$

***31-17.** 농도가 0.150 M인 약한 유기산 HA 수용액을 순수한 화합물로부터 만들어 이 용액 50.0 mL씩을 각각 세 개의 100.0 mL 부피플라스크에 취하였다. 용액 1은 1.0 M $HClO_4$로 100.0 mL가 되게 희석시키고, 용액 2는 NaOH로 눈금까지 희석시켰으며, 용액 3은 물로 눈금까지 희석시켰다. 각각에서 25.0 mL씩 취하여 25.0 mL의 *n*-헥세인으로 추출하였다. 용액 2에서 얻은 추출액은 A를 포함하는 화학종을 미량도 검출할 수 없었으므로 $A^-$ 이온이 유기 용매에는 용해되지 않음을 알 수 있다. 용액 1에서의 추출액은 $ClO_4^-$ 이온이나 $HClO_4$를 함유하지 않았으나 HA로는 0.0454 M이 검출되었다(NaOH 표준 용액으로 추출하여 HCl 표준 용액으로 역적정함으로써). 용액 3에서의 추출액에는 0.0225 M의 HA가 있음을 알게 되었다. HA가 유기 용매에서 회합하거나 해리하지 않는다는 가정 하에 다음을 계산하시오.

(a) 두 용매 사이에서의 HA의 분배 상수
(b) 추출 후 수용액 3에 있는 화학종, HA와 $A^-$의 농도
(c) 물에서의 HA의 해리 상수

**31-18.** 다음 반응에 대한 평형 상수를 결정하기 위하여

$$I_2 + 2SCN^- \rightleftharpoons I(SCN)_2^- + I^-$$

0.0100 M의 $I_2$ 수용액 25.0 mL를 10.0 mL의 $CHCl_3$로 추출하였다. 추출 후, 분광광도법으로 측정한 결과 수용액 층의 $I_2$ 농도는 $1.12 \times 10^{-4}$ M이었다. 그러고 나서 $I_2$로는 0.0100 M이고 KSCN으로는 0.100 M인 수용액을 만들었다. 이 용액 25.0 mL를 10.0 mL의 $CHCl_3$로 추출하여 분광 광도법으로 측정한 결과 $CHCl_3$ 층의 $I_2$ 농도는 $1.02 \times 10^{-3}$ M이었다.

(a) $CHCl_3$와 $H_2O$ 사이에서의 $I_2$의 분배 상수는 얼마인가?
(b) $I(SCN)_2^-$에 대한 형성 상수는 얼마인가?

***31-19.** 천연수의 전체 양이온 함량은 종종 강산 이온 교환 수지에 수소 이온을 양이온으로 교환시켜 결정한다. 천연수 시료 25.0 mL를 증류수로 100.0 mL가 되게 묽힌 후 2.0 g의 양이온 교환 수지를 첨가하였다. 저어준 후 혼합물을 거름종이로 걸러서 거름종이 위에 남아 있는 고체를 15.0 mL의 물로 3회 세척하였다. 여과액과 세척액을 0.0202 M NaOH 용액으로 브로모크레졸 그린 종말점까지 적정하였더니 15.3 mL가 소비되었다.

(a) 정확히 1.00 L의 시료 속에 존재하는 양이온의 밀리당량 수를 계산하시오.
(b) 결과를 리터당 $CaCO_3$의 밀리그램으로 보고하시오.

**31-20.** 양이온 교환 수지를 이용하여 일차 표준물질급인 NaCl로부터 정확히 2.00 L의 0.1500 M HCl 용액을 만드는 방법을 설명하시오.

***31-21.** $MgCl_2$와 HCl을 함유하는 수용액을 우선 25.00 mL 취하여 브로모크레졸그린을 지시약으로 하여 0.02932 M NaOH 표준 용액으로 적정하였더니 17.53 mL가 적가되었다. 수용액 10.00 mL를 취하여 증류수 50.00 mL로 희석시킨 후 강산 이온 교환 수지에 통과시켰다. 용리액과 세척액을 NaOH 표준 용액으로 같은 종말점까지 적정하였더니 35.94 mL가 소비되었다. 시료 중의 HCl과 $MgCl_2$의 몰농도는 얼마인가?

**31-22.** 기체 크로마토그래피에 사용되고 있는 열린관형 컬럼의 내경이 0.25 mm이다. 부피 흐름 속도가 0.95 mL/min이라면 컬럼 출구에서의 선 흐름 속도를 cm/s의 단위로 계산하시오.

***31-23.** 기체 크로마토그래피에서 어떤 충전 컬럼의 내경은 5.0 mm이다. 부피 흐름 속도를 컬럼 출구에서 측정하였더니 48.0 mL/min이었다. 컬럼의 공극율이 0.43이라면 선 흐름 속도를 몇 cm/s인가?

**31-24.** 다음은 어떤 액체 크로마토그래피 컬럼에 대한 데이터이다.

| | |
|---|---|
| 충전물 길이 | 24.7 cm |
| 흐름 속도 | 0.313 mL/min |
| $V_M$ | 1.37 mL |
| $V_S$ | 0.164 mL |

화학종 A, B, C, D의 혼합물의 크로마토그램으로부터 다음의 데이터를 얻었다.

| | 머무름 시간 (min) | 피크 밑변의 너비 $W$ (min) |
|---|---|---|
| 머무르지 않는 종 | 3.1 | — |
| A | 5.4 | 0.41 |
| B | 13.3 | 1.07 |
| C | 14.1 | 1.16 |
| D | 21.6 | 1.72 |

(a) 각 피크의 단수를 계산하시오.
(b) $N$의 평균값과 표준 편차를 계산하시오.
(c) 컬럼의 단 높이를 계산하시오.

***31-25.** 연습 문제 31-24의 데이터를 사용하여 A, B, C, D의
(a) 머무름 인자
(b) 분배 상수를 계산하시오.

**31-26.** 연습 문제 31-24의 테이터를 사용하여 화학종 B와 C에 대하여 다음을 계산하시오.
(a) 분리능
(b) 선택 인자
(c) 두 화학종을 1.5의 분리능으로 분리하는 데 필요한 컬럼의 길이
(d) 두 화학종을 (c)의 컬럼으로 분리하는 데 필요한 시간

**31-27.** 연습 문제 31-24의 데이터를 사용하여 화학종 C와 D에 대하여 다음을 계산하시오.
(a) 분리능
(b) 두 화학종을 1.5의 분리능으로 분리하는 데 필요한 컬럼의 길이

**31-28.** 다음의 데이터는 40 cm의 충전 컬럼을 사용한 기체-액체 크로마토그래피에서 얻은 것이다.

| 화합물 | $t_R$(min) | $W$(min) |
|---|---|---|
| 공기 | 1.9 | — |
| 메틸사이클로헥세인 | 10.0 | 0.76 |
| 메틸사이틀로헥센 | 10.9 | 0.82 |
| 톨루엔 | 13.4 | 1.06 |

다음을 계산하시오.
(a) 데이터로부터 단수의 평균
(b) (a)의 평균의 표준 편차
(c) 컬럼의 평균 단 높이

**31-29.** 연습 문제 31-28를 참조하여, 아래 두 화합물의 분리능을 계산하시오.
(a) 메틸사이클로헥센과 메틸사이클로헥세인
(b) 메틸사이클로헥센과 톨루엔
(c) 메틸사이클로헥세인과 톨루엔

***31-30.** 연습 문제 31-28에서 메틸사이클로헥세인과 메틸사이클로헥센을 분리하는 데 분리능이 1.75가 되어야 한다면
(a) 필요한 단수는 얼마인가?
(b) 동일한 충전물을 사용한다면 컬럼의 길이는 얼마라야 하는가?
(c) (b)의 컬럼을 사용한다면 메틸사이클로헥세인의 머무름 시간은 얼마인가?

**31-31.** 만약 연습 문제 31-28에서 컬럼의 $V_S$와 $V_M$이 각각 19.6과 62.6 mL이고 머무르지 않는 공기 피크가 1.9 min 후에 나타난다고 할 때, 다음을 계산하시오.
(a) 각 화합물의 머무름 인자
(c) 각 화합물의 분배 상수
(d) 메틸사이클로헥세인과 메틸사이클로헥센에 대한 선택 인자

***31-32.** 화학종 M과 N는 각각 5.99와 6.16 ($K = [X]_{H_2O}/[X]_{hex}$, X = M 또는 N)의 물/헥세인 분배 상수를 가지는 것으로 알려져 있다. 물을 흡착하고 있는 실리카 젤로 충전된 컬럼을 써서 헥세인으로 용리하여 두 화학종을 분리하려고 한다. 충전에 대한 의 비가 0.425라면
(a) 각 용질의 머무름 인자를 계산하시오.
(b) 선택 인자를 계산하시오.
(c) 1.5의 분리능을 얻으려면 필요한 단수는 얼마인가?

(d) 충전물의 단 높이가 $1.5 \times 10^{-3}$ cm라면 필요한 컬럼의 길이는 얼마인가?

(e) 흐름 속도가 6.75 cm/min이라면 두 화학종을 용리하는 데 걸리는 시간은 얼마인가?

**31-33.** $K_M = 5.81$ 및 $K_N = 6.20$으로 하여 연습 문제 31-32를 다시 계산하시오.

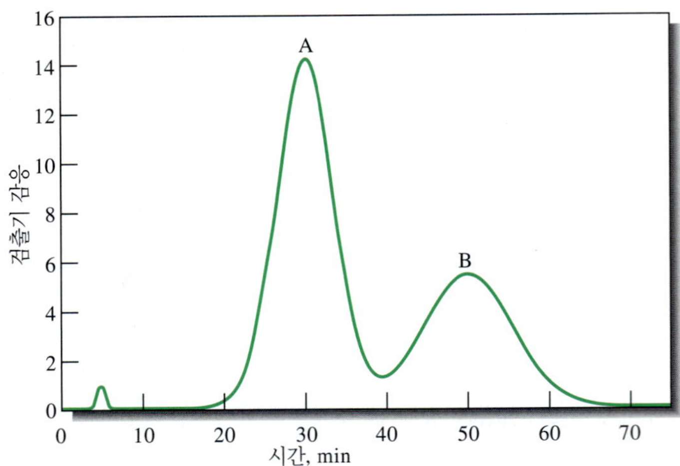


두 성분 혼합물의 크로마토그램.

**31-34. 도전 문제:** 25 cm 충전 액체 크로마토그래피 컬럼에서 두 성분 혼합물의 크로마토그램은 아래 그림과 같다. 흐름 속도는 0.40 mL/min이다.

(a) 정지상에 성분 A와 B가 머무르는 시간은 얼마인가?

(b) A와 B의 머무름 시간은 얼마인가?

(c) 두 성분의 머무름 인자를 계산하시오.

(d) 각 피크의 너비와 반 높이 너비를 구하시오.

(e) 두 피크의 분리능은 얼마인가?

(f) 컬럼에 대한 평균 단수는 얼마인가?

(g) 평균 단 높이를 구하시오.

(h) 1.75의 분리능을 얻는데 필요한 컬럼 길이는 얼마인가?

(i) (h)의 분리능을 얻는데 필요한 시간은 얼마인가?

(j) 컬럼 충전물과 컬럼 길이를 25 cm로 고정한다는 가정 하에 바탕선 분리가 이루어지도록 분리능을 향상시키기 위해 사용할 수 있는 방법들에는 어떤 것들이 있는가?

(k) (j)와 같은 컬럼을 사용한다면 더 짧은 시간 내에 분리가 더 잘 이루어지도록 사용할 수 있는 방법에는 어떤 것들이 있는가?

제 32 장

# 기체 크로마토그래피

## *Gas Chromatography*

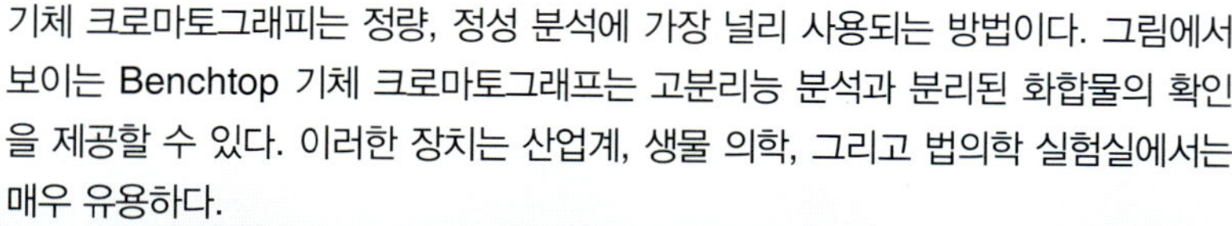

기체 크로마토그래피는 정량, 정성 분석에 가장 널리 사용되는 방법이다. 그림에서 보이는 Benchtop 기체 크로마토그래프는 고분리능 분석과 분리된 화합물의 확인을 제공할 수 있다. 이러한 장치는 산업계, 생물 의학, 그리고 법의학 실험실에서는 매우 유용하다.

이 장에서 기체 크로마토그래피에서 널리 사용되는 컬럼과 정지상을 포함한 자세한 내용을 다루게 된다. 질량 분석법을 포함한 다양한 검출 장치도 기술된다. 비록 이 장이 기체-액체 크로마토그래피를 주로 다루지만, 기체-고체 크로마토그래피에 대해서도 간략하게 소개하겠다.

Shimadzu Corp

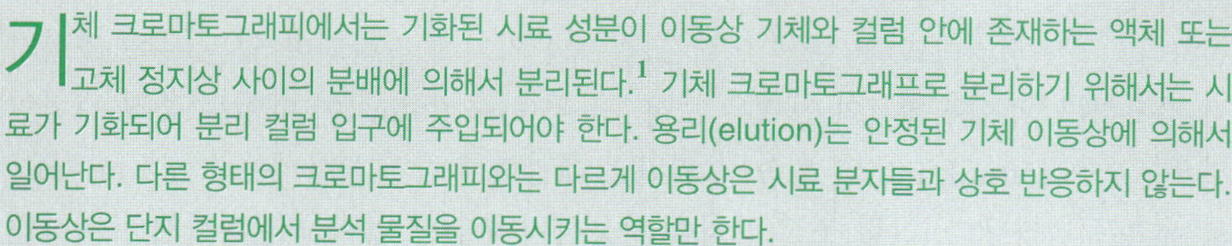

기체 크로마토그래피에서는 기화된 시료 성분이 이동상 기체와 컬럼 안에 존재하는 액체 또는 고체 정지상 사이의 분배에 의해서 분리된다.[1] 기체 크로마토그래프로 분리하기 위해서는 시료가 기화되어 분리 컬럼 입구에 주입되어야 한다. 용리(elution)는 안정된 기체 이동상에 의해서 일어난다. 다른 형태의 크로마토그래피와는 다르게 이동상은 시료 분자들과 상호 반응하지 않는다. 이동상은 단지 컬럼에서 분석 물질을 이동시키는 역할만 한다.

기체 크로마토그래피의 두 종류에는 **기체-액체 크로마토그래피**(gas-liquid chromatography, GLC)와 **기체-고체 크로마토그래피**(gas-solid chromatography, GSC)가 있다. 기체-액체 크로마토그래피는 과학 분야 전반에 널리 사용되며 일반적으로 간단히 **기체 크로마토그래피**(gas chromatography, GC)라고 부른다. 기체-고체 크로마토그래피는 분석물이 고체 정지상에 물리적 흡착에 의해 머무르는 것에 근거한다. 기체-고체 크로마토그래피는 활성이 크거나 극성 분자들의 반영구적인 머무름과 용리 피크의 심한 꼬리끌기로 인해 응용에 한계가 있다. 꼬리끌기는 흡착 반응의 비선형적인 특성에 기인한다. 따라서 이 방법은 어떤 저분자량 기체 화학종의 분리(32D절에서 간단히 설명)를 제외하고는 널리 응용되지 않는다.

**기체-액체 크로마토그래피**의 이동상은 기체이고 정지상은 비활성 고체의 표면에 흡착이나 화학적 결합에 의해 고정된 액체이다.

**기체-고체 크로마토그래피**에서의 이동상은 기체이고 정지상은 분석물이 물리적 흡착에 의해 머무르는 고체이다. 기체-고체 크로마토그래피는 공기 성분, 황화수소, 일산화 탄소와 질소산화물들 같은 저분자량 기체의 분리와 확인이 가능하다.

기체-액체 크로마토그래피는 분석 물질이 기체 이동상과 비활성 고체 표면이나 모세관 컬럼의 벽 표면에 고정된 액체상 사이에서 분배되는 것에 근거한다. 기체-액체 크로마토그래피의 개념은 1941년 Martin과 Synge에 의해 처음으로 시작되었고 또한 액체-액체 분배 크로마토그래피의 발전에도 기여하였다. 그러나 기체-액체 크로마토그래피의 중요성이 실험적으로 증명되고 일반 실험 장치로 이용되기까지는 10여 년의 시간이 지났다. 1955년에 상용화된 기체-액체 크로마토그래프

[1]기체 크로마토그래피에 대한 자세한 내용은 다음을 참고하시오. C. Poole, ed., Gas *Chromatography*, Amsterdam: Elsevier, 2012; H. M. McNair and J. M Miller, Basic *Gas Chromatography*, 2nd ed., Hoboken, NJ: Wiley, 2009; R. L. Grob and E. F. Barry, ed. *Modern Practice of Gas Chromatography*, 4th ed., Hoboken, NJ: Wiley-Interscience, 2004; R. P. W. Scott, *Introduction to Analytical Gas Chromatography*, 2nd ed., New York: Marcel Dekker, 1997.

가 처음으로 출시되었고, 그 후로 이 방법의 응용은 놀랄 만큼 성장하였다. 현재도 수십만 대의 기체 크로마토그래프 장치가 전 세계적으로 사용되고 있다.

## 32 A 기체-액체 크로마토그래피 기기

기체 크로마토그래피 기기가 상업적으로 사용된 이후 많은 변화와 발전이 이루어졌다. 1970년대에는 전자 적분기와 컴퓨터를 이용한 데이터 처리 장치가 일반화되었다. 1980년대에는 컬럼 온도, 유속, 시료 주입 같은 장치 파라미터의 자동 조절에 컴퓨터가 사용되었다. 또한, 적당한 가격의 고성능 기기가 개발되었으며, 특히, 비교적 짧은 분석 시간에 복잡한 혼합물의 성분 분석이 가능한 열린 모세관형 컬럼이 상품화되었다. 오늘날에는 50개가 넘는 기기 제조 회사에서 약 150여 다른 모델의 기체 크로마토그래피 기기를 1,000달러에서 50,000달러 사이의 가격에 공급하고 있다. **그림 32-1**에서 대표적인 크로마토그래프 기기의 기본 성분들을 볼 수 있고 다음 절에서 간단하게 설명한다.

### ▸ 32A-1 운반 기체 시스템

기체 크로마토그래피에서 이동상 기체를 **운반 기체**(carrier gas)라고 하며 화학적으로 비활성이어야 한다. 가장 많이 사용되는 이동상은 헬륨 기체이며, 아르곤, 질소, 수소가 이용된다. 이들 기체는 가압된 실린더에 들어 있고 압력 조절기, 게이지, 그리고 기체의 유속을 조절하기 위한 유속계가 필요하다.

기체 크로마토그래피 기기에서 유속은 기체 주입구에서의 압력을 조절하여 조절한다. 가스 실린더의 두 단계 압력 조절기와 기기에 장착되어 있는 유속 조절기를 사용한다. 주입구에서의 압력은 보통 10~50 psi (lb/in$^2$)이며 이는 충진 컬럼인 경우는 25~150 mL/min의 유속을, 열린 모세관형 컬럼인 경우에는 1~25 mL/min의 유속을 나타낸다. 압력 조절 장치를 사용하여 주입구 압력을 일정하게 유지하면 유속 또한 일정하게 유지된다. 근래의 크로마토그래프는 충진 컬럼과 모세관 컬럼에 모두 전자 압력 조절기를 사용한다.

모든 크로마토그래프의 컬럼을 통과하는 기체의 유속을 측정하는 것은 매우 바람직하다. **그림 32-2**와 같이 전통적인 비누방울 미터계를 사용하여 유속을 측정한다. 비누나 세제 용액이 담긴 고무 밸브를 누르면 기체 통로에 비누막이 생긴다. 이 막이

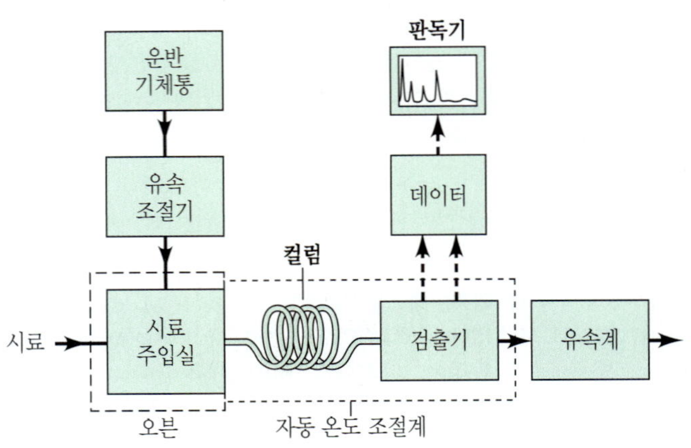


**그림 32-1** 대표적인 기체 크로마토그래피 기기의 개요도.

뷰렛의 두 눈금 사이를 이동하는 데에 걸리는 시간을 측정한 후 체적 유량(부피 속도)으로 전환한다(그림 32-2). 체적 유량과 선형 유량은 식 (31-12) 혹은 식 (31-13)과 같은 관계가 있다. 비누방울 미터계는 눈금을 읽는 데 오차가 있어서 현재는 전자 유량계로 대체되고 있다. 그림 32-1에 보여지는 바와 같이 보통 유량계는 컬럼의 끝에 위치시킨다. 전자 유량계의 사용이 꾸준히 늘어나는 추세이다. 디지털 유량계는 질량 유량이나 부피 유량을 측정하거나 둘 모두의 측정이 가능하다. 부피 유량 측정은 기체 조성에 영향을 받지 않는다. 질량 유량계는 특정 기체 조성에 대해서 검정을 하지만, 부피 유량계와는 달리 온도와 압력의 영향을 받지 않는다.

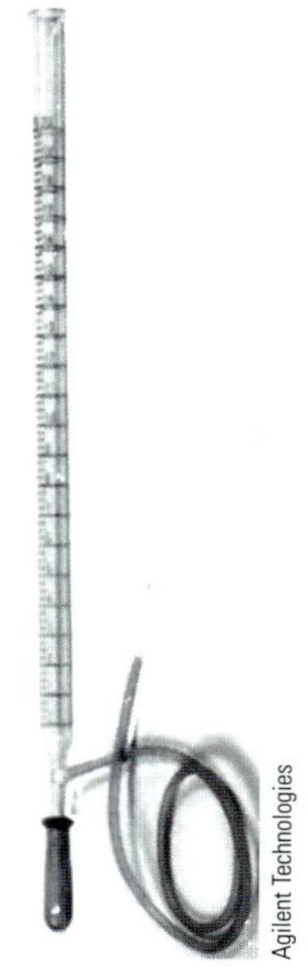


**그림 32-2** 비누방울 유량계.

## ▸ 32A-2 시료 주입 장치

우수한 컬럼 효율을 위하여 증기의 '다발(plug)' 형태로 적당한 시료의 양이 주입되어야 한다. 주입이 느리거나 시료를 과량 주입하면 띠 넓어짐과 더불어 분리능이 좋지 않게 된다. **그림 32-3**에서 보는 것 같은 검정된 마이크로 주사기를 사용하여 고무나 실리콘 막 또는 셉텀(septum)을 통해 컬럼의 앞 부분에 위치한 가열된 시료 주입구 안으로 액체 시료를 주입한다. 대개 시료 주입구(**그림 32-4**)는 시료 중 가장 비활성 물질의 끓는점보다 약 50°C 더 높은 온도로 유지한다. 일반적인 충전 컬럼에서 시료 부피는 약 0.1~20 μL 범위이다. 모세관 컬럼의 시료 부피는 그보다 100배 혹은 그 이상 작다. 이를 위해서는 주입된 시료 중 일부만(1:100~1:500) 주입되고 나머지는 배출시키는 시료 분할기가 필요하다. 모세관 컬럼을 사용하기 위한 시판 기체 크로마토그래프 장치는 이러한 시료 분할기를 포함하고 있으며, 충전 컬럼을 사용할 때에는 시료의 분할 없이 주입도 가능하다.

**그림 32-3** 시료 주입용 마이크로 주사기 세트.

가장 재현성 있는 시료 주입을 위하여 새로운 기체 크로마토그래프 장치는 **그림 32-5**의 시스템과 같은 자동주입기와 자동시료채취기를 사용한다. 이런 자동주입기의 사용으로 주사기가 채워지고 시료는 크로마토그래프 장치 안으로 자동으로 주입된다. 시료 채취기 안에서 시료는 턴테이블 위에 놓인 바이알에 담긴다. 자동

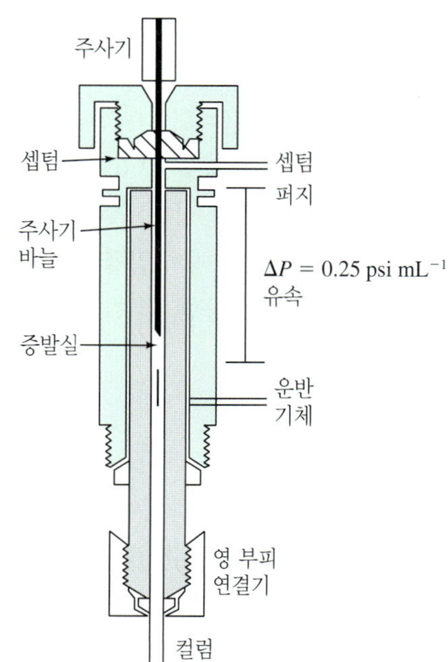


**그림 32-4** Microflash vaporizer 직접 주입구의 단면도.

**그림 32-5** 기체 크로마토그래피를 위한 자동시료채취기를 갖춘 자동주입기 시스템.

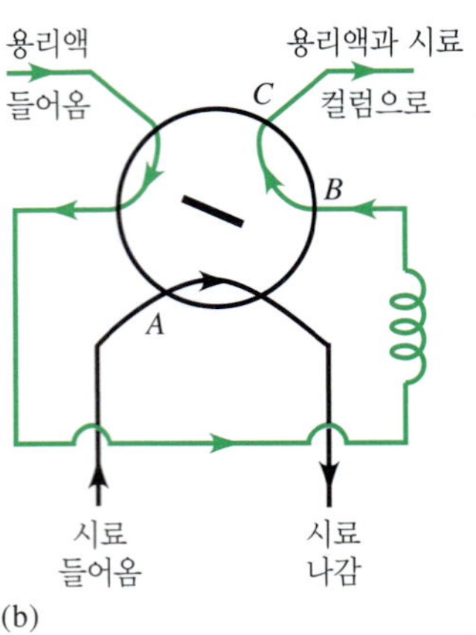


**그림 32-6** 회전식 시료 주입 밸브. (a) 밸브 위치는 시료 고리 *ACB*를 채움. 밸브 위치 (b)는 컬럼으로 시료를 주입함.

주입기 주사기가 바이알의 고무마개를 뚫고 시료를 취하여 크로마토그래프 장치의 고무마개를 통하여 시료를 주입한다. 그림에서 보인 시스템은 약 150개 시료 바이알이 턴테이블에 놓일 수 있다. 주입 부피는 10 μL 주사기를 사용하여 0.1 μL에서 200 μL 주사기를 사용하여 200 μL까지 다르게 할 수 있다. 자동주입기 시스템 사용은 보통 0.3% 이하의 표준 편차를 갖는다.

기체 주입을 위해서는 주사기 대신 **그림 32-6**에 나타낸 것과 같은 시료 밸브가 종종 사용된다. 이런 장치로 시료 주입이 상대 오차를 0.5%보다 좋은 재현성을 가질 수 있다. 액체 시료도 시료 밸브를 통해 주입될 수도 있다. 고체 시료는 용액 형태나 얇은 벽으로 된 바이알에 넣어서 봉한 후 컬럼 앞 부분에 위치시켜서 구멍을 내서 주입할 수 있다.

## ▸ 32A-3 컬럼 구성과 컬럼 오븐

기체 크로마토그래피에는 두 가지 형태의 컬럼이 있는데, 하나는 **충전 컬럼**(packed column)이고, 다른 하나는 **모세관 컬럼**(capillary column)이다. 예전에는 기체 크로마토그래피를 이용한 분석에 충전 컬럼을 이용하였다. 현재 대부분의 경우 충전 컬럼은 더 효율적이고 분석이 빠른 모세관 컬럼으로 대체되었다.

크로마토그래피 컬럼 길이는 2~60 m 이상까지 다양하다. 스테인리스 강, 유리, 용융 실리카, 혹은 테플론으로 만들어진다. 온도 조절기가 있는 오븐 안에 설치하기 위하여 지름이 10~30 cm (**그림 32-7**)인 코일 형태로 되어 있다. 컬럼, 컬럼 충전물, 정지상에 대해서는 32-B절에서 자세하게 설명한다.

컬럼 온도는 정밀한 실험을 위하여 10분의 몇 도까지 조절해야 하는 중요한 변수 중 하나이다. 따라서 보통 온도 조절이 가능한 오븐 속에 넣는다. 최적 컬럼 온도는 시료 성분들의 끓는점과 요구되는 분리 정도에 따라 정해진다. 대략, 시료의 평균 끓는점과 같거나 약간 높은 온도에서 2~30분 정도의 비교적 바람직한 용리 시간 범위를 가진다. 끓는점이 넓은 영역을 갖게 되면 분리가 진행되는 동안 컬럼 온도를 연속적으로 혹은 단계적으로 올려주는 **온도 프로그래밍**(temperature programming)이 바람직하다. **그림 32-8**은 온도 프로그래밍에 의해 크로마토그램의 질이 향상되는 것을 보여주고 있다.

일반적으로 최적 분리도는 최저 온도에서 얻어진다. 그러나 낮은 온도에서는 용리 시간이 길어져서 분석을 마치는데 걸리는 시간이 길어진다. 그림 32-8a과 32-8b는 이러한 원리를 보여준다.

때때로 휘발성이 낮은 분석물은 휘발성이 큰 유도체로 전환하여 분석한다. 마찬가지로 유도체화는 검출을 증가시키고 크로마토그래피의 성능을 향상시키는 데에 사용된다.

**그림 32-7** 용융 실리카 모세관 컬럼.

기체 크로마토그래피의 **온도 프로그래밍**은 용리하는 동안 컬럼 온도를 계속 혹은 계단식으로 올려준다.

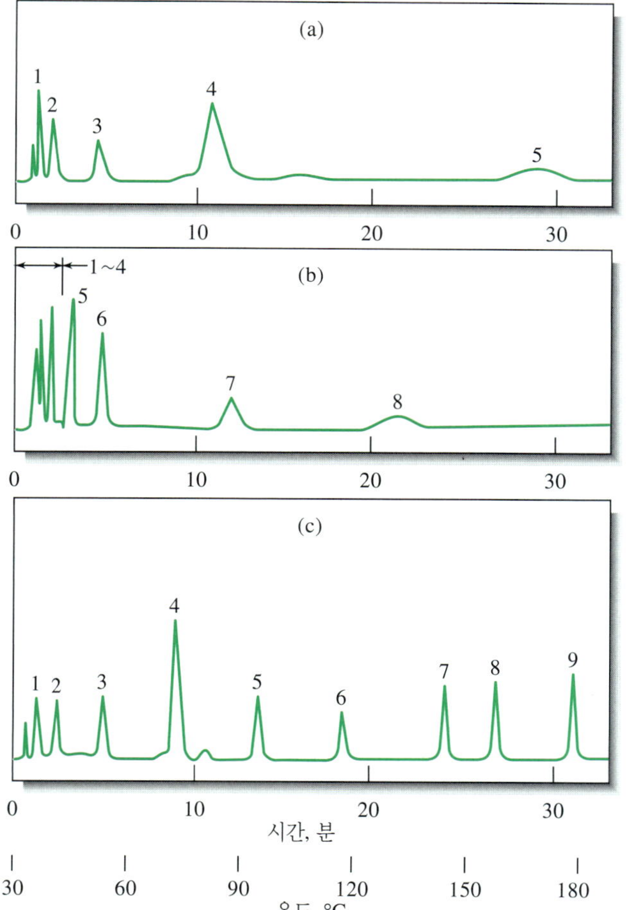


**그림 32-8.** 기체 크로마토그램에 미치는 온도의 영향. (a) 45°C 등온. (b) 145°C 등온. (c) 30 °C에서 180°C까지의 온도 프로그래밍. (From W. E. Harris and H. W. Habgood, *Programmed Temperature Gas Chromatography*, New York: Wiley, 1966, p. 10. Reprinted with permission of the author.)

## ▸ 32A-4 검출기

기체 크로마토그래피에서 수십 가지의 검출기들이 개발되어 사용되어 왔다.[2] 먼저 기체 크로마토그래피 검출기의 이상적인 검출기의 특징과 가장 널리 사용되는 검출기에 대해 설명하도록 한다.

### » 이상적인 검출기의 특징

기체 크로마토그래피에서 사용되는 이상적인 검출기의 특징은 다음과 같다.

1. 적당한 감도를 가져야 한다. 일반적으로 요즘 사용되는 검출기의 감도는 $10^{-8}$~$10^{-15}$ g 용질/s 정도이다.
2. 안정성과 재현성이 좋아야 한다.
3. 10의 수 제곱의 분석 물질 범위에 걸쳐 직선적인 감응을 나타내야 한다.
4. 실온부터 적어도 400°C까지의 온도 범위를 가지고 있어야 한다.
5. 유속과 무관하게 짧은 감응 시간을 가져야 한다.
6. 신뢰도가 높아야 하고 사용하기 편해야 한다. 가능하면 검출기는 경험이 없는 사람도 쉽게 다룰 수 있어야 한다.
7. 모든 용질에 대한 감응이 비슷하거나 예측이 쉽고 하나 또는 그 이상의 분석물 종류에 대하여 감응이 선택적이어야 한다.
8. 시료가 파괴되어서는 안 된다.

말할 필요도 없이 이런 특징을 모두 갖춘 검출기는 없다. 흔히 사용되는 검출기 중 대표적인 것을 **표 32-1**에 정리되었다. 가장 널리 사용되는 네 가지의 검출기에 대해 지금부터 자세히 설명할 것이다.

### » 불꽃 이온화 검출기

**불꽃 이온화 검출기**(flame ionization detector, FID)는 기체 크로마토그래피의 검출기 중 가장 널리 일반적으로 이용되는 검출기이다. **그림 32-9**와 같은 FID를 이용하면, 컬럼으로부터 유출액(effluent)이 작은 공기/수소 불꽃으로 들어간다. 대부분의 유기 화합물은 공기/수소 불꽃 온도에서 열분해될 때 이온과 전자를 발생한다.

**표 32-1**

**기체 크로마토그래피 검출기**

| 형태 | 적용 시료 | 대표적인 검출 한계 |
|---|---|---|
| 불꽃 이온화 | 탄화수소물 | 1 pg/s |
| 열전도 | 일반적 검출기 | 500 pg/mL |
| 전자 포획 | 할로젠 화합물 | 5 fg/s |
| 질량 분석계(MS) | 모든 화학종 | 0.25~100 pg |
| 열이온 | 질소와 인 화합물 | 0.1 pg/s (P)<br>1 pg/s (N) |
| 전해질 전도도(Hall) | 할로젠, 황, 질소를 포함한 화합물 | 0.5 pg Cl/s<br>2 pg S/s<br>4 pg N/s |
| 광이온화 | UV 빛에 의한 이온화 | 2 pg C/s |
| Fourier 변환 IR (FTIR) | 유기 화합물 | 0.2~40 ng |

[2] L. A. Colon and L. J. Baird, in *Modern Practice of Gas Chromatography*, R. L. Grob and E. F. Barry, eds., 4th ed., Ch. 6, Hoboken, NJ: Wiley-Interscience, 2004.

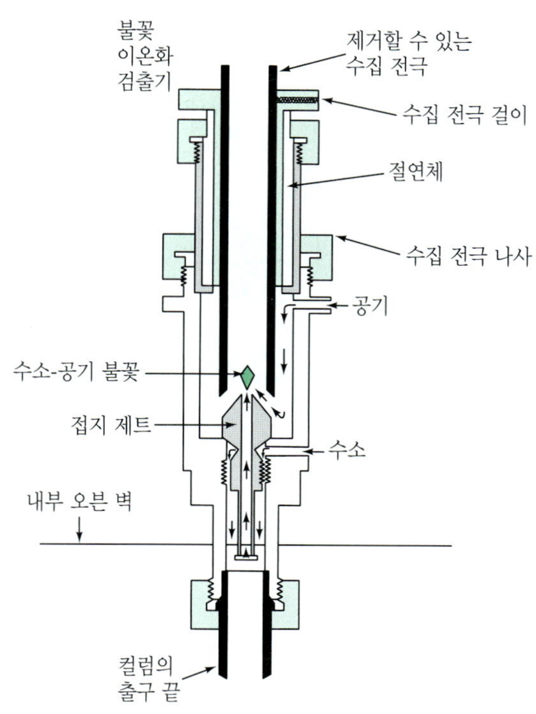


**그림 32-9** 대표적인 불꽃 이온화 검출기.

이런 화합물들은 이온과 전자들을 모음으로써 생성하는 전류를 측정하여 검출한다. 버너의 끝과 불꽃 위에 위치하는 수집 전극 사이에 수백 볼트의 전압이 걸려 있어 이온과 전자들을 모은다. 그 후, 이로 인해 생성되는 전류($\sim 10^{-12}$ A)는 높은 감도의 피코전류계(picoammeter)로 측정된다.

생성된 이온의 수는 대략적으로 불꽃에서 *감소한* 탄소 원자의 수에 비례한다고 알려져 있지만, 불꽃에서 탄소 화합물의 이온화되는 원리는 잘 밝혀져 있지 않다. FID는 단위 시간당 검출기로 들어가는 탄소 원자의 수에 감응하기 때문에 이것은 *농도-감응성*(concentration-sensitive)보다는 오히려 *질량-감응성*(mass-sensitive) 장치이다. 이런 검출기는 이동상의 흐름 속도가 변화되더라도 검출기 감응에 거의 영향을 주지 않는 장점을 가진다.

불꽃에서 카보닐, 알코올, 할로젠, 아민과 같은 작용기들은 이온을 거의 만들지 않거나 아예 만들지 않는다. 또, 물, 이산화 탄소, 이산화황, 질소 화합물($NO_x$)과 같이 연소되지 않는 기체에 대해서는 감응하지 않는다. 이러한 특성으로 인해 FID는 물, 질소와 황 산화물로 오염된 대부분의 유기 시료 분석에 가장 많이 사용된다.

FID는 높은 감도($\sim 10^{-13}$ g/s), 넓은 선형 감응 범위($\sim 10^{7}$), 그리고 낮은 잡음을 나타낸다. 또한 견고하고 사용하기 쉽다. 이 검출기의 단점은 연소 과정에서 시료가 파괴된다는 것과 추가 기체와 조절 장치가 필요하다는 것이다.

## » 열전도도 검출기

**열전도도 검출기**(thermal conductivity detector, TCD)는 크로마토그래피의 초기 검출기 중의 하나로 아직도 널리 사용된다. 이 검출기는 온도가 주위 기체의 열전도도에 따라 변하는 전기적으로 가열된 열원으로 되어 있다. 가열된 원소로는 미세 백금, 금, 혹은 텅스텐선, 아니면 작은 더미스터(thermistor)가 있다. 이 원소의 전기 저항은 기체의 열전도도에 따라 달라진다. **그림 32-10a**는 TCD 안에 온도에 감응하는 장치 중의 하나의 단면도를 보여준다.

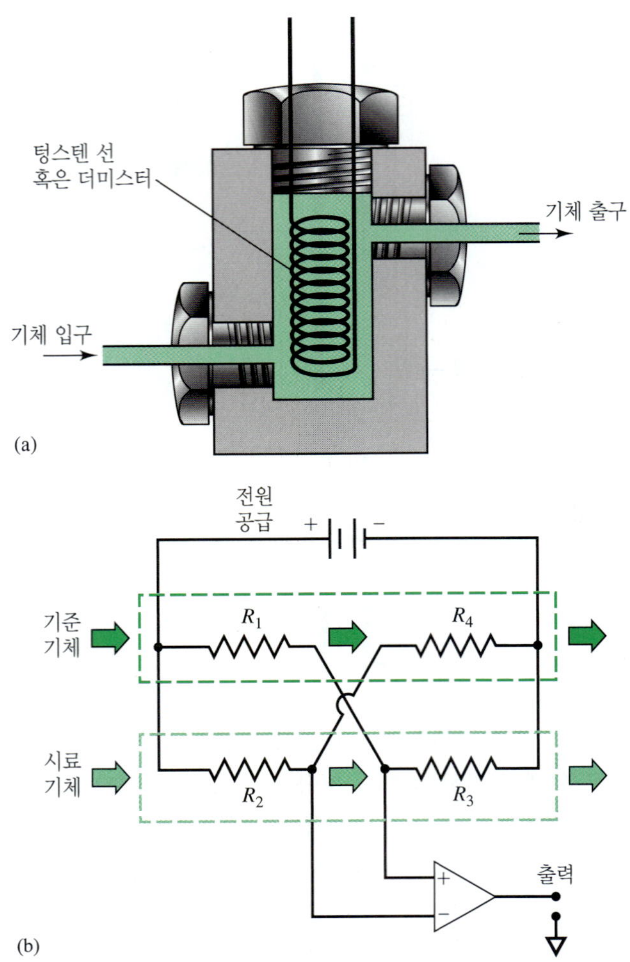


**그림 32-10** (a) TCD 온도 감응 장치와 (b) 한 쌍의 시료 검출 장치($R_2$, $R_3$)와 한 쌍의 기준 검출 장치($R_1$, $R_4$)의 배열도. (Reprinted from F. Rastrelloa, P. Placidi, A. Scorzonia, E. Cozzanib, M. Messinab, I. Elmib, S. Zampollib, and G. C. Cardinali, Sensors and Actuators A, **2012**, *178*, 49, **DOI**:10.1016/j.sna.2012.02.008. Copyright (2012), with permission from Elsevier.)

보통 두 쌍의 장치를 사용한다. *기준이 되는 한 쌍*은 시료 주입구 앞에, *시료 검출 쌍*은 컬럼 바로 뒤에 위치한다. 다른 방법으로는 기체 흐름을 분할할 수도 있다. **그림 32-10b**에 나타낸 바와 같이 두 개의 검출기는 간단한 브리지 회로(bridge circuit)의 두 개의 팔에 연결되어 있어서 운반 기체의 열전도도를 상쇄시킨다. 또한 온도, 압력, 전원 변화에 의한 영향은 최소화된다. 변조된 단일 필라멘트 TCD 또한 이용된다.

헬륨과 수소의 열전도도는 대부분의 유기 화합물의 열전도도보다 약 6~10배 정도 크다. 따라서 비록 적은 양의 유기 화학종이 섞여 있어도 컬럼 유출액의 열전도도를 크게 감소시켜 검출기의 온도를 크게 상승시킨다. 열전도도 검출기는 운반 기체의 열전도도가 대부분의 분석 성분들의 열전도도와 비슷한 경우에는 그다지 만족스럽지 못하다.

TCD의 장점은 단순함, 넓은 직선 감응 범위(약 $10^5$ 범위), 대부분의 유기 및 무기 화학종에 대한 일반적인 감응성, 그리고 검출 후 용질의 회수가 가능한 비파괴성이다. 이 검출기의 주된 단점은 비교적 감도가 낮다는 점이다(~$10^8$ g/s 용질/mL 운반 기체). 다른 검출기들의 감도는 TCD의 감도보다 $10^4$~$10^7$배 정도 크다. TCD의 낮은 감응 때문에 시료의 양이 매우 작은 경우 모세관 컬럼을 사용하지 못한다.

### » 전자 포획 검출기

**전자 포획 검출기**(electron capture detector, ECD)는 살충제나 polychlorinated biphenyl (PCB)과 같은 할로젠 함유 유기 화합물에 선택적으로 감응하므로 환경 시료의 검출기로 널리 사용된다. 이 검출기에서는 컬럼에서 용출된 시료가 방사성 $\beta$-

방출기(보통 니켈-63)를 통과한다. $\beta$-방출기에서 발생한 전자는 운반 기체(주로 질소)를 이온화하고 전자 다발을 만든다. 유기 화학종이 없는 경우에는 이런 이온화 과정에서 한 쌍의 전극 사이에서 일정한 전류가 흐른다. 그러나 전자를 잘 포획하는 전기음성도가 큰 작용기를 함유한 유기 분자가 존재하면 전류는 현저히 감소한다. 할로젠, 과산화물, 퀴논, 나이트로기를 가지는 화합물은 높은 감도로 검출된다. 이 검출기는 아민, 알코올, 탄화수소와 같은 작용기에는 감응하지 않는다.

ECD는 감도가 높으며 (시료를 파괴시키는 불꽃 이온화 검출기와 달리) 시료를 변화시키지 않는 장점이 있다. 그러나 이 검출의 직선으로 감응하는 범위는 약 $10^2$배 정도이다.

## » 질량 분석 검출기

GC 검출기 중 가장 탁월한 성능을 가지는 검출기 중의 하나는 **질량 분석기**(mass spectrometer)이다. 기체 크로마토그래피와 질량 분석기를 연결시킨 것을 **GC/MS**라고 한다.[3] 질량 분석기는 시료에서 발생한 이온들의 질량 대 전하 비($m/z$)를 측정하는데, 이는 29장에서 설명하였다. 생성된 대부분의 이온들은 1가 전하($z = 1$)를 가지므로 질량 대 전하 비를 측정하면 이온들의 질량을 측정하는 것과 같다.

현재 약 50여 개의 기기 회사에서 GC/MS 기기를 시판하고 있다. 모세관 컬럼으로부터 나오는 유속이 대부분 낮기 때문에 컬럼 용출물이 직접 질량 분석기의 이온화 장치에 주입될 수 있다. 대표적인 GC/MS 장치의 구성도가 그림 29-8에서 소개되어 있다. 모세관 컬럼이 개발되기 전에 충전 컬럼이 사용되었는데, 이때에는 GC로부터 나오는 많은 양의 운반 기체를 최소화해 주어야 했다. 이를 위해 다양한 제트(jet) 분리기, 막 분리기, 분출 분리기들이 사용되었다. 현재는 GC/MS 기기에 모세관 컬럼이 사용되므로 이러한 분리기가 더 이상 필요 없게 되었다.

전자 충격 이온 원(electron impact ionization, EI)과 화학 이온 원(chemical ionization, CI)은 GC/MS에서 가장 흔히 사용되는 이온 원이다. 가장 흔히 사용되는 질량 분석관은 사중극자(quadrupole)와 이온-포집(ion-trap) 분석관이다. 질량 분석기의 이온 원과 분석관은 29장에서 설명하였다.

GC/MS에서 질량 분석기는 크로마토그래피 분리가 일어나는 동안 반복해서 질량 주사를 실행한다. 예를 들어, 크로마토그래피 분리가 10분 동안 진행된다면, 1초당 한번씩 주사하여 600개의 질량 스펙트럼을 기록한다. 얻어진 방대한 양의 데이터를 처리하게 위해 컴퓨터 데이터 시스템이 필요하며 데이터는 여러 가지 다른 방식으로 이 시스템에 의해 분석된다. 첫째, 각 스펙트럼에 있는 이온의 존재량을 모두 합하여 시간의 함수로 나타낸 **총-이온 크로마토그램**(total-ion chromatogram, TIC)으로 나타낸다. 이 도시는 일반적인 크로마토그램과 비슷하다. 둘째, 어떤 경우는 크로마토그램을 얻는 동안 어떤 특정한 시간에 용리되어 나오는 화학종을 확인하기 위하여 용출된 그 시간의 질량 스펙트럼을 보여줄 수 있다. 마지막으로, 단일 질량 대 전하비($m/z$) 값을 선택하여 크로마토그래피 분리를 하는 동안 내내 측정할 수 있게 하는데 이런 방법을 **선택-이온 측정법**(selected-ion-monitoring, SIM)이라고 한다. 크로마토그래피 분리를 하는 동안 얻어진 선택된 이온의 질량 스펙트럼을 **질량 크로마토그램**(mass chromatogram)이라고 한다.

---

[3]더 자세한 내용은 다음을 참고하시오. O. D. Sparkman, Z. E. Penton, and F. G. Kitson *Gas Chromatography and Mass Spectrometry*, 2nd ed., Amsterdam: Elsevier, 2011; M. C. McMaster, *GC/MS: A Practical User's Guide*, 2nd ed., New York: Wiley, 2008.

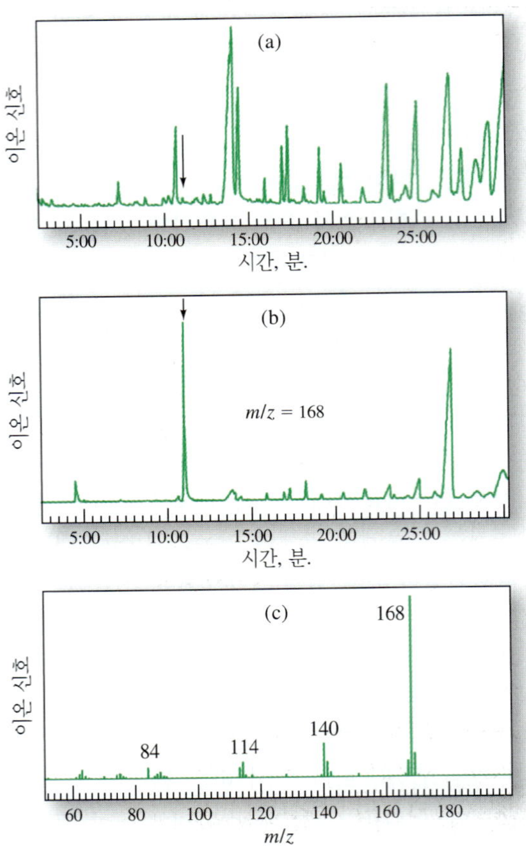


**그림 32-11** GC/MS 시스템의 대표적인 결과. (a) 흰개미 시료 추출물의 총-이온 크로마토그램. (b) 크로마토그램에서 $m/z$ = 168인 이온을 확인한다. (c) 10.46분에 용출된 화합물의 질량 스펙트럼으로 중요한 알칼로이드인 $\beta$-carboline norharmane으로 확인됨. (From S. Ikatura, S. Kawabata, H. Tanaka, and A. Enoki, *J. Insect Sci.*, **2008**, 8: 13.)

GC/MS 기기는 자연계와 생태계에 존재하는 수많은 종류의 화합물들을 확인하는 데 이용되고 있다. 한 가지 응용법을 **그림 32-11**에서 보여주고 있다. (a) 부분은 흰개미 시료로부터 메탄올 추출물의 총-이온 크로마토그램이며, (b) 부분에는 질량 대 전하비가 168인 이온의 선택-이온 크로마토그램이다. 성분 확인을 위하여 10.46분에 용출된 화학종들을 선택하여 (c)에 나타낸 최종 질량 스펙트럼을 통하여 화합물이 알칼로이드인 $\beta$-carboline norharmane임을 확인할 수 있었다.

또한 질량 분석법은 불완전하게 분리된 성분에 관한 정보를 얻는데도 사용할 수 있다. 예를 들면, 다성분이 동시에 용출된다면 GC 피크의 앞쪽 부분의 질량 스펙트럼은 뒷부분에서 나타나는 것과는 다를 수도 있다. 질량 분석법을 이용하면 피크가 하나 이상의 성분으로 인한 것인지를 결정할 뿐 아니라 분리되지 않은 여러 화학종들을 확인하는 데에도 사용할 수 있다. GC는 직렬 질량 분석이기나 FT 질량 분석기와도 연결하여 사용할 수도 있는데, 이를 GC/MS/MS 또는 GC/MS$^n$ 라고 하며 혼합물 속에 들어 있는 각 성분을 확인하는 데 있어서 탁월한 성능을 가지고 있다.

## » 기타 GC 검출기

다른 중요한 GC 검출기로는 열이온 검출기, 전해질 전도도 검출기(Hall 검출기), 광 이온화 검출기 등이 있다. 열이온 검출기는 구조 면에서 FID와 비슷하다. 열이온 검출기는 질소 혹은 인을 함유하는 화합물들이 불꽃 내에서 알칼리 금속염이 증기화 됨으로 전류를 증가시킨다. 이 검출기는 유기인 살충제와 의약용 화합물의 검출에 널리 이용된다.

전해질 전도도 검출기의 경우 할로젠, 황, 혹은 질소를 함유하는 화합물들을 작은 반응관에서 반응 기체와 섞고, 이 혼합물을 액체에 녹여 전도성 용액을 만든다. 그 후 활성 화합물의 존재로 인한 전도도 변화를 측정한다. 광이온화 검출기에서는 분자들이 자외선에 의해 광이온화 되어 생성된 이온과 전자들은 한 쌍의 전극에 모아지는데 이때 생성되는 전류를 측정한다. 이 검출기는 방향족 화합물과 쉽게 광이온화하는 분자들에 자주 사용된다.

GC는 분광법이나 전기 화학적 방법과 같은 선택적 검출법과 연결하여 자주 사용한다. GC/MS를 설명한 것 같이 GC는 적외선(IR) 분광법이나 핵자기 공명분광법(NMR)과 같은 다양한 다른 검출법과 결합하여 사용하며 이를 때때로 **연결법**(hyphenated method)이라 한다.[4] 연결법은 복잡한 혼합물의 성분을 확인하는 탁월한 도구이다.

**연결법**은 크로마토그래피의 분리 기능과 분광법의 정성 및 정량 검출 기능을 결합한 방법이다.

초기 연결법은 크로마토그래피 컬럼에서 나오는 용출액을 냉각기에서 분획을 따로 모은 후 비파괴, 비선택적 검출기를 이용하여 존재 유무를 식별하였다. 그 후 각 분획의 조성을 핵자기 공명분석법, 자외선, 질량 분석법, 혹은 전기분석법으로 측정하여 조사하였다. 이런 방법은 분획 속에 미량(보통 마이크로 몰 정도)의 용질이 존재한다는 것이 큰 제한점이다.

대부분의 최적 연결법은 크로마토그래피 컬럼에서 나오는 용출액을 분광법을 사용하여 연속적으로 조사한다. 다른 원리를 기반으로 하는 두 방법의 연결법은 선택성을 크게 증가시킬 수 있다.

## 32B 기체 크로마토그래피 컬럼과 정지상

1950년대 초 기체-액체 크로마토그래피를 이용한 초기 연구에는 비활성 고체 지지체의 표면에 흡착시킨 얇은 액체막을 정지상으로 이용하는 충전 컬럼을 사용하였다. 초기의 연구 결과로 내경이 십 분의 수 mm인 충전되지 않은 컬럼이 속도나 컬럼 효율 면에서 충전 컬럼보다 훨씬 우수하다는 것이 명확해졌다.[5] 이러한 **모세관 컬럼**(capillary column)에서 정지상은 모세관 내부에 액체막이 십 분의 수 μm 두께로 균일하게 입혀져 있다. 1950년대 후반에 **열린관 컬럼**(open tubular column)이 만들어졌으며, 이의 예측된 성능 특성은 여러 연구실에서 단수가 300,000 이상인 열린관 컬럼을 가지고 실험적으로 확인되었다.[6]

이러한 훌륭한 성능 특성에도 불구하고 모세관 컬럼은 발명된 후 20년이 지나서야 널리 사용되기 시작하였다. 이렇게 지연된 데는 몇 가지 이유가 있었는데 시료의 용량이 적고, 컬럼이 깨지기 쉬우며, 시료를 주입하고 컬럼을 검출기에 연결하는 것과 관련된 기계적 문제가 있었으며, 컬럼을 재현성 있게 입히기가 어렵고, 잘못 만든 컬럼의 수명이 짧고, 컬럼이 쉽게 막혔으며 그리고 한 제작자에게 속해 상업적 개발에 지장을 준 특허 문제(첫 특허권은 1977년에 소멸됨)였다. 1979년에 모세관 GC에서 가장 중요한 용융-실리카 모세관 컬럼이 개발되었다. 그 후 다양한 응용을 위한 모세관 컬럼이 시판되어 그 사용이 급격히 증가하게 되었다.[7]

---

[4]연결법에 대한 더 자세한 내용은 다음을 참고하시오. C. L. Wilkins, *Science*, **1983**, 222, 291, **DOI**:10.1126/science.6353577; C. L. Wilkins, *Anal. Chem.*, **1989**, *59*, 571A, **DOI**: 10.1021/ac00135a001.

[5]충전 컬럼과 모세관 컬럼에 대한 더 자세한 내용은 다음을 참고하시오. E. F. Barry and R. L. Grob, *Columns for Gas Chromatography*, Hoboken, NJ: Wiley-Interscience, 2007.

[6]1987년에 열린관 컬럼의 길이와 이론 단수의 세계 기록이 네덜란드의 Chrompack International Corporation에서 출판된 기네스북에 기록되었다. 이 용융 실리카 컬럼은 0.1 mm 두께의 polydimethyl siloxane 막으로 입혀져 있고 내부 직경은 0.32 mm, 길이는 2,100 m (1.3 마일)이었다. 이 컬럼의 1,300 m 부분에 2백만 이상의 단수를 가지고 있었다.

[7]모세관 컬럼에 대한 더 자세한 내용은 다음을 참고하시오. E. F. Barry, in *Modern Practice of Gas Chromatography*, R. L. Grob and E. F. Barry, eds., 4th ed., Ch. 3, New York: Wiley-Interscience, 2004.

### ▸ 32B-1 모세관 컬럼

열린 흐름 경로로 인해 열린관 컬럼이라고도 불리는 모세관 컬럼은 **벽-도포 열린관**(wall-coated open tubular, WCOT)과 **지지체-도포 열린관**(support-coated open tubular, SCOT)의 두 가지 형태가 있다.[8] 벽-도포 컬럼은 모세관 내부를 정지상인 액체로 얇은 층으로 입힌 것이다. 지지체-도포 열린관은 모세관 내부를 규조토와 같은 고체 지지체 물질로 얇은 막(~30 μm)으로 입히고 그 위에 액체 정지상이 흡착되어 있는 것이다. 이 컬럼은 벽-도포 열린관 컬럼보다 몇 배 더 많은 정지상을 가지므로 시료 용량이 더 크다. 일반적으로 SCOT 컬럼의 효율이 WCOT 컬럼보다 낮으나 충전 컬럼보다는 훨씬 크다.

**용융-실리카 열린관(FSOT) 컬럼**은 현재 가장 널리 사용되는 GC 컬럼이다.

초기 WCOT 컬럼은 스테인리스 강, 알루미늄, 구리, 또는 플라스틱으로 만들었다. 그 후에는 유리가 사용되었다. 알칼리 또는 붕규산염 유리는 염산 기체, 센 염산, 또는 플루오르화 수소 포타슘으로 침출시켜 단단한 표면을 만들어준다. 그 후 에칭은 표면을 거칠게 하여 정지상에 더 단단하게 고정하도록 한다.

용융-실리카 모세관은 금속 산화물이 거의 포함되지 않은 특별히 정제된 실리카를 이용하여 만들어지는데 다른 유리관보다 훨씬 얇은 벽을 갖는다. 모세관이 만들어질 때 외부 보호용 폴리이미드로 입혀서 강도를 높인다. 이렇게 만들어진 컬럼은 아주 유연하여 수 인치의 지름을 가진 코일 모양으로 구부릴 수 있다. 시판되는 용융-실리카 컬럼은 유리 컬럼에 비해 물리적 강도, 시료 성분들과의 낮은 반응성, 그리고 유연성 같은 여러 가지 중요한 장점들을 가지고 있어 대부분의 응용에서 초기의 WCOT 유리 컬럼을 대체하여 사용되고 있다.

가장 널리 사용되고 있는 용융-실리카 컬럼의 내경은 0.32 mm와 0.25 mm이다. 더 높은 분리능을 위해 내경이 0.20 mm와 0.15 mm인 컬럼도 역시 시판되고 있다. 이러한 컬럼은 사용하는 데 더 많은 어려움이 있고 시료 주입과 검출 시스템에서 더 많은 문제가 있다. 따라서 컬럼에 주입하는 시료의 양을 줄이기 위한 시료 분할기와 빠른 감응 시간을 가지는 더 감도가 좋은 검출기를 사용해야 한다.

내경 530 μm의 모세관을 **메가보어 컬럼**(megabore column)이라고 부르며 시판되고 있다. 이 컬럼은 충전 컬럼과 비슷한 시료 양을 사용할 수 있다. 메가보어 컬럼은 내경이 더 작은 컬럼보다 성능 특성이 좋지 않지만 충전 컬럼보다는 훨씬 우수하다.

용융-실리카 모세관 컬럼, 벽-도포 모세관 컬럼, 지지체-도포 컬럼과 충전 컬럼의 성능 특성을 **표 32-2**에 비교하였다.

### ▸ 32B-2 충전 컬럼

오늘날의 충전 컬럼은 유리나 금속관으로 만들며 보통 2~3 m의 길이와 2~4 mm 정도의 내경을 가진다. 이런 관들은 액체 정지상의 얇은 층(0.05~1 μm)으로 도포되어 있는 균일하고 미세하게 분포된 충전 물질, 즉 고체 지지체로 충전되어 있다. 이들은 자동적으로 온도 조절이 가능한 오븐에 장착할 수 있도록 지름이 약 15 cm 정도 되는 코일 형태로 만든다.

---

[8] 열린관 컬럼에 대한 더 자세한 내용은 다음을 참고하시오. M. L. Lee, F. J. Yang, and K. D. Bartle, *Open Tubular Column Gas Chromatography: Theory and Practice*, New York: Wiley, 1984.

**표 32-2**

**대표적인 GC 컬럼의 성질과 특성**

| | 컬럼 형태 | | | |
|---|---|---|---|---|
| | **FSOT*** | **WCOT†** | **SCOT‡** | **충전컬럼** |
| 길이, m | 10~100 | 10~100 | 10~100 | 1~6 |
| 내경, mm | 0.1~0.3 | 0.25~0.75 | 0.5 | 2~4 |
| 효율, 단/m | 2000~4000 | 1000~4000 | 600~1200 | 500~1000 |
| 시료 크기, ng | 10~75 | 10~1000 | 10~1000 | $10\sim10^6$ |
| 상대 압력 | 낮음 | 낮음 | 낮음 | 높음 |
| 상대 속도 | 빠름 | 빠름 | 빠름 | 느림 |
| 유연성? | 있음 | 없음 | 없음 | 없음 |
| 화학적 비활성 | 최상 ⟶ | | | 최저 |

*용융-실리카 열린관 컬럼.

†벽-도포 열린관 컬럼.

‡지지체-도포 열린관 컬럼(또는 다공층 열린관 컬럼, PLOT라고 함).

### » 고체 지지체 물질

컬럼의 충전물인 고체 지지체는 충전 컬럼에서 액체 정지상을 붙잡고 있어 넓은 표면적이 이동상에 노출될 수 있도록 한다. 이상적인 고체 지지체는 작고 균일한 구형 입자로서 역학적 강도가 좋고 적어도 1 $m^2/g$의 비표면적을 가져야 한다. 또한 지지체는 높은 온도에서도 비활성이고 액체상으로 쉽게 적셔져 균일하게 도포되어야 한다. 하지만 이런 모든 기준을 만족하는 물질은 아직까지 없다.

초기부터 지금까지 가장 많이 사용되는 GC 지지체는 자연계에서 존재하는 규조토로부터 만들어지는데, 고대의 호수나 바다에서 서식하였던 수천 종의 단세포 식물의 골격으로 이루어져 있다(**그림 32-12**, 주사현미경으로 찍은 규조토의 확대 사진). 이 지지체 물질은 dimethylchlorosilane으로 화학적으로 처리해서 표면에 메틸기의 층을 만들어 충전물이 극성 분자를 흡착하려는 경향성을 줄여 준다.

**그림 32-12** 규조토의 광현미경 사진 (5,000배 확대).

### » 지지체의 입자 크기

그림 31-16에서 보는 바와 같이 GC 컬럼의 효율은 충전물의 입자 크기가 작을수록 급격히 증가한다. 그러나 운반 기체 유속을 어떤 상태로 일정하게 유지하기 위해 필요한 압력 차이는 입자 내경의 제곱에 반비례한다. 따라서 GC에서 사용되는 입자 크기에는 최저 한계가 있는데 약 50 psi 이하의 압력 차이로 사용해야 한다. 결과적으로 지지체의 입자 크기는 보통 60~80 메쉬(250~170 μm) 혹은 80~100 메쉬 (170~149 μm) 범위가 많이 사용된다.

## ▸ 32B-3 액체 정지상

기체-액체 크로마토그래피 컬럼의 액체 정지상에 요구되는 성질은 (1) *낮은 휘발성*(이상적으로는 액체상의 끓는점은 컬럼의 최고 작업 온도보다 적어도 100°C 이상 높아야 함), (2) *열적 안정성*, (3) *화학적 비활성*, (4) 분리되는 용질의 $k$와 $\alpha$ 값(31E-4절 참조)이 적당한 범위에 있도록 해주는 용매 특성 등이다.

기체-액체 크로마토그래피를 개발하는 과정에서 많은 액체들이 정지상으로 제안되었다. 지금까지는 약 10여 개 정도의 액체가 정지상으로 사용된다. 성공적

분리를 위한 정지상의 올바른 선택이 매우 중요하다. 정지상의 선택을 위한 정성적인 지침은 참고 문헌, 인터넷 검색, 혹은 크로마토그래프를 만드는 회사에서 제공하는 정보를 통해 받을 수 있다.

컬럼에서 분석물의 머무름 시간은 분포 상수에 의존하는 데, 이는 액체 정지상의 화학적 성질과 연관되어 있다. 여러 시료 성분들을 깨끗하게 분리하려면, 이들의 분포 상수가 상당히 달라야만 한다. 또한 이 상수들은 너무 크거나 너무 작지 말아야 하는데, 분포 상수가 너무 크면 머무름 시간이 너무 길고, 상수가 너무 작으면 머무름 시간이 너무 짧아 온전한 분리가 이루어지지 않는다.

컬럼에서 적절한 머무름 시간을 갖도록 하려면 분석물이 정지상과 어느 정도의 적합성(용해도)을 가져야 한다. '비슷한 것끼리 녹인다'는 원리가 적용되는데 여기서 '비슷함'이란 분석 성분과 정지상 액체의 극성을 말한다. 분자의 극성은 쌍극자 모멘트로 표시되는데, 분자 내에서 전하의 분리로 인해 생성되는 전기장을 측정하여 결정된다. 극성 정지상은 —CN, —CO, —OH와 같은 작용기를 포함한다. 탄화수소 형태의 정지상과 다이알킬 실록세인은 비극성인데 반해, 폴리에스터기는 극성이 높다. 극성 분석 물질에는 알코올, 산, 아민 등이 있고 중간 정도의 극성 분석 물질은 에테르, 케톤, 알데하이드이며, 포화 탄화수소는 비극성이다. 일반적으로 정지상의 극성은 시료 성분의 극성과 맞아야 한다. 그럴 때 용리 순서는 용리 물질의 끓는점에 의해 결정된다.

자주 사용하는 유기 작용기의 극성을 증가하는 순서대로 나열하면 다음과 같다: 지방족 탄화수소 < 올레핀 < 방향족 탄화수소 < 할로젠화물 < 황화물 < 에터 < 니트로 화합물 < 에스터, 알데하이드, 케톤 < 알코올, 아민 < 설폰 < 설폭시화물 < 아마이드 < 카복실산 < 물.

### » 많이 사용되는 정지상 몇 가지

표 32-3에 충전 컬럼과 열린관 컬럼 기체 크로마토그래피에서 가장 널리 사용되는 정지상을 극성이 증가하는 순서대로 나열하였다. 이 6가지 액체들은 과학자들이 다루게 되는 시료의 90% 이상을 만족스럽게 분리해 줄 것이다.

표 32-3의 액체 중 5개는 polydimethy siloxane (PDMS)이며 다음과 같은 일반 구조식을 가진다.

$$R-\overset{\displaystyle R}{\underset{\displaystyle R}{\overset{|}{\underset{|}{Si}}}}-O-\left[\overset{\displaystyle R}{\underset{\displaystyle R}{\overset{|}{\underset{|}{Si}}}}-O\right]_n-\overset{\displaystyle R}{\underset{\displaystyle R}{\overset{|}{\underset{|}{Si}}}}-R$$

**표 32-3**

**기체-액체 크로마토그래피의 많이 사용되는 액체 정지상**

| 정지상 | 일반 상품명 | 최고 온도, °C | 응용 분야 |
|---|---|---|---|
| Polydimethyl siloxane | OV-1, SE-30 | 350 | 보통 비극성상, 탄화수소류, 다핵 방향족, 스테로이드류, PCBs |
| 5% Phenyl-polydimethyl siloxane | OV-3, SE-52 | 350 | 지방산 메틸 에스터, 알칼로이드, 약품, 할로젠 화합물 |
| 50% Phenyl-polydimethyl siloxane | OV-17 | 250 | 약품, 스테로이드류, 살충제류, 글리콜류 |
| 50% Trifluoropropyl-polydimethyl siloxane | OV-210 | 200 | 염소화 방향족류, 니트로 방향족류, 알킬 치환 벤젠류 |
| Polyethylene glycol | Carbowax 20M | 250 | 유리산류, 알코올류, 에테류, 정유, 글리콜류 |
| 50% Cyanopropyl-polydimethyl siloxane | OV-275 | 240 | 다중 불포화 지방산, 로진산류, 유리산류, 알콜류 |

이들 중 첫 번째 물질인 PDMS의 경우 —R기는 전부 $—CH_3$로서 비교적 비극성인 액체이다. 표에 나타낸 다른 polysiloxane에서는 일부 메틸기가 페닐기($—C_6H_5$), cyanopropyl ($—C_3H_6CN$), trifluoropropyl ($—C_3H_6CF_3$)로 치환되어 있다. 표 32-3에서 각 정지상 이름 앞에 적혀 있는 %는 polysiloxane 구조의 메틸기가 주어진 작용기에 의해 치환된 양을 나타낸다. 예를 들면, 5% phenyl polydimethyl siloxane은 분자의 전체 실리콘 원자 중 5%가 페닐 고리와 결합되어 있다는 것이다. 이러한 치환은 정지상 액체의 극성을 다양하게 증가시킨다.

표 32-3의 다섯 번째 정지상은 polyethylene glycol로 다음과 같은 구조를 가지며, 극성 화학종의 분리에 널리 사용된다.

$$—HO—CH_2—CH_2—(O—CH_2—CH_2)_n—OH$$

### » 결합 정지상 및 가교 결합 정지상

시판되고 있는 컬럼에는 결합 또는 가교 결합 정지상이 있는데, 정지상의 막이 오염될 때 용매로 씻어 낼 수 있어서 정지상을 오랫동안 유지시킬 수 있도록 한다. 이렇게 처리되지 않은 컬럼은 용리 과정에서 컬럼 안의 액체상이 조금씩 '번짐(bleeding)'으로 인하여 천천히 정지상이 손실된다. 이러한 현상은 오염물을 제거하기 위해 컬럼을 용매로 씻어 낼 때 악화되는데 화학적 결합이나 가교 결합으로 이를 억제할 수 있다.

결합은 화학 반응에 의해 컬럼의 실리카 표면에 단일분자 층의 정지상을 부착시켜 형성한다.

가교 결합은 표 32-3에 나타낸 고분자 물질 중 하나로 컬럼을 도포한 후 그 자리에서 이루어진다. 가교 결합의 한 방법은 과산화물을 원래의 액체에 섞는 것이다. 정지상의 막을 가열하면, 자유 라디칼 메커니즘에 의해 고분자 사슬에 있는 메틸기 사이에서 반응이 시작된다. 그 후 고분자 물질들은 탄소-탄소 결합을 통해 가교 결합을 한다. 이 결과 막은 덜 추출되어 처리하지 않은 막보다 열적 안정성이 크게 증가한다. 또한 가교 결합은 도포된 컬럼에 감마 방사선을 쪼여주면서 시작하기도 한다.

### » 정지상 막 두께

정지상의 두께가 0.1~5 μm까지 다양한 컬럼이 시판되고 있다. 정지상 막 두께는 31E-6절에서 설명한 바와 같이 주로 컬럼의 머무름 특성과 용량에 영향을 준다. 두꺼운 막은 휘발성이 큰 분석물에 사용되는데, 막에 용질이 오랜 시간 동안 머무름으로 인하여 분리가 일어나는 시간이 더 많이 제공되기 때문이다. 많이 사용하는 0.25 혹은 0.32 mm 컬럼에서는 0.25 μm의 막 두께가 적당하다. 메가보어 컬럼은 1~1.5 μm 막 두께가 많이 사용된다. 8 μm 막 두께의 컬럼도 시판되고 있다.

## 32C 기체-액체 크로마토그래피의 응용

기체-액체 크로마토그래피는 휘발성이 높고 섭씨 수백 도의 온도에서도 열적으로 안정한 화학종에 응용이 가능하다. 많은 수의 화합물이 이런 성질을 가지고 있다. 따라서 기체 크로마토그래피는 다양한 종류의 시료 성분들을 분리하고 분석하는 데 널리 이용된다. **그림 32-13**은 몇 가지 응용에 대한 크로마토그램들을 보여 준다.

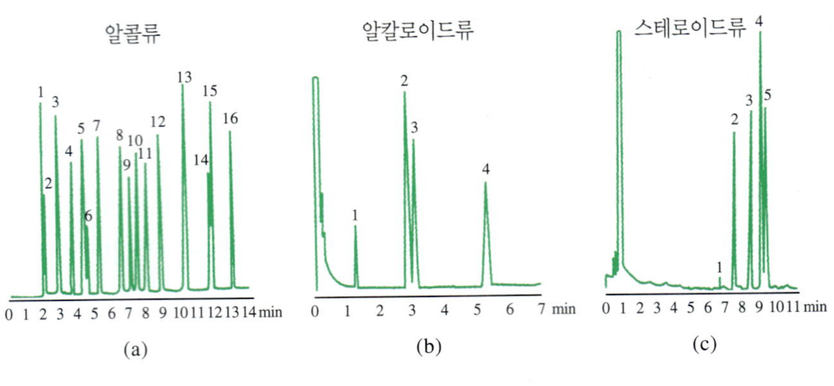


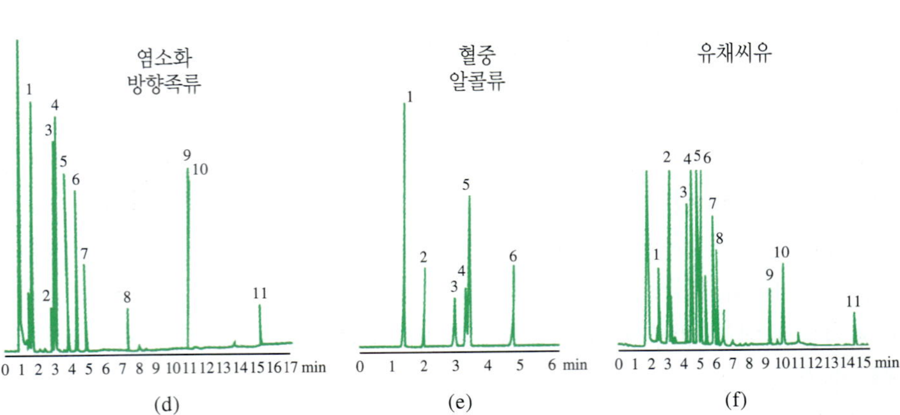


**그림 32-13** 다양한 정지상으로 열린관 컬럼의 대표적인 크로마토그램.
(a) Polydimethyl siloxane, (b) 5% (phenylmethyldimethyl) siloxane, (c) 50% (phenymethyldimethyl) siloxane, (d) 50% poly(trifluoropropyldimethyl) siloxane, (e) polyethylene glycol, (f) 50% poly(cyanopropyldimethyl) siloxane. (Courtesy of J & W Scientific.)

## ▸ 32C-1 정성 분석

기체 크로마토그래피는 유기 화합물의 순도를 알아내는 데 널리 사용되고 있다. 오염 물질이 들어있다면 크로마토그램에 다른 피크가 나타나게 된다. 피크의 면적을 통해서 대략의 오염 정도를 예측한다. 또한 정제 과정의 효율을 측정하는 데에도 유용하게 사용된다.

이론적으로 GC의 머무름 시간은 혼합물에서 성분들을 확인하는 데 유용하게 쓰인다. 그러나 실제로는 재현성 있는 결과를 얻기 위해 조절해야 하는 변수들이 많아 이러한 데이터 응용에 제한을 받는다. 그럼에도 불구하고 GC는 혼합물 중의 의심이 가는 화합물의 존재 여부를 확인하는 데 매우 훌륭한 방법이다. 만약 의심이 가는 성분을 혼합물에 조금 첨가하면, 혼합물의 크로마토그램에서 새로운 피크는 나타나지 않지만 이미 나타난 피크 중 하나가 커지는 것을 볼 수 있다. 이러한 효과가 다른 컬럼과 다른 온도에서도 재연된다면 더 확실한 존재의 증거가 된다. 다시 말하면, 크로마토그램이 혼합물의 각 화학종에 대한 단 하나의 정보(머무름 시간)만을 제공하기 때문에 조성을 모르는 복잡한 시료의 정량 분석에 응용하는 데에는 한계가 있다. 이러한 한계는 크로마토그래피 컬럼을 자외선, 적외선, 혹은 질량 분석기와 직접적으로 연결하여 연결된 기기(32A-4절 참조)를 만들어 많은 부분을 해결할 수 있다. 혈액의 성분을 확인하기 위하여 GC와 질량 분석법을 결합한 기기의 사용 예를 특집 32-1에서 볼 수 있다.

비록 크로마토그램이 시료 내 화학종의 존재를 확인시켜주지는 못하더라도 종종 어떤 화학종이 *없다*는 확실한 증거를 제공할 수는 있다. 따라서 동일한 조건에서 표준물에서 얻은 머무름 시간과 같은 피크가 시료의 크로마토그램에 보이지 않다면 시료에 그 성분이 없거나 검출 한계 이하의 농도로 존재한다는 강력한 증거가 된다.

**특집 32-1**

## GC/MS를 이용한 혈중 약 대사물질 확인[9]

혼수 상태의 환자가 발견된 장소 근처에서 빈 처방약 병이 발견된 것으로 보아 혼수 상태의 원인이 처방약인 glutethimide (Doriden™)를 과다 복용한 것으로 보인다. **그림 32F-1**에서 보듯이 혼수 상태 환자의 혈액 추출물에 대한 기체 크로마토그램에는 2개의 피크가 나타났다. 피크 1의 머무름 시간은 glutethimide의 머무름 시간과 같지만 피크 2에 해당하는 성분은 알려지지 않았다. 환자가 다른 약도 먹었을 가능성을 고려하였으나 피크 2의 머무름 시간은 이 환자가 먹었을 가능성이 있거나 남용성이 알려진 어떤 약과도 일치하지 않았다. 그래서 환자를 치료하기 전에 피크 2의 물질을 알아내고 피크 1의 물질을 확인하기 위해 GC/MS 분석법을 사용하였다.

혈액 추출물을 GC/MS로 분석한 결과 **그림 32F-2a**와 같은 질량 스펙트럼을 얻었으며 이로부터 피크 1은 glutethimide라는 것을 확인하였다. *m*/*z* 217에 나타난 질량 스펙트럼 피크는 glutethimide의 분자 이온과 정확하게 맞으며, 질량 스펙트럼은 기지 시료의 glutethimide 질량 스펙트럼과 동일하다. **그림 32F-2b**에 나타낸 피크 2의 질량 스펙트럼에서 분자 이온 피크의 질량 대 전하비 값이 233으로 이는 glutethimide의 분자 이온보다 질량 16만큼 차이가 난다. 피크 2의 다른 피크들도 glutethimide의 분자 이온보다 질량 16만큼 차이가 나는데, 이는 분자에 산소가 추가되었음을 나타낸다. 이로 인해 피크 2는 환자가 먹은 glutethimide의 4-OH 대사물질(4-hydroxy metabolite)임을 알게 되었다.

이에 피크 2 물질의 아세트산 유도체(acetic anhydride derivative)를 준비하여 분석한 결과 아래 그림에서 보인 대사물질인 4-hydroxy-2-ethyl-2-phenylglutarimide의 아세트산 이온 유도체와 같음을 확인하였다. 이 대사 물질은 동물에 대해 독성을 나타내는 것으로 알려져 있다. 이 환자는 혈액 투석을 통해 극성이 낮은 glutethimide보다 상대적으로 극성이 높은 대사물질을 더 빨리 제거하여 곧 의식을 회복하였다.

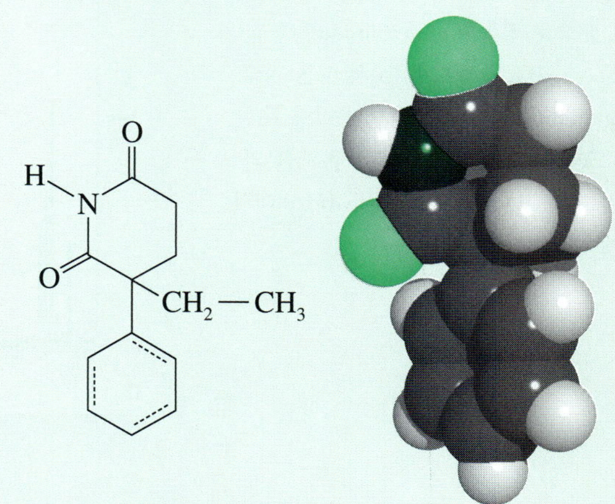


*Glutethimide의 구조식과 분자 모델.*

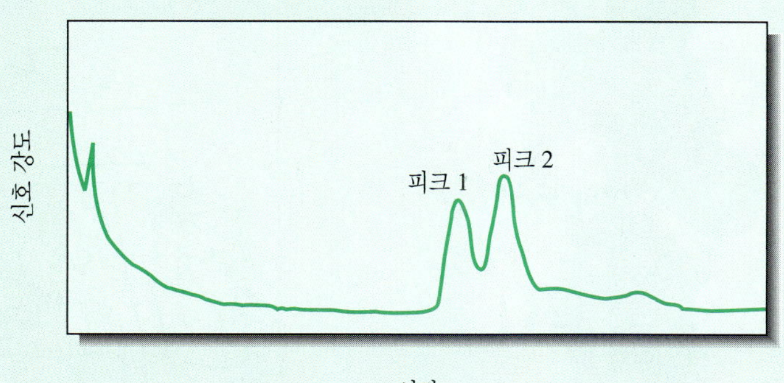


**그림 32F-1** 약물 과다 복용 환자의 혈액 추출물에 대한 기체 크로마토그램. 피크 1은 glutethimide의 머무름 시간과 일치하지만, 피크 2의 물질은 GC/MS로 분석하기 전까지 밝혀지지 않았다.

(계속)

[9] J. T. Watson and O. D. Sparkman, *Introduction to Mass Spectrometry*, 4th ed., New York: Wiley, 2007, pp. 29–32.

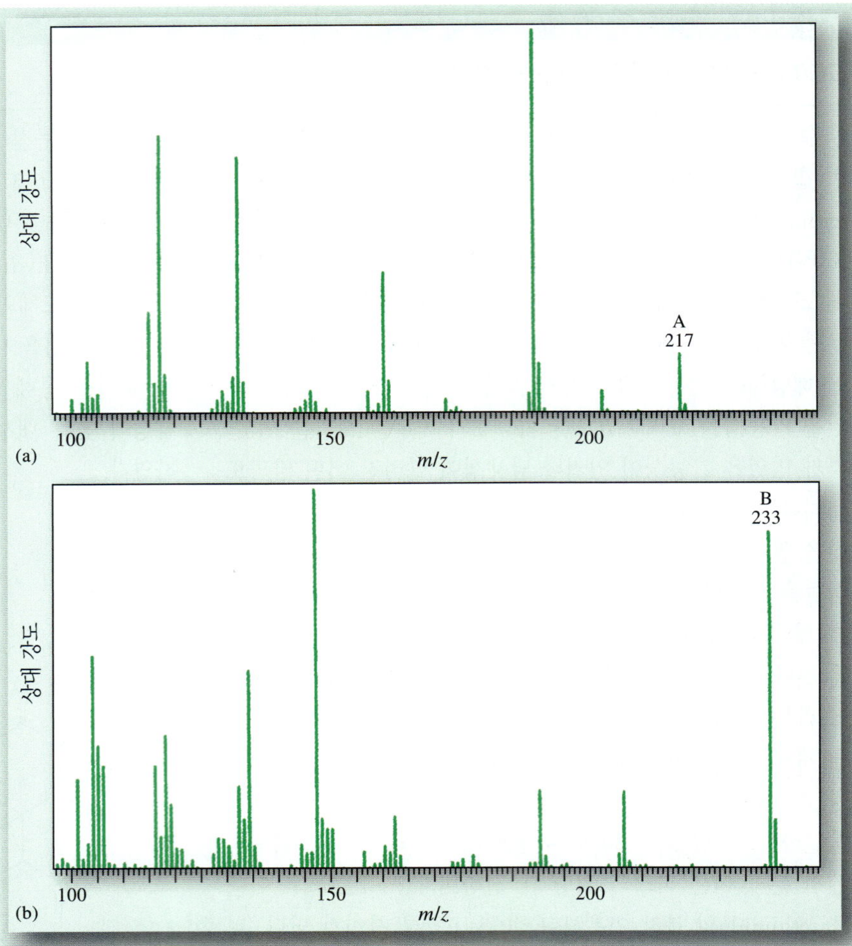


**그림 32-F2** (a) 그림 32F-1의 기체 크로마토그램 중 피크 1이 용출되는 동안 얻은 질량 스펙트럼. 이 질량 스펙트럼은 glutethimide 스펙트럼과 일치한다. (b) 그림 32F-1의 기체 크로마토그램 중 피크 2가 용출되는 동안 얻은 질량 스펙트럼. 두 경우 질량 분석기에 사용된 이온화 방법은 전자-충격 이온화법이다. 두 화합물이 깨어짐으로 생긴 다른 이온들이 확인하는 데에 도움을 준다. 스펙트럼 (a)에 나타난 피크 A의 질량 대 전하비 값은 217로 gluthethimide의 분자량에 해당하며 분자이온에 의한 것이다. 질량 스펙트럼이 크로마토그램의 피크 1은 glutethimide인 것으로 확인한다. 질량 스펙트럼 (b)에 나타난 피크 B는 질량 대 전하비 값이 233으로 정확히 glutethimide보다 질량 16만큼 더 크다. 스펙트럼 (b)의 다른 피크들도 glutethimide 스펙트럼보다 질량 16만큼 더 크다. 이는 분자에 산소의 존재를 의미하며 이는 그림에 보이는 4-hydroxy 대사물질에 해당한다.

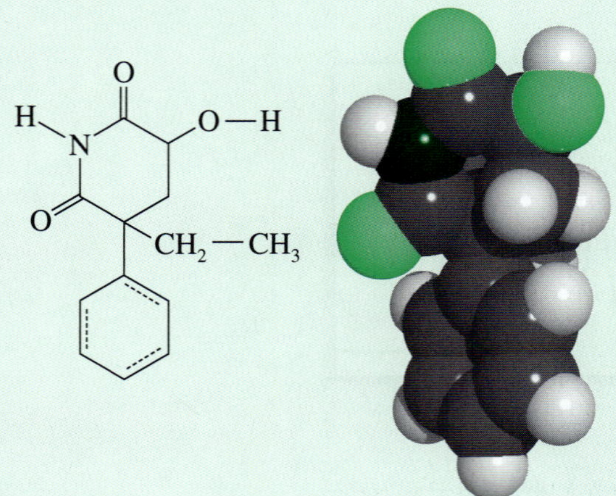


*4-hydroxy 대사물질의 구조와 분자 모델.*

쉬지 않고 일하는 화학자: 휴대용 GC/MS

## ▸ 32C-2 정량 분석

GC는 빠른 분리 속도, 단순성, 상대적으로 낮은 비용, 그리고 폭넓은 분석 응용성으로 인해 놀랍게 성장했다. 그러나 GC가 분리된 화학종에 관한 정량적 정보를 주지 못했다면 이렇게 널리 사용되지 못하였을 것이다.

GC를 이용한 정량 분석은 분석물의 피크 높이나 면적을 표준물의 피크 높이나 면적과 비교하여 이루어진다. 조절된 조건에서 피크 높이나 면적은 농도에 선형으로 비례한다. 피크 면적은 이미 설명한 띠 넓힘 효과와 무관하기 때문에 피크 면적이 피크 높이보다 더 만족스러운 분석 인자이다. 반면에 피크 높이는 더 쉽게 측정되고 좁은 피크에 대해서는 더 정확히 측정된다. 대부분의 요즘 크로마토그래피 장치는 상대 피크 면적을 측정하는 컴퓨터를 장착하고 있다. 만약 그런 장치가 없다면 수작업이 필요한데, 간단한 방법으로는 어느 정도의 폭을 가지는 대칭형 피크에 대해 피크 높이와 피크 높이의 반이 되는 지점에서의 피크 폭을 곱하는 것이다.

### » 표준물을 이용한 검정

가장 단순한 정량 GC법에서는 미지 시료의 조성에 가까운 조성을 가지는 일련의 표준 용액을 준비한다(외부 표준법에 대한 일반적 내용은 8D-2절 참조). 그 후 표준 용액의 크로마토그램을 얻고 피크 높이나 면적을 농도의 함수로 도시한다. 이 그래프는 원점을 지나는 직선이어야 하며 정량 분석은 이 그래프를 이용하여 이루어진다. 정확성을 높이기 위하여 표준화 작업을 자주 반복해 주어야 한다.

### » 내부 표준법

내부 표준법을 이용하여 정밀도를 높일 수 있는데 이 경우에는 시료 주입, 유속, 컬럼 조건의 변화에 의한 불확정성을 최소화할 수 있기 때문이다. 이 과정에서는 일정량의 내부 표준물질을 표준 용액과 시료 용액에 가한 후(8D-3절 참조), 분석 성분의 피크 넓이(또는 높이)와 내부 표준물질의 피크 넓이(또는 높이)의 비를 분석 인자로 사용한다(예제 32-1 참조). 이 방법이 성공적이려면 내부 표준물질 피크가 시료의 다른 성분들의 피크들과 잘 분리되어야 하고 분석물 가까이에 나타나야 한다. 물론, 분석하고자 하는 시료에는 존재하지 않는 물질을 내부 표준물질로 선택하여야 한다. 적당한 내부 표준물질을 이용한 분석에서는 0.5~1% 범위의 상대 오차를 나타낸다.

**예제 32-1**

다양한 기기적인 인자들이 기체 크로마토그래피 피크들에 영향을 준다. 내부 표준법을 사용하면 이러한 영향들을 보정할 수 있다. 이 방법에서는 분석 물질의 양을 알고 있는 혼합물과 이를 모르는 시료 용액에 같은 양의 내부 표준물질을 가한다. 그리고 분석 물질의 피크 높이(또는 넓이)와 내부 표준물질의 피크 높이(또는 넓이)의 비를 구한다.

*(계속)*

표에 나타낸 데이터는 $C_7$ 탄화수소를 정량 분석하기 위해 이 화합물과 비슷한 내부 표준물질을 표준 용액과 미지 시료에 각각 섞어 얻어졌다.

| 분석물의 농도, 퍼센트 | 분석물의 피크 높이 | 내부 표준물질의 피크 높이 |
|---|---|---|
| 0.05 | 18.8 | 50.0 |
| 0.10 | 48.1 | 64.1 |
| 0.15 | 63.4 | 55.1 |
| 0.20 | 63.2 | 42.7 |
| 0.25 | 93.6 | 53.8 |
| 미지 | 58.9 | 49.4 |

분석 성분의 피크 높이와 내부 표준물질의 피크 높이 비를 계산하기 위한 스프레드시트를 만들고 이 비를 분석물 농도의 함수로 도시하시오. 미지 시료의 농도와 표준편차를 구하시오.

**풀이**

스프레드시트는 **그림 32-14**에 보여준다. 주어진 데이터를 컬럼 A~C에 입력하였다. 셀 A22에 나타낸 식에 의해 계산된 피크 높이 비를 셀 D4~D9에 나타내었다. 그림 32-14에서 검정 곡선을 볼 수 있다. 선형 회귀통계(linear regression statistics) 결과는 8D-2절에서 설명한 방법으로 셀 B11~B20에 계산되어 나타내었다. 통계 및 오차 분석 결과는 셀 A23~A31에 나타낸 식으로 계산하였다. 미지 시료 내 분석 물질의 함량은 0.163 ±0.008%이다.

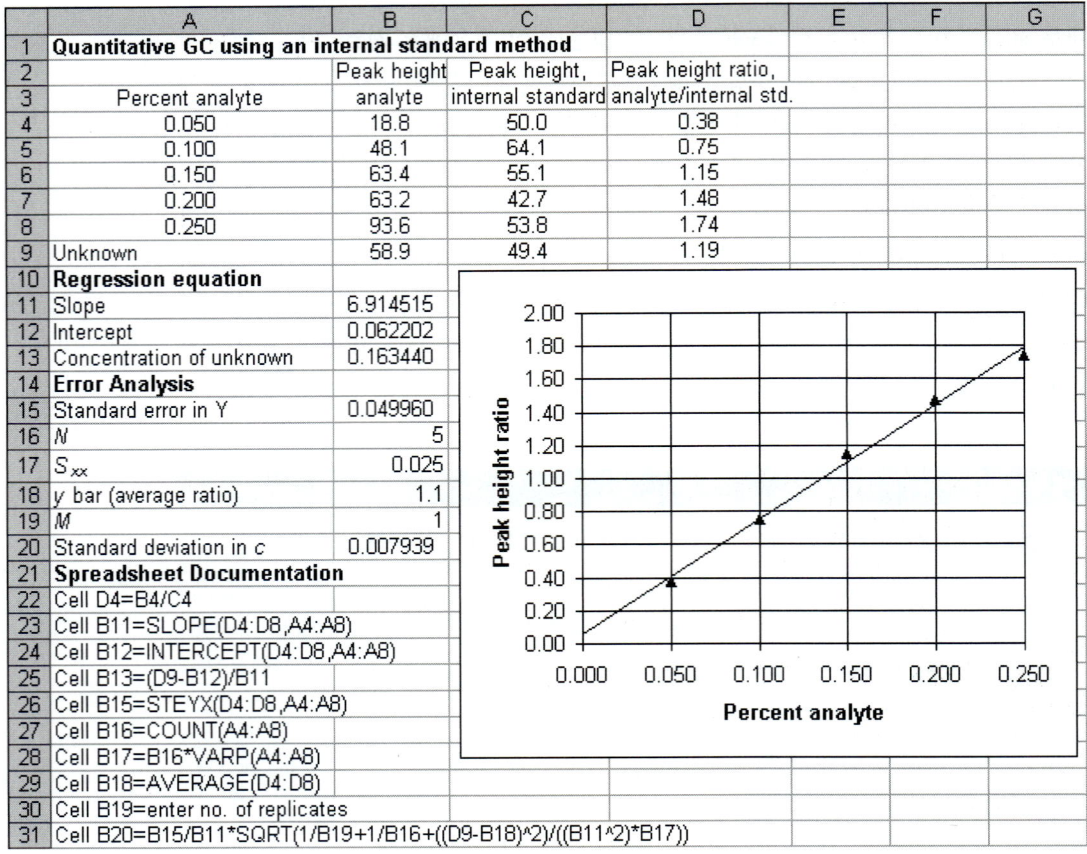

| | A | B | C | D |
|---|---|---|---|---|
| 1 | **Quantitative GC using an internal standard method** | | | |
| 2 | | Peak height | Peak height, | Peak height ratio, |
| 3 | Percent analyte | analyte | internal standard | analyte/internal std. |
| 4 | 0.050 | 18.8 | 50.0 | 0.38 |
| 5 | 0.100 | 48.1 | 64.1 | 0.75 |
| 6 | 0.150 | 63.4 | 55.1 | 1.15 |
| 7 | 0.200 | 63.2 | 42.7 | 1.48 |
| 8 | 0.250 | 93.6 | 53.8 | 1.74 |
| 9 | Unknown | 58.9 | 49.4 | 1.19 |
| 10 | **Regression equation** | | | |
| 11 | Slope | 6.914515 | | |
| 12 | Intercept | 0.062202 | | |
| 13 | Concentration of unknown | 0.163440 | | |
| 14 | **Error Analysis** | | | |
| 15 | Standard error in Y | 0.049960 | | |
| 16 | *N* | 5 | | |
| 17 | $S_{xx}$ | 0.025 | | |
| 18 | *y* bar (average ratio) | 1.1 | | |
| 19 | *M* | 1 | | |
| 20 | Standard deviation in *c* | 0.007939 | | |
| 21 | **Spreadsheet Documentation** | | | |
| 22 | Cell D4=B4/C4 | | | |
| 23 | Cell B11=SLOPE(D4:D8,A4:A8) | | | |
| 24 | Cell B12=INTERCEPT(D4:D8,A4:A8) | | | |
| 25 | Cell B13=(D9-B12)/B11 | | | |
| 26 | Cell B15=STEYX(D4:D8,A4:A8) | | | |
| 27 | Cell B16=COUNT(A4:A8) | | | |
| 28 | Cell B17=B16*VARP(A4:A8) | | | |
| 29 | Cell B18=AVERAGE(D4:D8) | | | |
| 30 | Cell B19=enter no. of replicates | | | |
| 31 | Cell B20=B15/B11*SQRT(1/B19+1/B16+((D9-B18)^2)/((B11^2)*B17)) | | | |



**그림 32-14** GC를 이용한 $C_7$ 탄화수소 분석을 위한 내부 표준법을 보여준 스프레드시트.

## ▸ 32C-3 GC의 발전

GC가 매우 잘 알려진 기술이지만 최근에도 이론, 기기 장치, 컬럼, 그리고 실용적인 응용 면에서 계속 발전되어 오고 있다. 고속 GC, 초소형, 다차원 GC에 대하여 알아보기로 한다.

### » *고속 GC*[10]

GC 연구자들은 더욱 더 복잡한 혼합물을 분리하기 위하여 더 큰 분리능을 얻는 데에 초점을 맞춰 왔다. 대부분의 분리에서 가장 분리하기 어려운 성분들, 즉 *임계 쌍*(critical pair)을 분리하기 위하여 조건들을 변화시킨다. 이런 조건 하에서 관심 성분들은 과도하게 분리되기도 한다. 고속 GC의 기본 개념은 비록 선택성과 분리능이 낮더라도 관심 있는 많은 성분들이 빠르게 분리될 수 있는 것이다.

고속 분리의 원리는 식 (31-11)을 식 (31-17)에 대입하여 나타낼 수 있다.

$$\frac{L}{t_R} = u \times \frac{1}{1 + k_n} \tag{32-1}$$

여기서 $k_n$은 크로마토그램에서 관심 대상 성분들 중 마지막 성분의 머무름 인자이다. 식 (32-1)을 재배열하여 관심 대상의 마지막 성분의 머무름 시간에 대해 재정리하면 식 (32-2)와 같다.

$$t_R = \frac{L}{u} \times (1 + k_n) \tag{32-2}$$

식 (32-2)에 의하면 짧은 컬럼을 사용하고, 운반 기체 속도를 평소보다 다 빠르게 하고, 작은 머무름 인자를 사용하면 빠른 분리를 이룰 수 있음을 알 수 있다. 이로 인해 띠 넓힘이 증가하고 피크 용량(크로마토그램에 나타낼 수 있는 피크의 수)이 감소함으로써 분리능이 감소한다.

이 분야의 연구자들은 분리능과 피크 용량 측면에서 최소 비용으로 분리 속도를 최적화하기 위하여 기기 장치와 크로마토그래피 조건을 설계해 왔다.[11] 이들은 조절할 수 있는 컬럼과 고속 온도 프로그래밍이 가능한 시스템을 설계해 왔다. 조절 가능한 컬럼은 극성과 비극성 컬럼의 일련의 조합이다. **그림 32-15**은 총 분석 시간 140초인데, 온도 프로그래밍이 시작되기 전에 12개 화합물이 분리가 되고, 온도 프로그램이 시작된 후 19개 화합물이 분리되는 것을 보여준다. 이런 분석들은 비행-시간형 검출기(time-of-flight detection, TOF)와 같은 질량 분석이기를 장착한 고속 GC를 사용하여 이루어지고 있다.[12]

### » *초소형 GC 시스템*

수 년 동안 GC시스템을 마이크로칩 크기 정도로 작게 만들기 위해 노력해 왔다. 초소형 GC 시스템은 우주 탐험, 현장에서 사용할 수 있는 휴대용 기기, 그리고 환경 시료를 측정하는 데 유용하다. 이 분야의 대부분 연구는 컬럼과 검출기와 같은 크로마토그래피 시스템의 각 성분을 작게 만드는 데에 집중해 왔다. 소형으로 만든 컬럼은 실리콘이나 금속 및 고분자 물질을 이용하여 만들었다.[13] 이러한 물질을

---

[10] 더 자세한 내용은 다음을 참고하시오. R. D. Sacks, in *Modern Practice of Gas Chromatography*, R. L. Grob and E. F. Barry, eds., 4th ed., Ch. 5, New York: Wiley-Interscience, 2004.

[11] H. Smith and R. D. Sacks, *Anal. Chem.*, **1998**, *70*, 4960, **DOI**: 10.1021/ac980463b

[12] C. Leonard and R. Sacks, *Anal. Chem.*, **1999**, *71*, 5177, **DOI**: 10.1021/ac990631f.

[13] G. Lambertus et al., *Anal. Chem.*, **2004**, *76*, 2629, **DOI**: 10.1021/ac030367x.

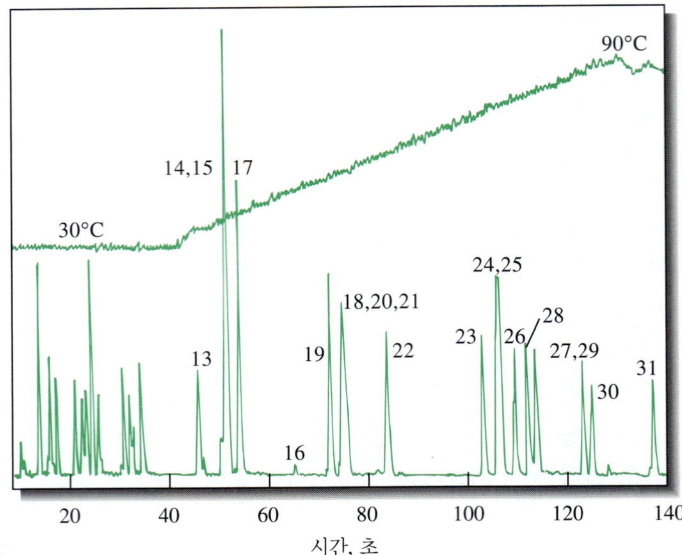


**그림 32-15** 30°C 등온 조건을 37초 동안 유지한 후 90°C까지 분당 35°C씩 증가시키면서 얻은 고속 크로마토그램. (Reprinted (adapted) with permission from H. Smith and R. D. Sacks, *Anal. Chem.*, **1998**, *70*, 4960. Copyright 1998 by the American Chemical Society.)

에칭시켜 비교적 깊고 좁은 통로를 만든다. 이 통로는 불감 부피가 작아 띠 넓힘을 감소시키고, 표면적을 증가시켜 정지상의 부피를 증가시킨다. 최근 보고서에는 상호 연결된 시료 주입기, 컬럼, 검출기를 갖춘 온전한 초소형 시스템에 대해 설명하고 있다.[14] 오염된 토양이나 지하수로부터 발생하는 휘발성 유기 화합물의 이동으로 인한 trichloroethylene 증기를 측정하기 위하여 기기가 특별히 제작되었다. 초소형 GC이 이러한 현장에 사용될 수 있고 ppb 농도 이하의 증기를 분석할 수 있다.

## » 다차원 GC

다차원 GC에서는 선택성이 다른 두 가지 이상의 모세관 컬럼이 연속하여 연결되어 사용된다. 따라서 두 개의 컬럼인 경우 한 컬럼은 비극성 정지상을 다른 컬럼은 극성 정지상을 가진다. 일차원 연속해서 한 개 또는 그 이상의 차원에서 분리하면 극히 높은 선택성과 가져다 줄 수 있다.

다차원 GC는 다양한 형태가 가능하다. 한 방법으로는 **핵심 끊기**(heart cutting)라 하는데, 관심 있는 화학종을 포함하는 첫 번째 컬럼의 용리액 일부를 두 번째 컬럼으로 전환하여 계속 분리하는 것이다.[15] 이런 시도는 시판되는 기기에도 성공적으로 적용된다.

다른 방법으로는 광범위한 이차원 GC 혹은 GC × GC라 하며, 첫 번째 컬럼의 용리액을 연속적으로 두 번째 컬럼으로 전환하는 것이다.[16] 두 번째 컬럼의 분리능이 제한되더라도 고분리능 분석이 가능함을 보인다. 이 방법 또한 시판 기기로 개발되고 있다.

다차원 GC법은 질량 분광법과 결합하여 높은 분리능 뿐 아니라, 부 성분들을 확

---

[14] S. Zampolli et al., *Sens. Actuators*, B, **2009**, 141, 322, DOI:10.1016/j.snb.2009.06.021; S. K. Kim, H. Chang, and E. T. Zellers, *Anal. Chem.*, **2011**, *83*, 7198, **DOI**: 10.1021/ac201788q.

[15] P. Q. Tranchida, D. Sciaronne, P. Dugo, and L. Mondello, *Anal. Chim. Acta*, **2012**, *716*, 66, **DOI**: 10.1016/j.aca.2011.12.015.

[16] M. Adahchour, J. Beens, and U. A. Th. Brinkman, *J. Chromatogr. A*, **2008**, *1186*, 67, **DOI**: 10.1016/j.chroma.2008.01.002.

인하며, 근접한 매우 유사한 화합물들을 구분하고 함께 용출되는 화학종을 구별할 수 있다.[17]

## 32D 기체-고체 크로마토그래피

기체-고체 크로마토그래피는 고체 표면에 기체상의 물질이 흡착하는 것을 기반으로 한다. 기체-액체 크로마토그래피보다 분포 계수가 커서 기체-액체 컬럼에 머무르지 않는 공기, 황화 수소, 이황화 탄소, 질소 산화물, 일산화 탄소, 이산화 탄소와 희귀 기체 같은 화학종을 분리할 때 유용하게 사용된다. .

기체-고체 크로마토그래피는 충전 컬럼과 열린관 컬럼 모두 사용할 수 있다. 열린관 컬럼인 경우 흡착제의 얇은 층이 모세관 내벽에 고정되어 있다. 이런 컬럼을 **다공 층 열린관 컬럼**(porous layer open tubular column, PLOT)라고 하며 그림 32-16이 컬럼의 대표적인 활용에 대해 보여준다.

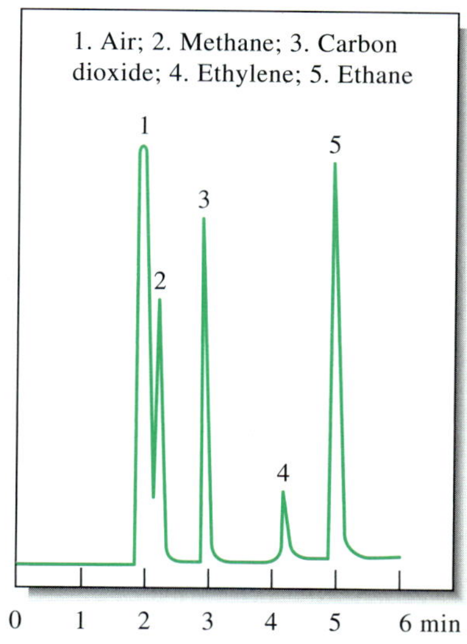


그림 32-16 다공 층 열린관 컬럼의 기체-고체 크로마토그램.

인터넷 검색을 하여 여러 기체 크로마토그래피 기기 회사를 찾으시오. 고급 GC 기기와 보통 GC 기기 모두 생산하는 기기 회사를 찾으시오. 두 형태의 GC 시스템의 기능을 조사하고 비교하여 차이점을 찾으시오. 오븐의 크기, 오븐 온도의 불확정성, 온도 프로그래밍을 사용할 수 있는 능력, 가능한 검출기 형태, 그리고 데이터 분석 시스템의 형태와 정교함 등의 비교에 주목하시오. 다차원 GC를 제조하는 기기 회사를 찾아 광범위한 이차원 GC나 핵심 끊기 다차원 GC 혹은 둘 다 가능한지를 논의하시오. 이런 시스템이 질량 분석기와 편리하게 연결할 수 있는가?

## 연습 문제

***32-1.** 기체-액체와 기체-고체 크로마토그래피는 어떻게 다른가?

**32-2.** 기체-고체 크로마토그래피가 기체-액체 크로마토그래피와는 널리 사용되지 않는 이유는 무엇인가?

***32-3.** 기체-고체 크로마토그래피에서 어떤 혼합물의 종류가 분리되는가?

**32-4.** GC에서는 어떤 유속계가 사용되는가?

***32-5.** 크로마토그램에는 어떤 정보를 포함하고 있는지 설명하시오.

**32-6.** 기체 크로마토그래피에서 온도 프로그래밍은 무엇을 의미하는가?

***32-7.** 모세관과 충전 컬럼의 물리적 차이점을 설명하시오. 각각의 장점과 단점은 무엇인가?

**32-8.** 크로마토그램으로부터 만족할 만한 정량적 데이터를 얻기 위하여 어떤 요소들이 조절되어야 하는가?

***32-9.** 크로마토그램으로부터 만족할 만한 정성적 데이터를 얻기 위하여 어떤 요소들이 조절되어야 하는가?

**32-10.** 다음에 제시된 GC 검출기의 작동 원리를 설명하시오. (a) 열 전도도, (b) 불꽃 이온화, (c) 전자 포획, (d) 열 이온, (e) 광이온화.

***32-11.** 연습 문제 32-10에 나열된 각 검출기의 주된 장점과 한계점은 무엇인가?

**32-12.** *연결* 기체 크로마토그래피법은 무엇인가? 세 가지 연결법을 간단하게 설명하시오.

***32-13.** 메가보어 열린관 컬럼은 무엇이며 사용되는 이유는 무엇인가?

**32-14.** 다음 모세관 컬럼은 어떤 차이점이 있는가?
(a) PLOT 컬럼 (b) WCOT 컬럼
(c) SCOT 컬럼

***32-15.** 기체 크로마토그래피에서 결합이나 가교 결합 정지상을 종종 사용하는 이유는 무엇인가? 이 용어들의 뜻은 무엇인가?

---

[17] T. Veriotti and R. Sacks, *Anal. Chem.*, **2003,** *75*, 4211, **DOI**: 10.1021/ac020522s.

**32-16.** 기체 크로마토그래피에서 사용되는 정지상 액체는 어떤 성질을 가져야 하는가?

***32-17.** 유리나 금속 컬럼에 비교하여 용융-실리카 모세관 컬럼이 갖는 장점은 무엇인가?

**32-18.** 기체 크로마토그램에 미치는 정지상의 막 두께 효과는 무엇인가?

***32-19.** 기체-액체 크로마토그래피에서 다음을 일으키는 변수들을 나열하시오. (a) 띠 넓힘, (b) 띠 분리.

**32-20.** GC에 의해 분석된 시료의 구성 성분들의 농도를 정량하는 데 사용하는 한 가지 방법은 면적 표준화법이다. 이 방법에서는 시료의 모든 구성 성분이 완전히 용리되어야 한다. 그 후 각 피크의 면적을 측정하고, 각 용출액에 대한 검출기의 감응 차이를 보정한다. 면적을 실험적으로 구한 보정 인자로 나누어 보정을 실행한다. 분석물의 농도는 보정된 면적-대-모든 피크의 총 보정 면적의 비에서 알 수 있다. 세 개의 피크를 포함하는 크로마토그램으로부터 상대 면적은 머무름 시간이 증가하는 순서에 따라 16.4, 45.2, 30.2임을 알았다. 상대 검출기 감응이 0.60, 0.78, 0.88이라면 각 화합물의 백분율을 계산하시오.

***32-21.** 다음 표에 주어진 기체 크로마토그래피의 피크 면적과 상대 검출기 감응을 이용하여 시료에 들어 있는 5개 화학종들의 농도를 계산하시오. 연습 문제 32-20에서 설명한 면적 표준화법을 이용하시오. 혼합물에 들어 있는 각 성분의 백분율을 계산하시오.

| 화합물 | 상대 피크 면적 | 상대 검출기 감응 |
|---|---|---|
| A | 32.5 | 0.70 |
| B | 20.7 | 0.72 |
| C | 60.1 | 0.75 |
| D | 30.2 | 0.73 |
| E | 18.3 | 0.78 |

**32-22.** 예제 32-1에 주어진 데이터를 사용하여 외부 표준법과 내부 표준법을 비교하시오. 피크 높이를 분석물의 백분율 간의 관계를 도시하고 내부 표준법의 결과를 사용하지 않고 미지 농도를 계산하시오. 이 결과가 내부 표준법을 사용한 것보다 더 정밀한가? 만약에 그렇다면 가능한 몇 가지 이유를 보이시오.

**32-23. 도전 문제:** Cinnamaldehyde는 시나몬(cinnamon) 향을 내는 성분이다. 이는 또한 정유(essential oil) 속에 들어 있는 강력한 반미생물 화합물이다(M. Friedman, N. Kozukue, and L. A. Harden, *J. Agric. Food Chem.*, **2000**, *48*, 5702, **DOI**: 10.1021/jf000585g). 6개의 정유 성분과 내부 표준물질로 사용한 methyl benzoate를 포함한 인공 혼합물에 대한 GC 크로마토그램을 다음 그림에서 보여준다.

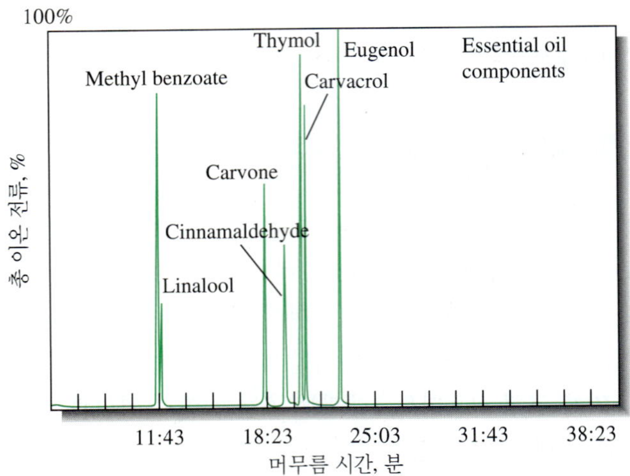


*크로마토그램.* (From M. Friedman, N. Kozukue, and L.A. Harden, *J. Agric. Food Chem.*, **2000**, *48*, 5702. Copyright 2000 American Chemical Society.)

(a) 다음 그림은 cinnamaldehyde 피크 부근을 확대한 크로마토그램이다. Cinnamaldehyde의 머무름 시간을 결정하시오.

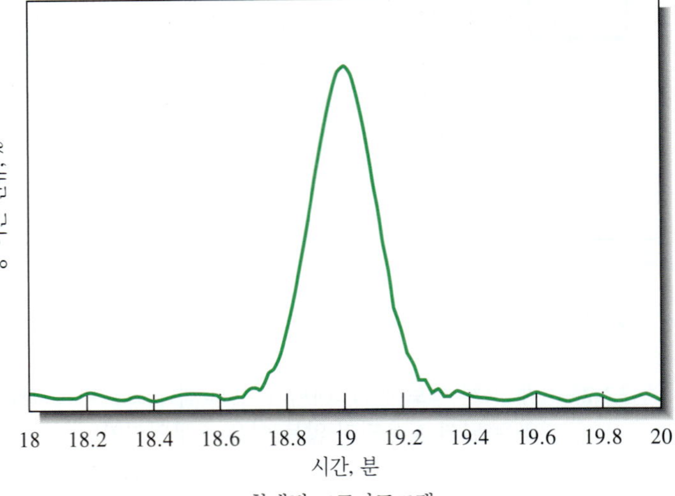


확대된 크로마토그램.

(b) 컬럼의 이론 단수를 구하시오.

(c) (a)와 (b)에서 얻은 데이터를 이용하여 0.25 μm의 막 두께와 내경이 0.25 mm이고 길이는 30 cm인 용융-실리카 컬럼의 이론 단 높이를 구하시오.

(d) 내부 표준물질로 methyl benzoate를 사용하여 정량 데이터를 얻었다. 다음 결과는 cinnamaldehyde, eugenol, thymol의 검정 곡선으로부터 얻은 것이다. 각 성분들 아래에 나타낸 값은 각 성분의 피크 면적을 내부 표준물질 피크 면적으로 나눈 것이다. 각 성분에 대한 검정 곡선 식을 $R^2$ 값을 포함하여 구하시오.

| 농도, mg 시료/ 200 μL | Cinnamaldehyde | Eugenol | Thymol |
|---|---|---|---|
| 0.50 | | 0.4 | |
| 0.65 | | | 1.8 |
| 0.75 | 1.0 | 0.8 | |
| 1.10 | | 1.2 | |
| 1.25 | 2.0 | | |
| 1.30 | | | 3.0 |
| 1.50 | | 1.5 | |
| 1.90 | 3.1 | 2.0 | 4.6 |
| 2.50 | 4.0 | | 5.8 |

(e) (d)에서 얻은 데이터를 이용하여 어느 성분이 검정 감도가 가장 크고 가장 작은 지를 결정하시오.

(f) (d)에 있는 3개의 정유를 포함한 한 개의 시료는 내부 표준물질의 면적에 대한 각 피크의 상대적 면적비를 다음과 같이 갖는다. Cinnamaldehyde, 2.6; eugenol, 0.9; thymol, 3.8. 시료 속에 들어 있는 각 정유 성분의 농도와 이에 대한 표준 편차도 구하시오.

(g) Cinnamon 오일에 들어 있는 cinnamaldehyde의 분해에 대해 연구하였다. 이 오일을 다양한 온도에서 여러 시간 동안 가열하여 다음과 같은 데이터를 얻었다.

| 온도, °C | 시간, 분 | % Cinnamaldehyde |
|---|---|---|
| 25, 초기 | | 90.9 |
| 40 | 20 | 87.7 |
| | 40 | 88.2 |
| | 60 | 87.9 |
| 60 | 20 | 72.2 |
| | 40 | 63.1 |
| | 60 | 69.1 |
| 100 | 20 | 66.1 |
| | 40 | 57.6 |
| | 60 | 63.1 |
| 140 | 20 | 64.4 |
| | 40 | 53.7 |
| | 60 | 57.1 |
| 180 | 20 | 62.3 |
| | 40 | 63.1 |
| | 60 | 52.2 |
| 200 | 20 | 63.1 |
| | 40 | 645 |
| | 60 | 63.3 |
| 210 | 20 | 74.9 |
| | 40 | 73.4 |
| | 60 | 77.4 |

변동 계수의 분석(ANOVA)을 이용하여 cinnamaldehyde의 분해에 대해 온도의 영향이 있었는지를 밝히시오. 같은 방법으로 가열 시간에 대한 효과도 있는지를 밝히시오.

(h) (g)에 있는 데이터를 이용하여 분해는 60°C에서 시작된다고 가정하고, 가열 온도 또는 가열 시간의 영향이 없다는 가설이 맞는 지를 확인하시오.

제 33 장

# 고성능 액체 크로마토그래피

*High-Performance Liquid Chromatography*

Sonja Flemming/CBS via Getty Images

고성능 액체 크로마토그래피는 필수 불가결한 분석 도구가 되었다. *NCIS, NCIS: Los Angeles, CSI, CSI: New York, CSI: Miami, Law and Order*와 같은 미국 TV 드라마에 등장하는 범죄 수사 실험실에서도 범죄 증거물을 찾는 과정에 종종 HPLC를 이용한다. 사진은 폴리 페렛(Pauley Perrette)이 연기한 NCIS 실험실 기술원 애비 슈토(Abby Sciuto)가 HPLC 분석 결과를 마크 하먼(Mark Harmon)이 연기한 NCIS 특수요원 제스로 깁스(Jethro Gibbs)에게 설명하는 모습을 보여주고 있다.

이 장에서는 분배, 흡착, 이온 교환, 크기 배제, 친화, 카이랄(광학 이성질체) 크로마토그래피를 비롯한 HPLC의 이론과 응용에 관하여 고찰하기로 한다. HPLC는 법의학뿐만 아니라 생화학, 환경과학, 식품과학, 의약화학, 독성학 등에도 응용된다.

고성능 액체 크로마토그래피(high performance-liquid chromatography, HPLC)는 가장 다목적으로 광범하게 이용되는 용리 크로마토그래피 방식이다. 과학자들은 다양한 유기, 무기 및 생화학 물질 중의 화학종을 분리 및 확인하는 데 이 기술을 이용한다. 액체 크로마토그래피에서 이동상은 용질 혼합물을 시료로 포함하고 있는 액체 용매이다. 고성능 액체 크로마토그래피는 분리 메커니즘 또는 정지상의 방식에 따라 흔히 다음과 같이 분류된다. (1) **분배**(partition) 또는 **액체-액체**(liquid-liquid) **크로마토그래피**, (2) **흡착**(adsorption) 또는 **액체-고체**(liquid-solid) **크로마토그래피**, (3) **이온 교환**(ion-exchange) 또는 **이온**(ion) **크로마토그래피**, (4) **크기 배제**(size-exclusion) **크로마토그래피**, (5) **친화**(affinity) **크로마토그래피**, (6) **카이랄**(chiral) **크로마토그래피** 등이 그것이다.

초기 액체 크로마토그래피는 안지름이 약 10~50 mm인 유리관을 사용하였다. 컬럼(관, column) 속에 고체 입자 표면에 액체를 흡착시켜 도포한 정지상이 50~500 cm 길이로 충전되었다. 이러한 방식의 정지상에서 적절한 흐름 속도를 얻기 위해서는 크기가 150~200 μm 이상인 고체 입자를 사용해야 했으며, 이 정도 크기의 입자를 사용했다 하더라도 흐름 속도는 가장 좋아야 분당 1 mL 미만에 불과하였다. 이러한 고전적인 실험 과정의 속도를 단축시키기 위하여 진공 또는 압력을 걸어주려는 시도가 있었으나 효과가 없었다. 왜냐하면 흐름 속도가 증가되면 단 높이의 증가가 수반되어 컬럼 효율이 감소되었기 때문이다.

충전 입자의 크기를 줄이면 단 높이를 현저히 감소시킬 수 있을 것이라는 사실은 액체 크로마토그래피의 이론이 개발되던 초기부터 알려져 있었다. 이러한 영향은 **그림 33-1**에 도시된 자료에 나타나 있다. 그림 31-13a에는 최소점이 도시되어 있으나 이 그림에서는 최소점에 도달되지 않는다는 사실에 주목할 필요가 있다. 이러한 차이가 나타나는 이유는 액체 속에서의 확산은 기체 속에서보다 훨씬 느리고 결과적으로 단 높이에 미치는 효과는 극도로 느린 흐름 속도에서만 관찰되기 때문이다.

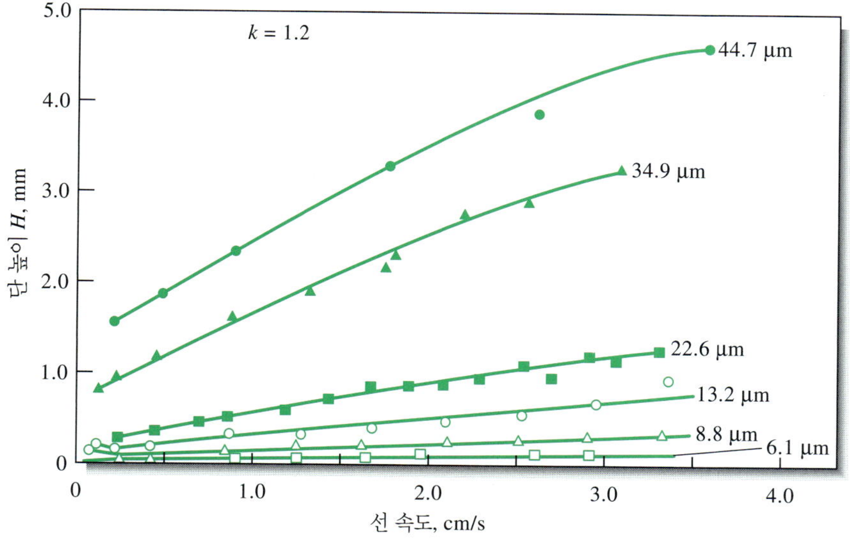


**그림 33-1** 액체 크로마토그래피에서 충전 입자 크기와 흐름 속도가 단 높이에 미치는 영향. (R. E. Majors, *J. Chromatogr. Sci.* **1973**, Vol. 11, (2), 92, 1973: 88-95, Fig 5. Reprinted by permission of Oxford University Press.)

1960년대 후반에 이르러서야 지름이 3~10 μm 정도로 작은 충전 입자의 생산 및 활용 기술이 개발되었다. 이 기술은 종전의 단순한 장치에 비하여 매우 높은 펌프 압력을 갖는 기기를 필요로 하였다. 동시에 컬럼 용리액을 연속적으로 추적할 검출기들이 개발되었다. 이 기술을 종전의 단순한 관 크로마토그래피와 구별하기 위하여 **고성능 액체 크로마토그래피**(high-performance liquid chromatography, HPLC)라는 용어가 자주 쓰이게 되었다.[1] 그러나 단순한 관 크로마토그래피는 제조 목적으로 오늘날에도 여전히 많이 쓰이고 있다.

**고성능 액체 크로마토그래피**는 액체 이동상과 매우 미세한 정지상을 사용하는 크로마토그래피의 한 방식이다. 충분한 흐름 속도를 얻기 위해서는 액체를 수백 psi 이상의 압력으로 이동시켜야 한다.

여러 가지 분석물 화학종에 대해 가장 광범하게 이용되는 HPLC 방식을 **그림 33-2**에 도시하였다. 액체 크로마토그래피의 여러 가지 방식은 응용 목적에 따라 상호보완적 경향을 갖는다는 점에 유의해야 한다. 예컨대, 분자 질량이 10,000 이상인 분석물은 크기 배제 크로마토그래피 두 가지 중 한 가지 방식을 이용하는 데, 비극성 화학종은 젤 투과를 이용하고 극성 또는 이온성 화합물은 젤 여과 방식을 이용한다. 이온성 화학종에 대해서는 이온 교환 크로마토그래피가 일반적으로 가장 많이 선택되는 방법이다. 비이온성 저분자 물질의 경우는 분배 방법을 가장 많이 사용한다.

## 33A 기기 장치

최신 액체 크로마토그래피에서 보편적으로 사용되는 3~10 μm 크기 범위의 충전 입자에서 만족스런 흐름 속도를 얻으려면 수백 기압의 펌프 압력이 필요하다. 이러한 높은 압력 요건 때문에 고성능 액체 크로마토그래피는 다른 크로마토그래피보다 훨씬 정교하고 값이 비싼 편이다. **그림 33-3**은 전형적인 HPLC 기기 장치의 주요 부분을 보여주고 있다.

### ▸ 33A-1 이동상 저장 용기와 용매 처리 장치

최신 HPLC 장비에는 한 개 이상의 유리로 된 저장 용기가 부착되어 있고 이 용기에는 500 mL 이상의 액체를 담을 수 있다. 저장 용기에는 액체에 녹아 있는 기체

[1]HPLC에 관한 상세한 논의는 다음 문헌을 참고하시오. L. R. Snyder, J. J. Kirkland, and J. W. Dolan, *Introduction to Modern Liquid Chromatography*, 4th ed., Hoboken, NJ: Wiley, 2010; V. Meyer, *Practical High-Performance Liquid Chromatography*, 5th ed., Chichester, UK: Wiley 2010.

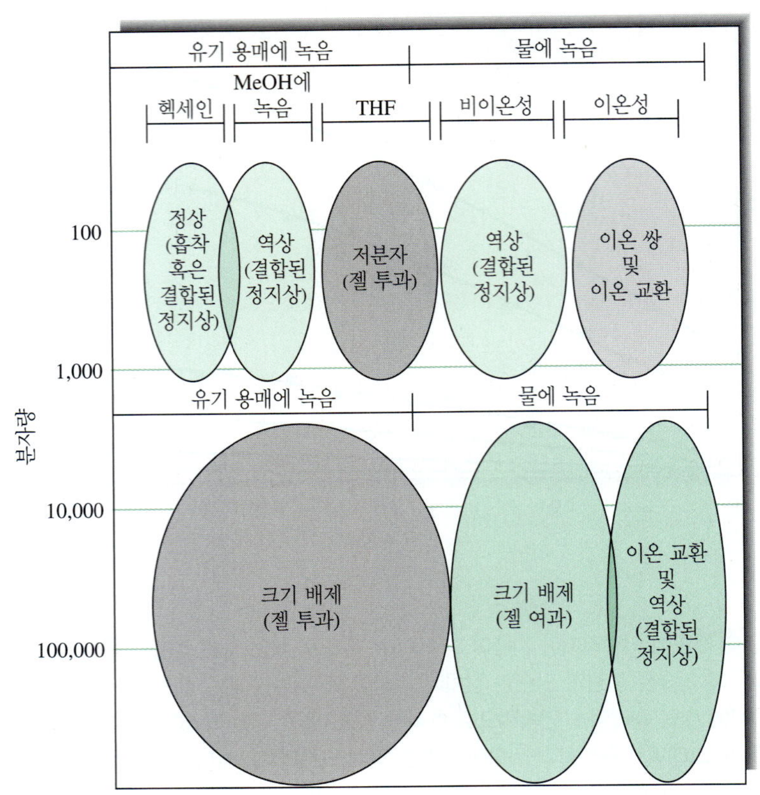


**그림 33-2** 액체 크로마토그래피의 응용. 용해도 및 분자량에 따라 방법을 선택할 수 있다. 작은 분자의 경우 대부분 역상 방법이 적절하다. 그림에서 밑으로 내려갈수록 분자량이 큰 경우($M > 2000$)에 더 적합하다. (*High Performance Liquid Chromatography*, 2nd ed., S. Lindsay and H. Barnes, eds. Copyright 1987, 1992, Thames Polytechnic, London, UK. New York: Wiley, 1992.)

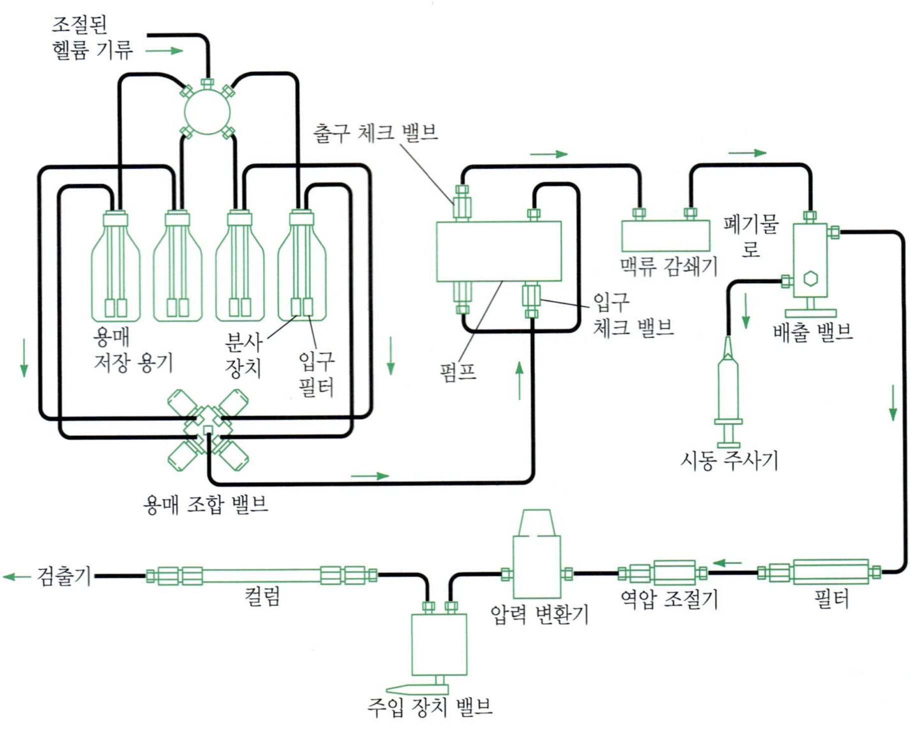


**그림 33-3** 전형적인 HPLC 구성 부품 장비의 모형도. (Courtesy of PerkinElmer, Inc., Waltham, MA.)

및 먼지 입자를 제거할 수 있는 장치가 붙어 있는 경우가 많다. 녹아 있는 기체는 흐름 속도의 재현성을 떨어뜨리고 분리 띠를 넓히는 원인이 된다. 또한 기포와 먼지는 거의 모든 검출기의 성능을 떨어뜨린다. 탈기 장치(degasser)로는 진공 펌프 장치, 증류 장치, 가열하거나 저어주는 장치 또는 그림 33-3에 도시된 **기포 분사 탈기**(sparging) 장치가 있다. 분사장치를 통해 이동상에 녹지 않는 비활성 기체의 미세한 기포를 분사하면 용액 속에 녹아 있는 기체가 제거된다.

**기포 분사 탈기**는 비활성 난용성 기체의 기포를 용매 속으로 분사시켜 용존 기체를 제거하는 과정이다.

단일 용매 또는 조성이 일정한 용매 혼합액으로 용리하는 것을 **등용매 용리**(isocratic elution)라 부른다. **기울기 용리**(gradient elution)에서는 극성이 현저히 다른 두 가지(혹은 경우에 따라 그 이상) 용매를 사용하며 분리 과정에서 이들의 조성을 변화시킨다. 두 용매의 비율은 분리 도중에 연속적으로 또는 다단계적으로 변화되도록 프로그램화된다. **그림 33-4**에 도시된 바와 같이 기울기 용리를 하면 기체 크로마토그래피에서의 승온법과 비슷하게 분리 효율이 개선될 수 있다. 최신의 HPLC 기기 장치는 두 개 이상의 저장 용기로부터 액체를 공급할 수 있는 조합 밸브를 통하여 혼합 비율을 연속적으로 변화시킬 수 있다(그림 33-3 참조).

HPLC에서 **등용매 용리**는 용매의 조성이 일정한 용리 방법이다.

HPLC에서 **기울기 용리**는 용매의 조성을 연속적 또는 단계적으로 변화시키는 용리 방법이다.

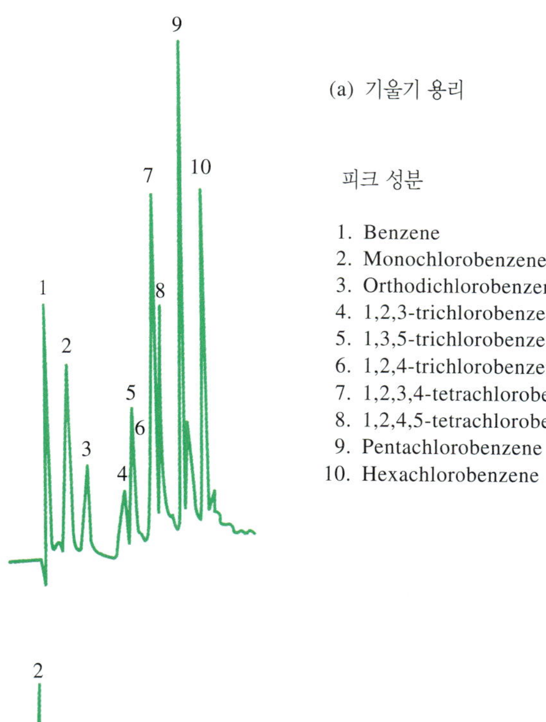


**그림 33-4** 기울기 용리를 이용한 분리 효율의 개선. (J. J. Kirkland, *Modern Practice of Liquid Chromatography*, p. 88. New York: Interscience, 1971. Reprinted by permission of the Chromatography Forum of the Delaware Valley.)

## ▸ 32A-2 펌프 장치

액체 크로마토그래피 펌프는 다음과 같은 요건을 갖추어야 한다. (1) 6000 psi (lb/in$^2$) 이상의 압력 공급 능력, (2) 맥류(pulse)가 없는 출력, (3) 0.1~10 mL/min 범위의 흐름 속도, (4) 상대 오차 0.5% 이내의 흐름 속도 재현성, (5) 여러 가지 용매에 의한 부식에 대한 저항성이다. 액체 크로마토그래피 펌프에 의해 공급되는 정도의 높은 압력에서는 액체가 잘 압축되지 않기 때문에 폭발 위험성은 없다. 펌프의 일부가 파손되면 용매가 누출될 뿐이다. 그러나 일부 종류의 용매가 누출되면 화재나 환경오염을 일으킬 수 있다.

HPLC 장치에서 사용되는 주요 펌프 형식에는 나사 구동 주사기형(screw-driven syringe type) 펌프 및 왕복 운동(reciprocating) 펌프의 두 종류가 있다. 상용으로 시판되는 기기는 거의 왕복 운동 펌프를 사용하고 있다. 주사기형 펌프는 맥류 발생 없이 흐름 속도를 쉽게 조절할 수 있으나, 용매 용량이 작고(~250 mL) 용매를 교환할 때 불편하다는 단점이 있다. **그림 33-5**는 왕복 운동형 펌프의 작동 원리를 도시하고 있다. 이 장비는 피스톤의 왕복 운동에 의하여 용매가 채워졌다가 비워지는 작은 원통형 공간으로 이루어져 있다. 펌프의 운동에 의해 발생하는 맥류는 크로마토그램에서의 바탕선 잡음의 원인이 되므로 감쇄(damp)시켜 주어야만 한다. 최신 HPLC 장치들은 이중 펌프 헤드 혹은 타원형 캠을 이용하여 맥류를 최소화시킨다. 왕복 운동 펌프의 장점은 내부 공간의 부피가(35~400 μL 정도로) 작고, 높은 출력 압력을 지니며(최대 10,000 psi), 기울기 용리를 쉽게 적용할 수 있고, 컬럼에 걸리는 역압(back pressure)과 용매 점성도에 관계없이 일정한 흐름 속도를 갖는다는 것이다.

상용으로 시판되는 많은 기기들은 펌프 배출구에 위치한 감압판 사이의 압력 강하를 통해 흐름 속도를 측정하는 컴퓨터 제어 장치를 펌프 장치에 포함하고 있다. 지정된 흐름 속도 값과 차이가 있을 경우 펌프 모터를 가속 또는 감속시키게 된다. 대부분의 장비는 또한 용매의 조성을 연속적으로 혹은 단계적으로 변화시킬 수 있다. 예컨대 그림 33-3에 도시된 장비에서는 용매 조합 밸브를 통해 최대 네 종류의 용매를 프로그램에 따라 연속적으로 변화시킬 수 있다.

## ▸ 33A-3 시료 주입 장치

액체 크로마토그래피에서 가장 널리 쓰이는 시료 주입 방법은 **그림 33-6**에 도시된 것과 같은 시료 채취 고리(loop)를 사용하는 것이다. 이 장치는 보통 액체 크로마토그래피 장치의 핵심적인 부품으로서 고리는 시료량에 따라 1~100 μL 혹은 그 이상을 주입할 수 있도록 교환 가능하다. 일반적인 시료 채취 고리를 이용한 주입법의

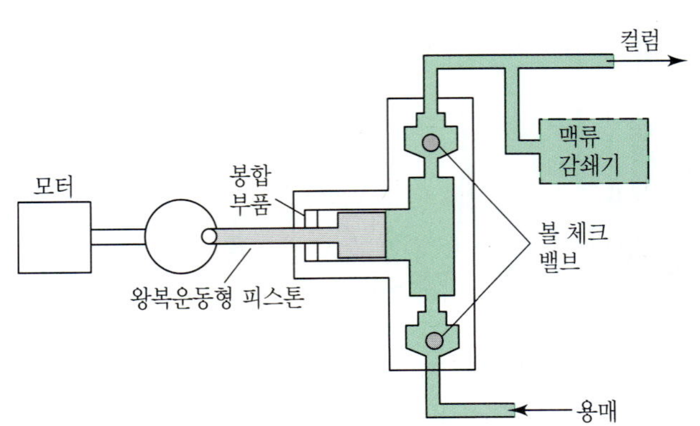


**그림 33-5** HPLC용 왕복 운동 펌프.

재현성은 보통 1% 미만의 상대 표준 편차를 가진다. 많은 HPLC 기기는 자동 주입기가 달린 자동 시료 채취기를 장착하고 있다. 이 주입기는 자동 시료 채취기의 용기로부터 가변적인 부피를 연속적으로 주입할 수 있다.

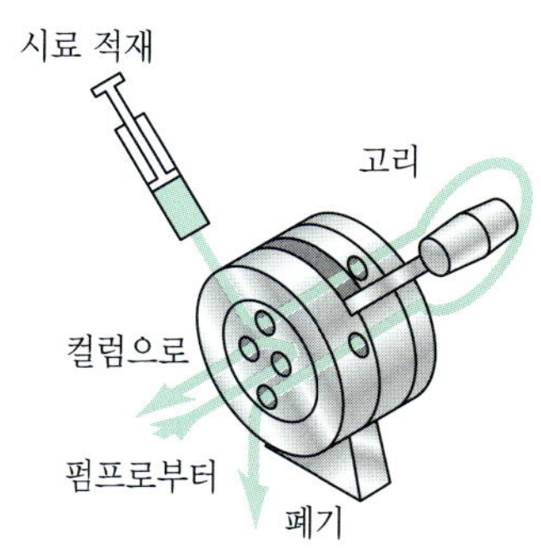

**그림 33-6** 액체 크로마토그래피용 시료 채취 고리. (Courtesy of Beckman Coulter, Fullterton, CA)

## ▸ 33A-4 HPLC 컬럼

액체 크로마토그래피 컬럼(관, column)은 스테인레스 강 관으로 만든 것이 보통이지만 경우에 따라 유리 및 폴리에테르에테르케톤(polyetheretherketone, PEEK)과 같은 고분자 등으로 만든 관을 쓰기도 한다. 또한 유리 혹은 PEEK와 결합된 스테인레스 강 관도 사용된다. 다양한 크기와 충전물로 이루어진 수백 가지의 충전 컬럼들을 HPLC 공급자들로부터 구매할 수 있다. 표준 크기의 범용 컬럼의 가격은 200달러에서 시작하여 500달러 이상까지 갈 수도 있다. 카이랄 컬럼과 같은 특수한 목적의 컬럼은 1000달러 이상 갈 수도 있다.

### » *분석용 컬럼*

컬럼의 길이는 대부분 길이는 5~25 cm 범위이며 안지름이 3~5 mm이다. 거의 예외 없이 직선형의 컬럼이 사용된다. 가장 널리 사용되는 컬럼 충전물의 입자 크기는 보통 3~5 μm이다. 널리 사용되는 컬럼은 길이 10~15 cm에 안지름 4.6 mm로서 5 μm의 입자로 충전되어 있다. 이런 종류의 컬럼은 40,000~70,000 plate/m의 이론 단수를 갖는다.

1980년대에 이르러 안지름이 1~4.6 mm이고 길이가 3~7.5 cm인 마이크로컬럼도 시판되기 시작하였다. 이들 컬럼은 충전물의 입자 크기가 3~5 μm이며 이론 단수가 100,000 plate/m로 크기 때문에 분리 속도가 빠르고 용매 소비량이 매우 적다는 장점이 있다. 특히 후자의 장점은 액체 크로마토그래피에 쓰이는 높은 순도의 용매를 구입하여 사용 후 폐기하는 경비를 고려할 때 매우 중요하다. **그림 33-7**은 이러한 마이크로 컬럼을 사용하여 수행할 수 있는 분리 속도를 설명하고 있다. 이 예시에서는 사람의 혈장 성분 중 로수바스타틴(rosuvastatin)을 길이 5 cm, 안지름 1.0 mm의 컬럼에서 분리하는 과정을 MS/MS를 이용하여 확인하였다. 컬럼은 3 μm 입자로 충전되었으며 분리는 3분 이내에 이루어졌다.

### » *전치 컬럼*

두 종류의 전치 컬럼이 사용된다. 이동상 저장 용기와 주입기 사이에 설치하는 전치 컬럼은 이동상의 조건화(conditioning)에 사용되며 이를 **포착 컬럼**(scavenger

**포착 컬럼**은 이동상 저장 용기와 주입기 사이에 설치하며 이동상의 조건화(conditioning)에 사용된다.

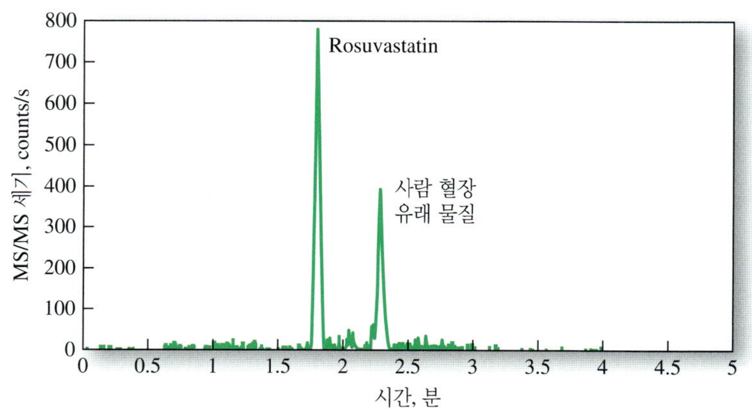


**그림 33-7** 로수바스타틴의 사람 혈장 관련 성분으로부터의 고속 기울기 용리 분리. 컬럼: 5 cm × 1.0 mm i.d. Luna C18. 3 μm. MS/MS에서 $m/z$ = 488.2 및 264.2로 확인. (Reprinted from K. A. Oudhoff, T. Sangster, E. Thomas, I. D. Wilson, *J. Chromatogr. B*, **2006**, *832*, 191. Copyright 2006, with permission from Elsevier.)

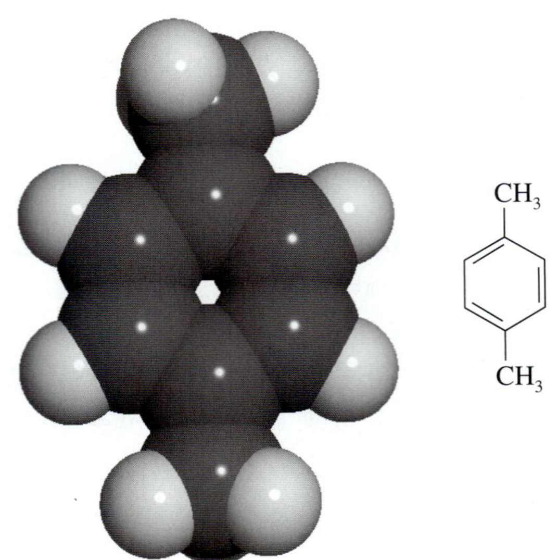


*p*-Xylene의 분자 모형. Xylene은 ortho, meta, para의 세 가지 이성질체가 있다. *p*-xylene은 인조 섬유의 생산에 쓰인다. Xylol은 세 가지 이성질체의 혼합물이며 용매로 쓰인다.

column)이라고 부른다. 용매가 실리카 충전물의 일부를 녹이므로 이동상은 분석 컬럼으로 들어가기 전에 규산으로 포화되며, 이로써 분석용 컬럼으로부터의 정지상의 손실을 최소화할 수 있다.

**보호 컬럼**은 주입기와 (분석용) 컬럼 사이에 설치하며 입자상 물질 및 기타 용매의 불순물을 제거한다.

두 번째 종류의 전치 컬럼은 **보호 컬럼**(guard column)으로서 주입기와 분석용 컬럼 사이에 설치하여 사용한다. 보호 컬럼은 분석용 컬럼과 비슷한 충전물로 충전된 짧은 컬럼이다. 보호 컬럼은 머무름이 큰 화합물 및 입자상의 물질과 같은 불순물이 컬럼에 유입되어 컬럼을 오염시키는 것을 방지하려는 목적으로 사용된다. 보호 컬럼은 주기적으로 교체해 주며 분석용 컬럼의 수명을 연장시키는 역할을 한다.

### » 컬럼 온도 조절 장치

일부 응용에서는 컬럼 온도를 좁은 범위 이내로 조절할 필요는 없기 때문에 실온에서 분리한다. 그러나 많은 경우 컬럼 온도를 일정하게 유지하면 크로마토그램의 재현성이 향상된다. 오늘날 대부분의 상용 장비들은 실온~150°C 온도 범위에서 1°C 미만의 정밀도로 컬럼 온도를 조절할 수 있는 가열기를 갖추고 있다. 컬럼을 항온으로 유지되는 물중탕 재킷에 넣어 정밀하게 온도를 조절하기도 한다. 많은 크로마토그래피 실험자들은 온도 조절을 재현성 있는 분리에 중요한 요소로 여기고 있다.

### » 컬럼 충전물

HPLC에 사용되는 충전물은 크게 *층상입자*(pellicular particle)*와 다공성입자*(porous particle)의 2가지로 분류된다. 초기에 사용되었던 층상 입자는 일반적으로 30~40 μm 지름을 갖는 구형의 비다공성인 유리 또는 중합체 구슬로서 이 위에 실리카, 알루미나, 폴리스타이렌-다이바이닐 벤젠 합성 수지, 혹은 이온 교환 수지 등의 얇은 다공성 막을 도포하여 사용하였다. 최근에는 단백질 및 거대 생분자의 분리 목적으로 약 5 μm 정도로 작은 층상 입자가 재조명받고 있다.

액체 크로마토그래피에서 일반적으로 사용되는 다공성 입자 충전물은 지름 3~10 μm 범위의 다공성 미세 입자로 구성되어 있다. 주어진 입자의 크기에 대하여 입자 크기의 분포는 매우 좁을 것이 요구된다. 입자는 실리카, 알루미나, 폴리스타이렌-다이바이닐 벤젠 합성 수지, 혹은 이온 교환 수지 등의 재질로 이루어져 있다. 액체 크로마토그래피에서 압도적으로 가장 많이 쓰이는 컬럼 충전물은 실리카 입자이다. 실리카 입자 표면에는 대개 화학적 또는 물리적으로 결합된 얇은 유기막을 도포한다. 이 장의 뒷부분에서는 각각의 구체적인 크로마토그래피 모드에서 사용되는 커럼 충전물에 대하여 논의할 것이다.

## ▶ 33A-5 검출기

32A-4절에 요약된 이상적인 GC 검출기가 갖추어야 할 특징은 이상적인 HPLC 검출기가 갖추어야 특징에도 모두 적용되나, 다만 GC에서처럼 넓은 온도 범위에서 동작해야 할 필요는 없다. 또한 HPLC용 검출기는 컬럼의 띠 넓어짐을 최소화할 수 있도록 불감 부피(dead volume)가 작아야 한다. 검출기는 작으면서도 액체 흐름에 적합하여야 한다. 불행히도 액체 크로마토그래피에서는 고감도 만능 검출기는 없다. 따라서 시료의 성질에 따라서 사용할 검출기가 선택된다. 표 33-1에 일반적인 검출기와 그 특성을 요약하였다.[2]

액체 크로마토그래피에 가장 널리 쓰이는 검출기는 자외선 또는 가시광선 복사선의 흡수에 바탕을 둔 것이다(그림 33-8). 크로마토그래피용 컬럼과 함께 사용할 수 있도록 특별하게 설계된 광도계와 분광 광도계가 시판되고 있다. 광도계는 수은 등으로부터 나오는 254 nm 및 280 nm 광선을 이용하는 데 많은 유기 작용기들이 이 영역의 복사선을 흡수하기 때문이다. 중수소 또는 텅스텐 필라멘트 광원도 간섭 필터와 함께 사용하여 흡수 화학종을 간단히 검출할 수 있다. 일부 최신 기기에는 신속하게 교체할 수 있는 몇 개의 간섭 필터가 들어 있는 필터 바퀴(filter wheel)가 장착되어 있다. 분광 광도계 검출기는 광도계보다 응용 범위가 더 광범위하며 고성능 기기에 더 널리 쓰인다. 최신 기기는 컬럼에서 빠져나오는 분석물의 전 영역의 스펙트럼을 표시할 수 있는 다이오드-배열 검출기를 사용한다.

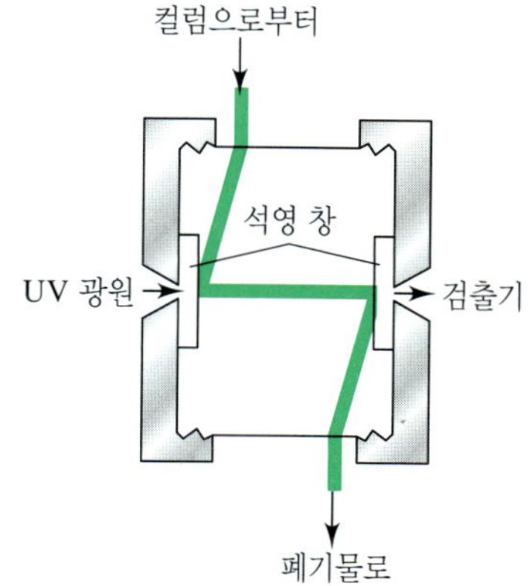


그림 33-8 HPLC용 UV-가시광선 흡수 검출기.

**표 33-1**

**HPLC 검출기의 성능***

| HPLC 검출기 | 시판 여부 | 질량 검출 한계† (대표적) | 선형 정량 범위‡ (10의 지수) |
|---|---|---|---|
| 흡광도 | 판매 | 10 pg | 3~4 |
| 형광 | 판매 | 10 fg | 5 |
| 전기화학 | 판매 | 100 pg | 4~5 |
| 굴절률 | 판매 | 1 ng | 3 |
| 전도도 | 판매 | 100 pg~1 ng | 5 |
| 질량분석법 | 판매 | < 1 pg | 5 |
| FTIR | 판매 | 1 μg | 3 |
| 광산란 | 판매 | 1 μg | 5 |
| 광학 활성도 | 판매하지 않음 | 1 ng | 4 |
| 원소 선택성 | 판매하지 않음 | 1 ng | 4~5 |
| 광이온화 | 판매하지 않음 | < 1 pg | 4 |

*From manufacturer's literature; F. Settle, ed., *Handbook of Instrumental Techniques for Analytical Chemistry*, Upper Saddle River, NJ: Prentice-Hall, 1997; E. S. Yeung and R. E. Synovec, *Anal. Chem.*, **1986**, *58*, 1237A, **DOI**: 10.1021/ac00125a002.

†질량 검출 한계(limits of detection, LOD)는 화합물, 기기, HPLC 조건에 따라 다르지만 시판 기기 장치에는 대표적인 값들로 소개되어 있다.

‡위의 문헌에 소개된 대표적인 값들.

[2] HPLC 검출기에 관한 보다 광범위한 논의는 다음 문헌 참고하시오. D. A. Skoog, F. J. Holler, and S. R. Crouch, *Principles of Instrumental Analysis*, 6th ed., Belmont, CA: Brooks/Cole, 2007, pp. 823-28.

그림 33-7에 도시된 것과 같이 HPLC와 질량 분석법 검출기를 조합하여 강력한 분석 도구로서 활용할 수 있다. 이러한 LC/MS 장치는 특집 33-1에 소개된 것처럼 HPLC 컬럼에서 분리되어 나오는 분석물들을 정성 확인할 수 있다.[3]

매우 많이 응용되고 있는 또 다른 검출기는 분석물 분자에 의한 용매의 굴절률 변화를 측정한다. 표 33-1에 열거된 나머지 대부분의 검출기와 달리 굴절률 검출기는 선택성은 없으나 범용성이며 모든 용질에 감응한다. 이 검출기의 단점은 감도가

**특집 33-1**

## LC/MS와 LC/MS/MS

액체 크로마토그래피와 질량 분석법의 조합은 분리와 검출이 이상적으로 결합된 것으로 보인다. 기체 크로마토그래피와 마찬가지로 질량 분석기는 크로마토그래피 컬럼으로부터 용리되는 화학종을 정성 확인할 수 있다. 그러나 이 두 가지 기술을 결합시키려면 몇 가지 중요한 문제점들이 있다. LC 컬럼으로부터 나오는 것은 용매에 녹아 있는 용질이지만 질량 분석법에서는 기체상 시료가 필요하다. 첫 단계로 용매를 증기화시켜 주어야 한다. 그러나 증기화시킬 때 LC 용매는 기체 크로마토그래피의 운반 기체보다 10~1000배 많은 부피의 기체를 생성한다. 이 때문에 대부분의 용매를 제거해야만 한다. 용매를 제거해야 하는 문제점과 LC 컬럼 연결을 해결하기 위하여 몇 가지 장비가 개발되었다. 오늘날 가장 보편적으로 쓰이는 방법은 낮은 흐름 속도의 대기압 이온화 기술이다. 대표적인 LC/MS 장치를 **그림 33F-1**에 도시하였다. HPLC 장치는 보통 나노 단위의 모세관 LC 장치이며 그 흐름 속도는 μL/min 범위이다. 그밖에도 종래에 가장 보편적으로 많이 쓰이는 HPLC의 흐름 속도인 1~2 mL/min에서도 사용 가능한 몇 가지 연결 장비가 있다. 가장 일반적인 이온화원은 전기분무(electrospray) 이온화 및 대기압(atmospheric pressure) 화학적 이온화이다(29D-2절 참조). HPLC와 질량 분석법의 조합은 선택한 질량만을 관찰함으로써 분리되지 않은 피크 성분들을 구분할 수 있기 때문에 선택성이 높다. 종래의 HPLC는 머무름 시간으로 용리 물질을 확인하였으나 LC/MS 기술은 특정 용리 물질의 지문을 얻을 수 있다. 또한 이 조합은 분자량과 분자 구조 정보를 제공할 수 있고 정확한 정량 분석도 가능하다.[4]

일부 복잡한 혼합물들은 LC와 MS 조합으로 충분하게 분리할 수 없다. 최근 몇 년 사이에 두 개 이상의 질량 분석기를 함께 연결하는 다중(tandem) 질량 분석법이 가능하게 되었다(29D-3절 참조). LC와 결합한 다중 질량 분석법 장치를 LC/MS/MS 기기라 부른다. 다중 질량 분석기들은 보통 삼중 사중 극자(quadrupole) 장치(충돌 전극도 하나의 사중 극자이다)이거나 사중 극자 이온 포집(ion trap) 질량 분석기이다.

하나의 사중 극자로 얻을 수 있는 것보다 더 좋은 분리능을 얻기 위하여 다중 MS 장치의 마지막 질량 분석기를 비행-시간(time-of-flight) 질량 분석기로 대체할 수 있다. 또한 부채꼴(sector) 질량 분석기를 다중 장치에 연결할 수도 있다. 비슷한 방법으로 이온 사이클로트론 공명(ion cyclotron resonance) 및 이온 포집 질량 분석기의 경우에는 2단계 질량 분석에 그치지 않고 $n$단계 분석이 가능하도록 작동시킬 수도 있다. 이러한 $MS^n$ 장치는 하나의 질량 분석기 내부에서 분석 단계를 축차적으로 늘릴 수 있다. 이들을 LC 장치에 결합시킨 것이 $LC/MS^n$ 장치이다.

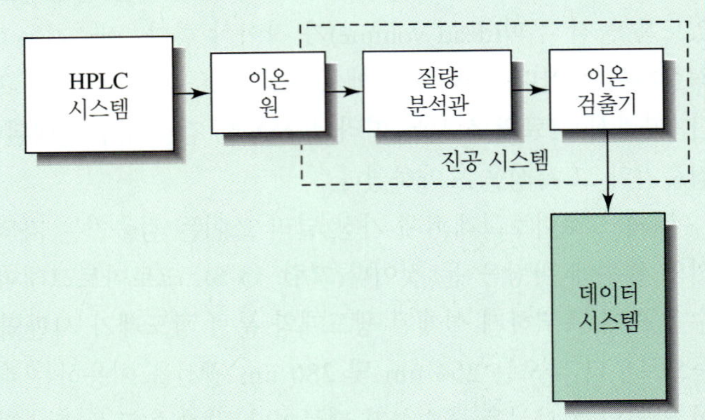


**그림 33F-1** LC/MS 장치의 모형도. LC 컬럼으로부터 용리된 것이 전기분무 또는 화학적 이온화 같은 대기압 이온화 원으로 들어가게 된다. 생성된 이온들은 질량 분석기에 의해 정렬되어 검출기에 의해 검출된다.

[3]W. M. A. Niessen, *Liquid Chromatography-Mass Spectrometry*, 3rd ed., Boca Raton: CRC Press, 2006; R. E. Ardrey, *Liquid Chromatography-Mass Spectrometry: An Introduction*, Chichester, UK: Wiley, 2003.

[4]상용 LC/MS 장치의 리뷰는 다음 문헌을 참고하시오. B. E. Erickson, *Anal. Chem.*, **2000**, *72*, 711A, **DOI**: 10.1021/ac0029758.

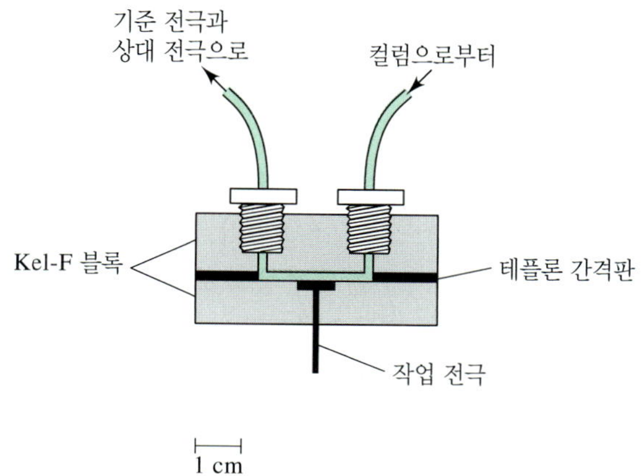


**그림 33-9** HPLC에 사용되는 전류법용 얇은 층 전극.

다소 제한적이라는 점이다. 전위차, 전도도, 전압전류법 측정을 이용한 몇 가지 전기화학 검출기들도 소개되어 있다. 전류법 검출기의 예를 **그림 33-9**에 도시하였다.

## 33B 분배 크로마토그래피

가장 많이 사용되는 HPLC 방식인 **분배 크로마토그래피**(partition chromatography)의 정지상은 이동상 액체와 서로 섞이지 아니하는 제2의 액체이다. 분배 크로마토그래피는 **액체-액체**(liquid-liquid) 및 **액체-결합된 정지상**(liquid-bonded-phase) 크로마토그래피로 다시 분류할 수 있다. 이 두 방법의 차이점은 충전물 지지체 입자에 정지상이 붙잡혀 있는 방식에 있다. 액체-액체 크로마토그래피에서는 액체가 물리적인 흡착에 의하여 붙잡혀 있는데 비하여 결합된 정지상 크로마토그래피에서는 액체가 화학적 결합에 의하여 달라붙어 있다. 초창기의 분배 크로마토그래피는 모두 액체-액체 방식이었으나 요즘에는 안정성이 더 크고 기울기 용리가 가능한 결합된 정지상 방식이 주종을 이루고 있다. 오늘날 액체-액체 충전물은 일부 특수한 응용 분야에서만 쓰인다. 이 절에서는 결합된 정지상 분배 크로마토그래피에 대해서만 논의하기로 한다.[5]

**액체-액체 분배 크로마토그래피**에서 정지상은 충전물 입자 표면에 흡착되어 붙잡혀 있는 용매이다.

**액체-결합된 정지상 분배 크로마토그래피**에서 정지상은 화학 결합에 의해 충전물 입자 표면에 붙어 있는 유기 화학종이다.

### ▸ 33B-1 결합된 정지상 충전물

대부분의 결합된 정지상 충전물은 뜨거운 묽은 염산 속에서 가수분해하여 생성된 실리카 입자 표면의 —OH 작용기와 유기 염화실레인(organochlorosilane)을 반응시켜 만든다. 이 때 생성물이 유기 실록세인(organosiloxane)이다. 입자 표면에 있는 SiOH 자리에서 일어나는 반응을 다음과 같이 쓸 수 있다.

여기서 R은 보통 선형 옥틸(octyl) 또는 옥틸데실(octyldecyl)기이다. 실리카 표면에 결합시키는 다른 유기 작용기로는 지방족 아민, 에터, 나이트릴, 방향족 탄화수소 등이 있다. 이에 따라 여러 가지 다른 극성을 갖는 결합 정지상들을 사용 가능하다.

$$\equiv Si-OH + Cl-Si(CH_3)_2-R \longrightarrow \equiv Si-O-Si(CH_3)_2-R$$

[5]결합된 정지상 크로마토그래피에서의 머무름 메커니즘에 대한 보고는 다음 문헌을 참고하시오. J. G. Dorsey and W. T. Cooper, *Anal. Chem.*, **1994**, *66*, 857A, **DOI**: 10.1021/ac00089a002.

## ▸ 33B-2 정상 및 역상 충전물

**정상 분배 크로마토그래피**에서는 정지상이 극성이고 이동상이 비극성이다. **역상 분배 크로마토그래피**에서는 이 두 상의 극성이 반대이다.

이동상과 정지상의 상대적 극성에 따라 분배 크로마토그래피를 두 종류로 구분할 수 있다. 초창기의 액체 크로마토그래피 작업은 트라이에틸렌글라이콜(triethylene glycol) 혹은 물과 같은 극성이 매우 큰 정지상과 헥세인 또는 아이소프로필 에터와 같은 상대적으로 비극성 용매를 이동상으로 사용하였다. 먼저 사용하였다는 역사적 이유 때문에 이런 종류의 크로마토그래피를 현재 **정상 크로마토그래피**(normal-phase chromatography)라고 부른다. **역상 크로마토그래피**(reversed-phase chromatography)에서는 정지상이 탄화수소와 같이 비극성이고 이동상이 물, 메탄올, 아세토나이트릴, 혹은 테트라하이드로퓨란 같은 상대적으로 극성 용매이다.[6]

정상 크로마토그래피에서는 극성이 가장 낮은 분석물이 가장 먼저 용리된다. 역상 크로마토그래피에서는 극성이 가장 낮은 분석물이 가장 늦게 용리된다.

정상 크로마토그래피에서는 극성이 *가장 작은* 성분이 제일 먼저 용리되고 이동상의 극성이 *증가*할수록 용리 시간은 *단축*된다. 이와 달리 역상 크로마토그래피에서는 극성이 가장 큰 성분이 먼저 용리되고 이동상의 극성이 *증가*하면 용리 시간이 *길어진다*.

현재 HPLC에 의한 분리 중 3/4 이상이 옥틸 혹은 옥틸데실 실록산(octyldecyl siloxane)을 결합시킨 충전물을 이용하는 역상으로 수행되고 있다. 긴 탄화수소기들이 입자 표면에 수직 방향으로 서로 평행되게 배열하여 솔 모양을 이루어 비극성 탄화수소 표면을 형성하게 된다. 이 충전물에 흔히 사용하는 이동상은 메탄올, 아세토나이트릴, 테트라하이드로퓨란 같은 용매를 여러 가지 농도로 희석한 수용액이다.

**이온 쌍 크로마토그래피**(ion-pair chromatography)는 역상 크로마토그래피의 한 형식으로서 쉽게 이온화되는 화학종들을 역상 컬럼으로 분리한다. 이러한 형식의 크로마토그래피에서는 4차 암모늄 이온 또는 알킬 설폰산 같은 큰 유기 상대 이온(counter ion)을 함유한 유기염을 이온 쌍 시약으로서 이동상에 첨가시킨다. 두 가지 분리 메커니즘이 소개되어 있다. 첫째, 상대 이온이 이동상 속에서 반대로 하전된 용질 이온과 비하전 이온 쌍을 형성한다는 것이다. 그리고 이 이온 쌍은 비극성 정지상으로 분배되고 두 상에 대한 이온 쌍의 친화력에 따라 용질의 머무름 차이가 나타난다. 또 다른 메커니즘은 상대 이온이 중성 정지상에 강하게 머물러 본래 전기적으로 중성이던 정지상을 하전시킨다는 것이다. 그 후 반대 하전의 유기 용질 이온들이 가역적인 이온 쌍 착화합물을 형성하면서 분리가 일어나며 정지상과 더 강한 착화합물을 형성하는 용질일수록 더 강하게 머물게 된다. 동일한 시료 중의 이온성 및 비이온성 화합물들의 독특한 분리를 이러한 분배 크로마토그래피로 수행할 수 있다. **그림 33-10**은 이온 쌍 시약으로써 사슬 길이가 다양한 알킬 설폰산(alkyl sulfonate)들을 사용하여 이온성 및 비이온성 화합물을 분리한 그림들이다. $C_5$-및 $C_7$-알킬 설폰산의 혼합 용액을 사용하였을 때 가장 좋은 분리 결과를 보여주었다는 것에 주목할 만하다.

옥틸데실실록세인(octyldecylsiloxane)의 분자 모형.

## ▸ 33B-3 이동상 및 정지상의 선택

성공적인 분배 크로마토그래피는 분리 과정에 참여하는 세 가지 요소, 즉 분석물, 이동상, 정지상 사이에서의 분자간 힘의 적절한 균형을 필요로 한다. 이러한 분자간 힘은 세 가지 성분들이 각각 갖고 있는 상대적 극성이라는 정성적 개념으로 설

[6]역상 HPLC에 관한 상세한 논의는 다음 문헌을 참고하시오. L. R. Snyder, J. J. Kirkland, and J. W. Dolan, *Introduction to Modern Liquid Chromatography*, 3rd ed., Chs. 6-7, Hoboken, NJ: Wiley, 2010.

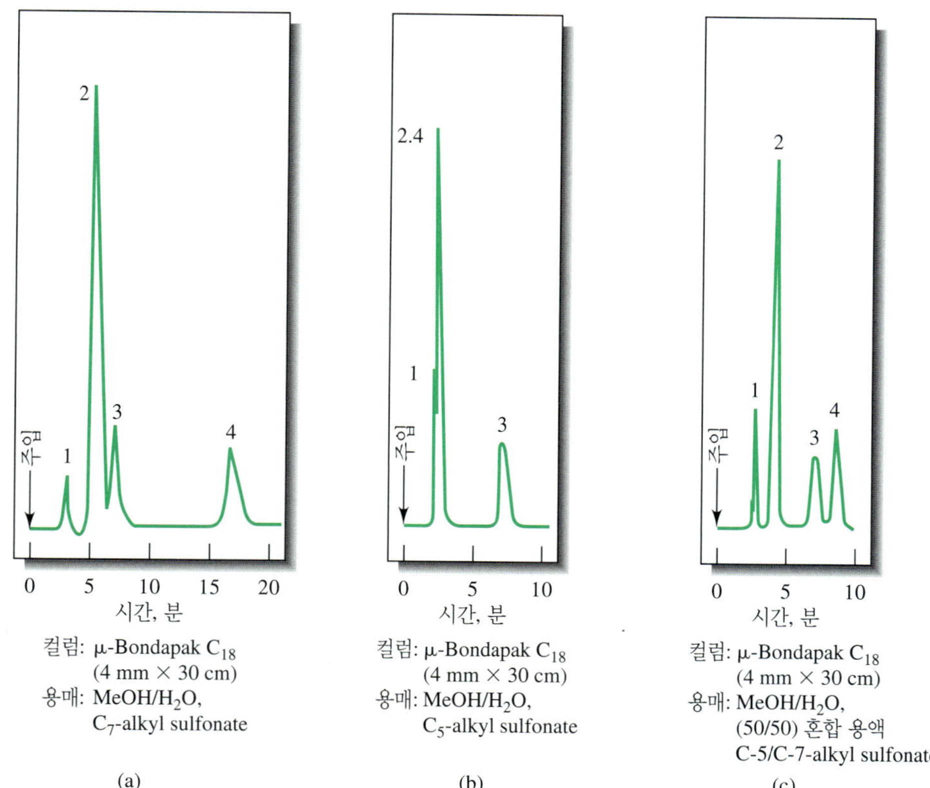


**그림 33-10** 이온 쌍 크로마토그래피를 이용한 이온성 및 비이온성 화합물들의 혼합 용액을 분리한 크로마토그램. 화합물: (1) 나이아신아마이드, (2) 피리독신, (3) 리보플라빈, (4) 타이아민. pH 3.5에서 나이아신아마이드는 강하게 이온화하지만 리보플라빈은 비이온성이다. 피리독신과 타이아민은 약하게 이온화한다. 컬럼: μ-Bondapak, $C_{18}$, 4 mm × 30 cm. 이동상: (a) MeOH/$H_2O$과 $C_7$-알킬 설폰산, (b) MeOH/$H_2O$과 $C_5$-알킬 설폰산, (c) MeOH/$H_2O$ 및 $C_7$-알킬 설폰산과 $C_5$-알킬 설폰산의 1:1 혼합 용액. (Courtesy of Waters Corp., Milford, MA.)

명된다. 흔히 볼 수 있는 유기 작용기들의 극성은 일반적으로 탄화수소 < 에터 < 케톤 < 알데하이드 < 아마이드 < 알코올 등의 순서로 증가한다. 물은 이들 작용기를 함유한 어떤 화합물보다도 극성이 더 크다.

흔히 사용되는 이동상 용매의 극성은 물 > 아세토나이트릴 > 메탄올 > 에탄올 > 테트라하이드로퓨란 > 프로판올 > 사이클로헥세인 > 헥세인 순서이다.

대체로 컬럼과 이동상의 선택에 있어서는 분석물의 극성과 정지상의 극성을 비슷하게 하고 이동상의 극성은 현저하게 다른 것을 사용하여 용리를 수행하는 것이 원칙이다. 이러한 과정은 분석물의 극성이 이동상의 극성과 비슷하고, 정지상의 극성과 다른 경우에 비하여 일반적으로 더 성공적인 분리 결과를 얻을 수 있다. 왜냐하면 후자의 경우에는 정지상이 시료 성분들에 대하여 성공적으로 경쟁하지 못하게 되므로 실용적인 응용에 사용하기에는 머무름 시간이 지나치게 짧아지게 되기 때문이다. 반대의 극단적인 경우로서 분석물과 정지상의 극성이 지나치게 비슷할 경우에는 머무름 시간이 비정상적으로 길어진다.

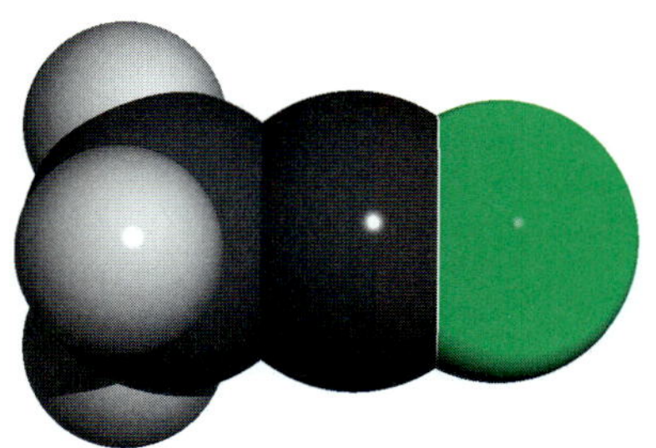

아세토나이트릴의 분자 모형. 아세토나이트릴($CH_3C{\equiv}N$)은 널리 사용되는 유기 용매이다. 아세토나이트릴의 극성은 물보다는 약하지만 메탄올보다 강하기 때문에 LC 이동상으로 쓰이게 되었다.

## ▸ 33B-4 응용

**그림 33-11**은 청량음료 첨가물 및 유기 인산 살충제를 결합된 정지상 분배 크로마토그래피로 분리한 응용 예를 도시한 것이다. 이 기술을 응용할 수 있는 다양한 시료들을 **표 33-2**에 수록하였다.

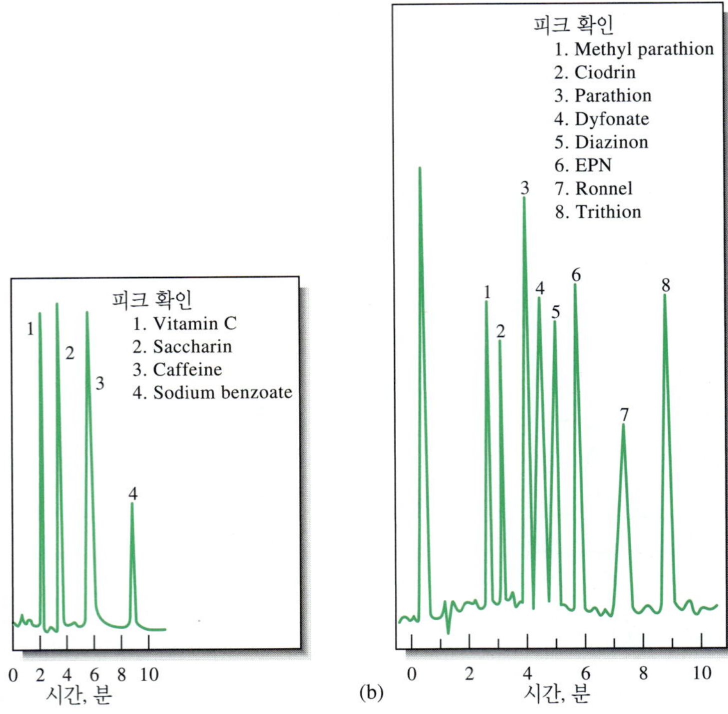


**그림 33-11** 결합된 정지상 정지상 크로마토그래피의 대표적인 응용. (a) 청량음료 첨가물. 컬럼: 4.6 × 250 mm, 극성(나이트릴) 결합된 정지상 충전물로 충전됨. 6% HOAc/94% $H_2O$로 등용매 용리. 흐름 속도: 1.0 mL/min (Courtesy of BTR Separations, a DuPont ConAgra affiliate.) (b) 유기 인산 살충제. 컬럼: 4.5 × 250 mm, 5 μm $C_8$ 결합된 정지상 입자로 충전됨. 67% $CH_3OH$/33% $H_2O$에서 80% $CH_3OH$/20% $H_2O$까지 기울기 용리. 흐름 속도: 2 mL/min. 둘 다 254 nm의 UV 검출기를 사용하였음.

**표 33-2**

고성능 분배 크로마토그래피의 대표적인 응용.

| 분야 | 대표적 혼합물 |
|---|---|
| 의약품 | 항생제, 진정제, 스테로이드, 진통제 |
| 생화학 물질 | 아미노산, 단백질, 탄수화물, 지질 |
| 식품 | 인공감미료, 항산화제, 아플라톡신, 첨가제 |
| 산업용 화학 물질 | 농축 향료, 계면활성제, 추진제, 염료 |
| 오염 물질 | 살충제, 제초제, 페놀, 폴리염화 바이페닐(PCB) |
| 법의학 | 약물, 독극물, 혈중 알코올, 마약 |
| 임상 화학 | 담즙산, 약물 대사물질, 소변 추출물, 에스트로젠 |

## 33C 흡착 크로마토그래피

흡착 크로마토그래피 혹은 액체-고체 크로마토그래피는 20세기 초 Tswett에 의해 처음으로 시도된 고전적인 형태의 액체 크로마토그래피이다. 정상 분배 크로마토그래피와 흡착 크로마토그래피 사이에 공통점이 워낙 많기 때문에 정상 분배 크로마토그래피의 원리 및 사용되는 기술 중 상당수는 흡착 크로마토그래피에도 똑같이 적용된다. 실제로 많은 정상 분리에서는 머무름은 흡착/탈착 과정에 의해 결정된다.

미세하게 분쇄된 실리카 및 알루미나는 흡착 크로마토그래피에서 유일하게 사용되고 있는 정지상이다. 실리카는 시료 용량이 알루미나보다 더 크기 때문에 대부분의 응용에 더 많이 선호되고 있다. 두 물질 모두 분석물의 극성이 커지면 머무름 시간이 길어진다.

결합된 정지상의 높은 활용성 및 보급에 따라 오늘날에는 고체 정지상을 사용하는 전통적인 흡착 크로마토그래피는 정상 크로마토그래피로 대체되면서 사용이 줄어들고 있다.

## 33D 이온 교환 크로마토그래피

31D절에서 이온 교환 수지를 분리 분석에 적용한 몇 가지 응용 예를 살펴본 바 있다. 이러한 물질은 하전된 화학종들의 분리에 사용할 액체 크로마토그래피의 정지상으로 유용하다. 1970년대 중반에 음이온 혹은 양이온 혼합물이 음이온 혹은 양이온 교환 수지로 충전된 HPLC 컬럼으로서 음이온 혹은 양이온 혼합물을 분리할 수 있다는 것을 알게 되면서 현재 사용되고 있는 것과 같은 이온 크로마토그래피가 처음 개발되었다. 이 때 검출은 일반적으로 전도도 측정을 이용하였으나 이동상의 전해질 농도가 높기 때문에 이는 이상적인 방법은 아니었다. 낮은 교환 용량을 갖는 컬럼이 개발되면서 이온 세기가 낮은 이동상을 추가로 탈이온화(이온화 억제)하여 사용할 수 있게 되었으며 이를 통하여 높은 감도의 전도도 검출이 가능하게 되었다. 현재 이온 크로마토그래피용으로 분광 광도법 및 전기화학적 방법 등의 몇 가지 다른 종류의 검출기 형태가 나와 있다.[7]

현재 쓰이고 있는 이온 크로마토그래피의 두 가지 방식은 **억제 컬럼**(suppressor-based column) 방식과 **단일 컬럼**(single-column) 방식이다. 이 두 방식은 분석물의 전도도 측정을 방해하는 전해질 용리액의 전도도를 제거하기 위해 사용되는 방법에서 차이가 난다.

### ▶ 33D-1 억제 컬럼을 사용하는 이온 크로마토그래피

전도도 검출기는 이상적인 검출기로서의 성질들을 많이 갖고 있다. 이상적인 검출기는 감도가 뛰어나고 전하를 띤 화학종에 대한 만능 검출기이며, 농도 변화에 대해 일반적인 규칙에 따라 예측할 수 있는 방식으로 감응을 나타내야 한다. 뿐만 아니라 이러한 검출기들은 작동이 간편하고 제작비와 유지 관리비가 저렴하며 소형화하기 쉽고, 고장 없이 오랫동안 사용 가능해야 한다. 1970년대 중반까지 전도도 검출기를 이온 크로마토그래피에 널리 응용할 수 없었던 유일한 제한 조건은 적절한 시간 이내에 대부분의 분석물 이온들을 용리시키는 데 너무 진한 전해질 농도가 필요하였기 때문이다. 그 결과, 이동상 성분의 전도도가 분석물 이온들의 전도도를 훨씬 넘어서는 경향 때문에 검출기 감도가 크게 감소되었다.

《 전도도 검출기는 이온 크로마토그래피에 매우 적합하다.

용리액의 높은 전도도 때문에 발생되는 문제점은 1975년에 이르러 이온 교환 컬럼 바로 뒤에 **용리액 억제 컬럼**(eluent suppressor column)을 도입시킴으로써 해결되었다.[8] 억제 컬럼은 제2의 이온 교환 수지를 충전시킨 것으로서 분석물 이온들에 의한 전도도에는 영향을 주지 않도록 용리액 이온들을 제한적으로만 이온화되는 분자 화학종이 되도록 효과적으로 전환시켜 준다. 예컨대, 양이온의 분리 및 분

---

[7]이온 크로마토그래피에 대한 리뷰는 다음 문헌을 참고하시오. J. S. Fritz, *Anal. Chem.*, **1987**, *59*, 335A, **DOI**: 10.1021/ac00131a002; P. R. Haddad, *Anal. Chem.*, **2001**, *73*, 266A, **DOI**: 10.1021/ac012440u. 방법에 대한 자세한 설명은 다음 문헌 참조. H. Small, *Ion Chromatography*, New York: Plenum Press, 1989; J. S. Fritz and D. T. Gjerde, *Ion Chromatography*, 4th ed., Weinheim, Germany: Wiley-VCH, 2009.

[8]H. Small, T. S. Stevens, and W. C. Bauman, *Anal. Chem.*, **1975**, *47*, 1801, **DOI**: 10.1021/ac60361a017.

석에서는 용리액으로는 염산이 선택되며 억제 컬럼은 수산화물 형태의 음이온 교환 수지이다. 억제 컬럼 내부에서의 반응 생성물은 물이다. 그 반응은 다음과 같다.

$$H^+(aq) + Cl^-(aq) + \text{수지}^+OH^-(s) \rightarrow \text{수지}^+Cl^-(s) + H_2O$$

분석물 양이온들은 이 두 번째 컬럼에 의해 붙잡히지 아니한다.

음이온을 분리하는 경우에는 억제 컬럼 충전물은 산 형태의 양이온 교환 수지이고, 중탄산 소듐 또는 탄산 소듐이 용리액이다. 억제 컬럼 내부에서의 반응은 다음과 같다.

$$Na^+(aq) + HCO_3^-(aq) + \text{수지}^-H^+(s) \rightarrow \text{수지}^-Na^+(s) + H_2CO_3$$

거의 해리되지 않는 탄산은 전도도에 크게 영향을 주지 아니한다.

**억제 컬럼 방식 이온 크로마토그래피**(suppressor-based ion chromatography)에서는 이온 교환 컬럼 다음에 **억제 컬럼**(suppressor column) 또는 **억제 막**(suppressor membrane)을 연결하여 분석물들의 전도도법 검출을 방해하지 못하도록 이온성 용리액을 비이온성 화학종으로 전환시킨다.

초기의 억제 컬럼은 컬럼 내부의 충전물을 원래의 산 또는 염기 형태로 바꾸어 주기 위하여 주기적으로(보통 8~10시간마다) 재생시켜 주어야 하는 불편이 있었다. 그러나 1980년대에 연속적으로 사용할 수 있는 미세막(micromembrane) 억제제가 개발되었다.[9] 예컨대 탄산 소듐 또는 중탄산 소듐을 제거하는 경우, 용리액은 연속적으로 흐르는 산성 재생 용액과 일련의 극히 얇은 양이온 교환막을 사이에 두고 서로 반대 방향으로 흐르게 된다. 용리액의 소듐 이온은 교환체 막의 내부 표면에 있는 수소 이온과 교환된 다음 막의 반대편 표면으로 이동하여 다시 재생 시약의 수소 이온과 교환된다. 재생 용액의 수소 이온은 반대 방향으로 이동하므로 전기적 중성이 유지된다. 미세막 분리기는 용리액의 흐름 속도 2 mL/min에서 0.1 M NaOH 용액의 소듐 이온을 거의 완전히 제거할 수 있다.

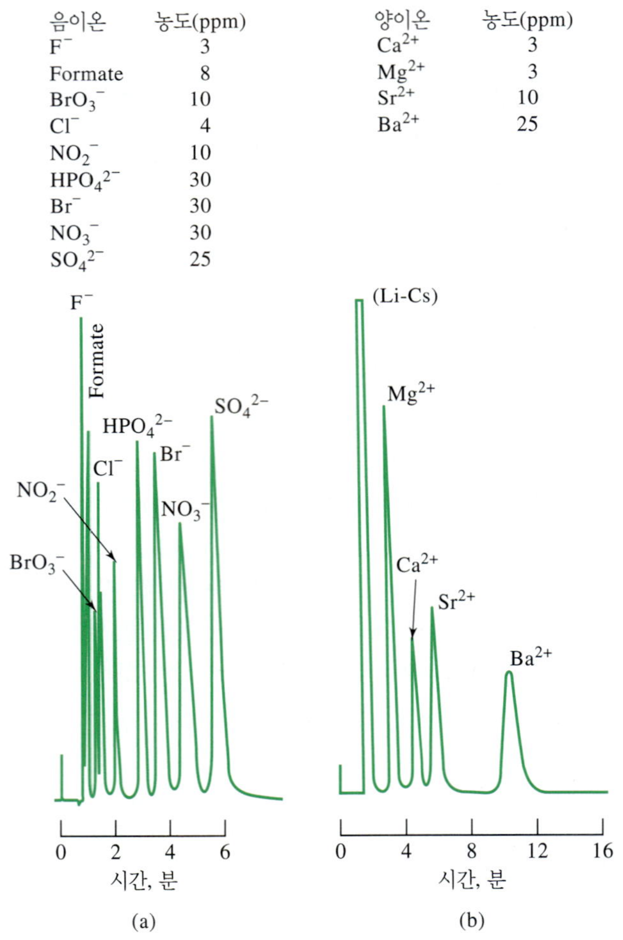


그림 33-12 이온 크로마토그래피의 대표적인 응용. (a) 음이온 교환 컬럼에서의 음이온의 분리. 용리액: 0.0028 M NaHCO$_3$/0.0023 M Na$_2$CO$_3$. 시료 크기: 50 μL. (b) 양이온 교환 컬럼에서의 알칼리 토금속 이온의 분리. 용리액: 0.025 M 이염산 페닐렌다이아민/0.0025 M HCl. 시료 크기: 100 μL. (Courtesy of Dionex, Inc., Sunnyvale, CA.)

[9] J. S. Fritz and D. T. Gjerde, *Ion Chromatography*, 4th ed., Chs 6-7, Weinheim, Germany: Wiley-VCH, 2009.

그림 33-12는 억제 컬럼과 전도도 검출을 적용한 이온 크로마토그래피의 응용 예 두 가지를 보이고 있다. 두 경우 모두 이온 농도는 ppm 범위이고, 시료 양은 각각 50 μL 및 100 μL이다. 이 방법은 음이온 분석에서 특히 중요한데, 현재 이러한 종류의 혼합물을 신속하고도 편리하게 처리할 수 있는 다른 방법이 없기 때문이다.

### ▸ 33D-2 단일 컬럼 이온 크로마토그래피

상용 이온 크로마토그래피 장치 중에서는 억제 컬럼이 필요 없는 장치도 시판되고 있다. 이 방식에서는 시료 이온들과 이보다 훨씬 더 많은 용리액 이온들의 전도도 사이의 작은 차이를 이용한다. 이 작은 차이를 증폭시키기 위하여 묽은 전해질 용액으로도 용리가 가능한 낮은 용량 교환체를 사용하며, 또한 전도도가 낮은 용리액을 사용한다.

**단일 컬럼 이온 교환 크로마토그래피**(single-column ion exchange chromatography)에서는 분석물 이온들의 전도도법 검출을 방해하지 않도록 낮은 이온 세기의 용리액을 사용하여 낮은 용량의 이온 교환체에 의해 분리한다.

단일 컬럼 이온 크로마토그래피는 특별한 억제 장치가 필요 없다는 장점이 있다. 그러나 음이온들을 측정하는 경우 억제 컬럼 방법보다 다소 감도가 떨어진다.

## 33E 크기 배제 크로마토그래피

크기 배제 또는 젤 크로마토그래피는 특히 고분자량 화학종들에게 적용할 수 있는 강력한 기술이다.[10] 크기 배제 크로마토그래피용 충전물은 용질과 용매 분자들이 확산해 들어갈 수 있는 균일한 구멍(pore)들이 그물망을 이루고 있는 작은(~10 μm) 실리카 또는 중합체 입자들로 구성되어 있다. 분자들이 구멍 속에 효과적으로 붙잡혀 있는 동안 이동상 흐름으로부터 떨어져 있게 된다. 분석물 분자들이 머물러 있는 평균 시간은 그들의 유효 크기에 따라 달라진다. 충전물의 구멍 평균 크기보다 현저하게 큰 분자들은 배제되므로 머무르지 않고 이동상과 같은 속도로 컬럼을 지나간다. 구멍보다 현저히 작은 분자들은 구멍 속으로 들어갈 수 있으므로 가장 오랜 시간 동안 붙잡혀 있다가 맨 나중에 용리된다. 이 양 극단 사이의 중간 크기 분자들이 충전물의 구멍 속으로 들어가는 정도의 평균값은 분자들의 지름에 따라 달라진다. 이런 중간 크기의 분자들 사이의 분획은 분자 크기와 직접 관련되며 부분적으로는 분자 모양과도 관계된다. 크기 배제 분리는 분석물과 정지상 사이의 화학적 또는 물리적 상호작용이 분리에 관여하지 않는다는 점에서 다른 크로마토그래피 과정과 구분된다는 점을 유의할 필요가 있다. 도리어 이러한 상호작용들은 컬럼 효율을 떨어뜨리게 된다. 또한 다른 형태의 크로마토그래피와는 달리 크기 배제 크로마토그래피에서는 머무름 시간의 상한선이 없다. 정지상 안쪽까지 완전히 침투할 수 있는 작은 분자 물질보다 더 오래 머무르는 분석물의 화학종은 없기 때문이다.

**크기 배제 크로마토그래피**(size-exclusion chromatography)에서는 분자 크기에 의해 분획이 이루어진다.

### ▸ 33E-1 컬럼 충전물

크기 배제 크로마토그래피용의 충전물에는 크게 두 종류가 있다. 중합체 구슬과 실리카 기반 입자들이 바로 그것이다. 입자의 크기는 두 종류 충전물 모두 5~10 μm이다. 실리카 입자는 더 견고하므로 충전이 쉽고 보다 높은 압력에서 사용할 수 있

[10] 본 주제에 대한 단행본으로는 다음 문헌을 참고하시오. A. Striegel, W. W. Yau, J. J. Kirkland, and D. D. Bly, *Modern Size-Exclusion Chromatography: Practice of Gel Permeation and Gel Filtration Chromatography*, 2nd ed., Hoboken, NJ: Wiley, 209; C. S. Wu, ed., *Handbook of Size Exclusion Chromatography*, 2nd ed., New York: Dekker, 2004: C. S. Wu, ed., *Column Handbook for Size Exclusion Chromatography*, San Diego, Academic Press, 1999.

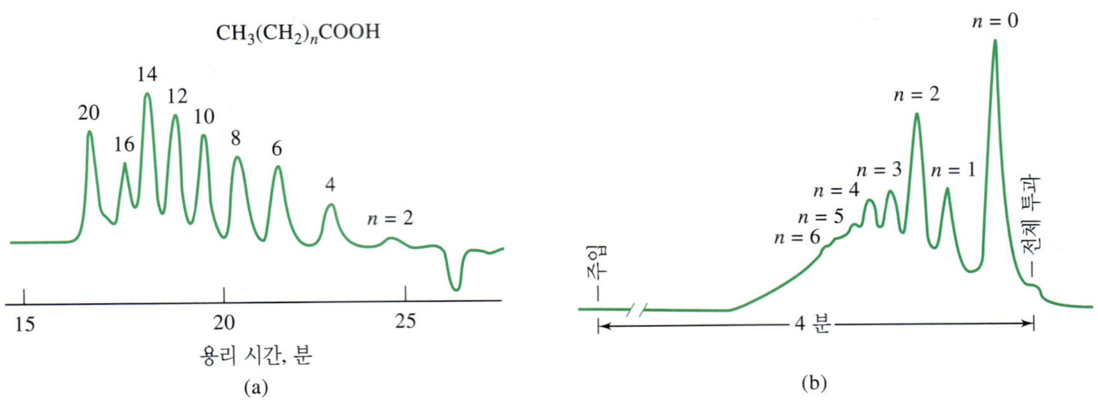


**그림 33-13** 크기 배제 크로마토그래피의 응용. (a) 지방산의 분리. 컬럼: 폴리스타이렌 기반, 7.5 × 600 mm. 이동상: 테트라하이드로퓨란. (b) 상용 에폭시 수지의 분석($n$ = 중합체 내의 단위체 수). 컬럼: 다공성 실리카 6.2 × 250 mm. 이동상: 테트라하이드로퓨란. (Adapted from BTR Separations, a DuPont ConAgra affiliate.)

다. 또한 보다 안정하므로 넓은 범위의 용매와 함께 사용할 수 있으며 새로운 용매와의 평형 반응도 빠르다.

**젤 거름**은 친수성 충전제를 사용하는 크기 배제 크로마토그래피의 한 종류이며 극성 화학종들을 분리하는 데 쓰인다.

**젤 투과**는 소수성 충전제를 사용하는 크기 배제 크로마토그래피의 한 종류이며 비극성 화학종들을 분리하는 데 쓰인다.

크기 배제 크로마토그래피용의 다양한 충전물들이 시판되고 있다. 수용액 이동상을 쓰는 경우 친수성을 사용하고 비극성 유기 용매를 사용하는 경우는 소수성이다. 친수성 충전물을 사용하는 경우 **젤 거름**(gel filtration) 크로마토그래피라고도 부르며, 소수성 충전물을 사용하는 기술을 **젤 투과**(gel permeation) 크로마토그래피라고도 부른다. 두 종류의 충전물 모두 다양한 구멍 크기를 가지는 제품들이 시판되고 있다. 보통 한 가지의 주어진 충전물로는 $10^2$~$10^{2.5}$ 분자량 범위를 다룰 수 있다. 주어진 충전물로 분리할 수 있는 평균 분자량은 수백 정도의 작은 분자량에서부터 수백만 정도의 큰 분자량까지 다양하다.

## ▸ 33E-2 응용

**그림 33-13**은 크기 배제 크로마토그래피의 전형적인 응용 예를 보여준다. 두 크로마토그램 모두 테트라하이드로퓨란을 용리액으로 하여 소수성 충전물을 사용하여 얻은 것이다. 그림 33-13a는 분자량 $M$이 116부터 344 사이의 지방산의 분리를 보여주고 있다. 그림 33-13b에서는 시료는 상용으로 시판되는 에폭시 수지로서 단위체의 질량은 280이다($n$ = 단위체의 수).

크기 배제 크로마토그래피의 또 다른 중요한 응용 분야는 거대 중합체들(polymers) 혹은 천연물의 분자량 또는 분자량 분포를 신속하게 측정하는 것이다. 이러한 측정의 핵심은 분자 질량의 정확한 검정에 달려 있다. 검정은 분자량이 알려져 있는 표준물질들을 사용하여 수행하거나(피크 위치법) 범용 검정법으로 수행한다. 범용 검정법은 분자의 고유 점도 $\eta$와 분자량 $M$의 곱이 유체역학적 부피(용매화 층을 포함한 유효 부피)에 비례한다는 원리를 이용한다. 이상적으로는 크기 배제 크로마토그래피에서는 분자들은 유체역학적 부피에 따라 분리된다. 따라서 머무름 부피 $V_r$ ($V_r = t_r \times F$)에 대한 log $[\eta M]$의 관계를 도시하여 범용 검정 곡선을 얻을 수 있다. 또는 저각도 광 산란 검출기와 같이 분자량에 민감한 검출기를 사용하여 절대 검정 곡선을 얻을 수도 있다.

특집 33-2는 크기 배제 크로마토그래피가 풀러렌류의 분리에 어떻게 응용될 수 있는가를 보여준다.

특집 33-2

## 버키볼류(buckeyballs): 풀러렌류(fullerenes)의 크로마토그래피 분리

물질의 성질에 대한 우리들의 아이디어들은 우연한 발견에 의해 큰 영향을 받는 일이 종종 있다. 1985년에 우연히 발견된 축구공 모양의 분자인 $C_{60}$만큼 과학계와 일반 대중들의 관심을 끌어 모은 사건은 최근에 없었다. 그림 33F-2에 도시한 이 분자와 그 사촌 격인 $C_{70}$ 그리고 1985년 이후 발견된 비슷한 구조의 분자들을 **풀러렌류**(fullerenes) 또는 **버키볼류**(buckeyballs)라고 총칭한다.[11] 이들 화합물들의 이름은 버키볼 같은 육각형/오각형 구조를 갖는 둥근 지붕 건물을 많이 설계한 건축가인 R. Buckminster Fuller를 기념하기 위하여 그의 이름을 따서 명명한 것이다. 이들 화합물들이 발견된 이래로 전 세계적으로 수천에 이르는 연구단이 매우 안정한 이들 화합물들에 대한 다양한 화학적/물리적 성질을 연구하였다. 이들 화합물들은 흑연과 다이아몬드에 이은 제3의 탄소 동소체이다.

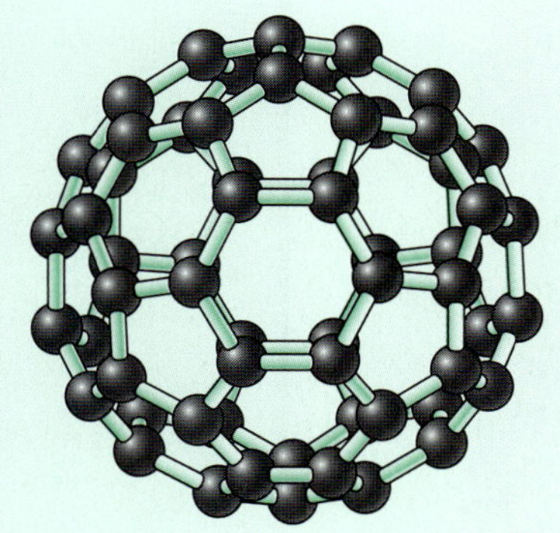

**그림 33F-2** 버크민스터 풀러렌 (buckminster fullerene) $C_{60}$.

버키볼류를 만드는 방법은 매우 쉽다. 헬륨 기류를 흘려주면서 두 개의 탄소 전극 사이에 방전을 걸어주면 검댕이 얻어지며 그 속에는 $C_{60}$과 $C_{70}$이 많이 들어 있다. 만드는 방법은 쉽지만 수 mg 이상의 $C_{60}$을 분리 정제하려면 번거롭고 비용이 매우 많이 들었다. 최근에 비교적 많은 양의 버키볼류를 크기 배제 크로마토그래피로 분리할 수 있게 되었다.[12] 이렇게 만들어진 검댕으로부터 풀러렌을 추출하여 199 mm × 30 cm, 500 Å Ultrastyragel 컬럼(Waters Corp., Milford, MA)에 주입하여 톨루엔 이동상으로 분리 후 자외선-가시광선 검출기로 검출한다. 대표적인 크로마토그램을 그림 33F-3에 도시하였다. 크로마토그램의 피크에 화합물 이름과 머무름 시간을 표시하였다.

$C_{60}$이 $C_{70}$ 및 분자량이 더 큰 풀러렌류보다 먼저 용리되는 것에 주목할 필요가 있다. 이는 더 작은 $C_{60}$이 $C_{70}$ 및 분자량이 더 큰 풀러렌류보다 더 세게 붙잡혀 있어야 한다는 우리의 예상과 반대의 용리 순서이다. 용질 분자와 젤 사이의 상호작용이 구멍 속이 아닌 젤 표면에서 일어난다는 가

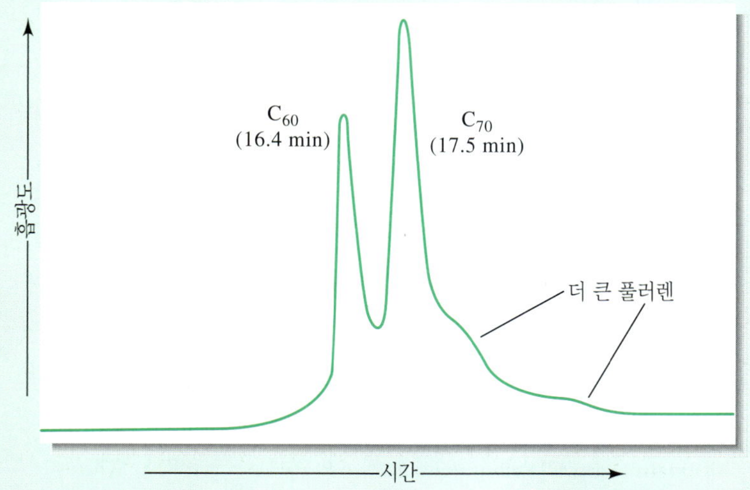


**그림 33F-3** 풀러렌류의 분리.

[11] R. E. Curl and R. E. Smalley, *Scientific American*, **1991**, *265* (4), 54.

[12] M. S. Meier and J. P. Selegue, *J. Org. Chem.*, **1992**, *57*, 1924, **DOI**: 10.1021/jo00032a057; A. Gugel and K. Mullen, *J. Chromatogr. A*, **1993**, *628*, 23, **DOI**: 10.1016/0021-9673(93)80328-6.

설이 제시되었다. $C_{70}$ 및 분자량이 더 큰 풀러렌류는 $C_{60}$보다 표면적이 더 크므로 젤 표면에서 더 세게 붙잡혀서 $C_{60}$보다 늦게 용리된다. 자동화된 장치를 사용하면 이 분리 방법으로 24시간 동안에 5~10 g의 $C_{60}$~$C_{70}$ 혼합물로부터 99.8% 순도로 수 g의 $C_{60}$을 얻을 수 있다. 이 정도의 $C_{60}$ 양이면 이 흥미롭고도 비범한 형태의 탄소의 유도체들을 만들고 화학적 및 물리적 성질을 연구하는 데 충분하다.

최근에는 풀러렌류의 HPLC 분리에 크기 배제 방식뿐만 아니라 옥타데실실리카(ODS) 결합 정지상도 사용된다.[13] 중합체 및 단위체 ODS가 모두 사용된 바 있으며 다른 정지상보다 선택성이 높다. **그림 33F-4**는 검댕 추출물 전체 및 분자량이 더 큰 풀러렌류 분획을 중합체 ODS 컬럼을 사용하여 분취용 분리를 수행한 것을 보여주고 있다. 이 실험은 분자량이 더 큰 풀러렌류를 최초로 분리한 사례 중 하나이다. 그림 33F-3의 크기 배제 분리와 비교하여 더욱 우수한 분리능을 나타내는 점을 주목할 필요가 있다.

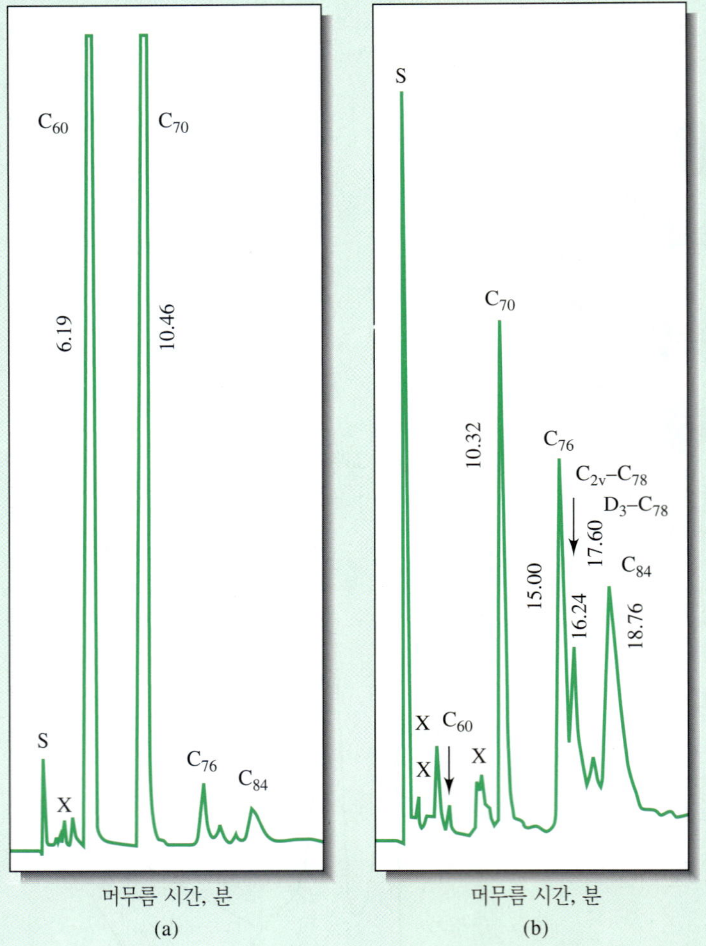


**그림 33F-4** (a) 검댕 추출물 전체 및 (b) 분자량이 더 큰 풀러렌류 분획을 중합체 ODS 컬럼과 아세토나이트릴:톨루엔 이동상으로 전개한 크로마토그램. (Reprinted (adapted) with permission from F. Diederich and R. L. Whetten, *Acc. Chem. Res.*, **1992**, *25*, 121. **DOI**: 10.1021/ar00015a004. Copyright 1992 American Chemical Society.) 풀러렌의 명명법은 문헌을 참고하시오.

[13]K. Jinno, H. Ohta, and Y. Sato, in *Separation of Fullerenes by Liquid Chromatography*, K. Jinno, ed., Ch. 3, London: Royal Society of Chemistry, 1999.

## 33F 친화 크로마토그래피

친화 크로마토그래피(affinity chromatography)에서는 고체 지지체에 **친화 리간드**(affinity ligand)라 불리는 시약을 공유 결합시켜서 사용한다.[14] 대표적인 친화 리간드로는 항체, 효소 억제제, 혹은 시료 중의 분석물 분자들과 가역적이면서도 선택적으로 결합할 수 있는 분자들이 있다. 시료가 컬럼을 지나갈 때 친화 리간드와 선택적으로 결합하는 분자들만 머무르게 된다. 결합하지 아니하는 분자들은 이동상과 함께 컬럼을 그냥 지나간다. 불필요한 분자들을 제거한 후, 머물러 있는 분석물들을 이동상 조건을 바꾸어 용리할 수 있다.

친화 크로마토그래피의 정지상으로는 아가로스와 같은 고체 다공성 유리구슬 등에 친화 리간드를 고정시켜 사용한다. 친화 크로마토그래피의 이동상은 두 가지의 서로 다른 역할을 한다. 첫째, 분석물 분자들이 리간드에 강하게 결합하도록 도와줄 수 있어야 한다. 둘째, 불필요한 화학종들을 일단 제거하고 난 후에는 이동상은 분석물과 리간드 사이의 상호작용을 약화시켜서 분석물을 용리시킬 수 있어야 한다. 많은 경우 pH 또는 이온 세기를 변화시킴으로써 이 두 단계 과정 사이의 용리 조건을 변화시키게 된다.

친화 크로마토그래피는 특이성이 매우 크다는 장점이 있다. 가장 큰 용도는 생분자들을 분취하기 위하여 신속히 분리하는 것이다.

## 33G 카이랄 크로마토그래피

거울상끼리 서로 겹쳐지지 않는 화합물을 일컫는 **카이랄(광학 이성질체) 화합물**(chiral compound)에 대한 분리가 최근 몇 년간 엄청나게 진보하였다. 이들의 거울상을 **거울상 이성질체**(enantiomer)라 부르며, 이들의 분리에는 카이랄 이동상 첨가제 혹은 카이랄 정지상을 필요로 한다.[15] 카이랄 분리제(첨가제 또는 정지상)와 이성질체 중 한 종류와의 사이에서 우세한 착화합물 반응을 통하여 거울상 이성질체들을 분리하게 된다. **카이랄 분리제**(chiral resolving agent)는 그 자체가 용질의 카이랄 성질을 인식할 수 있는 카이랄 특성을 갖고 있어야 한다.

**카이랄 분리제**는 거울상 이성질체 중 하나를 우선적으로 착화시키는 카이랄 이동상 첨가제 또는 카이랄 정지상이다.

가장 주목받고 있는 것은 카이랄 정지상이다.[16] 고체 지지체 표면에 카이랄 시약을 고정시킨다. 카이랄 분리제와 용질 사이의 상호 작용에는 몇 가지 서로 다른 형태가 있을 수 있다.[17] 어떤 경우에는 $\pi$ 결합, 수소 결합, 혹은 쌍극자들 사이의 인력에 의한 상호작용이 있는 경우도 있으며, 또 어떤 경우에는 용질이 정지상 속의 카이랄 공간에 끼어 들어가 포집 착화합물(inclusion complex)을 형성하기도 한다. 어느 형태이든 간에 이와 같이 매우 밀접하게 연관된 화합물들을 분리할 수 있는 능

---

[14]친화 크로마토그래피에 대한 상세한 내용은 다음 문헌을 참고하시오. M. Zachariou, ed., *Affinity Chromatography: Methods and Protocols*, 2nd ed., Totowa, NJ: Humana Press, 2007; D. S. Hage ed., *Handbook of Affinity Chromatography*, 2nd ed., Boca Raton: CRC Press, 2006.

[15]G. Subramanian, *Chiral Separation Technique: A Practical Approach*, Weinheim, Germany: Wiley-VCH, 2007); S. Ahuja, *Chiral Separations by Chromatography*, New York: Oxford University Press, 2000.

[16]카이랄 정지상에 대한 리뷰는 다음 문헌을 참고하시오. D. W. Armstrong and B. Zhang, *Anal. Chem.*, **2001**, *73*, 557A, **DOI**: 10.1021/ac012526n.

[17]카이랄 상호작용에 대한 리뷰는 다음 문헌을 참고하시오. M. C. Ringo and C. E. Evans, *Anal. Chem.* **1998**, *70*, 315A, **DOI**: 10.1021/ac9818428.

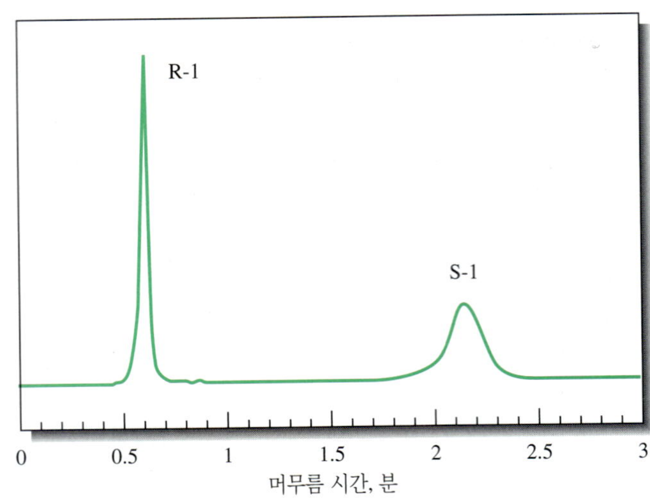


**그림 33-14** 다이나이트로벤젠-류신 카이랄 정지상을 이용하여 분리한 *N*-(1-나프틸) 류신 에스터의 라셈 혼합물의 크로마토그램. *R* 및 *S* 거울상 이성질체들이 잘 분리되었다. 컬럼: 4.6 × 50 mm. 이동상: 20% 2-프로판올/헥세인. 흐름 속도: 1.2 mL/min; UV 검출기: 254 nm. (Reprinted (adapted) with permission from L. H. Bluhm, Y. Wang, and T. Li, *Anal. Chem.*, **2000**, *72*, 5201, **DOI**: 10.1021/ac000568q. Copyright 2000 American Chemical Society.)

력은 다양한 분야에서 매우 중요하다. **그림 33-14**는 카이랄 정지상을 사용하여 에스터의 라셈 혼합물을 분리한 예이다. *R* 및 *S* 거울상 이성질체들의 뛰어난 분리능에 주목하시오.

## 33H 고성능 액체 크로마토그래피와 기체 크로마토그래피의 비교

표 33-3에 고성능 액체 크로마토그래피와 기체 크로마토그래피를 비교하였다. 두 방법 모두 적용 가능한 경우에는 GC가 간단한 장치로 신속한 분리를 할 수 있다는 장점을 제공한다. 반면에 HPLC는 비휘발성 물질(무기 이온을 포함한)과 열적으로 불안정한 물질에 응용할 수 있지만 GC는 그러하지 못하다. 두 방법은 상호 보완적인 경우가 많다.

**표 33-3**

| 고성능 액체 크로마토그래피와 기체 크로마토그래피의 비교 |
|---|
| **두 방법의 공통점** |
| • 효율적이고, 선택성이 높고, 적용 범위가 넓다. |
| • 소량의 시료로 분석이 가능하다. |
| • 시료를 파괴하지 않고 분석할 수도 있다. |
| • 정량 분석이 쉽다. |
| **HPLC의 장점** |
| • 비휘발성 및 열적으로 불안정한 시료를 분석할 수 있다. |
| • 일반적으로 무기 이온에도 적용이 가능하다. |
| **GLC의 장점** |
| • 장비가 간단하고 값이 싸다. |
| • 빠르다. |
| • 분리능이 아주 우수하다(모세관 컬럼). |
| • 질량 분석법과의 접속이 쉽다. |

**스프레드시트 요약** *Applications of Microsoft® Excel in Analytical Chemistry* 2판 15장은 겹쳐진 Gauss 피크들의 분리능을 다루는 연습으로부터 시작된다. 겹쳐진 크로마토그램의 감응은 Gauss 곡선의 합으로 모형화된다. 모형의 파라미터에 대해 먼저 어림셈한다. 나머지 오차, 감응과 모형의 차이, 나머지 오차의 제곱합을 Excel로 계산한다. 되풀이 결과를 표시하면서 Excel's Solver를 사용하여 나머지 오차들의 제곱합이 최소가 되도록 한다.

**www.cencage.com/chemistry/skoog/fac9**에 접속한다. Chapter Resources 메뉴로부터 Chapter 33의 Web Works에서 *LC-GC* 잡지 링크를 찾는다. *LC-GC*는 무료 잡지로서 크로마토그래피 연구자 및 다른 분야의 크로마토그래피 장비 사용자들을 위한 흥미 있는 기사들을 적시에 제공한다. *LC-GC* 홈페이지에서 J. L. Herman 및 T. Edge 공저의 "Theoretical Concepts and Applications of Turbulent Flow Chromatography (난류 크로마토그래피의 이론적 개념 및 응용)"라는 제목의 논문을 찾는다. 난류(turbulent flow)의 정의는 무엇인가? 레이놀즈 수(Reynolds number)란 무엇인가? 난류의 흐름 모양을 층 흐름(laminar flow)에 비해 수학적으로 정의하기가 더 어려운 이유는 무엇인가? 난류 크로마토그래피를 2차원 기술로 설명할 수 있는가? 어떤 종류의 분자들을 난류 크로마토그래피에서 분리할 수 있는가? LC-MS 장치에서 난류가 어떻게 유용하게 쓰일 수 있는가? 이 기술을 생물질 시료의 세척에 유용하게 활용할 수 있을까? 기존의 HPLC와 이론 단수를 비교할 경우 어떻게 되는가? 난류 크로마토그래피에서 2 컬럼 방식을 자주 사용하는 이유는 무엇인가?

## 연습 문제

**33-1.** 다음의 크로마토그래피 방법을 응용하기에 가장 적합한 물질의 종류를 열거하시오.
- *(a) 기체-액체
- (b) 액체 분배
- *(c) 이온
- (d) 친화
- *(e) 젤 투과
- (f) 젤 거름
- *(g) 카이랄

**33-2.** 다음 용어를 정의하시오.
- *(a) 등용매 용리
- (b) 기울기 용리
- *(c) 정상 충전물
- (d) 역상 충전물
- *(e) 결합된 정지상 충전물
- (f) 카이랄 크로마토그래피
- *(g) 이온 쌍 크로마토그래피
- (h) 용리액 억제 컬럼
- *(i) 젤 거름
- (j) 젤 투과

**33-3.** 역상 충전물이 들어 있는 HPLC 컬럼을 사용할 경우 다음 물질들의 용리 순서를 예측하시오.
- *(a) 벤젠, 다이에틸 에터, *n*-헥세인
- (b) 아세톤, 다이클로로에테인, 아세트아마이드

**33-4.** 정상 충전물이 들어 있는 HPLC 컬럼을 사용할 경우 다음 물질들의 용리 순서를 예측하시오.
- *(a) 에틸 아세테이트, 아세트산, 다이메틸아민
- (b) 프로필렌, 헥세인, 벤젠, 다이클로로벤젠

***33-5.** 흡착 크로마토그래피와 분배 크로마토그래피의 근본적인 차이점을 설명하시오.

**33-6.** 이온 교환 크로마토그래피와 크기 배제 크로마토그래피의 근본적인 차이점을 설명하시오.

***33-7.** 젤 거름 크로마토그래피와 젤 투과 크로마토그래피의 차이점을 설명하시오.

**33-8.** HPLC로는 분리할 수 있으나 GC로는 분리할 수 없는 화학종에는 어떤 형태가 있는가?

***33-9.** 등용매 용리와 기울기 용리의 주요 차이점은 무엇인가? 두 용리 방법을 사용하기에 가장 적합한 화합물의 종류에는 어떤 것들이 있는가?

**33-10.** 고성능 액체 크로마토그래피에 사용되는 두 종류의 펌프를 설명하시오. 각 펌프의 장점과 단점은 무엇인가?

***33-11.** 단일 컬럼 및 억제 컬럼 이온 크로마토그래피의 차이점을 설명하시오.

**33-12.** 질량 분석법은 기체 크로마토그래피의 검출기 장치로 매우 광범하게 쓰인다. GC에 비해서 HPLC를 질량 분석법과 연결시키기 더 어려운 이유를 설명하시오.

***33-13.** 표 32-1에 열거된 GC 검출기 중 HPLC에 적합한 것은 어느 것인가? 이들 중 일부 검출기가 부적합한 이유는 무엇인가?

**33-14.** 이상적인 GC 검출기를 32A-4절에서 설명하였다. 이상적인 GC 검출기의 8가지 특징 중 HPLC 검출기에도 적용할 수 있는 것은 무엇인가? 이상적인 HPLC 검출기가 갖추어야 할 추가적인 특징은 무엇인가?

***33-15.** 비록 HPLC 분리에서의 온도의 영향이 GC만큼 크지는 않지만, 온도는 여전히 중요한 역할을 한다. 다음의 분리에 있어 온도가 어떻게 그리고 왜 영향을 미치는지 또는 미치지 않는지를 설명하시오.
- (a) 역상 크로마토그래피에 의한 스테로이드 혼합물의 분리
- (b) 흡착 크로마토그래피에 의한 매우 비슷한 이성질체 혼합물의 분리

**33-16.** HPLC로 분리할 때 머무름 시간이 22초 차이를 나타내는 두 가지 성분이 있다. 첫째 성분은 10.5분에 용리되고 두 피크의 띠너비는 거의 같다. 0.50, 0.75, 0.90, 1.0, 1.10, 1.25, 1.50, 1.75, 2.0, 2.5의 분리능 $R_s$ 값을 얻기 위해 필요한 최소한의 이론 단수를 스프레드시트를 사용하여 각각 계산하시오. 만약 첫째 피크보다 둘째 피크의 띠너비가 두 배라면 결과는 어떻게 달라지는가?

**33-17.** 실험동물의 시간별 약물 농도 변화를 연구할 목적으로 쥐의 혈장 중의 이부프로펜을 분리 측정할 HPLC 방법을 개발하였다. 몇 가지 표준물질을 사용하여 다음 결과를 얻었다.

| 이부프로펜 농도(μg/mL) | 피크 면적 |
|---|---|
| 0.5 | 5.0 |
| 1.0 | 10.1 |
| 2.0 | 17.2 |
| 3.0 | 19.8 |
| 6.0 | 39.7 |
| 8.0 | 57.3 |
| 10.0 | 66.9 |
| 15.0 | 95.3 |

그리고 이부프로펜 시료 10 mg/kg을 실험 쥐에 경구 투여하였다. 약물 투여 후 경과 시간별로 혈액 시료를 채취하여 HPLC로 분석하여 다음 결과를 얻었다.

| 시간(hr) | 피크 면적 |
|---|---|
| 0 | 0 |
| 0.5 | 91.3 |
| 1.0 | 80.2 |
| 1.5 | 52.1 |
| 2.0 | 38.5 |
| 3.0 | 24.2 |
| 4.0 | 21.2 |
| 6.0 | 18.5 |
| 8.0 | 15.2 |

위의 각 시간별 혈장 중 이부프로펜 농도를 구하고 시간에 대하여 농도를 그래프로 도시하시오. 백분율로 계산할 때 각 30분 시간 간격 가운데 어느 구간에서 (0~30분, 30~60분, 60~90분 등) 이부프로펜이 가장 크게 감소하는가?

**33-18.** **도전 문제:** 문제를 단순화하기 위하여 HPLC의 이론단 해당 높이 $H$를 식 (31-27)를 통해 다음과 같이 나타낼 수 있다고 가정한다.

$$H = \frac{B}{u} + C_S u + C_M u = \frac{B}{u} + Cu$$

여기서 $C = C_S + C_M$이다.

(a) 미적분을 이용하여 $H$의 최소값을 계산하고, 이를 통하여 최적 흐름 속도 $u_{opt}$를 다음과 같이 표현할 수 있음을 보이시오.

$$u_{opt} = \sqrt{\frac{B}{C}}$$

(b) 위 관계식에 의하여 최소 이론단 높이 $H_{min}$이 다음과 같아짐을 유도하시오.

$$H_{min} = 2\sqrt{BC}$$

(c) 일부 크로마토그래피 조건 하에서는 $C_S$는 $C_M$에 비하여 무시할 수 있을 정도로 작다. 충전 LC 컬럼에서는 $C_M$은 다음과 같은 식으로 주어진다.

$$C_M = \frac{\omega d_p^2}{D_M}$$

여기서, $\omega$는 차원 없는 상수이고 $d_p$는 컬럼 충전물 입자의 크기, $D_M$은 이동상의 확산 계수이다. 계수 $B$를 다음과 같이 표시할 수 있다.

$$B = 2\gamma D_M$$

여기서, $\gamma$는 차원 없는 상수이다. $u_{opt}$와 $H_{min}$을 $D_M$, $d_p$ 및 차원 없는 상수 $\omega$, $\gamma$를 이용하여 표현하시오.

(d) 만약 위의 두 차원 없는 상수의 크기가 1 부근이라면 $u_{opt}$와 $H_{min}$은 다음과 같이 표시됨을 보이시오.

$$u_{opt} \approx \frac{D_M}{d_p} \quad 및 \quad H_{min} \approx d_p$$

(e) (d)의 조건 하에서 어떻게 하면 이론 단 높이를 1/3로 줄일 수 있는가? 이러한 조건 하에서 최적 흐름 속도는 어떻게 되는가? 같은 길이의 컬럼에 대한 이론 단수 $N$은 어떻게 되는가?

(f) (e)의 조건 하에서 어떻게 하면 이론 단 높이가 1/3로 줄어들더라도 이론 단수를 동일하게 유지할 수 있는가?

(g) 앞에서 고찰한 내용은 띠 넓어짐이 모두 컬럼 내에서 일어난다고 가정하였다. LC 피크들의 전체 띠너비에 영향을 줄 수 있는 컬럼 외에서의 띠 넓어짐의 두 가지 발생원을 지적하여 보시오.

제 34 장

# 기타 분리 방법

Miscellaneous Separation Methods

이 장에서 학습할 분리 방법 중 하나인 모세관 전기이동법(capillary electrophoresis, CE)은 질병진단을 위한 DNA 정보 수집에 사용되는 중요한 기술이다. 한 예로, 사슴 진드기(사진은 라임 진드기)에 물려 전염되는 일종의 박테리아 질병인 라임병의 초기 검출이다. 사슴 진드기는 박테리아를 운반하는 생쥐의 사료에 의해 전염된다. 숲에서 진드기는 작은 포유동물에서 사슴과 사람을 통해 옮겨질 수 있는데 여기서 라임병이 발생될 수 있다. 초기 단계에서 이 질병은 열, 오한, 두통, 림프절 부음 및 다른 증상과 더불어 붉은 반점을 동반한다. 라임병은 만성적이고 심신을 약화시키기 전에 항생제로 효과적으로 치료될 수 있기 때문에 초기 진단이 매우 중요하다. 라임병에 대한 진단 기술 발전은 연구자들이 주요 박테리아를 확인하기 위한 DNA 정보 수집 방법론을 적용하도록 이끌고 있다. 질병 진단 외에 CE는 범죄 수사에서 혐의 확인과 소멸, 친자 확인 검사, 가족 확인 등과 같은 많은 법의학적인 응용에 사용되고 있다.

이 장에서는 초임계 유체 크로마토그래피, 종이 크로마토그래피, 모세관 전기이동법, 모세관 전기크로마토그래피, 장-흐름 분획법 같은 쉽게 분류할 수 없는 몇 가지 분리 방법들과 응용에 대해 다루기로 한다.

이 장에서는 초임계 유체 크로마토그래피(supercritical fluid chromatography) 및 추출, 얇은 층 및 종이 크로마토그래피(thin-layer and paper chromatography), 모세관 전기이동법(capillary electrophoresis), 모세관 전기크로마토그래피(capillary electrochromatography) 및 장-흐름 분획법(field-flow fractionation)을 포함하는 몇 가지 추가적인 분리 방법에 관해 고찰하기로 한다. 이러한 방법들은 매우 강력하여 GC나 HPLC법으로 확립되지 않았으며 일반적인 방법으로 불가능하거나 비실용적인 분리들을 가능하게 해준다.

## 34A 초임계 유체 분리

초임계 유체(supercritical fluid)는 독특한 용매화 특성을 가지는 중요한 일종의 용매이다. 이러한 유체는 크로마토그래피나 용매 추출에 있어 매우 유용하게 사용되고 있다. 초임계 유체 크로마토그래피(supercritical fluid chromatography, SFC)에서, 초임계 유체는 이동상처럼 거동한다. 먼저, SFC는 기체 및 액체 크로마토그래피를 혼성시킨 것으로 고려되었으나, 지금은 조작과 기기적인 면에서 HPLC에 더 유사하게 생각되고 있다.[1] 초임계 추출법(supercritical fluid extraction, SFE)은 특

[1]추가적인 정보는 다음을 참고하시오. M. Caude and D. Thiebaut, eds., *Practical Supercritical Fluid Chromatography and Extraction*, Amsterdam: Harwood, 2000; K. Anton and C. Berger, eds., *Supercritical Fluid Chromatography with Packed Columns, Techniques and Applications*, New York: Dekker, 1998; L. Taylor, in *Handbook of Instrumental Techniques for Analytical Chemistry*, F. Settle ed., Ch. 11, Upper Saddle River, NJ: Prentice Hall, 1997. For recent reviews, see, L. T. Taylor, *Anal. Chem.*, **2010**, *82*, 4925, **DOI**: 10.1021/ac101194x; L. T. Taylor, *Anal. Chem.*, **2008**, *80*, *4285*, **DOI**: 10.1021/ac800482d.

**표 34-1**

**초임계 유체, 액체 및 기체의 성질 비교***

| 성질 | 기체(STP) | 초임계 유체 | 액체 |
|---|---|---|---|
| 밀도($g/cm^3$) | $(0.6\sim2) \times 10^{-3}$ | $0.2\sim0.5$ | $0.6\sim2$ |
| 확산 계수($cm^2/s$) | $(1\sim4) \times 10^{-1}$ | $10^{-3}\sim10^{-4}$ | $(0.2\sim2) \times 10^{-5}$ |
| 점도, ($g\ cm^{-1}s^{-1}$) | $(1\sim3) \times 10^{-4}$ | $(1\sim3) \times 10^{-4}$ | $(0.2\sim3) \times 10^{-2}$ |

히, 환경, 의약, 식품의 시료와 같은 복합 물질에 대해 뛰어난 분리 능력을 보여준다.[2] 먼저 SFC와 SFE의 원리와 응용에 대해 고찰하기 전에 초임계 유체의 특성에 대해 살펴보기로 하자.

## ▸ 34A-1 초임계 유체의 특성

**초임계 유체는** 물질이 임계 온도 이상일 때의 물리적 성질이다.

**임계 온도**는 물질이 더 이상 액화할 수 없는 온도이다.

**초임계 유체**(supercritical fluid)는 물질을 임계 온도 이상으로 가열할 때 생성된다. **임계 온도**(critical temperature) 이상에서 물질은 아무리 압력을 가하여도 액체 상태로 응축되지 아니한다. 예컨대 이산화 탄소는 31℃ 이상의 온도에서 초임계 유체이다. 이 상태에서 이산화 탄소 분자들은 기체 속에서와 마찬가지로 서로 독립적으로 거동한다.

초임계 유체의 밀도는 그 기체 상태의 밀도보다 200~400배이며 그 액체 상태의 밀도에 가깝다.

**표 34-1**의 자료에서 보는 바와 같이 초임계 유체의 물리적 성질은 액체나 기체 상태의 그 성질과 전혀 다르다. 예컨대 초임계 유체의 밀도는 기체의 밀도보다 전형적으로 200~400배 크고 액체 상태인 물질의 밀도에 근접한다. 표 34-1에서 비교한 성질들은 크로마토그래피와 다른 분리에 있어서 중요한 성질들이다.

초임계 유체는 크고 비휘발성인 분자들을 녹이는 경향이 있다.

초임계 유체의 중요한 성질의 하나는 높은 밀도($0.2\sim0.5\ g/cm^3$)와 관련되며 큰 비휘발성 분자들을 녹일 수 있는 능력이다. 예를 들면, 초임계 이산화 탄소는 5~22개의 탄소 원자를 함유하는 *n*-알케인, 알킬기가 4~16개의 탄소를 함유하는 다이-*n*-프탈산 알킬, 여러 고리를 갖는 다양한 여러 고리 방향족 탄화수소 등을 쉽게 녹인다.[3]

크로마토그래피에서 사용되는 유체의 임계 온도는 대략 30℃에서 200℃ 이상까지 다양하다. 더 낮은 임계 온도는 크로마토그래피에 있어 여러 가지 점에서 유리하다. 이러한 이유 때문에 지금까지 대부분의 연구는 **표 34-2**에 열거한 초임계 유체에 집중되어 왔다. 이러한 온도와 이들 온도에서의 압력은 일반적인 고성능 액체 크로마토그래피(HPLC)의 작동 조건 범위 이내라는 점을 주목할 필요가 있다.

**표 34-2**

**몇 가지 초임계 유체의 성질***

| 유체 | 임계 온도(℃) | 임계 압력(atm) | 임계점 밀도(g/mL) | 400 atm에서의 밀도(g/mL) |
|---|---|---|---|---|
| 이산화 탄소 | 31.3 | 72.9 | 0.47 | 0.96 |
| 아산화 질소 | 36.5 | 71.7 | 0.45 | 0.94 |
| 암모니아 | 132.5 | 112.5 | 0.24 | 0.40 |
| *n*-뷰테인 | 152.0 | 37.5 | 0.23 | 0.50 |

*From M. L. Lee and K. E. Markides, Science, 1987, 235, 1342, DOI:10.11.1126/science.235.4794.1342. Reprinted with permission from AAAS.

[2]See G. Brunner, ed., *Supercritical Fluids As Solvents and Reaction Media*, Ch. 4, Amsterdam: Elsevier, 2004; M. C. Henry and C. R. Yonker, *Anal. Chem.* **2006**, 78, 3909, **DOI**: 10.1021./ac0605703.

[3]중요한 산업공정은 초임계 이산화 탄소 중에서 유기 화학종의 용해도가 매우 크다는 점에 근거를 두고 있다. 예컨대 커피 원두로부터 카페인을 추출하여 카페인이 제거된 커피를 제조하거나 담배 연초로부터 니코틴을 제거하는 데 이용된다.

## ▸ 34A-2 기기 장치와 작동 변수

초임계 유체 크로마토그래피의 기기 장치는 액체 상태로 유체를 유지하기 위해 차가운 펌프 헤드와 컬럼의 압력을 조절하거나 측정하는 장치를 제외하고는 HPLC 설계와 비슷하다. 비록 오늘날에는 단지 일부의 회사에서만 이러한 기기 장치를 생산하고 있지만, 1980년대 중반부터 몇몇 회사들이 초임계 유체 크로마토그래피 장치를 판매하기 시작하였다.[4]

### » 압력 효과

초임계 유체의 밀도는 압력이 증가함에 따라 비직선적으로 빠르게 증가한다. 밀도가 증가하면 머무름 인자($k$)를 변화시키므로 용리 시간이 변한다. 예컨대, 이산화 탄소의 압력을 70 atm에서 90 atm로 증가시킬 때 헥사데케인의 용리 시간은 25분에서 5분으로 감소된다는 사실이 보고되었다. 기체 크로마토그래피의 온도 프로그래밍이나 HPLC의 기울기-용리와 비슷한 효과를 컬럼 압력을 직선적으로 증가시키거나 밀도가 직선적으로 증가하도록 압력을 조절하면 얻을 수 있다. 그림 34-1은 압력 프로그래밍에 의하여 크로마토그램이 개선됨을 보여준다. 유체가 컬럼을 통해 이동할 때 압력 감소는 분리와 열역학적 측정에 영향을 가져올 수 있는 온도 변화를 야기시킬 수 있다. SFC에서 사용되고 있는 가장 일반적인 압력 프로필은 마지막 압력에 선형적 혹은 점근적 접근에 의해 수반되는 주어진 시간의 길이에 대해 종종 일정(등압력)하다. 압력 프로그래밍뿐만 아니라 온도 프로그래밍과 이동상 기울기 용리가 사용되고 있다.

❮ SFC에서 기울기 용리는 컬럼 압력과 초임계 유체의 밀도를 체계적으로 변화시킴으로써 얻을 수 있다.

### » 컬럼

충전 컬럼과 열린관 컬럼이 모두 초임계 유체 크로마토그래피에 사용된다. 충전 컬럼은 이론단이 더 크고 열린관 컬럼보다 더 많은 시료 부피를 취급할 수 있다. 초임계 매질의 낮은 점성도 때문에 액체 크로마토그래피에서 사용하는 컬럼보다 긴 것을 사용

| | |
|---|---|
| 시료: | 1. cholesteryl octanoate |
| | 2. cholesteryl decylate |
| | 3. cholesteryl laurate |
| | 4. cholesteryl myristate |
| | 5. cholesteryl palmitate |
| | 6. cholesteryl stearate |
| 컬럼: | DB – 1 |
| 이동상: | $CO_2$ |
| 온도: | 90C |
| 검출기: | FID |

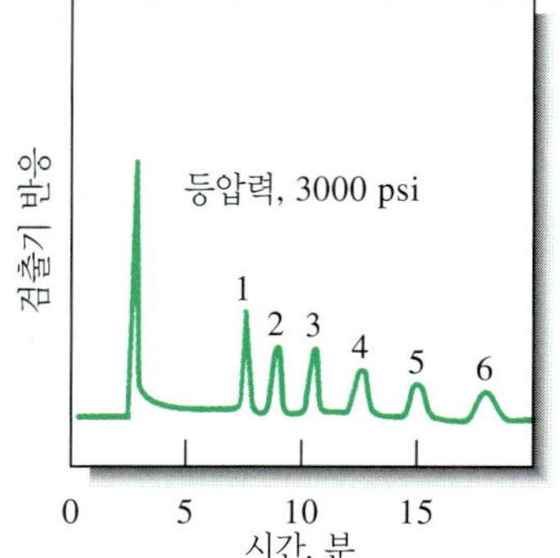


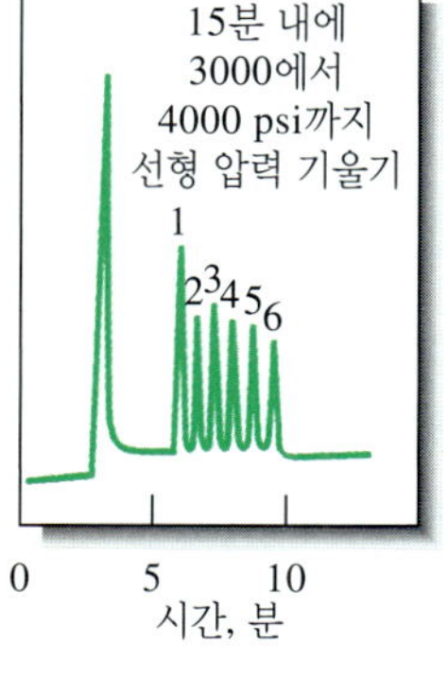


**그림 34-1** 초임계 유체 크로마토그래피에서 압력 프로그래밍 효과. 오른쪽에 있는 압력기울기 크로마토그램이 등압력 크로마토그램보다 더 짧은 시간에 얻어진다는 것에 유념하시오. (Courtesy of Brownlee Lab's Sata Clara, CA.)

[4]L. T. Taylor, *Anal. Chem.*, **2010**, *82*, 4925, **DOI**: 10.1021/ac101194x.

초임계 유체는 크고 비휘발성인 분자들을 녹이는 경향이 있다.

할 수 있어, 길이 10~20 m, 내경 50~100 μm인 컬럼이 일반적으로 사용되고 있다. 분리가 어려운 경우 길이가 60 m 이상인 컬럼을 사용하기도 한다. 충전 컬럼을 사용할 때 100,000 이상의 이론단을 얻을 수 있다. 열린관 컬럼은 32B-1절에 있는 용융-실리카 열린관(FSOT) 컬럼과 비슷하다. 충전 컬럼이 SFC에서 가장 많이 사용되고 있는 컬럼이다. SFC 충전 컬럼은 정상 HPLC에서 사용하는 컬럼과 매우 유사하다.

액체 크로마토그래피에 사용되고 있는 많은 컬럼 코팅 물질들을 초임계 유체 크로마토그래피에서도 적용할 수 있다. 흔히 사용되는 정지상은 실리카 입자 표면 또는 모세관 실리카 관 내벽에 화학적으로 결합시킨 폴리실록세인이다(32B-3절 참조). 필름 두께는 0.05~0.4 μm이다.

### » 이동상

초임계 유체 크로마토그래피에서 가장 널리 사용되는 이동상은 이산화 탄소다. 이산화 탄소는 다양한 비극성 유기 분자들을 녹이는 좋은 용매이다. 또한 자외선을 투과시키고 냄새가 없으며 독성이 없고 쉽게 구입할 수 있고 다른 크로마토그래피용 용매보다 훨씬 저렴하다. 이산화 탄소의 임계 온도 31°C와 임계 온도에서의 임계 압력 73 atm은 최신 HPLC 작동 한계를 넘지 않고 넓은 범위에서 온도와 압력을 선택할 수 있게 해준다. 어떤 응용에서는 메탄올과 같은 극성 유기 변형제를 적은 농도(≈ 1%) 첨가하여 분석 물질들의 $\alpha$ 값을 변화시킬 수 있다.

에테인, 펜테인, 이염화이플루오르화메테인, 다이에틸에터 및 테트라하이드로퓨란을 비롯한 다른 많은 물질들도 초임계 유체 크로마토그래피의 이동상으로 사용된다. 하지만 여전히 이산화 탄소가 가장 많이 사용되고 있다.

### » 검출기

초임계 유체 크로마토그래피의 주요 장점은 기체-액체 크로마토그래피의 감도가 좋은 만능 검출기를 사용할 수 있다는 점이다. 예컨대 초임계 운반체를 압력제한기(restrictor)를 거쳐 공기-수소 불꽃 속으로 들어가게 하면 기체-액체 크로마토그래피의 편리한 불꽃 이온화 검출기를 사용할 수 있고, 검출기에서 분석 물질들로부터 생성된 이온들이 분극된(biased) 전극들에 모아지고 전류를 발생시킨다.

질량 분광기는 SFC의 중요한 검출기가 되고 있다.

자외선-가시선 흡수와 빛 산란 검출기와 같은 많은 다른 검출기들도 사용되고 있다. 이산화 탄소와 같은 용매들은 쉽게 휘발되기 때문에 질량분석기(MS)를 HPLC 시스템보다 SFC 시스템에 쉽게 연결할 수 있다. 이러한 이유 때문에 SFC/MS는 매우 유용한 연결 기술이 되고 있다. 텐뎀 질량분석기도 역시 SFC 기기에 성공적으로 연결되고 있다.

## ▸ 34A-3 초임계 유체 크로마토그래피와 다른 컬럼 방법들의 비교

표 34-1과 다른 자료에 따르면 초임계 유체의 몇 가지 물리적 성질은 기체와 액체의 중간에 해당함을 알 수 있다. 결국 이 새로운 크로마토그래피 형식은 기체 및 액체 크로마토그래피의 일부 특성을 결합한 것이다. 따라서 기체 크로마토그래피처럼 초임계 유체 크로마토그래피에서는 이동상의 낮은 점도와 높은 확산 속도 때문에 액체 크로마토그래피보다 분석 속도가 훨씬 빠르다. 그러나 높은 확산 성질 때문에 액체 크로마토그래피에서는 영향이 적었던 세로 방향 띠 넓어짐 현상이 나타난다.

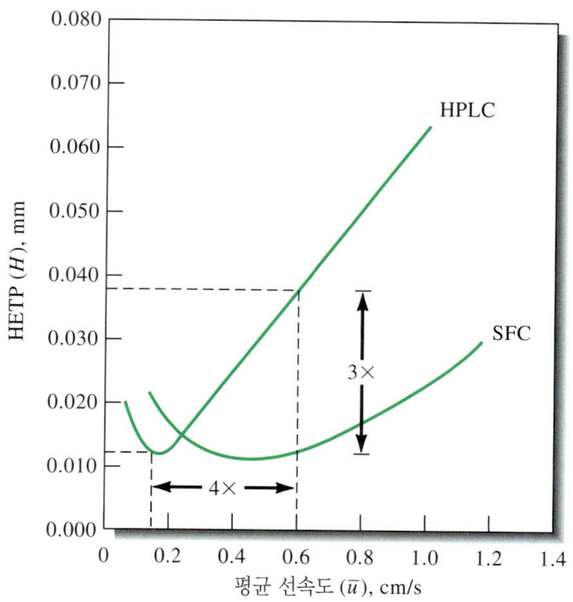


**그림 34-2** 종래의 이동상(HPLC)과 초임계 이산화 탄소 SFC로 용리하였을 때 5-μm ODS 컬럼의 성능 특성. (Copyright (2012) Hewlett-Packard Development company, L. P. Reproduced with Permission.)

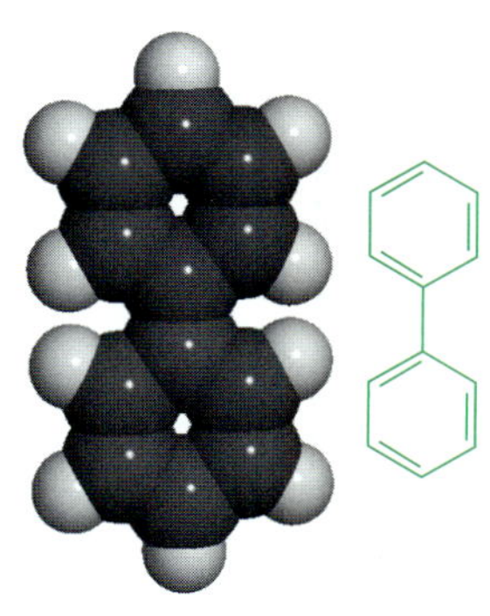

유해한 방향족 탄화수소인 바이페닐 분자 모형과 구조. 이 물질은 유화제, 광택 증가제, 플라스틱, 기타 화합물 제조 중간체이다. 바이페닐은 가열 유체의 열 전달 매질, 섬유나 복사용지의 색소 운반체, 의약품 제조의 용매 등으로도 쓰인다. 시트러스(감귤류) 과일을 포장할 때 바이페닐을 첨가한 종이로 포장하면 진균류에 의한 손상을 예방할 수 있다. 바이페닐에 단기간 노출되면 눈과 피부 자극을 비롯하여 간, 신장, 신경계에 독성을 나타낸다. 장기간 노출되었을 경우 실험동물의 신장 장애와 사람의 중추신경계 장애를 유발하였다.

초임계 유체의 중간 정도의 확산 계수와 점성도는 기체 크로마토그래피에서 나타나는 것보다 작은 띠 퍼짐으로 액체 크로마토그래피보다 빠른 분리를 얻게 한다.

**그림 34-2**는 고성능 액체 크로마토그래피와 초임계 유체 크로마토그래피의 평균 선 속도 $\bar{u}$ (cm/s)의 변화에 대한 단 높이 $H$의 변화를 도시한 것이다. 두 경우 모두 피렌(pyrene)을 용질로 사용하였고 정지상은 역상 옥타데실 실레인($C_{18}$)을 사용하여 40°C로 유지하였다. HPLC의 이동상은 아세토나이트릴과 물이며 SFC의 이동상을 이산화 탄소이다. 이들 조건 하에서 용질의 머무름 인자($k$)는 거의 비슷하였다. HPLC의 경우 이동상 흐름 속도 0.13 cm/s에서, SFC의 경우는 0.40 cm/s에서 단 높이가 최소였다는 점을 주목할 필요가 있다. 이 차이의 결과로 동일한 조건으로 피렌과 바이페닐을 분리한 크로마토그램이 **그림 34-3**에 도시되어 있다. HPLC의 분리 시간이 SFC에 비하여 두 배 이상 소모되었다는 사실에 주목하시오.

여러 장점에도 불구하고 SFC가 광범하게 인정받지 못하고 있는 이유는 기기 장치의 복잡성과 가격 그리고 고유 정보를 제공해 주는 응용 예가 별로 없기 때문이다. 그러나 여전히 SFC는 분리 분석 분야에서 중요한 공백을 채우며 HPLC와 GC 사이의 중요한 관계를 제공하고 있다.

## ▸ 34A-4 응용

초임계 유체 크로마토그래피는 기체 크로마토그래피나 액체 크로마토그래피로는 쉽게 분리하기 어려운 화합물들에 적용할 수 있는 관 크로마토그래피의 잠재력이 있어 보인다. 이러한 화합물로는 비휘발성이거나 열적으로 불안정하며 광도법으로 검출에 이용할 발색단이 없는 화학종들이 포함된다. 초임계 유체 크로마토그래피를 이용하면 100°C 미만의 온도에서 이들 화합물들을 분리할 수 있으며 고감도의 불꽃이온화 검출기로 쉽게 검출할 수 있다.

초임계 크로마토그래피는 오늘날 신약 개발에서 부딪히는 카이랄 화합물의 중요한 분리 방법 중 하나이다. 이것은 카이랄 화합물의 역상 HPLC 분리 방법을 대체할 잠재력을 가지고 있다.

SFC는 제약산업에서 카이랄 분리에 널리 사용된다.

## 34B 평면 크로마토그래피

평면 크로마토그래피 방법으로는 **얇은층 크로마토그래피**(thin-layer chromatography, TLC)와 **종이 크로마토그래피**(paper chromatography, PC) 및 **전기크로마토그래피**(electrochromatography)[5]가 있다. 이 방법들은 지지체 자체이거나 지지 유리, 플라스틱 또는 금속 표면에 코팅시킨 평평하면서도 비교적 얇은 층의 물질을 이용한다. 이동상은 모세관 작용이나 중력, 전기 전위에 의해 정지상을 통해 이동한다. 평면 크로마토그래피는 한 때 이차원 크로마토그래피라고도 불리었으나 오늘날 이 용어는 분리 기전이 서로 다른 두 가지 크로마토그래피 기술을 결합한 것을 나타낸다.

대부분의 평면 크로마토그래피는 얇은층 기술에 바탕을 두고 있으며 종이 크로마토그래피보다 더 신속하고 분리능과 감도가 더 좋다. 이 절에서는 얇은층 방법에 국한하여 설명하기로 한다. 모세관 전기크로마토그래피는 34D절에서 설명한다.

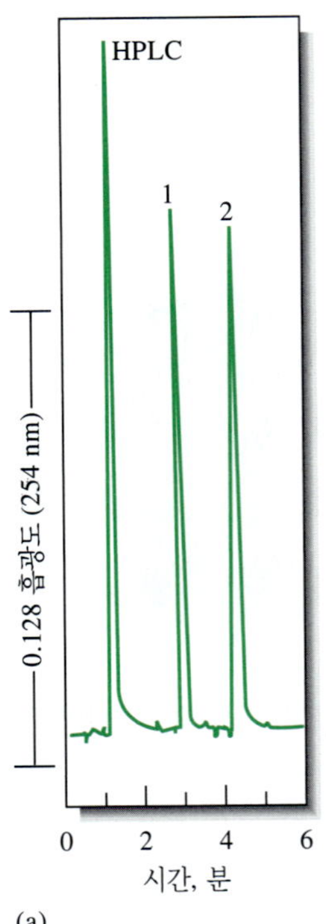

(a)

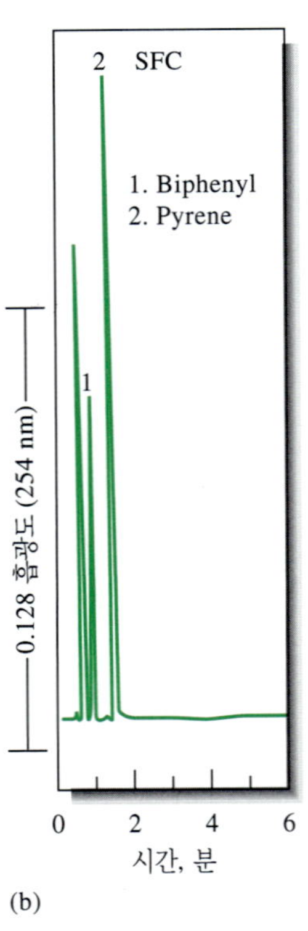

(b)

**그림 34-3** (a) HPLC과 (b) SFC를 이용한 피렌과 바이페닐의 분리. (From D. R. Gere, *Science*, **1983**, *222*, 253, **DOI**: 10.1126/science.6414083. Reprinted with permission from AAAS.)

### ▸ 34B-1 얇은층 크로마토그래피의 범위

얇은층 크로마토그래피(TLC)는 적절한 판의 표면에 정지상이 얇게 자리잡고 있는 일종의 액체-고체 크로마토그래피이다. 이동상은 모세관 작용에 의해 이동한다. 얇은층 크로마토그래피와 액체 크로마토그래피는 이론, 고정상, 이동상 면에서 매우 유사하다. 실제로 컬럼 액체 크로마토그래피의 최적 분리 조건을 찾는데 얇은층 판을 매우 유용하게 이용할 수 있다. 이 실험 과정의 장점은 얇은층 실험이 신속하고 비용이 저렴하다는 데 있다. 일부 크로마토그래피 연구자들은 관 실험을 수행하기 전에 반드시 얇은층 실험을 먼저 수행하기도 한다. TLC 기구는 HPLC 장비보다 훨씬 더 간단하고 사용하기에 경비가 더 저렴하다.

동시에 TLC 방법들은 제약산업에서 순도 측정을 위해 널리 사용되었다. 오늘날, 많은 이런 방법들이 HPLC 기술로 대체되고 있다. 하지만 여전히 TLC 임상 실험실에서도 광범하게 사용되고 있으며 수많은 생화학 및 생물학 연구들에서도 중추적 역할을 하고 있다. 산업체 실험에서도 매우 많이 이용되고 있음을 볼 수 있다.[6] 이렇게 응용 영역이 많기 때문에 TLC는 매우 중요한 기술로 남아 있다.

### ▸ 34B-2 얇은층 크로마토그래피의 원리

전형적인 얇은층 크로마토그래피 분리는 미세한 입자들을 얇은층으로 코팅한 유리판 위에서 수행되는데, 이 얇은층이 정지상으로 작용한다. 이때 사용되는 입자는 흡착, 정상 및 역상 분배, 이온 교환 및 크기 배제 컬럼 크로마토그래피에 사용되는 입자와 유사하다. 이동상 역시 고성능 액체 크로마토그래피(HPLC)에 사용되는 것과 비슷하다.

#### » 얇은층 판 만들기

유리판, 플라스틱 판 또는 현미경 슬라이드의 깨끗한 면 위에 미세한 고체의 수용

[5]평면 크로마토그래피에 대한 총설은 다음을 참고하시오. J. Sherma, Anal. Chem., **2010**, *82*, 4895, **DOI**: 10.1021/ac902643v; J. Sherma, **2008**, *80*, 4253, **DOI**: 10.1021/ac7023415.

[6]얇은층 크로마토그래피의 원리와 응용에 대한 단행본은 다음과 같다. B. Spangenberg, C. F. Poole, Ch. Weins, *Quantitative Thin-Layer Chromatography: A Practical Survey*, Berlin: Springer-Verlag, 2011; P. E. Wall, *Thin-Layer Chromatography: A Modern Practical Approach*, London: Royal Society of Chemistry, 2005; J. Sherma and B. Fried, eds., *Handbook of Thin-Layer Chromatography*, 3rd ed., New York: Dekker, 2003.

액 반죽(slurry)을 얇게 펼쳐서 얇은층 판을 만든다. 유리판 등에 고체 입자를 잘 부착시키기 위하여 반죽 속에 흔히 접착제를 넣어준다. 얇은 층이 표면에 단단하게 정착하여 부착할 때까지 판을 가만히 놓아두어야 한다. 어떤 경우에는 여러 시간 동안 오븐에서 가열하기도 한다. 여러 종류의 미리 코팅한 얇은층 판이 시판되고 있다. 가격은 판당 수 달러 정도이다. 일반적 규격은 5 × 20 cm, 10 × 20 cm, 20 × 20 cm이다.

시판되는 판은 사용하기 쉽고 고성능이다. 일반적인 판은 200~250 μm 두께와 20 μm 이상의 입자 크기를 가지고 있다. 고성능 판의 필름 두께는 100 μm이며 입자 직경은 5 μm 이하이다.

### ≫ 시료 도입

시료 도입은 아마도 얇은층 크로마토그래피에서 가장 중요한 부분일 것이다. 보통 시료는 판의 가장자리에서 1~2 cm 떨어진 부분에 점으로 찍는다. 시료의 수동적 도입은 판에 시료를 포함하는 모세관을 접촉하거나 주사기를 사용한다. 시료 도입의 정밀도와 정확도를 높이기 위해서는 시판되고 있는 기계식 도입기를 사용한다.

### ≫ 판 전개

판 전개(plate development)는 시료가 정지상을 통하여 이동상에 의해서 운반되는 과정으로 액체 크로마토그래피의 용리 과정과 비슷하다. 시료 용매가 증발한 후 판을 전개 용매의 증기로 포화되고, 밀폐된 TLC 용기 속에 집어 넣는다. 시료와 전개 용매가 직접 접촉하지 않도록 주의하면서 판의 한 쪽 끝을 전개 용매 속에 잠기게 한다(그림 34-4). 전개 용매가 판 길이의 1/2 또는 2/3까지 이동한 후에 판을 용기에서 꺼내어 건조시킨다. 전개된 각 성분들의 위치는 여러 가지 방법을 이용하여 측정한다.

### ≫ 판 위 분석 물질의 위치 확인

시료 성분을 분리한 후 각 성분의 위치를 확인하는 방법은 몇 가지가 있다. 대부분의 유기 혼합물에 응용할 수 있는 일반적인 두 가지 방법은 아이오딘 또는 황산 용액을 분무하는 방법으로 둘 다 유기 화합물과 반응하여 검은 색의 생성물을 형성한다. 몇 가지 선택적인 시약(예: 닌하이드린)도 분리된 화학종의 위치를 확인하는 데 사용된다.[7]

얇은 층 판 위에서 분석물의 위치를 확인하는 과정을 종종 **가시화**(visualization)라고 한다.

정지상 속에 형광 물질을 첨가시켜 분리된 성분을 검출하는 방법도 있다. 전개시킨 후에 전개판을 자외선으로 조사한다. 시료 성분들이 형광 물질의 형광을 소광시키므로 비형광성 시료 성분이 있는 위치를 제외한 판의 나머지 부분은 형광을 발하게 된다.

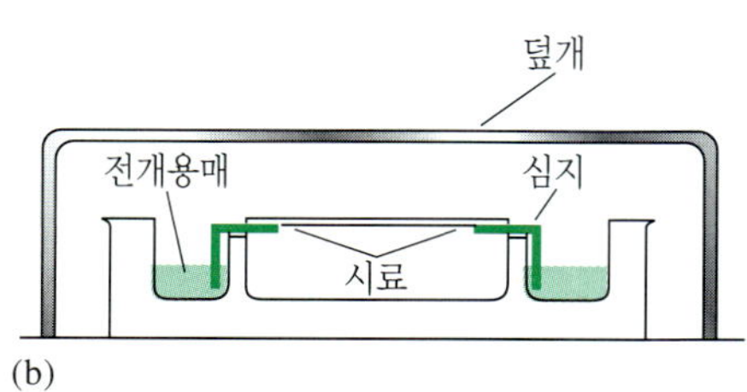


**그림 34-4** (a) 상향 흐름 전개실. (b) 수평 흐름 전개실. 시료를 판의 양쪽 끝에 점적하여 중앙을 향해 전개하므로 분석할 수 있는 시료의 수를 두 배로 할 수 있다.

[7]TLC의 계산에 대한 정보는 다음을 참고하시오. D. A. Skoog, F. J. Holler, and S. R. Crouch, *Principles of Instrumental Analysis*, 6th ed., Belmont, CA: Brooks/Cole, 2007, pp. 850~51.

### ▸ 34B-3 종이 크로마토그래피

얇은 층 판에서와 같은 방법으로 종이 크로마토그래피로 혼합물을 분리할 수 있다. 기공도와 두께를 엄밀하게 조절한 고순도의 셀룰로오스를 사용하여 종이를 제조한다. 이런 종이는 물을 충분히 흡착 · 함유하여 정지상이 수용액처럼 행동하게 한다. 물을 다른 액체로 대체시키면 다른 형태의 정지상을 얻을 수 있다. 예컨대, 실리콘 오일 또는 파라핀 오일로 처리한 종이를 사용하고 극성 용매를 이동상으로 사용하면 역상 종이 크로마토그래피가 된다. 흡착제나 이온 교환 수지를 함유하고 있어서 흡착 및 이온 교환 종이 크로마토그래피에 사용할 수 있는 특수 종이도 시판되고 있다.

## 34C 모세관 전기이동법[8]

**전기이동법**(electrophoresis)은 직류 전기장을 걸어줄 때 하전된 화학종들의 이동 속도가 서로 다르다는 것에 기초를 둔 분리 방법이다. 크기가 큰 시료에 대한 이 분리 기술은 1930년대에 스웨덴의 화학자 아르네 티젤리우스(Arne Tiselius)가 혈청 단백질을 연구하기 위해 개발하였으며, 이 연구로 그는 1948년 노벨상을 수상하였다.

거대한 크기에 대한 전기이동법을 다양한 분리 분석의 어려움들을 해결하는 데 적용되었다. 무기 음이온과 양이온, 아미노산, 카테콜 아민, 의약품, 비타민, 탄수화물, 펩타이드, 단백질, 핵산, 뉴클레오타이드, 폴리뉴클레오타이드, 그밖에 많은 화학종들의 분리에 적용되었다. 전기이동법의 특별한 강점은 생화학자, 생물학자 및 임상화학자들이 관심을 갖는 전하를 띤 거대 분자들을 분리할 수 있는 고유한 능력에 있다. 여러 해 동안 전기이동법은 단백질(효소, 호르몬, 항체)과 핵산(DNA, RNA) 분리 방법으로서 다른 방법이 필적할 수 없는 강력한 분리능을 갖는 방법이 되고 있다.

모세관 전기이동법이 등장하기 이전까지 전기이동 분리는 컬럼 속에서 수행하지 않고 종이 혹은 다공성 반 고체상 젤 같은 평평하고도 안정화된 매질 속에서 수행되었다. 이러한 매질 속에서 주목할 만한 분리가 실현되었지만 이 기술을 매우 느리고 번잡하고, 실험자의 숙련된 기술이 필요하였다. 1980년대 초에 과학자들은 이와 동일한 분리를 용융 실리카 모세관 속에서 소량의 시료로 수행 가능한 지 탐색하기 시작하였다. 그 결과 분리능, 속도, 자동화 가능성 등에 있어 매우 유망하다는 것이 밝혀졌다. 결국 전기이동법만이 유일한 방법으로 여겼던 여러 가지 분리 분석 문제들을 해결하는 데 있어 모세관 전기이동법(capillary electrophoresis, CE)은 매우 중요한 수단이 되기에 이르렀다.[9]

### ▸ 34C-1 모세관 전기이동법의 기기 장치

그림 34-5에 나타낸 것과 같이 모세관 전기이동 장치는 매우 간단하다. 전형적으로

---

[8]모세관 전기이동법에 대한 추가적인 논의는 다음을 참고하시오. M. L. Marina, A. Rios, and M. Valcarcel, eds., *Analysis and Detection by Capillary Electrophoresis*, Vol. 45 of *Comprehensive Analytical Chemistry*, D. Barcelo, ed., Amsterdam: Elsevier, 2005; M. A. Strege and A. L. Lagu, eds., *Capillary Electrophoresis of Proteins and Peptides*, Totowa, NJ: Human Press, 2004; J. R. Petersen and A. A. Mohamad, eds., *Clinical and Forensic Applications of Capillary Electrophoresis*, Totowa, NJ: Human Press, 2001; R. Weinberger, *Practical Capillary Electrophoresis*, 2nd ed., New York: Academic Press, 2000.

[9]최근 총설은 다음을 참고하시오. M. Geiger, A. L. Hogerton, and M. T. Bowser, *Anal. Chem.*, **2012**, *84*, 577, **DOI**: 10.1021/ac203205a; N. W. Frost, M. Jing, and M. T. Bowser, *Anal. Chem.*, **2010**, *82*, 4682, **DOI**: 10.1021/ac101151k.

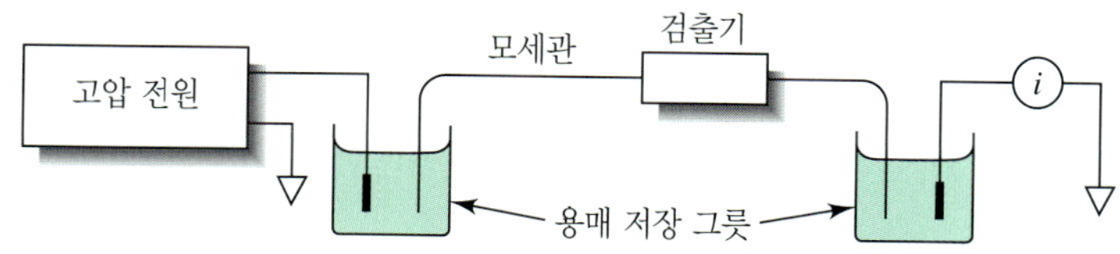


그림 34-5 모세관 전기이동 기기 장치의 모형도.

내경이 10~100 μm이고 길이가 40~100 cm인 용융-실리카 모세관에 완충 용액을 채운 다음 백금 전극이 달린 두 개의 완충 용액 저장 용기 사이에 연결한다. 시료 주입은 모세관 한 쪽 끝에서 하고 검출은 반대쪽 끝 부분에서 한다. 두 개의 전극에 5~30 kV의 직류 전위를 걸어준다. 고전압의 극성은 그림 34-5에 나타낸 바와 같이 표시할 수도 있고 그 반대로 하면 음이온을 신속하게 분리할 수 있다.

시료 도입은 동전기 주입(electrokinetic injection)과 유체역학적 주입(pressure injection)으로 이루어진다. 동전기 주입은 모세관 한 쪽 끝과 이 부분의 전극을 완충 용액에서 빼낸 뒤 시료 용기 안으로 넣는다. 일정 시간 동안 전압을 가하면 시료가 이온의 이동도와 전기삼투적 흐름(다음 절 참조)의 합에 의해 모세관으로 안으로 들어가게 된다. 유체역학적 주입에서는 모세관 한 쪽 끝을 시료가 담긴 용기 속에 넣고 압력 차이로 시료를 모세관 안으로 들어가게 한다. 압력 차이는 검출기 끝 부분에서 진공을 걸어주거나 시료 용기를 높게 들어서 생성할 수 있다(유체역학적 주입).

모세관 전기이동법의 대부분의 형식에서 분리된 분석 물질들은 이동하여 동일한 지점을 통과하기 때문에 검출기는 HPLC에서 설명한 설계와 기능이 비슷하다. 표 34-3에 모세관 전기이동법에 사용되어진 몇 가지 검출 방법을 열거하였다. 표의 둘째 칸에 각 검출기들의 대표적인 검출 한계를 기록하였다

## ▸ 34C-2 전기삼투 흐름

모세관 전기이동법의 고유한 특징은 전기삼투 흐름(electroosmotic flow)이다. 완

**표 34-3**

**모세관 전기이동법의 검출기***

| 검출기 형식 | 대표적 검출 한계‡(attomoles 검출) |
|---|---|
| 분광법 | 1~1000 |
| 흡수† | 1~0.01 |
| 형광 | 10 |
| 열 렌즈† | 1000 |
| 라만† | 1~0.0001 |
| 화학발광† | 1~0.01 |
| 질량 분석법 | |
| 전기 화학 | |
| 전도도법† | 100 |
| 전위차법† | 1 |
| 전류법 | 0.1 |

*B. Huang, J. J. Li, L. Zhang, J. K. Cheng, *Anal. Chem.*, **1996**, *68*, 2366, **DOI**: 10.1021/ac9511253; S. C. Beale, *Anal. Chem.*, **1998**, *70*, 279, **DOI**: 10.1021/a19800141; S. N. Krylov and N. J. Dovichi, *Anal. Chem.*, **2000**, *72*, 111, **DOI**: 10.1021/a1000014c; S. Hu and N. J. Dovichi, *Anal. Chem.*, **2002**, *74*, 2833, **DOI**: 10.1021/ac0202379.

‡검출 한계는 18 pL~10 nL 범위의 부피를 주입하여 측정한 것을 인용하였다.

†질량 검출 한계는 1 nL 주입 부피로 측정한 농도 검출 한계로부터 환산한 것이다.

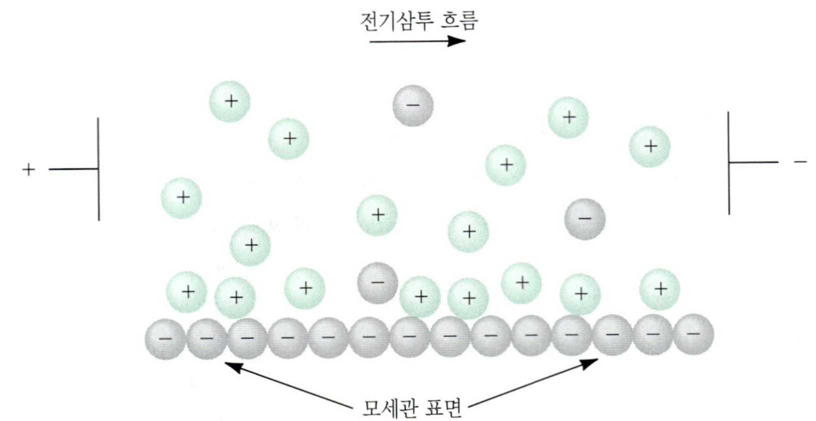


그림 34-6 실리카 모세관 경계면의 전하 분포와 그 결과로 나타나는 전기삼투 흐름. (From A. G. Ewing, R. A. Wallingford, and T. M. Olefirowicz, *Anal. Chem.*, **1989**, 61, 298A, **DOI**: 10.1021/ac00179a002. Copyright 1989 American Chemical Society.)

충 용액이 들어 있는 용융-실리카 모세관에 높은 전압을 걸어 줄 때 일반적으로 용매가 음극 쪽으로 이동하는 전기삼투 흐름이 일어난다. 이동 속도는 상당히 빠르다 할 수 있다. 예컨대, 50 cm 모세관에 25 kV의 전위를 걸어줄 때 50 mM pH 8 완충 용액이 음극 쪽으로 거의 5 cm/min 속도로 흐른다는 것이 알려져 있다.[10]

**그림 34-6**에 나타낸 바와 같이 전기삼투 흐름의 원인은 실리카와 용액 사이의 계면에 발생하는 전기적 이중층이다. pH 3 이상일 때 실리카 모세관 내벽의 표면에 있는 실란올(Si—OH)기가 이온화하기 때문에 음전하를 띠게 된다. 전기적 이중층 속의 완충 용액 양이온 집합은 실리카 모세관 벽의 음전하 쪽으로 끌리게 된다. 이중층 바깥층 쪽으로 확산된 양이온들이 음극 또는 음전하를 띤 전극 방향으로 이끌리며 이온들이 용매화하면 이온들과 함께 바탕 용액도 이끌리게 된다. **그림 34-7**에서 보는 바와 같이 전기삼투현상은 바탕 용액이 모세관 횡단면에 평평한 모양의 흐름을 나타내는데 그 까닭은 모세관 벽에서 흐름이 발생되기 때문이다. 이러한 흐름 모양은 HPLC의 가압식(pressure-driven) 흐름에서 관찰되는 유선형(포물선형, laminar) 흐름과는 대조적이다. 흐름 모양이 근본적으로 평평하기 때문에 전기삼투 흐름은 액체 크로마토그래피의 가압식 흐름 방식과는 달리 띠 넓힘에는 큰 영향이 거의 없다.

전기삼투 흐름은 그 속도가 개별 이온들의 전기이동 이동 속도보다 일반적으로 크기 때문에 모세관 띠 전기이동법의 이동상 펌프 구실을 효과적으로 한다. 분석 물질들이 모세관 내에서 그 전하에 따라 이동하지만, 전기삼투 이동 속도는 모든 양이온, 중성, 심지어 음전하 화학종까지도 모세관의 동일한 한 쪽 끝 방향으로 밀어내는데 충분하기 때문에 동일한 지점을 통과할 때 검출할 수 있게 된다(**그림 34-8**). 그 결과 얻어지는 **전기이동그림**(electropherogram)은 좁은 피크의 크로마토그램과 비슷하다.

전기삼투현상은 어떤 종류의 전기이동법에서는 바람직하지만 그렇지 않는 종

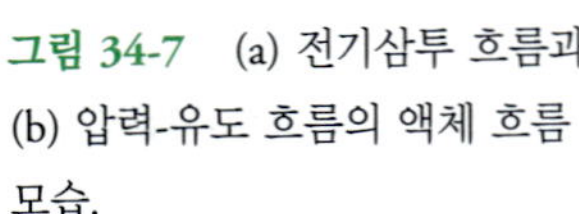

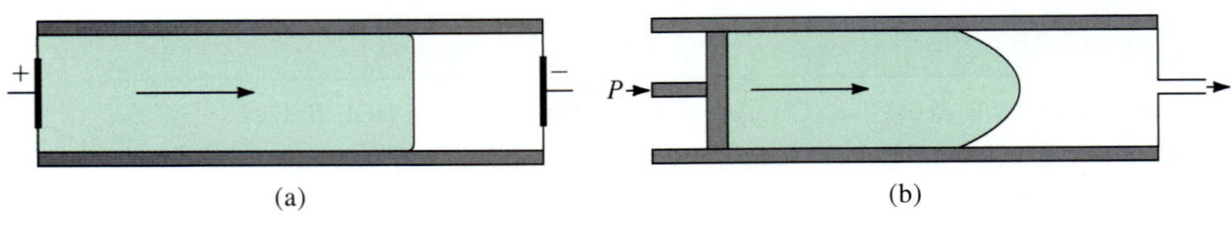


그림 34-7 (a) 전기삼투 흐름과 (b) 압력-유도 흐름의 액체 흐름 모습.

[10]J. D. Olechno, J. M. Y. Tso, J. Thayer, and A. Wainright, *Amer. Lab.*, **1990**, *22*(17), 51.

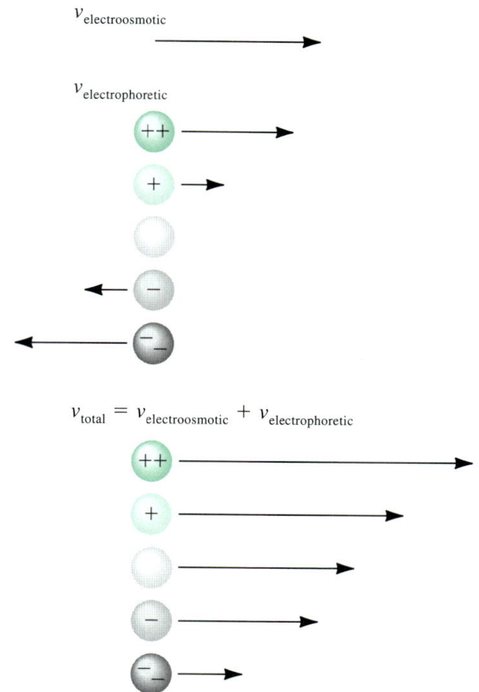


**그림 34-8** 전기삼투 흐름 존재 하에서의 이동 속도. 이온 옆의 화살표 길이는 그 속도의 크기를 나타내며 화살표의 방향은 그 운동 방향을 가리킨다. 오른쪽이 음극이고 왼쪽이 양극이다.

류도 있다. 모세관 표면의 실란올기를 줄이기 위하여 트라이메틸클로로실레인(trimethylchlorosilane)과 같은 시약으로 모세관 내벽을 도포시키면 전기삼투 흐름을 최소화할 수 있다.

## ▸ 34C-3 전기이동 분리의 기초 원리

전기장 하에서 한 이온의 이동 속도 $v$는 다음 식으로 표현된다.

$$v = \mu_e E = \mu_e \times \frac{V}{L} \tag{34-1}$$

여기서 $E$는 cm당 $V$ 단위의 전기장 세기이고, $V$는 걸어준 전압이며, $L$은 두 전극 사이의 관 길이, $\mu_e$는 **전기이동 이동도**(electrophoretic mobility)인데, 이것은 이온의 전하에 비례하고 이온에 미치는 마찰 저지력에 반비례한다. 이온에 미치는 마찰 저지력은 이온의 크기와 모양 및 매체의 점성도에 의해 결정된다.

**전기이동 이동도**는 걸어준 전기장에 대한 이온의 이동 속도의 비율이다.

비록 CE는 크로마토그래피 과정은 아니지만 분리는 종종 크로마토그래피와 유사한 방법으로 설명된다. 예컨대 전기이동법에서 컬럼의 단수 $N$은 다음 식으로 계산할 수 있다.

$$N = \frac{\mu_e V}{2D} \tag{34-2}$$

여기서 $D$는 용질의 확산 계수(cm$^2$/s)이다. 단수가 커지면 분리능이 증가하기 때문에 고분리능의 분리를 수행하려면 높은 전압을 걸어주는 것이 더 바람직하다. 크로마토그래피와는 대조적으로 전기이동법에서는 컬럼 길이가 길어져도 단수가 증가하지 않는다는 점에 주의할 필요가 있다. 전형적으로 모세관 전기이동법에서 컬럼 단수는 보통 걸어주는 전압에서 100,000~200,000이다.

## ▸ 34C-4 모세관 전기이동법의 응용

모세관 전기이동 분리는 몇 가지 모드로 분리되는 방식으로 수행된다. 이러한 모드에는 등전집중법(isoelectric focusing), 등속이동법(isotachophoresis) 및 모세관 띠 전기이동법(capillary zone electrophoresis, CZE)이 있다. 여기서는 완충 용액 조성이 분리 전체 영역에서 일정한 모세관 띠 전기이동법만을 고려하기로 한다. 장을 걸어주면 혼합물중의 서로 다른 이온들이 각각의 이동도에 따라 이동되고 띠 속에서 분리되어 완전히 분리되거나 부분적으로 겹칠 수도 있다. 완전히 분리된 띠 사이에 완충 영역이 놓인다. 이러한 상황은 분리된 분석 물질들의 띠 사이를 이동상의 영역이 차지하는 용리 컬럼 크로마토그래피와 유사하다.

### » 작은 이온들의 분리

작은 이온들을 전기이동법으로 분리하려면 대개 분석물 이온들이 전기삼투 흐름과 같은 방향으로 이동할 때 분석 시간이 가장 짧다. 즉 모세관 벽을 처리하지 않고 양이온을 분리할 경우 전기삼투 흐름과 양이온 이동은 음극 방향이다. 그러나 음이온들은 세틸 트리메틸암모늄 브로마이드(cetyl trimethylammonium bromide)와 같은 알킬암모늄 염으로 모세관 벽을 처리해 주면 전기삼투 흐름이 반대 방향이 되는 것이 보통이다. 양전하를 띤 암모늄 이온들은 음전하를 띤 실리카 벽에 부착되어 용액 중에 음전하를 띤 전기적 이중층을 만들어 양극 방향으로 이끌리고 전기삼투 흐름은 역방향이 된다.

과거에 작은 이온들을 분석하기 위한 가장 보편적인 방법은 이온 교환 크로마토그래피였다. 양이온의 경우에 유용한 기술은 원자 흡수 분광법 및 유도 결합 플라스마 방출 분광법 혹은 질량 분석법이었다. 그러나 최근에 작은 이온을 분석할 경우 이러한 전통적인 방법들과 모세관 전기이동 방법들이 경쟁하기 시작하였다. 전기이동 방법들을 적용하는 주요 이유들로는 저렴한 장비 가격, 필요한 시료 양이 더 소량이라는 점, 신속성, 분리능이 더 좋다는 점 때문이다. 그러나 전기삼투 흐름 속도의 변화는 재현성 있는 CE 분리를 어렵게 만들기 때문에 작은 무기 이온들의 분석에는 여전히 LC와 원자 분광법들이 폭 넓게 사용되고 있다.

전기이동법의 초기 장비 구입 비용과 유지 관리 경비는 일반적으로 이온 크로마토그래피 및 원자 분광 장비보다 훨씬 저렴하다. 전기이동법 기기의 가격은 검출기 종류에 따라 크기 다르다. 시판중인 자외선-가시광선 흡광검출기를 가진 간단한 전기이동 기기의 가격은 10,000~65,000달러 수준이지만, 질량분석 검출기를 포함한 CE 기기 장치의 가격은 크게 증가할 수 있다.

다른 방법으로 작은 이온을 분석할 경우 필요한 시료 양은 마이크로리터 이상인데 비하여 전기이동법의 시료 양은 나노 리터 범위이다. 따라서 전기이동 방법은 질량 기준(농도 기준이 아님)으로 볼 때 다른 방법들 보다 더 고감도이다.

작은 음이온들을 전기이동법으로 분리한 **그림 34-9**은 비할 바 없는 신속성과 분리능을 보여주고 있다. 여기서 30종의 음이온들이 단 3분 이내에 깨끗이 분리되었다. 대개 이온 교환 크로마토그래피로는 이처럼 짧은 시간 내에 단 3~4종의 음이온들만 분리할 수 있다. 또 다른 **그림 34-10**도 신속하게 분리할 수 있음을 보여준다. 여기서는 19종의 양이온들이 2분 이내에 분리되었다.

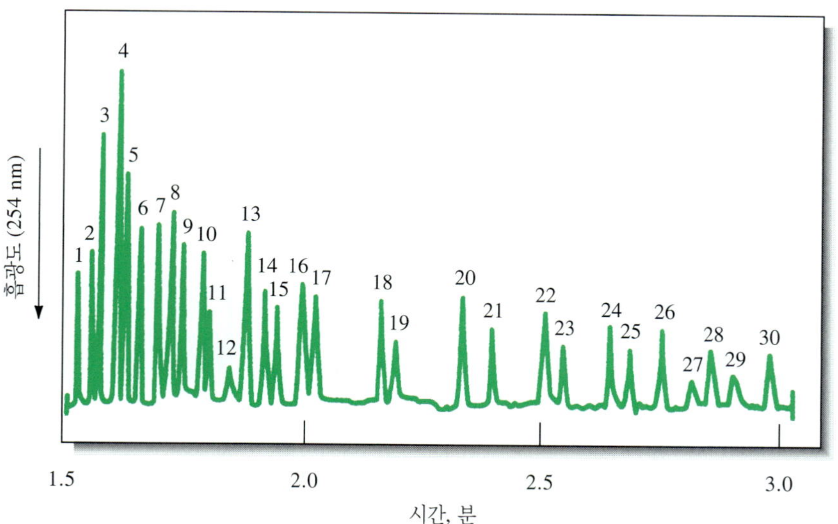


**그림 34-9** 30종의 음이온들을 분리한 전기이동 그림. **모세관 내경**: 50 μm (용융 실리카). 검출: 직렵 UV 254 nm. **피크**: 1 = thiosulfate (4 ppm), 2 = bromide (4 ppm), 3 = chloride (2 ppm), 4 = sulfate (4 ppm), 5 = nitrite (4 ppm), 6 = nitrate (4 ppm), 7 = molybdate (10 ppm), 8 = azide (4 ppm), 9 = tungstate (10 ppm), 10 = monofluorophosphate (4 ppm), 11 = chlorate (4 ppm), 12 = citrate (2 ppm), 13 = fluoride (1 ppm), 14 = formate (2 ppm), 15 = phosphate (4 ppm), 16 = phosphite (4 ppm), 17 = chlorite (4 ppm), 18 = galactarate (5 ppm), 19 = carbonate (4 ppm), 20 = acetate (4 ppm), 21 = ethanesulfonate (4 ppm), 22 = propionate (5 ppm), 23 = propanesulfonate (4 ppm), 24 = butyrate (5 ppm), 25 = butanesulfonate (4 ppm), 26 = valerate (5 ppm), 27 = benzoate (4 ppm), 28 = *l*-glutamate (5 ppm), 29 = pentanesulfonate (4 ppm), 30 = *d*-gluconate (5 ppm). (Reprinted from W. A. Jones and P. Jandik, *J. Chromatogr.*, **1991**, *546*, 445, **DOI**: 10.1016/s0021-9673(01)93043-2, with permission from Elsevier.)

## » *분자 화학종의 분리*

이온으로 존재하거나 이온으로 유도체화가 가능한 작은 분자량의 다양한 제초제, 살충제, 의약품들을 CE로 분리 분석할 수 있다. **그림 34-11**는 이러한 응용 예를 보여주고 있는데, p$K_a$가 다른 산성을 갖는 항염제들을 15분 이내에 분리하였다.

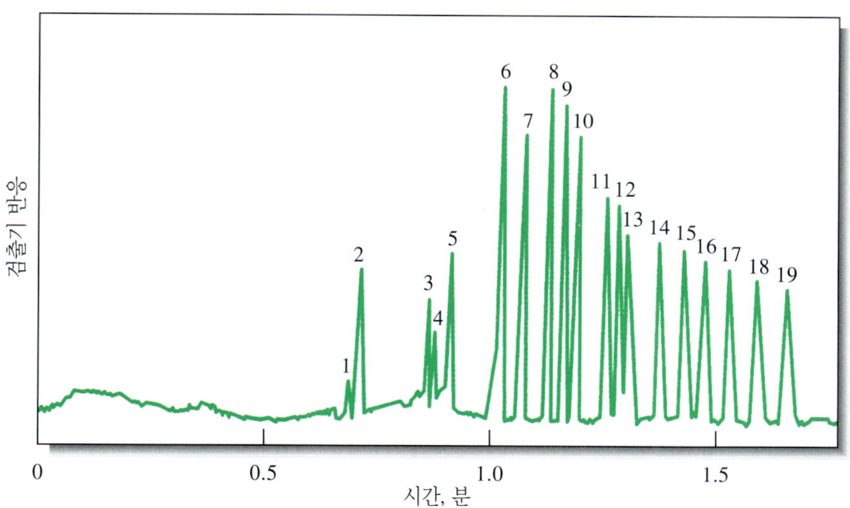


**그림 34-10** 알칼리, 알칼리 토류 및 란탄족의 분리. **모세관**: 36.5 cm × 75 μm 용융 실리카, +30 kV. **시료 주입**: 유체역학적 방법, 10 cm에서 20초. **검출**: 간접 UV, 214 nm. **피크**: 1 = rubidium (2 ppm), 2 = potassium (5 ppm), 3 = calcium (2 ppm), 4 = sodium (1 ppm), 5 = magnesium (1 ppm), 6 = lithium (1 ppm), 7 = lanthanum (5 ppm), 8 = cerium (5 ppm), 9 = praseodymium (5 ppm), 10 = neodymium (5 ppm), 11 = samarium (5 ppm), 12 = europium (5 ppm), 13 = gadolinium (5 ppm), 14 = terbium (5 ppm), 15 = dysprosium (5 ppm), 16 = holmium (5 ppm), 17 = erbium (5 ppm), 18 = thulium (5 ppm), 19 = ytterbium (5 ppm). (Reprinted from A. Weston, P. R. Brown, P. Jandik, W. R. Jones and A. L. Heckenberg, J. *Chromatog. A*, **1992**, *593*, 289, **DOI**: 10.1016/0021-9673(92)80297-8, with permission from Elsevier.)

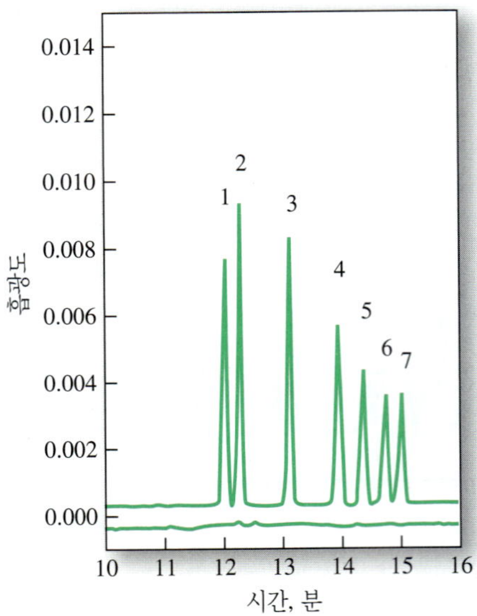


**그림 34-11** CZE를 이용한 항염제들의 분리. **검출**: UV, 200 nm. **분석 물질**: (1) sulindac, (2) indomethacin, (3) piroxicam, (4) ketoprofen, (5) nimesulide, (6) ibuprofen, (7) naproxen. (From Y. L. Chen and S. M. Wu, *Anal. Bioanal. Chem.*, **2005**, *381*, 907, **DOI**: 10.1007/s00216-004-2970-x. With permission of Springer-Verlag.)

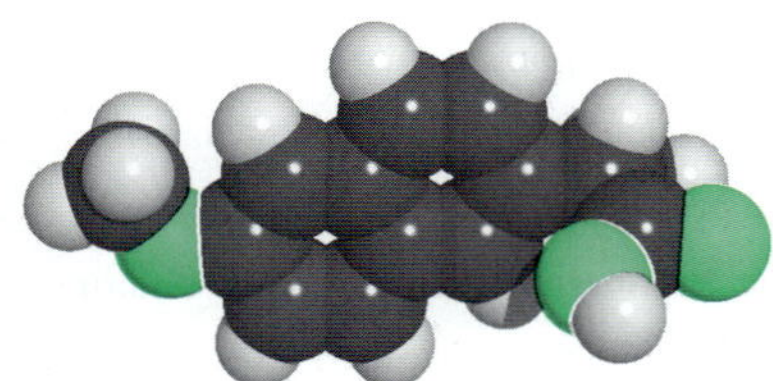

나프록센

이부프로펜

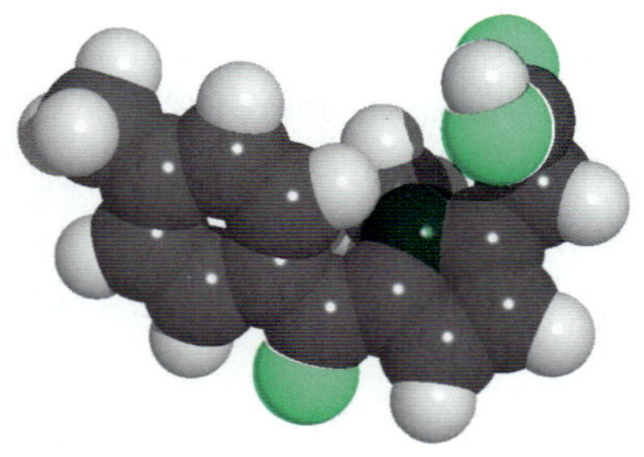

톨메틴

항염제 의약품인 나프록센, 이부프로펜 및 톨메틴의 분자 모형. 이들 비스테로이드성 항염제들은 통증의 인지와 발열 및 염증의 생성과 관련이 있는 프로스타글란딘의 합성을 저해함으로써 통증을 완화시키는 것으로 생각되고 있다. 이부프로펜은 모트린(Motrin), 애드빌(Advil), 뉴프린(Nuprin)으로도 알려져 있다. 나프록센 나트륨은 아리브(Aleve)이고 톨메틴은 톨렉틴(tolectin)이다. 각각 관절염, 증상의 치료, 통풍(gout), 윤활낭염(bursitis), 염좌(sprains), 삠(strains), 기타 외상, 생리불순 등에 의해 나타나는 통증 완화에 쓰인다. 이부프로펜과 나프록센은 미국에서 의사의 처방 없이도 구입할 수 있는 OTC (over-the-counter) 약품이다.

단백질, 아미노산 탄수화물들도 모두 최소한의 시간 내에 CZE로 분리되었다. 중성 탄수화물의 경우 음전하를 띤 붕산염 착화합물을 형성시킨 후 분리를 수행하였다. **그림 34-12**는 단백질 혼합물들의 분리를 도시한 것이다. 특집 34-1에서 DNA 서열 분석을 위한 모세관 전기이동법 배열의 이용에 관하여 고찰하였다.

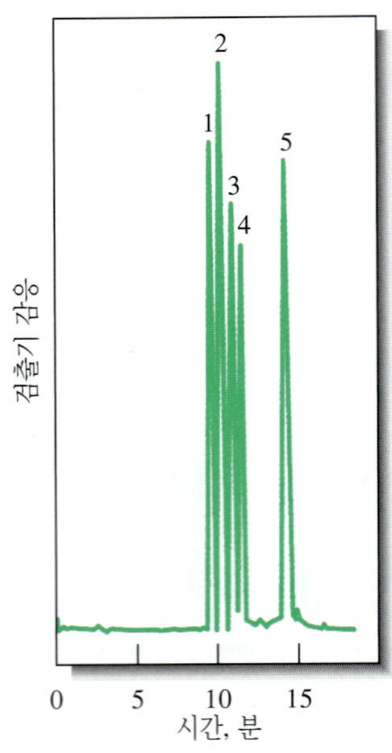


**그림 34-12** 모형적인 단백질 혼합액의 CZE 분리. 조건: pH 2.7 완충 용액. 214 nm에서 흡광도 검출. 22 kV, 10 A. 피크 성분은 다음 표와 같다.

**PH 2.7에서 분리한 모형 단백질**

| 피크 번호 | 단백질 | 분자량 | 등전점(pH) |
|---|---|---|---|
| 1 | 사이토크로뮴 C | 12,400 | 10.7 |
| 2 | 라이소자임 | 14,100 | 11.1 |
| 3 | 트립신 | 24,000 | 10.1 |
| 4 | 트립시노겐 | 23,700 | 8.7 |
| 5 | 트립신 억제제 | 20,100 | 4.5 |

특집 34-1

**모세관 배열 전기이동법을 이용한 DNA 서열 분석**

인간 유전체 과제(human genome project)의 주요 목적은 DNA 분자 중의 네 가지 염기인 아데닌(A), 사이토신(C), 구아닌(G), 타이민(T)의 배열 순서를 결정하는 것이다. 서열(sequence)은 개개인의 유전암호(genetic code)로 정의된다. DNA 서열 분석(sequencing)의 필요성 때문에 몇 가지 새로운 분석 기기 장치의 개발이 촉진되었다. 이러한 방법 중 가장 매력적인 것은 모세관 배열 전기이동법(capillary array electrophoresis)이다.[11] 이 기술에서는 96개의 많은 모세관들을 병렬로 작동시킨다. 모세관은 일반적으로 분리 매트릭스인 선형 폴리아크릴아미드 젤을 채운다. 모세관의 내경은 35~75 μm이고 길이는 30~60 cm이다.

서열 분석에서 세포로부터 추출한 DNA를 여러 가지 방법으로 조각화한다. 조각의 말단 염기에 따라 네 가지 형광성 색소 중 하나가 다양한 조각들에 결합한다. 시료는 크기가 서로 다른 많은 조각들을 함유하고 각각은 형광성 표지가 붙어 있다. 전기이동장의 영향 하에서 더 작은 분자량 조각들은 큰 분자량의 조각들보다 더 빠르게 이동하여 검출기에 더 신속히 도착한다. DNA 서열은 용리된 조각들의 색소 색깔의 서열에 의해 결정된다. 색소 형광을 들뜨게 하기 위하여 레이저를 사용한다. 형광 검출을 위하여 몇 가지 다른 기술들이 소개되어 있다. 그 한 방법은 모세관 다발이 들뜸 레이저와 4 파장 검출 장치 쪽으로 이동하는 주사형(scaning) 장치를 사용한다. 그림 34F-1에 도시된 검출기 장치에서는 레이저 빛살이 렌즈에 의하여 모세관 배열에 초점이 맞추어진다. 레이저에 의하여 방출되는 영역은 CCD 검출기(25A-4절 참조) 속으로 들어가 영상화된다. 필터들을 사용하여 네 가지 색깔을 검출하기 위한 파장을 선택할 수 있다. 100개의 모세관으로 11개 DNA 조각들을 동시 분리한 예가 보고된 바 있다.[12] 덮개 이동식(sheath-flow) 검출기 장치와 들뜸 광원으로 두 개의 다이오드 레이저를 사용하는 검출기 설계도 있다. 시판 기기에는 여러 기기회사로부터 구매가 가능하다. 랩온어칩(lab-on-a-chip) 기술에 의해 이러한 장비의 소형화 및 검출기 장치의 개선이 앞으로 개발될 것이다. 이러한 소형 장치는 휴대가 가능하여 현장에서 사용 가능할 것이다.

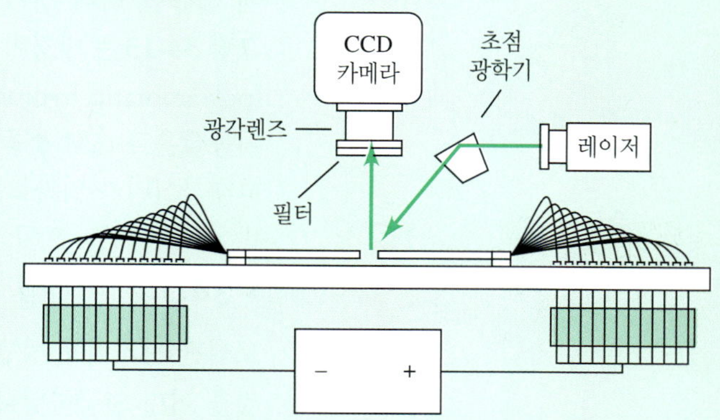


그림 34F-1 모세관 배열 전기이동법을 위한 컬럼내 레이저 형광 검출 장치. 레이저가 모세관 배열에 45° 각도의 한 줄로 초점이 집중되어 들어간다. 형광은 광각 렌즈를 거쳐 CCD 카메라에 의하여 여과되고 검출된다. (Reprinted with permission form K. Ueno and E. S. Yeung, *Anal. Chem.*, **1994**, *66*, 1424, **DOI**: 10.1021/ac00081a010. Copyright 1994 American Chemical Society.)

**스프레드시트 요약** *Applications of Microsoft® Excel in Analytical Chemistry* 2판 15장에서 무기 이온들의 이동도를 측정하기 위하여 모세관 전기이동법 자료를 사용하였다. 몇 가지 약한 유기산들의 p$K_a$값들을 측정에도 모세관 전기이동 결과가 사용된다.

## 34D 모세관 전기크로마토그래피

**모세관 전기크로마토그래피**(capillary electrochromatography, CEC)는 HPLC와 모세관 전기이동법의 대표적인 특징들의 일부를 혼성한 것이다.[13] HPLC와 마찬가지

[11]총설은 다음을 참고하시오. I. Kheterpal and R. A. Mathies, *Anal. Chem.*, **1999**, *71*, 31A, **DOI**: 10.1021/ac990099w; M. Geiger, A. L. Hogerton, and M. T. Bowser, *Anal. Chem.*, **2012**, *84*, 577, **DOI**: 10.1021/ac203205a; N. W. Frost, M. Jing, and M. T. Bowser, *Anal. Chem.*, **2010**, *82*, 4682, **DOI**: 10.1021/ac101151k.

[12]K. Ueno and E. S. Yeung, *Anal. Chem.*, **1994**, *66*, 1424, **DOI**: 10.1021/ac00081a010.

[13]이 방법에 대한 논의는 다음을 참고하시오. L. A. Colon, Y. Guo, and A. Fermier, *Anal. Chem.*, **1997**, *69*, 461A, **DOI**: 10.1021/ac9717245.

로 이 방법은 중성 화학종의 분리에 응용할 수 있다. 그러나 HPLC에 필요한 고압 펌프 장치 없이도 CE처럼 마이크로리터 부피의 시료 용액을 매우 효율적으로 분리할 수 있다. CEC에서는 이동상이 전기삼투 흐름에 의하여 정지상을 통해 이동한다. 그림 34-7에서 보는 바와 같이 전기삼투 펌핑은 압력-유도 흐름에서 나타나는 포물선형보다 평평한 흐름 모양을 나타낸다. 삼투 펌핑의 평평한 모양은 띠너비를 좁게 하고 높은 분리 효율을 얻게 한다.

### ▸ 34D-1 충전 컬럼 전기크로마토그래피

충전 컬럼에 바탕을 둔 전기크로마토그래피는 여러 가지 전기 분리 기술 중에서 가장 미완성 상태이다. 이 방법에서는 역상 HPLC 충전물을 충전시킨 모세관을 통하여 극성 용매가 전기 삼투 흐름에 의해 수송되는 것이 보통이다. 이동상과 충전물에 붙잡힌 액체 정지상 사이에서 분석물 화학종의 분포에 따라 분리가 의존된다. **그림 34-13**은 내경이 75 μm이고 길이가 33 cm인 모세관을 사용하여 16종의 PAH (polyaromatic hydrocarbon)의 분리를 보여주는 전형적인 전기크로마토그램이다. 이동상은 4 mM 소듐 보레이트 용액 중의 아세토나이트릴이다. 정지상은 3 μm 옥타데실실리카 입자로 구성되어 있다.

### ▸ 34D-2 마이셀 동전기 모세관 크로마토그래피

모세관 전기이동 방법들은 전하를 띠지 않은 용질들의 분리에는 적용할 수 없다는 것을 이미 언급하였다. 그러나 1984년 Terabe와 공동 연구자들은[14] 그림 34-5에 도시된 장치를 사용하여 저분자량 방향족 페놀들과 질소 화합물들을 분리한 응용 방법을 보고하였다. 이 기술은 **마이셀**(micelle)을 형성할 수 있는 농도 수준의 계면 활성제를 첨가시키는 것과 관련된다. 긴 사슬 탄화수소 꼬리를 갖는 이온성 화학종의 농도가 **임계 마이셀 농도**(critical micelle concentration, CMC) 이상으로 증가될 때 수용액 중에서 마이셀이 형성된다. 이 농도 지점에서 계면 활성제는 40~100개 이

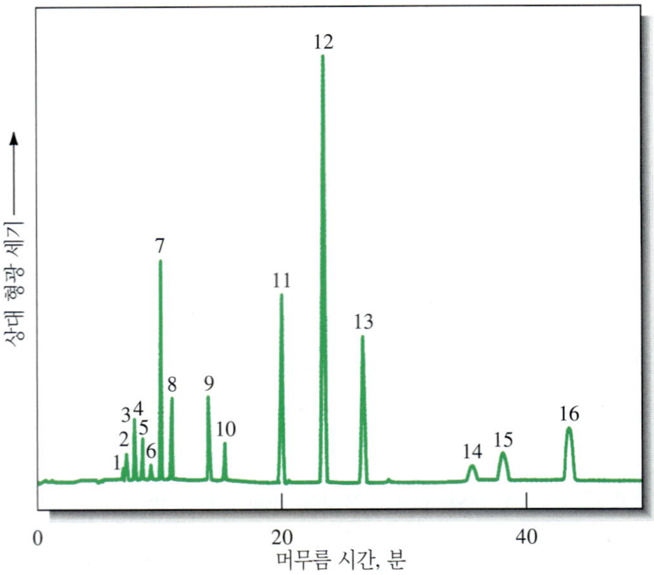

**그림 34-13** 16종의 PAH(각각 $10^{-6}$~$10^{-8}$ M)를 전기크로마토그래피로 분리한 전기크로마토그램. 피크 성분은 다음과 같다.
(1) naphthalene, (2) acenaphthylene, (3) acenaphthene, (4) fluorene, (5) phenanthrene (6) anthracene, (7) fluoranthene, (8) pyrene, (9) benz[*a*]anthracene, (10) chrysene, (11) benzo[*b*]fluoranthene, (12) benzo[*k*]fluoranthene, (13) benzo[*a*]pyrene, (14) dibenz[*a*,*h*]anthracene, (15) benzo[*ghi*]perylene, (16) indeo[1,2,3-*cd*]pyrene.
(Reprinted (adapted) with permission from C. Yan, R. Dadoo, H. Zhao, D. J. Rakestroaw, and R. N. Zare, *Anal. Chem.*, **1995**, *67*, 2026, **DOI**: 10.1021/ac00109a020. Copyright 1995 American Chemical Society.)

[14]S. Terabe et al., *Anal. Chem.*, **1984**, *56*, 111; **DOI**: 10.1021/ac00265a031; S. Terabe, K. Otsuka, and T. Ando, *Anal. Chem.*, **1985**, *57*, 841, **DOI**: 10.1021/ac00281a014; S. Terabe, *Anal. Chem.*, **2004**, *76*, 240A, **DOI**: 10.1021/ac0415859.

온들로 구성된 구형 집합체(aggregate)를 만들기 시작하여 집합체 내부에 그 탄화수소 꼬리가 들어가고 전하를 띤 말단은 바깥쪽의 물에 노출된다. 마이셀은 입자 내부에 탄화수소에 비극성 화합물을 결합시킬 수 있는 안정한 이차상을 만들어 비극성 화학종을 용해시킨다. 기름기가 있는 물질 또는 표면을 계면활성제 용액으로 세척할 때 일반적으로 용해화가 일어난다.

마이셀 존재 하에 수행하는 모세관 전기이동법을 **마이셀 동전기 모세관 크로마토그래피**(micellar electrokinetic capillary chromatography)라 부르고 머리글자를 따서 MECC 또는 MEKC라 한다. 이 기술에서는 계면활성제를 완충 용액에 임계 마이셀 농도 이상으로 첨가한다. 지금까지 가한 형식의 이온성 마이셀의 표면은 큰 음전하를 띠어 전기이동 이동도가 크다. 그러나 대부분의 완충 용액들은 음극 방향으로 큰 전기삼투 흐름 속도를 나타내고 음이온성 마이셀 또한 같은 전극을 향해 훨씬 느린 속도도 이동한다. 즉 실험 과정에서 완충 용액 혼합물은 빠르게 이동하는 수용액상과 느리게 이동하는 마이셀상을 함유한다. 이 체계에 시료가 도입될 때 성분들 스스로 수용액상과 마이셀 내부의 탄화수소상에 분배된다. 그 결과 나타나는 평형의 위치는 용질의 극성에 의존된다. 극성 용질은 수용액을 선호하고 비극성 화합물은 탄화수소 환경을 선호한다.

방금 설명한 현상은 '정지상'이 컬럼 길이를 따라 이동상보다 더 느리게 이동한다는 사실을 제외하면 액체 분배 크로마토그래피 컬럼에서 일어나는 현상과 거의 비슷하다. 두 가지 경우의 분리 메커니즘은 동일하며 수용액 이동상과 탄화수소 유사정지상(pscudostationary phase) 사이에서의 분배 상수 차이에 따라 분리된다. 이 과정은 마이셀 동전기 모세관 크로마토그래피라는 이름 그대로 진정한 *크로마토그래피*이다. **그림 34-14**는 MEKC를 이용한 두 가지 전형적인 분리를 보여준다.

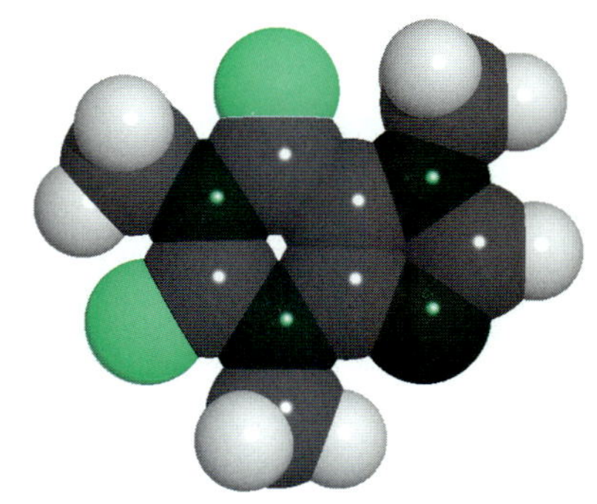

카페인의 분자 모형. 카페인은 에너지를 공급하는 분자인 아데노신 트라이포스페이트를 비활성화시키는 효소를 저해함으로써 대뇌피질을 자극한다. 카페인은 커피, 홍차, 콜라 음료 등에 들어 있다.

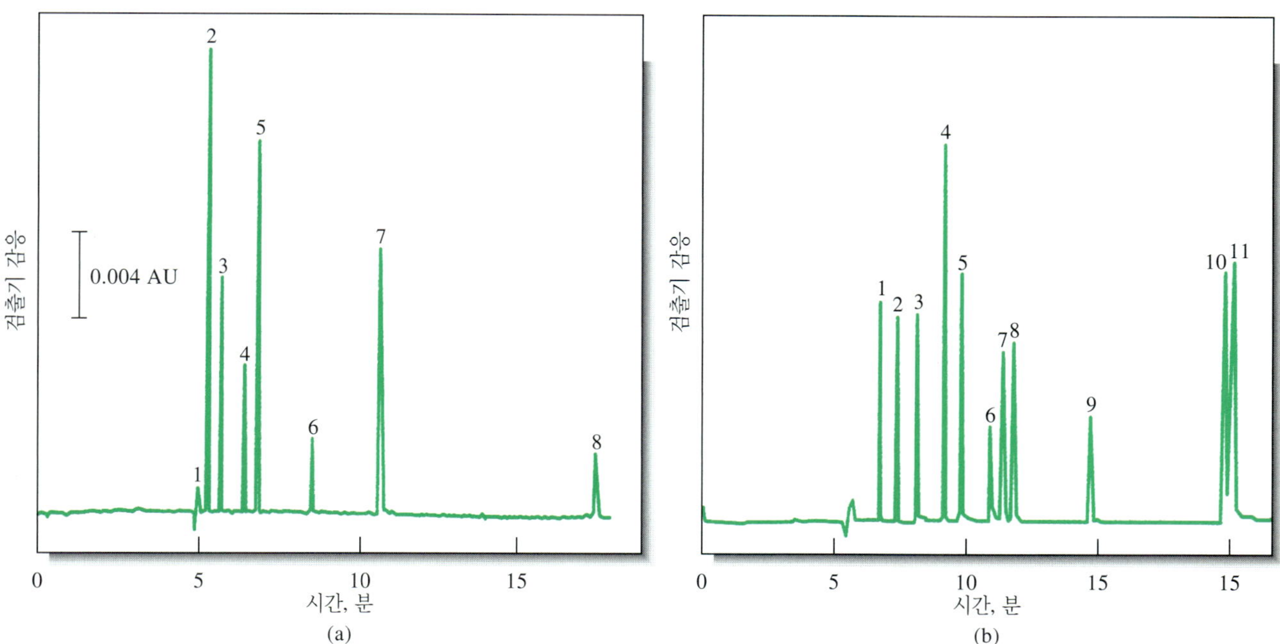


**그림 34-14** MEKC에 의한 전형적인 분리. (a) 몇 가지 시험 화합물: 1 = methanol, 2 = resorcinol, 3 = phenol, 4 = p-nitroaniline, 5 = nitrobenzene, 6 = toluene, 7 = 2-naphthol, 8 = Sudan lll. 모세관: 내경 50 μm, 검출기까지의 모세관 길이 500 mm. 걸어준 전압: 약 15 kV. 검출기: 210 nm에서의 흡광. (b) 감기약의 분석: 1 = acetaminophenene, 2 = caffeine, 3 = sulpyrine, 4 = naproxen, 5 = guaiphenesin, 10 = noscapine, 11 = chlorpheniramine과 tipepidine. 걸어준 전압: 20 kV. 모세관: (a)와 동일. 검출: 220 nm에서의 UV 흡광. (Reprinted from S. Terabe, *Trends Anal Chem.*, **1989**, *8*, 129, **DOI**: 10.1016/0165-9936(89)85022-8, with permission from Elsevier).

마이셀 존재 하에서의 모세관 크로마토그래피는 미래에 유망한 방법이라 전망된다. 이 혼성 기술이 HPLC 이상으로 좋은 장점의 하나는 컬럼 효율(100,000 단 이상)이 훨씬 높다는 것이다. 또한, MEKC의 이차상의 변경이 간단하여 완충 용액의 마이셀 조성만 변경하면 된다. 이에 비해 HPLC에서는 컬럼 충전물의 형식을 변경할 경우에만 이차상을 바꿀 수 있다. MEKC 기술은 전통적인 전기이동법으로 분리가 불가능한 작은 분자를 분리하는 데 특히 유용하다.

**스프레드시트 요약** *Applications of Microsoft® Excel in Analytical Chemistry* 2판 ed.15장의 마지막 보기에서 계면활성제의 임계 미셀 농도(CMC)를 측정하기 위하여 마이셀 동전기 모세관 크로마토그래피가 사용되었다. 머무름 인자의 CMC와의 관련된 식이 유도되었다. 측정한 머무름 시간들은 상관 분석에 의해 CMC를 측정하는 데 사용된다.

## ▸ 34E 장-흐름 분획법

장-흐름 분획법(field-flow fractionation, FFF)은 중합체, 거대 입자, 콜로이드를 용해시키거나 현탁시킨 물질을 분리하거나 특성을 규명하는 데 매우 유용한 분석 기술의 하나이다. FFF 이론은 1966년 Giddings에[15] 의하여 최초로 고안되었지만 실제적인 응용과 다른 방법보다 뛰어난 장점들은 최근에 이르러 밝혀지고 있다.[16]

### ▸ 34E-1 분리 메커니즘

FFF에서의 분리는 **그림 34-15**에 도시된 것과 같은 얇은 리본 모양의 흐름 채널(flow channel) 속에서 일어난다. 이 채널의 길이는 보통 25~100 cm이고 폭은 1~3 cm이다. 리본 모양 구조물의 두께는 50~500 μm이다. 채널은 보통 얇은 간격판(spacer)의 일부를 깎아낸 것이며 두 개의 평평한 벽 사이에 샌드위치처럼 끼워 넣는다. 전기, 열, 혹은 원심력 장을 흐름 방향에 대하여 직각 방향으로 걸어준다. 그 밖의 대체 방법으로는 주된 흐름에 대해 직각 방향인 교차-흐름(cross-flow)을 이용할 수도 있다.

실제로 분석할 때 시료는 채널의 주입부로 주입한다. 그런 다음에 그림 34-15에 도시된 바와 같이 채널 면을 가로지르는 외부 장을 걸어준다. 장 존재 하에서 시료 성분들은 장과 성분의 상호작용의 세기에 따라 결정된 속도로 **퇴적벽**(accumulation wall) 쪽으로 이동한다. **그림 34-17**에 도시된 바와 같이 시료 성분들은 신속히 퇴적 벽 가까이에서 안정 상태의 농도 분포에 도달한다. 성분층의 평균 두께 $l$은 분자의 확산 계수 $D$와 벽 방향으로의 장-유도 속도 $U$에 관계된다. 장 속에서 성분이 빠르게 이동할수록 벽 가까운 층은 더 얇아진다. 확산 계수가 클수록 층은 두꺼워진다. 시료성분들은 서로 다른 $D$ 값과 $U$ 값을 갖기 때문에 층의 평균 두께는 성분들에 따라 달라진다.

---

[15] J. C. Gidding, *Sep Sci.*, **1966**, *1*, 123, **DOI**: 10.1080/01496396608049439.

[16] FFF 방법에 대한 총설은 다음을 참고하시오. J. C. Giddings, *Anal. Chem.*, **1995**, *67*, 592A, **DOI**: 10.1021/ ac00115a001.

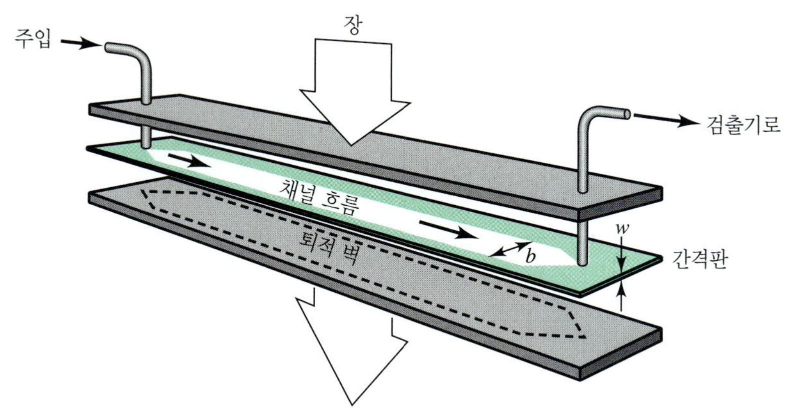


그림 34-15 두 개의 벽 사이에 샌드위치처럼 끼워 넣은 채널의 모형도. 흐름 방향에 대해 직각 방향으로 외부 장(전기, 열, 원심력)을 걸어준다.

일단 성분들이 퇴적 벽 가까이에서 안정 상태 모양에 도달하면 채널 흐름이 시작된다. 흐름은 유선형이며 그림 34-16 왼쪽에 나타낸 바와 같이 포물선 모양을 이룬다. 주된 운반 흐름 속도는 채널 가운데 부분이 가장 빠르고 벽 가까운 쪽이 가장 느리다. 장과 강하게 상호작용하는 성분들은 그림 34-17에 도시된 성분 A처럼 벽 가까이로 압축된다. 여기서 성분들은 느리게 이동하는 용매에 의해 용리된다. 성분 B와 C는 채널 가운데의 앞쪽으로 떠밀려나가고 더 빠른 용매 속도를 거친다. 용리 순서는 C, B, A 순이다. FFF 흐름에 의해 분리된 성분들은 흐름 채널 끝에 위치한 자외-가시선 흡수, 굴절률, 또는 형광 검출기를 통과한다. 검출기는 HPLC 분리에 쓰이는 검출기와 비슷하다. 분리 결과는 시간 경과에 따른 검출기 감응으로 도시되고, 이 그림을 **분획도**(fractogram)라 부르며 크로마토그래피의 크로마토그램과 비슷하다.

## ▸ 34E-2 장-흐름 분획법의 방법

걸어주는 장 또는 기울기가 서로 다른 FFF의 세부 기술들이 있다.[17] 지금까지 **침강**(sedimentation), **전기**(electrical), **열**(thermal) 및 **흐름**(flow) **FFF** 방법들이 적용되어 왔다.

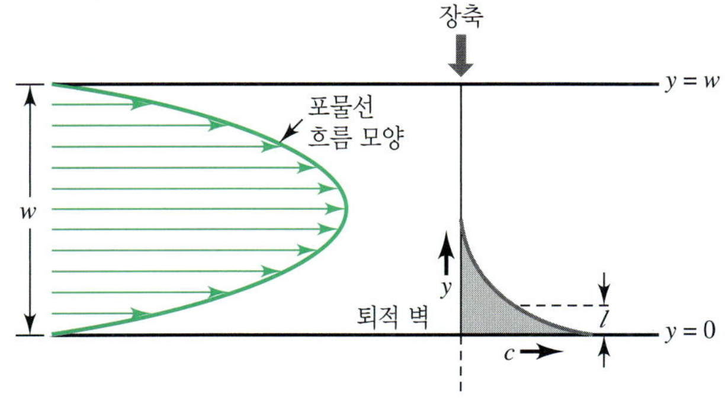


그림 34-16 FFF에서 장이 걸리면 성분들이 퇴적벽 쪽으로 이동하여 오른쪽에 도시된 바와 같이 지수 함수적인 농도 분포 모양을 나타낸다. 성분들이 채널 속에서 거리 $y$순으로 늘어선다. 층의 평균 두께 $l$은 각 성분마다 다르다. 그 후 곧 주된 채널 흐름이 개시되어 왼쪽 그림처럼 용리 용매는 포물선 모양을 이룬다

[17]다양한 FFF 방법에 관한 고찰은 다음 문헌을 참고하시오. J. C. Giddings, *Unified Separation Science*, Ch. 9, New York: Wiley, 1991; M. E. Schimpf, K. Caldwell, and J. C. Giddings, eds., *Field-Flow Fractionation Handbook*, New York: Wiley, 2000.

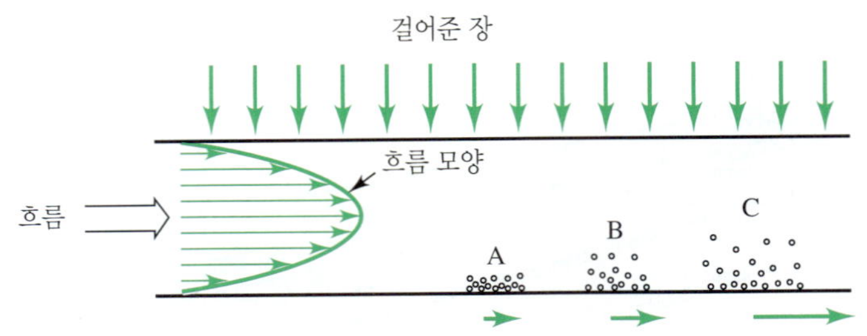


**그림 34-17** A, B, C 세 가지 성분들이 외부 장과의 상호작용이 서로 다르기 때문에 FFF의 퇴적벽 쪽으로 서로 다른 양으로 압축된 모습을 보여준다. 흐름이 개시될 때 성분 A가 벽 쪽에 가장 가깝기 때문에 가장 느린 용매 속도를 거치게 된다. 성분 B는 채널 가운데로 더 떠밀려 나가 더 빠른 흐름 속도를 거친다. 장과 상호작용이 가장 약한 성분 C는 가장 빠른 용매 흐름 속도를 거치고 가장 빠르게 흐름으로 대치된다.

## » 침강 장-흐름 분획법

침강 FFF (sedimentation field-flow fractionation)는 가장 널리 이용되는 형태이다. 이 기술에서는 **그림 34-18**에서 보는 바와 같이 채널이 원형으로 감기어 원심분리통 내부에 고정되어 있다. 질량과 밀도가 가장 큰 성분들이 침강력(원심력)에 의해 벽 쪽으로 가속되어 가장 늦게 용리된다. 질량이 낮은 화학종이 먼저 용리된다. 침강 FFF는 크기가 서로 다른 입자들 사이에 선택성이 비교적 크다. 지름이 다양한 폴리스티렌 알맹이들을 침강 FFF로 분리한 예가 **그림 34-19**에 도시되어 있다.

원심력은 작은 분자들에 대해 상대적으로 약하기 때문에 침강 FFF는 $10^6$ 이상의 분자량을 갖는 분자들에 가장 적합하다. 중합체, 생체 고분자, 천연 및 공업적 콜로이드, 에멀젼, 세포 내 입자들이 침강 FFF로 분리에 적합한 것으로 보인다.

## » 전기 장-흐름 분획법

전기 FFF (electrical field-flow fraction)에서는 흐름 방향에 대해 직각 방향으로 전기장이 걸려진다. 전기 전하에 기초하여 머무름과 분리가 일어난다. 전하가 가장 큰 화학종이 퇴적벽 쪽으로 가장 효과적으로 가속된다. 더 낮은 전하의 화학종은 그만큼 압축되지 아니하여 더 빠르게 흐름 영역 가운데 쪽으로 떠밀려난다. 따라서 전하가 가장 낮은 화학종이 가장 먼저 용리되고 전하가 큰 화학종은 가장 오랫동안 머물게 된다.

**그림 34-18** 침강 FFF 장치. (Courtesy of Postnova Analytics.)

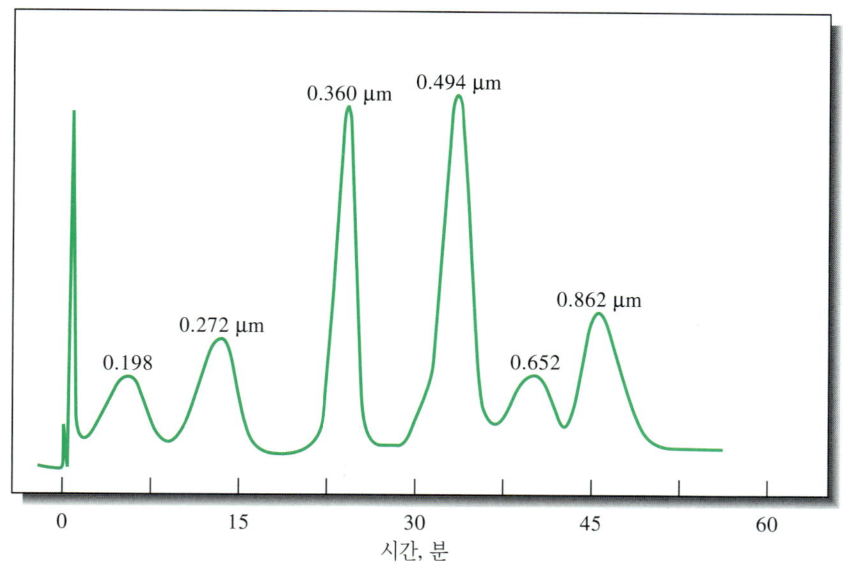


**그림 34-19** 침강 FFF를 이용하여 지름이 다양한 폴리스티렌 알맹이들을 분리한 분획도. 채널의 흐름 속도는 2 mL/min 이었다(Courtesy of FFFractionation, LLC, Salt Lake City, UT).

전기장은 매우 강력하기 때문에 작은 이온들조차도 전기 FFF로 분리가 가능하다. 그러나 전기분해의 영향 때문에 이 방법은 단백질, 기타 고분자들의 혼합물 분리에만 제한적으로 응용된다.

### ≫ 열 장-흐름 분획법

열 FFF (thermal field-flow fractionation)에서는 흐름 방향에 대해 직각 방향으로 FFF 채널을 가로지르는 온도 기울기를 형성시켜 열 장이 걸려진다. 온도 차이는 열 확산을 유도하고 이동 속도는 화학종들의 열 확산 계수에 관계된다.

열 FFF는 특히 $10^3$~$10^7$ 분자량 범위의 합성 중합체의 분리에 매우 적당하다. 이 기술은 고분자량 중합체에 대하여 크기 배제 크로마토그래피보다 훨씬 좋은 장점들을 갖고 있다. 그러나 저분자량 중합체들은 크기 배제 크로마토그래피에 의해 더 잘 분리되는 것으로 보인다. 그리고 중합체, 입자, 콜로이드들은 열 FFF로 분리되어 지고 있다.[18]

### ≫ 흐름 장-흐름 분획법

흐름 FFF (flow field-flow fractionation)는 아마도 모든 FFF 세부 기술 중 가장 용도가 다양하며 외부 장은 운반 액체의 느린 교차-흐름(cross-flow)으로 대치된다.[19] 직각 방향의 흐름은 비선택적인 방식으로 물질을 퇴적 벽으로 수송시킨다. 그러나 다양한 화합물들에 대한 안정 상태 층의 두께가 서로 다른데, 이는 수송 속도뿐만 아니라 분자 확산에도 의존되기 때문이다. 일반적인 FFF에서는 층 두께의 차이가 지수함수적인 분포를 나타낸다.

---

[18] P. M. Shiundu, G. Liu, and J. C. Giddings, *Anal. Chem.*, **1995**, *67*, 2705, **DOI**: 10.1021/ ac00111a032.

[19] See K. Wahlund and L. Nilsson, in *Field-Flow Fractionation in Biopolymer Analysis*, S. K. R. Williams and K. D. Caldwell, eds., New York: Springer-Verlag, 2012.

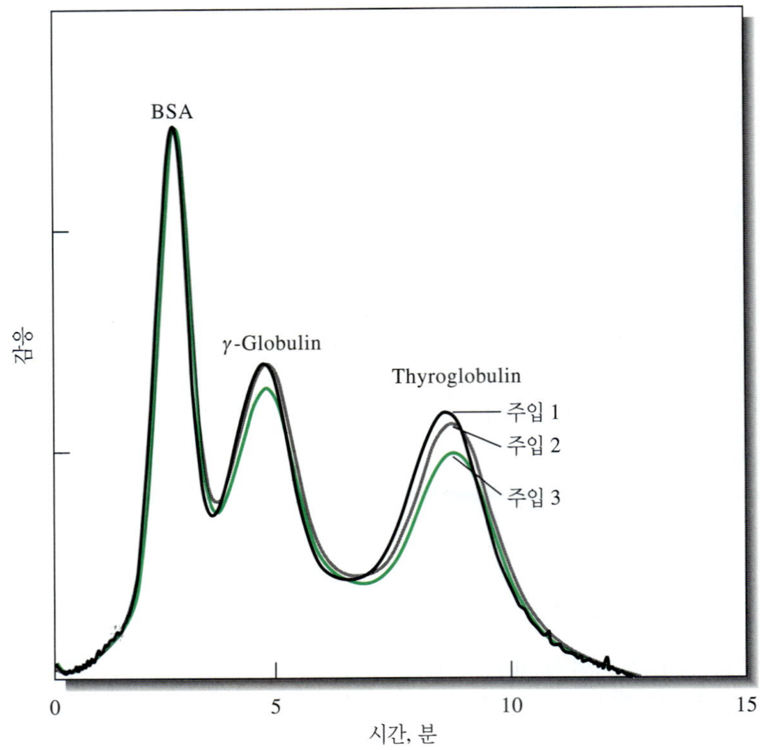


**그림 34-20** 흐름 FFF에 의한 세 가지 단백질의 분리. 세 번에 나누어 주입한 것을 보여준다. 이 실험에서 시료는 반대 흐름 수단을 이용하여 채널 머리부분에 농축시켰다. (Reprinted with per Williams, and J. C. Giddings, *Anal. Chem.* **1988**, *70*, 2495, **DOI**: 10.1021/ac9710792. Copyright 1998 American Chemical society.)

흐름 FFF는 단백질, 합성 중합체, 다양한 콜로이드 입자들의 분리에 응용되고 있다. **그림 34-20**에 흐름 FFF에 의한 세 가지 단백질의 분리를 도시하였다. 세 번 주입에 대한 분획도로 재현성을 나타내었다.

## ▸ 34E-3 장-흐름 분획법에 대한 크로마토그래피 방법의 장점

장-흐름 분획법은 일부 응용 예에 대하여 일반적인 크로마토그래피 방법들보다 몇 가지 장점을 갖는다. 첫째, 분리를 일으키는데 충전물 또는 정지상이 필요하지 않다. 일부 크로마토그래피에서는 시료 성분들이 충전 물질 또는 정지상과 바람직하지 못한 상호작용을 일으킬 수도 있다. 일부 용매들과 시료 물질들은 정지상 또는 그 지지체와 반응하거나 흡착한다. 거대 분자들은 이러한 상호 역작용을 일으키기가 쉽다.

FFF에 관련된 기하구조와 흐름 모양에 관해서는 특성이 잘 밝혀져 있다. 마찬가지로 대부분의 외부 장들의 영향도 쉽게 모형화시킬 수 있다. 그 결과 FFF에 있어 머무름과 단 높이를 거의 정확하게 이론적으로 예측할 수 있다. 이에 비하여 크로마토그래피 방법의 예측은 상대적으로 정확성이 떨어진다.

마지막으로 외부장은 FFF 머무름을 조절한다. 전기, 원심, 흐름 FFF에 의하여 직각 방향의 힘은 신속하게 그리고 시간-프로그램 방식으로 변경시킬 수 있다. 이 이유 때문에 FFF는 형태가 서로 다른 시료까지 적용할 수 있을 만큼 응용 범위가 다양하다. 마찬가지로 방법들의 분리능과 분리 속도를 쉽게 최적화할 수 있다.

장-흐름 분획법은 비교적 최근에 추가된 분리 분석 방법이지만 종래의 크로마토그래피와 상호 보완성이 큰 것으로 보인다. 현재 FFF 방법들은 크로마토그래피 방법들의 분자량 범위를 능가하는 대부분의 거대 분자들과 입자들에 최적인 방법이다. 그러나 저분자량 물질에 대해서는 크로마토그래피 방법이 더 우수하다.

질량분석기가 연결된 모세관 전기이동법에 대한 기사를 찾기 위해서 검색 엔진을 사용하시오. CE의 모세관과 질량분석기를 연결하기 위해서는 무엇이 중요한 도전이 되겠는가? 어떤 종류의 질량분석기가 CE-ME 응용에 가장 폭넓게 사용되는가? 탄덤(tandem) 질량분석기인가? CE의 어떤 분리 모드가 CE-MS를 위해 가장 유용한가? 상업적 CE-MS가 사용 가능한가? 어떤 기기 회사가 CE-MS를 생산하는가? CE-MS의 중요한 응용은 무엇인지 서술하시오. 어떤 독특한 정보를 CE-MS에 의해 얻을 수 있는가?

## 연습 문제

**34-1.** 다음 각각의 분리 방법에 가장 적합한 물질의 형태를 열거하시오.
- *(a) 초임계 유체 크로마토그래피
- (b) 얇은층 크로마토그래피
- *(c) 모세관띠 전기이동법
- (d) 열 FFF
- *(e) 흐름 FFF
- (f) 마이셀 동전기 모세관 크로마토그래피

**34-2.** 다음 용어를 정의하시오.
- *(a) 초임계 유체
- (b) 임계점
- *(c) 이차원 얇은층 크로마토그래피
- (d) 전기이동 이동도
- *(e) 임계 마이셀 농도
- (f) 전기 FFF

***34-3.** 초임계 유체의 어떤 성질이 크로마토그래피에서 중요한가?

**34-4.** 초임계 유체 크로마토그래피에 미치는 압력의 영향을 설명하시오.

***34-5.** 초임계 유체 크로마토그래피의 기기 장치는 (a) HPLC 및 (b) GC의 그것과 어떻게 다른가?

**34-6.** 크로마토그래피 분리용 이동상으로서 초임계 $CO_2$의 장점을 열거하시오.

***34-7.** 초임계 유체의 높은 밀도와 관계되는 중요한 성질은 무엇인가?

**34-8.** 초임계 유체 크로마토그래피와 다른 컬럼 크로마토그래피 방법을 비교하시오.

***34-9.** 초임계 이산화 탄소에 대해 다음 변화를 줄 때 SFC 실험에서의 영향을 예측하시오.
- (a) 흐름 속도 증가(일정 온도, 일정 압력에서)
- (b) 압력 증가(일전 온도, 일정 흐름 속도에서)
- (c) 온도 증가(일정 압력, 일정 흐름 속도에서)

**34-10.** 전기이동법을 아미노산을 분리할 때 pH의 영향은 무엇인가?

***34-11.** 전기삼투 흐름이란 무엇인가? 그것이 일어나는 이유는 무엇인가?

**34-12.** 전기삼투 흐름을 억제할 수 있는 방법은 무엇인가?

***34-13.** 모세관 띠 전기이동법(CZE)의 분리 원리는 무엇인가?

**34-14.** 한 무기 이온의 전기이동 이동도는 $5.13 \times 10^{-4}$ $cm^2 s^{-1}V^{-1}$이고 확산 계수는 $9.1 \times 10^{-6}$ $cm^2s^{-1}$이다. 만약 이 이온을 50 cm 길이의 모세관을 사용해서 모세관 띠 전기이동법으로 분리할 때 다음 각각의 전압을 걸어주었을 때 예상되는 단수 N은 얼마 인가?
- (a) 5 kV
- (b) 10 kV
- (c) 20 kV
- (d) 30 kV

***34-15.** 연습 문제 34-14의 양이온 분석물을 50 cm를 사용하고, 20 kV에서 모세관 띠 전기이동법으로 분리하였다. 이 조건 하에서 음극 방향으로의 전기삼투 흐름 속도가 0.65 mm $s^{-1}$였다. 만약 검출기가 모세관 주입구 끝으로부터 40 cm에 위치한다면 전압을 걸어준 다음 분석물 양이온이 검출기에 도달하는 데까지 소요되는 시간은 몇 분인가?

**34-16.** 마이셀 동전기 모세관 크로마토그래피의 원리는 무엇인가? 그것은 모세관 띠 전기 이동법과 어떻게 다른가?

***34-17.** 마이셀 동전기 모세관 크로마토그래피가 종래의 액체 크로마토그래피에 비해 뛰어난 주요 장점을 설명하시오.

**34-18.** 침강 FFF에서 용리 순서를 결정하는 것은 무엇인가?

***34-19.** 세 가지 거대 단백질들이 이온화하는 pH에서 전기 FFF 분리를 수행하였다. 각각의 이온들을 $A^{2+}$, $B^+$, $C^{3+}$라고 가정하고 용리 순서를 예측하시오.

**34-20.** FFF와 크로마토그래피의 주요 장점과 한계점을 열거하시오.

**34-21.** **도전 문제**: 독소루비신(doxorubicin, DOX)은 백혈병과 유방암 치료에 효과가 있는 안트라사이클린(anthracycline)으로 널리 이용된다(A.B. Anderson, C.M Ciriaks, K. M. Fuller, and E. A. Ariaga, *Anal. Chem.*, **2003**, *75*, 8, **DOI**: 10.1021/ac020426r). 아쉽게도 간독성과 약물 내성 같은 부작용이 보고되었다. 최근에 Anderson 등은 단일 세포 또는 세포 내 분획 중의 DOX 대사산물을 조사하기 위한 모세관 전기영동법에 레이저 유도 형광(laser-induced fluorescence, LIF) 검출기를 사용 하였다. Anderson 등이 DOX를 LIF로 정량한 결과는 다음과 같다. 검정 곡선을 작성하기 위하여 DOX 농도에 대한 CE 피크 면적을 측정하였다.

| DOX 농도(nM) | 피크 면적 |
|---|---|
| 0.10 | 0.10 |
| 1.00 | 0.80 |
| 5.00 | 4.52 |
| 10.00 | 8.32 |
| 20.00 | 15.70 |
| 30.00 | 26.20 |
| 50.00 | 41.50 |

(a) 검정 곡선의 회귀 방정식과 기울기 및 절편의 표준 편차를 구하시오. $R^2$ 값을 구하시오.

(b) (a)에서 구한 측정 면적으로부터 농도 항을 구하기 위한 표현 식으로 재정리하시오.

(c) DOX의 검출 한계는 $3 \times 10^{-11}$ M임을 알았다. 만약 주입 부피가 100 pL이었다면 LOD의 몰수는 얼마인가?

(d) DOX 농도를 모르는 두 개의 시료로부터 피크 면적 11.3과 6.97을 얻었다. 각각의 농도와 표준 편차는 얼마인가?

(e) 어떤 조건 하에서 DOX 피크가 LIF 검출기에 도달하는 데 필요한 시간은 300 s이었다. 만약 걸어준 전압을 2배로 증가시킬 때 도달에 필요한 시간은 얼마인가? 만약 동일한 전압 하에서 모세관 길이를 2배로 할 경우 필요한 시간은 얼마인가?

(f) 정상 조건 하에서 (e)의 모세관을 사용하면 단수가 100,000이다. 동일한 전압을 걸어 줄 때 모세관 길이를 2배로 하면 $N$은 얼마인가? 원래의 모세관 길이에서 걸어준 전압을 2배로 하면 $N$은 얼마인가?

(g) 내경이 50 μm이고 길이가 40.6 cm인 모세관의 $N$ = 100,000이라면 단 높이는 얼마인가?

(h) (g)와 동일한 모세관의 경우 전형적인 피크의 분산 $\sigma^2$ 값은 얼마인가?

# 용어 해설

*Glossary*

## ㄱ

**가감 저항기(rheostat)** 회로에서 전류를 조절하는 데 사용되는 가변 저항. 적절하게 배열하면 전압 분할기로 사용될 수도 있다.

**가로파(transverse wave)** 변위의 방향이 진행 방향에 직각인 파 운동.

**가리움제(masking agent)** 분석물질의 측정에 방해가 되는 비활성 매트릭스 화학종들과 결합하는 시약.

**가변도(variance, $\sigma^2$ or $s^2$)** 표준편차의 제곱으로 구성된 정밀도 판정. 컬럼 성능의 측정이기도 함. 크로마토그램의 가로 좌표가 시간단위이며 $\tau^2$으로 주어진다.

**가설 시험(hypothesis testing)** 여러 가지 통계적 시험들로 임의적인 주장을 시험하는 과정. *t*-시험, *F*-시험, *Q*-시험, *ANOVA* 참조.

**가시 복사선(visible radiation)** 사람의 눈으로 볼 수 있는 전자기 스펙트럼의 부분(380~780 nm).

**가역 전지(reversible cell)** 양쪽 방향으로 전자 이동이 빠른 전기화학 전지.

**가용성 전분(soluble starch)** 아이오딘에 특징적인 지시약인 $\beta$-아밀로스 수용액 현탁.

**가측 오차(determinate error)** 최소한 원칙적으로는 원인을 알고 있는 오차. *계통오차* 참조.

**각 분산능(angular dispersion, dr/d$\lambda$)** 파장의 함수로써 프리즘 또는 격자에 의한 복사선의 굴절각 혹은 반사각의 변화에 대한 측정.

**간섭 차수(interference order, n)** 두께에 따라서 유전 물질의 굴절률이 간섭 필터에 의해 투과된 파장을 측정하며 정수이다.

**간섭 필터(interference filter)** 보강 간섭에 의해서 좁은 띠 너비를 제공하는 광학 필터.

**간섭계(interferometer)** 보강 간섭과 상쇄 간섭을 통해서 스펙트럼 정보를 얻는 비분산 장치. Fourier 전환 적외선 장비에 사용된다.

**간섭물질(interference, or interferent)** 분석 신호에 영향을 미치는 화학종.

**갈바니 전지(galvanic cell)** 작동하는 동안에 에너지를 공급하는 전기화학 전지. *볼타 전지*(voltaic cell)와 동의어.

**감극제(depolarizer)** 다른 원하지 않은 과정에 우선하여 전극에서 반응이 수행하는 첨가제. *음극감극제* 참조.

**감쇄(attenuation)** 흡수 분광법에서 복사선 에너지의 빛의 세기를 감소시킴. 일반적으로는 측정된 양이나 신호를 감소시키는 것이다.

**감쇄 간섭(destructive interference)** 서로 상이 일치하지 않는 두 개 또는 그 이상의 파가 겹쳐짐으로 인하여 파의 진폭이 감소하는 간섭.

**감쇄기(attenuator)** 광학 기기에서 복사선 세기를 감소시키는 장치

**강산과 강염기(strong acid and strong base)** 특별한 용매에서 완전히 해리되는 산과 염기.

**강전해질(strong electrolyte)** 특별한 용매에서 완전히 이온들로 해리되는 용질.

**건식재 만들기(dry ashing)** 공기 중에서 직접 가열에 의해서 시료로부터 유기 물질을 제거함.

**건조제(desiccant)** 건조제.

**검정(calibration)** 측정된 양과 알고 있는 기준 값 또는 표준 값 간의 관계에 대한 실험적인 측정. 검정곡선 또는 작업곡선에서 분석 신호 대 농도의 관계를 설정하는데 사용된다.

**검정(분석)(assay)** 주어진 시료의 이름으로 된 물질들이 얼마만큼의 양이 있는지를 측정하는 과정.

**검정곡선의 기울기(slope, *m*, of a calibration line)** 선형모델 $y = mx + b$의 파라미터. 회귀분석에 의해 정해진다.

**검출 한계(detection limit)** 어떤 계나 방법에서 측정이 가능한 분석물의 최소량.

**검출기(detector)** 관찰하고 있는 계의 어떤 성질에 감응하여 측정 가능한 신호로 변화시키는 장치.

**겔 거르기 크로마토그래피(gel filtration chromatography)** 친수성 충전물을 사용하는 *크기 배제 크로마토그래피*의 한 형태. 극성 화학종을 분리하는데 사용된다.

**겔 투과 크로마토그래피(gel permeation chromatography)** 소수성 충전물을 사용하는 *크기 배제 크로마토그래피*의 한 형태. 비극성 화학종을 분리하는데 사용된다.

**결정성 막 전극(crystalline membrane electrode)** 감응하는 요소가 이온성 분석물질의 활동도에 선택적으로 감응하는 결정성 고체로 만들어진 전극.

**결정성 침전물(crystalline precipitates)** 크기가 크게 성장할 수 있는 경향을 가진 고체이며 결정들이 쉽게 필터된다.

**결정성 현탁(crystalline suspensions)** 콜로이드 보다 더 큰 입자들이 임시로 액체에 분산됨.

**결정수(water of crystallization)** 고체의 결정 구조로 된 순수(essential water).

**결정핵 생성(nucleation)** 침전하는 동안의 매우 작은 고체 집합체를 형성하는 과정.

**결핍층(depletion layer)** 역-바이어스 반도체에서 비전도성 영역.

**결합 방법(hyphenated method)** 두 개 또는 그 이상의 기기들을 결합한 방법. 기기가 단독으로 있을 때 보다 더 큰 효율을 나타낸다.

**결합 정지상(bonded stationary phase)** 지지체 매질에 화학적으로 결합된 액체 정지상.

**결합상 충전(bonded-phase packings)** HPLC에서 액체 정지상이 화학적으로 결합된 지지체 매질.

**겹살 기기(double-beam instrument)** 빛이 지나가는 경로에 바탕 용액과 분석물질 용액을 수동으로 번갈아가면서 바꿔주면서 위치시켜줄 필요가 없는 광학기기. *빛살 분할기*가 분광기내에서 복사선을 두 개의 빛살로 나누어 준다. 시간의존 겹살 기기에서는 *토막틀*이 번갈아 가면서 빛을 바탕과 분석물질로 향하게 해준다.

**경계 전위(boundary potential, $E_b$)** 막 전극의 반대쪽 표면에서 발생한 두 전위의 차.

**계통 오차(systematic error)** 원인을 알고 있는 오차. 한 개와 한쪽 방향에서만 측정에 영향을 미치며 원칙적으로는 설명될 수 있다. 가측 오차(determinate error) 혹은 바이어스(bias)라고도 한다.

**고무 채집기(rubber policeman)** 한 쪽 끝을 압착한 짧은 길이의 고무 튜브. 비커의 벽면에 달라붙은 침전물 입자들을 떼어 내는데 사용된다.

**고성능 액체 크로마토그래피(high-performance liquid chromatography, HPLC)** 액체인 이동상을 압력에 의해서 정지상으로 통과하게 하는 컬럼 크로마토그래피.

**고성능 이온교환 크로마토그래피(high-performance ion-exchange chromatography)** *이온크로마토그래피* 참조.

**고성능 크기-배제 크로마토그래피(high-performance size-exclusion chromatography)** *크기-배제크로마토그래피* 참조.

**고성능 흡착 크로마토그래피(high-performance adsorption chromatography)** *액체-고체크로마토그래피*와 동의어. *흡착크로마토그래피* 참조.

**고정 효소 반응기(immobilized enzyme reactor)** 효소가 흡착, 공유결합, 포착 등에 의해서 부착된 검출기 표면 또는 관모양의 반응기.

**공기 댐퍼(air damper)** 기계적인 분석저울의 저울대에 의해서 평형에 빨리 도달하게 해주는 장치로서 데시폿(dashpot, 완충 · 제어장치)이라고 부른다.

**공명 전이(resonance transition)** 바닥 전자 상태로 혹은 바닥 전자 상태로부터의 전이.

**공명 형광(resonance fluorescence)** 들뜬 파장과 동일한 파장에서 형광 방출.

**공명선(resonance line)** 공명 전이의 결과로 생긴 스펙트럼 선.

**공중부양(levitation)** 전자식 저울에 적용되는 것으로서 자기장에 의해서 공기 중에 저울의 접시가 매달리는 것.

**공침, 공동침전(coprecipitation)** 침전하면서 고체 또는 고체의 표면 내에 다른 용해 화학종들이 함께 침전됨.

**공통-이온 효과(common-ion effect)** 참여하고 있는 이온이 첨가됨으로 인하여 평형의 위치가 이동하는 현상.

**과전위(overpotential, overvoltage, Π)** 편극된 전기화학 전지에서 전류를 생산하는 데 필요한 과량의 전압.

**과포화(supersaturation)** 용액이 일시적으로 그것의 평형 용해도를 초과하는 양의 용질을 포함하고 있는 조건.

**관리 하한(lower control limit, LCL)** 과정이나 측정의 만족한 수행을 정하는 하한 경계.

**관리도(control chart)** 생산물의 통계적인 관리를 설명해주는 도표이며 시간의 함수로도 나타낸다.

**광 검출기(photon detector)** 광 신호를 전기 신호로 변환하는 변환기에 대한 일반적인 용어.

**광다이오드(photodiode)** ① 표면에서 흡수된 각 광자들이 전자를 생성하는 광감응 음극과 선 양극으로 구성된 진공관. ② 전자기 복사선에 의해 조사될 때 전자와 구멍을 생성하는 역-바이어스 실리콘 반도체. 결과들로 얻어진 전류는 장치를 때리는 초당 광자의 수를 측정할 수 있다.

**광도계(photometer)** 파장 선택을 위한 필터와 광 검출기가 결합된 흡광 측정기기.

**광분해(photodecomposition)** 복사선에 의한 들뜬 분자들로부터 새로운 화학종이 형성됨. 들뜬 에너지가 흩어지는 여러 진로 중의 하나.

**광이온화 검출기(photoionization detector)** 강한 자외 복사선을 사용하여 분석물질을 이온화시키는 크로마토그래피 검출기. 이온화 결과 생성된 전류는 분석물질의 농도에 비례하며 증폭된 후 기록된다.

**광자(photons)** 전자기 복사선의 에너지 뭉치. *양자(quanta)*라고도 한다.

**광전 증배관(photomultiplier tube)** 전자기 복사선의 감도 있는 검출기. 증배관이 받아들인 각 광자들에 대해서 연속적인 전자들을 생성하는 일련의 다이노드에 의해 증폭이 일어난다.

**광전관(phototube)** *광다이오드* 참조.

**광전도 셀(photoconductive cell)** 부딪치는 복사선의 세기에 따라 전기 전도도가 증가하는 전자기 복사선의 검출기.

**광전비색계(photoelectric colorimeter)** 가시 복사선에 감응하는 광전계.

**광전자(photoelectron)** 광을 방출하는 표면을 두드리는 광자의 흡수에 의해서 방출된 전자.

**광학 기기(optical instrument)** 자외선, 가시광선, 적외 복사선등에 기초하여 분석물질 화학종들에 의한 흡수, 방출, 형광 등을 측정하는 기기.

**광학 방법(optical method)** *화학분광법*(spectrochemical method)과 동의어.

**광학 쐐기(optical wedge)** 광학 분광법에서 사용되는 투광도가 길이에 따라 선형적으로 감소하는 장치.

**교차-결합 정지상(cross-linked stationary phase)** 크로마토그래피 컬럼에서 중합체들끼리 공유결합을 형성시킴으로써 만들어진 더 안정한 중합체 정지상.

**구별성 용매(differentiating solvent)** 용질의 산이나 염기성 세기의 차이를 증가시키는 용매. *평준화 용매*와 비교.

**구역(크로마토그래피) (zone, chromatographic)** 크로마토그래피 띠(chrmatographic band)와 동의어.

**국제 순수응용 화학 협회(International Union of Pure and Applied Chemistry, IUPAC)** 전 세계 화학 관련한 용어 정의 및 사용에 대한 개발 업무를 수행하는 국제 기구.

**굴절률(refractive index)** 진공 중에서 전자기 복사선의 속도와 어떤 다른 매질에서의 속도의 비.

**규소 광다이오드(silicon photodiode)** 역-바이어스 이산화규소에 기초한 광검출기. 복사선에 노출되면 새로운 구멍과 전자들을 만들어서 광전류를 증가시킨다. *광다이오드*(photodiode) 참조.

**규조토(diatomaceous earth)** GC에서 고체 지지체로 사용되는 단일세포 조류의 실리카 골격.

**균질 침전(homogeneous precipitation)** 침전제가 분석물질의 용액에서 천천히 생성되게 함으로써 밀도가 높게 생성되어, 무게분석법에서 침전물을 거르기 쉽게 하는 방법.

**균질 용액으로부터 침전(precipitation from homogeneous solution)** *균질침전*(homogeneous precipitation)과 동의어.

**극미량 분석(ultramicro analysis)** 질량이 $10^{-4}$g 이하인 시료의 분석.

**극미량 성분(ultratrace constituent)** 1 ppb 이하 농도의 성분.

**극미세 전극(ultramicroelectrode)** *미세전극*(microelectrode)와 동의어.

**기울기 용리(gradient elution)** 액체 크로마토그래피에서 혼합물 성분들에 대한 크로마토그래피 분리능을 최적화하기 위해서 이동상 조성을 체계적으로 변화시키는 방법. 용매 프로그래밍(solvent programming) 참조.

**기울여 따르기(decantation)** 용기에 있는 고체 침전물들을 방해하지 않고 부유 액체를 필터로 따라 부어서 세척하는 방법.

**기준 전극(reference electrode)** 표준수소전극에 상대적인 전위를 알고 있는 전극이며 미지 전극의 전위가 측정된다. 기준 전극의 전위는 분석물질의 농도에 완전히 독립적이다.

**기준 표준물질(reference standard)** 폭넓게 분석되어 온 복잡한 물질. 이 표준물질들에 대한 일차 공급원은 미국 국가 기술표준원(National Institute of Standards and Technology, NIST)이다.

**기질(substrate)** ① 보통은 효소에 의해 작용하는 물질. ② 표면 변형을 한 고체.

**기체 전극(gas electrode)** 작동하는 동안에 기체의 형성과 소모가 포함되는 전극.

**기체 크로마토그래피(gas chromatography, GC)** 기체 이동상과 액체 또는 고체 정지상을 사용하는 분리 방법.

**기체-감지 탐침(gas-sensing probe)** 소수성 막에 의해서 분석물질 용액으로부터 분리된 지시/기준 전극 계. 막은 기체에 침투할 수 있으며 전위는 분석물질 용액의 기체 함량에 비례한다.

**꼬리 끌기(tailing)** 크로마토그래피 피크에서 뒷부분이 끌림이 생기는 비이상적인 조건. *프론팅*(fronting)과 비교.

## ㄴ

**나노미터(nanometer, nm)** $1 \times 10^{-9}$ m.

**난류(turbulent flow)** 흐르는 용액 내에서 액체의 무작위 운동. 유선형 흐름(laminar flow)와 비교.

**내벽 코팅 열린관 컬럼[wall-coated open tubular (WCOT) column]** 얇은 층의 정지상으로 코팅된 모세관 컬럼.

**내부 표준(internal standard)** 미지의 용액과 표준 용액에 분석물질과 유사한 성질의 화학종을 알고 있는 양을 첨가한다. 내부표준물질의 신호와 분석물질의 신호의 비가 분석에 있어서 기초로 사용된다.

**내부-필터 효과(inner-filter effect)** 입사 빛이나 방출 빛을 과량 흡수함으로 인해서 비선형 형광 검정곡선을 만들게 하는 현상.

**내포(occlusion)** 성장하고 있는 결정 내부에 용해성 불순물들이 물리적으로 부유시켜 운반함.

**내포된 물(occluded water)** 성장하고 있는 결정 내부에 갇힌 비순수(nonessential water).

**내화성 물질(refractory material)** 일반적인 실험실 산이나 염기에 의한 공격에 저항을 갖는 물질. 융제를 사용하여 고온으로 용융시킴으로써 용액을 만든다.

**노말 농도(normality, $c_N$)** 용액 1 리터에 있는 화학종의 당량수.

**농도 분포(concentration profile)** 분석물질이 크로마토그래피 컬럼으로부터 빠져나올 때 시간에 따른 분석물질의 농도 분포. 화학 반응 시에 반응물과 생성물의 시간 거동을 가리키기도 함.

**농도 편극(concentration polarization)** 전기화학 전지에서 화학종들이 전극 표면으로부터 또는 표면을 향해서 매우 느리게 이동하는 결과로써 나타나는 전류의 통과에 있어서 평형 값 또는 Nernstian 값으로부터 전극 전위의 편차.

**농도기반평형상수(concentration-based equilibrium constant, $K'$)** 몰 평형 농도에 기반을 둔 평형 상수. $K'$는 매질의 이온 세기에 의존한다.

**눈금 피펫(measuring pipet)** 원하는 부피를 최대 용량까지 옮길 수 있도록 검정된 피펫. *부피 피펫*과 비교.

**니크롬(nichrome)** 니켈/크로뮴 합금. 백열광으로 가열될 때 적외 복사선의 광원이 된다.

## ㄷ

**다가 산과 염기(polyfunctional acids and base)** 한 개 이상의 산 또는 염기 기능기를 가진 화학종.

**다공성 층 열린관 컬럼[(porous layer open tube, PLOT) column]** 정지상의 얇은 층이 컬럼의 벽에 흡착된 기체-고체 크로마토그래피용 모세관 컬럼.

**다색 복사선(polychromatic radiation)** 한 개 이상의 파장으로 구성된 전자기 복사선. *단색복사선*과 비교.

**다수 운반체(majority carrier)** 반도체에서 전하 이동을 주로 책임지고 있는 화학종.

**다이노드(dynode)** 광전증배관에서 중간 전극.

**다이오드 배열 검출기(diode array detector)** 64~4096개의 광다이오드를 선형적으로 배열한 실리콘 칩. 동시에 전체 스펙트럼 영역으로부터 데이터를 수집할 수 있는 장치이다.

**단 높이(plateheight, *H*)** 크로마토그래피 컬럼의 효율을 기술하는 양. 이 항은 전통적인 증류 컬럼에서 단 높이 또는 증류 단계로부터 유래되었다.

**단색 복사선(monochromatic radiation)** 이상적으로는 단일 파장으로 구성된 전자기 복사선. 실제로는 매우 좁은 띠의 파장.

**단색화 장치(monochromator)** 다색 복사선을 각자의 성분 파장으로 분리하는 장치.

**단일 원자 질량 단위(unified atomic mass unit)** 탄소의 가장 풍부한 동위원소인 $^{12}C$의 질량의 1/12과 동일한 질량의 기본 단위. 1돌턴(dalton)과 같다.

**단일-전극 전위 (single-electrode potential)** *상대 전극 전위*(relative electrode potential)와 동의어.

**단일-접시저울(single-pan balance)** 받침대 한쪽에 접시와 분동이 있고 다른 쪽에는 공기제동기가 있는 비대칭-팔 저울. 접시에 있는 물체의 질량과 같은 양의 표준 분동을 제거함으로써 무게를 잰다.

**당량(equivalent)** 산화/환원 반응에서 전자 1 몰을 주거나 받을 수 있는 화학종의 질량. 산/염기 반응에서는 양성자 1 몰을 주거나 받을 수 있는 화학종의 질량.

**당량, 등가 질량(equivalent weight or mass)** 화학적으로 질량을 표시하는 기본이며 *몰질량*(molarmass)과는 다르다. 반응의 화학량론이 일대 일이 아니더라도 분석물질 1 당량이 시약 1 당량과 반응한다.

**당량점(equivalence point)** 적정시험에서 가해준 표준 적정시약의 양이 시료 내에 있는 분석물질의 양과 화학적으로 동일한 지점.

**당량점 전위(equivalence-point potential)** 산화/환원 적정에서 가해준 적정시약의 양이 시료 내에 있는 분석물의 양과 화학적으로 동일한 때 계의 전극 전위.

**대류(convection)** 저어주기, 기계적인 젓기, 온도 기울기 등에 의해서 액체 또는 기체 매질에 있는 화학종들이 이동.

**더미스터(thermistor)** 온도 감지 반도체. 볼로미터에 사용된다. 전기적 저항이 온도에 따라서 변화한다.

**데시폿(dashpot)** 분석 저울에서 *공기댐퍼*와 동의어.

**데이터 시료(sample of data)** 유한한 반복 측정값들.

**데이터범위(range, *ω*, of data)** 한 세트의 데이터에서 극단 값들 간의 차이. *퍼짐*(spread)과 동의어.

**데이터의 모집단(universe of data)** 데이터의 모집단(population of data)와 동의어.

**데이터퍼짐(spread, *w*, of data)** 정밀도 평가. *범위*(range)와 동의어.

**도표 속도론법(graphical kinetic method)** 시간의 함수로서 반응물과 생성물의 농도를 도시함으로써 반응 속도를 결정하는 방법.

**도핑(doping)** 실리콘 결정이나 저마늄 결정의 반도체 성질을 증가시키기 위해서 III족 또는 V족 원소들을 의도적으로 첨가하는 것.

**도함수 적정 곡선(derivative titration curve)** 가해준 적정액의 부피를 단위 부피당 측정된 양의 변화로 도시함. 도함수곡선은 일반적인 적정곡선에서 변곡점에서 최대를 나타낸다. *이차도함수곡선* 참조.

**돌턴(Dalton)** 질량 단위. 1 돌턴은 1 원자 질량 단위에 해당 한다.

**두 번째 종류 전극(electrode of the second kind)** 감응이 약하게 녹는 화학종이나 금속 전극으로부터 유도된 양이온과 안정한 착물을 형성하는 음이온의 농도(엄격하게는 활동도)의 대수에 비례하는 금속성 전극.

**들뜸(excitation)** 원자, 이온, 분자가 더 에너지가 높은 상태로 올라가는 현상.

**들뜸 스펙트럼(excitation spectrum)** 형광 분광법에서 들뜬 파장의 함수로써 형광세기를 도시한 것.

**등용매 용리(isocratic elution)** 단일용매로 용리. *기울기용리*와 비교.

**등자(stirrup)** 기계식 저울의 저울대와 접시 사이의 연결.

**등전점(isoelectric point)** 아미노산이 전기장의 영향 하에서 움직이는 경향이 없는 점에서의 pH.

**디티존(dithizone)** Diphenylthiocarbazide의 일반명.

**떠돌이 복사선(stray radiation)** 광학 측정을 위해 선택된 파장이외의 복사선.

**띠(Band)** ① 분광법에서 접하게 되는 이웃하는 파장들 또는 ② 크로마토그래피 컬럼 혹은 전기이동 컬럼으로부터 빠져나오는 성분의 양이 Gaussian-형태의 분포.

**띠 넓어짐(band broadening)** 여러 가지 확산과 질량 이동 과정에 의해서 크로마토그래피 컬럼을 통과함에 따라서 띠가 퍼지는 경향.

**띠 스펙트럼(band spectrum)** 많은 수의 스펙트럼선들과 회전전이와 진동 전이에 의해 스펙트럼선들이 가까워짐으로 인하여 한 개 또는 그 이상의 파장 영역으로 만들어진 분자 스펙트럼.

**띠너비(bandwidth)** 피크의 절반 높이에서 흡수 또는 방출 스펙트럼 피크의 진동수 또는 파장의 범위.

## ㄹ

**리간드(ligand)** 양이온과 배위결합에 이용되는 최소한 한 개의 비공유 전자쌍을 가진 이온이나 분자.

**리터(liter)** 1 입방 데시미터 혹은 1000 입방 센티미터.

## ㅁ

**마이크로그램(microgram, *μ*g)** $1 \times 10^{-6}$ g.

**마이크로리터(micro liter, *μ*L)** $1 \times 10^{-6}$ L.

**막 전극(membrane electrode)** 양측의 얇은 막에서 이온-교환 과정에 의해 감응하는 지시 전극.

**매달린 수은 방울 전극(hanging mercury drop electrode, HMDE)** 전기분해에 의해서 미량의 금속을 작은 부피로 농축시킬 수 있는 미세 전극. 수은 방울로부터 금속을 전압-전류 벗김으로 분석이 완결된다.

**매트릭스(matrix)** 분석물질을 포함하고 있는 매질.

**머무름 시간(retention time, $t_R$)** 크로마토그래피에서 크로마토그래피컬럼에 시료를 주입에서부터 분석물질의 피크가 검출기에 도달하기까지의 시간.

**머무름 인자(retention factor, $k$)** 화학종들의 크로마토그래피 컬럼을 통한 이동을 기술하는 사용되는 용어. $k = (t_R - t_M)/t_M$, 여기서 $t_R$은 피크의 머무름 시간이며 $t_M$은 불감시간이다. *용량인자*(capacity-factor)라고도 한다.

**메니스커스(meniscus)** 용기 내에서 액체에 의해서 표시되는 곡선 표면.

**명목 파장(nominal wavelength)** 파장 선택 장치에 의해서 제공되는 주요 파장.

**모세관 전기이동(capillary electrophoresis)** 고속과 고분해능 전기이동이 모세관 튜브 또는 마이크로칩에서 수행된다.

**모세관 컬럼(capillary column)** GC 혹은 HPLC를 위한 금속, 유리, 또는 용융 실리카로 만들어진 작은 직경의 크로마토그래피 컬럼. GC에서는 정지상 액체가 튜브의 내 벽에 얇게 코팅되어 있으며, HPLC에서는 모세관 컬럼이 충전된 형태이다.

**모액(mother liquor)** 고체 침전 후에 그대로 남아있는 용액.

**모집단 데이터(population of data)** 측정한 값(때로는 무한대로 가정함)의 전체 수. *Universe of data*라고도 함.

**모집단평균(populationmean, $\mu$)** 모집단 데이터에 대한 평균값. 계통 오차가 없는 양에 대한 참값.

**모집단표준편차(population standard deviation, $\sigma$)** 모집단 데이터에 기초한 정밀도 측정.

**몰(mole)** 물질 $6.022 \times 10^{23}$개 입자의 양.

**몰 형광(molecular fluorescence)** 분자 내에서 단일항으로 들뜬 상태의 전자들이 낮은 양자 상태로 돌아가는 과정으로서 전자기 복사선을 에너지로 방출한다.

**몰 화학종 농도(molar species concentration)** 1 리터 당의 몰수로 나타내는 화학종의 평형 농도이며 꺾쇠괄호 [ ]로 표시한다. 몰 평형 농도와 동의어.

**몰 흡광계수(molar absorptivity, $\varepsilon$)** Beer 법칙에서 비례상수. $\varepsilon = A/bc$, 여기서 $A$는 흡광도, $b$는 빛의 경로 길이(cm), $c$는 농도(mol/L). 흡수 화학종의 특성을 나타냄.

**몰농도(molar concentration, M)** 용액 1 리터에 함유된 1 몰의 화학종 혹은 용액 1 밀리리터에 함유된 1 밀리몰의 화학종.

**몰분석농도(molar analytical concentration, $c_x$)** 충분한 용매에 용해되어 1 리터 용액이 된 용질 X의 몰수. 용액 1 밀리 리터당 1 밀리몰과도 동일하다. *평형몰농도*와 비교.

**몰질량(molarmass, $\mathcal{M}$)** 1 몰 화학물질의 질량(그램).

**무게(weight)** 물질과 그것의 주변(지구) 간의 인력.

**무게 몰농도(weight molar concentration, $M_w$)** 그램당 밀리몰로 표현하는 적정시약의 몰농도.

**무게 병(weight bottle)** 분석 시료의 저장과 무게를 재기 위한 가벼운 무게의 용기.

**무게 분석법(gravimetric analysis)** 분석물질이 포함된 수순한 물질의 질량을 측정함으로써 분석물질의 양을 결정하는 분석 방법.

**무게 재는 형태(weighing form)** 무게 분석법에서 질량이 시료 내에 있는 분석물질의 양에 비례하게 수집된 화학종.

**무게 적정법(weight titrimetry)** *무게적정법*(gravimetrictitrimetry)과 동의어.

**무게 퍼센트(weight percent, w/w)** 용질의 질량과 그 용액의 질량의 비이며 100%를 곱한다.

**무게/부피 퍼센트(weight/volume percent, w/v)** 용질의 질량과 용해된 용액의 부피의 비이며 100%를 곱한다.

**무게분석 인자(gravimetric factor, GF)** 분석물질과 무게 분석법에서 잰 고체의 화학량론적 질량비.

**무게분석 적정법(gravimetric titrimetry)** 부피보다는 표준 적정 시약의 질량을 측정하는 적정법. 적정 시약의 농도는 용액의 mmol/g으로 표시한다.

**무게차이법(weighing by difference)** 시료와 용기의 무게를 잰 후 시료를 제거한 용기의 무게를 재거나 시료를 넣기 전의 무게를 재서 시료의 무게를 재는 과정.

**무전극-방전 램프(electordeless-discharge lamp)** 라디오-진동 또는 마이크로파 복사선에 의해 원자 선 스펙트럼을 발생하는 광원.

**물리적 포착(mechanical entrapment)** 성장하고 있는 결정 내에 불순물을 혼합함.

**미국 직업 안전 위생관리국(Occupational Safety and Health Administration, OSHA)** 실험실과 작업장에서의 안전을 담당하는 미국 연방 기관.

**미국국립표준기술원(National Institute of Standard and Technology, NIST)** 미국 상무부의 산하기관. 이전에는 국가표준국(National Bureau Standard, NBS). 일차 표준물질과 표준 기준물질에 대한 주요 생산처.

**미량 분석(micro analysis)** 0.0001~0.01 g의 질량을 가진 시료의 분석.

**미량분석 저울(microanalytical balance)** 1~3 g 용량의 정밀도가 0.0001 mg인 분석 저울.

**미세 다공성 막(microporous membrane)** 기체는 통과할 수 있고 다른 화학종들은 침투하지 못하는 구멍 크기의 소수성 막. *기체-감지 탐침*의 감지 요소이다.

**미세전극(microelectrode)** 마이크로미터 스케일의 크기를 가진 전극. 전압-전류법에서 사용됨.

**밀도(density)** 물체의 질량 대 부피의 비이며 액체와 고체에서는 g/cm$^3$, 기체에서는 g/L 단위로 측정되며, SI 단위는 kg/m$^3$이다.

**밀리그램(milligram, mg)** $1 \times 10^{-3}$ g 혹은 $1 \times 10^{-6}$ kg.

**밀리리터(milliliter, mL)** $1 \times 10^{-3}$ L.

**밀리몰(millimole, mmol)** $1 \times 10^{-3}$ mol.

## ㅂ

**바이아스(bias)** 예측한 결과의 방향을 어긋난 경향. 측정에 있어서 계통오차의 효과를 기술할 때에도 사용됨. 회로에 가해진 dc 전압을 가리키기도 함.

**바닥 상태(ground state)** 원자나 분자의 가장 낮은 에너지 상태.

**반감기(half-life, $t_{1/2}$)** 반응물의 양이 원래 값의 절반으로 감소하는 시간.

**반도체(semiconductor)** 금속과 절연체 사이의 중간 전기 전도도를 가진 물질.

**반미량 분석(semimicro analysis)** 0.01~0.1 g 범위의 질량의 시료를 분석하는 것.

**반미량 분석용 저울(semimicroanalytical balance)** 30 g의 용량이며 0.01 mg의 정밀도를 가진 저울.

**반복 시료(replicate samples)** 동일한 방법으로 동시에 정밀하게 분석을 수행하기 위한 거의 같은 크기의 물질의 부분들.

**반사(reflection)** 표면으로부터 복사선이 되돌아옴.

**반사 회절발(reflection grating)** 다색 복사선을 그것들의 성분 파장들로 분산시키는 광학 요소. 반사 표면에 선이 그어져 있다. 분산은 보강간섭과 상쇄간섭의 결과이다.

**반응 메커니즘(mechanism of reaction)** 반응물로부터 생성물의 생성이 포함된 기초적인 단계들.

**반응 차수(order of reaction)** 반응의 속도 법칙에서 화학종의 농도와 관계되는 지수.

**반응속도론법(kinetic methods)** 반응 속도론을 분석물질의 농도와 관계시킨 분석 방법.

**반응속도론적 분극(kinetic polarization)** 한 개 또는 두 개 전극의 표면에서 반응이 늦어짐으로 인한 전기화학 전지의 비선형적인 거동.

**반쪽 반응(half-reaction)** 화학종들의 산화 또는 환원을 표현하는 방법. 화학종의 산화와 환원된 형태를 보여 주며, 계에서 수소와 산소 원자를 균형 잡기 위해서 $H_2O$나 $H^+$를 이용하고, 전하의 균형을 위해서 전자의 수를 필요로 하는 균형식.

**반쪽-전지 전위(half-cell potential)** 표준수소전극에 대비해서 측정된 전기화학 반쪽-전지의 전위.

**반파 전위(half-wave potential, $E_{1/2}$)** 전압-전류파의 전류가 한계 전류의 절반인 곳에서 기준 전극 대 전위.

**받침 날(knife edge)** 기계식 분석저울의 움직이는 성분 간의 거의 마찰이 없는 접촉.

**발광(luminescence)** 광 들뜸(광발광), 화학 들뜸(화학발광), 열 들뜸(열발광)의 결과로 나타난 복사선.

**발리노마이신(valinomycin)** 포타슘을 위해서 막 전극에서 사용되는 항생물질.

**발산(decrepitation)** 가열에 의해서 막힌 물을 증발시켜서 결정성 고체 조각냄.

**방법불확도(method uncertainty, $s_m$)** 측정 방법과 관련한 표준편차. 분석의 전체 표준편차 $s_o$를 측정하는 데 있어서 샘플링 표준편차 $s_s$가 관련되어 있다.

**방출 스펙트럼(emission spectrum)** 들뜬 상태의 화학종들이 과량의 에너지를 전자기 복사선으로써 내놓음으로 이완될 때 관찰되는 선 스펙트럼 또는 띠 스펙트럼의 집합.

**배열 광다이오드(photodiode array)** 동시에 여러 파장을 검출할 수 있는 선형 또는 2차원으로 배열된 광다이오드.

**배위 화합물(coordination compound)** 금속 이온과 전자-쌍 주개 기능기 사이에 형성된 화학종. 생성물들은 양이온, 중성, 혹은 음이온이다.

**백금 전극(platinum electrode)** 비활성 금속성 전극이 필요로 하는 전기화학계에서 널리 사용됨.

**백만 분율(parts per million, ppm)** 미량으로 존재하는 용질 화학종의 농도를 표현하는 편리한 방법. 묽은 수용액에 대해서 ppm은 용액 1리터 당 용질의 밀리그램.

**백퍼센트 *T* 조정(hundred percent *T* adjustment)** 빛의 경로에서 적절한 바탕을 사용하여 100% *T*를 나타내도록 광학 흡수 기기를 조절하는 것.

**버니어(vernier)** 자에서 눈금 간의 측정을 하기 위한 보조 도구.

**변동 계수(coefficient of variation, CV)** 상대 표준편차이며 백분율로 나타냄.

**변조(modulation)** 운반 파에서 분석 신호를 겹치는 과정. 증폭 변조에서는 운판 파의 크기는 분석 신호의 변동에 따라 변한다. 주파수 변조에서는 운판파의 주파수가 분석 신호에 따라서 변한다.

**변환기(transducer)** 물리적 혹은 화학적 현상을 전기적 신호로 변환시키는 장치.

**보강 간섭(constructive interference)** 두 개 또는 그 이상의 파가 서로 상이 일치하는 구역에서 파의 진폭이 증가하는 간섭.

**보조 저울(auxiliary balance)** 분석 저울보다 감도가 덜하지만 더 튼튼한 저울을 일컫는 일반적인 용어로서 실험실 저울(laboratory balance)과 동의어이다.

**보통 저울(macrobalance)** 160~200 g 용량의 정밀도가 0.1 mg인 분석저울.

**보통량분석(macro analysis)** 0.1 g보다 큰 질량 시료의 분석.

**보호 컬럼(guard column)** HPLC 컬럼의 앞부분에 놓이는 전치 컬럼. 보호 컬럼의 충전물 조성은 입자물질과 오염물질들을 제거하고, 정지상으로 용리액을 포화시킴으로써 분석 컬럼의 수명을 연장시킬 수 있는 것으로 선택한다.

**보호제(protective agent)** 원자 분광법에서 분석물질과 가용성 착물을 형성함으로써 휘발성이 낮은 화합물을 형성하는 것을 막는 화학종.

**복사선 완충제(radiation buffer)** 원자 방출 측정에서 방해물질들의 효과를 묻히게 하기 위해서 시료와 표준물질에 의도적으로 많은 양을 가해주는 잠재적인 방해물질.

**복제 회절발(replica grating)** 주 회절발의 복사본. 주 회절발의 높은 가격 때문에 대부분의 회절발 기기에서 분산 요소로서 사용된다.

**볼로미터(bolometer)** 온도 변화에 따라 저항이 변화되는 것에 기초한 적외선 복사선 검출기.

**볼밀(ball mill)** 실험실 시료의 입자 크기를 감소시키는 기구.

**볼타 전지(voltaic cell)** 갈바니 전지(galvanic cell)과 동의어.

**부력(buoyancy)** 개체에 의해 매질(보통은 공기)이 이탈되어 겉보기 질량손실을 발생하는 현상. 물체의 밀도와 비교하는 표준물의 무게가 다를 때 큰 오차가 발생한다.

**부분 거울(sector mirror)** 부분적으로는 거울이고 부분적으로는 반사를 하지 않는 부분을 가진 디스크. 회전하면 겹살 분광계의 단색화 장치로부터 복사선을 시료 셀과 기준 셀로 번갈아가면서 통과하도록 복사선의 방향을 바꿀 수 있다.

**부피 퍼센트(volume percent, v/v)** 액체의 부피와 그 용액의 부피의 비에 100%를 곱한다.

**부피 플라스크(volumetric flask)** 정확한 부피의 용액을 마련하기 위한 용기.

**부피 피펫(volumetric pipet)** 한 용기로부터 다른 용기로 정확한 부피를 옮길 수 있는 장치. 측정 피펫(measuring pipet)이라고도 부른다.

**부피법(volumetric methods)** 알고 있는 시료의 양에 있는 분석물질과 반응하는 데 필요한 표준 적정시약의 부피가 최종 측정 결과인 분석 방법.

**분광계(spectrometer)** 분리된 스펙트럼 띠의 세기에 비례하는 숫자를 표시하는 단색화 장치나 다색화장치, 광검출기, 전자 판독기 등을 갖춘 기기.

**분광광도 적정(spectrophotometric titration)** 자외선/가시선 분광법에 의해서 모니터 되는 적정.

**분광광도계(spectrophotometer)** 자외선, 가시선, 적외선 복사선의 흡수를 측정하도록 설계된 분광계. 장비는 복사선의 광원, 단색화 장치, 시료와 기준 빛살의 세기의 비를 측정하는 전기적이 수단을 포함하고 있다.

**분광기(spectroscope)** 스펙트럼선이 육안으로 관찰될 수 있는 것을 제외하고는 분광계와 비슷한 광학 기기.

**분광법(spectrometric method)** 시료 내에 있는 분석물질의 양과 관련된 전자기 복사선의 흡수, 방출, 형광에 기초한 방법.

**분광법(spectroscopy)** 전자기 복사선의 흡수, 방출, 발광의 측정에 기초한 기술들을 기술하는데 사용되는 일반적인 용어.

**분광사진기(spectrograph)** 배열 다이오드, 전하 결합 장치, 사진판과 같은 공간적으로 감응있는 검출기를 두드리는 파장의 범위를 허락하는 회절발 혹은 프리즘과 같은 분산 요소를 갖춘 광학 기기.

**분광화학 방법(spectrochemical method)** *분광학적 방법*(spectrometricmethod)과 동의어.

**분리능(resolution, $R_s$)** 두 분석물질을 분리할 수 있는 크로마토그래피 컬럼의 능력 측정. 두 피크에 대한 머무름 시간의 차를 그들의 평균 너비로 나눈 것으로 정의한다.

**분무(nebulization)** 액체가 작은 방울의 물안개 속으로 전환됨.

**분배 계수(partition coefficient)** 두 개의 섞이지 않는 액체상 사이에 용질이 분포하는 것에 대한 평형상수. *분포상수* 참고.

**분배 크로마토그래피(partition chromatography)** 고체 표면에 붙들려있는 액체 정지상과 액체 이동상 사이에 용질의 분포가 일어나는 것에 기초한 크로마토그래피.

**분석물(질)(analyte)** 분석 정보를 찾고자 하는 시료 내에 있는 화학종.

**분석저울(analytical balance)** 정확하게 질량을 측정하는 기기.

**분자 흡수(molecular absorption)** 분자 내에서 양자화된 전이에 의한 자외선, 가시광선, 적외 복사선의 흡수.

**분자량(molecular weight)** 분자량(molecular mass)와 동의어이며 현재는 molecular mass를 주로 사용한다.

**분자식(molecular formula)** 분자 내에 있는 원자들의 수와 정체성에 더불어 구조적 정보를 포함하고 있는 식.

**분취량(aliquot)** 큰 부피 중에서 알고 있는 분율의 액체 부피

**분포 상수(distribution constant)** 분석물질이 두 개의 섞이지 않는 용매 사이에 분포하는 평형상수. 두 용매에서 평형 몰 농도의 비와 거의 같다.

**불가측 오차(indeterminate error)** *우연오차*(randomerror)와 동의어.

**불감 시간(dead time)** 컬럼 크로마토그래피에서, 머무름이 없는 화학종이 컬럼을 통과하는데 걸리는 시간, $t_M$. 흐름-정지 동력학에서는 관찰 셀에서 반응물들의 혼합과 혼합물이 도착하는 사이의 시간.

**불꽃 방출 분광기(flame emission spectroscopy)** 원자화된 분석물질이 고유한 방출 스펙트럼을 방출하게 하기 위해서 불꽃을 사용하는 방법.

**불꽃 이온화 검출기(flame ionization detector, FID)** 기체 크로마토그래피에서 유기 분석물질들이 불꽃 속에서 열 분해되는 동안 생성한 이온을 수집하는 것에 기초한 검출기.

**불변-끓음 염산(constant-boiling HCl)** 농도가 대기압에 의존하는 염산 용액.

**뷰렛(buret)** 정확한 부피를 분배할 수 있는 눈금 있는 튜브.

**비가역 전기화학 반응(irreversible electrochemical reaction)** 전극에서 전자 전달의 비가역성으로 인하여 전압-전류 글림이 명료하게 나타나지 않는 반응.

**비가역 전지(irreversible cell)** 전류가 역방향을 일어날 때, 갈바니 전지로써의 화학 반응이 달라지는 전기화학 전지.

**비누거품 측정기(soap-bubble meter)** 기체 크로마토그래피에서 기체 유량을 측정하기 위한 장치.

**비누화 반응(saponification)** 에스터 기능기를 분해해서 에스터가 유래되었던 알코올과 산을 재생산한다.

**비대칭 전위(asymmetry potential)** 유리 막의 두 표면 사이에 약간의 차이로부터 생성되는 미량의 전위.

**비례 오차(proportional error)** 시료의 크기가 증가함에 따라서 크기가 증가하는 오차.

**비색계(colorimeter)** 가시영역 스펙트럼에서 전자기 복사선의 투과나 흡광을 측정하는 데 사용하며 주로 색 필터로 사용하는 간단한 광학기기.

**비순수(nonessential water)** 화학적인 힘 보다는 물리적인 힘에 의해서 고체 내부 또는 위에 붙들려 있는 물.

**비중(specific gravity, sp gr)** 특정 온도(보통은 4°C)에서 한 물질의 밀도와 물의 밀도의 비.

**비표면적(specific surface area)** 고체의 표면적과 그것의 질량과의 비.

**비활성 전극(inert electrode)** 계의 전위 $E_{system}$에는 감응하지만, 전지 반응에는 관여하지 않는 전극.

**빈그릇 무게(tare)** 용기의 질량을 상쇄하기 위해서 분석 저울에서 사용되는 대응 무게.

**빛 분할기(beam splitter)** 복사선을 두 개의 빛으로 나누는 장치.

**빠른 반응(fast reaction)** 10초 이내에 반응의 절반이 완성되는 반응.

## ㅅ

**사각파 폴라로그래피(square-wave polarography)** *펄스 폴라로그래피*(pulse polarography)의 한 종류.

**삭임(digestion)** 새롭게 형성된 침전물과 향상된 순도와 입자 크기를 생성하는 끓는점 온도 아래에서 형성된 용액을 젓지 않고서 혼합물 형태를 유지하는 행위.

**산(acid)** Brønsted-Lowry 이론에서 양성자들을 받을 수 있는 다른 화학종에게 양성자들을 줄 수 있는 화학종.

**산 오차(acid error)** 유리전극이 높은 산성 매질에서 비정상적으로 높은 pH 감응을 나타내는 경향.

**산성비(acid rain)** 인간들에 의해서 주로 생산되어 공중에 떠도는 질소 산화물과 황산화물의 흡수에 의해서 산성으로 변한 빗물.

**산성염(acid salt)** 산성 수소를 포함하고 있는 짝염기.

**산성융제(acidic flux)** 용융된 상태에서 산성 성질을 나타내는 염. 융제는 내화물질들을 물에 잘 녹는 생성물로 전환하는 데 사용된다.

**산소파(oxygen wave)** 수은 전극에서 산소는 두 개의 파를 생성하는데 첫 번째는 과산화물의 형성 때문이며, 두 번째는 이들이 물로 환원되기 때문에 생성된다. 이는 다른 화학종들을 측정하는데 방해물이 될 수 있으나 용존 산소를 측정하는 데 사용된다.

**산술평균(arithmetic mean)** 산술평균(mean) 혹은 평균(average)과 동의어.

**산해리상수(acid dissociation constant, $K_a$)** 약산의 해리반응에 대한 평형 상수.

**산화(oxidation)** 산화/환원 반응에서 화학종들에 의한 전자의 손실.

**산화 전위(oxidation potential)** 산화로 표기된 전지의 전위.

**산화/환원(redox)** 산화/환원(oxidation/reduction)과 동의어.

**산화/환원 전극(redox electrode)** 산화/환원 계의 전극 전위에 감응하는 비활성 전극.

**산화금속 장효과 트랜지스터(metal oxide field effect transister, MOSFET)** 반도체 장비로서 적절하게 코팅되어 이온 선택성 전극으로써 사용될 수 있다.

**산화제(oxidant)** *산화제*(oxidizing agent)와 동의어.

**산화제(oxidizing agent)** 산화/환원 반응에서 전자를 얻는 물질.

**상대 과포화(relative supersaturation)** 용액 내에 있는 용질의 순간 농도(Q)와 평형 농도(S)간의 차를 S로 나눈 값. 분석물질 용액에 시약을 첨가함으로써 생성된 침전물의 입자 크기에 대한 일반적인 지침을 제공한다.

**상대 습도(relative humidity)** 주어진 온도에서 물의 대기 증기압과 포화 증기압 간의 비이며 보통은 퍼센트로 표시한다.

**상대 오차(relative error)** 측정값을 참값(혹은 공인된 값)으로 나눈 측정 오차. 보통은 퍼센트로 표시한다.

**상대 전극(counter electrode)** 작업전극과 함께 3-전극 전지에서 전기분해 회로를 형성하는 전극.

**상대 전극 전위(relative electrode potential)** 다른 전극(보통은 표준수소전극 혹은 다른 기준전극)에 대한 한 전극의 전위.

**상대 이온층(counter-ion layer)** 입자의 표면에서 전하 균형을 유지하기에 충분한 이온들의 양이 있는 콜로이드 입자를 둘러싼 용액 층. 전기분해에서는, 전극위에서 반대 전하의 전기 활성 이온층을 말한다. 전극과는 같은 전하를 가고 있으며 첫번째 층에 있는 전하와 반대 전하의 이온을 가진 두 번째 층을 상대 이온층이라 한다.

**상대표준편차(relative standard deviation, RSD)** 한 세트의 데이터에 대해서 표준편차를 평균값으로 나눈 값. 퍼센트로 표시되면 상대표준편차는 *변동계수*(coefficient of variation)가 된다.

**석면(asbestos)** 발암성이 있는 섬유 광물. Gooch 도가니에서 필터용 매질로 사용되기도 하였지만 현재에는 엄격하게 규제하고 있다.

**선 광원(line source)** 원자분광법에서 원자 분석물질의 특징적인 뾰족한 원자선을 방출하는 복사선 광원. *속빈 음극 램프와 무전극 방전 램프 참조.*

**선택계수(selectivity coefficient, $k_{A,B}$)** 특정 이온 전극에 대한 선택계수는 이온 A와 B에 대한 전극의 상대적 감응의 척도이다.

**선택성(selectivity)** 단지 몇 몇 화학종과만 반응 하는 시약이나 감응하는 기기 방법에 대한 경향성.

**선택인자(selectivity factor, $\alpha$)** 크로마토그래피에서 $\alpha = K_B/K_A$, 여기서 $K_B$는 덜 강하게 붙들린 화학종들에 대한 분포계수이며 $K_A$는 더 강하게 붙들려있는 화학종들에 대한 상수이다.

**선택적 지시약(specific indicator)** 산화/환원 적정에서 특별한 화학종들과 반응하는 화학종.

**선형-분절 곡선(linear-segment curve)** 당량점의 전 · 후에서 선형 구역을 외삽함으로써 종말점을 얻는 적정곡선. 생성물질이 잘 형성되지 않는 반응에서 유용하다.

**선형-주사 전압-전류법(linear-scan voltammetry)** 전지에서 전극 전위가 시간에 따라서 선형적으로 증가하거나 감소하는 전류를 측정하는 전기분석법. *유체역학 전압-전류법*과 *폴라로그래피*의 기초.

**선혼합 버너(premixed burner)** 기체들이 연소 전에 혼합되는 버너.

**성분수(water of constitution)** 화학종들의 분자 구성으로부터 유도된 순수(essential water).

**세로확산계수(longitudinal diffusion coefficient, $B$)** 분석물질 화학종들이 높은 농도 구역으로부터 낮은 농도 구역으로 이동하는 경향의 측정. 크로마토그래피에서 띠 넓어짐에 기여한다.

**세로확산항(longitudinal diffusion term, $B/u$)** 세로 확산을 설명하는 크로마토그래피 띠-넓어짐 모델에서의 항.

**셀(cell)** ① 전기화학에서는 전기적으로 접촉된 용액에 잠겨있는 한 쌍의 전극으로 구성된 배열이며 전극들은 금속 전도체들에 의해 외부로 연결되어 있다. ② 분광학에서는 광학 기기의 빛의 경로에 놓여있는 시료를 붙잡고 있는 용기. ③ 전자 저울에서는 접시를 정렬하는 시스템. ④ 스프레드시트에서는 데이터나 공식을 집어넣는 열과 행의 교차점에 위치한 것.

**소결-유리 도가니(fritted-glass crucible)** 다공성 유리바닥을 가진 필터용 도가니.

**소결-유리 도가니(sintered-glass crucible)** *소결-유리도가니*(fritted-glasscrucible)와 동의어.

**소광(quenching)** ① 들뜬 상태의 분자들이 형광을 내지 않고 다른 화학종으로 에너지를 손실하는 과정. ② 화학 반응의 중지를 가져오는 행위.

**소수 성분(minor constituent)** 농도가 0.01 %(100 ppm)~1% 사이인 성분.

**소용돌이 확산(eddy diffusion)** 용질들이 컬럼을 따라서 진행하면서 경로의 차이에 의해서 크로마토그래피 띠가 넓어지는 데 기여하는 용질의 확산.

**속도 법칙(rate law)** 반응의 속도를 참여하는 화학종들의 농도의 항으로 기술하는 실험적인 관계.

**속도 이론(rate theory)** 크로마토그래피 피크의 모양을 설명하는 이론.

**속도-결정 단계(rate-determining step)** 기본적인 연속 반응에서 메커니즘을 결정하는 느린 단계.

**속도 상수(rateconstant, $k$)** 속도 식에서 비례상수.

**속빈-음극 램프(hollow-cathode lamp)** 원자 흡수 분광법에서 사용되는 단일 원소 또는 여러 원소들에 대해서 뾰족한 선을 방출하는 광원.

**수소 램프(hydrogen lamp)** 중수소 램프와 구조가 비슷한 자외선 영역의 복사선을 발생하는 연속 광원.

**수은 전극(mercury electrode)** 전압-전류법에서 사용되는 정적 혹은 적하 전극.

**수은막 전극(mercury film electrode)** 얇은 수은 층으로 코팅된 전극. 산화전극 벗김 분석에서 *매달린 수은 방울 전극*에 사용된다.

**순수(essential water)** 분자구조(구조수) 혹은 결정구조(결정수) 내에서 정해진 양으로 존재하는 고체 내에 있는 물.

**술폰산 기능기(sulfonic acid group)** $—RSO_3H$.

**스웜핑(swamping)** 시료 매트릭스 내에서 방해 효과를 최소화하기 위해서 분석물질의 용액과 교정 표준물질에 전위 방해를 삽입.

**스파징(살포, sparging)** 비활성 기체를 사용하여 퍼지(purging)함으로써 원치 않은 용해된 기체를 제거함.

**스펙트럼(spectra)** 파장, 진동수, 파수의 함수로써 흡광도, 투광도, 방출 세기를 도시한 것.

**스펙트럼 방해(spectral interference)** 파장 선택 장치의 띠가 통과하는 범위 내에서 분석물질보다는 다른 화학종에 의해서 방출이나 흡수가 일어남. 바탕 방해의 원인이 된다.

**습식재만들기(wet ashing)** 시료에 있는 유기 물질을 분해하기 위해서 강한 액체 산화제를 사용함.

**시그모이드 곡선(sigmoid curve)** S-형태의 곡선. 보통은 적정에 있어서 분석물질의 p-함수 대 시약의 부피를 도시한 것.

**시료 매트릭스(sample matrix)** 분석물질을 포함하고 있는 매질.

**시료 분할기(sample splitter)** 시료를 작은 양으로 재현성 있게 일부분을 크로마토그래피컬럼으로 주입하는 장치. 모세관 기체 크로마토그래피에서는 주입된 시료의 일부분이 재현성 있게 컬럼 안으로 주입되는 반면에 나머지 부분은 버려진다.

**시료 평균(sample mean, $\bar{x}$)** 유한한 세트의 측정에 대한 산술 평균.

**시료채취(sampling)** 채취한 벌크 물질의 성분을 대표하는 물질 작은 일부분을 수집하는 과정.

**시료채취 고리(sampling loop)** 시료의 적은 양을 주입하기 위한 샘플링 밸브를 가진 크로마토그래피에서 사용되는 작은 조각의 튜브.

**시료채취 밸브(sampling valve)** 크로마토그래피컬럼 안으로 작은 일부분의 시료를 주입하는데 사용되는 회전 밸브. 보통 시료 채취 고리(sampling loop)와 연결하여 사용된다.

**시료채취 불확도(sampling uncertainty, $s_s$)** 시료 채취와 관련된 표준 편차. 방법불확도와 함께 분석의 총괄 표준편차를 정하는 인자.

**시료표준편차(sample standard deviation, $s$)** 데이터 시료의 평균, $\bar{x}$로부터 개별 데이터의 편차에 기반에 정밀도 산정. *표준편차*(standard deviation)라고도 함.

**시약급 화학물질(reagent-grade chemicals)** 미국화학회의 시약 및 화학물질 위원회(Reagent Chemical Committee of the American Chemical Society)의 표준을 만족하는 고순도 화학물질.

**시차(parallax)** 관찰자의 움직임의 결과로서 물체의 위치가 뚜렷하게 변화됨. 뷰렛, 피펫, 계량기를 읽는 데 있어서 계통 오차를 가져옴.

**신뢰 구간(confidence interval)** 참 평균이 위치해야 하는 구간이며 확률 값이 주어진다.

**신뢰 한계(confidence limits)** 신뢰 구간을 정의하는 값.

**신호 대 잡음비(signal-to-noise ratio, S/N)** 평균 분석물질 출력 신호 대 신호의 표준편차의 비.

**실리카(silica)** 이산화규소($SiO_2$)의 일반명. 광학 분석을 위한 도자기와 셀을 만들 때와 크로마토그래피 지지매질로 사용된다.

**실험식(empirical formula)** 한 분자에 있는 원자들을 가장 간단한 정수의 조합으로 나타낸 것.

**실험실 저울(laboratory balance)** *보조저울*과 동의어.

## O

**아미노산(amino acid)** 염기성 아민 기능기를 포함하고 있는 약한 유기산. 아민 기능기가 단백질로부터 유도된 아미노산에 있는 카르복시산 기능기에 대해서 $\alpha$이다.

**아민류(amine)** 수소를 한 개 또는 그 이상의 유기 기능기로 대치한 암모니아의 유도체들.

**아밀로오스(amylose)** 아이오딘에 특이적인 지시약인 $\beta$-형태의 전분 성분.

**아스피레이터(흡인기, aspirator)** 용액을 필터하기 위해서 실험실 수도꼭지에 부착하여 진공을 만드는 장치. 수도꼭지로부터 나온 물이 좁은 관을 통과하면서 Venturi 효과에 의해 압력 강하가 일어난다. 진공이 생성된 좁은 관이 있는 장치에 호스를 연결한다.

**아조 지시약(azo indicator)** R—N=N—R의 구조를 가진 산/염기

지시약.

**알루미나(alumina)** 산화알루미늄의 일반명. 아주 미세한 상태로 흡착 크로마토그래피에서 정지상으로 사용되며, HPLC에서 액체 정지상의 지지체로 사용되기도 한다.

**알칼리 오차(alkaline error)** 높은 알칼리 환경에서 비정상적으로 낮은 pH 감응을 나타내는 유리전극들의 경향.

**알파($\alpha$)값[alpha ($\alpha$) value]** 특정 화학종과 유도된 용질의 몰 분석 농도의 몰농도 비.

**암전류(dark current)** 아무런 복사선도 광전 변환기에 도달하지 않았을 때 발생하는 소량의 전류.

**압력 검출기(pneumatic detector)** 복사선 세기의 변화를 기체가 유연성 있는 격막(diaphragm)에 미칠 때 압력변화로 변환시키는 변환기. 격막의 부피 변화는 변환기 출력의 신호 변화를 생성한다.

**압력 넓혀짐(pressure broadening)** 원자 분광선의 너비가 증가하는 효과. 원자들 간의 충돌에 의해서 그들의 에너지 상태에 있어서 약간의 변이가 있어서 생겨난 것이다.

**액체 결합상 크로마토그래피(liquid bonded-phase chromatography)** 이동상이 액체이며 정지상이 극성 고체인 크로마토그래피. *흡착 크로마토그래피*와 동의어.

**액체 접합이 없는 전지(cell without liquid junction)** 양극과 음극이 둘 다 동일한 전해질에 잠겨 있는 전기화학 전지.

**약 산/짝 염기 쌍(weak acid/conjugate base pair)** Brønsted-Lowry 관점에서 1개 양성자가 서로 차이가 나는 용질쌍.

**약 전해질(weak electrolyte)** 특정 용매에서 이온으로 불완전하게 해리되는 용질.

**약산과 약 염기(weak acids and weak base)** 특정 용매에서 부분적으로만 해리되는 산과 염기.

**양극(산화전극, anode)** 전기화학 전지에서 산화가 일어나는 전극.

**양이온 교환수지(cation-exchange resin)** 산성 기능기가 결합된 고분자량의 중합체. 이 수지는 용액 내에서 교환체로부터 수소 이온 대신에 양이온이 치환된다.

**양자(quantum)** 불연속적인 값만을 가질 수 있는 에너지의 미세량. 양자들은 원자 궤도함수의 에너지의 차이에 해당하는 에너지와 관계있는 원자들에 의해서 흡수되고 이들로 부터 방출된다. 방출된 양자와 흡수된 양자는 Plank 관계식 $E = h\nu$에 의해서 결정되는 진동수를 가지는 *광자*(photon)가 된다.

**양쪽성 양성자성 물질(amphipathic substance)** 화학적인 환경에 의존하여 양성자를 줄 수도 있고 받을 수도 있는 화학종.

**억제제(inhibitor, catalytic)** 효소-촉매 반응의 속도를 감소시키는 화학종.

**억제제-기반 크로마토그래피(suppressor-based chromatography)** 분석 컬럼과 전도도 검출기 사이에 위치한 컬럼 또는 막을 포함하고 있는 크로마토그래피 기술. 이것의 목적은 시료의 이온들이 통과하는 동안에 용리 용매의 이온들을 비전도성 화학물질로 변환하는 것이다.

**역상 크로마토그래피(reverse-phase chromatography)** 비극성 정지상과 극성 정지상을 사용하는 액체-액체 분배 크로마토그래피의 형태. *정상 크로마토그래피*(normal-phase chromatography) 참조.

**역적정(back-titration)** 분석물질과 완전히 반응하는 표준 용액을 과량으로 적정.

**연산 증폭기(operational amplifier)** 기기 변환기로부터 나온 출력 신호를 조건화하고 수학적인 작업을 수행하는 다양한 아날로그 전자 증폭기.

**연속 광원(continuous source)** 시간에 따라 계속해서 복사선을 방출하는 광원.

**연속 광원(continuum source)** 연속 스펙트럼 파장을 방출하는 광원. 흡수 분광법에서 사용되는 텅스텐 램프와 중수소 램프가 있다.

**연속 근사법(successive approximation)** 구한 값의 중간 예측 값을 사용함으로써 더 높은 차수의 식을 풀어가는 방법.

**연속 스펙트럼(continuum spectrum)** 불연속선에 반대되는 것으로써 파장 띠로 구성된 복사선. 백열 광을 내는 고체는 가시선과 적외선 영역에서 연속적인 출력을 제공한다(*흑체복사선*). 중수소 램프와 수소 램프는 자외선 영역에서 연속 스펙트럼을 생성한다.

**열 검출기(heat detector)** 주변의 온도 변화에 민감한 장치로서 적외 복사선을 모니터하는데 사용된다.

**열 검출기(thermal detector)** 복사선의 흡수의 결과로서 열을 생성하고 이를 기계적 혹은 전기적 신호로 변환시키는 적외선 검출기.

**열린관 컬럼(open tubular column)** 기체 크로마토그래피에서 사용되는 유리 또는 용융 실리카 재질의 모세관 컬럼. 관의 내벽은 얇은 막의 정지상으로 코팅되어 있다.

**열역학평형상수(thermodynamic equilibrium constant, $K$)** 모든 반응물과 생성물의 활동도의 항으로서 표현되는 평형상수.

**열이온 검출기(thermionic detector, TID)** 불꽃이온화 검출기와 비슷하면서 질소 혹은 인을 함유한 분석물질들에 대해서 특별히 감도가 좋은 기체 크로마토그래피의 검출기.

**열전도도 검출기(thermal conductivity detector)** 기체 크로마토그래피에서 사용되는 컬럼 용리액의 열전도도 측정에 의존하는 검출기.

**염(salt)** 산과 염기의 반응에 의해 생성된 이온성 화합물.

**염기(Bases)** 양성자 주개(산)로부터 양성자를 받을 수 있는 화학종.

**염기성 용제(basic flux)** 용융된 상태에서 염기성 성질을 가진 물질. 규산염과 같은 내화 시료를 용해하는데 사용된다.

**염기해리상수(base dissociation constant, $K_b$)** 약한 염기와 물과의 반응에 대한 평형 상수.

**염다리(salt bridge)** 두 개의 혼합을 최소화하면서 두 전해질 용액 간의 전하의 흐름을 가능하게 하는 전기화학 전지에 있는 장치.

**염석효과(salt effect)** 이온들이 용질의 활동도에 끼치는 영향.

**염-유도 침전(salt-induced precipitation)** 단백질 침전에 사용되는 기술. 낮은 염 농도에서 염을 가해서 용해도를 증가시키고(염용 효과(salt-in effect), 반면에 높은 염 농도는 침전을 유도한다(염석 효과(salt-out effect).

**영점 가설(null hypothesis)** 단일 모집단의 특성이 어떤 특정 값과 같다거나 두 개 또는 그 이상의 모집단 특성이 동일하다는 주장. 특정한 수준의 확률로 영점 가설을 확증하거나 확증하지 않도록 고안된 통계 시험.

**영퍼센트 $T$ 조절(zero percent $T$ adjustment)** 분광광도계의 반응에서 암전류를 보상하는 교정 단계.

**오산화인(phosphoruspentoxide, $P_2O_5$)** 건조제.

**오차(error)** 실험 측정치와 그것의 인정된 값과의 차이.

**옥신(oxine)** 8-hydroxyquinoline의 일반명.

**온도 프로그래밍(temperature programming)** 기체 크로마토그래피에서 용질에 대한 이동 속도를 최적화하기 위해서 컬럼 온도를 체계적으로 조절하는 방법.

**옮김 피펫(transfer pipet)** *부피 피펫*(volumetric pipet)과 동의어.

**옹스트롬(angstrom, Å)** 길이의 단위로서 $1 \times 10^{-10}$ 미터에 해당.

**완전 추출(exhaustive extraction)** 목표하고 있는 용질을 포함하고 있는 수용액상을 통해서 침투 추출한 후에 유기 용매를 증류, 농축하고 또 다시 수용액 상을 통과시키는 순환 과정을 거치는 추출.

**완충 용량(buffer capacity)** 완충 용액 1.0 L의 pH를 1.00 단위만큼 변화시키는 데 필요한 강산(혹은 강염기)의 몰수.

**완충 용액(buffer solution)** 적은 양의 산이나 염기를 가하거나 묽혀도 pH 변화가 거의 없는 용액.

**왕수(aqua regia)** 진한 염산과 질산을 3:1의 부피로 혼합하여 만든 산화용액.

**용리 크로마토그래피(elution chromatography)** 분석물질들이 컬럼에 머물러있는 시간의 차이 때문에 컬럼에서 서로 분리되는 과정을 설명하는 것.

**용리액(eluent)** 크로마토그래피에서 정지상을 통해서 용질을 이동시키는데 사용되는 이동상.

**용리액 억제 컬럼(eluent suppressor column)** 이온 크로마토그래피에서 이온성 용리액은 비전도성 화학종으로 전환되고 반면에 분석물질 이온은 영향을 받지 않고 그대로 남아있는 분석 컬럼 아래에 있는 컬럼.

**용매 프로그래밍(solvent programming)** 크로마토그래피 컬럼에서 용질들의 이동속도를 최적화하기 위해서 이동상 조성을 체계적으로 변화시킴. *기울기용리*(gradientelution) 참고.

**용융(melt)** 융제의 작용에 의해 생성된 용융 질량. 보통은 용융염이다.

**용융-실리카 열린관 컬럼[fused-silica open tubular (FSOT) column]** 정제된 실리카로 만들어진 내벽-코팅 크로마토그래피 컬럼.

**용제(fluxes)** 산성 혹은 염기성 성질을 가진 용융된 상태의 물질. 내화성 시료에서 분석물질을 용해하는데 사용된다.

**용해도곱상수(solubility-productconstant, $K_{sp}$)** 미약하게 녹는 이온성 염의 포화 용액과 존재해야만 하는 고체 염간의 평형을 기술하는 상수.

**우뭇가사리(agar)** 전해질 용액과 전도 젤을 형성하는 다당류. 섞이지 않는 다른 용액 사이에 전기적인 접촉이 가능하도록 해주는 염다리에 사용됨.

**우연 오차(random error)** 측정계가 그들의 한계까지 그리고 한계를 넘어서까지 확장됨에 따라서 불가피한 작은 조절되지 않는 변이의 작동으로부터 얻게 되는 불확도.

**운반 기체(carrier gas)** 기체 크로마토그래피에서 이동상.

**원자 방출(atomic emission)** 플라스마, 불꽃, 전기 아아크 혹은 전기 스파크에서 들뜬 원자들에 의한 복사선의 방출.

**원자 방출 분광법(atomic emission spectroscopy, AES)** 시료 용기에 있는 원자들의 전자기 복사선의 방출에 기초한 분석방법.

**원자 질량 단위(atomic mass unit)** 통합 원자 질량 단위(unified atomic mass unit) 참고.

**원자 형광(atomic fluorescence)** 전자기 복사선의 흡수에 의해 들뜬 원자들로부터의 복사 방출.

**원자 형광 분광법(atomic fluorescence spectroscopy, AFS)** 용기 내에 있는 형광성 원자들로부터 나오는 전자기 복사선의 세기를 측정하는 것에 기초한 분석 방법.

**원자 흡수(atomic absorption)** 불꽃, 노, 플라스마 내에서 들뜨지 않은 원자들이 복사선 원으로부터 특징적인 복사선을 흡수함으로써 복사선 원의 복사 능력이 감소되는 과정.

**원자 흡수 분광법(atomic absorption spectroscopy, AAS)** 용기 내에 있는 원자 분석물질 전자기 복사선(EMR)의 흡수에 기초하여 분석하는 방법.

**원자화(atomization)** 시료에 에너지를 가하여 원자 기체를 생성하는 과정.

**원자화기(atomizer)** 원자 증기를 생성하는 플라스마, 불꽃, 노와 같은 장치.

**유도결합 플라스마 분광법(inductively coupled plasma (ICP) spectroscopy)** 원자 방출 분광법에서 시료를 원자화시키고 들뜨게 하기 위해서 라디오-주파수 복사선에 의해 흡수되어 형성된 비활성 기체(보통은 아르곤)를 사용하는 방법.

**유리 전극(glass electrode)** 얇은 유리 막을 가로질러서 전위를 걸어주는 전극. 전극이 잠겨있는 용액의 pH를 측정할 수 있다.

**유사-차수 반응(pseudo-order reactions)** 반응물의 농도가 크고 목표로 하는 성분의 농도에 대해서 기본적으로 변하지 않는 화학계.

**유체 역학 전압-전류법(hydrodynamic Voltammetry)** 전극 표면에 대하여 일정한 움직임이 있는 분석물질 용액으로 전압-전류를 측정하는 방법. 멈춰 있는 전극 앞에서 용액을 펌프질하고, 용액을 통과해서 전극을 움직이고, 용액을 저어줌으로써 생성된다.

**유효 띠너비(effective bandwidth)** 공칭파장에서 투광도가 50%인 점에서 단색화 장치 또는 간섭 필터의 띠너비.

**유효숫자 규약(significant figure convention)** 어떤 통계적인 데이터가 없을 경우에 숫자 데이터의 신뢰성에 관한 판독자정보와 관련한 시스템. 일반적으로, 첫 번째 불확실한 자리수를 더하여 불확도가 알려진 모든 자리수는 유효한 것으로 간주한다.

**은 적정법(argentometric titration)** 질산은($AgNO_3$)과 같은 은 염 용액을 시약으로 사용하여 적정하는 방법.

**은-염화은 전극(silver-silver chloride electrode)** 기준전극으로 널리 사용되며 Ag|AgCl($s$), KCl($x$M)||으로 표시될 수 있다. 전극에 대한

반쪽 반응은 다음과 같다. $AgCl(s) + e^- \rightleftharpoons Ag(s) + Cl^-(xM)$.

**음이온 교환 수지(anion exchange resin)** 아민 기능기가 결합된 고분자량의 중합체. 교환체에 있는 수산화 이온이 용액 내에 있는 음이온과 교환된다.

**응고(coagulation)** 콜로이드 차원의 입자들이 더 큰 집합체를 형성하게 되는 과정.

**이동(migration)** 전기화학에서 정전기적 인력 혹은 반발에 의한 질량 이동. 크로마토그래피에서 컬럼 내에서 질량 이동.

**이동상(mobile phase)** 크로마토그래피에서 액체 또는 고체 정지상을 통해서 분석물질들을 운반하는 액체나 기체.

**이동상 질량 이동 계수(mobile-phase mass-transfer coefficient, $C_M u$)** 띠 넓힘과 단 높이에 영향을 미치는 양. 용매 속도 $u$가 비선형이고 분석물질의 확산 계수, 정지상의 입자 크기, 컬럼의 안지름의 영향을 받는다.

**이동속도(migration rate)** 분석물질이 크로마토그래피 컬럼을 통과하는 속도.

**이론단 해당 높이(height equivalent of a theoretical plate, $H$(HETP)** 크로마토그래피 컬럼의 효율 측정. 컬럼에서 컬럼의 길이를 이론단수로 나눈 값이다.

**이론 단수(number of theological plates, $N$)** 크로마토그래피 컬럼의 효율을 기술하는데 사용되는 특성.

**이상값(outlier)** 한 세트의 데이터에서 다른 결과들과는 많이 다르게 나타나는 결과.

**이온 측정계(pIon meter)** 분석물질의 농도(엄격하게는 활동도)를 직접 측정하는 기기. 특징적인 이온 지시 전극, 기준 전극, 전위-측정 장치로 구성되어 있다.

**이온 크로마토그래피(ion chromatography)** 이온성 화학종의 액체 이동상과 고체 중합체 이온 교환체 간의 분배에 기초한 HPLC 기법. 이온-교환 크로마토그래피라고도 한다.

**이온-교환 수지(ion-exchange resin)** 많은 수의 산성 혹은 염기성 기능기가 결합된 고분자량의 중합체. 양이온 수지는 용액 내에서 수소 이온이 양이온과 교환되고, 음이온 수지는 수산화 이온이 음이온으로 치환된다.

**이온 세기(ionic strength, $\mu$)** 각 이온들이 지진 전하는 물론이고 용액 내에 있는 이온들의 전체 농도에 의존하는 용액의 성질, $\mu = ½\Sigma c_i z_i^2$, 여기서 $c_i$는 각 이온의 몰농도이며, $z_i$는 이온의 전하이다.

**이온화 억제제(ionization suppressor)** 원자 분광법에서 분석물질의 이온화를 억제시키기 위해서 첨가하는 포타슘과 같은 쉽게 이온화되는 화학종.

**이완(relaxation)** 들뜬 화학종들이 낮은 에너지 준위로 되돌아가는 것. 이 과정은 열이나 발광으로써 들뜸 에너지를 방출하는 것을 동반한다.

**이완제(releasing agent)** 원자 흡수 분광법에서 분석물질과 낮은 휘발성 화합물을 형성함으로써 방해하지 않도록 시료 성분들과 결합시키기 위해서 첨가하는 화학종.

**인광(phosphorescence)** 들뜬 삼중항 상태로부터 빛의 방출. 인광은 형광보다 느리고 수 분에 걸쳐서 일어날 수도 있다.

**일반적인 산화환원 지시약(general redox indicator)** $E_{system}$에서의 변화에 감응하는 지시약.

**일반적인 용리 문제(general elution problem)** 기울기 용리(액체 크로마토그래피) 혹은 온도 프로그래밍(기체 크로마토그래피)을 통해서 얻어진 용리 시간과 분리능 간의 절충.

**일정 오차(constant error)** 분석을 위해 취한 시료의 크기에 독립적인 계통 오차. 분석 결과에서 시료의 크기가 감소함에 따라서 이 효과는 증가한다.

**일정 전위기(potentiostat)** 작업 전극과 기준 전극간의 전위는 고정된 상태로 유지한 채 걸어준 전위를 변경시키는 전자 기기.

**일정 전위법(potentiostatic method)** 작업 전극과 기준 전극 간의 조절된 전위를 사용하는 전기화학 방법.

**일정 질량(constant mass)** 물질의 질량이 가열이나 냉각에 의해서 더 이상 변하지 않는 조건.

**일정전류기(amperostat)** 전기화학 전지에서 일정 전류를 유지하는 기기. 전기량 적정에 사용될 수 있다.

**일차 표준물질(primary standard)** 적정을 위해서 표준 용액의 농도를 준비하거나 측정하는 데 사용되는 고순도 화합물.

**일차 흡수(primary absorption)** 형광이나 인광 분광법에서 들뜬 빛의 흡수. *이차흡수*와 비교.

**일차 흡착층(primary adsorption layer)** 용액 내에서 반대 전하의 이온에 대한 격자 이온들의 인력에 의해서 생긴 고체 표면에서 이온들의 하전층.

**임계 온도(critical temperature)** 압력에 무관하게 물질이 더 이상 액체 상태로 존재하지 않는 온도.

**입자 성장(particle growth)** 고체 침전의 한 단계.

## ㅈ

**자연수명(natural lifetime, $\tau$)** 들뜬 상태의 복사 수명. 1차 과정에서 반응물의 농도가 원래 농도의 1/e로 감소하는 기간.

**자외선/가시선 검출기(ultraviolet/visible detector, HPLC)** 크로마토그래피 컬럼을 빠져나오는 용출 화학종들을 모니터하기 위해서 자외선/가시선 흡수를 사용하는 고성능 액체 크로마토그래피 검출기.

**자외선/가시선 영역(ultraviolet/visible region)** 180~780 nm 사이의 전자기 스펙트럼의 영역. 원자들과 분자들내에서 전자 전이가 관계한다.

**자유도(degree of freedom)** 독립적인 정밀도의 측정을 제공하는 통계적 시료의 수.

**자체 양성자 이전 반응(autoprotolysis)** 용매분자가 용매의 다른 분자로 양성자($H^+$)를 전달하여 양성자화된 이온과 양성자가 이탈된 이온을 생성하는 과정.

**자체 촉매반응(autocatalysis)** 반응 생성물이 자체적으로 반응을 촉매화하는 조건.

**자체흡수(self-absorption)** 분석 분자들이 다른 분석물질 분자들에 의해 방출한 복사선을 흡수 하는 과정.

**잔류(residual)** 모델에 의해 예측한 값과 실험 값 간의 차이.

**잔류 전류(residual current)** 불순물과 전기적 이중층에 의한 비패러데이 전류.

**잡음(noise)** 신호에 영향을 미치는 많은 수의 조절되지 않은 변수에 의해 생성된 분석 신호의 무작위 요동. 분석 물질의 신호를 검출하는 데 방해하는 신호.

**재 만들기(ashing)** 유기 물질이 공기 중에서 연소되는 과정. 건조 재 만들기(dry ashing)과 습식 재 만들기(wet ashing) 참고.

**재 없는 거름종이(ashless filter paper)** 무기 화학종을 제거함으로써 재 만들기를 했을 때 잔유물을 남기지 않게 하는 셀룰로스 섬유로부터 생산된 종이.

**재침전(reprecipitation)** 고체를 형성하고 필터링한 후 다시 침전물을 재용해시켜서 재형성을 하는 침전물의 순도를 증가시키는 방법.

**저항 전위 강하(ohmic potential drop)** *IR 강하*와 동의어.

**적분법(integral methods)** 속도 법칙의 적분된 형태에 기반을 둔 반응속도론 방법.

**적외 복사선(infrared radiation)** 0.78~300 $\mu$m 범위의 전자기 복사선.

**적재 오차(loading error)** 측정 장치에서 유래하는 전류 때문에 전압 측정에서 생기는 오차. 측정 장치가 측정되는 전압 원의 저항과 비기는 저항을 가질 때 발생한다.

**적정(titration)** 표준용액이 알려진 화학량론으로 분석물질과 화학평형 점까지 반응하여 실험적으로 종말점을 측정하는 절차. 종말점에 도달하는 데 필요한 표준물질의 부피나 질량은 분석물질의 양을 계산하는 데 사용된다.

**적정 분석(tritrimetry)** 시료 내에 있는 분석물질의 양에 화학적으로 등가인 적정 시약의 양을 체계적으로 도입하는 과정.

**적정 오차(titration error)** 적정에서 종말점에 도달하는데 필요한 적정 시약의 부피와 당량점을 얻는 데 필요한 이론적인 부피 간의 차이.

**적정기(titrator)** 자동적으로 적정을 수행하는 기기.

**적하 수은 전극(dropping mercury electrode)** 수은이 모세관을 통과하게 함으로써 규칙적인 방울을 생성하는 전극.

**전 오차(gross error)** 의문시되는 이상값(outlier) 결과를 발생하게 하는 우연 오차나 계통 오차가 아닌 특별한 오차.

**전극(electrode)** 주변 용액으로부터 또는 주변 용액으로 전자의 이동이 일어나는 표면이 있는 전도체 .

**전극 전위(electrode potential)** 왼쪽에는 표준 수소전극이 있고 오른쪽에는 해당 감응 전극이 있는 전기화학 전지의 전위.

**전기 이중 층(electric double layer)** 콜로이드 입자 표면과 이 전하와 균형을 이루는 상대 이온층에서의 전하. 전압-전류법에서 작업전극의 표면에 있는 두 이웃한 하전 층을 말하기도 한다.

**전기 전도(conduction of electricity)** 전극의 표면에서 전기화학 반응 또는 금속에서 전자들의 이동에 의한 용액 내에서 이온들에 의한 전하의 움직임.

**전기량 적정(coulometric titration)** 분석물질과 완전히 반응하기에 충분한 시약을 생성하기 위해서 필요한 일정한 전류를 생성하는 데 필요로 하는 시간을 측정하는 전기량 분석의 한 형태.

**전기량계(coulometer)** 전기화학 과정 동안에 소모된 전하의 양을 측정하는 장치. 전자 전기량계는 전류/시간 곡선의 적분 값을 산출한다. 화학 전기량계는 보조 전지의 반응에서 생성된 생성물 또는 소모된 반응물의 양을 측정하는 기능을 수행한다.

**전기분석법(electroanalytical methods)** 시료에 있는 분석물질의 양에 따라서 비례하는 계의 전기적인 성질을 측정하는 방법.

**전기분해 회로(electrolysis circuit)** 3-전극 배열에서 작업전극과 상대전극 간의 전위를 조절하도록 하는 직류 발생기와 전압 분할기.

**전기삼투 흐름(electroosmotic flow)** 가해준 전기장에서 벌크 액체가 다공성 물질, 모세관, 막, 미세 채널 등을 통하여 흐르는 알짜 흐름.

**전기이동(electrophoresis)** 전기장에서 하전된 화학종들의 이동속도의 차이에 기초한 분리 방법.

**전기화학 전지(electrochemical cell)** 전해질 용액과 접촉하고 있는 두 개의 전극으로 구성된 전지. 보통 전해질들은 *염다리*를 통해서 전지적으로 접촉되어 있다. 외부 금속 전도체가 두 전극을 연결하고 있다.

**전기화학적 가역성(electrochemical reversibility)** 전류의 방향이 역으로 되었을 때 전지 스스로 역으로 과정이 진행될 수 있는 능력. 비가역 전지에서는 전류가 역으로 되면 한 개 또는 두 개의 전극이 다른 반응을 일으킨다.

**전도성 검출기(conductometric detector)** 주로 이온 크로마토그래피에서 사용되는 하전된 화학종들을 검출하기 위한 검출기.

**전류 밀도(current density)** 단위 전극 면적당 전류, $A/m^2$.

**전류 효율(current efficiency)** 분석물질의 화학적 변화에 해당하는 양을 가져오는 전기량의 효율 측정. 전기량 법은 100% 전류 효율을 필요로 한다.

**전류(current, *i*)** 단위 시간당 전기 회로를 통과하는 전기 전하의 양. 전류의 단위는 암페어, A.

**전류적정(amperometric titration)** 저어주고 있는 용액에서 작업전극에 대해서 일정 전위를 걸어주는 것에 기초하여 전류를 기록하는 방법. 선형 곡선이 얻어진다.

**전류-전압 변환기(current-to-voltage converter)** 전기 전류를 전류에 비례하는 전압으로 변환시키는 장치.

**전압 분할기(voltage divider)** 출력 지점에서 입력 전압의 일부분을 제공하는 저항 네트워크.

**전압-전류 그림(voltammogram)** 작업전극에 걸린 전위의 함수로서 전류를 도시함.

**전압-전류법(voltammetry)** 작업전극에 걸린 전압의 함수로서 전류를 측정하는 전기분석법.

**전압-전류파(voltammetric wave)** 전압이 전기활성 화학종의 반파 전위를 통해서 지나갈 때 전압-전류법 실험에서 생성된 ∫ 모양의 곡선.

**전열 분석기(electrothermal analyzer)** 전기적인 가열에 의해서 기기의 빛 경로에 있는 분석 물질을 포함하고 있는 원자화된 기체를 형성하는 장치. 원자 흡수와 원자 형광 측정에 사용됨.

**전위차 적정(potentiometric titration)** 기준 전극과 적정 시약의 부피의 함수로서 지시 전극 간의 전위를 측정하는 적정 방법.

**전위차법(potentiometry)** 전기화학 전지의 전위와 셀 내용물의 농도(활동도) 간의 관계와 관련한 전기화학의 한 분야.

**전이 pH 범위(transition pH range)** 산/염기 지시약이 그것의 순수한 산 색깔로부터 짝염기의 색깔로 변화하는 산도의 범위(보통은 2 pH 단위이다).

**전이 전위(transition potential)** 산화/환원 지시약이 그것의 환원 형태의 색깔로부터 그것의 산화된 형태의 색깔로 변하는 $E_{sys}$범위.

**전자 저울(electronic balance)** 전자기장이 접시와 내용물들을 지지하는 저울. 하중이 실린 접시가 원래 위치로 복원되는 데 필요한 전류는 접시의 무게에 비례한다.

**전자기 복사선(electromagnetic radiation, EMR)** 관찰하는 방법에 따라서 파동이나 입자성 광자로 설명될 수 있는 성질의 에너지 형태.

**전자기 복사선의 속도(velocity of electromagnetic radiation, $v$)** 진공에서 $3 \times 10^{10}$cm/sec.

**전자기 복사선의 입자 성질(particle properties of electromagnetic radiation)** 작은 입자나 양자 에너지로서 작용하는 복사선의 거동.

**전자기 복사선의 주기(period of electromagnetic radiation)** 전자기파의 연속된 봉우리가 공간의 고정점을 통과하는데 걸리는 시간.

**전자기 복사선의 주파수, $\nu$(frequency, $\nu$, of electromagnetic radiation)** 1 초당 진동수로써 단위는 헤르츠(Hz).

**전자기 복사선의 흡수(absorption of electromagnetic radiation)** 원자나 분자에서 들뜬 상태로 전이됨에 의해 복사선이 생성되는 과정. 들뜬 화학종들이 그들의 바닥 상태로 되돌아감에 따라서 흡수된 에너지는 보통 열로써 손실된다.

**전자기 스펙트럼(electromagnetic spectrum)** 파장이나 주파수의 함수로 도시할 수 있는 전자기 복사선의 세기.

**전자기 복사선의 세기(power, $P$, of electromagnetic radiation)** 초당 주어진 면적에 도달하는 에너지. 두 가지가 엄밀하게는 동일하지 않지만 세기(intensity)와 동의어로 사용되기도 한다.

**전자기 복사선의 세기(intensity, $I$, of electromagnetic radiation)** 단위 고체 각도 당 세기. 보통은 복사선 세기, $P$를 사용하기도 한다.

**전자 전이(electronic transition)** 한 전자 상태로부터 다음 전자 상태로 전자 한 개가 올라가거나 내려가는 것.

**전체 이온 세기 조절 완충용액(total ionic strength adjustment buffer, TISAB)** 크고 일정한 이온 세기를 제공하는데 사용되는 용액이며 직접 전위차 분석에서 전해질의 효과를 없애는데 사용된다.

**전하-결합장치(charged-coupled device, CCD)** 분광학과 이미징에 사용되는 고체 상태의 2-차원 배열 검출기.

**전하-균형 식(charge-balance equation)** 어떤 용액 내에서 전하를 중성화한 것에 기초하여 양이온과 음이온의 농도의 관계를 표현한 식.

**전하-이동 착물(charge-transfer complex)** 전자 주개 기능기와 전자 받개 기능기로 만들어진 착물. 이 착물들에 의한 복사선의 흡수는 전자 주개로 부터 받개로 전자들의 이동이 포함되어 있다.

**전하-주입장치(charged-injected device, CID)** 분광학에 사용되는 고체 상태의 배열 광검출기.

**전해무게 분석법(electrogravimetric analysis)** 전기화학 전지의 전극에 석출된 화학종의 질량을 측정하는 무게 분석법.

**전해전지(electrolytic cell)** 전지 반응을 추진하기 위해서 외부 에너지원이 필요로 하는 전기화학 전지. *갈바니 전지*와 비교.

**전해질(electrolytes)** 수용액상에서 전기 전도를 하는 화학종.

**전해질 효과(electrolyte effect)** 평형상수가 용액의 이온 세기에 의존.

**절대 오차(absolute error)** 실험적인 측정값과 그것의 참값(또는 받아들일 수 있는 값)과 차이에 해당하는 정확도의 측정.

**절대 표준 편차(absolute standard deviation)** 한 세트의 평균값과 개별적인 측정 값 사이의 편차에 기반을 둔 정밀도의 평가(식 6-4 참고).

**접시 저지대(pan arrest)** 시료를 올려놓았을 때 저울의 접시를 지지하는 장치. 받침날을 손상시키는 것을 피하도록 디자인되어 있다.

**접촉 전위(junction potential)** 서로 다른 조성의 용액 간의 접촉면에서 생겨나는 전위. *액체 접촉* 전위와 동의어.

**정류상태 근사법(steady-state approximation)** 다단계 반응에서 중간체의 농도가 시간 변화에 따라서 원칙적으로는 일정하게 유지된다는 가정.

**정밀도(precision)** 한 세트의 반복 관찰에서 개별 데이터들 간의 일치함의 측정.

**정상 수소 전극(normal hydrogen electrode, NHE)** *표준수소전극*과 동의어.

**정상 오차 곡선(normal error curve)** 측정에 있어서 우연 오차에 의한 진동수의 Gauss 분포에 대한 도시.

**정상 크로마토그래피(normal-phase chromatography)** 극성 정지상과 비극성 이동상인 분배 크로마토그래피의 형태. *역상크로마토그래피*와 비교.

**정전류기(galvanostat)** *일정전류기*(amperostat)와 동의어.

**정지상(stationary phase)** 크로마토그래피에서 분석물질 화학종들이 이동상을 따라 움직이는 동안에 분배되는 고체 또는 고정된 액체.

**정지상 질량-이동항(stationary phase mass-transferterm, $C_s u$)** 분석물질 분자가 정지상으로 들어가고 나가는 속도의 측정.

**정확도(accuracy)** 분석 결과와 측정한 양에 대한 참 값 또는 받아들일 수 있는 값 사이의 일치하는 정도의 측정. 일치하는 정도는 오차로 측정된다.

**제동 제어계(servo system)** 작은 오차 신호가 증폭되며 계를 영점으로 되돌리게 하는 데 사용되는 장치.

**조절 전위법(controlled potential method)** 작업 전극과 기준 전극 간의 일정한 전위를 유지시키기 위해서 일정전위기를 사용하는 전기화학 방법.

**조절 회로(control circuit)** 작업 전극과 기준 전극간의 일정한 전위를 유지시키는 3-전극 전기화학 장치. 전위차계 참조.

**종말점(end point)** 적정하는 동안에 가해준 적정시약의 양이 화학적으로 시료 내에 있는 분석물질의 양과 동일하다는 신호를 나타내는 관찰 가능한 변화.

**주요 성분(major constituent)** 농도가 1~100% 사이인 성분.

**중수소 램프(deuterium lamp)** 자외선 스펙트럼 영역에서 연속 스펙트럼을 제공하는 광원. 중수소 환경에서 한 쌍의 전극에 약 40 V의 전압을 걸어주면 복사선이 생성된다.

**중앙값(median)** 한 세트의 반복 측정에 있어서 중심 값. 데이터 개수가 홀수일 때는 중앙값 위와 아래 데이터의 수가 동일하며, 데이터 개수가 짝수일 때는 중앙에 있는 두 개 데이터의 평균값이 중앙값이다.

**지시 전극(indicator electrode)** 전위가 전극과 접촉하고 있는 한 개 혹은 그 이상의 화학종의 활동도의 대수와 관계되는 전극.

**지시약 반응(indicator reaction, kinetic)** 목표한 반응을 모니터하는데 사용될 수 있는 지시약 화학종이 포함된 빠른 반응.

**지지 전해질(supporting electrolyte)** 전압-전류법에서 전극 표면으로 분석물질의 이동을 제거하기 위해서 용액에 첨가하는 염.

**지지대(beam)** 기계식 분석저울의 주요 움직이는 부품.

**지지대 정지(beam arrest)** 분석 저울이 사용되지 않거나 적재가 변하고 있을 때 지지대를 지탱하고 있는 표면으로부터 지지대를 들어 올리는 기법.

**지지체-코팅 열린관 컬럼[support-coated open tubular (SCOT) column]** 내벽을 고체 지지체로 입힌 모세관 기체 크로마토그래피 컬럼.

**직류전류 플라스마 분광법[dc plasma (DCP) spectroscopy]** 분석물질 화학종들의 방출 스펙트럼을 들뜨게 하기 위해서 전기적으로 유도된 아르곤 플라스마를 이용하는 방법.

**진동 이완(vibrational relaxation)** 들뜬 분자를 가장 낮은 진동 준위의 전자 상태로 이완시키는 매우 효율적인 과정.

**진동 전이(vibrational transition)** 적외선 흡수를 하는 전자 상태의 진동 상태들 간의 전이.

**질량(mass)** 사물에서 물질의 양의 불변 값.

**질량 분석법(mass spectrometry)** 기체상에서 이온들을 형성하고 이들을 질량 대 전하 비에 기초하여 분리하는 방법.

**질량 이동(mass transport)** 확산, 대류, 정전기력 등에 의해서 용액을 통과하는 화학종들의 움직임.

**질량-감지 검출기(mass-sensitive detector, chromatography)** 분석물질의 질량에 감응하는 검출기. 예를 들면 *불꽃 이온화 검출기*.

**질량-균형 식(mass-balance equation)** 용액 내에서 여러 화학종들의 평형 몰농도와 여러 용질들의 몰 분석 농도를 관계 짓는 식.

**질량-이동 계수(mass-transfer coefficient, $C_S$, $C_M$)** 크로마토그래피에서 정지상과 이동상에서 질량이동을 계산하는 항. 질량이동 효과는 *띠 넓어짐*에 기여한다.

**질량-작용 효과(mass-action effect)** 평형에서 관여하는 물질의 첨가 또는 제거를 통하여 평형의 위치를 옮기는 것. Le Châtelier의 법칙 참조.

**짝 산/염기 쌍(conjugate acid/base pairs)** 한 개의 양성자가 서로 다른 화학종.

**쯔비터 이온(zwitterion)** 용액에 있는 동일 분자 내에서 산성 기능기로부터 받개 위치로 양성자를 이동시키는 화학종.

## ㅊ

**착물 형성(complex formation)** 한 개 또는 그 이상의 비공유 전자쌍을 가진 화학종이 금속 이온들과 배위 결합을 형성하는 과정.

**창(셀의) (window, of cell)** 복사선이 지나가는 셀의 표면.

**첫 번째 종류 전극(electrode of the first kind)** 전위가 금속 전극으로부터 유도된 양이온의 농도(엄격하게는 활동도)(혹은 양이온의 비)의 대수에 비례하여 감응하는 금속성 전극.

**초기속도 방법(initial rate method)** 반응의 초기 근처에서 측정하는 것에 기반을 둔 반응속도론 방법.

**초임계 유체(supercritical fluid)** 임계온도 위에서 유지되는 물질. 액체와 기체 사이의 중간 성질을 가지고 있다.

**초임계 유체 크로마토그래피(supercritical fluid chromatography)** 이동상을 초임계 유체를 사용하는 크로마토그래피.

**초전기 검출기(pyroelectric detector)** 초전기성 물질에 의해서 분리된 전극들 간을 움직이는 온도-의존 전위에 기초한 열 검출기. 초전기성 물질은 편극화되고 이 물질의 온도가 변할 때 표면을 가로지르는 전위차를 생성한다.

**초점면(focal plane)** 프리즘이나 회절방로부터 분산된 복사선이 초점을 맞추는 면.

**촉매 반응(catalytic reaction)** 전체 과정에서 소모가 되지 않은 물질에 의해 촉진되는 평형 반응 과정.

**촉매 방법(catalytic method)** 촉매반응의 속도를 측정함에 기초하여 촉매의 농도를 측정하는 분석 방법.

**총괄 반응 차수(overall reaction order)** 화학 반응의 속도 법칙에서 나타나는 농도에 대한 지수의 합.

**총괄표준편차(overall standard deviation, $s_o$)** 측정 과정의 가변도와 샘플링 단계의 가변도의 합의 제곱근.

**최소-제곱법(least-squares method)** 실험값과 모델에 의해 예측한 값의 차이의 제곱을 합한 것을 최소화시킴으로써 수학적인 모델(직선 식으로)의 파라미터를 얻는 통계적 방법.

**충전 전류(charging current)** 수은 방울에서 이탈 순간에 전자의 과잉 또는 결핍에 의해 생성되는 양 또는 음의 비 패러데이 전류.

**충전 컬럼(packed column)** 이동상에서 분석물질들이 상호작용하기 위한 커다란 표면적을 제공하기 위해서 다공성 물질들로 충전된 크로마토그래피 컬럼.

**침전 분석법(precipitation methods of analysis)** 침전 형성(혹은 드물게는 침전이 사라짐)을 포함하고 있는 무게 분석법과 적정법.

## ㅋ

**칼로멜(calomel)** 화합물 $Hg_2Cl_2$.

**칼로멜 전극(calomel electrode)** 반쪽반응 $Hg_2Cl_2(s) + 2e^- \rightleftharpoons 2Hg(l) + 2Cl^-$에 기초한 용도가 넓은 기준전극.

**컬럼 분리능(column resolution, $R$)** 두 분석물질의 띠를 분리할 수 있는 컬럼의 능력을 측정한다.

**컬럼 크로마토그래피(column chromatography)** 정지상은 좁은 관의 내부 또는 표면에 붙들려 있고 이동상은 관을 통해서 흘러가게 함으로써 화합물의 분리를 일으키는 크로마토그래피 방법. 평면 크로마토그래피와 비교.

**컬럼 효율(column efficiency)** 크로마토그래피 띠의 넓어짐의 정도에 대한 측정으로써 보통은 단 높이 H 혹은 이론단수 N의 항으로 표현한다. 분석물질의 분포가 띠 내에서 Gaussian 형태이면, 단 높이는 컬럼의 길이 L로 나눈 가변도 $\sigma^2$으로 주어진다.

**콜로이드 현탁(colloidal suspension)** 입자들이 아주 미세하게 나누어져 있어서 고정되는 경향이 없는 혼합물로서 보통은 액체 속에 있는 고체이다.

**쿨롱(coulomb, *C*)** 1 초에 1 암페어의 일정한 전류가 흐를 때 전하량.

**큐벳(cuvette)** 흡수 분광법에서 빛의 경로에 놓인 분석물질을 담고 있는 용기.

**크기-배제 크로마토그래피(size-exclusion chromatography)** 일정한 구멍 크기의 잘게 나누어진 고체를 채운 크로마토그래피 형태. 분석물질 분자의 크기에 기초하여 분리된다.

**크로마토그래프(chromatograph)** 크로마토그래피 분리를 수행하는 기기.

**크로마토그래프 구역(chromatographic zone)** *크로마토그래피띠*(chromatographicband)와 동의어.

**크로마토그래피(chromatography)** 화학종들이 이동상에 의해 움직이는 동안에 정지상과 상호작용하는 것에 기초하여 분리를 이루는 방법.

**크로마토그래피 띠(chromatographic band)** 용리된 화학종들이 중심 값에 대해서 농도 분포(이상적으로는 Gaussian)를 보임. 분석물질들이 이동상에 머무는 시간에 있어서 변동이 있게 된다.

**크리핑(creeping)** 침전물들이 젖은 표면 위에 퍼져나가는 경향.

**큰 공극(메가 보어) 컬럼(megabore column)** 보통의 충전컬럼에서와 비슷한 정도로 시료를 수용할 수 있는 열린관 컬럼.

**킬레이트반응(chelation)** 금속이온과 킬레이트제 사이의 반응.

**킬레이트제(chelating agents)** 금속이온들과 배위 결합이 가능한 다중 위치를 가진 물질. 이러한 결합은 일반적으로 5- 또는 6-원자 고리를 형성한다.

**킬로그램(kilogram)** SI계에서 질량의 기본 단위.

## ㅌ

**탄산염 오차(carbonate error)** 약산의 적정에 사용된 표준 염기 용액에 의해서 이산화 탄소의 흡착에 의해 발생하는 계통 오차.

**탈수(dehydration)** 고체에 의해서 물이 손실됨.

**텅스텐 필라멘트 램프(tungsten filament lamp)** 석영 덮개 내에 작은 양의 $I_2$가 포함된 텅스텐램프이며 이 램프는 고온에서 작동이 가능하다. 일반적인 텅스텐 필라멘트 램프보다 더 밝다.

**통계 시료(statistical sample)** 모집단 데이터로부터 끄집어낸 유한한 세트의 측정이며, 보통은 가능한 측정을 무한대 측정으로 가정한다.

**통계적 조절(statistical control)** 생성물이나 서비스의 수행이 품질 보증을 위해 정해진 경계이내에 있다고 간주하는 조건. 상한과 하한 조절 한계가 있다.

**통합 시료(gross sample)** 시료 처리가 필요하며 실험실 시료가 되는 전체 분석 시료의 대표적인 부분 시료.

**투광도(transmittance)** 흡광매질을 통과한 후의 복사선 빛의 세기 *P*와 그것의 원래 세기 $P_0$의 비. 보통은 퍼센트로 표시한다. $\%T = (P/P_0) \times 100\%$.

**튐(bumping)** 부분적인 과열에 의해서 액체가 갑작스럽게 격렬하게 끓는 현상.

**튕김(Sputtering)** 속빈-음극 램프의 음극 표면에서 들뜬 이온들과 충돌에 의해서 원자 증기가 생성되는 과정.

**트리스(TRIS)** *THAM*과 동의어.

**특별한 목적의 화학물질(special-purpose chemicals)** 특별한 목적으로 사용하기 위해서 특별히 정제된 시약.

**특이성(specificity)** 단지 한 분석물질과 반응하거나 감응하는 시약 또는 방법.

**틴들 효과(tyndall effect)** 용액이나 기체 내에 있는 콜로이드 차원의 입자들에 의한 복사선의 산란.

## ㅍ

**파동성(wave properties, electromagnetic radiation)** 전자기 파로써 복사선의 거동.

**파수(wavenumber, $\nu$)** 파장의 역수. 단위는 $cm^{-1}$.

**파장 선택기(wavelength selector)** 광학 측정에 사용되는 파장 범위를 제한하는 장치.

**파장(wavelength, of electromagnetic radiation, $\lambda$)** 파의 연속적인 최고점(혹은 최소점) 사이의 거리.

**패러데이 전류(faradaic current)** 전기화학 전지에서 산화/환원 과정에 의해 생성된 전기전류.

**패러데이(Faraday, F)** $6.022 \times 10^{23}$ 전자들과 반응에 필요한 전기량.

**펄스 폴라로그래피(pulse polarography)** 들뜸 전압을 선형적으로 증가하게 펄스를 주기적으로 가하는 전압-전류법. 측정된 전류에서의 차이 $\Delta_i$는 높이가 분석물질의 농도에 비례하는 피크를 생성한다.

**페로인(ferroin)** 다양한 산화환원 지시약으로 사용되는 1,10-phenanthroline-iron(II) 착물의 일반명이며 화학식은 $(C_{12}H_8N_2)_3Fe^{2+}$.

**편극(polarization)** ① 전기화학 전지에서 전류의 크기가 전극 반응의 느린 속도(반응속도론적 편극) 혹은 반응물의 전극 표면으로 늦은 이동(농도 편극)에 의한 제한된다. ② 전자기 복사선이 평면에서 진자운동을 하게 하거나 순환 패턴을 하게 하는 과정.

**편차(deviation)** 한 세트의 데이터에서 개개 측정값과 평균값의 차이.

**평가의 표준 오차(standard error of the estimate)** *회귀에 대한 표준편차*(standard deviation about regression)와 동의어.

**평균(average)** 한 세트의 데이터의 값들을 더해서 그 데이터의 개수로 나눈 값. 산술평균(mean, arithmetic mean)과 동의어.

**평균(mean)** 기하 평균과 동의어. 한 세트의 측정에서 가장 대표적인 값이라고 발표하는데 사용됨.

**평균 전류(average current)** 적하수은에 의해 축적된 전체 전하를 그것의 수명으로 나눔으로써 측정되는 폴라로그래피 전류.

**평균 활동도계수(mean activity coefficient, $\gamma_{\pm}$)** 이온성 화합물에 대한 실험적으로 측정된 활동도 계수. 평균 활동도 계수를 개개 이온들의 값으로 분리하지는 못한다.

**평균선형속도(average linear velocity, $u$)** 크로마토그래피 컬럼의 길이 $L$을 머무름이 없는 화학종이 컬럼을 통과하는데 걸리는 시간 $t_M$으로 나눈 값.

**평균의 표준오차(standard error of the mean, $\sigma_m$ or $s_m$)** 표준 편차를 측정 수의 제곱근으로 나눈 것.

**평면 크로마토그래피(planar chromatography)** 평편한 정지상을 사용하는 크로마토그래피 방법을 설명하는데 사용되는 용어. 이동상이 중력이나 모세관 작용에 의해서 표면을 가로질러 움직인다.

**평준화 용매(leveling solvent)** 산이나 염기 용질의 세기가 동일하게 되는 경향을 보이는 용매. *구별성 용매*와 비교.

**평형 몰 농도(equilibrium molar concentration)** 용질 화학종의 농도(mol/L 또는 mmol/mL).

**평형-상수 식(equilibrium-constant expression)** 화학 반응에 참여하는 물질들 간의 평형관계식을 기술하는 대수식.

**포말 농도(formality, F)** 1 리터 용액에 들어있는 용질의 몰수. 몰 분석 농도(molar analytical concentration) 참조.

**포화 칼로멜 전극(saturated calomel electrode, SCE)** $Hg|Hg_2Cl_2(sat), KCl(sat)||$로 공식화될 수 있는 기준 전극. 이것의 반쪽 반응은 $Hg_2Cl_2(s) + 2e^- \rightleftharpoons 2Hg(l) + 2Cl^-$이다.

**폴라로그래피(polarography)** 적하 수은 전극에 의한 전압-전류법.

**폴라로그램(polarogram)** 폴라로그래피 측정으로부터 얻은 전류/전압 도시.

**표면 흡착(surface adsorption)** 고체의 표면에 정상적으로 용해성 화학종들이 머무름.

**표준 기준 물질(standard reference materials, SRMs)** 한 개 또는 그 이상의 화학종의 알려진 농도의 정확도가 매우 높은 여러 물질들의 시료.

**표준 수소 전극(standard hydrogen electrode, SHE)** 1.00의 수소 이온 활동도를 가지고 1.00 atm의 압력에서 수소로 포화됨을 유지하고 있는 용액 내에 잠긴 백금을 입힌 백금 전극으로 구성된 기체 전극. 모든 온도에서 이것의 전위는 0.000 V로 지정한다.

**표준물 첨가법(standard-addition method)** 용액 내에 있는 분석물질의 농도를 측정하는 방법. 분석물질의 양을 조금씩 늘려서 시료에 첨가한 후 기기의 증가된 값들을 읽어서 기록한다. 이 방법은 매트릭스에 의한 방해를 보상해 줄 수 있다.

**표준용액(standard solution)** 알려진 용질의 농도가 신뢰성이 높은 용액.

**표준전극전위(standard electrode potential, $E^0$)** 모든 반응물과 생성물의 활동도가 1일때 환원으로 표시되는 반쪽-반응의 전위(표준 수소 전극에 상대적인 전위).

**표준편차(standard deviation, $\sigma$ or s)** 평균 값 주변에 반복 데이터 집단이 얼마나 가까이 있는지를 측정. 정규 분포에서 데이터의 67%가 평균의 1 표준편차 이내에 놓이게 될 것으로 기대될 수 있다.

**표준화(standardization)** 일차 표준물질을 사용하여 직접 혹은 간접적으로 교정함으로써 용액의 농도를 측정.

**풀림(peptization)** 엉긴 콜로이드가 그들의 분산된 상태로 되돌아가는 과정.

**품질 보증(quality assurance)** 생산품 혹은 서비스가 만족한 수행 위해 설정된 기준을 만족시키는지를 보여주기 위해 설계된 프로토콜.

**품질 평가(quality assessment)** 품질관리 방법이 생산품 혹은 서비스의 만족한 수행을 평가하는데 필요한 정보를 제공하고 있는지를 확인하는 프로토콜.

**프론팅(앞세우기) (fronting)** 피크 앞부분이 길게 늘어진 비이상적인 크로마토그래피 피크. *꼬리 끌림*(tailing)과 비교.

**프리즘(prism)** 회절에 의해서 다색 복사선을 그것들의 성분 파장으로 분산시키는 두 개의 평형한 삼각 면과 정삼각형 혹은 직각 면으로 구성된 투명한 유리 혹은 석영 다면체.

**프탈레인 지시약(phthalein indicators)** 무수 프탈레인으로부터 유도된 산/염기 지시약이며 가장 일반적인 것은 페놀프탈레인이다.

**플라스마(plasma)** 이온과 전자들을 포함하고 있는 전도성 기체 매질.

**피크 면적, 피크 높이(peak area, peak height)** 정량분석에 사용될 수 있는 피크-모양 신호의 성질들. 크로마토그래피, 전열 원자 흡수법 및 다른 방법 등에서 사용된다.

**피펫(pipet)** 한 용기에서 다른 용기로 알려진 부피의 용액을 옮기는데 사용되는 관 모양의 유리 또는 플라스틱 장치.

**픽셀(pixel)** 배열 다이오드 검출기나 전하-이동 검출기에서 단일 검출기 요소.

## ㅎ

**하이드로늄 이온(hydronium ion)** 기호가 $H_3O^+$인 수화된 양성자.

**한계전류(limiting current, $i_l$)** 전압-전류법에서 전극의 반응 속도가 질량이동 속도에 의해 제한을 받을 때 도달하는 전류.

**해리(dissociation)** 물질 분자들이 분할되는 것으로 보통은 두 개의 간단한 독립체로 분할된다.

**허깨비(ghosts)** 회절발의 출력이 이중상을 나타내는 것. 측정 기기에서 불완전한 결과를 나타낸다.

**형광(fluorescence)** 광자에 의해서 단일 들뜬 상태로 들뜬 원자나 분자에 의해 생성되는 복사선.

**형광 띠(fluorescence bands)** 동일한 들뜬 전자 상태로부터 기원한 형광 선들의 집합.

**형광 스펙트럼(fluorescene spectrum)** 들뜸 파장(방출 스펙트럼) 혹은 방출 파장(들뜸 스펙트럼)은 일정하게 유지된 상태에서 파장과 형광 세기의 도시(그림 27-8b 참조).

**형광분광계(spectro fluorometer)** 들뜸 파장과 방출파장을 선택하기 위한 단색화 장치를 가진 형광 기기. 어떤 경우에는 혼성기기는 필터와 단색화 장치를 가지고 있다.

**형광의 양자 수득률(quantum yield of fluorescence)** 형광 광자들로 방출되는 흡수된 광자들의 분율.

**형광측정기(fluorometer)** 정량적으로 형광을 측정하기 위한 기기.

**형식전위(formal potential, $E^{0'}$)** 반응에 참여하고 있는 물질들의 분석농도가 1이고 용액 내의 다른 화학종의 농도가 정해질 때 전극 전위.

**혼합-결정 생성(mixed-crystal formation)** 분석물질 결정에 있는 이온들 중 일부가 분석물질이 아닌 이온들에 의해서 대치되는 결정 침전에서 만나게 되는 공동침전의 한 형태.

**홀로그래피 회절발(holographic grating)** 기계적인 줄긋기보다는 코팅된 유리판에서 광학적 간섭에 의해서 생성되는 회절발.

**홑살 기기(single-beam instrument)** 단지 한 개의 빛살만 사용하는 광학 기기. 작동자가 단일 빛 경로에 시료와 바탕을 번갈아가면서 위치를 바꿔줘야 한다.

***화학 요약집(Chemical Abstract)*** 인쇄된 주요 화학정보 공급원. 하지만 온라인 데이터베이스 화학정보 탐색 도구인 Scifinder Scholar® 에 의해 대체되었다.

**화학 평형(chemical equilibrium)** 정반응과 역반응의 속도가 동일한 동력학적 상태. 평형에 있는 계는 이 조건으로부터 자발적으로는 벗어나지 않는다.

**화학발광(chemiluminescence)** 화학 반응 동안에 전자기 복사선으로써 에너지가 방출됨.

**화학변화 당량(equivalent of chemical change)** 직접 또는 간접적으로 1패러데이($6.02 \times 10^{23}$)에 해당하는 화학종의 질량.

**화학식량(formula mass)** 물질의 화학식에서 원자들의 질량의 합. 그램화학식량(gram formula weight)와 *몰질량*(molar mass)과 동의어.

**화학량론(stoichiometry)** 화학 반응에서 화학종의 몰질량 사이를 결합하는 비.

**확산(diffusion)** 용액에서 화학종들이 높은 농도의 구역으로부터 더 묽은 구역으로 이동하는 현상.

**확산 계수(diffusion coefficient)** 화학종들의 이동도의 측정값으로써 단위는 $cm^2/s$이며, 폴라로그래피에서는 $D$, 크로마토그래피에서는 $D_m$으로 표시.

**확산전류(diffusion current, $i_d$)** 질량 이동이 확산의 주요 형태일 때 전압-전류법에서 한계 전류.

**환원(reduction)** 화학종이 전자를 얻는 과정.

**환원 감극제(cathode depolarizer)** 수소 이온보다 더 쉽게 환원되는 물질. 전기분해 동안에 수소의 진화를 막는 데 사용된다.

**환원 벗김 분석(cathodic stripping analysis)** 분석물질을 산화에 의해서 작은 부피의 전극에 석출시키고 나중에 환원에 의해서 벗겨내서 분석하는 전기화학 분석 방법.

**환원 전위(reduction potential)** 환원으로 표시되는 전극 과정의 전위. *전극전위*와 동의어.

**환원기(reductor)** 시료를 통과시킴으로써 분석물질을 미리 환원시키는 분말 금속으로 충전된 컬럼.

**환원전극(cathode)** 전기화학 전지에서 환원이 일어나는 전극.

**환원제(reducing agent)** 산화/환원 반응에서 전자들을 공급하는 화학종.

**환원제(reductant)** *환원제*(reducingagent)와 동의어.

**활동도(activity, $a$)** 화학 평형에서 참여하는 물질의 유효 농도. 화학종의 활동도는 화학종의 몰 평형 농도와 그 것의 활동도 계수를 곱한 것이다.

**활동도계수(activity coefficient, $\gamma_x$)** 용액의 이온 세기에 의존하는 수치로써 단위가 없는 양. 활동도와 농도 사이의 비례 상수이다.

**황화물 분리(sulfide separation)** 양이온을 분리하기 위해서 황화물 침전을 사용함.

**회귀 분석(regression analysis)** 모델의 파라미터들을 정하는 통계적 기법. *최소제곱법* 참고.

**회귀에 대한 표준편차(standard deviation about regression, $s_r$)** 최소-제곱직선으로부터 편차의 표준오차. *평가의 표준오차*(standard error of the estimate)의 동의어.

**회기선의 절편(intercept, $b$, of a regression line)** $x$ 값이 영일 때 회기선의 $y$ 값. 분석 검정곡선에서는 분석물질의 농도가 영일 때 분석 신호의 가설 값이다.

**회전 상태(rotational states)** 질량의 중심에 대한 분자의 회전과 관련된 양자화된 상태.

**회절발(grating)** 다색 복사선을 회절에 의해서 성분들의 파장으로 분산시키는데 사용되는 조밀한 공간의 홈들로 구성된 장치.

**회절차수(diffraction order, $n$)** 보강 간섭이 일어나는 파장의 정수배.

**효소 감지기(enzymatic sensor)** 고정된 효소로 코팅된 막전극. 전극은 시료 내에 있는 분석물질의 양에 감응한다.

**효소-기질 복합체(enzyme-substrate complex, ES)** 다음 반응에 의해 형성된 중간체: 효소(E)+기질(S) $\rightleftharpoons$ ES $\rightarrow$ 생성물(P) + E.

**휘발(volatilization)** 액체(또는 고체)를 증기 상태로 변환시키는 과정.

**휘발 분석법(volatilization method of analysis)** 가열이나 연소에 의한 질량 손실에 기초한 무게 분석법.

**흐름-정지식 주입법(stop-flow injection)** 흐름-주입법 분석에서 속도론적 측정을 가능하게 하는 흐름을 끄는 것.

**흐름-정지식 혼합(stopped-flow mixing)** 반응물이 빠르게 혼합되고 흐름이 완전히 멈춘 후에 반응의 행로가 모니터 되는 기술.

**흑체 복사선(blackbody radiation)** 가열된 고체에 의해서 생성된 연속 복사선.

**흔적량 성분(trace constituent)** 농도가 1 ppb~100 ppm 사이인 성분.

**흡광도(absorbance, $A$)** 복사선의 초기 세기 $P_0$와 흡광 매체를 통과한 후 세기 $P$의 비에 대한 대수, $A = \log(P_0/P) = -\log(P/P_0)$.

**흡수(absorption)** 한 물질이 다른 물질 안으로 흡수 또는 통합되는 과정. 전자기 복사선의 빛이 매질을 통과하는 동안 약해지는 과정.

**흡수 스펙트럼(absorption spectrum)** 파장의 함수로서 흡광도를 도시한 것.

**흡수 필터(absorption filter)** 가시 스펙트럼의 띠를 투과시키는 색깔이 있는 매질(보통은 유리).

**흡수된 물(sorbed water)** 고체 물질의 틈새에 갇혀 있는 비순수(nonessential water).

**흡수율(absorptivity, *a*)** Beer 법칙인 $A = abc$에서 비례 상수, 여기서 $b$는 복사선의 길이(보통은 cm)이며 $c$는 흡수 화학종의 농도(보통은 mol/L)이다. 따라서 $a$의 단위는 길이$^{-1}$ · 농도$^{-1}$이다.

**흡습성 유리(hygroscopic glass)** 표면에 미량의 물을 흡수하는 유리. 흡습성은 유리 전극의 막에서 필수적인 성질이다.

**흡인(aspiration)** 원자 분광법에서 시료 용액을 흡입함으로써 끌어올리는 과정.

**흡착(adsorption)** 물질이 고체표면에 물리적으로 결합되는 과정.

**흡착 크로마토그래피(adsorption chromatography)** 용질이 용리액과 미세하게 나누어진 흡착 고체의 표면 간에 평형을 이루게 함으로써 분리하는 기술.

**흡착수(adsorbed water)** 고체 표면에 붙잡혀 있는 물.

**히스토그램(histogram)** 반복 측정 결과를 수평 축은 크기로 수직 축은 발생 빈도로 그룹화한 막대그래프.

## A

**Ammomium-1-pyrrolidinecarbodithiolate (APDC)** 원자 분광법에서 분석물질과 결합하여 휘발성 화학종을 생성하는 보호제.

**Analysis of Variance (ANOVA)** 실험으로부터 얻은 분석 감응에 대한 통계적인 절차들의 모음. 단일-인자인 ANOVA는 두 개 이상의 평균 모집단을 비교하는데 사용된다.

**Anhydrone®** 과염소산 마그네슘의 상품명으로서 건조제이다.

## B

**Beer의 법칙(Beer's law)** 물질에 의한 복사선의 흡수에 대한 기본 관계식, $A = abc$, 여기서 $a$는 흡수율, $b$는 복사선 빛의 경로 길이, $c$는 흡수 화학종의 농도.

**Beer 법칙으로부터 기기 편차(instrumental deviations from Beer's law)** 흡광과 농도와의 관계가 측정 기기로 인하여 선형으로부터 벗어남.

**Beer 법칙으로부터 화학 편차(chemical deviation from Beer's law)** 흡수 화학종의 결합 또는 해리 혹은 용매와의 반응의 결과로 분석물질로부터 다른 흡수 결과물을 생성함으로 인하여 Beer 법칙으로부터 편차가 생긴다. 원자 분광법에서는 분석물질의 흡수 성질에 영향을 미치는 방해물들과 분석물질의 화학적 상호작용으로 인하여 편차가 발생한다.

**Bernoulli 효과(Bernoulli effect)** 원자 분광법에서 시료 방울이 플라스마 또는 불꽃 속으로 빨려 들어가게 하는 기법.

**Brønsted-Lowry 산과 염기(Brønsted-Lowry acids and bases)** 산은 양성자 주개로 정의하고 염기는 양성자 받개로 정의된 산-염기 거동에 대한 설명. 산에 의한 양성자의 손실은 양성자 받개를 형성하거나 어미 산의 *짝염기*를 형성하는 결과가 된다.

**β-아밀로스(β-amylose)** 아이오딘에 특정적인 지시약으로 사용되는 녹말 성분.

## C

**Clark 산소 센서(Clark oxygen sensor)** 용존 산소 측정을 위한 전압-전류 센서.

## D

**Debye-Hückel 식(Debye-Hückele quation)** 이온 세기가 0.1보다 적은 매체에서 활동도 계수를 계산하는 식.

**Debye-Hückel 한계 법칙(Debye-Hückel limiting law)** 이온 세기가 0.1보다 적은 용액에 적용할 수 있는 Debye-Hückel식의 간단한 형태.

**Dehydrite®** 건조제인 과염소산마그네슘의 상표명.

**Devarda 합금(Devarda's alloy)** 염기성 매질에서 질산염과 아질산염을 암모니아로 환원 시키는데 사용되는 구리, 알루미늄, 아연의 합금.

**dimethylglyoxime** 니켈(II)에 특성적인 침전제이며 화학식은 $CH_3(C{=}NOH)_2CH_3$이다.

**diphenylthiocarbazide** *디티존*으로 알려진 킬레이트제. 양이온과의 첨가 반응으로 물에 잘 녹지만 유기 용매로 쉽게 추출될 수 있다.

**Doppler 넓어짐(Doppler broadening)** 빠르게 움직이는 화학종들이 복사선을 흡수하거나 방출하여 스펙트럼선을 넓히는 결과를 가져옴. 화학종들의 움직이는 방향에 따라서 정상보다 약간 길거나 짧은 파장들이 검출됨.

**Drierite®** 건조제의 상품명.

**Dumas 법(Dumas method)** 질소를 함유하고 있는 유기 시료를 연소시켜서 CuO에 의해서 질소를 $N_2$로 변화시킨 후 부피를 측정하여 분석하는 방법.

## E

**Echelle 회절발 (Echelle grating)** 비반사 면보다는 큰 반사 표면을 가진 반짝거리는 회절발.

**EDTA** 착물 형성 적정에 널리 사용되는 킬레이트제로서 ethylenediaminetetraacetic acid의 줄임말이며 화학식은 $(HOOCCH_2)_2NCH_2CH_2N(CH_2COOH)_2$이다.

**eppendorf 피펫(eppendorf pipet)** 부피 조절이 가능하게 액체를 옮길 수 있는 미량 피펫.

**Ethylenediaminetetraacetic acid** 착물형성 적정에서 가장 다양하게 사용되는 시약. 대부분의 양이온과 킬레이트를 형성한다. *EDTA* 참조.

## F

**F-시험(F-test)** 두 세트의 측정 결과에 대한 가변도를 비교하는 통계적 기법.

**Fourier 변환 분광기(Fourier transform spectrometer)** 간섭계와 푸리에 변환을 사용하여 스펙트럼을 얻는 분광기.

## G

**Gauss 분포(gaussian distribution)** 우연 오차에 의해 영향을 받는 반복 측정에 의해 얻어진 결과들의 이론적인 종 모양의 분포.

**GC/MS (GC/MS)** 기체 크로마토그래피의 검출기로서 질량분석계를 사용하는 기술.

**Gooch 도가니(Gooch crucible)** 자기 거름 도가니. 유리 섬유 매트나 석면 층에 의해서 걸러진다.

## H

**Henderson-Hasselbalch 식(Henderson-Hasselbalch equation)** 완충 용액의 pH를 계산하는 식. pH = $pK_a + \log(c_{NaA}/c_{HA})$, 여기에서 $pK_a$는 산의 해리 상수의 음의 대수, $c_{NaA}$와 $c_{HA}$는 완충 용액을 만드는 화합물의 몰농도.

## I

**Ilkovic 식(Ilkovic equation)** 확산 전류와 확산 전류에 영향을 미치는 변수인 분석물질과 함께 반응에 포함되는 전자의 수($n$), 확산 계수의 제곱근($D^{1/2}$), 수은의 질량 흐름 속도($m^{2/3}$), 적하 수은 전극의 방울 수명($t^{1/6}$)이 관계되는 식.

***IR* 강하(*IR* drop)** 전하의 움직임에 대한 저항 때문에 전지에서 일어나는 전위 강하.

**IUPAC 협약 (IUPAC convention)** 전기화학 전지와 그들의 전위와 관계되는 정의. Stockholm convention 참조.

## J

**Jones 환원관(Jones reductor)** 아말감시킨 아연으로 충전된 컬럼. 분석물질들을 사전에 환원시키는데 사용된다.

**Joule** N·m (newton-meter)와 동일한 일의 단위.

## K

**Karl Fisher 시약(Karl Fisher reagent)** 물의 적정 정량에 사용되는 시약.

**Kjeldahl법(Kjeldahl method)** 질소를 암모니아로 전환시킨 후, 증류하고 중화 적정에 의해 유기 화합물 중에 있는 질소를 측정하는 적정 방법.

**Kjeldahl 플라스크(Kjeldahl flask)** 뜨거우면서 진한 황산이 있는 시료를 삭이는데 사용되는 목이 긴 플라스크.

## L

**Laminar 흐름(Laminar flow)** 고체 경계면에 평행하게 액체 근처에서의 유선형 흐름. 튜브 내에서 이 흐름은 포물선 흐름의 양상을 나타내며 전극 표면 근처에서는 서로 다르게 미끄러지는 액체의 평형 층을 나타낸다.

**Le Châtelier 원리(Le Châtelier principle)** 평형에 있는 화학계에 힘을 가할 때 가해준 힘이 완화되는 경향을 보이는 평형의 위치로 이동하는 결과를 나타낸다는 원리.

**L'vov 받침대(L'vov platform)** 원자 흡수 분광법에서 시료를 전기열로 원자화시키는 장치.

## M

**Michaelis 상수(michaelis constant)** 효소 반응속도론에 대한 속도식에서 상수들의 집합. 효소/기질 착물의 해리 측정.

**Mohr 염(Mohr's salt)** 황산 제1철(II) 암모늄 육수화물(iron(II) ammonium sulfate hexahydrate)의 일반명.

**Muffle 노(Muffle furnace)** 1100°C 이상의 온도를 유지할 수 있는 육중한 오븐.

## N

**Nernst 확산층(Nernst diffusion layer, $\delta$)** 질량이동이 확산에 의해서만 조절되는 전극의 표면에서 정체된 용액의 얇은 층. 층 바깥에서는 전기활성 화학종의 농도가 대류에 의해서 일정하게 유지된다.

**Nernst 광원(Nernst glower)** 전기 전류를 통과시켜줌으로써 고온으로 가열된 지르코늄과 이트리움 실린더로 구성된 적외 복사선 광원.

**Nernst 식(Nernst equation)** 전극의 전위와 전위를 나타내게 하는 용액내의 화학종의 활동도에 대한 관계를 나타내는 수학식.

## O

**Oesper 염(Oesper's salt)** Iron(II) ethylenediamine sulfate의 일반명.

## P

**pH** 용액 내 수소 이온 활동도의 음의 대수.

**Plattner 다이아몬드 모터(plattner diamond mortar)** 부서지기 쉬운 물질 작은 양을 부수는 장치.

***p-n* 접합 다이오드(*p-n* junction diode)** 전자-풍부와 전자-결핍 구역 사이에 접합을 포함하고 있는 반도체 장치. 단지 한 방향 전류 흐름만 허용한다.

**p-값(p-value)** 어떤 값의 음의 대수로써 용질 화학종의 농도를 표현한다. p-값을 사용하면 상대적으로 작은 수의 항으로써 큰 농도 범위를 표현할 수 있다.

## Q

***Q* 시험(*Q* test)** 정해진 수준의 확률로 한 세트의 반복 데이터 측정에서 이상치에 있는 측정값이 주어진 Gauss 분포의 일원이 되는지의 여부를 알려주는 통계적 시험.

## S

**Schöniger 장치(Schöniger apparatus)** 산소가 풍부한 환경에서 시료를 연소시키는 장치.

**SI 단위(SI units)** 7개의 기본 단위를 사용하는 국제적인 측정 시스템. 다른 모든 단위는 이들 7개 단위로 부터 파생된다.

**Stockholm 협약(Stockholm convention)** 전기화학 전지와 그들의 전위와 관계된 협약. IUPAC 협약으로도 알려져 있다.

**Stokes 이동(Stokes shifts)** 입사 파장과 방출 또는 산란 복사선의 파장의 차이.

**Student 시험(Student's test)** *t*-시험(*t*-test) 참조.

## T

**THAM (THAM)** 염기의 일차 표준물질로 사용되는 tris-(hydroxymethyl)amino methane, 화학식은 $(HOCH_2)_3CNH_2$.

***t*-시험(*t*-test)** 실험값이 알려진 값 혹은 이론적인 값과 동일한지 혹은 두 개 또는 그 이상의 실험값이 주어진 신뢰 수준과 동일한지를 결정하는데 사용되는 통계적 시험. $\sigma$와 $\mu$의 좋은 예측이 여의치 않을 때 $s$와 $\bar{x}$를 사용한다.

## V

**van Deemter식(van Deemter equation)** 단 높이를 소용돌이 확산, 세로 확산, 질량 이동의 항으로 표현한 식.

**V-믹서(V-blender)** 건조 시료를 완전히 혼합하는 데 사용되는 장치.

## W

**Walden 환원기(Walden reductor)** 잘게 나누어진 은 분말로 충전된 컬럼. 분석물질을 사전 환원하는 데 사용된다.

## Z

**Zimmermann-Reinhardt 시약(Zimmermann-Reinhardt reagent)** 철(II)을 적정하는 동안에 과망가니즈산에 의해서 염소 이온의 유도 산화를 막는 진한 $H_2SO_4$와 $H_3PO_4$에 녹은 망가니즈(II) 용액.

## 기타

**0% *T* 조정(0% *T* adjustment)** 분광광도계의 감응으로부터 암전류와 다른 배경 신호를 제거하는 교정 단계.

**100% *T* 조정(100% *T* adjustment)** 빛의 경로에서 바탕을 사용하여 100% 투광도를 기록하기 위해서 분광광도계를 조정.

**2차 도함수 곡선(second derivative curve)** 전위차 적정을 위한 부피 대 $\Delta^2 E/\Delta V^2$의 도시. 함수는 전통적인 적정곡선의 변곡점에서 부호의 변화가 나타낸다.

**2차 표준물질(secondary standard)** 순도가 좋으며 화학 분석에 의해서 확인된 물질.

**3중-지지대 저울(triple-beam balance)** 대략적인 양을 재는데 사용되는 실험실 저울로서 전자저울 이전의 구식 저울.

**8-Hydroxyquinoline** 널리 사용되는 킬레이트제. 무게 분석법에 사용되며, 원자분광법에서 보호제로서 부피 분석에 사용되며, 추출제로도 사용되며 *옥신*(oxine)으로 알려져 있다. 화학식은 $HOC_9H_6N$.

# 부록 1
*Appendix 1*

## 분석 화학 문헌

### ▸ 전공논문책

여기에서 *전공논문책*(treatise)은 분석 화학의 한 개 이상의 넓은 분야를 포괄적으로 다룬 것을 의미한다.

D. Barcelo, series ed., *Comprehensive Analytical Chemistry*, New York: Elsevier, 1959~2010. 2012년에 58권이 발행되었다.

N. H. Furman and F. J. Welcher, eds., *Standard Methods of Chemical Analysis*, 6th ed., New York: Van Nostrand, 1962~1966. 5개 부분으로 나누어져 있으며, 주로 특별한 응용에 대해 다룬다.

I. M. Kolthoff and P. J. Elving, eds., *Treatise on Analytical Chemistry*, New York: Wiley, 1961~1986. 2판의 Part I (14권)에서는 이론적인 면을 다루고, Part II (17권)에서는 무기와 유기 화합물의 분석 방법에 대해 다루며, Part III (4권)에서는 분석 화학의 산업 분야를 다룬다.

R. A. Meyers, ed., *Encyclopedia of Analytical Chemistry: Applications, Theory and Instrumentation*, New York: Wiley, 2000. A 15-volume reference work for all areas of analytical chemistry. The encyclopedia has been published online since 2007.

B. W. Rossitor and R. C. Baetzold, eds., Physical Methods of Chemistry, 2nd ed., New York: Wiley, 1986~1993. 이 책은 12권으로 이루어져 있으며, 실험자가 물리적, 화학적으로 실험할 수 있는 여러 종류에 대해 다룬다.

P. Worsfold, A. Townshend, and C. Poole, eds., Encyclopedia of Analytical Science, 2nd ed., Amsterdam: Elsevier, 2005. A 10-volume reference work that covers all areas of analytical science. The work is available in print and online.

### ▸ 공인된 분석법

이 출판물들은 종종 시판되고 있는 상품들에 들어 있는 특별한 물질들을 정량하기 위한 유용한 분석법을 제공해 주는 단행본이다. 이 방법은 여러 과학 분야에 의해 발전되어 왔고 법정뿐만 아니라 중재위원회에서 표준 방법으로 이용되고 있다.

*Annual Book of ASTM Standards*, Philadelphia: American Society for Testing Materials. 801권에 달하는 이 책은 매년 개정되며 물리적 시험과 화학 분석 모두를 할 수 있는 방법이 포함되어 있다. Vol. 3.05 (*Analytical Chemistry for Metals, Ores and Related Materials*)와 Vol 3.06 (*Molecular Spectroscopy and Surface Analysis*)은 화학자들에게 유용한 책 중의 하나이다. The work is available online or on CD-ROM.

L. S. Clesceri, A. E. Greenberg, and A. D. Eaton, eds., *Standard Methods for the Examination of Water and Wastewater*, 20th ed., New York: American Public Health Association, 1998.

*Official Methods of Analysis*, 18th ed., Washington, DC: Association of Official Analytical Chemists, 2005. 이 책은 의약품, 식품, 살충제, 농산물, 화장품, 비타민 및 영양제와 같은 물질을 분석하기 위한 방법을 제공해주는 유용한 책이다. 분석방법들이 승인되고 준비되면 즉시 새로운 개정 방법이 연속된 온라인 판으로 출판된다.

C. A. Watson, *Official and Standardized Methods of Analysis*, 3rd ed., London: Royal Society of Chemistry, 1994.

### ▸ Review 정기 간행물

아래에 열거한 review들은 그 분야에서 일발적인 review들이다. 그 외에 크로마토그래피, 전기화학, 질량 분석법 등과 같은 영역의 진보적인 특수 review들이 있다.

*Analytical Chemistry*: "Fundamental Reviews"and "Application Reviews,"Washington, DC: American Chemical Society. 2010년 6월 15일 발행되는 Analytical Chemistry 에서는 짝수 해에는 "Fundamental Reviews", 홀수 해에는 "Application Reviews"가 출판되었다. "Fundamental Reviews"에서는 많은 분석 화학 분야에서 뚜렷한 발전이 있는 분야를 다루고 있다. "Application Reviews"에서는 수질 분석, 임상 화학, 석유제품과 같은 특수한 분야를 다루고 있다. 2011년 6월 15일에는 두 형태의 review가 동시에 발간되었다. 2012년부터는 연간 review가 1월에 발간되면서 최근의 측정 과학에 주제를 맞추고 있다.

*Annual Review of Analytical Chemistry*, Palo Alto, CA: Annual Reviews. 현대 분석 화학의 중요한 관점에 대한 권위있는 review 논문이다. 2008년이래 매년 연간 review가 발행되고 있다.

*Critical Reviews in Analytical Chemistry*, Boca Rotan, FL: CRC Press. 이 간행물은 분기별로 발행되고 있으며  생화학물질의 분석에 대한 최신 발전에 대해 심도있게 다루고 있다.

*Reviews in Analytical Chemistry*, Berlin: De Gruyter GMBH. 분야별로 다루는 review 논문이다. 매년 4권이 현대 분석 화학의 모든 분야에 대해서 발행되고 있다.

### ▸ 테이블 형태 모음집

A. J. Bard, R. Parsons, and T. Jordan, eds., *Standard Potentials in Aqueous Solution*, New York: Marcel Dekker, 1985.

J. A. Dean, *Analytical Chemistry Handbook*, New York: McGraw-Hill, 1995.

A. E. Martell and R. M. Smith, *Critical Stability Constants*, 6 vols., New York: Plenum Press, 1974~1989.

G. Milazzo, S. Caroli, and V. K. Sharma, *Tables of Standard Electrode Potential*, New York: Wiley, 1978.

### ▸ 고급 분석 화학 및 기기분석 교재

J. N. Butler, *Ionic Equilibrium: A Mathematical Approach*, Reading, MA: Addison-Wesley, 1964.

J. N. Butler, *Ionic Equilibrium: Solubility and pH Calculations*, New York: Wiley, 1998.

G. D. Christian and J. E. O'Reilly, *Instrumental Analysis*, 2nd ed., Boston: Allyn and Bacon, 1986.
W. B. Guenther, *Unified Equilibrium Calculations*, New York: Wiley, 1991.
H. A. Laitinen and W. E. Harris, *Chemical Analysis*, 2nd ed., New York: McGraw-Hill, 1975.
F. A. Settle, ed., *Handbook of Instrumental Techniques for Analytical Chemistry*, Upper Saddle River, NJ: Prentice Hall, 1997.
D. A. Skoog, F. J. Holler, and S. R. Crouch, *Principles of Instrumental Analysis*, 6th ed., Belmont, CA: Brooks/Cole, 2007.
H. Strobel and W. R. Heineman, *Chemical Instrumentation: A Systematic Approach*, 3rd ed., Boston: Addison-Wesley, 1989.

## ▸ 전공서적

분석 화학의 특정 분야를 다룬 수백 개의 전공서적이 이용되고 있다. 일반적으로 전문가들에 의해 쓰였고 훌륭한 정보를 제공해 준다. 여러 분야에서 대표적인 전공서적을 아래에 정리하였다.

### *무게법과 적정법*

M. R. F. Ashworth, *Titrimetric Organic Analysis*, 2 vols., New York: Interscience, 1965.
R. deLevie, *Aqueous Acid-Base Equilibria and Titrations*, Oxford: Oxford University Press, 1999.
L. Erdey, *Gravimetric Analysis*, Oxford: Pergamon, 1965.
J. S. Fritz, *Acid-Base Titration in Nonaqueous Solvents*, Boston: Allyn and Bacon, 1973.
W. F. Hillebrand, G. E. F. Lundell, H. A. Bright, and J. I. Hoffman, *Applied Inorganic Analysis*, 2nd ed., New York: Wiley, 1953, reissued 1980.
I. M. Kolthoff, V. A. Stenger, and R. Belcher, *Volumetric Analysis*, 3 vols., New York: Interscience, 1942 – 1957.
T. S. Ma and R. C. Ritner, *Modern Organic Elemental Analysis*, New York: Marcel Dekker, 1979.
L. Safarik and Z. Stransky, *Titrimetric Analysis in Organic Solvents*, Amsterdam: Elsevier, 1986.
E. P. Serjeant, *Potentiometry and Potentiometric Titrations*, New York: Wiley, 1984.
W. Wagner and C. J. Hull, *Inorganic Titrimetric Analysis*, New York: Marcel Dekker, 1971.

### *유기물 분석*

S. Siggia and J. G. Hanna, *Quantitative Organic Analysis via Functional Groups*, 4th ed., New York: Wiley, 1979.
F. T. Weiss, *Determination of Organic Compounds: Methods and Procedures*, New York: Wiley-Interscience, 1970.

### *분광법*

D. F. Boltz and J. A. Howell, *Colorimetric Determination of Nonmetals*, 2nd ed., New York: Wiley-Interscience, 1978.
J. A. C. Broekaert, *Analytical Atomic Spectrometry with Flames and Plasmas*, Weinheim: Cambridge University Press: Wiley-VCH, 2002.
S. J. Hill, *Inductively Coupled Plasma Spectrometry and Its Applications*, Boca Rotan,

Fl: CRC Press, 1999.
J. D. Ingle and S. R. Crouch, *Spectrochemical Analysis*, Upper Saddle River, NJ: Prentice-Hall, 1988.
L. H. J. Lajunen and P. Peramaki, *Spectrochemical Analysis by Atomic Absorption and Emission*, 2nd ed., Cambridge: Royal Society of Chemistry, 2004.
J. R. Lakowiz, *Principles of Fluorescence Spectroscopy*, New York: Plenum Press, 1999.
A. Montaser and D. W. Golightly, eds., *Inductively Coupled Plasmas in Analytical Atomic Spectroscopy*, 2nd ed., New York: Wiley-VCH, 1992.
A. Montaser, ed., *Inductively Coupled Plasma Mass Spectrometry*, New York: Wiley, 1998.
E. B. Sandell and H. Onishi, *Colorimetric Determination of Traces of Metals*, 4th ed., New York: Wiley, 1978 – 1989. Two volumes.
S. G. Schulman, ed., *Molecular Luminescence Spectroscopy*, 2 parts, New York: Wiley, 1985.
F. D. Snell, *Photometric and Fluorometric Methods of Analysis*, 2 vols., New York: Wiley, 1978 – 1981.

### 전기분석법

A. J. Bard and L. R. Faulkner, *Electrochemical Methods*, 2nd ed., New York: Wiley, 2001.
P. T. Kissinger and W. R. Heinemann, eds., *Laboratory Techniques in Electroanalytical Chemistry*, 2nd ed., New York: Marcel Dekker, 1996.
J. J. Lingane, *Electroanalytical Chemistry*, 2nd ed., New York: Interscience, 1954.
D. T. Sawyer, A. Sobkowiak, and J. L. Roberts, Jr., *Experimental Electrochemistry for Chemists*, 2nd ed., New York: Wiley, 1995.
J. Wang, *Analytical Electrochemistry*, New York: Wiley, 2000.

### 분리분석법

K. Anton and C. Berger, eds., *Supercritical Fluid Chromatography with Packed Columns, Techniques and Applications*, New York: Dekker, 1998.
P. Camilleri, ed., *Capillary Electrophoresis: Theory and Practice*, Boca Raton, FL: CRC Press, 1993.
M. Caude and D. Thiebaut, eds., *Practical Supercritical Fluid Chromatography and Extraction*, Amsterdam: Harwood, 2000.
B. Fried and J. Sherma, *Thin Layer Chromatography*, 4th ed., New York: Dekker, 1999.
J. C. Giddings, *Unified Separation Science*, New York: Wiley, 1991.
E. Katz, *Quantitative Analysis Using Chromatographic Techniques*, New York: Wiley, 1987.
M. McMaster and C. McMaster, *GC/MS: A Practical User's Guide*, New York: Wiley-VCH, 1998.
H. M. McNair and J. M Miller, *Basic Gas Chromatography*, New York: Wiley, 1998.
W. M. A. Niessen, *Liquid Chromatography-Mass Spectrometry*, 2nd ed., New York: Dekker, 1999.
M. E. Schimpf, K. Caldwell, and J. C. Giddings, eds., *Field-Flow Fractionation Handbook*, New York: Wiley, 2000.
R. P. W. Scott, *Introduction to Analytical Gas Chromatography*, 2nd ed., New York: Marcel Dekker, 1997.
R. P. W. Scott, *Liquid Chromatography for the Analyst*, New York: Marcel Dekker, 1995.
R. M. Smith, *Gas and Liquid Chromatography in Analytical Chemistry*, New York: Wiley, 1988.
L. R. Snyder, J. J. Kirkland, and J. W. Dolan, *Introduction to Modern Liquid Chromatography*, 3rd ed., New York: Wiley, 2010.

R. Weinberger, *Practical Capillary Electrophoresis*, New York: Academic Press, 2000.

### 그 외 분야

R. G. Bates, *Determination of pH: Theory and Practice*, 2nd ed., New York: Wiley, 1973.
R. Bock, *Decomposition Methods in Analytical Chemistry*, New York: Wiley, 1979.
G. D. Christian and J. B. Callis, *Trace Analysis*, New York: Wiley, 1986.
J. L. Devore, *Probability and Statistics for Engineering and the Sciences*, 8th ed., Boston: Brooks/Cole, 2012.
J. L. Devore and N. R. Farnum, *Applied Statistics for Engineers and Scientists*, Pacific Grove, CA: Duxbury/Brooks/Cole, 1999.
H. A. Mottola, *Kinetic Aspects of Analytical Chemistry*, New York: Wiley, 1988.
D. Perez-Bendito and M. Silva, *Kinetic Methods in Analytical Chemistry*, New York: Halsted Press-Wiley, 1988.
D. D. Perrin, *Masking and Demasking Chemical Reactions*, New York: Wiley, 1970.
W. Rieman and H. F. Walton, *Ion Exchange in Analytical Chemistry*, Oxford: Pergamon, 1970.
J. Ruzicka and E. H. Hansen, *Flow Injection Analysis*, 2nd ed., New York: Wiley, 1988.
J. T. Watson and O. D. Sparkman, *Introduction to Mass Spectrometry*, 4th ed., Chichester: Wiley, 2007.

## ▶ 학술지

분석 화학을 다루는 많은 학술지가 있다. 이들은 각 분야에서 정보의 주된 출처가 된다. 가장 많이 알려진 몇몇 학술지를 아래에 정리하였다. 제목에 굵은 글자체 부분은 *Chemistry Abstracts*에서 학술지를 약어로 나타낼 때 사용하는 것이다.

**Analyst**, The
**Anal**ytical and **Bioanal**ytical **Chem**istry
**Anal**ytical **Biochem**istry
**Anal**ytical **Chem**istry
**Anal**ytica **Chim**ica **Acta**
**Anal**ytical **Lett**ers
**Appl**ied **Spectrosc**opy
**Clin**ical **Chem**istry
**Instr**umentation **Sci**ence and **Tech**nology
**Int**ernational **J**ournal of **Mass Spectrom**etry
**J**ournal of the **Am**erican **Soc**iety for **Mass Spectrom**etry
**J**ournal of the **Assoc**iation of **Off**icial **Anal**ytical **Chem**ists
**J**ournal of **Chromatogr**aphic **Sci**ence
**J**ournal of **Chromatogr**aphy
**J**ournal of **Electroanal**ytical **Chem**istry
**J**ournal of **Liq**uid **Chromatogr**aphy and Related Techniques
**J**ournal of **Microcol**umn **Sep**arations
**Microchem**ical **J**ournal
**Mikrochim**ica **Acta**
**Sep**aration **Sci**ence
**Spectrochim**ica **Acta**
**Talanta**
**TrAC—Trends Anal**ytical **Chem**istry

# 부록 2
*Appendix 2*

## 25℃에서 용해도곱 상수

| 화합물 | 화학식 | $K_{sp}$ | 비고 |
|---|---|---|---|
| Aluminum hydroxide | $Al(OH)_3$ | $3 \times 10^{-34}$ | |
| Barium carbonate | $BaCO_3$ | $5.0 \times 10^{-9}$ | |
| Barium chromate | $BaCrO_4$ | $2.1 \times 10^{-10}$ | |
| Barium hydroxide | $Ba(OH)_2 \cdot 8H_2O$ | $3 \times 10^{-4}$ | |
| Barium iodate | $Ba(IO_3)_2$ | $1.57 \times 10^{-9}$ | |
| Barium oxalate | $BaC_2O_4$ | $1 \times 10^{-6}$ | |
| Barium sulfate | $BaSO_4$ | $1.1 \times 10^{-10}$ | |
| Cadmium carbonate | $CdCO_3$ | $1.8 \times 10^{-14}$ | |
| Cadmium hydroxide | $Cd(OH)_2$ | $4.5 \times 10^{-15}$ | |
| Cadmium oxalate | $CdC_2O_4$ | $9 \times 10^{-8}$ | |
| Cadmium sulfide | $CdS$ | $1 \times 10^{-27}$ | |
| Calcium carbonate | $CaCO_3$ | $4.5 \times 10^{-9}$ | 방해석 |
| | $CaCO_3$ | $6.0 \times 10^{-9}$ | Aragonite |
| Calcium fluoride | $CaF_2$ | $3.9 \times 10^{-11}$ | |
| Calcium hydroxide | $Ca(OH)_2$ | $6.5 \times 10^{-6}$ | |
| Calcium oxalate | $CaC_2O_4 \cdot H_2O$ | $1.7 \times 10^{-9}$ | |
| Calcium sulfate | $CaSO_4$ | $2.4 \times 10^{-5}$ | |
| Cobalt(II) carbonate | $CoCO_3$ | $1.0 \times 10^{-10}$ | |
| Cobalt(II) hydroxide | $Co(OH)_2$ | $1.3 \times 10^{-15}$ | |
| Cobalt(II) sulfide | $CoS$ | $5 \times 10^{-22}$ | $\alpha$ |
| | $CoS$ | $3 \times 10^{-26}$ | $\beta$ |
| Copper(I) bromide | $CuBr$ | $5 \times 10^{-9}$ | |
| Copper(I) chloride | $CuCl$ | $1.9 \times 10^{-7}$ | |
| Copper(I) hydroxide* | $Cu_2O$* | $2 \times 10^{-15}$ | |
| Copper(I) iodide | $CuI$ | $1 \times 10^{-12}$ | |
| Copper(I) thiocyanate | $CuSCN$ | $4.0 \times 10^{-14}$ | |
| Copper(II) hydroxide | $Cu(OH)_2$ | $4.8 \times 10^{-20}$ | |
| Copper(II) sulfide | $CuS$ | $8 \times 10^{-37}$ | |
| Iron(II) carbonate | $FeCO_3$ | $2.1 \times 10^{-11}$ | |
| Iron(II) hydroxide | $Fe(OH)_2$ | $4.1 \times 10^{-15}$ | |
| Iron(II) sulfide | $FeS$ | $8 \times 10^{-19}$ | |
| Iron(III) hydroxide | $Fe(OH)_3$ | $2 \times 10^{-39}$ | |
| Lanthanum iodate | $La(IO_3)_3$ | $1.0 \times 10^{-11}$ | |
| Lead carbonate | $PbCO_3$ | $7.4 \times 10^{-14}$ | |
| Lead chloride | $PbCl_2$ | $1.7 \times 10^{-5}$ | |
| Lead chromate | $PbCrO_4$ | $3 \times 10^{-13}$ | |
| Lead hydroxide | $PbO^{\dagger}$ | $8 \times 10^{-16}$ | 노란색 |
| | $PbO^{\dagger}$ | $5 \times 10^{-16}$ | 붉은색 |
| Lead iodide | $PbI_2$ | $7.9 \times 10^{-9}$ | |
| Lead oxalate | $PbC_2O_4$ | $8.5 \times 10^{-9}$ | $\mu = 0.05$ |
| Lead sulfate | $PbSO_4$ | $1.6 \times 10^{-8}$ | |
| Lead sulfide | $PbS$ | $3 \times 10^{-28}$ | |
| Magnesium ammonium phosphate | $MgNH_4PO_4$ | $3 \times 10^{-13}$ | |
| Magnesium carbonate | $MgCO_3$ | $3.5 \times 10^{-8}$ | |

*(계속)*

| 화합물 | 화학식 | $K_{sp}$ | 비고 |
|---|---|---|---|
| Magnesium hydroxide | $Mg(OH)_2$ | $7.1 \times 10^{-12}$ | |
| Manganese carbonate | $MnCO_3$ | $5.0 \times 10^{-10}$ | |
| Manganese hydroxide | $Mn(OH)_2$ | $2 \times 10^{-13}$ | |
| Manganese sulfide | MnS | $3 \times 10^{-11}$ | 분홍색 |
| | MnS | $3 \times 10^{-14}$ | 녹색 |
| Mercury(I) bromide | $Hg_2Br_2$ | $5.6 \times 10^{-23}$ | |
| Mercury(I) carbonate | $Hg_2CO_3$ | $8.9 \times 10^{-17}$ | |
| Mercury(I) chloride | $Hg_2Cl_2$ | $1.2 \times 10^{-18}$ | |
| Mercury(I) iodide | $Hg_2I_2$ | $4.7 \times 10^{-29}$ | |
| Mercury(I) thiocyanate | $Hg_2(SCN)_2$ | $3.0 \times 10^{-20}$ | |
| Mercury(II) hydroxide | HgO‡ | $3.6 \times 10^{-26}$ | |
| Mercury(II) sulfide | HgS | $2 \times 10^{-53}$ | 검은색 |
| | HgS | $5 \times 10^{-54}$ | 붉은색 |
| Nickel carbonate | $NiCO_3$ | $1.3 \times 10^{-7}$ | |
| Nickel hydroxide | $Ni(OH)_2$ | $6 \times 10^{-16}$ | |
| Nickel sulfide | NiS | $4 \times 10^{-20}$ | $\alpha$ |
| | NiS | $1.3 \times 10^{-25}$ | $\beta$ |
| Silver arsenate | $Ag_3AsO_4$ | $6 \times 10^{-23}$ | |
| Silver bromide | AgBr | $5.0 \times 10^{-13}$ | |
| Silver carbonate | $Ag_2CO_3$ | $8.1 \times 10^{-12}$ | |
| Silver chloride | AgCl | $1.82 \times 10^{-10}$ | |
| Silver chromate | $AgCrO_4$ | $1.2 \times 10^{-12}$ | |
| Silver cyanide | AgCN | $2.2 \times 10^{-16}$ | |
| Silver iodate | $AgIO_3$ | $3.1 \times 10^{-8}$ | |
| Silver iodide | AgI | $8.3 \times 10^{-17}$ | |
| Silver oxalate | $Ag_2C_2O_4$ | $3.5 \times 10^{-11}$ | |
| Silver sulfide | $Ag_2S$ | $8 \times 10^{-51}$ | |
| Silver thiocyanate | AgSCN | $1.1 \times 10^{-12}$ | |
| Strontium carbonate | $SrCO_3$ | $9.3 \times 10^{-10}$ | |
| Strontium oxalate | $SrC_2O_4$ | $5 \times 10^{-8}$ | |
| Strontium sulfate | $SrSO_4$ | $3.2 \times 10^{-7}$ | |
| Thallium(I) chloride | TlCl | $1.8 \times 10^{-4}$ | |
| Thallium(I) sulfide | $Tl_2S$ | $6 \times 10^{-22}$ | |
| Zinc carbonate | $ZnCO_3$ | $1.0 \times 10^{-10}$ | |
| Zinc hydroxide | $Zn(OH)_2$ | $3.0 \times 10^{-16}$ | 무정형 |
| Zinc oxalate | $ZnC_2O_4$ | $8 \times 10^{-9}$ | |
| Zinc sulfide | ZnS | $2 \times 10^{-25}$ | $\alpha$ |
| | ZnS | $3 \times 10^{-23}$ | $\beta$ |

**이들 대부분의 데이터는 A. E. Martell and R. M Smith, *Critical Stability Constants*, Vol. 3–6, New York: Plenum, 1976~1986 으로부터 발췌함. 대부분의 경우 이온 세기는 0.0이고 온도는 25°C임.**

***$Cu_2O(s) + H_2O \rightleftharpoons 2Cu^+ + 2OH^-$**

**†$PbO(s) + H_2O \rightleftharpoons Pb^{2+} + 2OH^-$**

**‡$HgO(s) + H_2O \rightleftharpoons Hg^{2+} + 2OH^-$**

# 부록 3
*Appendix 3*

## 25℃에서 산 해리 상수

| 산 | 화학식 | $K_1$ | $K_2$ | $K_3$ |
|---|---|---|---|---|
| Acetic acid | $CH_3COOH$ | $1.75 \times 10^{-5}$ | | |
| Ammonium ion | $NH_4^+$ | $5.70 \times 10^{-10}$ | | |
| Anilinium ion | $C_6H_5NH_3^+$ | $2.51 \times 10^{-5}$ | | |
| Arsenic acid | $H_3AsO_4$ | $5.8 \times 10^{-3}$ | $1.1 \times 10^{-7}$ | $3.2 \times 10^{-12}$ |
| Arsenous acid | $H_3AsO_3$ | $5.1 \times 10^{-10}$ | | |
| Benzoic acid | $C_6H_5COOH$ | $6.28 \times 10^{-5}$ | | |
| Boric acid | $H_3BO_3$ | $5.81 \times 10^{-10}$ | | |
| 1-Butanoic acid | $CH_3CH_2CH_2COOH$ | $1.52 \times 10^{-5}$ | | |
| Carbonic acid | $H_2CO_3$ | $4.45 \times 10^{-7}$ | $4.69 \times 10^{-11}$ | |
| | $CO_2(aq)$ | $4.2 \times 10^{-7}$ | $4.69 \times 10^{-11}$ | |
| Chloroacetic acid | $ClCH_2COOH$ | $1.36 \times 10^{-3}$ | | |
| Citric acid | $HOOC(OH)C(CH_2COOH)_2$ | $7.45 \times 10^{-4}$ | $1.73 \times 10^{-5}$ | $4.02 \times 10^{-7}$ |
| Dimethyl ammonium ion | $(CH_3)_2NH_2^+$ | $1.68 \times 10^{-11}$ | | |
| Ethanol ammonium ion | $HOC_2H_4NH_3^+$ | $3.18 \times 10^{-10}$ | | |
| Ethyl ammonium ion | $C_2H_5NH_3^+$ | $2.31 \times 10^{-11}$ | | |
| Ethylene diammonium ion | $^+H_3NCH_2CH_2NH_3^+$ | $1.42 \times 10^{-7}$ | $1.18 \times 10^{-10}$ | |
| Formic acid | $HCOOH$ | $1.80 \times 10^{-4}$ | | |
| Fumaric acid | *trans*-$HOOCCH{:}CHCOOH$ | $8.85 \times 10^{-4}$ | $3.21 \times 10^{-5}$ | |
| Glycolic acid | $HOCH_2COOH$ | $1.47 \times 10^{-4}$ | | |
| Hydrazinium ion | $H_2NNH_3^+$ | $1.05 \times 10^{-8}$ | | |
| Hydrazoic acid | $HN_3$ | $2.2 \times 10^{-5}$ | | |
| Hydrogen cyanide | $HCN$ | $6.2 \times 10^{-10}$ | | |
| Hydrogen fluoride | $HF$ | $6.8 \times 10^{-4}$ | | |
| Hydrogen peroxide | $H_2O_2$ | $2.2 \times 10^{-12}$ | | |
| Hydrogen sulfide | $H_2S$ | $9.6 \times 10^{-8}$ | $1.3 \times 10^{-14}$ | |
| Hydroxyl ammonium ion | $HONH_3^+$ | $1.10 \times 10^{-6}$ | | |
| Hypochlorous acid | $HOCl$ | $3.0 \times 10^{-8}$ | | |
| Iodic acid | $HIO_3$ | $1.7 \times 10^{-1}$ | | |
| Lactic acid | $CH_3CHOHCOOH$ | $1.38 \times 10^{-4}$ | | |
| Maleic acid | *cis*-$HOOCCH{:}CHCOOH$ | $1.3 \times 10^{-2}$ | $5.9 \times 10^{-7}$ | |
| Malic acid | $HOOCCHOHCH_2COOH$ | $3.48 \times 10^{-4}$ | $8.00 \times 10^{-6}$ | |
| Malonic acid | $HOOCCH_2COOH$ | $1.42 \times 10^{-3}$ | $2.01 \times 10^{-6}$ | |
| Mandelic acid | $C_6H_5CHOHCOOH$ | $4.0 \times 10^{-4}$ | | |
| Methyl ammonium ion | $CH_3NH_3^+$ | $2.3 \times 10^{-11}$ | | |
| Nitrous acid | $HNO_2$ | $7.1 \times 10^{-4}$ | | |
| Oxalic acid | $HOOCCOOH$ | $5.60 \times 10^{-2}$ | $5.42 \times 10^{-5}$ | |
| Periodic acid | $H_5IO_6$ | $2 \times 10^{-2}$ | $5 \times 10^{-9}$ | |
| Phenol | $C_6H_5OH$ | $1.00 \times 10^{-10}$ | | |
| Phosphoric acid | $H_3PO_4$ | $7.11 \times 10^{-3}$ | $6.32 \times 10^{-8}$ | $4.5 \times 10^{-13}$ |
| Phosphorous acid | $H_3PO_3$ | $3 \times 10^{-2}$ | $1.62 \times 10^{-7}$ | |
| *o*-Phthalic acid | $C_6H_4(COOH)_2$ | $1.12 \times 10^{-3}$ | $3.91 \times 10^{-6}$ | |
| Picric acid | $(NO_2)_3C_6H_2OH$ | $4.3 \times 10^{-1}$ | | |
| Piperidinium ion | $C_5H_{11}NH^+$ | $7.50 \times 10^{-12}$ | | |
| Propanoic acid | $CH_3CH_2COOH$ | $1.34 \times 10^{-5}$ | | |

*(계속)*

| 산 | 화학식 | $K_1$ | $K_2$ | $K_3$ |
|---|---|---|---|---|
| Pyridinium ion | $C_5H_5NH^+$ | $5.90 \times 10^{-6}$ | | |
| Pyruvic acid | $CH_3COCOOH$ | $3.2 \times 10^{-3}$ | | |
| Salicylic acid | $C_6H_4(OH)COOH$ | $1.06 \times 10^{-3}$ | | |
| Succinic acid | $HOOCCH_2CH_2COOH$ | $6.21 \times 10^{-5}$ | $2.31 \times 10^{-6}$ | |
| Sulfamic acid | $H_2NSO_3H$ | $1.03 \times 10^{-1}$ | | |
| Sulfuric acid | $H_2SO_4$ | Strong | $1.02 \times 10^{-2}$ | |
| Sulfurous acid | $H_2SO_3$ | $1.23 \times 10^{-2}$ | $6.6 \times 10^{-8}$ | |
| Tartaric acid | $HOOC(CHOH)_2COOH$ | $9.20 \times 10^{-4}$ | $4.31 \times 10^{-5}$ | |
| Thiocyanic acid | HSCN | 0.13 | | |
| Thiosulfuric acid | $H_2S_2O_3$ | 0.3 | $2.5 \times 10^{-2}$ | |
| Trichloroacetic acid | $Cl_3CCOOH$ | 3 | | |
| Trimethyl ammonium ion | $(CH_3)_3NH^+$ | $1.58 \times 10^{-10}$ | | |

**대부분의 데이터는 이온 세기가 0임(A. E. Martell and R. M. Smith, *Critical Stability Constants*, Vol. 1~6, New York Plenum Press, 1974~1989).**

# 부록 4
*Appendix 4*

## 25℃에서 형성 상수

| 리간드 | 양이온 | log $K_1$ | log $K_2$ | log $K_3$ | log $K_4$ | 이온 세기 |
|---|---|---|---|---|---|---|
| Acetate ($CH_3COO^-$) | $Ag^+$ | 0.73 | −0.9 | | | 0.0 |
| | $Ca^{2+}$ | 1.18 | | | | 0.0 |
| | $Cd^{2+}$ | 1.93 | 1.22 | | | 0.0 |
| | $Cu^{2+}$ | 2.21 | 1.42 | | | 0.0 |
| | $Fe^{3+}$ | 3.38* | 3.1* | 1.8* | | 0.1 |
| | $Hg^{2+}$ | $\log K_1K_2 = 8.45$ | | | | 0.0 |
| | $Mg^{2+}$ | 1.27 | | | | 0.0 |
| | $Pb^{2+}$ | 2.68 | 1.40 | | | 0.0 |
| Ammonia ($NH_3$) | $Ag^+$ | 3.31 | 3.91 | | | 0.0 |
| | $Cd^{2+}$ | 2.55 | 2.01 | 1.34 | 0.84 | 0.0 |
| | $Co^{2+}$ | 1.99* | 1.51 | 0.93 | 0.64 | 0.0 |
| | | $\log K_5 = 0.06$ | $\log K_6 = -0.74$ | | | 0.0 |
| | $Cu^{2+}$ | 4.04 | 3.43 | 2.80 | 1.48 | 0.0 |
| | $Hg^{2+}$ | 8.8 | 8.6 | 1.0 | 0.7 | 0.5 |
| | $Ni^{2+}$ | 2.72 | 2.17 | 1.66 | 1.12 | 0.0 |
| | | $\log K_5 = 0.67$ | $\log K_6 = -0.03$ | | | 0.0 |
| | $Zn^{2+}$ | 2.21 | 2.29 | 2.36 | 2.03 | 0.0 |
| Bromide ($Br^-$) | $Ag^+$ | $Ag^+ + 2Br^- \rightleftharpoons AgBr_2^-$ | | $\log K_1K_2 = 7.5$ | | 0.0 |
| | $Hg^{2+}$ | 9.00 | 8.1 | 2.3 | 1.6 | 0.5 |
| | $Pb^{2+}$ | 1.77 | | | | 0.0 |
| Chloride ($Cl^-$) | $Ag^+$ | $Ag^+ + 2Cl^- \rightleftharpoons AgCl_2^-$ | | $\log K_1K_2 = 5.25$ | | 0.0 |
| | | $AgCl_2^- + Cl^- \rightleftharpoons AgCl_3^{2-}$ | | $\log K_3 = 0.37$ | | 0.0 |
| | $Cu^+$ | $Cu^+ + 2Cl^- \rightleftharpoons CuCl_2^-$ | | log = 5.5* | | 0.0 |
| | $Fe^{3+}$ | 1.48 | 0.65 | | | 0.0 |
| | $Hg^{2+}$ | 7.30 | 6.70 | 1.0 | 0.6 | 0.0 |
| | $Pb^{2+}$ | $Pb^{2+} + 3Cl^- \rightleftharpoons PbCl_3^-$ | | $\log K_1K_2K_3 = 1.8$ | | 0.0 |
| | $Sn^{2+}$ | 1.51 | 0.74 | −0.3 | −0.5 | 0.0 |
| Cyanide ($CN^-$) | $Ag^+$ | $Ag^+ + 2CN^- \rightleftharpoons Ag(CN)_2^-$ | | $\log K_1K_2 = 20.48$ | | 0.0 |
| | $Cd^{2+}$ | 6.01 | 5.11 | 4.53 | 2.27 | 0.0 |
| | $Hg^{2+}$ | 17.00 | 15.75 | 3.56 | 2.66 | 0.0 |
| | $Ni^{2+}$ | $Ni^{2+} + 4CN^- \rightleftharpoons Ni(CN)_4^-$ | | $\log K_1K_2K_3K_4 = 30.22$ | | 0.0 |
| | $Zn^{2+}$ | $\log K_1K_2 = 11.07$ | | 4.98 | 3.57 | 0.0 |
| EDTA | See Table 17-4, page 418. | | | | | |
| Fluoride ($F^-$) | $Al^{3+}$ | 7.0 | 5.6 | 4.1 | 2.4 | 0.0 |
| | $Fe^{3+}$ | 5.18 | 3.89 | 3.03 | | 0.0 |
| Hydroxide ($OH^-$) | $Al^{3+}$ | $Al^{3+} + 4OH^- \rightleftharpoons Al(OH)_4^-$ | | $\log K_1K_2K_3K_4 = 33.4$ | | 0.0 |
| | $Cd^{2+}$ | 3.9 | 3.8 | | | 0.0 |
| | $Cu^{2+}$ | 6.5 | | | | 0.0 |
| | $Fe^{2+}$ | 4.6 | | | | 0.0 |
| | $Fe^{3+}$ | 11.81 | 11.5 | | | 0.0 |
| | $Hg^{2+}$ | 10.60 | 11.2 | | | 0.0 |
| | $Ni^{2+}$ | 4.1 | 4.9 | 3 | | 0.0 |
| | $Pb^{2+}$ | 6.4 | $Pb^{2+} + 3OH^- \rightleftharpoons Pb(OH)_3^-$ | | $\log K_1K_2K_3 = 13.9$ | 0.0 |
| | $Zn^{2+}$ | 5.0 | $Zn^{2+} + 4OH^- \rightleftharpoons Zn(OH)_4^{2-}$ | | $\log K_1K_2K_3K_4 = 15.5$ | 0.0 |

*(계속)*

| 리간드 | 양이온 | log $K_1$ | log $K_2$ | log $K_3$ | log $K_4$ | 이온 세기 |
|---|---|---|---|---|---|---|
| Iodide ($I^-$) | $Cd^{2+}$ | 2.28 | 1.64 | 1.0 | 1.0 | 0.0 |
| | $Cu^+$ | $Cu^+ + 2I^- \rightleftharpoons CuI_2^-$ | log $K_1K_2 = 8.9$ | | | 0.0 |
| | $Hg^{2+}$ | 12.87 | 10.95 | 3.8 | 2.2 | 0.5 |
| | $Pb^{2+}$ | $Pb^{2+} + 3I^- \rightleftharpoons PbI_3^-$ | log $K_1K_2K_3 = 3.9$ | | | 0.0 |
| | | $Pb^{2+} + 4I^- \rightleftharpoons PbI_4^{2-}$ | log $K_1K_2K_3K_4 = 4.5$ | | | 0.0 |
| Oxalate ($C_2O_4^{2-}$) | $Al^{3+}$ | 5.97 | 4.96 | 5.04 | | 0.1 |
| | $Ca^{2+}$ | 3.19 | | | | 0.0 |
| | $Cd^{2+}$ | 2.73 | 1.4 | 1.0 | | 1.0 |
| | $Fe^{3+}$ | 7.58 | 6.23 | 4.8 | | 1.0 |
| | $Mg^{2+}$ | 3.42(18°C) | | | | |
| | $Pb^{2+}$ | 4.20 | 2.11 | | | 1.0 |
| Sulfate ($SO_4^{2-}$) | $Al^{3+}$ | 3.89 | | | | 0.0 |
| | $Ca^{2+}$ | 2.13 | | | | 0.0 |
| | $Cu^{2+}$ | 2.34 | | | | 0.0 |
| | $Fe^{3+}$ | 4.04 | 1.34 | | | 0.0 |
| | $Mg^{2+}$ | 2.23 | | | | 0.0 |
| Thiocyanate ($SCN^-$) | $Cd^{2+}$ | 1.89 | 0.89 | 0.1 | | 0.0 |
| | $Cu^+$ | $Cu^+ + 3SCN^- \rightleftharpoons Cu(SCN)_3^{2-}$ | | log $K_1K_2K_3 = 11.60$ | | 0.0 |
| | $Fe^{3+}$ | 3.02 | 0.62* | | | 0.0 |
| | $Hg^{2+}$ | log $K_1K_2 = 17.26$ | | 2.7 | 1.8 | 0.0 |
| | $Ni^{2+}$ | 1.76 | | | | 0.0 |
| Thiosulfate ($S_2O_3^{2-}$) | $Ag^+$ | 8.82* | 4.7 | 0.7 | | 0.0 |
| | $Cu^{2+}$ | log $K_1K_2 = 6.3$ | | | | 0.0 |
| | $Hg^{2+}$ | log $K_1K_2 = 29.23$ | | 1.4 | | 0.0 |

**데이터는 A. E. Martell and R. M. Smith, Critical Stability Constants, Vol. 3~6, New York: Plenum Press, 1974~1989로부터 발췌함.**
***20°C.**

# 부록 5
*Appendix 5*

## 표준 및 형식 전극 전위

| 반쪽 반응 | $E^0$, V* | 형식 전위, V† |
|---|---|---|
| **Aluminum** | | |
| $Al^{3+} + 3e^- \rightleftharpoons Al(s)$ | −1.662 | |
| **Antimony** | | |
| $Sb_2O_5(s) + 6H^+ + 4e^- \rightleftharpoons 2SbO^+ + 3H_2O$ | +0.581 | |
| **Arsenic** | | |
| $H_3AsO_4 + 2H^+ + 2e^- \rightleftharpoons H_3AsO_3 + H_2O$ | +0.559 | 0.577 in 1 M HCl, $HClO_4$ |
| **Barium** | | |
| $Ba^{2+} + 2e^- \rightleftharpoons Ba(s)$ | −2.906 | |
| **Bismuth** | | |
| $BiO^+ + 2H^+ + 3e^- \rightleftharpoons Bi(s) + H_2O$ | +0.320 | |
| $BiCl_4^- + 3e^- \rightleftharpoons Bi(s) + 4Cl^-$ | +0.16 | |
| **Bromine** | | |
| $Br_2(l) + 2e^- \rightleftharpoons 2Br^-$ | +1.065 | 1.05 in 4 M HCl |
| $Br_2(aq) + 2e^- \rightleftharpoons 2Br^-$ | +1.087‡ | |
| $BrO_3^- + 6H^+ + 5e^- \rightleftharpoons \frac{1}{2}Br_2(l) + 3H_2O$ | +1.52 | |
| $BrO_3^- + 6H^+ + 6e^- \rightleftharpoons Br^- + 3H_2O$ | +1.44 | |
| **Cadmium** | | |
| $Cd^{2+} + 2e^- \rightleftharpoons Cd(s)$ | −0.403 | |
| **Calcium** | | |
| $Ca^{2+} + 2e^- \rightleftharpoons Ca(s)$ | −2.866 | |
| **Carbon** | | |
| $C_6H_4O_2$ (quinone) $+ 2H^+ + 2e^- \rightleftharpoons C_6H_4(OH)_2$ | +0.699 | 0.696 in 1 M HCl, $HClO_4$, $H_2SO_4$ |
| $2CO_2(g) + 2H^+ + 2e^- \rightleftharpoons H_2C_2O_4$ | −0.49 | |
| **Cerium** | | |
| $Ce^{4+} + e^- \rightleftharpoons Ce^{3+}$ | | +1.70 in 1 M $HClO_4$; +1.61 in 1 M $HNO_3$; 1.44 in 1 M $H_2SO_4$ |
| **Chlorine** | | |
| $Cl_2(g) + 2e^- \rightleftharpoons 2Cl^-$ | +1.359 | |
| $HClO + H^+ + e^- \rightleftharpoons \frac{1}{2}Cl_2(g) + H_2O$ | +1.63 | |
| $ClO_3^- + 6H^+ + 5e^- \rightleftharpoons \frac{1}{2}Cl_2(g) + 3H_2O$ | +1.47 | |
| **Chromium** | | |
| $Cr^{3+} + e^- \rightleftharpoons Cr^{2+}$ | −0.408 | |
| $Cr^{3+} + 3e^- \rightleftharpoons Cr(s)$ | −0.744 | |
| $Cr_2O_7^{2-} + 14H^+ + 6e^- \rightleftharpoons 2Cr^{3+} + 7H_2O$ | +1.33 | |
| **Cobalt** | | |
| $Co^{2+} + 2e^- \rightleftharpoons Co(s)$ | −0.277 | |
| $Co^{3+} + e^- \rightleftharpoons Co^{2+}$ | +1.808 | |
| **Copper** | | |
| $Cu^{2+} + 2e^- \rightleftharpoons Cu(s)$ | +0.337 | |
| $Cu^{2+} + e^- \rightleftharpoons Cu^+$ | +0.153 | |
| $Cu^+ + e^- \rightleftharpoons Cu(s)$ | +0.521 | |
| $Cu^{2+} + I^- + e^- \rightleftharpoons CuI(s)$ | +0.86 | |
| $CuI(s) + e^- \rightleftharpoons Cu(s) + I^-$ | −0.185 | |

*(계속)*

| 반쪽 반응 | $E^0$, V* | 형식 전위, V† |
|---|---|---|
| **Fluorine** | | |
| $F_2(g) + 2H^+ + 2e^- \rightleftharpoons 2HF(aq)$ | +3.06 | |
| **Hydrogen** | | |
| $2H^+ + 2e^- \rightleftharpoons H_2(g)$ | 0.000 | −0.005 in 1 M HCl, $HClO_4$ |
| **Iodine** | | |
| $I_2(s) + 2e^- \rightleftharpoons 2I^-$ | +0.5355 | |
| $I_2(aq) + 2e^- \rightleftharpoons 2I^-$ | +0.615‡ | |
| $I_3^- + 2e^- \rightleftharpoons 3I^-$ | +0.536 | |
| $ICl_2^- + e^- \rightleftharpoons \frac{1}{2}I_2(s) + 2Cl^-$ | +1.056 | |
| $IO_3^- + 6H^+ + 5e^- \rightleftharpoons \frac{1}{2}I_2(s) + 3H_2O$ | +1.196 | |
| $IO_3^- + 6H^+ + 5e^- \rightleftharpoons \frac{1}{2}I_2(aq) + 3H_2O$ | +1.178‡ | |
| $IO_3^- + 2Cl^- + 6H^+ + 4e^- \rightleftharpoons ICl_2^- + 3H_2O$ | +1.24 | |
| $H_5IO_6 + H^+ + 2e^- \rightleftharpoons IO_3^- + 3H_2O$ | +1.601 | |
| **Iron** | | |
| $Fe^{2+} + 2e^- \rightleftharpoons Fe(s)$ | −0.440 | |
| $Fe^{3+} + e^- \rightleftharpoons Fe^{2+}$ | +0.771 | 0.700 in 1 M HCl; 0.732 in 1 M $HClO_4$; 0.68 in 1 M $H_2SO_4$ |
| $Fe(CN)_6^{3-} + e^- \rightleftharpoons Fe(CN)_6^{4-}$ | +0.36 | 0.71 in 1 M HCl; 0.72 in 1 M $HClO_4$, $H_2SO_4$ |
| **Lead** | | |
| $Pb^{2+} + 2e^- \rightleftharpoons Pb(s)$ | −0.126 | −0.14 in 1 M $HClO_4$; −0.29 in 1 M $H_2SO_4$ |
| $PbO_2(s) + 4H^+ + 2e^- \rightleftharpoons Pb^{2+} + 2H_2O$ | +1.455 | |
| $PbSO_4(s) + 2e^- \rightleftharpoons Pb(s) + SO_4^{2-}$ | −0.350 | |
| **Lithium** | | |
| $Li^+ + e^- \rightleftharpoons Li(s)$ | −3.045 | |
| **Magnesium** | | |
| $Mg^{2+} + 2e^- \rightleftharpoons Mg(s)$ | −2.363 | |
| **Manganese** | | |
| $Mn^{2+} + 2e^- \rightleftharpoons Mn(s)$ | −1.180 | |
| $Mn^{3+} + e^- \rightleftharpoons Mn^{2+}$ | | 1.51 in 7.5 M $H_2SO_4$ |
| $MnO_2(s) + 4H^+ + 2e^- \rightleftharpoons Mn^{2+} + 2H_2O$ | +1.23 | |
| $MnO_4^- + 8H^+ + 5e^- \rightleftharpoons Mn^{2+} + 4H_2O$ | +1.51 | |
| $MnO_4^- + 4H^+ + 3e^- \rightleftharpoons MnO_2(s) + 2H_2O$ | +1.695 | |
| $MnO_4^- + e^- \rightleftharpoons MnO_4^{2-}$ | +0.564 | |
| **Mercury** | | |
| $Hg_2^{2+} + 2e^- \rightleftharpoons 2Hg(l)$ | +0.788 | 0.274 in 1 M HCl; 0.776 in 1 M $HClO_4$; 0.674 in 1 M $H_2SO_4$ |
| $2Hg^{2+} + 2e^- \rightleftharpoons Hg_2^{2+}$ | +0.920 | 0.907 in 1 M $HClO_4$ |
| $Hg^{2+} + 2e^- \rightleftharpoons Hg(l)$ | +0.854 | |
| $Hg_2Cl_2(s) + 2e^- \rightleftharpoons 2Hg(l) + 2Cl^-$ | +0.268 | 0.244 in sat'd KCl; 0.282 in 1 M KCl; 0.334 in 0.1 M KCl |
| $Hg_2SO_4(s) + 2e^- \rightleftharpoons 2Hg(l) + SO_4^{2-}$ | +0.615 | |
| **Nickel** | | |
| $Ni^{2+} + 2e^- \rightleftharpoons Ni(s)$ | −0.250 | |
| **Nitrogen** | | |
| $N_2(g) + 5H^+ + 4e^- \rightleftharpoons N_2H_5^+$ | −0.23 | |
| $HNO_2 + H^+ + e^- \rightleftharpoons NO(g) + H_2O$ | +1.00 | |
| $NO_3^- + 3H^+ + 2e^- \rightleftharpoons HNO_2 + H_2O$ | +0.94 | 0.92 in 1 M $HNO_3$ |
| **Oxygen** | | |
| $H_2O_2 + 2H^+ + 2e^- \rightleftharpoons 2H_2O$ | +1.776 | |
| $HO_2^- + H_2O + 2e^- \rightleftharpoons 3OH^-$ | +0.88 | |
| $O_2(g) + 4H^+ + 4e^- \rightleftharpoons 2H_2O$ | +1.229 | |
| $O_2(g) + 2H^+ + 2e^- \rightleftharpoons H_2O_2$ | +0.682 | |
| $O_3(g) + 2H^+ + 2e^- \rightleftharpoons O_2(g) + H_2O$ | +2.07 | |
| **Palladium** | | |
| $Pd^{2+} + 2e^- \rightleftharpoons Pd(s)$ | +0.987 | |

*(계속)*

| 반쪽 반응 | $E°$, V* | 형식 전위, V† |
|---|---|---|
| **Platinum** | | |
| $PtCl_4^{2-} + 2e^- \rightleftharpoons Pt(s) + 4Cl^-$ | +0.755 | |
| $PtCl_6^{2-} + 2e^- \rightleftharpoons PtCl_4^{2-} + 2Cl^-$ | +0.68 | |
| **Potassium** | | |
| $K^+ + e^- \rightleftharpoons K(s)$ | −2.925 | |
| **Selenium** | | |
| $H_2SeO_3 + 4H^+ + 4e^- \rightleftharpoons Se(s) + 3H_2O$ | +0.740 | |
| $SeO_4^{2-} + 4H^+ + 2e^- \rightleftharpoons H_2SeO_3 + H_2O$ | +1.15 | |
| **Silver** | | |
| $Ag^+ + e^- \rightleftharpoons Ag(s)$ | +0.799 | 0.228 in 1 M HCl; 0.792 in 1 M $HClO_4$; 0.77 in 1 M $H_2SO_4$ |
| $AgBr(s) + e^- \rightleftharpoons Ag(s) + Br^-$ | +0.073 | |
| $AgCl(s) + e^- \rightleftharpoons Ag(s) + Cl^-$ | +0.222 | 0.228 in 1 M KCl |
| $Ag(CN)_2^- + e^- \rightleftharpoons Ag(s) + 2CN^-$ | −0.31 | |
| $Ag_2CrO_4(s) + 2e^- \rightleftharpoons 2Ag(s) + CrO_4^{2-}$ | +0.446 | |
| $AgI(s) + e^- \rightleftharpoons Ag(s) + I^-$ | −0.151 | |
| $Ag(S_2O_3)_2^{3-} + e^- \rightleftharpoons Ag(s) + 2S_2O_3^{2-}$ | +0.017 | |
| **Sodium** | | |
| $Na^+ + e^- \rightleftharpoons Na(s)$ | −2.714 | |
| **Sulfur** | | |
| $S(s) + 2H^+ + 2e^- \rightleftharpoons H_2S(g)$ | +0.141 | |
| $H_2SO_3 + 4H^+ + 4e^- \rightleftharpoons S(s) + 3H_2O$ | +0.450 | |
| $SO_4^{2-} + 4H^+ + 2e^- \rightleftharpoons H_2SO_3 + H_2O$ | +0.172 | |
| $S_4O_6^{2-} + 2e^- \rightleftharpoons 2S_2O_3^{2-}$ | +0.08 | |
| $S_2O_8^{2-} + 2e^- \rightleftharpoons 2SO_4^{2-}$ | +2.01 | |
| **Thallium** | | |
| $Tl^+ + e^- \rightleftharpoons Tl(s)$ | −0.336 | −0.551 in 1 M HCl; −0.33 in 1 M $HClO_4$, $H_2SO_4$ |
| $Tl^{3+} + 2e^- \rightleftharpoons Tl^+$ | +1.25 | 0.77 in 1 M HCl |
| **Tin** | | |
| $Sn^{2+} + 2e^- \rightleftharpoons Sn(s)$ | −0.136 | −0.16 in 1 M $HClO_4$ |
| $Sn^{4+} + 2e^- \rightleftharpoons Sn^{2+}$ | +0.154 | 0.14 in 1 M HCl |
| **Titanium** | | |
| $Ti^{3+} + e^- \rightleftharpoons Ti^{2+}$ | −0.369 | |
| $TiO^{2+} + 2H^+ + e^- \rightleftharpoons Ti^{3+} + H_2O$ | +0.099 | 0.04 in 1 M $H_2SO_4$ |
| **Uranium** | | |
| $UO_2^{2+} + 4H^+ + 2e^- \rightleftharpoons U^{4+} + 2H_2O$ | +0.334 | |
| **Vanadium** | | |
| $V^{3+} + e^- \rightleftharpoons V^{2+}$ | −0.255 | |
| $VO^{2+} + 2H^+ + e^- \rightleftharpoons V^{3+} + H_2O$ | +0.337 | |
| $V(OH)_4^+ + 2H^+ + e^- \rightleftharpoons VO^{2+} + 3H_2O$ | +1.00 | 1.02 in 1 M HCl, $HClO_4$ |
| **Zinc** | | |
| $Zn^{2+} + 2e^- \rightleftharpoons Zn(s)$ | −0.763 | |

*G. Milazzo, S. Caroli, and V. K. Sharma, *Tables of Standard Electrode Potentials*, London: Wiley, 1978.

†E. H. Swift and E. A. Butler, *Quantitative Measurements and Chemical Equilibria*, New York: Freeman, 1972.

‡이 전위들은 이들이 $Br_2$ 또는 $I_2$가 1.00 M인 용액인 경우에 해당하는 것이기 때문에 가상적인 것이다. 25°C에서 이 두 화합물의 용해도가 각각 0.18 M과 0.00200 M이다. 과량의 $Br_2(l)$ 또는 $I_2(s)$를 포함하는 포화 수용인 경우에는 $Br_2(l) + 2e^- \rightleftharpoons 2Br^-$ 또는 $I_2(s) + 2e^- \rightleftharpoons 2I^-$ 반쪽 반응의 표준 전위를 사용해야 한다. 그러나 포화 때보다 더 작은 $Br_2$와 $I_2$ 농도에서는 이 가상적인 전극 전위를 사용해야 한다.

# 부록 6
*Appendix 6*

## 지수와 대수 표시법의 이용

과학자들은 종종 숫자 데이터를 나타내는 데 지수 표시법을 이용하는 것이 필요하다는 (또는 편리하다는) 것을 알고 있다. 이 표시법에 대해 간단히 알아보려고 한다.

### ▸ A6A 지수 표시법

지수를 이용하면 반복되는 곱셈 또는 나눗셈의 과정을 나타낼 수 있다. 예를 들면, $3^5$는 다음을 의미한다.

$$3 \times 3 \times 3 \times 3 \times 3 = 3^5 = 243$$

5는 숫자(또는 밑수) 3의 지수이다. 따라서 3의 5제곱은 243이다.

음의 지수는 반복된 나눗셈을 나타낸다. 예를 들어, $3^{-5}$는 다음을 의미한다.

$$\frac{1}{3} \times \frac{1}{3} \times \frac{1}{3} \times \frac{1}{3} \times \frac{1}{3} = \frac{1}{3^5} = 3^{-5} = 0.00412$$

지수의 부호가 바뀌면 그 수의 *역수*(reciprocal)가 됨을 유의하시오. 즉,

$$3^{-5} = \frac{1}{3^5} = \frac{1}{243} = 0.00412$$

그 수에 1 제곱을 하면 그 자체의 수이고, 어느 수에 0 제곱을 하면 1이 된다. 예를 들면,

$$4^1 = 4$$
$$4^0 = 1$$
$$67^0 = 1$$

#### *A6A-1 분수 지수*

분수 지수는 어떤 수의 몇 제곱근을 알아내는 과정을 나타내는 것이다. 243의 5 제곱근은 3이다. 이 과정을 지수적으로 나타내면 다음과 같다.

$$(243)^{1/5} = 3$$

다른 예로는

$$25^{1/2} = 5$$

$$25^{-1/2} = \frac{1}{25^{1/2}} = \frac{1}{5}$$

### *A6A-2 곱셈과 나눗셈에서 지수를 갖는 수의 계산*

똑같은 밑수를 가지고 있는 수를 곱하고 나눌 때는 지수를 더해주고 빼주면 된다. 예를 들면,

$$3^3 \times 3^2 = (3 \times 3 \times 3)(3 \times 3) = 3^{(3+2)} = 3^5 = 243$$

$$3^4 \times 3^{-2} \times 3^0 = (3 \times 3 \times 3 \times 3)\left(\frac{1}{3} \times \frac{1}{3}\right) \times 1 = 3^{(4-2+0)} = 3^2 = 9$$

$$\frac{5^4}{5^2} = \frac{5 \times 5 \times 5 \times 5}{5 \times 5} = 5^{(4-2)} = 5^2 = 25$$

$$\frac{2^3}{2^{-1}} = \frac{(2 \times 2 \times 2)}{1/2} = 2^4 = 16$$

마지막 식에서 지수는 다음과 같은 관계식으로 나타낼 수 있다.

$$3 - (-1) = 3 + 1 = 4$$

### *A6A-3 지수를 갖는 수의 제곱근 구하기*

지수를 갖는 수의 제곱근을 얻으려면, 지수를 원하는 제곱근으로 나누어 주면 된다. 즉,

$$(5^4)^{1/2} = (5 \times 5 \times 5 \times 5)^{1/2} = 5^{(4/2)} = 5^2 = 25$$

$$(10^{-8})^{1/4} = 10^{(-8/4)} = 10^{-2}$$

$$(10^9)^{1/2} = 10^{(9/2)} = 10^{4.5}$$

## ▸ A6B 과학적 표시법에서 지수의 이용

과학자와 공학자는 종종 보통의 십진법 표시법으로 나타내기 어렵거나 불가능한 매우 큰 수 또는 매우 작은 수를 이용하고자 할 때도 있다. 예를 들면, Avogadro의 수를 십진법으로 나타내려면 602 뒤에 0이 21개가 있어야 한다. 과학적 표시법에서는 이 수를 두 수의 곱으로 나타낼 수 있는데, 한 수는 십진법의 수이고 다른 하나는 10의 제곱 승으로 나타낸 것이다. 따라서 Avogadro의 수는 $6.02 \times 10^{23}$이라고 쓸 수 있다. 다른 예로는

$$4.32 \times 10^3 = 4.32 \times 10 \times 10 \times 10 = 4320$$

$$4.32 \times 10^{-3} = 4.32 \times \frac{1}{10} \times \frac{1}{10} \times \frac{1}{10} = 0.00432$$

$$0.002002 = 2.002 \times \frac{1}{10} \times \frac{1}{10} \times \frac{1}{10} = 2.002 \times 10^{-3}$$

$$375 = 3.75 \times 10 \times 10 = 3.75 \times 10^2$$

어떤 수의 과학적 표시법은 여러 가지 같은 형태로 나타낼 수도 있음을 알아두어야 한다. 즉,

$$4.32 \times 10^3 = 43.2 \times 10^2 = 432 \times 10^1 = 0.432 \times 10^4 = 0.0432 \times 10^5$$

지수에 있는 수는 어떤 수를 과학적 표시법에서 십진법 표시법으로 전환시키기 위해서 이동시켜야만 하는 십진법의 자리수와 같다. 지수가 만일 양의 값이면 오른쪽으로,

만일 음의 값이면 왼쪽으로 이동한다. 십진법의 수를 과학적 표시법으로 나타내려고 할 때는 이 과정을 역으로 하면 된다.

## ▸ A6C 과학적 표시법으로 하는 산술 계산

과학적 표시법을 이용하면 산술 계산에서 십진법 표시로 인한 오차를 방지하는 데 도움이 된다. 몇 가지 예를 들면 다음과 같다.

### *A6C-1 곱셈*

여기서 숫자의 십진법 부분은 곱해 주고, 지수는 더해 준다. 따라서

$$\begin{aligned} 420{,}000 \times 0.0300 &= (4.20 \times 10^{5})(3.00 \times 10^{-2}) \\ &= 12.60 \times 10^{3} = 1.26 \times 10^{4} \end{aligned}$$

$$\begin{aligned} 0.0060 \times 0.000020 &= 6.0 \times 10^{-3} \times 2.0 \times 10^{-5} \\ &= 12 \times 10^{-8} = 1.2 \times 10^{-7} \end{aligned}$$

### *A6C-2 나눗셈*

여기서 숫자의 십진법 부분은 나누어 주고, 분자의 지수에서 분모의 지수를 빼 준다. 예를 들면,

$$\frac{0.015}{5000} = \frac{15 \times 10^{-3}}{5.0 \times 10^{3}} = 3.0 \times 10^{-6}$$

### *A6C-3 덧셈과 뺄셈*

과학적 표시법에서 덧셈 또는 뺄셈은 모든 수를 10의 같은 제곱승으로 나타낼 필요가 있다. 그 다음 십진법 부분은 빼 주거나 더해 주면 된다. 따라서,

$$\begin{aligned} &2.00 \times 10^{-11} + 4.00 \times 10^{-12} - 3.00 \times 10^{-10} \\ &\qquad = 2.00 \times 10^{-11} + 0.400 \times 10^{-11} - 30.0 \times 10^{-11} \\ &\qquad = -27.6 \times 10^{-11} = -2.76 \times 10^{-10} \end{aligned}$$

### *A6C-4 지수 표시법으로 쓰여진 수를 제곱승하기*

여기에서는 수의 각 부분에 따로따로 제곱승을 한다. 예를 들면,

$$\begin{aligned} (2 \times 10^{-3})^{4} &= (2.0)^{4} \times (10^{-3})^{4} = 16 \times 10^{-(3\times4)} \\ &= 16 \times 10^{-12} = 1.6 \times 10^{-11} \end{aligned}$$

### *A6C-5 지수 표시법으로 쓰여진 수의 제곱근 구하기*

여기에서 수는 10의 지수가 제곱근으로 나누어지는 방식으로 쓰였다. 따라서,

$$\begin{aligned} (4.0 \times 10^{-5})^{1/3} &= \sqrt[3]{40 \times 10^{-6}} = \sqrt[3]{40} \times \sqrt[3]{10^{-6}} \\ &= 3.4 \times 10^{-2} \end{aligned}$$

## ▸ A6D 대수

여기에서는 대수와 역대수를 계산하기 위해서 전자계산기를 가지고 있다고 가정하였다. (대부분의 계산기에서 역대수 함수를 나타내는 키는 $10^x$로 되어 있다.) 그러나 대수

의 특성과 대수가 무엇인지 이해하는 것이 바람직하다. 이에 대한 논의는 아래와 같다.

어떤 수의 대수(또는 log)는 원하는 수를 제공하기 위한 어떤 수(대개 10)의 제곱승이다. 그래서 대수는 10의 지수이다. 이전에 언급된 지수에 관한 논의에서도 알 수 있듯이 대수에 관해서 다음과 같은 결론들을 유도할 수 있다.

**1.** 곱(product)의 대수는 곱 안의 각각의 수들의 대수의 합이다.

$$\log (100 \times 1000) = \log 10^2 + \log 10^3 = 2 + 3 = 5$$

**2.** 몫(quotient)의 대수는 각각의 수들의 대수들의 차이다.

$$\log (100/1000) = \log 10^2 - \log 10^3 = 2 - 3 = -1$$

**3.** 어떤 수의 제곱승의 대수는 그 수의 대수에 제곱승을 곱한다.

$$\log (1000)^2 = 2 \times \log 10^3 = 2 \times 3 = 6$$

$$\log (0.01)^6 = 6 \times \log 10^{-2} = 6 \times (-2) = -12$$

**4.** 어떤 수의 제곱근의 대수는 그 수의 대수를 그 제곱근으로 나눈다.

$$\log (1000)^{1/3} = \frac{1}{3} \times \log 10^3 = \frac{1}{3} \times 3 = 1$$

다음의 예들이 이러한 설명들을 잘 나타낸다.

$$\log 40 \times 10^{20} = \log 4.0 \times 10^{21} = \log 4.0 + \log 10^{21}$$

$$= 0.60 + 21 = 21.60$$

$$\log 2.0 \times 10^{-6} = \log 2.0 + \log 10^{-6} = 0.30 + (-6) = -5.70$$

몇 가지 목적을 위하여 위의 마지막 예제에서 뺄셈 과정을 없애고 그 대수를 음의 정수와 양의 소수로 나타내는 것이 도움이 된다.

$$\log 2.0 \times 10^{-6} = \log 2.0 + \log 10^{-6} = \bar{6}.30$$

그 마지막 두 개의 예제는 어떤 수의 대수는 두 부분, 즉 소수점의 왼쪽에 잇는 한 *지표의 수*(characteristic)와 소수점의 오른쪽에 있는 *가수*(mantissa)의 합임을 설명한다. 그 지표의 수는 10의 제곱승의 대수이며, 그 수를 소수점 표시법으로 나타낼 때 원래의 수 안에 있는 소수점의 위치를 나타낸다. 그 가수는 0.00과 9.99 사이에 있는 어떤 수의 대수이다. 그 가수는 *항상 양*의 수임을 주목하라. 결과적으로 마지막 예제 안의 그 지표는 −6이고, 가수는 +0.30이다.

# 부록 7
*Appendix 7*

## 노말 농도와 당량 무게를 이용한 부피법 계산

용액의 **노말 농도**(normality)는 용액 1 L 중에 포함된 용질의 당량수 또는 1 mL 중의 밀리당량수를 나타낸다. 몰과 밀리몰과 마찬가지로 당량과 밀리당량은 화학종의 양을 나타내는데 사용되는 단위이다. 하지만, 후자는 어떤 적정의 당량점에서 다음과 같은 관계를 갖는다는 것을 설명할 수 있는 방법으로 정의되었다.

존재하는 분석물의 밀리당량수 = 첨가된 표준 시약의 밀리당량수 **(A7-1)**

또는

존재하는 분석물의 당량수 = 첨가된 표준 시약의 당량수 **(A7-2)**

따라서 13C-3절에서 설명한 것과 같은 화학량론적 비는 부피법 계산을 할 때마다 유도할 필요가 없어진다. 대신에 화학량론에서는 당량이나 밀리당량 무게가 어떻게 정의되었는지를 생각해야 한다.

### ▸ A7A 당량과 밀리당량의 정의

몰과는 달리 1 당량에 포함된 물질의 양은 반응에 따라 달라질 수 있다. 그래서 한 화합물의 1 당량의 무게는 화합물이 직접 또는 간접적으로 참여한 *화학 반응을 참고하지 않고서는* 결코 계산할 수 없다. 마찬가지로 용액의 노말 농도도 *용액이 어떻게 사용될 것인가에 대한 지식이 없으면* 결코 계산할 수가 없다.

#### *A7A-1 중화 반응에서의 당량 무게*

중화 반응에 참여한 물질의 1 당량 무게는 *그 반응에서* 수소 이온 1 몰과 반응하거나 내어 놓는 물질(분자, 이온 또는 NaOH와 같은 짝이온)의 양이다.[1] 밀리당량은 1 당량의 1/1000이다.

또 다시 우리 스스로는 질량을 뜻해야 할 때 무게라는 용어를 사용하고 있음을 발견한다. 당량이란 용어가 화학 문헌과 용어집에서 너무 각색되어 있다.

몰질량($M$)과 당량 무게(eqw) 사이의 관계는 강산이나 강염기 그리고 단지 한 개의 반응성 수소 또는 수산화 이온을 가진 산과 염기에 대해서는 간단하다. 예를 들면 potassium hydroxide, hydrochloric acid, acetic acid의 당량 무게는 이들이 단지 한 개의 반응성 수소 이온 또는 수산화 이온만을 가지고 있으므로 몰질량과 동일하다. 두 개의

[1] IUPAC에서는 당량(equivalent entity)을 중화 반응에서 H+ 이온 한 개를 이동하는 것, 산화환원 반응에서는 전자 한 개를 이동하는 것, 전자들에서 1에 해당하는 전하수의 크기로 정의하고 있다. 예: 1/2$H_2SO_4$, 1/5$KMnO_4$, 1/3$Fe^{3+}$. **DOI**: 10.1351/goldbook.E02192.

동일한 수산화 이온을 가진 수산화바륨은 어느 산/염기 반응에서는 두 개의 수소 이온과 반응하므로 당량 무게는 몰질량의 반이 된다.

$$\text{eqw Ba(OH)}_2 = \frac{\mathcal{M}_{\text{Ba(OH)}_2}}{2}$$

해리되는 경향성이 각각 다른, 두 개 도는 그 이상의 수소 또는 수산화 이온을 가진 산이나 염기일 경우에는 상황이 더욱 복잡해진다. 예를 들면, 어떤 지시약을 이용할 경우 인산에 있는 세 개의 수소 중 단지 첫 번째 것만이 적정이 된다.

$$H_3PO_4 + OH^- \rightarrow H_2PO_4^- + H_2O$$

또 다른 지시약을 이용하면 두 번째 수소 이온이 반응한 후에 색깔 변화가 나타난다.

$$H_3PO_4 + 2OH^- \rightarrow HPO_4^{2-} + 2H_2O$$

첫 번째 반응과 관련된 적정에서의 인산의 당량 무게는 몰질량과 같으며, 두 번째에 대해서는 당량 무게가 몰질량의 1/2이 된다. (세 번째 수소는 적정할 수 없으므로 몰질량의 1/3이 되는 당량 무게는 $H_3PO_4$에 일반적으로 거론되지 않는다.) 만약 이러한 반응 중 어느 것이 관련되어 있는지를 알지 못한다면 인산의 당량 무게에 대한 명확한 정의를 할 수 없다.

### *A7A-2 산화/환원에서의 당량 무게*

산화/환원 반응에서의 참여 물질의 당량 무게는 직접 또는 간접적으로 전자 1 몰을 공급 또는 소모하는 무게이다. 당량 무게의 숫자 값은 관심 있는 물질의 몰질량을 그 반응에서의 산화수 변화로 나누어 줌으로써 간단히 얻을 수 있다. 예로서 과망가니즈산 이온에 의해 옥살산 이온이 산화되는 반응에 대해 고려해 보자.

$$5C_2O_4^{2-} + 2MnO_4^- + 16H^+ \rightarrow 10CO_2 + 2Mn^+ + 8H_2O \qquad \textbf{(A7-3)}$$

이 반응에서 망가니즈의 산화수 변화는 원소가 +7에서 +2가 상태가 변화하였으므로 5가 된다. 그래서 $MnO_4^-$와 $Mn^{2+}$ 경우의 당량 무게는 몰질량의 1/5이 된다. 옥살산 이온에 있는 각 탄소 원자는 +3에서 +4로 산화되어 그 화학종에 두 개의 전자들을 내어 놓게 된다. 그러므로 옥살산소듐의 당량 무게는 몰질량의 반이 된다. 반응에서 생성된 이산화 탄소에 당량 무게를 할당하는 것도 가능하다. 이 분자는 단지 한 개의 탄소만을 가지고 있고, 이 탄소는 산화수가 1만 변하기 때문에 몰질량과 당량 무게는 동일하다.

물질의 당량 무게를 계산할 때에는 적정 동안의 *산화수 변화만*을 고려해야 한다는 것을 아는 것이 중요하다. 예를 들면 $Mn_2O_3$를 포함하는 시료에서 망가니즈의 함량이 A7-3에 주어진 반응에 의한 적정으로 결정하는 데에는 아무런 역할도 하지 않는다. 즉, 적정이 시작되기 전에 모든 망가니즈를 적절히 처리하여 +7이 상태로 산화시켜야만 한다. 그리고 $Mn_2O_3$으로부터 나온 망가니즈는 적정 과정에서 +7가에서 +2로 환원된다. 그러므로 당량 무게는 $Mn_2O_3$의 몰질량을 $2 \times 5 = 10$으로 나누어야 한다.

중화 반응에서와 같이 주어진 산화제 또는 환원제에 당량 무게는 변화지 않는 것이 아니다. 과망가니즈 포타슘을 어떤 조건에서 반응하여 $MnO_2$를 생성한다.

$$MnO_4^- + 3e^- + 2H_2O \rightarrow MnO_2(s) + 4OH^-$$

이 반응에서 망가니즈의 산화수 변화는 +7에서 +4로 되며, 과망가니즈 포타슘의 당량 무게는 몰질량을 3 (앞의 예에서 5 대신)으로 나눈 것과 같아진다.

### *A7A-3 침전과 착화학물 형성 반응에서의 당량 무게*

침전 또는 착화합물 형성 반응에 참여한 물질의 당량 무게는 *반응하는* 양이온 1가이면 1 몰과 반응하거나 제공하는 무게가 되고, 2가이면서 1/2 몰, 3가이면 1/3 몰 등이 된다. 이 정의에 언급된 양이온은 항상 *분석 반응에 직접적으로 관련된 양이온*이며, 당량 무게가 정해진 화합물에 포함된 양이온일 필요는 없다는 것을 알아두는 것도 중요하다.

**예제 A7-1**

$AlCl_3$와 BiOCl을 $AgNO_3$에 의한 침전법 적정으로 정량하였다면, 이들의 당량 무게는 얼마인가?

$$Ag^+ + Cl^- \rightarrow AgCl(s)$$

**풀이**

이 경우에 당량 무게는 각 화합물의 적정에 관련된 은 이온의 몰수에 근거한다. 1 몰의 $Ag^+$ 이온은 1/3 몰의 $AlCl_3$에 의해 주어지는 $Cl^-$ 1 몰과 반응하므로 다음과 같이 쓸 수 있다.

$$\text{eqw } AlCl_3 = \frac{\mathcal{M}_{AlCl_3}}{3}$$

BiOCl의 각 몰은 단지 1 몰의 $Ag^+$ 이온과만 반응하므로

$$\text{eqw BiOCl} = \frac{\mathcal{M}_{BiOCl}}{1}$$

정의가 적정에 관련된 양이온 $Ag^+$에 근거를 둔 것이 때문에 3가인 $Bi^{3+}$ (또는 $Al^{3+}$)가 이러한 영향을 주지 않는다는 것을 명심하라.

## ▸ A7B 노말 농도의 정의

용액의 노말 농도 $c_N$은 1 mL 용액 중에 포함된 용질의 밀리당량수 또는 용액 1 L 중에 포함된 용질의 당량수를 나타낸다. 그러므로 0.20 N 염산 용액은 용액 밀리리터당 0.20 meq의 HCl을 포함하거나 리터당 0.20 eq를 포함한다.

용액의 노말 농도는 식 (4-2)와 유사한 식에 의해 정의된다. 그러므로 화학종 A 용액의 경우 노말 농도 $c_{N(A)}$는 다음 식으로 주어진다.

$$c_{N(A)} = \frac{\text{no. meq A}}{\text{no. mL solution}} \quad \textbf{(A7-4)}$$

$$c_{N(A)} = \frac{\text{no. eq A}}{\text{no. L solution}} \quad \textbf{(A7-5)}$$

## ▸ A7C 몇 가지의 유용한 대수 관계

13장의 식 (13-3), 식 (13-4)뿐만 아니라 식 (13-1), 식 (13-2)와 유사한 두 쌍의 대수식을 노말 농도를 사용할 때에도 적용한다.

$$\text{amount A} = \text{no. meq A} = \frac{\text{mass A (g)}}{\text{meqw A (g/meq)}} \tag{A7-6}$$

$$\text{amount A} = \text{no. eq A} = \frac{\text{mass A (g)}}{\text{eqw A (g/eq)}} \tag{A7-7}$$

$$\text{amount A} = \text{no. meq A} = V\text{(mL)} \times c_{N(A)}\text{(meq/mL)} \tag{A7-8}$$

$$\text{amount A} = \text{no. eq A} = V\text{(L)} \times c_{N(A)}\text{(eq/L)} \tag{A7-9}$$

## ▸ A7D 표준 용액의 노말 농도 계산

예제 A7-2는 준비된 데이터로부터 표준 용액의 노말 농도가 어떻게 계산되는지를 보여 준다.

**예제 A7-2**

일차 고체 표준물로부터 5.000 L의 0.1000 N $Na_2CO_3$ (105.99 g/mol)를 만드는 법을 설명하시오. 용액은 다음 반응에 의한 적정을 이용하려 한다고 하자.

$$CO_3^{2+} + 2H^+ \rightarrow H_2O + CO_2$$

**풀이**

식 (A7-9)를 적용하면 다음과 같다.

$$Na_2CO_3\text{의 양} = V\text{용액(L)} \times c_{N(Na_2CO_3)}\text{(eq/L)}$$
$$= 5.000\text{ L} \times 0.1000\text{ eq/L} = 0.5000\text{ eq } Na_2CO_3$$

식 (A7-7)을 재배열하면

$$Na_2CO_3\text{의 질량} = \text{no. eq } Na_2CO_3 \times \text{eqw } Na_2CO_3$$

이 된다. 그러나 화합물의 1 몰당 2 eq의 $Na_2CO_3$가 포함되어 있다. 그러므로

$$Na_2CO_3\text{의 질량} = 0.5000\text{ eq } Na_2CO_3 \times \frac{105.99\text{ g } Na_2CO_3}{2\text{ eq } Na_2CO_3} = 26.50\text{ g}$$

그러므로 26.50 g을 물에 녹여 5.000 L이 되도록 묽히면 된다.

탄산 이온이 두 개의 수소와 반응할 때 0.10 N 용액을 만드는 데 필요한 탄산소듐의 무게는 0.10 M 용액을 만드는 데 필요한 양의 정확히 반이 된다는 것을 명심하시오.

## ▸ A7E 노말 농도로 적정 데이터의 처리

### *A7E-1 적정 데이터로부터 노말 농도의 계산*

예제 A7-3과 A7-4는 표준화 데이터로부터 노말 농도가 어떻게 계산되는지를 설명해 준다. 이 예제들은 13장의 예제 13-4, 13-5와 비슷한다.

### 예제 A7-3

50.00 mL의 HCl 용액에 29.71 mL의 0.03926 N $Ba(OH)_2$가 정확히 들어갔을 때 브로모크레졸 그린 지시약이 종말점을 알려 주었다. HCl의 노말 농도를 계산하시오.

$Ba(OH)_2$의 몰농도는 노말 농도의 반임을 유념하시오. 따라서

$$c_{Ba(OH)_2} = 0.03926\,\frac{\text{meq}}{\text{mL}} \times \frac{1\text{ mmol}}{2\text{ meq}} = 0.01963\text{ M}$$

**풀이**

여기서의 계산은 밀리당량에 근거를 두므로 다음과 같이 쓸 수 있다.

$$\text{no. meq HCl} = \text{no. meq Ba(OH)}_2$$

표준식의 밀리당량수는 식 (A7-8)에 대입함으로써 얻을 수 있다.

$$\text{Ba(OH)}_2\text{의 양} = 29.71\text{ mL Ba(OH)}_2 \times 0.03926\,\frac{\text{meq Ba(OH)}_2}{\text{mL Ba(OH)}_2}$$

HCl의 밀리당량수를 얻기 위하여 다음과 같이 쓴다.

$$\text{HCl의 양} = (29.71 \times 0.03926)\text{ meq Ba(OH)}_2 \times \frac{1\text{ meq HCl}}{1\text{ meq Ba(OH)}_2}$$

이 결과를 식 (A7-8)에 넣으면 다음과 같이 된다.

$$\text{HCl의 양} = 50.00\text{ mL} \times c_{N(HCl)}$$

$$= (29.71 \times 0.03926 \times 1)\text{ meq HCl}$$

$$c_{N(HCl)} = \frac{(29.71 \times 0.03926 \times 1)\text{ meq HCl}}{50.00\text{ mL HCl}} = 0.02333\text{ N}$$

### 예제 A7-4

순수한 $Na_2C_2O_4$ (134.00 g/mol) 시료 0.2121 g을 $KMnO_4$로 적정하였더니 43.31 mL가 들어갔다. $KMnO_4$ 용액의 노말 농도는 얼마인가? 화학 반응은 다음과 같다.

$$2MnO_4^- + 5C_2O_4^{2-} + 16H^+ \rightarrow 2Mn^{2+} + 10CO_2 + 8H_2O$$

**풀이**

정의에 의하면 적정의 당량점에서는

$$\text{no. meq Na}_2\text{C}_2\text{O}_4 = \text{no. meq KMnO}_4$$

식 (A7-8)과 식 (A7-6)을 이 관계식에 대입하면 다음과 같다.

$$V_{KMnO_4} \times c_{N(KMnO_4)} = \frac{\text{Na}_2\text{C}_2\text{O}_4\text{의 질량(g)}}{\text{meqw Na}_2\text{C}_2\text{O}_4\text{ (g/meq)}}$$

*(계속)*

$$43.31\ \text{mL KMnO}_4 \times c_{\text{N(KMnO}_4)} = \frac{0.2121\ \text{g Na}_2\text{C}_2\text{O}_4}{0.13400\ \text{g Na}_2\text{C}_2\text{O}_4/2\ \text{meq}}$$

$$c_{\text{N(KMnO}_4)} = \frac{0.2121\ \text{g Na}_2\text{C}_2\text{O}_4}{43.31\ \text{mL KMnO}_4 \times 0.1340\ \text{g Na}_2\text{C}_2\text{O}_4/2\ \text{meq}}$$

$$= 0.073093\ \text{meq/mL KMnO}_4 = 0.07309\ \text{N}$$

여기서의 노말 농도는 예제 13-5에서 계산했던 몰농도의 5배임에 주목하시오.

### A7E-2 적정 데이터로부터 분석물 양의 계산

다음 예제는 노말 농도가 주어져 있을 때 분석물의 농도를 계산하는 방법을 설명해 준다. 예제 A7-5는 13장의 예제 13-6과 비슷하다.

**예제 A7-5**

0.8040 g의 철광석 시료를 산에 녹였다. 그 다음 철을 $Fe^{2+}$로 환원시켜 0.1121 N (0.02242 M) $KMnO_4$로 적정하였더니 47.22 mL가 적가되었다. 이 분석의 결과를 (a) Fe (55.847 g/mol)의 퍼센트, (b) $Fe_3O_4$ (231.54 g/mol)의 퍼센트로 계산하라. 시약과 분석물과의 반응은 다음 식으로 나타낼 수 있다.

$$MnO_4^- + 5Fe^{2+} + 8H^+ \rightarrow Mn^{2+} + 5Fe^{3+} + 4H_2O$$

**풀이**

(a) 당량점에서 다음의 관계를 갖는다.

$$\text{no. meq KMnO}_4 = \text{no. meq Fe}^{2+} = \text{no. meq Fe}_3\text{O}_4$$

식 (A7-8)과 식 (A7-6)에 대입하면

$$V_{\text{KMnO}_4}(\text{mL}) \times c_{\text{N(KMnO}_4)}(\text{meq/mL}) = \frac{\text{mass Fe}^{2+}(\text{g})\ \text{질량}}{\text{meqw Fe}^{2+}(\text{g/meq})}$$

이 식을 재배열하고 숫자 데이터를 대입하면

$$\text{Fe}^{2+}\ \text{질량} = 47.22\ \text{mL KMnO}_4 \times 0.1121\ \frac{\text{meq}}{\text{mL KMnO}_4} \times \frac{0.055847\ \text{g}}{1\ \text{meq}}$$

$Fe^{2+}$의 밀리당량 무게는 밀리몰 무게와 같다는 것에 주목하라. 철의 퍼센트는

$$\%\ \text{Fe}^{2+} = \frac{(47.22 \times 0.1121 \times 0.055847)\ \text{g Fe}^{2+}}{0.8040\ \text{g 시료}} \times 100\%$$

$$= 36.77\%$$

(b) 여기서

$$\text{no. meq KMnO}_4 = \text{no. meq Fe}_3\text{O}_4$$

(계속)

그리고

$$V_{KMnO_4}(\cancel{mL}) \times c_{N(KMnO_4)}(meq/\cancel{mL}) = \frac{\text{mass } Fe_3O_4 \text{ (g) 질량}}{\text{meqw } Fe_3O_4 \text{ (g/meq)}}$$

숫자 데이터를 대입하고 재배열하면

$$Fe_3O_4\text{의 질량} = 47.22\ \cancel{mL} \times 0.1121\ \frac{\cancel{meq}}{\cancel{mL}} \times 0.23154\ \frac{g\ Fe_3O_4}{3\ \cancel{meq}}$$

각 $Fe^{2+}$는 전자 하나가 변화하며 화합물은 적정 전에 $3Fe^{2+}$로 전환되므로 $Fe_3O_4$의 당량 무게는 몰질량의 1/3이 된다.

$$\%\ Fe_3O_4 = \frac{(47.22 \times 0.1121 \times 0.23154/3)\ g\ Fe_3O_4}{0.8040\ g\ \text{시료}} \times 100\%$$

$$= 50.81\%$$

이 예제의 답은 예제 13-6의 답과 같음에 주목하시오.

### 예제 A7-6

$(NH_4)_2C_2O_4$와 비활성 화합물을 함유하고 있는 0.4755 g의 시료를 물에 녹이고 KOH로 알칼리 용액이 되도록 하였다. 유리된 $NH_3$를 증류하여 50.00 mL의 0.1007 N (0.05035 M) $H_2SO_4$ 용액에 모았다. 남아 있는 $H_2SO_4$를 0.1214 N NaOH로 역적정 하였더니 11.13 mL가 적가되었다. 시료 중의 N (14.007 g/mol)과 $(NH_4)_2C_2O_4$ (124.10 g/mol)의 퍼센트를 계산하시오.

**풀이**

당량점에서 산과 염기의 밀리당량수는 같다. 그러나 이 적정에서는 두 개의 염기, NaOH와 $NH_3$가 관련되어 있다. 그러므로

$$\text{no. meq } H_2SO_4 = \text{no. meq } NH_3 + \text{no. meq NaOH}$$

재배열하면

$$\text{no. meq } NH_3 = \text{no. meq N} = \text{no. meq } H_2SO_4 - \text{no. meq NaOH}$$

N과 $H_2SO_4$의 밀리당량수를 식 (A7-6)와 식 (A7-8)에 대입하면

$$\frac{\text{N의 질량 (g)}}{\text{meqw N (g/meq)}} = 50.00\ \cancel{mL\ H_2SO_4} \times 0.1007\ \frac{meq}{\cancel{mL\ H_2SO_4}} - 11.13\ \cancel{mL\ NaOH} \times 0.1214\ \frac{meq}{\cancel{mL\ NaOH}}$$

$$\text{N의 질량} = (50.00 \times 0.1007 - 11.13 \times 0.1214)\ \cancel{meq} \times 0.014007\ g\ N/\cancel{meq}$$

$$\%\ N = \frac{(50.00 \times 0.1007 - 11.13 \times 0.1214) \times 0.014007\ g\ N}{0.4755\ g\ \text{시료}} \times 100\%$$

$$= 10.85\%$$

$(NH_4)_2C_2O_4$의 밀리당량수는 $NH_3$와 N의 밀리당량수와 같으나 $(NH_4)_2C_2O_4$의 당량 무게는 몰질량의 반이 된다. 따라서

$$(NH_4)_2C_2O_4\text{의 질량} = (50.00 \times 0.1007 - 11.13 \times 0.1214)\ \text{meq} \times 0.12410\ \text{g}/2\ \text{meq}$$

$$\%\ (NH_4)_2C_2O_4 = \frac{(50.00 \times 0.1007 - 11.13 \times 0.1214) \times 0.06205\ \text{g}(NH_4)_2C_2O_4}{0.4755\ \text{g 사료}} \times 100\% = 48.07\%$$

# 부록 8
*Appendix 8*

## 일반적인 원소들의 표준 용액을 만들 때 이용되는 화합물*

| 원소 | 화합물 | 몰질량 | 용매[+] | 비고 |
|---|---|---|---|---|
| Aluminum | Al 금속 | 26.9815386 | Hot dil HCl | a |
| Antimony | $KSbOC_4H_4O_6 \cdot \frac{1}{2}H_2O$ | 333.94 | $H_2O$ | c |
| Arsenic | $As_2O_3$ | 197.840 | 묽은 HCl | i,b,d |
| Barium | $BaCO_3$ | 197.335 | 묽은 HCl | |
| Bismuth | $Bi_2O_3$ | 465.958 | $HNO_3$ | |
| Boron | $H_3BO_3$ | 61.83 | $H_2O$ | d,e |
| Bromine | KBr | 119.002 | $H_2O$ | a |
| Cadmium | CdO | 128.410 | $HNO_3$ | |
| Calcium | $CaCO_3$ | 100.086 | 묽은 HCl | i |
| Cerium | $(NH_4)_2Ce(NO_3)_6$ | 548.218 | $H_2SO_4$ | |
| Chromium | $K_2Cr_2O_7$ | 294.185 | $H_2O$ | i,d |
| Cobalt | Co 금속 | 58.933195 | $HNO_3$ | a |
| Copper | Cu 금속 | 63.546 | 묽은 $HNO_3$ | a |
| Fluorine | NaF | 41.9881725 | $H_2O$ | b |
| Iodine | $KIO_3$ | 214.000 | $H_2O$ | i |
| Iron | Fe 금속 | 55.845 | HCl, 뜨거운 | a |
| Lanthanum | $La_2O_3$ | 325.808 | HCl, 뜨거운 | f |
| Lead | $Pb(NO_3)_2$ | 331.2 | $H_2O$ | a |
| Lithium | $Li_2CO_3$ | 73.89 | HCl | a |
| Magnesium | MgO | 40.304 | HCl | |
| Manganese | $MnSO_4 \cdot H_2O$ | 169.01 | $H_2O$ | g |
| Mercury | $HgCl_2$ | 271.49 | $H_2O$ | b |
| Molybdenum | $MoO_3$ | 143.96 | 1 M NaOH | |
| Nickel | Ni 금속 | 58.6934 | $HNO_3$, 뜨거운 | a |
| Phosphorus | $KH_2PO_4$ | 136.09 | $H_2O$ | |
| Potassium | KCl | 74.55 | $H_2O$ | a |
| | $KHC_8H_4O_4$ | 204.22 | $H_2O$ | i,d |
| | $K_2Cr_2O_7$ | 294.182 | $H_2O$ | i,d |
| Silicon | Si 금속 | 28.085 | NaOH, 진한 | |
| | $SiO_2$ | 60.083 | HF | j |
| Silver | $AgNO_3$ | 169.872 | $H_2O$ | a |
| Sodium | NaCl | 58.44 | $H_2O$ | i |
| | $Na_2C_2O_4$ | 133.998 | $H_2O$ | i,d |
| Strontium | $SrCO_3$ | 147.63 | HCl | a |
| Sulfur | $K_2SO_4$ | 174.25 | $H_2O$ | |
| Tin | Sn 금속 | 118.71 | HCl | |
| Titanium | Ti 금속 | 47.867 | $H_2SO_4$; 1 : 1 | a |
| Tungsten | $Na_2WO_4 \cdot 2H_2O$ | 329.85 | $H_2O$ | h |
| Uranium | $U_3O_8$ | 842.079 | $HNO_3$ | d |
| Vanadium | $V_2O_5$ | 181.878 | HCl, 뜨거운 | |
| Zinc | ZnO | 81.38 | HCl | a |

*이 표에 수록된 데이터들은 B. W. Smith and M. L. Parsons, *J. Chem, Educ.*, 1973, *50*, 679, DOI: 10.1021/ed050p679에 의하여 수집된 완전한 목록에서 발췌한 것이다. 특별한 지시가 없는 한 화합물은 110°C에서 일정 무게까지 건조해야 한다.
[†]특별한 지시가 없는 한 산들은 진한 분석급이다.
[a]5B-1절에 수록된 기준 조건에 잘 맞으며 일차 표준물질에 가깝다.
[b]독성이 강하다.
[c]110°C에서 $\frac{1}{2}H_2O$를 잃는다. 건조 후 몰질량 = 324.92. 건조된 화합물은 데시케이터에서 꺼낸 후 빨리 무게를 달아야 한다.
[d]일차 표준물은 NIST에서 구할 수 있다.
[e]$H_3BO_3$는 병에서 직접 무게를 달아야 한다. 100°C에서 한 개의 $H_2O$를 잃고 일정 무게가 되도록 건조하기가 어렵다.
[f]$CO_2$와 $H_2O$를 흡수한다. 사용하기 직전에 강열해야 한다.
[g]물을 잃지 않고 110°C에서 건조할 수도 있다.
[h]110°C에서 물을 잃는다. 몰질량 = 293.82. 말린 후 데시케이터에 보관하시오.
[i]일차 표준물.
[j]HF는 독성이 강하고 유리를 녹인다.

# 부록 9
*Appendix 9*

## 오차 전파식의 유도

이 부록에서는 여러 가지 형태의 수학적 계산의 결과에 대한 표준 편차를 계산할 수 있게 하는 여러 가지 식을 유도하고자 한다.

### ▸ A9A 측정 불확정도의 전파

전형적인 분석에 대한 계산 결과는 여러 가지 독립된 실험 측정으로 얻은 데이터를 필요로 하는데, 이들 각각은 불가측 불확정도의 원인이 되고 최종 결과의 알짜 불가측 오차에 기여한다. 각 불가측 오차가 최종 분석 결과에 미치는 영향을 나타내기 위하여 결과 $y$가 실험 변수 $a, b, c, \ldots$에 의존하며, 이들 각각은 마구잡이이며 독립적인 방식으로 요동한다고 가정하자. 즉, $y$는 $a, b, c, \ldots$의 함수이므로 다음과 같이 나타낼 수 있다.

$$y = f(a, b, c, \ldots) \qquad \textbf{(A9-1)}$$

불확정도 $dy_i$는 일반적으로 평균으로부터의 편차, 즉 $(y_i - \bar{y})$로 주어지며, 이것은 이에 해당하는 불확정도 $da_i, db_i, dc_i, \ldots$ 의 부호와 크기에 따라 달라질 것이다. 즉,

$$dy_i = (y_i - \bar{y}) = f(da_i, db_i, dc_i, \ldots)$$

$a, b, c, \ldots$ 의 불확정도의 함수인 변수는 식 (A9-1)을 전미분을 함으로써 유도할 수 있다. 즉,

$$dy = \left(\frac{\partial y}{\partial a}\right)_{b,c,\ldots} da + \left(\frac{\partial y}{\partial b}\right)_{a,c,\ldots} db + \left(\frac{\partial y}{\partial c}\right)_{a,b,\ldots} dc + \ldots \qquad \textbf{(A9-2)}$$

$N$번 반복 측정에 대한 $a, b, c$의 표준 편차와 $y$의 표준 편차 사이의 관계를 나타내기 위하여 식 (6-4)를 쓰는데, 이것은 식 (A9-2)를 제곱하고 $i = 0$과 $i = N$ 사이를 합하고 $N - 1$로 나누어 결과의 제곱근을 취할 필요가 있다. 식 (A9-2)를 제곱하면 다음과 같은 형태를 얻는다.

$$(dy)^2 = \left[\left(\frac{\partial y}{\partial a}\right)_{b,c,\ldots} da + \left(\frac{\partial y}{\partial b}\right)_{a,c,\ldots} db + \left(\frac{\partial y}{\partial c}\right)_{a,b,\ldots} dc + \ldots\right]^2 \qquad \textbf{(A9-3)}$$

그 다음 이 식은 $i = 1$에서 $i = N$까지의 한계 사이를 합해야 한다.

식 (A9-2)를 제곱하면, 식의 오른쪽에 (1) 제곱항과 (2) 교차항의 두 가지 형태의 항이 나타난다. 제곱항은 다음과 같은 형태를 가진다.

$$\left(\frac{\partial y}{\partial a}\right)^2 da^2, \left(\frac{\partial y}{\partial b}\right)^2 db^2, \left(\frac{\partial y}{\partial c}\right)^2 dc^2, \ldots$$

제곱항은 언제나 양의 값을 가지므로 더할 때 상쇄될 수 없다. 반면에 교차항은 양 또는 음의 부호를 가질 수 있다. 예를 들면,

$$\left(\frac{\partial y}{\partial a}\right)\left(\frac{\partial y}{\partial b}\right) dadb, \left(\frac{\partial y}{\partial a}\right)\left(\frac{\partial y}{\partial c}\right) dadc, \ldots$$

만약 $da$, $db$, $dc$가 독립적이고 마구잡이 불확정도라면, 교차항 중 어떤 항은 양이 되고 어떤 항은 음이 될 것이다. 그러므로 특별히 $N$이 클 때, 이러한 모든 항들의 합은 0에 가까워진다.

교차항의 상쇄되려는 경향성으로 인하여 식 (A9-3)에서 $i = 1$에서 $i = N$까지의 합은 오로지 제곱항으로만 이루어졌다고 가정할 수 있을 것이다. 이 합은 다음과 같은 형태를 가지게 된다.

$$\Sigma (dy_i)^2 = \left(\frac{\partial y}{\partial a}\right)^2 \Sigma (da_i)^2 + \left(\frac{\partial y}{\partial b}\right)^2 \Sigma (db_i)^2 + \left(\frac{\partial y}{\partial c}\right)^2 \Sigma (dc_i)^2 + \ldots \quad \textbf{(A9-4)}$$

$N - 1$로 나누면 다음을 얻는다.

$$\frac{\Sigma (dy_i)^2}{N-1} = \left(\frac{\partial y}{\partial a}\right)^2 \frac{\Sigma (da_i)^2}{N-1} + \left(\frac{\partial y}{\partial b}\right)^2 \frac{\Sigma (db_i)^2}{N-1} + \left(\frac{\partial y}{\partial c}\right)^2 \frac{\Sigma (dc_i)^2}{N-1} + \ldots \quad \textbf{(A9-5)}$$

그러나 식 (6-4)로부터 다음을 알 수 있다.

$$\frac{\Sigma (dy_i)^2}{N-1} = \Sigma\frac{(y_i - \bar{y})^2}{N-1} = s_y^2$$

여기서 $s_y^{\,2}$는 $y$의 가변도이다. 마찬가지로

$$\frac{\Sigma (da_i)^2}{N-1} = \frac{\Sigma(a_i - \bar{a})^2}{N-1} = s_a^2$$

등이 된다. 그러므로 식 (A9-5)는 변수의 가변도 항으로 나타낼 수 있다.

$$s_y^2 = \left(\frac{\partial y}{\partial a}\right)^2 s_a^2 + \left(\frac{\partial y}{\partial b}\right)^2 s_b^2 + \left(\frac{\partial y}{\partial c}\right)^2 s_c^2 + \ldots \quad \textbf{(A9-6)}$$

## ▸ A9B 계산된 결과의 표준 편차

이 절에서는 식 (A9-6)을 이용하여 다섯 가지 종류의 수학적 조작에 의해 얻은 결과의 표준 편차를 계산할 수 있는 관계식을 유도하려고 한다.

### *A9B-1 덧셈과 뺄셈*

다음 식에 의하여 세 개의 실험적인 양 $a$, $b$, $c$로부터 $y$의 양을 계산하려고 하는 경우를 생각해 보자.

$$y = a + b - c$$

이 양들의 표준 편차를 $s_y$, $s_a$, $s_b$, $s_c$라고 하자. 식 (A9-6)을 적용하면 다음과 같이 된다.

$$s_y^2 = \left(\frac{\partial y}{\partial a}\right)_{b,c}^2 s_a^2 + \left(\frac{\partial y}{\partial b}\right)_{a,c}^2 s_b^2 + \left(\frac{\partial y}{\partial c}\right)_{a,b}^2 s_c^2$$

세 실험값에 대해 $y$를 부분 미분하면,

$$\left(\frac{\partial y}{\partial a}\right)_{b,\,c} = 1; \qquad \left(\frac{\partial y}{\partial b}\right)_{a,\,c} = 1; \qquad \left(\frac{\partial y}{\partial c}\right)_{a,\,b} = -1$$

그러므로 $y$의 가변도는 다음과 같이 주어지고

$$s_y^2 = (1)^2 s_a^2 + (1)^2 s_b^2 + (-1)^2 s_c^2 = s_a^2 + s_b^2 + s_c^2$$

또는 결과의 표준 편차는

$$s_y = \sqrt{s_a^2 + s_b^2 + s_c^2} \qquad \textbf{(A9-7)}$$

으로 주어진다. 그래서 덧셈과 뺄셈의 *절대* 표준 편차는 덧셈과 뺄셈에 참여한 수들의 *절대* 표준 편차의 제곱의 합의 제곱근과 같다.

### *A9B-2 곱셈과 나눗셈*

다음의 경우에 대해 생각해 보자.

$$y = \frac{ab}{c}$$

$a$, $b$, $c$에 대해 $y$를 부분 미분하면

$$\left(\frac{\partial y}{\partial a}\right)_{b,\,c} = \frac{b}{c}; \qquad \left(\frac{\partial y}{\partial b}\right)_{a,\,c} = \frac{a}{c}; \qquad \left(\frac{\partial y}{\partial c}\right) = -\frac{ab}{c^2}$$

식 (A9-6)에 대입하면

$$s_y^2 = \left(\frac{b}{c}\right)^2 s_a^2 + \left(\frac{a}{c}\right)^2 s_b^2 + \left(\frac{ab}{c^2}\right)^2 s_c^2$$

이 된다. 이 식을 처음 식의 제곱($y^2 = a^2b^2/c^2$)으로 나누면

$$\frac{s_y^2}{y^2} = \frac{s_a^2}{a^2} + \frac{s_b^2}{b^2} + \frac{s_c^2}{c^2}$$

또는

$$\frac{s_y}{y} = \sqrt{\left(\frac{s_a}{a}\right)^2 + \left(\frac{s_b}{b}\right)^2 + \left(\frac{s_c}{c}\right)^2} \qquad \textbf{(A9-8)}$$

이 된다. 그러므로 곱셈과 나눗셈의 경우, 결과의 *상대* 표준 편차는 곱셈과 나눗셈에 참여한 수의 *상대* 표준 편차의 제곱의 합의 제곱근과 같다.

### *A9B-3 지수 계산*

다음 계산을 생각해 보자

$$y = a^x$$

여기서 식 (A9-6)은 다음과 같은 형태를 취한다.

$$s_y^2 = \left(\frac{\partial a^x}{\partial y}\right)^2 s_a^2$$

또는

$$s_y = \frac{\partial a^x}{\partial y} s_a$$

그러나

$$\frac{\partial a^x}{\partial y} = xa^{(x-1)}$$

그래서

$$s_y = xa^{(x-1)} s_a$$

이고, 처음 식 ($y = a^x$)으로 나누면

$$\frac{s_y}{y} = \frac{xa^{(x-1)} s_a}{a^x} = x\frac{s_a}{a} \qquad \textbf{(A9-9)}$$

이 된다. 그러므로 이 결과의 상대 오차는 지수를 원래 수의 상대 오차에 곱한 것과 같다.

제곱승할 때 전파되는 오차는 곱셈에서 전파되는 오차와는 다르다는 것을 알아두는 것도 중요하다. 예를 들어, 4.0(±0.2)의 제곱에서의 불확정도를 생각해 보자. 여기서 결과(16.0)의 상대 오차는 식 (A9-9)에 의하여 주어진다.

$$s_y/y = 2 \times (0.2/4) = 0.1 \qquad \text{혹은} \qquad 10\%$$

이제 $y$가 우연히 $a = 4.0(\pm\ 0.2)$ 및 $b = 4.0(\pm\ 0.2)$의 값을 가지는 각각 독립적으로 측정된 두 수의 곱인 경우를 생각해 보자. 이 경우 곱 $ab = 16.0$의 상대 오차는 식 (A9-8)에 의하여 주어진다.

$$s_y/y = \sqrt{(0.2/4)^2 + (0.2/4)^2} \quad \text{혹은} \quad 7\%$$

이 명백한 차이가 나는 이유는 두 번째 경우에 있어서 어떤 오차와 관련된 부호가 다른 것의 부호와 같거나 다를 수도 있기 때문이다. 만약 이들이 우연히 같다면, 오차는 부호가 똑같은 처음 경우와 동일해진다. 반면에 한 부호는 양이고 다른 부호는 음일 경우 상대 오차는 서로 상쇄되는 경향성이 있다. 그러므로 있음직한 오차는 최대 10%와 0 사이에 있게 된다.

### *A9B-4 Log의 계산*

다음을 생각해 보자.

$$y = \log_{10} a$$

이 경우, 식 (A9-6)을 다음과 같이 나타낼 수 있다.

$$s_y^2 = \left(\frac{\partial \log_{10} a}{\partial y}\right)^2 s_a^2$$

그러나

$$\frac{\partial \log_{10} a}{\partial y} = \frac{0.434}{a}$$

와

$$s_y = 0.434 \frac{s_a}{a} \qquad \textbf{(A9-10)}$$

그러므로 $y$의 절대 표준 편차는 $a$의 상대 표준 편차에 의하여 결정된다.

### *A9B-5 Antilog의 계산*

다음 관계식을 생각해 보자.

$$y = \text{antilog}_{10}\, a = 10^a$$

$$\left(\frac{\partial y}{\partial a}\right) = 10^a \log_e 10 = 10^a \ln 10 = 2.303 \times 10^a$$

$$s_y^2 = \left(\frac{\partial y}{\partial a}\right)^2 s_a^2$$

또는

$$s_y = \frac{\partial y}{\partial a} s_a = 2.303 \times 10^a s_a$$

처음 관계식으로 나누면

$$\frac{s_y}{y} = 2.303 s_a \qquad \textbf{(A9-11)}$$

수의 antilog의 *상대* 표준 편차는 수의 절대 표준 편차에 의하여 결정됨을 알 수 있다.

# 선택 문제 해답

## ▸제3장

**3-1.** **(a)** SQRT returns a positive square root; **(b)** AVERAGE returns the arithmetic mean; **(c)** PI returns pi to 15 digits; **(d)** FACT returns the factorial of a number; **(e)** EXP returns *e* raised to a power; **(f)** LOG returns the logarithm of a number to a base specified by the user or the base 10 logarithm if no base is identified.

## ▸제4장

**4-1.** **(a)** The *millimole* is an amount of a chemical species, such as an atom, an ion, a molecule or an electron that contains

$$6.02 \times 10^{23}\,\frac{\text{particles}}{\text{mol}} \times 10^{-3}\,\frac{\text{mol}}{\text{mmol}} = 6.02 \times 10^{20}\,\frac{\text{particles}}{\text{mmol}}$$

**(c)** The *millimolar mass* is the mass in grams of one millimole of a chemical species.

**4-3.**

$$1\text{ L} = \frac{1000\text{ mL}}{1\text{L}} \times \frac{1\text{ cm}^3}{\text{mL}} \times \left(\frac{\text{m}}{100\text{ cm}}\right)^3 = 10^{-3}\,\text{m}^3$$

$$1\text{ M} = \frac{1\text{ mol}}{\text{L}} \times \frac{\text{L}}{10^{-3}\,\text{m}^3} = \frac{1\text{ mol}}{10^{-3}\,\text{m}^3}$$

**4-4.** **(a)** 320 MHz **(c)** 84.3 mol **(e)** 8.96 mm

**4-5.** For O, 15.999 u = 15.999 g/mol. So, 1 u = 1 g/mol, and 1 g = 1 mol u.

**4-7.** $3.22 \times 10^{22}$ $Na^+$ ion

**4-9.** **(a)** 0.251 mol **(b)** 3.07 mmol
**(c)** 0.0650 mol **(d)** 5.20 mmol

**4-11.** **(a)** 111 mmol **(b)** 2.44 mmol
**(c)** $7.30 \times 10^{-2}$ mmol **(d)** 103.5 mmol

**4-13.** **(a)** $2.31 \times 10^4$ mg **(b)** $9.87 \times 10^3$ mg
**(c)** $1.00 \times 10^6$ mg **(d)** $2.71 \times 10^6$ mg

**4-15.** **(a)** $1.92 \times 10^3$ mg **(b)** 246 mg

**4-16.** **(a)** 2.25 g **(b)** $2.60 \times 10^{-3}$ g

**4-17.** **(a)** pNa = 0.984; pCl = 1.197, pOH = 1.395
**(c)** pH = 0.398; pCl = 0.222; pZn = 1.00
**(e)** pK = 5.94; pOH = 6.291; $pFe(CN)_6$ = 6.790

**4-18.** **(a)** $4.9 \times 10^{-5}$ M **(c)** = 0.26 M
**(e)** $2.4 \times 10^{-8}$ M **(g)** 5.8 M

**4-19.** **(a)** pNa = pBr = 1.533 **(c)** pBa = 2.26; pOH = 1.96
**(e)** pCa = 2.06; pBa = 2.18

**4-20.** **(a)** 0.0955 M **(c)** $1.70 \times 10^{-8}$ M **(e)** $4.5 \times 10^{-13}$ M
**(g)** 0.733 M

**4-21.** **(a)** $[Na^+] = 4.79 \times 10^{-2}$ M; $[SO_4^{2-}] = 2.87 \times 10^{-3}$ M
**(b)** pNa = 1.320; $pSO_4$ = 2.543

**4-23.** **(a)** $1.04 \times 10^{-2}$ M **(b)** $1.04 \times 10^{-2}$ M **(c)** $3.12 \times 10^{-2}$ M
**(d)** 0.288% (w/v) **(e)** 0.78 mmol **(f)** 407 ppm
**(g)** 1.983 **(h)** 1.506

**4-25.** **(a)** 0.281 M **(b)** 0.843 M **(c)** 68.0 g

**4-27.** **(a)** Dissolve 23.8 g ethanol and add enough water to give a final volume of 500 mL.
**(b)** Mix 23.8 g ethanol with 476.2 g water.
**(c)** Dilute 23.8 mL ethanol with enough water to give a final volume of 500 mL.

**4-29.** Dilute 300 ml to 750 mL with water.

**4-31.** **(a)** Dissolve 6.37 g $AgNO_3$ in enough water to give a final volume of 500 mL.
**(b)** Dilute 47.5 mL of the 6.00 M HCl to 1.00 L using water.
**(c)** Dissolve 2.98 g $K_4Fe(CN)_6$ in enough water to give a final volume of 400 mL.
**(d)** Dilute 216 mL of the 0.400 M $BaCl_2$ solution to 600 mL using water.
**(e)** Dilute 20.3 mL of the concentrated reagent to 2.00 L using water.
**(f)** Dissolve 1.7 g $Na_2SO_4$ in enough water to give a final volume of 9.00 L.

**4-33.** 5.01 g

**4-35.** **(a)** $9.214 \times 10^{-2}$ g **(b)** $3.12 \times 10^{-2}$ M

**4-37.** **(a)** 1.5 g **(b)** 0.064 M

**4-39.** 2.93 L

## ▸제5장

**5-1.** **(a)** Random error causes data to be scattered around a mean value, while systematic error causes the mean of a data set to differ from the accepted value.
**(c)** The absolute error is the difference between the measured value and the true value, while the relative error is the absolute error divided by the true value.

**5-2.** (1) Meter stick slightly longer or shorter than 1.0 m—systematic error.
(2) Markings always read at a given angle—systematic error.
(3) Variability in placement of metal rule to measure full 3-m width—random error.
(4) Variability in interpolation of finest division of meter stick—random error.

**5-4.** (1) Balance out of calibration.
(2) Fingerprints on weighing vial.
(3) Sample absorbs water from the atmosphere.

**5-5.** (1) pipet incorrectly calibrated; (2) temperature different from calibration temperature; (3) meniscus read at an angle.

**5-7.** Both constant and proportional errors.

**5-8.** **(a)** −0.08% **(c)** −0.27%

**5-9.** **(a)** 33 g ore **(c)** 4.2 g ore

**5-10.** **(a)** 0.060% **(b)** 0.30% **(c)** 0.12%

**5-11.** **(a)** −1.3% **(c)** −0.13%

**5-12.**

| | Mean | Median | Deviation from Mean | Mean Deviation |
|---|---|---|---|---|
| **(a)** | 0.0106 | 0.0105 | 0.0004, 0.0002, 0.0001 | 0.0002 |
| **(c)** | 190 | 189 | 2, 0, 4, 3 | 2 |
| **(e)** | 39.59 | 39.65 | 0.24, 0.02, 0.34, 0.09 | 0.17 |

## ▶제6장

**6-1.** **(a)** The *standard error of the mean* is the standard deviation of the data set divided by the number of measurements.

**(c)** *Variance* is the standard deviation squared.

**6-2.** **(a)** *Parameter* refers to quantities that characterize a population or distribution of data. A *statistic* is an estimate of a parameter made from a sample.

**(c)** *Random errors* result from uncontrolled variables; *systematic errors* have a specific cause.

**6-3.** **(a)** *Sample standard deviation, s*, is that of a sample of data:

$$s = \sqrt{\frac{\sum_{i=1}^{N}(x_i - \bar{x})^2}{N-1}}$$

*Population standard deviation, $\sigma$*, is for an entire population:

$$\sigma = \sqrt{\frac{\sum_{i=1}^{N}(x_i - \mu)^2}{N}}$$

where $\mu$ is the population mean.

**6-5.** Probability of a result between 0 and $+1\sigma$ is 0.342; between $1\sigma$ and $2\sigma$, it is 0.136.

**6-7.**

| | (a) Mean | (b) Median | (c) Spread | (d) Std Dev | (e) CV, % |
|---|---|---|---|---|---|
| A | 9.1 | 9.1 | 1.0 | 0.37 | 4.1 |
| C | 0.650 | 0.653 | 0.108 | 0.056 | 8.5 |
| E | 20.61 | 20.64 | 0.14 | 0.07 | 0.32 |

**6-8.**

| | Absolute Error | Relative Error, ppt |
|---|---|---|
| A | 0.1 | 11.1 |
| C | 0.0195 | 31 |
| E | 0.03 | 1.3 |

**6-9.**

| | $s_y$ | CV, % | $y$ |
|---|---|---|---|
| (a) | 0.03 | −1.4 | $-2.08(\pm 0.03)$ |
| (c) | $0.085 \times 10^{-16}$ | 1.42 | $5.94(\pm 0.08) \times 10^{-16}$ |
| (e) | 0.00520 | 6.9 | $7.6(\pm 0.5) \times 10^{-2}$ |

**6-10.**

| | $s_y$ | CV, % | $y$ |
|---|---|---|---|
| (a) | $2.83 \times 10^{-10}$ | 4.25 | $6.7 \pm 0.3 \times 10^{-9}$ |
| (c) | 0.1250 | 12.5 | $14(\pm 2)$ |
| (e) | 25 | 50 | $50(\pm 25)$ |

**6-11.**

| | $s_y$ | CV, % | $y$ |
|---|---|---|---|
| (a) | $6.51 \times 10^{-3}$ | 0.18 | $-3.699 \pm 0.006$ |
| (c) | 0.11 | 0.69 | $15.8 \pm 0.1$ |

**6-12.** **(a)** $s_y = 1.565 \times 10^{-12}$; CV = 2.2%; $y = 7.3(\pm 0.2) \times 10^{-11}$

**6-13.** $s_V = 0.145$; $V = 5.2(\pm 0.1)$ cm$^3$

**6-15.** CV = 0.6%

**6-17.** **(a)** $c_X = 2.029 \times 10^{-4}$ M **(b)** $S_{c_X} = 2.22 \times 10^{-6}$

**(c)** CV = 1.1%

**6-19** **(a)** $s_1 = 0.096$, $s_2 = 0.077$, $s_3 = 0.084$, $s_4 = 0.090$, $s_5 = 0.104$, $s_6 = 0.083$

**(b)** 0.088

**6-21.** 3.5

## ▶제7장

**7-1.** The distribution of means is narrower than the distribution of single results. The standard error of the mean of five measurements is, therefore, smaller than the standard deviation of a single result.

**7-4.**

| | A | C | E |
|---|---|---|---|
| $\bar{x}$ | 2.86 | 70.19 | 0.824 |
| $s$ | 0.24 | 0.08 | 0.051 |
| 95% CI | $2.86 \pm 0.30$ | $70.19 \pm 0.20$ | $0.824 \pm 0.081$ |

The 95% CI is the interval within which the true mean is expected to lie 95% of the time.

**7-5.** For Set A, CI = $2.86 \pm 0.26$; for Set C, CI = $70.19 \pm 0.079$; for Set E, CI = $0.824 \pm 0.088$

**7-7.** **(a)** 99% CI = $18.5 \pm 9.3$ μg Fe/mL; 95% CI = $18.5 \pm 7.1$ μg Fe/mL

**(b)** 99% CI = $18.5 \pm 6.6$ μg Fe/mL; 95% CI = $18.5 \pm 5.0$ μg Fe/mL

**(c)** 99% CI = $18.5 \pm 4.6$ μg Fe/mL; 95% CI = $18.5 \pm 3.5$ μg Fe/mL

**7-9.** For 95% CI, $N \approx 11$; for 99% CI, $N \approx 18$

**7-11.** **(a)** 95% CI = $3.22 \pm 0.15$ meq Ca/L

**(b)** 95% CI = $3.22 \pm 0.06$ meq Ca/L

**7-13.** **(a)** 11

**7-15.** For two of the elements, there is a significant difference, but for three, there is not. Thus, the defendant might have grounds for claiming reasonable doubt.

**7-17.** Cannot reject the value 5.6 at the 95% confidence level.

**7-19.** $H_0$: $\mu_{\text{current}} = \mu_{\text{previous}}$; $H_a$: $\mu_{\text{current}} > \mu_{\text{previous}}$. Type I error is we reject the $H_0$ when it is true and decide the level of the pollutant is > the previous level when it is not. Type II error is that we accept $H_0$ when it is false and decide there is no change in the level when it is > than before.

**7-20.** **(a)** $H_0$: $\mu_{\text{ISE}} = \mu_{\text{EDTA}}$, $H_a$: $\mu_{\text{ISE}} \neq \mu_{\text{EDTA}}$. Two-tailed test. Type I error is that we decide the methods agree when they do not. Type II error is that we decide the methods do not agree when they do.

**(c)** $H_0$: $\sigma_X^2 = \sigma_Y^2$; $H_a$ $\sigma_X^2 < \sigma_Y^2$. One-tailed test. Type I error is that we decide $\sigma_X^2 < \sigma_Y^2$ when it is not. Type II error is that we decide that $\sigma_X^2 = \sigma_Y^2$ when $\sigma_X^2 < \sigma_Y^2$.

**7-21.** **(a)** $t < t_{\text{crit}}$, so no significant difference at 95% confidence level.

**(b)** Significant difference at 95% confidence level.

**(c)** Large sample-to-sample variability causes $s_{\text{Top}}$ and $s_{\text{Bottom}}$ to be large and masks the differences.

**7-23.** We can be between 99% and 99.9% confident that the nitrogen prepared in the two ways is different. The probability of this conclusion being in error is 0.16%.

**7-25.** **(a)**

| Source | SS | df | MS | F |
|---|---|---|---|---|
| Between juices | 4 × 7.715 = 30.86 | 5 − 1 = 4 | 0.913 × 8.45 = 7.715 | 8.45 |
| Within juices | 25 × 0.913 = 22.825 | 30 − 5 = 25 | 0.913 | |
| Total | 30.86 + 22.82 = 50.68 | 30 − 1 = 29 | | |

(b) $H_0$: $\mu_{brand1} = \mu_{brand2} = \mu_{brand3} = \mu_{brand4} = \mu_{brand5}$; $H_a$: at least two of the means differ.
(c) average ascorbic acid contents differ at 95% confidence level.

**7-27.** (a) $H_0$: $\mu_{Analyst1} = \mu_{Analyst2} = \mu_{Analyst3} = \mu_{Analyst4}$; $H_a$: at least two of the means differ.
(b) Analysts differ at 95% confidence level.
(c) Significant difference between analyst 2 and analysts 1 and 4 but not analyst 3. Significant difference between analyst 3 and analyst 1 but not analyst 4. Significant difference between analyst 1 and analyst 4.

**7-29.** (a) $H_0$: $\mu_{ISE} = \mu_{EDTA} = \mu_{AA}$; $H_a$: at least two of the means differ.
(b) We conclude that the three methods give different results at the 95% confidence level.
(c) Significant difference between AA method and EDTA titration. No significant difference between EDTA titration method and ISE method, and there is no significant difference between the AA method and ISE method.

**7-31.** (a) Cannot reject with 95% confidence; (b) can reject with 95% confidence.

## ▸제8장

**8-1.** Micro analysis of trace constituent
**8-3.** Step 1: Identify population. Step 2: Collect gross sample. Step 3: Reduce gross sample to laboratory sample.
**8-5.** 0.76%
**8-7.** (a) 1225; (b) 3403; (c) 10,000; (d) 122,500
**8-9.** (a) 8714 particles; (b) 650 g; (c) 0.32 mm
**8-11.** (a) Mean concentrations vary significantly from day to day.
(b) 79.19
(c) Reduce sampling variance.
**8-13.** 8
**8-15.** (b) $y = -29.74\,x + 92.86$
(d) $pCa_{Unk} = 2.608$; SD = 0.079; RSD = 0.030
**8-17.** (a) $m = 0.07014$; $b = 0.008286$
(b) $s_m = 0.00067$; $s_b = 0.004039$; SE = 0.00558
(c) 95% $CI_m = 0.07014 \pm 0.0019$;
95% $CI_b = 0.0083 \pm 0.0112$
(d) $c_{unk} = 5.77$ mM; $s_{unk} = 0.09$;
95% $CI_{unk} = 5.77 \pm 0.24$ mM
**8-19.** (b) $m = -8.456$; $b = 10.83$; SE = 0.0459
(c) 38.7 ± 1.1 kcal/mol
(d) No reason to doubt that $E_A$ is not 41.00 kcal/mol at 95% confidence level.
**8-21.** (c) 5.2 ppm
**8-23.** $6.23 \times 10^{-4}$ M
**8-25.** (c) For $k = 2$, DL = 0.14 ng/mL (92.1% confidence level); $k = 3$, DL = 0.21 ng/mL (98.3% confidence level)
**8-27.** Mean = 96.52; $s_{pooled} = 1.27$; UCL = 98.08; LCL = 94.97; out of control on Day 22.

## ▸제9장

**9-1.** (a) A *weak electrolyte* only partially ionizes when dissolved in water. $H_2CO_3$ is an example of a weak electrolyte.
(c) The *conjugate acid of a Brønsted-Lowry base* is the species formed when a Brønsted-Lowry base accepts a proton. $NH_4^+$ is the conjugate acid of the base $NH_3$.
(e) An *amphiprotic solvent* can act either as an acid or a base. Water is an example.
(g) *Autoprotolysis* is self-ionization of a solvent to produce both a conjugate acid and a conjugate base.
(i) The *Le Châtelier principle* states that the position of an equilibrium always shifts in such a direction to relieve an applied stress.

**9-2.** (a) An *amphiprotic solute* is a chemical species that can act as either an acid or base. The dihydrogen phosphate ion, $H_2PO_4^-$, is an example.
(c) A *leveling solvent* is one in which a series of acids (or bases) all dissociate completely. Water is an example since HCl and $HClO_4$ dissociate completely.

**9-3.** For dilute aqueous solutions, the concentration of water is so much larger than other reactants that it can be assumed to be constant. Thus, its concentration is included in the equilibrium constant, but not in the equilibrium constant expression. For a pure solid, the concentration of the chemical species in the solid phase is constant. As long as some solid exists as a second phase, its effect on the equilibrium is constant and is included in the equilibrium constant.

**9-4.**

| | Acid | Conjugate Base |
|---|---|---|
| (a) | HOCl | $OCl^-$ |
| (c) | $NH_4^+$ | $NH_3$ |
| (e) | $H_2PO_4^-$ | $HPO_4^{2-}$ |

**9-6.** (a) $2H_2O \rightleftharpoons H_3O^+ + OH^-$
(c) $2CH_3NH_2 \rightleftharpoons CH_3NH_3^+ + CH_3NH^-$

**9-7.** (a) $K_b = \dfrac{K_w}{K_a} = \dfrac{1.00 \times 10^{-14}}{2.3 \times 10^{-11}} = \dfrac{[C_2H_5NH_2^+][OH^-]}{[C_2H_5NH_2]} = 4.3 \times 10^{-4}$

(c) $K_a = \dfrac{[CH_3NH_2][H_3O^+]}{[CH_3NH_3^+]} = 2.3 \times 10^{-11}$

(e) $K_{overall} = \dfrac{[H_3O^+]^3[AsO_4^{3-}]}{[H_3AsO_4]} = K_{a1}K_{a2}K_{a3} = 2.0 \times 10^{-21}$

**9-8.** (a) $K_{sp} = [Cu^+][Br^-]$; (b) $K_{sp} = [Hg^{2+}][Cl^-][I^-]$;
(c) $K_{sp} = [Pb^{2+}][Cl^-]^2$
**9-10.** (b) $K_{sp} = 4.4 \times 10^{-11}$; (d) $K_{sp} = 3.5 \times 10^{-10}$
**9-13.** (a) $7.04 \times 10^{-8}$ M; (b) 1.48 M
**9-15.** (a) 0.0225 M; (b) $1.6 \times 10^{-2}$ M;
(c) $1.7 \times 10^{-6}$ M; (d) $1.5 \times 10^{-2}$ M
**9-17.** (a) $PbI_2 > BiI_3 > CuI > AgI$
(b) $PbI_2 > CuI > AgI > BiI_3$
(c) $PbI_2 > BiI_3 > CuI > AgI$
**9-20.** (a) $[H_3O^+] = 1.34 \times 10^{-3}$ M; $[OH] = 7.5 \times 10^{-12}$ M
(c) $[OH^-] = 6.37 \times 10^{-3}$ M; $[H_3O^+] = 1.57 \times 10^{-12}$ M
(e) $[OH] = 5.66 \times 10^{-6}$ M; $[H_3O^+] = 1.77 \times 10^{-9}$ M
(g) $[H_3O^+] = 5.24 \times 10^{-4}$ M; $[OH] = 1.91 \times 10^{-11}$ M
**9-21.** (a) $[H_3O^+] = 1.58 \times 10^{-2}$ M
(b) $[H_3O^+] = 8.26 \times 10^{-9}$ M
(e) $[H_3O^+] = 2.11 \times 10^{-4}$ M
**9-23.** *Buffer capacity* of a solution is defined as the number of moles of a strong acid (or a strong base) that causes 1.00 L of a buffer to undergo a 1.00-unit change in pH.
**9-25.** The solutions all are buffers with the same pH, but they differ in buffer capacity with (a) having the greatest and (c) the least.
**9-26.** (a) $C_6H_5NH_3^+/C_6H_5NH_2$;
(c) $C_2H_5NH_3^+/C_2H_5NH_2$ or $CH_3NH_3^+/CH_3NH_2$
**9-27.** 19.6 g
**9-29.** 387 mL

## ▸ 제10장

**10-1.** **(a)** *Activity*, $a_A$, is the effective concentration of species A in solution. The *activity coefficient*, $\gamma_A$, is the numerical factor necessary to convert the molar concentration of species A to activity: $a_A = \gamma_A[A]$.

**(b)** The *thermodynamic equilibrium constant* refers to an ideal system within which each chemical species is unaffected by any others. A *concentration equilibrium constant* takes into account the influence exerted by solute species upon one another. The thermodynamic equilibrium constant is constant and independent of ionic strength; the concentration equilibrium constant depends on ionic strength.

**10-3.** **(a)** The ionic strength should decrease.
**(b)** The ionic strength should be unchanged.
**(c)** The ionic strength should increase.

**10-5.** Water is a neutral molecule, and its activity equals its concentration at all low to moderate ionic strengths. In such instances, activity coefficients of ions decrease with increasing ionic strength because the ionic atmosphere surrounding the ion causes it to lose some of its chemical effectiveness and its activity is less than its concentration.

**10-7.** Multiply charged ions deviate from ideality more than singly charged ions.

**10-9.** **(a)** 0.12 **(c)** 2.4

**10-10.** **(a)** 0.22 **(c)** 0.08

**10-12.** **(a)** $1.8 \times 10^{-12}$ **(c)** $1.1 \times 10^{-10}$

**10-13.** **(a)** $5.5 \times 10^{-6}$ M **(b)** $7.6 \times 10^{-6}$ M
**(c)** $2.8 \times 10^{-13}$ M **(d)** $1.5 \times 10^{-7}$ M

**10-14.** **(a)** (1) $1.4 \times 10^{-6}$ M (2) $1.0 \times 10^{-6}$ M
**(b)** (1) $2.1 \times 10^{-3}$ M (2) $1.3 \times 10^{-3}$ M
**(c)** (1) $2.9 \times 10^{-5}$ M (2) $1.0 \times 10^{-5}$ M
**(d)** (1) $1.4 \times 10^{-5}$ M (2) $2.0 \times 10^{-6}$ M

**10-15.** **(a)** (1) $2.2 \times 10^{-4}$ M (2) $1.8 \times 10^{-4}$ M
**(b)** (1) $1.7 \times 10^{-4}$ M (2) $1.2 \times 10^{-4}$ M
**(c)** (1) $3.3 \times 10^{-8}$ M (2) $6.6 \times 10^{-9}$ M
**(d)** (1) $1.3 \times 10^{-3}$ M (2) $7.8 \times 10^{-4}$ M

**10-16.** **(a)** −19% **(c)** −40% **(e)** −48%

**10-17.** **(a)** −45%

## ▸ 제11장

**11-2.** In an equation with sums or differences, assuming a concentration is zero leads to an appropriate result. In an equilibrium-constant equation, multiplying or dividing by zero leads to a meaningless result.

**11-4.** A charge-balance equation relates the concentration of cations and anions such that no. mol/L positive charge = no. mol/L negative charge. For a doubly charged ion, such as $Ba^{2+}$, the concentration of charge of each mole is twice the molar concentration. For $Fe^{3+}$, it is three times the molar concentration. Thus, the molar concentration is always multiplied by the charge in a charge-balance equation.

**11-5** **(a)** $0.20 = [HF] + [F^-]$
**(c)** $0.10 = [H_3PO_4] + [H_2PO_4^-] + [HPO_4^{2-}] + [PO_4^{3-}]$
**(e)** $0.0500 + 0.100 = [HClO_2] + [ClO_2^-]$
**(g)** $0.100 = [Na^+] = [OH^-] + 2[Zn(OH)_4^{2-}]$
**(i)** $[Pb^{2+}] = ½([F^-] + [HF])$

**11-7.** **(a)** $2.3 \times 10^{-4}$ M **(c)** $2.2 \times 10^{-4}$ M

**11-8.** **(a)** $1.9 \times 10^{-4}$ M **(c)** $3.1 \times 10^{-5}$ M

**11-9.** **(a)** $1.5 \times 10^{-4}$ M **(b)** $1.5 \times 10^{-7}$ M

**11-11.** **(a)** 4.7 M

**11-12.** $5.1 \times 10^{-4}$ M

**11-14.** **(a)** $Cu(OH)_2$ precipitates first.
**(b)** $9.8 \times 10^{-10}$ M
**(c)** $9.6 \times 10^{-9}$ M

**11-16.** **(a)** $8.3 \times 10^{-11}$ M **(b)** $1.4 \times 10^{-11}$ M; **(c)** $1.3 \times 10^{4}$; **(d)** $1.3 \times 10^{4}$

**11-18.** 3.754 g

**11-20.** **(a)** 0.0101 M; 49% **(b)** $7.14 \times 10^{-3}$ M; 70%

## ▸ 제12장

**12-1.** **(a)** A *colloidal precipitate* consists of solid particles with dimensions that are less than $10^{-4}$ cm. A *crystalline precipitate* consists of solid particles with dimensions that are at least $10^{-4}$ cm or greater. Crystalline precipitates settle rapidly, whereas colloidal precipitates remain suspended in solution.

**(c)** In *precipitation*, a solid phase forms and is carried out of solution when the solubility product of a chemical species is exceeded. In *coprecipitation*, normally soluble compounds are carried out of solution during precipitate formation.

**(e)** *Occlusion* is a type of coprecipitation in which a compound is trapped within a pocket formed during rapid crystal formation. *Mixed-crystal formation* is also a type of coprecipitation in which a contaminant ion replaces an ion in the crystal lattice.

**12-2.** **(a)** *Digestion* is a process in which a precipitate is heated in the presence of the solution from which it was formed (the *mother liquor*). Digestion improves the purity and filterability of the precipitate.

**(c)** In *reprecipitation*, the filtered solid precipitate is redissolved and reprecipitated. Because the concentration of the impurity in the new solution is lower, the second precipitate contains less coprecipitated impurity.

**(e)** The *counter-ion layer* is a layer of solution surrounding a charged particle containing a sufficient excess of oppositely charged ions to balance the surface charge on the particle.

**(g)** *Supersaturation* is an unstable state in which a solution contains higher solute concentration than a saturated solution. Supersaturation is relieved by precipitation of excess solute.

**12-3.** A *chelating agent* is an organic compound that contains two or more electron-donor groups located in such a configuration that five- or six-membered rings are formed when the donor groups complex a cation.

**12-5.** **(a)** positive charge **(b)** adsorbed $Ag^+$ **(c)** $NO_3^-$ ions

**12-7.** In *peptization*, a coagulated colloid returns to its original dispersed state because of a decrease in the electrolyte concentration of the solution contacting the precipitate. Peptization can be avoided by washing the coagulated colloid with an electrolyte solution instead of pure water.

**12-9.** **(a)** $\text{mass } SO_2 = \text{mass } BaSO_4 \times \dfrac{\mathcal{M}_{SO_2}}{\mathcal{M}_{BaSO_4}}$

**(c)** $\text{mass In} = \text{mass } In_2O_3 \times \dfrac{2\mathcal{M}_{In}}{\mathcal{M}_{In_2O_3}}$

**(e)** $\text{mass CuO} = \text{mass } Cu_2(SCN)_2 \times \dfrac{2\mathcal{M}_{CuO}}{\mathcal{M}_{Cu_2(SCN)_2}}$

**(i)** $\text{mass } Na_2B_4O_7 \cdot 10H_2O = \text{mass } B_2O_3 \times \dfrac{\mathcal{M}_{Na_2B_4O_7 \cdot 10H_2O}}{2\mathcal{M}_{B_2O_3}}$

**12-10.** 60.59%

**12-12.** 1.076 g

**12-14.** 0.178 g

**12-18.** 17.23%

**12-20.** 44.58%

**12-22.** 38.74%

**12-24.** 0.550 g
**12-26.** **(a)** 0.239 g **(b)** 0.494 g **(c)** 0.406 g
**12-28.** 4.72% $Cl^-$ and 27.05% $I^-$
**12-30.** 0.764 g
**12-32.** **(a)** 0.369 g **(b)** 0.0149 g

## ▸제13장

**13-1.** **(a)** The *millimole* is the amount of an elementary species, such as an atom, an ion, a molecule, or an electron. A millimole contains $6.02 \times 10^{20}$ particles.
**(c)** *Stoichiometric ratio* is the molar ratio of two species in a balanced chemical reaction.

**13-3.** **(a)** The *equivalence point* in a titration is that point at which sufficient titrant has been added so that stoichiometrically equivalent amounts of analyte and titrant are present. The *end point* is the point at which an observable physical change signals the equivalence point.

**13-5.** **(a)** $\frac{1 \text{ mol } H_2NNH_2}{2 \text{ mol } I_2}$ **(c)** $\frac{1 \text{ mole } Na_2B_4O_7 \cdot 10H_2O}{2 \text{ moles } H^+}$

**13-7.** **(a)** 0.233 **(b)** 11.34 **(c)** 0.820 **(d)** 11.00
**13-9.** **(a)** 1.51 g **(b)** 0.00302 g
**(c)** 0.058 g **(d)** 0.0776 g
**13-11.** 3.03 M
**13-13.** **(a)** Dissolve 23.70 g $KMnO_4$ in water and dilute to 1.00 L.
**(b)** Dilute 139 mL of concentrated (9.00 M) reagent to 2.50 L.
**(c)** Dissolve 2.78 g $MgI_2$ in water and bring to 400 mL total volume.
**(d)** Dilute 57.5 mL of the 0.218 M solution to a volume of 200 mL.
**(e)** Dilute 16.9 mL of the concentrated reagent to 1.50 L.
**(f)** Dissolve 42.4 mg $K_4Fe(CN)_6$ in water and dilute to 1.50 L.
**13-15.** 0.1281 M
**13-17.** 0.2790 M
**13-19.** 0.1146 M
**13-21.** 165.6 ppm
**13-23.** 7.317%
**13-25.** 0.6718 g
**13-27.** **(a)** 0.02966 M **(b)** 47.59%
**13-29.** **(a)** 0.01346 M **(b)** 0.01346 M
**(c)** $4.038 \times 10^{-2}$ M **(d)** 0.374%
**(e)** 1.0095 mmol **(f)** 526 ppm

## ▸제14장

**14-1.** Because of the limited sensitivity of the eye, the color change requires a roughly tenfold excess of one or the other form of the indicator. This color change corresponds to a pH range of the indicator $pK_a \pm 1$ pH unit, a total range of 2 pH units.

**14-3.** **(a)** The initial pH of the $NH_3$ solution will be less than that for the solution containing NaOH. With the first addition of titrant, the pH of the $NH_3$ solution will decrease rapidly and then level off and become nearly constant throughout the middle part of the titration. In contrast, additions of standard acid to the NaOH solution will cause the pH of the NaOH solution to decrease gradually and nearly linearly until the equivalence point is approached. The equivalence point pH for the $NH_3$ solution will be well below 7, whereas for the NaOH solution it will be exactly 7.
**(b)** Beyond the equivalence point, the pH is determined by the excess titrant. Thus, the curves become identical in this region.

**14-5.** Temperature, ionic strength, the presence of organic solvents, and colloidal particles.
**14-6.** **(a)** NaOCl **(c)** methylamine
**14-7.** **(a)** iodic acid **(c)** pyruvic acid
**14-9.** 3.19
**14-11.** **(b)** 13.26
**14-12.** **(b)** 11.26
**14-13.** 0.078
**14-15.** 7.04
**14-17.** **(a)** 2.13 **(b)** 1.74 **(c)** 9.22 **(d)** 9.08
**14-19.** **(a)** 1.30 **(b)** 1.37
**14-21.** **(a)** 4.26 **(b)** 4.76 **(c)** 5.76
**14-23.** **(a)** 11.12 **(b)** 10.62 **(c)** 9.53
**14-25.** **(a)** 12.04 **(b)** 11.48 **(c)** 9.97
**14-27.** **(a)** 1.98 **(b)** 2.48 **(c)** 3.56
**14-29.** **(a)** 2.44 **(b)** 8.32 **(c)** 12.52 **(d)** 3.90
**14-31.** **(a)** 9.02 **(b)** 9.12
**14-33.** **(a)** 8.77 **(b)** 12.20 **(c)** 10.11 **(d)** 5.66
**14-34.** **(a)** 0.00 **(c)** −1.000 **(e)** −0.500 **(g)** 0.000
**14-35.** **(a)** −5.00 **(c)** −0.097 **(e)** −3.369 **(g)** −0.017
**14-37.** **(b)** −0.141
**14-39.** Cresol purple (range 7.6 to 9.2, Table 14-1) would be suitable.

**14-41.**

| | (a) | (c) |
|---|---|---|
| **Vol, mL** | **pH** | **pH** |
| 0.00 | 2.09 | 2.44 |
| 5.00 | 2.38 | 2.96 |
| 15.00 | 2.82 | 3.50 |
| 25.00 | 3.17 | 3.86 |
| 40.00 | 3.76 | 4.46 |
| 45.00 | 4.11 | 4.82 |
| 49.00 | 4.85 | 5.55 |
| 50.00 | 7.92 | 8.28 |
| 51.00 | 11.00 | 11.00 |
| 55.00 | 11.68 | 11.68 |
| 60.00 | 11.96 | 11.96 |

**14-43.**

| | (a) | (c) |
|---|---|---|
| **Vol, mL** | **pH** | **pH** |
| 0.00 | 2.51 | 4.26 |
| 5.00 | 2.62 | 6.57 |
| 15.00 | 2.84 | 7.15 |
| 25.00 | 3.09 | 7.52 |
| 40.00 | 3.60 | 8.12 |
| 45.00 | 3.94 | 8.48 |
| 49.00 | 4.66 | 9.21 |
| 50.00 | 7.28 | 10.11 |
| 51.00 | 10.00 | 11.00 |
| 55.00 | 10.68 | 11.68 |
| 60.00 | 10.96 | 11.96 |

**14-44.** **(a)** $\alpha_0 = 0.215; \alpha_1 = 0.785$
**(c)** $\alpha_0 = 0.769; \alpha_1 = 0.231$
**(e)** $\alpha_0 = 0.917; \alpha_1 = 0.083$
**14.45.** 0.105 M
**14-47.** Bolded entries are missing data points.

| Acid | $c_T$ | pH | [HA] | [$A^-$] | $\alpha_0$ | $\alpha_1$ |
|---|---|---|---|---|---|---|
| Lactic | 0.120 | **3.61** | **0.0768** | **0.0432** | 0.640 | **0.360** |
| Butanoic | **0.162** | 5.00 | 0.644 | **0.0979** | **0.397** | **0.604** |
| Sulfamic | 0.250 | 1.20 | **0.095** | **0.155** | **0.380** | **0.620** |

## 제15장

**15-1.** Not only is NaHA a proton donor, it is also the conjugate base of the parent acid $H_2A$. In order to calculate the pH of solutions of this type, it is necessary to take both the acid and the basic equilibria into account.

**15-4.** The species $HPO_4^{2-}$ is such a weak acid ($K_{a3} = 4.5 \times 10^{-13}$) that the change in pH in the vicinity of the third equivalence point is too small to be observable.

**15-5.** **(a)** neutral **(c)** neutral **(e)** basic **(g)** acidic

**15-6.** Bromocresol green would be satisfactory.

**15-8.** $H_3PO_4$ could be determined with bromocresol green as an indicator. A titration with phenolphthalein indicator gives the number of millimoles of $NaH_2PO_4$ plus twice the number of millimoles of $H_3PO_4$. The amount of $NaH_2PO_4$ is obtained from the difference in volume for the two titrations.

**15-9.** **(a)** Cresol purple **(c)** Cresol purple **(e)** Bromocresol green **(g)** Phenolphthalein

**15-10.** **(a)** 1.86 **(c)** 1.64 **(e)** 4.21

**15-11.** **(a)** 4.71 **(c)** 4.28 **(e)** 9.80

**15-12.** **(a)** 12.32 **(c)** 9.70 **(e)** 12.58

**15-14.** **(a)** 2.42 **(b)** 7.51 **(c)** 9.43 **(d)** 3.66 **(e)** 3.66

**15-16.** **(a)** 1.89 **(b)** 1.54 **(c)** 12.58 **(d)** 12.00

**15-18.** **(a)** $[H_2S]/[HS^-] = 0.010$
**(b)** $[BH^+]/[B] = 8.5$
**(c)** $[H_2AsO_4^-]/[HAsO_4^{2-}] = 9.1 \times 10^{-3}$
**(d)** $[HCO_3^-]/[CO_3^{2-}] = 21$

**15-20.** 49.0 g

**15-22.** **(a)** 5.47 **(b)** 2.92

**15-24.** Mix 366 mL $H_3PO_4$ with 634 mL NaOH.

**15-28.** The volume to the first end point would have to be smaller than one half the total volume to the second end point because in the titration from the first to second end points both analytes are titrated, whereas to the first end point only the $H_3PO_4$ is titrated.

**15-32.** **(a)** $\dfrac{[H_3AsO_4][HAsO_4^{2-}]}{[H_2AsO_4^-]^2} = 1.9 \times 10^{-5}$

**(b)** $\dfrac{[AsO_4^{3-}][H_2AsO_4^-]}{[HAsO_4^{2-}]^2} = 2.9 \times 10^{-5}$

**15-34.**

| | pH | $D$ | $\alpha_0$ | $\alpha_1$ | $\alpha_2$ | $\alpha_3$ |
|---|---|---|---|---|---|---|
| (a) | 2.00 | $1.112 \times 10^{-4}$ | 0.899 | 0.101 | $3.94 \times 10^{-5}$ | |
| | 6.00 | $5.500 \times 10^{-9}$ | $1.82 \times 10^{-4}$ | 0.204 | 0.796 | |
| | 10.00 | $4.379 \times 10^{-9}$ | $2.28 \times 10^{-12}$ | $2.56 \times 10^{-5}$ | 1.000 | |
| (c) | 2.00 | $1.075 \times 10^{-6}$ | 0.931 | $6.93 \times 10^{-2}$ | $1.20 \times 10^{-4}$ | $4.82 \times 10^{-9}$ |
| | 6.00 | $1.882 \times 10^{-14}$ | $5.31 \times 10^{-5}$ | $3.96 \times 10^{-2}$ | 0.685 | 0.275 |
| | 10.00 | $5.182 \times 10^{-15}$ | $1.93 \times 10^{-16}$ | $1.44 \times 10^{-9}$ | $2.49 \times 10^{-4}$ | 1.000 |
| (e) | 2.00 | $4.000 \times 10^{-4}$ | 0.250 | 0.750 | $1.22 \times 10^{-5}$ | |
| | 6.00 | $3.486 \times 10^{-9}$ | $2.87 \times 10^{-5}$ | 0.861 | 0.139 | |
| | 10.00 | $4.863 \times 10^{-9}$ | $2.06 \times 10^{-12}$ | $6.17 \times 10^{-4}$ | 0.999 | |

## 제16장

**16-1.** Nitric acid is an oxidizing agent and can react with reducible species in titrations.

**16-3.** Carbon dioxide is not strongly bonded by water molecules and is volatilized from aqueous solution by brief boiling. When dissolved in water, gaseous HCl molecules are fully dissociated into $H_3O^+$ and $Cl^-$, which are nonvolatile.

**16-5.** First, the higher molecular mass of $KH(IO_3)_2$ means that the relative mass error is less than with benzoic acid. Second, $KH(IO_3)_2$ is a strong acid while benzoic acid is not.

**16-7.** If the NaOH solution is used for titrations with an acid-range indicator, $CO_3^{2-}$ in the base solution consumes two $H_3O^+$ ions, the same as the two hydroxides lost forming $Na_2CO_3$.

**16-9.** **(a)** Dissolve 11 g KOH in water and dilute to 2.00 L.
**(b)** Dissolve 6.3 g $Ba(OH)_2 \cdot 8H_2O$ in water and dilute to 2.00 L.
**(c)** Dilute 90 mL reagent to 2.00 L.

**16-11.** **(a)** 0.1077 M **(b)** $s = 0.00061$; CV = 0.57%
**(c)** Reject 1.0862 at 95% confidence level but retain at 99% CL.

**16-13.** Error = −29%

**16-15.** **(a)** 0.01535 M **(b)** 0.04175 M **(c)** 0.03452 M

**16-17.**

| mL HCl | SD TRIS | SD $Na_2CO_3$ | SD $Na_2B_4O_7 \cdot H_2O$ |
|---|---|---|---|
| 20.00 | 0.00004 | 0.00009 | 0.00003 |
| 30.00 | 0.00003 | 0.00006 | 0.00002 |
| 40.00 | 0.00002 | 0.00005 | 0.00001 |
| 50.00 | 0.00002 | 0.00004 | 0.00001 |

**16-19.** 0.1214 g/100 mL

**16-21.** **(a)** 46.55% **(b)** 88.23% **(c)** 32.21% **(d)** 10.00%

**16-23.** 23.7%

**16-25.** 7.216%

**16-27.** Probably $MgCO_3$ with a molar mass of 84.31.

**16-29.** $3.35 \times 10^3$ ppm

**16.31.** 6.333%

**16-33.** 22.08%

**16-35.** 3.93%

**16-37.** **(a)** 10.09% **(b)** 21.64% **(c)** 47.61% **(d)** 35.81%

**16-39.** 15.23% $(NH_4)_2SO_4$ and 24.39% $NH_4NO_3$

**16-41.** 28.56% $NaHCO_3$; 45.85% $Na_2CO_3$ and 25.59% $H_2$

**16-43.** **(a)** 12.93 mL **(b)** 16.17 mL
**(c)** 24.86 mL **(d)** 22.64 mL

**16-45.** **(a)** 4.31 mg/mL NaOH
**(b)** 7.985 mg/mL $NaHCO_3$ and 4.358 mg/mL $Na_2CO_3$
**(c)** 3.455 mg/mL $Na_2CO_3$ and 4.396 mg/mL NaOH
**(d)** 8.215 mg/mL $Na_2CO_3$
**(e)** 13.462 mg/mL $NaHCO_3$

**16-47.** **(a)** 126.066 **(b)** 63.03

## 제17장

**17-1.** **(a)** A *ligand* is a species that contains one or more electron pair donor groups to form bonds with metal ions.
**(c)** A *tetradentate chelating agent* contains four pairs of donor electrons located in such positions that they all can bond to a metal ion, thus forming two rings.
**(e)** *Argentometric titrations* are based on forming precipitates with standard solutions of silver nitrate.

(g) In an *EDTA displacement titration*, an unmeasured excess of a solution containing the magnesium or zinc complex of EDTA is introduced into the solution of an analyte that forms a more stable complex than that of magnesium or zinc. The liberated magnesium or zinc ions are then titrated with a standard solution of EDTA.

**17-3.** Direct titration (1), back-titration (2), and displacement titration (3). Method (1) is simple, rapid, but it requires one standard reagent. Method (2) is advantageous for those metals that react very slowly with EDTA or with samples that form precipitates. Method (3) is particularly useful where no satisfactory indicators are available for direct titration.

**17-4.** (a) $Ag^+ + S_2O_3^{2-} \rightleftharpoons Ag(S_2O_3)^-$ $\quad K_1 = \dfrac{[Ag(S_2O_3)^-]}{[Ag^+][S_2O_3^{2-}]}$

$Ag(S_2O_3)^- + S_2O_3^{2-} \rightleftharpoons Ag(S_2O_3)_2^{3-}$

$$K_2 = \frac{[Ag(S_2O_3)_2^{3-}]}{[Ag(S_2O_3)^-][S_2O_3^{2-}]}$$

**17-5.** The overall formation constant, $\beta_n$, is equal to the product of the individual stepwise constants.

**17-7.** The Fajans method involves a direct titration, while a Volhard titration requires two standard solutions and a filtration step.

**17-9.** In the beginning stages of a precipitation titration, one of the lattice ions is in excess, and its charge determines the sign of the charge of the particles. After the equivalence point, the oppositely charged ion is in excess and determines the sign of the charge.

**17-11.** (a) $\alpha_1 = \dfrac{K_a}{[H^+] + K_a}$

(b) $\alpha_2 = \dfrac{K_{a1}K_{a2}}{[H^+]^2 + K_{a1}[H^+] + K_{a1}K_{a2}}$

(c) $\alpha_3 = \dfrac{K_{a1}K_{a2}K_{a3}}{[H^+]^3 + K_{a1}[H^+]^2 + K_{a1}K_{a2}[H^+] + K_{a1}K_{a2}K_{a3}}$

**17-13.** $\beta_3' = (\alpha_2)^3\beta_3 = \dfrac{[Fe(Ox)_3^{3-}]}{[Fe^{3+}](c_T)^3}$

**17-15.** $\beta_n = \dfrac{[ML_n]}{[M][L]^n}$

Taking the logarithm of both sides gives $\log \beta_n = \log[ML_n] - \log[M] - n\log[L]$.

Converting the right side to *p* functions, $\log \beta_n = pM + npL - pML_n$.

**17-17.** 0.00918 M

**17-19.** (a) 32.28 mL (b) 14.98 mL (c) 32.28 mL

**17-20.** (a) 34.84 mL (c) 45.99 mL (e) 32.34 mL

**17-21.** 3.244%

**17-23.** (a) 51.78 mL (c) 10.64 mL (e) 46.24 mL

**17-25.** (a) 44.70 mL (c) 14.87 mL

**17-27.** 1.216%

**17-29.** 184.0 ppm $Fe^{3+}$ and 213.1 ppm $Fe^{2+}$

**17-31.** 55.16% Pb and 44.86% Cd

**17-33.** 83.75% ZnO and 0.230% $Fe_2O_3$

**17-34.** 31.48% NaBr and 48.57% $NaBrO_3$

**17-36.** 13.72% Cr, 56.82% Ni, and 27.44% Fe

**17-38.** (a) $4.7 \times 10^9$ (b) $1.1 \times 10^{12}$ (c) $7.5 \times 10^{13}$

**17-42.** (a) 570.5 ppm (b) 350.5 ppm (c) 185.3 ppm

## ▸ 제18장

**18-1.** (a) *Oxidation* is a process in which a species loses one or more electrons.

(c) A *salt bridge* is a device that provides electrical contact but prevents mixing of dissimilar solutions in an electrochemical cell.

(e) The *Nernst equation* relates the potential to the concentrations (strictly, activities) of the participants in an electrochemical half-cell.

**18-2.** (a) The *electrode potential* is the potential of an electrochemical cell in which a standard hydrogen electrode acts as the reference electrode on the left and the half-cell of interest is on the right.

(c) The *standard electrode potential* is the potential of a cell consisting of the half-reaction of interest on the right and a standard hydrogen electrode on the left. The activities of all the participants in the half-reaction are specified as having a value of unity.

**18-3.** (a) *Oxidation* is the process whereby a substance loses electrons; an *oxidizing agent* causes the loss of electrons.

(c) The *cathode* is the electrode at which reduction occurs. The *right-hand electrode* is the electrode on the right in the cell diagram.

(e) The *standard electrode potential* is the potential of a cell in which the standard hydrogen electrode acts as the reference electrode on the left and all participants in the right-hand electrode process have unit activity. The *formal potential* differs in that the molar *concentrations* of all the reactants and products are unity and the concentrations of other species in the solution are carefully specified.

**18-4.** The first standard potential is for a solution saturated with $I_2$, which has an $I_2(aq)$ activity significantly less than one. The second potential is for a *hypothetical* half-cell in which the $I_2(aq)$ activity is unity.

**18-5.** To keep the solution saturated with $H_2(g)$. Only then is the hydrogen activity constant and the electrode potential constant and reproducible.

**18-7.** (a) $2Fe^{3+} + Sn^{2+} \rightarrow 2Fe^{2+} + Sn^{4+}$

(c) $2NO_3^- + Cu(s) + 4H^+ \rightarrow 2NO_2(g) + 2H_2O + Cu^{2+}$

(e) $Ti^{3+} + Fe(CN)_6^{3-} + H_2O \rightarrow TiO^{2+} + Fe(CN)_6^{4-} + 2H^+$

(g) $2Ag(s) + 2I^- + Sn^{4+} \rightarrow 2AgI(s) + Sn^{2+}$

(i) $5HNO_2 + 2MnO_4^- + H^+ \rightarrow 5NO_3^- + 2Mn^{2+} + 3H_2O$

**18-8.** (a) Oxidizing agent $Fe^{3+}$; $Fe^{3+} + e^- \rightleftharpoons Fe^{2+}$;
Reducing agent $Sn^{2+}$; $Sn^{2+} \rightleftharpoons Sn^{4+} + 2e^-$

(c) Oxidizing agent $NO_3^-$, $NO_3^- + 2H^+ + e^- \rightleftharpoons NO_2(g) + H_2O$; Reducing agent Cu; $Cu(s) \rightleftharpoons Cu^{2+} + 2e^-$

(e) Oxidizing agent $Fe(CN)_6^{3-}$; $Fe(CN)_6^{3-} + e^- \rightleftharpoons Fe(CN)_6^{4-}$; Reducing agent $Ti^{3+}$;
$Ti^{3+} + H_2O \rightleftharpoons TiO^{2+} + 2H^+ + e^-$

(g) Oxidizing agent $Sn^{4+}$; $Sn^{4+} + 2e^- \rightleftharpoons Sn^{2+}$; Reducing agent Ag;
$Ag(s) + I^- \rightleftharpoons AgI(s) + e^-$

(i) Oxidizing agent $MnO_4^-$; $MnO_4^- + 8H^+ + 5e^- \rightleftharpoons Mn^{2+} + 4H_2O$
Reducing agent $HNO_2$; $HNO_2 + H_2O \rightleftharpoons NO_3^- + 3H^+ + 2e^-$

**18-9.** (a) $MnO_4^- + 5VO^{2+} + 11H_2O \rightarrow Mn^{2+} + 5V(OH)_4^+ + 2H^+$

(c) $Cr_2O_7^{2-} + 3U^{4+} + 2H^+ \rightarrow 2Cr^{3+} + 3UO_2^{2+} + H_2O$

(e) $IO_3^- + 5I^- + 6H^+ \rightarrow 3I_2 + 3H_2O$

(g) $HPO_3^{2-} + 2MnO_4^- + 3OH^- \rightarrow PO_4^{3-} + 2MnO_4^{2-} + 2H_2O$

(i) $V^{2+} + 2V(OH)_4^+ + 2H^+ \rightarrow 3VO^{2+} + 5H_2O$

**18-11.** (a)

| | |
|---|---|
| $AgBr(s) + e^- \rightleftharpoons Ag(s) + Br^-$ | $V^{2+} \rightleftharpoons V^{3+} + e^-$ |
| $Ti^{3+} + 2e^- \rightleftharpoons Ti^+$ | $Fe(CN)_6^{4-} \rightleftharpoons Fe(CN)_6^{3-} + e^-$ |
| $V^{3+} + e^- \rightleftharpoons V^{2+}$ | $Zn \rightleftharpoons Zn^{2+} + 2e$ |
| $Fe(CN)_6^{3-} + e^- \rightleftharpoons Fe(CN)_6^{4-}$ | $Ag(s) + Br^- \rightleftharpoons AgBr(s) + e^-$ |
| $S_2O_8^{2-} + 2e^- \rightleftharpoons 2SO_4^{2-}$ | $Ti^+ \rightleftharpoons Ti^{3+} + 2e^-$ |

| (b), (c) | $E^0$ |
|---|---|
| $S_2O_8^{2-} + 2e^- \rightleftharpoons 2SO_4^{2-}$ | 2.01 |
| $Ti^{3+} + 2e^- \rightleftharpoons Ti^+$ | 1.25 |
| $Fe(CN)_6^{3-} + e^- \rightleftharpoons Fe(CN)_6^{4-}$ | 0.36 |
| $AgBr(s) + e^- \rightleftharpoons Ag(s) + Br^-$ | 0.073 |
| $V^{3+} + e^- \rightleftharpoons V^{2+}$ | −0.256 |
| $Zn^{2+} + 2e^- \rightleftharpoons Zn(s)$ | −0.763 |

**18-13.** **(a)** 0.295 V **(b)** 0.193 V **(c)** −0.149 V **(d)** 0.061 V **(e)** 0.002 V

**18-16.** **(a)** 0.75 V **(b)** 0.192 V **(c)** −0.385 V **(d)** 0.278 V **(e)** 0.177 V **(f)** 0.86 V

**18-18.** **(a)** −0.281 V anode **(b)** −0.089 V anode **(c)** 1.016 V cathode **(d)** 0.165 V cathode **(e)** 0.012 V cathode

**18-20.** 0.390 V

**18-22.** −0.96 V

**18-24.** −1.25 V

**18-25.** 0.13 V

## ▸제19장

**19-1.** The electrode potential of a system that contains two or more redox couples is the electrode potential of all half-cell processes at equilibrium in the system.

**19-2.** **(a)** *Equilibrium* is the state that a system assumes after each addition of reagent. *Equivalence* refers to a particular equilibrium state when a stoichiometric amount of titrant has been added.

**19-4.** Before the equivalence point, potential data are computed from the analyte standard potential and the analytical concentrations of the analyte and product. Post-equivalence-point data are based on the standard potential for the titrant and its analytical concentrations. The equivalence point potential is computed from the two standard potentials and the stoichiometric relation between the analyte and titrant.

**19-6.** An asymmetric titration curve will be encountered whenever the titrant and the analyte react in a ratio that is not 1:1.

**19-8.** **(a)** 0.420 V, oxidation on the left, reduction on the right.
**(b)** 0.019 V, oxidation on the left, reduction on the right.
**(c)** 0.416 V, oxidation on the left, reduction on the right.
**(d)** −0.393 V, reduction on the left, oxidation on the right.
**(e)** −0.204 V, reduction on the left, oxidation on the right.
**(f)** 0.726 V, oxidation on the left, reduction on the right.

**19-9.** **(a)** 0.615 V **(c)** −0.333 V

**19-11.** **(a)** $2.2 \times 10^{17}$ **(c)** $3 \times 10^{22}$ **(e)** $9 \times 10^{37}$ **(g)** $2.4 \times 10^{10}$

**19-14.** **(a)** phenosafranine
**(c)** indigo tetrasulfonate or methylene blue
**(e)** erioglaucin A **(g)** none

## ▸제20장

**20-1.** **(a)** $2Mn^{2+} + 5S_2O_8^{2-} + 8H_2O \rightarrow 10SO_4^{2-} + 2MnO_4^- + 16H^+$
**(c)** $H_2O_2 + U^{4+} \rightarrow UO_2^{2+} + 2H^+$
**(e)** $2MnO_4^- + 5H_2O_2 + 6H^+ \rightarrow 5O_2 + 2Mn^{2+} + 8H_2O$

**20-2.** Only in the presence of $Cl^-$ ion is Ag a sufficiently good reducing agent to be very useful for prereductions.

**20-4.** Standard solutions of reductants are susceptible to air oxidation.

**20-6.** Freshly prepared solutions of permanganate are inevitably contaminated with small amounts of solid manganese dioxide, which catalyzes the further decompositions of permanganate ion.

**20-8.** Solutions of $K_2Cr_2O_7$ are used extensively for back-titrating solutions of $Fe^{2+}$ when the latter is being used as a standard reductant for the determination of oxidizing agents.

**20-10.** When a measured volume of a standard solution of $KIO_3$ is introduced into an acidic solution containing an excess of iodide ion, a known amount of iodine is produced as a result of:

$$IO_3^- + 5I^- + 6H^+ \rightarrow 3I_2 + 3H_2O$$

**20-12.** Starch decomposes in the presence of high concentrations of iodine to give products that do not behave satisfactorily as indicators. Delaying the addition of the starch until the iodine concentration is very small prevents this reaction.

**20-13.** **(a)** 0.1238 M **(c)** 0.02475 M **(e)** 0.03094 M

**20-14.** Dissolve 8.350 g $KBrO_3$ in water and dilute to 1.000 L.

**20-16.** 0.1147 M

**20-18.** 81.71%

**20-20.** 0.0266 M

**20-22.** 1.199%

**20-24.** 2.056%

**20-26.** 11.2 ppm

**20-28.** 0.0426 mg/mL sample

## ▸제21장

**21-1.** **(a)** An *indicator electrode* is an electrode used in potentiometry that responds to variations in the activity of an analyte ion or molecule.
**(c)** An *electrode of the first kind* is a metal electrode that responds to the activity of its cation in solution.

**21-2.** **(a)** A *liquid-junction potential* is the potential that develops across the interface between two solutions having different electrolyte compositions.
**(c)** The *asymmetry potential* is a potential that develops across an ion-sensitive membrane when the concentrations of the ion are the same on either side of the membrane. This potential arises from dissimilarities between the inner and outer surface of the membrane.

**21-3.** **(a)** A titration is generally more accurate than measurements of electrode potential. Therefore, if ppt accuracy is needed, a titration should be picked.
**(b)** Electrode potentials are related to the activity of the analyte. Thus, pick potential measurements if activity is the desired quantity.

**21-5.** The potential arises from the difference in positions of dissociation equilibria on each of the two surfaces. These equilibria are described by

$$\underset{\text{membrane}}{H^+Gl^-} \rightleftharpoons \underset{\text{solution}}{H^+} + \underset{\text{membrane}}{Gl^-}$$

The surface exposed to the solution having the higher $H^+$ concentration becomes positive with respect to the other surface. This charge difference, or potential, serves as the analytical parameter when the pH of the solution on one side of the membrane is held constant.

**21-7.** Uncertainties include (1) the acid error in highly acidic solutions, (2) the alkaline error in strongly basic solutions, (3) the error that arises when the ionic strength of the calibration standards differs from that of the analyte solution, (4) uncertainties in the pH of the standard buffers, (5) nonreproducible junction potentials with solutions of low ionic strength, and (6) dehydration of the working surface.

**21-9.** The *alkaline error* arises when a glass electrode is employed to measure the pH of solutions having pH values in the 10 to 12 range or greater. In the presence of alkali ions, the glass surface becomes responsive to not only hydrogen ions but also alkali metal ions. Measured pH values are low as a result.

**21-11.** **(b)** The *boundary potential* for a membrane electrode is a potential that develops when the membrane separates two solutions that have different concentrations of a cation or an anion that the membrane binds selectively.
**(d)** The membrane in a solid-state $F^-$ electrode is crystalline $LaF_3$, which when immersed in aqueous solution, dissociates according to the equation

$$LaF_3(s) \rightleftharpoons La^{3+} + 3F^-$$

A boundary potential develops across this membrane when it separates two solutions of $F^-$ ion concentration.

**21-12.** The direct potentiometric measurement of pH provides a measure of the equilibrium activity of hydronium ions in the sample. A potentiometric titration provides information on the amount of reactive protons, both ionized and nonionized, in the sample.

**21-15.** **(a)** 0.354 V
**(b)** SCE $\|$ $IO_3^-$ ($x$ M), $AgIO_3$(sat'd)$|$Ag
**(c)** $(E_{cell} - 0.110)/0.0592$
**(d)** 3.31

**21-17.** **(a)** SCE $\|$ $I^-$ ($x$ M), AgI (sat'd)$|$Ag
**(c)** SCE $\|$ $PO_4^{3-}$ ($x$ M), $Ag_3PO_4$ (sat'd)$|$Ag

**21-19.** **(a)** 3.36
**(c)** 2.43

**21-20.** 6.32

**21-21.** **(a)** 12.47, $3.42 \times 10^{-13}$ M
**(b)** 5.47, $3.41 \times 10^{-6}$ M
**(c)** For (a), pH should be 12.43 to 12.50 and $a_{H^+}$ in the range of 3.17 to $3.70 \times 10^{-13}$ M.
For (b), pH in the range 5.43 to 5.50, $a_{H^+}$ in the range $3.16 \times 10^{-6}$ to $3.69 \times 10^{-6}$ M.

**21-22.** 173.7 g/mol

**21-26.** $3.5 \times 10^{-4}$ M

## ▸제22장

**22-1.** **(a)** In *Concentration polarization*, the current in an electrochemical cell is limited by the rate at which reactants are brought to or removed from the surface of one or both electrodes. In *Kinetic polarization*, the current is limited by the rate at which electrons are transferred between the electrode surfaces and the reactant in solution. For either type, the current is no longer linearly related to cell potential.
**(c)** *Diffusion* is the movement of species under the influence of a concentration gradient. *Migration* is the movement of an ion under the influence of an electrostatic attractive or repulsive force.
**(e)** The *electrolysis circuit* consists of a working electrode and a counter electrode. The *control circuit* regulates the applied potential such that the potential between the working electrode and a reference electrode in the control circuit is constant and at a desired level.

**22-2.** **(a)** The *Ohmic potential*, or *IR* drop, of a cell is the product of the current in the cell in amperes and the electrical resistance of the cell in ohms.
**(c)** In *controlled-potential electrolysis*, the potential applied to a cell is continuously adjusted to maintain a constant potential between the working electrode and a reference electrode.
**(e)** *Current efficiency* is a measure of agreement between the number of faradays of charge and the number of moles of reactant oxidized or reduced at a working electrode.

**22-3.** *Diffusion* arises from concentration differences between the electrode surface and the bulk of solution. *Migration* results from electrostatic attraction or repulsion. *Convection* results from stirring, vibration, or temperature differences.

**22-5.** Temperature, stirring, reactant concentrations, presence or absence of other electrolytes, and electrode surface area.

**22-7.** Gaseous product, particularly when the electrode is a soft metal such as mercury, zinc, or copper; low temperatures; and high current densities.

**22-9.** Potentiometric methods are carried out under zero current conditions, and the effect of the measurement on analyte concentration is typically undetectable. In contrast, electrogravimetric and coulometric methods depend on the presence of a net current and a net cell reaction. Two additional phenomena, *IR* drop and polarization, must be considered in electrogravimetric and coulometric methods where current is present. Lastly, the final measurement in electrogravimetric and coulometric methods is the mass of the product produced electrolytically, while in potentiometric methods, it is the cell potential.

**22-11.** The species produced at the counter electrode are potential interferences by reacting with the products at the working electrode.

**22-13.** **(b)** $5.5 \times 10^{16}$

**22-14.** **(a)** −0.732 V **(c)** −0.352 V

**22-15.** −0.788 V

**22-17.** **(a)** −0.673 V **(b)** −0.54 V **(c)** −1.71 V **(d)** −1.85 V

**22-19.** **(a)** $3.6 \times 10^{-6}$ M **(b)** −0.425 V
**(c)** If the cathode is maintained between −0.425 V and −0.438 V, quantitative separation is possible in theory.

**22-21.** **(a)** 0.231 V **(b)** $7.6 \times 10^{-21}$ M
**(c)** −0.12 to −0.398 V

**22-22.** **(a)** 0.237 V **(c)** 0.0513 V **(e)** 0.118 V
**(g)** 0.264 V **(i)** 0.0789 V

**22-23.** **(a)** 16.0 min **(b)** 5.34 min

**22-25.** 132.0 g/eq

**22-27.** 173 ppm

**22-29.** 3.56%

**22-34.** 50.9 μg

**22-35.** $2.73 \times 10^{-4}$ g

## ▸제23장

**23-1.** **(a)** *Voltammetry* is an analytical technique that is based on measuring the current that develops at a small electrode as the applied potential is varied. *Amperometry* is a technique in which the limiting current is measured at a constant potential.
**(c)** *Differential-pulse* and *square-wave voltammetry* differ in the type of pulse sequence used, as shown in Figure 23-1b and c and 23-27.
**(e)** In voltammetry, a *limiting current* is a current that is independent of applied potential and limited by the rate at which a reactant is brought to the surface of the electrode by migration, convection, and/or diffusion. A *diffusion current* is a limiting current when analyte transport is solely by diffusion.
**(g)** The *half-wave potential* is closely related to the *standard potential* for a reversible reaction. That is,

$$E_{1/2} = E_A^0 - \frac{0.0592}{n}\log\left(\frac{k_A}{k_B}\right)$$

where $k_A$ and $k_B$ are constants that are proportional to the diffusion coefficients of the analyte and product. When these are approximately the same, the half-wave potential and the standard potential are essentially equal.

**23-3.** A high supporting electrolyte concentration is used in most electroanalytical procedures to minimize the contribution of migration to concentration polarization. The supporting electrolyte also reduces the cell resistance, which decreases the *IR* drop.

**23-5.** Most organic electrode processes consume or produce hydrogen ions. Unless buffered solutions are used, marked pH changes can occur at the electrode surface as the reaction proceeds.
**23-7.** The purpose of the electrodeposition step in stripping analysis is to preconcentrate the analyte on the surface of the working electrode and to separate it from many interfering species.
**23-9.** A plot of $E_{appl}$ versus $\log \frac{i}{i_l - i}$ should yield a straight line having a slope of $\frac{-0.0592}{n}$, and $n$ is readily obtained from the slope.
**23-12.** $1.7 \times 10^{-3}$% $Cu^{2+}$ removed.
**23-13.** $1.77 \times 10^{-4}$ M

## ▸제24장

**24-1.** The yellow color comes about because the solution absorbs blue light in the wavelength region 435 to 480 nm and transmits its complementary color (yellow). The purple color comes about because green radiation (500 to 560 nm) is absorbed and its complementary color (purple) is transmitted.
**24-2.** **(a)** Absorbance, $A$, is the negative logarithm of transmittance, $T$ ($A = -\log T$).
**24-3.** Deviations from linearity can occur because of polychromatic radiation, unknown chemical changes, stray light, and molecular or ionic interactions at high concentration.
**24-6.** **(a)** $1.13 \times 10^{18}$ Hz **(c)** $4.32 \times 10^{14}$ Hz
**(e)** $1.53 \times 10^{13}$ Hz
**24-7.** **(a)** 253.0 cm **(c)** 286 cm
**24-9.** **(a)** $3.33 \times 10^{3}$ cm$^{-1}$ to 667 cm$^{-1}$
**(b)** $1.00 \times 10^{14}$ Hz to $2.00 \times 10^{13}$ Hz
**24-11.** $\lambda = 1.36$ m; $E = 1.46 \times 10^{-25}$ J
**24-12.** **(a)** 436 nm
**24-13.** **(a)** ppm$^{-1}$ cm$^{-1}$ **(c)** %$^{-1}$ cm$^{-1}$
**24-14.** **(a)** 92.1% **(c)** 41.8% **(e)** 32.7%
**24-15.** **(a)** 0.565 **(c)** 0.514 **(e)** 1.032
**24-18.** **(a)** $\%T = 67.3$, $a = 0.0211$ cm$^{-1}$ ppm$^{-1}$, $c = 4.07 \times 10^{-5}$ M, $c_{ppm} = 8.13$ ppm
**(c)** $\%T = 30.2$, $a = 0.0397$ cm$^{-1}$ ppm$^{-1}$, $c = 6.54 \times 10^{-5}$ M, $c_{ppm} = 13.1$ ppm
**(e)** $A = 0.638$, $\%T = 23.0$, $a = 0.0187$ cm$^{-1}$ ppm$^{-1}$, $c_{ppm} = 342$ ppm
**(g)** $\%T = 15.9$, $\varepsilon = 3.17 \times 10^{3}$ L mol$^{-1}$ cm$^{-1}$, $a = 0.0158$ cm$^{-1}$ ppm$^{-1}$, $c = 1.68 \times 10^{-4}$ M
**(i)** $A = 1.28$, $a = 0.0489$ cm$^{-1}$ ppm$^{-1}$, $b = 5.00$ cm, $c = 2.62 \times 10^{-5}$ M
**24-21.** **(a)** 0.238 **(b)** 0.476
**(c)** 0.578 and 0.334 **(d)** 0.539
**24-23.** **(a)** 0.528 **(b)** 29.6% **(c)** $2.27 \times 10^{-5}$ M
**24-25.** $A' = 1.81$, error $= -13.6$%

## ▸제25장

**25-1.** **(a)** *Phototubes* consist of a single photoemissive surface (cathode) and an anode in an evacuated envelope. They exhibit low dark current but have no inherent amplification. *Solid-state photodiodes* are semiconductor *pn*-junction devices that respond to incident light by forming electron-hole pairs. They are more sensitive than phototubes but less sensitive than photomultiplier tubes.
**(c)** *Filters* isolate a single band of wavelengths and provide low-resolution wavelength selection suitable for quantitative work. *Monochromators* produce high resolution for qualitative and quantitative work. With monochromators, the wavelength can be varied continuously, whereas such manipulation is not possible with filters.
**25-3.** Quantitative analyses can tolerate rather wide slits since measurements are usually carried out at a wavelength maximum where the slope of the spectrum $dA/d\lambda$ is relatively constant. Qualitative analyses require narrow slits so that any fine structure in the spectrum will be resolved.
**25-5.** The iodine prolongs the life of the lamp and permits it to operate at a higher temperature. The iodine combines with gaseous tungsten that sublimes from the filament and causes the metal to be redeposited, thus adding to the life of the lamp.
**25-6.** **(a)** *Spectrophotometers* have monochromators for multiple wavelength operation and for procuring spectra while *photometers* utilize filters for fixed wavelength operation. Spectrophotometers are more complex and more expensive than photometers.
**(c)** Both a *monochromator* and a *polychromator* use a diffraction grating to disperse the spectrum, but a monochromator contains only one exit slit and detector, while a polychromator contains multiple exit slits and detectors. A monochromator can be used to monitor one wavelength at a time, while a polychromator can monitor several discrete wavelengths simultaneously.
**25-7.** **(a)** 0.73 μm (730 nm) **(c)** 1.45 μm (1450 nm)
**25-9.** **(a)** 1010 nm for 2870 K and 967 nm for 3000 K.
**(b)** 386 W/cm$^2$ for 2870 K and 461 W/cm$^2$ for 3000 K.
**25-11.** **(a)** The 0% transmittance is measured with no light reaching the detector and is a measure of the dark current.
**(b)** The 100% transmittance adjustment is made with a blank in the light path and compensates for any absorption or reflection losses in the cell and optics.
**25-13.** Fourier transform IR spectrometers have the advantages of higher speed and sensitivity, better light-gathering power, more accurate and precise wavelength settings, simpler mechanical design, and elimination of stray light and IR emission.
**25-14.** **(a)** $\%T = 23.84$, and A = 0.623
**(c)** %T = 5.7
**25-15.** **(b)** $A = 0.509$ **(d)** $T = 0.096$
**25-17.** A *photon detector* produces a current or voltage as a result of the emission of electrons from a photosensitive surface when struck by photons. A *thermal detector* consists of a darkened surface to absorb infrared radiation and produce a temperature increase. The thermal detector produces an electrical signal whose magnitude is related to the temperature and thus the intensity of the infrared radiation.
**25-19.** An *absorption photometer* and a *fluorescence photometer* consist of the same components. The basic difference is in the location of the detector. The detector in a fluorometer is positioned at an angle of 90° to the direction of the beam from the source so that emission is detected rather than transmission. In addition, a filter is often positioned in front of the detector to remove radiation from the excitation beam that may result from scattering or other nonfluorescence processes. In a transmission photometer, the detector is positioned in a line with the source, the filter, and the detector.
**25-21.** **(a)** A *transducer* converts quantities, such as light intensity, pH, mass, and temperature, into electrical signals that can be subsequently amplified, manipulated, and finally converted into numbers proportional to the magnitude of the original quantity.
**(c)** An *n*-type semiconductor contains unbonded electrons (e.g., produced by doping silicon with a Group V element).
**(e)** A *depletion layer* results when a reverse bias is applied to a *pn*-junction-type device. Majority carriers are drawn away from the junction leaving a nonconductive depletion layer.

## ▸제26장

**26-1.** **(a)** *Spectrophotometers* use a grating or a prism to provide narrow bands of radiation, while *photometers* use filters. Spectrophotometers have greater versatility and can obtain entire spectra. Photometers are simple, rugged, and low-cost and have higher light throughput.

**(c)** *Diode-array spectrophotometers* detect the entire spectral range simultaneously and can produce a spectrum in less than a second. *Conventional spectrophotometers* require several minutes to scan the spectrum.

**26-3.** Electrolyte concentration, pH, temperature, nature of solvent, and interfering substances.

**26-5.** $c_{min} = 1.1 \times 10^{-5}$ M; $c_{max} = 9.7 \times 10^{-5}$ M

**26-7.** $c_{min} = 1.2 \times 10^{-4}$ M; $c_{max} = 2.4 \times 10^{-3}$ M

**26-9.** **(a)** $A = 0.611$; $T = 0.245$ **(c)** $T = 0.060$

**26-10.** **(b)** $A = 0.503$ **(d)** $T = 0.099$

**26-13.** The absorbance should decrease approximately linearly with titrant volume until the end point. After the end point, the absorbance becomes independent of titrant volume.

**26-16.** 0.200 ppm Fe

**26-18.** 132 ppm Co and 248 ppm Ni

**26-20.** **(a)** $A = 0.492$ **(c)** $A = 0.190$

**26-21.** **(a)** $A = 0.301$ **(b)** $A = 0.413$ **(c)** $A = 0.491$

**26-22.** For A, pH = 5.60; for C, pH = 4.80

**26-25.** **(a)** $[P] = 2.08 \times 10^{-4}$ M; $[Q] = 4.90 \times 10^{-5}$ M

**(c)** $[P] = 8.36 \times 10^{-5}$ M; $[Q] = 6.10 \times 10^{-5}$ M

**(e)** $[P] = 2.11 \times 10^{-4}$ M; $[Q] = 9.64 \times 10^{-5}$ M

**26-26.** **(b)** $A = 0.03939c_{Fe} - 0.001008$

**(c)** $s_m = 1.1 \times 10^{-4}$, and $s_b = 2.7 \times 10^{-3}$

**26-28.** **(a)** 1:1 complex **(b)** $1.4 \times 10^4$ L mol$^{-1}$ cm$^{-1}$

**26-30.** **(a)** 1:1 complex

**(b)** $\varepsilon = 1400 \pm 200$ L mol$^{-1}$ cm$^{-1}$

**(c)** $K_f = 3.78 \times 10^5$

**26-33.** (1) 740 cm$^{-1}$ C—Cl stretch; (2) 1270 cm$^{-1}$ $CH_2$ wagging; (3) 2900 cm$^{-1}$ Aliphatic C-H stretch.

## ▸제27장

**27-1.** **(a)** *Fluorescence* is a photoluminescence process in which atoms or molecules are excited by absorption of electromagnetic radiation and then relax to the ground state, giving up their excess energy as photons.

**(c)** *Internal conversion* is the nonradiative relaxation of a molecule from a low energy vibrational level of an excited electronic state to a high energy vibrational level of a lower electronic state.

**(e)** The *Stokes shift* is the difference in wavelength between the radiation used to excite fluorescence and the wavelength of the emitted radiation.

**(g)** An *inner-filter effect* is a result of excessive absorption of the incident beam (primary absorption) or absorption of the emitted beam (secondary absorption).

**27-3.** **(a)** Fluorescein because of its greater structural rigidity due to the bridging —O— groups.

**27-5.** Organic compounds containing aromatic rings often exhibit fluorescence. Rigid molecules or multiple ring systems tend to have large quantum yields of fluorescence, while flexible molecules generally have lower quantum yields.

**27-7.** A filter fluorometer usually consists of a light source, a filter for selecting the excitation wavelength, a sample container, an emission filter, and a transducer/readout device. A spectrofluorometer has two monochromators that are the wavelength selectors.

**27-9.** Fluorometers are more sensitive because filters allow more excitation radiation to reach the sample and more emitted radiation to reach the transducer. In addition, fluorometers are substantially less expensive and more rugged than spectrofluorometer, making them particularly well suited for routine quantitation and remote analysis applications.

**27-10.** **(b)** $I_{rel} = 22.3c_{NADH} + 0.0004$.

**(d)** 0.510 μM NADH

**(e)** 0.016

**27-12.** 533 mg quinine

## ▸제28장

**28-1.** In *atomic emission spectroscopy*, the radiation source is the sample itself. The energy for excitation of analyte atoms is supplied by a plasma, a flame, an oven, or an electric arc or spark. The signal is the measured intensity of the source at the wavelength of interest. In *atomic absorption spectroscopy*, the radiation source is usually a line source, such as a hollow cathode lamp, and the signal is the absorbance. The latter is calculated from the radiant power of the source and the resulting power after the radiation has passed through the atomized sample. In *atomic fluorescence spectroscopy*, an external radiation source is used, and the fluorescence emitted, usually at right angles to the source, is measured. The signal is the intensity of the fluorescence emitted.

**28-2.** **(a)** *Atomization* is a process in which a sample, often in solution, is volatilized and decomposed to form an atomic vapor.

**(c)** *Doppler broadening* is an increase in the width of the atomic lines caused by the Doppler effect in which atoms moving toward a detector absorb or emit wavelengths that are slightly shorter than those absorbed or emitted by atoms moving at right angles to the detector. The reverse effect is observed for atoms moving away from the detector.

**(e)** A *plasma* is a conducting gas that contains a large concentration of ions and/or electrons.

**(g)** A *hollow-cathode lamp* consists of a tungsten wire anode and a cylindrical cathode sealed in a glass tube that contains argon at a pressure of 1 to 5 torr. The cathode is constructed from or supports the element whose emission is desired.

**(i)** An *additive interference*, also called a blank interference, produces an effect that is independent of the analyte concentration. It could be eliminated with a perfect blank solution.

**(k)** A *chemical interference* is encountered when a species interacts with the analyte in such a way as to alter the spectral emission or absorption characteristics of the analyte.

**(m)** A *protective agent* prevents interference by forming a stable, but volatile, compound with the analyte.

**28-3.** In atomic emission spectroscopy, the analytical signal is produced by the relatively small number of *excited* atoms or ions, whereas in atomic absorption the signal results from absorption by the much larger number of *unexcited* species. Any small change in flame conditions dramatically influences the number of *excited species,* whereas such changes have a much smaller effect on the number of *unexcited species.*

**28-5.** The source radiation is modulated to create an ac signal at the detector. The detector is made to reject the dc signal from the flame and measure the modulated signal from the source. In this way, background emission from the flame and atomic emission from the analyte is discriminated against and prevented from causing an interference effect.

**28-7.** The temperature and pressure in a hollow-cathode lamp are much less than those in an ordinary flame. As a result, Doppler and collisional broadening effects are much less, and narrower lines result.

**28-9.** The temperatures are high, sample residence times are long, and the atoms and ions are formed in a nearly chemically inert environment. The high and relatively constant electron concentration leads to fewer ionization interferences.

**28-11.** The radial geometry provides better stability and precision, while the axial geometry can achieve lower detection limits.

**28-13.** 0.504 ppm Pb

**28-15.** **(b)** $A_s = \dfrac{\varepsilon b V_s c_s}{V_t} + \dfrac{\varepsilon b V_x c_x}{V_t} = kV_s c_s + kV_x c_x$
**(c)** $m = kc_s$; $b = kV_x c_x$ **(e)** $m = 0.00881$; $b = 0.202$
**(g)** 28.0 (±0.2) ppm Cu

## ▸제29장

**29-1.** **(a)** The *Dalton* is one unified atomic mass unit and equal to 1/12 the mass of a neutral $^{12}_{6}C$ atom.
**(c)** The *mass number* is the atomic or molecular mass expressed without units.
**(e)** In a *time-of-flight* analyzer, ions with nearly the same kinetic energy traverse a field-free region. The time required for an ion to reach a detector at the end of the field-free region is inversely proportional to the mass of the ion.

**29-3.** The ICP torch serves both as an atomizer and ionizer.

**29-5.** Interferences are spectroscopic and matrix interferences. In a spectroscopic interference, the interfering species has the same mass-to-charge ratio as the analyte. Matrix effects occur at high concentrations where interfering species can interact chemically or physically to change the analyte signal.

**29-7.** The higher resolution of the double-focusing spectrometer allows the ions of interest to be better separated from background ions than with a relative low-resolution quadrupole spectrometer. The higher signal-to-background ratio of the double-focusing instrument leads to lower detection limits than with the quadrupole instrument.

**29-9.** The high energy of the beam of electrons used in EI sources is enough to break some chemical bonds and produce fragment ions.

**29-11.** The ion selected by the first analyzer is called the precursor ion. It then undergoes thermal decomposition, reaction with a collision gas, or photodecomposition to form product ions that are analyzed by a second mass analyzer.

## ▸제30장

**30-1.** **(a)** The *order of a reaction* is the numerical sum of the exponents of the concentration terms in the rate law for the reaction.
**(c)** *Enzymes* are high molecular mass organic molecules that catalyze reactions of biological importance.
**(e)** The *Michaelis constant*, $K_m$, is an equilibrium-like constant for the dissociation of the enzyme-substrate complex. It is defined by the equation $K_m = (k_{-1} + k_2)/k_1$, where $k_1$ and $k_{-1}$ are the rate constants for the forward and reverse reactions in the formation of the enzyme-substrate complex. The term $k_2$ is the rate constant for the dissociation of the complex to give products.
**(g)** *Integral methods* use integrated forms of the rate equations to calculate concentrations from kinetic data.

**30-3.** Advantages include the following: (1) measurements are made relatively early in the reaction before side reactions can occur; (2) measurements do not depend on the determination of absolute concentration but rather depend upon differences in concentration; and (3) selectivity is often enhanced in reaction-rate methods, particularly in enzyme-based methods. Limitations include (1) lower sensitivity, (2) greater dependence on conditions, and (3) lower precision.

**30-5.** $t_{1/2} = \ln 2/k = 0.693/k$

**30-6.** **(a)** 2.01 s **(c)** $2.093 \times 10^3$ s **(e)** $1.2 \times 10^9$ s

**30-7.** **(a)** 28.8 $s^{-1}$ **(c)** 0.288 $s^{-1}$ **(e)** $1.07 \times 10^4$ $s^{-1}$

**30-8.** **(a)** 0.152 **(c)** 3.3 **(e)** 10

**30-10.** **(a)** 0.2% **(c)** 0.02% **(e)** 1.0%
**(g)** 0.05% **(i)** 6.7% **(k)** 0.64%

**30-12.** **(a)** Plot 1/Rate versus 1/[S] for known [S] to give a linear calibration curve. Measure rate for unknown [S], calculate 1/Rate and $1/[S]_{unknown}$ from the working curve and find $[S]_{unknown}$.
**(b)** The intercept of the calibration curve is $1/v_{max}$, and the slope is $K_m/v_{max}$. Use the slope and intercept to calculate $K_m$ = slope/intercept and $v_{max}$ = 1/intercept.

**30-13.** 5.5 ± 0.2 ppm

**30-15.** 0.045 M

**30-17.** **(a)** ≈ 2% completion.
**(b)** a little over 9% completion.

## ▸제31장

**31-1.** A *collector ion* is an ion added to a solution that forms a precipitate with the reagent that carries the desired minor species out of solution.

**31-3.** Transport of material and a spatial redistibrution of the components.

**31-5.** **(a)** *Elution* is a process in which species are washed through a chromatographic column by additions of fresh mobile phase.
**(c)** The *stationary phase* is a solid or liquid phase that is fixed in place. The mobile phase then passes over or through the stationary phase.
**(e)** The *retention time* is the time interval between injection onto a column and appearance at the detector.
**(g)** The *selectivity factor*, $\alpha$, of a column toward two species is given by the equation $\alpha = K_B/K_A$, where $K_B$ is the distribution constant for the more strongly retained species B and $K_A$ is the constant for the less strongly held or more rapidly eluting species A.

**31-7.** Large particle diameters for stationary phases; large column diameters; high temperatures (important only in gas chromatography); for liquid stationary phases, thick layers of the immobilized liquid; and very rapid or very slow flow rates.

**31-9.** Determine the retention time, $t_R$, for a solute and the width of the peak at its base, $W$. Calculate the number of plates, $N$, from $N = 16(t_R/W)^2$.

**31-11.** **(a)** 0.0246 M **(b)** $9.62 \times 10^{-3}$ M
**(c)** $3.35 \times 10^{-3}$ M **(d)** $1.23 \times 10^{-3}$ M

**31-13.** **(a)** 75 mL **(b)** 50 mL **(c)** 24 mL

**31-15.** **(a)** $K = 18.0$ **(b)** $K = 7.56$

**31-16.** **(a)** $K = 91.9$

**31-17.** **(a)** $K = 1.53$
**(b)** $[HA]_{aq} = 0.0147$ M; $[A^-] = 0.0378$ M
**(c)** $K_a = 9.7 \times 10^{-2}$

**31-19.** **(a)** 12.36 mmol cation/L **(b)** 619 mg $CaCO_3$/L

**31-21.** 0.02056 M in HCl and 0.0424 M in $MgCl_2$

**31-23.** 9.5 cm/s

**31-25.** **(a)** $k_A = 0.74$; $k_B = 3.3$; $k_C = 3.5$; $k_D = 6.0$
**(b)** $K_A = 6.2$; $K_B = 27$; $K_C = 30$; $K_D = 50$

**31-30.** **(a)** $N = 6400$ **(b)** $L = 94$ cm **(c)** $t_R = 26$ min

**31-32.** **(a)** $k_M = 2.55$; $k_N = 2.62$ **(b)** $\alpha = 1.03$
**(c)** $9.03 \times 10^4$ **(d)** 135 cm **(e)** $(t_R)_N = 73$ min

## ▸제32장

**32-1.** In *gas-liquid chromatography*, the stationary phase is a liquid that is immobilized on a solid. Retention of sample constituents involves equilibria between a gaseous and a liquid phase. In *gas-solid chromatography*, the stationary phase is a solid surface that retains analytes by physical adsorption. Separation involves adsorption equilibria.

**32-3.** Gas-solid chromatography is used primarily for separating low molecular mass gaseous species, such as carbon dioxide, carbon monoxide, and oxides of nitrogen.

**32-5.** A chromatogram is a plot of detector response versus time. The peak position, retention time, can reveal the identity of the compound eluting. The peak area is related to the concentration of the compound.

**32-7.** In *open tubular or capillary columns,* the stationary phase is held on the inner surface of a capillary, whereas in *packed columns,* the stationary phase is supported on particles that are contained in a glass or metal tube. Open tubular columns contain an enormous number of plates that permit rapid separations of closely related species. They suffer from small sample capacities.

**32-9.** Sample injection volume, carrier gas flow rate, and column condition are among the parameters that must be controlled for highest precision quantitative GC. The use of an internal standard can minimize the impact of variations in these parameters.

**32-11.** **(a)** Advantages of thermal conductivity: general applicability, large linear range, simplicity, and nondestructive.
Disadvantage: low sensitivity.
**(b)** Advantages of flame ionization: high sensitivity, large linear range, low noise, ruggedness, ease of use, and response that is largely independent of flow rate. Disadvantage: destructive.
**(c)** Advantages of electron capture: high sensitivity selectivity toward halogen-containing compounds and several others and nondestructive.
Disadvantage: small linear range.
**(d)** Advantages of thermionic detector: high sensitivity for compounds containing nitrogen and phosphorus and good linear range.
Disadvantages: destructive and not applicable for many analytes.
**(e)** Advantages of photoionization: versatility, nondestructive, and large linear range.
Disadvantages: not widely available, expensive.

**32-13.** Megabore columns are open tubular columns that have a greater inside diameter (530 μm) than typical open tubular columns (150 to 320 μm). Megabore columns can tolerate sample sizes similar to those for packed columns, although with significantly improved performance characteristics.

**32-15.** Liquid stationary phases are generally bonded and/or cross-linked in order to provide thermal stability and a more permanent stationary phase that will not leach off the column. Bonding involves attaching a monomolecular layer of the stationary phase to the packing surface by means of chemical bonds. Cross-linking involves treating the stationary phase while it is in the column with a chemical reagent that creates cross links between the molecules making up the stationary phase.

**32-17.** Fused silica columns have greater physical strength and flexibility than glass open tubular columns and are less reactive toward analytes than either glass or metal columns.

**32-19.** **(a)** Band broadening arises from very high or very low flow rates, large particles making up packing, thick layers of stationary phase, low temperature, and slow injection rates.
**(b)** Band separation is enhanced by maintaining conditions so that $k$ lies in the range of 1 to 10, using small particles for packing, limiting the amount of stationary phase so that particle coatings are thin, and injecting the sample rapidly.

**32-21.** A = 21.1%, B = 13.1%, C = 36.4%, D = 18.8%, and E = 10.7%.

## ▸제33장

**33-1.** **(a)** Substances that are somewhat volatile and are thermally stable.
**(c)** Substances that are ionic.
**(e)** High molecular mass compounds that are soluble in nonpolar solvents.
**(g)** Chiral compounds (enantiomers).

**33-2.** **(a)** In an *isocratic elution,* the solvent composition is held constant throughout the elution.
**(c)** In a *normal-phase packing,* the stationary phase is quite polar, and the mobile phase is relatively nonpolar.
**(e)** In a *bonded-phase packing,* the stationary phase liquid is held in place by chemically bonding it to the solid support.
**(g)** In *ion-pair chromatography,* a large organic counter-ion is added to the mobile phase as an ion-pairing reagent. Separation is achieved either through partitioning of the neutral ion pair or as a result of electrostatic interactions between the ions in solution and charges on the stationary phase resulting from adsorption of the organic counterion.
**(i)** *Gel filtration* is a type of size-exclusion chromatography in which the packings are hydrophilic and the eluents are aqueous. It is used for separating high molecular mass polar compounds.

**33-3.** **(a)** diethyl ether, benzene, *n*-hexane.

**33-4.** **(a)** ethyl acetate, dimethylamine, acetic acid.

**33-5.** In *adsorption chromatography*, separations are based on adsorption equilibria between the components of the sample and a solid surface. In *partition chromatography,* separations are based on distribution equilibria between two immiscible liquids.

**33-7.** *Gel filtration* is a type of size-exclusion chromatography in which the packings are hydrophilic and the eluents are aqueous. It is used for separating high molecular mass polar compounds. *Gel-permeation chromatography* is a type of size-exclusion chromatography in which the packings are hydrophobic and the eluents are nonaqueous. It is used for separating high molecular mass nonpolar species.

**33-9.** In an *isocratic elution*, the solvent composition is held constant throughout the elution. Isocratic elution works well for many types of samples and is simplest to implement. In a *gradient elution*, two or more solvents are employed, and the composition of the eluent is changed continuously or in steps as the separation proceeds. Gradient elution is best used for samples in which there are some compounds separated well and others with inordinately long retention times.

**33-11.** In *suppressor-column ion chromatography*, the chromatographic column is followed by a column whose purpose is to convert the ions used for elution to molecular species that are largely nonionic and thus do not interfere with conductometric detection of the analyte species. In *single-column ion chromatography*, low capacity ion exchangers are used so that the concentrations of ions in the eluting solution can be kept low.

**33-13.** Comparison of Table 33-1 with Table 32-1 suggests that the GC detectors that are suitable for HPLC are the mass spectrometer, FTIR, and possibly photoionization. Many of the GC detectors are unsuitable for HPLC because they require the eluting analyte components to be in the gas-phase.

**33-15.** **(a)** For a reversed phase chromatographic separation of a steroid mixture, selectivity and, as a consequence, separation could be influenced by temperature-dependent changes in distribution coefficients.
**(b)** For an adsorption chromatographic separation of a mixture of isomers, selectivity and, as a consequence, separation could be influenced by temperature-dependent changes in distribution coefficients.

## ▸제34장

**34-1.** **(a)** Nonvolatile or thermally unstable species that contain no chromophoric groups.
**(c)** Inorganic anions and cations, amino acids, catecholamines, drugs, vitamins, carbohydrates, peptides, proteins, nucleic acids, nucleotides, and polynucleotides.
**(e)** Proteins, synthetic polymers, and colloidal particles.

**34-2.** **(a)** A *supercritical fluid* is a substance that is maintained above its critical temperature so that it cannot be condensed into a liquid no matter how great the pressure.
**(c)** *Two-dimensional thin-layer chromatography* is a method in which development is carried out with two solvents that are applied successively at right angles to one another.
**(e)** *Critical micelle concentration* is the level above which surfactant molecules begin to form spherical aggregates made up to 40 to 100 ions.

**34-3.** Density, viscosity, and the rates at which solutes diffuse.

**34-5.** **(a)** Instruments for supercritical fluid chromatography have provisions for controlling and measuring the column pressure.
**(b)** SFC instruments must be capable of operating at much higher mobile phase pressures than are typically encountered in GC.

**34-7.** Their ability to dissolve large nonvolatile molecules, such as large *n*-alkanes and polycyclic aromatic hydrocarbons.

**34-9.** **(a)** An increase in flow rate results in a decrease in retention time.
**(b)** An increase in pressure results in a decrease in retention time.
**(c)** An increase in temperature results in a decrease in density of supercritical fluids and thus an increase in retention time.

**34-11.** *Electroosmotic flow* is the migration of the solvent toward the cathode in an electrophoretic separation. This flow is due to the electrical double layer that develops at the silica/solution interface. At pH values higher than 3 the inside wall of the silica capillary becomes negatively charged leading to a build-up of buffer cations in the electrical double layer adjacent to the wall. The cations in this double layer are attracted to the cathode, and since they are solvated, they drag the bulk solvent along with them.

**34-13.** Under the influence of an electric field, mobile ions in solution are attracted or repelled by the negative potential of one of the electrodes. The rate of movement toward or away from a negative electrode is dependent on the net charge on the analyte and the size and shape of analyte molecules. These properties vary from species to species. Hence, the rate at which molecules migrate under the influence of the electric field vary, and the time it takes them to traverse the capillary varies, making separations possible.

**34-15.** 2.5 min

**34-17.** Higher column efficiencies and the ease with which pseudostationary phase can be altered.

**34-19.** $B^+$ followed by $A^{2+}$ followed by $C^{3+}$.

# 찾아보기
Index

## ㅂ



## ㅅ

## ㅇ

## ㅊ



## ㅋ



## ㅌ



## ㅍ

## ㅎ

## 옮긴이 소개

건국대학교 · 권성중, 명노승
경기대학교 · 명승운
경북대학교 · 김성환, 이혜진
경희대학교 · 강성호, 양성익
계명대학교 · 정진갑
단국대학교 · 윤용수
대구가톨릭대학교 · 엄인용
대구대학교 · 김인환, 심준호
목포대학교 · 남상호
부경대학교 · 강용철
부산대학교 · 도정윤, 심윤보
삼육대학교 · 유구용
상명대학교 · 김기택
서울여자대학교 · 배선영, 이동선
순천대학교 · 심상덕
신라대학교 · 박상문
울산대학교 · 이영일
원광대학교 · 조원련
유니스트 · 류정기
전남대학교 · 전승원, 최현철
조선대학교 · 이범규
창원대학교 · 이용일, 임재민
충남대학교 · 이충균
한림대학교 · 김상철
한양대학교 · 윤태현

*(가나다 순)*

스쿠그의 제9판
**분석화학강의**
*Fundamentals of Analytical Chemistry*
9th Edition

2019년 3월 4일 9판 1쇄 발행
2021년 5월 3일 9판 2쇄 발행
지 은 이 Douglas A. Skoog · Donald M. West
F. James Holler · Stanley R. Crouch
옮 긴 이 분석화학연구회
발 행 인 송 성 헌
발 행 처 센게이지러닝코리아㈜
등 록 제 313-2007-000074호(2007.3.19.)
이 메 일 asia.infokorea@cengage.com
홈페이지 www. cengage.co.kr
공 급 처 사이플러스 Science plus
주 소 서울특별시 마포구 잔다리로 101
도서안내 및 주문 02) 332-6171 / 팩스 02) 332-6185
E-mail scieditor@sciplus.co.kr

ISBN 978-89-6218-458-7 93430 값 53,000원

스쿠그의 제9판

분석화학강의

Fundamentals of Analytical Chemistry

# International Atomic Masses

| Element | Symbol | Atomic Number | Atomic Mass | Element | Symbol | Atomic Number | Atomic Mass |
|---|---|---|---|---|---|---|---|
| Actinium | Ac | 89 | (227) | Mendelevium | Md | 101 | (258) |
| Aluminum | Al | 13 | 26.9815386 | Mercury | Hg | 80 | 200.59 |
| Americium | Am | 95 | (243) | Molybdenum | Mo | 42 | 95.96 |
| Antimony | Sb | 51 | 121.760 | Neodymium | Nd | 60 | 144.242 |
| Argon | Ar | 18 | 39.948 | Neon | Ne | 10 | 20.1797 |
| Arsenic | As | 33 | 74.92160 | Neptunium | Np | 93 | (237) |
| Astatine | At | 85 | (210) | Nickel | Ni | 28 | 58.6934 |
| Barium | Ba | 56 | 137.327 | Niobium | Nb | 41 | 92.90638 |
| Berkelium | Bk | 97 | (247) | Nitrogen | N | 7 | 14.007 |
| Beryllium | Be | 4 | 9.012182 | Nobelium | No | 102 | (259) |
| Bismuth | Bi | 83 | 208.98040 | Osmium | Os | 76 | 190.23 |
| Bohrium | Bh | 107 | (270) | Oxygen | O | 8 | 15.999 |
| Boron | B | 5 | 10.81 | Palladium | Pd | 46 | 106.42 |
| Bromine | Br | 35 | 79.904 | Phosphorus | P | 15 | 30.973762 |
| Cadmium | Cd | 48 | 112.411 | Platinum | Pt | 78 | 195.084 |
| Calcium | Ca | 20 | 40.078 | Plutonium | Pu | 94 | (244) |
| Californium | Cf | 98 | (251) | Polonium | Po | 84 | (209) |
| Carbon | C | 6 | 12.011 | Potassium | K | 19 | 39.0983 |
| Cerium | Ce | 58 | 140.116 | Praseodymium | Pr | 59 | 140.90765 |
| Cesium | Cs | 55 | 132.90545 | Promethium | Pm | 61 | (145) |
| Chlorine | Cl | 17 | 35.45 | Protactinium | Pa | 91 | 231.03588 |
| Chromium | Cr | 24 | 51.9961 | Radium | Ra | 88 | (226) |
| Cobalt | Co | 27 | 58.933195 | Radon | Rn | 86 | (222) |
| Copernicium | Cn | 112 | (285) | Rhenium | Re | 75 | 186.207 |
| Copper | Cu | 29 | 63.546 | Rhodium | Rh | 45 | 102.90550 |
| Curium | Cm | 96 | (247) | Roentgenium | Rg | 111 | (280) |
| Darmstadtium | Ds | 110 | (281) | Rubidium | Rb | 37 | 85.4678 |
| Dubnium | Db | 105 | (268) | Ruthenium | Ru | 44 | 101.07 |
| Dysprosium | Dy | 66 | 162.500 | Rutherfordium | Rf | 104 | (265) |
| Einsteinium | Es | 99 | (252) | Samarium | Sm | 62 | 150.36 |
| Erbium | Er | 68 | 167.259 | Scandium | Sc | 21 | 44.955912 |
| Europium | Eu | 63 | 151.964 | Seaborgium | Sg | 106 | (271) |
| Fermium | Fm | 100 | (257) | Selenium | Se | 34 | 78.96 |
| Flerovium | Fl | 114 | (289) | Silicon | Si | 14 | 28.085 |
| Fluorine | F | 9 | 18.9984032 | Silver | Ag | 47 | 107.8682 |
| Francium | Fr | 87 | (223) | Sodium | Na | 11 | 22.98976928 |
| Gadolinium | Gd | 64 | 157.25 | Strontium | Sr | 38 | 87.62 |
| Gallium | Ga | 31 | 69.723 | Sulfur | S | 16 | 32.06 |
| Germanium | Ge | 32 | 72.63 | Tantalum | Ta | 73 | 180.94788 |
| Gold | Au | 79 | 196.966569 | Technetium | Tc | 43 | (98) |
| Hafnium | Hf | 72 | 178.49 | Tellurium | Te | 52 | 127.60 |
| Hassium | Hs | 108 | (277) | Terbium | Tb | 65 | 158.92535 |
| Helium | He | 2 | 4.002602 | Thallium | Tl | 81 | 204.38 |
| Holmium | Ho | 67 | 164.93032 | Thorium | Th | 90 | 232.03806 |
| Hydrogen | H | 1 | 1.008 | Thulium | Tm | 69 | 168.93421 |
| Indium | In | 49 | 114.818 | Tin | Sn | 50 | 118.710 |
| Iodine | I | 53 | 126.90447 | Titanium | Ti | 22 | 47.867 |
| Iridium | Ir | 77 | 192.217 | Tungsten | W | 74 | 183.84 |
| Iron | Fe | 26 | 55.845 | Ununoctium | Uuo | 118 | (294) |
| Krypton | Kr | 36 | 83.798 | Ununpentium | Uup | 115 | (288) |
| Lanthanum | La | 57 | 138.90547 | Ununseptium | Uus | 117 | (294) |
| Lawrencium | Lr | 103 | (262) | Ununtrium | Uut | 113 | (284) |
| Lead | Pb | 82 | 207.2 | Uranium | U | 92 | 238.02891 |
| Lithium | Li | 3 | 6.94 | Vanadium | V | 23 | 50.9415 |
| Livermorium | Lv | 116 | (293) | Xenon | Xe | 54 | 131.293 |
| Lutetium | Lu | 71 | 174.9668 | Ytterbium | Yb | 70 | 173.054 |
| Magnesium | Mg | 12 | 24.3050 | Yttrium | Y | 39 | 88.90585 |
| Manganese | Mn | 25 | 54.938045 | Zinc | Zn | 30 | 65.38 |
| Meitnerium | Mt | 109 | (276) | Zirconium | Zr | 40 | 91.224 |

The values given in parentheses are the atomic mass numbers of the isotopes of the longest known half-life. From M. E. Wieser and T. B. Coplen, *Pure Appl. Chem.*, **2011**, *83*(2), 359–96, **DOI**: 10.1351/PAC-REP-10-09-14.

# Molar Masses of Some Compounds

| Compound | Molar Mass | Compound | Molar Mass |
|---|---|---|---|
| AgBr | 187.772 | $K_3Fe(CN)_6$ | 329.248 |
| AgCl | 143.32 | $K_4Fe(CN)_6$ | 368.346 |
| $Ag_2CrO_4$ | 331.729 | $KHC_8H_4O_4$ (phthalate) | 204.222 |
| AgI | 234.7727 | $KH(IO_3)_2$ | 389.909 |
| $AgNO_3$ | 169.872 | $K_2HPO_4$ | 174.174 |
| AgSCN | 165.95 | $KH_2PO_4$ | 136.084 |
| $Al_2O_3$ | 101.960 | $KHSO_4$ | 136.16 |
| $Al_2(SO_4)_3$ | 342.13 | KI | 166.0028 |
| $As_2O_3$ | 197.840 | $KIO_3$ | 214.000 |
| $B_2O_3$ | 69.62 | $KIO_4$ | 229.999 |
| $BaCO_3$ | 197.335 | $KMnO_4$ | 158.032 |
| $BaCl_2 \cdot 2H_2O$ | 244.26 | $KNO_3$ | 101.102 |
| $BaCrO_4$ | 253.319 | KOH | 56.105 |
| $Ba(IO_3)_2$ | 487.130 | KSCN | 97.18 |
| $Ba(OH)_2$ | 171.341 | $K_2SO_4$ | 174.25 |
| $BaSO_4$ | 233.38 | $La(IO_3)_3$ | 663.610 |
| $Bi_2O_3$ | 465.958 | $Mg(C_9H_6NO)_2$ (8-hydroxyquinolate) | 312.611 |
| $CO_2$ | 44.009 | $MgCO_3$ | 84.313 |
| $CaCO_3$ | 100.086 | $MgNH_4PO_4$ | 137.314 |
| $CaC_2O_4$ | 128.096 | MgO | 40.304 |
| $CaF_2$ | 78.075 | $Mg_2P_2O_7$ | 222.551 |
| CaO | 56.077 | $MgSO_4$ | 120.36 |
| $CaSO_4$ | 136.13 | $MnO_2$ | 86.936 |
| $Ce(HSO_4)_4$ | 528.37 | $Mn_2O_3$ | 157.873 |
| $CeO_2$ | 172.114 | $Mn_3O_4$ | 228.810 |
| $Ce(SO_4)_2$ | 332.23 | $Na_2B_4O_7 \cdot 10H_2O$ | 381.36 |
| $(NH_4)_2Ce(NO_3)_6$ | 548.22 | NaBr | 102.894 |
| $(NH_4)_4Ce(SO_4)_4 \cdot 2H_2O$ | 632.53 | $NaC_2H_3O_2$ | 82.034 |
| $Cr_2O_3$ | 151.989 | $Na_2C_2O_4$ | 133.998 |
| CuO | 79.545 | NaCl | 58.44 |
| $Cu_2O$ | 143.091 | NaCN | 49.008 |
| $CuSO_4$ | 159.60 | $Na_2CO_3$ | 105.988 |
| $Fe(NH_4)_2(SO_4)_2 \cdot 6H_2O$ | 392.13 | $NaHCO_3$ | 84.006 |
| FeO | 71.844 | $Na_2H_2EDTA \cdot 2H_2O$ | 372.238 |
| $Fe_2O_3$ | 159.687 | $Na_2O_2$ | 77.978 |
| $Fe_3O_4$ | 231.531 | NaOH | 39.997 |
| HBr | 80.912 | NaSCN | 81.07 |
| $HC_2H_3O_2$ (acetic acid) | 60.052 | $Na_2SO_4$ | 142.04 |
| $HC_7H_5O_2$ (benzoic acid) | 122.123 | $Na_2S_2O_3 \cdot 5H_2O$ | 248.17 |
| $(HOCH_2)_3CNH_2$ (TRIS) | 121.135 | $NH_4Cl$ | 53.49 |
| HCl | 36.46 | $(NH_4)_2C_2O_4 \cdot H_2O$ | 142.111 |
| $HClO_4$ | 100.45 | $NH_4NO_3$ | 80.043 |
| $H_2C_2O_4 \cdot 2H_2O$ | 126.064 | $(NH_4)_2SO_4$ | 132.13 |
| $H_5IO_6$ | 227.938 | $(NH_4)_2S_2O_8$ | 228.19 |
| $HNO_3$ | 63.012 | $NH_4VO_3$ | 116.978 |
| $H_2O$ | 18.015 | $Ni(C_4H_7O_2N_2)_2$ (dimethylglyoximate) | 288.917 |
| $H_2O_2$ | 34.014 | $PbCrO_4$ | 323.2 |
| $H_3PO_4$ | 97.994 | PbO | 223.2 |
| $H_2S$ | 34.08 | $PbO_2$ | 239.2 |
| $H_2SO_3$ | 82.07 | $PbSO_4$ | 303.3 |
| $H_2SO_4$ | 98.07 | $P_2O_5$ | 141.943 |
| HgO | 216.59 | $Sb_2S_3$ | 339.70 |
| $Hg_2Cl_2$ | 472.08 | $SiO_2$ | 60.083 |
| $HgCl_2$ | 271.49 | $SnCl_2$ | 189.61 |
| KBr | 119.002 | $SnO_2$ | 150.71 |
| $KBrO_3$ | 166.999 | $SO_2$ | 64.06 |
| KCl | 74.55 | $SO_3$ | 80.06 |
| $KClO_3$ | 122.55 | $Zn_2P_2O_7$ | 304.70 |
| KCN | 65.116 | | |
| $K_2CrO_4$ | 194.189 | | |
| $K_2Cr_2O_7$ | 294.182 | | |